模具工程师手册系列

冲压模具工程师手册

主　编　姜银方　袁国定

副主编　刘新佳　李路娜　戴亚春　王亚元　严有琪　冯爱新

主　审　朱金山

参　编　华希俊　王　匀　刘明洋　朱元右　陆文龙　王宏宇　马伟民　王维新　马鹏飞　曾艳明　汪建敏　陆广华　姜文帆　任旭东　吕　盾　来彦玲　史德旗　董　芳　郭玉琴　王诚怡　岳陆游　徐红兵　袁晓明　马朝兴　郭　娟　殷　敏　蒋建忠　王海彦　王永良　方　雷　唐振州　李志飞　钱　军　朱永书　黄　勤　何玉中　何　艺　张建文　钱晓明　黄　宇　王　飞　郭镇宁　袁　军　井　然　黄利伟　龙　昆

机械工业出版社

本手册吸收近年来成熟的新技术成就和发展动向，面向生产实际，是以实用、便查、便携为特点的单卷综合性工具书，手册共有三本，分别为《冲压模具工程师手册》、《塑料模具工程师手册》、《压铸模具工程师手册》。

本书《冲压模具工程师手册》包括冲压材料及模具材料、冲压成形工艺及设备、冲压模具设计、汽车覆盖件冲压成形模具设计、冲压模具制造与装配、冲压模具标准、冲压质量检测与控制等内容。

本书主要为模具工程师现场备查引据使用，也适合于广大工程技术人员和院校师生的案头浏览、提示方向、扩大知识面、综合处理技术问题之用。

图书在版编目（CIP）数据

冲压模具工程师手册/姜银方，袁国定主编．—北京：机械工业出版社，2011.5

（模具工程师手册系列）

ISBN 978-7-111-33319-7

Ⅰ.①冲… Ⅱ.①姜…②袁… Ⅲ.①冲模－技术手册 Ⅳ.①TG385.2-62

中国版本图书馆CIP数据核字（2011）第017579号

机械工业出版社（北京市百万庄大街22号 邮政编码100037）
策划编辑：曲彩云 责任编辑：白 刚 版式设计：霍永明
责任校对：李秋荣 封面设计：姚 毅 责任印制：乔 宇
北京机工印刷厂印刷（三河市胜利装订厂装订）
2011年5月第1版第1次印刷
184mm×260mm·75.5印张·3插页·2586千字
0 001—4 000册
标准书号：ISBN 978-7-111-33319-7
定价：198.00元

凡购本书，如有缺页、倒页、脱页，由本社发行部调换

电话服务	策划编辑：(010) 88379782
社服务中心：(010)88361066	网络服务
销售一部：(010)68326294	门户网：http://www.cmpbook.com
销售二部：(010)88379649	教材网：http://www.cmpedu.com
读者购书热线：(010)88379203	**封面无防伪标均为盗版**

前　言

本手册由多年从事冲压工艺、模具设计和研究的高校教师以及在冲压生产和模具设计方面具有丰富实践经验的企业工程技术人员编写。编写过程中，参考了国内外大量有关冲压技术和模具设计制造方面的专著与最新技术资料、标准和成果。本手册在内容上根据模具工程师的职责范围和业务需要，注重实用、方便 、全面、先进和精练的特点，以图表为主，附以大量的实例，力求打造成为一本模具行业的经典手册。

本手册共有7篇内容。第1篇汇编了冲压材料及模具材料的资料，并对冲压模具钢的合理选用、提高模具寿命等方面的材料进行了总结和整理。第2篇汇编了冲压成形工艺及设备的资料，主要包括冲裁工艺、弯曲工艺、拉深工艺、成形工艺、连续冲压工序设计、冷冲压设备、冲压自动送料装置和冲压安全技术等。第3篇汇编了冲压模具设计的资料，主要包括冲压模具零件、冲裁模、弯曲模、拉深模、级进模和精冲模具等。第4篇汇编了汽车覆盖件冲压成形模具设计资料，内容包括汽车覆盖件冲压变形分析、拉深件设计、工艺切口、拉深肋、覆盖件冲压成形工艺、拉深模设计、修边模设计、翻边模设计、冲孔模设计等。第5篇汇编了冲压模具制造与装配的资料，内容包括模具制造工艺规程、模具成型件型面加工、模具的装配及检测等。第6篇汇编了冲压模具标准的材料。第7篇汇编了冲压质量检测与控制的资料，内容包括板料冲压性能与试验方法，冲裁件、弯曲件的质量与控制，面畸变问题及其控制，拉深件尺寸精度控制，起皱、破裂现象与控制，冲压件刚度控制，以及各工序制件的质量分析综合等。

本手册由姜银方（江苏大学）、袁国定（江苏大学）任主编，李路娜（南京机电职业技术学院）、戴亚春（江苏大学）、刘新佳（江南大学）、严有琪（江苏省特种设备安全监督检验研究院镇江分院）、王亚元（江苏大学）和冯爱新（江苏大学）任副主编，姜银方统稿。第1篇主要由刘新佳（2/3内容）和姜银方（1/3内容）编写；第2篇的第1、2、4、6、7、8章主要由袁国定、吕盾（江苏大学）、任旭东（江苏大学）、冯爱新和刘明洋（江苏信息职业技术学院）编写，第3章主要由朱永书（金轮科创股份有限公司）编写，第5、9章主要由钱军（紫琅职业技术学院）编写；第3篇主要由袁国定、姜银方和陆广华（南京理工大学泰州科技学院）编写；第4篇主要由李路娜与姜银方编写；第5篇的第1、2、4、5、6章主要由戴亚春、董芳（江苏省镇江市计量所）和华希俊（江苏大学）编写，第3、7章主要由姜银方和姜文帆（江苏大学）编写，第8章主要由王亚元编写；第6篇主要由刘明洋编写；第7篇主要由严有琪与姜银方编写。

参加编写的人员还有，南京工程学院的陆文龙、朱元右，江南大学的蒋建忠、王海彦，江苏大学的汪建敏、王匀、王维新、郭玉琴、王宏宇、王诚怡、岳陆游、徐红兵、袁晓明、马朝兴、马伟民、曾艳明、马鹏飞、郭娟、殷敏、史德旗、王永良、王飞、来彦玲、方雷、唐振州、李志飞、何艺、张建文、黄勤、何玉中、钱晓明、黄宇、郭镇宁、袁军、井然、黄利伟、龙昆等。

本手册由朱金山同志审稿，并提出了许多宝贵的意见和建议；本手册在编写过程中还得到了许多模具制造厂家、冲压件生产企业、汽车生产企业的大力协作和支持，在此一并表示衷心感谢！对在本手册编写过程中付出辛勤劳动的江苏大学的研究生们在此也一并表示由衷的谢意。

由于技术的迅猛发展，加上编者水平有限，手册中难免有不当之处，敬请广大读者批评指正。

目　录

第3章　弯曲工艺

第4章　拉深工艺

第5章　成形工艺

第6章　连续冲压工序设计和排样

第7章 冷冲压设备

第8章 典型冲压自动送料装置

第9章 冲压安全技术

第3篇 冲压模具设计

第1章 冲压模具设计概述

第2章　冲裁模具设计

第3章　弯曲模具设计

第4章　拉深模设计

第5章　成形模设计

第6章　复合模设计

第7章　级进模设计

第8章　精冲模设计

第4篇 汽车覆盖件冲压成形模具设计

第1章 概述

第2章 汽车覆盖件冲压变形分析

第3章 拉深件设计

第4章 工艺切口

第5章 拉深肋设计

第6章 覆盖件冲压成形工艺

第7章　拉深模设计

第8章　修边模设计

第9章　翻边模设计

第10章 冲孔模设计

第11章 装配压合模设计

第5篇 冲压模具制造与装配工艺

第1章 冲压模制造技术要求

第2章 模具制造

第3章 覆盖件冲模制造工艺实例

第 4 章 模具成型件型面的成形铣削

第 5 章 模具凸、凹模成形磨削

第 6 章 冲模零件加工方法的选择

第 7 章 高硬材料成型件的加工

第8章 冲压模具的装配与检测

第6篇 冲压模具标准件

第1章 冲模技术条件

第2章 冲模典型组合

第3章 冲模标准模架及标准零件

第4章 ISO冲模标准件

第7篇　冲压质量检测与控制

第7篇 冲压质量检测与控制

第1章 板料冲压性能与试验方法

第2章 冲裁件的质量与控制

第3章 弯曲件的质量与控制

第9章　各工序制件的质量分析综合

附录

参考文献

第1篇　冲压材料及模具材料

第1章　冲压用材料

1.1　钢产品标记代号

钢产品标记代号（GB/T15575—2008）见表1-1-1。

表1-1-1　钢产品标记代号

序号	类 别	标记代号
1	加工方法（状态）： （1）热加工 （2）热轧 （3）热扩 （4）热挤 （5）热锻 （6）冷加工 （7）冷轧 （8）冷挤压 （9）冷拉（拔） （10）焊接	W WH WHR（或AR） WHE WHEX WHF WC WCR WCE WCD WW
2	截面形状和型号：用表示产品截面形状特征的英文字母作为标记代号。例如：圆钢R、方钢S、扁钢F、六角型钢HE、八角型钢O、角钢A、H型钢H、U型钢U、方型空心型钢QHS 如果产品有型号（或规格），应在表示产品形状特征的标记代号后加上型号（或规格）。如15×50规格的C型钢的标记代号为C15×50	
3	尺寸（外形）精度： P 表示精度等级：普通精度A、较高精度B、高级精度C 分隔符 尺寸（外形）：长度L、宽度W、厚度T等 尺寸精度代号 例如：表示长度普通精度的代号为PL.A，表示宽度较高精度的代号为PW.B，表示厚度高级精度的代号为PT.C，表示不平度普通精度的代号为PF.A	
4	边缘状态： （1）切边 （2）不切边 （3）磨边	E EC EM ER
5	表面质量： （1）普通级 （2）较高级 （3）高级	F FA FB FC

（续）

序号	类 别	标记代号
6	表面种类： （1）压力加工表面 （2）酸洗 （3）喷丸（砂） （4）剥皮 （5）磨光 （6）抛光 （7）发蓝 （8）镀层 （9）涂层	S SPP SA SS SF SP SB SBL S_ _（见示例1） SC_（见示例2）
	示例1：S_ _ 镀层方式：热镀H、电镀E 镀层种类：镀锌/锌铁合金Z/ZF、镀锡S、铝锌合金AZ等 例如，热镀锌的代号为SZH，电镀铝锌合金的代号为SAZE 示例2：SC_ 基板类型 例如，热镀锌基板DC51D涂层板的代号为SCDC51D+Z	
7	表面化学处理： （1）钝化（铬酸） （2）磷化 （3）涂油 （4）耐指纹处理	ST STC STP STO STS
8	软化程度： （1）1/4软 （2）半软 （3）软 （4）特软	S S1/4 S1/2 S S2
9	硬化程度： （1）低冷硬 （2）半冷硬 （3）冷硬 （4）特硬	H H1/4 H1/2 H H2
10	热处理类型： （1）退火 （2）软化退火 （3）球化退火	A SA G

（续）

序号	类 别	标记代号
10	（4）光亮退火 （5）正火 （6）回火 （7）淬火＋回火 （8）正火＋回火 （9）固溶 （10）时效	L N T QT NT S AG
11	冲压性能： （1）普通级 （2）冲压级 （3）深冲级 （4）特深冲级 （5）超深冲级 （6）特超深冲	Q CQ DQ DDQ EDDQ SDDQ ESDDQ
12	使用加工方法： （1）压力加工用 热加工用 冷加工用 （2）顶锻用 热顶锻用 冷顶锻用 （3）切削加工用	U UP UHP UCP UF UHF UCF UC

注：1. 本表适用于条钢、扁平材、钢管、盘条等产品的标记代号。

2. 钢材标记代号采用与类别名称相应的英文名称首位字母（大写）和阿拉伯数字组合表示。

表 1-1-2 钢板品种及常用规格

类别	品种	常用产品及规格举例	
		钢板名称	厚度/mm
普通钢板（包括普通钢钢板和低合金钢钢板）	热轧普通厚钢板（厚度＞4mm） 热轧普通薄钢板（厚度≤4mm） 冷轧普通薄钢板（厚度≤4mm）	桥梁用钢板	4.5～50
		造船用钢板	1.0～120
		汽车大梁用钢板	2.5～12
		压力容器用钢板	6～120
		锅炉用钢板	6～120
		碳素结构钢钢板	0.3～200
		低合金钢钢板	1.0～200
		花纹钢板	2.5～8.0
		镀锌薄钢板	0.25～2.5
		镀锡薄钢板	0.1～0.5
		镀铅薄钢板	0.9～1.2
		彩色涂层钢板（带）	0.3～2.0
优质钢板	热轧优质钢厚钢板（厚度＞4mm） 热轧优质钢薄钢板（厚度≤4mm） 冷轧优质钢薄钢板（厚度≤4mm）	碳素结构钢钢板	0.5～60
		合金结构钢钢板	0.5～30
		碳素钢和合金工具钢钢板	0.7～20
		高速工具钢钢板	1.0～10
		弹簧钢钢板	0.7～20
		滚动轴承钢钢板	1.0～8
		不锈钢钢板	0.4～25
		耐热钢钢板	4.5～35

1.2 冲压常用板料的冲压性能及规格

1.2.1 常用冲压用钢

（1）钢的冲压性能　冲压加工中使用最广泛的钢铁材料主要是轧制薄钢板（带）。按现行国家标准规定，钢板分为薄板和厚板两种（钢板、钢带品种、常用规格及理论质量见表 1-1-2～表 1-1-4），凡厚度 t ＜3 mm 的钢板称为薄板，其余为厚板。但冲压加工行业中的所谓薄板，有其行业习惯的厚薄概念，而不完全同于标准规定的定量界线。轧制薄钢板分热轧板和冷轧板，主要包括碳素结构钢、优质碳素钢、碳素工具钢、低合金高强度钢、不锈钢及电工钢等，并以前两类用量为多。此外，还有一些从日本、韩国、德国及瑞典等国进口的薄板。

（2）冷轧钢板和钢带（GB/T 708—2006）　见表 1-1-5～表 1-1-9。

（3）碳素结构钢冷轧薄钢板及钢带（GB/T11253—2007）　见表 1-1-10。

（4）优质碳素结构钢冷轧薄钢板和钢带（GB/T 13237—1991）　见表 1-1-11。

（5）不锈钢冷轧钢板和钢带（GB/T3280—2007）见表 1-1-12～表 1-1-14。

（续）

类别	品种	常用产品及规格举例	
		钢板名称	厚度/mm
	复合钢板	不锈复合厚钢板	4～60
		塑料复合薄钢板	0.35～2
		犁铧用三层钢板	5～10

表 1-1-3　钢带品种及常用规格

类别	品种	常用产品及规格举例		
		钢带名称	厚度/mm	宽度/mm
普通钢带	热轧普通钢钢带 冷轧普通钢钢带	普通碳素钢钢带	2.5～6.0（热轧） 0.1～3.0（冷轧）	50～600 10～250
		镀锡钢带	0.08～0.6（冷轧）	
		软管用钢带	0.25～0.7（冷轧）	4～25
优质钢带	热轧优质钢钢带 冷轧优质钢钢带	碳素结构钢钢带	2.0～5.0（热轧） 0.1～4.0（冷轧）	100～250 4～200
		合金结构钢钢带	0.25～3.0（冷轧）	10～120
		碳素和合金工具钢钢带	2.75～7.0（热轧） 0.05～3.0（冷轧）	15～300 4～200
		高速工具钢钢带	1～1.5（冷轧）	50～100
			2.5～6.0（热轧）	60～180
		弹簧钢钢带	0.1～3.0（冷轧）	4～200
		热处理弹簧钢钢带	0.08～1.5（冷轧）	1.5～100
		不锈钢钢带	2.0～8.0（热轧） 0.05～2.5（冷轧）	15～1600 20～600

表 1-1-4　钢板（钢带）理论质量

厚度/mm	理论质量/(kg/m²)	厚度/mm	理论质量/(kg/m²)	厚度/mm	理论质量/(kg/m²)	厚度/mm	理论质量/(kg/m²)	厚度/mm	理论质量/(kg/m²)	厚度/mm	理论质量/(kg/m²)
0.20	1.570	0.56	4.396	1.1	8.635	1.9	14.92	3.8	29.83	6.0	47.10
0.25	1.963	0.60	4.710	1.2	9.420	2.0	15.70	3.9	30.62	6.5	51.03
0.30	2.355	0.65	5.103	1.3	10.21	2.2	17.27	4.0	31.40	7.0	54.95
0.35	2.748	0.70	5.495	1.4	10.99	2.5	19.63	4.2	32.97	8.0	62.80
0.40	3.140	0.75	5.888	1.5	11.78	2.8	21.98	4.5	35.33	9.0	70.65
0.45	3.533	0.80	6.280	1.6	12.56	3.0	23.55	4.8	37.68	10	78.50
0.50	3.925	0.90	7.065	1.7	13.35	3.2	25.12	5.0	39.25		
0.55	4.318	1.0	7.850	1.8	14.1	3.5	27.48	5.5	43.18		

注：钢板（钢带）理论质量的密度按 $7.85g/cm^3$ 计算。高合金钢（如不锈钢）的密度不同，不能使用本表。

表 1-1-5　冷轧钢板和钢带的分类和代号

分类方法	类别	代号	分类方法	类别	代号
按边缘状态分	切边	EC	按尺寸精度分	较高宽度精度	PW. B
	不切边	EM		普通长度精度	PL. A
				较高长度精度	PL. B
按尺寸精度分	普通厚度精度	PT. A	按不平度精度分	普通不平度精度	PF. A
	较高厚度精度	PT. B		较高不平度精度	PF. B
	普通宽度精度	PW. A			

表 1-1-6 产品形态、边缘状态所对应的尺寸精度的分类

产品形态	边缘状态	分类及代号							
		厚度精度		宽度精度		长度精度		不平度精度	
		普通	较高	普通	较高	普通	较高	普通	较高
钢带	不切边 EM	PT. A	PT. B	PW. A	—	—	—	—	—
	切边 EC	PT. A	PT. B	PW. A	PW. B	—	—	—	—
钢板	不切边 EM	PT. A	PT. B	PW. A	—	PL. A	PL. B	PF. A	PF. B
	切边 EC	PT. A	PT. B	PW. A	PW. B	PL. A	PL. B	PF. A	PF. B
纵切钢带	切边 EC	PT. A	PT. B	PW. A	—	—	—	—	—

表 1-1-7 钢板和钢带的尺寸

尺寸范围	推荐的公称尺寸	备注
钢板和钢带（包括纵切钢带）的公称厚度为 0.30～4.00mm	公称厚度＜1mm 的钢板和钢带为 0.05mm 倍数的任何尺寸；公称厚度≥1mm 的钢板和钢带为 0.1mm 倍数的任何尺寸	根据需方要求，经供需双方协商，也可以供应其他尺寸的钢板和钢带
钢板和钢带的公称宽度为 600～2050 mm	10mm 倍数的任何尺寸	
钢板的公称长度为 1000～6000mm	50mm 倍数的任何尺寸	

表 1-1-8 冷轧钢板和钢带的尺寸允许偏差 （单位：mm）

厚度允许偏差

① 规定的最小屈服强度小于 280 MPa 的钢板和钢带的厚度允许偏差

公称厚度	普通精度 PT. A			较高精度 PT. B		
	公称宽度			公称宽度		
	≤1200	＞1200～1500	＞1500	≤1200	＞1200～1500	＞1500
＜0.40	±0.04	±0.05	±0.06	±0.025	±0.035	±0.045
＞0.40～0.60	±0.05	±0.06	±0.07	±0.035	±0.045	±0.050
＞0.60～0.80	±0.06	±0.07	±0.08	±0.040	±0.050	±0.050
＞0.80～1.00	±0.07	±0.08	±0.09	±0.045	±0.060	±0.060
＞1.00～1.20	±0.08	±0.09	±0.10	±0.055	±0.070	±0.070
＞1.20～1.60	±0.10	±0.11	±0.11	±0.070	±0.080	±0.080
＞1.60～2.00	±0.12	±0.13	±0.13	±0.080	±0.090	±0.090
＞2.00～2.50	±0.14	±0.15	±0.15	±0.100	±0.110	±0.110
＞2.50～3.00	±0.16	±0.17	±0.17	±0.110	±0.120	±0.120
＞3.00～4.00	±0.17	±0.19	±0.19	±0.140	±0.150	±0.150

② 规定的最小屈服强度为 280～＜360MPa 的钢板和钢带的厚度允许偏差比表中规定值增加 20%；规定的最小屈服强度≥360MPa 的钢板和钢带的厚度允许偏差比表中规定值增加 40%

③ 距钢带焊缝 15m 内的厚度允许偏差比表中规定值增加 60%；距钢带两端各 15m 内的厚度允许偏差比表中规定值增加 60%

宽度允许偏差

① 切边钢板、钢带和不切边钢板、钢带

公称宽度	切边钢板、钢带的宽度允许偏差		不切边钢板、钢带的宽度允许偏差
	普通精度 PW. A	较高精度 PW. B	
≤1 200	+4 0	+2 0	由供需双方商定
＞1 200～1 500	+5 0	+2 0	
＞1500	+6 0	+3 0	

② 纵切钢带

公称厚度	宽度允许偏差				
	公称宽度				
	≤125	＞125～250	＞250～400	＞400～600	＞600
≤0.40	+0.3 0	+0.6 0	+1.0 0	+1.5 0	+2.0 0

（续）

	公称厚度	宽度允许偏差 公称宽度 ≤125	>125~250	>250~400	>400~600	>600
宽度允许偏差	>0.40~1.0	+0.5 0	+0.8 0	+1.2 0	+1.5 0	+2.0 0
	>1.0~1.8	+0.7 0	+1.0 0	+1.5 0	+2.0 0	+2.5 0
	>1.8~4.0	+1.0 0	+1.3 0	+1.7 0	+2.0 0	+2.5 0

	公称长度	钢板长度允许偏差 普通精度 PL. A	较高精度 PL. B
长度允许偏差	≤2000	+6 0	+3 0
	>2000	+0.3%×公称长度 0	+0.15%×公称长度 0

表 1-1-9 冷轧钢板和钢带的外形要求 （单位：mm）

	规定的最小屈服强度/MPa	公称宽度	钢板不平度 ≤ 普通精度 PF. A 公称厚度 <0.70			较高精度 PF. B <0.70		
			<0.70	0.70~<1.20	≥1.20	<0.70	0.70~<1.20	≥1.20
不平度	<280	≤1 200	12	10	8	5	4	3
		>1 200~1 500	15	12	10	6	5	4
		>1500	19	17	15	8	7	6
	280~<360	≤1 200	15	13	10	8	6	5
		>1 200~1 500	18	15	13	9	8	6
		>1500	22	20	19	12	10	9
	≥360	供需双方协议确定						
	对规定的最小屈服强度<280MPa的钢板按较高级不平度供货时，仲裁情况下另需检验边浪，边浪应符合以下规定： ——当波浪长度不小于200mm时，对于公称宽度小于1 500mm的钢板，波浪高度应小于波浪长度的1%；对于公称宽度小于1 500mm的钢板，波浪高度应小于波浪长度的1.5% ——当波浪长度小于200 mm时，波浪高度应小于2mm							
	钢带的不平度：当用户有要求时，在用户对钢带进行充分平整校直后，表中的规定值也适用于用户从钢带上切下的钢板							
镰刀弯	钢板和钢带的镰刀弯在任意2 000mm长度上应不大于6mm，钢板的长度不大于2 000mm时，其镰刀弯应不大于钢板实际长度的0.3%。纵切钢带的镰刀弯在任意2 000mm长度上应不大于2 mm							
切斜	钢板应切成直角，切斜应不大于钢板宽度的1%							
塔形	公称厚度	公称宽度	钢带卷的一侧塔形高度≤					
	≤2.5	≤1000	40					
		>1000	60					
	>2.5	≤1000	30					
		>1000	50					

表 1-1-10 碳素结构钢冷轧薄钢板及钢带

	分类方法	类别	代号
分类及代号	按表面质量分	较高级表面	FB
		高级表面	FC
	按表面结构分	光亮表面	B：其特征为轧辊经磨床精加工处理
		粗糙表面	D：其特征为轧辊磨床加工后经喷丸等处理

（续）

<table>
<tr><td>钢号</td><td colspan="6">Q195、Q215、Q235、Q275</td></tr>
<tr><td>交货状态</td><td colspan="6">① 以退火后平整状态交货。经供需双方协议，亦可以其他热处理状态交货，此时力学性能由供需双方协议规定
② 通常涂油后供货，所涂油膜应能用碱性或其他常用的脱脂液去除，在通常的包装、运输、装卸及储存条件下，供方应保证对涂油产品自出厂之日起6个月内不生锈。经供需双方协议并在合同中注明，也可不涂油供货
③ 尺寸、外形、重量及允许偏差应符合GB/T708—2006的规定</td></tr>
<tr><td rowspan="14">力学性能</td><td colspan="6">① 横向拉伸试验</td></tr>
<tr><td rowspan="2">牌号</td><td rowspan="2" colspan="2">下屈服强度 R_{eL}（无明显屈服时用 $R_{p0.2}$）/MPa</td><td rowspan="2">抗拉强度 R_m/MPa</td><td colspan="2">断后伸长率（%）</td></tr>
<tr><td>A_{50}</td><td>A_{80}</td></tr>
<tr><td>Q195</td><td colspan="2">≥195</td><td>315～430</td><td>≥26</td><td>≥24</td></tr>
<tr><td>Q215</td><td colspan="2">≥215</td><td>335～450</td><td>≥24</td><td>≥22</td></tr>
<tr><td>Q235</td><td colspan="2">≥235</td><td>370～500</td><td>≥22</td><td>≥20</td></tr>
<tr><td>Q275</td><td colspan="2">≥275</td><td>410～540</td><td>≥20</td><td>≥18</td></tr>
<tr><td colspan="6">②180°弯曲试验（试样宽度 $B \geqslant 20$mm，仲裁试验时 $B = 20$mm），弯曲处不应有肉眼可见裂纹</td></tr>
<tr><td>牌号</td><td colspan="3">试样方向</td><td colspan="2">弯心直径 d</td></tr>
<tr><td>Q195</td><td colspan="3">横</td><td colspan="2">0.5a（a为试样厚度，下同）</td></tr>
<tr><td>Q215</td><td colspan="3">横</td><td colspan="2">0.5a</td></tr>
<tr><td>Q235</td><td colspan="3">横</td><td colspan="2">1a</td></tr>
<tr><td>Q275</td><td colspan="3">横</td><td colspan="2">1a</td></tr>
<tr><td colspan="6"></td></tr>
<tr><td>表面质量</td><td colspan="6">① 钢板及钢带表面不得有气泡、裂纹、结疤、折叠和夹杂等对使用有害的缺陷。钢板及钢带不应有分层
② 各表面质量级别特征的规定：
FB：表面允许有少量不影响成形性的缺陷，如小气泡、小划痕、小辊印、轻微划伤及氧化色等
FC：产品两面中较好的一面应对缺陷进一步限制，无目视可见的明显缺陷，另一面应达到FB表面的要求
③ 对于钢带，在连续生产过程中，由于局部的表面缺陷不易发现和去除，因此允许带缺陷交货，但有缺陷的部分应不超过每卷总长度的6%</td></tr>
</table>

表 1-1-11 优质碳素结构钢冷轧薄钢板和钢带

<table>
<tr><td rowspan="3">分类及代号</td><td colspan="3">分类方法</td><td colspan="2">类别</td><td colspan="3">代号</td></tr>
<tr><td colspan="3">按表面质量分</td><td colspan="2">高级精整表面
较高级精整表面
普通级精整表面</td><td colspan="3">Ⅰ
Ⅱ
Ⅲ</td></tr>
<tr><td colspan="3">按拉延级别分</td><td colspan="2">最深拉延级
深拉延级
普通拉延级</td><td colspan="3">Z
S
P</td></tr>
<tr><td>交货状态</td><td colspan="8">① 应在热处理（退火、正火、正火后回火）状态下供应，如有特殊要求，经供需双方协议
② 应经平整交货
③ 尺寸、外形、重量及允许偏差应符合GB/T708—2006的规定</td></tr>
<tr><td rowspan="15">力学性能</td><td rowspan="3">牌号</td><td rowspan="2">退火成球状珠光体时</td><td colspan="6">拉延级别</td></tr>
<tr><td>Z</td><td>S和P</td><td>Z</td><td>S</td><td>P</td></tr>
<tr><td colspan="3">抗拉强度 R_m/MPa</td><td colspan="3">伸长率 $A_{11.3}$（%）≥</td></tr>
<tr><td>08F</td><td>—</td><td>275～365</td><td>275～380</td><td>34</td><td>32</td><td>30</td></tr>
<tr><td>08,08Al,10F</td><td>—</td><td>275～390</td><td>275～410</td><td>32</td><td>30</td><td>28</td></tr>
<tr><td>10</td><td>—</td><td>295～410</td><td>295～430</td><td>30</td><td>29</td><td>28</td></tr>
<tr><td>15F</td><td>—</td><td>315～430</td><td>315～450</td><td>29</td><td>28</td><td>27</td></tr>
<tr><td>15</td><td>—</td><td>335～450</td><td>335～470</td><td>27</td><td>26</td><td>25</td></tr>
<tr><td>20</td><td>—</td><td>355～490</td><td>355～500</td><td>26</td><td>25</td><td>24</td></tr>
<tr><td>25</td><td>375～490</td><td>—</td><td>390～540</td><td>—</td><td>24</td><td>23</td></tr>
<tr><td>30</td><td>390～510</td><td>—</td><td>440～590</td><td>—</td><td>22</td><td>21</td></tr>
<tr><td>35</td><td>410～530</td><td>—</td><td>490～635</td><td>—</td><td>20</td><td>19</td></tr>
<tr><td>40</td><td>430～550</td><td>—</td><td>510～650</td><td>—</td><td>—</td><td>18</td></tr>
<tr><td>45</td><td>450～570</td><td>—</td><td>530～685</td><td>—</td><td>—</td><td>16</td></tr>
<tr><td>50</td><td>470～590</td><td>—</td><td>540～715</td><td>—</td><td>—</td><td>14</td></tr>
</table>

（续）

<table>
<tr><td rowspan="15">工艺性能</td><td colspan="12">① 冷弯试验：最深拉延级全部钢号及深拉延级的 15F、15、20、25 钢的钢板和钢带，应在冷状态下做 180° 弯曲试验；厚度不大于 2mm 的弯至两面接触，大于 2mm 的垫上厚度相同的垫板。弯曲处不得有裂纹、裂口和分层</td></tr>
<tr><td colspan="12">② 杯突试验</td></tr>
<tr><td rowspan="3">厚度
/mm</td><td colspan="3">08F，08，08Al，10F</td><td colspan="2">10，15F，15，20</td><td rowspan="3">厚度
/mm</td><td colspan="3">08F，08，08Al，10F</td><td colspan="2">10，15F，15，20</td></tr>
<tr><td>Z</td><td>S</td><td>P</td><td>Z</td><td>S</td><td>Z</td><td>S</td><td>P</td><td>Z</td><td>S</td></tr>
<tr><td colspan="5">冲压深度/mm≥</td><td colspan="5">冲压深度/mm≥</td></tr>
<tr><td>0.5</td><td>9.0</td><td>8.4</td><td>8.0</td><td>8.0</td><td>7.6</td><td>1.3</td><td>11.2</td><td>10.8</td><td>10.6</td><td colspan="2" rowspan="8">不做试验</td></tr>
<tr><td>0.6</td><td>9.4</td><td>8.9</td><td>8.5</td><td>8.4</td><td>7.8</td><td>1.4</td><td>11.3</td><td>11.0</td><td>10.8</td></tr>
<tr><td>0.7</td><td>9.7</td><td>9.2</td><td>8.9</td><td>8.6</td><td>8.0</td><td>1.5</td><td>11.5</td><td>11.2</td><td>11.0</td></tr>
<tr><td>0.8</td><td>10.0</td><td>9.5</td><td>9.3</td><td>8.8</td><td>8.2</td><td>1.6</td><td>11.6</td><td>11.4</td><td>11.2</td></tr>
<tr><td>0.9</td><td>10.3</td><td>9.9</td><td>9.6</td><td>9.0</td><td>8.4</td><td>1.7</td><td>11.8</td><td>11.6</td><td>11.4</td></tr>
<tr><td>1.0</td><td>10.5</td><td>10.1</td><td>9.9</td><td>9.2</td><td>8.6</td><td>1.8</td><td>11.9</td><td>11.7</td><td>11.5</td></tr>
<tr><td>1.1</td><td>10.8</td><td>10.4</td><td>10.2</td><td colspan="2" rowspan="2">不做试验</td><td>1.9</td><td>12.0</td><td>11.8</td><td>11.7</td></tr>
<tr><td>1.2</td><td>11.0</td><td>10.6</td><td>10.4</td><td>2.0</td><td>12.1</td><td>11.9</td><td>11.7</td></tr>
</table>

注：1. 各牌号的化学成分应符合 GB/T 699—1999 的规定，但牌号 08Al 除铝质量分数为 0.015% ~0.065%，碳、锰含量的下限不限，硅含量≤0.03%（质量分数）。

2. 厚度小于 2mm 的钢板和钢带，伸长率允许比表中的规定值降低 1%（绝对值）。正火状态下供应的钢板和钢带，当其他要求符合本标准规定时，抗拉强度允许比表中规定的上限值提高 50MPa。

3. 中间厚度的钢板和钢带，其杯突试验值按表中接近小尺寸厚度钢板和钢带的冲压深度数值选择。

表 1-1-12 不锈钢冷轧钢板和钢带的尺寸及允许偏差 （单位：mm）

<table>
<tr><td rowspan="4">公称尺寸范围</td><td>形　态</td><td>公称厚度</td><td>公称宽度</td><td colspan="4">备注</td></tr>
<tr><td>宽钢带、卷切钢板</td><td>≥0.10 ~ ≤8.00</td><td>≥600 ~ <2100</td><td colspan="4" rowspan="3">具体规定按 GB/T 708—2006，经双方协商可供其他尺寸</td></tr>
<tr><td>纵剪宽钢带、卷切钢带Ⅰ</td><td>≥0.10 ~ ≤8.00</td><td><600</td></tr>
<tr><td>窄钢带、卷切钢带Ⅱ</td><td>≥0.01 ~ ≤3.00</td><td><600</td></tr>
<tr><td rowspan="20">厚度允许偏差</td><td colspan="7">① 宽钢带及卷切钢板、纵剪宽钢带及卷切钢带Ⅰ</td></tr>
<tr><td rowspan="3">公称厚度</td><td colspan="6">厚度允许偏差</td></tr>
<tr><td colspan="2">宽度≤1000</td><td colspan="2">1000 < 宽度≤1300</td><td colspan="2">1300 < 宽度≤2100</td></tr>
<tr><td>普通精度</td><td>较高精度</td><td>普通精度</td><td>较高精度</td><td>普通精度</td><td>较高精度</td></tr>
<tr><td>≥0.10 ~ <0.20</td><td>±0.025</td><td>±0.015</td><td>—</td><td>—</td><td>—</td><td>—</td></tr>
<tr><td>≥0.20 ~ <0.30</td><td>±0.030</td><td>±0.020</td><td>—</td><td>—</td><td>—</td><td>—</td></tr>
<tr><td>≥0.30 ~ <0.50</td><td>±0.04</td><td>±0.025</td><td>±0.045</td><td>±0.030</td><td>—</td><td>—</td></tr>
<tr><td>≥0.50 ~ <0.60</td><td>±0.045</td><td>±0.030</td><td>±0.05</td><td>±0.035</td><td>—</td><td>—</td></tr>
<tr><td>≥0.60 ~ <0.80</td><td>±0.05</td><td>±0.035</td><td>±0.055</td><td>±0.040</td><td>—</td><td>—</td></tr>
<tr><td>≥0.80 ~ <1.00</td><td>±0.055</td><td>±0.040</td><td>±0.06</td><td>±0.045</td><td>±0.065</td><td>±0.050</td></tr>
<tr><td>≥1.00 ~ <1.20</td><td>±0.06</td><td>±0.045</td><td>±0.07</td><td>±0.050</td><td>±0.075</td><td>±0.055</td></tr>
<tr><td>≥1.20 ~ <1.50</td><td>±0.07</td><td>±0.050</td><td>±0.08</td><td>±0.055</td><td>±0.09</td><td>±0.060</td></tr>
<tr><td>≥1.50 ~ <2.00</td><td>±0.08</td><td>±0.055</td><td>±0.09</td><td>±0.060</td><td>±0.10</td><td>±0.070</td></tr>
<tr><td>≥2.00 ~ <2.50</td><td>±0.09</td><td>—</td><td>±0.10</td><td>—</td><td>±0.11</td><td>—</td></tr>
<tr><td>≥2.50 ~ <3.00</td><td>±0.11</td><td>—</td><td>±0.12</td><td>—</td><td>±0.12</td><td>—</td></tr>
<tr><td>≥3.00 ~ <4.00</td><td>±0.13</td><td>—</td><td>±0.14</td><td>—</td><td>±0.14</td><td>—</td></tr>
<tr><td>≥4.00 ~ <5.00</td><td>±0.14</td><td>—</td><td>±0.15</td><td>—</td><td>±0.15</td><td>—</td></tr>
<tr><td>≥5.00 ~ <6.50</td><td>±0.15</td><td>—</td><td>±0.16</td><td>—</td><td>±0.16</td><td>—</td></tr>
<tr><td>≥6.50 ~ ≤8.00</td><td>±0.16</td><td>—</td><td>±0.17</td><td>—</td><td>±0.17</td><td>—</td></tr>
</table>

（续）

厚度允许偏差

② 窄钢带及卷切钢带Ⅱ

公称厚度 t	厚度允许偏差					
	宽度<125		125≤宽度<250		250≤宽度<600	
	普通精度	较高精度	普通精度	较高精度	普通精度	较高精度
≥0.05~<0.10	±0.10t	±0.06t	±0.12t	±0.10t	±0.15t	±0.10t
≥0.10~<0.20	±0.010	±0.008	±0.015	±0.012	±0.020	±0.015
≥0.20~<0.30	±0.015	±0.012	±0.020	±0.015	±0.025	±0.020
≥0.30~<0.40	±0.020	±0.015	±0.025	±0.020	±0.030	±0.025
≥0.40~<0.60	±0.025	±0.020	±0.030	±0.025	±0.035	±0.030
≥0.60~<1.00	±0.030	±0.025	±0.035	±0.030	±0.040	±0.035
≥1.00~<1.50	±0.035	±0.030	±0.040	±0.035	±0.050	±0.040
≥1.50~<2.00	±0.040	±0.035	±0.050	±0.040	±0.060	±0.050
≥2.00~<2.50	±0.050	±0.040	±0.060	±0.050	±0.070	±0.060
≥2.50~≤3.00	±0.060	±0.050	±0.070	±0.060	±0.080	±0.070

宽度允许偏差

① 切边（EC）宽钢带及卷切钢板、纵剪宽钢带及卷切钢带Ⅰ

公称厚度	宽度允许偏差							
	宽度≤125		125<宽度≤250		250<宽度≤600		600<宽度≤1000	宽度>1000
	普通精度	较高精度	普通精度	较高精度	普通精度	较高精度	普通精度	普通精度
<1.00	+0.5 0	+0.3 0	+0.5 0	+0.3 0	+0.7 0	+0.6 0	+1.5 0	+2.0 0
≥1.00~<1.50	+0.7 0	+0.4 0	+0.7 0	+0.5 0	+1.0 0	+0.7 0	+1.5 0	+2.0 0
≥1.50~<2.50	+1.0 0	+0.6 0	+1.0 0	+0.7 0	+1.2 0	+0.9 0	+2.0 0	+2.5 0
≥2.50~<3.50	+1.2 0	+0.8 0	+1.2 0	+0.9 0	+1.5 0	+1.0 0	+3.0 0	+3.0 0
≥3.50~≤8.00	+2.0 0	—	+2.0 0	—	+2.0 0	—	+4.0 0	+4.0 0

② 不切边（EM）宽钢带及卷切钢板

边缘状态	宽度允许偏差		
	600≤宽度<1000	1000≤宽度<1500	宽度≥1500
轧制边缘	+25 0	+30 0	+30 0

③ 切边（EC）窄钢带及卷切钢带Ⅱ

公称厚度	宽度允许偏差							
	宽度≤40		40<宽度≤125		125<宽度≤250		250<宽度≤600	
	普通精度	较高精度	普通精度	较高精度	普通精度	较高精度	普通精度	较高精度
≥0.05~<0.25	+0.17 0	+0.13 0	+0.20 0	+0.15 0	+0.25 0	+0.20 0	+0.50 0	+0.50 0
≥0.25~<0.50	+0.20 0	+0.15 0	+0.25 0	+0.20 0	+0.30 0	+0.22 0	+0.60 0	+0.50 0
≥0.50~<1.00	+0.25 0	+0.20 0	+0.30 0	+0.22 0	+0.40 0	+0.25 0	+0.70 0	+0.60 0
≥1.00~<1.50	+0.30 0	+0.22 0	+0.35 0	+0.25 0	+0.50 0	+0.30 0	+0.90 0	+0.70 0
≥1.50~<2.50	+0.35 0	+0.25 0	+0.40 0	+0.30 0	+0.60 0	+0.40 0	+1.0 0	+0.80 0
2.50≥~<3.00	+0.40 0	+0.30 0	+0.50 0	+0.40 0	+0.65 0	+0.50 0	+1.2 0	+1.0 0

④ 不切边（EM）窄钢带及卷切钢带Ⅱ的宽度允许偏差由供需双方协商确定

（续）

项目	分类		
长度允许偏差	① 卷切钢板及卷切钢带Ⅰ		
	公称长度	长度允许偏差	
		普通精度	较高精度
	≤2000	+5 0	+3 0
	>2000	+0.0025×公称长度 0	+0.0015×公称长度 0
	② 卷切钢带Ⅱ		
	公称长度	长度允许偏差	
		普通精度	较高精度
	≤2000	+3 0	+1.5 0
	>2000～≤4000	+5 0	+2 0
	>4000	供需双方协商	

注：宽钢带头尾不正常部分（总长度不大于 25 000 mm）的厚度偏差值允许比正常部分增加 50%。

表 1-1-13　不锈钢冷轧钢板和钢带的外形要求　（单位：mm）

项目	分类				
不平度	① 卷切钢板及卷切钢带Ⅰ				
	公称长度		不平度（不适用于冷作硬化钢板及 2D 产品）		
			普通级		较高级
	≤3000		≤10		≤7
	>3000		≤12		≤8
	② 卷切钢带Ⅱ				
	公称长度		不平度（不适用于冷作硬化钢板及 2D 产品）		
			普通级		较高级
	任意长度		≤10		≤7
	③ 不同冷作硬化状态下的卷切钢板				
	公称宽度	厚度	不平度（仅适用于奥氏体型和奥氏体·铁素体型除软板及深冲板之外的钢种）		
			H1/4	H1/2	H、H2
	≥600～<900	≥0.10～<0.40	≤19	≤23	供需双方协商
		≥0.40～<0.80	≤16	≤23	
		≥0.80	≤13	≤19	
	≥900～<1219	≥0.10～<0.40	≤26	≤29	供需双方协商
		≥0.40～<0.80	≤19	≤29	
		≥0.80	≤16	≤26	
镰刀弯	① 宽钢带及卷切钢板、纵剪宽钢带及卷切钢带Ⅰ				
	公称宽度		任意 1000 长度上的镰刀弯		
	≥10～<40		≤2.5		
	≥40～<125		≤2.0		
	≥125～<600		≤1.5		
	≥600～<2100		≤1.0		
	② 窄钢带及卷切钢带Ⅱ				
	公称宽度		任意 1000 长度上的镰刀弯		
			普通精度		较高精度
	≥10～<25		≤4.0		≤1.5
	≥25～<40		≤3.0		≤1.25
	≥40～<125		≤2.0		≤1.0
	≥125～<600		≤1.5		≤0.75
	③ 冷作硬化卷切钢板的镰刀弯由供需双方协商确定				

（续）

切斜度	① 卷切钢板及卷切钢带Ⅰ的切斜度应不大于产品公称宽度×0.5%，或见下表	
	卷切钢板长度	对角线最大差值
	≤3000	≤6
	>3000～≤6000	≤10
	>6000	≤15
	② 卷切钢带Ⅱ	
	公称宽度	切斜度
	≥250	≤公称宽度×0.5%
	<250	供需双方协商
边浪	宽钢带、纵剪宽钢带、窄钢带的边浪应符合如下规定：边浪 = 浪高 h/浪形长度 L 经平整或校直后的窄钢带：厚度≤1.0mm，边浪≤0.03；厚度>1.0 mm，边浪≤0.02 宽钢带或纵剪宽钢带：边浪≤0.03 冷作硬化钢带及 2D 产品的边浪由供需双方协商确定	
塔形	切边钢卷及纵剪宽钢带不大于 35 mm；不切边钢卷不大于 70 mm	

表 1-1-14　不锈钢冷轧钢板和钢带的力学性能

① 经固溶处理的奥氏体型钢板和钢带的力学性能

GB/T 20878—2007 中序号	新牌号	旧牌号	规定非比例延伸强度 $R_{p0.2}$/MPa	抗拉强度 R_m/MPa	断后伸长率 A（%）	硬度值 HBW	硬度值 HRB	硬度值 HV
			≥	≥	≥	≤	≤	≤
9	12Cr17Ni7	1Cr17Ni7	205	515	40	217	95	218
10	022Cr17Ni7		220	550	45	241	100	—
11	022Cr17Ni7N		240	550	45	241	100	—
13	12Cr18Ni9	1Cr18Ni9	205	515	40	201	92	210
14	12Cr18Ni9Si3	1Cr18Ni9Si3	205	515	40	217	95	220
17	06Cr19Ni10	0Cr18Ni9	205	515	40	201	92	210
18	022Cr19Ni10	00Cr19Ni10	170	485	40	201	92	210
19	07Cr19Ni10		205	515	40	201	92	210
20	05Cr19Ni10Si3NbN		290	600	40	217	95	—
23	06Cr19Ni10N	0Cr19Ni10N	240	550	30	201	92	220
24	06Cr19Ni10NbN	0Cr19Ni10NbN	345	685	35	250	100	260
25	022Cr19Ni10N	00Cr19Ni10N	205	515	40	201	92	220
26	10Cr18Ni12	1Cr18Ni12	170	485	40	183	88	200
32	06Cr23Ni13	0Cr23Ni13	205	515	40	217	95	220
35	06Cr25Ni20	0Cr25Ni20	205	515	40	217	95	220
36	022Cr25 Ni22Mo2N		270	580	25	217	95	—
38	06Cr17Ni12Mo2	0Cr17Ni12Mo2	205	515	40	217	95	220
39	022Cr17Ni12Mo2	00Cr17Ni12Mo2	170	485	40	217	95	220
41	06Cr17Ni12Mo2Ti	0Cr18Ni12Mo3Ti	205	515	40	217	95	220
42	06Cr17Ni12Mo2Nb		205	515	30	217	95	—
43	06Cr17Ni12Mo2N	0Cr17Ni12Mo2N	240	550	35	217	95	220
44	022Cr17Ni12Mo2N	00Cr17Ni13Mo2N	205	515	40	217	95	220
45	06Cr18Ni12Mo2Cu2	06Cr18Ni12Mo2Cu2	205	520	40	187	90	200
48	015Cr21Ni26Mo2Cu2		220	490	35	—	90	—
49	06Cr19Ni13Mo3	0Cr19Ni19Mo3	205	515	35	217	95	220
50	022Cr19Ni13Mo3	00Cr19Ni19Mo3	205	515	40	217	95	220
53	022Cr19Ni16Mo5N		240	550	40	223	96	—
54	022Cr19Ni13Mo4N		240	550	40	217	95	—
55	06Cr18Ni11Ti	0Cr18Ni10Ti	205	515	40	217	95	220
58	015Cr24Ni22Mo8Mn3CuN		430	750	40	250	—	—
61	022Cr24Ni17Mo5Mn6CuN		415	795	35	241	100	—
62	06Cr18Ni11Nb	0Cr18Ni11Nb	205	515	40	201	92	210

（续）

② 不同冷作硬化状态钢板和钢带的力学性能

硬化状态	GB/T 20878—2007 中序号	新牌号	旧牌号	规定非比例延伸强度 $R_{p0.2}$/MPa	抗拉强度 R_m/MPa	断后伸长率 A（%）		
						厚度 <0.4mm	厚度 ≥0.4～<0.8mm	厚度 ≥0.8mm
				≥				
H1/4	9	12Cr17Ni7	1Cr17Ni7	515	860	25	25	25
	10	022Cr17Ni7		515	825	25	25	25
	11	022Cr17Ni7N		515	825	25	25	25
	13	12Cr18Ni9	1Cr18Ni9	515	860	10	10	12
	17	06Cr19Ni10	0Cr18Ni9	515	860	10	10	12
	18	022Cr19Ni10	00Cr19Ni10	515	860	8	8	10
	23	06Cr19Ni10N	0Cr19Ni10N	515	860	12	12	12
	25	022Cr19Ni10N	00Cr19Ni10N	515	860	10	10	12
	38	06Cr17Ni12Mo2	0Cr17Ni12Mo2	515	860	10	10	10
	39	022Cr17Ni12Mo2	00Cr17Ni12Mo2	515	860	8	8	8
	41	06Cr17Ni12Mo2Ti	0Cr18Ni12Mo3Ti	515	860	12	12	12
H1/2	9	12Cr17Ni7	1Cr17Ni7	760	1035	15	18	18
	10	022Cr17Ni7		690	930	20	20	20
	11	022Cr17Ni7N		690	930	20	20	20
	13	12Cr18Ni9	1Cr18Ni9	760	1035	9	10	10
	17	06Cr19Ni10	0Cr18Ni9	760	1035	6	7	7
	18	022Cr19Ni10	00Cr19Ni10	760	1035	5	6	6
	23	06Cr19Ni10N	0Cr19Ni10N	760	1035	6	8	8
	25	022Cr19Ni10N	00Cr19Ni10N	760	1035	6	7	7
	38	06Cr17Ni12Mo2	0Cr17Ni12Mo2	760	1035	6	7	7
	39	022Cr17Ni12Mo2	00Cr17Ni12Mo2	760	1035	5	6	6
	43	06Cr17Ni12Mo2N	0Cr17Ni12Mo2N	760	1035	6	8	8
H	9	12Cr17Ni7	1Cr17Ni7	930	1025	10	12	12
	13	12Cr18Ni9	1Cr18Ni9	930	1025	5	6	6
H2	9	12Cr17Ni7	1Cr17Ni7	965	1275	8	9	9
	13	12Cr18Ni9	1Cr18Ni9	965	1275	3	4	4

③ 经固溶处理的奥氏体·铁素体型钢板和钢带的力学性能

GB/T 20878—2007 中序号	新牌号	旧牌号	规定非比例延伸强度 $R_{p0.2}$/MPa	抗拉强度 R_m/MPa	断后伸长率 A（%）	硬度值 HBW	硬度值 HRC
			≥			≤	
67	14Cr18Ni11Si4AlTi	1Cr18Ni11Si4AlTi	—	715	25	—	—
68	022Cr19Ni5Mo3Si2N	00Cr18Ni5Mo3Si2	440	630	25	290	31
69	12Cr21Ni5Ti	1Cr21Ni5Ti	—	635	20	—	—
70	022Cr22Ni5Mo3N		450	620	25	293	31
71	022Cr23Ni5Mo3N		450	620	25	293	31
72	022Cr23Ni4MoCuN		400	600	25	290	31
73	022Cr25Ni6Mo2N		450	640	25	295	31
74	022Cr25Ni7Mo4WCuN		550	750	25	270	—
75	03Cr25Ni6Mo3Cu2N		550	760	15	302	32
76	022Cr25Ni7Mo4N		550	795	15	310	32

（续）

④ 经退火处理铁素体型钢板和钢带的力学性能

GB/T 20878—2007 中序号	新牌号	旧牌号	规定非比例延伸强度 $R_{p0.2}$/MPa	抗拉强度 R_m/MPa	断后伸长率 A（%）	冷弯 180°（d—弯心直径：a—板厚）	硬度值		
							HBW	HRB	HV
			≥				≤		
78	06Cr13Al	0Cr13Al	170	415	20	$d=2a$	179	88	200
80	022Cr11Ti		275	415	20	$d=2a$	197	92	200
81	022Cr11NbTi		275	415	20	$d=2a$	197	92	200
82	022Cr12Ni		280	450	18	—	180	88	—
83	022Cr12	00Cr12	195	360	22	$d=2a$	183	88	200
84	10Cr15	1Cr15	205	450	22	$d=2a$	183	89	200
85	10Cr17	1Cr17	205	450	22	$d=2a$	183	89	200
87	022Cr18Ti	00Cr17	175	360	22	$d=2a$	183	88	200
88	10Cr17Mo	1Cr17Mo	240	450	22	$d=2a$	183	89	200
90	019Cr18MoTi		245	410	20	$d=2a$	217	96	230
91	022Cr18NbTi		250	430	18	—	180	88	—
92	019Cr19Mo2NbTi	00Cr19Mo2	275	415	20	$d=2a$	217	96	230
94	008Cr27Mo	00Cr27Mo	245	410	22	$d=2a$	190	90	200
95	008Cr30Mo2	00Cr30Mo2	295	450	22	$d=2a$	209	95	220

⑤ 经退火处理的马氏体型钢板和钢带的力学性能

GB/T 20878—2007 中序号	新牌号	旧牌号	规定非比例延伸强度 $R_{p0.2}$/MPa	抗拉强度 R_m/MPa	断后伸长率 A（%）	冷弯 180°	硬度值		
							HBW	HRB	HV
			≥				≤		
96	12Cr12	1Cr12	205	485	20	$d=2a$	217	96	210
97	06Cr13	0Cr13	205	415	20	$d=2a$	183	89	200
98	12Cr13	1Cr13	205	450	20	$d=2a$	217	96	210
99	04Cr13Ni5Mo		620	795	15	—	302	32HRC	—
101	20Cr13	2Cr13	225	520	18	—	223	97	234
102	30Cr13	3Cr13	225	540	18	—	235	99	247
104	40Cr13	4Cr13	225	590	15	—	—	—	—
107	17Cr16Ni2（淬、回火后）		690	880 ~ 1080	12	—	262 ~ 326	—	—
			1050	1350	10	—	388	—	—
108	68 Cr17	1Cr12	245	590	15	—	255	25HRC	269

⑥ 经固溶处理的沉淀硬化型钢板和钢带试样的力学性能

GB/T 20878—2007 中序号	新牌号	旧牌号	钢材厚度/mm	规定非比例延伸强度 $R_{p0.2}$/MPa	抗拉强度 R_m/MPa	断后伸长率 A（%）	硬度值	
							HRC	HBW
				≤		≥	≤	
134	04Cr13Ni8Mo2Al		≥0.10 ~ <8.0	—	—	—	38	363
135	022Cr12Ni9Cu2NbTi		≥0.30 ~ ≤8.0	1105	1205	3	38	331
138	07Cr17Ni7Al	0Cr17Ni7Al	≥0.10 ~ <0.30	450	1035	—	—	—
			≥0.30 ~ ≤8.0	380	1035	20	92HRB	—
139	07Cr15Ni7Mo2Al	0Cr15Ni7Mo2Al	≥0.10 ~ <8.0	450	1035	25	100HRB	—
141	09Cr17Ni5Mo3N		≥0.10 ~ <0.30	585	1380	8	30	—
			≥0.30 ~ ≤8.0	585	1380	12	30	—
142	06Cr17Ni7AlTi		≥0.10 ~ <1.50	515	825	4	32	—
			≥1.50 ~ ≤8.0	515	825	5	32	—

（续）

（续）

⑦ 经沉淀硬化处理的沉淀硬化型钢板和钢带试样的力学性能

GB/T 20878—2007 中序号	新牌号	旧牌号	钢材厚度/mm	推荐处理温度/℃	规定非比例延伸强度 $R_{p0.2}$/MPa	抗拉强度 R_m/MPa	断后伸长率 A（%）	硬度值 HRC	硬度值 HBW
					≥	≥	≥		
134	04Cr13Ni8Mo2Al		≥0.10 ~ <0.50	510 ±6	1410	1515	6	45	—
			≥0.50 ~ <5.0		1410	1515	8	45	—
			≥5.0 ~ ≤8.0		1410	1515	10	45	—
			≥0.10 ~ <0.50	538 ±6	1310	1380	6	43	—
			≥0.50 ~ <5.0		1310	1380	8	43	—
			≥5.0 ~ ≤8.0		1310	1380	10	43	—
135	022Cr12Ni9Cu2NbTi		≥0.10 ~ <0.50	510 ±6 或 482 ±6	1410	1525	—	44	—
			≥0.50 ~ <5.0		1410	1525	3	44	—
			≥5.0 ~ ≤8.0		1410	1525	4	44	—
138	07Cr17Ni7Al	0Cr17Ni7Al	≥0.10 ~ <0.30	760 ±15	1035	1240	3	38	—
			≥0.30 ~ <5.0	15 ±3	1035	1240	5	38	—
			≥5.0 ~ ≤8.0	566 ±6	965	1170	7	43	352
			≥0.10 ~ <0.30	954 ±8	1310	1450	1	44	—
			≥0.30 ~ <5.0	−73 ±6	1310	1450	3	44	—
			≥5.0 ~ ≤8.0	510 ±6	1240	1380	6	43	401
139	07Cr15Ni7Mo2Al	0Cr15Ni7Mo2Al	≥0.10 ~ <0.30	760 ±15	1170	1310	3	40	—
			≥0.30 ~ <5.0	15 ±3	1170	1310	5	40	—
			≥5.0 ~ ≤8.0	566 ±6	1170	1310	4	40	375
			≥0.10 ~ <0.30	954 ±8	1380	1550	2	46	—
			≥0.30 ~ <5.0	−73 ±65	1380	1550	4	46	—
			≥5.0 ~ ≤8.0	510 ±6	1380	1550	4	45	429
			≥0.10 ~ ≤1.2	冷轧	1205	1380	1	41	—
			≥0.10 ~ ≤1.2	冷轧 +482	1580	1655	1	46	—
141	09Cr17Ni5Mo3N		≥0.10 ~ <0.30	455 ±8	1035	1275	6	42	—
			≥0.30 ~ ≤5.0		1035	1275	8	42	—
			≥0.10 ~ <0.30	540 ±8	1000	1140	6	36	—
			≥0.30 ~ ≤5.0		1000	1140	8	36	—
142	06Cr17Ni7AlTi		≥0.10 ~ <0.80	510 ±8	1170	1310	3	39	—
			≥0.80 ~ <1.50		1170	1310	4	39	—
			≥1.50 ~ ≤8.0		1170	1310	5	39	—
			≥0.10 <0.80	538 ±8	1105	1240	3	37	—
			≥0.80 ~ <1.50		1105	1240	4	37	—
			≥1.50 ~ ≤8.0		1105	1240	5	37	—
			≥0.10 ~ <0.80	566 ±8	1035	1170	3	35	—
			≥0.80 ~ <1.50		1035	1170	4	35	—
			≥1.50 ~ ≤8.0		1035	1170	5	35	—

⑧ 沉淀硬化型钢固溶处理状态的弯曲试验

GB/T20878—2007 中序号	新牌号	旧牌号	厚度/mm	冷弯/（°）	弯心直径 d（a—板厚）
135	022Cr12Ni9Cu2NbTi		≥0.10 ≤5.0	180	$d=6a$
138	07Cr17Ni7Al	0Cr17Ni7Al	≥0.10 ≤5.0	180	$d=a$
			≥5.0 ≤7.0	180	$d=3a$

（续）

GB/T20878—2007 中序号	新牌号	旧牌号	厚度/mm	冷弯/（°）	弯心直径 d（a—板厚）
139	07Cr15Ni7Mo2Al	0Cr15Ni7Mo2Al	≥0.10　≤5.0	180	d=a
			≥5.0　≤7.0	180	d=3a
141	09Cr17Ni5Mo3N		≥0.10　≤5.0	180	d=2a

注：各类钢板和钢带的规定非比例延伸强度及硬度试验、退火状态的铁素体型和马氏体型钢的弯曲试验，仅当需方要求并在合同中注明时才进行检验。对于几种硬度试验，可根据钢板和钢带的不同尺寸和状态选择其中的一种方法进行试验。

（6）耐热钢钢板和钢带（GB/T 4238—2007）见表 1-1-15。

表 1-1-15　耐热钢冷轧钢板和钢带的力学性能

① 经固溶处理的奥氏体型耐热钢板和钢带的力学性能

GB/T 20878—2007 中序号	新牌号	旧牌号	规定非比例延伸强度 $R_{p0.2}$/MPa	抗拉强度 R_m/MPa	断后伸长率 A（%）	硬度值 HBW	硬度值 HRB	硬度值 HV
			≥	≥	≥	≤	≤	≤
13	12Cr18Ni9	1Cr18Ni9	205	515	40	201	92	210
14	12Cr18Ni9Si3	1Cr18Ni9Si3	205	515	40	217	95	220
17	06Cr19Ni10	0Cr18Ni9	205	515	40	201	92	210
19	07Cr19Ni10		205	515	40	201	92	210
29	06Cr20Ni11		205	515	40	183	88	—
31	16Cr23Ni13	2Cr23Ni13	205	515	40	217	95	220
32	06Cr23Ni13	0Cr23Ni13	205	515	40	217	95	220
34	20Cr25Ni20	2Cr25Ni20	205	515	40	217	95	220
35	06Cr25Ni20	0Cr25Ni20	205	515	40	217	95	220
38	06Cr17Ni12Mo2	0Cr17Ni12Mo2	205	515	40	217	95	220
49	06Cr19Ni13Mo3	0Cr19Ni19Mo3	205	515	35	217	95	220
55	06Cr18Ni11Ti	0Cr18Ni10Ti	205	515	40	217	95	220
60	12Cr16Ni35	1Cr16Ni35	205	560	—	201	95	210
62	06Cr18Ni11Nb	0Cr18Ni11Nb	205	515	40	201	92	210
66	16Cr25Ni20Si2	1Cr25Ni20Si2	—	540	35	—	—	—

② 经退火处理的铁素体型耐热钢板和钢带的力学性能

GB/T 20878—2007 中序号	新牌号	旧牌号	规定非比例延伸强度 $R_{p0.2}$/MPa	抗拉强度 R_m/MPa	断后伸长率 A（%）	冷弯 180°（d—弯心直径；a—板厚）	硬度值 HBW	硬度值 HRB	硬度值 HV
			≥	≥	≥		≤	≤	≤
78	06Cr13Al	0Cr13Al	170	415	20	d=2a	179	88	200
80	022Cr11Ti		275	415	20	d=2a	197	92	200
81	022Cr11NbTi		275	415	20	d=2a	197	92	200
85	10Cr17	1Cr17	205	450	22	d=2a	183	89	200
93	16Cr25N	2Cr25N	275	510	20	冷弯 135°	201	65	210

③ 经退火处理的马氏体型耐热钢板和钢带的力学性能

GB/T 20878—2007 中序号	新牌号	旧牌号	规定非比例延伸强度 $R_{p0.2}$/MPa	抗拉强度 R_m/MPa	断后伸长率 A（%）	冷弯	硬度值 HBW	硬度值 HRB	硬度值 HV
			≥	≥	≥		≤	≤	≤
96	12Cr12	1Cr12	205	485	25	180°，d=2a	217	88	210
98	12Cr13	1Cr13	—	690	15		217	96	210
124	22Cr12NiMoWV	2Cr12NiMoWV	275	510	20	a≥3mm，d=a	200	95	210

（续）

④ 经固溶处理的沉淀硬化型耐热钢板和钢带的试样的力学性能

GB/T 20878—2007 中序号	新牌号	旧牌号	钢材厚度 /mm	规定非比例延伸强度 $R_{p0.2}$/MPa	抗拉强度 R_m/MPa	断后伸长率 A（%）	硬度值 HRC	硬度值 HBW
				≤		≥	≤	
135	022Cr12Ni9Cu2NbTi		≥0.30～≤100	1105	1205	3	36	331
137	05Cr17Ni4Cu4Nb	05Cr17Ni4Cu4Nb	≥0.4～<100	1105	1255	3	38	363
138	07Cr17Ni7Al	0Cr17Ni7Al	≥0.10～<0.30	450	1035	—	—	—
			≥0.30～≤100	380	1035	20	92HRB	—
139	07Cr15Ni7Mo2Al	0Cr15Ni7Mo2Al	≥0.10～≤100	450	1035	25	100HRB	
142	06Cr17Ni7AlTi		≥0.10～<0.80	515	825	3	32	—
			≥0.80～≤1.50	515	825	4	32	—
			≥1.50～≤100	515	825	5	32	—
143	06Cr15Ni25Ti2MoAlVB（时效后）	0Cr15Ni25Ti2MoAlVB	≥2	—	725	25	91HRB	192
			≥2	590	900	15	101HRB	248

⑤ 经沉淀硬化处理的沉淀硬化型耐热钢板和钢带的试样的力学性能

GB/T 20878—2007 中序号	牌号	钢材厚度 /mm	推荐处理温度/℃	规定非比例延伸强度 $R_{p0.2}$/MPa	抗拉强度 R_m/MPa	断后伸长率 A（%）	硬度值 HRC	硬度值 HBW
				≥				
135	022Cr12Ni9Cu2NbTi	≥0.10～<0.75	510±6 或 480±6	1410	1525	—	≥44	—
		≥0.75～<1.50		1410	1525	3	≥44	—
		≥1.50～≤16		1410	1525	4	≥44	—
137	05 Cr17Ni4Cu4Nb	≥0.10～<5.0	482±10	1170	1310	5	40～48	—
		≥5.0～<16		1170	1310	8	40～48	388～477
		≥16～<100		1170	1310	10	40～48	388～477
		≥0.10～<5.0	496±10	1070	1170	5	38～46	—
		≥5.0～<16		1070	1170	8	38～47	375～477
		≥16～<100		1070	1170	10	38～47	375～477
		≥0.10～<5.0	552±10	1000	1070	5	35～43	—
		≥5.0～<16		1000	1070	8	33～42	321～415
		≥16～<100		1000	1070	12	33～42	321～415
		≥0.10～<5.0	579±10	860	1000	5	31～40	—
		≥5.0～<16		860	1000	9	29～38	293～375
		≥16～<100		860	1000	13	29～38	293～375
		≥0.10～<5.0	593±10	790	965	5	31～40	—
		≥5.0～<16		790	965	10	29～38	293～375
		≥16～<100		790	965	14	29～38	293～375
		≥0.10～<5.0	621±10	725	930	8	28～38	—
		≥5.0～<16		725	930	10	26～36	269～352
		≥16～<100		725	930	16	26～36	269～352
		≥0.10～<5.0	760±10 621±10	515	790	9	26～36	255～331
		≥5.0～<16		515	790	11	24～34	248～321
		≥16～<100		515	790	18	24～34	248～321
138	07Cr17Ni7Al	≥0.05～<0.30	760±15	1035	1240	3	≥38	—
		≥0.30～<5.0	15±3	1035	1240	5	≥38	—
		≥5.0～≤16	566±6	965	1170	7	≥38	≥352

（续）

GB/T 20878—2007 中序号	牌号	钢材厚度 /mm	推荐处理温度/℃	规定非比例延伸强度 $R_{p0.2}$/MPa	抗拉强度 R_m/MPa	断后伸长率 A（%）	硬度值 HRC	硬度值 HBW
				≥	≥	≥		
138	07Cr17Ni7Al	≥0.05～<0.30	954±8	1310	1450	1	≥44	—
		≥0.30～<5.0	-73±6	1310	1450	3	≥44	—
		≥5.0～≤16	510±6	1240	1380	6	≥43	≥401
139	07Cr15Ni7Mo2Al	≥0.05～<0.30	760±15	1170	1310	3	≥40	—
		≥0.30～<5.0	15±3	1170	1310	5	≥40	—
		≥5.0～≤16	566±10	1170	1310	4	≥40	≥375
		≥0.05～<0.30	954±8	1380	1550	2	≥46	—
		≥0.30～<5.0	-73±6	1380	1550	4	≥46	—
		≥5.0～≤16	510±6	1380	1550	4	≥45	≥429
142	06Cr17Ni7AlTi	≥0.10～<0.80	510±8	1170	1310	3	≥39	—
		≥0.80～<1.50		1170	1310	4	≥39	—
		≥1.50～≤16		1170	1310	5	≥39	—
		≥0.10～<0.75	538±8	1105	1240	3	≥37	—
		≥0.75～<1.50		1105	1240	4	≥37	—
		≥1.50～≤16		1105	1240	5	≥37	—
		≥0.10～<0.75	566±8	1035	1170	3	≥35	—
		≥0.75～<1.50		1035	1170	4	≥35	—
		≥1.50～≤16		1035	1170	5	≥35	—
143	06Cr15Ni25Ti2MoAlVB	≥2.0～<8.0	700～760	590	900	15	≥101 HRB	≥248

⑥ 经固溶处理的沉淀硬化型耐热钢的弯曲试验

GB/T 20878—2007 中序号	新牌号	旧牌号	厚度/mm	冷弯180° d—弯心直径 a—钢板厚度
135	022Cr12Ni9Cu2NbTi		≥2.0～≤5.0	$d=6a$
138	07Cr17Ni7Al	0Cr17Ni7Al	≥2.0～≤5.0	$d=a$
			≥5.0～≤7.0	$d=3a$
139	07Cr15Ni7Mo2Al	0Cr15Ni7Mo2Al	≥2.0～≤5.0	$d=a$
			≥5.0～≤7.0	$d=3a$

注：1. 钢板和钢带的规定非比例延伸强度和硬度试验、经退火处理的铁素体型耐热钢和马氏体型耐热钢的弯曲试验，仅当需方要求并在合同中注明时才进行检验。对于几种不同硬度的试验可根据钢板和钢带的不同尺寸和状态按其中一种方法检验。当对经退火处理的铁素体型耐热钢和马氏体型耐热钢的钢板和钢带进行弯曲试验时，其外表面不允许有目视可见的裂纹产生。

2. 用作冷轧原料的钢板和钢带的力学性能仅当需方要求并在合同中注明时方进行检验。

3. 经固溶处理的奥氏体型耐热钢16Cr25Ni20Si2钢板的厚度大于25mm时，力学性能仅供参考。

（7）冷轧低碳钢板及钢带（GB/T5213—2008） 见表1-1-16。

表1-1-16　冷轧低碳钢板及钢带

牌号	钢板及钢带的牌号由三部分组成，第一部分为字母“D”，代表冷成形用钢板；第二部分为字母“C”，代表轧制条件为冷轧；第三部分为两位数字序列号，即01、03、04等 示例：DC01 D—表示冷成形用钢板 C—表示轧制条件为冷轧 01—表示数字序列号

（续）

分类及代号	分类方法	牌号	用途
	按用途区分	DC01	一般用
		DC03	冲压用
		DC04	深冲用
		DC05	特深冲用
		DC06	超深冲用
		DC07	特超深冲用
		级别	代号
	按表面质量区分	较高级表面	FB
		高级表面	FC
		超高级表面	FD
	按表面结构分	麻面	D
		光亮表面	B

规格 尺寸、外形、重量及允许偏差应符合GB/T 708—2006的规定

交货状态

① 钢板及钢带以退火后平整状态交货

② 钢板及钢带通常涂油供货，所涂油膜应能用碱水溶液去除，在通常的包装、运输、装卸和储存条件下，供方应保证自生产完成之日起6个月内不生锈。如需方要求不涂油供货，应在订货时协商

力学性能

牌号	屈服强度[a,b] /MPa≥	抗拉强度 R_m/MPa	断后伸长率[c,d] A（%）≥ （$b_0=20$mm，$l_0=80$mm）	r_{90}值[e]≥	n_{90}值[e]≥
DC01	280[f]	270~410	28	—	—
DC03	240	270~370	34	1.3	—
DC04	210	270~350	38	1.6	0.18
DC05	180	270~330	40	1.9	0.20
DC06	170	270~330	41	2.1	0.22
DC07	150	250~310	44	2.5	0.23

a. 无明显屈服时采用$R_{p0.2}$，否则采用R_{eL}。当厚度大于0.50mm且不大于0.70mm时，屈服强度上限值可以增加20MPa；当厚度不大于0.50mm时，屈服强度上限值可以增加40MPa

b. 经供需双方协商同意，DC01、DC03、DC04屈服强度的下限值可设定为140MPa，DC05、DC06屈服强度的下限值可设定为120MPa，DC07屈服强度的下限值可设定为100MPa

c. 试样为GB/T 228—2002中的P6试样，试样方向为横向

d. 当厚度大于0.50mm且不大于0.70mm时，断后伸长率的最小值可以降低2%（绝对值）；当厚度不大于0.50mm时，断后伸长率的最小值可以降低4%（绝对值）

e. r_{90}值和n_{90}值的要求仅适用于厚度不小于0.50mm的产品。当厚度大于2.0mm时，r_{90}值可以降低0.2

f. DC01的屈服强度上限值的有效期仅为8天，从生产完成之日起

拉伸应变痕

所有产品退火后，为了避免在后续成形过程中出现拉伸应变痕，制造厂通常要进行适度平整。但随着存储时间的延长，受时效的影响，形成拉伸应变痕的趋势会重新出现，因此建议用户应该尽快使用

牌号	拉伸应变痕
DC01	室温储存条件下，钢板及钢带自生产完成之日起3个月内使用时不应出现拉伸应变痕
DC03	室温储存条件下，钢板及钢带自生产完成之日起6个月内使用时不应出现拉伸应变痕
DC04	室温储存条件下，钢板及钢带自生产完成之日起6个月内使用时不应出现拉伸应变痕
DC05	室温储存条件下，钢板及钢带自生产完成之日起6个月内使用时不应出现拉伸应变痕
DC06	室温储存条件下，钢板及钢带使用时不出现拉伸应变痕
DC07	室温储存条件下，钢板及钢带使用时不出现拉伸应变痕

表面质量

① 钢板及钢带表面不应有结疤、裂纹、夹杂等对使用有害的缺陷，钢板及钢带不得有分层

② 表面质量分级

级别	代号	特征
较高级表面	FB	表面允许有少量不影响成形性及涂、镀附着力的缺陷，如轻微的划伤、压痕、麻点、辊印及氧化色等

（续）

	级别	代号	特征
表面质量	高级表面	FC	产品两面中较好的一面无肉眼可见的明显缺陷，另一面至少应达到FB的要求
	超高级表面	FD	产品两面中较好的一面不应有任何缺陷，即不能影响涂漆后的外观质量或电镀后的外观质量，另一面至少应达到FB的要求
	③ 对于钢带，由于没有机会切除带缺陷部分，因此允许带缺陷交货，但有缺陷部分应不超过每卷总长度的6%		
表面结构	表面结构为麻面（D）时，平均表面粗糙度 R_a 的目标值为大于0.6μm且不大于1.9μm；表面结构为光亮表面（B）时，平均表面粗糙度 R_a 的目标值为不大于0.9μm。如需方对表面粗糙度有特殊要求，应在订货时协商		

（8）合金结构钢薄钢板（YB/T5132—2007） 见表1-1-17。

表1-1-17 合金结构钢薄钢板

尺寸、外形及允许偏差	冷轧钢板的尺寸外形及其允许偏差应符合GB/T 708—2006的规定 热轧钢板的尺寸外形及其允许偏差应符合GB/T 709—2006的规定			
牌号	优质钢：40B，45B，50B，15Cr，20Cr，30Cr，35Cr，40Cr，50Cr，12CrMo，15CrMo，20CrMo，30CrMo，35CrMo，12Cr1MoV，12CrMoV，20CrNi，40CrNi，20CrMnTi和30CrMnSi 高级优质钢：12Mn2A，16Mn2A，45Mn2A，50BA，15CrA，38CrA，20CrMnSiA，25CrMnSiA，30CrMnSiA和35CrMnSiA			
力学性能	牌号	抗拉强度 R_m/MPa	断后伸长率 $A_{11.3}$（%） ≥	
	12Mn2A	390～570	22	
	16Mn2A	490～635	18	
	45Mn2A	590～835	12	
	35B	490～635	19	
	40B	510～655	18	
	45B	540～685	16	
	50B、50BA	540～715	14	
	15Cr、15CrA	390～590	19	
	20Cr	390～590	18	
	30Cr	490～685	17	
	35Cr	540～735	16	
	38CrA	540～735	16	
	40Cr	540～785	14	
	20CrMnSiA	440～685	18	
	25CrMnSiA	490～685	18	
	30CrMnSi，30CrMnSiA	490～735	16	
	35CrMnSiA	590～785	14	
工艺性能	钢板公称厚度/mm	牌号		
		12Mn2A	16Mn2A、25CrMnSiA	35CrMnSiA
		冲压深度/mm ≥		
	0.5	7.3	6.6	6.5
	0.6	7.7	7.0	6.7
	0.7	8.0	7.2	7.0
	0.8	8.5	7.5	7.2
	0.9	8.8	7.7	7.5
	1.0	9.0	8.0	7.7
	在上列厚度之间	采用相邻较小厚度的指标		

	组别	生产方法	表面特征
表面质量分组	I	冷轧	钢板的正面（质量较好的一面）允许有个别长度不大于20mm的轻微划痕 钢板的反面允许有深度不超过钢板厚度公差1/4的一般轻微麻点、划痕和压痕

（续）

<table>
<tr><th></th><th>组别</th><th>生产方法</th><th>表面特征</th></tr>
<tr><td rowspan="3">表面质量分组</td><td>Ⅱ</td><td>冷轧</td><td>距钢板边缘不大于50mm 内允许有氧化色
钢板的正面允许有深度不超过钢板厚度公差之半的一般轻微麻点、轻微划痕和擦伤
钢板的反面允许有深度不超过钢板厚度公差之半的下列缺陷：一般的轻微麻点、轻微划痕、擦伤、小气泡、小拉痕、压痕和凹坑</td></tr>
<tr><td>Ⅲ</td><td>冷轧或热轧</td><td>距钢板边缘不大于200mm 内允许有氧化色
钢板的正面允许有深度不超过钢板厚度公差之半的下列缺陷：一般的轻微麻点、划伤、擦伤、压痕和凹坑
钢板的反面允许有深度和高度不超过钢板厚度公差的下列缺陷：一般的轻微麻点、划伤、擦伤、小气泡、小拉痕、压痕和凹坑。热轧钢板允许有小凸包</td></tr>
<tr><td>Ⅳ</td><td>热轧</td><td>钢板的正反两面允许有深度和高度不超过钢板厚度公差的下列缺陷：麻点、小气泡、小拉痕、划伤、压痕、凹坑、小凸包和局部的深压坑（压坑数量每平方米不得超过两个）</td></tr>
</table>

注：1. 经退火或回火供应的钢板，交货状态的力学性能应符合表中的规定。表中未列牌号的力学性能仅供参考或由供需双方协议规定。

2. 正火和不热处理交货的钢板，在保证断后伸长率的情况下，抗拉强度的上限允许较表中规定的数值提高 50MPa。

3. 厚度≤0.9mm 的钢板的伸长率仅供参考。

（9）搪瓷用冷轧低碳钢板及钢带（GB/T13790—2008）见表 1-1-18 和表 1-1-19。

表 1-1-18　搪瓷用冷轧低碳钢板及钢的牌号、分类和代号

<table>
<tr><td>牌号</td><td colspan="3">钢板及钢带的牌号由四部分组成，第一部分为字母“D”，代表冷成形用钢板及钢带，第二部分为字母“C”，代表轧制条件为冷轧；第三部分为两位数字序列号，即 01、03、05 等，代表冲压成形级别；第四部分为搪瓷加工类型代号</td></tr>
<tr><td rowspan="10">分类和代号</td><td>分类方法</td><td>类别</td><td>代号</td></tr>
<tr><td rowspan="2">按搪瓷加工用途区分</td><td>普通搪瓷用途：钢板及钢带按其后续搪瓷加工用途，采用湿粉一层或多层以及干粉搪瓷加工工艺</td><td>EK</td></tr>
<tr><td>当用于直接面釉搪瓷加工工艺时，由于对搪瓷钢板有特殊的预处理要求，需要供需双方另行协商确定</td><td></td></tr>
<tr><td rowspan="3">按冲压成形级别区分</td><td>一般用</td><td>DC01</td></tr>
<tr><td>深冲压用</td><td>DC03</td></tr>
<tr><td>超深冲压用</td><td>DC05</td></tr>
<tr><td rowspan="2">按表面质量区分</td><td>较高级的精整表面</td><td>FB</td></tr>
<tr><td>高级的精整表面</td><td>FC</td></tr>
<tr><td rowspan="2">按表面结构区分</td><td>一般表面</td><td>M</td></tr>
<tr><td>粗糙表面</td><td>R</td></tr>
<tr><td>标记</td><td colspan="3">示例：DC01EK
D—表示冷成形用钢板及钢带
C—表示轧制条件为冷轧
01—数字表示冲压成形级别序列号
EK—表示普通搪瓷</td></tr>
<tr><td>规格</td><td colspan="3">尺寸、外形、重量及允许偏差应符合 GB/T 708—2006 的规定</td></tr>
<tr><td>交货状态</td><td colspan="3">① 钢板及钢带以退火后平整状态交货
② 钢板及钢带通常为涂油状态交货，涂油量可由供需双方协商。所涂油膜应能用碱水溶液去除，在通常的包装、运输、装卸和储存条件下，供方应保证自生产完成之日起 6 个月内不生锈。如需方要求不涂油供货，应在订货时协商</td></tr>
</table>

表 1-1-19　搪瓷用冷轧低碳钢板及钢的技术性能

	牌号	屈服强度[a,b]/MPa ≥	抗拉强度 /MPa	断后伸长率[c,d] A_{80mm}（%） ≥	r_{90}[e] ≥	n_{90}[e] ≥
力学性能	DC01EK	280	270～410	30	—	—
	DC03EK	240	270～370	34	1.3	—
	DC05EK	200	270～350	38	1.6	0.18

a. 无明显屈服时采用 $R_{p0.2}$，否则采用 R_{eL}。当厚度大于 0.50mm 且不大于 0.70mm 时，屈服强度上限值可以增加 20MPa；当厚度不大于 0.50mm 时，屈服强度上限值可以增加 40MPa

b. 经供需双方协商同意，DC01EK、DC03EK 屈服强度下限值可设定为 140 MPa，DC05EK 可设定为 120 MPa

c. 试样采用 GB/T 228—2002 中的 P6 试样，试样方向为横向

d. 当厚度大于 0.50mm 且不大于 0.70mm 时，断后伸长率最小值可以降低 2%（绝对值）；当厚度不大于 0.50mm 时，断后伸长率最小值可以降低 4%（绝对值）

e. r_{90} 值和 n_{90} 值的要求仅适用于厚度不小于 0.50mm 的产品。当厚度大于 2.0mm 时，r_{90} 值可以降低 0.2

	代号	拉伸应变痕
拉伸应变痕	DC01	室温储存条件下，钢板及钢带自生产完成之日起 3 个月内使用时不应出现拉伸应变痕
	DC03	室温储存条件下，钢板及钢带自生产完成之日起 6 个月内使用时不应出现拉伸应变痕
	DC05	室温储存条件下，使用时不应出现拉伸应变痕

注：所有产品退火后，为了避免在后续成形过程中出现拉伸应变痕，制造厂通常要进行适度平整。但形成拉伸应变痕的趋势在平整一段时间后会重新出现，因此建议用户尽快使用

表面质量：

① 钢板及钢带表面不应有结疤、裂纹、夹杂等对使用有害的缺陷，钢板及钢带不得有分层

② 表面质量级别的特征如下：

	级别	代号	特征
表面质量	较高级表面	FB	表面允许有少量不影响成形性及涂、镀附着力的缺陷，如轻微的划伤、压痕、麻点、辊印及氧化色等
	高级表面	FC	产品两面中较好的一面无肉眼可见的明显缺陷，另一面至少应达到 FB 的要求

③ 对于钢带，由于没有机会切除带缺陷部分，因此允许带缺陷交货，但有缺陷部分应不超过每卷总长度的 6%

	表面类型	平均粗糙度目标值
表面结构	一般表面（M）	＞0.6μm 且≤1.9μm
	粗糙表面（R）	＞1.6μm
	对粗糙度有特殊要求	协商

（10）冷轧电镀锡钢板及钢带（GB/T2520—2008）见表 1-1-20 和表 1-1-21。

表 1-1-20　冷轧电镀锡钢板及钢带的分类和代号

	分类方式	类别	代号
分类及代号	原板钢种	—	MR，L，D
	调质度	一次冷轧钢板及钢带	T-1，T-1.5，T-2，T-2.5，T-3，T-3.5，T-4，T-5
		二次冷轧钢板及钢带	DR-7M，DR-8，DR-9，DR-9M，DR-10
	退火方式	连续退火	CA
		罩式退火	BA
	标识方法	差厚镀锡标识	D
	表面状态	光亮表面	B
		粗糙表面	R
		银色表面	S
		无光表面	M
	钝化方式	化学钝化	CP
		电化学钝化	CE
		低铬钝化	LCr
	边部形状	直边	SL
		花边	WL

（续）

牌号及标记	① 普通用途的钢板及钢带，其牌号通常由原板钢种、调质度代号和退火方式构成 例如：MR T-2.5CA，L T-3BA，MR DR-8BA ②用于制作两片拉拔罐（DI）的钢板及钢带，原板钢种只适用于 D。其牌号由原板钢种 D、调质度代号、退火方式和代号 DI 构成 例如：D T-2.5CA DI ③ 用于制作盛装酸性内容物的素面（镀锡量 8.4 g/m^2 以上）食品罐的钢板及钢带，即 K 板，原板钢种主要适用于 L 钢种。其牌号通常由原板钢种 L、调质度代号、退火方式和代号 K 构成 例如：L T-2.5CA K ④ 用于制作盛装蘑菇等要求低铬钝化处理的食品罐的钢板及钢带，原板钢种适用于 MR 和 L 钢种。其牌号由原板钢种 MR 或 L、调质度代号、退火方式和代号 LCr 构成 例如：MR T-2.5CA LCr
尺寸、外形、重量及允许偏差	① 尺寸
	a. 钢板及钢带的公称厚度小于 0.50mm 时，按 0.01mm 的倍数进级；大于等于 0.50mm 时，按 0.05mm 的倍数进级 b. 如要求标记轧制宽度方向，可在表示轧制宽度方向的数字后面加上字母 W 例如：0.26×832W×760 c. 钢卷内径可为 406mm、420mm 或 508mm
	② 尺寸允许偏差
	a. 钢板及钢带的的厚度允许偏差为公称厚度的 ±5%。厚度测量位置为距两侧边不小于 10mm 的任意点 b. 薄边：薄边是钢板及钢带沿宽度方向上厚度的变化，其特征是在靠近钢板及钢带的边缘发生厚度减薄。其允许偏差应不大于中间实际厚度的 8.0%，厚度测量点距两侧边 6mm c. 钢板及钢带的宽度允许偏差为 0～3mm。不切边的钢板及钢带的宽度允许偏差为 0～10mm d. 钢板的长度允许偏差为 0～3mm
	③ 外形
	a. 脱方度应不大于钢板宽度的 0.15% b. 每任意 1000mm 长度上，镰刀弯应不大于 1 mm c. 不平度仅适用于钢板。在钢板任意 1000mm 长度上的不平度应不大于 3mm d. 花边板的边部形状及尺寸、外形允许偏差应由供需双方在订货时协商
	④ 其他
	a. 花边板的边部形状及尺寸、外形允许偏差应由供需双方在订货时协商 b. 其他尺寸、外形、重量及允许偏差应符合 GB/T 708—2006 的规定

表 1-1-21　冷轧电镀锡钢板及钢带的技术要求

	① 镀锡量				
	镀锡方式	镀锡量代号	公称镀锡量/（g/m^2）	最小平均镀锡量/（g/m^2）	其他镀锡量
镀锡量及其允许偏差	等厚镀锡	1.1/1.1	1.1/1.1	0.90/0.90	协商
		2.2/2.2	2.2/2.2	1.80/1.80	
		2.8/2.8	2.8/2.8	2.45/2.45	
		5.6/5.6	5.6/5.6	5.05/5.05	
		8.4/8.4	8.4/8.4	7.55/7.55	
		11.2/11.2	11.2/11.2	10.10/10.10	
	差厚镀锡	1.1/2.8	1.1/2.8	0.90/2.45	
		1.1/5.6	1.1/5.6	0.90/5.05	
		2.8/5.6	2.8/5.6	2.45/5.05	
		2.8/8.4	2.8/8.4	2.45/7.55	
		5.6/8.4	5.6/8.4	5.05/7.55	
		2.8/11.2	2.8/11.2	2.45/10.10	
		5.6/11.2	5.6/11.2	5.05/10.10	
		8.4/11.2	8.4/11.2	7.55/10.10	
		2.8/15.1	2.8/15.1	2.45/13.60	
		5.6/15.1	5.6/15.1	5.05/13.60	

（续）

镀锡量及其允许偏差

② 镀锡量的允许偏差

单面镀锡量（m）的范围/（g/m²）	最小平均镀锡量相对于公称镀锡量的百分比（%）
$1.0 \leq m < 2.8$	80
$2.8 \leq m < 5.6$	87
$5.6 \leq m$	90

③ 镀锡量每面三点试验值的平均值应不小于相应面的最小平均镀锡量，每面单点试验值应不小于相应面的最小平均镀锡量的80%。最小平均镀锡量按相对公称镀锡量的百分比（%）计算时，修约到0.05g/m²

注：1. 镀锡量代号中斜线上面的数字表示钢板上表面或钢带外表面的镀锡量，斜线下面的数字表示钢板下表面或钢带内表面的镀锡量

2. 对于差厚镀锡产品，上下表面的镀锡量可以互换

调质度

① 一次冷轧钢板及钢带的硬度（为两个试样的平均值，允许其中一个试验值超出规定允许范围1个单位）

调质度代号	硬度 HR30Tm	
	目标值	允许范围
T-1	49	49 ±3
T-1.5	51	51 ±3
T-2	53	53 ±3
T-2.5	55	55 ±3
T-3	57	57 ±3
T-3.5	59	59 ±3
T-4	61	61 ±3
T-5	65	65 ±3

② 二次冷轧钢板及钢带的硬度目标值

调质度代号	硬度目标值 HR30Tm	屈服强度目标值/MPa
DR-7M	71	520
DR-8	73	550
DR-9	76	620
DR-9M	77	660
DR-10	80	690

注：1. 如对屈服强度有要求，可在订货时协商

2. 屈服强度为两个试样的平均值。屈服强度是根据需要而测定的参考值。仲裁时以拉伸试验为准。试样方向为纵向

3. 对于拉伸试验，试样平行部分的宽度为（12.5 ±1）mm，标距 L_0 = 50mm。试验前，应在200℃下人工时效20min

表面状态

成品	代号	区分	特征
一次冷轧钢板及钢带	B	光亮表面	在具有极细磨石花纹的光滑表面的原板上，进行锡的软熔处理，得到的有光泽的表面
	R	粗糙表面	在具有一定方向的磨石花纹的原板上，进行锡的软熔处理，得到的有光泽的表面
	S	银色表面	在粗糙无光状表面的原板上，进行锡的软熔处理，得到的有光泽的表面
	M	无光表面	在一般无光状表面的原板上，不进行锡的软熔处理的无光表面
二次冷轧钢板及钢带	R	粗糙表面	在具有一定方向的磨石花纹的原板上，进行锡的软熔处理，得到的有光泽的表面
	M	无光表面	在一般无光状表面的原板上，不进行锡的软熔处理的无光表面

钝化方式

钢板及钢带表面钝化方式分为化学钝化、电化学钝化和低铬钝化。如订货时未注明表面处理方式，则采用电化学钝化处理

（续）

表面涂油	钢板及钢带在镀锡层表面进行涂油。涂油的种类有 CSO、DOS、DOS-A、ATBC 等。除非协议另有规定，通常采用 DOS 油
表面质量	整个镀锡层面不得有针孔、伤痕、凹坑、皱折、锈蚀等对使用有影响的缺陷。但对于钢带，由于没有机会切除带缺陷部分，因此钢带允许带缺陷交货，但有缺陷的部分不得超过每卷总长度的 8%

（11）热镀铅锡合金碳素钢冷轧薄钢板及钢带（GB/T 5065—2004）　见表 1-1-22 ~ 表 1-1-26。

表 1-1-22　热镀铅锡合金碳素钢冷轧薄钢板及钢带的牌号、代号及分类

牌号表示方法	钢板（带）的牌号由代表“铅”、“锡”的英文字头“LT”和代表“拉延级别顺序号”的“01、02、03、04、05”表示，牌号为 LT01、LT02、LT03、LT04、LT05		
分类及代号	分类方法	类别	代号
	按拉延级别分	普通拉延级	01
		深拉延级	02
		极深拉延级	03
		最深拉延级	04
		超深冲无时效级	05
	按表面质量分	普通级表面	FA
		较高级表面	FB
		高级表面	FC
标记	标记示例： 牌号为 LT 04，表面质量级别为 FC，镀层重量 $200g/m^2$，尺寸规格为 1.2mm × 1000mm × 2000mm 的钢板，标记示例为 LT04—1.2 × 1000 × 2000-FC-200-GB/T 5065—2004		

表 1-1-23　热镀铅锡合金碳素钢冷轧薄钢板及钢带的尺寸、外形及允许偏差

尺寸	① 钢板（带）厚度为 0.5 ~ 2.0 mm，牌号 LT05 的厚度范围为 0.7 ~ 1.5mm ② 钢板（带）宽度为 600 ~ 1 200mm ③ 钢板长度为 1 500 ~ 3 000mm	
尺寸允许偏差	钢板（带）尺寸允许偏差应符合 GB/T 708—2006 的规定，当需方无特殊要求时，按 B 级精度交货。有特殊要求应在订货合同中注明	
外形	① 切斜度和镰刀弯应符合 GB/T 708—2006 的规定	
	② 钢板不平度：	
	表面级别	不平度/（mm/m） ≤
	FA	16
	FB	12
	FC	8
	③ 钢带卷的一侧塔形应符合 GB/T 708—2006 的规定	

表 1-1-24　热镀铅锡合金碳素钢冷轧薄钢板及钢带的力学性能

牌号	屈服强度 R_{eL}/MPa	抗拉强度 R_m/MPa	断后伸长率 A（%）≥ b_0 = 20 mm，L_0 = 80 mm	拉伸应变硬化指数 n	塑性应变比 r
				b_0 = 20 mm，L_0 = 80 mm	
LT01	—	275 ~ 390	28	—	—
LT02	—	275 ~ 410	30	—	—
LT03	—	275 ~ 410	32	—	—
LT04	≤230	275 ~ 350	36	—	—
LT05	≤180	270 ~ 330	40	n_{90} ≥ 0.20	r_{90} ≥ 1.9

注：1. 拉伸试验取横向试样。

2. b_0 为试样宽度，L_0 为试样标距。

表 1-1-25 热镀铅锡合金碳素钢冷轧薄钢板及钢带的工艺性能 （单位：mm）

弯曲性能	钢板（带）（钢基）应在冷状态下做 180°弯曲试验，其弯心直径 $d=0$，弯曲处不得有裂纹和分层				
杯突试验	厚度	冲压深度 ≥			
		LT04	LT02	LT03	LT01
	0.5	9.3	9.0	8.4	8.0
	0.6	9.6	9.4	8.9	8.5
	0.7	10.1	9.7	9.2	8.9
	0.8	10.5	10.0	9.5	9.3
	0.9	10.7	10.3	9.9	9.6
	1.0	10.8	10.5	10.1	9.9
	1.1	11.0	10.8	10.4	10.2
	1.2	11.2	11.0	10.6	10.4
	1.3	11.3	11.2	10.8	10.6
	1.4	11.4	11.3	11.0	10.8
	1.5	11.6	11.5	11.2	11.0
	1.6	11.8	11.6	11.4	11.2
	1.7	12.0	11.8	11.6	11.4
	1.8	12.1	11.9	11.7	11.5
	1.9	12.2	12.0	11.8	11.7
	2.0	12.3	12.1	11.9	11.8

表 1-1-26 热镀铅锡合金碳素钢冷轧薄钢板及钢带的镀层及表面质量

镀层	① 镀层重量/（g/m²）		
	镀层代号	两面三点试验平均镀层重量 ≥	两面单点试验镀层重量 ≥
	075	75	60
	100	100	75
	120	120	90
	150	150	110
	170	170	125
	200	200	165
	260	260	215
	② 镀铅锡钢板（带）应做 180°冷弯试验，试样宽度为 25 mm，弯心直径 $d=0$，弯曲处外侧应无镀层开裂和镀层脱落		
	③ 在镀层铅锡合金中，以铅为主，锡的质量分数应不小于 9%，也可含有一定量的锑		
表面质量	① 镀层应均匀，表面不得有裂纹、夹杂和漏镀		
	② 钢板表面允许有不破坏镀层的下列缺陷：		
	表面级别	钢板表面允许缺陷	
	FC	a. 距钢板一端的尾瘤宽度不大于 15 mm。钢板表面铅合金溢流不大于钢板厚度的正偏差 b. 轻微的擦伤、划痕和压痕。每面有不超过钢板厚度公差之半的细小铅粒、麻点和高低不平点、销色斑点和溶剂斑点	
	FB	a. 距角端 20 mm 以内的折弯或缺角 b. 钢板裂边深度不大于 5 mm c. FC 表面允许有的缺陷	
	FA	a. 距角端 30 mm 以内的折弯或缺角 b. 钢板裂边深度不大于 10 mm c. FB 表面允许有的缺陷	
	③ 钢带表面允许存在钢板表面允许有的缺陷，但长度不应超过总长度的 8%		

（12）冷轧取向和无取向电工钢带（片）（GB/T 2521—2008） 见表 1-1-27～表 1-1-30。

表 1-1-27　普通级取向电工钢带（片）的磁特性和工艺特性

牌号	公称厚度 /mm	最大比总损耗/（W/kg） P1.5		最大比总损耗/（W/kg） P1.7		最小磁极化强度/T H = 800A/m	最小叠装系数
		50Hz	60Hz	50Hz	60Hz	50Hz	
23Q110	0.23	0.73	0.96	1.10	1.45	1.78	0.950
23Q120	0.23	0.77	1.01	1.20	1.57	1.78	0.950
23Q130	0.23	0.80	1.06	1.30	1.65	1.75	0.950
27Q110	0.27	0.73	0.97	1.10	1.45	1.78	0.950
27Q120	0.27	0.80	1.07	1.20	1.58	1.78	0.950
27Q130	0.27	0.85	1.12	1.30	1.68	1.78	0.950
27Q140	0.27	0.89	1.17	1.40	1.85	1.75	0.950
30Q120	0.30	0.79	1.06	1.20	1.58	1.78	0.960
30Q130	0.30	0.85	1.15	1.30	1.71	1.78	0.960
30Q140	0.30	0.92	1.21	1.40	1.83	1.78	0.960
30Q150	0.30	0.97	1.28	1.50	1.98	1.75	0.960
35Q135	0.35	1.00	1.32	1.35	1.80	1.78	0.960
35Q145	0.35	1.03	1.36	1.45	1.91	1.78	0.960
35Q155	0.35	1.07	1.41	1.55	2.04	1.78	0.960

注：多年来习惯上采用磁感应强度，实际上爱泼斯坦方圈测量的是磁极化强度。定义为：$J = B - \mu_0 H$

式中，J 是磁极化强度；B 是磁感应强度；μ_0 是真空磁导率：$4\pi \times 10^{-7} H \times m^{-1}$；$H$ 是磁场强度。

表 1-1-28　高磁导率级取向电工钢带（片）的磁特性和工艺特性

牌号	公称厚度 /mm	最大比总损耗/（W/kg） P1.7		最小磁极化强度/T H = 800A/m	最小叠装系数
		50Hz	60Hz	50Hz	
23QG085①	0.23	0.85	1.12	1.85	0.950
23QG090①	0.23	0.90	1.19	1.85	0.950
23QG095	0.23	0.95	1.25	1.85	0.950
23QG100	0.23	1.00	1.32	1.85	0.950
27QG090①	0.27	0.90	1.19	1.85	0.950
27QG095①	0.27	0.95	1.25	1.85	0.950
27QG100	0.27	1.00	1.32	1.88	0.950
27QG105	0.27	1.05	1.36	1.88	0.950
27QG110	0.27	1.10	1.45	1.88	0.950
30QG105	0.30	1.05	1.38	1.88	0.960
30QG110	0.30	1.10	1.46	1.88	0.960
30QG120	0.30	1.20	1.58	1.85	0.960
35QG115	0.35	1.15	1.51	1.88	0.960
35QG125	0.35	1.25	1.64	1.88	0.960
35QG135	0.35	1.35	1.77	1.88	0.960

注：1. 多年来习惯上采用磁感应强度，实际上爱泼斯坦方圈测量的是磁极化强度。定义为：$J = B - \mu_0 H$

式中，J 是磁极化强度；B 是磁感应强度；μ_0 是真空磁导率：$4\pi \times 10^{-7} H \times m^{-1}$；$H$ 是磁场强度。

2. 在 800A/m 的磁场下，B 和 J 之间的差值达到 0.001T。

3. $P1.5$（表 1-1-27）和 $P1.7/60$ 作为参考值，不作为交货依据。

①　该级别的钢可以磁畴细化状态交货。

表1-1-29 无取向电工钢带（片）的磁特性和工艺特性

牌号	公称厚度/mm	理论密度/（kg/dm³）	最大比总损耗/（W/kg）P1.5		最小磁极化强度/T 50Hz			最小弯曲次数	最小叠装系数
			50Hz	60Hz	H=2500A/m	H=5000A/m	H=10000A/m		
35W230	0.35	7.60	2.30	2.90	1.49	1.60	1.70	2	0.950
35W250		7.60	2.50	3.14	1.49	1.60	1.70	2	
35W270		7.65	2.70	3.36	1.49	1.60	1.70	2	
35W300		7.65	3.00	3.74	1.49	1.60	1.70	3	
35W330		7.65	3.30	4.12	1.50	1.61	1.71	3	
35W360		7.65	3.60	4.55	1.51	1.62	1.72	5	
35W400		7.65	4.00	5.10	1.53	1.64	1.74	5	
35W440		7.70	4.40	5.60	1.53	1.64	1.74	5	
50W230	0.50	7.60	2.30	3.00	1.49	1.60	1.70	2	0.970
50W250		7.60	2.50	3.21	1.49	1.60	1.70	2	
50W270		7.60	2.70	3.47	1.49	1.60	1.70	2	
50W290		7.60	2.90	3.71	1.49	1.60	1.70	2	
50W310		7.65	3.10	3.95	1.49	1.60	1.70	3	
50W330		7.65	3.30	4.20	1.49	1.60	1.70	3	
50W350		7.65	3.50	4.45	1.50	1.60	1.70	5	
50W400		7.70	4.00	5.10	1.53	1.63	1.73	5	
50W470		7.70	4.70	5.90	1.54	1.64	1.74	10	
50W530		7.70	5.30	6.66	1.56	1.65	1.75	10	
50W600		7.75	6.00	7.55	1.57	1.66	1.76	10	
50W700		7.80	7.00	8.80	1.60	1.69	1.77	10	
50W800		7.80	8.00	10.10	1.60	1.70	1.78	10	
50W1000		7.85	10.00	12.60	1.62	1.72	1.81	10	
50W1300		7.85	13.00	16.40	1.62	1.74	1.81	10	
65W600	0.65	7.75	6.00	7.71	1.56	1.66	1.76	10	0.970
65W700		7.75	7.00	8.98	1.57	1.67	1.76	10	
65W800		7.80	8.00	10.26	1.60	1.70	1.78	10	
65W1000		7.80	10.00	12.77	1.61	1.71	1.80	10	
65W1300		7.85	13.00	16.60	1.61	1.71	1.80	10	
65W1600		7.85	16.00	20.40	1.61	1.71	1.80	10	

注：1. 多年来习惯上采用磁感应强度，实际上爱泼斯坦方圈测量的是磁极化强度。定义为：$J=B-\mu_0 H$

式中，J是磁极化强度；B是磁感应强度；μ_0是真空磁导率：$4\pi\times10^{-7}H\times m^{-1}$；$H$是磁场强度。

2. $P1.5/60$；$H=2500$A/m、$H=10000$A/m 的磁极化强度值作为参考值，不作为交货依据。

表1-1-30 无取向电工钢带（片）的力学性能

牌号	抗拉强度 R_m/MPa ≥	伸长率 A（%）≥	牌号	抗拉强度 R_m/MPa ≥	伸长率 A（%）≥
35W230	450	10	50W270	450	10
35W250	440		50W290	440	
35W270	430	11	50W310	430	11
35W300	420		50W330	425	
35W330	410	14	50W350	420	14
35W360	400		50W400	400	
35W400	390	16	50W470	380	16
35W440	380		50W530	360	
50W230	450	10	50W600	340	21
50W250	450		50W700	320	22

（续）

牌号	抗拉强度 R_m/MPa ≥	伸长率 A（%）≥	牌号	抗拉强度 R_m/MPa ≥	伸长率 A（%）≥
50W800	300	22	65W800	300	22
50W1000	290		65W1000	290	
50W1300	290		65W1300	290	
65W600	340		65W1600	290	
65W700	320				

（13）热轧钢板和钢带（GB/T709—2006） 见表 1-1-31 ~ 表 1-1-34。

表 1-1-31 热轧钢板和钢带的分类和代号

分类方法	类别	代号
按边缘状态分	切边	EC
	不切边	EM
按厚度偏差种类分	N 类偏差：正偏差和负偏差相等 A 类偏差：按公差厚度规定负偏差 B 类偏差：固定负偏差为 0.3mm C 类偏差：固定负偏差为 0，按公差厚度规定正偏差	—
按厚度精度分	普通厚度精度	PT. A
	较高厚度精度	PT. B

表 1-1-32 热轧钢板和钢带的尺寸

尺寸范围	推荐的公称尺寸	备注
单轧钢板公称厚度 3 ~ 400mm	厚度小于 30 mm 的钢板按 0.5 mm 倍数的任何尺寸；厚度不小于 30mm 的钢板按 1mm 倍数的任何尺寸	根据需方要求，经供需双方协商，可以供应其他尺寸的钢板和钢带
单轧钢板公称宽度 600 ~ 4 800 mm	按 10mm 或 50mm 倍数的任何尺寸	
钢板公称长度 2000 ~ 20 000mm	按 50mm 或 100mm 倍数的任何尺寸	
钢带（包括连轧钢板）公称厚度 0.8 ~ 25.4 mm	按 0.1mm 倍数的任何尺寸	
钢带（包括连轧钢板）公称宽度 600 ~ 2 200mm	按 10mm 倍数的任何尺寸	
纵切钢带公称宽度 120 ~ 900mm		

表 1-1-33 热轧钢板和钢带的尺寸允许偏差 （单位：mm）

	① 单轧钢板的厚度允许偏差（N 类）				
	公称厚度	下列公称宽度的厚度允许偏差			
		≤1500	>1500 ~ 2500	>2500 ~ 4000	>4000 ~ 4800
厚度允许偏差	3.00 ~ 5.00	±0.45	±0.55	±0.65	—
	>5.00 ~ 8.00	±0.50	±0.60	±0.75	—
	>8.00 ~ 15.00	±0.55	±0.65	±0.80	±0.90
	>15.00 ~ 25.00	±0.65	±0.75	±0.90	±1.10
	>25.00 ~ 40.00	±0.70	±0.80	±1.00	±1.20
	>40.00 ~ 60.00	±0.80	±0.90	±1.10	±1.30
	>60.00 ~ 100	±0.90	±1.10	±1.30	±1.50
	>100 ~ 150	±1.20	±1.40	±1.60	±1.80
	>150 ~ 200	±1.40	±1.60	±1.80	±2.00
	>200 ~ 250	±1.60	±1.80	±2.00	±2.20
	>250 ~ 300	±1.80	±2.00	±2.20	±2.40
	>300 ~ 400	±2.00	±2.20	±2.40	±2.60

（续）

厚度允许偏差	② 单轧钢板的厚度允许偏差（A类）				
	公称厚度	下列公称宽度的厚度允许偏差			
		≤1500	>1500～2500	>2500～4000	>4000～4800
	3.00～5.00	+0.55 -0.35	+0.70 -0.40	+0.85 -0.45	—
	>5.00～8.00	+0.65 -0.35	+0.75 -0.45	+0.95 -0.55	—
	>8.00～15.00	+0.70 -0.40	+0.85 -0.45	+1.05 -0.55	+1.20 -0.60
	>15.00～25.00	+0.85 -0.45	+1.00 -0.50	+1.15 -0.65	+1.50 -0.70
	>25.00～40.00	+0.90 -0.50	+1.05 -0.55	+1.30 -0.70	+1.60 -0.80
	>40.00～60.00	+1.05 -0.55	+1.20 -0.60	+1.45 -0.75	+1.70 -0.90
	>60.00～100	+1.20 -0.60	+1.50 -0.70	+1.75 -0.85	+2.00 -1.00
	>100～150	+1.60 -0.80	+1.90 -0.90	+2.15 -1.05	+2.40 -1.20
	>150～200	+1.90 -0.90	+2.20 -1.00	+2.45 -1.15	+2.50 -1.30
	>200～250	+2.20 -1.00	+2.40 -1.20	+2.70 -1.30	+3.00 -1.40
	>250～300	+2.40 -1.20	+2.70 -1.30	+2.95 -1.45	+3.20 -1.60
	>300～400	+2.70 -1.30	+3.00 -1.40	+3.25 -1.55	+3.50 -1.70

厚度允许偏差	③ 单轧钢板的厚度允许偏差（B类）								
	公称厚度	下列公称宽度的厚度允许偏差							
		≤1500		>1500～2500		>2500～4000		>4000～4800	
	3.00～5.00	-0.30	+0.60	-0.30	+0.80	-0.30	+1.00		—
	>5.00～8.00		+0.70		+0.90		+1.20		—
	>8.00～15.00		+0.80		+1.00		+1.30	-0.30	+1.50
	>15.00～25.00		+1.00		+1.20		+1.50		+1.90
	>25.00～40.00		+1.10		+1.30		+1.70		+2.10
	>40.00～60.00		+1.30		+1.50		+1.90		+2.30
	>60.00～100		+1.50		+1.80		+2.30		+2.70
	>100～150		+2.10		+2.50		+2.90		+3.30
	>150～200		+2.50		+2.90		+3.30		+3.50
	>200～250		+2.90		+3.30		+3.70		+4.10
	>250～300		+3.30		+3.70		+4.10		+4.50
	>300～400		+3.70		+4.10		+4.50		+4.90

（续）

厚度允许偏差

④ 单轧钢板的厚度允许偏差（C 类）

公称厚度	下列公称宽度的厚度允许偏差							
	≤1500		>1500～2500		>2500～4000		>4000～4800	
3.00～5.00	0	+0.90	0	+1.10	0	+1.30	0	—
>5.00～8.00	0	+1.00	0	+1.20	0	+1.50	0	—
>8.00～15.00	0	+1.10	0	+1.30	0	+1.60	0	+1.80
>15.00～25.00	0	+1.30	0	+1.50	0	+1.80	0	+2.20
>25.00～40.00	0	+1.40	0	+1.60	0	+2.00	0	+2.40
>40.00～60.00	0	+1.60	0	+1.80	0	+2.20	0	+2.60
>60.00～100	0	+1.80	0	+2.20	0	+2.60	0	+3.00
>100～150	0	+2.40	0	+2.80	0	+3.20	0	+3.60
>150～200	0	+2.80	0	+3.20	0	+3.60	0	+4.00
>200～250	0	+3.20	0	+3.60	0	+4.00	0	+4.40
>250～300	0	+3.60	0	+4.00	0	+4.40	0	+4.80
>300～400	0	+4.00	0	+4.40	0	+4.80	0	+5.20

⑤ 钢带（包括连轧钢板）的厚度偏差

公称厚度	厚度允许偏差							
	普通精度 PT. A				较高精度 PT. B			
	公称宽度				公称宽度			
	600～1200	>1200～1500	>1500～1800	>1800	600～1200	>1200～1500	>1500～1800	>1800
0.8～1.5	±0.15	±0.17	—	—	±0.10	±0.12	—	—
>1.5～2.0	±0.17	±0.19	±0.21	–	±0.13	±0.14	±0.14	—
>2.0～2.5	±0.18	±0.21	±0.23	±0.25	±0.14	±0.15	±0.17	±0.20
>2.5～3.0	±0.20	±0.22	±0.24	±0.26	±0.15	±0.17	±0.19	±0.21
>3.0～4.0	±0.22	±0.24	±0.26	±0.27	±0.17	±0.18	±0.21	±0.22
>4.0～5.0	±0.24	±0.26	±0.28	±0.29	±0.19	±0.21	±0.22	±0.23
>5.0～6.0	±0.26	±0.28	±0.29	±0.31	±0.21	±0.22	±0.23	±0.25
>6.0～8.0	±0.29	±0.30	±0.31	±0.35	±0.23	±0.24	±0.25	±0.28
>8.0～10.0	±0.32	±0.33	±0.34	±0.40	±0.26	±0.26	±0.27	±0.32
>10.0～12.5	±0.35	±0.36	±0.37	±0.43	±0.28	±0.29	±0.30	±0.36
>12.5～15.0	±0.37	±0.38	±0.40	±0.46	±0.30	±0.31	±0.33	±0.39
>15.0～25.4	±0.40	±0.42	±0.45	±0.50	±0.32	±0.34	±0.37	±0.42

宽度允许偏差

① 切边单轧钢板

公称厚度	公称宽度	允许偏差
3～16	≤1500	+10 0
3～16	>1500	+15 0
>16	≤2000	+20 0
>16	>2000～3000	+25 0

（续）

<table>
<tr><td rowspan="19">宽度允许偏差</td><td>公称厚度</td><td>公称宽度</td><td colspan="2">允许偏差</td></tr>
<tr><td>>16</td><td>>3000</td><td colspan="2">+30
0</td></tr>
<tr><td colspan="4">② 不切边单轧钢板：宽度允许偏差由供需双方协商</td></tr>
<tr><td colspan="4">③ 不切边钢带（包括连轧钢板）</td></tr>
<tr><td colspan="2">公称宽度</td><td colspan="2">允许偏差</td></tr>
<tr><td colspan="2">≤1500</td><td colspan="2">+20
0</td></tr>
<tr><td colspan="2">>1500</td><td colspan="2">+25
0</td></tr>
<tr><td colspan="4">④ 切边钢带（包括连轧钢板）</td></tr>
<tr><td>公称宽度</td><td colspan="3">允许偏差</td></tr>
<tr><td>≤1200</td><td colspan="2">+3
0</td><td rowspan="3">由供需双方协商，可供应较高宽度精度的钢带</td></tr>
<tr><td>>1200～≤1500</td><td colspan="2">+5
0</td></tr>
<tr><td>>1500</td><td colspan="2">+6
0</td></tr>
<tr><td colspan="4">⑤ 纵切钢带</td></tr>
<tr><td rowspan="2">公称宽度</td><td colspan="3">公称厚度</td></tr>
<tr><td>≤4.0</td><td>>4.0～8.0</td><td>>8.0</td></tr>
<tr><td>120～160</td><td>+1
0</td><td>+2
0</td><td>+2.5
0</td></tr>
<tr><td>>160～250</td><td>+1
0</td><td>+2
0</td><td>+2.5
0</td></tr>
<tr><td>>250～600</td><td>+2
0</td><td>+2.5
0</td><td>+3
0</td></tr>
<tr><td>>600～900</td><td>+2
0</td><td>+2.5
0</td><td>+3
0</td></tr>
<tr><td rowspan="10">长度允许偏差</td><td colspan="4">① 单轧钢板</td></tr>
<tr><td colspan="2">公称长度</td><td colspan="2">允许偏差</td></tr>
<tr><td colspan="2">2000～4000</td><td colspan="2">+20
0</td></tr>
<tr><td colspan="2">>4000～6000</td><td colspan="2">+30
0</td></tr>
<tr><td colspan="2">>6000～8000</td><td colspan="2">+40
0</td></tr>
<tr><td colspan="2">>8000～10000</td><td colspan="2">+50
0</td></tr>
<tr><td colspan="2">>10000～15000</td><td colspan="2">+75
0</td></tr>
<tr><td colspan="2">>15000～20000</td><td colspan="2">+100
0</td></tr>
<tr><td colspan="2">>20000</td><td colspan="2">由供需双方协商</td></tr>
</table>

（续）

项目	② 连轧钢板	
长度允许偏差	公称长度	允许偏差
	2000～8000	+5%×公称长度
	>8000	+40 0

注：1. 对不切头尾的不切边钢带检查厚度、宽度时，两端不考核的总长度 L 为：$L=90$/公称厚度，但两端最大总长度不得大于20m。表1-1-34 检查镰刀弯同此。

2. 规定最小屈服强度 $R_e \geqslant 345$MPa 的钢带，厚度偏差应增加10%。

表1-1-34 热轧钢板和钢带的外形要求 （单位：mm）

不平度

① 单轧钢板

公称厚度	钢类L 下列公称宽度钢板的不平度 ≤				钢类H 下列公称宽度钢板的不平度 ≤			
	≤3000		>3000		≤3000		>3000	
	测量长度							
	1000	2000	1000	2000	1000	2000	1000	2000
3～5	9	14	15	24	12	17	19	29
>5～8	8	12	14	21	11	15	18	26
>8～15	7	11	11	17	10	14	16	22
>15～25	7	10	10	15	10	13	14	19
>25～40	6	9	9	13	9	12	13	17
>40～400	5	8	8	11	8	11	11	15

② 连轧钢板

公称厚度	公称宽度	不平度 ≤ 规定的屈服强度 R_e		
		<220MPa	220～320MPa	>320MPa
≤2	≤1200	21	26	32
	>1200～1500	25	31	36
	>1500	30	38	45
>2	≤1200	18	22	27
	>1200～1500	23	29	34
	>1500	28	35	42

③ 钢带：如用户对不平度有要求，在用户开卷设备能保证质量的前提下，供需双方可以协商规定，并在合同中注明

镰刀弯和切斜

① 单轧钢板：不大于实际长度的0.2%

② 钢带（包括纵切钢带）和连轧钢板

产品类型	公称长度	公称宽度	镰刀弯 ≤ 切边	镰刀弯 ≤ 不切边	测量长度
连轧钢板	<5000	≥600	实际长度×0.3%	实际长度×0.4%	实际长度
	≥5000	≥600	15	20	任意5000mm长度
钢带	—	≥600	15	20	任意5000mm长度
	—	<600	15	—	—

③ 钢板的切斜：应不大于实际宽度的1%

塔形

公称宽度	钢带卷的一侧塔形高度 ≤ 切边	钢带卷的一侧塔形高度 ≤ 不切边
≤1000	20	50
>1000	30	60

注：1. 钢类L：规定的最低屈服强度值≤460MPa，未经淬火或淬火加回火处理的钢板。

钢类H：规定的最低屈服强度值>460～700 MPa，以及所有淬火或淬火加回火的钢板。

2. 如测量时直尺（线）与钢板接触点之间的距离小于1000mm，则不平度的最大允许值应符合以下要求：对钢类L，为接触点之间距离（300～1 000mm）的1%；对钢类H，为接触点之间距离（300～1000mm）的1.5%，但两者均不得超过表中的规定。

（14）碳素结构钢和低合金结构钢热轧薄钢板及钢带（GB/T 912—2008） 见表 1-1-35。

表 1-1-35 碳素结构钢和低合金结构钢热轧薄钢板及钢带

规格	厚度≤3mm。钢板和钢带的尺寸、外形、重量及允许偏差应符合 GB/T 709—2006 的规定
牌号	钢的牌号和化学成分应符合 GB/T 700—2006、GB/T 1591—2008 的规定
交货状态	钢板和钢带以热轧状态或退火状态交货
力学性能和工艺性能	① 钢板和钢带的抗拉强度和伸长率应符合 GB/T 700—2006、GB/T 1591—2008 的规定。但伸长率允许比 GB/T 700—2006 或 GB/T 1591—2008 的规定降低 5%（绝对值） ② 根据需方要求，钢板和钢带的屈服强度可按 GB/T 700—2006、GB/T 1591—2008 的规定 ③ 钢板和钢带应做 180°弯曲试验，试样弯心直径应符合 GB/T 700—2006、GB/T1591—2008 的规定 ④ 根据需方要求，对冷冲压用低合金钢或 Q235 碳素结构钢，可做弯心直径等于试样厚度的弯曲试验
表面质量	① 钢板和钢带表面不应有结疤、裂纹、折叠、夹杂、气泡和氧化铁皮压入等对使用有害的缺陷。钢板和钢带不得有分层 ② 钢板和钢带表面允许有不影响使用的薄层氧化铁皮、铁锈和轻微的麻点、划痕等局部缺陷，其凹凸度不得超过钢板和钢带厚度公差之半，并应保证钢板和钢带的允许最小厚度 ③ 钢板表面缺陷允许清理。清理处应平缓无棱角，并应保证钢板的允许最小厚度 ④ 对于钢带，由于没有机会切除有缺陷部分，允许带缺陷交货，但带缺陷部分不应超过每卷钢带总长度的 8%

（15）碳素结构钢和低合金结构钢热轧钢带（GB/T 3524—2005） 见表 1-1-36。

表 1-1-36 碳素结构钢和低合金结构钢热轧钢带

尺寸、外形、重量及允许偏差

① 钢带宽度允许偏差（mm）

钢带宽度	允许偏差（不适用于卷带两端 7m 之内没有切头尾的钢带）							
	≤1.5	>1.5～2.0	>2.0～4.0	>4.0～5.0	>5.0～6.0	>6.0～8.0	>8.0～10.0	>10.0～12.0
<50～100	0.13	0.15	0.17	0.18	0.19	0.20	0.21	—
≥100～600	0.15	0.18	0.19	0.20	0.21	0.22	0.24	0.30

② 钢带宽度允许偏差（mm）

钢带宽度	允许偏差（不适用于卷带两端 7m 之内没有切头尾的钢带）		
	不切边	切边	
		厚度≤3	厚度>3
≤200	+2.00 −1.00	±0.5	±0.6
>200～300	+2.50 −1.00	±0.7	±0.8
>300～350	+3.00 −2.00		
>350～450	±4.00		
>450～600	±5.00	±0.9	1.1

注：经协商，可只按正偏差定货，此时表中正偏差数值应增加 1 倍

③ 钢带三点差（mm）

钢带宽度	钢带同一横截面厚度的三点差 ≤
≤100	0.10
>100～150	0.12
>150～200	0.14
>200～350	0.15
>350～600	0.17

④ 钢带同条差：供冷轧的钢带，应在合同中注明。轧制方向的厚度，在同一直线上任意测定三点厚度，其最大差值（同条差）应不大于 0.17 mm

⑤ 钢带长度：≥50 m。允许交付长度 30～50 m 的钢带，其重量不得大于该批交货总重量的 3%

⑥ 镰刀弯：≤4 mm/m

（续）

<table>
<tr><td>尺寸、外形、重量及允许偏差</td><td colspan="5">⑦ 标记示例
用 Q235B 钢轧制厚度 3 mm、宽度 350 mm、不切边热轧钢带，其标记为：
Q235B-3 × 350-EM-GB/T 3524—2005</td></tr>
<tr><td rowspan="10">力学性能</td><td colspan="5">① 钢带纵向试样的拉伸和冷弯试验</td></tr>
<tr><td>牌号</td><td>屈服强度 R_{eL}/MPa ≥</td><td>抗拉强度 R_m /MPa</td><td>断后伸长率 A（%） ≥</td><td>180°冷弯试验（d—弯心直径；a—试样厚度）</td></tr>
<tr><td>Q195</td><td>195（仅供参考）</td><td>315～430</td><td>33</td><td>$d=0$</td></tr>
<tr><td>Q215</td><td>215</td><td>335～450</td><td>31</td><td>$d=0.5a$</td></tr>
<tr><td>Q235</td><td>235</td><td>375～500</td><td>26</td><td>$d=a$</td></tr>
<tr><td>Q255</td><td>255</td><td>410～550</td><td>24</td><td>—</td></tr>
<tr><td>Q275</td><td>275</td><td>490～630</td><td>20</td><td>—</td></tr>
<tr><td>Q295</td><td>295</td><td>390～570</td><td>23</td><td>$d=2a$</td></tr>
<tr><td>Q345</td><td>345</td><td>470～630</td><td>21</td><td>$d=2a$</td></tr>
<tr><td colspan="5">② 钢带采用碳素结构钢和低合金结构钢的 A 级钢轧制时，冷弯试验合格，抗拉强度上限可不作交货条件；采用 B 级钢轧制的钢带，其抗拉强度可以超过表中规定上限 50MPa</td></tr>
<tr><td>表面质量</td><td colspan="5">① 钢带表面不得有气泡、结疤、裂纹、折叠和夹杂。钢带不得有分层。其他表面缺陷允许存在，但深度和高度不大于厚度偏差之半。轻微的红色氧化铁皮允许存在
② 表面缺陷允许清理，但清理后应保证钢带的最小厚度和宽度，清理处应平滑、无棱角
③ 在钢带连续生产的过程中，局部的表面缺陷不易发现并去除，因此允许带缺陷交货，但有缺陷部分不得超过每卷钢带总长度的 8%</td></tr>
</table>

（16）碳素结构钢和低合金结构钢热轧厚钢板及钢带（GB/T 3274—2007） 见表 1-1-37。

表 1-1-37 碳素结构钢和低合金结构钢热轧厚钢板及钢带

<table>
<tr><td>规格</td><td>钢板和钢带的尺寸、外形、重量及允许偏差应符合 GB/T 709—2006 的规定</td></tr>
<tr><td>牌号</td><td>钢的牌号和化学成分应符合 GB/T 700—2006、GB/T 1591—2008 的规定</td></tr>
<tr><td>交货状态</td><td>钢板和钢带以热轧、控轧或热处理状态交货</td></tr>
<tr><td>性能</td><td>钢板和钢带的力学和工艺性能应符合 GB/T 700—2006、GB/T 1591—2008 的规定</td></tr>
<tr><td>表面质量</td><td>① 钢板和钢带表面不应有结疤、裂纹、折叠、夹杂、气泡和氧化铁皮压入等对使用有害的缺陷。钢板和钢带不得有分层
② 钢板和钢带表面允许有不影响使用的薄层氧化铁皮、铁锈和轻微的麻点、划痕等局部缺陷，其凹凸度不得超过钢板和钢带厚度公差之半，并应保证钢板和钢带的允许最小厚度
③ 钢板表面缺陷允许清理，清理处应平缓无棱角，并应保证钢板的允许最小厚度
④ 对于钢带，由于没有机会切除有缺陷部分，允许带缺陷交货，但带缺陷部分不应超过每卷钢带总长度的 8%
⑤ 供需双方协商，表面质量可执行 GB/T14977—2008 的规定</td></tr>
<tr><td>焊接修补</td><td>钢板表面存在不能按表面质量第③条规定清理的缺陷，经供需双方协商，可进行焊接修补，并应满足以下要求：
a）采用适当的焊接方法
b）在焊补前采用铲子或磨平等适当的方法完全除去钢板上的有害缺陷，除去部分的深度在钢板公称厚度的 20% 以内，单面的修磨面积合计应在钢板面积的 2% 以内
c）钢板焊接部位的边缘不得有咬边或重叠。堆高应高出轧制面 1.5 mm 以上，然后用铲子或磨平等方法除去堆高
d）热处理钢板焊接修补后应再次进行热处理</td></tr>
</table>

（17）优质碳素结构钢热轧薄钢板和钢带（GB/T710—2008） 见表 1-1-38。

表 1-1-38 优质碳素结构钢热轧薄钢板和钢带

	分类方法	类别	代号
分类与代号	按表面质量分	较高级精整表面	Ⅰ
分类与代号	按表面质量分	普通级精整表面	Ⅱ
分类与代号	按拉延级别分	最深拉延级	Z
分类与代号	按拉延级别分	深拉延级	S
分类与代号	按拉延级别分	普通拉延级	P
分类与代号	按边缘状态分	切边	EC
分类与代号	按边缘状态分	不切边	EM

尺寸	尺寸、外形及允许偏差应符合 GB/T709—2006 的规定
交货状态	钢板和宽钢带一般以热轧状态交货。根据需方要求，经供需双方协商，也可供应退火状态或其他特殊性能要求的钢带。如有特殊要求，经供需双方协议，热处理方法（退火、正火、正火后回火、高温回火）可在合同中注明 宽钢带和由钢带剪切的钢板，在各项性能符合标准要求的条件下，可不经热处理交货 钢板和宽钢带不经酸洗交货。如需方要求时，经供需双方协议可酸洗后交货 钢带和由钢带剪切的钢板通常以不切边状态交货

力学性能

牌号	拉延级别 Z	拉延级别 S 和 P	拉延级别 Z	拉延级别 S	拉延级别 P
	抗拉强度 R_m/MPa	抗拉强度 R_m/MPa	断后伸长率 A（%）≥	断后伸长率 A（%）≥	断后伸长率 A（%）≥
08	275～400	≥325	36	34	33
08Al	275～410	≥300	36	35	34
10	280～410	≥335	36	34	32
15	300～430	≥370	34	32	30
20	340～480	≥410	30	28	26
25	—	≥450	—	26	24
30	—	≥490	—	24	22
35	—	≥530	—	22	20
40	—	≥570	—	—	19
45	—	≥600	—	—	17
50	—	≥610	—	—	16

工艺性能

① 180°横向冷弯试验

牌号	弯心直径 d：板厚 a≤2mm	弯心直径 d：板厚 a>2mm
08、08Al	0	0.5a
10	0.5a	a
15	a	1.5a
20	2a	2.5a
25、30、35	2.5a	3a

② 杯突试验

厚度/mm	牌号 08、08Al：冲压深度/mm ≥	牌号 10、15、20：冲压深度/mm ≥
≤1.0	9.5	7.2
>1.0～1.50	10.5	均不做试验
>1.5～2.00	11.5	均不做试验

	级别	表面质量
表面质量分级	较高级精度表面Ⅰ	正面允许有在厚度公差一半范围内的下列缺陷： 轻微麻点及局部的深度麻点、小气泡、小拉裂、划伤、轻微划痕及轧辊压痕 反面允许有在厚度公差范围内的下列缺陷： 轻微麻点及局部的深度麻点、小气泡、小拉裂、轻微划痕及轧辊压痕 两面允许有局部的蓝色氧化色和轻酸洗后的浅黄色薄膜

（续）

级　别		表面质量
表面质量分级	普通级精度表面Ⅱ	两面允许有在厚度公差范围内的下列缺陷： 轻微麻点及局部的深度麻点、小气泡、小拉裂、划伤、轻微划痕及轧辊压痕 反面允许有在厚度公差范围内每一平方米不多于两个斑痕及压坑 不经酸洗的钢板和宽钢带表面允许有薄的氧化皮

注：各牌号的化学成分应符合 GB/T 699—1999 的规定，在保证性能的前提下，08、08Al 牌号的热轧钢板和钢带的碳、锰含量的下限不限，酸溶铝质量分数为 0.010% ~0.060%，其他残余元素质量分数：Cu、Ni、Cr 均不大于 0.35%。

（18）锅炉和压力容器用钢板（GB713—2008）见表 1-1-39。

表 1-1-39　钢板的力学性能和工艺性能

牌号	交货状态	钢板厚度 /mm	拉伸试验			冲击试验		弯曲试验
			抗拉强度 R_m/MPa	屈服强度 R_{eL}/MPa ≥	伸长率 A(%) ≥	温度 /℃	冲击吸收功 A_{kV}/J ≥	180° $b=2a$
Q245R	热轧控轧或正火	3 ~ 16	400 ~ 520	245	25	0	31	$d=1.5a$
		>16 ~ 36	400 ~ 520	235	25			$d=1.5a$
		>36 ~ 60	400 ~ 520	225	25			$d=1.5a$
		>60 ~ 100	390 ~ 510	205	24			$d=2a$
		>100 ~ 150	380 ~ 500	185	24			$d=2a$
Q345R		3 ~ 16	510 ~ 640	345	21	0	34	$d=2a$
		>16 ~ 36	500 ~ 630	325	21			$d=3a$
		>36 ~ 60	490 ~ 620	315	21			$d=3a$
		>60 ~ 100	490 ~ 620	305	20			$d=3a$
		>100 ~ 150	480 ~ 610	285	20			$d=3a$
		>150 ~ 200	470 ~ 600	265	20			$d=3a$
Q370R	正火	10 ~ 16	530 ~ 630	370	20	-20	34	$d=2a$
		>16 ~ 36	530 ~ 630	360				$d=3a$
		>36 ~ 60	520 ~ 620	340				$d=3a$
18MnMoNbR	正火 + 回火	30 ~ 60	570 ~ 720	400	17	0	41	$d=3a$
		>60 ~ 100	570 ~ 720	390				
13MnNiMoR		30 ~ 100	570 ~ 720	390	18	0	41	$d=3a$
		>100 ~ 150	570 ~ 720	380				
15CrMoR		6 ~ 60	450 ~ 590	295	19	20	31	$d=3a$
		>60 ~ 100	450 ~ 590	275				
		>100 ~ 150	440 ~ 580	255				
14Cr1MoR		6 ~ 100	520 ~ 680	310	19	20	34	$d=3a$
		>100 ~ 150	510 ~ 670	300				
12Cr2Mo1R		6 ~ 150	520 ~ 680	310	19	20	34	$d=3a$
12Cr1MoVR		6 ~ 60	440 ~ 590	245	19	20	34	$d=3a$
		>60 ~ 100	430 ~ 580	235				

注：1. 对于厚度 <12mm 的钢板，其夏比（V 形）缺口冲击试验应采用辅助试样。厚度 8 ~ 12mm，试样尺寸 7.5mm × 10mm × 55mm，其试验结果应不小于规定值的 75%；厚度 6 ~ 8mm，试样尺寸 5mm × 10mm × 55 mm，其试验结果应不小于规定值的 50%；厚度 <6mm 的钢板不做冲击试验。

2. 钢板的尺寸、外形及允许偏差应符合 GB/T709—2006 的规定。厚度允许偏差按 GB/T 709—2006 的 B 类偏差。

（19）连续热镀锌薄钢板和钢带（GB/T2518—2008）见表 1-1-40 ~ 表 1-1-44。

表1-1-40　连续热镀锌薄钢板和钢带的分类和代号

① 牌号命名方法和代号[a]

用途代号	DX	DX基板的轧制状态不作规定的冷成形用扁平钢材
		DC冷轧基板的冷成形用扁平钢材
		DD热轧基板的冷成形用扁平钢材
	S	结构用钢
	HX	HX基板的轧制状态不作规定的冷成形用高强度扁平钢材
		HC冷轧基板的冷成形用高强度扁平钢材
		HD热轧基板的冷成形用高强度扁平钢材
钢级代号	51～57	2位数字，用以代表钢级序列代号
	180～980	3位数字，一般为规定的最小屈服强度或最小抗拉强度
钢种特性	Y	无间隙原子钢
	LA	低合金钢
	B	烘烤硬化钢
	DP	双相钢
	TR	相变诱导塑性钢
	CP	复相钢
	G	不作规定
热镀代号	D	
镀层代号	Z	纯锌镀层
	ZF	锌铁合金镀层

a 钢板及钢带的牌号由产品用途代号、钢级代号（或序列代号）、钢种特性（如有）、热镀代号和镀层种类代号5部分组成，其中热镀代号和镀层种类之间用加号“+”连接

② 牌号及钢种特性

牌号	钢种特性
DX51D+Z，DX51D+ZF	低碳钢
DX52D+Z，DX52D+ZF	
DX53D+Z，DX53D+ZF	无间隙原子钢
DX54D+Z，DX54D+ZF	
DX56D+Z，DX56D+ZF	
DX57D+Z，DX57D+ZF	
S220GD+Z，S220GD+ZF	结构钢
S250GD+Z，S250GD+ZF	
S280GD+Z，S280GD+ZF	
S320GD+Z，S320GD+ZF	
S350GD+Z，S350GD+ZF	
S550GD+Z，S550GD+ZF	
HX260LAD+Z，HX260LAD+ZF	低合金钢
HX300LAD+Z，HX300LAD+ZF	
HX340LAD+Z，HX340LAD+ZF	
HX380LAD+Z，HX380LAD+ZF	
HX420LAD+Z，HX420LAD+ZF	
HX180YD+Z，HX180YD+ZF	无间隙原子钢
HX220YD+Z，HX220YD+ZF	
HX260YD+Z，HX260YD+ZF	
HX180BD+Z，HX180BD+ZF	烘烤硬化钢
HX220BD+Z，HX220BD+ZF	
HX260BD+Z，HX260BD+ZF	
HX300BD+Z，HX300BD+ZF	
HC260/450DPD+Z，HC260/450DPD+ZF	双相钢
HC300/500DPD+Z，HC300/500DPD+ZF	

（续）

牌号	钢种特性
HC340/600DPD + Z，HC340/600DPD + ZF	双相钢
HC450/700DPD + Z，HC450/700DPD + ZF	
HC600/980DPD + Z，HC600/980DPD + ZF	
HC430/690TRD + Z，HC430/690TRD + ZF	相变诱导塑性钢
HC470/780TRD + Z，HC470/780TRD + ZF	
HC350/600CPD + Z，HC350/600CPD + ZF	复相钢
HC500/780CPD + Z，HC500/780CPD + ZF	
HC700/980CPD + Z，HC700/980CPD + ZF	

③ 表面质量分类及代号

级别	代号
普通级表面	FA
较高级表面	FB
高级表面	FC

④ 镀层种类、镀层表面结构、表面处理的分类及代号

分类	类别		代号
镀层种类	纯锌镀层		Z
	锌铁合金镀层		ZF
镀层表面结构	纯锌镀层（Z）	普通锌花	N
		小锌花	M
		无锌花	F
	锌铁合金镀层（ZF）	普通锌花	R
表面处理	铬酸钝化		C
	涂油		O
	铬酸钝化 + 涂油		CO
	无铬钝化		C5
	无铬钝化 + 涂油		CO5
	磷化		P
	磷化 + 涂油		PO
	耐指纹膜		AF
	无铬耐指纹膜		AF5
	自润滑膜		SL
	无铬自润滑膜		SL5
	不处理		U

表 1-1-41 连续热镀锌薄钢板和钢带的尺寸、外形及标记

① 尺寸范围

项目		公称尺寸/mm
公称厚度		0.3～5.0
公称宽度	钢板及钢带	600～2050
	纵切钢带	<600
公称长度	钢板	10000～8000
公称内径	钢带及纵切钢带	610 或 508

② 厚度允许偏差

厚度允许偏差 I[a]

公称厚度/mm	下列公称宽度时的厚度允许偏差[b]/mm					
	普通精度 PT. A			高级精度 PT. B		
	≤1200	>1200～1500	>1500	≤1200	>1200～1500	>1500
0.2～0.40	±0.04	±0.05	±0.06	±0.030	±0.035	±0.040
>0.40～0.60	±0.04	±0.05	±0.06	±0.035	±0.040	±0.045
>0.60～0.80	±0.05	±0.06	±0.07	±0.040	±0.045	±0.050

（续）

公称厚度/mm	下列公称宽度时的厚度允许偏差[b]/mm					
	普通精度 PT. A			高级精度 PT. B		
	≤1200	>1200~1500	>1500	≤1200	>1200~1500	>1500
>0.80~1.00	±0.06	±0.07	±0.08	±0.045	±0.050	±0.060
>1.00~1.20	±0.07	±0.08	±0.09	±0.050	±0.060	±0.070
>1.20~1.60	±0.10	±0.11	±0.12	±0.060	±0.070	±0.080
>1.60~2.00	±0.12	±0.13	±0.14	±0.070	±0.080	±0.090
>2.00~2.50	±0.14	±0.15	±0.16	±0.090	±0.100	±0.110
>2.50~3.00	±0.17	±0.17	±0.18	±0.110	±0.120	±0.130
>3.00~5.00	±0.20	±0.20	±0.21	±0.015	±0.16	±0.17
>5.00~6.50	±0.22	±0.22	±0.23	±0.017	±0.18	±0.19

a 对于规定的最小屈服强度小于260MPa的钢板及钢带，其厚度允许偏差应符合Ⅰ的规定

b 钢带焊缝10m范围的厚度允许偏差可超过规定值的50%，对双面镀层重量之和不小于450g/m² 的产品，其厚度允许偏差应增加±0.01mm

厚度允许偏差Ⅱ[a]

公称厚度/mm	下列公称宽度时的厚度允许偏差[b]/mm					
	普通精度 PT. A			高级精度 PT. B		
	≤1200	>1200~1500	>1500	≤1200	>1200~1500	>1500
0.2~0.40	±0.05	±0.06	±0.07	±0.035	±0.040	±0.045
>0.40~0.60	±0.05	±0.06	±0.07	±0.040	±0.045	±0.050
>0.60~0.80	±0.06	±0.07	±0.08	±0.045	±0.050	±0.060
>0.80~1.00	±0.07	±0.08	±0.09	±0.050	±0.060	±0.070
>1.00~1.20	±0.08	±0.09	±0.11	±0.060	±0.070	±0.080
>1.20~1.60	±0.11	±0.13	±0.14	±0.070	±0.080	±0.090
>1.60~2.00	±0.14	±0.15	±0.16	±0.080	±0.090	±0.110
>2.00~2.50	±0.16	±0.17	±0.18	±0.110	±0.120	±0.130
>2.50~3.00	±0.19	±0.20	±0.20	±0.130	±0.140	±0.150
>3.00~5.00	±0.22	±0.24	±0.25	±0.017	±0.18	±0.19
>5.00~6.50	±0.24	±0.25	±0.26	±0.019	±0.20	±0.21

a 对于规定的最小屈服强度不小于260MPa，但小于360MPa的钢板及钢带，以及牌号为DX51D+Z、DX51D+ZF、S550GD+Z、S550GD+ZF的钢板及钢带，其厚度允许偏差应符合Ⅱ的规定

b 钢带焊缝10m范围的厚度允许偏差可超过规定值的50%，对双面镀层重量之和不小于450g/m² 的产品，其厚度允许偏差应增加±0.01mm

厚度允许偏差Ⅲ[a]

公称厚度/mm	下列公称宽度时的厚度允许偏差[b]/mm					
	普通精度 PT. A			高级精度 PT. B		
	≤1200	>1200~1500	>1500	≤1200	>1200~1500	>1500
0.35~0.40	±0.05	±0.06	±0.07	±0.040	±0.045	±0.050
>0.40~0.60	±0.06	±0.07	±0.08	±0.045	±0.050	±0.060
>0.60~0.80	±0.07	±0.08	±0.09	±0.050	±0.060	±0.070
>0.80~1.00	±0.08	±0.09	±0.11	±0.060	±0.070	±0.080
>1.00~1.20	±0.10	±0.11	±0.12	±0.070	±0.080	±0.090
>1.20~1.60	±0.13	±0.14	±0.16	±0.080	±0.090	±0.110
>1.60~2.00	±0.16	±0.17	±0.19	±0.090	±0.110	±0.120
>2.00~2.50	±0.18	±0.20	±0.21	±0.120	±0.130	±0.140
>2.50~3.00	±0.22	±0.22	±0.23	±0.140	±0.150	±0.160
>3.00~5.00	±0.22	±0.24	±0.25	±0.17	±0.18	±0.19
>5.00~6.50	±0.24	±0.25	±0.26	±0.19	±0.20	±0.21

a 对于规定的最小屈服强度不小于360MPa，但不大于420MPa的钢板及钢带，其厚度允许偏差应符合Ⅲ的规定

b 钢带焊缝10m范围的厚度允许偏差可超过规定值的50%，对双面镀层重量之和不小于450g/m² 的产品，其厚度允许偏差应增加±0.01mm

（续）

厚度允许偏差Ⅳ[a]

公称厚度/mm	下列公称宽度时的厚度允许偏差[b]/mm					
	普通精度　PT. A			高级精度　PT. B		
	≤1200	>1200~1500	>1500	≤1200	>1200~1500	>1500
0.35~0.40	±0.06	±0.07	±0.08	±0.045	±0.050	±0.060
>0.40~0.60	±0.06	±0.08	±0.09	±0.050	±0.060	±0.070
>0.60~0.80	±0.07	±0.09	±0.11	±0.060	±0.070	±0.080
>0.80~1.00	±0.09	±0.11	±0.12	±0.070	±0.080	±0.090
>1.00~1.20	±0.11	±0.13	±0.14	±0.080	±0.090	±0.110
>1.20~1.60	±0.15	±0.16	±0.18	±0.090	±0.110	±0.120
>1.60~2.00	±0.18	±0.19	±0.21	±0.110	±0.120	±0.140
>2.00~2.50	±0.21	±0.22	±0.24	±0.140	±0.150	±0.170
>2.50~3.00	±0.24	±0.25	±0.26	±0.170	±0.180	±0.190
>3.00~5.00	±0.26	±0.27	±0.28	±0.23	±0.24	±0.26
>5.00~6.50	±0.28	±0.29	±0.30	±0.25	±0.26	±0.28

a 对于规定的最小屈服强度大于 420MPa，但不大于 900MPa 的钢板及钢带，其厚度允许偏差应符合Ⅳ的规定

b 钢带焊缝 10m 范围的厚度允许偏差可超过规定值的 50%，对双面镀层重量之和不小于 $450g/m^2$ 的产品，其厚度允许偏差应增加 ±0.01mm

③ 宽度和长度允许偏差应符合 GB/T2518—2008

a. 脱方度：脱方度为钢板或钢带的宽边向轧制方向边的垂直投影长度。脱方度应不大于钢板实际宽度的 1%

b. 镰刀弯：

a）切边状态交货的钢板及钢带的镰刀弯，在任意 2000mm 长度上应不大于 5mm；当钢板的长度小于 2000mm 时，其镰刀弯应不大于钢板实际长度的 0.25%

b）对于纵切钢带，当规定的屈服强度不大于 260MPa 时，可规定其镰刀弯在任意 2000mm 长度上不大于 2mm

④ 不平度

不平度最大允许偏差Ⅰ[a]

规定的最小屈服强度/MPa	公称宽度/mm	下列公称厚度时的不平度/mm							
		普通精度　PF. A				高级精度　PF. B			
		<0.7	0.7~<1.60	1.6~<3.0	3.0~<6.5	<0.7	0.7~<1.60	1.6~<3.0	3.0~<6.5
<260	<1200	10	8	8	15	5	4	3	8
	1200~<1500	12	10	10	18	6	5	4	9
	≥1500	17	15	15	23	8	7	6	12

a 对规定最小屈服强度小于 260MPa 的钢板，不平度最大允许偏差应符合Ⅰ的规定

不平度最大允许偏差Ⅱ[a]

规定的最小屈服强度/MPa	公称宽度/mm	下列公称厚度时的不平度[b]/mm							
		普通精度　PF. A				高级精度　PF. B			
		<0.7	0.7~<1.60	1.6~<3.0	3.0~<6.5	<0.7	0.7~<1.60	1.6~<3.0	3.0~<6.5
260~<360	<1200	13	10	10	18	8	6	5	9
	1200~<1500	15	13	13	25	9	8	6	12
	≥1500	20	19	19	28	12	10	9	14

a 对规定最小屈服强度不小于 260MPa，但小于 360MPa 的钢板，以及牌号为 DX51D+Z、DX51D+ZF 和 S550GD+Z、S550GD+ZF 的钢板，其不平度最大允许偏差应符合Ⅱ的规定

b 规定的最小屈服强度不小于 360MPa 的钢板，其不平度最大允许偏差可由供需双方在订货时协商

注：钢板的标记应符合 GB/T2518—2008 的规定。

表 1-1-42　连续热镀锌薄钢板和钢带的镀层重量

① 镀层重量Ⅰ

镀层形式	适用的镀层表面结构	下列镀层种类的公称镀层重量范围[a]/（g/m^2）	
		纯锌镀层（Z）	锌铁合金镀层（ZF）
等厚镀层	N、M、F、R	50～600	60～180
差厚镀层 b	N、M、F	25～150（每面）	—

a 50g/m^2 镀层（纯锌和锌铁合金）的厚度约为7.1mm

b 对于差厚镀层形式，镀层较重面的镀层重量与另一面的镀层重量的比值应不大于3

② 镀层重量Ⅱ

镀层种类	镀层形式	推荐的公称镀层重量/（g/m^2）	镀层代号
Z	等厚镀层	60	60
		80	80
		100	100
		120	120
		150	150
		180	180
		200	200
		220	220
		250	250
		275	275
		350	350
		450	450
		600	600
ZF	等厚镀层	60	60
		90	90
		120	120
		140	140
Z	差厚镀层	30/40	30/40
		40/60	40/60
		40/100	40/100

③ 镀层重量Ⅲ

镀层种类	镀层形式	镀层代号	公称镀层重量[a]/（g/m^2）≥	
			单面三点平均值	单面单点值
Z	差厚镀层	A/B	A/B	（0.85×A）/（0.85×B）

a. A、B分别为钢板及钢带上下表面（或内、外表面）对应的公称镀层重量（g/m^2）。

注：1. 可供货钢板、钢带的公称重量范围应符合上表中①的规定。经供需双方协商，亦可提供其他镀层重量。

2. 推荐的公称镀层重量及相应的镀层代号应符合上表中②的规定。经供需双方协商，等厚公称镀层重量也可用单面镀层重量表示。

3. 对于等厚镀层，镀层重量三点试样平均值应不小于规定公称镀层重量；镀层重量单点试验值应不小于规定镀层重量的85%。单面单点镀层重量试验值应不小于规定公称镀层重量的34%。

4. 对于差厚镀层，公称镀层重量及镀层重量试验值应符合上表中③的规定。

表 1-1-43　连续热镀锌薄钢板和钢带的力学性能

① 连续热镀锌薄钢板和钢带的力学性能Ⅰ

牌号	屈服强度[a,b] R_{eL}或$R_{p0.2}$/MPa	抗拉强度 R_m/MPa	断后伸长率[c] A_{80}（%）	r_{90} ≥	n_{90} ≥
DX51D+Z，DX51D+ZF	—	270～500	22	—	—
DX52D+Z[f]，DX52D+ZF[d]	140～300	270～420	26	—	—
DX53D+Z，DX53D+ZF	140～260	270～380	30	—	—
DX54D+Z	120～220	260～350	36	1.6	0.18
DX54D+ZF			34	1.4	0.18

（续）

牌号	屈服强度[a,b] R_{eL}或$R_{p0.2}$/MPa	抗拉强度 R_m/MPa	断后伸长率[c] A_{80}（%）	r_{90} ≥	n_{90} ≥
DX56D + Z	120 ~ 180	260 ~ 350	39	1.9[d]	0.21
DX56D + ZF			37	1.7[d,e]	0.20[e]
DX57D + Z	120 ~ 170	260 ~ 350	41	2.1[d]	0.22
DX57D + ZF			39	1.9[d,e]	0.21[e]

a 无明显屈服时采用$R_{p0.2}$，否则采用R_{eL}

b 使用GB/T228—2002中的P6试样，试样方向为横向

c 当产品公称厚度大于0.5mm，但不大于0.7mm时，断后伸长率允许下降2%；当产品公称厚度不大于0.5mm时，断后伸长率允许下降4%

d 当产品公称厚度大于1.5mm时，r_{90}允许下降0.2

e 当产品公称厚度不大于0.7mm时，r_{90}允许下降0.2，n_{90}允许下降0.01

f 屈服强度值仅适用于光整的FB、FC级表面的钢板及钢带

② 连续热镀锌薄钢板和钢带的力学性能Ⅱ

牌号	屈服强度[a,b]/ R_{eH}或$R_{p0.2}$/MPa ≥	抗拉强度[c] R_m/MPa ≥	断后伸长率[d] A_{80}（%） ≥
S220GD + Z，S220GD + ZF	220	300	20
S250GD + Z，S250GD + ZF	250	330	19
S280GD + Z，S280GD + ZF	280	360	18
S320GD + Z，S320GD + ZF	320	390	17
S350GD + Z，S350GD + ZF	350	420	16
S550GD + Z，S550GD + ZF	550	560	—

a 无明显屈服时采用$R_{p0.2}$，否则采用R_{eH}

b 试样为GB/T228—2002中的P6试样，试样方向为纵向

c 除S550GD + Z，S550GD + ZF外，其他牌号的抗拉强度可要求140MPa的范围值

d 当产品公称厚度大于0.5mm，但不大于0.7mm时，断后伸长率允许下降2%；当产品公称厚度不大于0.5mm时，断后伸长率允许下降4%

③ 连续热镀锌薄钢板和钢带的力学性能Ⅲ

牌号	屈服强度[a,b] R_{eL}或$R_{p0.2}$/ MPa	抗拉强度 R_m/ MPa	断后伸长率[c] A_{80}（%） ≥	r_{90}[d] ≥	n_{90} ≥
HX180YD + Z	180 ~ 240	340 ~ 400	34	1.7	0.18
HX180YD + ZF			32	1.5	0.18
HX220YD + Z	220 ~ 280	340 ~ 410	32	1.5	0.17
HX220YD + ZF			30	1.3	0.17
HX260YD + Z	260 ~ 320	380 ~ 440	30	1.4	0.16
HX260YD + ZF			28	1.2	0.16

a 无明显屈服时采用$R_{p0.2}$，否则采用R_{eL}

b 试样为GB/T228—2002中的P6试样，试样方向为横向

c 当产品公称厚度大于0.5mm，但不大于0.7mm时，断后伸长率（A_{80}）允许下降2%；当产品公称厚度不大于0.5mm时，断后伸长率（A_{80}）允许下降4%

d 当产品公称厚度大于1.5mm时，r_{90}允许下降0.2

（续）

④ 连续热镀锌薄钢板和钢带的力学性能Ⅳ

牌号	屈服强度[a,b] R_{eL}或$R_{p0.2}$/MPa	抗拉强度 R_m/MPa	断后伸长率[c] A_{80}（%）≥	r_{90}[d] ≥	n_{90} ≥	烘烤硬化值 BH_2/MPa ≥
HX180BD + Z	180 ~ 240	300 ~ 360	34	1.5	0.16	30
HX180BD + ZF			32	1.3	0.16	30
HX220BD + Z	220 ~ 280	340 ~ 400	32	1.2	0.15	30
HX220BD + ZF			30	1.0	0.15	30
HX260BD + Z	260 ~ 320	360 ~ 440	28	—	—	30
HX260BD + ZF			26	—	—	30
HX300BD + Z	300 ~ 360	400 ~ 480	26	—	—	30
HX300BD + ZF			24	—	—	30

a 无明显屈服时采用$R_{p0.2}$，否则采用R_{eL}

b 试样为GB/T228—2002中的P6试样，试样方向为横向

c 当产品公称厚度大于0.5mm，但不大于0.7mm时，断后伸长率（A_{80}）允许下降2%；当产品公称厚度不大于0.5mm时，断后伸长率（A_{80}）允许下降4%

d 当产品公称厚度大于1.5mm时，r_{90}允许下降0.2

⑤ 连续热镀锌薄钢板和钢带的力学性能Ⅴ

牌号	屈服强度[a,b] R_{eL}或$R_{p0.2}$/MPa	抗拉强度 R_m/MPa	断后伸长率[c] A_{80}（%）≥
HX260LAD + Z	260 ~ 330	350 ~ 430	26
HX260LAD + ZF			24
HX300LAD + Z	300 ~ 380	380 ~ 480	23
HX300LAD + ZF			21
HX340LAD + Z	340 ~ 420	410 ~ 510	21
HX340LAD + ZF			19
HX380LAD + Z	380 ~ 480	440 ~ 560	19
HX380LAD + ZF			17
HX420LAD + Z	420 ~ 520	470 ~ 590	17
HX420LAD + ZF			15

a 无明显屈服时采用$R_{p0.2}$，否则采用R_{eL}

b 试样为GB/T228—2002中的P6试样，试样方向为横向

c 当产品公称厚度大于0.5mm，但不大于0.7mm时，断后伸长率（A_{80}）允许下降2%；当产品公称厚度不大于0.5mm时，断后伸长率（A_{80}）允许下降4%。

⑥ 连续热镀锌薄钢板和钢带的力学性能Ⅵ

牌号	屈服强度[a,b] R_{eL}或$R_{p0.2}$/MPa	抗拉强度 R_m/MPa	断后伸长率[c] A_{80}（%）≥	n_{90} ≥	烘烤硬化值 BH_2/MPa ≥
HC260/450DPD + Z	260 ~ 340	450	27	0.16	30
HC260/450DPD + ZF			25		30
HC300/500DPD + Z	300 ~ 380	500	23	0.15	30
HC300/500DPD + ZF			21		30
HC340/600DPD + Z	340 ~ 420	600	20	0.14	30
HC340/600DPD + ZF			18		30
HC450/780DPD + Z	450 ~ 560	780	14	—	30
HC450/780DPD + ZF			12		30

（续）

牌号	屈服强度[a,b] R_{eL}或$R_{p0.2}$/MPa	抗拉强度 R_m/MPa	断后伸长率[c] A_{80}（%）≥	n_{90} ≥	烘烤硬化值 BH_2/MPa ≥
HC600/980DPD + Z	600～750	980	10	—	30
HC600/980DPD + ZF	600～750	980	8	—	30

a 无明显屈服时采用 $R_{p0.2}$，否则采用 R_{eL}

b 试样为 GB/T228—2002 中的 P6 试样，试样方向为纵向

c 当产品公称厚度大于 0.5mm，但不大于 0.7mm 时，断后伸长率（A_{80}）允许下降 2%；当产品公称厚度不大于 0.5mm 时，断后伸长率（A_{80}）允许下降 4%

⑦ 连续热镀锌薄钢板和钢带的力学性能Ⅶ

牌号	屈服强度[a,b] R_{eL}或$R_{p0.2}$/MPa	抗拉强度 R_m/MPa	断后伸长率[c] A_{80}（%）≥	n_{90} ≥	烘烤硬化值 BH_2/MPa ≥
HC430/690TRD + Z	430～550	690	23	0.18	40
HC430/690TRD + ZF			21		40
HC470/780TRD + Z	470～600	780	21	0.16	40
HC470/780TRD + ZF			18		40

a 无明显屈服时采用 $R_{p0.2}$，否则采用 R_{eL}

b 试样为 GB/T228—2002 中的 P6 试样，试样方向为纵向

c 当产品公称厚度大于 0.5mm，但不大于 0.7mm 时，断后伸长率（A_{80}）允许下降 2%；当产品公称厚度不大于 0.5mm 时，断后伸长率（A_{80}）允许下降 4%

⑧ 连续热镀锌薄钢板和钢带的力学性能Ⅷ

牌号	屈服强度[a,b] R_{eL}或$R_{p0.2}$/MPa	抗拉强度 R_m/MPa	断后伸长率[c] A_{80}（%）≥	烘烤硬化值 BH_2/MPa ≥
HC350/600CPD + Z	350～500	600	16	30
HC350/600CPD + ZF			14	
HC500/780CPD + Z	500～700	780	10	30
HC500/780CPD + ZF			8	
HC700/980CPD + Z	700～900	980	7	30
HC700/980CPD + ZF			5	

a 无明显屈服时采用 $R_{p0.2}$，否则采用 R_{eL}

b 试样为 GB/T228—2002 中的 P6 试样，试样方向为纵向

c 当产品公称厚度大于 0.5mm，但不大于 0.7mm 时，断后伸长率（A_{80}）允许下降 2%；当产品公称厚度不大于 0.5mm 时，断后伸长率（A_{80}）允许下降 4%

表 1-1-44　连续热镀锌薄钢板和钢带的表面质量级别及特征

级别	表面质量特征
FA	表面允许有欠缺，例如小锌粒、压印、划伤、凹坑、色泽不均匀、黑点、条纹、轻微钝化斑、锌起伏等。该表面通常不进行平整（光整）处理
FB	较好的一面允许有小缺欠，例如光整压印、轻微划伤、细小锌花、锌起伏和轻微钝化斑。另一面至少为表面质量 FA。该表面通常进行平整（光整）处理
FC	较好的一面必须对缺欠进一步限制，即较好的一面不应有影响高级涂漆表面外观质量的缺欠。另一面至少为表面质量 FB。该表面通常进行平整（光整）处理

（20）连续电镀锌、锌镍合金镀层钢板及钢带（GB/T 15675—2008） 见表 1-1-45。

表 1-1-45 连续电镀锌、锌镍合金镀层钢板及钢带

<table>
<tr><td>牌号</td><td colspan="2">钢板及钢带的牌号由基板牌号和镀层种类两部分组成，中间用“+”连接
示例1：DC01+ZE，DC01+ZN
DC01—基板牌号
ZE，ZN—镀层种类：纯锌镀层，锌镍合金镀层
示例2：CR180BH+ZE，CR180BH+ZN
CR180BH—基板牌号
ZE，ZN—镀层种类：纯锌镀层，锌镍合金镀层</td></tr>
<tr><td rowspan="30">分类和代号</td><td colspan="2">① 按表面质量区分</td></tr>
<tr><td>级别</td><td>代号</td></tr>
<tr><td>较高级表面</td><td>FA</td></tr>
<tr><td>高级表面</td><td>FB</td></tr>
<tr><td>超高级表面</td><td>FC</td></tr>
<tr><td colspan="2">② 按镀层种类分</td></tr>
<tr><td>镀层种类</td><td>代号</td></tr>
<tr><td>纯锌镀层</td><td>ZE</td></tr>
<tr><td>锌镍合金镀层</td><td>ZN</td></tr>
<tr><td colspan="2">③ 按镀层形式区分：等厚镀层、差厚镀层及单面镀层</td></tr>
<tr><td colspan="2">④ 镀层重量的表示方法
示例：
钢板：上表面镀层重量（g/m^2）/下表面镀层重量（g/m^2），例如：40/40、10/20、0/30
钢带：外表面镀层重量（g/m^2）/内表面镀层重量（g/m^2），例如：50/50、30/40、0/40</td></tr>
<tr><td colspan="2">⑤ 表面处理的种类和代号</td></tr>
<tr><td>表面处理种类</td><td>代 号</td></tr>
<tr><td>铬酸钝化处理</td><td>C</td></tr>
<tr><td>铬酸钝化处理+涂油</td><td>CO</td></tr>
<tr><td>磷化处理（含铬封闭处理）</td><td>PC</td></tr>
<tr><td>磷化处理（含铬封闭处理）+涂油</td><td>PCO</td></tr>
<tr><td>无铬酸钝化处理</td><td>C5</td></tr>
<tr><td>无铬酸钝化处理+涂油</td><td>CO5</td></tr>
<tr><td>磷化处理（含无铬封闭处理）</td><td>PC5</td></tr>
<tr><td>磷化处理（含无铬封闭处理）+涂油</td><td>PCO5</td></tr>
<tr><td>磷化处理（不含封闭处理）</td><td>P</td></tr>
<tr><td>磷化处理（不含封闭处理）+涂油</td><td>PO</td></tr>
<tr><td>涂油</td><td>O</td></tr>
<tr><td>不处理</td><td>U</td></tr>
<tr><td>无铬耐指纹处理</td><td>UF5</td></tr>
<tr><td>外形、重量及允许偏差</td><td colspan="2">① 钢板及钢带的公称厚度为基板厚度与镀层厚度之和
② 钢板及钢带的尺寸、外形及其允许偏差应符合 GB/T 708—2006 的规定
③ 钢板通常按理论重量交货，也可按实际重量交货</td></tr>
<tr><td>基板</td><td colspan="2">电镀锌/锌镍合金镀层钢板及钢带可采用 GB/T5213—2008、GB/T 20564.1—2007、GB/T 20564.2—2007、GB/T 20564.3—2007 等国家标准中的产品作为基板。根据供需双方协商，也可以采用上述标准以外的产品作为基板</td></tr>
<tr><td>力学性能和工艺性能</td><td colspan="2">① 对于采用 GB/T5213—2008、GB/T 20564.1—2007、GB/T 20564.2—2007、GB/T 20564.3—2007 等国家标准中的产品作为基板的纯锌镀层钢板及钢带的力学性能及工艺性能应符合相应基板的规定
② 对于采用 GB/T5213—2008、GB/T 20564.1—2007、GB/T 20564.2—2007、GB/T 20564.3—2007 等国家标准中的产品作为基板的锌镍合金镀层钢板及钢带的力学性能，若双面镀层的重量之和小于 50 g/m^2，其断后伸长率允许比相应基板的规定值下降 2%，r 值允许比相应基板的规定值下降 0.2；若双面镀层的重量之和不小于 50 g/m^2，其断后伸长率允许比相应基板的规定值下降 3%，r 值允许比相应基板的规定值下降 0.3；其他力学性能及工艺性能应符合相应基板的规定
③ 对于其他基板的电镀锌/锌镍合金镀层钢板及钢带，其力学性能和工艺性能的要求，应在订货时协商确定</td></tr>
</table>

（续）

	镀层形式	可供重量范围/（g/m²）		推荐的公称镀层重量/（g/m²）	
		镀层种类			
		纯锌镀层（单面）	锌镍合金镀层（单面）	纯锌镀层	锌镍合金镀层
镀层重量	等厚	3 ~ 90	10 ~ 40	3/3，10/10，15/15，20/20，30/30，40/40，50/50，60/60，70/70，80/80，90/90	10/10，15/15，20/20，25/25，30/30，35/35，40/40
	差厚	3 ~ 90，两面差值最大值为 40	10 ~ 40，两面差值最大值为 20	3，10，15，20，30，40，50，60，70，80，90	10，15，20，25，30，35，40
	单面	10 ~ 110	10 ~ 40	10，20，30，40，50，60，70，80，90，100，110	10，15，20，25，30，35，40

注：1. $50g/m^2$ 纯锌镀层重量约等于 $7.1\mu m$，$50g/m^2$ 锌镍合金镀层重量约等于 $6.8\mu m$

2. 对等厚镀层，镀层重量每面三点试验平均值应不小于相应面公称镀层重量，单点试验值不小于相应面公称镀层重量的 85%；对差厚及单面镀层，镀层重量每面三点试验平均值应不小于相应面公称镀层重量，单点试验值不小于相应面公称镀层重量的 80%

	代号	级别	特征
表面质量	FA	较高级表面	不得有漏镀、镀层脱落、裂纹等缺陷，但不影响成形性及涂漆附着力的轻微缺陷，如小划痕、小辊印、轻微的刮伤及轻微氧化色等缺陷则允许存在
	FB	高级表面	产品两面中较好的一面必须对轻微划痕、辊印等缺陷进一步限制，另一面至少应达到 FB 的要求
	FC	超高级表面	产品两面中较好的一面必须对缺陷进一步限制，即不能影响涂漆后的外观质量，另一面至少应达到 FB 的要求
表面处理	使用本产品时，用户应根据其加工工艺、涂漆方法、涂漆设备等情况选择合适的表面处理方式，并尽量缩短本产品的储存时间。选择合适的表面处理可减轻运输和储存过程中产生白锈的倾向，同时能够改善涂漆层的粘附性，对镀层起保护作用。对后道加工工序需磷化和喷漆的，不推荐选择铬酸钝化处理方式		

（21）彩色涂层钢板及钢带（GB/T12754—2006）　见表 1-1-46。

表 1-1-46　彩色涂层钢板及钢带

牌号命名方法	彩涂板的牌号由彩涂代号、基板特性代号和基板类型代号三个部分组成，其中基板特性代号和基板类型代号之间用加号“+”连接 ① 彩涂代号：用“涂”字汉语拼音的第一个字母“T”表示 ② 基板特性代号 a）冷成形用钢。电镀基板由三个部分组成，其中第一部分为字母“D”，代表冷成形用钢板；第二部分为字母“C”，代表轧制条件为冷轧；第三部分为两位数字序号，即 01、03 和 04 热镀基板由四个部分组成，其中第一和第二部分与电镀基板相同，第三部分为两位数字序号，即 51、52、53 和 54；第四部分为字母“D”，代表热镀 b）结构钢。由 4 个部分组成，其中第一部分为字母“S”，代表结构钢；第二部分为 3 位数字，代表规定的最小屈服强度（单位为 MPa），即 250、280、300、320、350、550；第三部分为字母“G”，代表热处理；第 4 部分为字母“D”，代表热镀 ③ 基板类型代号 “Z”代表热镀锌基板、“ZF”代表热镀锌铁合金基板、“AZ”代表热镀铝锌合金基板、“ZA”代表热镀锌铝合金基板，“ZE”代表电镀锌基板

（续）

	彩涂板的牌号					用途
	热镀锌基板	热镀锌铁合金基板	热镀铝锌合金基板	热镀锌铝合金基板	电镀锌基板	
彩涂板的牌号及用途	TDC51D + Z	TDC51D + ZF	TDC51D + AZ	TDC51D + ZA	TDC01 + ZE	一般用
	TDC52D + Z	TDC52D + ZF	TDC52D + AZ	TDC52D + ZA	TDC03 + ZE	冲压用
	TDC53D + Z	TDC53D + ZF	TDC53D + AZ	TDC53D + ZA	TDC04 + ZE	深冲压用
	TDC54D + Z	TDC54D + ZF	TDC54D + AZ	TDC54D + ZA	—	特深冲压用
	TS250GD + Z	TS250GD + ZF	TS250GDY + AZ	TS250GD + ZA	—	结构用
	TS280GD + Z	TS280GD + ZF	TS280GD + AZ	TS280GD + ZA	—	
	—	—	TS3000D + AZ	—	—	
	TS320GD + Z	TS320GD + ZF	TS320GD + AZ	TS320GD + ZA	—	
	TS350GD + Z	TS350GD + ZF	TS350GD + AZ	TS350GD + ZA	—	
	TS550GD + Z	TS550GD + ZF	TS550GD + AZ	TS550GD + ZA	—	

	分类方法	类别	代号	分类方法	类别	代号
分类和代号	按用途分	建筑外用	JW	按面漆种类分	聚酯	PE
		建筑内用	JN		硅改性聚酯	SMP
		家电	JD		高耐久性聚酯	HDP
		其他	QT		聚偏氟乙烯	PVDF
	按基板类别分	热镀锌基板	Z	按涂层结构分	正面两层，反面一层	2/1
		热镀锌铁合金基板	ZF			
		热镀铝锌合金基板	AZ		正面两层，反面二层	2/2
		热镀锌铝合金基板	ZA			
		电镀锌基板	ZE			
	按涂层表面状态分	涂层板	TC	按热镀锌基板表面结构分	光整小锌花	MS
		压花板	YA		光整无锌花	FS
		印花板	YI			
	如需表中以外用途、基板类型、涂层表面状态、面漆种类、涂层结构和热镀锌基板表面结构的彩涂板应在订货时协商					

	项目	公称尺寸/mm
规格	公称厚度	0.20～2.0
	公称宽度	600～1600
	钢板公称长度	1000～6000
	钢带卷内径	450、508或610
	注：彩涂板的厚度为基板的厚度，不包含涂层厚度	
表面质量	钢板和钢带不允许有气泡、划伤、漏涂、颜色不均等有害于使用的缺陷。钢带如有上述缺陷不能切除时，允许作出标志带缺陷交货，但不得超过每卷总长度的5%	

注：彩色涂层钢板是以冷轧钢板或镀锌钢板的卷板为基板，经刷磨、除油、磷化、钝化等表面处理后，在基板表面形成一层极薄的磷化钝化膜，在通过辊涂机时，基板两面被涂覆以各种色彩涂料，再经烘烤后成为彩色涂层钢板。可用有机、无机涂料和复合涂料作表面涂层。

（22）汽车用高强度热连轧钢板及钢带——冷成形用高屈服强度钢（GB/T 20887.1—2007） 见表1-1-47。

表1-1-47　钢板及钢带的力学性能和工艺性能

牌号	拉伸试验				180°弯曲试验 d=弯心直径/mm a=试样厚度/mm
	最小屈服强度 R_{eH}/MPa	抗拉强度 R_m/MPa	最小断后伸长率 A（%）		
			$L_0=80$mm $b=20$ mm	$L_0=5.65\sqrt{S_0}$	
			公称厚度/mm		
			<3.0	≥3.0	
HR270F	270	350～470	23	28	$d=0a$
HR315F	315	390～510	20	26	$d=0a$

（续）

牌号	拉伸试验				180°弯曲试验 d=弯心直径 /mm a=试样厚度 /mm
	最小屈服强度 R_{eH}/MPa	抗拉强度 R_m/MPa	最小断后伸长率 A（%）		
			L_0=80mm b=20 mm	$L_0=5.65\sqrt{S_0}$	
			公称厚度/mm		
			<3.0	≥3.0	
HR355F	355	430~550	19	25	d=0.5a
HR380F	380	450~590	18	23	d=0.5a
HR420F	420	480~620	16	21	d=0.5a
HR460F	460	520~670	14	19	d=1.0a
HR500F	500	550~700	12	16	d=1.0a
HR550F	550	600~760	12	16	d=1.5a
HR600F	600	650~820	11	15	d=1.5a
HR650F	650	700~880	10	14	d=2.0a
HR700F	700	750~950	10	13	d=2.0a

注：牌号命名方法。钢的牌号由热轧的英文“Hot Rolled”的首位字母“HR”、规定最小屈服强度值和成形的英文“Forming”的首位字母“F”三个部分组成。

示例：HR315F

HR—热轧的英文“Hot Rolled”的首位字母；

315—规定的量小屈服强度值，单位 MPa；

F—成形的英文“Forming”的首位字母。

1.2.2 常用冲压用非铁金属

1. 非铁金属板料的冲压性能

（1）铝及其合金板 铝材是板料冲压加工中使用得最普遍的一种非铁金属。它有纯铝与合金之分。

铝的特点是塑性较高，在空气中具有良好的耐蚀性。但是，纯铝的强度很低，常通过合金化及热处理或加工硬化等方法予以提高。应当注意，变形铝合金中，有的不能用热处理来增加强度。

表 1-1-48 介绍了铝合金冲压成形性能的实验数据。冲压加工中用得更多的铝合金板有防锈铝（5A03、5B05）及硬铝（2A11、2A12 等）。由表可见，软质态铝合金板与软钢板在拉深、翻边、胀形和弯曲性能方面大致相同。

一般地讲，铝合金的加工硬化指数 n 比纯铝大，其强度指标当然也较大。所以，铝合金的冲压力比纯铝大，而在形状稳定性方面，前者又比后者较差。

应当指出，在用 n 值、r 值分别评价板材的冲压成形性能中，铝材有时会出现与钢板规律性不同的特殊情况。

表 1-1-48 铝合金板的冲压性能实验数据

材料状态	极限拉深比 LDR	极限翻边系数 $K_{f.c}$	胀形深度 h/d		最小弯曲半径 r_{min}
			平冲头	球冲头	
软质	1.9~2.1	0.74~0.63	0.10~0.18	0.30~0.46	(0.5~1.2) t
1/4 硬	1.4~2.0	0.87~0.67	0.06~0.25	0.12~0.40	(1.0~5.0) t
硬质	1.45~1.56	0.80~0.74	0.05~0.10	0.10~0.18	(2.0~3.0) t
淬火后自然时效	1.4~1.5	0.83~0.77	—	—	(2.5~3.5) t

注：t 为料厚。

（2）铜及铜合金板 铜及其合金也是冲压加工中应用较多的非铁金属。铜的纯度在 99% 以上者为纯铜。常用的铜合金有黄铜和青铜。

在冲压成形中，铜板的冲压性能试验值大致为：

极限拉深比 LDR=1.8~1.9；

极限翻边系数 $K_{f.c}$=0.69~0.63；

极限胀形深度 h/d=0.25~0.35（平冲头）、h/d=0.35~0.50（球冲头）；

最小弯曲半径 r_{min}=（0.3~0.5）t。

纯铜的抗压缩失稳能力较差，其拉深性能较差。例如：上述铜材的 LRD 值，对于纯铜一定要在压边圈作用等条件下才能获得；有的纯铜在标准的球底锥形件拉深试验中，因起皱严重而测不出 CCV 值的情况也时有发生。

一般情况下，青铜的冲压成形性能较差，而且加工硬化也较为剧烈，往往需要经过中间退火才能继续经受变形。因此，青铜相对较少用于冲压成形加工。

黄铜的冲压成形性能特别是拉深性能与晶粒尺寸有密切关系，可按表1-1-49适当选择黄铜板的晶粒度。

表1-1-49 黄铜的晶粒度与用途

晶粒大小/μm	拉深场合
15	很浅的拉深
25	浅拉深件
35	深拉深且表面光洁件
50	一般深拉深
100	复杂的深拉深件

（3）钛及其合金板　钛在室温下的结构是密排六方晶格，在转变温度直到熔点范围之内则为体心立方晶格。钛板的 r 值非常高，拉深性能优良。但钛板的弯曲性能差，成形所需的变形力相当大。另一方面，钛板冲压件的冻结性差，回弹现象严重，模具较易磨损，工件表面出现粗糙和划伤也比其他金属更为明显。

钛较多地应用于航空、航天工业中，在一般机电、日用产品中用得很少。

钛合金板冲压加工性能的特点为：

1）与钢相比，钛合金的屈服强度、抗拉强度高，弹性模量 E 小。因此，所需的变形力大、冲压件的弹复比较大。

2）屈强比较高，有的达0.9以上，故允许的变形范围很窄，拉伸类成形性能不佳。

3）伸长率及硬化指数 n 值均较小，所以拉伸类成形性能差。

4）强度高、硬度高，加工硬化效应较大，故多次冲压需进行中间退火。为了消除钛合金零件的残余应力，还需进行最终退火。

5）对切口和表面缺陷的敏感性高，因此，必须清除毛坯毛刺或用镗、磨削等精加工方法整修毛坯的边缘。

6）各向异性系数非常高，$r=2\sim6$，故拉深性能比较好。

7）料厚增加对冲压成形性能的改善程度很小甚至变差，这与其他金属材料不同。

2. 一般工业用铝及铝合金板、带材（GB/T 3880—2006，见表1-1-50～表1-1-59）

表1-1-50 产品分类及标记

<table>
<tr><td rowspan="10">铝或铝合金的分类</td><td rowspan="2">牌号系列</td><td colspan="2">铝或铝合金的类别</td></tr>
<tr><td>A</td><td>B</td></tr>
<tr><td>1×××</td><td>所有</td><td></td></tr>
<tr><td>2×××</td><td></td><td>所有</td></tr>
<tr><td>3×××</td><td>w_{Mn}的最大规定值≤1.8%，w_{Mg}的最大规定值≤1.8%，w_{Mn}的最大规定值和w_{Mg}的最大规定值之和≤2.3%</td><td>A类外的其他合金</td></tr>
<tr><td>4×××</td><td>w_{Si}的最大规定值≤2%</td><td>A类外的其他合金</td></tr>
<tr><td>5×××</td><td>w_{Mg}的最大规定值≤1.8%，w_{Mn}的最大规定值≤1.8%，w_{Mg}的最大规定值和w_{Mn}的最大规定值之和≤2.3%</td><td>A类外的其他合金</td></tr>
<tr><td>6×××</td><td>—</td><td>所有</td></tr>
<tr><td>7×××</td><td>—</td><td>所有</td></tr>
<tr><td>8×××</td><td>不可热处理强化的合金</td><td>可热处理强化的合金</td></tr>
<tr><td rowspan="9">板、带材的尺寸偏差及等级划分</td><td rowspan="2">尺寸偏差</td><td colspan="2">偏差等级</td></tr>
<tr><td>板材</td><td>带材</td></tr>
<tr><td>厚度偏差</td><td>冷轧板材：高精级、普通级
热轧板材：不分级</td><td>冷轧带材：高精级、普通级
热轧带材：不分级</td></tr>
<tr><td>宽度偏差</td><td>剪切板材：高精级、普通级
其他板材：不分级</td><td>高精级、普通级</td></tr>
<tr><td>长度偏差</td><td>不分级</td><td>不分级</td></tr>
<tr><td>不平度</td><td>高精级、普通级</td><td>不分级</td></tr>
<tr><td>侧边弯曲度</td><td>高精级、普通级</td><td>高精级、普通级</td></tr>
<tr><td>对角线</td><td>高精级、普通级</td><td>不分级</td></tr>
<tr><td colspan="3" style="display:none"></td></tr>
<tr><td>标记</td><td colspan="3">标记示例
产品标记按产品名称、牌号、状态、规格及标准编号的顺序表示。
示例1：
用3003合金制造的、状态为H22、厚度为20.00mm、宽度为1 200mm、长度为2 000mm的板材，标记为
板3003-H22 2.0×1 200×2000 GB/T3880.1—2006
示例2：
用5052合金制造的、供应状态为O、厚度为1.00mm、宽度为1 050 mm的带材，标记为
带5052-O 1.0×1050 GB/T3880.1—2006</td></tr>
</table>

表 1-1-51　板、带材的牌号、相应的铝及铝合金类别、状态及厚度规格

牌号	类别	状态	板材厚度/mm	带材厚度/mm
1A97，1A93，1A90，1A85	A	F	>4.50~150.00	—
		H112	>4.50~80.00	—
1235	A	H12、H22	>0.20~4.50	>0.20~4.50
		H14、H24	>0.20~3.00	>0.20~3.00
		H16、H26	>0.20~4.50	>0.20~4.50
		H18	>0.20~3.00	>0.20~3.00
1070	A	F	>4.50~150.00	>2.50~8.00
		H112	>4.50~75.00	—
		O	>0.20~50.00	>0.20~6.00
		H12、H22、H14、H24	>0.20~6.00	>0.20~6.00
		H16、H26	>0.20~4.00	>0.20~4.00
		H18	>0.20~3.00	>0.20~3.00
1060	A	F	>4.50~150.00	>0.20~8.00
		H112	>4.50~80.00	—
		O	>0.20~80.00	>0.20~6.00
		H12、H22	>0.50~6.00	>0.50~6.00
		H14、H24	>0.20~6.00	>0.20~6.00
		H16、H26	>0.20~4.00	>0.20~4.00
		H18	>0.20~3.00	>0.20~3.00
1050、1050A	A	F	>4.50~150.00	>2.50~8.00
		H112	>4.50~75.00	—
		O	>0.20~50.00	>0.20~6.00
		H12、H22、H14、H24	>0.20~6.00	>0.20~6.00
		H16、H26	>0.20~4.00	>0.20~4.00
		H18	>0.20~3.00	>0.20~3.00
1145	A	F	>4.50~150.00	>2.50~8.00
		H112	>4.50~25.00	—
		O	>0.20~10.00	>0.20~6.00
		H12、H22、H14、H24、H16、H26、H18	>0.20~4.50	>0.20~4.50
1100	A	F	>4.50~150.00	>2.50~8.00
		H112	>6.00~80.00	—
		O	>0.20~80.00	>0.20~6.00
		H12、H22、H14、H24	>0.20~6.00	>0.20~6.00
		H16、H26	>0.20~4.00	>0.20~4.00
		H18	>0.20~3.00	>0.20~3.00
1200	A	F	>4.50~150.00	>2.50~8.00
		H112	>6.00~80.00	—
		O	>0.20~50.00	>0.20~6.00
		H112	>0.20~50.00	—
		H12、H22、H14、H24	>0.20~6.00	>0.20~6.00
		H16、H26	>0.20~4.00	>0.20~4.00
		H18	>0.20~3.00	>0.20~3.00
2017	B	F	>4.50~150.00	—
		H112	>4.50~80.00	—
		O	>0.50~25.00	>0.50~6.00
		T3、T4	>0.50~6.00	—
2A11	B	F	>4.50~150.00	—
		H112	>4.50~80.00	—
		O	>0.50~10.00	>0.50~6.00
		T3、T4	>0.50~10.00	—

（续）

牌号	类别	状态	板材厚度/mm	带材厚度/mm
2014	B	F	>4.50～150.00	—
		O	>0.50～25.00	—
		T6、T4	>0.50～12.50	—
		T3	>0.50～6.00	—
2024	B	F	>4.50～150.00	—
		O	>0.50～45.00	>0.50～6.00
		T3	>0.50～12.50	—
		T3（工艺包铝）	>4.00～12.50	—
		T4	>0.50～6.00	—
3003	A	F	>4.50～150.00	>2.50～8.00
		H112	>6.00～80.00	—
		O	>0.20～50.00	>0.20～6.00
		H12、H22、H14、H24	>0.20～6.00	>0.20～6.00
		H16、H26、H18	>0.20～4.00	>0.20～4.00
		H28	>0.20～3.00	>0.20～3.00
3004、3104	A	F	>6.30～80.00	>2.50～8.00
		H112	>6.30～80.00	—
		O	>0.20～50.00	>0.20～6.00
		H111	>0.20～50.00	—
		H12、H22、H32、H14	>0.20～6.00	>0.20～6.00
		H24、H34、H16、H26、H36、H18	>0.20～3.00	>0.20～3.00
		H28、H38	>0.20～1.50	>0.20～1.50
3005	A	O、H111、H12、H22、H14	>0.20～6.00	>0.20～6.00
		H111	>0.20～6.00	—
		H16	>0.20～4.00	>0.20～4.00
		H24、H26、H18、H28	>0.20～3.00	>0.20～3.00
3105	A	O、H12、H22、H14、H24、H16、H26、H18	>0.20～3.00	>0.20～3.00
		H111	>0.20～3.00	—
		H28	>0.20～1.50	>0.20～1.50
3102	A	H18	>0.20～3.00	>0.20～3.00
5182	B	O	>0.20～3.00	>0.20～3.00
		H111	>0.20～3.00	—
		H19	>0.20～1.50	>0.20～1.50
5A03	B	F	>4.50～150.00	—
		H112	>4.50～50.00	—
		O、H14、H24、H34	>0.50～4.50	>0.50～4.50
5082	B	F	>4.50～150.00	—
		H18、H38、H19、H39	>0.20～0.50	>0.20～0.50
5005	A	F	>4.50～150.00	>2.50～8.00
		H112	>6.00～80.00	—
		O	>0.20～50.00	>0.20～6.00
		H111	>0.20～50.00	—
		H12、H22、H32、H14、H24、H34	>0.20～6.00	>0.20～6.00
		H16、H26、H36	>0.20～4.00	>0.20～4.00
		H18、H28、H38	>0.20～3.00	>0.20～3.00
5052	B	F	>4.50～150.00	>2.50～8.00
		H112	>6.00～80.00	—
		O	>0.20～50.00	>0.20～6.00
		H111	>0.20～50.00	—

（续）

牌　号	类别	状　态	板材厚度/mm	带材厚度/mm
5052	B	H12、H22、H32、H14、H24、H34	>0.20~6.00	>0.20~6.00
		H16、H26、H36	>0.20~4.00	>0.20~4.00
		H18、H38	>0.20~3.00	>0.20~3.00
5086	B	F	>4.50~150.00	—
		H112	>6.00~50.00	—
		O/H111	>0.20~80.00	—
		H12、H22、H32、H14、H24、H34	>0.20~6.00	—
		H16、H26、H36	>0.20~4.00	—
		H18	>0.20~3.00	—
5083	B	F	>4.50~150.00	—
		H112	>6.00~50.00	—
		O	>0.20~80.00	>0.50~4.00
		H111	>0.20~80.00	—
		H12、H14、H24、H34	>0.20~6.00	—
		H22、H32	>0.20~6.00	>0.50~4.00
		H16、H26、H36	>0.20~4.00	—
6061	B	F	>4.50~150.00	>2.50~8.00
		O	>0.40~40.00	>0.40~6.00
		T4、T6	>0.40~12.50	—
6063	B	O	>0.50~20.00	—
		T4、T6	0.50~10.00	—
6A02	B	F	>4.50~150.00	—
		H112	>4.50~80.00	—
		O、T4、T6	>0.50~10.00	—
6082	B	F	>4.50~150.00	—
		O	0.40~25.00	—
		T4、T6	0.40~12.50	—
7075	B	F	>6.00~100.00	—
		O（正常包铝）	>0.50~25.00	—
		O（不包铝或工艺包铝）	>0.50~50.00	—
		T6	>0.50~6.00	—
8A06	A	F	>4.50~150.00	>2.50~8.00
		H112	>4.50~80.00	—
		O	0.20~10.00	—
		H14、H24、H18	>0.20~4.50	—
8011A	A	O	>0.20~3.00	>0.20~3.00
		H111	>0.20~3.00	—
		H14、H24、H18	>0.20~3.00	>0.20~3.00

表 1-1-52　板、带材的宽度和长度　（单位：mm）

板、带材的厚度	板材		带材	
	宽度	长度	宽度	内径
>0.20~0.50	500~1660	1000~4000	1660	φ75、φ150、φ200、φ300、φ405、φ505、φ610、φ650、φ750
>0.50~0.80	500~2000	1000~10000	2000	
>0.80~1.20	500~2200	1000~10000	2200	
>1.20~8.00	500~2400	1000~10000	2400	
>1.20~150.00	500~2400	1000~10000	—	—

注：带材是否带套筒套筒材质，由供需双方商定。

表 1-1-53　板、带材的厚度及允许偏差　　　　（单位：mm）

① 普通级冷轧板、带材的厚度允许偏差

厚度	规定的宽度									
	≤1000		>1000～1250		>1250～1600		>1600～2000		>2000～2500	
	厚度允许偏差（±）									
	A类	B类	A类	B类	A类	B类	A类	B类	A类	B类
>0.20～0.40	0.03	0.05	0.05	0.06	0.06	0.06	—	—	—	
>0.40～0.50	0.05	0.05	0.06	0.08	0.07	0.08	0.08	0.09	0.12	
>0.50～0.60	0.05	0.05	0.07	0.08	0.07	0.08	0.08	0.09	0.12	
>0.60～0.80	0.05	0.06	0.07	0.08	0.07	0.08	0.09	0.10	0.13	
>0.80～1.00	0.07	0.08	0.08	0.09	0.08	0.09	0.10	0.11	0.15	
>1.00～1.20	0.07	0.08	0.09	0.10	0.09	0.10	0.11	0.12	0.15	
>1.20～1.50	0.09	0.10	0.12	0.13	0.12	0.13	0.13	0.14	0.15	
>1.50～1.80	0.09	0.10	0.12	0.13	0.12	0.13	0.14	0.15	0.15	
>1.80～2.00	0.09	0.10	0.12	0.13	0.12	0.13	0.14	0.15	0.15	
>2.00～2.50	0.12	0.13	0.14	0.15	0.14	0.15	0.15	0.16	0.16	
>2.50～3.00	0.13	0.15	0.16	0.17	0.16	0.17	0.17	0.18	0.18	
>3.00～3.50	0.14	0.15	0.17	0.18	0.17	0.18	0.22	0.23	0.19	
>3.50～4.00	0.15		0.18		0.18		0.23		0.24	
>4.00～5.00	0.23		0.24		0.24		0.26		0.28	
>5.00～6.00	0.25		0.26		0.26		0.26		0.28	
>6.00～8.00	0.28		0.29		0.29		0.30		0.35	
>8.00～10.00	0.30		0.30		0.30		0.30		0.35	
>10.00～12.00	0.48		0.50		0.50		0.62		0.70	
>12.00～15.00	0.50		0.50		0.50		0.68		0.76	
>15.00～20.00	0.57		0.66		0.68		0.72		0.81	
>20.00～25.00	0.60		0.69		0.72		0.75		0.84	
>25.00～30.00	0.68		0.75		0.80		0.83		0.90	
>30.00～40.00	0.75		0.83		0.87		0.90		0.99	
>40.00～50.00	0.83		0.90		0.95		0.98		1.05	

② 高精级冷轧板、带材的厚度允许偏差

厚度	规定的宽度									
	≤1000		>1000～1250		>1250～1600		>1600～2000		>2000～2500	
	厚度允许偏差（±）									
	A类	B类	A类	B类	A类	B类	A类	B类	A类	B类
>0.20～0.40	0.02	0.03	0.03	0.04	0.03	0.04	—	—	—	
>0.40～0.50	0.03	0.03	0.04	0.05	0.04	0.05	0.04	0.05	0.09	
>0.50～0.60	0.03	0.04	0.04	0.05	0.04	0.05	0.04	0.05	0.09	
>0.60～0.80	0.03	0.04	0.06	0.06	0.05	0.06	0.07	0.08	0.10	
>0.80～1.00	0.04	0.05	0.06	0.08	0.07	0.08	0.08	0.09	0.11	
>1.00～1.20	0.04	0.05	0.07	0.08	0.07	0.08	0.09	0.10	0.14	
>1.20～1.50	0.05	0.07	0.08	0.09	0.08	0.09	0.11	0.13	0.15	
>1.50～1.80	0.06	0.08	0.09	0.10	0.09	0.10	0.12	0.14	0.15	
>1.80～2.00	0.06	0.08	0.09	0.10	0.09	0.10	0.14	0.14	0.15	
>2.00～2.50	0.07	0.08	0.09	0.10	0.09	0.10	0.15	0.15	0.16	
>2.50～3.00	0.08	0.10	0.12	0.13	0.12	0.13	0.17	0.18	0.18	
>3.00～3.50	0.10	0.12	0.15	0.17	0.16	0.17	0.18	0.19	0.19	
>3.50～4.00	0.15		0.17		0.17		0.19		0.19	
>4.00～5.00	0.18		0.22		0.22		0.25		0.28	
>5.00～6.00	0.20		0.24		0.24		0.26		0.28	
>6.00～8.00	0.24		0.28		0.28		0.30		0.35	

（续）

厚度	规定的宽度									
	≤1000		>1000~1250		>1250~1600		>1600~2000		>2000~2500	
	厚度允许偏差（±）									
	A类	B类	A类	B类	A类	B类	A类	B类	A类	B类
>8.00~10.00	0.27		0.30		0.30		0.30		0.35	
>10.00~12.00	0.32		0.38		0.40		0.41		0.47	
>12.00~15.00	0.36		0.42		0.43		0.45		0.51	
>15.00~20.00	0.38		0.44		0.46		0.48		0.54	
>20.00~25.00	0.40		0.46		0.48		0.50		0.56	
>25.00~30.00	0.45		0.50		0.53		0.55		0.60	
>30.00~40.00	0.50		0.55		0.58		0.60		0.65	
>40.00~50.00	0.55		0.60		0.63		0.65		0.70	

③ 热轧板、带材的厚度允许偏差

厚度	规定的宽度			
	≤1250	>1250~1600	>1600~2000	>2000~2500
	厚度允许偏差（±）			
>2.50~4.00	0.28	0.28	0.32	0.35
>4.00~5.00	0.30	0.30	0.35	0.40
>5.00~6.00	0.32	0.32	0.40	0.45
>6.00~8.00	0.35	0.40	0.40	0.50
>8.00~10.00	0.45	0.50	0.50	0.55
>10.00~15.00	0.50	0.60	0.65	0.65
>15.00~20.00	0.60	0.70	0.75	0.80
>20.00~25.00	0.65	0.75	0.85	0.90
>25.00~30.00	0.75	0.85	1.0	1.1
>30.00~40.00	0.90	1.0	1.1	1.2
>40.00~50.00	1.1	1.2	1.4	1.5
>50.00~60.00	1.4	1.5	1.7	1.9
>60.00~80.00	1.7	1.8	1.9	2.1
>80.00~100.00	2.2	2.2	2.7	2.8
>100.00~150.00	2.8	2.8	3.3	3.3

注：厚度≥4.00mm的5A05、5A06等镁含量（质量分数）大于3%的合金冷轧板、带材的厚度允许偏差普通级为名义厚度的+5%。

表1-1-54 板、带材的宽度允许偏差 （单位：mm）

	厚度	规定的宽度			
	① 普通级剪切板材的宽度允许偏差				
		500	>500~1250	>1250~2000	>2000~2500
		宽度允许偏差			
板材	>0.20~3.00	2	5	6	8
	>3.00~6.00	4	6	8	12
	>6.00~12.00	6	8	8	12
	注：经盐浴炉热处理的、厚度≤4.5mm的板材，或长度>4000mm的大规格剪切板，宽度允许偏差为 $^{+50}_{0}$ mm				
	② 高精级剪切板材的宽度允许偏差				
	厚度	规定的宽度			
		500	>500~1250	>1250~2000	>2000~2500
		宽度允许偏差			
	>0.20~3.00	1	3	4	5
	>3.00~6.00	3	4	5	8
	>6.00~12.00	4	5	5	8

（续）

板材

③ 锯切板材的宽度允许偏差

厚度	规定的宽度		
	≤1000	>1000～2000	>2000～2500
	宽度允许偏差		
>2.00～6.30	±3	±3	±4
>6.30～150.00	+6	+7	+8

④ 不切边板材的宽度允许偏差：A 类合金为 +80mm，B 类合金为 +150 mm

带材

① 普通级带材的宽度允许偏差

厚度	规定的宽度					
	≤100	>100～300	>300～500	>500～1250	>1250～1650	>1650～2000
	宽度允许偏差					
>0.20～0.60	0.5	0.6	1	3	4	5
>0.60～1.00	0.5	0.8	1.5	3	4	5
>1.00～2.00	0.6	1	2	3	4	5

注：非成品道次切边的带材，其普通级宽度允许偏差由供需双方协商确定

② 高精级带材的宽度允许偏差

厚度	规定的宽度					
	≤100	>100～300	>300～500	>500～1250	>1250～1650	>1650～2000
	宽度允许偏差					
>0.20～0.60	0.3	0.4	0.6	1.5	2.5	3
>0.60～1.00	0.3	0.5	1	1.5	2.5	3
>1.00～2.00	0.4	0.7	1.2	2	2.5	3

注：当订购合同中要求宽度采用正负对称偏差时，其偏差值应为表中对应值的一半。

表 1-1-55　板材的长度允许偏差　（单位：mm）

① 剪切板材长度允许偏差

厚度	规定的长度					
	≤1000	>1000～2000	>2000～3000	>3000～5000	>5000～7500	>7500～10000
	长度允许偏差					
>0.20～6.00	10	12	14	16	18	20
>6.00～10.00	30				40	
>10.00～40.00	40				50	

② 锯切板材长度允许偏差

厚度	规定的长度						
	≤1000	>1000～2000	>2000～3000	>3000～4000	>4000～5000	>5000～7500	>7500～10000
	长度允许偏差						
>2.00～6.30	±3	±3	±4	±4	±5	±6	±7
>6.30～150.00	+6	+7	+8	+9	+10	+12	+14

表 1-1-56　板材的不平度

① 普通级 A 类合金板材不平度

厚度/mm	下列宽度板材上，除端头[a]部位外，板材的纵向及横向不平度≤					端头[a]部位翘曲高度/mm	局部不平度/mm
	≤1200	>1200～1500	>1500～1660	>1660～2000	>2000～2400		
>0.50～1.20	6 mm	8 mm	8 mm	10 mm	12 mm	≤20	波距>100
>1.20～4.50	7 mm	9 mm	9 mm	12 mm	13 mm		
>4.50～10.00	8 mm	10 mm	12 mm	14 mm	14 mm		
>10.00～20.00	6 mm/m	7 mm/m	8 mm/m	8 mm/m	8 mm/m		
>20.00～150.00	5 mm/m	5 mm/m	6 mm/m	6 mm/m	6 mm/m		

（续）

② 普通级 B 类合金板材不平度

合金	厚度/mm	下列宽度板材上，除端头部位外，板材的纵向及横向不平度≤						端头部位翘曲高度/mm
		≤1200	>1200~1500	>1500~1800	>1800~2000	>2000~2200	>2200~2400	
镁含量（质量分数）平均值大于3%的高镁合金及可热处理强化合金	>0.50~1.20	16 mm	18 mm	20 mm	22 mm	—	—	≤30
	>1.20~4.50	18mm	20 mm	22 mm	25 mm	28 mm	30mm	
	>4.50~10.00	25 mm	27 mm	29 mm	30 mm	30mm	32mm	
	>10.00~20.00	8 mm/m	8 mm/m	10 mm/m	10 mm/m	10 mm/m	10 mm/m	
	>20.00~80.00	6 mm/m	6 mm/m	7 mm/m	7 mm/m	7 mm/m	7 mm/m	
	>80.00~150.00	8 mm/m	8 mm/m	9mm/m	9mm/m	9mm/m	9mm/m	
其他 B 类合金	>0.50~4.50	横向：17mm/2000mm 纵向：12mm	横向：17 mm/2000mm 纵向：15mm			横向：18 mm/2000mm 纵向：15mm		≤40
	>10.00~20.00	8 mm/m	8 mm/m	10 mm/m	10 mm/m	10 mm/m	10 mm/m	
	>20.00~80.00	6 mm/m	6 mm/m	7 mm/m	7 mm/m	7 mm/m	7 mm/m	
	>80.00~150.00	8 mm/m	8 mm/m	9mm/m	9mm/m	9mm/m	9mm/m	

③ 高精级板材不平度

厚度/mm	纵向不平度 d（波高）/L（板长）（%）≤	横向不平度 d/L（板宽）（%）≤	局部不平度（弦长 R≥300mm）d/R（%）≤
>0.20~0.50	双方协商确定		
>0.50~3.00	0.4	0.5	0.5
>3.00~6.00	0.3	0.4	0.35
>6.00~50.00	0.2	0.4	0.3

注：除 O、F、HX8 和 HX9 状态的板材外，其他状态板材的不平度分为普通级和高精级。O、F、HX8 和 HX9 状态的板材要求不平度时，应双方协商并在合同中注明。

a. 端头部位是指沿板材长度方向上，两端 300 mm 长度范围内所包围的端头整个板面。

表 1-1-57　高精级板、带材的侧边弯曲度

① 板材的侧边弯曲度

宽度	下列公称长度（L）上的侧边弯曲度/（°）≤				
	≤1000	>1000~2000	>2000~3500	>3500~5000	>5000~10000
1000	1	2	4	5	0.1% L
>1000~2000	—	2	4	5	
>2000~2500	—	—	4	5	

② 带材的侧边弯曲度

规定的宽度/mm	带材的侧边弯曲度/（°）≤
>25~100	8
>100~300	6
>300~600	5
>600~1000	4
>1000~2000	3
>2000~2500	3
<25	供需双方协商确定

注：板、带材的侧边弯曲度分为普通级和高精级。普通级对侧边弯曲度不要求，或由供需双方协商确定侧边弯曲度，并在合同中注明具体规定。

表 1-1-58 高精级板材的对角线允许偏差 （单位：mm）

① A类合金板材的对角线允许偏差

长度	厚度	下列宽度板材上的对角线允许偏差 ≤			
		≤1000	>1000~1500	>1500~2000	>2000~2500
≤1000	≤6.0	4	—	—	—
	>6.0	5	—	—	—
>1000~2000	≤6.0	4	5	6	—
	>6.0	5	7	8	—
>2000~3000	≤6.0	5	5	7	8
	>6.0	7	7	9	10
>3000~5000	≤6.0	6	8	8	10
	>6.0	8	10	10	12
>5000	≤6.0	10	10	12	12
	>6.0	12	12	15	15

② B类合金板材的对角线允许偏差高

长度	下列宽度板材上的对角线允许偏差 ≤		
	>1000~1500	>1500~2000	>2000~2500
≤1000	—		
>1000~2000	11	14	
>2000~3000	11	14	25
>3000~3500	11	14	25
>3500~5000	15	20	30

注：普通级板材不要求对角线偏差，或由供需双方协商确定对角线偏差，并在合同中注明具体规定。

表 1-1-59 板、带材的力学性能

牌号	包铝分类	供应状态	试样状态	厚度[a]/mm	抗拉强度[b] R_m/MPa	规定非比例延伸强度[b] $R_{p0.2}$/MPa	断后伸长率（%） A_{50mm}	断后伸长率（%） $A_{5.65}$[c]	弯曲半径[d]
					≥				
1A97 1A93	—	H112	H112	>4.50~80.00	附实测值				—
		F	—	>4.50~150.00	—				—
1A90 1A85	—	H112	H112	>4.50~12.50	50	—	21	—	—
				>12.50~20.00			—	19	—
				>20.00~80.00	附实测值				—
		F	—	>4.50~150.00	—				—
1235	—	H12 H22	H12 H22	>0.20~0.30	95~130	—	2	—	—
				>0.30~0.50			3	—	—
				>0.50~1.50			6	—	—
				>1.50~3.00			8	—	—
				>3.00~4.50			9	—	—
		H14 H24	H14 H24	>0.20~0.30	115~150	—	1	—	—
				>0.30~0.50			2	—	—
				>0.50~1.50			3	—	—
				>1.50~3.00			4	—	—
		H16 H26	H16 H26	>0.20~0.50	130~165	—	1	—	—
				>0.50~1.50			2	—	—
				>1.50~4.00			3	—	—
		H18	H18	>0.20~0.50	145	—	1	—	—
				>0.50~1.50			2	—	—
				>1.50~3.00			3	—	—

（续）

牌号	包铝分类	供应状态	试样状态	厚度[a]/mm	抗拉强度[b] R_m/MPa	规定非比例延伸强度[b] $R_{p0.2}$/MPa	断后伸长率（%） A_{50mm}	$A_{5.65}$[c]	弯曲半径[d]
					≥				
1070	—	O	O	>0.20~0.30	55~95	—	15	—	0t
				>0.30~0.50			20	—	0t
				>0.50~0.80			25	—	0t
				>0.80~1.50		15	30	—	0t
				>1.50~6.00			35	—	0t
				>6.00~12.50			35	—	—
				>12.50~50.00			—	30	—
		H12 H22	H12 H22	>0.20~0.30	70~100	—	2	—	0t
				>0.30~0.50			3	—	0t
				>0.50~0.80			4	—	0t
				>0.80~1.50		55	6	—	0t
				>1.50~3.00			8	—	0t
				>3.00~6.00			9	—	0t
		H14 H24	H14 H24	>0.20~0.30	85~120	—	1	—	0.5t
				>0.30~0.50			2	—	0.5t
				>0.50~0.80			3	—	0.5t
				>0.80~1.50		65	4	—	1.0t
				>1.50~3.00			5	—	1.0t
				>3.00~6.00			6	—	1.0t
		H16 H26	H16 H26	>0.20~0.50	100~135	—	1	—	1.0t
				>0.50~0.80			2	—	1.0t
				>0.80~1.50		75	3	—	1.5t
				>1.50~4.00			4	—	1.5t
		H18	H18	>0.20~0.50	120	—	1	—	—
				>0.50~0.80			2	—	—
				>0.80~1.50			3	—	—
				>1.50~4.00			4	—	—
		H112	H112	>4.50~6.00	75	35	13	—	—
				>6.00~12.50	70	35	15	—	—
				>12.50~25.00	60	25	—	20	—
				>25.00~75.00	55	15	—	25	—
		F	—	>2.50~150.00	—				
1060	—	O	O	>0.20~0.30	60~100	15	15	—	—
				>0.30~0.50			18	—	—
				>0.50~1.50			23	—	—
				>1.50~6.00			25	—	—
				>6.00~80.00			25	22	—
		H12 H22	H12 H22	>0.50~1.50	80~120	60	6	—	—
				>1.50~6.00			12	—	—
		H14 H24	H14 H24	>0.20~0.30	95~135	70	1	—	—
				>0.30~0.50			2	—	—
				>0.50~0.80			2	—	—
				>0.80~1.50			4	—	—
				>1.50~3.00			6	—	—
				>3.00~6.00			10	—	—

（续）

牌号	包铝分类	供应状态	试样状态	厚度[a]/mm	抗拉强度[b] R_m/MPa	规定非比例延伸强度[b] $R_{p0.2}$/MPa	断后伸长率（%） A_{50mm}	$A_{5.65}$[c]	弯曲半径[d]
					≥				
1060	—	H16 H26	H16 H26	>0.20~0.30	110~155	75	1	—	—
				>0.30~0.50			2	—	—
				>0.50~0.80			2	—	—
				>0.80~1.50			3	—	—
				>1.50~4.00			5	—	—
		H18	H18	>0.20~0.30	125	85	1	—	—
				>0.30~0.50			2	—	—
				>0.50~1.50			3	—	—
				>1.50~3.00			4	—	—
		H112	H112	>4.50~6.00	75	—	10	—	—
				>6.00~12.50	75		10	—	—
				>12.50~40.00	60		—	18	—
				>40.00~80.00	60		—	22	—
		F	—	>2.50~150.00	—				—
1050	—	O	O	>0.20~0.30	60~100	—	15	—	0t
				>0.30~0.50			20	—	0t
				>0.50~1.50		20	25	—	0t
				>1.50~6.00			30	—	0t
				>6.00~50.00			28	28	—
		H12 H22	H12 H22	>0.20~0.30	80~120	—	2	—	0t
				>0.30~0.50			3	—	0t
				>0.50~0.80			4	—	0t
				>0.80~1.50		65	6	—	0.5t
				>1.50~3.00			8	—	0.5t
				>3.00~6.00			9	—	0.5t
		H14 H24	H14 H24	>0.20~0.30	95~130	—	1	—	0.5t
				>0.30~0.50			2	—	0.5t
				>0.50~0.80			3	—	0.5t
				>0.80~1.50		75	4	—	1.0t
				>1.50~3.00			5	—	1.0t
				>3.00~6.00			6	—	1.0t
		H16 H26	H16 H26	>0.20~0.50	120~150	—	1	—	2.0t
				>0.50~0.80		85	2	—	2.0t
				>0.80~1.50			3	—	2.0t
				>1.50~4.00			4	—	2.0t
		H18	H18	>0.20~0.50	130	—	1	—	—
				>0.50~0.80			2	—	—
				>0.80~1.50			3	—	—
				>1.50~3.00			4	—	—
		H112	H112	>4.50~6.00	85	45	10	—	—
				>6.00~12.50	80	45	10	—	—
				>12.50~40.00	70	35	—	16	—
				>25.00~50.00	65	30	—	22	—
				>50.00~75.00	65	30	—	22	—
		F	—	>2.50~150.00	—				—

（续）

牌号	包铝分类	供应状态	试样状态	厚度[a]/mm	抗拉强度[b] R_m/MPa	规定非比例延伸强度[b] $R_{p0.2}$/MPa	断后伸长率（%） A_{50mm}	断后伸长率（%） $A_{5.65}$[c]	弯曲半径[d]
					≥				
1050A	—	O	O	>0.20~0.50	>65~95	20	20	—	0t
				>0.50~1.50			22	—	0t
				>1.50~3.00			26	—	0t
				>3.00~6.00			29	—	0.5t
				>6.00~25.00			35	—	—
				>6.00~50.00				32	
		H12	H12	>0.20~0.50	>85~125	65	2	—	0t
				>0.50~1.50			4	—	0t
				>1.50~3.00			5	—	0.5t
				>3.00~6.00			7	—	1.0t
		H22	H22	>0.20~0.50	>85~125	55	4	—	0t
				>0.50~1.50			5	—	0t
				>1.50~3.00			6	—	0.5t
				>3.00~6.00			11	—	1.0t
		H14	H14	>0.20~0.50	>105~145	85	2	—	0t
				>0.50~1.50			3	—	0.5t
				>1.50~3.00			4	—	1.0t
				>3.00~6.00			5	—	1.5t
		H24	H24	>0.20~0.50	>105~145	75	3	—	0t
				>0.50~1.50			4	—	0.5t
				>1.50~3.00			5	—	1.0t
				>3.00~6.00			8	—	1.5t
		H16	H16	>0.20~0.50	>120~160	100	1	—	0.5t
				>0.50~1.50			2	—	1.0t
				>1.50~4.00			3	—	1.5t
		H26	H26	>0.20~0.50	>120~160	90	2	—	0.5t
				>0.50~1.50			3	—	1.0t
				>1.50~4.00			4	—	1.5t
		H18	H18	>0.20~0.50	140	120	1	—	1.0t
				>0.50~1.50			2	—	2.0t
				>1.50~3.00			2	—	2.0t
		H112	H112	>4.50~12.50	75	30	20	—	—
				>12.50~75.00	70	25	—	20	—
		F	—	>2.50~150.00		—			—
1145	—	O	O	>0.20~0.50	60~100	20	15	—	—
				>0.50~0.80			20	—	—
				>0.80~1.50			25	—	—
				>1.50~6.00			30	—	—
				>6.00~10.00			28	—	—
		H12 H22	H12 H22	>0.20~0.30	80~120	65	2	—	—
				>0.30~0.50			3	—	—
				>0.50~0.80			4	—	—
				>0.80~1.50			6	—	—
				>1.50~3.00			8	—	—
				>3.00~4.50			9	—	—

（续）

牌号	包铝分类	供应状态	试样状态	厚度[a]/mm	抗拉强度[b] R_m/MPa	规定非比例延伸强度[b] $R_{p0.2}$/MPa	断后伸长率（%）		弯曲半径[d]
							A_{50mm}	$A_{5.65}$[c]	
					≥				
1145	—	H14 H24	H14 H24	>0.20~0.30	95~125	—	1	—	—
				>0.30~0.50			2	—	—
				>0.50~0.80		75	3	—	—
				>0.80~1.50			4	—	—
				>1.50~3.00			5	—	—
				>3.00~4.50			6	—	—
		H16 H26	H16 H26	>0.20~0.50	120~145	—	1	—	—
				>0.50~0.80		85	2	—	—
				>0.80~1.50			3	—	—
				>1.50~4.50			4	—	—
		H18	H18	>0.20~0.50	125	—	1	—	—
				>0.50~0.80			2	—	—
				>0.80~1.50			3	—	—
				>1.50~4.50			4	—	—
		H112	H112	>4.50~6.50	85	45	10	—	—
				>6.50~12.50	85	45	10	—	—
				>12.50~25.00	70	35	—	16	—
		F	—	>2.50~150.00		—			—
1100	—	O	O	>0.20~0.30	75~105	25	15	—	0t
				>0.30~0.50			17	—	0t
				>0.50~1.50			22	—	0t
				>1.50~6.00			30	—	0t
				>6.00~8.00			28	25	0t
		H12 H22	H12 H22	>0.20~0.50	95~130	75	3	—	0t
				>0.50~1.50			5	—	0t
				>1.50~6.00			8	—	0t
		H14 H24	H14 H24	>0.20~0.30	110~145	95	1	—	0t
				>0.30~0.50			2	—	0t
				>0.50~1.50			3	—	0t
				>1.50~4.00			5	—	0t
		H16 H26	H16 H26	>0.20~0.30	130~165	115	1	—	2t
				>0.30~0.50			2	—	2t
				>0.50~1.50			3	—	2t
				>1.50~4.00			4	—	2t
		H18	H18	>0.20~0.50	150	—	1	—	—
				>0.50~1.50			2	—	—
				>1.50~3.00			4	—	—
		H112	H112	>6.00~12.50	90	50	9	—	—
				>12.50~40.00	85	40	—	12	—
				>40.00~80.00	80	30	—	18	—
		F	—	>2.50~150.00		—			—
1200	—	O H111	O H111	>0.20~0.50	75~105	25	19	—	0t
				>0.50~1.50			21	—	0t
				>1.50~3.00			24	—	0t
				>3.00~6.00			28	—	0.5t

（续）

牌号	包铝分类	供应状态	试样状态	厚度[a]/mm	抗拉强度[b] R_m/MPa	规定非比例延伸强度[b] $R_{p0.2}$/MPa	断后伸长率（%） A_{50mm}	断后伸长率（%） $A_{5.65}$[c]	弯曲半径[d]
							≥		
1200	—	O	O	>6.00~12.50	75~105	25	33	—	1.0t
		H111	H111	>12.50~50.00			—	30	—
		H12	H12	>0.20~0.50	95~135	75	2	—	0t
				>0.50~1.50			4	—	0t
				>1.50~3.00			5	—	0.5t
				>3.00~6.00			6	—	1.0t
		H14	H14	>0.20~0.50	115~155	95	2	—	0t
				>0.50~1.50			3	—	0.5t
				>1.50~3.00			4	—	1.0t
				>3.00~6.00			5	—	1.5t
		H16	H16	>0.20~0.50	130~170	115	1	—	0.5t
				>0.50~1.50			2	—	1.0t
				>1.50~4.00			3	—	1.5t
		H18	H18	>0.20~0.50	150	130	1	—	1.0t
				>0.50~1.50			2	—	2.0t
				>1.50~3.00			2	—	3.0t
		H22	H22	>0.20~0.50	95~135	65	4	—	0t
				>0.50~1.50			5	—	0t
				>1.50~3.00			6	—	0.5t
				>3.00~6.00			10	—	1.0t
		H24	H24	>0.20~0.50	115~155	90	3	—	0t
				>0.50~1.50			4	—	0.5t
				>1.50~3.00			5	—	1.0t
				>3.00~6.00			7	—	1.5t
		H26	H26	>0.20~0.50	130~170	105	2	—	0.5t
				>0.50~1.50			3	—	1.0t
				>1.50~4.00			4	—	1.5t
		H112	H112	>6.00~12.50	85	35	16	—	—
				>12.50~80.00	80	30	—	16	—
		F	—	>2.50~150.00		—			—
2017	正常包铝或工艺包铝	O	O	>0.50~1.50	≤215	≤110	12	—	0.5t
				>1.50~3.00					1.0t
				>3.00~6.00					1.5t
				>12.50~25.00			—	12	—
			T42[e]	>0.50~1.50	355	195	15	—	—
				>1.50~3.00			17	—	—
				>3.00~6.00			15	—	—
				>6.00~12.50	335	185	12	—	—
				>12.50~25.00		185	—	12	—
		T3	T3	>0.50~1.50	375	215	15	—	2.5t
				>1.50~3.00			17	—	3t
				>3.00~6.00			15	—	3.5t
		T4	T4	>0.50~1.50	355	195	15	—	2.5t
				>1.50~3.00			17	—	3t
				>3.00~6.00			15	—	3.5t

（续）

牌号	包铝分类	供应状态	试样状态	厚度[a]/mm	抗拉强度[b] R_m/MPa	规定非比例延伸强度[b] $R_{p0.2}$/MPa	断后伸长率（%）		弯曲半径[d]
							A_{50mm}	$A_{5.65}$[c]	
					≥				
2017	正常包铝或工艺包铝	H112	T42	>4.50~6.50		195	15	—	—
				>6.50~12.50	355	185	12	—	—
				>12.50~25.00		185	—	12	—
				>25.00~40.00	330	195	—	8	—
				>40.00~70.00	310	195	—	6	—
				>70.00~80.00	285	195	—	4	—
		F	—	>4.50~150.00					
2A11	正常包铝或工艺包铝	O	O	>0.50~3.00	≤225	—	12	—	—
				>3.00~10.00	≤235	—	12	—	—
			T42[e]	>0.50~3.00	350	185	15	—	—
				>3.00~10.00	355	195	15	—	—
		T3	T3	>0.50~1.50			15	—	—
				>1.50~3.00	375	215	17	—	—
				>3.00~10.00			15	—	—
		T4	T4	>0.50~3.00	360	185	15	—	—
				>3.00~10.00	370	195	15	—	—
		H112	T42	>4.50~10.00	355	195	15	—	—
				>10.00~12.50	370	215	11	—	—
				>12.50~25.00	370	215	—	11	—
				>25.00~40.00	330	195	—	8	—
				>40.00~70.00	310	195	—	6	—
				>70.00~80.00	285	195	—	4	—
		F	—	>4.50~150.00					—
2014	工艺包铝或不包铝	O	O	>0.50~12.50	≤220	≤110	16	—	—
				>12.50~25.00	≤220	—	—	9	—
			T62[e]	>0.50~1.00	440	395	6	—	—
				1.00~6.00	455	400	7	—	—
				6.00~12.50	460	405	7	—	—
				>12.50~25.00	460	405	—	5	—
			T42[e]	>0.50~12.50	400	235	14	—	—
				>12.50~25.00	400	235	—	12	—
		T6	T6	>0.50~1.00	440	395	6	—	—
				>1.00~6.00	455	400	7	—	—
				>6.00~12.50	460	405	7	—	—
		T4	T4	>0.50~6.00	405	240	14	—	—
				>6.00~12.50	400	250	14	—	—
		T3	T3	>0.50~1.00	405	240	14	—	—
				>1.00~6.00	405	250	14	—	—
		F	—	>4.50~150.00	—	—	—	—	—
	正常包铝	O	O	>0.50~12.50	≤205	≤95	16	—	—
				>12.50~25.00	≤220	—	—	9	—
			T62[e]	>0.50~1.00	425	370	7	—	—
				>1.00~12.50	440	395	8	—	—
				>12.50~25.00	460	405	—	3	—
			T42[e]	>0.50~1.00	370	215	14	—	—

（续）

牌号	包铝分类	供应状态	试样状态	厚度[a]/mm	抗拉强度[b] R_m/MPa	规定非比例延伸强度[b] $R_{p0.2}$/MPa	断后伸长率（%） A_{50mm}	$A_{5.65}$[c]	弯曲半径[d]
					≥				
2014	正常包铝	O	T42[e]	>1.00~12.50	395	235	15	—	—
				>12.50~25.00	400	235	—	12	—
		T6	T6	>0.50~12.50	425	370	7	—	—
				>12.50~25.00	440	395	8	—	—
		T4	T4	>0.50~1.00	370	215	14	—	—
				>1.00~6.00	395	235	15	—	—
				>6.00~12.50	395	255	15	—	—
		T3	T3	>0.50~1.00	380	235	14	—	—
				>1.00~6.00	395	240	15	—	—
		F	—	>4.50~150.00	—				—
2024	不包铝	O	O	>0.50~12.50	≤220	≤95	12	—	—
				>12.50~45.00	≤220	—	—	10	—
		O	T42[e]	>0.50~6.00	425	260	15	—	—
				>6.00~12.50	425	260	12	—	—
				>12.50~25.00	420	260	—	7	—
			T62[e]	>0.50~12.50	440	345	5	—	—
				>12.50~25.00	435	345	—	4	—
		T3	T3	>0.50~6.00	435	290	15	—	—
				>6.00~12.50	440	290	12	—	—
		T4	T4	>0.50~6.00	425	275	15	—	—
		F	—	>4.50~150.00	—				—
	正常包铝或工艺包铝	O	O	>0.50~1.50	≤205	≤95	12	—	—
				>1.50~12.50	≤220	≤95	12	—	—
				>12.50~40.00	220		—	10	—
			T42[e]	>0.50~1.50	395	235	15	—	—
				>1.50~6.00	415	250	15	—	—
				>6.00~12.50	415	250	12	—	—
				>12.50~25.00	420	260	—	7	—
				>25.00~40.00	415	260	—	6	—
			T62[e]	>0.50~1.50	415	325	5	—	—
				>1.50~12.50	425	335	5	—	—
		T3	T3	>0.50~1.50	405	270	15	—	—
				>1.50~6.00	420	275	15	—	—
				>6.00~12.50	425	275	12	—	—
		T4	T4	>0.50~1.50	400	245	15	—	—
				>1.50~6.00	420	275	15	—	—
		F	—	>4.50~150.00	—				—
3003	—	O	O	>0.20~0.50	95~140	35	15	—	0t
				>0.50~1.50			17	—	0t
				>1.50~3.00			20	—	0t
				>3.00~6.00			23	—	0.5t
				>6.00~12.50			24	—	1.0t
				>12.50~50.00			—	23	—
		H12	H12	>0.20~0.50	120~160	90	3	—	0t
				>0.50~1.50			4	—	0.5t

（续）

牌号	包铝分类	供应状态	试样状态	厚度[a]/mm	抗拉强度[b] R_m/MPa	规定非比例延伸强度[b] $R_{p0.2}$/MPa	断后伸长率（%） A_{50mm}	断后伸长率（%） $A_{5.65}$[c]	弯曲半径[d]
							≥		
3003	—	H12	H12	>1.50~3.00	120~160	90	5	—	1.0t
				>3.00~6.00			6	—	1.0t
		H14	H14	>0.20~0.50	145~195	125	2	—	0.5t
				>0.50~1.50			2	—	1.0t
				>1.50~3.00			3	—	1.0t
				>3.00~6.00			4	—	2.0t
		H16	H16	>0.20~0.50	170~210	150	1	—	1.0t
				>0.50~1.50			2	—	1.5t
				>1.50~4.00			2	—	2.0t
		H18	H18	>0.20~0.50	190	170	1	—	1.5t
				>0.50~1.50			2	—	2.5t
				>1.50~4.00			2	—	3.0t
		H22	H22	>0.20~0.50	120~160	80	6	—	0t
				>0.50~1.50			7	—	0.5t
				>1.50~3.00			8	—	1.0t
				>3.00~6.00			9	—	1.0t
		H24	H24	>0.20~0.50	145~195	115	4	—	0t
				>0.50~1.50			4	—	0.5t
				>1.50~3.00			5	—	1.0t
				>3.00~6.00			6	—	2.0t
		H26	H26	>0.20~0.50	170~210	140	2	—	1.0t
				>0.50~1.50			3	—	1.5t
				>1.50~4.00			3	—	2.0t
		H28	H28	>0.20~0.50	190	160	2	—	1.5t
				>0.50~1.50			2	—	2.0t
				>1.50~3.00			3	—	3.0t
		H112	H112	>6.00~12.50	115	70	10		—
				>12.50~80.00	100	40	—	18	—
		F	—	>2.50~150.00		—			—
3004 3104	—	O H111	O H111	>0.20~0.50	155~200	60	13	—	0t
				>0.50~1.50			14	—	0t
				>1.50~3.00			15	—	0t
				>3.00~6.00			16	—	1.0t
				>6.00~12.50			16	—	2.0t
				>12.50~50.00			—	14	—
		H12	H12	>0.20~0.50	190~240	155	2	—	0t
				>0.50~1.50			3	—	0.5t
				>1.50~3.00			4	—	1.0t
				>3.00~6.00			5	—	1.5t
		H14	H14	>0.20~0.50	200~260	180	1	—	0.5t
				>0.50~1.50			2	—	1.0t
				>1.50~3.00			2	—	1.5t
				>3.00~6.00			3	—	2.0t
		H16	H16	>0.20~0.50	240~285	200	1	—	1.0t
				>0.50~1.50			1	—	1.5t

（续）

牌号	包铝分类	供应状态	试样状态	厚度[a]/mm	抗拉强度[b] R_m/MPa	规定非比例延伸强度[b] $R_{p0.2}$/MPa	断后伸长率（%） A_{50mm}	断后伸长率（%） $A_{5.65}$[c]	弯曲半径[d]
					≥				
3004 3104	—	H16	H16	>1.50~3.00	240~285	200	2	—	2.5t
		H18	H18	>0.20~0.50	260	230	1	—	1.5t
				>0.50~1.50			1	—	2.5t
				>1.50~3.00			2	—	—
		H22 H32	H22 H32	>0.20~0.50	190~240	145	4	—	0t
				>0.50~1.50			5	—	0.5t
				>1.50~3.00			6	—	1.0t
				>3.00~6.00			7	—	1.5t
		H24 H34	H24 H34	>0.20~0.50	220~265	170	3	—	0.5t
				>0.50~1.50			4	—	1.0t
				>1.50~3.00			4	—	1.5t
		H26 H36	H26 H36	>0.20~0.50	240~285	190	3	—	1.0t
				>0.50~1.50			3	—	1.5t
				>1.50~3.00			3	—	2.5t
		H28 H38	H28 H38	>0.20~0.50	260	220	2	—	1.5t
				>0.50~1.50			3	—	2.5t
		H112	H112	>6.00~12.50	160	60	7	—	—
				>12.50~40.00			—	6	—
				>40.00~80.00			—	6	—
		F	—	>2.50~80.00		—			—
3005	—	O H111	O H111	>0.20~0.50	115~165	45	12	—	0t
				>0.50~1.50			14	—	0t
				>1.50~3.00			16	—	0.5t
				>3.00~6.00			19	—	1.0t
		H12	H12	>0.20~0.50	145~195	125	3	—	0t
				>0.50~1.50			4	—	0.5t
				>1.50~3.00			4	—	1.0t
				>3.00~6.00			5	—	1.5t
		H14	H14	>0.20~0.50	170~215	150	1	—	0.5t
				>0.50~1.50			2	—	1.0t
				>1.50~3.00			2	—	1.5t
				>3.00~6.00			3	—	2.0t
		H16	H16	>0.20~0.50	195~240	175	1	—	1.0t
				>0.50~1.50			2	—	1.5t
				>1.50~4.00			2	—	2.5t
		H18	H18	>0.20~0.50	220	200	1	—	1.5t
				>0.50~1.50			2	—	2.5t
				>1.50~3.00			2	—	—
		H22	H22	>0.20~0.50	145~195	110	5	—	0t
				>0.50~1.50			5	—	0.5t
				>1.50~3.00			6	—	1.0t
				>3.00~6.00			7	—	1.5t
		H24	H24	>0.20~0.50	170~215	130	4	—	0.5t
				>0.50~1.50			4	—	1.0t
				>1.50~3.00			4	—	1.5t

（续）

牌号	包铝分类	供应状态	试样状态	厚度[a]/mm	抗拉强度[b] R_m/MPa	规定非比例延伸强度[b] $R_{p0.2}$/MPa	断后伸长率（%） A_{50mm}	断后伸长率（%） $A_{5.65}$[c]	弯曲半径[d]
							≥		
3005	—	H26	H26	>0.20~0.50	195~240	160	3	—	1.0t
				>0.50~1.50			3	—	1.5t
				>1.50~3.00			3	—	2.5t
		H28	H28	>0.20~0.50	220	190	2	—	1.5t
				>0.50~1.50			2	—	2.5t
				>1.50~3.00			3	—	—
3105	—	O H111	O H111	>0.20~0.50	100~155	40	14	—	0t
				>0.50~1.50			15	—	0t
				>1.50~3.00			17	—	0.5t
		H12	H12	>0.20~0.50	130~180	105	3	—	1.5t
				>0.50~1.50			4	—	1.5t
				>1.50~3.00			4	—	1.5t
		H14	H14	>0.20~0.50	150~200	130	2	—	2.5t
				>0.50~1.50			2	—	2.5t
				>1.50~3.00			2	—	2.5t
		H16	H16	>0.20~0.50	175~225	160	1	—	—
				>0.50~1.50			2	—	—
				>1.50~3.00			2	—	—
		H18	H18	>0.20~3.00	195	180	1	—	—
		H22	H22	>0.20~0.50	130~160	105	6	—	—
				>0.50~1.50			6	—	—
				>1.50~3.00			7	—	—
		H24	H24	>0.20~0.50	150~200	120	4	—	2.5t
				>0.50~1.50			4	—	2.5t
				>1.50~3.00			5	—	2.5t
		H26	H26	>0.20~0.50	175~225	150	3	—	—
				>0.50~1.50			3	—	—
				>1.50~3.00			3	—	—
		H28	H28	>0.20~1.50	195	170	2	—	—
3102	—	H18	H18	>0.20~0.50	160	—	3	—	—
				>0.50~3.00			2	—	—
5182	—	O H111	O H111	>0.20~0.50	255~315	110	11	—	1.0t
				>0.50~1.50			12	—	1.0t
				>1.50~3.00			13	—	1.0t
		H19	H19	>0.20~0.50	380	320	1	—	—
				>0.50~1.50			1	—	—
5A03	—	O	O	>0.50~4.50	195	100	16	—	—
		H14、 H24、 H34	H14、 H24、 H34	>0.50~4.50	225	195	8		
		H112	H112	>4.50~10.00	185	80	16	—	—
				>10.00~12.50	175	70	13	—	—
				>12.50~25.00	175	70	—	13	—
				>25.00~50.00	165	60	—	12	—
		F	—	>4.50~150.00	—	—	—	—	—

（续）

牌号	包铝分类	供应状态	试样状态	厚度[a]/mm	抗拉强度[b] R_m/MPa	规定非比例延伸强度[b] $R_{p0.2}$/MPa	断后伸长率（%） A_{50mm}	断后伸长率（%） $A_{5.65}$[c]	弯曲半径[d]
					≥				
5A05	—	O	O	0.50~4.50	275	145	16	—	—
		H112	H112	>4.50~10.00	275	125	16	—	—
				>10.00~12.50	265	125	14	—	—
				>12.50~25.00	265	115	—	14	—
				>25.00~50.00	255	105	—	13	—
		F	—	>4.50~150.00	—	—	—	—	—
5A06	工艺包铝	O	O	0.50~4.50	315	155	16	—	—
		H112	H112	>4.50~10.00	315	155	16	—	—
				>10.00~12.50	305	145	12	—	—
				>12.50~25.00	305	145	—	12	—
				>25.00~50.00	295	135	—	6	—
		F	—	>4.50~150.00	—	—	—	—	—
5082	—	H18 H38	H18 H38	>0.20~0.50	335	—	1	—	
		H19 H39	H19 H39	>0.20~0.50	355	—	1	—	
		F	—	>4.50~150.00	—	—	—	—	—
5005	—	O H111	O H111	>0.20~0.50	100~145	35	15	—	0t
				>0.50~1.50			19	—	0t
				>1.50~3.00			20	—	0t
				>3.00~6.00			22	—	1.0t
				>6.00~12.50			24	—	1.5t
				>12.50~50.00			—	20	—
		H12	H12	>0.20~0.50	125~165	95	2	—	0t
				>0.50~1.50			2	—	0.5t
				>1.50~3.00			4	—	1.0t
				>3.00~6.00			5	—	1.0t
		H14	H14	>0.20~0.50	145~185	120	2	—	0.5t
				>0.50~1.50			2	—	1.0t
				>1.50~3.00			3	—	1.0t
				>3.00~6.00			4	—	2.0t
		H16	H16	>0.20~0.50	165~205	145	1	—	1.0t
				>0.50~1.50			2	—	1.5t
				>1.50~3.00			3	—	2.0t
				>3.00~4.00			3	—	2.5t
		H18	H18	>0.20~0.50	185	165	1	—	1.5t
				>0.50~1.50			2	—	2.5t
				>1.50~3.00			2	—	3.0t
		H22 H32	H22 H32	>0.20~0.50	125~165	80	4	—	0t
				>0.50~1.50			5	—	0.5t
				>1.50~3.00			6	—	1.0t
				>3.00~6.00			8	—	1.0t
		H24 H34	H24 H34	>0.20~0.50	145~185	110	3	—	0.5t
				>0.50~1.50			4	—	1.0t
				>1.50~3.00			5	—	1.0t

（续）

牌号	包铝分类	供应状态	试样状态	厚度[a]/mm	抗拉强度[b] R_m/MPa	规定非比例延伸强度[b] $R_{p0.2}$/MPa	断后伸长率（%）		弯曲半径[d]
							A_{50mm}	$A_{5.65}$[c]	
					≥				
5005	—	H24 H34	H24 H34	>3.00~6.00	145~185	110	6	—	2.0t
		H26 H36	H26 H36	>0.20~0.50	165~205	135	2	—	1.0t
				>0.50~1.50			3	—	1.5t
				>1.50~3.00			4	—	2.0t
				>3.00~4.00			4	—	2.5t
		H28 H38	H28 H38	>0.20~0.50	185	160	1	—	1.5t
				>0.50~1.50			2	—	2.5t
				>1.50~3.00			3	—	3.0t
		H112	H112	>6.00~12.50	115	—	8	—	—
				>12.50~40.00	105		—	10	—
				>40.00~80.00	100		—	16	—
		F	—	>2.50~150.00	—	—	—	—	—
5052	—	O H111	O H111	>0.20~0.50	170~215	65	12	—	0t
				>0.50~1.50			14	—	0t
				>1.50~3.00			16	—	0.5t
				>3.00~6.00			18	—	1.0t
				>6.00~12.50			19	—	2.0t
				>12.50~50.00			—	18	—
		H12	H12	>0.20~0.50	210~260	160	4	—	—
				>0.50~1.50			5	—	—
				>1.50~3.00			6	—	—
				>3.00~6.00			8	—	—
		H14	H14	>0.20~0.50	230~280	180	3	—	—
				>0.50~1.50			3	—	—
				>1.50~3.00			4	—	—
				>3.00~6.00			4	—	—
		H16	H16	>0.20~0.50	250~300	210	2	—	—
				>0.50~1.50			3	—	—
				>1.50~3.00			3	—	—
				>3.00~4.00			3	—	—
		H18	H18	>0.20~0.50	270	240	1	—	—
				>0.50~1.50			2	—	—
				>1.50~3.00			2	—	—
		H22 H32	H22 H32	>0.20~0.50	210~260	130	5	—	0.5t
				>0.50~1.50			6	—	1.0t
				>1.50~3.00			7	—	1.5t
				>3.00~6.00			10	—	1.5t
		H24 H34	H24 H34	>0.20~0.50	230~280	150	4	—	0.5t
				>0.50~1.50			5	—	1.5t
				>1.50~3.00			6	—	2.0t
				>3.00~6.00			7	—	2.5t
		H26 H36	H26 H36	>0.20~0.50	250~300	180	3	—	1.0t
				>0.50~1.50			4	—	2.0t
				>1.50~3.00			5	—	3.0t

（续）

牌号	包铝分类	供应状态	试样状态	厚度[a]/mm	抗拉强度[b] R_m/MPa	规定非比例延伸强度[b] $R_{p0.2}$/MPa	断后伸长率（%） A_{50mm}	断后伸长率（%） $A_{5.65}$[c]	弯曲半径[d]
					≥				
5052	—	H26　H36	H26　H36	>3.00~4.00	250~230	180	6	—	3.5t
		H28 H38	H28 H38	>0.20~0.50	270	210	3	—	—
				>0.50~1.50			3	—	—
				>1.50~3.00			4	—	—
		H112	H112	>6.00~12.50	190	80	7	—	—
				>12.50~40.00	170	70	—	10	—
				>40.00~80.00	170	70	—	14	—
		F	—	>2.50~150.00			—		—
5083	—	O H111	O H111	>0.20~0.50	275~350	125	11	—	0.5t
				>0.50~1.50			12	—	1.0t
				>1.50~3.00			13	—	1.0t
				>3.00~6.00			15	—	1.5t
				>6.00~12.50			15	—	2.5t
				>12.50~50.00			—	15	—
				>50.00~80.00	270~345	115	—	14	—
		H12	H12	>0.20~0.50	315~375	250	3	—	—
				>0.50~1.50			4	—	—
				>1.50~3.00			5	—	—
				>3.00~6.00			6	—	—
		H14	H14	>0.20~0.50	340~400	280	2	—	—
				>0.50~1.50			3	—	—
				>1.50~3.00			3	—	—
				>3.00~6.00			3	—	—
		H16	H16	>0.20~0.50	360~420	300	1	—	—
				>0.50~1.50			2	—	—
				>1.50~3.00			2	—	—
				>3.00~4.00			2	—	—
		H22 H32	H22 H32	>0.20~0.50	305~380	215	5	—	0.5t
				>0.50~1.50			6	—	1.5t
				>1.50~3.00			7	—	2.0t
				>3.00~6.00			8	—	2.5t
		H24 H34	H24 H34	>0.20~0.50	340~400	250	4	—	1.0t
				>0.50~1.50			5	—	2.0t
				>1.50~3.00			6	—	2.5t
				>3.00~6.00			7	—	3.5t
		H26 H36	H26 H36	>0.20~0.50	360~420	280	2	—	—
				>0.50~1.50			3	—	—
				>1.50~3.00			3	—	—
				>3.00~4.00			3	—	—
		H112	H112	>6.00~12.50	275	125	12	—	—
				>12.50~40.00	275	125	—	10	—
				>40.00~50.00	270	115	—	10	—
		F	—	>4.50~150.00	—	—	—	—	—
5085	—	O H111	O H111	>0.20~0.50	240~310	100	11	—	0.5t
				>0.50~1.50			12	—	1.0t

（续）

牌号	包铝分类	供应状态	试样状态	厚度[a]/mm	抗拉强度[b] R_m/MPa	规定非比例延伸强度[b] $R_{p0.2}$/MPa	断后伸长率（%） A_{50mm}	$A_{5.65}$[c]	弯曲半径[d]
					≥				
5085	—	O H111	O H111	>1.50~3.00	240~310	100	13	—	1.0t
				>3.00~6.00			15	—	1.5t
				>6.00~12.50			17	—	2.5t
				>12.50~80.00			—	16	—
		H12	H12	>0.20~0.50	275~335	200	3	—	—
				>0.50~1.50			4	—	—
				>1.50~3.00			5	—	—
				>3.00~6.00			6	—	—
		H14	H14	>0.20~0.50	300~360	240	2	—	—
				>0.50~1.50			3	—	—
				>1.50~3.00			3	—	—
				>3.00~6.00			3	—	—
		H16	H16	>0.20~0.50	325~385	270	1	—	—
				>0.50~1.50			2	—	—
				>1.50~3.00			2	—	—
				>3.00~4.00			2	—	—
		H18	H18	>0.20~0.50	345	290	1	—	—
				>0.50~1.50			1	—	—
				>1.50~3.00			1	—	—
		H22 H32	H22 H32	>0.20~0.50	275~350	185	5	—	0.5t
				>0.50~1.50			6	—	1.5t
				>1.50~3.00			7	—	2.0t
				>3.00~6.00			8	—	2.5t
		H24 H34	H24 H34	>0.20~0.50	300~360	220	4	—	1.0t
				>0.50~1.50			5	—	2.0t
				>1.50~3.00			6	—	2.5t
				>3.00~6.00			7	—	3.5t
		H26 H36	H26 H36	>0.20~0.50	325~385	250	2	—	—
				>0.50~1.50			3	—	—
				>1.50~3.00			3	—	—
				>3.00~4.00			3	—	—
		H112	H112	>6.00~12.50	250	105	8	—	—
				>12.50~40.00	240	105	—	9	—
				>40.00~50.00	240	100	—	12	—
		F	—	>4.50~150.00	—	—	—	—	—
6061	—	O	O	0.40~1.50	≤150	≤85	14	—	0.5t
				>1.50~3.00			16	—	1.0t
				>3.00~6.00			19	—	1.0t
				>6.00~12.50			16	—	2.0t
				>12.50~25.00			—	16	—
			T42[e]	0.40~1.50	205	95	12	—	1.0t
				>1.50~3.00			14	—	1.5t
				>3.00~6.00			16	—	3.0t
				>6.00~12.50			18	—	4.0t
				>12.50~40.00			—	15	—

（续）

牌号	包铝分类	供应状态	试样状态	厚度[a]/mm	抗拉强度[b] R_m/MPa	规定非比例延伸强度[b] $R_{p0.2}$/MPa	断后伸长率（%） A_{50mm}	$A_{5.65}$[c]	弯曲半径[d]
					≥				
6061	—	O	T62[e]	0.40 ~ 1.50	280	240	6	—	2.5t
				>1.50 ~ 3.00			7	—	3.5t
				>3.00 ~ 6.00			10	—	4.0t
				>6.00 ~ 12.50			9	—	5.0t
				>12.50 ~ 40.00			—	8	—
		T4	T4	0.40 ~ 1.50	205	110	12	—	1.0t
				>1.50 ~ 3.00			14	—	1.5t
				>3.00 ~ 6.00			16	—	3.0t
				>6.00 ~ 12.50			18	—	4.0t
		T6	T6	0.40 ~ 1.50	290	240	6	—	2.5t
				>1.50 ~ 3.00			7	—	3.5t
				>3.00 ~ 6.00			10	—	4.0t
				>6.00 ~ 12.50			9	—	5.0t
		F	F	>2.50 ~ 150.00	—	—	—	—	—
6063	—	O	O	>0.50 ~ 5.00	≤130	—	20	—	—
				>5.00 ~ 12.50			15	—	—
				>12.50 ~ 20.00			—	15	—
			T62[e]	>0.50 ~ 5.00	280	180	—	8	—
				>5.00 ~ 12.50	220	170	—	6	—
				>12.50 ~ 20.00	220	170	6	—	—
		T4	T4	0.50 ~ 5.00	150		10	—	—
				5.00 ~ 10.00	130		10	—	—
		T6	T6	0.50 ~ 5.00	240	190	8	—	—
				>5.00 ~ 10.00	230	180	8	—	—
6A02	—	O	O	>0.50 ~ 4.50	≤145	—	21	—	—
				>4.50 ~ 10.00			16	—	—
			T62[e]	>0.50 ~ 4.50	295	—	11	—	—
				>4.50 ~ 10.00			8	—	—
		T4	T4	>0.50 ~ 0.80	195	—	19	—	—
				>0.80 ~ 3.00			21	—	—
				>3.00 ~ 4.50			19	—	—
				>4.50 ~ 10.00	175		17	—	—
		T6	T6	>0.50 ~ 4.50	295	—	11	—	—
				>4.50 ~ 10.00			8	—	—
		H112	T62[e]	>4.50 ~ 12.50	295	—	8	—	—
				>12.50 ~ 25.00	295		—	7	—
				>25.00 ~ 40.00	285		—	6	—
				>40.00 ~ 80.00	275		—	6	—
			T42[e]	>4.50 ~ 12.50	175	—	17	—	—
				>12.50 ~ 25.00	175		—	14	—
				>25.00 ~ 40.00	165		—	12	—
				>40.00 ~ 80.00	165		—	10	—
		F	—	>4.50 ~ 150.00	—		—	—	—
6082	—	O	O	0.40 ~ 1.50	≤150	≤85	14	—	0.5t
				>1.50 ~ 3.00			16	—	1.0t

（续）

牌号	包铝分类	供应状态	试样状态	厚度[a]/mm	抗拉强度[b] R_m/MPa	规定非比例延伸强度[b] $R_{p0.2}$/MPa	断后伸长率（%）		弯曲半径[d]
							A_{50mm}	$A_{5.65}$[c]	
					≥				
6082	—	O	O	>3.00～6.00	≤150	≤85	18	—	1.0t
				>6.00～12.50			17	—	2.0t
				>12.50～25.00	≤155	—	—	16	—
			T42[e]	0.40～1.50	205	95	12	—	1.5t
				>1.50～3.00			14	—	2.0t
				>3.00～6.00			15	—	3.0t
				>6.00～12.50			14	—	4.0t
				>12.50～25.00			—	13	—
			T62[e]	0.40～1.50	310	260	6	—	2.5t
				>1.50～3.00			7	—	3.5t
				>3.00～6.00			10	—	4.5t
				>6.00～12.50	300	255	9	—	6.0t
				>12.50～25.00	295	240	—	8	—
		T4	T4	0.40～1.50	205	110	12	—	1.5t
				>1.50～3.00			14	—	2.0t
				>3.00～6.00			15	—	3.0t
				>6.00～12.50			14	—	4.0t
		T6	T6	0.40～1.50	310	260	6	—	2.5t
				>1.50～3.00			7	—	3.5t
				>3.00～6.00			10	—	4.5t
				>6.00～12.50	300	255	9	—	6.0t
		F	F	>4.50～150.00	—	—	—	—	—
7075	正常包铝	O	O	>0.50～1.50	≤250	≤140	10	—	—
				>1.50～4.00	≤260	≤140	10	—	—
				>4.00～12.50	≤270	≤145	10	—	—
				>12.50～25.00	≤275	—	—	9	—
			T62[e]	>0.50～1.00	485	415	7	—	—
				>1.00～1.50	495	425	8	—	—
				>1.50～4.00	505	435	8	—	—
				>4.00～6.00	515	440	8	—	—
				>6.00～12.50	515	445	9	—	—
				>12.50～25.00	540	470	—	6	—
		T6	T6	>0.50～1.00	485	415	7	—	—
				>1.00～1.50	495	425	8	—	—
				>1.50～4.00	505	435	8	—	—
				>4.00～6.00	515	440	8	—	—
		F	—	>6.00～100.00	—	—	—	—	—
	不包铝或工艺包铝	O	O	>0.50～12.50	≤275	≤145	10	—	—
				>12.50～25.00	≤275	—	—	9	—

（续）

牌号	包铝分类	供应状态	试样状态	厚度[a]/mm	抗拉强度[b] R_m/MPa	规定非比例延伸强度[b] $R_{p0.2}$/MPa	断后伸长率（%）		弯曲半径[d]
							A_{50mm}	$A_{5.65}$[c]	
					≥				
7075	不包铝或工艺包铝	O	T62[e]	>0.50~1.00	525	460	7	—	—
				>1.00~3.00	540	470	8	—	—
				>3.00~6.00	540	475	8	—	—
				>6.00~12.50	540	460	9	—	—
				>12.50~25.00	540	470	—	6	—
				>25.50~50.00	530	460	—	5	—
		T6	T6	>0.50~1.00	525	460	7	—	—
				>1.00~3.00	540	470	8	—	—
				>3.00~6.00	540	470	8	—	—
		F	—	>6.00~100.00	—	—	—	—	—
8A06	—	O	O	>0.20~0.30	≤110	—	16	—	—
				>0.30~0.50			21	—	—
				>0.50~0.80			26	—	—
				>0.80~10.00			30	—	—
		H14 H24	H14 H24	>0.20~0.30	100	—	1	—	—
				>0.30~0.50			3	—	—
				>0.50~0.80			4	—	—
				>0.80~1.00			5	—	—
				>1.00~4.50			6	—	—
		H18	H18	>0.20~0.30	135	—	1	—	—
				>0.30~0.80			2	—	—
				>0.80~4.50			3	—	—
		H112	H112	>4.50~10.00	70	—	19	—	—
				>10.00~12.50	80		19	—	—
				>12.50~80.00	80		—	19	—
				>25.00~80.00	65		—	16	—
		F	—	>2.50~150.00	—	—	—	—	—
8011	—	O H111	O H111	>0.20~0.50	80~130	30	19	—	—
				>0.50~1.50			21	—	—
				>1.50~3.00			24	—	—
		H14	H14	>0.20~0.50	125~165	110	2	—	—
				>0.50~3.00			3	—	—
		H24	H24	>0.20~0.50	125~165	100	3	—	—
				>0.50~1.50			4	—	—
				>1.50~3.00			5	—	—
		H18	H18	>0.20~0.50	165	145	1	—	—
				>0.50~3.00			2	—	—

a. 厚度大于 40mm 的板材，表中数值仅供参考。当需方要求时，供方提供中心层试样的实测结果

b. 1050、1060、1070、1035、1235、1145、1100、8A06 合金的抗拉强度上限值及规定非比例伸长应力极限值对 H22、H24、H26 状态的材料不适用

c. $A_{5.65}$ 表示原始标距（L_0）为 $5.65\sqrt{S_0}$ 的断后伸长率

d. 3105、3102、5182 板、带材弯曲 180°，其他板、带材弯曲 90°。t 为板或带材的厚度

e. 2×××、6×××、7×××系合金以 O 状态供货时，其 T42、T62 状态性能仅供参考

3. 一般用途的加工铜及铜合金板、带材的外形尺寸及允许偏差（GB/T 17793—1999，见表 1-1-60 和表 1-1-61）

表 1-1-60　板材的牌号和规格

品种	牌　号	制造方法	厚度/mm	宽度/mm	长度/mm
纯铜板	T2、T3、TP1、TP2、TU1、TU2	热轧	4 ~ 60	≤3000	≤6000
		冷轧	0.2 ~ 12	≤3000	≤6000
黄铜板	H59、H62、H65、H68、H70、H80、H90、H96、HPb59-1、HSn62-1、HMn58-2	热轧	4 ~ 60	≤3000	≤6000
		冷轧	0.2 ~ 10	≤3000	
	HMn57-3-1、HMn55-3-1、HAl60-1-1、HAl67-2.5、HAl66-6-3-2、HNi65-5	热轧	4 ~ 40	≤1000	≤2000
青铜板	QAl5、QAl7、QAl9-2、QAl9-4	冷轧	0.4 ~ 12	≤1000	≤2000
	QSn6.5-0.1、QSn6.5-0.4，QSn4-3、QSn4-0.3、QSn7-0.2	热轧	9 ~ 50	≤600	≤2000
		冷轧	0.2 ~ 12		
白铜板	BAl6-1.5、Bal13-3	冷轧	0.5 ~ 12	≤600	≤1500
	BZn15-20	冷轧	0.5 ~ 10	≤600	≤1500
	B5、B19、BFe10-1-1、BFe30-1-1	热轧	7 ~ 60	≤2000	≤4000
		冷轧	0.5 ~ 10	≤600	≤1500

表 1-1-61　带材的牌号和规格

品　种	牌　　号	厚度/mm	宽度/mm
纯铜带	T2、T3、TP1、TP2、TU1、TU2	0.05 ~ 3.00	≤1000
黄铜带	H59、H62、H65、H68、H70、H80、H90、H96、HPb59-1、HSn62-1、HMn58-2	0.05 ~ 3.00	≤600
青铜带	QAl5、QAl7、QAl9-2、QAl9-4	0.05 ~ 1.20	≤300
	QSn6.5-0.1、QSn6.5-0.4、QSn7-0.2、QSn4-3、QSn4-0.3	0.05 ~ 3.0	≤600
	QCd-1	0.05 ~ 1.20	≤300
	QMn1.5、QMn5	0.10 ~ 1.20	≤300
	QSi3-1	0.05 ~ 1.20	≤300
	QSn4-4-2.5、QSn4-4-4	0.8 ~ 1.20	≤200
白铜带	BZn15-20	0.05 ~ 1.20	≤300
	B5、B19、BFe10-1-1、BFe30-1-1、BMn3-12、BMn40-1.5	0.05 ~ 1.20	≤300

4. 铜及铜合金板材（GB/T 2040—2008，见表 1-1-62 ~ 表 1-1-63）

表 1-1-62　铜及铜合金板材的牌号、状态和规格

牌　号	状　态	规格/mm		
		厚度	宽度	长度
T2、T3、TP1	R	4 ~ 60	≤3000	≤6000
TP2、TU1、TU2	M、Y_4、Y_2、Y、T	0.2 ~ 12		
H96、H80	M、Y	0.2 ~ 10		
H90、H85	M、Y_2、Y			
H65	M、Y_4、Y_2、Y、T、TY			
H70、H68	R	4 ~ 60		
	M、Y_4、Y_2、Y、T、TY	0.2 ~ 10		
H63、H62	R	4 ~ 60		
	M、Y_2、Y、T	0.2 ~ 10		
H59	R	4 ~ 60		
	M、Y	0.2 ~ 10		
HPb59-1	R	4 ~ 60		
	M、Y_2、Y	0.2 ~ 10		

（续）

牌号	状态	规格/mm		
		厚度	宽度	长度
HPb60-2	Y、T	0.5~10	≤3000	≤6000
HMn58-2	M、Y_2、Y	0.2~10		
HSn62-1	R	4~60		
	M、Y_2、Y	0.2~10		
HMn55-3-1、HMn57-3-1 HAl60-1-1、HAl67-2.5 HAl66-6-3-2、HNi65-5	R	4~40	≤1000	≤2000
QSn6.5-0.1	R	9~50	≤600	≤2000
	M、Y_4、Y_2、Y、T、TY	0.2~12		
QSn6.5-0.4、QSn4-3 QSn4-0.3、QSn7-0.2	M、Y、T	0.2~12	≤600	≤2000
QSn8-0.3	M、Y_4、Y_2、Y、T	0.2~5	≤600	≤2000
BAl6-1.5	Y	0.5~12	≤600	≤1500
BAl13-3	CYS			
BZn15-20	M、Y_2、Y、T	0.5~10	≤600	≤1500
BZn18-17	M、Y_2、Y	0.5~5	≤600	≤1500
B5、B19	R	7~60	≤2000	≤4000
BFe10-1-1、BFe30-1-1	M、Y	0.5~10	≤600	≤1500
QAl5	M、Y	0.4~12	≤1000	≤2000
QAl7	Y_2、Y			
QAl9-2	M、Y			
QAl9-4	Y			
QCd1	Y	0.5~10	200~300	800~1500
QCr0.5、QCr0.5-0.2-0.1	Y	0.5~15	100~600	≥300
QMn1.5	M	0.5~5	100~600	≤1500
QMn5	M、Y			
QSi3-1	M、Y、T	0.5~10	100~1000	≥500
QSn4-4-2.5、QSn4-4-4	M、Y_3、Y_2、Y	0.8~5	200~600	800~2000
BMn40-1.5	M、Y	0.5~10	100~600	800~1500
BMn3-12	M			

注：1. 经供需双方协商，可供应其他规格的板材。

2. 板材的外形尺寸及允许偏差应符合 GB/T 17793—1999 中相应的规定，未作特别说明时按普通级供货。

3. 标记示例，产品标记按产品名称、牌号、状态、规格和标准编号的顺序表示。标记示例如下：

用 H62 制造的、供应状态为 Y_2、厚度为 0.8mm、宽度为 600mm、长度为 1500mm 的定尺板材，标记为：铜板 H62Y_2 0.8×600×1500 GB/T 2040—2008

4. 表面质量要求：热轧板材的表面应清洁；热轧板材的表面不允许有分层、裂纹、起皮、夹杂和绿锈，但允许修理，修理后不应使板材厚度超出允许偏差；热轧板材的表面允许有轻微的、局部的、不使板材厚度超出其允许偏差的划伤、斑点、凹坑、压入物、辊印、皱纹等缺陷；长度大于 4000mm 热轧板材和软态板材，可不经酸洗供货；冷轧板材的表面质量应光滑、清洁，不允许有影响使用的缺陷。

表 1-1-63 铜及铜合金板材的力学性能

牌号	状态	拉伸试验			硬度试验		
		厚度 /mm	抗拉强度 R_m/MPa	断后伸长率 $A_{11.3}$（%）	厚度 /mm	维氏硬度 HV	洛氏硬度 HRB
T2、T3 TP1、TP2 TU1、TU2	R	4~14	≥195	≥30	—	—	—
	M	0.3~10	≥205	≥30	≥0.3	≤70	—
	Y_4		215~275	≥25		60~90	
	Y_2		245~345	≥8		80~110	
	Y		295~380	—		90~120	
	T		≥350	—		≥110	

（续）

牌号	状态	拉伸试验			硬度试验		
		厚度/mm	抗拉强度 R_m/MPa	断后伸长率 $A_{11.3}$（%）	厚度/mm	维氏硬度 HV	洛氏硬度 HRB
H96	M	0.3～10	≥215	≥30	—	—	—
	Y		≥320	≥3			
H90	M	0.3～10	≥245	≥35	—	—	—
	Y_2		330～440	≥5			
	Y		≥390	≥3			
H85	M	0.3～10	≥260	≥35	≥0.3	≤85	
	Y_2		305～380	≥15		80～115	
	Y		≥350	≥3		≥105	
H80	M	0.3～10	≥265	≥50	—	—	—
	Y		≥390	≥3			
H70、H68	R	4～14	≥290	≥40	—	—	—
H70 H68 H65	M	0.3～10	≥290	≥40	≥0.3	≤90	—
	Y_4		325～410	≥35		85～115	
	Y_2		355～440	≥25		100～130	
	Y		410～540	≥10		120～160	
	T		520～620	≥3		150～190	
	TY		≥570	—		≥180	
H63、H62	R	4～14	≥290	≥30	—	—	—
	M	0.3～10	≥290	≥35	≥0.3	≤95	—
	Y_2		350～470	≥20		90～130	
	Y		410～630	≥10		125～165	
	T		≥585	≥2.5		≥155	
H59	R	4～14	≥290	≥25	—	—	—
	M	0.3～10	≥290	≥10	≥0.3	≥130	—
	Y		≥410	≥5			
HPb59-1	R	4～14	≥370	≥18	—	—	—
	M	0.3～10	≥340	≥25	—	—	—
	Y_2		390～490	≥12			
	Y		≥440	≥5			
HPb60-2	Y	—	—	—	0.5～2.5	165～190	—
					2.6～10	—	75～92
	T	—	—	—	0.5～1.0	≥180	
HMn58-2	M	0.3～10	≥380	≥30	—	—	—
	Y_2		440～610	≥25			
	Y		≥585	≥3			
HSn62-1	R	4～14	≥340	≥20	—	—	—
	M	0.3～10	≥295	≥35	—	—	—
	Y_2		350～400	≥15			
	Y		≥390	≥5			
HMn57-3-1	R	4～8	≥440	≥10	—	—	—
HMn55-3-1	R	4～15	≥490	≥15	—	—	—
HAl60-1-1	R	4～15	≥440	≥15	—	—	—
HAl67-2.5	R	4～15	≥390	≥15	—	—	—
HAl66-6-3-2	R	4～8	≥685	≥3	—	—	—
HNi65-5	R	4～15	≥290	≥35	—	—	—
QAl5	M	0.4～12	≥275	≥33	—	—	—
	Y		≥585	≥2.5			

(续)

牌号	状态	拉伸试验			硬度试验		
		厚度 /mm	抗拉强度 R_m/MPa	断后伸长率 $A_{11.3}$ (%)	厚度 /mm	维氏硬度 HV	洛氏硬度 HRB
QAl7	Y_2	0.4~12	585~740	≥10	—	—	—
	Y		≥635	≥5			
QAl9-2	M	0.4~12	≥440	≥18	—	—	—
	Y		≥585	≥5			
QAl9-4	Y	0.4~12	≥585	—	—	—	—
QSn6.5-0.1	R	9~14	≥200	≥38	—	—	—
	M	0.2~12	≥315	≥40	≥0.2	≤120	
	Y_4	0.2~12	390~510	≥35		110~155	
	Y_2	0.2~12	490~610	≥8	≥0.2	150~190	
	Y	0.2~3	590~690	≥5		180~230	
		>3~12	540~690	≥5		180~230	
	T	0.2~5	635~720	≥1		200~240	
	TY		≥690	—		≥210	
QSn6.5-0.4 QSn7-0.2	M	0.2~12	≥295	≥40	—	—	—
	Y		540~690	≥8			
	T		≥665	≥2			
QSn4-0.2	M	0.2~12	≥290	≥40	—	—	—
	Y		540~690	≥3			
	T		≥635	≥2			
QSn8-0.3	M	0.2~5	≥345	≥40	≥0.2	≤120	—
	Y_4		390~610	≥35		100~160	
	Y_2		490~610	≥20		150~205	
	Y		590~705	≥5		180~235	
	T		≥685	—		≥210	
QCd1	Y	0.5~10	≥390	—	—	—	—
QCr0.5 QCr0.5-0.2-0.1	Y	—	—	—	0.5~15	≥110	—
QMn1.5	M	0.5~5	≥205	≥30	—	—	—
QMn5	M	0.5~5	≥290	≥30	—	—	—
	Y		≥440	≥3			
QSi3-1	M	0.5~10	≥340	≥40	—	—	—
	Y		585~735	≥3			
	T		≥685	≥1			
QSn4-4-2.5 QSn4-4-4	M	0.8~5	≥290	≥35	≥0.8	—	—
	Y_3		390~490	≥10			65~85
	Y_2		420~510	≥9			70~90
	Y		≥510	≥5			—
BZn15-20	M	0.5~10	≥340	≥35	—	—	—
	Y_2		440~570	≥5			
	Y		540~690	≥1.5			
	T		≥640	≥1			
BZn18-17	M	0.5~5	≥375	≥20	≥0.5	—	—
	Y_2		440~570	≥5		120~180	
	Y		≥540	≥3		≥150	
B5	R	7~14	≥215	≥20	—	—	—
	M	0.5~10	≥215	≥30	—	—	—
	Y		≥370	≥10			

（续）

牌号	状态	拉伸试验			硬度试验		
		厚度/mm	抗拉强度 R_m/MPa	断后伸长率 $A_{11.3}$（%）	厚度/mm	维氏硬度 HV	洛氏硬度 HRB
B19	R	7～14	≥295	≥20	—	—	—
	M	0.5～10	≥290	≥25	—	—	—
	Y		≥390	≥3			
BFe10-1-1	R	7～14	≥275	≥20	—	—	—
	M	0.5～10	≥275	≥28	—	—	—
	Y		≥370	≥3			
BFe30-1-1	R	7～14	≥345	≥15	—	—	—
	M	0.5～10	≥370	≥20	—	—	—
	Y		≥530	≥3			
BAl6-1.5	Y	0.5～12	≥535	≥3	—	—	—
Bal13-3	CYS		≥635	≥5	—	—	—
BMn40-1.5	M	0.5～10	390～590	实测	—	—	—
	Y		≥590	实测			
BMn3-12	M	0.5～10	≥350	≥25	—	—	—

注：1. 表中为板材的横向室温力学性能。除铅黄铜板（HPb60-2）和铬青铜板（QCr0.5、QCr0.5-0.2-0.1）外，其他牌号的板材在拉伸试验、硬度试验之间任选其一，未作特别说明时，仅提供拉伸试验。

2. 厚度超出规定范围的板材，其性能由供需双方商定。

5. 铜及铜合金带材（GB/T2059—2008，见表1-1-64～表1-1-65）

表1-1-64 铜及铜合金带材的牌号、状态和规格

牌号	状态	厚度/mm	宽度/mm
T2、T3、TU1、TU2	软（M）、1/4硬（Y_4）	>0.15～<0.50	≤600
	半硬（Y_2）、硬（Y）、特硬（T）	0.50～3.0	≤1200
H96、H80、H59	软（M）、硬（Y）	>0.15～<0.50	≤600
		0.50～3.0	≤1200
H85、H90	软（M）、半硬（Y_2）、硬（Y）	>0.15～<0.50	≤600
		0.50～3.0	≤1200
H70、H68、H65	软（M）、1/4硬（Y_4）、半硬（Y_2）	>0.15～<0.50	≤600
	硬（Y）、特硬（T）、弹硬（TY）	0.50～3.0	≤1 200
H63、H62	软（M）、半硬（Y_2）	>0.15～<0.50	≤600
	硬（Y）、特硬（T）	0.50～3.0	≤1200
HPb59-1、HMn58-2	软（M）、半硬（Y_2）、硬（Y）	>0.15～0.20	≤300
		>0.20～2.0	≤550
HPb59-1	特硬（T）	0.32～1.5	≤200
HSn62-1	硬（Y）	>0.15～0.20	≤300
		>0.20～2.0	≤550
QAl5	软（M）、硬（Y）	>0.15～1.2	≤300
QAl7	半硬（Y_2）、硬（Y）		
QAl9-2	软（M）、硬（Y）、特硬（T）		
QAl9-4	硬（Y）		
QSn6.5-0.1	软（M）、1/4硬（Y_4）、半硬（Y_2） 硬（Y）、特硬（T）、弹硬（TY）	>0.15～2.0	≤610
QSn7-0.2、QSn6.5-0.4、QSn4-3、QSn4-0.3	软（M）、硬（Y），特硬（T）	>0.15～2.0	≤610
QSn8-0.3	软（M）、1/4硬（Y_4）、半硬（Y_2）、 硬（Y）、特硬（T）	>0.15～2.6	≤610
QSn4-4-3、QSn4-4-2.5	软（M）、1/3硬（Y_3）、半硬（Y_2）、硬（Y）	0.8～1.2	≤200

（续）

牌　　号	状　　态	厚度/mm	宽度/mm
QCd1	硬（Y）	>0.15~1.2	≤300
QMn1.5	软（M）	>0.15~1.2	
QMn5	软（M）、硬（Y）		
QSi3-1	软（M）、硬（Y）、特硬（T）	>0.15~1.2	≤300
BZn18-17	软（M）、半硬（Y_2）、硬（Y）	>0.15~1.2	≤610
BZn15-20	软（M）、半硬（Y_2）、硬（Y）、特硬（T）	>0.15~1.2	≤400
B5、B19、 BFe10-1-1、BFe30-1-1 BMn40-1.5、BMn3-12	软（M）、硬（Y）		
BAl13-3	淬火+冷加工+人工时效（CYS）	>0.15~1.2	≤300
BAl6-1.5	硬（Y）		

注：1. 经供需双方协商，也可供应其他规格的带材。

2. 带材的外形尺寸及允许偏差应符合 GB/T17793—1999 中相应的规定，未作特别说明时按普通级供货。

3. 标记示例，产品标记按产品名称、牌号、状态、规格和标准编号的顺序表示。标记示例如下：

用 H62 制造的、半硬（Y_2）状态、厚度为 0.8mm、宽度为 200mm 的带材标记为：

带 H62Y_2　0.8×200　GB/T 2059—2008

4. 表面质量要求：带材的表面应光滑、清洁，不允许有分层、裂纹、起皮、起刺、气泡、压折、夹杂和绿锈。允许有轻微的、局部的、不使带材厚度超出其允许偏差的划伤、斑点、凹坑、压入物、辊印、氧化色、油迹和水迹等缺陷。

表 1-1-65　铜及铜合金带材的力学性能

牌　　号	状　态	拉伸试验			硬度试验	
		厚度/mm	抗拉强度 R_m/MPa	断后伸长率 $A_{11.3}$（%）	维氏硬度 HV	洛氏硬度 HRB
T2、T3 TU1、TU2 TP1，TP2	M	≥0.2	≥195	≥30	≤70	—
	Y_4		215~275	≥25	60~90	
	Y_2		245~345	≥8	80~110	
	Y		295~380	≥3	90~120	
	T		≥350	—	≥110	
H96	M	≥0.2	≥215	≥30	—	—
	Y		≥320	≥3		
H90	M	≥0.2	≥245	≥35	—	—
	Y_2		330~440	≥5		
	Y		≥390	≥3		
H85	M	≥0.2	≥260	≥40	≤85	—
	Y_2		305~380	≥15	80~115	
	Y		≥350	—	≥105	
H80	M	≥0.2	≥265	≥50	—	—
	Y		≥390	≥2		
H70 H68 H65	M	≥0.2	≥290	≥40	≤90	—
	Y_4		325~410	≥35	80~115	
	Y_2		355~460	≥25	100~130	
	Y		410~540	≥13	120~160	
	T		520~620	≥4	150~190	
	TY		≥570	—	≥180	
H63、H62	M	≥0.2	≥290	≥35	≤95	—
	Y_2		350~470	≥20	90~130	
	Y		410~630	≥10	125~165	
	T		≥585	≥2.5	≥155	

（续）

牌　号	状　态	拉伸试验			硬度试验	
		厚度 /mm	抗拉强度 R_m/MPa	断后伸长率 $A_{11.3}$（%）	维氏硬度 HV	洛氏硬度 HRB
H59	M	≥0.2	≥290	≥10	—	—
	Y		≥410	≥5	≥130	
HPb59-1	M	≥0.2	≥340	≥25	—	—
	Y_2		390~490	≥12		
	Y		≥440	≥5		
	T	≥0.32	≥590	≥3		
HMn58-2	M	≥0.2	≥380	≥30	—	—
	Y_2		440~610	≥25		
	Y		≥585	≥3		
HSn62-1	Y	≥0.2	390	≥5	—	—
QAl5	M	≥0.2	≥275	≥33	—	—
	Y		≥585	≥2.5		
QAl7	Y_2	≥0.2	585~740	≥10		
	Y		≥635	≥5		
QAl9-2	M	≥0.2	≥440	≥18	—	—
	Y		≥585	≥5		
	T		≥880	—		
QAl9-4	Y	≥0. 2	≥635	—	—	—
QSn4-3 QSn4-0. 3	M	≥0. 15	≥290	≥40	—	—
	Y		540~690	≥3		
	T		≥635	≥2		
QSn6. 5-0. 1	M	>0. 15	≥315	≥40	≤120	—
	Y_4		390~510	≥35	110~155	
	Y_2		490~610	≥10	150~190	
	Y		590~690	≥8	180~230	
	T		630~720	≥5	200~240	
	TY		≥690	—	≥210	
QSn7-0. 2 QSn6. 5-0. 4	M	>0. 15	≥295	≥40	—	—
	Y		540~690	≥8		
	T		≥665	≥2		
QSn8-0. 3	M	≥0.2	≥355	≥45	≤120	—
	Y_4		390~510	≥40	100~160	
	Y_2		490~610	≥30	150~205	
	Y		590~705	≥12	180~235	
	T		≥685	≥5	≥210	
QSn4-4-4 QSn4-4-2. 5	M	≥0. 8	≥290	≥35	—	—
	Y_3		390~490	≥10	—	65~85
	Y_2		420~510	≥9	—	70~90
	Y		≥490	≥5	—	—
QCd1	Y	≥0. 2	≥390	—	—	—
QMn1. 5	M	≥0. 2	≥205	≥30	—	—
QMn5	M	≥0. 2	≥290	≥30	—	—
	Y		≥440	≥2	—	—
QSi3-1	M	≥0. 15	≥370	≥45	—	—
	Y		635~785	≥5		
	T		735	≥2		

（续）

牌　　号	状　态	拉　伸　试　验			硬 度 试 验	
		厚度/mm	抗拉强度 R_m/MPa	断后伸长率 $A_{11.3}$（%）	维氏硬度 HV	洛氏硬度 HRB
BZn15-20	M	≥0.2	≥340	≥35	—	—
	Y_2		440～570	≥5		
	Y		540～690	≥1.5		
	T		≥640	≥1		
BZn18-17	M	≥0.2	≥375	≥20	—	—
	Y_2		440～570	≥5	120～180	
	Y		≥540	≥3	≥150	
B5	M	≥0.2	≥215	≥32	—	—
	Y		≥370	≥10		
B19	M	≥0.2	≥290	≥25	—	—
	Y		≥390	≥3		
BFe10-1-1	M	≥0.2	≥275	≥28	—	—
	Y		≥370	≥3		
BFe30-1-1	M	≥0.2	≥370	≥23	—	—
	Y		≥540	≥3		
BMn3-12	M	≥0.2	≥350	≥25	—	—
BMn40-1.5	M	≥0.2	390～590	实测数据	—	—
	Y		≥635			
BAl13-3	CYS	≥0.2	供实测值		—	—
BAl6-1.5	Y		≥600	≥5	—	—

注：厚度超出规定范围的带材，其性能由供需双方商定。

6. 铜及铜合金箔材（GB/T 5187—2008，见表 1-1-66～表 1-1-68）

表 1-1-66　箔材的牌号、状态和规格

牌　　号	状　　态	规格尺寸（厚度×宽度）/mm
T1、T2、T3、TU1、TU2	软（M）、1/4 硬（Y_4）、半硬（Y_2）、硬（Y）	（0.012～<0.025）×≤300 （0.025～0.15）×≤600
H62、H65、H68	软（M）、1/4 硬（Y_4）、半硬（Y_2）、硬（Y）、特硬（T）、弹硬（TY）	
QSn6.5-0.1、QSn7-0.2	硬（Y）、特硬（T）	
QSi3-1	硬（Y）	
QSn8-0.3	特硬（T）、弹硬（TY）	
BMn40-1.5	软（M）、硬（Y）	
BZn15-20	软（M）、半硬（Y_2）、硬（Y）	
BZn18-18、BZn18-26	半硬（Y_2）、硬（Y）、特硬（T）	

注：标记示例，产品标记按产品名称、牌号、状态、规格和标准编号的顺序表示。标记示例如下：

用 T2 制造的、软（M）状态、厚度为 0.05mm、宽度为 600mm 的箔材标记为：

铜箔 T2M　0.05×600 GB/T 5187—2008

表 1-1-67　箔材的厚度、宽度及其允许偏差　（单位：mm）

厚　度	厚度允许偏差（±）		宽度允许偏差（±）	
	普通级	高精级	普通级	高精级
<0.030	0.003	0.0025	0.15	0.10
0.030～<0.050	0.005	0.004		
0.050～0.15	0.007	0.005		

表 1-1-68 箔材的力学性能

牌号	状态	抗拉强度 R_m/MPa	断后伸长率 $A_{11.3}$（%）	维氏硬度 HV
T1、T2、T3、TU1、TU2	M	≥205	≥30	≤70
	Y_4	215～275	≥25	60～90
	Y_2	245～345	≥8	80～110
	Y	≥295	—	≥90
H62、H65、H68	M	≥290	≥40	≤90
	Y_4	325～410	≥35	85～115
	Y_2	340～460	≥25	100～130
	Y	400～530	≥13	120～160
	T	450～600	—	150～190
	TY	≥500	—	≥180
QSn6.5-0.1、QSn7-0.2	Y	540～690	≥6	170～200
	T	≥650	—	≥190
QSn8-0.3	T	700～780	≥11	210～240
	TY	735～835	—	230～270
QSi3-1	Y	≥635	≥5	—
BZn15-20	M	≥340	≥35	—
	Y_2	440～570	≥5	
	Y	≥540	≥1.5	
BZn18-18、BZn18-26	Y_2	≥525	≥8	180～210
	Y	610～720	≥4	190～220
	T	≥700	—	210～240
BMn40-1.5	M	390～590	—	—
	Y	≥635		

注：厚度≤0.05mm 的黄铜、白铜箔材的力学性能仅供参考。

7. 钛及钛合金板材（GB/T3621—2007，见表 1-1-69～表 1-1-72）

表 1-1-69 钛及钛合金板材的产品牌号、制造方法、供应状态及规格分类

牌号	制造方法	供应状态	规格		
			厚度/mm	宽度/mm	长度/mm
TA1、TA2、TA3、TA4、TA5、TA6、TA7、TA8、TA8-1、TA9、TA9-1、TA10、TA11、TA15、TA17、TA18、TC1、TC2、TC3、TC4、TC4ELI	热轧	热加工状态（R） 退火状态（M）	>4.75～60.0	400～3000	1000～4000
	冷轧	冷加工状态（Y） 退火状态（M） 固溶状态（ST）	0.30～6	400～1000	1000～3000
TB2	热轧	固溶状态（ST）	>4.0～10.0	400～3000	1000～4000
	冷轧	固溶状态（ST）	1.0～4.0	400～1000	1000～3000
TB5、TB6、TB8	冷轧	固溶状态（ST）	0.30～4.75	400～1000	1000～3000

注：1. 工业纯钛板材供货的最小厚度为 0.3mm，其他牌号的最小厚度见表 1-1-71。如对供货厚度和尺寸规格有特殊要求，可由供需双方协商。

2. 当需方在合同中注明时，可供应消应力状态（M）的板材。

3. 标记示例，产品标记按产品名称、牌号、供应状态、规格和标准编号的顺序表示，标记示例如下：

用 TA2 制成的厚度为 3.0mm、宽度 500mm、长度 2 000 的退火态板材，标记为：

板 TA2 M 3.0×500×2000 GB/T 3621—2007

表 1-1-70 钛及钛合金板材尺寸允许偏差

① 板材厚度的允许偏差/mm

厚度	宽度		
	400～1000	>1000～2000	>2000
0.3～0.5	±0.05	—	—
>0.5～0.8	±0.07	—	—

（续）

① 板材厚度的允许偏差/mm

厚 度	宽 度		
	400 ~ 1000	> 1000 ~ 2000	> 2000
> 0.8 ~ 1.1	± 0.09		—
> 1.1 ~ 1.5	± 0.11	—	—
> 1.5 ~ 2.0	± 0.15	—	—
> 2.0 ~ 3.0	± 0.18	—	—
> 3.0 ~ 4.0	± 0.22	—	—
> 4.0 ~ 6.0	± 0.35	± 0.40	—
> 6.0 ~ 8.0	± 0.40	± 0.60	± 0.80
> 8.0 ~ 10.0	± 0.50	± 0.60	± 0.80
> 10.0 ~ 15.0	± 0.70	± 0.80	± 1.00
> 15.0 ~ 20.0	± 0.70	± 0.90	± 1.10
> 20.0 ~ 30.0	± 0.90	± 1.00	± 1.20
> 30.0 ~ 40.0	± 1.10	± 1.20	± 1.50
> 40.0 ~ 50.0	± 1.20	± 1.50	± 2.00
> 50.0 ~ 60.0	± 1.60	± 2.00	± 2.50

② 板材宽度和长度的允许偏差/mm

厚 度	宽 度	宽度允许偏差	长 度	长度允许偏差
3.0 ~ 4.0	400 ~ 1000	$^{+10}_{0}$	1000 ~ 3000	$^{+15}_{0}$
> 4.0 ~ 20.0	400 ~ 3000	$^{+15}_{0}$	1000 ~ 4000	$^{+20}_{0}$
> 20.0 ~ 60.0	400 ~ 3000	$^{+20}_{0}$	1000 ~ 4000	$^{+25}_{0}$

③ 板材的不平度

TB6 板材允许有轻微板面波浪，厚度≤5 mm 时，其不平度不大于 50 mm/m；厚度≤4 mm 的 TB5、TB8 和 TB2 板材的不平度不大于 30 mm/m；超出以上厚度时，双方协商。其他牌号板材的不平度应符合如下的规定：

厚 度/mm	规定宽度的不平度/（mm/m）	
	≤2000	> 2000
≤4	20	—
> 4 ~ 10	18	20
> 10 ~ 20	15	18
> 20 ~ 35	13	15
> 35 ~ 60	8	13

表 1-1-71 力学性能

① 板材横向室温力学性能

牌 号	状 态	板材厚度	抗拉强度 R_m/MPa	规定非比例延伸强度 $R_{p0.2}$/MPa	断后伸长率 A（%）≥
TA1	M	0.3 ~ 25	≥240	140 ~ 310	30
TA2	M	0.3 ~ 25	≥400	275 ~ 450	25
TA3	M	0.3 ~ 25	≥500	380 ~ 550	20
TA4	M	0.3 ~ 25	≥580	485 ~ 600	20
TA5	M	0.5 ~ 1.0	≥685	≥585	20
		> 1.0 ~ 2.0			15
		> 2.0 ~ 5.0			12
		> 5.0 ~ 10.0			12
TA6	M	0.8 ~ 1.5	≥685	—	20
		> 1.5 ~ 2.0			15
		> 2.0 ~ 5.0			12
		> 5.0 ~ 10.0			12

（续）

① 板材横向室温力学性能

牌号		状态	板材厚度	抗拉强度 R_m/MPa	规定非比例延伸强度 $R_{p0.2}$/MPa	断后伸长率 A（%）≥
TA7		M	0.8～1.5	735～930	≥685	20
			>1.5～2.0			15
			>2.0～5.0			12
			>5.0～10.0			12
TA8		M	0.8～10	≥400	275～450	20
TA8-1		M	0.8～10	≥240	140～310	24
TA9		M	0.8～10	≥400	275～450	20
TA9-1		M	0.8～10	≥240	140～310	24
TA10	A类	M	0.8～10.0	≥485	≥345	18
	B类	M	0.8～10.0	≥345	≥275	25
TA11		M	5.0～12.0	≥895	≥825	10
TA13		M	0.5～2.0	540～770	460～570	18
TA15		M	0.8～1.8	930～1130	≥855	12
			>1.8～4.0			10
			>4.0～10.0			8
TA17		M	0.5～1.0	685～835	—	25
			>1.1～2.0			15
			>2.1～4.0			12
			>4.1～10.0			10
TA18		M	0.5～2.0	590～730	—	25
			>2.0～4.0			20
			>4.0～10.0			15
TB2		ST	1.0～3.5	≤980	—	20
		STA		1320		8
TB5		ST	0.8～1.75	705～945	690～835	12
			>1.75～3.18			10
TB6		ST	1.0～5.0	≥1000	—	6
TB8		ST	0.3～0.6	825～1000	795～965	6
						8
TC1		M	0.5～1.0	590～735	—	25
			>1.0～2.0			25
			>2.0～5.0			20
			>5.0～10.0			20
TC2		M	0.5～1.0	≥685	—	25
			>1.0～2.0			15
			>2.0～5.0			12
			>5.0～10.0			12
TC3		M	0.8～2.0	≥880	—	12
			>2.0～5.0			10
			>5.0～10.0			10
TC4		M	0.8～2.0	≥895	≥830	12
			>2.0～5.0			10
			>5.0～10.0			10
			10.0～25.0			8
TC4ELI		M	0.8～25.0	≥860	≥795	10

（续）

② 板材高温力学性能

合金牌号	板材厚度/mm	试验温度/℃	抗拉强度 R_m/MPa≥	持久强度 σ_{100h}/MPa≥
TA6	0.8～10	350	420	390
		500	340	195
TA7	0.8～10	350	490	440
		500	440	195
TA11	0.5～12	425	620	—
TA15	0.8～10	500	635	440
		550	570	440
TA17	0.5～10	350	420	390
		400	390	360
TA18	0.5～10	350	340	320
		400	310	280
TC1	0.5～10	350	340	320
		400	310	295
TC2	0.5～10	350	420	390
		400	390	360
TC3、TC4	0.8～10	400	590	540
		500	440	195

表 1-1-72　板材的工艺性能

牌　　号	状　　态	板材厚度/mm	弯芯直径/mm	弯曲角 α/（°）
TA1	M	<1.8	3t	105
		1.8～4.75	4t	
TA2	M	<1.8	5t	
		1.8～4.75	5t	
TA3	M	<1.8	4t	
		1.8～4.75	5t	
TA4	M	<1.8	5t	
		1.8～4.75	5t	
TA8	M	<1.8	4t	
		1.8～4.75	5t	
TA8-1	M	<1.8	3t	
		1.8～4.75	4t	
TA9	M	<1.8	4t	
		1.8～4.75	5t	
TA9-1	M	<1.8	3t	
		1.8～4.75	4t	
TA10	M	<1.8	4t	
		1.8～4.75	5t	
TC4	M	<1.8	9t	
		1.8～4.75	10t	
TC4ELI	M	<1.8	9t	
		1.8～4.75	10t	
TB5	M	<1.8	4t	
		1.8～3.18	5t	
TB8	M	<1.8	3t	
		1.8～2.5	3.5t	
TA5	M	0.5～5.0	3t	60

（续）

牌　号	状　态	板材厚度/mm	弯芯直径/mm	弯曲角 α/（°）
TA6	M	0.8～1.5	3t	50
		>1.5		40
TA7	M	0.8～2.0		50
		>2.0～5.0		40
TA13	M	0.5～2.0	2t	180
TA15	M	0.8～5.0	3t	30
TA17	M	0.5～1.0		80
		>1.0～2.0		60
		>2.0～5.0		50
TA18	M	0.5～1.0		100
		>1.0～2.0		70
		>2.0～5.0		60
TB2	ST	1.0～3.5		120
TC1	M	0.5～1.0		100
		>1.0～2.0		70
		>2.0～5.0		60
TC2	M	0.5～1.0		80
		>1.0～2.0		60
		>2.0～5.0		50
TC3	M	0.8～2.0		35
		>2.0～5.0		30

注：t 为料厚。

8. 镍及镍合金板（GB/T 2054—2005，见表 1-1-73～表 1-1-80）

表 1-1-73 镍及镍合金板的牌号、状态、规格及制造方法

牌　号	制造方法	状态	规格（厚度×宽度×长度）/mm
N4、N5（NW2201，UNS N02201） N6、N7（NW2200，UNS N02200） NSi0.19、NMg0.1、NW4-0.15 NW4-0.1、NW4-0.07、DN NCu28-2.5-1.5 NCu30（NW4400，UNS N04400）	热轧	热加工态（R） 软态（M）	（4.1～50.0）×（300～3000）×（500～4500）
	冷轧	冷加工（硬）态（Y） 半硬状态（Y_2） 软状态（M）	（0.3～4.0）×（300～1000）×（500～4000）

注：1. 需要其他牌号、状态、规格的产品时，由供需双方协商。

2. 标记示例

产品标记按产品名称、牌号、供应状态、规格和标准编号的顺序表示。标记示例如下：

用 N6 制成的厚度为 3.0mm、宽度 500mm、长度 2000mm 的软态板材，标记为：

板 N6M 3.0×500×2000 GB/T 2054—2005

表 1-1-74 镍及镍合金板的尺寸及其允许偏差（单位：mm）

① 热轧板的尺寸及其允许偏差

厚　度	宽度 300～1000	宽度 >1000～3000	宽度允许偏差	长度允许偏差
	厚度允许偏差			
>4.0～6.0	±0.35	±0.40	$^{+5}_{-10}$	$^{+5}_{-15}$
>6.0～8.0	±0.40	±0.50		
>8.0～10.0	±0.50	±0.60		
>10.0～15.0	±0.60	±0.70		
>15.0～20.0	±0.70	±0.90	$^{0}_{-15}$	$^{0}_{-20}$
>20.0～30.0	±0.90	±1.10		
>30.0～40.0	±1.10	±1.30		
>40.0～50.0	±1.20	±1.50		

（续）

② 冷轧板的尺寸及其允许偏差

厚　度	宽度		宽度允许偏差	长度允许偏差
	300～600	>600～1000		
	厚度允许偏差			
0.3～0.5	±0.04	±0.05	$^{+5}_{-10}$	$^{+5}_{-15}$
>0.5～0.7	±0.05	±0.07		
>0.7～1.0	±0.07	±0.09		
>1.0～1.5	±0.09	±0.11		
>1.5～2.5	±0.11	±0.13		
>2.5～4.0	±0.13	±0.15		

注：对于电真空器件用板材，尺寸及尺寸允许偏差可由供需双方协商确定。

③ 热轧板材的不平度

厚　度	宽　度		
	≤1000	>1000～1500	>1500～3000
	不平度≤		
>4～7	20	27	32
>7～10	18	20	24
>10～15	13	15	18
>15～20	13	15	16
>20～25	13	15	16
>25～50	13	15	15

注：表中不平度适用于长度在3500mm范围内的板材，或长度大于3500mm板材的任意3500mm长度。

④ 冷轧板材的不平度

厚　度	不平度/（mm/m）≤
>1.0	15
≤1.0	25

⑤ 板材边部应切齐，无裂口、卷边。板材各角应切成直角，偏差应不大于±2°

⑥ 外观质量及交货状态

热轧板的外观质量	a. 热轧板的表面应清洁，不应有裂纹、起皮、压折和夹杂 b. 板材不应有分层 c. 允许有轻微的、局部的、不使板材厚度超出其允许偏差的斑点、凹坑、压入物、皱纹、粗糙的辊印等缺陷。对局部不超过允许偏差的缺陷可采用修磨的方式去除
冷轧板的外观质量	a. 冷轧板的表面应光滑、清洁，不应有裂纹、起皮、气泡、压折和夹杂 b. 板材不应有分层 c. 允许有轻微的、局部的、不使板材厚度超出其允许偏差的划伤、斑点、凹坑、压入物和辊印等缺陷 d. 板材表面允许有轻微的氧化色、发红、发暗和轻微的局部油迹、水迹
交货状态	厚度不小于1.5mm的板材应经酸洗或表面抛光、喷砂后交货，厚度小于1.5mm的板材退火后不进行表面处理交货

表 1-1-75　镍及镍合金板的力学性能

牌　号	交货状态	厚度/mm	厚度≤15mm板材的横向室温力学性能 ≥			硬　度	
			抗拉强度 R_m/MPa	规定非比例延伸强度[a] $R_{p0.2}$/MPa	断后伸长率 A_{50mm} 或 $A_{11.3}$（%）	HV	HRB
N4、N5 NW4-0.15 NW4-0.1 NW4-0.07	M	≤1.5[b]	350	85	35	—	—
		>1.5	350	85	40	—	—
	R[c]	>4	350	85	30	—	—
	Y	≤2.5	490	—	2	—	—

（续）

牌号	交货状态	厚度/mm	厚度≤15mm板材的横向室温力学性能 ≥			硬度	
			抗拉强度 R_m/MPa	规定非比例延伸强度[a] $R_{p0.2}$/MPa	断后伸长率 A_{50mm} 或 $A_{11.3}$（%）	HV	HRB
N6、N7、DN NSi0.19、NMg0.1	M	≤1.5[b]	380	105	35	—	—
		>1.5	380	105	40	—	—
	R	>4	380	130	30	—	—
	Y[d]	>1.5	620	480	2	188～215	90～95
		≤1.5[b]	540	—	2	—	—
	Y_2[e]	>1.5	490	290	20	147～170	79～85
NCu28-2.5-1.5	M	—	440	160	25	—	—
	R	>4	440	—	25	—	—
	Y_2[e]	—	570	—	6.5	157～188	82～90
NCu30	M	—	480	195	30	—	—
	R[c]	>4	510	275	25	—	—
	Y_2[e]	—	550	300	25	157～188	82～90

a. 厚度≤0.5 mm的板材不提供规定非比例延伸强度。

b. 厚度<1.0 mm用于成形换热器的N4和N6薄板的力学性能报实测数据。

c. 热轧板材可在最终热轧前做一次热处理。

d. 硬态及半硬态供货的板材性能，以硬度作为验收依据。需方要求时，可提供拉伸性能。提供拉伸性能时，不再进行硬度测试。

e. 仅适用于电真空器件用板。

9. 镁及镁合金板、带（GB/T 5154—2003，见表1-1-76～见表1-1-77）

表1-1-76 板、带材的牌号、状态和规格

牌号	供应状态	规格/mm			备注
		厚度	宽度	长度	
Mg99.00	H18	0.20	3.0～6.0	≥100.0	带材
M2M AZ40M	O	0.80～10.00	800.0～1200.0	1000.0～3500.0	板材
	H112、F	>10.00～32.00	800.0～1200.0	1000.0～3500.0	
AZ41M	H18	0.50～0.80	≤1000.0	≤2000.0	
	O	>0.80～10.00	800.0～1200.0	1000.0～3500.0	
	H112、F	>10.00～32.00	800.0～1200.0	1000.0～3500.0	
ME20M	H18	0.50～0.80	≤1000.0	≤2000.0	
	H24	>0.80～10.00	800.0～1200.0	1000.0～3500.0	
	H112、F	>10.00～32.00	800.0～1200.0	1000.0～3500.0	
	H112、F	>32.00～70.00	800.0～1200.0	1000.0～2000.0	

注：标记示例，产品标记按产品名称、牌号、状态、规格和标准编号的顺序表示。标记示例如下：

用AZ41M合金制造的、供应状态为H112、厚度为30.00mm、宽度为1000.0mm、长度为2500mm的定尺板材，标记为：

镁板 AZ41M—H112 30×1000×2500 GB/T 5154—2003

表1-1-77 板、带材的厚度、宽度和长度的尺寸允许偏差 （单位：mm）

厚度	宽度			宽度允许偏差	长度允许偏差
	≤800.0	>800.0～1000.0	>1000.0～1200.0		
	厚度允许偏差				
0.20	±0.02	—	—	±0.1	—
0.50～0.80	±0.04	±0.05	—	±8.0	±12.0
>0.80～1.00	±0.06	±0.06	—	±8.0	±12.0
>1.00～1.20	±0.07	±0.07	±0.08	±8.0	±12.0
>1.20～2.00	±0.09	±0.09	±0.10	±8.0	±12.0

（续）

厚　　度	宽　　度			宽度允许偏差	长度允许偏差
	≤800.0	>800.0~1000.0	>1000.0~1200.0		
	厚度允许偏差				
>2.00~3.00	±0.11	±0.11	±0.12	±8.0	±12.0
>3.00~4.00	±0.12	±0.12	±0.15	±8.0	±12.0
>4.00~5.00	±0.15	±0.15	±0.17	±8.0	±12.0
>5.00~6.00	±0.17	±0.17	±0.18	±8.0	±12.0
>6.00~8.00	±0.20	±0.20	±0.20	±8.0	±12.0
>8.00~10.00	±0.22	±0.22	±0.22	±8.0	±12.0
>10.00~12.00	±0.25	±0.25	±0.25	±8.0	±12.0
>12.00~20.00	±0.50	±0.50	±0.50	±12.0	±25.0
>20.00~26.00	±0.75	±0.75	±0.75	±12.0	±25.0
>26.00~40.00	±1.00	±1.00	±1.00	—	±25.0
>40.00~50.00	±1.50	±1.50	±1.50	—	±25.0
>50.00~60.00	±1.50	±1.50	±1.50	—	—
>60.00~70.00	±2.00	±2.00	±2.00	—	—

注：1. 厚度允许偏差仅为“+”或“-”时，其值为本表数值的两倍。

2. 板材厚度>26.00~70.00mm，不切边供货，但有效宽度大于公称宽度。

3. 板材厚度>50.00~70.00mm，不切头尾供货，但有效长度大于公称长度。

表 1-1-78　板材的不平度　（单位：mm）

厚　　度	板　材　宽　度		
	≤800.0	>800.0~1000.0	>1000.0~1200.0
	不平度≤		
0.50~0.80	8	12	—
>0.80~5.00	15		20
>5.00~10.00	15		20
>10.00~20.00	12		16
>20.00~32.00	8		10

注：1. 特殊用途板材的不平度要求小于本表规定时，可由供需双方商定。

2. 厚度为0.50~0.80mm的板材为电池片板。

表 1-1-79　板材室温力学性能

牌　　号	供应状态	板材厚度/mm	抗拉强度 R_m/MPa	规定非比例强度/MPa		断后伸长率 A（%）	
				延伸 $R_{p0.2}$	压缩 $R_{p-0.2}$	5D	50mm
			≥				
M2M	O	0.80~3.00	190	110	—	—	6.0
		>3.00~5.00	180	100	—	—	5.0
		>5.00~10.00	170	90	—	—	5.0
	H112	10.00~12.50	200	90	—	—	4.0
		>12.50~20.00	190	100	—	4.0	—
		>20.00~32.00	180	110	—	4.0	—
AZ40M	O	0.80~3.00	240	130	—	—	12.0
		>3.00~10.00	230	120	—	—	12.0
	H112	10.00~12.50	230	140	—	—	10.0
		>12.50~20.00	230	140	—	8.0	—
		>20.00~32.00	230	140	70	8.0	—

（续）

牌号	供应状态	板材厚度/mm	抗拉强度 R_m/MPa	规定非比例强度/MPa 延伸 $R_{p0.2}$	压缩 $R_{p-0.2}$	断后伸长率 A（%） 5D	50mm
			≥				
AZ41M	H18	0.50~0.80	290	—	—	—	2.0
	O	0.50~3.00	250	150	—	—	12.0
		>3.00~5.00	240	140	—	—	12.0
		>5.00~10.00	240	140	—	—	10.0
	H112	10.00~12.50	240	140	—	—	10.0
		>12.50~20.00	250	150	—	6.0	—
		>20.00~32.00	250	140	80	10.0	—
ME20M	H18	0.50~0.80	260	—	—	—	2.0
	H24	0.80~3.00	250	160	—	—	8.0
		>3.00~5.00	240	140	—	—	7.0
		>5.00~10.00	240	140	—	—	6.0
	O	3.00~5.00	230	120	—	—	12.0
		>3.0~5.0	220	110	—	—	10.0
		>5.0~10.0	220	110	—	—	10.0
	H112	10.00~12.50	220	110	—	—	10.0
		>12.50~20.00	210	110	—	10.0	—
		>20.00~32.00	210	110	70	7.0	—
		>32.0~70.0	200	90	50	6.0	—

注：1. 板材厚度>12.5~14.0mm时，规定非比例延伸强度圆形试样平行部分的直径取10.0mm。

2. 板材厚度>14.5~70.0mm时，规定非比例延伸强度圆形试样平行部分的直径取12.5mm。

3. F状态为自由加工状态，无力学性能指标要求。

表1-1-80 板、带材的表面质量

① 板材应进行防腐氧化上色处理，其氧化膜应致密、牢固和完整，允许有局部的补上色。电池片板及镁带的表面可不进行氧化处理。板材经过氧化上色处理后，允许有部分分散锰偏析，板材每平方米的表面上允许存在的锰偏析应符合下表规定

种类	分布状况	单个锰偏析面积/mm^2	单个锰偏析的允许个数	存在处数	每处面积/mm^2	总面积/mm^2
分散型	任意部位	1.0~30	—	—	—	<400
		>30~50	3	—	—	<400
		>50~80	2	—	—	<400
		>80~100	1	—	—	<400
较密集区域型	任意10000mm^2的区域内	—	—	2	<200	<350
				1	—	<350

② 厚度小于5.00mm的板材表面应光滑

③ 厚度大于10.00mm的板材边缘，允许有生产工艺引起的压延裂边、剪切裂纹等缺陷，但应保证板材的最小宽度和长度

④ 板材表面应清洁，不应有腐蚀、裂口、裂纹、分层、气泡、压折、氧化夹渣和熔剂夹渣。板材表面允许有轻微的擦伤、划伤、压坑、凸起、凹陷、辊印和修理痕迹等缺陷。缺陷的存在不应破坏氧化膜的完整性，且其深度应不超过厚度公差之半，并保证板材最小厚度

注：在分散锰偏析和较密集区域形式的锰偏析共存时，锰偏析总面积应小于350mm^2，且其他各项应小于本表中规定的对应值。

1.2.3　常用冲压用非金属（见表 1-1-81）

表 1-1-81　常用非金属材料尺寸及允许偏差　（单位：mm）

名称	厚度	厚度允差	卷纸带宽度
电缆纸	0.08	±0.005	500 和 750
	0.12	±0.007	
	0.17	±0.01	

名称	厚度	
毛毡	(1.5～2.5) ±18%	(5.10～13) ±9%
	(2.6～5) ±12%	(13～15) ±8%

名称	长度×宽度	厚度
软钢纸板	920×650	0.5～0.8
	650×490	0.9～1.0
	650×400	1.1～2.0
	400×300	2.1～3.0

名称	厚度	厚度允差	厚度	厚度允差
硅橡胶板	0.5	±0.15	5.0,6.0	±0.7
	1.0	±0.2	8.0,10.0	±1.0
	1.5,2.0	±0.3	12.0	±1.2
	3.0,4.0	±0.5		
玻璃布板	0.5,0.8	±0.20	2.5,3.0,3.5	±0.33
	1.0,1.2,1.5	±0.25	4.0,4.5	±0.38
	1.8,2.0	±0.30	5.0,5.5	±0.48

名称	厚度	允许偏差(一级)	允许偏差(二级)
有机玻璃	1.0	±0.20	±0.40
	2.0～3.0	±0.15	±0.60
	4.0～5.0	±0.50	±0.80
	6.0～7.0	±0.60	±0.90
	0.80～9.0	±0.70	±1.00

名称	厚度	允差(平均值)	允差(个别值)
云母板	0.15	±0.04	±0.08
	0.20,0.15	±0.05	±0.12
	0.30,0.40,0.50	±0.07	±0.15

名称	厚度	厚度允差	厚度	厚度允差
电工用纸板	0.2	±0.06	1.0	±0.13
	0.3		1.2	±0.15
	0.4	±0.07	1.5	
	0.5		2.0	±0.23
	0.6	±0.11	2.5	±0.28
	0.7		3.0	
	0.8	±0.13		
电工用布胶板	0.5	±0.15	1.5	±0.18
	0.8		2.0	±0.23
	1.0		2.5	±0.23
	1.2	±0.18	3.0	±0.23
航空胶板	0.5	±0.1	4.0	±0.4
	1.0,1.5	±0.15	5.0,6.0	±0.5
	2.0,2.5	±0.2	8.0	±0.7
	3.0	±0.25	10.0	±1.0
绝缘纸板	0.10	+0.02 −0.01	1.0	±0.07
	0.15	±0.02	1.5	±0.01
	0.20		2.0	
	0.30	+0.03 −0.02	2.5	±0.25
	0.40	+0.04 −0.02	3.0	±0.30
	0.50	±0.05		

名称	卷筒		平板	
	厚度	厚度允差	厚度	厚度允差
绝缘纸板	0.5	±0.05	0.5	±0.05
			1.0	±0.10
			1.5	±0.15
			2.0	+0.20 −0.15
			2.5	±0.20
			3.0	

1.2.4　国外部分冲压板材

日本产部分冲压用板材的规格、成分、性能及用途见表 1-1-82～表 1-1-92。

表 1-1-82　轧制钢板的力学性能和用途（JISG3131，G3141，G3302）

种类	牌号	用途	抗拉强度 /MPa	伸长率(%) $t=1.0\sim1.6$	伸长率(%) $t>2.5$	适用厚度	备注
热轧钢板 (JISG3131)	SPHC	一般用	275	27	24	1.2～14	滚筒、卷筒等
	SPHD	拉深用	275	30	35	1.2～14	汽车部件
	SPHE	深拉深用	275	31	37	1.2～6	属镇静钢
冷轧钢板 (JISG3141)	SPCC	一般用	275	37	39	0.4～3.2	
	SPCD	拉深用	275	39	41	0.4～3.2	
	SPCE	深拉深用	275	41	43	0.4～3.2	属镇静钢
彩色镀锌钢板 (JISG3302)	SGHC	一般用	275	—	—	1.6～6.0	用热轧原板
	SGCC	一般用	275	—	—	0.25～3.2	用冷轧原板
	SGCD	拉深用	275	37	—	0.4～2.3	用冷轧原板

表 1-1-83　软钢板的化学成分（JIG3131）

牌　号	化学成分（质量分数,%）≤			
	P	S	C	Mn
SPHC	0.05	0.05	0.15	0.6
SPHD	0.04	0.04	0.1	0.5
SPHE	0.03	0.035	0.1	0.5

表 1-1-84　钢板的硬度（JISG3141）

区　分	记　号	硬　度		区　分	记　号	硬　度	
		HRB	HV			HRB	HV
1/8 硬质	8	50 ~ 71	95 ~ 130	1/2 硬质	2	74 ~ 89	135 ~ 185
1/4 硬质	4	65 ~ 80	115 ~ 150	硬质	1	85	170

表 1-1-85　钢板厚度的极限偏差（JISG3131，G3141，G3302）　（单位：mm）

厚　度	热轧钢板	冷轧钢板	镀锌钢板		厚　度	热轧钢板	冷轧钢板	镀锌钢板	
			SGHC	SGCC				SGHC	SGCC
<0.25	—	±0.03	—	±0.04	2.5 ~ <3.15	±0.19	±0.15	±0.21	±0.16
0.25 ~ <0.4	—	±0.04	—	±0.05	3.15 ~ <4.0	±0.21	±0.17	±0.30	±0.18
0.4 ~ <0.6	—	±0.05	—	±0.06	4.0 ~ <5.0	±0.24	—	±0.33	—
0.6 ~ <0.8	—	±0.06	—	±0.07	5.0 ~ <6.0	±0.26	—	±0.33	—
0.8 ~ <1.0	—	±0.06	—	±0.08	6.0 ~ <8.0	±0.29	—	—	—
1.0 ~ <1.25	—	±0.07	—	±0.09	8.0 ~ <10.0	±0.32	—	—	—
1.25 ~ <1.6	—	±0.09	—	±0.11	10.0 ~ <12.5	±0.35	—	—	—
1.6 ~ <2.0	±0.16	±0.11	±0.17	±0.12	12.5 ~ ≤14	±0.38	—	—	—
2.0 ~ <2.5	±0.17	±0.13	±0.17	±0.14					

表 1-1-86　冷轧不锈钢板的化学成分（质量分数）（JISG4305）　（%）

分类	牌　号	C	Si	Mn	P	S<	Ni	Cr	Mo	N	其他
奥氏体型	SUS201	0.15	1.0	5.5 ~ 7.5	< 0.06	0.03	3.5 ~ 5.5	16.0 ~ 18.0	—	0.25	—
	SUS301	0.15	1.0	2.0	0.045	0.03	6.0 ~ 8.0	16.0 ~ 18.0	—	—	—
	SUS304	0.08	1.0	2.0	0.045	0.03	8.0 ~ 10.5	18.0 ~ 20.0	—	—	—
	SUS304N	0.08	1.0	2.5	0.045	0.03	7.0 ~ 10.5	18.0 ~ 20.0	—	0.1 ~ 0.25	—
	SUS316	0.08	1.0	2.0	0.045	0.03	10.0 ~ 14.0	16.0 ~ 18.0	2.0 ~ 3.0	—	—
	SUS321	0.08	1.0	2.0	0.045	0.03	9.0 ~ 13.0	17.0 ~ 19.0	—	—	Ti > 5 × C%
奥氏体·铁素体型	SUS329L	0.08	1.0	1.5	0.04	0.03	3.6 ~ 6.0	23.0 ~ 28.0	1.0 ~ 3.0	—	—
铁素体型	SUS410L	0.03	1.0	1.0	0.04	0.03	—	11.0 ~ 13.5	—	—	—
	SUS430	0.12	0.75	1.0	0.04	0.03	—	16.0 ~ 18.0	—	—	—
	SUS434	0.12	1.0	1.0	0.04	0.03	—	16.0 ~ 18.0	0.75 ~ 1.25	—	—

（续）

分　类	牌　号	C	Si	Mn	P	S＜	Ni	Cr	Mo	N	其他
马氏体型	SUS403	0.15	0.50	1.0	0.04	0.03	—	11.5～13.0	—	—	—
	SUS410	0.15	1.0	1.0	0.04	0.03	—	11.5～13.5	—	—	—
	SUS420J_2	0.24～0.40	1.0	1.0	0.04	0.03	—	12.0～14.0	—	—	—
沉淀硬化型	SUS631	0.09	1.0	1.0	0.04	0.03	6.5～7.75	16.0～18.0	—	—	Al0.75～1.50

表 1-1-87　主要冷轧不锈钢板的力学性能、特征和用途（JISG4305）

牌　号	屈服点/MPa	抗拉强度/MPa	伸长率（%）	硬　度			磁性	特征和用途
				HRB	HV			
SUS304	210	530	40	90	200以下		无	1）18-8 系不锈钢，冷加工性、耐蚀性、耐热性良好 2）家庭用品、食品工业、机械、汽车零件、暖气设备
SUS430	210	460	22	88	200		有	1）Cr 系不锈钢，冷加工性、耐蚀性良好 2）家庭用品、电气、煤气机器、石油器具零件
SUS420J_2	230	550	18	99	247	退火后40HRC	有	1）强磁性体，退火后具有很高的硬度 2）机械零件
SUS631S	390	1050	20			200HV	无	1）热处理后可成为强韧性材料 2）弹簧、耐磨损机械零件
SUS631TH-1050	980	1160	3			40HRC 345HV	无	

表 1-1-88　不锈钢板板厚的极限偏差（JISG4305）　　（单位：mm）

板　厚	厚度极限偏差	板　厚	厚度极限偏差
0.3，0.4，0.5	±0.05	1.5	±0.12
0.6，0.7	±0.07	2.0	±0.17
0.8，0.9	±0.09	2.5，3.0	±0.22
1.0，1.2	±0.10		

表 1 1 89　铝及铝合金板与带的厚度极限偏差（JISH4000）　　（单位：mm）

厚　度	宽　度			
	板		带	
	390	390～690	＜190	190～290
0.1～0.15	±0.02	—	±0.01	±0.02
0.15～0.25	±0.03	±0.04	±0.02	±0.03
0.25～0.35	±0.04	±0.05	±0.02	±0.03
0.35～0.50	±0.05	±0.07	±0.03	±0.04
0.5～0.8	±0.06	±0.07	±0.04	±0.05
0.8～1.2	±0.06	±0.09	±0.05	±0.06
1.2～2	±0.07	±0.11	±0.06	±0.07
2～3.2	±0.09	±0.14	±0.07	±0.08

表 1-1-90 铝及其合金板的化学成分、特征与用途(JISH4000)

分类	牌号	化学成分(质量分数,%)									质别	抗拉强度/MPa	伸长率(%)	特征和用途
		Cu	Si	Fe	Mn	Mg	Zn	Cr	Ti	Al				
纯铝 Al99%以上	A1050	<0.05	<0.25	<0.4	<0.05	0.05	<0.05	—	<0.03	>99.5	O H12	100 120	25 6	1)导电率、导热率、光反射率高,耐蚀性良好 2)反射板、热交换器、照明器具、装饰品
	A1080	0.03	0.15	0.16	0.02	0.02	0.03	—	0.03	>99.8	O H12	95 110	30 6	
	A1100	0.05~0.2	Si+Fe<1.0		0.05	—	<0.1	—	—	99.0	O H12	110 130	25 6	1)深拉深加工用,加工性、耐蚀性良好 2)家庭用各种容器、电器具零件、箔
	A1200	<0.05	Si+Fe<1.0		0.05	—	<0.1	—	—	残	O H12	110 120	25 6	
Al-Cu系合金	A2017	3.5~4.5	<0.8	<0.7	0.4~1.0	0.2~0.8	<0.25	<0.1	—	—	O T4	220 360	12 15	1)高强度铝合金中的一种。其强度高,但耐蚀性差 2)航空机械、输送机器零件
Al-Mn	A3003	0.05~0.2	<0.6	<0.7	1.0~1.5	—	<0.1	—	—	—	O H12	130 120	23 5	1)成形性、焊接性、耐蚀性良好 2)饮料罐、深拉深制品、电灯灯头、建筑用材
	A3004	<0.25	<0.3	<0.7	1.0~1.5	0.8~1.3	<0.25	—	—	—	O H12	200 250	16 4	
Al-Mg	A5005	<0.2	<0.4	<0.7	<0.2	0.5~1.1	<0.25	<0.1	—	—	O H12	110 120	20 6	1)拉深性、耐蚀性良好,阳极酸化处理良好 2)一般调理器具
	A5052	0.1	Si+Fe<0.45		<0.1	2.2~2.8	0.1	0.15~0.35	—	—	O H12	180 220	18 5	1)成形性、耐蚀性、焊接性良好 2)用途广泛,家电机器、OA机器零件、容器等
	A5083	0.1	<0.4	<0.4	0.3~1.0	4.0~4.9	<0.25	0.05~0.25	<0.15	—	O H22	280 320	16 8	1)耐蚀性、焊接性良好,耐海水浸蚀性优 2)压力容器、低温容器
Al-Mg-Si	A6061	0.15~0.4	0.4~0.8	<0.7	<0.15	0.8~1.2	<0.25	0.04~0.35	<0.15	—	O T4	150 210	18 11	1)耐蚀性、焊接性良好 2)汽车车身、机械零件及结构件
Al-Zn	A7075	1.2~2.0	<0.4	<0.4	0.3	2.1~2.9	5.1~6.0	0.18~0.35	0.2	—	O T651	280 550	10 9	1)在铝合金中强度最高 2)航空机械及汽车用材

表 1-1-91　铜及铜合金的化学成分、力学性能和用途（JISH3100，H3110，H3130）

分类	牌号	化学成分（质量分数，%） Cu	Pb	Fe	Sn	Zn	Ni	Mn	P	质别	抗拉强度/MPa	伸长率（%）	特征和用途
铜	C-1100	>99.9	—	—	—	—	—	—	—	O $\frac{1}{2}$H	200 250~320	>35 15	1）导电性、导热性、塑性、拉深弯曲加工性、耐蚀性、耐候性良好 2）电气器具零件、端子类
红铜	C-2200	89.0~91.0	<0.05	<0.05	—	残	—	—	—	O $\frac{1}{2}$H	260~340	25	1）外观光亮，塑性、拉深加工性、耐蚀性良好 2）化妆品盒、盖
黄铜	C-2600	68.5~741.5	<0.05	<0.05	—	残	—	—	—	O $\frac{1}{2}$H	280 350~450	>50 28	1）塑性、拉深加工性良好 2）拉深件、抛物天线、暖气部件
	C-2680	64.0~68.0	0.07	<0.05	—	残	—	—	—	O $\frac{1}{2}$H	360~450	50 28	复杂形状拉深件、按钮类
易切削黄铜	C-3560	61.0~64.0	2.0~3.0	<0.1	—	残	—	—	—	$\frac{1}{2}$H	380~470	10	1）冲裁性良好 2）钟表零件、齿轮
加锡黄铜	C-4250	87.0~90.0	<0.05	<0.05	1.5~3.0	残	—	—	—	O $\frac{1}{2}$H	300 400~490	35 15	1）耐应力、耐蚀性、耐磨性、弹性好 2）开关继电器、接插件、各种弹簧
磷青铜	C-5111	Cu+Sn+P>99.5	—	—	3.5~4.5	—	—	—	0.03~0.35	O $\frac{1}{2}$H	300 420~520	36 12	1）塑性、耐疲劳性、耐蚀性好 2）电子与电气产品，如弹簧、开关、继电器、隔离板、真空管、引线架
	C-5212	Cu+Sn+P>99.5	—	—	7.9~9.0	—	—	—	0.03~0.35	$\frac{1}{2}$H	500~620 600~720	30 8	

（续）

分类	牌号	化学成分（质量分数,%） Cu	Pb	Fe	Sn	Zn	Ni	Mn	P	质别	抗拉强度/MPa	伸长率（%）	特征和用途
白铜	C-7060	Cu + Ni + Fe + Mn > 99.5	<0.05	1.0 ~ 1.8	—	0.5	9.0 ~ 11.0	0.2 ~ 1.0	—	F	280	30	1）耐蚀性尤其是耐海水性良好，质硬 2）热交换器零件
白铜	C-7150	Cu + Ni + Fe + Mn99.5	<0.05	0.4 ~ 1.0	—	0.05	29.0 ~ 33.0	0.2 ~ 1.0	—	F	350	35	
锌白铜	C-7351	70.0 ~ 75.0	<0.1	<0.25	—	残	16.5 ~ 19.5	0 ~ 0.5	—	O $\frac{1}{2}$H	330 400 ~ 520	20 5	1）外观光亮，塑性、耐疲劳性、耐蚀性良好 2）餐具、装饰件、半导体晶体管盒、盖
锌白铜	C-7451	59.0 ~ 65.0	<0.1	<0.25	—	残	12.5 ~ 15.5	0 ~ 0.5	—	O $\frac{1}{2}$H	330 400 ~ 520	20 5	
弹簧用 铍青铜	C-1720	Cu + Be + Ni + Co + Fe99.5	—	—	—	—	—	—	Be1.8 ~ 2.0	O $\frac{1}{2}$H	420 ~ 550 600 ~ 710	35 5	1）SH级用于不弯曲的弹簧 2）高性能的弹簧、连接器、插座
弹簧用 磷青铜	C-5210	Cu + Sn + P99.7	<0.05	<0.1	7.0 ~ 9.0	<0.2	—	—	—	H SH	600 ~ 720 750 ~ 850	20 9	
弹簧用 锌白铜	C-7701	54.0 ~ 58.0	0.1	0.25	—	残	16.5 ~ 19.5	0 ~ 0.5	—	H SH	640 ~ 750 780 ~ 880	— —	1）外观光亮，塑性、耐疲劳性、耐蚀性良好 2）弹簧

表 1-1-92 磷青铜、锌白铜板、带厚度的极限偏差（JISH3110） （单位：mm）

厚 度	宽 度			厚 度	宽 度		
	<190	190~390	390~650		<190	190~390	390~650
	厚度极限偏差				厚度极限偏差		
0.05~0.12	±0.010	—	—	0.5~0.6	±0.035	±0.05	±0.06
0.12~0.2	±0.015	—	—	0.6~0.8	±0.040	±0.06	±0.07
0.2~0.3	±0.020	—	—	0.8~1.2	±0.045	±0.07	±0.08
0.3~0.4	±0.025	±0.040	—	1.2~1.5	±0.05	±0.08	±0.10
0.4~0.5	±0.030	±0.045	±0.05	1.5~2.0	±0.06	±0.09	±0.12

1.3 冲压用新材料

随着汽车、电子、家用电器及日用品等行业的迅速发展，对与其相关的金属薄板的生产及成形技术提出了更高的要求，极大地推动了现代金属薄板技术的发展，出现了很多新型的冲压用板材，如高强度钢板、双相钢板、耐腐蚀钢板、复合板材及涂层板等。新型冲压用板材的发展趋势见表 1-1-93。

表 1-1-93 新型冲压用板材的发展趋势

内容	发展趋势	效果与目的
厚度	厚→薄	产品轻型化、节能和降低成本
强度	低→高	
组织	单相↗双相 ↘加磷、加钛	提高薄板强度、伸长率和冲压性能
板层	单层↗涂层、叠合 ↘复合层、夹层	提高耐蚀性、外表外观和冲压性能 抗振动，减噪声
功能	单一→多个 一般→特殊	实现新功能

1.3.1 高强度钢板

高强度钢板是用普通钢板加以强化处理而得到的钢板。通常采用的强化方法有：固溶强化、析出强化、细晶强化、组织强化（相态强化及复合组织强化）、时效强化和形迹强化等。其中，前 5 种强化方式是通过添加合金元素和（或）热处理工艺来控制板材性质的。

高强度钢板的屈服强度和抗拉强度高，屈服强度一般为 260~420MPa，比一般铝镇静钢的屈服强度要高 50%~100%。以日本研制的用于汽车零件的高强度钢板为例，其抗拉强度已达 600~800MPa，而普通冷轧软钢板的抗拉强度只有 300MPa 左右。

因此高强度钢板具有使产品料厚减薄、重量减轻、节省能源、降低成本等优点。例如美国和日本从 1980~1985 年间广泛使用低合金高强度钢板，使汽车车身零件板厚由原来的 1.0~1.2mm 减薄到 0.7~0.8mm，车身重量减轻 20%~40%，节约汽油 20% 以上。

由于高强度钢板的强化机制常会引起其他成形性能变差，如屈服强度和抗拉强度比低碳钢板高得多，而 n 值和 r 值却比较低。

高强度钢板的伸长率降低，弹复大，厚度减薄后抗凹陷能力降低，同时由于屈服强度和抗拉强度高，n 值和 r 值低，影响贴模性的面畸变，形状冻结性问题更加突出，因此要保证高强度钢板的冲压件质量，不仅要防止开裂和起皱，更主要的是保证冲压件的尺寸与形状精度。

目前各国广泛采用固溶强化型含磷钢板作为汽车车身等覆盖零件用材料，如日本的 SAFC35 等系列含磷钢板，美国内陆钢铁公司的 40P，以及德国的 275 含磷薄钢板等。

中国研制的屈服强度为 340MPa、390MPa 和 440MPa 的三种高强度钢板，已能满足汽车板件的使用要求。

加磷钢板中的 P1 钢板与各种级别的 08Al 钢板相比，在屈服强度和抗拉强度上提高很多，各向异性系数则居于它们中间。低温硬化钢板又叫烘烤钢板，在冲压变形之后，由于冲压件在涂漆与烘烤过程中得到强化，使冲压件在使用时具有较高的强度和抗凹陷能力，称为低温硬化性能（BH 性）。

BH 性能在板的不同方向上存在差异，可使板的各向异性增强，利用钢板的这个特点对生产有较大的实际意义。

部分高强度钢板的冲压问题及解决方法见表 1-1-94。

1.3.2 双相钢板

双相钢板也称复合组织钢板，抗拉强度与伸长率基本上成负相关关系，而抗拉强度与屈服强度基本上成正相关关系。

日本生产的两种双相钢板：铁素体+马氏体系双相钢板与铁素体+微小珠光体系双相钢板的力学性能指标见表 1-1-95。

表 1-1-94　高强度钢板成形时产生的问题及解决措施

产生的问题	典型零件	解决措施	
		材料方面	工艺方面
破裂和起皱	深覆盖件	① 降低屈服强度（防皱） ② 提高 $\bar{r}$ 值（避免破裂）	降低成形深度
表面几何缺陷	外覆盖件	① 降低屈服强度 ② 提高 $\bar{r}$ 值 ③ 提高硬化指数 n[①]	① 凹模面光滑 ② 缩短贴模时间差 ③ 减少拉深成分 ④ 采用阶梯拉深
定形性差（冻结性差）	外覆盖件	降低屈服强度	① 增大压边力 ② 增大拉深肋的作用
回弹	型钢梁（保险杠件）	降低 $\frac{R_{p0.2}+R_m}{2}$	① 用辊压代替冲压 ② 凸模下面加反压弹性块 ③ 调整压边力和反压力
曲度（中凸反翘）	型钢梁	降低材料强度	① 采用自由成形 ② 加预变形 ③ 优化设计凹模相对圆角半径 r_d/t 和相对间隙 c/t
磨损	所有零件	降低材料强度	① 改善凹模材料和润滑 ② 降低压边力 ③ 浅成形

① n 为小变形程度测定的应变硬化指数。

表 1-1-95　热轧双相钢板的化学成分与力学性能

钢　种	化学成分（质量分数,%）				板厚/mm	力学性能			
	C	Si	Mn	Nb		$R_{p0.2}$/MPa	R_m/MPa	A（%）	$A_{11.3}$（%）
铁素体 + 马氏体系	0.05	0.68	1.37	—	2.3	390	620	31	63
铁素体 + 微小珠光体系	0.13	0.10	1.20	—	3.0	410	550	32	74

表 1-1-96　07SiMn 双相钢与 08Al（ZF）钢的性能比较

钢种	$R_{p0.2}$/MPa	R_m/MPa	$R_{p0.2}/R_m$	A（%）	杯突值/mm	n	r
07SiMn	335	540	0.626	33.5	10.35	0.23	0.96
08Al	180	330	0.454	43	11.8	0.234	1.7～1.8

已开始用于汽车零件生产的国产冷轧 07SiMn 双相钢板（$w_C=0.08\%$，$w_{Si}=0.39\%$，$w_P=0.03\%$），厚度为 1mm，其材料特性值与 08Al（ZF）钢的对比见表 1-1-96。

1.3.3　耐腐蚀钢板

耐腐蚀钢板现有两类：一类是加入合金元素的耐腐蚀钢板，如耐大气腐蚀钢板等。国内研制的耐大气腐蚀钢板有 10CuPCrNi（冷轧）和 9CuPCrNi（热轧）等；与普通碳素钢板相比，耐蚀性可提高 3～5 倍。厚度为 2.5mm 的 10CuPCrNi 钢板与 Q235A 钢板的材料特性值比较见表 1-1-97。另一类耐腐蚀钢板是各种镀层钢板，如镀铝钢板、镀锌钢板、镀锌铝钢板以及镀锡钢板等。

表 1-1-97　10CuPCrNi 钢板与 Q235A 钢板的材料特性值比较

材料 \ 指标	$R_{p0.2}$/MPa	R_m/MPa	$R_{p0.2}/R_m$	A（%）	n	r	Δr	CCV/mm	杯突值/mm
10CuPCrNi	378	507	0.74	20.7	0.211	0.548	0.376	128.57	5.6
Q235A	240	363	0.66	21.4	0.237	0.727	−0.343	127.44	7.0

1.3.4 复合板材

涂覆塑料的钢板、不同金属板叠合在一起（如冷轧叠合）得到的复合板等破裂时的变形比单体材料破裂时的变形大，它的某些材料特性值（比如 n 值）也大。

以钢为基体、多孔性青铜为中间层、塑料为表层的三层复合板材，特别适用于汽车、飞机及核反应堆氦循环器中的轴承零件等。因为这类复合板材的冲压性能取决于基体钢，摩擦磨损性能取决于塑料，钢与塑料间通过多孔性青铜层为媒介，获得可靠的结合力，所以性能大大优于一般涂层板材。塑料—铜—钢三层复合板材的结构组成如图 1-1-1 所示。

图 1-1-1 三层复合板材的结构组成
1—塑料 2—铜 3—钢

当今，为适应汽车实现振动小、噪声低、舒适性高的需要而重点开发研究的新型汽车用减振复合钢板，是在两层薄钢板之间用粘弹性材料（树脂）为夹层，形成所谓的“三明治”型夹层复合板材。它禀承了钢板强度高、塑性好及树脂阻尼性好的双重优良性能。

选择不同性质的中间夹层材料可实现不同的目的要求。以抗振为目的的夹层复合板材树脂层的厚度一般为 0.05mm 左右，由于树脂具有较好的粘弹特性，能吸收机械振动，使之转换成热能，并释放出去，从而可达到减少振动，降低噪声的效果。以减轻重量为目的的夹层复合板材中间夹层厚度较大，所用材料是具有高强度的尼龙等。图1-1-2所示为两种防振复合板材的结构组成示意图。

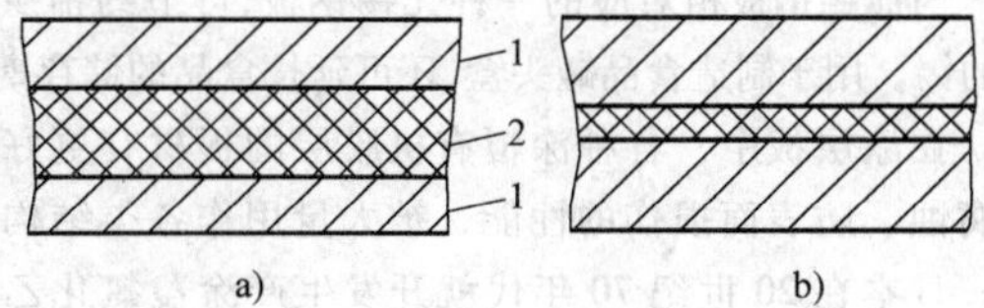

图 1-1-2 防振复合板材组成示意图
a）钢厚 0.2～0.3mm，塑料厚 0.3～0.5mm
b）钢厚 0.3～1.6mm，塑料厚 0.05～0.2mm
1—钢 2—塑料

20 世纪 80 年代初期，国际上对复合板材进行的研究结果表明：温度和板间粘接强度对复合板材的成形性能影响较大。提高粘接强度可以明显地改善复合板材的成形性能。当粘接强度达到 15MPa 以上时，复合板材的 n 值、r 值及均匀伸长率等均与塑料夹层的关系不大，取决于表层钢板性能，大体上接近表层钢板性能水平。此外，复合板材的极限拉深比随夹层厚度的增加而减少，抗起皱能力随厚度的增加而下降，而胀形高度和扩孔率 λ 几乎不受塑料夹层性能的影响，而主要取决于表层钢板的冲压性能。

1.3.5 涂层板

传统的镀锡板、镀锌板等已不能适应汽车工业、电器工业、农业机械及建筑工业的需要，因此需要开发一些新品种的镀层钢板。在耐腐蚀钢板中所述的各种镀层钢板也属于一种涂层板。

电镀锌板比热镀锌板耐蚀性高很多，其镀层与基体钢的结合性能及加工性能均好。

锌铬镀层板可用作汽车车身材料，由于这种板材有良好的焊接性、成形性和耐蚀性，不但有利于加工，而且使用寿命长。

在基体钢的两面分别镀上不同的金属层（如锡-

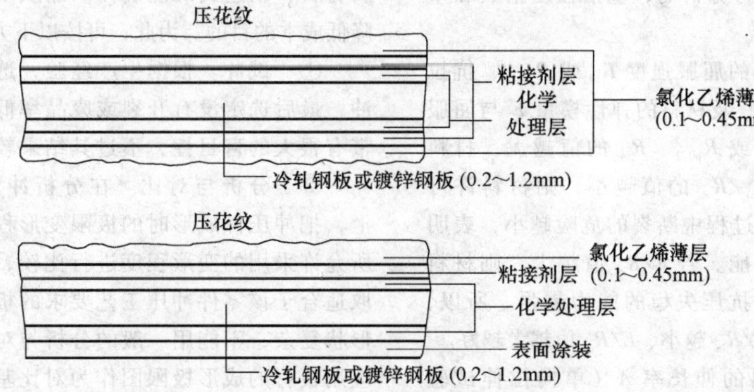

图 1-1-3 氯化乙烯树脂涂层薄钢板结构示意图

钢-铅）的板材，已用于制造汽车零件。

与镀锡钢板相对应的一种无锡钢板，可节约稀少昂贵的锡。用于制造食品罐头盒，还可延长食品的储存期。

在涂层板中，各种涂覆有机膜层的板材有更好的耐腐蚀、防表面损伤的性能，被大量用作各类结构零件。日本在20世纪70年代就开发生产涂覆氯化乙烯树脂的钢板：在0.2～1.2mm厚的基体钢板上涂覆0.1～0.45mm厚的树脂，其结构如图1-1-3所示。

涂覆塑料薄钢板可提高冲压成形性能。例如采用双面涂覆0.041mm聚氯乙烯薄膜的08F钢板拉深，其极限拉深系数比08F钢板减小12%，拉深件的相对高度提高29%。为了更有效地提高塑料涂层板的冲压成形性能，塑料涂层在基体钢上有单双面之分，以适应不同成形工艺与变形特征的要求。

1.4 冲压用材料的合理选择

冲压用材料选择的合理与否，直接影响到冲压产品的性能、质量和制造成本，并且还决定冲压工艺过程的复杂程度。

合理选用的依据主要是生产产品要求和加工工艺要求。

1.4.1 冲压用材料应具备的基本条件

（1）保证冲压性能 为了适应各种冲压加工，冲压材料必须具有以下性能。

1）冲压材料必须便于冲压加工，以便得到高质量和高精度的冲压件。

2）冲压材料应便于提高生产率，即一次冲压工序的极限变形程度和总的极限变形程度要足够大。

3）材料对模具的损耗及磨损小，并且不易出现废品。

一般说来，金属材料的冲压性能是通过对各种材料的力学指数的比较进行分析的，包括强度指数和塑性指数两类。

强度指数是指材料的屈服强度 R_{eL} 或 $R_{p0.2}$、抗拉强度 R_m、屈强比 R_{eL}/R_m 及材料的弹性模量 E 与屈服强度的比值 E/R_{eL}。R_{eL} 或 $R_{p0.2}$、R_m 的值越大，材料的变形抗力也越大；R_{eL}/R_m 的值越小，则材料许可加工的区间越大，成形过程中断裂的危险越小，表明材料具有较好的冲压性能。若 E/R_{eL} 值越大，则材料成形过程中回弹越小，抗压失稳的能力越强。所以，冲压选用的原材料的 R_{eL}/R_m 越小、E/R_{eL} 值越大越好。

塑性指数是指材料的伸长率 A（单向拉伸试验时，试件总的伸长率）、A_w（在拉伸试验时缩颈出现以前试件均匀变形的伸长率）、断面收缩率 Z（试件总的断面收缩率）、Z_w（均匀变形的断面收缩率）。

一般材料的 A 值与 Z 值越大，材料在破坏前的可塑性越大。A、Z、A_w/A、Z_w/Z 的值越大，材料的稳定变形性能越好，其冲压性能也越好。

（2）满足冲压工艺要求

1）材料应具有良好的塑性，伸长率和断面收缩率高、屈服强度低和抗拉强度低。这样，在变形工序中允许的变形程度大，变形力小，可减少工序及中间退火次数，甚至无需中间退火，有利于冲压工艺的稳定性和变形的均匀性，提高成品的尺寸精度和模具使用寿命，降低成本。

2）材料应具有光洁平整无缺陷损伤的表面状态，在冲压加工时不易破裂，保证模具不被擦伤，得到表面状态好的制件。

3）材料的厚度公差应符合国家规定的标准。因为一定的模具间隙适应于一定厚度的材料，材料的厚度公差太大，不仅会影响制品的表面质量、模具的寿命及冲压变形力，严重的还会影响冲压成形极限与生产的稳定性，甚至损坏模具和设备。

4）材料应对机械接合及继续加工（如焊接、电镀、抛光等工序）有良好的适应性能。

1.4.2 冲压用材料的选择

选择冲压材料时，材料首先应满足前述基本条件，同时根据产品零件的具体情况，从保证产品零件质量、便于生产管理、提高劳动生产率、降低材料消耗及降低产品成本等方面出发，合理选用冲压件材料。具体应考虑以下几点：

1）冲压件的结构类型不同，对材料的力学性能要求也不同。在选用冲压材料时，合理选材的基本要求是不致因成形开裂造成废品，所以首先要根据冲压类型及零件使用特点，来选择具有不同力学性能的金属材料，以达到既能确保产品质量，又能节约材料及降低成本的目的。为此，可按以下方法进行合理选用。

① 试冲。根据生产经验，选择几种板料进行试冲，最后选定没有开裂或废品率低的一种。这种方法带有很大的盲目性，不过其结果较为直观。

② 分析与对比。在分析冲压变形性质的基础上，把冲压件成形时的极限变形程度与板料冲压性能所允许采用的变形程度进行比较，并以此为依据，选取适合于该零件冲压工艺要求的板料。如果冲压件的形状复杂，不能用一般的分析与对比的方法时，可以应用板材的成形极限图作为对比基础。

利用成形极限图合理选材的关键是要计算与判断相同变形路径下的变形余裕度。此处简要介绍这种方

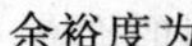

法的原则和应用实例。

冲压成形时，毛坯危险位置上的应变与成形极限曲线上对应点之间的距离称为变形余裕度。显然，不同的材料，不同的变形状态，其变形余裕度是不相同的。以汽车覆盖件为例，其废品率与变形余裕度关系的统计结果如图 1-1-4 所示。推荐的变形余裕度应在 0.06～0.1 以上，此时成形件的废品率可控制在 1% 以下。例如，解放牌汽车上的地板零件，现用的材料为 08Al-ⅡZ 级，厚度为 1.2mm。作出这种材料及较低级的 08Al-ⅡS 级材料的成形极限图 FLD（图 1-1-5）。在变形最为严重的部位上制作坐标网目，然后分三次成形。第一次成形到离最大深度 34mm 时，第二次成形到离最大深度 20mm 时，第三次达到最大成形深度。每次成形后，测量两个主应变，并作出其变形状态图 SCV（图 1-1-5）。从图上可以找到变形路径相同条件下的变形余裕度，如图 1-1-5 中的 $\Delta\varepsilon_{\min}$，由图 1-1-5a 可知，08Al-ⅡZ 级材料的最小变形余裕度为

$$\Delta\varepsilon_{\min}=38\%-14\%=24\%$$

由图 1-1-5b 可知，08Al-ⅡS 级材料的最小变形余裕度为

$$\Delta\varepsilon_{\min}=33\%-14\%=19\%$$

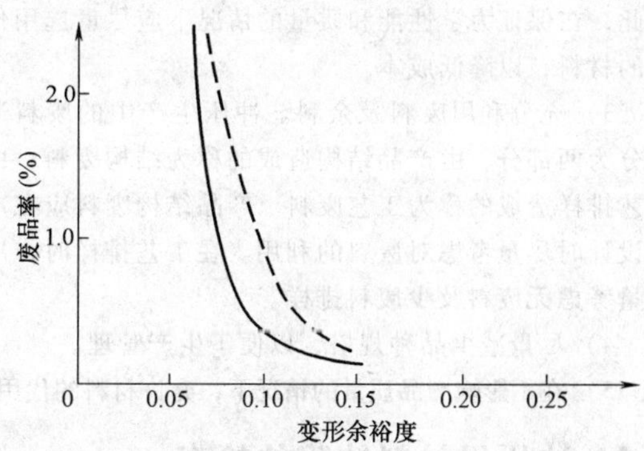

图 1-1-4 汽车覆盖件废品率与变形余裕度的关系

显然，现用材料 08Al-ⅡZ 的变形余裕度过大，若改用较低级的 08Al-ⅡS 材料是允许的。因为从成形极限来看，虽然板料的级别降低了，但用它来成形该零件，其变形余裕度仍然大于允许的数值。

各种类型冲压件对材料的要求见表 1-1-98。

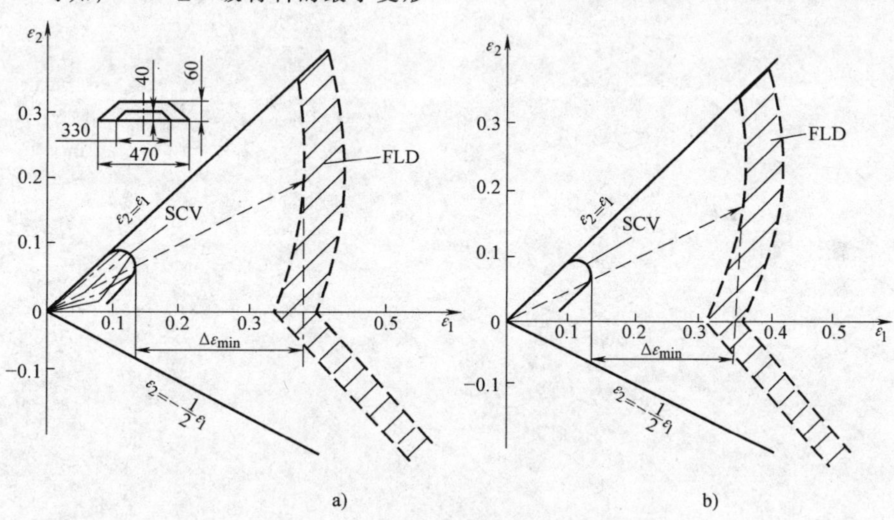

图 1-1-5 地板零件的 FLD 与 SCV

a）材料 08Al-ⅡZ b）材料 08Al-ⅡS

表 1-1-98 各种类型冲压件对材料的要求

冲压件类别	抗拉强度 R_m/MPa	伸长率 A（%）	硬度 HRB
	≤		
平板件的冲裁	650	1～5	84～96
冲裁及大圆角（$r>2t$）的直角弯曲	500	4～14	75～85
浅拉深和成形 以圆角半径（$r\geqslant0.5t$）作 180°垂直于轧制方向弯曲或作 90°的平行于轧制方向弯曲	420	13～17	64～74
深拉深成形 以圆角半径（$r<0.5t$）作任何方向的 180°弯曲	370	24～36	52～64
深拉深成形	330	33～45	48～52

2）在选择材料时，首先应了解各种材料的价格，一般产品的材料成本占整个零件成本的60%～80%。因此，在保证力学性能和质量的情况下应尽量选用价廉的材料，以降低成本。

3）充分利用废料及余料。冲压生产中的废料通常分为两部分，由产品结构造成的称为结构废料；由工艺排样造成的称为工艺废料。产品结构废料应在产品设计时尽量考虑对废料的利用。在工艺排样时，应尽量考虑无废料及少废料排样。

4）尽量减少品种规格，以便于生产管理。

5）在不影响产品质量的情况下，允许材料的代用。

1.5　冲压用材料缺陷的检查

冷冲压用金属材料多为板材及卷料。这些材料大都有相应的质量标准，对材料的化学成分、力学性能、金相组织、表面质量、尺寸公差和其他特殊性能要求以及形状要求等都做了相应规定。

在冲压作业中，操作者必须会鉴别材料的表面质量，能识别表面粗糙度、平整度、有无氧化皮、裂纹、划痕、凹陷、分层、气泡、锈蚀等缺陷。这些缺陷往往造成冲压后零件开裂或力学强度降低，还会加速冲模的磨损，缩短模具的使用寿命。

板材受辊轧工艺的影响，往往在辊压横跨方向的中部厚而两旁薄，虽然质量标准上“同板差”的要求规定了同一块板的最大和最小厚度的差值，但对于有些产品，仍然要考虑到厚薄不均的现象，避免发生质量事故。

第 2 章　冲压模具用材料

2.1　模具钢及其热处理

冲模一般零件的材料和热处理要求（GB/T14662—2006）见表 6-1-2。

2.1.1　冷作模具钢

冷作模具品种多、应用范围广，其产值占模具总产值的 30% ~40%，采用的钢材品种繁多，按工艺性能和承载能力可将冷作模具钢按表 1-2-1 分类。

1. 低淬透性冷作模具钢

（1）碳素工具钢　常用碳素工具钢的牌号、化学成分和力学性能见表 1-2-2，锻造工艺规范见表 1-2-3。锻造后的模具毛坯需进行球化退火处理，若退火前钢中存在较严重的网状渗碳体，则应先正火，通常是经高温加热后鼓风冷却，使二次渗碳体来不及呈网状析出。若渗碳体网状不太严重，则不一定先正火，只需在球化退火时增加保温时间即可。碳素工具钢球化退火及正火工艺规范见表 1-2-4 和表 1-2-5。碳素工具钢的淬火、回火工艺规范见表 1-2-6。

表 1-2-1　冷作模具钢的分类

类型		钢号
低淬透性冷作模具钢		T7A、T8A、T9A、T10A、T11A、T12A、8MnSi、Cr2、9Cr2、Cr06、W、GCr15、V、CrW5
低变形冷作模具钢		9Mn2V、CrWMn、9SiCr、9CrWMn、9Mn2、MnCrWV、SiMnMo
高耐磨微变形冷作模具钢		Cr12、Cr12Mo1V1、Cr12MoV、Cr5Mo1V、Cr4W2MoV、Cr12Mn2SiWMoV、Cr6WV、Cr6W3Mo2.5V2.5
高强度高耐磨冷作模具钢		W18Cr4V、W6Mo5Cr4V2、W12Mo3Cr4V3N、GB/T9943—2008 中其他钢号
高强韧冷作模具钢		6W6Mo5Cr4V、6Cr4W3Mo2VNb、7Cr7Mo2V2Si、7CrSiMnMoV、5Cr4Mo3SiMnVAl、6CrNiMnSiMoV、8Cr2MnWMoVS
高耐磨、高强韧性冷作模具钢		9Cr6W3Mo2V2、Cr8MoWV3Si
特殊用冷作模具钢	耐蚀模具钢	9Cr18、Cr18MoV、Cr14Mo、Cr14Mo4
	无磁模具钢	1Cr18Ni9Ti、5Cr21Mn9Ni4W、7Mn15Cr2Al3V2WMo

表 1-2-2　冷作模具用碳素工具钢的牌号、化学成分和力学性能

牌号	化学成分（质量分数,%）					退火状态 HBW	淬火后 HRC
	C	Si	Mn	S	P	≥	≥
T7A	0.65 ~0.74	≤0.35	≤0.40	≤0.030	≤0.035	187	62
T8A	0.75 ~0.84	≤0.35	≤0.40	≤0.030	≤0.035	187	62
T8MnA	0.80 ~0.90	≤0.35	0.40 ~0.60	≤0.030	≤0.035	187	62
T9A	0.85 ~0.94	≤0.35	≤0.40	≤0.030	≤0.035	192	62
T10A	0.95 ~1.04	≤0.35	≤0.40	≤0.030	≤0.035	197	62
T11A	1.05 ~1.14	≤0.35	≤0.40	≤0.030	≤0.035	207	62
T12A	1.15 ~1.24	≤0.35	≤0.40	≤0.030	≤0.035	207	62

表 1-2-3　碳素工具钢的锻造工艺规范

钢号	始锻温度/℃	终锻温度/℃	冷却方式
T7A，T8A	1130 ~1160	≥800	单件空冷或堆放空冷
T10A，T12A	1100 ~1140	800 ~850	空冷到 650 ~700℃后转入干砂、炉灰坑中缓冷

表 1-2-4 碳素工具钢球化退火工艺规范

钢 号	相变点/℃		加热温度/℃	第一次保温时间/h	等温温度/℃	第二次保温时间/h	退火后硬度 HBW
	Ac_1	Ar_1					
T7A，T8A	730	700	750~770	1~2	680~700	2~3	163~187
T10A，T12A	730	700	750~770	1~2	680~700	2~3	179~207

表 1-2-5 消除碳素工具钢缺陷的正火工艺规范

钢 号	Ac_{cm}/℃	正火温度/℃	硬度 HBW	正火目的
T7A	770（Ac_3）	800~820	229~285	促进球化，改进硬度，小于165HBW 时毛坯的切削性能最好
T8A	740	800~820	241~302	
T10A	800	830~850	255~321	加速球化或提高淬透性，消除网状碳化物
T12A	820	850~870	269~341	

表 1-2-6 碳素工具钢的淬火、回火工艺规范

钢 号	淬火			回火		
	加热温度/℃	冷却介质	硬度 HRC	加热温度/℃	保温时间/h	硬度 HRC
T7	780~800	盐或碱的水溶液	62~64	140~160	1~2	62~64
				160~180		58~61
	800~820	油或熔盐	59~61	180~200	1~2	56~60
T8	760~770	盐或碱的水溶液	63~65	140~160	1~2	60~62
				160~180		58~61
	780~790	油或熔盐	60~62	180~200	1~2	56~60
T10	770~790	盐或碱的水溶液	63~65	140~160	1~2	62~64
				160~180		60~62
	790~810	油或熔盐	61~62	180~200	1~2	59~61
T12	770~790	盐或碱的水溶液	63~65	140~160	1~2	62~64
				160~180		61~63
	790~810	油或熔盐	61~62	180~200	1~2	60~62

碳素工具钢的硬度和耐磨性主要由碳含量决定，碳含量越高硬度越高、耐磨性越好，如 T12 钢比 T10 钢耐磨性稍高。钢的韧性随碳含量的增加而逐渐下降。提高淬火温度可使碳素工具钢的强韧性下降。研究表明，适当提高淬火温度，可增加硬化层厚度，从而提高模具的承载能力。因此，对于直径小于15mm、容易完全淬透的小型模具，可采用较低的淬火温度（760~780℃）；对于大、中型模具，应适当提高淬火温度（800~850℃）或采用高温装炉快速加热工艺（炉温可高于上述温度）。碳素工具钢的硬度随回火温度的提高而下降。在低温回火阶段（150~300℃），弯曲强度及韧性随回火温度的升高而明显增高。但是碳素工具钢的扭转试验结果表明，在 200~280℃回火温度范围内出现一个脆性区。由于实际模具绝大多数承受弯曲及拉、压载荷，故目前在生产中仍采用 220~280℃回火。

用作冷冲裁模的碳素工具钢主要有：T7A、T8A、T10A 和 T12A。其中，T7A 为高韧性碳素工具钢，其强度及韧性都较高，适合制作易脆断的小型模具或承受冲击载荷较大的模具；T10A 是最常用的钢材，是性能较好的代表性碳素工具钢，耐磨性也较高，经适当热处理可得到较高的强度和一定的韧性，适合制作耐磨性要求较高而承受冲击载荷较小的模具；T8A 钢的淬透性、韧性等均优于 T10A 钢，耐磨性也较高，适于制作小型拉拔、拉深、挤压模具；T12A 钢适用于要求高硬度和高耐磨性而对韧性要求不高的切边模等。

（2）GCr15 钢 GCr15 钢也常用来制造冷作模具，其化学成分见表 1-2-7。通过适当的热处理，GCr15 钢可以获得高硬度、高强度和良好的耐磨性，并且淬火变形小。GCr15 钢的热加工工艺见表 1-2-8。

2. 低变形冷作模具钢

低变形冷作模具钢是在碳素工具钢的基础上加入了适量的铬、钼、钨、钒、硅、锰等合金元素，可以降低淬火冷却速度，减少热应力、组织应力和淬火变形及开裂倾向，钢的淬透性也明显提高。因此，碳素工具钢不能胜任的模具，可以考虑用高碳低合金钢来制作。

低变形冷作模具钢的化学成分及相变点见表 1-2-9 和表 1-2-10。钢的锻造工艺和热处理工艺见表 1-2-11~表 1-2-13。

表 1-2-7　GCr15 钢的化学成分（质量分数）　（%）

C	Mn	Si	Cr	P	S
0.95～1.05	0.25～0.45	0.15～0.35	1.40～1.65	≤0.025	≤0.025

表 1-2-8　GCr15 钢的热加工工艺

工艺名称	工艺规程
锻造	加热到1050～1100℃，始锻温度为1020～1080℃，终锻温度为850℃，锻后空冷。锻后的组织应为细片状珠光体，这样的组织不经正火就可以进行球化退火
正火	加热温度一般为900～920℃，冷速不能小于40～50℃/min。小型模坯可在静止空气中冷却；较大模坯可采用鼓风或喷雾冷却；直径在200mm以上的大型模坯，可在热油中冷却至表面温度约为200℃时取出空冷。后一种冷却方式形成的内应力较大，容易开裂，应立即进行球化退火或补加去应力退火
球化退火	加热温度为770～790℃，保温2～4h，等温温度为690～720℃，等温时间为4～6h。退火后组织为细小均匀的球状珠光体，硬度为217～255HBW
淬火	加热温度为830～860℃，多用油冷，最佳淬火加热温度为840℃，淬火后的硬度达63～65HRC。在实际生产条件下，根据模具有效截面尺寸和淬火介质的不同，所用淬火温度可稍有差别。如尺寸较大或用硝盐分级淬火的模具，宜选用较高淬火温度（840～860℃），以便提高淬透性，获得足够的淬硬层深度和较高的硬度；尺寸较小或用油冷的模具一般选用较低的淬火温度（830～850℃）；相同规格的模具，在箱式炉中加热应比在盐浴炉中加热温度稍高
回火	回火温度一般为160～180℃。回火温度超过200℃后，则进入第一类回火脆性区

表 1-2-9　低变形冷作模具钢的化学成分

钢号	化学成分（质量分数,%）							
	C	Mn	Si	Cr	W	V	P	S
CrWMn	0.90～1.05	0.80～1.10	≤0.40	0.90～1.20	1.20～1.60	—	≤0.030	≤0.030
9Mn2V	0.85～0.95	1.70～2.00	≤0.40	—	—	0.10～0.25	≤0.030	≤0.030
9SiCr	0.85～0.95	0.30～0.60	1.20～1.60	0.95～1.25	—	—	≤0.030	≤0.030
9CrWMn	0.85～0.95	0.90～1.20	≤0.40	0.50～0.80	0.50～0.80	—	≤0.030	≤0.030
9Mn2	0.85～0.95	1.70～2.00	≤0.40	—	—	—	≤0.030	≤0.030
MnCrWV	0.95～1.05	1.00～1.30	≤0.40	0.40～0.70	0.40～0.70	0.15～0.30	≤0.030	≤0.030
SiMnMo	1.5	1.2	1.0	—	—	Mo：0.40	—	—

表 1-2-10　低变形冷作模具钢的相变点

钢号	Ac_1/℃	Ac_{cm}/℃	Ar_1/℃	Ms/℃
CrWMn	730	940	710	155
9Mn2V	730	765	652	125
9SiCr	770	870	730	160
9CrWMn	750	900	700	205
9Mn2	730	—	690	

表 1-2-11　低变形冷作模具钢的锻造工艺

钢号	始锻温度/℃	终锻温度/℃	冷却方式
CrWMn	1100～1140	800～850	空冷到650～700℃再缓冷（否则易形成网状碳化物）
9Mn2V	1130～1160	≥800	空冷到650～700℃再缓冷
9SiCr	1050～1100	850～800	缓冷
9CrWMn	1050～1100	≥850	缓冷
SiMnMo	1080～1100	≥800	缓冷

表 1-2-12 低变形冷作模具钢的退火工艺

钢号	加热温度/℃	保温时间/h	等温温度/℃	保温时间/h	退火硬度 HBW
CrWMn①	790~830	2~3	700~720	3~4	255~207
9Mn2V	750~770	3~5	680~700	4~6	≤229
9SiCr	780~810	2~4	680~720	4~6	≤229
9CrWMn	780~800	2~3	670~720	2~3	≤229
9Mn2	790~810	1~2	680~700	2~3	≤229

① 如果 CrWMn 锻后已有较严重的网状碳化物析出或晶粒粗大，球化退火之前应进行一次正火处理，正火加热温度为930~950℃，然后空冷。

表 1-2-13 低变形冷作模具钢的淬火、回火工艺

钢号	淬火				回火	
	预热温度/℃	加热温度/℃	冷却介质	硬度 HRC	加热温度/℃	硬度 HRC
CrWMn	400~650	820~840	油（ϕ40~ϕ50mm 可淬透）	63~65	140~160	60~62
9Mn2V	400~650	780~820	油（ϕ60~ϕ70mm 可淬透）	≥62	150~200（200~300℃范围有回火脆性及体积显著膨胀现象）	60~62
9SiCr		860~880	分级或等温淬火	62~65	180~200	60~62
9CrWMn	600~650	820~840	油	64~66	180~230	60~62
9Mn2	400~650	760~780	水	≥62	130~170	60~62
MnCrWV	400~650	780~820	油	≥60	240~260	57~59
SiMnMo	600~650	780~820	油	62~65	150~300	58~62

低变形冷作模具钢中 CrWMn、9Mn2V、9SiCr 使用较多。CrWMn 的硬度、强度、韧性、淬透性及热处理变形倾向均优于碳素工具钢，主要用做轻载冷冲裁模（料厚小于 2mm）、轻载拉深模及弯曲翻边模等；9Mn2V 的冷加工性能好，热处理变形及淬裂倾向小，但该钢的淬透性、淬硬性、回火抗力、强度等方面不如 CrWMn 钢。9Mn2V 钢适于制造一般要求的尺寸较小的冷冲压模和雕刻模等，用 9Mn2V 制作冲件厚度小于 4mm 的冷冲裁模，其刃磨寿命稳定在 2~3.5 万次的水平；9SiCr 因钢中含有硅和铬，所以淬透性好，适宜进行分级或等温淬火，这对于防止模具发生淬火变形极为有利，故适于制作冷冲裁模及打印模等。

3. 高耐磨微变形冷作模具钢

高耐磨微变形冷作模具钢的化学成分见表 1-2-14，相变点见表 1-2-15，锻造工艺见表 1-2-16，热处理工艺见表 1-2-17 和表 1-2-18。

表 1-2-14 高耐磨微变形冷作模具钢的化学成分

钢号	化学成分（质量分数,%）						
	C	Mn	Si	Cr	W	Mo	V
Cr12	2.0~2.3	≤0.40	≤0.40	11.5~13.0	—	—	—
Cr12MoV	1.45~1.70	≤0.40	≤0.40	11.0~12.5	—	0.40~0.60	0.15~0.30
Cr12Mo1V1	1.40~1.60	≤0.60	≤0.60	11.0~13.0	—	0.70~1.20	≤1.10
Cr5Mo1V	0.95~1.05	≤1.00	≤0.50	4.75~5.50	—	0.90~1.40	0.15~0.50
Cr4W2MoV	1.12~1.25	≤0.40	0.40~0.70	3.50~4.00	1.90~2.00	0.80~1.20	0.80~1.10
Cr2Mn2SiWMoV	0.95~1.05	1.80~2.30	0.60~0.90	2.30~2.60	0.70~1.10	0.55~0.80	0.10~0.25
Cr6WV	1.00~1.15	≤0.40	≤0.40	5.50~7.00	1.10~1.50	—	0.50~0.70
Cr6W3Mo2.5V2.5	0.86~0.94	—	—	5.60~6.40	2.80~3.20	2.00~2.50	1.70~2.20

表 1-2-15　高耐磨微变形冷作模具钢的相变点

钢　　号	Ac_1/℃	Ac_{cm}/℃	Ar_1/℃	Ms/℃
Cr12	810	982	760	180
Cr12MoV	810	982	760	230
Cr12Mo1V1	795	—	760	142
Cr5Mo1V	795	—	—	168
Cr4W2MoV	795	900	760	142
Cr2Mn2SiWMoV	770	—	640	190
Cr6WV	815	845	625	150

表 1-2-16　高耐磨微变形冷作模具钢的锻造工艺

钢　　号		加热温度/℃	始锻温度/℃	终锻温度/℃	冷却方式
Cr12	钢锭	1140 ~ 1160	1100 ~ 1120	900 ~ 920	缓冷
	钢坯	1120 ~ 1140	1080 ~ 1100	880 ~ 920	缓冷
Cr12MoV	钢锭	1100 ~ 1150	1050 ~ 1100	900 ~ 850	缓冷（坑冷或砂冷）
	钢坯	1050 ~ 1100	1000 ~ 1050	900 ~ 850	缓冷（砂冷或炉冷）
Cr12Mo1V1	钢锭	1120 ~ 1160	1050 ~ 1090	≥850	红送退火
	钢坯	1120 ~ 1140	1050 ~ 1070	≥850	红送退火或坑冷或砂冷
Cr5Mo1V	钢锭	1100 ~ 1150	1050 ~ 1100	900 ~ 850	红送退火或坑冷或砂冷
	钢坯	1050 ~ 1100	1000 ~ 1050	900 ~ 850	坑冷或砂冷
Cr4W2MoV	钢锭	1150 ~ 1180	1060 ~ 1100	≥900	坑冷、热砂缓冷
	钢坯	1130 ~ 1150	1040 ~ 1060	≥850	炉冷、坑冷或热砂缓冷
Cr2Mn2SiWMoV	钢锭	1140 ~ 1160	1040 ~ 1060	≥900	缓冷
	钢坯	1120 ~ 1140	1020 ~ 1040	≥850	缓冷
Cr6WV	钢锭	1100 ~ 1160	1050 ~ 1120	900 ~ 850	缓冷
	钢坯	1060 ~ 1120	1000 ~ 1080	900 ~ 850	缓冷
Cr6W3Mo2.5V2.5	钢坯	1100 ~ 1150	1100	900 ~ 850	缓冷

表 1-2-17　高耐磨微变形冷作模具钢的退火工艺

钢　　号	加热温度/℃	保温时间/h	等温温度/℃	保温时间/h	退火硬度 HBW
Cr12	850 ~ 870	3 ~ 4	740 ~ 760	4 ~ 6	207 ~ 255
Cr12MoV	850 ~ 870	3 ~ 4	740 ~ 760	4 ~ 6	≤241
Cr12Mo1V1	840 ~ 860	2	720 ~ 750	4	≤255
Cr5Mo1V	830 ~ 850	2	710 ~ 730	4	
Cr4W2MoV	840 ~ 860	3 ~ 4	740 ~ 760	6 ~ 8	240 ~ 260
Cr2Mn2SiWMoV	780 ~ 800	2 ~ 3	700 ~ 720	8	≤269
Cr6WV	820 ~ 840	3 ~ 4	680 ~ 700	4 ~ 5	212 ~ 235

表 1-2-18　高耐磨微变形冷作模具钢的淬火、回火工艺

钢　号	淬　火				回　火	
	预热温度/℃	加热温度/℃	冷却介质	硬度 HRC	加热温度/℃	硬度 HRC
Cr12	800 ~ 850	950 ~ 980	油	61 ~ 64	150 ~ 200	50 ~ 62
		1000 ~ 1100	油	60 ~ 40	480 ~ 500	60 ~ 63

（续）

钢号	淬火				回火	
	预热温度/℃	加热温度/℃	冷却介质	硬度 HRC	加热温度/℃	硬度 HRC
Cr12MoV	800~850	1000~1020	油	62~64	150~170	61~63
		1040~1140	油	60~40	500~550	60~61
Cr12Mo1V1	820~860	980~1040	油或空	60~65	180~230	60~64
		1060~1100	油或空	60~65	510~540	60~64
Cr5Mo1V	800~850	940~960	油或空	62~65	180~220	60~64
		980~1010	油或空	62~65	510~520（2次）	57~60
Cr4W2MoV	800~850	960~980	油空	≥62	280~300	60~62
		1020~1040	油空	≥62	500~540	60~62
Cr2Mn2SiWMoV	800~850	860±10 840±10	空冷 油或空	≥62	180~200	62~64
Cr6WV	800~850	950~970	油	62~64	150~170 190~210	62~63 58~60
		990~1010	硝盐或碱	62~64	500	57~58
Cr6W3Mo2.5V2.5	800~850	1100~1160	油	≥60	520~560	64~66

高耐磨微变形冷作模具钢中，Cr12型钢是应用范围最广、数量最大的冷作模具钢，几乎在所有冷作模具中均有应用。

Cr12Mo1V1钢的强韧性（抗弯强度、挠度、冲击韧度等）较Cr12MoV钢高，耐磨性也有所增加。实践表明，用Cr12Mo1V1钢制作的模具，寿命较Cr12MoV钢有所延长，如用Cr12Mo1V1钢制作的冷冲裁模、滚丝模等模具的寿命均比用Cr12MoV钢制作的模具寿命长5~6倍。Cr12Mo1V1钢的锻造性能比Cr12MoV钢略差。

4. 高强度高耐磨冷作模具钢

高速钢具有很高的硬度、抗压强度和耐磨性，采用低温淬火、快速加热淬火等工艺措施可以有效地改善其韧性。因此，高速钢越来越多地应用于要求重载荷、长寿命的冷作模具。常用高速钢的钢号有W18Cr4V、W6Mo5Cr4V2等。高速钢的抗压强度、耐磨性及承载能力居各冷作模具钢之首，主要用于重载荷凸模，如冷挤压凸模、重载冷镦凸模、中厚钢板冲孔凸模（厚度为10~25mm）、直径小于5~6mm的小凸模，以及各种用于冲裁的奥氏体钢、弹簧钢、高强度钢板的中小型凸模和粉末冶金压模等。

几种用于制作冷作模具的高速钢的化学成分见表1-2-19，锻造工艺见表1-2-20，热处理工艺见表1-2-21和表1-2-22。

表1-2-19 几种用于制作冷作模具的高速钢的化学成分（GB/T 9943—2008）

牌号	化学成分（质量分数,%）									
	C	Mn	Si	S	P	Cr	V	W	Mo	Co
W18Cr4V	0.73~0.83	0.10~0.40	0.20~0.40	≤0.030	≤0.030	3.80~4.50	1.00~1.20	17.20~18.70	—	—
W6Mo5Cr4V2	0.80~0.88	0.15~0.40	0.20~0.45	≤0.030	≤0.030	3.80~4.50	1.70~2.10	5.90~6.70	4.70~5.20	—
W9Mo3Cr4V	0.77~0.87	0.20~0.40	0.20~0.40	≤0.030	≤0.030	3.80~4.40	1.30~1.70	8.50~9.50	2.70~3.30	—
W6Mo5Cr4V2Al	1.05~1.15	0.15~0.40	0.20~0.60	≤0.030	≤0.030	3.80~4.40	1.75~2.20	5.50~6.75	4.50~5.50	Al：0.80~1.20

表 1-2-20　几种典型高速钢的锻造工艺

钢　　号		加热温度/℃	始锻温度/℃	终锻温度/℃	冷却方式
W18Cr4V	钢锭	1220～1240	1120～1140	≥950	砂冷或堆冷
	钢坯	1180～1220	1120～1140	≥950	砂冷或堆冷
W6Mo5Cr4V2	钢锭	1180～1190	1080～1100	≥950	砂冷或堆冷
	钢坯	1140～1150	1040～1080	≥900	砂冷或堆冷
W9Mo3Cr4V	钢锭	1160～1190	1080～1120	≥950	及时退火或砂冷
	热轧	1080～1120	1050～1100	≥900	缓冷后退火
W6Mo5Cr4V2Al	钢锭	1140～1170	1050～1100	950～1000	灰中或堆冷
	钢坯	1120～1140	1030～1160	≥900	灰中或堆冷

表 1-2-21　高速钢的普通球化退火和等温退火工艺

钢　　号	退火方法	加热温度/℃	保温时间/h	冷却方式	硬度 HBW≤
W18Cr4V	普通球化退火	860～880	2～4	以 20～30℃/h 冷却到 500～600℃，炉冷或堆冷	277
	等温退火	860～880	2～4	炉冷至 740～760℃，保温 2～4h，再炉冷至 500～600℃，空冷	255
W6Mo5Cr4V2	普通球化退火	840～860	2～4	以 20～30℃/h 冷却到 500～600℃，炉冷或堆冷	285
	等温退火	840～860	2～4	炉冷至 740～760℃，保温 2～4h，炉冷到 500～600℃以下，空冷	255
W9Mo3Cr4V	普通球化退火	830～850	2～4	以≤20℃/h 冷却到 600℃以下，空冷	
	等温退火	830～850	2～4	炉冷至 750℃，保温 2～4h，炉冷到 600℃以下，空冷	255
W6Mo5Cr4V2Al	普通球化退火	850～870	2～4	以 20～30℃/h 冷却到 500～600℃，炉冷或堆冷	285
	等温退火	850～870	2～4	炉冷至 740～750℃，保温 2～4h，炉冷到 500～600℃以下，空冷	269

表 1-2-22　高速钢的淬火、回火工艺

钢　　号	淬　火　工　艺									回　火　工　艺				
	第 1 次预热		第 2 次预热		淬火加热			冷却介质	硬度 HRC	温度/℃	时间/h	次数	冷却	硬度 HRC
	温度/℃	时间/h	温度/℃	时间/(s/mm)	介质	温度/℃	时间/(s/mm)							
W18Cr4V	400	1	850	24	盐炉	1260～1280	15～20	油	67	560	1	3	空	≥60
W6Mo5Cr4V2	400	1	850	24	盐炉	1150～1200	20	油	65～66	550	1	3	空	60～64
W9Mo3Cr4V			850	24	盐炉	1160～1200		油		560	1～1.5	3	空	58～64.5
W6Mo5Cr4V2Al			850	24	盐炉	1220～1240	12～15	油		560	1	4	空	≥65

注：淬、回火注意事项：

① 为减少淬火变形及开裂，淬火时必须进行预热，预热温度为 800～850℃，预热时，装炉量的大小与模具形状也是考虑的因素，时间取淬火保温时间的 2～3 倍。

② 如需二次淬火时，必须预先再次进行退火。

③ 回火必须三次以上，对于大尺寸或以等温淬火的模具，甚至需要进行 4 次回火处理。

5. 高强韧性冷作模具钢

高强韧性冷作模具钢具有最佳的强韧性配合，此类钢包括基体钢、低合金高强度钢、降碳减钒的低碳M2钢、马氏体时效钢等。基体钢是指具有高速钢正常淬火后基体成分的钢，这类钢的碳质量分数一般为0.5%左右，合金元素的质量分数在10%～20%的范围内，在具有一定耐磨性和硬度的前提下，抗弯强度和韧性得到显著改善。

低合金高强韧冷作模具钢不仅强韧性高，而且碳化物偏析小，可不经改锻下料直接使用。淬、回火后硬度可保证在58～62HRC。该类钢的工艺性能好，淬火温度低，范围宽，变形小，且有较好的淬透性和耐磨性。

（1）基体钢

1）6Cr4W3Mo2VNb（65Nb）钢。6Cr4W3-Mo2VNb钢因碳的平均质量分数为0.65%，故又名65Nb。该钢中合金元素Cr、W、Mo、V的含量设计取自淬火态的W6Mo5Cr4V2高速钢的基体成分，合金元素在模具钢中的作用与高速钢中相似。加入的合金元素Nb与钢中的碳生成高稳定性的NbC，使淬火后基体的碳含量降低，显著提高钢的韧性，Nb还改善了钢的工艺性能。65Nb钢的锻造及退火工艺性能良好，热处理温度范围大，淬火加热可在1080～1180℃，回火温度可在520～600℃之间选择，通过调整热处理参数，可以得到强度、韧性和耐磨性的不同配合，适应多种模具的性能要求。65Nb钢制作冷挤压模、冷镦模不易开裂，制作形状复杂的非铁金属冷挤压模、单位挤压力为2.5GN左右的钢铁材料冷挤压模以及轴承、标准件行业的冷镦模，使用寿命较现用的Cr12MoV等模具钢及高速钢模具成倍延长。65Nb对于单位挤压力超过2.5GN的钢铁材料冷挤压模具及要求高耐磨的模具，其抗压屈服强度和耐磨性则均显不足。65Nb钢的化学成分见表1-2-23。65Nb钢的相变点为：Ac_1 为810～830℃，Ar_1 为720～740℃，Ms 为220℃。65Nb钢的锻造工艺规范见表1-2-24。65Nb钢的退火工艺曲线如图1-2-1所示，退火后硬度为217HBW，如将等温时间由6h延长到9h，则硬度可以进一步降低到187HBW。这就为模具自身冷挤压成形提供了有利条件，因此65Nb材质的模具可以采用冷挤压成形，这也是65Nb钢的最大优点。65Nb钢推荐的淬火、回火工艺规范见表1-2-25。65Nb钢的热处理工艺与力学性能的关系见表1-2-26。

表1-2-23　65Nb钢的化学成分（质量分数）（%）

C	Cr	W	Mo	V
0.6～0.7	3.8～4.4	2.5～3.0	2.0～2.5	0.8～1.1

Nb	Mn	Si	P、S
0.2～0.35	≤0.4	≤0.35	各≤0.030

表1-2-24　65Nb钢的锻造工艺规范

加热温度/℃	始锻温度/℃	终锻温度/℃	冷却方式
1120～1150	1100	900～850	缓冷

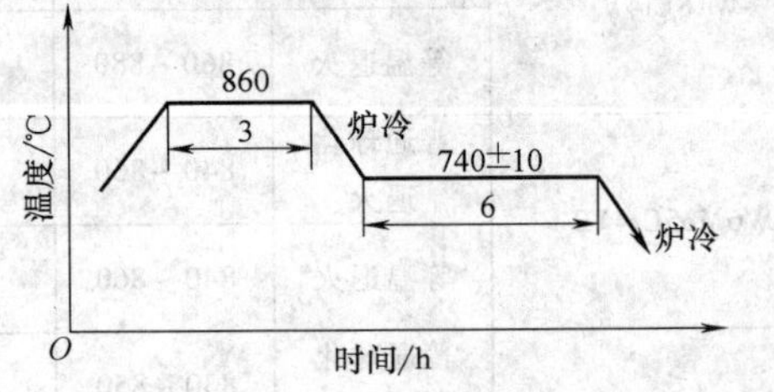

图1-2-1　65Nb钢的退火工艺曲线

2）7Cr7Mo2V2Si（LD）钢。LD钢的碳含量比65Nb钢高，合金元素钒的含量也较高，因此在保持高韧性的情况下，其抗压、抗弯强度及耐磨性均比65Nb钢高。由于LD钢具有良好的强韧性和耐磨性，因而适用于制造冷挤压模、冷镦模，如轴承滚子冷镦模、标准件冷镦凸模等。

LD钢的化学成分见表1-2-27。为获得较好的韧性，碳的质量分数取0.7%～0.8%。为保持较高的硬度及耐磨性，可加入一定量的Cr、Mo、V碳化物形成元素，加入Si是为了强化铁素体基体。LD钢的相变点为：Ac_1 为876℃，Ar_1 为725℃，Ac_3 为925℃，Ar_3 为816℃，Ms 为105℃。LD钢的锻造工艺规范见表1-2-28，LD钢的热处理工艺规范见表1-2-29和表1-2-30，LD钢经不同温度淬火、回火后的力学性能见表1-2-31和表1-2-32。

表1-2-25　65Nb钢推荐的淬火、回火工艺规范

工艺方案		Ⅰ	Ⅱ	Ⅲ	Ⅳ
淬火	温度/℃	1140～1160	1120～1140	1080～1120	1160～1180
	时间/min	15	20	20	15
	冷却	油冷	油淬-空冷或分级淬火	油冷	油淬-空冷
回火	温度/℃	520～540	540～560	540～580	560～580
	时间/min	60	60	60	60
硬度HRC		61～63	58～60	57～59	59～61
应用举例		不锈钢表壳冷挤压模	十字槽螺钉凸模	电子管阳极凸模	螺栓切边模

表 1-2-26 **65Nb 钢的热处理工艺与力学性能的关系**

淬火温度/℃	回火温度/℃	力学性能					
		硬度 HRC	R_{mc}/MPa	σ_{bb}/MPa	f/mm	α_K/(J/cm^2)	K_{IC}/MPa·m$^{1/2}$
1080	220	61.2	2721	740	1.28	53.2	—
	300	58.7	—	2730	4.29	60.9	—
	350	58.3	—	—	—	—	—
	400	58.3	2474	3120	3.70	65.8	—
	450	59.4	—	—	—	—	—
	500	60.1	—	4120	7.52	56.9	—
	520	60.1	—	4560	8.6	81.8	—
	540	60.2	2636	4490	8.6	82.6	25.8
	560	58.5	—	4250	9.92	—	—
	580	58.3	—	—	—	—	—
	600	55.5	—	—	—	—	—
1120	220	60.8	2755	780	0.8	66	—
	300	59.3	2398	1760	1.68	50.3	—
	350	59.3	2570	—	2.82	75	—
	400	59.0	2390	3550	5.65	70.9	—
	450	59.9	—	3330	4.25	70.7	—
	500	61.4	2338	3940	4.90	74.5	—
	520	62.3	2577	4740	7.86	87.8	—
	540	62.2	2670	4510	7.97	100.7	19.9
	560	60.4	2695	4310	9.31	99	—
	580	60.5	2815	4150	7.88	116.5	20.2
	600	58	2338	4000	10.25	123.7	—
1160	220	61.7	2764	700	0.75	27.8	—
	300	59.6	—	1490	1.36	—	—
	350	59.6	—	1763	1.50	—	—
	400	59.6	2423	2650	2.76	65.0	—
	450	60.3	—	3133	3.37	91.3	—
	500	61.8	—	3900	4.74	45.9	—
	520	62.6	—	4787	5.83	45.4	—
	540	62.5	2679	4915	6.04	51.6	17.9
	560	61.5	—	4880	9.28	79.2	—
	580	60.5	—	4645	13.14	93.8	—
	600	59.1	—	4400	10.08	72.5	—

表 1-2-27 **LD 钢的化学成分**（质量分数） （%）

C	Cr	Mo	V	Si	Mn	S、P
0.68~0.78	6.5~7.5	1.9~2.5	1.7~2.2	0.7~1.2	≤0.4	各≤0.03

表 1-2-28 **LD 钢的锻造工艺规范**

加热温度/℃	始锻温度/℃	终锻温度/℃	冷却方式
1120~1150	1100	>850	砂冷

表 1-2-29 **LD 钢的退火工艺规范**

退火方法	加热温度/℃	保温时间/h	冷却方式	硬度 HBW
普通退火	860	2	炉冷	210~270
球化退火	860	2	炉冷至740℃，保温2~4h，再炉冷至400℃，空冷	220~250

表 1-2-30　LD钢的淬火、回火工艺规范

淬火工艺			回火工艺			
加热温度/℃	时间/（s/mm）	冷却介质	温度/℃	时间/h	次数	硬度 HRC
1100～1150	20～25	油	530～570	2～3	1～2	57～63

表 1-2-31　LD钢经不同温度淬火、回火后的力学性能

热处理工艺		抗拉强度 R_m/MPa	下压缩屈服强度 R_{eLc}/MPa	抗弯强度 σ_{bb}/MPa	挠度 f/mm
1100℃淬火	510℃，1h回火三次	2400	2710	4690	6.7
	530℃，1h回火三次	2480	2820	5520	8.9
	550℃，1h回火三次	2580	2550	5430	16.5
	570℃，1h回火三次	2500	2340	4990	16.5
	590℃，1h回火三次	—	2080	4380	16.5
1150℃淬火	510℃，1h回火三次	1460	2720	3570	3.7
	530℃，1h回火三次	2360	2920	4670	4.7
	550℃，1h回火三次	2680	2865	5590	12.7
	570℃，1h回火三次	2680	2660	5190	8.3
	590℃，1h回火三次	2340	2230	4790	9.8

表 1-2-32　LD钢经不同温度淬火、回火后的硬度

淬火温度/℃	回火温度/℃							
	400	490	510	530	550	570	590	610
	硬度 HRC							
1100 油淬	58.6	61.1	62.2	62.3	61.1	59.7	58.3	56.8
1150 油淬	60.3	62.2	62.9	63.1	62.1	60.7	58.5	58.2

3）5Cr4Mo3SiMnVAl（012Al）钢。012Al钢综合性能好、强韧性高、通用性强，是冷、热兼用型模具钢，在替代Cr12MoV及3Cr2W8V钢制作冷、热作模具方面均取得较好效果。制作冷作模具主要用于冷镦模、中厚钢板凸模、搓丝板模、内六角凸模、切边模等，使用寿命比Cr12MoV钢制作的冷作模具大幅度延长。

012Al钢的化学成分见表1-2-33。012Al钢的相变点为：Ac_1 为837℃，Ac_3 为902℃，Ms 为277℃。012Al钢的改锻工艺见表1-2-34，改锻后的钢坯按图1-2-2所示工艺曲线进行等温球化退火。012Al钢的热处理工艺见表1-2-35，热处理后的力学性能见表1-2-36和表1-2-37。

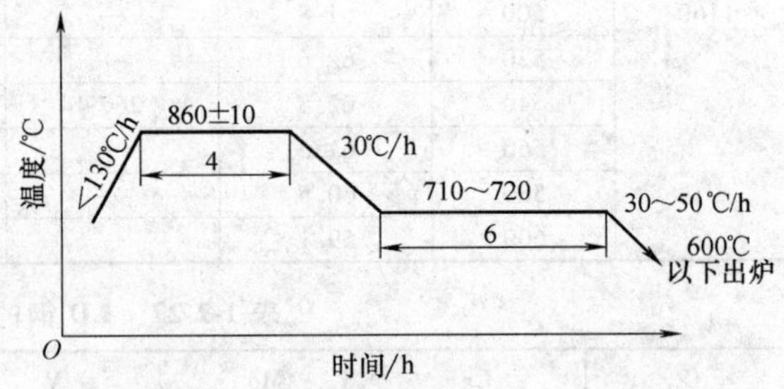

图 1-2-2　012Al钢的退火工艺曲线

表 1-2-33　012Al钢的化学成分（质量分数）　（%）

C	Si	Mn	Cr	Mo	V	Al	S、P
0.47～0.57	0.8～1.1	0.8～1.1	3.8～4.3	2.8～3.4	0.8～1.2	0.3～0.7	各≤0.03

表 1-2-34　钢锭及钢坯改锻工艺

锻造工序	入炉温度/℃	加热温度/℃	始锻温度/℃	终锻温度/℃	冷却方式
锭→坯	<750	1120～1150	1050～1100	≥900	箱冷
坯→材	<800	1100～1140	1050～1100	≥850	砂冷

表 1-2-35　012Al 钢的淬火、回火工艺规范

淬　火　工　艺				回　火　工　艺			
加热温度/℃	时间/（s/mm）	加热介质	冷却介质	温度/℃	时间/h	次数	硬度 HRC
1090～1120	30	盐炉	油	510	2	2	60～62

表 1-2-36　012Al 钢不同温度淬火、回火后的硬度（HRC）

回火温度/℃	20	200	350	450	510	540	580	620	650
1090℃淬火	61	57.5	58	60	61	58.5	54	49.5	41
1120℃淬火	62	58	58	60	61.5	61	57	53	44.5

表 1-2-37　012Al 钢的性能对比

热处理工艺		抗弯强度 σ_{bb}①	挠度	冲击韧度 α_K	下压缩屈服强度
淬火温度/℃	回火温度/℃	/MPa	f_{max}/mm	/（J/cm²）	R_{eLc}/MPa
1090	510℃，2h，2 次	4750	3.7	13	—
	580℃，2h，2 次	5180	11.5	31	2745
	620℃，2h，2 次	4880	20.0	34	2013
	650℃，2h，2 次	3580	22.0	30	—
1120	510℃，2h，2 次	4350	3.3	24	—
	580℃，2h，2 次	5500	14.5	37	2750
	620℃，2h，2 次	4700	10.0	19	2290
	650℃，2h，2 次	3710	>20.0	24	—

①　ϕ10mm×100mm，跨距 80mm。

（2）低合金高强韧性冷作模具钢 6CrNiSiMnMoV（GD）　GD 钢已在机械、电子、轻工、航天、邮电等部门成功应用，代替 CrWMn、Cr12、GCr15、6CrW2Si、9SiCr、9Mn2V 等钢制作各种类型的易崩刃、易断裂的冷作模具，如冷挤压模、冷弯曲模、冷镦模、精密塑料模、温热挤压模等，且均获得满意的成效，模具寿命能延长几倍、十几倍、几十倍甚至数百倍。该钢尤其适用于细长、薄片凸模，形状复杂、大型、薄壁凸凹模和中厚板冷冲裁模及剪刀等。GD 钢属于低合金高强韧性冷作模具钢，其合金化特点是适当降碳，同时加入 Cr、Ni、Si、Mn、Mo、V 等多元少量合金，合金元素总质量分数在 4% 左右。GD 钢的化学成分见表 1-2-38。GD 钢的相变点为：Ac_1 为 705℃，Ac_3 为 740℃，Ar_3 为 605℃，Ar_1 为 580℃，Ms 为 172℃。GD 钢的锻造工艺规范见表 1-2-39，锻后按图 1-2-3 所示规范退火，退火硬度为 230～240HBW。推荐的热处理工艺规范见表 1-2-40，热处理后的力学性能见表 1-2-41。

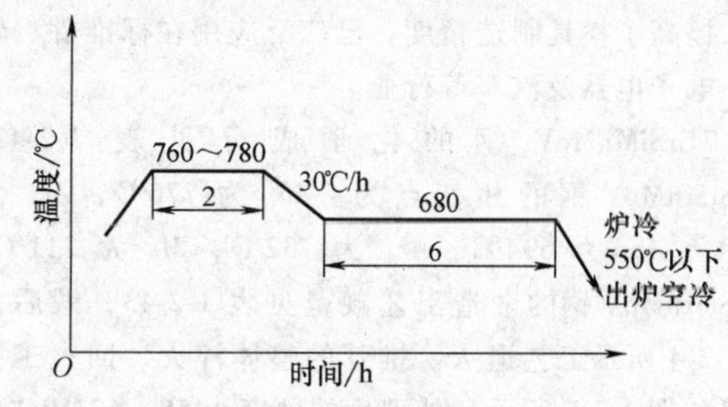

图 1-2-3　GD 钢的球化退火工艺曲线

表 1-2-38　GD 钢的化学成分（质量分数）　（%）

C	Cr	Ni	Si	Mn	Mo	V
0.64～0.74	1.00～1.30	0.70～1.00	0.50～0.90	0.70～1.00	0.30～0.60	0.00～0.20

表 1-2-39　GD 钢的锻造工艺规范

加热温度/℃	始锻温度/℃	终锻温度/℃	冷却方式
1080～1120	1040～1060	≥850	缓冷或及时退火

表 1-2-40　GD 钢的淬火、回火工艺规范

淬火工艺				回火工艺			
加热温度/℃	时间/（s/mm）	加热介质	冷却介质	温度/℃	时间/h	次数	硬度 HRC
870~930	45	盐炉	油、空或风冷	175~230	2	1	58~62

表 1-2-41　回火温度对 GD 钢硬度的影响

回火温度/℃	淬火温度/℃						
	810	840	870	900	930	960	1000
	硬度 HRC						
150	62.0	63.0	63.5	64.0	64.0	64.5	64.0
175	61.0	61.5	62.0	62.0	62.5	63.0	63.0
200	59.0	60.0	61.0	61.0	61.0	60.5	61.0
230	59.5	60.0	60.0	60.0	60.0	60.0	60.0
260	59.0	60.0	60.0	59.5	59.5	60.0	60.0
300	59.5	59.5	59.0	58.5	58.0	60.0	59.0
350	59.0	58.5	58.0	57.5	58.0	58.0	58.0
400	57.0	57.0	56.5	56.5	56.5	56.5	57.0

（3）火焰淬火冷作模具钢 7CrSiMnMoV（CH-1）　7CrSiMnMoV 钢具有高于 T10A、9Mn2V、CrWMn、Cr12MoV 钢的强韧性，可用于强韧性要求较高的落料模、冲孔模、切边模、弯曲模、压形模、拉深模、冷镦模等冷作模具的刃口部位，经氧乙炔火焰加热到淬火温度，然后空冷即达到淬硬的目的，变形小，勿需再经其他处理。经火焰淬火处理的模具与碳素工具钢、低合金钢模具相比，具有较长的使用寿命，可使模具寿命延长 1~3 倍，并可使模具的生产周期缩短近 10%，价格降低 10%~20%，热处理节省能源 80%左右，为冷冲裁模制造工艺实现高效、低成本、节能开辟了新的途径。7CrSiMnMoV 钢的热处理变形小，提高了模具制造精度，已广泛应用在标准件、轴承、电子电器及汽车等行业。

7CrSiMnMoV 钢的化学成分见表 1-2-42。7CrSiMnMoV 钢的相变点为：Ac_1 为 776℃，Ac_3 为 834℃，Ar_1 为 694℃，Ar_3 为 732℃，Ms 为 211℃。7CrSiMnMoV 钢的锻造工艺规范见表 1-2-43，锻后按图 1-2-4 所示工艺退火。推荐的整体淬火、回火工艺曲线如图 1-2-5 所示，处理后的硬度为 58~62HRC。

7CrSiMnMoV 钢是适于火焰表面加热淬火的模具钢，火焰加热淬火可用单头或双头喷嘴加热空冷淬火，获得的硬度为 58HRC，有一定的淬透层深度。一般模具刃口经 200℃预热单件加热淬火，变形率在 0.02%~0.05%之内。300mm 以内的镶块火焰淬火后，接合缝变形大多在 0.1mm 左右，可满足大型冷冲裁模制造技术的要求，火焰表面淬火的 7CrSiMnMoV 钢的各种性能指标比整体加热淬火低 5%~15%。

表 1-2-42　7CrSiMnMoV 钢化学成分（质量分数）　（%）

C	Si	Mn	Cr
0.65~0.75	0.85~1.15	0.65~1.05	0.90~1.20
Mo	V	S	P
0.20~0.50	0.15~0.30	≤0.03	≤0.03

表 1-2-43　7CrSiMnMoV 钢的锻造工艺规范

加热温度/℃	始锻温度/℃	终锻温度/℃	冷却方式
1150~1200	1100~1150	800~850	空冷或灰冷

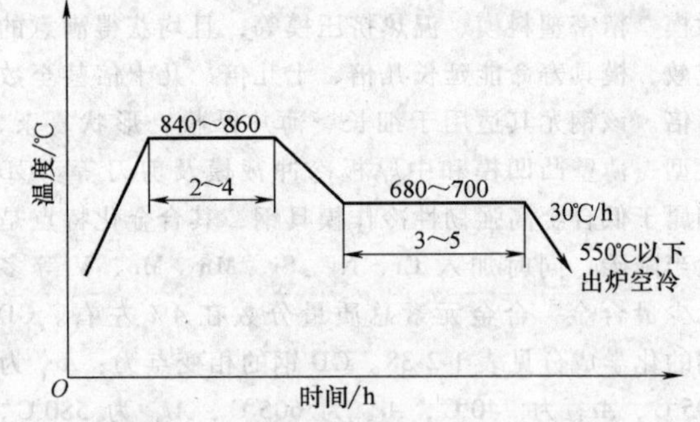

图 1-2-4　7CrSiMnMoV 钢的退火工艺曲线

6. 易切削精密冷作模具钢

8Cr2MnWMoVS（8Cr2S）钢是我国研制的易切削精密冷作模具钢，在较高强度和硬度的调质态，仍具有较好的切削加工性能，使模具在加工后可以直接使用，这对于形状复杂或要求尺寸配合特别高的模具非常适用。

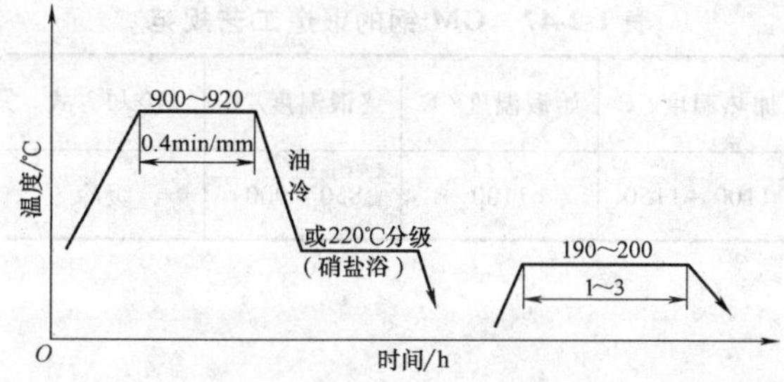

图 1-2-5　7CrSiMnMoV 钢整体淬火、回火工艺曲线

8Cr2MnWMoVS 钢热处理工艺简单，淬透性好，如空冷淬透直径可达 100mm；淬火硬度高，如 860～920℃空淬、油淬或硝盐分级淬火，硬度均可达到 61.5～64HRC；具有良好的强韧性；切削加工性能及抛光研磨性能良好。

8Cr2MnWMoVS 钢可作为预先淬硬钢，适宜制作各类塑料、胶木、橡胶、陶土瓷料等制品的精密模具及印制板冲孔模。用该钢制作的模具配合精度较其他合金工具钢高 1～2 个数量级，表面粗糙度值低 1～2 级，使用寿命长 2～10 倍。

8Cr2MnWMoVS 钢作为易切削精密冷作模具钢，适于制作冲裁模，因其淬火、回火硬度高，强韧性好，热处理变形小，因而制模精度高，使用寿命长。

8Cr2MnWMoVS 钢采用高碳多元少量合金，以硫作为易切削元素，其化学成分见表 1-2-44。8Cr2MnWMoVS 钢的相变点为：Ac_1 为 770℃，Ac_{cm}为 820℃，Ar_1 为 660℃，Ar_{cm} 为 710℃，Ms 为 165℃。8Cr2MnWMoVS 钢的锻造工艺规范见表 1-2-45，锻后球化退火工艺曲线如图 1-2-6 所示，退火硬度为 220～240HBW。锻后一般退火工艺曲线如图 1-2-7 所示，退火硬度为 240HBW 左右。作为预先淬硬钢时，推荐热处理工艺为 860～880℃淬火，淬火硬度为 62～64HRC，550～620℃回火 2h，回火硬度为 40～48HRC，可进行各种常规加工。

表 1-2-44　8Cr2MnWMoVS 钢的化学成分

（质量分数）　　（%）

C	Si	Mn	Cr
0.75～0.85	≤0.4	1.3～1.7	2.30～2.60

W	Mo	V	S	P
0.7～1.0	0.5～0.8	0.1～0.25	0.06～0.15	≤0.03

表 1-2-45　8Cr2MnWMoVS 钢的锻造工艺规范

加热温度/℃	始锻温度/℃	终锻温度/℃	冷却方式
1100～1150	1060	≥900	缓冷（木炭或热灰）或热装退火

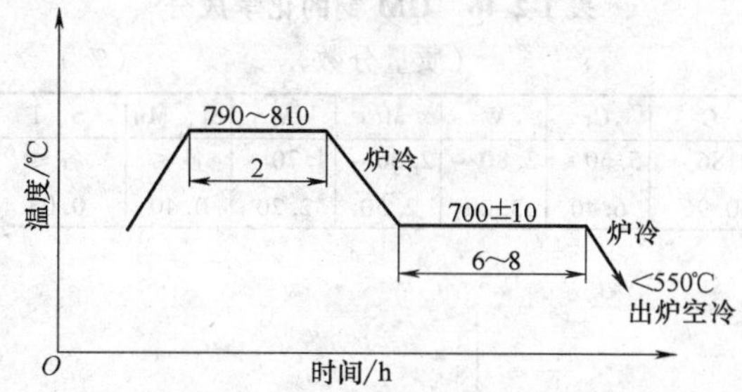

图 1-2-6　8Cr2MnWMoVS 钢锻后球化退火工艺曲线

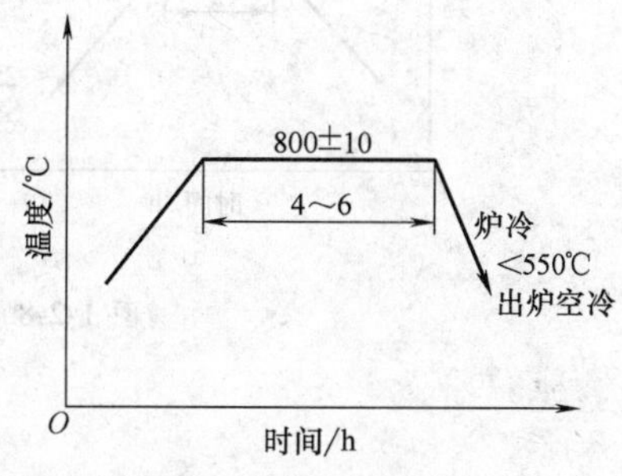

图 1-2-7　8Cr2MnWMoVS 钢锻后一般退火工艺曲线

7. 高耐磨、高强韧性冷作模具钢

高强韧性钢虽然克服了高铬钢、高速钢的脆断倾向，但由于钢中碳含量减少，其耐磨性不如高铬钢和高速钢。对一些以磨损为主要失效形式的模具，上述钢种仍满足不了要求。为此，研制了高耐磨、高强韧性的冷作模具钢，其典型钢种主要有 9Cr6W3Mo2V2（GM）和 Cr8MoWV3Si（ER5）。

（1）9Cr6W3Mo2V2（GM）钢　9Cr6W3Mo2V2 钢在韧性和强度上均优于高碳高铬钢及高速钢；硬度指标高于基体钢及高碳高铬钢，在抗粘着磨损上也大大优于基体钢和高铬钢，并与高速钢相近；抗弯强度和压缩屈服点远高于高铬钢，其抗弯强度约高出 70%。由于 GM 钢中 Cr、W、Mo、V 等合金元素配比合理，有较强的二次硬化效应，各项工艺性能好，易于加工制模，是较理想的精密、耐磨冷作模具钢。因而，在高速压力机多工位级进模、滚丝模、切边模、拉深模等方面已得到较好应用。与 Cr12MoV 及某些基体钢相比，延长寿命 2～6 倍。在标准件、电器仪表和电机行业都有广泛的应用前景。

GM 钢的化学成分见表 1-2-46。GM 钢的相变点为：Ac_1 为 795℃，Ac_{cm}为 820℃，Ms 为 220℃。GM 钢的锻造工艺规范见表 1-2-47，GM 钢的退火工艺曲线如图 1-2-8 所示，GM 钢的淬火、回火工艺曲线如图 1-2-9 所示。淬火、回火后的力学性能见图 1-2-10～图 1-2-12 和表 1-2-48。

表 1-2-46　GM 钢的化学成分

（质量分数）　　　　（%）

C	Cr	W	Mo	V	Si、Mn	S、P
0.86 ~ 0.96	5.60 ~ 6.40	2.80 ~ 3.20	2.00 ~ 2.50	1.70 ~ 2.20	各≤ 0.40	各≤ 0.03

表 1-2-47　GM 钢的锻造工艺规范

加热温度/℃	始锻温度/℃	终锻温度/℃	冷却方式
1100 ~ 1150	1100	850 ~ 900	缓冷

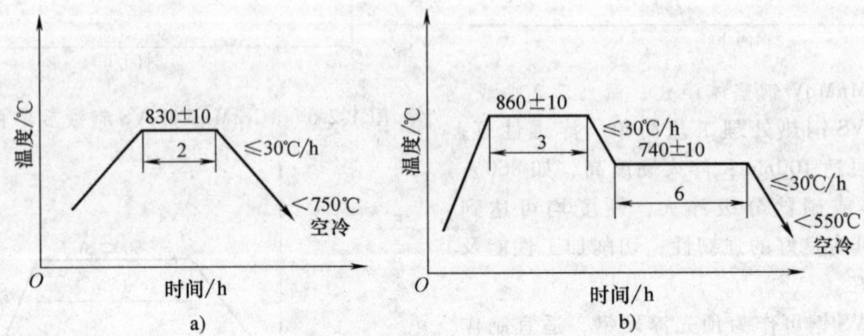

图 1-2-8　GM 钢的两种退火工艺曲线

a）钢锭　b）模具毛坯

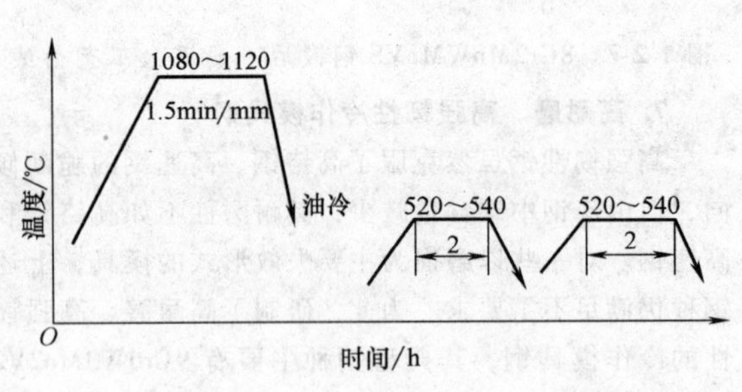

图 1-2-9　GM 钢的淬火、回火工艺曲线

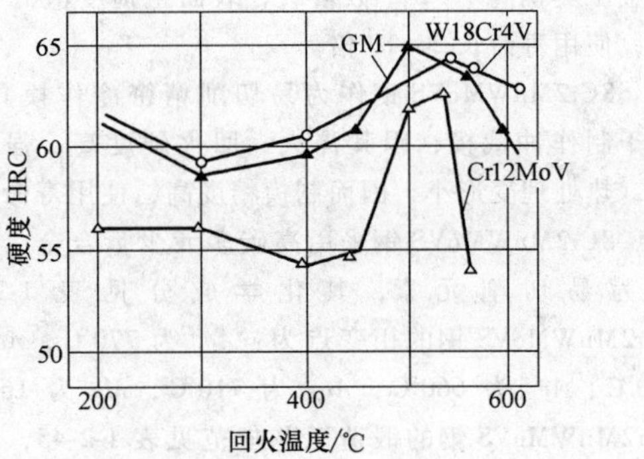

图 1-2-11　回火温度对 GM 钢及其他钢硬度的影响

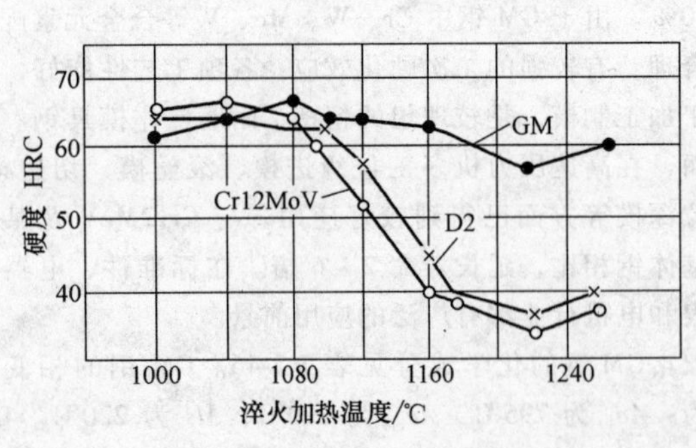

图 1-2-10　淬火温度对 GM 钢及其他钢硬度的影响

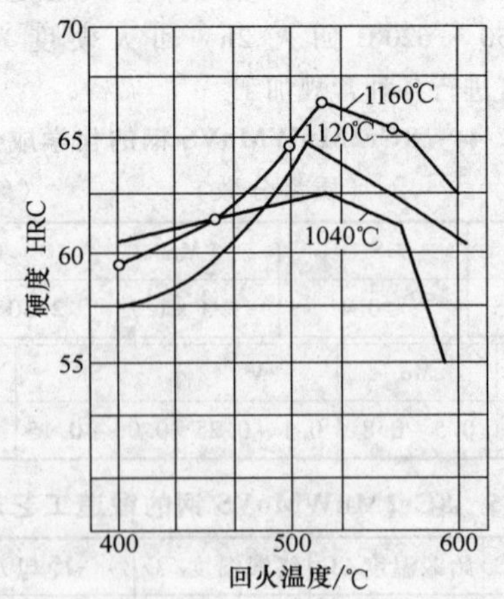

图 1-2-12　不同温度淬火及回火后 GM 钢的硬度

表 1-2-48　GM 钢与 Cr12MoV、D2 钢的压缩及弯曲强度

钢　号	热处理工艺	下压缩屈服强度 R_{eLc}/MPa	抗弯强度 σ_{bb}/MPa
GM	1120℃淬火，540℃回火	3300	3600
Cr12MoV	1040℃淬火，200℃回火	2764	2401
D2	1040℃淬火，200℃回火	2719	2104

（2）Cr8MoWV3Si（ER5）钢　新型高耐磨冷作模具钢 ER5 成分设计合理，钨、钼复合加入，增加了二次硬化效果。与基体钢比较，ER5 钢提高了碳含量、钒含量以及 Cr、Mo、W 等碳化物形成元素的含量，因而使 ER5 钢具有高耐磨性及高强韧性。与 Cr12MoV 钢比较，ER5 钢的碳化物数量少，颗粒细小，分布均匀，强度、韧性、耐磨性等力学性能均优于 Cr12MoV 钢。ER5 钢应用于冷镦模和冷冲裁模，模具寿命显著延长。如果采用 ER5 钢制作电机硅钢片冷冲裁模，模具总寿命为 360 万次，一次刃磨寿命 21 万次，达到国内硅钢片冷冲裁模最高寿命水平。ER5 钢的化学成分见表 1-2-49。ER5 钢的相变点为：Ac_1 为 858℃，Ac_3 为 907℃，Ms 为 215℃。ER5 钢的锻造工艺规范见表 1-2-50，ER5 钢的退火工艺曲线如图 1-2-13 所示，退火后硬度为 200～240HBW。推荐采用的热处理工艺：对耐磨性要求高又能保证高强韧性时，应采用 1150℃淬火，520～530℃回火三次的工艺；对重载服役条件下的模具，采用 1120～1130℃淬火，550℃回火三次的工艺。ER5 钢经不同淬火温度及三次回火（每次 1h）后的硬度见表 1-2-51。此外，当 1100℃淬火、550℃回火时，ER5 钢具有最高抗拉强度（2480MPa）；当 1180℃淬火、550℃回火时，ER5 钢具有最高抗压屈服强度（3487MPa）；当 1100℃淬火、550℃回火时，ER5 钢获得最高抗弯强度（4965.7MPa）。

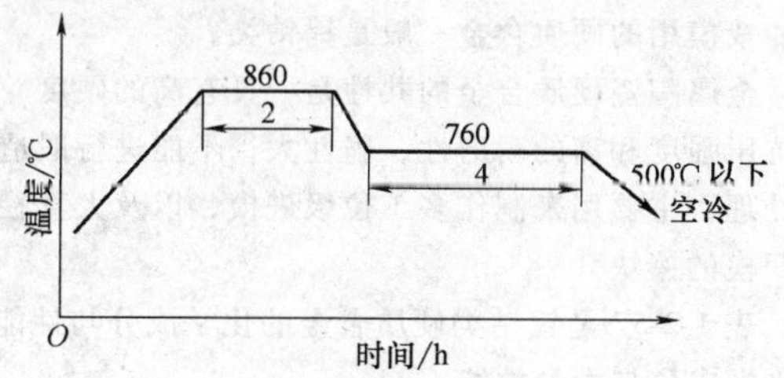

图 1-2-13　ER5 钢的退火工艺曲线

表 1-2-49　ER5 钢的化学成分

（质量分数）　（%）

C	Cr	W	Mo	V	Mn	Si
0.95～1.10	7.0～8.0	0.8～1.2	1.4～1.8	2.2～2.7	0.3～0.6	0.90～1.20

表 1-2-50　ER5 钢的锻造工艺规范

加热温度/℃	始锻温度/℃	终锻温度/℃	冷却方式
1100～1150	1150	≥900	缓冷并及时退火

表 1-2-51　不同淬火温度及三次回火（每次 1h）后的硬度

淬火温度/℃	回火温度/℃					
	500	530	550	570	600	630
	硬度 HRC					
1000	56.5	54.7	53.2	51.2	45.1	37.2
1050	61.0	60.0	53.0	56.2	51.2	40.2
1100	63.2	62.7	60.8	57.8	51.0	44.7
1120	64.0	65.0	64.0	62.2	57.0	47.7
1150	63.5	64.0	64.0	62.2	57.4	47.3
1180	63.3	65.1	64.7	63.8	59.1	49.3

2.1.2　无磁模具钢

无磁模具钢有 1Cr18Ni9Ti、5Cr21Mn9Ni4W、7Mn15Cr2Al3V2WMo 等，应用较多的钢号为 7Mn15Cr2Al3V2WMo（7Mn15）。作为无磁冷作模具钢，除具备一般冷作模具钢的使用性能外，还具有在磁场中使用时不被磁化的特性。7Mn15 钢具有非常低的磁导率，以及高的硬度、强度和较好的耐磨性。

无磁冷作模具钢 7Mn15 的化学成分见表 1-2-52。高锰含量可提高奥氏体的稳定性。碳与钢中的钒、铬、钨、钼等元素形成合金碳化物，增加钢的耐磨性。加入铝是为了改善钢的切削加工性能。7Mn15 钢的锻造工艺规范见表 1-2-53。7Mn15 钢采用高温退火工艺，以改善钢的切削加工性能，退火工艺曲线如图 1-2-14 所示，高温退火后硬度为 28～29HRC。7Mn15 钢的热处理工艺见表 1-2-54，对于一些尺寸精度要求

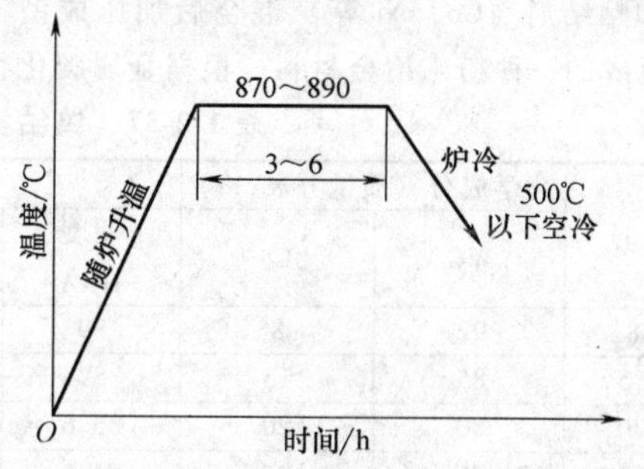

图 1-2-14　7Mn15 钢的高温退火工艺曲线

表 1-2-52　7Mn15 钢的化学成分（质量分数）　　(%)

C	Si	Mn	Cr	W	Mo	V	Al
0.65～0.75	≤0.8	14.50～16.50	2.00～2.50	0.50～0.80	0.50～0.80	1.50～2.00	2.30～3.30

表 1-2-53　7Mn15 钢的锻造工艺规范

项　目	加热温度/℃	加热时间/h	始锻温度/℃	终锻温度/℃	冷却方式
钢锭	1150～1170	≥8	1100～1120	≥950	空冷
钢坯	1140～1160	≥6	1080～1100	≥900	空冷

表 1-2-54　7Mn15 钢的热处理工艺

固溶处理		时效处理				气体氮碳共渗			
温度/℃	硬度 HRC	温度/℃	保温时间/h	冷却方法	硬度 HRC	温度/℃	时间/h	渗层深/mm	硬度 HV
1165～1180	20～22	650℃	20	空冷	48	560～570	4～6	0.03～0.04	950～1000
		700	2		48.5				

高的模具，可在固溶处理后进行精加工，随后再进行时效处理，这会减小模具的热处理变形。7Mn15 钢在不同状态下的硬度见表 1-2-55，7Mn15 钢在不同温度固溶和时效处理后的力学性能见表 1-2-56。

表 1-2-55　7Mn15 钢在不同状态下的硬度

状　态	锻　造	退　火	固　溶	时　效
硬度 HRC	33～35	28～30	20～22	47～48

表 1-2-56　7Mn15 钢在不同温度固溶和时效处理后的力学性能

热处理工艺	抗拉强度 R_m/MPa	断后伸长率 A（%）	断面收缩率 Z（%）	冲击韧度 α_K/（J/cm²）
1180℃固溶	820	61.0	61.5	230
	720	60.0	62.5	240
1150℃固溶，700℃ 2h 时效	1395	16.5	34.0	48
	1375	15.5	35.5	45
	1385	18.0	35.5	45
1180℃固溶，650℃20h 时效	1510	4.5	8.5	15
	1490	4.5	9.5	13

2.1.3　硬质合金

硬质合金的种类很多，但制造模具用的硬质合金通常是金属陶瓷硬质合金。金属陶瓷硬质合金是将一些高熔点、高硬度的金属碳化物粉末（如 WC，TiC 等）和粘结剂（Co，Ni 等）混合后加压成型，再经烧结而成的一种粉末冶金材料。根据金属碳化物种类通常将其分为钨钴类硬质合金和钨钴钛类硬质合金。冷冲裁模用的硬质合金一般是钨钴类。

金属陶瓷硬质合金的共性是：具有高的硬度、高的抗压强度和高的耐磨性，脆性大，不能进行锻造及热处理，主要用来制作多工位级进模，以及大直径拉深凹模的镶块。

表 1-2-57 是钨钴类硬质合金的化学成分与性能。

表 1-2-57　钨钴类硬质合金的化学成分与力学性能

牌　号	化学成分（质量分数,%）		力　学　性　能					
	WC	Co	硬度 HRA	抗弯强度/MPa	抗压强度/MPa	弹性模量/GPa	冲击韧度/（J/m²）	密度/（g/m³）
YG8	92	8	89	1500	4470	—	2.5	14.4～14.8
YG15	85	15	87	2000	3660	540	4.0	13.9～14.2
YG20	80	20	85.6	2600	3500	500	4.8	13.4～13.7
YG25	75	25	84.5	2700	3300	470	5.5	12.9～13.2

2.1.4 钢结硬质合金

钢结硬质合金是以难熔金属碳化物为硬质相，以合金钢为粘结剂，用粉末冶金的方法生产的一种新型模具材料，它具有金属陶瓷硬质合金的高硬度、高耐磨和高抗压性，又具有钢的可加工性和热处理性。它的出现填补了工具钢与普通硬质合金的空白。硬质相主要是碳化钨和碳化钛，我国是以 TiC 为硬质相起步，并以 GT35 牌号供应市场。WC 钢结硬质合金是我国 20 世纪 60 年代研制的，牌号为 TLMW50。

第二代 WC 硬质合金是我国 80 年代初研制成功的，简称 DT 合金。它保持了 TLMW50 的高硬度、高耐磨性，又较大幅度地提高了强度和韧性，因而能承受较大负荷的冲击，同时还具有较好的抗热裂能力，不易出现崩刃、淬裂等，是较理想的工模具材料之一。越来越多的 DT 合金用来制造冷镦模、冷挤压模、冷冲裁模、拉深模等，使用效果良好。据不完全统计，在定转子冷冲裁模、落料模方面，DT 合金模具比 W18Cr4V、Cr12MoV 模具的使用寿命至少延长 6 ~30 倍；在民用五金行业的冷镦模、拉深模方面，DT 合金模具比 Cr12 模具的寿命延长 10 ~ 32 倍，从而使成本大幅度降低。DT 合金的价格比合金钢贵几倍，小批量生产时，技术经济效益不明显。

DT 合金的力学性能见表 1-2-58。DT 合金与其他钢结硬质合金的性能比较见表 1-2-59。DT 合金的热加工工艺见表 1-2-60。

表 1-2-58 DT 合金的力学性能

状态	硬度 HRC	抗弯强度 R_{mb}/MPa	抗压强度 R_{mc}/MPa	抗拉强度 R_m/MPa	冲击韧度 α_K/（J/cm²）	弹性模量 E/MPa
低温淬火态	62 ~ 64	2500 ~ 3600	4000 ~ 4200	1500 ~ 1600	15 ~ 20	(2.7 ~ 2.8) $\times 10^5$
等温淬火态	55 ~ 62	3200 ~ 3800	2400 ~ 2800	—	18 ~ 25	

表 1-2-59 DT 合金与其他钢结硬质合金的性能比较

合金牌号	硬质相类型	硬度 HRC		密度/（g/cm^3）	抗弯强度/MPa	冲击韧度/（J/cm^2）
		加工态	使用态			
DT	WC	32 ~ 36	62 ~ 64	9.7	2500 ~ 3600	15 ~ 20
TLMW50	WC	35 ~ 42	66 ~ 68	10.2	2000	8 ~ 10
GT35	TiC	39 ~ 46	67 ~ 69	6.5	1400 ~ 1800	6

表 1-2-60 DT 合金的热加工工艺

工艺名称	工 艺 方 法
锻造	预热 700 ~ 800℃，始锻 1150 ~ 1200℃，终锻 880 ~ 900℃ 在前几火锻打时，需反复交替进行镦粗和滚圆，要轻拍快打，每次锻打时变形量控制在 5% 左右。改锻时，变形量适当增加到 10% ~15%
退火	在 860 ~ 880℃ 加热 2 ~ 3h，炉冷，700 ~ 720℃ 等温 6h，炉冷至 550℃ 以下出炉空冷。退火硬度小于 36HRC，退火组织为弥散碳化物和粒状珠光体
淬火、回火	淬火工艺为 800 ~ 850℃ 预热（加热系数为 2min/mm），1000 ~ 1020℃ 加热（加热系数为 1min/mm），油冷，200 ~ 650℃ 回火 2h 也可采用（200 ~ 300℃）×30min 的等温淬火工艺

与普通硬质合金相比，DT 合金在退火软化后具有较好的切削加工性，可进行车、铣、刨、钻、攻螺纹等各种切削加工。DT 合金切削加工的难易，除与坯料退火软化程度有关外，还与切削加工工艺参数（如切削速度、背吃刀量、刀具几何角度等因素）有很大关系。加工 DT 合金时，一般采用较低的切削速度、较大的背吃刀量和中等的进给量。

DT 合金磨削加工时，易烧伤表面或产生网状裂纹。因淬火、低温回火后的硬度比退火后的高，所以常在退火状态下将其磨削至最终尺寸或接近最终尺寸，尽量少留磨削余量，以免淬火后磨削遇到困难。对精度要求不高时，可在淬火前磨削至最终尺寸，淬火、回火后稍加研磨抛光即可；对精度要求高时，可留少量精磨余量，以减少淬火、回火后的磨削困难。磨削时应采用高转速、小磨削量，并供给充足的切削液以免过热，造成模具刃口回火软化或烧伤。但磨削退火状态的工件，最好采用干磨。

DT 合金和普通硬质合金一样可以进行电加工，

如电火花加工和线切割加工等。电火花加工时，常用DT合金凸模做电极来加工DT合金凹模。电火花加工后，模具加工表面往往有几微米非常硬脆且伴有微裂纹的放电硬化层，一般采取二次回火来消除。同时要仔细研磨电火花加工面，以去除残存在放电硬化层中的微裂纹。

用DT合金制作模具时，一般都采用组合连接方法，这是因为粉末冶金件不可能压得很大，以及为了节约DT合金材料并发挥与其组合连接的钢材的优点。常用的组合连接方法有镶套、焊接、粘结和机械连接等。

2.2　常用铸铁

应用于模具的铸铁多为球墨铸铁、蠕墨铸铁，有时也用灰铸铁。铸铁常被用来制成模具中的配套零件，例如在冲孔模、落料模、弯曲模、塑料模结构中用铸铁制作上下模板、模柄、推料板前后架、底板、推件滑座、上下模座、定位板、支架紧固块等辅助模具零件。

2.2.1　灰铸铁

应用于模具的灰铸铁的牌号多为HT200或HT250。灰铸铁的牌号与力学性能见表1-2-61。

表1-2-61　灰铸铁的牌号与力学性能

（GB/T 9439—1988）

牌　号	铸件壁厚/mm		抗拉强度
	>	≤	R_m/MPa
HT100	2.5	10	130
	10	20	100
	20	30	90
	30	50	80
HT150	2.5	10	175
	10	20	145
	20	30	130
	30	50	120
HT200	2.5	10	220
	10	20	195
	20	30	170
	30	50	160
HT250	4.0	10	270
	10	20	240
	20	30	220
	30	50	200
HT300	10	20	290
	20	30	250
	30	50	230
HT350	10	20	340
	20	30	290
	30	50	260

2.2.2　球墨铸铁

球墨铸铁由基体组织与球状石墨组成，石墨呈圆球状，对基体割裂作用最小，基体强度的利用率可达70%~90%，力学性能相对优良，可用来制造各种压型模、冲压模等。球墨铸铁的牌号与力学性能见表1-2-62。

表1-2-62　球墨铸铁的牌号与力学性能

（GB/T 1348—2009）

牌号	抗拉强度 R_m/MPa≥	屈服强度 $R_{r0.2}$/MPa≥	伸长率 A（%）≥	布氏硬度 HBW
QT900-2	900	600	2	228~360
QT800-2	800	480	2	245~335
QT700-2	700	420	2	225~305
QT600-3	600	370	3	190~270
QT500-7	500	320	7	170~230
QT450-10	450	310	10	160~210
QT400-15	400	250	15	130~180
QT400-18			18	

2.2.3　蠕墨铸铁（见表1-2-63）

表1-2-63　蠕墨铸铁的牌号与力学性能

（JB/T4403—1999）

牌　号	抗拉强度 R_m/MPa≥	屈服强度 R_r0.2/MPa≥	伸长率 A（%）≥	布氏硬度 HBW
RuT420	420	335	0.75	200~280
RuT380	380	300	0.75	193~274
RuT340	340	270	1.0	170~249
RuT300	300	240	1.5	140~217
RuT260	260	195	3	121~197

2.3　非铁金属及其合金

2.3.1　低熔点合金

低熔点合金系指熔点在300℃以下的合金，采用的元素有Bi、Sb、Cd、Sn、Zn等，对其性能的影响见表 1-2-64，常用的低熔点合金的化学成分及力学性能见表 1-2-65。

低熔点合金主要用于制造拉深模、成形模。用来在固定板上浇固凸模，固定凹模拼块、固定导套、浇铸卸料板的导向部分及成形模的工作部分等。

用低熔点合金浇固模具，浇固部分可以粗加工，省工时，生产周期短，并能得到准确的配合，从而提高模具质量。但对大于 2mm 的板料冲裁时，由于卸料力大而很少采用。

用低熔点合金铸造成形模，制造周期短，成本低。适用于新产品试制和小批量、多品种生产，寿命一般在万件以下。

表 1-2-64　合金元素对低熔点合金性能的影响

元素名称	合金元素	硬度 HBW	冷凝膨胀率（%）	对低熔点合金性能的影响	备　注
铋	Bi		3.32	①提高强度；②降低熔点；③提高流动性能	来源较困难
锡	Sn	5		①提高伸长率；②降低熔点；③提高流动性	微毒
镉	Cd	20	0.03	①提高强度和伸长率；②降低熔点；③提高填充性能	氧化镉有毒
锑	Sb		0.95	①提高硬度与强度；②降低冲击韧度；③降低熔点；④提高填充性能	有毒
铅	Pb			提高伸长率	氧化铅有毒

表 1-2-65　常用低熔点合金的化学成分及力学性能

分类	化学成分（质量分数,%）									熔点/℃	力学性能			冷凝时膨胀或收缩	备　注
	铋 Bi	锡 Sn	锑 Sb	铅 Pb	锌 Zn	铝 Al	镉 Cd	铜 Cu	镁 Mg		硬度 HBW	抗拉强度 R_m/MPa	伸长率 A（%）		
铋基合金	58	42	—	—	—	—	—	—	—	138	24.6	57.2	11.35	膨胀	—
	70	—	10	20	—	—	—	—	—	143	—	—	—	—	—
	57	42	1	—	—	—	—	—	—	136	22.5	76	—	—	成形模材料
	56	42	—	—	—	—	—	—	—	135	17.4	72	5	—	成形模材料
	50	13.3	—	26.7	—	—	10	—	—	70	9	41	—	—	弯管填料
	44	50	6	—	—	—	—	—	—	170	25.1	95.4	—	收缩	成形模材料
	50	12.5	—	25	—	—	12.5	—	—	68	—	—	—	—	—
	48	12.77	—	25.63	4	—	9.6	—	—	65	—	—	—	—	—
	44.7	11.3	—	22.6	16.1	—	5.3	—	—	47	—	—	—	—	—
锡基合金	30	70	—	—	—	—	—	—	—	170	—	—	—	—	—
	42	58	—	—	—	—	—	—	—	139	—	—	—	—	—
	46	52	2	—	—	—	—	—	—	152	22.5	78	—	收缩	成形模材料
铅基合金	—	—	13.5	86.5	—	—	—	—	—	245	—	—	—	—	—
	12.5	37.5	—	50	—	—	—	—	—	—	178	—	—	—	—
	34.9	20.1	—	37.5	—	—	—	—	—	80	—	—	—	—	—

2.3.2　锌基合金

锌基合金是指以锌为基体的 Zn、Al、Cu 三种元素加入微量 Mg 组成的合金。采取熔化浇注的方式制造模具，其熔点为 380℃，密度为 6.7g/cm^3，性能相当于低碳钢，加工性质类似于青铜铸件。

一般模具用锌基合金是采用 w_{Zn} = 99.995%、w_{Al} = 99.7%、w_{Cu} = 99.95% 的电解铜和 w_{Mg} = 99.95% 按比例配制而成的。使用这样高纯度的材料，对提高锌基合金的力学性能起到了良好的作用。锌基合金的化学成分及力学性能见表 1-2-66。

锌基合金的熔炼工艺有两种：直接熔炼法与中间

合金熔炼法。直接熔炼法是将 Zn、Al、Cu 按比例倒入坩埚直接进行熔炼的方法。中间合金熔炼法是先将铜、铝熔炼成中间合金，然后将锌与中间合金配制成锌合金。此方法可减少合金元素的氧化、烧损和金属熔液过热，便于控制合金化学成分，节约能源，缩短熔炼周期。

表 1-2-66 锌基合金的化学成分及力学性能

代 号	化学成分（质量分数,%）				热处理规范	力学性能		
	锌	铜	铝	镁		抗拉强度 R_m/MPa	伸长率 A（%）	硬度 HBW
62-1	92.12	3.42	3.56	0.04		268	1.6	124
62-2	91.97	3.64	3.53	0.04	铸造冷凝后，冷至 250℃，再水冷，人工时效（118℃下 10h）	278	0.83	108.5
					150℃硝盐炉加热 1h，淬火（水温 54℃），自然时效 100h	267	0.88	118.3

模具用锌基合金的特点有：①熔点低，为 380℃，可用简单设备和一般技术进行熔化，浇注温度为 420~450℃，可用砂型、金属型进行铸造；②模具复制性好；③强度接近于低碳钢；④切削性能好，易于机械加工和修饰加工；⑤铸件气孔、针孔少，且可用气焊修补；⑥具有独特的润滑性和耐烧结性，用锌基合金（如拉深）冲压工件表而不易出现缺陷；⑦锌基合金可重熔再用，节约原材料，降低成本；⑧可用经过修整的凸模作型芯直接铸出精度高的凹模；⑨冷固时产生收缩，铸造时可将需要镶入的钢制件直接铸入。

由于锌基合金具有上述特点，使锌基合金模的设计简单、制造容易，不需要专门的模具加工设备，省工、省料、节省模具的储存面积，适用于制造中小批冲裁模、成形模、拉深模及弯曲模。作冲裁模时，凸模采用淬硬的工具钢。

锌基合金硬度低，为弥补不足可采用渗铬后再使用，可大大提高模具寿命。使用锌基合金模具时要考虑坯料的种类和尺寸，在轻合金薄板拉深或成形时寿命可达万件。

2.3.3 铜基合金

用于冷作模具的铜合金主要是铸造铝青铜。由于不锈钢、耐热钢等高韧性材料在成形加工时，用工具钢模具容易发生烧伤和擦伤，而用铝青铜模具可防止此缺陷，因为铝青铜的导热性好，能得到光滑的加工面，是摩擦热积蓄少的合金。表 1-2-67 列出了铸造模具的铝青铜的化学成分和力学性能。

铝青铜的铸造和机械加工较为困难，一般采用工具钢制作凸模，铝青铜制作凹模。铝青铜模具在对钛、钽、铝等新材料的成形中效果较好。铝青铜模具的寿命一般不超过 1 万次。

2.3.4 高温合金

高温合金主要包括铁基高温合金、镍基高温合金和钴基高温合金，工作温度可达 650~1100℃，广泛用于制造铜热挤压模、铁合金热压成形模等。典型高温合金的化学成分见表 1-2-68。

表 1-2-67 铝青铜的化学成分和力学性能

序号	化学成分（质量分数,%）						抗拉强度 R_m/MPa	伸长率 A（%）	硬度 HBW
	Cu	Al	Fe	Ni	Mn	杂质			
1	>78	8.0~11.0	2.5~6.0	1.0~3.0	<3.5	<0.5	>490	>20	>120
2	>78	85~11.5	2.5~6.0	2.5~6.0	<3.5	<0.5	>588	>15	>150

表 1-2-68 典型高温合金的化学成分（质量分数）（%）

种类		C	Cr	Mo	Ti	Al	Co	B	Zr	Ni	Fe	工作温度/℃
镍基	Waspaloay	0.08	19	4.4	3	1.3	13.5	0.008	0.08	余量	—	815~1000
	Rene'41	0.10	15	5.2	3.5	4.3	18	0.03	—	余量	—	815~1000
钴基 S-816		0.38	20	4	4W	4Cd	余量	—	—	20	4	>1000
铁基 A-286		0.05	15	12.5	2.0	0.2	0.3V	1.35Mn	0.5Si	—	余量	—

2.4 聚氨酯橡胶

2.4.1 聚氨酯橡胶制品的性能

用于模具的橡胶制品主要是聚氨酯橡胶。聚氨酯橡胶具有硬度高、强度好、高弹性、高耐磨性、耐撕裂、耐老化、耐臭氧、耐辐射及良好的导电性等优点，是一般橡胶所不能比拟的。因此聚氨酯橡胶在冲模上除了用于卸料、脱件橡胶垫以外，还在冲裁、弯曲、浅拉深及成形工序中得到广泛应用。图 1-2-15 所示为聚氨酯橡胶的压缩特性曲线。图 1-2-16 所示为聚氨酯橡胶与普通橡胶所能承受的加载力比较图。聚氨酯橡胶的性能指标见表 1-2-69。

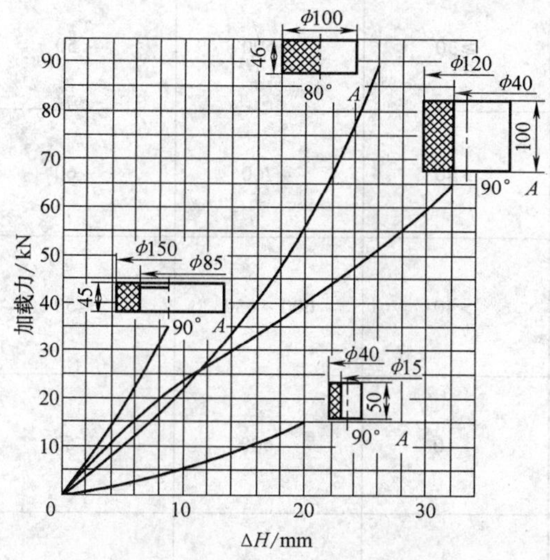

图 1-2-15 聚氨酯橡胶的压缩特性曲线

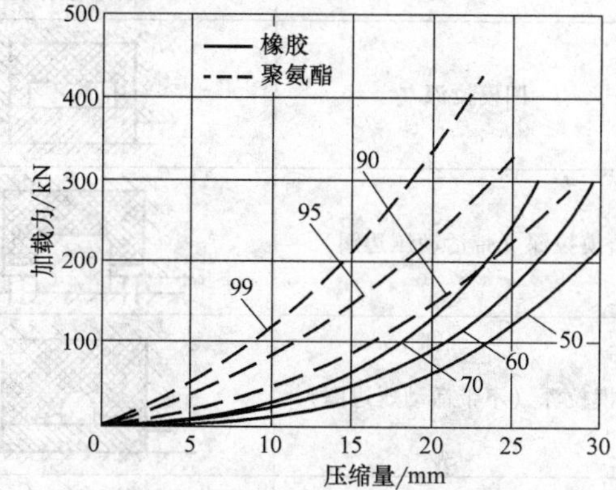

图 1-2-16 聚氨酯橡胶与普通橡胶所能承受的加载力比较

2.4.2 聚氨酯橡胶的选用

聚氨酯橡胶的选用可参照表 1-2-70～表 1-2-72。

表 1-2-69 聚氨酯橡胶的性能指标

性能指标 \ 牌号	8295	8290	8280	8270	8260
硬度 HSA	95±3	90±3	80±3	70±3	60±3
密度/（g/cm^3）	1.05～1.10				
伸长率（%）	400	450	450	500	550
抗拉强度/MPa	45	45	45	40	30
300%定伸强度/MPa	15	13	10	5	2.5
断裂永久变形（%）	18	15	12	8	8
阿克隆磨耗/（cm^3/1.61km）	0.1	0.1	0.1	0.1	0.1
抗撕强度/MPa	10	9	8	7	5
脆性温度/℃	-40	40	-50	-50	-50
100℃，72h 老化系数	≥0.9	≥0.9	≥0.9	≥0.9	≥0.9
耐油性（煤油，室温，72h 的增重率）	≤3	≤3	≤4	≤4	≤4

表 1-2-70 冲压工序对聚氨酯性能的要求

工序名称	模　　具	性能要求		
		R_m/MPa	A（%）	硬度 HSA
切断、落料和冲孔		20～30	≥300	80～95

（续）

工序名称	模　具	性能要求		
		R_m/MPa	A（%）	硬度 HSA
弯曲成形	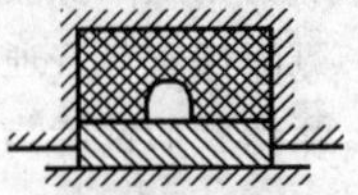	≥30	≥500	≥70
凹模拉深	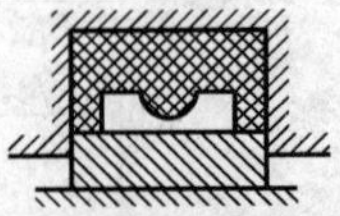	≥30	≥500	<50
凸模拉深（带活动压边圈）	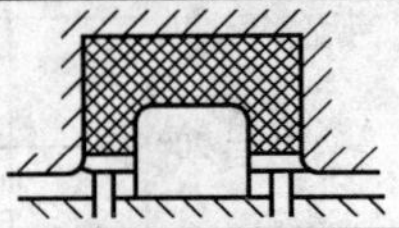	>40	~700	~60
凸模拉深（不带活动压边圈）	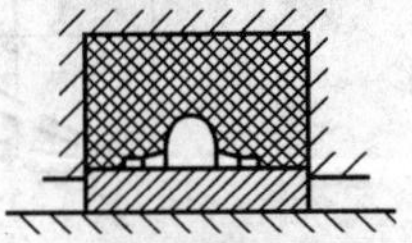	>40	600~650	≤50
空间零件成形	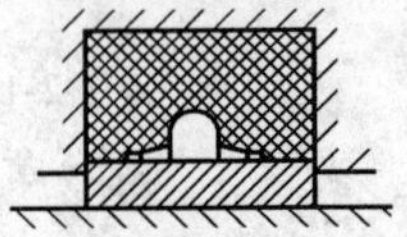	>10	~600	~50
复杂零件的局部连续成形	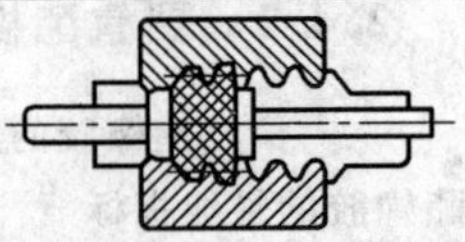	≥30	≥500	>60

表 1-2-71　不同毛坯材料对聚氨酯橡胶硬度的要求

工序名称	毛坯材料		硬度 HSA
	R_m/MPa	t/mm	
落料、冲孔	≤200	≤1.5	75~85
	≤450	≤0.8	85~90
简单弯曲	≤300	≤1.5	80~85
	≤450	≤1.0	80~85
落料、冲孔和成形复合	≤300	≤1.5	85~90
	≤450	≤0.8	85~90
拉深或胀形	≤300	≤0.5	40~55
	≈300	0.5~0.8	50~70
	≈300	0.8~1.2	70~80
	≈450	≤0.5	70~80

表 1-2-72　聚氨酯橡胶冲模元件的硬度

工艺方法	元件名称	硬度 HSA	备　注
冲裁	凹模	90	
	顶件器、卸料器	70~90	

（续）

工艺方法	元件名称	硬度 HSA	备　注
弯曲	型腔式凹模	90~95	
	容框式凹模	80	
	顶件器	70~80	
闸压	凹模	70	
滚弯	滚弯垫板	70~80	
	滚轴	70~80	
拉深	型腔式凹模	79HSD	
	容框式凹模	70	深拉深
	凸模	70	浅拉深
	压边圈	70~80	浅拉深
翻边	衬垫	95	浅翻边
		90	深翻边
	压边圈	90~95	
落压	凹模	90~95	聚醚型
爆炸成形	凹模	90~95	聚醚型
胀形	凸模	80	
局部成形	上模	90~95	

2.5　冲模零件用材料的进厂检验

冲模零件的原材料质量，直接影响零件的加工和使用。原材料存在的质量缺陷，会给加工带来困难，如化学成分有误，材料性能不符，将直接影响锻造和热处理质量，降低加工尺寸精度和表面质量，造成模具使用寿命降低以及早期损坏等不良后果。而且模具制造多为单件生产，加工工艺复杂，制造周期长，原材料的质量缺陷会带来不必要的材料和工时浪费，因此，对原材料进厂质量检验，是确保模具质量和降低成本的首要环节。

1. 原材料进厂检验项目

模具主要零件用材料为工具钢和硬质合金等，原材料进厂时，除按有关规定检查材料尺寸、重量外，还需对如下项目进行例行检验：

1）化学成分。

2）金相组织。

3）交货态硬度值。

4）试样淬、回火硬度。

5）脱碳层厚度。

6）表面质量等。

原材料进厂检验应由工厂的质量检查部门负责。小型企业也可按供货合同的规定检查验收。

2. 工具钢进厂检验项目要求

1）化学成分允许偏差见表 1-2-73。

表 1-2-73　合金工具钢和高速工具钢化学成分允许偏差　（%）

元素	合金工具钢		高速工具钢	
	应用范围	允许偏差	应用范围	允许偏差
C	—	±0.02	—	±0.01
W	≤1	±0.05	≥5.50～11.00	−0.03
	>1～5	±0.10		
	>5	±0.20	>11.00	−0.05
Cr	≤10	±0.05		±0.10
	>10	±0.10		
Mo	≤0.6	±0.02	<2.00	−0.10
	>0.6	±0.03	≥2.00	−0.20
V	—	±0.02	<2.50	−0.10
			≥2.50	−0.20
Si	—	±0.05	—	−0.10
Mn	—	±0.05	—	±0.05
Co	—	—	—	−0.30

注：碳素工具钢的化学成分应符合表 1-2-73 的规定，其允许残余元素含量（质量分数）：铬不大于 0.85%，镍不大于 0.20%，铜不大于 0.30%。

2）金相组织状态。金相组织状态主要指珠光体组织、网状碳化物和共晶碳化物不均匀度的要求。

①　碳素工具钢。供切削加工用钢的珠光体组织按 GB/T1298—2008 所附第一级别图评定。允许级别为：

当截面≤60mm 时，T7A、T8A 为 1～5 级；
T10A 为 2～4 级。

当截面尺寸 >60mm 时，按与钢厂的协议检验。

T7A、T8A 的网状碳化物不检验，其余供切削用钢的网状碳化物按 GB/T1298—2008。

所附第二级别图评定。允许级别为：

当截面尺寸≤60mm 时，不大于 2 级；

当截面尺寸 >60～100mm 时，不大于 3 级；

当截面尺寸 >100mm 时，按与钢厂的协议检验。

②　合金工具钢。供切削加工用 9CrSi、CrWMn 等钢种的珠光体组织，按 GB/T1299—2000 所附第一级别图评定，允许级别小于或等于 5 级。

供切削加工用 9CrSi、CrWMn 等钢种的网状碳化物，按 GB/T1299—2000 所附第二级别图评定。允许级别为：

当截面尺寸≤60mm 时，不大于 3 级；

当截面尺寸 >60mm 时，按与钢厂的协议检验。

Cr12、Cr12MoV 钢的共晶碳化物不均匀度按 GB/T1299—2000 所附第三级别图评定。允许级别见表 1-2-74。

③　高速工具钢。高速工具钢的共晶碳化物不均匀度按 GB/T9943—2008 规定，钨系钢号按第一级别图评定，钨钼系钢号按第二级别图评定，不得有不变形或少变形的共晶碳化物存在。共晶碳化物不均匀度的允许级别为：

当截面尺寸≤40mm，不大于 3 级；

当截面尺寸 >40～60mm，不大于 4 级；

当截面尺寸 >60～80mm，不大于 5 级；

当截面尺寸 >80～100mm，不大于 6 级；

当截面尺寸 >100～120mm，不大于 7 级；

当截面尺寸 >120mm，按与钢厂的协议检验。

3）工具钢退火态交货硬度值和试样淬、回火硬度见表 1-2-75。

4）脱碳层允许厚度

①　热轧与锻制钢材，一边总脱碳层允许厚度：

碳素工具钢：截面尺寸 $D<100$mm 时，一边总脱碳层允许厚度≤（$0.25+1.5\%D$）。

合金工具钢：

钢材截面尺寸 $D=5\sim50$mm 时，一边总脱碳层允许厚度≤（$0.25+1\%D$）；

钢材截面尺寸 $D=50\sim150$mm，一边总脱碳层允许厚度≤（$0.20+2\%D$）。

表 1-2-74 共晶碳化物不均匀度允许级别

钢材截面尺寸/mm		≤50	>50~70	>70~120	>120
共晶碳化物不均匀度级别不大于	Ⅰ	3	4	5	6
	Ⅱ	4	5	6	按与钢厂的协议检验

表 1-2-75 工具钢退火态交货硬度值和试样淬、回火硬度值

钢 号	退火态硬度 HBW	淬火温度/℃	淬火介质	回火温度/℃	硬度 HRC≥
T7 (T7A)	≤187	800~820	水	—	62
T8 (T8A)	≤187	780~800	水	—	62
T10 (T10A)	≤197	760~780	水	—	62
9Mn2V	≤229	780~810	油	—	62
CrWMn	207~255	800~830	油	—	62
9CrSi	197~214	820~860	油	—	62
Cr12	217~269	950~1000	油	—	60
Cr12MoV	207~255	950~1000	油	—	58
Cr6WV	≤241	960~1020	油或空冷	—	60
W18Cr4V	≤255	1270~1285	油	550~570	62
5CrMnMo	197~241	820~850	油	—	—
5CrNiMo	197~241	830~860	油	—	—

高速工具钢：允许厚度为（0.3+1%D）（不包括钼系高速钢）。

② 冷拉钢材，一边总脱碳层允许厚度：

碳素工具钢：$D\leqslant16$mm 时，一边总脱碳层允许厚度≤1.5%D；

$D>16$mm 时，一边总脱碳层允许厚度≤1.3%D。

供高频淬火用钢：一边总脱碳层允许厚度≤1%D。

合金工具钢：硅合金钢，≤2%D；

其余钢种，≤1.5%D。

高速工具钢按与钢厂供货合同的要求验收。

③ 截面尺寸大于 100mm 的碳素工具钢、截面尺寸大于 150mm 的合金工具钢以及钼系高速钢的热轧锻制钢材和全部扁钢的一边总脱碳层允许厚度按与钢厂供货合同的要求验收。

5）表面质量检验要求

① 热轧和锻制切削加工用钢材表面存在的肉眼可见的裂纹、折叠、结疤和夹杂等局部缺陷的允许深度按如下要求检验：

碳素工具钢：

$D<100$mm 的圆钢，不超过从钢材公称尺寸算起的公差之半；

$D\geqslant100$mm 的圆钢，不超过从钢材公称尺寸算起的公差；

扁钢按与钢厂供货合同的要求验收。

合金工具钢：

$D<80$mm 的圆钢，不超过从钢材公称尺寸算起的公差之半；

$D\geqslant80$mm 的圆钢，不超过从钢材公称尺寸算起的公差。

扁钢按与钢厂供货合同的要求验收。

高速工具钢：同合金工具钢。

② 冷拔钢钢材表面应光滑洁净，不得有裂纹、折叠、结疤、夹杂和氧化皮。麻点、划痕、发纹、凹坑、黑斑和润滑剂痕迹等表面轻微缺陷的允许深度按如下要求检验。

碳素工具钢：不得大于从钢材实际尺寸算起的该尺寸的公差（退火状态交货允许有氧化色）。

合金工具钢：11~13 级精度等级供货，不大于从钢材实际尺寸算起的该尺寸的公差，允许有氧化色或轻微氧化层；9~10 级精度等级供货时，表面不应有任何缺陷。

高速工具钢：同碳素工具钢。

3. 模具用硬质合金进厂检验要求

硬质合金的金相检验要求见表 1-2-76。

表 1-2-76 模具用硬质合金的金相检验要求

牌号	孔隙度（体积分数,%）≤	石墨夹杂（体积分数,%）≤	污垢度/μm <
YG8	0.2	0.2	200
YG15	0.2	1.0	200

2.6 冲模零件的坯料准备

根据模具零件结构设计工艺要求，冷冲模零件坯料准备的方式一般有铸件、锻件、轧制钢材、气割件

几种。

1. 铸件坯料

(1) 应用范围 使用铸件作冲模零件的坯料，一般用于模架的上下模座、冲模底板、弯曲模槽型模座等，一般选用 HT200，大型、重负荷的模座、底板可选为 ZG270—500。

大型覆盖件拉深模零件、切边模零件（堆焊刃口的基体）等，可选用 HT250、HT300 等材料，大批量生产用拉深模的主要零件可选用合金铸铁，中小批量生产时可选用球墨铸铁。

(2) 铸件毛坯的尺寸偏差 模具铸件多属单件或小批量生产，制造中使用木模型为多，以砂型和手工造型方式为主。铸件的允许尺寸偏差见表 1-2-77 和表 1-2-78。

表 1-2-77 灰铸铁和碳钢铸件的允许尺寸偏差 （单位：mm）

铸件最大尺寸	铸件材料	公称尺寸							
		≤50	>50~120	>120~260	>260~500	>500~800	>800~1250	>1250~2000	>2000~3150
≤500	铸铁	±1.0	±1.5	±2.0	±2.5	—	—	—	—
	铸钢	±1.2	±1.8	±2.2	±3.0	—	—	—	—
>500~1250	铸铁	±1.2	±1.8	±2.2	±3.0	±4.0	±5.0	—	—
	铸钢	±1.5	±2.0	±2.5	±3.5	±5.0	±6.0	—	—
>1250~3150	铸铁	±1.5	±2.0	±2.5	±3.5	±5.5	±6.0	±7.0	±9.0
	铸钢	±1.8	±2.2	±3.0	±4.0	±6.0	±6.5	±8.0	±10.0

表 1-2-78 铸件的非加工壁厚和肋厚尺寸偏差 （单位：mm）

铸件壁厚或肋厚	铸件最大尺寸			
	≤500	>500~1250	>1250~2500	>2500~4000
	尺寸偏差			
≤6	±0.8	±1.2	±1.5	±2.0
>6~10	±1.0	±1.2	±1.5	±2.0
>10~18	±1.5	±1.5	±2.0	±2.0
>18~30	±1.5	±2.0	±2.5	±2.5
>30~50	±2.0	±2.0	±3.0	±3.0
>50~80	±2.5	±2.5	±3.0	±3.5
>80~120	±2.5	±3.0	±3.5	±4.0

注：若铸造中采用型与芯或芯与芯的方式形成壁厚或肋厚时，其偏差可比表中数值增大 30%。

(3) 铸件机械加工余量 铸铁件、铸钢件机械加工单面余量的推荐数值见表 1-2-79。

表 1-2-79 铸铁件、铸钢件机械加工单面余量的推荐数值

（单位：mm）

铸件最大尺寸	浇注时加工面的位置	加工余量	
		灰铸铁件	碳钢、低合金钢铸件
≤500	顶面	4~6	6~8
	底面、侧面	3~5	4~6
>500~800	顶面	6~8	8~10
	底面、侧面	4~6	5~7
>800~1250	顶面	7~9	9~12
	底面、侧面	5~7	7~9
>1250~2000	顶面	9~11	10~14
	底面、侧面	7~9	8~11
>2000~3150	顶面	11~13	12~16
	底面、侧面	9~11	9~13

球墨铸铁件的机械加工余量与碳钢铸件相同。大型拉深模零件的曲面部分采用机械加工的方法成形时，曲面加工余量应比表 1-2-79 中的数值增大 2~3mm。

模具铸件上用机械加工方法加工的导柱孔、导套孔，一般不予铸出。

(4) 大型覆盖件拉深模铸造结构 大型覆盖件拉深模零件一般多选用铸件结构，翻边、整形模零件以及堆焊刃口的切边模零件基体可选用铸件的结构形式。为了便于铸造成形，铸件壁厚应尽可能均匀，避免壁厚过厚或过薄。为减轻铸件重量，应设有铸造孔，铸造孔可兼顾用于搬运、加工、排屑和设置空气管道、润滑管道、顶出装置等。

图 1-2-17 为大型覆盖件拉深模铸造结构图，表 1-2-80 给出了该类模具结构的壁厚推荐数据。

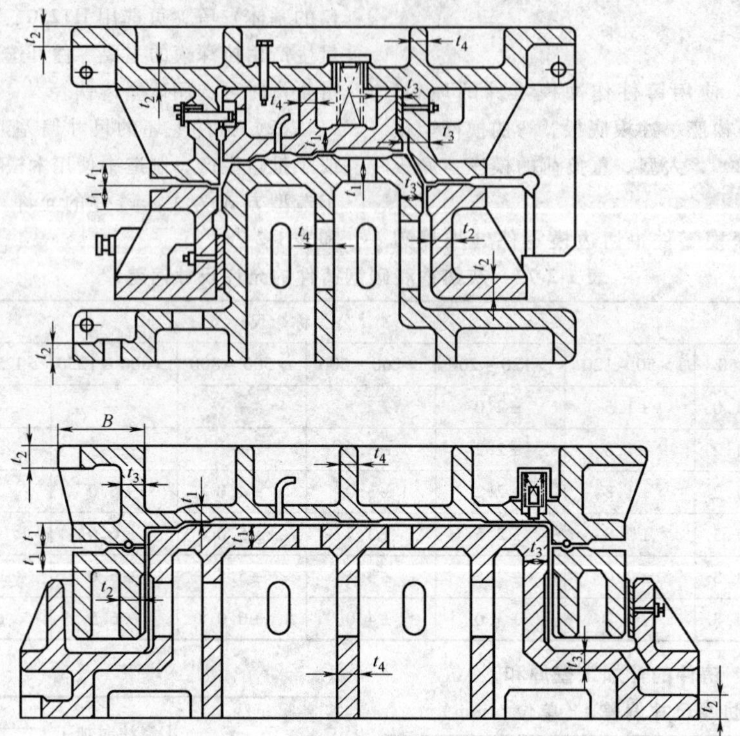

图 1-2-17　大型覆盖件拉深模铸造结构

表 1-2-80　大型覆盖件拉深模壁厚推荐数据　（单位：mm）

模具的长边尺寸	加强肋的间隔	t_1（最小）	t_2	t_3	t_4
≤600	200（最大）	35	30	30	25
>600～1200	300（最大）	40	30	35	28
>1200～2000	300（最大）	50	36～40	40	32
>2000～3000	300（最大）	60	40～45	45	38
>3000	300（最大）	75	50～62	50～62	48

（5）铸件热处理　铸件热处理的目的在于消除内应力、细化晶粒和改善力学性能及切削加工性能等。

1）铸钢件热处理可以采用完全退火和正火等工艺方法，以完全退火使用较多。铸钢件的完全退火温度和保温时间见表 1-2-81。铸钢完全退火后的硬度不应超过 229HBW。

表 1-2-81　铸钢件的完全退火温度和保温时间

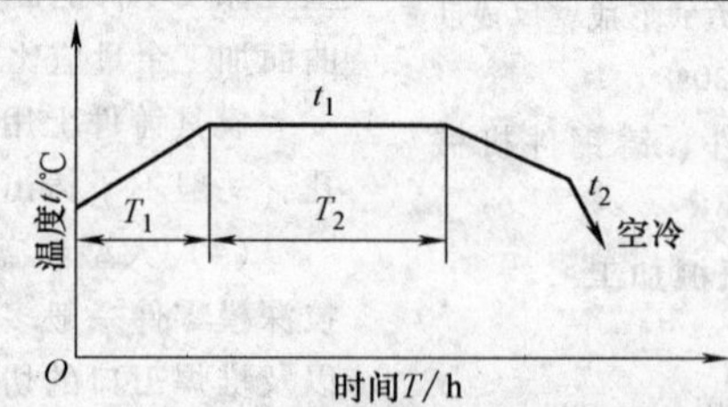

钢　号	保温温度 t_1/℃	最短升温时间 T_1 和保温时间 T_2/h						随炉冷却时最高出炉温度 t_2/℃
		壁厚/mm						
		≤100		>100～300		>300～500		
		T_1	T_2	T_1	T_2	T_1	T_2	
ZG270～500	840～860	3～5	3～4	5～6	5～6	7～8	7～8	350～450
ZG310～570	830～850							

2）灰铸铁件去应力退火处理（人工时效）工艺见图 1-2-18。

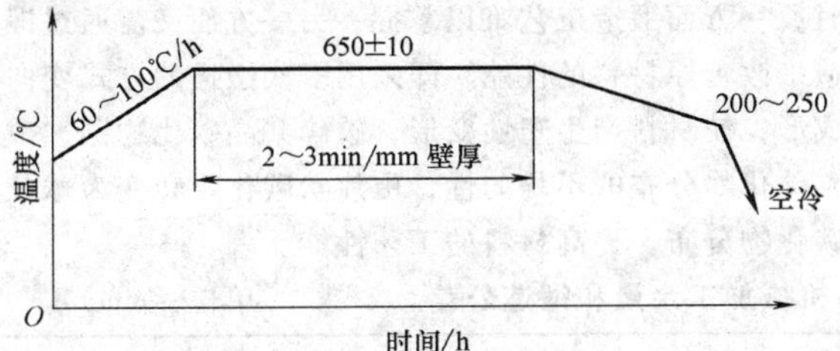

图 1-2-18 灰铸铁件去应力退火工艺

灰铸铁件进行人工时效后，铸件硬度应不大于 269HBW。

采用人工时效后的灰铸铁件可有效消除铸造过程中产生的热应力和组织应力，防止铸件加工后变形，甚至开裂。铸铁件在大切削用量粗加工后，也应进行退火以消除粗加工时产生的残余应力。

实际生产中常对灰铸铁件进行自然时效，即将铸件在常温下放置 6 个月至 1 年的时间，以释放应力。

3）球墨铸铁去应力退火工艺见图 1-2-19。普通球墨铸铁去应力退火温度为 510～570℃，若温度过低，去应力效果不显著；温度过高，可能引起珠光体的石墨化。

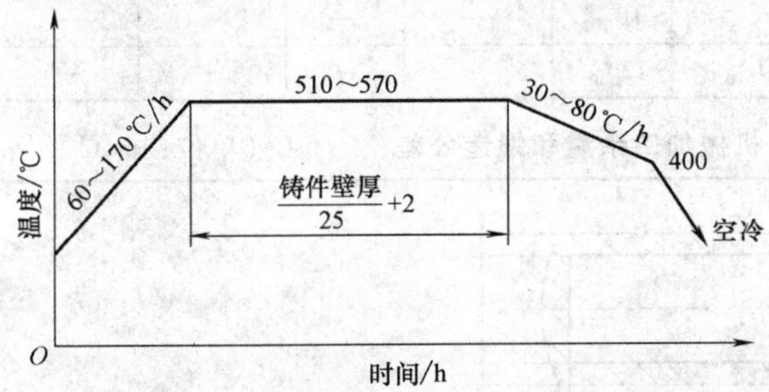

图 1-2-19 球墨铸铁去应力退火工艺

铸铁件、铸钢件热处理后，一般以机械加工时的切削性能和试样的力学性能来判断热处理效果。

4）合金铸铁的热处理规范见表 1-2-82。

表 1-2-82 合金铸铁的热处理规范

材 料	热处理规范			
	淬火温度	冷却剂	回火温度	硬度 HRC
镍铬铸铁	810～860℃	空冷	200℃左右	40～45
钼铬铸铁	表面火焰加热		（火焰加热）	55～60

注：适用于大型冲模零件的火焰淬火。

（6）铸件毛坯质量检验

1）检验项目。铸件毛坯的材料应符合产品图样的规定。

当铸铁、铸钢熔炼和热处理工艺稳定时，可以只作化学成分检验，否则应按表 1-2-83 的要求检验化学成分和力学性能。

表 1-2-83 模具铸件金属材料质量检验项目

材料名称	化学成分	抗拉强度	屈服强度	抗弯强度	伸长率	冲击韧度	布氏硬度 HBW
灰铸铁	✓	✓	—	✓	—	—	✓
球墨铸铁	✓	✓	✓	—	✓	✓	✓
合金铸铁	✓	✓	—	✓	—	—	✓
铸钢	✓	✓	—	—	✓	—	—

2）检验用样件。小批量生产的铸件毛坯（如标准模架的上下模座等）浇铸时，应有单独的检验用样件。

大型覆盖件模具零件的铸造毛坯，多为单件生产，可在铸件的适当部位预留样件供质量检验用，样件尺寸可在（25～30）mm×（25～30）mm×（100～120）mm 范围。

3）铸件毛坯表面质量要求。铸件表面应经清砂处理，去除砂子和气割熔渣等杂物，铸钢件允许带有氧化皮。

铸件的飞边、毛刺应去除，其残留高度不大于 1～3mm。

铸件的重要加工面或受力较大处不允许有气孔、砂眼、裂纹及缩孔等缺陷。机械加工表面上裸露的气孔、砂眼、裂纹、缩孔及缩松等铸造缺陷的深度不大于加工余量的 1/2～2/3 时，其缺陷可不修补。对严重的铸造缺陷，须经焊补后方可使用。缺陷过大使铸件丧失使用性能的应予报废。

铸件表面的结疤应除净，非加工表面浇冒口残痕高度应清除，以不妨碍使用为前提。

2. 锻造毛坯

模具零件采用锻造毛坯的目的是得到一定的几何形状，以达到节约原材料和节省加工工时的目的。同时，通过锻造可使材料组织细密、碳化物分布和流线分布合理，达到改善热处理性能和提高使用寿命的目的。

模具零件的锻造毛坯通常采用自由锻造，以单件生产和小批量生产为主。中小尺寸的锻件多用一定尺寸的热轧圆钢改锻，大尺寸的锻件可用铸钢锭经开坯锻造获得。

锻件的形状为圆柱形（带孔或不带孔）、矩形、阶梯形、T 形等较简单的形状。

（1）锻件的加工余量和锻造公差 锻件的机械加工余量，既要考虑锻件本身的锻造夹层、裂纹、氧化皮、脱碳层和表面不平度等因素，又要兼顾机械加工的工作量不可太大。表1-2-84、表1-2-85给出了矩形和圆形截面锻件的最小机械加工余量和锻造公差的推荐数值（表列数值不包括锻件的凸面和圆弧）。

（2）高铬钢和高速钢的锻造　模具的一般结构零件，通常以得到一定的几何形状尺寸为主要目的，但对于模具的主要零件，尤其是要求热处理质量较高、使用寿命较长的零件，当需选用高铬钢和高速钢时，一方面锻造工艺难以掌握，另一方面又需通过锻造来改善原材料的性能，即采用多次镦拔的方式变向成形，使材料产生塑性变形，破碎共晶碳化物网，改善碳化物分布的不均匀性，由片状碳化物转变为球状碳化物分布，提高材料的工艺性能。

表1-2-84　矩形截面锻件的最小机械加工余量和锻造公差　（单位：mm）

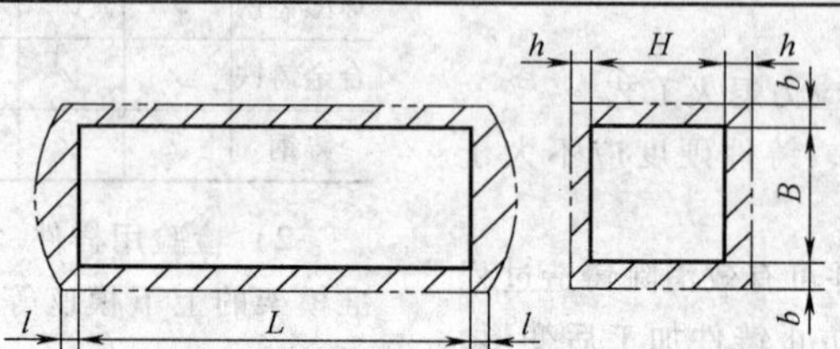

零件截面尺寸 B 或 H	零件长度 L									
	≤150		>150~300		>300~500		>500~750		>750~1000	
	加工余量2b、2h、2l及公差									
	2b或2h	2l	2b或2h	2l	2b或2h	2l	2b或2h	2l	2b或2h	2l
≤25	4^{+3}_{0}	4^{+4}_{0}	4^{+3}_{0}	4^{+4}_{0}	4^{+3}_{0}	4^{+5}_{0}	4^{+4}_{0}	5^{+5}_{0}	5^{+5}_{0}	5^{+6}_{0}
>25~50	4^{+4}_{0}	4^{+4}_{0}	4^{+4}_{0}	4^{+5}_{0}	4^{+4}_{0}	4^{+6}_{0}	4^{+5}_{0}	5^{+5}_{0}	5^{+6}_{0}	6^{+7}_{0}
>50~100	4^{+4}_{0}	4^{+5}_{0}	4^{+4}_{0}	5^{+5}_{0}	4^{+4}_{0}	5^{+7}_{0}	5^{+6}_{0}	5^{+7}_{0}	5^{+6}_{0}	7^{+8}_{0}
>100~200	5^{+5}_{0}	4^{+5}_{0}	5^{+5}_{0}	5^{+7}_{0}	5^{+5}_{0}	8^{+8}_{0}	6^{+6}_{0}	8^{+8}_{0}	—	—
>200~350	5^{+7}_{0}	5^{+6}_{0}	6^{+5}_{0}	9^{+9}_{0}	6^{+6}_{0}	10^{+9}_{0}	—	—	—	—
>350~500	7^{+6}_{0}	10^{+8}_{0}	7^{+6}_{0}	13^{+10}_{0}	7^{+7}_{0}	13^{+10}_{0}	—	—	—	—

表1-2-85　圆形截面锻件的最小机械加工余量和锻造公差　（单位：mm）

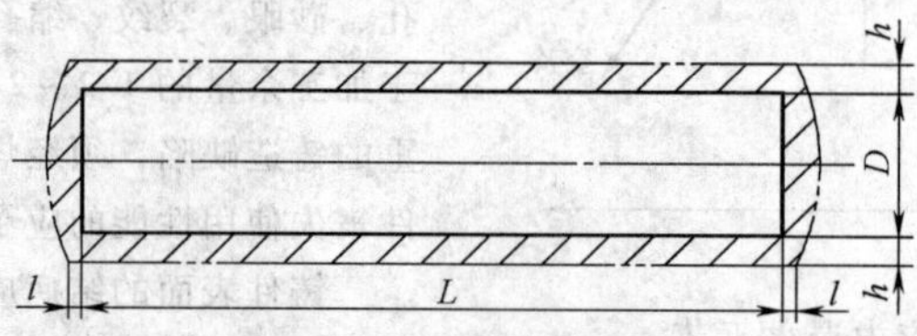

零件直径 D	零件长度 L													
	≤30		>30~80		>80~180		>180~360		>360~600		>600~900		>900~1500	
	加工余量2h、2l及公差													
	2h	2l	2h	2l	2h	2l	2h	2l	2h	2l	2h	2l	2h	2l
18~30	—	—	—	—	3^{+3}_{0}	3^{+3}_{0}	3^{+3}_{0}	3^{+3}_{0}	3^{+3}_{0}	4^{+4}_{0}	4^{+3}_{0}	4^{+4}_{0}	4^{+4}_{0}	4^{+5}_{0}
>30~50	—	—	3^{+3}_{0}	3^{+4}_{0}	3^{+3}_{0}	3^{+4}_{0}	3^{+3}_{0}	3^{+4}_{0}	4^{+4}_{0}	4^{+4}_{0}	4^{+4}_{0}	4^{+5}_{0}	4^{+4}_{0}	4^{+5}_{0}
>50~80	—	—	3^{+3}_{0}	3^{+4}_{0}	4^{+4}_{0}	4^{+4}_{0}	4^{+4}_{0}	4^{+5}_{0}	4^{+4}_{0}	4^{+5}_{0}	4^{+4}_{0}	4^{+5}_{0}	4^{+5}_{0}	4^{+5}_{0}
>80~120	4^{+4}_{0}	3^{+3}_{0}	4^{+4}_{0}	3^{+4}_{0}	4^{+4}_{0}	4^{+4}_{0}	4^{+4}_{0}	4^{+5}_{0}	4^{+5}_{0}	5^{+5}_{0}	—	—	—	—
>120~150	4^{+4}_{0}	4^{+3}_{0}	4^{+4}_{0}	4^{+3}_{0}	4^{+5}_{0}	5^{+5}_{0}	—	—	—	—	—	—	—	—
>150~200	4^{+4}_{0}	4^{+4}_{0}	4^{+5}_{0}	4^{+5}_{0}	5^{+5}_{0}	5^{+5}_{0}	—	—	—	—	—	—	—	—
>200~250	5^{+5}_{0}	4^{+4}_{0}	5^{+5}_{0}	4^{+5}_{0}	—	—	—	—	—	—	—	—	—	—
>250~300	5^{+6}_{0}	4^{+4}_{0}	6^{+6}_{0}	5^{+5}_{0}	—	—	—	—	—	—	—	—	—	—
>300~400	7^{+7}_{0}	5^{+6}_{0}	8^{+7}_{0}	6^{+6}_{0}	—	—	—	—	—	—	—	—	—	—
>400~500	8^{+10}_{0}	6^{+6}_{0}	—	—	—	—	—	—	—	—	—	—	—	—

1）锻造温度见表 1-2-86。

表 1-2-86　高铬钢和高速钢的锻造温度

钢　号	锻造温度/℃	
	始　锻	终　锻
Cr12	1050～1080	850～920
Cr12MoV	1050～1100	850～900
W18Cr4V	1100～1150	880～930

2）锻造方法。Cr12MoV 钢和高速钢碳化物的分布情况，直接影响材料的力学性能、使用寿命和零件热处理后的变形方向。

通常采用纵向锻造法、横向锻造法和综合锻造法。

纵向锻造法是将坯料沿原材料的轴向镦粗、拔长，如图 1-2-20 所示。该工艺操作方便，材料流线方向易掌握，可有效改善碳化物的分布状况，但镦粗、拔长数次后，两端易于开裂。

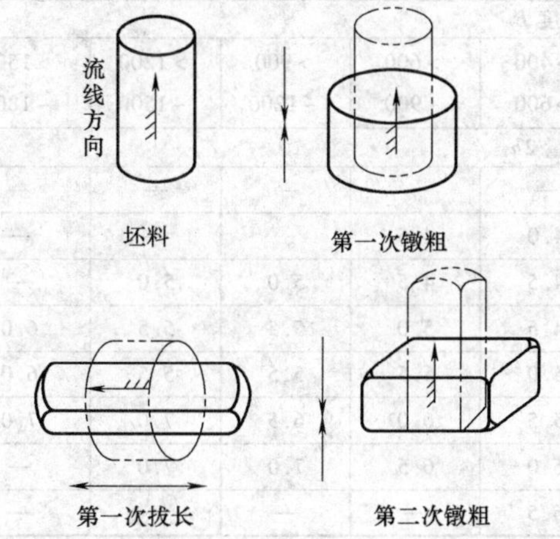

图 1-2-20　纵向锻造法

横向锻造法就是变向镦拔，将坯料顺着轴向镦粗后，再沿着轴线的垂直方向进行十字形的反复镦拔的锻造方法，如图 1-2-21 所示。使用该方法锻造时，坯料中心部分的金属流动不大，可反复镦粗、拔长多次，中心不易开裂，能较好地改善碳化物的分布状况，原材料中心疏松度稍差的钢材也可锻造。此方法应注意材料的轴线方向不乱不错，锻造中经常保持锻坯成扁方形。

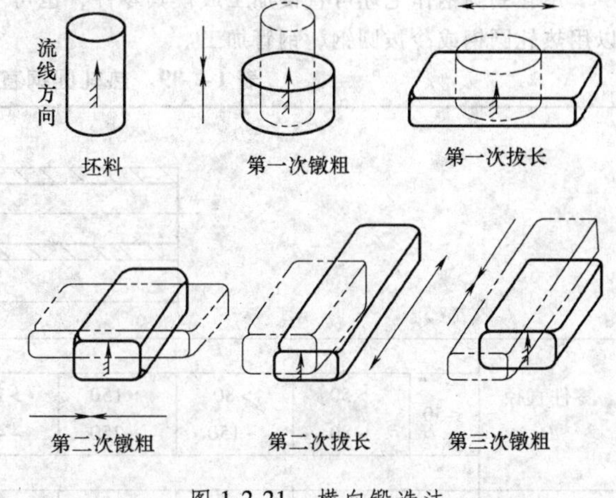

图 1-2-21　横向锻造法

综合锻造法是将每一火中包括纵向镦拔和横向镦拔综合在一起的方法，可有效改善碳化物分布状况，已得到广泛的应用。

（3）锻件的退火　坯料在锻造成形后，应进行退火、正火和调质等处理，以求去除锻造应力、软化组织，便于以后的机械加工。

按锻件的钢种不同，锻件退火工艺参数见表 1-2-87。

对于成批锻件或极易脱碳的小截面锻件，当不宜采用退火工艺时，可采用正火、高温回火以及封闭保护等措施，达到软化组织的目的。

锻件应符合表 1-2-88 的硬度值。

表 1-2-87　锻件退火工艺参数

钢　号	高温保温退火		低温保温退火		空冷前温度
	温度/℃	时间/h	温度/℃	时间/h	/℃
Cr12、Cr12MoV、W18Cr4V	860～880	2.5～4	720～740	4～6	550°
GCr15、CrWMn、5CrMnMo、5CrNiMo	800～820	3～5	700～720	3～6	550°
T7(T7A)、T8(T8A)、T10(T10A)、9Mn2V	760～780	3～5	680～700	3～6	550°

注：保温时间，大型锻件、大装转量取大值，反之取小值。

表 1-2-88　锻件硬度值

钢　号	硬度 HBW≤	钢　号	硬度 HBW≤
20	156	9CrSi	197～241
45	197	CrWMn	207～255
40Cr	207	Cr6WV	235
T7（T7A）	187	Cr12	217～269
T8（T8A）	187	Cr12MoV	207～255
T10（T10A）	197	5CrMnMo	197～241
9Mn2V	229	5CrNiMo	197～241
GCr15	170～207	W18Cr4V	207～255

（4）锻件的质量检验

1）锻件毛坯尺寸应符合工艺要求，加工余量允许偏差要符合表1-2-89、表1-2-90的要求。

2）锻件表面不得有裂纹、氧化皮脱碳层和表面锻造不平等现象，内部不应有夹层现象。

3. 用轧制圆钢作毛坯

用轧制圆钢作毛坯可直接加工成模具零件，也可以用热轧圆钢或冷拔圆钢、钢管加工。

用热轧圆钢可加工小尺寸圆凸模、顶杆、打杆、模柄、拉杆、非标紧固件等；对较大尺寸的圆凸模或异形凸模，以及对材料未提出特殊要求者，也可用热轧圆钢直接加工。在决定毛坯尺寸时，应根据标准规定的产品规格尺寸和供货情况选择相邻近的尺寸。表1-2-89、表1-2-90给出了热轧圆钢的机械加工余量。

表1-2-90所列数据适用于淬火工件，非淬火工件的机械加工余量可减少25%～40%。

表1-2-89 热轧圆钢直径上的最小机械加工余量 （单位：mm）

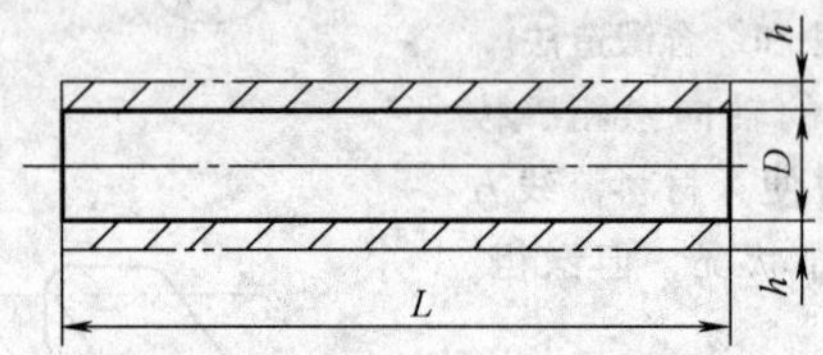

零件直径 D	零件长度 L									
	≤50	>50～80	>80～150	>150～250	>250～400	>400～600	>600～900	>900～1200	>1200～1500	>1500～1800
	直径余量 $2h$									
≤10	3.0	3.0	3.0	3.5	3.5	—	—	—	—	—
>10～18	3.0	3.0	3.0	3.5	4.0	4.0	4.5	—	—	—
>18～30	3.0	3.0	3.5	4.0	4.0	4.5	4.5	5.0	5.0	—
>30～50	3.5	3.5	3.5	4.0	4.5	4.5	5.0	5.5	5.5	6.0
>50～75	3.5	3.5	4.0	4.5	5.0	5.0	5.5	5.5	5.5	6.0
>75～100	4.0	4.0	4.0	4.5	5.0	5.5	6.0	6.5	7.0	7.0
>100～125	4.0	4.0	4.5	5.5	6.0	6.0	6.5	7.0	7.0	—
>125～150	4.0	4.0	5.0	6.0	6.0	6.5	—	—	—	—

表1-2-90 热轧圆钢端面上的最小加工余量 （单位:mm）

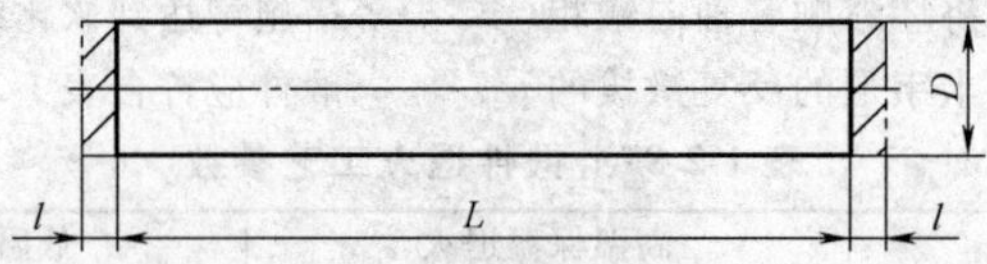

零件直径 D	零件长度 L									
	≤50	>50～80	>80～150	>150～250	>250～400	>400～600	>600～900	>900～1200	>1200～1500	>1500～1800
	端面加工余量 $2l$									
≤10	1.5	1.5	1.5	2.0	2.0	—	—	—	—	—
>10～18	1.5	1.5	1.5	2.0	2.0	2.0	2.0	—	—	—
>18～30	2.0	2.0	2.0	2.0	2.0	2.5	2.5	3.0	3.0	3.5
>30～50	2.0	2.0	2.5	2.5	2.5	2.5	3.0	3.0	3.5	4.0
>50～75	2.5	2.5	3.0	3.0	3.0	3.5	3.5	4.0	4.0	4.5
>75～100	3.0	3.0	3.5	3.5	3.5	4.0	4.0	4.5	4.5	5.0
>100～125	3.5	3.5	4.0	4.0	4.5	4.5	5.0	—	—	—
>125～150	4.0	4.0	4.5	4.5	5.0	5.0	—	—	—	—

在标准冲压模架的生产中，导柱、导套选用 T7 的冷拉圆钢、钢管进行加工，可以节省大量的粗加工工时。

4. 采用气割件作为模具零件的毛坯

该方法多用于模块等零件的生产。使用低碳厚钢板（如 Q235 等），采用气割的方法加工的毛坯，一般不需进行退火处理。钢制模架的上、下模座，以及采用拼焊结构的模具零件等，采用气割方法准备毛坯可大大缩短生产准备周期，降低模具工艺成本。

2.7　冲压模具钢的合理选用和实例

2.7.1　冷作模具的选材（见表 1-2-91 ~ 表 1-2-94）

表 1-2-91　常用冷作模具材料的性能比较

材料类别	材料牌号	标准号	性能比较					
			耐磨性	韧性	切削加工性	淬火不变形性	回火稳定性	淬硬深度
碳素工具钢	T7A	GB/T1298—2008	差	较好	好	较差	差	水淬 15 ~ 18mm 油淬 5 ~ 7mm
	T10A		较差	中等	好	较差	差	
	T12A		较差	中等	好	较差	差	
合金工具钢	9SiCr、Cr2	GB/T1299—2000	中等	中等	较好	中等	较差	油淬 40 ~ 50mm
	9Mn2V		中等	中等	较好	较好	差	油淬≤30mm
	CrWMn		中等	中等	中等	中等	较差	油淬≤60mm
	9CrWMn		中等	中等	中等	中等	较差	油淬 40 ~ 50mm
	Cr12		好	差	较差	好	较好	油淬 200mm
	Cr12MoV		好	差	较差	好	较好	油淬 200 ~ 300mm
	Cr4W2MoV		较好	较差	中等	中等	中等	φ150 × 150mm 可内外淬硬达 60HRC 空淬 40 ~ 50mm
	6W6Mo5Cr4V		较好	较好	中等	中等	中等	较深
	SiMnMo	—	较好	中等	较好	较好	较差	较浅
轴承钢	GCr15	GB/T18254—2002	中等	中等	较好	中等	较差	油淬 30 ~ 35mm
高速钢	W18Cr4V	GB/T9943—2008	较好	较差	较差	中等	深	深
	W6Mo5Cr4V2		较好	中等	较差	中等	好	深
基体钢	CG-2	—	较好	较好	中等	中等	好	深
	65Nb		较好	较好	中等	较好	中等	空淬≤50mm、油淬≤80mm
普通硬质合金	YG3X		最好	差	差	不经热处理，无变形	最好，可达 80 ~ 90℃	不经热处理，内外硬度均匀一致
	YG6			差				
	YG8、YG8C			差				
	YG15			差				
	YC20C			差				
	YG25			差				
钢结硬质合金	YE65(GT35) YE50(GW50)		好	较差，但优于普通硬质合金	可机械加工	可热处理，几乎不变形	好	深

表 1-2-92　冲模工作零件常用材料及硬度要求

类别	模具名称	使用条件	推荐材料	代用钢号	工件硬度 HRC
冲剪	直剪刃（长剪刃）	薄板（<3mm）	7CrSiMnMoV	T8A、9CrWMn	57 ~ 60
		中板（3 ~ 10mm）	9SiCr	T10A、5CrWMn	56 ~ 58
		厚板（>10mm）	5CrW2Si	5SiMnMoV	52 ~ 56
		硅钢片及不锈、耐热钢薄板	Cr12MoV	—	57 ~ 59
	圆剪刃（圆盘剪）	薄板	9SiCr	Cr12MoV	57 ~ 60
		中板	5CrW2Si	—	52 ~ 56
		硅钢片	Cr12MoV	—	57 ~ 60

（续）

类别	模具名称	使用条件	推荐材料	代用钢号	工件硬度 HRC
冲剪	成形剪刀	圆钢（一般）	T8A	8Cr3、Cr12MoV	54～58
		圆钢（小型高寿命）	6W6Mo5Cr4V	—	58～60
		型钢	5CrW2Si	5CrNiMo	52～56
		废钢	5CrMnMo	5CrMnMoV	48～53
	穿孔冲头	薄板、中板	T10A、T8A	T8A、60Si2Mn	54～58
		厚板	5CrW2Si	6CrW2Si	51～56
		奥氏体钢薄板	Cr12MoV	W18Cr4V	58～60
		高强度钢板	65Nb	6W6Mo5Cr4V	58～60
		偏心载荷	55SiMoV	5SiMnMoV	57～60
冲裁模	精冲模		Cr12MoV	Cr12、Cr5Mo1V	61～63（凹模）
			Cr14W2MoV	W6Mo5Cr4V2	60～62（凸模）
	轻载冲裁模（$t<2$mm）	<0.3mm 软料箔带	T10A	T8A	56～60（凸模） 37～40（凹模）
		硬料箔带	7CrSiMnMoV	CrWMn	62～64（凹模）
		小批量、简单形状	T10A	Cr2	
		中批量、复杂形状	MnCrWV	9Mn2V	48～52（凸模）
		高精度要求	Cr2 MnCrWV	CrWMn 9CrWMn	52～58 56～58（易脆折件）
		大批量生产	Cr12MoV Cr5Mo1V	Cr4W2MoV	
		高硅钢片（小型） （中型）	Cr2 Cr12MoV	Cr12MoV	
		各种易损小冲头	W6Mo5Cr4V2	W18Cr4V	59～61
	重载冲裁模	中厚钢板及高强度薄板	Cr12MoV Cr4W4MoV	Cr5Mo1V	54～56（复杂） 56～58（简单）
		易损小尺寸凸模	W6Mo5Cr4V2	W18Cr4V	58～61
成形模	轻载拉深模	简单圆筒浅拉深	T10A	Cr12	60～62
		成形浅拉深	MnCrWV	9Mn2V CrWMn	60～62
		大批量用落料或拉深复合模（普通材料薄板）	Cr12MoV	Cr5Mo1V	58～60
	重载拉深模	大批量小型拉深模	SiMnMo	Cr12	60～62
		大批量大、中型拉深模	Ni-Cr 合金铸铁	球墨铸铁	45～50
		耐热钢、不锈钢拉深模	Cr12MoV（大型） 65Nb（小型）	CT-15	65～67（渗氮） 64～66
	弯曲、翻边模	轻型、简单	T10A		57～60
		简单易裂	T7A		54～56
		轻型复杂	CrWMn	9CrWMn	57～60
		大量生产用	Cr12MoV		57～60
		高强度钢板及奥氏体钢板	Cr12MoV		65～67（渗氮）
	大中型弯板机通用模具	互换性要求严格，形状复杂	5CrMoMn	5CrNiMo	42～48
冲精压	平面精压模	非铁金属钢件	T10A CR12MoV	Cr2	59～61 59～61
	刻印精压模	非铁金属钢件 不锈钢等高强度材料	9MN2V Cr5Mo1V、65Nb 6W6Mo5Cr4V 65Nb	9Cr2 Cr12WMoV 5CrW2Si	58～60

（续）

类别	模具名称	使用条件		推荐材料	代用钢号	工件硬度 HRC
冲精压	立体精压模	浅型腔		Cr2	GCr15,9Cr2	60~62
				Cr5Mo1V	5CrW2Si	56~58
		复杂型腔		5CrNiMo	5CrMnMo	54~56
				9Cr2		57~60
冷挤压	轻载冷挤压	铝合金（单位压力＜1500MPa）		Cr12（小型）	MnCrWV、YG8	60~62
				65Nb（中型）	Cr12MoV、YG15	56~58
	重载冷挤压	钢件（单位压力 1500~2000MPa）		6W6Mo5Cr4V（凸模）	W6Mo5Cr4V2	60~62
				Cr12MoV（凹模）	65Nb、CrWMn	58~60
		钢件（单位压力 2000~2500MPa）		W6Mo5Cr4V2（凸模）	W18Cr4V	61~63
	模具型腔冷挤压凸模	一般中、小型		9SiCr	Cr2、T10A	59~61
		大型复杂件		5CrW2Si		59~61（渗碳）
		复杂精密件		Cr12MoV	Cr5Mo1V	59~61
		成批压制用		65Nb	6W6Mo5Cr4V	59~61
		高单位压力（＞2500MPa）		W6Mo5Cr4V2	W18Cr4V、Cr12	61~62
冷镦模	切料刀片	整体式	小规格	T10A、GCr15	W18Cr4V	58~60
			大、中规格	9SiCr	Cr12MoV	56~58
	切料模	整体式	小规格	9SiCr	W18Cr4V	58~60
			大、中规格	GCr15、T10A	Cr12MoV	56~58
	光冲	整体式	中、小规格	T10A	W18Cr4V	59~51
			大规格		9Cr2	57~59
	压球模	整体式	小规格	YG20	YG20C	—
			大、中规格	GCr15、Cr12MoV	65Nb	57~59
	切边模	整体式	大、中规格	Cr12MoV	65Nb	
			中、小规格	9SiCr	W6Mo5Cr4V2	
	凹模	整体式	＜M6	9SiCr、Cr12MoV	—	59~61
			＞M6	T10A	MnSi、9Cr2	56~59
		组合式	模芯＞M10	Cr12MoV	65Nb、YG20C	52~59
				W6Mo5Cr4V2		57~61
			模芯＜M10	YG20	CT35、TLMW50	
			模套	T10A、GCr15	5CrNiMo	48~52（内）
				60Si2Mn		44~48（外）
	成形冲头	凹穴冲头，中、小规格		60Si2Mn	65Nb、CG2	57~59
				5CrMnMo		57~59
		外六角冲头，大、中规格		Cr12MoV	6W6Mo5Cr4	57~59
				Cr6MoV		52~56
		内六角冲头	中、小规格	60Si2Mn	65Nb、CG2	51~57
			大规格	W6Mo5Cr4V2、W18Cr4V	6W6Mo5Cr4	59~61

（续）

类别	模具名称	使用条件		推荐材料	代用钢号	工件硬度 HRC
冷镦模	成形冲头	十字冲头	小规格 大、中规格	W18Cr4V W6Mo5Cr4V2 60SiMn	65Nb，CG2 6W6Mo5Cr4	59～61 55～57
	冲孔冲头	强烈磨损和断裂		W18Cr4V	W6Mo5Cr4V2	59～61
冷滚压模	搓丝板	≤M20		9SiCr	Cr12MoV	58～61
	滚丝模及滚齿纹模	一般 螺距＞3mm 梯形螺纹、齿纹		Cr12MoV	Cr5Mo1V 9SiCr	58～61 56～58 54～56
	成形滚压模	型材校直辊、无缝金属管轧辊等		9Cr2	Cr2	61～63
拉拔模	钢管、圆钢冷拔模	强烈磨损、咬合及张应力作用特殊形状规格		T10、Cr2、45 Cr12MoV	石墨钢 Cr12	61～63（碳氮共渗淬火） 40～45（渗硼淬火心部） 61～63（渗硼淬火表面）

表1-2-93 冲模结构零件用料及热处理要求

零件名称及其使用情况		选用材料	热处理硬度 HRC
上模座 下模座	一般负荷	HT200，HT250	
	负荷较大	HT250，Q235	
	负荷特大，受高速冲击	45	28～32（调质）
	用于滚动导柱模架	QT400—18，ZG310—570	
	用于大型模具	HT250，ZG310—570	
模柄	压入式、旋入式和凸缘式	Q235，Q275	—
	通用互换性模柄	45，T8A	45～48
	带球面的活动模柄、垫块等	45	43～48
导柱 导套	大量生产	20	56～60（渗碳淬硬）
	单件生产	T10A，9Mn2V	56～60
	用于滚动配合	Cr12，GCR15	62～64
固定板、卸料板、定位板		Q235（45）	43～48
垫板	一般用途	45	43～48
	单位压力特大	T8A，9Mn2	52～55
推板 顶板	一般用途	Q235	—
	重要用途	45	43～48
顶直 推杆	一般用途	45	43～48
	重要用途	Cr6WV，CrWMn	56～60
导料板		Q235（45）	43～48
导板模用导板		HT200，45	
侧刃、挡块		45（T8A、9Mn2V）	43～48（56～60）
定位钉、定位块、挡料销		45	43～48
废料切刀		T10A，9Mn2V	58～60
导正销	一股用途	T10A，9Mn2V、Cr12	56～60
	高耐磨	Cr12MoV	60～62
斜楔、滑块		Cr6WV，CrWMn	58～62
圆柱销、销钉		（45）T7A	（43～48）50～55
模套、模框		Q135（45）	28～32（调质）
卸料螺钉		45	35～40（头部淬硬）

（续）

零件名称及其使用情况			选用材料	热处理硬度 HRC
圆钢丝弹簧			65Mn	40 ~ 48
碟形弹簧			65Mn，50CrVA	43 ~ 48
限位块（圈）			45	43 ~ 48
承料板			Q235	—
钢球保持圈			ZQSn10—1. 2A04	—
压边圈	一般拉深	小型	T10A、9Mn2V、CrWMn	54 ~ 58
		大、中型①	低合金铸铁② CrWMn、9CrWMn	
	双动拉深		钼钒铸铁	
中层预应力圈			5CrNiMo、40Cr、35CrMoA	45 ~ 47
外层预应力圈			5CrNiMo、35CrMoA、40Cr、35CrMnSi，45	40 ~ 42

① 大、中型制品系指外径及高度 > 200mm 者。

② 低合金铸铁化学成分：$w_C = 3\%$、$w_{Si} = 1.6\%$、$w_{Cr} = 0.4\%$、$w_{Mo} = 0.4\%$，摩擦面进行火焰淬火。

表 1-2-94 冷冲模模具材料的选用举例及其硬度要求

模具类型		工作条件	推荐选用的材料牌号：中、小批量生产	推荐选用的材料牌号：大量生产	硬度 HRC：凸模	硬度 HRC：凹模
冲裁模	硅钢片冲模	形状简单，冲裁硅钢薄板厚度≤1mm 的凸、凹模	CrWMn、CR6WV、（Cr12）、（Cr12MoV）	YG15、YG20 或 YG25 硬质合金；YE30 或 YE65 钢结硬质合金（另附模套，模套材料可采用中碳钢或 T10A）	60 ~ 62	60 ~ 64
		形状复杂，冲裁硅钢薄板厚度≤1mm 的凸、凹模	Cr6WV、（Cr12）、Cr2Mn2SiWMoV、（Cr12MoV）			
	钢板落料、冲孔模	形状简单，冲裁材料厚度≤4mm 的凸、凹模	T10A、9Mn2V、9SiCr、GCr15	YG15、YG20 或 YG25 硬质合金；YE50 或 YE65 钢结硬质合金（另附模套，模套材料可采用中碳钢或 T10A）	薄板（≤4mm）：58 ~ 60 厚板：<56	薄板（≤4mm）：60 ~ 62 厚板：<56
		形状复杂，冲裁材料厚度≤4mm 的凸、凹模	CrWMn、9CrWMn、9Mn2V、Cr6WV			
		冲裁材料厚度 > 4mm，载荷较重的凸、凹模	（Cr12）、（Cr12MoV）、Cr4W2MoV、Cr2Mn2SiWMoV、5CrW2Si	同上，但模套材料需采用中碳合金钢		
	冲头	轻载荷（冲裁薄板，厚度≤4mm）	T7A、T10A、9Mn2V		ϕ < 5mm：56 ~ 62	—
		重载荷（冲裁厚板，厚度 > 4mm）	W18Cr4V W6Mo5Cr4V2 6W6Mo5Cr4V		ϕ > 10mm：52 ~ 56；56 ~ 60	—
	剪刀（切断模）	剪切薄板（厚度≤4mm）	T10A、T12A、9Mn2V、GCr15		45 ~ 50；54 ~ 58	—
		剪切薄板的长剪刀	CrWMn、9CrWMn 9Mn2V、GrCr15 Cr2Mn2SiWMoV			
		剪切厚板（厚度 > 4mm）	5CrW2Si、Cr4W2MoV（Cr12MoV）		60 ~ 64	
	修（切）边模	简单的形状	T10A、T12A、9Mn2V、GGr15		56 ~ 60	50 ~ 62
		较复杂的形状	CrWMn、9Mn2V、Cr2Mn2SiWMoV			

（续）

模具类型	工作条件	推荐选用的材料牌号		硬度 HRC	
		中、小批量生产	大量生产	凸模	凹模
弯曲模（压弯模）	一般弯曲的凸、凹模	T7A、T10A 9Mn2V、GGr15		58 ~60	56 ~61
	载荷较重，要求高度耐磨的凸、凹模	Cr6WV、（Cr12）、（Cr12MoV）、Cr4W2MoV			

注：表中有括号的牌号，因铬含量高不推荐采用，可用 Cr6WV 或 Cr4W2MoV、Cr2Mn2SiWMoV 等牌号代替。

2.7.2　冷冲裁模的热处理

冷冲裁模的工作条件、失效形式、性能要求不同，其热处理特点也不同。

1. 薄板冷冲裁模的热处理

薄板冷冲裁模应具有高的精度和耐磨性，因此在工艺上应保证模具热处理变形小、不开裂和高硬度。通常会根据模具材料的类型采用不同的减少变形的热处理方法。

（1）碳素工具钢薄板冷冲裁模的热处理

1）双介质淬火工艺。碳素工具钢淬透性比较低，为获得所需要的硬度及淬硬层，淬火冷却速度要快，常采用双介质淬火工艺，即盐水-油或碱水-油双介质淬火。双介质淬火冷却能力强，淬硬层深，但易于淬裂，且难以控制变形。为此，常采取以下一些措施，以减小变形和开裂：①对易淬裂的边、孔部位或易变形的部位，可采用螺栓堵孔、包扎铁皮等防护措施；②对小型冷冲裁模可采用低温淬火减少变形，并进行低温长时间回火等；③采用升高炉温，快速加热，严格控制加热时间，避免整体透烧，只需刃口、棱角部位硬化；④易变形的凸模采用局部淬火，整体回火；⑤应用预冷淬火，可避免边孔开裂，减轻胀缩变形。

2）碱浴淬火。可减少变形量，消除开裂，但小孔及窄槽内壁难以硬化，大、中型模具淬硬层过薄。

3）等温淬火工艺。可使钢在保持高硬度的同时具有更好的强韧性配合，有效地减少热处理变形。

4）超细化处理。T10A 钢制冷冲裁模可采用如图 1-2-22 所示的常规热处理工艺，模具在使用中会经常脆性断裂；采用如图 1-2-23 所示的碳化物超细化处理工艺，获得小而圆的细粒状超细碳化物，可提高小能量多次冲击疲劳断裂强度、抗弯强度、抗压强度和耐磨性，并具有较高的韧性和塑性，延长模具使用寿命。

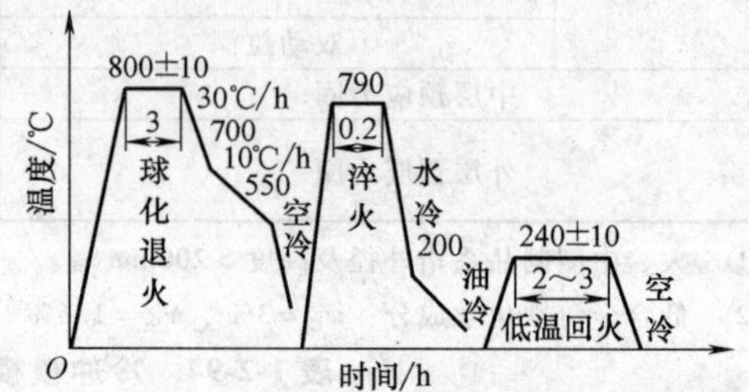

图 1-2-22　T10A 钢制冷冲裁模的常规热处理工艺曲线

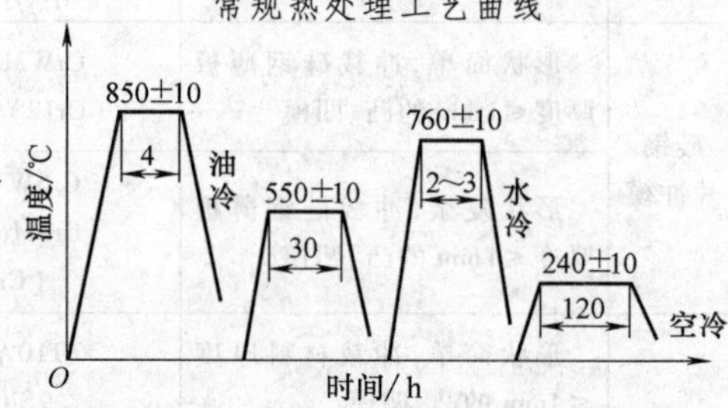

图 1-2-23　T10A 钢制冷冲裁模的碳化物超细化处理工艺曲线

（2）低合金钢（低变形钢）薄板冷冲裁模的热处理　与碳素工具钢比较，低合金冷作模具钢具有淬裂及变形敏感性低，淬硬层深，窄槽、小孔可充分硬化，耐磨性较好等特点。此类钢的问题是易于形成网状碳化物，淬火后型腔易胀大，型腔内尖角处易淬裂，热处理措施如下：

1）增加工艺孔及局部包扎铁皮，以促使各部位在冷却过程中均匀，避免淬火开裂，减少淬火变形。

2）采取低温淬火和恒温延迟冷却淬火，可防止淬裂，减少变形，提高韧度。例如对于小型凸模，CrWMn 钢以 790 ~ 810℃ 淬火，9Mn2V 钢以 750 ~ 770℃淬火，可兼顾微变形和强韧化的效果。

3）对于形状较匀称、孔距精度要求较高的冷冲裁模，运用快速加热分级淬火工艺，效果较好。

4）优选的淬火冷却方式。油冷适用于形状简单的冷冲裁模，可促使凹模型腔收缩，但淬裂及翘曲倾向较强，对韧性不利；热油冷可减少变形及翘曲；硝盐淬火可减轻翘曲，注意硝盐配比及含水量的控制；碱浴淬火可提高大、中截面模具的淬火硬度，克服型腔膨胀的趋势；也可用油冷-热浴复合淬火等。

5）回火。在 220 ~320℃回火，有明显的体积膨胀与型孔胀大现象。对于回火时不允许发生型腔胀大的模具，应避开在此温度区间回火。如果 CrWMn 钢在 290～340℃内回火，9Mn2V 钢在 220～300℃内回火，韧性将明显降低，因此，通常回火温度为 120～220℃，并应进行两次回火，以最大限度地消除残余应力。

（3）高铬钢薄板冷冲裁模的热处理　这类钢的特点是具有高的淬透性，硬化过程体积变化小，在热处理前原始组织状态和流线方向对热处理变形影响很大。其热处理要点如下：

1）淬火加热温度。对淬火加热温度的选择取决于模具的使用要求，当要求模具变形小和具有一定韧性时，则采用较低温度淬火。此时，Cr12 钢的最佳淬火温度为 970～990℃，Cr12MoV 钢的最佳淬火温度为 1020～1050℃。为改善钢的热硬性和淬透性，提高模具使用温度，采用高温淬火工艺为宜，Cr12MoV 钢的高温淬火温度为 1100～1150℃。选用淬火温度的高低尚需相应的回火温度与之配合，图 1-2-24为 Cr12MoV 钢模具在盐浴炉中处理的两种淬火、回火工艺。

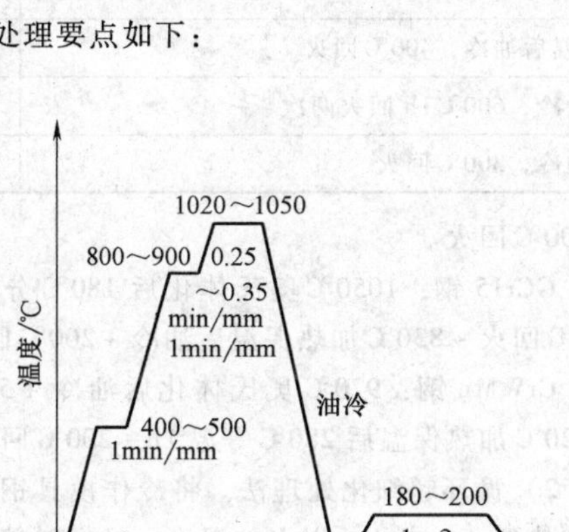

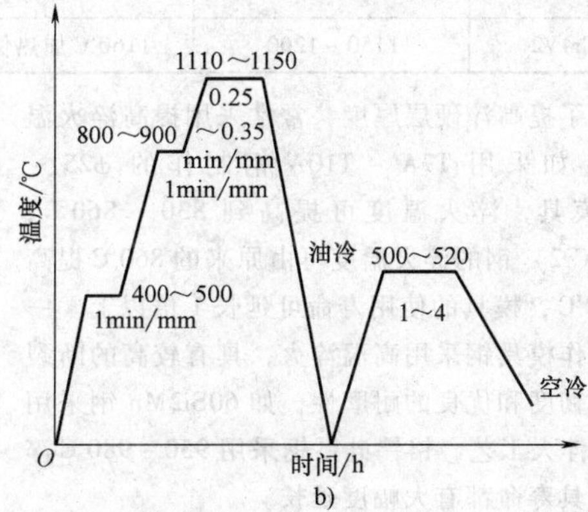

图 1-2-24　Cr12MoV 钢在盐浴炉中处理的两种淬火、回火工艺

a）低温淬火低温回火　b）高温高火高温回火

2）保温时间。保温时间也影响模具的淬火变形，保温时间短，模具尺寸趋于胀大；反之，淬火后模具尺寸趋于缩小。当模具几何形状简单，厚薄相差不大时，在盐浴炉中每毫米保温时间按 6～10s 计算。对形状复杂、厚薄相差大的模具，则需经实践及经验控制。

3）冷却方式。油冷是最常用的方式，但淬裂倾向大，易翘曲，采用热油淬火，效果较好。通常油温为 50～80℃，模具本身的温度冷却到 150～200℃时从油中取出空冷；风冷、空冷或箱冷是冷却作用较缓和的方式，但需注意保证各部位均匀降温；硝盐分级或等温淬火是 Cr12 型冷作模具钢基本的淬火冷却方式，可以调节模具型腔胀缩趋势，避免在空冷中脱碳。分级淬火介质的温度为 300～400℃时模具变形最小。分级或等温淬火也可在电炉中进行，同时可获得良好的微变形效果。

4）回火。回火一般在 160～200℃进行，主要是为消除淬火应力，通过回火温度的调整也可调节模具尺寸的变化。

5）深冷处理。Cr12 型冷作模具钢马氏体转变终止点低（Mf 为 -80～-70℃），通常模具淬火冷至室温，仍有许多残留奥氏体未转变成马氏体，为提高模具的耐磨性，可采用深冷处理工艺。深冷处理温度为 -60～-40℃，对要求耐磨性更高的模具采用 -80～-60℃。淬火后模具应尽快进行深冷处理，处理后应立即回火，以消除内应力，防止模具变形和开裂。回火温度的选择视模具硬度而定，为避开回火脆性区（290～330℃），回火温度对形状简单的模具为 280℃，对形状复杂的模具为 400～500℃。深冷处理可显著延长冷冲裁模的寿命，如 Cr12 钢复式冷冲裁模普通热处理后硬度为 56～59HRC，刃磨一次使用寿命为 7020 次；采用 -70℃深冷处理 2h，硬度为 62～64HRC，刃磨一次使用寿命达 28350 次，寿命延长 4 倍。

2. 厚板冷冲裁模的热处理

厚板冷冲裁模的主要失效形式是崩刃和折断。为使模具寿命延长，关键是提高模具的强韧性，即保证模具具有高的断裂抗力。为提高厚板冷冲裁模的强韧性，采用细化奥氏体晶粒处理、细化碳化物处理、等温淬火工艺、低温淬火低温回火等方法。

(1) 低温淬火工艺 所谓低温淬火是指低于该钢的传统淬火温度进行的淬火操作。实践证明，适当地降低淬火温度，降低硬度，提高韧性，无论是碳素工具钢、合金工具钢还是高速钢，都可以不同程度地提高韧性和冲击疲劳抗力，降低冷作模具脆断、脆裂的倾向性。表1-2-95是几种常用冷作模具钢的低淬低回强韧化处理规范，以供选择。

(2) 高温淬火工艺 对于一些低淬透性的冷作模具钢，为了提高淬硬层厚度，常常采用提高淬火温度的方法。如采用T7A～T10A钢制作的ϕ25～ϕ50mm的模具，淬火温度可提高到830～860℃；GCr15（或Cr2）钢的淬火温度可由原来的860℃提高到900～920℃，模具的使用寿命可延长1倍以上。一些抗冲击冷作模具钢采用高温淬火，具有较高的断裂韧性、冲击韧度和优良的耐磨性，如60Si2Mn钢采用920～950℃淬火工艺，铬钨硅系钢采用950～980℃淬火工艺，模具寿命都有大幅度延长。

表1-2-95 几种常用冷作模具钢的低淬低回强韧化处理规范

钢号	常规淬火温度/℃	工艺规范	硬度HRC
CrWMn	820～850	800～810℃加热，150℃热油中冷却10min，210℃回火1.5h	58～60
Cr12	970～990	850℃预热，930～950℃加热保温后油冷，320～360℃1.5h回火两次	52～56
Cr12MoV	1020～1050	980～1000℃加热保温后油冷，400℃回火	56～59
W18Cr4V	1260～1280	1200℃加热保温后油冷，600℃1h回火两次	59～61
W6Mo5Cr4V2	1150～1200	1160℃加热保温后油冷，300℃回火	59～61

(3) 冷作模具钢的微细化处理 微细化处理包括钢中基体组织的细化和碳化物的细化两个方面。基体组织的细化可提高钢的强韧性；碳化物的细化不仅有利于增加钢的强韧性，而且增加钢的耐磨性。微细化处理的方法通常有两种。

1) 四步热处理法。冷作模具钢的预备热处理一般都采用球化退火，但球化退火组织经淬、回火，其中碳化物的均匀性、圆整度和颗粒大小等因素对钢的强韧性和耐磨性的影响尚不够理想。而采用四步热处理法，可使钢的组织和性能得到很大的改善，模具的使用寿命延长1.5～3倍。

四步热处理法的具体工艺过程为：第一步，采用高温奥氏体化，然后淬火或等温淬火；第二步是高温软化回火，回火温度以不超过Ac_1为界，从而得到回火托氏体或回火索氏体；第三步为低温淬火，由于淬火温度低，已细化的碳化物不会溶入奥氏体而得以保存；第四步为低温回火。

在有些情况下，可取消模具毛坯的球化退火工序，而用上述工艺中第一步加第二步作为模具的预备热处理，并可在第一步结合模具的锻造进行锻造余热淬火，以减少能耗，提高工效。

典型冷作模具钢的四步热处理工艺规范如下：

9Mn2V钢：820℃油冷＋650℃回火＋750℃油冷＋200℃回火。

GCr15钢：1050℃奥氏体化后180℃分级淬火＋400℃回火＋830℃加热保温后油冷＋200℃回火。

CrWMn钢：970℃奥氏体化后油冷＋560℃回火＋820℃加热保温后280℃等温1h＋200℃回火。

2) 循环超细化处理法。将冷作模具钢以较快速度加热到Ac_1或Ac_{cm}以上的温度，经短时停留后立即淬火冷却，如此循环多次。由于每加热一次，晶粒都得到一次细化，同时在快速奥氏体化过程中又保留了相当数量的未溶细小碳化物，循环次数一般控制在2～4次，经处理后的模具钢可获得12～14级超细化晶粒，模具使用寿命可延长1～4倍。

典型的循环超细化处理工艺规范如下：

9SiCr钢：（600℃预热，升温至800℃保温后，油冷至600℃，等温30min）＋860℃加热保温＋160～180℃分级淬火＋180～200℃回火。

Cr12MoV钢：1150℃加热油淬＋650℃回火＋1000℃加热油淬＋650℃回火＋（1030℃加热油淬，170℃等温30min，空冷）＋170℃回火。

3. 冷作模具热处理的主要工艺问题

(1) 合理选择淬火加热温度 既要使奥氏体中固溶一定的碳和合金元素，以保证淬透性、淬硬性、强度和热硬性，又要有适当的过剩碳化物，以细化晶粒，提高模具的耐磨性和保证模具具有一定的韧性。

(2) 合理选择淬火保温时间 生产中通常采用到温入炉的方式加热，其淬火保温时间是从仪表指示到给定的淬火温度算起，到工件出炉为止所需时间。常用以下经验公式确定：

$$t = \alpha D$$

式中 t——淬火保温时间（min或s）；

α——加热系数（min/mm或s/mm），表1-2-96

为常用钢的加热系数；

D——工件有效厚度（mm）。

实际热处理时，必须具体情况具体分析。例如，有些模具零件要快速加热，短时保温，有些需充分加热与保温。特别是复杂模具，更是要综合考虑各种影响因素，并通过试验来确定其淬火保温时间。

表 1-2-96　常用钢的加热系数 α　（单位：min/mm）

工件材料	工件直径 /mm	<600℃箱式电阻炉中预热	750~850℃盐浴炉中加热或预热	800~900℃箱式或井式电阻炉中加热	1100~1300℃高温盐浴炉中加热
碳钢	≤50 >50	—	0.3~0.4 0.4~0.5	1.0~1.2 1.2~1.5	—
低合金钢	≤50 >50	—	0.45~0.5 0.50~0.55	1.2~1.5 1.5~1.8	—
高合金钢	—	0.35~0.4	0.30~0.35	—	0.17~0.2
高速钢	—	—	0.30~0.35	—	0.16~0.18

(3) 合理选择淬火介质　高合金冷作模具钢因淬透性好，可用较缓的介质淬火，如气冷、油冷、盐浴分级淬火等；碳素工具钢和低合金工具钢模具，为了保证足够的淬硬层深度，同时减少淬火变形和防止开裂，常采用双介质淬火，如水-油淬火、盐水-油淬火、油-空冷淬火、硝盐-空冷淬火等。还可以采用一些新型的淬火介质，如三硝水溶液（三种硝盐混合的过饱和水溶液）、氯化锌-碱溶液、氯化钙水溶液等，以简化淬火操作，提高淬火质量。

(4) 采用合适的淬火加热保护措施　氧化与脱碳严重降低模具的使用性能，淬火加热时必须采取防护措施。

1）装箱保护法。在箱内或沿箱四周填充保护剂，常用的保护剂有木炭、旧的固体渗碳剂、铸铁屑等。

2）涂料保护法。采用刷涂、浸涂和喷涂等方法把保护涂料涂敷在模具表面，形成致密、均匀、完整的涂层。涂料配比一般为耐火粘土 10%～30%、玻璃粉 70%～90%，再在每公斤涂料的混合料中加水 50～100g，拌匀后使用。使用时，涂层厚 0.1～1mm 即可，但应注意混合料的适用温度和钢种。

3）包装保护法。国内现用两种方法，一是将模具放入厚度约为 0.1mm 的不锈钢箔内，并加入一小包专门的保护剂，然后将袋口像信封口一样封好即可加热，淬火时将模具零件由袋内取出淬火；另一种是采用防氧化脱碳薄膜，它的成分是硼酸、玻璃料和橡胶粘结剂，可以折叠，使用时只要用像纸一样的薄膜将工件包住，即可加热。这种薄膜在 300℃ 左右就开始熔化，变成一层粘稠状的保护膜，淬火时自动脱落，工件淬火后表面呈银白色，保护效果良好。

4）盐浴加热法。它是模具淬火加热的主要方式之一，具有加热速度快而均匀，不易氧化脱碳的优点。

2.7.3　拉深模的热处理特点

拉深模应具有高的硬度、良好的耐磨性和抗粘附性能。为了保证性能要求，在制订和实施热处理工艺时主要注意以下两点：

1）避免模具表面产生氧化脱碳，氧化脱碳会造成模具淬火后硬度不足或出现软点。当表面硬度低于 500HV 时，模具表面就会出现拉毛现象；同时还要防止磨削引起二次回火，使表面硬度降低。

2）为了提高拉深模表面的抗磨损和抗粘附性能，常对模具进行表面处理，如渗氮、渗硼、镀硬铬、渗钒等。

典型拉深模的热处理规范见表 1-2-97。

表 1-2-97　典型拉深模的热处理规范

钢　号	热处理规范
Cr12MoV	① 1030℃淬火 +200℃硝盐分级 5～8min +160～180℃回火 3h，硬度为 62～64HRC ②（1050～1080℃）×2h 油淬 +500℃ ×2h 回火 3 次 +450～480℃离子渗氮
QT500-7	600～650℃预热 +（890℃ ±10℃入盐水中冷至 550℃，入油中冷至 250℃，入热油 180～220℃进行分级淬火）+160～180℃回火 5～7h
7CrSiMnMoV	890℃油淬 +200℃回火 2h，硬度为 60～62HRC

2.7.4　冷作模具热处理工艺举例

冷作模具的热处理工艺举例列于表 1-2-98。

表 1-2-98 冷作模具的热处理工艺举例

模具名称	材料	模具简图	热处理工艺	备注
凹模	T8A	C=20.2，A=3.1，80.5，165×120×25	780～800，12min，w(NaOH)10%，170，7min；温度/℃，时间，O	碱水-硝盐复合分级淬火，刃口 59～62HRC，其余 50～55HRC
碳素工具钢薄板冲模（小型）	T10A	d_1，A_1，D_1，E_1，B_1，C_1，C_2，D_2，E_2，B_2，A_2，d_2	750～770，9min，预冷 (4s)，水冷 (5～6s)，热油 5min，180，60min；温度/℃，时间，O	低温淬火、低温回火微变形处理
薄板冲模	CrWMn	7×ϕ12，5×ϕ12，210，A=146.5，25，300	850，3.5h，260，35s，硝盐，90，油，200，2h；温度/℃，时间，O	增加工艺孔及局部包扎铁皮（加阴影处），低畸变处理。$A_{缩}$ = 0.05～0.1mm，60～62HRC
精密凹模	Cr6WV	220，25	980～1000，2h，950，1.5h，(A) 等温，(C) 铁板，180，180，2h，200，2h，空冷 (B)；温度/℃，时间，O	铁板夹冷有最小的畸变，畸变 +0.02mm

（续）

模具名称	材　料	模具简图	热处理工艺	备注
冲裁模	9Mn2V	22　60　19　37.6　80	温度/℃　790～800　热油　130～140　30s　160～170　2h　O　时间	热油淬，型腔尺寸基本无变化，总寿命高（42 万），58 ~ 62HRC
凹模	CrWMn	C　C=20　200　B=100　40　A=140　280	温度/℃　600～650　2h　800～820　78min　硝盐　160　60min　350　30min　O　时间	硝盐淬火，型孔胀 0.03 ~ 0.07mm
凸凹模	CrWMn	60　40　18　45	温度/℃　550　30min　840～850　20min　铜板夹冷(3～4min)　180～200　90min　O　时间	铜板夹冷，孔距畸变量 L < 0.02mm
凸凹模	Cr12MoV	L=170　50	温度/℃　970～1000　2h　(1.2min/mm)　180～200　2h　O　时间	下限加热，空冷淬火，L 畸变率 0.02%
凹模	Cr12MoV	150　200　35	温度/℃　1030　压缩空气冷至表面发暗　1.5min/mm　装箱　500　200　1h　O　时间	风冷、空冷淬火，适于截面厚 20 ~ 30mm 的 Cr12 及截面厚 50 ~ 60mm 的 Cr12MoV 钢

（续）

模具名称	材 料	模具简图	热处理工艺	备注
凹模	CrWMn	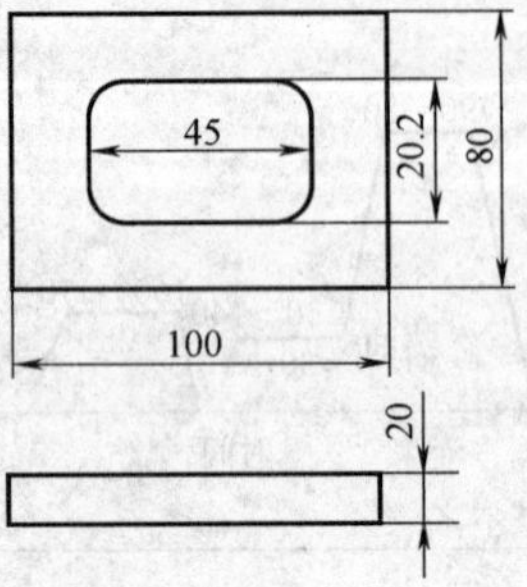 45 20.2 80 100 20	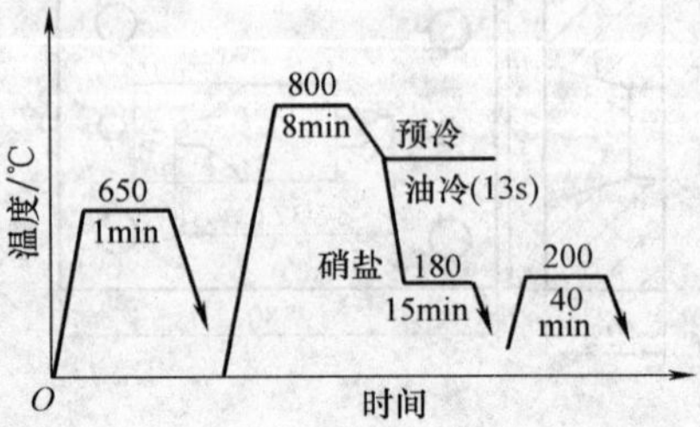 温度/℃ 800 8min 预冷 油冷(13s) 650 1min 硝盐 180 15min 200 40 min O 时间	冷油淬火，型腔侧壁畸变凸出，先硝盐及油冷淬火，型孔胀大过多，按左图工艺处理；型孔均匀胀大 0.01 ~0.02mm
落料凹模	CrWMn	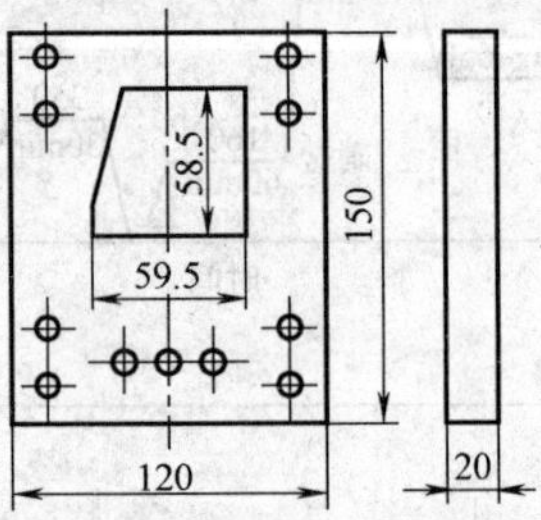 58.5 59.5 150 120 20	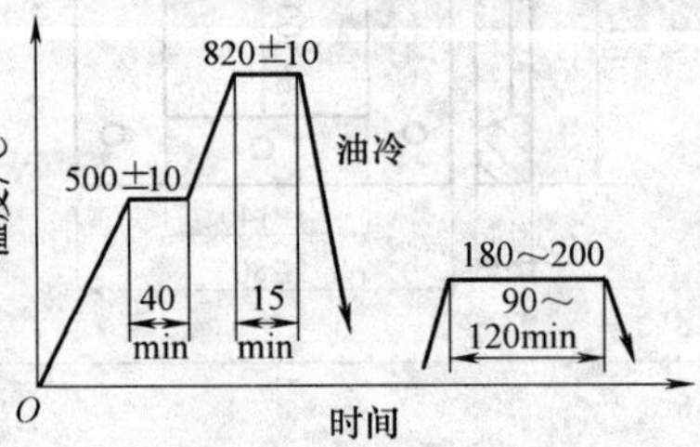 温度/℃ 820±10 500±10 油冷 40 min 15 min 180~200 90~ 120min O 时间	58 ~62HRC
落料凸、凹模	Cr12	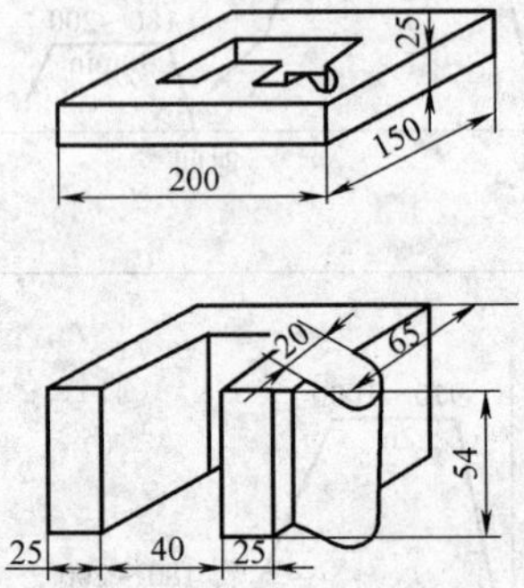 25 150 200 20 65 54 25 40 25	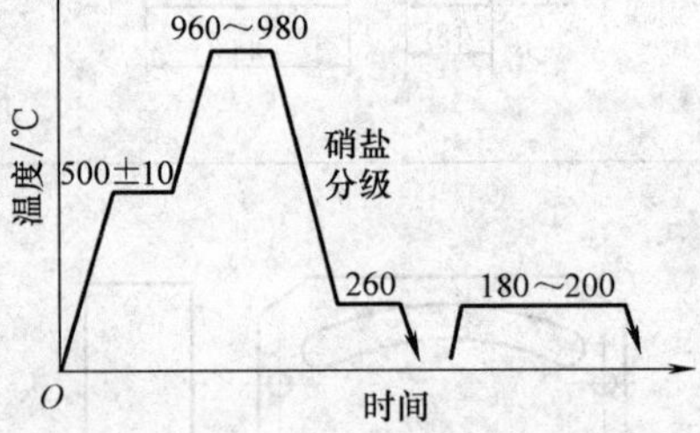 温度/℃ 960~980 500±10 硝盐 分级 260 180~200 O 时间	58 ~62HRC

第 2 篇　冲压成形工艺及装备

第 1 章　冲压的基本工序

冲压加工的基本工序可分为分离工序和成形工序两大类（表 2-1-1）：

（1）分离工序　板料在冲压力的作用下，其应力超过材料的抗拉强度 σ_b，使之发生剪切而分离的加工工序。

（2）变形工序　板料在冲压力的作用下，其应力超过材料的屈服点 σ_s，而低于抗拉强度 σ_b，使之发生塑性变形而成为一定形状制件的加工工序。

表 2-1-1　主要冲压工序的分类和特点

类别	工序名称	工序简图	特　点
分离工序	落料	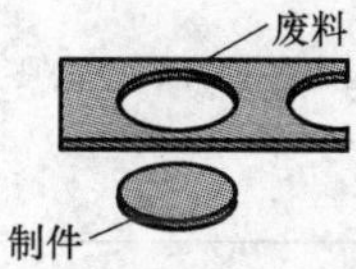 废料；制件	用模具将板料沿封闭轮廓冲切，封闭曲线以内部分为制件，其余部分是废料
	冲孔	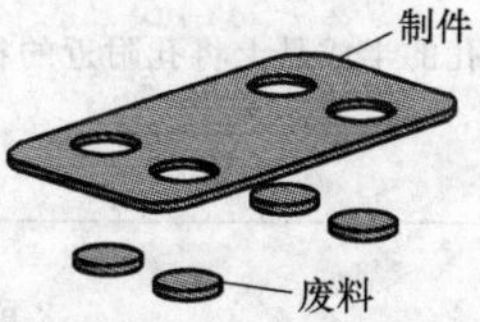 制件；废料	用模具将板料沿封闭轮廓冲切，封闭曲线以外部分为制件，封闭曲线以内部分是废料
	切断		用剪刀或冲模将板料沿敞开轮廓切断，使其互相分离而成制件
	切边	 废料；制件	将成形零件边缘的多余材料冲切下来
	剖切		将冲压成形的半成品切开成为两个或数个制件
	切口		将板料的部分材料沿不封闭曲线冲出缺口，切开部分发生弯曲

（续）

类别	工序名称	工序简图	特　点
变形工序	弯曲		把板材沿直线弯成各种形状
	卷圆		将板材端部卷成接近封闭的圆头
	拉深		将板材毛坯冲压成各种开口空心零件
	翻孔		在预先冲好孔的半成品上将孔附近的材料变形成竖立的边缘
	翻边		将板材半成品的边缘按曲线或圆弧翻成竖立的边缘
	缩口		使空心毛坯或管状毛坯的某个部位上径向尺寸减小
	胀形		在双向拉应力作用下实现的变形，可以成形各种空间曲面形状的零件
	起伏成形		在板材毛坯或零件的表面上用局部成形的方法制成各种形状的突起与凹陷
	校形		将翘曲零件压平提高已成形零件精度或压制半成品以获得小的圆角半径

第2章　冲裁工艺

2.1　冲裁间隙

冲裁间隙是指冲裁模的凸模和凹模刃口之间的尺寸之差。单边间隙用 C 表示，双边间隙用 Z 表示。

圆形冲裁模双边间隙为

$$Z = D_d - D_p$$

式中　D_d——冲裁模凹模直径尺寸（mm）；

D_p——冲裁模凸模直径尺寸（mm）。

冲裁间隙值的大小对冲裁件质量、模具寿命、冲裁力和卸料力的影响很大，是模具设计中的一个重要因素。因此设计模具时一定要选择一个合理的间隙。

2.2　模具间隙的确定

1. 理论确定法

理论确定法的主要根据是保证上、下裂纹重合，以获得良好的冲裁断面。图 2-2-1 所示为冲裁过程中开始产生裂纹的瞬时状态。从图中直角三角形关系可确定间隙 $Z/2$，即

$$Z = 2(t - h_0)\tan\beta = 2t(1 - h_0/t)\tan\beta$$

式中　h_0——产生裂纹时凸模压入板料的深度（mm）；

t——材料厚度（mm）；

β——裂纹方向与垂线间的夹角（°）。

从上式可以看出，间隙 Z 与材料厚度 t、相对切入深度 h_0/t 及裂纹方向角 β 有关，而 h_0 与 β 又与材料性质有关。因此，影响间隙值的主要因素是材料的性质和厚度。材料越硬越厚，所需合理间隙值越大。h_0/t 与 β 值可查表 2-2-1。由于该计算方法在生产中使用不便，故目前常用的是查表确定法。

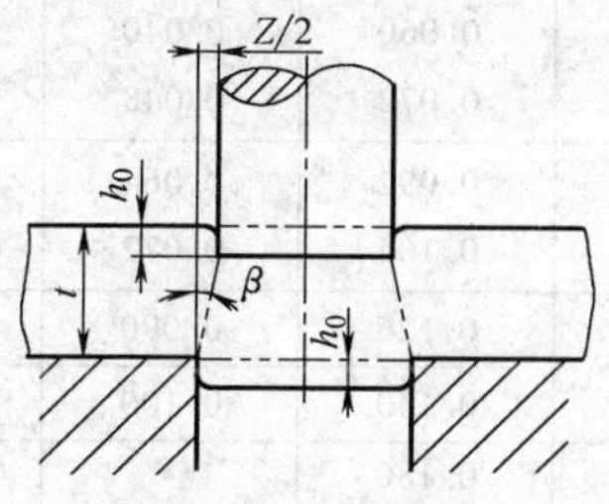

图 2-2-1　冲裁过程中产生裂纹的瞬时状态

表 2-2-1　h_0/t 与 β 取值

材料	h_0/t		β	
	退火	硬化	退火	硬化
软钢、纯铜、黄铜	0.5	0.35	6°	5°
中硬钢、硬黄铜	0.3	0.2	5°	4°
硬钢、硬青铜	0.2	0.1	4°	4°

2. 查表确定法

查表法是工厂中设计模具时普遍采用的方法之一，生产中使用的经验数值在一般的冲压资料中均可查到。综上所述，间隙的选取主要与材料的种类、厚度有关，由于多种冲压件对其断面质量和尺寸精度的要求不同，以及生产条件的差异，在实际生产中很难有一种统一的间隙数值，而应区别情况、分别对待，在保证冲裁件断面质量和尺寸精度的前提下，使模具寿命最高。因此技术资料中推荐的间隙值并不相同，有的甚至出入很大，这是由于各种冲压件对其断面质量和尺寸精度的要求不同及生产条件的差异所致。所以在选用时除考虑材料性质与厚度外，还应根据零件的具体要求选用不同的间隙表。选用原则与方法如下：

1）对冲裁件断面要求较高时，在间隙允许范围内，应考虑采用较小的间隙。这时尽管模具的寿命有所降低，但制件的光亮带较宽，断面与板料面垂直，毛刺与圆角及弯曲变形都很小。例如，电子、仪表、精密机械等产品中的冲裁件可选用表 2-2-2 中的间隙值。

2）当冲裁件的断面质量无特殊要求时，在间隙允许范围内，取较大的间隙值是有利的。这样不但可以延长冲模寿命，而且冲裁力、推料力和卸料力都显著降低。但过大的间隙会使冲裁件产生弯曲变形，此时要采用弹性卸料装置。例如，汽车、拖拉机行业选用时可查表 2-2-3。

间隙常用范围选为板料厚的 16%～22%。

日本冲压手册推荐的允许间隙：

软铝、坡莫合金为料厚的 10%～16%；

纯铁、软铜、铝等为料厚的 12%～18%；

硬钢为料厚的 16%～24%；

不锈钢、硅钢为料厚的 14%～24%；

黄铜、青铜、锌白铜、硬铝为料厚的 12%～20%。

表2-2-2 冲裁模初始间隙 Z（电器、仪表行业） （单位：mm）

材料厚度/mm	软钢		纯铜、黄铜、含碳（0.08%~0.2%）的软钢		杜拉铝、含碳（0.3%~0.4%）的中等硬钢		硬钢含碳（0.5%~0.6%）	
	Z_{min}	Z_{max}	Z_{min}	Z_{max}	Z_{min}	Z_{max}	Z_{min}	Z_{max}
0.2	0.008	0.012	0.010	0.014	0.012	0.016	0.014	0.018
0.3	0.012	0.018	0.015	0.021	0.018	0.024	0.021	0.027
0.4	0.016	0.024	0.020	0.028	0.025	0.032	0.028	0.036
0.5	0.020	0.030	0.025	0.035	0.030	0.040	0.035	0.045
0.6	0.024	0.036	0.030	0.042	0.036	0.048	0.042	0.054
0.7	0.028	0.042	0.035	0.049	0.042	0.056	0.049	0.063
0.8	0.032	0.048	0.040	0.056	0.048	0.064	0.056	0.072
0.9	0.036	0.054	0.045	0.063	0.054	0.072	0.063	0.081
1.0	0.040	0.060	0.050	0.070	0.060	0.080	0.070	0.090
1.2	0.050	0.084	0.072	0.096	0.084	0.108	0.096	0.120
1.5	0.075	0.105	0.090	0.120	0.105	0.135	0.120	0.150
1.8	0.090	0.126	0.108	0.144	0.126	0.162	0.114	0.180
2.0	0.100	0.140	0.120	0.160	0.140	0.180	0.160	0.200
2.2	0.132	0.176	0.154	0.198	0.176	0.220	0.198	0.242
2.5	0.150	0.200	0.175	0.225	0.200	0.250	0.225	0.275
2.8	0.168	0.224	0.196	0.252	0.224	0.280	0.252	0.308
3.0	0.180	0.240	0.210	0.270	0.240	0.300	0.270	0.330
3.5	0.245	0.315	0.280	0.350	0.315	0.385	0.350	0.420
4.0	0.280	0.360	0.320	0.400	0.360	0.440	0.400	0.480
4.5	0.315	0.405	0.360	0.450	0.405	0.490	0.450	0.540
5.0	0.350	0.450	0.400	0.500	0.450	0.550	0.500	0.600
6.0	0.480	0.600	0.540	0.660	0.600	0.720	0.660	0.780
7.0	0.560	0.700	0.630	0.770	0.700	0.840	0.770	0.910
8.0	0.720	0.880	0.800	0.960	0.880	1.040	0.960	1.120
9.0	0.870	0.990	0.900	1.080	0.990	1.170	1.080	1.260
10.0	0.900	1.100	1.1000	1.200	1.100	1.300	1.200	1.400

表2-2-3 冲裁模初始用间隙 Z（汽车、拖拉机行业） （单位：mm）

材料厚度/mm	08，10，35，09Mn，Q235		16Mn		40，50		65Mn	
	Z_{min}	Z_{max}	Z_{min}	Z_{max}	Z_{min}	Z_{max}	Z_{min}	Z_{max}
小于0.5	极小间隙（或者无间隙）							
0.5	0.040	0.060	0.040	0.060	0.040	0.060	0.040	0.060
0.6	0.048	0.072	0.048	0.072	0.048	0.072	0.048	0.072
0.7	0.064	0.092	0.064	0.092	0.064	0.092	0.064	0.092
0.8	0.072	0.104	0.072	0.104	0.072	0.104	0.072	0.104
0.9	0.090	0.126	0.090	0.126	0.090	0.126	0.090	0.126
1.0	0.100	0.140	0.100	0.140	0.100	0.140	0.100	0.140
1.2	0.126	0.180	0.132	0.180	0.132	0.180		
1.5	0.132	0.240	0.170	0.240	0.170	0.230		
1.75	0.220	0.320	0.220	0.320	0.220	0.320		
2.0	0.246	0.360	0.260	0.380	0.260	0.380		

（续）

材料厚度 /mm	08，10，35，09Mn，Q235		16Mn		40，50		65Mn	
	Z_{min}	Z_{max}	Z_{min}	Z_{max}	Z_{min}	Z_{max}	Z_{min}	Z_{max}
小于0.5	极小间隙（或者无间隙）							
2.1	0.260	0.380	0.280	0.400	0.280	0.400		
2.5	0.360	0.500	0.380	0.540	0.360	0.540		
2.75	0.400	0.560	0.420	0.600	0.420	0.600		
3.0	0.460	0.640	0.480	0.660	0.480	0.660		
3.5	0.540	0.740	0.580	0.780	0.540	0.780		
4.0	0.640	0.880	0.680	0.920	0.680	0.920		
4.5	0.720	1.000	0.680	0.960	0.780	0.1040		
5.5	0.940	1.280	0.780	1.100	0.980	1.320		
6.0	1.080	1.440	0.840	1.200	1.140	1.150		
6.5			0.940	1.300				
8.0			1.200	1.680				

注：冲裁皮革、石棉和纸板时，间隙取08钢的25%。

美国金属材料手册按冲裁模间隙的大小对冲件断面质量和模具寿命的影响，将间隙分成五种类型，间隙值的选用范围为料厚的1%～50%。美国冲模设计手册中所推荐的允许间隙值为：

软铝、锻铝的允许间隙值为料厚的13.6%～27.2%；

硬铝、黄铜及软钢的允许间隙值为料厚的18%～36%；

中等硬度钢的允许间隙值为料厚的22.4%～44.8%。

前苏联麦氏冷冲手册的允许间隙为：

软材为料厚的4%～8%，最大允许值为25%；

软钢为料厚的5%～10%，最大允许值为35%；

中等硬度钢为料厚的6%～12%，最大允许值为40%；

硬铜为料厚的7%～14%，最大允许值为50%。

上述资料中，日本与美国所推荐的间隙值相近，要比我国现行间隙值大一倍左右，前苏联的间隙值虽然较小，但其最大允许间隙值可达料厚的25%～50%。

北京市技术交流站模具队曾综合编制了一个推荐的间隙表（见表2-2-4）可供选用。

该表为普通冲裁间隙试行表，除精冲外，间隙值的选用以材料的硬度为主要依据（材料的硬度分为软材、中硬材、硬材三大类型）。为了适应各厂对冲件质量与冲模寿命的不同要求，将每种类型材料的间隙选用又分为两档，总间隙范围为料厚的6%～20%。为了便于生产，降低凸、凹模的制造精度，每档间隙范围控制在3%～4%以内。两档毛刺高度控制在冲件的允许范围内。

Ⅰ档：总的冲裁间隙控制在料厚的6%～15%。软材为料厚的6%～9%，中硬材为料厚的9%～12%，硬材为料厚的12%～15%。光亮带为料厚的1/2左右。断面角不大于5°，冲裁力将比原规定间隙值降低4%左右，冲模寿命将比原规定间隙提高一倍左右。

Ⅱ档：总的冲裁间隙控制在料厚的9%～20%。软材为料厚的9%～13%，中硬材为料厚的13%～17%，硬材为料厚的17%～20%，光亮带为料厚的1/3左右，断面角不大于10°，冲裁力将比原规定间隙降低7%左右，冲模寿命将提高三倍以上。

表2-2-5～表2-2-8是一些经验数据表，可用于一般条件下的冲裁。

由于各类间隙值之间没有绝对的界限，因此，必须根据冲件尺寸与形状、模具材料和加工方法，以及冲压方法、冲压速度等因素酌情增减间隙值。如：

1）在相同条件下，非圆形比圆形间隙大，冲孔比落料间隙大。

2）直壁凹模比锥口凹模间隙大。

3）高速冲压时，模具易发热，间隙应增大，当行程次数超过200次/min时，间隙值应增大10%左右。

表 2-2-4　推荐的冲裁间隙

（单位：mm）

条料厚度 t /mm	软材						中硬材						硬材					
	软铝、软钢(0.08～0.2C%)，纯铜(软)，黄铜(H68)，铜合金(软)						硬铝(合金)，中硬钢(0.3～0.4C%)纯铜(T3)，黄铜(H62)不锈钢，硅钢片，铜合金(硬)						硬钢(0.5～0.6C%)，铝合金(冷作硬化)，铜合金(最硬)					
	Ⅰ			Ⅱ			Ⅰ			Ⅱ			Ⅰ			Ⅱ		
	为 t 的%	最小	最大	为 t 的%	最小	最大	为 t 的%	最小	最大	为 t 的%	最小	最大	为 t 的%	最小	最大	为 t 的%	最小	最大
0.2		0.012	0.018		0.018	0.026		0.018	0.024		0.026	0.034		0.024	0.030		0.034	0.040
0.3		0.018	0.027		0.027	0.039		0.027	0.036		0.039	0.051		0.036	0.045		0.051	0.060
0.4		0.024	0.036		0.036	0.052		0.036	0.048		0.052	0.068		0.048	0.060		0.068	0.080
0.5		0.030	0.045		0.045	0.065		0.045	0.060		0.065	0.085		0.050	0.075		0.085	0.100
0.6		0.036	0.054		0.054	0.078		0.054	0.072		0.078	0.102		0.072	0.09		0.102	0.120
0.7		0.042	0.063		0.063	0.091		0.063	0.084		0.091	0.119		0.084	0.105		0.119	0.140
0.8		0.048	0.072		0.072	0.104		0.072	0.096		0.104	0.136		0.096	0.120		0.136	0.160
0.9		0.054	0.081		0.081	0.117		0.081	0.108		0.117	0.153		0.108	0.135		0.153	0.180
1.0		0.060	0.090		0.090	0.130		0.090	0.120		0.130	0.170		0.120	0.150		0.170	0.200
1.2	6～9	0.072	0.108	9～13	0.108	0.156	9～12	0.108	0.144	13～17	0.156	0.204	12～15	0.144	0.180	17～20	0.204	0.240
1.5		0.070	0.135		0.135	0.195		0.135	0.180		0.195	0.255		0.180	0.225		0.255	0.300
1.8		0.108	0.162		0.162	0.234		0.162	0.216		0.234	0.306		0.216	0.270		0.306	0.360
2.0		0.120	0.180		0.180	0.260		0.180	0.240		0.260	0.340		0.240	0.300		0.340	0.400
2.2		0.132	0.198		0.198	0.286		0.198	0.264		0.286	0.374		0.264	0.330		0.374	0.440
2.5		0.150	0.225		0.225	0.325		0.225	0.300		0.325	0.425		0.300	0.375		0.425	0.500
2.8		0.180	0.270		0.252	0.364		0.252	0.336		0.364	0.476		0.336	0.420		0.476	0.560
3.0		0.180	0.270		0.270	0.390		0.270	0.360		0.390	0.510		0.360	0.450		0.510	0.600
3.5		0.210	0.313		0.315	0.455		0.315	0.420		0.455	0.595		0.420	0.525		0.595	0.700
4.0		0.240	0.360		0.360	0.520		0.360	0.480		0.520	0.680		0.480	0.600		0.680	0.800
4.5		0.270	0.405		0.405	0.585		0.405	0.540		0.585	0.765		0.540	0.675		0.765	0.900
5.0		0.300	0.450		0.450	0.650		0.450	0.600		0.650	0.850		0.600	0.750		0.850	1.00

注：1. 非金属板材冲裁间隙为板料厚度的3%～5%。

2. 冲孔直径与板料厚度比小于1.5～2时，间隙值应适当放大3%～5%。

4）冷冲时比热冲时间隙要大。

5）冲裁热轧硅钢板比冷轧硅钢板的间隙大。

6）用电火花加工的凹模，其间隙比用磨削加工的凹模小0.5%～2%。

表2-2-5 金属材料冲裁间隙值

材料	抗剪强度 τ_b/MPa	初始间隙（单边间隙）（C/t）（%）		
		Ⅰ类	Ⅱ类	Ⅲ类
低碳钢 08F、10F、10、20、Q235—A	≥210～400	3.0～7.0	>7.0～10.0	>10.0～12.5
中碳钢45 不锈钢1Cr18Ni9Ti、40Cr13 膨胀合金（可伐合金）4J29	≥420～560	3.5～8.0	>8.0～11.0	>11.0～15.0
高碳钢 T8A、T10A 65Mn	≥590～930	8.0～12.0	>12.0～15.0	>15.0～18.0
纯铝1060、1050A、1035、1200 铝合金（软态）3A21 黄铜（软态）H62 纯铜（软态）T1、T2、T3	≥65～255	2.0～4.0	4.5～6.0	6.5～9.0
黄铜（硬态）H62 铅黄铜HPb59-1 纯铜（硬态）T1、T2、T3	≥290～420	3.0～5.0	5.5～8.0	8.5～11.0
铝合金（硬态）2A12 锡磷青铜QSn4-4-2.5 铝青铜QAl7 铍青铜QBe2	≥225～550	3.5～6.0	7.0～10.0	11.0～13.0
镁合金MB1、MB8	≥120～180	1.5～2.5		
电工硅钢D21、D31、D41	190	2.5～5.0	>5.0～9.0	

注：1. 本表所列间隙值适用于厚度10mm以下的金属材料。

2. 考虑到料厚对间隙的影响，将料厚分成≤1.0mm；>1.0～2.5mm；>2.5～4.5mm；>4.5～7.0mm；>7.0～10.0mm五档，当料厚≤1.0mm时，各类间隙取其下限值，并以此为基数，随着料厚的增加，再逐档递增。

3. 其他金属材料的冲裁间隙值可参照表中抗剪强度相近的材料选取。

表2-2-6 落料、冲孔模刃口间隙 （单位：mm）

材料名称	45、T7、T8（退火）、65Mn、铍青铜（硬）		10、15、20冷轧钢带、30钢板、H62、H68（硬）、2A12（硬铝）、硅钢片		Q215、Q235钢板、08、10、15钢板、H62、H68（半硬）、纯铜（硬）、锡磷青铜（软）、铍青铜（软）		H62、H68（软）、纯铜（软）、3A21、5A02、1060、1050A、1035、1200、8A06、2A12（退火）、铜母线、铝母线		酚醛环氧层压玻璃布板、酚醛层压纸板、酚醛层压布板		钢纸板、绝缘纸板、云母板、橡胶板	
t	初始间隙Z											
	Z_{min}	Z_{max}	Z_{min}	Z_{max}	Z_{min}	Z_{max}	Z_{min}	Z_{max}	Z_{min}	Z_{max}	Z_{min}	Z_{max}
0.1	0.015	0.035	0.01	0.03								
0.2	0.025	0.045	0.015	0.035	0.01	0.03						
0.3	0.04	0.06	0.03	0.05	0.02	0.04	0.01	0.03				
0.5	0.08	0.10	0.06	0.08	0.04	0.06	0.025	0.045	0.01	0.02		
0.8	0.13	0.16	0.10	0.13	0.07	0.10	0.045	0.075	0.015	0.03		

（续）

材料名称	45、T7、T8（退火）、65Mn、铍青铜（硬）		10、15、20 冷轧钢带、30 钢板、H62、H68（硬）、2A12（硬铝）、硅钢片		Q215、Q235 钢板、08、10、15 钢板、H62、H68（半硬）、纯铜（硬）、锡磷青铜（软）、铍青铜（软）		H62、H68（软）、纯铜（软）、3A21、5A02、1060、1050A、1035、1200、8A06、2A12（退火）、铜母线、铝母线		酚醛环氧层压玻璃布板、酚醛层压纸板、酚醛层压布板		钢纸板、绝缘纸板、云母板、橡胶板	
t	初始间隙 Z											
	Z_{min}	Z_{max}	Z_{min}	Z_{max}	Z_{min}	Z_{max}	Z_{min}	Z_{max}	Z_{min}	Z_{max}	Z_{min}	Z_{max}
1.0	0.17	0.20	0.13	0.16	0.10	0.13	0.065	0.095	0.025	0.04	0.01~0.03	0.015~0.045
1.2	0.21	0.24	0.16	0.19	0.13	0.16	0.075	0.105	0.035	0.05		
1.5	0.27	0.31	0.21	0.25	0.15	0.19	0.10	0.14	0.04	0.06		
1.8	0.34	0.38	0.27	0.31	0.20	0.24	0.13	0.17	0.05	0.07		
2.0	0.38	0.42	0.30	0.34	0.22	0.26	0.14	0.18	0.06	0.08		
2.5	0.49	0.55	0.39	0.45	0.29	0.35	0.18	0.24	0.07	0.10	0.04	0.06
3.0	0.62	0.68	0.49	0.55	0.36	0.42	0.23	0.29	0.10	0.13		
3.5	0.73	0.81	0.58	0.66	0.43	0.51	0.27	0.35	0.12	0.16		
4.0	0.86	0.94	0.68	0.76	0.50	0.58	0.32	0.40	0.14	0.18	0.05	0.07
4.5	1.00	1.08	0.78	0.86	0.58	0.66	0.37	0.45	0.16	0.20		
5.0	1.13	1.23	0.90	1.00	0.65	0.75	0.42	0.52	0.18	0.23		
6.0	1.40	1.50	1.10	1.20	0.82	0.92	0.53	0.63	0.24	0.29		
8.0	2.00	2.12	1.60	1.72	1.17	1.29	0.76	0.88				
10	2.60	2.72	2.10	2.22	1.56	1.68	1.02	1.14				
12	3.30	3.42	2.60	2.72	1.97	2.09	1.30	1.42				

表 2-2-7 冲裁模初始双面间隙值 Z （单位：mm）

材料厚度	软铝		纯铜、黄铜、软钢（$w_C=0.08\%\sim0.2\%$）		杜拉铝、中等硬钢（$w_C=0.3\%\sim0.4\%$）		硬钢（$w_C=0.5\%\sim0.6\%$）	
	Z_{min}	Z_{max}	Z_{min}	Z_{max}	Z_{min}	Z_{max}	Z_{min}	Z_{max}
0.2	0.008	0.012	0.010	0.014	0.012	0.016	0.014	0.018
0.3	0.012	0.018	0.015	0.021	0.018	0.024	0.021	0.027
0.4	0.016	0.024	0.020	0.028	0.024	0.032	0.028	0.036
0.5	0.020	0.030	0.025	0.035	0.030	0.040	0.035	0.015
0.6	0.024	0.036	0.030	0.042	0.036	0.048	0.042	0.054
0.7	0.028	0.042	0.035	0.049	0.042	0.056	0.049	0.063
0.8	0.032	0.048	0.040	0.056	0.048	0.064	0.056	0.072
0.9	0.036	0.054	0.045	0.063	0.054	0.072	0.063	0.081
1.0	0.040	0.060	0.050	0.070	0.060	0.080	0.070	0.090
1.2	0.060	0.084	0.072	0.096	0.084	0.108	0.096	0.120
1.5	0.075	0.105	0.090	0.120	0.105	0.135	0.120	0.150
1.8	0.090	0.126	0.108	0.144	0.126	0.162	0.144	0.180
2.0	0.100	0.140	0.120	0.160	0.140	0.180	0.160	0.200
2.2	0.132	0.176	0.154	0.198	0.176	0.220	0.198	0.242
2.5	0.150	0.200	0.175	0.225	0.200	0.250	0.225	0.275
2.8	0.168	0.224	0.196	0.252	0.224	0.280	0.252	0.308
3.0	0.180	0.240	0.210	0.270	0.240	0.300	0.270	0.330

（续）

材料厚度	软 铝		纯铜、黄铜、软钢（w_C = 0.08% ~0.2%）		杜拉铝、中等硬钢（w_C = 0.3% ~0.4%）		硬钢（w_C = 0.5% ~0.6%）	
	Z_{min}	Z_{max}	Z_{min}	Z_{max}	Z_{min}	Z_{max}	Z_{min}	Z_{max}
3.5	0.245	0.315	0.280	0.350	0.315	0.385	0.350	0.420
4.0	0.280	0.360	0.320	0.400	0.360	0.440	0.400	0.480
4.5	0.315	0.405	0.360	0.450	0.405	0.495	0.450	0.540
5.0	0.350	0.450	0.400	0.500	0.450	0.550	0.500	0.600
6.0	0.480	0.600	0.540	0.660	0.600	0.720	0.660	0.780
7.0	0.560	0.700	0.630	0.770	0.700	0.840	0.770	0.910
8.0	0.720	0.880	0.800	0.960	0.880	1.040	0.960	1.120
9.0	0.810	0.990	0.900	1.080	0.990	1.170	1.080	1.260
10.0	0.900	1.100	1.000	1.200	1.100	1.300	1.200	1.400

注：1. 初始间隙的最小值相当于间隙的公称数值。

2. 初始间隙的最大值是考虑到凸模和凹模的制造公差所增加的数值。

3. 在使用过程中，由于模具工作部分的磨损，间隙将有所增加，因而间隙的使用最大数值要超过表列数值。

表 2-2-8 冲裁模刃口双面间隙值 Z

（单位：mm）

材料厚度 t \ 间隙 Z \ 合金	T8、45 12Cr18Ni9		Q215、Q235、35CrMo QSnP10-1、D41、D44		08F、10、15 H62、T1、T2、T3		1060、1050A、1035	
	Z_{min}	Z_{max}	Z_{min}	Z_{max}	Z_{min}	Z_{max}	Z_{min}	Z_{max}
0.35	0.03	0.05	0.02	0.05	0.01	0.03	—	—
0.5	0.04	0.08	0.03	0.07	0.02	0.04	3.02	0.03
0.8	0.09	0.12	0.06	0.10	0.04	0.07	0.023	0.045
1.0	0.11	0.15	0.08	0.12	0.05	0.08	0.04	0.06
1.2	0.11	0.18	0.10	0.11	0.07	0.10	0.05	0.07
1.5	0.19	0.23	0.13	0.17	0.08	0.12	0.06	0.10
1.8	0.23	0.27	0.17	0.22	0.12	0.16	0.07	0.11
2.0	0.28	0.32	0.20	0.24	0.13	0.18	0.08	0.12
2.5	0.37	0.43	0.25	0.31	0.16	0.22	0.11	0.17
3.0	0.43	0.54	0.33	0.39	0.21	0.27	0.14	0.20
3.5	0.58	0.65	0.42	0.49	0.25	0.33	0.13	0.26
4.0	0.68	0.76	0.52	0.60	0.32	0.10	0.21	0.29
4.5	0.79	0.88	0.64	0.72	0.38	0.46	0.36	0.34
5.0	0.90	1.0	0.75	0.85	0.45	0.55	0.30	0.40
6.0	1.16	1.26	0.97	1.07	0.60	0.70	0.40	0.50
8.0	1.75	1.87	1.46	1.58	0.85	0.97	0.60	0.72
10	2.41	2.56	2.01	2.16	1.14	1.26	0.80	0.92

表 2-2-9 是原机械工业部的《冲裁间隙》指导性技术文件（JB/Z271—1986）推荐的间隙值。该文件将间隙分成三类。其中第Ⅰ类适用于对断面质量与冲裁件精度均要求高的工件，但模具寿命较低。第Ⅱ类适用于断面质量、冲裁件精度要求一般及需继续塑性变形的工件。第Ⅲ类适用于断面质量、冲裁件精度均要求不高的工件，但模具寿命较长。

表 2-2-9　冲裁单面间隙比值 C/t　　(%)

材料 \ 间隙比值 \ 分类	Ⅰ	Ⅱ	Ⅲ
低碳钢 08F、10F、10、20、Q235、Q215	3.0～7.0	7.0～10.0	10.0～12.5
中碳钢 45、4Cr13 不锈钢 1Cr18Ni9Ti 膨胀合金（可伐合金）4J29	3.5～8.0	8.0～11.0	11.0～15.0
高碳钢 T8A、T10A、65Mn	8.0～12.0	12.0～15.0	15.0～18.0
纯铝 1060、1050A、1035 铝合金（软态）3A21 黄铜（软态）H62 纯铜（软态）T1、T2、T3	2.0～4.0	4.5～6.0	6.5～9.0
铅黄铜、黄铜（硬态） 纯铜（硬态）	3.0～5.0	5.5～8.0	8.5～11.0
铝合金（硬态）2A12 锡磷青铜、铝青铜 铍青铜	3.5～6.0	7.0～10.0	11.0～13.0
镁合金	1.5～2.5		
硅钢	2.5～5.0	5.0～9.0	

注：1. 本表适用于厚度为10mm以下的金属材料。考虑到料厚对间隙比值的影响，将料厚分成0.1～1.0mm，1.2～3.0mm，3.5～6.0mm；7.0～10.0mm四档，当料厚为0.1～1.0mm时，各类间隙比值取下限值。并以此为基数，随着料厚的增加，再逐档递增（0.5～1.0）%t（有色金属和低碳钢取小值，中碳钢和高碳钢取大值）。

2. 凸、凹模的制造偏差和磨损均使间隙变大，故新模具应取最小间隙值。

3. 非金属材料：红纸板、胶纸板、胶布板的间隙比值分两类：相当于表中Ⅰ类时，取（0.5～2）%t；相当于Ⅱ类时，取（>2～4）%t。纸、皮革、云母纸的间隙比值取（0.25～0.75）%t。

表2-2-10为硅钢片小间隙冲裁间隙试验数据。

表2-2-11为硅钢片大间隙冲裁间隙试验数据。

表2-2-12为国产板料冲裁间隙、冲裁件断面质量、尺寸精度数据库。

表2-2-13为非金属板料冲裁间隙数据库。

表 2-2-10　硅钢片冲裁间隙试验数据（小间隙冲裁）

序号	材料牌号	厚度/mm	小间隙冲裁					
			落料			冲孔		
			(Z/t)/%	h/mm	(Δ/t)(%)	(Z/t)(%)	h/mm	(Δ/t)(%)
1	D21	0.35	5～9	0.025～0.023	50～42	5～9	0.027～0.021	8～40
2	D21	0.5	5～9	0.037～0.026	90～77	5～9	0.034～0.027	77～69
3	D31	0.35	5～9	0.026～0.022	58～50	5～9	0.018～0.017	56～48
4	D41	0.35	5～9	0.027～0.023	60～50	5～9	0.018～0.013	60～51
5	H10（D41）（日本）	0.5	5～9	0.025～0.021	78～71	5～9	0.029～0.021	72～64
6	H12（D31）（日本）	0.5	5～9	0.028～0.021	72～61	5～9	0.024～0.023	63～54
7	M10（D41）（日本）	0.5	5～9	0.024～0.020	70～60	5～9	0.033～0.027	68～59
8	U50050A（D31）（原联邦德国）	0.5	—	—	5～9	5～9	0.022～0.017	70～64
9	Z10（D41）（日本）	0.35	5～9	0.022～0.017	80～68	5～9	0.022～0.017	55～46
10	Nw40.5	0.13	5～9	0.028～0.026	80～53	5～9	0.022～0.018	60～54

表 2-2-11　硅钢片冲裁间隙试验数据（大间隙冲裁）

序号	材料牌号	厚度/mm	落料			冲孔			最长寿命间隙 (Z/t)(%)	
			(Z/t)(%)	h_{min}/mm	(Δ/t)(%)	(Z/t)(%)	h_{min}/mm	(Δ/t)(%)	落料 $\delta_{a-j}\geqslant 0$	冲孔 $\delta_{t-k}\geqslant 0$
1	D21	0.35	16~12	0.017~0.018	32~36	18~16	0.018~0.019	32~33	≥21	10
2	D21	0.5	23~21	0.015~0.015	44~52	22~20	0.022~0.23	55~57	≥13	
3	D31	0.35	22~20	0.017~0.017	37~38	20~18	0.021~0.021	37~38	≥20	≥12
4	D41	0.35	17~15	0.021~0.021	41~43	17~15	0.013~0.015	41~43	≥7	≥12
5	H10（D41）（日本）	10.5	21~19	0.015~0.015	55~56	21~19	0.015~0.015	47~55	≥7	—
6	H12（D31）（日本）	0.5	22~20	0.013~0.013	45~46	20~18	0.015~0.015	36~37	≥11	—
7	M10（D41）（日本）	0.5	22~20	0.016~0.016	45~47	18~16	0.018~0.019	43~48	≥7	≥18
8	U500-50A（D31）（West Germany）	0.5	22~20	0.021~0.021	52~54	22~20	0.021~0.021	52~54	≥12	—
9	Z10（D41）（日本）	0.35	20~18	0.014~0.014	45~47	20~18	0.014~0.014	32~33	≥11	—
10	Nw4-0.5	0.13	18~15	0.024~0.024	43~47	18~16	0.017~0.017	45~48	—	—

表 2-2-12　国产板料冲裁间隙、冲裁件断面质量、尺寸精度数据库

序号	材料名称	材料牌号	厚度/mm	小间隙冲裁 落料			小间隙冲裁 冲孔			大间隙冲裁 落料			大间隙冲裁 冲孔		
				(Z/t)(%)	h/mm	(Δ/t)(%)	(Z/t)(%)	h/mm	(Δ/t)(%)	(Z/t)(%)	h/mm	(Δ/t)(%)	(Z/t)(%)	h/mm	(Δ/t)(%)
1	优质碳素结构钢	08	0.15~7	—	—	5~7	—	—	—	—	—	—	—	—	—
2		08F	0.6	5~7	0.026~0.025	50~48	5~7	0.028~0.027	58~55	21~19	0.022~0.022	35~37	21~19	0.017~0.017	21~23
3		08F	0.8	5~7	0.027~0.025	63~60	5~7	0.036~0.034	65~54	23~21	0.023~0.023	31~35	23~21	0.017~0.017	26~28
4		08F	1.0	5~7	0.034~0.033	66~60	5~7	0.043~0.038	70~62	27~25	0.024~0.024	26~27	26~24	0.017~0.0173	1~33
5		10	2.0	5~7	0.029~0.027	60~56	5~7	0.021~0.02	58~51	27~25	0.021~0.021	28~30	27~25	0.014~0.014	18~18
6	不锈钢	12Cr18N9	0.1	6.8	6.8	—	—	6~8	—	—	—	—	—	—	—
7		12Cr18N9	0.15	6~8	0.031~0.028	81~75	6~8	0.018~0.016	79~70	—	—	—	—	—	—
8		12Cr18N9	0.2	6~8	0.030~0.028	78~71	6~8	0.018~0.016	76~70	—	—	—	—	—	—
9		12Cr18SN9	0.25	6~8	0.029~0.026	69~64	6~8	0.019~0.018	58~53	—	—	—	—	—	—
10		12Cr18N9	0.3	6~8	0.028~0.026	67~65	6~8	0.019~0.016	68~59	—	—	—	—	—	—
11		12Cr18N9	0.4	6~8	0.027~0.026	60~58	6~8	0.019~0.017	48~44	—	—	—	—	—	—
12		12Cr18N9	0.8	6~8	0.028~0.027	45~40	6~8	0.023~0.0213	30~21	23~21	0.022~0.022	34~37	21~19	0.016~0.016	35~37
13		12Cr18N9	1.0	6~8	0.030~0.028	40~36	6~8	0.025~0.024	27~26	22~21	0.025~0.025	24~25	21~19	0.018~0.018	32~33
14		12Cr18N9	1.2	6~8	0.034~0.031	38~28	6~8	0.028~0.026	25~18	21~19	0.027~0.027	21~22	21~19	0.021~0.021	30~31

（续）

序号	材料名称	材料牌号	厚度/mm	小间隙冲裁						大间隙冲裁					
				落料			冲孔			落料			冲孔		
				(Z/t)(%)	h/mm	(Δ/t)(%)	(Z/t)(%)	h/mm	(Δ/t)(%)	(Z/t)(%)	h/mm	(Δ/t)(%)	(Z/t)(%)	h/mm	(Δ/t)(%)
15	优质碳素结构钢	20	0.6	5~7	0.036~0.033	47~43	5~7	0.031~0.028	35~30	20~18	0.022~0.022	23~23	20~18	0.019~0.019	18~20
16	优质碳素结构钢	20	2.0	5~7	0.040~0.037	43~35	5~7	0.040~0.038	35~30	25~23	0.023~0.023	16~16	25~23	0.019~0.019	17~17
17	优质碳素结构钢	20	2.5	5~7	0.040~0.037	40~35	5~7	0.043~0.040	35~30	28~26	0.024~0.024	13~14	27~25	0.019~0.019	17~18
18	合金结构钢	25Cr2-MoVA	5	6~8	0.031~0.028	27~24	6~8	0.024~0.023	28~27	21~19	0.024~0.024	17~18	19~17	0.021~0.021	24~24
19	合金结构钢	25Cr2-MoVA	6	6~8	0.033~0.030	20~17	6~8	0.026~0.025	42~36	22~20	0.026~0.026	11~12	20~18	0.022~0.022	18~19
20	合金结构钢	25Cr2-MoVA	11	6~8	0.035~0.033	10~8	6~8	0.029~0.027	14~13	24~22	0.028~0.028	5~6	21~19	0.024~0.024	12~12
21	合金结构钢	30Cr	2.0	6~8	0.034~0.032	42~38	6~8	0.024~0.022	55~42	27~25	0.023~0.023	24~25	23~21	0.02~0.02	26~24
22	合金结构钢	30Cr-MnSiA	0.6	6~8	0.045~0.037	45~35	6~8	0.037~0.031	52~42	25~23	0.032~0.032	22~23	23~21	0.028~0.028	28~29
23	合金结构钢	30Cr-MnSiA	1.0	6~8	0.043~0.040	44~43	6~8	0.035~0.032	49~45	25~23	0.031~0.031	21~22	22~20	0.027~0.027	26~27
24	合金结构钢	30Cr-MnSiA	1.2	6~8	0.042~0.038	41~36	6~8	0.034~0.032	48~46	25~23	0.035~0.031	20~21	22~20	0.027~0.027	25~25
25	合金结构钢	30Cr-MnSiA	1.5	6~8	0.041~0.037	40~34	6~8	0.034~0.031	46~36	25~23	0.029~0.029	19~20	22~20	0.027~0.027	22~23
26	合金结构钢	30Cr-MnSiA	2.0	6~8	0.040~0.034	35~29	6~8	0.033~0.026	43~40	25~23	0.028~0.028	18~18	20~20	0.026~0.026	20~20
27	合金结构钢	30Cr-MnSiA	2.5	6~8	0.038~0.034	32~26	6~8	0.030~0.025	39~36	24~22	0.027~0.027	17~17	21~19	0.026~0.026	15~17
28	合金结构钢	30Cr-MnSiA	4.0	6~8	0.034~0.032	25~16	6~8	0.028~0.026	33~31	23~21	0.025~0.025	14~15	21~19	0.026~0.026	15~17
29	合金结构钢	30Cr-MnSiA	4.5	6~8	0.033~0.028	23~21	6~8	0.027~0.024	32~27	23~21	0.025~0.025	13~14	20~18	0.024~0.024	15~17
30	合金结构钢	30Cr-MnSiA	5.0	6~8	0.032~0.030	21~18	6~8	0.027~0.025	30~24	22~20	0.024~0.024	12~13	20~18	0.024~0.024	14~15
31	合金结构钢	30Cr-MnSiA	6.0	6~8	0.031~0.028	18~16	6~8	0.026~0.024	28~21	22~20	0.024~0.024	11~12	20~18	0.023~0.023	13~14
32	合金结构钢	30Cr-MnSiA	9.0	6~8	0.028~0.026	14~12	6~8	0.026~0.024	23~17	20~18	0.022~0.022	8~8	20~18	0.021~0.021	10~10
33	合金结构钢	30Cr-MnSiA	12	6~8	0.028~0.026	13~11	6~8	0.028~0.026	24~16	19~17	0.022~0.022	8~8	19~17	0.022~0.022	8~8
34	弹性合金	3J1	0.1	6~8	—	—	6~8	—	—	—	—	—	—	—	—
35	弹性合金	3J1	0.2	6~8	0.023~0.021	70~62	6~8	0.023~0.021	66~60	—	—	—	—	—	—
36	弹性合金	3J1	0.3	6~8	0.027~0.026	51~46	6~8	0.024~0.023	56~50	—	—	—	—	—	—
37	优质碳素结构钢	45	1.0	6~8	0.031~0.027	18~17	6~8	0.017~0.017	19~16	21~19	0.021~0.021	10~11	19~17	0.017~0.017	10~11
38	优质碳素结构钢	45	2.0	6~8	0.036~0.032	30~20	6~8	0.022~0.020	40~26	27~25	0.021~0.021	13~14	27~25	0.014~0.014	14~14
39	优质碳素结构钢	45	2.5	6~8	0.043~0.037	45~38	6~8	0.024~0.020	43~39	31~29	0.025~0.025	15~15	27~25	0.012~0.012	16~16

（续）

序号	材料名称	材料牌号	厚度/mm	小间隙冲裁						大间隙冲裁					
				落料			冲孔			落料			冲孔		
				(Z/t)(%)	h/mm	(Δ/t)(%)	(Z/t)(%)	h/mm	(Δ/t)(%)	(Z/t)(%)	h/mm	(Δ/t)(%)	(Z/t)(%)	h/mm	(Δ/t)(%)
40	膨胀合金	4J28	0.3	6~8	0.029~0.027	62~58	6~8	0.021~0.020	62~58	—	—	—	—	—	—
41		4J29	0.2	6~8	0.022~0.020	68~60	6~8	0.018~0.016	70~62	—	—	—	—	—	—
42		4J29	0.3	6~8	0.023~0.021	68~60	6~8	0.021~0.020	66~62	—	—	—	—	—	—
43		4J29	0.4	6~8	0.027~0.024	51~48	6~8	0.027~0.025	58~53	—	—	—	—	—	—
44	热双金属	5J14	0.75	6~8	0.024~0.022	58~47	6~8	0.029~0.026	50~39	24~22	0.022~0.022	23~26	24~22	0.017~0.017	23~26
45		5J14	1.2	6~8	0.035~0.032	40~30	6~8	0.029~0.026	39~37	14~12	0.031~0.031	22~25	17~15	0.024~0.024	22~25
46		5J17	1.0	6~8	0.027~0.025	29~27	6~8	0.019~0.018	23~20	25~23	0.019~0.019	15~16	24~22	0.016~0.016	12~13
47		5J17	1.2	6~8	0.028~0.026	48~40	6~8	0.019~0.018	38~33	27~25	0.018~0.018	20~20	27~25	0.013~0.014	22~23
48		5J18	1.0	6~8	0.024~0.023	44~40	6~8	0.023~0.021	34~29	18~16	0.022~0.022	32~34	16~14	0.02~0.02	24~25
49		5J23	1.3	6~8	0.041~0.037	32~23	6~8	0.045~0.038	30~23	26~24	0.03~0.03	10~10	26~24	0.027~0.027	10~11
50		5J26	0.6	6~8	0.029~0.026	48~42	6~8	0.020~0.019	49~44	25~23	0.018~0.018	28~29	26~24	0.014~0.014	30~31
51	优质碳素钢	65Mn	0.1	7~9	—	—	7~9	—	—	—	—	—	—	—	—
52		65Mn	0.3	7~9	0.018~0.016	61~54	7~9	0.018~0.017	38~33	—	—	—	—	—	—
53		65Mn	0.5	7~9	0.020~0.019	63~53	7~9	0.021~0.018	32~30	—	—	—	—	—	—
54		65Mn	0.6	7~9	0.020~0.018	45~38	7~9	0.022~0.020	32~30	20~18	0.015~0.015	13~14	20~18	0.015~0.015	14~15
55		65Mn	0.75	7~9	0.021~0.018	35~28	7~9	0.030~0.026	32~26	21~19	0.02~0.02	12~13	17~15	0.015~0.015	16~18
56	镍	6Ni14	0.5	4~6	0.030~0.028	41~40	4~6	0.026~0.025	40~39	—	—	—	—	—	—
57		6Ni14	0.6	4~6	0.026~0.024	41~40	4~6	0.024~0.023	40~39	22~20	0.022~0.022	30~31	20~18	0.021~0.021	26~27
58		6Ni14	0.7	4~6	0.026~0.024	40~38	4~6	0.024~0.023	40~38	22~20	0.021~0.021	26~27	20~18	0.02~0.02	27~28
59	钝铝	A00	0.7	4~6	0.031~0.029	84~81	4~6	0.024~0.024	82~78	14~12	0.03~0.03	68~73	14~12	0.024~0.024	58~62
60		A00	0.8	4~6	0.032~0.031	82~79	4~6	0.025~0.024	79~75	16~14	0.028~0.028	58~60	17~15	0.02~0.02	56~56
61		A00	1.0	4~6	0.030~0.028	80~71	4~6	0.030~0.029	77~75	17~15	0.027~0.027	54~56	19~17	0.019~0.019	51~58
62		A00	1.1	4~6	0.029~0.027	78~74	4~6	0.031~0.030	74~69	19~17	0.025~0.025	53~58	19~17	0.019~0.019	52~53
63		A00	1.4	4~6	0.028~0.027	75~72	4~6	0.042~0.040	67~64	22~20	0.023~0.023	50~51	20~18	0.017~0.017	43~46

（续）

序号	材料名称	材料牌号	厚度/mm	小间隙冲裁						大间隙冲裁					
				落料			冲孔			落料			冲孔		
				(Z/t)(%)	h/mm	(Δ/t)(%)	(Z/t)(%)	h/mm	(Δ/t)(%)	(Z/t)(%)	h/mm	(Δ/t)(%)	(Z/t)(%)	h/mm	(Δ/t)(%)
64	纯铝	A00	1.6	4~6	0.027~0.026	74~72	4~6	0.046~0.044	66~64	23~21	0.021~0.021	40~41	20~18	0.017~0.017	43~52
65	纯铝	A00	1.7	4~6	0.026~0.025	73~71	4~6	0.051~0.049	65~64	24~22	0.02~0.02	37~39	20~18	0.016~0.016	40~43
66	纯铝	A00	2.3	4~6	0.026~0.024	70~68	4~6	—	61~58	28~26	0.02~0.02	38~40	20~18	0.016~0.016	37~38
67	普通碳素钢	Q235	2.0	5~7	0.050~0.048	24~21	5~7	0.034~0.031	18~17	18~16	0.04~0.04	14~14	18~16	0.019~0.019	16~17
68	普通碳素钢	Q235	3.0	5~7	0.067~0.064	17~16	5~7	0.048~0.045	32~30	27~25	0.036~0.036	11~11	27~25	0.022~0.022	19~20
69	普通碳素钢	B2F	0.8	5~7	0.025~0.020	71~70	5~7	0.014~0.013	64~64	28~16	0.025~0.026	59~60	20~18	0.005~0.005	62~63
70	普通碳素钢	B2F	1.2	5~7	0.029~0.027	42~41	5~7	0.016~0.015	61~58	28~16	0.024~0.024	46~47	20~18	0.006~0.006	57~58
71	普通碳素钢	B2F	1.7	5~7	0.031~0.029	33~32	5~7	0.018~0.017	60~57	27~25	0.02~0.02	35~35	21~19	0.008~0.008	50~1
72	普通碳素钢	B2F	2.0	5~7	0.032~0.030	28~26	5~7	0.020~0.018	52~50	26~24	0.017~0.017	30~30	22~20	0.010~0.010	47~48
73	普通碳素钢	B2F	2.5	5~7	0.034~0.032	27~27	5~7	0.028~0.027	48~45	25~23	0.016~0.016	24~25	23~21	0.013~0.013	41~43
74	普通碳素钢	B2F	3.0	5~7	0.036~0.034	19~19	5~7	0.029~0.027	46~44	24~22	0.015~0.015	20~21	24~22	0.016~0.016	38~39
75	普通碳素钢	B2F	4.0	5~7	0.039~0.037	18~16	5~7	0.040~0.035	40~38	22~20	0.013~0.013	15~15	26~24	0.022~0.022	30~32
76	普通碳素钢	B2F	4.3	5~7	0.04~0.03	17~15	5~7	0.044~0.038	39~37	21~19	0.012~0.012	14~14	27~25	0.024~0.024	28~30
77	锰白铜	BMn	0.1	5~7	—	—	5~7	—	—	—	—	—	—	—	—
78	锰白铜	BMn	0.15	5~7	0.021~0.020	85~51	5~7	0.017~0.015	85~80	—	—	—	—	—	—
79	锰白铜	BMn	0.2	5~7	0.022~0.021	70~67	5~7	0.018~0.017	70~67	—	—	—	—	—	—
80	锰白铜	BMn	0.3	5~7	0.025~0.024	60~58	5~7	0.019~0.018	68~64	—	—	—	—	—	—
81	锰白铜	BMn	0.4	5~7	0.027~0.026	55~53	5~7	0.021~0.020	46~44	—	—	—	—	—	—
82	锰白铜	BMn	0.5	5~7	0.031~0.028	50~48	5~7	0.025~0.023	43~41	—	—	—	—	—	—
83	不锈钢	Cr16Ni14	0.1	6~8	—	—	6~8	—	—	—	—	—	—	—	—
84	不锈钢	Cr16Ni14	0.15	6~8	0.023~0.022	81~73	6~8	0.021~0.020	82~72	—	—	—	—	—	—
85	不锈钢	Cr16Ni14	0.2	6~8	0.026~0.024	68~62	6~8	0.021~0.020	68~62	—	—	—	—	—	—
86	不锈钢	Cr16Ni14	0.3	6~8	0.027~0.026	54~51	6~8	0.022~0.020	54~51	—	—	—	—	—	—
87	不锈钢	Cr16Ni14	0.4	6~8	0.028~0.026	50~47	6~8	0.022~0.020	46~41	—	—	—	—	—	—

（续）

序号	材料名称	材料牌号	厚度/mm	小间隙冲裁						大间隙冲裁					
				落料			冲孔			落料			冲孔		
				(Z/t)(%)	h/mm	(Δ/t)(%)	(Z/t)(%)	h/mm	(Δ/t)(%)	(Z/t)(%)	h/mm	(Δ/t)(%)	(Z/t)(%)	h/mm	(Δ/t)(%)
88		Cr16Ni14	0.5	6~8	0.029~0.027	46~44	6~8	0.023~0.021	36~33	—	—	—	—	—	—
89	不锈钢	Cr16Ni14	0.7	6~8	0.029~0.027	34~24	6~8	0.034~0.032	24~24	24~22	0.029~0.029	24~27	22~20	0.034~0.034	23~26
90		Cr16Ni14	0.8	6~8	0.029~0.027	34~24	6~8	0.034~0.032	23~23	24~22	0.028~0.028	24~27	22~20	0.034~0.034	23~26
91		Cr20Ni80	0.1	6~8	—	—	6~8	—	—	—	—	—	—	—	—
92	耐热	Cr20Ni80	0.3	6~8	0.028~0.026	60~53	6~8	0.021~0.019	60~52	—	—	—	—	—	—
93	合金	Cr20Ni80	0.4	6~8	0.028~0.026	55~51	6~8	0.023~0.022	59~54	—	—	—	—	—	—
94		Cr20Ni80	0.8	6~8	0.028~0.026	52~42	6~8	0.031~0.027	60~48	21~19	0.028~0.028	28~29	22~20	0.034~0.034	27~28
95	镍合金	DN	0.1	4~6	—	—	4~6	—	—	—	—	—	—	—	—
96		D21	0.35	5~9	0.023~0.024	50~42	5~9	0.027~0.021	48~40	18~16	0.017~0.017	32~26	18~16	0.018~0.019	32~33
97		D21	0.5	5~9	0.037~0.026	90~77	5~9	0.034~0.027	77~69	23~21	0.015~0.015	44~52	22~20	0.022~0.023	55~57
98	电工	D31	0.35	5~9	0.026~0.022	52~50	5~9	0.018~0.017	56~48	22~20	0.017~0.017	37~38	20~18	0.021~0.021	37~38
99	用硅	D31（比利时）	0.5	5~9	0.022~0.018	87~72	5~9	0.024~0.021	88~73	30~28	0.013~0.013	32~33	28~26	0.016~0.016	32~38
100	钢	D41	0.35	5~9	0.027~0.023	60~50	5~9	0.018~0.016	60~51	17~15	0.021~0.021	41~43	17~15	0.015~0.015	41~43
101		H10(D41)（日本）	0.5	5~9	0.025~0.021	78~71	5~9	0.029~0.021	72~64	21~19	0.015~0.015	55~56	21~19	0.015~0.015	47~55
102		H12(D31)（日本）	0.5	5~9	0.028~0.021	72~61	5~9	0.024~0.019	63~54	21~19	0.013~0.013	45~46	20~18	0.015~0.015	30~37
103		H62M	0.25	5~7	0.018~0.017	64~61	5~7	0.016~0.015	61~58						
104		H62M	0.3	5~7	0.019~0.018	62~58	5~7	0.020~0.019	61~58						
105		H62M	0.5	5~7	0.025~0.024	50~48	5~7	0.022~0.020	52~50						
106		H62M	0.8	5~7	0.025~0.024	43~40	5~7	0.022~0.020	45~42	24~22	0.021~0.021	27~28	24~22	0.016~0.016	30~31
107	黄铜	H62M	2.5	5~7	0.025~0.023	31~28	5~7	0.025~0.023	39~37	24~22	0.014~0.014	17~18	24~22	0.017~0.017	27~28
108		H62Y	0.1	5~7	—	—	5~7	—	—	—	—	—	—	—	—
109		H62Y	0.3	5~7	0.028~0.026	60~58	5~7	0.023~0.020	65~63	—	—	—	—	—	—
110		H62Y	0.4	5~7	0.028~0.027	56~48	5~7	0.022~0.020	53~51	—	—	—	—	—	—
111		H62Y	0.6	5~7	0.028~0.027	48~45	5~7	0.022~0.020	50~48	21~19	0.022~0.022	25~26	20~18	0.016~0.016	26~27

（续）

序号	材料名称	材料牌号	厚度/mm	小间隙冲裁						大间隙冲裁					
				落料			冲孔			落料			冲孔		
				(Z/t)(%)	h/mm	(Δ/t)(%)	(Z/t)(%)	h/mm	(Δ/t)(%)	(Z/t)(%)	h/mm	(Δ/t)(%)	(Z/t)(%)	h/mm	(Δ/t)(%)
112	黄铜	H62Y	0.7	5~7	0.028~0.027	46~44	5~7	0.022~0.020	48~45	21~19	0.022~0.022	25~25	20~18	0.015~0.015	24~26
113		H62Y	0.8	5~7	0.029~0.027	45~42	5~7	0.022~0.020	44~38	21~19	0.021~0.021	25~26	20~18	0.015~0.015	23~24
114		H62Y	1.0	5~7	0.029~0.028	42~37	5~7	0.021~0.018	43~40	22~20	0.02~0.02	23~24	21~19	0.014~0.014	22~23
115		H62Y	1.5	5~7	0.035~0.031	37~35	5~7	0.020~0.018	36~33	23~21	0.017~0.017	22~23	21~19	0.011~0.011	19~21
116		H62Y	2.0	5~7	0.049~0.045	33~30	5~7	0.019~0.016	28~22	25~23	0.014~0.014	11~12	21~19	0.009~0.009	18~19
117		H68	0.4	5~7	0.031~0.030	52~51	5~7	0.024~0.023	58~55	—	—	—	—	—	—
118	铅黄铜	HPb59-1Y	0.8	6~8	0.033~0.031	32~27	6~8	0.022~0.022	28~22	26~24	0.025~0.025	13~14	22~20	0.018~0.018	11~12
119		HPb59-1Y	1.0	6~8	0.043~0.035	29~23	6~8	0.031~0.027	20~12	26~24	0.027~0.027	13~14	26~24	0.021~0.021	11~12
120		HPb59-1Y	0.1	6~8	—	—	6~8	—	—	—	—	—	—	—	—
121		HPb59-1Y	2.5	6~8	0.029~0.027	—	6~8	0.023~0.022	—	27~25	0.018~0.018	—	23~21	0.02~0.02	—
122	工业纯铜	1050A	0.2	4~6	0.027~0.024	77~73	4~6	0.023~0.022	72~70	—	—	—	—	—	—
123		1050A	0.3	4~6	0.026~0.025	68~66	4~6	0.024~0.023	67~64	—	—	—	—	—	—
124	工业纯铝	1035	0.5	4~6	0.034~0.033	46~44	4~6	0.027~0.026	53~44	—	—	—	—	—	—
125		1035	1.0	4~6	0.028~0.027	43~41	4~6	0.020~0.019	46~44	15~13	0.027~0.027	35~36	17~15	0.018~0.018	34~35
126	铝镁合金	5A03	0.1	4~6	—	—	4~6	—	—	—	—	—	—	—	—
127		5A03	0.15	4~6	0.031~0.029	88~84	4~6	0.021~0.019	91~88	—	—	—	—	—	—
128	铝锰合金	3A21M	0.8	4~6	0.024~0.023	43~42	4~6	0.019~0.018	32~29	15~13	0.019~0.019	35~36	13~11	0.017~0.017	31~34
129		3A21M	1.0	4~6	0.027~0.026	44~42	4~6	0.021~0.020	35~33	15~13	0.02~0.02	35~36	15~13	0.023~0.021	30~29
130		3A21M	1.2	4~6	0.028~0.026	45~44	4~6	0.021~0.020	38~37	18~16	0.022~0.022	35~37	16~14	0.023~0.023	29~31
131		3A21M	1.5	4~6	0.030~0.027	53~50	4~6	0.025~0.024	43~40	18~16	0.025~0.025	32~36	18~16	0.023~0.023	28~30
132		3A21M	1.8	4~6	0.032~0.029	60~52	4~6	0.027~0.025	52~48	22~20	0.03~0.03	22~23	18~16	0.023~0.023	28~30
133	硬铝	2A11M	2.0	6~8	0.028~0.026	38~33	6~8	0.022~0.020	43~36	24~22	0.022~0.022	21~22	23~21	0.016~0.016	24~24
134		2A12CZ	0.6	6~8	0.024~0.022	10~8	6~8	0.021~0.019	18~16	19~17	0.017~0.017	11~11	17~15	0.017~0.017	14~14
135		2A12CZ	0.8	6~8	0.025~0.022	18~11	6~8	0.021~0.018	27~22	20~18	0.018~0.018	11~12	18~16	0.017~0.017	13~13

（续）

序号	材料名称	材料牌号	厚度/mm	小间隙冲裁						大间隙冲裁					
				落料			冲孔			落料			冲孔		
				(Z/t)(%)	h/mm	(Δ/t)(%)	(Z/t)(%)	h/mm	(Δ/t)(%)	(Z/t)(%)	h/mm	(Δ/t)(%)	(Z/t)(%)	h/mm	(Δ/t)(%)
136	硬铝	2A12CZ	1.0	6~8	0.025~0.023	20~18	6~8	0.021~0.019	25~22	21~19	0.018~0.018	11~11	19~17	0.018~0.018	12~12
137		2A12CZ	1.5	6~8	0.027~0.025	30~26	6~8	0.021~0.020	32~22	24~22	0.021~0.021	10~10	21~19	0.019~0.019	11~12
138		2A12CZ	1.8	6~8	0.028~0.025	40~39	6~8	0.030~0.027	35~33	25~23	0.022~0.022	10~10	21~19	0.019~0.019	10~10
139		2A12CZ	2.0	6~8	0.029~0.026	42~37	6~8	0.031~0.028	36~34	25~23	0.023~0.023	10~10	22~20	0.02~0.02	9~9
140		2A12CZ	2.5	6~8	0.038~0.031	50~43	6~8	0.032~0.028	36~34	27~25	0.025~0.025	9~9	23~21	0.022~0.022	9~9
141		2A12CZ	3.0	6~8	0.046~0.040	60~34	6~8	0.033~0.029	40~35	27~25	0.028~0.028	8~8	23~21	0.023~0.023	8~9
142		2A12CZ	4.0	6~8	0.055~0.043	68~53	6~8	0.034~0.031	40~32	28~26	0.032~0.032	8~8	23~21	0.026~0.026	7~8
143		2A12M	0.6	6~8	0.028~0.023	54~51	6~8	0.021~0.018	30~26	14~12	0.022~0.022	27~29	13~11	0.015~0.015	24~26
144		2A12M	0.8	6~8	0.029~0.026	45~37	6~8	0.025~0.022	32~28	22~20	0.022~0.022	25~27	22~20	0.017~0.017	23~24
145		2A12M	1.0	6~8	0.029~0.026	38~34	6~8	0.026~0.023	34~31	23~21	0.023~0.023	24~25	22~20	0.018~0.018	23~24
146		2A12M	1.2	6~8	0.029~0.026	35~31	6~8	0.027~0.025	36~33	25~23	0.023~0.023	23~24	23~21	0.019~0.019	22~23
147		2A12M	1.5	6~8	0.030~0.026	33~29	6~8	0.029~0.025	37~34	26~24	0.024~0.024	21~21	25~23	0.02~0.02	22~23
148		2A12M	1.8	6~8	0.031~0.030	30~26	6~8	0.029~0.025	40~35	26~24	0.024~0.024	20~20	25~23	0.021~0.021	22~23
149		2A12M	2.0	6~8	0.032~0.027	29~27	6~8	0.031~0.030	40~32	27~25	0.024~0.025	20~20	25~23	0.021~0.021	22~23
150		2A12M	2.5	6~8	0.035~0.030	29~26	6~8	0.031~0.028	41~32	27~25	0.025~0.025	19~20	25~23	0.021~0.021	22~22
151		2A12MO	1.0	6~8	0.027~0.025	25~24	6~8	0.020~0.018	34~31	20~18	0.021~0.021	22~22	20~18	0.016~0.016	25~25
152		2A12MO	1.2	6~8	0.028~0.026	34~22	6~8	0.020~0.018	39~32	25~23	0.022~0.022	21~21	20~18	0.017~0.017	23~24
153	电工用硅钢	M10 (D41) (日本)	0.5	5~9	0.024~0.020	70~60	5~9	0.028~0.023	68~59	22~20	0.016~0.016	45~47	18~16	0.018~0.019	43~48
154	镍	N6	0.1	4~6	—	—	4~6	—	—	—	—	—	—	—	—
155		N6	0.15	4~6	0.020~0.019	75~73	4~6	0.020~0.019	76~74	—	—	—	—	—	—
156		N6	0.2	4~6	0.022~0.021	70~67	4~6	0.021~0.019	72~70	—	—	—	—	—	—
157		N6	0.25	4~6	0.024~0.023	66~58	4~6	0.031~0.028	62~60	—	—	—	—	—	—
158		N6	0.3	4~6	0.026~0.025	63~60	4~6	0.033~0.029	61~59	—	—	—	—	—	—
159		N6	0.4	4~6	0.029~0.027	58~56	4~6	0.020~0.019	61~59	—	—	—	—	—	—
160		N6	0.5	4~6	0.033~0.032	57~55	4~6	0.022~0.020	61~59	—	—	—	—	—	—

（续）

序号	材料名称	材料牌号	厚度/mm	小间隙冲裁						大间隙冲裁					
				落料			冲孔			落料			冲孔		
				(Z/t) (%)	h/mm	(Δ/t) (%)	(Z/t) (%)	h/mm	(Δ/t) (%)	(Z/t) (%)	h/mm	(Δ/t) (%)	(Z/t) (%)	h/mm	(Δ/t) (%)
161	电工用镍合金	Nw4-0.5	0.13	5~9	0.028~0.026	60~53	5~9	0.022~0.018	60~54	18~16	0.024~0.024	43~47	18~16	0.017~0.017	45~48
162	铝锰青铜	QA19-2Y	2.0	8~10	0.026~0.025	30~27	8~10	0.020~0.019	23~21	27~25	0.02~0.02	11~11	22~23	0.017~0.017	10~10
163	铍青铜	QBe2M	0.15	8~10	0.027~0.026	70~67	8~10	0.020~0.019	71~68	—	—	—	—	—	—
164		QBe2M	0.2	8~10	0.027~0.026	69~67	8~10	0.020~0.019	70~68	—	—	—	—	—	—
165		QBe2M	0.35	8~10	0.027~0.026	40~38	8~10	0.021~0.021	37~35	—	—	—	—	—	—
166		QBe2Y	0.15	8~10	0.027~0.026	70~67	8~10	0.021~0.020	73~71	—	—	—	—	—	—
167		QBe2Y	0.2	8~10	0.027~0.026	62~61	8~10	0.019~0.018	65~63	—	—	—	—	—	—
168		QBe2Y	0.3	8~10	0.027~0.026	53~51	8~10	0.019~0.018	50~48	—	—	—	—	—	—
169		QBe2Y	0.5	8~10	0.028~0.027	47~44	8~10	0.019~0.018	44~42	—	—	—	—	—	—
170		QBe2.5Y	0.25	8~10	0.028~0.026	48~45	8~10	0.023~0.022	46~44	—	—	—	—	—	—
171	锡锌青铜	QSn2Y	0.3	5~7	0.009~0.009	68~66	5~7	0.011~0.011	62~59	—	—	—	—	—	—
172		QSn4-3	0.5	6~8	0.025~0.024	47~45	6~8	0.024~0.023	44~42	—	—	—	—	—	—
173		QSn4-3	1.2	6~8	0.032~0.029	38~36	6~8	0.029~0.029	35~32	24~22	0.024~0.024	14~16	23~21	0.022~0.022	13~14
174		QSn4-3	2.0	6~8	0.032~0.029	29~25	6~8	0.029~0.029	35~32	30~28	0.018~0.018	17~17	27~25	0.017~0.017	27~28
175	锡磷青铜	QSn6.5-0.1Y	0.1	5~7		—	5~7		—	—	—	—	—	—	—
176		QSn6.5-0.1Y	0.3	5~7	0.021~0.020	63~62	5~7	0.021~0.020	60~58	—	—	—	—	—	—
177		QSn6.5-0.15	0.5	5~7	0.030~0.028	—	5~7	0.022~0.022	—	—	—	—	—	—	—
178		QSn6.5-0.15	2.0	5~7	0.028~0.027	40~37	5~7	0.021~0.020	52~48	27~25	0.018~0.018	18~19	23~21	0.016~0.016	22~23
179		QSn6.5-1.5	0.15	5~7	0.026~0.024	80~77	5~7	0.022~0.021	79~76	—	—	—	—	—	—
180		QSn6.5-1.5	0.2	5~7	0.027~0.025	67~64	5~7	0.023~0.022	69~66	—	—	—	—	—	—
181		QSn6.5-1.5	0.3	5~7	0.028~0.026	60~56	5~7	0.024~0.022	60~56	—	—	—	—	—	—
182		QSn6.5-1.5	0.5	5~7	0.030~0.028	57~54	5~7	0.025~0.023	54~51	—	—	—	—	—	—
183		QSn6.5-2.5	0.25	5~7	0.028~0.027	—	5~7	0.026~0.024	—	—	—	—	—	—	—

（续）

序号	材料名称	材料牌号	厚度/mm	小间隙冲裁						大间隙冲裁					
				落料			冲孔			落料			冲孔		
				(Z/t)(%)	h/mm	(Δ/t)(%)	(Z/t)(%)	h/mm	(Δ/t)(%)	(Z/t)(%)	h/mm	(Δ/t)(%)	(Z/t)(%)	h/mm	(Δ/t)(%)
184	优质碳素结构钢	SPCC—SD（日本）	1.0	5~7	0.029~0.028	58~55	5~7	0.022~0.020	55~53	18~16	0.028~0.028	40~42	20~18	0.017~0.017	39~40
185		SPCD—SD（日本）	1.0	5~7	0.034~0.032	40~38	5~7	0.022~0.020	44~43	12~10	0.032~0.032	35~36	13~11	0.017~0.017	40~42
186		SPCD—SD（日本）	1.5	5~7	0.039~0.037	52~49	5~7	0.035~0.034	52~49	22~20	0.023~0.028	35~36	21~19	0.029~0.029	31~32
187		SPU—SD（日本）	1.5	5~7	0.035~0.033	28~27	5~7	0.018~0.015	31~30	24~22	0.02~0.02	19~20	16~14	0.011~0.011	22~23
188	纯铜	T2M	0.2	5~7	0.025~0.023	66~61	5~7	0.022~0.021	68~65	—	—	—	—	—	—
189		T2M	0.3	5~7	0.026~0.024	65~61	5~7	0.023~0.021	63~61	—	—	—	—	—	—
190		T2M	0.4	5~7	0.029~0.028	57~55	5~7	0.023~0.021	58~56	—	—	—	—	—	—
191		T2M	0.5	5~7	0.032~0.030	52~50	5~7	0.023~0.021	55~53	—	—	—	—	—	—
192		T2M	1.0	5~7	0.035~0.033	30~28	5~7	0.023~0.021	30~28	18~16	0.027~0.027	40~44	18~16	0.027~0.027	39~41
193		T2Y	0.1	5~7	—	—	5~7	—	—	—	—	—	—	—	—
194		T2Y	0.2	5~7	0.024~0.023	65~62	5~7	0.023~0.022	63~61	—	—	—	—	—	—
195		T2Y	0.5	5~7	0.028~0.027	65~61	5~7	0.023~0.020	50~49	—	—	—	—	—	—
196		T2Y	1.0	5~7	0.035~0.034	55~52	5~7	0.023~0.020	40~39	18~16	0.018~0.018	38~41	18~16	0.018~0.018	33~38
197	碳素工具钢	T9A	0.4	7~9	0.021~0.019	46~40	7~9	0.024~0.021	46~39	—	—	—	—	—	—
198		T9A	1.0	8~10	0.036~0.034	35~30	7~9	0.032~0.030	35~30	20~18	0.032~0.032	20~21	18~16	0.028~0.028	18~20
199	钛合金	TA1	1.0	8~10	0.030~0.029	14~13	8~10	0.028~0.027	0~0	22~20	0.027~0.027	36~40	20~18	0.026~0.026	0~0
200		TA3	0.8	8~10	0.026~0.025	27~24	8~10	0.021~0.020	25~22	22~20	0.021~0.020	13~14	17~15	0.034~0.034	16~17
201		TA3	1.0	8~10	0.029~0.028	45~43	8~10	0.022~0.021	53~52	25~23	0.025~0.025	26~27	21~19	0.018~0.018	39~41
202	电工用硅钢	L500-50A（DB1）（原西德）	0.5	5~9	0.038~0.037	80~78	5~9	0.033~0.027	70~64	22~20	0.021~0.022	52~54	22~20	0.021~0.021	52~54
203		WSPA	2.3	5~7	0.031~0.028	37~35	5~7	0.030~0.029	36~34	17~15	0.022~0.022	22~23	22~20	0.013~0.013	31~32
204		WSPA	3.0	5~7	0.049~0.048	35~35	5~7	0.042~0.039	36~34	17~15	0.032~0.032	22~23	20~18	0.024~0.024	30~31
205		WSPA	4.0	5~7	0.054~0.051	33~33	5~7	0.070~0.067	36~31	17~15	0.044~0.044	22~23	19~17	0.038~0.038	30~31
206		WSPA	6.0	5~7	0.090~0.085	30~25	5~7	0.090~0.088	36~31	18~16	0.055~0.055	21~21	16~14	0.052~0.052	29~30
207		WSPA	8.0	5~7	0.104~0.102	27~26	5~7	0.105~0.105	35~32	18~16	0.065~0.065	19~21	16~14	0.06~0.06	28~29

（续）

序号	材料名称	材料牌号	厚度/mm	小间隙冲裁						大间隙冲裁					
				落料			冲孔			落料			冲孔		
				(Z/t)(%)	h/mm	(Δ/t)(%)	(Z/t)(%)	h/mm	(Δ/t)(%)	(Z/t)(%)	h/mm	(Δ/t)(%)	(Z/t)(%)	h/mm	(Δ/t)(%)
208	电工用硅钢	WSPA	10	5~7	0.115~0.112	23~21	5~7	0.115~0.112	35~31	18~16	0.074~0.074	18~19	15~13	0.065~0.065	27~28
209		WSPA	12	5~7	0.125~0.122	16~15	5~7	0.125~0.122	32~29	18~16	0.082~0.082	12~12	14~12	0.068~0.068	26~31
210		Z10 (D41)(日本)	0.35	5~9	0.022~0.017	80~68	5~9	0.022~0.017	56~46	20~18	0.014~0.014	45~47	20~18	0.014~0.014	32~23

表 2-2-13 非金属板料冲裁间隙数据库

序号	材料名称	厚度/mm	相对间隙(Z/t)(%)	序号	材料名称	厚度/mm	相对间隙(Z/t)(%)	序号	材料名称	厚度/mm	相对间隙(Z/t)(%)
1	酚醛层压板	0.2	3	38	橡胶板	3.5	4	75	环氧酚醛	10.0	6
2		0.5	3	39		4.0	4	76	云母	0.02	1
3		1.0	3	40		5.0	5	77		0.35	1
4		1.5	4	41		6.0	5	78		0.5	1
5		2.0	4	42		7.0	5	79		0.8	1
6		2.5	4	43		8.0	6	80		1.0	1
7		3.0	4	44		9.0	6	81		1.2	1
8		3.5	4	45		10.0	6	82		1.5	1
9		4.0	4	46	有机玻璃板	0.2	3	83		1.8	1
10		5.0	5	47		0.5	3	84		2.0	1
11		6.0	5	48		1.0	3	85		2.2	1
12		7.0	5	49		1.5	4	86		2.5	1
13		8.0	6	50		2.0	4	87		2.8	1
14		9.0	6	51		2.5	4	88		3.0	1
15		10.0	6	52		3.0	4	89		3.5	1
16	石棉板	0.2	3	53		3.5	4	90		4.0	1
17		0.5	3	54		4.0	4	91	皮革	0.2	1
18		1.0	3	55		5.0	5	92		0.35	1
19		1.5	4	56		6.0	5	93		0.5	1
20		2.0	4	57		7.0	5	94		0.8	1
21		2.5	4	58		8.0	6	95		1.0	1
22		3.0	4	59		9.0	6	96		1.2	1
23		3.5	4	60		10.0	6	97		1.5	1
24		4.0	4	61	环氧酚醛	0.2	3	98		1.8	1
25		5.0	5	62		0.5	3	99		2.0	1
26		6.0	5	63		1.0	3	100		2.2	1
27		7.0	5	64		1.5	4	101		2.5	1
28		8.0	6	65		2.0	4	102		2.8	1
29		9.0	6	66		2.5	4	103		3.0	1
30		10.0	6	67		3.0	4	104		3.2	1
31	橡胶板	0.2	3	68		3.5	4	105		3.5	1
32		0.5	3	69		4.0	4	106		4.0	1
33		1.0	3	70		5.0	5	107	纤维板	0.5	4
34		1.5	4	71		6.0	5	108		1.0	4
35		2.0	4	72		7.0	5	109		1.5	4
36		2.5	4	73		8.0	6	110		2.0	4
37		3.0	4	74		9.0	6	111		2.5	4

（续）

序号	材料名称	厚度/mm	相对间隙(Z/t)(%)	序号	材料名称	厚度/mm	相对间隙(Z/t)(%)	序号	材料名称	厚度/mm	相对间隙(Z/t)(%)
112	纤维板	3.0	4	120	软纸	2.0	3	128	毛毡	0.5	0
113		3.5	4	121		2.5	3	129		0.8	0
114		4.0	4	122		3.0	3	130		1.0	0
115		4.5	4	123		3.5	3	131		2.0	0.3
116		5.0	4	124		4.0	3	132		5.0	0.3
117	软纸	0.5	3	125		4.5	3	133		10.0	0.4
118		1.0	3	126		5.0	3				
119		1.5	3	127	毛毡	0.2	0				

2.3 冲裁件的工艺性

冲裁件的工艺性，是指冲裁件对冲裁工艺的适应性。一般情况下，对冲裁件工艺性影响最大的是制件的结构形状、精度要求、形位公差及技术要求等。冲裁件的工艺性合理与否，影响到冲裁件的质量、模具寿命、材料消耗、生产率等，设计中应尽可能提高其工艺性。冲裁件的工艺性应考虑以下几点：

1）冲裁件的形状应尽可能简单、对称，使排样废料少，避免形状复杂的曲线。

2）冲裁件的外形除在少、无废料排样或采用镶拼模结构时允许有尖锐的清角外，各直线或曲线的连接处应尽量避免锐角，严禁尖角，一般应有 $r>0.5t$（t—料厚）以上的圆角（见表2-2-14）。

表2-2-14 冲裁件圆角半径 r 的最小值

连接角度	$\alpha\geqslant90°$	$\alpha<90°$	$\alpha\geqslant90°$	$\alpha<90°$
示图	$\alpha\geqslant90°$, r	$\alpha<90°$, r	$\alpha\geqslant90°$, r	$\alpha<90°$, r
材料	圆角半径 r			
低碳钢	$0.30t$	$0.50t$	$0.35t$	$0.60t$
黄铜、铝	$0.24t$	$0.35t$	$0.20t$	$0.45t$
高碳钢、合金钢	$0.45t$	$0.70t$	$0.50t$	$0.90t$

3）冲裁件上应尽量避免过长的悬臂与狭槽，一般凸出悬臂和凹槽宽度 b 的尺寸：硬钢为（1.5～2.0）t，黄铜、软钢为（1.0～1.2）t，纯铜、铝为（0.8～0.9）t（见表2-2-15）。

表2-2-15 冲裁件的凸出悬臂和凹模的最小宽度 b

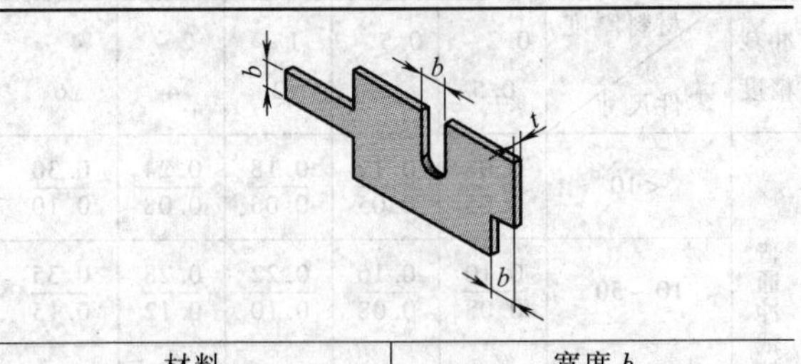

材料	宽度 b
硬钢	(1.5～2.0) t
黄铜、软钢	(1.0～1.2) t
纯铜、铝	(0.8～0.9) t

4）冲裁件的孔径因受冲孔凸模强度和刚度的限制，不宜太小，否则凸模容易折断和压弯。冲孔最小尺寸取决于材料的力学性能、凸模强度和模具结构。用自由凸模和带护套的凸模所能冲制的最小孔径分别见表2-2-16、表2-2-17。

表2-2-16 自由凸模冲孔的最小尺寸

（单位：mm）

材 料	圆孔直径	正方形孔边长	长方形孔宽度	长圆形孔宽度
钢 $\tau\geqslant700$MPa	$d\geqslant1.5t$	$a\geqslant1.35t$	$a\geqslant1.1t$	$a\geqslant1.2t$
钢 $\tau=400\sim700$MPa	$d\geqslant1.3t$	$a\geqslant1.2t$	$a\geqslant0.9t$	$a\geqslant1.0t$
钢 $\tau<400$MPa	$d\geqslant1.0t$	$a\geqslant0.9t$	$a\geqslant0.7t$	$a\geqslant0.8t$
黄铜、铜	$d\geqslant0.9t$	$a\geqslant0.8t$	$a\geqslant0.6t$	$a\geqslant0.7t$
铝、锌	$d\geqslant0.8t$	$a\geqslant0.7t$	$a\geqslant0.5t$	$a\geqslant0.6t$
纸胶板、布胶板	$d\geqslant0.7t$	$a\geqslant0.6t$	$a\geqslant0.4t$	$a\geqslant0.5t$
硬纸、纸	$d\geqslant0.6t$	$a\geqslant0.5t$	$a\geqslant0.3t$	$a\geqslant0.4t$

注：一般要求 $d\geqslant0.3$mm，t 为材料厚度。

表 2-2-17　带保护套凸模冲孔的最小尺寸

（单位：mm）

材　料	圆形孔 d	长方形孔宽 b
硬钢	$0.5t$	$0.4t$
软钢及黄铜	$0.35t$	$0.3t$
铝、锌	$0.3t$	$0.28t$

5）冲裁件的孔与孔之间、孔与边缘之间的距离 a 因受模具强度和零件质量的限制，其值不能太小。最小孔间距尺寸如表 2-2-18 所示，最小孔边距可据图 2-2-2 查找，一般当孔边缘与制件外形边缘不平行时 $a \geqslant t$，平行时 $a \geqslant 1.5t$。

表 2-2-18　最小孔间距尺寸

（单位：mm）

孔　型	圆　孔		方　孔	
料厚 t	<1.55	>1.55	<2.3	>2.3
最小孔距	$3.1t$	$2t$	$4.6t$	$2t$

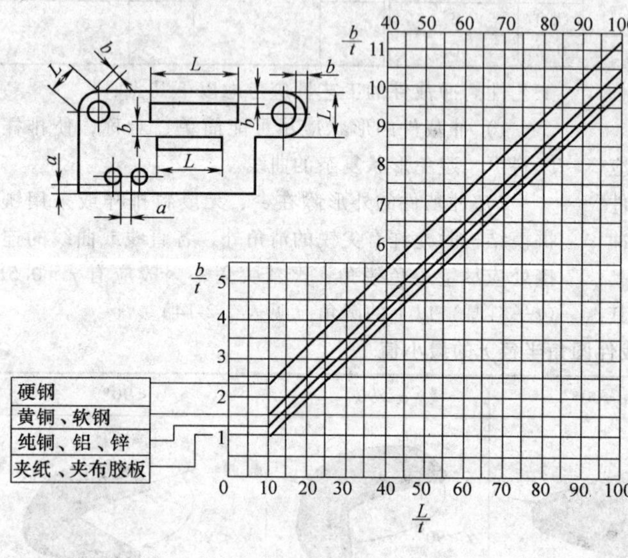

冲裁件的最小孔边距

<table>
<tr><th rowspan="3">冲裁材料</th><th colspan="2">$\frac{a}{t}$</th><th colspan="3">$\frac{b}{t}$</th><th rowspan="3"></th></tr>
<tr><th rowspan="2">分开冲</th><th rowspan="2">同时冲</th><th rowspan="2">分开冲</th><th colspan="2">同时冲</th></tr>
<tr><th>$\frac{L}{t}<10$</th><th>$\frac{L}{t}>10$</th></tr>
<tr><td>硬钢</td><td colspan="2">1.3 ~ 1.5</td><td colspan="2">2 ~ 2.3</td><td>$1.3+0.1\frac{L}{t}$</td><td rowspan="4">或查左图表</td></tr>
<tr><td>黄铜、软钢</td><td colspan="2">0.9 ~ 1.0</td><td colspan="2">1.4 ~ 1.5</td><td>$0.5+0.1\frac{L}{t}$</td></tr>
<tr><td>纯铜、铝、锌</td><td colspan="2">0.75 ~ 0.8</td><td colspan="2">1.1 ~ 1.2</td><td>$0.2+0.1\frac{L}{t}$</td></tr>
<tr><td>夹纸、夹布胶板</td><td colspan="2">0.7 ~ 0.75</td><td colspan="2">0.9 ~ 1.0</td><td>$0.1\frac{L}{t}$</td></tr>
</table>

图 2-2-2　最小孔边距

6）用条料少废料冲裁两端带圆弧的工件时，其圆弧半径应大于条料宽度的一半（见图 2-2-3）。

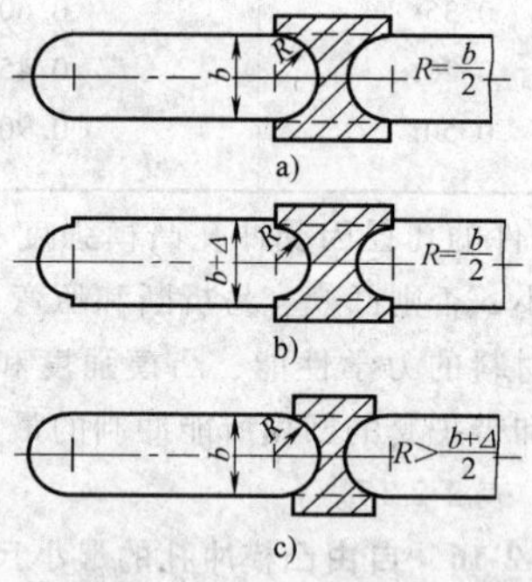

图 2-2-3　工件两端弧形与宽度的关系

7）在弯曲件或拉深件上冲孔时，孔边与工件直边之间的距离不能小于制件圆角半径与一半料厚之和（见图 2-2-4）。

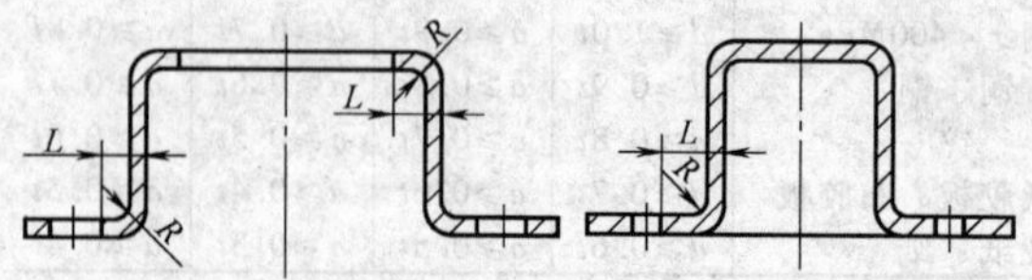

图 2-2-4　弯曲件或拉深件的冲孔位置

8）冲裁件的精度要求，应在经济精度范围以内。对于普通冲裁件，其经济精度不高于 IT11 级，一般要求落料件精度最好低于 IT10 级，冲孔件最好低于 IT9 级（见表 2-2-19）。曲线形状的冲裁凸、凹模的制造公差见表 2-2-20，冲裁孔中心距公差见表 2-2-21。表 2-2-22 为孔对外缘轮廓的尺寸公差，表 2-2-23 为一般冲裁件剪断面的表面粗糙度，表 2-2-24 为各种材料冲裁的光亮带相对宽度。

表 2-2-19　冲裁件外形与内孔尺寸公差

（单位：mm）

冲裁精度	材料厚度 / 零件尺寸	0.2 ~ 0.5	0.5 ~ 1	1 ~ 2	2 ~ 4	4 ~ 6
普通冲裁精度	<10	$\frac{0.08}{0.05}$	$\frac{0.12}{0.05}$	$\frac{0.18}{0.06}$	$\frac{0.24}{0.08}$	$\frac{0.30}{0.10}$
	10 ~ 50	$\frac{0.10}{0.08}$	$\frac{0.16}{0.08}$	$\frac{0.22}{0.10}$	$\frac{0.28}{0.12}$	$\frac{0.35}{0.15}$
	50 ~ 150	$\frac{0.14}{0.12}$	$\frac{0.22}{0.12}$	$\frac{0.30}{0.16}$	$\frac{0.40}{0.20}$	$\frac{0.50}{0.25}$
	150 ~ 300	0.20	0.30	0.50	0.70	1.00

（续）

冲裁精度	材料厚度 / 零件尺寸	0.2~0.5	0.5~1	1~2	2~4	4~6
较高冲裁精度	<10	0.025/0.02	0.03/0.02	0.04/0.03	0.06/0.04	0.10/0.06
	10~50	0.03/0.04	0.04/0.04	0.06/0.06	0.08/0.08	0.12/0.10
	50~150	0.05/0.08	0.06/0.08	0.08/0.10	0.10/0.12	0.15/0.15
	150~300	0.08	0.10	0.12	0.15	0.20

注：1. 表中分子为外形的公差值，分母为内孔的公差值。

2. 普通冲裁精度系指模具的工作、导向部分零件按IT8级精度制造，较高冲裁精度按IT7级精度制造。

表 2-2-20 曲线形状的冲裁凸、凹模的制造公差

（单位：mm）

工件要求	工作部分最大尺寸		
	≤150	>150~500	>500
普通精度	0.2	0.35	0.5
高精度	0.1	0.2	0.3

注：1. 本表序列公差，只在凸模或凹模一个零件上标注，而另一件则注明配作间隙。

2. 本表适用于汽车拖拉机行业。

表 2-2-21 冲裁件中心距公差孔的最小尺寸

（单位：mm）

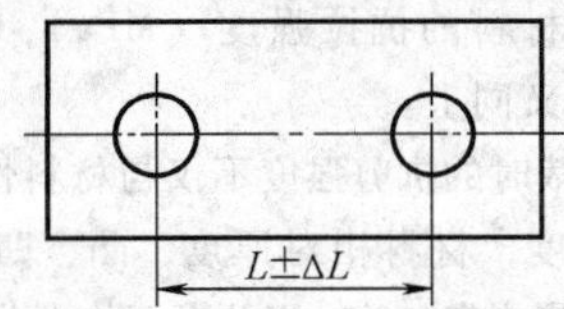

冲裁精度	材料厚度 / 孔距尺寸	≤1	>1~2	>2~4	>4~6
一般	<50	±0.10	±0.12	±0.15	±0.20
	>50~150	±0.15	±0.20	±0.25	±0.30
	>150~300	±0.20	±0.30	±0.35	±0.40
高级	<50	±0.03	±0.04	±0.06	±0.08
	>50~150	±0.05	±0.06	±0.08	±0.10
	>150~300	±0.08	±0.10	±0.12	±0.15

表 2-2-22 孔对外缘轮廓的尺寸公差

（单位：mm）

模具形式和定位方法	模具精度	工件尺寸			模具形式和定位方法	模具精度	工件尺寸		
		<30	30~100	100~200			<30	30~100	100~200
复合模	高级的	±0.015	±0.02	±0.025	无导正销的连续模	高级的	±0.10	±0.15	±0.25
	普通的	±0.02	±0.03	±0.04		普通的	±0.20	±0.30	±0.40
有导正销的连续模	高级的	±0.05	±0.10	±0.12	外形定位的冲孔模	高级的	±0.08	±0.12	±0.18
	普通的	±0.10	±0.15	±0.20		普通的	±0.15	±0.20	±0.30

表 2-2-23 一般冲裁件剪断面的表面粗糙度

材料厚度 t/mm	≤1	>1~2	>2~3	>3~4	>4~5
表面粗糙度 Ra/μm	3.2	6.3	12.5	25	50

表 2-2-24 各种材料冲裁的光亮带相对宽度

材料	占料厚的百分比（%） 退火	硬化	材料	占料厚的百分比（%） 退火	硬化
w_C0.1%的钢板	50	38	硅钢	30	
w_C0.2%的钢板	40	28	青铜板	25	17
w_C0.3%的钢板	33	22	黄铜	50	20
w_C0.4%的钢板	27	17	纯铜	55	30
w_C0.6%的钢板	20	9	硬铝	50	30
w_C0.8%的钢板	15	5	铝	50	30
w_C1.0%的钢板	10	2			

2.4 冲裁力的计算

2.4.1 冲裁力的计算和降低冲裁力的方法

1. 冲裁力计算

冲裁力是选择压力机的主要依据，也是设计模具必不可少的数据。影响冲裁力的主要因素是材料厚度与材料力学性能、冲裁件厚度和零件的展开长度、冲裁间隙大小、刃口锐利程度和润滑情况等。

用平刃冲裁模冲裁时，冲裁力 F（N）按下式计算：

$$F = KLt\tau$$

式中 L——冲裁件的周边长度（mm）；

K——系数，是考虑到模具刃口磨损、间隙不均匀、材料力学性能及厚度的波动等实际因素而给出的修正量，一般取 $K=1.3$；

t——材料厚度（mm）；

τ——抗剪强度（MPa）。

有时为了计算方便，也可用下式计算冲裁力：

$$F=Lt\sigma_b$$

式中 σ_b——材料的抗拉强度（MPa），其余符号含义同上。

实际上冲裁时的抗剪强度不仅与材料性质有关，还与材料硬化程度，材料相对厚度，凸、凹模相对间隙（Z/t）以及冲裁速度有关。因此可用如下公式计算：

$$\tau_b=(mt/d+0.6)\ \sigma_b$$

式中 m——与相对间隙有关的系数；

σ_b——材料抗拉强度（MPa）；

d——落料为零件直径，冲孔为孔径（mm）。

在 $Z/t=0.15$ 时，$m=1.2$，故

$\tau=(1.2t/d+0.6)\quad \sigma_b\approx(1+2t/d)\ \sigma_s$

式中 σ_s——材料的屈服点（MPa）。

为简化计算，可按表 2-2-25 选用。

表 2-2-25 材料抗剪强度 τ_b

落料、冲孔情况		τ_b	
		$Z=0.15t$ ($m=1.2$)	$Z=0.005t$ ($m=3.0$)
落料	大零件 $d\geqslant 1000t$	$0.6\sigma_b$	$0.65\sigma_b$
	中等零件 $d\geqslant 50t$	$0.7\sigma_b$	$0.8\sigma_b$
	小零件 $d=(5\sim10)t$	$0.8\sigma_b$	$(1\sim1.2)\sigma_b$
冲孔	孔径 $d\leqslant(5\sim2.5)t$	σ_b	$(1.5\sim1.8)\sigma_b$
	孔 $d\leqslant(2\sim1.5)t$	$(1.2\sim1.4)\sigma_b$	$(2.0\sim2.6)\sigma_b$
	孔 $d=t$	$1.8\sigma_b$	$3.6\sigma_b$

各种形状刃口冲裁力的计算见表 2-2-26。

表 2-2-26 冲裁力的计算公式及其举例

工 序	简 图	尺寸 mm	计算公式 公式	计算公式 例
在剪床上用平刃口切断		$t=1$ $b=1000$	$F=bt\tau$	$F=1000\times1\times440\text{N}$ $=44000\text{N}$
在剪床上用斜刃剪切		$t=1$	$F=0.5t^2\tau\dfrac{1}{\tan\varphi}$ 一般 φ 在 2°～5°之间	当 $\varphi=30°$ 时 $F=0.5\times1^2\times440\times\dfrac{1}{0.0524}\text{N}$ $=4200\text{N}$
用平刃口冲裁工件		$t=1$ $a=100$ $b=200$	$F=Lt\tau$ $L=2\ (a+b)$	$F=600\times1\times440\text{N}$ $=26400\text{N}$ $L=2\times(100+200)$ mm $=600\text{mm}$
		$t=1$ $d=476$	$F=\pi dt\tau$	$F=3.14\times476\times1\times440\text{N}$ $=653633\text{N}$
用单边斜刃冲模冲裁工件或冲缺口		$t=1$ $a=100$ $b=200$	当 $H>t$ 时 $F=t\tau\left(a+b\dfrac{t}{h}\right)$ 当 $H=t$ 时 $F=t\tau\ (a+b)$	当 $H=t$ 时 $F=1\times440\times(100+200)$ N $=13200\text{N}$

（续）

工 序	简 图	尺寸 mm	计算公式	
			公式	例
在双边斜刃冲模上冲裁工件	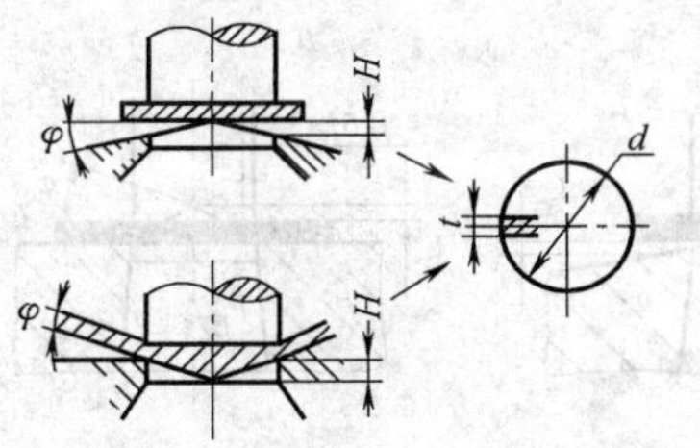	$t=1$ $d=100$	当 $H>0.5t$ 时 $F=2dt\tau\times\arccos\dfrac{h-0.5t}{h}$	当 $H=t$ 时 $F=2\times100\times1\times400\times\arccos\dfrac{1-0.5}{1}\text{N}$ $=92107\text{N}$
	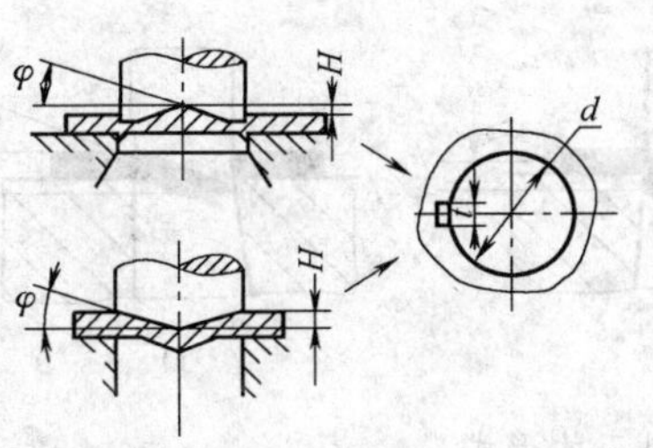		当 $H>0.5t$ 时 $F=2dt\tau\times\arccos\dfrac{h-0.5t}{h}$	
在双边斜刃冲模上冲裁工件	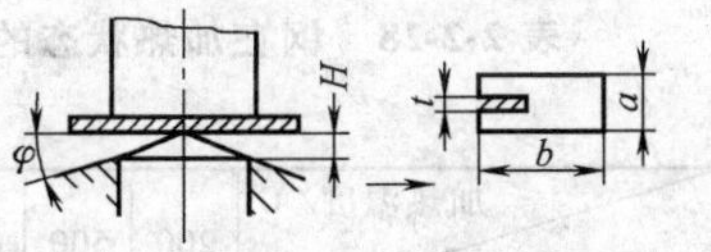	$t=1$ $a=100$ $b=200$	当 $H>t$ 时 $F=2t\tau\left(a+b\dfrac{0.5t}{h}\right)$ 当 $H=t$ 时 $F=2t\tau\ (a+0.5b)$	当 $H=t$ 时 $F=2\times1\times440\times(100+0.5\times200)\ \text{N}$ $=176000\text{N}$
	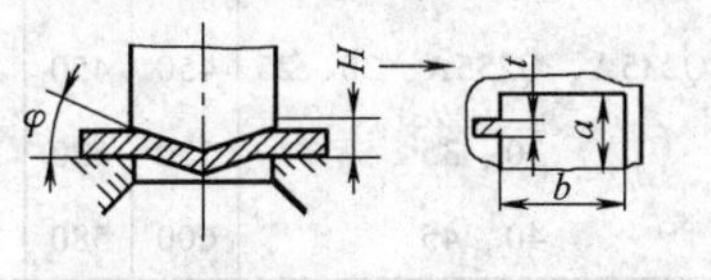		当 $H>t$ 时 $F=2t\tau\left(a+b\dfrac{0.5t}{h}\right)$ 当 $H=t$ 时 $F=2t\tau\ (a+0.5b)$	

注：1. τ 为材料的抗剪强度。

2. 双斜刃凸模和凹模的主要参数 H、φ 见表 2-2-27。

3. 考虑冲裁厚度不一致，模具刃口的磨损，凸凹模间隙的波动、材料性能的变化等因素，实际冲裁力还需增加 30%，如用平刃口模具冲裁时，实际冲裁力 $F_{冲}$ 应为 $F_{冲}=1.3F$。

2. 降低冲裁力的方法

冲裁强度高的材料，或者外形尺寸和厚度大的零件时，冲裁力可能超过车间设备吨位。为了实现用较小吨位的压力机冲裁，或使冲裁过程平稳，以减少压力机振动和噪声，应设法降低冲裁力。常采用的降低冲裁力的方法有以下几种：

（1）阶梯凸模冲裁　在多凸模的冲模中，可将凸模做成不同长度，使其工作端面呈阶梯式布置，从而使各凸模冲裁力的最大峰值在不同时间出现，以降低总的冲裁力。在几个凸模直径相差悬殊，相距又很近的情况下，为避免小直径凸模由于承受材料流动的侧压力而产生折断或倾斜现象，应将小直径凸模做得短一些。

凸模间的高度差 H 应大于冲裁断面的光亮带高度，它与板料的厚度有关：

$$t<3\text{mm}\quad H=t$$

$$t>3\text{mm}\quad H=0.5t$$

阶梯凸模冲裁力，一般只按产生最大冲裁力的那一层凸模来进行计算，用以选择压力机。布置各层凸模时，位置应对称，使合力位于模具中心，以免工作时模具偏斜。

（2）斜刃冲裁　用平刃口模具冲裁时，整个零件周边同时被剪切，冲裁力较大。若将凸模（或凹模）平面刃口做成与其轴线倾斜一个角度的斜刃，则冲裁时刃口就不是全部同时切入板料，而是将板料沿其周边逐步切离，剪切面积减小，因而冲裁力有显著降低。同时，冲裁平稳、无噪声。各种斜刃的形式如图 2-2-5 所示。为了使冲裁件平整，落料时凸模应做成平刃，凹模做成斜刃；冲孔时凹模做成平刃，凸模做成斜刃，斜刃一般做成波峰形，波峰应对称布置，以免冲裁时模具承受单向侧压力而发生偏移，啃伤刃口。向一边斜的斜刃只能用于切舌或切开。斜刃模用于大型零件时，一般把斜刃布置成多个波峰的形式。

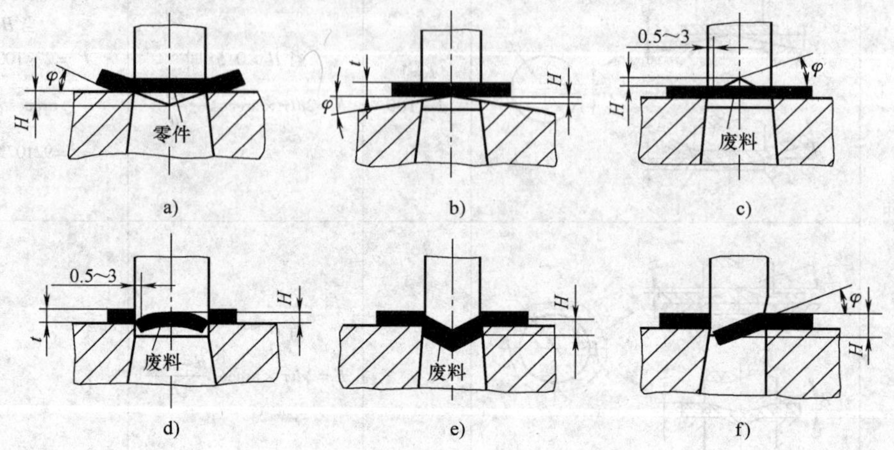

图 2-2-5　各种斜刃的形式

a)、b) 落料用　c)、d)、e) 冲孔用　f) 切口用

斜刃主要参数的设计：斜刃角 φ 和斜刀高度 H 与板料厚度有关，按表 2-2-27 选用。

表 2-2-27　斜刃参数 H、φ 值

材料厚度 t/mm	斜刃高度 H	斜刃角 φ
<3	$2t$	<5°
3～10	t	<8°

斜刃冲裁力 F' 可查表 2-2-26 中有关项或按下式进行计算：

$$F' = K'Lt\tau$$

式中　L——冲裁周长（mm）；

t——材料厚度（mm）；

τ——材料抗剪强度（MPa）；

K'——降低冲裁力系数，与斜刃高度 H 有关，当 $H = t$ 时，$K' = 0.4 \sim 0.6$，当 $H = 2t$ 时，$K' = 0.2 \sim 0.4$。

斜刃冲模虽能降低冲裁力，但增加了模具制造和修磨的困难，刃口易磨损，零件不够平整，且不易冲裁外形复杂的零件。故一般仅用于大型零件冲裁及厚板冲裁。

（3）加热冲裁　板料加热后、抗剪强度明显下降，从而降低了冲裁力。其冲裁力按平刃冲裁力公式计算。但材料的抗剪强度 τ 值，应取冲裁温度时的数值，实际冲裁温度比加热温度要低 150～200℃。

表 2-2-28 为钢在加热状态时的抗剪强度。

表 2-2-28　钢在加热状态的抗剪强度 τ

（单位：MPa）

钢的牌号＼加热温度/℃	200	500	600	700	800	900
Q195、Q215A、10、15	360	320	200	110	60	30
Q235A、Q255A、20、25	450	450	240	130	90	60
30、35	530	520	330	160	90	70
40、45	600	580	380	190	90	70

进行加热冲裁的制件条料不宜过长、搭边值应适当放大，设计模具时，刃口尺寸应考虑零件的冷缩量，冲裁间隙可适当减小，凸、凹模应选用热作模具材料。加热冲裁一般只适用于厚板或表面质量及精度要求不高的零件。

对于大型和形状复杂的零件，为了降低冲裁力可采用分部冲裁法，但零件精度较低。

2.4.2　卸料力、推件力和顶出力的计算

冲裁结束时，落下的料在径向会胀大，板料上的孔在径向会产生弹性收缩，同时板料力图恢复成原来的平直状态，导致板料上的孔紧箍在凸模上，板料的落下部分紧卡在凹模内。为使冲裁继续进行，应将箍在凸模上的部分卸下，将卡在凹模内的部分顺着冲裁方向推出。将材料（零件或废料）从凸模上脱下所需的力称为卸料力；将材料从凹模内顺冲裁方向推出所需的力称为推件力。有时需将卡在凹模内的部分逆

着冲裁方向顶出，逆向顶件所需的力称为顶件力。这三种力是从压力机、卸料机构、推出机构和顶出机构获得的。故选择压力机的吨位或设计以上机构时，都需对这三种力进行计算。影响这些力的因素较多，主要有材料性能及厚度、冲裁间隙、零件形状及尺寸、搭边、模具结构以及润滑情况等。一般用下列经验公式计算：

卸料力 $F_{卸} = K_{卸} F$

推件力 $F_{推} = K_{推} Fn$

顶件力 $F_{顶} = K_{顶} F$

式中 F——计算冲裁力（N）；

$F_{卸}$、$F_{推}$、$F_{顶}$——卸料力、推件力、顶件力；

$K_{卸}$、$K_{推}$、$K_{顶}$——卸料力系数、推件力系数、顶件力系数，可查表 2-2-29；

n——同时卡在凹模洞口内的制件数。

表 2-2-29 $K_{卸}$、$K_{推}$、$K_{顶}$ 值

材料及厚度/mm		$K_{卸}$	$K_{推}$	$K_{顶}$
钢	≤0.1	0.065～0.075	0.100	0.14
	>0.1～0.5	0.045～0.055	0.063	0.08
	>0.5～2.5	0.040～0.050	0.055	0.06
	>2.5～6.5	0.030～0.040	0.045	0.05
	>6.5	0.020～0.030	0.025	0.03
铝、铝合金		0.028～0.080	0.03～0.07	
纯铜、黄铜		0.02～0.09	0.03～0.09	

注：$K_{卸}$ 在冲多孔、大搭边和轮廓较复杂的零件时取上限值。

2.4.3 冲裁工艺力的计算

冲裁工艺力包括冲裁力、卸料力、推件力和顶件力。因此，在选择压力机吨位时，需根据模具结构分别计算冲裁工艺力。

采用刚性卸料装置和下出料方式的冲裁工艺力为

$$F_{总} = F_{冲} + F_{推}$$

采用弹性卸料装置和上出料方式的冲裁工艺力为

$$F_{总} = F_{冲} + F_{卸} + F_{顶}$$

采用弹性卸料装置和下出料方式的冲裁工艺力为

$$F_{总} = F_{冲} + F_{卸} + F_{推}$$

采用弹性卸料装置和刚性出料方式的冲裁工艺力为

$$F_{总} = F_{冲} + F_{卸}$$

根据冲裁工艺力选择压力机时，一般应使所选压力机的吨位大于计算所得的值。表 2-2-30 给出了选择压力机时总压力的计算公式和图示。

表 2-2-30 选压力机时总压力计算

模具结构简图	说　明	总冲压力
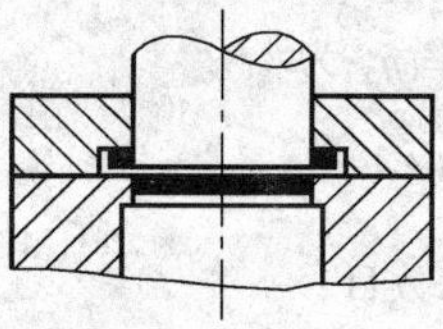	采用固定卸料板	$F_{总} = F + F_{推}$
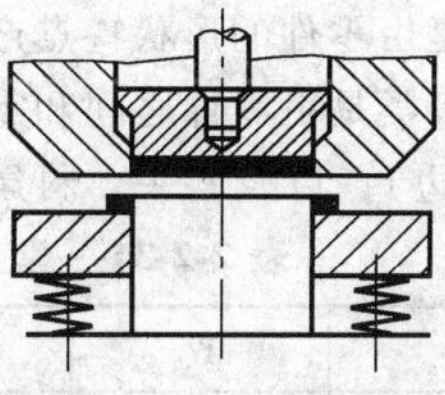	采用刚性顶件和弹性卸料	$F_{总} = F + F_{卸}$
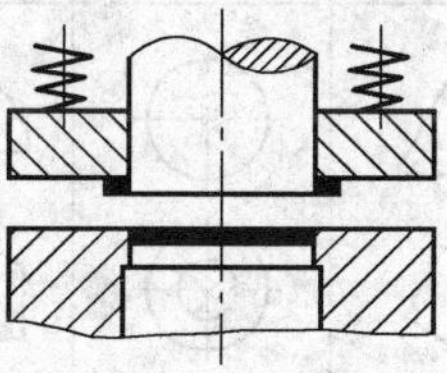	采用弹性卸料	$F_{总} = F + F_{卸} + F_{推}$
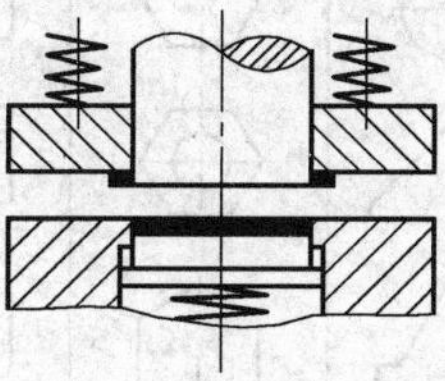	采用弹性顶件和弹性卸料	$F_{总} = F + F_{顶} + F_{卸}$

2.5 排样和搭边

2.5.1 排样

冲裁件在条料、带料或板料上的布置方法叫排样。大批量生产时，在冲裁件的成本中，材料费用一般占60%以上。因此，材料的经济利用是一个重要问题。排样的合理与否影响到材料的经济利用、冲裁质量、生产率、模具结构与寿命、生产操作方便与安全等。

1. 材料利用率

材料利用率 η 是指零件的实际面积与所用材料面积的百分比。

一个步距内的材料利用率 η 为

$$\eta = \frac{nF}{Bh} \times 100\%$$

式中 F——冲裁件面积（包括冲出的小孔在内）（mm^2）；

n——一个步距内冲件数目；

B——条料宽度（mm）；

h——步距。

一张板料上总的材料利用率 η_{Σ} 为

$$\eta_{\Sigma}=\frac{NF}{BL}\times 100\%$$

式中　N——一张板料上冲件总数目；

L——板材长度（mm）。

冲裁废料分为两类，一类是由零件的形状特点产生的废料，称为结构废料；另一类是由零件之间和零件与条料侧边之间的废料（搭边），以及料头、料尾所产生的废料，称为工艺废料。提高材料利用率主要应从减少工艺废料着手，通过合理的排样方法，使工艺废料减到最少。同样一个工件，可以有几种不同的排样方法，从而得到不同的材料利用率，有时在不影响零件使用要求的前提下，对零件结构作些适当改进，可以减少废料，提高材料利用率。

2. 排样方法

排样是指工件在条料、带料或板料上布置的方法。工件的合理布置（即材料的经济利用），与零件的形状有密切关系。表2-2-31列出了常见冲裁零件外形分类。

表2-2-31　常见冲裁零件外形分类

Ⅰ	Ⅱ	Ⅲ	Ⅳ	Ⅴ	Ⅵ	Ⅶ	Ⅷ	Ⅸ
方形	梯形	三角形	圆及多边形	半圆及山字形	椭圆形及盘形	十字形	T形	角尺形

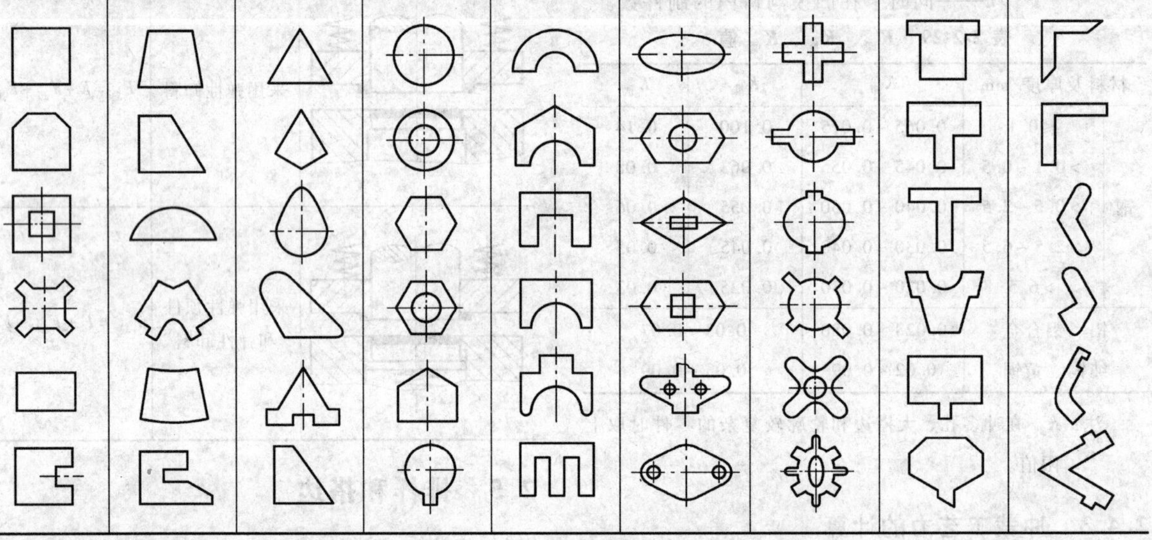

根据材料的利用情况，排样的方法可分为三种：有废料排样、少废料排样和无废料排样。

有废料排样为沿工件的全部外形冲裁，工件与工件之间、工件与条料侧边之间都有工艺余料（搭边）存在，冲裁后搭边成为废料，如图2-2-6a所示。

少废料排样为沿工件的部分外形轮廓切断或冲裁，只在工件之间或工件与条料侧边之间有搭边存在，如图2-2-6b所示。

无废料排样为工件与工件之间、工件与条料侧边之间均无搭边存在，条料沿直线或曲线切断而得工件，如图2-2-6c所示。

按零件的不同几何形状，可得出其相适合的排样类型，排样类型具体情况见表2-2-32。

结合表2-2-31，根据材料的利用情况及冲压件的不同几何形状，可据表2-2-32得出其相适合的排样类型。哪一种形状的零件用哪一种排样类型较为经济合理，查表2-2-33可找到解答。

表2-2-32　冲裁排样形式分类示例

排样形式	有废料排样	少、无废料排样	适用范围
直排	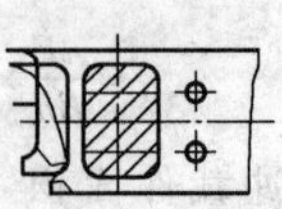	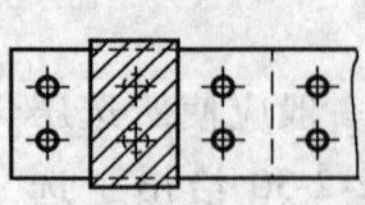	方形、矩形制件

（续）

排样形式		有废料排样	少、无废料排样	适用范围
斜排				椭圆形、T形、L形、S形制件
直对排				梯形、三角形、圆形、T形、m形、n形制件
混合排				材料与厚度相同的两种以上的制件
多行排				大批生产中尺寸不大的圆形、六角形、方形、矩形制件
裁搭边法	整裁法	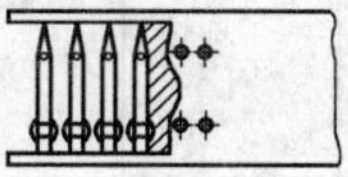	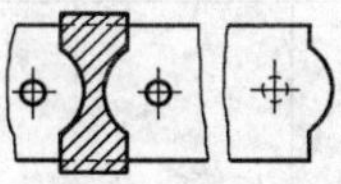	细长制件
	分次裁切法			

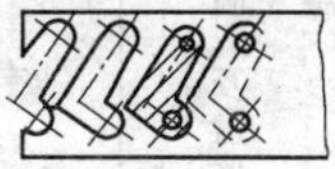

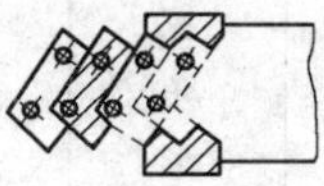

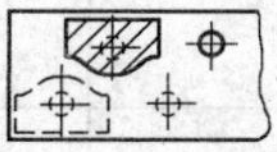

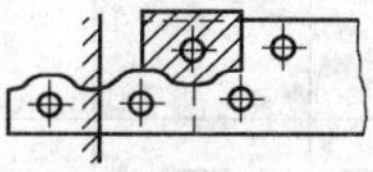

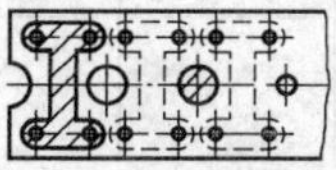

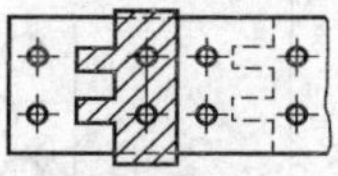

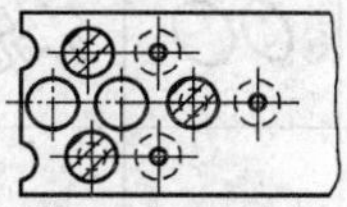

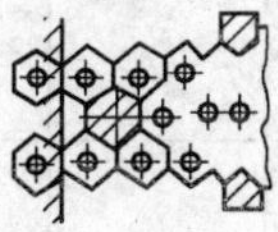

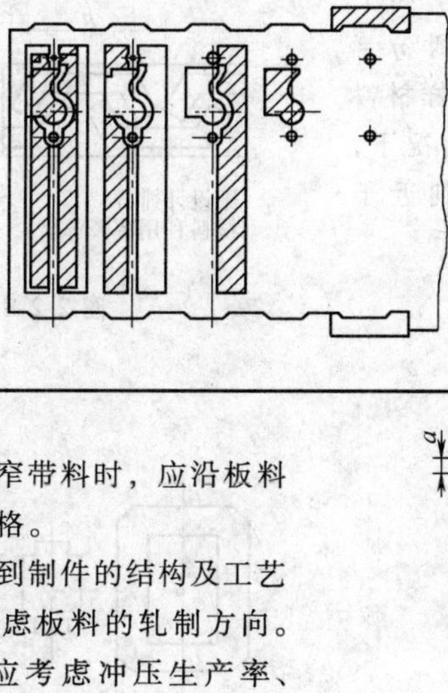

3. 排样方法的选择原则

冲裁小工件或某种工件需要窄带料时，应沿板料顺长方向进行排样，符合材料规格。

在安排排样方案时应该考虑到制件的结构及工艺要求，冲裁弯曲件毛坯时，应考虑板料的轧制方向。冲件在条（带）料上的排样，应考虑冲压生产率、冲模寿命、冲模结构是否简单和操作的方便与安全等，同时条料宽度选择与在板料上的排样应考虑选用条料宽度较大而步距较小的方案，可经济地将板料切为条料，并能减少冲制时间。

4. 提高材料利用率的方法

为提高材料利用率，除采取少、无废料排样方式外，还可采取修改工件形状、套冲排样和组合排样等

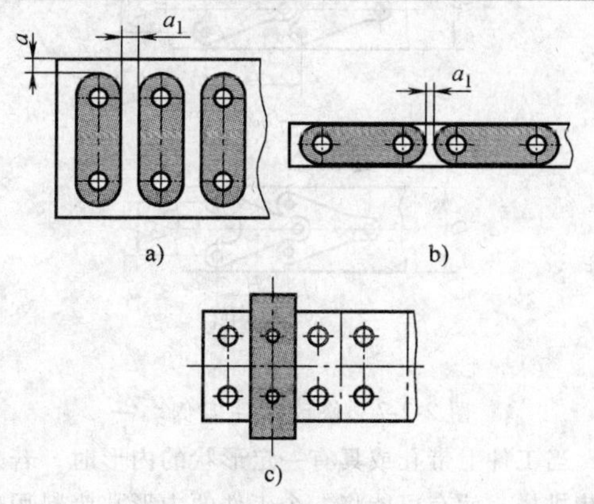

图 2-2-6　排样方法

a）有废料排样　b）少废料排样　c）无废料排样

表 2-2-33　零件形状与经济排样类型

工件形状组别 / 排样类型	Ⅰ 方形	Ⅱ 梯形	Ⅲ 三角形	Ⅳ 圆及多边形	Ⅴ 半圆及山字形	Ⅵ 椭圆及盘形	Ⅶ 十字形	Ⅷ 丁字形	Ⅸ 角尺形
直　排									
单行排列									
多行排列									
斜　排									
对头直排									
对头斜排									

措施。如图 2-2-7 所示工件原来形状的材料利用率 $\eta=57.7\%$，在保证孔距 L_1 与 L_2 不变的条件下，将工件形状稍加修改后，材料利用率可提高到 $\eta=69.1\%$。而图 2-2-8 所示零件，原来形状的排样材料利用率为 62%，在保证尺寸 B 与 C 不变的情况下，改变 A 尺寸后其排样材料利用率可提高到近于 100%。

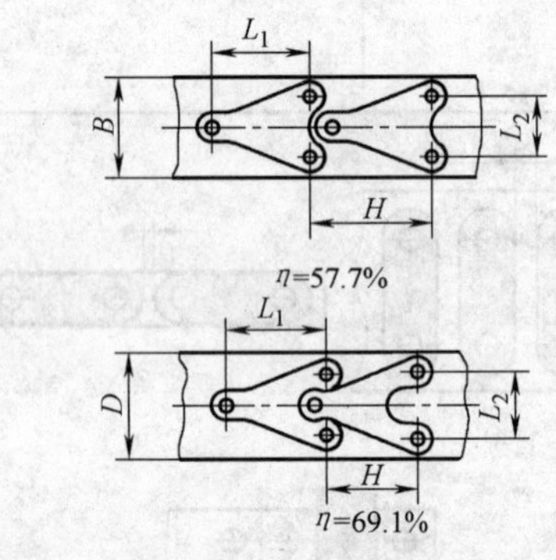

图 2-2-7　修改工件实例之一

当工件上带孔或具有一定形状的内形时，若采用套裁排样，就有可能将一个工件的内形孔废料用来制造另一个尺寸较小的工件（仅限于材料与厚度相同的工件）。图2-2-9所示为两个不同形状与尺寸的零件套冲的排样法。图 2-2-10 所示为利用大工件三个孔的结构废料套冲两种规格垫圈的排样法。

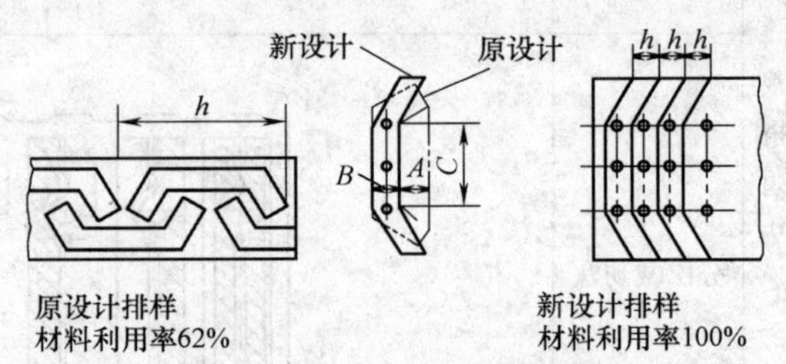

图 2-2-8　修改工件实例之二

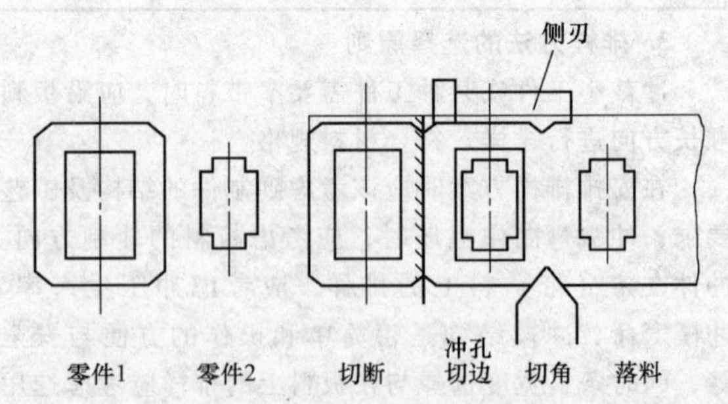

图 2-2-9　两个零件套冲排样

当某些工件在排样时，自身不能相互嵌入其空

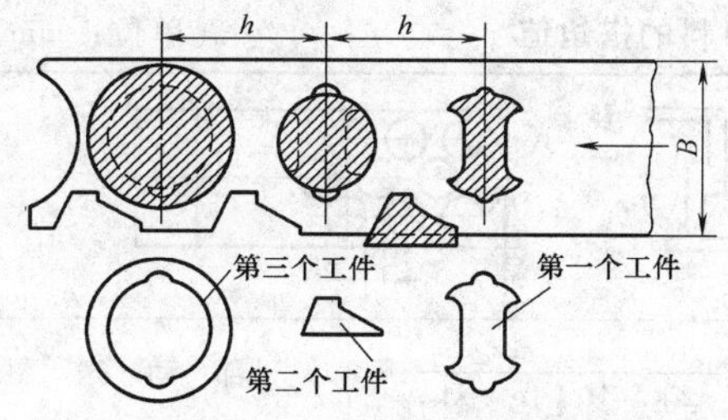

图 2-2-10　三个零件套冲排样

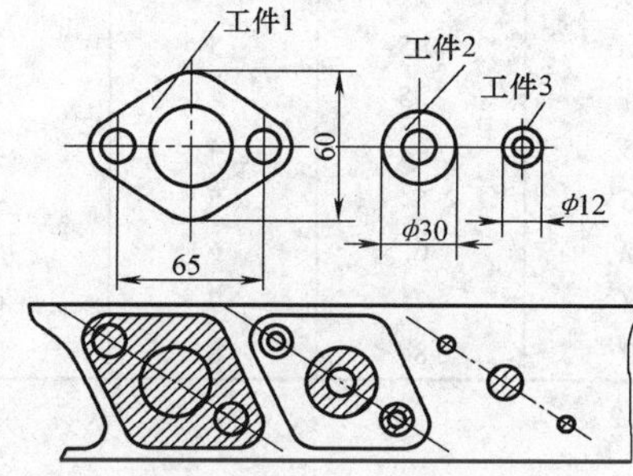

图 2-2-11　组合排样法

档，就会产生较大的工艺废料，而采用组合排样，便可利用工艺废料冲出较小的工件（用于材料及厚度相同的不同形状工件），见图 2-2-11。

2.5.2　搭边

排样中相邻两工件之间的余料或工件与条料边缘间的余料称为搭边。其作用是补偿定位误差和保持条料有一定的强度和刚度，防止由于条料的宽度误差、送进步距误差、送料歪斜等原因而冲裁出残缺的废品，保证送料的顺利进行，从而提高制件质量，凸、凹模刃口可沿整个封闭轮廓线冲裁，受力平衡，提高模具寿命和工件断面质量。

搭边值的大小与材料的力学性能、零件的形状和尺寸、材料厚度、排样的形式及送料、挡料方式等有关。

表 2-2-34 是普通冲裁低碳钢时的搭边值，对一般大零件的金属材料在冲裁时的搭边值见表 2-2-35。

表 2-2-34　搭边 a 和 a_1 数值（低碳钢）　（单位：mm）

材料厚度 t	圆件及 $r>2t$ 的圆角		矩形件边长 $L<50$mm		矩形件边长 $L>50$mm 或圆角 $r<2t$	
	工件间 a	侧面 a_1	工件间 a	侧面 a_1	工件间 a	侧面 a_1
<0.25	1.8	2.0	2.2	2.5	2.8	3.0
0.25～0.5	1.2	1.5	1.8	2.0	2.2	2.5
0.5～0.8	1.0	1.2	1.5	1.8	1.8	2.0
0.8～1.2	0.8	1.0	1.2	1.5	1.5	1.8
1.2～1.6	1.0	1.2	1.5	1.8	1.8	2.0
1.6～2.0	1.2	1.5	1.8	2.0	2.0	2.2
2.0～2.5	1.5	1.8	2.0	2.2	2.2	2.5
2.5～3.0	1.8	2.2	2.2	2.5	2.5	2.8
3.0～3.5	2.2	2.5	2.5	2.8	2.8	3.2
3.5～4.0	2.5	2.8	2.8	3.2	3.2	3.5
4.0～5.0	3.0	3.5	3.5	4.0	4.0	4.5
5.0～12	0.6t	0.7t	0.7t	0.8t	0.8t	0.9t

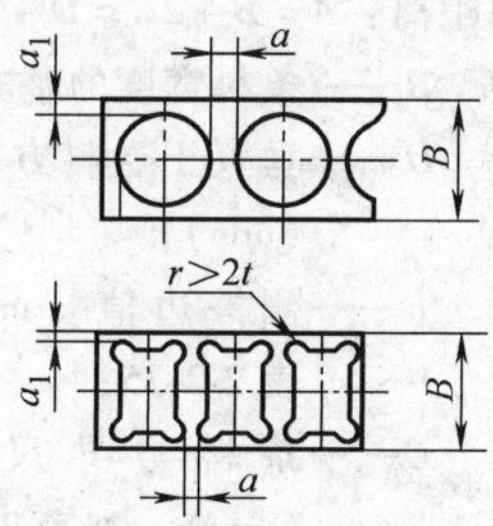

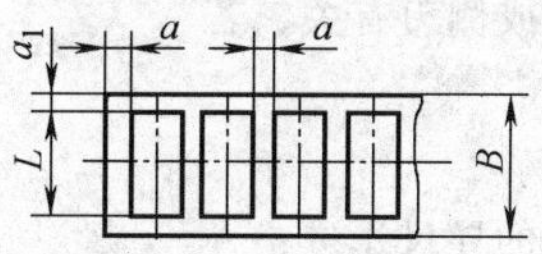

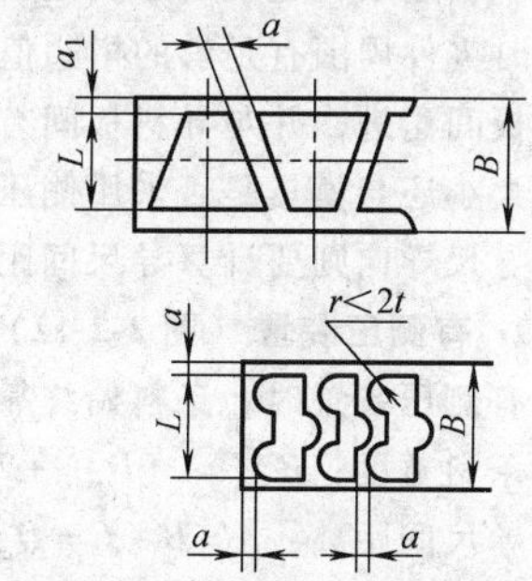

注：对于其他材料，应将表中数值乘以下列系数：中碳钢—0.9；高碳钢—0.8；硬黄铜—1～1.1；硬铝—1～1.2；软黄铜、纯铜—1.2；铝—1.3～1.4；非金属（皮革纸、纤维）—1.5～2。

表 2-2-35　冲裁大零件金属材料的搭边值　　(单位：mm)

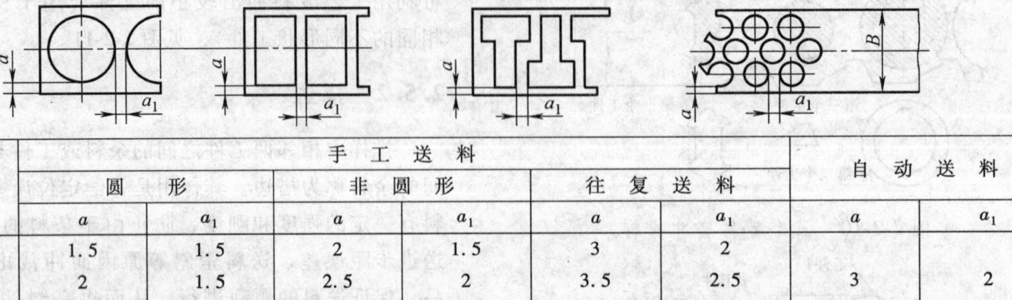

材料厚度 t	手工送料				往复送料		自动送料	
	圆形		非圆形					
	a	a_1	a	a_1	a	a_1	a	a_1
≤1	1.5	1.5	2	1.5	3	2		
>1~2	2	1.5	2.5	2	3.5	2.5	3	2
>2~3	2.5	2	3	2.5	4	3.5		
>3~4	3	2.5	3.5	3	5	4	4	3
>4~5	4	3	5	4	6	5	5	4
>5~6	5	4	6	5	7	6	6	5
>6~8	6	5	7	6	8	7	7	6
>8	7	6	8	7	9	8	8	7

注：1. 冲非金属材料（皮革、纸板、石绵板等）时，搭边值应乘 1.5~2。

2. 有侧刃的搭边 $a'=0.75a$。

2.5.3　条料宽度

条料宽度的计算是在排样方法及搭边值确定后进行的。确定条料宽度的原则是：最小条料宽度要保证冲裁时零件周围有足够的搭边值；最大条料宽度能在导料板间送进，并与导料板间有一定的间隙。条料宽度的大小还与模具是否采用侧压装置或侧刃有关，若采用导尺导向则要计算导尺间距离。

1. 有侧压装置（图 2-2-12）

有侧压装置时，条料始终靠左边的导尺送进：

条料宽度：$B_{-\Delta}^{\ 0}=(D_{max}+2a)_{-\Delta}^{\ 0}$

导尺间距离：$A=B+C=D_{max}+2a+C$

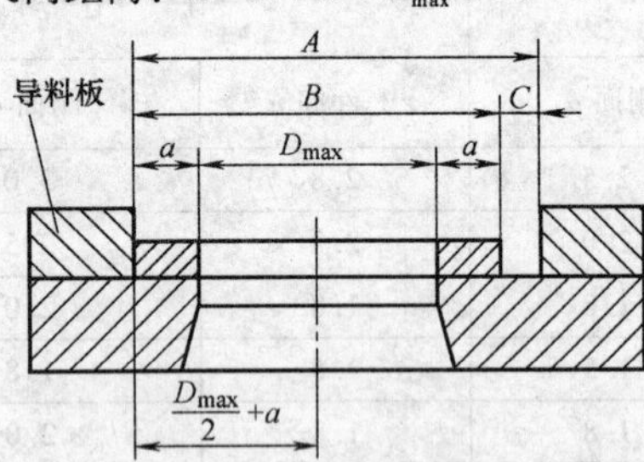

图 2-2-12　有侧压冲裁

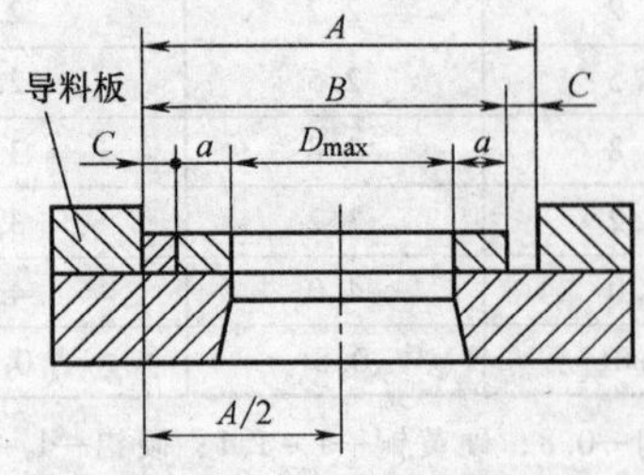

图 2-2-13　无侧压冲裁

2. 无侧压装置（图 2-2-13）

无侧压装置时，条料理想的送进基准是零件的中心线：

条料宽度：$B_{-\Delta}^{\ 0}=[D+2(a+\Delta)]_{-\Delta}^{\ 0}$

导尺间距离：$A=B+2C=D+2(a+\Delta+C)$

上面各式中　B——条料宽度的基本尺寸（mm）；

D——垂直于送料方向的工件最大尺寸（mm）；

a——侧搭边值（mm），见表 2-2-34、表 2-2-35；

C——条料与导尺间的最小间隙（mm），查表 2-2-36；

Δ——条料宽度的单向极限偏差（mm），见表 2-2-37、表 2-2-38。

表 2-2-36　条料与导料板之间的最小间隙 C

(单位：mm)

条料厚度 t	无侧压装置			有侧压装置	
	条料宽度 B				
	≤100	>100~200	>200~300	≤100	>100
≤1	0.5	0.5	1	5	8
>1~5	0.5	1	1	5	8

表 2-2-37　剪切条料宽度偏差 Δ

(单位：mm)

条料宽度 B	材料厚度 t			
	<1	1~2	2~3	3~5
<50	-0.4	-0.5	-0.7	-0.9
50~100	-0.5	-0.6	-0.8	-1.0
100~150	-0.6	-0.7	-0.9	-1.1

（续）

条料宽度 B	材料厚度 t			
	<1	1~2	2~3	3~5
150~220	-0.7	-0.8	-1.0	-1.2
220~300	-0.8	-0.9	-1.1	-1.3

表 2-2-38　剪切条料宽度偏差 Δ

（单位：mm）

条料宽度 b	材料厚度 t		
	≤0.5	>0.5~1	>1~2
≤20	-0.05	-0.08	-0.10
>20~30	-0.08	-0.10	-0.15
>30~50	-0.10	-0.15	-0.20

3. 有侧刃（图 2-2-14）

条料宽度：$B_{-\Delta}^{\ 0} = (L + 2a' + nb)_{-\Delta}^{\ 0} = (L + 1.5a + nb)_{-\Delta}^{\ 0}$（其中 $a' = 0.75a$）

导尺间距离：$A = L + 1.5a + nb + z_1$

$$A' = L + 1.5a + y$$

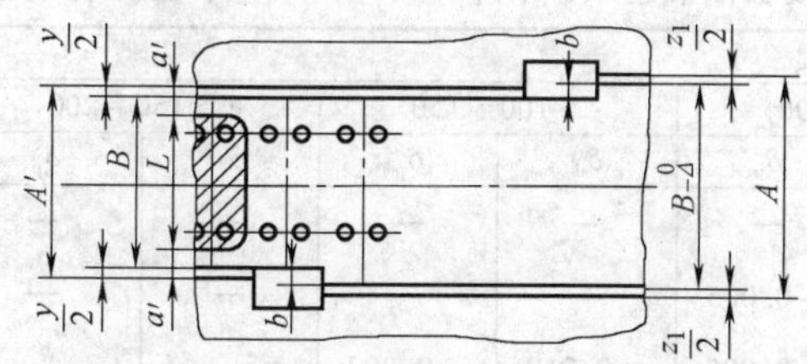

图 2-2-14　有侧刃的冲裁模

式中　L——垂直于送料方向的工件尺寸（mm）；

n——侧刃数；

b——侧刃裁去的余料，见表 2-2-39；

y——冲切后的条料宽度与导尺间的间隙（mm），见表 2-2-39。

表 2-2-39　b、y 值

（单位：mm）

条料厚度 t	b		y
	金属材料	非金属材料	
≤1.5	1.5	2	0.10
>1.5~2.5	2.0	3	0.15
>2.5~3	2.5	4	0.20

2.6 凸、凹模刃口尺寸计算

2.6.1 尺寸计算的原则

冲裁过程中，由于凸、凹模之间存在着间隙，使落下的料或冲出的孔都带有锥度，冲孔件尺寸取决于凸模刃口尺寸，落料件尺寸取决于凹模尺寸（见图 2-2-15）。因此，确定冲裁模刃口尺寸时应遵循以下原则：

1）落料模先确定凹模刃口尺寸，其公称尺寸应取接近或等于制件的最小极限尺寸，凸模刃口公称尺寸比凹模小一个最小合理间隙。

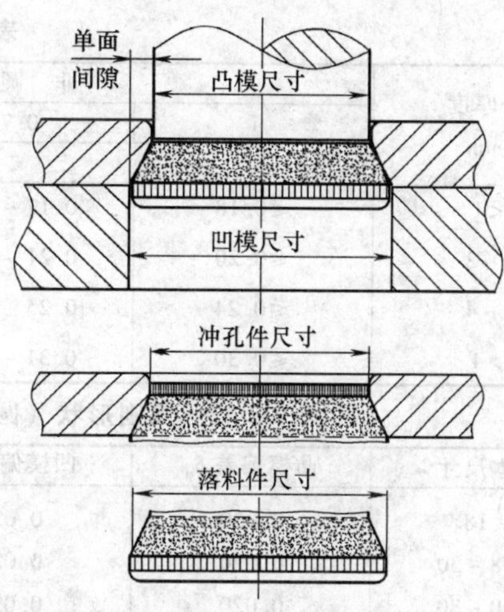

图 2-2-15　刃口尺寸与冲裁件尺寸的关系

2）冲孔模先确定凸模刃口尺寸，其公称尺寸应取接近或等于制件的最大极限尺寸，凹模刃口公称尺寸比凸模大一个最小合理间隙。

3）选择模具刃口制造公差时，要考虑工件精度与模具精度的关系，既要保证工件的精度要求，又要保证有合理的间隙值，一般冲模精度较工件精度高 2~3 级。

2.6.2 尺寸计算公式

1. 凸模和凹模分开加工

当凸模和凹模分开加工时，这种加工方法适用于圆形或简单规则形状的冲裁件。其尺寸计算公式见表 2-2-40。

表 2-2-40　分开加工法凸、凹模工作部分尺寸和公差计算公式

工序性质	工件尺寸	凸模尺寸	凹模尺寸
落料	$D_{-\Delta}^{\ 0}$	$D_p = (D - x\Delta - Z_{min})_{-\delta_p}^{\ 0}$	$D_d = (D - x\Delta)_{\ 0}^{+\delta_d}$
冲孔	$d_{\ 0}^{+\Delta}$	$d_p = (d + x\Delta)_{-\delta_p}^{\ 0}$	$d_d = (d + x\Delta + Z_{min})_{\ 0}^{+\delta_d}$

注：计算时，需先将工件尺寸化成 $D_{-\Delta}^{\ 0}$、$d_{\ 0}^{+\Delta}$ 的形式。

表中　D_d、D_p——落料凹、凸模刃口公称尺寸（mm）；

d_d、d_p——冲孔凹、凸模刃口公称尺寸（mm）；

D——落料件公称尺寸（mm）；

d——冲孔件公称尺寸（mm）；

Δ——工件制造公差（mm）；

Z_{min}——凸、凹模最小合理间隙，$Z_{min} = 2c_{min}$，$2c_{min}$ 为凸、凹模最小初始双面间隙（mm）；

x——磨损系数，具体数值见表 2-2-41。

δ_p、δ_d——凸、凹模的制造偏差（mm），见表 2-2-42、表 2-2-43。

表 2-2-41　磨损系数

材料厚度 t /mm	非圆形			圆形	
	1	0.75	0.5	0.75	0.5
	制件公差 Δ/mm				
<1	≤0.18	0.17~0.35	≥0.36	<0.16	≥0.16
1~2	≤0.20	0.21~0.41	≥0.42	<0.20	≥0.20
2~4	≤0.24	0.25~0.49	≥0.50	<0.24	≥0.24
>4	≤0.30	0.31~0.59	≥0.60	<0.30	≥0.30

表 2-2-42　规则形状（圆形、方形件）冲裁凸模、凹模的制造偏差　（单位：mm）

基本尺寸	凸模偏差 δ_p	凹模偏差 δ_d	基本尺寸	凸模偏差 δ_p	凹模偏差 δ_d
≤18	0.020	0.020	>180~260	0.030	0.045
>18~30	0.020	0.025	>260~360	0.035	0.050
>30~80	0.020	0.030	>360~500	0.040	0.060
>80~120	0.025	0.035	>500	0.050	0.070
>120~180	0.030	0.040			

表 2-2-43　圆形凸、凹模极限偏差　（单位：mm）

材料厚度 t	基本尺寸									
	~10		>10~50		>50~100		>100~150		>150~200	
	δ_d	δ_p	δ_d	δ_p	δ_d	δ_p	δ_d	δ_p	δ_d	δ_p
0.4	+0.006	−0.004	+0.006	−0.004	—	—	—	—	—	—
0.5	+0.006	−0.004	+0.006	−0.004	+0.008	−0.005	—	—	—	—
0.6	+0.006	−0.004	+0.008	−0.005	+0.008	−0.005	+0.010	−0.007	—	—
0.8	+0.007	−0.005	+0.008	−0.006	+0.010	−0.007	+0.012	−0.008	—	—
1.0	+0.008	−0.006	+0.010	−0.007	+0.012	−0.008	+0.015	−0.010	+0.017	−0.012
1.2	+0.010	−0.007	+0.012	−0.008	+0.015	−0.010	+0.017	−0.012	+0.022	−0.014
1.5	+0.012	−0.008	+0.015	−0.010	+0.017	−0.012	+0.020	−0.014	+0.025	−0.017
1.8	+0.015	−0.010	+0.017	−0.012	+0.020	−0.014	+0.025	−0.017	+0.029	−0.019
2.0	+0.017	−0.012	+0.020	−0.014	+0.025	+0.017	+0.029	−0.019	+0.032	−0.021
2.5	+0.023	−0.014	+0.027	−0.017	+0.030	−0.020	+0.035	−0.023	+0.040	−0.027
3.0	+0.027	−0.017	+0.030	−0.020	+0.035	−0.023	+0.040	−0.027	+0.045	−0.030
4.0	+0.030	−0.020	+0.035	−0.023	+0.040	−0.027	+0.045	−0.030	+0.050	−0.035
5.0	+0.035	−0.023	+0.040	−0.027	+0.045	−0.030	+0.050	−0.035	+0.060	−0.040
6.0	+0.045	−0.030	+0.050	−0.035	+0.060	−0.040	+0.070	−0.045	+0.080	−0.050
8.0	+0.060	−0.040	+0.070	−0.045	+0.080	−0.050	+0.090	−0.055	+0.100	−0.060

注：1. 当 $|\delta_p| + |\delta_d| > 2c_{max} - 2c_{min}$ 时，图样只在凸模或凹模一个零件上标注公差，而另一件则注明配作间隙。

2. 本表适用于电器仪表行业。

为了保证新冲模的间隙小于最大合理间隙，凸模和凹模制造公差必须保证：

$$|\delta_p| + |\delta_d| \geqslant Z_{max} - Z_{min}$$

或 $\delta_p = 0.4\ (Z_{max} - Z_{min})$

$\delta_d = 0.6\ (Z_{max} - Z_{min})$

2. 凸模和凹模配合加工

对于形状复杂或薄材料的工件，为了保证凸、凹模之间一定的间隙值，必须采用配合加工的方法。

所谓配合加工是按计算的尺寸先做好凸模或凹模中的一件作为基准件，然后以此基准件的实际尺寸为标准来加工另一件，使凸、凹模之间保证一定的间隙。这种加工方法可以适当放宽公差，使其加工简单，尺寸标注简单。目前一般工厂都采用这种方法，但用此法制造的凸、凹模是不能互换的。

由于复杂形状工件各部分尺寸性质不同，所以，无论是落料凹模或冲孔凸模，都存在着磨损后有的尺寸增大（A 类尺寸），有的尺寸缩小（B 类尺寸），有的尺寸不变（C 类尺寸）三种情况。必须对有关尺寸进行具体分析后，分别进行计算（见图 2-2-16、图 2-2-17），计算公式见表 2-2-44。

表 2-2-44　配合加工法凸、凹模工作部分尺寸和公差计算公式

工序性质	制件尺寸		凸模尺寸	凹模尺寸
落料	$A^{\ 0}_{-\Delta}$		按凹模尺寸配制，其双面间隙为 $Z_{min} \sim Z_{max}$	$A_d = (A - x\Delta)^{+\delta_d}_{\ 0}$
	$B^{+\Delta}_{\ 0}$			$B_d = (B + x\Delta)^{\ 0}_{-\delta_d}$
	C	$C^{+\Delta}_{\ 0}$		$C_d = (C + 0.5\Delta)\ \pm \delta_d/2$
		$C^{\ 0}_{-\Delta}$		$C_d = (C - 0.5\Delta)\ \pm \delta_d/2$
		$C \pm \Delta'$		$C_d = C \pm \delta_d/2$
冲孔	$A^{+\Delta}_{\ 0}$		$A_p = (A + x\Delta)^{\ 0}_{-\delta_p}$	按凸模尺寸配制，其双面间隙为 $Z_{min} \sim Z_{max}$
	$B^{\ 0}_{-\Delta}$		$B_p = (B - x\Delta)^{+\delta_p}_{\ 0}$	
	C	$C^{+\Delta}_{\ 0}$	$C_p = (C + 0.5\Delta)\ \pm \dfrac{\delta_p}{2}$	
		$C^{\ 0}_{-\Delta}$	$C_p = (C - 0.5\Delta)\ \pm \delta_p/2$	
		$C \pm \Delta'$	$C_p = C \pm \delta_p/2$	

注：A_d、B_d、C_d——凹模刃口尺寸（mm）；

A_p、B_p、C_p——凸模刃口尺寸（mm）；

A、B、C——制件基本尺寸（mm）；

δ_d、δ_p——凹模、凸模制造公差，取值为 $\Delta/4$；

Δ——制件公差（mm）；

Δ'——制件偏差（mm），对称偏差时 $\Delta' = \dfrac{1}{2}\Delta$；

x——磨损系数，具体数值见表 2-2-41；

Z_{min}、Z_{max}——落料、冲孔模刃口最大、最小合理间隙。

落料（冲孔）凸模（凹模）的尺寸，根据凹（凸）模的尺寸，按需要的间隙配制，并需要在图样上注明“凸（凹）模尺寸按凹模实际尺寸配制，双面间隙为 × × ×”等字样，若采用电火花等加工方法时，应先做凸模配凹模，则应把尺寸换算到凸模上去。

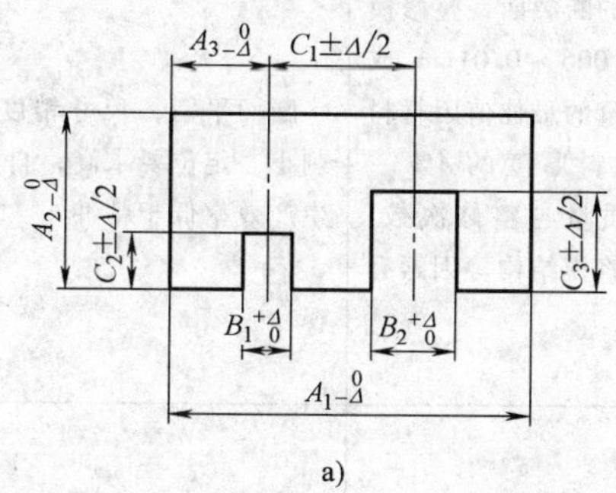

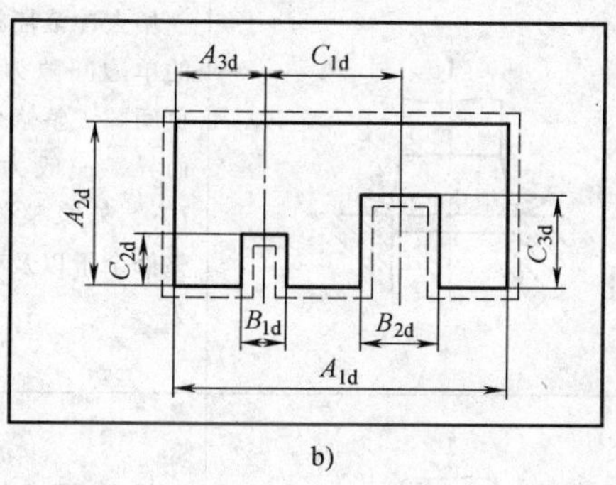

图 2-2-16　落料件及凹模尺寸示意图

a）落料件　b）落料凹模刃口轮廓

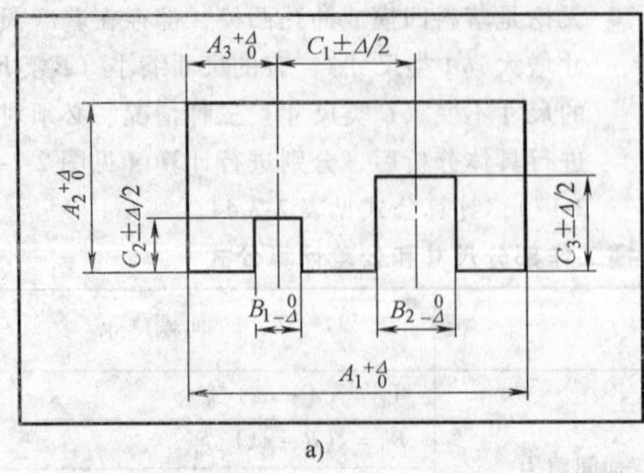

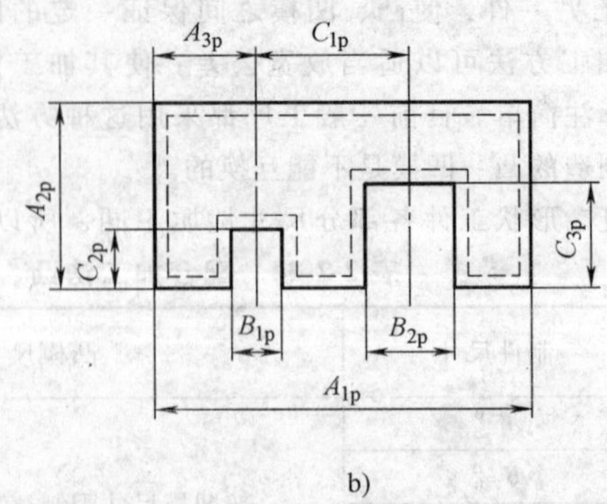

图 2-2-17 冲孔件及凸模尺寸示意图

a）冲件孔 b）冲孔凸模刃口轮廓

2.7 精密冲裁

用普通冲裁所得到的工件，剪切面上有圆角、断裂面和毛刺，还带有明显的锥度，所能得到工件的尺寸精度在 IT11 以下，切断面的表面粗糙度 *Ra* 值为 12.5 ~ 3.2μm。在通常情况下，已能满足零件的技术要求。当要求冲裁件的剪切面作为工作表面或配合表面时，采用一般冲裁工艺不能满足零件的技术要求，这时，必须采用提高冲裁件质量和精度的精密冲裁方法。采用齿圈压板的精密冲裁可以获得的尺寸精度为 IT6 ~ IT9，断面的表面粗糙度 *Ra* 值为 1.6 ~ 0.2μm，断面垂度可达 89°30′。它不仅用于仪器、仪表等小型零件的制造，而且用于纺织机械、工程机械、汽车等大型零件的加工。精密冲裁主要有整修、挤光、负间隙冲裁、小间隙圆角刃口冲裁、往复冲裁、对向凹模冲裁、精冲等。精冲的工序现在也由单一的精密冲裁向精冲-弯曲、精冲-压印、精冲-挤压等复合工艺发展。

精冲工艺过程的特点：

1）精冲从形式上看为分离工序。但实际上工件和条料在最后分离前始终保持为一个整体。

2）精冲过程中材料自始至终呈塑性变形过程。

3）精冲过程的塑性变形集中在狭窄的间隙区内，在其周围存在着塑性变形的影响区。

4）剪切面表层的加工硬化沿凸模侧面增高，由表及里降低。

5）变形区的材料纤维沿厚度方向有很大的伸长，沿径向纤维密集并压缩。

2.7.1 精密冲裁的几种工艺方法

精密冲裁的几种工艺见表 2-2-45。

表 2-2-45 精密冲裁的几种工艺

工艺名称	简 图	方法要点	主要优缺点
整修		切去冲裁坯料的断裂面，整修模的单边间隙为 0.006 ~ 0.01mm 或负间隙，整修余量的最佳值因材料而异，一般为材料厚度的 4% ~ 7%，外缘整修质量与整修次数、整修余量以及整修模结构等因素有关	断面平滑，尺寸精度高，塌角和毛刺小。定位要求高，自动化比较困难，生产效率低于精冲
挤光		锥形凹模挤光余量单边小于 0.04 ~ 0.06mm 凸、凹模的间隙一般取（0.1 ~ 0.2）*t*	质量低于整修和精冲，只适用于软材料，效率低于精冲

（续）

工艺名称	简图	方法要点	主要优缺点
负间隙冲裁	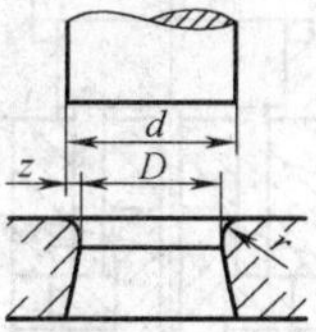 d z D	凸模尺寸大于凹模尺寸（0.05~0.3）t、凹模圆角（0.05~0.1）t	工件较光洁，适用于软的有色金属及合金、软钢等
小间隙圆角刃口冲裁	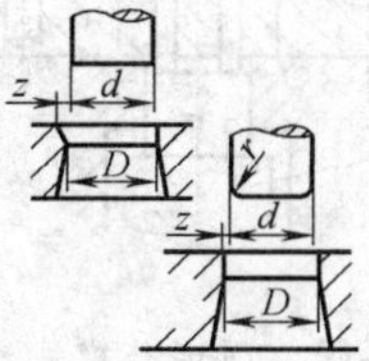 z d D z d D	间隙小于0.02mm，落料凹模刃口圆角半径与冲孔凸模刃口圆角半径均为0.1t	能比较简便地得到平滑的冲裁断面，塌角和毛刺较大
往复冲裁	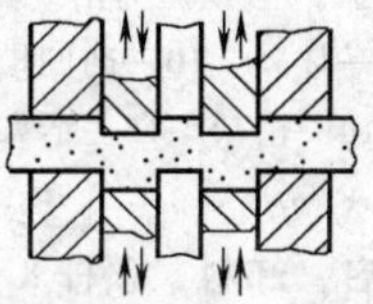	第一步（压凸）凸模压入深度（0.15~0.30）t，第二步反向分离工件	上下侧无毛刺，仍有塌角和撕裂面，动作复杂
对向凹模冲裁	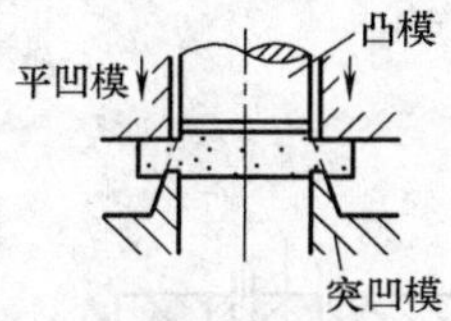 凸模 平凹模 突凹模	突凹模 突起高度（1~1.2）t 突起平顶宽度（0.3~0.4）t 突起倾角25°~30° 突起压入深度70%t~80%t 冲裁凸模与突凹模之间间隙：0.01~0.03mm 凸模与平凹模之间间隙：0.01~0.05mm	能得到无毛刺、光洁断面，对材料的适应性强
精冲（齿圈压板冲裁）	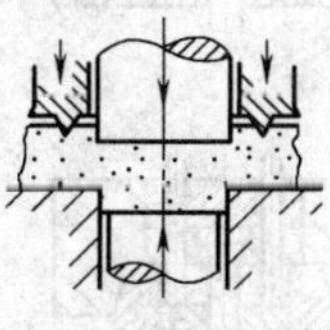		

1. 精冲（齿圈压板冲裁）

目前齿圈压板冲裁方法使用较为广泛，其模具的结构形式可分为活动凸模式（图2-2-18）和固定凸模式（图2-2-19）。而且还可把精冲工序与其他成形工序（如弯曲、挤压、压印等）合在一起进行复合或连续冲压，从而大大提高生产率和降低生产成本。

（1）精冲的工艺过程及工艺特点　精冲模与普通冲裁模相比较的主要不同点是：其凸、凹模间隙极小，凹模刃口带圆角；在凸、凹模刃口周围装有齿圈压板和顶出器；精密冲裁模一般在专用的精密冲裁压力机上使用。

精冲模的工作部分由凸模、凹模、齿圈压板和顶出器四部分组成。

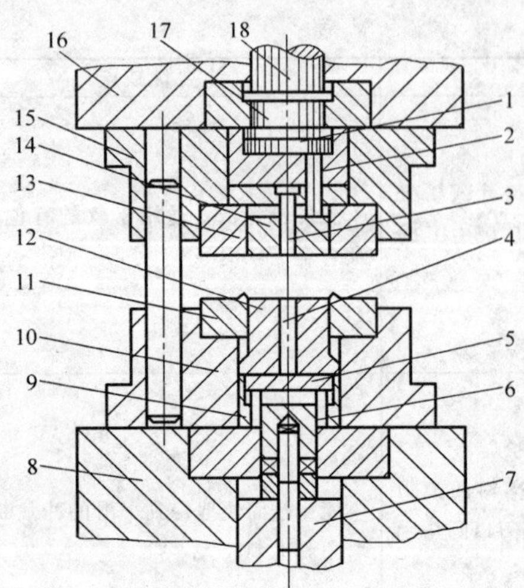

图 2-2-18　活动凸模式精冲模

1—压力托杆　2、6—传力杆　3—冲孔凸模　4—顶杆　5—托板　7、18—活塞　8—压力机工作台　9—凸模底板　10—下模座　11—齿圈压板　12—凸凹模　13—凹模　14—推板　15—上模座　16—压力机滑块　17—压力柱

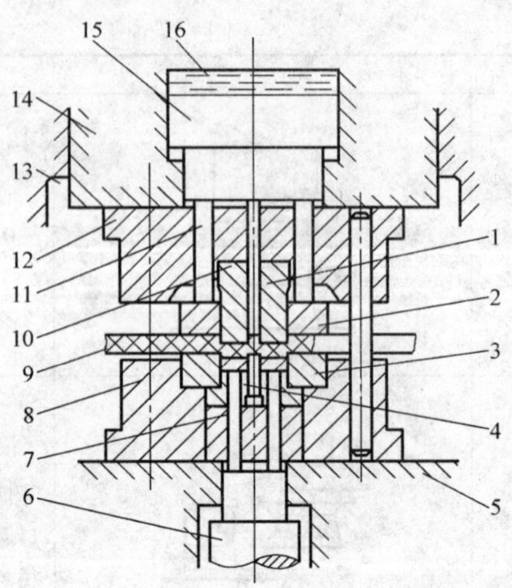

图 2-2-19　固定凸模式精冲模

1—顶杆　2—齿圈压板　3—凹模　4—冲孔凸模　5—压力机工作台　6—反压力活塞　7、11—传力杆　8—凹模座　9—坯料　10—凸凹模　12—凸模座　13—床身　14—滑块　15—活塞　16—油压

精冲的工艺过程如图2-2-20所示：图2-2-20a 模具开启，将条料9送进工作位置；图2-2-20b 模具闭合，齿圈压板10将条料压到凹模6上，其V形突齿嵌入材料，同时推板1与落料凸模7将材料夹紧；图2-2-20c 材料在受压的状态下进行精冲；图2-2-20d 精冲完毕；图2-2-20e 模具开启，卸料，顶杆8顶出冲孔废料，推板推出零件；图2-2-20f 用压缩空气排走零件和废料，同时送进条料，准备下一个零件的精冲。

与普通冲裁相比（图2-2-21），齿圈压板冲裁主要有以下工艺特点：

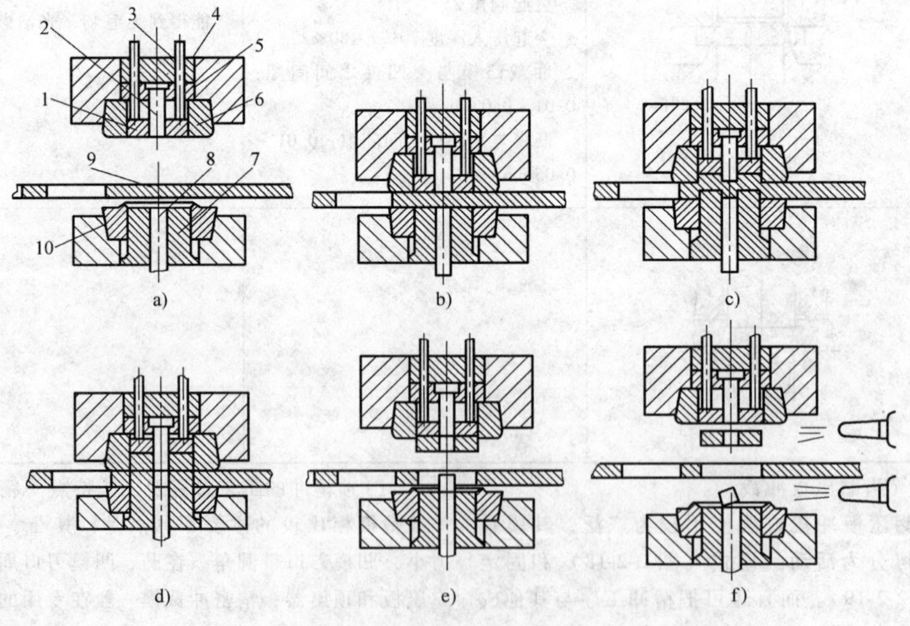

图 2-2-20　齿圈压板冲裁的工艺过程

1—推板　2—冲孔凸模　3、8—顶杆　4—垫板　5—凸模固定板　6—凹模　7—落料凸模　9—条料　10—齿圈压板

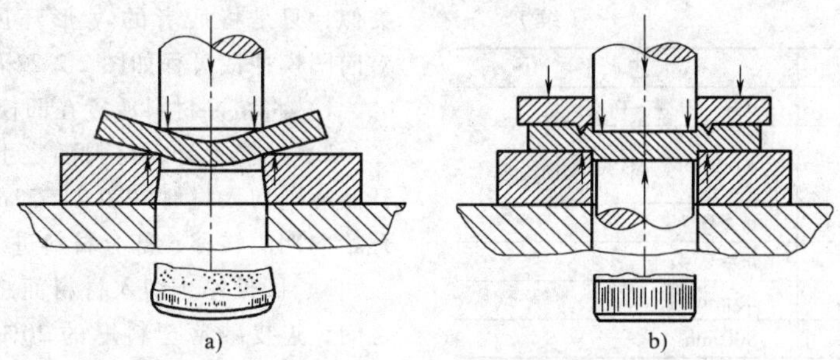

图 2-2-21　精密冲裁与普通冲裁的比较
a）普通冲裁　b）精密冲裁

1）在冲裁过程中，由于有齿圈压板强力压边，顶件板和冲裁凸模的共同作用，并在间隙很小而凹模刃口带圆角的情况下，从而使坯料的变形区处于强烈的三向压应力状态，提高了材料的塑性，抑制了剪切过程中裂纹的产生，使得冲裁件的断面质量和尺寸精度都有所提高。根据精冲工艺要求，精冲设备应是能够提供三种加压压力（冲裁力、齿圈压力、顶出器反压力）的、导向精度要求高的专用精冲压力机。根据我国情况，也可将普通压力机改装用于精冲。

2）普通冲裁的凸、凹模间隙较大，而精冲的凸、凹模间隙极小。精冲时采用微间隙（双向间隙值约为材料厚度 1%），主要是为了避免普通冲裁时板料产生的弯曲-拉伸-撕裂现象。

3）精冲总冲裁力比普通冲裁力大，而凸、凹模间隙很小，故对模具的刚度要求高，为了保证凸、凹模同心，使间隙均匀，要有精确而稳定的导向装置，为了避免刃口损坏，要求严格控制凸模进入凹模的深度，同时模具工作部分应选择耐磨、淬透性好、热处理变形小的材料。

4）普通冲裁的凸、凹模刃口是锋利的，而精冲的凹模（或凸模）刃口带有较小的圆角。

精冲凹模（或凸模）刃口带有较小的圆角，主要是防止变形材料在刃口处产生应力集中与微裂纹，并且还有增大压应力及对剪切面进行挤光的作用。但圆角不宜过大，过大时必然增大零件的圆角和毛刺。

综上所述，齿圈压板冲裁的特点是：对材料施加相当大的压紧力，采用尽量小的精冲间隙和适宜的刃口圆角使剪切区的材料处于三向受压状态。三向压应力状态提高了金属材料的塑性，并为精冲时使材料实现塑性剪切分离提供了有利的变形条件。

普通冲裁时，由于剪切应力的作用，微裂纹可达几个微米，再加上拉应力的作用，会产生宏观断裂。这就是普通冲裁中常见的粗糙撕裂断面。齿圈压板冲裁时，在精冲前用齿圈压入材料，同时推板对材料施加反向压力；凸模与凹模又采用了较小的间隙及凸模（或者凹模）采用圆角刃口，使材料变形处于三向压应力状态。因此，抑制了剪切过程中裂纹的产生，从根本上防止了普通冲裁中出现的弯曲-拉伸-撕裂现象，使材料在接近纯剪的条件下进行塑性剪切分离，从而获得高质量的光洁、平整的剪切面。

实际生产中齿圈压板冲裁能达到的工艺水平见表 2-2-46。

表 2-2-46　齿圈压板冲裁的工艺水平

序号	项目	工艺水平
1	剪切断面表面粗糙度	剪切面全部是光亮带，表面粗糙度 $Ra=0.4\sim1.5\mu m$
2	表面不平度	一般较平整，不需再经校平即可使用。每 100mm 长度为 0.02～0.125mm，随料厚增大而接近下限值
3	剪切断面垂直度	可达到 89.5°或更高，随料厚和间隙增大而变差
4	尺寸精度	可达 IT6～IT9，冲孔比落料高一级，料厚在 12mm 以上的冲孔精度稍低
5	毛刺	精冲件外形在贴近凸模一侧有一定高度的毛刺，孔的毛刺比外形小
6	塌角	一般直线剪切轮廓的塌角为料厚的 10%，复杂形状剪切轮廓（如齿形等）的塌角可达料厚的 20%～30%
7	精冲孔距公差	一般可达 ±0.01～±0.05mm，料厚增大，公差绝对值增大
8	可精冲的最小圆角半径	落料时外圆角 $R\geqslant(0.1\sim0.2)t$；冲孔时内圆角 $r\geqslant(0.05\sim0.1)t$

（续）

序号	项目	工艺水平
9	可精冲最小孔径	$d \geqslant (0.4 \sim 0.6)\ t$
10	可精冲最小窄带、窄槽宽度	$b \geqslant 0.6t$，甚至更小
11	可精冲最小齿形模数	$m \geqslant 0.18$
12	可精冲工件最小壁厚	$m \geqslant 0.4t$
13	可精冲最大料厚	25mm
14	精冲件的最大外廓尺寸	800mm

（2）精冲材料　由于精冲材料直接影响精冲件的剪切表面质量、尺寸精度和模具寿命，所以对材料的要求比较严格。适合于精冲的材料必须具有良好的塑性，足够的变形能力（屈强比 σ_s/σ_b 越小越好）和良好的组织结构。

一般以铁素体为主要成分的碳钢是最好的精冲材料，因而纯铁是有利于精冲的。

对于碳含量较高的钢，由于存在片状渗碳体，对精冲不利，只有通过热处理，使渗碳体呈球状小颗粒，并均匀分布于细晶粒的铁素体中。这样的组织才适宜于精冲。

一般钢材精冲的适应范围可根据其退火后的强度划分如下：

$\sigma_b = 686\text{MPa}$ 精冲允许料厚约为 1.5mm；

$\sigma_b = 588\text{MPa}$ 精冲允许料厚约为 3.5mm；

$\sigma_b = 490\text{MPa}$ 精冲允许料厚约为 6.0mm；

$\sigma_b = 441\text{MPa}$ 精冲允许料厚约为 10mm；

$\sigma_b = 392\text{MPa}$ 精冲允许料厚约为 15mm。

对于不锈钢 1Cr18Ni9Ti 精冲前进行热处理亦可得到令人满意的表面粗糙度。

适于精冲的有色金属材料主要有普通黄铜；H62、H65、H68、H70、H85、H90、H96；其他黄铜：如锡黄铜、铝黄铜、锰黄铜；青铜；各种型号的锡青铜、铝青铜、铍青铜和部分牌号的硅青铜、锰青铜等；纯铜：T1、T2、T3、T4 和 TU1、TU2、TUP、TUMn 等；白铜：普通白铜、锌白铜（德银）、铁白铜、铝白铜、锰白铜等。

铝及铝合金也是较好的精冲材料，凡能够进行冷弯、折边、拉探和冷挤的材料就有精冲性能。硬铝的精冲效果不太理想，如果在淬火时效时间内实行精冲，其效果会有所改善，对冷作硬化的铝及其合金在精冲前应给予软化处理。

2. 其他精冲方法简介

（1）对向凹模冲裁　其模具结构的最大特点是有两个凹模：一个带凸起的凹模，简称凸起凹模；一个平面凹模，简称凹模。模具结构与齿圈压板冲裁模类似，只是将后者的 V 形环压边圈改为凸起凹模。对向凹模冲裁过程如图 2-2-22 所示。

1）将精冲材料放置在凹模表面上（图 2-2-22a）。

2）凹模上升，材料随之上升，凸起凹模和凹模开始逐渐切入材料（图 2-2-22b）。在此过程中，废料开始向四周转移，部分材料进入凹模型腔。

3）凹模停止切入材料而将材料夹紧在两个凹模之间，连皮减薄至料厚的 20% ~30%，废料完成向四周的转移，大量材料进入凹模型腔，少量材料进入凸起凹模型腔（图 2-2-22c）。

4）在两个凹模夹持下，凸模下降，将零件推入凹模完成材料分离（图 2-2-22d）。然后，凹模下降，顶件器顶出零件。

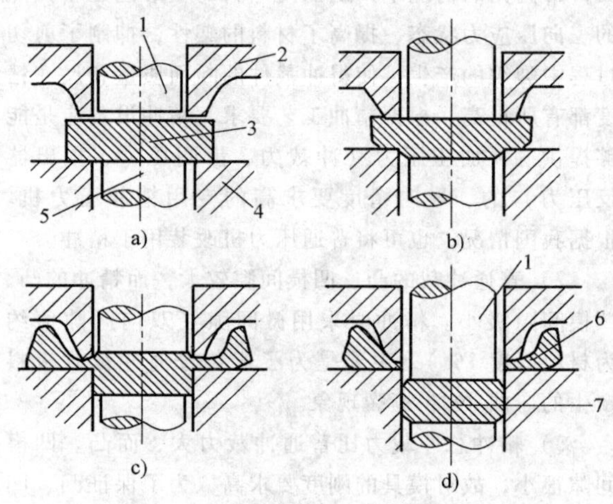

图 2-2-22　对向凹模精冲过程
1—凸模　2—凸起凹模　3—板料　4—凹模
5—顶件器　6—废料　7—零件

（2）往复冲裁法（或称上下冲裁法）　其冲裁过程如图 2-2-23 所示，它是在一个冲裁过程中用两个凸模从上、下两次冲裁工件。首先，材料在上凸模 1 的作用下产生变形（图 2-2-23a），当凸模 1 切入材料 15% ~30% 时停止（图 2-2-23b）。然后用下凸模 4 反向对材料进行向上的冲裁，直至材料分离（图 2-2-23c、d）。

该方法的变形机理类似于普通冲裁，仍然产生剪裂纹，存在断裂带。但由于对材料从正反两面进行两次冲裁，使工件剪切面具有双面塌角、无毛刺，而且有上下两个光亮带，从而使冲裁件的断面质量有较大的提高。

（3）小间隙圆角刃口冲裁　主要是采用了小圆角刃口和很小的冲裁间隙，实质是冲裁-挤光的复合工艺过程。

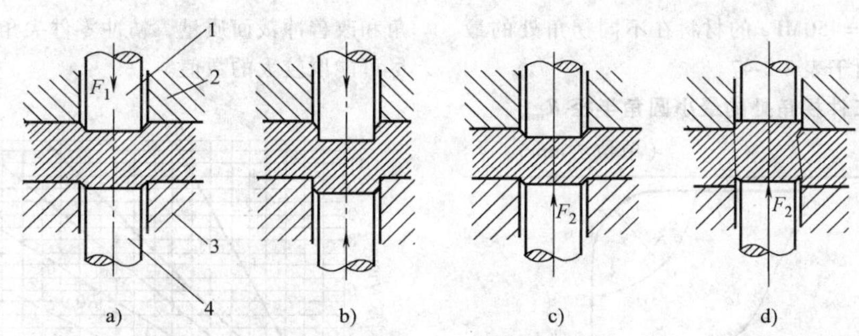

图 2-2-23 往复冲裁的变形过程

1、4—凸模 2、3—凹模

落料时，凹模刃口带小圆角、倒角或椭圆角，凸模刃口锋利；冲孔时，凸模刃口带小圆角或倒角，而凹模刃口锋利。凸、凹模间的间隙小于 0.01 ~ 0.02mm，且与材料厚度无关。由于凹模（或凸模）刃口为圆角及采用极小间隙，提高了冲裁区的静水压，减少了拉应力，加之圆角刃口还可以减少应力集中，起到抑制裂纹产生的作用，从而获得光洁的剪切面。

2.7.2 精冲零件的工艺性

1. 精冲件的形状尺寸

精冲件的尺寸极限，如最小孔径、最小槽宽等，都可比普通冲裁时提高。实现精冲的尺寸极限范围，主要取决于模具的强度、剪切面质量及模具寿命等因素。精冲件的圆角半径、槽宽、悬臂、环宽、孔径、孔边距及齿轮模数的极限范围，根据精冲的难易程度分为三级：

S_1——容易级，适于精冲材料的抗剪强度不超过 700MPa；

S_2——中等级，适于精冲材料的抗剪强度不超过 530MPa；

S_3——困难级，适于精冲材料的抗剪强度不超过 420MPa。

在 S_3 区域范围内，精冲模工作零件须用高速钢制造，被精冲材料的抗剪强度不超过 420MPa 或其抗拉强度≤600MPa。

（1）圆角半径　精冲件应力求避免凸出尖角。因为过小的圆角半径会使工件剪切面上产生撕裂和模具相应部分应力集中及严重磨损。最小圆角半径的大小取决于零件角度 α、材料种类、材料厚度及其力学性能。其计算方法为

$$R_I = 0.6R_A,\ r_i = 0.6R_A,\ r_a = R_A,\ r_i = R_I$$

式中　R_I——零件外形的最小内圆角半径；

R_A——零件外形的最小外圆角半径；

r_i——零件内形的最小内圆角半径；

r_a——零件内形的最小外圆角半径。

R_A 或 r_a 可根据料厚及角度 α 直接从图 2-2-24 中查得。

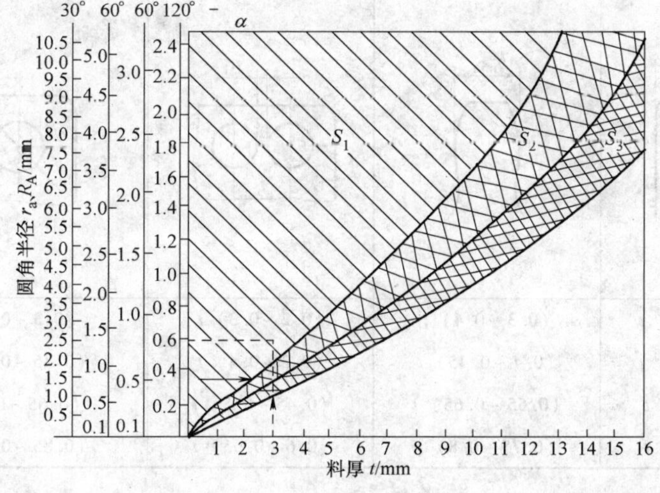

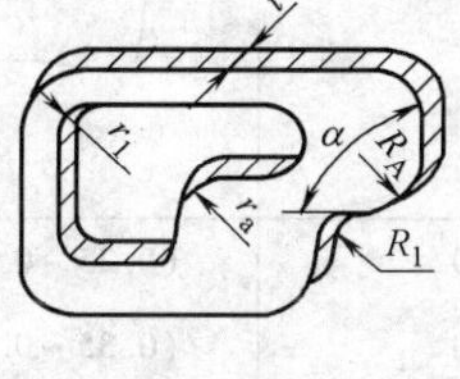

图 2-2-24 精冲件的最小圆角半径

抗拉强度 $\sigma_b=450\text{MPa}$ 的材料在不同拐角处的最小圆角半径 R_{min} 列于表 2-2-47。

表 2-2-47　工件拐角处的最小圆角半径 R_{min}

（单位：mm）

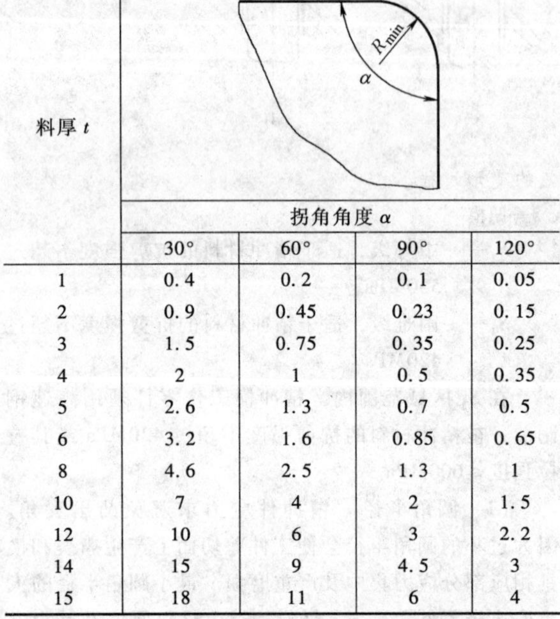

料厚 t	拐角角度 α			
	30°	60°	90°	120°
1	0.4	0.2	0.1	0.05
2	0.9	0.45	0.23	0.15
3	1.5	0.75	0.35	0.25
4	2	1	0.5	0.35
5	2.6	1.3	0.7	0.5
6	3.2	1.6	0.85	0.65
8	4.6	2.5	1.3	1
10	7	4	2	1.5
12	10	6	3	2.2
14	15	9	4.5	3
15	18	11	6	4

注：强度高于此值的材料，其数值按比例增加。

图 2-2-25 为按材料抗拉强度为 400MPa 时，得出的凸出圆角和尖角处最小半径的近似值。对于强度较高或较低的材料，圆角半径应按照强度的变化量成比例地增大或减小。对于凹进的圆角或尖角应采用由图 2-2-25 所得的数值的 50% ~75%。

除特殊情况外，为了提高模具刃磨寿命，减小塌角和改善冲裁面质量，精冲零件尖角部位的圆角半径尽可能取较大的数值。

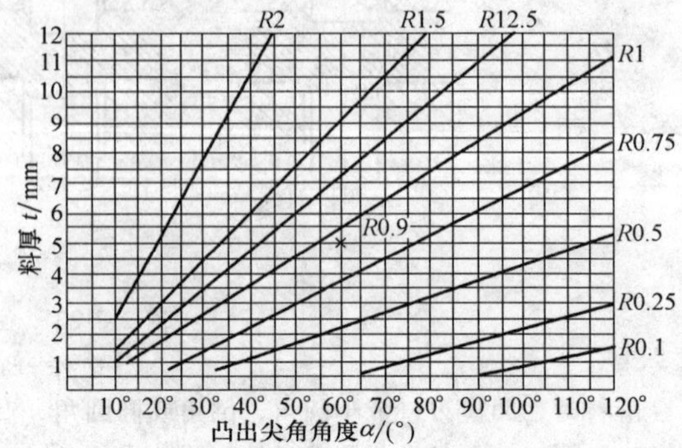

图 2-2-25　最小圆角半径 R

（材料 $\sigma_b=400\text{MPa}$ 时）

（2）孔径、槽宽及边距　精冲的最小孔径，主要是考虑冲孔凸模所能承受的最大压应力，其值与材料性质及材料厚度等因素有关。冲窄长槽时，凸模将受到侧压力，所能承受的压力比与其同样大断面的圆形凸模小，所以需要按槽长与槽宽的比值来考虑精冲的最小孔径 d_{min}、孔边距 a_{min}、最小槽宽 b_{min} 等，极限值都比通常的小。当冲孔凸模的许用压应力为 1600 ~1800MPa，冲槽凸模的许用压应力为 1200 ~1400MPa，齿形的许用压应力为 1200MPa 时，可以精冲的各种尺寸极限值列于表 2-2-48。

表 2-2-49 为抗拉强度低于 450MPa 的材料可精冲的最小槽宽 b_{min}、最小槽边距 s_{min}；抗拉强度高于 450MPa 的材料，其数值按强度成正比增加。

表 2-2-48　各种材料精冲时的尺寸极限

材料强度 σ_b/MPa	a_{min}	b_{min}	a'_1	d_{min}
150	(0.25 ~0.35) t	(0.3 ~0.4) t	(0.2 ~0.3) t	(0.3 ~0.4) t
300	(0.35 ~0.45) t	(0.4 ~0.45) t	(0.3 ~0.4) t	(0.45 ~0.55) t
450	(0.5 ~0.55) t	(0.55 ~0.65) t	(0.45 ~0.5) t	(0.65 ~0.7) t
600	(0.7 ~0.75) t	(0.75 ~0.8) t	(0.6 ~0.65) t	(0.85 ~0.96) t

注：薄料取上限，厚料取下限。

表 2-2-49　b_{min}/t 的数值

t/mm	l/mm												
	2	3	6	8	10	15	20	40	60	80	100	150	200
1	0.69	0.78	0.82	0.84	0.88	0.94	0.97						
1.5	0.62	0.72	0.75	0.78	0.82	0.87	0.9						
2	0.58	0.67	0.7	0.73	0.77	0.83	0.86	1					
3		0.62	0.65	0.68	0.71	0.76	0.79	0.92	0.98				
4		0.6	0.63	0.65	0.68	0.74	0.76	0.88	0.94	0.97	1		
5			0.62	0.64	0.67	0.73	0.75	0.86	0.92	0.95	0.97		
8				0.63	0.66	0.71	0.73	0.85	0.9	0.93	0.95	1	
10						0.68	0.71	0.8	0.85	0.87	0.88	0.93	0.96
12							0.7	0.79	0.84	0.86	0.87	0.92	0.95
15							0.69	0.78	0.83	0.85	0.86	0.9	0.93

注：s_{min} =（1.1～1.2）b_{min}，t 为板料厚度。

（3）最小壁厚　壁厚是指精冲零件上的相邻孔之间、槽之间、孔和槽之间或孔（槽）与内外形轮廓之间的距离，即间距或孔边距。在普通冲裁时，壁厚要大于或等于料厚；在精冲时，壁厚则可以小于料厚。

冲裁零件壁厚的确定，基本上可用与冲槽相同的原则，但要考虑如图 2-2-26 所示壁厚 W 的各种不同的情况。

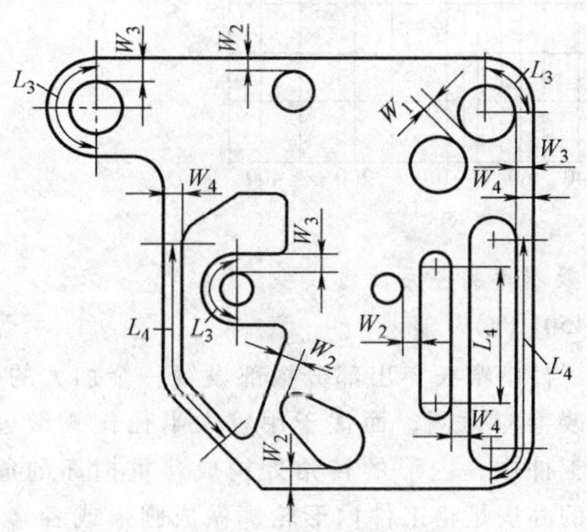

图 2-2-26　壁厚不同的精冲零件

W_1：在用复合精冲模冲裁时，对这种两圆孔之间的壁厚，凸凹模的危险断面部分很短，而且其上的应力峰值有很好的缓和，所以冲裁这种情况的壁厚最为有利，因而其允许的壁厚可比 W_2 的值小 15% 左右。

W_2：它是一直边孔（或边）与圆孔形成的壁厚，其凸凹模薄弱部分较 W_1 情况的承载能力要差一些，但比 W_3 和 W_4 要好得多，所以冲裁还是较有利的。其最小壁厚尺寸如图 2-2-27 所示。

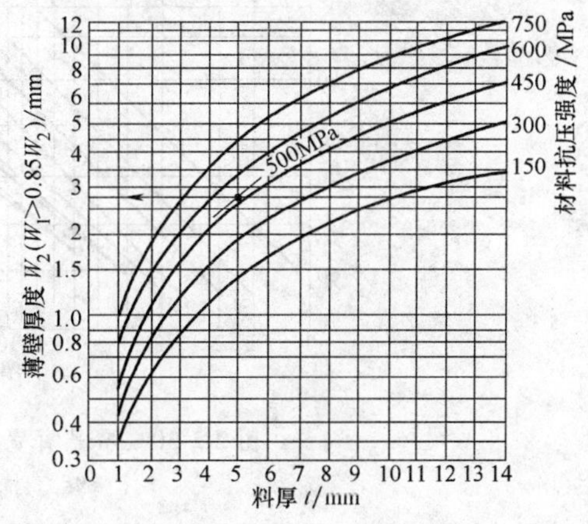

图 2-2-27　精冲件的最小壁厚

W_3 和 W_4：其凸凹模的薄弱部分很长，所以冲裁最为不利，其允许值要较 W_2 大得多。

（4）齿形　在精冲齿轮、齿条之类的齿形零件时，凸模齿形部分承受着压应力和弯曲应力。为了避免凸模在其齿形根部断裂，必须限制齿形零件的最小模数和齿宽。影响模数和齿宽的主要因素有齿形、料厚、材料的抗压强度和模具制造质量等，其值可由图 2-2-28 查得。

（5）悬臂和凸耳　悬臂（又称窄带）是指精冲

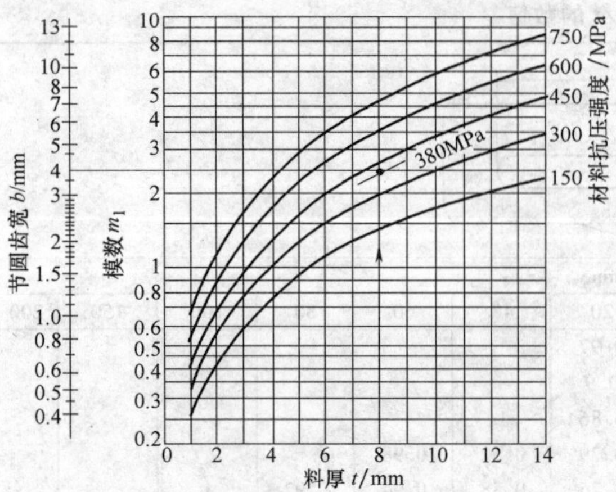

图 2-2-28 精冲齿形最小模数、最小范围齿宽

件外轮廓上细而长的凸起部分。凸耳（又称凸台）是指精冲件外轮廓上短而宽的凸起部分。

冲槽的原理也适用于工件上窄长的悬臂（图 2-2-29）。但由于悬臂在精冲时，使凸模产生较高的侧向压力，因而影响凸模寿命，凸模在宽度方向的抗纵向弯曲能力降低，故要特别注意凸模结构的稳定性。相对宽度 b/t 越小，允许的悬臂长度就越小。

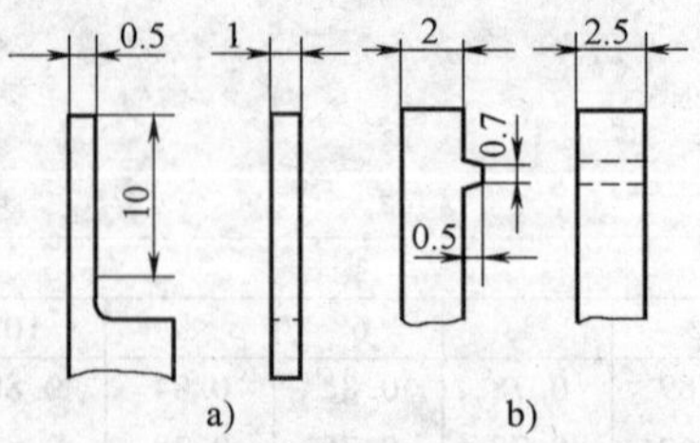

图 2-2-29 悬臂和凸耳

a）悬臂最小宽度 b）凸耳长度小于料厚

在精冲时悬臂的最小宽度值可按冲槽情况，即 $b_{min}=0.6t$，也可按表 2-2-49 中最小槽宽确定，但根据实际需要应增大数值 30%～40%。图 2-2-30 为适用于抗拉强度 $\sigma_b=450\text{MPa}$ 的材料的悬臂最小宽度 b_{min}，对于强度高低不同的材料，悬臂最小宽度 b_{min} 应与强度的变化量成比例增减。

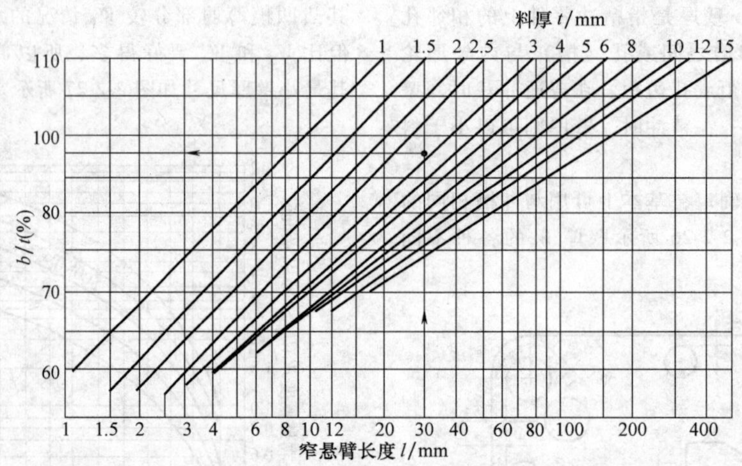

图 2-2-30 窄悬臂宽度 b 和长度 l 及料厚的关系曲线

（适用于抗拉强度 $\sigma_b=450\text{MPa}$）

（6）形状的过渡 精冲件的形状过渡应尽可能的和缓。从图 2-2-31 所示的两个实例中可以看出：将图中工件中窄长突出部分根部设置一个加大的锥形可以改善应力图，而优于用较大半径作弧形过渡。左下工件中，内形的转角处构成严重损坏的危险。改善的办法是将工件内形轮廓做成圆形或者修正外轮廓。

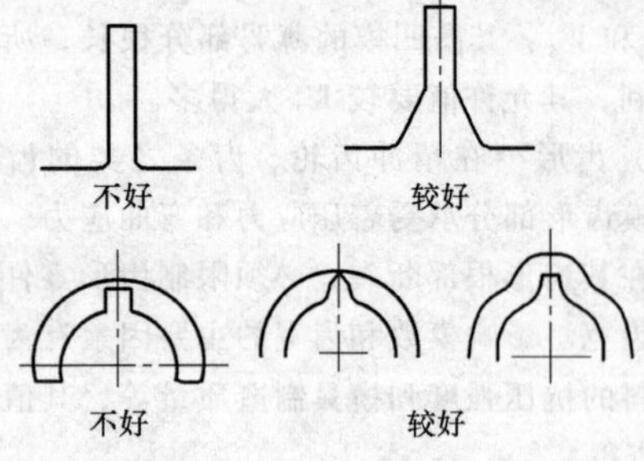

图 2-2-31 精冲件上的过渡形状

2. 精冲件的尺寸精度和几何精度

精冲件的质量与模具结构、模具精度、凸模和凹模的状况、材料的种类状态、金相组织、料厚、润滑条件、设备精度、冲裁速度、压边力和顶件力等因素有关。正常情况下，精冲件的尺寸精度和几何精度列于表 2-2-50。

表2-2-50 精冲件尺寸精度和几何精度

料厚 t/min	公差等级 $\sigma_b \leqslant 500MPa$ 内形	公差等级 $\sigma_b \leqslant 500MPa$ 外形	公差等级 $\sigma_b > 500MPa$ 内形	公差等级 $\sigma_b > 500MPa$ 外形	孔间距 /mm	100mm长度上的平面度 /mm	剪切面倾斜值 δ/mm
0.5~1	IT6~IT7	IT6	IT7	IT7	±0.01	0.13~0.06	0~0.01
1~2	IT7	IT6	IT7~IT8	IT7	±0.015	0.12~0.055	0~0.014
2~3	IT7	IT6	IT7~IT8	IT7	±0.02	0.11~0.045	0.001~0.018
3~4	IT7	IT7	IT8	IT9	±0.02	0.10~0.04	0.003~0.022
4~5	IT7~IT8	IT7	IT8	IT9	±0.03	0.09~0.04	0.005~0.026
5~6	IT8	IT9	IT8~IT9	IT9	±0.03	0.085~0.035	0.007~0.030
6~7	IT8	IT9	IT8~IT9	IT9	±0.03	0.08~0.035	0.009~0.034
7~8	IT8	IT9	IT9	IT9	±0.03	0.07~0.03	0.011~0.038
8~9	IT8	IT9	IT9	IT9~IT10	±0.03	0.065~0.03	0.013~0.042
9~10	IT8~IT9	IT9	IT9	IT10	±0.035	0.065~0.025	0.015~0.046

注：1. 表中δ系指外形剪切面的倾斜值，内形的倾斜值小于表中数值。

2. 精冲件剪切的表面粗糙度一般可达 Ra 值3.2~0.4μm，精冲件仍有塌角和毛刺，但比一般冲裁件小。

3. 精冲与其他工序复合

精冲和其他工艺的复合，简称精冲复合工艺。包括两种形式：一是精冲作为精锻、冷挤、拉深等工艺的后续工序；另一是充分利用精冲压力机具有三种独立可调压力的特点，在精冲过程中（通过连续模或复合模）和其他工艺（包括挤压、半冲孔、压扁、压印、压沉头和弯曲等工艺）复合。

（1）精冲弯曲复合工艺 精冲弯曲复合工艺的关键，是根据零件弯曲形状特征、技术要求和生产批量，正确选择复合工艺的形式，并确定模具结构。可以精冲和弯曲同时进行（图2-2-32）、弯曲后精冲（图2-2-33）或精冲后弯曲（图2-2-34）。图2-2-35所示工件可一次精冲弯曲，但弯角 $\alpha \leqslant 75°$，料厚 ≤6mm。

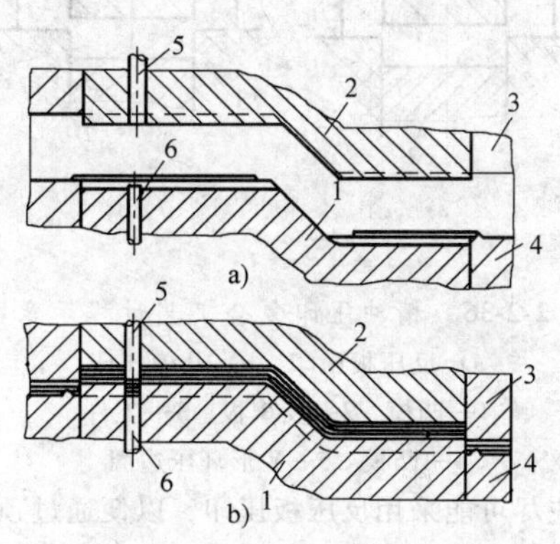

图2-2-33 先弯曲后精冲复合模示意图
1—凸模 2—反压板 3—凹模 4—压边圈 5—冲孔凸模 6—顶杆

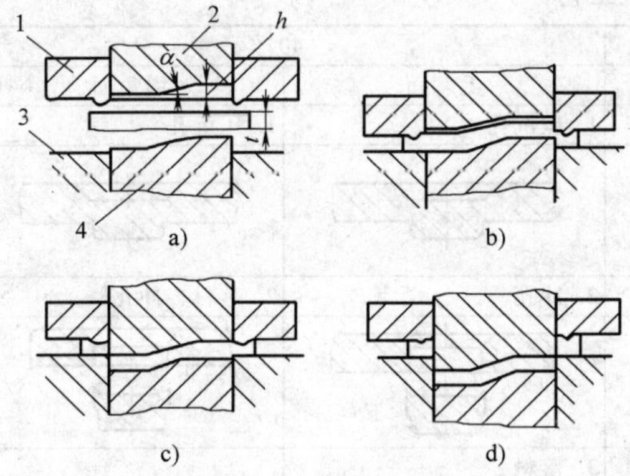

图2-2-32 精冲和弯曲同时进行过程示意图
1—齿形压边圈 2—凸模 3—凹模 4—反压板
t—料厚 h—弯曲高度 α—弯曲角度

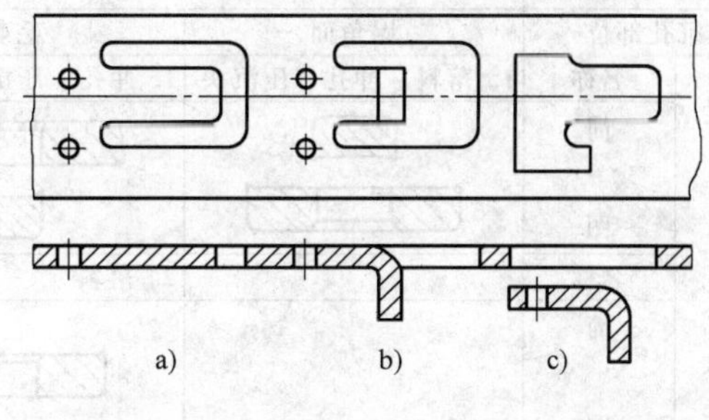

图2-2-34 精冲弯曲连续模上的工步图
a）冲孔切口 b）定位弯曲 c）落料

（2）精冲压印复合工艺 压印通常可以和精冲复合进行，精冲和压印复合工艺见图2-2-36，图2-2-

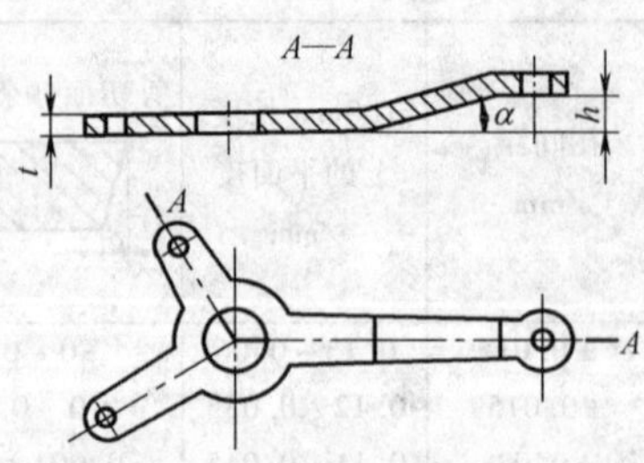

图 2-2-35　一次精冲弯曲加工的弯形精冲件

36a为压印面放在工件塌边侧时，由反压板压印。图2-2-36b为压印面放在工件飞边侧时，由凸模压印。

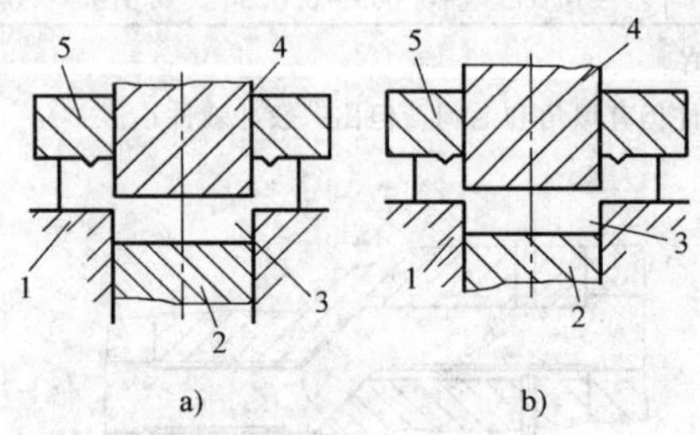

图 2-2-36　精冲压印复合工艺过程示意图
a）反压板压印　b）凸模压印
1—凹模　2—反压板　3—工件
4—凸模　5—V形环压边圈

设计时应尽可能采用反压板压印，以便通过顶件器顶出，否则将会削弱凸模并增加模具的制造和维修费用。无论用反压板或凸模压印，都需使反压力大于压印力，这是精冲和压印复合冲压的必要条件。应该指出，普通压印既要求机床刚性好，闭封高度的重复精度高（多数在精压机上进行），又要求材料厚度公差小，否则会影响压印质量和模具寿命。而精冲压印复合时，材料在凸模和反压板之间完成压印后，在凸模和反压板的夹持下继续进行外形的精冲，故对材料厚度公差无严格要求，且压印的质量好，模具寿命高，生产效率高。压印深度一般不超过0.1t，见图2-2-37。

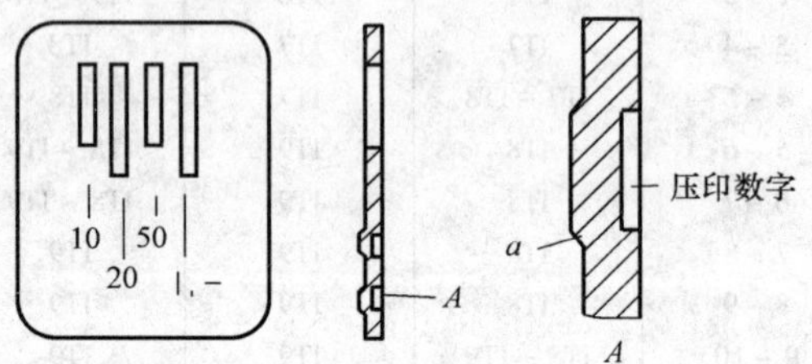

图 2-2-37　压印件

（3）精冲压沉孔复合工艺　压沉孔可和精冲一次复合进行，但应注意沉孔是在落料凹模的一边。若沉孔是在落料凸模的一边，则需先冲出沉孔，然后以该孔定位来落料。表2-2-51所示为90°沉孔的最大深度h_{max}。沉孔的角度和深度改变时，应注意使压缩的体积不超过表列相应数值。当在工件的凸模侧或两侧都可有沉孔时，需有预成形工序。

表 2-2-51　90°沉孔的最大深度 h_{max}

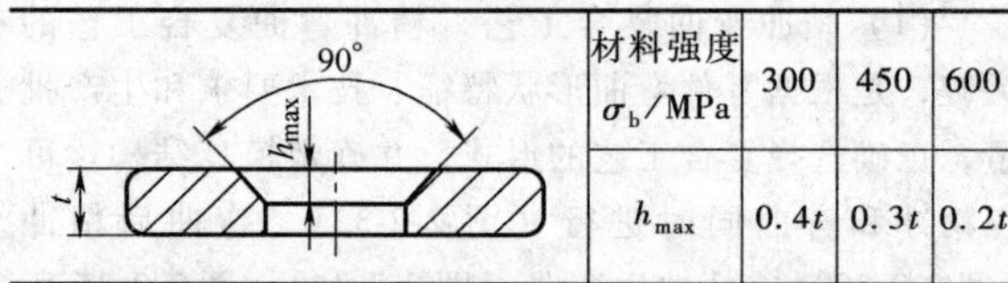

材料强度 σ_b/MPa	300	450	600
h_{max}	0.4t	0.3t	0.2t

根据不同的沉孔形式、沉孔深度及沉孔的部位，需采用不同的工序，见表2-2-52。

表 2-2-52　压沉孔工艺

沉孔深度（%t）		25		40	
沉孔部位		塌角面	毛刺面	毛刺面	塌角面
工序	名称	1. 落料、冲孔、压沉头	1. 冲孔、压沉头	1. 压沉孔	1. 压沉孔
	简图				
	名称		2. 落料	2. 冲孔	2. 落料、冲孔
	简图				
	名称			3. 落料	
	简图				
模具		复合模	连续模	连续模	连续模

（续）

沉孔形式		圆锥形		圆柱形	
沉孔深度（%t）		60		60	
沉孔部位		毛刺面	塌角面	毛刺面	塌角面
工序	名称	1. 冲孔	1. 冲孔	1. 冲孔	1. 冲孔
	简图				
	名称	2. 压沉孔	2. 压沉孔	2. 压沉孔	2. 压沉孔
	简图				
	名称	3. 冲孔	3. 落料、冲孔	3. 冲孔	3. 落料、冲孔
	简图				
	名称	4. 落料		4. 落料	
	简图				
模具		连续模	连续模	连续模	连续模

（4）精冲半冲孔复合工艺　精冲复合工艺中最具特色和简单易行的一种，是利用精冲工艺在冲裁过程中，工件和条料始终保持为整体这一特点而派生出来的一种新工艺（见图 2-2-38）。半冲孔时变形部位距工件边缘较远，由于外部材料的刚端作用和精冲件外围 V 形环压边的作用，可防止半冲孔剪切区以外的材料在变形过程中随凸模流动。由于凸、凹模和反压板、半冲孔凸模和顶杆的夹持作用，使材料在半冲孔过程中始终保持与冲裁方向垂直而不翘起。因半冲孔凸模和凹模之间的小间隙，构成变形区材料形成纯剪切的条件。另外，在半冲孔凸模、顶杆、凸凹模和反压板的强压作用下，半冲孔变形区的材料处于三向受压的应力状态，提高了材料的塑性，避免了精冲半冲孔零件的凸台部分与本体分离或产生撕裂。

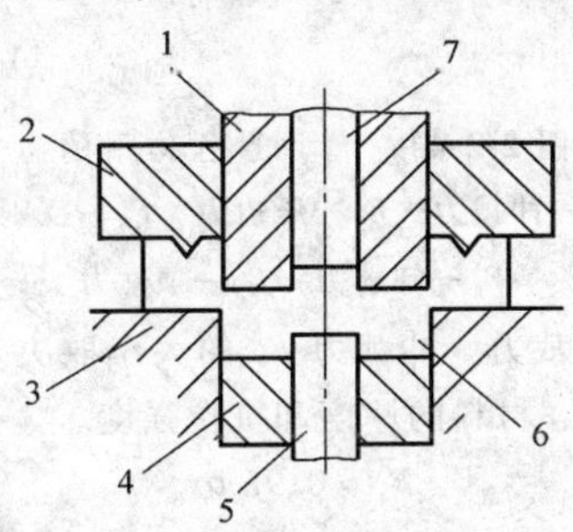

图 2-2-38　精冲半冲孔复合工艺过程示意图

1—凸凹模　2—V 形环压边圈　3—凹模　4—反压板　5—半冲孔凸模　6—工件　7—顶杆

在半冲孔过程中，半冲孔凸模进入材料的深度 h 和材料厚度 t 之比，定义为半冲孔相对深度，见图 2-2-39，它是衡量半冲孔变形程度的指标。

$$C = h/t$$

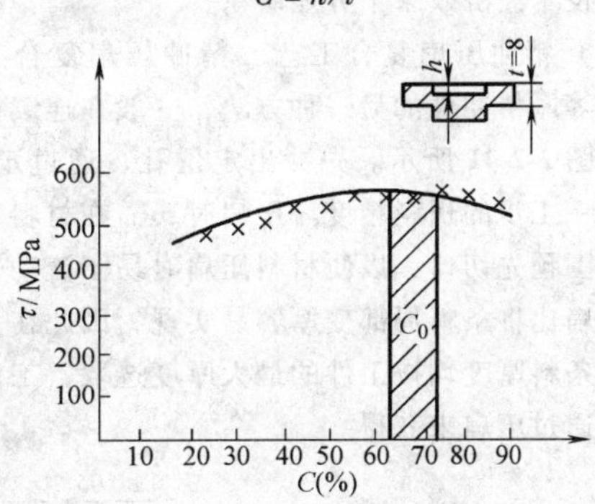

图 2-2-39　半冲孔相对深度 C 和连接处抗剪强度 τ 的关系

试样材料：20 钢 σ_b = 400MPa　料厚 t = 8mm

半冲孔凸凹模间隙 0.03mm

图 2-2-40 所示为几种典型的精冲半冲孔零件。

半冲孔工艺既可将各种异形凸台（包括齿形）附在任何形状的平面零件上，也可将异形不通孔（包括内齿）附在任何形状的平面零件上。此时只需要将相应的凸台部分机加工去掉即可。由此可见半冲孔工艺还具有另外一种独特的功能，如可以十分方便地在零件上加工出各种异形不通孔，这对于一般机械加工而言都是非常困难的。

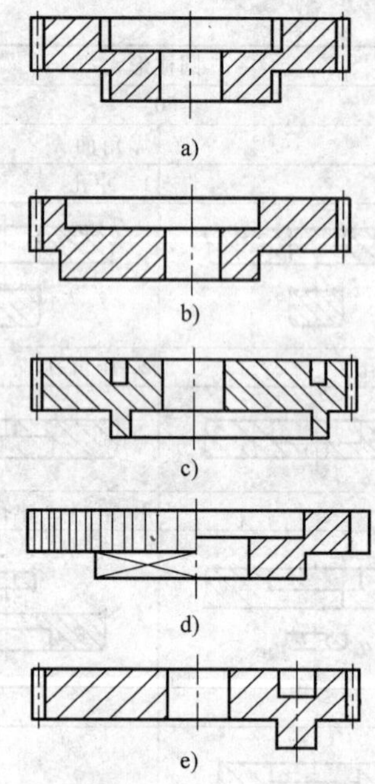

图 2-2-40 精冲半冲孔零件

a）双联齿轮 b）齿轮凸轮 c）齿轮内形凸轮

d）齿轮偏心轴 e）棘轮方形凸台

实践表明：采用精冲半冲孔组合件加工零件，与传统工艺相比，可大幅度地提高生产效率，降低生产成本，技术经济效果十分显著。

（5）精冲压扁复合工艺　精冲压扁复合工艺是获得不等厚精冲件的另一种方法，一般在连续模上进行，如图 2-2-41 所示。先冲出定位孔，通过定位销，保证每一工步的送料精度。压扁时，需在材料局部压扁的周围预先切口，以便材料压扁时易于流动。由于局部压扁比将条料局部变厚容易实现，因此在多数情况下，条料厚度均按工件的最大厚度选取，工件的其他厚度通过压扁来获得。

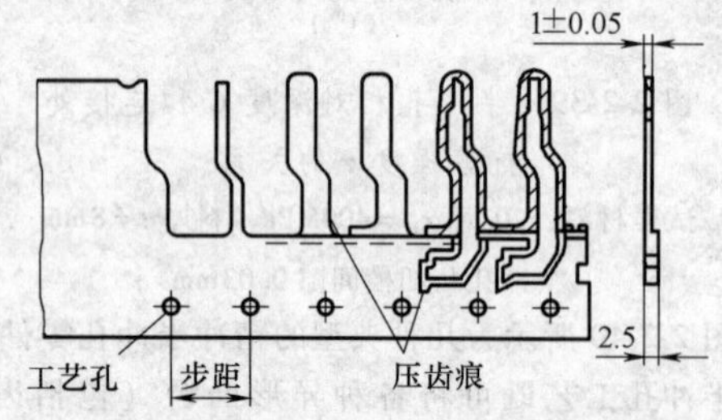

图 2-2-41 精冲压扁复合工艺

由于压扁精冲是在连续模上进行的，条料经压扁硬化后不可能退火。因此，压扁精冲一般只适用于硬化指数较低的低碳钢等材料。

压扁精冲工艺的技术关键为压扁后材料硬化，对后续精冲表面质量的影响，图 2-2-42 给出了 20 钢的相对压扁量（$\frac{t-t_1}{t}\times100\%$）与加工硬化的试验结果。材料的厚度和硬度，是制订这种精冲工艺方案、设计精冲模具的主要原始数据。

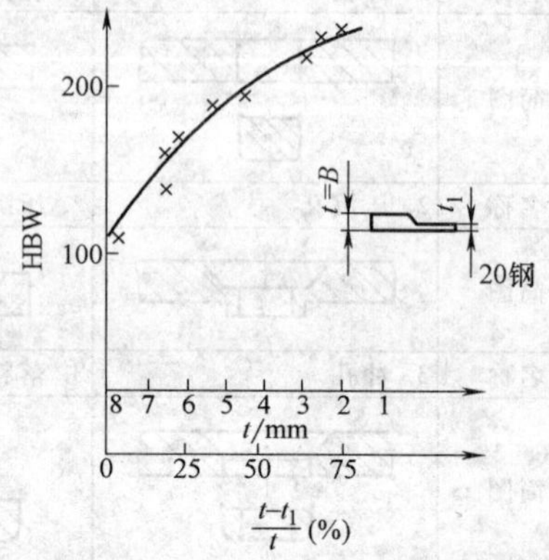

图 2-2-42 20 钢相对压扁量与加工硬化的关系

2.7.3 精冲工艺参数

1. 精冲力

精冲工艺过程是在压边力、反压力和冲裁力三者同时作用下进行的，见图 2-2-43a。冲裁结束，卸料力将废料从凸模上卸下，顶件力将工件从凹模内顶出（见图 2-2-43b），模具复位完成整个工艺过程。正确的计算、合理的调试和选定以上诸力，对于选用精冲压力机、模具设计、保证工件的质量以及提高模具的寿命都具有重要意义。

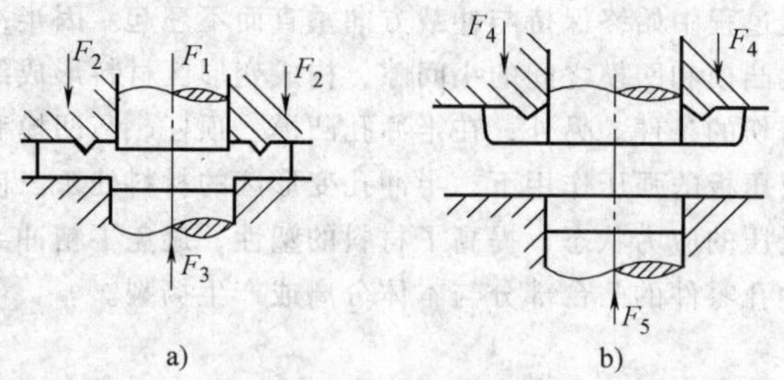

图 2-2-43 精冲过程作用的力

F_1—冲裁力 F_2—压边力 F_3—反压力

F_4—卸料力 F_5—顶件力

（1）冲裁力　冲裁力 F_1 的大小取决于冲裁内外轮廓周边长、材料的厚度和抗拉强度。

$$F_1 = 0.9L_t t\sigma_b$$

式中 L_t——内外周边的总长（mm）；

t——材料厚度（mm）；

σ_b——抗拉强度（MPa）。

（2）V 形环（齿圈）压力　V 形环压边力的作

用有：防止剪切区以外的材料在剪切过程中随凸模流动，夹持材料，在精冲过程中始终和冲裁方向垂直而不翘起，在变形区建立三向受压的应力状态。因此正确计算和选定压边力，对于保证工件剪切面的质量，降低动力消耗和提高模具的使用寿命都有密切关系。

压边力 F_2 按以下经验公式计算：

$$F_2 = 2fLh\sigma_b$$

式中　f——系数，取决于 σ_b，由表 2-2-53 查得；

L——工件外周边长度（mm）；

h——V 形环高度（mm）；

σ_b——材料的抗拉强度（MPa）。

表 2-2-53　系数 f 值

σ_b/MPa	200	300	400	600	800
f	1.2	1.4	1.6	1.9	2.2

（3）反压力　反压板的反压力也是影响精冲件质量的重要因素，主要影响工件的尺寸精度、平面度、塌角和孔的剪切面质量。增加反压力，可改善上述质量指标。但反压力过大，会增加凸模负载，降低凸模的使用寿命。因此在实际工艺过程中，在保证工件质量的前提下压边力需尽量调到下限值。

反压力可按下列公式计算：

$$F_3 = pA$$

式中　A——工件的平面面积（mm^2）；

p——单位反压力（MPa）；p 一般为 20 ~ 70MPa。

反压力按上式计算，波动范围较大，也可用另一经验公式计算：

$$F_3 = 20\% F_1$$

（4）卸料力 F_4 和顶件力 F_5　精冲完毕，在滑块回程中，不同步地完成卸料和顶件。压边圈将废料从凸模上卸下，反压板将工件从凹模内顶出。

卸料力 F_4 和顶件力 F_5 按以下经验公式计算：

$$F_4（或 F_5）=（5\% \sim 10\%）F_1$$

（5）总压力 F_t　工件完成精冲所需的总压力 F_t，是选用压力机的主要依据

$$F_t = F_1 + F_2' + F_3$$

式中　F_1——冲裁力（N）；

F_2'——保压压边力（N）；

F_3——反压力（N）。

实现精冲所需的总压力不是 F_1、F_2 及 F_3 之和的原因在于精冲过程中，V 形环压边圈压入材料所得的压边力 F_2 远大于为保证工件剪切面质量要求的保持压力 F_2'，一般 F_2' =（20% ~50%）F_2。为了提高精冲压力机的有效负载能力，目前大多数精冲压力机的压边系统都安装了无级调节的自动卸压装置。精冲开始时，首先在压边力 F_2 作用下，V 形环压边圈压入材料，完成压边后，压力机自动卸压到预先调定的保压压边力 F_2'，然后再进行冲裁。因此，精冲所需的总力 F_t 是 F_1、F_2'及 F_3 之和，利用压边系统自动卸压，可降低精冲工艺过程的电能消耗。

2. 精冲间隙

小间隙是精冲模的主要特征，它与普通冲裁相比，要小得多（见图 2-2-44）。其间隙的大小及其沿刃口周边的均匀性，直接影响精冲零件的剪切面质量。因此，选取合理间隙，保证四周间隙均匀，并使其在整个精冲过程中，保持间隙均匀、恒定是精冲技术的关键条件。

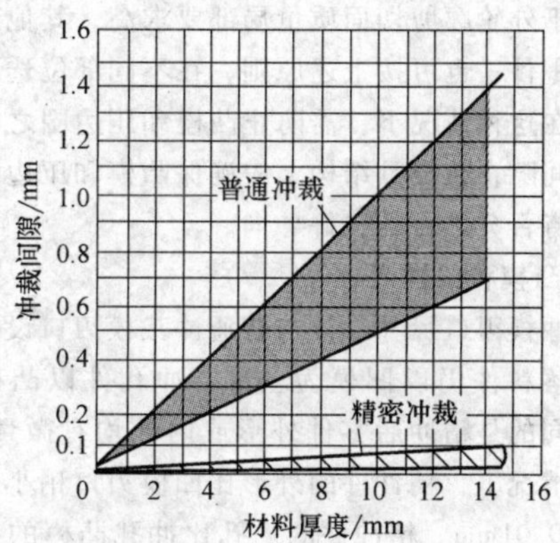

图 2-2-44　普通冲裁与精冲时的间隙范围

精冲间隙主要取决于材料厚度，并与冲裁轮廓、工件材质有关。而精冲模的冲孔和落料的间隙值是不一样的，其值见表 2-2-54。此表所提供的数据，是具有最佳精冲组织的碳钢，在剪切面表面完好率为 1 级，模具寿命高的基础上制订的。一般软材料取大值，硬材料取略小的数值。

表 2-2-54　凸、凹模间隙（双面）

材料厚度/mm	外形	内孔		
		$d<t$	$d=(1\sim5)t$	$d>5t$
0.5	1%	2.5%	2%	1%
1	1%	2.5%	2%	1%
2	1%	2.5%	1%	0.5%
3	1%	2%	1%	0.5%
4	1%	1.7%	0.75%	0.5%
6	1%	1.7%	0.5%	0.5%
10	1%	1.5%	0.5%	0.5%
15	1%	1%	0.5%	0.5%

注：1. 本表适于精冲要求的金相组织的碳钢，沿整个剪切断面均十分光洁，且在两次磨修间具有较高寿命的基础上制订的。

2. 外形上向内凹的轮廓及齿圈不沿轮廓分布的部分，按内孔确定间隙。

外轮廓：凸模和凹模之间的间隙是冲裁料厚的1%。对于齿轮，在齿顶和齿根部分间隙应加倍，这一条也适用于有缺口的零件。带沟槽或其他类似缺口的零件，外轮廓相应部分不带V形环的，均按内轮廓处理。

内轮廓：孔的直径、长度、宽度和料厚均是决定间隙的主要因素，应强调指出，在实际工作中，必须结合精冲件的材质和剪切面的质量要求，灵活运用表2-2-54中的数据。对于不易精冲的材料，间隙应取得更小一些。根据精冲件质量标准，允许剪切面有一定缺陷的零件，间隙可选取稍大一些。间隙大则模具寿命长，便于加工。总之，设计者应充分考虑技术和经济效果的统一。

对于外轮廓剪切面质量局部要求高，其他部位要求低的零件，也可按上述原则，在不同部位选取不同间隙。在这种情况下，需防止凸模和压边圈之间也具有不同间隙，在模具结构上应确保凸模和压边圈四周仍然保持百分之百的良好导向。

3. 凸模和凹模尺寸

精冲模刃口尺寸设计与普通冲裁模刃口设计基本相同，落料件仍以凹模为基准，冲孔件以凸模为基准，不同的是精冲后零件外形或内孔均有微量收缩，在正常情况下，精冲件的外形比凹模刃口稍小，其差值小于0.01mm。精冲件的内孔比冲孔凸模的刃口也稍小些，由于这种倾向，凹模和冲孔凸模在理想情况下，应比工件要求尺寸大0.005～0.01mm。因此，在精冲件的尺寸精度要求较高的情况下，确定凹模和凸模尺寸时，应考虑上述因素。

设计模具刃口尺寸时，应考虑模具磨损对零件尺寸的影响。模具磨损对零件尺寸的影响分为三类，如图2-2-45所示。

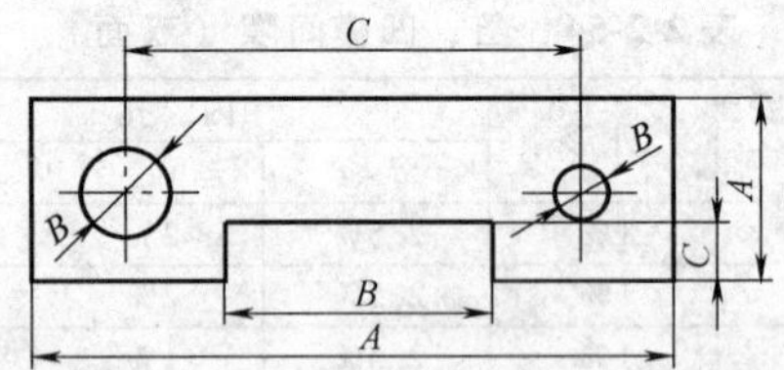

图2-2-45　模具磨损对零件尺寸的影响
A—零件尺寸逐渐增大　B—零件尺寸逐渐减小
C—零件尺寸基本不变

1）随模具刃口的磨损，零件尺寸逐渐增大，如图2-2-45中尺寸A。

2）随模具刃口的磨损，零件尺寸逐渐减小，如图2-2-45中尺寸B。

3）模具刃口磨损对零件尺寸基本无影响，如图2-2-45中尺寸C。

为提高模具寿命，确定模具刃口尺寸，应在保证精冲件尺寸公差的前提下，使模具刃口具有较多的磨损储备量。为此，对于上述第一类情况，应使新模具的刃口尺寸接近零件的下限尺寸。其刃口的基本尺寸为

$$A = L_{\min} + \frac{\Delta}{4}$$

式中　$L_{\min}$——零件的下限尺寸（mm）；

Δ——零件的公差（mm）。

对于上述第二类情况，应使新模具刃口尺寸接近零件的上限尺寸。其刃口基本尺寸为

$$B = L_{\max} - \frac{\Delta}{4}$$

式中　$L_{\max}$——零件的上限尺寸（mm）。

对于上述第三类情况，应使新模具的刃口尺寸等于零件的平均尺寸。其刃口基本尺寸为

$$B = (L_{\min} + L_{\max})/2$$

（1）落料　精冲件的外形尺寸取决于凹模，此时间隙应取在凸模上。

随着凹模的磨损，零件尺寸逐渐增大，应按上述第一类情况确定。精冲凹模刃口的尺寸A为

$$A = \left(L_{\min} + \frac{\Delta}{4}\right)^{+\delta}_{0}$$

式中　δ——模具的制造公差（mm）；

Δ、$L_{\min}$——零件的公差和最小尺寸（mm）。

如果零件外形上有内凹的部分，则该处零件尺寸将随凹模的磨损而逐渐减小，属第二类情况。此处精冲凹模刃口的尺寸B为

$$B = \left(L_{\max} - \frac{\Delta}{4}\right)^{0}_{-\delta}$$

式中，$L_{\max}$、Δ、δ同前。

（2）冲孔　精冲件的内形尺寸取决于凸模，此时间隙应取在凹模上。

随着凸模的磨损，零件尺寸逐渐减小，属于上述第二类情况。由此精冲凸模的尺寸B应确定为

$$B = \left(L_{\max} - \frac{\Delta}{4}\right)^{0}_{-\delta}$$

如果零件内形上有凸出的部分，则该处零件尺寸将随凸模的磨损而增大，属第一类情况。此时精冲凸模刃口的尺寸A为

$$A = \left(L_{\min} + \frac{\Delta}{4}\right)^{+\delta}_{0}$$

4. V形环（齿圈）尺寸

V形环是在压边圈上围绕冲裁轮廓一定距离的尖状齿形圈，它的作用是在冲裁前先压住材料，防止剪切区以外的材料在剪切过程中随凸模流动，使材料在冲裁过程中始终保持和冲裁方向垂直而不翘起。另外，V形环压边力还和冲裁力、反压力共同

作用，使剪切变形区形成三向压力状态，以提高材料塑性。

V 形环尺寸取决于被冲材料料厚。料厚 4mm 以下用的 V 形环尺寸见表 2-2-55。料厚 4mm 以上者采用双面 V 形环，一个 V 形环在压边圈上，另一个在凹模上，其尺寸见表 2-2-56。对于齿轮等要求剪切面垂直度较高的零件，即使料厚在 4mm 以下，也应采用双 V 形环。

冲小孔时，不会发生剪切区以外材料的流动，一般不需要 V 形环；冲直径 30mm 以上的孔时，应在顶杆上加 V 形环。

V 形环一般应和工件轮廓形状相一致，沿冲裁轮廓分布。当工件有较小的内凹轮廓和凸弯很大的部分时，V 形环可以不紧靠轮廓分布（图 2-2-46）。

表 2-2-55　单面 V 形环尺寸　（单位：mm）

	材料厚度 t/mm	材料抗拉强度/MPa					
		$\sigma_b<450$		$450<\sigma_b<600$		$600<\sigma_b<700$	
		a	h	a	h	a	h
	1	0.75	0.25	0.50	0.20	0.50	0.15
	2	1.50	0.50	1.20	0.40	1.00	0.30
	3	2.30	0.75	1.80	0.60	1.50	0.45
	3.5	2.60	0.90	2.10	0.70	1.70	0.55

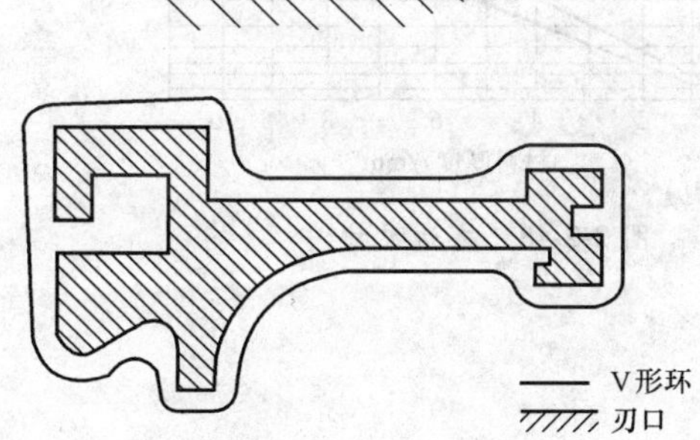

图 2-2-46　V 形环与刃口相对位置

表 2-2-56　双面 V 形环尺寸

（单位：mm）

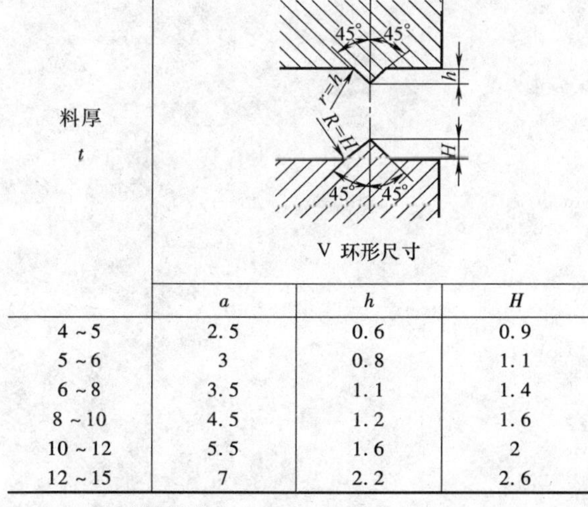

料厚 t	a	h	H
4～5	2.5	0.6	0.9
5～6	3	0.8	1.1
6～8	3.5	1.1	1.4
8～10	4.5	1.2	1.6
10～12	5.5	1.6	2
12～15	7	2.2	2.6

5. 排样与搭边

在进行排样时，不仅要考虑材料的利用率，而且还要考虑到实现精冲工艺的可行性。即排样与零件的质量和经济性密切相关。排样时应考虑到保证合理的材料利用率，有足够的齿圈位置，保证稳定的条料送进刚度，因此要通过数种排样方案进行比较，从中选择最佳的排样方法。

零件形状复杂的部分或光洁面要求较高的部分应尽可能放在进料侧，因为这样才能保证搭边值（图 2-2-47），同时从冲裁过程来看，材料在整体部分的变形阻力比侧搭边部分大，故最为稳定，易使冲裁面光洁。

如果零件光洁面部分要求少或到条料边缘的局部冲裁长度小于 5 倍材料厚度（$L<5t$），排样时可低于正常边距值。

通常允许齿圈压痕重叠，而不会损伤冲裁面质量。

精冲弯曲（折弯）零件时，弯曲线要与材料轧制方向垂直或成一定角度，以免弯角处出现裂纹。

排样形式选择，如单排、单斜排、单错排、双排、双错排等，要考虑材料的利用率以及精冲的可能性。

由于精冲时压边圈上带有 V 形环，故搭边和边距的数值都较普通冲裁为大。影响它们的因素主要有零件冲裁面质量、料厚及强度、零件形状、齿圈分布等。搭边和步距数值一般为：搭边 $e \geqslant 2t$，边距 $a = 1.5t$。表 2-2-57 给出了精冲所需搭边的最小值，搭边宽度还可由图 2-2-48 中查得。

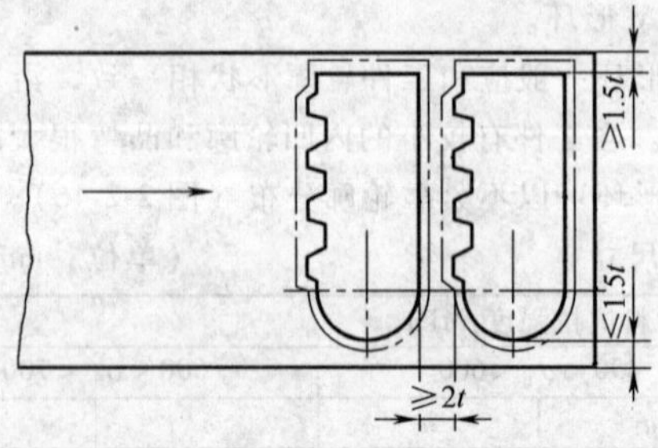

图 2-2-47　排样（t—料厚）

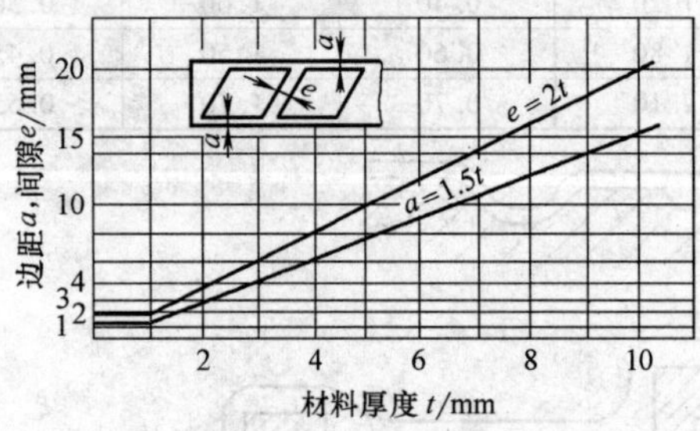

图 2-2-48　搭边尺寸

表 2-2-57　精冲搭边最小值

（单位：mm）

料厚 t	x	y
0.5	1.5	2
1	2	3
1.5	2.5	4
2	3	4.5
2.5	4	5
3	4.5	5.5
3.5	5	6
4	5.5	6.5
5	6	7
6	7	8
8	8	10
10	10	12
12	12	15
15	15	18

第3章 弯曲工艺

3.1 弯曲变形分析

弯曲是冲压基本工序之一，是利用压力将板料、型材、棒料或管材沿着一直线轴弯成具有一定曲率、一定角度和形状的成形方法。根据所使用工具与设备的不同，弯曲方法可分为在压力机上利用模具进行的压弯以及在专用弯曲设备上进行的折弯、滚弯、拉弯等。各种弯曲加工形式见表2-3-1。

表2-3-1 板材弯曲形式

类别	简图	特点
压弯		板材在压力机或弯曲机上的弯曲
拉弯		对于弯曲半径大（曲率小）的零件，在拉力作用下进行弯曲，从而得到塑性变形
滚弯		用2～4个滚轮，完成大曲率半径的弯曲
滚压成形		在带料纵向连续运动过程中，通过几组滚轮逐步弯成所需的形状
折弯		板料在折弯机上的弯曲

板料的V形与U形弯曲是最基本的弯曲变形，变形区切向应力分布如图2-3-1所示。

观察弯曲前后工件侧面的坐标网格变化（图2-3-2）和横断面形状的变化（图2-3-3）可以看到：

1）弯曲件圆角部分的正方形网格发生了显著的变化，成为扇形，靠近圆角处的直边有少量的变形，而在远离圆角的直边部分则没有变形。由此可知，弯曲的变形区主要在弯曲件的圆角部分。

2）变形区内，内侧材料纵向纤维受到压缩而缩短，外侧材料纵向纤维受到拉伸而伸长。压缩和拉伸的程度从板料内、外表面到中间逐渐减小，从缩短的内侧到伸长的外侧之间存在一层纤维，在弯曲变形前后的长度不变，此层称为应变中性层，见图2-3-2中OO层。其位置不一定在材料厚度的中心。

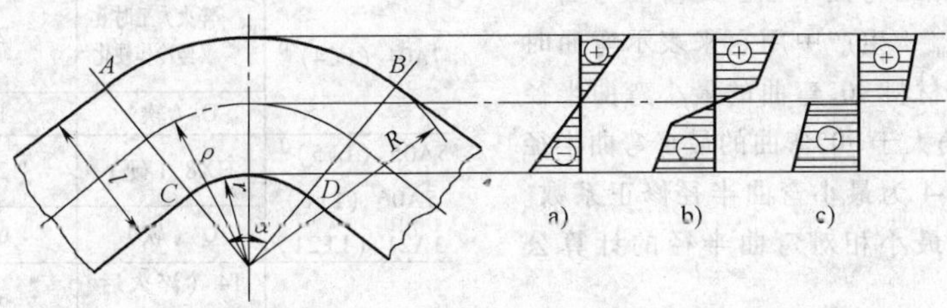

图2-3-1 弯曲坯料变形区切向应力分布
a）弹性弯曲 b）弹-塑性弯曲 c）纯塑性弯曲

3）弯曲变形区中的横断面变化分两种情况。对于窄板（板宽B与板厚t之比小于3），由于内、外层材料的压缩和拉伸，多余材料会向宽度方向移动，材料不足会由宽度及厚度方向来补充，致使弯曲区横断面产生畸变（见图2-3-3a），由矩形变成扇形，为立体应变状态和平面应力状态。对于宽板（$B \geqslant 3t$），由于横向变形阻力较大，其断面形状几乎不变，仍保持矩形，见图2-3-3b，为平面应变状态和立体应力状态。实际生产中，大多数板料属于宽板弯曲。

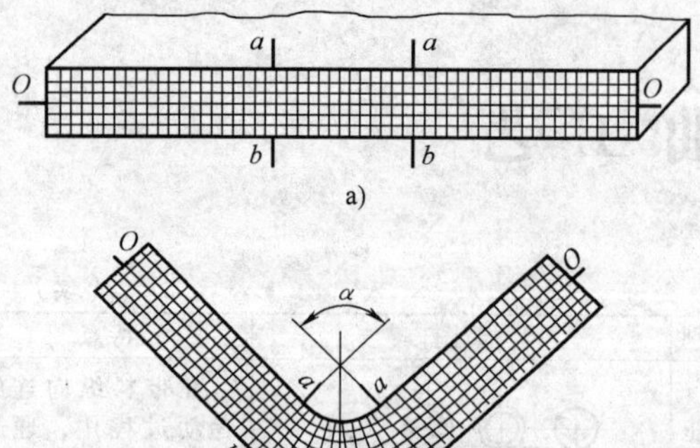

图 2-3-2　弯曲变形分析
a) 弯曲前　b) 弯曲后

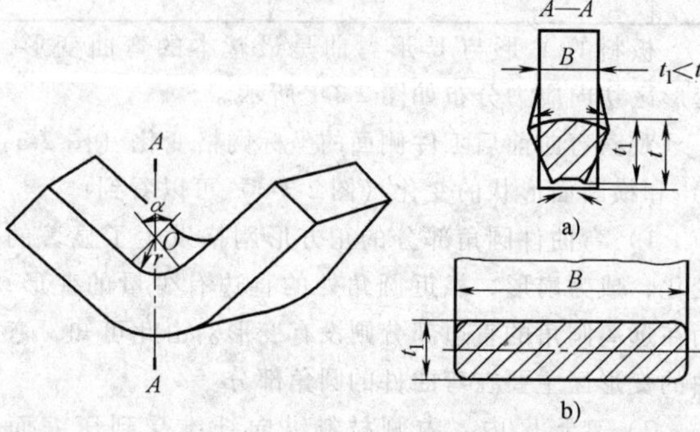

图 2-3-3　弯曲带横断面的畸变
a) 窄板 $B<3t$　b) 宽板 $B>3t$

3.2　最小弯曲半径

在保证毛坯最外层纤维不发生破裂的前提下，所能获得的弯曲件内表面最小圆角半径与弯曲材料厚度的比值 r_{min}/t 称为最小相对弯曲半径。此时的弯曲半径即为最小弯曲半径 r_{min}，生产中用它来表示弯曲时的成形极限，各种常用材料 90°弯曲的最小弯曲半径数值见表 2-3-2。弯曲角大于 90°弯曲的最小弯曲半径数值见表 2-3-3。表 2-3-4 为最小弯曲半径修正系数。表 2-3-5 为型材、管材最小相对弯曲半径的计算公式。

表 2-3-2　常用材料最小相对弯曲半径

（摘 JB/T5109—1991）

材　料		弯曲线与轧制纹向垂直	弯曲线与轧制纹向平行
08F、08Al		0.2t	0.4t
10、15、Q195		0.5t	0.8t
20、Q215A、Q235A、09MnXtL		0.8t	1.2t
25、30、35、40、Q255A、10Ti、13MnTi、16MnL、16MnXtL		1.3t	1.7t
65Mn	T（特硬）	3.0t	6.0t
	Y（硬）	2.0t	4.0t
12Cr18Ni9	I（冷作硬化）	0.5t	2.0t
	BI（半冷作硬化）	0.3t	0.5t
	R（软）	0.1t	0.2t
1J79	Y（硬）	0.5t	2.0t
	M（软）	0.1t	0.2t
3J1	Y（硬）	3.0t	6.0t
	M（软）	0.3t	0.6t
3J53	Y（硬）	0.7t	1.2t
	M（软）	0.4t	0.7t
TA1	冷作硬化	3.0t	4.0t
TA5		5.0t	6.0t
TB2		7.0t	8.0t
H62	Y（硬）	0.3t	0.8t
	Y2（半硬）	0.1t	0.2t
	M（软）	0.1t	0.1t
HPb59-1	Y（硬）	1.5t	2.5t
	M（软）	0.3t	0.4t
BZn15-20	Y（硬）	2.0t	3.0t
	M（软）	0.3t	0.5t
QSn6.5-0.1	Y（硬）	1.5t	2.5t
	M（软）	0.2t	0.3t
QBe2	Y（硬）	0.8t	1.5t
	M（软）	0.2t	0.2t
T2	Y（硬）	1.0t	1.5t
	M（软）	0.1t	0.1t
1050A（L3）①、1035（L4）	HX8（硬）	0.7t	1.5t
	O（软）	0.1t	0.2t
7A04（LC4）①	T9（淬火人工时效又经冷作硬化）	2.0t	3.0t
	O（软）	1.0t	1.5t
5A05（LF5）①、5A06（LF6）、3A21（LF21）	HX8（硬）	2.5t	4.0t
	O（软）	0.2t	0.3t
2A12（LY12）①	T4（淬火后自然时效）	2.0t	3.0t
	O（软）	0.3t	0.4t

注：1. 表中 t 为板料厚度。

2. 表中数值适用于下列条件：原材料为供货状态．90°角 V 形校正弯曲，毛坯板小于 20mm，宽度大于 3 倍板厚，毛坯剪切断面的光亮带在弯曲外侧。

① 铝及铝合金的牌号，按 GB/T3190—2008 标出，括号中则为相应的旧牌号。

表 2-3-3　最小相对弯曲半径　（单位：mm）

材料	正火或退火		硬化	
	弯曲线方向			
	与轧纹垂直	与轧纹平行	与轧纹垂直	与轧纹平行
铝	0	0.3	0.3	0.8
退火纯铜			1.0	2.0
黄铜 H68			0.4	0.8
05、08F			0.2	0.5
08、10、Q215	0	0.4	0.4	0.8
15、20、Q235	0.1	0.5	0.5	1.0
25、30、Q255	0.2	0.6	0.6	1.2
35、40	0.3	0.8	0.8	1.5
45、50	0.5	1.0	1.0	1.7
55、60	0.7	1.3	1.3	2.0
硬铝（软）	1.0	1.5	1.5	2.5
硬铝（硬）	2.0	3.0	3.0	4.0
镁合金	300℃热弯		冷弯	
MA1-M	2.0	3.0	6.0	8.0
MA8-M	1.5	2.0	5.0	6.0
钛合金	300～400℃热弯		冷弯	
BT1	1.5	2.0	3.0	4.0
BT5	3.0	4.0	5.0	6.0
钼合金 BM1、BM2 $t \leqslant 2$mm	400～500℃热弯		冷弯	
	2.0	3.0	4.0	5.0

注：本表用于板材厚 $t<10$mm，弯曲角大于90°，剪切断面良好的情况。

表 2-3-4　最小弯曲半径修正系数

弯曲角度/（°）	修正系数
90	1.0
60～90	1.3～1.1
45～60	1.5～1.3

表 2-3-5　型材、管材最小相对弯曲半径计算公式

序号	名称		简图	弯曲方法	计算公式
1	等边角钢	外弯	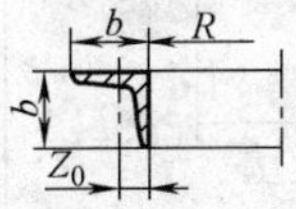	热弯 冷弯	$R_{\min}=\dfrac{b-Z_0}{0.14}-Z_0$ $R_{\min}=\dfrac{b-Z_0}{0.04}-Z_0$
2	等边角钢	内弯	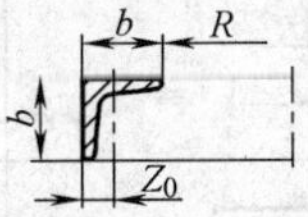	热弯 冷弯	$R_{\min}=\dfrac{b-Z_0}{0.14}-b+Z_0$ $R_{\min}=\dfrac{b-Z_0}{0.04}-b+Z_0$
3	不等边角钢	小边外弯	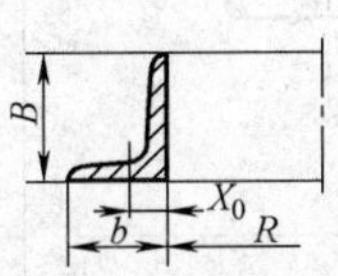	热弯 冷弯	$R_{\min}=\dfrac{b-X_0}{0.14}-X_0$ $R_{\min}=\dfrac{b-X_0}{0.04}-X_0$
4	不等边角钢	大边外弯	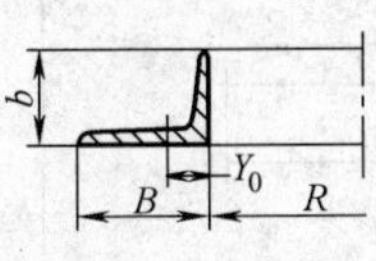	热弯 冷弯	$R_{\min}=\dfrac{B-Y_0}{0.14}-Y_0$ $R_{\min}=\dfrac{B-Y_0}{0.14}-Y_0$

（续）

序号	名称		简图	弯曲方法	计算公式
5	不等边角钢	小边内弯		热弯 冷弯	$R_{\min}=\frac{b-X_0}{0.14}-b+X_0$ $R_{\min}=\frac{b-X_0}{0.04}-b+X_0$
6		大边内弯		热弯 冷弯	$R_{\min}=\frac{B-Y_0}{0.14}-B+Y_0$ $R_{\min}=\frac{B-Y_0}{0.04}-B+Y_0$
7	工字钢	以 Y_0-Y_0 轴弯曲		热弯 冷弯	$R_{\min}=\frac{b}{2\times0.14}-\frac{b}{2}$ $R_{\min}=\frac{b}{2\times0.14}-\frac{b}{2}$
8		以 X_0-X_0 轴弯曲		热弯 冷弯	$R_{\min}=\frac{h}{2\times0.14}-\frac{h}{2}$ $R_{\min}=\frac{h}{2\times0.04}-\frac{h}{2}$
9	槽钢	以 X_0-X_0 轴弯曲		热弯 冷弯	$R_{\min}=\frac{h}{2\times0.14}-\frac{h}{2}$ $R_{\min}=\frac{h}{2\times0.04}-\frac{h}{2}$
10		以 Y_0-Y_0 轴弯曲		热弯 冷弯	$R_{\min}=\frac{b-Z_0}{0.14}-Z_0$ $R_{\min}=\frac{b-Z_0}{0.04}-Z_0$
11		以 Y_0-Y_0 轴弯曲		热弯 冷弯	$R_{\min}=\frac{b-Z_0}{0.14}-b+Z_0$ $R_{\min}=\frac{b-Z_0}{0.14}-b+Z_0$
12	扁钢弯曲			热弯 冷弯	$R_{\min}=3a$ $R_{\min}=12a$
13	圆钢弯曲			热弯 冷弯	$R_{\min}=d$ $R_{\min}=2.5d$
14	方钢弯曲			热弯 冷弯	$R_{\min}=a$ $R_{\min}=2.5a$

（续）

序号	名称	简图	弯曲方法	计算公式
15	无缝钢管弯曲	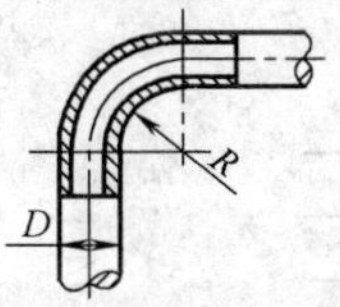	冷弯	$D\leqslant 20$ 时，$R\approx 2D$ $D>20$ 时，$R\approx 3D$
16	不锈钢圆钢弯曲	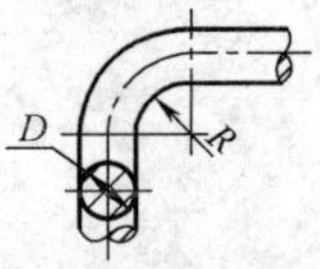	热弯 冷弯	$R_{min}=D$ $R_{min}=(2\sim 2.5)D$
17	不锈耐酸钢管弯曲	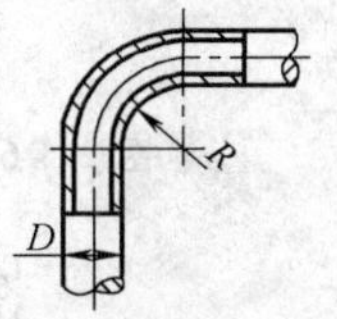	充砂加热 气焊加热 不充砂冷弯	$R_{min}=3.5D$ $R_{min}=2.5D$（内侧有折纹） $R_{min}=4D$（在专用弯曲机上）

注：1. 式中 X_0、Y_0、Z_0 为角钢与槽钢的重心距（见图 2-3-4）。

2. 热弯方法为采用灌砂加热弯曲，冷弯为常温下弯曲，可灌铅或穿芯弯曲。

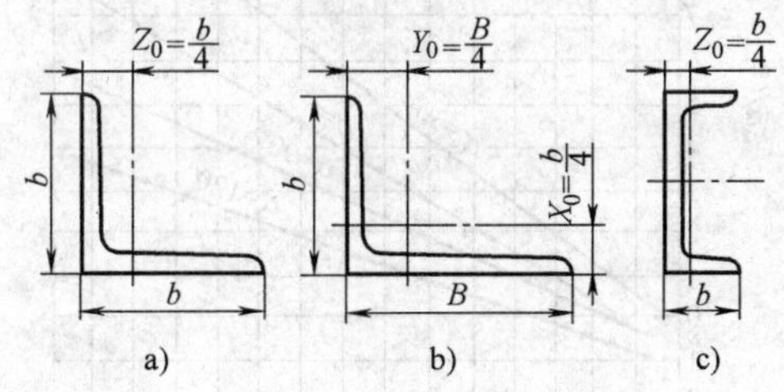

图 2-3-4　角钢与槽钢重心距位置近似值
a）等边角钢　b）不等边角钢　c）槽钢

3.3　回弹角

板料的塑性弯曲总是伴有弹性变形，制件卸载后弹性变形部分会立即恢复，使工件的角度和圆角半径发生变化，而与模具的相应形状尺寸不一致的现象，称为弯曲件的回弹（又称弹复），如图 2-3-5 所示。回弹将直接影响弯曲件的质量，通常用角度的回弹值和弯曲半径的回弹值来衡量。其回弹角为

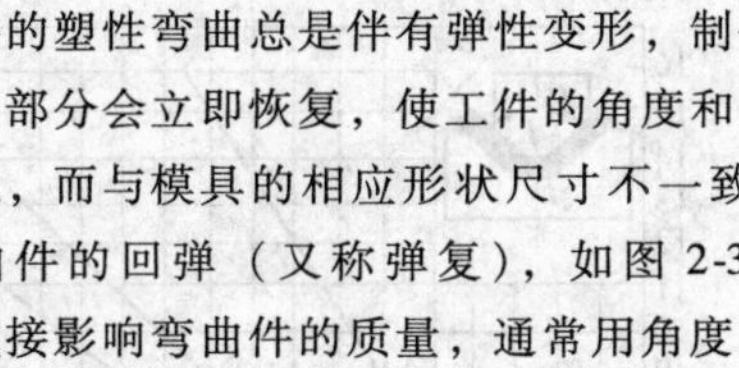

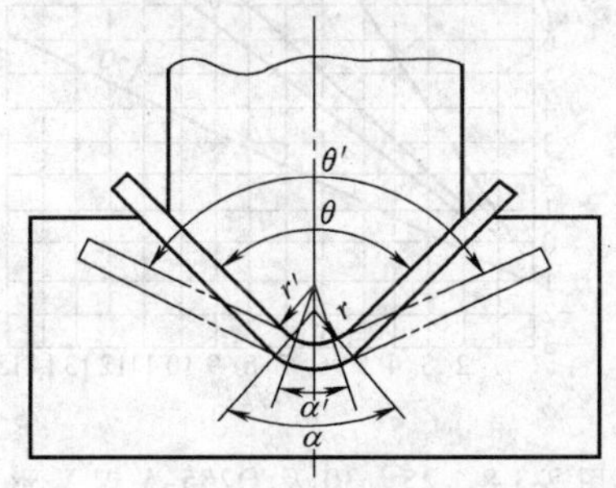

图 2-3-5　板料的弯曲回弹

$$\Delta\alpha=\alpha-\alpha' \text{或} \Delta\theta=\theta'-\theta$$

式中　α——卸载前弯曲中心角；

α'——卸载后弯曲中心角；

θ'——弯曲后制件的实际角度；

θ——弯曲模具的角度。

在弯曲半径较大时（$r\geqslant 10t$），不仅回弹角相当大，而且圆角半径也有较大的变化，称为回弹半径，即

$$\Delta r=r'-r$$

式中　r'——弯曲后制件的实际半径；

r——弯曲模具的圆角半径。

影响回弹的因素很多，有材料的力学性能、板材的厚度、弯曲件形状复杂程度、工件的相对弯曲半径 r/t、弯曲方式、弯曲时校正力的大小、模具间隙等。在设计、制造弯曲模时，如果能够准确地掌握弯曲件的回弹，就能在模具的工作部分及模具的结构上采取措施，但由于影响因素多，要在理论上用精确的计算方法得出回弹值的大小是有困难的。在生产中，一般是根据试验总结的数据表格或图表来选用，经试冲后再对模具工作部分加以修正。

当 $r/t<5\sim 8$ 时，弯曲半径的变化不大，可只考虑角度的回弹。表 2-3-6 是自由弯曲 V 形件，弯曲角为 90°时材料的回弹角。当制件的弯曲角中心 α 不是 90°时，其回弹角 $\Delta\alpha'$应作如下修正：

$$\Delta\alpha'=\frac{\alpha}{90°}\Delta\alpha$$

式中　$\Delta\alpha'$——弯曲中心角为 α 时的回弹角；

α——弯曲件中心角；

$\Delta\alpha$——弯曲中心角为 90°时的回弹角（°），可查表 2-3-6。

表 2-3-6　单角自由弯曲 90°时的回弹角

材　料	$\frac{r}{t}$	材料厚度 t/mm		
		<0.8	0.8~2	>2
软钢板钢 $\sigma_b=350\mathrm{MPa}$	<1	4°	2°	0°
黄铜 铝和锌 $\sigma_b=350\mathrm{MPa}$	1~5	5°	3°	1°
	>5	6°	4°	2°
中等硬度的钢 $\sigma_b=400\sim500\mathrm{MPa}$	<1	5°	2°	0°
硬黄铜 硬青铜 $\sigma_b=350\sim400\mathrm{MPa}$	1~5	6°	3°	1°
	>5	8°	5°	3°
硬钢 $\sigma_b>550\mathrm{MPa}$	<1	7°	4°	2°
	1~5	9°	5°	3°
	>5	12°	7°	6°
电工钢 XH78T（俄罗斯）	<1	1°	1°	1°
	1~5	4°	4°	4°
	>5	5°	5°	5°
30CrMnSiA	<2	2°	2°	2°
	2~5	4°30′	4°30′	4°30′
	>5	8°	8°	8°
硬铝 2A12	<2	2°	3°	4°30′
	2~5	4°	6°	8°30′
	>5	6°30′	10°	14°
超硬铝 7A04	<2	2°30′	5°	8°
	2~5	4°	8°	11°30′
	>5	7°	12°	19°

当弯曲件进行校正弯曲时，回弹角 $\Delta\alpha'$ 还要作如下修正：

$$\Delta\alpha'=K\Delta\alpha$$

式中　K——修正系数，其值分别为：

$r/t=3$　　$K=0.4\sim0.7$

$r/t=5$　　$K=0.3\sim0.4$

$r/t=10$　　$K=0.15\sim0.2$

$r/t=15$　　$K=0.05\sim0.1$

$r/t=20$　　$K=0\sim0.05$

表 2-3-7 所列为部分材料单角 90°校正弯曲时回弹角的工厂数据。

表 2-3-7　单角 90°校正弯曲时的回弹角

材　料	$\frac{r}{t}$（相对弯曲半径）		
	≤1	1~2	2~3
Q215A、Q235A	-1°~1°30′	0°~2°	1°30′~2°30′
纯铜、铝、黄铜	0°~1°30′	0°~3°	2°~4°

V 形件校正弯曲的回弹角还可分别据图 2-3-6～图 2-3-9 选取。

对于 U 形件的弯曲，回弹角还与凸模和凹模的间隙 C 成正比。回弹角数值可按表 2-3-8 选取。

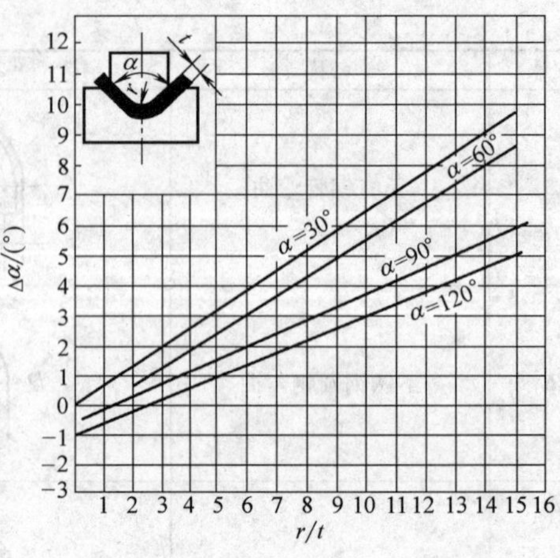

图 2-3-6　08、10 及 Q195 钢 V 形弯曲时的回弹角

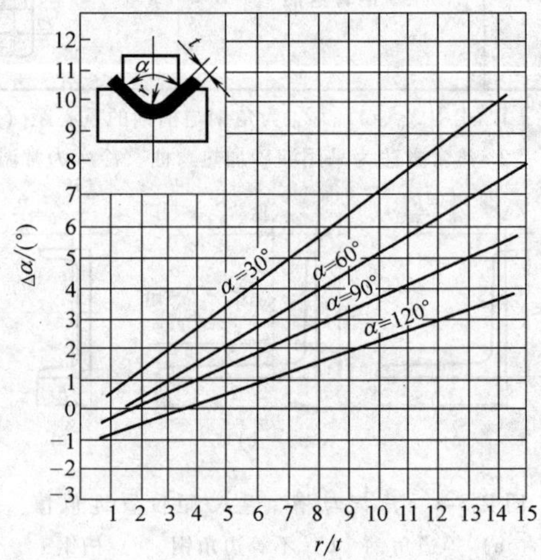

图 2-3-7　15、20 及 Q215-A、Q235-A 钢 V 形弯曲时的回弹角

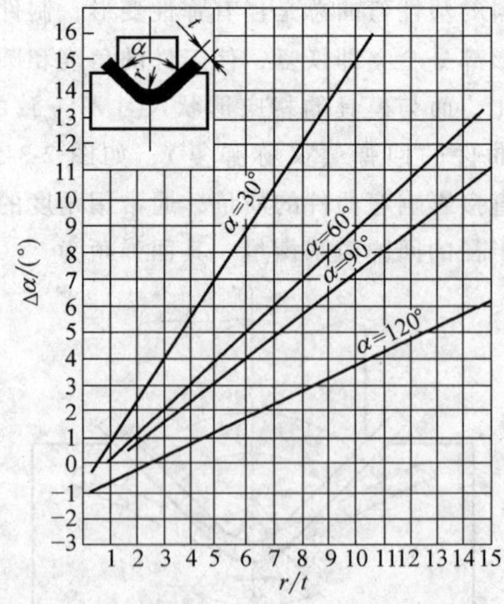

图 2-3-8　25、30 及 Q255-A 钢 V 形弯曲时的回弹角

表 2-3-8　U 形件弯曲时的回弹角

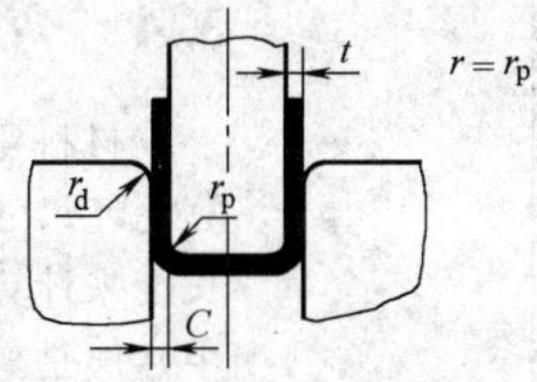

材料的牌号和状态	$\frac{r}{t}$	凸模和凹模的单边间隙 C						
		0.8t	0.9t	1t	1.1t	1.2t	1.3t	1.4t
		回弹角 Δα						
2A12T4	2	-2°	0°	2°30′	5°	7°30′	10°	12°
	3	-1°	1°30′	4°	6°30′	9°30′	12°	14°
	4	0°	3°	5°30′	8°30′	11°30′	14°	16°30′
	5	1°	4°	7°	10°	12°30′	15°	18°
	6	2°	5°	8°	11°	13°30′	16°30′	19°30′
2A12O	2	-1°30′	0°	1°30′	3°	5°	7°	8°30′
	3	-1°30′	0°30′	2°30′	4°	6°	8°	9°30′
	4	-1°	1°	3°	4°30′	6°30′	9°	10°30′
	5	-1°	1°	3°	5°	7°	9°30′	11°
	6	-0°30′	1°30′	3°30′	6°	8°	10°	12°
7A04T4	3	3°	7°	10°	12°30′	14°	16°	17°
	4	4°	8°	11°	13°30′	15°	17°	18°
	5	5°	9°	12°	14°	16°	18°	20°
	6	6°	10°	13°	15°	17°	20°	23°
	8	8°	13°30′	16°	19°	21°	23′	26°
7A04O	2	-3°	-2°	0°	3°	5°	6°30′	8°
	3	-2°	-1°30′	2°	3°30′	6°30′	8°	9°
	4	-1°30′	-1°	2°30′	4°30′	7°	8°30′	10°
	5	-1°	-1°	3°	5°30′	8°	9°	11°
	6	0°	-0°30′	3°30′	6°30′	8°30′	10°	12°
20 钢（已退火的）	1	-2°30′	-1°	0°30′	1°30′	3°	4°	5°
	2	-2°	-0°30′	1°	2°	3°30′	5°	6°
	3	-1°30′	0°	1°30′	3°	4°30′	6°	7°30′
	4	-1°	0°30′	2°30′	4°	5°30′	7°	9°
	5	-0°30′	1°30′	3°	5°	6°30′	8°	10°
	6	-0°30′	2°	4°	6°	7°30′	9°	11°
30CrMnSiA	1	-1°	-0°30′	0°	1°	2°	4°	5°
	2	-2°	-1°	1°	2°	4°	5°30′	7°
	3	-1°30′	0°	2°	3°30′	5°	6°30′	8°30′
	4	-0°30′	1°	3°	5°	6°30′	8°30′	10°
	5	0°	1°30′	4°	6°	8°	10°	11°
	6	0°30′	2°	5°	7°	9°	11°	13°
1Cr18Ni9Ti	1	-2°	-1°	-0°30′	0°	0°30′	1°30′	2°
	2	-1°	-0°30′	0°	1°	1°30′	2°	3°
	3	-0°30′	0°	1°	2°	2°30′	3°	4°
	4	0′	1°	2°	2°30′	3°	4°	5°
	5	0°30′	1°30′	2°30′	3°	4°	5°	6°
	6	1°30′	2°	3°	4°	5°	6°	7°

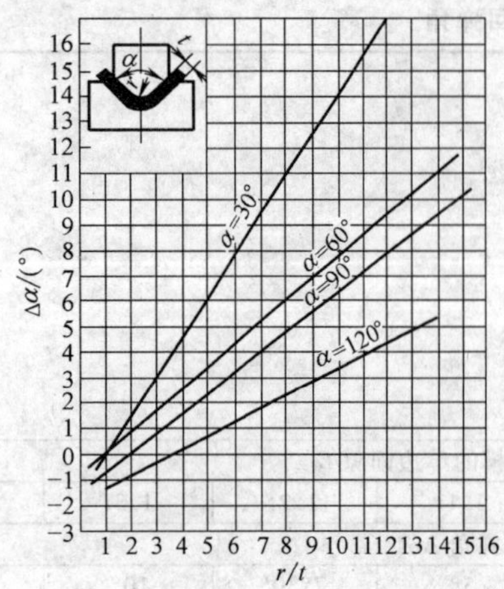

图 2-3-9 35 及 Q275 钢 V 形弯曲时的回弹角

$r/t>10$ 时的弯曲件回弹值很大，弯曲圆角半径和弯曲角均有较大的变化，都需进行计算。此时的回弹角主要决定于材料的力学性能，可分别计算如下：

凸模圆角半径为

$$r_t=\frac{r_0}{1+\frac{3\sigma_s}{E}\frac{r_0}{t}}\quad 设\ 1+\frac{3\sigma_s r_0}{Et}=K$$

所以 $r_t=\dfrac{r_0}{K}$

因为回弹角很小，所以 $\alpha_t r_t\approx\alpha_0 r_0$，凸模中心角 $\alpha_t=K\alpha_0$。

式中 r_t——考虑回弹后应作的凸模圆角半径（mm）；

r_0——工件要求的圆角半径（mm）；

α_0——工件要求的角度（°）；

α_t——考虑回弹后应作的凸模角度（°）；

σ_s——材料的屈服点（MPa）；

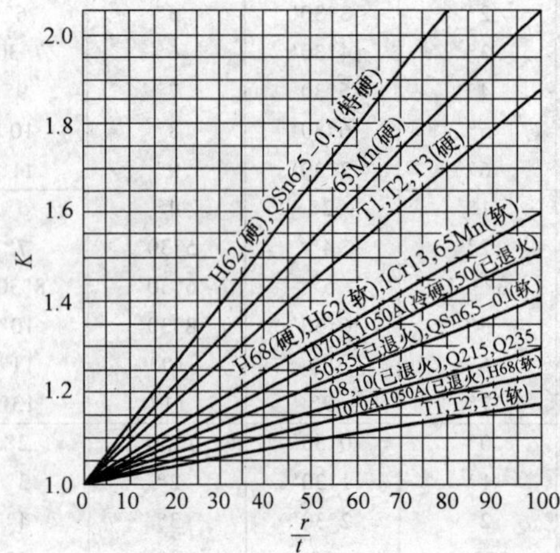

图 2-3-10 简化系数 K 的线图

E——弹性模量；

K——简化系数，常用材料简化系数见图 2-3-10。

3.4 弯曲件毛坯展开长度

材料弯曲后，弯曲处发生了很大的塑性变形，计算毛坯尺寸时，既不能按外缘，也不能按内缘的圆弧长度来计算，而应按应变中性层的长度来计算。应变中性层是弯曲变形前后长度不发生变化的一个假想纤维层，弯曲件展开长度的计算是依据板料弯曲前后应变中性层的长度不变的原则进行的。

在塑性弯曲中，应力中性层、应变中性层以及剖面重心都不重合，随着弯曲程度的增加，应力中性层向内转移，应变中性层由于原来积累的变形，其内移总是滞后于应力中性层。

中性层位移的结果使外层拉伸区大于内层压缩区，板料外层的变薄量大于内层的增厚量，因而引起了板料厚度的变薄，毛坯总体长度增加。r/t 越小，中性层内移越大，板料变薄越严重。

3.4.1 中性层位置的确定

弯曲过程中，中性层并不都在板料厚度的中间，随变形程度的大小而有所不同。从理论上分析，中性层的位置可由弯曲前后材料体积相等的条件来决定。实际生产中，因弯曲变薄规律比较复杂，弯曲区内变化也不是均匀一致的。

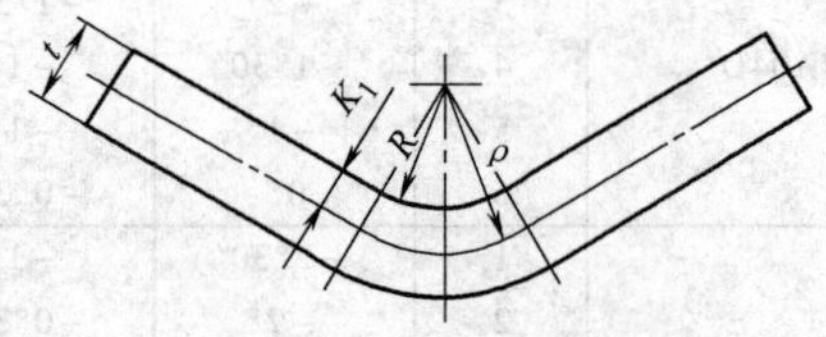

图 2-3-11 中性层位置

对宽板弯曲，设应变中性层曲率半径为 ρ，由弯曲前后体积不变条件可以推出（图 2-3-11）：

$$\rho=R+xt$$

式中 ρ——应变中性层曲率半径（mm）；

R——弯曲件内半径（mm）；

x——中性层位移系数，其值可由表 2-3-9 查得；

t——材料厚度（mm）。

表 2-3-9 根据常见的弯曲内半径 R 和材料厚度 t，并列了 R/t 的分数和小数值，以便于应用。中性层半径 ρ 也可从表 2-3-10 直接查得。

表 2-3-9 中性层位置系数 x

$\frac{R}{t}$ 分数	(1)	3/10	5/16	8/25	1/3	12/35	5/14	3/8	2/5	5/12	3/7
小数	(2)	0.3	0.3125	0.32	0.333	0.343	0.357	0.375	0.4	0.417	0.429
x	(3)	0.194	0.199	0.201	0.206	0.209	0.213	0.219	0.226	0.230	0.233
(1)	4/9	12/25	1/2	8/15	5/9	4/7	3/5	5/8	2/3	7/10	5/7
(2)	0.444	0.48	0.5	0.533	0.555	0.571	0.6	0.625	0.667	0.7	0.714
(3)	0.237	0.245	0.250	0.257	0.261	0.264	0.270	0.274	0.281	0.286	0.288
(1)	3/4	4/5	5/6	6/7	8/9	1	10/9	8/7	6/5	5/4	4/3
(2)	0.75	0.8	0.833	0.857	0.889	1	1.111	1.143	1.2	1.25	1.333
(3)	0.294	0.301	0.305	0.308	0.312	0.325	0.336	0.340	0.345	0.349	0.356
(1)	7/5	10/7	3/2	8/5	5/3	12/7	16/9	15/8	2	25/12	15/7
(2)	1.4	1.429	1.5	1.6	1.667	1.714	1.778	1.875	2	2.083	2.143
(3)	0.362	0.364	0.369	0.376	0.380	0.384	0.387	0.393	0.400	0.405	0.408
(1)	20/9	16/7	12/5	5/2	8/3	20/7	3	25/8	16/5	10/3	24/7
(2)	2.222	2.286	2.4	2.5	2.667	2.857	3	3.125	3.2	3.333	3.429
(3)	0.412	0.415	0.420	0.424	0.431	0.439	0.444	0.449	0.451	0.456	0.459
(1)	7/2	25/7	15/4	4	25/6	30/7	35/8	40/9	9/2	24/5	5
(2)	3.5	3.571	3.75	4	4.167	4.286	4.375	4.444	4.5	4.8	5
(3)	0.461	0.463	0.469	0.476	0.480	0.483	0.485	0.487	0.488	0.495	0.500

表 2-3-10 中性层半径 ρ 值 （单位：mm）

弯曲内半径 R	材料厚度 t 0.5	0.8	1.0	1.2	1.5	2	2.5	3	3.5	4	4.5	5	6	7	8	10
0.2	0.31	—														
0.3	0.44	0.48	0.49	—	—	—	—	—	—	—	—	—	—	—	—	—
0.4	0.55	0.60	0.63	0.65												
0.5	0.66	0.72	0.75	0.78	0.81	—	—									
0.6	0.77	0.84	0.87	0.90	0.94	0.99	—	—	—	—	—	—	—	—	—	—
0.8	0.99	1.06	1.10	1.14	1.19	1.25	1.30									
1.0	1.20	1.28	1.33	1.37	1.42	1.50	1.57	1.62	—	—	—	—				
1.2	1.41	1.50	1.55	1.59	1.65	1.74	1.81	1.88	1.93	1.98	—	—	—	—	—	—
1.5	1.72	1.81	1.87	1.92	1.99	2.09	2.18	2.25	2.32	2.38	2.43	2.47				
2	2.24	2.34	2.40	2.46	2.53	2.65	2.75	2.84	2.92	3.00	3.07	3.13	3.24	—	—	—
2.5	2.75	2.86	2.92	2.99	3.07	3.20	3.31	3.42	3.51	3.60	3.67	3.75	3.88	3.99	4.09	—
3	3.25	3.38	3.44	3.51	3.60	3.74	3.86	3.98	4.08	4.18	4.26	4.35	4.50	4.63	4.75	4.94
4	4.25	4.40	4.48	4.55	4.65	4.80	4.94	5.07	5.19	5.30	5.40	5.51	5.69	5.85	6.00	6.26
5	5.25	5.40	5.50	5.58	5.68	5.85	6.00	6.14	6.27	6.40	6.51	6.63	6.83	7.02	7.19	7.50
6	6.25	6.40	6.50	6.60	6.71	6.89	7.05	7.20	7.34	7.48	7.60	7.73	7.95	8.16	8.35	8.70
8	8.25	8.40	8.50	8.60	8.75	8.95	9.13	9.29	9.45	9.60	9.74	9.88	10.14	10.38	10.60	11.01
10	10.25	10.40	10.50	10.60	10.75	11.00	11.19	11.37	11.54	11.70	11.85	12.00	12.28	12.55	12.79	13.25
12	12.25	12.40	12.50	12.60	12.75	13.00	13.24	13.43	13.61	13.78	13.94	14.10	14.40	14.69	14.95	15.45
15	15.25	15.40	15.50	15.60	15.75	16.00	16.25	16.50	16.69	16.88	17.05	17.22	17.54	17.86	18.14	18.69
20	20.25	20.40	20.50	20.60	20.75	21.00	21.25	21.50	21.75	22.00	22.19	22.38	22.74	23.07	23.39	24.00
25	25.25	25.40	25.50	25.60	25.75	26.00	26.25	26.50	26.75	27.00	27.25	27.50	27.88	28.24	28.59	29.24
30	30.25	30.40	30.50	30.60	30.75	31.00	31.25	31.60	31.75	32.00	32.25	32.50	33.00	33.38	33.75	34.44
35	35.25	35.40	35.50	35.60	35.75	36.00	36.25	36.50	36.75	37.00	37.25	37.50	38.00	38.50	38.88	39.61
40	40.25	40.40	40.50	40.60	40.75	41.00	41.25	41.50	41.75	42.00	42.25	42.50	43.00	43.50	44.00	44.76
45	45.25	45.40	45.50	45.60	45.75	46.00	46.25	46.50	46.75	47.00	47.25	47.50	48.00	48.50	49.00	49.88
50	50.25	50.40	50.50	50.60	50.75	51.00	51.25	51.50	51.75	52.00	52.25	52.50	53.00	53.50	54.00	55.00
60	60.25	60.40	60.50	60.60	60.75	61.00	61.25	61.50	61.75	62.00	62.25	62.50	63.00	63.50	64.00	65.00

由于材料性能差异、材料厚度偏差、弯曲角的大小、弯曲方式以及模具结构的影响，即使处于同一 r/t 的比值，系数 x 也不是一个定值，因此对于精度要求高的弯曲零件，最后还得通过试弯求得其精确的展开尺寸。

铰链类的工件（图2-3-12）弯曲时，常用推卷的方法成形。这时材料同时受到挤压和弯曲作用而变厚，因此中性层位移系数 $x_1 \geqslant 0.5$，具体数值见表2-3-11。

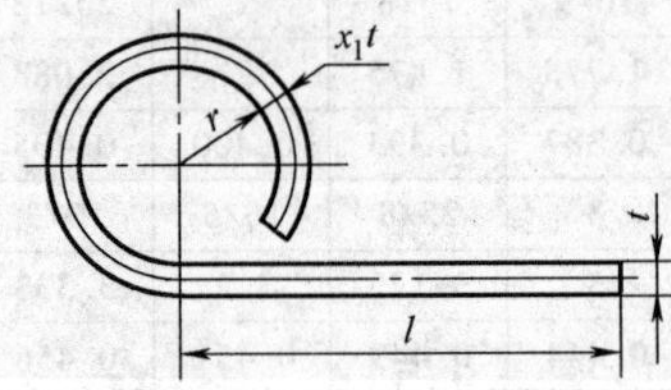

图2-3-12 铰链弯曲件

表2-3-11 卷边时中性层位移系数 x_1 值

r/t	>0.5 ~0.6	>0.6 ~0.8	>0.8 ~1	>1 ~1.2	>1.2 ~1.5	>1.5 ~1.8	>1.8 ~2	>2 ~2.2	>2.2
x_1	0.76	0.73	0.7	0.67	0.64	0.61	0.58	0.54	0.5

圆杆形件进行弯曲时（图2-3-13），当弯曲半径 r 等于或大于材料直径 d 的1.5倍时，断面几乎没有变化，中性层系数 x 值近似于0.5；若 $r<1.5d$ 时，弯曲后断面发生畸变，中性层外移，中性层位移系数见表2-3-12。

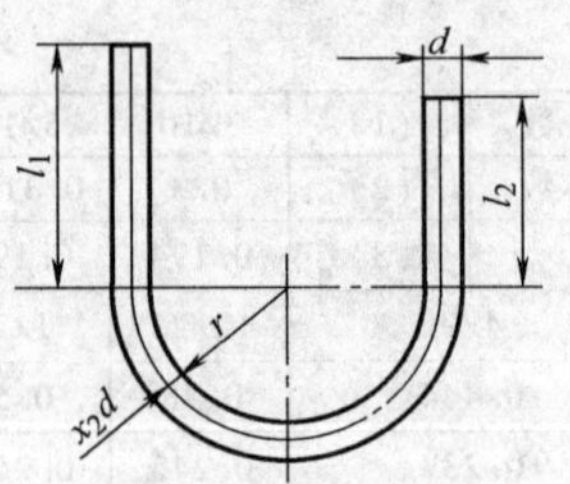

图2-3-13 圆杆弯曲件

表2-3-12 圆杆料弯曲时中性层位移系数 x_2 值

r/d	≥1.5	1	0.5	0.25
x_2	0.5	0.51	0.53	0.55

3.4.2 弯曲件展开长度的计算

1. 具有一定圆角半径弯曲件（$r>0.5t$）的展开长度计算

这类零件（宽板）可认为弯曲前后的宽度保持不变，厚度略变薄，应变中性层长度等于毛坯长度，毛料展开尺寸等于弯曲件直径部分长度和圆弧部分长度之和：

$$L=\Sigma L_{直}+\Sigma L_{弯}$$

式中 $\Sigma L_{直}$——弯曲件各直线段之和；

$\Sigma L_{弯}$——各弯曲部分中性层展开长度之和。

$$L_{弯}=\frac{\pi\alpha}{180}\rho=\frac{\pi\alpha}{180}(r+x_0t)$$

$\alpha=90°$时，$L_{弯}=\dfrac{\pi}{2}(r+x_0t)$

式中 x_0——中性层位移系数，查表2-3-9。

各种毛坯展开长度的计算公式可参考表2-3-13。

表2-3-13 毛坯展开长度的计算公式（$r>0.5t$）

弯曲形式	简图	计算公式
单角弯曲（已知切点尺寸）		$L=l_1+l_2+\dfrac{\pi(180°-\alpha)}{180°}(r+xt)-2(r+t)$
单角弯曲（已知交点尺寸）		$L=l_1+l_2+\dfrac{\pi(180°-\alpha)}{180°}(r+xt)-2\cot\dfrac{\alpha}{2}(r+t)$
单角弯曲（已知中心尺寸）		$L=l_1+l_2+\dfrac{\pi(180°-\alpha)}{180°}(r+xt)$

（续）

弯曲形式	简图	计算公式
双直角弯曲		$L = l_1 + l_2 + l_3 + \pi(r + xt)$
四直角弯曲		$L = l_1 + l_2 + l_3 + l_4 + l_5 + \frac{\pi}{2}(r_1 + r_2 + r_3 + r_4) + \frac{\pi}{2}(x_1 + x_2 + x_3 + x_4)t$
半圆弯曲		$L = l_1 + l_2 + \pi(r + xt)$
铰链卷圆		$L = l + \frac{\pi\alpha}{180°}(r + xt)$
吊环卷圆		$L = 1.5\pi(r + xt) + l_1 + l_2 + l_3$

注：系数 x 查表2-3-9、表2-3-11或表2-3-12。

为了计算方便，表2-3-14列出了弯曲90°时圆角部分中性层弧长1.57（$r+xt$）的数值（JB/T 5109—2001）。

当90°角的弯曲件其尺寸标注在内侧时（见表2-3-15附图），则毛坯长度可按下式近似计算（JB/T 5109—2001）：

$$L = l_1 + l_2 + K$$

式中 l_1、l_2——标注在内侧的弯曲件边长尺寸；

K——修正值，列于表2-3-15。

表 2-3-14 弯曲 90°时圆角部分中性层弧长 （单位：mm）

t \ r	0.1	0.2	0.3	0.5	0.8	1.0	1.2	1.5	2	2.5	3	4	5	6
0.15	0.22	0.39	0.57	0.90	1.37	1.69	2.00	2.47						
0.20	0.23	0.41	0.58	0.92	1.41	1.73	2.04	2.51	3.30					
0.25	0.24	0.42	0.60	0.94	1.44	1.76	2.08	2.55	3.34	4.12				
0.3	0.25	0.44	0.61	0.96	1.46	1.79	2.11	2.59	3.38	4.16	4.95			
0.4		0.47	0.64	1.00	1.51	1.84	2.17	2.65	3.46	4.24	5.03	6.60		
0.5		0.49	0.67	1.02	1.55	1.88	2.22	2.72	3.52	4.32	5.12	6.68	8.25	
0.6		0.50	0.70	1.05	1.58	1.92	2.26	2.76	3.59	4.38	5.18	6.75	8.33	9.90
0.8				1.10	1.63	1.99	2.34	2.85	3.68	4.51	5.31	6.91	8.48	10.05
0.9				1.13	1.65	2.02	2.37	2.89	3.72	4.56	5.38	6.98	8.56	10.13
1.0				1.16	1.69	2.04	2.40	2.92	3.77	4.60	5.43	7.04	8.64	10.21
1.2					1.74	2.09	2.45	2.99	3.85	4.68	5.52	7.16	8.76	10.37
1.5					1.83	2.18	2.53	3.06	3.95	4.82	5.65	7.32	8.97	10.56
1.75						2.25	2.59	3.13	4.02	4.90	5.75	7.41	9.09	10.74
2.0						2.32	2.67	3.20	4.08	4.98	5.84	7.54	9.20	10.87
2.5							2.83	3.34	4.22	5.10	6.00	7.74	9.42	11.09
3.0								3.49	4.35	5.24	6.13	7.90	9.64	11.31
3.5									4.50	5.36	6.26	8.05	9.80	11.50
4.0									4.65	5.52	6.40	8.17	9.96	11.69
4.5										5.66	6.53	8.28	10.12	11.85
5.0										5.81	6.68	8.44	10.21	12.01
5.5											6.82	8.57	10.32	12.15
6											6.97	8.71	10.48	12.25
7												9.00	10.73	12.50
8												9.30	11.02	12.79
9													11.32	13.06
10													11.62	13.35

t \ r	8	10	12	15	20	25	30	35	40	45	50	63	80	100
0.15														
0.20														
0.25														
0.3														
0.4														
0.5														
0.6														
0.8	13.19													
0.9	13.27													
1.0	13.35	16.49												
1.2	13.51	16.65												
1.5	13.74	16.89	20.03	24.74										
1.75	13.92	17.08	20.22	24.94										

（续）

t \ r	8	10	12	15	20	25	30	35	40	45	50	63	80	100
2.0	14.07	17.28	20.48	25.13	32.99									
2.5	14.40	17.59	20.80	25.53	33.38	41.23								
3.0	14.64	17.92	21.11	25.92	33.77	41.63								
3.5	14.82	18.18	21.49	26.23	34.16	42.02	49.87							
4.0	15.08	18.41	21.74	26.55	34.56	42.41	50.27	58.12	65.97					
4.5	15.27	18.64	21.95	26.86	34.87	42.80	50.66	58.51	66.37	74.22				
5.0	15.47	18.85	22.18	27.17	35.19	43.20	51.50	58.97	66.76	74.61	82.47			
5.5	15.63	19.03	22.43	27.40	35.58	43.51	51.44	59.30	67.15	75.01	82.86			
6	15.80	19.29	22.62	27.61	35.85	43.83	51.84	59.69	67.54	75.40	83.25			
7	16.11	19.60	23.00	28.07	36.36	44.55	52.40	60.48	68.33	76.18	84.04	104.46		
8	16.34	19.92	23.37	28.48	36.82	45.4	53.15	61.14	69.12	76.97	84.82	105.24	131.95	
9	16.55	20.18	23.70	28.86	37.24	45.63	53.63	61.76	69.74	77.75	85.61	106.03	132.73	
10	16.88	20.42	24.03	29.23	37.70	46.02	54.35	62.36	70.69	78.38	86.39	106.81	133.52	164.93

注：表中粗线框内为选取数值。

表 2-3-15 弯曲 90°角时修正值 *K* （单位：mm）

t \ r	0.1	0.2	0.3	0.5	0.8	1.0	1.2	1.5	2	2.5
0.15	+0.02	-0.01	-0.03	-0.10	-0.23	-0.31	-0.40	-0.53		
0.20	+0.03	+0.01	-0.02	-0.08	-0.19	-0.27	-0.36	-0.49	-0.70	
0.25	+0.04	+0.02	0.00	-0.06	-0.16	-0.24	-0.32	-0.45	-0.66	-0.88
0.3	+0.04	+0.03	+0.01	-0.04	-0.14	-0.21	-0.29	-0.41	-0.62	-0.84
0.4		+0.06	+0.04	0.00	-0.09	-0.16	-0.23	-0.35	-0.54	-0.76
0.5		+0.08	+0.07	+0.02	-0.05	-0.12	-0.18	-0.28	-0.48	-0.68
0.6			+0.10	+0.05	-0.02	-0.07	-0.14	-0.24	-0.41	-0.62
0.8				+0.10	+0.03	-0.01	-0.06	-0.15	-0.32	-0.49
0.9				+0.13	+0.06	+0.02	-0.03	-0.11	-0.27	-0.44
1.0				+0.16	+0.09	+0.04	0.00	-0.08	-0.23	-0.40
1.2					+0.14	+0.09	+0.05	-0.01	-0.15	-0.31
1.5					+0.23	+0.18	+0.13	+0.06	-0.05	-0.18
1.75						+0.25	+0.19	+0.13	+0.03	-0.10
2.0						+0.32	+0.27	+0.20	+0.08	-0.02
2.5							+0.43	+0.34	+0.22	+0.11
3.0								+0.49	+0.35	+0.24
3.5									+0.50	+0.36
4.0									+0.65	+0.51
4.5										+0.66
5.0										+0.81
5.5										
6										
7										
8										

（续）

t \ r	0.1	0.2	0.3	0.5	0.8	1.0	1.2	1.5	2	2.5
9										
10										

t \ r	3	4	5	6	8	10	12	15	20
0.15									
0.20									
0.25									
0.3	-1.05								
0.4	-0.97	-1.40							
0.5	-0.88	-1.32	-1.75						
0.6	-0.82	-1.25	-1.67	-2.10					
0.8	-0.69	-1.09	-1.52	-1.95	-2.81				
0.9	-0.62	-1.02	-1.44	-1.87	-2.73				
1.0	-0.57	-0.96	-1.36	-1.79	-2.65	-3.51			
1.2	-0.48	-0.84	-1.24	-1.63	-2.49	-3.35			
1.5	-0.27	-0.68	-1.01	-1.44	-2.26	-3.11	-3.97	-5.26	
1.75	-0.25	-0.58	-0.91	-1.26	-2.08	-2.92	-3.78	-5.06	
2.0	-0.16	-0.46	-0.80	-1.13	-1.93	-2.72	-3.58	-4.87	-7.01
2.5	+0.01	-0.26	-0.58	-0.91	-1.61	-2.41	-3.20	-4.47	-6.62
3.0	+0.13	-0.10	-0.36	-0.69	-1.36	-2.08	-2.89	-4.08	-6.23
3.5	+0.26	+0.05	-0.21	-0.50	-1.18	-1.82	-2.51	-3.77	-5.84
4.0	+0.40	+0.17	-0.04	-0.31	-0.92	-1.59	-2.26	-3.45	-5.44
4.5	+0.52	+0.28	+0.09	-0.15	-0.73	-1.36	-2.04	-3.14	-5.13
5.0	+0.68	+0.44	+0.21	+0.02	-0.53	-1.15	-1.82	-2.83	-4.81
5.5	+0.82	+0.57	+0.32	+0.15	-0.37	-0.96	-1.59	-2.60	-4.42
6	+0.97	+0.70	+0.47	+0.25	-0.20	-0.73	-1.38	-2.39	-4.11
7		+1.00	+0.73	+0.51	+0.11	-0.41	-0.99	-1.93	-3.64
8		+1.30	+1.03	+0.80	+0.34	-0.08	-0.63	-1.52	-3.18
9			+1.32	+1.06	+0.55	+0.19	-0.30	-1.14	-2.73
10			+1.62	+1.35	+0.89	+0.42	+0.03	-0.77	-2.30

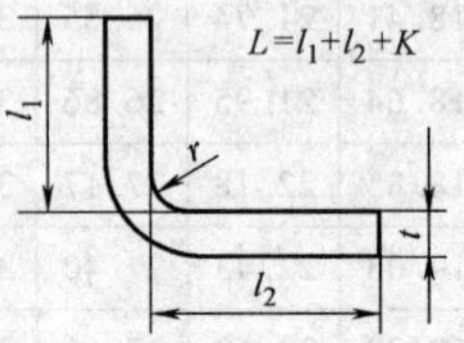

$L=l_1+l_2+K$

t \ r	25	30	35	40	45	50	63	80	100
0.15									
0.20									
0.25									
0.3									
0.4									
0.5									
0.6									
0.8									
0.9									
1.0									
1.2									
1.5									

（续）

t \ r	25	30	35	40	45	50	63	80	100
1.75									
2.0									
2.5	-8.77								
3.0	-8.37	-10.51	-12.66						
3.5	-7.89	-10.13	-12.27						
4.0	-7.59	-9.73	-11.88	-14.03					
4.5	-7.20	-9.34	-11.49	-13.63	-15.88				
5.0	-6.08	-8.95	-11.09	-13.24	-15.39	-17.53			
5.5	-6.49	-8.60	-10.70	-12.85	-14.99	-17.14			
6	-6.17	-8.16	-10.31	-12.46	-14.60	-16.75			
7	-5.45	-7.59	-9.52	-11.67	-13.82	-15.96	-21.54		
8	-4.89	-6.97	-8.86	-10.88	-13.03	-15.18	-20.76	-28.05	
9	-4.44	-6.37	-8.24	-10.26	-12.25	-14.39	-19.97	-27.27	
10	-3.98	-5.65	-7.64	-9.31	-11.62	-13.61	-19.19	-26.48	-35.07

注：粗线以上为负值。

除计算法外，还可用查表法求得毛坯展开长度。直角展开补偿值见表2-3-16，小R直角展开补偿值见表2-3-17、表2-3-18。求得补偿值后可按相应表中公式求展开长度。

表2-3-16 直角展开补偿值s_1、s_2和s_3 （单位：mm）

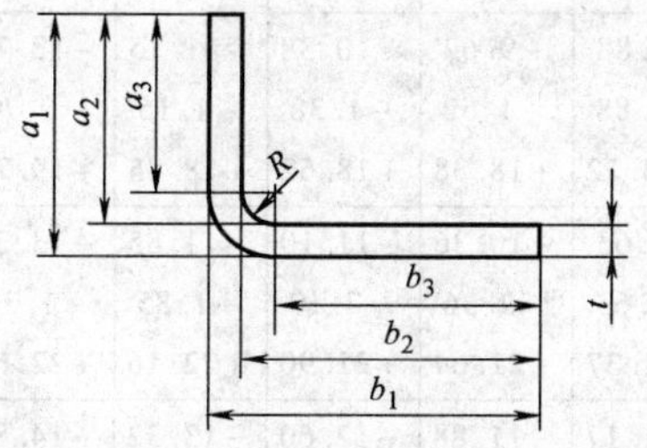

展开长度 $L = a_1 + b_1 + s_1$

$= a_2 + b_2 + s_2$

$= a_3 + b_3 + s_3$

弯曲内半径R	补偿值	材料厚度t: 1	1.5	2	2.5	3	3.5	4	4.5	5	6	7	8
1	s_1	-1.92											
	s_2	+0.08	—	—	—	—	—	—	—	—	—	—	—
	s_3	+2.08											
1.2	s_1	-1.97											
	s_2	+0.03	—	—	—	—	—	—	—	—	—	—	—
	s_3	+2.43											
1.6	s_1	-2.10	-2.90										
	s_2	-0.10	+0.10	—	—	—	—	—	—	—	—	—	—
	s_3	+3.10	+3.30										
2	s_1	-2.23	-3.02										
	s_2	-0.23	-0.02	—	—	—	—	—	—	—	—	—	—
	s_3	+3.77	+3.98										

（续）

弯曲内半径 R	补偿值	材料厚度 t											
		1	1.5	2	2.5	3	3.5	4	4.5	5	6	7	8
2.5	s_1	-2.41	-3.18	-3.98	-4.80								
	s_2	-0.41	-0.18	+0.02	+0.20	—	—	—	—	—	—	—	—
	s_3	+4.59	+4.82	+5.02	+5.20								
3	s_1	-2.59	-3.34	-4.13	-4.93	-5.76							
	s_2	-0.59	-0.34	-0.13	+0.07	+0.24	—	—	—	—	—	—	—
	s_3	+5.41	+5.66	+5.87	+6.07	+6.24							
4	s_1	-2.97	-3.70	-4.46	-5.24	-6.04	-6.85						
	s_2	-0.97	-0.70	-0.46	-0.24	-0.04	+0.15	—	—	—	—	—	—
	s_3	+7.08	+7.30	+7.54	+7.76	+7.96	+8.15						
5	s_1	-3.36	-4.07	-4.81	-5.57	-6.35	-7.15	-7.95					
	s_2	-1.36	-1.07	-0.81	-0.57	-0.35	-0.15	+0.05	—	—	—	—	—
	s_3	+8.64	+8.93	+9.19	+9.43	+9.65	+9.85	+10.05					
6	s_1	-3.76	-4.45	-5.18	-5.93	-6.69	-7.47	-8.26	-9.06	-9.87			
	s_2	-1.76	-1.45	-1.18	-0.93	-0.69	-0.47	-0.26	-0.06	+0.13	—	—	—
	s_3	+10.24	+10.55	+10.82	+11.07	+11.31	+11.53	+11.74	+11.94	+12.13			
8	s_1	-4.57	-5.24	-5.94	-6.66	-7.40	-8.15	-8.92	-9.69	-10.48	-12.08		
	s_2	-2.57	-2.24	-1.94	-1.66	-1.40	-1.15	-0.92	-0.69	-0.48	-0.08	—	—
	s_3	+13.43	+13.76	+14.06	+14.34	+14.60	+14.85	+15.08	+15.31	+15.52	+15.92		
10	s_1	-5.39	-6.04	-6.72	-7.42	-8.14	-8.88	-9.62	-10.38	-11.15	-12.71	-14.29	
	s_2	-3.39	-3.04	-2.72	-2.42	-2.14	-1.88	-1.62	-1.38	-1.15	-0.71	-0.29	—
	s_3	+16.61	+16.96	+17.28	+17.58	+17.86	+18.12	+18.38	+18.62	+18.85	+19.29	+19.71	
12	s_1	-6.22	-6.85	-7.52	-8.21	-8.91	-9.63	-10.36	-11.10	-11.85	-13.38	-14.93	-16.51
	s_2	-4.22	-3.85	-3.52	-3.21	-2.91	-2.63	-2.36	-2.10	-1.85	-1.38	-0.93	-0.51
	s_3	+19.78	+20.15	+20.48	+20.79	+21.09	+21.37	+21.64	+21.90	+22.16	+22.62	+23.07	+23.49
16	s_1	-7.88	-8.50	-9.14	-9.80	-10.48	-11.17	-11.88	-12.60	-13.32	-14.80	-16.31	-17.84
	s_2	-5.88	-5.50	-5.14	-4.80	-4.48	-4.17	-3.88	-3.60	-3.32	-2.80	-2.31	-1.84
	s_3	+26.12	+26.50	+26.86	+27.20	+27.52	+27.83	+28.12	+28.40	+28.68	+29.20	+29.69	+30.16
20	s_1	-9.56	-10.16	-10.78	-11.42	-12.08	-12.76	-13.44	-14.14	-14.85	-16.29	-17.76	-19.25
	s_2	-7.56	-7.16	-6.78	-6.42	-6.08	-5.76	-5.44	-5.14	-4.85	-4.29	-3.76	-3.25
	s_3	+32.44	+32.84	+33.22	+33.58	+33.92	+34.24	+34.56	+34.86	+35.15	+35.71	+36.24	+36.75
25	s_1	-11.67	-12.24	-12.85	-13.47	-14.11	-14.77	-15.44	-16.12	-16.81	-18.21	-19.64	-21.09
	s_2	-9.67	-9.24	-8.85	-8.47	-8.11	-7.77	-7.44	-7.12	-6.81	-6.21	-5.64	-5.09
	s_3	+40.33	+40.76	+41.15	+41.53	+41.89	+42.23	+42.56	+42.88	+43.19	+43.79	+44.36	+44.91
28	s_1	-12.94	-13.50	-14.10	-14.71	-15.34	-15.99	-16.65	-17.32	-18.00	-19.38	-20.79	-22.22
	s_2	-10.94	-10.50	-10.10	-9.71	-9.34	-8.99	-8.65	-8.32	-8.00	-7.38	-6.79	-6.22
	s_3	+45.06	+45.50	+45.90	+46.29	+46.66	+47.01	+47.35	+47.68	+48.00	+48.62	+49.21	+49.78
32	s_1	-14.63	-15.19	-15.77	-16.37	-16.99	-17.63	-18.27	-18.93	-19.60	-20.96	-22.35	-23.76
	s_2	-12.63	-12.19	-11.77	-11.37	-10.99	-10.63	-10.27	-9.93	-9.60	-8.96	-8.35	-7.76
	s_3	+51.37	+51.81	+52.23	+52.63	+53.01	+53.37	+53.73	+54.07	+54.40	+55.04	+55.65	+56.24
36	s_1	-16.33	-16.87	-17.44	-18.04	-18.65	-19.27	-19.91	-20.56	-21.22	-22.55	-23.92	-25.32
	s_2	-14.33	-13.87	-13.44	-13.04	-12.65	-12.27	-11.91	-11.56	-11.22	-10.55	-9.92	-9.32
	s_3	+57.67	+58.13	+58.56	+58.96	+59.35	+59.73	+60.09	+60.44	+60.78	+61.45	+62.08	+62.68

（续）

弯曲内半径 R	补偿值	材料厚度 t											
		1	1.5	2	2.5	3	3.5	4	4.5	5	6	7	8
40	s_1	-18.03	-18.56	-19.13	-19.71	-20.31	-20.93	-21.56	-22.19	-22.84	-24.16	-25.51	-26.89
	s_2	-16.03	-15.56	-15.13	-14.71	-14.31	-13.93	-13.56	-13.19	-12.84	-12.16	-11.51	-10.89
	s_3	+63.97	+64.44	+64.87	+65.29	+65.69	+66.07	+66.44	+66.81	+67.16	+67.84	+68.49	+69.11

表 2-3-17 小 R 直角展开补偿值 s_1、s_2 和 s_3（单位：mm）

弯曲内半径 R	补偿值	材料厚度 t											
		0.5	0.8	1.0	1.2	1.5	1.8	2	2.5	3	4	5	6
0.2	s_1	-0.90	-1.33	-1.61	-1.90	-2.33	-2.76	-3.09	-3.77	-4.45	-5.83	-7.28	-8.94
	s_2	+0.10	+0.27	+0.39	+0.50	+0.67	+0.84	+0.94	+1.23	+1.55	+2.17	+2.72	+3.06
	s_3	+0.50	+0.67	+0.79	+0.90	+1.07	+1.24	+1.34	+1.63	+1.95	+2.57	+3.12	+3.46
0.3	s_1	-0.93	-1.37	-1.65	-1.94	-2.37	-2.80	-3.09	-3.78	-4.47	-5.84	-7.29	-8.95
	s_2	+0.07	+0.23	+0.35	+0.46	+0.68	+0.80	+0.91	+1.22	+1.53	+2.16	+2.71	+3.05
	s_3	+0.67	+0.83	+0.95	+1.06	+1.23	+1.40	+1.51	+1.82	+2.13	+2.76	+3.31	+3.65
0.4	s_1	-0.97	-1.40	-1.69	-1.98	-2.40	-2.83	-3.12	-3.80	-4.50	-5.86	-7.30	-8.96
	s_2	+0.03	+0.20	+0.31	+0.42	+0.60	+0.77	+0.88	+1.20	+1.50	+2.14	+2.70	+3.04
	s_3	+0.83	+1.00	+1.11	+1.22	+1.40	+1.57	+1.68	+2.00	+2.30	+2.94	+3.50	+3.84
0.5	s_1	-1.01	-1.44	-1.73	-2.01	-2.44	-2.86	-3.15	-3.83	-4.52	-5.89	-7.32	-8.95
	s_2	+0.01	+0.10	+0.27	+0.39	+0.56	+0.74	+0.85	+1.17	+1.48	+2.11	+2.68	+3.04
	s_3	+0.99	+1.16	+1.27	+1.39	+1.56	+1.74	+1.85	+2.17	+2.48	+3.11	+3.68	+4.04
0.6	s_1		-1.47	-1.76	-2.05	-2.47	-2.90	-3.18	-3.88	-4.56	-5.93	-7.34	-8.96
	s_2	—	+0.13	+0.24	+0.35	+0.53	+0.70	+0.82	+1.12	+1.44	+2.07	+2.66	+3.04
	s_3		+1.33	+1.44	+1.55	+1.73	+1.90	+2.02	+2.32	+2.64	+3.27	+3.86	+4.24
0.8	s_1		-1.55	-1.84	-2.13	-2.56	-2.98	-3.24	-3.93	-4.62	-5.96	-7.36	-8.97
	s_2	—	+0.05	+0.16	+0.27	+0.44	+0.62	+0.76	+1.07	+1.38	+2.04	+2.64	+3.03
	s_3		+1.65	+1.76	+1.87	+2.04	+2.22	+2.36	+2.67	+2.98	+3.64	+4.24	+4.63
1.0	s_1			-1.92	-2.21	-2.64	-3.05	-3.33	-4.02	-4.68	-5.98	-7.39	-8.99
	s_2	—	—	+0.08	+0.19	+0.36	+0.55	+0.67	+0.98	+1.32	+2.02	+2.61	+3.01
	s_3			+2.08	+2.19	+2.36	+2.55	+2.67	+2.98	+3.32	+4.02	+4.61	+5.01
1.2	s_1				-2.29	-2.71	-3.12	-3.38	-4.06	-4.73	-6.02	-7.45	-9.01
	s_2	—	—	—	+0.11	+0.29	+0.48	+0.62	+0.94	+1.27	+1.98	+2.55	+2.99
	s_3				+2.51	+2.69	+2.88	+3.02	+3.34	+3.67	+4.38	+4.95	+5.39
1.6	s_1						-3.26	-3.53	-4.20	-4.84	-6.12	-7.52	-9.04
	s_2	—	—	—	—	—	+0.34	+0.47	+0.80	+1.16	+1.88	+2.48	+2.96
	s_3						+3.54	+3.67	+4.00	+4.36	+5.08	+5.68	+6.16
2.0	s_1							-3.68	-4.34	-4.98	-6.22	-7.59	-9.10
	s_2	—	—	—	—	—	—	+0.32	+0.66	+1.02	+1.78	+2.41	+2.90
	s_3							+4.32	+4.66	+5.02	+5.78	+6.41	+6.90
2.5	s_1								-4.50	-5.12	-6.38	-7.70	-9.17
	s_2	—	—	—	—	—	—	—	+0.50	+0.88	+1.62	+2.30	+2.83
	s_3								+5.50	+5.88	+6.62	+7.30	+7.83

（续）

弯曲内半径 R	补偿值	材料厚度 t											
		0.5	0.8	1.0	1.2	1.5	1.8	2	2.5	3	4	5	6
3.0	s_1	—	—	—	—	—	—	—	—	-5.32	-6.52	-7.84	-9.25
	s_2									+0.68	+1.48	+2.16	+2.75
	s_3									+6.68	+7.48	+8.16	+8.75
4.0	s_1	—	—	—	—	—	—	—	—	—	-6.90	-8.19	-9.49
	s_2										+1.10	+1.81	+2.51
	s_3										+9.10	+9.81	+10.51
5.0	s_1	—	—	—	—	—	—	—	—	—	—	-8.62	-9.91
	s_2											+1.38	+2.09
	s_3											+11.38	+12.09

注：展开长度 $L=a_1+b_1+s_1$

$=a_2+b_2+s_2$

$=a_3+b_3+s_3$（符号见表2-3-16中图示）

表 2-3-18 小 R 双直角展开补偿值 s_1、s_2 和 s_3 （单位：mm）

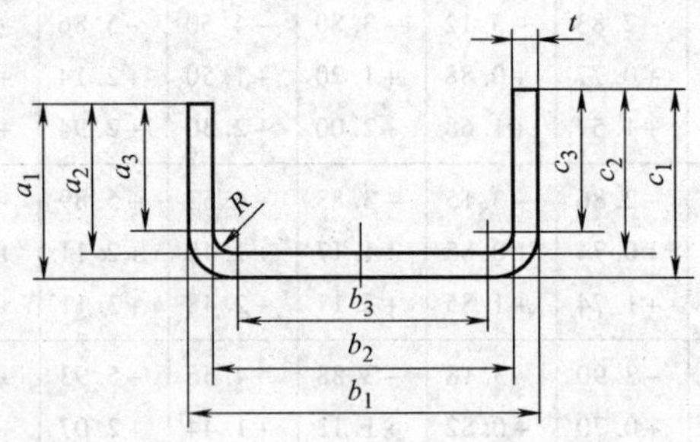

展开长度 $L=a_1+b_1+c_1+s_1$

$=a_2+b_2+c_2+s_2$

$=a_3+b_3+c_3+s_3$

弯曲内半径 R	补偿值	材料厚度 t											
		0.5	0.8	1.0	1.2	1.5	1.8	2.0	2.5	3	4	5	6
0.2	s_1	-1.90	-2.84	-3.44	-4.06	-4.94	-5.84	-6.42	-7.86	-9.26	-12.16	-15.34	-18.58
	s_2	+0.10	+0.36	+0.56	+0.74	+1.06	+1.36	+1.58	+2.14	+2.74	+3.84	+4.66	+5.44
	s_3	+0.90	+1.16	+1.36	+1.54	+1.86	+2.16	+2.38	+2.94	+3.54	+4.64	+5.46	+6.24
0.3	s_1	-1.98	-2.90	-3.50	-4.12	-4.98	-5.88	-6.44	-7.90	-9.30	-12.20	-15.36	-18.56
	s_2	+0.02	+0.30	+0.50	+0.68	+1.02	+1.32	+1.56	+2.10	+2.70	+3.80	+4.64	+5.44
	s_3	+1.22	+1.50	+1.70	+1.88	+2.22	+2.52	+2.76	+3.30	+3.90	+5.00	+5.84	+6.64
0.4	s_1	-2.02	-2.94	-3.56	-4.16	-5.02	-5.90	-6.46	-7.92	-9.36	-12.24	-15.36	-18.56
	s_2	-0.02	+0.26	+0.44	+0.64	+0.98	+1.30	+1.54	+2.08	+2.64	+3.76	+4.64	+5.44
	s_3	+1.58	+1.86	+2.04	+2.24	+2.58	+2.90	+3.14	+3.68	+4.24	+5.36	+6.24	+7.04
0.5	s_1	-2.08	-3.00	-3.62	-4.18	-5.06	-5.94	-6.52	-7.96	-9.40	-12.28	-15.38	-18.58
	s_2	-0.08	+0.20	+0.38	+0.62	+0.94	+1.26	+1.48	+2.04	+2.60	+3.72	+4.62	+5.42
	s_3	+1.92	+2.20	+2.38	+2.62	+2.94	+3.26	+3.48	+4.04	+4.60	+5.72	+6.62	+7.42
0.6	s_1	—	-3.06	-3.66	-4.26	-5.10	-5.96	-6.58	-8.00	-9.40	-12.32	-15.38	-18.60
	s_2		+0.14	+0.34	+0.54	+0.90	+1.24	+1.42	+2.00	+2.54	+3.68	+4.62	+5.40
	s_3		+2.54	+2.74	+2.94	+3.30	+3.64	+3.82	+4.40	+4.94	+6.08	+7.02	+7.80
0.8	s_1	—	-3.18	-3.78	-4.36	-5.22	-6.08	-6.68	-8.10	-9.54	-12.42	-15.44	-18.64
	s_2		+0.02	+0.22	+0.44	+0.78	+1.12	+1.32	+1.90	+2.46	+3.58	+4.56	+5.36
	s_3		+3.22	+3.42	+3.64	+3.98	+4.32	+4.52	+5.10	+5.66	+6.78	+7.76	+8.56

（续）

弯曲内半径 R	补偿值	材料厚度 t											
		0.5	0.8	1.0	1.2	1.5	1.8	2.0	2.5	3	4	5	6
	s_1			-3.90	-4.48	-5.36	-6.20	-6.78	-8.20	-9.66	-12.52	-15.50	-18.68
1.0	s_2	—	—	+0.10	+0.32	+0.64	+1.00	+1.22	+1.80	+2.34	+3.48	+4.50	+5.32
	s_3			+4.10	+4.32	+4.64	+5.00	+5.22	+5.80	+6.34	+7.48	+8.50	+9.32
	s_1				-4.60	-5.48	-6.32	-6.90	-8.32	-9.72	-12.64	-15.56	-18.74
1.2	s_2	—	—	—	+0.20	+0.52	+0.88	+1.10	+1.68	+2.28	+3.36	+4.44	+5.26
	s_3				+5.00	+5.32	+5.68	+5.90	+6.48	+7.08	+8.16	+9.24	+10.06
	s_1						-6.60	-7.18	-8.56	-9.98	-12.86	-15.72	-18.88
1.6	s_2	—	—	—	—	—	+0.60	+0.82	+1.44	+2.02	+3.14	+4.28	+5.12
	s_3						+7.00	+7.22	+7.84	+8.42	+9.54	+10.68	+11.52
	s_1							-7.46	-8.80	-10.22	-13.08	-15.92	-19.02
2.0	s_2	—	—	—	—	—	—	+0.54	+1.20	+1.78	+2.92	+4.08	+4.98
	s_3							+8.54	+9.20	+9.78	+10.92	+12.08	+12.98
	s_1								-9.16	-10.56	-13.38	-16.18	-19.36
2.5	s_2	—	—	—	—	—	—	—	+0.84	+1.44	+2.62	+3.82	+4.64
	s_3								+10.84	+11.44	+12.62	+13.82	+14.64
	s_1									-10.90	-13.70	-16.46	-19.60
3	s_2	—	—	—	—	—	—	—	—	+1.10	+2.30	+3.54	+4.40
	s_3									+13.10	+14.30	+15.54	+16.40
	s_1										-14.42	-17.16	-20.24
4	s_2	—	—	—	—	—	—	—	—	—	+1.58	+2.84	+3.76
	s_3										+17.58	+18.84	+19.76
	s_1											-18.04	-20.98
5	s_2	—	—	—	—	—	—	—	—	—	—	+1.96	+3.02
	s_3											+21.96	+23.02

2. 无圆角半径弯曲件（$r<0.5t$）的展开长度计算

无圆角半径或圆角半径很小（$r<0.5t$）的弯曲件，这类弯曲件弯曲处材料变薄严重，其毛坯尺寸是根据变形前后体积相等的原则，并考虑到在弯曲处材料变薄情况而求得的，在这种情况下，毛坯长度等于各直线段长度之和再加上弯角处的长度，即

$$L=\Sigma l_{直}+Knt$$

式中 L——毛坯长度（mm）；

n——弯角数目（mm）；

t——材料厚度（mm）；

K——系数，与材料性能及弯角数目有关。

单角弯曲时 $K=0.48\sim0.5$，双角弯曲时 $K=0.45\sim0.8$，多角弯曲时 $K=0.125\sim0.25$，以上 K 值软材料取下限，硬材料取上限。

表 2-3-19 列出了这类弯曲件毛坯尺寸的经验计算公式（JB/T 5109—1991）。但上述计算方法有很多因素（如材料性能、模具情况及弯曲方式等）没有考虑，因而可能产生较大的误差，所以只能用于形状简单、弯角个数少和精度要求不高的弯曲件。对于形状复杂、弯角个数多和精度要求高的弯曲件，通常需要用试验方法最后确定毛坯的展开长度。

表 2-3-19 $r/t<0.5$ 弯曲毛坯的展开长度经验计算公式

弯曲形式	简图	计算公式
单角弯曲	$\alpha=90°$ $r<0.5t$ t l_1 l_2	$L=l_1+l_2+0.5t$

（续）

弯曲形式	简　图	计 算 公 式
单角弯曲	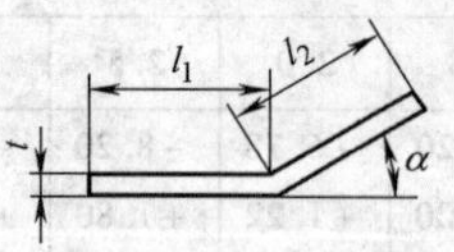	$L=l_1+l_2+\frac{\alpha}{90°}\times 0.5t$
单角弯曲	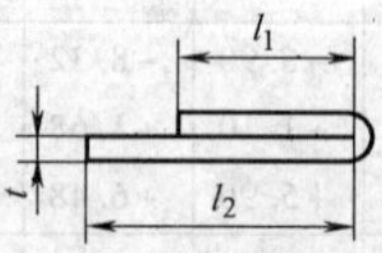	$L=l_1+l_2+t$
双角弯曲	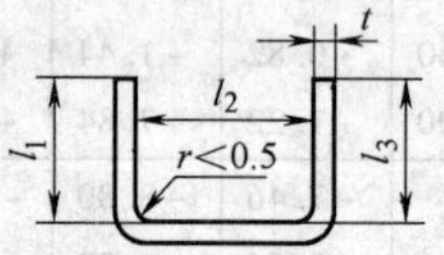	$L=l_1+l_2+l_3+0.5t$
三角弯曲	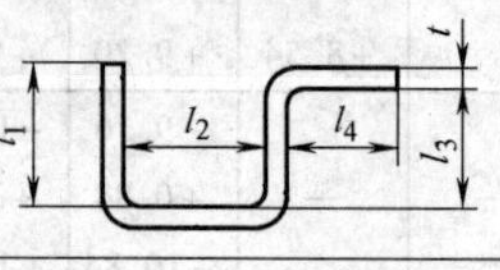	同时弯三个角时： $L=l_1+l_2+l_3+l_4+0.75t$ 先弯二个角后弯另一角时： $L=l_1+l_2+l_3+l_4+t$
四角弯曲	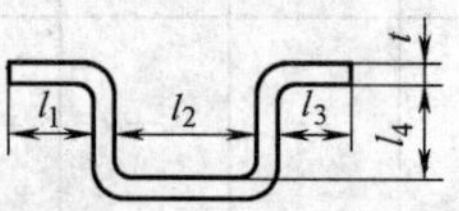	$L=l_1+l_2+l_3+2l_4+t$

3. 卷制弯曲件的展开长度计算

对于 $r=(0.6\sim3.5)t$ 的铰链件，常用推卷的方法弯曲成形，在卷圆弯曲的过程中，材料受到挤压和弯曲作用，因此，板料增厚，应变中性层外移。此时，毛坯展开长度可按下式近似计算：

$$L=l+5.7r+4.7x_1t$$

式中　L——毛坯展开长度（mm）；

l——铰链件直线段长度（mm）；

r——铰链的内弯曲半径（mm）；

x_1——卷圆时应变中性层位移系数，其值列于表 2-3-11。

表 2-3-20 为两种卷圆形式的毛坯展开长度计算公式。

表 2-3-20　两种卷圆形式的毛坯展开长度计算经验公式

弯曲形式	简　图	计 算 公 式
铰链卷圆	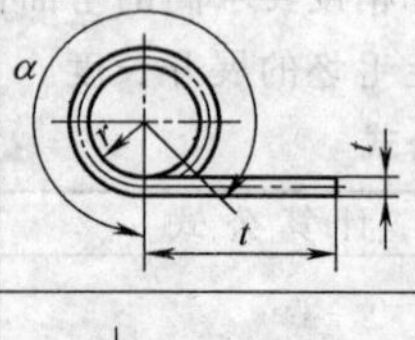	$L=l+\frac{\pi\alpha}{180°}(r+xt)$
吊环卷圆	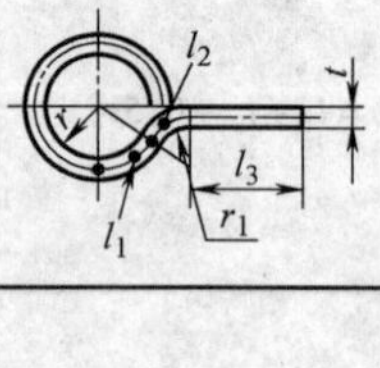	$L=1.5\pi(r+xt)+l_1+l_2+l_3$

4. 圆杆弯曲件的展开长度计算

圆杆弯曲件中，当 $r/d>1.5$ 时，弯曲部分的横截面几乎没有变化，中性层位移系数 x_2 近似为 0.5；当 $r/d<1.5$ 时，弯曲部分的横截面发生畸变，中性层位移系数 x_2 见表 2-3-12。

求得中性层位置后，只需将弯曲的中性层展直，加上原来的直线部分，即得展开长度。如图 2-3-13 所示零件，展开长度为

$$L=l_1+l_2+\pi(r+x_2d)$$

式中　L——毛坯展开长度（mm）；

l_1、l_2——圆杆弯曲件直线段长度（mm）；

d——圆杆的直径（mm）；

x_2——圆杆弯曲时应变中性层位移系数，其值列于表 2-3-12。

3.5　弯曲件的工艺性

弯曲件的工艺性是指弯曲件的形状、尺寸、材料选用及技术要求是否适合弯曲加工的工艺要求。弯曲件的工艺性影响到工艺过程的简化、弯曲件精度的提高及降低材料消耗。因此，只有在特殊情况下，而且工艺上采取特定的保证措施后，才允许工件设计超出工艺要求。具有良好工艺性的弯曲件能简化弯曲的工艺过程和提高弯曲件的精度。

弯曲件的结构工艺性应满足以下要求：

1）弯曲件的尺寸精度与板料的力学性能、板料的厚度、模具结构和模具精度、工序的数量和工序的先后次序以及工件本身的形状尺寸等因素有关。弯曲件外形尺寸及角度公差所能达到的精度，参考表2-3-21和表2-3-22。

表2-3-21　弯曲件直线尺寸的精度等级

材料厚度/mm	压弯件直边尺寸/mm	精度等级
≤1	≤100	IT12～IT13
	100～200	IT14
	200～400	
	400～700	IT15
1～3	≤100	IT14
	100～200	
	200～400	IT15
	400～700	
3～6	≤100	
	100～200	
	200～400	IT16
	400～700	

表2-3-22　弯曲件角度公差

角短边长度/mm	非配合的角度偏差	最小的角度偏差
<1	±7° 0.25	±4° 0.14
1～3	±6° 0.21～0.63	±3° 0.11～0.32
3～6	±5° 0.53～1.05	±2° 0.21～0.42
6～10	±4° 0.84～1.40	±1°45′ 0.32～0.61
10～18	±3° 1.05～1.89	±1°30′ 0.52～0.94
18～30	±2°30′ 1.57～2.62	±1° 0.63～1.00
30～50	±2° 2.09～3.49	±45′ 0.79～1.31
50～80	±1°30′ 2.62～4.19	±30′ 0.88～1.40
80～120	±1° 2.79～4.18	±25′ 1.61～1.74
120～180	±50′ 3.49～5.24	±20′ 1.40～2.10
180～260	±40′ 4.19～6.05	±18′ 1.89～2.72
260～360	±30′ 4.53～6.28	±15′ 2.72～3.15
360～500	±25′ 5.23～7.27	±12′ 2.52～3.50
500～630	±22′ 6.40～8.06	±10′ 2.91～3.67
630～800	±20′ 7.33～9.31	±9′ 3.30～4.20
800～1000	±20′ 9.31～11.6	±8′ 3.72～4.65

注：横线上部数据为弯曲件角度的正负偏差，横线下部数据表示角度正负偏差的最大值反映到角短边端点偏摆正负距离之和。

2）弯曲件的形状与尺寸应尽量对称，以保证弯曲时板料的平衡，防止产生滑动。当有些零件结构本身不需对称时，可先做一对，然后再剖开。

3）弯曲件的圆角半径不宜过小，也不宜过大，小不能小过 r_{min}，否则会使变形区外层材料弯裂；过大时，受到回弹的影响，弯曲角度与圆角半径的精度都不易保证。由于影响最小弯曲半径的因素很多，表2-3-2、表2-3-3列出考虑了部分因素，并经验证的最小弯曲半径的数值，可供选用。

如果零件要求的弯曲半径比最小弯曲半径还小时，则可分两次弯曲。第一次采用较大的弯曲半径，然后退火，第二次再按零件要求的弯曲半径进行弯曲。此外还可以采用热弯或先在弯角内侧开槽，然后再进行弯曲的工艺。

4）弯曲件的弯边长度不宜过小，其值为 $h>R+2t$。当 h 较小时，弯边在模具上支持的长度过小，不容易形成足够的弯矩，很难得到形状准确的零件。若 $h<2t$，则需预先压槽或加高直边，弯曲后切掉多余部分（图2-3-14）。

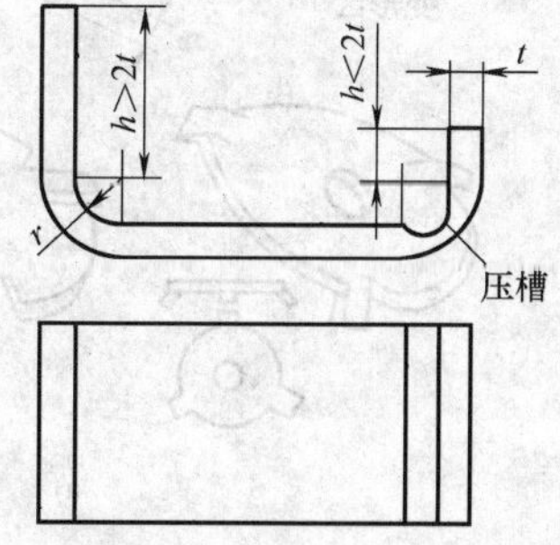

图2-3-14　弯曲件直边的高度

5）弯曲有孔件，应使孔分布在变形区以外，如果孔位于弯曲区附近，则在弯曲时，孔的形状会发生变形。孔边到弯曲半径 r 中心的距离 B 按料厚确定，当 $t<2\text{mm}$ 时，$B\geqslant t$；当 $t\geqslant 2\text{mm}$ 时，$B\geqslant 2t$（图2-3-15a）。

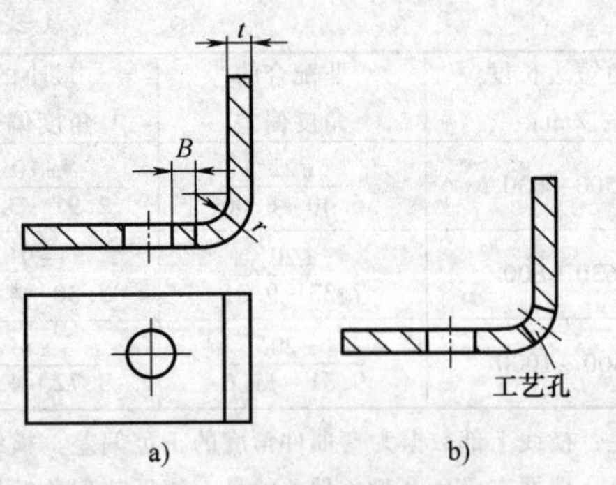

图 2-3-15　弯曲件孔边距离

如孔边至弯曲半径 r 中心的距离过小而不能满足上述条件时，须压弯成形后再进行冲孔。若弯曲件的结构允许，可以在弯曲处预先切槽或冲出工艺孔（图 2-3-15b）以转移变形区域，得到所需孔的正确形状。

6）边缘有缺口的弯曲件，要在缺口处留出连接带，待弯曲成形后，再把它切除，否则会出现叉口现象，严重时无法弯曲成形（图 2-3-16）。

7）对阶梯形毛坯进行局部弯曲时，在弯曲根部容易撕裂，不要齐根部弯曲，若尺寸不允许，则应在根部切槽。如弯边在弯曲件内和局部弯边，则应事先在落料制件上加冲工艺孔或工艺槽，以防止弯曲处撕裂，如图 2-3-17 所示。

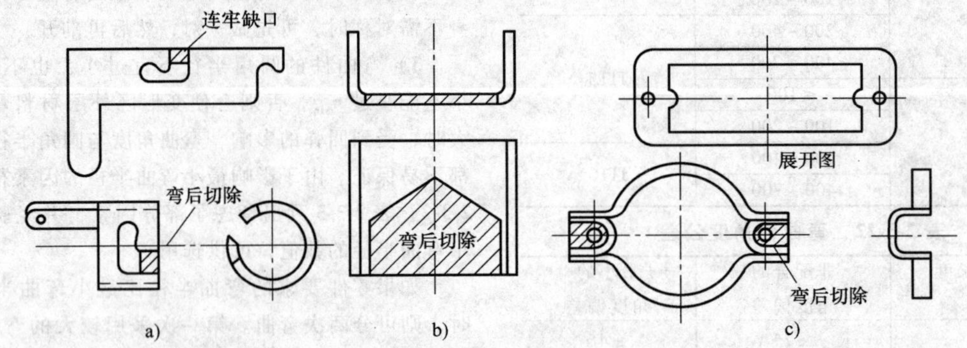

图 2-3-16　加添连接带

a）弯曲件Ⅰ　b）弯曲件Ⅱ　c）弯曲件Ⅲ

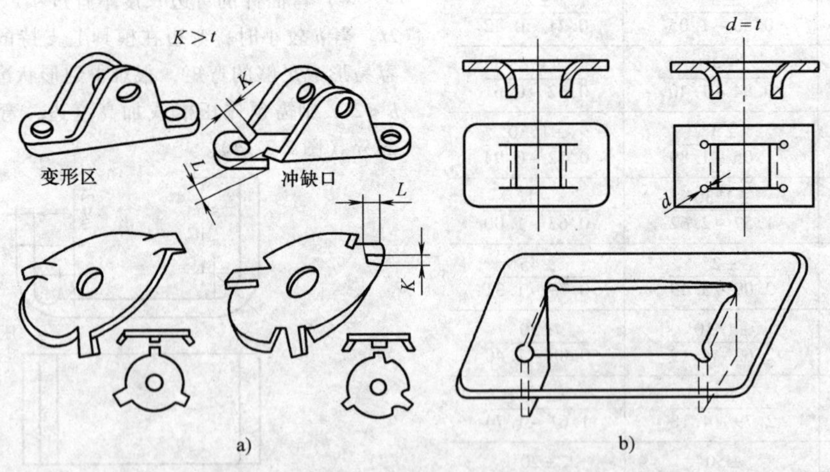

图 2-3-17　防止弯曲处撕裂的工艺措施

a）加冲缺口　b）加冲工艺孔

3.6　弯曲力的计算

为了选用压力机吨位，需要进行弯曲力的计算。由于弯曲力受材料力学性能、材料宽度、零件形状、弯曲方法、模具结构、模具工作表面质量等多种因素的影响，对于自由弯曲，弯曲力与材料的宽度成正比，与厚度的平方成正比。而增大凹模圆角半径及增大凹模开距则能减少弯曲力。模具间隙和模具工作表面质量也影响弯曲力的变化。必须指出，在一般机械压力机上，校正力与校模深浅（即压力机闭合高度的调整）和冲件材料厚度的变化有很大的关系。校模深浅和冲件厚度的微小变化会大量改变校正力的数值。因此如果从理论上来计算不但复杂，也不一定准确，生产中一般按经验公式进行计算，以此来作为设计工艺过程和选择设备的依据。

(1) 自由弯曲的弯曲力　在弯曲的最后阶段，制件与凸模、凹模相互吻合后不再受到冲击作用，不发生对工件圆角及直边的校正，则为自由弯曲。

对于V形件弯曲

$$F_z=\frac{0.6KBt^2\sigma_b}{r+t}$$

对于U形件弯曲

$$F_z=\frac{0.7KBt^2\sigma_b}{r+t}$$

对于⌐⌙形件弯曲

$$F_z=2.4Bt\sigma_b ac$$

式中　F_z——材料在冲压行程结束时的自由弯曲力（N）；

B——弯曲件的宽度（mm）；

t——弯曲件的料厚（mm）；

σ_b——材料的抗拉强度（MPa）；

r——弯曲件的内弯曲半径（mm）；

K——安全系数，一般取 $K=1.3$；

a——系数，其值见表2-3-23；

c——系数，其值见表2-3-24。

表2-3-23　系数 *a* 值

r/t	断后伸长率 δ（%）						
	20	25	30	35	40	45	50
10	0.416	0.379	0.337	0.302	0.265	0.233	0.204
8	0.434	0.398	0.361	0.326	0.288	0.257	0.227
6	0.459	0.426	0.392	0.358	0.321	0.290	0.259
4	0.502	0.467	0.437	0.407	0.371	0.341	0.312
2	0.555	0.552	0.520	0.507	0.470	0.445	0.417
1	0.619	0.615	0.607	0.680	0.576	0.560	0.540
0.5	0.690	0.688	0.684	0.680	0.678	0.673	0.662
0.25	0.704	0.732	0.746	0.760	0.769	0.764	0.764

表2-3-24　系数 *c* 值

Z/t	r/t						
	10	8	6	4	2	1	0.5
1.20	0.130	0.151	0.181	0.245	0.388	0.570	0.765
1.15	0.145	0.161	0.185	0.262	0.420	0.605	0.822
1.10	0.162	0.184	0.214	0.290	0.460	0.675	0.830
1.08	0.170	0.200	0.230	0.300	0.490	0.710	0.960
1.06	0.180	0.204	0.250	0.322	0.520	0.755	1.120
1.05	0.190	0.222	0.277	0.360	0.560	0.835	1.130
1.04	0.208	0.250	0.355	0.410	0.760	0.990	1.380

注：Z 为凸、凹模间隙，一般有色金属 Z/t 介于1.0～1.1之间，黑色金属 Z/t 介于1.05～1.15之间。

根据 R/t 比值、冲件断面积 Bt 及材料抗拉强度 σ_b，也可从图2-3-18（V形弯曲件）或图2-3-19（U形弯曲件）中直接读出自由弯曲力。

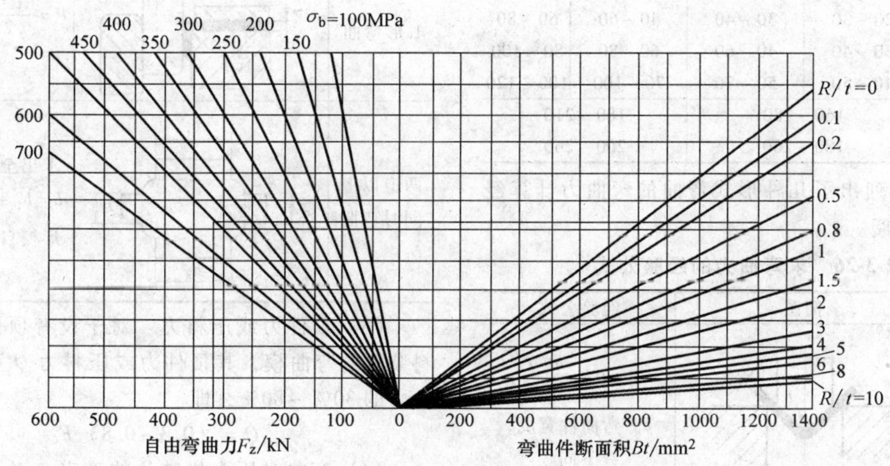

图2-3-18　V形弯曲件自由弯曲力图表

本图断面积 Bt 和弯曲力 F_z 可按相同比例使用。例如 $R/t=0.5$，$\sigma_b=500\text{MPa}$，$Bt=120\text{mm}^2$ 的弯曲件，可按 $Bt=1200$（放大10倍）mm^2 求 F_z，将读数（320kN）除以10得 $F_z=32\text{kN}$。

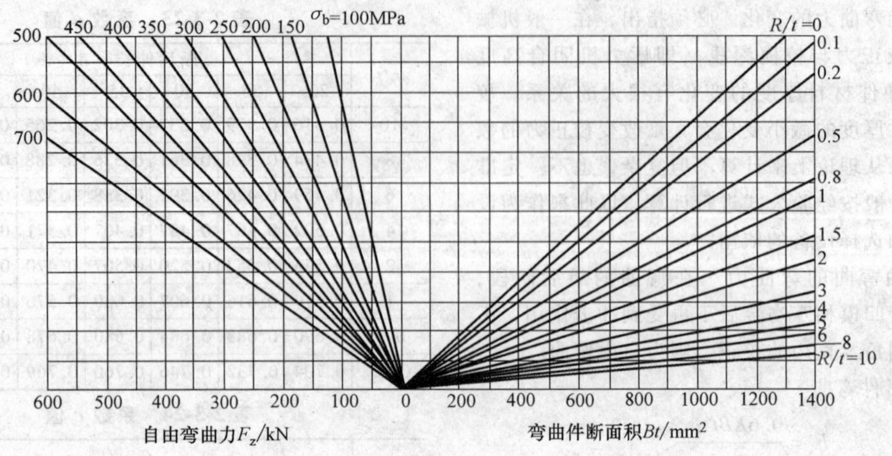

图 2-3-19 U 形弯曲件自由弯曲力图表

本图 Bt 和 F_z 也可按相同比例使用，参阅图 2-3-18 的说明。

（2）校正弯曲力　弯曲的终了阶段，制件与凸、凹模接触后还受到冲击，对弯曲件的圆角及直边进行校正，称为校正弯曲。

$$F_j = Aq$$

式中　F_j—校正弯曲力（N）；

A——工件校正部分的投影面积（mm^2）；

q——单位校正力，其值见表 2-3-25。

表 2-3-25　单位校正力 q 值

（单位：MPa）

材　料	材料厚度/mm			
	<1	1~3	3~6	6~10
铝	15~20	20~30	30~40	40~50
黄铜	20~30	30~40	40~60	60~80
10、15、20 钢	30~40	40~60	60~80	80~100
25、35 钢	40~50	50~70	70~100	100~120
BT1 钛合金	160~180		180~210	
BT2 钛合金	180~200		200~260	

表 2-3-26 列出了几种形式弯曲的弯曲力计算经验公式，供查阅。

表 2-3-26　求弯曲力的经验公式

（续）

弯曲公式	简图	经验公式
V 形自由弯曲		$P = P_1 = \dfrac{bt^2\sigma_b}{r+t}$ b—弯曲件宽度，下同
V 形校正弯曲		$P = P_0 = Fq$
U 形接触弯曲		$P = P_1 + Q = \dfrac{bt^2\sigma_b}{r+t} + 0.8P_1$
U 形校正弯曲		$P = P_0 = Fq$
L 形弯曲		$P = \dfrac{P_1 + Q}{2} = \dfrac{bt^2\sigma_b}{2(r+t)} + 0.4P_1$
两道以上同时弯曲		求出全部弯曲长度 $b = b_1 + b_2 + \cdots$ 按 U 形模自由弯曲计算

（3）顶件力或压料力　对于设有顶件装置或压料装置的弯曲模，其顶件力或压料力 Q 可近似取弯曲力的 30%~80%，即

$$Q = (0.3 \sim 0.8)\ F_j$$

（4）弯曲时压力机吨位的确定　对于有压料的自由弯曲：

$$F \geqslant F_z + Q$$

对于校正弯曲，由于校正力与自由弯曲力不是同时存在，且校正力比自由弯曲力、压料力或顶件力大得多，所以仅以校正弯曲力作为选择设备的依据，即

$F \geqslant F_j$。

需要指出的是，在一般的机械压力机上，校正力的大小和校模深度（即压力机闭合高度的调整）及制件材料厚度的变化有很大关系，它们的微小变化会大量改变校正力的数值，表2-3-25所列数据仅供参考。

3.7 弯曲模工作部分的设计

弯曲模工作部分的参数主要是指凹模、凸模的圆角半径和凹模的深度，对U形件的弯曲模，还有凸、凹模之间的间隙及模具横向尺寸等，见图2-3-20。

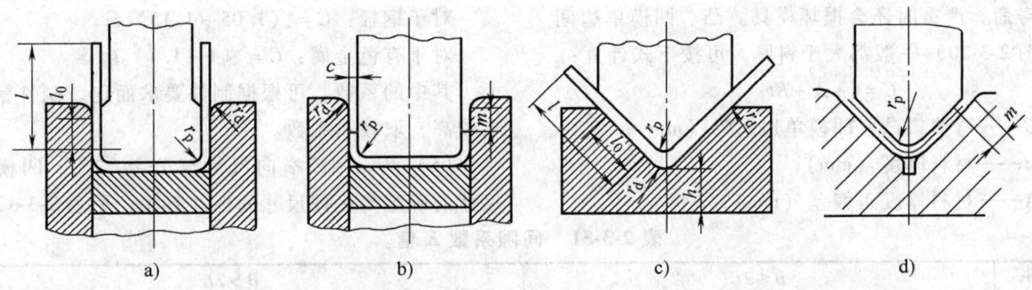

图2-3-20 弯曲模工作部分尺寸

（1）凸模圆角半径 r_p 一般情况下，当 r/t 较小时，凸模圆角半径应等于弯曲件的内侧弯曲半径 r，但不能小于材料最小弯曲半径 r_{min}（可查表2-3-2）；若 $r < r_{min}$，则应取 $r_p > r_{min}$，然后再增加一道整形工序，使整形模的 $r_p = r_{min}$。当 $r/t > 10$ 时，应考虑回弹后引起的变形。

若 $r/t > 10$ 或弯曲件的公差等级要求较高时，应考虑回弹因素引起的 r 的变化（$\Delta r = r' - r$），预先将 r_p 修小 Δr。

（2）凹模圆角半径 r_d 凹模圆角半径不能过小，过小会使工件表面擦伤，出现划痕，并使毛坯沿凹模圆角滑进时的阻力增大，凹模两边的圆角半径应当一致，以免弯曲时毛坯发生偏移，在生产中，凹模圆角半径一般根据材料的厚度选取，见表2-3-27，但一般不小于3mm。

表2-3-27 弯曲凹模圆角半径 r_d 值

材料厚度 t/mm	凹模圆角半径 r_d
≤2	(3~6) t
2~4	(2~3) t
>4	$2t$

对于V形件的凹模底部，可开退刀槽或取圆角半径 $r_d' = (0.6 \sim 0.8)(r_p + t)$。

（3）凹模深度 l_0 凹模深度 l_0 要适当。过小，则工件两边自由部分较长，弯曲件回弹大，不平直；过大，则模具增大，消耗钢材多，且要求较大行程的压力机。当直边长度不大或直边平直度要求高时，可采用图2-3-20b、d结构，其 m 值见表2-3-28。

表2-3-28 凹模尺寸 m 值

（单位：mm）

料厚	<1	1~2	2~3	3~4	4~5	5~6	6~7	7~8	8~10
m	3	4	5	6	8	10	15	20	25

弯曲V形件时，若直边平直度要求不高时，可采用图2-3-20c的结构，凹模深度 l_0 及底部最小厚度 h 可查表2-3-29。

表2-3-29 弯曲V形件的凹模深度 l_0 及底部最小厚度值 h（单位：mm）

弯曲件边长 l	板料厚度					
	≤2		2~4		>4	
	h	l_0	h	l_0	h	l_0
10~25	20	10~15	22	15	—	—
>25~50	22	15~20	27	25	32	30
>50~75	27	20~25	32	30	37	35
>75~100	32	25~30	37	35	42	40
>100~150	37	30~35	42	40	47	50

弯曲U形件时若直边平直度要求不高，可采用图2-3-20a的结构，其凹模深度 l_0 之值见表2-3-30。

表2-3-30 弯曲U形件的凹模深度 l_0

（单位：mm）

弯曲件边长 L	材料厚度 t				
	≤1	>1~2	>2~4	>4~6	>6~10
≤50	15	20	25	30	35
>50~75	20	25	30	35	40
>75~100	25	30	35	40	45
>100~150	30	35	40	50	50
>150~200	40	45	55	65	65

（4）凸、凹模间隙 C 弯曲V形件时，凸、凹模之间的间隙值是靠调节压力机的闭合高度来控制

的，在设计和制造模具时不需要确定，但设计时必须考虑到凸模圆角半径 r_p 与凹模底部圆角半径 r_d 及凸、凹模两侧在模具闭合时完全接触或贴合。弯曲 U 形件时，凸、凹模间的间隙值对弯曲件的质量有很大的影响，间隙过大，会使回弹增大，降低零件精度；间隙过小，会使弯曲力增大，工件边壁厚度减薄，并降低模具寿命，严重时还会损坏模具。凸、凹模单边间隙 C（图 2-3-20）一般都大于料厚，可按下式计算：

$$C = t + \Delta + Kt$$

式中 C——弯曲模凸、凹模单边间隙（mm）；

t——材料厚度（mm）；

Δ——材料厚度正偏差（mm）；

K——间隙系数，根据弯曲件高度 H 和弯曲线长度 B 确定，其值见表 2-3-31。

当工件的精度要求较高时，凸、凹模间隙值应适当减小，取 $C = t$。

为简化计算，在实际生产中常按材料力学性能和材料厚度选取：

对于钢板：$C = (1.05 \sim 1.15)\ t$；

对于有色金属：$C = (1 \sim 1.1)\ t$。

其中的系数，可根据制件要求而定，制件精度要求较高，取较小系数。

（5）凸、凹模横向尺寸与公差　凸、凹模横向尺寸的确定与工件尺寸的标注有关，见表 2-3-32。

表 2-3-31　间隙系数 *K* 值

弯曲件边长	$B \leqslant 2L$				$B > 2L$				
	材料厚度 t/mm								
L/mm	<0.5	0.6~2	2.1~4	4.1~5	<0.5	0.6~2	2.1~4	4.1~7.5	7.6~12
10	0.05	0.05	0.04		0.10	0.10	0.08		
20	0.05	0.05	0.04	0.03	0.10	0.10	0.08	0.06	0.06
25	0.07	0.05	0.04	0.03	0.15	0.10	0.08	0.06	0.06
50	0.10	0.07	0.05	0.04	0.20	0.15	0.10	0.06	0.06
70	0.10	0.07	0.05	0.05	0.20	0.15	0.10	0.10	0.08
100		0.07	0.05	0.05		0.15	0.10	0.10	0.08
150		0.10	0.07	0.05		0.20	0.15	0.10	0.10
200		0.10	0.07	0.07		0.20	0.15	0.15	0.10

表 2-3-32　凸模与凹模的宽度尺寸计算

工件尺寸标注方式	工件简图	凹模尺寸	凸模尺寸
用外形尺寸标注	$L \pm \Delta$	$L_d = \left(L - \frac{1}{2}\Delta\right)^{+\delta_d}_{0}$	L_p 按凹模尺寸配置，保证双面间隙为 $2C$ 或 $L_p = (L_d - 2C)^{0}_{-\delta_p}$
	$L - \Delta$	$L_d = \left(L - \frac{3}{4}\Delta\right)^{+\delta_d}_{0}$	
用内形尺寸标注	$L \pm \Delta$	L_d 按凸模尺寸配置，保证双面间隙为 $2C$ 或 $L_d = (L_p + 2C)^{+\delta_d}_{0}$	$L_p = \left(L + \frac{1}{2}\Delta\right)^{0}_{-\delta_p}$
	$L + \Delta$		$L_p = \left(L + \frac{3}{4}\Delta\right)^{0}_{-\delta_p}$

注：L_p、L_d——弯曲凸模和凹模工作部位尺寸（mm）；
L——弯曲件外形或内形公称尺寸（mm）；
Δ——弯曲件的尺寸公差（mm）；
C——凸模与凹模的单面间隙（mm）；
δ_p、δ_d——弯曲凸模、凹模的制造偏差，采用 IT7 ~ IT9。

3.8 弯曲件的工序安排

弯曲件的工序安排是在工艺分析和计算后进行的一项工艺设计工作。安排弯曲件的工序应根据零件形状的复杂程度、尺寸、精度等级、生产批量以及材料的力学性能等因素进行考虑。弯曲工序安排合理，则可以减少工序，简化模具结构，提高零件质量和劳动生产率；反之，安排不当，工件质量低劣，废品率高。

弯曲件工序安排的一般方法是：

1）对于形状简单的弯曲件，如V形件、U形件、Z形件等，可以一次弯曲成形（图2-3-21）。

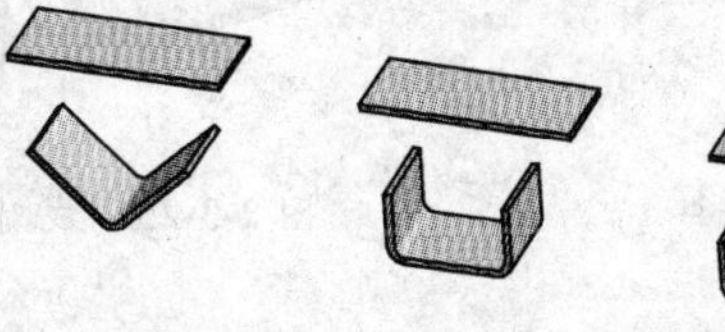

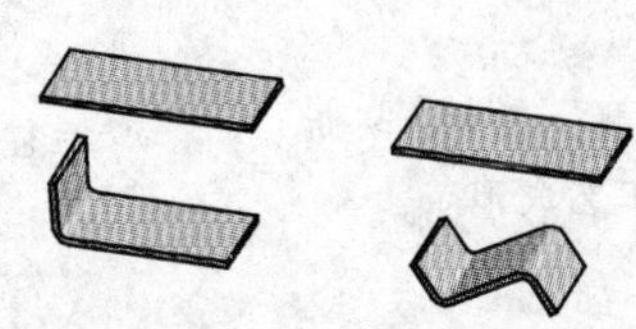

图2-3-21 一次弯曲成形

2）对于形状复杂的弯曲件，一般要多次弯曲才能成形（图2-3-22、图2-3-23）。需要多次弯曲时，一般应先弯两端，后弯中间部分，前次弯曲应考虑后次弯曲有可靠的定位，后次弯曲不能影响前次已弯成的形状。

但对于某些尺寸小、材料薄、形状较复杂的弹性接触件，最好采用一次复合弯曲成形较为有利；如采用多次弯曲，则定位不易准确，操作不方便，同时材料经过多次弯曲也易失去弹性。

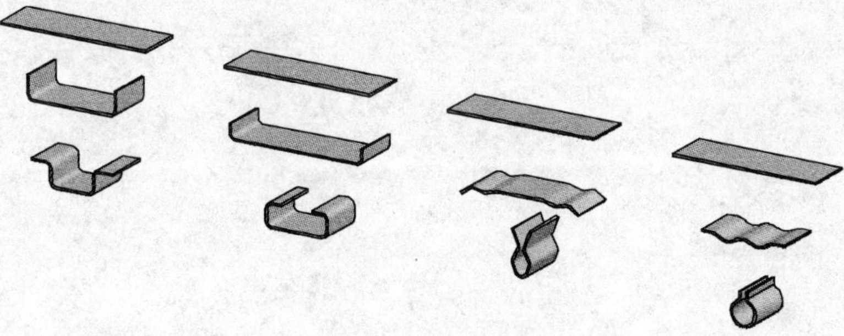

图2-3-22 二次压弯成形

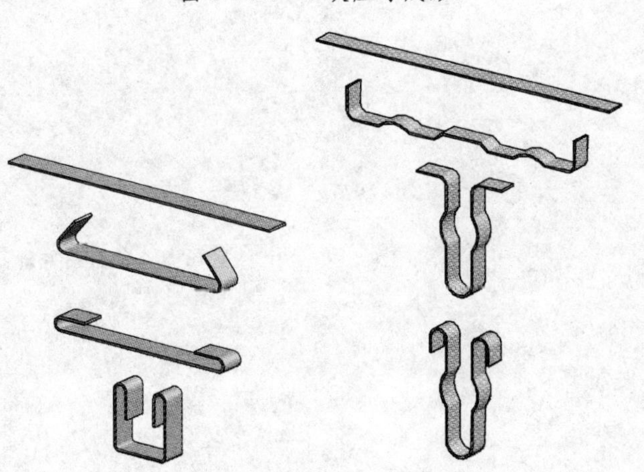

图2-3-23 三次压弯成形

3）对于批量大尺寸较小的弯曲件，为使操作方便、定位准确和提高生产率，应尽可能采用多工序的冲裁、弯曲、切断连续工艺成形级进模或复合模弯曲成形（图2-3-24），或在多滑块自动弯曲机上弯曲成形。

4）对于非对称弯曲件，为避免弯曲时坯料偏移，应尽可能采用成对弯曲后再切成两件的工艺（图2-3-25）。

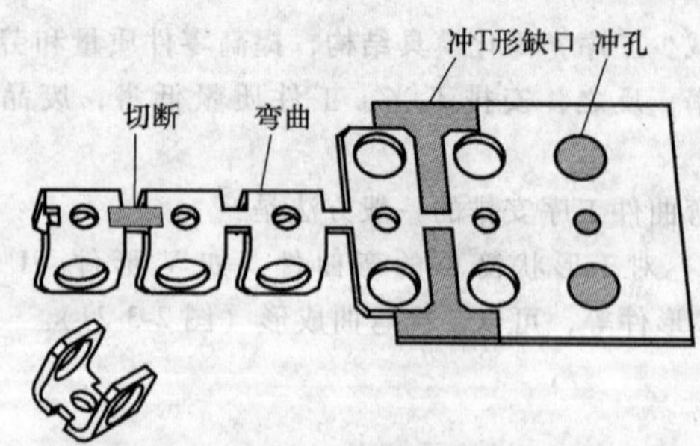

图 2-3-24　冲裁、压弯、切断连续工艺成形

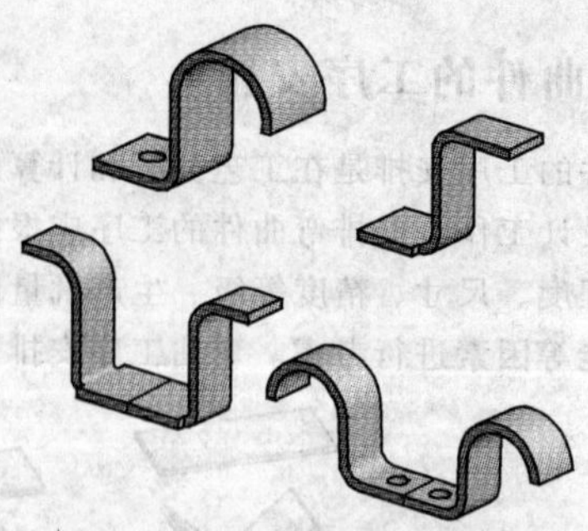
图 2-3-25　成对弯曲成形

第4章 拉深工艺

4.1 拉深变形过程分析

用拉深工艺可以制成的零件大体可分为轴对称零件、盒形零件、复杂曲面零件三大类(见图2-4-1)。

在圆筒形件拉深过程中，随着凸模的下压，迫使材料进入凹模，拉深变形主要集中在凸缘部分的材料上，凸模的压力作用于筒底，通过逐渐形成的筒壁将压力传递到凸缘部分，使之逐渐收缩转化为筒壁，由拉深前直径为 D 的毛坯拉成直径为 d_1 的制件(图2-4-2a)。拉深时，若先将毛坯画上等距 a 的同心圆和分度相等的辐射线所组成的扇形网格(图2-4-2b)，拉深后筒底的网格基本上保持原状，筒壁上原来等距的同心圆变成不等距的水平圆筒线，间距越靠筒口越大，即 $a_1 > a_2 > a_3 > \cdots > a$，原来分度相等的辐射线变成等距的竖线，即 $b_1 = b_2 = b_3 = \cdots = b$。由此说明了拉深

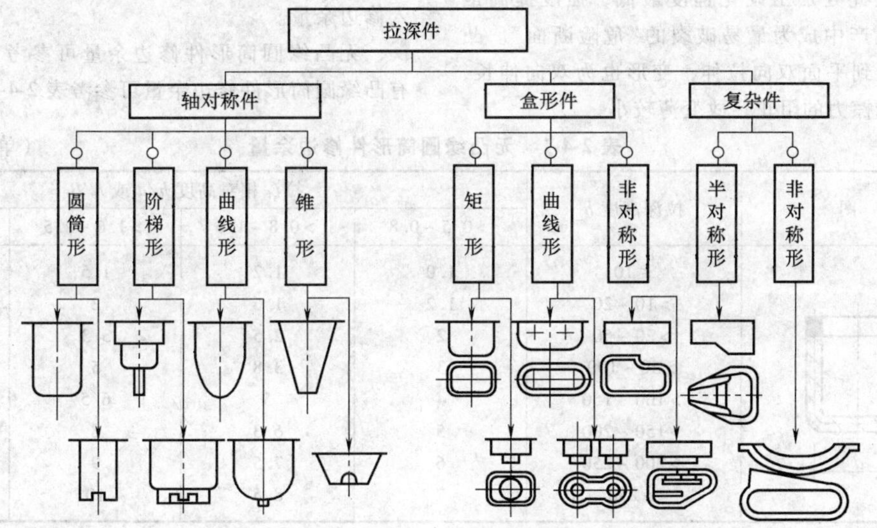

图2-4-1 拉深件的基本类型

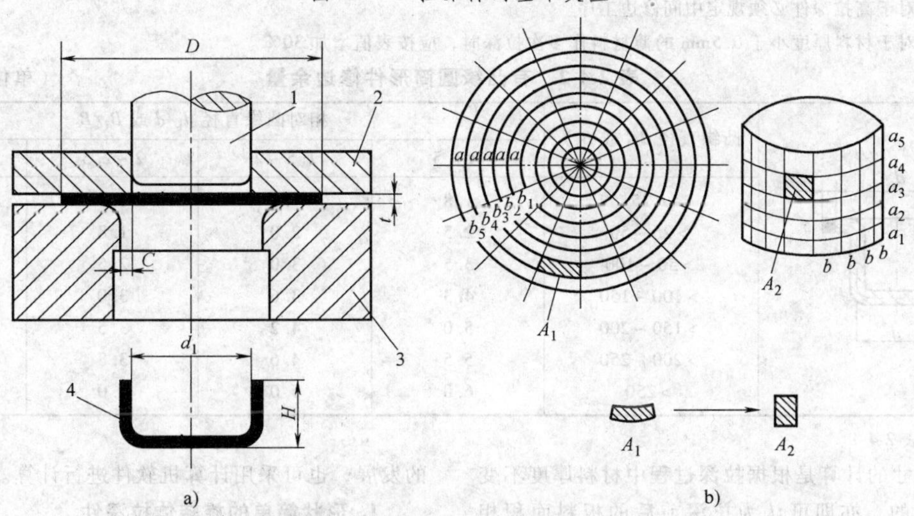

图2-4-2 平板毛坯拉深为圆筒形件的变形过程及拉深件的网格变化

1—凸模 2—压边圈 3—凹模 4—拉深件

时，材料是向开口方向流动，即沿着半径方向向外延展。其结果一方面增加工件的高度 Δh，使得 $H > \frac{1}{2}(D - d_1)$，另一方面增加工件的壁厚 Δt。

拉深过程中，凸缘部分处于径向拉伸与切向压缩状态，径向拉伸使凸缘材料变薄，切向压缩使凸缘厚度增加，越靠近凸缘外侧，径向拉应力越小，切向压应力越大，使凸缘外侧厚度增加。凹模圆角部分为过渡区，材料变形较为复杂，除切向受压，径向受拉外，还承受到凹模圆角的压力和弯曲作用而产生压应力，材料通过凹模圆角后，受到单向拉应力作用，料厚变薄，但由于凸缘上材料在流动时增厚，所以筒壁上部材料变厚而下端变薄。在凸模圆角稍上处，材料变薄最多，且此处加工硬化程度最低，强度提高最少，在实际生产中成为最易破裂的“危险断面”。凸模底部材料受到平面双向拉伸，变形也为双向伸长，但受到凸模摩擦力的阻止，故变薄较小。

其他几何形状的拉深件，变形区的位置、变形的性质及分布、毛坯各部位的应力状态、分布规律等与圆筒形件均有一定的差异。

4.2 圆筒形件的拉深工艺

4.2.1 毛坯尺寸的计算

计算拉深件毛坯尺寸的方法很多，常用的是等面积法，一般旋转体零件的拉深毛坯可采用圆形坯料。在拉深过程中，由于材料的各向异性，拉深时金属流动条件的差异，凸、凹模之间的间隙不均以及摩擦阻力不等等原因，拉深后的工件口部或凸缘周边不齐，为了保证零件的尺寸，在计算毛坯尺寸时必须考虑计入修边余量。

无凸缘圆筒形件修边余量可参考表2-4-1选取，有凸缘圆筒形件修边余量可参考表2-4-2选取。

表2-4-1 无凸缘圆筒形件修边余量 （单位：mm）

示图	拉深高度 h	拉深相对高度 h/d 或 h/B			
		>0.5~0.8	>0.8~1.6	>1.6~2.5	>2.5~4
(图：δ, h, d)	≤10	1.0	1.2	1.5	2
	>10~20	1.2	1.6	2	2.5
	>20~50	2	2.5	3.3	4
	>50~100	3	3.8	5	6
	>100~150	4	5	6.5	8
	>150~200	5	6.3	8	10
	>200~250	6	7.5	9	11
	>250	7	8.5	10	12

注：1. B 为正方形的边宽或长方形的短边宽度。

2. 对于高拉深件必须规定中间修边工序。

3. 对于材料厚度小于0.5mm的薄材料作多次拉深时，应按表值增加30%。

表2-4-2 有凸缘圆筒形件修边余量 （单位：mm）

示图	凸缘直径 d_t(或 B_t)	相对凸缘直径 d_t/d 或 B_t/B			
		<1.5	1.5~2	2~2.5	2.5~3
(图：δ, d_t, δ, d)	<25	1.8	1.6	1.4	1.2
	>25~50	2.5	2.0	1.8	1.6
	>50~100	3.5	3.0	2.5	2.2
	>100~150	4.3	3.6	3.0	2.5
	>150~200	5.0	4.2	3.5	2.7
	>200~250	5.5	4.6	3.8	2.8
	>250	6.0	5.0	4.0	3.0

注：同表2-4-1。

毛坯尺寸的计算是根据拉深过程中材料厚度不变的假设进行的，亦即可认为拉深前后的板料面积相等。计算中可分为形状简单的旋转体拉深件和形状复杂的旋转体拉深件这两种情况，同时随着计算机技术的发展，也可采用计算机软件进行计算。

1. 形状简单的旋转体拉深件

这类旋转体拉深件，由简单几何形状表面组成，拉深件的毛坯面积就等于简单几何形状表面的面积之

和（加上修边余量），即

$$A = \frac{\pi}{4}D^2 = a_1 + a_2 + \cdots + a_n = \sum_{i=1}^{n} a_i$$

$$所以\ D = \sqrt{\frac{4}{\pi}A} = \sqrt{\frac{4}{\pi}\sum_{i=1}^{n} a_i}$$

式中　A——拉深件的表面积（mm^2）；

a_i——拉深件分解为简单几何形状的表面积（mm^2）。

如图 2-4-3 所示有凸缘圆筒形件，计算其毛坯尺寸时，可将其分成五个简单几何形状：

其中，环形面积 $a_1 = \frac{\pi}{4}(d_4^2 - d_3^2)$

四分之一球环带表面积（凸）$a_2 = \frac{\pi}{4}(2\pi d_3 r_1 - 8r_1^2)$

筒形面积 $a_3 = \pi d_2 h$

四分之一球环带表面积（凹）$a_4 = \frac{\pi}{4}(2\pi d_1 r_2 + 8r_2^2)$

筒底面积 $a_5 = \frac{\pi}{4}d_1^2$

$$A = \frac{\pi}{4}D^2 = a_1 + a_2 + a_3 + a_4 + a_5$$

$$= \frac{\pi}{4}(d_4^2 - d_3^2 + 2\pi d_3 r_1 - 8r_1^2 + 4d_2 h + 2\pi d_1 r_2 + 8r_2^2 + d_1^2)$$

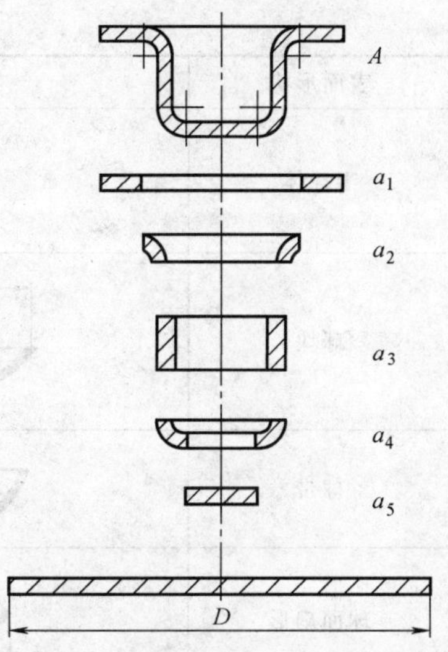

图 2-4-3　有凸缘圆筒形件毛坯尺寸计算

整理得

$$D = \sqrt{\frac{4}{\pi}A} = \sqrt{d_1^2 + 2\pi r_2 d_1 + 8r_2^2 + 4d_2 h + 2\pi r_1 d_2 + 4.56r_1^2 + d_4^2 - d_3^2}$$

常用简单几何形状的表面积计算公式可查表 2-4-3。

常用拉深件毛坯直径计算公式可从表 2-4-4 中直接查找。

表 2-4-3　常用简单几何形状的表面积计算公式

序号	表面形状	简　图	面积 F 计算公式
1	圆形	d	$F = \frac{\pi d^2}{4}$
2	环形	d_1 d_2	$F = \frac{\pi}{4}(d_2^2 - d_1^2)$
3	圆筒形	h d	$F = \pi dh$
4	圆锥形	d h l	$F = \frac{\pi}{4}d\sqrt{d^2 + 4h^2} = \frac{\pi d}{2}l$
5	截头锥形	d_2 h l d_1	$l = \sqrt{h^2 + \left(\frac{d_2 - d_1}{2}\right)^2}$，$F = \frac{\pi l}{2}(d_2 + d_1)$

（续）

序号	表面形状	简　　图	面积 F 计算公式
6	半球体		$F=2\pi r^2=\frac{\pi}{2}d^2$
7	球块		$F=2\pi rh$， $F=\frac{\pi}{4}(s^2+4h^2)$
8	球带		$F=2\pi rh$
9	球面扇形		$F=\frac{\pi r}{2}(4h+c)$
10	1/4 的凸形球环		$F=\frac{\pi r}{2}(\pi d+4r)$
11	1/4 的凹形球环		$F=\frac{\pi r}{2}(\pi d-4r)$
12	凸形球环		$h=r(1-\cos\alpha)$，$l=\frac{\pi r\alpha}{180°}$， $F=\pi(dl+2rh)$
13	凹形球环		$h=r(1-\cos\alpha)$ $l=\frac{\pi r\alpha}{180°}$，$F=\pi(dl-2rh)$
14	半圆截面环		$F=\pi^2dr$
15	截头锥体		$F=2\pi r\left(h-\alpha\frac{\pi d}{360°}\right)$
16	旋转抛物面		$F=\frac{2}{3}\cdot\frac{\pi}{p}\sqrt{(p^2+R^2)^3-p^3}$，$p=\frac{R^2}{2h}$
17	截头旋转抛物面		$F=\frac{2\pi}{3p}\sqrt{(p^2+R^2)}\sqrt{(p^2-r^2)^3}$，$p=\frac{R^2}{2h}$

表 2-4-4 常用旋转体拉深件毛坯直径的计算公式

序号	零件形状	毛坯直径 D
1	d, h	$\sqrt{d^2+4dh}$
2	d_2, h, d_1	$\sqrt{d_2^2+4d_1h}$
3	d, l	$\sqrt{2dl}$
4	d, h, l	$\sqrt{2d(l+2h)}$
5	d_3, d_2, h_2, h_1, d_1	$\sqrt{d_3^2+4(d_1h_1+d_2h_2)}$
6	d_3, d_2, l, h_2, h_1, d_1	$\sqrt{d_2^2+4(d_1h_1+d_2h_2)+2l(d_2+d_3)}$
7	d_2, h, l, d_1	$\sqrt{d_1^2+2l(d_1+d_2)+4d_2h}$
8	d_2, l, d_1	$\sqrt{d_1^2+2l(d_1+d_2)}$

（续）

序号	零件形状	毛坯直径 D
9	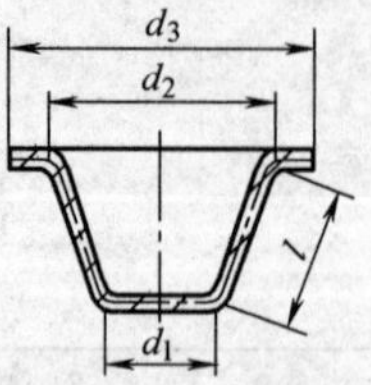	$\sqrt{d_1^2+2l(d_1+d_2)+d_3^2-d_2^2}$
10	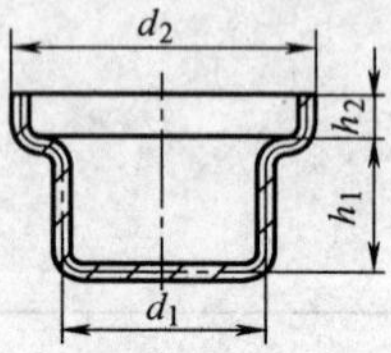	$\sqrt{d_2^2-4(d_1h_1+d_2h_2)}$
11	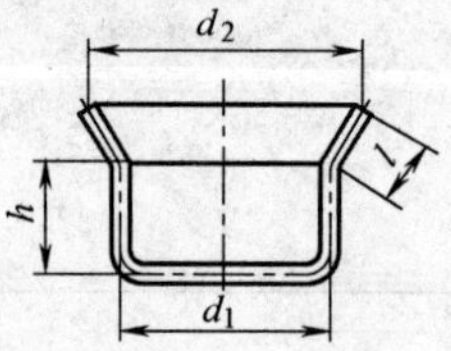	$\sqrt{d_1^2+4d_1h+2l(d_1+d_2)}$
12	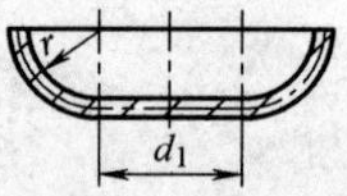	$\sqrt{d_1^2+2r(\pi d_1+4r)}$
13	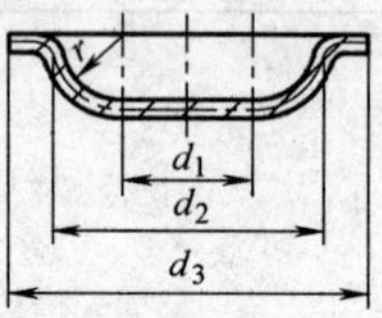	$\sqrt{d_1^2+6.28rd_1+8r^2+d_3^2-d_2^2}$
14	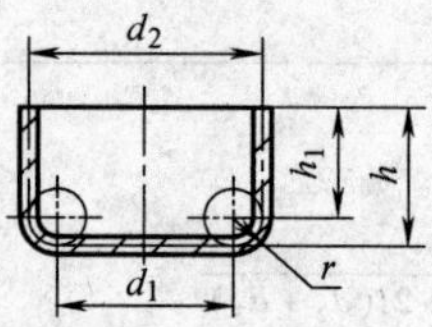	$\sqrt{d_1^2+4d_2h_1+6.28rd_1+8r^2}$ 或 $\sqrt{d_2^2+4d_2h-1.72rd_2-0.56r^2}$
15	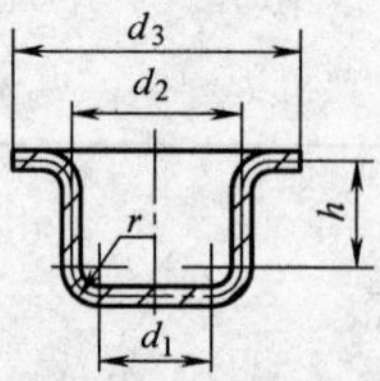	$\sqrt{d_1^2+2\pi rd_1+8r^2+4d_2h+d_3^2-d_2^2}$
16	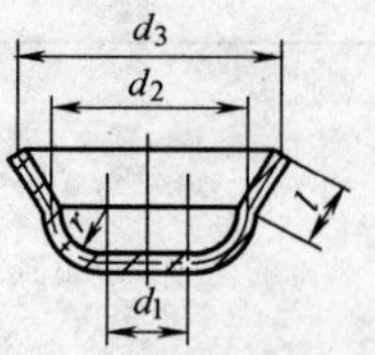	$\sqrt{d_1^2+2\pi rd_1+8r^2+2l(d_2+d_3)}$

(续)

序号	零件形状	毛坯直径 D
17	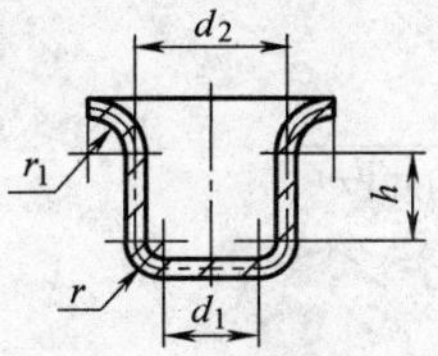	当 $r_1 \neq r$ 时 $\sqrt{d_1^2+6.28rd_1+8r^2+4d_2h+6.28r_1d_2+4.56r_1^2}$ 当 $r_1=r$ 时 $\sqrt{d_1^2+4d_2h+2\pi r(d_1+d_2)+4\pi r^2}$
18	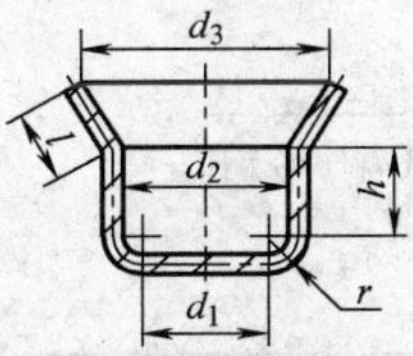	$\sqrt{d_1^2+2\pi rd_1+8r^2+4d_2h+2l(d_2+d_3)}$
19	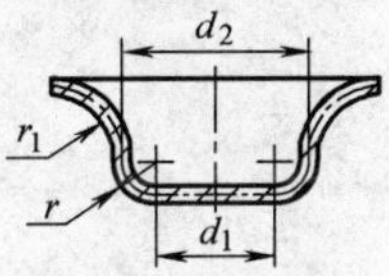	$\sqrt{d_1^2+2\pi r(d_1+d_2)+4\pi r_1^2}$
20	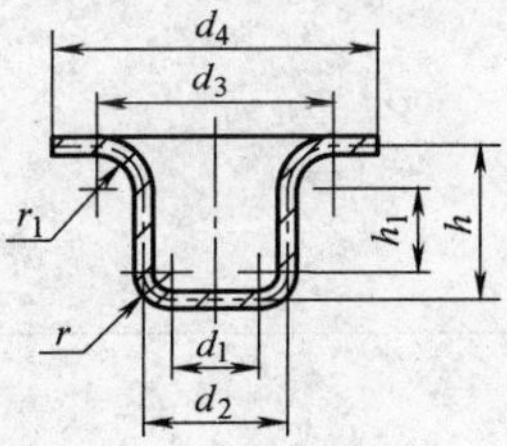	当 $r \neq r_1$ 时 $\sqrt{d_1^2+6.28rd_1+8r^2+4d_2h_1+6.28r_1d_2+4.56r_1^2+d_4^2-d_3^2}$ 当 $r=r_1$ 时 $\sqrt{d_1^2+4d_2h-3.44rd_2}$
21	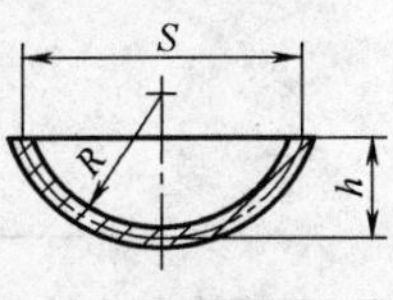	$\sqrt{8Rh}$ 或 $\sqrt{S^2+4h^2}$
22	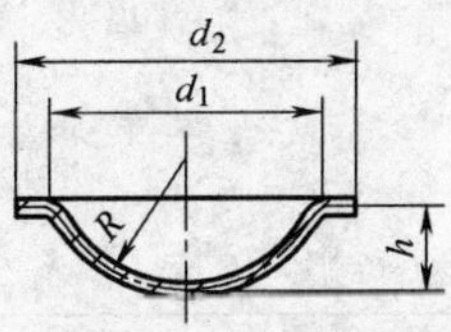	$\sqrt{d_2^2+4h^2}$
23	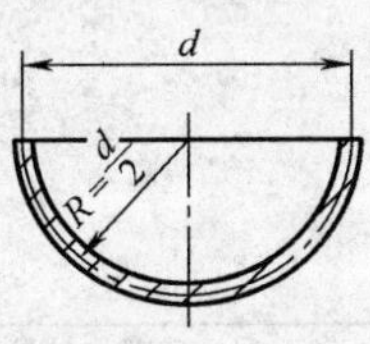	$\sqrt{2d^2}=1.414d$
24	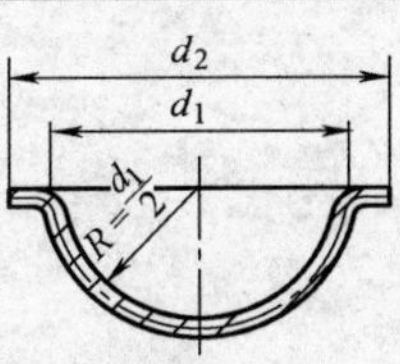	$\sqrt{d_1^2+d_2^2}$

（续）

序号	零件形状	毛坯直径 D
25	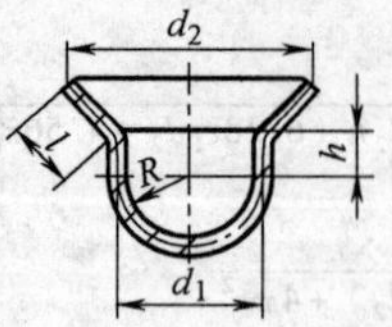	$1.414\sqrt{d_1^2+2d_1h+l(d_1+d_2)}$
26	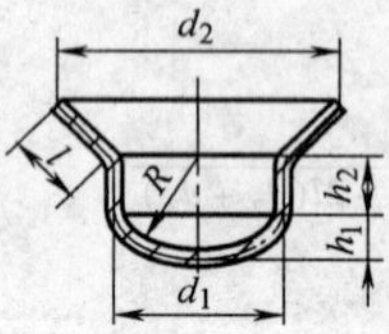	$\sqrt{d_1^2+4\left[h^2+d_1h_2+\frac{1}{2}(d_1+d_2)\right]}$
27	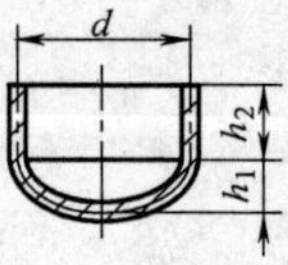	$\sqrt{d^2+4(h_1^2+dh_2)}$
28	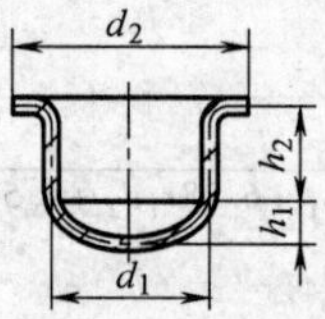	$\sqrt{d_2^2+4(h_1^2+d_1h_2)}$
29	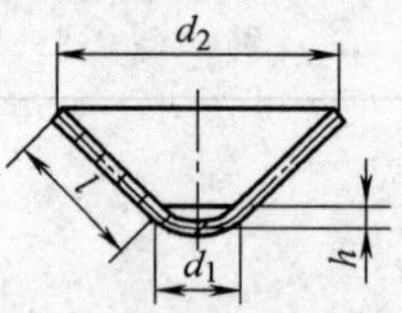	$\sqrt{d_1^2+4h^2+2l(d_1+d_2)}$
30	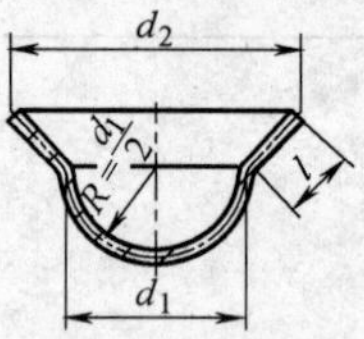	$1.414\sqrt{d_1^2+l(d_1+d_2)}$
31	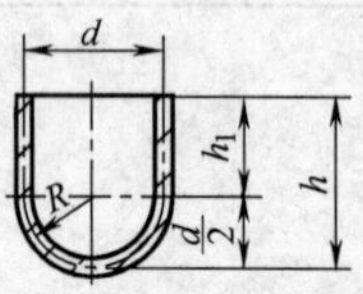	$1.414\sqrt{d^2+2dh_1}$ 或 $2\sqrt{dh}$
32	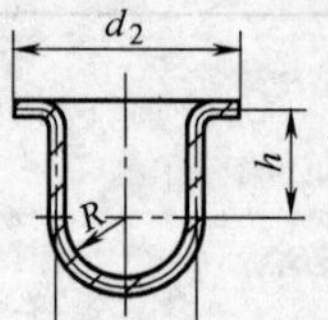	$\sqrt{d_1^2+d_2^2+4d_1h}$

（续）

序号	零件形状	毛坯直径 D
33		$\sqrt{d_2^2 - d_1^2 + 4d_1\left(h + \frac{l}{2}\right)}$
34		$\sqrt{8R\left[x - b\left(\arcsin\frac{x}{R}\right)\right] + 4dh_2 + 8rh_1}$
35		$\sqrt{d_1^2 + 4d_1h_1 + 4d_2h_2}$

注：1. 尺寸按制件材料厚度中心层尺寸计算。

2. 对于厚度小于 1mm 的拉深件，可不按制件材料厚度中心层尺寸计算，而根据制件外壁尺寸计算。

3. 对于部分未考虑制件圆角半径的计算公式，在计算有圆角半径的制件时计算结果要偏大，在此情形下，可不考虑或少考虑修边余量。

若某些拉深件口部边缘要求不高，可不考虑修边余量。为使毛坯余量计算比较准确，应考虑材料厚度变薄的因素，计算公式如下：

$$D = 1.13\sqrt{A\alpha} = 1.13\sqrt{\frac{A}{\beta}}$$

式中　D——毛坯直径（mm）；

A——拉深件表面积（mm^2）；

α——平均变薄系数，查表 2-4-5；

β——面积改变系数，查表 2-4-5。

表 2-4-5　平均变薄系数和面积改变系数

相对圆角半径 $R_0 = \frac{r_d + r_p}{t}$	相对间隙 $Z_0 = \frac{D_d - d_p}{2t}$	单位压边力 p/MPa	拉深速度 r/(m/s)	平均变薄系数 $\alpha = \frac{t_1}{t}$	面积改变系数 $\beta = \frac{A_1}{A}$
>3	>1.1	1.0 ~ 2.0	<0.2	1.0 ~ 0.97	1.0 ~ 1.03
3 ~ 2	1.1 ~ 1.0	2.0 ~ 2.5	0.2 ~ 0.4	0.97 ~ 0.93	1.03 ~ 1.08
<2	<1.0 ~ 0.98	2.5 ~ 3.0	>0.4	0.93 ~ 0.90	1.08 ~ 1.11

注：表中　r_d——凹模圆角半径；

r_p——凸模圆角半径；

D_d——凹模直径；

d_p——凸模直径；

t——材料厚度；

t_1——拉深件平均厚度；

A——毛坯面积；

A_1——拉深件工件实际面积。

对于形状简单只进行一次拉深的冲件，α 应取较大数值；对于形状复杂需多次拉深的冲件，α 取较小数值。

2. 形状复杂的旋转体拉深件

这一类拉深件毛坯直径的计算可利用久里金法则，即任意形状的母线绕轴线 YY 旋转，所得的旋转体面积等于母线长度 L 与其重心绕轴线旋转所得周长 $2\pi x$ 的乘积（见图 2-4-4，其中 x 为母线重心到轴线的距离）。

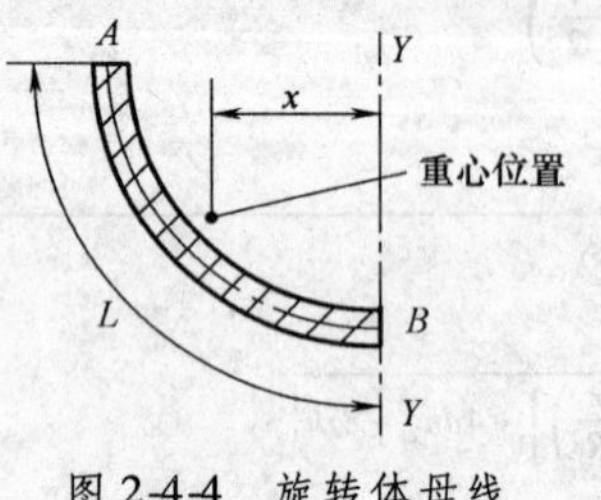

图 2-4-4　旋转体母线

若拉深件为母线是直线和圆弧连接的旋转体，可将母线分为简单的直线和圆弧线段，算出各单元线段的长度（圆弧长度可查表 2-4-6、表 2-4-7），再求出各单元线段重心到回转轴线的距离（圆弧的重心到轴线的距离可查表 2-4-8、表 2-4-9），然后按下式计算其面积并求出毛坯直径 D（也可查表 2-4-10）：

$$A = 2\pi Lx = \frac{\pi}{4}D^2$$

$$D = \sqrt{8(L_1x_1 + L_2x_2 + \cdots + L_nx_n)} = \sqrt{8\sum Lx}$$

表 2-4-6　中心角 $\alpha = 90°$ 时的弧长 L　（单位：mm）

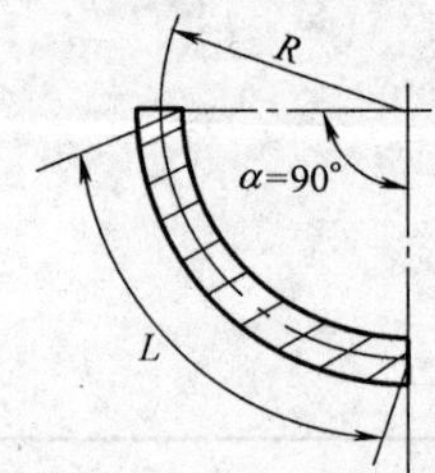

$$L = \frac{\pi}{2}R$$

例：$R = 41.25$　查弧长 L

R	L
41	64.40
0.2	0.31
0.05	0.08
41.25	64.79

R	L	R	L	R	L	R	L
		10	15.71	40	62.83	70	109.96
0.01	0.02	11	17.28	41	64.40	71	111.53
0.02	0.03	12	18.85	42	65.97	72	113.10
0.03	0.05	13	20.42	43	67.54	73	114.67
0.04	0.06	14	21.99	44	69.12	74	116.24
0.05	0.08	15	23.56	45	70.69	75	117.81
0.06	0.09	16	25.13	46	72.26	76	119.38
0.07	0.11	17	26.70	47	73.83	77	120.95
0.08	0.12	18	28.27	48	75.40	78	122.52
0.09	0.14	19	29.85	49	76.97	79	124.09
		20	31.42	50	78.54	80	125.66
0.1	0.16	21	32.99	51	80.11	81	127.23
0.2	0.31	22	34.56	52	81.68	82	128.81
0.3	0.47	23	36.13	53	83.25	83	130.38
0.4	0.63	24	37.70	54	84.82	84	131.95
0.5	0.79	25	39.27	55	86.39	85	133.52
0.6	0.94	26	40.84	56	87.96	86	135.09
0.7	1.10	27	42.41	57	89.54	87	136.66
0.8	1.26	28	43.98	58	91.11	88	138.23
0.9	1.41	29	45.55	59	92.68	89	139.80
		30	47.12	60	94.25	90	141.37
1	1.57	31	48.69	61	95.82	91	142.94
2	3.14	32	50.27	62	97.39	92	144.51
3	4.71	33	51.84	63	98.96	93	146.08
4	6.28	34	53.41	64	100.53	94	147.66
5	7.85	35	54.98	65	102.10	95	149.23
6	9.42	36	56.55	66	103.67	96	150.80
7	11.00	37	58.12	67	105.24	97	152.37
8	12.57	38	59.69	68	106.81	98	153.94
9	14.14	39	61.26	69	108.39	99	155.51

表 2-4-7　中心角 $\alpha<90°$ 时的弧长 L_1（$R=1$mm）　（单位：mm）

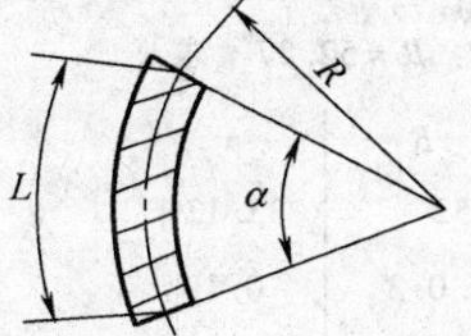

$$L=\pi R\frac{\alpha}{180°}=L_1 R$$

例：$\alpha=25°30'$　$R=22.5$　求弧长 L

$L=(0.436+0.009)\times 22.5=10.01$

α/(°)						α/(′)			
α	L_1	α	L_1	α	L_1	α	L_1	α	L_1
		30	0.524	60	1.047			30	0.009
1	0.017	31	0.541	61	1.064	1	—	31	0.009
2	0.035	32	0.558	62	1.082	2	—	32	0.009
3	0.052	33	0.576	63	1.099	3	0.001	33	0.010
4	0.070	34	0.593	64	1.117	4	0.001	34	0.010
5	0.087	35	0.611	65	1.134	5	0.001	35	0.010
6	0.105	36	0.628	66	1.152	6	0.002	36	0.011
7	0.122	37	0.646	67	1.169	7	0.002	37	0.011
8	0.140	38	0.663	68	1.187	8	0.002	38	0.011
9	0.157	39	0.681	69	1.204	9	0.002	39	0.011
10	0.175	40	0.698	70	1.222	10	0.003	40	0.012
11	0.192	41	0.715	71	1.239	11	0.003	41	0.012
12	0.209	42	0.733	72	1.256	12	0.003	42	0.012
13	0.227	43	0.750	73	1.274	13	0.004	43	0.013
14	0.244	44	0.768	74	1.291	14	0.004	44	0.013
15	0.262	45	0.785	75	1.309	15	0.004	45	0.013
16	0.279	46	0.803	76	1.326	16	0.005	46	0.014
17	0.297	47	0.820	77	1.344	17	0.005	47	0.014
18	0.314	48	0.838	78	1.361	18	0.005	48	0.014
19	0.332	49	0.855	79	1.379	19	0.005	49	0.014
20	0.349	50	0.873	80	1.396	20	0.006	50	0.015
21	0.366	51	0.890	81	1.413	21	0.006	51	0.015
22	0.384	52	0.907	82	1.431	22	0.006	52	0.015
23	0.401	53	0.925	83	1.448	23	0.007	53	0.016
24	0.419	54	0.942	84	1.466	24	0.007	54	0.016
25	0.436	55	0.960	85	1.483	25	0.007	55	0.016
26	0.454	56	0.977	86	1.501	26	0.008	56	0.017
27	0.471	57	0.995	87	1.518	27	0.008	57	0.017
28	0.489	58	1.012	88	1.536	28	0.008	58	0.017
29	0.506	59	1.030	89	1.553	29	0.008	59	0.017

表 2-4-8 中心角 $\alpha=90°$ 时弧的重心到 Y—Y 轴的距离 x （单位：mm）

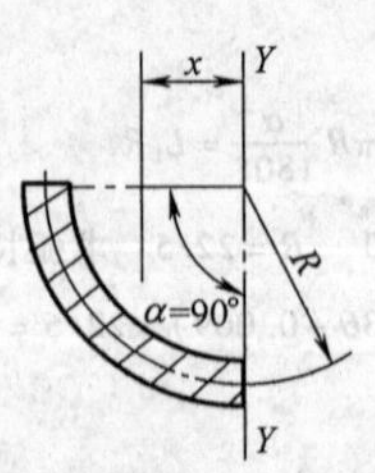

$$x=\frac{2}{\pi}R$$

例：$R=52.37$ 求 x

R	x
52	33.12
0.3	0.19
0.07	0.05
52.37	33.36

$\alpha=90°$，$R<100$ 时弧的重心到 Y—Y 轴的距离

R	x	R	x	R	x	R	x
		10	6.37	40	25.48	70	44.58
0.01	0.01	11	7.01	41	26.11	71	45.22
0.02	0.01	12	7.64	42	26.75	72	45.86
0.03	0.02	13	8.28	43	27.39	73	46.49
0.04	0.03	14	8.92	44	28.02	74	47.13
0.05	0.03	15	9.55	45	28.66	75	47.77
0.06	0.04	16	10.19	46	29.30	76	48.41
0.07	0.05	17	10.83	47	29.93	77	49.05
0.08	0.05	18	11.46	48	30.57	78	49.69
0.09	0.06	19	12.10	49	31.21	79	50.32
		20	12.74	50	31.84	80	50.95
0.1	0.06	21	13.37	51	32.48	81	51.59
0.2	0.13	22	14.01	52	33.12	82	52.23
0.3	0.19	23	14.65	53	33.76	83	52.86
0.4	0.25	24	15.29	54	34.39	84	53.50
0.5	0.32	25	15.92	55	35.03	85	54.13
0.6	0.38	26	16.56	56	35.67	86	54.77
0.7	0.45	27	17.20	57	36.30	87	55.41
0.8	0.51	28	17.83	58	36.94	88	56.05
0.9	0.57	29	18.47	59	37.58	89	56.68
		30	19.11	60	38.21	90	57.33
1	0.64	31	19.74	61	38.85	91	57.96
2	1.27	32	20.38	62	39.49	92	58.59
3	1.91	33	21.02	63	40.12	93	59.23
4	2.55	34	21.65	64	40.76	94	59.87
5	3.18	35	22.29	65	41.40	95	60.51
6	3.82	36	22.93	66	42.04	96	61.15
7	4.46	37	23.57	67	42.67	97	61.79
8	5.10	38	24.20	68	43.31	98	62.43
9	5.73	39	24.84	69	43.95	99	63.06

表 2-4-9　中心角 $\alpha<90°$ 时弧的重心到 Y—Y 轴的距离 x　　（单位：mm）

$$x = R\frac{180°\sin\alpha}{\pi\alpha} = Rx_0$$

式中　x_0 为 $R=1$ 时的 x 值（可查表）

例：$R=20$，$\alpha=25°$ 时

求 x

$x = Rx_0$

$=20\times0.969$

$=19.38$

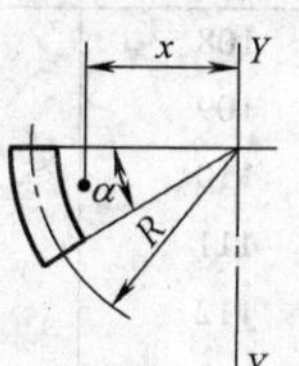

$R=1$ 时弧的重心到 Y—Y 轴的距离 x_0

α/(°)	x_0	α/(°)	x_0	α/(°)	x_0
		30	0.955	60	0.827
1	1.000	31	0.952	61	0.822
2	1.000	32	0.949	62	0.816
3	1.000	33	0.946	63	0.810
4	0.999	34	0.942	64	0.805
5	0.999	35	0.939	65	0.799
6	0.998	36	0.936	66	0.793
7	0.998	37	0.932	67	0.787
8	0.997	38	0.929	68	0.781
9	0.996	39	0.925	69	0.775
10	0.996	40	0.921	70	0.769
11	0.994	41	0.917	71	0.763
12	0.993	42	0.913	72	0.757
13	0.992	43	0.909	73	0.750
14	0.990	44	0.905	74	0.744
15	0.989	45	0.901	75	0.738
16	0.987	46	0.896	76	0.731
17	0.985	47	0.891	77	0.725
18	0.984	48	0.887	78	0.719
19	0.982	49	0.883	79	0.712
20	0.980	50	0.879	80	0.705
21	0.978	51	0.873	81	0.699
22	0.976	52	0.868	82	0.692
23	0.974	53	0.864	83	0.685
24	0.972	54	0.858	84	0.678
25	0.969	55	0.853	85	0.671
26	0.966	56	0.848	86	0.665
27	0.963	57	0.843	87	0.658
28	0.960	58	0.838	88	0.651
29	0.958	59	0.832	89	0.644

$$x = R\frac{180°(1-\cos\alpha)}{\pi\alpha} = Rx_0$$

式中　x_0 为 $R=1$ 时的 x 值（可查表）

例：$R=25$，$\alpha=38°$ 时

求 x

$x = Rx_0$

$=25\times0.320$

$=8$

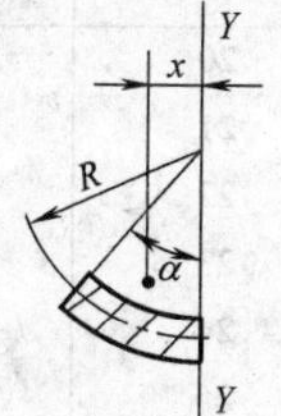

$R=1$ 时弧的重心到 Y—Y 轴的距离 x_0

α/(°)	x_0	α/(°)	x_0	α/(°)	x_0
		30	0.256	60	0.478
1	0.009	31	0.264	61	0.484
2	0.017	32	0.272	62	0.490
3	0.026	33	0.280	63	0.497
4	0.035	34	0.288	64	0.503
5	0.043	35	0.296	65	0.509
6	0.052	36	0.304	66	0.515
7	0.061	37	0.312	67	0.521
8	0.070	38	0.320	68	0.527
9	0.073	39	0.327	69	0.533
10	0.087	40	0.335	70	0.538
11	0.095	41	0.343	71	0.544
12	0.104	42	0.350	72	0.550
13	0.113	43	0.358	73	0.555
14	0.122	44	0.366	74	0.561
15	0.130	45	0.373	75	0.566
16	0.139	46	0.380	76	0.572
17	0.147	47	0.388	77	0.577
18	0.156	48	0.395	78	0.582
19	0.164	49	0.402	79	0.587
20	0.173	50	0.409	80	0.592
21	0.181	51	0.416	81	0.597
22	0.190	52	0.423	82	0.602
23	0.198	53	0.430	83	0.606
24	0.206	54	0.437	84	0.611
25	0.215	55	0.444	85	0.615
26	0.223	56	0.451	86	0.620
27	0.231	57	0.458	87	0.624
28	0.240	58	0.464	88	0.628
29	0.248	59	0.471	89	0.633

表 2-4-10 根据 Lx 查毛坯直径 D

($D=\sqrt{8Lx}$)　　（单位：mm）

D	Lx	D	Lx	D	Lx	D	Lx
20	50	64	512	108	1458	152	2888
21	55	65	528	109	1485	153	2926
22	60.5	66	544	110	1512	154	2964
23	66	67	561	111	1540	155	3003
24	72	68	578	112	1568	156	3042
25	78	69	595	113	1596	157	3081
26	84.5	70	612.5	114	1624	158	3120
27	91	71	630	115	1653	159	3161
28	98	72	648	116	1682	160	3200
29	105	73	666	117	1711	161	3240
30	112.5	74	684.5	118	1740	162	3280
31	120	75	703	119	1770	163	3321
32	128	76	722	120	1800	164	3362
33	136	77	741	121	1830	165	3403
34	144.5	78	760.5	122	1860	166	3444
35	154	79	780	123	1891	167	3486
36	162	80	800	124	1922	168	3528
37	171	81	820	125	1953	169	3570
38	180.5	82	840.5	126	1984	170	3612
39	190	83	861	127	2016	171	3655
40	200	84	882	128	2048	172	3698
41	210	85	903	129	2080	173	3741
42	220.5	86	924.5	130	2112	174	3784
43	231	87	946	131	2145	175	3828
44	242	88	968	132	2178	176	3872
45	253	89	990	133	2211	177	3916
46	264.5	90	1012.5	134	2214	178	3960
47	276	91	1035	135	2278	179	4005
48	285.5	92	1058	136	2312	180	4050
49	300	93	1081	137	2346	181	4095
50	312.5	94	1104.5	138	2380	182	4140
51	325	95	1128	139	2415	183	4186
52	338	96	1152	140	2450	184	4232
53	351	97	1176	141	2485	185	4278
54	364.5	98	1200	142	2520	186	4324
55	378	99	1225	143	2556	187	4371
56	392	100	1250	144	2592	188	4418
57	406	101	1275	145	2628	189	4465
58	420.5	102	1300	146	2664	190	4512
59	435	103	1326	147	2701	191	4560
60	450	104	1352	148	2738	192	4608
61	465	105	1378	149	2775	193	4656
62	480.5	106	1404	150	2812	194	4704
63	496	107	1431	151	2850	195	4753

（续）

D	Lx	D	Lx	D	Lx	D	Lx
196	4802	242	7320	288	10368	470	27612
197	4851	243	7381	289	10440	475	28203
198	4900	244	7442	290	10512	480	28800
199	4950	245	7503	291	10585	485	29403
200	5000	246	7564	292	10658	490	30012
201	5050	247	7626	293	10731	495	30628
202	5100	248	7688	294	10804	500	31250
203	5151	249	7750	295	10878	505	31878
204	5202	250	7812	296	10952	510	32512
205	5253	251	7875	297	11026	515	33153
206	5304	252	7938	298	11100	520	33800
207	5356	253	8001	299	11175	525	34453
208	5408	254	8064	300	11250	530	35112
209	5460	255	8128	305	11628	535	35778
210	5512	256	8192	310	12012	540	36450
211	5565	257	8256	315	12403	545	37128
212	5618	258	8320	320	12800	550	37812
213	5671	259	8385	325	13203	555	38503
214	5724	260	8450	330	13612	560	39200
215	5778	261	8515	335	14028	565	39903
216	5832	262	8580	340	14450	570	40612
217	5886	263	8646	345	14878	575	41328
218	5940	264	8712	350	15312	580	42050
219	5995	265	8778	355	15753	585	42778
220	6050	266	8844	360	16200	590	43512
221	6105	267	8911	365	16653	595	44253
222	6166	268	8978	370	17112	600	45000
223	6216	269	9045	375	17578	605	45753
224	6272	270	9112	380	18050	610	46512
225	6328	271	9180	385	18528	615	47278
226	6384	272	9248	390	19012	620	48050
227	6441	273	9316	395	19503	625	48828
228	6485	274	9384	400	20000	630	49612
229	6555	275	9453	405	20503	635	50403
230	6612	276	9522	410	21012	640	51200
231	6670	277	9591	415	21528	645	52003
232	6715	278	9660	420	22050	650	52812
233	6786	279	9730	425	22578	655	53628
234	6844	280	9800	430	23112	660	54450
235	6903	281	9870	435	23653	665	55278
236	6962	282	9940	440	24200	670	56112
237	7021	283	10011	445	24753	675	56953
238	7080	284	10082	450	25312	680	57800
239	7140	285	10153	455	25878	685	58653
240	7200	286	10224	460	26450	690	59512
241	7260	287	10296	465	27028	695	60378

若母线为曲线连接的旋转体拉深件，可把拉深件母线分为可近似当直线看待的线段，从图上量出各段长度及各段重心到轴线的距离，然后按公式 $D=\sqrt{8\sum Lx}$计算毛坯直径 D。

3. 利用CAD软件求毛坯面积

利用 Auto CAD 的作图及查询功能可快速、精确地求得任意形状的实体表面积。

具体做法：利用 PLINE（多段线）线绘制出剖面体的一半轮廓和旋转轴线，轮廓用 PE→JOIN 连接成一体，再用 REV 命令选取剖面体轮廓，再选取旋转轴线，按回车后即得旋转实体。再利用 AREA（面积）命令可获得此实体的表面积。

4.2.2 无凸缘圆筒形件的拉深

1. 拉深系数及影响因素

（1）拉深系数　拉深后圆筒形件直径 d 与拉深前毛坯直径 D 之比为拉深系数，用 m 表示：$m=\dfrac{d}{D}$。多次拉深中（图 2-4-5），第 n 次拉深系数为 $m_n=\dfrac{d_n}{d_{n-1}}$（$n=1, 2, 3, \cdots$）。拉深系数可用来衡量拉深中毛坯的变形程度，m 越小，毛坯的变形程度越大。在制订拉深工艺时，常希望采用小的拉深系数来减少拉深次数。但 m 越小，毛坯材料破坏的可能性也越大，合理的拉深系数应能使材料在拉深中的应力既不超过强度极限，又能充分利用材料的塑性。每次的拉深系数应大于极限拉深系数。

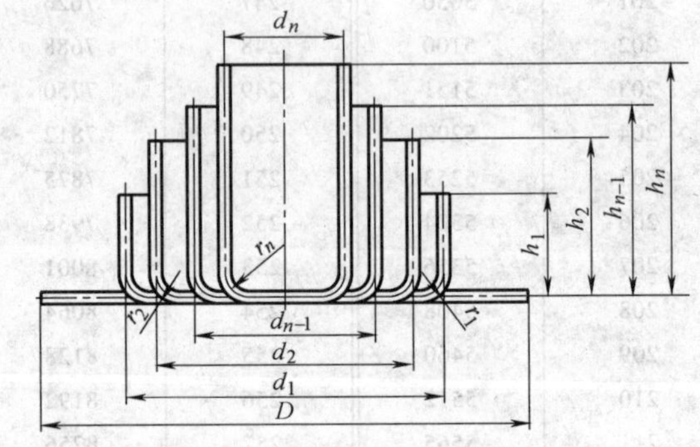

图 2-4-5　多次拉深变形情况

（2）拉深系数的影响因素　影响拉深系数的主要因素列于表 2-4-11。

表 2-4-11　影响拉深系数的主要因素

序号	因　素	对拉深系数的影响
1	材料的内部组织及力学性能	板料塑性好（δ、ψ 大），组织均匀，晶粒大小适当，屈强比 σ_s/σ_b 小，塑性应变比 r 值大时，板材拉深性能好，可以采用较小的 m 值。多次拉深中，由于拉深后材料产生冷作硬化，塑性降低，所以 m 值在第一次拉深时最小，以后各次拉深时逐次增加，只有当工序间增加了退火工序，才可再取较小的拉深系数
2	材料的相对厚度 t/D	材料相对厚度是 m 值的一个重要影响因素。材料越薄，拉深中越容易失稳而起皱。t/D 大，拉深时不易起皱，m 可取小些；反之，m 要大
3	拉深方式（用或不用压边圈）	有压边圈拉深时，材料不易起皱，m 可取小些；不用压边圈时，m 要取大些
4	凹模与凸模圆角半径	凹模圆角半径（r_d）较大时，圆角处弯曲力小，且金属容易流动，摩擦阻力小，材料流动阻力小，m 值可取小些，但 r_d 太大时，毛坯在压边圈下的压边面积减小，容易起皱 凸模圆角半径 r_p 较大，m 可小，如 r_p 过小，则易使危险断面变薄严重导致破裂
5	模具情况	模具间隙正常，表面粗糙度小，硬度高，可改善金属流动条件，m 可小
6	润滑条件	使用适当的润滑剂，可降低材料表面摩擦力及摩擦热，m 可取小值
7	拉深速度（v）	一般情况，拉深速度对拉深系数影响不大。但对于复杂大型拉深件，由于变形复杂且不均匀，若拉深速度过高，会使局部变形加剧，不易向邻近部位扩展，而导致破裂。另外，对速度敏感的金属（如钛合金、不锈钢、耐热钢），拉深速度大时，拉深系数应适当加大

（3）压边圈　在拉深过程中，凸缘部分材料受压应力作用，当材料较薄，或压应力过大时，一旦失去稳定，就会起拱弯曲，其情况与压杆受压失去稳定而弯曲相似，使材料产生皱折，在凸缘的整个周围产生波浪形的连续弯曲，称为“起皱”。

为了防止拉深过程中制件边壁或凸缘起皱，常在拉深模中采用压边圈（见图 2-4-6），拉深时是否采用压边圈，其条件见表 2-4-12，或根据图 2-4-7 确定，在区域Ⅰ内采用压边圈，区域Ⅱ内可不采用压边圈。

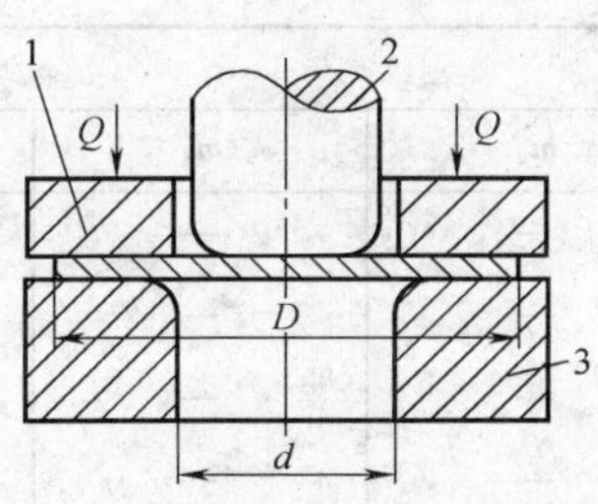

图 2-4-6 带压边圈的拉深模
1—压边圈 2—凸模 3—凹模

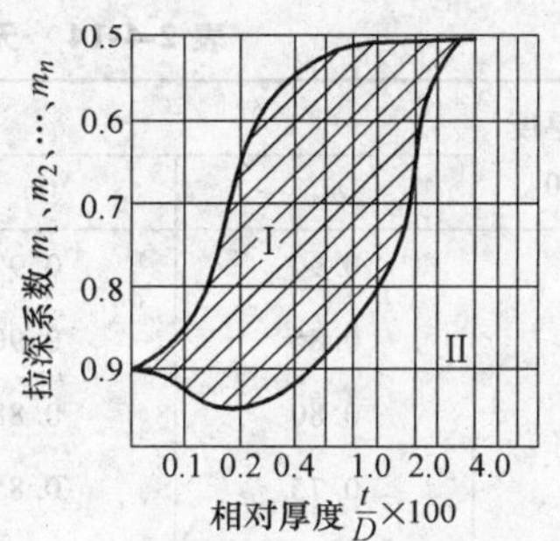

图 2-4-7 根据毛坯相对厚度和拉深系数确定是否采用压边圈

表 2-4-12 拉深时采用压边圈的条件

拉深条件				是否用压边圈
首次拉深		以后各次拉深		
$(t/D)\times 100$	m_1	$(t/d_{n-1})\times 100$	m_n	
<1.5	<0.6	<1	<0.8	用压边圈
1.5~2.0	0.6	1~1.5	0.8	可用可不用压边圈
>2.0	>0.6	>1.5	>0.8	不用压边圈

注： t——材料厚度(mm)；
D——毛坯直径(mm)；
d_{n-1}——第 $n-1$ 次拉深后制件直径(mm)；
m_1、m_n——第一次、第 n 次拉深系数。

2. 拉深系数与拉深次数的确定

(1) 拉深系数的确定 拉深系数是拉深工作中的关键工艺参数，在实际生产中，并不是所有的情况下都采用极限拉深系数，因为过小的、接近极限值的拉深系数会引起毛坯在凸模圆角处的过分变薄，而且在以后的拉深工序中，这部分变薄严重的缺陷会转移到成品零件的侧壁上去，降低零件的质量。在确定拉深系数时，既要使拉深变形量不超过极限变形程度，又要充分利用材料的塑性。

从理论上计算确定拉深系数是很复杂的，一般都采用经验数据。

表 2-4-13、表 2-4-14 分别列出了无凸缘圆筒形件采用压边圈和不用压边圈时的拉深系数，表 2-4-15 列出了其他金属材料的拉深系数。

表 2-4-13 无凸缘圆筒形件采用压边圈时的拉深系数

拉深系数	毛坯相对厚度 $t/D\times 100$					
	2~1.5	<1.5~1.0	<1.0~0.6	<0.6~0.3	<0.3~0.15	<0.15~0.08
m_1	0.48~0.50	0.50~0.53	0.53~0.55	0.55~0.58	0.58~0.60	0.60~0.63
m_2	0.73~0.75	0.75~0.76	0.76~0.78	0.78~0.79	0.79~0.80	0.80~0.82
m_3	0.76~0.78	0.78~0.79	0.79~0.80	0.80~0.81	0.81~0.82	0.82~0.84
m_4	0.78~0.80	0.80~0.81	0.81~0.82	0.82~0.83	0.83~0.85	0.85~0.88
m_5	0.80~0.82	0.82~0.84	0.84~0.85	0.85~0.86	0.86~0.87	0.87~0.88

注：1. 凹模圆角半径大时[$r_d=(8\sim12)t$]，拉深系数取小值，凹模圆角半径小时[$r_d=(4\sim8)t$]，拉深系数取大值。

2. 表中拉深系数适用于 08、10S、15S 钢与软黄铜 H62、H68。当拉深塑性更大的金属时(05、08Z 及 10Z 钢、铝等)，应比表中数值减小 1.5%~2%。而当拉深塑性更小的金属时(20、25、Q215、Q235、酸洗钢、硬铝、硬黄铜等)，应比表中数值增大 1.5%~2%(符号 S 为深拉深钢，Z 为最深拉深钢)。

表 2-4-14 无凸缘圆筒形件不用压边圈时的拉深系数

材料相对厚度 $t/D \times 100$	各次拉深系数					
	m_1	m_2	m_3	m_4	m_5	m_6
0.4	0.90	0.92	—	—	—	—
0.6	0.85	0.90	—	—	—	—
0.8	0.80	0.88	—	—	—	—
1.0	0.75	0.85	0.90	—	—	—
1.5	0.65	0.80	0.84	0.87	0.90	—
2.0	0.60	0.75	0.80	0.84	0.87	0.90
2.5	0.55	0.75	0.80	0.84	0.87	0.90
3.0	0.53	0.75	0.80	0.84	0.87	0.90
3 以上	0.50	0.70	0.75	0.78	0.82	0.85

注：此表适用于 08、10 及 15Mn 等材料。

表 2-4-15 其他金属材料的拉深系数

材料名称	牌号	第一次拉深 m_1	以后各次拉深 m_n
铝和铝合金	8A06M	0.52 ~ 0.55	0.70 ~ 0.75
硬铝	2A12M、2A11M	0.56 ~ 0.58	0.75 ~ 0.80
黄铜	H62	0.52 ~ 0.54	0.70 ~ 0.72
	H68	0.50 ~ 0.52	0.68 ~ 0.72
纯铜	T2、T3、T4	0.50 ~ 0.55	0.72 ~ 0.80
无氧铜		0.50 ~ 0.58	0.75 ~ 0.82
镍、镁镍、硅镍		0.48 ~ 0.53	0.70 ~ 0.75
康铜（铜镍合金）		0.50 ~ 0.56	0.74 ~ 0.84
白铁皮		0.58 ~ 0.65	0.80 ~ 0.85
酸洗钢板		0.54 ~ 0.58	0.75 ~ 0.78
不锈钢	Cr13	0.52 ~ 0.56	0.75 ~ 0.78
	Cr18Ni	0.50 ~ 0.52	0.70 ~ 0.75
	1Cr18Ni9Ti	0.52 ~ 0.55	0.78 ~ 0.81
	Cr18Ni11Nb、Cr23Ni18	0.52 ~ 0.55	0.78 ~ 0.80
镍铬合金	Cr20Ni80Ti	0.54 ~ 0.59	0.78 ~ 0.84
合金结构钢	30CrMnSiA	0.62 ~ 0.70	0.80 ~ 0.84
可伐合金		0.65 ~ 0.67	0.85 ~ 0.90
钼铱合金		0.72 ~ 0.82	0.91 ~ 0.97
钽		0.65 ~ 0.67	0.84 ~ 0.87
铌		0.65 ~ 0.67	0.84 ~ 0.87
钛及钛合金	TA2、TA3	0.58 ~ 0.60	0.80 ~ 0.85
	TA5	0.60 ~ 0.65	0.80 ~ 0.85
锌		0.65 ~ 0.70	0.85 ~ 0.90

注：1. 凹模圆角半径 $r_d < 6t$ 时拉深系数取大值，凹模圆角半径 $r_d \geqslant (7 \sim 8)t$ 时拉深系数取小值。

2. 材料相对厚度 $t/D \times 100 \geqslant 0.62$ 时拉深系数取小值，材料相对厚度 $t/D \times 100 < 0.62$ 时拉深系数取大值。

3. 材料为退火状态。

（2）拉深次数的确定　拉深次数通常只能进行概略估计，最后需通过工艺计算来确定。初步确定圆筒件拉深次数的方法有以下几种：查表法、计算法、图解法和推算法等。

查表法是根据拉深件的相对高度和材料的相对厚度，由表 2-4-16 直接查找。

表 2-4-16 无凸缘圆筒形件拉深的最大相对高度 h/d

拉深次数 n	毛坯相对厚度$\frac{t}{D}\times100$					
	2~1.5	<1.5~1	<1~0.6	<0.6~0.3	<0.3~0.15	<0.15~0.08
1	0.94~0.77	0.84~0.65	0.70~0.57	0.62~0.5	0.52~0.45	0.46~0.38
2	1.88~1.54	1.60~1.32	1.36~1.1	1.13~0.94	0.96~0.83	0.9~0.7
3	3.5~2.7	2.8~2.2	2.3~1.8	1.9~1.5	1.6~1.3	1.3~1.1
4	5.6~4.3	4.3~3.5	3.6~2.9	2.9~2.4	2.4~2.0	2.0~1.5
5	8.9~6.6	6.6~5.1	5.2~4.1	4.1~3.3	3.3~2.7	2.7~2.0

注：1. 大的 h/d 比值适用于在第一道工序内大的凹模圆角半径（由$\frac{t}{D_0}\times100=2\sim1.5$时的$r_d=8t$到$\frac{t}{D_0}\times100=0.15\sim0.08$时的$r_d=15t$），小的比值适用于小的凹模圆角半径[$r_d=(4\sim8)t$]。

2. 表中拉深次数适用于08及10钢的拉深件。

计算法所用公式如下：

$$n=1+\frac{\lg d_n-\lg(m_1D)}{\lg m_n}$$

式中 n——拉深次数；

d_n——第 n 次拉深的工件直径（mm）；

D——毛坯直径（mm）；

m_1——第一次拉深系数；

m_n——第 n 次拉深的平均拉深系数。

用此式算出的数据，若不是整数，应进位取整，而不能用四舍五入法。

推算法是根据 t/D 值查出 m_1、m_2、m_3……，然后依次求半成品直径，$d_1=m_1D$，$d_2=m_2d_1$，…，$d_n=m_nd_{n-1}$，直至计算出结果不大于制件所要求的直径为止，这样既求出了拉深系数，也求出了中间工序的拉深直径。

图解法是根据毛坯直径和制件直径，从图 2-4-8 上找出交点，其查法如下：

先在图中横坐标上找到相当毛坯直径 D 的点，从此点作一垂线。再从纵坐标上找到相当于工件直径 d 的点，并由此点作水平线，与垂线相交。根据交点，便可决定拉深次数，如交点位于两斜线之间，应取较大的次数。此线图适用于酸洗软钢板的圆筒形拉深件，图中的实线用于材料厚度为 0.5~2.0mm 的情况，虚线用于材料厚度为 2~3mm 的情况。

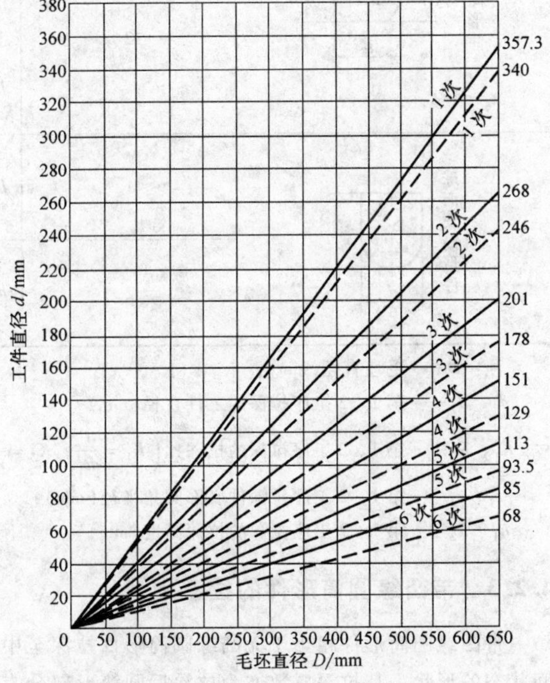

图 2-4-8 确定拉深次数及半成品尺寸的线图

拉深次数和各道工序半成品直径确定后，便应确定底部圆角半径（即拉深凸模的圆角半径），最后，可根据圆筒形件不同的底部形状，按表 2-4-17 所列公式计算出各道工序拉深后的半成品高度。

表 2-4-17 圆筒形拉深件的拉深高度计算公式

工件形状	拉深工序	计算公式
平底筒形件（图示尺寸 h、d）	1	$h_1=0.25(DK_1-d_1)$
	2	$h_2=h_1h_2+0.25(d_1K_2-d_2)$

（续）

工件形状	拉深工序	计算公式
圆角底筒形件 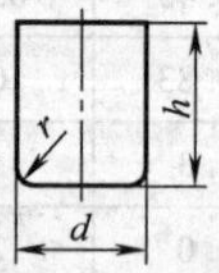	1	$h_1=0.25(DK_1-d_1)+0.43\frac{r_1}{d_1}(d_1+0.32r_1)$
	2	$h_2=0.25(DK_1K_2-d_2)+0.43\frac{r_2}{d_2}(d_2+0.32r_2)$ 当 $r_1=r_2=r$ 时 $h_2=h_1K_2+0.25(d_1-d_2)-0.43\frac{r}{d_2}(d_1-d_2)$
圆锥底筒形件 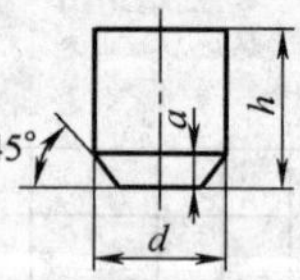	1	$h_1=0.25(DK_1-d_1)+0.57\frac{a_1}{d_1}(d_1+0.86a_1)$
	2	$h_2=0.25(DK_1K_2-d_2)+0.57\frac{a_2}{d_2}(d_2+0.86a_2)$ 当 $a_1=a_2=a$ 时 $h_2=h_1K_1+0.25(d_1K_2-d_2)-0.57\frac{a}{d_2}(d_1\neq d_2)$
球面底筒形件 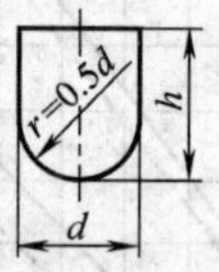	1	$h_1=0.25DK_1$
	2	$h_2=0.25DK_1K_2=h_1K_2$

注：D——毛坯直径(mm)；

d_1、d_2——第 1、2 工序拉深的工件直径(mm)；

K_1、K_2——第 1、2 工序拉深的拉深比$\left(K_1=\frac{1}{m_1},\ K_2=\frac{1}{m_2}\right)$；

r_1、r_2——第 1、2 工序拉深件底部圆角半径(mm)；

h_1、h_2——第 1、2 工序拉深的拉深高度(mm)。

4.2.3 带凸缘圆筒形件的拉深

带凸缘圆筒形件相当于无凸缘圆筒形件拉深至中间状态的形状，其拉深系数亦为拉深后圆筒形部分直径与毛坯之比：$m=d/D$。

但在同样的 d 与 D 的情况下，可拉出不同的凸缘直径 d_t 和不同高度 h 的工件(图 2-4-9)，它们的实际变形程度是不同的。凸缘直径越小，工件高度越大，其变形程度也越大。因此用 $m=d/D$ 不能表示各种不同的凸缘直径和高度下的实际变形程度，其第一次拉深允许的变形程度须用 d_t/d_1 的比值和它的最大相对拉深高度 h_1/d_1 来表示(见表 2-4-18)。当相对拉深高度 $h/d>h_1/d_1$ 时，就不能用一道工序拉深出来。多次拉深时，第一次拉深的最小拉深系数见表 2-4-19，以后各次的拉深系数可查表 2-4-20。

确定带凸缘圆筒形件多次拉深的方法时，一般将制件分成两种类型，一种是窄凸缘件($\frac{d_t}{d}=1.1\sim1.4$)，另一种是宽凸缘件($\frac{d_t}{d}>1.4$)。

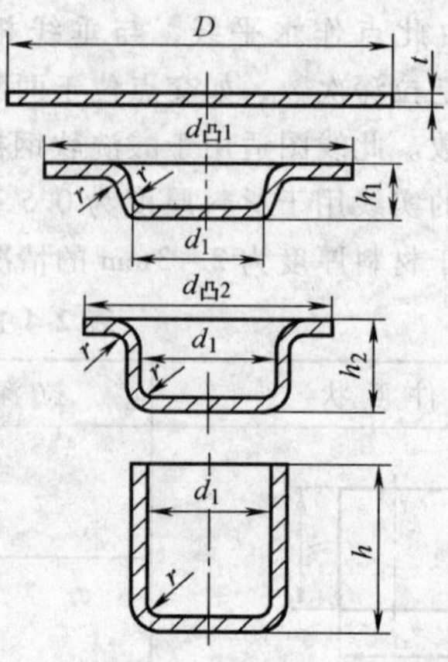

图 2-4-9 各种不同的凸缘直径和高度

表 2-4-18　带凸缘圆筒形件第一次拉深的最大相对高度 $\frac{h_1}{d_1}$

凸缘相对直径 d_t/d_1	毛坯相对厚度 $\frac{t}{D}\times 100$				
	>0.06~0.2	>0.2~0.5	>0.5~1	>1~1.5	>1.5
≤1.1	0.45~0.52	0.50~0.62	0.57~0.70	0.60~0.80	0.75~0.90
>1.1~1.3	0.40~0.47	0.45~0.53	0.50~0.60	0.56~0.72	0.65~0.80
>1.3~1.5	0.35~0.42	0.40~0.48	0.45~0.53	0.50~0.63	0.58~0.70
>1.5~1.8	0.29~0.35	0.34~0.39	0.37~0.44	0.42~0.53	0.48~0.58
>1.8~2.0	0.25~0.30	0.29~0.34	0.32~0.38	0.36~0.46	0.42~0.51
>2.0~2.2	0.22~0.26	0.25~0.29	0.27~0.33	0.31~0.40	0.35~0.45
>2.2~2.5	0.17~0.21	0.20~0.23	0.22~0.27	0.25~0.32	0.28~0.35
>2.5~2.8	0.13~0.16	0.15~0.18	0.17~0.21	0.19~0.24	0.22~0.27
>2.8~3.0	0.10~0.13	0.12~0.15	0.14~0.17	0.16~0.20	0.18~0.22

注：1. 本表适用于08、10钢。

2. 较大值相应于零件圆角半径较大情况，即 r_d、r_p 为 $(10\sim20)t$；较小值相应于零件圆角半径较小情况，即 r_d、r_p 为 $(4\sim8)t$。

表 2-4-19　带凸缘圆筒形件第一次拉深时的拉深系数 m_1

凸缘相对直径 d_t/d_1	毛坯相对厚度 $\frac{t}{D}\times 100$				
	>0.06~0.2	>0.2~0.5	>0.5~1	>1~1.5	>1.5
≤1.1	0.59	0.57	0.55	0.53	0.50
>1.1~1.3	0.55	0.54	0.53	0.51	0.49
>1.3~1.5	0.52	0.51	0.50	0.49	0.47
>1.5~1.8	0.48	0.48	0.47	0.46	0.45
>1.8~2.0	0.45	0.45	0.44	0.43	0.42
>2.0~2.2	0.42	0.42	0.42	0.41	0.40
>2.2~2.5	0.38	0.38	0.38	0.38	0.37
>2.5~2.8	0.35	0.35	0.34	0.34	0.33
>2.8~3.0	0.33	0.33	0.32	0.32	0.31

注：适用于08、10钢。

表 2-4-20　带凸缘圆筒形件以后各次的拉深系数（08、10钢）

拉深系数 m	毛坯相对厚度 $\frac{t}{D}\times 100$				
	2.0~1.5	1.5~1.0	1.0~0.6	0.6~0.3	0.3~0.15
m_2	0.73	0.75	0.76	0.78	0.80
m_3	0.75	0.78	0.79	0.80	0.82
m_4	0.78	0.80	0.82	0.82	0.84
m_5	0.80	0.82	0.84	0.85	0.85

对于窄凸缘件，可在前几次拉深中不留凸缘，先拉成圆筒件，而在以后的拉深中形成锥形的凸缘，最后将其校正成平面（图2-4-10）。

对于宽凸缘件，则应在第一次拉深时，就拉成零件所要求的凸缘直径，而在以后各次拉深中凸缘直径保持不变。同时，为了保证以后拉深时凸缘不参加变形，首次拉入凹模的材料应比零件最后拉深部分所需材料多3%~10%，在以后各次拉深中逐次将1.5%~

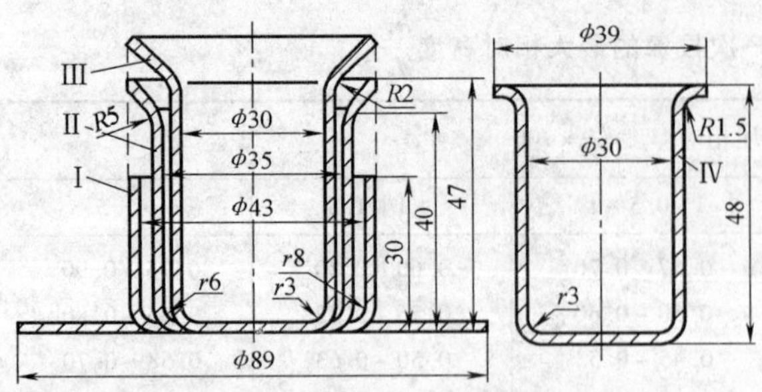

图 2-4-10　窄凸缘圆筒形件的拉深方法
Ⅰ—第一次拉深　Ⅱ—第二次拉深
Ⅲ—第三次拉深　Ⅳ—成品

3%的材料挤回到凸缘部分，使凸缘增厚而避免拉裂。以后各次的拉深系数可相应选取表 2-4-20 中的第 2 次、第 3 次……拉深系数，若采用中间退火，则各次拉深系数可减小 5% ~8%。

对于宽凸缘圆筒形件多次拉深工序的安排，在保持凸缘直径不变的情况下常采用两种方法：一种方法是在第一次拉深时拉成肩部与底部圆角半径很大的中间毛坯，在以后各次拉深中，毛坯的高度基本保持不变，仅缩小直筒部分的直径和圆角半径(图 2-4-11a)。用这种方法制成的零件表面光滑平整，而且厚度均匀，不存在圆角部分弯曲与局部变薄的痕迹。但是这种方法只能用于毛坯的相对厚度较大，在第一次拉深成大圆角的曲面形状时不起皱的情况。另一种方法是在多次拉深中逐步地缩小中间圆筒形部分的直径和增大高度(图 2-4-11b)。这种方法适用于毛坯相对厚度较小，所得零件表面质量较差，在直壁和凸缘边上常残留有弯曲和厚度局部变化的痕迹，需在最后加一次较大的整形工序。

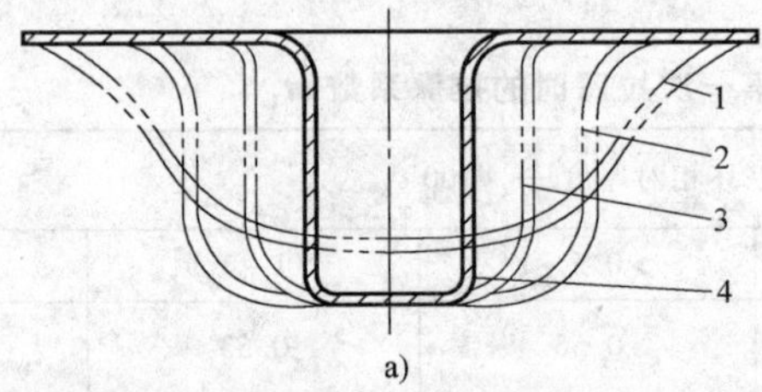

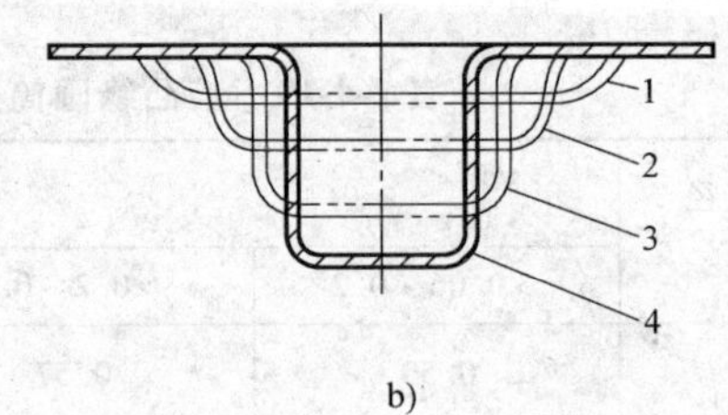

图 2-4-11　宽凸缘件的多次拉深方法

当工件的底部圆角半径较小，或者对凸缘有不平度要求时，上述两种方法都需要加一道整形工序。

各次拉深高度按下式计算(图 2-4-12)：

$$h_1 = \frac{0.25}{d_1}(D^2 - d_t^2) + 0.43(r_1 + R_1) + \frac{0.14}{d_1}(r_1^2 - R_1^2)$$

$$h_2 = \frac{0.25}{d_2}(D^2 - d_t^2) + 0.43(r_2 + R_2) + \frac{0.14}{d_2}(r_2^2 - R_2^2)$$

$$\vdots$$

$$h_n = \frac{0.25}{d_n}(D^2 - d_t^2) + 0.43(r_n + R_n) + \frac{0.14}{d_n}(r_n^2 - R_n^2)$$

拉深凸、凹模圆角半径的确定与无凸缘圆筒形件一样。

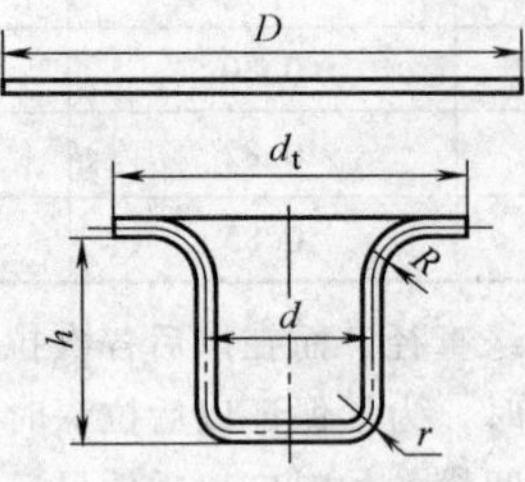

图 2-4-12　带凸缘筒形件

4.2.4　阶梯圆筒形件的拉深

阶梯圆筒形件的拉深原理、变形特点基本上与圆筒形件的拉深相同，但由于各个阶梯尺寸上的变化及这类制件的多样性、复杂性，拉深次数和拉深方法的确定不尽相同。

1）当材料的相对厚度较大，而阶梯之间直径差值小，高度不大，阶梯仅 2 ~3 个时，一般可一次拉成。

2）高度较大，阶梯较多时，可用下列公式计算假想拉深系数 m_y：

$$m_y = \frac{\frac{h_1}{h_2}\frac{d_1}{D} + \frac{h_2}{h_3}\frac{d_2}{D} + \cdots + \frac{h_{n-1}}{h_n}\frac{d_{n-1}}{d} + \frac{d_n}{D}}{\frac{h_1}{h_2} + \frac{h_2}{h_3} + \cdots + \frac{h_{n-1}}{h_n} + 1}$$

式中　　D——毛坯直径；

d_1、d_2、…、d_n——由大到小阶梯直径；

h_1、h_2、…、h_n——各级阶梯高度。

计算结果与同样大的毛坯拉成圆筒形件第一次拉深系数极限值进行比较，若 $m_y > [m_1]$，可以一次拉出，否则要采用两次或多次拉出。

3）对于多次拉深的阶梯形件，当每相邻两个阶梯直径比$\frac{d_n}{d_{n-1}}$均大于相应无凸缘圆筒形件的极限拉深系数时，其拉深顺序为由大阶梯到小阶梯依次拉出，在每次拉深工序中形成一个阶梯，拉深次数则等于阶梯数目(图 2-4-13)。

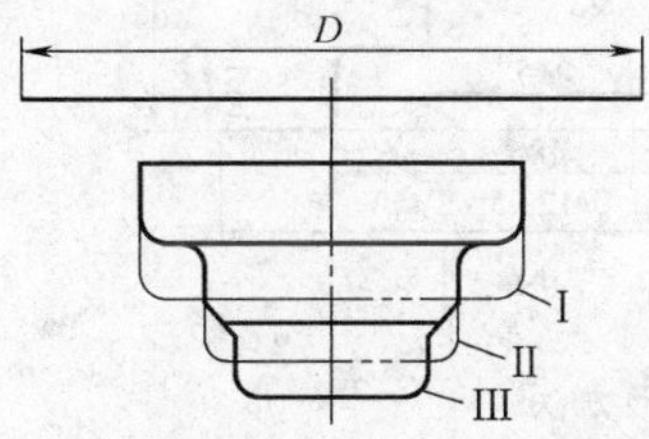

图 2-4-13　由大阶梯到小阶梯的拉深顺序

4）当某相邻两阶梯直径之比$\frac{d_n}{d_{n-1}}$小于相应圆筒形件的极限拉深系数，在这个阶梯成形时，应由直径 d_{n-1} 拉深到直径 d_n，按有凸缘圆筒形件的拉深方法进行，从小阶梯拉到大阶梯。如图 2-4-14 所示零件，d_2/d_1 小于相应的极限拉深系数，则应先拉出 d_2，再用工序Ⅴ拉出 d_1。

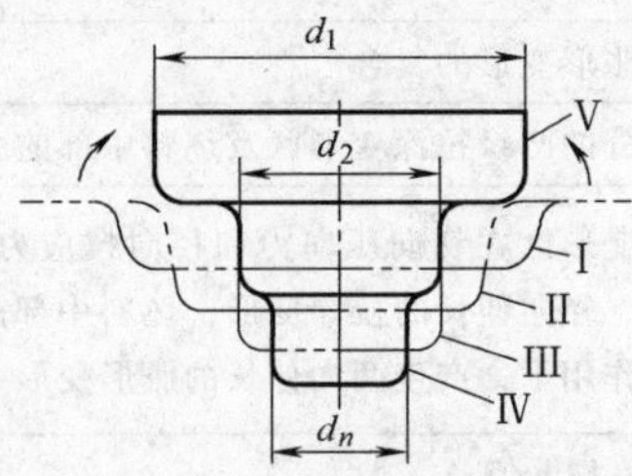

图 2-4-14　由小阶梯到大阶梯的拉深顺序

5）大、小直径差值大，阶梯部分带锥形的制件，先拉出大直径，然后在拉深小直径的过程中拉出侧壁锥形，最后再整形(图 2-4-15)。

大、小直径差值大，阶梯部分带曲面锥形的制件，可首先将大直径部分拉出来头部的 R 与图样尺寸相近，然后再拉成小直径(图 2-4-16a)，或者先将大直径按图样拉出，再经多次拉深成与内锥相近的阶梯形状，最后进行整形，以达到图样要求的形状和尺寸(图 2-4-16b)。

6）大、小直径差值大，不能一次拉出阶梯较浅的制件，可先拉成球面形状(图 2-4-17a)或大圆角的圆筒形件(图 2-4-17b)，再用校形工序得到所需形状和尺寸。

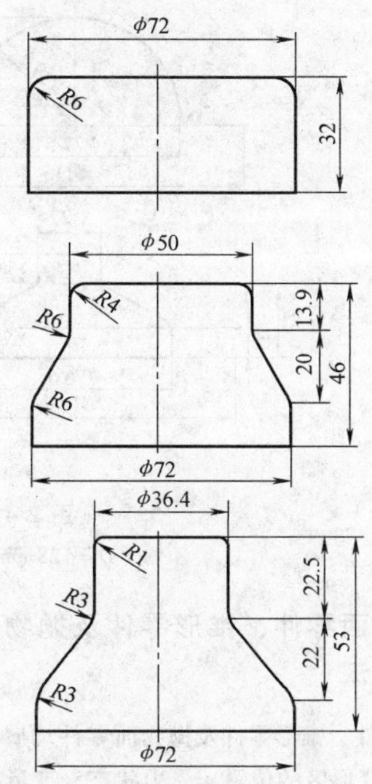

图 2-4-15　阶梯部分带锥形制件的拉深

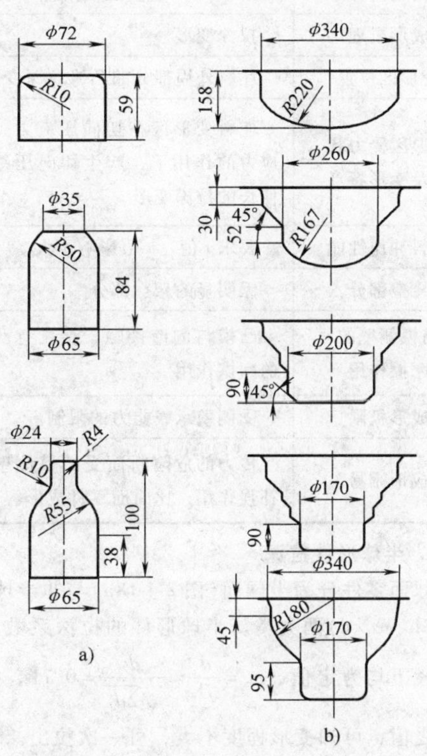

图 2-4-16　阶梯部分带曲面制件的拉深

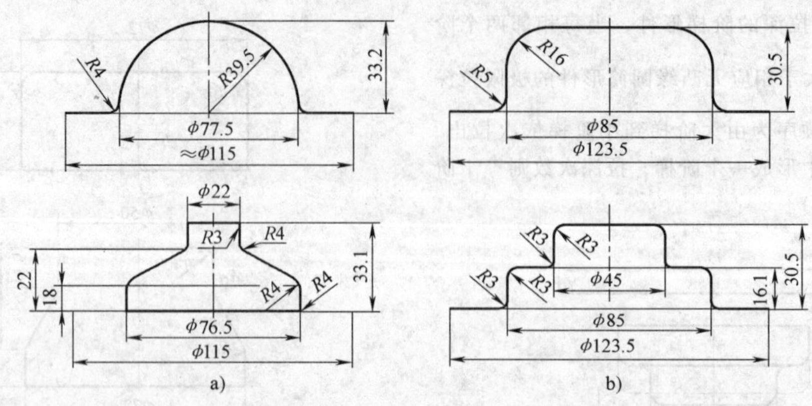

图 2-4-17　浅阶梯形拉深件的成形方法

a) $D=128\text{mm}$，$t=0.8\text{mm}$　08 钢　b) $t=1.5\text{mm}$，低碳钢

4.2.5　球面零件、锥形零件及抛物面零件的拉深

球面零件、锥形零件及抛物面零件均属于曲面回转体零件，其变形区的位置、受力状态、变形特点和直壁的圆筒形件拉深不同，因而对这类零件不能只用拉深系数这一工艺参数来衡量和判断拉深工序的难易程度，也不能用来作为模具设计和工艺过程设计的依据。

由于曲面回转体零件的几何特征，在冲压成形时，坯料除凸缘部分产生与圆筒形件拉深相同的变形之外，其中间部分也产生变形，即毛坯的凸缘部分与中间部分都是变形区。

曲面零件与直壁圆筒形件相比，其拉深成形特点列于表 2-4-21。

表 2-4-21　曲面回转体零件成形的特点

比较内容	直壁圆筒形件	曲面零件
成形机理	拉深变形	拉深变形与胀形变形的复合
变形区位置	坯料外周部分的凸缘拉深变形区	坯料外周部分的凸缘拉深变形区及坯料中部的胀形变形区
变形区受力状态及变形特点	坯料变形区在切向压应力、径向拉应力的作用下，产生切向压缩、径向伸长的拉深变形	坯料外周的变形区在切向压向力和径向拉应力的作用下，产生切向压缩、径向伸长的拉深变形，坯料中部的变形区在两向拉应力的作用下，产生两向伸长的胀形变形
材料冲压性能	要求 r 值，n 值影响不大	同时要求 r 值与 n 值
悬空部分	无明显的悬空部分	有明显的悬空部分
凸模侧壁的摩擦作用	凸模与侧壁接触，存在有凸模侧壁的摩擦作用	凸模与侧壁不接触，不存在凸模侧壁的摩擦作用
成形极限	受侧壁承载能力的限制	受侧壁承载能力、失稳起皱及胀形破裂的限制
成形难易	传力的危险断面受凸模侧壁摩擦的补强作用，比曲面零件成形容易	传力的危险断面不受凸模侧壁摩擦的补强作用，且存在有易失稳起皱的悬空部分，比直壁圆筒形件成形的难度大

1. 半球形件拉深

球面零件分为半球面(图 2-4-18a)与非半球面(图 2-4-18b、c、d)两大类。半球形件的拉深系数，在任何直径下均为定值，$m=\dfrac{d}{D}=\dfrac{d}{\sqrt{2d^2}}=0.71$。据拉深系数之值，可知变形程度不大，可一次拉出。但半球形件拉深开始时，凸模与毛坯中间部分的接触面积很小，接触点处材料易变薄，拉深过程中，自由表面区很大，容易失稳起皱，所以不能以拉深系数作为制订工艺的依据。故毛坯的相对厚度 t/D 是决定拉深难易和选定拉深方法的主要依据。在实际生产中，可按不同的相对厚度采取不同的拉深方法。

1) 当 $t/D\times100>3$ 时，不用压边圈即可一次拉成，但须采用带整形作用的模具，最后起整形作用，如图 2-4-19 所示。这种方法最好在摩擦压力机上进行。

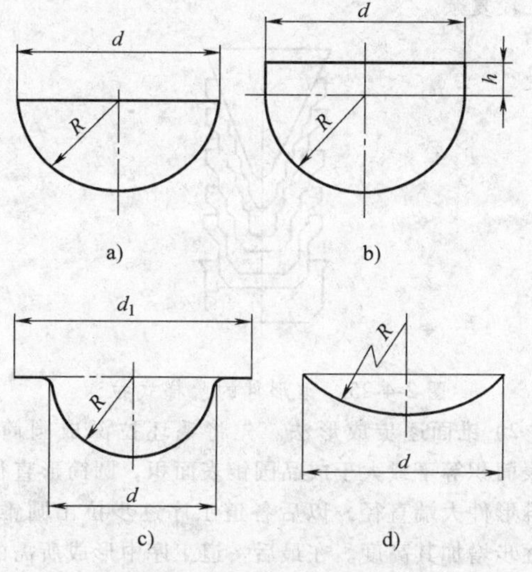

图 2-4-18　各种球面零件

a）半球面件　b）带直壁的半球面件

c）带凸缘的半球面件　d）浅球面件

2）当 $t/D \times 100 = 0.5 \sim 3$ 时，需采用压边装置进行拉深，或采用反向拉深方法。

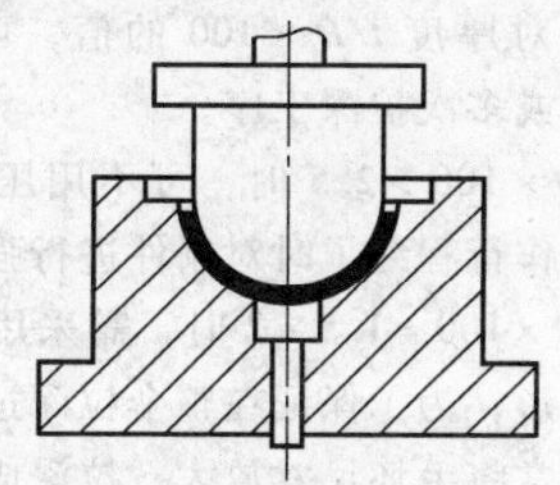

图 2-4-19　半球形件带整形的拉深模

3）当 $t/D \times 100 < 0.5$ 时，不仅需用压边圈，还需使用带拉深肋的凹模(图 2-4-20a)，或反向拉深(图 2-4-20b)。对于尺寸大、材料薄的球形件，可直接采用正、反向联合拉深(图 2-4-20c)。

正、反向联合拉深模设计的关键是 α、C、R 值的确定，只要取值合理，就不会产生起皱和破裂现象，可取 $\alpha = 60°$，$C = (1 + 0.05)t$，$R = 5t$（t 为料厚)。此模具磨损极小，寿命高，用一般铸铁就可以制造。

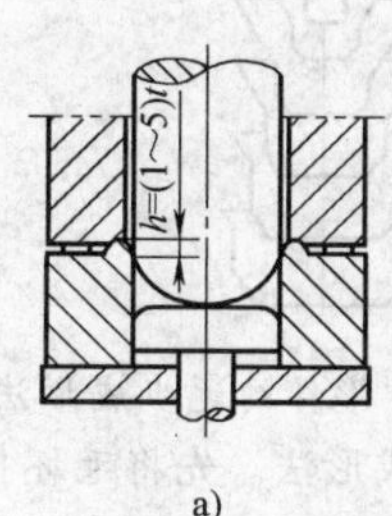

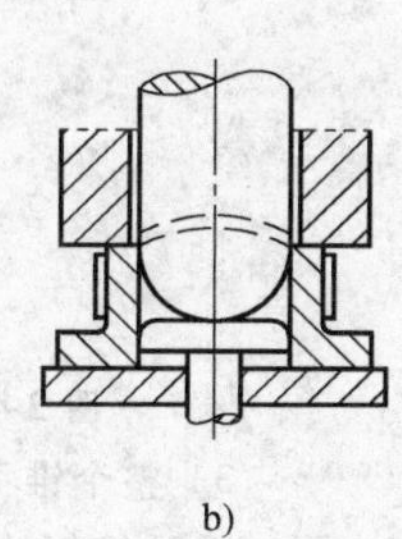

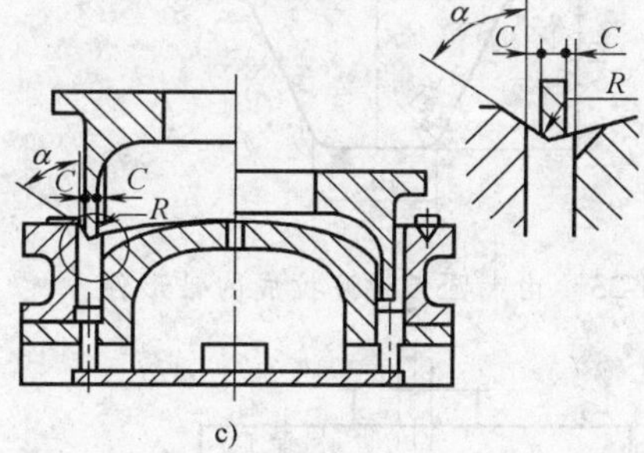

图 2-4-20　半球形件拉深的防皱方法

2. 锥形件拉深

锥形件拉深除具有半球形件拉深的特点外，还由于工件口部与底部半径差别大，回弹现象特别严重，这种零件的拉深比半球形更困难。根据各部分尺寸的比例关系不同，其冲压成形的难易程度和方法也有很大差别。根据它的相对高度 h/d、锥角 α、毛坯相对厚度($t/D \times 100$)的不同(图 2-4-21)，拉深方法可分为以下几类：

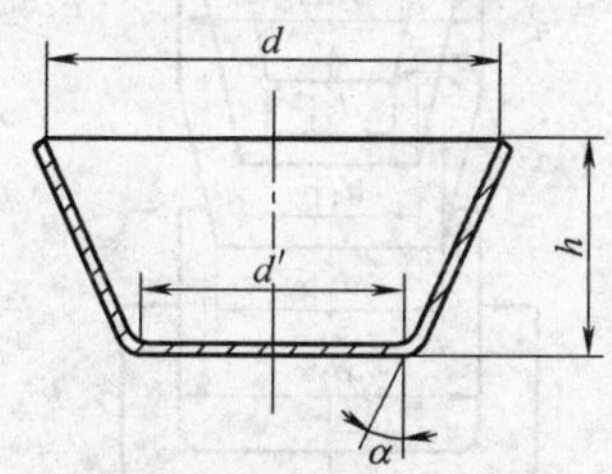

图 2-4-21　锥形拉深件

(1) 浅锥形件($h/d \leqslant 0.25 \sim 0.3$，$\alpha = 50° \sim 80°$)

这类制件变形程度不大，可一次拉深成形，拉深后回弹量较大，须采取措施加大拉应力，通常采用带拉深肋的凹模(图 2-4-22)，以获得精确的形状。若制件无凸缘，可补加凸缘，然后再切去。还可采用聚氨酯橡胶或液体代替凸模进行拉深，效果很好。

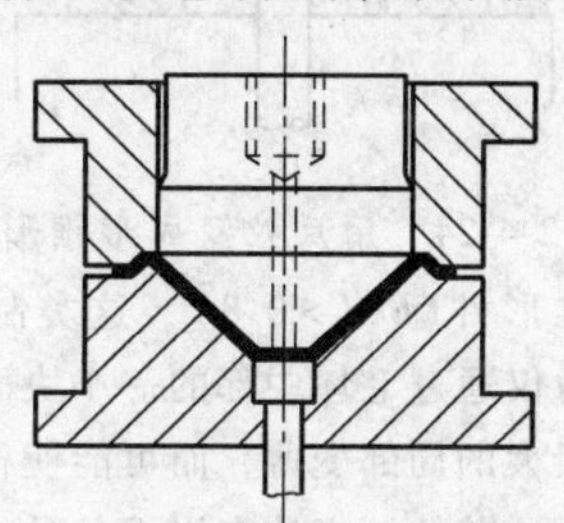

图 2-4-22　带拉深肋的凹模

(2) 中锥形件($h/d = 0.3 \sim 0.7$，$\alpha = 15° \sim 45°$)

这类制件变形程度也不大，在拉深过程中，由于有很大一部分毛坯处在压边圈之外，呈悬空状态而易起皱。

按材料相对厚度 $t/D \times 100$ 的值，可分为三类，分别采用一次或多次拉深工序。

1）当 $t/D \times 100 > 2.5$ 时，可不用压边圈一次成形，但需在工作行程终了时对制件进行强力整形。

2）当 $t/D \times 100 = 1.5 \sim 2$ 时，需采用带压边装置的模具一次成形，为了保证在整个拉深过程都有足够的压边力，通常将毛坯尺寸放大，拉深成形后，再将多余部分的材料切去。

3）当 $t/D \times 100 < 1.5$ 时，须采用压边装置经多次拉深而成，第一次拉深成带大圆角的简单圆筒形件或半球形圆筒件，然后按图样尺寸再拉成所需的形状(图 2-4-23)。有时第一次采用反拉深可有效地防止皱纹的产生(图 2-4-24)。

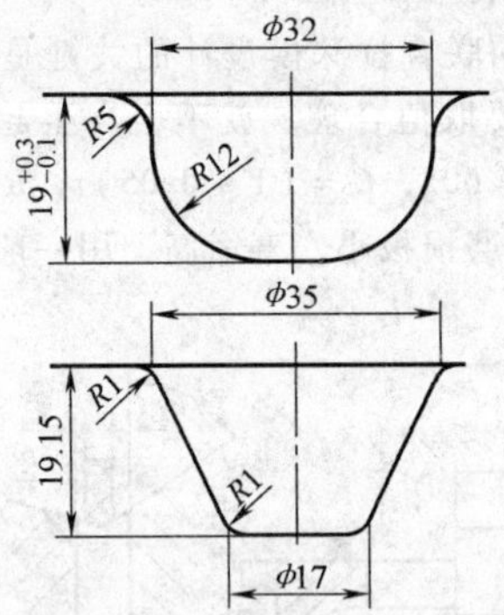

图 2-4-23　由大圆弧过渡拉成的锥形件

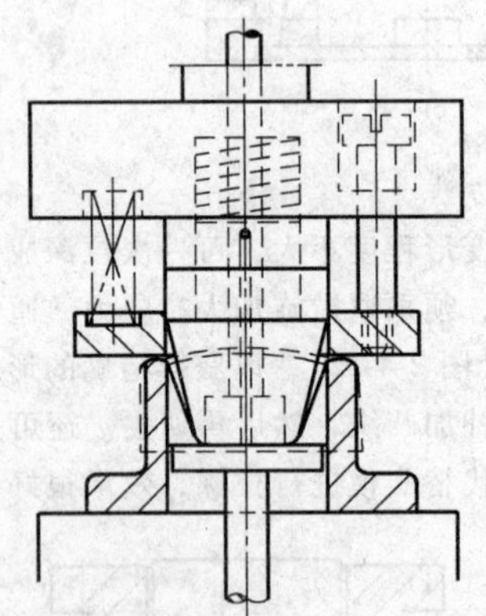

图 2-4-24　用反拉深成形锥形件

（3）深锥形件($h/d > 0.8$)　这类制件变形程度大，凸模压力仅通过毛坯中部的一小块面积传到变形区，会产生很大的局部变薄，而可能使材料拉裂，需进行多次拉深。其拉深方法有以下几种：

1）阶梯式拉深。先将毛坯逐渐拉深成阶梯形工件，阶梯形应与制件的内形相切，最后在精压模内予以成形(图 2-4-25)。这种方法的缺点是壁厚不均匀，表面有明显印痕，工序多，所用模具套数多，结构、加工较复杂。

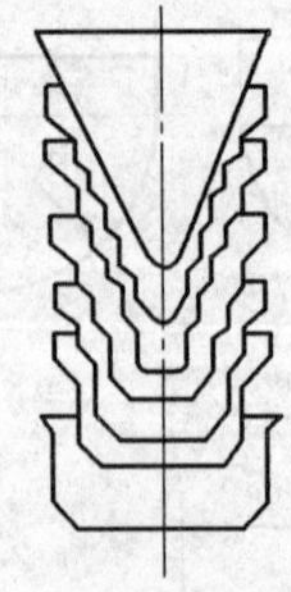

图 2-4-25　锥形件的阶梯式拉深

2）锥面逐步成形法。先将毛坯拉深成圆筒形，其表面积等于或大于成品圆锥表面积，圆筒形直径等于锥形件大端直径，以后各道工序逐步拉出圆锥面，并逐步增加其高度。在最后一道工序中形成所需的圆锥形(图 2-4-26)。这种方法在表面光滑与壁厚均匀性方面较上法均有所好转，但所需拉深次数仍较多。

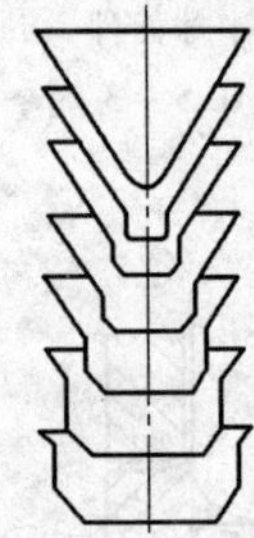

图 2-4-26　锥形件的逐步成形法

3）整个锥面一次成形法。先将毛坯拉深成圆筒形，然后锥面从底部开始成形，在各道工序中，锥面逐渐增大，直至最后锥面一次成形(图 2-4-27)。采用此法拉深，制件表面质量高，无工序间的压痕。

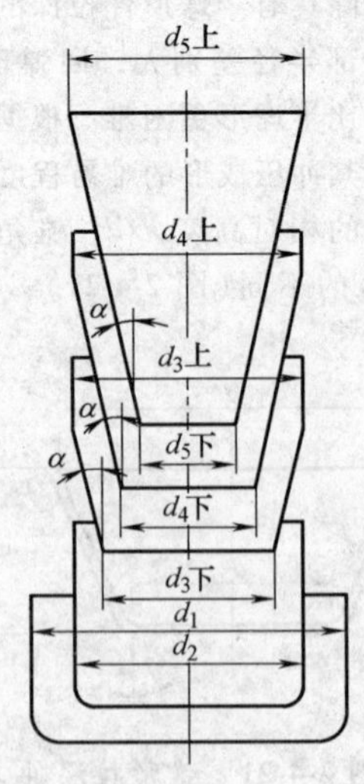

图 2-4-27　整个锥面一次成形法

深锥形件的拉深系数用拉深前后的平均直径（大端直径和小端直径之和的二分之一）按下式计算，即

$$m_n = \frac{d_n}{d_{n-1}}$$

式中 d_n——第 n 次拉深的平均直径；

d_{n-1}——第 $n-1$ 次拉深的平均直径。

平均直径的极限拉深系数可查表 2-4-22。

表 2-4-22 深锥形件的拉深系数

毛坯的相对厚度 $\frac{t}{d_{n-1}}\times 100$	0.5	1.0	1.5	2.0
拉深系数 $m_n = \frac{d_n}{d_{n-1}}$	0.85	0.8	0.75	0.7

4）快速拉深法。当材料的拉深性能较好，材料较厚，承压能力强，且锥角 α 较小时，可采用由圆筒形经一次拉深直接压成锥形件的快速拉深法。图 2-4-28 所示深锥形拉深件，材料为 08F，厚度为 4mm，$h/d = 144/148 = 0.98 > 0.8$，属于深锥形件。实际生产中已成功采用快速拉深法拉成。第一道工序先将直径为 325mm 的圆毛坯拉成内径为 178mm 的圆筒形件；第二道工序拉成直径为锥形件的平均直径，高度等于锥形件高度的带凸缘圆筒形件（图 2-4-29a）。为了保证材料有良好的塑性，每次拉深后，进行中间退火。第三道工序将圆筒形件直接拉成锥形件（图 2-4-29b）。

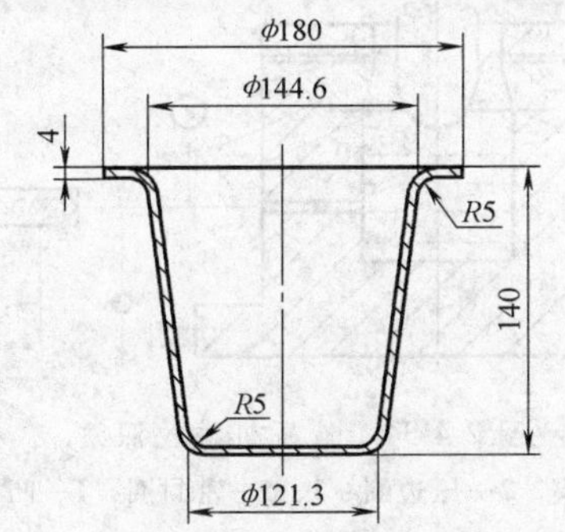

图 2-4-28 深锥形件

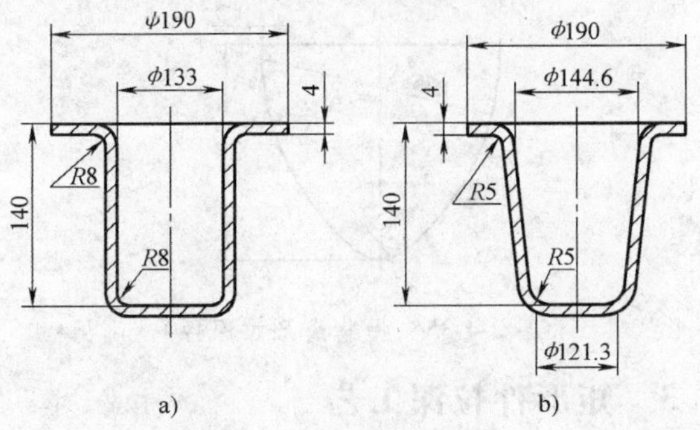

图 2-4-29 锥形件快速拉深法

3. 抛物线形件拉深

抛物线形件的拉深变形程度，可用相对高度 h/d 表示。根据不同的 h/d、t/D 之值而采用不同的拉深方法。

（1）浅抛物线形件（$h/d < 0.5 \sim 0.6$） 这类制件高度小，与半球形件差不多，拉深方法也与半球形件相似，按 $t/d\times 100$ 值的不同而分别采取相应的方法。例如汽车灯的外罩（图 2-4-30），$d = 126$mm，$h = 76$mm，$t = 0.7$mm，材料为 08 钢，毛坯直径 $D = 190$mm，按照 $h/d = 76/126 = 0.603$，$t/D\times 100 = 0.37$，相当于半球面第三种情况，该零件采用具有两道拉深肋的压边装置在双动压力机上拉成。

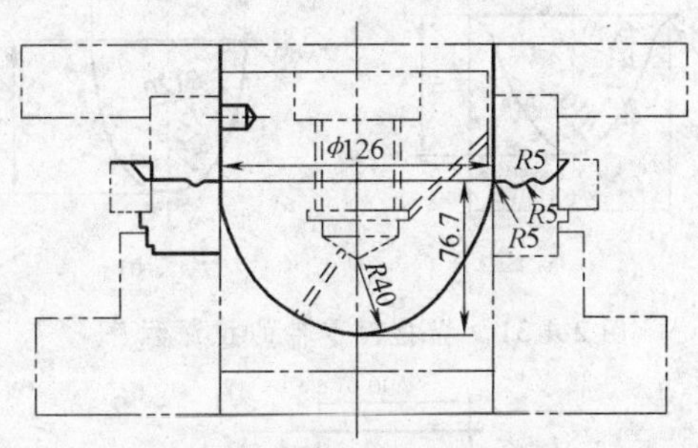

图 2-4-30 汽车灯的外罩

（2）深抛物线形件（$h/d > 0.6$） 这类制件的特点是 t/D 较小时，需多次拉深，逐步成形，常用拉深方法如下：

1）直接拉深法

① 相对高度较小（$h/d \approx 0.6 \sim 0.7$），材料相对厚度较大时，由于产生皱纹的危险性小，一般可以先使零件上部按图样尺寸拉成近似形，然后再次拉深时使零件下部接近图样尺寸，最后全部拉深成形（图 2-4-31a）。

② 相对高度较小，材料相对厚度较小时，首先作预备形状，凸模头部作成带锥度的或普通圆弧形状，然后再多次拉探，使零件接近大直径（图 2-4-31b）。

2）阶梯拉深法。经过多次拉深拉到大直径，保持大直径不变，拉成近似的阶梯圆筒形件，最后以胀形成形（图 2-4-32）。

3）反拉深法。首先拉出圆筒形，然后用反拉深逐渐拉成所需形状。如制件较深，则需经多次反拉深，最后用胀形成形。反拉深法能增加径向拉应力从而有效地防止起皱，对 h/d 大、t/D 小的抛物线形零件的拉深，可收到较好的效果。图 2-4-33 所示为汽车灯的拉深工序，首次拉出圆筒形，以后均用反拉深逐渐拉成。

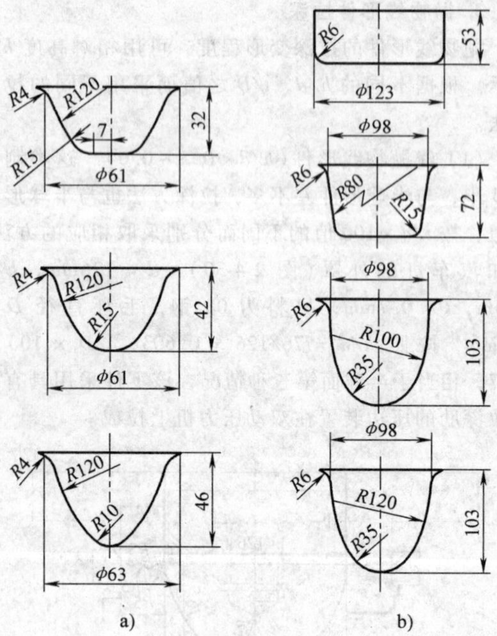

图 2-4-31　抛物面零件的拉深程序

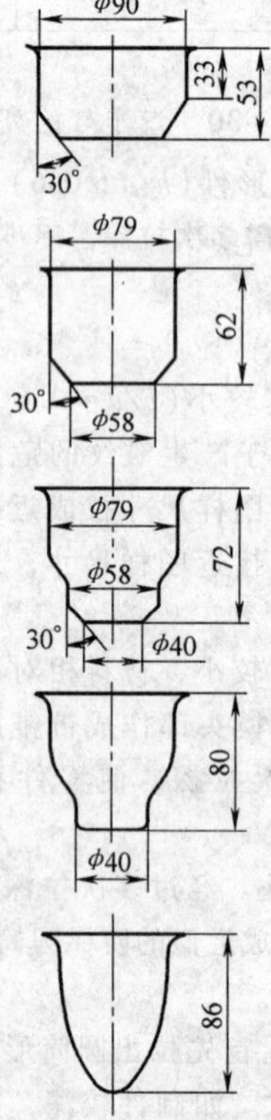

图 2-4-32　抛物线形件的阶梯拉深法

抛物体件的正拉深或反拉深法，都应加大各次拉深凸模的接触面，以避免局部拉深变薄而破裂，并逐渐过渡到最后尺寸。

4）液压机械拉深法。此法在拉深过程中，毛坯

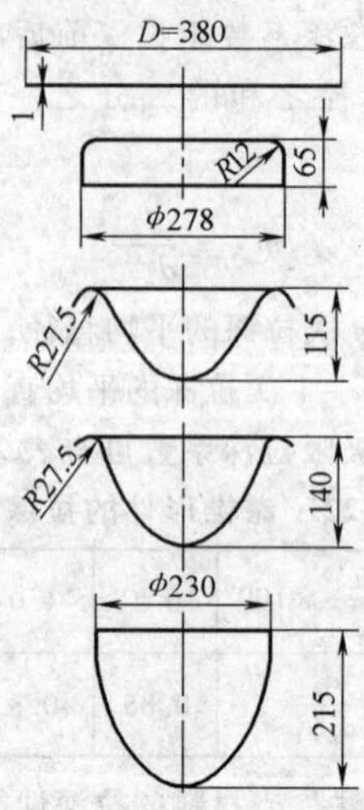

图 2-4-33　抛物线形件的反拉深法

在凸、凹模的间隙之间形成反凸而构成液体“凸坎”起着拉深肋的作用（图 2-4-34 中的 *A* 部分），且毛坯在液压力的作用下，贴模程度好，成形条件好，因而可加大一次拉深工序中的变形程度，减少拉深次数，且零件壁厚均匀，表面光滑美观，特别适合于抛物线形件和锥形件的拉深。如图 2-4-35 所示的抛物线形零件，h/d 高达 1.2，采用液压机械拉深一次即可拉出，可代替 7～8 次普通拉深工序。

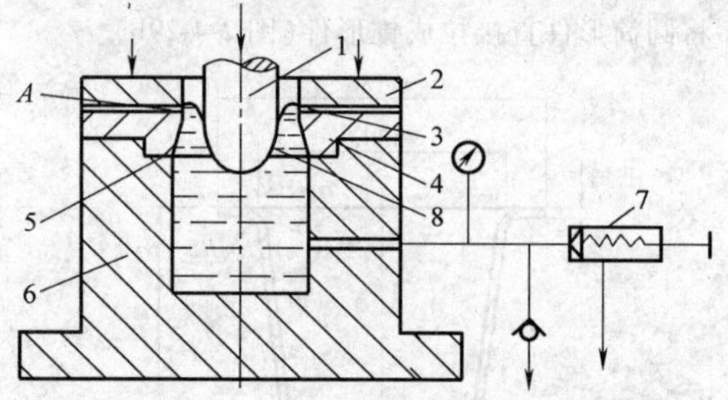

图 2-4-34　液压机械拉深法

1—凸模　2—压边圈　3、5—密封圈　4—凹模板　6—底座　7—压力控制阀　8—毛坯

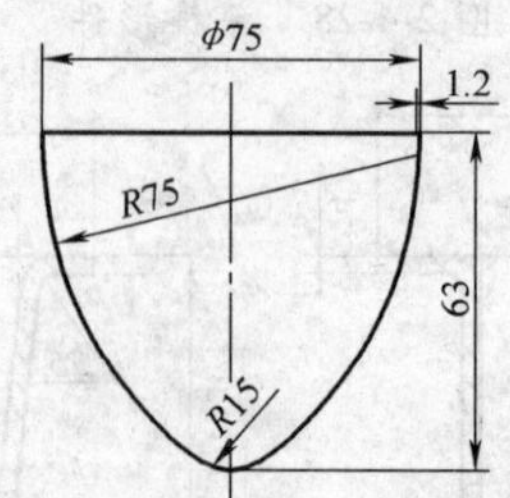

图 2-4-35　抛物线形拉深件

4.3　矩形件拉深工艺

矩形件可认为是由圆角部分和直边部分组成的，

其拉深变形可近似地认为圆角部分相当于圆筒形件的拉深，直边部分相当于简单的弯曲，但由于这两部分并不是截然分开的，因此，圆角部分并不完全等同于圆筒形件拉深，它的材料可向直边部分流动。直边部分也不是单纯的弯曲，这部分材料还受圆角部分流动材料的挤压。直边和圆角互相影响的大小，随相对圆角半径 r/B（B 为矩形件的短边）不同而不同，其毛坯计算和工序计算的方法也随之不同。

图 2-4-36 是据 r/B、t/D（t/B）等因素，作出的矩形件不同拉深情况分区图。

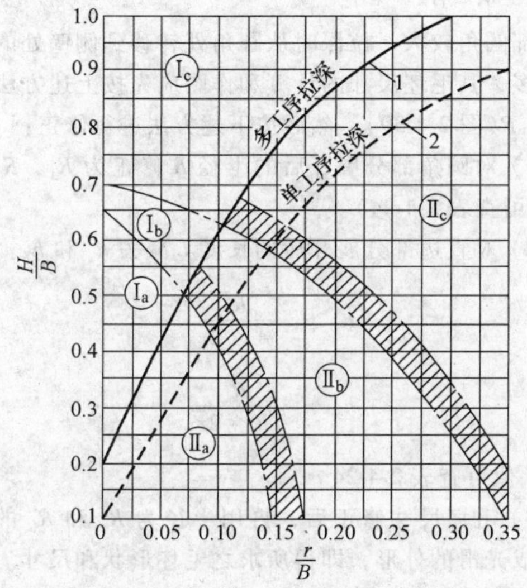

图 2-4-36　矩形件不同拉深情况的区分图

$Ⅰ_a$—$H/B \leqslant 0.5 \sim 0.6$　$Ⅰ_b$—$H/B \geqslant 0.6 \sim 0.7$

$Ⅱ_a$—$\frac{r}{B-H} \leqslant 0.22$　$Ⅱ_b$—$0.22 < \frac{r}{B-H} < 0.4$

$Ⅱ_c$—$\frac{r}{B-H} \geqslant 0.4$

图 2-4-36 中曲线 1 和 2 分别表明当毛坯相对厚度（$t/D \times 100$、$t/B \times 100$）为 2 和 0.6 时，在一道工序中所能拉深的盒形件的最大高度。位于界限线以上的区域为需多次拉深的区域（$Ⅰ_a$、$Ⅰ_b$、$Ⅰ_c$），低于界限线的区域为只需一次拉深的区域。根据角部材料转移到侧壁的程度，后者又分为 $Ⅱ_a$、$Ⅱ_b$、$Ⅱ_c$ 三个区域。

4.3.1　矩形件的毛坯计算方法

矩形件拉深时，确定毛坯形状与尺寸的原则是在保证零件质量的前提下，尽可能节约原材料，有利于提高成形极限。由于变形区周边上应力应变分布不均匀，而且零件的几何参数、材料性能、模具结构等因素对这种不均匀变形的影响极为复杂，所以，现在不能精确计算出毛坯的形状和尺寸，使零件的口部非常整齐。另外，欲设计一种理想的毛坯形状适用于不同几何参数的矩形件也是不可能的。因此，只有对不同几何参数范围给出相应的较为合理的毛坯形状。

1. 确定矩形件的修边量

矩形件拉深用毛坯计算高度可用下式表示：

$$H = H_0 + \Delta H$$

式中　H_0——矩形件的高度；

ΔH——矩形件修边余量。

无凸缘矩形件的修边余量可查表 2-4-23。有凸缘矩形件的修边余量可参考表 2-4-2。使用时，表中 d_t 改为 B_t，即矩形件短边凸缘宽度，d 改为 B，即矩形件短边宽度。

表 2-4-23　无凸缘矩形件的修边余量

	工件相对高度 $\frac{H_0}{r}$			
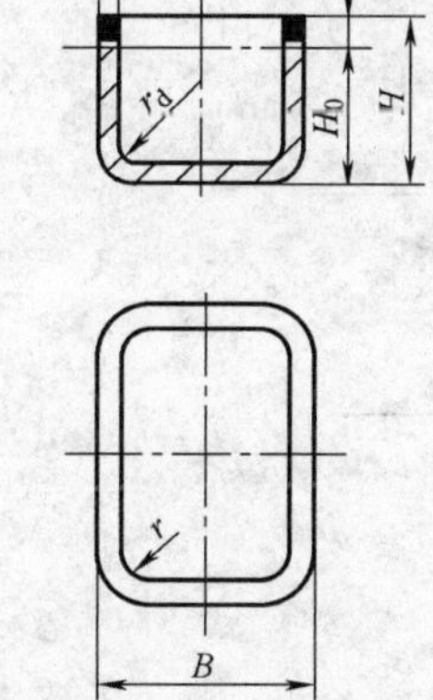 图中： H—计入修边余量的工件高度 H_0—图样要求的矩形件高度 ΔH—修边余量 R—矩形件侧壁间的圆角半径 $H = H_0 + \Delta H$	2.5 ~ 6	7 ~ 17	18 ~ 44	45 ~ 100
	修边余量 ΔH			
	$(0.03 \sim 0.05)H_0$	$(0.04 \sim 0.06)H_0$	$(0.05 \sim 0.08)H_0$	$(0.06 \sim 0.10)H_0$

2. 一次拉深矩形件的毛坯计算

（1）角部圆角半径较小的低矩形件$\left(\frac{r}{B-H}\leqslant 0.22\right)$——Ⅱ$_a$区 这一区域的矩形件拉深过程中，只有微量的材料从矩形件的圆角处转移到侧壁上，几乎没有增补侧壁的高度。其毛坯尺寸的计算和作图顺序如下（图2-4-37）：

1）计算直边部分展开长度L：

无凸缘时，$L=H+0.57r_p$

有凸缘时，$L=H+R_F-0.43(r_d+r_p)$

式中H、R_F包括修边余量。

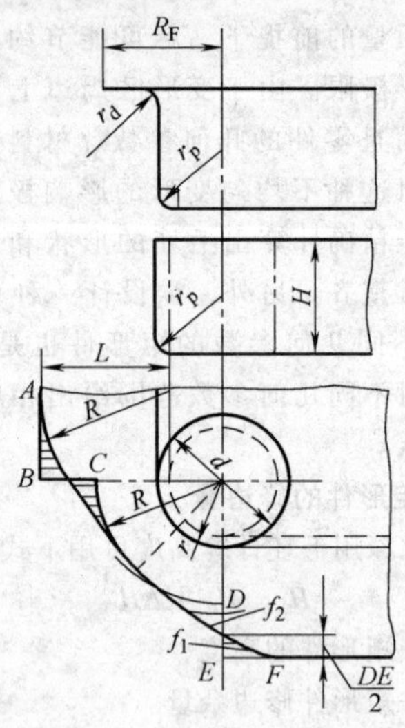

图2-4-37 低矩形件的毛坯作图法

2）假设将矩形件四圆角拼成一个圆角，求圆筒展开半径：

无凸缘时，$R=\sqrt{r^2+2rH-0.86r_p(r+0.16r_p)}$

若角部和底部的圆角半径相等即$r=r_p$，则$R=\sqrt{2rH}$

有凸缘时，

$R=\sqrt{R_F^2+2rH-0.86(r_d+r_p)+0.14(r_d^2+r_p^2)}$

3）作出从圆角部分到直边部分呈阶梯形过渡的平面毛坯$ABCDEF$。

4）从BC、DE线段的中点向圆弧R作切线，用以R为半径的圆弧光滑连接直线及切线，此时，$f_1=f_2$，所得图形即毛坯外形。

根据矩形件几何尺寸的不同，Ⅱ$_a$区毛坯可有如图2-4-38所示的三种角部形状。

（2）角部圆角半径较大的低矩形件$\left(0.22<\frac{r}{B-H}<0.4\right)$——图2-4-36 Ⅱ$_b$区 这时零件的角部圆角较大，拉深时从圆角处转移到侧壁处的金属增多，其毛坯尺寸的计算和作图应先按上述方法作出L、R（图2-4-39），然后按下述方法进行修正：

1）对圆角部分展开后的半径R修正为R_1，$R_1=xR$（x可查表2-4-24）。

2）对直边部分展开后的长度L减去h_a和h_b。

$$h_a=\gamma\frac{R^2}{A-2r}$$

$$h_b=\gamma\frac{R^2}{B-2r}$$

γ值可查表2-4-24。

3）毛坯尺寸修正后，再用半径为R_a和R_b的圆弧连成光滑的外形，即得所求之毛坯形状和尺寸。

（3）角部具有大圆角半径的较高矩形件$\left(\frac{r}{B-H}\geqslant 0.4\right)$——图2-4-36 Ⅱ$_c$区 这种方法适合于Ⅱ$_c$区域的相对高度$H/B$和相对半径$r/B$均较大的一次或多次拉深的矩形件。这类零件有大量材料从圆角转移到侧壁，使侧壁高度显著增加。其毛坯形状接近于圆形（对方形件）或椭圆形（对矩形件），而不需用几何作图法。毛坯尺寸的计算根据矩形件的表面积与毛坯面积相等的原则进行。

1）对图2-4-40a所示的方形件，毛坯直径计算如下：

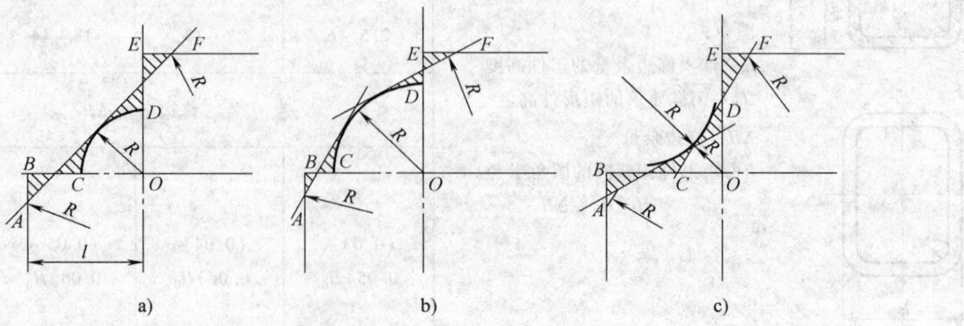

图2-4-38 Ⅱ$_a$区毛坯的角部形状

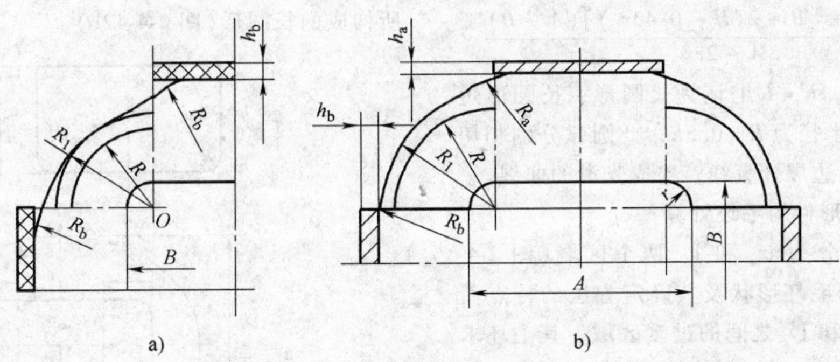

图 2-4-39　角部圆角半径较大的低矩形件的毛坯作图法

表 2-4-24　矩形件毛坯尺寸计算用系数

角部的相对圆角半径 $\frac{r}{B}$	系数 x 的值				系数 y 的值			
	相对拉深高度 $\frac{H}{B}$							
	0.3	0.4	0.5	0.6	0.3	0.4	0.5	0.6
0.10	—	1.09	1.12	1.16	—	0.15	0.20	0.27
0.15	1.05	1.07	1.10	1.12	0.08	0.11	0.17	0.20
0.20	1.04	1.06	1.08	1.10	0.06	0.10	0.12	0.17
0.25	1.035	1.05	1.06	1.08	0.05	0.08	0.10	0.12
0.30	1.03	1.04	1.05	—	0.04	0.06	0.08	—

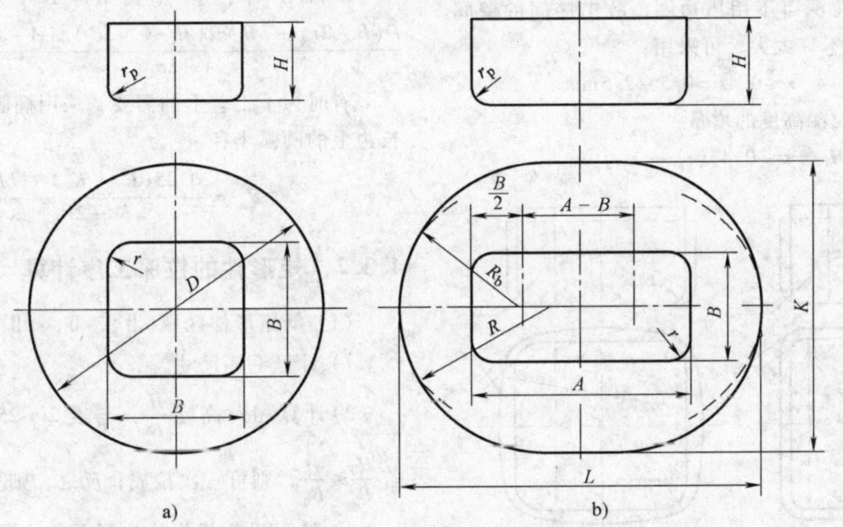

图 2-4-40　角部圆角半径大的低矩形件的毛坯形状和尺寸

$$D = 1.13\sqrt{B^2 + 4B(H - 0.43r_p) - 1.72r(H + 0.5r) - 4r_p(0.11r_p - 0.18r)}$$

当角部和底部的圆角半径相等，即 $r = r_p$ 时：

$$D = 1.13\sqrt{B^2 + 4B(H - 0.43r) - 1.72r(H + 0.33r)}$$

2）对图 2-4-40b 所示的尺寸为 $A \times B$ 的矩形件，可看做为两个宽度为 B 的半正方形和中间为 $A - B$ 的直边所组成。此时，毛坯形状是由两个半径为 R_b 的半圆弧和两个平行边所组成的长圆形。

其中，毛坯的长度为

$$L = D + A - B$$

式中　D——尺寸为 $B \times B$ 的假想方形盒的毛坯直径。

长圆形毛坯的宽度 K 为

$$K=\frac{D(B-2r)+[B+2(H-0.43r_p)](A-B)}{A-2r}$$

大多数情况下，$K<L$ 毛坯为长圆形，长圆形短边方向的毛坯圆弧半径为 $R=0.5K$，此圆弧分别相切于 R_b 的圆弧及两长边展开直线，连成光滑的曲线。

3. 多次拉深矩形件的毛坯计算

多次拉深区可分为 I_a 和 I_c 两个区域（图 2-4-36)，其划分是根据毛坯形状及其确定方法的特点而进行的，I_b 是 I_a 和 I_c 之间的过渡区域，其毛坯求作方法可用 I_a 或 I_c 区，视具体情况而定。

(1) 角部具有小圆角半径的较高矩形件($H/B\leqslant0.7\sim0.8$)——I_c 区　这一区域相对高度虽不大，但由于相对圆角半径较小，若一次拉深，会因局部变形大而使底部破裂，故需两次拉深。第二次拉深近似整形，主要是用来减小角部和底部圆角，外形基本不变，因此求毛坯尺寸的方法与 II_a 相同(图 2-4-37)。

由于制件圆角部分要两次拉深，同时材料会向侧壁流动，所以可将展开圆角半径 R 加大 10% ~20%。

当 $r=r_p$ 时，$R=(1.1\sim1.2)\sqrt{2rH}$

两次拉深的相互关系(图 2-4-41)应符合下述要求：

1) 两次拉深的角部圆角半径中心不同。

2) 第二次拉深可不用压边圈，故工序间的壁间距 s 和角间距 x 不宜太大，可采用：

$s=(4\sim5)t$　　$x\leqslant0.4s=0.5\sim2.5\text{mm}$

3) 第二次拉深高度的增量：

$$\Delta H=s-0.43(r_{p1}-r_{p2})$$

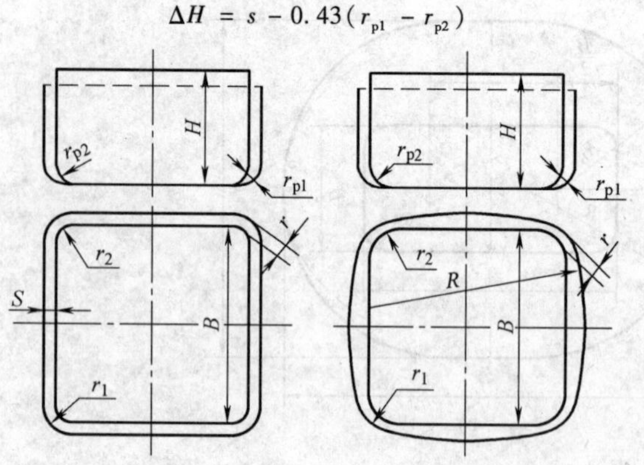

图 2-4-41　角部半径进行整形的方形件的拉深

(2) 高矩形件($H/B\leqslant0.7\sim0.8$)——I_c 区　这一区域的毛坯尺寸计算方法与 II_c 区相同，即按制件表面积和毛坯表面积相等的原则进行，毛坯外形为窄边由半径 R_b、宽边由半径 R_a 所构成的椭圆形(图 2-4-42a)或由半径为 $R=0.5K$ 的两个半圆和两条平行边所构成的长圆形(图 2-4-42b)。

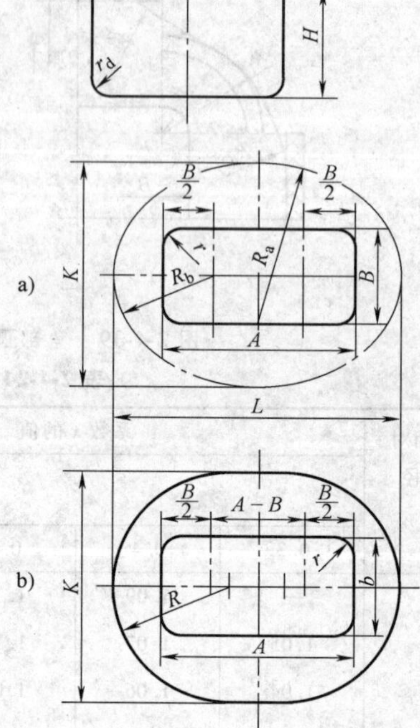

图 2-4-42　矩形件多工序拉深的毛坯形状

L 和 K 可根据公式 $L=D+A-B$ 和 $K=\frac{D(B-2r)+[B+2(H-0.43r_p)](A-B)}{A-2r}$ 进行计算。

有时为了工艺上的需要，采用椭圆形毛坯，椭圆长边上的圆弧半径 R_a 为

$$R_a=\frac{0.25(L^2+K^2)-LR_b}{K-2R_b}$$

4.3.2 矩形件的拉深工序计算

(1) 低矩形件区域(II_a、II_b、II_c 区域)

1) 计算毛坯尺寸。

2) 计算相对高度 $\frac{H}{B}$，与表 2-4-25 中 $\frac{H}{B_0}$ 值相比，若 $\frac{H}{B}\leqslant\frac{H}{B_0}$，则可一次拉成；反之，则不能一次拉成。

3) 核算圆角部分的拉深系数。圆角处的假想拉深系数为

$$m=\frac{r}{R}$$

式中　r——圆角部分的半径；

R——毛坯圆角部分的假想半径(如图 2-4-37 中的 R 即 R_F)。

当 m 大于或等于表 2-4-26 中所列的 m_1 值时，可一次拉成；反之则不能。

表 2-4-25 在一道工序内所能拉深的矩形件的最大高度

相对转角半径 r/B	相对厚度 $(t/D)\times100$			
	2.0~1.5	1.5~1.0	1.0~0.5	0.5~0.2
0.30	1.2~1.0	1.1~0.95	1.0~0.9	0.9~0.85
0.20	1.0~0.9	0.9~0.8	0.85~0.7	0.8~0.7
0.15	0.9~0.75	0.8~0.7	0.75~0.65	0.7~0.6
0.10	0.8~0.6	0.7~0.55	0.65~0.5	0.6~0.45
0.05	0.7~0.5	0.6~0.45	0.55~0.4	0.5~0.35
0.02	0.5~0.4	0.45~0.35	0.4~0.3	0.35~0.25

表 2-4-26 矩形件角部的第一次拉深系数 m_1

$\frac{r}{B_0}$	毛坯的相对厚度 $\frac{t}{D}\times100$							
	0.3~0.6		0.6~1.0		1.0~1.5		1.5~2.0	
	矩形	方形	矩形	方形	矩形	方形	矩形	方形
0.025	0.31		0.30		0.29		0.28	
0.05	0.32		0.31		0.30		0.29	
0.10	0.33		0.32		0.31		0.30	
0.15	0.35		0.34		0.33		0.32	
0.20	0.36	0.38	0.35	0.36	0.34	0.35	0.33	0.34
0.30	0.40	0.42	0.38	0.40	0.37	0.39	0.35	0.38
0.40	0.44	0.48	0.42	0.45	0.41	0.43	0.40	0.42

当 $r_b=r$ 时，可用 $\frac{H}{r}$ 来表示拉深系数：

$$m=\frac{r}{R}=\frac{r}{\sqrt{2rH}}=\frac{1}{\sqrt{2-\frac{H}{r}}}$$

根据 $\frac{H}{r}$ 的值，也可从表 2-4-27 中看出能否一次拉出。

(2) 高矩形件区域

1) 初步估计拉深次数。根据矩形件的相对高度 $\frac{H}{B}$，可从表 2-4-28 查出所需的拉深次数，但以后各次的拉深系数 m_n（$m_n=\frac{r_n}{r_{n-1}}$）必须大于表 2-4-29 所列数值。

表 2-4-27 矩形件第一次拉深许可的最大比值 $\frac{H}{r}$

$\frac{r}{B_0}$	方形件			矩形件		
	毛坯相对厚度 $\frac{t}{D}\times100$					
	0.3~0.6	0.6~1	1~2	0.3~0.6	0.6~1	1~2
0.4	2.2	2.5	2.8	2.5	2.8	3.1
0.3	2.8	3.2	3.5	3.2	3.5	3.8
0.2	3.5	3.8	4.2	3.8	4.2	4.6
0.1	4.5	5.0	5.5	4.6	5.0	5.5
0.05	5.0	5.5	6.0	5.0	5.5	6.0

注：对塑性较差的金属拉深时，H/r_1 的数值取比表值减小 5%~7%；对塑性更大的金属拉深时，取比表值大 5%~7%。

表 2-4-28 矩形件多次拉深所能达到的最大相对高度 $\frac{H}{B}$

拉深次数	毛坯的相对厚度 $\frac{t}{D}\times 100$			
	0.3~0.5	0.5~0.8	0.8~1.3	1.3~2.0
1	0.50	0.58	0.65	0.75
2	0.70	0.80	1.0	1.2
3	1.20	1.30	1.6	2.0
4	2.0	2.2	2.6	3.6
5	3.0	3.4	4.0	5.0
6	4.0	4.5	5.0	6.0

表 2-4-29 矩形件以后各次许可拉深系数

r/B	毛坯的相对厚度 $\frac{t}{D}\times 100$			
	0.3~0.6	0.6~1	1~1.5	1.5~2.0
0.025	0.52	0.50	0.48	0.45
0.05	0.56	0.53	0.50	0.48
0.10	0.60	0.56	0.53	0.50
0.15	0.65	0.60	0.56	0.53
0.20	0.70	0.655	0.60	0.58
0.30	0.72	0.70	0.60	0.60
0.40	0.75	0.73	0.70	0.67

还可根据总拉深系数从表 2-4-30 中查出拉深次数，总拉深系数的计算方法为：

① 直径为 D 的圆毛坯拉深成方形件($B\times B$)时：

$$m_{\Sigma}=\frac{4B}{\pi D}=1.27\frac{B}{D}$$

② 直径为 D 的圆毛坯拉深成矩形件($A\times B$)时：

$$m_{\Sigma}=\frac{2(A+B)}{\pi D}=1.27\frac{A+B}{2D}$$

③ 椭圆形毛坯($L\times K$)拉深成矩形件($A\times B$)时：

$$m_{\Sigma}=\frac{2(A+B)}{0.5\pi(L+K)}=1.27\frac{A+B}{L+K}$$

对于高矩形件的多次拉深，由于长宽两边不等，在对应于长边中心与转角中心的变形区内拉深变形差别较大。而且随着矩形件长宽比 A/B 的增加，这种差别增大。为了保证高矩形件的顺利拉深成形，必须遵循均匀变形原则，而保证均匀变形的条件是选用合理的角间距：

$$\delta=(0.2\sim0.25)r$$

由于毛坯材料经过多次拉深，角部材料向直壁部分转移量很大，所以大于高矩形件的拉深，在考虑角部变形的同时，还必须考虑直壁的变形，以此根据外形的平均变形程度进行各道工序的计算。

平均拉深系数：$m_{\rm b}=\dfrac{B-0.43r}{0.5\pi R_{{\rm b}(n-1)}}$

所以得：$R_{{\rm b}(n-1)}=\dfrac{B-0.43r}{1.57m_{\rm b}}$

表 2-4-30 根据总拉深系数确定矩形件的拉深系数

拉深次数	材料相对厚度 $\frac{t}{D}\times 100$ 或 $\frac{t}{(L+K)}\times 200$ 时的总拉深系数			
	2.0~1.3	1.5~1.0	1.0~0.5	0.5~0.2
2	0.40~0.45	0.43~0.48	0.45~0.50	0.47~0.58
3	0.32~0.39	0.34~0.40	0.36~0.44	0.38~0.48
4	0.25~0.30	0.27~0.32	0.28~0.34	0.30~0.36
5	0.20~0.24	0.22~0.26	0.24~0.27	0.25~0.29

前后两次拉深时工序壁间间距：

$$s_n=R_{{\rm b}(n-1)}-0.5B=\frac{\left(1-0.785m_{\rm b}-0.43\frac{r}{B}\right)B}{1.57m_{\rm b}}$$

即以 s_n 作为计算的基础数据。从上式中看到 s_n 与 r/B 及 $m_{\rm b}$ 有关，而 $m_{\rm b}$ 又与拉深次数有关，所以 s_n 与 r/B 及拉深次数有关，图 2-4-43 反映了这一关系，可供计算时查用。

当 $t/B\times 100=2$ 或 $B=50t$ 时

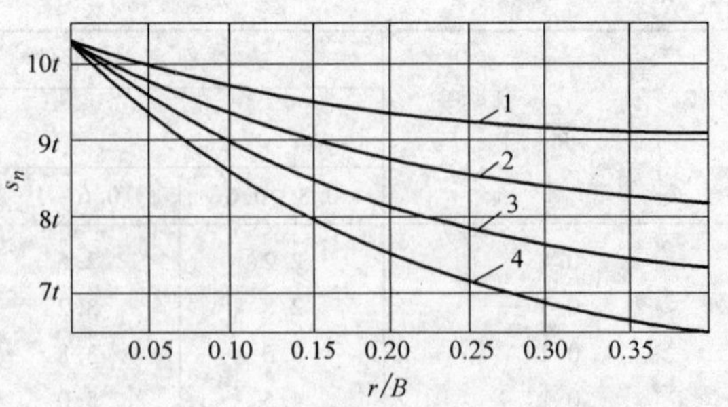

图 2-4-43 s_n 数值与比值 r/B 及预拉深次数(1~4)的关系曲线

2）确定各工序间半成品形状和尺寸。多次拉深的高矩形件，在前几次拉深时，一般采用过渡形状(方形件多用圆形过渡，矩形件用长圆形或椭圆形过渡），最后一次才拉成所需的形状。因此，需确定各道工序的过渡形状。计算时，应从倒数第二（$n-1$）次拉深的半成品形状，逐次向前反推。确定高方形件、高矩形件多次拉深的过渡形状各有两种方法，分别见图 2-4-44、图 2-4-45 和表 2-4-31、表 2-4-32。

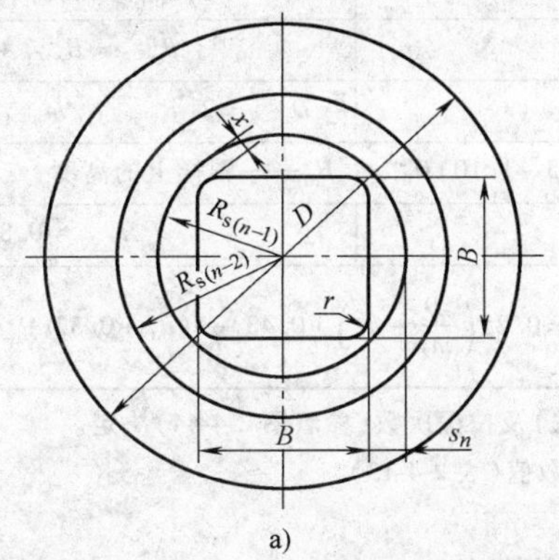
a)

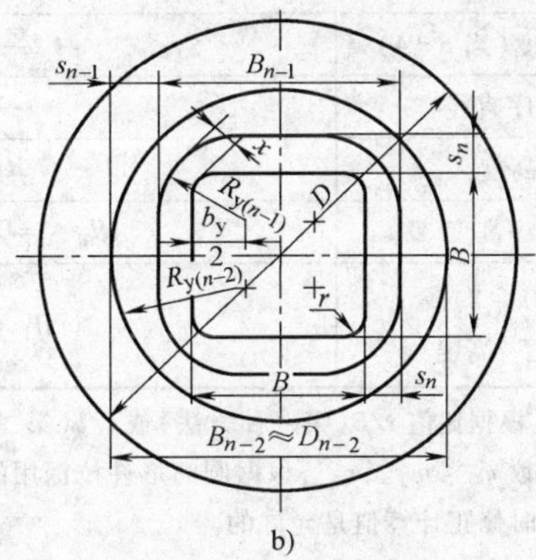
b)

图 2-4-44　多次拉深方形件的各道工序

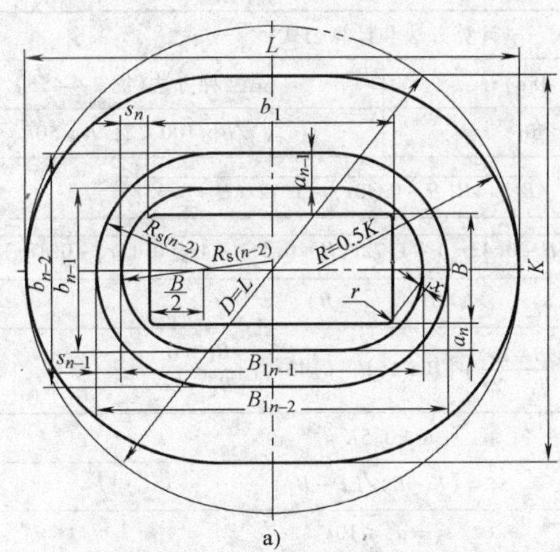
a)

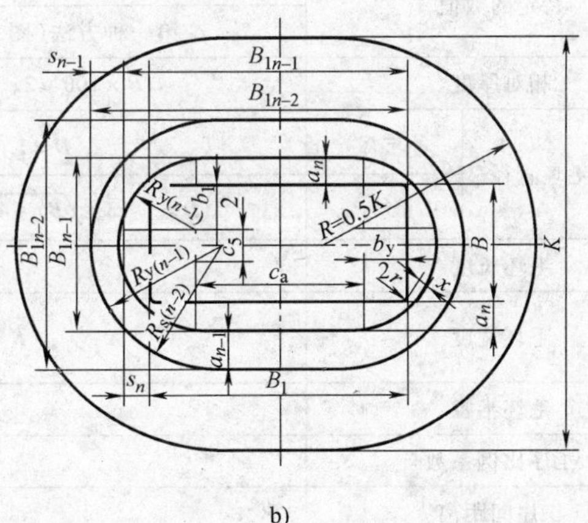
b)

图 2-4-45　多次拉深矩形件的各道工序

表 2-4-31　多次拉深方形件的计算过程和公式

待定的数值		计算方法和计算公式	
		第一种方法（图 2-4-44a）	第二种方法（图 2-4-44b）
相对厚度		$t/B\times100\geqslant2$；$B\leqslant50t$	$t/B\times100<2$；$B>50t$
毛坯直径	$r=r_p$	$D=1.13\sqrt{B^2+4B(H-0.43r)-1.72r(H+0.33r)}$	
	$r\neq r_p$	$D=1.13\sqrt{B^2+4B(H-0.43r_p)-1.72r(H+0.5r)-4r_p(0.11r_p-0.18r)}$	
角部计算尺寸 $b_y<B$		—	$b_y\approx50t$
工序间距离		$s_n\leqslant10t$	
$(n-1)$道工序半径		$R_{s(n-1)}=0.5B+s_n$	$R_{y(n-1)}=0.5b_y+s_n$
$(n-1)$道工序宽度		—	$B_{n-1}=B+2s_n$
角部间隙（包括 t 在内）		$x=s_n+0.41r-0.207B$	$x=s_n+0.41r-0.207b_y$
$(n-2)$道工序半径		$R_{s(n-2)}=R_{s(n-1)}/m_2=0.5Dm_1$	$R_{y(n-2)}=R_{y(n-1)}/m_{n-1}$
工序间距离		—	$s_{n-1}=R_{y(n-2)}-R_{y(n-1)}$

（续）

待定的数值	计算方法和计算公式	
	第一种方法（图2-4-44a）	第二种方法（图2-4-44b）
$(n-2)$道工序宽度（当 $n=4$）	—	$B_{n-2}=B_{n-1}+2s_{n-1}$
$(n-2)$道工序直径	—	$D_{n-2}=2[R_{y(n-2)}/m_{n-1}+0.7(B-b_y)]$
矩形件的高度	$H=(1.05\sim1.10)H_0$　H_0——图样上的高度	
$(n-1)$道工序高度	$H_{n-1}=0.88H$	$H_{n-1}\approx0.88H$
第一次拉深[$(n-2)$或$(n-3)$道工序]高度	$H_1=H_{n-2}=0.25\left(\frac{D}{m_1}-d_1\right)+0.43\frac{r_1}{d_1}(d_1+0.32r)$	

注：1. 尺寸 s_n 根据比值 r/B（第一种方法）或 r/b（第二种方法）及拉深次数（参看图2-4-44）决定。

2. 拉深系数 m_1、m_2、m_{n-1} 根据圆筒形件拉深用的表列数值（表2-4-13）。

3. 在作图时修正计算值是允许的。

4. 上列拉深方法，也适用于材料相对厚度大于表中数值的情况下。

表2-4-32　多次拉深矩形件的计算过程和公式

待定的数值		计算方法和计算公式	
		第一种方法（图2-4-45a）	第二种方法（图2-4-45b）
相对厚度		$t/B\times100\geqslant2$；$B\leqslant50t$	$t/B\times100<2$；$B>50t$
假想的毛坯直径	$r=r_p$	$D=1.13\sqrt{B^2+4B(H-0.43r)-1.72r(H+0.33r)}$	
	$r\neq r_p$	$D=1.13\sqrt{B^2+4B(H-0.43r_p)-1.72r(H+0.5r)-4r_p(0.11r_p-0.18r)}$	
毛坯长度		$L=D+(b_1-B)$	
毛坯宽度		$K=D\frac{B-2r}{B_1-2r}+[B+2(H-0.43r_p)]\frac{B_1-B}{B_1-2r}$	
毛坯半径		$R=0.5K$	
工序比例系数		$x_1=(K-B)/(L-B_1)$	
工序间距离		$s_n=a_n\leqslant10t$	
角部计算尺寸 $b_y<B$		—	$b_y\approx50t$
$(n-1)$道工序半径		$R_{s(n-1)}=0.5B+s_n$	$R_{y(n-1)}=0.5b_y+s_n$
角部间隙（包括 t 在内）		$x=s_n+0.41r-0.207B$	$x=s_n+0.41r-0.207b_y$
$(n-1)$道工序尺寸		$B_{n-1}=2R_{s(n-1)}$；$B_{1n-1}=B_1+2s_n$	$B_{n-2}=B+2a_n$；$B_{1n-1}=B_1+2s_n$
$(n-2)$道工序半径		$R_{s(n-2)}=R_{s(n-1)}/m_{n-1}$	$R_{y(n-2)}=R_{y(n-1)}/m_{n-1}$ $R_{s(n-2)}=B_{n-2}/2$
工序间距离		$s_{n-1}=\frac{R_{s(n-2)}-R_{s(n-1)}}{x_1}$ $a_{n-1}=R_{s(n-2)}-R_{s(n-1)}$	$s_{n-1}=R_{y(n-2)}-R_{y(n-1)}$ $a_{n-1}=xs_{n-1}$
$(n-2)$道工序尺寸		$B_{1n-2}=2R_{s(n-2)}$ $B_{1n-2}=B_1+2(s_n+s_{n-1})$	$B_{1n-2}=B+2(a_n+a_{n-1})$ $B_{1n-2}=B_1+2(s_n+s_{n-1})$
矩形件的高度		$H=(1.05-1.10)H_0$　H_0——图样上的高度	
工序高度		$H_{n-1}=0.88H$	$H_{n-1}\approx0.88H$

注：参看表2-4-31注。

4.4　连续拉深工艺

在成批生产或大量生产中，对于外形尺寸在 60mm 以内，材料厚度在 2mm 以内的工件，可在带料上直接进行连续拉深，工件拉成后再从带料上冲裁下来，这一方法称为带料连续拉深。由于带料连续拉深时，不能进行中间退火。因此，用于连续拉深的材料，必须具有高塑性，不经过中间退火所能允许的最大总拉深变形程度（即允许的极限总拉深系数），应满足拉深件总拉深系数的要求。H62、H68 黄铜，08F、10F 钢都适宜于带料连续拉深，3A21 软铝合金和可伐合金（Ni29Co18）也可用于连续拉深。

表 2-4-33 给出了一些材料允许的极限总拉深系数。

表 2-4-33　连续拉深的极限总拉深系数

材　料	抗拉强度 σ_b/MPa	相对伸长率 $\delta\times100$	总拉深系数 $m_{总}$		
			不带推件装置		带推件装置
			材料厚度 $t<1.2$mm	材料厚度 $t=1.2\sim2$mm	
钢 08F	294～392	28～40	0.40	0.32	0.16
黄铜 H62、H68	294～392	28～40	0.35	0.29	0.24～0.2
软铝	78～108	22～25	0.38	0.30	0.18

4.4.1　分类及应用范围

带料连续拉深分无工艺切口和有工艺切口两类，如图 2-4-46 所示，其应用范围列于表 2-4-34。

4.4.2　料宽及步距的计算

在带料上作连续拉深时，带料宽度和步进距由表 2-4-35 所列公式进行计算。

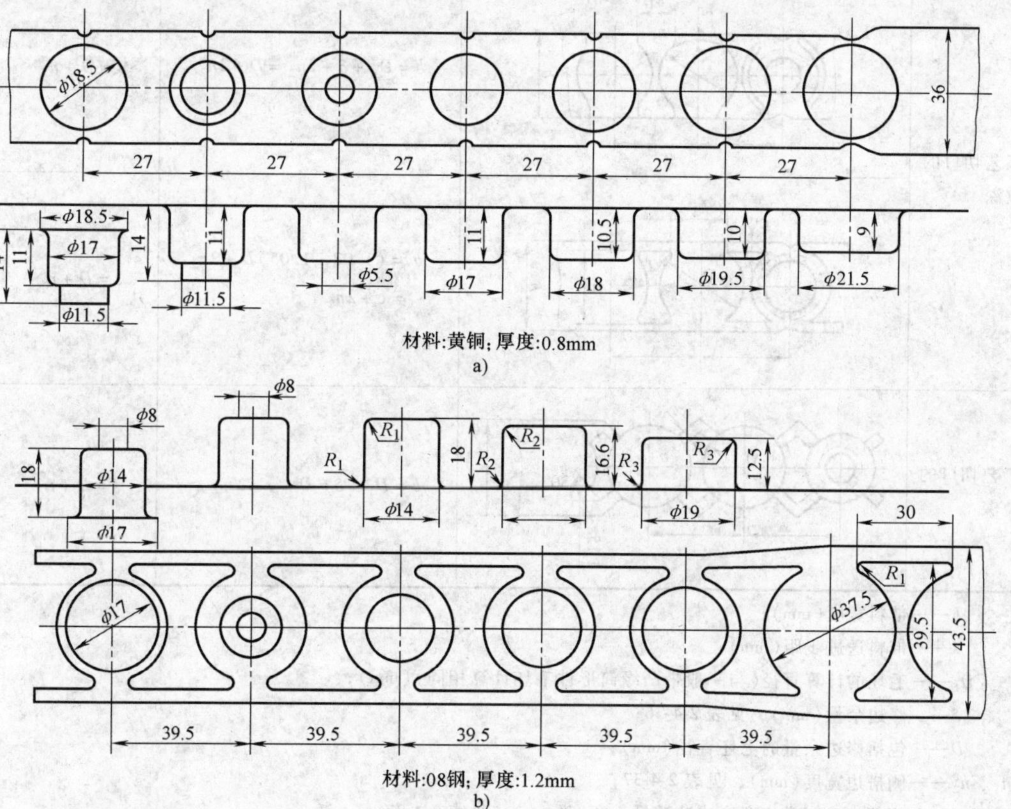

图 2-4-46　连续拉深

a）无切口　b）有切口

表 2-4-34 连续拉深的分类及应用范围

分 类	图 示	应用范围	特 点
无工艺切口（切槽）	见图 2-4-46a	$t/D\times100>1$ $d_t/d=1.1\sim1.5$ $h/d<1$	1）拉深时相邻两个拉深件之间互相影响，使得材料在纵向流动困难，主要靠材料的伸长 2）拉深系数比单工序大，拉深工序数需增加 3）节省材料
有工艺切口（切槽）	见图 2-4-46b	$t/D\times100<1$ $d_t/d=1.3\sim1.8$ $h/d>1$	1）有了工艺切口，相似于有凸缘零件的拉深，但由于相邻两个拉深件之间仍有部分材料相连，因此变形比单工序凸缘零件稍困难些 2）拉深系数略大于单工序拉深 3）费料

注：表中：t——材料厚度；D——包括修边余量的毛坯直径；d_t——凸缘直径；d——工件内径；h——工件高度。

表 2-4-35 带料连续拉深的料宽及步距计算公式

拉深方式	图 示	料宽计算公式	步距计算公式
无工艺切口的连续拉深	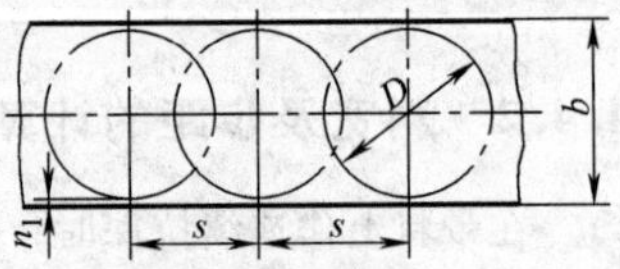	$b=D_1+\delta+2n_1=D+2n_1$	$s=(0.85\sim0.9)D$ （但不小于包括修边余量的凸缘直径）
有工艺切口的连续拉深	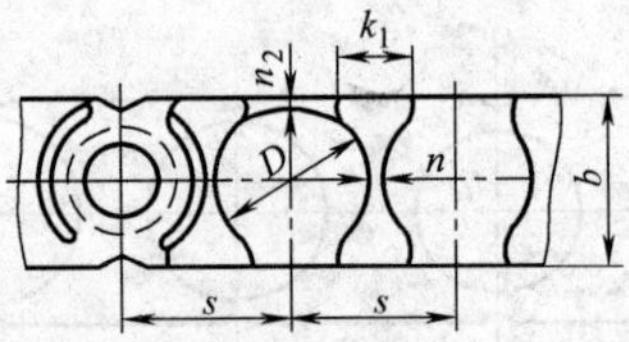	$b=D_1+\delta+2n_2=D+2n_2$	$s=D+n$
	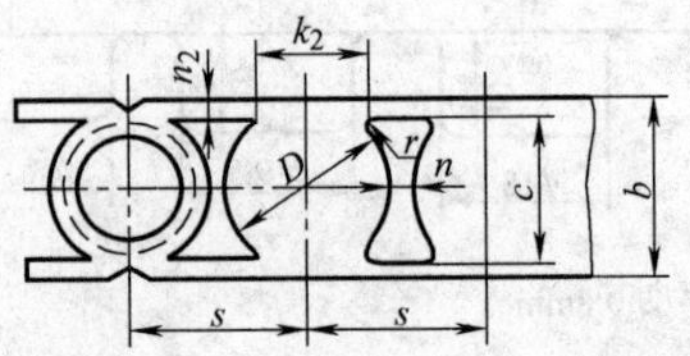	$b=(1.02\sim1.05)D+2n_2$ $=c+2n_2$	$s=D+n$
有工艺切口的连续拉深	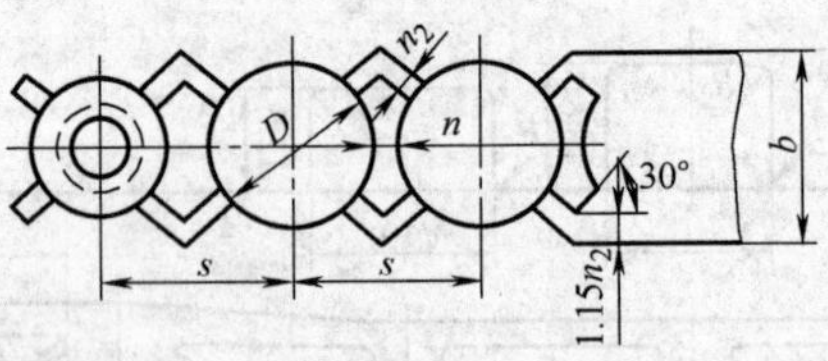	$b=D_1+\delta=D$	$s=D+n$

注：b——带料宽度（mm）；
s——带料送进步距（mm）；
D_1——毛坯的计算直径（与一般带凸缘筒形件毛坯计算相同）（mm）；
δ——修边余量（mm），见表 2-4-36；
D——包括修边余量的毛坯直径（mm）；
n_1、n_2——侧搭边宽度（mm），见表 2-4-37；
n——相邻切口间搭边宽度或冲槽最小宽度（mm），见表 2-4-37；
c——工艺切口宽度（mm），见表 2-4-37；
k_1、k_2——切口间跨度（mm），见表 2-4-37；
r——切口圆角半径（mm），见表 2-4-37。

表 2-4-36 连续拉深件的修边余量 δ

（单位：mm）

毛坯计算直径 D	材料厚度 t								
	0.2	0.3	0.5	0.6	0.8	1.0	1.2	1.5	2
<10	1.0	1.0	1.2	1.5	1.8	2.0	—	—	—
>10~30	1.2	1.2	1.5	1.8	2.0	2.2	2.5	3.0	—
>30~60	1.2	1.5	1.8	2.0	2.2	2.5	2.8	3.0	3.5
>60	—	—	2.0	2.2	2.5	3.0	3.5	4.0	4.5

表 2-4-37 带料连续拉深搭边及切口参数推荐数值 （单位：mm）

参数符号	材料厚度 t		
	≤0.5	≥0.5~1.5	≥1.5
n_1	1.5	1.75	2
n_2	1.5	2	2.5
n	1.5	1.8	3
r	0.8	1	1.2
k_1	$k_1 \approx (0.5 \sim 0.7)D$		
k_2	$k_2 \approx (0.25 \sim 0.35)D$		
c	1.02~1.05		

4.4.3 拉深系数及相对拉深高度

带料连续拉深总拉深系数的计算方法，与带凸缘的圆筒形件拉深系数的计算相同。

总拉深系数为：$m_{总} = d/D = m_1 m_2 \cdots m_n$

式中 d——工件直径；

D——工件毛坯直径；

m_1、m_2、…、m_n——各次拉深系数。

总的拉深系数可按表 2-4-38 选用。

无工艺切口的带料连续拉深，可以看成是宽凸缘件的拉深，由于相邻两个拉深件之间变形时相互牵制，材料在纵向流动比较困难，变形程度大就会拉破，因此，拉探系数要选得大一些。这种连续拉深一般用于拉深不太困难的，即有较大的相对厚度、较小的相对凸缘直径及有较小相对高度的制件。

表 2-4-39 给出了无工艺切口连续拉深的第一次拉深系数 m_1，表 2-4-40 为最大相对高度 $\frac{h_1}{d_1}$，表 2-4-41 为以后各次的拉深系数。

表 2-4-38 总拉深系数 $m_{总}$ 的极限值

材料	抗拉强度 σ_b/MPa	相对伸长率 $\delta \times 100$	总拉深系数 $m_{总}$		
			不带推件装置		带推件装置
			材料厚度 $t<1.2$mm	材料厚度 $t=1.2\sim2$mm	
钢 08F	294~392	28~40	0.40	0.32	0.16
黄铜 H62、H68	294~392	28~40	0.35	0.29	0.24~0.2
软铝	78~108	22~25	0.38	0.30	0.18

表 2-4-39 无工艺切口的第一次拉深系数 m_1（材料 08、10）

凸缘相对直径 d_t/d	毛坯相对厚度 $t/D \times 100$			
	>0.2~0.5	>0.5~1.0	>1.0~1.5	>1.5
≤1.1	0.71	0.69	0.66	0.63
>1.1~1.3	0.68	0.66	0.64	0.61
>1.3~1.5	0.64	0.63	0.61	0.59
>1.5~1.8	0.54	0.53	0.52	0.51
>1.8~2.0	0.48	0.47	0.46	0.45

表 2-4-40 无工艺切口的第一次拉深的最大相对高度 $\frac{h_1}{d_1}$（材料：08、10）

凸缘相对直径 d_t/d	毛坯相对厚度 $t/D \times 100$			
	>0.2~0.5	>0.5~1.0	>1.0~1.5	>1.5
≤1.1	0.36	0.39	0.42	0.45
>1.1~1.3	0.34	0.36	0.38	0.40
>1.3~1.5	0.32	0.34	0.36	0.38
>1.5~1.8	0.30	0.32	0.34	0.36
>1.8~2.0	0.28	0.30	0.32	0.35

表 2-4-41 无工艺切口的以后各次拉深系数 m_n（材料：08、10）

拉深系数 m_n	毛坯相对厚度 $t/D \times 100$			
	>0.2~0.5	>0.5~1.0	>1.0~1.5	>1.5
m_2	0.86	0.84	0.82	0.80
m_3	0.88	0.86	0.84	0.82
m_4	0.89	0.87	0.86	0.85
m_5	0.90	0.89	0.88	0.87

有工艺切口的带料连续拉深，是在两零件的相邻处切开，两零件间的相互影响和约束较小，与单个带凸缘零件拉深相似，但由于相邻两个拉深件间仍有部分材料相连，其变形比单个带凸缘零件的拉深要困难些，所以第一次拉深系数要大一些，见表 2-4-42，其最大相对高度可参见表 2-4-18。以后各次拉深系数可取带凸缘圆筒形件拉深的上限值，见表 2-4-43、表 2-4-44。

表 2-4-42 有工艺切口的第一次拉深系数 m_1（材料：08、10）

凸缘相对直径 d_1/d	毛坯相对厚度 $t/D\times100$				
	>0.05~0.2	>0.2~0.5	>0.5~1.0	>1.0~1.5	>1.5
≤1.1	0.64	0.62	0.60	0.58	0.55
>1.1~1.3	0.60	0.59	0.58	0.56	0.53
>1.3~1.5	0.57	0.56	0.55	0.53	0.51
>1.5~1.8	0.53	0.52	0.51	0.50	0.49
>1.8~2.0	0.47	0.46	0.45	0.44	0.43
>2.0~2.2	0.43	0.43	0.42	0.42	0.41
>2.2~2.5	0.38	0.38	0.38	0.38	0.37
>2.5~2.8	0.35	0.35	0.35	0.35	0.34
>2.8~3.0	0.33	0.33	0.33	0.33	0.33

表 2-4-43 有工艺切口的以后各次拉深系数 m_n（材料：08、10）

拉深系数 m_n	毛坯相对厚度 $t/D\times100$				
	>0.05~0.2	>0.2~0.5	>0.5~1.0	>1.0~1.5	>1.5
m_2	0.80	0.79	0.78	0.76	0.75
m_3	0.82	0.81	0.80	0.79	0.78
m_4	0.85	0.83	0.82	0.81	0.80
m_5	0.87	0.86	0.85	0.84	0.82

表 2-4-44 有工艺切口的各次拉深系数

材 料	拉深次数					
	1	2	3	4	5	6
	拉深系数 m					
黄 铜	0.63	0.76	0.78	0.80	0.82	0.85
软钢、铝	0.67	0.78	0.80	0.82	0.85	0.90

4.4.4 工序计算

1. 计算毛坯直径 D

按照单工序模的计算方法及制件的尺寸计算所需毛坯的直径 D_1，按表 2-4-36 查出修边量 δ，实际毛坯直径为

$$D = D_1 + \delta$$

式中 D_1——计算毛坯直径（mm）；

δ——修边余量（mm），见表 2-4-36。

2. 计算总拉深系数 $m_总$

$m_总 = \dfrac{d}{D}$，其值应大于表 2-4-38 中的极限总拉深系数。

3. 确定能否一次拉成

根据相对厚度 $t/D\times100$、凸缘相对直径 d_1/d 及所要加工工件的 h/d，查表 2-4-34 确定是否需工艺切口。若不需工艺切口，则再将 h/d 值与从表 2-4-40 查出的一次拉深所能达到的最大相对高度 h_1/d_1 相比较，确定能否一次拉深成形，如工件的 h/d 大于表中所列值，则需多次拉深。

若需工艺切口，则根据工件外形从表 2-4-45 选用合适的切口形式，其中序号 2、序号 4 应用较多。据表 2-4-35、表 2-4-37 计算料宽、步距及切口尺寸。

4. 确定拉深次数

由表 2-4-39、表 2-4-41 或表 2-4-42 ~ 表 2-4-44 查出各次拉深系数 m_1、m_2、m_3……，计算 $m_1\times m_2\times m_3\times\cdots\times m_{n-1}\times m_n < m_总$，即可知所需的拉深次数。

确定各次拉深系数后，调整各工序的拉深系数，使各工序的变形程度分配更合理些。一般不必力求减少拉深次数，因为它并不反映生产率的提高，大多情况下常调整拉深系数而增多一些工序。

表 2-4-45 工艺切口形式及其应用场合

序号	切口或切槽形式	使用场合	优 缺 点
1		材料厚度小于 1mm，直径大于 5mm 的圆形件浅拉深	首次拉深工步，料边起皱情况较无切口时为好。侧搭边会弯曲，产生变形，妨碍送料
2		材料厚度大于 0.5mm 的圆形小工件，应用较广	不易起皱，送料方便，拉深中带料会缩小，不能用来定位，较为费料
3		除用于特殊情况外，一般很少用	带料宽度及送进步距在拉深中不改变，可用于有导正销的场合，切口部分模具制造复杂，较为费料

（续）

序 号	切口或切槽形式	使用场合	优 缺 点
4		适用于矩形拉深件	与序号 2 相同
5			
6		用于单排或双排的单头焊片	与序号 1 相同
7		用于双排或多排筒形件的连续拉深	中间压肋后，使在拉深过程中消除了两筒形件之间产生开裂的现象，能保证两筒形中心距不变

根据调整后的拉深系数，确定各工序的拉深直径。

5. 确定各次拉深的凸、凹模圆角半径

各次拉深的凸模和凹模的圆角半径可查表 2-4-46。若工件圆角半径 $r < t$、$R < 2t$（r、R 见图 2-4-12），应在不改变拉深直径的情况下，通过整形工序逐渐减小圆角半径，最后达到工件圆角半径（每次整形工序允许减小圆角半径 50%）。

表 2-4-46　带料连续拉深时第一道工序的圆角半径

$t/D\times100$	r_d	r_p	备　注
0.1 ~ 0.3	$6t$	$7t$	1）以后各道工序的冲模工作部分圆角半径为前道工序圆角半径的 0.6 ~ 0.8，其中较大值系最初工序所用 2）在整形或带凸缘拉深时，r_d 与 r_p 按零件产品图给定 3）r_d 与 r_p 的值需在试模中予以修正 4）在整形时，r_d 与 r_p 的值可取等于前道工序所用值的若干分之一，但不得小于 $0.5t$（t 为料厚）
0.3 ~ 0.8	$5t$	$6t$	
0.8 ~ 2.0	$4t$	$5t$	
2.0 ~ 4.0	$3t$	$4t$	
4.0 ~ 6.0	$2t$	$3t$	
>6.0	t	$2t$	

设计拉深模时，凸、凹模圆角半径应采用小的容许值，以便在调整拉深模时按需要加大。

6. 计算各工序的拉深高度

计算拉深高度时，首次拉深时拉入凹模的材料，对于无工艺切口的带料连续拉深约比成品零件的表面积大 10% ~15%，对于有工艺切口的带料连续拉深大 4% ~6%（工序次数多时取上限值，工序次数少时取下限值），并在以后各次拉深工步中逐步返回到凸缘上。

对于带凸缘的拉深件，高度 h 按下式计算：

$$h_n = 0.32\frac{F}{d_n} - 0.25\frac{d_t^2}{d_n} + 0.43(R_n + r_n) + 0.14\frac{r_n^2 - R_n^2}{d_1}$$

$$= \frac{0.25}{d_n}(D^2 - d_t^2) + 0.43(R_n + r_n) + 0.14\frac{r_n^2 - R_n^2}{d_n}$$

式中　F——工序件的表面积（mm^2）；

其余符号见图 2-4-12（其中下标 n 表示第 n 次拉深），单位均为 mm。计算的高度作为设计参考，精确的高度只能通过试模校出。

计算高度后，校核第一次拉深的相对高度 $\frac{h_1}{d_1}$，是否小于表 2-4-39（或表 2-4-15）所规定的最大相对高度。

7. 绘制工序图

例：图 2-4-47 所示零件，试进行工序计算（材料：08 钢，厚度：$t = 1.2$mm）。

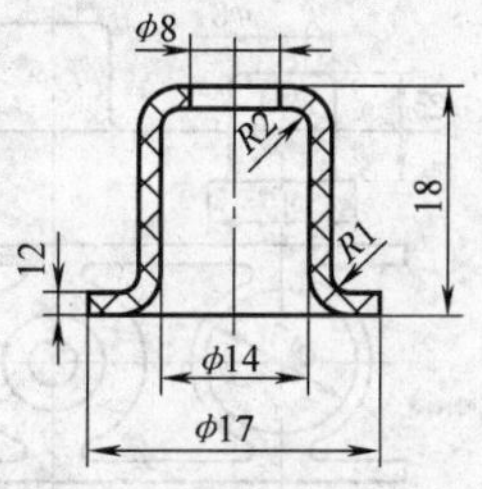

图 2-4-47　零件图

解：

1）计算毛坯直径：

$$D_1 = \sqrt{d_1^2 + 2\pi r_2 d_1 + 8r_2^2 + 4d_2 h + 2\pi r_1 d_2 + 4.56r_1^2}$$
$$= \sqrt{10^2 + 2\pi \times 2.6 \times 10 + 8 \times 2.6^2 + 4 \times 15.2 \times 12.6 + 2\pi \times 1.6 \times 15 + 4.56 \times 1.6^2}\,\text{mm} \approx 35\text{mm}$$

2）确定是否需要工艺切口：

查表2-4-35，$\delta = 2.8\text{mm}$

$$D = D_1 + \delta = (35 + 2.8)\text{mm} = 37.8\text{mm}$$

实际生产取 $D = 37.5\text{mm}$

材料相对厚度 $t/D \times 100 = 1.2/37.5 \times 100 = 3.2 > 1$

凸缘相对直径 $d_t/d = 17/14 = 1.2$

拉深相对高度 $h/d = 18/14 = 1.3 > 1$

查表2-4-33，需采用有工艺切口的连续拉深。

据表2-4-45，选取切口形式：选用序号2的切口形式。

据表2-4-37，切口尺寸：$k_2 = 0.25D = 9.5\text{mm}$

$c = 1.05D = 39.5\text{mm}$

$a = 1.8\text{mm}$

$r = 1\text{mm}$

$n = 2\text{mm}$

料宽 $b = (39.5 + 2 \times 2)\text{mm} = 43.5\text{mm}$

步距 $s = (37.5 + 1.8)\text{mm} = 39.3\text{mm}$

$h/d = 1.3 > h/d_1 = 0.36$（表2-4-18），一次拉深不行，需多次拉深。

3）核算总拉深系数：

$m_{总} = \dfrac{15.2}{37.5} = 0.405 > 0.4$（据表2-4-38），所以可连续拉深，不需中间退火。

4）确定拉深次数和各次拉深系数：

查表2-4-42 得 $m_1 = 0.53$，查表2-4-43 得 $m_2 = 0.75$，则

$$m_1 m_2 = 0.53 \times 0.75 = 0.396 < 0.405$$

因考虑 $r = 1\text{mm}$，$R = 2\text{mm}$，数值较小，所以可考虑再增加一次整形工序。将二次拉深调整为三次拉深，每次采用较大的拉深系数：$m_1 = 0.545$，$m_2 = 0.85$，$m_3 = 0.885$，减小过渡工序凹、凸模圆角半径，最后不用整形工序。

5）计算各次拉深件直径：

$d_1 = 37.5 \times 0.545\text{mm} = 20.4\text{mm}$

$d_2 = 20.4 \times 0.85\text{mm} = 17.2\text{mm}$

$d_3 = 17.2 \times 0.885\text{mm} = 15.2\text{mm}$

6）确定各次拉深的凸凹模圆角半径：

查表2-4-46，取 $r_{d1} = 3t = 3.6\text{mm}$，$r_{d1} = r_{p1} = 3.6\text{mm}$。

取 $r_{d2} = r_{p2} = 0.7r_{d1} = 2.6\text{mm}$（均按中心线计算）。

7）计算拉深件高度：

首次拉深时，拉入凹模的板料比所需材料多3%，所以假想毛坯展开直径

$$d_j = \sqrt{1.03 \times 1231}\,\text{mm} = 35.5\text{mm}$$

按公式 $h_n = \dfrac{0.25}{d_n}(D^2 - d_t^2) + 0.43(R_n + r_n) + 0.14\dfrac{r_n^2 - R_n^2}{d_n}$ 得（用 d_j 代 D）：

$$h_1 = \left[\frac{0.25}{20.2} \times (35.5^2 - 17^2) + 0.43 \times 2 \times 3.6\right]\text{mm}$$
$$= 15.5\text{mm}$$

实际生产中取 $h_1 = 12.5\text{mm}$。

第二次拉深，考虑多拉入凹模的材料比所需的多1.5%，假想毛坯展开直径

$$d_j = \sqrt{1.015 \times 1231}\,\text{mm} = 35.3\text{mm}$$

所以

$$h_2 = \left[\frac{0.25}{17.2} \times (35.3^2 - 17^2) + 0.43 \times 2 \times 2.6\right]\text{mm}$$
$$= 16.3\text{mm}$$

实际生产中取 $h_2 = 16.6\text{mm}$。

8）校核第一次拉深高度

$$h_1/d_1 = 15.5/20.2 = 0.76 < 0.90$$

所以以上计算合理。

9）绘制工序图（见图2-4-48）。

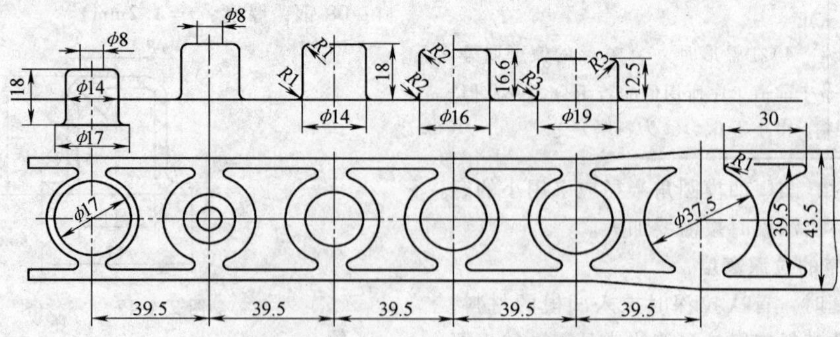

图2-4-48 有工艺切口连续拉深工序图

4.4.5　设计带料连续拉深模的注意点

1）根据最后一次拉深高度 H_n 与第一次拉深高度 H_1 之差值和送料方式确定拉深方向：

当 $H_n - H_1 < 3\text{mm}$ 时，可采用顺向拉深（即凸模在上面），板料可大体上放平，一般用于手工送料。

当 $H_n - H_1 > 3\text{mm}$ 时，一般宜采用逆向拉深（即凸模在下面），有利于板料放平、定位，一般用于自动送料。

2）第一次拉深凸模应高于切口凸模、落料凸模 $(2\sim3)t$（但其值应小于拉深工件的高度），以使拉深先进行。

3）切口工步与第一次拉深工步的压边圈必须设计成单独的结构，以防止带料上起皱，并便于调整压边力。

4）导尺的高度应保证足够的尺寸，以便顺利地送料，其高度按工件高度调整。

5）以后各次拉深工序的压边圈，应尽量采用弹性结构，以保证拉深过程中压边圈首先能压住半成品的曲线，以改善塑性变形状况。

6）凹模宜采用嵌入式结构，以使试修冲模时拆卸方便。

7）拉深工步较多时，为了调整冲模，宜在第一次拉深工步后加一空工步。

4.5　变薄拉深工艺

4.5.1　变薄拉深的特点

变薄拉深主要用来制造壁薄底厚而高度很大的工件，变薄拉深过程中主要是改变毛坯的壁厚，而毛坯的内径变化很小。拉深凸、凹模之间的间隙小于毛坯的厚度，毛坯直壁部分在通过间隙时受压，产生显著的变薄现象，而使侧壁高度增加（图 2-4-49），拉深后，经冷作硬化，使晶粒细化，而提高了强度，拉深后制件壁厚均匀，表面粗糙度值小于 $Ra0.2\mu\text{m}$，没有起皱问题，不需要采用压边装置。在压力机一次行程中，用多层凹模进行变薄拉深时，可获得很大的变形程度，图 2-4-50 所示模具即可在压力机一次行程中完成一次普通拉深（不变薄）和两次变薄拉深。模具结构简单，但制件的残余应力较大，有的甚至在存放期间就开裂，需采用低温回火消除之。

常用于变薄拉深的材料为：铜、白铜、无氧铜、磷青铜、德银、铝、铝合金、低碳钢、不锈钢、可伐合金等。

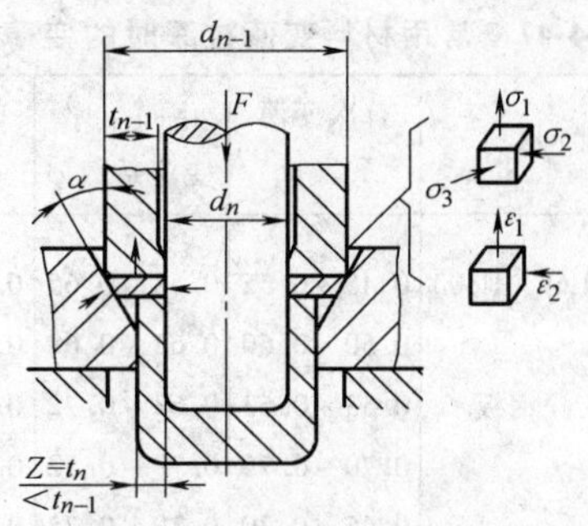

图 2-4-49　变薄拉深时的应力应变状态

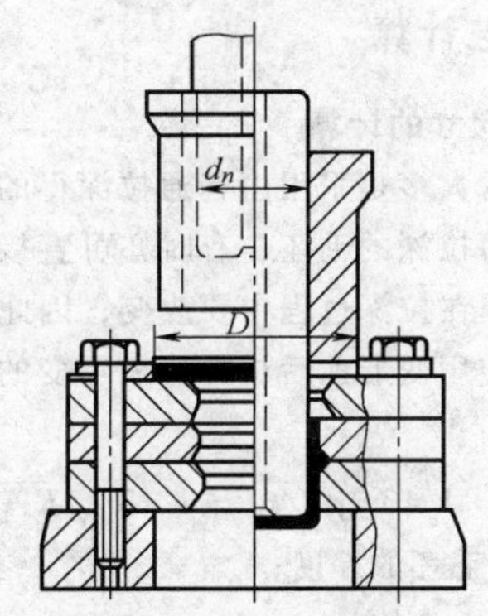

图 2-4-50　多层凹模变薄拉深

4.5.2　变形程度和变薄系数

变薄拉深时，变形程度通常以断面缩减率 ε 表示

$$\varepsilon = \frac{A_{n-1} - A_n}{A_{n-1}}$$

式中　A_{n-1}、A_n——在 $n-1$ 次和 n 次变薄拉深后的制件横断面上的面积。

变薄拉深的变薄系数 φ_n 可用断面积来表示

$$\varphi_n = \frac{A_n}{A_{n-1}}$$

因一般常用的变薄拉深变形前后工件内径基本不变，所以上式可近似表示为

$$\varphi_n = \frac{\pi d_n t_n}{\pi d_{n-1} t_{n-1}} \approx \frac{t_n}{t_{n-1}}$$

式中　t_n、t_{n-1}——n 次及 $n-1$ 次变薄拉深后的工件壁厚；

d_n、d_{n-1}——n 次及 $n-1$ 次变薄拉深后的工件内径。

常用材料变薄拉深时的变薄系数见表 2-4-47。

表 2-4-47　常用材料变薄拉深时的变薄系数

材　　料	首次变薄系数 φ_1	中间工序变薄系数 φ	末次变薄系数 φ_n
铜、黄铜（H68、H80）	0.45～0.55	0.58～0.65	0.65～0.73
铝	0.50～0.60	0.62～0.68	0.72～0.77
低碳钢、拉深钢板	0.53～0.63	0.63～0.72	0.75～0.77
中碳钢	0.70～0.75	0.78～0.82	0.85～0.60
不锈钢	0.65～0.70	0.70～0.75	0.75～0.80

注：1. 中碳钢为试用数据。
2. 厚料取较小值，薄料取较大值。

4.5.3　工艺计算

1. 毛坯尺寸的计算

变薄拉深大多是采用由普通拉深得的圆筒形半成品件作为变薄拉深的毛坯，有时亦可直接采用平板毛坯，由于壁厚在拉深过程中要改变，因此，毛坯计算的原则就要应用变形前后材料体积不变的原则。毛坯直径 D 为

$$D = 1.13\sqrt{V/t_0} = 1.13\sqrt{KV_1/t}$$

式中　t_0——毛坯的厚度；
V——毛坯体积；
V_1——制件体积；
K——系数，考虑修边余量和退火损耗及料厚负偏差等，通常取 $K=1.15\sim1.20$，相对高度 H/d 大，K 值亦大。

毛坯厚度 t_0 为制件的底厚 t，若制件底部尚需切削加工，则应加上切削余量 δ，即

$$t_0 = t + \delta$$

切底的制件则应尽量选用较薄的毛坯，以提高材料利用率和减少变薄拉深次数。但制备较薄的毛坯需增加毛坯的普通拉深次数。因此，应结合制件的生产批量，通过各种方案的比较来合理选用。

2. 计算变薄拉深次数

变薄拉深次数

$$n = \frac{\lg t_n - \lg t_0}{\lg\varphi}$$

式中　t_n——制件壁厚；
t_0——坯件壁厚；
φ——平均变薄系数（查表 2-4-47 中间工序变薄系数）。

毛坯制备时的不变薄拉深次数

$$n' = \frac{\lg d_n' - \lg(m_1 D)}{\lg m} + 1$$

式中　D——毛坯直径；
m_1——不变薄首次拉深系数；
m——不变薄平均拉深系数；
d_n'——不变薄拉深最后一次半成品外径。

d_n'可按下式推算：

$$d_n' = (1/c)^n d_n + 2t_0$$

式中　d_n——制件内径；
n——变薄拉深次数；
c——系数，为保证在拉深时，半成品能方便地套入凸模，通常将凸模直径选的比前次半成品直径稍小些，取 $c=0.97\sim0.99$。

故总的拉深次数为

$$N = n + n'$$

3. 各道工序的毛坯壁厚

$$t_1 = t_0\varphi_1$$
$$t_2 = t_1\varphi$$
$$\vdots$$
$$t_n = t_{n-1}\varphi_n$$

式中　t_0——毛坯的壁厚；
t_1、t_2、…、t_{n-1}——中间各工序半成品的壁厚；
t_n——工件壁厚；
φ_1——首次变薄拉深的变薄系数；
φ——中间各工序的变薄系数；
φ_n——末次变薄拉深的变薄系数。

多模串联变薄拉深时，如在进入第一道工序前，坯件对中定位较好，则第一道工序的变薄率可最大，否则第一道工序的变薄率可稍小于第二道工序的，以后工序可逐次取小些。

4. 各道变薄拉深工序的制件内径

为了便于凸模套入上道工序的半成品毛坯内径，其直径需比毛坯内径小1%～3%（前几道工序取大值，以后逐次取小值，厚壁取大值，薄壁取小值）。

$$d_{n(n-1)} = d_n(1+c)$$
$$d_{n(n-2)} = d_{n(n-1)}(1+c)$$
$$\vdots$$
$$d_{n(1)} = d_{n(2)}(1+c)$$

式中　d_n——制件内径；
$d_{n(1)}$、$d_{n(2)}$、…、$d_{n(n-1)}$——各工序毛坯内径（即各工序凸模直径）；
c——系数，$c=0.01\sim0.03$。

5. 各道工序的工件高度（图 2-4-51）

各工序制件高度的确定可按体积不变的原则进行，如不考虑变薄拉深件的底部圆角（$r_n\approx0$，图 2-4-51a），则

$$h_n = \frac{t_0(D^2 - d_{外}^2)}{2t_n(d_{外} + d_{内})}$$

式中 D——毛坯直径；

t_0——毛坯厚度；

$d_{外}$——该工序的制件外径；

$d_{内}$——该工序的制件内径；

t_n——该工序的制件壁厚；

h_n——该工序的制件高度（不包括底部厚度 t_0）。

总高度为

$$H_n = h_n + t_n$$

若考虑圆角半径（$r_n \neq 0$，图 2-4-51b），则

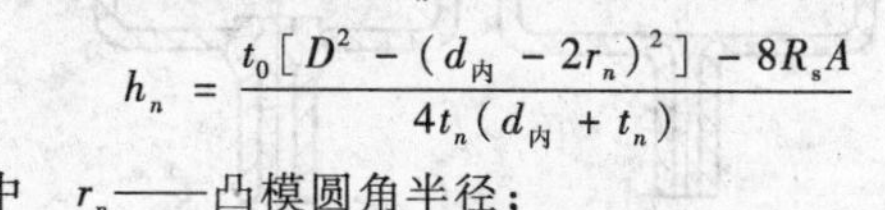

$$h_n = \frac{t_0[D^2 - (d_{内} - 2r_n)^2] - 8R_s A}{4t_n(d_{内} + t_n)}$$

式中 r_n——凸模圆角半径；

A——圆弧区的面积；

R_s——圆弧区面积重心到转轴的距离；

h_n——该道工序的工件高度（不包括底部厚度 t_0 及圆角半径 r_0）；

其余符号含义同上。

总高度为

$$H_n = h_n + r_n + t_0$$

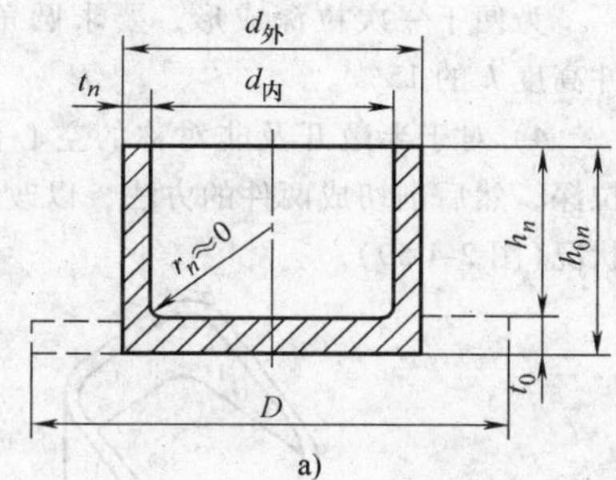

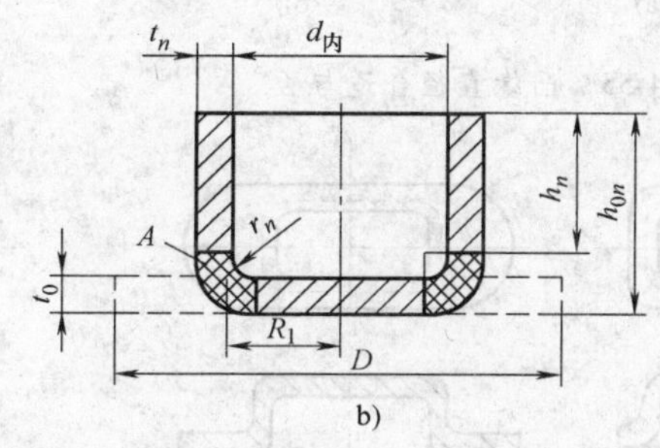

图 2-4-51 变薄拉深件的高度计算

a）不考虑圆角半径 b）考虑圆角半径

4.6 拉深件的结构工艺性

1）拉深件的形状应尽量简单、对称，尽可能一次拉深成形。除在结构上有特殊需要外，一般拉深件必须避免异常复杂及非对称形状，轴对称拉深件在圆周方向上的变形是均匀的，模具加工也容易，其工艺性最好。其他形状的拉深件，应尽量避免急剧的轮廓变化。尽量避免曲面空心零件的尖底形状，拉深部分深度应尽量小。

如图 2-4-52 所示为汽车消声器后盖，在保证使用要求的前提下，形状简化后，使生产过程由八道工序减为二道工序，材料消耗也减少了 50%。

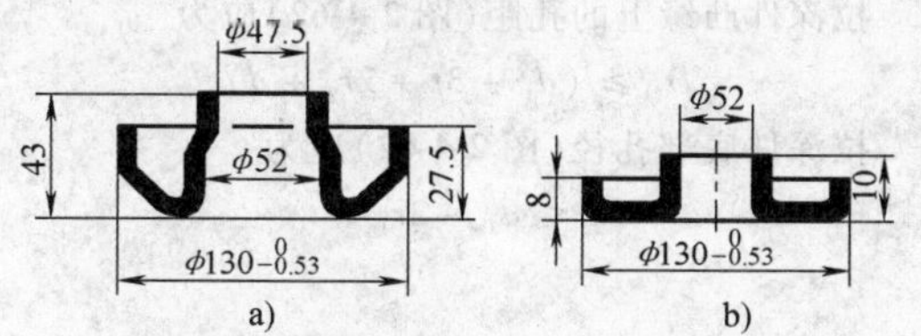

图 2-4-52 消声器后盖形状的改进

a）改进前 b）改进后

又如图 2-4-53 所示的半球形拉深件，在半球形的根部增加 20mm 的直壁，可有效地解决起皱问题。

2）拉深件各部分尺寸比例要恰当，对于有凸缘的筒形件，凸缘外廓最好与拉深部分的轮廓形状相似，凸缘宽度尽可能保持一致，并避免凸缘半径太大，比较合适的凸缘宽度（d_t）为：$d_t < 3d$（图 2-4-12）。应尽量避免设计深度大（即 $h \geqslant 2d$）的拉深件，因为这类工件需要较多的拉深次数。

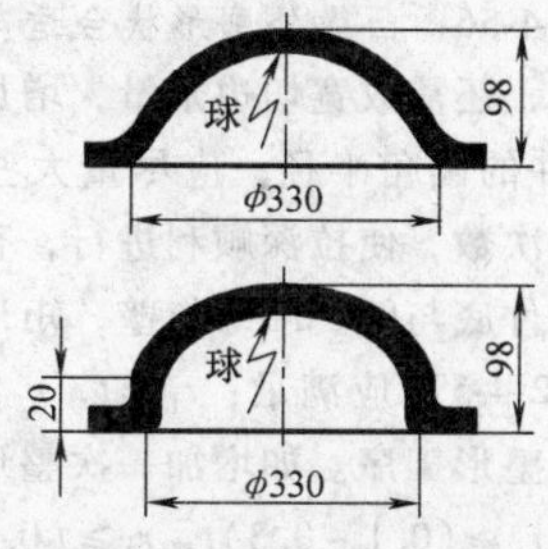

图 2-4-53 半球形件的改进

图 2-4-54a 所示工件上部尺寸与下部尺寸相差太大，不符合拉深工艺要求。要使它符合工艺要求，可将它分成两部分，分别制出，然后再连接起来（图 2-4-58b）。如果工件空腔不深，但凸缘直径很大，制造也很费劲。如图 2-4-55a 需 4～5 次拉深工序，还要中间退火；如将凸缘直径减少到如图 2-4-55b 所示，不用中间退火，1～2 次拉深工序便可制成。工件凸缘的外廓最好与拉深部分的轮廓形状相似（图 2-4-56a）；如果凸缘的宽度不一致（图 2-4-56b），不仅拉深困难，

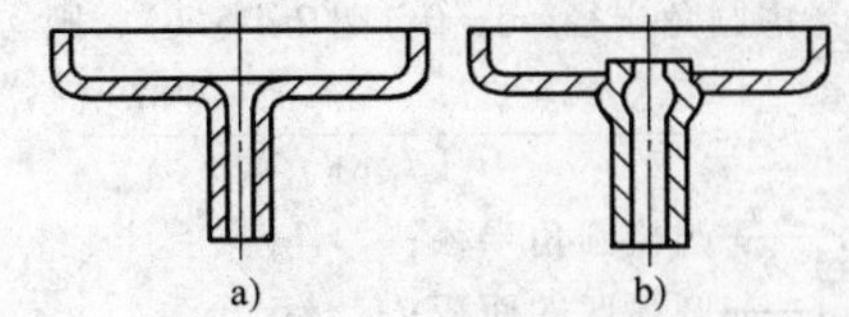

图 2-4-54　拉深件工艺性比较

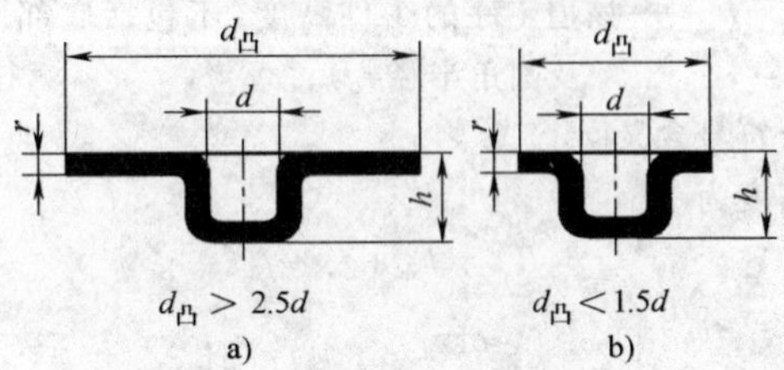

图 2-4-55　凸缘直径合适与否

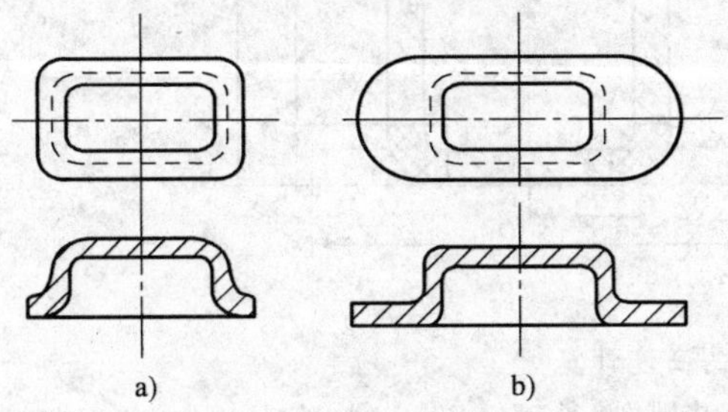

图 2-4-56　凸缘外廓形状合适与否

还要添加工序，还需放宽切边余量，增加金属消耗。

3）拉深件的圆角半径，应尽量大些，以利于成形和减少拉深次数，使拉深顺利进行，否则要增加整形工序，拉深件底与壁、凸缘与壁、矩形件的四壁间圆角半径（图 2-4-57）应满足：$r_1 \geqslant t$，$r_2 \geqslant 2t$，$r_3 \geqslant 3t$，否则，应增加整形工序。如增加一次整形工序，其圆角半径可取：$r_1 \geqslant (0.1 \sim 0.3)t$，$r_2 \geqslant (0.1 \sim 0.3)t$。

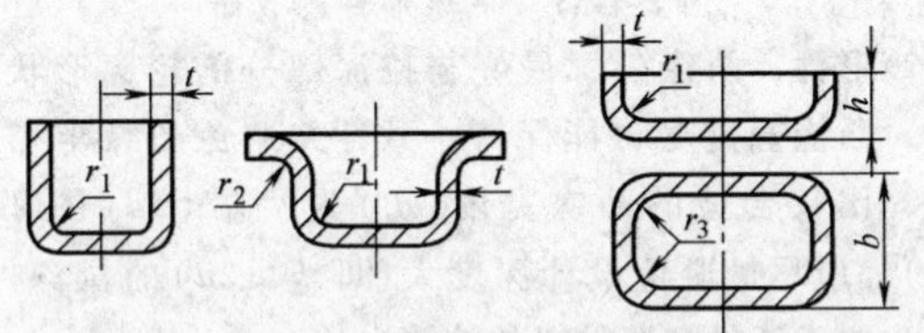

图 2-4-57　拉深件的圆角半径

拉深矩形件时，四角变形大，特别是角的底部容易出现裂纹。所以，壁部圆角半径应选择适当，一般应使壁部圆角半径 $r_3 \geqslant 6.3t$，见图 2-4-58。

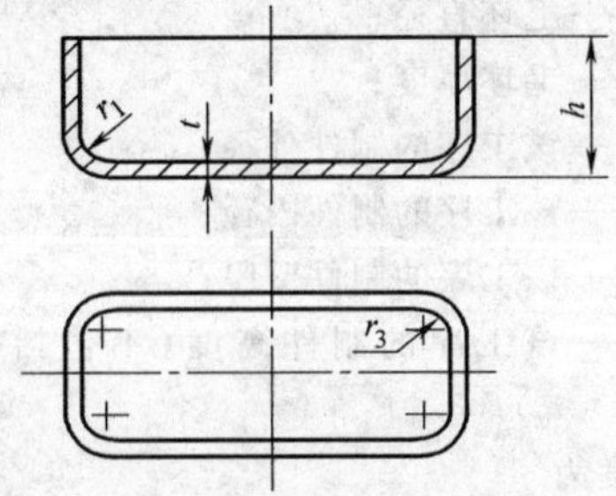

图 2-4-58　拉深盒形件

为便于一次拉深成形，要求圆角半径 r_3 大于工件高度 h 的 15%。

4）对于半敞开及非对称的空心件，宜采用成对拉深，然后剖切成两件的方法，以改善拉深时的受力状况（图 2-4-59）。

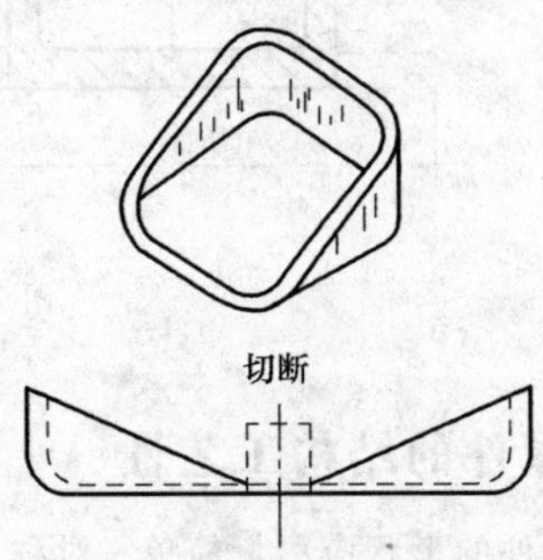

图 2-4-59　成双冲压的制件

5）在拉深件上冲孔时，应注意孔的位置，拉深件上的孔位应设置在与主要结构面（凸缘面）同一平面上，或使孔壁垂直于该平面，以便冲孔与修边同时在一道工序中完成。图 2-4-60 所示为拉深件上孔位的比较。

拉深件侧壁上的冲孔，只有当孔与底边或凸缘边的距离 $h > 2d + t$ 时才有可能（图 2-4-61b）否则该孔只有钻削加工（图 2-4-61a）。

拉深件凸缘上的孔距（图 2-4-62）应为

$$D_1 \geqslant (d_1 + 3t + 2r_2 + d)$$

拉深件底部孔径（图 2-4-62）应为

$$d \leqslant d_1 - 2r_1 - t$$

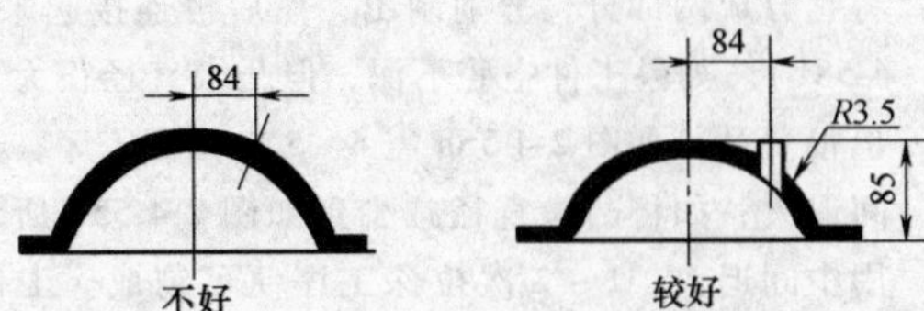

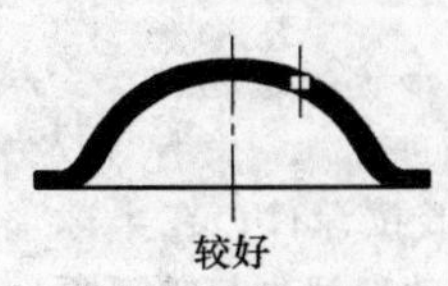

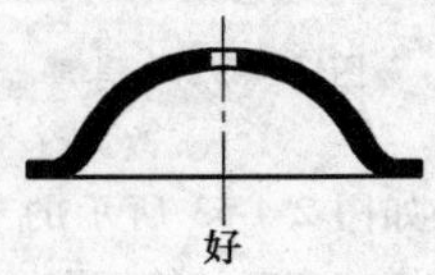

图 2-4-60　拉深件上孔位的比较

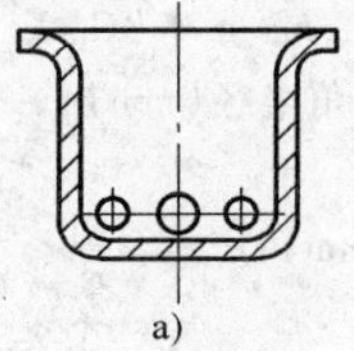

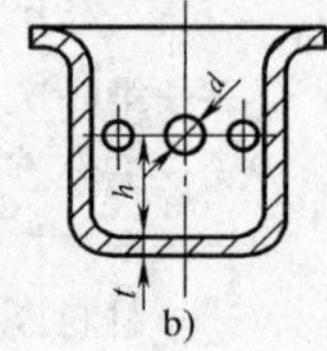

图 2-4-61　拉深件侧壁上的冲孔

6）拉深件由于各处变形不均匀，上下壁厚变化可达 1.2t ~ 0.75t，不变薄拉深件的厚度允许有一定量的改变，需多次拉深的零件，在保证必要的表面质量前提下，应允许内、外表面存在拉深过程中可能产生的痕迹。除非工件有特殊要求时才采用整形或赶形的方法来消除这些印痕。

7）一般情况下，不要对拉深件的尺寸公差要求过严，一般圆筒形件可达到 IT8 ~ IT10 级，对于异形拉深件一般要低 1 ~ 2 级。在保证装配要求的前提下，应允许拉深件侧壁有一定的斜度。在一般情况下，拉深件的精度（直径方向的精度和高度方向的精度）不应超过表 2-4-48 ~ 表 2-4-50 中所列数值。不变薄拉深的横截面尺寸精度可达 4 ~ 5 级，通过整形工序能达到 2 ~ 3 级精度。

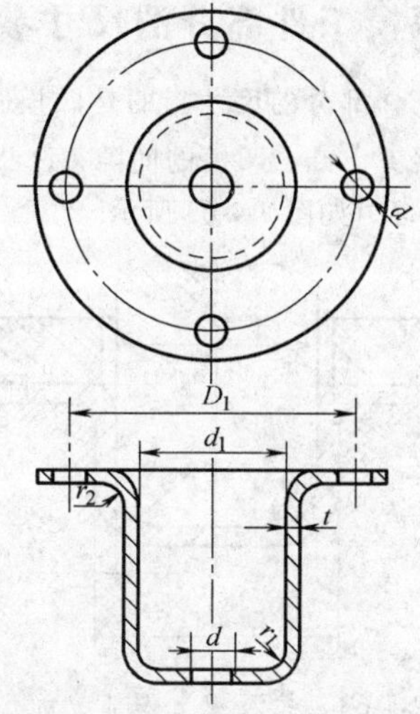

图 2-4-62　拉深件上孔位的合理设计

8）用于拉深的材料一般要求具有较好的塑性、低的屈强比、大的板厚方向性系数和小的板平面方向性。

表 2-4-48　拉深件直径的极限偏差　（单位：mm）

材料厚度	拉深件直径的基本尺寸 d			材料厚度	拉深件直径的基本尺寸 d			附　图
	≤50	>50 ~ 100	>100 ~ 300		≤50	>50 ~ 100	>100 ~ 300	
0.5	±0.12	—	—	2.0	±0.40	±0.50	±0.70	
0.6	±0.15	±0.20	—	2.5	±0.45	±0.60	±0.80	
0.8	±0.20	±0.25	±0.30	3.0	±0.50	±0.70	±0.90	
1.0	±0.25	±0.30	±0.40	4.0	±0.60	±0.80	±1.00	
1.2	±0.30	±0.35	±0.50	5.0	±0.70	±0.90	±1.10	
1.5	±0.35	±0.40	±0.60	6.0	±0.80	±1.00	±1.20	

注：拉深件外形要求取正偏差，内形要求取负偏差。

表 2-4-49　圆筒形拉深件高度的极限偏差　（单位：mm）

材料厚度	拉深件高度的基本尺寸 h					附　图
	≤18	>18 ~ 30	>30 ~ 50	>50 ~ 80	>80 ~ 120	
≤1	±0.5	±0.6	±0.7	±0.9	±1.1	
>1 ~ 2	±0.6	±0.7	±0.8	±1.0	±1.3	
>2 ~ 3	±0.7	±0.8	±0.9	±1.1	±1.5	
>3 ~ 4	±0.8	±0.9	±1.0	±1.2	±1.8	
>4 ~ 5	—	—	±1.2	±1.5	+2.0	
>5 ~ 6	—	—	—	±1.8	±2.2	

注：本表为不切边情况所达到的数值。

表 2-4-50　带凸缘拉深件高度的极限偏差　（单位：mm）

材料厚度	拉深件高度的基本尺寸 h					附　图
	≤18	>18 ~ 30	>30 ~ 50	>50 ~ 80	>80 ~ 120	
≤1	±0.3	±0.4	±0.5	±0.6	±0.7	
>1 ~ 2	±0.4	±0.5	±0.6	±0.7	±0.8	
>2 ~ 3	±0.5	±0.6	±0.7	±0.8	±0.9	
>3 ~ 4	±0.6	±0.7	±0.8	±0.9	±1.0	
>4 ~ 5	—	—	±0.9	±1.0	±1.1	
>5 ~ 6	—	—	—	±1.1	±1.2	

注：本表为未经整形所达到的数值。

4.7 拉深模工件部分的尺寸参数确定

拉深模工作部分的尺寸指的是凹模圆角半径 r_d，凸模圆角半径 r_p，凸、凹模的间隙 C，凸模直径 D_p，凹模直径 D_d 等，如图 2-4-63 所示。

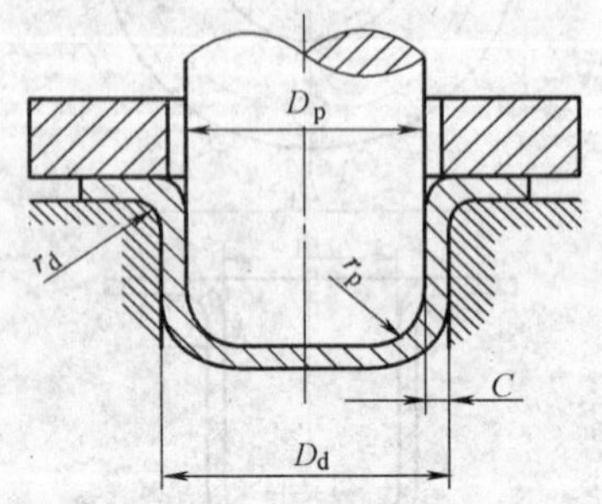

图 2-4-63 拉深模工作部分的尺寸

1. 凸、凹模的圆角半径

凹模圆角半径对拉深过程有很大的影响，凹模的圆角半径越大，则材料拉入凹模时的阻力减小，就可减少拉深件的壁部变薄，降低拉深系数，提高模具寿命和拉深件的质量，但凹模圆角半径过大，则会使毛坯过早脱离压边圈的压边作用而引起拉深件起皱。因此凹模圆角半径应在不产生起皱的前提下越大越好。

一般第一次拉深的凹模圆角半径可按经验公式确定：

$$r_{d1} = 0.8\sqrt{(D-d)t} \quad 或 \quad r_{d1} = 0.8C_1C_2$$

式中 r_{d1}——第一次拉深凹模圆角半径(mm)；

D——毛坯直径(mm)；

d——本次拉深件直径(mm)；

t——材料厚度(mm)；

C_1——考虑材料力学性能的系数；对于软钢 $C_1=1$，对于纯铜、黄铜、铝 $C_1=0.8$；

C_2——考虑材料厚度与拉深系数的系数，见表 2-4-51。

表 2-4-51 拉深凹模圆角半径系数 C_2 值

材料厚度 /mm	拉深件直径 /mm	拉深系数 m_1		
		0.48～0.55	0.55～0.6	>0.6
～0.5	～50	7～9.5	6～7.5	5～6
	>50～200	8.5～10	7～8.5	6～7.5
	>200	9～10	8～10	7～9
>0.5～1.5	～50	6～8	5～6.5	4～5.5
	>50～200	7～9	6～7.5	5～6.5
	>200	8～10	7～9	6～8
>1.5～3	～50	5～6.5	4.5～5.5	4～5
	>50～200	6～7.5	5～6.5	4.5～5.5
	>200	7～8.5	6～7.5	5～6.5

首次拉深的 r_d 还可按表 2-4-52 选取。

表 2-4-52 首次拉深的凹模圆角半径 r_d

拉深形式	t/mm				
	2.0～1.5	1.5～1.0	1.0～0.6	0.6～0.3	0.3～0.1
无凸缘拉深	$(4\sim7)t$	$(5\sim8)t$	$(6\sim9)t$	$(7\sim10)t$	$(8\sim13)t$
有凸缘拉深	$(6\sim10)t$	$(8\sim13)t$	$(10\sim16)t$	$(12\sim18)t$	$(15\sim22)t$

注：表中数据当材料性能好，且润滑好时可适当减小。

以后各次拉深的凹模圆角半径 r_{dn} 可逐渐缩小，一般可取 $r_{dn}=(0.6\sim0.8)r_{d(n-1)}$，不应小于 $2t$。

2. 凸模圆角半径

首次拉深时，r_{p1} 可以取与 r_{d1} 相等或略小一些，即：$r_{p1}=(0.7\sim1.0)r_{d1}$。以后各次 r_p 应逐次减小，可取为各次拉深中直径减小量的一半，即：$r_{p(n-1)}=\dfrac{d_{n-1}-d_n-2t}{2}$。

最后一次拉深时，r_{pn} 应等于零件的内圆角半径值，若零件的圆角半径要求小于 t，则最后一次拉深凸模圆角半径仍应取 t，然后增加一道整形工序来获得零件要求的圆角半径。

3. 凸、凹模间隙 C

拉深模间隙 C 指凹模与凸模尺寸之间的单面间隙，$C=\dfrac{(d_d-d_p)}{2}$。间隙的大小对拉深力、拉深件的质量、拉深模的寿命都有影响。间隙过小，会增大摩擦力，毛坯材料受到的阻力增大，材料与模具表面间的摩擦、磨损严重，使拉深力增加，零件变薄严重，使拉深件容易破裂，并降低模具寿命，但间隙小时，零件侧壁平直而光滑，质量较好，精度较高；间隙过大时，对毛坯的校直和挤压作用减小，拉深力降低，模具的寿命提高，但拉深件易起皱，零件的质量变差，冲出的零件侧壁不直。在确定间隙时，须考虑到毛坯在拉深中外缘的变厚现象、材料厚度偏差及拉深件的精度要求。

模具间隙可按下式计算：

$$C = t_{max} + kt$$

式中 t_{max}——材料的最大厚度，即考虑板料正偏差的厚度；

k——增大系数，考虑材料的增厚以减小摩擦，其值见表 2-4-53。

表 2-4-53　增大系数 k 值和有压边圈拉深时的间隙值

拉深工序数		材料厚度/mm			有压边圈拉深时单边间隙 Z
		0.5～2	2～4	4～8	
1	第一次	0.2/0	0.1/0	0.1/0	$(1\sim1.1)t$
2	第一次	0.3	0.25	0.2	$1.1t$
	第二次	0.1	0.1	0.1	$(1\sim1.05)t$
3	第一次	0.5	0.4	0.35	$1.2t$
	第二次	0.3	0.25	0.2	$1.1t$
	第三次	0.1/0	0.1/0	0.1/0	$(1\sim1.05)t$
4	第一、二次	0.5	0.4	0.35	$1.2t$
	第三次	0.3	0.25	0.2	$1.1t$
	第四次	0.1/0	0.1/0	0.1/0	$(1\sim1.05)t$
5	第一、二次	0.5	0.4	0.35	$1.2t$
	第三次	0.5	0.4	0.35	$1.2t$
	第四次	0.3	0.25	0.2	$1.1t$
	第五次	0.1/0	0.1/0	0.1/0	$(1\sim1.05)t$

注：1. 表中数值适用于一般精度零件的拉深工艺。具有分数的地方，分母的数值适用于精密零件（IT10～IT12）的拉深。

2. t 为材料厚度，取材料允许偏差的中间值。

3. 当拉深精密件时，最末一次拉深间隙取 $C=t$。

生产实际中在不用压边圈时，考虑到起皱的可能性，间隙值可取材料厚度上限值的 1～1.1 倍，较大的间隙用于中间拉深或不太精密的拉深件，较小的用于末次拉深或用于精密拉深件，此时有时甚至可取负间隙。在有压边圈拉深时，材料厚度公差小或工件精度要求较高的，应取较小的间隙，间隙可从表 2-4-53 选取。

对于拉深件精度要求达到 IT11～IT13 级者，其最后一次拉深工序的间隙值取为 $C=(1\sim0.95)t$（黑色金属取 $1t$，有色金属取 $0.95t$）。

拉深矩形件时凸模与凹模之间的间隙，在直边部分可参考 U 形制件压弯模的间隙来确定，在圆角部分由于材料变厚，故其间隙应比直边部分间隙大 $0.1t$。

在多次拉深工序中，除最后一次拉深外，间隙的取向是没有规定的。对于最后一次拉深工序，则应遵循：①尺寸标注在外径的拉深件，以凹模为准，间隙取在凸模上，即减小凸模尺寸得到间隙；②尺寸标注在内径的拉深件，以凸模为准，间隙取在凹模上，即增加凹模尺寸得到间隙。

4. 凸、凹模尺寸及制造公差

（1）凸、凹模尺寸　对于最后一道工序的拉深模，其凸、凹模工作部分尺寸及公差应按零件的要求来确定。

当工件的外形尺寸及公差有要求时，以凹模为基准。先确定凹模尺寸，因凹模尺寸在拉深中随磨损的增加而逐渐变大，故凹模尺寸开始时应取小些。当工件的内形尺寸及公差有要求时，以凸模为基准，先定凸模尺寸。考虑到凸模基本不磨损，以及工件的回弹情况，凸模的开始尺寸不要取得过大，具体计算公式见表 2-4-54。

（2）凸、凹模的制造公差　圆形凸、凹模的制造公差，根据制件的材料厚度与制件直径来选定，其数值列于表 2-4-55。

非圆形凸、凹模的制造公差可根据制件公差来选定。若拉深件的公差为 IT12、IT13 级以上者，凸、凹模制造公差采用的标准公差等级为 IT8、IT9；若拉深件的公差为 IT14 级以下者，则凸、凹模制造公差采用 IT10 级。但若采用配作时，只在凸模或凹模上标注公差，另一方则按间隙配作。如拉深件是标注外形尺寸时，则在凹模上标注公差；反之，标注内形尺寸时，则在凸模上标注公差。

表 2-4-54　拉深模工作部分尺寸计算公式

尺寸标注方式	凹模尺寸 D_d	凸模尺寸 d_p	注
标注外形尺寸（图中标注：$D_{-\Delta}^{\ 0}$、C、d_p、D_d）	$D_d=(D-0.75\Delta)^{+\delta_d}_{\ 0}$	$d_p=(D-0.75\Delta-2C)^{\ 0}_{-\delta_p}$	D_d——凹模尺寸 d_p——凸模尺寸 D——拉深件外形的基本尺寸 d——拉深件内形的基本尺寸 C——凸、凹模的单边间隙 δ_d——凹模的制造公差 δ_p——凸模的制造公差 Δ——拉深件基本尺寸 D 或 d 的公差
标注内形尺寸（图中标注：$d^{\ \Delta}_{-0}$、C、d_p、D_d）	$D_d=(d+0.4\Delta+2C)^{+\delta_d}_{\ 0}$	$d_p=(d+0.4\Delta)^{\ 0}_{-\delta_p}$	

表 2-4-55 圆形拉深模凸、凹模的制造公差 （单位：mm）

材料厚度	制件直径的基本尺寸							
	≤10		>10~50		>50~200		>200~500	
	δ_d	δ_p	δ_d	δ_p	δ_d	δ_p	δ_d	δ_p
0.25	0.015	0.010	0.02	0.010	0.03	0.015	0.03	0.015
0.35	0.020	0.010	0.03	0.020	0.04	0.020	0.04	0.025
0.50	0.030	0.015	0.04	0.030	0.05	0.030	0.05	0.035
0.80	0.040	0.025	0.06	0.035	0.06	0.040	0.06	0.040
1.00	0.045	0.030	0.07	0.040	0.08	0.050	0.08	0.060
1.20	0.055	0.040	0.08	0.050	0.09	0.060	0.10	0.070
1.50	0.065	0.050	0.09	0.060	0.10	0.070	0.12	0.080
2.00	0.080	0.055	0.11	0.070	0.12	0.080	0.14	0.090
2.50	0.095	0.060	0.13	0.085	0.15	0.100	0.17	0.120
3.50	—	—	0.15	0.100	0.18	0.120	0.20	0.140

注：1. 表列数值用于未精压的薄钢板。

2. 如用精压钢板，则凸模及凹模的制造公差，等于表列数值的 20%~25%。

3. 如用有色金属，则凸模及凹模的制造公差，等于表列数值的 50%。

（3）拉深凸模的出气孔尺寸　为了便于卸料，拉深凸模中心必须钻通气孔，以免卸料时出现真空造成卸料困难，见图 2-4-64，其孔径尺寸可查表 2-4-56。

图 2-4-64 拉深凸模出气孔

表 2-4-56 拉深凸模的出气孔尺寸

凸模直径 d_p	≤50	>50~100	>100~200	>200
出气孔直径 d	5	6.5	8	9.5

4.8 压边力、拉深力和拉深功

1. 压边圈的作用和类型

为了防止拉深过程中制件边壁或凸缘起皱，常在拉深模中采用压边圈（见图 2-4-6），拉深时是否采用压边圈，其条件见表 2-4-12。

生产中常用的压边圈装置有弹性、刚性两大类。

（1）弹性压边装置　这种装置多用于普通压力机。压边力随压力机的行程而变化。有橡胶压边装置（见图 2-4-65a）、弹簧压边装置（见图 2-4-65b）和气垫式压边装置（见图 2-4-65c）三种。

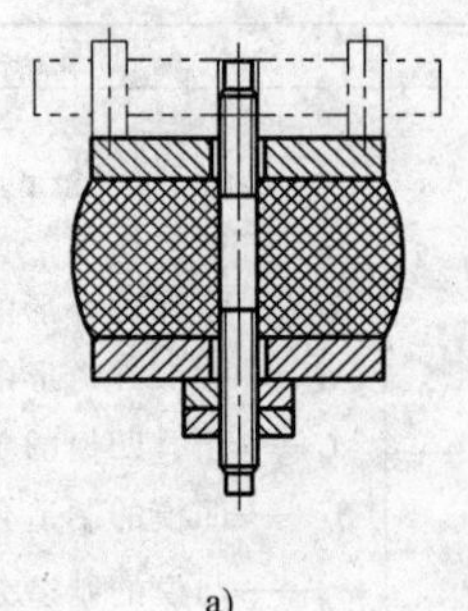
a)

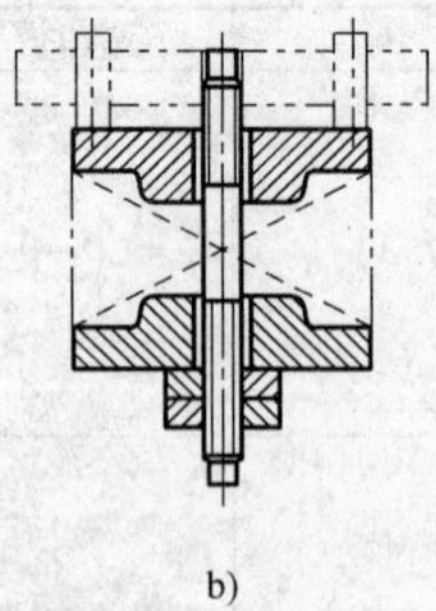
b)

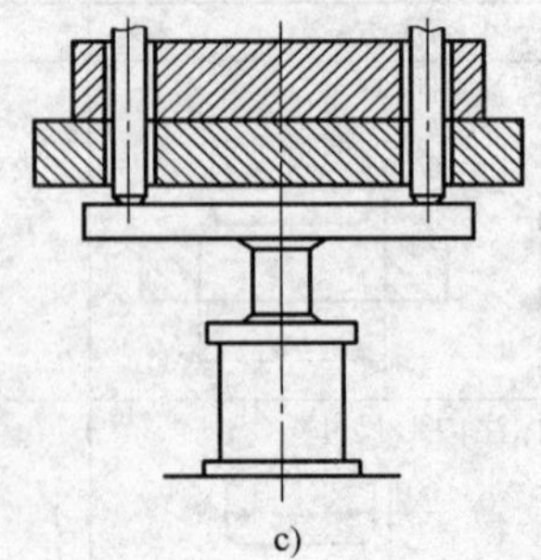
c)

图 2-4-65 弹性压边装置

a）橡胶压边装置 b）弹簧压边装置 c）气垫式压边装置

这三种压边装置压边力的变化曲线如图2-4-66所示。从图中可看出弹簧压边装置和橡胶压边装置的压力随行程的增大而升高，而实际上随着拉深深度的增加，需要压边的凸缘部分不断减少所需的压边力也就逐渐减小。因此这两种压边装置效果不理想，易导致零件断裂，一般适用于浅拉深。气垫式压边装置的压边力随行程的变化而变化很小，可以认为是不变的，因此压边效果较好。但它结构复杂，制造、使用维修都比较困难，并需使用压缩空气。所以，中、小工厂的一般压力机，多使用弹簧垫和橡胶垫作为拉深的压边装置。只要正确地选择弹簧规格及橡胶的牌号和尺寸，就可尽量减少不利方面，充分发挥它们的作用。

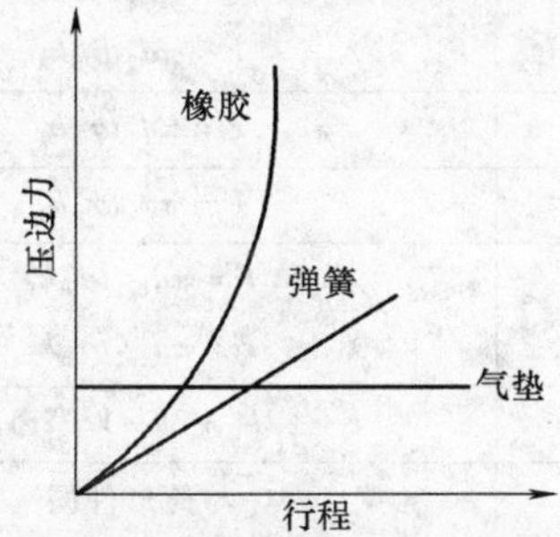

图2-4-66　压边力与行程的变化曲线

弹簧力一般取大于或等于压边力，由于拉深行程较大，应当选用总压缩量大(总压缩量要大于拉深行程高度)、压边力随压缩量增加而缓慢增加的弹簧。

橡胶应选用软橡胶，由于橡胶的压边力随压缩量增加而上升较快，因此橡胶的总厚度应选大些，以保证相对压缩量不致于过大，橡胶的总高度一般应大于拉深行程的5倍。

在拉深宽凸缘件时，为克服弹簧和橡胶的缺点，可采用表2-4-57所示的限位装置，使压边圈和凹模间保持一定的距离 s。

表2-4-57　带限位压料装置的结构形式

简　图	特　点
	用于平板毛坯的压料，如首次拉深和不对称零件的压弯
	用于半成品后续变形时的压料，如再次拉深(后续拉深)

拉深铝合金件时，$s=1.1t$；拉深钢件时，$t=1.2t$，t 为料厚。

(2) 刚性压边装置　这种压边装置用于双动压力机上，压边圈安装于外滑块上，拉深凸模安装于内滑块(见图2-4-67)，压边力是由外滑块产生的压力，拉深过程中压边平稳，压力不变，适用于拉深大型件。

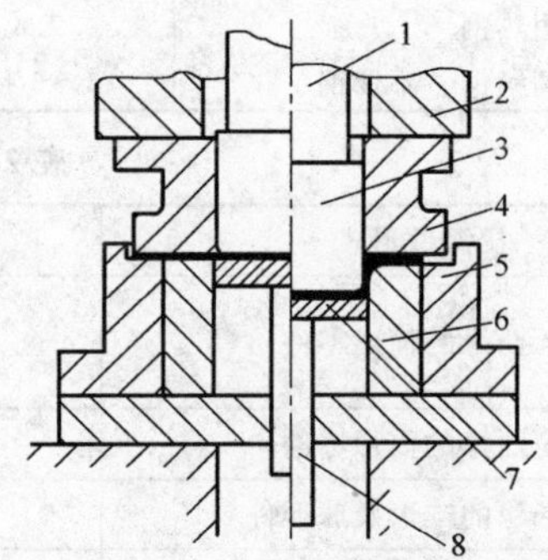

图2-4-67　刚性压边装置

1—内滑块　2—外滑块　3—拉深凸模　4—压边圈　5—固定板　6—拉深凹模　7—压块　8—顶杆

2. 压边力的计算

压边圈压边力的大小必须适当，过大，会增大拉深力，使制件破裂；过小，就会使工件的边壁或凸缘起皱。

拉深时压边力的计算，可按2-4-58所列公式进行。

表2-4-58　压边力的计算公式

拉深情况	公　式
拉深任何形状的工件	$F=Ap$
圆筒形件第一次拉深(用平毛坯)	$F=\frac{\pi}{4}[D^2-(d_1+2r_d)^2]p$
圆筒形件以后各次拉深(用筒形毛坯)	$F=\frac{\pi}{4}[d_{n-1}^2-(d_n+2r_d)^2]p$

注：A——压边圈的面积；p——单位压边力；D——平毛坯直径；d_1、…、d_n　拉深件直径；r_d——凹模圆角半径。

单位压边力的经验公式：

$$p=48\left(\frac{1}{m}-1.1\right)\frac{D}{t}\sigma_b\times10^{-5}$$

式中　p——单位压边力(MPa)；

m——各工序拉深系数；

σ_b——毛坯材料的抗拉强度(MPa)；

t——材料厚度(mm)；

D——毛坯直径(mm)。

p 值亦可直接由表2-4-59或表2-4-60中查得。

表 2-4-59 在单动压力机上拉深时单位压边力的数值

材　　料	单位压边力 p/MPa
铝	0.8~1.2
纯铜、硬铝（退火的或刚淬好火的）	1.2~1.8
黄铜	1.5~2
压轧青铜	2~2.5
20钢、08钢、镀锡钢板	2.5~3
软化状态的耐热钢	2.8~3.5
高合金钢、高锰钢、不锈钢	3~4.5

表 2-4-60 在双动压力机上拉深时单位压边力的数值

制件加工难易程度	单位压边力 p/MPa
难加工件	3.7
普通加工件	3
易加工件	2.5

3. 拉深力计算

计算拉深力的原则是制件危险断面上的拉力必须小于材料的强度极限，拉深力计算公式见表 2-4-61。

表 2-4-61 计算拉深力的实用公式

拉深件形式	拉深工序	公　式
无凸缘的筒形零件	第1次 第2次及以后各次	$F=\pi d_1 t\sigma_b k_1$ $F=\pi d_2 t\sigma_b k_2$
宽凸缘的筒形零件	第1次	$F=\pi d_1 t\sigma_b k_3$
带凸缘的锥形及球形件	第1次	$F=\pi d_k t\sigma_b k_3$
椭圆形盒形件	第1次 第3次及以后各次	$F=\pi d_{cp1} t\sigma_b k_1$ $F=\pi d_{cp2} t\sigma_b k_2$
低的矩形盒（一次工序拉深）	—	$F=(2b_1+2b-1.72r)t\sigma_b k_4$
高的方形盒（多工序拉深）	第1次及2次以后各次	与筒形件同 $F=(4b-1.72r)t\sigma_b k_5$
高的矩形盒（多工序拉深）	第1次及2次以后各次	与椭圆盒形件同 $F=(2b_1+2b-1.72r)t\sigma_b k_5$
任意形状的拉深件	—	$F=Lt\sigma_b k_6$
变薄拉深（圆筒形零件）	—	$F=\pi d_n(t_{n-1}-t_n)\sigma_b k_7$

注：F——拉深力（N）；
d_1、d_2、…、d_n——首次及以后各次拉深直径（按中径计算）（mm）；
t——材料厚度（mm）；
d_k——锥形件的小直径，半球形件的直径之半（mm）；
d_{cp1}、d_{cp2}——椭圆形零件的第一次及第二次工序后的平均直径（mm）；
b_1、b——盒形件的长与宽（mm）；
r——盒形件的角部圆角半径（mm）；
t_{n-1}、t_n——$n-1$ 次及 n 次拉深工序后的壁厚（mm）；
R_m——材料抗拉强度（MPa）；
L——凸模周边长度（mm）；
k_1、k_2、k_3、k_4、k_5、k_6——系数，分别由表 2-4-62~表 2-4-67 查得；
k_7——系数，黄铜为 1.6~1.8，钢为 11.8~2.25。

表 2-4-62 圆筒形件第一次拉深时的系数 k_1 值（08~15钢）

相对厚度 $\frac{t}{D}\times 100$	第一次拉深系数 m_1									
	0.45	0.48	0.50	0.52	0.55	0.60	0.65	0.70	0.75	0.80
5.0	0.95	0.85	0.75	0.65	0.60	0.50	0.43	0.35	0.28	0.20
2.0	1.10	1.00	0.90	0.80	0.75	0.60	0.50	0.42	0.35	0.25
1.2		1.10	1.00	0.90	0.80	0.68	0.56	0.47	0.37	0.30

（续）

相对厚度 $\frac{t}{D}\times 100$	第一次拉深系数 m_1									
	0.45	0.48	0.50	0.52	0.55	0.60	0.65	0.70	0.75	0.80
0.8			1.10	1.00	0.90	0.75	0.60	0.50	0.40	0.33
0.5				1.10	1.00	0.82	0.67	0.55	0.45	0.36
0.2					1.10	0.90	0.75	0.60	0.50	0.40
0.1						1.10	0.90	0.75	0.60	0.50

注：1. 当凸模圆角半径 $r_p=(4\sim6)t$ 时，系数 k_1 应按表中数值增加 5%。

2. 对于其他材料，根据材料塑性的变化，对查得值作修正（随塑性减低而增大）。

表 2-4-63　圆筒形件第二次拉深时的系数 k_2 值（08～15 钢）

相对厚度 $\frac{t}{D}\times 100$	第二次拉深系数 m_2									
	0.7	0.72	0.75	0.78	0.80	0.82	0.85	0.88	0.90	0.92
5.0	0.85	0.70	0.60	0.50	0.42	0.32	0.28	0.20	0.15	0.12
2.0	1.10	0.90	0.75	0.60	0.52	0.42	0.32	0.25	0.20	0.14
1.2		1.10	0.90	0.75	0.62	0.52	0.42	0.30	0.25	0.16
0.8			1.00	0.82	0.70	0.57	0.46	0.35	0.27	0.18
0.5			1.10	0.90	0.76	0.63	0.50	0.40	0.30	0.20
0.2				1.00	0.85	0.70	0.56	0.44	0.33	0.23
0.1				1.10	1.00	0.82	0.68	0.55	0.40	0.30

注：1. 当凸模圆角半径 $r_p=(4\sim6)t$，表中 k_2 值应加大 5%。

2. 对于第 3、4、5 次拉深的系数 k_2，由同一表格查出其相应的 m_n 及 $\frac{t}{D}\times 100$ 的数值，但需根据是否有中间退火工序而取表中较大或较小的数值；无中间退火时，k_2 取较大值（靠近下面的一个数值）；有中间退火时，k_2 取较小值（靠近上面的一个数值）。

3. 对于其他材料，根据材料塑性的变形，对查得值作修正（随塑性减低而增大）。

表 2-4-64　宽凸缘圆筒形件第一次拉深时的系数 k_3 值（08～15 钢）

$$\left(\text{用于}\frac{t}{D}\times 100=0.6\sim2\right)$$

凸缘相对直径 $d_{凸}/d_1$	第一次拉深系数 m_1										
	0.35	0.38	0.40	0.42	0.45	0.50	0.55	0.60	0.65	0.70	0.75
3.0	1.0	0.9	0.83	0.75	0.68	0.56	0.45	0.37	0.30	0.23	0.18
2.8	1.1	1.0	0.9	0.83	0.75	0.62	0.50	0.42	0.34	0.26	0.20
2.5		1.1	1.0	0.9	0.82	0.70	0.56	0.46	0.37	0.30	0.22
2.2			1.1	1.0	0.90	0.77	0.64	0.52	0.42	0.33	0.25
2.0				1.1	1.0	0.85	0.70	0.58	0.47	0.37	0.28
1.8					1.1	0.95	0.80	0.65	0.53	0.43	0.33
1.5						1.10	0.90	0.75	0.62	0.50	0.40
1.3							1.0	0.85	0.70	0.56	0.45

注：1. 这些系数也可用于带凸缘的锥形及半球形零件在无拉深肋模具上的拉深。当采用拉深肋时，k_3 值应增大 10%～20%。

2. 对于其他材料，根据材料塑性的变化，对查得值作修正（随塑性减低而增大）。

表 2-4-65　由一次拉深成的低矩形件的系数 k_4 值(08～15 钢)

毛坯相对厚度$\frac{t}{D}\times100$				角部相对圆角半径$\frac{r}{B}$				
2～1.5	1.5～1.0	1.0～0.6	0.6～0.3	0.3	0.2	0.15	0.10	0.05
盒形件相对高度$\frac{h}{b}$				系数 k_4 值				
1.0	0.95	0.9	0.85	0.7	—	—	—	—
0.90	0.85	0.76	0.70	0.6	0.7	—	—	—
0.75	0.70	0.65	0.60	0.5	0.6	0.7	—	—
0.60	0.55	0.50	0.45	0.4	0.5	0.6	0.7	—
0.40	0.35	0.30	0.25	0.3	0.4	0.5	0.6	0.7

注：对于其他材料，根据材料塑性的变化，对查得值作修正(随塑性减低而增大)。

表 2-4-66　由空心的筒形或椭圆形毛坯拉深高盒形件最后工序的系数 k_5 值(08～15 钢)

毛坯相对厚度			角部相对圆角半径$\frac{r}{b}$				
$\frac{t}{D}\times100$	$\frac{t}{d_1}\times100$	$\frac{t}{d_2}\times100$	0.3	0.2	0.15	0.1	0.05
			系数 k_5 值				
2.0	4.0	5.5	0.40	0.50	0.60	0.70	0.80
1.2	2.5	3.0	0.50	0.60	0.75	0.80	1.0
0.8	1.5	2.0	0.55	0.65	0.80	0.90	1.1
0.5	0.9	1.1	0.60	0.75	0.90	1.0	—

注：1. 对于矩形盒，d_1、d_2 为第1及第2道工序椭圆形毛坯的小直径；对于方形盒，d_1、d_2 为第1及第2道工序圆筒毛坯直径。

2. 对于其他材料，须视材料塑性好或差(与08、15钢相比较)，查得的 k_5 值再作或小或大的修正。

表 2-4-67　系数 k_6 值

制件复杂程度	难加工件	普通加工件	易加工件
k_6 值	0.9	0.8	0.7

拉深力也可从图 2-4-68 求得。

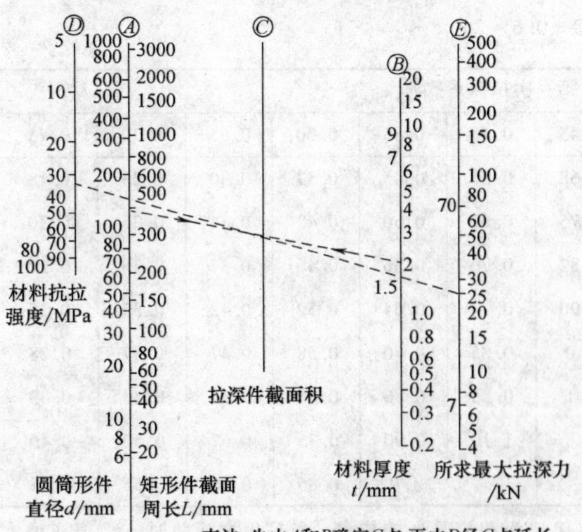

图 2-4-68　计算拉深力图表

4. 压力机吨位的选择

对于单动压力机：$F>F_{拉}+F_{压}$

对于双动压力机：$F_1>F_{拉}$，$F_2>F_{压}$

式中　F——压力机的公称压力(N)；

F_1——内滑块公称压力(N)；

F_2——外滑块的公称压力(N)；

$F_{拉}$——拉深力(N)；

$F_{压}$——压边力(N)。

5. 拉深功的计算

拉深力在拉深过程中并不是常数，是随凸模的工作行程而改变的(图 2-4-69)。图 2-4-69 曲线下的面积为实际的拉深功，计算时，不能用最大拉深力 F_{max}，

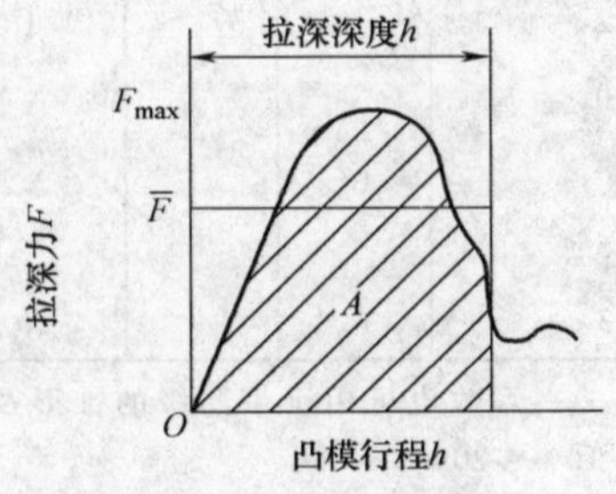

图 2-4-69　拉深力-行程图

应该用其平均值 $\overline{F}$。

(1) 不变薄拉深

$$W = \overline{F}h \times 10^{-3} = cF_{max}h \times 10^{-3}$$

式中 W——拉深功(J);

$\overline{F}$——平均拉深力(N);

F_{max}——最大拉深力(N);

h——拉深深度(mm);

c——系数，查表2-4-68。

表 2-4-68 系数 c 与拉深系数的关系

拉深系数 m	0.55	0.60	0.65	0.70	0.75	0.80
系数 c	0.8	0.77	0.74	0.70	0.67	0.64

(2) 变薄拉深

$$W = Fh \times 1.2 \times 10^{-3}$$

式中 F——变薄拉深力(按表2-4-61中所列最后一项公式计算)(N)，由于变薄拉深力在凸模工作行程中近似不变，故可视作平均值;

h——拉深深度(mm);

1.2——安全系数，考虑由于变薄拉深过程中摩擦所增加的能量消耗。

压力机的电动机功率按下式计算:

$$P = \frac{KWn}{60 \times 750 \times \eta_1 \times \eta_2 \times 1.36}$$

式中 P——压力机电动机功率(kW);

K——不平衡系数，$K = 1.2 \sim 1.4$;

W——拉深功(J);

η_1——压力机效率，$\eta_1 = 0.6 \sim 0.8$;

η_2——电动机效率，$\eta_2 = 0.9 \sim 0.95$;

n——压力机每分钟的行程次数;

1.36——由马力转换成千瓦的转换系数。

4.9 拉深过程中的润滑及热处理

1. 润滑

在拉深过程中，材料与模具表面间的压力很大，材料在凹模表面滑动时，会产生很大的摩擦力，增加了变形阻力，亦即增加了拉深所需的力，易使工件破裂，且易损伤模具和工件表面，降低模具寿命。加工中在材料与凹模间隔一定周期均匀抹涂一层润滑剂，可使其间形成一层牢固的、低摩擦的润滑膜，以防止两者直接接触，减小摩擦力的作用和磨损现象，抑制工件破裂，提高成形极限；同时，减少因烧结粘着而产生擦伤，提高拉深产品质量，延长模具寿命。

润滑剂，大体分为液体、半固体和固体三大类。通常固体类称润滑剂，液体类称润滑油，半固体类称润滑脂，见表2-4-69。

表 2-4-69 冲压润滑剂的种类及特征

状态	种类	类型	用途	特征	
				优点	缺点
液体	油性润滑剂(矿物油、合成油)	矿物油+油性剂	适于非铁金属(铝、铜)拉深	① 可调节粘度，应用范围广，几乎可用于所有拉深加工工序 ② 可根据需要加入适当添加剂，可用于深拉深加工 ③ 可使之具有良好防锈性 ④ 廉价	① 要求高粘度油时，则脱脂性、加工性差 ② 由于温度变化引起粘度改变导致润滑性能改变；高速加工时，由于发热可使油品安定性变差 ③ 污染工作环境
		矿物油+油性剂+极压剂	钢、不锈钢拉深，部分铜合金、铝合金拉深加工		
		拉深兼防锈油	尤适宜于长时储存的钢板拉深(如汽车车体)		
	水溶性油	乳化液(占大部分) 水溶性冲压油 化学溶液	不锈钢深拉深(浴缸、化学容器等)对外观要求不高的钢板的拉深(汽车燃油箱、散热器等)	①改变与水的稀释倍率，可以适应各种冲压加工序，用途广泛 ② 冷却性好，尤适于高速加工	① 防锈性差 ② 废液处理难 ③ 残留有固体填充物

（续）

状态	种类	类型	用途	特征	
				优点	缺点
固体	干性润滑剂	1）蜡 2）金属皂类 3）二硫化钼 4）石墨 5）丙烯聚合物 6）化学合成皮膜（磷酸盐）	用于极难加工钢、不锈钢的拉深（汽车保险杠、底盘等）	① 润滑性好，具有良好的表面保护效果 ② 防锈性好（二硫化钼例外）	① 脱脂困难 ② 焊接性差 ③ 容易粘附到模具上 ④ 价格高
	塑料膜	1）聚氯乙烯 2）聚乙烯	用于加工后要求产品中外表美观的钢板、不锈钢的冲压加工（汽车保险杠、装饰品、浴缸等）	① 润滑性，表面保护效果极好 ② 多数在生产厂已涂好塑料膜，冲压时节省了涂膜工序	① 涂蜡剥离困难 ② 除去后废物难处理 ③ 除去前不能焊接 ④ 价格高
半固体	润滑脂	1）烃基脂 2）皂基脂 3）无机润滑脂 4）有机润滑脂	与油性润滑剂大致相同，较少使用	见油性润滑剂	见油性润滑剂

液体润滑油中，有油性和水性两种。在油性润滑油中又可细分为石油系烃油（矿物油）和合成油。但两者都是基础油，分别加入各种添加剂后方称之为润滑油。水溶性润滑油主要指乳化液。它是通过加入表面活性剂，使水和油之类的互不相溶的两种液体相互混合而成。

冲压加工中所使用油性和水性油液，根据拉深深度的不同，由不同粘度的基础油和添加剂配制而成，其组成分别见表2-4-70和表2-4-71。

表2-4-70 油性冲压油

项目	基础油	添加剂			
		极压剂	油性剂	防锈剂	抗氧剂
浅拉深	低粘度矿物油	○	□	○	△
深拉深	中、高粘度矿物油	□	○	○	△

注：□—必须加；○—应该加；△—根据工序要求加。

在拉深工艺中，采用的液体润滑剂通常由下述成分所组成：

（1）基剂　润滑油中所占的成分最多，用以使其他润滑成分均匀混合的液体，通常采用价格低廉的矿物油、植物油、动物油或水，常用矿物油见表2-4-72。

表2-4-71 水溶性冲压油的组成①

项目	基础油	添加剂				
		极压剂	油性剂	防锈剂	乳化剂	消泡剂
浅拉深	中、高粘度矿物油	○	□	○	□	△
深拉深	中、高粘度矿物油	□	□	○	□	△

① 主要用水的稀释倍率来调节液体粘度。

表2-4-72 常用矿物油

油名	矿油类别	运动粘度值/cSt①
锭子油	L. V.（低粘度油）	≤15
全损耗系统用油	M. V.（中粘度油）	35～80
重机油	H. V.（高粘度油）	80～110
气缸油	V. H. V.（很高粘度油）	>110

① $1cSt = 10^{-6}m^2/s$。

（2）油性剂　用以在金属表面形成吸附膜和保证边界的润滑方式。常用的植物油、油酸、脂肪酸和硬脂肪酸等，常用油性剂见表2-4-73。

（3）隔离剂　用机械方法使两接触面分开，多用无机物粉末，见表2-4-74。

（4）各种不同功能的添加剂　如用以改善基础油的粘性变化性质、防腐、防锈，去泡沫等特种功能用的化学物质。各种功能的添加剂见表2-4-75。

表 2-4-73 常用油性剂

类别	名称
动物油	猪油、牛油、羊油、蜂蜡、鲸油、鱼油、鱼肝油
植物油	棕榈油、棉子油、蓖麻油、菜油、玉米花油、豆油、糖油
油酸	$CH_3(CH_2)_7CH=CH(CH_2)_7COOH$
脂肪酸	$C_{17}H_{35}-COOH$
化合物	乙醇、胺、甘油、油酸丁脂、二聚酸乙二醇单酯、二聚酸

表 2-4-74 隔离剂

名称	化学式	适用温度/℃	备注
石墨	C	300~600	有水剂、油剂、粉剂
二硫化钼	MoS_2	<400	35℃以下比石墨好
二硫化钨	WS_2	<400	气化稳定性比 MoS_2 好
二硫化钽	TaS_2	<550	有低的电阻
三硫化钼	MoS_3	<400	
氧化硼	BO_2	<250	
氧化铅	PbO	<250	<250℃比 MoS_2 差
氟化硼	BF	<100	
氟化钙	CaF_2	700~1000	<350℃失效
氮化硼	BN	700~1000	不宜用于真空环境
云母粉		<300	要求有一定粒度
硫磺粉	S	<200	亦可熔化于热油中
滑石粉		<500	
氧化锌	ZnO_2	>300	
三氧化二钇	Y_2O_3	<900	

表 2-4-75 各种功能的添加剂

类型	名称	用途
增塑剂	聚乙烯基正丁基醚 聚甲基丙烯酸酯 聚异丁烯	1）改善粘温特性 2）起增稠作用
防锈剂	石油磺酸钠 环烷酸锌 羊毛脂及其皂 钡皂	可与金属表面起强烈的吸附作用
抗氧化剂	二芳基二硫代磷酸锌 硫磷化烯烃钙盐	1）分解油中易受热氧化物质 2）与金属形成反应膜 3）钝化金属表面
清净剂	石油磺酸钙 烷基酚钡 烷基水杨酸钙 硫磷化聚异丁烯钡盐	1）清净剂易吸附于胶质氧化物上使之悬浮于油中 2）防止产生沉淀
抗泡剂	二甲基硅油	1）降低油的表面张力 2）防止形成稳定泡沫

润滑剂的配方较多，在生产中，应根据拉深件的材料、工件复杂程度、温度及工艺特点进行合理选用，表 2-4-76、表 2-4-77 和表 2-4-78 列出了拉深工艺常用的润滑剂。

表 2-4-76 拉深低碳钢用的润滑剂

简称号	润滑剂成分	质量分数（%）	附注
5号	锭子油 鱼肝油 石墨 油酸 硫磺 钾肥皂 水	43 8 15 8 5 6 15	用这种润滑剂可得到最好的效果，硫磺应以粉末状态加进去
6号	锭子油 黄油 滑石粉 硫磺 酒精	40 40 11 8 1	硫磺应以粉末状态加进去
9号	锭子油 黄油 石墨 硫磺 酒精 水	20 40 20 7 1 12	将硫磺溶于温度为160℃的锭子油内，其缺点是保存时间太久时会分层
10号	锭子油 硫化蓖麻油 鱼肝油 白垩粉 油酸 苛性钠 水	33 1.5 1.2 45 5.6 0.7 13	润滑剂很容易去除，用于重的压制工作
2号	锭子油 黄油 鱼肝油 白垩粉 油酸 水	12 25 12 20.5 5.5 25	这种润滑剂比以上的略差
8号	钾肥皂 水	20 80	将肥皂溶在温度为60~70℃的水里，是很容易溶解的润滑剂，用于半球形及抛物线形工件的拉深
	乳化液 白垩粉 焙烧苏打 水	37 45 1.3 16.7	可溶解的润滑剂，加3%的硫化蓖麻油后，能改善其效用

表 2-4-77 低碳钢变薄拉深用润滑剂

润滑方法	成分含量	附注
接触镀铜化合物： 硫酸铜 食盐 硫酸 木工用胶粒 水	 4.5~5kg 5kg 7~8L 200g 80~100L	将胶先溶解在热水中，然后再将其余成分溶进去。将镀过铜的毛坯保存在热的肥皂溶液内，进行拉深时才由该溶液内将毛坯取出
先在磷酸盐内予以磷化，然后在肥皂乳浊液内予以皂化	磷化配方 马日夫盐 30~33g/L 氧化铜 0.3~0.5g/L	磷化液温度：96~98℃，保持 15~20min

表 2-4-78 拉深有色金属及不锈钢用的润滑剂

金属材料	润滑剂
铝	植物油（豆油）、工业凡士林
硬铝	植物油乳浊液
纯铜、黄铜及青铜	菜油或肥皂与油的乳浊液（将油与浓肥皂水溶液混合）
镍及其合金	肥皂与油的乳浊液
2Cr13 不锈钢 1Cr18Ni8Ti 不锈钢 耐热钢	用氯化乙烯漆（G01-4）喷涂板料表面，拉深时另涂机油

拉深时润滑剂一般涂抹在凹模圆角部位和压边面的部位，以及与此部位相接触的毛坯表面上，并经常保持润滑部位的干净。在拉深加工中提高润滑油粘度，能降低模具和坯料的接触率，减小摩擦，其结果是降低了拉深力，这在实际生产中已成为一种有效的手段。但从后续工序以及经济性和易操作性等方面考虑，粘度过分增加必然会受到限制，其粘度大小应选用恰当。

2. 退火

在拉深过程中，为了消除金属材料在塑性变形中产生的内应力及冷作硬化，需要进行半成品的工序间退火和成品退火。

冲压所用的金属，按硬化强度可分为普通硬化金属（如08、10、铝）和高度硬化金属（如不锈钢、耐热钢、退火纯铜等）。

拉深普通硬化金属，若工艺过程制订得正确，模具设计得合理，一般可不需要进行中间退火。而对于高度硬化的金属，一般在一、二次拉深工序之后，即需要进行中间退火。

不需要进行中间退火能完成的拉深次数见表 2-4-79。

表 2-4-79 无需中间退火所能完成的拉深工序次数

材料	不用退火的工序次数
08、10、15	3~4
铝	4~5
黄铜 H68	2~4
纯铜	1~2
不锈钢 1Cr18Ni9Ti	1
镁合金	1
钛合金	1

中间退火软化处理主要有两种：

（1）低温退火（即再结晶退火） 把金属加热至再结晶温度，然后在空气中冷却，以消除硬化，恢复塑性。这是一般常用的方法，各种材料的低温退火规范见表 2-4-80。

表 2-4-80 各种材料的低温退火（再结晶退火）规范

材料名称	加热温度 t/℃	冷却
08、10、15、20	600~650	在空气中冷却
纯铜 T1、T2	400~450	在空气中冷却
黄铜 H62、H68	500~540	在空气中冷却
铝	220~250	保温 40~45min
镁合金 MB1、MB8	260~350	保温 60min
钛合金 TA1	550~600	在空气中冷却
钛合金 TA5	650~700	在空气中冷却

（2）高温退火 对某些材料或零件，若低温退火的结果还不够满意的话，可以采用高温退火。其办法是；把金属加热至高温（高于上临界点温度），以便产生完全再结晶。高温退火时，可能得到晶粒粗大的组织，影响零件的力学性能，但软化效果较好。

各种材料的高温退火规范见表 2-4-81。

表 2-4-81 各种材料的高温退火规范

材料名称	加热温度/℃	加热时间/min	冷却
08、10、15	760~780	20~40	在箱内空气中冷却
Q195、Q215A	900~920	20~40	在箱内空气中冷却
20、25、30、Q235A、Q255A	700~720	60	随炉冷却
30CrMnSiA	650~700	12~18	在空气中冷却

（续）

材料名称	加热温度/℃	加热时间/min	冷却
1Cr18Ni9Ti 不锈钢	1150~1170	30	在气流中或水中冷却
纯铜 T1、T2	600~650	30	在空气中冷却
黄铜 H62、H68	650~700	15~30	在空气中冷却
镍	750~850	20	在空气中冷却
铝	300~350	30	由250℃起在空气中冷却
硬铝	350~400	30	由250℃起在空气中冷却

3. 酸洗

退火后的钢、铜等工件表面有氧化皮及其他污物，在继续加工时会增加对模具的磨损。一般应加以酸洗，即在加热的稀酸液中浸蚀后，在流动的冷水中漂洗，再在60~80℃的低浓度碱液中将残留的酸液中和，最后再在热水中洗涤，在烘房中烘干。各种材料酸洗液的成分见表2-4-82。

表2-4-82 酸洗溶液的成分

工件材料	溶液成分	份量	说明
低碳钢	硫酸或盐酸	10%~20%	
	水	其余	
高碳钢	硫酸	10%~15%	预浸
	水	其余	
不锈钢	硝酸	10%	得到光亮的表面
	盐酸	1%~2%	
	硫化胶	0.1%	
	水	其余	
铜及其合金	硝酸	200份	预浸
	盐酸	1~2份	
	炭黑	1~2份	
	硝酸	75份	光亮酸洗
	硫酸	100份	
	盐酸	1份	
铝或锌	苛性钠或苛性钾	100~200g/L	闪光酸洗
	食盐	13g/L	
	盐酸	50~100g/L	

如果应用光亮退火，即在有中性或还原介质的电阻炉内退火，这样就不会产生氧化皮，故不需要进行酸洗。

退火、酸洗是延长生产周期和增加生产成本、产生环境污染的工序，应尽可能加以避免。如果降低每次拉深变形程度（即增大拉深系数），增加拉深次数，由于每次拉深后的危险断面是不断往上转移的，结果使拉裂的矛盾得以缓和，于是可以增加总的变形程度，减少或不需要中间退火工序。若能够通过增加拉深次数的办法以减少退火工序时，一般宁可增加拉深次数。若工序数在6~10次以上时，应该考虑能否使用连续拉深或者将拉深与冷挤压、变薄拉深等工艺结合起来，以避免退火工序。

4.10 其他拉深方法

4.10.1 温差拉深

温差拉深是拉深过程有效的强化方法，它的实质是借变形区（一般指毛坯凸缘区）局部加热和传力区危险断面（侧壁与底部过渡区）局部冷却的办法，一方面减小变形区材料的变形抗力，另一方面又不致减少、甚至提高传力区的承载能力，亦即造成两方合理的温差，而获得大的强度差，以资最大限度地提高一次拉深变形的变形程度，大大降低材料的极限拉深系数。

下面介绍两种典型的温差拉深方法。

1. 局部加热并冷却毛坯的拉深

该法的模具结构如图2-4-70所示。在拉深过程中，利用凹模及压边圈之间的加热器将毛坯局部加热到一定温度，以提高材料的塑性，降低凸缘的变形抗力；而拉入凸、凹模之间的金属，由于在凹模洞口与凸模内通以却水，将其热量散逸，不致降低传力区的抗拉强度。故在一道工序中可获得很大的变形程度。

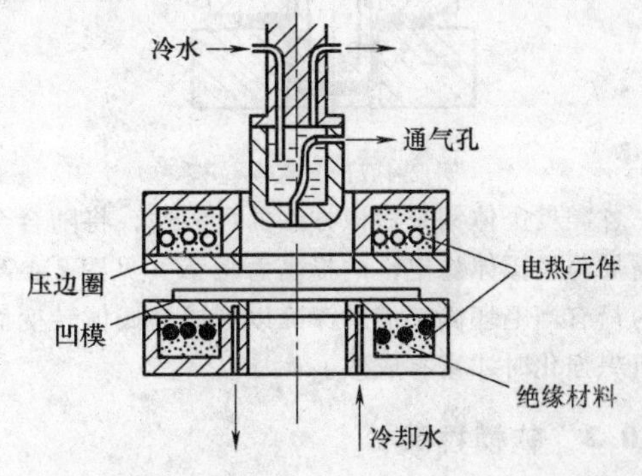

图2-4-70 温差拉深

这种方法最适宜于拉深低塑性材料（例如镁合金、钛合金）的零件及形状复杂的拉深件。

局部加热拉深的合理温度可查表 2-4-83。

表 2-4-83 局部加热拉深时不同材料的合理温度

温度规范＼材料	铝合金	镁合金	铜合金
理论合理温度/℃	$0.7T_{熔}=0.7t_{熔}-82$（℃）		
	350～370	340～360	500～550
实际合理温度/℃	320～340	330～350	480～500

注：$T_{熔}$—合金热力学熔化温度；$t_{熔}$—合金熔化温度。

局部加热拉深的极限高度列于表 2-4-84。

表 2-4-84 局部加热拉深的极限高度

材料	凸缘加热温度/℃	零件的极限高度 $\frac{h}{d}$ 及 $\frac{h}{l}$ 筒形	方形	矩形
铝合金 3A21M	325	1.30	1.44～1.46	1.44～1.55
硬铝 2A12M	325	1.65	1.58～1.82	1.50～1.83
镁合金 MB1、MB8	375	2.56	2.7～3.0	2.93～3.22

注：h—高度；d—直径；l—方盒边长。

2. 深冷拉深

该法的模具结构如图 2-4-71 所示。在拉深变形过程中，用液态空气（-183℃）或液态氮（-195℃）深冷凸模，使毛坯的传力区被冷却到-（160～170）℃而得到大大强化，在这样低温下，10～20 钢的强度可提高到 1.9～2.1 倍，而 18-8 型不锈钢的强度能提高到 2.3 倍，从而显著地降低了拉深系数。对于 10～20 钢，$m=0.37\sim0.385$，对于 1Cr18Ni9 及 1Cr18Ni9Ti 不锈钢，$m=0.35\sim0.37$。

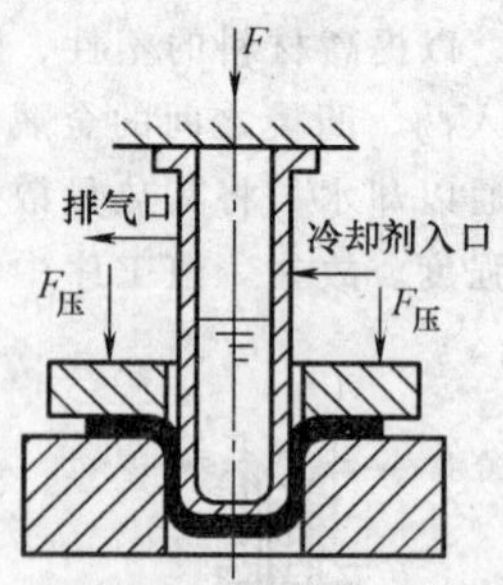

图 2-4-71 深冷拉深

各类奥氏体钢采用该方法的可能性，将随合金度的增加与奥氏体稳定性的提高而减小（见图 2-4-72），因为只有当毛坯侧壁借助深冷以形成马氏体转变而得到组织强化时才富有成效。

4.10.2 软模拉深

软模拉深是指用橡胶（包括聚氨酯橡胶）、液体或气体的压力代替刚性凸模或凹模对板料进行拉深。它又分为软凸模拉深和软凹模拉深，由于该法使模具简单化，特别在成批及小批生产中，获得较为广泛的应用。

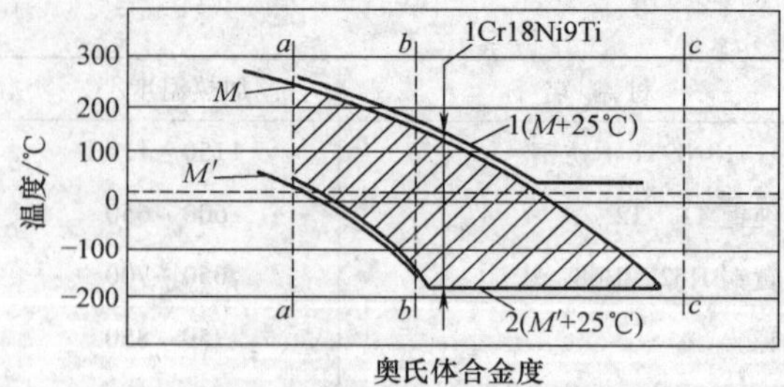

图 2-4-72 M、M′点位置与奥氏体钢合金度的关系
1—毛坯凸缘的有利加热温度 2—危险断面的冷却温度
M—塑料变形时，不产生奥氏体向马氏体转变的最低温度
M′—连续冷却时，不变形，而开始形成马氏体的温度

1. 软凸模拉深

用液体的压力代替金属凸模进行拉深。其变形过程如图 2-4-73 所示。液体拉深时典型的压力曲线如图 2-4-74 所示。

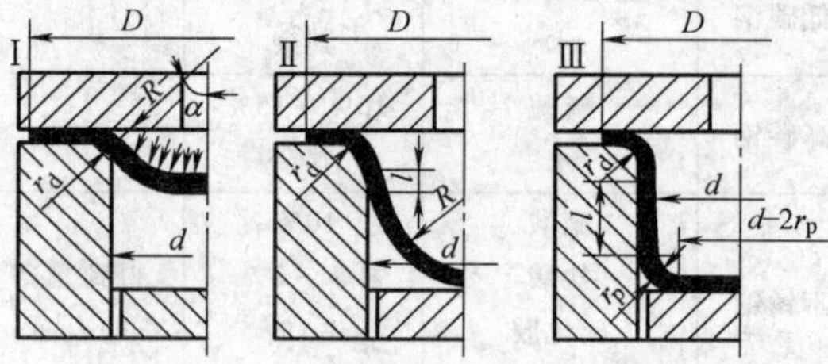

图 2-4-73 液体凸模拉深的变形过程

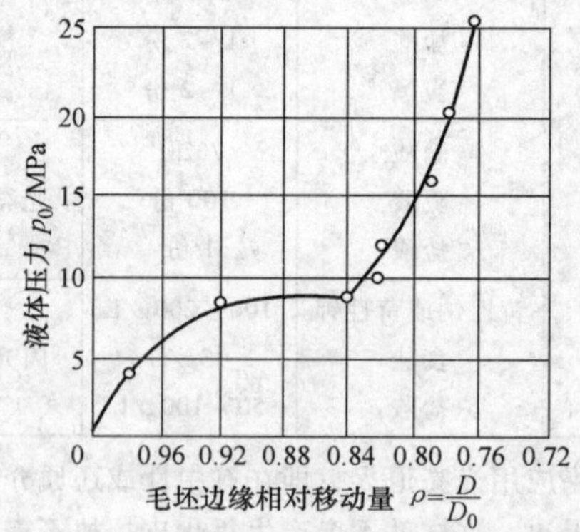

图 2-4-74 液体凸模拉深时的压力曲线

第一阶段：在液体压力作用下，平板毛坯的中间部分首先受两向拉应力作用产生胀形，其形状由平面变成半球形，压力增加很快。

第二阶段：当液体压力继续增大，径向拉应力达到足以使凸缘变形区产生拉深变形时，材料逐渐进入凹模，并形成筒壁，压力趋于平缓。

第三阶段：在形成平底和小圆角的整形时，压力又急剧上升。

凸缘区材料产生拉深变形所需的液体压力为

$$p_0 = \frac{4t}{d}\rho$$

用液体凸模拉深时，由于液体与毛坯之间不存在摩擦力，毛坯的稳定性不好，容易偏斜，而且中间部分容易变薄，所以该法应用受到一定限制。但是，由于所用的模具简单，有时不用冲压设备也能进行拉深工作，所以它常用于大尺寸的或形状极为复杂零件的拉深。

软凸模拉深的另一种形式是采用容框式的聚氨酯凸模进行拉深（图 2-4-75）。聚氨酯橡胶与钢制凹模的边缘部分在拉深过程中对毛坯施加压力，自然形成压边装置，起到防皱作用，故模具结构特别简单，拉出的零件边缘平整，壁厚均匀，对较浅的拉深件十分有效。

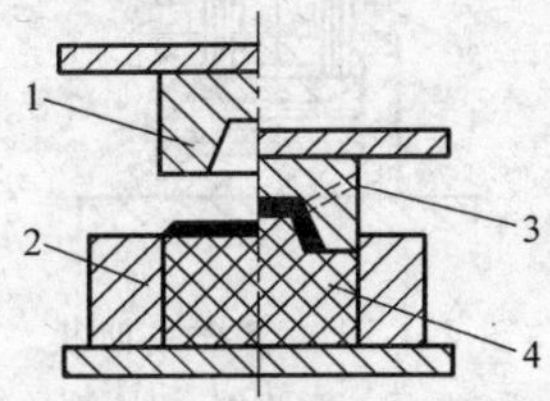

图 2-4-75 聚氨酯凸模

1—凹模 2—容框 3—排气孔

4—聚氨酯凸模

2. 软凹模拉深

用液体压力或橡胶代替金属凹模的软凹模拉深具有理想的拉深条件，其优点在于：

1）拉深过程中，软凹模以很大的压力将板料紧紧包覆于凸模上。这样，不仅可以提高零件的成形准确度，而且危险断面不断转移（由凸模圆角与筒壁相切处逐渐转移到凹模圆角与筒壁相切处），使传力区抗拉强度提高；并且由于增加了凸模与板料间的有利摩擦力，可使拉出的零件壁厚均匀，变薄率大大减小。

2）可以减少板料与软凹模一侧的相对滑动，从而使有害摩擦力有相当程度地降低。

3）软凹模拉深时，凹模圆角半径 r_d 不像刚性凹模那样固定不变，而是在拉深过程中由大变小，在变形初始阶段产生峰值压力时，具有大的 r_d 是有利的，它可降低材料通过凹模圆角半径时的弯曲变形阻力。

4）拉深过程中，软凹模有侧向推动凹缘边缘向内流动的作用，这造成了有利于拉深变形的应力应变状态。

常用的软凹模拉深方法有四种：

（1）液体凹模拉深 如图 2-4-76 所示，拉深时高压液体使板材紧贴凸模成形，并在凹模与毛坯表面之间挤出，产生强制润滑，也称强制润滑拉深。它与液体凸模拉深相比，其优点是：材料变形阻力小，零件底部不易变薄，毛坯定位较为容易等。

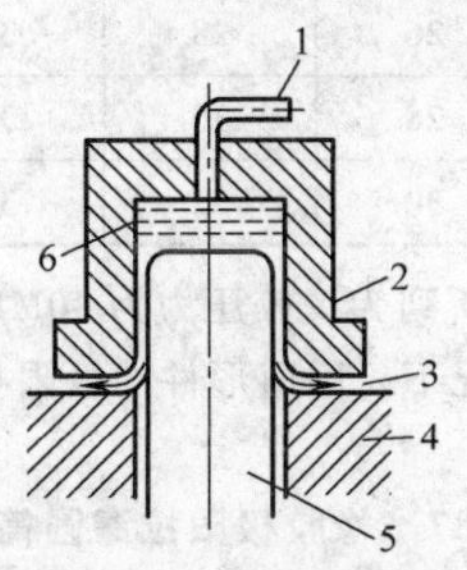

图 2-4-76 液体凹模拉深示意图

1—溢流阀 2—凹模 3—毛坯

4—模座 5—凸模 6—润滑油

液体凹模拉深时，液压与拉深件的形状、变形程度和材料性能等有关。表 2-4-85 列出了由试验得出的所需最高液压力。

表 2-4-85 几种材料所需最高液体压力

（单位：MPa）

材料 料厚/mm	纯铜	黄铜	08 08F	不锈钢
1	13.7		47	
1.2		56.8	56.8	117.6

注：拉深系数 $m=0.4$。

（2）橡胶凹模拉深 橡胶凹模结构如图 2-4-77 所示。橡胶装在上模的容框内，凸模可根据工件的形状进行更换，拉深开始时毛坯被压边圈和橡胶压紧，拉深后压边圈起顶件器作用，将工件从凸模上卸下。橡胶拉深常在液压机上进行。

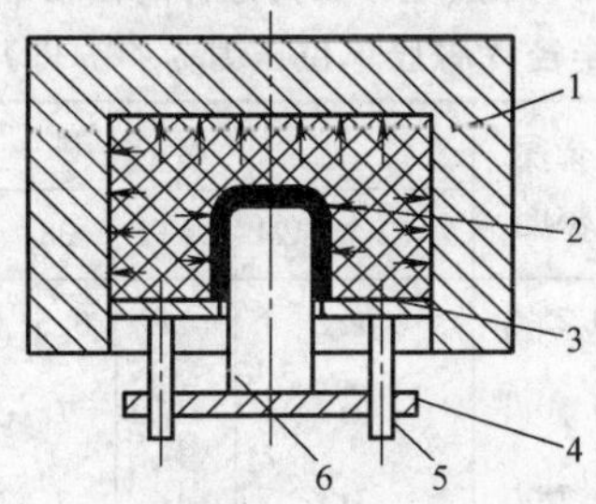

图 2-4-77 橡胶凹模拉深

1—容框 2—橡胶 3—压边圈

4—凸模座 5—缓冲器顶杆 6—凸模

所需橡胶的单位压力随拉深系数和毛坯相对厚度的大小而异。表 2-4-86 所列为拉深硬铝时橡胶的单位压力。

表 2-4-86 拉深硬铝时橡胶的最大单位压力

（单位：MPa）

拉深系数 m	毛坯相对厚度$\frac{t}{D}\times100$			
	1.3	1.0	0.66	0.4
0.6	26	28	32	36
0.5	28	30	34	38
0.4	30	32	35	40

表 2-4-87 所列为橡胶压力为 40MPa、凸模圆角半径 $r_p=4t$ 的情况下，圆筒形件的极限拉深系数和拉深深度。

表 2-4-87 橡胶极限拉深圆筒形件的拉深系数和拉深深度

材　料	拉深系数	拉深最大深度	毛坯最小相对厚度$\frac{t}{D}\times100$	凸缘部分最小圆角半径
3A21	0.45	$1.0d_1$	1，但 t 不小于 0.4mm	1.5t
5A02、2A12	0.50	$0.75d_1$		（2～3）t
08 深拉深钢	0.50	$0.75d_1$	0.5，但 t 不小于 0.2mm	4t
1Cr18Ni9Ti	0.65	$0.33d_1$		8t

注：D—毛坯直径；d_1—拉深直径；t—料厚。

在用橡胶拉深矩形或方形盒件时，其角部的最小圆角半径推荐值：

盒件高度 $h\leqslant100$mm 时，最小圆角半径 $r_{角}=0.25b$（b—盒形件宽度）

$h=100\sim125$mm 时，$r_{角}=0.20b$

$h=125\sim150$mm 时，$r_{角}=0.17b$

橡胶拉深圆筒形件时凸模最小圆角半径列于表 2-4-88。

表 2-4-88 橡胶拉深圆筒形件时凸模最小圆角半径（橡胶单位压力为 40MPa）

拉深系数 m_1	拉深深度	材　料			
		5A02、3A21	2A12	08	1Cr18Ni9Ti
0.70	$0.25d_1$	1t	2t	0.5t	2t
0.60	$0.50d_1$	2t	3t	1t	—
0.50	$0.75d_1$	3t	4t	2t	—
0.45	$1.00d_1$	4t	—	—	—

注：d_1、t 同表 2-4-87。

（3）聚氨酯凹模拉深　由于聚氨酯具有高强度、高弹性、高耐磨性和易于机械加工等特性，已成为最理想的软模材料。聚氨酯凹模拉深的形式可以是型腔式（图 2-4-78），也可以是容框式（图 2-4-79）。

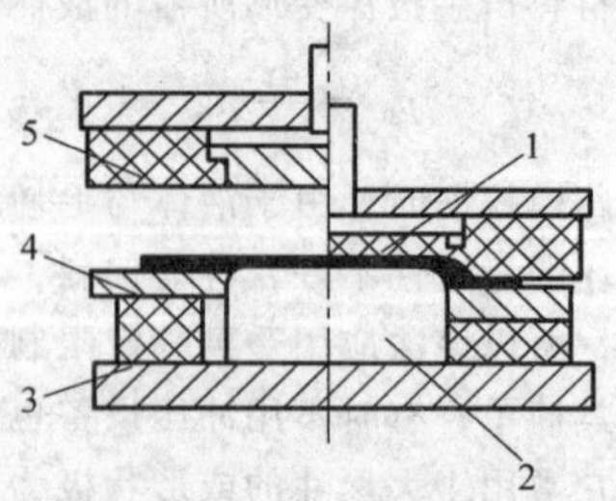

图 2-4-78　型腔式凹模

1—顶件器　2—凸模　3—橡胶

4—压边圈　5—聚氨酯凹模

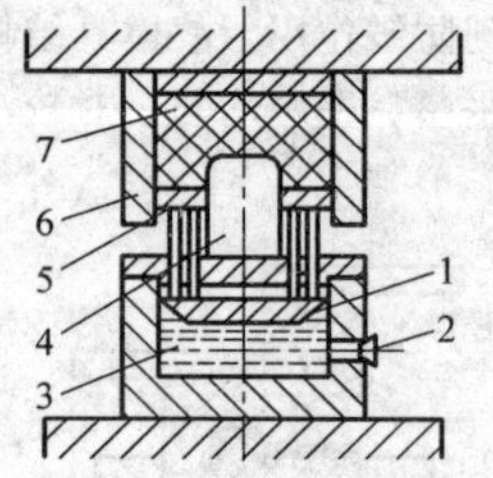

图 2-4-79　容框式凹模

1—活塞　2—溢流阀　3—液压缸

4—凸模　5—压边圈　6—容框

7—层状聚氨酯

聚氨酯硬度选择很重要，对于型腔式凹模采用硬度很高的聚氨酯（硬度约为邵氏 90A），而对于容框式凹模宜采用较软的聚氨酯（以邵氏 80A 为宜）。

（4）橡胶液囊凹模拉深　这种方法由专用设备上的橡胶液囊作为凹模，为一橡胶容框内充液体的橡胶囊。凸模与压边圈为专用的、刚性的，其工作过程如图 2-4-80 所示。将平板毛坯 1 置于刚性压边圈 2 上，弹性凹模 4 下行，使毛坯与橡胶垫 5 接触。然后凹模继续下降，迫使压边圈向下运动，凸模 3 即将毛坯拉入凹模腔内逐渐拉深出工件。

拉深过程中，液囊内的单位压力 p 是变化的，并要求可以控制调节。

单位压力 p 的变化范围随拉深件的形状、变形程度和材料性质而不同。表 2-4-89 所列数据为拉深不同材料、不同拉深系数的筒形件时，单位压力的变化范围。拉深比较复杂的零件，例如盒形、锥形、球形、底部或凸缘有凹陷的零件以及非对称件等，所需最大单位压力会更大。

现将以上几种拉深方法所能达到的极限拉深系数列表比较如下，见表 2-4-90。

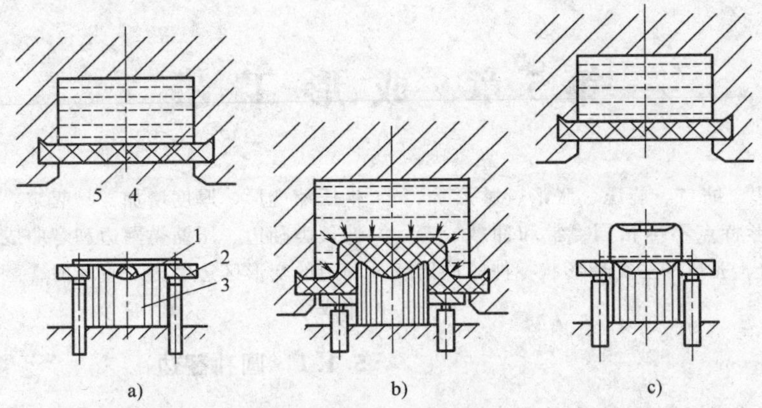

图 2-4-80　橡胶液囊凹模拉深过程

a）原始位置　b）拉深进行中　c）拉深完，压边圈上升，推出工件

1—毛坯　2—压边圈　3—凸模　4—液囊弹性凹模　5—橡胶垫

表 2-4-89　单位压力 *p* 的变化范围（加工板厚 $t=1\text{mm}$）　（单位：MPa）

材　料	拉深系数 m					
	0.72	0.60	0.50	0.45	0.44	0.43
硬铝合金	0～22.5	0～31.5	0～34	0～34.5	0～35	0～35
低碳钢	0～50	0～55	0～60	0～60	0～65	—
不锈钢	0～60	0～60	0～70	0～75	0～75	0～90

表 2-4-90　不同拉深方法的极限拉深系数

材　料	极限拉深系数 m_{min}			
	普通拉深	软凹模拉深	局部加热拉深	深冷拉深
2A12	0.54～0.56	0.46	0.37①（320～340℃）	—
7A04	0.56～0.59	0.47	—	—
5A12	0.50～0.52	0.45	0.42①（320～340℃）	—
MB1	0.87～0.91	—	0.42～0.46（300～350℃）	—
MB8	0.81～0.83	—	0.42～0.44（280～350℃）	—
TA2	0.57～0.59	—	0.42～0.50（305～400℃）	—
TA3	0.58～0.61	—	0.42～0.50（350～400℃）	—
1Cr18Ni9Ti	0.53～0.57	0.44	—	0.35～0.37①

①　表列数据为试验值，其余均为生产推荐使用值。

第5章 成形工艺

成形工艺是翻边、缩口、旋压、胀形、整形等，这些工艺方法的变形特点不尽相同，常和冲裁、弯曲、拉深等工序组合，完成一些复杂形状零件的冲压加工。

5.1 翻边

翻边是指沿曲线或直线将薄板坯料边部或坯料上预制孔边部窄带区域的材料弯折成竖边的塑性加工方法。翻边的目的是为了减小重量，增加结构的刚度。如飞机、车辆、船舶结构中的大中型孔、窗口、舱口的翻边等。

根据成形过程中边部材料长度的变化情况，可将翻边分为伸长类翻边和压缩类翻边。根据变形工艺特点，翻边可分为内孔（圆孔或非圆孔）翻边（图2-5-1a、c）、外缘翻边、变薄翻边等。外缘翻边还可分为外缘内曲翻边（图2-5-1b）和外缘外曲翻边（图2-5-1d）。圆孔翻边、外缘内曲翻边等属伸长类翻边，其变形特点是：变形区材料受拉应力，切向伸长，厚度变薄，易发生破裂。外缘外曲翻边等属压缩类翻边，其变形特点是：变形区材料受切向压缩应力，产生压缩变形，厚度增加，易起皱。非圆孔翻边通常是伸长类翻边、压缩类翻边和弯曲成形的组合形式。当翻边的变形区边缘为一直线时，翻边成形就转变为弯曲成形。

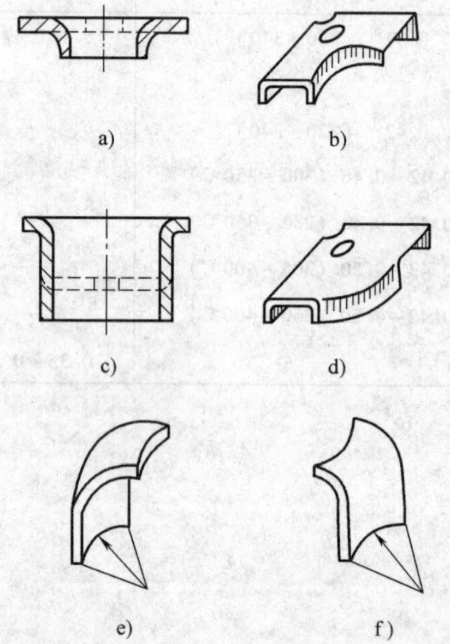

图2-5-1 各种翻边件

a）平面圆孔翻边 b）平面外缘内曲翻边

c）立体件上圆孔翻边 d）平面外缘外曲翻边

e）压缩类曲面翻边 f）拉伸类曲面翻边

5.1.1 圆孔翻边

1. 圆孔翻边的变形机理

圆孔的翻边过程就是把平板上或空心件上预先制好的孔扩大成带有竖立边缘的孔（图2-5-2）。翻边前毛坯孔的直径为 d_0，翻边过程中，凸模底部材料在凸模的作用下，孔内径不断扩大，材料逐渐靠近凹模内壁而形成侧壁，直到翻边结束，变形区内径的尺寸等于凸模的直径。即形成了竖直的边缘。

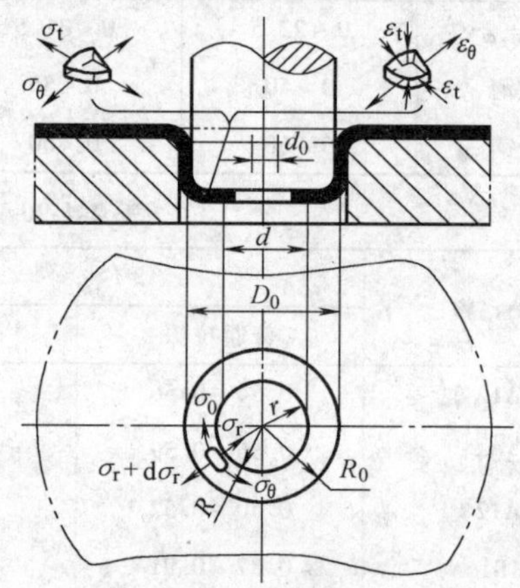

图2-5-2 圆孔翻边

翻边的变形区在凹模圆角区内，凸模底部材料为主要变形区，变形区材料处于切向、径向受拉的应力状态。切向应力在孔边缘最大，径向应力在孔边缘为零。

圆孔翻边时的变形情况，可通过画在平板毛坯上的径向及环形坐标网格的变化（图2-5-3）看出纤维沿切向发生了拉伸，因而材料厚度变薄，而同心圆之间的距离变化则不显著。

2. 圆孔翻边时的成形极限

圆孔翻边时成形的变形程度，用坯料上预制孔的初始直径 d_0 与翻边成形完成后竖边的中径 d_m 比值 K 表示

$$K=\frac{d_0}{d_m}$$

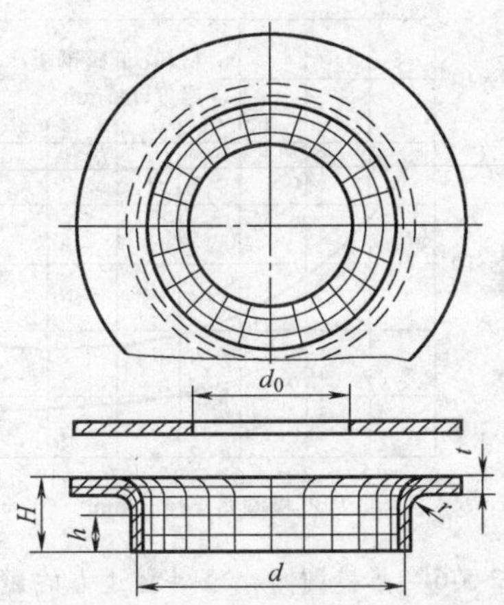

图 2-5-3　圆孔翻边的网格变化

K 称为翻边系数，K 值越小，表示翻边时变形程度越大。

圆孔翻边过程中，孔边缘处的材料所承受的切向拉应力和拉应变的作用最大，材料厚度减薄最为严重，随着翻边成形接近终了，材料拉伸变薄量增加到最大值。因此，孔边缘是圆孔翻边成形的变形危险区。

圆孔翻边的成形极限可根据口部是否发生破裂来确定。所以在翻边过程中应保证毛坯孔边缘的金属伸长变形小于材料塑性伸长所允许的极限值。翻边系数 K 与竖边边缘厚度变薄量的关系可近似表达为

$$t \approx t_0 \sqrt{K}$$

K 值越小，竖边孔缘厚度减薄越大，容易发生破裂，当翻边系数减小到使孔的边缘濒于破裂时，这种极限状态下的翻边系数称为极限翻边系数，以 K_1 表示。表 2-5-1 和表 2-5-2 分别为低碳钢和其他金属的极限翻边系数，通常可用它们反映圆孔翻边成形极限，K_1 越小，成形极限越大。

表 2-5-1　低碳钢极限圆孔翻边系数 K_1

凸模形式	孔的加工方法	比值 d_0/t_0										
		100	50	35	20	15	10	8	6.5	5	3	1
球形凸模	钻孔	0.7	0.6	0.52	0.45	0.4	0.36	0.33	0.31	0.3	0.25	0.2
	冲孔	0.75	0.65	0.57	0.52	0.48	0.45	0.44	0.43	0.42	0.42	—
圆柱形凸模	钻孔	0.8	0.7	0.6	0.5	0.45	0.42	0.4	0.37	0.35	0.3	0.25
	冲孔	0.85	0.75	0.65	0.6	0.55	0.52	0.5	0.50	0.48	0.47	—

表 2-5-2　其他金属极限圆孔翻边系数 K_1

经退火的毛坯材料	极限翻边系数	
	K_1	K_{1min}
白铁皮	0.70	0.65
黄铜 H62$t=0.5\sim6.0$mm	0.68	0.62
铝 $t=0.5\sim5.0$mm	0.70	0.64
硬铝合金	0.89	0.80
钛合金 TA1（冷态）	0.64～0.68	0.55
TA1（300～400℃）	0.40～0.50	—
TA5（冷态）	0.85～0.90	0.75
TA5（500～600℃）	0.65～0.70	0.55
不锈钢，高温合金	0.65～0.69	0.57～0.61

注：竖边上允许有不大的裂纹时可用 K_{1min}，而在一般情况下，均采用 K_1。

3. 圆孔翻边的工艺计算

翻边时的工艺计算应根据翻边孔的直径算出预制孔的直径 d_0，并核算其翻边高度是否能一次翻成。当工件的翻边系数 K 值小于表 2-5-1、表 2-5-2 所列数值时，表示一次翻边不能达到，这时应先拉深，后在底部冲孔，再翻边。

(1) 预冲孔直径 d_0 的计算　由于在圆孔翻边时，材料主要受切向拉伸变形，同心圆之间的距离变化不显著，预制孔直径可根据弯曲件中性层长度不变的原则作近似计算（图 2-5-4）。

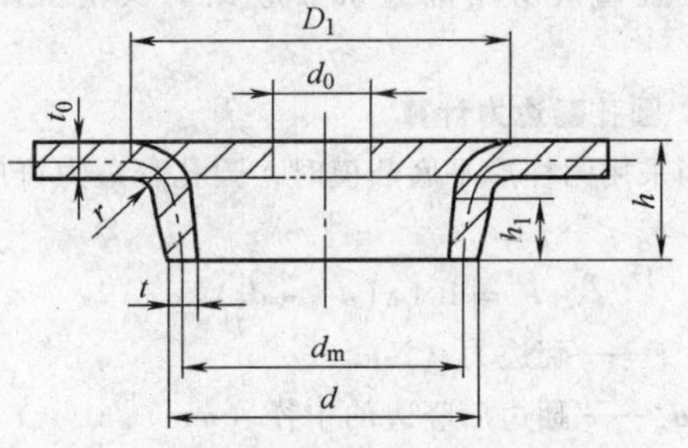

图 2-5-4　圆孔翻边件的尺寸

$$d_0 = D_1 - \left[\pi\left(r + \frac{t_0}{2}\right) + 2h_1\right]$$

将 $D_1 = d_m + 2r + t_0$，$h_1 = h - r - t_0$ 代入上式化简后得

$$d_0 = d_m - 2(h - 0.43r - 0.72t_0)$$

整理得翻边高度 h 为

$$h = \frac{d_m}{2}(1 - K) + 0.43r + 0.72t_0$$

当翻边系数 K 选定后，h 也就相应确定。$K=K_1$ 时，可得最大翻边高度 h_{max}。当工件要求的高度大于 h_{max}，就需要先拉深，再冲孔翻边。

（2）拉深后再翻边的计算 拉深后再翻边时，应先决定翻边所能达到的最大高度，然后根据翻边高度及工件的高度来决定拉深件的高度。

拉深后的翻边高度为（图2-5-5）

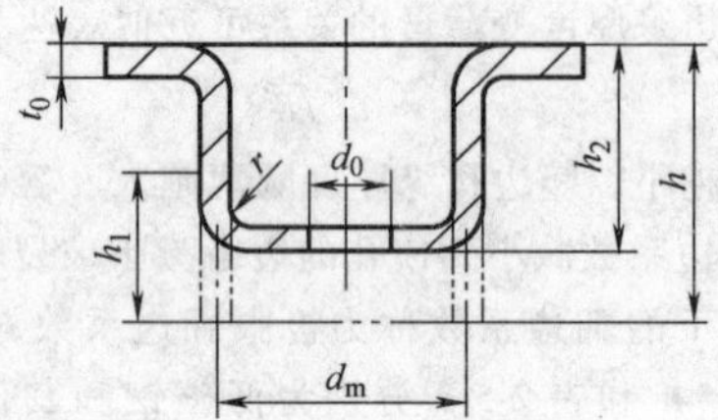

图2-5-5 拉深后再翻边

$$h_1=\frac{d_m-d_0}{2}-\left(r+\frac{t_0}{2}\right)+\frac{\pi}{2}\left(r+\frac{t_0}{2}\right)$$

整理得 $h_1\approx\frac{d_m}{2}(1-K)+0.57r$

预制孔直径 $d_0=d_m+1.14r-2h_1$

翻边前的拉深高度 h_2 为

$$h_2=h-h_1+r+t_0$$

若取 $K=K_1$，即可得翻边能达到的最大高度

$$h_{1max}=\frac{d_m}{2}(1-K_1)+0.57r$$

此时预制孔直径 $d_0=K_1d_m$

翻边前拉深高度 $h_2=h-h_{1max}+r+t_0$

对于翻边高度较大的零件。除采用先拉深再翻边的方法外，也可采用多次翻边的方法，但工序之间需要退火且每次所用翻边系数应比前次增大15%～20%。

4. 圆孔翻边力计算

当采用圆柱形平底凸模时，圆孔翻边力可用下式计算：

$$F=1.1\pi(d_m-d_0)t_0\sigma_s$$

式中 F——翻边力（N）；

d_m——翻边后竖边的中径（mm）；

d_0——圆孔的初始直径（预制孔）（mm）；

t_0——毛坯厚度（mm）；

σ_s——材料屈服点（MPa）。

平底凸模底部圆角半径 r_p 对翻边力有一定影响，增大 r_p 可降低翻边力，参见图2-5-6。

采用球底凸模时

$$F=1.2\pi d_m t_0\sigma_s m$$

式中符号意义同上，其中 m 为系数，与 K 值有关，

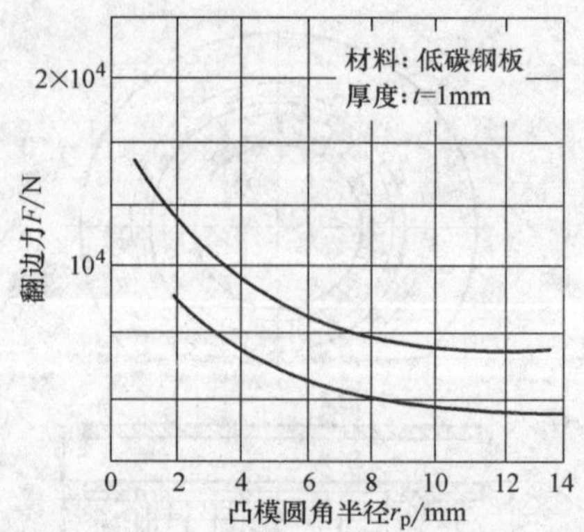

图2-5-6 凸模圆角半径对翻边力的影响

见表2-5-3。

表2-5-3 系数 m

K	m	K	m
0.5	0.2～0.25	0.7	0.08～0.12
0.6	0.14～0.18	0.8	0.05～0.07

5.1.2 外缘翻边

1. 内曲翻边

用模具将毛坯上内凹的边缘，翻成竖边的冲压加工方法称为内曲翻边（图2-5-7）。其应力和应变情况与圆孔翻边相似，属于伸长类翻边。

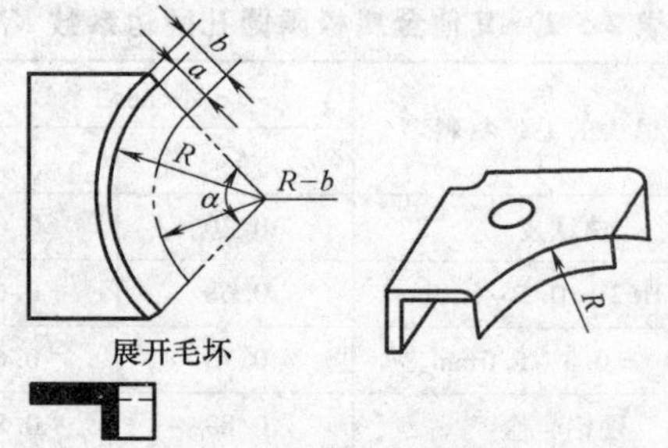

图2-5-7 内曲翻边

内曲翻边的变形程度用 E_S 表示

$$E_S=\frac{b}{R-b}$$

式中符号见图2-5-7。

内曲翻边若变形程度过大，竖边边缘的切向伸长和厚度就比较大，容易发生破裂。表2-5-4列出了竖边边缘不破裂时的极限变形程度 E_{SL}，通常将它们作为内曲翻边的成形极限。

2. 外曲翻边

用模具将毛坯上外凸的外边缘翻成竖边的冲压加工方法称为外曲翻边（图2-5-8）。其应力和应变情况类似于浅拉深，属压缩类翻边。

表 2-5-4　外缘翻边允许的极限变形程度

材料名称及牌号	E_{SL}（%）		E_{CL}（%）	
	橡胶成形	模具成形	橡胶成形	模具成形
铝合金				
1035-O	25	30	6	40
1035-HX6	5	8	3	12
3A21-O	23	30	6	40
3A21-HX6	5	8	3	12
3A02-O	20	25	6	35
5A03-OHX6	5	8	3	12
2A12-O	14	20	6	30
2A12-HX8	6	8	0.5	9
2A11-O	14	20	4	30
2A11-HX8	5	6	0	0
黄铜				
H62 软	30	40	8	45
H62 半硬	10	14	4	16
H68 软	35	45	8	55
H68 半硬	10	14	4	16
钢				
10	—	38	—	10
20	—	22	—	10
1Cr18Ni9 软	—	15	—	10
1Cr18Ni9 硬	—	40	—	10
2Cr18Ni9	—	40	—	10

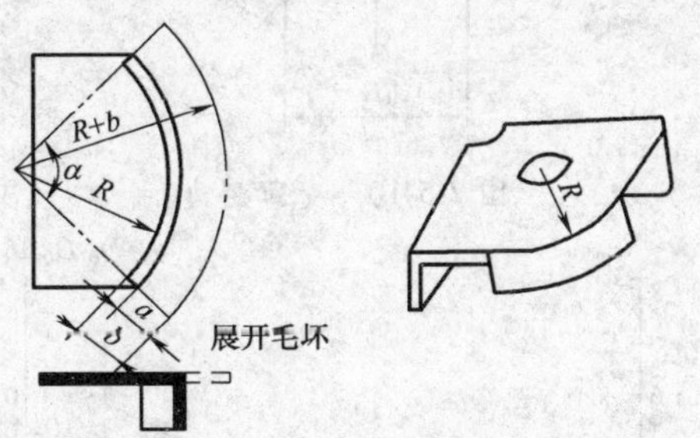

图 2-5-8　外曲翻边

外曲翻边的变形程度用 E_C 表示

$$E_C = \frac{b}{R+b}$$

式中的符号见图 2-5-8。

外曲翻边时由于切向压应力的作用，产生较大的压缩变形，容易起皱，故成形极限主要受压缩起皱的限制。表 2-5-4 列出了竖边不起皱时的极限变形程度 E_{CL}。当翻边高度较大，起皱皱势增大时，为避免起皱，可采用压边装置。

外缘翻边的毛坯计算与毛坯外缘曲线性质有关。对内曲翻边，可参考圆孔翻边毛坯计算方法；对外曲翻边，可参考浅拉深毛坯计算方法。

外缘翻边既可用刚体冲模进行，也可用软模或其他加工方法进行。

5.1.3　非圆孔翻边

在各种结构中，会遇到带有竖边的非圆形孔及开口（椭圆、矩形以及兼有内凹弧、外凸弧和直线部分组成的非圆形开口）。这些开口多半是为了减轻重量和增加结构的刚度，竖边高度不大，一般为（4～6）t，同时对其精度也没有很高的要求。

翻边预制孔的形状和尺寸，可根据开口的形状分段考虑。凡是内凹弧线部分，其变形性质与圆孔翻边相同，变形区材料主要是产生切向拉伸变形，凡是外凸弧线部分，其翻边属压缩类变形。如图 2-5-9 可分成 8 个线段，其中 2、4、6、7 和 8 可视为圆孔的翻边，1 和 5 可看作简单的弯曲，而内凹弧 3 可视为与拉深情况相同。

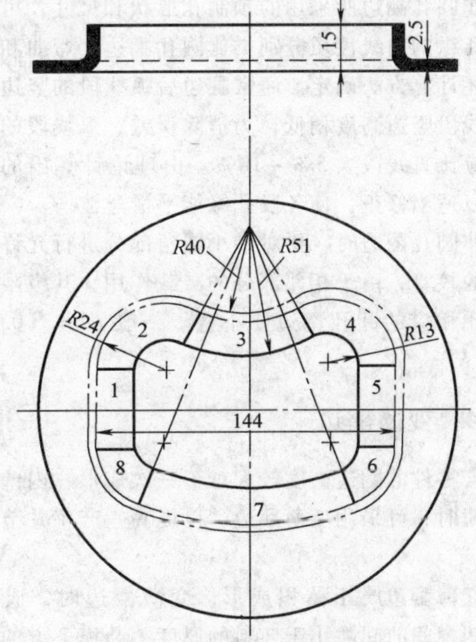

图 2-5-9　非圆孔翻边

非圆孔翻边时，伸长类翻边区的变形可以扩展到与其相连的弯曲变形区域或压缩类翻边区，从而可减轻伸长类翻边区的变形程度，所以非圆孔翻边时，内凹弧线段的极限翻边系数 K_1' 可以小于圆孔翻边时的极限翻边系数 K_1，两者之间的关系为

$$K_1' = (0.85 \sim 0.95)K_1$$

表2-5-5列出了低碳钢材料在非圆孔翻边时，允许的极限翻边系数 K_1' 与孔缘线段对应圆心间的关系，表中 r 表示孔缘线曲率半径。

表2-5-5　非圆孔件的极限翻边系数 K_1'
（低碳钢材料）

α/（°）	比值 r/2t						
	50	33	20	12.5～8.3	6.6	5	3.3
180～360	0.8	0.6	0.52	0.5	0.48	0.46	0.45
165	0.73	0.55	0.48	0.46	0.44	0.42	0.41
150	0.67	0.5	0.43	0.42	0.4	0.38	0.375
135	0.6	0.45	0.39	0.38	0.36	0.35	0.34
120	0.53	0.4	0.35	0.33	0.32	0.31	0.3
105	0.47	0.35	0.30	0.29	0.28	0.27	0.26
90	0.4	0.3	0.26	0.25	0.24	0.23	0.225
75	0.33	0.25	0.22	0.21	0.2	0.19	0.185
60	0.27	0.2	0.17	0.17	0.16	0.15	0.145
45	0.2	0.15	0.13	0.13	0.12	0.12	0.11
30	0.14	0.1	0.09	0.08	0.08	0.08	0.08
15	0.07	0.05	0.04	0.04	0.04	0.04	0.04
0	压弯变形						

非圆孔翻边所采用的预制孔形状和尺寸，可根据各段孔缘的曲线性质分别类比圆孔翻边、弯曲和浅拉深毛坯计算方法确定。通常翻边后弧线段的竖边高度较直线段竖边高度稍低，为消除误差，弧线段的展开宽度应比直线段大5%～10%。由理论计算出的孔形应加以适当修正，使各段孔缘能平滑过渡。

非圆孔翻边时，要对最小圆角部分进行允许变形程度的核算，由于相邻部分的减载作用，其极限变形系数比相应的圆孔翻边要小些。一般 K' =（0.85～0.9）K。

5.1.4　变薄翻边

若零件的翻边高度较大难于一次成形，内壁又允许变薄时，可采用变薄翻边，以提高生产率并节约材料。

变薄翻边属于体积成形，变薄翻边时，成形凸模、凹模间的间隙小于坯料的厚度，凸模下方的材料变形与圆孔翻边相似，成形为竖边后，会在凸模和凹模之间的小间隙内受到挤压，发生较大的塑性变形，被强迫拉深变薄，从而增加一次翻边成形的竖边高度。

从金属塑性变形的稳定性及不发生裂纹的观点来说，变薄翻边比普通翻边更为合理。变薄翻边要求材料具有良好的塑性。

变薄翻边一般应用于当零件的翻边高度较大，一般翻边不能满足，同时壁部又允许变薄的情况。

变薄翻边变形程度不仅决定于翻边系数，还决定于竖边的变薄系数 K，K 用下式表示：

$$K = \frac{t_1}{t_0}$$

式中　t_1——变薄翻边后零件竖边的厚度；

t_0——毛坯厚度。

一次变薄翻边的变薄系数可取0.4～0.5，甚至更小。

变薄翻边的翻边高度 h（图2-5-10）可用下式计算：

$$h = ct\frac{d_2^2 - D_0^2}{d_2^2 - d_1^2}$$

式中　h——翻边高度（mm）；

t——材料厚度（mm）；

d_2——翻边凸缘外径（mm）；

D_0——预制孔直径（mm）；

d_1——翻边凸模外径（mm）；

c——系数（见图2-5-11）。

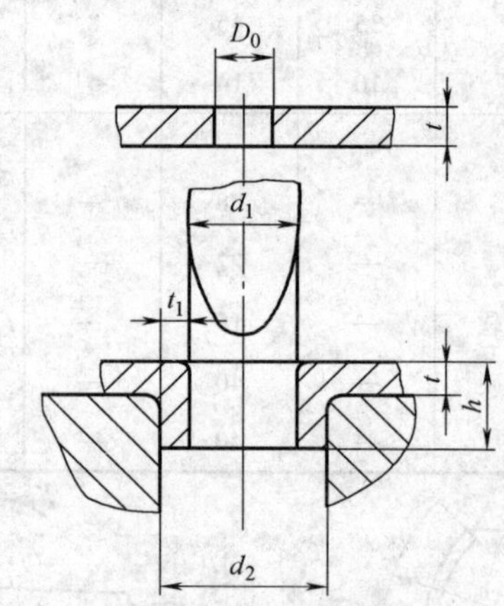

图2-5-10　变薄翻边

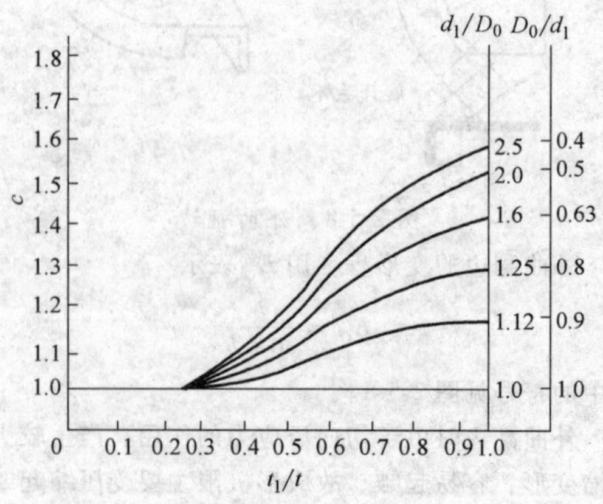

图2-5-11　系数 c

变薄翻边预制孔尺寸的计算，应按翻边前后体积不变的原则进行。

当 $t<3\text{mm}$ 时　$D_0=\sqrt{\dfrac{d_2^2t-d_2^2h+d_1^2h}{t}}$

当 $t\geqslant 3\text{mm}$ 时，应考虑圆角处的体积，这时 D_0 可按下式计算：

$$D_0=\sqrt{\frac{d_1^2h-d_2^2h_1+\pi r^2D_1-d_1^2h}{h-h_1-r}}$$

式中符号见图 2-5-12。

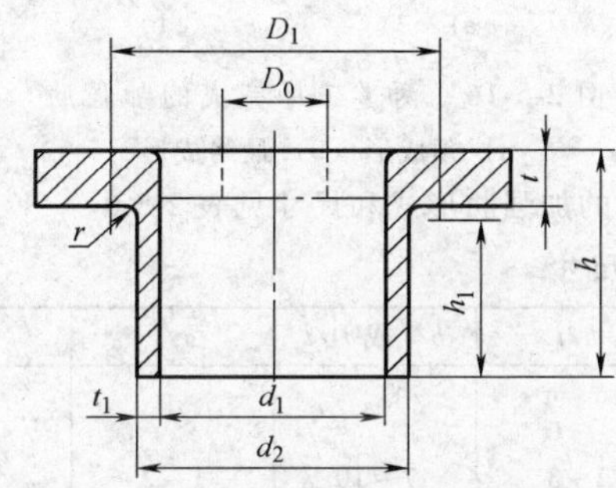

图 2-5-12　变薄翻边尺寸计算

变薄翻边力比普通翻边力大得多，力的增大与变薄量增大成正比。

生产中常采用变薄翻边来成形小螺纹底孔（多为 M6mm 以下）。图 2-5-13 是用抛物浅凸模变薄翻边成形小螺纹底孔时的毛坯和模具示意图，它们之间的几何尺寸关系如下：

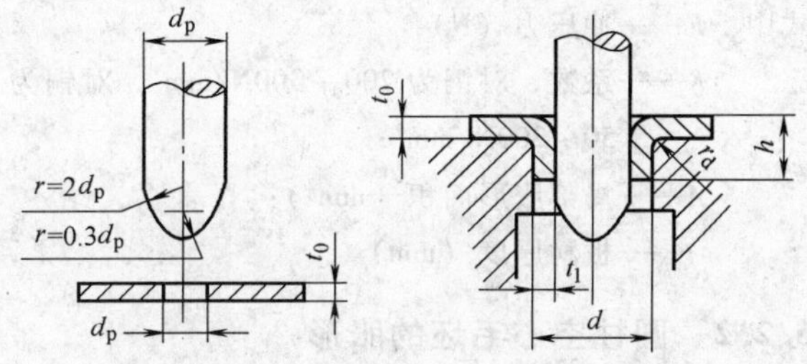

图 2-5-13　变薄翻边成形小螺纹底孔

变薄翻边后的孔壁厚度 t_1 取为

$$t_1=\frac{d-d_p}{2}=0.65t_0$$

毛坯预制孔 d_0 约取为

$$d_0=0.45d_p$$

凸模直径 d_p 由螺纹小径 d_s 决定，应保证

$$d_s\leqslant\frac{d_p+d}{2}$$

凹模内径（竖边外径）d 取为

$$d=d_p+1.3t_0$$

翻边高度 h 取

$$h=(2\sim2.5)t_0$$

式中符号见图 2-5-13。

5.2　胀形

胀形是利用模具使板料拉伸变薄局部表面积增大以获得零件的加工方法。主要用于平板毛坯的局部胀形、圆柱形（或管形）毛坯的胀形及平板毛坯的拉张成形等。

胀形塑性变形区局限于与凸模接触部分。在凸模力的作用下，变形区材料受双向拉应力作用，沿切向和径向产生伸长变形（图 2-5-14），材料既不从变形区流向外部，也不从外部流入变形区，成形面积的扩大主要是靠毛坯厚度变薄而获得。

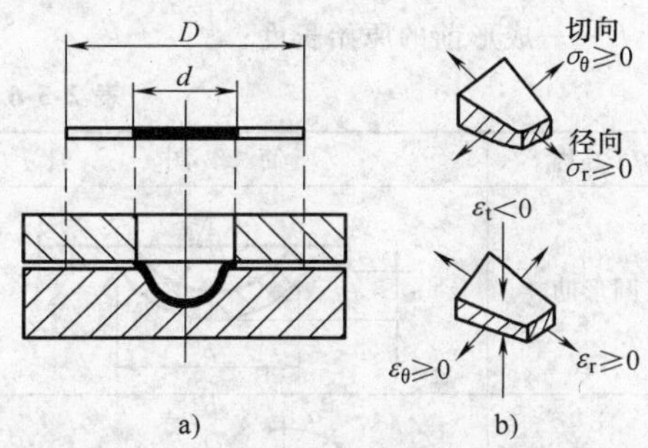

图 2-5-14　胀形变形分析

a）胀形区的变形区　b）胀形时的应力和应变

胀形时，由于毛坯变形区的材料受双向拉应力作用，其平均应力 σ_m 的数值较大，胀形的主要工艺问题是破裂问题，即材料拉伸失稳后，因强度不足而引起的破裂，所以胀形的成形极限以零件是否发生破裂来判断。对于不同的胀形方法、极限变形程度的表示方法不相同，局部胀形常用极限胀形高度 h_{max} 来表示或用断面变形伸长率 ε_p 表示，对圆柱形空心毛坯则用极限胀形系数 K_p 表示。

5.2.1　局部胀形

局部胀形是一种使材料发生拉伸，形成局部的凹进或凸起，借以改变毛坯形状的方法。主要用于加强肋和凸形压制、零件及艺术装饰品的浮雕压制、不对称开口零件的冷压成形（图 2-5-15）。

局部胀形的变形程度主要取决于材料的力学性质，材料塑性好、硬化指数值大时，变形程度的极限值就高，另外还受零件形状、凸模表面质量、润滑条件等因数的影响。

根据零件形状和材料性质，局部胀形可以由一次或多次工序完成。对于压加强肋等成形，材料一次成形极限用断面变形程度 ε_p 表示：

$$\varepsilon_p=\frac{l-l_0}{l_0}\leqslant(0.70\sim0.75)\delta$$

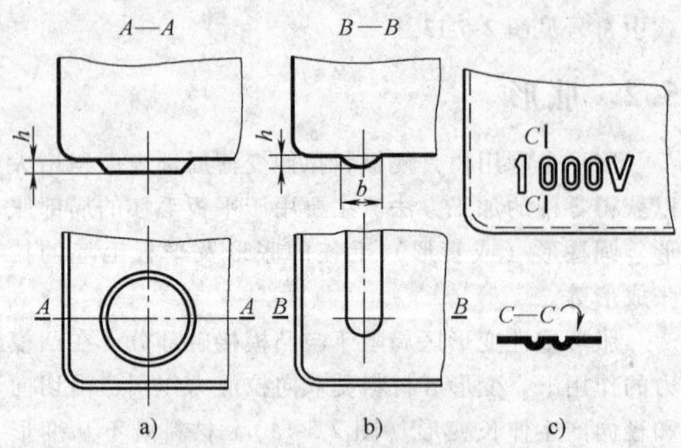

图 2-5-15　局部胀形的几种形式

a）压凸包　b）压加强肋　c）压字

式中　l_0——成形前的原始长度；

l——成形后加强肋的曲线轮廓长度；

δ——材料伸长率。

如果计算结果不满足上述条件，则应增加工序，如图 2-5-16 所示。

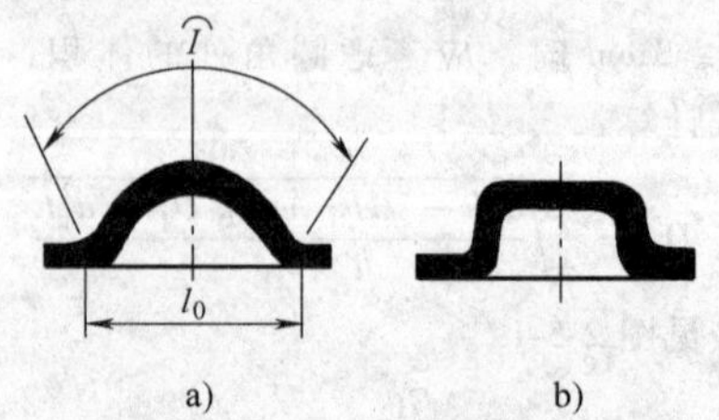

图 2-5-16　两道工序完成的加强肋

a）预成形　b）最终成形

常用的加强肋形式和尺寸见表 2-5-6。

表 2-5-6　加强肋的形式和尺寸

名　称	简　图	R/t	h/t	b/t 或 D/t	r/t	α
半圆形肋		3 ~ 4	2 ~ 3	7 ~ 10	1 ~ 2	—
梯形肋		—	1.5 ~ 2	≥3	0.5 ~ 1.5	15° ~ 30°

对于压凸包，材料一次成形极限程度用极限胀形深度 h_{max} 表示。用半圆形凸模对低碳钢、软铝等圆凸成形时，可能达到的极限深度为凸模球直径的 1/3。用平端面凸模成形时，达到的极限深度见表 2-5-7。

表 2-5-7　平板局部冲压凸包时的成形极限

简　图	材料	许用成形高度 h_{max}/d
	软钢	≤0.15 ~ 0.2
	铝	≤0.1 ~ 0.15
	黄铜	≤0.15 ~ 0.2

冲压加强肋的变形力按下式计算：

$$F = KLt\sigma_b$$

式中　F——变形力（N）；

K——系数，可取为 0.7 ~ 1，当加强肋形状窄而深时取大值，宽而浅时取小值；

L——加强肋周长（mm）；

t——毛坯厚度（mm）；

σ_b——材料强度极限（MPa）。

冲压凸包时，冲压力可按下式计算

$$F = KAt^2$$

式中　F——冲压力（N）；

K——系数，对钢为 200 ~ 300N/mm^4，对铜为 50 ~ 200N/mm^4；

A——局部胀形面积（mm^2）；

t——板材厚度（mm）。

5.2.2　圆柱空心毛坯的胀形

将圆柱形空心毛坯（管状或桶状）向外扩张成曲面空心零件的冲压方法称为圆柱形空心毛坯胀形，用这种方法可获得许多形状复杂的零件。

圆柱空心毛坯胀形时，材料主要受切向伸长变形，材料的破坏形式均为开裂。胀形变形程度用胀形系数 K_p 来表示

$$K_p = \frac{d_{max}}{d_0}$$

式中　d_0——圆柱空心毛坯原始直径（mm）；

d_{max}——胀形后零件的最大直径（mm）。

极限胀形系数的影响因素主要是材料的塑性，它和材料切向许用伸长率 $\delta_{\theta p}$ 有下列关系：

$$\delta_{\theta p} = \frac{\pi d_{max} - \pi d_0}{\pi d_0} = K_p - 1$$

表 2-5-8 列出了一些金属材料的极限胀形系数和切向许用伸长率的试验值，供使用参考。

表 2-5-8　极限胀形系数和切向许用伸长率（试验值）

材料	厚度 /mm	极限胀形系数 K_p	切向许用伸长率 $\delta_{\theta p}$(%)
铝合金 2A21-M	0.5	1.25	25
1070A、1060	1.0	1.28	28
纯铝 1050A、1035	1.5	1.32	32
1200、8A06	2.0	1.32	32
黄铜 H62	0.5~1.0	1.35	35
H68	1.5~2.0	1.40	40
低碳钢 08F	0.5	1.20	20
10、20	1.0	1.24	24
不锈钢	0.5	1.26~1.32	26~32
(如 1Cr18Ni9Ti)	1.0	1.28~1.34	28~34

若制件胀形的形状有利于变形均匀和补偿材料，厚度大、轴向施加压力、变形区局部施加压力、变形区局部加热等，均能不同程度地提高变形程度。

空心毛坯的胀形可采用刚模胀形、固体软模胀形或液（气）压胀形等方法。

胀形毛坯的直径 d_0 和轴向两端不固定时毛坯展开长度 L_0 可按下式计算：

$$d_0 = \frac{d_{max}}{K}$$

$$L_0 = L[1 + (0.3 \sim 0.4)\delta]\Delta h$$

式中　δ——零件变形区切向最大伸长率；

Δh——修边余量，可取 10~20mm；

其余符号意义见图 2-5-17。

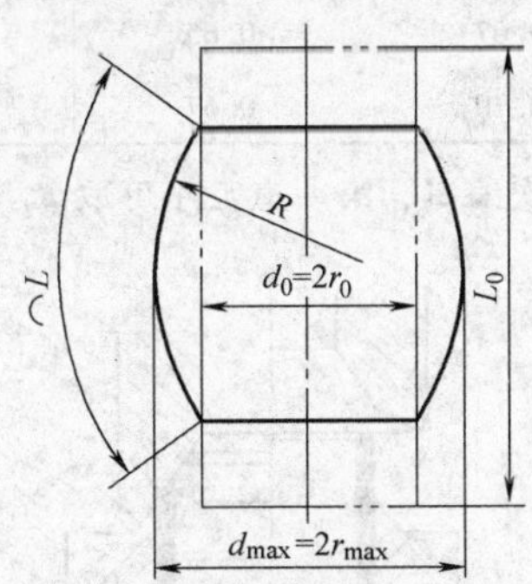

图 2-5-17　胀形变形区毛坯尺寸

软凸模胀形时所需单位压力 p 可分两种情况计算。一为两端不固定，允许毛坯轴向自由收缩时：

$$p = \frac{2t_0}{d_{max}}\sigma_b$$

另一为两端固定，毛坯轴向不能自由收缩时：

$$p = 2t_0\sigma_b\left(\frac{1}{d_{max}} + \frac{1}{R}\right)$$

上两式中符号意义见图 2-5-17。

5.3　缩口、扩口与校平

5.3.1　缩口

将空心件或管件的口部直径缩小的成形方法称为缩口。常见的缩口方式有：整体凹模缩口（图 2-5-18）、分瓣凹模缩口（图 2-5-19）及旋压缩口（图 2-5-20）等。

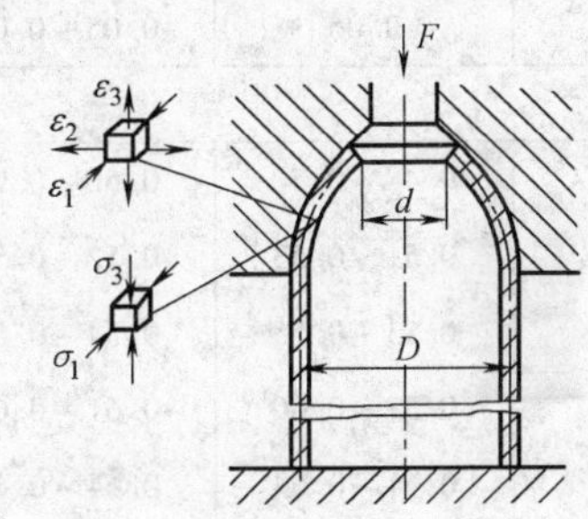

图 2-5-18　整体凹模缩口

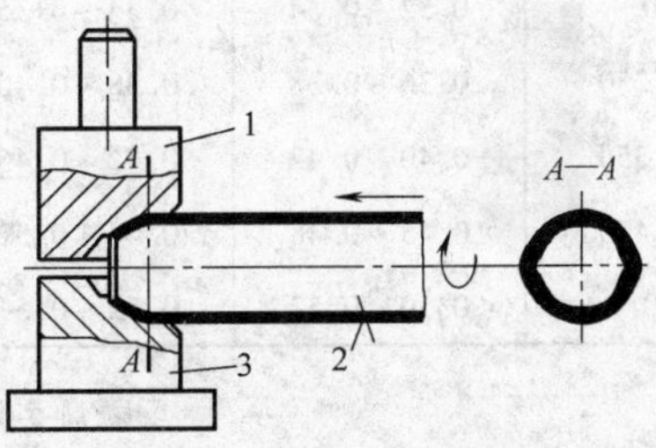

图 2-5-19　分瓣凹模缩口

1—上半模　2—零件　3—下半模

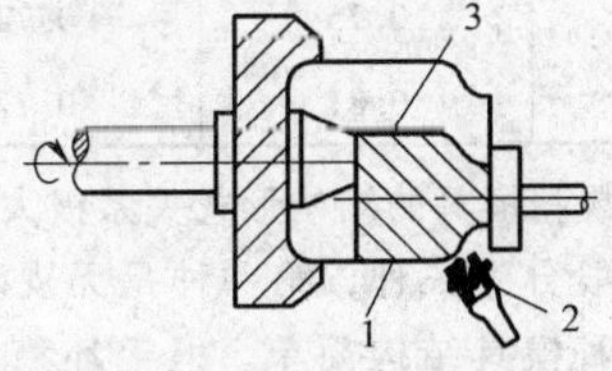

图 2-5-20　旋压缩口

1—毛坯　2—旋轮　3—芯模

1. 缩口的变形程度

缩口变形时，变形区的材料主要受切向压应力的作用（同时轴向也受压应力作用），使毛坯口部的直径减小而高度和厚度则增加。因此，缩口在变形过程中的主要问题是失稳和起皱。不仅是变形区的材料在切向压应力的作用下易于失稳和起皱，而且非变形区的筒壁也会因为承受全部缩口压力而易于失去稳定，产生变形。所以缩口时的极限变形程度主要受失稳条件的限制。

缩口的变形程度用缩口系数 K 表示：

$$K=\frac{d}{D}$$

式中　d——缩口变形后零件的直径；

D——缩口变形前毛坯的直径。

缩口系数与材料的力学性能、材料厚度和种类、表面质量、摩擦因数与模具的结构形式等有关。材料相对厚度越小，则系数要相应增大。一次缩口所能达到的最小缩口系数称为极限缩口系数 K_{min}，极限缩口系数见表 2-5-9 ~ 表 2-5-11。

表 2-5-9　材料厚度不同时平均缩口系数 K_j 的变化

材料	材料厚度/mm		
	≤0.5	>0.5 ~ 1.0	>1.0
黄铜	0.85	0.80 ~ 0.70	0.70 ~ 0.65
钢	0.85	0.75	0.70 ~ 0.65

表 2-5-10　球形凹模缩口的极限缩口系数 K_{min}

材料抗拉强度 σ_b/MPa	相对料厚 t/D_0					
	0.05	0.05 ~ 0.02	0.02 ~ 0.01	0.01 ~ 0.005	0.005 ~ 0.003	0.003 ~ 0.002
有外部支承的情况						
150	0.48 ~ 0.50	0.50 ~ 0.52	0.52 ~ 0.55	0.56 ~ 0.60	0.58 ~ 0.61	0.61 ~ 0.67
150 ~ 250	0.51 ~ 0.53	0.52 ~ 0.54	0.54 ~ 0.57	0.57 ~ 0.60	0.60 ~ 0.62	0.62 ~ 0.67
250 ~ 350	0.53 ~ 0.55	0.54 ~ 0.57	0.57 ~ 0.60	0.64 ~ 0.67	0.67 ~ 0.69	0.69 ~ 0.72
350 ~ 450	0.57 ~ 0.60	0.61 ~ 0.64	0.66 ~ 0.69	0.70 ~ 0.72	0.72 ~ 0.74	0.77 ~ 0.80
450	0.61 ~ 0.64	0.64 ~ 0.67	0.68 ~ 0.71	0.72 ~ 0.74	0.74 ~ 0.76	0.78 ~ 0.82
有内外支承的情况						
150	0.32 ~ 0.34	0.34 ~ 0.35	0.35 ~ 0.37	0.37 ~ 0.39	0.39 ~ 0.40	0.40 ~ 0.43
150 ~ 250	0.36 ~ 0.38	0.38 ~ 0.40	0.40 ~ 0.42	0.42 ~ 0.44	0.44 ~ 0.46	0.46 ~ 0.50
250 ~ 350	0.40 ~ 0.42	0.42 ~ 0.45	0.45 ~ 0.48	0.48 ~ 0.50	0.50 ~ 0.52	0.52 ~ 0.56
350 ~ 450	0.45 ~ 0.48	0.48 ~ 0.52	0.56 ~ 0.59	0.59 ~ 0.62	0.64 ~ 0.66	0.66 ~ 0.68
450	0.50 ~ 0.52	0.52 ~ 0.54	0.57 ~ 0.60	0.60 ~ 0.63	0.66 ~ 0.68	0.68 ~ 0.77

表 2-5-11　钢管的极限缩口系数 K_{min}

凹模半角	相对料厚 $t/D_0\times100$					
	2	3	5	8	12	16
10°	0.75	0.72	0.69	0.67	0.65	0.63
20°	0.81	0.77	0.73	0.70	0.67	0.64

缩口系数和模具的结构形式关系极大。缩口模的支承形式一般分为三种，第一种是无支承形式（图 2-5-21），这种模具结构简单，但毛坯稳定性差；第二种是外支承形式（图 2-5-22a），这种模具较前者复杂，但毛坯稳定性较好，允许的缩口系数可取小些；第三种为内外支承形式（图 2-5-22b），这种模具较前两种复杂，但稳定性更好，允许缩口系数可以取得更小。表 2-5-12 列出了几种材料在三种支承形式下的平均缩口系数。

当零件的缩口系数小于表 2-5-12 中所列数值时，则需进行多次缩口，第一道工序可取 $K_1=0.9K_j$，以

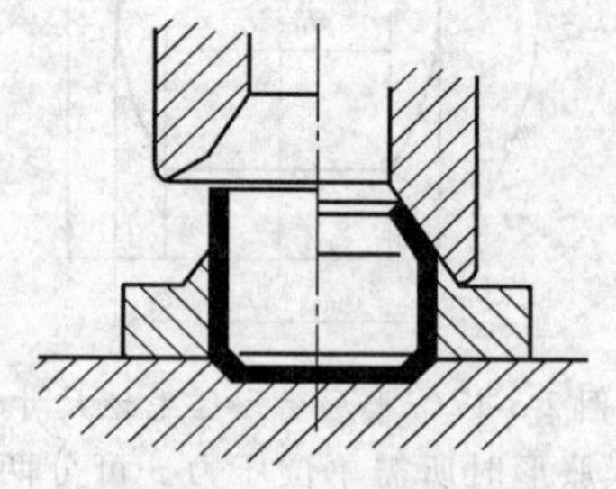

图 2-5-21　简单缩口模

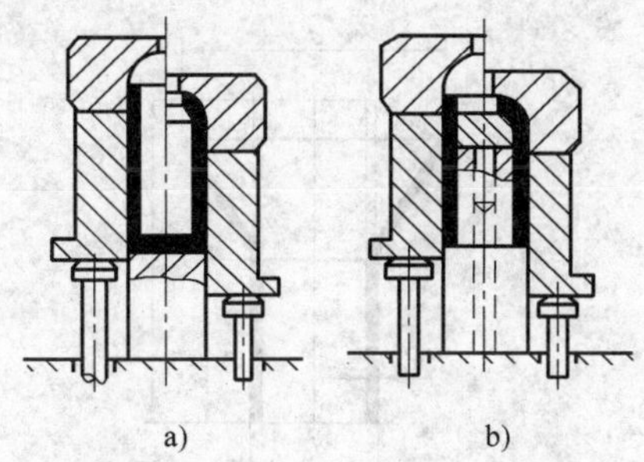

图 2-5-22 缩口模的支承形式

a）外支承缩口模 b）内外支承缩口模

后各道工序可取 K_n = （1.05～1.1） K_j。在进行多次缩口时最好在每次工序后进行中间退火。

为提高极限缩口变形程度还可以采用变形区局部加热的方法，此外在缩口坯料内填充适当填充材料也可以提高极限变形程度。

表 2-5-12 平均缩口系数 K_j

材料	支承方式		
	无支承	外支承	内外支承
软钢	0.70～0.75	0.55～0.60	0.30～0.35
黄铜 H62、H68	0.65～0.70	0.50～0.55	0.27～0.32
铝，2A21	0.68～0.72	0.53～0.57	0.27～0.32
硬铝（退火）	0.73～0.80	0.60～0.63	0.35～0.40
硬铝（淬火）	0.75～0.80	0.68～0.72	0.40～0.43

2. 毛坯尺寸的计算

缩口毛坯尺寸可根据变形后体积不变的原则计算。图 2-5-23 是不同的缩口形式及其毛坯计算所用的公式，式中符号如图所示。

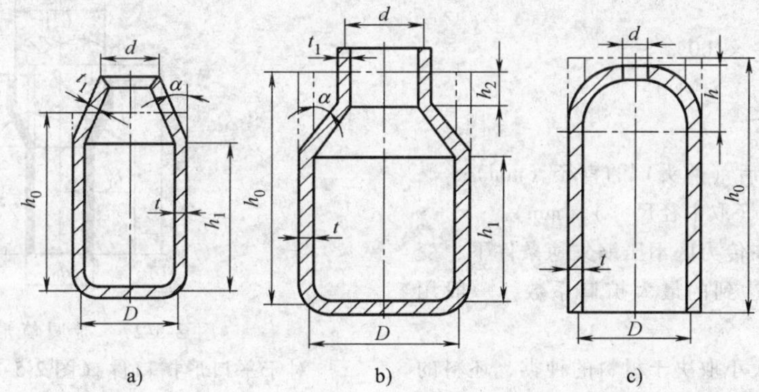

图 2-5-23 缩口时的毛坯计算（公式中符号如图示）

a） $h_0=1.05\left[h_1+\dfrac{D^2-d^2}{8D\sin\alpha}\left(1+\sqrt{\dfrac{D}{d}}\right)\right]$ b） $h_0=1.05\left[h_1+h\sqrt{\dfrac{d}{D}}+\dfrac{D^2-d^2}{8D\sin\alpha}\left(1+\sqrt{\dfrac{D}{d}}\right)\right]$

c） $h_0=h_1+\dfrac{1}{4}\left(1+\sqrt{\dfrac{D}{d}}\right)\sqrt{D^2-d^2}$

h—毛坯压缩部分高度 h_1—圆柱部分高度

缩口变形主要是切向压缩变形，但在长度与厚度方向上也有少量变形。长度方向上，当凹模半角不大时，会发生少量伸长变形；当凹模半角较大时，会发生少量压缩变形。缩口时制件的颈口略有增厚，精确计算可按下式：

$$t=t_0\sqrt{\frac{D_0}{d}}$$

式中 t_0——缩口前坯料厚度；

t——缩口后坯料厚度；

D_0——缩口前坯料直径；

d——缩口后坯料直径。

3. 缩口力的计算

无支承的缩口模可按下式计算缩口力：

$$F=K\left[1.1\pi Dt\sigma_s\left(1-\frac{d}{D}\right)(1+\mu\cot\alpha)/\cos\alpha\right]$$

式中 F——缩口力（N）；

t——毛坯厚度（mm）；

D——毛坯直径（按中心层计）；

d——缩口部分直径（按中心层计）

μ——凹模与毛坯接触面的摩擦因数；

σ_s——材料屈服点（MPa）；

α——凹模圆锥角（°）；

K——速度系数，在曲柄压力机上工作时，$K=1.15$。

5.3.2 扩口

扩口是将空心件或管子端部直径加以扩大的冲压工序，如图 2-5-24 所示。

1. 扩口变形程度

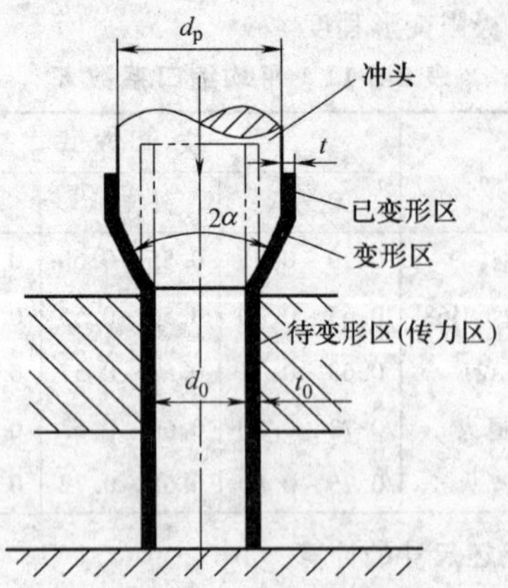

图 2-5-24　扩口变形示意图

扩口变形程度的表示方法由扩口率 ε 或扩口系数 K_e 来表示：

扩口率：$\varepsilon = \dfrac{d - d_0}{d_0} \times 100\%$

扩口系数：$K_e = \dfrac{d}{d_0}$

式中　d——制件扩口后（冲头）的直径（mm）；

d_0——毛坯直径（取中径尺寸）（mm）。

极限扩口系数是在传力区不压缩失稳条件下，变形区不开裂时，所能达到的最大扩口系数，一般用 K_{ec} 来表示。

极限扩口系数的大小取决于材料的种类、坯料的厚度和扩口角度 α 等多种因素。图 2-5-25 给出了扩口角为 20°时的极限扩口系数。

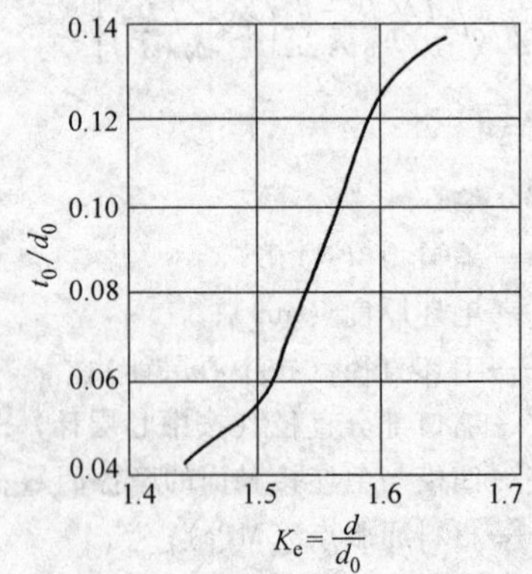

图 2-5-25　极限扩口系数

2. 毛坯尺寸计算

不同的扩口形式有不同的毛坯计算公式。

对于锥口形扩口件（图 2-5-26）

$$H_0 = (0.97 \sim 1.0)\left[h_1 + \frac{1}{8}\frac{d^2 - d_0^2}{d_0 \sin\alpha}\left(1 + \sqrt{\frac{d_0}{d}}\right)\right]$$

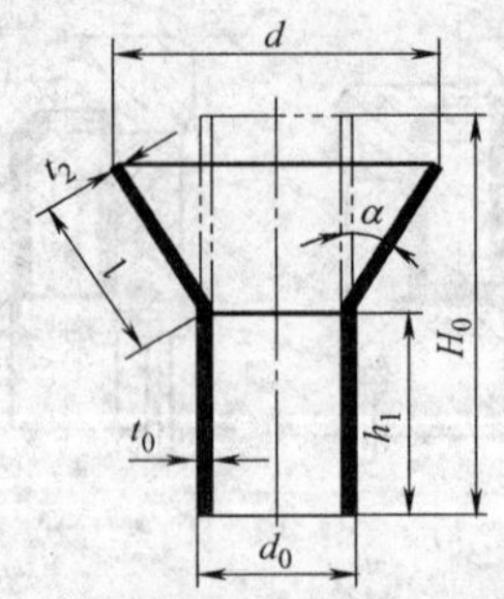

图 2-5-26　锥口形扩口件

对于带圆筒形部分的扩口件（图 2-5-27）

$$H_0 = (0.97 \sim 1.0)\left[h_1 + \frac{1}{8}\frac{d^2 - d_0^2}{d_0 \sin\alpha} \times \left(1 + \sqrt{\frac{d_0}{d}}\right) + h\sqrt{\frac{d}{d_0}}\right]$$

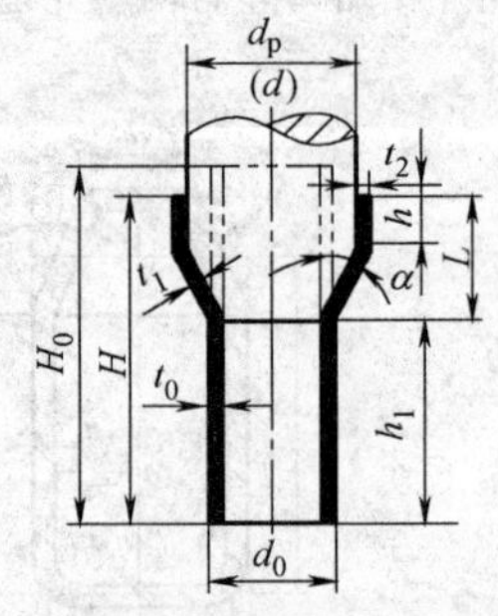

图 2-5-27　带圆筒形扩口件

对于平口形扩口件（图 2-5-28）

$$H_0 = (0.97 \sim 1.0)\left[h_1 + \frac{1}{8}\frac{d^2 - d_0^2}{d_0}\left(1 + \sqrt{\frac{d_0}{d}}\right)\right]$$

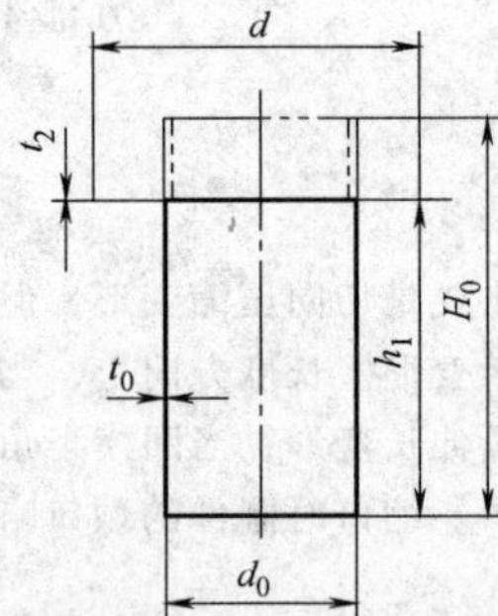

图 2-5-28　平口形扩口件

对于整体扩径件（图 2-5-29）

$$H_0 = H\sqrt{\frac{d}{d_0}}$$

3. 扩口力的计算

采用锥形刚性凸模扩口时，单位扩口力可用下式计算（图 2-5-30）：

$$p = 1.15\sigma \frac{1}{3 - \mu - \cos\alpha} \times \left[\ln K + \sqrt{\frac{t_0}{2R}}\sin\alpha\right]$$

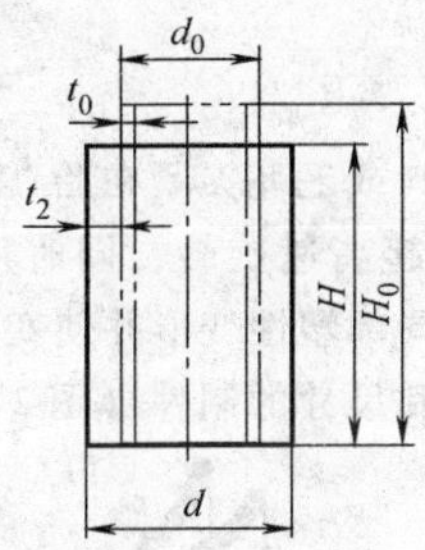

图 2-5-29 整体扩径件

式中 p——单位变形抗力（N/mm^2）

μ——摩擦因数；

α——凸模半锥角（°）；

K——扩口系数。

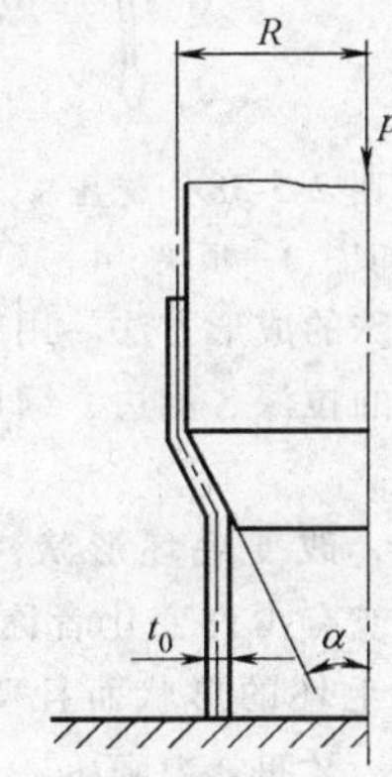

图 2-5-30 锥形钢性凸模

4. 扩口的主要方式

扩口的主要方式如图 2-5-31 ~ 图 2-5-33 所示。

直径小于 20mm，壁厚小于 1mm 的管材，如果产量不大，可采用如图 2-5-31 所示的简单手工工具来进行扩口。

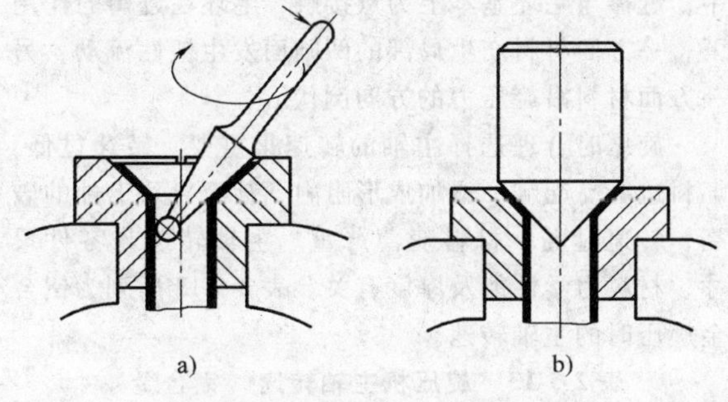

图 2-5-31 手工工具扩口

但扩口的精度，表面粗糙度不很理想。当产量大，扩口质量要求高的时候，均需采用模具扩口或用专用机及工具扩口（图 2-5-32）。

当制件两端直径相差较大时，可以采用扩口与缩口复合工艺（图 2-5-33）。

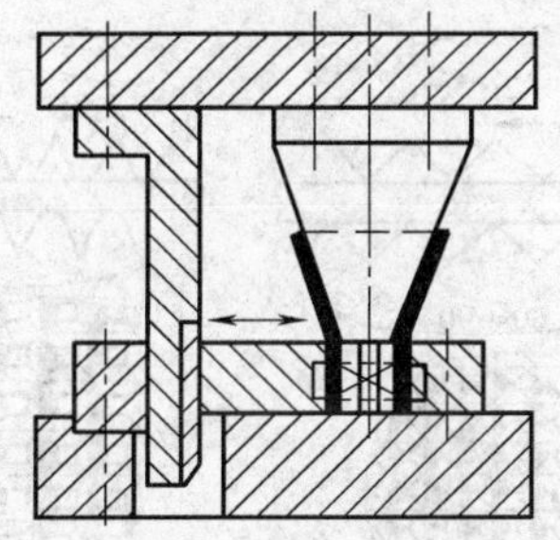

图 2-5-32 模具扩口

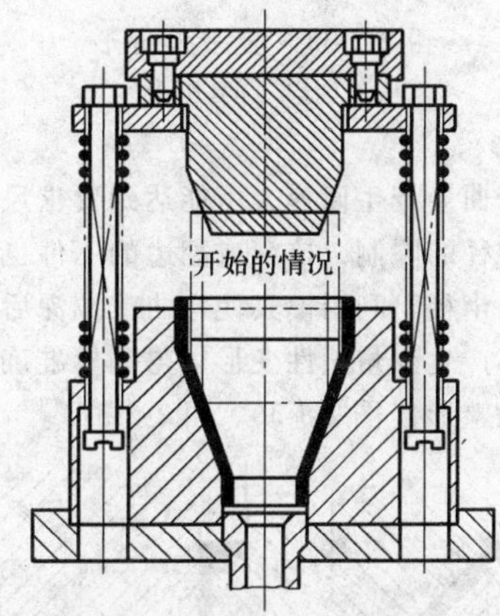

图 2-5-33 扩口与缩口复合工艺

此外，旋压、爆炸成形、电磁成形等新工艺也都在扩口工艺中有许多成功的应用。

5.3.3 校平与整形

校平是提高局部或整体平面型零件平直度的冲压工序。这种工序大都在冲裁、弯曲、拉深之后进行。一般来说，对于表面形状及尺寸精度要求较高的冲压件都要经过校平与整形。

1. 校平

校平工序多用于冲裁件，消除其穹弯造成的不平。对薄料且表面不允许有压痕的制件，一般用光面校平（图 2-5-34）。对于材料较厚且表面允许有压痕的制件，通常采用齿形校平（图 2-5-35）。

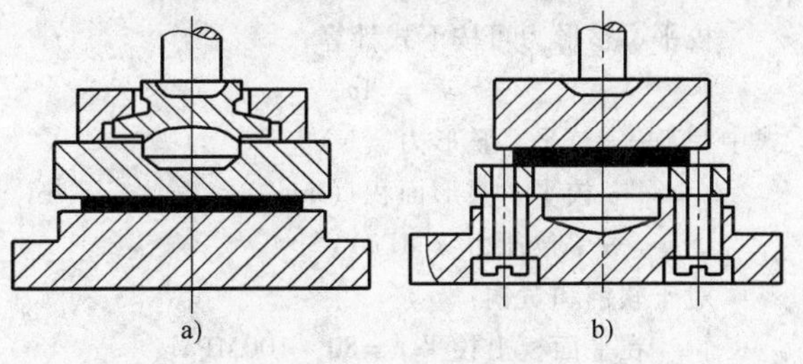

图 2-5-34 光面校平模

a）浮动上模 b）浮动下模

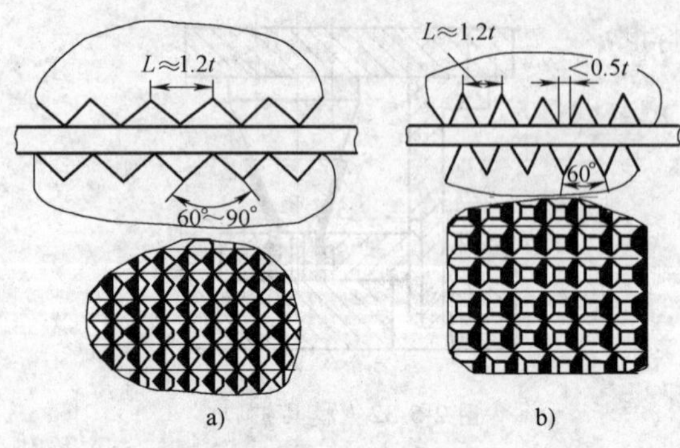

图 2-5-35 校平模齿形

a）细齿 b）粗齿

2. 整形

工件弯曲会产生回弹，不能达到要求尺寸；由于凹模圆角半径的限制，拉深或翻边的工件也不能达到较小的圆角半径。利用模具使弯曲或拉深后的冲压件局部或整体产生少量塑性变形以得到较准确的尺寸和形状，称为整形（图 2-5-36、图 2-5-37）。

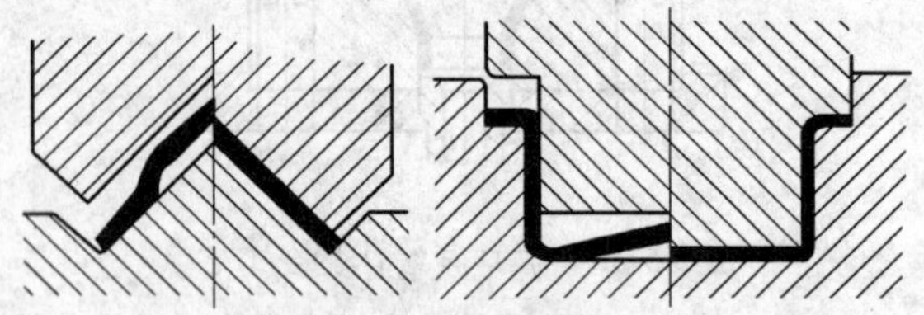

图 2-5-36 弯曲件的整形

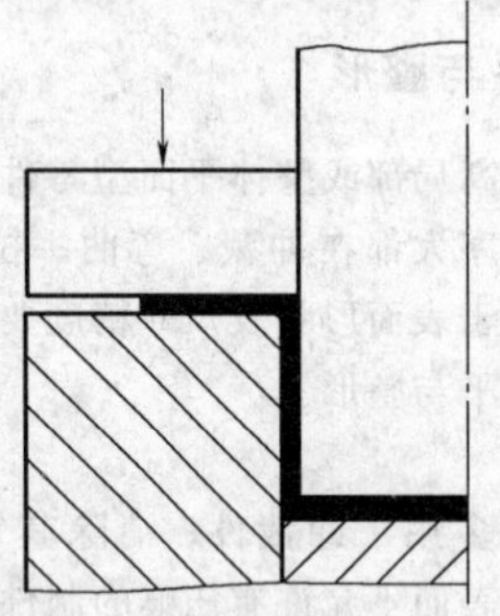

图 2-5-37 拉深件的整形兼角部精压

3. 校平与整形力的计算

校平、整形力可按下式计算：

$$F = Ap$$

式中 F——校平、整形力（N）

A——校平、整形面积（mm^2）；

p——单位压力（MPa）。

对于软钢和黄铜：

在平面模上校平 $p = 80 \sim 100$MPa；

在细齿模上校平 $p = 100 \sim 200$MPa；

在粗齿模上校平 $p = 200 \sim 300$MPa。

5.4 旋压

旋压是将板料或毛坯夹紧在胎具上，由旋压机带动胎具和毛坯一起高速旋转，同时用赶棒加压于毛坯，使毛坯产生局部塑性变形并使变形逐步扩展，最后获得所需形状和尺寸的制件（图 2-5-38）。

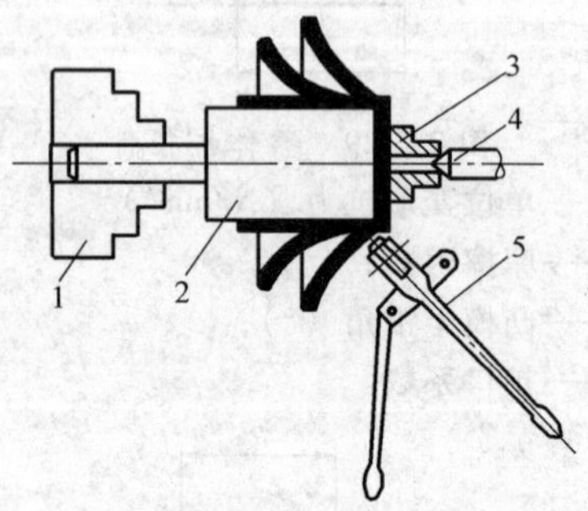

图 2-5-38 旋压

1—卡盘 2—胎具 3—顶块 4—顶针 5—赶棒

旋压是一种特殊的成形方法。用旋压方法可以完成各种形状旋转体的拉深、翻边、缩口、胀形和卷边等工序。

在旋压过程中，改变毛坯形状，直径增大或减小，而其厚度不变或有少许变化者称为不变薄旋压。在旋压中不仅改变毛坯的形状而且壁厚有明显变薄者，称为变薄旋压，又叫强力旋压。

5.4.1 不变薄旋压

不变薄旋压的基本方式主要有：拉深旋压（拉旋）、缩径旋压（缩旋）和扩径旋压（扩旋）三种。

拉深旋压是指用旋压方法生产拉深件，是不变薄旋压中最主要和应用最广泛的旋压方法。在旋压过程中，赶棒与毛坯基本上为点接触，毛坯在赶棒的作用下，一方面材料产生局部的凹陷面发生塑性流动，另一方面材料沿旋压力的方向倒伏。

旋压时合理选择主轴的转速很重要。转速过低，坯料边缘易起皱，增加成形阻力，甚至导致工件的破裂；转速过高，材料变薄严重。主轴转速与零件尺寸、材料力学性能及厚度有关。表 2-5-13 所列为铝合金旋压时的主轴转速。

表 2-5-13 旋压机主轴转速（铝合金）

料厚/mm	毛坯外径/mm	加工温度/℃	转速/(r/min)
1.0 ~ 1.5	<300	室温	600 ~ 1200
1.5 ~ 3.0	300 ~ 600	室温	400 ~ 750
3.0 ~ 5.0	600 ~ 900	室温	250 ~ 600
5.0 ~ 10.0	900 ~ 1800	200	50 ~ 250

对于软钢，旋压机主要转速可取 400 ~ 600r/min；铜 600 ~ 800r/min；黄铜 800 ~ 1100r/min。

旋压成形虽是局部成形，但如果变形量过大，就会起皱。对于圆筒形零件，其旋压变形量的极限比值一般为

$$\frac{d}{D} = 0.6 \sim 0.8$$

式中 d——圆筒直径（mm）；

D——坯料直径（mm）。

旋压锥形件，极限比值可小些：

$$\frac{d_{\min}}{D} = 0.2 \sim 0.3$$

式中 $d_{\min}$——圆锥体的最小直径（mm）。

如果所要求的零件形状不可能在一道工序中完成，旋压应以连接的几道工序在不同的胎具上进行，但各胎具的最小直径是相同的（图 2-5-39）。

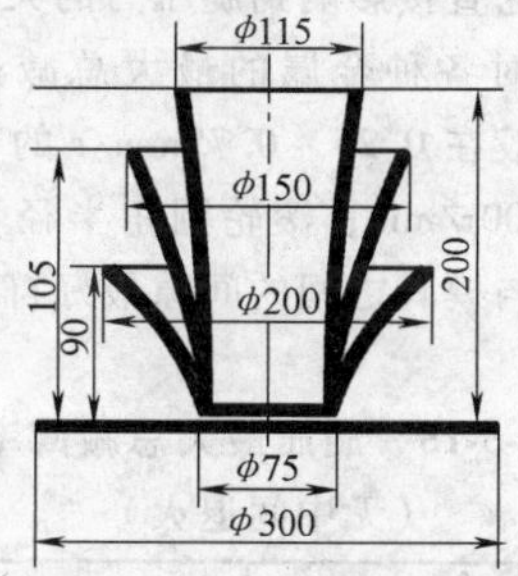

图 2-5-39 几道连续工序的旋压

除拉旋外，将回转体空心件或管毛坯进行径向局部旋转压缩，以减小其直径称为缩径旋压（缩口）；将毛坯进行局部（中部或端部）直径增大称为扩径旋压（胀形）（图 2-5-40）。

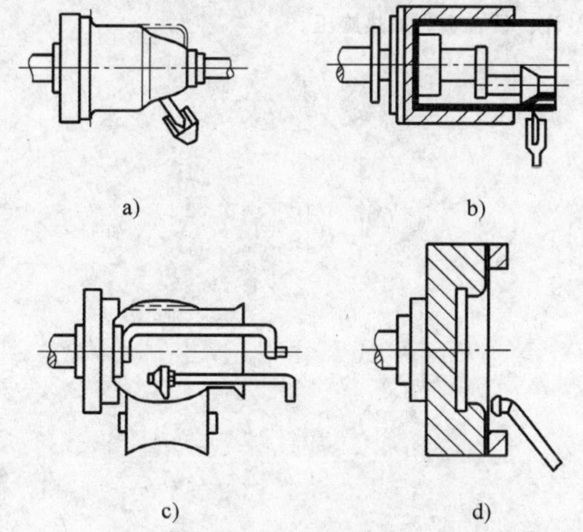

图 2-5-40 各种旋压成形方法

a）拉深 b）缩口 c）胀形 d）翻边

旋轮的形状见图 2-5-41，其尺寸见表 2-5-14。

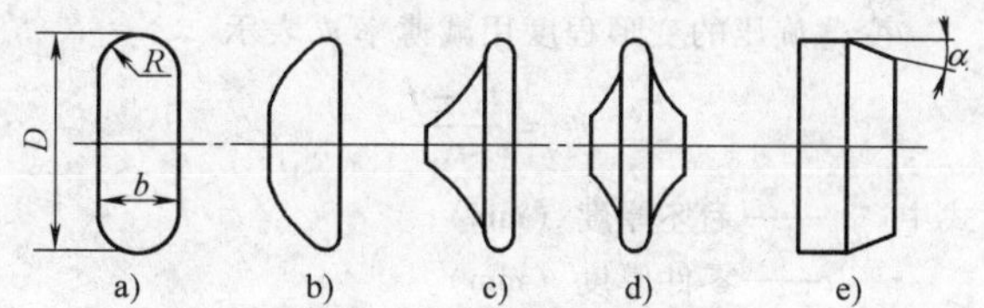

图 2-5-41 旋轮的形状

a）旋压空心件件用 b）变薄旋压用

c）、d）缩口、滚波纹管用 e）精加工用

表 2-5-14 旋轮的尺寸

（单位：mm）

旋轮直径 D	旋轮宽度 b	旋轮圆角半径 R				
		图 2-5-41a	图 2-5-41b	图 2-5-41c	图 2-5-41d	图 2-5-41e α/（°）
140	45	22.5	6	5	6	4（2）
160	47	23.5	8	6	10	4（2）
180	47	23.5	8	8	10	4（2）
200	47	23.5	10	10	12	4（2）
220	52	26	10	10	12	4（2）
250	62	31	10	10	12	4（2）

目前，旋压工艺向着自动化的方向发展，已生产出带数控系统的旋压自动机，使旋压工艺的应用范围更加扩大，能得到与切削加工相匹配的尺寸精度，表面可和研磨相比。

5.4.2 变薄旋压

坯料的厚度在旋压过程中被强制变薄的旋压即为变薄旋压，又叫强力旋压。根据旋压件的类型和变形机理的差异，变薄旋压可分为锥形件变薄旋压（剪切旋压）和筒形件变薄旋压（挤出旋压）两种。前者用于加工锥形、抛物线形和半球形等异形件，后者则用于筒形件和管形件的加工。

异形件变薄旋压过程中只有轴向的剪切滑移而无其他任何变形，旋压前后工件的直径和轴向厚度不变，从工件的纵断面上看，其变形过程犹如按一定母线形状推动一叠扑克牌一样（图 2-5-42）。

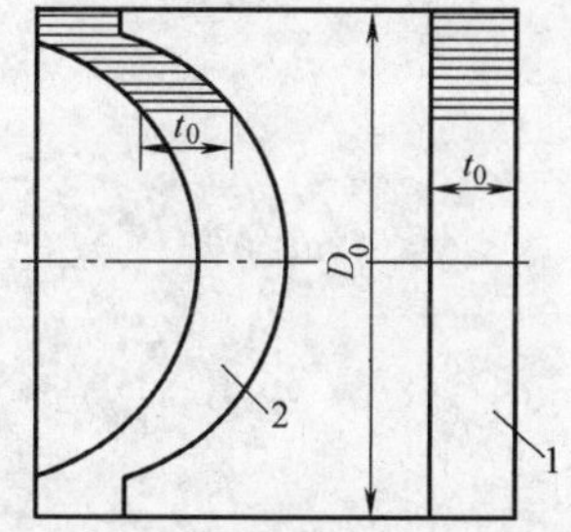

图 2-5-42 变薄旋压时的纯剪切变形

1—毛坯 2—旋压件

变薄旋压的变形程度用减薄率 ψ 表示

$$\psi = \frac{t_0 - t}{t_0}$$

式中　t_0——毛坯厚度（mm）；

t——零件厚度（mm）。

旋压前后毛坯厚度 t_0 与制件厚度 t 之间的关系为（图 2-5-43）：

$$t = t_0 \sin\alpha$$

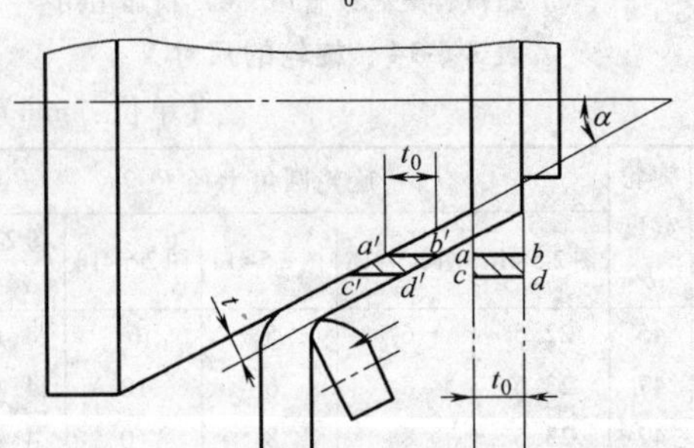

图 2-5-43　锥形件的变薄旋压

这一关系称为变薄旋压时异形件壁厚变化的正旋规律，虽由锥形件推出，但也适用于其他异形件。

旋压半球形或抛物线形零件，板坯可用等断面的，也可用变断面的。等断面毛坯旋压后所得零件的壁厚是不相等的，为图 2-5-44 所示，在零件凸缘直径不变的情况下，在不同的位置（不同的 α 角）上得到不同的壁厚。

变薄旋压的毛坯可以用板材、预冲压成形的杯形件、经过车削的锻件或铸件、经预成形或车削的焊接件和管材，也可直接车削。

目前在美国变薄旋压已广泛采用热环轧毛坯，此毛坯旋压前切削量少，金属损失少，尤其对贵重金属意义更大。

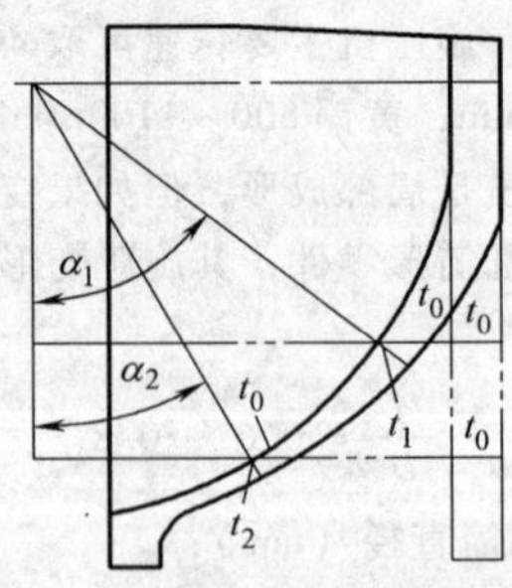

图 2-5-44　用等断面毛坯旋压半球形

筒形件的变薄旋压变形不存在锥形件的正弦关系，而只是体积的位移，所以也叫挤出旋压。它遵循塑性变形体积不变条件和金属流动的最小阻力定律。

影响变薄旋压件质量的因素有减薄率、旋压方向、进给量、转速、旋轮直径和圆角半径、旋轮与模具间隙的调整等。其中减薄率是变薄旋压时的一个重要工艺参数，它直接影响到旋压力的大小和旋压精度的高低。旋压时各种金属的最大总减薄率见表 2-5-15。进给量一般在 0.25 ~ 0.75mm/r 的范围内，转速一般为 200 ~ 700r/min；滚轮圆角半径不小于毛坯原始厚度，滚轮与模具之间的间隙最好符合正弦律的规定。

表 2-5-15　旋压最大总减薄率 ψ

（无中间退火）　　　　（%）

材料	圆锥形	半球形	圆筒形
不锈钢	60 ~ 75	45 ~ 50	65 ~ 75
高合金钢	65 ~ 75	50	75 ~ 82
铝合金	50 ~ 75	35 ~ 50	70 ~ 75
钛合金	30 ~ 55	—	30 ~ 35

注：钛合金为加热旋压。

第6章　连续冲压工序设计和排样

6.1　连续冲压特点

连续冲压是指在压力机的一次行程中，在一副模具的不同工位同时完成多种工序的冲压。所采用的模具称为级进模，又称为连续模、跳步模。一般说来，无论冲压零件的形状怎样复杂，冲压工序怎样多，均可用一副多工位级进模冲制完成。对于批量非常大的厚度较薄的中、小型冲压件特别适宜采用精密多工位级进模加工。在各类冷冲模具中，级进模所占比例约为27%。

连续冲压具有生产率高、操作安全、模具寿命长、易于自动化、可实现高速冲压、可减少厂房面积等特点，当零件的形状异常复杂，经过冲制后不便于再单独重新定位的零件，采用多工位级进模在一副模具内连续完成最为理想，如椭圆形的零件，小型和超小型零件。对于某些形状特殊的零件，在使用简易冲模或复合模无法设计模具或制造模具的情况下，采用多工位级进模却能解决问题。此外，一些由于使用或装配的需要，零件需规则排列时，也可采用级进模冲制，零件先不切除下来，而被卷成盘料，在自动装配过程中才予以分离。同一产品上的两个冲压零件，其某些尺寸间有相互关系，甚至有一定的配合关系，在材质、料厚完全相同的情况下，如果用两套模具分别冲制，不仅浪费原材料，而且还不能保证配合精度，若将两个零件合并在一副多工位级进模上同时冲裁，可大大提高材料利用率，并能很好地保证零件的配合精度。如图2-6-1为变压器两骨架零件，两零件的尺寸8、25有配合要求，两零件合为一副级进模冲制，材料利用率从原来分开冲制时的77.4%和69.2%上升为89.5%。

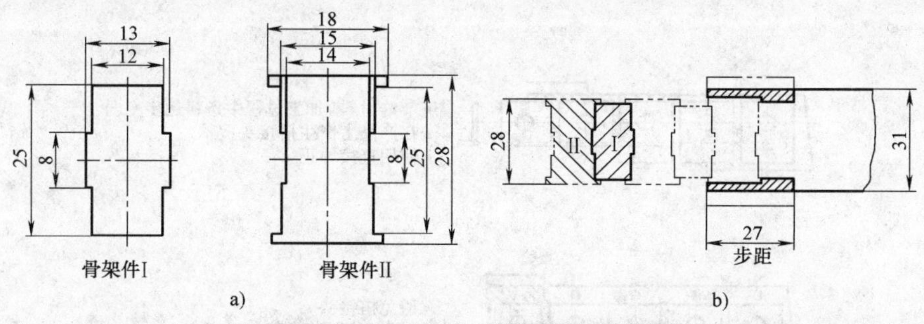

图2-6-1　两零件合并冲裁排样图

a）零件图　b）冲裁排样图

级进模的技术含量高，造价高，制造周期长，模具设计和制造难度大，材料利用率较其他模具低，较难保持内、外形相对位置，在使用时需要被加工的零件的产量和批量足够大，以便能够比较稳定而持久地生产，实现高速连续作业。同时，制件太大，工位数较多时，模具必然比较大，这时必须考虑到模具和压力机工作台的匹配性。

6.2　连续冲压工序设计

6.2.1　条料排样设计准则

在级进模设计中，要确定从毛坯板料到产品零件的转化过程，即级进模各工位所要进行的加工工序内容，并在条料上进行各工序的布排，这一设计过程就是条料排样。条料排样的主要内容是在冲切刃口外形设计的基础上，将各工序内容进行优化组合形成一系列工序组，并对工序组排序，确定工位数和每一个工位的加工工序；确定载体形式与毛坯定位方式；设计导正孔直径与导正销数量；绘制工序排样图。图2-6-2为排样过程示意图。

条料排样图的设计是多工位级进模设计的重要依据，是决定连续模优劣的主要因素之一。直接影响模具的设计质量。排样图设计错误，会导致制造出来的模具无法冲制零件。图2-6-3是针对同一零件的几种不同的工序排样比较，从中可看出不同的排样会带来不同的效果。只要排样图设计合理，工序安排考虑周

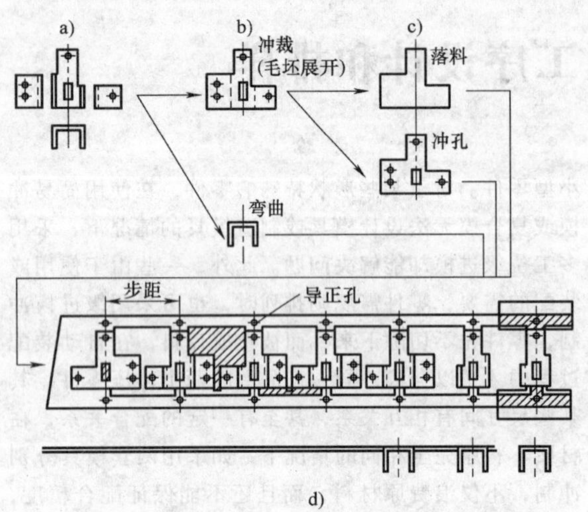

图 2-6-2　工序排样过程

a）产品图　b）工序分解

c）工序二次分解　d）连续工序排样

到，就能设计出比较成功的多工位级进模。

在排样设计分析时要考虑到以下原则：

1）要保证产品零件的精度和使用要求及后续工序的冲制需要。级进模各工序的顺序关系除一些常规冲压所考虑的问题以外，还有其他一些注意点，详细可参见本章 6.2.2 节。

2）工序应尽量分散，以提高模具寿命，简化模具结构。

3）要考虑生产能力和生产批量的匹配，当生产能力较生产批量低时，则力求采用双排或多排，使之在模具上提高效率，同时要尽量使模具制造简单，模具寿命长。

4）高速冲压的级进模用自动送料机构送料时，用导正销精确定距，手工送料时则多用侧刃粗定位，用导正销精确定距。为保证条料送进的步距精度，第一工位安排冲导正孔，第二工位设导正销，在其后的各工位上优先在易窜动的工位设置导正销（参见图 2-6-19）。

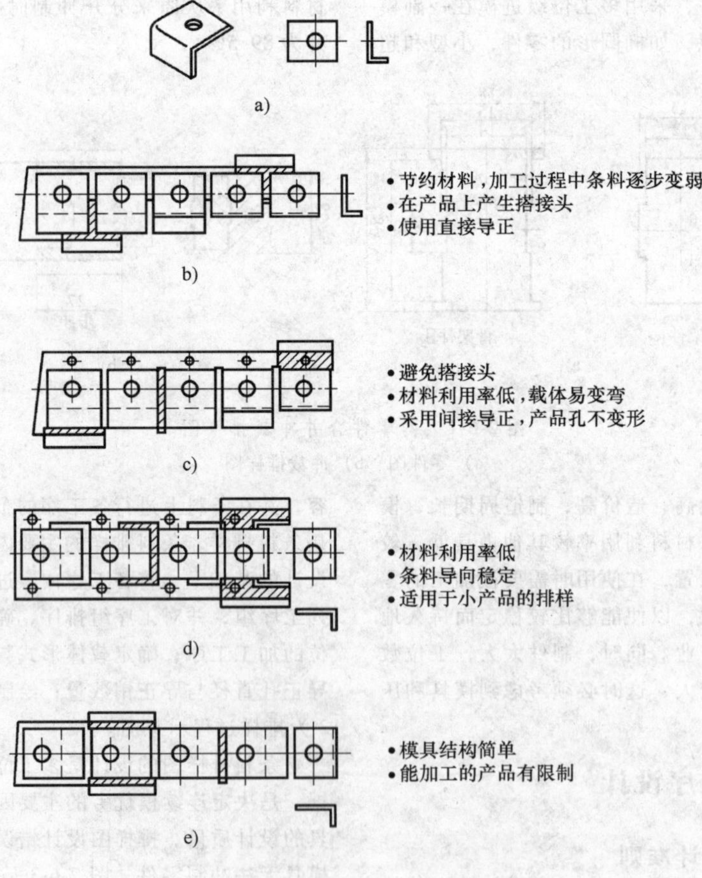

图 2-6-3　制件条料排样示例

a）零件图　b）、c）、d）、e）排样示例

5）要抓住冲压零件的主要特点，认真分析冲压零件形状，考虑好各工位之间的关系，确保顺利冲压，对形状复杂、精度要求特殊的零件，要采取必要的措施保证。

6）尽量提高材料利用率，使废料达到最小限度。对同一零件利用多行排列或双行穿插排列，以提高材料利用率（图 2-6-4），另外在条件允许的情况下，把不同形状的零件合到一副模具进行冲裁，更有利于提高材料的利用率（图 2-6-1）。

7）适当设置空位工位，以保证模具具有足够的强度，并避免凸模安装时相互干涉，同时也便于试模调整工序时用（图 2-6-5）。

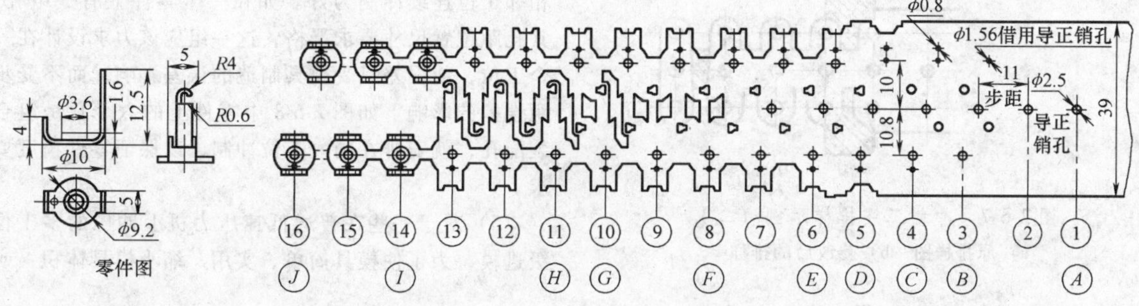

图 2-6-4　双排样提高材料利用率示意图

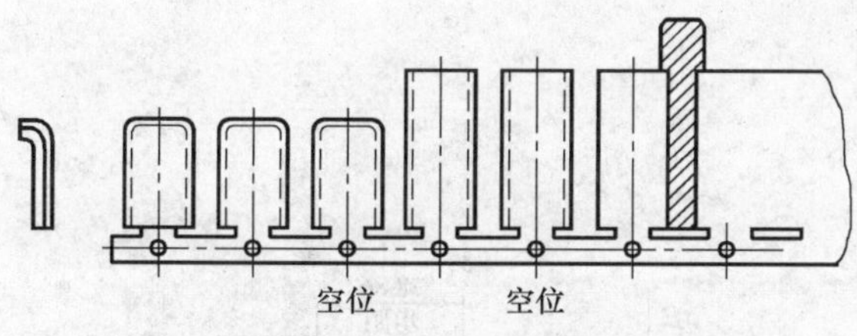

图 2-6-5　空位示意图

8）必须注意各种产生条料送进障碍的可能，确保条料在送进过程中通畅无阻。

9）冲压件的毛刺方向：当零件提出毛刺方向要求时，应保证冲出的零件毛刺方向一致；对于带有弯曲加工的冲压零件，应使毛刺面留在弯曲件内侧；在分段切除余料时，不允许一个冲压件的周边毛刺方向不一致。

10）要注意冲压力的平衡。合理安排各工序以保证整个冲压加工的压力中心与模具中心一致，其最大偏移量不能超过 $L/6$ 或 $B/6$（其中 L、B 分别为模具的长度和宽度），对冲压过程出现的侧向力，要采取措施加以平衡。

11）级进模最适宜以成卷的带料供料，以保证能进行连续、自动、高速冲压，被加工材料的力学性能要充分满足冲压工艺的要求。

12）工件和废料应保证能顺利排出，废料如连续，要增加切断工序。

13）排样方案要考虑模具加工的设备和条件，考虑模具和压力机工作台的匹配性。

6.2.2　工序确定与排序

在条料排样设计中，首先是要考虑被加工的零件在全部冲压过程中共分为几个加工工序，各工序的加工内容及工序的优化组合，并对工序组排序。在确定工序数目和顺序时，要针对各冲压工序的特点考虑各有关原则。

1. 连续冲裁工序排样的基本原则

1）各工序的先后应按复杂程度而定，一般以有利于下道工序的进行为准，以保证冲件的精度要求和零件几何形状的正确。冲孔落料件，应先冲孔，再逐步完成外形的冲裁，尺寸和形状要求高的轮廓应布置在较后的工位上冲切（图 2-6-6）。

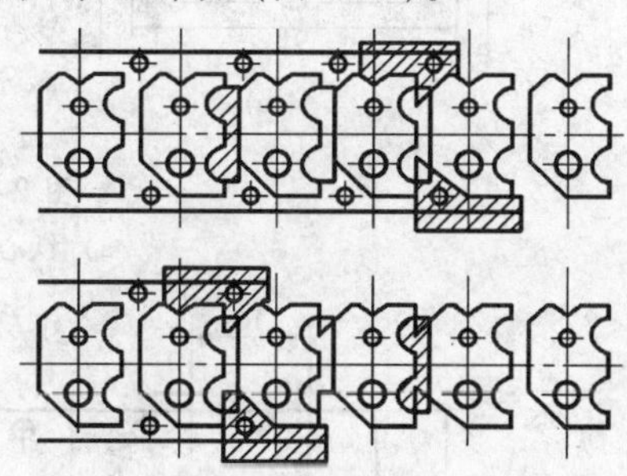

图 2-6-6　冲裁工序排样示例（一）

2）当孔到边缘的距离较小，而孔的精度又较高时，冲外轮廓时孔可能会变形，可将孔旁外缘先于内孔冲出（图 2-6-7）。

3）应尽量避免采用复杂形状的凸模，并避免型孔有尖的凸角、窄槽、细腰等薄弱环节。复杂的型孔应分解为若干个简单的孔形，并分成几步进行冲裁，使模具型孔容易制造。如图 2-6-8a 所示零件为电表铁心冲片，其型孔复杂，现将其分解为五部分，用 9 个凸模冲制完成，图 2-6-8b 为其排样图。复杂工件的

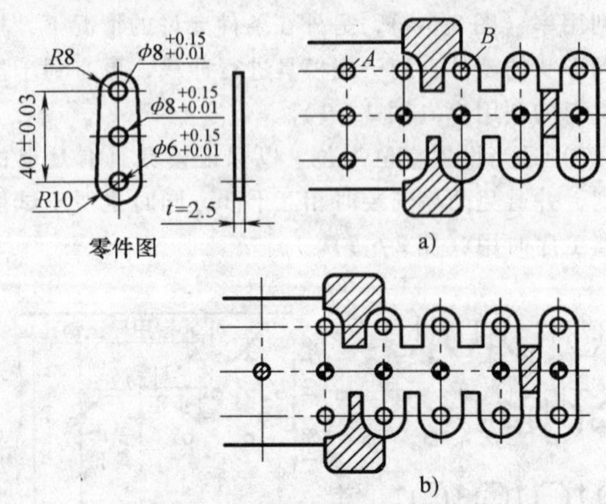

图 2-6-7 冲裁工序排样示例（二）
a）原排样图 b）修改后的排样

外形可通过多次局部冲裁，最后完成工件的外形要求（图 2-6-9）。

4）有严格要求的局部内、外形及位置精度要求高的部位，应尽量集中在同一工位上冲出，以避免步距误差影响精度要求。如果确实在一个工位完成这一部分冲制有困难，需分解成两个工位，最好放在两个相邻工位连续冲制为好。如在一个零件上有一组孔，其孔距位置尺寸要求严格，这一组应该力求设计在一个工位，使误差只受模具制造的误差影响，而不受步距误差的影响。如图 2-6-8 中零件上的六个孔是组合装配孔，就安排在同一工位冲制，以保证零件精度要求。

5）对于一些在普通低速压力机上冲压的多工位级进模，为了使模具简单、实用、缩小模具体积，或

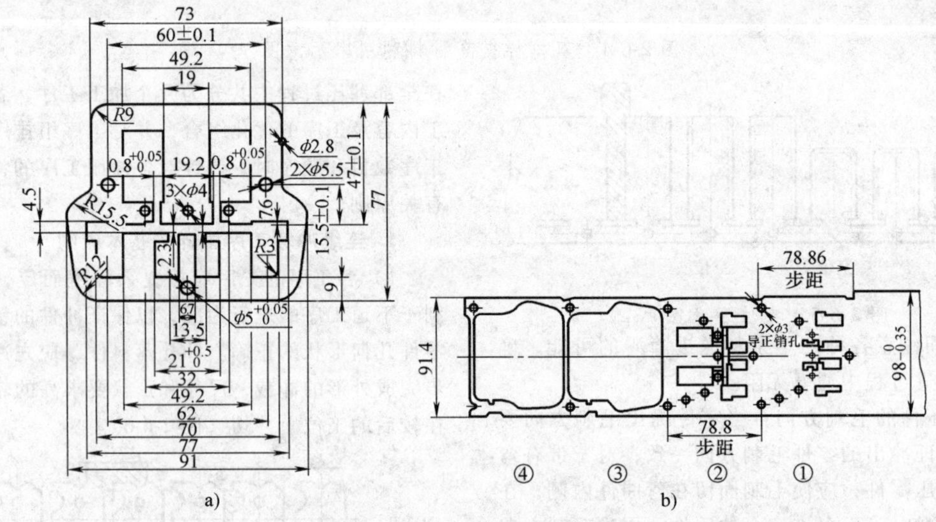

图 2-6-8 铁心片条料排样图
a）铁心冲片零件图 b）条料排样图

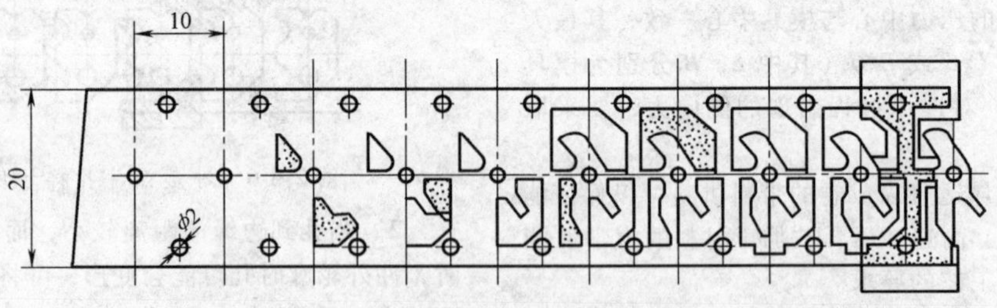

图 2-6-9 冲切刃口分解示例

由于条件所限，甚至只能采用侧刃做定距，为了减少步距的累积误差，凡是能合并的工位，只要模具能保证零件的精度，模具本身有足够的强度，就不要轻易分解、增加工位。尤其对于那些形状不易分解的零件，更不要轻率增加工位（图 2-6-10）。

6）分段型切除余料排样中的条料，因冲切加工其强度逐渐变弱，在安排各工位的加工内容时要考虑条料宽度方向的导向。

7）应保证条料载体与零件连接处的足够强度与刚度。当冲压件上有大小孔或窄筋时应先冲小孔

(短边)，后冲大孔（长边）。

8）凹模上冲切轮廓之间的距离不应小于凹模的最小允许壁厚，一般取为2.5t，但最小要大于2mm。

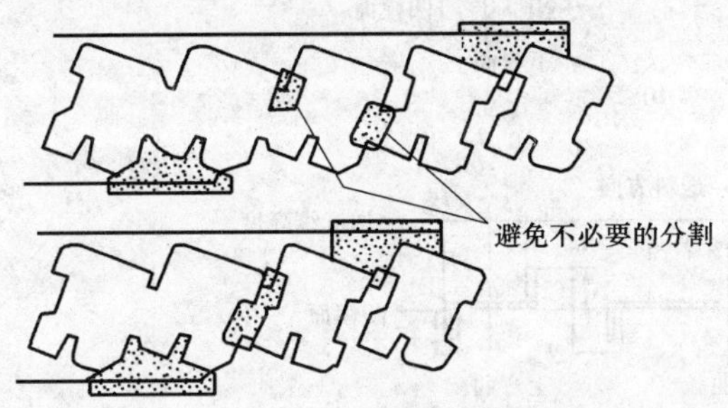

图2-6-10　形状不易分解的零件排样图

9）轮廓周界较大的冲切工艺，尽量安排在中间工位，以使压力中心与模具几何中心重合。

2. 弯曲工序排样的基本原则

1）对于冲裁弯曲类的工件，先冲孔再切除弯曲部位周边的废料后进行弯曲，然后再切除其余废料。

2）近弯边的孔有精度要求时，应弯曲后再冲，以防止孔变形。

3）为避免弯曲时载体变形和侧向滑动，对小件可两件组合成对称件弯曲，然后再剖分开(图2-6-11)。

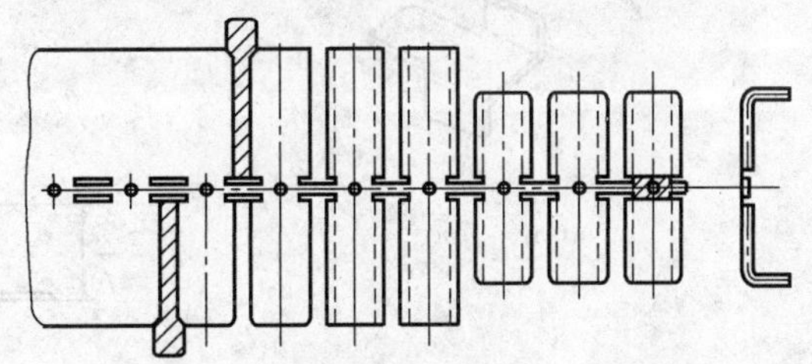

图2-6-11　组合弯曲

4）凡属于复杂的弯曲零件，为了便于模具制造并保证弯曲角度合格，应分解为简单弯曲工序的组合，经逐次弯曲而成，切不可强行一次弯曲成形，要力求用简单的模具结构来满足弯曲件的形状（图2-6-12)。对精度要求较高的弯曲件，应以整形工序保证零件质量。

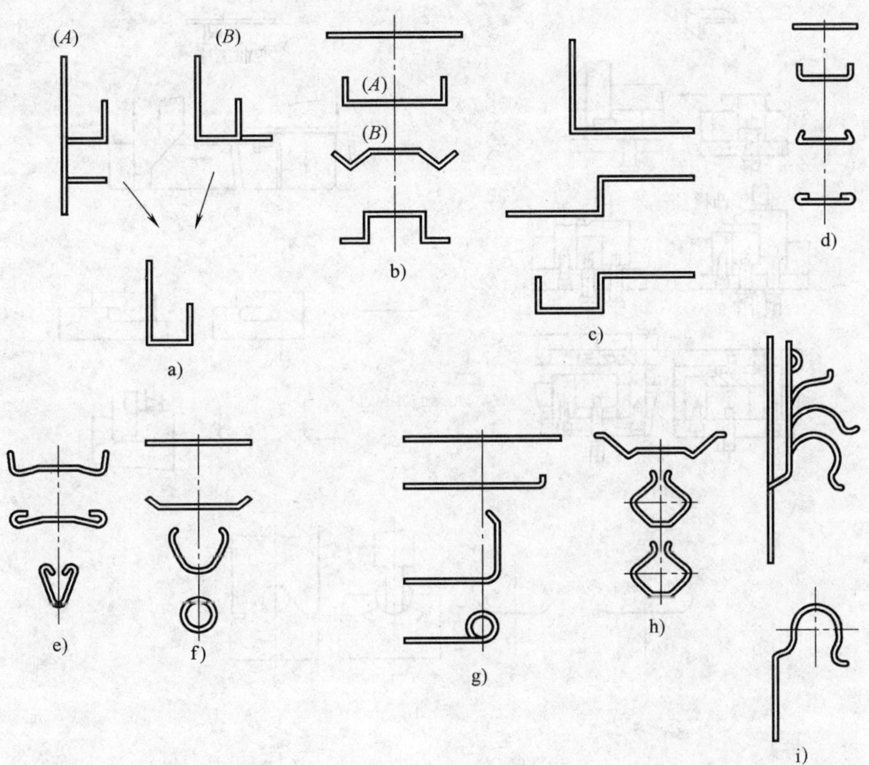

图2-6-12　复杂弯曲件工序分解

5）平板毛坯弯曲后变为空间立体形状，毛坯平面应离开凹模面一定高度，以使工序件能进一步向前送进时不被凹模挡住，这一高度称为送进线高度。送进线高度应尽量小（图2-6-13)。

6）对于一个零件的两个弯曲部分有尺寸精度要求时，则弯曲部分应当在同一工位一次加工成形。这样不仅保证了尺寸精度，而且能够准确地保持成批零件加工后的一致性。

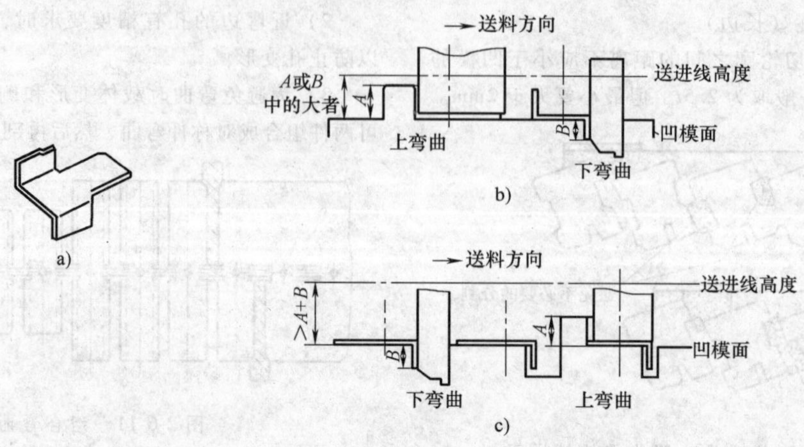

图 2-6-13　不同弯曲工序排样的送进线高度

7）应保证零件弯曲线与材料碾压纹垂直，当零件在互相垂直的方向或几个方向都要进行弯曲时，弯曲线必须与条料纹成30°～60°的角度。

8）尽可能以压力机行程方向作为弯曲方向，若要作不同于行程方向的弯曲加工，可采用斜楔滑块机构，对闭口型弯曲件，也可采用斜口凸模弯曲（图2-6-14）。

3. 拉深工序排样的基本原则

1）对于有拉深又有弯曲和其他工序的工件，应当先进行拉深，再安排其他工序。这是由于拉深过程

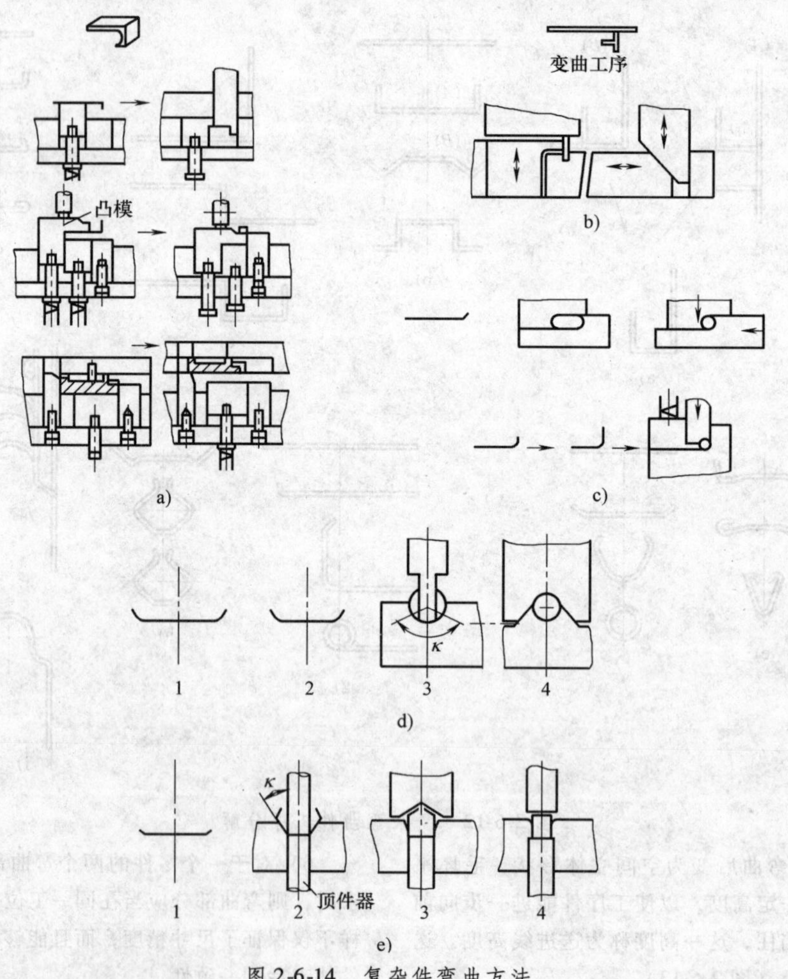

图 2-6-14　复杂件弯曲方法

中必然有材料的流动，若先安排其他工序，拉深时将使已定型的部位产生变形。

2）凡属于多次拉深的多工位级进模，由于连续冲压的原因，其拉深工序的安排和拉深系数的选取应以安全稳定为原则，具体地说，如果经过计算在三次拉深与四次拉深之间，应用四次拉深，以保证连续冲压的合格率。必要时还应当有整形工序，以保证冲压件的质量。

3）为了便于连续拉深模在试模过程中调整拉深次数和各次拉深系数的分配，应适当安排几个空位工位，作为预备工位。

4）拉深件底部带有较大孔时，可在拉深前先冲较小的预备孔，以改善材料的拉深性，拉深后再将孔冲至要求的尺寸。

5）拉深过程中筒形件高度在逐步增加，使各工序件高度不一致，引起了载体变形，影响拉深件质量，对此，可在每次拉深后设置一空位工位，减小带料的倾斜角度，改善拉深件质量（图 2-6-15）。

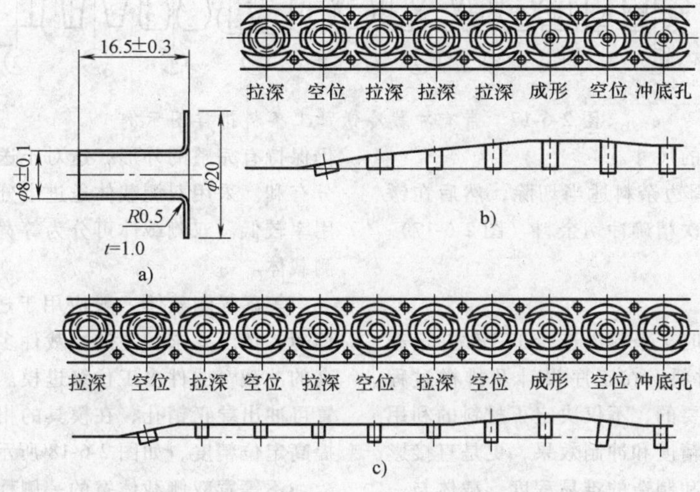

图 2-6-15　增加空位工位改善拉深件质量

4. 含局部成形工序排样的基本原则

1）对有局部成形时，可视具体情况将其穿插安排在各工位上进行，在保证产品质量的前提下，利于减少工位数。

2）局部成形会引起条料的收缩，使周围的孔变形，因此不应安排在条料边缘区或工序件外形处，局部成形区周围的孔应在成形后再冲（图 2-6-16）。

3）轮廓旁的鼓包要先冲，以避免轮廓变形。若鼓包中心线上有孔，应在压鼓包前先在孔的位置上冲出直径较小的孔，以利于材料从中心向外流动，待压

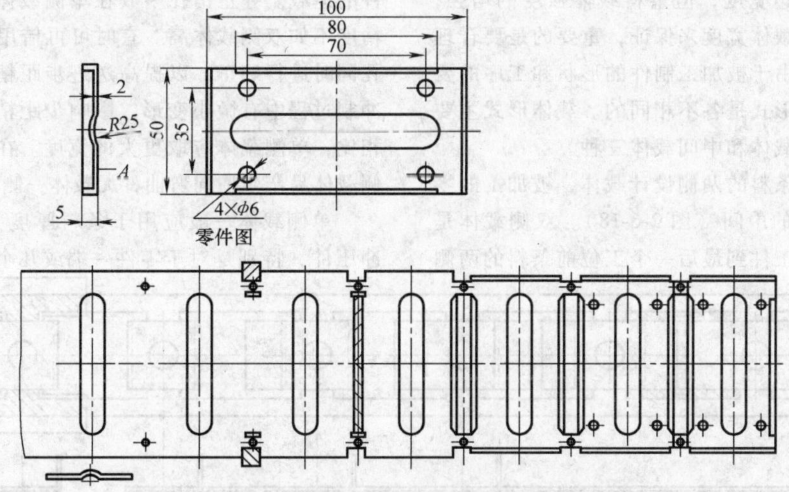

图 2-6-16　有局部成形工序的排样图

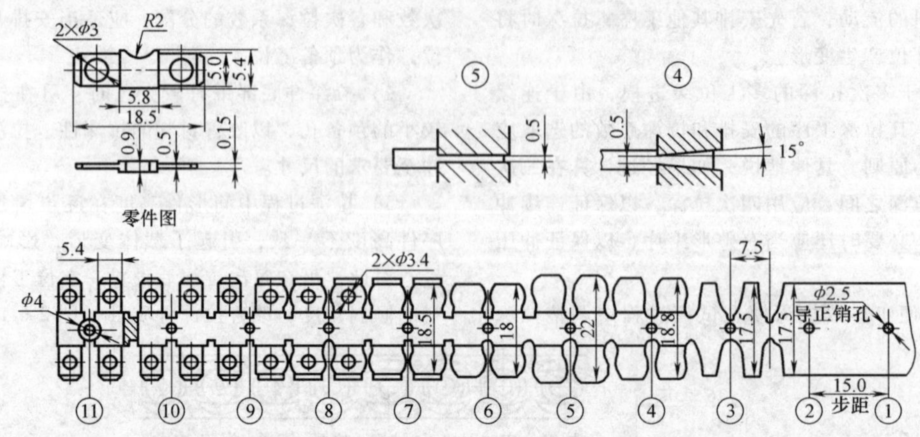

图 2-6-17　带有冲裁冷镦加工条料排样图示例

好鼓包后再冲孔到要求的尺寸。

4）镦形前应将其周边余料适当切除，然后在镦形完成后再安排进行一次精确冲切余料（图 2-6-17）。

6.2.3　载体设计

载体是级进模冲压时，条料内连接工序件并运载其稳定前进的这部分材料。在工序设计及排样过程中，载体设计是非常重要的，不仅决定了材料的利用率，而且关系到制件的精度和冲制效果，更是直接影响模具结构的复杂程度和制造的难易程度。载体与一般冲裁时条料的搭边不尽相同，条料载体必须有足够的强度，要能够运载条料上冲出的零件，并且能够平稳地送进到后续工位。

载体的强度非常重要。载体发生变形，则整个条料的送进精度就无法保证，严重者会使条料无法送进而损坏模具造成事故。因此从保证载体强度出发，载体宽度远远大于搭边宽度，但条料载体强度的增强，并不能单纯靠增加载体宽度来保证，重要的是要合理地选择载体形式，由于被加工制件的形状和工序的要求不同，其载体的形式是各不相同的。载体形式主要有双侧载体、单侧载体和中间载体三种。

双侧载体是在条料的两侧设计载体，被加工的零件连接在两侧载体的中间（图 2-6-18）。双侧载体是理想的载体，可使工件到最后一个工位前条料的两侧仍保持有完整的外形，这对于送进、定位和导正都十分有利。采用双侧载体送进十分平稳可靠，但材料利用率较低。双侧载体可分为等宽双侧载体和不等宽双侧载体。

等宽双侧载体一般应用于送进步距精度高，条料偏薄，精度要求较高的冲裁件多工位级进模或精度较高的冲裁弯曲件多工位级进模。在载体两侧的对称位置可冲出导正销孔，在模具的相应位置设导正销，以提高定位精度，如图 2-6-18 所示。

不等宽双侧载体宽的一侧称为主载体，窄的一侧称为副载体。一般在主载体上设计导正销孔，此时，条料沿主载体一侧的导料板前进。冲压过程中需在中途冲切去副载体，以便进行侧向冲压加工或其他加工（图 2-6-19）。一般在冲切副载体之前应将主要冲裁工序都进行完毕，以确保冲制精度。

单侧载体是在条料的一侧设计载体，实现对工序件的运载。导正销孔多放在单侧载体上，其送进步距精度不如双侧载体高。有时可再借用一个零件本身的孔同时进行导正，以提高送进步距精度，防止载体在冲制过程中有微小变形，影响步距精度。与双侧载体相比，单侧载体应取更大的宽度。在冲切过程中，单侧载体易产生横向弯曲，无载体一侧的导向比较困难。

单侧载体一般应用于条料厚度为 0.5mm 以上的冲压件，特别是对于零件一端或几个方向带有弯曲，

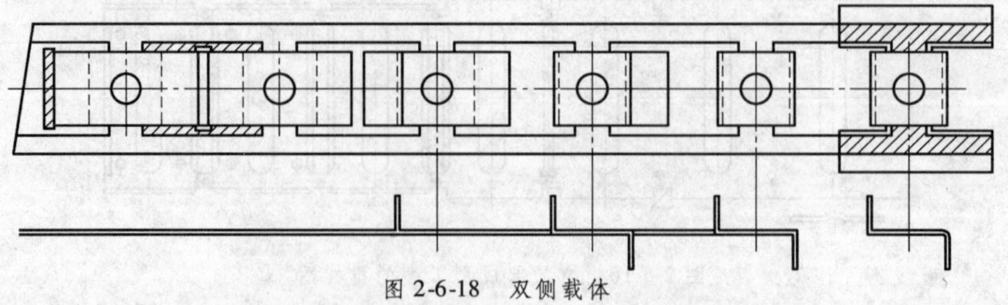

图 2-6-18　双侧载体

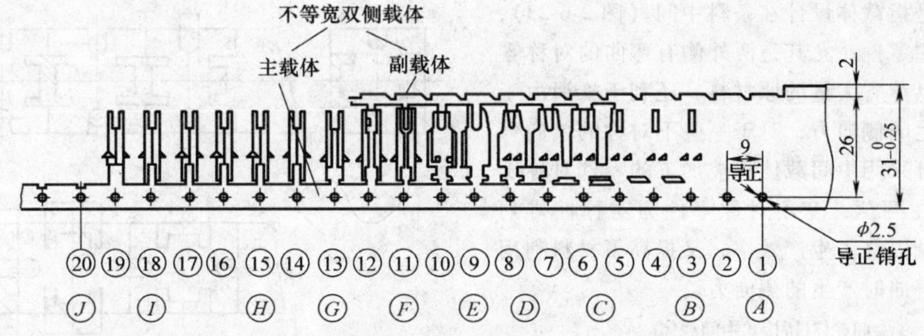

图 2-6-19　不等宽双侧载体排样图

往往只能保持条料的一侧有完整外形的场合，采用单侧载体较多（图 2-6-20）。

在冲裁细长零件时，为了增强载体的强度，并不过分增加载体宽度，仍设计为单侧载体，但在每两个冲压件之间适当位置用一小部分连接起来，以增强条料的强度，称为桥接式载体，其中连接两工序件的部分称为桥。采用桥接式载体时，冲压进行到一定的工位或到最后再将桥接部分冲切掉（图 2-6-21）。还可根据零件的特点设计为全桥接式载体（图 2-6-22），但必须在不影响零件要求的情况下才能使用。

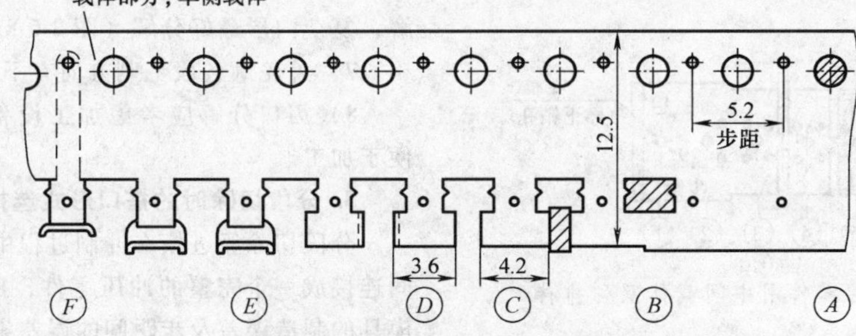

图 2-6-20　单侧载体排样图

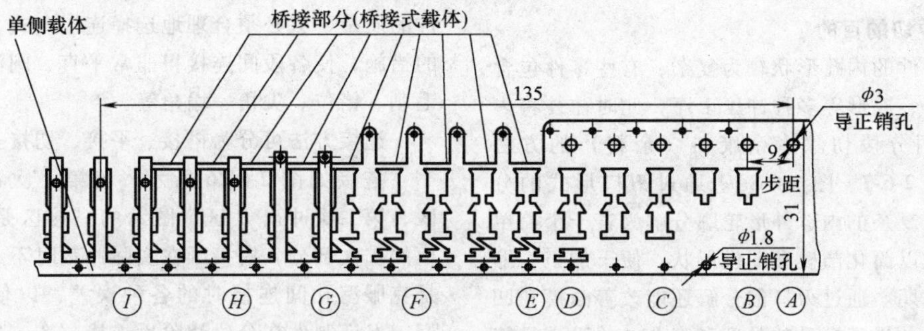

图 2-6-21　单侧载体伴有桥接式载体排样图

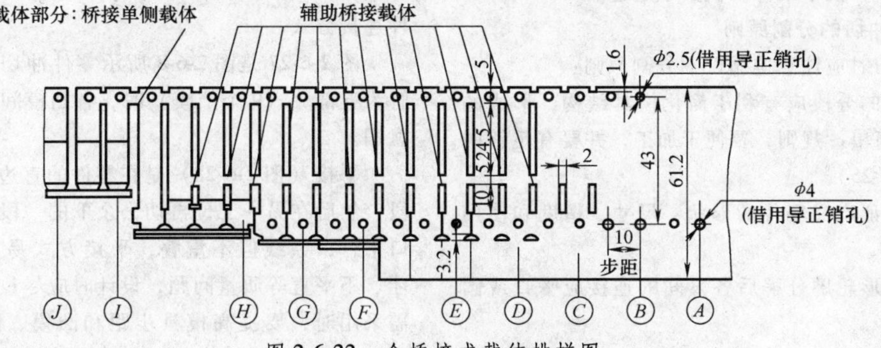

图 2-6-22　全桥接式载体排样图

中间载体是指载体设计在条料中间（图2-6-23），一般适用于对称零件，尤其是两外侧有弯曲的对称零件，它不仅可以节省大量的原材料，还利于抵消由于两侧压弯时产生的侧向力，对于一些不对称的单向弯曲的零件，也可采用中间载体将被加工的零件对称于中间载体排列在两侧，变不对称零件为对称性排列（图2-6-24），既提高了生产效率，又提高了材料利用率，也抵消了弯曲时产生的侧向力。

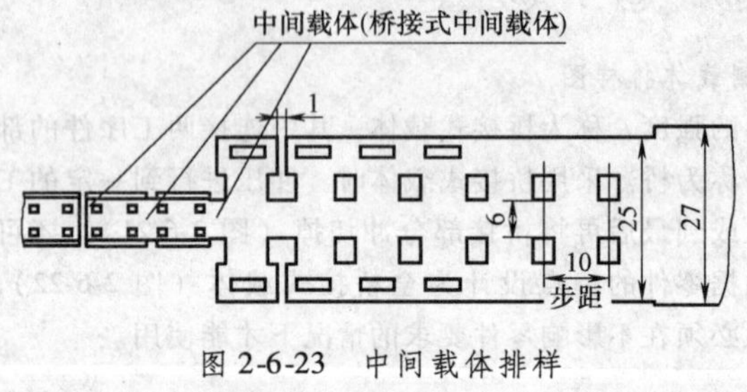

图2-6-23 中间载体排样

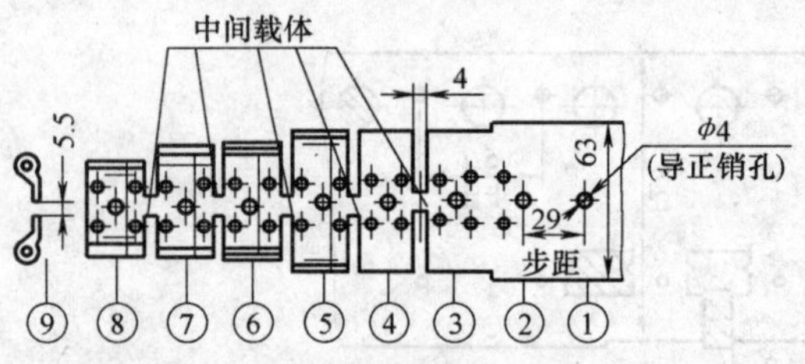

图2-6-24 不对称零件用中间载体双列排样

6.2.4 分段冲切设计

1. 分段冲切的目的

当冲压零件的内孔形状较为复杂，有些零件包含有弯曲、拉深、成形等多种冲压工序，此时往往将内孔和外形采用分段切除多余废料（余料）的方法（图2-6-6、图2-6-7、图2-6-8）。通过刃口形式的分解和重组，使复杂的内、外形轮廓分解为若干个简单的几何单元，以简化凸模和凹模形状，便于加工，缩短模具制造周期。通过刃口的分解还能改善凸模和凹模的受力状态，提高模具的强度和寿命，并可满足特殊的工艺需要，便于工件在模具中送进。

2. 分段冲切的分割原则

分段冲切时应注意遵循以下分割原则：

1）刃口的分段应有利于简化模具结构，形成的凸模外形要简单、规则，要便于加工，并要有足够的强度（图2-6-25）。

2）应保证产品零件的形状、尺寸、精度和使用要求。

3）内外形轮廓分解后各段间的连接应平直或圆滑。

4）分段搭接点应尽量少，搭接点位置要避开产品零件的薄弱部位和外形的重要部位，放在不注目的位置。

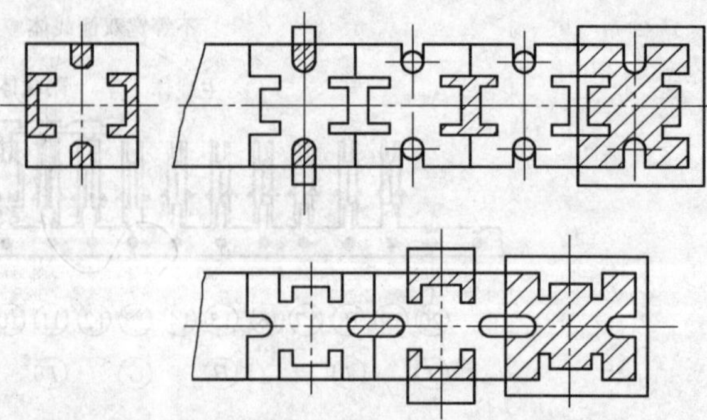

图2-6-25 刃口分解的要求

5）有公差要求的直边和使用过程中有滑动配合要求的边应一次冲切，不宜分段，以免误差积累。

6）复杂外形以及有窄槽或细长臂的部位最好分解，复杂内形最好分解（图2-6-8）。

7）外轮廓各段毛刺方向有不同要求时应分解。

8）刃口分解应考虑加工设备条件和加工方法，便于加工。

3. 分段切除时的搭口形式选择

分段切除级进模在冲制过程中，余料切除后各段间连接成一个完整的冲压零件，由于级进模工位多，模具的制造误差及步距间的误差累积都有可能使冲切后型孔各段出现各种质量问题。因此，为保证冲压零件的质量，就必须合理地选择连接方式，并加上必要的措施，使各段间连接得非常平直、圆滑，以免出现毛刺、错位、尖角、塌角等。

连接方法可分为搭接、平接、切接三种方式。

搭接如图2-6-26所示，若第一次冲出A、C两区，第二次冲出B区，图示的搭接区是冲裁B区凸模的扩大部分，搭接区在实际冲裁时不起作用，主要是克服型孔间连接时的各种误差，以使型孔连接良好，保证制件在分段切除后连接整齐。搭接最有利于保证冲件的连接质量，在分段切除中大部分都采用这种连接方式。

图2-6-27是图2-6-8所示零件冲切型孔，将其分解为五部分（9个凸模）时，各凸模间的搭接关系示意图。

平接（图2-6-28）是在零件的直边上先冲切去一段，然后在另一工位再切去余下的一段，两次冲切刃口平行，共线但不重叠，平接方式易出现毛刺、错牙、不平直等质量问题，设计时应尽量避免采用，若需采用时，要提高模具步距和凸模、凹模的制造精度，并对平接的直线前后两次冲切的工位均设置导正

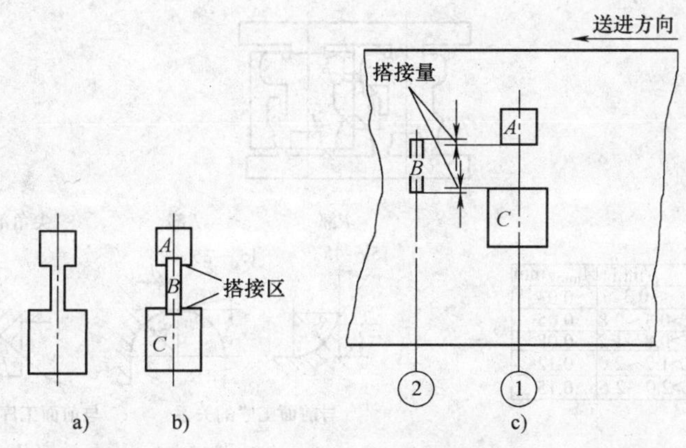

图 2-6-26　搭接连接

a）冲压件的形孔　b）两工位形孔加工所形成的搭接区　c）排样示意图

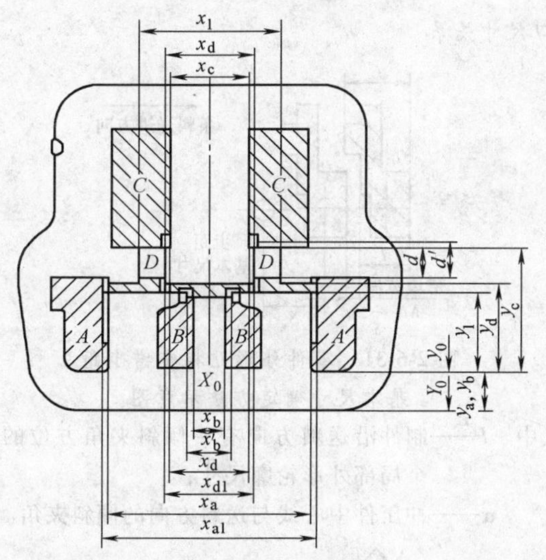

图 2-6-27　铁心片分段切除搭接关系示意图

销进行条料导正。二次冲切的凸模连接处的延长部分修出微小的斜角（3°~5°），以防由于种种误差的影响在连接处出现明显的缺陷。

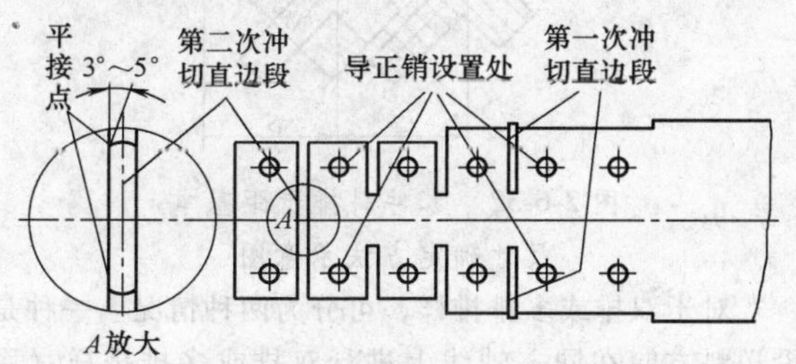

图 2-6-28　平接连接方式示意图

切接，其方式与平接相似，平接是指直线段，而切接是指在零件的圆弧部分上或圆弧与圆弧相切的切点进行分段切除的连接方式（图 2-6-29）。与平接相似，切接也容易在连接处产生毛刺、错位、不圆滑等质量问题，需采取与平接相同的措施，或在圆弧段设计凸台，在圆弧段与直边形成尖角处要注意尺寸关系，如图 2-6-30 所示。切接中的毛刺也可采用搭接方式解决。

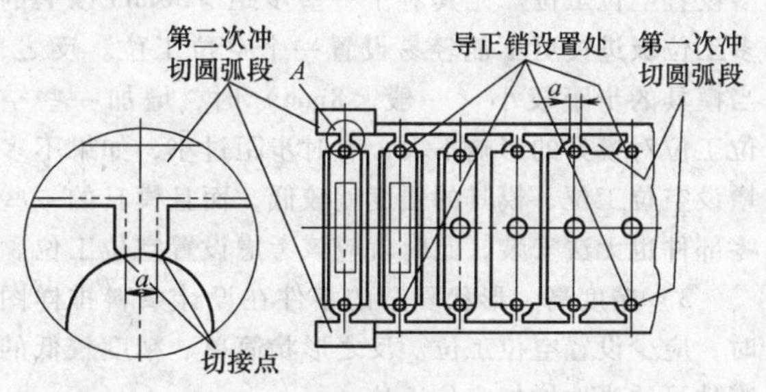

图 2-6-29　切接连接方式示意图

6.2.5　空工位及步距设计

1. 空位工位

当条料每送到这个工位时不作任何加工，随着条料的送进，再进入下一工位，这样的工位成为空位工位（图 2-6-5）。在排样图中，增设空位工位的目的是为了保证凹模、卸料板、凸模固定板有足够的强度，确保模具的使用寿命，或是为了便于模具设置特殊结构，或是为了作必要的储备工位，便于试模时调整工序用。在多工位级进模中，空位工位虽为常见，但绝不能无原则地随意设置。由于空位工位的设置，无疑会增大模具的尺寸，使模具的误差累积增大，因此在排样考虑空位工位设置时要遵循以下原则：

1）用导正销做精确定位的条料排样图因步距累积误差较小，对产品精度影响不大，可适当地多设置空位工位，因为多个导正销同时对条料进行导正，对步距送进误差有相互抵消的可能。而单纯以侧刃定距的多工位级进模，其条料送进的误差是随着工位数的增多而误差累积加大，不应轻易增设一个空位工位。

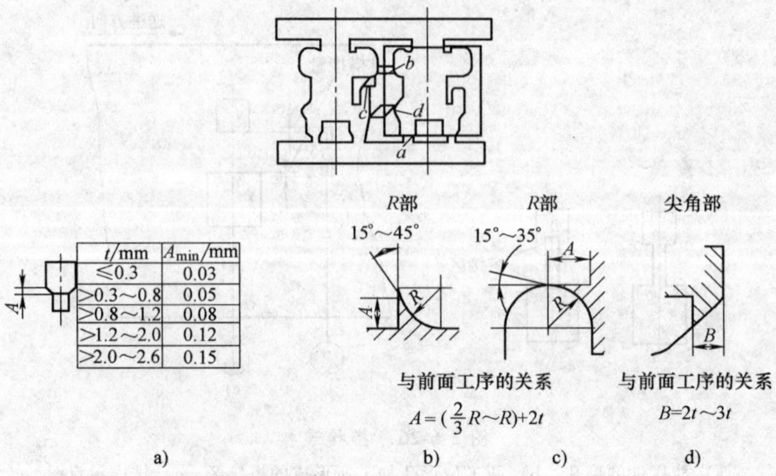

t/mm	A_{min}/mm
≤0.3	0.03
>0.3～0.8	0.05
>0.8～1.2	0.08
>1.2～2.0	0.12
>2.0～2.6	0.15

图 2-6-30　切接刃口尺寸关系

2）当模具的步距较大时（步距＞16mm），不宜多设置空位工位。尤其对于一些步距＞30mm 以上的多工位级进模更不能轻易设置一个空位工位。反之，当模具的步距较小（一般＜8mm）时，增加一些空位工位对模具的影响不大，有时步距过小，如果不多增设空位工位，模具的强度就较低，而且模具的一些零部件也无法安装，此时就应该考虑设置空位工位。

3）精度高、形状复杂的零件在设计条料排样图时，应少设置空位工位。反之形状简单、精度较低的零件可适当地增加空位工位。

2. 步距基本尺寸的确定

级进模的步距是确定条料在模具中每送进一次，所需要向前移动的固定距离。步距的精度直接影响冲件的精度。设计级进模时，要合理地确定步距的基本尺寸和步距精度。步距的基本尺寸，就是模具中两相邻工位的距离。级进模任何相邻两工位的距离都必须相等。对于单排列的排样，步距基本尺寸等于冲压件的外形轮廓尺寸和两冲压件间的搭边宽度之和，其步距基本尺寸 S 为

$$S = L + M$$

式中　L——冲压件外形轮廓尺寸；

M——搭边宽度。

冲压件展开外形在沿送料方向每两个冲压件外轮廓排列往往相互交错，如图 2-6-31 所示，并不是以整个外轮廓最大尺寸 L 送进条料的，而是按某局部外形尺寸 l 送进即可，其步距基本尺寸为

$$S = L + M$$

在排样图中，如果斜排（图 2-6-32），则其步距基本尺寸为

$$S = \frac{l + M}{\sin\alpha}$$

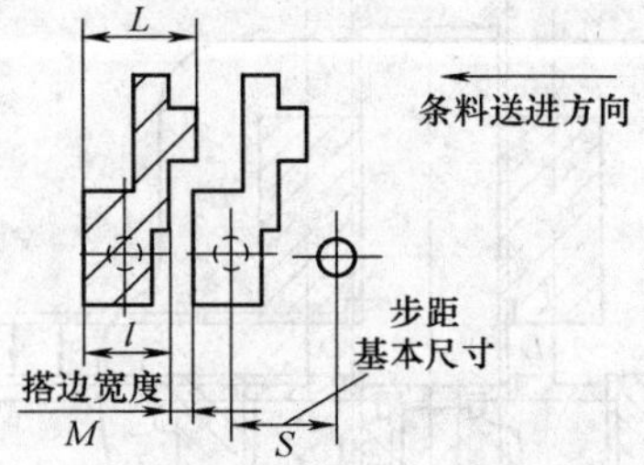

图 2-6-31　零件外形互相交错步距基本尺寸确定方法示意图

式中　l——制件沿送料方向有一倾斜夹角方位的某个局部外形轮廓尺寸；

α——冲压件中心线与送料方向的倾斜夹角。

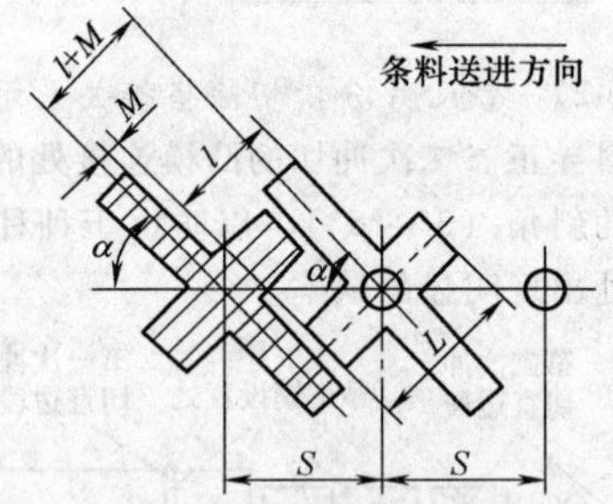

图 2-6-32　零件斜排步距基本尺寸确定方法示意图

对于双排或多排排样，可分为两种情况。一种是沿送料方向在同一轴线上进行双排或多排排样（图 2-6-33），则步距基本尺寸为

$$S = L + l + 2M$$

另一种是与送料方向平行的多排排样，如图 2-6-4 所示。这时可参照对应单排排样考虑确定步距的基本尺寸。

多工位级进模在沿送料方向的冲裁搭边宽度，一

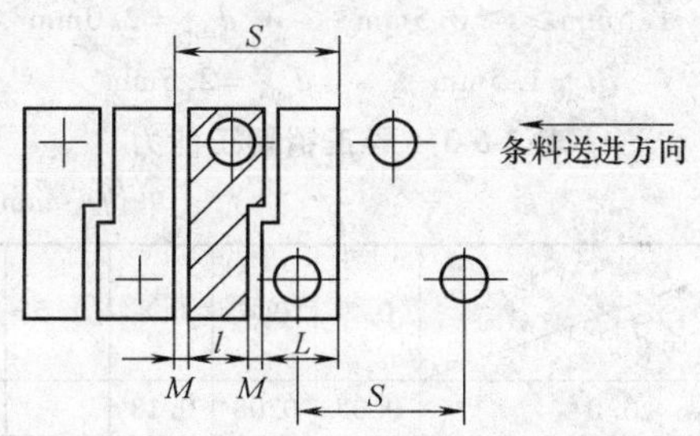

图 2-6-33　沿条料同一中心前后双排交错排样步距基本尺寸确定方法示意图

般可参照冷冲模搭边值选取。但由于在分段切除余料的过程中是要将这个搭边按余料冲切去，所以在选取最小切除余料宽度时，要保证凸模有必要的强度，否则在连续作业的情况下是很危险的。

步距的精度直接影响冲件的精度。由于步距的误差，不仅影响分段切除余料，导致外形尺寸的误差，还影响冲件内、外形的相对位置。也就是说，步距精度越高，冲件精度也越高，但模具制造也就越困难。所以步距精度的确定必须根据冲压件的具体情况来定。

影响步距精度的因素很多，但归纳起来主要有：冲压件的精度等级、形状复杂程度、冲压件材质和厚度、模具的工位数、冲制时条料的送进方式和定距形式等。

多工位级进模步距精度的经验公式为

$$\delta = \pm \frac{\beta}{2\sqrt[3]{n}}k$$

式中　δ——多工位级进模步距对称极限偏差值（mm）；

β——冲件沿条料送进方向最大轮廓基本尺寸（指展开后）精度提高三级后的实际公差值（mm）；

n——模具设计的工位数；

k——修正系数，见表 2-6-1。

表 2-6-1　修正系数值

冲裁（双面）间隙 Z/mm	k 值
0.01～0.03	0.85
>0.03～0.05	0.90
>0.05～0.08	0.95
>0.08～0.12	1.00
>0.12～0.15	1.03
>0.15～0.18	1.06
>0.18～0.22	1.10

注：1. 修正系数 k 主要是考虑料厚、材质因素，并将其反映到冲裁间隙的关系上去。

2. 为了克服多工位级进模中，由于工位的步距累积误差，故在标注模具每步尺寸时，均由第①工位至其他各工位直接标注其长度，不论这个长度多大，其步距公差均为 δ。

6.2.6　定位形式的选择与设计

1. 定位形式

在级进模中，由于产品的加工工序安排在多个工位上顺次完成，为了保证前后两次冲切中工序件的准确匹配和连接，必须保证其在每一工位上都能准确定位，根据工序件的定位精度，级进模的定位方式可采用挡料销、侧刃、自动送料机构、导正销等。前三者使用时只能作为粗定位，级进模的精确定位都是采用导正销与其他粗定位方式配合使用（表 2-6-2）。

表 2-6-2　级进模工序件定位方式

类型	定位方式		图　例	适用范围
粗定位	挡料销			$t>1.2$mm，尺寸较大 产品精度要求低（IT10～IT13） 形状简单 手工送料
粗定位	侧刃	单侧刃		$t=0.1～1.5$mm 精度 IT11～IT14 工位数 3～10
粗定位	侧刃	双侧刃		
粗定位	自动送料机构			机床配有自动送料机构
精定位	导正销			精度要求高 与粗定位方式结合使用

挡料销多适用于产品零件精度要求低、尺寸较大、板料厚度较大（大于 1.2mm）、产量小的手工送料的普通级进模，有时还要借助其他机构才能有效定位，模具的设计和制造均较简单。根据在级进模中的用途、使用场合、使用要求不同，又可分为固定挡料销、活动挡料销、临时挡料销等。

自动送料机构是专用的送料机构，配合压力机冲程运动，使条料作定时定量地送进。多工位级进模一般不能单独靠自动送料机构定距，只有在单独拉深的多工位级进模才可单独采用。

侧刃和导正销孔是级进模中普遍采用的定位方式，使用时必须遵循一定的原则，才能取得较好的定位效果。

2. 导正孔的确定原则

导正孔（导正销孔）是通过装于上模的导正销插入其中矫正条料位置来达到精确定位目的的，一般与其他粗定位方式配合使用（图 2-6-34）。

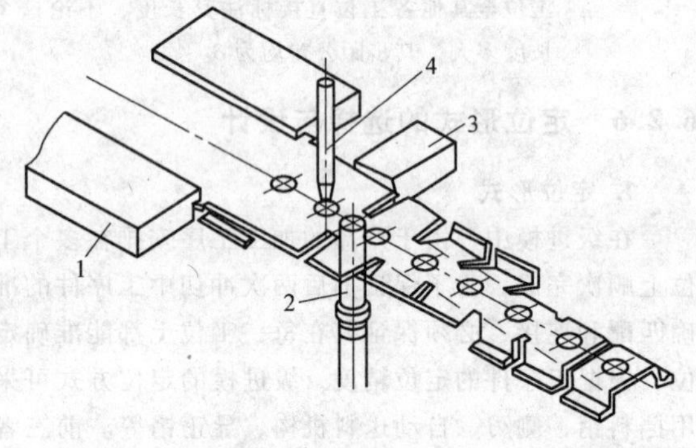

图 2-6-34 导正销工作示意图

1—导尺 2—浮顶器

3—侧刃挡块 4—导正销

导正孔可利用零件本身的孔，或利用废料载体上的孔，前者为直接导正，后者为间接导正。直接导正的材料利用率高，外形与孔的相对精度容易保证，模具加工容易，但易引起产品孔变形；间接导正的材料利用率较低，载体和毛坯的位置不易保证，模具加工工作量增加，但产品孔不会变形。

导正销对条料的矫正能力见表 2-6-3。从表 2-6-3 中可以看出，导正销矫正能力与料厚及相应的导正孔直径密切相关。导正孔直径的大小会影响材料利用率、载体强度、导正精度等，应结合考虑板料厚度、材质、硬度、毛坯尺寸、载体形式、尺寸、排样方案、导正方式、产品结构特点和精度等因素来确定。一般导正孔最小直径应大于或等于料厚的 4 倍，下面所列为导正孔直径的经验值：

$t<0.5\text{mm}$ $d_{\min}=1.5\text{mm}$

$1.5\text{mm}\geqslant t\geqslant 0.5\text{mm}$ $d_{\min}=2.0\text{mm}$

$t>1.5\text{mm}$ $d_{\min}=2.5\text{mm}$

表 2-6-3 导正销矫正能力

（单位：mm）

孔径 d \ 料厚 t	0.2	0.4	0.8	1.5	3.0
3.0	0.05	0.08	0.13	—	—
5.0	0.08	0.13	0.20	0.25	—
6.0	0.10	0.20	0.25	0.35	—
8.0	0.12	0.20	0.25	0.40	0.65
10.0	0.13	0.20	0.30	0.50	0.75
13.0	0.15	0.25	0.38	0.75	0.80
19.0	0.15	0.25	0.40	0.80	1.00

在设计排样图确定导正孔位置时应遵循以下原则：

1）在条料排样的第一工位就要冲制出导正销孔，紧接第二工位要有导正销，以后每隔 2 ~ 4 工位的相应位置等间隔地设置导正销，并优先在容易窜动的工位设置导正销。

2）导正孔位置应处于条料的基准平面（即冲压中不参与变形、位置不变的平面）上，否则将起不到定位孔的作用，一般可选在条料载体或余料上（图 2-6-19）。

3）对于较厚的材料，也可选择零件上的孔作为导正孔，但在冲压过程中，该孔经导正销导正后，精度会被破坏，甚至会使其变形，应在最后的工位上予以精修完成。

4）重要的加工工位前要有导正销。

5）圆筒形件连续拉深时，可不必设置导正销孔，而直接利用拉深凸模进行导正。

6）必须要设置导正销而又与其他工序干涉时，可设置空位工位。

3. 侧刃设计

侧刃也是级进模中普遍使用的一种定位方式，是在条料的一侧或两侧冲切定距槽，通过条料送进距离等于侧刃冲切缺口长度，即控制步距达到使工序件定位的目的。它适用于 0.1 ~ 1.5mm 厚的板料，对于大于 1.5mm 或小于 0.1mm 的板料不宜采用，定位精度比挡料销要高，一般适于 IT11 ~ IT14 精度冲压件的定位，个别也能满足 IT10 级精度，但工位不宜过多。

由于侧刃凸模有制造误差，侧刃刃口钝化后会影响侧刃步距的精度，所以单一用侧刃定位的级进模工位只能有 3 ~ 6 个，在多工位级进模中，一般以侧刃作粗定位，以导正销孔作精定位。

侧刃的形式很多，使用的效果也有所不同，可采用标准型或按制件冲裁外形设计。

侧刃可采用单侧刃或双侧刃，如表 2-6-2 中图所示。

单侧刃即在条料一侧的第一工位冲出缺口，用单侧刃定位不能对条料横向导向，且当条料末端通过侧刃后，因无法继续进行定距而被浪费。多工位级进模中，常用单侧刃作粗定位，而用导正销作精确定位（图 2-6-19）。侧刃凸模的长度 L 应大于模具步距的基本尺寸 S 一个微量，这个微量 e 应大于导正销孔与导正销双面间隙的 3～6 倍，一般为 $e=0.04\sim0.12\text{mm}$，即通过侧刃定距时多送进 e，导正销进入条料的导正销孔后，可使条料退回 0.03～0.10mm，从而达到精定位的目的。若 L 比 S 小一个微量，则因侧刃挡块对条料的阻挡，使导正销无法顺利插入导正孔，如果导正销强行插入导正，则会使导正孔或条料变形，或使导正销弯曲而难以对条料进行精定位（图 2-6-35）。

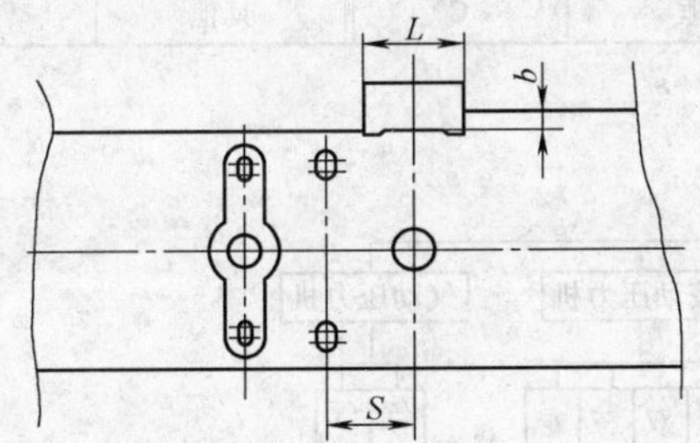

图 2-6-35　单侧刃定距示例

双侧刃为在条料的两侧冲出缺口，一般两侧刃分别在第一工位和最末工位。由于双侧刃可以双向对条料导向，提高了定位的可靠性，并可避免出现废料。

侧刃切除的废料可以是直条，也可以根据冲压零件的外形安排。一般采用单侧载体或双侧载体时，侧刃刃口形状选用标准型，而对中间载体，则侧刃形状可以设计成与相应工位工序件冲切外形一致。

侧刃冲切缺口的宽度尺寸如图 2-6-36 所示。表 2-6-4 所列为一般侧刃的切边量。

表 2-6-4　侧刃切边量

（单位：mm）

材料厚度	金属	非金属
≤0.5	1.0～1.5	1.5～2.0
>0.5～1.5	1.5～2.0	2.0～3.0
>1.5～2.5	2.0～2.5	3.0～4.0
>2.5～3.5	2.5～3.0	4.0～5.0

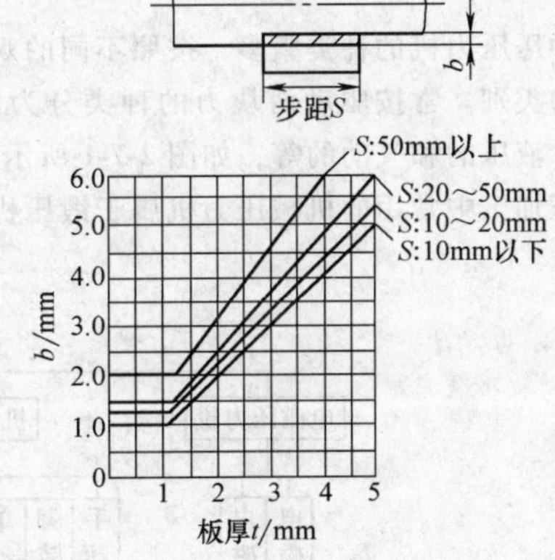

图 2-6-36　侧刃冲缺的宽度尺寸

经侧刃冲切后的条料宽度与导料板之间的配合间隙不宜过大，一般在 0.05～0.15mm，薄料选下限，厚料选上限。

第7章 冷冲压设备

7.1 压力机的分类和型号

冷冲压设备的选择是冲压工艺及其模具设计中的一项重要内容，它直接影响到设备的安全和合理使用，关系到冲压生产过程能否顺利完成，也关系到模具寿命、产品质量、生产效率及成本等一系列重要问题。冲压设备的选择包括两个方面：类型及规格。

7.1.1 压力机的类型

冷冲压压力机的种类繁多，按照不同的观点可分成不同的类别。常按驱动滑块力的种类分为电磁的、机械的、液压的和气动的等，如图 2-7-1 所示。

冲压加工中常用的机械压力机属于锻压机械中的一类，其型号是由一个汉语拼音字母和几组数字组成。字母代表锻压机械的类别，其分类见表 2-7-1。锻压机械按其结构形式和使用对象共分八类，每一类又分成十列，分别以 0、1、2、…、9 表示，每列又分成十组。也是以 0、1、2、…、9 表示，表 2-7-2 所示为机械压力机的常用分类表。

表 2-7-1 锻压机械的类别代号

类 别	代 号	类 别	代 号
机械压力机	J	锻机	D
液压压力机	Y	剪切机	Q
自动锻压机	Z	弯曲校正机	W
锤	C	其他	T

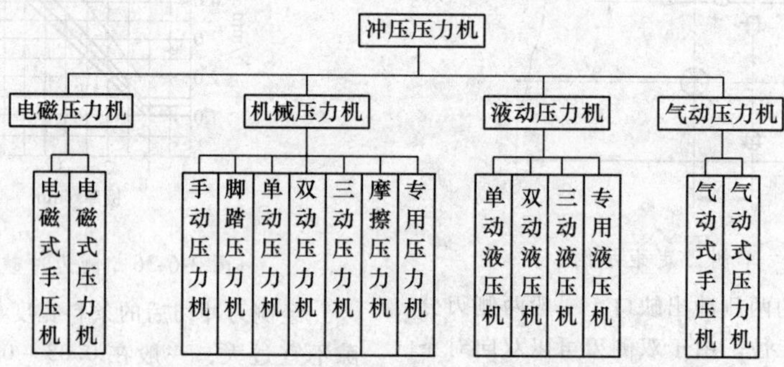

图 2-7-1 冷冲压压力机分类

表 2-7-2 锻压机械类、列、组划分

类别	汉字代号	拼音代号	列别 1 组别：单柱偏心压力机				列别 2 组别：开式双柱压力机					列别 3 组别：闭式曲轴压力机				列别 4 组别：拉深压力机							列别 5 组别：摩擦压力机				
			1	2	3	4	1	2	3	4	5	1	2	5	9	1	3	4	5	6	7	8	1	2	3	4	5
机械压力机	机	J	单柱固定台压力机	单柱活动台压力机	单柱柱形台压力机	单柱台式压力机	开式双柱固定台压力机	开式双柱活动台压力机	开式双柱可倾式压力机	开式双柱转台式压力机	开式双柱双点压力机	闭式单点压力机	闭式侧滑块压力机	闭式双点压力机	闭式四点压力机	闭式单动拉深压力机	开式双动拉深压力机	底传动双动拉深压力机	闭式双动拉深压力机	闭式双点双动拉深压力机	闭式四点双动拉深压力机	闭式三动拉深压力机	无盘摩擦压力机	单盘摩擦压力机	双盘摩擦压力机	三盘摩擦压力机	上移式摩擦压力机

（续）

类别	汉字代号	拼音代号	列别	6	7	8	9	10
			组别	粉末制品压力机		模锻、精压、挤压机	专用压力机	其他
机械压力机	机	J		1 单面冲压粉末制品压力机 2 双面冲压粉末制品压力机 3 轮转式粉末制品压力机		4 精压压力机 6 热模锻压力机 7 曲轴式金属挤压机 8 肘杆式金属挤压机	1 分度台压力机 2 冲模回转头压力机 3 摩擦式制砖压力机	

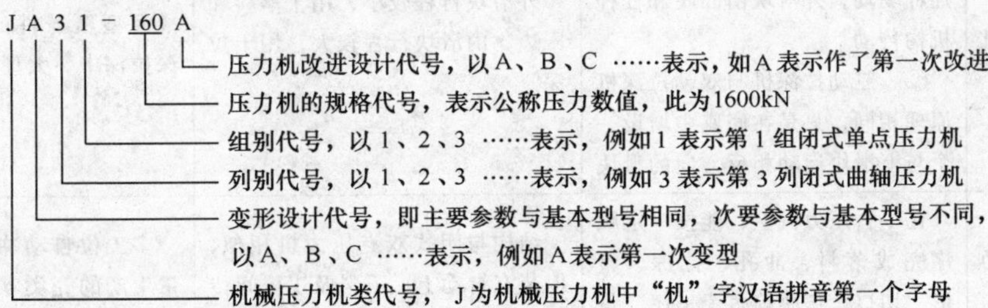

表 2-7-2 中压力机的名词解释：

(1) 开式压力机　操作者可以从前、左、右三个方向接近工作台，床身为整体型的压力机。

(2) 闭式压力机　操作者只能从前后两个方向接近工作台，床身为左右封闭的压力机。

(3) 单点压力机　压力机的滑块由一个连杆带动，用于比较小的压力机。

(4) 双点压力机　压力机的滑块由两个连杆带动，用于左右台面较宽的压力机。

(5) 三点压力机　压力机的滑块由三个连杆带动，用于左右台面特宽的多工位压力机。

(6) 四点压力机　压力机的滑块由四个连杆带动，用于前、后、左、右台面都比较宽的压力机。

(7) 单动压力机　只有一个滑块的压力机。

(8) 双动压力机　（拉深压力机）具有内、外两个滑块的压力机，外滑块用于压边，内滑块用于拉深。

(9) 上传动压力机　压力机的传动机构设置在工作台位置以上的压力机。

(10) 下传动压力机　压力机的传动机构设置在工作台位置以下的压力机。

(11) 可倾压力机　压力机的机身可以在一定角度范围内向后倾斜的压力机。

7.1.2　各类压力机的用途

冲压设备的基本种类及应用见表 2-7-3。

表 2-7-3　冲压设备的基本种类及应用

类型	设备名称	原　理	结构特点	主要用途和使用模具
剪板机	剪板机	分机械和液压传动两种，机械传动靠电动机驱动，常见的为经过带轮、减速器、飞轮带动主轴，主轴上装有两个曲柄连杆机构并带动滑块作上、下往复运动，液压传动靠油压压力驱动	机械传动分上传动和下传动两种，靠脚踏或按钮操纵进行单次或连续剪切。液压传动剪板机按上刀架的运动形式分摆动式和往复式两种形式	剪切板料，为冲模工作时准备条料或毛坯

（续）

类型	设备名称	原　理	结构特点	主要用途和使用模具
剪板机	振动冲型机	又称振动剪，它主要通过上剪刀以短行程和高的行程次数（即振动）进行直线和曲线（包括内孔）剪切		利用模具可进行折边、冲槽、压肋、切口、成形、仿形冲裁等
机械压力机	开式压力机	电动机通过带轮及齿轮带动曲轴传动，经连杆使滑块作直线往复运动	床身为C形，工作台三面敞开，操作很方便	冲孔、落料、浅拉深、压弯及成形
	闭式压力机	原理与开式压力机相同，按连杆数目可分为单点式、双点式和上传动、下传动的形式	床身由横梁、左右立柱和底座组成闭式，用螺栓拉紧，刚性好，多属于大型压力机	冲孔、落料、切边、弯曲、拉深、成形、小型件冷挤
	闭式拉深机	① 双动拉深机有两个上滑块，拉深用的为内滑块，由曲轴连杆驱动；外滑块由凸轮和杠杆机构传动 ② 三动拉深机与双动拉深机原理相同，只是在底座中增设一个与上滑块运动相反方向的滑块	外滑块行程较小，用于落料和压边，内滑块行程较大，用于拉深	大型覆盖件的拉深、翻边模，深拉深中、大型筒形件
	多工位自动压力机	在一台压力机上，能按一定顺序完成落料、冲孔、拉深、整形、切口、弯曲等多个工序，每一行程可生产一个制件	结构与闭式双点压力机相似，但装有自动上、下料及工位间传送机构	多工位自动冲模，适用于大批量生产的壳类零件，如微电机外壳、磁头屏蔽罩等的生产
	冲模回转头压力机	利用数控装置控制的自动冲压设备	在回转头上装有多个冲模（模具库）。作业时，板料按预先编好的程序移动，由相应程序选定的模具单冲或同步冲内孔、外形以及进行浅的成形（压印、翻边、开百页窗等）。模具简单，操作灵活方便	适宜于料厚0.5mm以上大、中型板料零件大批量、多品种生产。特别是对电子工业的各种机箱、控制柜、面板加工尤为合适
	高速压力机	基本原理同普通压力机，但其刚性、精度、冲次/min均比较高，为配合自动化生产，一般带有精密自动送料装置，安全检测装置等 当组成正常的冲压自动化生产线时，还应配有开卷机和矫平机，然后才能使带料进到送料器和模具内进行冲压，冲压完后，废料或制件要进行切断或收卷，还应配有切断机或收卷机	有上传动式和下传动式两种，是一种高精度、高效率、自动化冲压设备 刚性好，可调精度高	适用于大批量生产，模具多数为精密、高效多工位级进模，例如：电机定转子多工位级进模、接线端子多工位级进模、各种接插件多工位级进模等
	精密冲裁压力机	压力机精度高，滑块行程次数也较高	除主滑块外，设有压边及反压边装置，其压力可分别调整，四柱框架结构，带有自动送料机构	利用精冲模进行精密冲裁

（续）

类型	设备名称	原　　理	结构特点	主要用途和使用模具
机械压力机	摩擦压力机	与曲柄压力机一样，具有增力机构和飞轮，用螺纹传动，以增力及改变动力方式	没有固定的上、下死点，结构简单	可进行校平、压印、切断、弯曲等
	弯曲机	对卧式弯曲机而言，其原理是由电动机通过带轮、锥齿轮带动由前、后、左、右四根轴分别装有四个基本凸轮控制滑块上的模具进行冲压工作	有立式弯曲机和卧式弯曲机之分。但基本结构相同或相似。卧式弯曲机有下列机构组成：矫直机构、送料机构、停料机构、切割机构、水平压弯机构和上、下卸料机构，配以各种模具完成各种零件加工	切割、弯曲、成形，适合大量生产。所用材料为成卷的带料和丝料
冲压液压机	水压机 油压机	利用水或油的静压力传递原理进行工作，使滑块上、下往复运动	工作压力大小与机床的行程有关，其特点是工作平稳	冷挤压模、复杂拉深及变形模具

7.2　压力机的技术参数

压力机的主要技术参数是反映一台压力机的工艺能力、所能加工零件的尺寸范围以及生产率等的指标，也是模具设计中选择冲压设备、确定模具结构的重要依据。

（1）公称压力 F（kN）　指压力机曲柄旋转离下死点前某一特定角度（约为 30°）时滑块上所允许的最大工作压力，是压力机规格的主参数。设备公称压力大小的选择，首先要以冲压工艺所需要的变形力为前提。要求设备的名义压力要大于所需的变形力，而且，还要有一定的力量储备，以防万一。国产压力机的公称压力已系列化，如 40、63、100、160、250、400、630、800、1000、1250、1600、2000、2500、3150、4000、6300、8000、10000……。

（2）滑块每分钟冲压次数 n　滑块由上死点到下死点又回到上死点往复一次为一个行程数，即一次冲压。每分钟的行程次数与生产率有直接关系。

（3）滑块行程 s　是指滑块从上死点到下死点所经过的距离。其数值一般为曲柄半径的两倍。压力机行程的大小，应该保证坯料的方便放进与零件的方便取出。拉深、弯曲工序一般需要较大的行程，在拉深中为了便于安放毛坯和取出工件其行程一般为拉深件高度的 2.5 倍。冲裁、精压工序所需行程较小。根据用途不同，压力机的行程有的做成可调形式。

（4）闭合高度 H　滑块在下死点时，滑块下底面到工作台上平面之间的距离，这个高度即为冲压操作（主要是装卸模具）的空间高度尺寸。显然，压力机的闭合高度要与模具的闭合高度相适应。压力机处于闭合状态时，将连杆调节到最短时的闭合高度为最大闭合高度，反之为最小闭合高度。

（5）工作台台面尺寸 $L \times B$　决定了安装模具下模座的尺寸范围，压力机的工作台面尺寸应大于模具的平面尺寸（一般是模具底板），还应有模具安装与固定的余地，但过大的余地对工作台受力不利。

（6）滑块底面尺寸　滑块底面尺寸决定了安装模具上模座的尺寸范围，滑块中心孔的尺寸和深度尺寸决定了模柄尺寸。

（7）落料孔尺寸　设置落料孔是为了冲件下落或在下模底部安装弹顶装置。下落件或弹顶装置的尺寸必须在落料孔所提供的空间以内。

（8）电动机功率　指压力机主电动机的功率。压力机电动机功率应大于冲压时所需要的功率。

7.3　通用压力机

7.3.1　摩擦压力机

摩擦压力机是利用摩擦盘与飞轮之间相互接触并传递动力，借助螺杆与螺母相对运动原理而工作的。它适用于中小型件的冲压加工，对于校正、压印和成形等冲压工作尤为适宜。但飞轮轮缘磨损大，生产率低。

表 2-7-4、表 2-7-5 为摩擦压力机主要技术参数。

7.3.2　曲柄压力机（冲床）

按照压力机的床身结构，可分为开式压力机和闭式压力机两种。

开式压力机的工作台分为固定式、可倾式、升降台三种。

按照压力机上连杆的数目，可分为单点、双点和四点压力机。单点压力机有一个连杆，双点和四点压力机分别有两个和四个连杆。

按照压力机的工作方式分，可分为单动压力机、双动压力机、三动压力机等。

表2-7-6～表2-7-8为压力机基本参数。

表2-7-4 J53系列双盘摩擦压力机主要技术参数

型 号	公称力/kN	能量/kJ	滑块行程/mm	行程次数/(次/min)	最小闭合高度/mm	工作台面/mm	滑块底面/mm	外形尺寸/mm 前后×左右×高	主机电功率/kW	质量/kg
JA53-63	630	2.25	200	35	315	315×270	275×227	1010×1141×2655	5.5	2490
J53-100A	1000	5	310	19	320	500×450	390×280	1393×1884×3375	7.5	5780
J53-160B	1600	10	360	17	260	560×510	440×444	1465×2240×3730	11	8186
J53-300	3000	20	400	15	300	650×570	520×485	1603×2581×4345	22	12800
J53K-300A	3000	20	400	22	400	650×580	480×530	2900×2804×4450	30	14320
J53-400D	4000	40	500	14	520	820×730	636×636	3200×2812×5165	30	22000
J53-630A	6300	80	600	11	650	920×820	700×700	4694×4320×6060	55	42000
J53-1000B	10000	160	700	10	700	1200×1000	1190×800	4200×6630×7250	75	78000
J53-1600A	16000	280	700	10	750	1250×1100	1000×900	5850×5750×8260	130	110000
J53T-2500	25000	500	800	9	980	2000×1200	2000×1060	4847×6797×9560	2×115	240000
J53-630B	6300	80	600	11	650	920×820	700×700	4694×4320×6060	55	42000
J53-1000C	10000	160	700	10	700	1200×1000	1190×800	4200×6630×7250	90	82000
J53-1600C	16000	280	700	10	750	1250×1100	1000×900	5850×5750×8260	130	110000
J53-2500F	25000	500	700	9	980	1200×2000	2000×1060	5430×6797×9560	110～160	230000
6300	63000	1500	680	9	1400	1700×2000	1300×1600	6220×5400×11710	580	450000

表2-7-5 J54系列双盘摩擦压力机主要技术参数

型 号	公称力/kN	滑块行程/mm	行程次数/(次/min)	最小闭合高度/mm	工作台面/mm	滑块底面/mm	外形尺寸/mm 前后×左右×高	主机电功率/kW	质量/kg
J54-1000	10000	700	10	700	1200×1000	1190×800	4230×6065×7200	75	82000
J54-1600	16000	700	10	750	1250×1100	1000×900	4500×5742×8090	132	115000
J54-4000	40000	800	9	800	2000×1300	2000×1060	5864×7383×9010	160×2	300000

表2-7-6 开式压力机基本参数

名 称		量 值														
公称压力/kN		40	63	100	160	250	400	630	800	1000	1250	1600	2000	2500	3150	4000
发生公称压力时滑块离下死点距离/mm		3	3.5	4	5	6	7	8	9	10	10	12	12	13	13	15
滑块行程	固定行程/mm	40	50	60	70	80	100	120	130	140	140	160	160	200	200	250
	调节行程/mm	40	50	60	70	80	100	120	130	140	140	160	—	—	—	—
		6	6	8	8	10	10	12	12	16	16	20	—	—	—	—
标准行程次数(不小于)/(次/min)		200	160	135	115	100	80	70	60	60	50	40	40	30	30	25
快速型	发生公称压力时滑块离下死点距离/mm	1	1	1.5	1.5	2	2	2.5	2.5	3	—	—	—	—	—	—
	滑块行程/mm	20	20	30	30	40	40	50	50	60	—	—	—	—	—	—
	行程次数(不小于)/(次/min)	400	350	300	250	200	200	150	150	120	—	—	—	—	—	—

（续）

名　称			量　值														
最大闭合高度	固定台和可倾/min		160	170	180	220	250	300	360	380	400	430	450	450	500	500	530
	活动台位置	最低/mm	—	—	—	300	360	400	460	480	500	—	—	—	—	—	—
		最高/mm	—	—	—	160	180	200	220	240	260	—	—	—	—	—	—
闭合高度调节量/mm			35	40	50	60	70	80	90	100	110	120	130	130	150	150	170
标准型	滑块中心到机身距离（喉深）/mm		100	110	130	160	190	220	260	290	320	350	380	380	425	425	480
	工作台尺寸/mm	左右	280	315	360	450	560	630	710	800	900	970	1120	1120	1250	1250	1400
		前后	180	200	240	300	300	420	480	540	600	650	710	710	800	800	900
	工作台孔尺寸/mm	左右	130	150	180	220	260	300	340	380	420	460	530	530	650	650	700
		前后	60	70	90	110	130	150	180	210	230	250	300	200	350	350	400
		直径	100	110	130	160	180	200	230	260	300	340	400	400	460	460	530
	立柱间距离（不小于）/mm		130	150	180	220	260	300	340	380	420	460	530	530	650	650	700
加大型	滑块中心到机身距离（喉深）/mm		—	—	—	—	290	—	350	—	425	—	480	—	—	—	—
	工作台尺寸/mm	左右	—	—	—	—	800	—	970	—	1250	—	1400	—	—	—	—
		前后	—	—	—	—	540	—	650	—	800	—	900	—	—	—	—
	工作台孔尺寸/mm	左右	—	—	—	—	380	—	460	—	650	—	700	—	—	—	—
		前后	—	—	—	—	210	—	250	—	350	—	400	—	—	—	—
		直径	—	—	—	—	260	—	310	—	460	—	530	—	—	—	—
	立柱间距离（不小于）/mm		—	—	—	—	380	—	460	—	650	—	700	—	—	—	—
活动台压力机滑块中心到机身紧固工作台平面之距离/mm			—	—	—	150	180	210	250	270	300	—	—	—	—	—	—
模柄孔尺寸（直径×深宽）/mm			$\phi30\times50$				$\phi50\times70$			$\phi60\times75$			$\phi70\times80$		T 形槽		
工作台板厚度/mm			35	40	50	60	70	80	90	100	110	120	130	130	150	150	170
倾斜角（不小于）/(°)			30	30	30	30	30	30	30	30	25	25	25				

表 2-7-7　闭式单点压力机基本参数

公称压力/kN	公称压力行程/mm	滑块行程/mm		滑块行程次数/(次/min)		最大闭合高度/mm	闭合高度调节量/mm	导轨间距离/mm	滑块底面前后尺寸/mm	工作台板尺寸/mm	
		Ⅰ型	Ⅱ型	Ⅰ型	Ⅱ型					左右	前后
1600	13	250	200	20	32	450	200	880	700	800	800
2000	13	250	200	20	32	450	200	980	800	900	900
2500	13	315	250	20	28	500	250	1080	900	1000	1000
3150	13	400	250	16	28	500	250	1200	1020	1120	1120
4000	13	400	315	16	25	550	250	1330	1150	1250	1250
5000	13	400	—	12	—	550	250	1480	1300	1400	1400
6300	13	500	—	12	—	700	315	1530	1400	1500	1500
8000	13	500	—	10	—	700	315	1680	1500	1600	1600
10000	13	500	—	10	—	850	400	1680	1500	1600	1600
12500	13	500	—	8	—	850	400	1880	1700	1800	1800
16000	13	500	—	8	—	950	400	1880	1700	1800	1800
20000	13	500	—	8	—	950	400	1880	1700	1800	1800

表 2-7-8　闭式双点压力机基本参数

公称压力/kN	公称压力行程/mm	滑块行程/mm	滑块行程次数/(次/min)	最大装模高度/mm	装模高度调节量/mm	导轨间距离[①]/mm	滑块底面前后尺寸/mm	工作台板尺寸/mm	
								左右[①]	前后
1600	13	400	18	600	250	1980	1020	1900	1120
2000	13	400	18	600	250	2430	1150	2350	1250

（续）

公称压力/kN	公称压力行程/mm	滑块行程/mm	滑块行程次数/(次/min)	最大装模高度/mm	装模高度调节量/mm	导轨间距离①/mm	滑块底面前后尺寸/mm	工作台板尺寸/mm 左右①	前后
2500	13	400	18	700	315	2430	1150	2350	1250
3150	13	500	14	700	315	2880	1400	2800	1500
4000	13	500	14	800	400	2880	1400	2800	1500
5000	13	500	12	800	400	3230	1500	3150	1600
6300	13	500	12	950	500	3230	1500	3150	1600
8000	13	630	10	1250	600	3230/4080	1700	3150/4000	1800
10000	13	630	10	1250	600	3230/4080	1700	3150/4000	1800
12500	13	500	10	950	400	3230/4080	1700	3150/4000	1800
16000	13	500	10	950	400	5080/6080	1700	5000/6000	1800
20000	13	500	8	950	400	5080/7580	1700	5000/7500	1800
25000	13	500	8	950	400	7580	1700	7500	1800
31500	13	500	8	950	400	7580/10080	1900	7500/10000	2000
40000	13	500	8	950	400	10080	1900	10000	2000

① 分母数为大规格尺寸。

7.4 其他各类压力机

7.4.1 拉深压力机

拉深压力机和通用压力机相比，主要有两个特点：一是有可靠的压边装置；二是滑块的工作行程较大，并且滑块在工作行程中的速度要求慢而平稳。因而其传动机构复杂。

表2-7-9、表2-7-10为双动拉深压力机的规格参数。

表2-7-9　闭式上传动双动拉深压力机规格

主要技术规格	型号 JA45-100	JA45-200	JA45-315	JB46-315
公称压力/kN 内滑块	1000	2000	3150	3150
外滑块	630	1250	3150	3150
滑块行程/mm 内滑块	420	670	850	850
外滑块	260	425	530	530
滑块行程次数/（次/min）	15	8	5.5～9	10，低速1
内外滑块闭合高度调节量/mm	100	165	300	500
最大闭合高度/mm 内滑块	580	770	900	1300
外滑块	530	665	850	1000
立柱间距离/mm	950	1620	1930	3150
工作台板尺寸/mm 前后×左右×厚	900×930×100	1400×1540	1800×1600	1900×3150
滑块底平面尺寸 前后×左右/mm 内滑块	560×560	900×960	1000×1000	1300×2500
外滑块	850×850	1350×1420	1550×1600	1900×3150
气垫顶出力/kN	100	80	120	4400
主电动机功率/kW	22	30	75	100

表 2-7-10　底传动双动拉深压力机规格

主要技术规格	型号		主要技术规格	型号	
	J44－55C	J44－80		J44－55C	J44－80
公称压力/kN 拉深滑块 压料滑块	 550 550	 800 800	压料滑块底面至工作台最大距离/mm	480	900
			工作台孔径/mm	ϕ120	ϕ160
拉深滑块行程/mm	560	640	工作台尺寸/mm 前后×左右	720×660	1100×1000
滑块行程次数/（次/min）	9	8			
最大坯料直径/mm	780	1100	装模螺杆/mm 螺纹 螺纹长度	M72×6 90	M80×6 130
最大拉深直径/mm	550	700			
最大拉深深度/mm	280	400			
导轨间距离/mm	800	1120	主电动机功率/kW	15	22

7.4.2　冷挤压压力机

冷挤压压力机主要用于在室温条件下对钢或有色金属材料进行挤压、压印等体积变形冲压。采用冷挤压工艺方法成形制件，零件尺寸精度高，表面粗糙度值低，节省原材料，生产效率高，零件强度和硬度高，可成形较复杂形状的零件及其他工艺方法难以加工的工件。

冷挤压压力机按驱动方式分为机械式冷挤压压力机和液压式冷挤压压力机。机械式冷挤压压力机主要用于中、小型零件成形，挤压压力和行程较小，而要求生产率较高；液压式冷挤压压力机的工作行程较长，在挤压成形过程中保持很高的和稳定的压力，而且挤压工艺参数可以进行调节，适合于挤压行程较大和挤压力较大的零件生产。

表 2-7-11 为机械式金属挤压机的规格参数。

表 2-7-11　机械式金属挤压机的规格参数

型　号	公称压力/kN	滑块行程/mm	行程次数/（次/min）	最大闭合高度/mm	闭合高度调节量/mm	顶出力/kN	顶出行程/mm	垫板尺寸 前后×左右×厚度/mm	备注（均需压缩空气）
J88-100	1000	60	60	265	30	60	30	405×640	开式
J88-160	1600	70	80	265	30	—	—	600×430×110	闭式
J87-160A	1600	180	40	500	60	160	90	600×530	闭式
J87-250	2500	200	32	560	80	250	100	750×600	闭式
J87-300	3000	300	30	550	70	300	30	630×700	闭式
J87-400	4000	250	25	670	80	400	125	850×670	闭式
J89-1000	10000	400	12	700	100	500	150	—	闭式
JA88-200	2000	273	65	480	12	—	—	—	卧式（用于有色金属）
JA88-315	3150	400	55	715	15	320	150	—	卧式（用于有色金属）
JA88-500	5000	420	16	835	15	500	150	—	卧式（用于有色金属）
J_2-014D	8000	300	30	600	15	600	—	—	卧式专用设备
J_2-013D	12500	1250	25	650	15	1000	—	—	卧式专用设备

7.4.3　高速自动压力机

高速压力机是指滑块行程次数为相同公称压力普通压力机 5～10 倍的压力机。高速压力机的行程次数已从每分钟几百次发展到 1000 多次，公称压力也从几百千件发展到上千件。目前高速压力机主要用于电子仪器仪表、轻工、汽车等行业中特大批量的冲压生产。随着模具技术和冲压技术的发展，高速压力机的应用范围在不断地扩大，数量在不断地增加。表2-7-12是下传动高速压力机规格，表2-7-13是A2型高速压力机的部分规格。

日本三井公司生成的BSTA系列高速压力机和山田公司生产的FP系列高速压力机结构类似，精度高。适用于中、小型制件的冲裁、弯曲、浅拉深等较精密的冲压工艺。当与材料开卷机、矫平机及自动送料装置，以及收卷机等联合使用后，对于像集成电路的引线框架一类的以冲裁为主的平板型制件，此类压力机具有很高的生产率。表2-7-14为它们的部分技术规格。

表2-7-15为BEAT系列部分高速压力机的技术规格。

表2-7-12 下传动高速压力机规格

公称压力/kN	250	350	630	1000
滑块行程/mm	40	40	75	85
滑块行程次数/（次/min）	120	200	80	80~150
最大闭合高度/mm	260	260	330	400
闭合高度调节量/mm	40	30	60	100
工作台尺寸/mm 前后×左右	460×420	460×420	450×770	720×1100
垫板厚度/mm	60	80	70	100
电动机功率/kW	2.2	4	5.5	17

表2-7-13 A2型高速压力机的部分规格

压力机型号	A2-100	A2-160	A2-250	A2-400	压力机型号	A2-100	A2-160	A2-250	A2-400
公称压力/kN	1000	1600	2500	4000	工作台尺寸/mm	1050×800	1300×1000	1650×1100	2600×1200
标准滑块行程/mm	25	30	30	35					
最大滑块行程/mm	50	50	50	50	最大闭合高度/mm	350	375	400	475
最大行程次数/（次/min）	450	375	300	250	闭合高度调节量/mm	60	60	80	80

表2-7-14 BSTA与FP系列部分高速压力机的技术规格

压力机型号	BSTA-18	BSTA-30	BSTA-60HL	FP-60SW Ⅱ
公称压力/kN	180	300	600	600
滑块行程/mm	36~16	40~16	76~20	30
行程次数/（次/min）	100~600	100~600	100~650	200~900
闭合高度/mm	140~200	200~260	265~293	300
滑块调节量/mm	40	40	80	50
滑块尺寸/mm	ϕ196	ϕ250	700×458	940×420
垫板尺寸/mm	350×310	540×412	770×620	940×650
垫板厚度/mm	45	60	120	120
漏料孔尺寸/mm	140×105	315×110	580×100	650×100

表2-7-15 BSTA系列部分高速压力机的技术规格

压力机型号	BEAT-25N	BEAT-40N	BEAT-60N	BEAT-80N
公称压力/kN	250	400	600	800
固定的滑块行程与每分钟冲压次数/（mm—次/min）	20—300~1200 25—300~1100 32—300~1000	20—300~1100 25—300~1000 32—300~900	20—300~1000 25—200~850 32—200~700	20—200~800 20—200~720 20—200~650
闭合高度/mm	210	270	320	280，360
滑块调节量/mm	20	20	20	30
滑块面积/mm	520×280	600×340	900×400	940×520
垫板面积/mm	580×400	700×450	900×600	1050×800
垫板孔尺寸/mm	350×100	500×120	600×120	780×120
机床尺寸（$L\times B\times H$）/mm	1825×1070×2450	2040×1180×2730	2430×1380×3030	2600×1580×3500
主电动机功率/kW	7.5	11	15	22

（续）

压力机型号	BEAT-25N	BEAT-40N	BEAT-60N	BEAT-80N
送料装置型号	GF-60B	GF-60B	GF-100B	GF-100B
送料线高度/mm	90±20	120±20	140±20	120±20，170±20
送料长度/mm	2.5~60	2.5~60	5~100	5~100
材料宽度/mm	8~80	8~80	8~100	8~100
材料厚度/mm	0.1~1.2	0.1~1.2	0.1~1.6	0.1~1.6

7.4.4 精冲机

精冲压力机在我国属于新型冲压设备，国内有内江锻压机床厂、北京机电研究所正在生产，表2-7-16为我国产精压机规格。国外已有几十年的生产历史和颇多的使用量，表2-7-17和表2-7-18为瑞典产的、表2-7-19为英国产的、表2-7-20为日本产的精冲压力机的型号与规格。

表2-7-16 精压机规格

公称压力/kN	滑块行程/mm	公称压力行程/mm	滑块行程次数/（次/min）	最大闭合高度/mm	闭合高度调节量/mm	导轨间距离/mm	滑块底面尺寸（前后×左右）/mm	工作台板尺寸（前后×左右）/mm
4000	130	2	50	400	15	660	400×620	660×640
8000	125	1.5	26	340	15	600	410×715	800×720
12500	120	2	25	400	15	780	640×750	1010×980
20000	200	3	18	620	15	1030	850×900	1300×1280

表2-7-17 Feintool-Osterwalder 精冲机技术规格

精冲机型号	GKP-FS25	GKP-F40	GKP-F100	GKP-F160	GKP-F250
总压力/kN	250	400	1000	1600	2500
压边力/kN	20~120	20~120	40~310	120~500	120~750
反顶力/kN	0.2~120	5~120	10~270	10~400	20~750
顶件力/kN	30	30	20~40	40~80	180
卸件力/kN	20~40	20~40	30~60	60~120	250
断料器剪力/kN	6	14	66	75	100
滑块行程/mm	25	45	50	61	61
齿圈行程/mm	8	8	8	10	15
顶件器行程/mm	7	7	14	14	14
探测行程/mm	6	4	5	5	6
行程次数/（次/min）	63~160	36~90	20~80	18~72	15~60
冲裁速度/（mm/s）	5~15	5~15	5~15	5~15	5~15
活动工作台高度/mm	100~170	110~180	140~220	194~274	—
固定工作台高度/mm	115~185	125~195	175~255	234~314	—
活动冲模模具组合工作台/mm	—	—	140~220	184~264	160~305
固定冲模模具组合工作台/mm	—	—	148~228	194~274	175~320
上工作台尺寸/mm	280×280	280×280	430×420	480×520	540×540
活动的下工作台尺寸/mm	280×300	280×300	430×420	480×520	—
固定的下工作台尺寸/mm	300×300	300×300	430×420	480×520	—
组合下工作台尺寸/mm	—	—	430×420	480×520	540×540
最大送料步距/mm	66	60	999.9	999.9	999.9
最小的条料长度/mm	920	980	1440	1540	1550
最大的条料宽度/mm	64	100	180	210	250
最大的材料厚度/mm	2	4	5	6	10
空气需要量/（m^3/h）	80	80	80	80	100

（续）

精冲机型号	GKP-FS25	GKP-F40	GKP-F100	GKP-F160	GKP-F250
油箱容量/L	80	80	200	200	250
总功率/kW	4.5	4.0	12.5	13	29
主电动机功率/kW	3.0	3.0	5.5	7.5	15
机床总重量/kg	3300	3300	6000	10200	16000

表 2-7-18 Feintool-SMG 液压式精冲机

技术指标＼型号	HFA250	HFA320	HFA630	HFA800	HFA1000	HFA1400	HFA2500
总力/kN	100～2500	180～3200	4000～6300	5000～8000	6500～10000	700～14000	700～25000
压边力/kN	100～1250	160～1600	320～3200	400～4000	500～5000	700～7000	700～12500
反压力/kN	100～1250	80～800	130～1300	200～2000	250～2500	350～3500	350～6300
最大行程次数/（次/min）	60	60	40	28	26	18	15
滑块行程/mm	30～80	30～80	30～100	30～100	30～100	30～100	30～100
压边柱塞行程/mm	30	30	40	40	40	40	40
反压柱塞行程/mm	30	30	40	40	40	40	40
冲裁速度/（mm/s）	3～40	3～50	3～45	3～50	3～50	4～22	4～22
上工作台模具安装面尺寸/mm	600×600	630×630	900×900	1000×1000	1100×1100	1200×1200	1500×1500
下工作台模具安装面尺寸/mm	600×600	630×960	900×1260	1000×1200	1100×1500	1200×1200	1500×1500
模具最大闭合高度/mm	380	380	400	450	450	600	800
模具最小闭合高度/mm	300	300	320	350	350	520	700
材料最大厚度/mm	15	16	16	16	16	20	40
材料最大宽度/mm	250	250	450	450	450	630	800
送料最大长度/mm	375	1～999.9	1～999.9	1～999.9	1～999.9	1～999.9	1～999.9
功率/kW	50	65	100	135	200	200	320
重量/t	12	14	27	38.5	48	69.5	90

表 2-7-19 Fine-O-Matic 液压精冲机

技术指数＼型号	FB-75	FB-150	FB-250	FB-450	FB-650
总压力/kN	750	1500	2500	4500	6500
冲裁力/kN	450	950	1750	3450	4950
压边力/kN	—	—	—	—	—
反压力/kN	—	—	—	—	—
冲裁速度/（mm/s）	14	14	14	14	14
行程次数/（次/min）	45	35	25	15	10
闭合高度/mm	355	355	355	507	610
工作台面/mm	457×457	610×610	762×762	915×915	1220×1220
机床功率/kW	25	30	40	80	120

表 2-7-20 AIDA 公司精冲机

技术指标＼型号	F-3/5	F-5/10	F-8/15	F-10/20	F-15/30	F-20/40	F-30/60
总压力/kN	500	1000	1500	2000	3000	4000	6000
压边力/kN	180	350	500	700	1000	1500	2000
反压力/kN	70	150	250	350	500	750	1000
行程次数/（次/min）	60～100	40～80	35～70	30～60	20～45	15～40	15～13
行程/mm	40	55	60	65	80	100	125

（续）

技术指标＼型号		F-3/5	F-5/10	F-8/15	F-10/20	F-15/30	F-20/40	F-30/60
模具闭合高度/mm	可调的	220	240	260	300	350	430	500
	固定的	235	255	275	320	370	450	520
闭合高度调节量/mm		40	50	60	65	80	80	100
模具尺寸（左右×前后）/mm		330×500	500×500	600×600	720×720	850×850	900×900	1000×1000
最大材料厚度/mm		4	5	6	6.5	8.5	10	12
最大材料宽度/mm		120	140	160	200	250	300	400
机床功率/kW		5.5	11	15	22	30	37	50

7.4.5 数控冲切及步冲压力机

数控冲切及步冲压力机是由计算机数控，并带有模具库的数控冲切及步冲，它不但能自动生产大型板料制件，而且还可利用步冲轮廓的特性，突破冲压加工离不开专用模具的概念，具有很大的通用性。目前已发展到带有激光切削，进一步降低了对于模具的依赖。主要用于大于 1m×1m 的大、中型平面制件的冲裁和较浅的打凸、开百叶窗及压肋等工艺。日本的天田、村田公司和德国的通快机械公司等生产的设备规格列于表 2-7-21。它们都是集冲切、步冲、成形和等离子切割于一体的通用数控压力机。

数控冲模回转头压力机是利用数控技术来进行板料的送进和定位以及选择模具，对需冲制零件上的各种形状和尺寸的孔实现分步骤地冲压，直至完成，能够实现高速、精密、自动化的生产。目前，它主要用于家电、仪表仪器、计算机、纺织机械等行业中的控制板、底板的生产，尤其适用于多品种的中、小批量或单件的板材冲压生产。其规格见表 2-7-22。

表 2-7-21　数控步冲压力机的技术规格

设备生产厂名	通快公司		天田公司		村田公司
设备型号	TRUMATIC225	TRUMATIC235	COMA506072	COMA505072	W-4560
公称压力/kN	250	250	500	500	450
冲压次数/（次/min）	110	220	300	300	220~150
最大加工范围/min	1000×2000	1000×2000	1525×3660	1270×3660	1524×3048
冲压能力 厚度 /mm	冲切、步冲	冲切、步冲	$t=6.35$	$t=6.35$	$t=9.5$，$\phi43$
冲压能力 孔径 /mm	$t=8$，$\phi105$	$t=6.4$，$\phi105$	$\phi120$	$\phi100$	$t=6$，$\phi121$
转台速度/（r/min）	—	—	30	30	30
最大进给速度/（m/min）	50~30	50~30	50	50	65~40
最多工位数/个	—	—	72	72	60
加工精度/mm	±0.1	±0.1	±0.15	±0.15	±0.15
压缩空气/MPa	60	60	57	57	57
电动机功率/kW	14	14	15	15	25
机床净重/kg	8500	8500	1800	1700	15400
机床外形尺寸/mm	5500×6350×2300（H）	5500×6350×2300（H）	4845×2370	3819×2400	5360×5466
数控控制轴/个	2（x，y）	2（x，y）	3（x，y，T）	3（x，y，T）	3（x，y，T）
最低程式增量（x，y，T 轴）/mm	0.01（x，y） —	0.01（x，y） —	0.01（x，y） 0.01°（T）	0.01（x，y） 0.01°（T）	0.01（x，y） 0.01°（T）
分散准确程度/mm	±0.03	±0.03	—	—	—

表 2-7-22　数控冲模回转头压力机技术规格

公称吨位/kN	300	600	1000	1500
滑块行程/mm	25	30	40	50
滑块行程次数/（次/min）	100	100	50	60
模具数量/个	20	32	30	32

（续）

模具中心到床身距离/mm		620	950	1300	1520
冲压板料尺寸	冲孔最大直径/mm	ϕ84	ϕ105	ϕ115	ϕ130
	最大厚度/mm	3	4	6.4	8
被加工板料尺寸前后×左右/mm		600×1200	900×1500	1300×2000	1500×2500
孔距间定位精度/mm		±0.1	±0.1	±0.1	±0.1
主电动机功率/kW		4	4	10	10

7.4.6 液压机

液压机与其他压力机相比，具有压力和速度可在较大范围内无级调节、动作灵活等优点，是金属成形和塑料成型中广泛应用的设备。它可以用于金属板料的成形加工、金属挤压和粉末冶金制品的压制等，也可用于热固性塑料压缩成型和传递成型。

液压机是施加静压作用的机器，靠液体静压力使工件变形，工作压力可以调整，容易获得大的压力和大的行程。

液压机通用特性代号见表2-7-23。液压机部分组型代号见表2-7-24。

液压双动拉深压力机在结构上设有内、外两个滑块，内滑块用于拉深，外滑块用于压边，并能方便地调整滑块的压边力。表2-7-25是部分双动薄板拉深液压机的主要参数，表2-7-26是Y32系列四柱式液压机主要技术参数，表2-7-27是四柱万能液压机的主要参数。

表2-7-23 液压机通用特性代号

通用特性	自动	单自动	数控	液压	缠绕结构	高速	精密	长行程或长杆	冷挤压	温热挤压
字母代号	Z	B	K	Y	R	G	M	C		W

表2-7-24 液压机部分组型代号

组　型	名　称	组　型	名　称
Y11	单臂式锻造液压机	Y32	四柱液压机
Y12	下拉式锻造液压机	Y33	四柱上移式液压机
Y13	正装式锻造液压机	Y41	单柱校正压装液压机
Y13	模锻液压机	Y54	绝缘材料板热压机
Y23	单动厚板冲压液压机	Y63	轻合金管材挤压液压机
Y24	双动厚板冲压液压机	Y71	塑料制品液压机
Y26	精密冲裁液压机	Y75	金刚石液压机
Y27	单动薄板冲压液压机	Y76	耐火砖液压机
Y28	双动薄板冲压液压机	Y77	碳极液压机
Y29	橡皮囊冲压液压机	Y78	磨料制品液压机
Y30	单柱液压机	Y79	粉末制品液压机
Y31	双柱液压机	Y98	模具研配液压机

表2-7-25 部分双动薄板拉深液压机的主要参数

名　称	单位	量　值			
		YA28-160	YA28-400A	YA28-500	YB28-630
总压力	MN	2.6	6.3	8.0	10.3
拉深压力	MN	1.6	4.0	3.15/5.0	6.3
压边压力	MN	1.0	2.5	3.0	4.0
液压垫压力	MN	—	1.5	4.0	2.5
顶出压力	MN	—	0.5	1.0	0.8
液体最大工作压强	MPa	25	25	25	25
拉深滑块行程	mm	850	1100	1000	1300
压边滑块行程	mm	550	1000	1000	1200
液压垫行程	mm	—	400	350	400

（续）

名　称	单位	量　值			
		YA28-160	YA28-400A	YA28-500	YB28-630
最大拉深深度	mm	250	400	320	—
拉深滑块距工作台面最大距离	mm	1130	1600	1600	2200
压边滑块距工作台面最大距离	mm	850	1600	1600	2200
工作台距地面距离	mm	800	650	500	200
拉深滑块尺寸　左右×前后	mm	870×720	1970×1250	2400×1400	2400×1400
工作台尺寸　左右×前后	mm	1400×1250	2500×1800	3000×2150	3200×2200
液压垫尺寸　左右×前后	mm	—	1630×1180	2260×1260	2300×1300
移动工作台最大移出距离	mm	—	1800	—	2200
机器外形尺寸 左右×前后×地面上高	mm	5080×2500×5336	7840×7020×6600	7250×3600×6200	8190×7450×7860
电动机总功率	kW	53	100	115.5	215
全机重量	kg	—	86800	75000	215000

表 2-7-26　Y32 系列四柱式液压机主要技术参数

型　号		单　位	Y32-6.3	Y32-10	Y32-16	Y32-25
公称力		kN	63	100	160	250
液体最大工作压力		MPa	16	13	13	20
闭合高度		mm	320	400	500	600
滑块最大行程		mm	200	350	350	350
滑块下行速度		m/s	35	50	48	48
滑块回程速度		m/s	95	130	95	95
工作台面尺寸		mm	400×300	400×320	400×320	400×320
电动机功率		kW	3	1.5	3	3
外形尺寸	长	mm	980	1000	1000	1030
	宽	mm	580	480	480	480
	高	mm	1675	2265	2265	2265
机器重量（约）		kg	600	920	1000	1000

表 2-7-27　四柱万能液压机

主要技术规格	型　号							
	Y32-50	YB32-63	Y32-100A	Y32-200	Y32-300	YA32-315	Y32-500	Y32-2000
公称压力/kN	500	630	1000	2000	3000	3150	5000	20000
滑块行程/mm	400	400	600	700	800	800	900	1200
顶出力/kN	75	95	165	300	300	630	1000	1000
工作台尺寸/mm（前后×左右×距地面高）	490×520×800	490×520×800	600×600×700	760×710×900	1140×1210×700	1160×1260	1400×1400	2400×2000
工作行程速度/(mm/s)	16	6	20	6	4.3	8	10	5
活动横梁至工作台最大距离/mm	600	600	850	1100	1240	1250	1500	800～2000
液体工作压力/MPa	2000	2500	2100	2000	2000	2500	2500	2600

7.5　冲压设备的选用要点

1. 设备类型的选择

冲压设备类型的选择首先要依据冲压件的生产批量、工艺方法与性质及冲压件的尺寸、形状与精度等要求来进行，可参考表 2-7-28 和表 2-7-29。

表 2-7-28　按生产批量选择设备

冲压件批量		设备类型	特　点	适用工序
小批量	薄板	通用机械压力机	速度快、生产效率高，质量较稳定	各种工序
	厚板	液压机	行程不固定，不会因超载而损坏设备	拉深、胀形、弯曲等

（续）

冲压件批量	设备类型	特　点	适用工序
大中批量	高速压力机	高效率	冲裁
	多工位自动压力机	高效率，消除了半成品堆储等问题	各种工序

表 2-7-29　按冲压件大小选择设备

零件大小	选用类型	特　点	适用工序
小型或中小型	开式机械压力机	有一定的精度和刚度；操作方便，价格低廉	分离及成形（深度浅的成形件）
大中型	闭式机械压力机	精度与刚度更高；结构紧凑、工作平稳	分离、成形（深度大的成形件及复合工序）

选择压力机类型时还应注意以下几点：

（1）压力机的运动特性要与冲压工序相适应　曲柄压力机生产率高，行程固定，施力行程小，在下死点附近才能达到公称力，其中开式压力机操作空间大，容易安装各种机械化附属装置，闭式压力机刚性好，精度高，它最适于冲裁也能进行弯曲、浅拉深、成形和冷挤压，但在料厚超差，较大面积校正和压印以及深拉深时有卡死或超负荷之虑。摩擦压力机生产率中等，行程不固定，力能随行程递增，最适于中、小零件的弯曲、压印、整形等，一般不用于拉深和冲裁。液压机生产率较低，行程可调，在任意位置都可发挥出公称力，对于施力行程很大的冲压工艺独具优越性，其中双动液压机适于弯曲、成形、挤压和校正。它们一般不适于进行冲裁工艺，但在采取可靠的减振措施后则可进行。

（2）考虑精度与刚度　压力机的精度、刚度要与冲模的精度、刚度相匹配，压力机的精度不得低于冲模的精度，而设备刚度是保证精度的必要条件。薄板冲压、精冲、精压、冷挤压等宜选用闭式压力机、精冲压力机、精压机、双动压力机或液压机等。

（3）要考虑技术上的先进性　需要采用先进技术进行冲压生产时，可以选择带有数字显示的、利用计算机操作的及具有数控加工装置的各类新设备。例如，对于断面要求特别光洁的冲压件（尤其是厚板冲压件），需要工艺先进和设备先进，则可选择精冲压力机甚至激光加工机。

（4）考虑生产现场的实际可能　如果目前没有较理想的设备供选择，则应该设法利用现有设备来完成工艺过程。比如，没有高速压力机而又希望实现自动化冲裁，可以在普通压力机上设计一套自动送料装置来实现。再如，一般不采用摩擦压力机来完成冲压加工工序，但是，在一定的条件下，有的工厂也用它来完成小批量的切断及某些成形工作。

2. 压力机规格的选择

在压力机的类型选定之后，应进一步根据变形力的大小、冲压件尺寸和模具尺寸来确定设备的规格。对曲柄压力机所要考虑的重要参数是：

（1）压力机的行程与模具的施力行程和开启高度相匹配　压力机的行程除了要大于模具的施力行程（冲压变形行程）外，还要达到上模在接触坯料前有足够的空间以积蓄能量（液压机除外）。滑块返回，模具开启后，上、下模之间的空间应能放进坯料、取出工件。当使用滚动导向装置或浮动模柄时，压力机行程应小于导套长度，以使模具开启后导向装置互不脱开。对于拉深工序所用的压力机行程，至少应保证：压力机行程 $s>2h$（h 为零件高度）。

（2）装配模具的相关尺寸　压力机的工作台面尺寸应大于模具的平面尺寸（一般是模具底板），还应有模具安装与固定的余地，但过大的余地对工作台受力不利；工作台面中间孔的尺寸要保证漏料或顺利安放模具顶出料装置；大吨位压力机滑块上应加工出燕尾槽（与压力机工作台板一样），用于固定模具，而一般开式压力机滑块上有模柄孔尺寸（直径×高度），为两件哈夫式夹紧模柄用。

（3）闭合高度　压力机的闭合高度要与模具的闭合高度相适应，两者的关系应符合：

$$H_{chmax}-5mm>H_m>H_{chmin}+10mm$$

式中　H_m——模具闭合高度（mm）；

H_{chmax}——压力机最大闭合高度（mm）；

H_{chmin}——压力机最小闭合高度（mm）。

由于考虑到希望以缩短的连杆工作和以后模具的修磨而使模具闭合高度减小，一般模具设计都接近于压力机的最大闭合高度。如果模具闭合高度过小，可在压力机台面上加放垫板。

（4）设备吨位　设备吨位大小的选择，首先应以冲压工艺所需要的变形力为前提，要求设备的公称压力要大于所需的变形力，而且，还要有一定的力量储备，以防压力机过载。超负荷有压力负荷、功率负荷和扭矩超负荷三种情况，它们都能造成压力机损坏，在计算压力时应增加安全系数，同时考虑设备运动过程中其他抗力作用。

从提高设备的工作刚度、冲压件的精度及延长设备寿命的观点出发，要求设备容量有较大剩余。最新的观点是使设备留有 40% ~30% 的余量，即只使用设备容量的 60% ~70%。还有的建议只使用设备容量的 50%，即取设备的吨位为工艺变形力的 2 倍。

上述设备吨位的选择原则，对于冲裁、弯曲等工序的实现已经不存在什么问题了。但对于拉深等成形工序，可能有时还不保险，因为拉深与冲裁不同，最大变形力不是发生在压力机公称压力的位置，而是发生在拉深成形过程的中前期，这时，虽然最大变形力小于压力机的公称压力，但最大变形力发生的位置却远离压力机公称压力位置而不太保险。于是，还要利用压力机的许用力-行程曲线进行选择。

拉深功比弯曲、冲裁功大很多，因此，有时还要校核一下拉深功和电动机的功率。倘若拉探变形功大于压力机的功率，虽然设备不一定会发生危险，但此时拉深进行不下去，冲压加工不能顺利地达到目的。

第8章　典型冲压自动送料装置

实现冲压生产的自动化，是提高冲压生产率、保证冲压安全生产的根本途径和措施。

冲压机械化、自动化的内容包括储（供）料、送料、取料（件）、制件的传输及废料的处理等环节。各环节所用的装置分别介绍如下。

8.1　储料装置

储（供）料装置的作用主要是为送料装置做准备工作。根据冲压生产所使用原材料的类型，储料装置主要包括卷料的储料装置、板料和条料的储料装置、二次加工小件的储料装置、选择和定向排列装置以及分离装置等。

8.1.1　卷料的储（供）料装置

根据卷料的宽度和重量的不同，供料装置的结构有所区别，有带动力装置和不带动力装置两种供料方式。下面是几种常见的卷料供料装置。

（1）卷料架　卷料架是保持卷料、分离卷料的一种简单装置，常用于较轻的卷料（或带料），料架的结构如图2-8-1所示。卷料被保持在轴中，并在垂直立起的十字柄中回转，靠架支承。

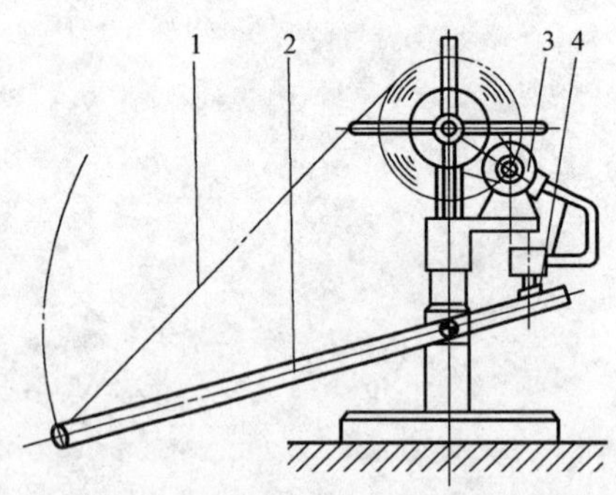

图2-8-1　用电动机展卷的卷料架

1—卷料　2—杠杆

3—电动机　4—限位开关

卷料架有不带动力和带动力两种，前者依靠送料装置（或矫平装置）的辊轴或夹钳的拉力来实现展卷；后者依靠展卷电动机，它可减轻送料或矫平装置的负担，能防止送料时卷料的滑移。为了防止展卷速度过快造成的材料下垂过量或展卷过慢造成的送料装置的负担，可采用一限位开关和一杠杆，以保证展卷速度与进给速度的协调。杠杆压在材料上，材料下垂到一定位置时，杠杆另一端接触限位开关，切断电路，电动机停止转动。当下垂的卷料逐渐提升到一定位置时，电路闭合，展卷重新开始。

（2）托架　托架是支撑中等重量卷料的一种装置，如图2-8-2所示。它是采用活动夹板的箱体结构。在箱体的侧面和底面适当地安置一些滚轮，用这些滚轮支承材料。滚轮和托架结成一体，通常托架上还附有矫平机构。送出材料的动力，是利用矫平机构的弹压辊与材料摩擦而产生的摩擦力。矫平机构由电动机驱动，卷料的供给控制采用限位传感器。

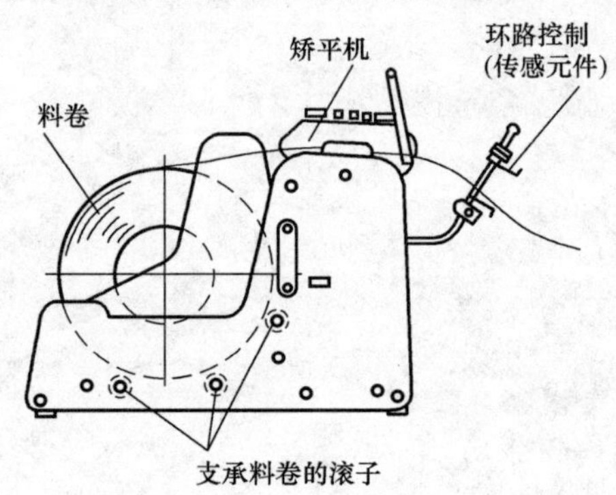

图2-8-2　托架结构示意图

这种装置的特点是卷料的装入简便，卷料的支承比较稳定，调节活动夹板，可适应不同宽度的卷料。不足之处是滚轮与卷料表面摩擦，卷料表面易擦伤。

托架亦有带动力和不带动力两种。不带动力的托架展卷依靠矫平装置的弹压辊与材料的摩擦产生的摩擦力来完成，矫平装置由电动机驱动；带动力的托架是依靠支承卷料的滚轮回转来实现展卷的，滚轮由电动机驱动，通过链条使几个滚轮同步。托架也可使用限位开关来控制电动机的起动与停止以协调展卷速度与进给速度。

（3）心轴型开卷机　开卷机是支承并且兼作展开大型卷料的装置，分为心轴式（图2-8-3）和锥体式（图2-8-4）两种。

心轴式开卷机的心轴在水平方向悬臂支承卷料，展卷依靠电动机。为保证展卷速度和送料速度的协调，在心轴的轴端设计一限位传感器，用它来控制放料和止动。在安放大型卷料时，可使用卷料车，这种

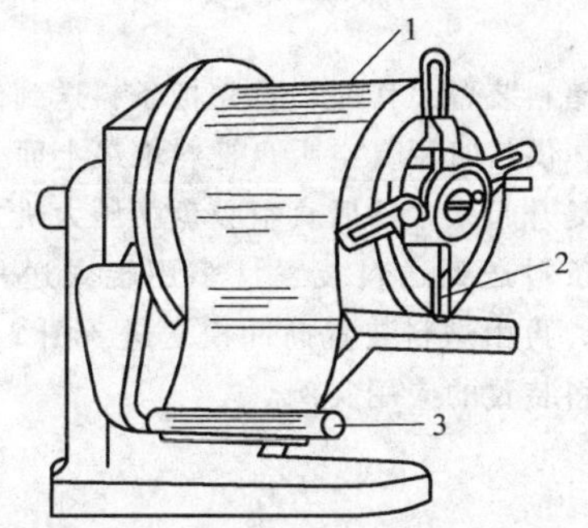

图 2-8-3　心轴式开卷机
1—料卷　2—心轴
3—限位传感器

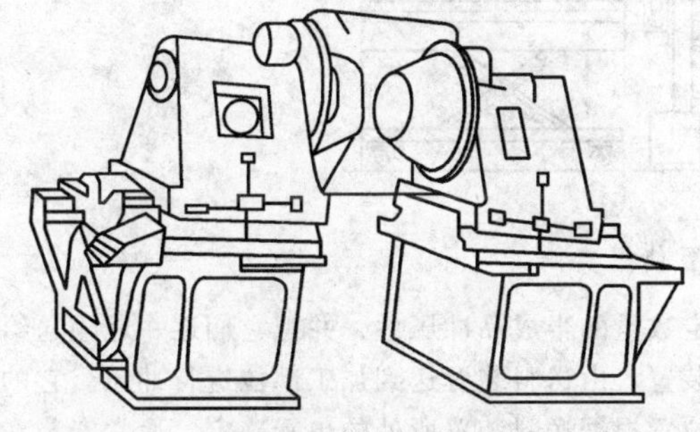

图 2-8-4　锥体式开卷机

卷料车上有一 V 形支承台，卷料以一稳定状态支承在台车上，卷料车的支承台可使用液压或其他方法上升或下降，并且平台上有一导轨，通过导轨可使大型卷料方便地装入心轴。

锥体式开卷机分为左、右两半，其上面均带有可移动的锥体心轴，大型卷料安放后，由左、右两锥体心轴导入卷料内孔，调整两锥体心轴的轴向距离，可将卷料固定。锥体式开卷机的特点是可适应多种不同内径的卷料，其开卷时的工作原理与心轴式开卷机相同。由于这类开卷机的机械部分较复杂，占地面积大，所以使用较少。

上述卷料架常与送料装置配合使用，注意应和送料装置之间要有一定的距离，以防电动机起动频繁而产生送料故障和影响送料进给精度。

为了控制展卷速度，还可以采用图 2-8-5 所示的装置。在储料装置与送料装置之间设立缓冲坑，在坑的前后壁上装有几组光敏管，根据卷料的下垂状态而自动调节展卷速度。

8.1.2　条料和板料的供料装置

条料和板料的供料过程是将成叠的材料堆放在储料架内，由吸料机构逐一将材料吸住，并通过提升装置，将材料提升、移送到指定位置、释放。这种装置可使材料直接落入送料机构，也可直接落在模具上，可采用真空或电磁吸附。

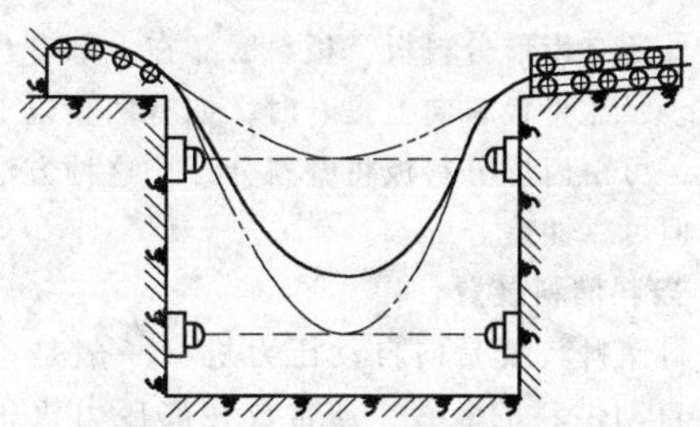

图 2-8-5　用光电控制的展卷速度调节

1. 板料储料装置

在进行板料自动送料时，先将板料堆积在储料装置的储料架内（两个料架交替使用），供料时，用真空吸盘吸住材料，经分离装置分页后提升起来，由移料机构送到润滑涂层装置对板料表面进行清洁并上油润滑后送到送料装置上，然后按一定的工作节拍送到压力机的工作位置进行冲压，见图 2-8-6。

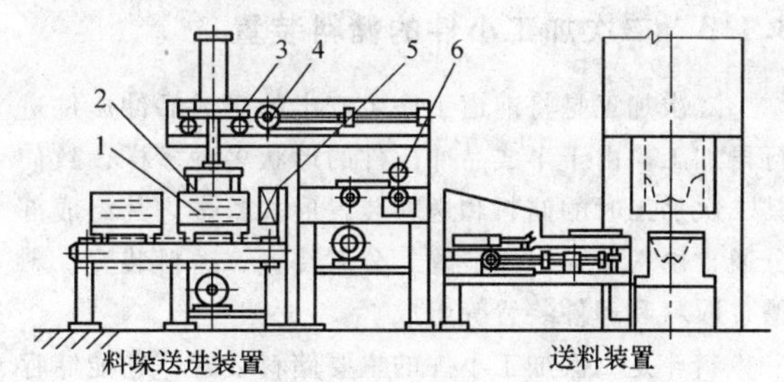

图 2-8-6　板料储料装置示意图
1—储料架　2—真空吸盘　3—真空吸盘机架　4—移料机构　5—磁力分离装置　6—上油装置

由于被吸材料需要保持在一定的高度，因此，在料架上应设置分次顶料机构，常见的有机械式顶料机构和液压式顶料机构两种。

在吸盘吸料时，为了防止吸上 2 张以上的板料，需采用分离装置来分页材料。常用的分离装置有两种形式。图 2-8-6 所示的电磁分离装置分页非常可靠，将电磁铁靠在板料一角的两侧（或一侧），电磁力使板料间相互排斥，产生间隙，间隙使表面一块容易脱离其他板料而被吸起。吸起板料的同时，真空吸盘受振动器驱动产生振动，以振落粘连的板料。当板料被提升到最上面位置时，板厚检测装置从侧面方向（与送料方向成 90°）移向板料，对板料作厚度检测，如所测厚度超过一块板厚，则发送信号使进给装置自动停车。

另外还有齿形分料板，板料紧靠在上部有齿的分料板上，吸盘将板料向上提升时，如有两页以上的材料被吸，可由齿形分料板将叠料分开，这种方法结构简单，但可靠性差。

2. 条料储料装置

条料储料装置是向自动压力机（一般是小型压力机）自动供料的装置，通常放在离压力机很近的地方。

条料储料装置工作时，首先把条料送到储料架内堆积起来，供料时用真空吸盘把料堆最上面的一根条料吸住并提升起来，然后真空吸盘朝压力机方向水平移动，将条料送到送料装置（多用辊式送料或夹持送料）上，再由送料装置向冲模送进。图 2-8-7 所示是条料储料装置的应用实例。

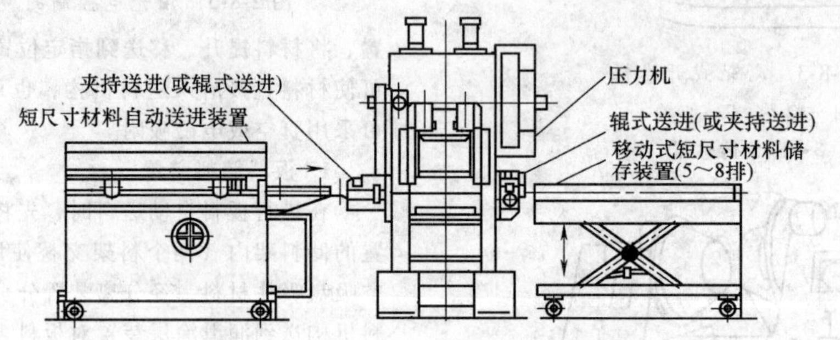

图 2-8-7 条料储料装置使用实例

8.1.3 二次加工小件的储料装置

二次加工是将前道工序生产出的半成品冲压件进行再加工。由于半成品冲压件的形状多种多样，致使其二次加工时的储料和送料装置形式繁多。其组成部分通常由料斗、定向装置、分离装置、送料装置、料槽、取料和理件装置等组成。

料斗是二次加工小件的主要储料装置，它能储存一定数量的半成品冲压件，并把它们逐一地输送给送料装置，由送料装置送到加工部位进行冲压。它的安装位置根据送料装置所处的位置确定，通常安装在送料装置的前上方。料斗的形状有圆筒形、盒子形和圆盘形等。

根据定向性能，料斗可分为定向料斗和非定向料斗两种。按结构原理特性，又有顶出式、水车式、转盘式和振动式等，各类储料装置见表 2-8-1。

表 2-8-1 二次加工小件的储料装置

序号	料斗形式		图例	工作原理
1	顶出式料斗	顶杆式料斗	1—拨杆 2—顶杆 3—料斗 4—止回销	具有定向性能，适用于杯形零件。零件在料斗中，顶杆在拨杆的作用下作上下往复运动。顶杆上升时，从零件中顶出，若零件口朝上便被顶杆顶开，口朝下则套入顶杆的上端，随顶杆上升推入料槽中。进入料槽时，顶开入口处的左、右止回销。当顶杆下退时，止回销挡住该零件，使之不随顶杆一起退下，半成品零件就由下至上被逐个推出

（续）

<table>
<tr><th>序号</th><th colspan="2">料斗形式</th><th>图　　例</th><th>工作原理</th></tr>
<tr><td>1</td><td>顶出式料斗</td><td>顶板式料斗</td><td>1—挡板　2—支承板　3—半成品零件　4—料斗
5—滑道盖板　6—顶板　7—连杆　8—出件槽　9—料槽</td><td>工作时，顶板在料斗中上下运动将半成品零件托起，被不断地送入出件槽中，然后沿出件槽倾斜的底面滚入料槽中。顶板式料斗具有定向性能，适用于小尺寸的圆块状零件</td></tr>
<tr><td rowspan="2">2</td><td colspan="2">水车式料斗（1）</td><td>1—车轮状转盘　2—轮齿　3—料槽</td><td>具有定向性能，适用于小杯形零件。杯形零件放在料斗中，车轮状转盘沿逆时针方向转动，其上的圆柱形轮齿在通过料斗时，拨动零件，使零件往车轮状转盘方向移动，同时使零件套在轮齿上被带出。套有零件的轮齿经过料槽底部的长孔时，零件被长孔的两侧边托住，轮齿则从零件中拔出，具有正确方位的零件沿料槽滑走</td></tr>
<tr><td colspan="2">水车式料斗（2）</td><td>1　2　3
工件</td><td>适合于冂形冲压件的水车式料斗，也是一种定向料斗</td></tr>
<tr><td>3</td><td>转盘式料斗</td><td>非定向转盘式料斗</td><td>1—料斗　2、7—弹簧　3—锥形套筒　4—轴　5—料槽
6—螺母　8—出料口　9—制件　10—锥齿轮　11—工件</td><td>制件的定向在料槽中完成，适用于小型的圆筒形拉深件。工作时，轴 4 带动锥形套筒 3 和弹簧 2、7 一起转动，搅动工件滚动，当底层的制件滚到出料口 8 时，就从出料口落到料槽中</td></tr>
</table>

（续）

序号	料斗形式		图例	工作原理
3	转盘式料斗	定向转盘式料斗	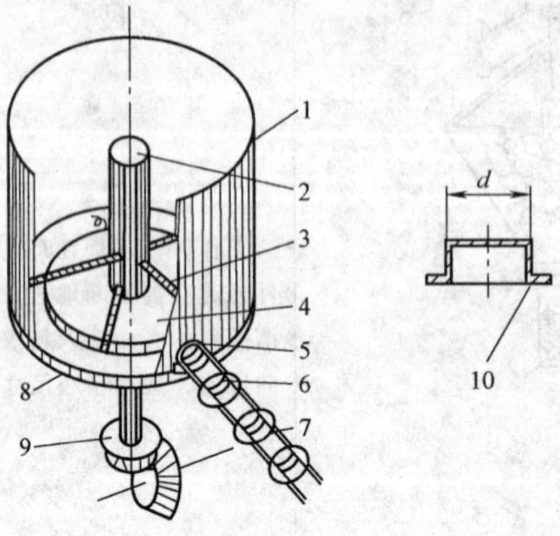 1—料斗　2—轴　3—弹簧　4—转盘　5—出料口 6—制件　7—料槽　8—料斗底盘　9—锥齿轮　10—工件	适用于小型带凸缘的拉深件。制件杂乱地放在料斗1内，当锥齿轮9带动弹簧3和转盘4一起转动时，制件被搅动，并按照一定方向移动。当制件在出料口边缘经过时，凸缘向下的制件通过出料口进入料槽7，方位不正确的制件只能从出料口边缘滑过
4	滚筒式料斗		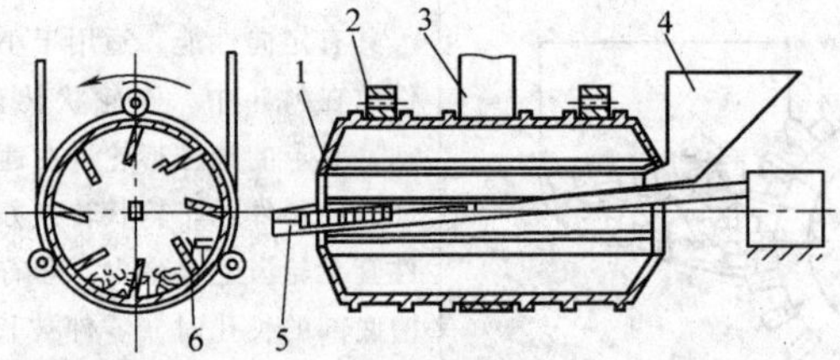 1—滚筒　2—支承辊　3—驱动带　4—装料口 5—接料杆（滑道）　6—叶片	定向料斗，适用于门形制件。制件由装料口进入滚筒。滚筒内壁装有叶片。滚筒转动时，叶片带着工件向上运动，运动到一定高度，叶片向下倾斜使制件向下滑落，落到接料杆5上的制件，如四边朝上就被碰落到滚筒下部，凹边朝下的就可能落在接料杆上。接料杆倾斜一定角度使骑在接料杆上的制件沿接料杆滑出
5	振动式料斗		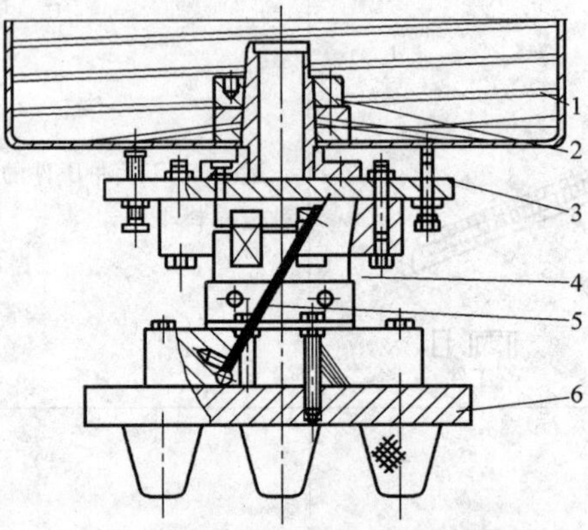 1—料斗　2—中心轴　3—托板 4—电磁铁　5—弹性支架　6—底座	利用电磁铁引起机械振动来进行工作。在周期性交变磁场的作用下，电磁铁4连同料斗1和制件一起作上下振动。料斗是用三片倾斜的弹簧片支承的，所以同时在圆周方向亦引起振动。二者的合成振动为螺旋形，其振幅约为几微米。随料斗的振动，制件沿螺旋滑道运动逐渐上升，经出口而进入料槽 撞击小，不易损伤制件表面，适用于小型冲压件

表2-8-2～表2-8-5是几种振动式料斗的技术参数。

表2-8-2　振动式料斗的技术参数（一）

制件最大长度/mm	10	15	20	30	20	30	45
制件最大容量/kg	1	4	6	12	6	12	20
电磁铁数量/个	1				3		
电　压/V	220						
电　流/A	0.068	0.114	0.181	0.272	0.272	0.364	0.60

（续）

功 率/W	15	25	40	60	60	85	150
制件最大移动速度/(m/min)	2~4	2~4	2~4	3~4	3~6	3~6	3~6
振动料斗重量/kg	2.9	7.3	10.2	38	17.5	63	142

表 2-8-3 振动式料斗的技术参数(二)

制件最大长度/mm	4	10	16	20	25	30	40	60	70
制件最大容量/kg	0.05	0.3	0.7	2.0	5.0	10	15	30	60
料斗直径/mm	60	100	160	200	250	315	400	500	630
总体高度/mm	110	190	205	320	330	410	440	640	665
电 压/V	220								
电 流/A	0.087	0.22	0.22	0.44	0.44	1.09	1.09	2.73	2.73
功 率/W	20	50	50	100	160	250	250	600	600
制件最大移动速度/(m/min)	0.5	1.0	2.0	3.0	4.0	5.0	6.0	8.0	10
总 重/kg	1.1	3.8	3.8	20.5	20.5	71.5	71.5	122	122

表 2-8-4 振动式料斗的技术参数(三)

料斗直径/mm	330	397	542	640	846
总体高度/mm	359	384	414	454	514
电 压/V	200	200	200	200	200
电 流/A	1.8	1.8	3.7	3.7	5.4
功 率/W	360	360	640	640	1080
制件最大移动速度/(m/min)	14	—	10	—	—

表 2-8-5 振动式料斗的技术参数(四)

料斗尺寸/mm	长 250	长 500	ϕ200	ϕ250	ϕ350	ϕ450	ϕ600
电 压/V	200	200	200	200	200	200	200
电 流/A	0.1	0.2	0.15	0.2	0.4	0.8	2.0
总 重/kg	2.2	10.0	7.8	16	30	56	85

8.1.4 定向装置

在料斗和送料装置之间设有料槽，制件从料斗中被推出后，经料槽进入送料装置。制件在进行再加工前，必须按照规定的方位通过送料装置传送到冲模上去冲压，要使制件在进入送料装置前便具有完全正确的方位，就需要使用定向装置。通常采用有定向机构的料斗来实现对制件的定向，也可以在料斗和料槽之间以及料槽中的定向机构上来实现。常见的定向装置见表 2-8-6。

表 2-8-6 常见的定向装置

序号	类型	图 例	工作原理
1	环形式定向装置	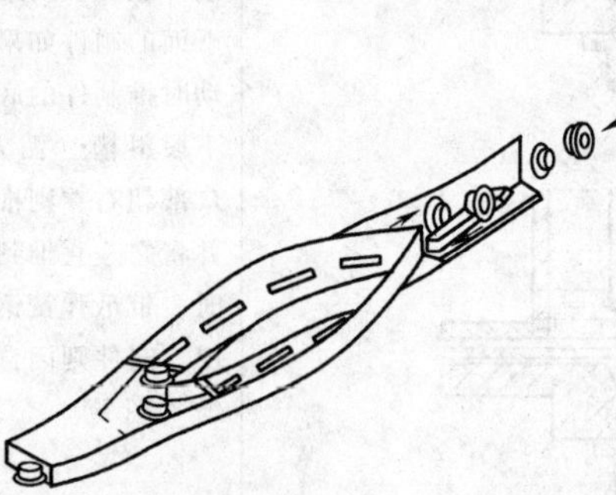	适用于带凸缘的拉深件。制件的定向是通过环形料槽来完成的，不同方位的制件进入该装置后，环形料槽使其分别滚入左右料槽内，制件从环形料槽出来时便具有同一方位进入后段料槽

（续）

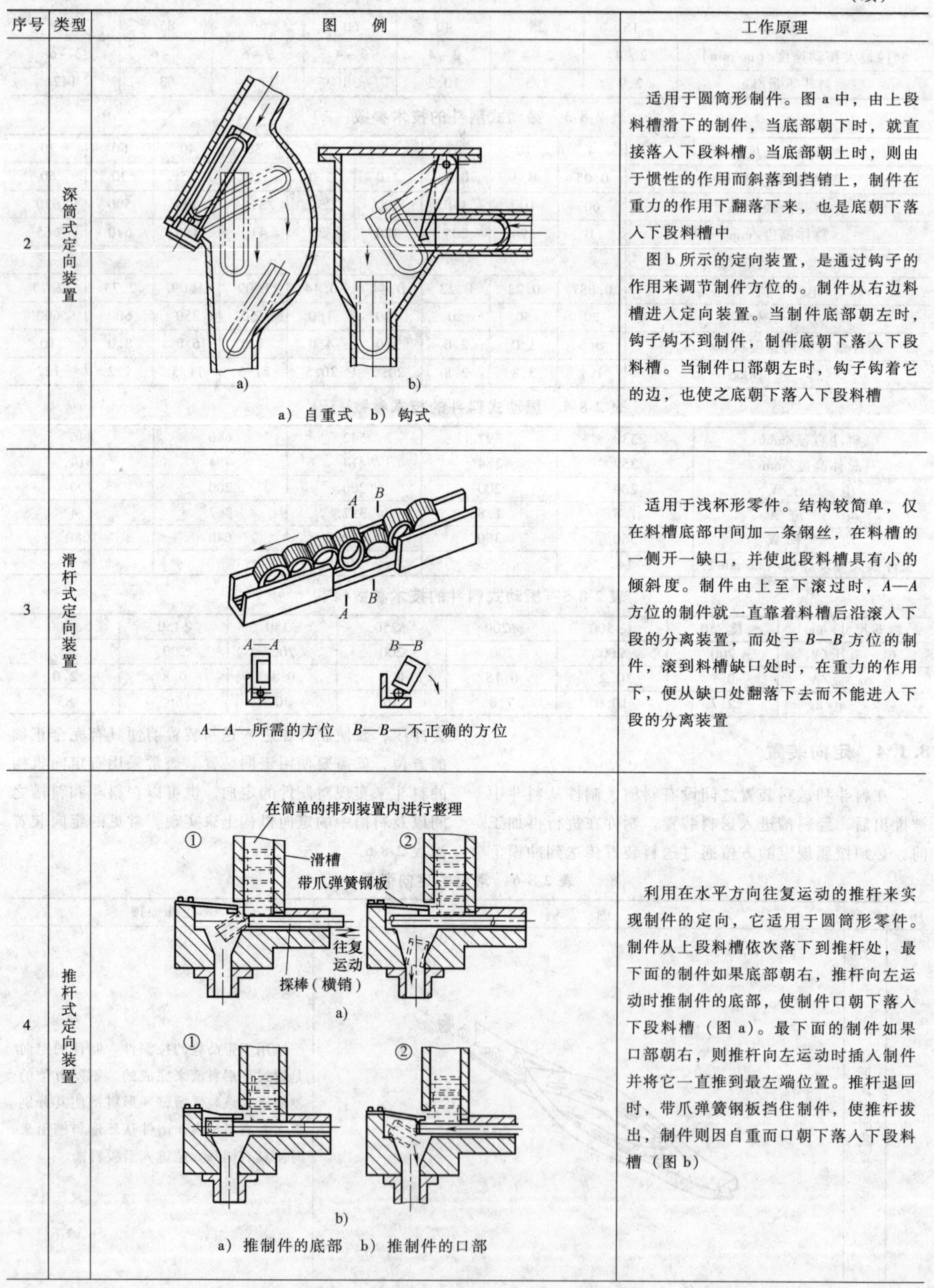

序号	类型	图　例	工作原理
2	深筒式定向装置	a）自重式　b）钩式	适用于圆筒形制件。图 a 中，由上段料槽滑下的制件，当底部朝下时，就直接落入下段料槽。当底部朝上时，则由于惯性的作用而斜落到挡销上，制件在重力的作用下翻落下来，也是底朝下落入下段料槽中 图 b 所示的定向装置，是通过钩子的作用来调节制件方位的。制件从右边料槽进入定向装置。当制件底部朝左时，钩子钩不到制件，制件底朝下落入下段料槽。当制件口部朝左时，钩子钩着它的边，也使之底朝下落入下段料槽
3	滑杆式定向装置	A—A—所需的方位　B—B—不正确的方位	适用于浅杯形零件。结构较简单，仅在料槽底部中间加一条钢丝，在料槽的一侧开一缺口，并使此段料槽具有小的倾斜度。制件由上至下滚过时，A—A 方位的制件就一直靠着料槽后沿滚入下段的分离装置，而处于 B—B 方位的制件，滚到料槽缺口处时，在重力的作用下，便从缺口处翻落下去而不能进入下段的分离装置
4	推杆式定向装置	a）推制件的底部　b）推制件的口部	利用在水平方向往复运动的推杆来实现制件的定向，它适用于圆筒形零件。制件从上段料槽依次落下到推杆处，最下面的制件如果底部朝右，推杆向左运动时推制件的底部，使制件口朝下落入下段料槽（图 a）。最下面的制件如果口部朝右，则推杆向左运动时插入制件并将它一直推到最左端位置。推杆退回时，带爪弹簧钢板挡住制件，使推杆拔出，制件则因自重而口朝下落入下段料槽（图 b）

（续）

序号	类型	图　例	工作原理
5	振动式定向装置	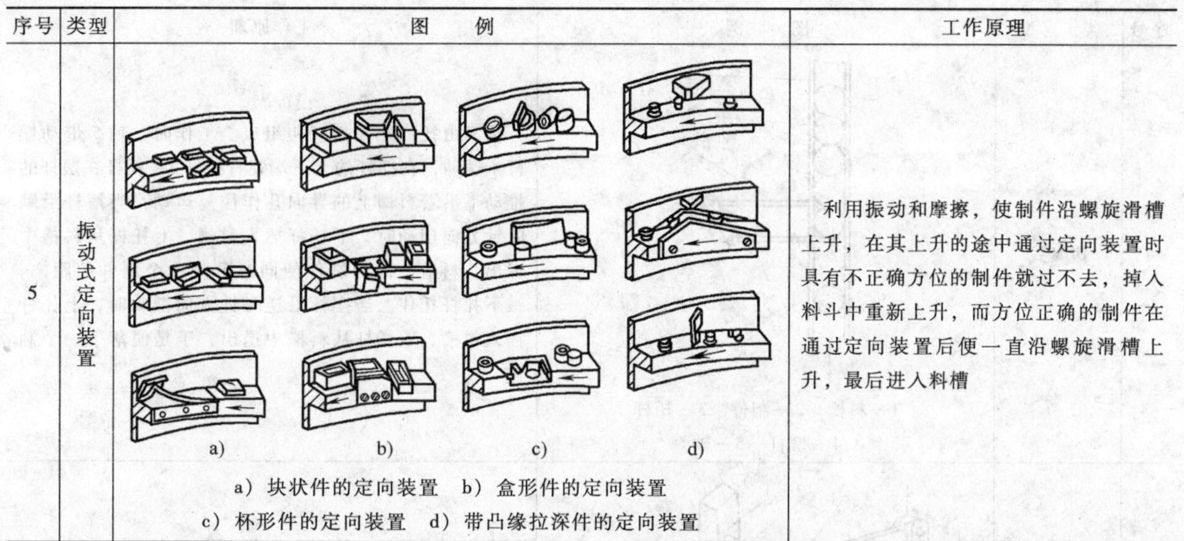 a)　b)　c)　d) a）块状件的定向装置　b）盒形件的定向装置 c）杯形件的定向装置　d）带凸缘拉深件的定向装置	利用振动和摩擦，使制件沿螺旋滑槽上升，在其上升的途中通过定向装置时具有不正确方位的制件就过不去，掉入料斗中重新上升，而方位正确的制件在通过定向装置后便一直沿螺旋滑槽上升，最后进入料槽

8.1.5　分离装置

半成品零件在料斗或定向装置中定向后连续不断地被推出，经料槽输送到送料装置，而送料装置却是按照压力机的工作节拍间歇性地送进。为了使供料与送进同步，即保证压力机每冲压一次后，料槽只输送一个制件给送料装置，因此需要设置一个分离装置（分配装置）将连续供给的制件分开，间歇地输送给送料装置。常用的分离装置见表 2-8-7。

表 2-8-7　分离装置

序号	类　型	图　例	工作原理
1	卡钳式	1—连杆　2—卡钳　3—轴　4—制件	工作时，连杆 1 带动卡钳 2 绕 O 点摆动，卡钳向左摆时，沿料槽滑下一个制件，卡钳向右摆时，料槽上部的制件滑到钳口右边被挡住，等待下一次分离
2	闸门式		在倾斜的料槽中设置一个摆动的闸门，连杆带动闸门摆动时，闸门插入两个紧挨着的制件之间，将制件分离，同时给正被送进的制件一个加速度
3	弹簧钳口式	滑槽或料斗 弹簧钳口 卡钩或爪 传送带或推进器	在倾斜的料槽出口处设置一个弹簧钳口，挡住制件使之不能滑出料槽。在送料装置或输送装置上设置一些卡钩，钩住制件的内孔或边缘。强制性地使制件从弹簧钳口脱落下来

（续）

序号	类　型	图　例	工作原理
4	拨叉式	1—料槽　2—制件　3—托杆 4—摆杆　5—轴	拨叉由托杆 3 和摆杆 4 组成。工作时，轴 5 带动摆杆 4 摆动，在摆杆的上下端装有托杆 3，托杆在摆杆的推动下沿着料槽上的导向孔作往复运动：当摆杆沿顺时针方向摆动时，下托杆插入料槽，上托杆从料槽中退出，料槽上部的制件便同时下降一个制件的距离，被下托杆托住。当摆杆沿逆时针方向摆动时，上托杆插入料槽，下托杆从料槽中退出，于是便落下一个制件
5	挡板式	1—轴承　2—轴　3—摆杆　4—连杆 5—料槽　6、8—挡板　7—制件	由连杆、摆杆、轴和扇形挡板等零件组成。连杆 4 带动摆杆 3 向上摆动时，挡板 6 离开制件向后摆出，而挡板 8 则摆进料槽的上方挡住制件，原在两挡板之间的制件便沿料槽滑下。当挡板 6 摆回料槽时，挡板 8 摆出料槽，于是料槽上端的制件便可前进一个制件的距离，直到被挡板 6 挡住为止。挡板每往复摆动一次可送出一个制件
6	柱塞式	梭式柱塞或柱塞 圆筒滑道或料斗	用往复运动的柱塞把堆积在料斗或料槽内已定向的制件从料斗或料槽下方推出进行分离。如果把柱塞的往复行程延伸到冲模上，则该装置不仅起分离作用，而且也可作为二次加工的送料装置使用
7	轮式	1—制件　2—料槽　3—转轮	装在料槽中的转轮 3 作间歇转动，压力机每完成一次冲程，转轮转过一个齿，分离出一个制件
	轮式（鼓轮）	滑槽或料斗	轮式分离装置的变型，它们是采用一些凹槽或孔洞来代替轮齿分离制件，其工作原理与轮式分离装置相同

（续）

序号	类　型	图　例	工作原理
7	轮式（转盘）	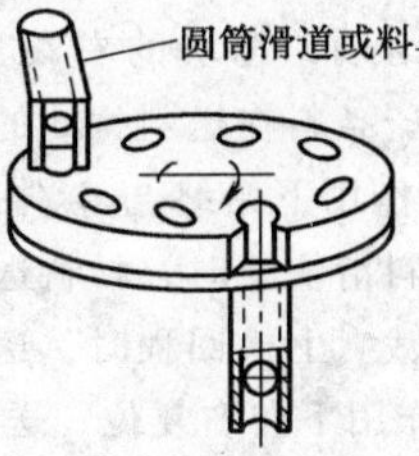 圆筒滑道或料斗	
8	分流式	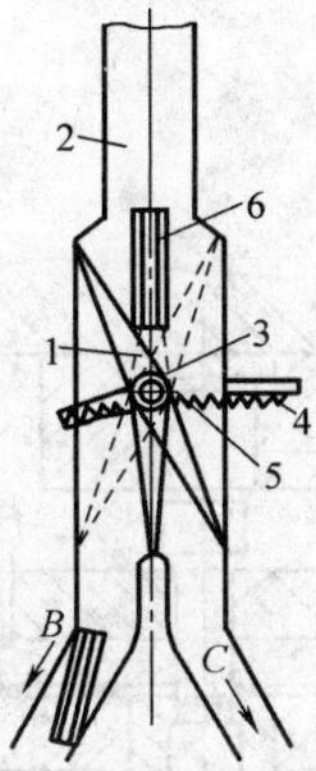 1—摆片　2—料槽　3—小轴　4—销　5—弹簧　6—制件	当一个料斗同时向两台压力机供料时，使用分流式分离装置可以等量匀匀地供料。工作时，分离装置依靠摆片的左右摆动，可以均匀地将制件分配到料槽的两个通道

8.1.6　料槽

料槽是制件运动的通道，料槽的断面形状有圆形、V 形、U 形和开缝形等，其尺寸见表 2-8-8。

表 2-8-8　料槽的截面尺寸

料槽形式	截面形状	尺寸计算
V 形	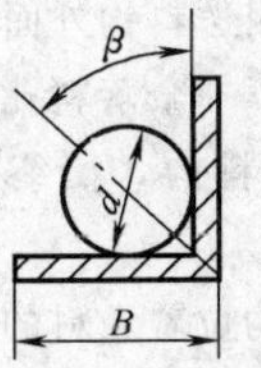	$\beta=45°$ $B=(0.7\sim0.8)\ d$
U 形	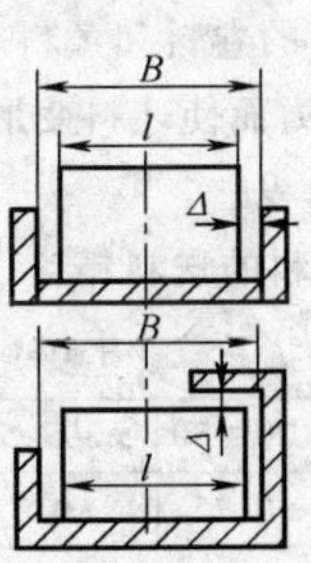	$B=l+2\Delta$ 式中　Δ——间隙值，取 $\Delta=1\sim2$mm l——毛坯长度（包括公差，即按最大极限尺寸）

（续）

料槽形式	截面形状	尺寸计算
开缝形	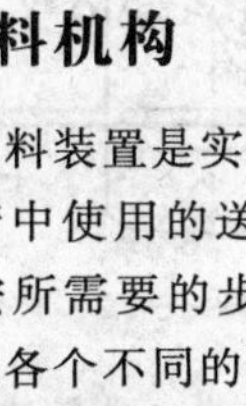	$1.1d<S<0.8D$

8.2　送料机构

自动送料装置是实现自动冲压生产的基本机构。在冲压生产中使用的送料装置，是将原材料（钢带或线材）按所需要的步距，将材料正确地送入模具工作面，在各个不同的冲压工位完成预先设定的冲压工序。根据所送坯料的不同，送料装置可分为条料、卷料和板料送料装置和半成品送料装置两大类。常用的自动送料装置有：钩式送料装置、辊式送料装置、夹持式送料装置等。目前辊式送料装置和夹持式送料装置已经形成了一种标准化的冲压自动化周边设备。

8.2.1　条料、卷料和板料送料装置

按与坯料直接接触部分的结构特点，可将送料装置分为钩式送料装置、辊式送料装置、夹持式送料装置和排样式送料装置等。

1. 钩式送料装置

钩式送料装置是条料、卷料送料装置中结构最简单的一种，压力机滑块或上模带动送料钩作往复运动。

钩式送料装置的基本类型有斜楔传动式和连杆传动式两种。

图2-8-8所示为由上模驱动的斜楔传动式送料装置结构。斜楔2紧固在上模座1上，当上模带动斜楔向下移动时，斜楔2推动滑块3在T形导轨板10内向左滑动，滑块的右端用圆柱销12连接送料钩6，卷料、条料在送料钩6的带动下向左送进，它在簧片11的作用下始终与卷料接触。当斜楔的斜面完全进入送料滑块3时，材料送进完毕，上模继续下行以进行冲裁。上模回程时，送料滑块及送料钩在复位弹簧5的作用下向右复位，送料钩滑起进入材料的下一个料孔，而条料或卷料在压料簧片8的压力作用下不往后退。

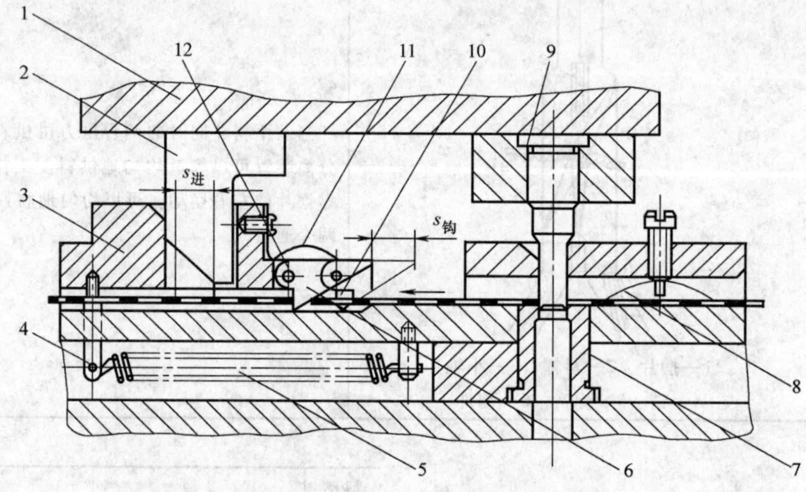

图2-8-8　斜楔传动式钩式送料装置

1—上模座　2—斜楔　3—滑块　4—螺钉　5—复位弹簧　6—送料钩　7—凹模　8—压料簧片　9—凸模　10—T形导轨板　11—簧片　12—圆柱销

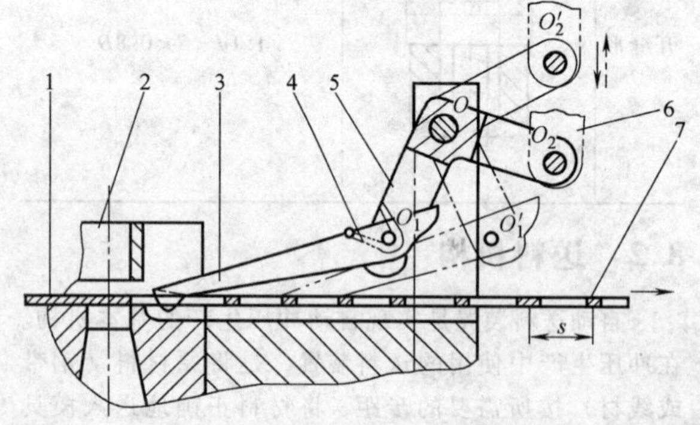

图2-8-9　连杆传动式钩式送料装置

1—坯料　2—下模　3—送料钩　4—弹簧　5—角杠杆　6—连杆　7—废料

图2-8-9所示送料装置是由压力机滑块带动来工作的连杆传动式钩式送料装置，角杠杆5铰接于机架O点，两端分别与连杆6和送料钩3铰接。当连杆6由滑块带动作上下运动时，送料钩3头部就作往复运动。向右移动时，钩住废料搭边将废料7向右拉动一个步距，完成送料，返程时因送料钩外面为圆弧和斜面，即向左滑过搭边，进入下一个落料孔，准备下次送进。弹簧4的作用是使送料钩3始终靠在坯料1上。

由于钩式送料是用送料钩拉着卷料的搭边进行送料，因此只适用于料厚大于0.5mm，宽度在100mm以下，搭边宽度大于1.5mm的卷料和条料。

钩式送料常因搭边受拉力而使坯料变形，影响送料精度，其送料精度见表2-8-9。

表2-8-9　钩式送料的送料精度

（单位：mm）

送料进距	≤10	>10~20	>20~30	>30~50	>50~75
送料精度	±0.15	±0.2	±0.25	±0.3	±0.5

钩式送料装置的工作周期如图2-8-10所示，冲压

角和脱模角一般各为 30°左右。

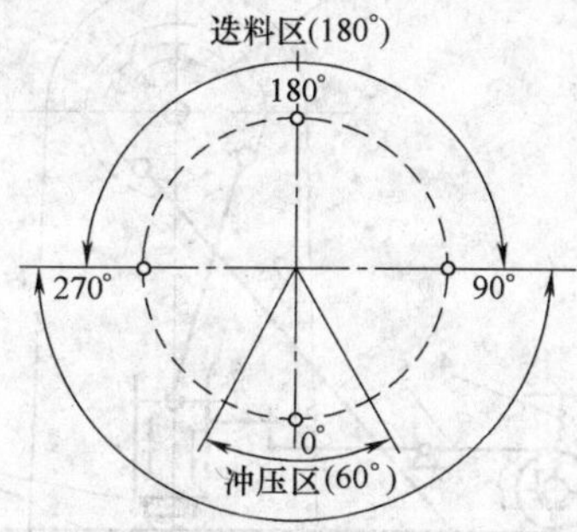

图 2-8-10　钩式送料装置的工作周期图

2. 辊式送料装置

辊式送料装置是各种送料装置中使用最广泛的一种，既可用于卷料，又可用于条料。

（1）辊式送料装置的类型　按辊轴安装形式，辊式送料有立辊和卧辊之分，生产中用得最多的是卧辊，卧辊又有单边辊式送料和双边辊式送料两种。立辊和单边卧辊送料机构结构和调整简单，占地面积小。

立辊式送料装置如图 2-8-11 所示，坯料通过辊轮 4、9 送进。安装在曲轴端部的可调偏心轮 1，通过拉杆 2 带动摇杆 3 作来回摆动，形成一个曲柄摇杆机构。摇杆的下端与齿条 6 铰接并带动齿轮 5，齿轮中装有超越离合器 7，辊轮 4 通过超越离合器和齿轮相连。由于超越离合器的性能，使辊轮只能单向旋转并带动条料前进，实现自动送料。

立辊式送料装置高度尺寸小，送料时辊轮夹持坯料侧面，不会损伤坯料表面，一般用于厚料的冲压自动化生产。

卧辊式送料装置分单边辊式和双边辊式两种。单边卧辊式一般是推式，双边卧辊式则是一推一拉式的。

单边推式卧辊送料装置如图 2-8-12 所示，安装在曲轴端部的可调偏心轮 1 通过拉杆 3 带动棘爪作来回摆动。间歇推动棘轮 4 旋转。由于辊轴与棘轮装在同一轴上，故产生间歇送料。冲压后的废料由卷筒 7 卷起。该装置的辊子安装在模具之前，坯料受辊子推动而被送入模具，若坯料刚度较小则易发生弯曲现象。因此，单边推式卧辊送料装置主要用于料较厚（≥0.5mm）、辊子和模具之间距离较小（≤500 ~ 700mm）的场合。否则应在辊子和模具之间设置良好的导向装置。

图 2-8-13 所示为一种在开式压力机上采用的单边卧辊送料装置结构简图，送料辊 2 和 3 固定在压力

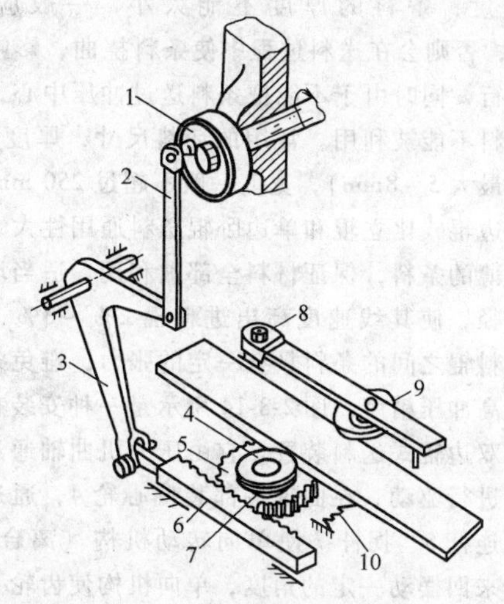

图 2-8-11　立辊式送料装置示意图
1—偏心轮　2—拉杆　3—摇杆　4、9—辊轮
5—齿轮　6—齿条　7—超越离合器
8—支点　10—弹簧

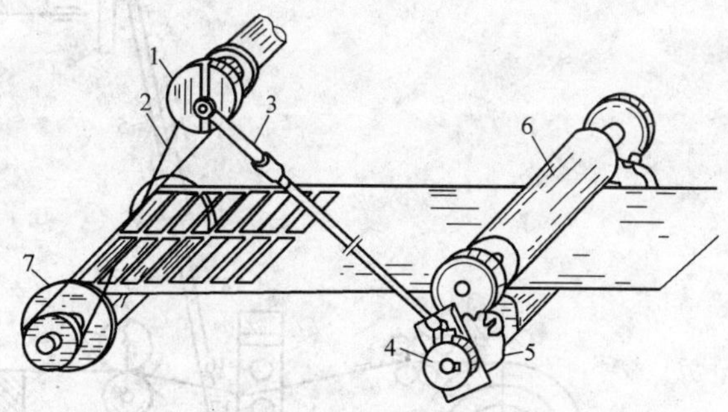

图 2-8-12　单边推式卧辊送料装置
1—偏心轮　2—带传动　3—拉杆　4—棘轮
5—齿轮　6—辊轴　7—卷筒

机工作台上，在连杆 7、偏心轮 8 和单向离合器 1 等的驱动下，送料辊 2 作周期性的转动，按照一定的速度间歇地把条料送进。上送料辊 3 除转动外，可以竖向移动，送料时利用弹簧 4 的力量紧紧压在条料和下送料辊上，当插入条料时，用特备的手柄将上送料辊抬起。为避免由于条料上张力的影响损坏模具，在冲压开始前，可借助于装在冲头支臂上的调节杆 6 和杠杆 5 把上送料辊抬起，使压在两辊之间的条料松开。这样也有利于用定位销将条料精确定位和有利于对条料进行拉紧。

单边卧辊一般是推式的，少数采用拉式，因为用拉式送料时，为了保证废料有一定的拉力，常常要增加搭边尺寸，且冲压废料表面不规则并带有毛刺，影响送料精度。当采用推式送料时，要求条料必须有一

定的刚度，条料的厚度不能太小，一般应大于0.3mm，否则会在送料过程中使条料挠曲，影响送料顺利进行，同时由于不能把条料送过冲压中心，有一小段条料不能被利用。常用的坯料尺寸，厚度0.3～2mm（最大5～8mm），宽度一般不超过250 mm。

双边辊式比立辊和单边卧辊送料通用性大，能应用于更薄的条料，保证材料全部被利用。适当增大出料辊直径，使其线速度高出进料辊2%～3%，可使两对送料辊之间的条料具有一定的张力，避免条料挠曲，提高冲压精度。图2-8-14所示是一种安装在压力机上的双边辊式送料装置。它由压力机曲轴通过一些杆机构进行驱动，在曲轴端部装偏心轮4，通过可以调节的连杆5、拐杆7使单向转动机构（离合器）6的外壳来回摆动一定的角度，单向机构使齿轮8和左送料辊3产生间隙性的转动，上送料辊是靠弹簧压在下送料辊上，由于送料辊与带料之间摩擦力的作用，使送料辊夹持卷料1向前移动一段送进距离。

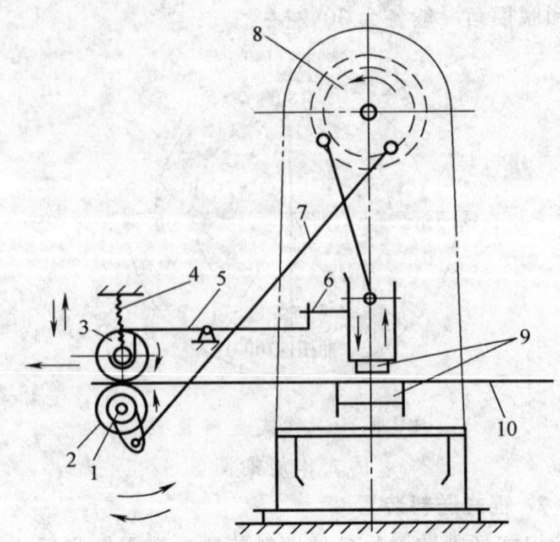

图2-8-13　单边辊轴送料装置简图
1—单向离合器　2、3—送料辊　4—弹簧　5—杠杆　6—调节杆　7—连杆　8—偏心轮　9—模具　10—坯料

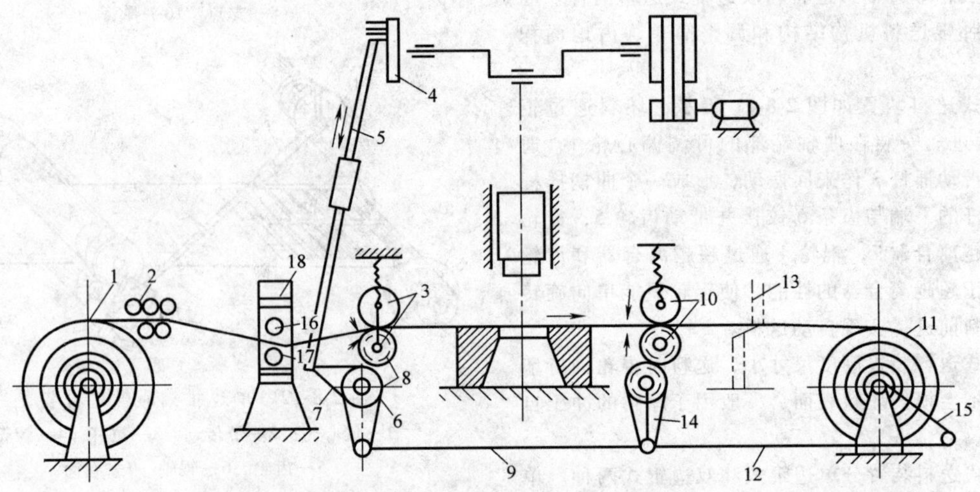

图2-8-14　双边辊轴送料装置简图
1—卷料　2—校直辊　3—左送料辊　4—偏心轮　5、9、12—连杆　6、14—单向离合器　7—拐杆　8—齿轮　9—右送料辊　11—废料卷　13—废料刀　15—杆　16、17—微动开关　18—支架

（2）辊式送料装置主要工作零件

1）辊子。辊子是辊式送料装置的主要工作零件。在送料过程中，辊子直接与坯料接触，其表面应具有较高的耐磨性和良好的几何形状及尺寸精度。

辊子结构如图2-8-15所示。当辊子直径$d \leqslant 100$mm时，宜采用实心辊；辊子直径$d > 100$mm时，采用空心辊。

辊子材料一般为45钢，热处理后的硬度为48～52HRC。表面镀铬可提高耐磨性。

辊子直径按下式计算：

$$d_1 = 360 s_2 / \pi\alpha$$

式中　d_1——下辊直径（mm）；

s_2——送料步距（mm）；

α——下辊转角（°），一般$\alpha < 100°$。

通常，上下辊直径相等。若直径不等应满足下列关系：

$$\frac{d_1}{d_2} = \frac{n_2}{n_1} = \frac{z_1}{z_2}$$

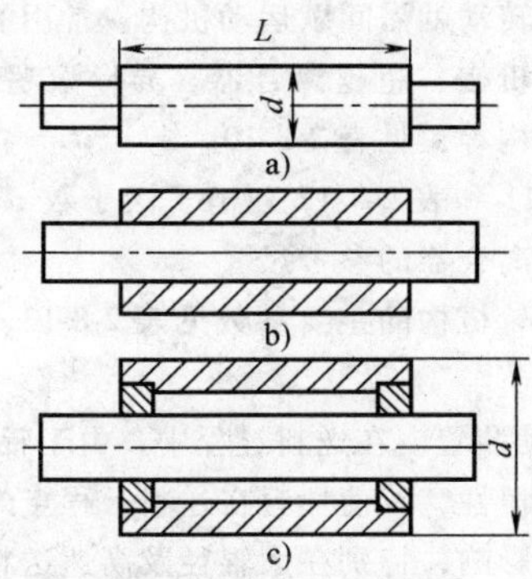

图 2-8-15　辊子结构

a）实心辊　b）轴套式辊

c）空心辊

式中　d_2——上辊直径（mm）；

n_1——下辊转速（r/min）；

n_2——上辊转速（r/min）；

z_1——下辊传动齿轮齿数；

z_2——上辊传动齿轮齿数。

辊子长度一般取

$$L = B + (10 \sim 20)\text{mm}$$

式中　L——辊子长度（mm）；

B——板料、条料宽度（mm）。

2）压紧装置。辊式送料借助于辊子和坯料之间的摩擦力实现。为了防止在送料过程中辊子与坯料间产生相对滑动，影响送料精度，故而应设置压紧装置。图 2-8-16 是压紧装置示意图。

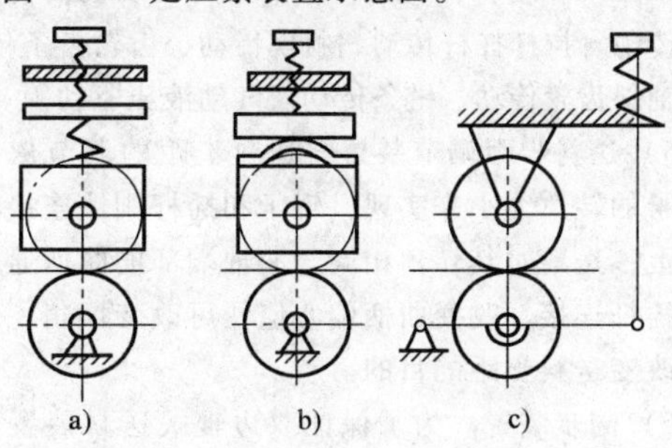

图 2-8-16　压紧装置

a）螺旋弹簧式　b）板簧式

c）弹簧杠杆式

3）抬辊装置。为了保证辊式送料装置的送料精度，通常在模具中设置导正销，在上、下模接触前对坯料的位置进行导正。因此在送料装置中设置抬辊装置，其作用是将上辊向上稍抬起，将坯料松开。常见的抬辊装置有以下几种：

①　撞杆式抬辊装置。

②　气动式抬辊装置。

③　偏心式抬辊装置。

④　斜楔式抬辊装置。

⑤　凸轮式抬辊装置。

图 2-8-17 是五种抬辊装置的原理图。

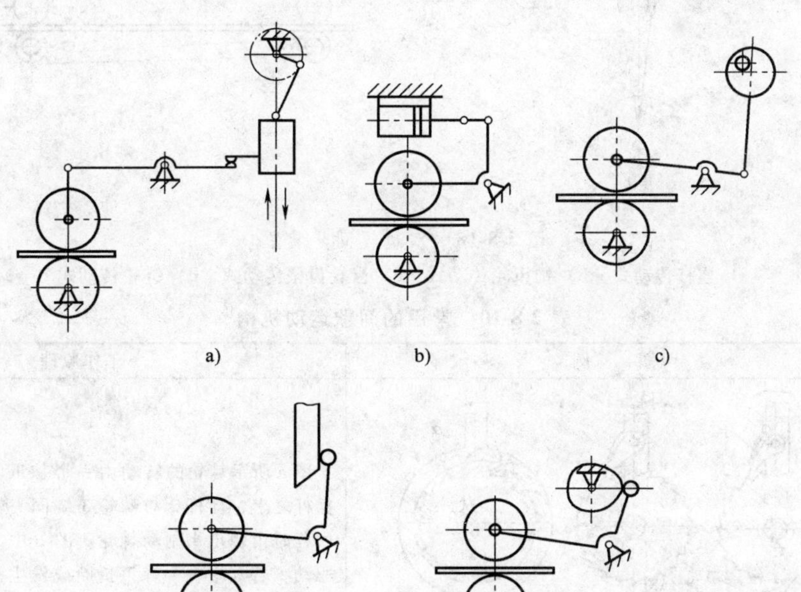

图 2-8-17　抬辊装置原理图

a）撞杆式　b）气动式　c）偏心式　d）斜楔式　e）凸轮式

4）驱动机构。辊式送料装置的驱动方式有压力机曲轴驱动和滑块驱动两种。常见的驱动机构有曲柄摇杆传动、拉杆杠杆传动、斜楔传动、齿轮齿条传动、交错轴斜齿轮传动、链条传动及气动液压驱动等。

5）送料步距调节装置。送料步距的调节依靠改变辊子的转角大小来实现，辊子和摇杆刚性连接在同一轴上，送料时其转角相同。曲轴端部的曲柄通过拉杆和摇杆连接，改变曲柄偏心值便可改变摆角，从而达到改变送料步距的目的。

6）同步装置。为了保证双边辊式送料装置两对辊子工作协调，坯料在送进过程中不产生弯曲或过大的张力，在两对辊子之间应装有同步装置。图 2-8-18 是几种常用的同步装置。

7）间歇运动机构。辊式送料装置由压力机的曲轴或滑块驱动。要将曲轴或滑块的连续运动转化为送料辊的间歇转动就需间歇运动机构。常用的间歇运动机构有棘轮机构、超越离合器、异形滚超越离合器、蜗形凸轮机构等，见表 2-8-10。

表 2-8-11 和表 2-8-12 列出了滚子数 $z=3$ 及 5 时的普通超越离合器的参考尺寸。

蜗形凸轮机构的主要参数见表 2-8-13，符号如图 2-8-19 所示。

8）制动装置。在送料过程中，由于辊子、坯料、传动系统的惯性，致使坯料在送料行程点处的定位精度受到很大影响，特别在大辊径及高速送料情况下更为显著。故应在辊轴端部装设制动器。

制动器的结构形式以闸瓦式应用较多，如图 2-8-20 所示，其结构简单，容易加工装配。缺点是长期处于制动状态，摩擦损失较大。常用的摩擦材料有石棉或铸铁。其他的制动器有带式和气动式。

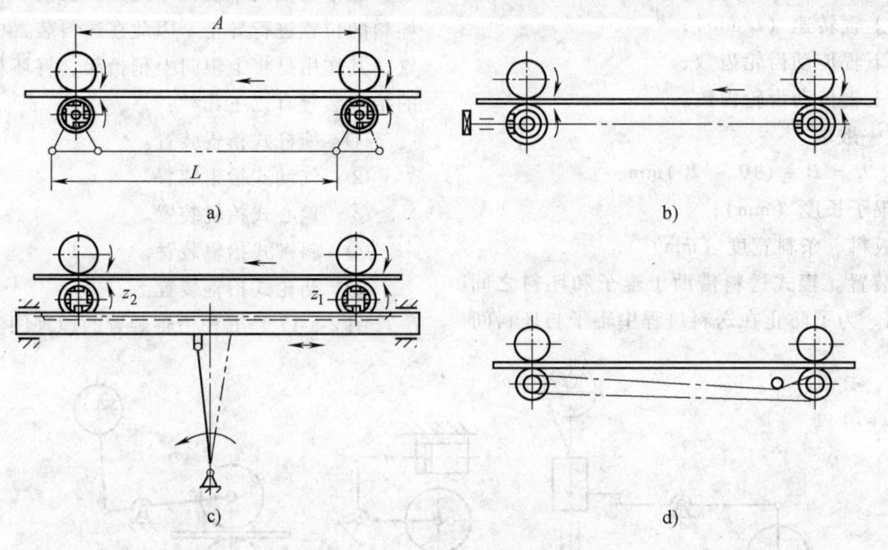

图 2-8-18　双边辊同步装置
a）连杆传动式　b）锥齿轮传动式　c）齿轮齿条传动式　d）链轮传动式

表 2-8-10　常用的间歇运动机构

序号	类型	图　例	工作原理
1	棘轮机构	1 2 3 4 α a) b) c) a）单棘轮　b）双棘轮　c）多棘轮 1、4—棘爪　2—摇杆　3—棘轮	图 a 所示棘轮的转动由一个棘爪驱动，棘爪 1 装在摇杆之上，摇杆 2 与棘轮 3 绕同一轴自由转动，摇杆回程时由棘爪 4 制动棘轮。图 b 中，棘轮由两个棘爪驱动，若其中一个棘爪折断或发生溜滑，棘轮仍可继续工作。由于载荷由两个棘爪分担，因此减少了磨损，延长了使用寿命。图 c 为多爪棘轮，应用于送料进距较小的场合

（续）

序号	类型	图　例	工作原理
2	超越离合器	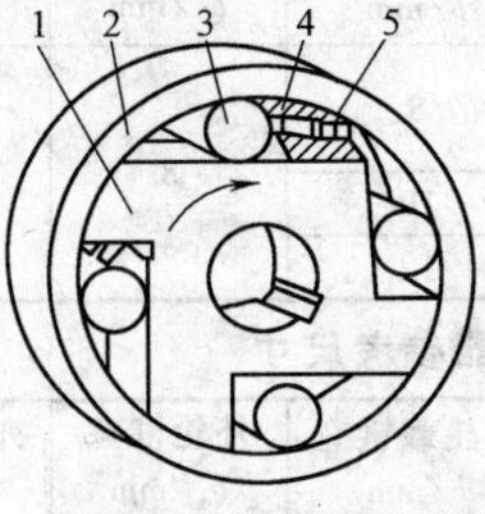 1—星轮　2—外套　3—滚柱 4—圆柱销　5—弹簧	亦称自锁式步进机构，传动平稳，送料精度高。适合高速送料，是应用最多的一种间歇传动机构。图示是一单向超越离合器结构示意图，星轮按顺时针方向转动时，滚柱滚向缺口楔缝的收缩部分，并且卡牢其间，星轮和外套以相同的角速度和旋转方向转动，若外套也按顺时针方向转动，但角速度较小，则离合器同样处于接合状态。当星轮按逆时针方向转动时，滚柱 3 退到缺口楔缝的宽敞部分，二者脱开，外套停止转动
3	异形滚超越离合器	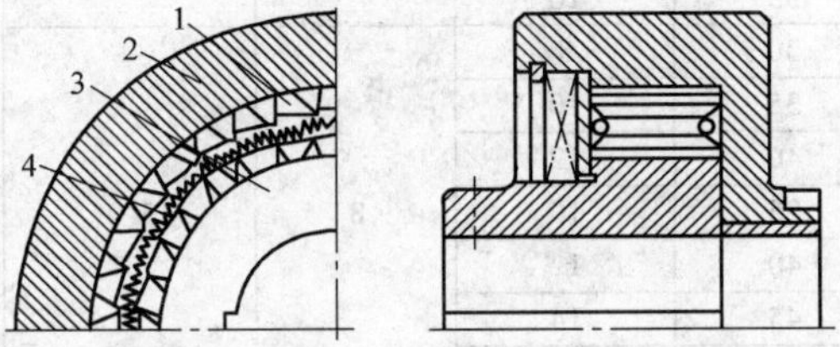 1—异形滚　2—套筒　3—内座圈　4—弹簧	由于螺旋弹簧或扭簧的作用，滚子上下两面始终与内外套筒及座圈表面保持接触
4	蜗形凸轮机构	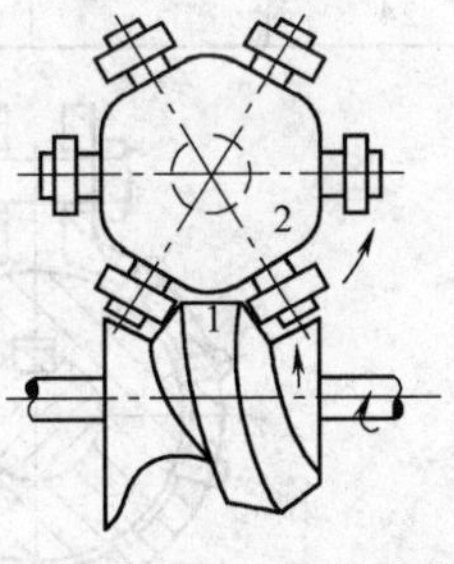 1—蜗形凸轮　2—从动件	适用于高速自动送料，凸轮类似于变螺旋角的球面蜗杆，其工作表面是与从动件 2 的周向均布着六个滚子的圆柱表面相共轭的曲面

表 2-8-11　三滚子超越离合器参考尺寸

外轮内径 D/mm	外轮外径 D_1/mm	滚子直径 d_1/mm	滚子长度 l/mm	星轮毂孔径 d/mm	星轮毂键宽 b/mm	外轮键宽 b_1/mm	外轮键突出量 K/mm	公称转矩 M/N·m
32	45	4	8	10	3	3	1.2	2.35
				12	4			
				14				
40	55	5	10	14	5	4	1.8	4.6
				16				
			12	18		5	2.3	8.3
50	70	6		16	6			
				18				
				20				
65	85	8	14	16	5			17.2
				20	6			
				25	8			
80	105	10	18	20	6	6	2.6	33.3
				25	8			
				30				
				35	10			

（续）

外轮内径 D/mm	外轮外径 D_1/mm	滚子直径 d_1/mm	滚子长度 l/mm	星轮毂孔径 d/mm	星轮毂键宽 b/mm	外轮键宽 b_1/mm	外轮键突出量 K/mm	公称转矩 M/N·m
100	130	13	24	25	8	8	3.2	73
				30				
				35	10			
				40	12			

表 2-8-12　五滚子超越离合器参考尺寸

外轮内径 D/mm	外轮外径 D_1/mm	滚子直径 d_1/mm	滚子长度 l/mm	星轮毂孔径 d/mm	星轮毂键宽 b/mm	外轮键宽 b_1/mm	外轮键突出量 K/mm	公称转矩 M/N·m
80		10	18	25	8	6	2.6	55
				30				
				35	10			
100	130	13	24	30	8	8	3.2	120
				35	10			
				40	12			
125	160	16	28	35	10			216
				40	12			
				45	14			
				50	16			
160	200	20	32	70	20	12	3.8	392
200	250	25	40	90	24			770

表 2-8-13　蜗形凸轮机构的参数

滚子数 n	ψ_0	p_0 最小值	某些产品的 φ_0			
4	90°	180°	270°	300°		
6	60°	120°	180°	270°		
8	45°	90°	120°	180°	270°	
12	30°	60°	90°	120°	180°	270°
16	22.5°	45°	90°	120°	180°	270°
24	15°	30°	90°	120°	180°	270°

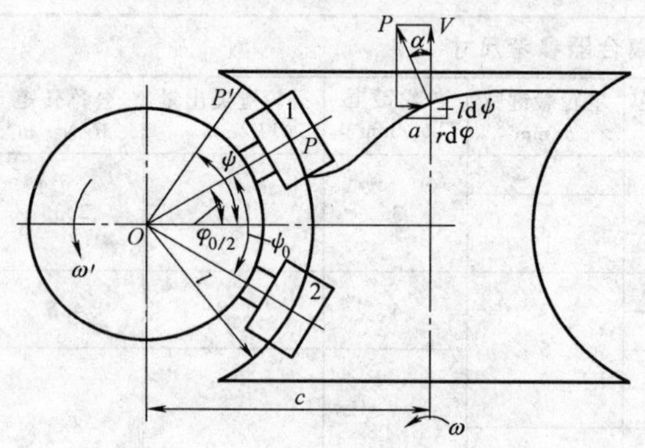

图 2-8-19　蜗形凸轮参数

n—滚子数　ψ_0—从动件停顿位置之间的夹角

$\psi_0=360°/n$　φ_0—与 ψ_0 对应的凸轮转角

9）安全保护装置。送料装置在工作过程中为了避免由于超载引起的破坏，常在拉杆上设置安全保护装置，如图 2-8-21 所示。

安全保护装置的形式见表 2-8-14。

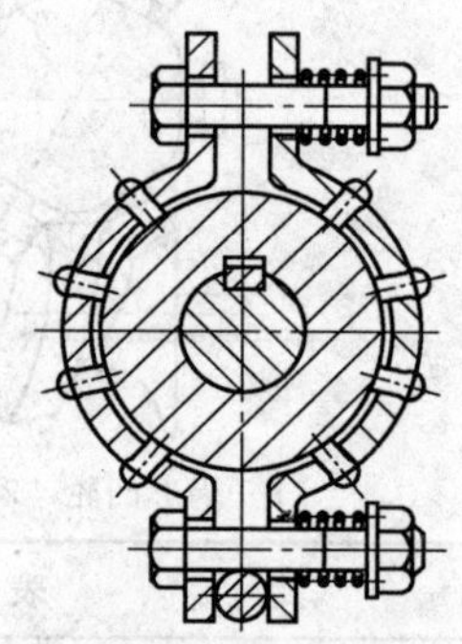

图 2-8-20　闸瓦式制动器

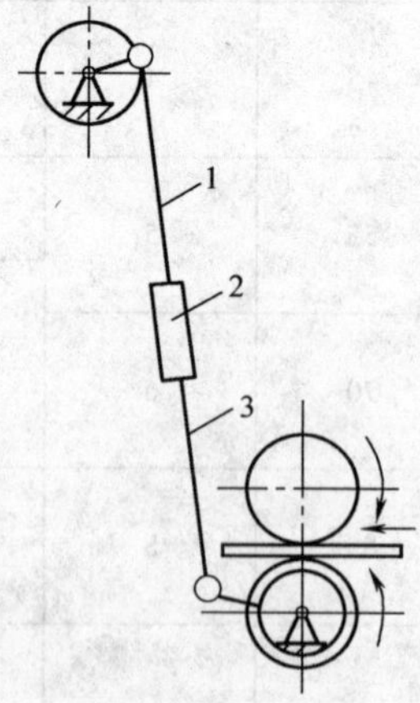

图 2-8-21　安全保护装置设置图

1—上拉杆　2—安全保护装置　3—下拉杆

表 2-8-14　安全保护装置

序号	类型	图例	工作原理
1	组合拉杆式安全保护装置	1、3—上、下拉杆　2—插销　4—弹簧	该装置正常工作时，上拉杆 1 和下拉杆 3 在弹簧 4 作用下组成一个整体。当出现故障时，送料装置被卡住，转动的曲轴将带动上拉杆克服弹簧力继续向上运动或剪断插销 2
2	超载脱扣器	A—A（局部放大） 1—偏心调节盘　2—超载脱扣器　3—伸缩螺杆　4—角尺曲柄　5—调节螺杆	作用原理与组合拉杆式安全保护装置类似。它装设在送料装置的驱动部件内，固定在压力机曲轴端部的偏心调节盘 1，通过拉杆和角尺曲柄 4 使调节螺杆 5 作往复运动，调节螺杆再通过齿条使整个送料装置作排样送料。当送料装置发生故障时，载荷突然增加，脱扣器自动脱开，便可起到安全保护作用

送料精度是衡量送料装置性能的重要指标。影响送料精度的主要因素有：送料速度、送料机构与坯料的惯性、送料机构主要工作零件的加工精度、间歇运动机构的设计与制造水平等。辊式送料的精度值见表 2-8-15。

3. 夹持式送料装置

夹持式送料装置分为夹滚式、夹刃式和夹钳式三种。

（1）夹滚式送料装置　夹滚式送料装置是利用滚柱和滚珠在斜面上移动将坯料夹紧和放松，经过斜楔、摆杆、气缸等传动实现间歇送料。夹滚式送料装置有图 2-8-22 所示的几种形式。

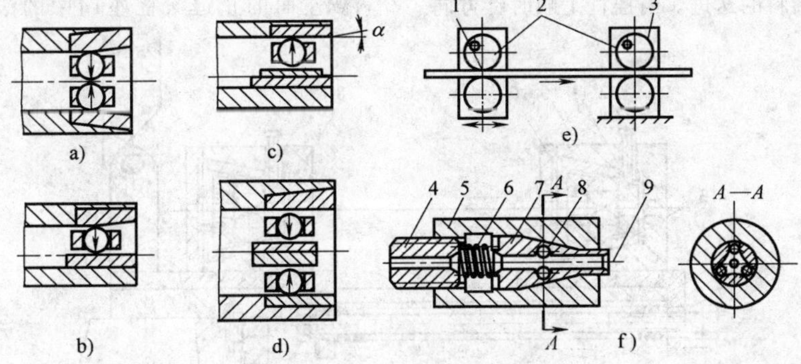

图 2-8-22　夹滚结构形式

1—送料夹持器　2—偏心轮　3—止回夹持器　4—调节螺钉　5—锥套　6—弹簧　7—锥柱　8—滚珠　9—线材

表2-8-15　辊式送料精度

送料速度 /（mm/s）	行程次数 /（次/min）	送料距 /mm	送料精度 /mm
250	300～150	50～100	±0.05
417～500	300～150	100～200	±0.1
583～667	200～135	200～300	±0.3～0.4

1）用两个滚柱直接夹在材料上，夹料比较均匀，因为滚子接触面很小，故它对坯料的局部弯曲不敏感，带材会有局部弯曲现象，对软材料会有夹伤（图2-8-22a）。

2）用一个滚柱和一个淬硬的夹板夹料，卷料仍有局部弯曲（图2-8-22b）。

3）用一个滚柱通过淬硬的压板夹料，对坯料不会夹伤（图2-8-22c）。

4）用两个滚柱通过淬硬的压板夹料，这种夹料方法最好，它不会夹伤坯料表面，但对坯料的局部弯曲敏感（图2-8-22d）。

5）用一个偏心轮和一个轮子夹持坯料（图2-8-22e）。

6）用三个滚珠组成夹持器（图2-8-22f），用于传送线材。

图2-8-23所示为单面夹滚推进送料装置的工作原理图，此装置主要由活动架2和固定架7组成。在活动架内有两个导向架8，上面装有两对滚子3、4，由于弹簧10的拉力作用，导向架8连同滚子总趋向右移，和活动架内侧倾斜12°的斜面相接触。当摇杆逆时针方向摆动时，通过滚子11和挡块12使活动架向右移动，活动架内侧斜面把滚子压向卷料，滚子3、4和卷料之间的摩擦力使滚子楔紧，于是活动架带动卷料向左移动一个送料距离。在这个过程，卷料和固定架7内滚子的摩擦力却使滚子离开斜面而松弛，因此不会阻碍卷料的送进。当摇杆1顺时针方向摆动时，活动架受弹簧5的拉力而向右移动，这时活动架内的滚子3、4放松，而固定架内滚子楔紧，所以卷料在活动架回程时保持不动。

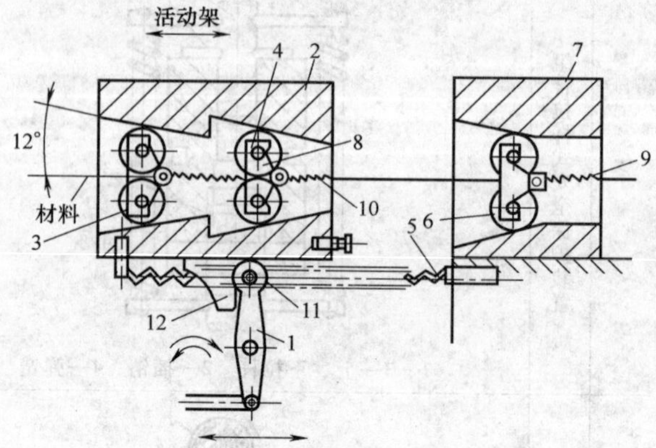

图2-8-23　单面夹滚送料装置工作原理图

1—摇杆　2—活动架　3、4、6、11—滚子　5、9、10—弹簧　7—固定架　8—导向架　12—挡块

夹滚送料装置具有较好的送料准确度，适用于厚度为0.5～3mm、宽度为100～200mm的条料和卷料，应用于行程次数高达600次/min的压力机上。当送料距离在300mm以内时，其送料精度为±（0.03～0.12）mm。如果采用双面夹辊送料装置，工作情况更加理想。

生产中常用的夹滚式送料装置有以下几种结构形式：

1）滚柱夹持式送料装置。其结构见图2-8-24，该装置直接用两个滚柱夹持条料，它由左右两部分组成，右面为送料部分，左面为止退部分，两部分的结构相同，装在压力机滑块或冲模上的斜楔3随滑块下降时和滚轮2接触，推动送料滚柱座向左移动，但是料被左面的止退滚柱座14中的滚柱夹紧，不能向左

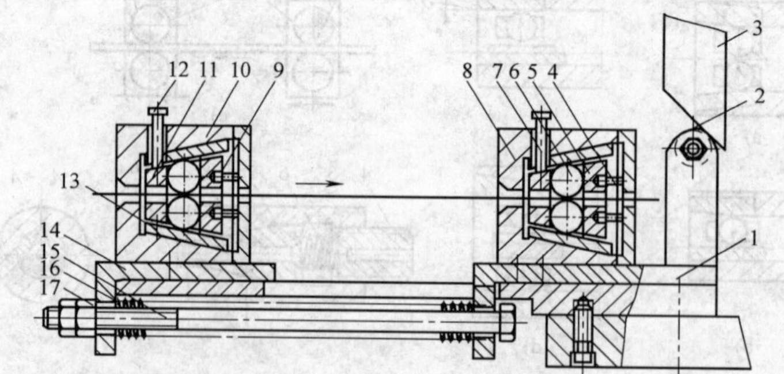

图2-8-24　滚柱夹持式送料装置

1—送料滚柱座　2—滚轮　3—斜楔　4、9、16—弹簧　5、11—保持架　6—滚柱　7、12—拨杆　8、10—外座　13—镶块　14—止退滚柱座　15—调节螺栓　17—螺母

移动。由于条料对送料滚柱 6 的摩擦力方向与送料滚柱座 1 的运动方向相反，所以滚柱 6 对条料放松，失去夹持作用，送料滚柱座得以空程向左运动，而坯料则被止退滚柱座中的滚柱夹紧不能后退。当滑块回程时，斜楔随之上升，在弹簧 16 的作用下，送料滚柱座 1 被推向右面，其中的滚柱 6 夹紧坯料向右送进一个步距。同时左面的止退滚柱座中的滚柱因受条料对其的摩擦力作用而放松条料。这样每一次往复运动便间歇完成一次送料。

滚柱对坯料夹紧力的大小，可调节弹簧 4、9 的松紧。送料滚柱座移动的距离等于送料步距。调节螺栓 15 的长短，可以使送料步距从零到斜楔宽度的范围内变化，以满足各种不同要求的送料步距，而不必改换斜楔。在可能的情况下，斜楔可以做得宽一些，其倾斜角一般小于 60°。

设计夹滚式送料装置，除了考虑坯料宽度外，还应该使送料厚度有一定的调节量，调节量 s 由下式计算（图 2-8-25）：

$$s=\frac{t_2-t_1}{2\tan\alpha}$$

式中　s——调节量（mm）；

t_1——材料最小厚度（mm）；

t_2——材料最大厚度（mm）；

α——一般取 11°~12°。

滚柱直径 d 由下式计算：

$$d=\frac{b_0+2s_1\tan\alpha-t_1}{1+\dfrac{1}{\cos\alpha}}$$

式中　s_1——外座内框小端至滚柱中心距（mm）；

b_0—外座内框小端尺寸（mm）。

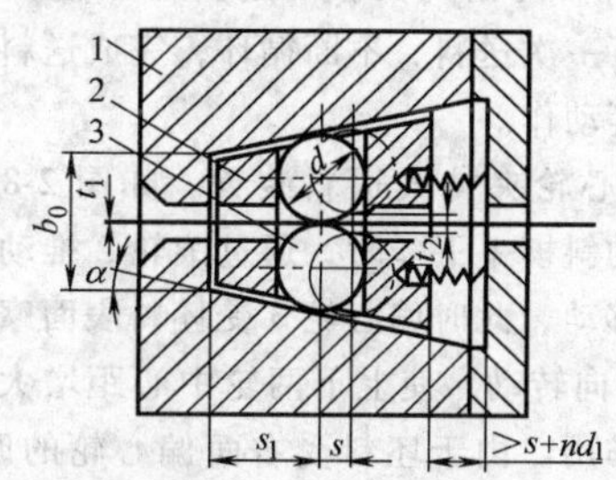

图 2-8-25　夹滚计算简图

1—外座　2—保持架　3—滚柱

d_1—弹簧丝直径　n—弹簧圈数

2）偏心滚柱夹板式送料装置。这是一种用两个淬硬的夹板来进行夹料送进的装置，它由送料器和定料器两部分组成。图 2-8-26 为其结构原理图。

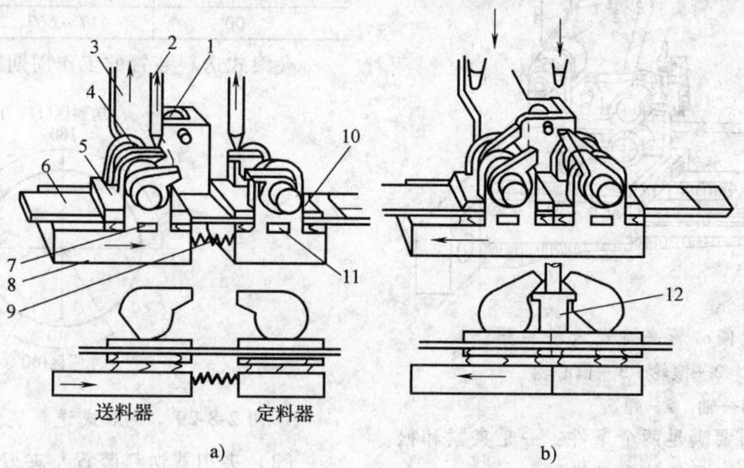

图 2-8-26　偏心滚柱夹板式送料原理图

1—滚轮　2—螺钉　3—斜楔　4—齿开关　5—送料夹板　6—条料

7—托料板　8—滑块　9—弹簧　10—定料板　11—定料托板　12—下套管

送料器由齿开关 4（齿开关套在偏心滚柱上）、送料夹板 5 和托料板 7 等组成（送料夹板四个角和托料板下面都有小弹簧），全部固定在以滚轮运动的滑块 8 上，由斜楔控制送进。定料器结构与送料器相同。送料器和定料器的运动规律应该是：当冲模上升时，定料器放松，送料器夹紧送料；当冲模下降时，定料器夹紧，送料器空程退回。

具体的工作过程是：当斜楔随冲模上升时，滚轮 1 被斜楔推向右面，使送料器从图 2-8-26a 状态变为图 2-8-26b 状态，由前一次冲压时冲模上的两个螺钉 2 分别压下送料器和定料器的齿开关 4，使送料器的送料夹板 5 和托料板 7 把条料 6 压紧，同时定料器的定料板 10 和定料托板 11 对条料松开（图 2-8-26a）。这样送料器把条料夹紧由斜楔推动向右送进，条料通过定料器而进入冲压区，完成送进。当送料器快到送进终点时，有一个随冲模上升的下套管12，同时将送料器和定料器的齿开关抬起（图2-8-26b），使送料器的上下夹板松开，定料器的上下夹板夹紧。当冲模下冲时，斜楔也下降，由于送料器和定料器之间弹簧9的作用，使处于放松状态的送料器退回到起始位置。冲模向下冲压时。冲模上的螺钉2又分别压下送料器和定料器的齿开关，使定料器放松，送料器压紧，开始下一次送料，不断循环，完成送料、定料退回、冲压等动作。

3）偏心轮夹持式送料装置。如图2-8-27所示，装于上模的斜楔1下降时，通过滚轮2推动活动偏心轮座向左移动，此时偏心轮3受坯料表面摩擦而绕轴4逆时针方向转动，使上下两轮中心距增大，对坯料不起夹持作用。由于坯料受右面偏心轮的摩擦推力，使左面固定偏心轮座上的偏心轮绕轴顺时针方向转动，因偏心距的作用，偏心轮对坯料夹紧，使坯料不能后退。斜楔回程时，活动偏心轮座在弹簧5的作用下向右移动，此时偏心轮受坯料表面摩擦力的作用，绕轴顺时针方向转动，坯料被夹紧并随活动偏心轮座向前推进一个送料步距。

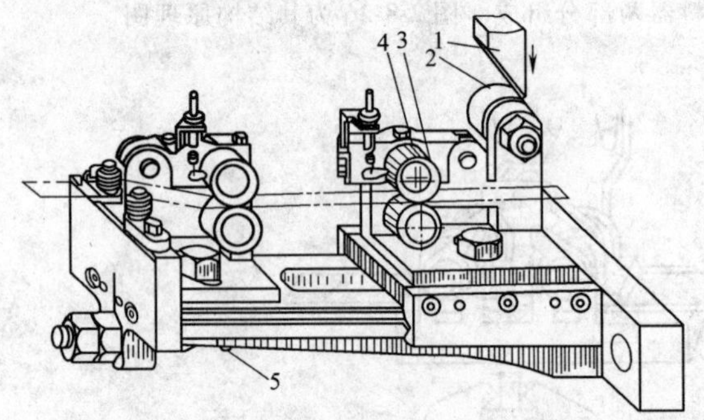

图2-8-27　偏心轮夹持式送料装置
1—斜楔　2—滚轮　3—偏心轮
4—轴　5—弹簧

偏心轮夹持送料要满足两个条件：一是夹紧和松开的方向不能变更，二是保持自锁性能。

4）滚珠夹持式送料装置。结构如图2-8-28所示。该送料装置用于输送线材（丝料），它主要由两个锥形自动夹头组成。夹头（见图2-8-22f）由调节螺钉4、锥套5、弹簧6、锥柱7和三个滚珠8组成。线材9穿入孔里后，在弹簧6的作用下，通过锥柱7使三个滚珠8夹紧丝料。压紧在线材上，夹头向左运动，锥套内侧的斜面则将滚珠压向线材，滚珠和线材之间的摩擦力使滚珠楔紧，当锥套的锥顶角在25°～30°时，滚珠能够自锁，线材不能向右移动，因此线材只可能产生单向移动即随着夹头向前运动。

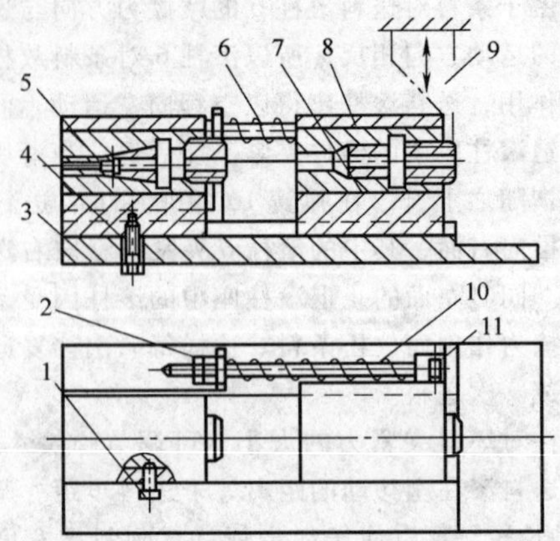

图2-8-28　滚珠夹持式送料装置
1、4—固定螺钉　2—调节螺母　3—导板　5—锥形夹头
6—进给弹簧　7—滑块　8—锥形夹头　9—斜楔
10—导杆　11—滚轮

夹滚式送料装置的性能参数见表2-8-16。

表2-8-16　夹滚式送料装置的性能参数

项　　目	料宽/mm	料厚/mm	送进距/mm
范围	10～200	0.3～3	10～230

滑块行程次数/（次/min）	送料速度/（mm/s）	送料精度/mm
≤600	417～667	±0.01～±0.03

夹滚式送料装置的工作周期图见图2-8-29。

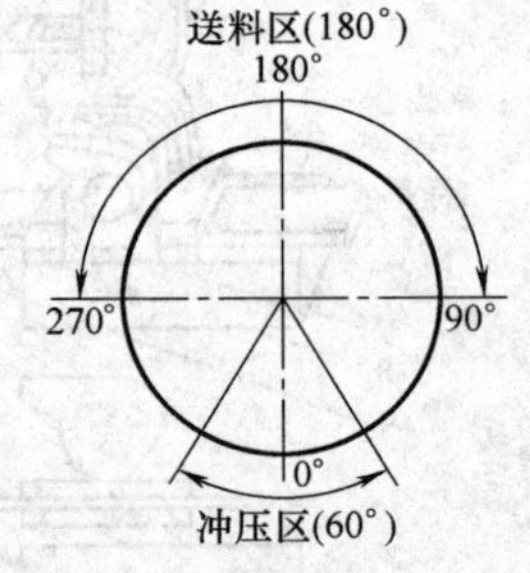

图2-8-29　夹滚式送料装置工作周期图

（2）夹刃式送料装置　夹刃式送料是冲压生产送给条料中最简单的一种，有表面夹刃与侧面夹刃两种形式。表面夹刃夹料会出现夹伤现象，一般用在夹持硬的材料或冲压件表面质量要求不高时。侧面夹料可以用于送进方的、圆的、扁的材料，以避免表面夹伤。表面夹刃和侧面夹刃也可以一起使用，送料用侧面夹刃，出废料用表面夹刃。夹刃式送料的精度可达到0.15mm以下。表2-8-17是夹刃式送料装置的形式、适用范围、结构原理及送料精度。送料装置的性能参数见表2-8-18。常用夹刃的形状和应用范围见表2-8-19。使用硬质合金夹刃，可以提高刃口的寿命。

表 2-8-17　夹刃式送料装置

型式		结构特点	工作原理	优缺点	送料精度
夹刃式	表面夹刃	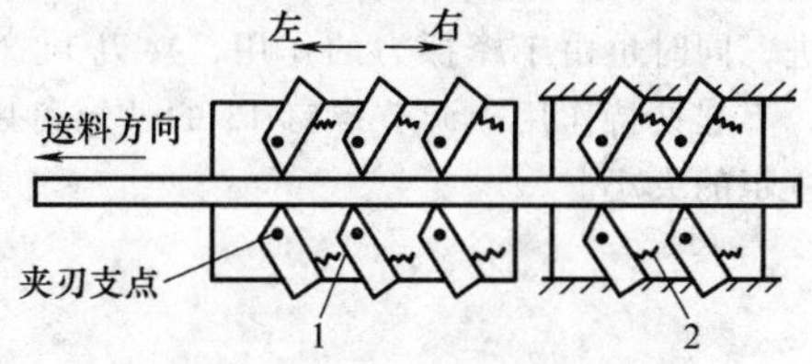 1—送料夹持器　2—止回夹持器	送料夹持器夹紧坯料，止回夹持器松开，送料夹持器带动坯料往前送进完成送料。退回时，送料夹持器松开，止回夹持器夹紧，防止坯料退回。送料夹持器可由斜楔、气缸等驱动，实现往复运动	适应不同厚度的坯料。送料时易损伤坯料表面，一般用于夹持较硬材料或工件表面要求不高时	±0.15mm
	侧面夹刃	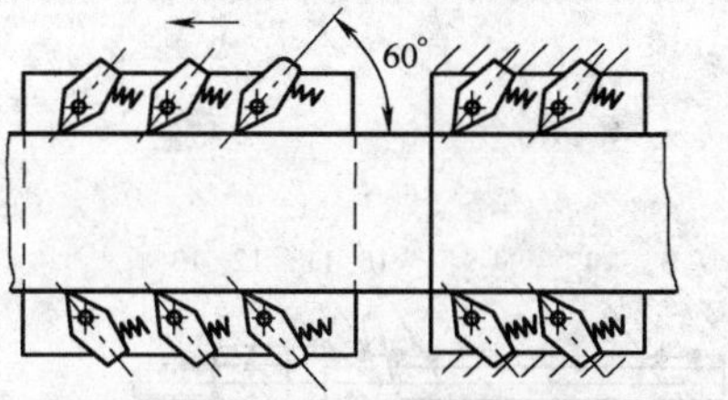		适用于厚度较大的坯料。不损伤坯料表面	
	表面与侧面夹刃	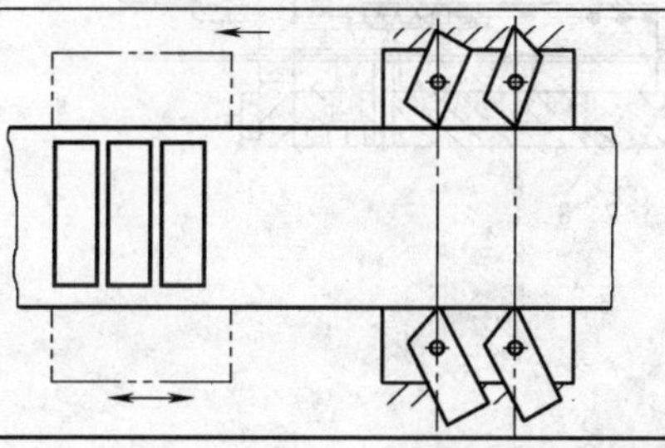		送料表面夹刃夹持器夹住已冲废料。送料精度高。止回夹持器为侧面夹刃不损伤坯料表面	

表 2-8-18　夹刃式送料装置的性能参数

项　目	料　宽 /mm	料　厚 /mm	送进距 /mm	滑块行程次数 /（次/min）	送料速度 /（mm/s）
应用范围	条料、带料 10～150 卷料 10～100	条料、带料 0.5～5 卷料 0.3～1	10～75	≤200	≤250

表 2-8-19　夹刃形状和应用范围

序号	简　图		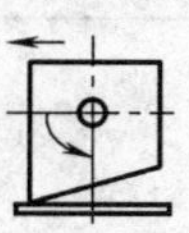		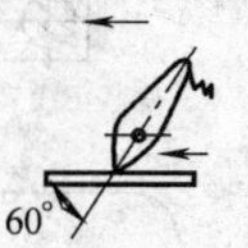		
1	夹刃形状特征	针状	方体	凸轮	菱形	斧形	棘爪
2	应用范围	料宽 10～20mm	料宽 >20mm	可以侧面，也可用于表面夹料	侧面夹料，不适于薄料	适用表面夹料，料宽任意	送用窄带、薄料的表面夹持
3	结构特点	用针状棒穿过摆动套作夹刃	夹刃前倾斜角 12°～15°	歪头凸轮单向摆头	夹刃尖角 < 60°	夹刃尖角 30°	夹刃尖角 ≤ 30°
4	推荐夹刃材料	工具钢淬硬 60HRC 以上	碳素工具钢淬硬 62HRC 以上	高碳钢或合金结构钢淬硬	T7A、T10 淬硬	建议夹刃用硬质合金	合金工具钢或用硬质合金刃尖
5	备注	很少用		少用	一般多为多组夹刃组合	常用	常用

生产中常用的夹刃送料装置主要有以下几种：

1）小步距表面夹刃送料装置（图2-8-30）。图中左面为送料夹座，右面为止退夹座，弹簧6、10产生的力矩，使夹刃7、11始终有绕圆销8、12逆时针转动而压紧条料的趋势。当斜楔1通过滚轮2推动送料夹座3向右运动时，条料被夹刃11夹住不能后退，由于摩擦力的作用，使夹刃7绕圆销8顺时针转动，对条料不起夹持作用；当斜楔回程时，由于弹簧9的作用，推动送料夹座向左运动，夹刃7夹持条料向左送进，同时也由于摩擦力的作用，夹刃11对条料放松，不起夹持作用。调节螺钉13的长短可以改变送料进距的大小。

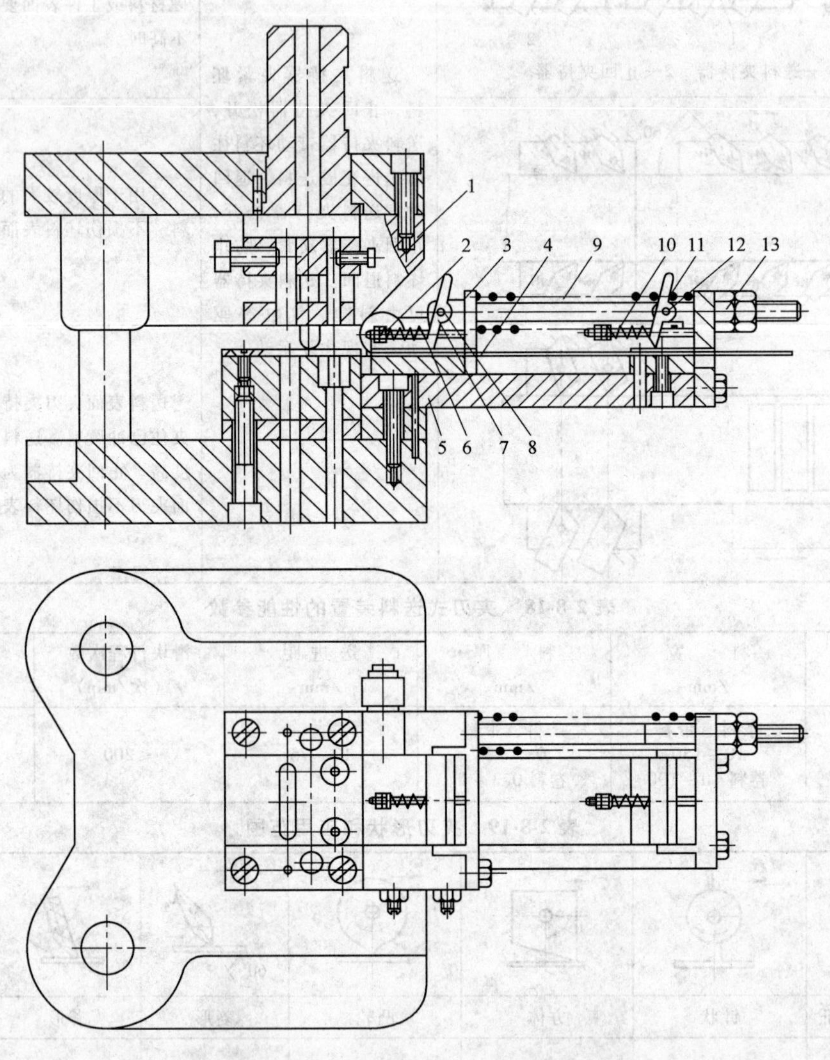

图2-8-30　小进距表面夹刃送料装置

1—斜楔　2—滚轮　3—送料夹座　4—条料　5—滑座

6、9、10—弹簧　7、11—夹刃　8、12—圆销　13—螺钉

2）大进距表面夹刃送料装置（图2-8-31）。利用斜楔进行送料，送料长度总是有限，最大送料距等于斜楔的宽度，如果保持斜楔的宽度不变，而希望送料距超过斜楔的宽度，可以采用以下结构。

图2-8-31所示装置的左面为止退夹座，右面为送料夹座，料由右向左送进，装置中间有一级齿轮（大齿轮20和小齿轮12），由于齿轮的放大作用，送料进距的大小就不单纯决定于斜楔和调节螺钉的长短，而被齿轮扩大了。斜楔宽度与大齿轮和小齿轮的齿数比的乘积就是滑板19移动的距离。这样，可通过大小齿轮的齿数比和斜楔宽度的改变及调节螺钉的调整来获得不同要求的送料进距。

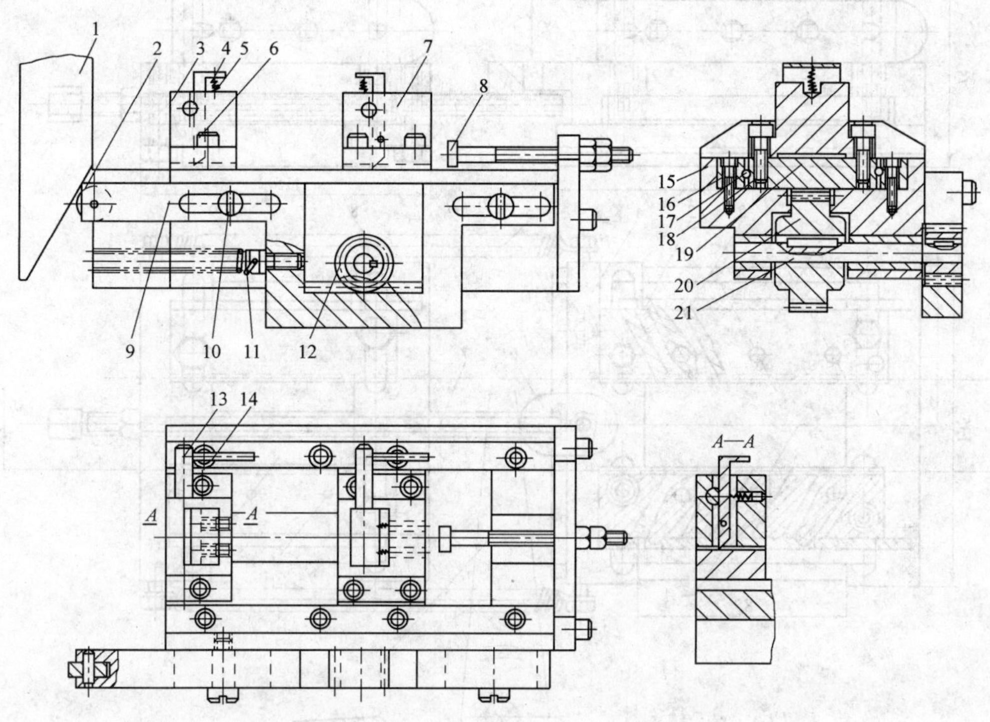

图 2-8-31　大进距表面夹刃送料装置

1—斜楔　2—滚轮　3—止退夹座　4—夹刃　5、11—弹簧　6—圆销　7—送料夹座　8—调节螺钉　9—齿条架　10—导向钉　12—小齿轮　13—偏心轴　14—扳手　15—底座　16—导轨　17—滚珠　18—隔板　19—滑板　20—大齿轮　21—轴

3）侧面夹刃装置（图 2-8-32）。为防止表面夹刃对金属表面夹伤的现象，可采用侧面夹刃装置。它由送料夹座 4 和止退夹座 8 组成，在送料夹座内固定有三对夹刃，止退夹座内固定有两对夹刃，夹刃的安装角度为 60°，刀口的刃磨角度为 75°，夹刃的后部受弹簧 3 的压力，使刀刃压紧在条料的侧面，为了减少弹簧的压力，夹刃的转动支点应接近头部。

该装置的动作过程如下：压力机的曲轴通过驱动装置使摆杆 10 作摇摆运动，当摆杆 10 逆时针方向摆动时，送料夹座 4 被推着向左移动。这时送料夹座内的夹刃 2 夹住条料的侧面送进一个送料距离，由于止退夹座内的夹刃对条料处于放松状态，故不会妨碍条料的送进运动。当摆杆 10 顺时针方向摆动时，由于弹簧 5 的拉力使送料夹座后退，直到被调节螺钉 7 的头部顶住为止。在这过程中，止退夹座内的夹刃夹住条料使它保持不动。

4）侧面和表面夹刃联合作用送料装置（图 2-8-33）。有时为保护条料的表面不被夹伤，可采用侧面和表面联合作用，表面夹刃夹住废料，侧面夹刃夹住条料的侧面。图中所示装置左面有两组侧面夹刃，6 为定料夹刃，安装在底板 3 上，侧面送料装置 7 和右面的两组表面送料夹刃 9 安装在移动架 8 上，移动架由气缸驱动。10 为表面定料夹刃，安装在底板 11 上。气缸中的活塞向右运动时，推动移动架 8 向右移动，安装在上面的夹刃 7、9 夹住料向右送进，当气缸中的活塞向左退回时，料被夹刃 6、10 夹住不能后退，夹刃 7、9 在料侧和料的表面滑动，以保护条料的表面不被夹伤。

（3）夹钳式送料装置　图 2-8-34 为夹钳式送料装置的工作原理图。送料夹钳在往复运动中完成送料，止回夹钳的作用是防止送料夹钳返回时坯料后退。夹钳式送料装置有机械传动的（图 2-8-35）、气动的（图 2-8-36）和液压传动的（图 2-8-37）。前一种由压力机的曲轴驱动，后两种则是独立驱动。

夹钳式送料装置的性能参数见表 2-8-20，其工作周期图如图 2-8-38 所示。

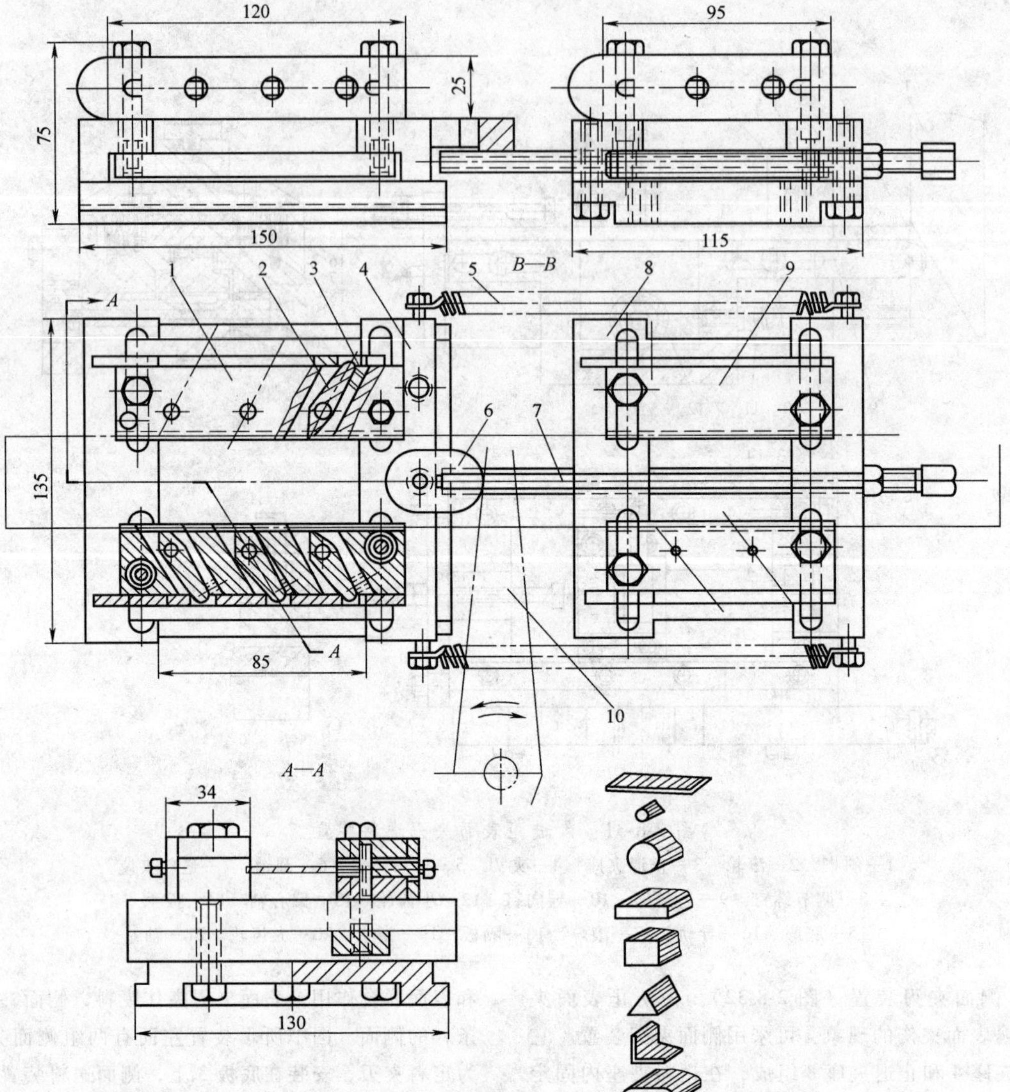

图 2-8-32　侧面夹刃送料装置

1—送料夹刃架　2—夹刃　3、5—弹簧　4—送料夹座　6—凸块　7—调节螺钉　8—止退夹座　9—止退刀架　10—摆杆

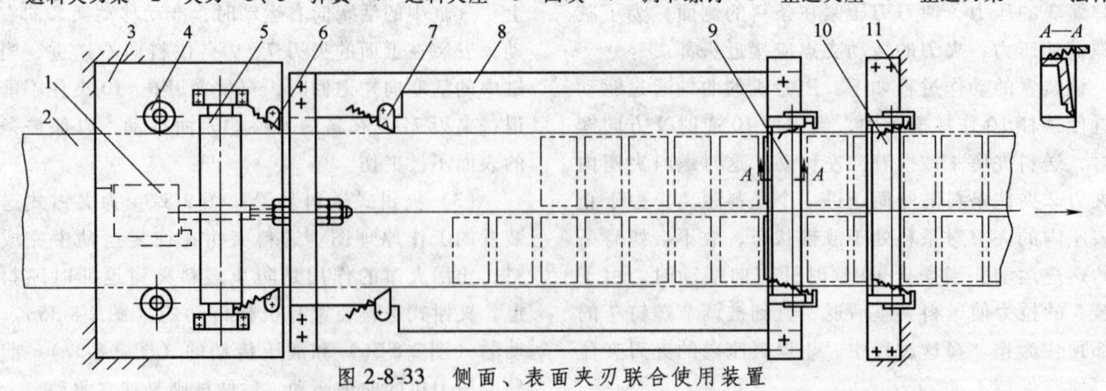

图 2-8-33　侧面、表面夹刃联合使用装置

1—气缸　2—条料　3、11—底板　4—导料滚轮　5—压料辊　6—侧面定料夹刃

7—侧面送料装置　8—移动架　9—表面送料夹刃　10—表面定料夹刃

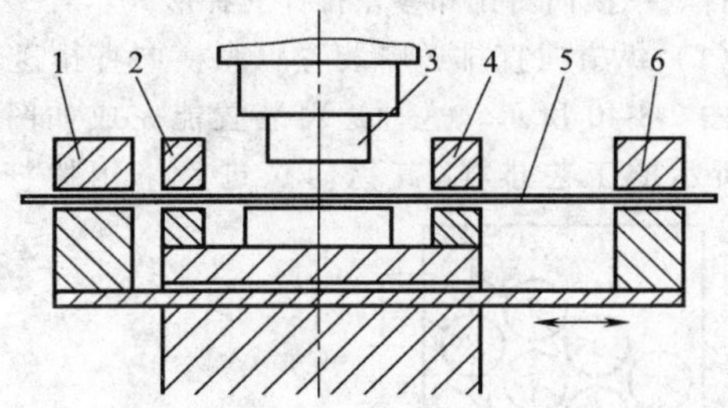

图 2-8-34 夹钳式送料装置原理图
1、6—送料夹组 2、4—止回夹钳
3—模具 5—坯料

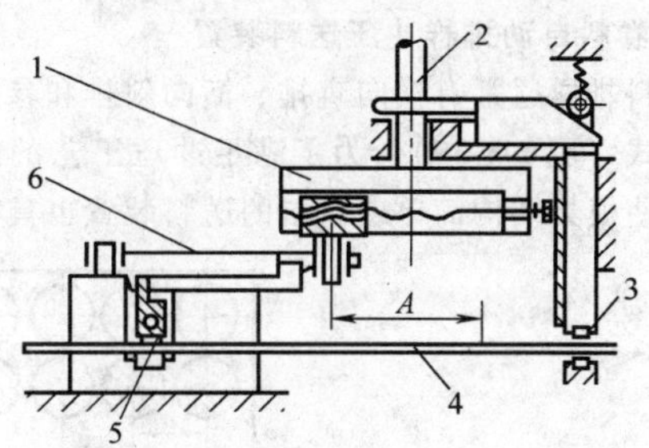

图 2-8-35 机械传动夹钳送料装置
1—偏心盘 2—传动轴 3—止回夹钳
4—坯料 5—送料夹钳 6—连杆
A—送料步距

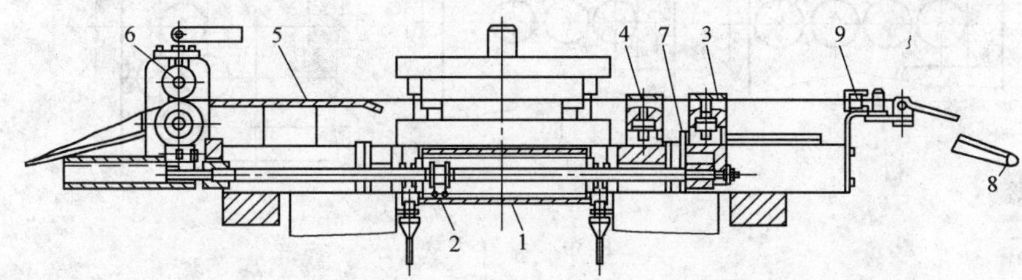

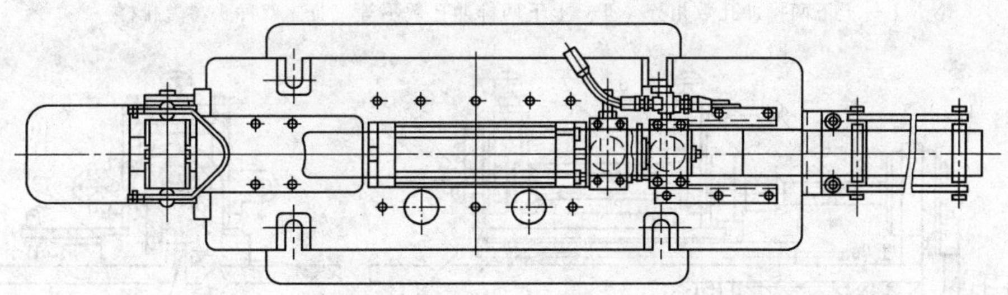

图 2-8-36 气动夹钳送料装置
1—气缸 2—活塞 3—送料夹钳 4—止回夹钳 5—导向板 6—张紧辊 7—限位挡块 8—滚子 9—清洗器

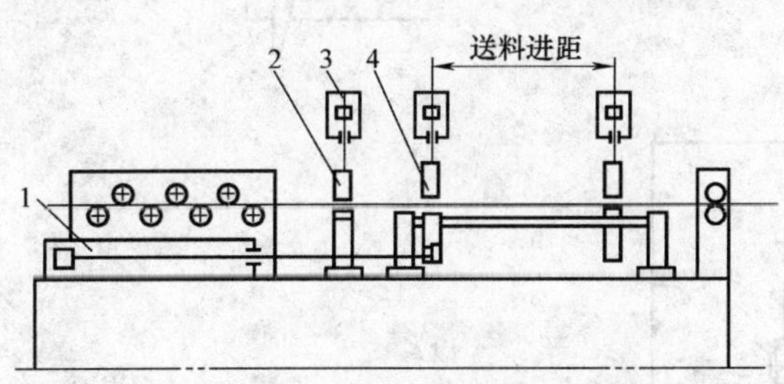

图 2-8-37 液压夹钳送料装置
1—送料液压缸 2—止回夹钳
3—夹紧液压缸 4—送料夹钳

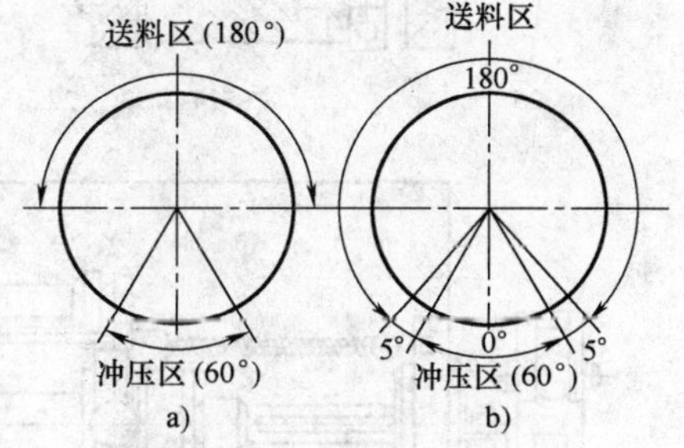

图 2-8-38 夹钳式送料装置
工作周期图
a）机械传动式 b）气动或液压式

表 2-8-20 夹钳式送料装置的性能参数

型 式	料宽/mm	料厚/mm	送进步距/mm	送进速度/（mm/s）	送料精度/mm
机械传动式	≤250	≤2.5	≤250	1000	±0.06
气动式	≤1200	≤6	≤100	167～250	±0.05
液压式	≤2000	≤8	≤2000	500～667	±1.0

4. 卷料自动排样冲压送料装置

卷料排样通常有横向直排、横向斜排和参差排样三种形式（图 2-8-39)。为了满足冲压工艺的排样要求，并使模具结构简单，卷料的送料装置也具有纵横向直排、纵横向斜排和参差排样三种形式。

（1）纵横向直排送料装置　纵横向直排送料装置如图 2-8-40 所示。这种送料装置能完成如图 2-8-39a所示的工艺排样，其纵向送进是采用拨杆14、

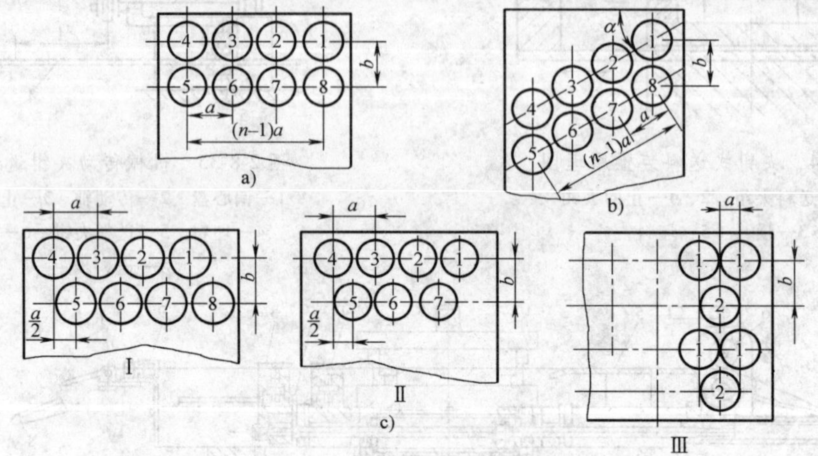

图 2-8-39　排样方式

a）横向直排　b）横向斜排　c）参差排样

Ⅰ—上下两排冲孔数相等　Ⅱ—上下两排冲孔数不等　Ⅲ—双冲头参差排样

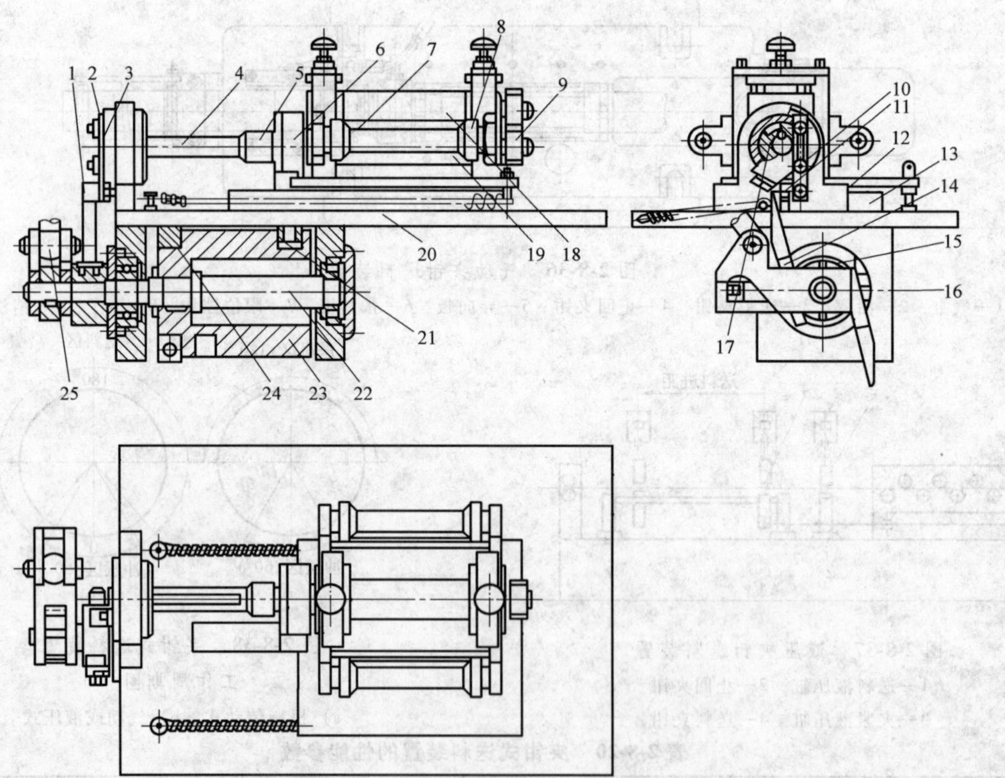

图 2-8-40　纵横向直排送料装置

1、21—滚子　2—纵向送料距调节片　3、6—超越离合器　4—小轴　5—联轴器　7—压料棒　8—导料圈　9—直齿轮　10—定位块　11—撞块　12—拖板　13—拖板座　14—拨杆　15—棘轮　16—棘爪　17—星轮　18—上辊筒　19—下辊筒　20—台面板　22—凸轮轴　23—圆柱凸轮　24—制动圈　25—连杆

纵向送料距调节片 2 和超越离合器 3 来完成。上、下辊筒 18、19 安装在拖板的支架上，拖板 12 在拖板座 13 中滑动，拖板下面装有滚子 21，由圆柱凸轮 23 带动作横向送给运动。

（2）纵横向斜排送料装置　该装置结构如图 2-8-41 所示。压力机曲轴端的偏心盘通过拉杆带动棘轮机构，棘轮 1 经轴 2 驱动一对直齿轮 4，直齿轮 4 经轴 8 带动槽轮机构 9，槽轮机构经轴 10、锥齿轮副 11 带动辊子转动，实现纵向送料。

棘轮1除驱动直齿轮4外，还同时驱动一对锥齿

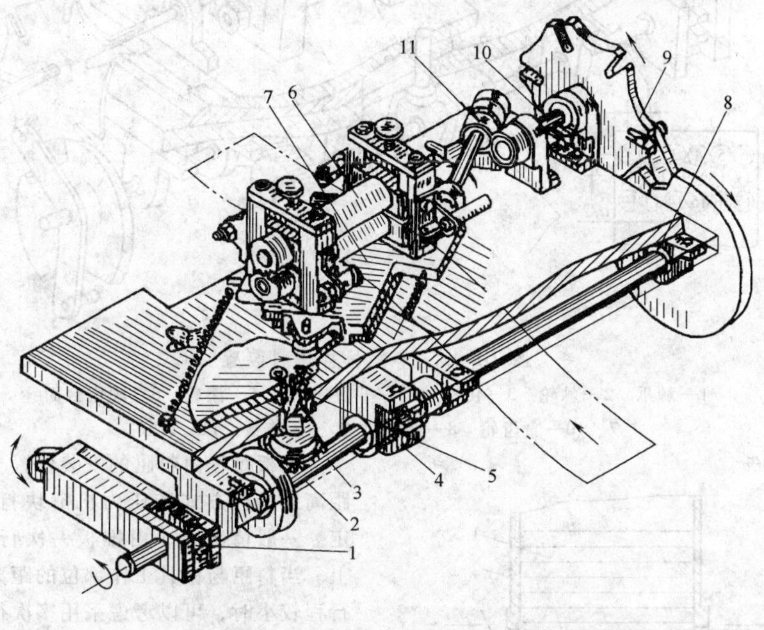

图 2-8-41　纵横向斜排送料装置

1—棘轮　2、8、10—轴　3、11—锥齿轮　4—直齿轮　5—平面凸轮　6—送料辊　7—拖板　9—槽轮机构

轮 3，锥齿轮带动横向进给平面凸轮 5，通过滚子推动装有辊子架的拖板 7，实现横向送料。拖板 7 与送料辊 6 轴线成 α 夹角，其大小按工艺排样决定。拖板 7 的回程靠弹簧实现。

（3）参差排样送料装置　其结构如图 2-8-42 所示，由纵横向进给机构组成。

由曲轴端的四连杆机构带动棘轮机构的棘爪 1，棘轮 2 经传动轴 3 带动一对直齿轮 7，直齿轮经过传动轴带动槽轮机构 8，再通过一对直齿轮 10 带动辊子 11 转动，实现纵向送料。

棘轮 2 经传动轴 3 带动圆柱凸轮 4。拖板 9 的支架上安装有辊子，拖板的下面装有滚轮 5，由于拖板左端装有拉簧，所以拖板 9 的滚轮 5 始终紧贴圆柱凸轮，由圆柱凸轮的轮廓线保证横向送料。

8.2.2　半成品送料装置

半成品自动送料是将冲压后的半成品冲压件通过送料装置送到下道工序的模具上，然后由模具对其进行冲压加工。由于半成品冲压件的形状复杂多样，致使其送料装置的形式各异，结构也比条料、卷料送料装置复杂。半成品自动送料除需要送料装置外，还需要诸如料斗、定向机构、分离机构等。

半成品送料装置按结构特点可分为闸门式、摆杆式、夹钳式和转盘式等。

1. 闸门式送料装置

此装置多用于片状或块状零件的输送，由于结构简单，安全可靠，送料精度高，在生产中得到广泛应用。该装置的工作原理如图 2-8-43 所示．首先把整理好的片状或块状零件 1 放入料匣 2 中，在料匣的下部有一个出口，当往复运动的推板 3（闸门）往左运动时，把料从匣底部出口推出一块，直接或逐步推到模具上。当推板 3 回程从料匣底部退出时，料匣中的块状零件随即落下相当于一块料厚的高度，使最下一块料停在送料线上，完成一个送料循环。

闸门式送料装置要求坯料厚度不能太小，一般大于0.5mm，坯料表面要平整，边缘没有大的毛刺，否则会影响机构的工作可靠性。为了保证坯料能顺利推出且每次只推出一件，料匣出料口高度应比坯料厚度大40%～50%，而推板（闸门）上表面比被推坯料

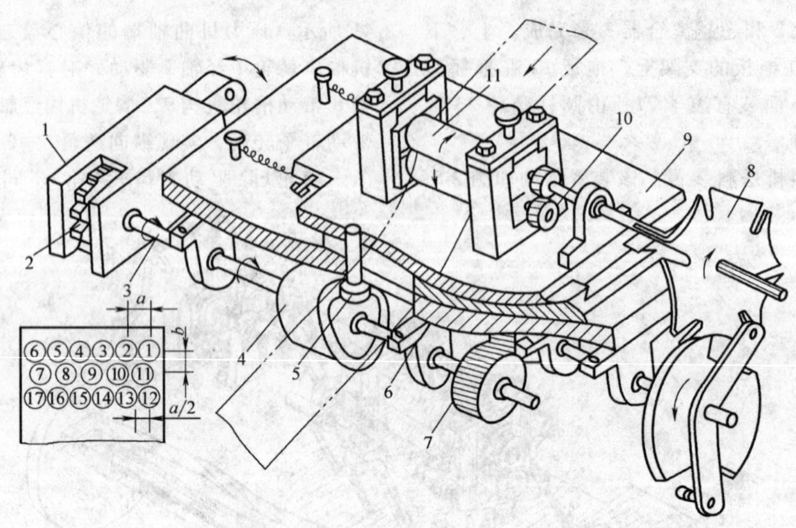

图 2-8-42　参差排样送料装置

1—棘爪　2—棘轮　3—传动轴　4—圆柱凸轮　5—滚轮　6—固定台面　7、10—直齿轮　8—槽轮机构　9—拖板　11—辊子

上表面低 30% ~40%。

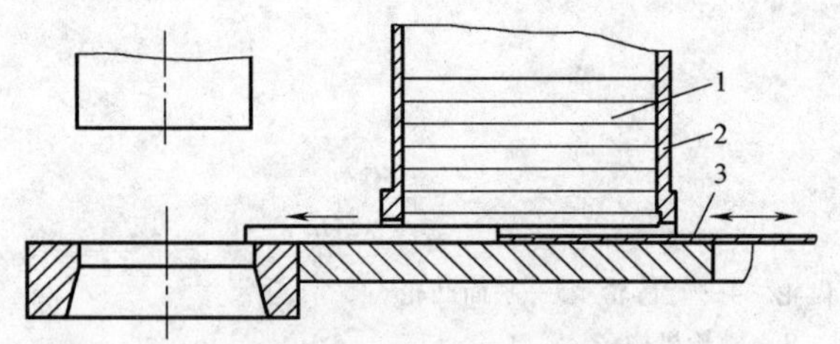

图 2-8-43　闸门式送料装置的工作原理图

1—片状或块状零件　2—料匣　3—推板

推板行程由料匣的安装位置与模具工作部位间的距离、推料方式和压力机滑块行程的大小等因素决定。一般情况下，由推板一次行程把坯料送到模具上。当料匣与模具工作部位的距离较大而压力机滑块行程较小时，可以考虑采用多次行程送料，即推板把坯料分级送进或坯料在送进过程中是坯料推坯料，仅最后的那块坯料由推板推动。

按传动方式的不同，闸门式送料装置又分为斜楔传动式（图 2-8-44）、杠杆传动式（图 2-8-45）、齿轮齿条传动式（图 2-8-46）、射流控制气动式（图 2-8-47）等。

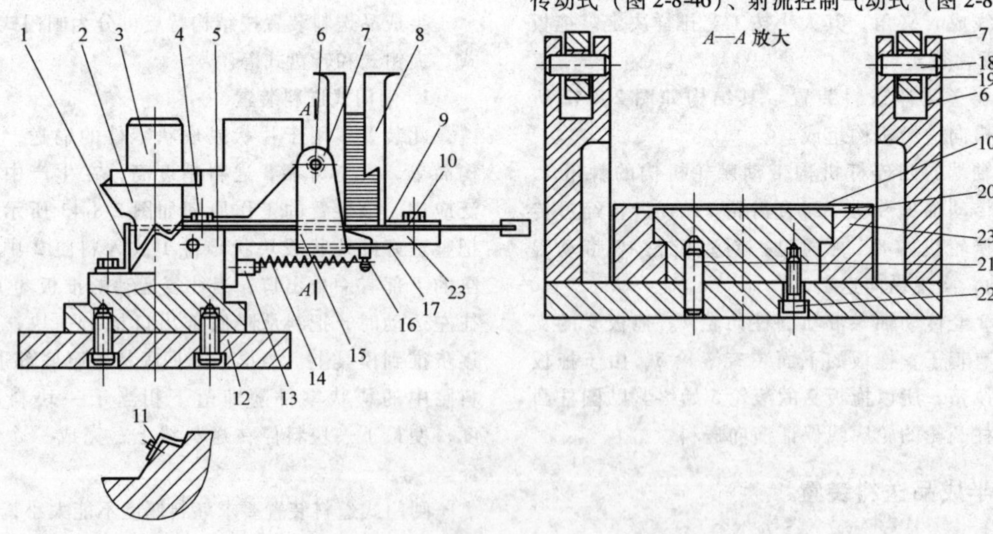

图 2-8-44　斜楔传动闸门式送料装置

1—定位板　2—凸模　3—模柄　4—斜楔　5—下模　6—滚轮支架　7—滚轮　8—料匣　9—料台盖板　10—推板　11—凹模压板　12—座板　13—挂钩　14—弹簧　15—滚轮支架座板　16—销钉　17—滑动导板　18—滚轮轴　19—滚轮轴瓦　20—坯料　21—定位销　22—螺栓　23—送料台

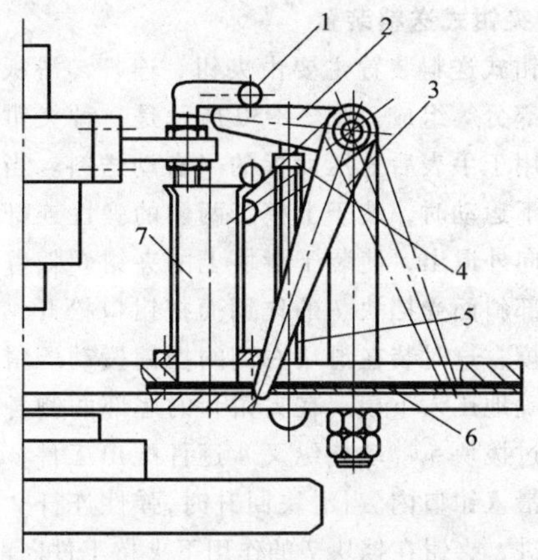

图 2-8-45　杠杆传动闸门式送料装置

1—压头　2—摆杆　3—推杆　4—顶杆　5—弹簧　6—推板　7—料匣

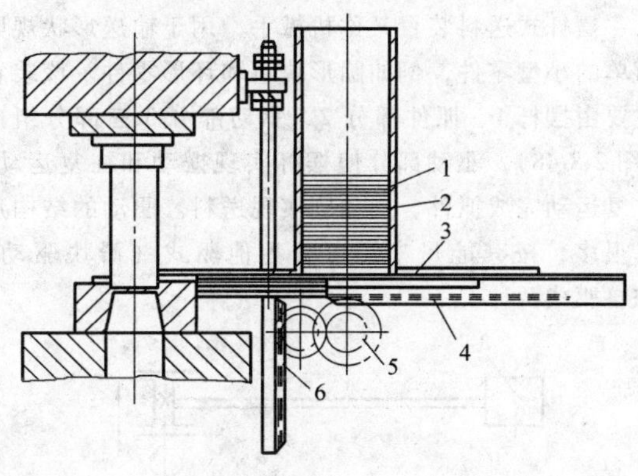

图 2-8-46　齿轮齿条传动闸门式送料装置

1—块料　2—料匣　3—推板　4、6—齿条　5—齿轮

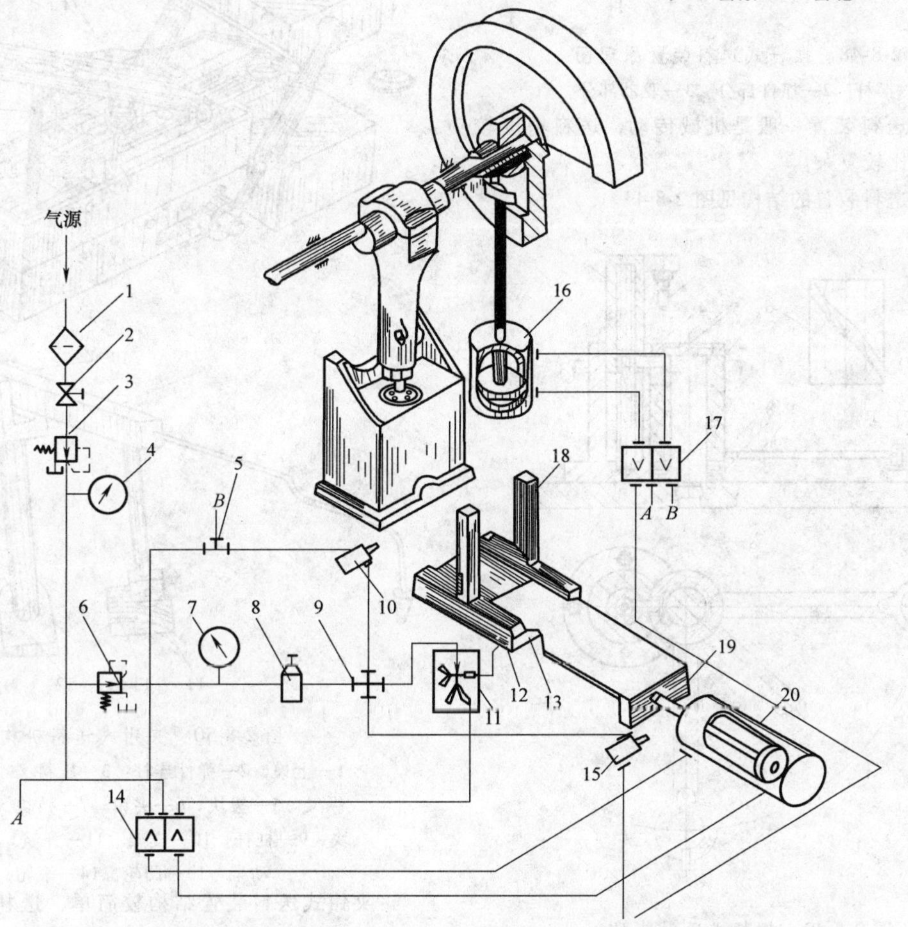

图 2-8-47　射流控制气动闸门式送料装置

1—过滤器　2—闸阀　3、6—减压阀　4、7—压力表　5—三通　8—气动定值器　9—四通　10、15—常闭气按钮　11—“或非”元件　12—气道　13—气孔　14、17—气动放大器　16—控制离合器气缸　18—料匣　19—推板　20—送料气缸

2. 摆杆式送料装置

摆杆式送料装置又称机械手，用于输送形状规则简单的小型零件，例如圆形块料和环形零件。该装置主要由摆杆 1、抓件部分 2、驱动部分 3 三部分组成（图 2-8-48），驱动部分使摆杆实现摆动和往复运动，往复运动完成抓件，摆动则实现送料。驱动的结构形式很多，按其能量来源可分为他驱式（滑块驱动）和自驱式两种。

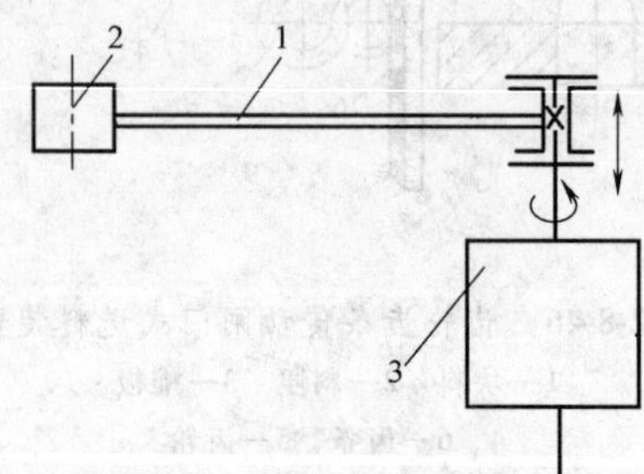

图 2-8-48 摆杆式送料装置原理图

1—摆杆 2—抓件部分 3—驱动部分

摆杆式送料装置一般是机械传动，送料精度较高，但结构比较复杂。

摆杆式送料装置的结构见图 2-8-49。

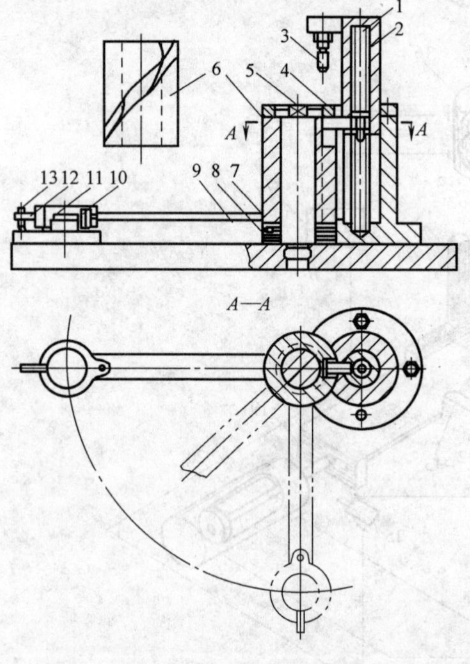

图 2-8-49 摆杆式送料装置

1—弹簧 2—滑柱 3—调节螺栓 4—导销 5—轴 6—圆柱凸轮 7—推力轴承 8—碟形弹簧 9—摆杆 10—套圈 11—工件 12—套圈活动臂 13—松套螺栓

3. 夹钳式送料装置

夹钳式送料装置主要由夹钳、连杆、滑板、料槽和推料部分等组成。图 2-8-50 所示是一种夹钳式送料机构，用于手表后盖压商标的半自动送料。当压力机滑块向下运动时，装于上模 1 两侧的弹性连杆 2 推动滑块 8 向外退出，使装于滑块上的夹钳 6 随着向外退出，尾部斜面受挡块 7 的作用而把钳口松开，将工件放入下模，这时装在滑块右侧的挡销拨动压料叉 3 将工件准确地压入下模。在夹钳 6 的尾部两侧各有一缺口，通过拨块 5 带动擒纵叉 4 逐件配出工件，工件沿着料槽滑入钳口内。当滑块回升时，弹性连杆 2 带动滑块 8 前进，夹钳在挡块 7 的作用下夹持工件向前送进。

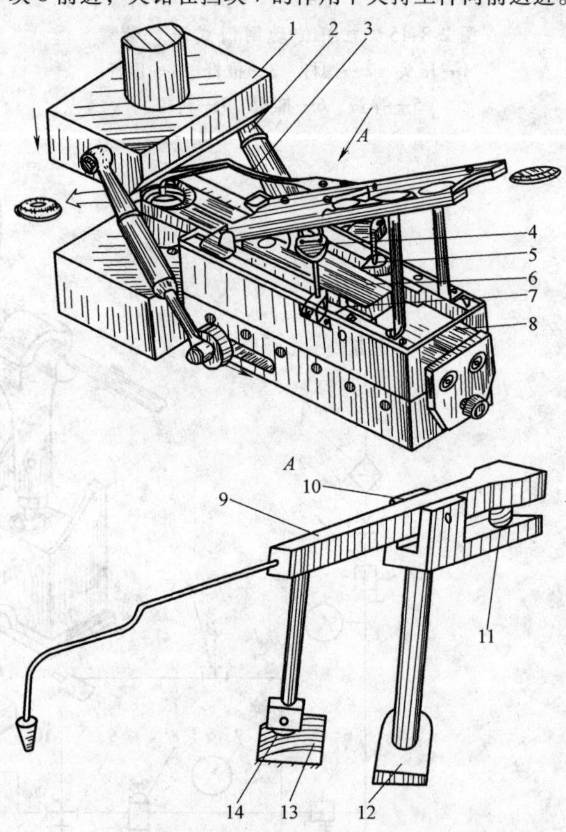

图 2-8-50 夹钳式送料机构

1—上模 2—弹性连杆 3—压料叉 4—擒纵叉 5—拨块 6—夹钳 7—挡块 8—滑块 9—杠杆 10—支架 11—弹簧 12—移动架 13—凸轮 14—滚轮

夹钳式送料装置结构较简单，送料精度也比较高，但送料步距是固定的，如要微调送料步距，须改变连杆的长度。

为了防止出现故障时损坏机构，在连杆内设有保险装置，该装置把连杆分为两段，用拉簧连接在一起组成一个整体。正常送料时，弹性连杆 2 是拉杆，承受拉力，如拉力不超过某一定值时，拉簧不再伸长，此时两段连杆没有相对位移，可精确完成送料工作。当送料部分有故障或阻力过大，滑块 8 被卡住不动，而压力机滑块还继续向上运动时，则弹性连杆 2 中的拉簧被拉长，使连杆伸长而不被破坏。故障排除以后，连杆长度自动恢复正常状态。

4. 转盘式送料装置

转盘式送料装置是一种常见的送料机构，特别在电机、小五金、轻工等行业中得到广泛应用。它的工作特点是：由料斗、料槽落下来的单个坯料沿着圆周方向送到模具上进行冲压，其工位数可以是单工位，也可以是多工位。由于放料可以在离开模具工作区的部分进行，故操作安全。送料装置的大小与沿圆周排列的料穴的大小和数量有关．一般料穴的数量为 24 ~ 30 个。如料穴数太少，则转盘的转角大，惯性力大，送料精度低。但料穴数太多，又会使转盘直径庞大。转盘直径、料穴直径与料穴数的选取可参考表 2-8-21。

表 2-8-21　料穴直径、转盘直径和料穴数 *n* 的关系

d/mm \ D/d, n	4	5	6	7	8	9	10
20	—	—	—	—	12	15	18
30	—	—	—	13	15	18	20
40	—	—	10	13	15	18	20
50	—	—	11	14	16	19	21
60	—	10	12	15	18	20	23
70	7	10	12	16	19	21	—
80	7	10	12	16	19	—	—
90	7	10	12	16	—	—	—
100	7	10	12	—	—	—	—

注：*D*——转盘直径（mm）；*d*——料穴直径（mm）；*n*——料穴数（个）。

按传动方式不同转盘式送料装置可分为：摩擦传动式、棘轮传动式、槽轮传动式、蜗形凸轮传动式、圆柱凸轮传动式和链传动式等。其结构见图 2-8-51 ~ 图 2-8-56。

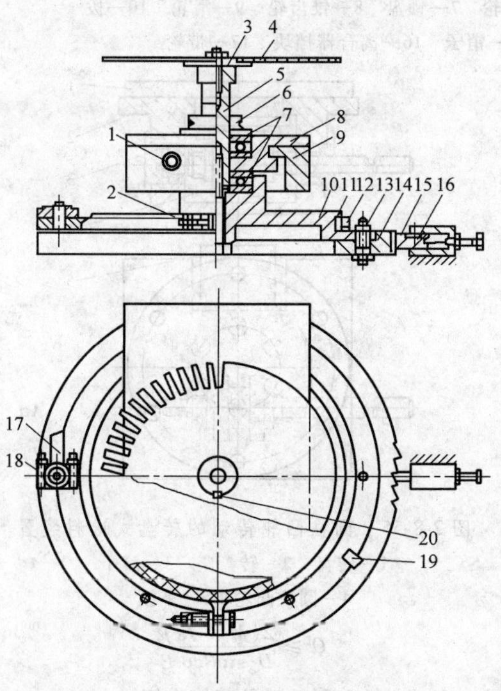

图 2-8-51　摩擦传动的转盘式送料装置
1—拖板定位螺钉　2—摩擦圈调节螺栓　3—定位台　4—转子片　5—轴　6—螺母　7—推力轴承　8—拖板　9—导轨　10—摩擦盘　11—牛皮　12—摩擦圈　13—螺栓　14—棘轮圈　15—止推棘爪　16—棘爪座　17—推杆　18—销轴　19—停止撞块　20—定位键

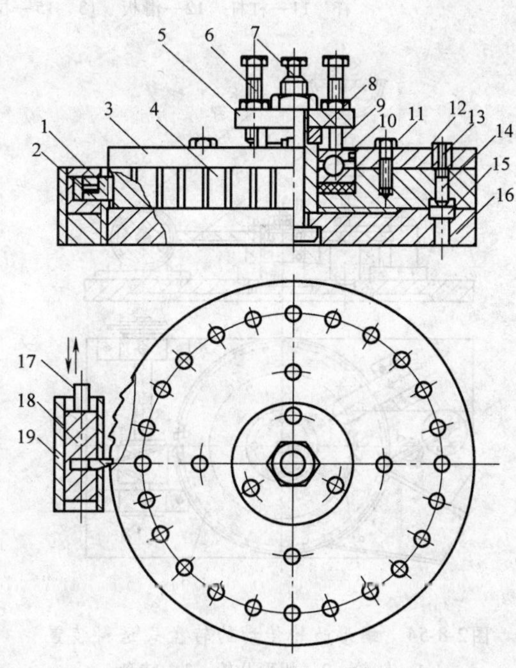

图 2-8-52　棘轮传动的转盘式送料装置
1—棘爪　2—弹簧　3—模座　4—棘轮　5—压板　6—微调螺栓　7—螺栓　8—压圈　9—套　10—推力轴承　11—橡胶圈　12—制件　13—模具　14—顶销　15—弹簧片　16—底板　17—连杆　18—滑块　19—导板

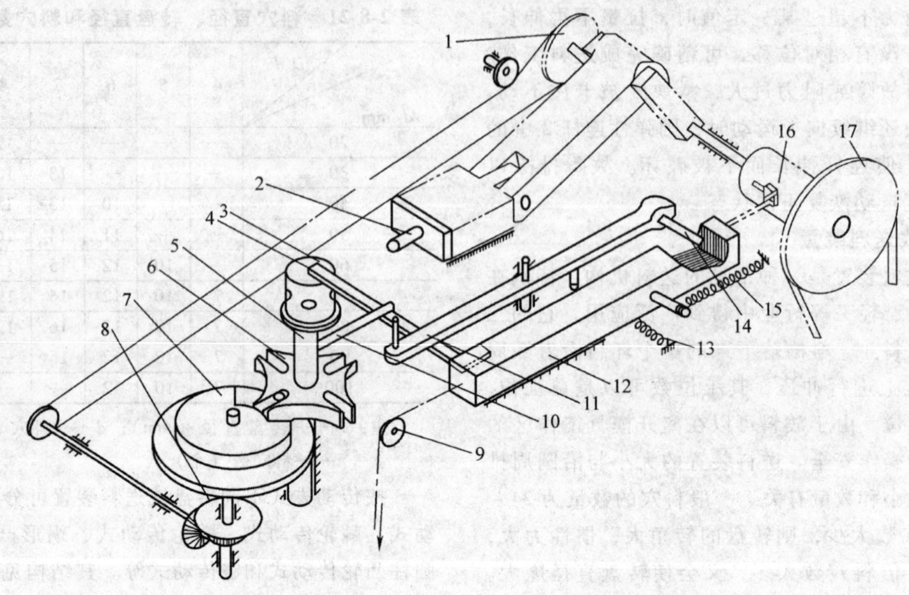

图 2-8-53　槽轮传动的转盘式送料装置

1—链轮　2—冲头　3—制件　4—挡板　5—轴　6—槽轮　7—锁盘　8—锥齿轮　9—滑轮　10—拨杆　11—杠杆　12—滑板　13、15—拉簧　14—销子　16—离合器挡块　17—带轮

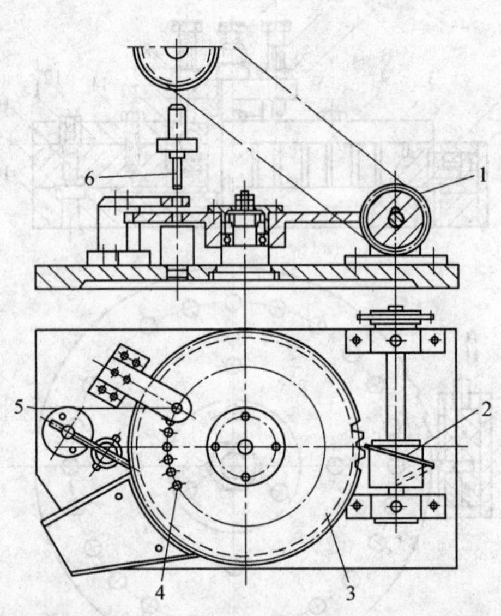

图2-8-54　蜗形凸轮传动的转盘式送料装置

1—链轮　2—蜗形凸轮　3—转盘

4—料穴　5—工作部位　6—模具

为了提高转盘式送料装置的定位精度，其送料转盘上定位孔导向锥面的直径应大于或等于相邻两定位孔的中心距，这样相邻两孔的导向锥面的相交处就形成一个尖顶（图 2-8-57）。于是定位器只要接触到导向锥面就可插入定位孔。若定位器落在尖顶上，则绕轴回转，最终沿着锥面滑入某一定位孔中。弹簧可使定位器恢复垂直位置。弹簧力 Q 的计算公式为

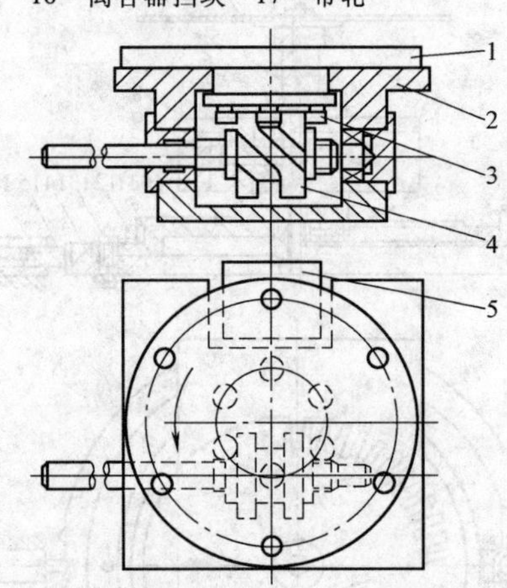

图 2-8-55　圆柱凸轮传动的转盘式送料装置

1—转盘　2—转盘座　3—滚子

4—圆柱凸轮　5—下模

$$Q \geqslant \frac{2(M + J\varepsilon)}{D_{\phi}\sin\beta\cos\beta}$$

式中　M——转盘回转时的摩擦力矩；

J——转盘的惯性矩；

ε——转盘回转时的最大角加速度；

D_{ϕ}——定位孔分布圆的直径；

β——锥面的倾斜角，$\beta \leqslant 45°$。

定位孔分布圆的直径（图 2-8-57）按下式计算：

$$D_{\phi} \leqslant \frac{Nb_{\phi}}{\pi}$$

式中　N——定位孔数；

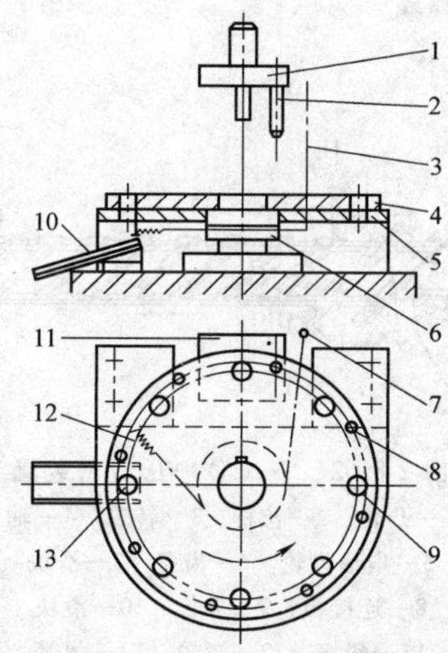

图 2-8-56　链传动的转盘式送料装置
1—上模　2—定位销　3—链条　4—转盘
5—座板　6—链轮（超越离合器）　7—导
向滚轮　8—定位孔　9—料穴　10—料槽
11—下模　12—拉簧　13—出件工位

b_ϕ——相邻两定位孔的中心距。

若送料转盘的直径大于 200mm 或压力机行程次数高于 60 次/min，应在转盘下方间隔 90°或 120°装设弹簧支承的钢球（图 2-8-57）。这些钢球在转盘的回转过程中始终起制动作用。

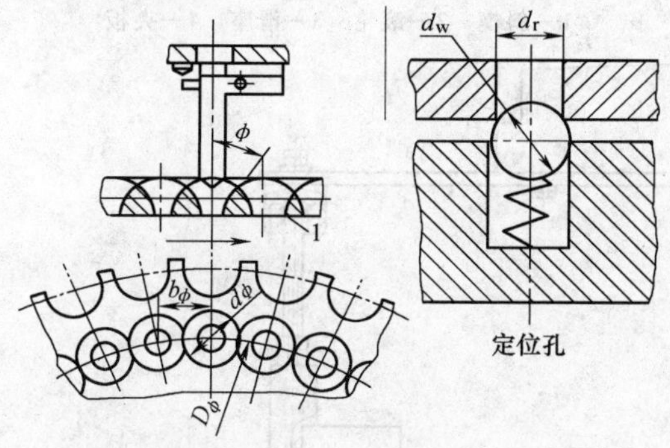

图 2-8-57　转盘式送料装置定位机构

5. 多工位冲压送料装置

多工位冲压送料装置由夹板、夹钳、纵向送料机构和横向夹紧机构等组成。如图 2-8-58 所示，横向运动机构驱动夹钳夹紧制件。间歇运动机构推动纵向夹板右移一个送料步距，制件被移到下一工位。返回时，夹钳松开制件后，间歇运动机构带动纵向夹板回到初始位置。

（1）多工位冲压送料装置的工作周期图　图 2-8-59 为多工位冲压送料装置的工作周期图，工作循环的各个阶段时间以曲轴转角表示。第一阶段为横向夹

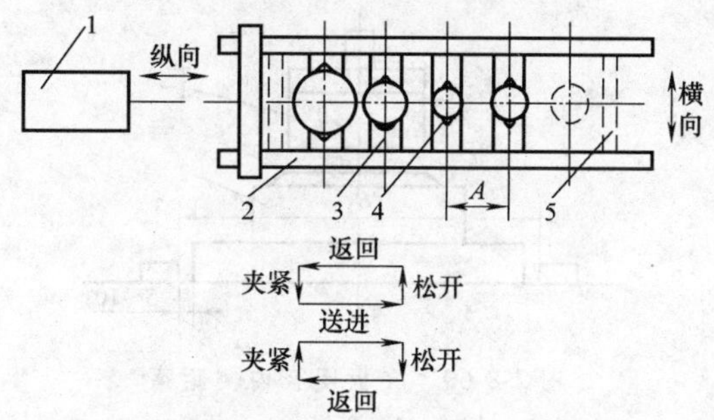

图 2-8-58　多工位冲压送料装置原理结构图
1—纵向运动机构　2—夹板　3—夹钳
4—制件　5—横向运动机构

紧阶段，曲柄在位置 E 开始夹紧运动，到位置 F 结束，夹紧角为 55°，停止角为 5°。第二阶段为纵向送料阶段，由位置 A 开始至位置 B 结束，送料角为 120°，停顿 5°。在第三阶段，松开工件，松开角为 55°。第四阶段，压力机进行冲压，送料机构回程，由位置 D 至位置 E，工作区角度为 120°。

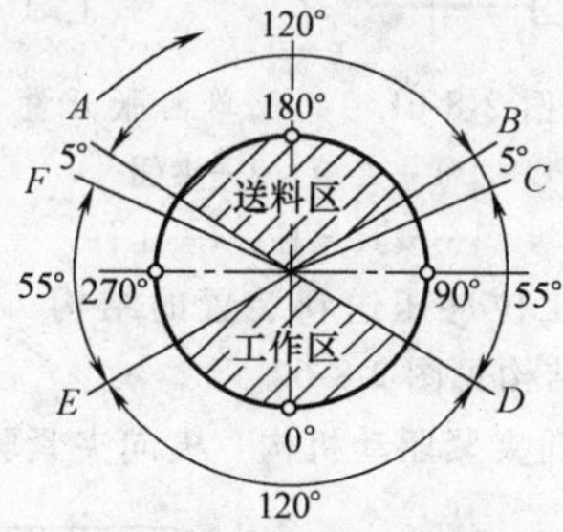

图 2-8-59　多工位冲压送料装置工作周期图

（2）多工位冲压送料装置的技术参数

1）工位距 A（mm）（图 2-8-58）：

当 $D>250$mm 时，$A=(1.12\sim1.25)D$

当 $D<200$mm 时，$A=(1.4\sim2.0)D$

式中　D——最大落料直径（mm）。

2）工位数（个）：由被加工零件的实际工序确定，并适当考虑空工位及工件出料工位。

3）夹板底面到垫板距离 H_1（mm）：

$$H_1=3h$$

式中　h——工件最大拉深深度（mm）。

4）夹板闭合内侧距离 B_1（mm）：在多工位压力机上安装落料模时，其内侧距离根据落料模模座尺寸增加 10～20mm（图 2-8-60）。

5）夹板张开内侧距离 B_2（mm）：

$$B_2=B_1+2B$$

式中　B——夹板单面张开量（mm）。

夹板单面张开量 B 是根据夹板在闭合时夹钳夹

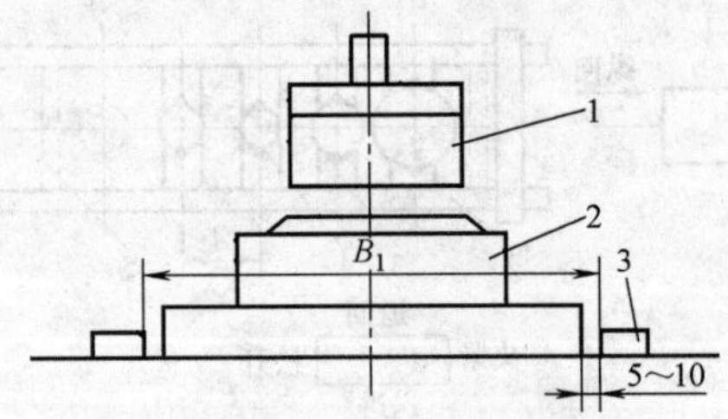

图 2-8-60　夹板闭合内侧距离

1—上模　2—下模　3—夹板

住制件，张开时夹钳能自由通过模具导柱外侧的原则确定（图 2-8-61）。

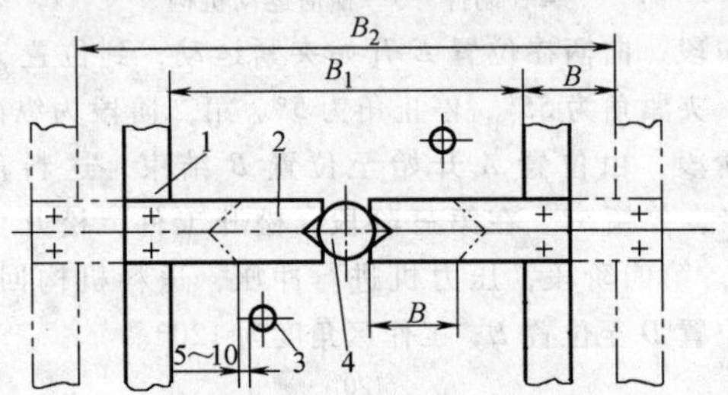

图 2-8-61　夹板单面张开量

1—夹板　2—夹钳

3—模具导柱　4—工件

（3）多工位冲压送料装置的结构　多工位冲压送料装置的结构见图 2-8-62。

（4）横向夹紧驱动机构　横向夹紧驱动机构的类型有斜楔传动、斜楔齿轮齿条传动和曲柄连杆传动等几种，如图 2-8-63～图 2-8-65 所示。

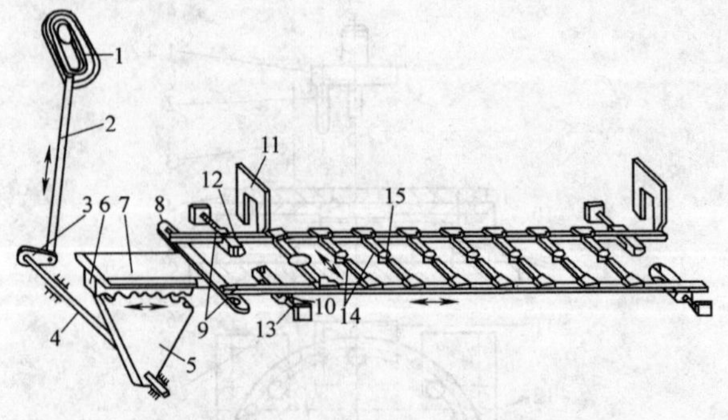

图 2-8-62　多工位冲压送料装置

1—凸轮　2—拉杆　3—转臂　4—轴

5—扇形齿轮　6—齿条　7—滑块

8—连接板　9—夹板　10—滑块

11—斜楔　12—滚轮　13—弹簧

14—夹钳　15—制件

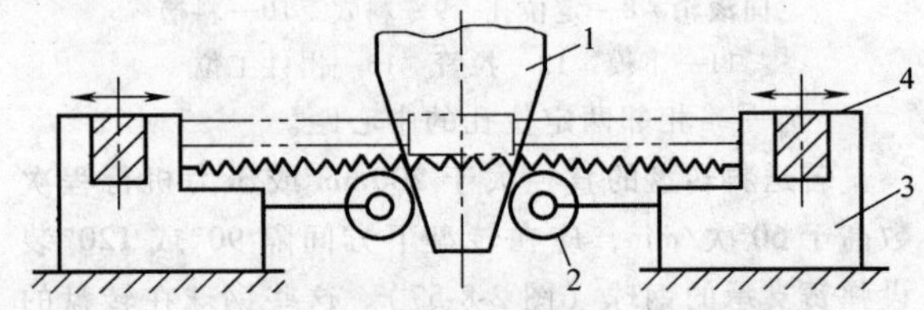

图 2-8-63　斜楔传动式横向夹紧驱动机构

1—斜楔　2—滚轮　3—滑座　4—夹板

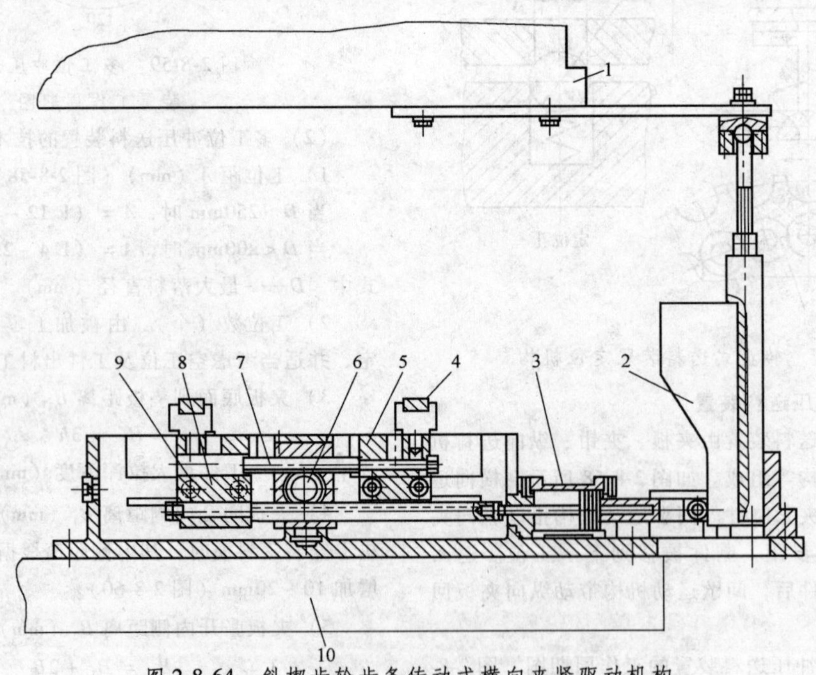

图 2-8-64　斜楔齿轮齿条传动式横向夹紧驱动机构

1—滑块　2—斜楔　3—气缸　4—夹板　5—右夹板架　6—中间齿轮

7—上齿条　8—左夹板架　9—下齿条　10—垫板

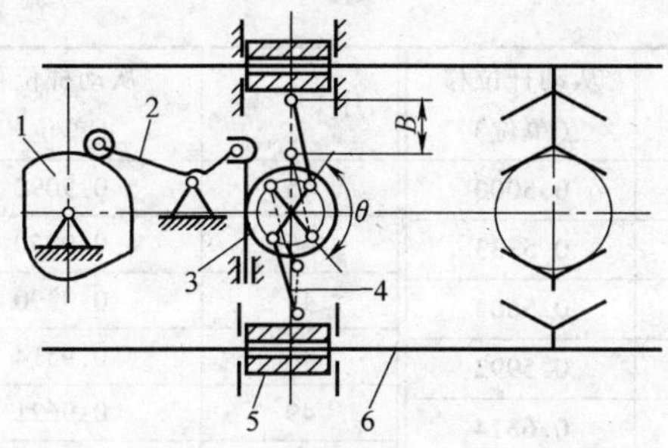

图 2-8-65　曲柄连杆传动式横向夹紧驱动机构

1—凸轮　2—摆杆　3—齿条　4—连杆　5—滑座　6—夹板

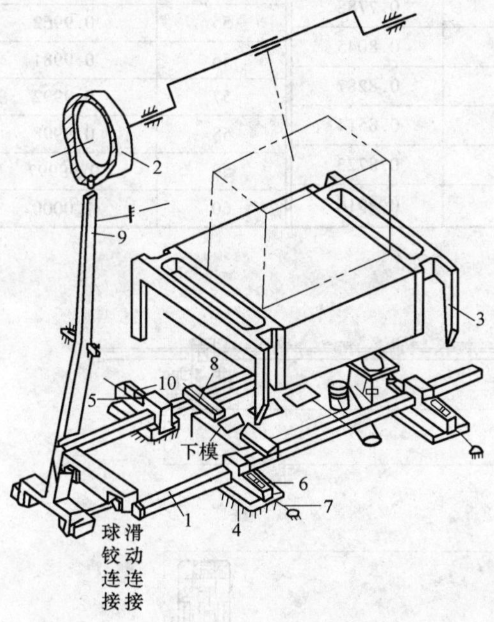

图 2-8-66　凸轮杠杆传动式纵向送料机构

1—夹条　2—凸轮　3—斜楔　4、5—滑架　6—长槽　7、11—弹簧　8—夹爪　9—杠杆　10—滚子

（5）纵向送料机构　多工位冲压送料装置中的纵向送料机构有凸轮杠杆传动、凸轮传动、齿轮齿条传动、气动和行星齿轮传动等几种，如图 2-8-66 ~ 图 2-8-70 所示。凸轮位移数据及其画法示例见表 2-8-22。

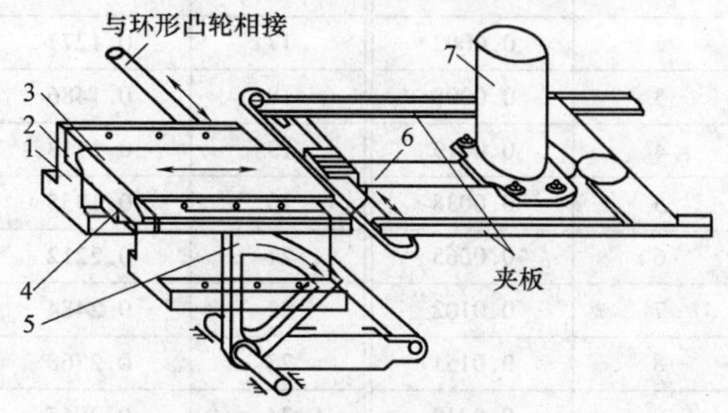

图 2-8-67　齿轮齿条传动式纵向送料机构

1—滑块座　2—导轨　3—送料滑块　4—齿条　5—扇形齿轮　6—送料推板　7—料筒

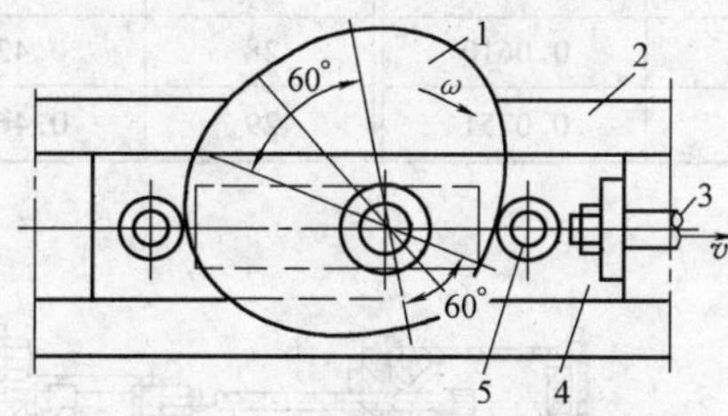

图 2-8-68　凸轮传动式纵向送料机构

1—凸轮　2—机架　3—连接杆　4—滑块　5—滚子

（6）三坐标多工位冲压送料装置　前面介绍的多工位冲压送料装置为二向送给方式，即送料装置按“夹紧—送料—放松—退回”的方式工作，二向送给方式对冲压方法和冲压件的形状都有一定的限制。在二向送给方式的基础上加上“上升、下降”的动作，使送料装置的夹板具有三维的运动，可按“夹紧—上升—送料—下降—松开—退回”的方式工作，从而扩大了多工位冲压送料装置的应用范围。

表 2-8-22　凸轮位移数据及其画法示例

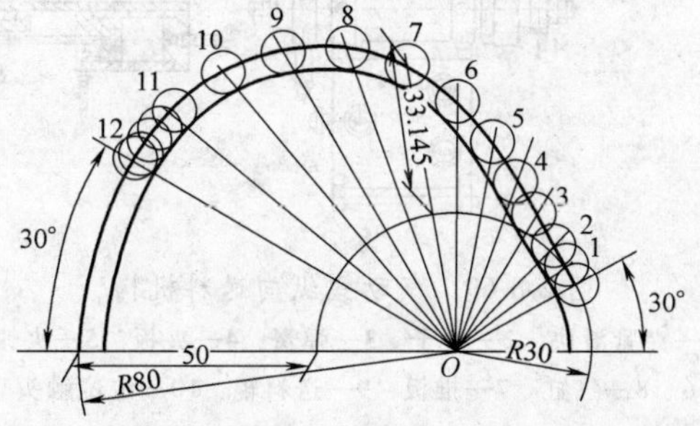

（续）

序　　号	从动杆位移（单位）	序　　号	从动杆位移（单位）	序　　号	从动杆位移（单位）	序　　号	从动杆位移（单位）
0	0.0000	15	0.0908	30	0.5000	45	0.9092
1	0.00003	16	0.1084	31	0.5333	46	0.9250
2	0.0002	17	0.1277	32	0.5664	47	0.9390
3	0.0008	18	0.1486	33	0.5992	48	0.9514
4	0.0019	19	0.1713	34	0.6314	49	0.9621
5	0.0038	20	0.1955	35	0.6629	50	0.9712
6	0.0065	21	0.2212	36	0.6935	51	0.9788
7	0.0102	22	0.2484	37	0.7232	52	0.9849
8	0.0151	23	0.2768	38	0.7516	53	0.9898
9	0.0212	24	0.3065	39	0.7788	54	0.9935
10	0.0288	25	0.3371	40	0.8045	55	0.9962
11	0.0379	26	0.3686	41	0.8287	56	0.9981
12	0.0486	27	0.4008	42	0.8514	57	0.9992
13	0.0610	28	0.4336	43	0.8723	58	0.9998
14	0.0751	29	0.4667	44	0.8916	59	0.99997
						60	1.0000

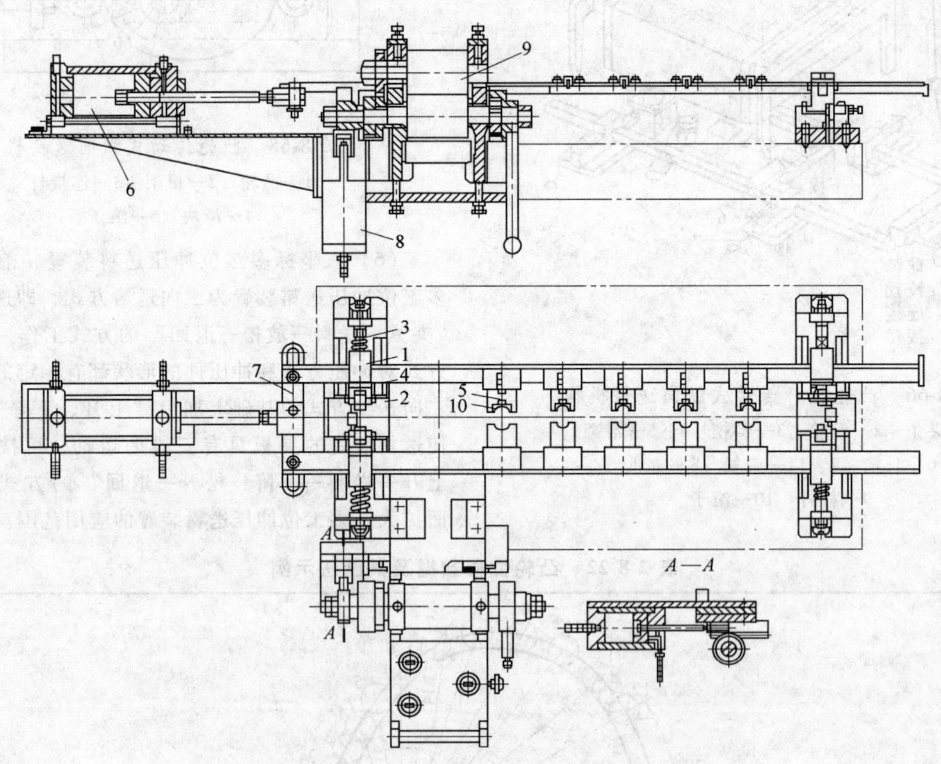

图 2-8-69　气动式纵向送料机构

1—夹紧滑块　2—滚子　3—弹簧　4—夹板　5—夹钳

6、8—气缸　7—推板　9—送料辊　10—定位触头

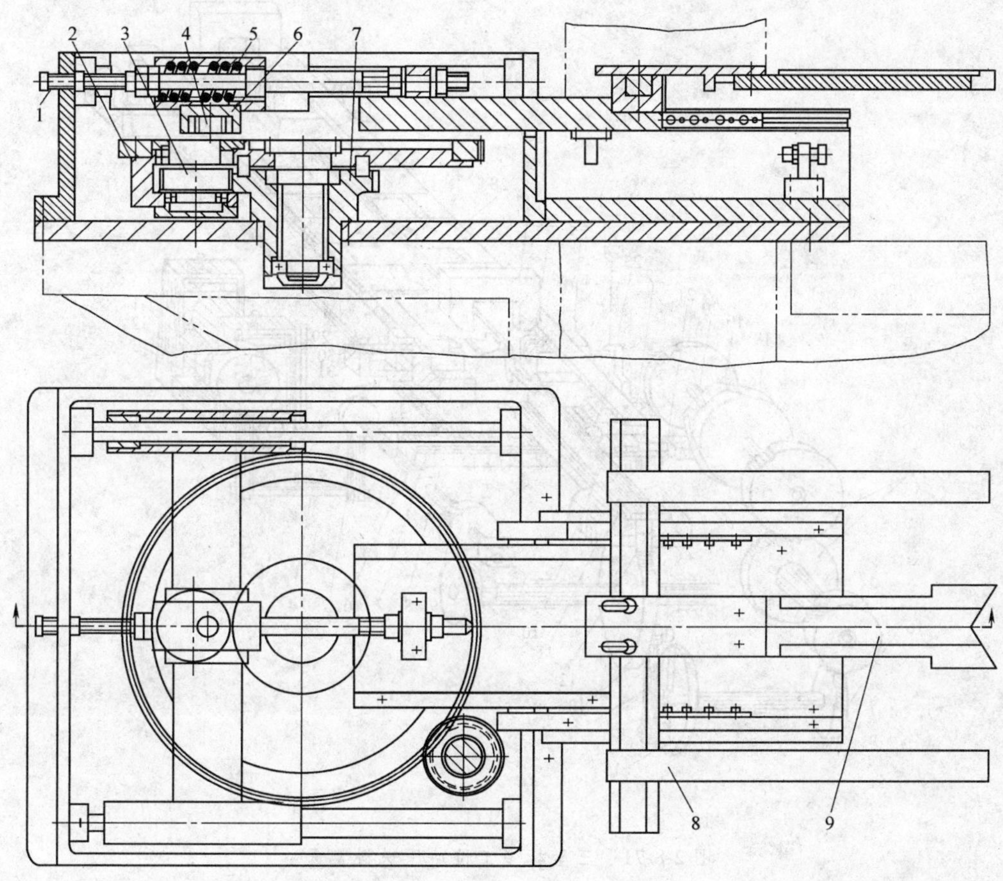

图 2-8-70　行星传动式纵向送料机构

1—定位挡板　2—转臂　3—行星齿轮　4—偏心轴　5—弹簧装置
6—槽形导轨　7—中心齿轮　8—夹板　9—推板

在二维多工位冲压送料装置中，送料夹板只在横向和纵向运动，因此送料时制件下底面在下模面上滑动，所以要求其底部和下模的上平面很平，这就给制件的形状以一定的限制和给模具加工调整造成了一定的困难。而在三坐标多工位冲压送料装置中，夹板增加了上升和下降的动作，送料时就可以把制件夹持提升后再送进，避免了制件在下模面上滑动。

在拉深工序中，制件每拉好一道，必须从下模中脱出，故下模中必须设置一个卸料器，而卸料器的存在，在二向送进时又常常影响制件的纵向送料。三坐标冲压送料装置则不受各道工序卸料器不平的影响。在卸料力不大的情况下，甚至可以不用卸料器，而直接由夹钳本身的上升动作来提升制件。这样可使模具结构变得简单。

如果要求在产品顶部斜面上冲孔，在垂直冲的压力机上就无法完成，由于三坐标冲压送料装置的夹钳有升降动作，夹钳的高度可做成可调的。在夹钳上升时，就能够变更制件的姿态，使要冲孔的斜面与冲孔凸模运动方向垂直，以完成冲孔。

三坐标多工位冲压送料装置的结构如图 2-8-71 所示。

三坐标多工位冲压送料装置的周期图如图 2-8-72 所示。由图可见，上升和下降两个动作和送料有一段时间同时进行，即在上升一定高度使制件离开模具后，便一面上升一面纵向送进，在没有送至下一工序前，便一面下降一面继续送进。放松和夹紧也是这样，在完全放松前就开始边继续放松边开始退回，退回到前一工序模具中心前，夹钳开始闭合，同时继续

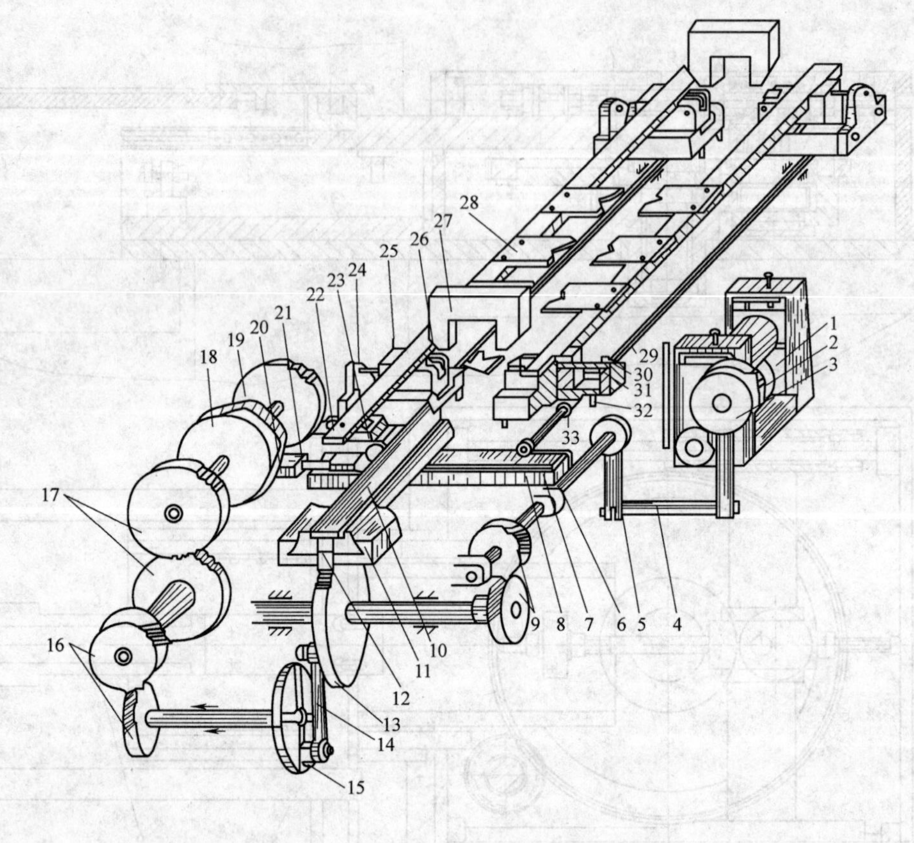

图 2-8-71　三坐标多工位冲压送料装置

1—滚筒　2—齿轮　3—超越离合器　4、14—连杆　5—摆杆　6、31—弹簧　7、12—齿条　8—槽钢　9、16—斜齿轮传动　10—推料板　11—燕尾槽　13—大齿轮　15—偏心盘　17—传动齿轮　18—大凸轮　19—链轮　20、26—滚轮　21—滚轮支架　22—夹板　23—小齿轮　24—块架　25—滑块　27—斜楔　28—夹钳　29—凸轮轴　30—导柱　32—导销　33—小凸轮

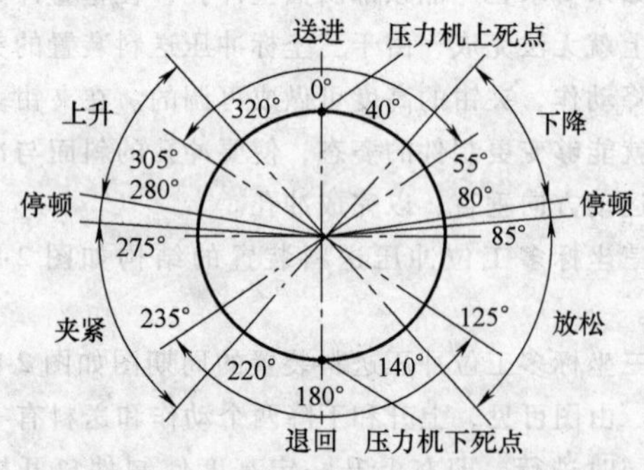

图 2-8-72　三坐标多工位冲压送料装置工作周期图

退回，这样可使周期运动更紧凑，但是在上升前和下降后，制件必须停顿一段短时间，停稳后才进行其他动作，如图 2-8-72 中有 5°的停顿。上升改下降动作可由凸轮机构或气动装置来实现。

8.2.3　取料装置

取料装置亦称取件装置、出件装置、出料装置等，其作用是把冲压下来的制件或废料及时送出。送料装置和取料装置配套使用，可大大减轻操作者的劳动强度，防止工伤事故。

按传动方式，取料装置有气动式和机械式两种，见表 2-8-23。

8.2.4　理件装置

理件装置的作用是将冲压后的制件按照一定的顺序排列起来，其结构类型见表 2-8-24。

表 2-8-23　取料装置

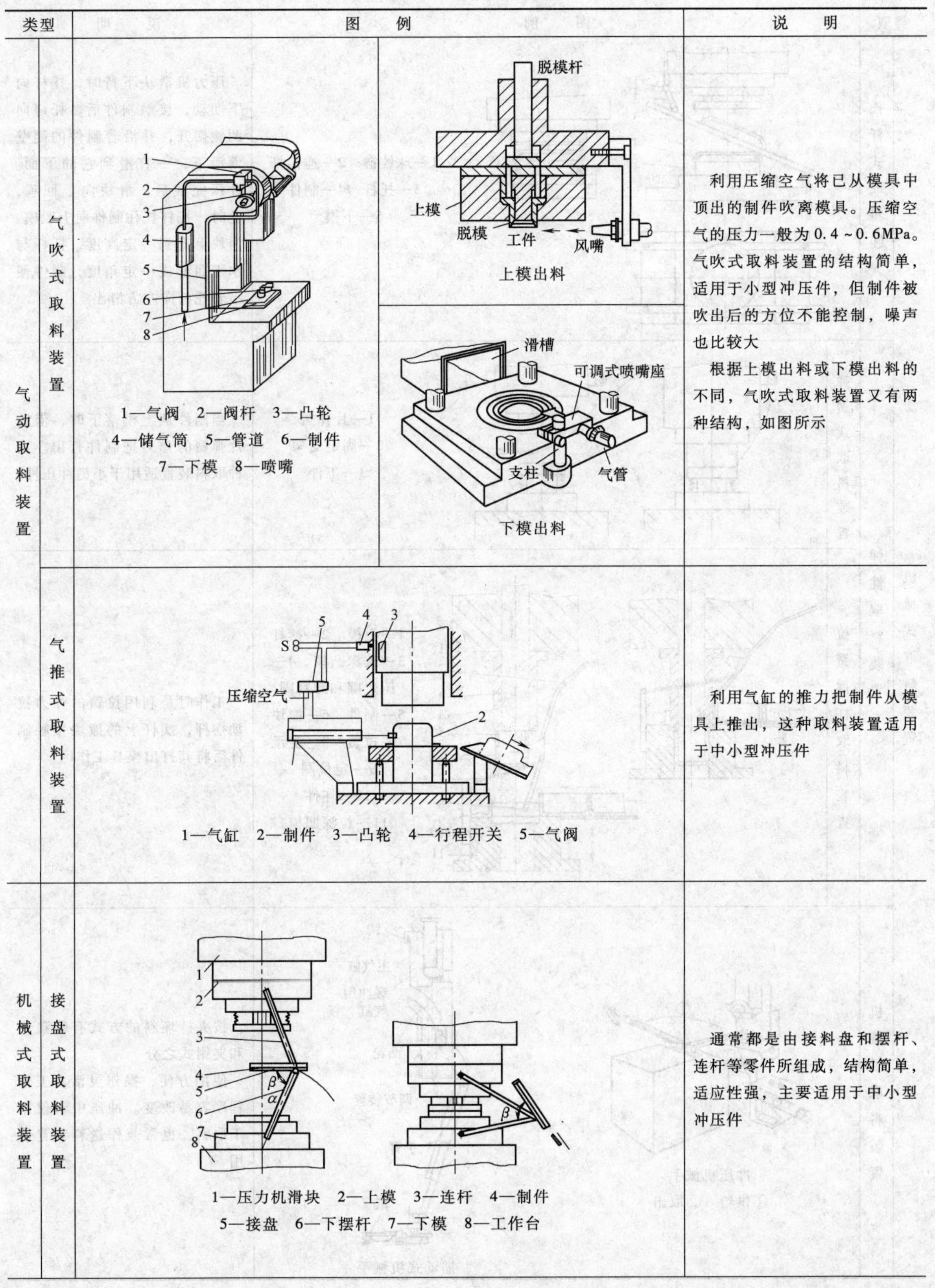

类型		图例	说明
气动取料装置	气吹式取料装置	1—气阀　2—阀杆　3—凸轮 4—储气筒　5—管道　6—制件 7—下模　8—喷嘴 上模出料 下模出料	利用压缩空气将已从模具中顶出的制件吹离模具。压缩空气的压力一般为 0.4 ~ 0.6MPa。气吹式取料装置的结构简单，适用于小型冲压件，但制件被吹出后的方位不能控制，噪声也比较大 根据上模出料或下模出料的不同，气吹式取料装置又有两种结构，如图所示
	气推式取料装置	1—气缸　2—制件　3—凸轮　4—行程开关　5—气阀	利用气缸的推力把制件从模具上推出，这种取料装置适用于中小型冲压件
机械式取料装置	接盘式取料装置	1—压力机滑块　2—上模　3—连杆　4—制件 5—接盘　6—下摆杆　7—下模　8—工作台	通常都是由接料盘和摆杆、连杆等零件所组成，结构简单，适应性强，主要适用于中小型冲压件

（续）

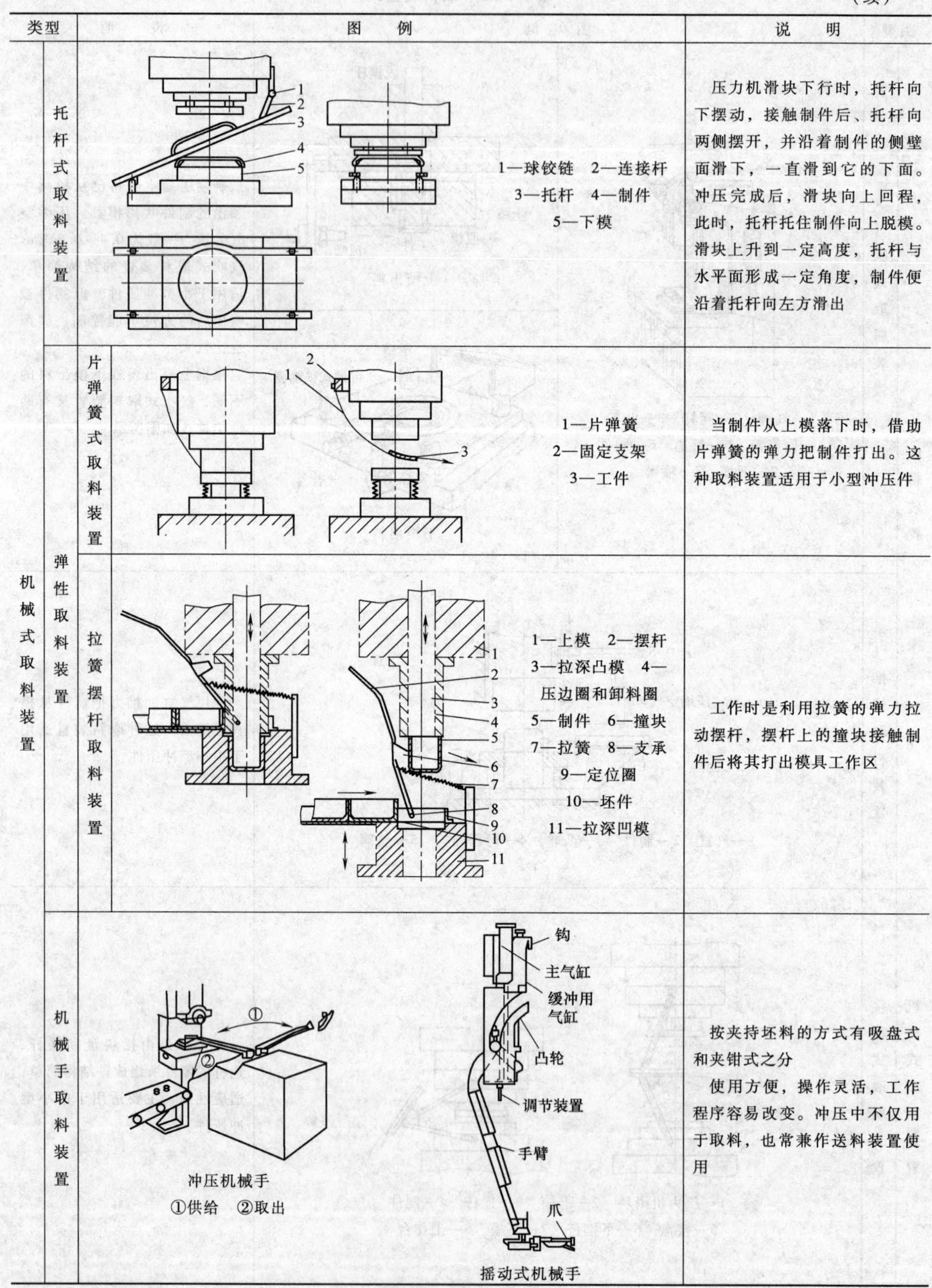

类型			图例	说明
机械式取料装置	托杆式取料装置		1—球铰链　2—连接杆 3—托杆　4—制件 5—下模	压力机滑块下行时，托杆向下摆动，接触制件后、托杆向两侧摆开，并沿着制件的侧壁面滑下，一直滑到它的下面。冲压完成后，滑块向上回程，此时，托杆托住制件向上脱模。滑块上升到一定高度，托杆与水平面形成一定角度，制件便沿着托杆向左方滑出
	弹性取料装置	片弹簧式取料装置	1—片弹簧 2—固定支架 3—工件	当制件从上模落下时，借助片弹簧的弹力把制件打出。这种取料装置适用于小型冲压件
		拉簧摆杆取料装置	1—上模　2—摆杆 3—拉深凸模　4—压边圈和卸料圈 5—制件　6—撞块 7—拉簧　8—支承 9—定位圈 10—坯件 11—拉深凹模	工作时是利用拉簧的弹力拉动摆杆，摆杆上的撞块接触制件后将其打出模具工作区
	机械手取料装置		冲压机械手 ①供给　②取出 钩　主气缸　缓冲用气缸　凸轮　调节装置　手臂　爪 摇动式机械手	按夹持坯料的方式有吸盘式和夹钳式之分 使用方便，操作灵活，工作程序容易改变。冲压中不仅用于取料，也常兼作送料装置使用

表 2-8-24 理件装置

类型	图例	说明
柱式理件装置	1—接件柱 2—定子片 3—工作台	用于使冲压后的电机定子片同心地叠起来。它是一个固定的柱子，柱子的断面形状和尺寸应根据制件的内孔形状来确定。柱子的安放位置应使冲压后的制件沿着斜面滑道向压力机的后方滑出，制件离开滑道后，以一定速度飘落到接件柱上
	1—接件杆 2—制件	用于带孔的小型冲压件。接件杆可以是直杆，也可以是曲杆，通常是安放在压力机工作台的下面，其上端伸到模具下面一定高度，制件直接落入接件杆上
槽式理件装置	A—A B—B 1—集件槽 2—转子片 3 —支承滑块	用于将冲压后的电机转子片或圆盘状零件同心地叠起来。理件过程由装在冲模下部的圆形断面的滑槽完成
	1—集件槽 2—支承滑块 3—弹性挡销 4—推板 5—模具 6—制件	用于将冲压后的矩形制件规则地叠起来。理件过程由安装于模具出件方向的集件槽完成

（续）

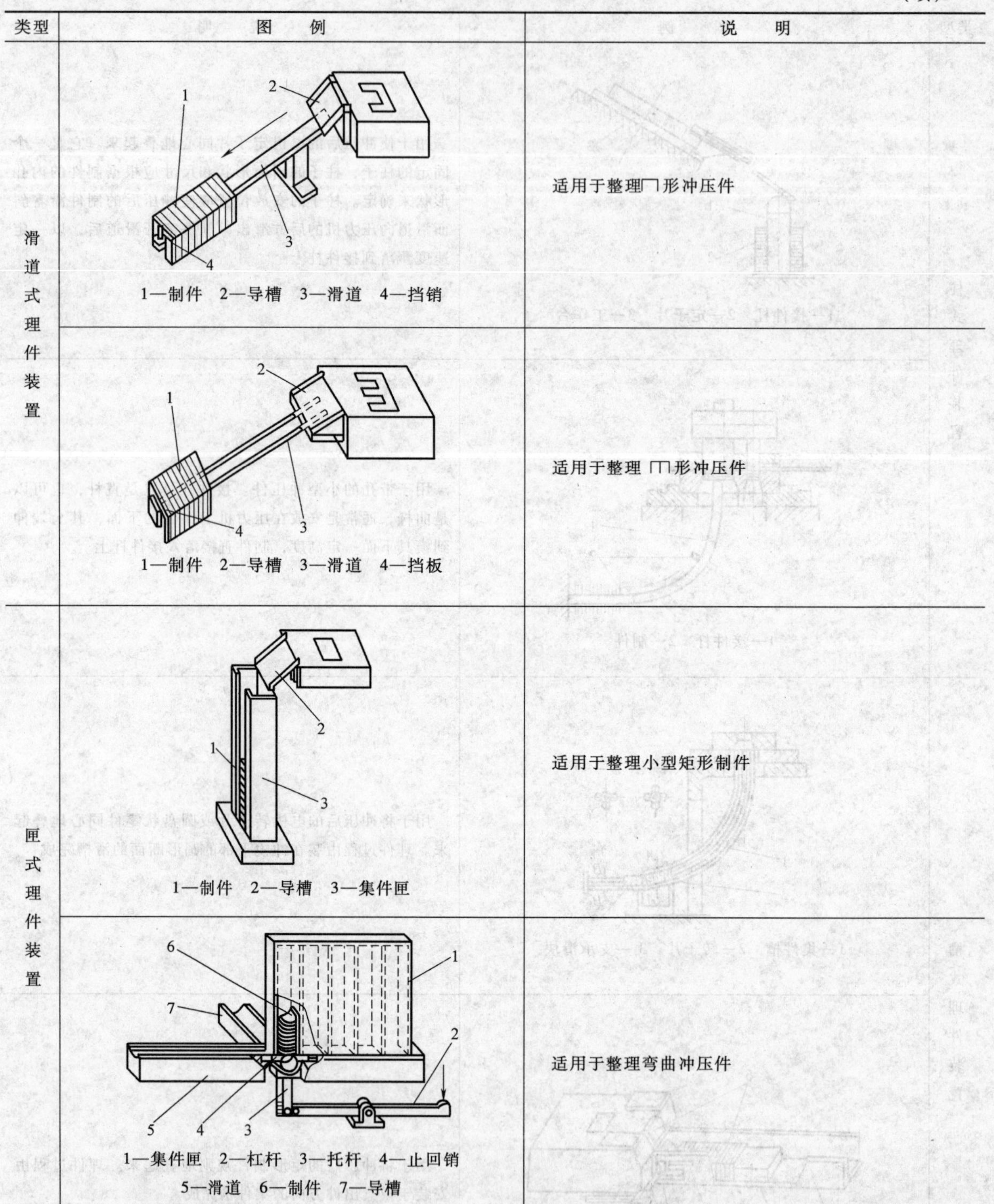

类型	图例	说明
滑道式理件装置	1—制件　2—导槽　3—滑道　4—挡销	适用于整理冂形冲压件
	1—制件　2—导槽　3—滑道　4—挡板	适用于整理 ⊓⊓形冲压件
匣式理件装置	1—制件　2—导槽　3—集件匣	适用于整理小型矩形制件
	1—集件匣　2—杠杆　3—托杆　4—止回销　5—滑道　6—制件　7—导槽	适用于整理弯曲冲压件

8.3　搬运输送装置

冲压生产线中的搬运输送装置是直接从冲压模具上或通过取料装置把半成品冲压件向下道加工工序进行传输的装置。常用的搬运输送装置有：滑槽式搬运输送装置、传送带式搬运输送装置、提升机搬运输送装置、往复运动搬运输送装置、翻转运动搬运输送装置及机械手等，各种搬运输送装置的结构和工作原理见表 2-8-25。

表 2-8-25　搬运输送装置

类型	图　例	说　明
滑槽式搬运输送装置	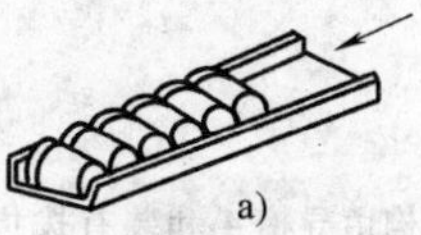 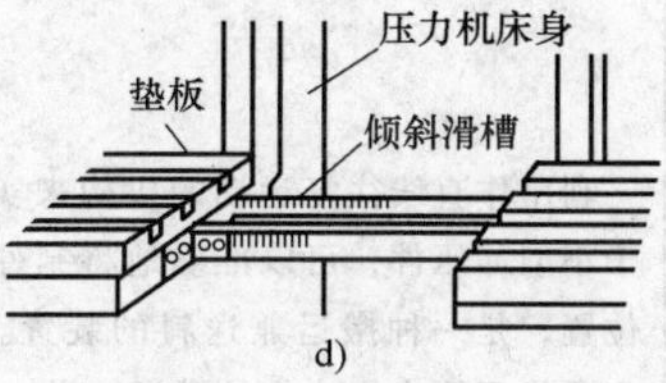 a)  b) 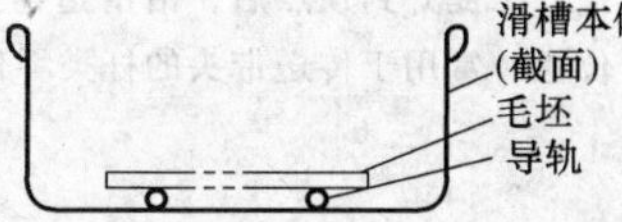 滑槽本体(截面) 毛坯 导轨 c) 压力机床身 垫板 倾斜滑槽 d)	利用零件本身的重力或加工完毕后作用在零件上的惯性力来实现零件的传输。其结构有倾斜的溜料槽(图 a)、平放或斜放的滚道（图 b)、带导轨的滑槽(图 c）等形式，滑槽分移动式和固定式两种。移动式滑槽高度可以调整。图 d 是固定在压力机上的滑槽 滑槽式搬运输送装置结构简单，工作可靠，是冲压生产中使用最多的输送装置
传送带式搬运输送装置	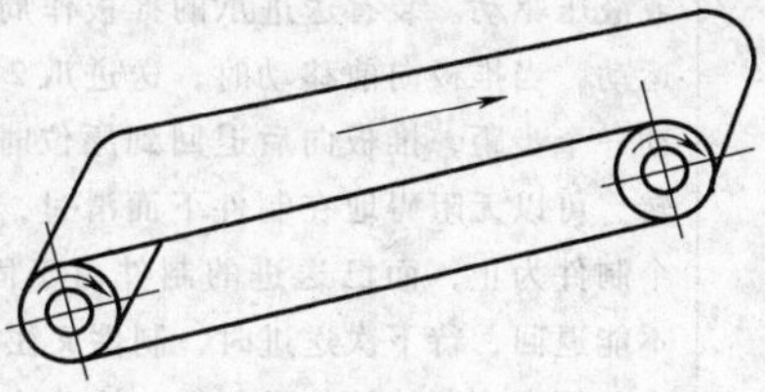	用机械传动，可连续地传送零件。主要有带式输送机和链式输送机，共同特点是：传送时须将零件放上输送机，加工时零件须从输送机上取下，因此需附加装料、卸料机构。生产中使用的输送机通常都是中小型的。一般都可以移动，能够调整高度和倾斜度。在特殊情况下，可以使用磁性传送带来运送小型钢质制件。传送带式搬运输送装置既适合于用作压力机之间的搬运输送，也适合较远距离的搬运输送。图示为带式输送机简图
提升机搬运输送装置　刮板式提升机	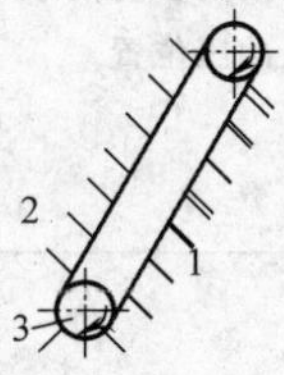 1—输送带　2—刮板　3—导轮	刮板式提升机可利用滑道使制件直接滑到输送带上被刮板带走。导轮转速和刮板之间的距离可根据生产率的要求确定。制造成本低，适用范围广
提升机搬运输送装置　斗式提升机	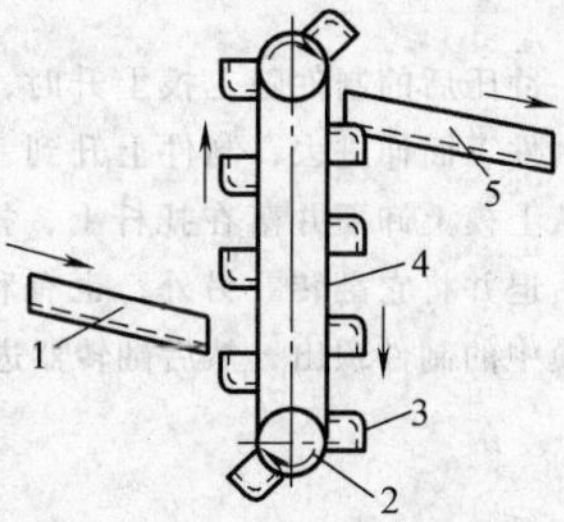 1—滑道　2—驱动轮　3—戽斗 4—胶带　5—接料槽	斗式提升机结构简单，制造、安装方便，通用性强。一般用于垂直提升，需要时可倾斜成 65°～75°，其胶带的工作速度一般在 0.2～0.4m/s

（续）

类型		图例	说明
提升机搬运输送装置	链式提升机	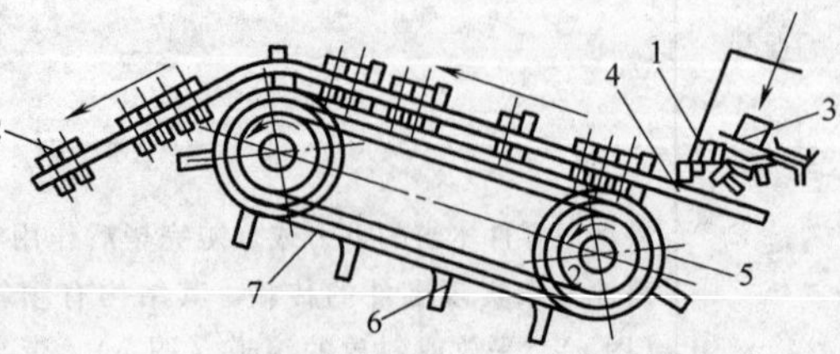 1—料斗 2—制件 3—螺旋凸轮 4—导槽 5—链轮 6—拨指 7—链条	其结构由导槽4和装有拨指6的链条7等构成。制件2储存在料斗1中，被圆柱形螺旋凸轮3搅拌着，这样可使制件能比较顺利地落入导槽中，制件的尾部落入倾斜的导槽内，而头部被架在槽的肩上。制件在导槽中排成队，被装在链条上的拨指拨动，沿着导槽提升，提升到顶点后，沿滑道滑到下道工序所要求的位置。常用于传送带头的杆类零件
往复运动搬运输送装置		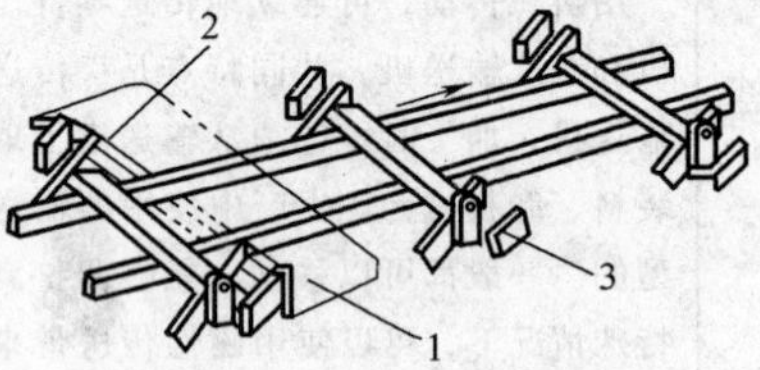 1—制件 2—送进爪 3—固定爪	利用作直线往复运动的机构来实现制件的传送。对于小型冲压件，可以准确地将制件送进到冲模的冲压位置，是一种搬运兼送料的装置。对于大型冲压件，主要用于压力机之间的搬运输送 图示为作往复运动的梭动输送机，可由机械、气动或液压驱动。装有送进爪的推板作周期性的往复直线运动，当推板向前移动时，送进爪2便顶住制件1移动一个步距，推板向后退回到原位时，送进爪绕轴旋转、可以无阻碍地在制件下面滑过，一直到顶住下一个制件为止，而已送进的制件由于固定爪3的阻挡，不能退回，待下次送进时，制件又往前移动一个步距，由此便实现断续地传送制件。梭动输送机的送料进距、送进时间、送料位置都比较准确；也能调整成与压力机生产节拍同步的间歇动作，送进的制件能保持一定姿势进入冲压位置
翻转运动搬运输送装置	兼作取料的翻转器	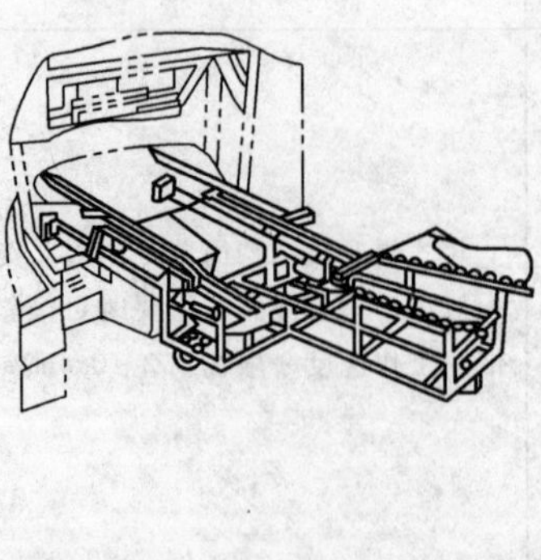	冲压后的制件随上模上升时，翻转器的两根托杆从制件下面伸进去，制件上升到一定位置后被卸料装置从上模上卸下并落在托杆上，托杆接到制件后，迅速后退并将它翻转。另外，也有利用冲模中的顶杆将下模中的制件顶出，然后翻转器进行取件并翻转

（续）

类型		图例	说明
翻转运动搬运输送装置	独立式翻转器	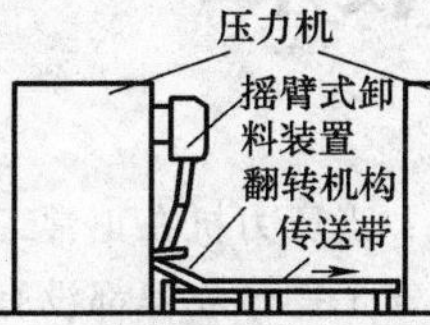 压力机 摇臂式卸料装置 翻转机构 传送带 a) 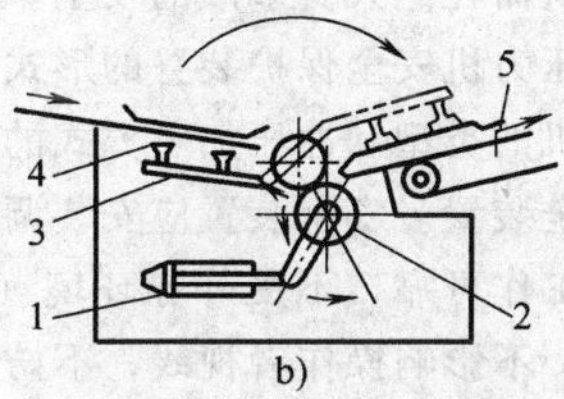 b) 1—气缸 2—齿轮 3—翻转板 4—真空吸盘 5—传送带 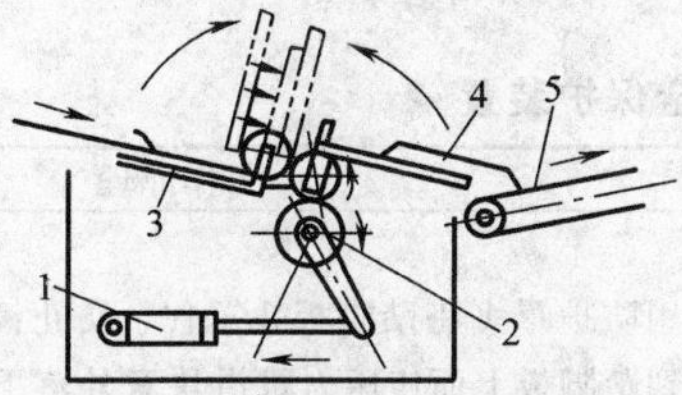 c) 1—气缸 2—齿轮 3、4—翻转板 5—传送带	独立式翻转器只作翻转运动。其翻转方式有利用制件落下进行翻转的落下方式，也有利用真空吸盘吸住制件进行翻转的真空方式，还有利用两块翻转板进行翻转移动的翻板方式。图a中，摇臂式卸料装置将冲压后的制件从模具上卸下，并使制件以某种速度飞出模具工作区，飞出后落在翻转器上被翻转，然后落到输送机上被送到下一工序。图b中，制件被真空吸盘吸住，翻转板按箭头所指方向转动，制件被翻转180°后落到输送机上被送到下一工序。图c中，制件取出后被放到翻转板3上，翻转器的气缸动作使齿轮旋转，带动两个翻转板运动，于是翻转板3上的制件被翻转180°后转移到翻转板4上。接着气缸反向动作使两块翻转板分开，板3回位准备接下一个制件，板4回位则将制件放到传送带上
机械手		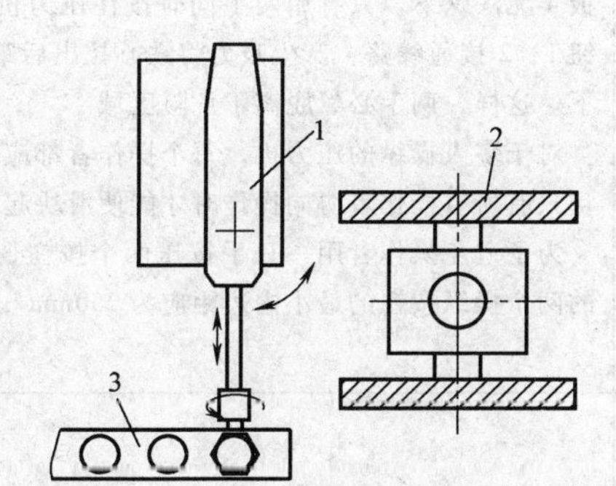 1—机械手 2—下传动双动压力机 3—传送带	机械手的手臂能按照预选的程序自动完成前后伸缩、上下升降、左右移动、摆动和转动等规定的动作，其手指可夹住或吸住制件，实现自动夹取和传送制件。通过机械、气动、液压等传动以及电气、微机等控制，冲压机械手多数采用气动或液压式 在冲压生产中，机械手不仅可以用于一台压力机的送料和取料工作，实现单机自动化，也可以用在由若干台压力机组成的冲压生产线上，实现各工序之间制件的自动传送，组成自动冲压生产线。改变机械手工作程序方便，适合于多品种小批量生产的柔性加工方式 图示为液压式机械手工作示意图。这台机械手有四个自由度：手臂伸缩、手臂水平摆动、手臂升降、手腕回转。动作由液压缸驱动完成。这台机械手用于双动压力机的取料工作。压力机每次拉深完成后，机械手进入压力机将制件取出并翻转180°后放到传送带上

第9章　冲压安全技术

冲压加工是一种高效率的加工方法 但由于其工作环境较差（如振动和噪声较大等），加之频繁地重复某些操作动作，使得操作者容易产生精神紧张和疲劳，以致发生各类事故。因此应高度重视并采取有效措施加以防范。

9.1　压力机安全保护装置及手工具

9.1.1　压力机用安全保护装置

为杜绝冲压事故的发生，按国家规定，目前新生产的压力机都必须附设安全装置。压力机安全保护装置的作用是：当压力机在正常工作的情况下，无论操作者是否遵守了操作规程都没有发生人身事故的可能性，从而杜绝人身事故的发生。

压力机安全保护装置的形式和种类很多，应根据压力机的类型和冲压加工方式的不同采用与其相适应的安全装置。安全装置应安装调整方便，维护管理简单，工作可靠，不受外界环境（光、噪声、振动等）干扰，不影响操作者视线，不妨碍操作，安装调整方便，维护管理简单。表2-9-1为几种常用的压力机安全保护装置。

表2-9-1　压力机安全保护装置

序号	类型	简　图	工作原理
1	踏脚板防护罩	压力机机座 1—防护罩　2—踏脚板	用防护罩1将踏脚板2罩住，防止锤子、扳手等物偶然落到踏脚板上而使压力机滑块意外落下造成冲压事故。操作时须将脚伸到罩子下面去踩动踏脚板
2	双按钮电磁铁安全装置	电源 1、2—按钮　3—铁心　4—踏脚板　5—操纵杠杆	电磁铁的铁心3平时插在操纵杠杆5的销孔内，使踏脚板4无法踩下。只有用两手同时按住压力机前面的两个按钮1、2接通线路，产生吸力将铁心拉出后踏脚板才允许踩下。这样，两手必然脱离了危险区域 对于多人操纵的压力机，每个操作者都应具有双手按钮，且只有所有操作者协同操作时才能使滑块起动 为了避免操作者用一只手按压两个按钮，这种安全装置的两个操纵按钮的最小内边距应为250mm
3	防打连车装置	1—凸轮　2—杠杆　3—离合器拉杆 4—钩锁　5—小滑块　6—踏脚板拉杆	由踏脚板拉杆6通过小滑块5、钩锁4使离合器结合。当压力机滑块到达下死点时，凸轮1推动杠杆2使钩锁脱开，离合器拉杆3在弹簧的作用下复位，并在滑块回到上死点时使曲轴与飞轮脱开。这样即使操作者的脚一直踩住踏脚板，压力机滑块也不能再次下行，只有当操作者松开踏脚板使钩锁与离合器拉杆重新结合后才可能开始下一次行程。这种机构仅适用于装有刚性离合器的压力机

（续）

序号	类型	简　　图	工作原理
4	护板—拉杆安全起动装置	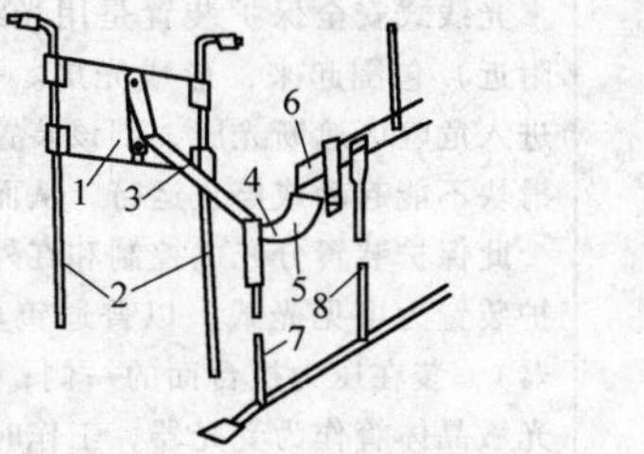 1—护板 2—护板架 3—杠杆 4—支点 5—扇形板 6—起动杠杆 7—踏脚板拉杆 8—离合器拉杆	如图所示，采用同压力机操纵机构连锁的护板或安全栅作为安全防护装置。只有当护板或安全栅遮挡住危险区时，压力机才能起动。踩动踏脚板使拉杆7驱动杠杆3，从而带动与杠杆相连接的护板1下降。扇形板5回转，放松起动杠杆6，拉杆8落下，离合器结合，滑块下行完成冲压工作
5	翻板式安全保护装置	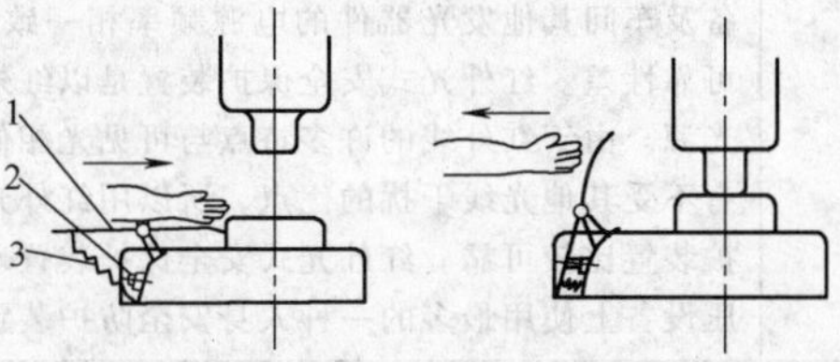 1—透明护板（翻板） 2—电器开关 3—弹簧	翻板式安全保护装置的功能是在滑块下行期间，当人体的任一部分进入危险区之前，滑块能停止下行。将该装置安装在压力机工作台上或模具的下模板上，送料时操作者的手臂将透明护板1推下，使电路断开，压力机不能起动。手臂退出后，透明护板在弹簧3的作用下恢复直立状态，触动电器开关2使电路接通，压力机正常工作。翻板的宽度应大于模具的宽度，翻板的高度应超过模具开启高度的2/3。这种安全保护装置仅限于单次行程操作，适用于小型压力机
6	拨手式安全保护装置	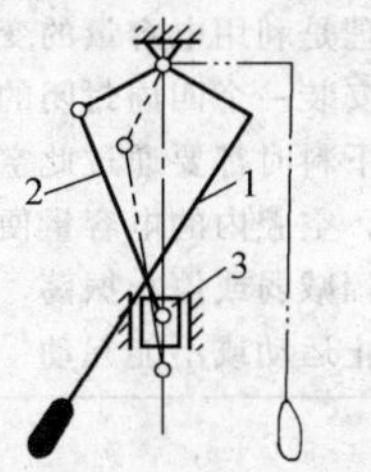 1—护手拨杆 2—拉杆 3—滑块	拨（推）手式安全保护装置的功能是在滑块下行期间，能把进入危险区的人体的一部分推出，其工作原理见图。护手拨杆1通过拉杆2与压力机滑块3联动。当压力机滑块下行时，拨杆在冲模前面摆动，将操作者的手推出危险区。拨杆的长度、摆动幅度或位移量可以调节，其左右摆动幅度或位移量，应超过模具的宽度。拨杆应用软材料制成并装有具有缓冲功能的防护板
7	拉手式安全保护装置	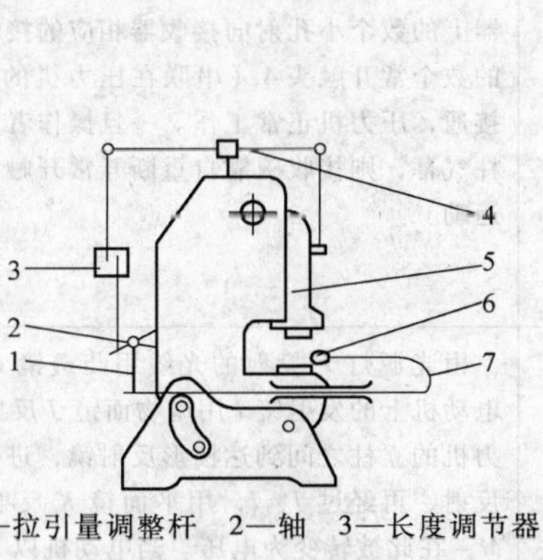 1—拉引量调整杆 2—轴 3—长度调节器 4—杠杆 5—滑块 6—手腕带 7—拉手绳	在滑块下行期间，能把进入危险区的操作者的手臂拉出。这种装置分为正面拉手式和背面拉手式，图为正面拉手式安全保护装置示意图。以滑块或连杆的运动为动力，工作时将手腕带套在操作者的手腕上，当滑块在上死点时，操作者可以自由地取件送料；当滑块下行时，通过杠杆4使轴2转动，同时使固定在轴两端的拉引量调整杆1随着摆动，如果操作者的手仍在危险区，拉手绳便会把手拉出，以防事故发生。使用这种装置时，绳子的长度应调整合适，应保证滑块停于上死点时，操作者的双手能摸到头部和小腿部位。拉手绳为合成纤维制成，直径应在4mm以上，断裂载荷为147N以上。手腕带为尼龙等材料编织而成，它与拉手绳的连接应能承受50N以上的静载荷 在多人操作的压力机上采用这种装置时，每个操作者都应具备单独的一套 使用这种安全保护装置，手的自由度较大，比较方便。但这种装置只适用于行程较大，行程次数较低的压力机

（续）

序号	类型	简　　图	工作原理
8	光线式安全保护装置	1—投光器　2—受光器　3—调节螺杆	光线式安全保护装置是用光线将冲压危险区（模具附近）包围起来，形成光屏。一旦操作者的手或躯体进入危险区遮断光屏，则该装置便输出信号，使压力机滑块不能起动或停止运行，从而避免事故发生 此保护装置分光电控制和红外控制等。光电式安全保护装置为可见光式。以普通钨丝灯泡作为光源（投光器），装在压力机台面的一侧；另一侧以光敏二极管或光敏晶体管作为受光器，工作时在操作者与危险区之间就形成了光屏，当操作者身体某一部分进入危险区遮断光屏时，光信号就转换为电信号，该电信号经放大后，转换为压力机的指令信号，控制压力机的起动控制线路，使压力机停止运行或不能起动。原理简单，价格低廉，易于维修，但其寿命较低。特别是由于其光源与设备及车间其他发光器件的电源频率相一致，易受干扰，可靠性差。红外光式安全保护装置是以红外发射管作为光源。由于红外线的许多特点与可见光相似，而且还具有不受其他光线干扰的优点，所以用红外光源作安全保护装置比较可靠。红外光式安全保护装置现已成为在冲压设备上使用最多的一种人身安全防护装置
9	感应式安全保护装置	控制器 凸模 凹模 敏感元件	用感应屏将冲压危险区包围起来，当人体的某一部分进入感应屏后，该装置能够检测出感应屏被破坏，并能使压力机的滑块停止运行或不能起动 其原理是利用电容量的变动而使压力机停机。如在模具前面安装一个四周封闭的敏感元件，空腔内构成感应屏，上下料时都要通过此空腔。只要操作者的手伸进这个空腔，空腔内的电容量便发生变化，使与其相连的振荡器振幅减弱或停止振荡，再通过放大器和继电器使压力机停止运动或不能起动
10	气幕式安全保护装置	1—气射器　2—接收器　3—压缩空气 4—常开触点　5—滑块	该装置由气射器1和接收器2两部分组成，工作时在冲压危险区和操作者之间形成气幕。压缩空气3由气射器上的数个小孔射向接收器相应的接收碗上，使接收器的数个常开触头4（串联在压力机的起动控制线路中）接通，压力机正常工作。一旦操作者的手或其他物品挡柱气幕，则接收碗靠自重断开常开触点，滑块5便停止运动
11	光学式安全保护装置	光学头　(N)　棱形反射镜　(O)　35° J　K　F　G　M　(A)　(C)　(B)　100次/s　转动镜(I) (A):(B)(根据型号) 200mm,300mm,450mm,700mm,1100mm,1400mm (N):(O)(根据型号) 2m,3m,8m	由光源灯 F 投射的光线用凸透镜 G 集光，经安装在电动机上的发射镜 I 用抛物面镜 J 反射到外部，通过压力机的立柱之间到达棱形反射镜，进一步由棱形反射镜反射，再经过 J、I，用平面镜 K 反射，到达光电元件 M，在此被转变为电压。当电动机以3000r/min转动时，光线在 C 的某一位置上，而实际上是 A 到 B 之间的反复。像这样由于光线的移动，在光学头和棱镜之间一旦发现手或肢躯，达到 M 的光量便起变化，从而改变了电压，压力机立即停车

（续）

序号	类型	简图	工作原理
12	电视式安全保护装置	A　B　滑块　控制辉线　C　摄像机　控制线　压力机侧视图	该装置由摄像机 A、监视器 B 和控制器 C 构成，由摄像机摄像，再把图像信号输入监视器。控制器则在垂直、水平扫描线上有必要控制的地方重叠辉线信号。如果进入物体，控制器便把摄像机的图像信号传送给机械，进行紧急停车

一般说来，每种安全保护装置的防护范围都是有一定限度的，所以在选择压力机安全保护装置时最好考虑同防护罩或其他安全保护装置及送料装置并用。另外，由于安全保护装置有时会出现故障，致使在使用安全保护装置的情况下，仍发生冲压事故。为了更可靠地杜绝冲压事故的发生，最好同时选用两种以上的安全保护装置。

安全保护装置在使用前应仔细检查其各项功能是否正常，使用中也应定期进行检修，以免由于安全保护装置的故障造成冲压事故。

9.1.2　安全装置在压力机上安装时的安全距离

为了确保人身安全，装置在压力机上的双手操作按钮或感应区到工作危险区的距离必须保证，否则还会有出现事故的可能性。该距离的大小根据压力机离合器的结构形式而定，见表 2-9-2。

表 2-9-2　安全装置的安全距离(D_s)计算公式

压力机类别	项目	安全装置类别				
		双手按钮式安全装置	双手柄式安全装置	光线式安全装置	感应式安全装置	翻板式安全装置
不能使滑块在行程的任意位置停止的压力机	安全距离 D_s 的定义	操纵按钮至模具刃口间的最小距离(m)	双手柄与模具刃口间的最小距离(m)	光幕与模具刃口间的最小距离(m)	感应幕至模具刃口间的最小距离(m)	直立状态的翻板至模具刃口间的最小距离(m)
	D_s 的计算公式	$D_s \geqslant vT_s$ 式中　D_s——安全距离(m) v——手的伸进速度，取 $v=1.6\text{m/s}$				
	T_s 的涵义	从双手按钮接通压力机离合器控制线路至滑块运行到下死点的时间(s)	从双手柄结合压力机的离合器至滑块运行到下死点的时间(s)	从手离开光幕(即允许滑块移动)至滑块运行到下死点的时间(s)	从手离开感应幕(即允许滑块起动)至滑块运行到下死点的时间(s)	从翻板接通压力机离合器控制线路至滑块运行到下死点的时间(s)
	T_s 的计算公式	$T_s=\left(\frac{1}{2}+\frac{1}{N}\right)T_n$ 式中　N——离合器的接合槽数 T_n——曲轴回转一周的时间(s)				

（续）

压力机类别	项目	双手按钮式安全装置	双手柄式安全装置	光线式安全装置	感应式安全装置	翻板式安全装置
		安全装置类别				
能够使滑块在行程的任意位置停止的压力机	安全距离 D_s 的计算公式	$D_s \geqslant vT_s$ 式中 v——手的伸进速度，取 $v=1.6\text{m/s}$ T_s——从双手按钮断开压力机离合器的控制线路至滑块完全停止的时间（简称急停时间）（s） 注：T_s 应在曲轴旋转到 90° 附近进行测定		$D_s \geqslant v(T_1+T_2)$ 式中 v——手的伸进速度，取 $v=1.6\text{m/s}$ T_1——从手遮断光幕至安全装置的输出接点断开压力机的控制线路的时间（s），取 $T_1=0.02\text{s}$ T_2——从压力机控制线路断开至滑块完全停止的时间（简称急停时间）（s）（T_2 应在曲轴转到 90° 附近进行测定）	$D_s \geqslant v(T_1+T_2)$ 式中 v——手的伸进速度，取 $v=1.6\text{m/s}$ T_1——从手伸进感应幕至安全装置的输出接点断开压力机的控制线路的时间（s），数 $T_1=0.02\text{s}$ T_2——从压力机控制线路断开至滑块完全停止的时间（简称急停时间）（s）（T_2 应在曲轴转到 90° 附近进行测定）	$D_s \geqslant vT_s$ 式中 v——手的伸进速度，取 $v=1.6\text{m/s}$ T_s——从翻板断开压力机离合器的控制线路至滑块完全停止的时间（简称急停时间）（s）（T_s 应在曲轴旋转，到 90° 附近进行测定）

9.1.3 手工具

为使操作者的手不伸入模口（危险区），在冲压中、小型冲压件时，常采用手工具将零件毛坯放置到模具中或将冲压件由模具中取出。

在冲压中、小型制件时，如果不采用机械送、取料，操作者不应直接将手伸到模具中去放料和取件，而应使用各种手用工具将单件毛坯放到模具上或从模具上取下已冲压的制件。严格说来，手工具不能算作压力机安全装置，仅由于在遵守操作规程情况下，使用手工具操作，还是可避免人身事故的发生，因而还是经常被采用。

手工具的各种类型见表 2-9-3。

为了防止操作失误将手用工具压入模具中损坏设

表 2-9-3 手工具

名称	防护原理	具体方法：简图	具体方法：说明
钳子	手工具代手进入危险区域	a) b) c) d) e)	各种不同类型钳子，可根据不同冲压件特征选用

（续）

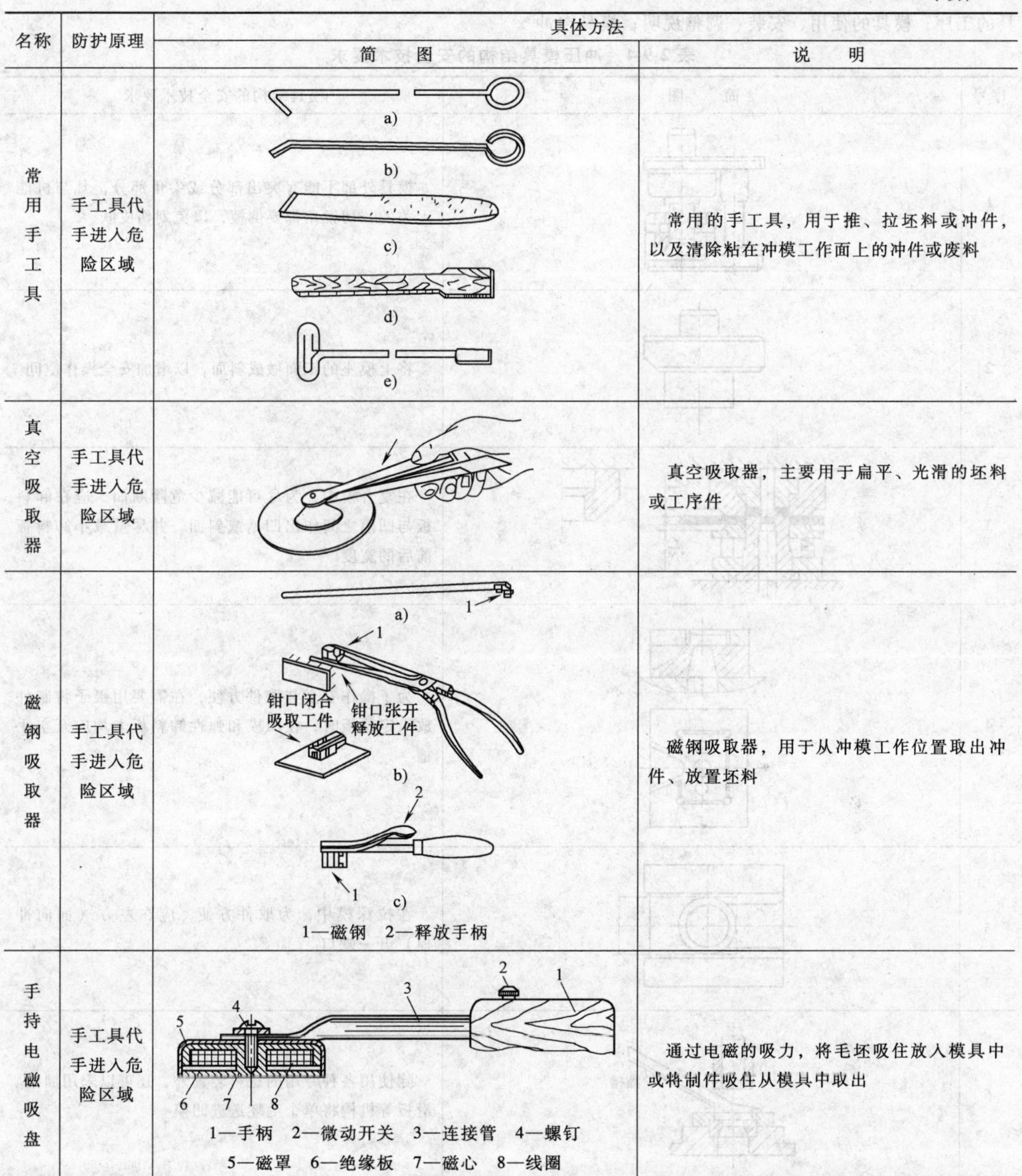

名称	防护原理	具体方法	
		简　图	说　明
常用手工具	手工具代手进入危险区域	a) b) c) d) e)	常用的手工具，用于推、拉坯料或冲件，以及清除粘在冲模工作面上的冲件或废料
真空吸取器	手工具代手进入危险区域		真空吸取器，主要用于扁平、光滑的坯料或工序件
磁钢吸取器	手工具代手进入危险区域	a) b) 钢口闭合吸取工件 钳口张开释放工件 c) 1—磁钢　2—释放手柄	磁钢吸取器，用于从冲模工作位置取出冲件、放置坯料
手持电磁吸盘	手工具代手进入危险区域	1—手柄　2—微动开关　3—连接管　4—螺钉　5—磁罩　6—绝缘板　7—磁心　8—线圈	通过电磁的吸力，将毛坯吸住放入模具中或将制件吸住从模具中取出

备或模具被压碎飞出造成人身事故，手工具应使用软铝或其他低强度材料制造。

9.2　冲压模具的安全技术要求

9.2.1　冲压模具安全技术措施

除了在压力机上选用合适的安全保护装置外，在冲压模具上采取必要的安全措施对于防止和消除冲压事故亦具有重要的作用。因此，在设计冲模时，应满足下列安全技术要求：

1）模具结构应能保证操作方便，安全可靠。表 2-9-4 为冲压模具结构的安全技术要求。

2）设计模具时应考虑安装机械化装置的位置。

3）顶件器、推件器和卸料板等结构必须可靠。

4）每套模具必须有登记卡，其内容为：使用模具的工序；模具的使用、安装、调整说明；模具在冲压设备上的安全措施的说明。

表 2-9-4 冲压模具结构的安全技术要求

序号	简图	模具结构的安全技术要求
1		模具外部不能有突出部分或尖角部分，凡与机能无关的一切锐角都要倒棱，以免划伤皮肤
2		将上模座的正面做成斜面，以增加安全操作空间
3	>15 >15	在复合模中，为尽可能减少危险断面，应在卸料板与凹模之间作出凹槽或斜面，并尽量减小卸料板前后的宽度
4		为了操作安全与取件方便，在需要用镊子将制件放入定位板时，在凹模和弹性卸料板上均应开空手槽
5		在拉深模中，为取件方便，应在左方（面向冲模）开一缺口
6	溜槽	除使用各种专用的送料装置外，还可以采用溜槽、滑板等机构将单个毛坯送进凹模
7	工件 a)　b)	采用弹性刮料板（图a）和自动接件装置（图b）以代替手卸下零件。刮料板适用于制件厚度大于1.5mm者

（续）

序号	简　　图	模具结构的安全技术要求
8		如果必须用手将制件装入凹模，而且操作会对工人带来危险时，可将下模做成可拉出式的，以避免在危险区域中装卸制件
9	导板	在弯曲模和拉深模中，压料板与下模板之间的空间必须用导板或角钢封闭起来
10	防护罩	为防止冲压时操作者的手误入危险区，可以在模具周围安装防护罩或安全栅栏
11	导柱错开　大小导柱	上、下模合装易反的应将导柱错开，或采用大、小导柱
12	后面　操作面	单面冲裁时，凸模的“凸台”部分应位于后侧
13	15~20	在导板式落料模中，为避免压手，在卸料板与凸模固定板之间，应保持 15 ~20mm 距离
14	上模底　≥50　底座　压力机滑块　≥50　底座	从模具底座上平面至上模座下平面或压力机滑块平面的最小间距不得小于 50mm

（续）

序号	简　图	模具结构的安全技术要求
15	吊环螺钉	为使模具搬移和安装方便，大型模具应有吊环螺钉，模具重量为 50kg 以上者，采用 2 个螺钉；80kg 以上者，采用 4 个螺钉
16	防护套筒	在可动部分等危险处，容易因操作不慎而碰手或夹住某部分，或因弹簧一类飞出而造成危险等部分，都应保护起来，加上防护罩
17	临时挡料销	在带刚性卸料板的连续模中，临时挡料销的操纵端应加长，并引到模座的外廓尺寸之外，以免手接近危险区
18	防松螺母 a)　b)	为防止顶件器因损坏而下落，应制成阶梯式结构（图 a），当由螺纹、铆接等方法制成时，应采用防松螺母等防护措施（图 b）

9.2.2　冲模安装、搬运和储藏的安全技术

1. 冲模的安装和搬运

冲模的使用寿命、工作安全和冲件质量等与冲模的正确安装有着极大的关系。

1）冲模应正确安装在压力机上，使模具上下部分不发生偏斜和位移，这样可以保证模具有较高的准确性，避免产生废品，而且可保证模具寿命。

2）模具安装时，将带有导向的模具，上下应同时搬到工作台面上。由于大型模具在工作台面上不便移动，应按材料的送料方向、产品的取出方式、气垫顶杆孔的位置等尽量准确定位。先固定上模，然后根据上模的位置固定下模。

3）固定上模的方法有压板压紧、螺钉紧固、燕尾槽配合和模柄固定等。对中小型模具，最常用的方法是模柄固定。模柄装入曲柄压力机模柄孔（图 2-9-1）后，采用模柄夹持器来固定。夹紧模柄时，旋紧夹持器上面的螺母，再用方头螺钉顶紧模柄，如图 2-9-2 所示。

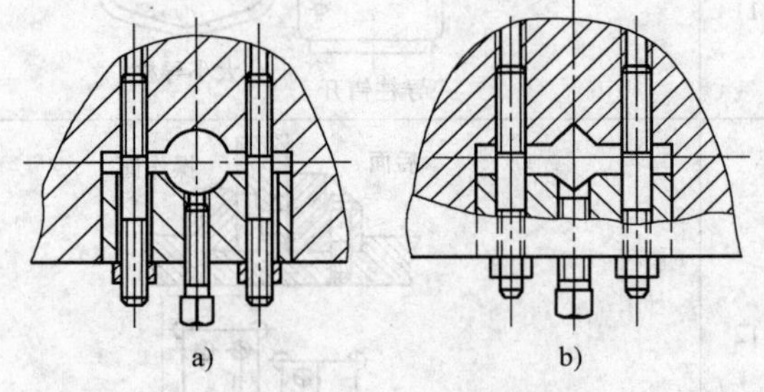

图 2-9-1　模柄孔
a）圆形　b）方形

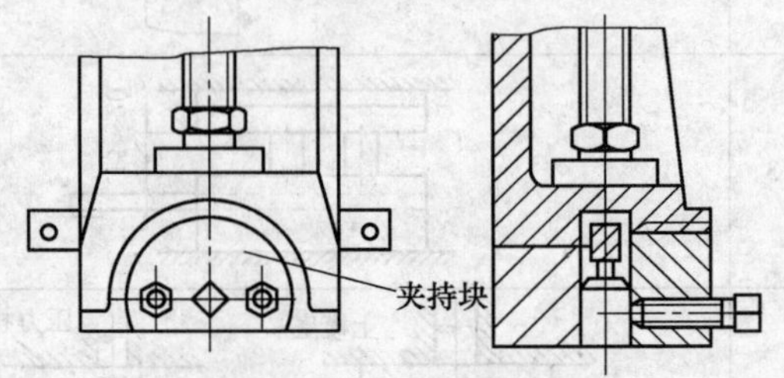

图 2-9-2　模柄的夹紧

4）凡大型模具用模柄固定时，为增强固定的可

靠性，制成带固定斜面的模柄把用固定螺钉紧固，或模具的上模座用吊挂螺钉安装，如图 2-9-3、图 2-9-4 所示。

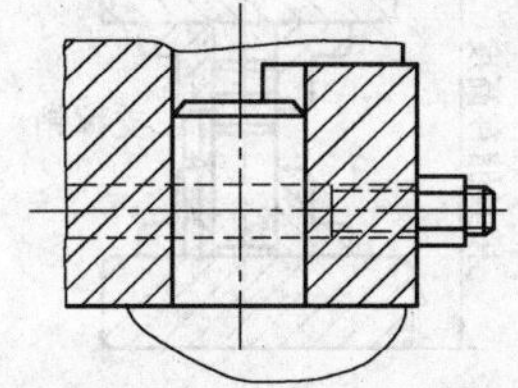

图 2-9-3 带固定斜面的模柄把

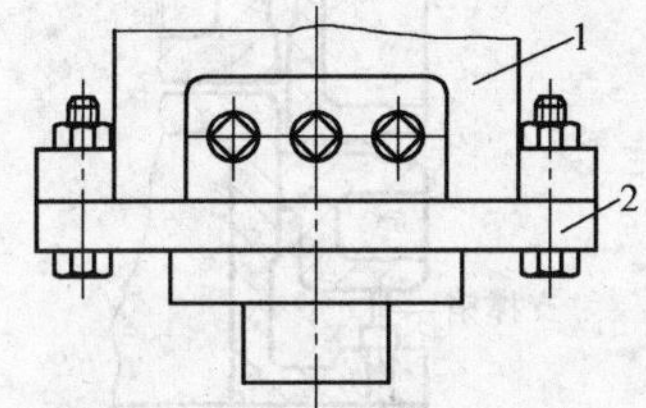

图 2-9-4 上模座用吊挂螺钉安装
1—压力机滑块 2—上模座

5）当模柄外形尺寸小于模柄孔尺寸时，禁止用随意能够得到的铁块、铁片等杂物作为衬垫，必须采用专门的开口衬套或对开衬套。图 2-9-5 所示为常用模柄衬套形式。

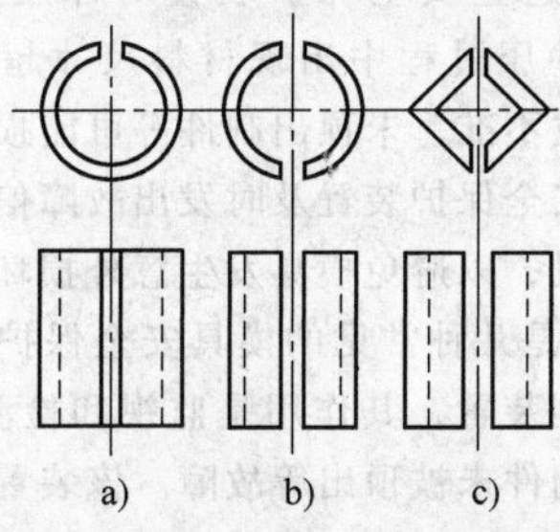

图 2-9-5 常用衬套形式
a）开口衬套 b）圆形对开衬套
c）方形对开衬套

6）固定下模的方法主要有螺钉固定和压板固定。螺钉固定准确可靠，但增加了冲模制造工时，且装拆冲模也不方便，适用于大中型冲模。图 2-9-6 所示为有平底孔的下模座，由螺钉施加压力紧固；图 2-9-7 所示为开口槽的下模座，由螺钉施加压力紧固。压板固定下模座较为方便和经济，生产中广泛采用。表 2-9-5 列出用压板固定下模座的正误示例。特别注意的是在安装下模座时，不要将废料孔堵住。

7）生产过程中，由于压力机的振动可能引起固定冲模的紧固零件松动，操作者必须随时注意和检查各紧固零件的工作情况。图 2-9-8 所示为防止紧固螺母松动的几种方法。

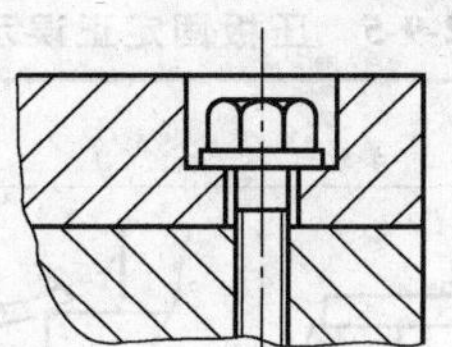

图 2-9-6 带平底孔下模座的螺钉固定

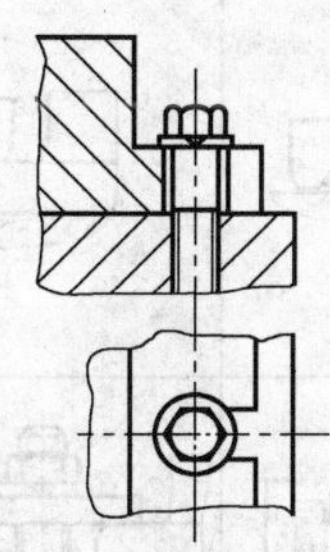

图 2-9-7 带开口槽下模座的螺钉固定

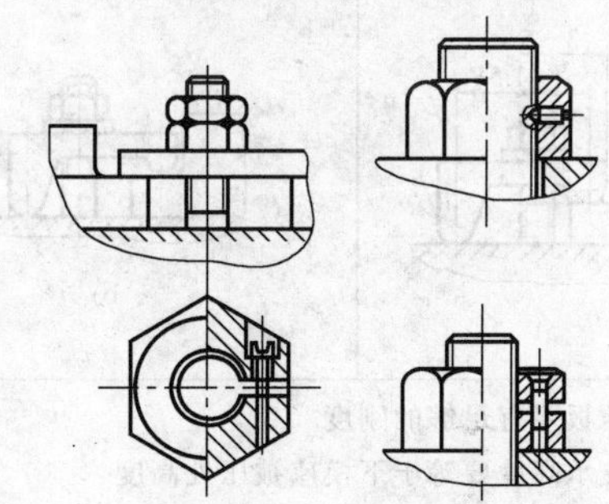

图 2-9-8 防止紧固螺母松动的方法

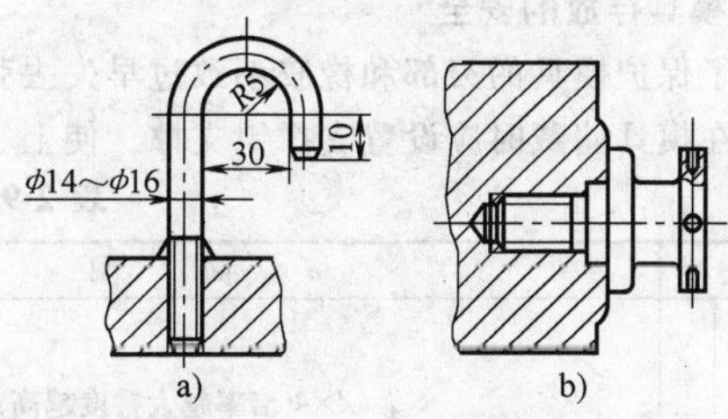

图 2-9-9 起重吊钩
a）焊接吊钩 b）螺栓吊钩

8）对于笨重的冲模，为了便于安装和搬运，应设置起重吊钩。通常采用螺栓吊钩或焊接吊钩等，如图 2-9-9 所示。原则上一副模具使用 4 个吊钩，其正确安装位置是使模具起吊提升后能保持平衡。当模具重量为 300 ~ 1000kg 时，使用图 2-9-9a 所示的垂直安装的焊接吊钩；当模具重量为 1000 ~ 5000kg 时，使用图 2-9-9b 所示的水平安装在模具侧面的螺栓吊钩。

表 2-9-5 压板固定正误示例

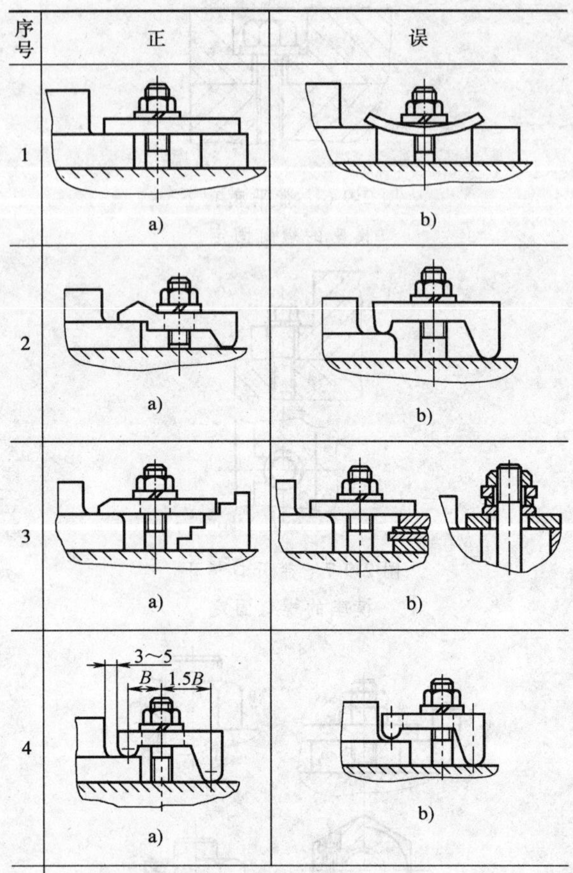

序号	正	误
1	a)	b)
2	a)	b)
3	a)	b)
4	a)	b)
说明	1. 压板要有足够的刚度 2. 支承高度要等于下模座被压处高度 3. 垫铁、垫圈应该专用 4. 压板、螺杆和冲模的相对位置必须恰当	

2. 模具存放的安全

为了保护模具的刃部和橡胶不致过早失去弹性而损坏，在模具储藏时应设置支撑销支撑，使上、下模之间具有一定的空隙，并存放在专用的工具架上，如图 2-9-10、图 2-9-11 所示。

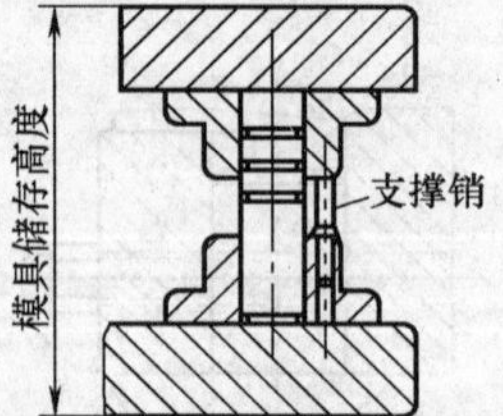

图 2-9-10 导柱支架上设置支撑销

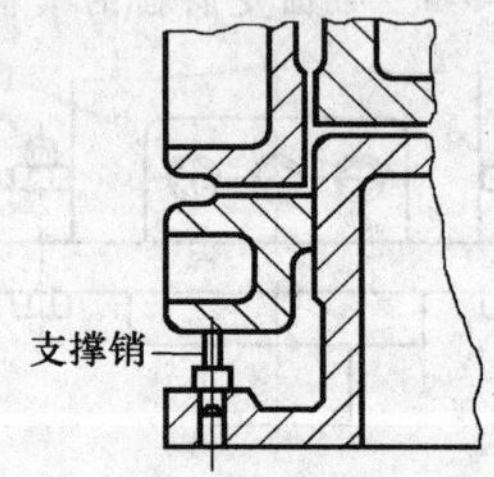

图2-9-11 下模与卸料板间装支撑销

9.2.3 冲压模具安全保护装置

冲压生产中，模具的意外损坏时有发生，为此，可在冲压模具上设置一些安全保护装置（检测监控装置），利用这些安全保护装置对冲压过程实施监控。当发现冲压过程中出现材料尺寸超差、坯料重叠、坯料定位不准、未顶出制件等可能损坏模具的故障时，模具安全保护装置及时发出故障信号，控制压力机自动停机，以避免模具发生意外损坏。

表 2-9-6 是几种常见的模具安全保护装置。另外还有模内检测装置，其作用是监视和检测坯料误送、定位不准、制件未被顶出等故障。该装置不仅保护模具免受意外损坏，而且对保证冲压件质量亦有一定的作用。表 2-9-7 是几种常见的模内安全检测装置。

表 2-9-6 模具安全保护装置

序号	类型		简图	工作原理
1	板厚检测装置	夹板式板厚检测装置	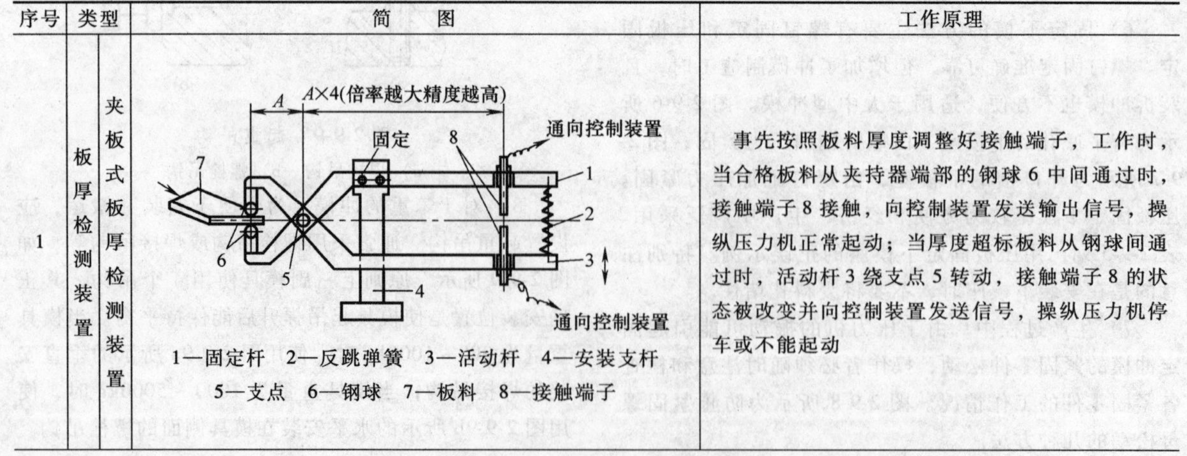 1—固定杆 2—反跳弹簧 3—活动杆 4—安装支杆 5—支点 6—钢球 7—板料 8—接触端子	事先按照板料厚度调整好接触端子，工作时，当合格板料从夹持器端部的钢球 6 中间通过时，接触端子 8 接触，向控制装置发送输出信号，操纵压力机正常起动；当厚度超标板料从钢球间通过时，活动杆 3 绕支点 5 转动，接触端子 8 的状态被改变并向控制装置发送信号，操纵压力机停车或不能起动

（续）

序号	类型		简图	工作原理
1	板厚检测装置	坯料厚度检测装置	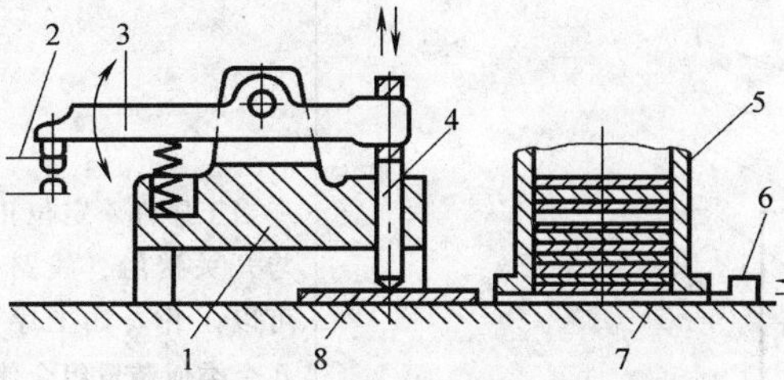 1—支架　2—触点　3—双臂杠杆　4—探测销 5—料仓　6—推板　7—底座　8—被测坯料	料仓 5 中的坯料，由推板 6 依次送入冲模之前，先经过探测销 4 进行厚度检测，当厚度不合规格的坯料经过探测销时，利用杠杆比放大的方法可以精确地测出，并推动触点 2 动作，由控制装置操纵压力机自动停机
2	卷料宽度检测装置		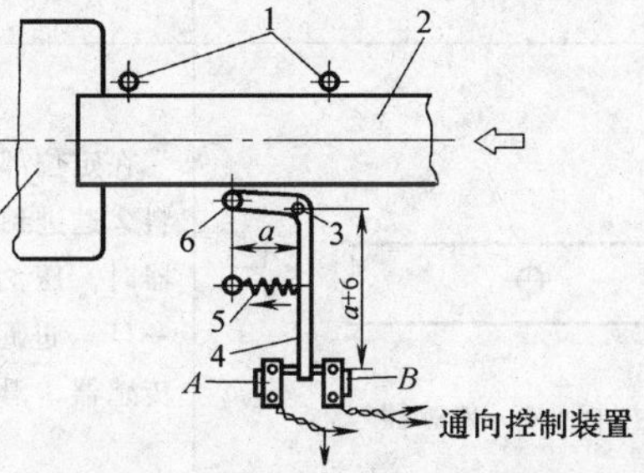 通向控制装置 1—固定基准面　2—卷料　3—支点　4—L 形杆 5—螺旋拉伸弹簧　6—辊子　7—模具	带有辊子 6 的 L 形杆 4 的端部左右摆动时，与限位开关 A 或 B 相接触，从而接通控制回路。卷料尺寸宽时，限位开关 B 接通；宽度过小时，在螺旋拉伸弹簧 5 的作用下，限位开关 A 接通，同时向控制装置发出输入信号，使压力机停止运转
3	纵向弯曲检测装置		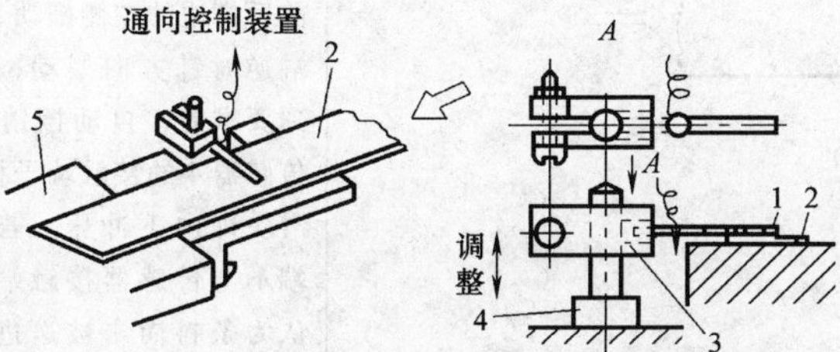 通向控制装置　调整 1—导电杆　2—条料　3—绝缘衬套　4—磁体　5—模具	利用导电杆来检测条料的弯曲度，当条料的纵向弯曲值超过允许值时，电路导通，压力机停止工作
4	横向弯曲检测装置		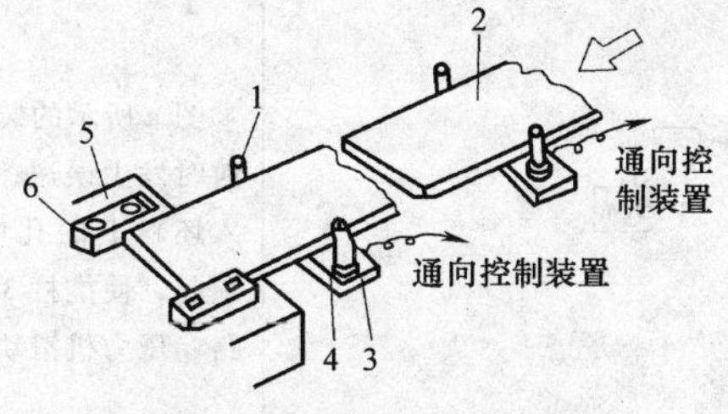 通向控制装置　通向控制装置 1—导料钉　2—条料　3—绝缘衬套 4—导电杆　5—模具　6—基准	利用导电杆来检测条料的弯曲度，当条料的横向弯曲值超过允许值时，电路导通，压力机停止工作

表 2-9-7　模内检测装置

序号	类型		简　图	工作原理
1	定位检测装置	工序件定位检测装置	1—动合限位开关　2—推杆　3—弹簧　4—工序件　5—定位板	当工序件 4 定位正确时，推杆 2 与开关接触，线路导通，压力机可以工作。如工序件较大，可将几个类似装置组合使用
		条料定位检测装置	通向控制装置 1—剪切装置　2—条料　3—定位挡板　4—传感器	在定位部分设置传感器 4，当条料 2 送进到预定位置，并接触传感器时，压力机滑块才向下冲压。一旦送进距不足，条料便不接触传感器，滑块也就不下降
		自动挡销式条料定位检测装置	通向控制装置 1—条料　2—支点　3—自动挡销　4—传感器　5—拉伸弹簧	杠杆式自动挡销 3 以支点 2 为中心可左右摆动，当条料 1 送进时，前后搭边的左侧推动自动挡销的 *A* 端逆时针方向摆动，当送进距达到要求时，自动挡销的 *B* 端便与传感器 4 的接触端子相碰，压力机滑块即向下冲压。若自动挡销 *B* 端不与传感器接触端子相碰，则认为条料尚未被送进到位，压力机滑块不向下运动
2	坯料误送检测装置		a） 1—弹簧　2—动断限位开关　3—推杆　4—导正销	图 a 所示的装置中，如果送进坯料时发生误送，则导正销 4 不能进入坯料上的孔中，导正销被向上顶起，使推杆 3 向右推出，切断线路，压力机滑块不能动作

（续）

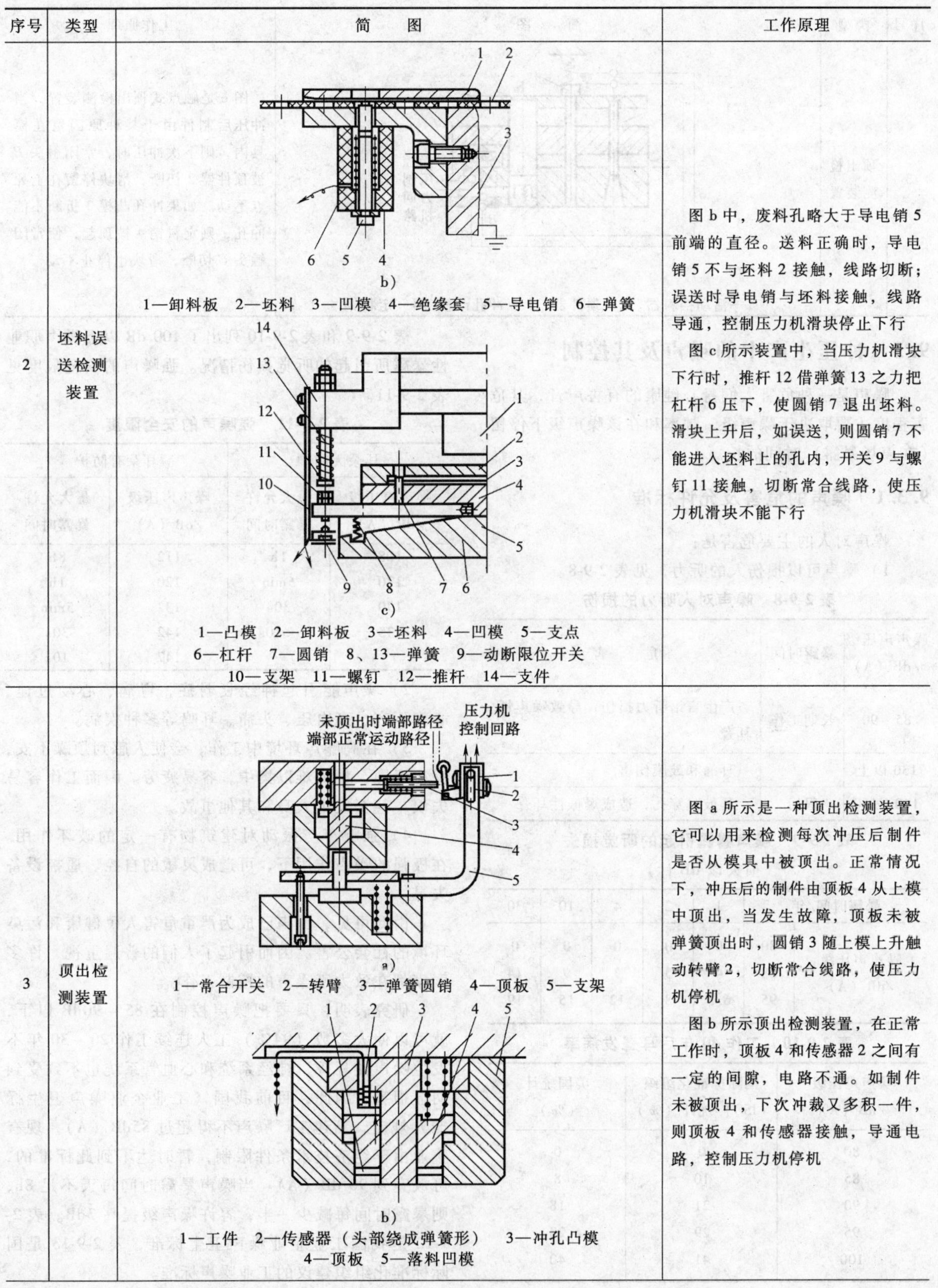

序号	类型	简　　图	工作原理
2	坯料误送检测装置	b) 1—卸料板　2—坯料　3—凹模　4—绝缘套　5—导电销　6—弹簧 c) 1—凸模　2—卸料板　3—坯料　4—凹模　5—支点 6—杠杆　7—圆销　8、13—弹簧　9—动断限位开关 10—支架　11—螺钉　12—推杆　14—支件	图 b 中，废料孔略大于导电销 5 前端的直径。送料正确时，导电销 5 不与坯料 2 接触，线路切断；误送时导电销与坯料接触，线路导通，控制压力机滑块停止下行 图 c 所示装置中，当压力机滑块下行时，推杆 12 借弹簧 13 之力把杠杆 6 压下，使圆销 7 退出坯料。滑块上升后，如误送，则圆销 7 不能进入坯料上的孔内，开关 9 与螺钉 11 接触，切断常合线路，使压力机滑块不能下行
3	顶出检测装置	a) 1—常合开关　2—转臂　3—弹簧圆销　4—顶板　5—支架 b) 1—工件　2—传感器（头部绕成弹簧形）　3—冲孔凸模 4—顶板　5—落料凹模	图 a 所示是一种顶出检测装置，它可以用来检测每次冲压后制件是否从模具中被顶出。正常情况下，冲压后的制件由顶板 4 从上模中顶出，当发生故障，顶板未被弹簧顶出时，圆销 3 随上模上升触动转臂 2，切断常合线路，使压力机停机 图 b 所示顶出检测装置，在正常工作时，顶板 4 和传感器 2 之间有一定的间隙，电路不通。如制件未被顶出，下次冲裁又多积一件，则顶板 4 和传感器接触，导通电路，控制压力机停机

（续）

序号	类型	简图	工作原理
3	顶出检测装置	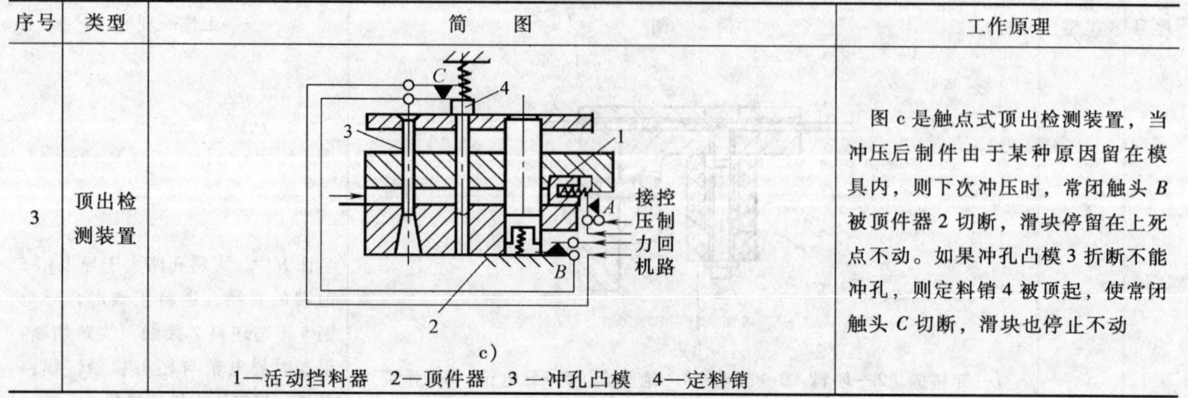c) 1—活动挡料器 2—顶件器 3—冲孔凸模 4—定料销	图c是触点式顶出检测装置，当冲压后制件由于某种原因留在模具内，则下次冲压时，常闭触头B被顶件器2切断，滑块停留在上死点不动。如果冲孔凸模3折断不能冲孔，则定料销4被顶起，使常闭触头C切断，滑块也停止不动

9.3 冲压生产中的噪声及其控制

噪声是一种危害人们身心健康的有害声音，其危害程度主要取决于噪声级、频率和在该噪声级下停留（在声场暴露）时间的长短。

9.3.1 噪声的危害及允许标准

噪声对人的主要危害是：

1）噪声可以损伤人的听力，见表2-9-8。

表2-9-8 噪声对人听力的损伤

噪声声压级/dB（A）	暴露时间	危害
85～90	长期工作	产生言语听力损伤，导致噪声性耳聋
130以上		耳痛和鼓膜伤害
140～150	很短	耳鼓膜穿孔，造成爆振性耳聋

表2-9-9 噪声暴露引起的听觉损失

（损失以dB计）

暴露时间/年		1	2	4	10	30
噪声声压级/dB（A）	80	0	0	0	0	0
	88	4	5	7	9	14
	95	6.5	8	12	15	19

表2-9-10 工作40年后耳聋发病率

噪声声压级/dB（A）	国际标准化组织（ISO）统计（%）	美国统计（%）
80	0	0
85	10	8
90	21	18
95	29	28
100	41	40

表2-9-9和表2-9-10列出了100 dB以下噪声职业性暴露所引起的听觉损伤情况。强噪声的安全限度见表2-9-11。

表2-9-11 强噪声的安全限度

耳朵无防护		耳朵有防护	
噪声声压级/dB（A）	最大允许暴露时间	噪声声压级/dB（A）	最大允许暴露时间
108	1h	112	8h
120	5min	120	1h
130	30s	132	5min
135	<10s	142	30s
		147	10s

2）噪声能引起神经衰弱症、胃病、心动过速、心率不齐、高血压、头痛、耳鸣等多种疾病。

3）在高噪声环境中工作，会使人感到烦躁不安，反应迟钝，精力难以集中，容易疲劳。因而工作容易失误，甚至发生人身和其他事故。

4）强噪声与振动对建筑物有一定的破坏作用。在极强的噪声作用下，可造成灵敏的自控、遥控设备失灵。

由此可见，噪声已成为严重危害人民健康和污染环境的社会公害。因而引起了人们的普遍重视，许多国家都在致力于噪声的控制工作。

研究表明，只要把噪声控制在85～90dB以下，就可以使大多数（94%）工人连续工作20～30年不发生噪声性耳聋，神经系统和心血管系统也不致受到明显损害。因此，目前我国《工业企业噪声卫生标准》规定，新建工厂噪声不得超过85dB（A），现有企业由于经济技术条件限制，暂时达不到此标准的，可放宽到90 dB（A）。当噪声暴露时间每天不足8h，则暴露时间每减少一半，容许噪声级提高3dB。表2-9-12是我国工业企业噪声卫生标准，表2-9-13是国际标准化组织建议的工业噪声标准。

表 2-9-12　我国工业企业噪声卫生标准

新建、扩建、改建企业的噪声卫生标准		现有企业暂时达不到标准时
每个工作日接触噪声时间/h	允许噪声/dB（A）	允许噪声参照值/dB（A）
8	85	90
4	88	93
2	91	96
1	94	99
最高不得超过	115	115

表 2-9-13　工业噪声卫生允许标准（国际标准化组织建议）

标准类别	每天职业性暴露时间		8h	4h	2h	1h	30min	30s
	ISO（1961年）	容许噪声级/dB（A）	90	93	96	99	102	120
	ISO（1974年）		85	88	91	94	97	115

注：1. 工业噪声（听力保护）推荐标准为职业性暴露（每周5天、每天8h）噪声（连续稳定）强度不超过85～90dB，假如每周40h的职业性暴露时间内噪声强度不稳定，或间断地发生，那么这种噪声应当折算成相当于40h连续稳定地暴露于一种噪声之下的强度。这种折算后的数值，叫做“等效连续A声级”。表中容许噪声级实际上应是“等效连续A声级”。

2. 当噪声暴露时间每天不足8h，则暴露时间每减少一半，容许噪声级提高3dB。

9.3.2　冲压生产中的噪声源

冲压加工的噪声包括空载噪声及负载噪声。空载噪声包括压力机电动机运转噪声、传动噪声、操纵噪声及结构噪声等，其中齿轮传动噪声和离合器噪声较大。负载噪声是压力机冲压加工时产生的噪声。而冲压加工中的噪声以冲裁加工的噪声最为强烈，冲裁噪声声源及性质见图 2-9-12。

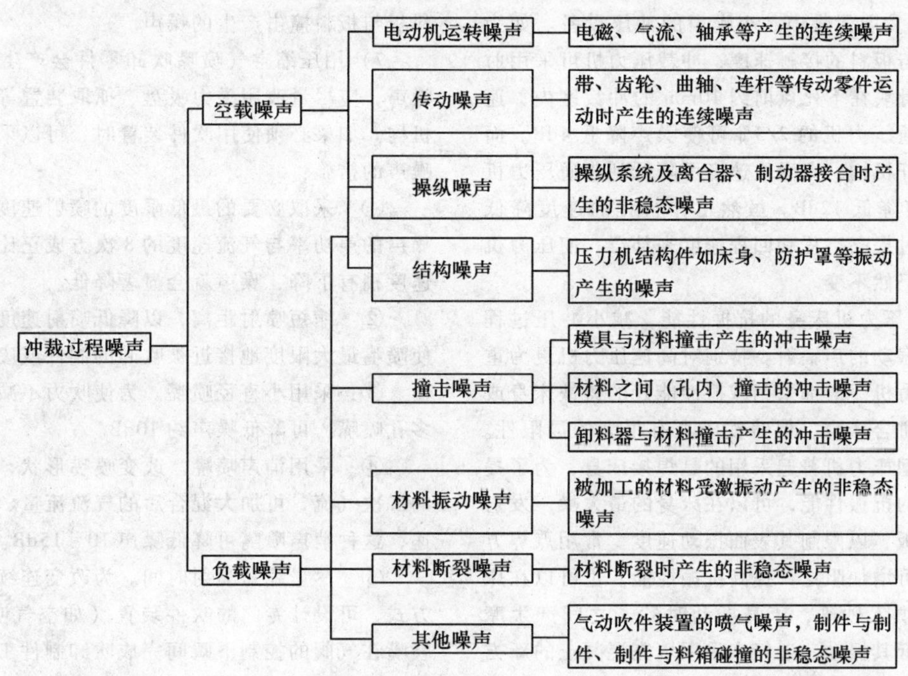

图 2-9-12　冲裁噪声声源

9.3.3　噪声的控制和消减

控制噪声通常从消减声源噪声、控制噪声的传播、在噪声的接受点进行防护这几方面来进行。

1. 消减声源噪声

（1）空载噪声的控制

1）提高传动零件的加工精度和配合精度。

2）以V带传动代替齿轮传动。

3）减少齿轮传动的噪声。可采取的措施：①提高齿轮的制造和安装精度；②以斜齿轮或人字齿轮代替直齿轮；③采用尼龙、夹布胶木、粉末冶金材料或铸铁齿轮代替钢制齿轮；④采用大变位齿轮，提高齿轮的重合度或齿顶修缘等方法以减少齿轮啮合中的噪声；⑤在齿轮侧面开槽放置阻尼环或填充阻尼材料，以消耗齿轮振动的能量，达到降噪的效果。

4）以摩擦离合器代替刚性离合器，可降低噪声10dB以上，而湿式摩擦离合器比干式摩擦离合器降噪效果更好。

5）在气动摩擦离合器分配阀的排气口安装消声器，可降低噪声20dB。

6）作好飞轮等回转体高转速零件的动平衡。

7）安装具有与滑块同样惯性效果的平衡装置，以消除滑块的惯性力。

8）注意在用设备的维护，防止因连接零件之间间隙过大，运动时产生冲击而引起噪声。特别是对高速压力机，更应注意这一点。另外，压力机的滑块和连杆可以采用无间隙连接，由弹性元件消除间隙，并补偿使用过程中的自然磨损。

（2）负载噪声的控制

1）大力发展无噪声、小噪声的冲压设备。如为了降低凸模与板料的接触速度，冲裁压力机可采用肘杆机构，使滑块在下死点前约10mm的冲裁区内，速度降低到普通压力机的2/3，可使噪声降低4dB。而采用变型肘杆机构，则滑块速度可降低到普通压力机的1/3，噪声降低12dB。虽然工作行程的速度降低了，但可通过提高空程和回程速度来补偿，使压力机的行程次数仍然不变。

2）提高压力机床身的抗振性能，减小冲压过程中设备构件振动的声辐射。特别对高速压力机更为重要，高速压力机一般都采用减振性能好的铸铁床身或钢板和铸铁拼合床身，但铸铁床身有很大的局限性。一般大、中型压力机普遍采用的是焊接床身，为了提高焊接床身的抗振性能，可以在床身的最大噪声发射部位加焊肋板，以限制其表面振动速度。常用点焊方法加肋板，可增加阻尼，提高抗振性能。也可以在床身的空腔内填入砂砾，床身振动时砂子之间产生摩擦，可以降低其振动。近年来采用填充混凝土的新方法，其抗振性能甚至超过铸铁床身。

3）采用缓冲器，延长压力机卸载阶段的时间，避免因突然卸载而引起床身的振动和噪声。

缓冲装置可用于液压机，也可以用于机械压力机。应用较多的缓冲装置是液压缓冲器，另外还有聚氨酯橡胶缓冲器和弹簧缓冲器。为了调整使用方便，并取得理想的力-时间特性，可以使用多级液压缓冲器。目前最新结构的缓冲器是用电液伺服阀控制的，可使缓冲缸中的压力始终保持稳定。

采用液压缓冲器可使整机噪声降低10dB左右，并可减少冲模的磨损，提高模具寿命。液压缓冲器一般用于滑块行程次数低于200次/min的压力机。

聚氨酯橡胶缓冲器多用于大、中型压力机。它不仅适用于新设计的压力机，而且也可用于现有压力机的改装。聚氨酯橡胶缓冲器结构简单，调整维护方便，使用寿命较高，而且缓冲性能稳定，使用可靠。

4）加强冲压过程中设备、模具和材料的润滑，以消减因摩擦而产生的噪声。

5）冲裁厚料或大型零件时应尽可能采用斜刃冲裁模。如在单副冲裁模中采用双斜刃冲裁模，斜刃倾角$\alpha=10°$，冲裁时凸模受力对称，其刃口逐渐与板料接触，从而减小了冲裁力和噪声。一般斜刃冲裁可降低噪声4～6dB。在多冲头的冲裁模中采用阶梯凸模，可降低噪声约5dB。

6）采用高阻尼合金材料（MC-77型的锰-铜合金）代替45钢制作卸料板，可以降低冲裁过程中卸料板与板料撞击产生的噪声。

7）用压缩空气喷嘴吹卸零件会产生强烈的高频噪声，应尽量改用磁力吸盘、抓取装置等噪声较小的机构。如果必须使用吹件装置时，可以采取如下降低噪声的措施：

① 采取必要的最低限度的喷射速度。因为喷气噪声的声功率与气流速度的8次方成正比，因此气流速度稍有下降，噪声就会显著降低。

② 缩短喷射距离，以降低喷射速度。为此，应使喷嘴最大限度地接近被吹卸的制件或废料。

③ 采用小直径喷嘴。为使吹力不减弱，应采用多孔喷嘴，可降低噪声约10dB。

④ 采用消声喷嘴。改变喷嘴形状，能诱导更多的二次气流，可加大混合后的气流流量、而降低其流速，这种消声喷嘴可降低噪声10～15dB。

⑤ 尽量缩短喷射时间。为改变连续喷射的不良方式、可设计专门的吹件装置（如空气吹落器），使喷嘴在气阀的控制下瞬间完成吹卸制件工作。

⑥ 正确选择喷射角度，使之效率最高，同时使气流喷射不碰到刃口或模具快口（尖棱），以防止出现第二次噪声源和啸叫声。必要时可在快口处加垫铁，使气体喷射在圆滑表面上。

8）降低送料装置制件传输装置的噪声，其主要措施是：

① 采用辊式送料装置，代替夹钳等刚性定位的送料装置，并在送料辊表面上覆盖塑料或橡胶。

② 避免制件或废料直接落地，应使其沿斜面滑下。滑槽应采用低噪声材料作护面。料箱宜用木板或塑料制成，或用金属丝编织。

③ 采用传送带传送制件。传送带要用弹性材料制成。

2. 控制噪声的传播

1）在压力机和混凝土基础之间放置橡胶、弹簧以及软木和毛毡等隔振器，以减少振动和噪声。

2）在轴承和轴承座之间加弹性衬套。

3）采用局部隔声法，控制噪声的传播。如在压力机机身的敞开处装上隔声门，将整个模具空间封闭起来。门上有玻璃窗，可以观察生产过程，门能方便地启闭，开启时压力机自动停机，以保证安全。装上隔声门以后噪声可降低 4 ~ 5dB。还可以用隔声罩将传动系统和曲柄连杆机构全部封闭起来。采用多层板式隔声罩可降低噪声 5 ~ 15dB。而用铅灌注夹层的封闭隔声罩，可使操作位置的噪声减小约 21dB。

4）采用全封闭的隔声室把整个高速自动压力机等噪声大的设备罩起来，能够降低噪声 20 ~ 25dB。国外的隔声室已有完整的系列作为商品供应，但只能用于自动送料的压力机，且价格较贵。

5）将去毛刺滚筒、振动光饰机等噪声大的设备与生产设备隔开，安装在密闭房间里。

6）在设备的罩壳等金属结构上涂敷一层阻尼材料，以抑制结构振动，减少噪声。常用的阻尼涂料有：54#阻尼防振漆、沥青阻尼浆、软木屑厚白漆防振涂料等。

7）车间设计时，应按闹静分区的原则，按设备噪声的高低分区布置，并在分区边界上悬挂吸声幕或隔声屏。

8）冲压车间墙壁应使用良好的吸声材料，地板用吸声能力强的木砖以代替混凝土，屋顶悬吊吸声板或吸声幕。如车间悬吊 100mm 厚的吸声泡沫塑料后，可使整个车间噪声降低 5 ~ 10dB。

3. 噪声场工作人员的个人防护

在上述方法无法实现而噪声又很大，或者在某些只需少数人在机器旁操作的情况下，可以对接受噪声的个人进行防护，最简单的办法足佩戴个人防护用具。常用的防声用具有：耳塞、耳罩、防声棉、防声头盔等。常用防声用具及防护效果见表 2-9-14。

表 2-9-14　常用防声用具及效果

种　　类	说　　明	质量/kg	衰减值/dB(A)
棉花	塞在耳内	1 ~ 5	5 ~ 10
棉花加蜡	塞在耳内	1 ~ 5	15 ~ 30
伞形耳塞	塑料或人造橡胶	1 ~ 5	15 ~ 35
柱形耳塞	乙烯套充蜡	3 ~ 5	20 ~ 35
耳罩	罩壳上衬海绵	250 ~ 300	15 ~ 35
防声头盔	头盔上衬海绵	1500	30 ~ 50

第3篇　冲压模具设计

第 1 章　冲压模具设计概述

1.1　冲压模具的分类及结构组成

1.1.1　冲压模具的分类

冲压模具是实现冲压生产的专用工具和主要工艺装备。冲压件的形状和尺寸精度靠模具直接保证。冲模结构的类型多种多样，一般可按工艺性质、工序组合程度、导向方式等方法分类。冲模分类、特点及用途见表 3-1-1。

选择模具类型时，必须综合考虑冲压件的质量要求、生产批量大小、冲压加工成本，以及冲压设备情况、模具制造能力等生产条件后，再经过全面分析和比较，最终决定。表 3-1-2 所列为冲压生产批量与模具类型的关系。

表 3-1-1　冲模分类、特点及用途

分　类	特点与用途
按照工序性质： 1）冲裁模 2）弯曲模 3）拉深模 4）成形模	使材料的一部分相对另一部分分离，如冲孔模、落料模等 使材料产生塑性变形，从而形成有一定曲率、一定角度形状的零件 通过塑性变形，将平板毛坯变成空心件，或者将空心件进一步改变形状与尺寸 通过局部塑性变形的方式来改变毛坯或制件形状，如翻边模、胀形模、缩口模等
按照工序组合程度： 1）单工序模 2）复合模 3）级进模	一般只有一对凸、凹模，只完成一道工序 只有一个工位，并在这个工位上完成两道或两道以上的工序 具有两个或两个以上工位，条料在逐次送进过程中逐步成形
按照导向方式： 1）无导向的开式模 2）有导向的导板模 3）有导向的导柱模	对生产批量大、制作精度较高、模具寿命要求较长的模具必须采用导向装置。应用导柱导套导向的模具最为普遍
按照送料、出件方式： 1）手动模 2）半自动模 3）自动模	自动模和半自动模适用于多工位级进模
按照制造难度： 1）简易冲模 2）普通冲模 3）高精度冲模	简易冲模制造周期短、成本低，特别适用于新产品试制和小批量生产，主要有组合模具、钢带冲模、低熔点合金冲模等 普通冲模是目前使用最多最广的冲模 高精度冲模用于精密冲压件生产
按照生产适应性： 1）通用冲模 2）专用冲模	适用于小批量、多品种和试制性生产的冲压件 适用于指定的冲压件
按照模具尺寸： 1）大型冲模 2）中型冲模 3）小型冲模	不同行业有所差别

表 3-1-2 冲压生产批量与模具类型的关系

生产性质	生产批量/万件	模具类型	设备类型
小批量或试制	<1	简易模、组合模、单工序模	通用压力机
中批量	1～30	单工序模、复合模、级进模	自动与半自动通用压力机
较大批量	30～150	复合模、多工位自动连续模	机械化高速压力机
大批量	>150	硬质合金复合模、多工位自动级进模	自动化压力机、专用压力机

1.1.2 冲模的典型结构和特点

冲模按工序组合方式可分为单工序模、复合模和级进模。

表 3-1-3 为单工序模、复合模和级进模的特点比较。

表 3-1-4 为三类模具的结构图与工作过程及特点。

表 3-1-5 为复合模多工序组合方式示例。

表 3-1-6 为级进模多工序组合方式示例。

表 3-1-3 单工序模、复合模和级进模的特点比较

项目	单工序模	复合模	级进模
冲压精度	一般较低	中、高级精度	中、高级精度
原材料要求	不严格	除条料外，小件也可用边角料	条料或卷料
制件最大尺寸与材料厚度	一般不受限制	尺寸一般应在300mm以下	通常情况下，尺寸一般在200mm以下，厚度在0.1～2mm之间
翻转与变更冲压方向	可能	不能	不能
增加工位数	可能	有限度	可能
冲压生产率	低，压力机一次行程内只能完成一道工序。但在多工位压力机使用多副模具时，生产率高	较高，压力机一次行程内可完成两道以上工序	高，压力机一次行程内可完成多道工序
实现操作机械化自动化的可能性	较易，尤其适合于在多工位压力机上实现自动化	难，制件和废料排除较复杂，只能在单机上实现部分机械操作	容易，尤其适合于在单机上实现自动化
生产通用性	好，适合于中、小批量生产及大型件的大量生产	较差，仅适合于大批量生产	较差，仅适合于中小型零件的大批量生产
冲模制造的复杂性和价格	结构简单，制造周期短，价格低	结构复杂，制造难度大，价格高	结构复杂，制造和调整难度大，价格与工位数成比例上升
模具安装、调整与操作	模具有导向时安装与调整方便	安装、调整较级进模容易，操作简单	安装、调整容易，操作简单
设备能力	小	中	大

表 3-1-4　单工序模、复合模和级进模的结构、工作过程及特点

模具类型	图　　例	工作过程及特点
单工序模	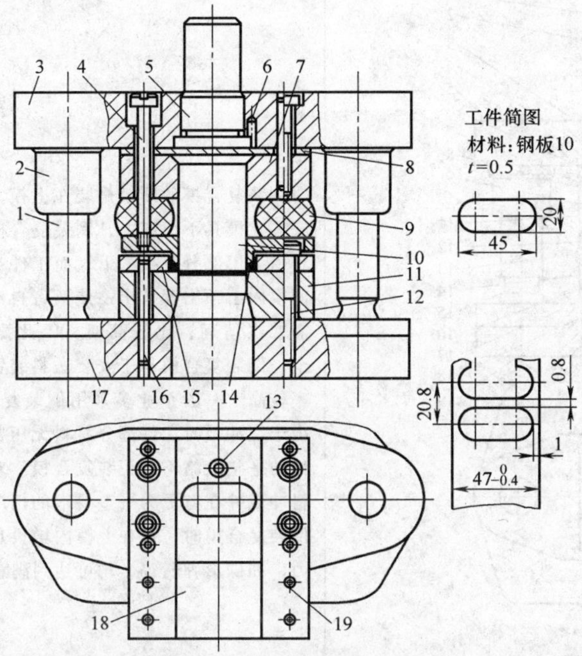 1—导柱　2—导套　3—上模座　4—卸料螺钉　5—模柄　6—防转销　7—固定板　8—垫板　9—橡胶　10—凸模　11—凹模　12、19—螺钉　13—挡料销　14—卸料板　15—导料板　16—销钉　17—下模座　18—承料板	单工序模制造和调整都比较容易，图示模具采用弹压卸料板可将条料压平后再进行冲裁，主要用于当冲切的材料厚度小于 0.5mm 时，为防止送料过程中条料产生翘曲或不平而损伤模具刃口。条料较薄时，凸、凹模的间隙很小，为保证冲裁时模具间隙不致受到压力机滑块导向精度的影响，在上、下模间应设置导向装置。由导柱、导套组成的滑动式导向装置，刚度大，工作平稳，在冲裁厚度较薄、生产批量较大的模具结构中获得广泛应用 垫板是用来承受和分散凸模所受压力作用的，当冲裁力较大或凸模固定端有可能与模柄直接接触时，必须在上模座和凸模固定板的结合面间添置垫板。这副模具是下推件式结构。适于冲裁对平面度不作严格要求的零件
复合模	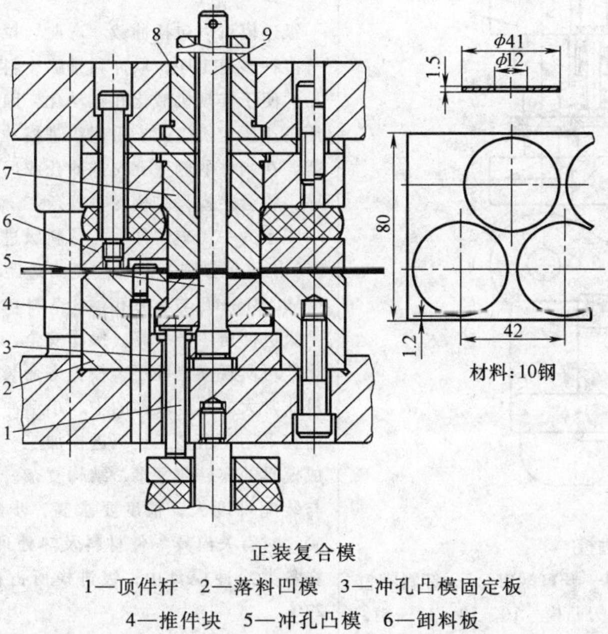 正装复合模 1—顶件杆　2—落料凹模　3—冲孔凸模固定板　4—推件块　5—冲孔凸模　6—卸料板　7—凸凹模　8—推件杆　9—模柄	复合模的复合工序数一般在四道工序数以下，更多的工序数将导致模具结构过于复杂，模具的强度、刚度和可靠性也将随之降低。制造及维修更加困难。按其凸、凹模的位置分为正装复合模和倒装复合模 正装复合模，模具结构紧凑，也较简单。落料凹模 2 被螺钉紧固后，冲孔凸模 5 通过凸模固定板 3 也被紧固，这样易保证同轴度。靠弹性卸料板 6 卸料。冲孔废料由推件杆 8 推出，上模通过模柄 9 固定在压力机滑块上 对于冲裁正装复合模，在冲裁时工件部分材料及外部的余料均处于压紧状态下进行分离的，所以工件冲出来更平整，尺寸精度也高，适合于薄料冲裁。但工件和废料都是从分模面排除的，需要及时进行清除，并需二次清理。操作不如倒装复合模方便，且不太安全。正装复合模需在底座下增设弹顶装置，方可将工件从凹模中顶出

（续）

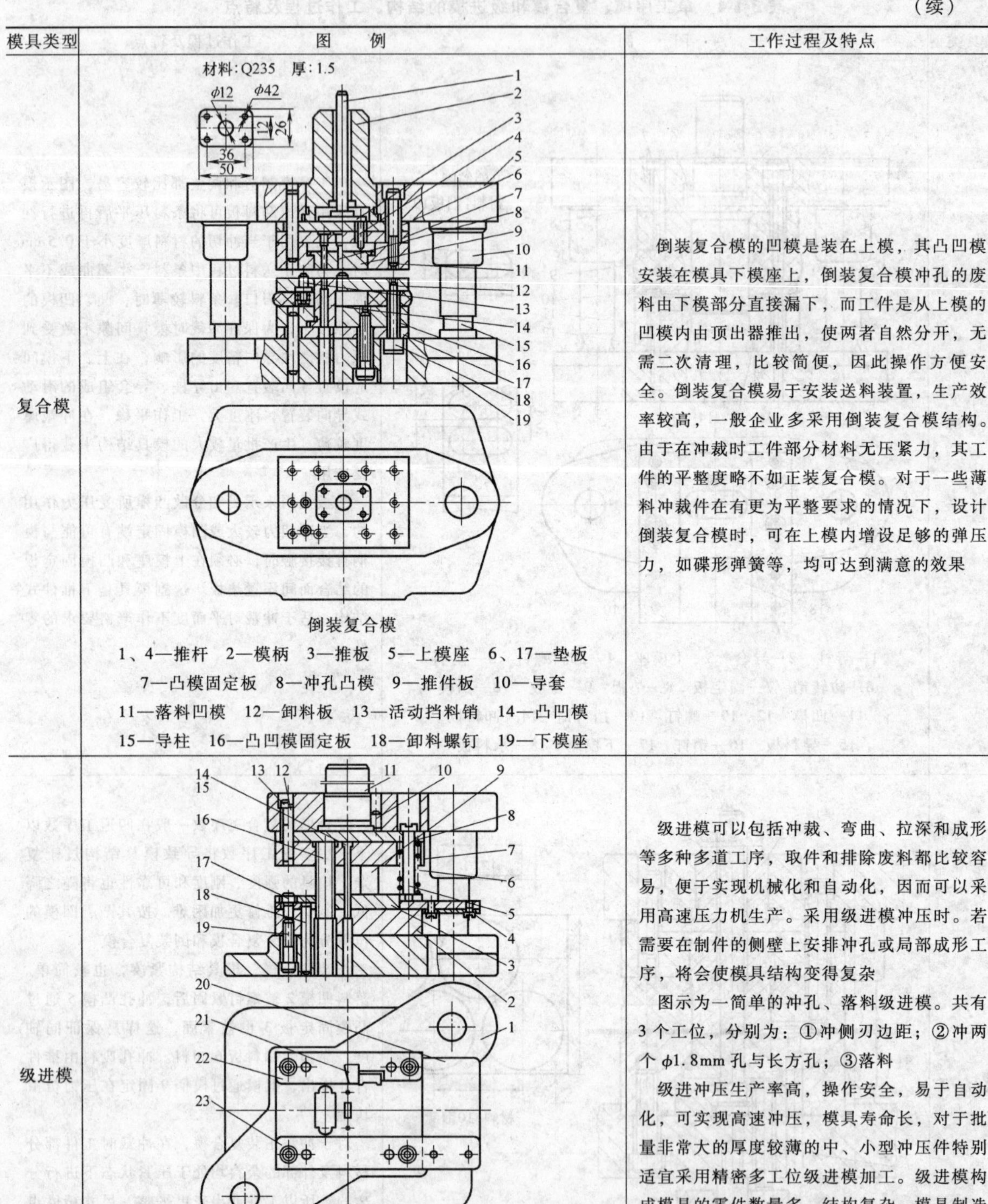

模具类型	图例	工作过程及特点
复合模	材料：Q235 厚：1.5 倒装复合模 1、4—推杆 2—模柄 3—推板 5—上模座 6、17—垫板 7—凸模固定板 8—冲孔凸模 9—推件板 10—导套 11—落料凹模 12—卸料板 13—活动挡料销 14—凸凹模 15—导柱 16—凸凹模固定板 18—卸料螺钉 19—下模座	倒装复合模的凹模是装在上模，其凸凹模安装在模具下模座上，倒装复合模冲孔的废料由下模部分直接漏下，而工件是从上模的凹模内由顶出器推出，使两者自然分开，无需二次清理，比较简便，因此操作方便安全。倒装复合模易于安装送料装置，生产效率较高，一般企业多采用倒装复合模结构。由于在冲裁时工件部分材料无压紧力，其工件的平整度略不如正装复合模。对于一些薄料冲裁件在有更为平整要求的情况下，设计倒装复合模时，可在上模内增设足够的弹压力，如碟形弹簧等，均可达到满意的效果
级进模	落料、冲孔级进模 1—对角模架 2—凹模 3—卸料板 4—开口螺钉 5—卸料螺钉 6—弹簧 7—固定板 8—垫板 9—侧刃凸模 10、12、18—销钉 11—模柄 13、17、19—螺钉 14—方凸模 15—圆凸模 16—落料凸模 20—托料板 21—挡料板 22、23—导料板	级进模可以包括冲裁、弯曲、拉深和成形等多种多道工序，取件和排除废料都比较容易，便于实现机械化和自动化，因而可以采用高速压力机生产。采用级进模冲压时。若需要在制件的侧壁上安排冲孔或局部成形工序，将会使模具结构变得复杂 图示为一简单的冲孔、落料级进模。共有3个工位，分别为：①冲侧刃边距；②冲两个 $\phi1.8$mm 孔与长方孔；③落料 级进冲压生产率高，操作安全，易于自动化，可实现高速冲压，模具寿命长，对于批量非常大的厚度较薄的中、小型冲压件特别适宜采用精密多工位级进模加工。级进模构成模具的零件数量多，结构复杂，模具制造与装配难度大，精度要求高，步距控制精确，对有关模具零件材料及热处理要求高。在各类冷冲模具中，级进模所占比例约为27%

表 3-1-5　复合模多工序组合方式示例

工序组合方式	模具结构简图	工序组合方式	模具结构简图
落料、冲孔	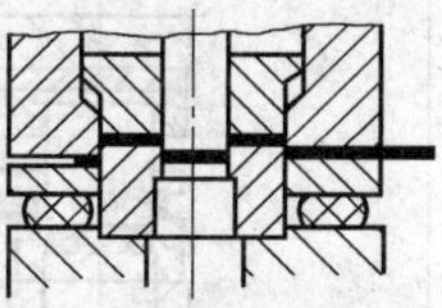	冲孔、切边	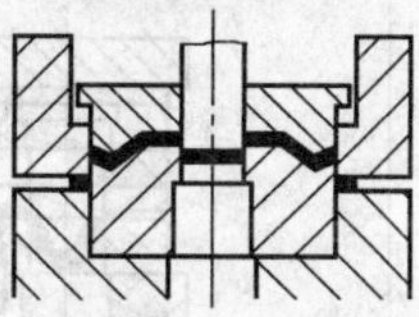
切断、弯曲	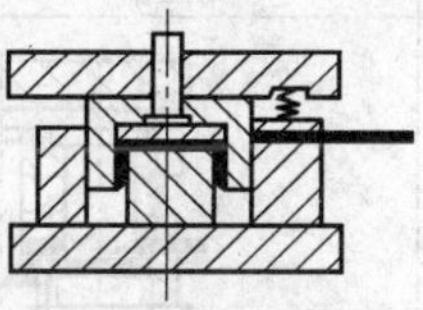	落料、拉深、冲孔	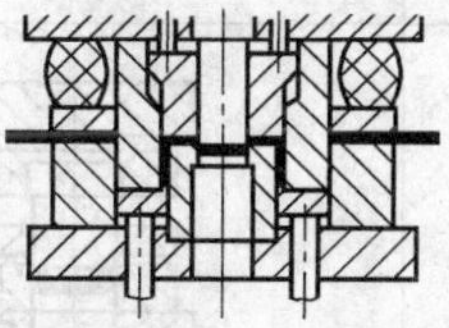
切断、弯曲、冲孔	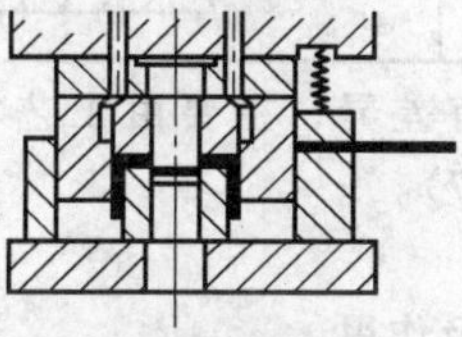	落料、拉深、冲孔、翻边	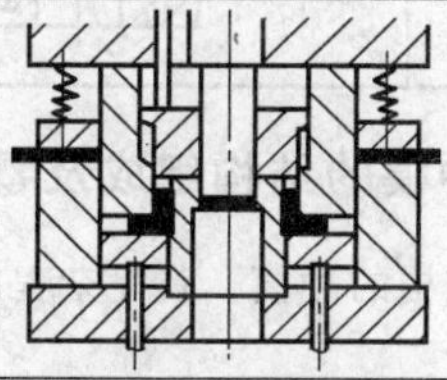
落料、拉深	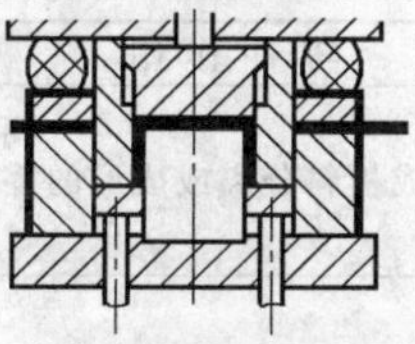	冲孔、翻边	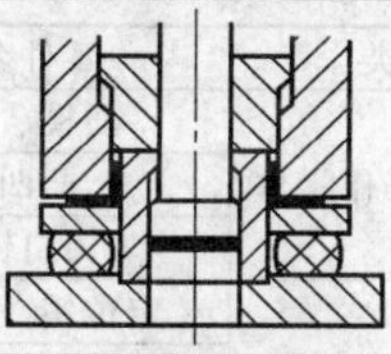
落料、拉深、切边	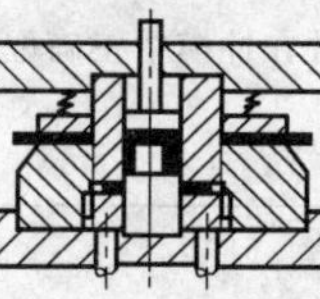	落料、胀形、冲孔	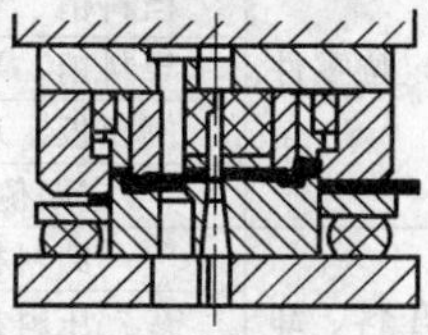

表 3-1-6　级进模多工序组合方式示例

工序组合方式	模具结构简图	工序组合方式	模具结构简图
冲孔、落料	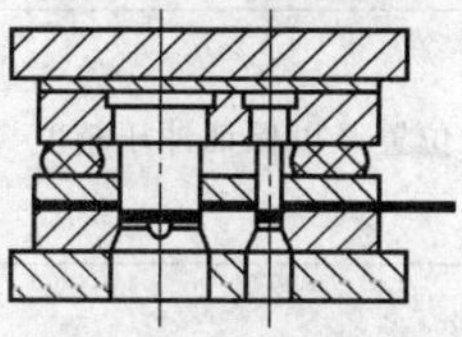	冲孔、翻边、落料	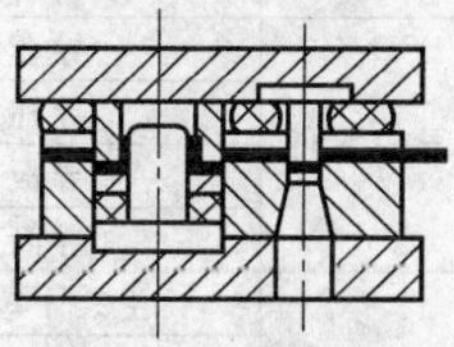
冲孔、弯曲、切断	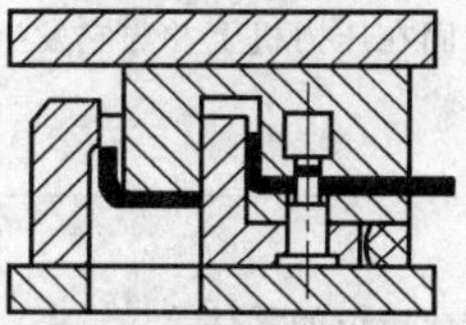	冲孔、切断	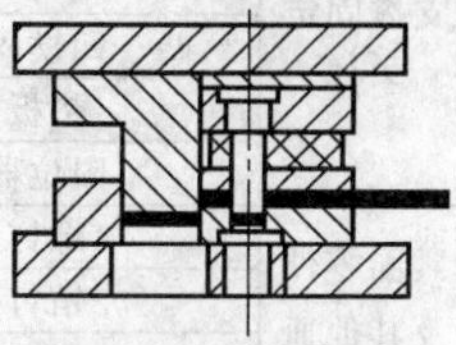
冲孔、切断、弯曲	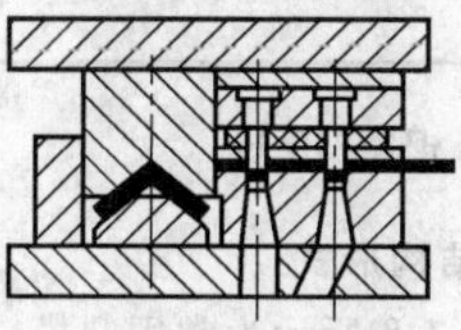	冲孔、切断	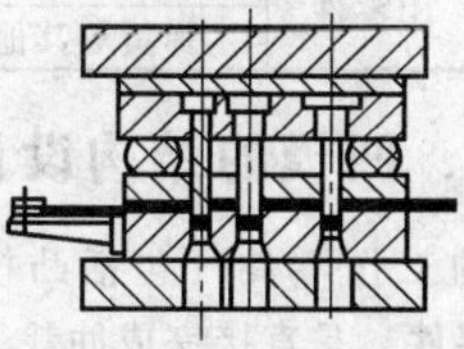

（续）

工序组合方式	模具结构简图	工序组合方式	模具结构简图
连续拉深、落料	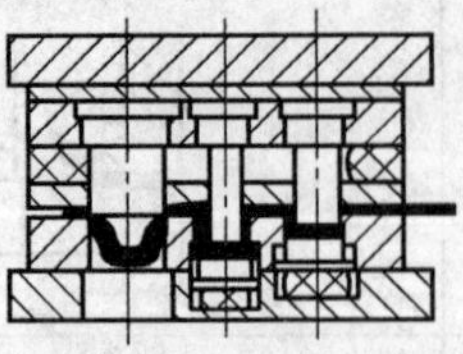	冲孔、压印、落料	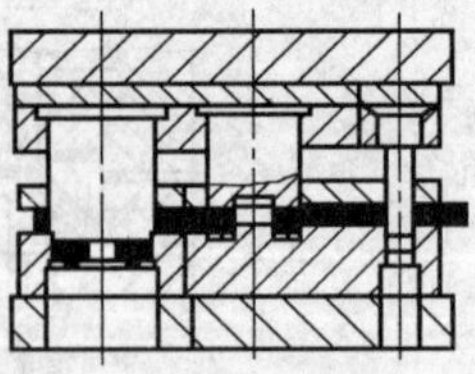
冲孔、翻边、落料	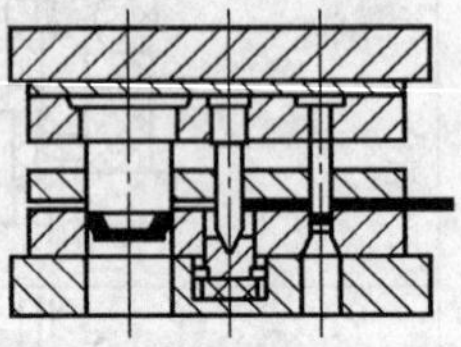	连续拉深、冲孔、落料	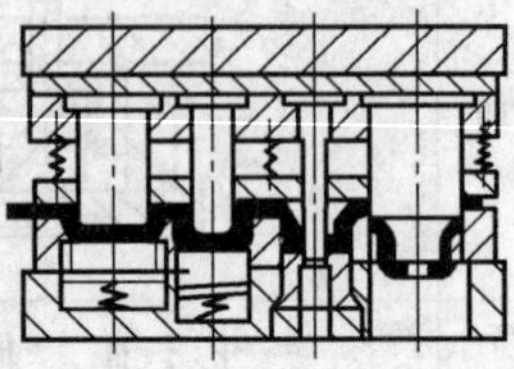

1.1.3 冲模的结构组成及零件名称

各种结构的冲模，其复杂程度不同，组成模具的零件各有差异，主要由工艺零件和结构零件组成（表3-1-7）。

表3-1-7 冲模零件的分类及作用

零件种类			零件名称	零件作用
冲模零部件	工艺零件	工作零件	凸模、凹模	直接对坯料进行加工，完成板料分离或成形的零件
			凸凹模	
			刃口镶块	
		定位零件	定位销、定位板	确定被冲压加工材料或工序件在冲模中正确位置的零件
			挡料销、导正销	
			导料销、导料板	
			侧压板、承料板	
			定距侧刃	
		压料、卸料及出件零件	卸料板	使冲件与废料得以出模，保证顺利实现正常冲压生产的零件
			压料板	
			顶件块	
			推件块	
			废料切刀	
	结构零件	导向零件	导套	正确保证上、下模的相对位置，以保证冲压精度
			导柱	
			导板	
			导筒	
		支撑固定零件	上、下模座	承装模具零件或将模具紧固在压力机上并与它发生直接联系用的零件
			模柄	
			凸、凹模固定板	
			垫板	
			限位器	
		紧固零件及其他通用零件	螺钉	模具零件之间的相互连接或定位的零件等
			销钉	
			键	
			弹簧等其他零件	

1.2 凸、凹模的结构设计

冲模的工作零件（包括凸模、凹模及凸凹模）又称成形零件，是直接完成冲裁工序的关键零件。

1.2.1 凸模设计

1. 结构形式

表3-1-8所示为常用凸模结构形式与特点。

表 3-1-8　常用凸模结构形式与特点

类别	结构形式	特　点
小圆孔凸模	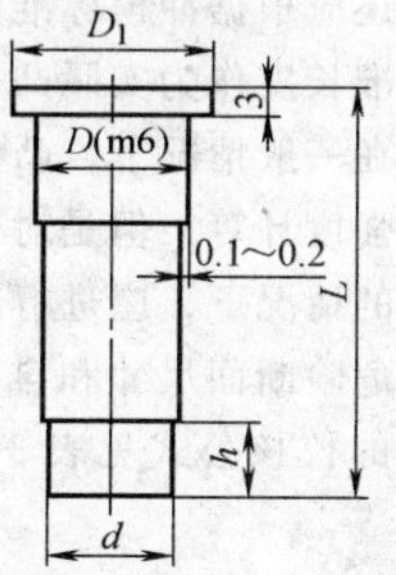	适用于冲裁 $\phi1 \sim \phi15$mm 的小圆孔，为了增加凸模的强度与刚度，避免应力集中，凸模非工作部分做成逐渐增大的圆滑过渡的阶梯形式
中型圆孔凸模	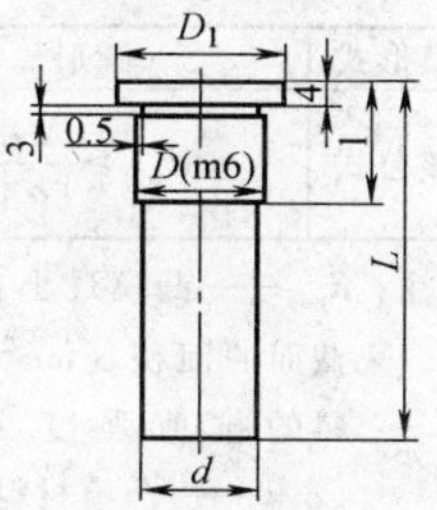	适用于冲裁 $\phi8 \sim \phi30$mm 的中型圆孔，因直径较大，可不在中部增加过渡阶梯
大型圆孔凸模	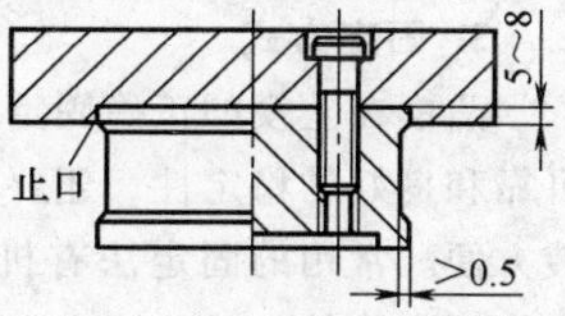	冲大型圆孔或落料凸模，采用止口定位，然后用螺钉紧固，为减少精加工面积，凸模外圆非工作表面直径可略小一些，端面要加工成凹坑形状
带保护套凸模	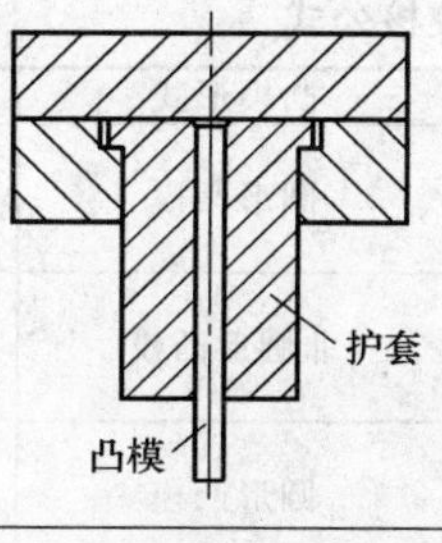	用于冲制孔径与料厚相近的小孔，将凸模装在护套里，再将护套固定在凸模固定板上。采用护套结构既可以提高凸模的抗弯曲能力，又能节省模具钢
镶块式凸模	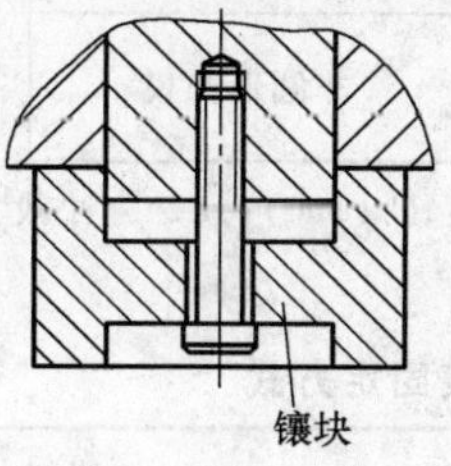	镶块式凸模，工作部分用工具钢制造并进行热处理，非工作部分采用一般的结构钢
阶梯式非圆形凸模	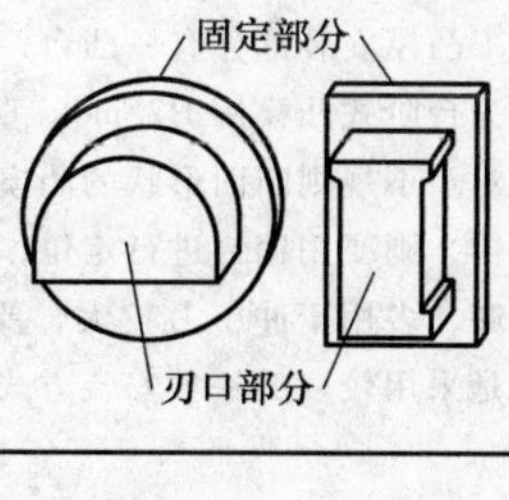	阶梯式非圆形凸模，为了便于加工，阶梯式非圆形凸模的安装部分通常做成简单的圆形或方形，用台肩或铆接法固定在固定板上，安装部分为圆形时还应在固定端接缝处打入防转销

2. 凸模的长度

凸模的长度应根据模具的具体结构确定，同时要考虑凸模的修磨量及固定板与卸料板之间的安全距离等因素（见图3-1-1）。凸模长度过短则凸模不能插入凹模刃口内对板料进行冲切，但若凸模过长又降低其工作时的稳定性，其长度见下式：

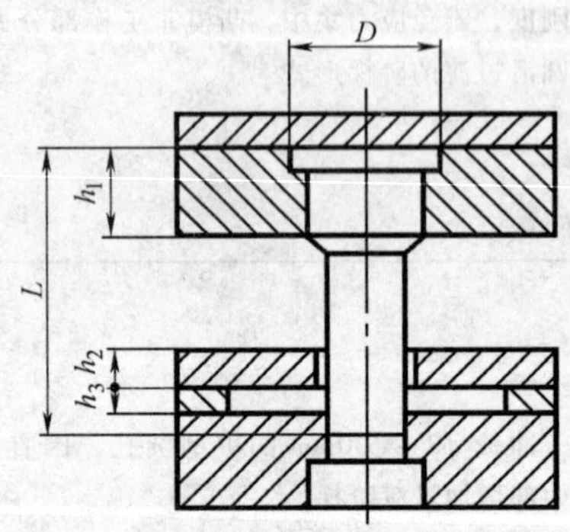

图3-1-1 凸模长度的确定

$$L = h_1 + h_2 + h_3 + h$$

式中 L——凸模长度（mm）；

h_1——凸模固定板厚度（mm）；

h_2——卸料板（或导板）厚度（mm）；

h_3——导尺厚度（mm）；

h——附加长度，它包括凸模的修磨量、凸模进入凹模的深度、凸模固定板与卸料板的安全距离等，一般取 $h = 15 \sim 20\text{mm}$。

若选用标准凸模，按照上述方法算得凸模长度后，还应根据冲模标准中的凸模长度系列选取最接近的标准长度作为实际凸模的长度。

在一般情况下，凸模的强度是足够的，所以不用进行强度计算。但是对于特别细长的凸模或板料厚度较大的情况下，应进行压应力和弯曲应力的校核，检查其危险断面尺寸和自由长度是否满足强度要求。压应力的校核公式见表3-1-9，稳定性校核公式见表3-1-10。

表3-1-9 压应力的校核公式

凸模形式	圆形	非圆形凸模
校核公式	$d_{\min} \geqslant \dfrac{4t\tau}{[\sigma]}$	$A_{\min} = \dfrac{P}{[\sigma]}$

注：$d_{\min}$——凸模最小直径（mm）；$A_{\min}$——凸模最小截面的面积（mm^2）；t——料厚（mm）；τ——材料的抗剪强度（MPa）；P——冲裁力（N）；$[\sigma]$——凸模材料的许用压应力（MPa），$[\sigma]$ 的值取决于材料、热处理和冲模的结构。

3. 固定方式

凸模在上模的正确固定应该是既要保证凸模工作可靠和良好的稳定性，还要使凸模在更换或修理时拆装方便。常用的固定法有机械固定法、浇注固定法、拼块固定法等。具体固定方法可见表3-1-11。

表3-1-10 稳定性校核公式

模具结构	图示	凸模形式	稳定性校核公式
无导向装置	$L_{\max}$	圆形凸模	$L_{\max} \leqslant 95 \dfrac{d^2}{\sqrt{F}}$
		非圆形凸模	$L_{\max} \leqslant 425 \sqrt{\dfrac{I}{F}}$
有导向装置	$L_{\max}$	圆形凸模	$L_{\max} \leqslant 270 \dfrac{d^2}{\sqrt{F}}$
		非圆形凸模	$L_{\max} \leqslant 1200 \sqrt{\dfrac{I}{F}}$

注：$L_{\max}$——允许的凸模最大自由长度（mm）；d——凸模最小直径（mm）；F——冲裁力（N）；I——凸模最小横截面的惯性矩（mm^4）。

表3-1-11 常见的凸模固定方式

类型	简图	特点及适用范围
用凸模固定板固定		凸模安装部分有一凸台，将凸模装入固定板，其配合为台阶式凸模用H7/m6，直通式凸模用N7/h6、P7/h6，对于不规则断面形状的凸模，若固定部分采用了圆形结构，则要用销钉进行定位，以防转动。此法不宜经常拆卸，多用于冲压力较大，要求稳定性好的凸模的安装，是采用较多的一种安装方式

（续）

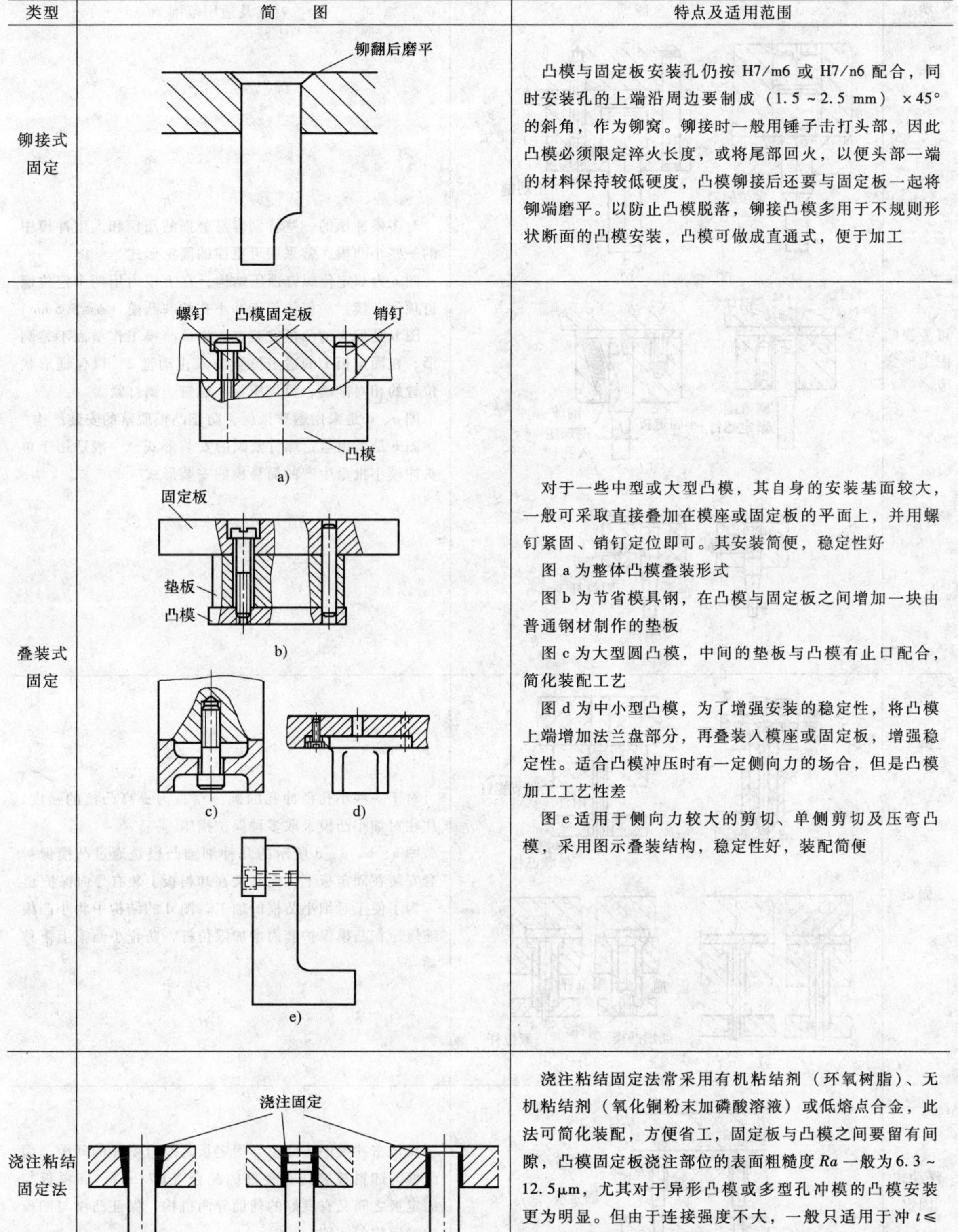

类型	简　　图	特点及适用范围
铆接式固定	铆翻后磨平	凸模与固定板安装孔仍按 H7/m6 或 H7/n6 配合，同时安装孔的上端沿周边要制成（1.5～2.5 mm）×45°的斜角，作为铆窝。铆接时一般用锤子击打头部，因此凸模必须限定淬火长度，或将尾部回火，以便头部一端的材料保持较低硬度，凸模铆接后还要与固定板一起将铆端磨平。以防止凸模脱落，铆接凸模多用于不规则形状断面的凸模安装，凸模可做成直通式，便于加工
叠装式固定	螺钉　凸模固定板　销钉　凸模　a) 固定板　垫板　凸模　b) c)　d) e)	对于一些中型或大型凸模，其自身的安装基面较大，一般可采取直接叠加在模座或固定板的平面上，并用螺钉紧固、销钉定位即可。其安装简便，稳定性好 图 a 为整体凸模叠装形式 图 b 为节省模具钢，在凸模与固定板之间增加一块由普通钢材制作的垫板 图 c 为大型圆凸模，中间的垫板与凸模有止口配合，简化装配工艺 图 d 为中小型凸模，为了增强安装的稳定性，将凸模上端增加法兰盘部分，再叠装入模座或固定板，增强稳定性。适合凸模冲压时有一定侧向力的场合，但是凸模加工工艺性差 图 e 适用于侧向力较大的剪切、单侧剪切及压弯凸模，采用图示叠装结构，稳定性好，装配简便
浇注粘结固定法	浇注固定	浇注粘结固定法常采用有机粘结剂（环氧树脂）、无机粘结剂（氧化铜粉末加磷酸溶液）或低熔点合金，此法可简化装配，方便省工，固定板与凸模之间要留有间隙，凸模固定板浇注部位的表面粗糙度 Ra 一般为 6.3～12.5μm，尤其对于异形凸模或多型孔冲模的凸模安装更为明显。但由于连接强度不大，一般只适用于冲 $t \leq$ 2mm 的冲裁模，对于冲压力较大并有侧向力的凸模不宜采用

（续）

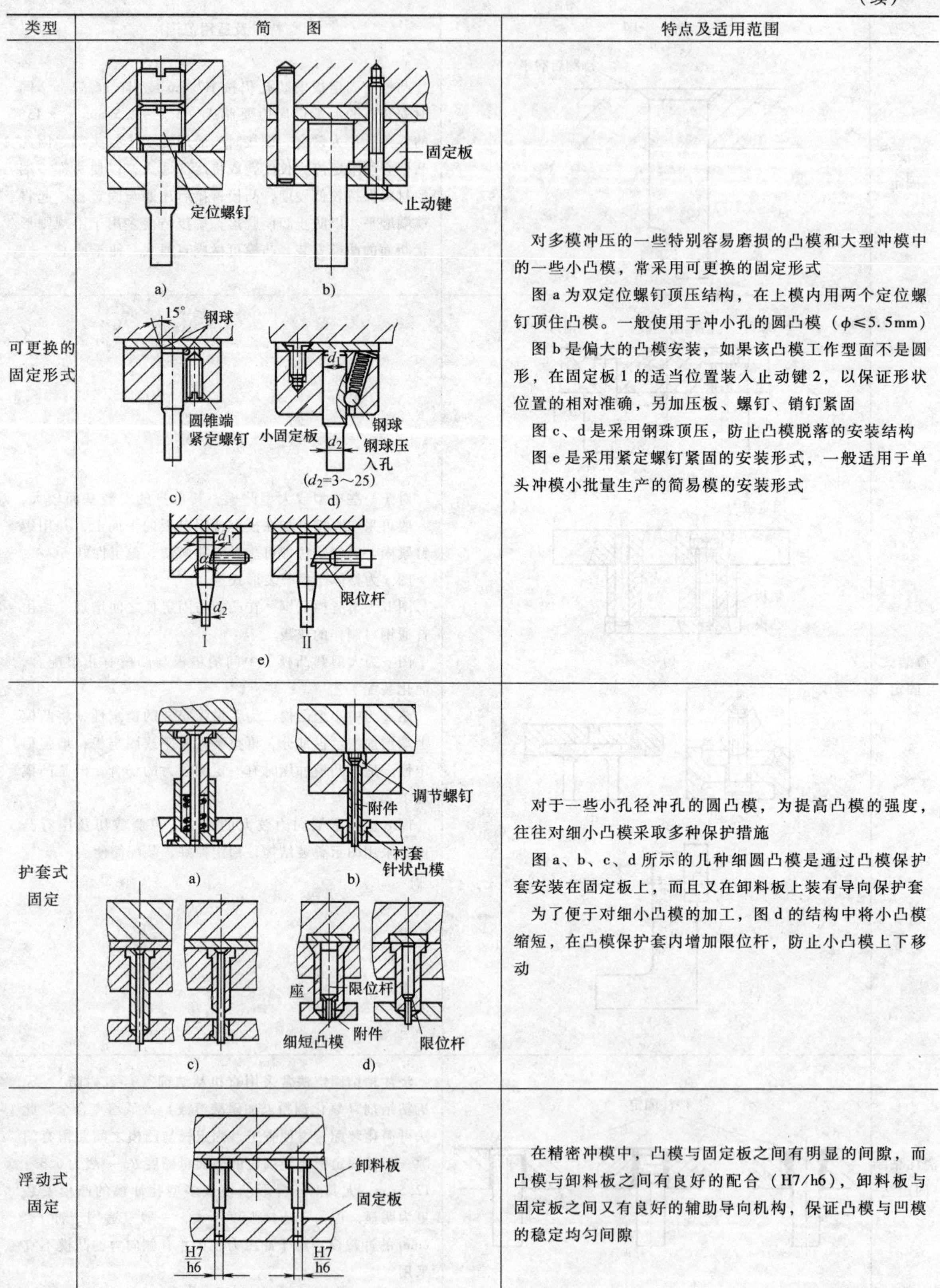

类型	简图	特点及适用范围
可更换的固定形式	a) b) c) d) e)	对多模冲压的一些特别容易磨损的凸模和大型冲模中的一些小凸模，常采用可更换的固定形式 图a为双定位螺钉顶压结构，在上模内用两个定位螺钉顶住凸模。一般使用于冲小孔的圆凸模（$\phi \leqslant 5.5$mm） 图b是偏大的凸模安装，如果该凸模工作型面不是圆形，在固定板1的适当位置装入止动键2，以保证形状位置的相对准确，另加压板、螺钉、销钉紧固 图c、d是采用钢珠顶压，防止凸模脱落的安装结构 图e是采用紧定螺钉紧固的安装形式，一般适用于单头冲模小批量生产的简易模的安装形式
护套式固定	a) b) c) d)	对于一些小孔径冲孔的圆凸模，为提高凸模的强度，往往对细小凸模采取多种保护措施 图a、b、c、d所示的几种细圆凸模是通过凸模保护套安装在固定板上，而且又在卸料板上装有导向保护套 为了便于对细小凸模的加工，图d的结构中将小凸模缩短，在凸模保护套内增加限位杆，防止小凸模上下移动
浮动式固定		在精密冲模中，凸模与固定板之间有明显的间隙，而凸模与卸料板之间有良好的配合（H7/h6），卸料板与固定板之间又有良好的辅助导向机构，保证凸模与凹模的稳定均匀间隙

（续）

类型	简 图	特点及适用范围
组合式	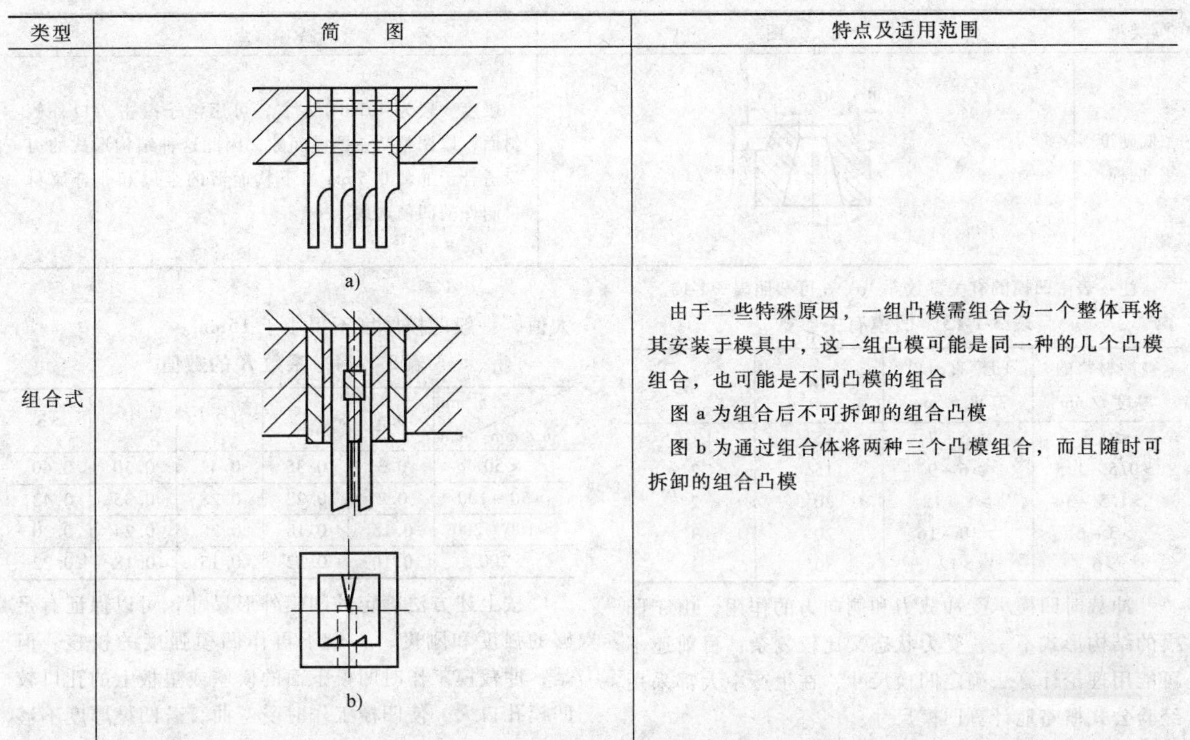 a) b)	由于一些特殊原因，一组凸模需组合为一个整体再将其安装于模具中，这一组凸模可能是同一种的几个凸模组合，也可能是不同凸模的组合 图 a 为组合后不可拆卸的组合凸模 图 b 为通过组合体将两种三个凸模组合，而且随时可拆卸的组合凸模

1.2.2 凹模设计

凹模的结构形式也较多，按外形可分为标准圆凹模和板状凹模，按结构分为整体式和镶拼式，按刃口形式也有平刃和斜刃。几种常用的平刃口凹模刃口形式见表 3-1-12。

表 3-1-12 常用的平刃口凹模刃口形式

类型	简 图	特 点
圆柱形孔口凹模	h ϕ 0.5~1 a) b) c)	此种凹模制造方便，刃口强度高，刃磨后凹模工作尺寸不增大，对冲裁间隙无明显影响，适合于冲裁形状复杂、尺寸精度高的制件。图 b 孔口下方制成斜度，图 c 下方制成比刃口稍大的圆柱形，以便制件或废料顺利漏出，但由于孔口是直孔，孔内易因废料（或制件）的聚集而增大推件力，同时，由于摩擦力增大，对孔壁的磨损深度增大，而使每次的修模量增大，降低了凹模的总寿命。此外，磨损后可能使凹模型孔形成倒锥，工件或废料会从型孔反跳到凹模表面而造成操作上的困难。一般复合模和上出件的冲裁凹模用图 a、c 型，下出件的冲裁凹模用图 a、b 型
锥形孔口凹模	a h α β	凹模洞口内积料少，洞壁承受来自料片的胀力和摩擦力大大减小，因而推件力减小。但此种刃口强度低，刃磨后凹模工作尺寸略有增大，故适合于冲裁形状简单、尺寸精度为 IT10 ~ IT12 级、板料厚度较薄、生产批量不大的制件的凹模选用

（续）

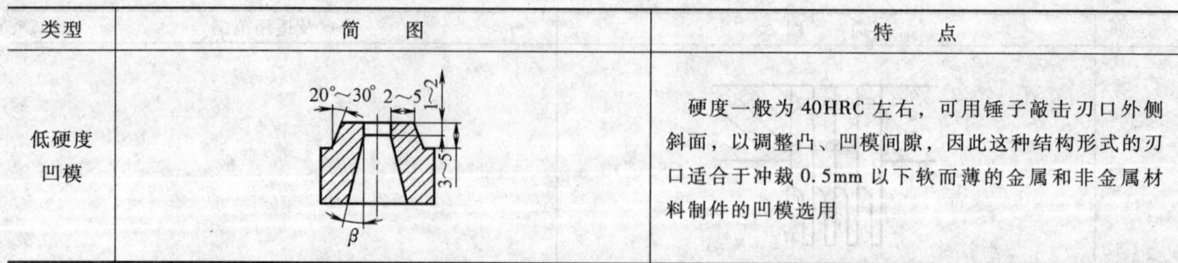

类型	简　图	特　点
低硬度凹模	20°～30°　2～5　≈2　3～5　β	硬度一般为 40HRC 左右，可用锤子敲击刃口外侧斜面，以调整凸、凹模间隙，因此这种结构形式的刃口适合于冲裁 0.5mm 以下软而薄的金属和非金属材料制件的凹模选用

注：表中凹模的有关参数 h、α、β 可参照表 3-1-13。

表 3-1-13　凹模有关参数

被冲材料的厚度 t/mm	凹模直刃口高度 h/mm	α	β
≤0.5	≥5～7	15′	1°30′
>0.5～1.5	≥6～9	15′	2°
>1.5～3	≥8～12	20′	2°
>3～6	≥10～16	20′	3°
>6	>12	30′	3°

冲裁时凹模承受冲裁力和侧向力的作用，由于凹模的结构形式不一，受力状态又比较复杂，目前还不可能用理论计算法确定凹模尺寸，在生产中大都采用经验公式概略地计算凹模尺寸：

凹模厚度　$H_d = Kb$

凹模壁厚　$c = (1.5 \sim 2)\ H_d$

式中　K——系数，见表 3-1-14；

b——冲裁件最大外形尺寸（mm）。

形状复杂或制件尺寸较大时，凹模壁厚 c 应取较大值，一般凹模厚度不得小于 15mm。

表 3-1-14　系数 K 的数值

b / mm　　t / mm	0.5	1	2	3	>3
<50	0.3	0.35	0.42	0.50	0.60
>50～100	0.2	0.22	0.28	0.35	0.42
>100～200	0.15	0.18	0.20	0.24	0.30
>200	0.10	0.12	0.15	0.18	0.22

按上述方法确定的凹模外形尺寸，可以保证有足够的强度和刚度，一般不再作凹模强度的校核。但是，冲裁模工作时凹模下面的模座或垫板上的孔口较凹模孔口大，使凹模工作时受弯曲，若凹模厚度不够便会产生弯曲变形，故需校核凹模的抗弯强度。几种凹模强度校核计算公式列入表 3-1-15。

凹模多采用机械法固定，由螺钉将其紧固在下模座上，并用两个圆柱销定位，或用凹模的长宽尺寸与下模座呈过渡配合的止口代替两圆柱销定位。

表 3-1-15　凹模强度校核计算公式

项目	圆形凹模	矩形凹模（垫板上为方形孔）	矩形凹模（垫板上为矩形孔）
简图	H　d　d_0	H　a　h	H　a　h
凹模厚度 H 的计算公式	$H \geqslant \sqrt{\dfrac{1.5F}{\sigma_{wp}}\left(1-\dfrac{2d}{3d_0}\right)}$	$H \geqslant \sqrt{\dfrac{1.5F}{\sigma_{wp}}}$	$H \geqslant \sqrt{\dfrac{3F}{\sigma_{wp}}\left(\dfrac{\frac{b}{a}}{1+\frac{b^2}{a^2}}\right)}$
符号说明	F——冲压力（N） σ_{wp}——许用弯曲应力（MPa） d、d_0——凹模刃口与支承口直径（mm） a、b——垫板上矩形孔的长度与宽度（mm）		

1.2.3　凸凹模

凸凹模是复合模中的关键零件，凸凹模工作端的内外缘均为刃口，内外缘之间的壁厚取决于冲裁件的尺寸，当冲件孔边距离较小时必须考虑凸凹模强度。凸凹模的最小壁厚与冲模的结构有关，对于正装复合模，由于凸凹模装于上模，内孔不会积存废料，胀力小，最小壁厚可以小些；对于倒装复合模，因为孔内会积存废料，所以最小壁厚要大些。刃口高度 h 值不宜过大，否则积料较多。

凸凹模的最小壁厚值，一般可由经验数据决定。不积聚废料的凸凹模的最小壁厚：对于黑色金属和硬材料约为工件料厚的 1.5 倍，但不小于 0.7mm；对于有色金属与软材料约等于工件料厚，但不小于 0.5mm，积聚废料的凸凹模的最小壁厚可查表 3-1-16、表 3-1-17。

表 3-1-16　倒装复合模的最小壁厚　（单位：mm）

材料厚度 t	0.1	0.15	0.2	0.4	0.5	0.6	0.7	0.8	0.9	1	1.2	1.4	1.5	1.6
最小壁厚 δ	0.8	1	1.2	1.4	1.6	1.8	2.0	2.3	2.5	2.7	3.2	3.6	3.8	4
材料厚度 t	1.8	2	2.2	2.4	2.6	2.8	3	3.2	3.4	3.6	4	4.5	5	5.5
最小壁厚 δ	4.4	4.9	5.2	5.6	6	6.4	6.7	7.1	7.4	7.7	8.5	9.3	10	12

表 3-1-17　凸凹模的最小壁厚 a 数值（适用仪表行业的小型薄料制件）　（单位：mm）

简图		被冲材料	最小壁厚
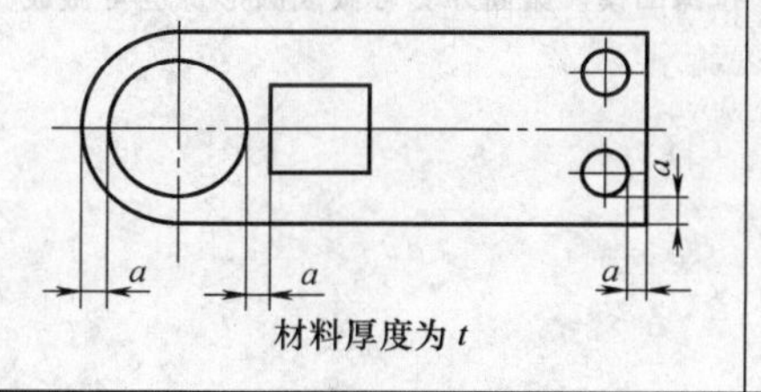	被冲材料	纸、皮、塑料薄膜、胶木板、软铝	$a \geqslant 0.8t$，但 $a_{min} \geqslant 0.5$mm
		硬铝、纯铜、黄铜、纯铁	$a \geqslant t$，但 $a_{min} \geqslant 0.7$mm
		08 钢、10 钢	$a \geqslant 1.2t$，但 $a_{min} \geqslant 0.7$mm
		$t \leqslant 0.5$mm 的硅钢板、弹簧钢、锡磷青铜	$a \geqslant 1.2t$

1.2.4　镶拼式凸模与凹模

镶拼式凹（凸）模常用于冲裁一些大型或形状复杂的制件，对于更换修理、节省优质模具钢、减少热处理变形都有重要的实用价值。大型凹（凸）模采用镶拼结构，可将形状复杂的凹（凸）模变为形状简单的拼块，镶块的毛坯锻造、机械加工、热处理以及凸、凹模易损部位的刃磨修配等都比较方便，又可避免像整体式凸、凹模因热处理开裂、变形过大或机械加工时局部超差，而使整个的凸、凹模报废。拼块如选择合适，可同时加工，容易保证精度要求，使模具的寿命延长。但镶拼模装配比较困难，同时因凹模由多块镶块拼接而成，势必使累积误差增大，给装配带来一定的困难，并使模具结构增大。因此应考虑到冲压件的几何形状、尺寸大小、精度要求，以及简化模具制造和节约模具钢等具体情况，来决定是否采用镶拼结构。

1. 镶拼结构设计的一般原则

镶拼式凸、凹模的设计，关键在于模块的正确分块。设计镶拼式凹（凸）模时，应注意尽量将拼块做成钝角或直角，避免做成锐角；工作中易磨损处和圆角部分应单独划分一段，拼接线应在离圆弧与直线的切点 4～7mm 的直线处；在考虑镶拼件时，应尽量将复杂的内形加工变换成为外形加工，以便于机械加工和成形磨削；制件有对称线时，应沿对称线分段，使形状、尺寸相同的分块可以一同磨削加工。常见的镶拼凹模见表 3-1-18。

2. 镶块结构的固定方法

镶拼模的镶拼方法有拼接法和嵌入法两种。镶拼模的固定，一般多在拼块外面加一紧固框，以确定各拼块的相互位置，然后用螺钉将各拼块紧固。大型的镶拼模，直接用定位销及螺钉固定，小的嵌件则用过盈配合压入，大的嵌件也可用螺钉固定。

（1）平面式固定　即把拼块直接用螺钉、销钉紧固定位于固定板或模座平面上，如图 3-1-2a 所示。这种固定方法主要用于大型的镶拼凸、凹模。每独立拼块均应由两个销钉与模座定位，并根据模块面积允许采用一至几个螺钉紧固。当冲压料厚 $t < 1.5$mm 的零件时，可只靠螺钉、销钉紧固；当 $t = 1.5 \sim 2.5$mm 时，需加止推键；当 $t > 2.5$mm 时，应采用窝槽形式。

表 3-1-18　常用的镶拼凹模

类型	简　图	特点及适用范围
大型孔多块独立拼合式		大型凹模可以将凹模分解为若干块拼合而成，以利于加工。每独立拼块均应由两个销钉与模座定位，并根据模块面积允许采用 1 个至几个螺钉紧固
紧固式	模孔 镶块 紧固外套 中心镶块	将凹模分解成几块，经拼镶后用过盈配合的方式压入紧固外套内，能承受较大的侧向胀力。适用于厚料冲裁凹模或压弯凹模、拉深凹模。紧固外套可做成圆形，也可做成方形或长方形
嵌槽式	$\frac{2}{3}h$ h	将模块嵌入经铣或刨好有等宽的凹槽固定板内，其凹槽深度不小于拼块厚度的 2/3，拼块用螺钉、销钉紧固定位。适用于规则形状模膛拼合，冲制薄料的冲裁凹模
种植式	嵌件	某些不规则的凹模型孔有局部凸出部位，一则不好加工，再则容易损坏，可以在该部位单独嵌入镶块 镶块以小凸模的形式与凹模部位配合，为防止嵌件下沉应在下面增加垫板

（续）

类型	简　图	特点及适用范围
镶套式		圆孔冲孔凹模多采取镶套凹模，镶入固定板中，一则便于加工，提高孔位精度，再则节省大块模具钢材
分段拼合式		型孔孔距有较高精度要求的凹模，尤其是异型孔孔距精度要求较高时，可采用分段拼合式凹模能够充分满足要求

（2）嵌入式固定　即把各拼块拼合后，采用过渡配合（K7/h6）嵌入固定板凹槽内，再用螺钉紧固，如图 3-1-2b 所示。这种方法多用于中小型凸、凹模镶块的固定。

（3）压入式固定　即把各拼块拼合后，采用过盈配合（U8/h7）压入紧固外套内，如图 3-1-2c 所示。这种方法能承受较大的侧向胀力，适用于厚料冲裁凹模或压弯凹模、拉深凹模。常用于形状简单的小型镶块的固定，紧固外套可做成圆形，也可做成方形或长方形。

（4）斜楔式固定　即利用斜楔和螺钉把各拼块固定在固定板上，如图 3-1-2d 所示。拼块镶入固定板的深度应不小于拼块厚度的 1/30，这种方法也是中小型凹模镶块（特别是多镶块）常用的固定方法。

此外，还有用粘结剂浇注固定方法等。

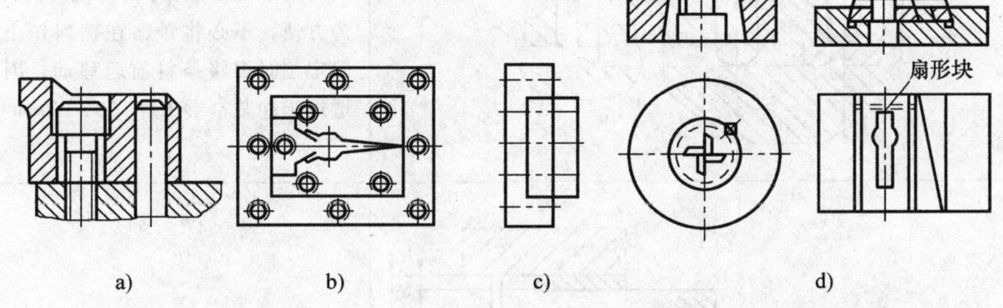

图 3-1-2　镶拼结构的固定

a）平面式固定　b）嵌入式固定　c）压入式固定　d）斜楔式固定

1.3　定位零件

常见的定位零件有：挡料销、定位板、导正销、侧刃和导料尺（导尺）等。

1.3.1　挡料销

挡料销的形式及应用见表 3-1-19。

1.3.2　定位板

对于单个毛坯的定位，如块料毛坯的冲裁、成形件的冲孔或修边等，一般采用定位板（销）结构，定位板或销与毛坯间的配合一般按 H9/f9 配合。这种定位可以外轮廓定位，也可以内孔定位，主要形式见表3-1-20。定位板厚度或定位销头部高度h可按

表 3-1-19 挡料销的形式及应用

结构形式		简图	说明
固定挡料销	圆头		一般装在凹模上，适用于带固定卸料板和弹性卸料板的冲模中。结构简单，制造容易，但销孔离凹模刃口较近，会削弱凹模强度 具体结构参见标准 JB/T 7649.10—2008
	钩形		当挡料销孔离凹模刃口太近时，可采用钩形挡料销，但此种挡料销由于形状不对称，需要另加定向装置，适用于冲制较大较厚材料的工件
活动挡料销	伸缩式		常用在带有活动的下卸料板的敞开式冲模上，挡料销后端带有弹簧或弹簧片，冲压时随凹模下行而压入孔内，工作方便
	回带式		靠销子的后端面挡料，送料较固定挡料销稍为方便，不必将条料在挡料销上套进、套出，但定位时需将条料前后移动，因此生产率低，适用于冲裁窄形工件（6~20mm）和一般工件
始用挡料销			级进模中当条料首次冲压时，作确定条料的准确位置用。用时往里压，挡住条料而定位，第1次冲裁后一般不再使用

表 3-1-20 定位板（销）的形式及应用示例

形式	示 图	应 用
定位板	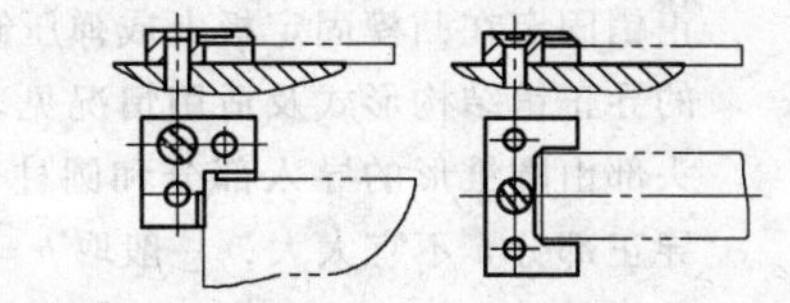	敞开式定位，用于大型冲压件或毛坯的外轮廓定位
	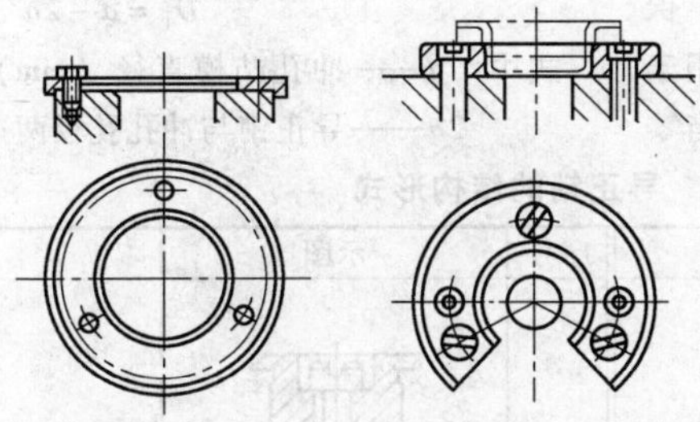	圆形定位板，用于圆形落料件定位时为整圆定位板；用于成形工序件定位时，可在定位板上开缺口
定位销	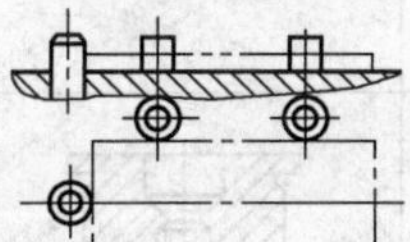	用于大型冲压件或毛坯的外轮廓定位
	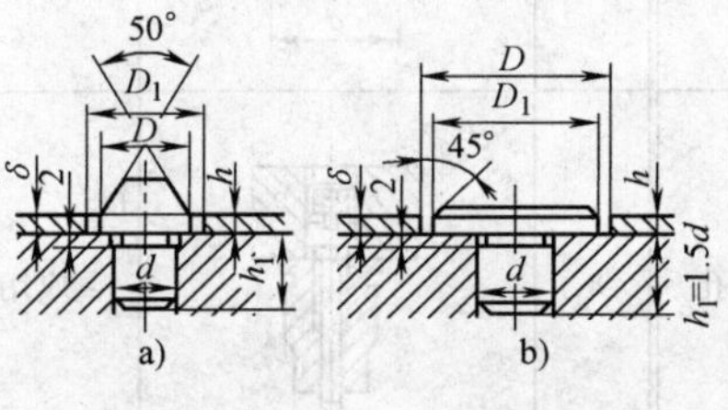 a) b)	用于孔径 $D<30$mm 的圆孔用定位销，其中：图 a 适用于孔径在 15mm 以下的圆孔定位；图 b 适用于孔径在 15～30mm 的圆孔定位
孔定位板	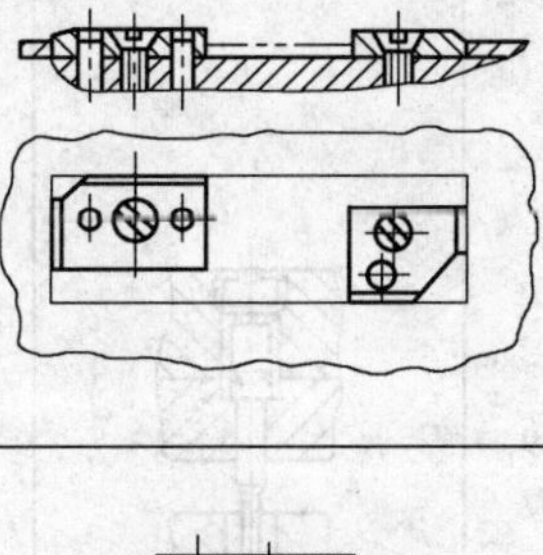	系大型非圆孔用定位板
	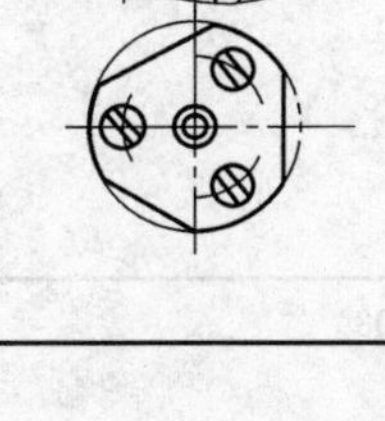	用于孔径 $D>30$mm 的圆孔用定位板

表 3-1-21选取。

表 3-1-21 *h* 的取值

（单位：mm）

材料厚度 t	≤1	>1~3	>3~5
h	$t+2$	$t+1$	t

注：符号 h 意义见表 3-1-20。

1.3.3 导正销

导正销冲裁时与其他定距组件相配合，插入前工位已冲好的孔中进行精确定位，以减小定位误差，保证孔与外形的相对位置的冲裁要求。导正销主要用于级进模中，装配在第二工位以后的落料凸模上，当零件上没有适宜于导正销导正用的孔时，对于工步数较多、零件精度要求较高的级进模，应在条料两侧的空位处设置工艺孔，以供导正销导正条料用。此时，导正销固定在凸模固定板上或弹压卸料板上。国家标准的导正销结构形式及适用情况见表 3-1-22。导正销的头部由圆锥形的导入部分和圆柱形的导正部分组成，导正部分 h 不宜太大，一般取 $h=(0.5\sim1)\ t$。导正销直径 D_1 尺寸略小于制件冲孔直径，D_1 与导正销孔的关系是

$$D_1=d-2a$$

式中 d——冲孔凸模直径（mm）；

$2a$——导正销与冲孔孔径两边间隙，见表 3-1-23。

表 3-1-22 导正销的结构形式

序号	示图	应用	序号	示图	应用
1	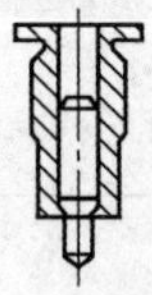	用于直径小于 6mm 的孔	6	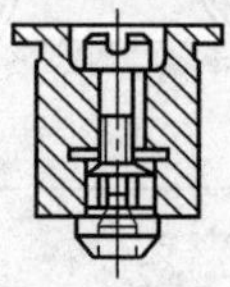	用于直径为 10~20mm 的孔
2		用于直径小于 10mm 的孔	7	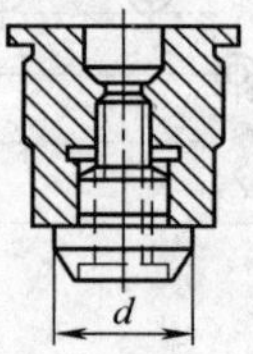 d	用于板厚为 20~50mm 的孔
3		用于直径为 3~10mm 的孔	8	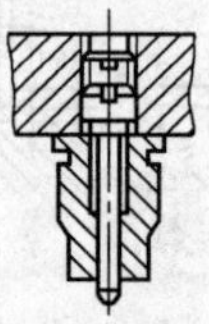	应用小的导正销，更换方便
4	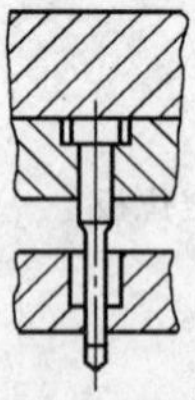	用于薄料，导正销固定于上模固定板中，一般在条料两侧空孔处设工艺孔时用	9	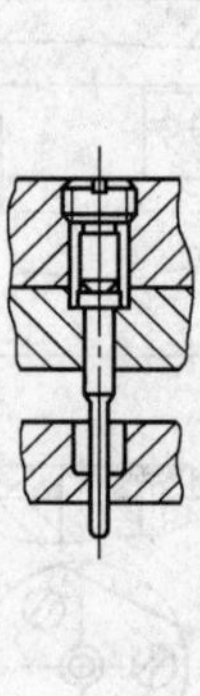	快换导正销
5	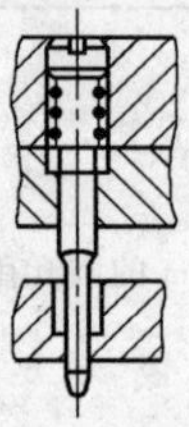	活动式导正销，可避免送料错位而引起导正销损坏			

注：导正销的相应形式与尺寸可参见 JB/T 7649.1~7649.10—2008。

表 3-1-23　导正销的尺寸　（单位：mm）

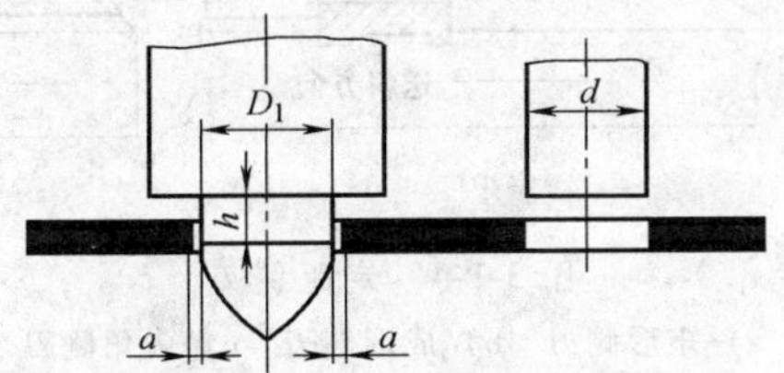

材料厚度 t	冲孔凸模直径 d							冲件尺寸		
	1.5～6	>6～10	>10～16	>16～24	>24～32	>32～42	>42～60	1.5～10	>10～25	>25～50
	2a							h		
≤1.5	0.04	0.06	0.06	0.08	0.09	0.10	0.12	1	1.2	1.5
>1.5～3	0.05	0.07	0.08	0.10	0.12	0.14	0.16	0.6t	0.8t	t
>3～5	0.06	0.08	0.10	0.12	0.16	0.18	0.20	0.5t	0.6t	0.8t

导正部分的直径公差可按 h6～h9 选取。导正部分的高度一般取 $h=(0.5\sim1)\ t$。

由于导正销常与挡料销配合使用，挡料销只起粗定位作用，所以挡料销的位置应能保证导正销在导正过程中条料有被前推或后拉少许的可能。挡料销与导正销的位置关系如图 3-1-3 所示。

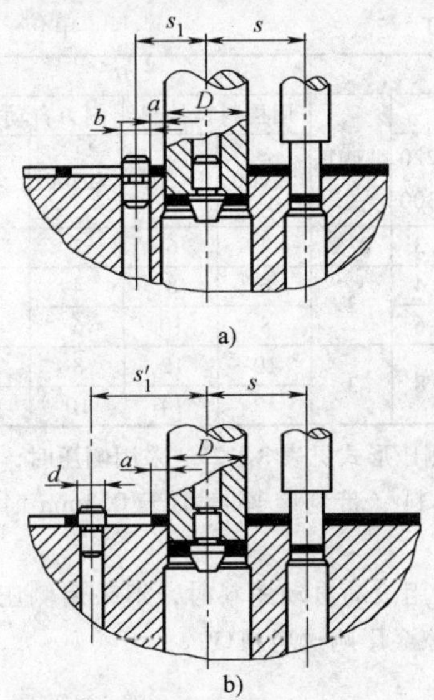

图 3-1-3　挡料销与导正销之间的位置关系
a）挡料销在后侧　b）挡料销在前侧

按图 3-1-3a 方式定位：$s_1=s-\frac{D}{2}+\frac{d}{2}+0.1$

按图 3-1-3b 方式定位：$s'_1=s+D/2-d/2-0.1$

式中　s——送料步距（mm）；

D——落料凸模直径（mm）；

d——挡料销柱形部分直径（mm）；

s_1、s'_1——挡料销与导正销的中心距（mm）。

1.3.4　侧刃

侧刃常用于级进模中控制送料步距，按侧刃的断面形状分为矩形侧刃与成形侧刃两类。图 3-1-4a 为矩形侧刃，制造简单，但当侧刃尖角磨钝后，条料边缘处便出现毛刺，影响送料和定位的准确性，一般用于板料厚度小于 1.5mm、冲件精度要求不高时的送料定距。图 3-1-4b 为成形侧刃，当条料边缘连接处出现毛刺时，也处在凹槽内不影响送料，但这种侧刃消耗材料增多，结构较复杂，制造较麻烦，用于板料厚度小于 0.5mm、冲件精度要求较高的送料定距。图 3-1-4c 为尖角侧刃，不浪费材料，但每送一进距需把条料往后拉，以后端定距，操作不方便。

侧刃凸模及凹模按冲孔模确定其刃口尺寸，凹模孔按凸模配置，取单边间隙，侧刃断面的主要尺寸是宽度 b，其值原则上等于送料进距，但对长方形侧刃和侧刃与导正销兼用时，宽度 b 与送料步距 s 的关系为 $b=s+(0.05\sim0.1)$ mm，侧刃厚度 $m=6\sim10$mm，侧刃制造公差取负值，一般取 -0.02mm。

1.3.5　导料板、导料销

条料的送料方向一般都是靠着导料板或导料销一侧导向送进，以免送偏。导料销是导料板的简化形式，多用于弹性卸料模中，其结构与挡料销相同，用导料销控制送料方向时，一般要用两个。导料板亦叫导尺，在采用导板导向或固定卸料的冲模中必须用导料板导向。条料两侧靠导料板的内侧面约束，引导其正确向前送进，否则条料会送偏，影响制件质量甚至造成废品。为使条料能从两导料板间顺利通过，两导料板间的距离要大于条料宽度0.2～1mm；如果条

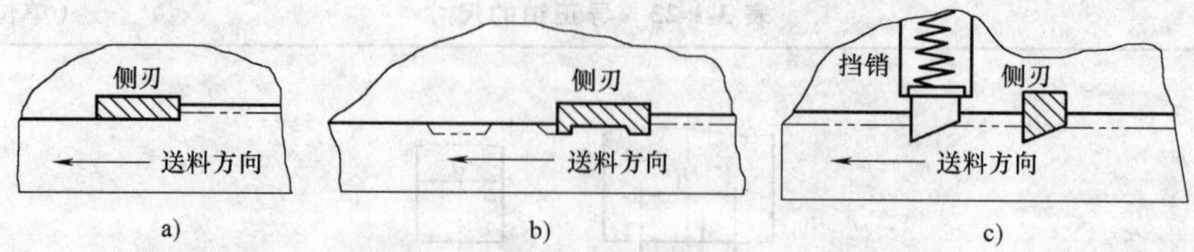

图 3-1-4　定距侧刃
a）矩形侧刃　b）成形侧刃　c）尖角侧刃

（或带）料的宽度公差过大，则需在一侧导尺上装侧压装置来消除材料的宽度误差，保证材料紧靠另一侧正确送进。导料板厚度要大于挡料销顶端高度和条料厚度之和 2 ~ 8mm，才能使条料从挡料销顶面通过。

导料板有分离式和整体式，如图 3-1-5 所示，其长、宽尺寸可与凹模外形尺寸相同，其结构尺寸见表 3-1-24。

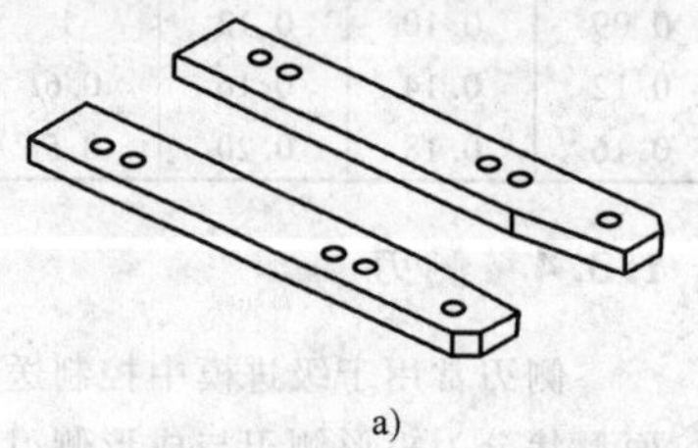
a)

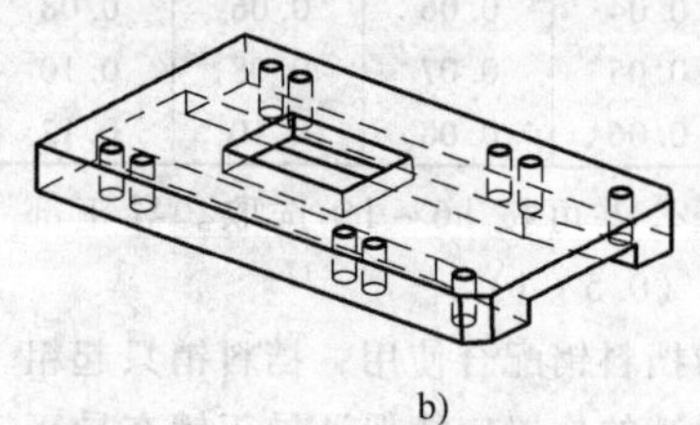
b)

图 3-1-5　导料板
a）分离式　b）整体式

表 3-1-24　导料板结构尺寸　（单位：mm）

条料宽度 / 条料厚度	c						H				挡料销高度 h
	不带侧压					带侧压	用挡料销挡料		侧刃自动挡料		
	50	>50 ~100	>100 ~150	>150 ~220	>220 ~300		≤200	>200	≤200	>200	
≤1	0.1	0.1	0.2	0.2	0.3	0.5	4	6	3	4	2
>1 ~ 2	0.2	0.2	0.3	0.3	0.4	2	6	8	4	6	3
>2 ~ 3	0.4	0.4	0.5	0.5	0.6		8	10	6		
>3 ~ 4	0.6	0.6	0.7	0.7	0.8	3	10	12	8	8	4
>4 ~ 6							12	14	10	10	

1.3.6　侧压装置

如果条料的公差较大，为避免条料在导料板中偏摆，使最小搭边得到保证，应在送料方向的一侧设置侧压装置，使条料始终紧靠导料板的另一侧送料。

常用侧压形式见表 3-1-25。采用侧压时，应注意：

1）条料（带料）厚度小于 0.3mm 时，不能采用侧压。

2）当用滚动自动送料时，不采用侧压，否则由于侧壁摩擦会影响送料精度。

表 3-1-25　常用侧压形式

形式	简　图	特点及应用
弹簧式	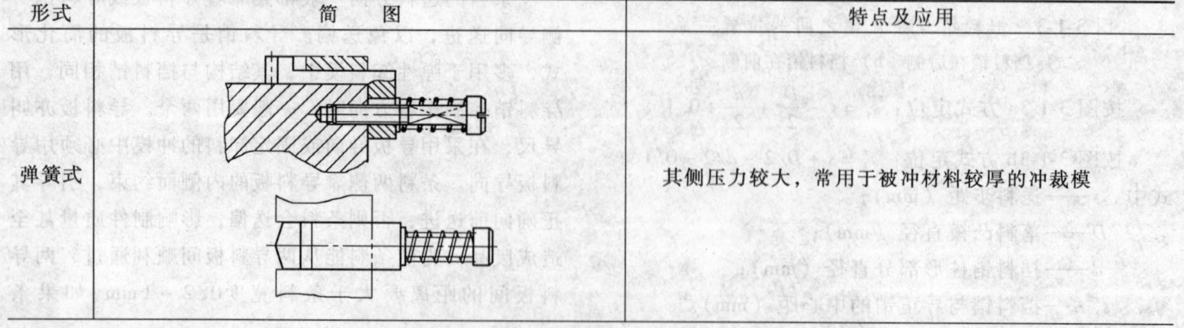	其侧压力较大，常用于被冲材料较厚的冲裁模

（续）

形式	简　　图	特点及应用
簧片式	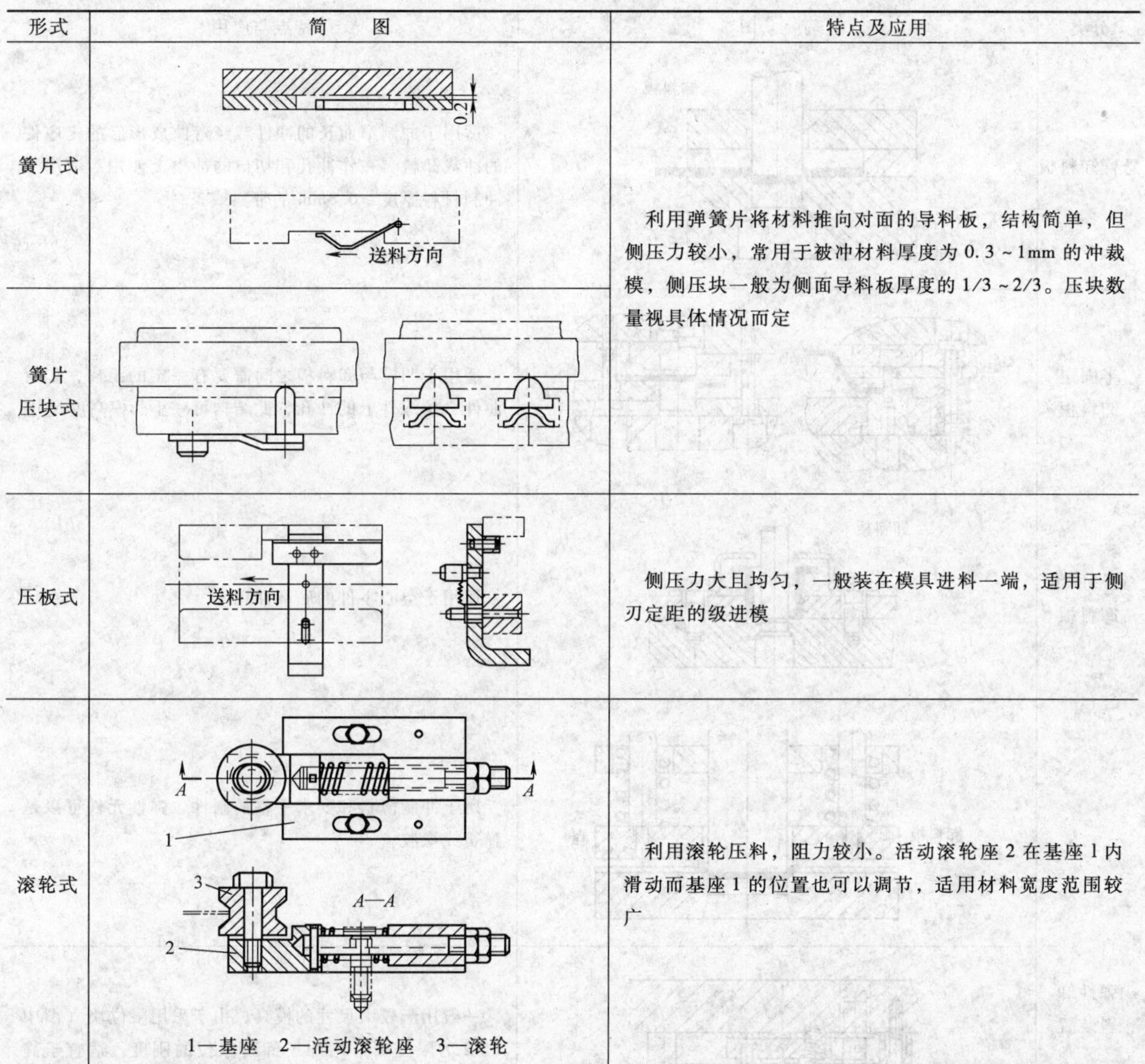	利用弹簧片将材料推向对面的导料板，结构简单，但侧压力较小，常用于被冲材料厚度为 0.3 ~ 1mm 的冲裁模，侧压块一般为侧面导料板厚度的 1/3 ~ 2/3。压块数量视具体情况而定
簧片压块式		
压板式		侧压力大且均匀，一般装在模具进料一端，适用于侧刃定距的级进模
滚轮式	1—基座　2—活动滚轮座　3—滚轮	利用滚轮压料，阻力较小。活动滚轮座 2 在基座 1 内滑动而基座 1 的位置也可以调节，适用材料宽度范围较广

1.4　卸料与推（顶）件装置

1.4.1　卸料的形式

1. 卸料装置

是用于将条料、废料从凸模上卸下的装置，分刚性（固定）卸料装置、弹压卸料装置两种，见表 3-1-26。

固定卸料装置卸料力大，卸料可靠，但冲裁时坯料得不到压紧，因此常用于较硬、较厚且精度要求不太高的工件冲裁。

表 3-1-26　卸料装置

分类	简　　图	特点与应用
封闭式固定卸料板	卸料板	结构简单，仅由固定卸料板构成，其厚度可取凹模厚度的 0.8 ~ 1 倍。当卸料板仅起卸料作用时，卸料孔与凸模之间的单边间隙可取板料厚度的 0.1 ~ 0.5 倍；当固定卸料板兼起导板作用时，凸模与导板之间一般按 H7/h6 配合，但应保证导板与凸模之间的间隙小于凸、凹模之间的冲裁间隙，以保证凸、凹模的正确配合

（续）

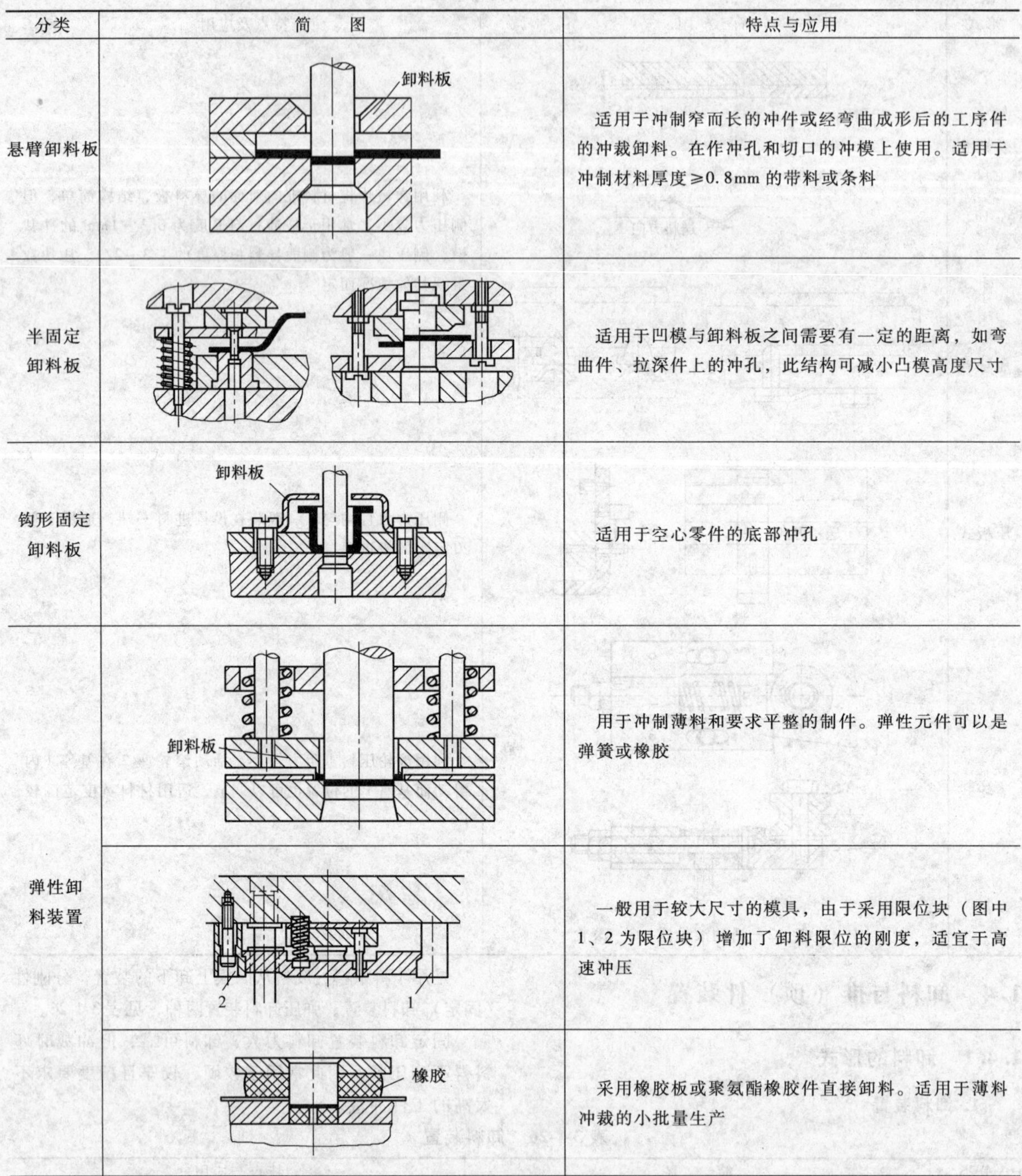

分类	简　图	特点与应用
悬臂卸料板		适用于冲制窄而长的冲件或经弯曲成形后的工序件的冲裁卸料。在作冲孔和切口的冲模上使用。适用于冲制材料厚度≥0.8mm的带料或条料
半固定卸料板		适用于凹模与卸料板之间需要有一定的距离，如弯曲件、拉深件上的冲孔，此结构可减小凸模高度尺寸
钩形固定卸料板		适用于空心零件的底部冲孔
弹性卸料装置		用于冲制薄料和要求平整的制件。弹性元件可以是弹簧或橡胶
		一般用于较大尺寸的模具，由于采用限位块（图中1、2为限位块）增加了卸料限位的刚度，适宜于高速冲压
		采用橡胶板或聚氨酯橡胶件直接卸料。适用于薄料冲裁的小批量生产

弹性卸料装置常用于冲裁料厚小于1.5mm的板料，由于有压料作用，冲裁件平整。广泛用于复合模中。卸料板的平面外形尺寸等于或稍大于凹模板尺寸，与凸模之间的单边间隙取板料厚度的0.1～0.2倍。由于卸料力由弹性组件提供，卸料力一般较小，所以多用于薄料、零件的平面度要求高的冲裁。对于卸料力要求较大，卸料板与凹模间又要求有较大的空间位置时，可采用刚弹性相结合的卸料装置。弹性卸料板的最小厚度见表3-1-27。弹性卸料板的结构尺寸见表3-1-28。当用弹性卸料板作凸模导向时，凸模与卸料板孔配合按H7/h6；对于级进模中特别小的冲孔凸模与卸料板孔的单面间隙值比表3-1-28中的数据要适当加大。

表 3-1-27　卸料板的最小厚度　（单位：mm）

制件厚度 t	卸料板宽度									
	≤50		>50~80		>80~125		>125~200		>200	
	$H_{固}$	$H_{弹}$	$H_{固}$	$H_{弹}$	$H_{固}$	$H_{弹}$	$H_{固}$	$H_{弹}$	$H_{固}$	$H_{弹}$
≤0.8	6	8	6	10	8	12	10	14	12	16
>0.8~1.5	6	10	8	12	10	14	12	16	14	18
>1.5~3.0	8	—	10	—	12	—	14	—	16	—
>3.0~4.5	10	—	12	—	14	—	16	—	18	—
>4.5	12	—	14	—	16	—	18	—	20	—

注：$H_{固}$——固定卸料板的最小厚度，$H_{弹}$——弹性卸料板的最小厚度。

表 3-1-28　弹性卸料板的结构尺寸

（单位：mm）

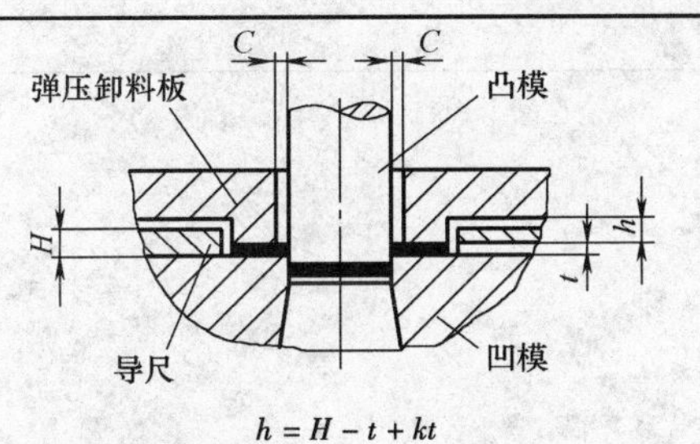

$$h = H - t + kt$$

式中　H——侧导尺厚度

t——冲件料厚

k——系数，薄料取 0.3；厚料（$t > 1.0$mm）取 0.1

材料厚度 t	<0.5	>0.5~1	>1
单面间隙 c	0.05	0.10	0.15

2. 废料切刀

对于大、小型零件冲裁或成形件切边时还常采用废料切刀进行卸料。它是利用冲裁时凹模下压废料于切刀刃口，将冲裁废料切断成数块，达到卸料目的（图 3-1-6）。这种卸料方式不受卸料力大小的限制，卸料可靠，多用于大型落料件或带凸缘拉深件切边时的卸料工作。

废料切刀已经标准化，可根据冲件及废料尺寸、料厚等进行选用。图 3 1 7 是国家标准中废料切刀的结构。图 3-1-7a 为圆废料切刀，用于小型模具和切薄板废料；图 3-1-7b 为方形废料切刀，用于大型模具和切厚板废料。

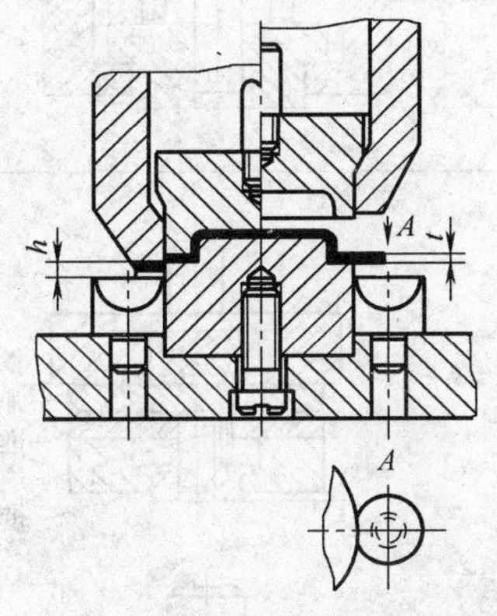

图 3-1-6　废料切刀

废料切刀的刃口长度应比废料宽度大些，安装时切刀刃口应比凸模刃口低。其值 h 为板料厚度的 2.5~4 倍，并且不小于 2mm。冲件形状简单时，一般设两个废料切刀；冲件形状复杂时，可设多个废料切刀或采用弹性卸料与废料切刀联合卸料。

1.4.2　推（顶）件装置

推（顶）件装置是用于将制件或废料从凹模型腔中推（顶）出，分刚性和弹性两种，见表 3-1-29。

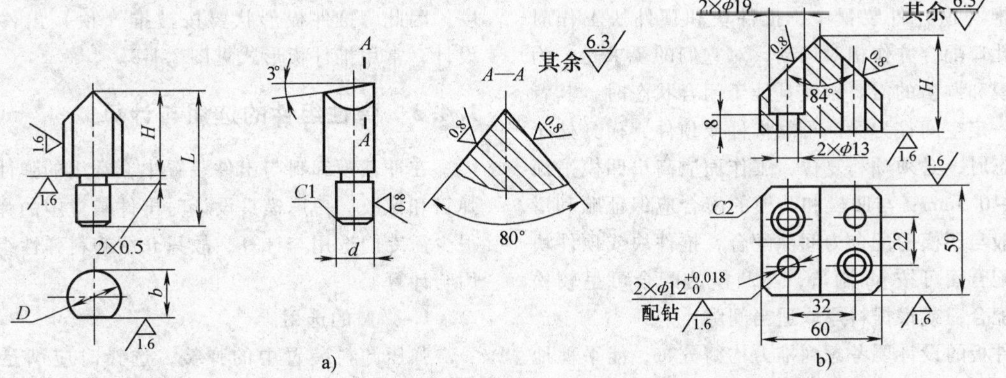

图 3-1-7　废料切刀的结构

表 3-1-29 推件装置的形式及应用示例

类型	简 图	特 点
刚性推件装置	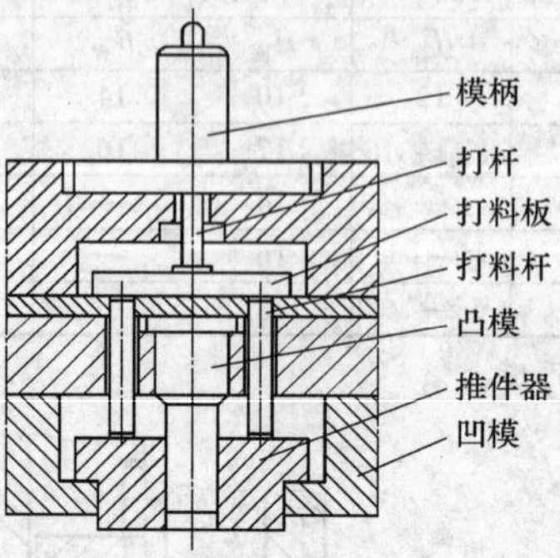 模柄 打杆 打料板 打料杆 凸模 推件器 凹模	一般装于上模，它是在冲压结束后上模回程时，利用压力机滑块上的横梁，撞击上模内的打杆，装在模柄孔内的打杆在横梁的阻挡下下落，并通过打料板、打料杆，推下推件器将制件从凹模中推出。因此推件力大，工作可靠。打杆、推板、连接推杆等都已标准化，设计时可根据冲件结构形状、尺寸及推件装置的结构要求从标准中选取
弹性推（顶）件装置	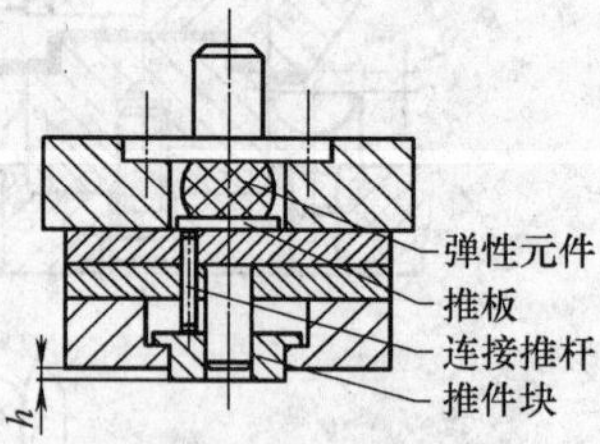 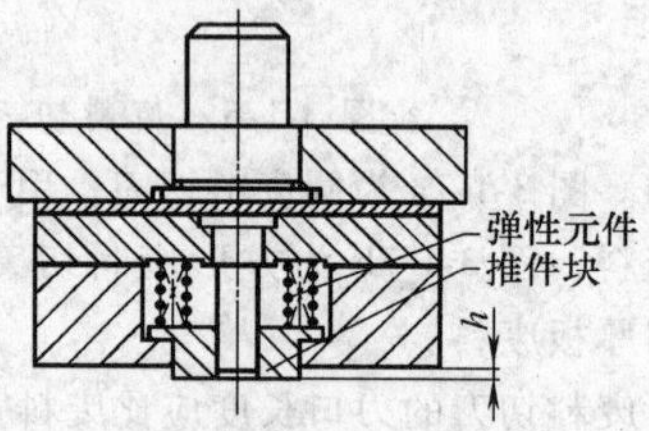 弹性元件 推板 连接推杆 推件块 h 弹性元件 推件块 h 弹性装置装在上模 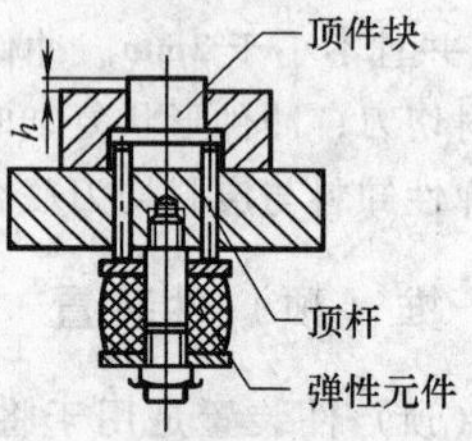 顶件块 h 顶杆 弹性元件 弹性装置装在下模	是以安装在上（下）模内的弹性组件的弹力来代替打杆给予推件块的推件力。采用弹性推（顶）件装置时，可使板料处于压紧状态下分离，因而冲件的平直度较高，出件平稳无撞击。但开模时冲件易嵌入边料中，且受模具结构空间限制，弹性组件产生的弹力有限，所以主要用于冲裁大型薄件及工件精度要求较高的模具中

在推（顶）件装置中，推件块和顶件块工作时与凹模孔口配合并作相对运动，对它们的要求是：为满足修模和调整的需要，模具处于闭合状态时，其背后应有一定空间；为保证可靠推件或顶件，模具处于开启状态时，必须顺利复位，工作面应高出凹模平面 $h=0.2\sim0.5$mm；与凹模和凸模的配合应保证顺利滑动，一般与凹模的配合为间隙配合，推件块或顶件块的外形配合面可按 h8 制造，与凸模的配合可呈较松的间隙配合，或根据料厚取适当间隙。

推件板的设计要考虑到推力均衡分布，能平稳地将制件推出，同时不可过多地削弱模柄和模座的强度。因此，推件板形状要按被推（顶）出件的形状设计，常用推件板形式见图 3-1-8。

1.4.3 弹性组件的选用与计算

在冲裁模卸料与出件装置中，常用的弹性组件是弹簧和橡胶。考虑模具设计时出件装置中的弹性组件很少需专门选用与计算，故只介绍卸料弹性组件的选用与计算。

1. 弹簧的选用

弹压卸料装置中的弹簧，选择时应满足以下要求：

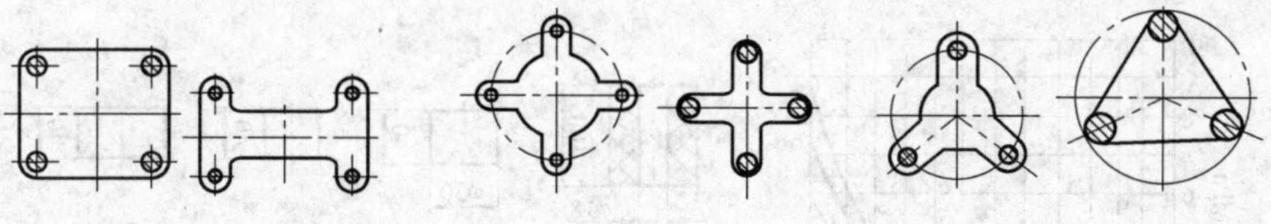

图 3-1-8　推件板形式
a）用于矩形零件　b）用于正方形零件　c）用于圆形零件

1）所选用的弹簧必须满足冲模结构空间的要求，弹簧的外形尺寸及数量应与冲模的结构尺寸相适应。

2）所选弹簧必须满足工艺要求，弹簧的最小预紧力 $P_{预min}$ 要大于（至少等于）卸料力 $Q_{卸}$。弹簧的总压缩量（包括弹簧的预压量力 $\Delta H_{预}$、冲压工作行程 $H_{工}$ 及凸模、凹模总的刃口修磨量 $H_{修}$ 三部分）要小于或等于弹簧自身所允许的最大压缩量 ΔH_{max}。

选择弹簧的步骤大致如下：

1）按模具结构尺寸的空间大小，合理选定弹簧数目 n。

2）确定单个弹簧的预紧力 $P_{预}$（N）：

$$P_{预} = \frac{Q_{卸}}{n}$$

式中　n——弹簧个数。

3）按每个弹簧分担的卸料力和模具结构选定弹簧规格（丝径、中径、外径和自由高度）。

4）确定弹簧的预压量 $\Delta H_{预}$（mm）：

$$\Delta H_{预} = \Delta H_{max}\frac{P_{预}}{P_{max}}$$

式中　P_{max}——弹簧的最大负荷（N）。

5）核定弹簧产生的总压缩量是否小于或等于弹簧所允许的最大压缩量，即 $Z_{总} \leqslant \Delta H_{max}$，否则须重新选择弹簧尺寸，直到合适为止。

6）确定弹簧安装高度 H_2：弹簧要求的安装高度 H_2 为弹簧自由高度 H 与预压量力 $\Delta H_{预}$ 之差，即 $H_2 = H - \Delta H_{预}$。

7）确定弹簧工作圈数 n：

$$n = (H - d)/t$$

式中　H——弹簧自由高度；
d——钢丝直径；
t——弹簧节距。

弹簧的材料为 65Mn、60Si2Mn 等，并经淬火、回火至硬度为 40～46HRC，淬火前两端压紧 3/4 圈后磨平，使其与轴线垂直。

圆形断面螺旋压缩弹簧加工容易，价格便宜，一般模具采用较多。但当模具中安装弹簧的空间较小，又需要较大的弹性力时，就不能满足设计要求而应选用矩形断面螺旋压缩弹簧（强力弹簧）。强力弹簧刚度大，一般承载能力会提高 45% 左右。但强力弹簧加工较困难，价格贵，故多用于大批量生产的模具中。当卸料力或推件力要求很大时，可采用碟形弹簧，使结构更紧凑，但碟形弹簧的压缩量小，当需要大的压缩量时不宜采用。

2. 橡胶的选用

选用橡胶卸料或顶件时，与弹簧选用方法相似，也应根据卸料力和要求的压缩量校核橡胶的工作压力和许可的压缩量，看能否满足冲裁工艺的需要。

橡胶垫受压后所产生的弹压力为

$$P = qA$$

式中　P——橡胶垫受压时产生的弹压力（N）；
q——橡胶垫在一定压缩比时所对应的弹压力（MPa），见表 3-1-30 或图 3-1-9；
A——橡胶垫的实际承压面积（cm^2）。

橡胶垫的压缩量不能过大否则会影响其压力和寿命，为使橡胶垫耐久地工作，最大压缩量不能超过其厚度的 45%，预压缩量为其厚度的 10%～15%。橡胶高度 H 可按下式计算：

$$H = \frac{H_{工}}{0.25 \sim 0.30}$$

式中　$H_{工}$——所需的工作行程（压缩量）（mm）。

表 3-1-30　橡胶垫的单位压力

橡胶压缩（%）	单位压力 q/MPa
10	0.26
15	0.50
20	0.70
25	1.06
30	1.52
35	2.10

橡胶垫的截面尺寸计算见表 3-1-31。

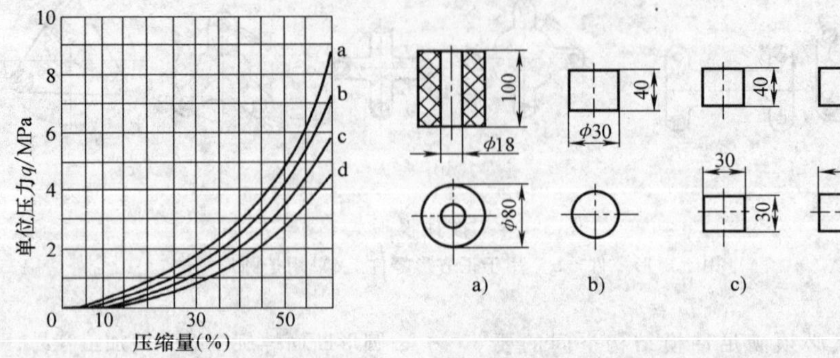

图 3-1-9 橡胶垫单位压力与压缩量

表 3-1-31 橡胶垫的截面尺寸计算

橡胶垫形式	H, d, D		H, d	H, a		H, b, a
尺寸/mm	d	D	d	a	a	b
计算公式	按结构选用	$\sqrt{d^2+1.27\dfrac{F}{q}}$	$\sqrt{1.27\dfrac{F}{q}}$	$\sqrt{\dfrac{F}{q}}$	$\dfrac{F}{bq}$	$\dfrac{F}{aq}$

注：q—橡胶板单位压力（MPa），一般取2～3MPa；F—所需工作压力（N）。

1.5 导向零件

在大批量生产中为了便于装模或在精度要求较高的情况下，模具都采用导向装置，以保证精确的定位，提高冲件质量及模具寿命。上、下模导向，在凸、凹模开始闭合前或压料板接触制件前就应充分合上。小型模具通常选择导柱、导套来导向。原则上导柱应安装在下模上。中、大型模具的导向方式参见表3-1-32。

1.5.1 导柱、导套

由于导柱和导套已经标准化，并和上、下模座组成标准模架，设计时应参考冲模标准选用。导柱、导套的布置形式见表3-1-33。

表 3-1-32 导向方式的选择

模具 \ 使用情况		小批量	中、大批量
拉深模	中型	侧导板、导板或导块	
	大型	无柱的背靠块	
成形模 弯曲模 翻边模 整形模	中型	侧导板、导块、导柱、导套	
	大型	无柱的背靠块	带柱的背靠块
落料模 修边模 冲孔模 剪切模	中、小型	导柱、导套、导板	
	大型	带柱的背靠块	

表 3-1-33　导柱和导套的布置形式

序号	1	2	3	4
图示				
特点和应用	两导柱置于后侧，导向情况较差，但它能从三个方向送料，操作方便，对导向要求不太严格且偏移力不大的情况下广泛采用	两导柱在中部两侧布置，导向中心连线通过压力中心，导向情况较 1 为好，但操作不及 1 方便	两导柱对角布置，特点同2	四角布置导柱，导向情况最好，但结构复杂，只有在导向要求精度高、偏移力大和大型冲模中才使用

1. 滑动导柱、导套

导柱、导套都是圆柱形，加工方便，容易装配，是模具行业应用最广泛的导向装置。可在上、下模座上分别设置两对或四对导柱、导套对凸、凹模进行导向。后置导柱的两导柱直径相同，中间配置和对角配置的导柱，两导柱的导向直径不相等，可避免合模时上模误装方向而损坏凸、凹模刃口。滑动式导柱结构如图 3-1-10 所示，导套结构如图 3-1-11 所示。

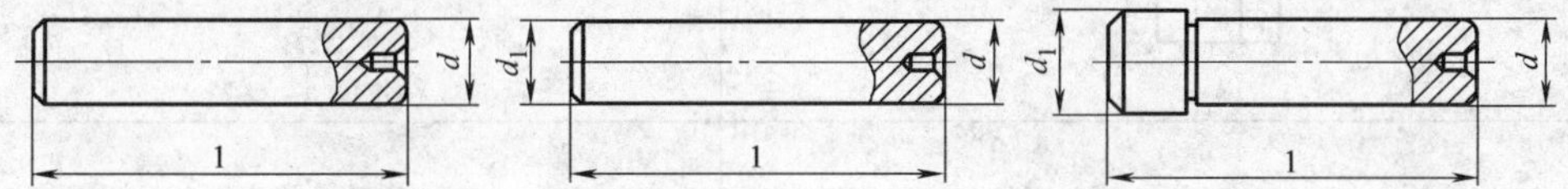

图 3-1-10　滑动导柱

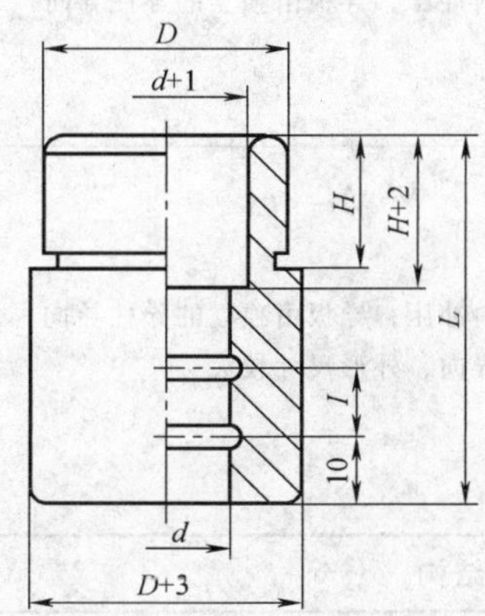

图 3-1-11　滑动导套

导柱与导套的结构与尺寸都可直接从国家标准中选用。

在选用时应注意在冲裁过程中导柱最好不要脱离导套的导向孔，导柱的长度应保证模具闭合后，导柱上端面与上模座顶面的距离不小于 10 ~ 15mm，而下模座底面与导柱底面的距离应为 0.5 ~ 1mm。

导柱与导套之间的配合根据冲裁模的间隙大小选用。当冲裁板厚在 0.8mm 以下的间隙模具时，选用 H6/h5 配合的 Ⅰ 级精度模架。当冲裁板厚为 0.8 ~ 4mm 时，选用 H7/h6 配合的Ⅱ级精度模架。

导套压入上模板中的长度 H 值要比上模板厚度 $H_{上模板}$ 小 2 ~ 5mm，以此保证润滑油注入导套之导向孔内。导套上端直径为 d + 1mm，长度为 H + 2mm，这样就可避免导套外径尺寸 D 压入上模板时引起内孔微缩而影响导柱在此部位自如地滑动。

2. 滚动导柱、导套

滚动导向装置的导向是由无间隙的纯滚动副来实现的（见图 3-1-12），一组滚珠装在保持架内，排列对称，分布均匀，与中心线成 α 角，使每个滚珠在上下运动时都有各自的滚道，以减少磨损。滚珠应选同一直径，公差不超过 0.003mm。滚珠与导柱、导套之间不但没有间隙，反而有 0.012 ~ 0.02mm 的过盈，从而提高了导向精度。与滑动式导向装置相比，其导

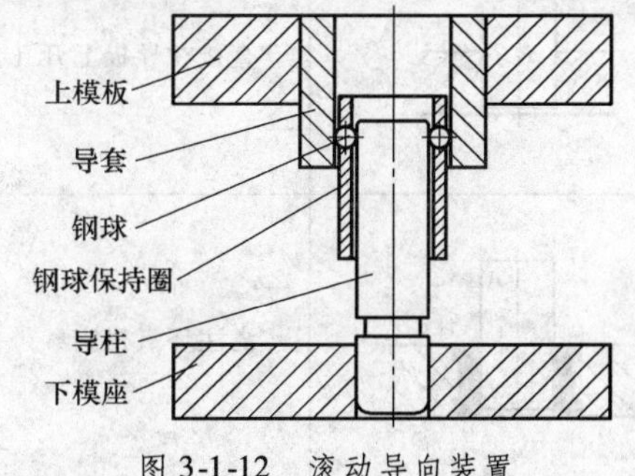

图 3-1-12　滚动导向装置

向精度高、摩擦力小、发热量小，但刚度差，因而使用范围受到一定限制。适用于高速冲裁模、精密冲裁模、硬质合金模以及其他精密模具的冲压工作。

导向零件还可用套筒和导向块等，套筒式导向十分精确，导柱和套筒有很大的接触面，磨损较慢，使用时间长，但结构复杂，且工作空间太小操作不便，只有在冲制钟表等精密小零件时才使用。而对于一些中型或大型冲模，尤其是弯曲、拉深、整形等有较大侧向力的模具往往采用导向块导向。

1.5.2　导板与侧导板

对于中、小型的冲裁模，以导板对凸模导向，导板既对凸模起导向作用又起卸料板作用，导板与凸模采用 H7/h6 配合，导板厚度可取凹模厚度的 0.8 ~ 1 倍，在冲裁过程中使凸模与导板始终保持配合，导板结构形式见表 3-1-34 。这对特别细长的凸模能够起到很好的保护作用，导板与凸模采用 H7/h6 配合，导板开孔结构见表 3-1-35。

表 3-1-34　导板（卸料板）结构形式

形式	示　图	特点及应用
固定式	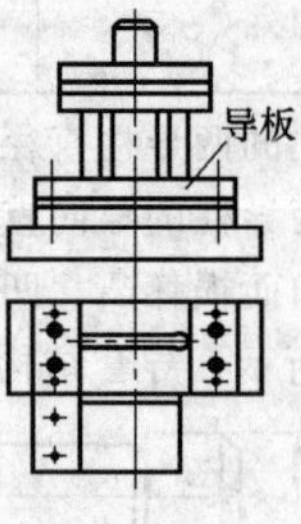 导板	用于板厚超过 0.5mm 的材料，导板与凹模的相对位置由圆销固定
弹压式（一）	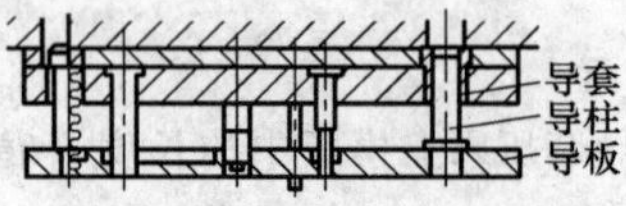 导套 导柱 导板	用于薄料冲压，导板由独立的导柱导向
弹压式（二）	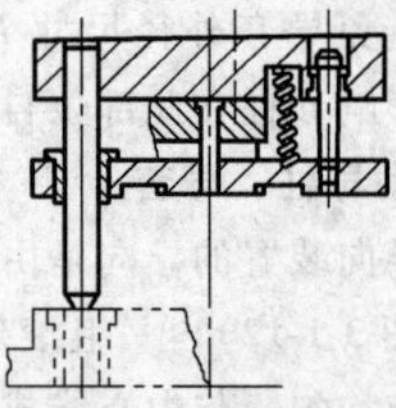	用于薄料冲压，导板由独立的导柱导向，但导板由模架的导柱导向，外形尺寸较大

表 3-1-35　导板（卸料板）开孔结构

示　图	应用说明	示　图	应用说明
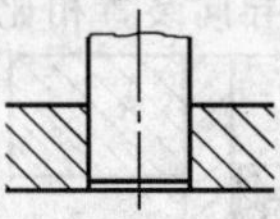	直接在导板上开孔	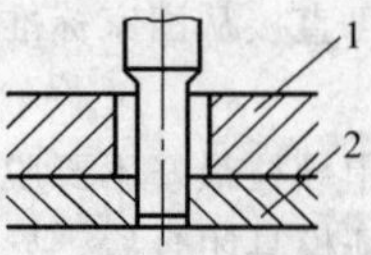 1 2	在导板本体 1 上另加淬硬拼块 2 与凸模精密配合
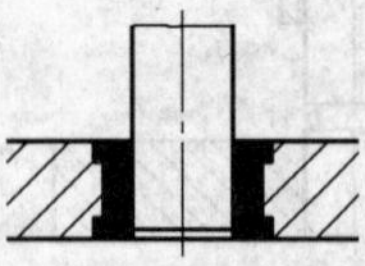	浇注环氧树脂	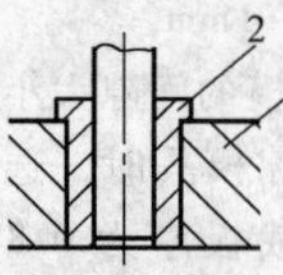 2　1	以淬硬镶套 2 嵌入导板本体 1 与圆凸模精密配合

图 3-1-13 所示为冲压过程中，凸模工作端面与导板下平面平齐时，有关零件的相互位置。可得如下计算式：

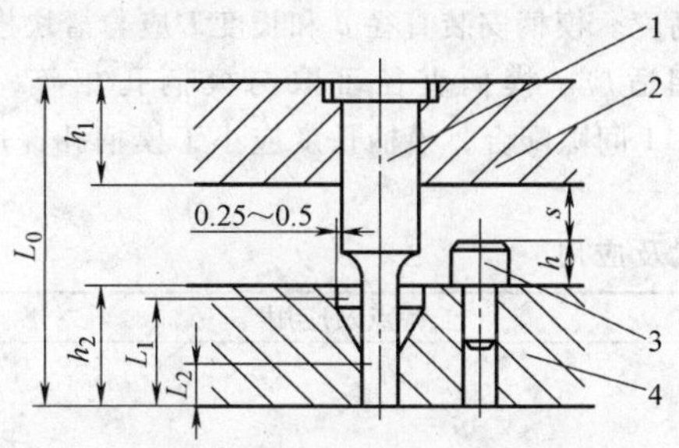

图 3-1-13　导板模尺寸计算

1—凸模　2—固定板　3—限止柱　4—导板

$$s = H + m + 1.5\text{mm}$$

$$h = L_0 - h_1 - h_2 - s$$

$$L_2 = L_1 - s - 1\text{mm}$$

式中　s——限止柱与固定板的距离（mm）；

H——导料板厚度（mm），参见表 3-1-24；

m——凸模总刃磨留量（mm）；

h——限止柱大端高度（mm）；

h_1——固定板厚度（mm）；

h_2——导板厚度（mm）；

L_0——新凸模长度（mm）；

L_1——模小直径部分长度（mm）；

L_2——导板小孔部分高度（mm）。

侧导板主要用于大中型拉深模、成形模、弯曲模、翻边模和整形模等的上、下模导向，其结构形式如图 3-1-14 所示，侧导板宽度 a 一般为 70～250mm，厚度 $h = 0.03～0.05$mm。

1.5.3　导块

导块的使用方式与侧导板相同，设置于模具中心线上时为三面导向（图 3-1-15a），设置于模具四角时为两面导向（图 3-1-15b）。导块（图 3-1-15c）的长宽比 $a:b = 1:(0.2～0.3)$

背靠块导向主要用于大型模具，合模时其滑动啮合面应在 50mm 以上。图 3-1-16 为背靠块导向实例图。

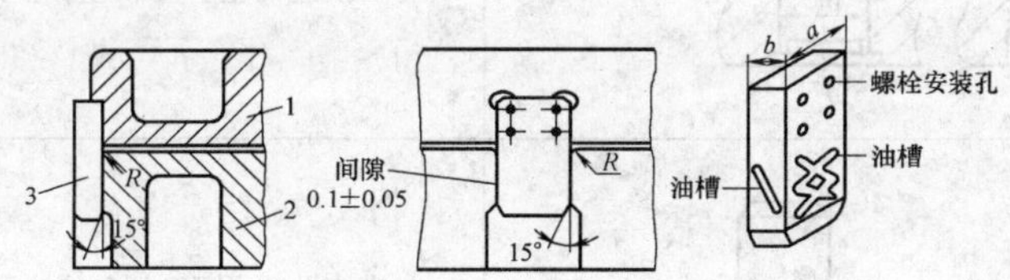

图 3-1-14　侧导板导向

1—凹模　2—压料圈　3—导板

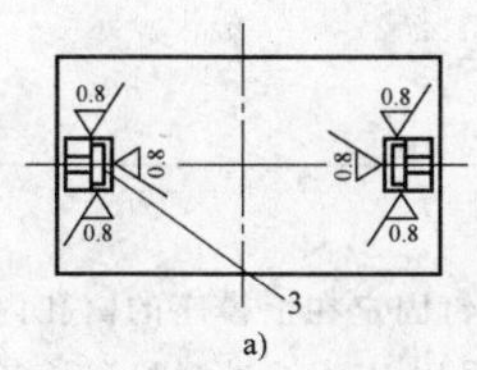

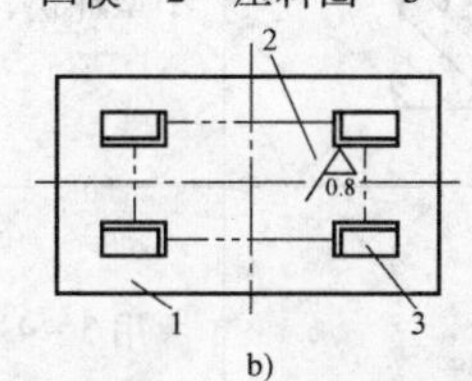

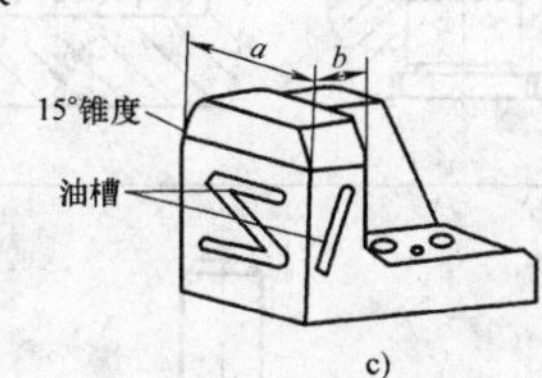

图 3-1-15　导块及其设置

a）两处设三面导向　b）四处设两面导向　c）三面导向用导块

1—下模座　2—压料圈　3—导块

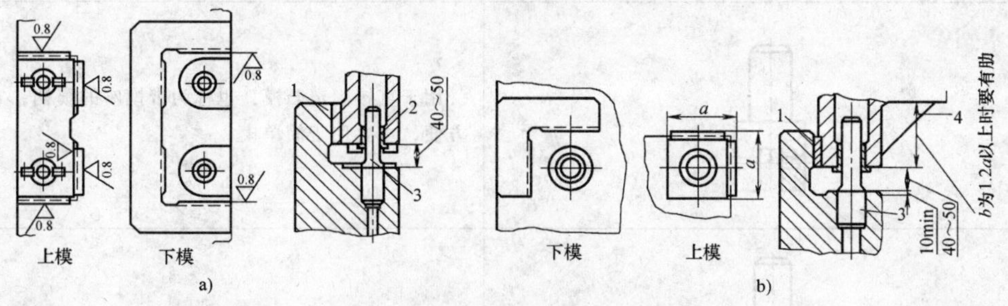

图 3-1-16　背靠块

a）箱式背靠块　b）角式背靠块

1—背靠块防磨板　2—导套　3—导柱　4—肋

1.6 连接与固定零件

1.6.1 模柄

中小型模具一般均通过模柄将模具固定在压力机滑块上。对于大型模具则可用螺钉、压板直接将上模座固定在滑块上。

常用的国家标准模柄结构形式及应用见表3-1-36。

在设计冲模时，除按模具结构特点选用不同模柄种类外，必须要根据选定的压力机确定模柄的安装直径和高度。模柄安装直径 d 和长度 L 应与滑块模柄孔尺寸相适应。模柄直径可取与模柄孔相等，采用H11/d11间隙配合，模柄长度应小于模柄孔深度5~10mm。

表3-1-36 模柄结构形式及应用

类型	简图	特点及应用
整体式模柄	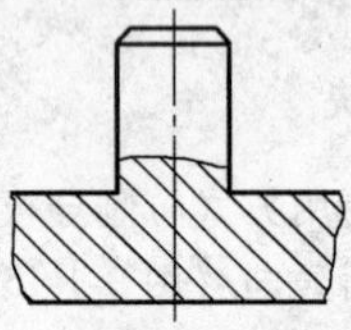	模柄与上模座做成整体，适用于小型模具
旋入式模柄	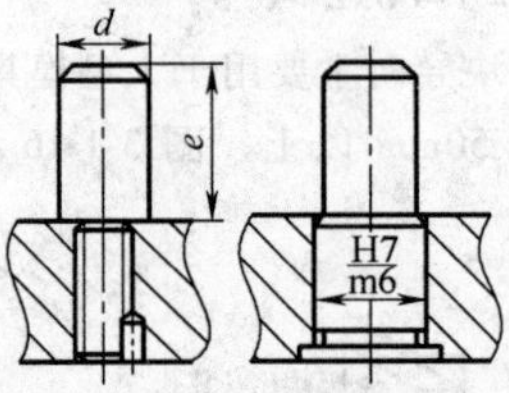 d e H7/m6	通过螺纹与上模座连接，模柄制造及安装方便。为防止松动，常用防转螺钉紧固。这种模柄装拆方便，但模柄轴线与上模座的垂直度较差，多用于有导柱的小型冲模
压入式模柄	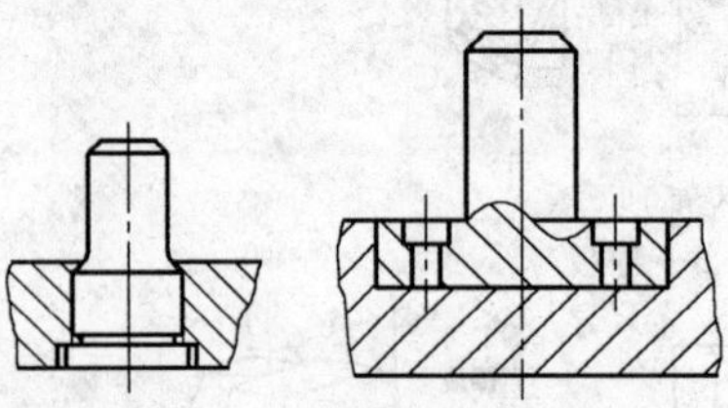	与模座孔采用H7/m6过渡配合，可加销钉防转。这种模柄可较好地保证轴线与上模座的垂直度。适用于各种中小型冲模，生产中最常用
凸缘模柄	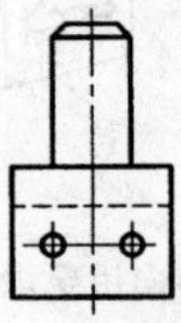	用3~4个螺钉固定在上模座的窝孔内，模柄的凸缘与上模座的窝孔采用H7/js6过渡配合。多用于较大型的模具
槽型模柄	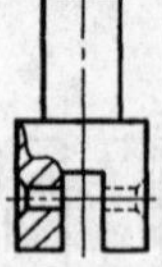	用于直接固定凸模，也称为带模座的模柄，它更换凸模方便，主要用于简单模
通用模柄	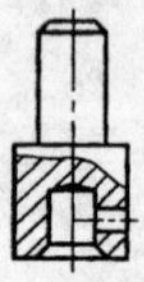	同上

（续）

类型	简　　图	特点及应用
浮动模柄	凹球面模柄 球面垫块	模柄有一凹球面与凸球面的垫块连接，模柄带动的上模可有少许浮动，可减少滑块误差对冲模导向精度的影响。压力机滑块的运动误差不会影响上、下模的导向，但导柱与导套不能脱离。缺点是上模在滑块上安装时，模柄的轴线很难与滑块轴心线对正，故不能纠正滑块孔径与模柄轴线不重合的误差。这种模柄多用于具有高精度导向装置的模具上
推入式活动模柄	模柄接头 凹球面垫块 活动模柄	压力机的压力通过模柄接头、凹球面垫块和活动模柄传递到上模，它也是一种浮动模柄。因模柄的槽孔单面开通（呈 U 形），所以使用时导柱、导套不宜脱离。主要用于精密模具

模柄支撑面应垂直于模柄的轴线（垂直度不应超过 0.02∶100）。压入式模柄配合面的表面粗糙度 Ra 应达到 1.6～0.8μm，模柄压入上模座后，应将底面磨平。

1.6.2　上、下模座

模座分上模座和下模座，它们是冲模全部零件安装的基体，又承受和传递冲裁力，因此要具有足够的强度、刚度和足够大的外形尺寸。上模座通过模柄安装在压力机滑块上，下模座用压板和螺栓固定在工作台上，分为带导柱和不带导柱两种。带导柱的模板已经标准化，上、下模座通过导柱、导套的连接而形成模架，模架已经标准化，可由专业模具厂提供。模座要有足够的厚度，一般取凹模厚度的 1～1.5 倍。矩形模板的长度比矩形凹模长度大 40～70mm，其宽度应稍大于凹模宽度。模座的外形尺寸必须大于压力机工作台（或垫板）落料孔尺寸，通常每边大 40mm。

模座的前侧面须进行机械加工，以便在此面打上模具的标记。上模板导套孔的外侧面要加工一条浅窄槽，便于冲模工作时对导套润滑。

模板常用灰铸铁制造，该材料有较好的吸振性，常用的牌号有 HT400，冲裁力大时可选用铸钢，常用的牌号有 ZG 310—570。

模座、导柱、导套及模柄等零件组成模架，模架已纳入冷冲模国家标准，常用标准模架的形式如图 3-1-17 所示。滑动导向模架的导柱、导套为间隙配合，其配合种类有 H7/h6、H6/h5 两种。

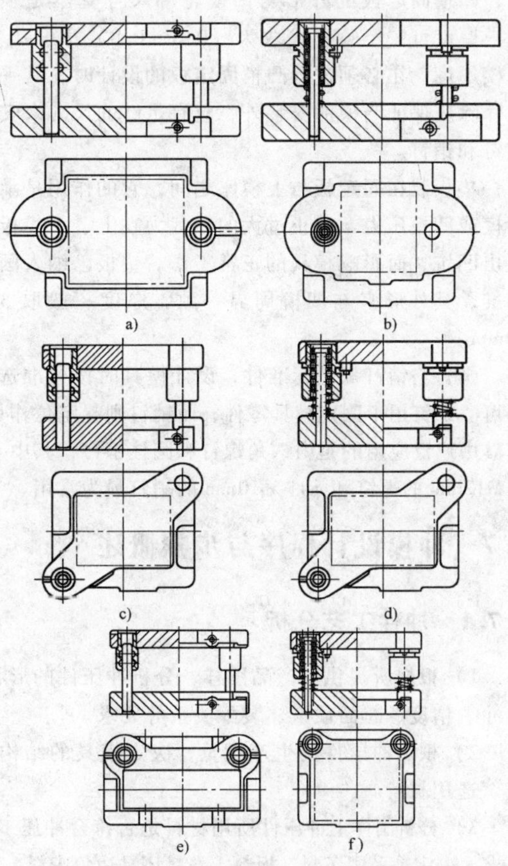

图 3-1-17　常用标准模架

a）、b）中间导柱模架　c）、d）对角导柱模架　e）、f）后侧导柱模架

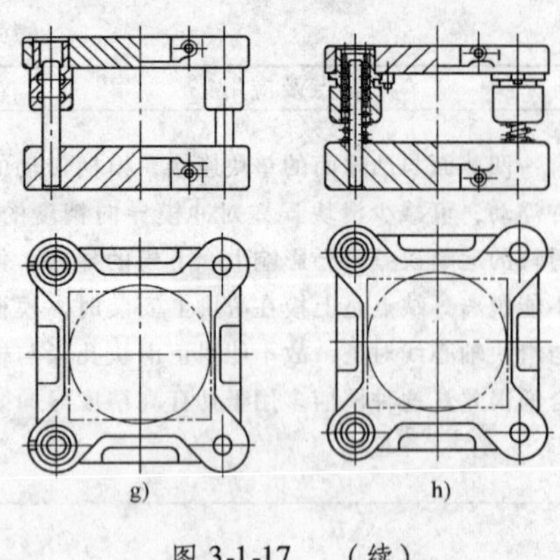

图 3-1-17 （续）
g)、h) 四导柱导套模架

1.6.3 其他固定零件

其他固定零件主要指凸（凹）模固定板、垫板、螺钉和销钉等。

固定板主要用于小型凸、凹模等工作零件的固定，凹模固定板的外形与凹模轮廓尺寸基本是一致的，厚度可按经验公式取为（0.6～0.8）H_d，H_d 为凹模厚度。在必须进行凸模固定板的设计时，其平面尺寸除应保证凸模的安装外，应有足够的尺寸来安放螺钉和销钉。

垫板装在固定板与上模座之间，它的作用是承受凸模或凹模压力，防止过大的冲裁力在上、下模板上压出凹坑，而影响模具的正常工作。垫板已纳入国家标准，其外形多与凹模周界一致，厚度一般取3～10mm。

螺钉与销钉都是标准件，设计模具时按标准选用即可。螺钉用于固定模具零件，而销钉则起定位作用。模具中广泛应用的是内六角螺钉和圆柱销钉，其中M6～M12mm的螺钉和 $\phi4\sim\phi10$mm 的销钉最为常用。

1.7 冲模设计程序与步骤概述

1.7.1 冲件工艺分析

1）根据所提供的产品图样，分析冲压件的形状、尺寸、精度、断面质量、装配关系等要求。

2）根据冲压件的生产批量，决定模具的结构形式、选用材料。

3）分析图样上冲压件所用材料是否符合冲压工艺要求，决定是采用条料、板料、卷料还是边角废料。

4）根据现有设备情况及冲压件和冲压件批量对设备的要求选择合适的压力机。

5）根据现有的制造水平及装备情况，为模具结构设计提供依据。

6）了解模具标准零部件商品的供应状况。

1.7.2 确定合理的冲压工艺方案

1）根据对制件所作的工艺分析，确定基本的工序性质，如落料、冲孔、弯曲等。

2）进行工艺计算，确定工序数目，如拉深次数等。

3）根据冲件生产批量和条件（材料、设备冲件精度）确定工序组合，如是采用复合冲压工序还是连续冲压工序。

4）根据各工序的变形特点、尺寸要求等确定工序排列顺序，如采用先冲孔后弯曲，还是先弯曲后冲孔等。

1.7.3 进行工艺计算

1）计算毛坯尺寸，合理排样并绘制排样图，计算出材料利用率。

2）计算冲压力，其中包括冲裁力、弯曲力、拉深力、卸料力、推件力、压边力等，以便确定压力机。

3）选定压力机型号、规格。

4）计算压力中心，以免模具受偏心负荷而影响模具的使用寿命。

5）计算并确定模具主要零件（凸模、凹模、凸模固定板、垫板等）的外形尺寸以及弹性元件的自由高度。

6）确定凸、凹模间隙，计算凸、凹模工作部分尺寸。

7）确定拉深模压边圈、拉深次数、各中间工序模具的尺寸分配，以及半成品尺寸计算等。

1.7.4 模具总体设计

1）进行模具结构设计，确定结构件形式和标准。

① 成形工作零件与标准确定。如凸模、凹模及凸凹模的结构形式是整体、组合还是镶拼的，以及采用何种固定形式。

② 选定定位元件。如采用定位板或挡料销或导正销等，对于级进模还要考虑是否用始用挡料销、导正销和定距凸模（侧刃等）。

③ 卸料与推件机构及构件的确定。卸料有刚性卸料和弹性卸料两种形式。刚性卸料通常采用固定卸料板结构形式，弹性卸料常采用弹簧或橡胶作为弹性元件。

④ 导向零件的种类和标准的确定。包括是否采用导向零件，采用何种形式的导向零件，设计中最常

用的有滑动导柱导套导向和滚动导柱导套导向。

⑤ 模架种类及规格的确定。

2）绘制模具总体结构草图，初步计算并确定模具闭合高度，概算模具外形尺寸。

1.7.5 选择冲压设备

根据现有设备情况以及要完成的冲压工序性质，冲压加工所需的变形力、变形功及模具闭合高度和轮廓尺寸等主要因素，选用压力机的型号、规格。选用压力机时必须满足如下要求：

1）压力机公称压力必须大于冲压力。

2）模具的闭合高度应在压力机的最大闭合高度和最小闭合高度之间。当多副模具安装在同一台压力机上时，多副模具应有同一个闭合高度。

3）压力机的滑块行程必须满足制件的成形要求。拉深时为了便于放料和取料，其行程必须大于拉深高度的 2～2.5 倍。

4）为了便于安装模具，压力机工作台面尺寸应大于模具下模座尺寸，一般每边大 50～70mm，台面上的孔应能保证制件或废料漏卸。

1.7.6 模具图样设计

1. 绘制模具总图

（1）主视图　常取模具的工作位置，采用剖面画法。

（2）俯视图或仰视图　俯视图（或仰视图）一般是将模具的上模部分（或下模部分）拿掉，视图只反映模具的下模俯视（或上模仰视）可见部分，这是冲模的一种习惯画法。

（3）侧视图和局部视图等视图　必要时画出。

（4）制件图　常画在图样的右上角，要注明制件的材料、规格，以及制件本身的尺寸、公差及有关技术要求。对于由数副模具冲压成的制件，除绘出本工序的成品制件图外，还要绘出上工序的半成品图（毛坯图一般放在图样的左上角）。

（5）排样图　对落料模、复合模和级进模，必须在制件图的下面绘出排样图。排样图上应标明料宽、步距和搭边值。复杂和多工位级进模的排样图，一般单独绘制在一张图样上。

（6）技术要求及说明　一般在标题栏的上方写出该模具的冲压力、模具闭合高度、模具标记、所选设备型号等其他要求。

（7）列出零件明细表。

2. 绘制非标零件图

3. 编制相应技术文件

4. 审核

第2章　冲裁模具设计

2.1　冲裁模具设计的基本原则

冲裁是冲压工艺中最基本的工序。在设计冲裁模具时，必须考虑以下因素：

（1）凸、凹模结构设计　凸、凹模是模具的重要构件，应避免出现薄弱环节，确保其有足够的强度。应注意便于刃磨与维修，细小凸模应注意辅助导向，加以保护。

（2）冲件出模形式　一般冲件有上出件和下出件两种，下出件工件不够平整且由于弹性变形程度大而使工件精度受影响。上出件工件较为平整，精度较高。

（3）废料排除　在冲裁过程中，应注意及时排除废料（制件），否则若出现废料（制件）回升或废料（制件）堵塞的现象，轻者会使凹模被挤裂，重者会造成事故。生产中可考虑从加大漏料孔的直径、加装顶料机构、避免工件与废料混合在一起等方面着手解决。

（4）定位　定位机构必须精确、有效，便于操作，以保证坯料在冲裁和成形前具有正确的位置，这是模具设计的重要内容之一。

（5）导向　模具导向应当合理，尤其是冲薄料的小间隙冲模、生产批量很大的冲裁模，其导向机构尤其重要，是提高模具寿命的关键。

（6）冲压材料的经济性　冲压件的材料占总成本的60%以上，尤其对于一些有色金属及贵重金属制件，更应考虑材料的经济性。可从供料形式、排样形式、送料方式等方面考虑如何减少工艺废料，提高材料的利用率。

（7）冲件精度保证　冲裁件的精度主要决定于模具的制造精度与装配精度。同时应注意当冲裁的精度要求过高，普通冲裁模保证不了精度要求时，可增加整修工序和光洁冲裁等。

（8）压力机的选用　压力机选用的根据，主要是冲压工艺的性质、生产批量的大小、模具的外形尺寸以及现有设备等情况。压力机的选用包括选择压力机类型和确定压力机规格两项内容。压力机的冲压力要留有充分的余地，模具的闭合高度和压力机的闭合高度要相适应，压力中心原则上应与压力机中心一致。

2.2　冲裁模具工作零件尺寸的确定

冲裁件的尺寸精度，决定于凸、凹模刃口部分尺寸。冲裁的合理间隙，也要靠凸、凹模刃口部分尺寸来实现和保证，正确地确定刃口部分尺寸是相当重要的。

2.2.1　计算原则

计算刃口尺寸时应按下述原则进行：

1）落料时，先确定凹模刃口尺寸。其基本尺寸取接近或等于制件的最小极限尺寸，以保证凹模磨损在一定范围内仍能冲出合格制件。凸模刃口的基本尺寸则按凹模刃口基本尺寸减去一个最小合理间隙值来确定。

2）冲孔时，先确定凸模刃口尺寸。其基本尺寸取接近或等于孔的最大极限尺寸，以保证凸模磨损在一定范围内仍可冲出合格的孔，而凹模刃口的基本尺寸按凸模刃口的基本尺寸加上一个最小合理间隙值来确定。

3）凸模和凹模刃口的制造公差，主要取决于冲裁件的精度和形状。一般模具的制造精度比冲裁件的精度至少高1～2级。若制件没有标注公差，则对于非圆形件按国家标准非配合尺寸的IT14级精度来处理，圆形件一般可按IT10级精度来处理。

2.2.2　尺寸计算

1. 凸模和凹模分开加工

冲裁模凸、凹模分开加工时，要分别标注凸模和凹模刃口尺寸与制造公差（凸模公差δ_p、凹模公差δ_d）。同时，为保证一定的间隙，模具的制造公差必须满足下列条件：

$$\delta_p+\delta_d\leqslant Z_{max}-Z_{min}$$

或

$$\delta_p=0.4\ (Z_{max}-Z_{min})$$

$$\delta_d=0.6\ (Z_{max}-Z_{min})$$

式中　δ_p——凸模制造公差；

δ_d——凹模制造公差。

凸、凹模尺寸计算公式见表3-2-1。

2. 凸模与凹模配作加工

凸、凹模配作加工的特点是模具的间隙由配作保证，工艺比较简单，不需用公式$\delta_{凸}+\delta_{凹}\leqslant Z_{max}-Z_{min}$来进行校核，并且还可以放大基准件的制造公差（一

表 3-2-1 凸模与凹模分开加工工作部分尺寸和公差计算公式

工序性质	制件尺寸	凸模尺寸	凹模尺寸
落料	$D_{-\Delta}^{\ 0}$	后求出 $D_p = (D - x\Delta - Z_{min})_{-\delta_p}^{\ 0}$	先求出 $D_d = (D - x\Delta)_{\ 0}^{+\delta_d}$
冲孔	$d_{\ 0}^{+\Delta}$	先求出 $d_p = (d + x\Delta)_{-\delta_p}^{\ 0}$	后求出 $d_p = (d + x\Delta + Z_{min})_{\ 0}^{+\delta_d}$

注：D_p、D_d——落料凸、凹模基本尺寸（mm）；d_p、d_d——冲孔凸、凹模基本尺寸（mm）；Δ——制件制造公差（mm）；Z_{min}——最小合理间隙；x——因数，其值见表 3-2-2；δ_p、δ_d——凸、凹模的制造公差，见表 3-2-3。

表 3-2-2 因数 x

材料厚度 t/mm	非圆形 x 值			圆形 x 值	
	1	0.75	0.5	0.75	0.5
	制件公差 Δ/mm				
<1	≤0.16	0.17~0.35	≥0.36	<0.16	≥0.16
1~2	≤0.20	0.21~0.41	≥0.42	<0.20	≥0.20
2~4	≤0.24	0.25~0.49	≥0.50	<0.24	≥0.24
>4	≤0.30	0.21~0.59	≥0.60	<0.30	≥0.30

表 3-2-3 凹、凸模的制造公差

基本尺寸	凸模公差 δ_p	凹模公差 δ_d	基本尺寸	凸模公差 δ_p	凹模公差 δ_d
≤18	0.020	0.020	>180~260	0.030	0.045
>18~30	0.020	0.025	>260~360	0.035	0.050
>30~80	0.020	0.030	>360~500	0.040	0.060
>80~120	0.025	0.035	>500	0.050	0.070
>120~180	0.030	0.040			

般可取冲裁件公差的 1/4），使制造容易，因此是目前一般工厂常采用的方法。用配合加工法制造模具常用于复杂形状及薄料的冲裁件，图样上只需标注基准件的尺寸及其公差，配作件仅注基本尺寸，并注明与基准件配作及应保证的间隙值。

配作加工凸模和凹模的尺寸计算，落料件按凹模磨损后尺寸变大、变小、不变的规律分为三种，如图 3-2-1 所示；冲孔件按凸模磨损后尺寸变大、变小、不变的规律也分为三种，如图 3-2-2 所示。具体计算公式见表 3-2-4。

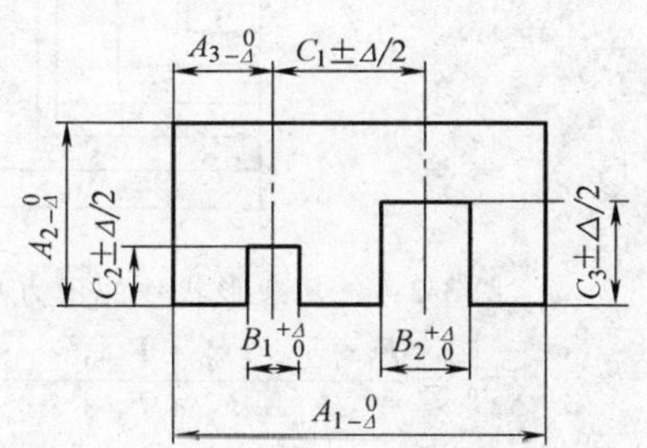

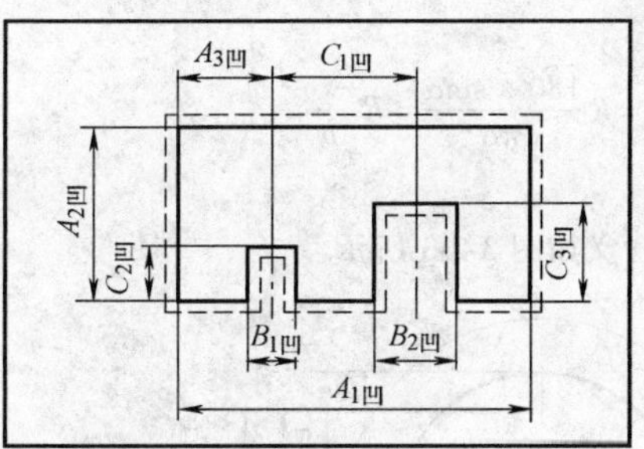

图 3-2-1 落料件和凹模尺寸

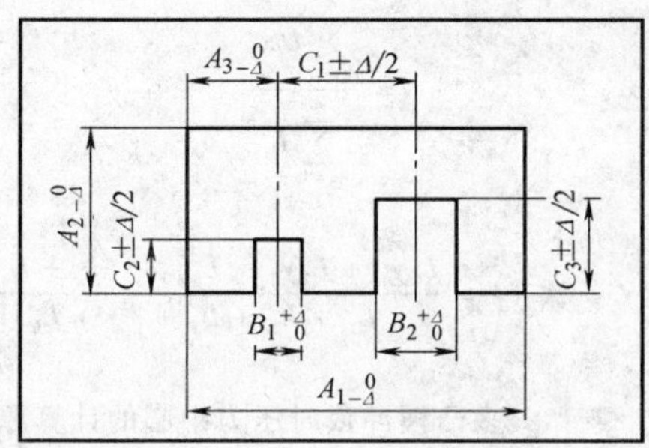

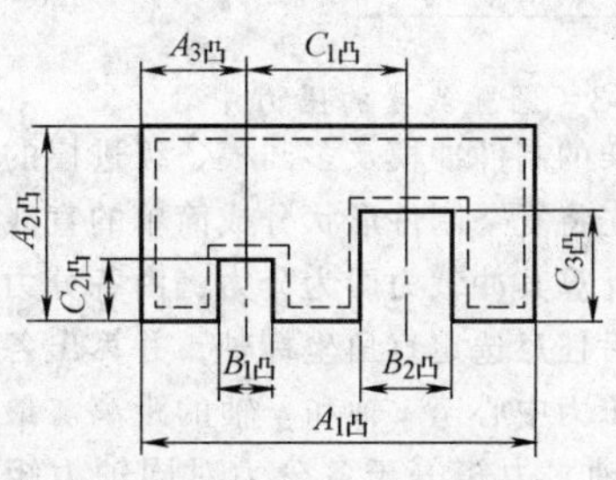

图 3-2-2 冲孔件和凸模尺寸

表 3-2-4 凸模与凹模配作加工工作部分尺寸和公差计算公式

工序性质	制件尺寸		凸模尺寸	凹模尺寸
落料	$A_{-\Delta}^{\ 0}$		按凹模尺寸配制，其双面间隙为 $Z_{\min}\sim Z_{\max}$	$A_d=(A-x\Delta)_{\ 0}^{+\delta_d}$
	$B_{\ 0}^{+\Delta}$			$B_d=(B+x\Delta)_{-\delta_d}^{\ 0}$
	C	$C_{\ 0}^{+\Delta}$		$C_d=(C+0.5\Delta)\ \pm\delta_d/2$
		$C_{-\Delta}^{\ 0}$		$C_d=(C-0.5\Delta)\ \pm\delta_d/2$
		$C\pm\Delta'$		$C_d=C\pm\delta_d/2$
冲孔	$A_{\ 0}^{+\Delta}$		$A_p=(A+x\Delta)_{-\delta_p}^{\ 0}$	按凸模尺寸配制，其双面间隙为 $Z_{\min}\sim Z_{\max}$
	$B_{-\Delta}^{\ 0}$		$B_p=(B-x\Delta)_{\ 0}^{+\delta_p}$	
	C	$C_{\ 0}^{+\Delta}$	$C_p=(C+0.5\Delta)\ \pm\delta_p/2$	
		$C_{-\Delta}^{\ 0}$	$C_p=(C-0.5\Delta)\ \pm\delta_p/2$	
		$C\pm\Delta'$	$C_p=C\pm\delta_p/2$	

注：A_d、B_d、C_d——凹模刃口尺寸（mm）；A_p、B_p、C_p——凸模刃口尺寸（mm）；A、B、C——制件基本尺寸（mm）；δ_d、δ_p——凹模、凸模制造公差，取值为 $\Delta/4$；Δ——制件公差（mm）；Δ'——制件偏差（mm），对称偏差时 $\Delta'=\frac{1}{2}\Delta$；$x$——因数，其值见表 3-2-3；$Z_{\min}$、$Z_{\max}$——落料、冲孔模刃口最小、最大合理间隙。

2.3 冲模的压力中心

为了保证压力机和模具正常地工作，必须使冲模的压力中心与压力机滑块中心线相重合。否则在冲压时会使冲模与压力机滑块歪斜，引起凸、凹模间隙不均和导向零件加速磨损，造成刃口和其他零件的损坏，甚至还会引起压力机导轨磨损，影响压力机精度。

形状简单而对称的工件，如圆形、正多边形、矩形，其冲裁时的压力中心与工件的几何中心重合。冲裁圆弧段时，其压力中心的位置按下式计算（图 3-2-3）。

$$y = R\frac{180\times\sin\alpha}{\pi\alpha} = R\frac{s}{b}$$

式中 b——弧长；

其余符号含义如图 3-2-3 所示。

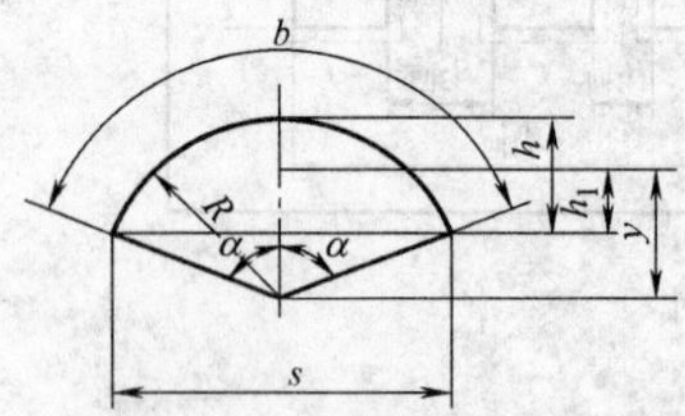

图 3-2-3 圆弧线段的压力中心

对于形状复杂的制件冲模及多凸模、级进模的压力中心计算，可先将复杂制件形状分成简单的直线段及圆弧段，分别计算其冲裁力即为分力，由各分力之和算出合力。然后任意选定直角坐标轴，并算出各简单图形、线段的压力中心至 x 轴和 y 轴的距离。最后根据“合力对某轴之力矩等于各分力对同轴力矩之和”的力学原理，即可求出压力中心坐标。

如图 3-2-4 所示制件的压力中心，可先求出各线段的冲裁力为 F_1、F_2、F_3、…、F_n，各线段压力中心至坐标轴的距离分别为 x_1、x_2、x_3、…、x_n 和 y_1、y_2、y_3、…、y_n，则可得形状复杂制件压力中心坐标计算公式为

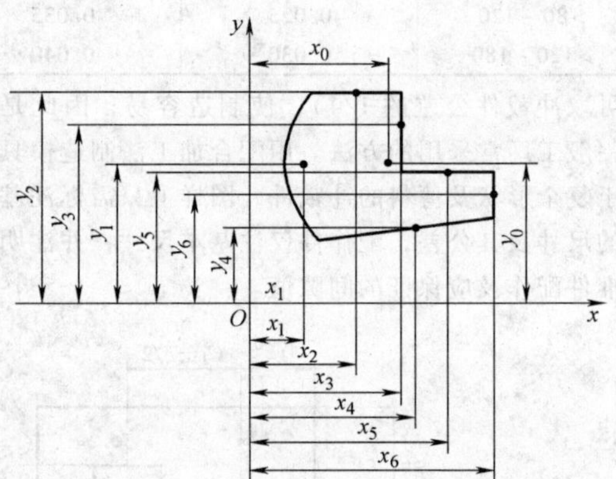

图 3-2-4 复杂形状件的压力中心计算

$$x_0 = \frac{F_1x_1+F_2x_2+F_3x_3+\cdots+F_nx_n}{F_1+F_2+F_3+\cdots+F_n} = \frac{L_1x_1+L_2x_2+L_3x_3+\cdots+L_nx_n}{L_1+L_2+L_3+\cdots+L_n} = \frac{\sum_{i=1}^{n}L_ix_i}{\sum_{i=1}^{n}L_i}$$

$$y_0 = \frac{L_1y_1+L_2y_2+L_3y_3+\cdots+L_ny_n}{L_1+L_2+L_3+\cdots+L_n} = \frac{\sum_{i=1}^{n}L_iy_i}{\sum_{i=1}^{n}L_i}$$

多凸模冲裁时压力中心的计算原理与复杂形状件冲裁时的计算原理基本相同（见图 3-2-4），如图 3-2-5 所示。选定坐标轴后，按前述单凸模冲裁时压力中

心计算方法计算出各单一图形的压力中心到坐标轴的距离，并计算各单一图形轮廓的周长，将计算数据分别代入上两式，即可求得压力中心坐标（x_0，y_0）。

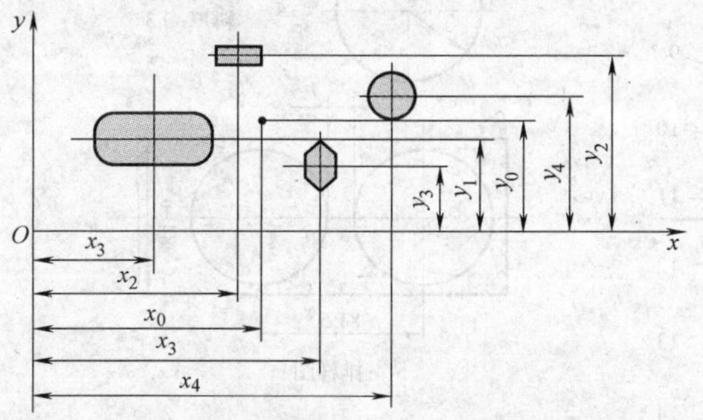

图 3-2-5　多凸模冲裁时压力中心计算

2.4　冲裁模的结构设计

2.4.1　单工序冲裁模

单工序冲裁模指在压力机一次行程内只完成一个冲压工序的冲裁模，如落料模、冲孔模、切断模、切口模、切边模等。

1. 落料模

落料模一般有三种形式：

（1）无导向的敞开式落料模　其特点是上、下模无导向，结构简单，制造容易，冲裁间隙由压力机滑块的导向精度决定，且可用边角余料冲裁。常用于料厚而精度要求低的小批量冲压件的生产。

（2）导板式落料模　将凸模与导板（又是固定卸料板）间选用 H7/h6 的间隙配合，且该间隙小于冲裁间隙。回程时不允许凸模离开导板，以保证对凸模的导向作用。它与敞开式模相比，精度较高，模具寿命长，但制造要复杂一些，常用于料厚大于 0.3mm 的简单冲压件，如图 3-2-6 所示。

（3）带导柱的弹顶落料模（图 3-2-7）　上、下模依靠导柱、导套导向，间隙容易保证，并且该模具采用弹压卸料和弹压顶出的结构，冲压时材料被上下压紧而完成分离。用这种模具生产零件的变形小，平整度高。该种结构广泛用于材料厚度较小，且有平面度要求的金属件和易于分层的非金属件。

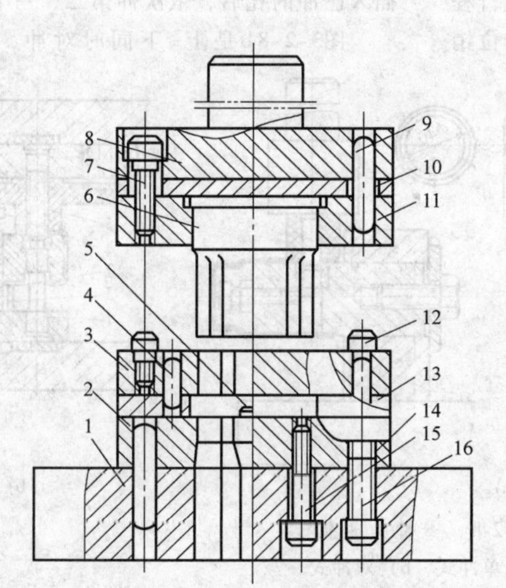

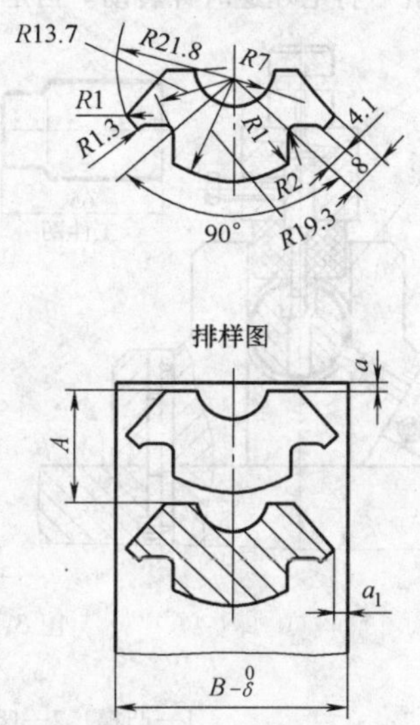

图 3-2-6　导板式落料模

1—下模座　2、4、9—销　3—导板　5—挡料钉　6—凸模　7、12、15、16—螺钉　8—上模座　10—垫板　11—凸模固定板　13—导料板　14—凹模

2. 冲孔模

冲孔模的结构与一般落料模相似。但冲孔模有其自己的特点，特别是冲小孔模具，必须考虑凸模的强度和刚度，以及快速更换凸模的结构。在已成形零件侧壁上冲孔时，要设置凸模水平运动方向的转换机构。

（1）冲侧孔模　该模具用做筒形件侧壁上冲孔，凹模装在悬臂的支架上。

图 3-2-8a 是单冲式，此种结构可在侧壁上完成多个孔的冲制。在冲压多个孔时，在结构上要考虑分度

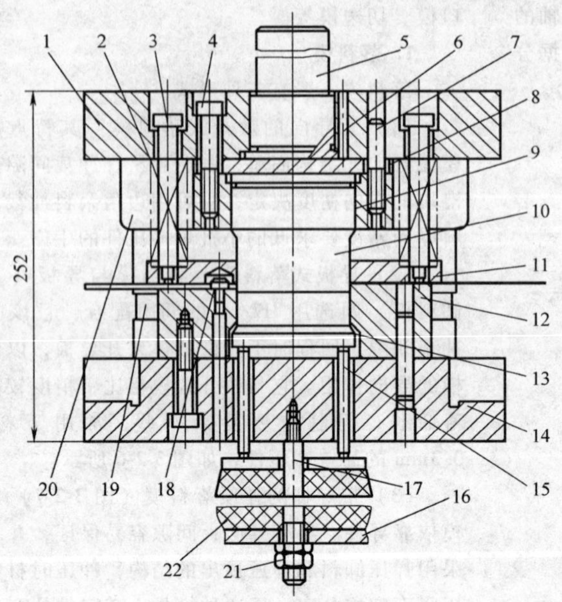

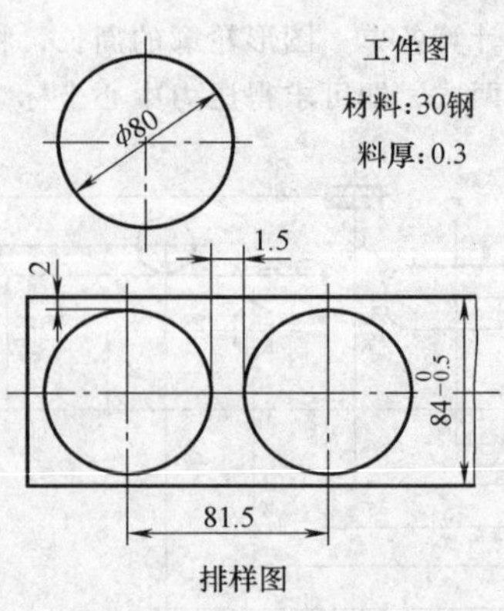

图 3-2-7 导柱式落料模

1—上模座 2—卸料弹簧 3—卸料螺钉 4—螺钉 5—模柄 6—防转销 7—销 8—垫板 9—凸模固定板 10—落料凸模 11—卸料板 12—落料凹模 13—顶件板 14—下模座 15—顶杆 16—板 17—螺栓 18—固定挡料销 19—导柱 20—导套 21—螺母 22—橡胶

定位机构。图示筒壁上的三个等分孔分别由三次行程冲出。冲完第一个孔后将毛坯逆时针转动。当定位销插入已冲的孔后，依次冲第二、三个孔。

图3-2-8b是上、下同时对冲，一次行程可同时

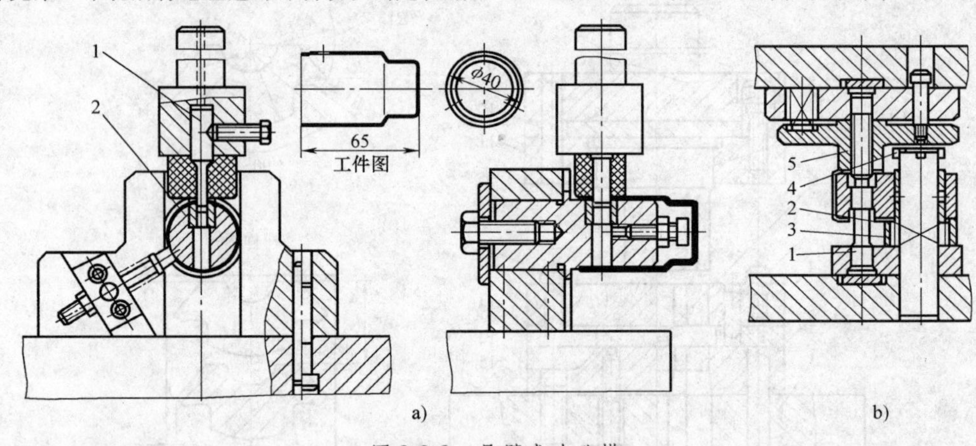

图 3-2-8 悬臂式冲孔模

a）单冲式 b）对冲式

1—凸模 2—凹模 3、4—限位器 5—卸料板

在筒壁上冲出两个相对的孔。

这种模具结构简单，一般在小批或成批生产时采用。

图3-2-9是斜楔式水平冲孔模。该模具的最大特征是依靠斜楔1把压力机滑块的垂直运动变为滑块4的水平运动，从而带动凸模5在水平方向上运动，完成筒形件或U形件的侧壁冲孔、冲槽、切口等工序。凸模与凹模6的对准依靠滑块在导滑槽内滑动来保证。斜楔的返回行程运动靠橡胶或弹簧完成。斜楔的工作角度 α 以40°~45°为宜。40°的斜楔滑块机构的机械效率最高，45°时滑块的移动距离与斜楔的行程相等。需较大冲裁力的冲孔件，α 可采用35°，以增大水平推力。此种结构凸模常对称布置，最适宜壁部有对称孔件的冲裁。

（2）小孔冲模 这种模具冲制的工件如图3-2-10右上角所示。工件板厚为4mm，最小孔径为0.5t。模

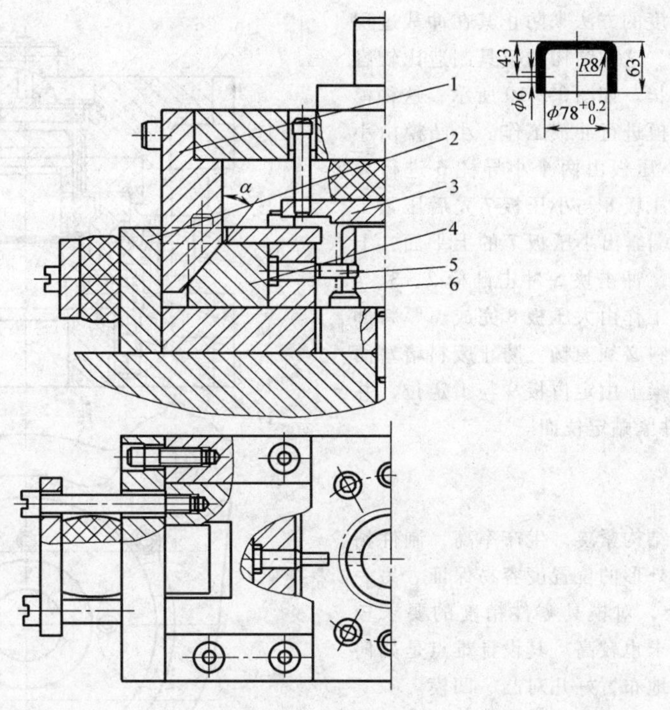

图 3-2-9　侧壁冲孔模

1—斜楔　2—座板　3—弹簧板　4—滑块　5—凸模　6—凹模

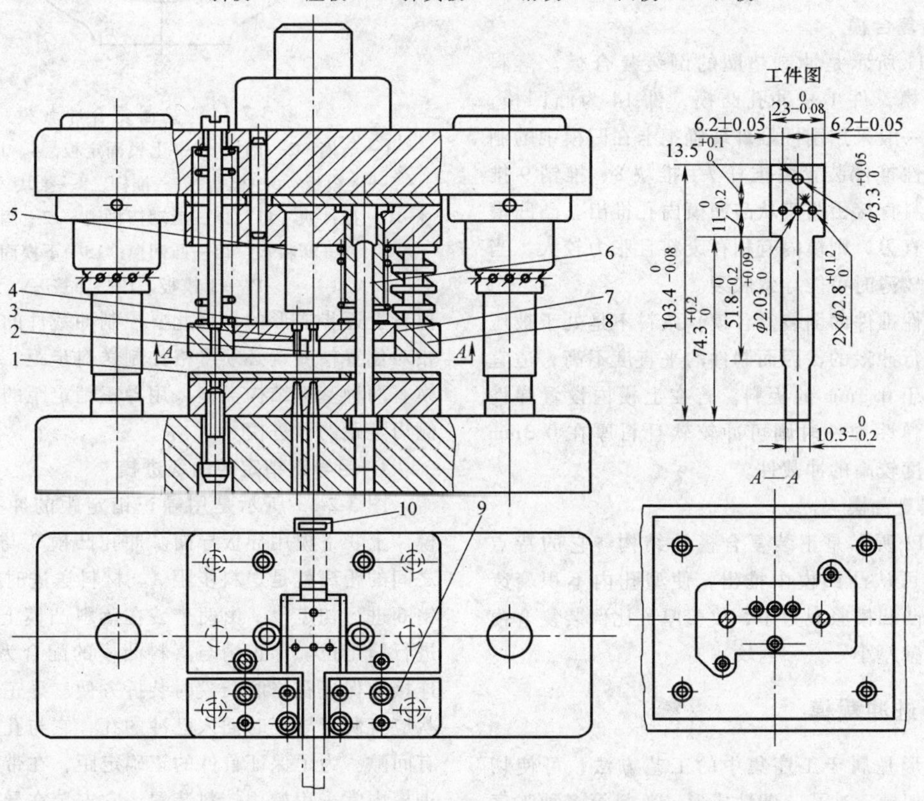

图 3-2-10　超短凸模的小孔冲模

1、9—定位板　2、3、4—小凸模　5—冲击块　6—小导柱　7—小压板　8—大压板　10—后侧压块

具结构采用缩短凸模长度的方法来防止其在冲裁过程中产生弯曲变形而折断。这种结构的模具制造比较容易，凸模使用寿命也较长。如图3-2-10所示，这种模具采用冲击块5冲击凸模进行冲裁工作。小凸模由小压板7进行导向，而小压板由两个小导柱6进行导向。当上模下行时，大压板8与小压板7先后压紧工件，小凸模2、3、4上端露出小压板7的上平面，上模压缩弹簧继续下行时，冲击块5冲击凸模2、3、4对工件进行冲孔。卸件工作由大压板8完成。厚料冲小孔模具的凹模洞口漏料必须通畅，防止废料堵塞而损坏凸模。冲裁件在凹模上由定位板9与1定位，并由后侧压块10使冲裁件紧贴定位面。

2.4.2　复合冲裁模

复合模的特点是：结构紧凑，生产率高，制件精度高，特别是制件孔对外形的位置度容易保证。另一方面，复合模结构复杂，对模具零件精度的要求较高，模具的装配精度要求也较高。其设计难点是如何在同一工作位置上合理地布置好几对凸、凹模。

落料凹模装在上模上，称为倒装复合模，反之称为正装复合模。

1. 倒装复合模

图3-2-11所示是冲制垫圈的倒装复合模。落料凹模2在上模，件1是冲孔凸模，件14为凸凹模。倒装复合模一般采用刚性推件装置把卡在凹模中的制件推出。刚性推件装置由推杆7、推块8、推销9推出制件。废料直接由凸模从凸凹模内孔推出。凸凹模洞口若采用直刃，则模内有积存废料且胀力较大，当凸凹模壁厚较薄时可能导致胀裂。

采用刚性推件的倒装复合模，条料不是处于被压紧状态下进行冲裁的，因而制件的平直度不高，适宜冲裁厚度大于0.3mm的板料。若在上模内设置弹性元件，采用弹性推件时则可冲较软且料厚在0.3mm以下、平直度较高的冲裁件。

2. 正装复合模

图3-2-12所示是正装复合模的结构。它的特点是冲孔废料可从凸凹模中推出，使型孔内不积聚废料，从而使凸凹模胀裂力小，故壁厚可比倒装复合模冲件的最小壁厚小。

2.4.3　级进冲裁模

连续成形是属于工序集中的工艺方法，可使切边、切口、切槽、冲孔、塑性成形、落料等多种工序在一副模具上完成。

由于用级进模冲压时，冲裁件是依次在几个不同位置上逐步成形的，因此要控制冲裁件的孔与外形的相对位置精度就必须严格控制送料步距。为此，级进模有两种基本结构类型：用导正销定距的级进模与用侧刃定距的级进模。

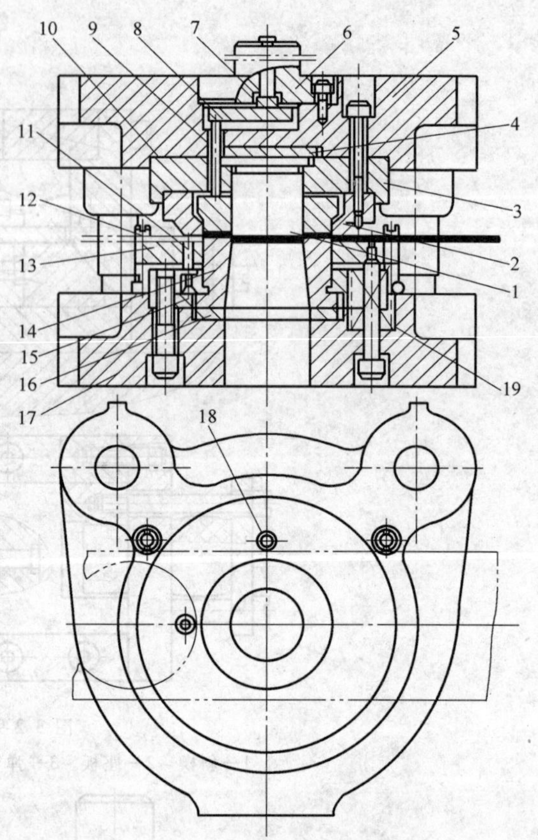

图3-2-11　垫圈复合冲裁模

1—凸模　2—凹模　3—上模固定板　4、16—垫板　5—上模板　6—模柄　7—推杆　8—推块　9—推销　10—推件块　11、18—活动挡料销　12—固定挡料销　13—卸料板　14—凸凹模　15—下模固定板　17—下模板　19—弹簧

1. 用导正销定距的级进模

图3-2-13所示是用导正销定距的冲孔落料级进模。上、下模用导板导向。冲孔凸模3与落料凸模4之间的距离就是送料步距A。材料送进时由固定挡料销6进行初定位，由两个装在落料凸模上的导正销5进行精定位。导正销与落料凸模的配合为H7/r6，其连接应保证在修磨凸模时装拆方便。导正销头部的形状应有利于导正时插入已冲的孔，它与孔的配合应略有间隙。为了保证首件的正确定距，在带导正销的级进模中常采用始用挡料装置。它安装在导板下的导料板中间。在条料冲制首件时，用手推始用挡料销7，使它从导料板中伸出来抵住条料的前端，即可冲第一

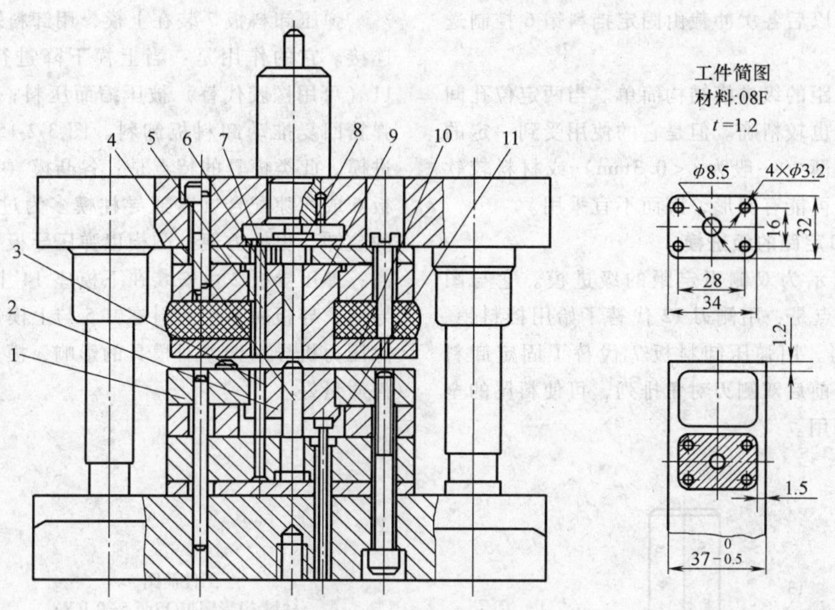

图 3-2-12　正装复合冲模

1—落料凹模　2—顶板　3、4—冲孔凸模　5、6—推杆　7—打板　8—打杆　9—凸凹模　10—弹性卸料板　11—顶杆

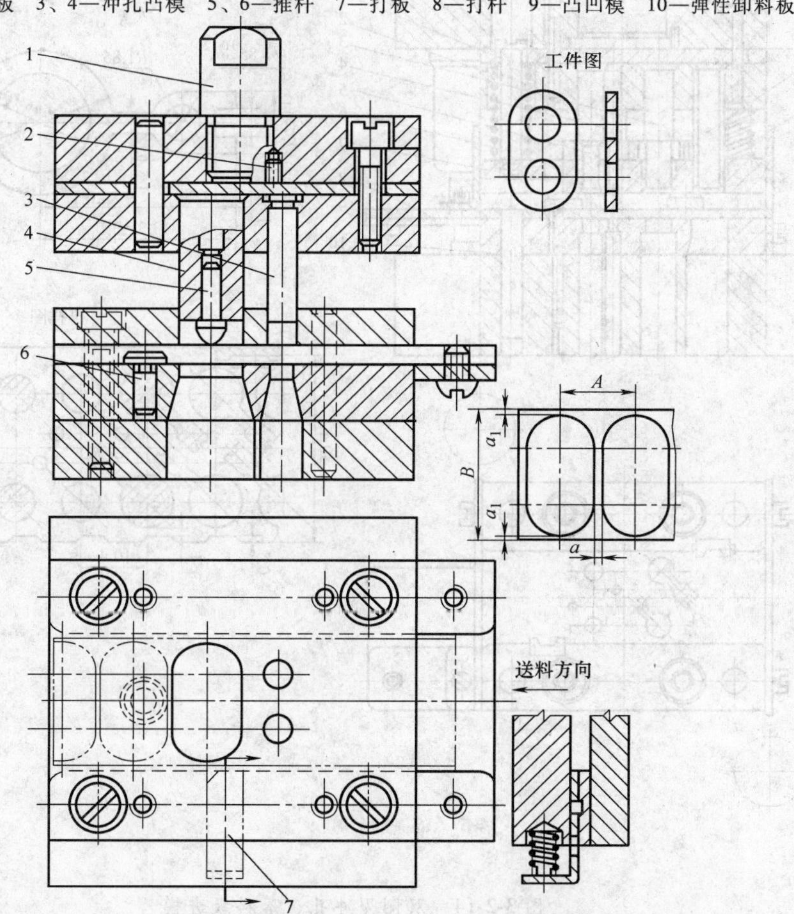

图 3-2-13　用导正销定距的冲孔落料级进模

1—模柄　2—螺钉　3—冲孔凸模　4—落料凸模　5—导正销　6—固定挡料销　7—始用挡料销

件上的两个孔。以后各次冲裁由固定挡料销6控制送料步距作初定位。

用导正销定距的级进模结构简单。当两定位孔间距较大时，定位也较精确。但是它的使用受到一定的限制。当板料太薄（一般为 $t<0.3$mm）或材料较软时，导正时孔边可能有变形，因而不宜采用。

2. 采用侧刃定距的级进模

图3-2-14所示为双侧刃定距的级进模。它与图3-2-14相比的特点是：用侧刃12代替了始用挡料销、挡料钉和导正销。用弹压卸料板7代替了固定卸料板。该模具采用前后双侧刃对角排列，可使料尾的全部材料都得到利用。

弹压卸料板7装在上模，用卸料螺钉6与上模座连接。它的作用是：当上模下降进行冲裁时，弹簧11（可用橡胶代替）被压缩而压料；当上模回程时，弹簧回复推动卸料板卸料。图3-2-15所示为弹压级进模。此类模具的特点是：各凸模（如件7）与固定板6成间隙配合（普通导柱模多为过渡配合），凸模的装卸、更换方便；凸模以弹压导板导向，导向精度高；弹压导板2由安装在下模座14上的导柱1和10导向，导板由6根卸料螺钉5与上模连接，因此能消除压力机导向误差对模具的影响，模具寿命长，冲压件质量好。

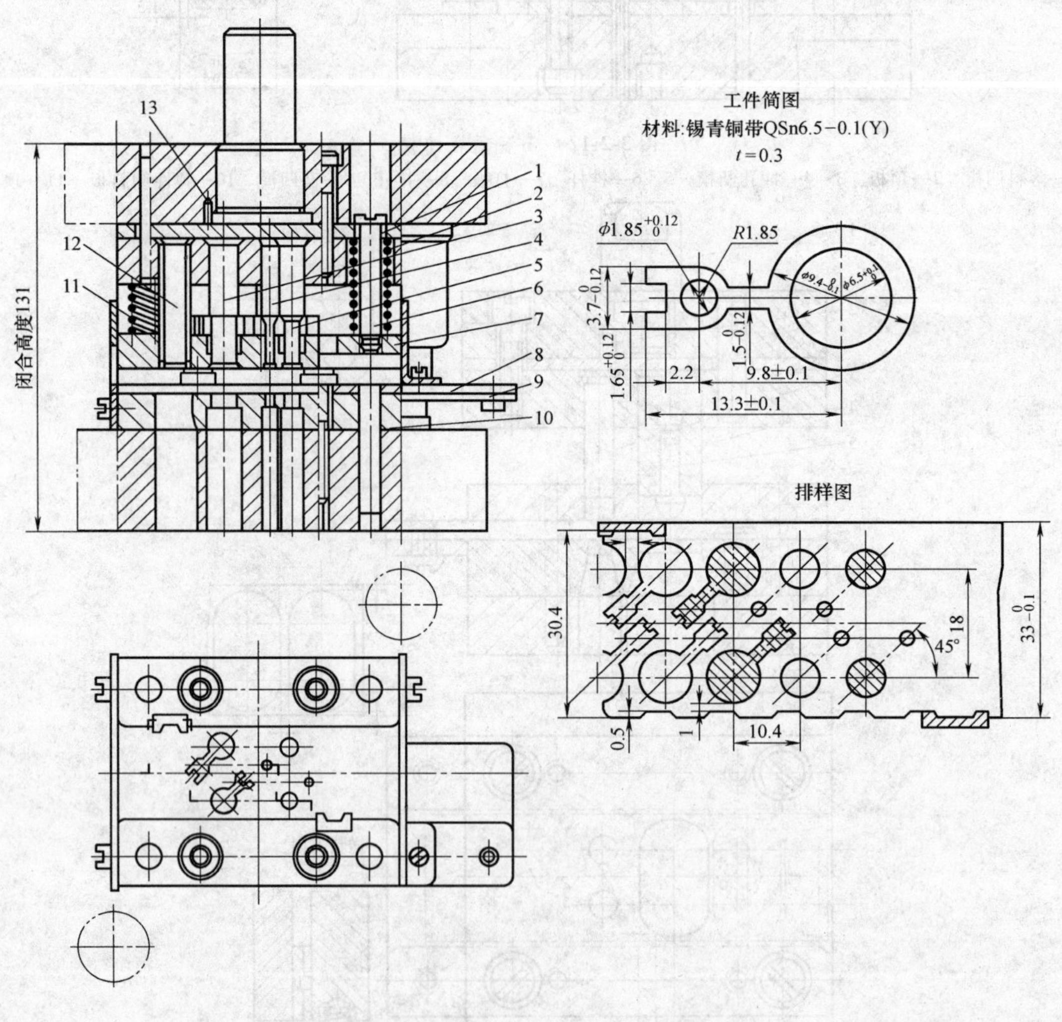

图3-2-14　双侧刃冲孔、落料级进模

1—垫板　2—固定板　3—落料凸模　4、5—冲孔凸模　6—卸料螺钉　7—卸料板　8—导料板　9—承料板　10—凹模　11—弹簧　12—侧刃　13—止转销

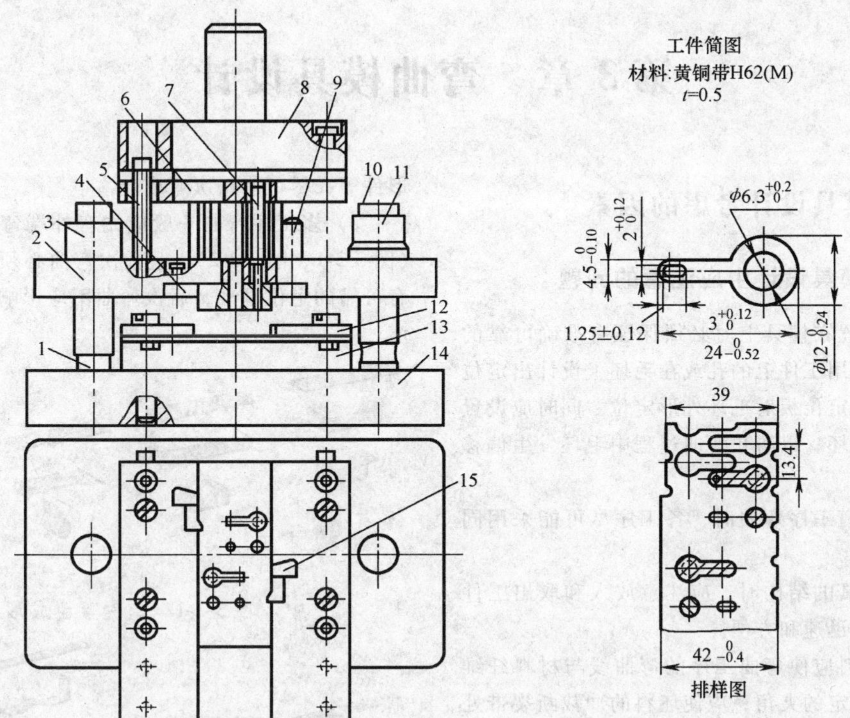

图 3-2-15　弹压导板级进模

1、10—导柱　2—弹压导板　3、11—导套　4—导板镶块　5—卸料螺钉　6—凸模固定板　7—凸模　8—上模座　9—限制柱　12—导料板　13—凹模　14—下模座　15—侧刃挡块

第3章 弯曲模具设计

3.1 弯曲模具设计考虑的因素

3.1.1 弯曲模具设计中应注意的问题

1）毛坯放置在模具上时必须保证有准确可靠的定位。可尽量利用工件上的孔或在毛坯上设计出定位工艺孔或考虑用定位板对毛坯外形定位。同时应设置压料装置压紧毛坯，以防止弯曲过程中毛坯发生偏移和窜动。

2）采用多道工序弯曲时，各工序尽可能采用同一定位基准。

3）设计模具的结构时，应注意放入和取出工件的操作要安全、迅速和方便。

4）弯曲坯料应使弯曲工序的弯曲线与材料纤维方向垂直或成一定的夹角，应使坯料的冲裁断裂带处于弯曲件的内侧。

5）弯曲凸、凹模的定位要准确，结构要牢靠，不允许有相对转动和位移。

6）弹性材料的准确回弹值需要通过试模，并对凸、凹模进行修正后确定，因此模具的结构要便于拆卸。

7）为了减小回弹，当模具弯曲到下死点时，应尽量使弯曲件在模具中得到校正。

8）弯曲模的凹模圆角应光滑，凸、凹模的间隙要适当，不宜过小，以尽量减少工件在弯曲过程中的拉长、变薄和划伤等现象。

9）弯曲模应充分考虑模具具有足够的自身刚性，增强模具有关零件的刚度，以合理的模具结构保证制件精度。当弯曲过程中有较大的水平侧向力作用于模具上时，应设计侧向力平衡挡块等结构予以均衡。当分体式凹模受到较大的侧向力作用时，不能采用定位销承受侧向力，要将凹模嵌入下模座内固定。

10）模具结构不应阻碍毛坯在弯曲过程所产生的转动和移动，以免影响零件的尺寸和形状。

3.1.2 工序顺序确定原则

除形状简单的弯曲件外，许多弯曲件都需要经过几次弯曲成形才能达到最后要求。为此，必须正确确定工序的先后顺序。工序顺序确定的一般原则如下：

1）对于形状简单的弯曲件，如V形、U形、Z形件等，尽可能一次弯成。

2）多工序弯曲一般应先弯外端弯角，后弯内角（图3-3-1、图3-3-2），且前次弯曲必须为后次弯曲留有可靠的定位基准，后次弯曲不应影响前次弯曲的精度。

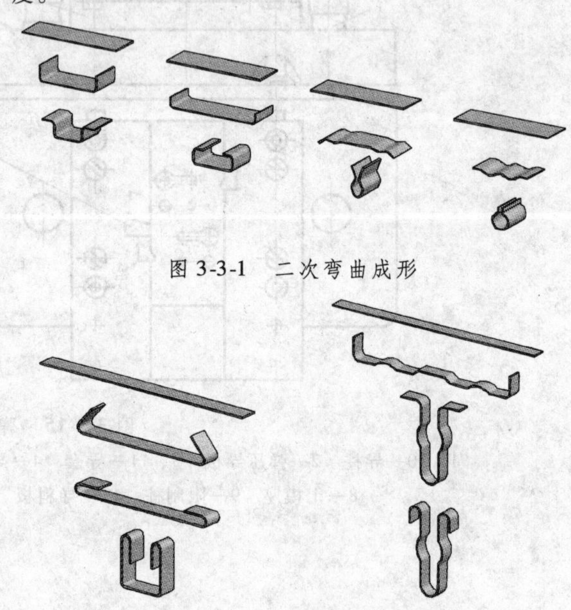

图3-3-1 二次弯曲成形

图3-3-2 三次弯曲成形

3）弯曲角和弯曲次数多的制件，以及非对称形状制件和有孔或有切口的制件等，由于弯曲很容易发生变形或出现尺寸误差，为此，最好在弯曲之后再切口或冲孔。

4）非对称弯曲件应尽可能采用成对弯曲（图3-3-3）。

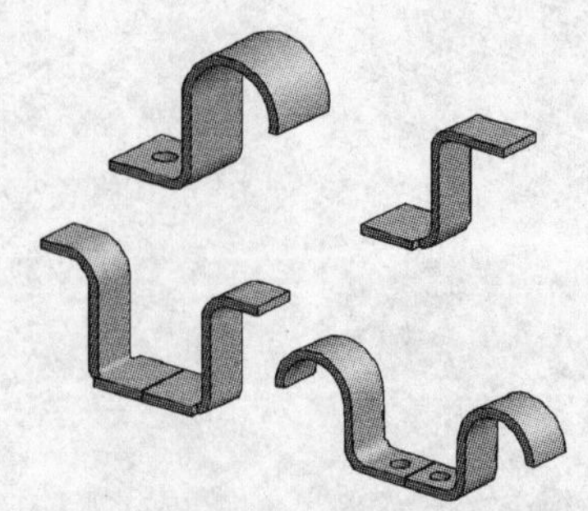

图3-3-3 成对弯曲成形

5）对于批量大、尺寸小的制件，如电子产品中的接插件，为了提高生产率，应采用有冲裁、压弯和切断等多工序的连续冲压工艺成形（图 3-3-4）。

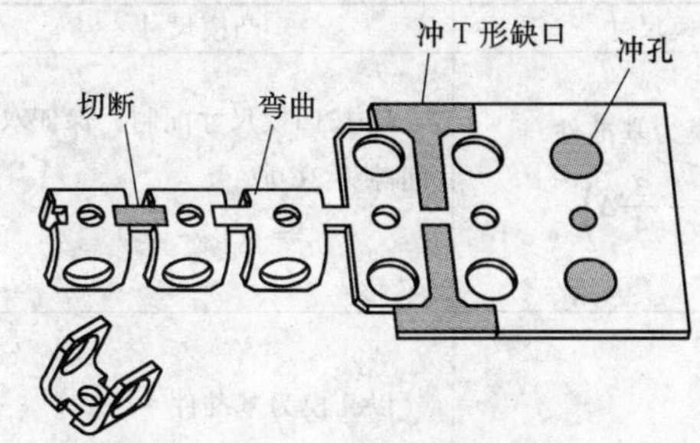

图 3-3-4　冲裁、压弯、切断连续工艺成形

3.2　弯曲模工作部分尺寸计算

弯曲模工作部分的尺寸主要指凸、凹模间隙，圆角半径，凹模工作深度及凸、凹模工作部分横向宽度尺寸等。

3.2.1　弯曲时凸模与凹模之间的间隙

弯曲 V 形工件时，凸、凹模间隙是靠调整压力机闭合高度来控制的，不需要在模具结构设计时确定间隙。U 形工件的弯曲，则必须选择适当的间隙。间隙越小，弯曲力越大。间隙过小，会使工件壁变薄，并降低凹模寿命。间隙过大，则回弹较大，还会降低工件精度。

U 形工件弯曲的凸、凹模间隙，生产中常依据材料的厚度、弯曲件的高度和宽度（即弯曲线的长度）而定。单边间隙值按下式确定：

$$C = t + \Delta + kt$$

式中　C——弯曲时凸模与凹模之间的单边间隙（mm）；

t——材料的公称厚度；

k——间隙系数，见表 3-3-1；

Δ——板料厚度的正偏差。

当工件精度要求较高时，凸、凹模间隙值应取小些，$C = t$。

3.2.2　弯曲时凸模与凹模的宽度尺寸

凸模与凹模的宽度尺寸（见图 3-3-5）与工件的尺寸相关，根据工件尺寸的标注方式不同，凸模与凹模的宽度尺寸可按表 3-3-2 所列公式进行计算。

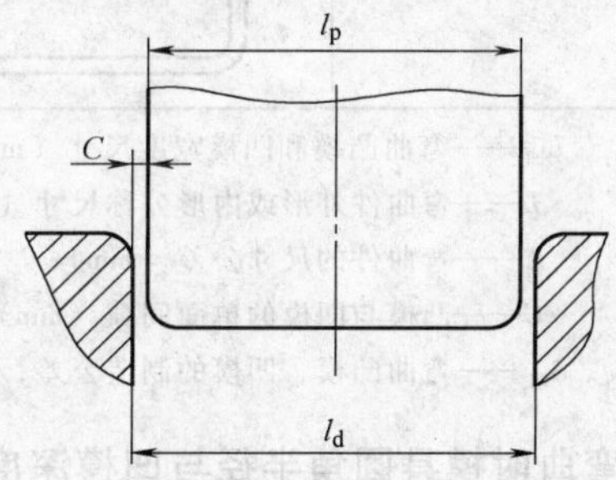

图 3-3-5　U 形弯曲模尺寸

表 3-3-1　U 形件弯曲模间隙系数 k 值

间隙系数 k / 材料厚度 / 弯曲件高度 h / mm	弯曲件宽度 $b \leqslant 2h$				弯曲件宽度 $b > 2h$				
	材料厚度 t/mm								
	<0.5	0.6~2	2.1~4	4.1~5	<0.5	0.6~2	2.1~4	4.1~7.5	7.6~12
10	0.05	0.05	0.04	—	0.10	0.10	0.08	—	—
20	0.05	0.05	0.04	0.03	0.10	0.10	0.08	0.06	0.06
25	0.07	0.05	0.04	0.03	0.15	0.10	0.08	0.06	0.06
50	0.10	0.07	0.05	0.04	0.20	0.15	0.10	0.06	0.06
70	0.10	0.07	0.05	0.05	0.20	0.15	0.10	0.10	0.08
100	—	0.07	0.05	0.05	—	0.15	0.10	0.10	0.08
150	—	0.10	0.07	0.05	—	0.20	0.15	0.10	0.10
200	—	0.10	0.07	0.07	—	0.20	0.15	0.15	0.10

表 3-3-2　凸模与凹模的宽度尺寸计算

工件尺寸标注方式	工件简图	凹模尺寸	凸模尺寸
用外形尺寸标注	$L \pm \frac{1}{2}\Delta$	以凹模为基准件 $L_d = \left(L - \frac{1}{2}\Delta\right)^{+\delta_d}_{0}$	L_p 按凹模尺寸配制，保证双面间隙为 $2C$ 或 $L_p = (L_d - 2C)^{0}_{-\delta_p}$

（续）

工件尺寸标注方式	工件简图	凹模尺寸	凸模尺寸
用外形尺寸标注	$L_{-\Delta}^{\ 0}$	以凹模为基准件 $L_d=\left(L-\frac{3}{4}\Delta\right)_{\ 0}^{+\delta_d}$	L_p 按凹模尺寸配制，保证双面间隙为 $2C$ 或 $L_p=(L_d-2C)_{-\delta_p}^{\ 0}$
用内形尺寸标注	$L\pm\frac{1}{2}\Delta$	L_d 按凸模尺寸配制，保证双面间隙为 $2C$ 或 $L_d=(L_p+2C)_{\ 0}^{+\delta_d}$	以凸模为基准件 $L_p=\left(L+\frac{1}{2}\Delta\right)_{-\delta_p}^{\ 0}$
	$L_{\ 0}^{+\Delta}$		以凸模为基准件 $L_p=\left(L+\frac{3}{4}\Delta\right)_{-\delta_p}^{\ 0}$

注：$L_凸$、$L_凹$——弯曲凸模和凹模宽度尺寸（mm）；

L——弯曲件外形或内形公称尺寸（mm）；

Δ——弯曲件的尺寸公差（mm）；

C——凸模与凹模的单面间隙（mm）；

$\delta_凸$、$\delta_凹$——弯曲凸模、凹模的制造公差，采用IT9～IT7。

3.2.3　弯曲时模具圆角半径与凹模深度

模具工作部分尺寸如图3-3-6所示。

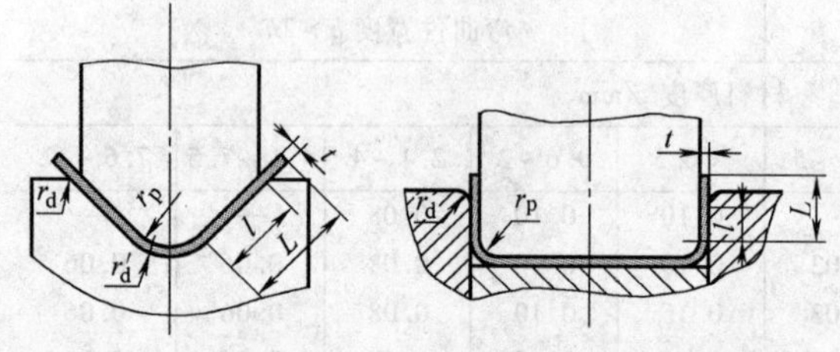

图3-3-6　弯曲模工作部分尺寸

（1）凸模圆角半径 r_p　如工件内侧的圆角半径为 r，通常 $r_p=r$，但不能小于材料允许的最小弯曲半径 r_{min}。当工件弯曲半径 r 小于 r_{min} 时，则应取 $r_p\geqslant r_{min}$，然后再利用随后的整形工序满足制件的要求，此时，整形模的圆角半径 $r_p=r$。对于工件圆角半径较大（$r/t>10$），而且精度要求较高时，应考虑回弹的影响，将凸模圆角半径根据回弹角的大小作相应的调整，以补偿弯曲的回弹量。

（2）凹模圆角半径 r_d　工件在压弯过程中，凸模将工件压入凹模而成形，凹模口部的圆角半径 r_d 对于零件质量有明显的影响。如过小，弯曲板料表面会出现划痕；如凹模两边圆角半径不一致，则毛坯会产生偏移。凹模圆角半径 r_d 的大小与弯边高度和材料厚度等有关，可查表3-3-3。

表3-3-3　凹模的圆角半径 r_d 与凹模的深度 l 值　（单位：mm）

料厚 t	>0～0.5		>0.5～2.0		>2.0～4.0		>4.0～7.0	
弯曲件直边长 L	l	r_d	l	r_d	l	r_d	l	r_d
10	6	3	10	3	10	4	—	—
20	8	3	12	4	15	5	20	8
35	12	4	15	5	20	6	25	8
50	15	5	20	6	25	8	30	10
75	20	6	25	8	30	10	35	12
100	—	—	30	10	35	12	40	15
150	—	—	35	12	40	15	50	20
200	—	—	45	15	55	20	65	25

V 形凹模底部可开退刀槽或圆角半径 r'_d，$r'_d=(0.6\sim0.8)(r_p+t)$。

(3) 凹模深度　凹模深度要适当，过小工件两端的自由部分太多，会造成弯曲件回弹大、不平直；过大则多消耗模具钢材，且需较长的压力机行程。对于一般要求的弯曲件，凹模深度可取弯曲件边长的 1/3。

凹模的深度 l 还可通过查表 3-3-3 获得。

3.3　常用弯曲模

3.3.1　V 形件弯曲模

V 形件形状简单，能一次弯曲成形。V 形件的弯曲方法有两种，一种是沿弯曲件的角平分线方向弯曲，称为 V 形弯曲，一种是垂直于一直边方向的弯曲，称为 L 形弯曲。

图 3-3-7 为 V 形件弯曲模的基本结构，该模具结构简单，在压力机上安装及调整方便，对材料厚度的公差要求不严，工件在冲程末端得到不同程度的校正，回弹较小，工件的平面度较好，因而得到广泛的应用。

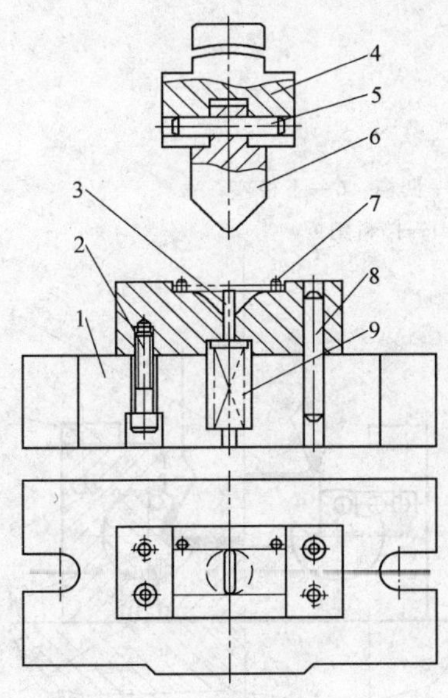

图 3-3-7　普通 V 形件弯曲模

1—下模座　2—螺钉　3—顶杆　4—模柄
5—圆销　6—凸模　7—挡料销
8—定位销　9—弹簧

图 3-3-8 为 V 形件的精密弯曲模，是以活动凹模带动工件一起折弯，弯曲过程中毛坯与凹模始终保持大面积接触，毛坯相对于活动凹模没有滑移和偏移，所以弯曲件的精度高，适用于弯曲毛坯没有足够的定位支承面、窄长的、形状复杂、坯料在凹模上不易放平稳的工件弯曲，这种模具结构复杂，制作较困难。

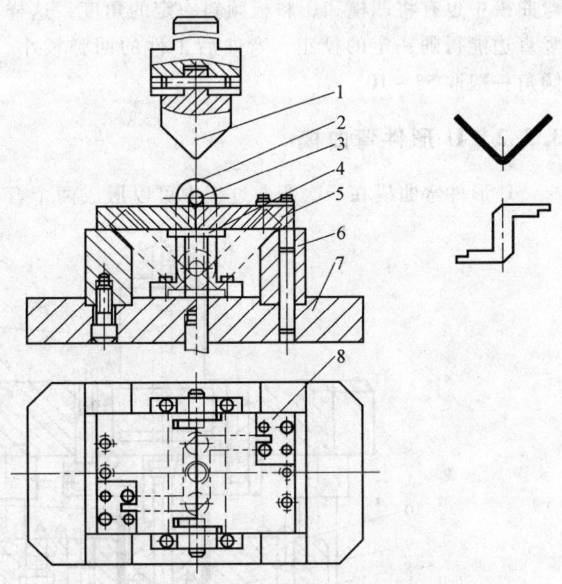

图 3-3-8　V 形件精弯模

1—凸模　2—支架　3—芯轴　4—顶杆
5—活动凹模　6—凹模靠板
7—下模座　8—定位板

图 3-3-9 是 L 形件弯曲模，用于弯曲两直边长度相差较大的单角弯曲件，以弯曲件较大面的一边夹紧在凸模和顶板之间，另一边沿凹模圆角向上滑动弯

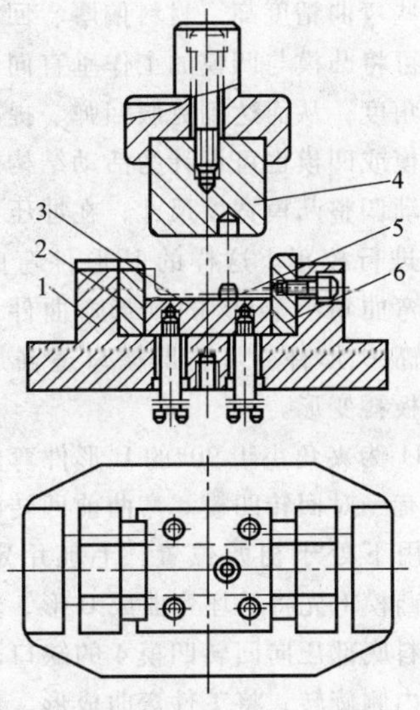

图 3-3-9　L 形件弯曲模

1—底座　2—凹模　3—顶板
4—凸模　5—定位钉　6—挡块

起，到下死点可进行校正弯曲。该种模具弯曲时将产生一定的侧向分力，模具中的挡板起到抵消侧向力的作用。挡板的高度应略高于凹模，并嵌入底座。L形弯曲模中也有将凹模和压料板倾斜一定的角度，这样竖直边能得到一定的校正，弯曲后工件的回弹较小，倾角一般取5°~10°。

3.3.2 U形件弯曲模

U形件弯曲模在一次弯曲过程中可以形成两个弯曲角。图3-3-10所示为U形件弯曲模的结构，该模具设置了顶料装置7和顶板8，在弯曲过程中顶板始终压住工件。同时利用半成品坯料上已有的两个孔设置了定位销9，对工件进行定位并有效地防止毛坯在弯曲过程中的滑动偏移。卸料杆4的作用是将弯曲成形后的工件从凸模上卸下，由于材料的弹性，制件一般不会包在凸模上。卸料杆的推出力也可将刚性推出改为弹簧的弹性推出。U形件弯曲模结构简单，定位方便、可靠。

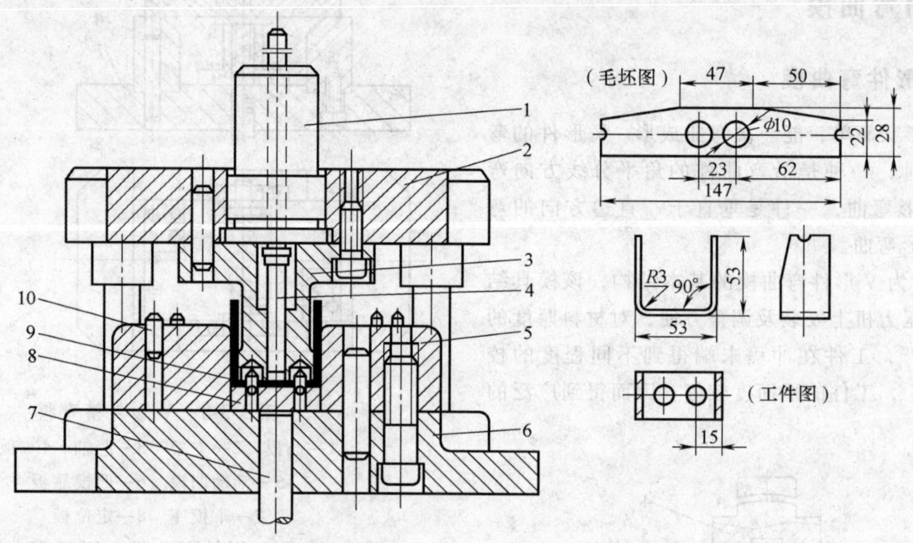

图3-3-10 U形件弯曲模

1—模柄 2—上模座 3—凸模 4—卸料杆 5—凹模 6—下模座 7—顶料装置 8—顶板 9—定位销 10—挡料销

对于一些弯曲精度高、材料偏厚、回弹较大的U形弯曲件，可将凸模与凹模的工作垂直向同方向修出一定量的负角度，从而达到克服回弹、提高弯曲精度的效果。凸模或凹模也可设计为活动结构，可根据板料的厚度自动调整凸模宽度尺寸，在冲压行程最后对侧壁和底部进行校正。这样的U形件弯曲模也可以设计为压制弯曲角小于90°的U形弯曲件，对于弯曲直边高度偏高U形件，可将凹模口适当加工一段斜面，以利于板料变形。

图3-3-11为夹角小于90°的U形件弯曲模，它的下模部分设有一对回转凹模。弯曲前回转凹模在弹簧3的拉力作用下处于初始位置，毛坯用定位板2定位。压弯时凸模1先将毛坯弯曲成U形，然后继续下降，迫使坯料底部压向回转凹模4的缺口，使两边的回转凹模向内侧旋转，将工件弯曲成形。弯曲完成后凸模上升，弹簧使回转凹模复位。

图3-3-12为带斜楔的U形件弯曲模，弯曲开始时凸模5先将毛坯弯成U形，随着上模的继续下行凸模到位，弹簧3被压缩，两侧的斜楔1压向滚柱11，使装有滚柱的左右活动凹模7、8向中间运动，将U形件两侧向内压弯成形。当上模回程时，弹簧9使活动凹模复位。

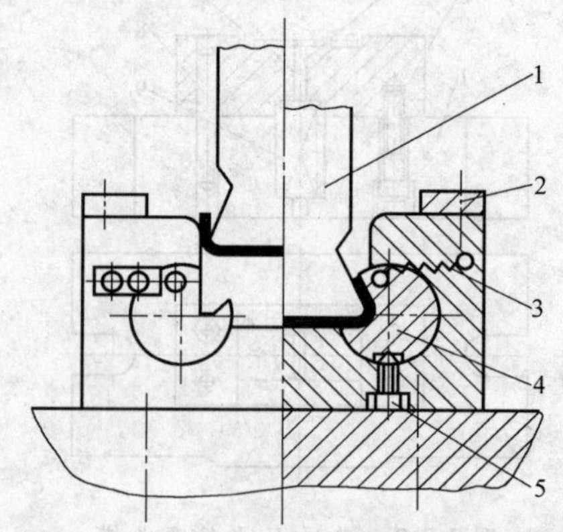

图3-3-11 夹角小于90°的U形件弯曲模

1—凸模 2—定位板 3—弹簧 4—回转凹模 5—限位钉

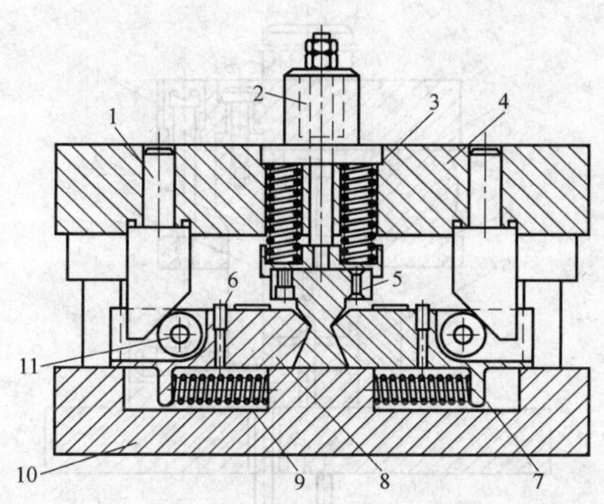

图 3-3-12　斜楔结构的 U 形件弯曲模

1—斜楔　2—凸模支杆　3、9—弹簧　4—上模座　5—凸模　6—定位销　7、8—活动凹模　10—下模座　11—滚柱

3.3.3　⊔形件弯曲模（四角件弯曲模）

一般⊔形弯曲件上有四个弯曲角需要弯曲，可采用一次弯曲成形，也可以两次弯曲成形。如果用简单模一次弯曲成形，在弯曲过程中坯料受凹模圆角的阻力，材料有被拉长的现象，展开尺寸出现较大误差，而且毛坯与凹模圆角接触处的弯曲线的位置在弯曲过程中是变化的，使零件的外角形状不准和竖直边变薄，弯曲件往往得不到满意的形状。如果两次弯曲成形，则第一次先将毛坯弯成 U 形件，再将 U 形件毛坯反放在弯曲模中弯成⊔形件（图 3-3-13、图 3-3-14）。

图 3-3-15 为一次弯曲成形的复合弯曲模结构，它是将两个简单模复合在一起的弯曲模。凸凹模 1 既是弯曲 U 形的凸模，又是弯曲⊔形的凹模。弯曲时先由凸凹模 1 和凹模 3 将毛坯弯成 U 形，然后凸凹模继

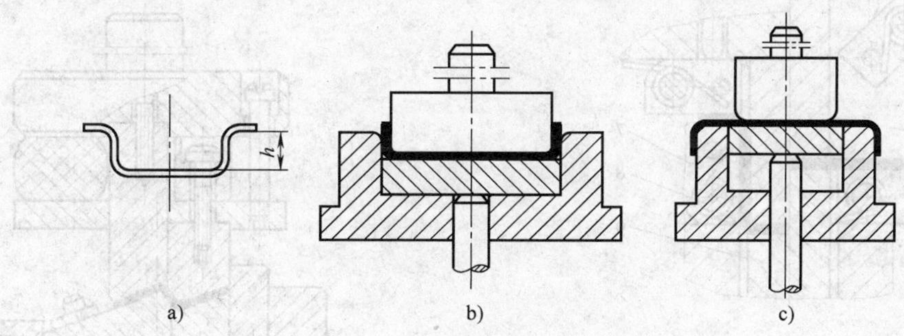

图 3-3-13　⊔形件两次弯曲成形的方法（一）

a）工件　b）一次弯曲　c）二次弯曲

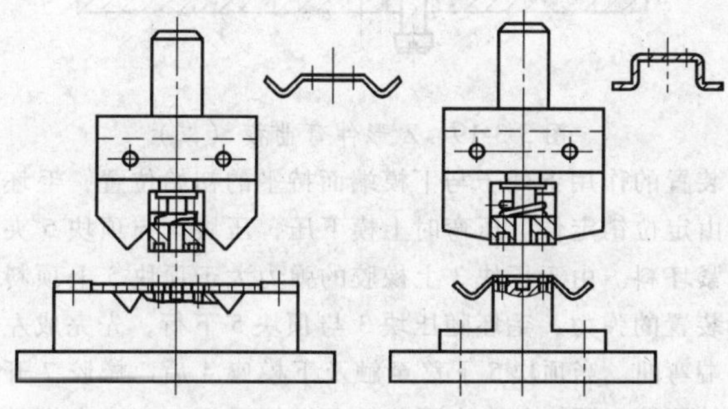

图 3-3-14　⊔形件两次弯曲成形的方法（二）

续下压，与活动凸模作用，将工件弯曲成⊔形件。这种结构的凹模需要具有较大的空间，凸凹模 1 的壁厚受到弯曲件高度的限制。此外，由于弯曲过程中毛坯未被夹紧，易产生偏移和回弹，工件的尺寸精度较低。

图 3-3-16 为摆块式⊔形件弯曲模。弯曲前毛坯靠活动凸模 3 的上端面和两侧挡板定位，弯曲时凸模在弹顶装置弹力的作用下与下行的凹模 4 一起压紧中间坯料，弯出两个内角。然后凹模进一步下压，带动

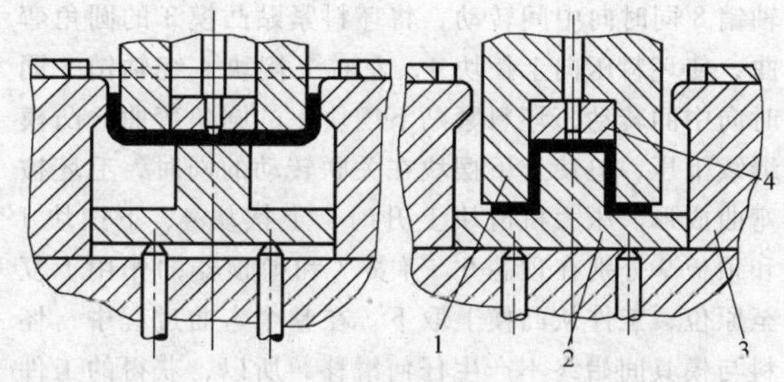

图 3-3-15　一次弯曲成形的复合弯曲模

1—凸凹模　2—活动凸模　3—凹模　4—顶板

活动凸模下移，迫使两侧摆块 2 向外转动至水平，完成两个外角的弯曲。

以上几种⊔形件弯曲模都有一缺点，即毛坯表面与模具之间有相对摩擦滑动，使工件展开尺寸误差较大，且表面擦伤严重。图 3-3-17 所示的⊔形件精弯模就克服了这些缺点。

在这副模具中，坯料放在下摆块 1 上，由定位挡板 2 定位。冲压时，凸模 3 下压坯料使左右下摆块绕

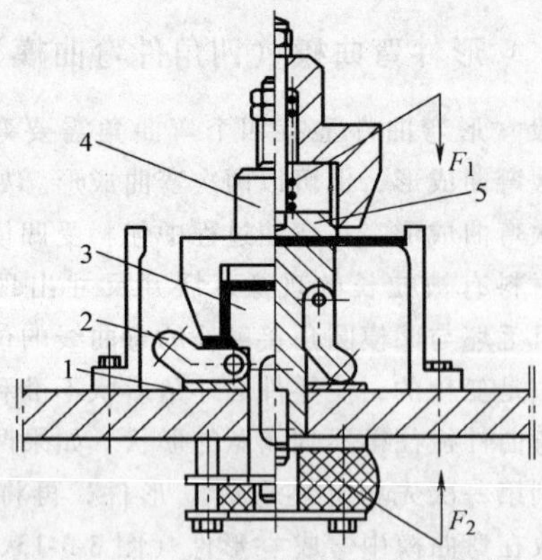

图 3-3-16　带摆块的⌐⌙形件弯曲模

1—垫板　2—活动摆块　3—活动凸模

4—连体凹模　5—打板

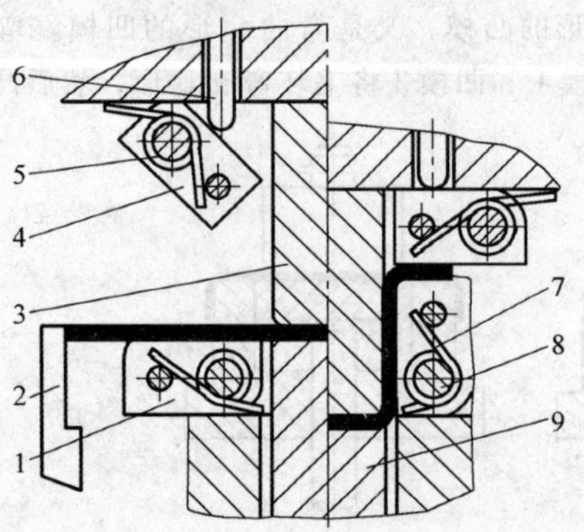

图 3-3-17　⌐⌙形件精弯模

1—下摆块　2—定位挡板　3—凸模　4—上摆块

5、8—轴销　6—顶芯　7—弹簧　9—顶板

轴销8同时向中间转动，将坯料紧贴凸模3的圆角弯曲，使坯料压向上摆块4，左右上摆块4绕轴销5同时向中间转动，坯料紧贴下摆块1的圆角弯曲。凸模继续下压，迫使上下摆块在关联转动的同时，毛坯被弯曲成形。压力机滑块上升时，上摆块4、下摆块1和顶板9分别在顶芯6、弹簧7和弹顶器的作用下复至原位，工件从凸模上取下。在整个弯曲过程中，坯料与模具间始终不产生任何滑移，所以，获得的工件精度较高。

3.3.4　Z形件弯曲模

Z形件是由两个弯曲直边的折弯方向相反所构成的弯曲件，所以模具应使工件分别沿反方向弯曲，其模具结构也往往随工件尺寸大小等不同而异。图3-3-18、图3-3-19为常见的Z形件弯曲模。

图3-3-18中，压弯前因橡胶7的弹力作用，压块3与凸模2的下端面齐平或略突出于凸模2端面（这时一限位块8与上模座1分离）。同时顶块5在顶料装置的作用下处于与下模端面持平的初始位置，毛坯由定位销定位。压弯时上模下压，压块3与顶块5夹紧坯料。由于压块3上橡胶的弹力大于顶块5上顶料装置的弹力，毛坯随压块3与顶块5下行，先完成左端弯曲。当顶块5下移至触及下模座4后，橡胶7开始压缩，压块3静止而凸模2继续下压，完成右端的弯曲。当限位块8与上模座1相碰时，工件受到校正。

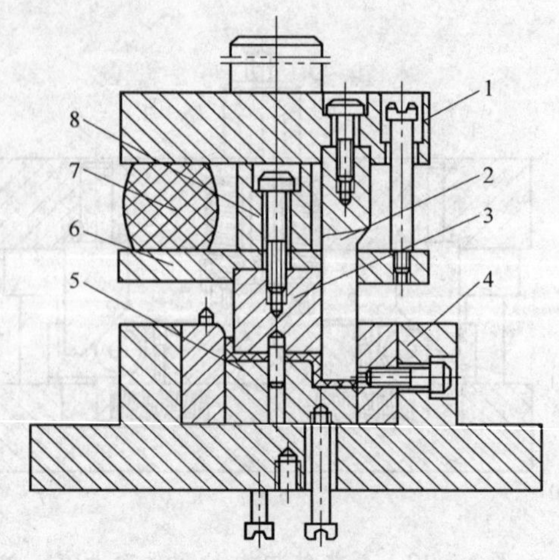

图 3-3-18　Z形件弯曲模（一）

1—上模座　2—凸模　3—压块　4—下模座

5—顶块　6—托板　7—橡胶　8—限位块

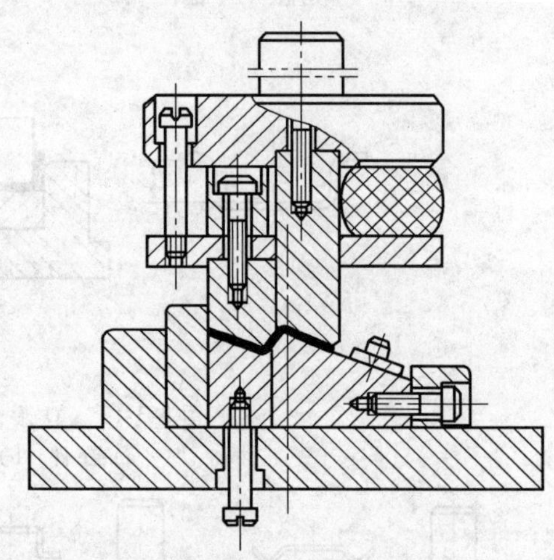

图 3-3-19　Z形件弯曲模（二）

图3-3-19的Z形件弯曲模结构与图3-3-18相近，但是将工件位置倾斜了20°~30°，使整个工件在弯曲行程终了时，可以得到更为有效的校正，因而回弹较小。这种结构适合于冲压折弯边较长的弯曲件。

3.4　复杂弯曲模

复杂弯曲模在工作时通常具有两个或两个以上的运动，可将多个弯曲变形一次完成，结构较复杂，如多角弯曲件一次压弯模、圆形件一次压弯模等，以下分别介绍其结构原理。

3.4.1　C 形件弯曲模

C 形弯曲件又称四角弯曲件，其弯曲模结构如图 3-3-20 所示。该图左侧为弯曲模的开模状态，顶件器与两摆动凹模在同一水平面上。冲压前，将毛坯放在顶件器上，并将孔套在导正销上，同时以定位销定位。冲压时，凸模与顶件器将毛坯压紧并一同向下移动，毛坯被压弯成 U 形过渡件。当凸模继续下降，则顶件器将压至摆动凹模的台肩面，使其绕心轴向中间摆动，完成另外两角的弯曲。凸模上行，受弹簧力的作用，顶销将摆动凹模顶至原位，同时还带出了制件。而顶件器通过顶杆作用上升至原位。模框用来限制摆动凹模向外摆动的范围，同时支撑摆动凹模。对该模具必须注意的一点是，当凸模降到下极限位置时，顶件器底部必须已经接触到了下模座。即弯曲冲压力不能由心轴承担，而必须由顶件器直接传给下模座。

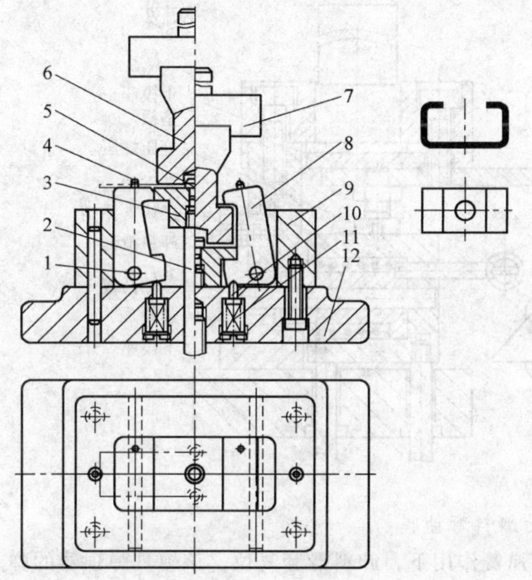

图 3-3-20　C 形件弯曲模

1—心轴　2—顶杆　3—顶件器　4—定位销　5—导正销　6—凸模　7—模柄　8—摆动凹模　9—模框　10—顶销　11—弹簧　12—下模座

3.4.2　O 形件滑板式一次弯曲模

图 3-3-21 为圆形件一次压弯成形的滑板式弯曲模。冲压时，先将板料毛坯放置在成形滑块的凹槽内定位。上模下行时，心轴凸模与顶杆先将毛坯压紧，之后下降至凹模支座，将板料毛坯压弯成 U 形，上模继续下行，心轴凸模压紧毛坯，与凹模支座共同下移，迫使摆动块绕销轴向外摆动，带动成形滑块向内移动，将板料压成圆形件。上模返回后，圆形件留在心轴凸模上，抽出心轴凸模，工件即可取出。在橡胶、弹簧和拉簧的作用下，顶杆、凹模支座和成形滑块恢复至原位。该模具成形质量高，适用于板厚 0.5 ~1mm、直径为 5 ~20mm 的各种圆形件。

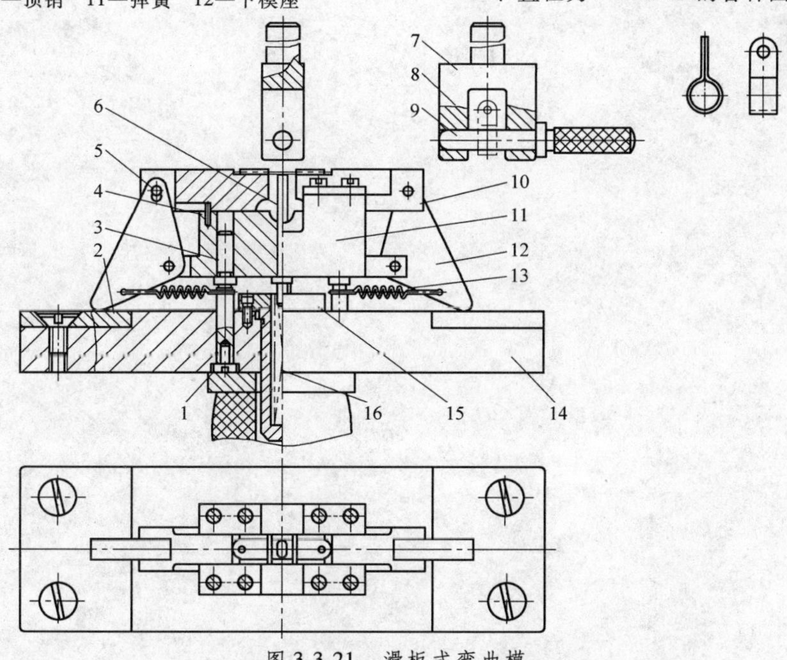

图 3-3-21　滑板式弯曲模

1—限位螺钉　2—垫板　3—导柱　4—定位销　5—销轴　6—顶杆　7—模柄　8—凸模支架　9—心轴凸模　10—成形滑块　11—凹模支座　12—摆动块　13—拉簧　14—下模座　15—限位块　16—弹簧

3.4.3 O 形件自动卸料弯曲模

圆形件自动卸料弯曲模，如图 3-3-22 所示。板料毛坯放置在两个摆块上定位。上模下行时，上凹模与毛坯接触，迫使摆块绕摆块支撑销向下摆动，毛坯便脱离摆块的支撑。同时上凹模与心轴凹模将毛坯压弯成倒 U 形。接着，施压螺钉接触到升降架，迫使其和心轴凸模一起向下移动。在下移终了位置，由上凹模、心轴凸模和下凹模的共同作用，使倒 U 形件两边向内弯曲成圆形。

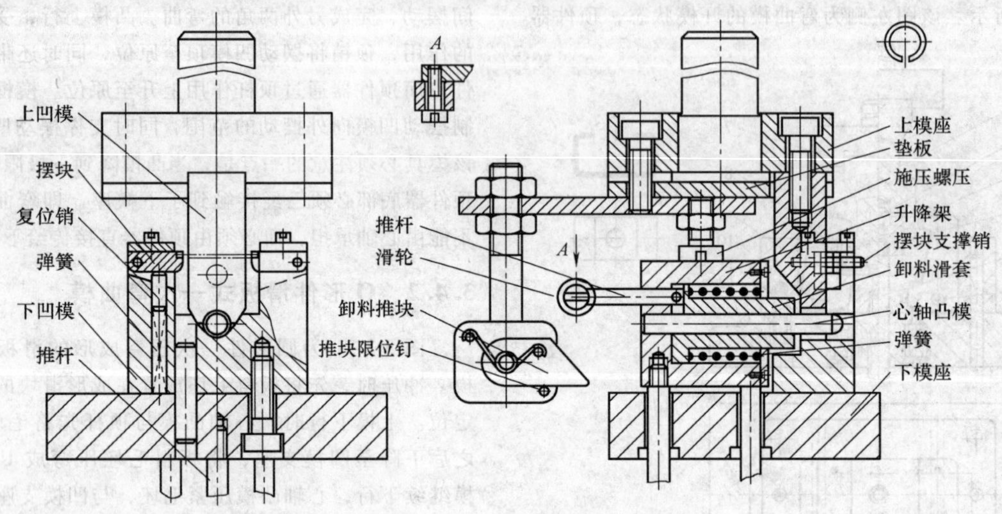

图 3-3-22 O 形件自动卸料弯曲模

上模回程时，装在上模上的卸料推块的斜面与滑轮接触，并推动推杆、卸料滑套将滞留在心轴凸模上的工件自动推出。随后，卸料推块斜面与滑轮脱离，在弹簧作用下，卸料滑套复位。该模具弹顶器的弹力必须足够大，以满足冲压开始时将毛坯压成倒 U 形的压力需要。

第 4 章　拉深模设计

4.1　拉深件工序安排的一般规则

1）在大批量生产中，在凹、凸模模壁强度允许的条件下，应采用落料、拉深复合工艺（见图 3-4-1、图 3-4-2）。

2）除底部孔有可能与落料、拉深复合冲压外，凸缘部分及侧壁部分的孔、槽均需在拉深工序完成后再冲出（见图 3-4-1、图 3-4-2）。

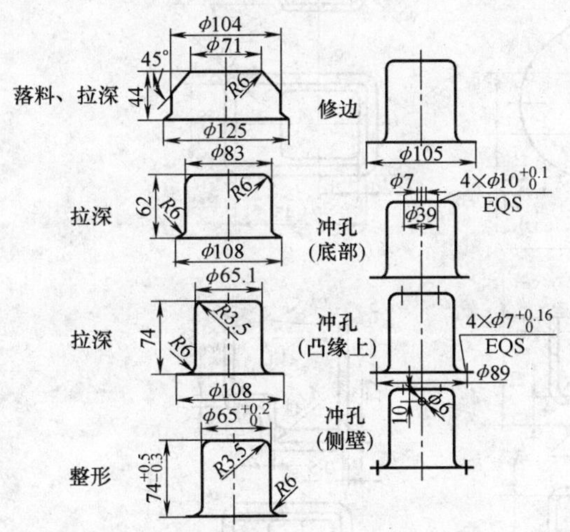

图 3-4-1　电线插座外壳的冲压程序

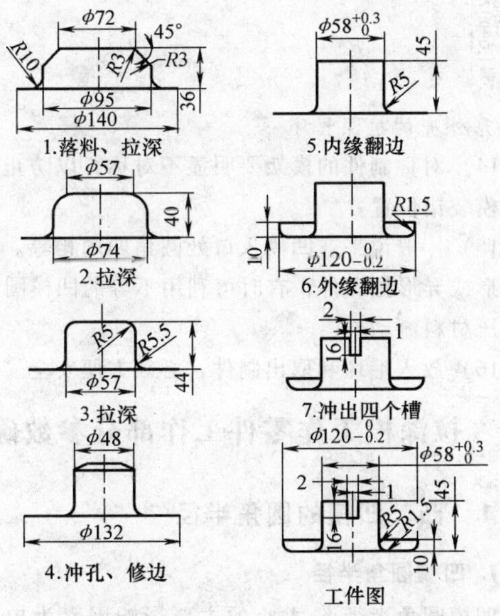

图 3-4-2　消声器盖的冲压程序

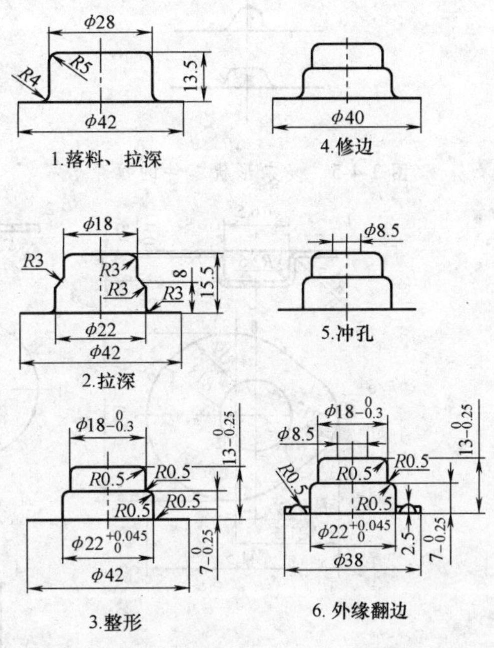

图 3-4-3　水箱盖活门的冲压程序

3）当拉深件的尺寸精度要求高或带有小的圆角半径时，应增加整形工序（见图 3-4-1、图 3-4-3）。

4）修边工序一般安排在整形工序之后（见图 3-4-1、图 3-4-3）。修边冲孔常可复合完成（见图 3-4-2）。

5）头部带凹形的圆筒形件，当凹部深时，可先拉出外形，再用宽凸缘成形法成形凹部（见图 3-4-4）。

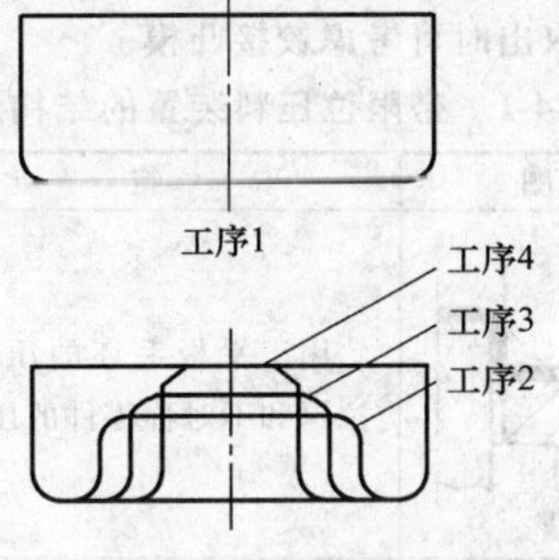

图 3-4-4　头部带凹形的圆筒形件的拉深

6）复杂形状零件，一般是先拉深内部形状，然后再拉外部形状（见图 3-4-5、图 3-4-6）。

7）多次拉深加工硬化严重的材料时，必须进行中间退火。

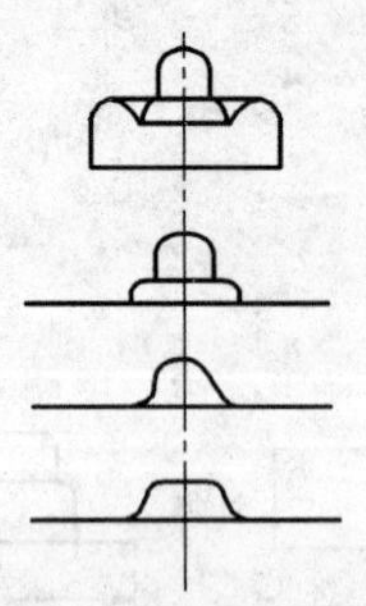

图 3-4-5　复杂形状零件的拉深

8）不封闭拉深件可用一次拉出相互对称的两件的方法，然后切开。

9）拉深凸模应有透气孔，以便卸下制件。注意透气孔不能被制件包住，失去作用。

10）弹性压料板要有限位装置，防止最后一部分被压材料过分压薄（见表 3-4-1）。

11）模具零件或模架尽量采用标准件。

12）凹（凸）模工作面宜沿轴向抛光。

13）高的拉深件，要注意能否在压力机行程上死点时取出，故上、下模的开启高度应大于工件高度的2 倍。不能取出时可考虑铰接凸模。

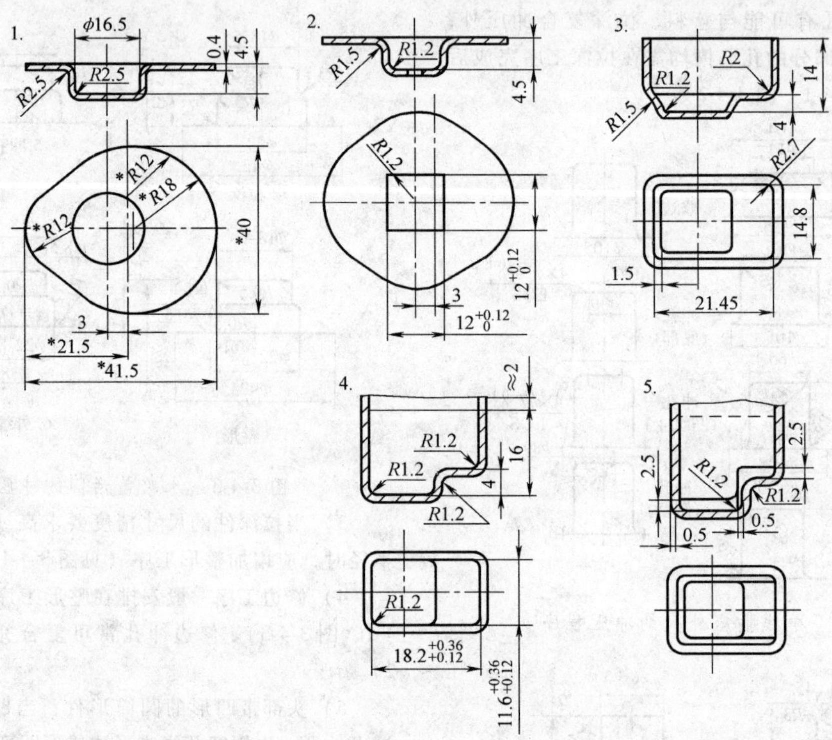

图 3-4-6　带有不对称的凸肩的矩形外壳的拉深程序

表 3-4-1　带限位压料装置的结构形式

简　　图	特　　点
s	用于平板毛坯的压料，如首次拉深和不对称零件的压弯
s	用于半成品后续变形时的压料，如再次拉深（后续拉深）

14）对称制件的模架要明显不对称，以防止上模和下模装错位置。

15）一般说来，凹模入口处圆角四周相等。但对于矩形或异形拉深件，有时可利用不等的凹模圆角控制冲压材料流动。

16）放入毛坯和取出制件，必须方便安全。

4.2　拉深模工作零件工作部分参数确定

4.2.1　凸、凹模的圆角半径

1. 凹模圆角半径

凹模圆角半径 r_d 大小的主要影响因素为拉深力的大小、拉深件的质量、拉深模的寿命等。拉深时，材料在经过凹模圆角时，不仅因为发生弯曲变形需要克服弯曲阻力，还要克服因相对流动引起的摩擦阻力。r_d 过小，则板材在经过凹模圆角部分时的变形及在间隙内的阻力都要增大，从而使筒壁内总的变形抗力增大，拉深力增加，变薄严重，甚至在危险断面处拉破，模具寿命降低；凹模的圆角半径增大，则材料拉入凹模时的阻力减小，就可减少拉深件的壁部变薄，降低拉深系数，提高模具寿命和拉深件的质量，但凹模圆角半径过大，则会使毛坯过早脱离压边圈的压边作用而引起拉深件起皱。因此凹模圆角半径应在不产生起皱的前提下越大越好。一般凹模圆角半径可按经验公式确定：

$$r_d = 0.8\sqrt{(D-d)\ t}$$

式中　r_d——凹模圆角半径（mm）；

D——毛坯直径或上一次拉深件直径（mm）；

d——本次拉深件直径（mm）；

t——材料厚度（mm）。

以后各次拉深的凹模圆角半径 r_{dn} 可逐渐缩小，一般可取 r_{dn} = （0.6～0.8） $r_{d(n-1)}$，不应小于 $2t$。

首次拉深的凹模圆角半径尺寸也可查表 3-4-2。

2. 凸模圆角半径

除最后一次应取与零件底部圆角半径相等的数值外，其余各次可以取与 r_d 相等或略小一些，并且各道拉深凸模圆角半径 r_p 应逐次减小。即：r_p = （0.7～1.0） r_d。

若零件的圆角半径要求小于 t，则最后一次拉深凸模圆角半径仍应取 t，然后增加一道整形工序来获得零件要求的圆角半径。

表 3-4-2　首次拉深的凹模圆角半径 r_d

拉深类型	t/mm				
	2.0～1.5	1.5～1.0	1.0～0.6	0.6～0.3	0.3～0.1
无凸缘拉深	（4～7） t	（5～8） t	（6～9） t	（7～10） t	（8～13） t
有凸缘拉深	（6～10） t	（8～13） t	（10～16） t	（12～18） t	（15～22） t

注：表中数据当材料性能好，且润滑好时可适当减小。

4.2.2　凸、凹模间隙 C

拉深模间隙 C 指凹模与凸模尺寸之间的凸、凹模间隙，$C=\frac{(d_d-d_p)}{2}$。间隙过小，会增大摩擦力，毛坯材料受到的阻力增大，使拉深件容易破裂，并降低模具寿命；间隙过大，拉深件易起皱，影响工件精度。

模具间隙可按下式计算：

$$C = t_{max} + Kt$$

式中　t_{max}——材料的最大厚度，即考虑板料正偏差的厚度；

t——材料的厚度；

K——增大系数，考虑材料的增厚以减小摩擦，其值见表 3-4-3。

表 3-4-3　增大系数 K 值和有压边圈拉深时的间隙值

拉深工序数		材料厚度 t/mm			单边间隙 C
		0.5～2	2～4	4～8	
1	第一次	0.2/0	0.1/0	0.1/0	（1～1.1） t
2	第一次	0.3	0.25	0.2	$1.1t$
	第二次	0.1	0.1	0.1	（1～1.05） t
3	第一次	0.5	0.4	0.35	$1.2t$
	第二次	0.3	0.25	0.2	$1.1t$
	第三次	0.1/0	0.1/0	0.1/0	（1～1.05） t
4	第一、二次	0.5	0.4	0.35	$1.2t$
	第三次	0.3	0.25	0.2	$1.1t$
	第四次	0.1/0	0.1/0	0.1/0	（1～1.05） t
5	第一、二次	0.5	0.4	0.35	$1.2t$
	第三次	0.5	0.4	0.35	$1.2t$
	第四次	0.3	0.25	0.2	$1.1t$
	第五次	0.1/0	0.1/0	0.1/0	（1～1.05） t

注：1. 表中数值适用于一般精度零件的拉深工艺。具有分数的地方，分母的数值适用于精密零件（IT10～IT12）的拉深。

2. t 为材料厚度，取材料允许偏差的中间值。

3. 当拉深精密件时，最末一次拉深间隙取 $C=t$。

生产实际中在不用压边圈时，考虑到起皱的可能性，间隙值可取材料厚度上限值的 1 ~1.1 倍，较大的间隙用于中间拉深或不太精密的拉深件，较小的用于末次拉深或用于精密拉深件，此时有时甚至可取负间隙。在有压边圈拉深时，间隙按表 3-4-3 选取。

4.2.3 凸、凹模尺寸及制造公差

凸、凹模工作部分尺寸的确定，主要考虑模具的磨损和拉深件的回弹。工件的尺寸公差在最后一道工序考虑，最后一道工序的凸、凹模尺寸由拉深件的尺寸标注方法决定，见表 3-4-4。

对于多次拉深，工序件尺寸无须严格要求，凸、凹模尺寸如下：

$$D_d = D_i{}^{+\delta_d}_{0}$$

$$D_p = (D_i - 2C)_{-\delta_p}^{0}$$

式中 D_i——各工序件的基本尺寸（mm）。

凸模、凹模工作表面的表面粗糙度要求较高，一般来说，凹模工作表面和型腔表面的表面粗糙度应达到 $Ra0.8\mu m$，圆角处的表面粗糙度要求为 $Ra0.4\mu m$，凸模工作部分表面粗糙度要求为 $Ra1.6 \sim 0.8\mu m$。

表 3-4-4 拉深凸、凹模尺寸计算公式

工件尺寸标注方式	工件简图	凹模尺寸	凸模尺寸
工件要求外形尺寸	$D_{-\Delta}^{0}$; C; D_p; D_d	以凹模为基准件 $D_d = (D_{max} - 0.75\Delta)^{+\delta_d}_{0}$	D_p 按凹模尺寸配制，通过减小凸模尺寸保证间隙 $D_p = (D_{max} - 0.75\Delta - 2C)_{-\delta_p}^{0}$
工件要求内形尺寸	$d^{+\Delta}_{0}$; C; d_p; d_d	d_d 按凸模尺寸配制，通过加大凸模尺寸保证间隙 $d_d = (d_{min} + 0.4\Delta + 2C)^{+\delta_d}_{0}$	以凸模为基准件 $d_p = (d_{min} + 0.4\Delta)_{-\delta_p}^{0}$

注：D_d、d_d——凹模的基本尺寸（mm）；D_p、d_p——凸模的基本尺寸（mm）；D_{max}——拉深件外径的最大极限尺寸（mm）；d_{min}——拉深件内径的最小极限尺寸（mm）；Δ——工件公差；δ_d、δ_p——凹模和凸模制造公差，见表 3-4-5；C——拉深模单边间隙（mm）。

表 3-4-5 凹模和凸模的制造公差 （单位：mm）

材料厚度 t	拉深件直径 d					
	≤20		20 ~100		>100	
	δ_d	δ_p	δ_d	δ_p	δ_d	δ_p
≤0.5	0.02	0.01	0.03	0.02	—	—
>0.5 ~1.5	0.04	0.02	0.05	0.03	0.08	0.05
>1.5	0.06	0.04	0.08	0.05	0.10	0.06

注：凸模、凹模的制造公差可按公差标准 IT10 ~IT6 级选取，工件公差小的可取 IT8 ~IT6 级，工件公差大的可取 IT10 级。

为了便于卸料，拉深凸模中心必须钻通气孔，以免卸料时出现真空造成卸料困难，其孔径尺寸可查表 3-4-6。

表 3-4-6　通气孔尺寸

凸模直径/mm	≤50	>50～100	>100～200	>200
通气孔直径/mm	5	6.5	8	9.5

4.3　拉深模的分类及典型结构

拉深模按其工序顺序可分为首次拉深模和后续各工序拉深模，它们之间的本质区别是压边圈的结构和定位方式上的差异。按拉深模使用的冲压设备又可分为单动压力机用拉深模、双动压力机用拉深模及三动压力机用拉深模，它们的本质区别在于压边装置的不同（弹性压边和刚性压边）。按工序的组合来分，又可分为单工序拉深模、复合模和级进式拉深模。此外还可按有无压边装置分为无压边装置拉深模和有压边装置拉深模等。下面将介绍几种常见的拉深模典型结构。

4.3.1　首次拉深模

1. 无压边装置的首次拉深模（图 3-4-7）

此模具结构简单，常用于板料塑性好、相对厚度 $t/D \geqslant 0.03\ (1-m)$、$m_1>0.6$ 时的拉深。工件以定位板 2 定位，拉深结束后的卸件工作由凹模底部的台阶完成，拉深凸模要深入到凹模下面，所以该模具只适合于浅拉深。

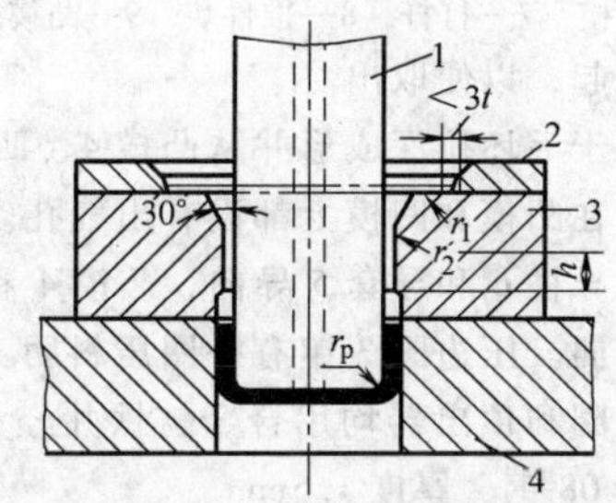

图 3-4-7　无压边装置的首次拉深模
1—凸模　2—定位板
3—凹模　4—下模座

2. 具有弹性压边装置的首次拉深模

这是最广泛采用的首次拉深模结构形式（图 3-4-8）。压边力由弹性元件的压缩产生。这种装置可装在上模部分（即为上压边），也可装在下模部分（即为下压边）。上压边的特征是由于上模空间位置受到限制，不可能使用很大的弹簧或橡胶，因此上压边装置的压边力小，这种装置主要用在压边力不大的场合。相反，下压边装置的压边力可以较大，所以拉深模具常采用下压边装置。

图 3-4-8 模具为圆形罩拉深模，倒装结构形式。毛坯放在压料板 8 上，由定位板 6 定位。压力机滑块下降时，凹模 5 压毛坯、压料板 8 一起下降，将毛坯拉深成形。当压力机滑块上升时，顶杆 9 把压料板 8 顶至原位，使制件脱离凸模 7，推板 4 把制件从凹模 5 中推出。

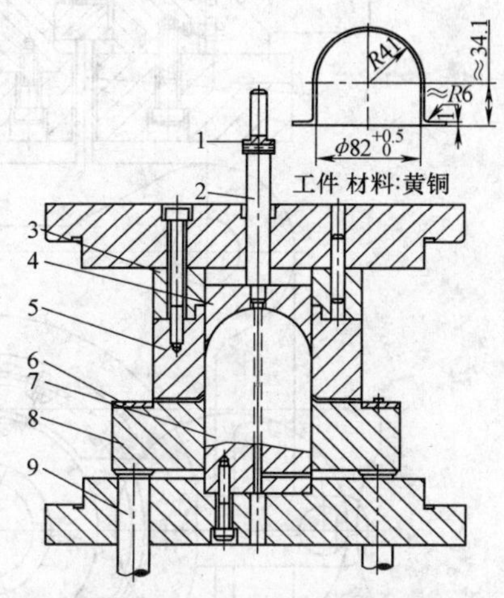

图 3-4-8　圆形罩拉深模
1—挡环　2—推杆　3—固定板
4—推板　5—凹模　6—定位板
7—凸模　8—压料板　9—顶杆

3. 落料首次拉深复合模

图 3-4-9 是一副落料、拉深复合模。该模具可完成落料、拉深两个工序。条料由带导尺的固定卸料板 5 导向送进，冲首件以目测定位，冲第二件及以后各件时用挡料销 2 定位。上模下行由凸凹模 6 和凹模 4 完成落料工序，继续下行，由凸凹模 6 和凸模 9 完成拉探工序，至下死点时，凸模 9 和推件块 8 对制件进行整形。拉深时压力机气垫的压力通过托杆 1 传到压边圈 3 上进行压边。冲压完成后上模上行，由打杆 7 和推件块 8 将制件从凸凹模 6 中推出。

4. 双动压力机上使用的首次拉深模（图 3-4-10）

因双动压力机有两个滑块，其凸模 1 与拉深滑块（内滑块）相连接，而上模座 2（上模座上装有压边圈 3）与压边滑块（外滑块）相连。拉深时压边滑块首先带动压边圈压住毛坯，然后拉深滑块带动拉深凸模下行进行拉深。此模具因装有刚性压边装置，所以模具结构显得很简单，制造周期也短，成本也低，但压力机设备投资较高。

图 3-4-11 所示为离合器外壳拉深模，冲模安装在双动压力机上。压边圈 3 安装在压力机的外滑块上，凸模固定座 1 安装在压力机的内滑块上。工作时，压

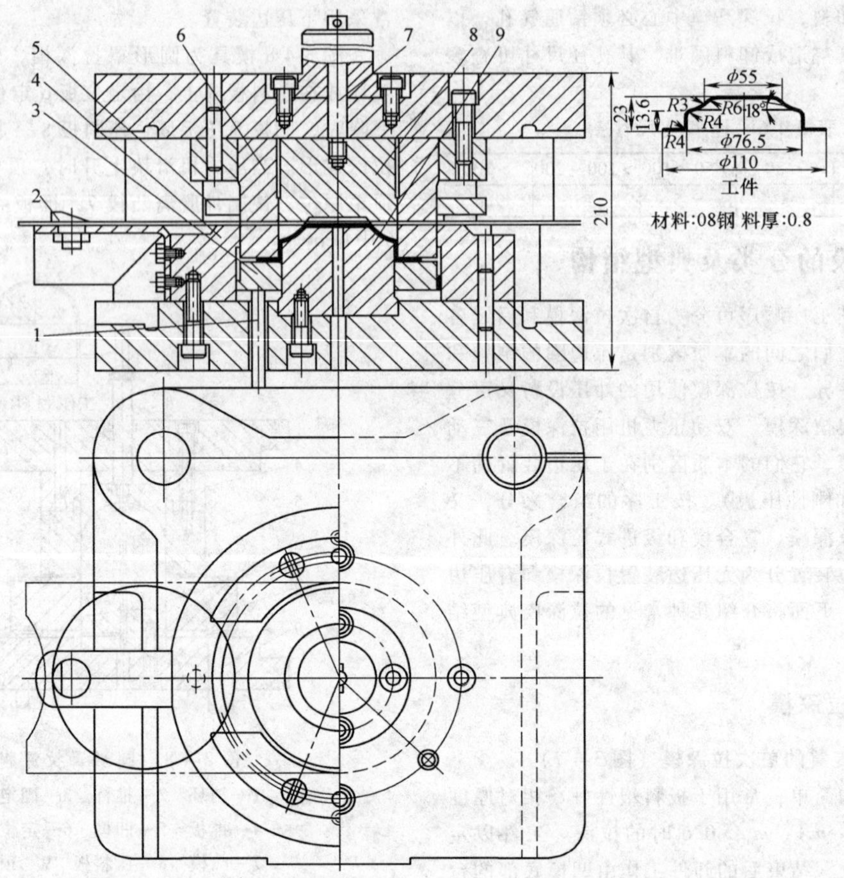

图3-4-9　落料、拉深复合模

1—托杆　2—挡料销　3—压边圈　4—凹模　5—卸料板　6—凸凹模　7—打杆　8—推件块　9—凸模

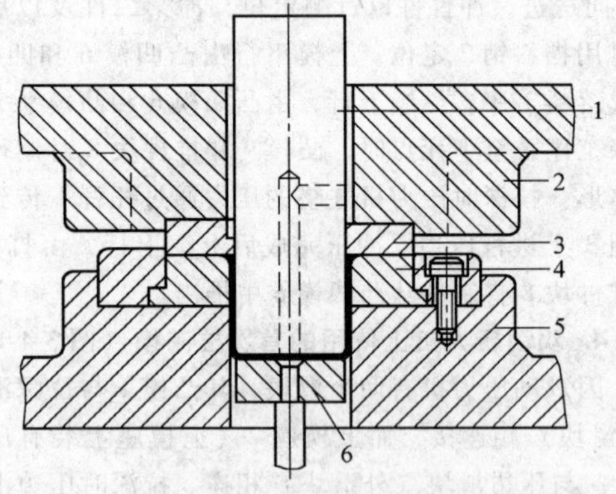

图3-4-10　双动压力机上使用的首次拉深模

1—凸模　2—上模座　3—压边圈

4—凹模　5—下模座　6—顶件块

力机外滑块带动压边圈3首先将毛坯压紧在凹模8上，然后内滑块带动凸模4将毛坯拉深成形。之后，内滑块先上行，凸模4从制件内退出，然后外滑块上行，压边圈离开凹模8，顶出器7在弹簧9的作用下将拉深件托起，以便取出。

为有利于毛坯拉深成形并从凸模4、凹模8内退出拉深件，在凸模和凹模上都设有出气孔。压边圈3和凹模8用导柱6和导套5导向，凸模4和压边圈3用导板2导向。压边圈3镶有一圈压料肋10。凸模、凹模、压边圈和顶出器均用合金铸铁并经火焰淬火。制件材料为08钢，厚度1.5mm。

4.3.2　后续各工序拉深模

后续拉深用的毛坯是已经过首次拉深的半成品筒形件，而不再是平板毛坯。因此其定位装置、压边装置与首次拉深模是完全不同的。

（1）无压边装置的后续各工序拉深模（图3-4-12）　此拉深模采用特定的定位板对工件进行定位，因无压边圈，故不能进行严格的多次拉深，用于直径缩小较少的拉深或整形等，要求侧壁料厚一致或要求尺寸精度高时采用该模具。

（2）带压料装置的后续各工序拉深模（图3-4-

13）　此结构是广泛采用的形式。此时所用压边装置已不再是平板结构，而应是圆筒形结构，压边圈兼作毛坯的定位圈。由于再次拉深工件一般较深，为了防止弹性压边力随行程的增加而不断增加，可以在压边圈上安装限位销来控制压边力的增长。

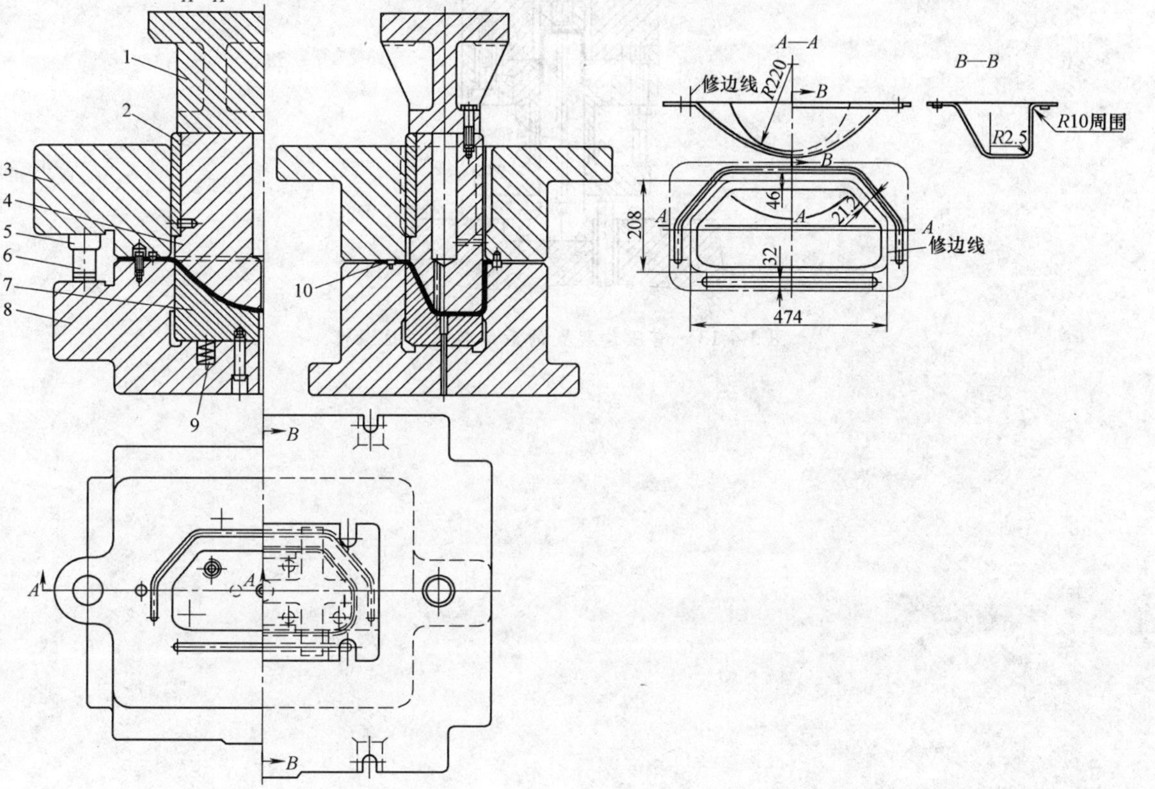

图 3-4-11　离合器外壳拉深模

1—固定座　2—导板　3—压边圈　4—凸模　5—导套　6—导柱

7—顶出器　8—凹模　9—弹簧　10—压料肋下模座

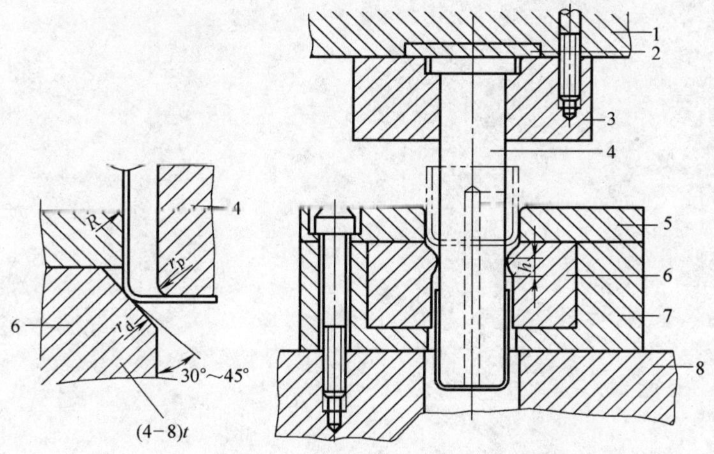

图 3-4-12　无压边的后续工序拉深模

1—上模座　2—垫板　3—凸模固定板　4—凸模　5—定位板

6—凹模　7—凹模固定板　8—下模座

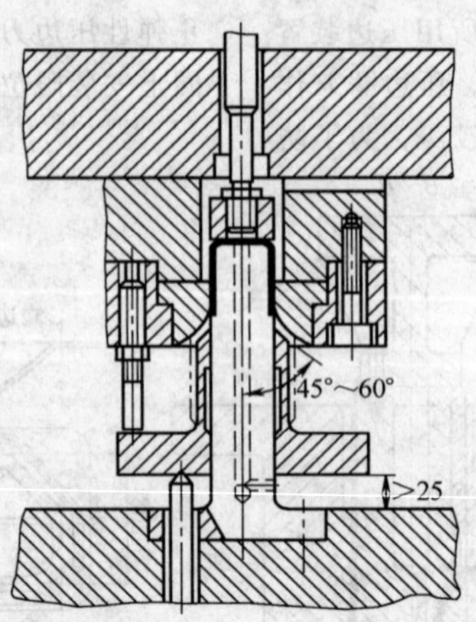

图 3-4-13　有压边装置的后续各工序拉深模

第5章　成形模设计

在板料冲压范围内，广义上的成形是指除分离工序以外的所有工序。狭义上的成形是指用各种不同性质的局部变形来改变毛坯形状的各种工序。这些局部变形的方法主要有胀形、孔的翻边和外缘翻边、缩口、整形、压印及旋压等。本章主要介绍翻边模、翻孔模、胀形模、扩口模等。

5.1　翻边模

1. 模具结构

翻边模的结构与拉深模相似。设计时，平底凸模的圆角半径 r_p 应尽可能大，凹模圆角对翻边成形影响不大，可按零件圆角确定。图 3-5-1 为常用圆孔翻边凸模的形状和尺寸。翻孔前进行预拉深的拉深凸模和同时冲孔及翻孔凸模的圆角半径应尽可能用较大的数值，但不应超过 $R=(D-d-t)/2$。

2. 翻边凸模与凹模之间的间隙

用平头凸模进行翻边时，侧壁有成为曲面的可能，若零件对竖边垂直度有要求，翻边凸、凹模之间的单边间隙可取为 $(0.75\sim0.85)t$，使直壁稍微变薄，以保证翻边后的竖边成为直壁。如若翻边件的圆角半径很大，竖边高度很小，其目的是为了减轻质量，增加结构的刚性时，可取单边间隙为 $(4\sim5)t_0$，翻边力可降低 30%～35%。若零件对翻边后的竖边垂直度无要求，应尽量取较大的凸、凹模间隙。

小的圆角半径和高的竖边的翻边，仅仅应用在螺纹底孔或与轴配合的小孔的翻边，此时单边间隙 $C=0.65t$。

凸模凹模的间隙也可按表 3-5-1 选取。

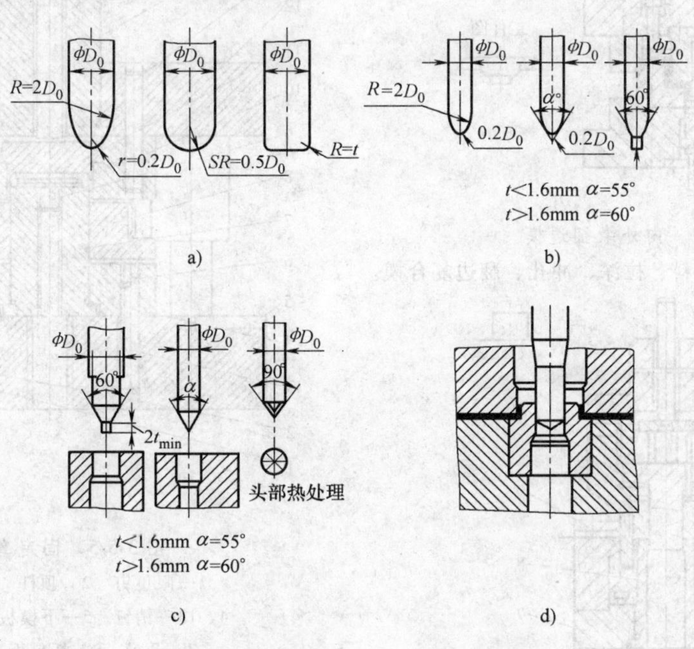

图 3-5-1　常用圆孔翻边凸模的形状和尺寸

a）有预制孔的翻边　b）有预制孔的小孔翻边

c）小孔用穿孔翻边凸模　d）冲孔翻边复合模

表 3-5-1　翻边时凸模和凹模的单边间隙　（单位：mm）

板料厚度	0.3	0.5	0.7	0.8	1.0	1.2	1.5	2.0
平板毛坯翻边	0.25	0.45	0.6	0.7	0.85	1.0	1.3	1.7
拉深后翻边	—	—	—	0.6	0.75	0.9	1.1	1.5

图3-5-2所示为内孔翻边模，其结构与拉深模基本相似。图3-5-3所示为内、外缘同时翻边的模具。

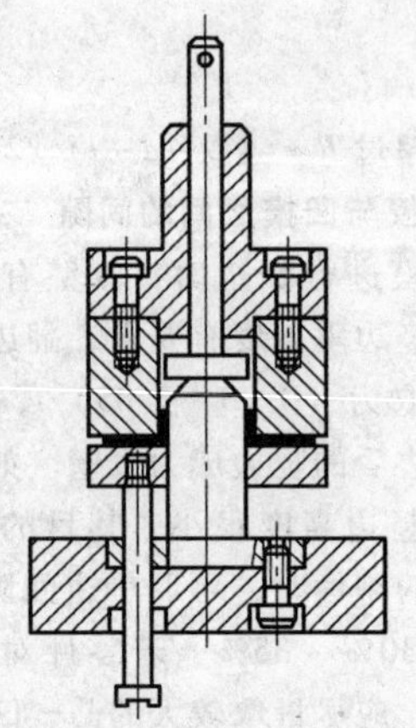

图3-5-2　内孔翻边模

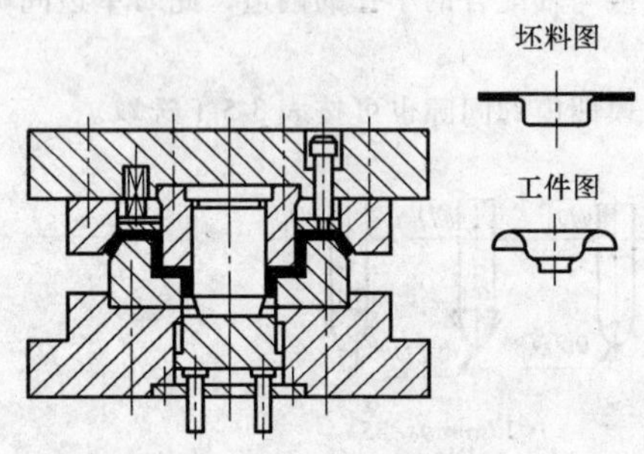

图3-5-3　内外缘翻边模

图3-5-4所示为落料、拉深、冲孔、翻边复合模。

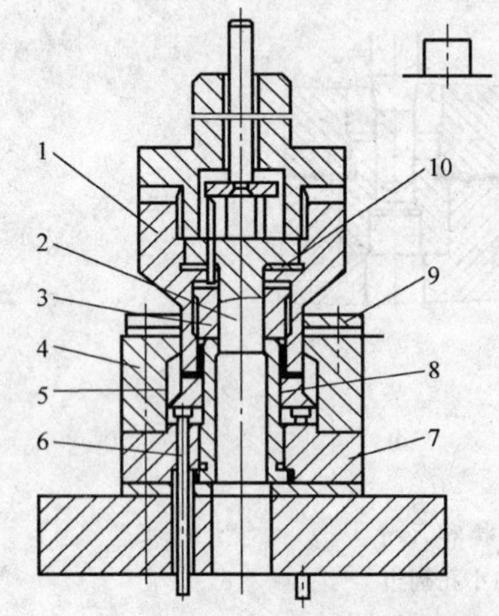

图3-5-4　落料、拉深、冲孔、翻孔复合模

1、8—凸凹模　2—冲孔凸模　3—推件块
4—落料凹模　5—顶件块　6—顶杆
7—固定板　9—卸料板　10—垫片

凸凹模8与落料凹模4均固定在固定板7上，以保证同轴度。冲孔凸模2压入凸凹模内，并以垫片10调整它们的高度差，以此控制冲孔前的拉深高度，确保翻出合格的零件高度。该模具的工作顺序是：上模下行，首先在凸模1和凹模4的作用下落料。上模继续下行，在凸凹模1和凸凹模8相互作用下将坯料拉深，缓冲器的力通过顶杆6传递给顶件块5并对坯料施加压料力。当拉深到一定深度后由凸模2和凸凹模8进行冲孔并翻边。当上模回升时，在顶件块5和推件块3的作用下将工件顶出，条料由卸料板9卸下。

图3-5-5为固定套翻边模，模具采用倒装结构，使用大圆角圆柱形翻边凸模，工件预冲孔套在导正销上定位，压边靠压力机标准弹顶器压边，工件若留在上模由顶出器打下，选用侧滑动导向模架。

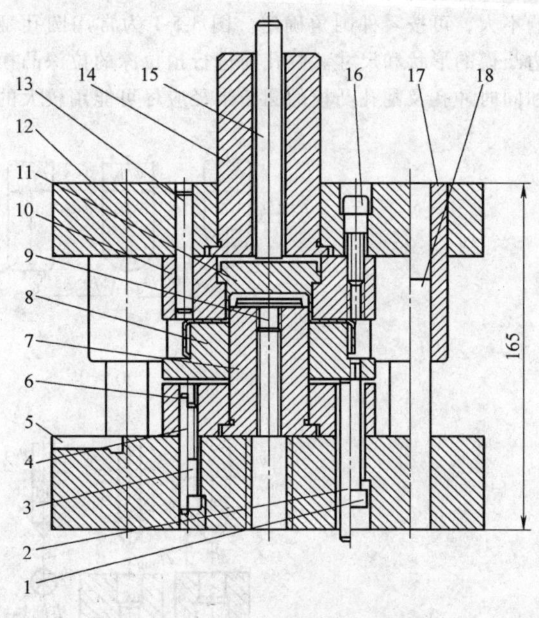

图3-5-5　固定套翻边模

1—限位钉　2—顶杆　3、16—螺栓
4、13—销钉　5—下模板　6—下固定板
7—凸模　8—托料板　9—定位钉
10—凹模　11—上顶出器
12—上模板　14—模柄
15—打料杆　17—导套　18—导柱

图3-5-6为内翻边模，预先冲孔的毛坯放在凸模18上由定位器17定位。翻边后，由压力机的气垫通过四根顶杆19把压料板20顶起，从而把制件顶出；如制件留在凹模11内，则由推杆7和推件器9的作用把制件推出。

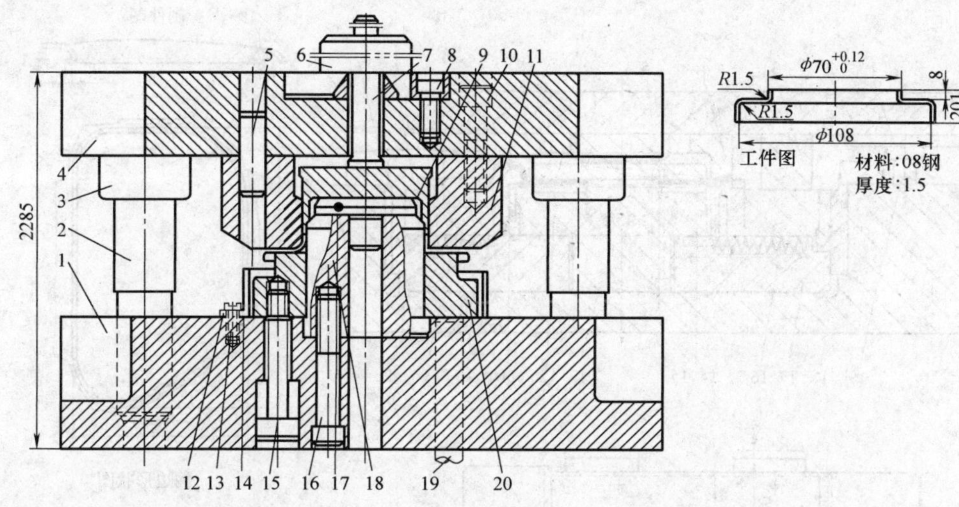

图 3-5-6　内翻边模

1—下模板　2—导柱　3—导套　4—上模板　5—柱销　6—模柄　7—推杆　8、10、16—内六角螺钉　9—推件器　11—凹模　12—固定爪　13—圆头螺钉　14—防护板　15—卸料螺钉　17—定位器　18—凸模　19—顶杆　20—压料板

图 3-5-7 为外翻边模，此模具用于圆筒形拉深件卷边成形前的翻边工序。

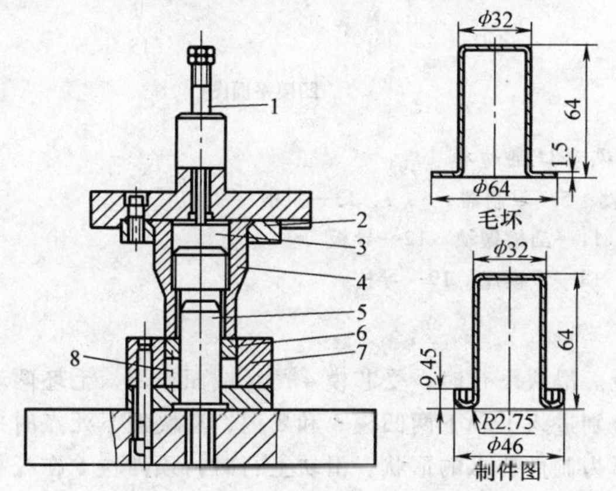

图 3-5-7　外翻边模

1—推杆　2—固定板　3—推件板　4—凸模　5—定位芯子　6—顶板　7—凹模　8—卸料螺钉

圆筒形毛坯套在定位芯子 5 上，凸模 4 随压力机滑块一起下降时，下压毛坯凸缘并与顶板 6 一道向下移动，进入凹模 7，对毛坯进行翻边。压力机滑块上升时，在弹顶器的作用下，顶板 6 升至原位。推杆 1、推件板 3 把制件从凸模上推下。

图 3-5-8 为汽车门外板风窗口翻边模，此模具是将前工序已翻边成直壁的风窗口进一步翻边变成 25mm 宽、平底周边及左侧折边形状。工作过程如下：

工作前，托杆 10 将压料板 17 顶起，装在压料板上的凸模 11 在弹簧 8 的作用下向外张开，凹模 14、15 在弹簧 16 的作用下向内收缩，以便前工序制件进入模内。前工序制件的原窗口套在凸模型面上后，上模下行，装在上模座 2 上的压块 3 压住压料板 17 后继续下行，在斜楔 6、7 的作用下，凸模 11 收缩到工作位置与制件接触。压料板继续下行，装在下模座上的另一个斜楔 13 推动凹模镶块 14、15 向外扩张，完成翻边动作。上模座回升后，弹簧 8、16 推动各镶块回到原始位置。

该模具的最大特点是凸模和凹模采用扩张结构。凸模由 8 块镶块组成，凸模镶块装在滑块 9 上的工作位置（闭合状态）如图 3-5-8 的左下图所示，图中假想线为原始位置。

图 3-5-8 中，右下图为凹模镶块 14、15 的平面图。镶块 14（四块）由斜楔 13 推动向四面扩张，镶块上的斜面又推动四个凹模镶块 15 沿 45°角方向扩张，上模到下死点时，凹模镶块扩张到翻边完成位置。图中双点画线为原始位置。

制件材料为 08Al，厚度为 0.9mm。

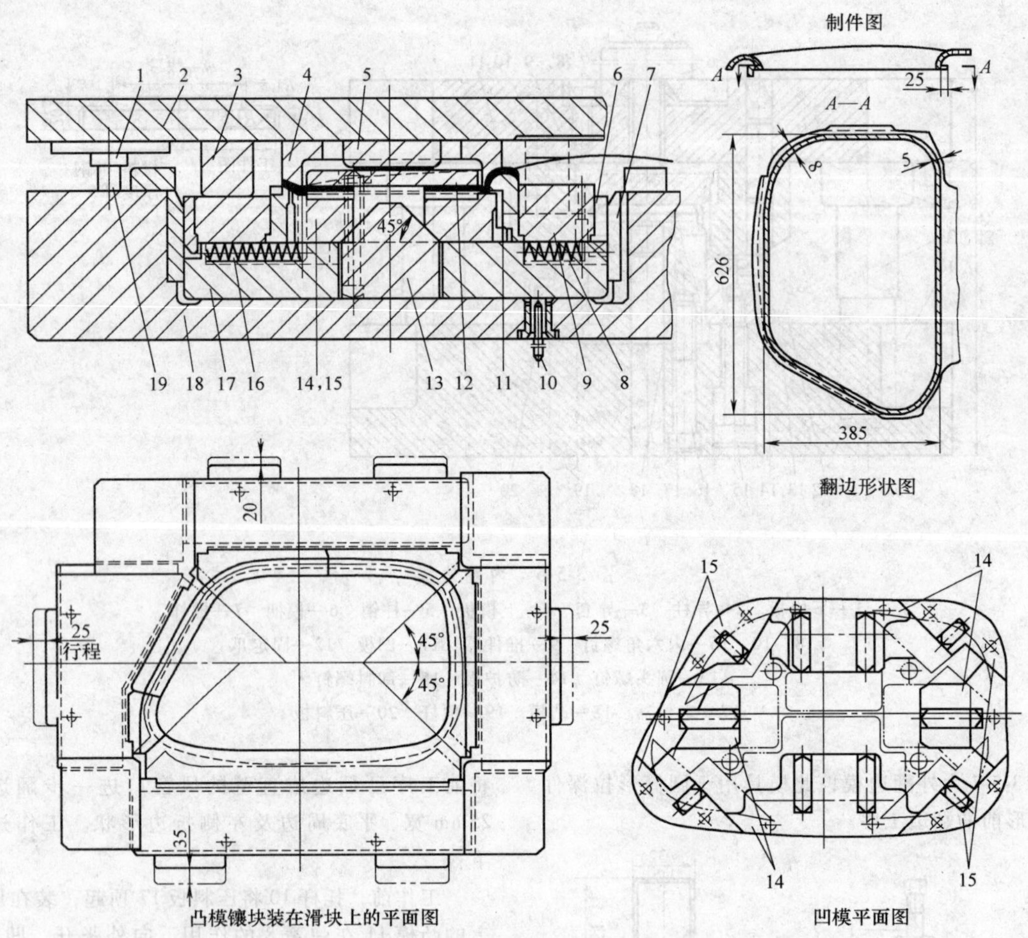

图 3-5-8　汽车门外板风窗口翻边模

1—导套　2—上模座　3—压块　4—压料器　5—限制器　6、7、13—斜楔　8、16—弹簧　9—滑块　10—托杆　11—凸模镶块　12—导板　14、15—凹模镶块　17—压料板　18—下模座　19—导柱

5.2　缩口模

图 3-5-9 所示为不同支承方法的缩口模。图 3-5-9a 是无支承形式，其模具结构简单，但缩口过程中坯料稳定性差。图 3-5-9b 是外支承形式，缩口坯料的稳定性较前者好。图 3-5-9c 是内外支承形式，其模具结构较前两种复杂，但缩口时坯料的稳定性最好。图 3-5-10 为带有夹紧装置的缩口模。图 3-5-11 为缩口与扩口合模，可以得到特别大的直径差。

图 3-5-12 为气瓶的缩口模，工件是有底的缩口件，所以采用外支承方式的缩口模具一次成形。

图 3-5-13 为双头缩口成形模，该冲模将管状毛坯两端缩口并压成八边形。毛坯放在定位板 7 中定位。滑块下行时，受芯模 4 凸缘端面作用，毛坯两端分别进入上、下两凹模 3 和 8 内，滑块到下死点时成形为制件要求的形状。滑块上行时，顶件块 6 在托杆和托板 5 的作用下将制件顶出下凹模 8；制件被上凹模 3 带起，滑块到达上死点时推件块 2 在打杆、上推板 1 的作用下，将制件推出上凹模 3。

图 3-5-14 所示模具用于圆管毛坯的缩径和罩圆。

圆管毛坯竖放在下模 1 上，用定位圈 11 定位。在压力机滑块下降过程中，上模 3 将圆管从直径 $\phi 25$ mm 缩颈到 $\phi 22$mm，最后上模 4、下模 1 把圆管两端压成圆角，上模部分回升时，卸料杆 6、上模 4 把制件从上模中卸下。

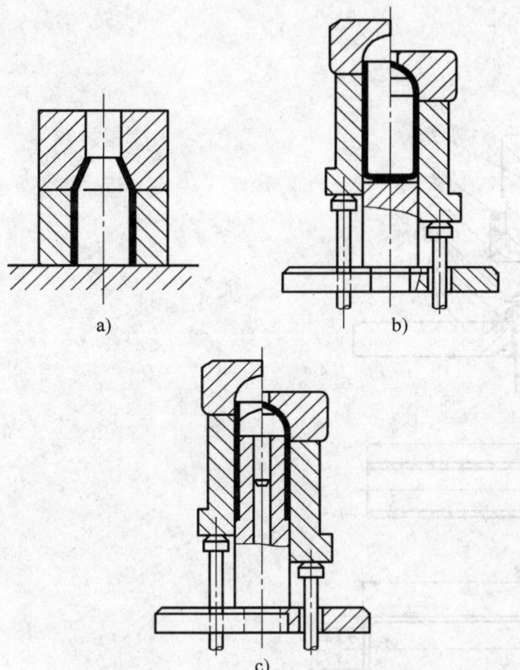

图 3-5-9 不同支承方法的缩口模

a）无支承 b）外支承 c）内外支承

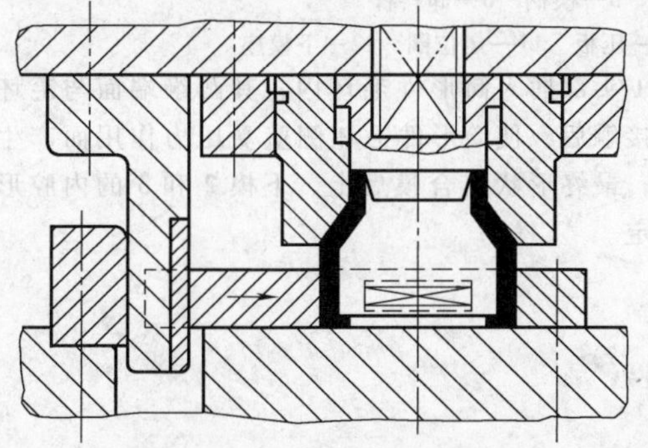

图 3-5-10 有夹紧装置的缩口模

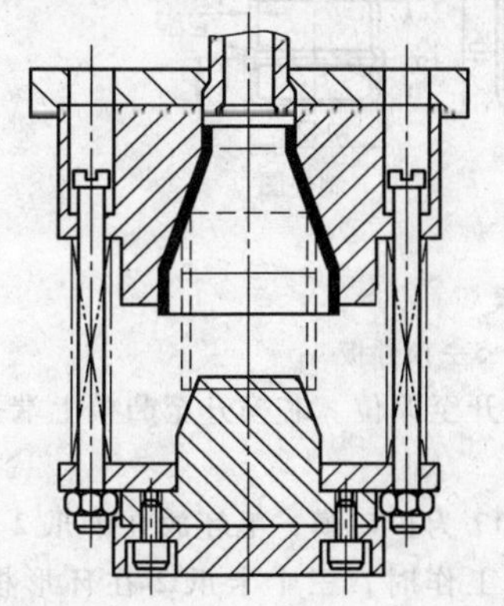

图 3-5-11 缩口与扩口复合模

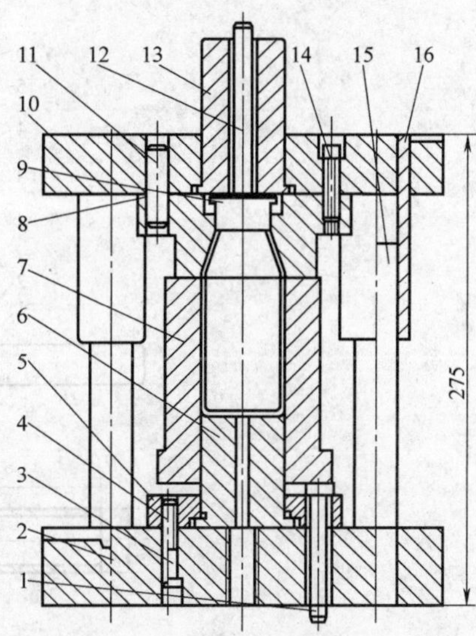

图 3-5-12 气瓶缩口模

1—顶杆 2—下模板 3、14—螺栓

4、11—销钉 5—下固定板 6—垫板

7—外支承套 8—缩口凹模

9—顶出器 10—上模板 12—打料杆

13—模柄 15—导柱 16—导套

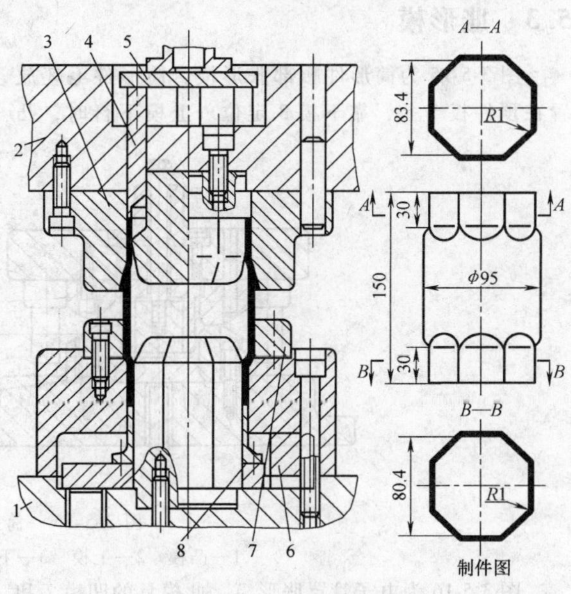

图 3-5-13 双头成形模

1—上推板 2—推件块 3—上凹模

4—芯模 5—托板 6—顶件块

7—定位板 8—下凹模

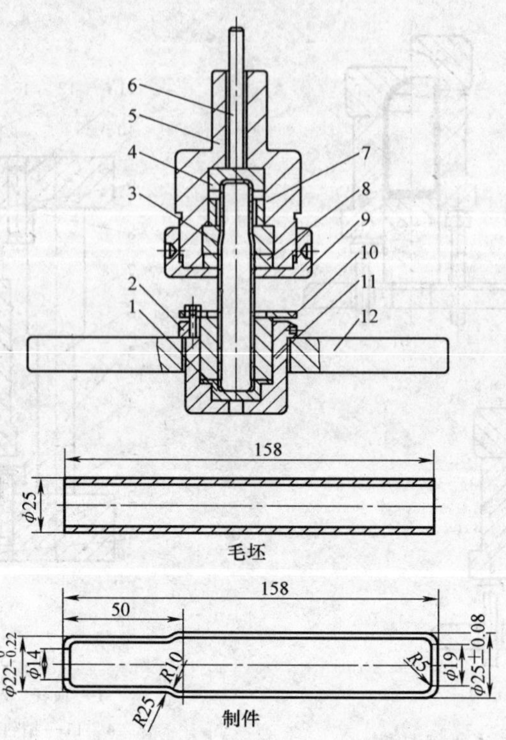

图 3-5-14 鞍管罩圆缩径模

1—下模 2—下模套 3、4—上模 5—模柄 6—卸料杆

7—上模垫圈 8—上模垫块 9—大螺母 10—压板 11—定位圈 12—下模座

5.3 胀形模

图 3-5-15 为筒形件腰部胀形模，筒形件毛坯放置在顶件板 5 上，靠下模 3 定位。上模下行时，凸模 1 头部插入筒形件毛坯内，其凸缘端面与毛坯口部接触后，使筒形件毛坯侧壁受压力作用而产生变形，最终形状由合模后上、下模 2 和 3 的内腔形状决定。

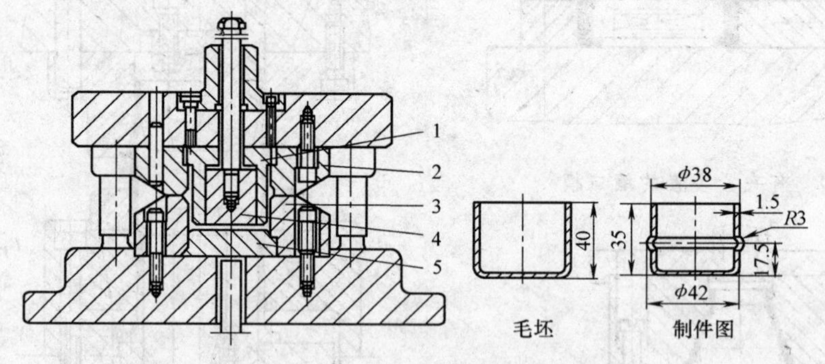

图 3-5-15 筒形件腰部胀形模

1—凸模 2—上模 3—下模 4—推件块 5—顶件板

图 3-5-16 为电子管罩胀形模，此模具的凹模 2 和凸模 3 均为两瓣拼合而成，筒形件毛坯放在定位板 1 上。压力机滑块下行时凸模 3 插入筒形件毛坯内。同时斜楔 7 使凹模 2 合拢。当限位柱 9 接触凹模 2 上端面时，芯模 10 进入凸模 3 下端孔内，将凸模 3 张开，对毛坯进行胀形。工作完毕，上模上行，斜楔提升，凹模左右张开至原位。芯模升至凸模上端孔内，凸模下端缩拢。

图 3-5-17 为扩口模，毛坯放在卡爪 2 上用凸模 3 定位。模具工作时，三个卡爪 2 在环形楔 1 的作用下，向中心移动合成闭合环（卡爪 2 由螺钉 7 与花盘 5 相连接，其上椭圆槽允许卡爪 2 作径向移动），毛

坯颈部在凸模 3 上圆角的作用下逐渐扩开，当压力机滑块降到下死点时，花盘 5 与下模座 4 相碰以矫正凸缘。压力机滑块上升时，卡爪 2 在弹簧 6 的作用下扩开，退至原位。

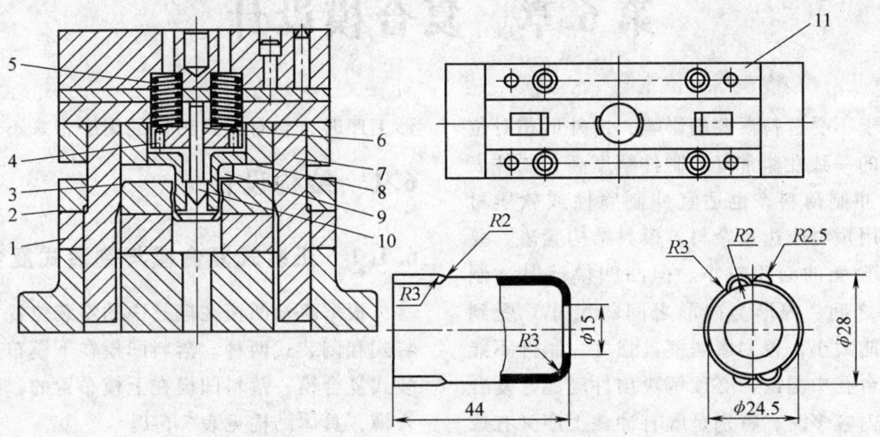

图 3-5-16　电子管罩胀形模

1—定位板　2—胀形凹模　3—胀形凸模　4、5—弹簧　6—上模体　7—斜楔　8—销　9—限位柱　10—芯模　11—导轨

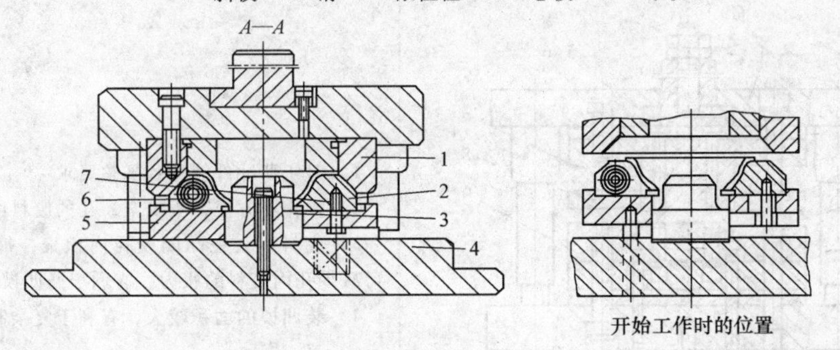

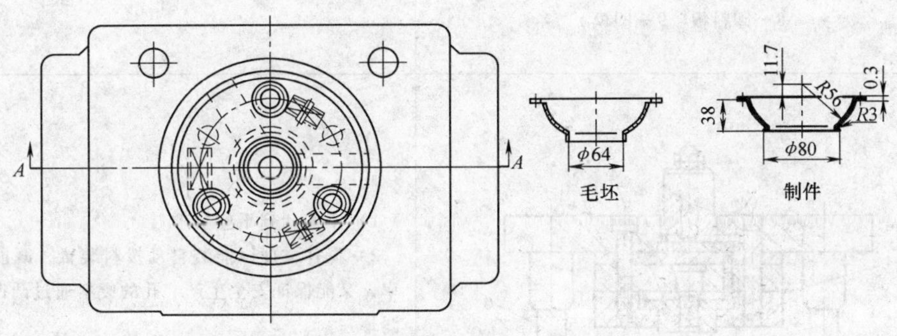

图 3-5-17　扩口模

1—环形楔　2—卡爪　3—凸模　4—下模座　5—花盘　6—弹簧　7—螺钉

第6章　复合模设计

复合模由于不受送料误差的影响，内外形相对位置及零件尺寸的一致性非常好，制件精度高，制件表面平直，适宜冲制薄料，也适宜冲制脆性或软质材料，可充分利用短料或边角余料，模具结构紧凑，要求压力机工作台面的面积较小。但凸凹模壁厚（制件内形与外形之间、内形与内形之间的尺寸）受到限制，尺寸不能太小，否则影响模具强度，制件不能从压力机工作台孔中漏出，必须解决出件问题。复合模复合的工序内容多时，特别是既有冲裁工序又有成形工序时，会对模具刃口的刃磨带来不便。

6.1　结构设计

6.1.1　正装式复合模与倒装式复合模

根据落料凹模在模具中的安装位置，复合模有正装式和倒装式两种。落料凹模在下模布置的，称为正装式复合模；落料凹模在上模布置的，称为倒装式复合模，具体结构见表3-6-1。

表3-6-1　复合模的结构形式与特点

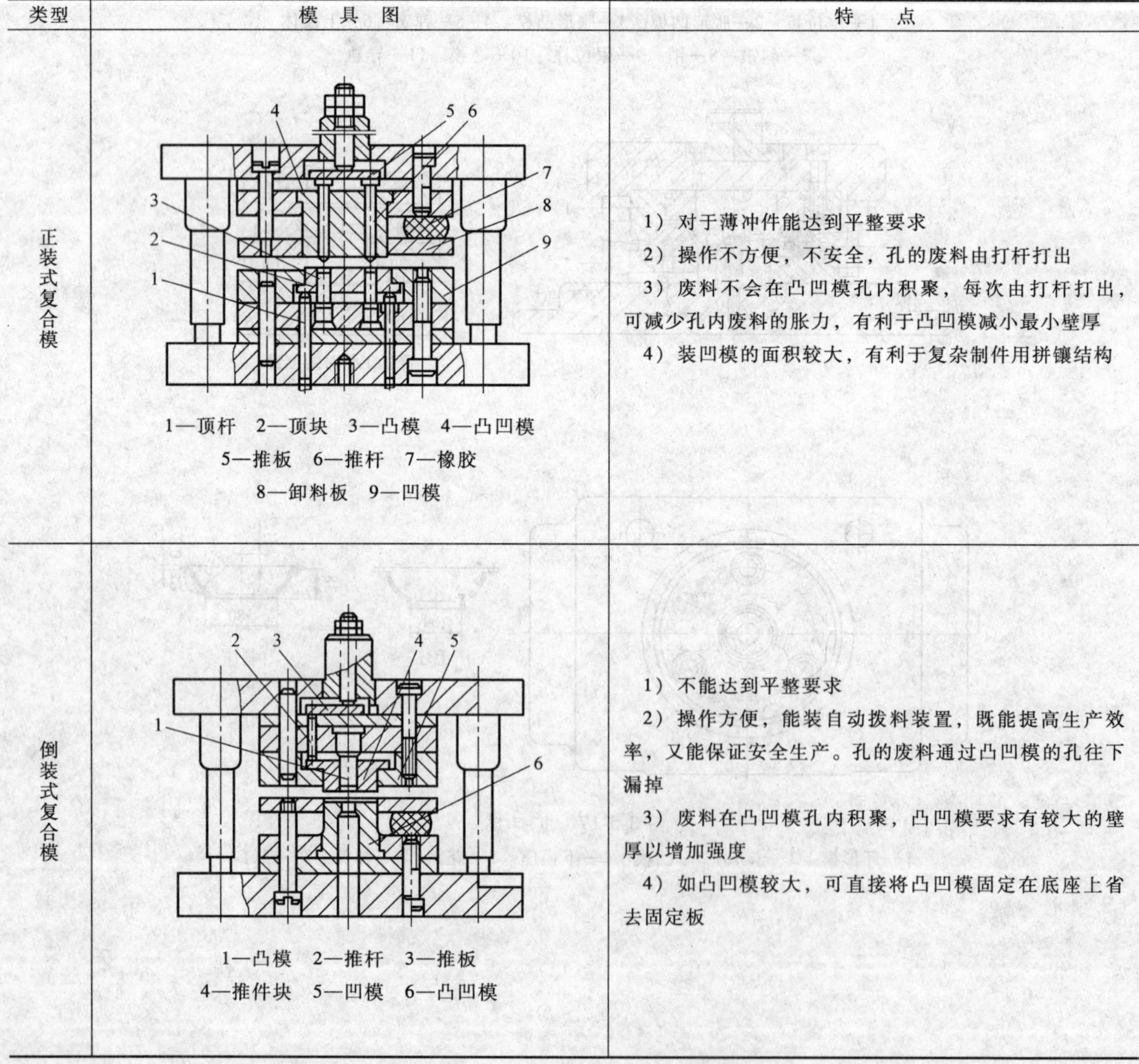

类型	模具图	特点
正装式复合模	1—顶杆　2—顶块　3—凸模　4—凸凹模 5—推板　6—推杆　7—橡胶 8—卸料板　9—凹模	1）对于薄冲件能达到平整要求 2）操作不方便，不安全，孔的废料由打杆打出 3）废料不会在凸凹模孔内积聚，每次由打杆打出，可减少孔内废料的胀力，有利于凸凹模减小最小壁厚 4）装凹模的面积较大，有利于复杂制件用拼镶结构
倒装式复合模	1—凸模　2—推杆　3—推板 4—推件块　5—凹模　6—凸凹模	1）不能达到平整要求 2）操作方便，能装自动拨料装置，既能提高生产效率，又能保证安全生产。孔的废料通过凸凹模的孔往下漏掉 3）废料在凸凹模孔内积聚，凸凹模要求有较大的壁厚以增加强度 4）如凸凹模较大，可直接将凸凹模固定在底座上省去固定板

复合模正、倒装结构的选择，需要综合考虑以下问题：

1）为使操作方便安全，要求冲孔废料不出现在模具工作区域，此时应采用倒装结构，以使冲孔废料通过凸凹模孔向下漏掉。

2）提高凸凹模强度为首要问题，尤其在凸凹模壁厚较小时，应考虑采用正装结构。

3）当凹模的外形尺寸较大时，若上模能布置下凹模，则应优先采用倒装结构。只有当上模不能容纳下凹模时，才考虑采用正装结构。

4）当制件有较高的平整度要求时，采用正装结构可获得较好的效果。但在倒装式复合模中采用弹性推件装置时，也可获得与正装式复合模同样的效果。在这种情况下，还是优先考虑采用正装结构为好。

总之，在保证凸凹模强度和制件使用要求的前提下，为了操作安全、方便和提高生产率，应尽量采用倒装结构。

复合模多工序组合方式可查表 3-1-5。

6.1.2　凸凹模的最小壁厚

凸凹模的最小壁厚尺寸太小，在冲压过程中会导致凸凹模开裂。为了保证凸凹模孔壁强度，避免开裂，可采取如下措施：

1）增加凸凹模有效刃口尺寸以下的壁厚，如图 3-6-1a 所示，或采用图 3-6-1b 所示的方法增加凸凹模内形壁厚，且将废料反向顶出。

2）采用正装式复合模，使凸凹模孔内只有一个废料且立即将废料推出，减少废料对孔壁的胀力。

复合模的最小壁厚可按表 3-6-2 选取，或者是参照表 3-1-16、表 3-1-17 选用。

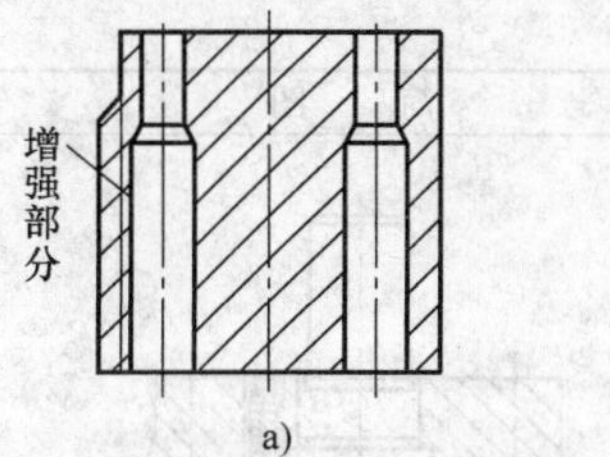

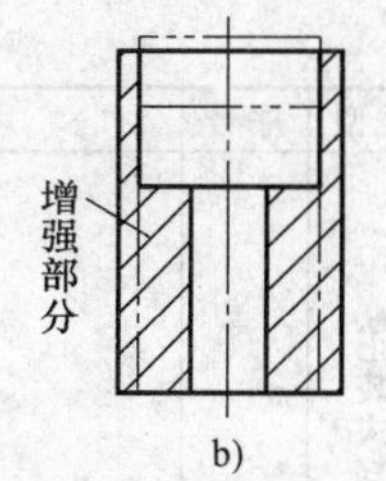

图 3-6-1　凸凹模壁厚的增强
a）增加有效刃口尺寸以下壁厚　b）增加壁厚且使废料反向顶出

表 3-6-2　复合模最小壁厚

（单位：mm）

制件材料	材料厚度 t		
	≤0.5	0.6～0.8	≥1
铝、纯铜	0.6～0.8	0.8～1.0	(1.0～1.2) t
黄铜、低碳钢	0.8～1.0	1.0～1.2	(1.2～1.5) t
硅钢、磷铜、中碳钢	1.2～1.5	1.5～2.0	(2.0～2.5) t

注：表中小的数值用于凸圆弧与凸圆弧之间或凸圆弧与直线之间的最小距离，大的数值用于凸圆弧与凹圆弧或平行直线之间的最小距离。

6.1.3　复合模的推件装置

复合模的卸料装置形式与单工序模具相同。与单工序模不同，正装式复合模的冲孔废料嵌在上模的凸凹模内，必须通过推件装置将废料打下。推件装置的形式随制件的形状不同而不同，倒装式复合模工作时制件嵌在上模部分的凹模中。推件装置须根据制件形状设计，复合模推件装置的结构形式与特点见表 3-6-3。

表 3-6-3　复合模推件装置的结构形式与特点

类型	序号	简　图	特　点
正装式复合模	1		为在制件中心冲单孔的推件形式，图中推板（亦称推件板）直接固定在打杆上
	2		是冲双孔（多孔）且孔距不大的情况下的推件形式，打杆推动推板，推板推动两根（多根）推杆将冲孔废料推出

（续）

类型	序号	简 图	特 点
正装式复合模	3	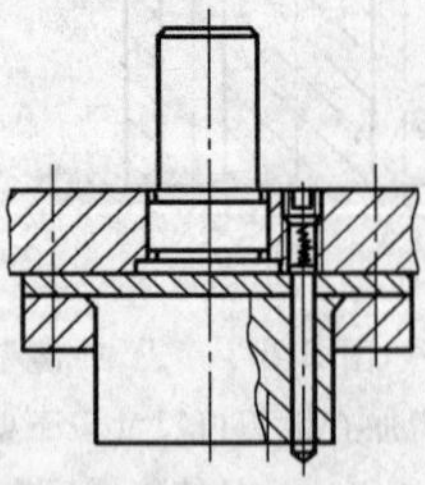	为制件孔的中心与模具中心相距较远时的推件形式，冲孔废料是由装在上模座内的推杆在弹簧力作用下推出的
倒装式复合模	1	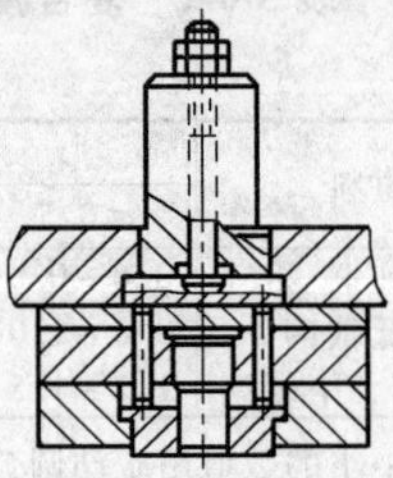	为制件中心有孔时常用的推件形式，由打杆推动推板、推杆，最后由推件块将制件推下
	2	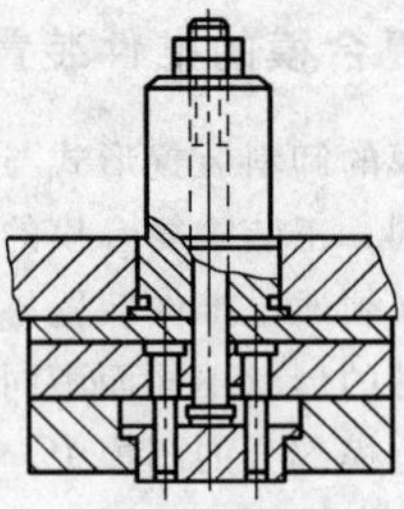	是制件上的几个孔位于中心四周时的推件形式，由打杆直接推动推件块将制件推下
	3	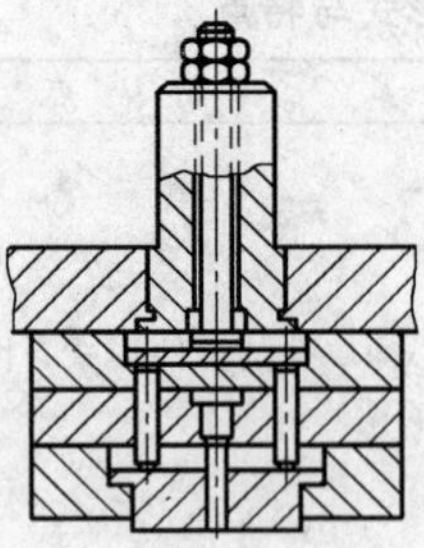	是推件装置的另一种形式。目的是增加上模座的强度，故而将推板运动区域放在垫板内

为使推件力分布均匀，将打杆的一点力分为几点力，就需要推板作为过渡。推板通过推杆，将力均匀地传递到推件块上，使推件块平稳地将制件推下。

推板的形状按制件的形状来设计，既要推杆（着力点）少，又要能平稳地推下制件，且不能因推板而过多地削弱模柄或上模座的强度。常用的推板形状参见图3-1-8。

推板厚度可根据推件力的大小和推件块的形式来决定，一般不应小于5mm。推件装置的设计参见本篇第1章1.4卸料与推（顶）件装置，同时应注意以下几点：

1）推杆应能使推件块有效地推下制件，但不可太长，避免在压力机滑块行程的下死点推板或推件块的上平面与模具其他零件接触而受力，合理的设计应保证留有一定的间隙 e（图 3-6-2）。

2）推件装置要有足够的位移量，一般应在上模接近上死点之前就完成推件动作。

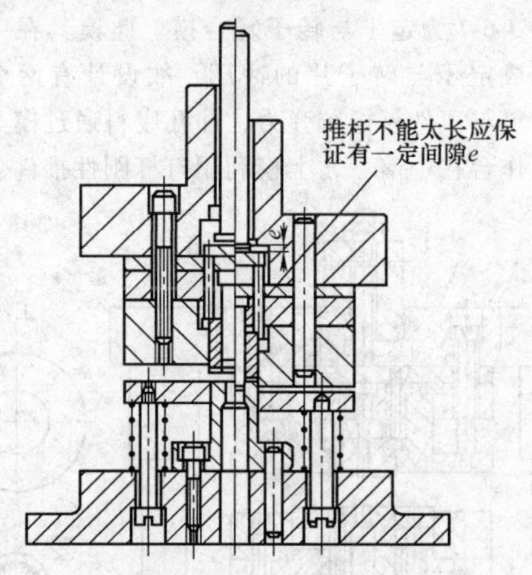

图 3-6-2　推杆的长度要求

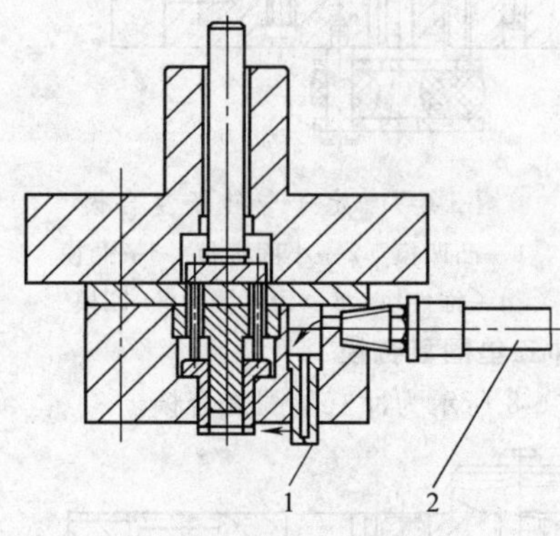

图 3-6-3　使用压缩空气吹走制件

1—喷嘴　2—气管

3）有气源的车间，应尽量利用压缩空气将制件吹离模具工作区（见图 3-6-3）。如果推件块有足够位置，应安装弹簧顶销，以方便压缩空气从工件和推件块之间吹过，如图 3-6-4 所示。也可在推件块上开孔，见图 3-6-5：压缩空气一路从推件块中通过，使制件与推件块分离；另一路压缩空气将制件吹走。

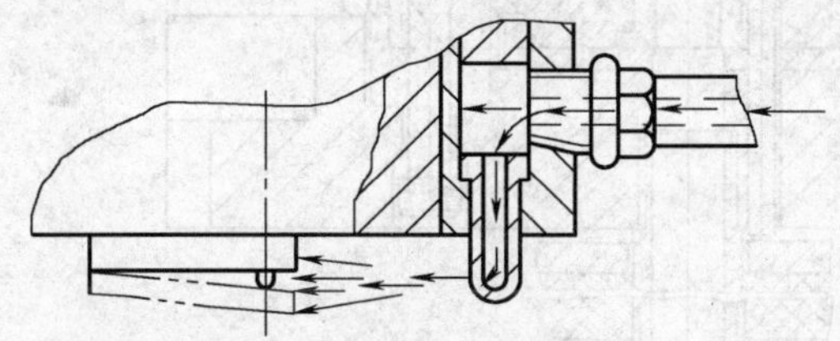

图 3-6-4　推件块上安装弹簧顶销

因结构原因不能在推件块上安装弹簧顶销或开气孔时，可在推件块上开通气槽以利于压缩空气将制件与推件块分离（图 3-6-6）。

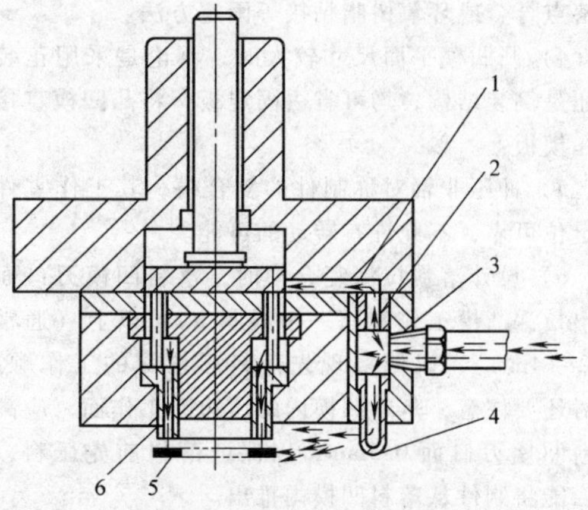

图 3-6-5　在推件块上开气孔

1—通气槽　2—气塞　3—模块

4—喷嘴　5—制件　6—推板

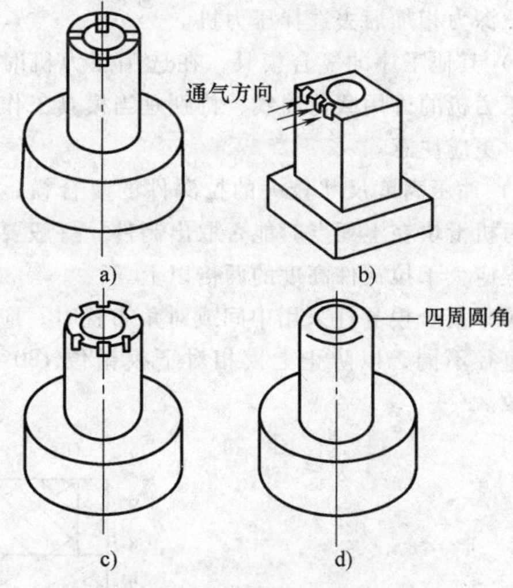

图 3-6-6　推件块上的通气槽

6.2　复合模设计注意事项

在复合模设计时，需要对以下问题予以注意：

1）复合模是在模具的同一位置上完成两道或两道以上的工序，模具结构较复杂，因此，应在上、下模间设置导向装置。

2）复合模为倒装结构时，通常采用弹性卸料板卸料。若冲压毛坯为块料，则可用废料刀卸料。当复合模为正装结构时，若卸料力不大，应采用弹性卸料装置。只有卸料力较大，用弹性卸料不能满足卸料力要求时，才采用刚性卸料装置。由于弹性卸料具有操作方便的优点，应尽量采用弹性卸料。

3）外形复杂的凸凹模，通常设计成直通形式，以方便线切割加工。此时凸凹模的固定方式要依凸凹模结构形状及尺寸而定，可采用螺钉、销钉、铆接、低熔点合金或环氧树脂粘接等固定方法。

4）凸凹模平面尺寸较大时，不论是采用正装结构还是倒装结构，均可省去固定板，将凸凹模直接固定在模板上。

5）冲压非轴对称制件的复合模，其工作零件必须定位可靠，不允许有转动的可能。

6）设计落料拉深复合模时，落料凹模刃口面应高出拉深凸模工作端面一个料厚（t）以上（通常取$t+2\sim4$mm），以便实现先落料后拉深的工作顺序。同对还要注意，落料凹模内的压边圈工作面，应高出落料凹模刃口面0.5mm，以保证落料前先压料，拉深后能将制件从落料凹模内推出。

7）落料拉深复合模在选用压力机公称压力时，应当注意压力机的许用载荷曲线，使落料力和拉深力均在压力机许用载荷曲线以内，而不能简单地将落料力与拉深力相加后去选择压力机。

8）其他工序的复合模具，在选用压力机时也应注意压力机的许用载荷曲线，特别是当模具工作行程较大时更应注意。

9）冲压高度尺寸较大的拉深件的复合模，应注意压力机滑块在上死点时能否取出制件。一般要求滑块行程应大于拉深件高度的两倍以上。

10）复合模导柱采用中间或对角布置时，应使两导柱直径不同，以防止上模相对下模错位180°而发生事故。

6.3 典型结构

1. 定子与转子复合模

图3-6-7为定子与转子复合模。此模具在一次冲程内完成定子与转子片的冲压，故设计有两个凸凹模。卸料与顶件靠橡胶弹力，冲孔废料通过模具从压力机工作台孔中落下，上模利用打杆刚性推件。

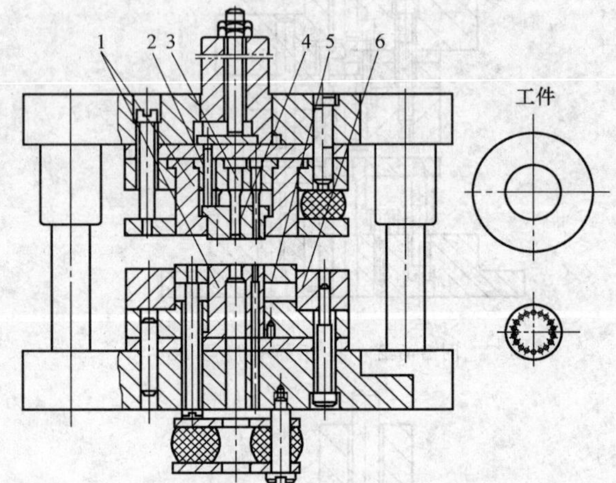

图3-6-7 定子与转子复合模
1—凸凹模 2—小固定板 3—凸模
4—推件块 5—顶件器 6—凹模

2. 冲三垫圈复合模

图3-6-8所示为冲三垫圈复合模。

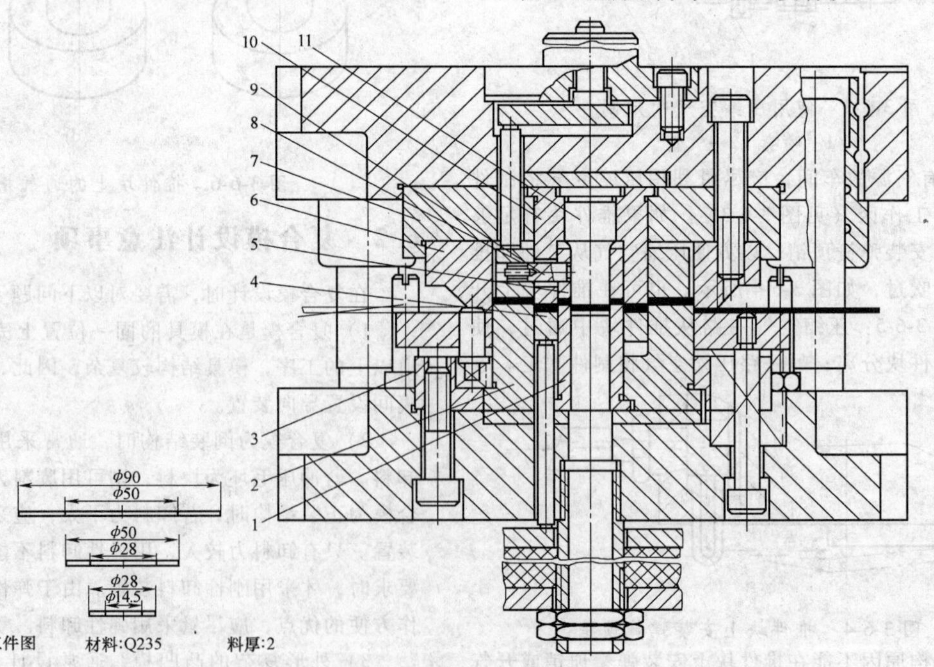

图3-6-8 冲三垫圈复合模
1、2、10—凸凹模 3、7—固定板 4—弹顶器 5—推件块
6—凹模 7—固定板 8—内螺纹圆柱销 9—外推件块 11—凸模

该模具为保证三种垫圈的同轴度，下模以凸凹模 2 套住凸凹模 1，并以固定板 3 固定镶在下模座的凹窝内。上模以固定板 7 的凹窝和内孔分别套住凹模 6 和凸凹模 1，而凸凹模 10 又套住凸模 11，这样只要上、下模座的凹窝同轴，则能保证三垫圈的同轴。制造时先加工模座凹窝，后加工导柱、导套孔。采用低熔点合金固定导套以简化加工。

上模出件采用刚性推件装置，推件块 5 与外推件块 9 由内螺纹圆柱销 8 连成一体，下模出件由弹顶器进行，废料则通过圆管漏落在压力机工作台孔下。

3. 带浮动模柄的复合模

图 3-6-9 为带浮动模柄的复合模。

此模具装有由件 1、2、3、4 组成的浮动模柄，以浮动模柄球面间的相互转动消除压力机滑块的运动误差，保证了模架的导向精度。

4. 落料、压印复合模

图 3-6-10 为落料、压印复合模。

该模具落料凸模兼作压印冲头，在落料凹模 4 内装有另一压印冲头下模 3。工作时，落料完成后，上模继续下行进行压印。压印完成后，在压力机向上行程中，由螺杆 2 带动顶板 6 上升，顶杆 5 顶下模 3 而将制件顶出。

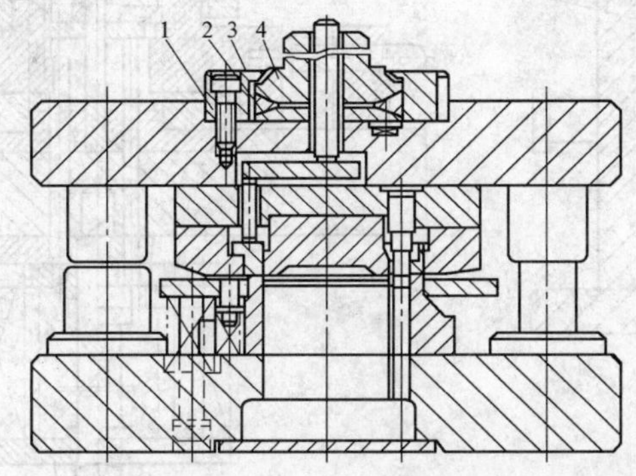

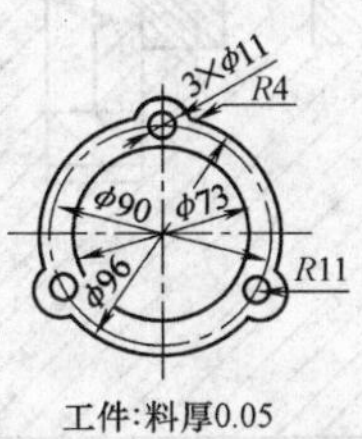

图 3-6-9　带浮动模柄的复合模

1、2、3、4—组成浮动模柄

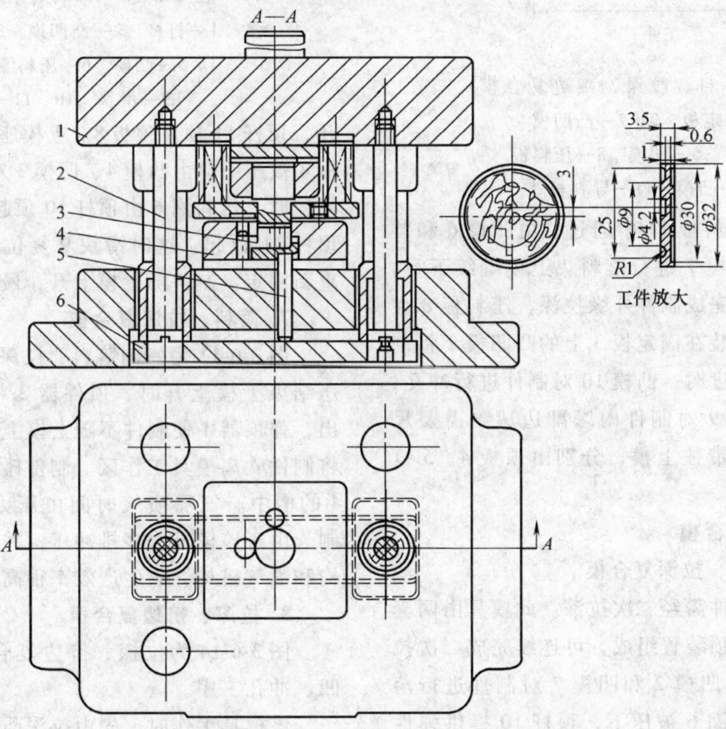

图 3-6-10　落料、压印复合模

1—上模座　2—螺杆　3—下模　4—落料凹模　5—顶杆　6—顶板

5. 落料、拉深、翻边复合模

图 3-6-11 为落料、拉深、翻边复合模。

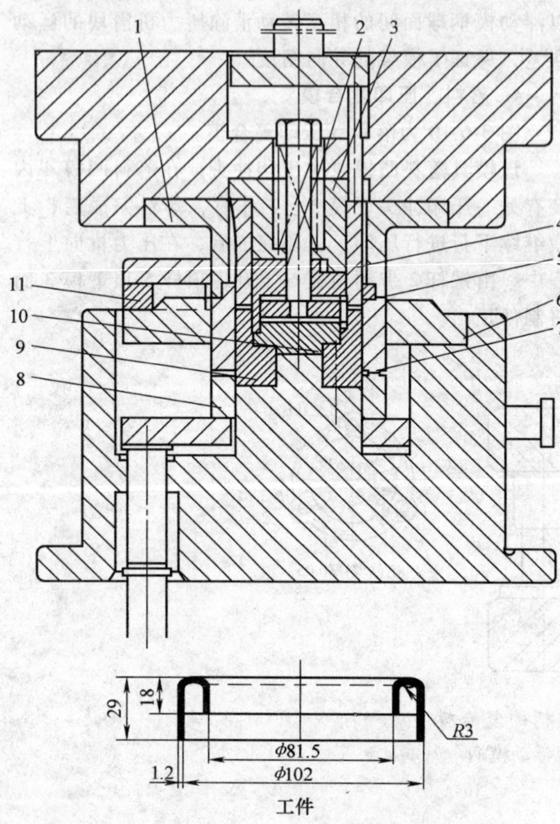

图 3-6-11 落料、拉深、翻边复合模

1、3—固定板 2、7—凸凹模

4、5—顶板 6—凹模 8—压料板

9、10—凸模 11—导料板

冲压时条料从导料板 11 中通过，由凹模 6 和装在固定板 1 上的凸凹模 7 进行落料。上模继续下行，由凸凹模 7 和凸模 9 完成制件外缘拉深，压料板 8 在拉深时起压料作用。装在固定板 3 上的凸凹模 2 将制件内缘拉深至一定高度时，凸模 10 对制件进行冲孔，再由凸凹模 2 和凸模 9 对制件内缘翻边达到需要尺寸。制件和废料均被带往上模，分别由顶板 4、5 打下。

6. 落料、拉深复合模

图 3-6-12 为落料、拉深复合模。

经计算，图示制件需经二次拉深。此模具由两套拉深凸模、凹模和弹顶装置组成，可连续完成二次拉深。工作时条料由凸凹模 2 和凹模 7 对制件进行落料。上模下降、压料圈 6 被压下，顶杆 10 提供弹性力，由凸模 5 和凸凹模 2 完成首次拉深。上模继续下降，压料圈 6 使滑块 9 外移将顶板 8 从滑块 9 槽中脱

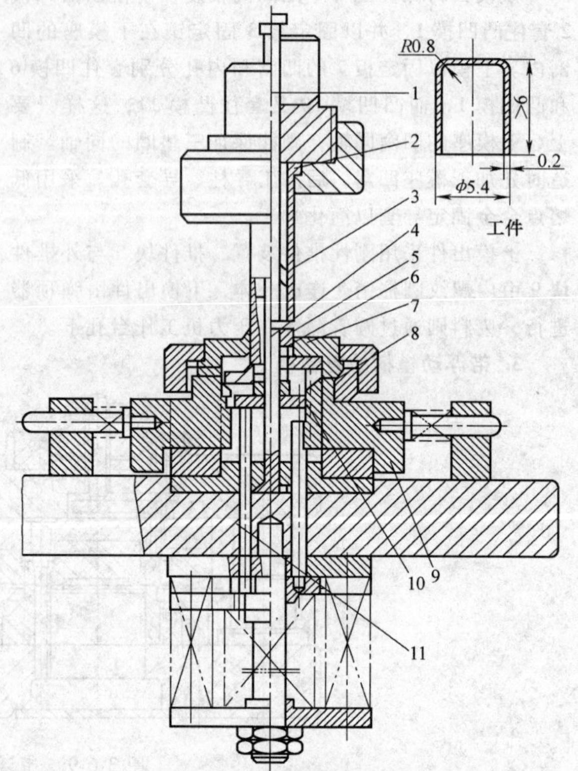

图 3-6-12 落料、拉深复合模

1—打杆 2—凸凹摸 3、7—凹模

4、5—凸模 6—压料圈 8—顶板

9—滑块 10、11—顶杆

开，顶杆 11 顶住顶板 8。上模座再下降，凸模 5 和顶板 8 被压下，由凸模 4、凹模 3 对制件进行二次拉深。回程时，压料圈 6 由顶杆 10 顶起，凸模 5、顶板 8 由顶杆 11 顶起。这时滑块 9 复位并将凸模 5 和顶板 8 重新固定。制件随上模上升，最后由打杆 1 打下。

7. 落料、拉深复合模

图 3-6-13 为一副落料、拉深复合模。该模具在冲压结束上模上升时，顶件器 2 将制件从凹模 3 中顶出，弹顶器 1 使制件不随上模上升。同时气嘴 6 吹气将制件吹离模具工作区。制件碰到挡板 5 落入下模座 4 的槽中。气嘴喷气时间由压力机滑块通过气阀控制。由于该模具为多排冲压，并装有钩式自动送料机构和喷气机构，故生产效率很高。

8. 拉深、挤边复合模

图 3-6-14 为拉探、挤边复合模，同时还完成压凹、冲孔工序。

该模具工作时，先由拉深凸模 5 和凹模 3 对板料进行拉深，到所需高度后再由挤边凸模 4 和凹模 3 进行挤边，同时完成压凹、冲孔工序。

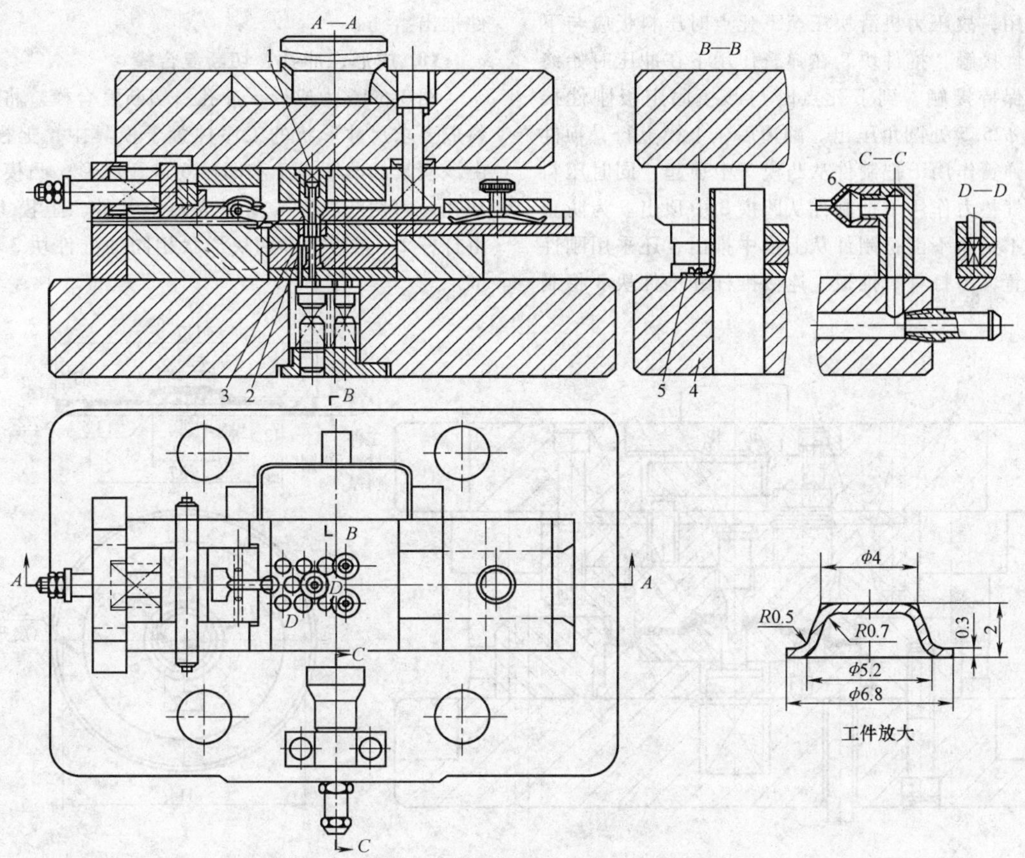

图 3-6-13　落料、拉深复合模

1—弹顶器　2—顶件器　3—凹模　4—下模座　5—挡板　6—气嘴

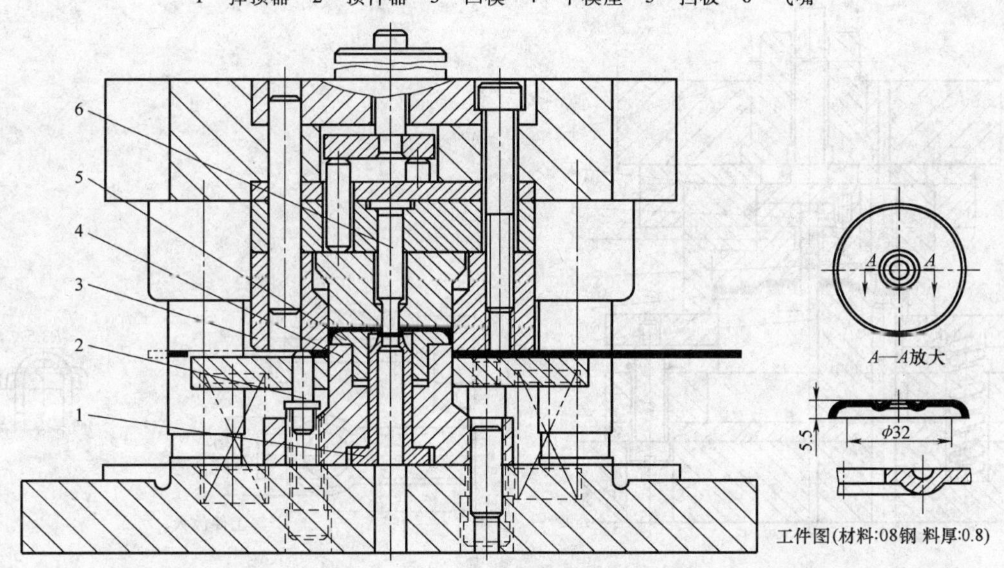

图 3-6-14　拉深、挤边复合模

1—冲孔凹模　2—挡料销　3—凹模　4—挤边凸模　5—拉深凸模　6—凸模

9. 内、外缘翻边复合模

图 3-6-15 所示为内、外缘翻边复合模。

工作时，毛坯套在凸模 7 上并由它定位，凸模 7 装在压料板 5 上。压料板 5 既起压料作用，又起整形凹模作用，故压力机滑块压至下死点时压料板应与下模座刚性接触，推件块8在弹簧作用下在冲压时始终与毛坯保持接触，到下死点时与凸模固定板刚性接触，把 $\phi25.5$ 处圆角压出。翻边后，上模上行，顶件块6在弹簧作用下把制件从凸模7中顶起，同时压料板5在气垫力作用下把制件从凹模3中顶出。为防止弹簧力不足而不能把制件从上模中推出，还采用刚性推件装置，由打杆、推板、连接推杆和推件块8将制件推出。

10. 成形、冲孔、切断复合模

图3-6-16为成形、冲孔、切断复合模。将事先落料成要求尺寸形状的工序件置于模具中，上模下行，由该模具的凸凹模7和凹模6进行成形，凸模5进行冲孔，由切断凸模4切断成两个制件。上模上行时，由打杆1、推板2和两块形状相同的推件块3将工件推下。

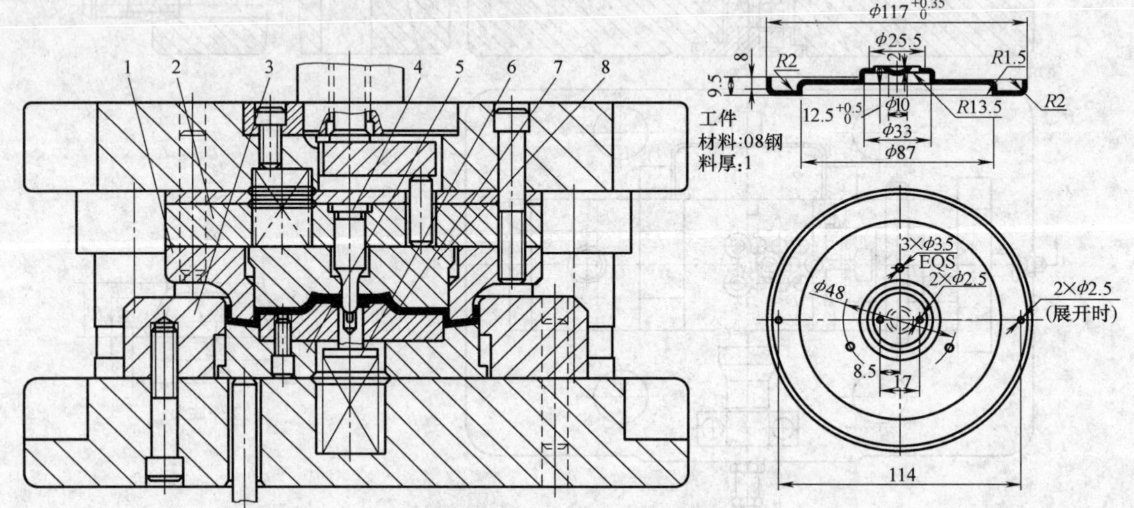

图3-6-15 内外缘翻边复合模

1—凸凹模 2—凸模固定板 3—凹模 4、7—凸模 5—压料板 6—顶件块 8—推件块

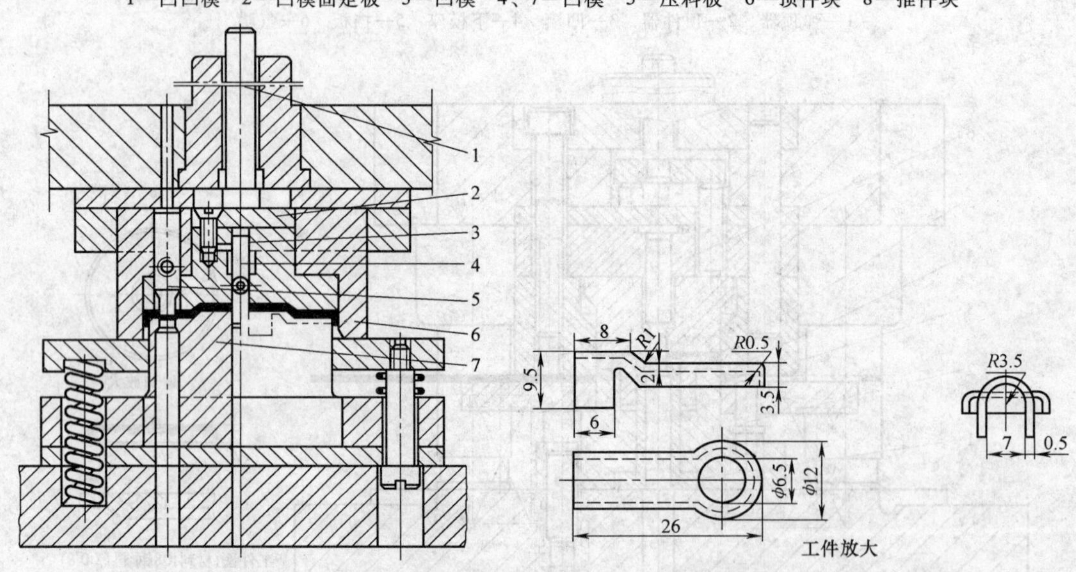

图3-6-16 成形、冲孔、切断复合模

1—打杆 2—推板 3—推件块 4—切断凸模 5—凸模 6—凹模 7—凸凹模

第7章　级进模设计

7.1　级进模结构特点

7.1.1　结构组成与特点

1. 结构组成及工作要求

级进模的结构组成见表3-7-1。

2. 结构特点

与单工序模和复合模相比，级进模的结构具有以下特点：

1）构成级进模的零件数量多，结构复杂。

2）模具制造与装配难度大，精度要求高，步距控制精确，且要求刃磨、维修方便。如有些电机定转子级进模，其主要零件制造精度达2μm，步距精度达2～3μm，总寿命达1亿次以上。

3）刚性大。

4）对有关模具零件材料及热处理要求高。

表3-7-1　级进模结构组成

单　元	功　能		主 要 零 件
工作单元	冲压加工		凸模、凹模
辅助单元	卸料		卸料板、卸料螺钉、弹簧
	定位	X向	挡料销、侧刃
		Y向	导料板、侧压装置
		Z向	浮顶销等
		精定位	导正销
	导向	外导向	模架、导柱、导套
		内导向	小导柱、小导套
	固定		凸模固定板、上下模座、模柄、螺钉、销钉
	其他		承料板、限位板、安全检测器等

5）一般应采用导向机构，有时还采用辅助导向机构。

6）自动化程度高，常设有自动送料、安全检测等机构，以便实现高效自动化生产。

7.1.2　结构设计方法

1. 设计依据

级进模设计应掌握的数据参见表3-7-2。

表3-7-2　级进模设计前应掌握的数据

项　目	设计前应掌握的数据
工件与材料	板厚与精度、材质、料宽、热处理、毛刺方向的要求，纤维方向的要求
模具设计资料	批量、模具的形式、材料送进方向的要求，凸模、凹模、导正销、误送检测器、推顶器、卸料板、导柱、限位销、浮顶销等的形式及材质，精加工方法，间隙、凹模落料角、刃口有效段长度
模具材质	凸、凹模的材质
模架	形式、材质、尺寸、模柄尺寸
压力机	形式、吨位、行程、每分钟冲程数、开启高度、送进方向、滑块与台面尺寸、模柄孔尺寸
尺寸标注	有效位数、尺寸公差标注要求
图样	图样尺寸、图号、名称的标注要求

2. 设计原则

级进模设计应遵循以下原则：

1）尽量选用成熟的模具结构或标准结构。

2）模具要有足够的刚性，以满足精度和寿命要求。

3）模具应具有良好的加工工艺性。

4）送料方便，操作简便安全，易于出件。

5）要考虑废料处理和安全性问题。

6）模具有关零件之间的安装要准确可靠、联接牢固。

7）模具结构与现有冲压设备要协调匹配。

8）模具易损件更换、维修方便。

3. 设计要素与步骤

级进模结构设计要素参见表3-7-3。

表 3-7-3 级进模结构设计要素

项目	内容	要素
冲压过程	毛坯材料 ↓ 加工方法及工艺问题 ↓ 产品	材质、种类、特性、形状、精度 加工方法与过程，加工极限、工艺条件、材料的运动、成形工序、成形障碍、排样 尺寸精度、外观、性能
材料定位	毛坯材料在 X、Y、Z 方向的运动及与模具之间相对位置的保持	导正销、导向、切边、挡料销、浮顶器、推板、打板、误动作检测
模具结构	与加工单元的关系 与毛坯材料运动的关系 凸、凹模关系的保持 确保模具刚性的方法 定位销	模具类型、模板类型、模板结构、卸料螺钉的使用方法、挡料销
安装与安全	模具在压力机上的安装与送料机构的关系、与模具维护的关系 搬运、保养、安全对策	行程、送料线高度、夹持方法、模具的起吊、模具的大小、外形、模具的装配、分解、调整及防止危险的对策

级进模设计步骤参见图 3-7-1。

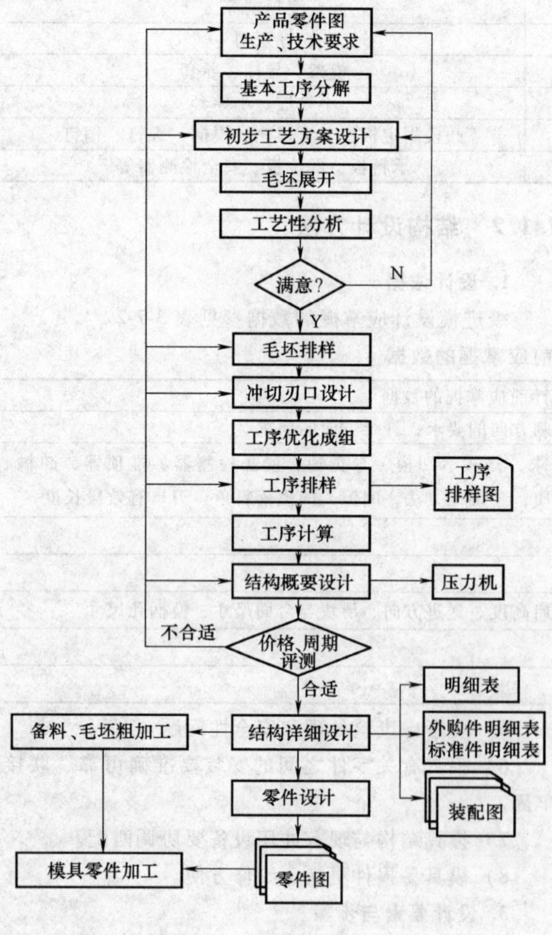

图 3-7-1 级进模设计步骤

7.2 模具零件设计

7.2.1 凸、凹模设计

1. 凸、凹模设计原则

1）凸模和凹模要有足够的刚度和强度；

2）凸模和凹模安装稳定可靠，便于更换；

3）为减小多工位级进模各工位之间步距的累积误差以及确保凸、凹模间的间隙值，在标注凹模固定板、凸模固定板、卸料板等零件中与步距有关的孔位尺寸时，要以凹模第 1 工位定为坐标原点（尺寸基准）向后标注，公差均为步距公差，如图 3-7-2 所示。

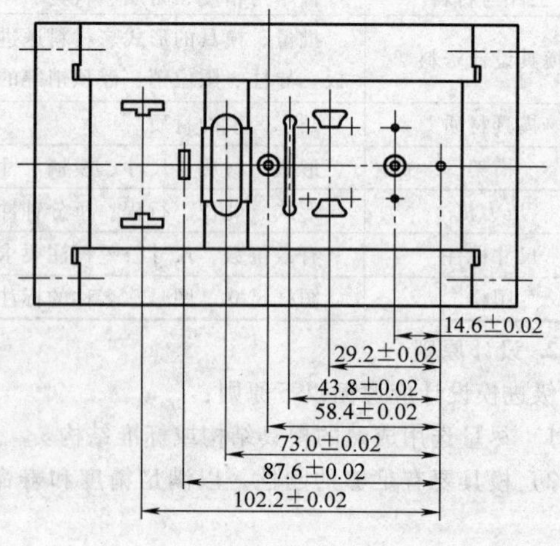

图 3-7-2 步距尺寸的标注

4）废料排除要方便及时，以防损坏模具，可在凸模上设置废料顶针、高压气孔，以便及时清除废料。

5）凸、凹模应具有良好的结构工艺性，以便于制造、热处理、检测及安装。

2. 凸模

（1）凸模结构设计　凸模可分为直通式和加强式（台阶式）两种，如图 3-7-3 所示。直通式凸模加工容易，可采用线切割加工；而加强式凸模强度和稳定性较好，可采用成形磨削等方法加工。

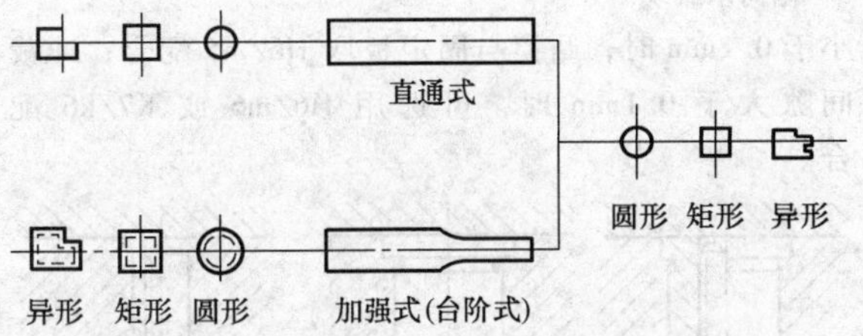

图 3-7-3　凸模形式

一般的粗短凸模可以按标准选用或按常规设计，而在多工位级进模中有许多冲小孔凸模、冲窄长槽凸模、分解冲裁凸模等。这些凸模应根据具体的冲裁要求、被冲材料的厚度、冲压的速度、冲裁间隙和凸模的加工方法等因素来考虑凸模的结构及凸模的固定方法。

对于冲小孔凸模，通常采用加大固定部分直径，缩小刃口部分长度的措施来保证小凸模的强度和刚度。

当工作部分和固定部分的直径差太大时，可设计多台阶结构。各台阶过渡部分必须用圆弧光滑连接，不允许有刀痕。特别小的凸模可以采用保护套结构。ϕ0.2mm 左右的小凸模，其顶端露出保护套 3.0 ~ 4.0mm。卸料板还应起到对凸模的导向作用，以消除侧压力对凸模的作用而影响其强度。

冲孔后的废料若贴在凸模端面上，会使模具损坏，故对 ϕ2.0mm 以上的凸模应采用能排除废料的凸模。图 3-7-4 所示为带顶出销的凸模结构，利用弹性顶销使废料脱离凸模端面。也可在凸模中心加通气孔，减小冲孔废料与冲孔凸模端面上的“真空区压力”，使废料易脱落。

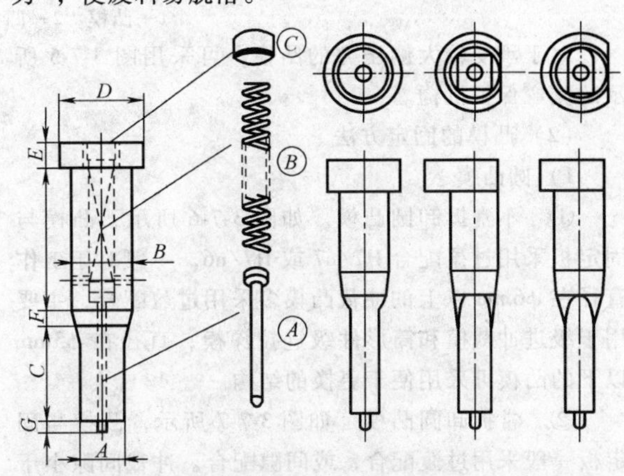

图 3-7-4　能排除废料的凸模

除了冲孔凸模外，级进模中有许多分解冲裁的冲裁凸模。这些凸模的形状比较复杂，为了加工出精密零件，大都采用线切割结合成形磨削的方法。完成磨削加工依靠专用的自动磨床和平面磨床，并通过金刚石对砂轮进行修正，达到磨削凸模所要求的形状和尺寸。表 3-7-4 为 6 种磨削凸模的形式。

表 3-7-4　成形磨削凸模的典型结构

简图						
特点	直通式凸模，铆接固定在固定板上，但铆接后难保证凸模与固定板的较高垂直度，且修正凸模时铆合固定将失去作用	两种同样断面的冲裁凸模，其考虑因素是切削加工定在单面还是双面，及凸模受力后的稳定性		两侧有异形突出部分，突出部分窄小易产生磨损和损坏，因此结构上宜采用镶拼结构	为一般使用的整体成形磨削带突起的凸模	用于快换的凸模结构

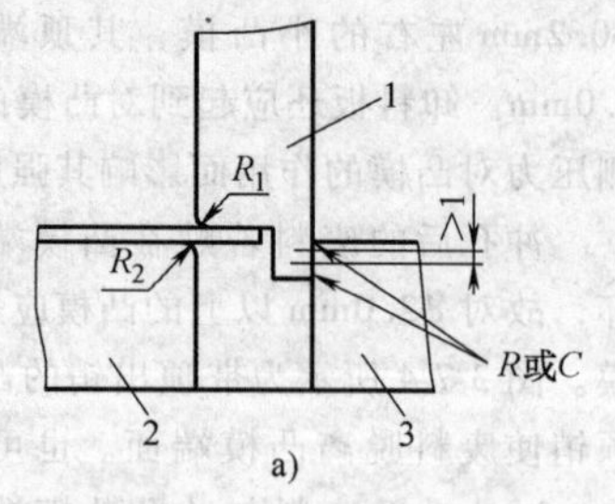

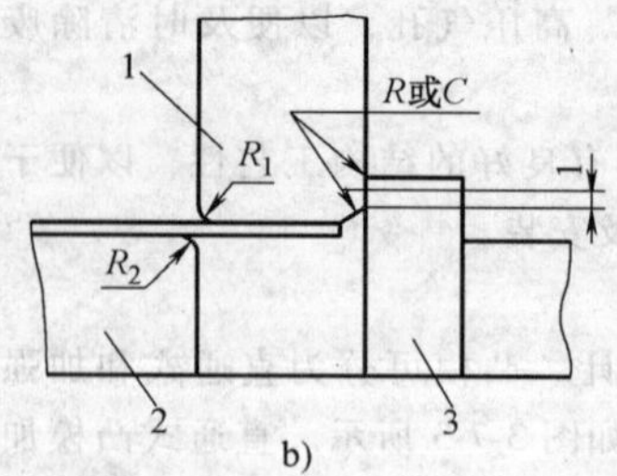

图 3-7-5　受侧向力作用的凸模结构

1—凸模　2—凹模　3—侧向承载块

对于承受较大侧压力的凸模，可采用图 3-7-5 所示的侧弯保护机构。

（2）凸模的固定方法

1）圆凸模

①　不常拆卸圆凸模。如图 3-7-6 所示，凸模与固定板采用过盈配合 H7/n7 或 H7/n6。一般对于工作直径在 ϕ6mm 以上的冲裁凸模多采用过盈配合，主要用于级进冲裁模和筒形件级进拉深模；直径在 ϕ5mm 以下的凸模可采用便于更换的结构。

②　常拆卸圆凸模　如图 3-7-7 所示，凸模与固定板一般采用过渡配合，或间隙配合。冲裁间隙小于 0.1mm时，凸模与固定板取H6/m5配合；冲裁间隙小于 0.1mm 时，凸模与固定板取 H6/m5 配合；冲裁间隙大于 0.1mm 时，可选用 H6/m6 或 K7/k6 配合。

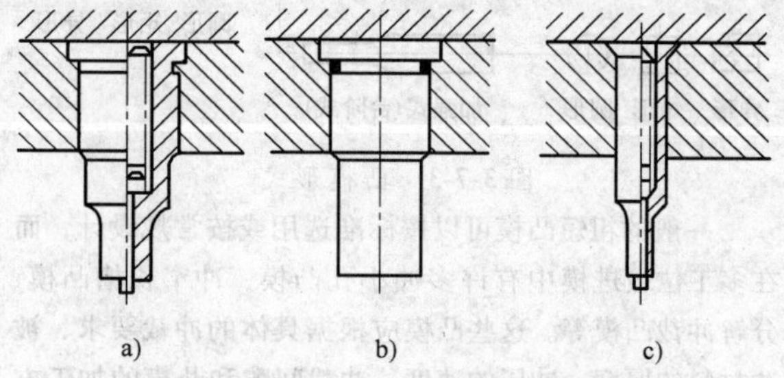

图 3-7-6　常用固定配合圆凸模结构

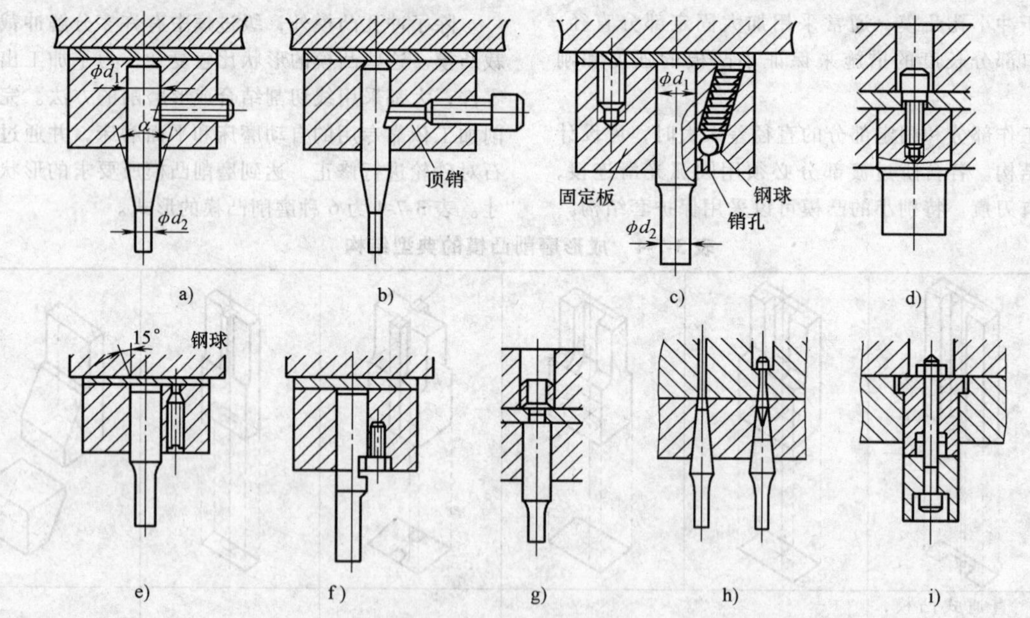

图 3-7-7　凸模快换结构

③　细小圆凸模　图 3-7-8 为一般常见小凸模的装配形式。

图 3-7-9 是由垫柱和螺堵顶压固定的安装结构，拆卸方便，配合多采用 H7/h6 或 H6/h5，但对凸模工作部分应采取导向保护。

图 3-7-10 为特细型凸模，俗称针状凸模的常用结构。图 3-7-10a、b 均为铅笔式结构，其冲孔直径一般在 0.8～2.0mm 以内，小凸模伸出保护套仅有 2.0～3.5mm，且对保护套的内外圆同轴度要求严格。图 3-7-10c、d 均是在卸料板上装有保护套。这两种结构中

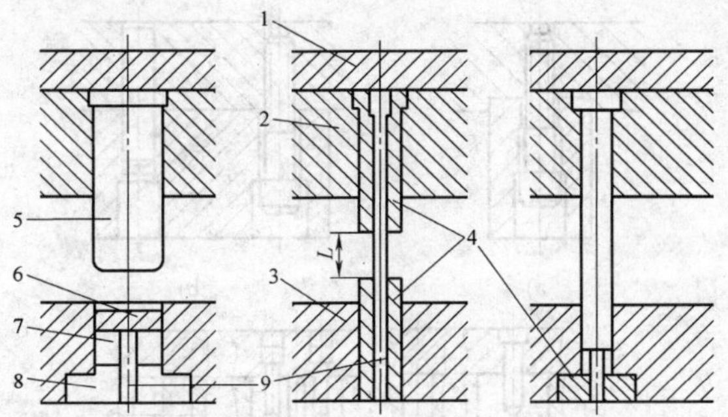

图 3-7-8　小凸模装配形式

1、6—垫板　2—凸模固定板　3—弹压卸料板

4、8—镶套　5—压柱　7—定位套　9—小凸模

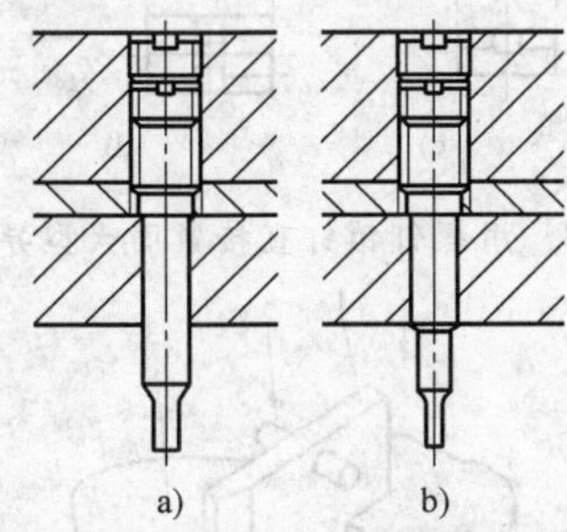

图 3-7-9　螺堵顶压细小圆凸模安装结构

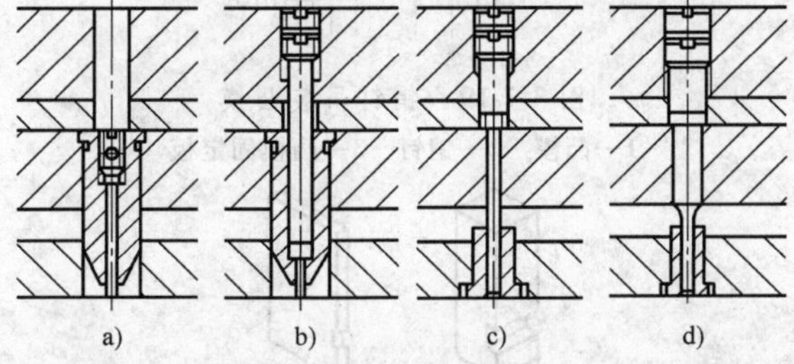

图 3-7-10　采用保护套的细小圆凸模结构

圆凸模与固定板均有一定间隙，凸模的工作部分靠装在卸料板上的保护套进行导向，因此对于小孔冲制或小间隙冲裁，应采用小导柱对卸料板加以辅助导向。精度要求很高的精密模具应采用滚珠式小导柱、导套进行辅助导向。图 3-7-11 所示为有辅助导向的细小凸模保护结构示意图。细小圆凸模尺寸如图 3-7-12 所示。

2）异形凸模

①　异形压入式凸模，如图 3-7-13 和图 3-7-14 所示。

②　异形带凸缘式凸模，如图 3-7-15 所示。

③　异形直通式凸模。异形直通式凸模装卸方便，是多工位级进模中采用最多的结构之一（图 3-7-16）。

凸模与固定板常采用 H7/m6、H7/n6、H6/m5 或

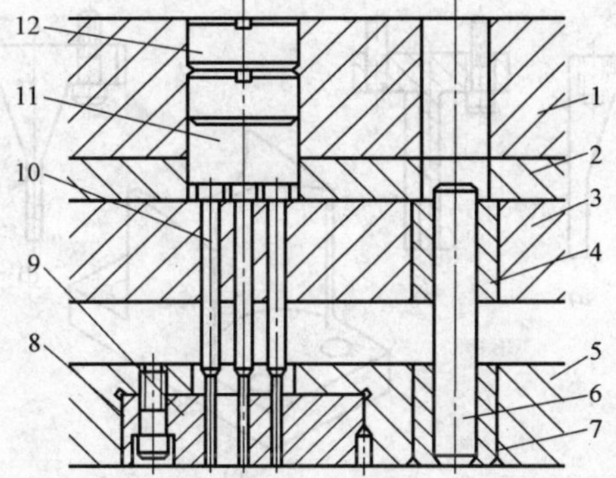

图 3-7-11　以辅助导向保护细小凸模示意图

1—上模座　2—垫板　3—固定板　4—小导套

5—卸料板　6—小导柱　7—安装套　8—螺钉

9—保护板　10—小凸模　11—垫柱　12—螺堵

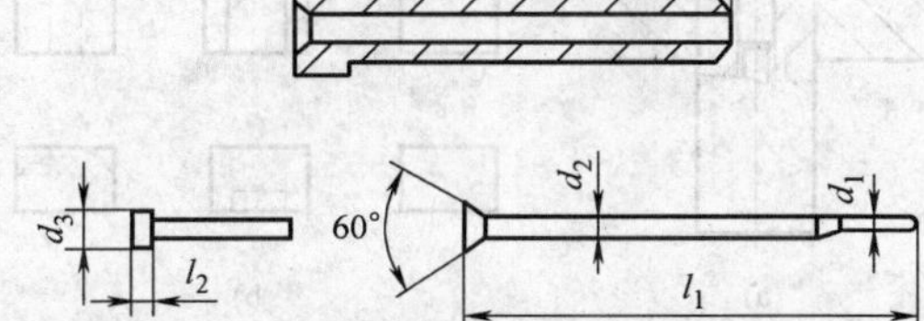

图 3-7-12　细小圆凸模尺寸

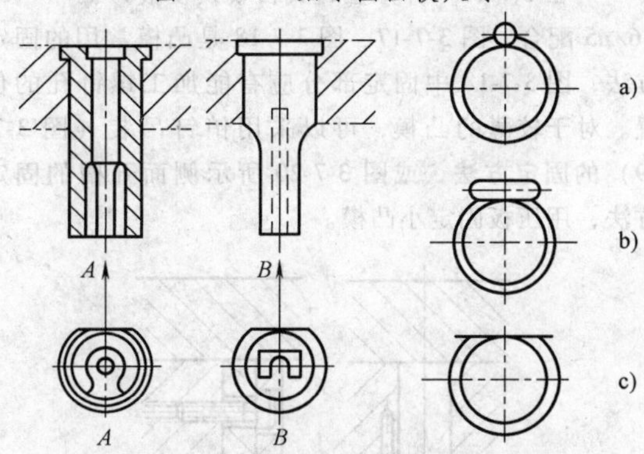

图 3-7-13　异形凸模用圆柱面做压入部分采用止转结构示意

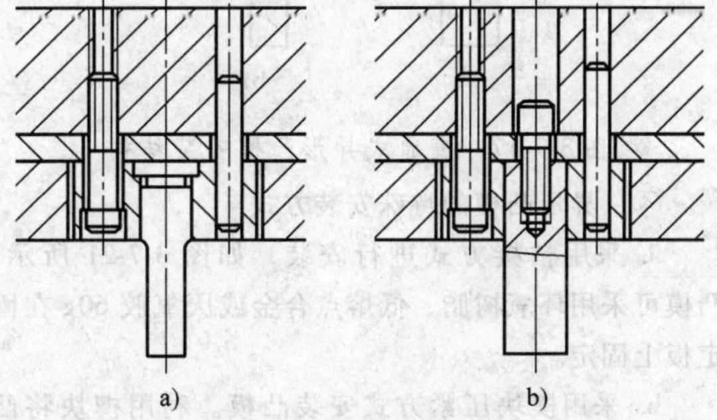

图 3-7-14　异形压入式装配采用大小固定板套装结构

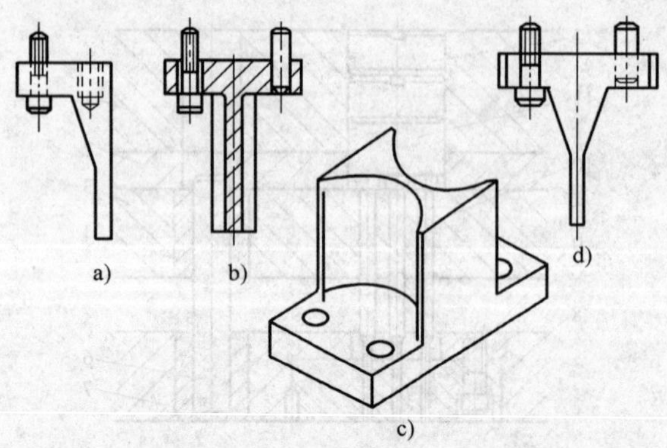

图 3-7-15　异形带凸缘凸模

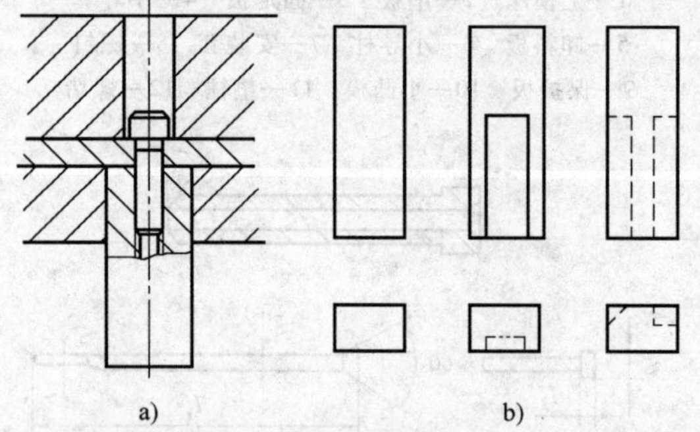

图 3-7-16　异形直通式凸模及安装形式

H6/n5 配合。图 3-7-17、图 3-7-18 是凸模常用的固定方法，图 3-7-18 中固定部分应有能加工螺钉孔的位置。对于较薄的凸模，可以采用销钉吊装（图 3-7-19）的固定方法，或图 3-7-20 所示侧面开槽的固定方法，用压板固定小凸模。

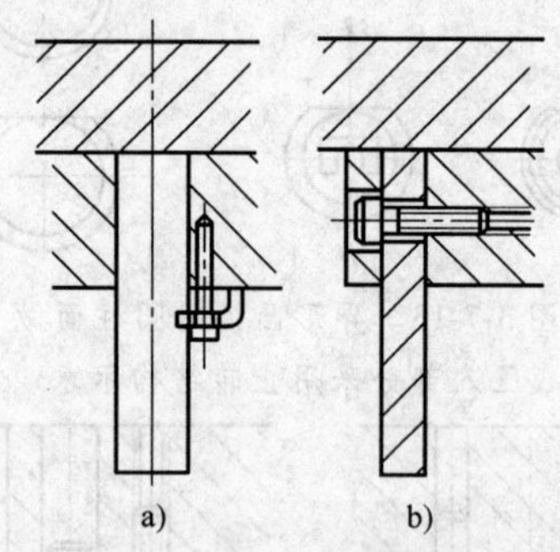

图 3-7-17　直通式异形凸模安装结构

④　异形凸模的特殊安装方式

a. 采用粘接方式进行安装，如图 3-7-21 所示，凸模可采用环氧树脂、低熔点合金或厌氧胶 60g 在固定板上固定。

b. 采用楔块压紧方式安装凸模。利用楔块将凸模安装在固定板上，如图 3-7-22 所示。图中 3－7－22a 是在凸模、楔块的斜面处均加工半圆槽，楔块斜度在 25°～30°范围。图 3-7-22b 是在楔块上加工长圆孔，凸模与楔块斜度在 15°～20°范围。并且要保持凸模与楔块斜度一致。采用楔块安装方式安装凸模，多用于单侧或局部进行冲裁的冲裁凸模，或进行弯曲加工的压弯凸模。

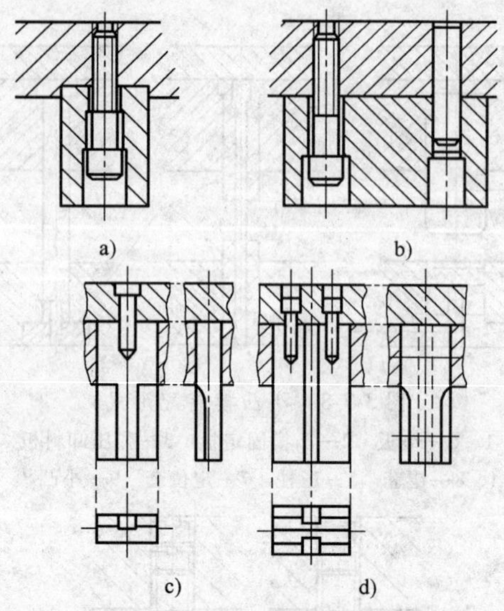

图 3-7-18　用螺钉销钉直接紧固大型异形凸模

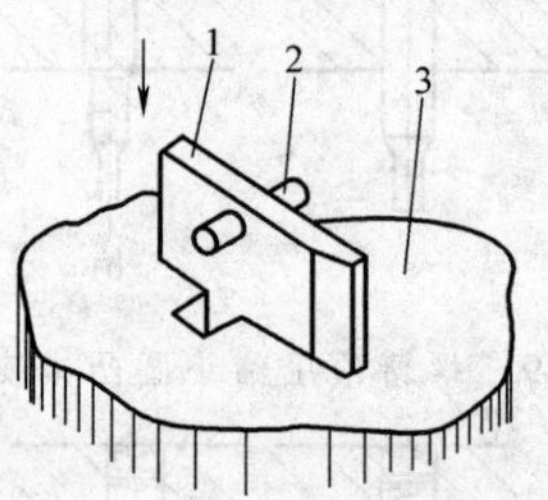

图 3-7-19　销钉吊装凸模

1—凸模　2—销钉　3—凸模固定板

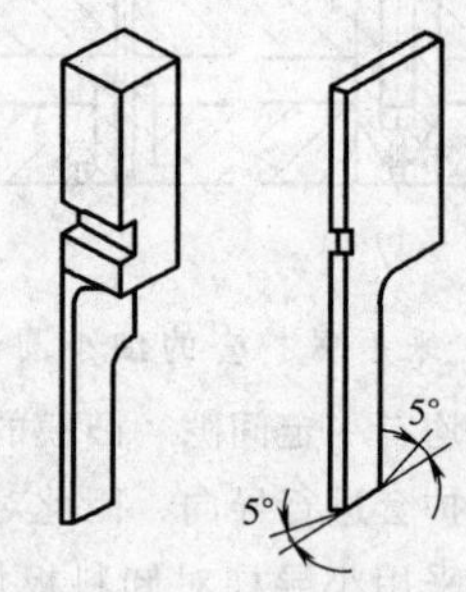

图 3-7-20　压板固定的小凸模

c. 可以调整凸模工作高度的安装结构。如图 3-7-23 所示为可以调整凸模工作高度的安装结构。图 3-7-23a 属于普通冲极薄材料结构，图 3-7-23b 是在固定套上又加上一个锁紧螺母，以防卸料力引起凸模上下滑动。调节滑块与凸模接合面角度一般在 7°～15°，

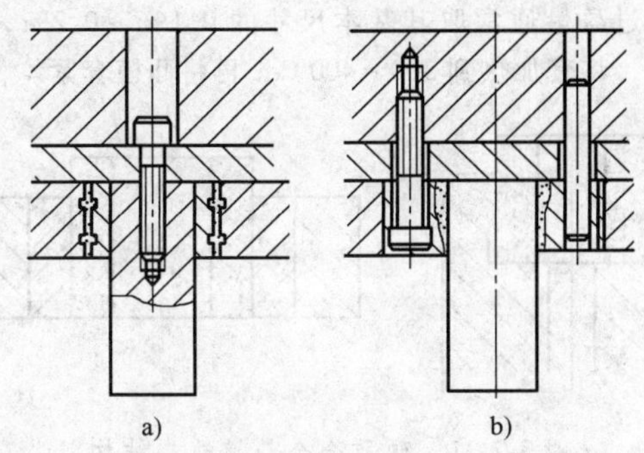

图 3-7-21　多工位级进模采用粘接凸模特殊结构

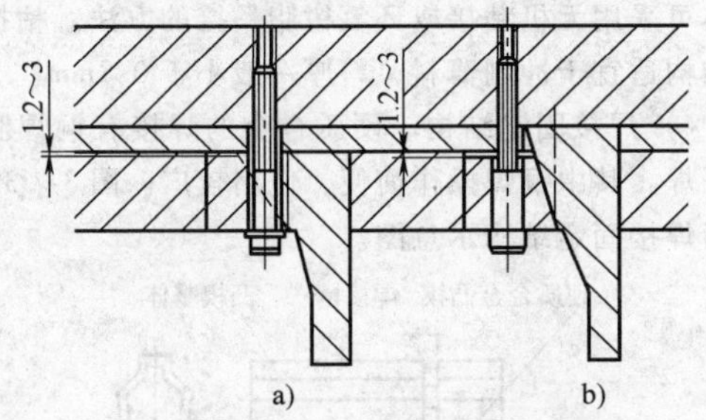

图 3-7-22　采用楔块安装凸模

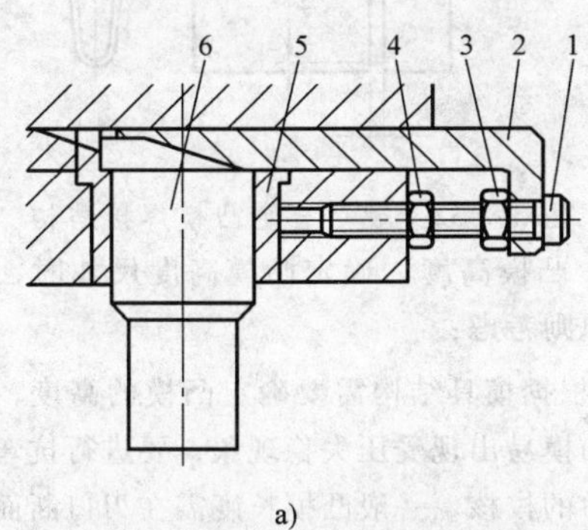

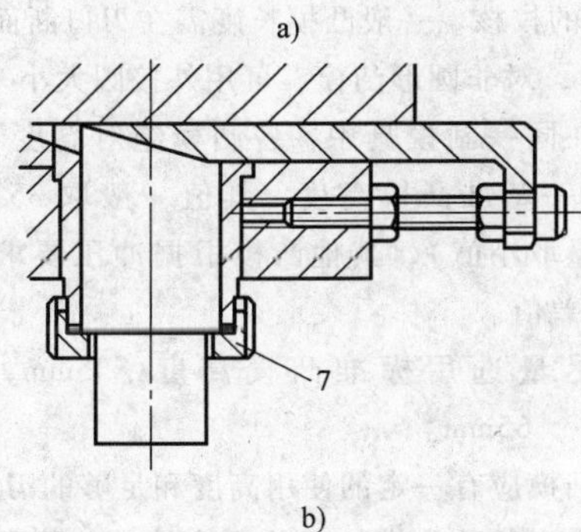

图 3-7-23　可调整凸模高度的安装结构

1—螺钉　2—调节滑块　3、4—螺母

5—凸模固定套　6—凸模　7—锁母

两接合面角度应严格一致。图 3-7-24 为凸模垂直微调结构，图 3-7-25 为刃磨后不改变闭合高度的结构。

d. 组合式安装。组合式安装方式主要有两种：

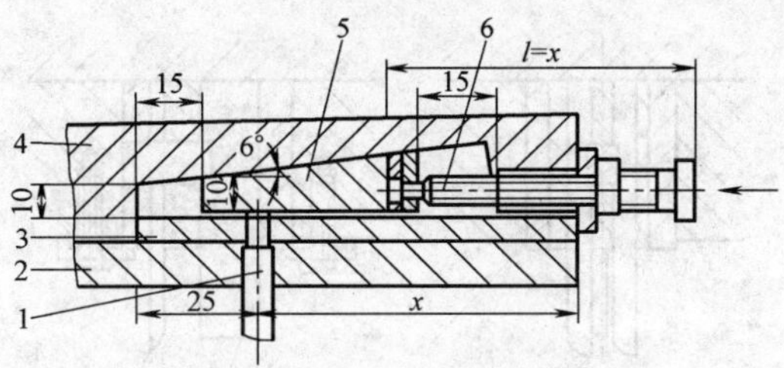

图 3-7-24　凸模垂直微调结构

1—凸模　2—凸模固定板　3—垫板

4—上模座　5—斜楔　6—调节螺杆

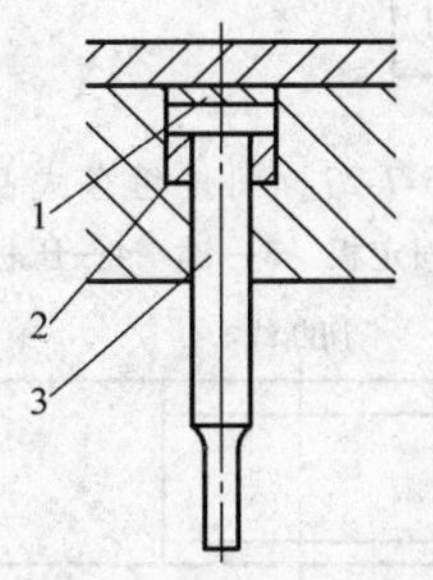

图 3-7-25　刃磨后不改变闭合高度的结构

1—更换的垫片　2—磨削的垫圈　3—凸模

一种是直接组合，即几个相邻的凸模直接进行组合；另一种是间接组合，即几个相邻的凸模通过必要的组合体组合在一起。各凸模间距离是靠组合体自身孔位精度保证的。组合式凸模在多工位级进模中是较常用的形式之一。

如图 3-7-26 所示为一组冲长方形孔凸模直接组合示意图。

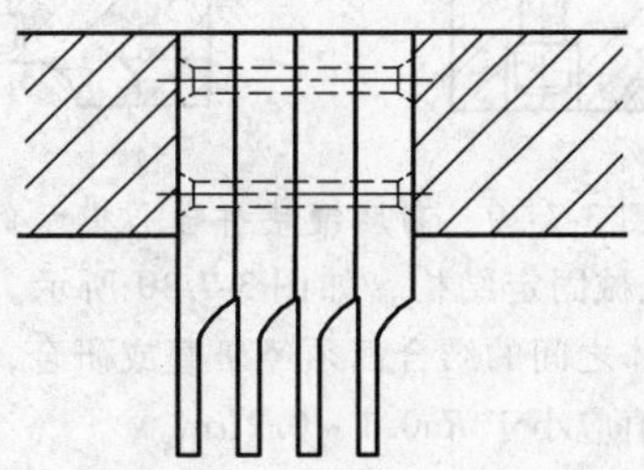

图 3-7-26　直接组合式凸模

如图 3-7-27 所示为一间接组合示意图。

e. 拼合凸模安装。对于多工位级进模中的一些形状复杂凸模，加工比较困难而其型孔形状又不便再进行分解时，或对于一些大型凸模，常采用拼合结构。拼合方式包括工作型面的拼合或工作高度的拼合，如图 3-7-28、图 3-7-29 所示。

3）硬质合金凸模结构。硬质合金因其硬度高、耐磨性好而常用于级进模的凸、凹模，但它脆性大，抗弯强度低，因此必须注意。硬质合金凸模的固定方法有：

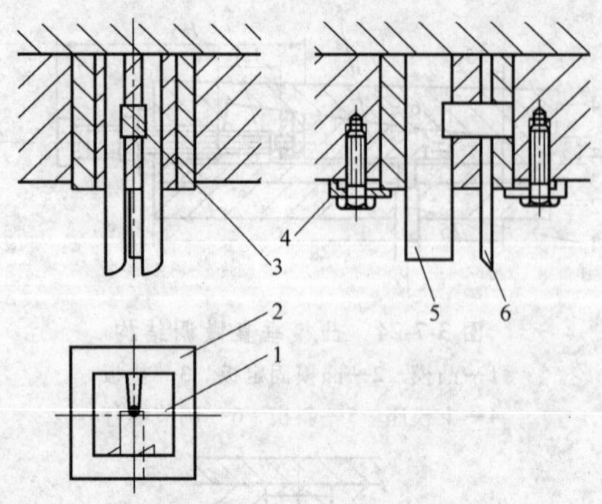

图 3-7-27　间接组合式凸模

1—基体　2—固定板　3—键　4—压板　5、6—凸模

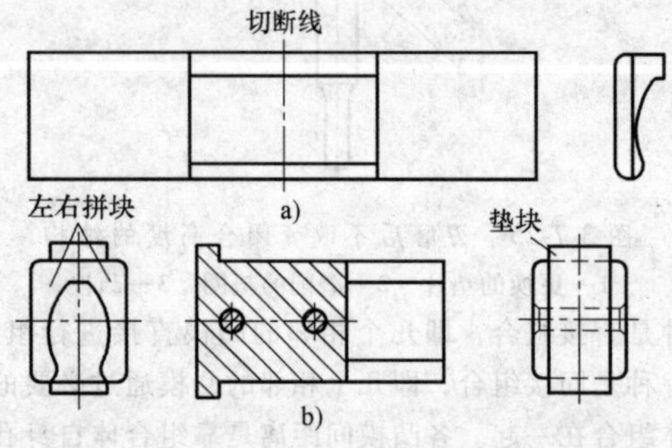

图 3-7-28　拼合凸模结构示例与工艺示意图

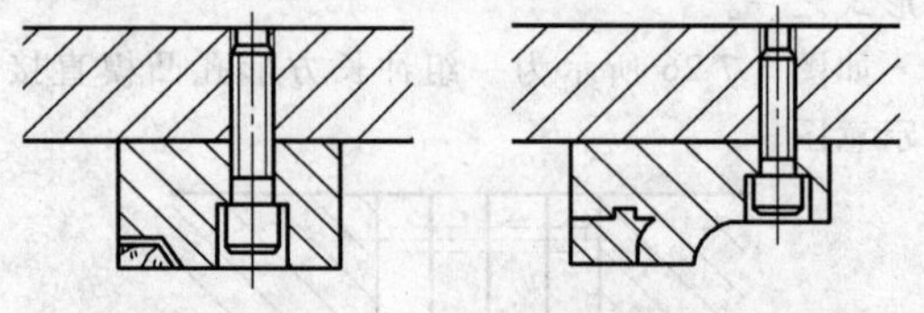

图 3-7-29　高度镶块拼合凸模示例

1）机械固定结构，如图 3-7-30 所示。硬质合金凸模与基体之间的结合面须经研磨或研合，接合面表面粗糙度值应小于 $Ra0.1 \sim 0.2\mu m$。

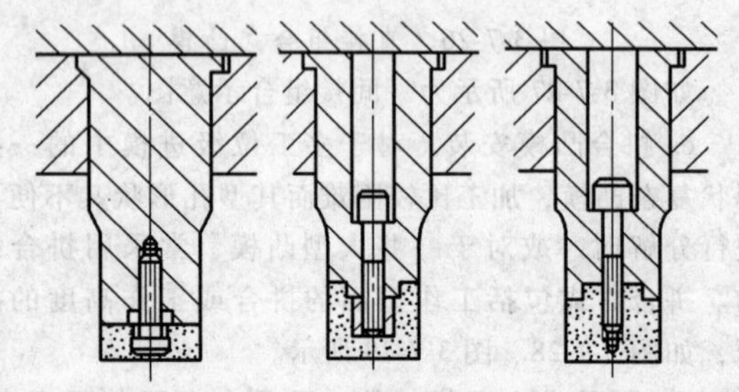

图 3-7-30　硬质合金凸模紧固结构

2）热套固定结构，如图 3-7-31 所示。热套结构是将模具基体部分用中碳钢做成套状。与硬质合金凸模的过盈量通常取其基本尺寸的 0.1%～0.2%，装配时，将套加热到 300～400℃，再将凸模套紧。

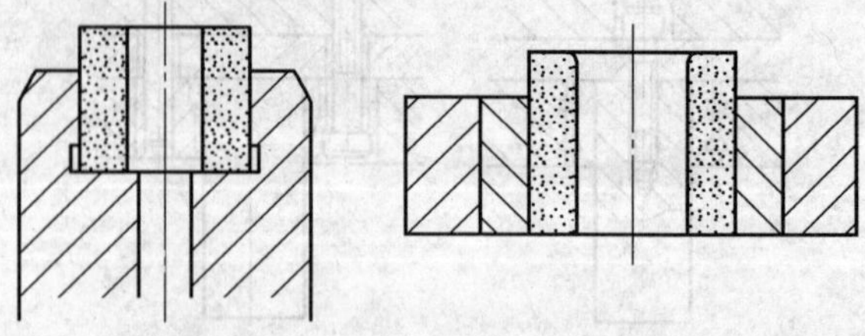

图 3-7-31　硬质合金凸模热套结构

3）粘接固定结构。对于一些成形小凸模，其与基体可采用无机粘接或环氧树脂粘接的方法。粘接固定结构适宜于冲制薄料，料厚一般小于 0.8mm。

4）焊接固定结构。硬质合金的焊接有铜焊和高频钎焊。其中铜焊操作简便，使用较广。图 3-7-32 所示为焊接固定结构示意图。

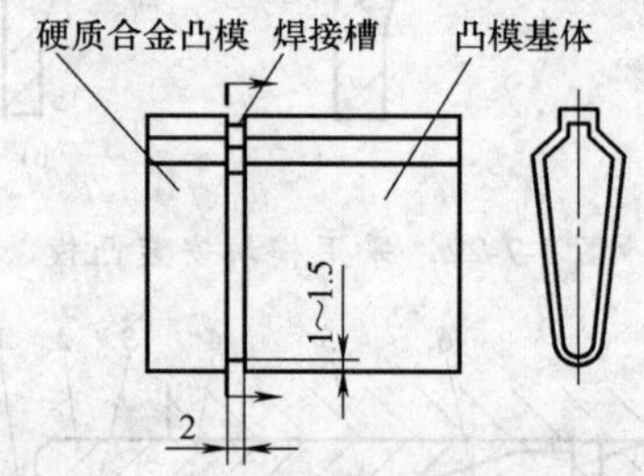

图 3-7-32　硬质合金凸模焊接结构

（3）凸模高度　确定凸模高度尺寸时，应按以下几项原则考虑：

1）根据模具结构需要确定凸模的高度，对于特别细长凸模易出现受压失稳现象，要进行抗弯能力和抗压能力的校核。一般凸模长度需在刃口断面大小的 10 倍以内，对非圆形凸模，可用外接圆大小来判断。

2）在同一副模具中，各凸模绝对高度不一样，应确定某一基准凸模高度，其值一般取 35～65mm（一般尽量取小值），其他凸模根据冲压要求按基准高度计算差值。

3）尽量选用标准凸模高度：35mm，40mm，45mm，…，65mm。

4）凸模应有一定的使用高度和足够的刃磨高度。

5）注意各种凸模加工的同步性，并要保证各凸模进入工作前，导正销对条料进行导正，卸料板将条料压紧。图 3-7-33 所示为简单的冲裁弯曲模不同性质凸模间的相互位置关系。

3. 凹模

（1）凹模的结构形式　多工位级进模凹模的设计与制造较凸模更为复杂和困难。根据凹模刃口部分

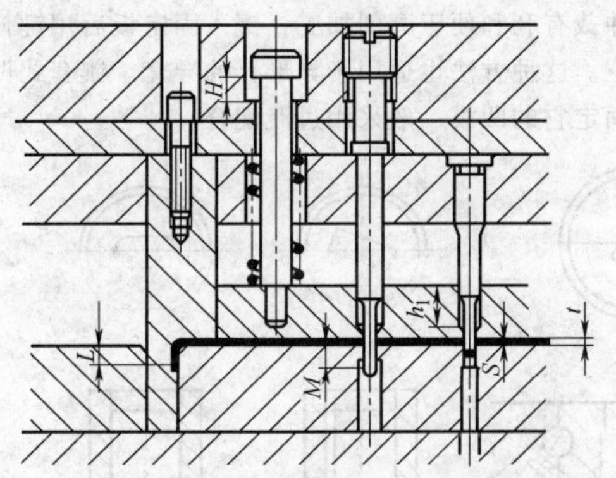

图 3-7-33　各种不同性质凸模相互高度关系

L——弯曲凸模工作长度（mm），一般大于弯曲区高度 5mm；

t——加工材料厚度（mm）；

H——卸料板的活动量，$H=L+t$；

h_1——凸模修磨量，一般大于 5mm；

M——导正销的直壁部分进入条料长度（mm），$M=H+(0.5\sim1)t$；

S——冲裁凸模进入凹模的深度，$S=t+1\sim2$。

的结构形式，凹模可分为整体式、镶套式、镶拼式及分段拼合式等形式。级进模中，整体式凹模结构简单，制造方便，但可能会产生由于凹模局部的超差或损坏而造成整个凹模报废，且刃磨后，整个凹模厚度在刃口段减少，模具寿命低，刃磨困难，一些特殊机构（如凸轮机构、斜楔机构等）难以布置，模具维护费用高，因此，只是对于一些工位数不多或纯冲裁的级进模采用整体凹模。

多工位级进模中凹模常采用非整体式结构，其优点是制造简化，冲模精度高；节省贵重金属，热处理变形易于控制；装配、调整、刃磨、维护较方便。

1）镶套式凹模。对于级进模中某些小的工作型孔，可在整体凹模或其他形式模板的相应型孔位置镶一个套状凹模（圆套、方套或异形套）。各镶套型孔可用慢走丝线切割加工，以保证尺寸和位置精度。

利用镶套式凹模，可防止模具开裂，提高模具寿命，并且可节省昂贵的模具材料（如硬质合金等）。

图 3-7-34 所示是镶套式凹模。镶套式凹模的特点是：镶块套做成圆形，且可选用标准的零件。镶块套损坏后可迅速更换备件。模板安装孔的加工可使用坐标镗床和坐标磨床。镶块在设计排样图时，就应考虑布置的位置及镶块套的大小，如图 3-7-35 所示。

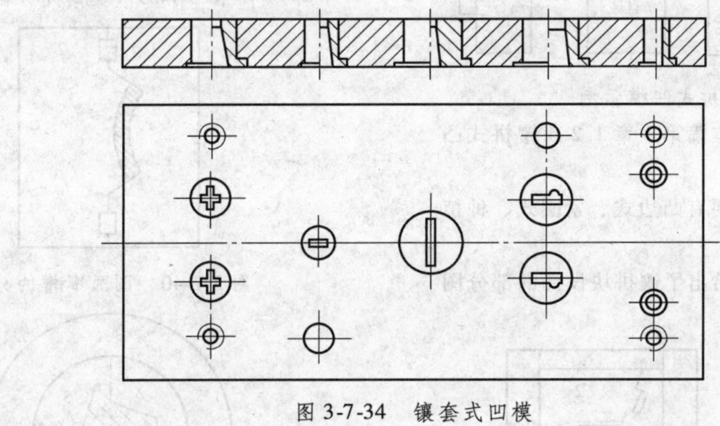

图 3-7-34　镶套式凹模

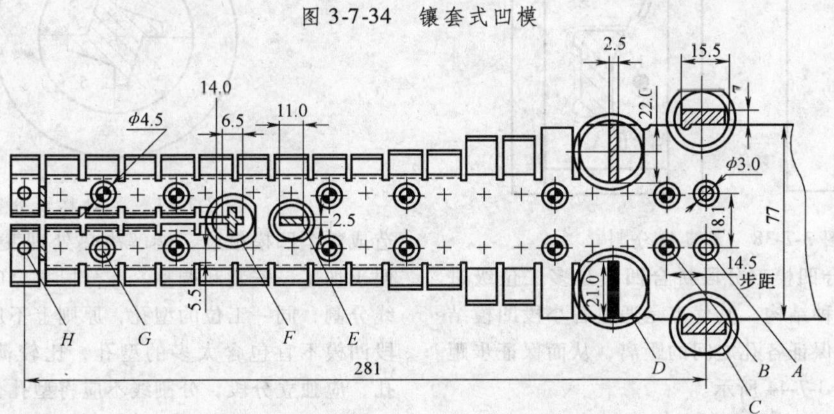

图 3-7-35　镶块在排样图中的布置

图 3-7-36a 为常用的凹模嵌套。图 3-7-36b 为有异形孔时因不能磨削型孔和漏料孔而将它分成两块(其分割方向取决于孔的形状)，要考虑到其合缝要对冲裁有利和便于磨削加工，镶入固定板后用键使其定位。这种方法也适用于异形孔的导套。镶套式凹模与固定它的凹模一般采用过渡配合。

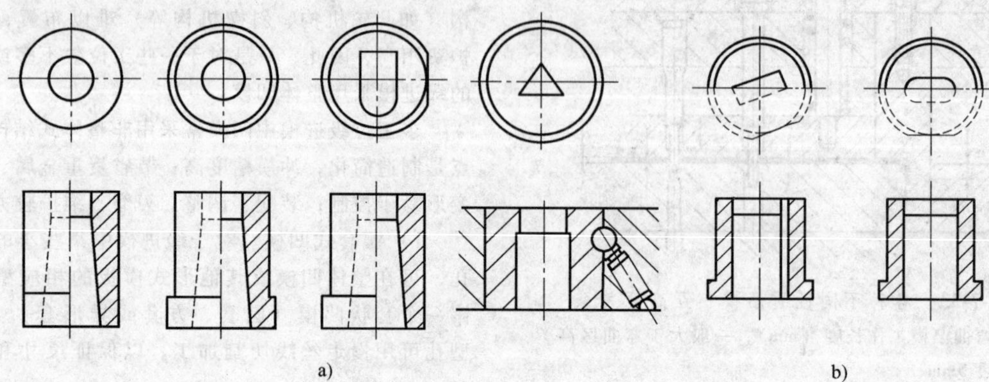

图 3-7-36 凹模嵌套

2）镶拼式凹模。对于某些难加工的凹模型孔，常采用镶拼式凹模，如图 3-7-37 所示。

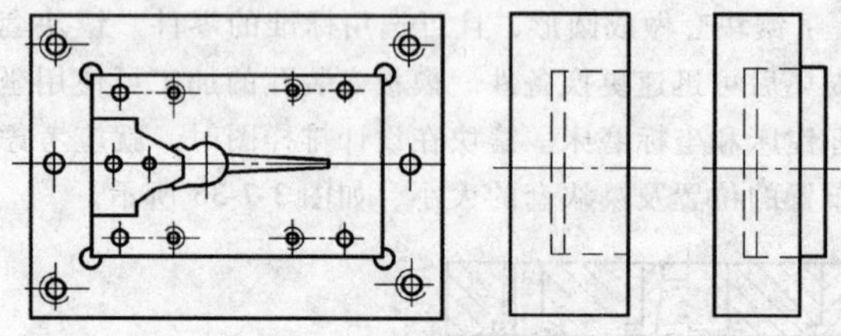

图 3-7-37 镶拼式凹模示例

镶拼式凹模设计参见本篇第 1 章 1.2.4 镶拼式凸模与凹模。

镶拼凹模结构形式主要有凸边式、紧圈式、种植式、镶片式、镶块式等。

图 3-7-38 ~ 图 3-7-43 给出了镶拼块设计的部分图例。

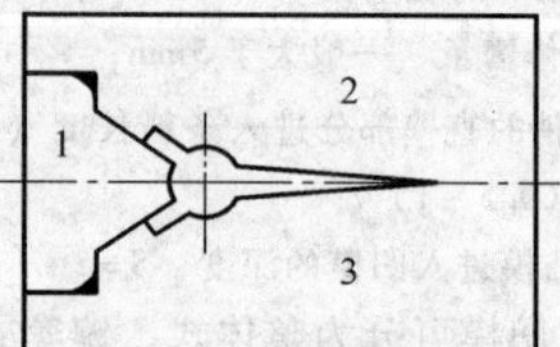

图 3-7-39 尖角处分割

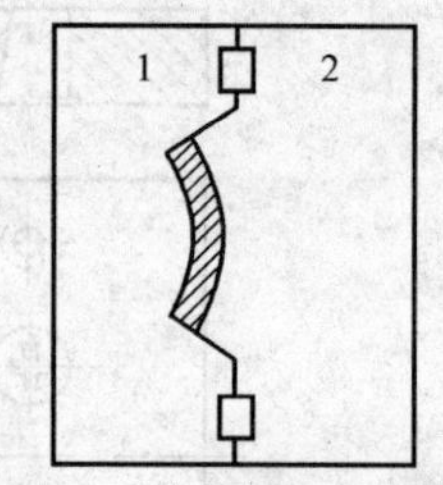

图 3-7-40 圆弧窄槽的分割

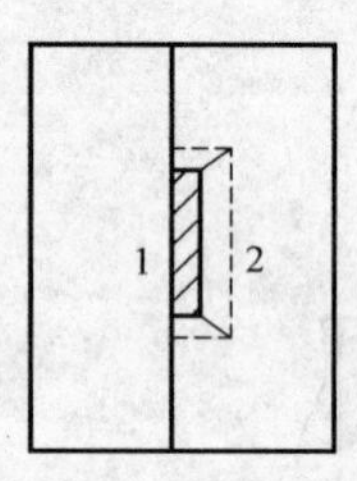

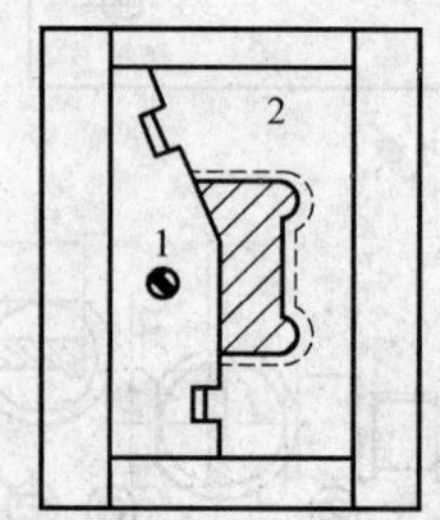

图 3-7-38 沿直线分割

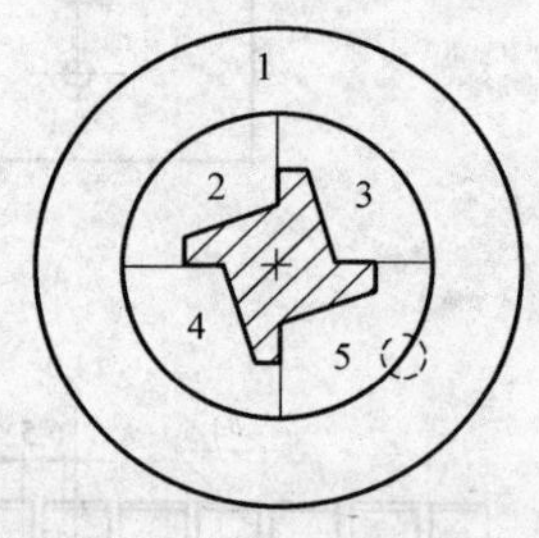

图 3-7-41 沿对称线分割

3）分段拼合凹模。分段拼合凹模是多工位级进模中最常用的一种结构。其优点是通过各小段凹模结合面的研合，来保证各孔之间的距离，从而保证步距精度要求，如图 3-7-44 所示。

分段拼合凹模可解决多型孔加工时各型孔坐标精度的问题，便于刃磨、维修，不会因个别型孔损坏而造成整个凹模报废，能解决热处理变形较大的问题，便于加工、安装和调整。在分段拼合时，要尽量以直线分割，同一工位的型孔，原则上不应分为两段，每段凹模不宜包含太多的型孔，比较薄弱易损坏的型孔，应独立分段，分割线不应将型孔分段，型孔原则上应为闭合型孔，不同冲压工艺的工位（如弯曲、拉深、成形等)，应当与冲裁部分分开，以便于刃磨凹

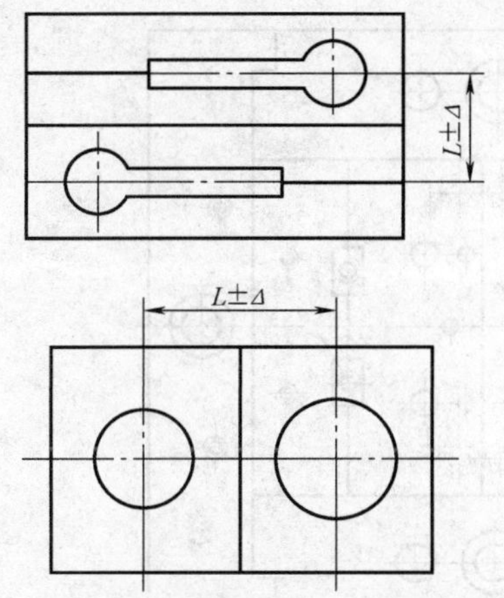

图 3-7-42　可调拼合凹模

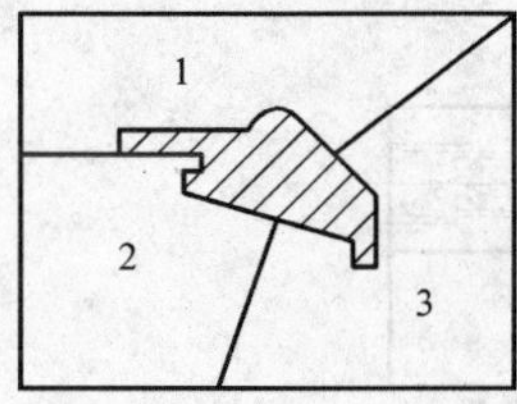

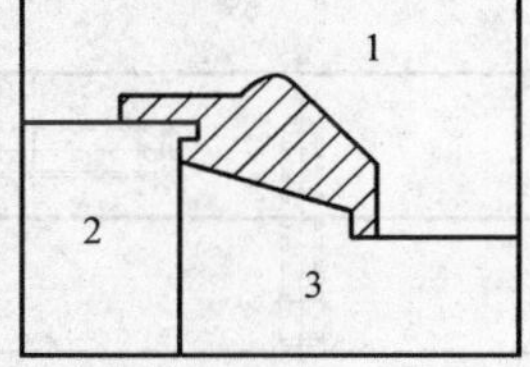

图 3-7-43　轮廓变化的拼块

模刃口和成形凹模（或凸模）的安装基面。

为保证凹模各型孔部位的强度，凹模分段块的分割面到型孔边要有足够的距离，分段块凹模一般要用外套将它们组合紧固（一般取 H7/h6 配合），同时还要用螺钉、销钉加以紧固，为防止分段拼合凹模的任何一块在冲压过程中受力下移，在模块组合后需加整体垫板，使之与拼合凹模构成一体。

4）综合拼合凹模。综合拼合凹模的设计是将各种拼合形式综合考虑，利用各种拼合的特点，以适应

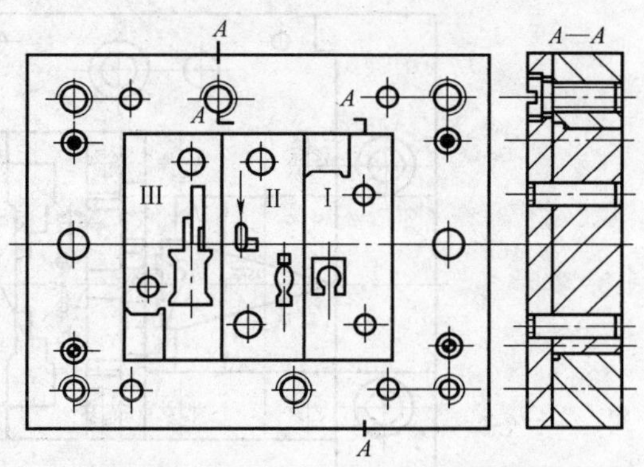

图 3-7-44　分段拼合凹模示例

凹模的特定要求。

综合拼合凹模适合于冲裁、弯曲、成形和异形拉深的多工位级进模使用。

现以图 3-7-45 所示工件为例说明综合拼合凹模的设计要领。工件上有两条细长的小肋，而且还要对两个方向进行弯曲，共分 13 个工位，有效工位 7 个。从排样图中可以看出，其分段切除的型孔都较简单、规则，所以为整个凹模拼合创造了有利条件。图 3-7-46 是该副模具拼合凹模装配图。

从凹模的装配图中可以看出由 $a \sim f$ 的每个型孔均由拼块拼合而成，其拼合面多为直线接合。d 是由于型孔形状而形成折线接合。虽然型孔较多，而每个拼块形状都很简单，便于加工，从而使整个凹模的制造精度得到保证。

拼合凹模的全部拼块组合后由前、后、左、右四条框板以止口咬合，并用螺钉紧固，且在下面用垫板结合为一凹模整体。

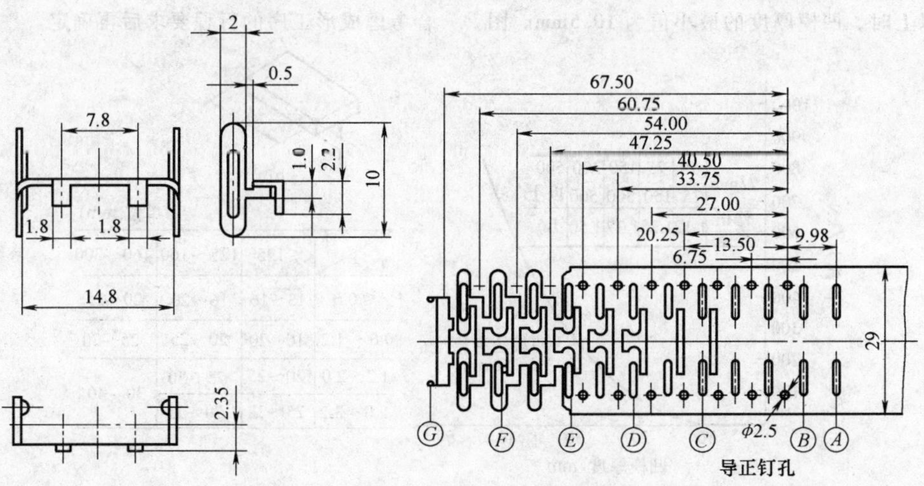

图 3-7-45　冲压零件图及排样图

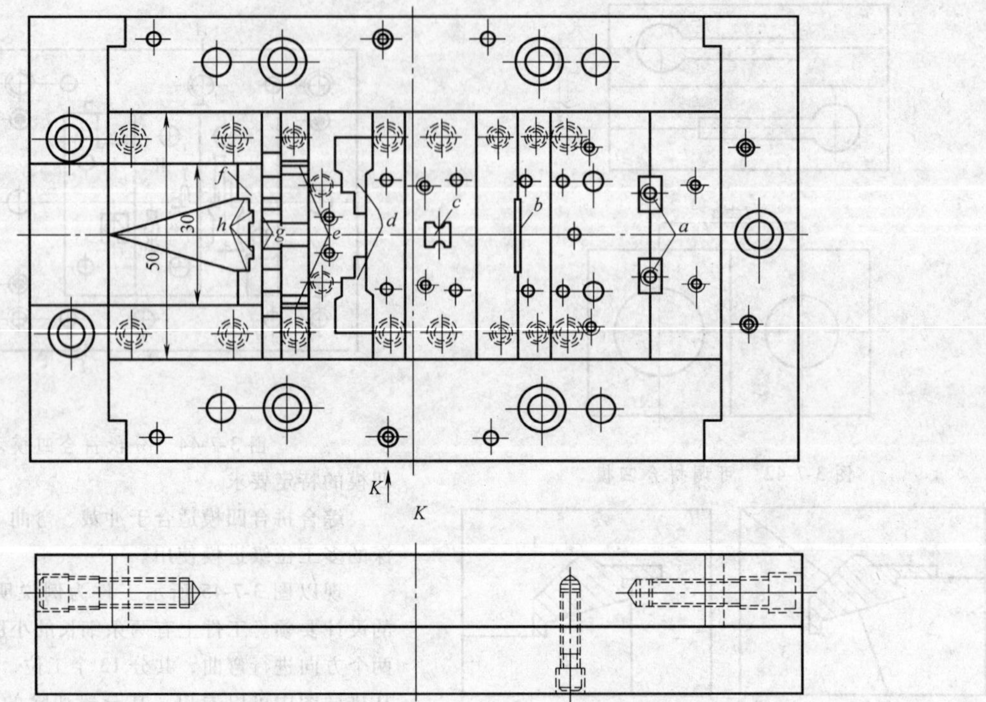

图 3-7-46　综合型孔拼合凹模示例

a—冲加强肋的镶件插入部位　*b*—中间细长切口拼合部位
c—工件展开前端中间成形处余料切口拼合部位
d—工件展开前端两侧成形处余料切口拼合部位
e—工件前端四处 20°弯曲镶块　*f*—切断成形拼块的插入部位
g—切断成形加工的拼镶件　*h*—ϕ3mm 浮顶器装配孔（7 个）

（2）凹模外形尺寸　凹模厚度可根据冲裁力和刃口轮廓长度参照图 3-7-47 确定。当凹模冲裁的轮廓超过 50mm 时，从曲线中查出的数值要乘以修正系数。凹模厚度的最小值为 7.5mm。而当凹模表面积在 $55mm^2$ 以上时，凹模厚度的最小值为 10.5mm。图 3-7-47 是针对合金工具钢，当凹模采用碳素工具钢时，应乘以系数 1.3。

凹模厚度也可参考图 3-7-47 表中的数据确定。对含有弯曲等成形工序的级进模，其凹模厚度还要综合考虑成形工序的行程要求后再确定。

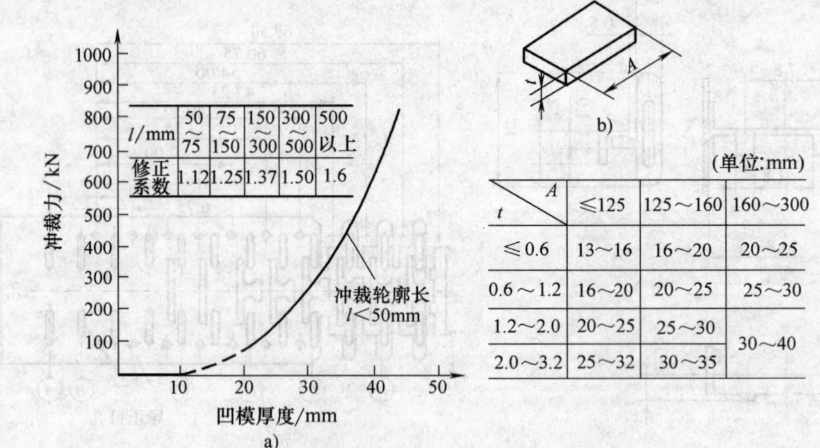

l/mm	50~75	75~150	150~300	300~500	500以上
修正系数	1.12	1.25	1.37	1.50	1.6

（单位：mm）

t \ A	≤125	125～160	160～300
≤0.6	13～16	16～20	20～25
0.6～1.2	16～20	20～25	25～30
1.2～2.0	20～25	25～30	30～40
2.0～3.2	25～32	30～35	

图 3-7-47　凹模厚度值

凹模刃口到边缘距离的经验值如图 3-7-48 所示。

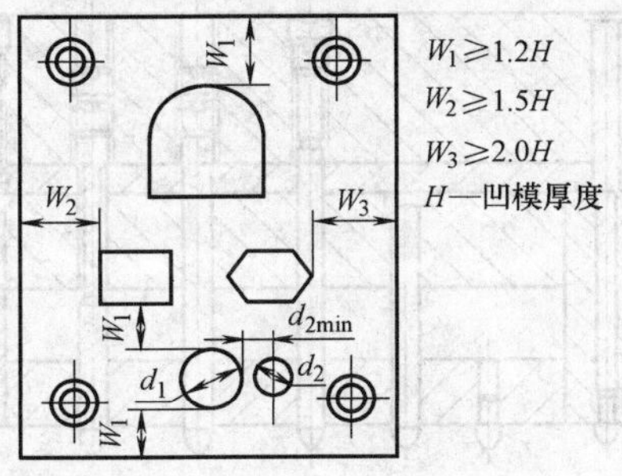

图 3-7-48　凹模刃口到外边缘的距离

7.2.2　定距和导正元件

级进模的定距方式有挡料销定距、侧刃定距、导正销定距及自动送料机构定距四种类型。其中挡料销的形式及应用参见本篇第 1 章 1.3.1 挡料销。为了提高定位精度可以将两种或两种以上定距方式联合使用。很多级进模采用自动送料机构或侧刃作粗定距，导正销作精定距的组合定位方式，但必须保证粗、精定距互不干涉。此时侧刃长度应大于步距 0.05 ~ 0.1mm，以便导正销导入孔时一条料略向后退。在自动冲压时可不用侧刃，条料的定位与送进靠导料板，导正销和送料机构来实现。

在设计模具时，作为精定位的导正孔，应安排在排样图中的第一工位冲出，导正销设置在紧随冲导正孔的第二工位，第三工位可设置检测条料送进步距的误送检测凸模。

1. 侧刃

侧刃定距是在条料的一侧或两侧冲切定距槽，定距槽的长度等于步距长度。其定距精度比挡料销定距高。在多工位级进模中，通常以侧刃作粗定位，以导正销作精定位，可获得良好的定距效果。

侧刃定距既适合于手工送料，也适合于自动或半自动送料。

侧刃的形式很多，使用效果也有所不同。

(1) 以侧刃孔的形状区分

1) 平式侧刃，如图 3-7-49a、b 所示。形状简单，但其刃边变钝后，易使带料冲裁后产生毛刺（图 3-7-50a），影响送料定位精度，适用于冲料厚 1.5mm 以下，且要求不高的一般制件。

2) 凹式侧刃，如图 3-7-49c、d 所示。因刃边变钝而产生的带料上的毛刺，通常是藏在带料被冲去的缺口内（图 3-7-50b），不影响送料精度，所以定位精度较前者高。常用于冲料厚 0.5mm 以下，且要求较高的制件。凹式侧刃又分为 A、B 两种，A 型适合于大步距（一般大于 12mm），B 型适合于小步距。在高速连续作业的情况下最好采用 B 型。

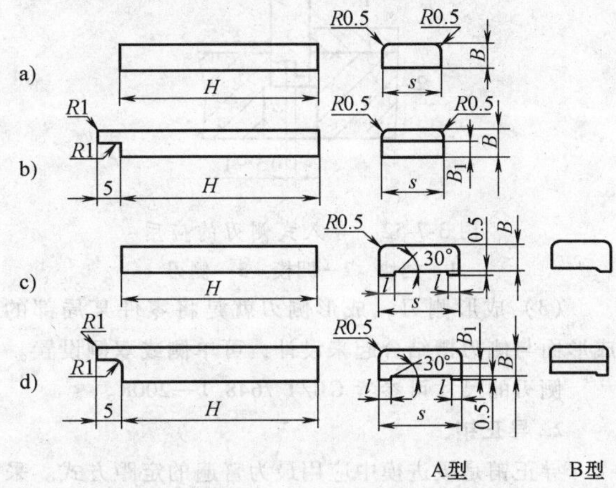

图 3-7-49　侧刃凸模的种类与结构

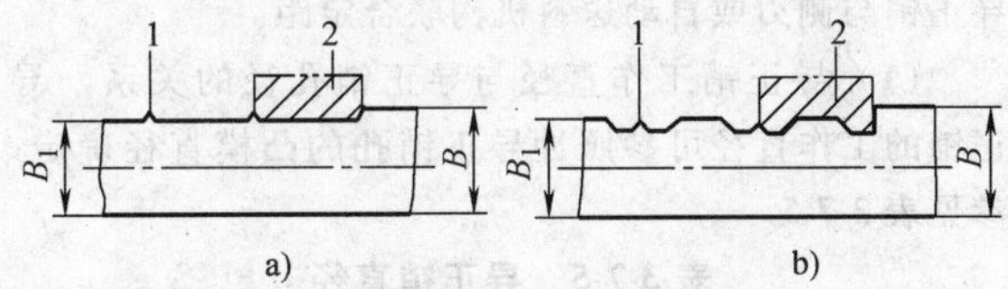

图 3-7-50　侧刃刃边变钝后产生毛刺的情况

1—毛刺　2—侧刃

3) 尖角侧刃。如图 3-7-51 中零件 2 所示，侧刃只在条料边缘上冲出一缺口，在下一工步中由挡块进入此缺口进行定位。它无需在条料侧边增加工艺材料，对冲制贵重金属材料节约用料很有意义。但操作不如前者方便，送料要左右移动，保证挡块紧贴料边定位可靠。

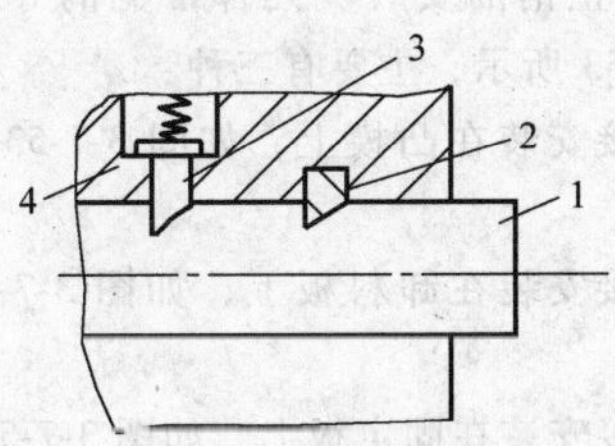

图 3-7-51　尖角侧刃的应用

1—条料　2—侧刃　3—挡块　4—侧面导板

(2) 以侧刃凸模进入凹模孔的状态区分

1) 直入式侧刃，如图 3-7-49a、c 所示。它只适合于 $t<1.2$mm 板料冲压。由于刃口面为平面，制造和刃磨方便。但在冲厚料时，因单边受力，侧向力较大，使侧刃不能保持正确位置。

2) 导入式侧刃，如图 3-7-49b、d 所示。由于在刃口面后侧长出一小段，在冲裁前先进入凹模导向，克服冲裁时产生的侧向力，定位效果较好，但制造和刃磨时较麻烦，如图3-7-52所示。

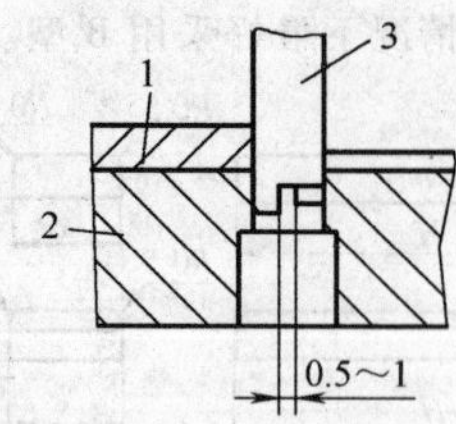

图3-7-52 导入式侧刃的应用

1—挡块 2—凹模 3—侧刃

(3) 成形侧刃 成形侧刃就是将零件某局部的成形面与侧刃槽结合起来设计，可单侧或双侧设置。

侧刃的尺寸可参考GB/T 7648.1—2008。

2. 导正销

导正销是级进模中应用最为普遍的定距方式。采用此方式需要与其他辅助定距方式配合使用，如采用导正销与侧刃或自动送料机构联合定距。

(1) 导正销工作直径与导正销孔径的关系 导正销的工作直径可参照冲导正销孔的凸模直径确定，参见表3-7-5。

表3-7-5 导正销直径

（单位：mm）

t	导正销直径	备 注
≤0.5	$D=d_p-0.025t$	步距精度有严格要求
>0.5	$D=d_p-0.035t$	步距精度无严格要求
≥0.7	$D=d_p-0.02t$	步距精度有严格要求

注：d_p为冲导正孔凸模直径。

(2) 导正销的种类 参见本篇第1章1.3.3导正销。

(3) 导正销的安装 几种常见的导正销安装形式如图3-7-53所示，主要有三种：

1) 直接安装在凸模上，如图3-7-53中a，很少采用。

2) 直接安装在卸料板上，如图3-7-53中b，很少采用。

3) 直接安装在固定板上，如图3-7-53c~g五种，较常采用。

图3-7-53中c，导正销采用H7/n6与固定板配合，导正销直径偏大（$\phi d>5$mm）。这种形式用于不常拆卸的情况。

图3-7-53中d、e导正销与固定板均采用H7/h6配合，而图3-7-53中f导正销与卸料板用H7/h6配合，与固定板间有较大的间隙。图3-7-53中g属于细长的导正销的安装方式，有一保护套与固定板、卸料板采用H7/h6配合，导正销与保护套用H7/h5配合。这四种导正销便于更换、维修和刃磨。

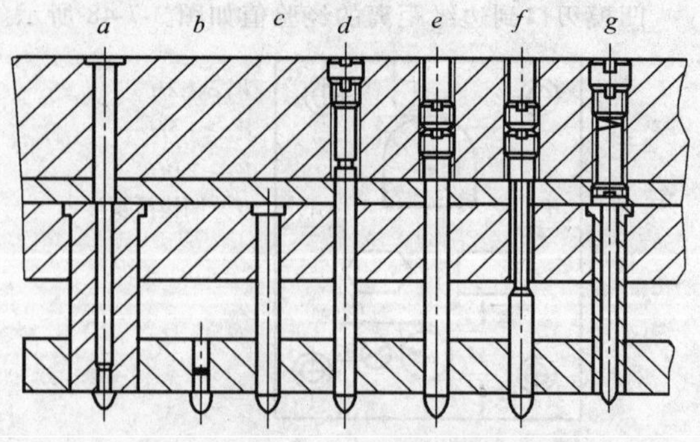

图3-7-53 导正销安装形式

导正销与各部分的配合关系，参看图3-7-54。

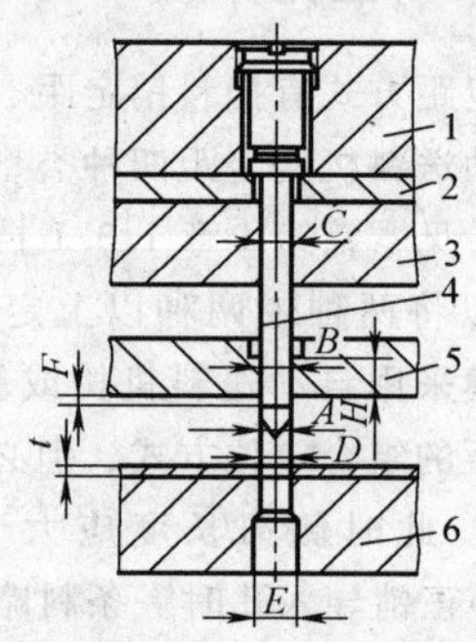

图3-7-54 导正销与有关零件配合关系示意图

1—上模座 2—垫板 3—固定板 4—导正销 5—卸料板 6—凹模

图中相互关系为：

A与B：H7/h6或H7/h5配合；

A与C：H7/n6配合，若卸料板有辅助导向装置，则A与C之间可采用H9/f9配合。B、C两件应同时加工，保证严格同心；

A与D：有严格要求时，D孔与A采用H7/k6配合，一般要求时，$D=A+$（0.03~0.12）mm；

D与E之间：$E=D+$（0.2~0.4）mm；

F长度：$F=$（0.8~1.2）t；

H长度：$H=$（1.5~2）D。

为防止导正销带起条料，影响条料正常送进，可在导正销头附近设置弹顶器，如图3-7-55所示。

7.2.3 卸料装置

卸料装置除起卸料作用外，对于不同冲压工序还有不同的作用：在冲裁工序中，可起压料作用；在弯曲工序中，可起到局部成形的作用；在拉深工序中同时起到压边圈的作用。卸料装置对各凸模还可起到导向和保护作用。

在多工位级进模中，多数采用弹性卸料装置。只

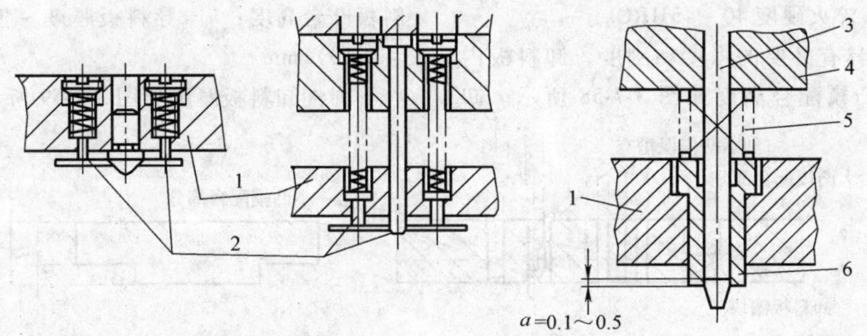

图 3-7-55　配合导正销设置的弹顶器

1—卸料板　2—条料弹顶器　3—导正销　4—凸模固定板　5—弹簧　6—导正销弹顶套

有当工位数较少及料厚大于 1.5mm 的冲件，或是在某些特定条件下才采用固定卸料装置，其结构设计参见本篇第 1 章 1.4 卸料与推（顶）件装置。

在级进模中使用弹性卸料装置时，一般要在卸料板与固定板之间安装小导柱、导套进行导向，如图 3-7-56 所示。

1. 卸料装置的设计

在设计多工位级进模卸料装置时，要注意以下原则：

1）在多工位级进模中，卸料板极少采用整体结构而采用镶拼结构（图 3-7-57）。这有利于保证型孔精度、孔距精度、配合间隙、热处理等要求，它的镶拼原则基本上与凹模相同。在图 3-7-57 中，在卸料板基体上加工一个通槽，各拼块对此通槽按基孔制配合加工，所以基准性好。

2）卸料板各工作型孔应与凹模型孔同心。卸料板的各型孔与对应凸模的配合间隙只有凸凹模冲裁间隙 1/3～1/4。高速冲压时，卸料板与凸模间隙要求取较小值；

3）卸料板各工作型孔应较光洁，其表面粗糙度值一般取 $Ra0.1 \sim 0.4\mu m$。冲压速度越高，表面粗糙度值越小。

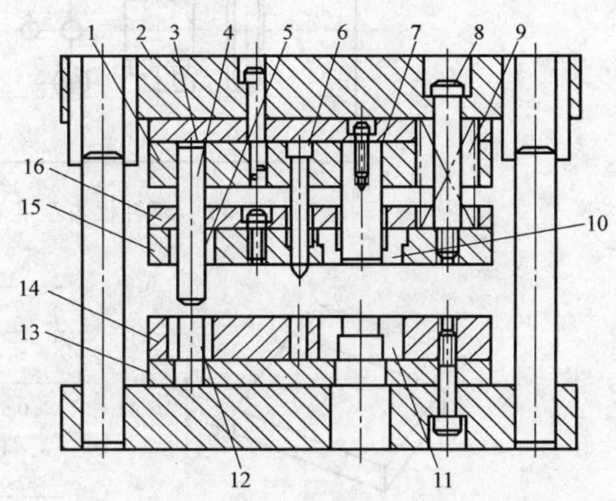

图 3-7-56　弹性卸料结构

1—固定板　2—上模座　3、13、16—垫板　4—小导柱　5、12—小导套　6—导正销　7—凸模　8—卸料螺钉　9—弹簧　10—衬套　11—凹模　14—凹模座　15—卸料板

4）多工位级进模卸料板应具有良好的耐磨性能。卸料板采用高速钢或合金工具钢制造，淬火硬度 56～58HRC。一般速度冲压时，卸料板可选用中碳钢或

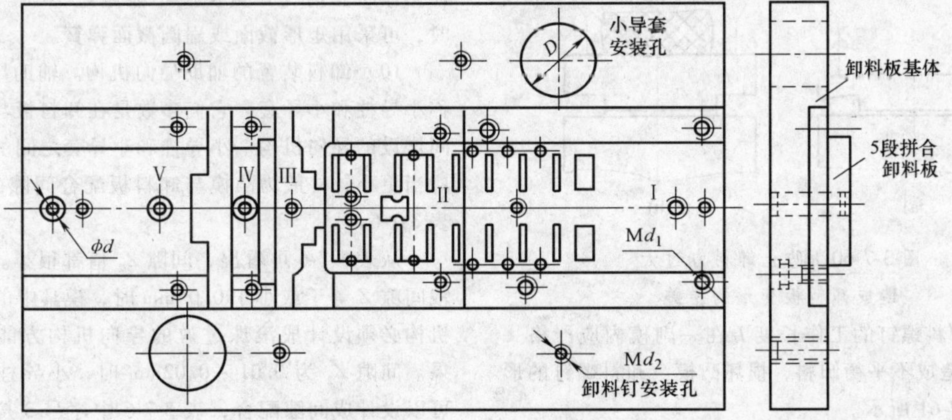

图 3-7-57　镶拼式弹压卸料板

碳素工具钢制造，淬火硬度 40 ~ 45HRC。

5）卸料板应具有必要的强度和刚度，卸料板内型孔与大小不同凸模配合高度如图 3-7-58 所示。卸料板凸台高度：h = 导料板厚度 − 板料厚度 + （0.30 ~ 0.50）mm。

弹性卸料板厚度如图 3-7-59 所示。

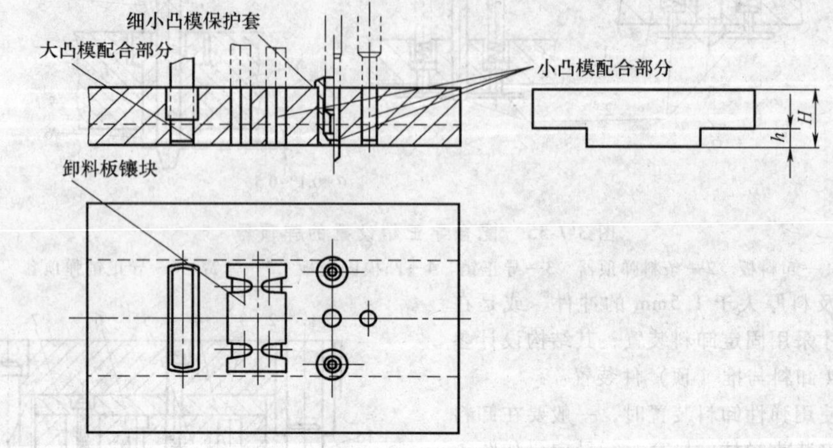

图 3-7-58　卸料板内型孔与大小不同凸模配合高度示意图

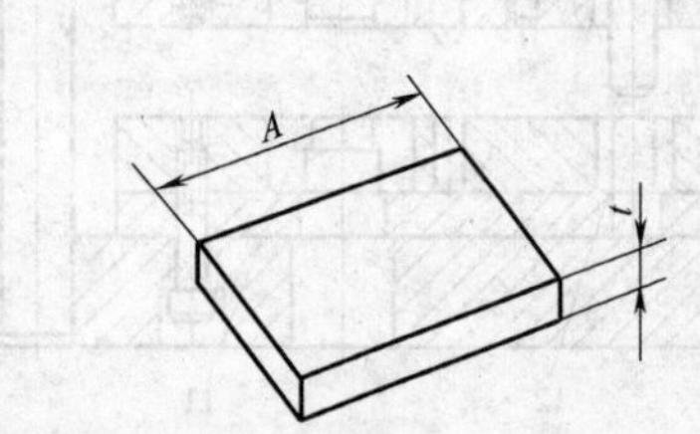

（单位:mm）

t \ A	≤125	>125～160	>160～300
≤0.6	13～16	16～20	20～25
>0.6～1.2	16～20	20～25	25～30
>1.2～2.0 >2.0～3.2	20～25	25～30	

图 3-7-59　弹压卸料板厚度

当压紧力较大时，为防止卸料板产生较大变形，甚至损坏卸料板和凸模，可在卸料钉区间之内各凸模之间适当增加弹压装置，如弹簧、聚氨酯橡胶等，如图 3-7-60 所示。为保持卸料力的平稳、均衡，卸料螺钉也应均衡布置。

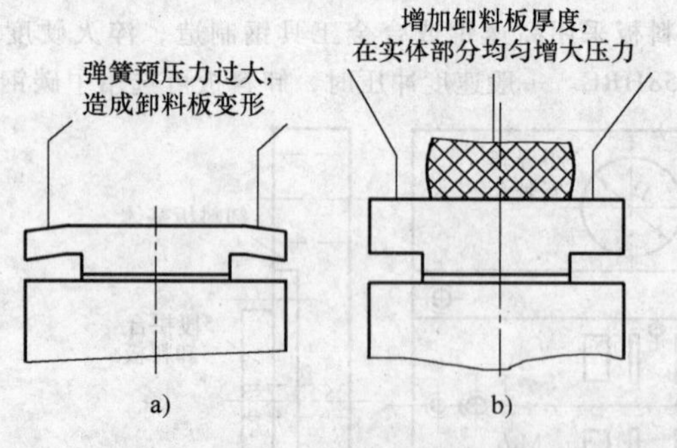

图 3-7-60　防止卸料力过大造成卸料板变形的措施

6）卸料螺钉的工作长度 L 在一副模内应严格一致，以免造成不平衡卸料，损坏凸模。卸料螺钉的形式如图 3-7-61 所示。

7）导正销有效工作直壁露出卸料板底面不能过长，以防回程时，将制件带起，影响连续作业，如图 3-7-62 所示。

8）卸料螺钉沉孔深度应有足够的活动量，如图 3-7-63 所示。

9）卸料弹簧的选用。根据所需要的压力，并考虑一定的预压力选用弹簧。预压缩量一般取弹簧自由长度的 20%，对应的弹压力应大于或等于卸料力。在工作状态时，弹簧挠度不能超过 70%。要求较高时，可采用矩形截面或扁圆截面弹簧。

10）卸料装置的辅助导向机构。辅助导向机构俗称小导柱和小导套。它们多数是在卸料板与固定板之间增设的导向机构。小导柱和小导套之间的配合间隙应当更小，一般为凸模与卸料板配合间隙的 1/2，见表 3-7-6。

从表 3-7-6 可看出，间隙 Z_2 值都很小。实际上冲裁间隙 Z 等于或小于 0.05mm 时，模具中的辅助导向机构必须设计成滚珠过盈的导向机构方能有导向效果。间隙 Z_2 为 0.01 ~ 0.02mm 时，小导柱与小导套可以设计成间隙配合，表 3-7-6 中序号 3 应当为 H6/h5 配合；序号 4 可以取 H7/h6 配合。

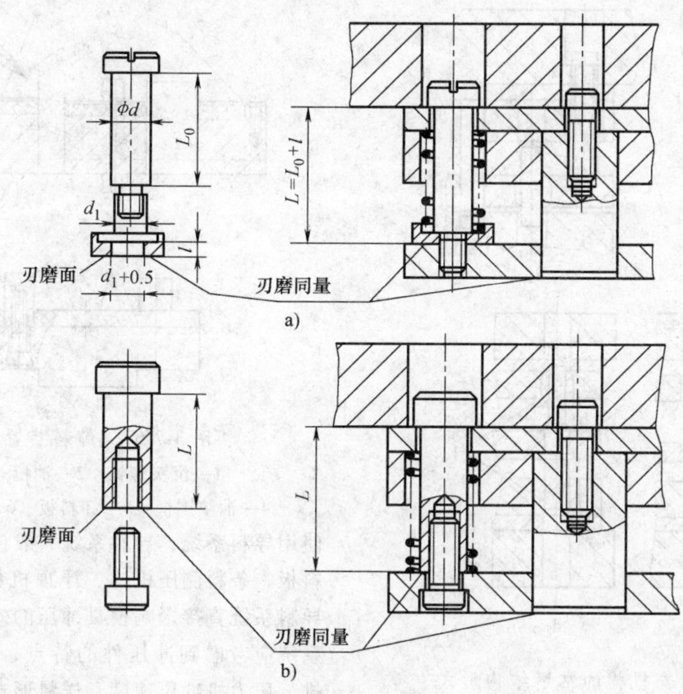

图 3-7-61　卸料螺钉的形式

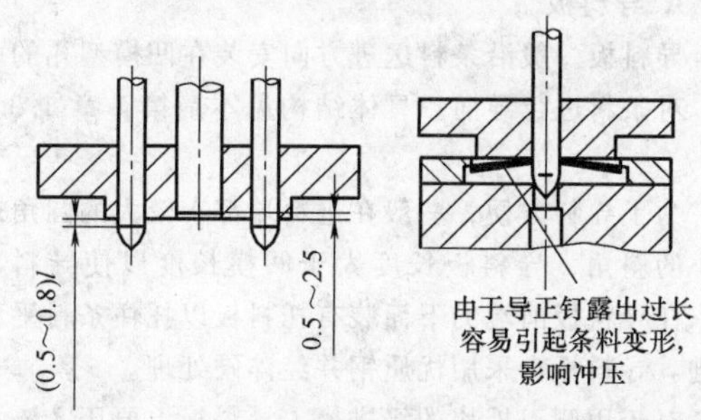

图 3-7-62　防止导正销过长引起条料变形示意图

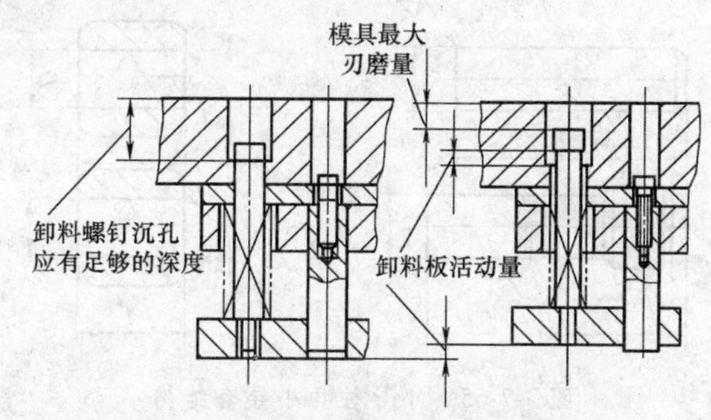

图 3-7-63　弹性卸料板与凸模的尺寸关系

表 3-7-6　卸料装置导向精度　　(单位：mm)

序号	模具冲裁间隙 Z	卸料板与凸模间隙 Z_1	辅助小导柱与小导套间隙 Z_2
1	>0.015 ~0.025	>0.005 ~0.007	≈0.003
2	>0.025 ~0.05	>0.007 ~0.015	≈0.006
3	>0.05 ~0.10	>0.015 ~0.025	≈0.01
4	>0.10 ~0.15	>0.025 ~0.035	≈0.02

①　间隙配合的小导柱、小导套结构　间隙配合的小导柱、小导套的常用结构形式如图 3-7-64 所示。其中图 c、图 d 结构多在高速冲压时采用。

小导柱、小导套的一般结构见图 3-7-65。小导柱的长度 L，一般取 $1.6D < L < 6D$。

小导柱、小导套与固定板及卸料板的装配关系为 H6/r6 或 H6/n5 配合。

②　滚珠过盈配合的小导柱、小导套结构如图 3-7-66 所示。

2. 卸料板的润滑装置

弹性卸料板与各凸模之间应进行良好的润滑，以提高模具寿命。图 3-7-67 所示为在卸料板上加一层存油毡垫，也可以采用喷雾润滑。如果行程数在 150 次/min 以上时必须以滚珠导柱、导套进行辅助导向，

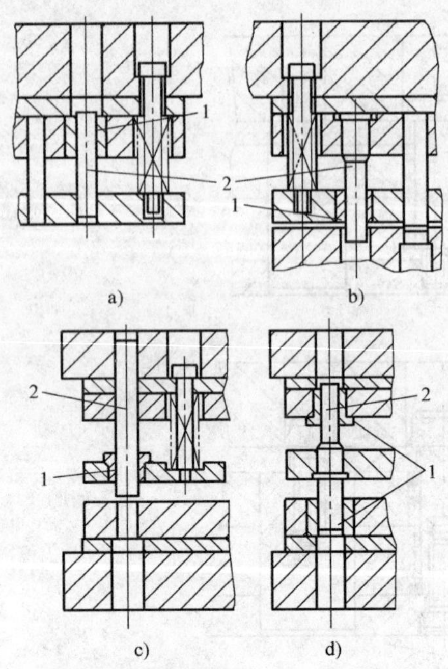

图 3-7-64 辅助导向机构的常用结构形式

1—小导套 2—小导柱

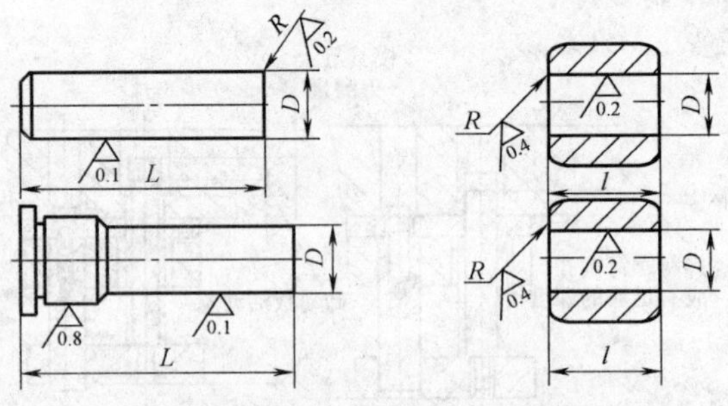

图 3-7-65 小导柱和小导套结构

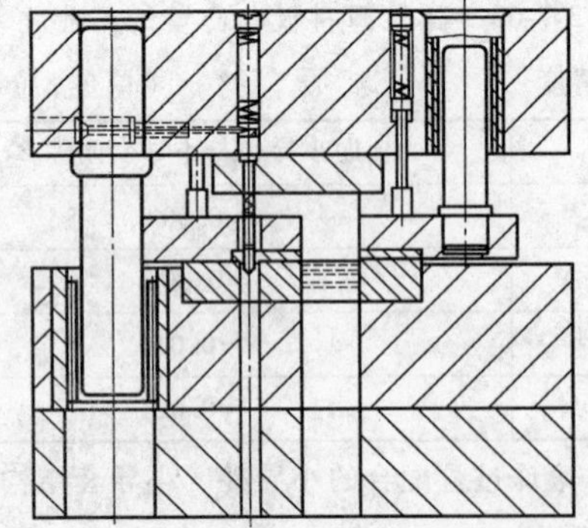

图 3-7-66 滚珠过盈配合辅助导向结构

润滑油中要加入二硫化钼。

7.2.4 导料系统

为了使条料通畅、准确地送进，在级进模中必须

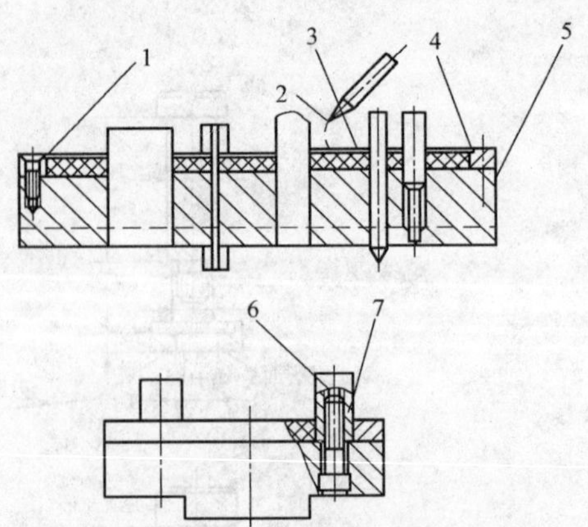

图 3-7-67 卸料装置润滑示意图

1—沉头螺钉 2—油枪 3—存油毡垫

4—油垫围框 5—卸料板 6—卸料钉 7—螺钉

使用导料系统，导料系统一般包括：左右导料板、承料板、条料侧压机构、浮顶机构、障碍检出机构等。导料系统直接影响模具冲压的效率和精度。选用导料系统应考虑到冲压件的特点、排样图上各工位的安排、压力机冲压速度、送料形式、模具结构特点等因素，并结合卸料装置进行考虑。

1. 导料板

导料板一般沿条料送进方向安装在凹模型孔的两侧，对条料进行导向。具体结构见本篇第1章1.3.5节。

为了导料方便，一般在进料端都有较大的圆角或较小的斜角，导料板长度大于凹模长度以使导料准确，在导料板前端的下面装有托料板以托住条料平稳送进。导料板常采用优质钢并经淬硬处理。

对于用侧刃挡块的级进模，导料板上要压入淬火的挡料镶块，如图 3-7-68 所示。

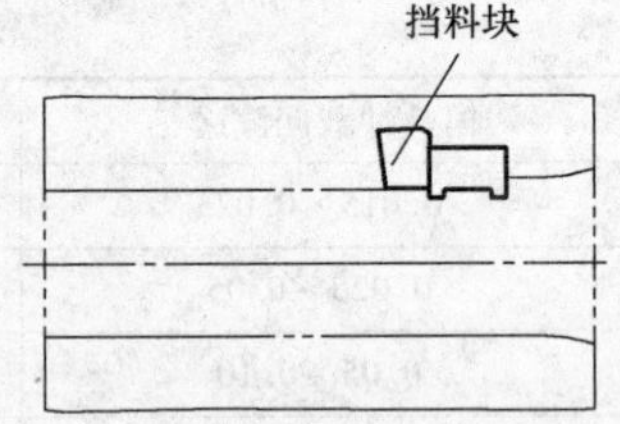

图 3-7-68 带侧刃挡块的导料板

对于冲裁级进模，导料板高度可参考表 3-7-7 确定。

表 3-7-7 冲裁连续模导料板高度

（单位：mm）

t		<1	1~6
导料板高度	固定卸料板	4~6	6~14
	弹压卸料板	3~4	4~10

JB/T 7648.5—2008 给出了导料板及挡料块的标准系列尺寸。

多工位级进模采用双侧载体或单侧载体排样时，导正销孔一般设计在条料载体上。因此在设计带台式导料板时，应在导料板上让出导正销躲让口，否则导正销就无法起作用，如图 3-7-69 所示。

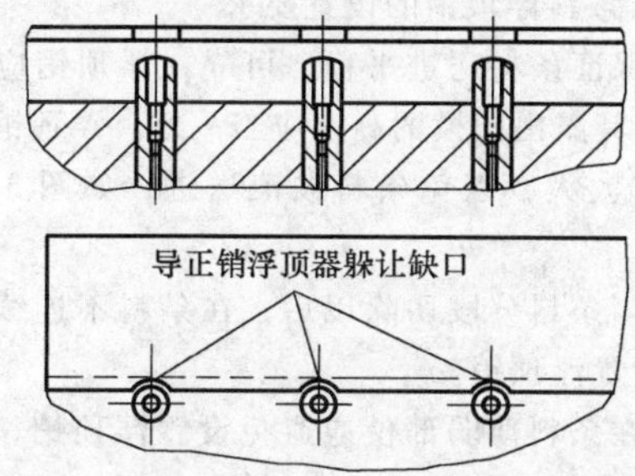

图 3-7-69　带台导料板对相应浮顶器设置躲让缺口

2. 条料侧压装置

侧压装置的作用是提供适当的侧压力，使条料沿着主导板的导向基面直线送进。

侧压装置类型见表 3-1-25。当采用侧压装置时，应考虑其是否会妨碍条料连续送进。如果冲压零件材料极薄、材质较软，采用侧压装置时必须慎重。一般在料厚（t）和料宽（B）之比满足以下条件可以使用：

对于软质材料：$\frac{t}{B} \geqslant 1\%$

对于一般材料：$\frac{t}{B} \geqslant 0.75\%$

对于硬质材料：$\frac{t}{B} \geqslant 0.5\%$

3. 条料浮顶器

对于包含弯曲、拉深等成形工序的级进模，在冲压过程中，卸料时工序件会落在凹模面之下的模腔内，浮顶器的作用就是将条料提升到一定高度，以保证连续冲压时，条料顺畅送进。浮顶器的提升高度取决于制品的最大成形高度，具体尺寸参数见图 3-7-70 所示。

条料浮顶器与带台式导料板配合使用构成多工位级进模的导料系统。

在导正销的对应位置设置套式浮顶器，可起到对导正销的保护作用（图 3-7-71）。

（1）浮顶器的种类

1）普通浮顶销，如图 3-7-72 所示。其中图 3-7-72c 是较常用的一种浮顶销。普通浮顶销只起托顶条料浮离凹模平面的作用，因此可以设在任何位置，但应注意尽量设置在靠近成形部分的材料平面上，浮顶力大小要均匀、适当。

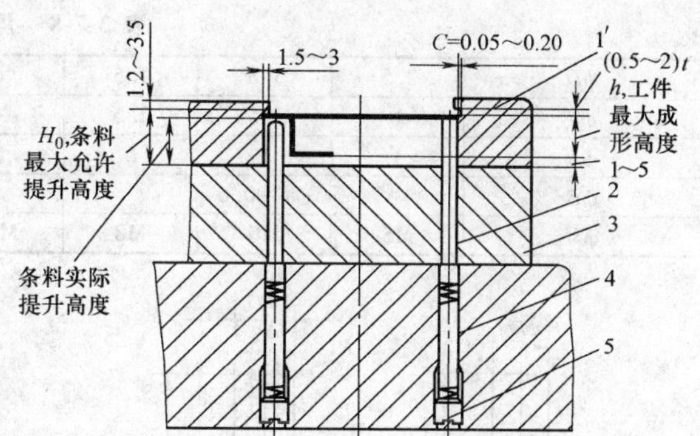

图 3-7-70　条料顶出后在导料板内相互关系

1—带台式导料板　2—条料浮顶销　3—凹模　4—弹簧　5—螺塞

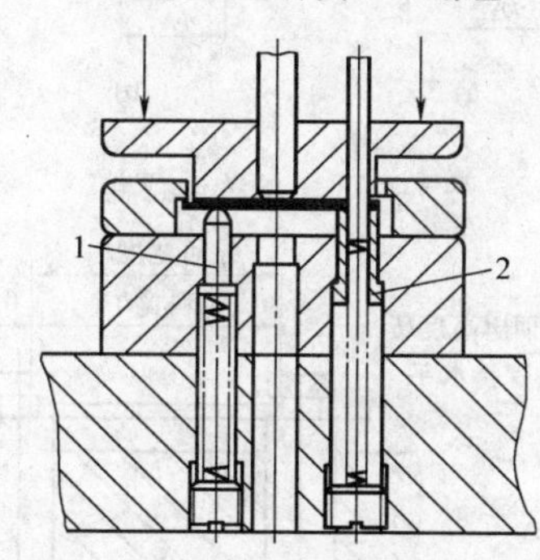

图 3-7-71　浮动送料结构示意图

1—浮顶销　2—套式浮顶器

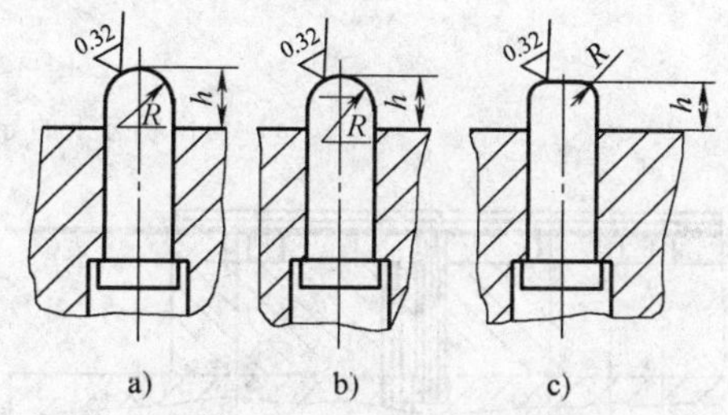

图 3-7-72　圆柱形浮顶器

2）套式浮顶销。套式浮顶销设置在导正销的对应位置，对导正销起保护作用，如图 3-7-73 所示。套式浮顶销与凹模取 H7/h6 或 H7/h5 配合，其内孔与导正销之间有很小的间隙。套式浮顶销外形尺寸见表 3-7-8。

3）导料浮顶销。有些特殊模具（如带有侧向冲压）的全长或局部，不适合采用导料板时，可以在凹模的工作型孔两侧（或一侧）平行于送料方向装有带导向槽的条料浮顶销，简称导料浮顶销，如图 3-7-74 所示。

表 3-7-8 浮顶销系列尺寸 (单位: mm)

ϕD	2.5	3.5	4.5	6	8	9	10	12	14
ϕd	1	1.5	2.5	4	5	6	7	8	10
ϕN	4	5	6	8	10	11	13	15	17
ϕB	$\phi d+0.6$				$\phi d+0.8$			$\phi d+1.2$	
ϕM	M5	M6	M8	M10	M12	M14	M16	M18	M20

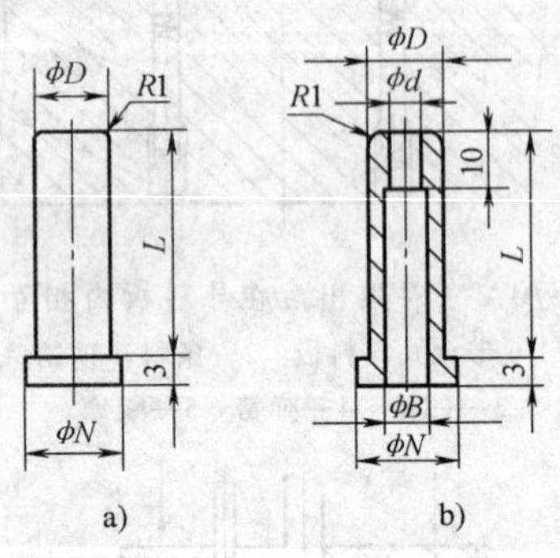

图 3-7-73 套式浮顶销

(2) 条料浮顶销的设置要求

1) 保证条料送进平稳、可靠，浮顶销应均衡对称布置，其露出凹模的高度应当一致。浮顶销之间的间距不宜太大，以免条料波浪送进，如图 3-7-75 所示。

2) 当条料分段切除以后，在条料不连续面上应当避免设置浮顶销。

3) 在条料薄弱部位应避免设置浮顶销，以免造成制件的变形。

4) 对于已经开始立体成形的部位，不能再设置浮顶器，以防阻碍条料送进。

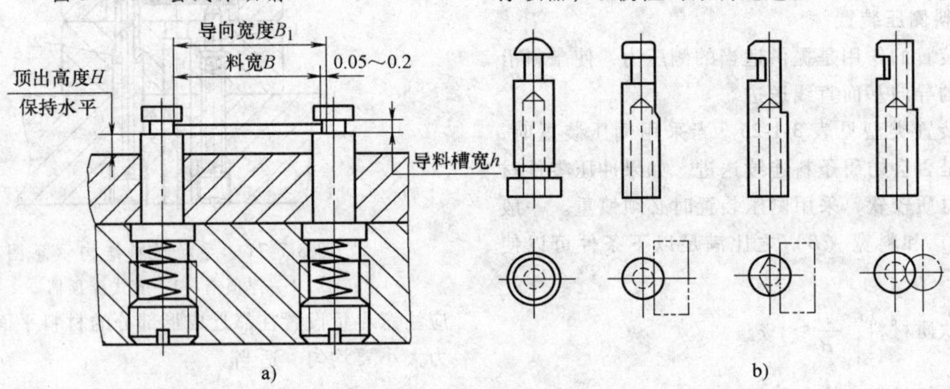

图 3-7-74 导料浮顶销

a) 自由状态下的导料浮顶销 b) 导料浮顶销的类型

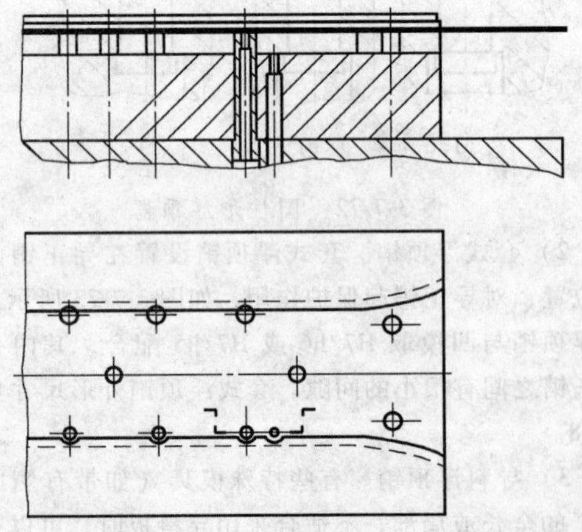

图 3-7-75 浮顶销设置示意图

5) 条料浮顶销对条料的送料导向是属于点接触间断性的，所以对条料的宽度精度和两侧的平直度(俗称镰刀弯) 要求较高，否则会使送料产生较大误差。$h_{min}=1.5mm$，如图 3-7-76 所示。

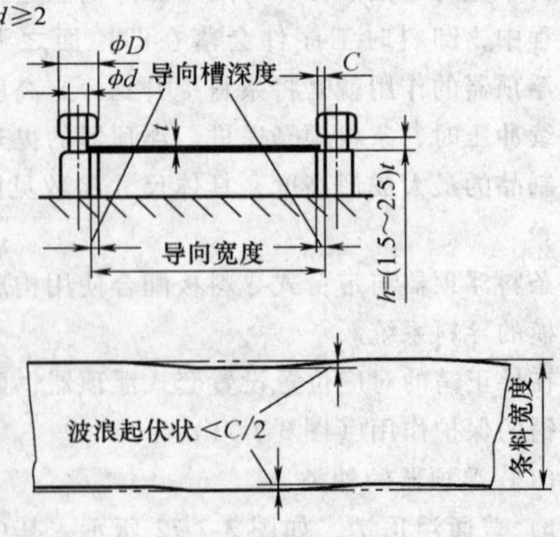

图 3-7-76 浮顶销槽深与条料宽度公差的要求

6) 卸料板上对应躲让沉孔深度与导料浮顶销头

部有关尺寸要相适应，详见图 3-7-77 所示。其中图 3-7-77a 为正常工作位置及有关尺寸代号；图 3-7-77b 表示卸料板沉孔太浅，将边料向下弯曲或切断；图 3-7-77c 表示卸料板沉孔太深，使边料往上变形。

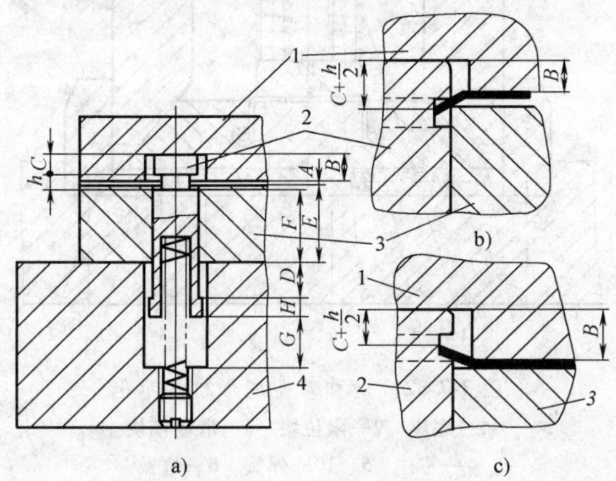

图 3-7-77　导料杆的头部与卸料板沉孔深度之间关系
A—卸料板底平面至导料槽中心距离　B—卸料板沉孔（指空让导料杆头部凹平孔）深度　C—导料杆头部高度　D—导料杆活动量　E—凹模厚度 + 1/2 料厚　F—凹模厚度　G—导料杆底面的最小留量　H—台阶量　h—导料杆的导向槽宽度
1—卸料板　2—导料杆　3—凹模　4—下模座

7.2.5　侧向冲压机构

多工位级进模的侧向冲压机构主要采用斜楔滑块机构（参见本篇第 1 章 2.7 斜楔机构）。

对于侧向冲裁，当间隙很小的时候，为提高冲件质量和模具寿命，需要在凸模、凹模之间考虑增加导向和保护装置。

1. 侧冲凸模的安装

侧向凸模和侧向型芯一般单独加工后，再装配到滑块上。图 3-7-78 为几种常用的侧冲凸模安装结构。图 3-7-78a、b 两种适用于圆凸模。图 3-7-78c、d 不仅适用于圆凸模，也适用于比较规则的异形凸模。图 3-7-78e 适用于各种异形凸模的安装。

2. 侧冲机构的应用

（1）双侧向同心冲裁加工　侧向冲裁如图 3-7-79、图 3-7-80 所示，制件一般以凹模的外形定位。为便于成形条料顺利送进和套上凹模，在凹模的进料端和上端分别留有适当的导向圆角或斜角，如图 3-7-81 所示。侧向冲裁多工位级进模必须注意及时卸料，卸料方式有固定卸料（图 3-7-79）和弹压卸料（图 3-7-80）两种，卸料机构同时又起导向作用。

（2）对称弯曲件的成形侧向冲压　图 3-7-82 是对称侧向卷圆的典型结构。当冲程到达下死点时，斜

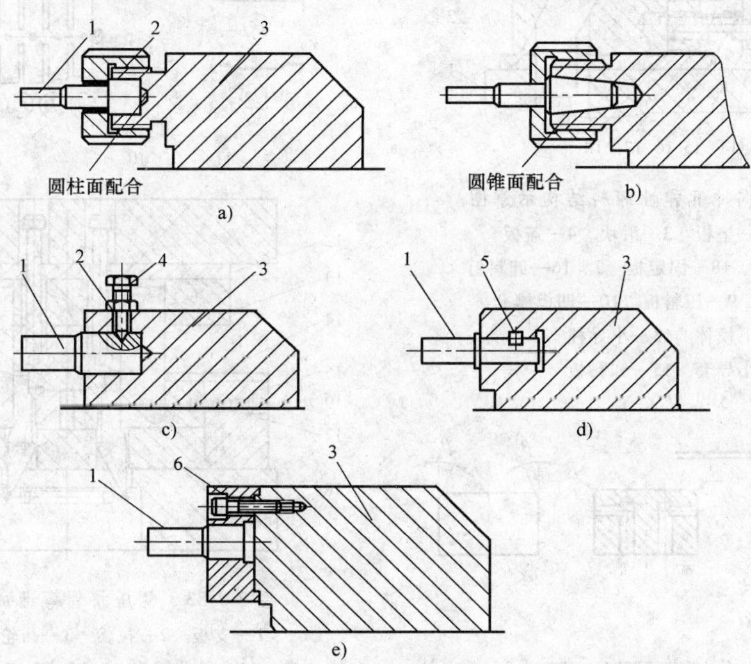

图 3-7-78　侧冲凸模安装结构简图
1—凸模　2—锁母　3—滑块　4—顶丝　5—方键　6—固定板

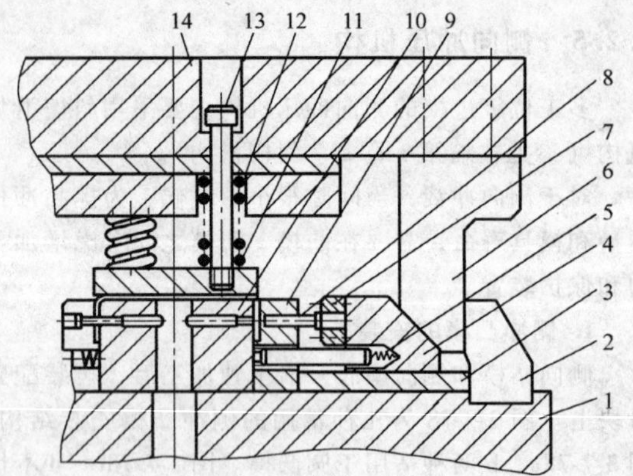

图 3-7-79 侧向冲孔固定卸料结构示意图

1—底座 2—限位块 3—垫板
4—斜滑块 5、12—弹簧 6—斜楔
7—固定板 8—凸模 9—卸料板
10—凹模 11—压料板
13—卸料钉 14—上模座

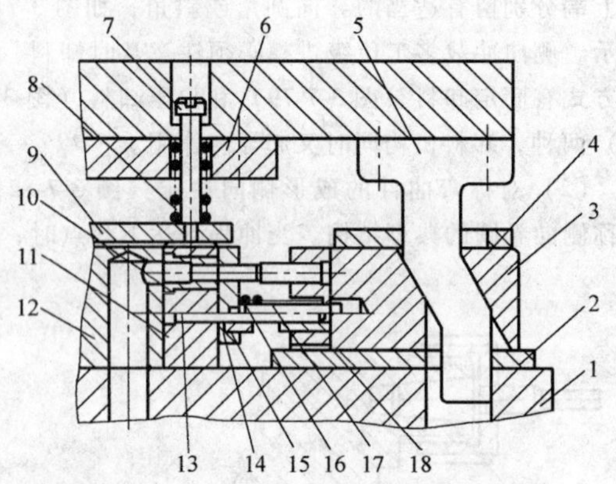

图 3-7-80 侧向冲孔弹性卸料结构示意图

1—底座 2—垫板 3—滑块 4—盖板
5—斜楔 6、11、18—固定板 7、16—卸料钉
8、17—弹簧 9—压料板 10—凹模镶套
12—下模体 13—小导柱
14—小导套 15—卸料板

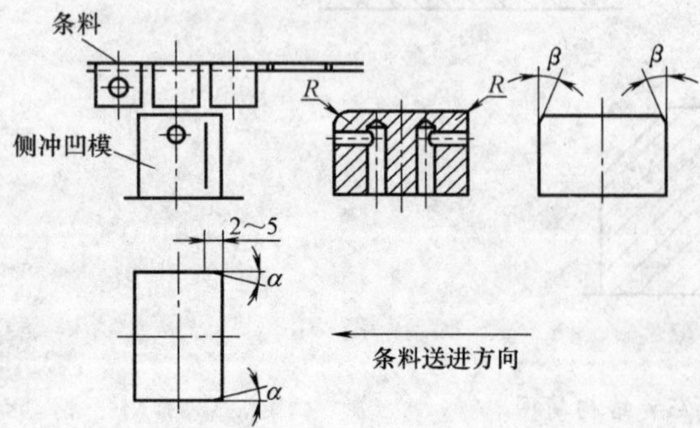

图 3-7-81 侧向冲孔凹模

楔推动斜滑块使制件整形。冲程回升，弹性复位，制件随条料浮顶器的推顶而浮离下模平面，以便条料送进。

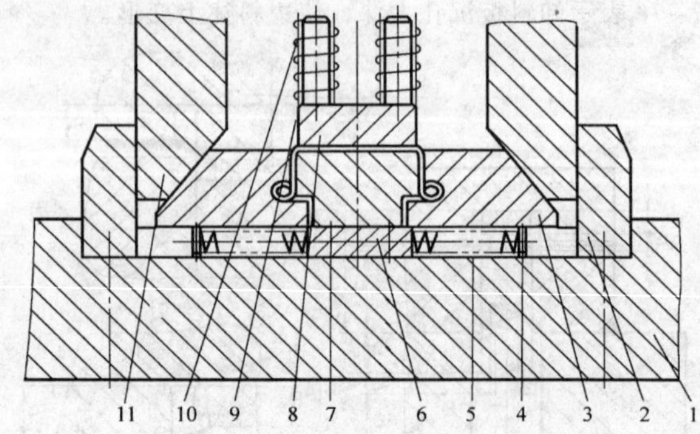

图 3-7-82 对称弯曲成形机构示例

1—底座 2—限位块 3—滑动模块
4—芯柱 5、10—弹簧 6—垫板
7—下模芯 8—压料板 9—卸料钉 11—斜楔

（3）侧压挤钳弯曲成形加工 图 3-7-83 是一弯曲件多工位级进模中的侧向弯曲成形冲压工位（*D* 工位）模具结构简图，工件弯曲部分还要内收 45°。复合型面斜楔 6 控制滑动模芯 5 和摆动凸轮块 3，实现制件的侧向挤压成形。上模型芯 7 通过镦实垫块 8 对工件进行整形加工。

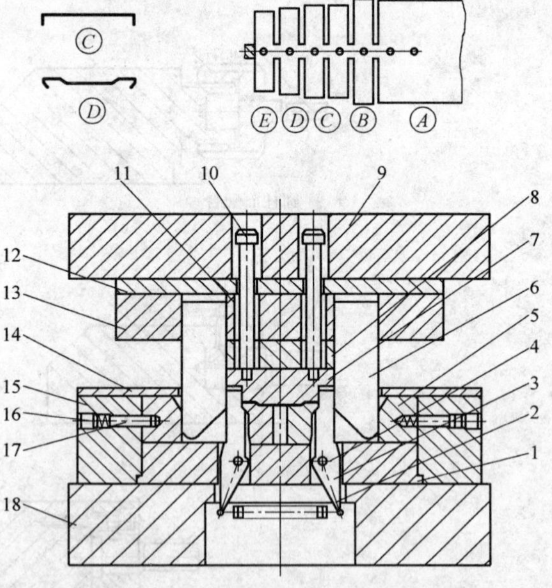

图 3-7-83 侧压挤钳弯曲成型机构示例

1—支板 2—拉簧 3—凸轮块 4—小轴
5—滑动模芯 6—斜楔 7—上模型芯
8—镦实垫块 9—上模座 10—卸料钉
11、17—弹簧 12—垫板 13—固定板
14—盖板 15—限位挡块 16—螺堵 18—下模座

图 3-7-84 是一个剪切弯曲工位的模具结构图。零件在此工位从载体上切断并弯曲成形，弹顶器 11 将制件顶出。

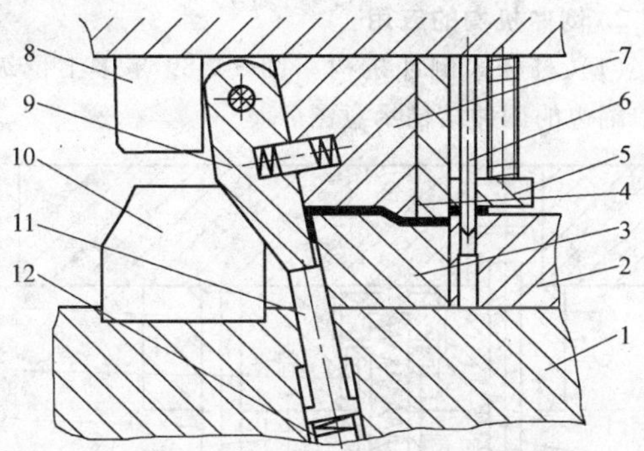

图 3-7-84　弯曲压型切断侧压模具结构图

1—底座　2—切断凹模　3—压弯凹模　4—切断凸模　5—压料板　6—导正销　7—压弯凸模　8—挡块　9—压型凸轮板　10—斜楔　11—弹顶器　12—弹簧

（4）上模斜楔机构压形模　级进模中为使模具结构紧凑，常将斜楔和斜滑块都安装在上模的卸料板内。图 3-7-85 是单向弯曲斜楔滑块均设计在上模的一典型示例。当冲程下降时，滑动模块首先将冲件压在下模顶件器后，由于下模顶件器弹簧力 F 远大于上模滑动模块弹簧力 Q，卸料板的弹簧力 G 又大于 F，因此，使运动有节奏地进行。当上、下模块接触后，滑动模块 9 首先回升，并在斜楔 8 作用下作侧向

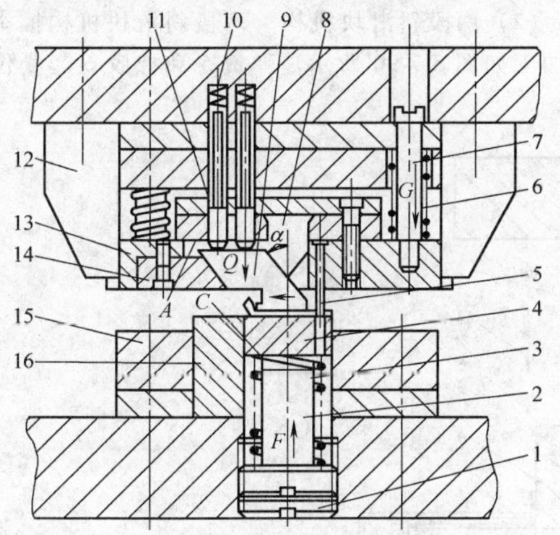

图 3-7-85　单向弯曲件将斜楔斜滑块均设计在上模示例

1—螺堵　2—弹簧芯柱　3、6、10—弹簧　4—顶件器　5—导正销　7—卸料钉　8—斜楔　9—滑动模块　11—顶杆　12—导向块　13—弹压卸料板　14—斜导滑块　15—下模套　16—镶块

运动。当滑动模块 9 与 A 面接触时，侧向运动停止。冲程继续下降，下模顶件器 4 被下压，工件开始进行弯曲，直至几个活动分型面镦实后，冲件即告完成。

（5）侧向抽芯机构　多工位级进模中，由侧冲机构实现对弯曲成形加工的型芯的侧面送进和抽出。侧向抽芯机构不仅要有侧向水平运动，心轴还需要同时有上下升降运动。图 3-7-86 是一侧向心轴提芯机构，其结构特点是：心轴和斜滑块分为两部分。心轴 11 在可以浮动的心轴座 13 上进行滑动，滑块体 3 的前端装上一块淬火的垫块 7，对心轴进行冲击运动。心轴在心轴座的带动下，既作上下运动，又在斜滑块的冲击下作水平运动，从而满足侧向抽芯运动要求。

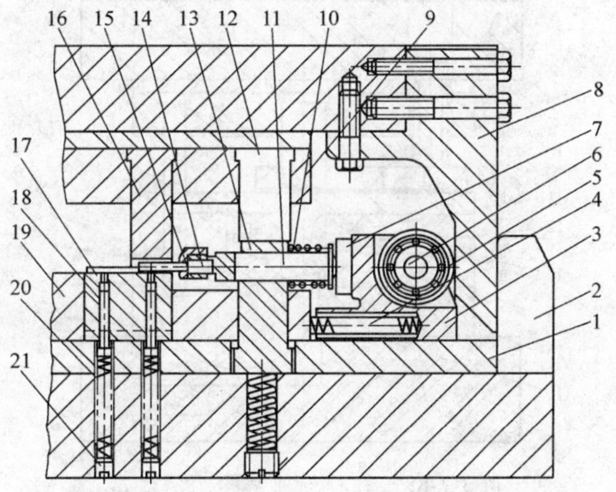

图 3-7-86　侧向抽芯机构示例

1—垫板　2—挡块　3—滑块体　4、10、20—弹簧　5—轴承　6—轴　7—撞块　8—斜楔　9—固定板　11—心轴　12—压块　13—心轴座　14—轴芯　15—锁母　16—上模　17—下模　18—浮顶器　19—凹模体　21—螺堵

7.2.6　倒冲机构

倒冲是指模具工作部分（一般指凸模或凹模等）的运动件由下向上完成冲压加工。倒冲多由杠杆机构实现，也可采用两段斜楔、斜滑块机构来实现，是多工位级进模中特殊的冲压机构。

1. 倒冲机构设计

1）杠杆应具有足够的强度和刚度。

杠杆一般做成梭状较好，不仅增加杠杆的强度、受力合理，而且缩小了杠杆摆动的空间，如图 3-7-87 所示。

在压力较大的时候，杠杆截面可做成半圆状，以整个圆弧面作支承。垫板 15 内可镶入一淬火处理的凹圆弧垫片，如图 3-7-88 所示。

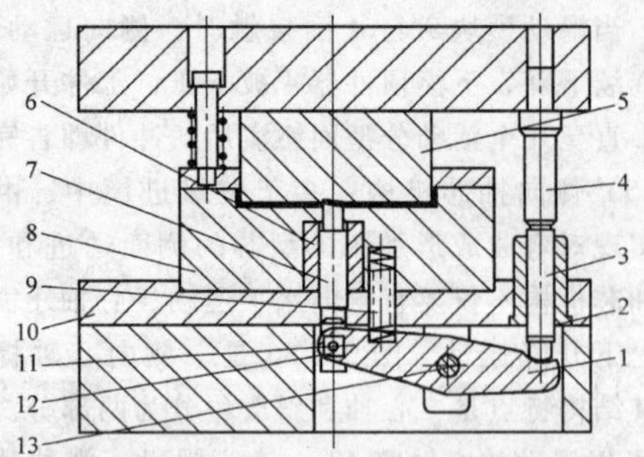

图 3-7-87 杠杆倒冲结构示例之一

1—梭形杠杆 2—导向套 3—从动杆 4—主动杆 5—上模 6—护套 7—冲头 8—凹模 9—弹簧 10—垫板 11、13—轴 12—轴套

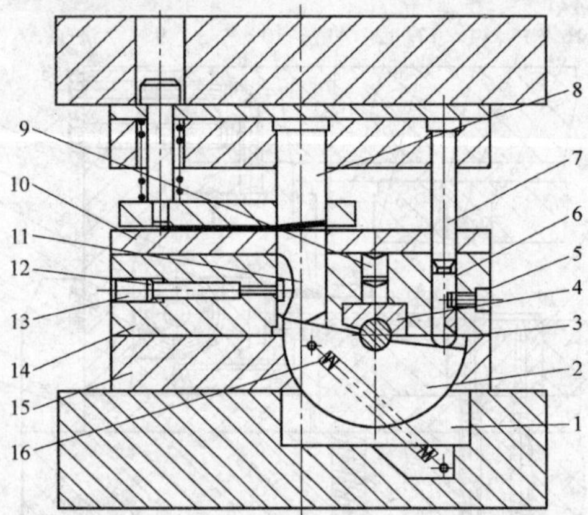

图 3-7-88 杠杆倒冲结构示例之二

1—圆弧垫板 2—半圆形杠杆 3—轴 4—调整压块 5—限位顶丝 6—从动杆 7—主动杆 8—上模 9、13—螺堵 10—盖板 11—凸模 12—限位杆 14—下模套 15—垫板 16—拉簧

2）要有有效的复位机构。

3）倒冲凸模必须有良好的导向机构。

4）倒冲机构应便于维修、更换和安装。

2. 倒冲机构的应用

（1）杠杆式倒冲机构 图 3-7-89 是多工位级进模中翻边的倒冲结构示意图。

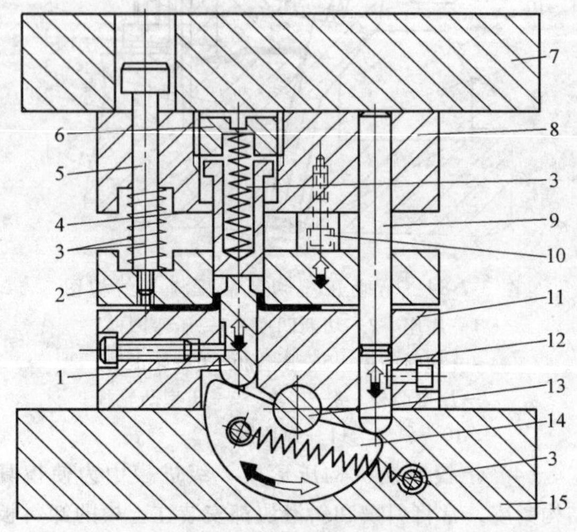

图 3-7-89 斜楔模结构

1—凸模 2—卸料板兼凸模 3—弹簧 4—打料销 5—螺栓 6—螺钉 7—上模座 8—上模板 9—传动器 10—停止器 11—下模板 12—滑销 13—轴 14—滑块 15—下模座

（2）两段斜滑块机构 两段斜滑块机构推举倒冲加工如图 3-7-90 所示。弹簧 5 和橡胶 6 起复位作用。

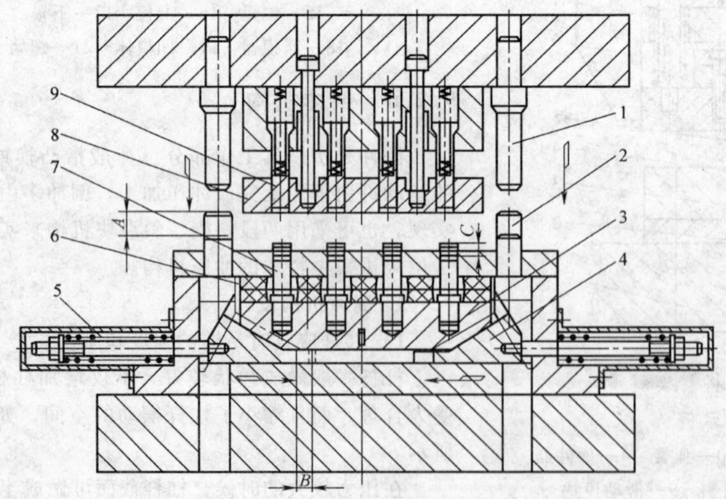

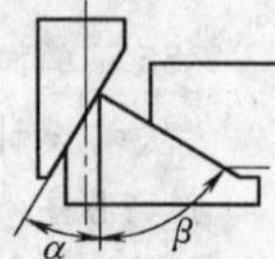

图 3-7-90 两段斜滑块推举倒冲结构

1—主动杆 2—从动杆 3—升降滑块 4—水平滑块 5—复位弹簧 6—复位橡胶 7—凸模 8—卸料板 9—顶件器

倒冲凸模的倒冲行程 $c = A\frac{\tan\alpha}{\tan\beta}$。机构中两侧的 α、β 角必须一致，上下压杆长度相同，复位弹簧力必须相等。

7.2.7　镦压装置

在级进模的冲压过程中，常设置镦压装置对整体条料或某个工位局部进行镦压，起到校正、整形、克服回弹等作用。

镦压力量的大小要适当，既要起到镦压作用，又要防止损坏模具和影响压力机精度。

1. 镦压装置分类

（1）弹性镦压　弹性镦压是指对整个条料由卸料板用较大的弹性力实现镦压。

（2）刚性镦压　刚性镦压是靠压力机的压力实现，压力大，效果好，多属于部分工位或局部形状的镦压。其具体形式可分为：在卸料板上加镦压板对工件和凹模进行镦压（图 3-7-91）与利用上、下弯曲模的模体本身对工件进行镦压（图 3-7-92）两种。在图 3-7-92 所示结构中应注意若有分力产生，必须要抵消。

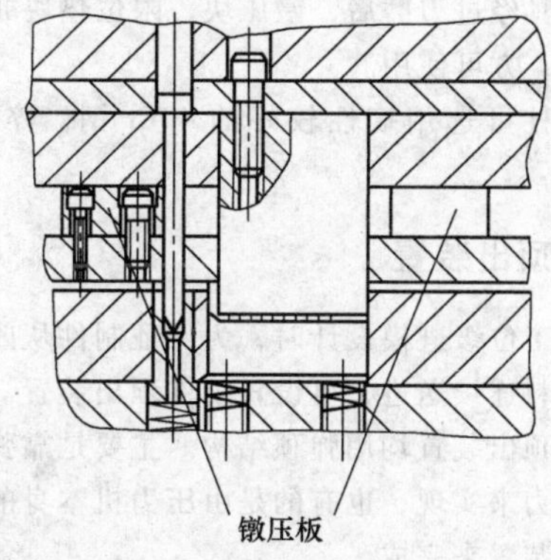

图 3-7-91　镦压板在级进模使用示例

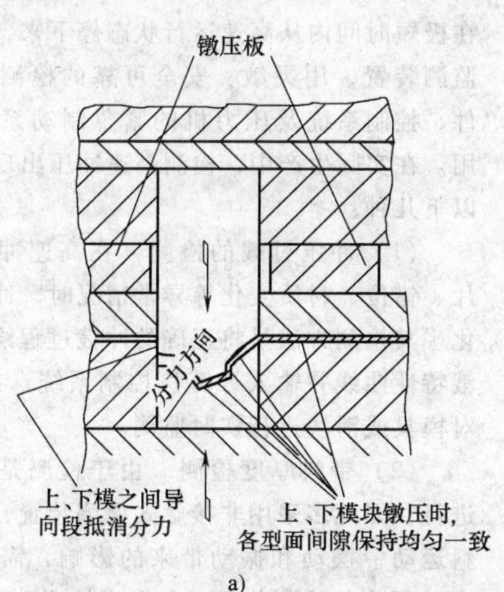

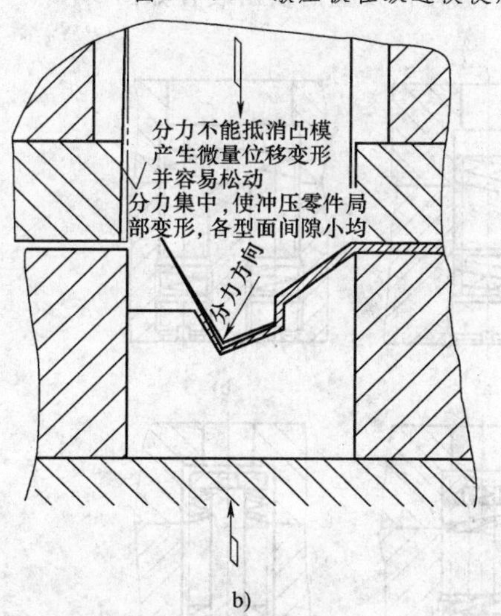

图 3-7-92　在弯曲成形镦压时应克服各种分力产生

a）正确　b）不正确

2. 镦压装置的设计原则

1）在弯曲成形工位中，无高度公差要求的弯曲工位凸模长度应服从有高度公差要求的弯曲工位凸模长度。不需镦压工位的凸模应服从需要镦压工位的凸模。

2）在几个镦压工位中应以最主要成形尺寸工位镦压为主。

7.2.8　限位装置

为防止模具损坏，在模具外围应设置限位装置（限位垫块），如图 3-7-93 所示。

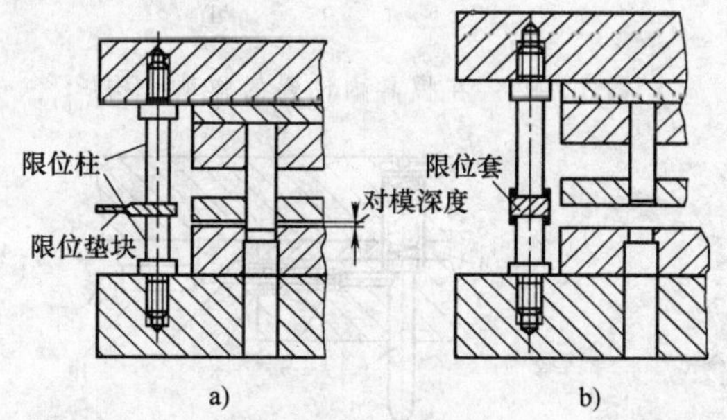

图 3-7-93　对模深度限位装置

一般的限位装置是安装在上下模座中的限位柱和限位垫块，其总高度正是模具在镦压状态下的高度加上工件的料厚，这样安装调整模具时只要将限位垫块放在两限位柱之间即可。模具对好后取下限位垫块即可冲压，如图 3-7-93a 所示。当完成冲压后，可将限位套套在限位柱上，使上下模保持开启状态，如图 3-7-93b 所示。

对于较大模具应考虑两套限位装置对称设置，使模具保持平衡状态。

当模具经过刃磨后，镦压块、限位垫块亦应磨去刃磨高度，方可使用。

限位柱可选用韧性较好的 40Cr 钢，淬火 40 ~ 45HRC。

7.2.9　顶出装置

在多工位级进模设计时，为保证制件从凹模面上抬起随条料连续送进，可设置工件顶出装置。

工件顶出装置均用弹顶结构。主要是靠弹簧或橡胶的弹性力来实现，也有的是由压力机本身的各种气动、液压装置来完成。

常在级进模底座内设置的顶出装置如图 3-7-94 所示。

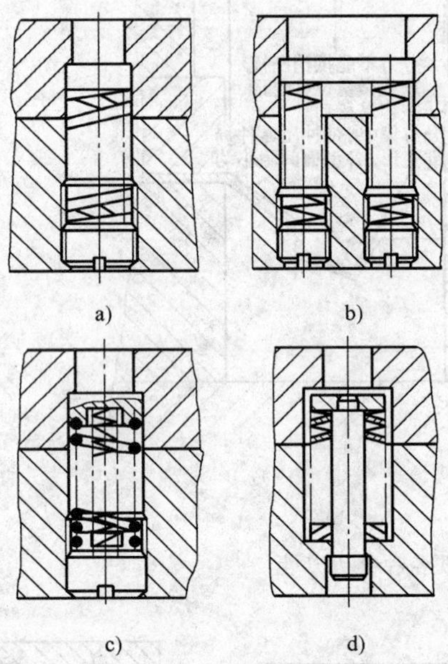

图 3-7-94　在模具内设置的弹顶结构

图 3-7-95 为国外已广泛采用的标准弹顶器。

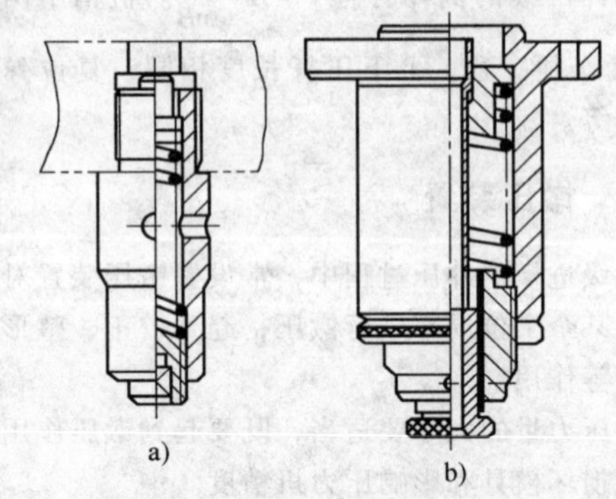

图 3-7-95　模具专用的弹顶器

7.2.10　监测装置

当高速冲压加工中出现异常情况时，如材料误送及送料步距异常、叠片、半成品定位及运送过程中遇到障碍、模具零件损坏、冲压过载等，高速压力机要在极短时间内从高速运行状态停下来，这就需要设置监测装置，用灵敏、安全可靠的检测元件、传感元件、控制系统及压力机的紧急制动系统共同协调作用。在实际生产中，检测高速冲压出现异常的方法有以下几种：

（1）冲压过载的检测　在高速冲压中，出现叠片、错位、材质变化等异常情况时，冲裁力会产生变化。其检测方法是将正确的冲裁过程绘制成标准的冲裁特性曲线并输入计算机控制系统，在冲压过程中，对模具或滑块进行实时监测。

（2）带料厚度检测　由于检测是在带料运动中进行，因此多采用非接触式检测装置，同时要克服带料运动中摆动和振动带来的影响，需用分辨率（精度）很高的检测装置（如激光检测）。

（3）送料步距异常检测　送料步距的检测目前最常用的有机械式和光电式。

机械式检测中，常用导正销检测导正孔，如图 3-7-96 所示。

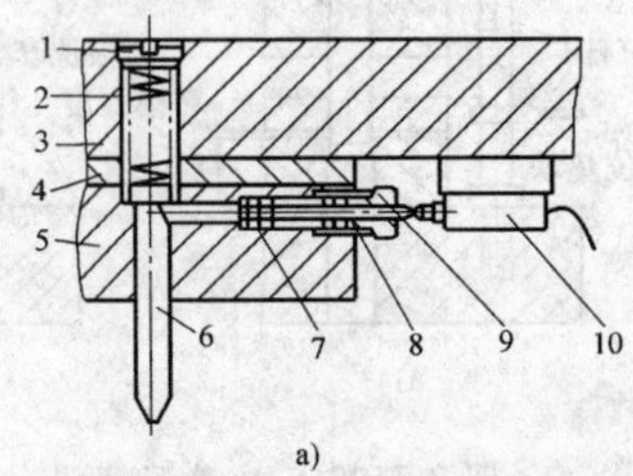

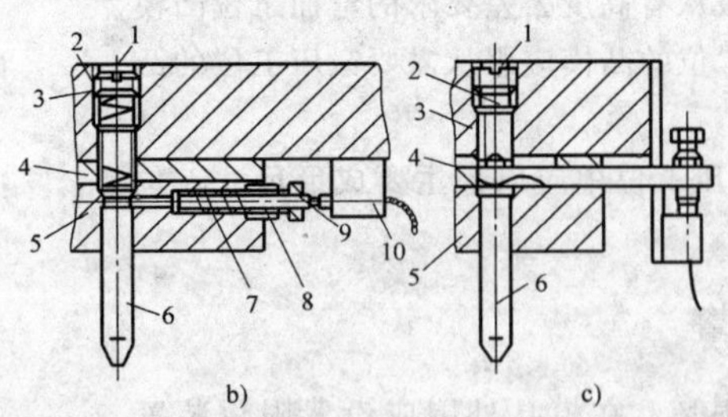

图 3-7-96　采用导正销检测

a）斜滑块结构　b）凹槽结构　c）杠杆结构

1—螺堵　2、7—弹簧　3—上模座　4—垫板　5—固定板　6—监测导正销　8—螺母　9—触柱　10—微动开关

在冲速大于 500 次/min，带料厚度小于 0.2mm 的情况下，采用导正销很难修正送料误差，当送料步距出现异常，即使在检测钉检测出后，也很难在短时间内使高速压力机停止运动。而若采用光栅检测，则可在送料停止时，检测孔位的误差，当孔位误差超过标准误差设定值时，即发出停机信号。

（4）凸模折断等模具异常情况的检测　在多孔高速冲裁的情况下，如出现凸模折断，未能及时检出，将产生数量较多的不合格品，并有可能损坏模具。在凸模损坏后，冲出的孔就不规则，因此可采用图 3-7-97 所示的检测装置检测上一工位冲孔是否正常，检测用凸模高度与冲孔凸模高度一致，直径取凸模尺寸的 3/4，其头部制成球形。若有多个孔同时要检测，可把几个微动开关串联在一起即可。

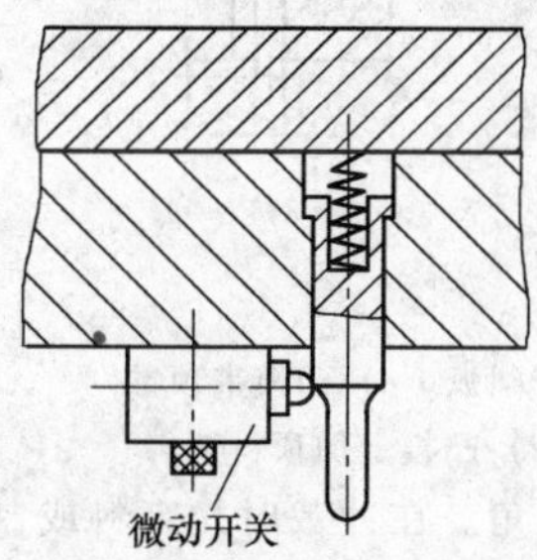

图 3-7-97　孔不良检测

对于重要的产品，可采用摄像机摄影，将所取得的信号通过计算机处理比较，如出现异常立即发出停机命令。用高速摄像机系统还可检测零件的质量，分析、比较各种质量指标。目前，高质量的摄像机计算机控制比较系统，可检查产品的压痕（最小直径为 $\phi0.07$mm，最小测度为 0.01mm）、毛刺（最小毛刺尺寸为 0.07mm）等。

（5）其他异常情况的检查　在高速冲压情况下，还需对高速压力机的润滑情况进行检测，以保证压力机在高速运行下正常。润滑、冷却不好，供油不足，都会造成高速压力机的磨损加剧。

7.2.11　防护装置、废料排除与制件提取

1. 防护装置

可采用防护罩防止异物落入模具内损伤模具及模具损坏件飞出。防护罩可用金属板材，丝网及有机玻璃制成。

2. 条料上废杂物清除与条料润滑

条料的清理与润滑装置如图 3-7-98 所示。

3. 防止工件和废料上升措施

制件及废料若从凹模口上升，粘贴在凸模刃口平面上，会影响正常工作，严重时甚至会损坏模具和压力机。防止工件和废料上升的措施主要有：

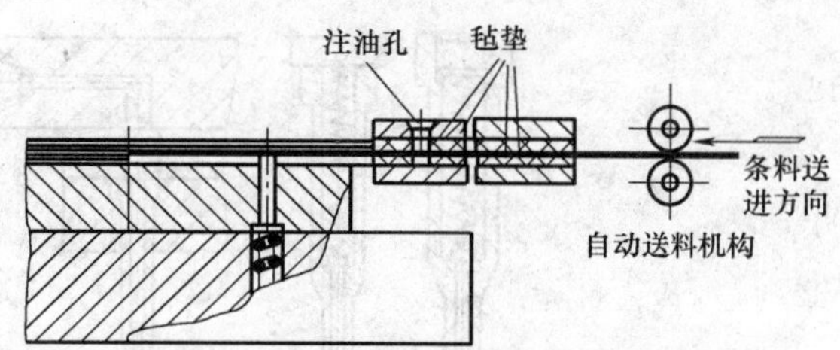

图 3-7-98　条料清理与润滑装置

（1）利用凸模防止工件和废料上升　在凸模刃端设置附加零件或把刃端制成不同形状。常用形式如图 3-7-99 所示。图 3-7-99a 在凸模内装有顶料销。顶料销直径 ϕd 一般为 1～3mm，伸出高度 h 为材料厚度的 3～5 倍，并把头部制成球形。冲裁废料或制件在顶料销后面弹簧的作用下，与凸模分离进入凹模。图 3-7-99b 是利用压缩空气防止废料上升，凸模气孔一般为 $\phi0.3$～$\phi0.8$mm。图 3-7-99c 应用在直径小于 1mm 的细长凸模上，尤其是拉深冲底孔凸模。在凸模的端面制成 45°～50°的锥度，h 为凸模直径 ϕd 的 1/2，当凸模工作时，首先由锥角定位后再冲裁，这样不但废料不会粘在凸模上，而且还能保证制件外形与中心孔的同轴度要求。图 3-7-99d 是凸模端面制成圆弧，h 为料厚的 1/3～1/2，b 取料厚的 1.5～2 倍。图 3-7-99e 是在凸模端面制成锥度，锥度为 140°左右，h 为料厚的 1/3～1/4。图 3-7-99f 是当凸模直径大于 20mm 时，在凸模端面制成凹坑并钻通气孔，h 为料厚的 1/4，b 取料厚的 2.5～3 倍。图 3-7-99g 是在凸模端面制成斜槽，h 等于料厚，其角度在 15°～30°之间。图 3-7-99h 是在大型凸模端面制成凹坑，坑内装弹簧片，利用弹簧片作用力防止废料回升。图 3-7-99i 是在大型凸模偏离中心处装顶料销，顶料销伸出高度及直径可参照图 3-7-99a 中有关参数。

图 3-7-100 所示，是将凸模做成斜刃，其斜角 α 为 10°左右，冲裁时使废料变形并留在凹模内，不会使它上浮。此法在冲制料厚 0.5mm 08 钢，长、宽为 2mm×25mm 时，解决了废料上浮问题。

图 3-7-101 所示，是在凸模上开槽。其中图 3-7-101a 的 $h<1$mm（小于凸模进入凹模内的深度）；图 3-7-101b 也是在凸模上开槽，常用金刚石锉刀在凸模刃口上开 2～3 处不规则的斜槽，且都是使废料变形，因而在凹模孔内受挤压而防止反跳，槽深不能超过料厚的 1/3。例如冲厚 0.5mm 的硅钢片，斜槽深为 0.05～0.1mm，斜度为 45°，然后用油石油光。

（2）利用凹模防止废料回升　如图 3-7-102 所示，在凹模刃口处做 10′～20′的反锥角，漏料孔壁带

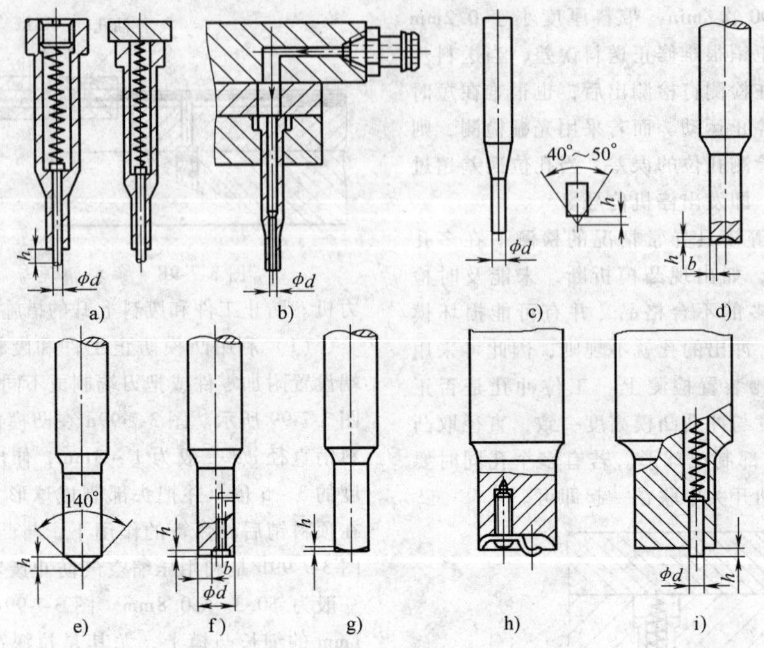

图 3-7-99　利用凸模防止废料回升

a）顶销式　b）利用压缩空气　c）凸模带尖锥　d）凸模带圆弧　e）凸模带顶锥

f）凸模带凹坑　g）凸模带斜槽　h）凸模上加弹簧片　i）凸模上加顶料销

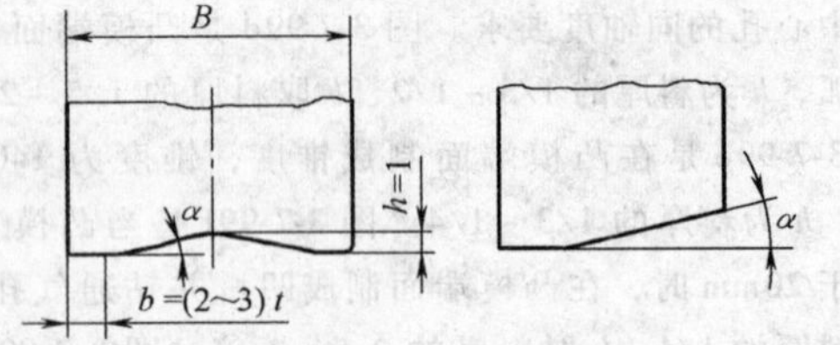

图 3-7-100　斜刃凸模

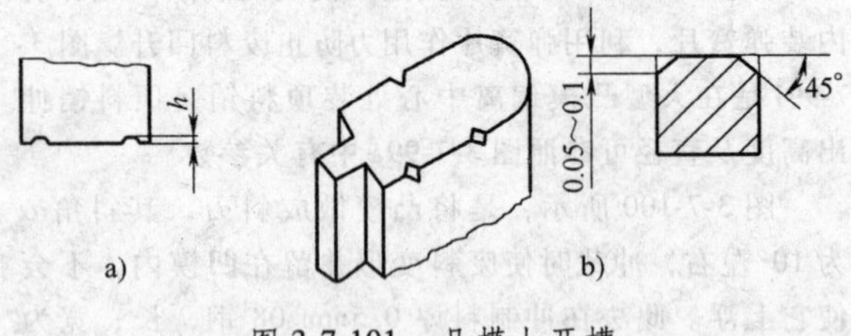

图 3-7-101　凸模上开槽

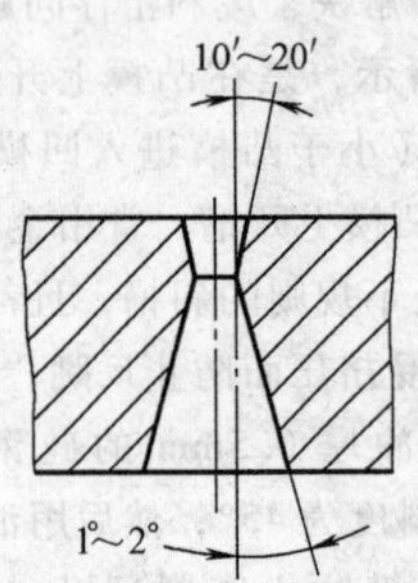

图 3-7-102　利用凹模防止废料回升

有1°～2°的锥角。在冲裁时，废料或制件外周受到压缩应力，同凹模壁的摩擦增加，废料不易回升。对于较大的废料或制件，这是防止回升的有效办法。这种办法的缺点是反锥角加工困难，且易引起小凸模折断。另外还可采用斜刃凹模以及凹模漏料孔负压抽吸的方法防止废料回升。用金刚石锉刀或油石在凹模孔侧壁以15°～30°斜拉2～3条0.005mm深的斜纹槽，增加废料与型孔之间的摩擦力，也可防止废料上浮。

多工位级进模工作过程中，废料或制件除上升外，还可能在凹模中堵塞。若在凹模中积存过多，一方面会使凸模损坏，另一方面废料在凹模内的胀力会引起凹模胀裂。对于薄料的小孔冲裁（直径小于1.5mm），废料堵塞是经常发生的，因为废料轻又同润滑油粘在一起，容易把漏料孔堵塞。如图3-7-103所示，对凸、凹模间隙小于0.03mm的精密冲裁，在不影响刃口重磨的情况下，应尽量减小凹模刃口高度H，一般取H为1～2.5mm，对于精密制件在刃口部制成$\theta=3'\sim10'$的锥角，漏料孔壁锥角$\theta_1=1°\sim2°$，ϕD比漏料孔锥角大端大1.5～2mm，ϕD_1比ϕD大2～3mm，而且中心要一致，孔壁不能错位（图3-7-103a），或将凹模刃口以下设计为阶梯形孔（图3-7-103b、c）。在冲侧孔时，更要注意留有足够的漏料空间，废料靠自重能自由下落而不致堵塞在凹模内，如图3-7-104所示。

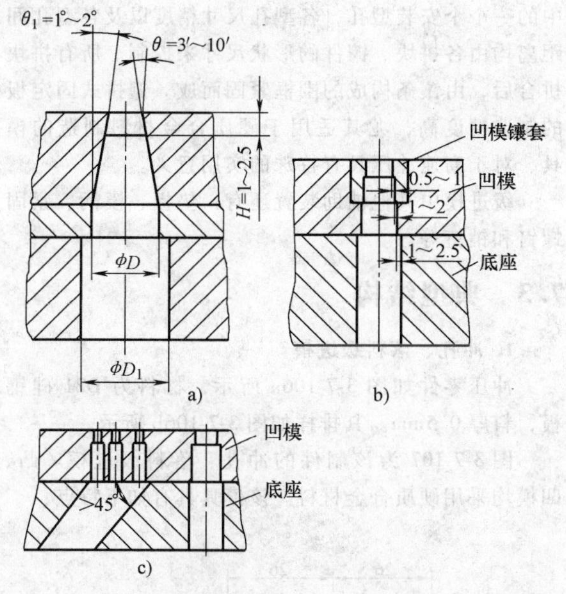

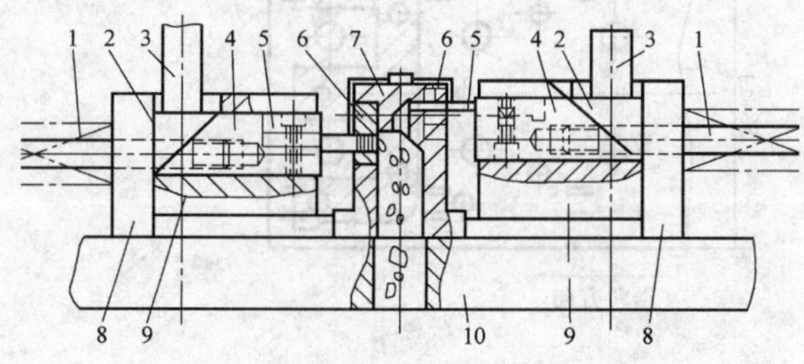

图 3-7-103　凹模漏料孔设置

1—拉杆及压簧　2—楔块　3—压杆　4—侧冲导向块　5—凸模镶块　6—侧冲凹模镶件　7—凹模芯座　8—挡块　9—侧冲基座　10—垫板

图 3-7-104　侧向冲裁排废料结构

（3）其他措施

1）高速冲压时，应避开压力机的共振频率进行冲压加工。

2）高速冲压时，带料表面润滑油不能过多，润滑油粘度不能太高。

3）凸模进入凹模深度要合适，当带料厚 0.2mm 以下时，取 0.2mm；当带料厚 0.2～0.5mm 时，取带料同值；当带料厚 0.5～1mm 时，取 0.5mm。

4）对凸模头部进行退磁处理。

5）利用凸、凹模之间的合理间隙防止废料上浮。间隙要合理并适当偏小，且保持均匀、稳定。

4. 利用压缩空气消除模具工作表面的制件和废料

多工位级进模还可利用压缩空气在压力机滑块回程时把需要清除的制件或废料吹离模具表面。其常用的形式有以下几种：

（1）利用凸模气孔吹离　当制件成形后从条料上切离时，往往都是一次切离几个制件，用这种方法切离的制件，基本上都不能从凹模的漏料孔中漏出，而只能从模具表面清理，清理这类制件可采用如图 3-7-105 所示的方法。在凸模中钻气孔，气孔位置及大小按清理制件不同而不同，一般以 $\phi0.8\sim\phi1.2$mm 为宜。图中中间孔主要防止废料回升，两侧斜孔就把被切离的制件在压力机滑块回程时向模具两边吹离。

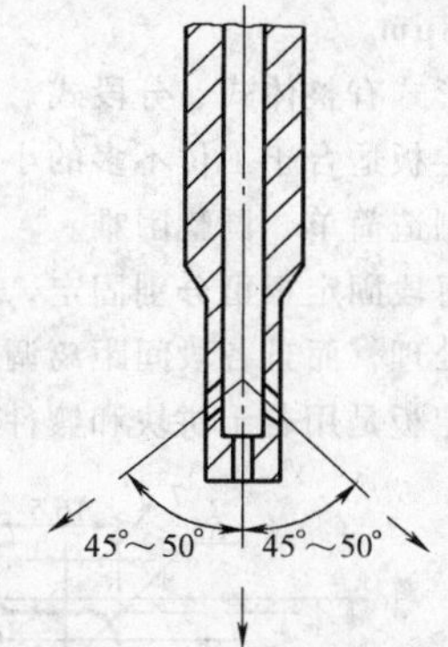

图 3-7-105　利用凸模气孔吹离

（2）气嘴关闭式吹离　参见本篇第 6 章 6.1.3 复合模的推件装置。

7.2.12　辅助装置

1. 模架

多工位级进模的模架应具有足够的刚度和强度。级进模的上、下模座应选用抗振性能良好的材料制造。一般可选用铸钢，在普通压力机上用手工送料的模具，选用钢质模座为宜。国外某公司选用密烘铸铁制造模座，厚度比一般模架增厚 30%。

工作时模架运动必须平稳，大型模具应采用六导柱或四角导柱模架。在普通压力机上工作的小型模具，可以选用对角导柱模架。根据模架上导柱与导套的配合间隙，将模架分为三级。

一级	超精级模架	0.003～0.005mm
二级	精密级模架	0.005～0.010mm
三级	普通级模架	0.013～0.023mm

模架的导向装置及精度等级和模具的冲裁间隙、零件的精度要求和模具的复杂程度有关。冲裁间隙小于 0.05mm 的模具，应选用滚动导向装置。冲裁间隙在 0.05～0.10mm 之间时，选用 H6/h5 配合的滑动模架。冲裁间隙大于 0.10mm 时，以选用 H7/h6 配合模架为宜。模柄应选用压入式的，工作时导柱不许脱离导套。

2. 固定板

固定板的主要作用是固定凸模，另外在其相应位置安装导正销、斜楔、弹性卸料装置、小导柱、小导套等。因此固定板应有足够的厚度和耐磨性。固定板厚度可按凸模设计长度的 40% 选用。一般级进模固定板可选用 45 钢淬火硬度 42～45HRC，精度要求高的级进模，固定板应选用 T10A、CrWMn，淬火硬度 52～56HRC。在低速冲压各凸模不需经常拆卸更换时，固定板可以不必淬火处理。常拆卸型孔的表面粗糙度应达 $Ra0.8\mu m$。

固定板的形式有整体式、分段式、镶拼式等。

整体式固定板适合于工位不多的小型多工位级进模，其特点是制造简单、调整困难。

分段式的每段固定板可分别固定，各段固定板可分开制造、热处理，而且各段间距离调整方便。

镶拼式固定板是用若干拼块和镶件拼合成固定板中的一个个安装型孔，各型孔尺寸精度以及各型孔间距离均由各拼块、镶件的形状尺寸来控制。所有拼块拼合后，由镶条构成的围框紧固而成。镶拼式固定板的制造精度高，尤其适用于硬质合金材料制造的模具，对于高速冲压具有特殊的实用意义。

级进模中其他辅助装置还有：垫板、模柄、紧固螺钉和销钉等。

7.3 典型结构

1. 冲孔、落料级进模

冲压零件如图 3-7-106a 所示，材料为 D21 硅钢板，料厚 0.5mm。其排样如图 3-7-106b 所示。

图 3-7-107 为该制件的冲孔、落料级进模。凸、凹模均采用硬质合金材料。该模具具有如下特点：

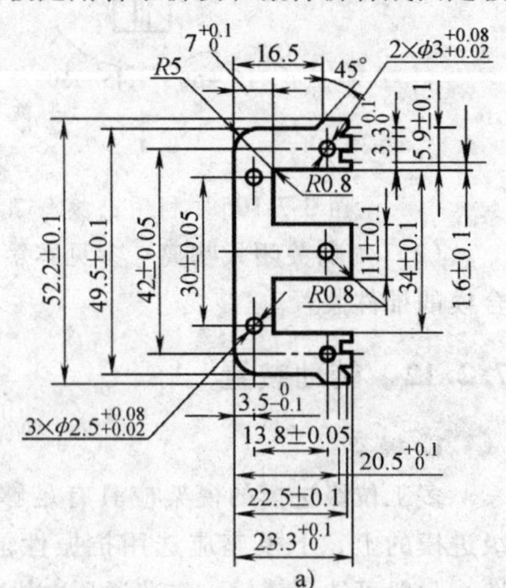

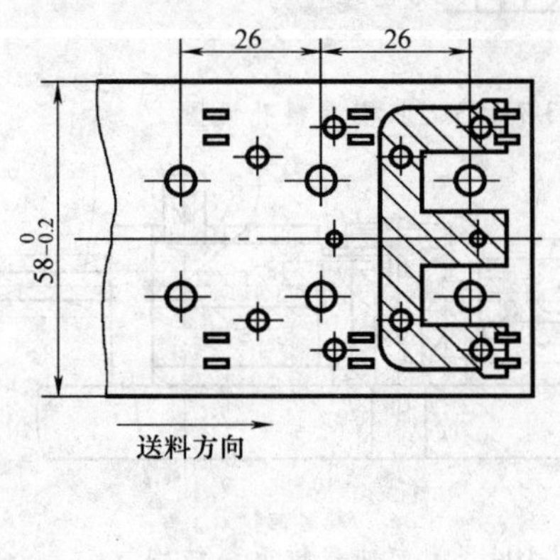

图 3-7-106 零件及排样图

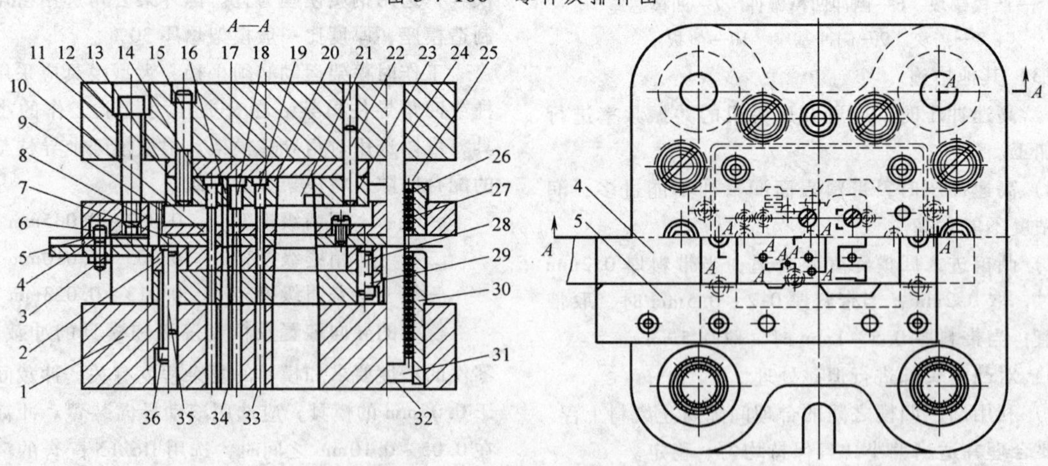

图 3-7-107 冲孔落料级进模装配图

1—下模座 2—凹模框 3—螺母 4—承料板 5—导料板 6、9、15、23、29、36—内六角螺钉 7—卸料导板 8、22、28、35—圆柱销 10—卸料板 11—上模座 12—卸料螺钉 13—凸模固定板 14—凸模 16—冲缺凸模 17—垫板 18—小凸模 19—冲孔凸模 20—钢丝 21—落料凸模 24—导柱 25—钢球保持圈 26—滚珠 27—小导套 30—大导套 31—弹簧 32—弹簧挡圈 33—凹模 34—垫板

1）采用四个滚珠导套、导柱，模具导向精度高。

2）为了保护凸模，特别是小凸模，提高模具寿命，在由滚珠导套 27 导向的卸料板 10 上装有导板 7，对凸模具有良好的导向保护作用。

3）为了保证工件上的孔位精度，在条料上冲两个工艺孔，在第 2 和第 3 工位上均有两导正销插入工艺孔内定位，导正销采用弹性结构，以避免折断。

4）为了防止条料粘在凹模或卸料板上，有利于送料，在凹模 33 和卸料板 10 上各装有两个弹性顶销。

2. 定转子铁心自动叠装级进模

YD109 电机定转子片如图 3-7-108 所示。其排样如图 3-7-109 所示，条料宽度为 115mm，步距为 113.5mm，各工位的具体内容分别为：①冲导正孔、轴孔、转子槽及转子叠压工艺孔；②定转子叠压点切口；③转子叠压点弯曲；④转子落料扭斜叠压；⑤空工位；⑥冲定子槽；⑦定子叠压点弯曲；⑧定子落料叠压。

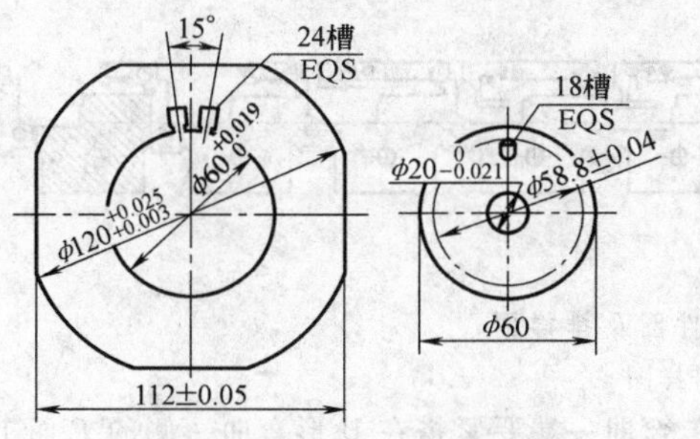

图 3-7-108　定、转子冲片

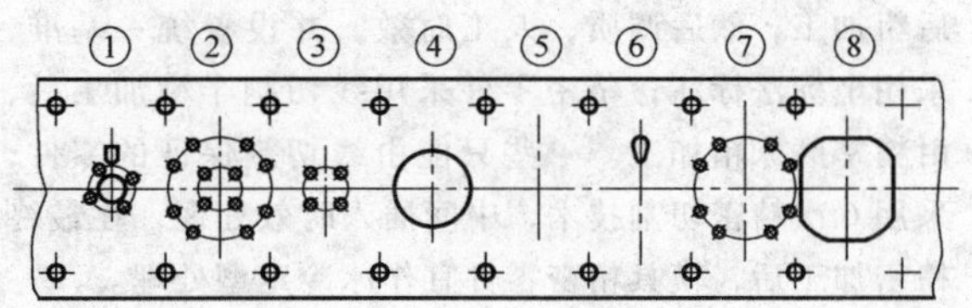

图 3-7-109　排样图

模具装配图如图 3-7-110 所示，该模具具有如下特点：

1）模具在日本的 PDA-2001 型高速压力机上使用，冲压速度为 120～300 次/min。

2）采用 6 组 $\phi50$mm 滚珠导柱、导套结构。每对导柱、导套装配前经过选择，其配合过盈量为 0.02～0.025mm。上、下模座材料采用 45 钢，厚度各为 100mm，经过调质，硬度为 26～30HRC，时效处理。导柱、导套材料采用 GCr15 钢，硬度为 62～66HRC，卸料板垫板采用 40Cr 钢，卸料板采用 Cr12MoV，导向板及固定板采用 CrWMn 钢，滚珠保持圈采用 H62，凸、凹模材料均采用国产 YG20 硬质合金。

3）冲槽凸模与固定板采用小间隙配合，并用铜焊套的方法，将凸模固定，由卸料板精密导向。

4）冲槽凹模采用镶拼结构，互换性强，用进口线切割机进行半精加工，再用光学曲线磨削达到设计要求。凹模直接装入下模座型孔内，有的在凹模下垫入淬硬垫板。各工位精度由进口机床（坐标磨）保证，位置精度 ±0.002mm。这样可完全达到步距精度为 ±0.004mm 的要求。凸、凹模双边间隙为 0.06mm。

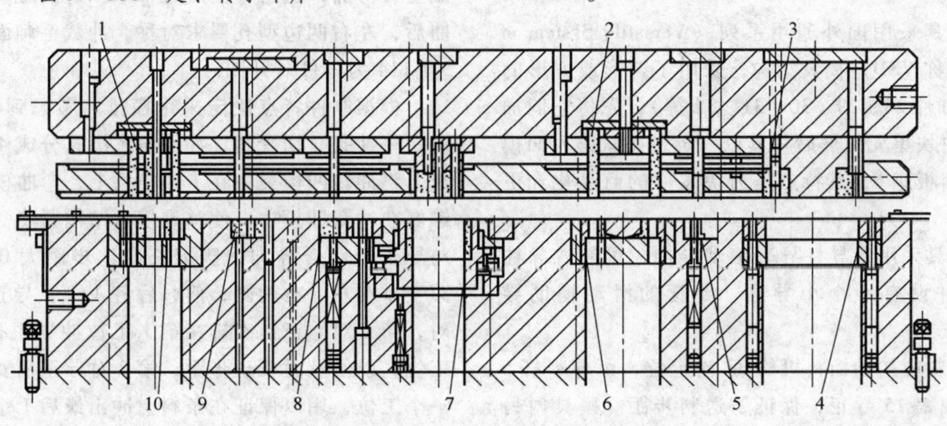

图 3-7-110　模具总装图

1、2、3—凸模　4、5、6、7、8、9、10—凹模

5）冲裁步距的粗定位由日本引进的自动送料器完成。采有浮动抬料销，抬料销的抬料面高出凹模面 2～3mm。

6）通过专门设置的传动机构实现铁心的叠装形式的完全密叠式，使其叠装后铁心厚度均匀，结合力达到 100～120N。模具内设报警导针，利用微动开关进行误送监测。

7）上、下模座及卸料板垫板用锻打 45 钢板退火后粗加工，然后调质，人工时效，并设置统一基准，采用坐标法标注；精密零件采用线切割半精加工后，由精密磨床精加工。一些只能由线切割保证的零件，采用6次精密切割技术，中间插入时效处理；在最终精密加工后，模具精密零件宜作冰冷定型处理。

8）该模具的刃磨寿命为140多万次。价格仅为进口模具的1/2，可替代进口。

3. 常闭触头级进模

常闭触头零件如图3-7-111a所示，材料为H62黄铜，料厚1.2mm。其排样如图3-7-111b所示。其11个工位安排如下：①冲3个长孔及工艺孔；②翻边，冲2凸；③冲内形；④冲内形；⑤冲外形及2小方孔；⑥冲外形及悬臂部分；⑦成形弯曲；⑧向上弯曲；⑨向上弯曲；⑩空工位；⑪切断。

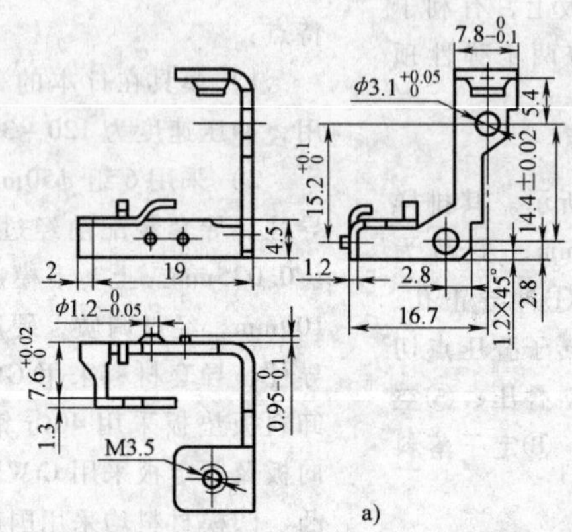

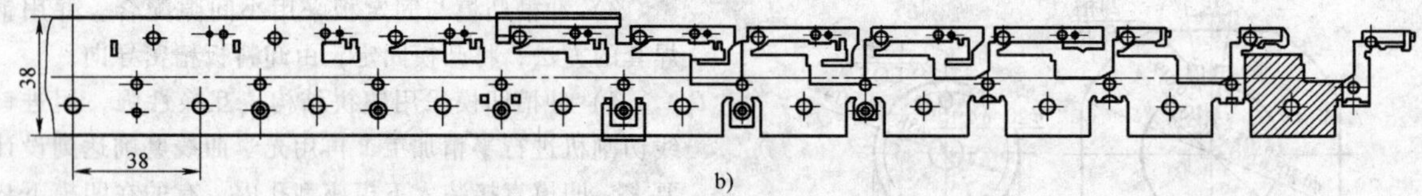

图3-7-111　常闭触头零件图及排样图

a）零件图　b）排样图

模具装配图如图3-7-112所示。该模具具有如下特点：

1）模具采用国外通用系列（Versatile System of Design，简称VSD）模具结构，采用了圆形或方形的镶拼块（如件28、29、30、31、32等），先将它们加工成独立拼块单元，然后将其以一定过盈量镶入凹模座3及卸料板座6，其特点是刃块零件的商品化和更换方便。

2）模具采用四导柱导套滚动导向、可卸式导柱的模架，并设有6个小导柱、导套的滑动辅助导向。

3）条料由初始挡料机构33初定位，由导料杆5导向，导正销15导正，保证了送料步距。模具内另设有安全检测导钉14。

4. 支架级进模

图3-7-113所示零件为某电器上的支架，材料为Q235，厚0.8mm，形状较为复杂，其上最小圆孔直径为ϕ1.5 mm，最小槽为1.2 mm，最小孔边距为1mm，还有两处需冲沉孔和孔边倒角，特别是“小舌”弯曲一端要紧搭在U形弯曲一侧的F面上，形成交叉弯曲，这给弯曲成形带来一定的难度。制件弯曲后，左右两边型孔要求对称，冲裁毛刺面向内。图3-7-114为零件展开图。

根据制件特点决定采用横排。考虑到模具强度，决定将冲孔、切废料、冲倒角、沉孔分成4个工位完成。将冲裁凹模集中在1块模板上，弯曲模块的下模镶嵌在冲裁凹模中，使整副模具结构紧凑。采用侧刃与导正销联合导向，侧刃长度比步距大0.1mm。侧刃安排在左、右两侧，前、后各1个。导正销安排2对，第1对导正销安排在第1工位冲导正孔后的第2工位，以便及时校正步距；第2对导正销安排在最后一个工位，用以保证在条料上冲出最后1个制件。先弯“小舌”后弯U形。“小舌”须分成两步弯曲，首先弯成50°，然后在弯U形的同时，将“小舌”的一端弯向F面，完成交叉弯曲，并进行整形（见图3-7-115）。

排样图见图3-7-116。具体工位安排如下：①冲6个孔（1个ϕ2.5 mm，1个ϕ3mm孔，2个腰形孔，2

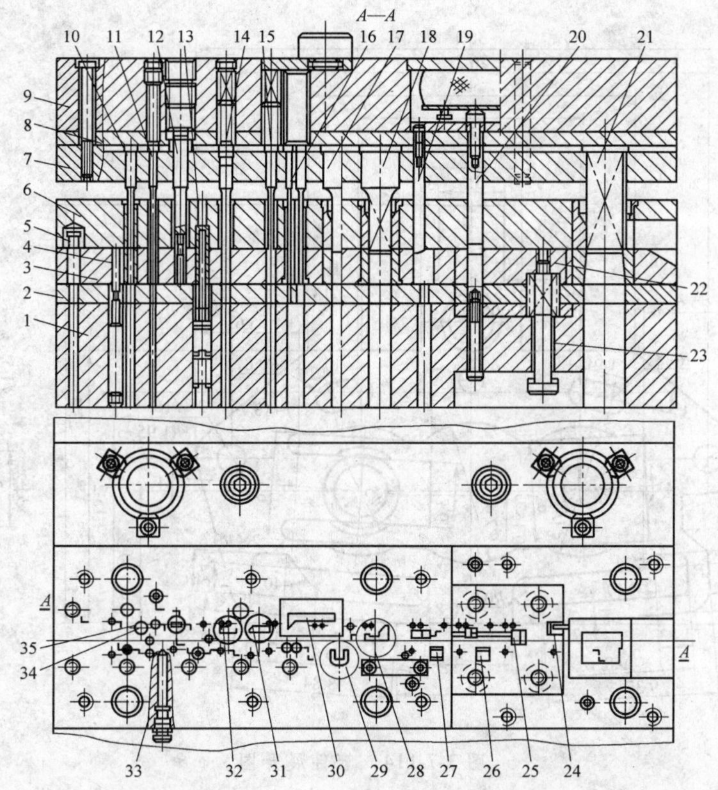

图 3-7-112　常闭触头级进模装配图

1—下模座　2—下垫板　3—凹模座　4—顶料装置　5—导料杆　6—卸料板座　7—固定板　8—上垫板　9—上模座　10—定位孔凸模　11—底孔凹模　12—冲凸凸模　13—翻边凸模　14—检测导钉　15—导正销　16—方孔凸模　17、18—内形凸模　19、20、24～27—弯曲凸模　21—落料凸模　22—浮动块　23—限位螺旋组　28—悬臂凹模　29、30—外型凹模　31、32—内型凹模　33—初始挡料机构　34—长孔凹模　35—圆孔凹模

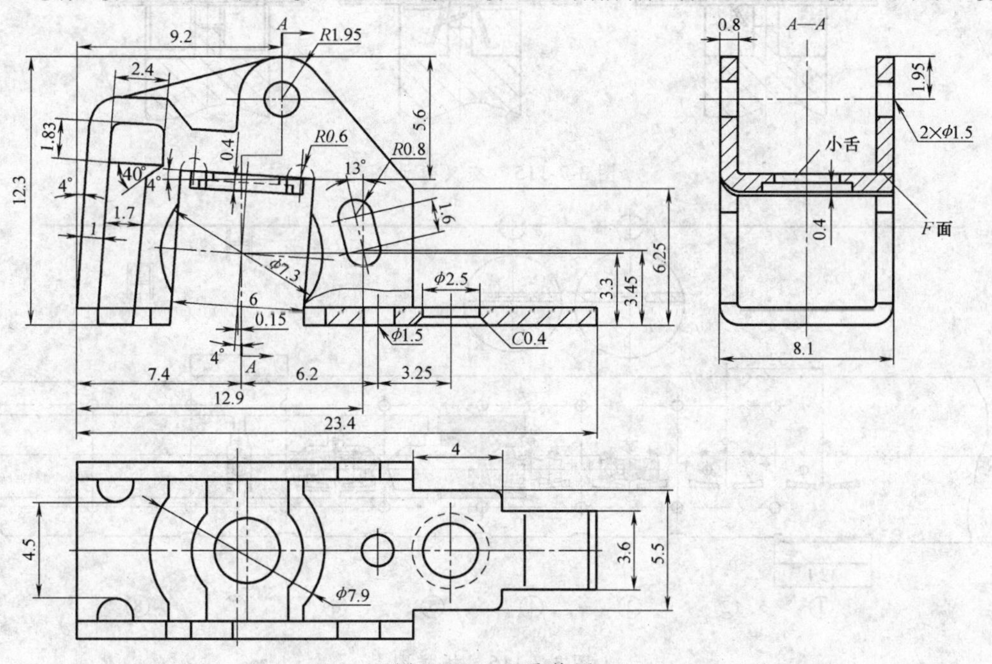

图 3-7-113　零件图

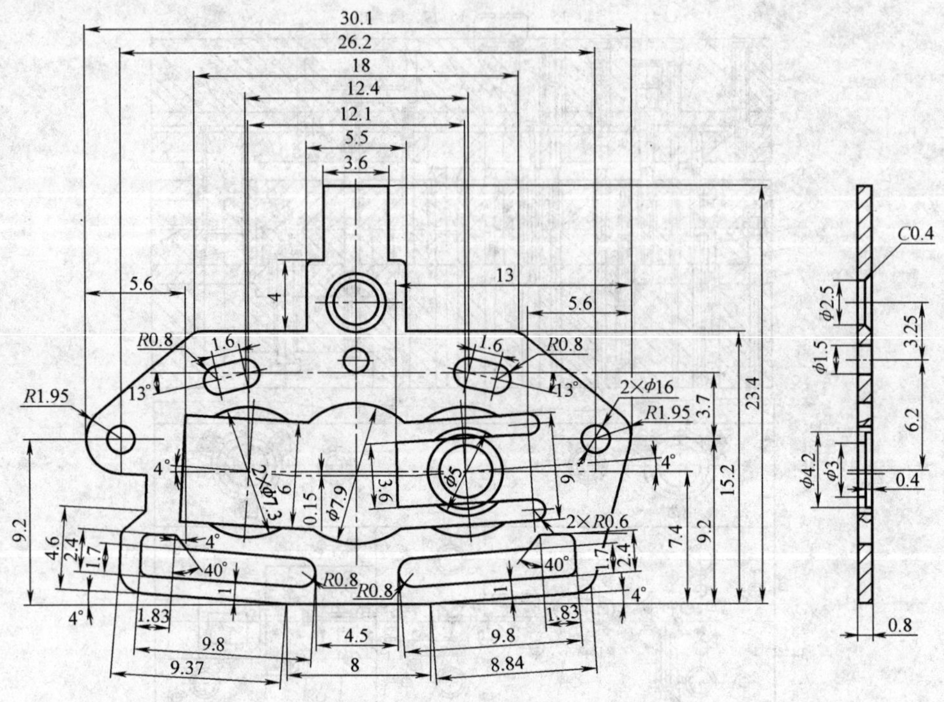

图 3-7-114　零件展开图

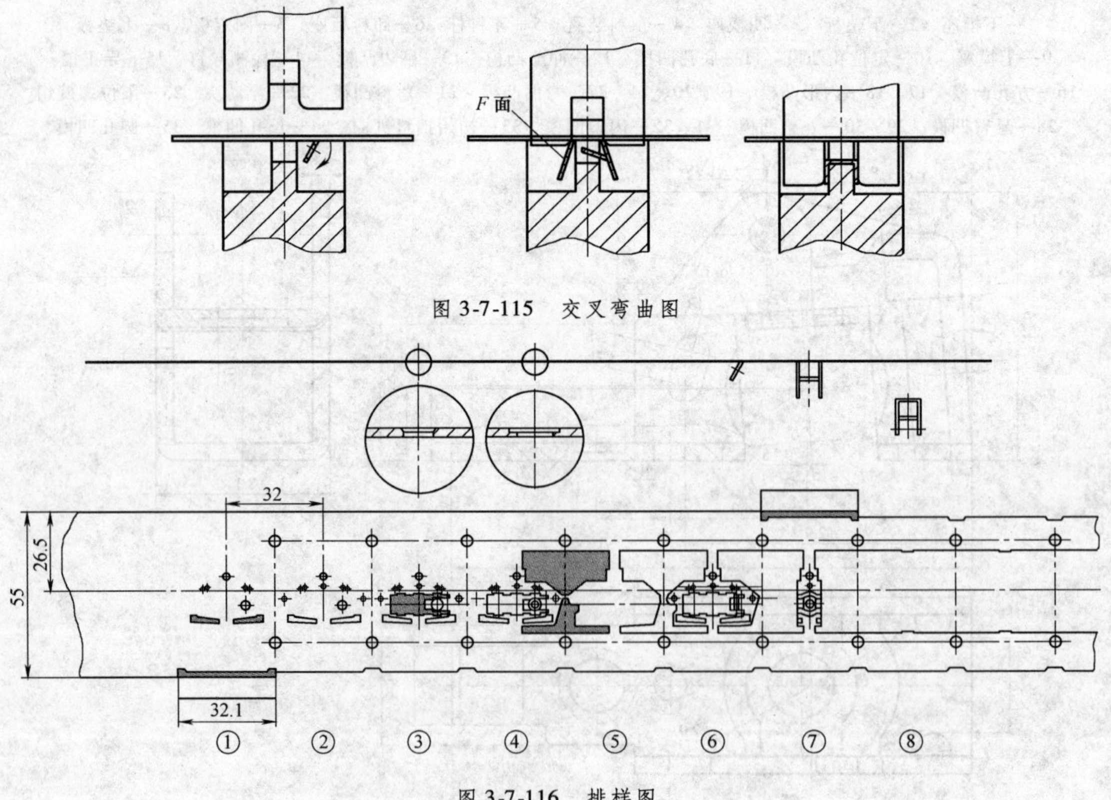

图 3-7-115　交叉弯曲图

图 3-7-116　排样图

个L形孔)、冲侧刃缺口、冲2个ϕ4mm导正孔；②导正销导正，冲3个孔（1个ϕ1.5mm孔、2个ϕ1.6mm孔）；③冲中部异形孔，在ϕ1.5mm孔边冲出0.4mm倒角；④冲ϕ4.2 mm沉孔；⑤切外形；⑥初弯“小舌”50°；⑦弯U形，并继续将“小舌”弯向F面并整形，同时切第2侧刃缺口；⑧导正销导正，切断，制件从下模孔中落下。

模具结构如图3-7-117所示。因条料上的弯曲阻碍了毛坯送进，必须在每次冲压后将条料抬起才能送进1个步距，故设计用浮动导料板将条料抬起的机构。导料板在冲压前由压缩弹簧14托起，带动条料上浮，距下模面h（见图3-7-117），h比制件高度大1.5~2mm。模具工作时，首先卸料板依靠弹簧19的力克服浮动导料板弹簧14的力，压迫浮动导料板下行，导正销导正步距；接着卸料板将条料压在凹模面上，浮动导料板停止下行，上模继续下行，各凸模相继进入下模进行冲压。冲压完毕，上模上行，浮动导料板带动条料上浮回原位，以便条料顺利送进1个步距。弹簧19的力不仅要考虑卸料力，还需考虑克服浮动导料板弹簧14的力，弹簧14的力主要托起浮动导料板和承受条料的重量。为了保证浮动导料板上、下活动不偏移，两侧各采用两个小导柱12导向。弯曲下模镶嵌于冲裁凹模中，便于刃磨冲裁刃口，调整弯曲下模块高度。冲裁、成形凸模与弯曲上模块不同时开始工作，高度有一定差值，它们的工作次序是：导正销定位、开始弯曲、冲裁、弯曲成形结束。为了保证冲裁凸模在一定的刃磨范围内，可不调整弯曲下模块的高度，在弯曲成形结束时，使冲裁凸模进入凹模的深度比一般冲裁大些，本设计进入长度取2.5mm。为避免产生毛刺影响送料，侧刃设计成齿形断面，非刃口一面做成凸台，以抵消冲裁缺口时的侧向力。

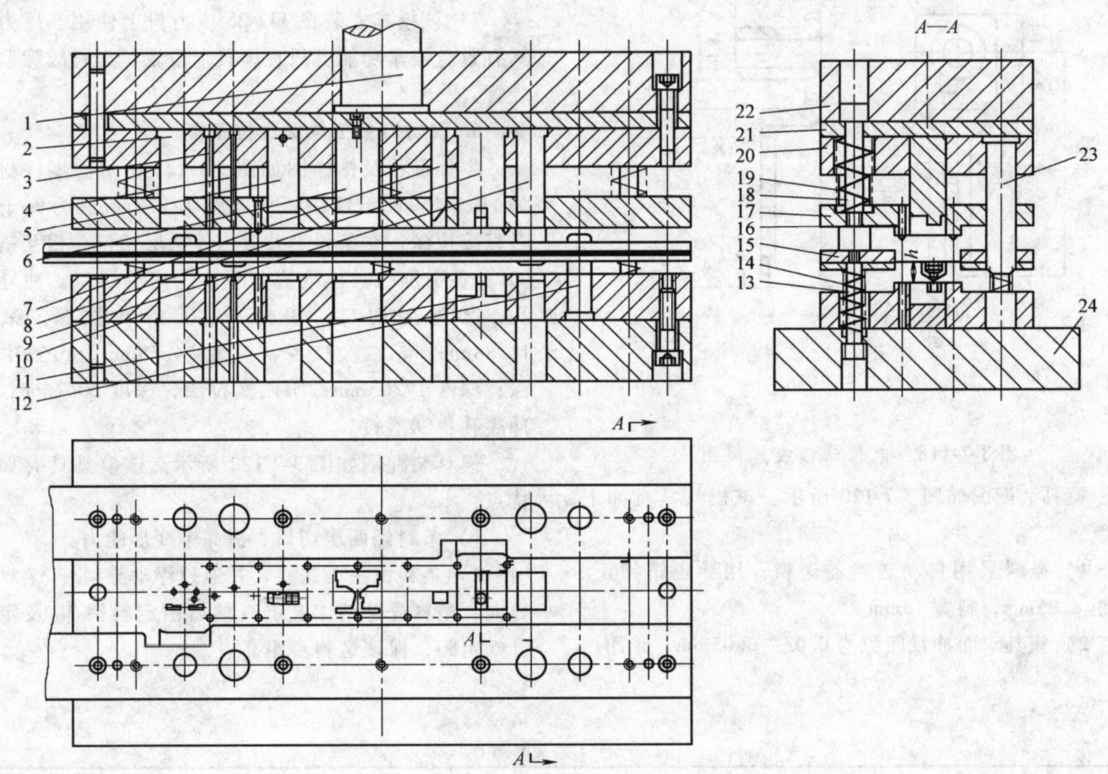

图3-7-117　模具结构

1—模柄　2—侧刃　3—冲导正孔凸模　4—冲ϕ1.6mm孔凸模　5—冲异形孔凸模　6—切废料凸模　7—弯小舌凸模　8—弯曲上模块　9—切断凸模　10—凹模板　11—弯曲下模块　12—小导柱　13—浮动螺钉　14、19—弹簧　15—浮动导料板　16—导正销　17—卸料板　18—卸料螺钉　20—凸模固定板　21—垫板　22—上模座　23—大导柱　24—下模座

5. 电位器接线片多工位级进模

零件简图如图3-7-118所示。材料为08F钢带，料厚0.4mm。其排样如图3-7-119所示，各工位具体内容分别为：①冲2个$\phi 1.5$mm导正销孔；②空工位；③切口；④~⑬共有5次拉深，每次拉深后均为空工位，以利于安排凸、凹模位置；⑭空工位；⑮拉深部位整形，减小各部位圆角；⑯空工位；⑰切底，将拉深后得到的内径$\phi 1$mm圆筒底部切去；⑱冲裁A区外形；⑲空工位；⑳第一次镦形，凸模工作面为10°斜面；㉑第二次镦形，凸模工作面为平面；㉒冲裁镦形部位的外形；㉓空工位；㉔工件接脚部位向上90°弯曲（B部位弯曲）；㉕空工位；㉖工件接脚部位向下90°弯曲（C部位弯曲）；㉗空工位；㉘落料（同时完成E部位外形冲裁）。

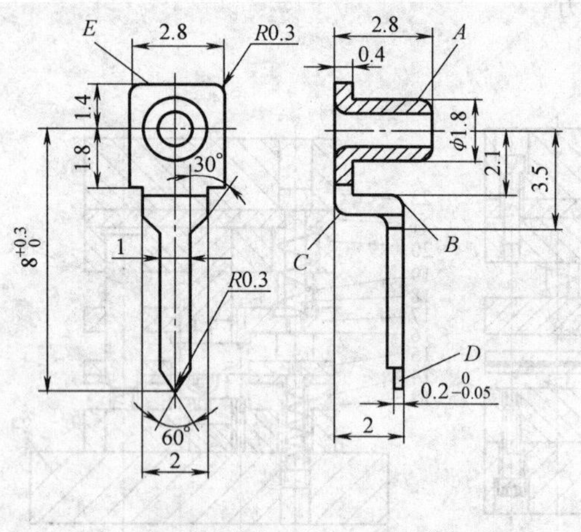

图3-7-118　电位器接线片简图

模具装配图如图3-7-120所示。该模具具有如下特点：

1）条料采用自动送料器送料，用导正销导正。步距8.05mm，料宽18mm。

2）模具双面冲裁间隙为0.03~0.05mm。采用滚珠导向钢板模架。

3）卸料板分为独立的三块，每块卸料板均由卸料板基体和卸料板镶块组成。

4）模具采用弹性侧压装置，并在凹模上安装11个弹性浮顶器抬高3mm。

5）第④工位的第1次拉深需要足够的压边力，故单独设置一个压料装置。用一个圆柱弹簧实现所需的压边力。

6）从第④工位起到⑰工位单独设置一块卸料板。在卸料板对应的凹模区域中有6个浮顶器。浮顶器下面的弹力来自装在模具下面的弹顶器，其弹力可调。通过弹簧力的设计和弹簧的调整，使其实现下述工作过程：卸料板随上模下行，接触条料时就遇到浮顶器的阻力，因而使其向下的压力减小，它只能随被逐渐拉深的条料下行，而不能将未拉深的部位压坏。当拉深凸模到达下死点时，卸料板也到达凹模平面。当上模回程时，卸料板起到卸料作用。

7）该模具安装在J32-25压力机上使用。压力机具有紧急停车功能。故在模具上设置了送料故障监测装置。

6. 双切口多工位级进拉深模

零件形状及排样图如图3-7-121所示。零件材料为1Cr18Ni9Ti不锈钢板，厚度为0.8mm。为便于条料直接拉深，在条料上共设内外两层切口，相互错位60°。各工位的具体内容如下：①内层切口，冲导正孔；②外层切口；③校平；④首次拉深，深度11.88mm；⑤二次拉深，深度14.58mm；⑥三次拉深，深度17.05mm；⑦四次拉深，深度20.7mm；⑧冲底孔；⑨落料。

模具装配图如图3-7-122所示。该模具具有如下特点：

1）条料经两次切口，提高了变形能力。

2）条料由手工送料，并通过浮动导料杆37纵向导向，条料先冲两工艺孔，然后由定料销38及定位针6定距，保证送料步距。

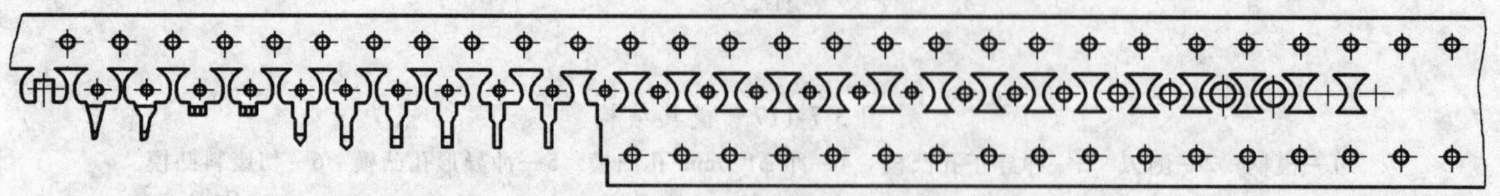

图3-7-119　排样图

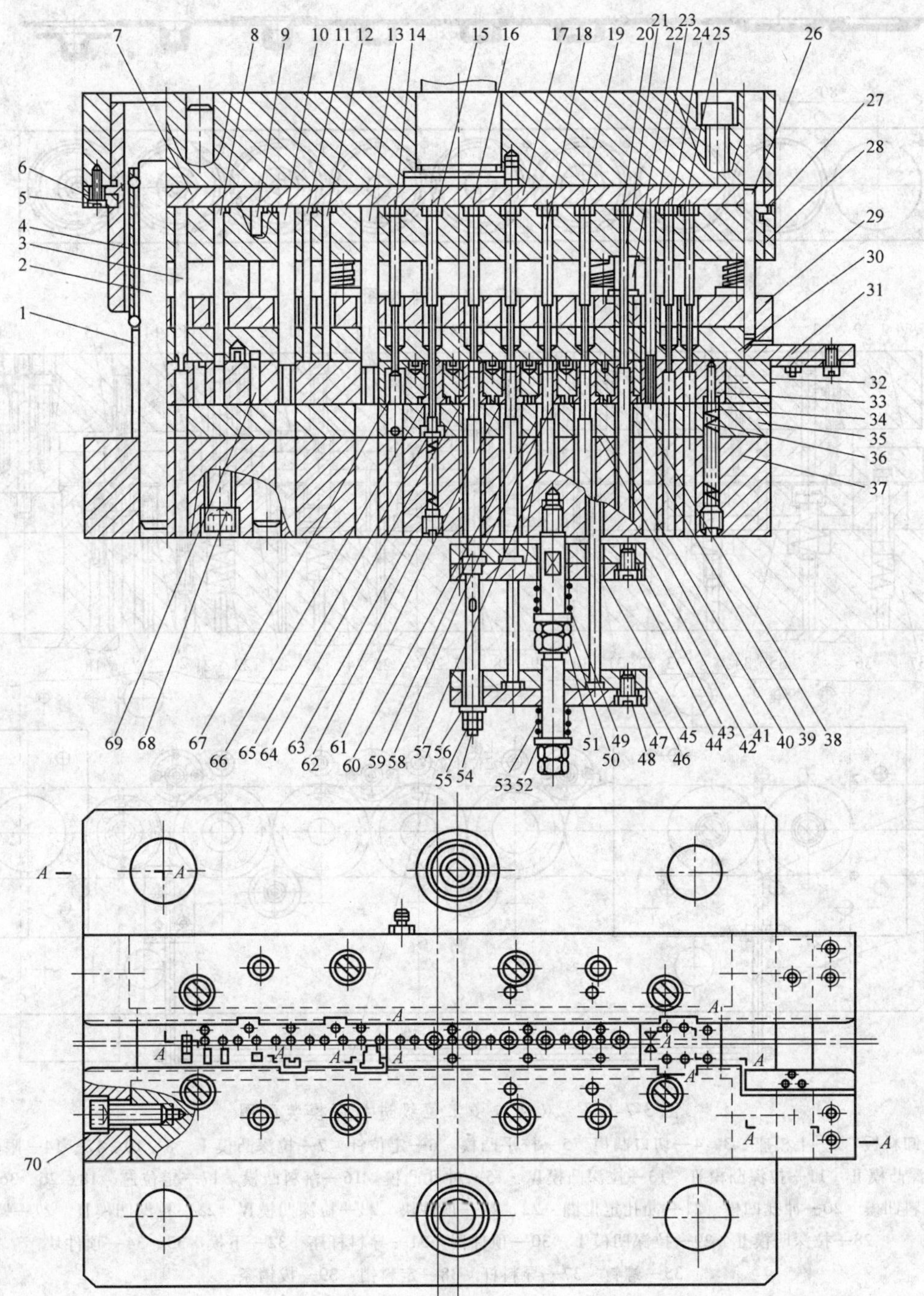

图 3-7-120　电位器接线片级进模装配图

1—保持圈弹簧　2—导柱　3—切废凸模　4—滚珠保持圈　5—压板螺钉　6—压板　7—凸模垫板　8—弯曲凸模　9—上弯曲凸模　10—切端部凸模　11—二次镦形模　12—一次镦形模　13—切外形凸模　14—切底凸模　15—整形凸模　16—第五次拉深凸模　17—第四次拉深凸模　18—第三次拉深凸模　19—第二次拉深凸模　20—第一次拉深凸模　21—拉深压边圈　22—压边弹簧　23—切口凸模　24—导正销　25—冲导正销孔模　26—卸料板导柱　27—卸料板导套　28—凸模固定板　29—卸料板基体　30—卸料板镶块　31—导尺　32—凹模板　33—凹模镶块　34—浮顶器　35—凹模垫板　36—浮顶器弹簧　37—下模座　38—第一次拉深凹模套　39、40、57、59、60—拉深顶杆　41、58、61、64—拉深凹模套　42—顶杆固定板　43—顶杆垫板　44、48—螺钉　45—限位顶杆　46—限位顶杆固定板　47—垫板　49—顶杆弹簧　50、52、56—垫片　51、55—螺母　53—限位弹簧　54—拉杆　62—螺塞　63—弹簧　65—整形垫杆　66—整形套　67—切底凹模套　68—螺栓　69—上弯曲凹模镶块　70—凹模板固定螺钉

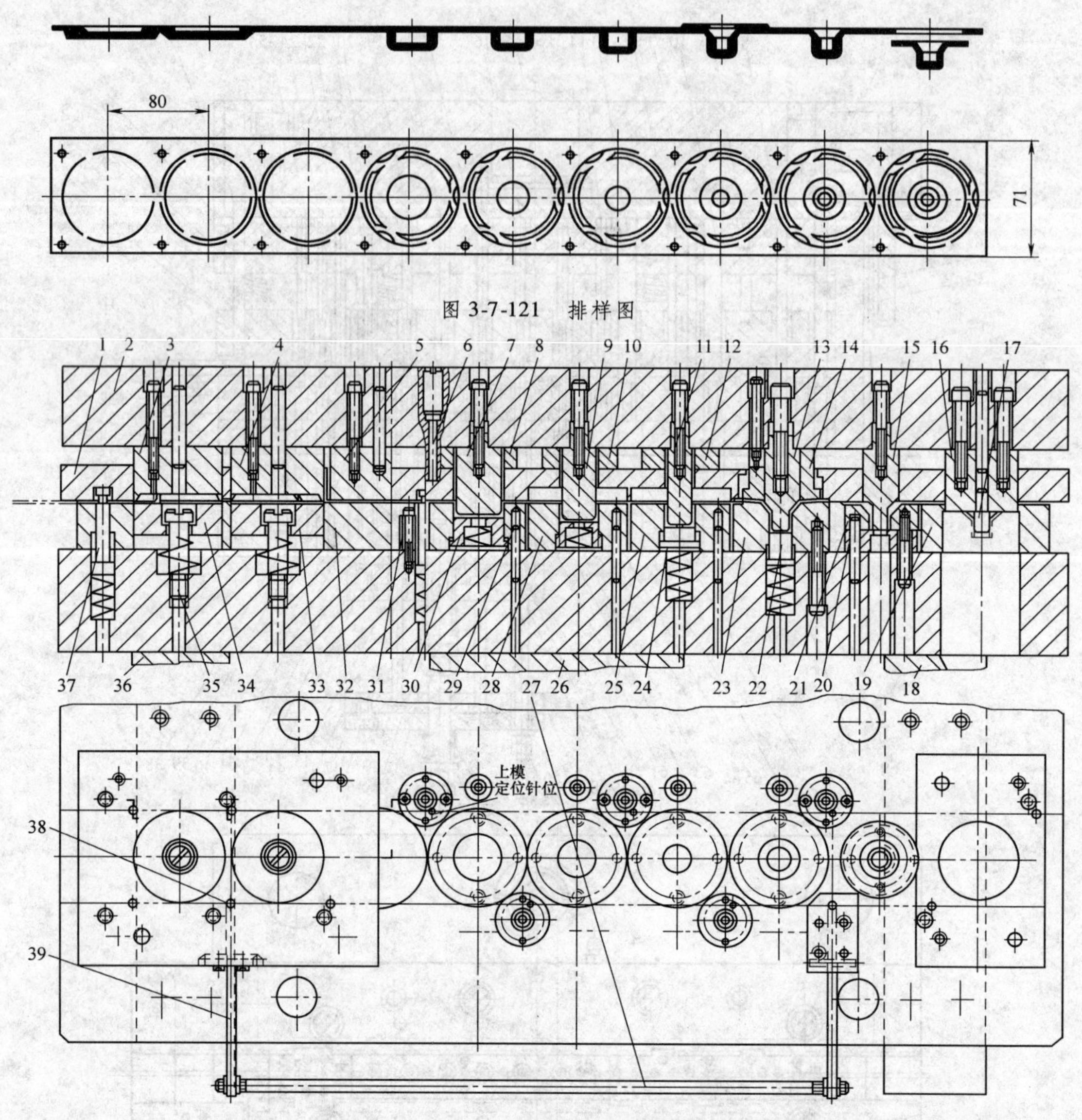

图 3-7-121　排样图

图 3-7-122　双切口多工位级进拉深模装配图

1—卸料板　2—上模座　3、4—切口凸模　5—校平凸模　6—定位针　7—拉深凸模Ⅰ　8、10、12、14—限位圈　9—拉深凸模Ⅱ　11—拉深凸模Ⅲ　13—拉深凸模Ⅳ　15—冲孔凸模　16—落料凸模　17—定位芯　18、26、36—垫块　19—落料凹模　20—冲孔凹模　21—冲孔定位圈　22、24—顶件块　23—拉深凹模Ⅳ　25—拉深凹模Ⅲ　27—螺杆手柄　28—拉深凹模Ⅱ　29—拉深凹模Ⅰ　30—顶件器　31—导料杆座　32—下模　33、34—顶件块　35—螺钉　37—导料杆　38—定料销　39—拔销条

第8章　精冲模设计

8.1　精冲模结构特点

8.1.1　特点

精冲模具是一种特殊结构的冲模，与普通形式的复合模结构类似，如图3-8-1所示。和普通形式的复合模具相比较，精冲模具具有以下特点：

1）有V形环压边圈，材料在压边圈和凹模、反压板和凸模的夹持下进行冲裁，受力比普通冲模大，刚性要求更高。

2）凸模和凹模之间的间隙小，大约是料厚的1%。

3）冲裁完毕模具开启时，反压板将工件从凹模内顶出，压边圈将废料从凸模上卸下，不需要另外的顶件和卸料装置。

4）由于上出料，凸凹模孔的深度不需要通过凸凹模整个的高度，可使凸凹模和模座更坚固。

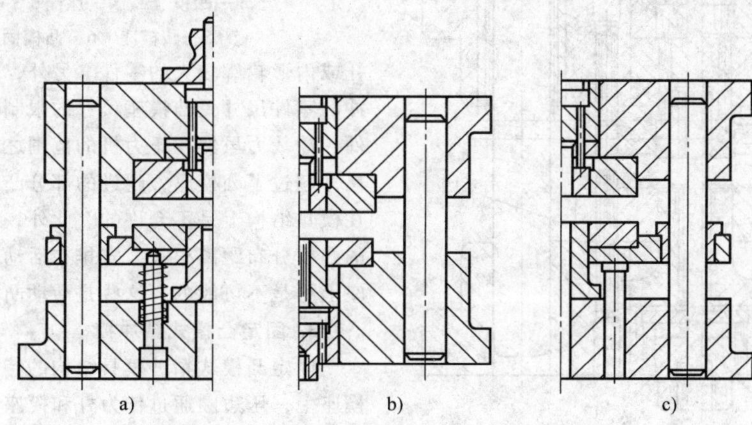

图3-8-1　精冲模和普通复合冲模比较

a）普通复合冲模　b）活动凸模式精冲模　c）固定凸模式精冲模

8.1.2　分类

1. 分类方式

精冲模的分类方式见表3-8-1。

表3-8-1　精冲模的分类

分类方式	类　型	特　点
按精冲模的功能和结构分	单工序模	只冲外形不冲内孔，如精冲卡尺尺身、尺框的模具，或者是只冲内孔不冲外形的模具
	复合模	同时冲外形和内形。大多数精冲模都是复合模
	级进模	分若干个工步，用于精冲复合工艺，如压扁精冲、精冲压沉头、精冲弯曲等，或者是采用复合模结构时，凸凹模的强度太弱，用级进模分别冲出制件的内、外形轮廓

（续）

分类方式	类　型	特　点
按匹配的压力机分	用于精冲压力机	
	用于普通压力机	需要附加压边和反压系统，以弥补普通压力机功能的不足
按凸模和模座的相对关系分	活动凸模式	凸模靠模座和压边圈的内孔导向，凹模和压边圈分别固定在上、下模座上，凸模通过压边圈和凹模保持相对的位置。要求压力机工作台由中心部位固定，而四周为环形液压缸，柱塞构成的浮动液压工作台
	固定凸模式	凸模固定在模座上，压边圈通过传力杆和模座、凸模保持相对运动。要求压力机的工作台中部有柱塞液压缸

2. 活动凸模式精冲模

活动凸模式精冲模要求凸模和压边圈之间的间隙比凸模和凹模之间的间隙更小。只有使凸模有较长的导向和正确定位才能保证对中，如果凸模轮廓的最大尺寸超过了凸模的高度，准确对中就不易保证。因此活动凸模式模具主要适于中、小尺寸的零件。

图3-8-2、图3-8-3为活动凸模式精冲模的典型结构，后者采用座圈结构，有利于凹模和压边圈的加工和装配，适用于更小的零件。另外还采用凸凹模固定板将凸凹模固定在凸模座上，因为凸凹模小，无法用螺钉和凸模座连接。其他零件和图3-8-2左侧相同。

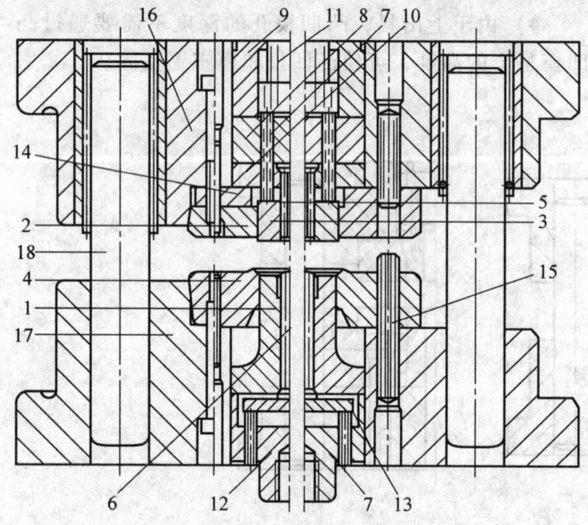

图3-8-2 活动凸模式模具典型结构（一）

1—凸凹模 2、4—凹模 3—反压板 5—冲孔凸模 6、7—顶杆 8—垫板 9—上垫板 10—冲孔凸模固定板 11—压力垫 12—凸模座 13—桥板 14—凹模垫板 15—闭锁销 16—上模座 17—下模座 18—导柱

活动凸模式模具的凸凹模直接固定在工作台中心部位，支撑条件好。压边圈和模座固定在四周的浮动工作台上，压边圈的运动比固定凸模式模具的压边圈平稳，此外活动凸模式模具的压边圈和凸凹模之间的间隙极小而导向部分又长，在凸凹模支撑良好、压边圈运动平稳的条件下，压边圈将防止凸凹模失稳，不受侧向力而起到保护凸凹模的作用。这一点，对于精冲小零件的细而长的凸凹模尤其显得重要。另外，活动凸模式模具刃磨凸凹模后，只需根据修磨量更换垫圈（系压力机的附件），它有各种厚度可供选择即可继续进行精冲，十分方便。以上都是活动凸模式结构的优点，但是活动凸模式需要通过桥板将四周浮动工作台的液压力传递给中心部位凸凹模内的顶杆，由于受桥板结构强度和刚性的限制，活动凸模式不能冲多

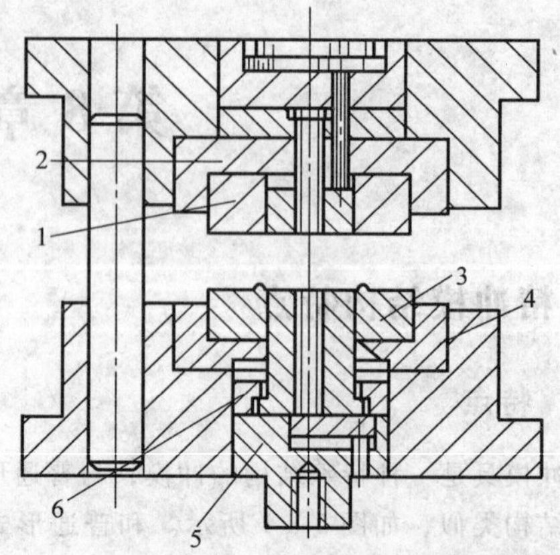

图3-8-3 活动凸模式模具典型结构（二）

1—凹模 2、4—座圈 3—压边圈 5—凸模座 6—凸模固定板

孔或内形轮廓较大的零件。另外，活动凸模式模具精冲的零件尺寸受凸模座尺寸的限制。例如，窄长的零件，冲裁力虽然在压力机的范围之内，但零件的轮廓尺寸超过了凸模座，超过的部分凸凹模没有支撑，这在模具结构上是不允许的。此外，级进模中几个工步的凸模分布距离很长，安排在活动凸模式模具的凸模座上更是不可能的，这些是活动凸模式模具的缺点。

3. 固定凸模式精冲模

固定凸模式精冲模具结构的特点是：凸模固定在模座上，压边圈通过传力杆和模座、凸模保持相对运动，如图3-8-4和图3-8-5所示。

固定凸模式模具精冲时如图3-8-4所示，在传力杆14及顶杆12的作用下，压力垫17向下移动，在模座的下面出现很大的空洞，而全部冲裁力都作用在空洞的上方，使凸凹模产生弯曲，这是十分不利的，在大冲裁力的不断作用下，凸凹模的下部有由于弯曲而产生拉裂的危险。为了避免产生这种情况，在冲裁力较大时，需要采用专用结合环，如图3-8-4b所示，以改善上模座的支撑条件，避免出现大空洞而使凸凹模产生弯曲。

图3-8-5为另一种典型的固定凸模式精冲模结构。20世纪80年代以前，无论是活动凸模式或固定凸模式精冲模大部分都采用嵌入式结构，即凹模嵌入模座的圆形凹槽内，压边圈嵌入另一模座（或压边圈座）的圆形凹槽内，如图3-8-2左侧、图3-8-3和图3-8-4所示，嵌入式结构维修拆装重复精度高，模具封闭高度小。但制造困难不容易保证上、下模工作零件对中和间隙均匀。图3-8-2右侧和图3-8-5采用闭锁销确定上、下模工作零件的位置，容易保证间隙均匀。早期闭锁销用在级进模上，防止偏心载荷使模

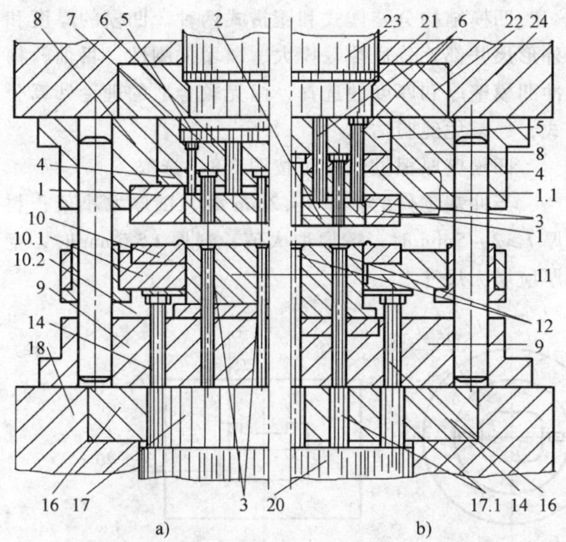

图 3-8-4 固定凸模式精冲模具（一）

a）典型结构 b）采用专用结合环

1—凹模 1.1、10.1—座圈 2—反压板 3—冲孔凸模 4—冲孔凸模固定板 5—上垫板 6、14、17.1—传力杆 7、17、21—压力垫 8、9—模座 10—压边圈 10.2—导套 11—凸凹模 12—顶杆 15、22—接合环 16.1—专用结合环 18—压力机工作台 20—压边力柱塞 23—反压力柱塞 24—上工作台

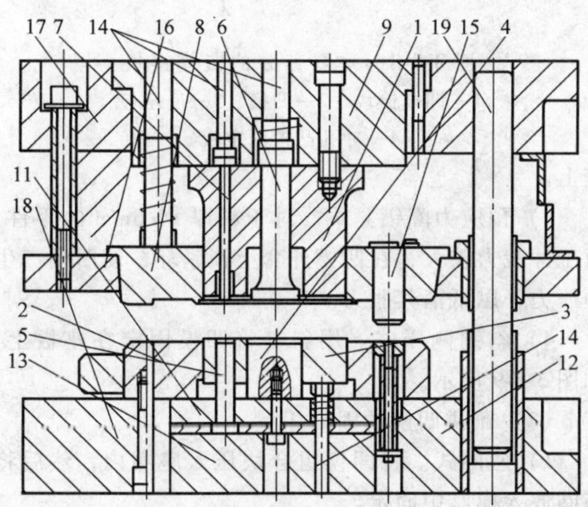

图 3-8-5 固定凸模式精冲模具（二）

1—凸凹模 2—凹模 3—反压板 4、5—冲孔凸模 6—顶件 7—顶杆 8—压边圈 9、10—垫板 11—冲孔凸模固定板 12—隔板 13—下垫板 14—传力杆 15—闭锁销 16—压边圈座 17—上模座 18—下模座 19—导柱

具偏转而折断凸模，后来逐渐用在单工位精冲模上。闭锁销结构较易保证上、下模对中，且便于制造，故采用日趋广泛。

固定凸模式精冲模适于：大型或窄长的零件；不对称的复杂零件；内孔较多的零件；冲压力较大的厚零件；需要级进模精冲的零件等。

固定凸模式模具需要通过许多根传力杆推动。传力杆的高度有误差，会使凸凹模受侧弯。凸凹模修磨后，需相应地修磨各个传力杆，而且还要重新调整压力机的封闭高度，总之工作量要比活动凸模式模具大。

由于精冲技术向大型和复合工艺发展，所以固定凸模式模具的应用在精冲模中的百分比日益增大。

4. 级进精冲模

典型的级进精冲模结构示于图 3-8-6。级进精冲模均采用固定凸模式结构。

级进模精冲过程的起始阶段和终了阶段总会出现只有一部分工位工作的情况，此时会产生偏心载荷，工位越多，工位间距离越长，偏心载荷引起的倾覆力矩越大。一般采用闭锁销结构（如图 3-8-6 中件 4）来抗衡偏心载荷引起的倾覆力矩。为此闭锁销之间的距离沿送料方向应尽可能长些，以增长力臂。

上述一部分工位工作时，还会出现全部反压力集中作用在少数凸模和顶杆上，一般采用平衡杆结构（如图 3-8-6 中件 3）来防止上述零件损坏。

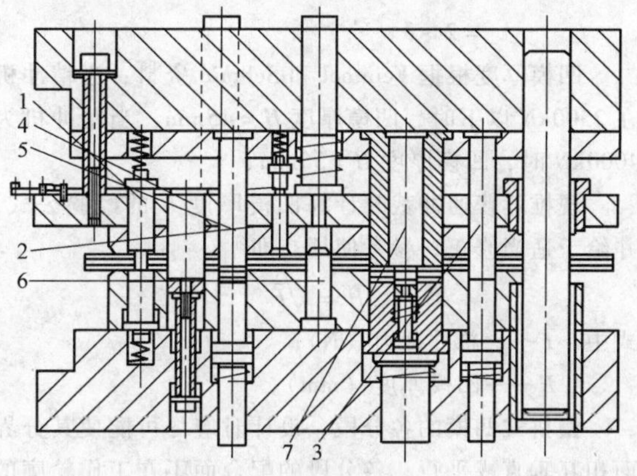

图 3-8-6 级进精冲模

1—导料装置 2—挡料销 3—平衡杆 4—闭锁销 5—冲孔凸模 6—导正销 7—落料压沉孔凸模

8.2 模芯结构

精冲模包括模架及模芯两大部分，模架及其零件均已有标准，可根据精冲零件的尺寸和模芯结构直接选用，设计者只需考虑模芯的结构设计。

模芯因精冲件的形状而异，是精冲模的工作部分，主要包括凹模、凸凹模、冲孔凸模、压边圈、反压板和顶杆等。

工作过程中，精冲模同时承受三种载荷，受力大而间隙小。因此，和普通冲裁模比较，除了精度高以外，另一个重要的特点是模芯的刚性要求高。

8.2.1　凹模

1. 凹模结构

凹模结构分整体式和镶拼式两种。凹模的厚度和外形尺寸都比普通冲裁模大，以增加刚性。目前，精冲凹模壁厚和厚度的选择，尚无较合适的理论计算公式，通常凭经验估算。

凹模壁厚根据经验可按图3-8-7选取。

当冲裁零件的料厚 $t<2$mm 时，壁厚取小值；料厚 $t\geqslant2\sim5$mm 时，壁厚取大值；料厚 $t>5$mm 时，壁厚应增大尺寸。

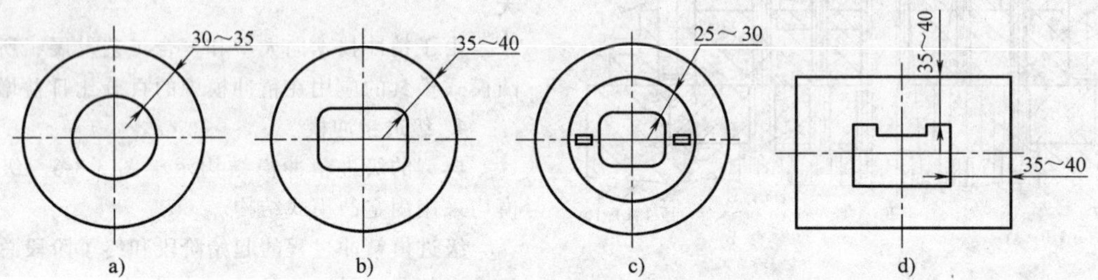

图3-8-7　凹模壁厚

a）圆形型孔　b）矩形型孔　c）镶拼块凹模　d）异形型孔

凹模壁厚也可按下列近似公式求得：

$$T = KH$$

式中　T——凹模壁厚（mm）；

H——凹模厚度（mm）；

K——系数，零件尺寸小、料厚 $t<4$mm 时，$K=1.5\sim2$；零件大、料厚 $t>4$mm 时，$K=2\sim3$。

凹模厚度根据 Feintool 和 Schmid 资料：当精冲机在2500kN以下时，凹模厚度 $H=45$mm，当精冲机为4000kN时，凹模厚度 $H=55$mm。

现推荐普通冲裁时计算凹模厚度 H 的经验公式，并给予适当修正，参考使用。即

$$H = \sqrt[3]{F}$$

式中　F——总冲裁力（N）；

H——凹模厚度（mm）。

镶拼式凹模的各分段，设计时应尽可能使其分界面相互垂直或平行，各分段的配合面不在工作轮廓的工作面上相交。

对于形状复杂而又薄弱的部分，可采用凹模镶块，如图3-8-8所示。这种形式的镶块装在冲孔凸模固定板上，更换方便，镶块一般都有备件，确保损坏后不停产。

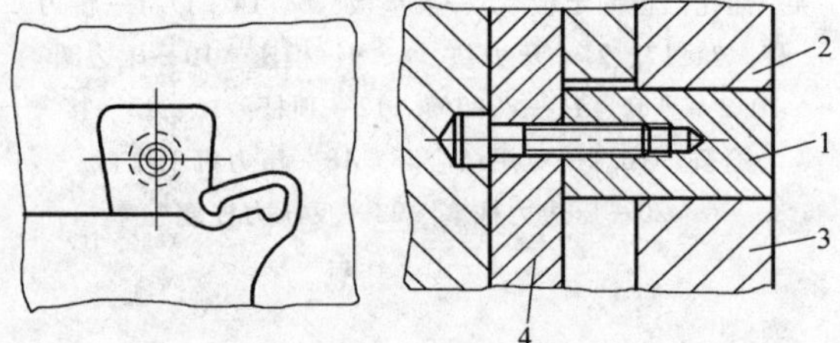

图3-8-8　薄弱部分的凹模镶块

1—凹模镶块　2—凹模　3—反压板

4—冲孔凸模固定板

2. 凹模的固定

（1）整体凹模的固定

1）预应力压合式。将带有外锥（3°）的凹模压入模座内。

2）直接无预应力连接式。将凹模直接紧固在模座上。

3）预应力圈锁紧式。对于料厚 $t>6$mm 的零件，由于冲裁力较大，在凹模外套上锁紧环，使凹模产生预压力，以抵消其胀力。

4）斜键侧压式。用斜键将凹模固定在座板上，如图3-8-9所示。

（2）镶拼凹模的固定

1）座圈式。将凹模组合块压入座圈内，然后将座圈放入模座中固定。

2）侧楔式。用楔块将组合凹模固定在模座上。

3）台肩式。在镶块上做出台肩，将凹模相互咬合定位并用螺钉固定在座板上。

4）嵌键式。当凹模为组合镶块时，应在拼合面上加定位键，保证凹模拼块在受力情况下不易错位；也可以将整个凹模镶块镶牢在模板内，镶入模板内的深度不应小于凹模厚度的2/3。凹模为两个半圆拼块时，拼块凹模外应加锥套固牢。

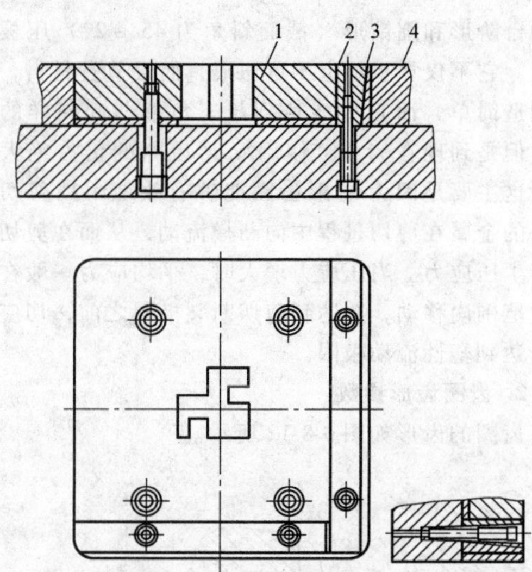

图 3-8-9　斜键固定

1—凹模　2—斜楔　3—斜铁　4—模框

凹模在模座上固定形式还可见表 3-8-2。

表 3-8-2　凹模在模座上固定形式

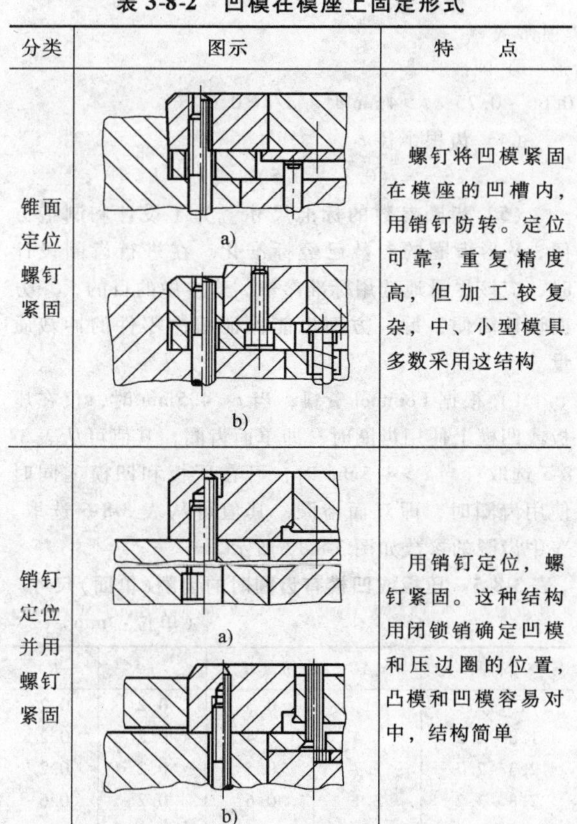

分类	图示	特　点
锥面定位螺钉紧固	a) b)	螺钉将凹模紧固在模座的凹槽内，用销钉防转。定位可靠，重复精度高，但加工较复杂，中、小型模具多数采用这结构
销钉定位并用螺钉紧固	a) b)	用销钉定位，螺钉紧固。这种结构用闭锁销确定凹模和压边圈的位置，凸模和凹模容易对中，结构简单

(3) 压合量选择

1) 过盈量。凹模或齿圈压板与预应力套圈的相互位置必须十分准确、可靠。目前，多数冲裁模采用 30′的小锥度（图 3-8-10），与模座配合斜角为 3°。在一定负荷下冷压配合，其过盈量取决于凹模和齿圈压板直径的大小（见表 3-8-3）。

表 3-8-3　凹模、齿圈压板与预应力圈配合的直径过盈值　（单位：mm）

预应力圈内径	过盈值	预应力圈内径	过盈值
50 ~ 120	0.03 ~ 0.035	> 180 ~ 200	0.05 ~ 0.055
> 120 ~ 180	0.045 ~ 0.05		

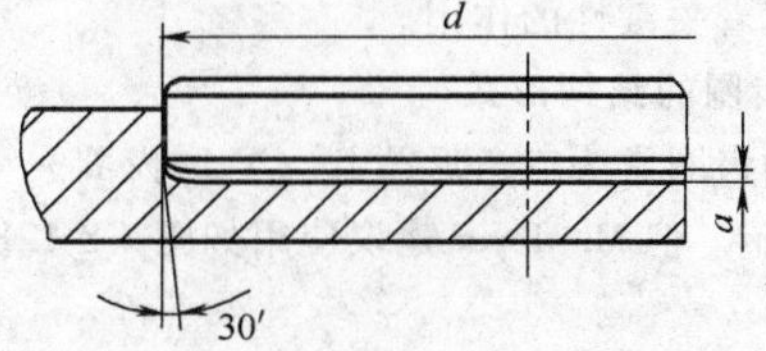

图 3-8-10　镶拼式凹模装入座圈内

凹模、齿圈压板或预应力套圈与模座孔的配合过盈量为 0.03 ~ 0.05mm。

2) 预压量。凹模压入座圈或凹模和齿圈压板压入模座内时，预压量 b 可按下式计算：

$$b = \delta / 2\tan\alpha$$

式中　b——预压量（mm）；

δ——过盈值（mm）；

α——斜度（°），常取 $\alpha = 3°$。

预压量的大小，可通过凹模、齿圈压板或座圈的底平面来调整。

Feintool 资料介绍，常用预压量可取 $b = 0.3\text{mm} \pm 0.05\text{mm}$。

镶拼凹模的预压量可查表 3-8-4。

表 3-8-4　镶拼凹模的预压量

（单位：mm）

凹模直径 d	预压量	
	深度 a	极限偏差
40 ~ 100	1.75	$^{+0.25}_{0}$
160	2.5	
> 200	2.75	

凹模用锥面定位时，所用的锥角和预压量如图 3-8-11 所示，锥度为 3°，预压量 0.4mm，镶拼凹模的座圈装入时，也采用同样的锥度和预压量。

8.2.2　齿圈

V 形环压边圈是精冲模的主要特征，其功能为：在变形区建立不均匀的三向压应力状态；防止材料在冲裁过程中随凸模流动；夹持材料使其和冲裁方向垂直；对材料起校平作用；保护凸模，对凸模起导向、定位以及卸料作用等。它是精冲模的重要零件，对实

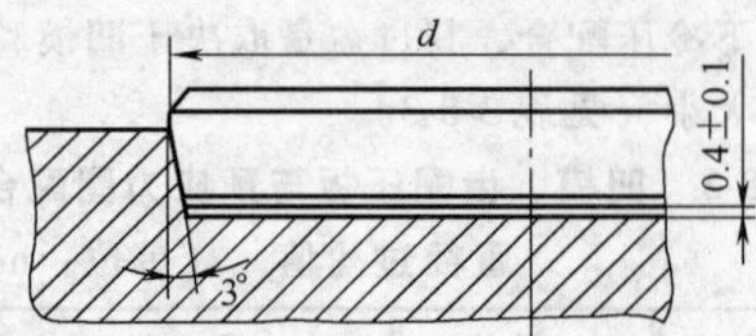

图 3-8-11 凹模或镶拼凹模套圈装入模座锥面的预压量和锥角

现精冲起着关键性的作用。

1. 齿圈的结构形式

精冲齿圈常为三角形凸起（V形齿圈），如图 3-8-12a 所示。但 M. Meyer 建议使用如图 3-8-12b 和 c 所示的台阶形和圆锥形（截面斜角为 45′~2°）压板来压边。它不仅在板料上不留压痕，而且节省材料，同时制造简单，而且也能达到与三角形凸起同样的效果。但是到现在为止，使用 V 形齿圈的仍占绝大多数。这主要是因为 V 形齿圈能够有效地阻挡剪切区以外的金属在剪切过程中向凸模流动，从而在剪切区内产生压应力。当压应力增大时，平均应力一般在压应力范围内移动，在达到剪切断裂极限之前，切应力就已达到塑性流动极限。

2. 齿圈齿形参数

齿圈的齿形如图 3-8-12 所示。

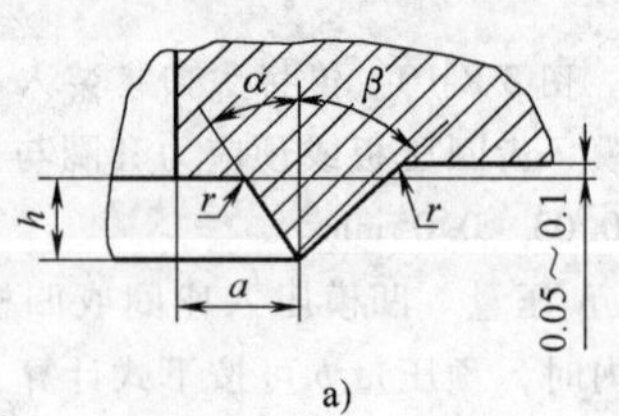

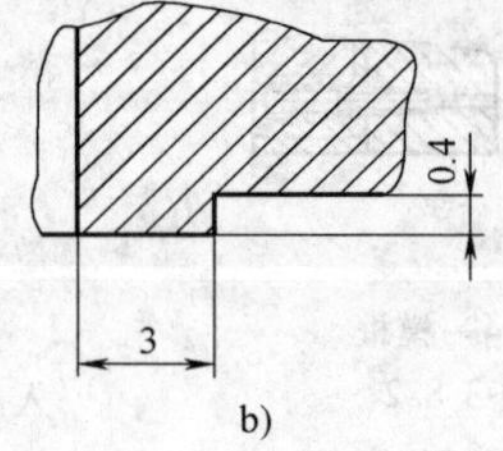

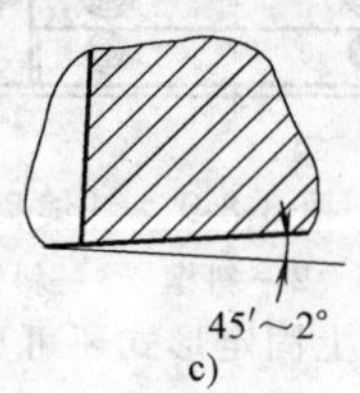

图 3-8-12 齿圈形式

a）V形圈 b）台阶形 c）圆锥形

（1）齿形角度 α 和 β 齿形角 α 和 β 分等角和不等角两种。一般 $\alpha<\beta$，而 $\beta=40°\sim45°$。

（2）齿圈高度 h 齿圈高度 h 与冲裁零件的材料厚度、力学性能和齿圈位置等因素有关。材料越厚，强度越低，齿圈高度越大；反之越小。要选择适当，太小不能起压料作用，不利于冲裁变形；太大压边力增大，模具弹性变形值增大，影响模具寿命。

齿形高度根据材料力学性能，可由下式计算：

$$h = Kt$$

式中 t——料厚（mm）；

K——系数，通常取冲裁零件厚度的 15%~30%。

也可以根据经验值选取：材料变形能力较小时，可取 $h=t/6$；材料变形能力较大时，可取 $h=t/3$。

当使用双面齿圈时，凹模上的齿圈高度 H 大于齿圈压板上的齿圈高度 h（即 $H>h$），其值约为 $1.5h$。

单面齿圈，$t=4$mm 时，$h=(0.2\sim0.3)t$；双面齿圈，$t>4$mm 时，$h=(0.17\sim0.2)t$。

（3）齿形距离 a 凹模刃口至齿顶的水平距离称为齿形距离。理论分析证明，存在一个最佳凸起位置，即 $a/t=1.5$。而在实际使用时，为了提高材料利用率，通常不采用此最佳凸起位置，而是借助压料板和顶板作用力来补偿。从而尽可能把凸起位置做得近一些，一般取 $a/t=0.6\sim0.8$。$t\leqslant4$mm 时，$a/t=0.66\sim0.75$；$t>4$mm 时，$a/t=0.6$。

（4）齿根半径 r

$$r=(0.3\sim0.5)h \text{ 或 } r\approx h$$

（5）齿圈参数的标准尺寸 为了设计和制造方便，V形齿圈的参数已经标准化。在进行齿圈设计时，应该尽量地选用标准参数。这样做的目的，一方面设计简便，另一方面也能保证精冲零件的冲裁质量。

1）根据 Feintool 资料，当 $t=4.5$mm 时，仅在压板或凹模上使用齿圈时，即单面齿圈，其值可从表 3-8-5 选取；当 $t>4.5$mm 时，可在压板和凹模上同时使用齿圈时，即双面齿圈，其值可从表 3-8-6 选取。表中齿圈的参数如图 3-8-13 所示。

表 3-8-5 压板或凹模有齿圈时的齿圈（单面）尺寸

（单位：mm）

料厚	A	h (H)	r	R
1~1.7	1	0.3	0.2	0.2
1.8~2.2	1.4	0.4	0.2	0.2
2.3~2.7	1.7	0.5	0.2	0.2
2.8~3.2	2.1	0.6	0.2	0.6
3.3~3.7	2.5	0.7	0.2	0.7
3.8~4.5	2.8	0.8	0.2	0.8

2）根据 Schrnid 资料，当冲裁零件厚度 $t\leqslant4$mm 时，可使用单面齿圈；$t>4$mm 时，使用双面齿圈，对于齿轮等要求剪切面垂直度较高的零件，即使料厚

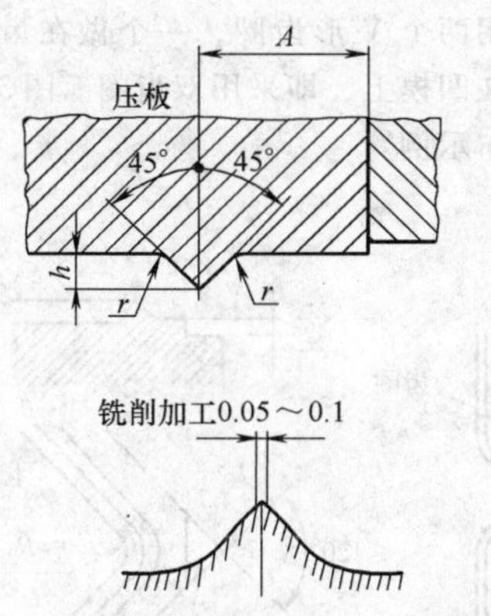

图 3-8-13　齿圈的参数

在 4mm 以下，也应采用双 V 形齿圈。

压板和凹模均有齿圈时的齿圈结构尺寸如图 3-8-14 所示，齿圈参数可由表 3-8-7 中选取，其中，t 为料厚，V_0 为凸模退回距离，V_u 为顶板顶出距离，R_s 为凹模圆角 $R_s=(0.1\sim0.2)t$。

表 3-8-6　压板和凹模均有齿圈时的齿圈（双面）尺寸　（单位：mm）

料厚	A	H	R	h	r
4.5～5.5	2.5	0.8	0.8	0.5	0.2
5.6～7	3	1	1	0.7	0.2
7.1～9	3.5	1.2	1.2	0.8	0.2
9.1～11	4.5	1.5	1.5	1	0.5
11.1～13	5.5	1.8	2	1.2	0.5
13.1～15	7	2.2	3	1.6	0.5

表 3-8-7　齿圈结构尺寸

（单位：mm）

项目	T	l	h	H	V_0，V_u
单面齿圈	1.0～1.6	1.0	0.3		1.0
	>1.6～2.5	1.4	0.4		1.0
	>2.5～3.2	2.1	0.6		1.2
	>3.2～4.0	2.5	0.7		1.3
双面齿圈	>4.0～5.0	2.5	0.5	0.8	1.2
	>5.0～6.3	3.0	0.7	1.0	1.3
	>6.3～8.0	3.5	0.8	1.2	1.4
	>8.0～10.0	4.5	1.0	1.5	1.5
	>10.0～12.5	5.5	1.2	1.8	1.7
	>12.5～16.0	7.0	1.6	2.2	2.0

V 形齿圈的外形结构及固定方法与凹模基本类同，也采用整体式和镶拼式，可参考凹模结构。

V 形齿圈的分布原则如下：

①　在零件圆角半径大的部分，V 形齿圈应和刃口的形状相一致。

②　在零件圆角半径较小的部分（如有较小的内凹轮廓和凸弯很大的部分），V 形齿圈与刃口的形状可以不一致，不紧沿轮廓分布（图 3-8-15）。

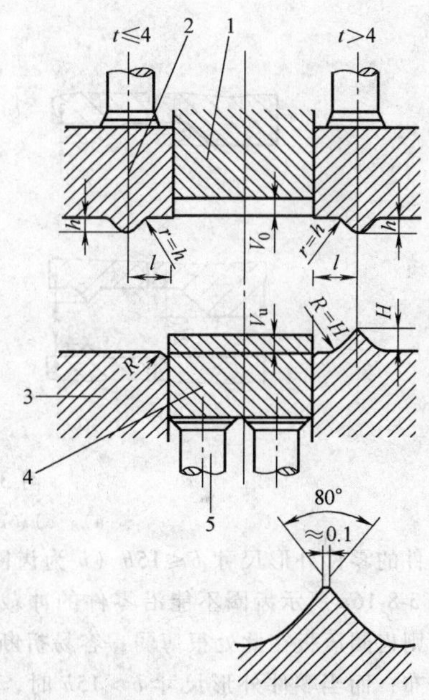

图 3-8-14　齿圈结构尺寸

1—凸模　2—压板　3—凹模

4—顶件板　5—传力杆

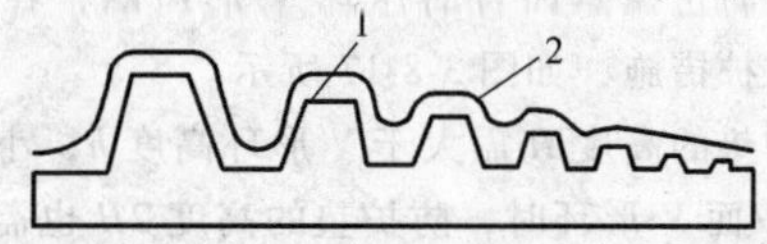

图 3-8-15　V 形环在零件轮廓上的分布

1—零件轮廓　2—V 形齿圈

③　冲小孔时，不会产生剪切区以外材料的流动，一般不需要 V 形齿圈；冲大孔时（直径在 30～40mm 以上时），建议在顶杆上加 V 形齿圈。

④　如果料厚 $t<3$mm 时，可使用平面压板。但它压边力小，易出现纵向翘曲而引起附加拉应力。

⑤　如果料厚 $t \leqslant 4.5$mm，可在压板或凹模上使用一个单齿圈；如 $t > 4.5$mm，或材料的强度较高（$R_m \geqslant 800$MPa），或对于齿轮和带锐角的零件，通常使用两个V形齿圈，一个做在齿圈压板上，另一个做在凹模上，即采用双齿圈。图3-8-16所示为齿圈的分布示例。

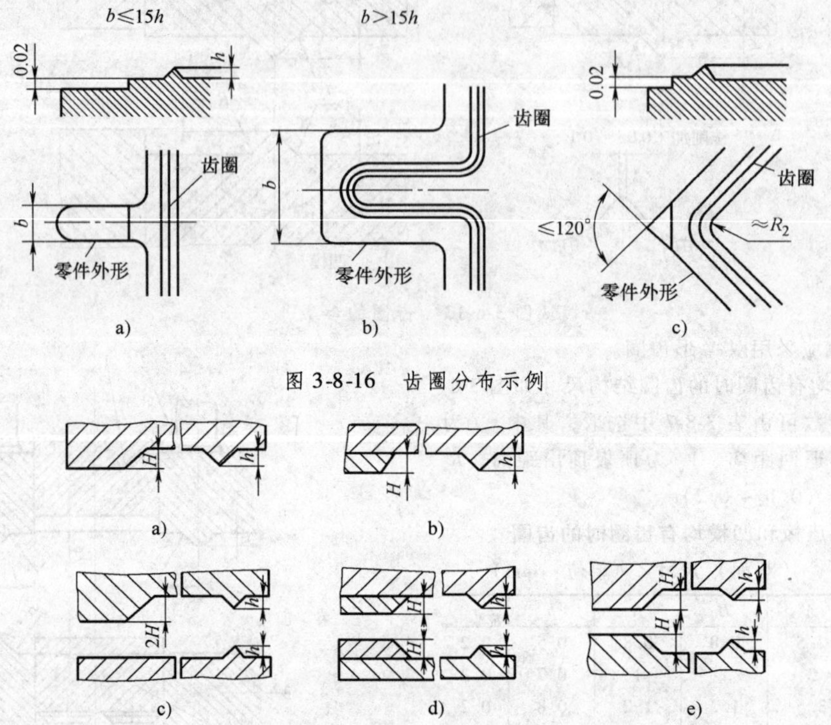

图3-8-16　齿圈分布示例

图3-8-17　V形环防护结构

a)、c)、e) 整体结构　b)、d) 加防护垫

当零件的零件外形尺寸 $b \leqslant 15h$（h 为齿圈高度）时，如图3-8-16a所示齿圈不能沿零件的冲裁轮廓线布置，否则齿圈压板在此处很薄弱，容易折断，齿圈取直线分布；而当零件外形尺寸 $b > 15h$ 时，如图3-8-16b所示齿圈沿冲裁零件的冲裁轮廓线布置。对压边圈窄的凸台或带小于120°的凸台及齿形处，如图3-8-16c所示齿圈内侧必须比齿圈底面低0.02～0.04mm，以防断裂。

为了防止模具闭合时压坏V形齿圈，在结构上需采取防护措施，如图3-8-17所示。

防护垫的高度 H 需大于V形环高度 h，小于料厚 t。采用双面V形环时，防护垫的高度 $2H$ 也需大于V形环高度 $2h$，小于料厚 t。

防护垫对称安排，置于送料方向的两侧，中间开档需大于条料宽度，如图3-8-18所示。

8.2.3　凸模

1. 凸模结构

凸模的结构设计与精冲零件形状、凸模的加工方式、凸模的紧固方法及凸模材料有关。凸模的结构形式按其加工的方式分类见表3-8-8。

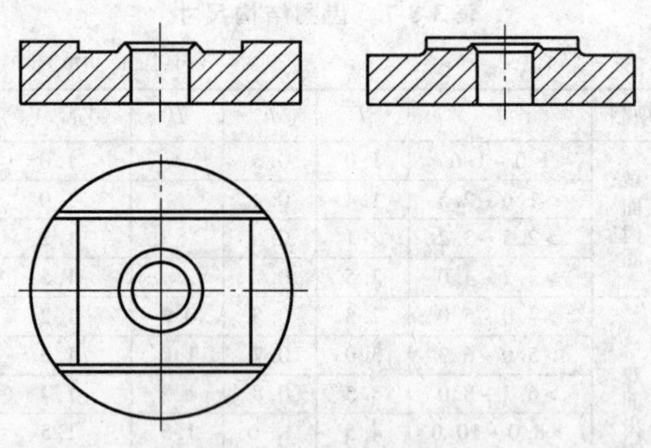

图3-8-18　压边圈防护垫的布置及改进润滑结构

为了加强凸模，使其尽可能地坚固，凸模上有复杂形状的内孔，或孔壁较薄时，通常只做成一定的深度，深度取决于孔的形状、料厚和模具尺寸，一般为8～15mm，参见表3-8-8图b。

2. 凸模的固定方式

表 3-8-8　凸模的结构形式

分类	图　示	加工方法	分类	图　示	加工方法
等截面	a)　b)	线切割、成形磨削、外圆磨削和电火花加工	带凸缘	c)　d)	仿形刨、滚铣加工、外圆磨削和电火花加工

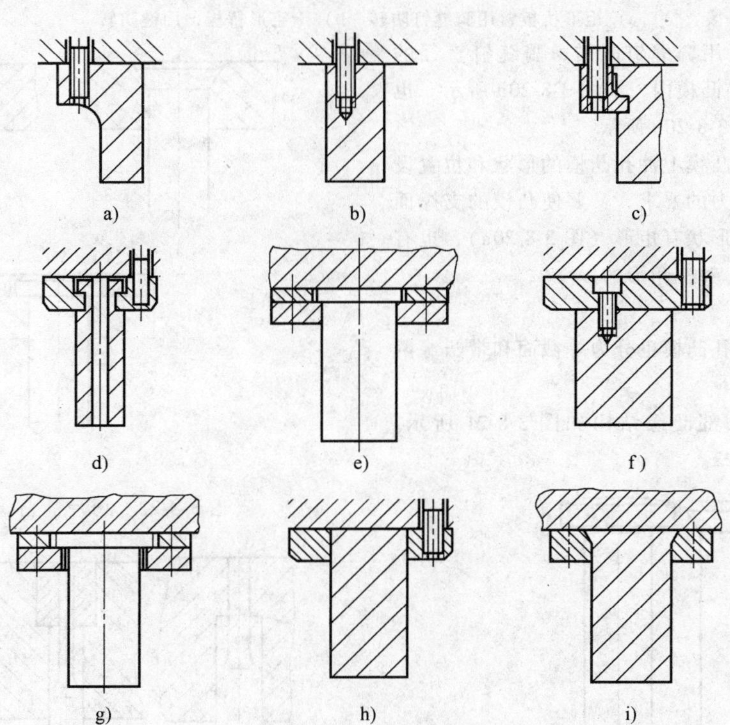

图 3-8-19　凸模的固定方法

a）螺钉紧固凸缘　b）螺钉固定　c）、d）压板固定　e）凸模固定板固定　f）垫板螺钉固定　g）粘结固定　h）焊接固定　i）铆接固定

凸模的固定方式取决于凸模尺寸和形状，基本上与常规冲裁模相似。它主要有下面几种连接方式：螺纹式、铆接式、配合式、焊接式、压板式、楔块式、粘接式等，见图 3-8-19。

加工厚板而凸模底面积较小时，可在凸模底面和模座之间装一淬硬的垫板以防止在模座上压出印痕，如图 3-8-19f 所示。

3. 凸模座与桥板

将凸模和凸模座分开这种结构主要用于活动凸模式，这种结构容易在凸模座上铣出安装桥板所需的任何形状，便于在采用环形液压缸和柱塞时，使液压力通过桥板从四周传到中间；便于消除凸模淬火变形；便于装配。

凸模座大部分采用圆形，如图 3-8-20 所示。对于长而窄的零件也可采用矩形凸模座，但矩形凸模座对中困难。

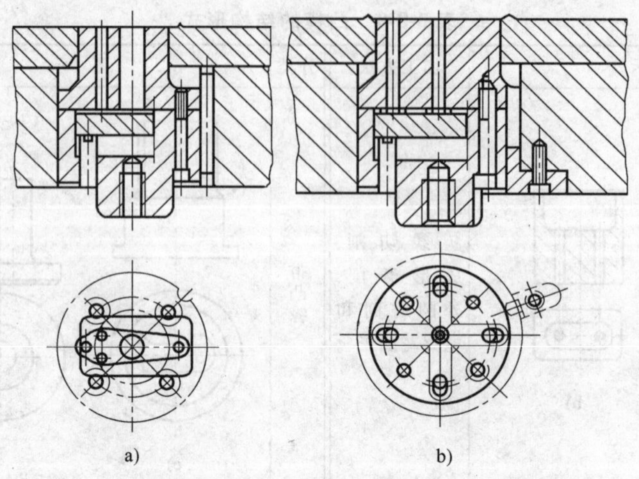

图 3-8-20 凸模座及桥板结构

a）矩形桥板，用骑缝钉防转 b）十字形桥板，用键防转

凸模和凸模座可用骑缝钉防转，骑缝钉直径的2/3在模座内，1/3在凸模内，如图3-8-20a所示。也可采用键防转，如图3-8-20b所示。

桥板的形状根据凸模上冲孔凸模的形状和位置设计，既要保证传递压力的要求，又要使凸模的支撑面积尽可能大。桥板的形状有矩形（图3-8-20a），也有十字形（图3-8-20b）和三角形的。

4. 冲孔凸模

和凸模一样，冲孔凸模也分为等截面和带凸缘两类。

圆形冲孔凸模头部凸缘结构如图3-8-21所示。固定方法示于图3-8-22。

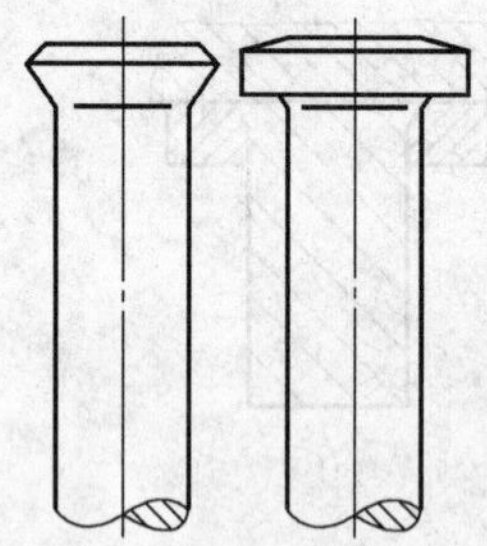

图 3-8-21 圆冲孔凸模头部结构

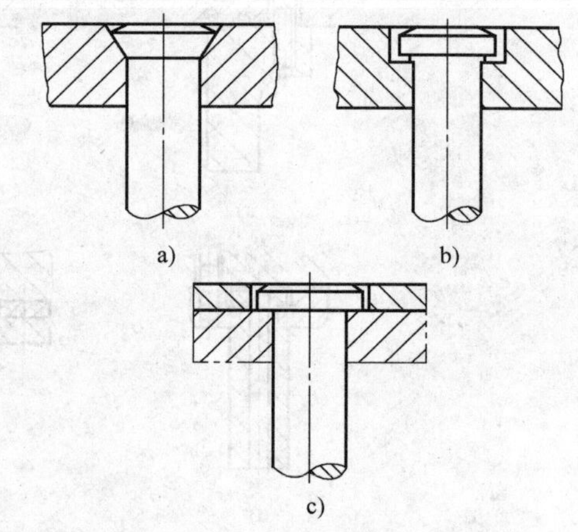

图 3-8-22 圆冲孔凸模固定方法

冲直径小于料厚的凸模，为了保证强度，仅在端部磨至所需尺寸，如图3-8-23所示，同时采用a、b的导向方法是有利的。头部凸缘采用图3-8-21所示的直凸缘。

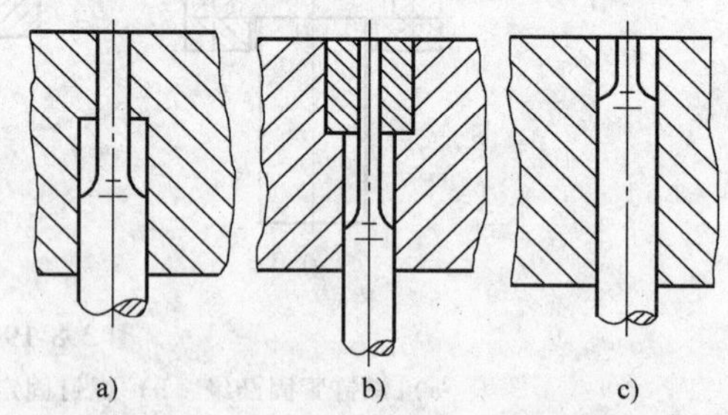

图 3-8-23 冲孔径小于料厚的台阶式冲孔凸模

异形冲孔凸模的固定方法示于图3-8-24。冲孔凸模尺寸大到可钻螺孔时，可直接用螺钉固定，如图3-8-24b所示。

轮廓薄弱的冲孔凸模仅依靠反压板不能防止转动时，可在凸模头部用键防转，如图3-8-24c、d所示。

冲孔凸模同样也可以采用焊接。铆接或粘接的方法固定。

8.2.4 反压板

反压板的形状和尺寸与凸模的工作部分相同，因此有时将凸模和反压板用一个整料加工，加工完毕后，再一分为二。

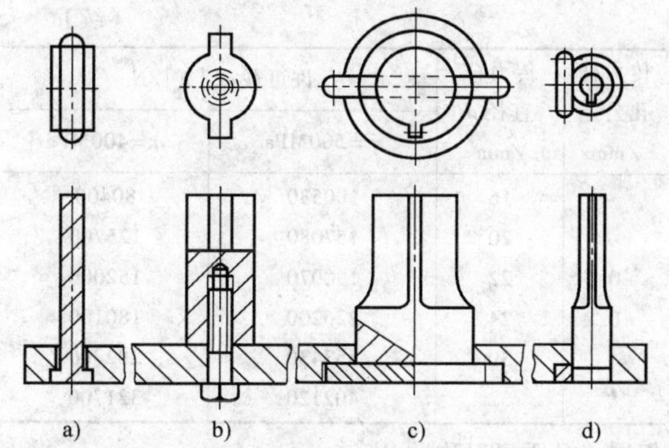

图 3-8-24 异形冲孔凸模固定方法

反压板放置在凹模内，其外廓和凹模、内孔和冲孔凸模采用无松动滑配。

如果凹模和反压板在下模座一侧，则反压板以等截面直接支撑在顶杆上；如果凹模和反压板在上模座一侧，为了防止反压板从凹模中掉出，则需在反压板上加一限位板或将反压板的头部镦粗，如图 3-8-25b 所示。

8.2.5 顶杆

顶杆的作用是在冲裁完毕后将废料从凸模的冲孔凹模内顶出。

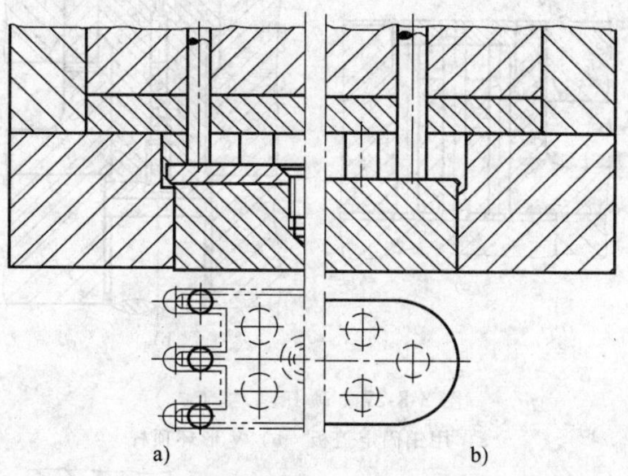

图 3-8-25 反压板的支持

a）限位板与反压板用螺钉固定 b）反压板头部镦粗

顶杆的结构如图 3-8-26 和图 3-8-27 所示。为了防了废料粘在顶杆上，将顶杆头部稍微倒圆（图 3-8-26a），或在头部加弹簧顶料销（图 3-8-26b），或在板上刻出交叉的小槽使废料易被吹掉（图 3-8-26c）。

如果盖板不能用螺钉拧在如图 3-8-26c 所示的顶杆上，则盖板可用销固定使其不能掉到模具外面（图 3-8-27a）。

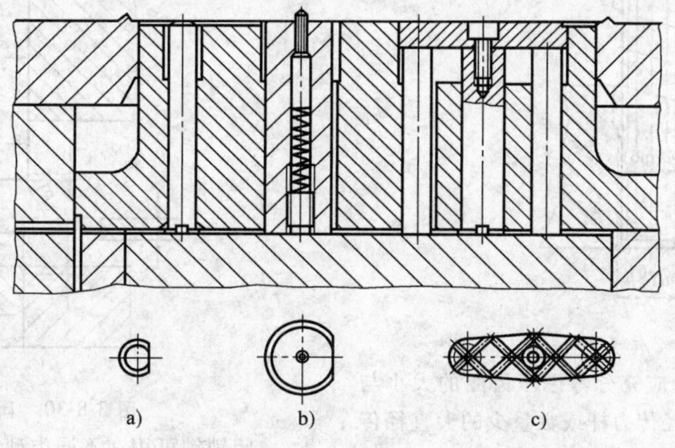

图 3-8-26 顶杆结构（一）

a）头部倒圆 b）用弹簧顶料销 c）端面开小槽

如果内孔的尺寸是料厚的 10 倍以上时，建议在顶杆上加工出 V 形环，借以提高内孔的剪切面质量，如图 3-8-27b 所示。这种情况下，更需要在端部加弹簧顶料销，以利于清除废料。

弹簧顶料销应高出端面 0.2～0.3mm，各种结构示于图 3-8-28。

8.2.6 传力杆

传力杆用于传递压边力、反压力、顶件力和卸料力，其结构示于图 3-8-29。用弹簧承受传力杆自重，防止运输和装模时传力杆掉出。

传力杆的许用应力为 500MPa，各种直径传力杆的许用载荷列于表 3-8-9。

传力杆数量和尺寸的确定，与压边力和反压力有关。在设计时还应当注意以下内容：

1）传力杆的位置尽可能接近凸模外廓。但对于背部加大的凸模和要进行树脂浇注的凸模，要保持传力杆与压板之间有足够的距离。

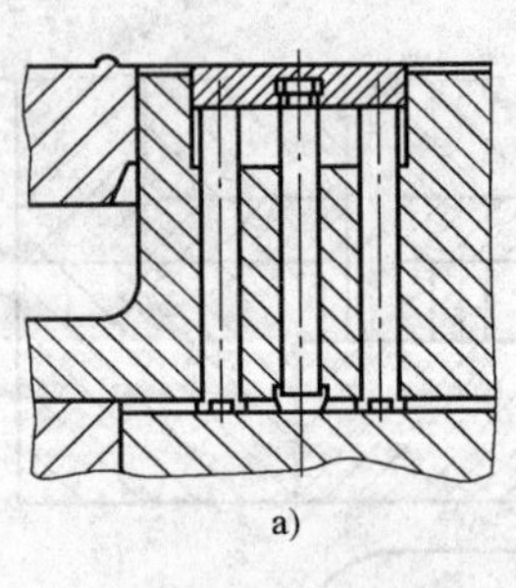

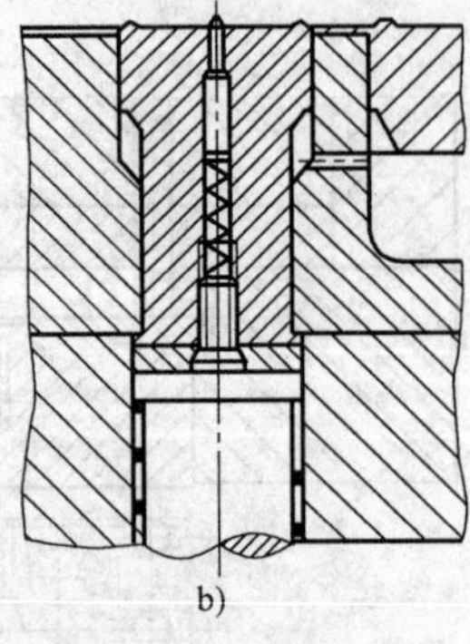

图 3-8-27 顶杆结构（二）

a）用销固定盖板 b）V 形环顶杆

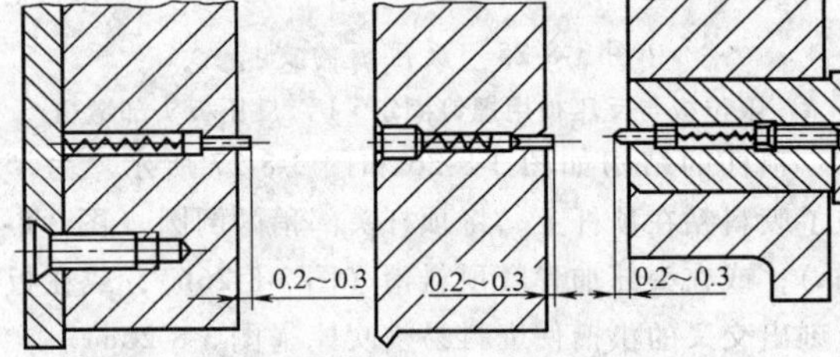

图 3-8-28 弹簧顶料销结构

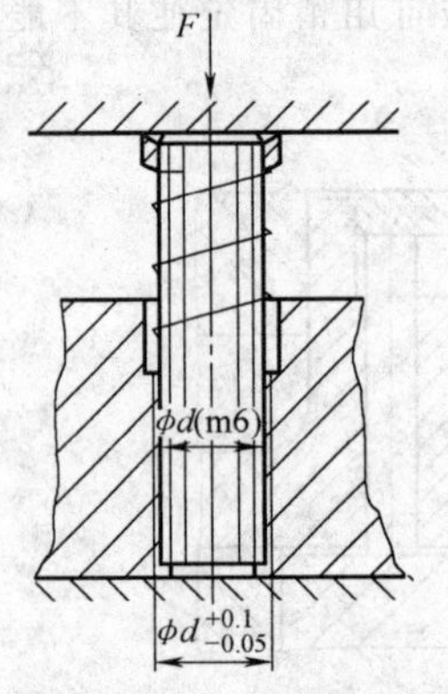

图 3-8-29 传力杆结构

2）布置传力杆时，应充分考虑压齿圈的大小与形状，可选择多个小直径传力杆或数量少的大直径传力杆。力求在同一压齿圈或退件板上，各传力杆直径相同，且距离对称。

表 3-8-9 传力杆的许用载荷

传力杆孔公差/mm	传力杆直径 d/mm	许可载荷 $[F]$/N	
		$q=500\text{MPa}$	$q=400\text{MPa}$
+0.3 +0.1	4	6280	5000
	5	9820	7800
	6	14140	11300
	8	25130	20100
	10	39270	31400
	12	56550	45200
	14	76970	61600
+0.5 +0.2	16	100530	80400
	20	157080	125700
	22	190070	152000
	24	226200	180100
	30	353430	282700
	32	402120	321700

3）用于退件器上的顶件杆（传力杆），必须被退件器覆盖，否则退件器端面或座板应加宽。要注意控制行程。

4）对于有很多内孔的精冲零件，太多数量的顶件杆会使冲孔凸模座板强度大大削弱。

8.2.7 闭锁销

闭锁销的典型结构示于图 3-8-30。

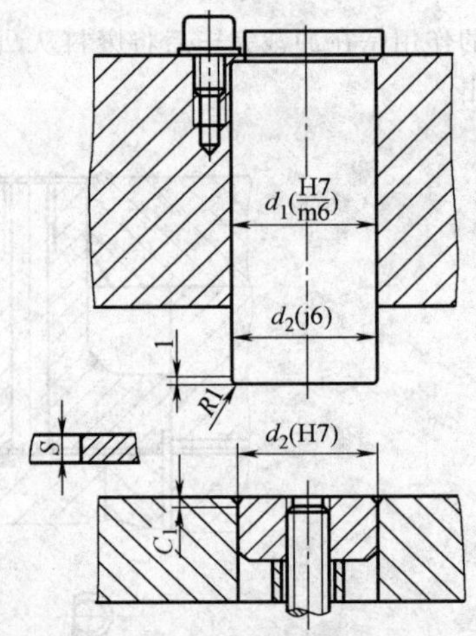

图 3-8-30 闭锁销结构

闭锁销可用在不同类型的精冲模具上，其功能也不尽相同。

用在多工位级进模上闭锁销的主要功能是在起始工位和末尾工位模具承受巨大偏心载荷时防止模具偏转而折断凸模。精冲模具上、下模座之间一般都采用滚动导向装置。这种结构由于无间隙，过盈量 0.01～0.02mm，导向精度高，可精确保证上、下模对中。但由于钢球和导柱、导套之间是点接触，刚性差，不能承受偏心载荷和侧向载荷。因此精冲级进模都必须采用闭锁销，使模具具有抗偏载和侧向载荷的能力，参见图 3-8-30。

闭锁销用在单工位模具上时，其主要功能是保证压边圈和凹模精确对中定位，防止精冲过程中模具工作零件间可能产生的侧移，如图 3-8-2 右侧所示。

需要时闭锁销可采取配合加工，使它和销孔的间隙小于凸模和凹模之间的间隙，用以提高上、下模对中的精度。

8.2.8　平衡杆

在设计级进精冲模时必须设置平衡杆。因为连续冲裁时退料杆在“带料始端”，远离模具中心，如果没有平衡杆，凸模就会使齿圈镶件单向受力，而导致镶件的倾斜，造成第一步退料杆的断裂或损坏凸模。平衡杆应使造成这种弯矩的力得以平衡，且必须位于带料宽度以外。它应当可以承受反压力或将剩余力传给无负载的退料杆，如图 3-8-31 所示。

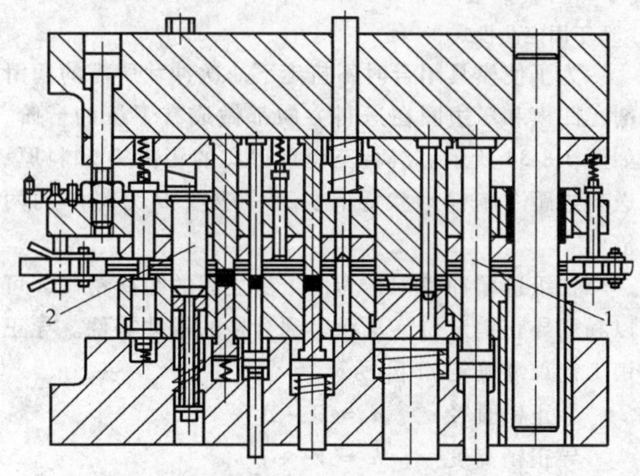

图 3-8-31　级进模的平衡杆结构

1—平衡杆　2—闭锁销

另外，反压柱塞和液压缸之间，由于密封环结构的需要有一定的间隙，柱塞承受偏心力时会产生偏斜，导致传递的反压力也产生偏斜，这是需要避免的。平衡杆的另一个功能是使反压柱塞运动时保持水平状态，从而使各反压力均垂直于模面，有利于模具寿命的提高。

平衡杆平面位置的布置原则是在级进模冲裁的起始阶段和结束阶段尽可能使反压力的合力接近柱塞的中心部位，平衡杆分布在条料的两侧，如图 3-8-31 所示。

平衡杆高度的设计原则是在级进模冲裁的起始阶段和结束阶段，模具闭合时平衡杆和凸模同时承受反压力。为此在平衡杆和凸模下面的顶出装置等高的条件下，平衡杆必须高出凸模一个料厚才能实现上述技术要求，如图 3-8-31 所示。

但是由于料厚是有公差的，在实际级进模精冲过程中，平衡杆和凸模承受反压力总是不同步的。根据精冲工艺的要求，应保证冲压时凸模承受反压力，为此必须使平衡杆滞后于凸模承受反压力，满足此条件必须取材料厚度的下极限作为平衡杆和凸模高度之差，即

$$H_1 - H_2 = t_{\min}$$

式中　H_1——平衡杆的高度；

H_2——凸模的高度；

$t_{\min}$——被冲材料厚度的下极限尺寸。

据此原则设计的级进精冲模在实际精冲过程中，如果材料厚度是下极限尺寸，则凸模和平衡杆同时承受反压力。如果实际材料厚度大于下极限尺寸一个 δ 值时，则凸模压入材料 δ 值深度后平衡杆才开始承反压力。由此可见，采用级进模精冲时对料厚公差必须严格控制。材料厚度的偏差过大，即使采用了平衡杆结构，也有可能造成局部小凸模和顶杆的损坏。

总之，设计平衡杆时，既要保护凸模，平均分散反压力；又要防止平衡杆先于凸模承受反压力。否则凸模下的顶件装置将形同虚设，因精冲过程中自始至终在凸模下将建立不起反压力。

8.2.9　排气、冷却与润滑

模具工作零件之间间隙极小，配合紧密，它们之间构成的相对运动的封闭空间，应设计排气槽，与大气相通，如图 3-8-32 所示。如果没有排气槽，反压板在精冲过程中多次往返运动后，在上垫板与压力垫间可能出现升压或降压，而影响反压板的运动引起安全装置起作用而使压力机停车。

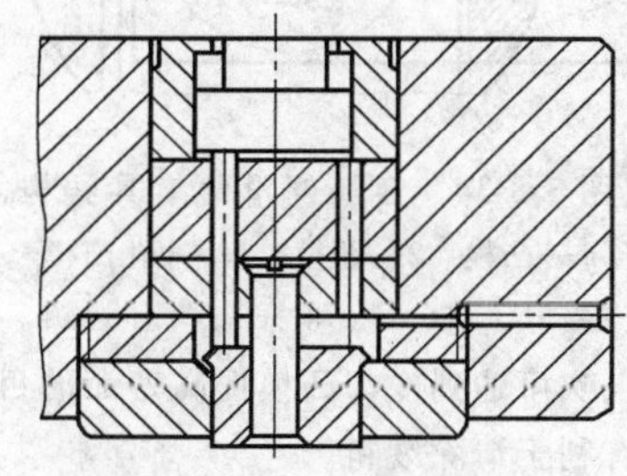

图 3-8-32　排气槽

有些在下模一侧的反压板或顶杆，头部没有凸缘，采用的是等截面结构。冲裁过程中，多次往复后，这些反压板或顶杆可能在压缩空气作用下升出模具工作表面，影响冲压工作的正常进行。因此，也需要开排气槽。

塑性变形和摩擦会引起温升。在自动连续冲裁条件下，模具壁厚较薄的部位会因温升而降低寿命，采

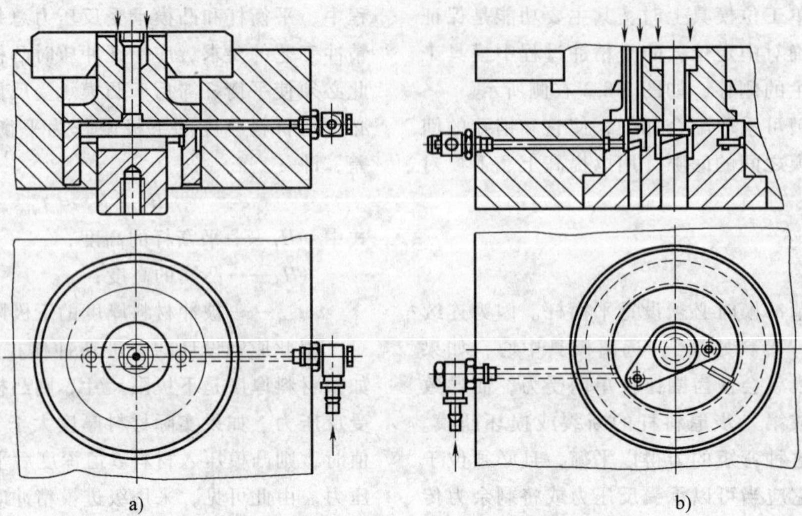

图 3-8-33　压缩空气冷却凸模装置

a）适于活动凸模式　b）适于固定凸模式

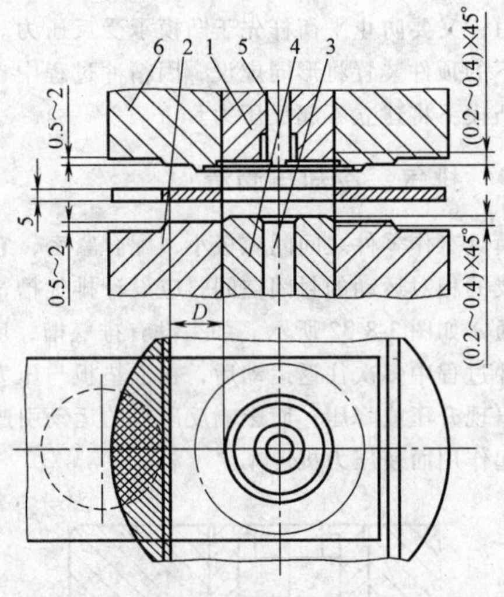

图 3-8-34　改善润滑的模具结构

1—凸模　2—凹模　3—冲孔凸模

4—反压板　5—顶杆　6—压边圈

用压缩空气吹可达到冷却凸模提高寿命的目的。压缩空气吹还有利于清除废料。

精冲过程中，刃口处产生的瞬时高温高压会造成模具磨损和制件被擦伤，为此，必须采取润滑措施。图 3-8-33 所示为获得充分润滑的模具结构。

为了使润滑剂能流进凹模、凸模和顶件板之间以及压边齿圈与凸模之间，应分别在顶件板或压齿圈的棱边上倒角（0.2～0.4）×45°。当模具闭合时，材料上涂的润滑剂就被挤入各棱面的凹槽内，成为储油区。减少压齿圈和凹模与材料的接触面，能增加单位压力，润滑剂易于流动，从而大大提高模具的润滑效率。

为了使模具闭合时不挤走下一次冲裁所需的润滑剂，凹模和压边圈在送料方向都做成有下沉的台阶，如图 3-8-34 所示。沉台至模具刃口的距离 D 和料厚、送料进距、制件形状等有关，一般取 D 为料厚的两倍。

在级进精冲模中，为使工步之间的距离精确，可以利用导正销定位，从而得到合格的精冲零件。导正销工艺尺寸确定如下：

导正销直径　　$d = D - \Delta$

导正销高度　　$h = V_u + t$

$$t \leqslant h < 10\text{mm}$$

式中　D——零件内孔直径（mm）；

Δ——差值（mm）；

t——料厚（mm）；

V_u——顶件板顶出距离（mm）。

8.2.10　模芯零件间的配合和尺寸要求

图 3-8-35 所示为活动凸模式模具的上模和下模各零件间的配合和相关的尺寸要求。

当压边和反压系统的刚性较差时，按图 3-8-35 中所示压边圈高出凸模 0.1～0.2mm，而反压板高出凹模 0.1～0.2mm 是不够的，应适当增加高出的数值，确保在冲裁开始前，完成强力压边。在实际调试精冲过程中，发现零件剪切面出现缺陷时，应注意检查是否由于未满足上述条件，是压边和冲裁同时进行而引起的。

图 3-8-36 所示为固定凸模式模具上模和下模各零件间的配合和相关的尺寸要求。

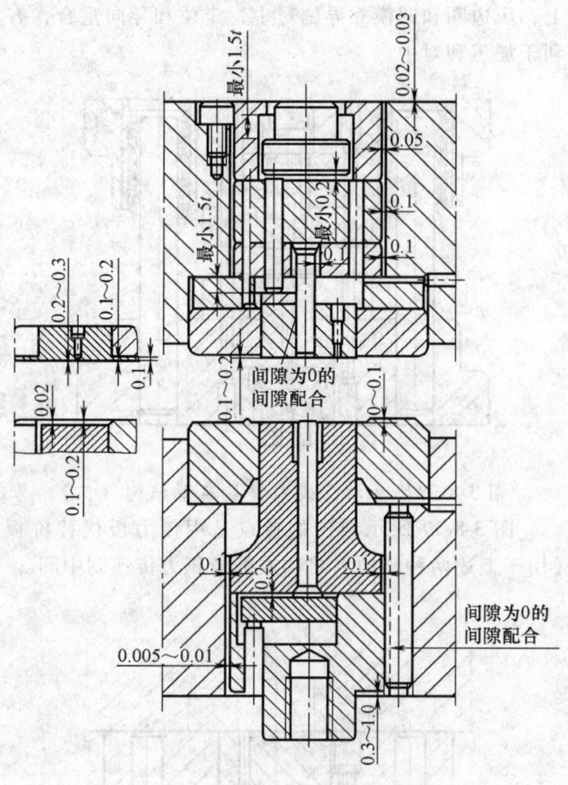

图 3-8-35　活动凸模式模具零件间的配合和尺寸要求

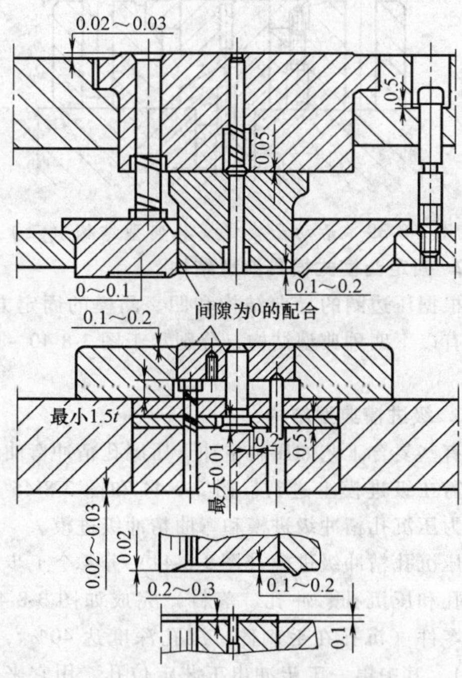

图 3-8-36　固定凸模式模具零件间的配合和尺寸要求

和活动凸模式模具一样，压边圈高出凸模，反压板高出凹模的数值视系统的刚性而定，必须保证冲裁前完成强力压边。

另外，当凸模的强度和刚性足够而且不靠压边圈定位时，可以适当放松凸模和压边圈之间的配合间隙。同样当冲孔凸模的强度和刚性足够而且不靠反压板定位和导向时，也可以适当放松反压板和冲孔凸模以及凹模之间的间隙，以利于加工。

8.3　工作零件材料及硬度要求

精冲零件的材质厚度和几何形状以及精冲模芯零件的受力情况，是选择模芯材料的依据，精冲模芯零件的受力情况见表 3-8-10。

表 3-8-10　精冲模芯零件受力情况

模具零件	摩擦力	压应力	弯曲应力	拉应力	冲击
凸模	✓	✓	✓	✓	✓
凹模	✓	✓	✓		✓
冲孔凸模	✓	✓	✓	✓	✓
压边圈	✓	✓	✓		✓
反压板		✓	✓		
顶杆		✓	✓		
传力杆		✓			
垫板		✓			

精冲模芯零件，特别是凸模和凹模，是在十分恶劣的条件下工作的。在冲击载荷的作用下，刃口工作表面在高压和瞬时高温下，和制件的新生表面之间产生相对滑动摩擦，因此选用的模芯材料必须满足以下要求：

（1）硬度　精冲模芯的冲切零件间隙小，受力大，磨损严重，故要求有较高的硬度，以减小模芯零件的磨损，保证其尺寸精度；但过高的硬度会带来脆性。表 3-8-11 为精冲模芯主要零件材料及硬度要求。

表 3-8-11　精冲模芯主要零件材料及硬度要求

模具零件	选用材料	硬度 HRC
凸模	W18Cr4V、W6Mo5Cr4V2、Cr12MoV	60 ~ 62
凹模	Cr12MoV、W6Mo5Cr4V2、W18Cr4V	62 ~ 64
冲孔凸模	W6Mo5Cr4V2、W18Cr4V、Cr12MoV	60 ~ 62
压边圈	Cr12MoV、CrWMn	58 ~ 60
反压板	Cr12MoV、CrWMn	58 ~ 60
顶杆、定位销	T10A、T8A、9Mn2V	58 ~ 60
传力杆	CrWMn、9Mn2V、T10A	58 ~ 60
垫板	Cr12、9Mn2V、9SiCr	56 ~ 58
导柱、导套	GCr15	58 ~ 62

（2）耐磨性　制件或毛坯新生表面相对模具工作表面滑动摩擦引起的刃口磨损，是精冲模芯主要的

失效形式之一。一般情况下，材料的硬度越高，承压能力就越高，耐磨性也越好。材料的耐磨性除与材料的硬度有关外，还和材料的组织有关，如碳化物的类型、大小、分布以及状态等。另外，模具材料如碳含量及合金元素较多，则淬火后有较多的残留奥氏体，而残留奥氏体的硬度不高，耐磨性差。一般精冲模芯中残留奥氏体量要求在5%左右为宜。为了提高耐磨性，用锻造方法改变碳化物的大小、形态和分布；用热处理方法控制残留奥氏体的数量，以提高模具的寿命。

(3) 强度 精冲时，总冲裁力较普通冲裁力大，要求模具有很高的承压、抗弯和抗拉能力，以防止由于偏心载荷、疲劳、应力集中而引起的模具破裂和折断，因此要求模具零件要有较高的强度。

(4) 韧度 模芯零件断裂和崩刃是精冲模芯常见的失效形式。产生这种失效的原因很多，其中韧性差是主要原因。影响韧性的因素主要有钢中碳和合金元素的含量、晶粒度大小、碳化物颗粒大小及分布，以及组织状态等。需通过合理地选用模具材料和锻造热处理方法来提高韧性。

显然，上述对硬度和韧性的要求是存在矛盾的，因此在选材和热处理时，必须注意材料硬度和韧性的协调。从实际被精冲零件的强度和几何形状出发，或者是在不降低韧性的前提下，提高模芯材料的硬度，或者是通过适当降低硬度来提高模芯材料的韧性。

8.4 典型结构

1. 活动凸模式模具典型结构

图3-8-37、图3-8-38、图3-8-39分别示出了活动凸模式精冲模具三种典型结构。

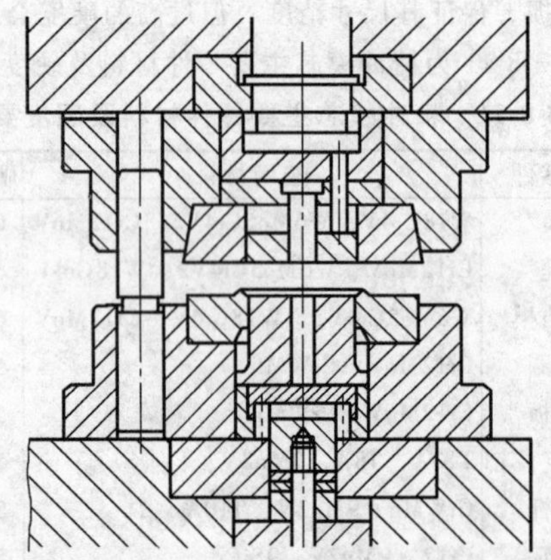

图3-8-37 活动凸模式模具典型结构（一）

图3-8-38所示结构的特点是上、下模座不带定位锥形凹槽，凹模和压边圈直接装在上、下模座平面上，压边圈和凹模靠导销对中，定位和导向重合，有利于加工和对中。

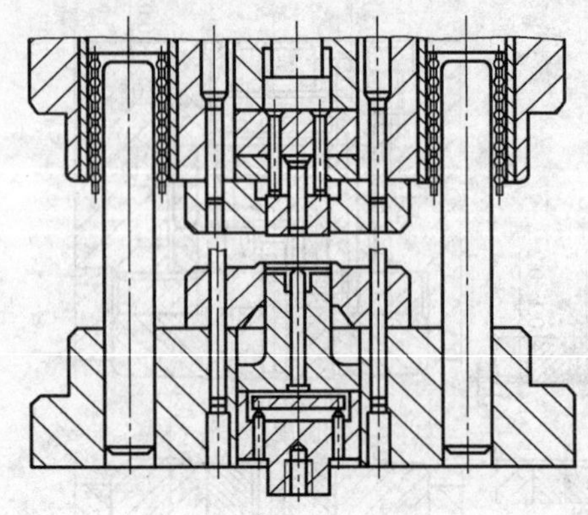

图3-8-38 活动凸模式模具典型结构（二）

图3-8-39所示结构的特点是用传力板代替桥板（用于上述两种结构）将四周的液压力传递到中间。

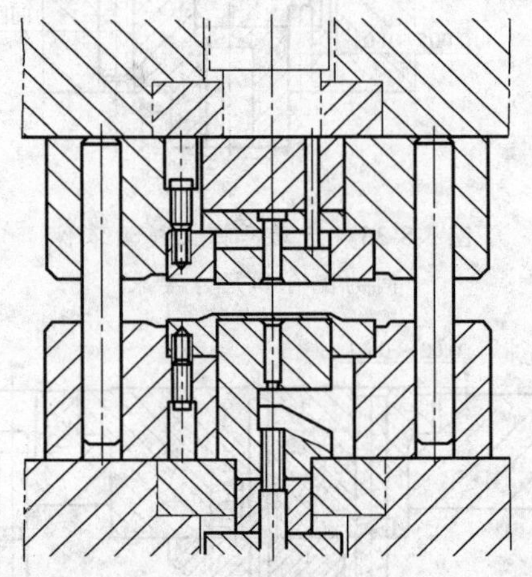

图3-8-39 活动凸模式模具典型结构（三）

2. 固定凸模式模具典型结构

根据压边圈的导向结构和凹、凸模的固定方法，主要有以下四种典型结构，分别示于图3-8-40～图3-8-43。

3. 级进模典型结构

有些复合工艺如压扁精冲、压沉孔精冲弯曲精冲等，需在级进模上进行。图3-8-44和图3-8-45所示分别为压沉孔精冲级进模和弯曲精冲级进模。

压沉孔精冲级进模（图3-8-44）分4个工步（即预冲孔和压沉孔、冲孔、落料）完成如图3-8-43所示的零件（沉孔在毛刺侧，沉孔深度达40% t，t为料厚），其中第一工步冲出工艺定位孔，用它来控制每一工步的进料距。

图3-8-45所示级进模分为三个工步。第一工步冲

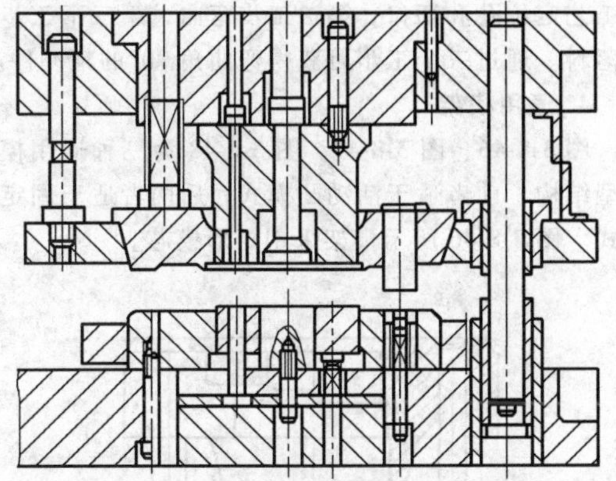

图 3-8-40　固定凸模式模具典型结构（一）

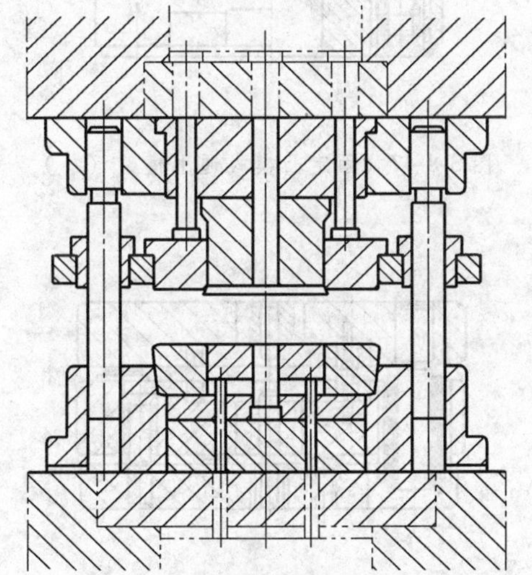

图 3-8-41　固定凸模式模具典型结构（二）

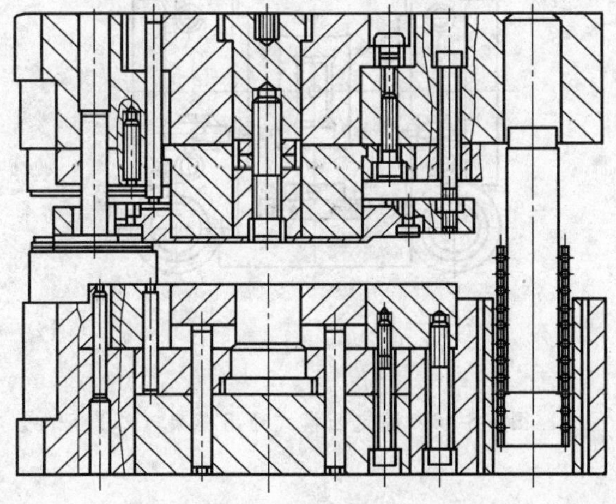

图 3-8-42　固定凸模式模具典型结构（三）

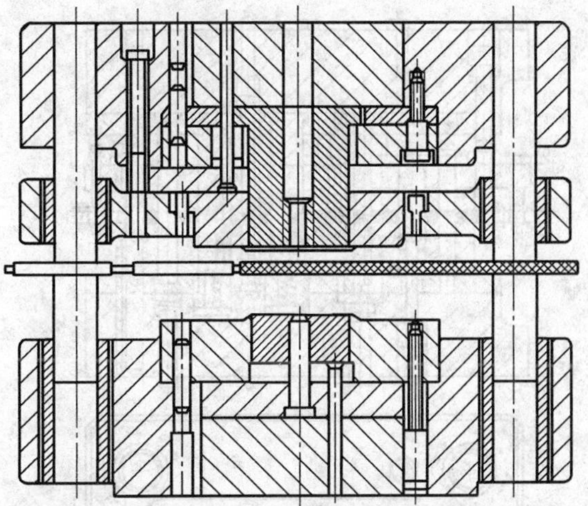

图 3-8-43　固定凸模式模具典型结构（四）

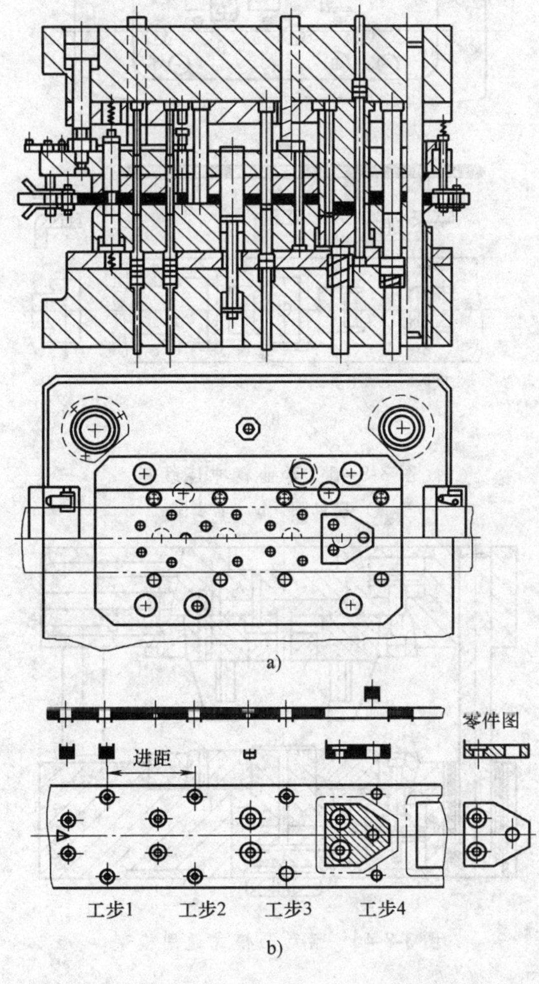

图 3-8-44　压沉孔精冲连续模
a）模具图　b）工步图

出工艺定位孔和切口，第二工步弯曲，第三个工步冲孔落料。通过三个工步可获得弯曲角 90°的精冲件。

4. 通用模架

图 3-8-46、图 3-8-47、图 3-8-48 为三种通用模架典型结构，前者适于活动凸模式，后两者适于固定凸模式。图 3-8-46 所示模架采用矩形模芯。

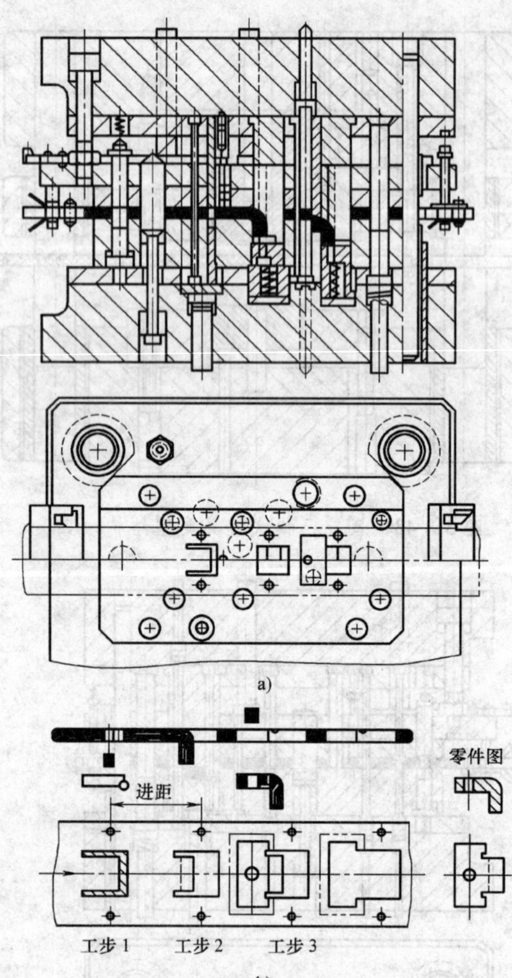

图 3-8-45　弯曲精冲连续模
a）模具图　b）工步图

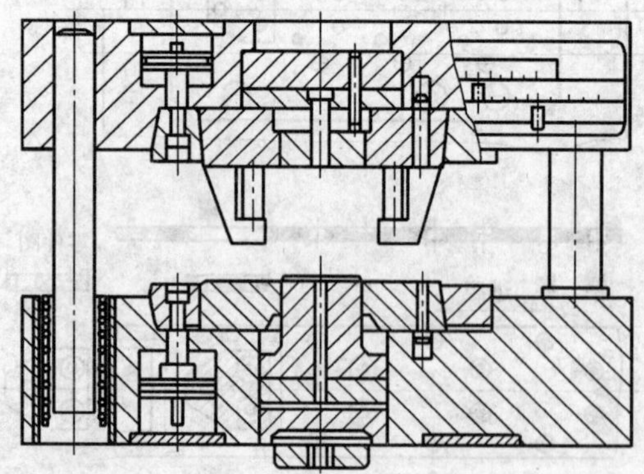

图 3-8-46　活动凸模式通用模架

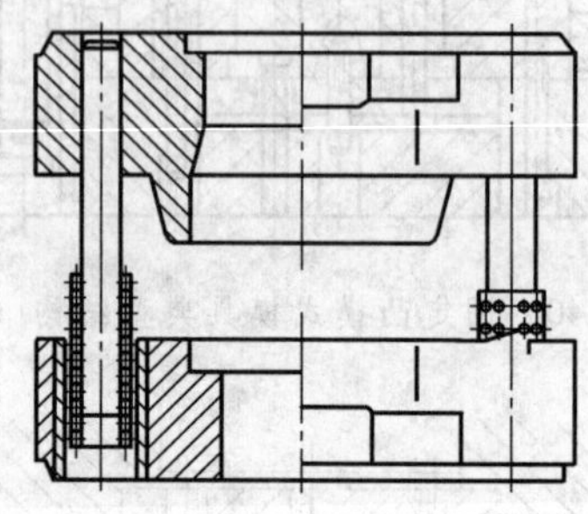

图 3-8-47　固定凸模式通用模架（一）

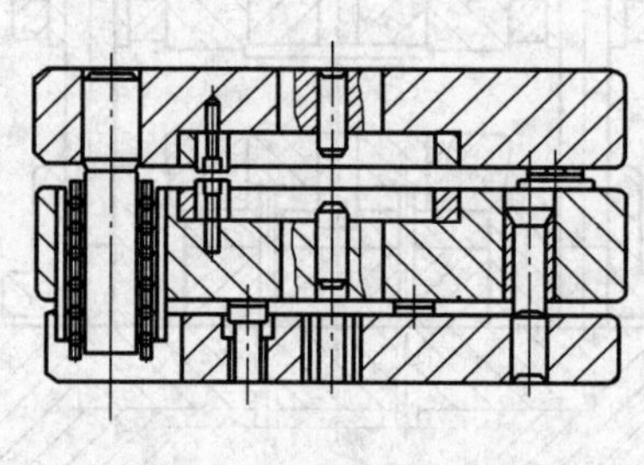

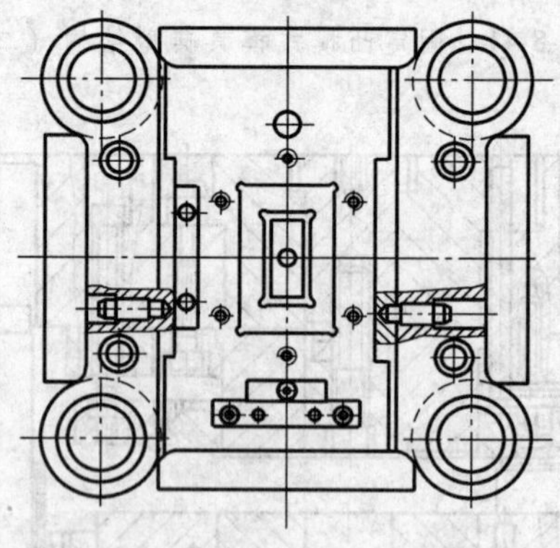

图 3-8-48　固定凸模式通用模架（二）

第 4 篇　汽车覆盖件冲压成形模具设计

第1章　概　述

1.1　汽车车身制造过程

在汽车构成中，车身和底盘、发动机一起被称为汽车的三大部件，已越来越受到人们的重视。汽车车身是一个形状复杂的空间薄壁壳体。它的主要零部件均由钢板冲压焊接而成，然后进行涂漆以增加美观和防蚀性，最后装上各种内饰件，形成完整的车身。

轿车、微型车、小型客车以及载货汽车的驾驶室等都属于无骨架车身。它是以冲压成某种形状的冲压件或几个冲压件焊接后具有某种截面形式而作为骨架，以增加车身刚性和强度。无骨架车身的生产流程如图 4-1-1 所示。

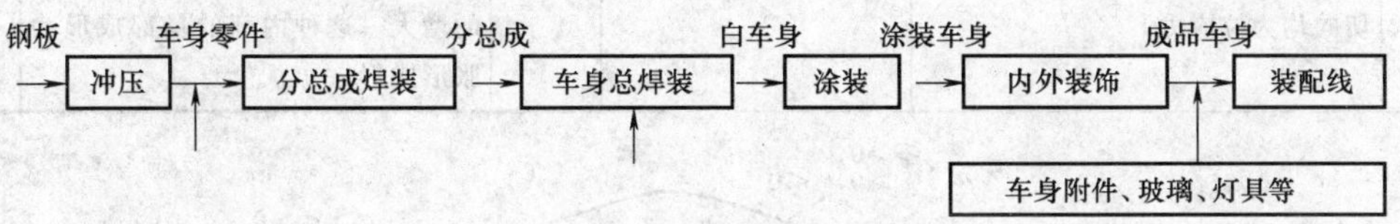

图 4-1-1　无骨架车身生产流程图

1.2　汽车覆盖件的质量要求

一般来说，汽车覆盖件应满足的质量要求见表 4-1-1。

表 4-1-1　汽车覆盖件的质量要求

序号	种类	满足的质量要求
1	尺寸精度	汽车覆盖件必须有很高的尺寸精度（包括轮廓尺寸、孔位尺寸、局部形状的各种尺寸等），以保证焊装或组装时的准确性、互换性，便于实现车身焊装的自动化和无人化，也保证车身外观形状的一致性和美观性
2	形状精度	特别是对外覆盖件，要求具有很高的形状精度，必须与主模型相符合。否则将偏离车身总体设计，不能体现车身的造型风格
3	表面质量	外覆盖件（尤其是轿车）表面不允许有波纹、皱纹、凹痕、擦伤、压痕等缺陷，棱线应清晰、平直，曲线应圆滑、过渡均匀
4	刚性	覆盖件在成形过程中，材料应有足够的塑性变形，以保证零件具有足够的刚性，使汽车在行驶中受振动时不能产生较大的噪声，以减轻驾驶员的疲劳，更不能因振动而产生早期损坏甚至空洞
5	工艺性	良好的工艺性是针对产品设计结构而言的，即在一定的生产规模条件下，能够较容易地安排冲压工艺和冲压模具设计，能够最经济、最安全、最稳定地获得高质量的产品

1.3　汽车覆盖件成形特点

汽车覆盖件的冲压成形与简单形状的零件相比有许多不同的特点，其变形极为复杂。较好地把握其成形性质，对其变形规律进行尽量细致定性的分析，可以为进行覆盖件的冲压件设计、冲压工艺设计和模具设计奠定良好的基础。汽车覆盖件的冲压成形性质见表 4-1-2。

表 4-1-2　汽车覆盖件的冲压成形性质

序号	冲压成形方式	成形性质	适用场合及图例
1	一次拉深成形	1）对于轴对称零件或盒形零件，若拉深系数小于一次拉深的极限拉深系数时，则不能一次拉深成形，需要采用多次拉深成形方法，而且可以计算出每次拉深的拉深系数等工艺参数及中间毛坯尺寸等 2）对于汽车覆盖件来说，由于其结构复杂、变形复杂，其规律难以定量把握，以目前的技术水平还不能进行多次拉深工艺参数的确定。而且多次拉深易形成的冲击线、弯曲痕迹线也会影响油漆后的表面质量，这是覆盖件所不允许的	汽车覆盖件的成形都是采用一次拉深成形的方法

（续）

序号	冲压成形方式	成形性质	适用场合及图例
2	拉胀复合成形	汽车覆盖件成形过程中的毛坯变形不是简单的拉深变形，而是拉深和胀形同时存在的复合成形。一般来说，除内凹形轮廓（如 L 形轮廓）对应的压料面外，压料面上毛坯的变形为拉深变形（径向为拉应力，切向为压应力），而轮廓内部（特别是中心区域）毛坯的变形为胀形变形（径向和切向均为拉应力）	汽车覆盖件不同部位的变形性质如图 4-1-2 所示
3	局部成形	轮廓内部有局部形状的零件冲压成形时，压料面上的毛坯受到压边圈的压力，随着凸模的下行而首先产生变形并向凹模内流动。当凸模下行到一定深度时，局部形状开始成形，并在成形过程的最终时刻全部贴模。所以，局部形状外部的毛坯难以向该部位流动，该部位的成形主要靠毛坯在双向拉应力下的变薄来实现面积的增大。这种内部的局部成形为胀形成形	

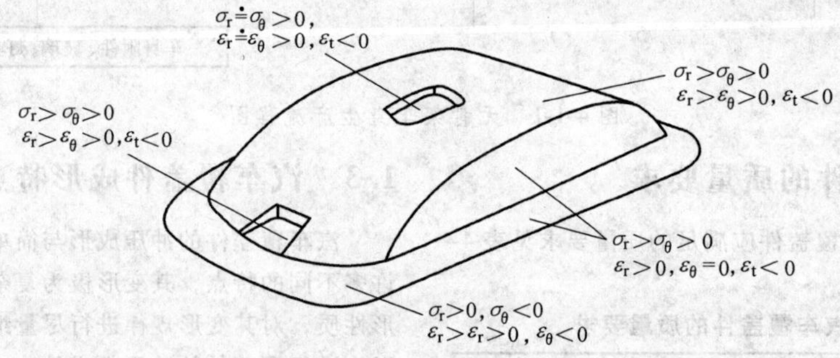

图 4-1-2　汽车覆盖件不同部位的变形性质

1.4　汽车覆盖件冲压技术的发展方向

汽车工业的发展，必将促进许多相关技术领域的发展。目前，汽车覆盖件冲压理论和技术的发展方向主要有表 4-1-3 所示的几个方面。

表 4-1-3　汽车覆盖件冲压技术的发展方向

序号	类别	发展方向
1	冲压成形理论研究	1）汽车覆盖件冲压成形的难度评价是冲压理论研究的重要课题之一。在汽车覆盖件冲压成形过程中，毛坯的变形不是单纯的拉深成形，而是存在一定程度的胀形变形。这种拉深-胀形复合成形以及覆盖件对形状精度和刚度的要求，不能简单地用一两个参数来表达冲压成形的难度 2）破裂问题仍将是汽车覆盖件冲压成形技术的主要研究课题之一。针对汽车覆盖件在冲压成形过程中产生的破裂，需要从破裂类型及其判断、破裂原因、破裂问题对策以及变形性质和变形路径对变形极限的影响、判断破裂的准则等多方面进行深入的研究 3）汽车覆盖件冲压成形中的起皱问题。引起起皱的力学原因、起皱的类型及判别、材料的抗皱性能评价以及控制起皱的对策等都需要进行更深入的研究，才能将汽车覆盖件冲压成形过程中所产生的各种起皱现象分析清楚，为冲压件设计和模具设计提供可靠依据 4）汽车覆盖件的刚度对车身的安全性有着重要作用。目前对冲压成形过程的控制和覆盖件的刚度之间的相关性还不是很清楚，需要进行深入的研究 5）汽车覆盖件的形状精度。形状精度直接影响到车身的曲面是否符合原车身的设计及车身的风阻性能。就目前的研究结果来看，影响覆盖件形状精度的主要因素有材料的成形性能、在成形过程中的贴模性及脱模后的形状冻结性等，它们之间的关系还需要进行深入的研究

（续）

序号	类别	发展方向
2	冲压材料研究	1）汽车覆盖件的性能要求在不断扩展，冲压工艺要求原材料具有必要的冲压工艺性能，因此，满足这些要求的新型板材也将不断地得到研究和开发 2）在研究开发新材料的同时，衡量板材性能的新参数也将得到更多的研究，特别是能代表板材复合成形性能的参数及其与成形性相关的研究也将会更深入
3	计算机辅助设计与制造	1）计算机辅助设计与制造在汽车覆盖件开发及生产中的应用得到迅速发展。目前，车身设计软件、冲模 CAD/CAM 软件已实用化，商业版软件也有很多系列。计算机在覆盖件的拉深件设计、覆盖件冲压工艺 CAPP、成形过程的计算机模拟与冲压件质量控制等方面的应用，还处于研究开发阶段，但部分软件已初步在生产中试用 2）随着汽车工业的迅速发展，板材成形理论研究的新进展，控制理论与技术的发展及覆盖件成形专家系统的完善，计算机将从目前的应用工具性阶段向控制化、智能化方向发展，实现车身设计、覆盖件设计、冲压件设计、冲压工艺设计、冲模设计与制造全过程的计算机化，冲压生产过程控制及质量保证系统计算机化无人化工厂，将成为现实

第 2 章　汽车覆盖件冲压变形分析

2.1　汽车覆盖件的结构特征

按深度大小可把汽车覆盖件分为深拉深件、中等拉深件和浅拉深件三类。这种分类能在一定程度上反映汽车覆盖件在冲压成形时产生破裂的可能性大小。但按零件深度判断成形难易的分类有很大的局限性，不能很好地反映起皱、面畸变、表面质量等要求，也不能完全反映汽车覆盖件冲压成形难度的大小。汽车覆盖件的总体结构特点决定了其变形特点，必须先分析组成汽车覆盖件的结构特征，然后分析其变形特点。

通过对汽车覆盖件的结构进行分解，就可以先确定各“基本形状”和结构特征元素的主要变形特点，再把相邻的“基本形状”之间的相互影响考虑进去，就能够分析出汽车覆盖件的主要变形特点，判断出各部位的成形难点，预先制定防止对策。

2.2　覆盖件冲压成形的变形特点

汽车覆盖件在冲压成形时，内部的毛坯不是同时贴模，而是随着冲压过程的进行逐步贴模。这种逐步贴模过程，使毛坯保持塑性变形所需的成形力不断变化，毛坯各部位板面内的主应力方向与大小、板平面内两主应力之比（$\varepsilon_1/\varepsilon_2$）等受力情况不断变化，毛坯（特别是内部毛坯）产生变形的主应变方向与大小、板平面内两主应变之比（$\varepsilon_1/\varepsilon_2$）等变形情况也随之不断地变化，即毛坯在整个冲压过程中的变形路径（即 $\varepsilon_1/\varepsilon_2$）不是一成不变的，而是变路径的。

汽车覆盖件冲压成形过程中，决定毛坯变形性质及冲压成形难度的最主要因素是其结构特点。表 4-2-1 给出了汽车覆盖件各结构特征的变形特点。任何一个汽车覆盖件都可以分解为表中所示的不同结构特征元素的组合。

表 4-2-1　汽车覆盖件各结构特征的成形特点

部位	编号	部位形状	图　　例	主要受力情况	变形特点
法兰形状	A	平面法兰	平面法兰	法兰上的毛坯径向受拉应力作用、$\sigma_r>0$；直边部分的切向应力 $\sigma_0>0$，外凸形轮廓的 $\sigma_0<0$，内凹形轮廓的 $\sigma_0>0$	在冲压成形中，法兰上毛坯的流动速度、变形量、变形分布随着内轮廓的变化而变化，外凸轮廓部分法兰毛坯的变形特点以拉深变形为主；内凹轮廓部分法兰毛坯的变形特点以胀形变形为主
	B	上凸形法兰	上凸法兰	法兰上，$\sigma_r>0$，上凸部分在压边时就有 $\sigma_0>0$；成形时会有切应力存在	有上凸形法兰的零件在冲压成形时，冲模上相应部位的压料面也呈上凸形状，因而有可能导致某断面上压料面的线长大于冲压件相应断面的线长。这种情况下，冲压过程中该断面就会产生多余材料，在冲压件上形成折皱。同时，压料面上的材料在向凹模内流动时，流动速度不均匀，且流动方向不垂直于凹模口。该部分材料内会产生一定程度的切向拉应力

（续）

部位	编号	部位形状	图　例	主要受力情况	变形特点
法兰形状	C	下凹形法兰	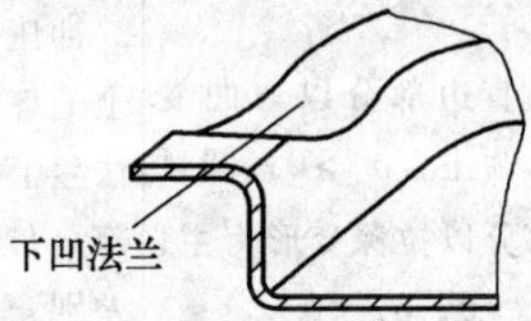 下凹法兰	法兰上，$\sigma_r>0$，下凹部分在压边时有 $\sigma_0>0$；成形时有 $\sigma_0<0$，并有切应力存在	与上凸形法兰零件相比，冲压成形时压料面形状对凹模内部毛坯变形产生的效果在总体上是基本相同的，但在法兰上，下凹部分材料内会产生切向压应力
	D	多平面法兰	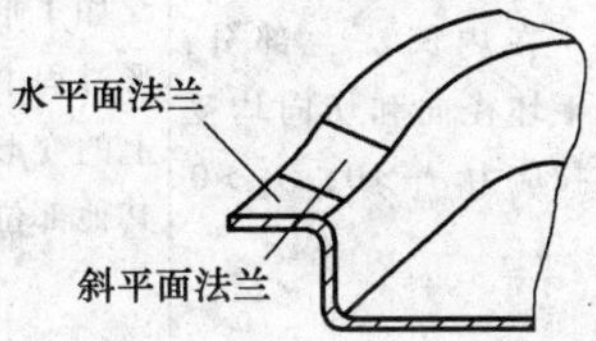 水平面法兰 斜平面法兰	斜平面法兰上 $\sigma_r>0$，较低处 $\sigma_0<0$，较高处 $\sigma_0>0$	若冲压件的法兰是由几个平面组成的，斜平面法兰部分的毛坯比水平面法兰部分的毛坯受到模具压料面的阻力要小，材料容易流入凹模，但不易产生塑性变形，对高平面法兰部分的材料有带动流动作用。材料内产生切应力和切应变。在两平面相交呈下凹形状的交界处，毛坯在变形过程中就会产生材料多余甚至堆积；而在两平面相交呈上凸形状的交界处，毛坯在变形过程中就会产生材料变薄
	E	综合性法兰	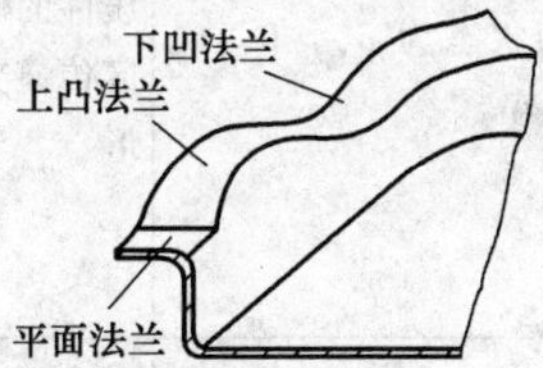 下凹法兰 上凸法兰 平面法兰	不同的部位应力状态不同，可分为上凸部分，下凹部分及平面部分等	由多个平面、曲面组合而成。这种法兰上毛坯的流动与变形特点可参考以上几种类型进行分析
轮廓形状	F	圆形轮廓	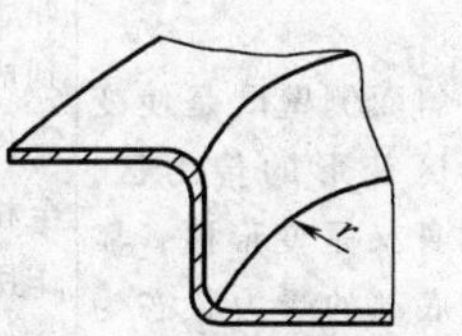 r	法兰部分为变形区，变形区内 $\sigma_r>0$，$\sigma_0<0$	若法兰和底部均为平面形状，且侧壁为轴对称，那么在同一圆周上，变形是均匀分布的，法兰上毛坯产生拉深变形；若法兰形状为非平面，则变形随着法兰的变化而变化
	G	椭圆形轮廓	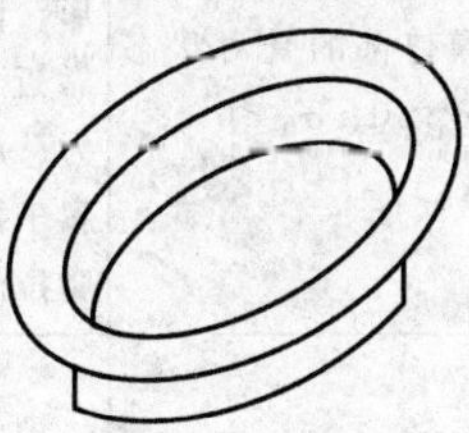	法兰部分为变形区，变形区内 $\sigma_r>0$，$\sigma_0<0$，但分布不均匀，曲率小的部位 σ_r 较小，曲率大的部位 σ_r 较大	法兰上毛坯的变形为拉深变形，但变形量和变形比沿轮廓形状变化。曲率越大的部分，毛坯的塑性变形量越大；反之，曲率越小的部分，毛坯的塑性变形越小
	H	长圆形轮廓	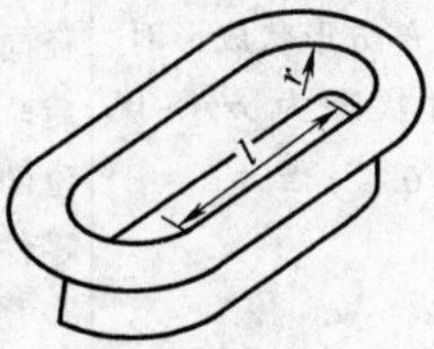 r l	直边部分以弯曲变形为主，$\sigma_r>0$；圆弧部分以拉深变形为主，$\sigma_r>0$，$\sigma_0<0$	其圆形部分以拉深变形为主，直边部分以弯曲变形为主，两部分的交界区有剪切变形

（续）

部位	编号	部位形状	图例	主要受力情况	变形特点
轮廓形状	I	矩形轮廓		直边部分以弯曲变形为主，$\sigma_r>0$；圆弧部分以拉深变形为主，$\sigma_r>0$，$\sigma_\theta<0$	冲压件在成形时，直边部分法兰上毛坯以弯曲变形为主，转角部分法兰上毛坯以拉深变形为主。直边部分与转角部分之间的流动速度有差别，故在两部分相交区域会产生剪切变形
	J	局部内凹形轮廓	内凹轮廓	在内凹法兰部分，毛坯径向和切向均受拉应力 $\sigma_r>0$，$\sigma_\theta>0$	如T形轮廓、L形轮廓等，在成形过程中，局部内凹轮廓部分法兰上的变形为两向伸长变形，而法兰其他部位为拉深变形
侧臂轮廓	K	直壁	直壁	直壁为传力区，受力状态为 $\sigma_r>0$，$\sigma_\theta>0$	毛坯上的材料进入凹模后成为冲压件的侧壁，其主要作用是向变形区传递变形力，一般不产生塑性变形
	L	斜面侧臂	斜面侧壁	斜面侧壁既是使变形区变形的传力区，本身又是变形区，靠近底部的受力状态为 $\sigma_r>0$，$\sigma_\theta>0$；靠近凹模口部的受力状态为 $\sigma_r>0$，$\sigma_\theta<0$	冲压件的侧壁为斜面时，侧壁在冲压过程中是悬空的，不贴模。直到成形结束时才贴模。成形时这种零件侧壁的不同部位变形特点不完全相同，侧壁部分在径向受拉应力作用，产生伸长变形。靠近中央部位毛坯切向受拉应力，产生伸长变形，该部位的成形属胀形成形；而靠近凹模口部分毛坯切向受压应力，产生压缩变形，该部位的成形属于拉深成形，即这种侧壁的成形属拉深-胀形复合成形
	M	台阶侧臂	台阶侧壁	该部分形状成形时，受力状态为 $\sigma_r>0$，$\sigma_\theta>0$	冲压件成形时，侧壁部位先是被径向拉伸形成斜面侧壁，成形的最后阶段才成为冲压件形状。这一部位的变形一般为胀形，有利于提高零件的表面质量

（续）

部位	编号	部位形状	图　例	主要受力情况	变形特点
	N	平面底部	平面底部 法兰	胀形成形时，底部的受力状态为 $\sigma_r>0$，$\sigma_0>0$	拉深成形时该部位一般不产生塑性变形，刚性较差，表面形状精度不易保证。若胀形成形，则产生双向伸长变形
	O	局部成形底部	局部成形底部 法兰	该部分产生胀形变形，受力状态为 $\sigma_r>0$，$\sigma_0>0$	该部位一般产生胀形变形
底部成形	P	外凸形曲面底部	R	该部分在拉深成形的初期就产生变形，受力状态为 $\sigma_r>0$，$\sigma_0>0$	一般在成形一开始就产生一定程度的胀形变形
	Q	内凹形曲面底部	R	该部分在拉深成形的后期产生变形，受力状态为 $\sigma_r>0$，$\sigma_0>0$	一般在成形的最后阶段产生一定程度的胀形变形
	R	台阶形底部	台阶形底部	深度深的部分在拉深成形的初期就产生变形，受力状态为 $\sigma_r>0$，$\sigma_0>0$。深度浅的部分在拉深成形的后期产生变形，受力状态为 $\sigma_r>0$，$\sigma_0>0$	在成形一开始就有极度不均匀的变形分布，在台阶变化部分的侧壁易有诱发切应力存在，产生变形，甚至形成皱折或材料堆积

2.3　汽车覆盖件变形趋向性控制

冲压变形趋向性的基本规律：在同一冲模的外力直接作用下，毛坯的传力区与变形区都有产生某种方式的塑性变形的可能，即都具有某种塑性变形的趋向。但是，由于受模具外力作用的各区域几何形状与受力方式的不同，在所有可能产生的变形方式中，所需变形力最小的变形方式首先产生变形。

这个规律可写成如下形式：

$$F_{se} < F_{ij} \tag{4-2-1}$$

式中　F_{se}——产生变形的 s 部分以 e 方式进行变形所需的变形力；

F_{ij}——可能产生变形的 i 部分可能产生的 j 变形方式所需的变形力；

i——可能产生变形的部分（$i=1, 2, \cdots, m$）；

j——可能产生的变形方式（$j=1, 2, \cdots, n$）。

汽车覆盖件冲压成形属于薄板成形，板厚方向的应力近似为零，即 $\sigma_t=0$。因此，控制塑性变形性质和变形量的关键是控制变形区里板平面内两个主应力的应力性质和应力比值 α（$\alpha=\sigma_1/\sigma_2$）。

毛坯所受应力和应变性质的关系见表 4-2-2。

实现变形趋向性控制的措施见表 4-2-3。

表 4-2-2　毛坯所受应力与应变性质的关系

板面内应力性质	应力状态	α (σ_r/σ_θ)	毛坯变形状态	成形工艺举例
双向等压应力	$\sigma_r=\sigma_\theta<0$	$\alpha=1$	板面内两向等压缩变形，$\varepsilon_r=\varepsilon_\theta<0$，板厚增加，$\varepsilon_t>0$	缩口成形时变形区的某区域
双向压应力	$\sigma_r<0$，$\sigma_\theta<0$	$0<\alpha<0.5$	板面内压应力绝对值大的方向产生压缩变形，$\varepsilon_\theta<0$；压应力绝对值小的方向产生伸长变形，$\varepsilon_r>0$；板厚增加，$\varepsilon_t>0$	缩口变形区，但汽车覆盖件冲压成形中较少产生双向压应力状态
		$\alpha=0.5$	板面内平面应变，压应力绝对值大的方向产生压缩变形，$\varepsilon_\theta<0$；压应力绝对值小的方向不产生变形，$\varepsilon_r=0$；板厚增加，$\varepsilon_t>0$	
		$0.5<\alpha<1$	板面内两向压缩变形，压应力绝对值大的方向产生压缩变形大，$\varepsilon_\theta<\varepsilon_r<0$；板厚增加，$\varepsilon_t>0$	
一向拉应力一向压应力	$\sigma_r>0,\sigma_\theta<0$，$\lvert\sigma_\theta\rvert>\sigma_r$	$-1<\alpha<0$	板面内一向伸长变形，$\varepsilon_r>0$；一向压缩变形，$\varepsilon_\theta<0$；板厚增加，$\varepsilon_t>0$	拉深时的法兰变形区
	$\sigma_r>0,\sigma_\theta<0$，$\sigma_r=\lvert\sigma_\theta\rvert$	$\alpha=-1$	板面内压应力方向产生压缩变形，拉应力方向产生伸长变形，$\varepsilon_r=-\varepsilon_\theta>0$；板厚不变，$\varepsilon_t=0$	压缩类翻边时的变形区
	$\sigma_r>0,\sigma_\theta<0$，$\lvert\sigma_\theta\rvert<\sigma_r$	$\alpha<-1$	板面内一向伸长变形，$\varepsilon_r>0$；一向压缩变形，$\varepsilon_\theta<0$；板厚变薄，$\varepsilon_t<0$	弯曲变形区
单向压应力	$\sigma_r=0,\sigma_\theta<0$	$\alpha=0$	压应力方向产生压缩变形，$\varepsilon_\theta<0$；另一方向产生伸长变形，板厚增加，$\varepsilon_r=\varepsilon_t=-\varepsilon_\theta/2>0$	压缩类翻边时边缘，拉深时外凸轮廓部分的外边缘等
单向拉应力	$\sigma_r=0,\sigma_\theta>0$	$\alpha=0$	压应力方向产生压缩变形，$\varepsilon_\theta>0$；另一方向产生伸长变形，板厚减薄，$\varepsilon_r=\varepsilon_t=-\varepsilon_\theta/2<0$	内孔翻边等伸长类翻边时的边缘
双向拉应力	$\sigma_r>0,\sigma_\theta>0$	$0<\alpha<0.5$	板面内拉应力值大的方向产生伸长类变形，$\varepsilon_\theta>0$；拉应力值小的方向产生压缩变形，$\varepsilon_r<0$；板厚变薄，$\varepsilon_t<0$	汽车覆盖件拉深成形时凹模内部毛坯大都在此范围内
		$\alpha=0.5$	板面内平面应变，拉应力值大的方向产生伸长变形，$\varepsilon_\theta>0$；拉应力值小的方向不产生变形，$\varepsilon_r=0$；板厚变薄，$\varepsilon_t<0$	
		$0.5<\alpha<1$	板面内两向伸长变形，压应力值大的方向产生的伸长变形大，$\varepsilon_\theta>\varepsilon_r>0$；板厚减薄，$\varepsilon_t<0$	
双向等拉应力	$\sigma_r=\sigma_\theta>0$	$\alpha=1$	板面内两向等伸长变形，$\varepsilon_r=\varepsilon_\theta>0$；板厚变薄，$\varepsilon_t<0$	凸起等局部成形的中心区域

表 4-2-3　实现变形趋向性控制的措施

序号	名　称	内　容
1	改变冲压件的结构形状及尺寸	冲压件的结构尺寸是决定毛坯变形方式和变形性质的主要因素，在进行冲压件设计和拉深件设计时要充分考虑冲压件的冲压工艺性，避免如尖角、小圆角、曲率变化剧烈的轮廓形状、深度变化太大的形状等，这些形状在冲压成形时毛坯的变形分布很不均匀，变形集中比较严重，不容易控制毛坯的变形趋向。对确因冲压件功能需要而使冲压件的冲压工艺性不良时，应通过设计合理的工艺补充和压料面来改善拉深件的形状尺寸，使之具有较好的冲压工艺性，便于变形趋向的控制
2	改变工艺流程顺序	工艺流程对毛坯的变形有很大影响。虽然汽车覆盖件的拉深成形都是一次成形，但可以通过毛坯预成形、预开工艺孔或工艺切口、改变拉深件的局部形状尺寸并在修边或翻边工序中进行整形、在修边或翻边工序中进行局部成形等方法，改善毛坯的变形区域、变形方式及变形性质等，达到控制毛坯变形趋向的目的

（续）

序号	名　称	内　容
3	改变压料面作用力的大小及分布	压料面作用力的大小与分布对控制法兰部分的毛坯起皱和凹模内部毛坯的变形分布都有重要影响。通过改变拉深肋的高度和布置、压边力的大小、压料面表面状况以及凹模圆角的大小等来改变压料面对毛坯流动阻力的大小，控制毛坯的受力状态达到拉深成形的需要
4	改变毛坯的贴模过程	毛坯的贴模过程对毛坯的变形性质、变形量大小，特别是毛坯的抗起皱能力有较大影响。毛坯在贴模之前的抗起皱能力差，所以，要控制受压应力的区域和受不均匀拉应力较大的区域的毛坯早贴模，以增加其抗起皱能力。在凹模内部局部成形区域，变形性质以胀形变形为主，该部分毛坯贴模过早，外部毛坯向该区域内流动较少，降低该区域的成形极限 控制毛坯贴模过程的方法主要有设计合理的模具结构和毛坯预成形等
5	改变冲压成形条件	在进行拉深件设计时，确定合理的冲压方向是实现拉深成形的基础，通过控制压边力、润滑等冲压条件可以控制毛坯变形趋向。调整冲压条件是控制毛坯变形趋向最方便而经济的常用手法，在生产实践中应首先考虑

第3章　拉深件设计

3.1　拉深方向的设计

汽车覆盖件的产品图是按其在车身上的安装位置绘制的，故大多数情况下与冲压时放置的位置不一致，所以必须将产品图所示的位置进行改变，选择一个最合适的位置使之有利于冲压过程的顺利实现，这就是选择冲压方向的过程。

3.1.1　确定冲压方向的重要性

汽车覆盖件在拉深成形时，所选择的拉深冲压方向（以下简称拉深方向）是否合理，将直接影响以下方面：

1）凸模是否能进入凹模，毛坯的最大变形程度。

2）是否能最大限度地减小拉深件各部分的深度差。

3）是否能使各部分毛坯之间的流动方向和流动速度差比较小，变形是否均匀。

4）是否能充分发挥材料的塑性变形能力。

5）是否有利于防止破裂和起皱等质量问题的产生。

只有选择了合理的拉深方向，才能使拉深成形过程顺利实现。

3.1.2　确定冲压方向的原则

选择合理的拉深方向应考虑的原则见表4-3-1。

表4-3-1　选择合理的拉深方向应考虑的原则

序号	要求	图例	分　析
1	保证能将拉深件的全部空间形状（包括棱线、肋条和鼓包等）一次拉深出来，不应有凸模接触不到的“死区”，即要保证凸模能全部进入凹模	A　B　a a)	图a若选择冲压方向A，则凸模不能全部进入凹模，造成零件右下部的a区成为“死区”，不能成形出所要求的形状。选择冲压方向B后，则可以使凸模全部进入凹模，成形出零件的全部形状
		窗口平面呈水平面　90° b)	图b表示按拉深件底部的反成形部分最有利于成形而确定的拉深方向。若改变拉深方向，则不能保证90°角
2	尽最使拉深深度差最小，以减小材料流动和变形分布的不均匀性	修边线　修边线 a)	图a深度差大，材料流动性差
		修边线　修边线 b)	按图a中所示的点画线改变拉深方向后成为图b，使两侧的深度相差较小，材料流动和变形差减小，有利于成形

（续）

序号	要求	图例	分　析
2	尽最使拉深深度差最小，以减小材料流动和变形分布的不均匀性	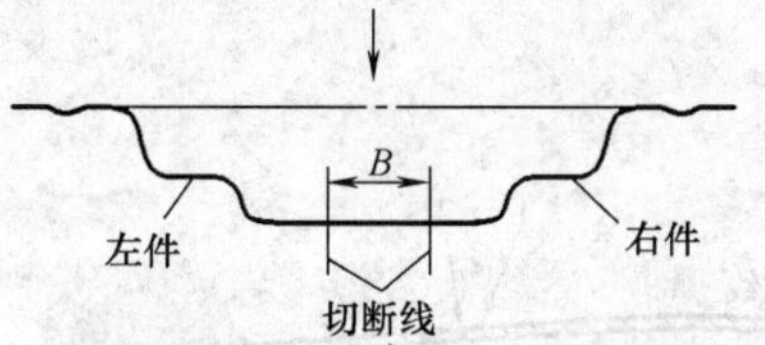 c)	对一些左右件，图 c 可利用对称拉深一次成形两件，便于确定合理的拉深方向，使进料阻力均匀
		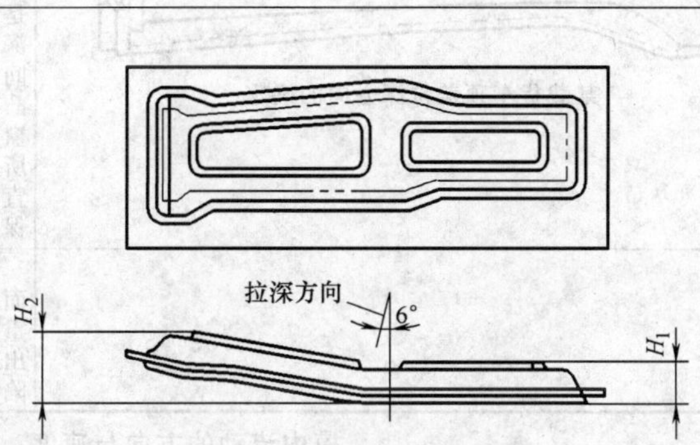 某汽车立柱拉深方向的确定	若选择与平面法兰垂直的方向作为拉深方向，则由于毛坯与凸模接触时间的差别大，压料面上的进料阻力不均匀，容易造成毛坯与凸模的相对滑动。若将拉深方向按图中所示旋转 6°后，使法兰的高度差减小，压料面上的进料阻力分布趋于均匀，拉深开始时凸模与毛坯的接触线靠近中间，拉深的稳定性较好
3	保证凸模与毛坯具有良好的初始接触状态，以减少毛坯与凸模的相对滑动，有利于毛坯的变形，并提高冲压件的表面质量	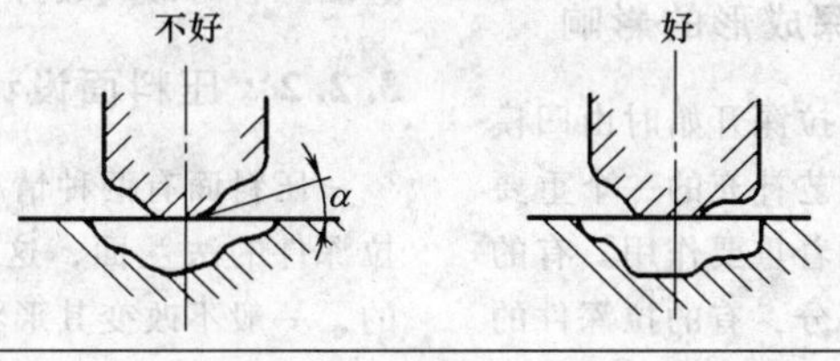	凸模与毛坯的接触面积应尽量大，保证较大的面接触，避免因点接触或线接触造成局部材料胀形变形太大而发生破裂
		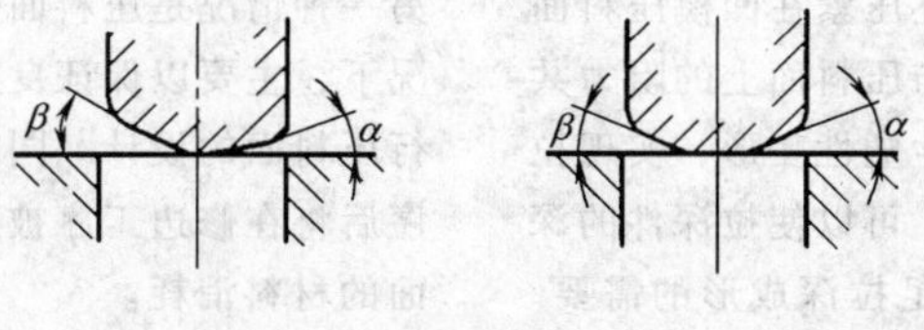	凸模两侧的包容角尽可能保持一致（$\alpha=\beta$），即凸模的接触点处在冲模的中心附近，而不偏离一侧，这样有利于拉深过程中法兰上各部位材料较均匀地向凹模内流入
		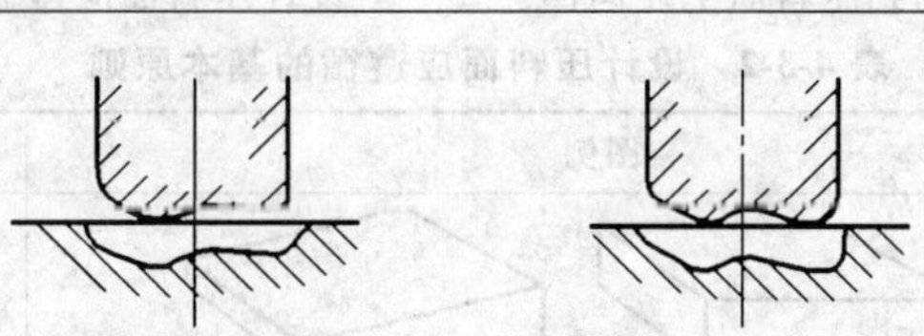	凸模表面与毛坯的接触点要多而分散，且尽可能均匀分布，以防止局部变形过大，毛坯与凸模表面产生相对滑动
		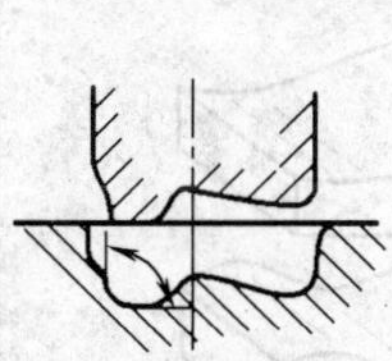 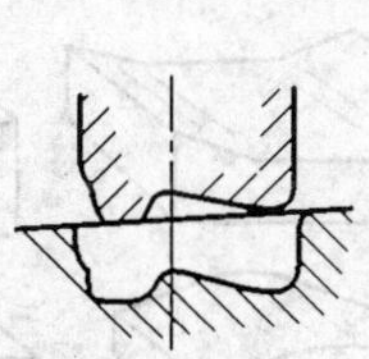 凸模与毛坯的接触状态	在拉深方向没有选择余地，而凸模与毛坯的接触状态又不理想时，应通过改变压料面来改善凸模与毛坯的接触状态。左图通过改变压料面，使凸模与毛坯的接触点增加，接触面积增大，从而保证了零件的成形质量

（续）

序号	要求	图例	分　析
3	保证凸模与毛坯具有良好的初始接触状态，以减少毛坯与凸模的相对滑动，有利于毛坯的变形，并提高冲压件的表面质量	1　2　A线 某载货车顶盖拉深方向的确定	若按箭头 1 所示的拉深方向，虽满足了窗口部分的凸模能够进入凹模的要求，但凸模开始拉深时与毛坯的接触面积小而又不在中间，这样在拉深过程中毛坯容易产生开裂和坯料窜动而影响表面质量，因此不能采用。考虑到整个形状的拉深条件，改变为按箭头 2 所示的拉深方向，其优点是凸模顶部是平的，凸模开始拉深时与毛坯接触面积大而又在中间，有利于拉深，但窗口部分的凸模不能进入凹模，则必须改变窗口凹形的形状，即改变成图中所示的方式，从 A 线向左弯成垂直面，在拉深之后再进行整形，保证零件的形状和尺寸
4	有利于防止表面缺陷		对一些表面件，为了保证其表面质量，在选择拉深方向时，对重要的部分要保证不产生拉深时出现的偏移线、颤动线等表面缺陷

3.2　压料面的设计

3.2.1　压料面的作用与对拉深成形的影响

压料面是指凹模圆角以外，在拉深开始时由凹模与压边圈压住的部分毛坯。它是工艺补充的一个重要组成部分，对汽车覆盖件的成形起着重要作用。有的拉深件的压料面全部为工艺补充部分，有的拉深件的压料面则由零件的法兰部分和工艺补充部分组成。

在拉深开始前，压边圈将毛坯压紧在凹模压料面上，拉深开始后，凸模的作用力与压料面上的阻力共同形成毛坯的变形力，使毛坯产生塑性变形，实现拉深成形过程。通过压料面的变化，可以使拉深件的深度均匀，毛坯流动阻力的分布满足拉深成形的需要。压料面设计得是否合理，直接影响到压料面毛坯向凹模内流动的方向与速度、毛坯变形的分布与大小、破裂起皱等问题的产生。压料面设计不合理，还会在压边圈压料时形成皱折、余料和松弛等。

3.2.2　压料面设计原则

压料面有两种情况，一种是压料面的一部分就是拉深件的法兰面，这种拉深件的压料面形状是已定的，一般不改变其形状，即使是为了改善拉深成形条件而作局部修改，也要在以后工序中进行整形校正；另一种情况是压料面全部属于工艺补充部分。这种情况下，主要以保证良好的拉深成形条件为主要目的进行压料面的设计。同时要考虑到这部分材料在拉深工序后将在修边工序被切除，因此应尽量减少这种压料面的材料消耗。

设计压料面应遵循的基本原则见表 4-3-2。

表 4-3-2　设计压料面应遵循的基本原则

序号	要求	图例	分　析
1	压料面形状尽量简单化，以水平压料面为最好	几种常用的压料面形式	在保证良好的拉深条件的前提下，为减少材料消耗，也可设计斜面、平滑曲面或平面曲面组合等形状。但尽量不要设计成平面大角度交叉、高度变化剧烈的形状，这些形状的压料面会造成材料流动和塑性变形的极不均匀分布，在拉深成形时产生起皱、堆积、破裂等现象

（续）

序号	要求	图例	分析
2		a)　b)　c) 1—压边圈　2—凹模　3—凸模 压料面与冲压方向的关系	水平压料面（图 a）应用最多，其阻力变化相对容易控制，有利于调模时调整到最有利于拉深成形所需要的最佳压料面阻力状态 向内倾斜的压料面（图 b）对材料流动阻力较小，可在塑性变形较大的深拉深件的拉深时采用。但为了保证压边圈强度，一般控制压料面倾斜角 $\alpha < 40° \sim 50°$ 向外倾斜的压料面（图 c）的流动阻力最大，对浅拉深件拉深时可增大毛坯的塑性变形。但倾斜角 ϕ 太大，会使材料流动条件变差，易产生破裂，而且凹模表面磨损严重，影响模具寿命，应尽量少选用
3	压料面任一断面的曲线长度要小于拉深件内部相应断面的曲线长度	一般认为，汽车覆盖件冲压成形时各断面上的伸长变形量达到 3% ~5% 时，才有较好的形状冻结性，最小伸长变形量不应小于 2%。因此，合理的压料面要保证拉深件各断面上的伸长变形量达到 3% 以上。如果压料面的断面曲线长度 l_0 不小于拉深件内部断面曲线长度 l_1，拉深件上就会出现余料、松弛、皱折等	
		压料面断面长度 l_0 拉深件断面长度 l_1 压料面内断面长度与拉深件内断面长度的关系	要保证 $l_0 < 0.97 l_1$
		压料面仰角与凸模仰角的关系	要保证压料面的仰角 α 大于凸模仰角 β
		余料发生部位 a) 余料 b) 肋 c) 防止余料的对策	在拉深件底部设置肋类或反成形形状吸收余料

（续）

序号	要求	图例	分析
4	压料面应使成形深度小且各部分深度接近一致	这种压料面可使材料的流动和塑性变形趋于均匀，减小成形难度。同时，用压边圈压住毛坯后，毛坯不产生皱折、扭曲等现象	
5	压料面应使毛坯在拉深成形和修边工序中都有可靠的定位，并考虑送料和取件的方便		
6	当覆盖件的底部有反成形形状时，压料面必须高于反成形形状的最高点	不好　凸包　好 底部有反成形形状时的压料面	在拉深时，毛坯首先与反成形形状接触，定位不稳定，压料面不容易起到压料的作用，容易在成形过程中产生破裂、起皱等现象，不能保证得到合格零件
7	不在某一方向产生很大的侧向力		
	在实际工作中，若上述各项原则不能同时达到，应根据具体情况决定取舍		

3.3　工艺补充部分的设计

工艺补充是指为了顺利拉深成形出合格的制件，在冲压件的基础上添加的那部分材料。由于这部分材料是成形需要而不是零件需要，故在拉深成形后的修边工序中要将工艺补充部分切除。工艺补充是拉深件设计的主要内容，不仅对拉深成形起着重要影响，而且对后面的修边、整形、翻边等工序方案也有影响。

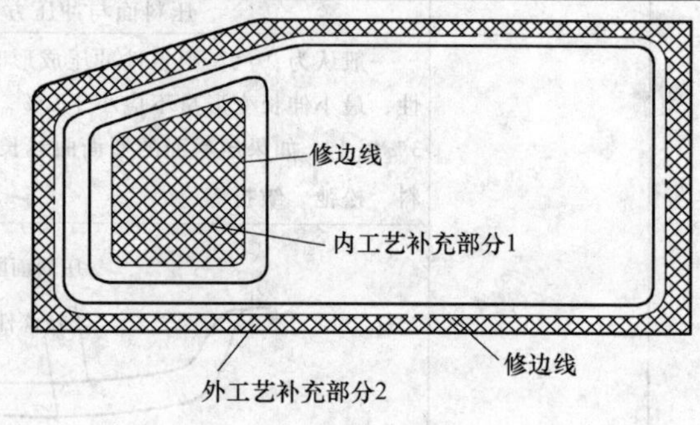

图 4-3-1　工艺补充示意图

3.3.1　工艺补充部分的作用

绝大多数汽车覆盖件要经过添加工艺补充部分之后设计出拉深件才能进行冲压成形。工艺补充部分有两大类：一类是零件内部的工艺补充（简称内工艺补充），即填补内部孔洞，创造适合于拉深成形的良好条件（即使是开工艺切口或工艺孔也是设在内工艺补充部分），这部分工艺补充不增加材料消耗，而且在冲内孔后，这部分材料仍可适当利用（如图 4-3-1 中的工艺补充部分 1）。另一类工艺补充是在零件沿轮廓边缘展开（包括翻边的展开部分）的基础上添加上去的，它包括拉深部分的补充和压料面两部分。由于这种工艺补充是在零件的外部增加上去的，称为外工艺补充。它是为了选择合理的冲压方向、创造良好的拉深成形条件而增加的，因而增加了零件的材料消耗（如图 4-3-1 中的工艺补充部分 2）。

工艺补充部分制定的合理与否，是冲压工艺设计先进与否的重要标志，它直接影响到拉深成形时工艺参数、毛坯的变形条件、变形量大小、变形分布、表面质量、破裂、起皱等质量问题的产生等。

3.3.2　工艺补充设计原则

工艺补充设计原则见表 4-3-3 所示。

3.3.3　常见工艺补充类型

表 4-3-4 是常见的几种工艺补充类型。

图 4-3-2 为修边线在拉深件的底部，其工艺补充部分是最大的一种，其各部分的作用和尺寸见表 4-3-5。

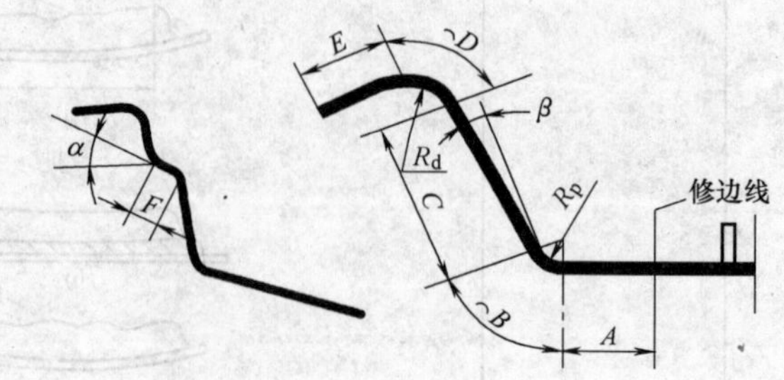

图 4-3-2　最大的工艺补充部分示意图

表 4-3-3　工艺补充设计原则

序号	名称	内容	图例	分析
1	内孔封闭补充原则	对零件内部的孔首先进行封闭补充，使零件成为无内孔的制件。但对内部的局部成形部分，要进行变形分析，一般这部分成形属于胀形变形，若胀形变形超过材料的极限变形，需要在工艺补充部分预冲孔或切口，以减小胀形变形量	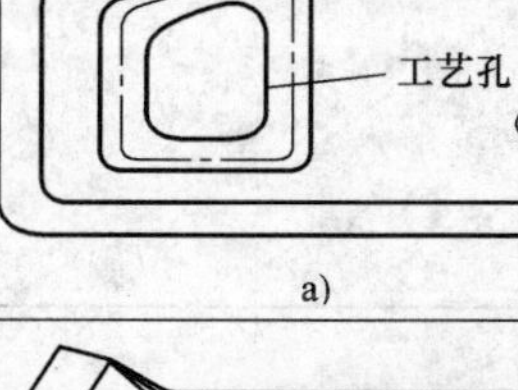 修边线 工艺孔 a)	图 a 内部工艺补充部分不开工艺孔时的胀形变形量较大，产生破裂。经试验，确定预先冲制出工艺孔的形状、尺寸，改变了拉深成形时的变形分布和变形量，使拉深工序顺利完成
			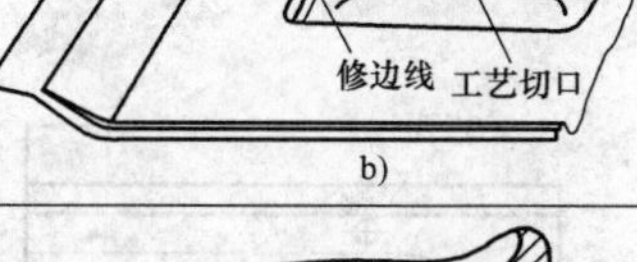 修边线　工艺切口 b)	图 b 为工艺切口的例子
2	简化拉深件的结构形状原则	拉深件的结构形状越复杂，拉深成形过程中的材料流动和塑性变形就越难控制。所以，零件外部的工艺补充要有利于使拉深件的结构、形状简单化	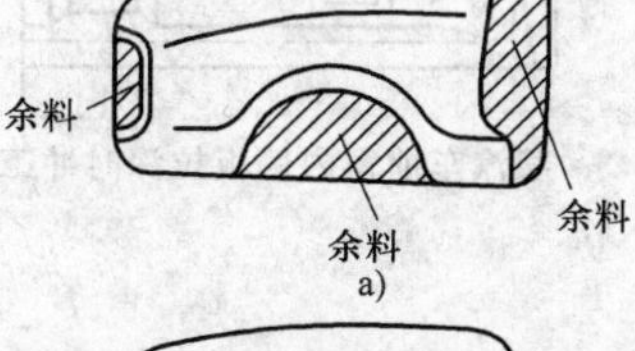 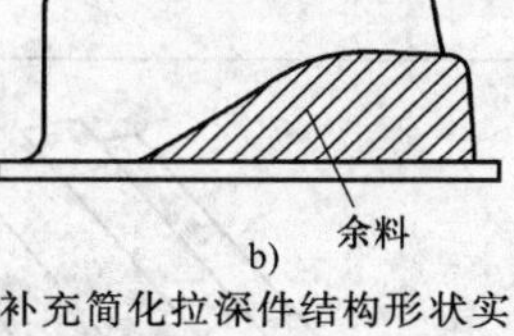 余料　余料　余料 a) 余料 b) 工艺补充简化拉深件结构形状实例	图 a 中，工艺补充（即图中余料部分）简化了轮廓形状，使压料面的轮廓形状简单，毛坯变形在压料面上的分布比较均匀，有利于控制毛坯的变形和塑性流动 图 b 中的工艺补充增加了局部侧壁高度，使拉深件深度变化比较小，大大减小了塑性流动的不均匀性
			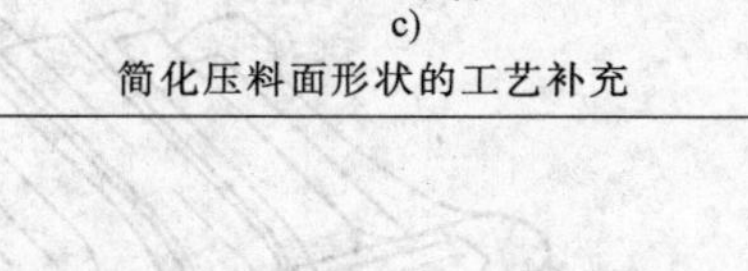 余料 c) 简化压料面形状的工艺补充	图 c 工艺补充简化了压料面形状，有利于毛坯的均匀流动和均匀变形
3	保证良好的塑性变形条件	对某些深度较浅、曲率较小的汽车覆盖件来说，必须保证毛坯在成形过程中有足够的塑性变形量，才能保证其有较好的形状精度和刚度	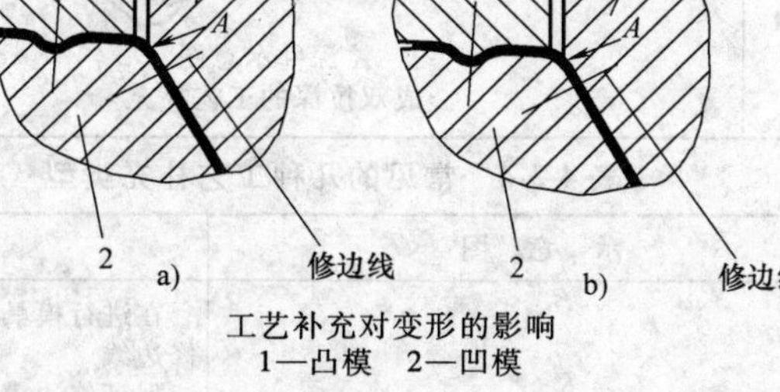 1　A　2　修边线　a) 1　A　2　修边线　b) 工艺补充对变形的影响 1—凸模　2—凹模	斜面较大的拉深件拉深成形时，若选择图 a 的工艺补充，因为拉深件没有直壁，凸模上 A 点一直到成形结束时才与毛坯接触。如果压料面上的阻力小，在拉深过程中斜壁部分已形成的皱纹就难以被压平。若选择图 b 的工艺补充，拉深件有一部分直壁，就可以使凹模内部的毛坯在成形的最后阶段受到较大的拉力，减少起皱的可能性。即使产生了一定的起皱，在拉力作用下也会得到减小甚至消除。同时，拉力的增加使凹模内部的毛坯增加了塑性变形量，拉深件的刚度增加。因此，表面质量要求较高的拉深件最好加一段直壁，AB 一般取 10 ~ 20mm

（续）

序号	名称	内容	图例	分析
4	外工艺补充部分尽量小	由于外工艺补充不是零件本体，以后将被切掉变成废料，因此在保证拉深件具有良好的拉深条件的前提下，应尽量减小这部分工艺补充，以减少材料浪费，提高材料利用率		
5	对后工序有利原则	设计工艺补充时要考虑对后工序的影响，要有利于后工序的定位稳定性，尽量能够垂直修边等	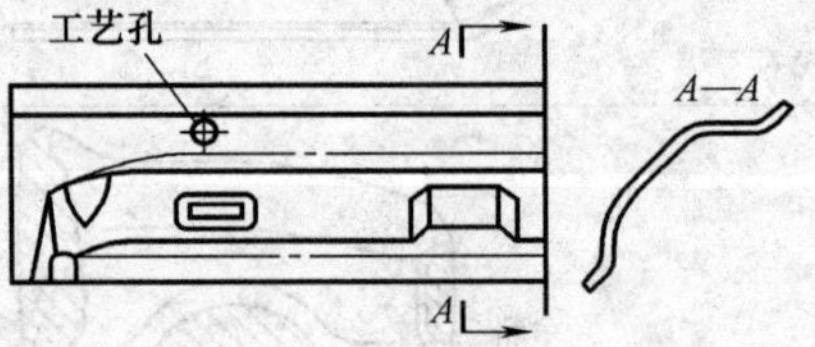 工艺孔　A　A—A　A 某汽车前窗内侧板拉深时冲工艺孔的例子	拉深件在修边时和修边以后的工序定位必须在确定拉深件工艺补充部分时进行考虑，一定要有可靠的定位，否则会影响修边和翻边的质量。有的拉深件如汽车前围板、左右车门内板、后围内板等均用拉深件侧壁定位；有的拉深件如顶盖、车门外板、地板等用拉深槛定位；而对一些不能用拉深件侧壁和拉深槛定位的拉深件，则要考虑在工艺补充部分穿孔或冲工艺孔来作为下面工序的定位（图中）
6	双件双件拉深工艺补充	有的零件进行拉深工艺补充时，需要增加很多的材料或冲压方向不好选择或变形条件不容易控制等，但如果这种零件不是太大的话，可以考虑将两件通过工艺补充设计成一个拉深件，这种方法称“双件拉深”	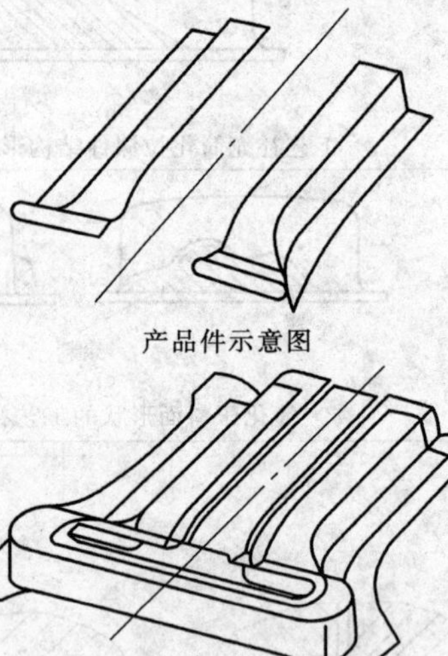 产品件示意图 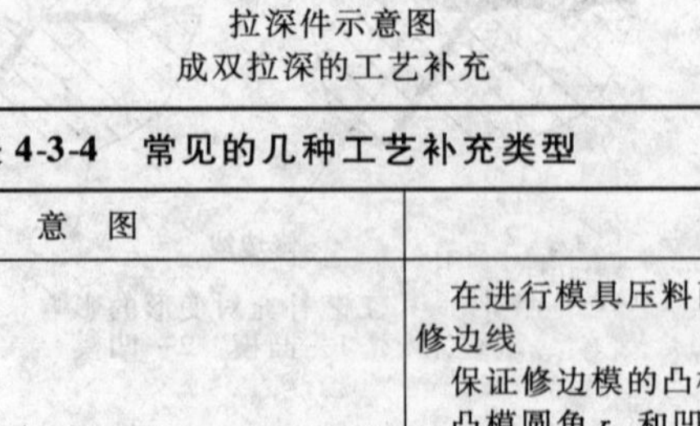 拉深件示意图 成双拉深的工艺补充	在进行双件拉深的工艺补充时，首先要考虑两件中间部分的工艺补充，即先使两件成为一件，然后按上述原则进行周围部分的工艺补充 在进行两件中间部位的工艺补充时，要注意：①拉深件的拉深方向能够很容易确定；②拉深件的深度尽量浅；③中间工艺补充部分要有一定的宽度，才能保证修边切断模的强度 成形拉深工艺实例如图所示

表 4-3-4　常见的几种工艺补充类型

序号	工艺补充类型	示意图	说明
0	工艺补充尺寸主要考虑的因素		在进行模具压料面或拉深肋槽的修理时不能影响到修边线 保证修边模的凸模和凹模有足够的强度 凸模圆角 r_p 和凹模圆角 r_d 的大小要有利于毛坯的变形和塑性流动等

（续）

序号	工艺补充类型	示意图	说明
1	修边线在拉深件的压料面上，垂直修边	修边线 A r_d	压料面的一部分就是覆盖件的法兰面。在拉深模使用中，模具压料面要经常进行调整，并且在使用一段时间之后要对已产生磨损的拉深肋和拉深肋槽进行打磨加工，为不使其影响到修边线，一般取修边线到拉深肋的距离 A 为 25mm
2	修边线在拉深件的底面上，垂直修边	β D r_d 修边线 C r_p B	修边线至凸模圆角的距离 B 应保证在使用中不致因凸模圆角的磨损而影响到修边线，一般取 3～5mm；凸模圆角半径 r_p 应根据拉深深度和形状来确定，一般取 3～10mm。对拉深深度浅的和直线部分取下限，对于拉深深度深的和曲线部分取上限。凹模圆角半径对拉深毛坯的流动阻力影响极大，其大小必须合适。当凹模圆角半径也是工艺补充的组成部分时，r_d 取 8～10mm；当凹模圆角部分本身就是覆盖件的组成部分时，首先要保证拉深成形工艺的要求，若因此而导致 r_d 大于零件要求的圆角半径，则要在以后的工序中进行整圆角。考虑修边模强度，一般取 $C=10\sim20$mm，$D=40\sim50$mm
3	修边线在拉深件翻边展开斜面上，垂直修边	β D r_d 修边线 α C r_p E	修边方向和修边表面的夹角一般要取 $\alpha\geqslant40°$、$\beta=6°\sim12°$ $E=3\sim5$mm $r_p=3\sim5$mm；$r_d=(4\sim10)\ t$ $C=10\sim20$mm $D=40\sim50$mm
4	修边线在拉深件的斜面上，垂直修边	β C r_p F 修边线	修边线按零件翻边轮廓展开。若翻边轮廓外形复杂，使拉深件轮廓平行于修边线会不利于拉深成形。这种情况下，一般尽量将拉深件轮廓外形补充成规则形状，修边线在不同位置距拉深件轮廓的距离也不同，但要控制 F 的最小尺寸，一般取 $F\geqslant5\sim8$mm，$\beta=6°\sim12°$，$r_p=3\sim10$mm，$C=10\sim20$mm
5	修边线在侧壁上，水平或倾斜修边	D r_d 修边线 G	由于增添了工艺补充，修边线一般不会与压料面内轮廓完全平行，但也要控制 G 的最小尺寸，一般 $G\geqslant12$mm，$r_d=(4\sim10)\ t$，$D=40\sim50$mm

表 4-3-5　工艺补充部分各部分的作用及尺寸

区域	名称	性质	作用	尺寸/mm
A	底面	从零件的修边线到凸模圆角	1）调试时，不致因为 R_p 修磨变大而影响零件尺寸 2）保证修边刃口的强度要求 3）满足定位结构要求	用拉深槛定位时：$A\geqslant8$ 用侧臂定位时：$B\geqslant5$

(续)

区域	名称	性质	作用	尺寸/mm
B	凸模圆角面	凸模圆角处的表面	降低变形阻力	一般拉深件：$R_p(4\sim8)t$ 复杂覆盖件：$R_p\geqslant10t$
C	侧壁面	使拉深件沿凹模周边形成一定的深度	1）控制零件表面有足够的拉应力，保证毛坯全部拉深，减少起皱的形成 2）调节深度，配置较理想的压料面 3）满足定位和取件的要求 4）满足修边刃口强度要求	$C=10\sim20$ $\beta=6°\sim10°$
D	凹模圆角面	拉深材料流动面	R_d 的大小直接影响毛坯流动的变形阻力。R_d 越大，则阻力越小，容易拉深；R_d 小则反之	$R_d=(4\sim10)t$，料厚或深度大时取大值，允许在调试中变化
E	法兰面	压料面	1）控制拉深时进料阻力大小 2）布置拉深（槛）肋和定位	$E=40\sim50$
F	棱台面		使水平修边改为垂直修边，简化冲模结构	$F=3\sim5$ $\alpha\leqslant40°$

3.3.4 工艺补充实例

图4-3-3所示是某汽车顶盖中段的零件图和拉深件图。由于零件要与顶盖前段、后段搭接，零件的前端和后端为敞开的不封闭状态。为使零件以拉深方式而不是拉弯方式成形，将前、后两端进行工艺补充，添加侧壁成为盒形件轮廓。

由于该零件尺寸较大，在汽车行驶时，顶盖不能发生颤动，因而对零件有一定的刚度要求。为此要保证拉深件成形后具有足够的塑性变形量，工艺补充时考虑了设置拉深肋以增加进料阻力。

图4-3-4是某汽车车门外板的零件示意图和工艺补充。通过工艺补充，简化了拉深件的轮廓，改善了毛坯变形流动的均匀性。

图4-3-5是对窗口周围产生波纹时采用改变工艺补充，改变毛坯的受力状态，避免波纹产生的例子。

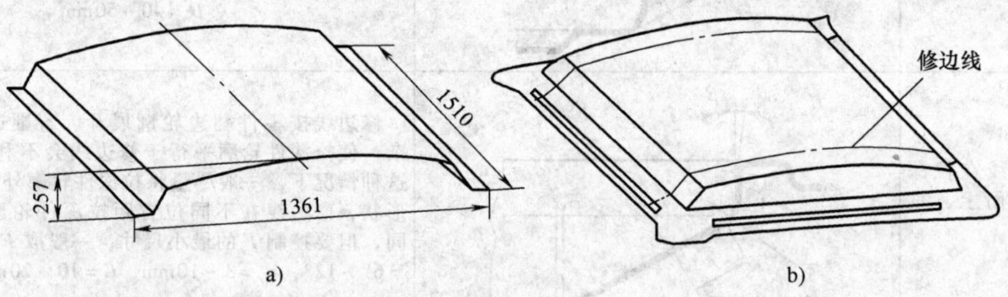

图4-3-3 某汽车顶盖中段的零件图和拉深件图
a）产品件示意图 b）拉深件示意图

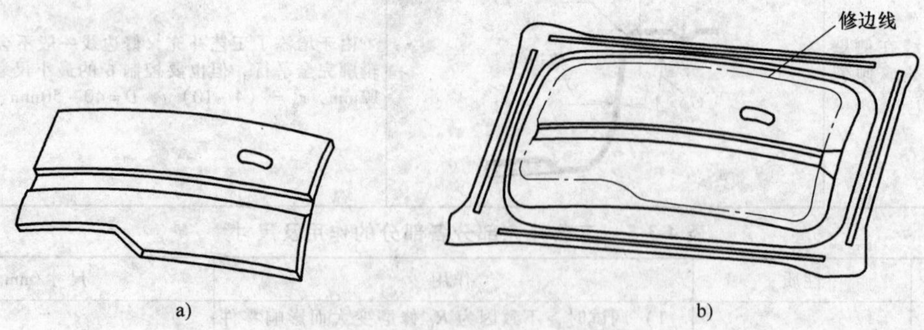

图4-3-4 某汽车车门外板的工艺补充
a）零件示意图 b）拉深件示意图

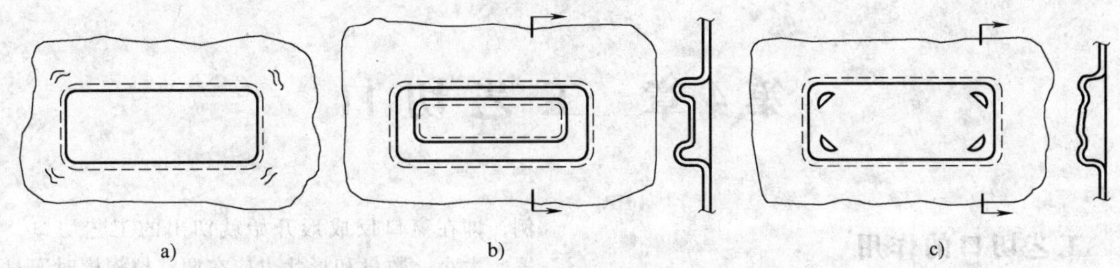

图 4-3-5　窗口周围产生波纹时的工艺补充

a）出现波纹区域　b）环状台阶补充　c）局部凸包补充

图 4-3-6a 所示，由于修边线离侧壁太近，而影响到修边工序模具的强度。这种情况下，改变了工艺补充情况（图 4-3-6b），先降低拉深深度，在修边后再成形到零件所需的高度。

图 4-3-7 是某汽车零件的拉深件图。图中不仅给出了拉深件的形状和尺寸，而且标出了修边线位置和翻边位置及主要工序的冲压方向。

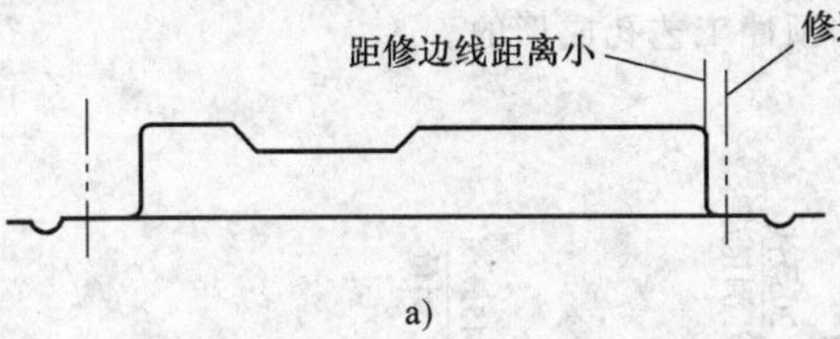

距修边线距离小

修边线

a)

修边线

b)

图 4-3-6　改变侧壁高度工艺补充

a）原拉深件　b）修正后拉深件

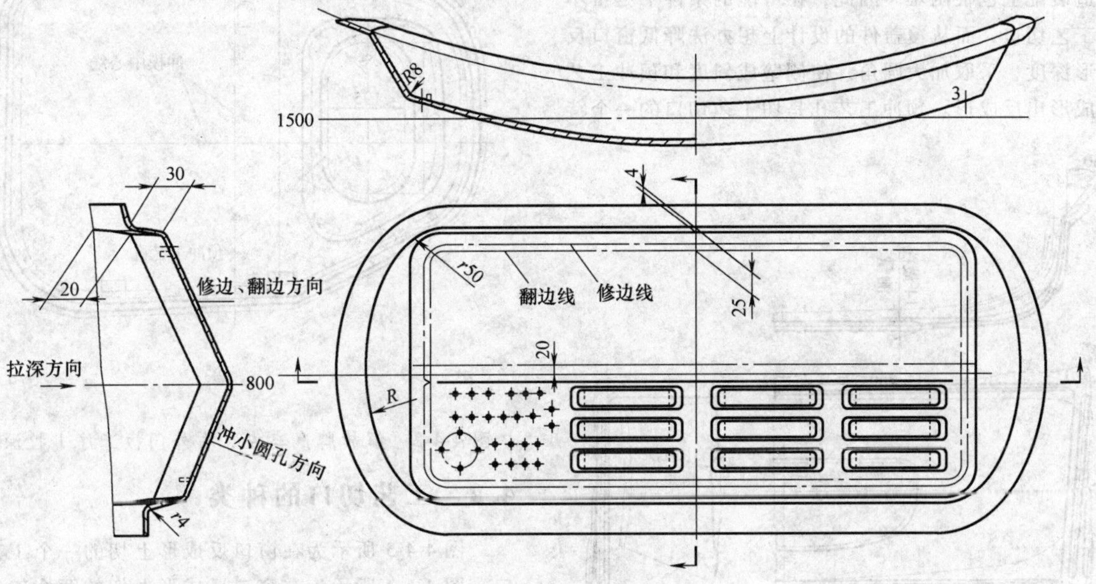

R8

3

1500

30

20

修边、翻边方向

拉深方向

800

冲小圆孔方向

r4

4

r50

翻边线

修边线

25

20

R

图 4-3-7　某汽车零件的拉深件图

注：图中标出的 1500 线和 800 线分别表示该位置在前轮中心前 1500mm 处和车架上翼面上方 800mm 处。

第4章　工艺切口

4.1　工艺切口的作用

盖件上窗口的反成形除采取加大圆角和使侧壁成斜度外，还可以预冲工艺孔和切工艺切口以成形出更深的反成形。

工艺切口是在窗口反成形到即将产生破裂的时候切出的。根据窗口反成形深度和形状可切一个、两个和三个工艺切口。工艺切口应保证不因为拉应力过大产生径向裂口而波及覆盖件表面，也不因为拉应力过小，而形成波纹。工艺切口必须放在拉应力最大的拐角处，因此，切工艺切口的时间、位置、大小、数量和形状应在调整拉深模时通过试验决定。同时因为有工艺切口的拉深模用导板导向精度不高，工艺切口刃口之间的间隙不稳定，易使刃口啃坏，并有切出的碎渣落到凹模表面而影响表面质量，经常需要清除，在制造装配上也很困难。因此，在可能的条件下尽量不用工艺切口，而从覆盖件的设计上想办法降低窗口反成形深度，采取加大圆角、使侧壁成斜度和预冲工艺孔成形出反成形。预冲工艺孔是切工艺切口的一个特例，即在窗口反成形开始就切出的工艺切口，其位置、大小、数量和形状也应在调整拉深模时通过试验决定。

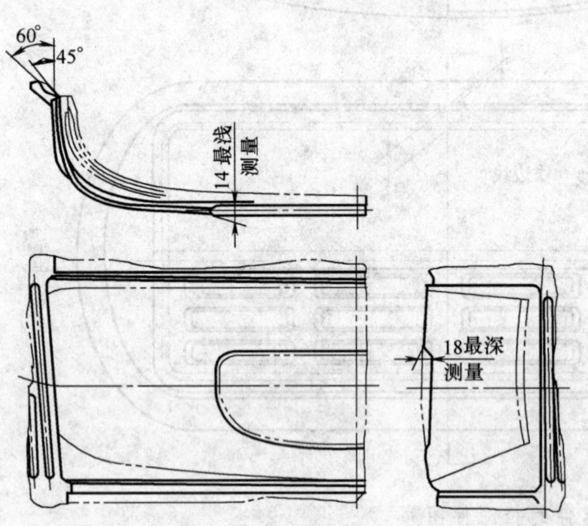

图 4-4-1　解放牌汽车后围上盖板工序 1 拉深件

解放牌汽车左、右里门板和如图 4-4-1 所示的解放牌汽车后围上盖板工序 1 拉深件的窗口反成形就是采取加大圆角和使侧壁成斜度成形的。

图 4-4-2 所示的解放牌汽车左、右外门板工序 1 拉深件的窗口反成形就是采取加大圆角、使侧壁成斜度和预冲工艺孔成形的。

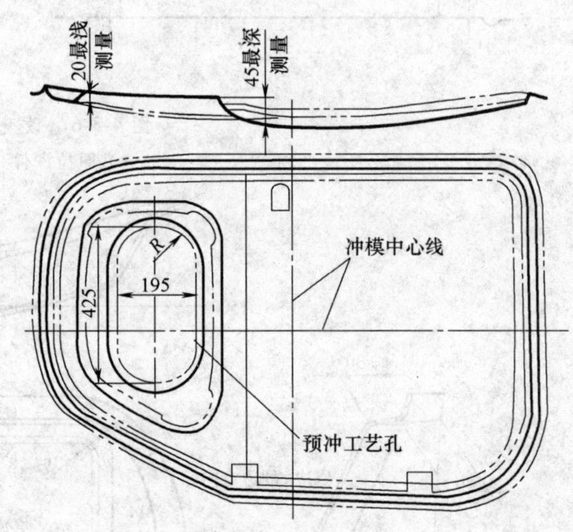

图 4-4-2　解放牌汽车左、右外门板工序 1 拉深件

4.2　工艺切口的种类

图 4-4-3 所示为在窗口反成形上切的一个工艺切口。图 4-4-4 所示为在窗口反成形上切的两个工艺切口。图 4-4-5 所示为在窗口反成形上切的三个工艺切口。

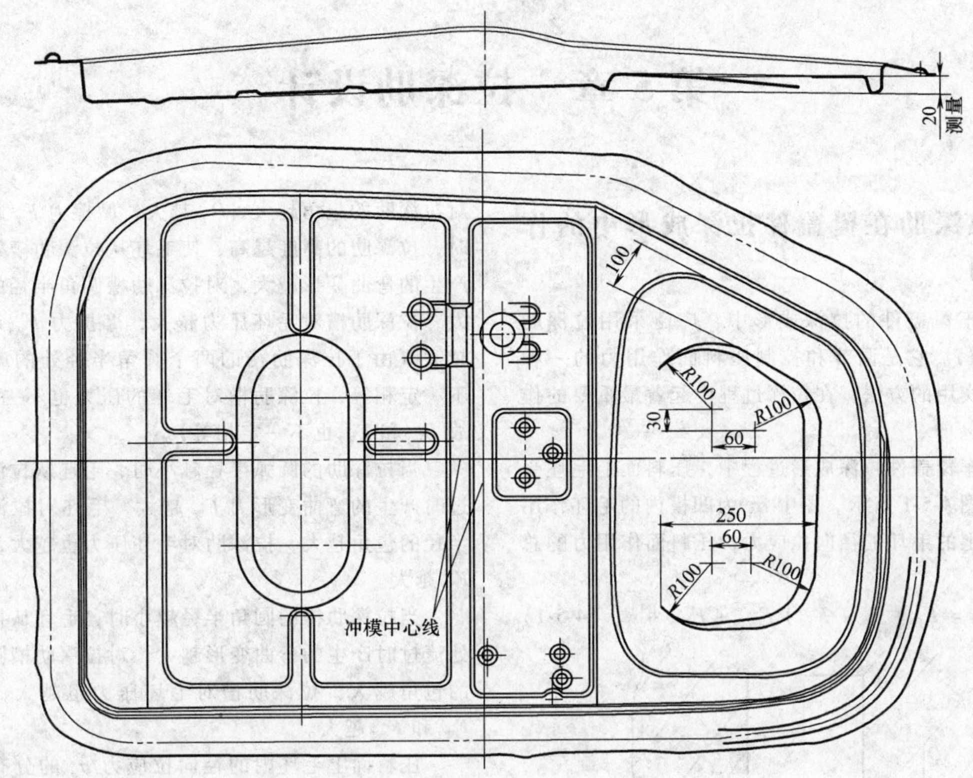

图 4-4-3　在窗口反成形上切的一个工艺切口

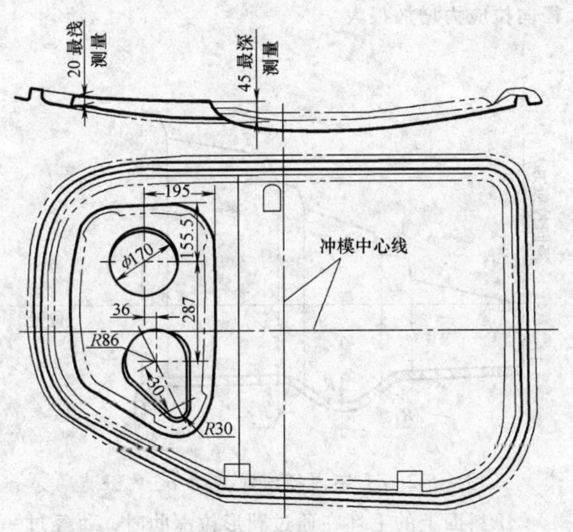

图 4-4-4　在窗口反成形上切的两个工艺切口

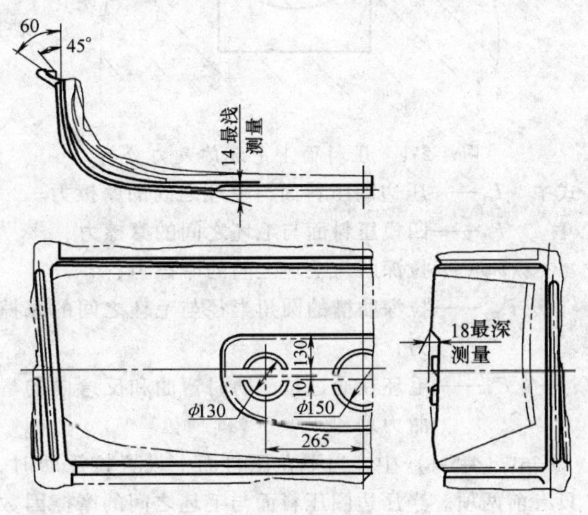

图 4-4-5　在窗口反成形上切的三个工艺切口

第5章　拉深肋设计

5.1　拉深肋在覆盖件拉深成形中的作用

在汽车覆盖件的拉深成形中，广泛采用拉深肋（或拉深槛）。它是调节和控制压料面作用力的一种最有效和实用的方法，在拉深过程中起着最重要的作用。

在汽车覆盖件拉深成形过程中，压料面上毛坯受到的力如图4-5-1所示。图中σ_r为凹模内的毛坯作用于压料面上的毛坯的径向拉应力，压料面作用力的总和为

$$F = F_1 + F_2 + F_Y + F_{W1} + F_{W2} + F_W \quad (4\text{-}5\text{-}1)$$

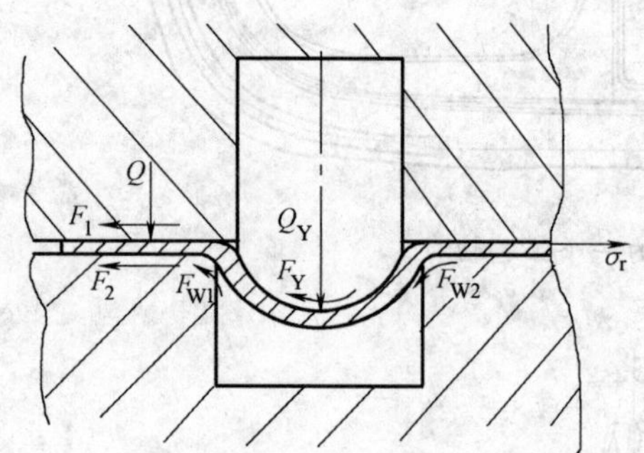

图4-5-1　压料面上毛坯的受力分析

式中　F_1——压边圈压料面与毛坯之间的摩擦力；

F_2——凹模压料面与毛坯之间的摩擦力；

F_Y——拉深肋与毛坯之间的摩擦力；

F_{W1}、F_{W2}——拉深肋槽的圆角半径与毛坯之间的摩擦力；

F_W——毛坯在通过拉深肋时弯曲和反弯曲的弯曲力总和。

式（4-5-1）中，当不在压料面上设置拉深肋时，只有前两项。当压边圈压料面与毛坯之间的摩擦因数μ_1和凹模压料面与毛坯之间的摩擦因数μ_2一定时，它们的大小只和压边力Q的大小有关。

式（4-5-1）中的第三项至第五项为设置拉深肋时增加的摩擦力，最后一项为设置拉深肋后增加的毛坯弯曲变形力。它们都随作用在拉深肋部毛坯上的压力Q_Y的增加而增加，而Q_Y与拉深肋和拉深肋槽的参数有关。

拉深肋的高度越高，拉深肋处毛坯的变形越大，对拉深肋的包角越大，Q_Y越大，摩擦力F_Y越大；同时，拉深肋的高度越高，使毛坯从拉深肋槽处流过时产生的弯曲变形越大，对拉深肋槽圆角半径的包角越大，拉深肋槽对毛坯压力越大，摩擦力F_{W1}和F_{W2}也越大（由于拉深肋槽的两个圆角半径处的摩擦因数不一定相等，拉深肋槽对毛坯的压力也不一定相等，故F_{W1}和F_{W2}也不一定相等）。

当拉深肋的圆弧半径越小时，毛坯从拉深肋处流过时产生的弯曲变形力F_W越大，毛坯对拉深肋圆弧半径的包角越大，拉深肋对毛坯压力也越大，摩擦力F_Y越大。

当拉深肋槽的圆角半径越小时，毛坯从拉深肋槽处流过时产生的弯曲变形越大，对拉深肋槽圆角半径的包角越大，拉深肋槽对毛坯压力也越大，摩擦力F_{W1}和F_{W2}越大。

压料面上毛坯内的径向拉应力σ_r的分布情况如图4-5-2所示，可见，拉深肋的存在使毛坯内受到的径向拉应力增加很大。

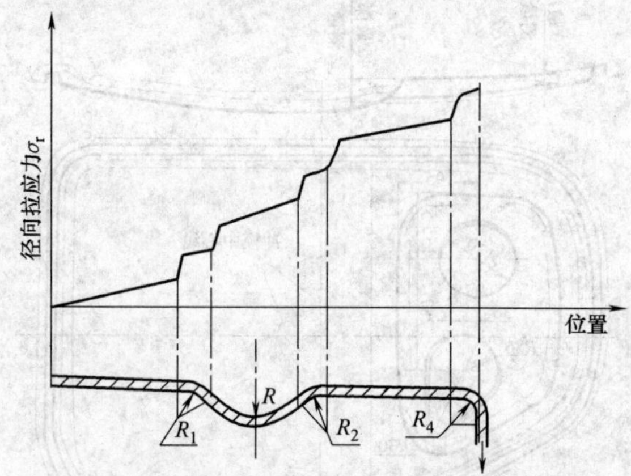

图4-5-2　毛坯内径向拉应力σ_r的分布

压料面上的毛坯在通过圆形拉深肋时，每经过一个拉深肋槽的圆角，就要在拉深肋的两个圆角处产生弯曲和反弯曲（图4-5-3）。弯曲变形使毛坯受到更大的压力，通过拉深肋时所必须克服的摩擦阻力增加，它对拉深肋外部的毛坯来说是一种变形和流动阻力，同时又是作用在拉深肋以内的毛坯上的附加拉力。

拉深肋产生的附加拉力可用式（4-5-1）中的三项来表示，即

$$F_f = F_Y + F_{W1} + F_{W2} \quad (4\text{-}5\text{-}2)$$

式中 F_f——拉深肋产生的附加拉力。

拉深肋产生的附加拉力在拉深成形初期不断增大，当毛坯变形达到稳定范围时，达到一个稳定的值。

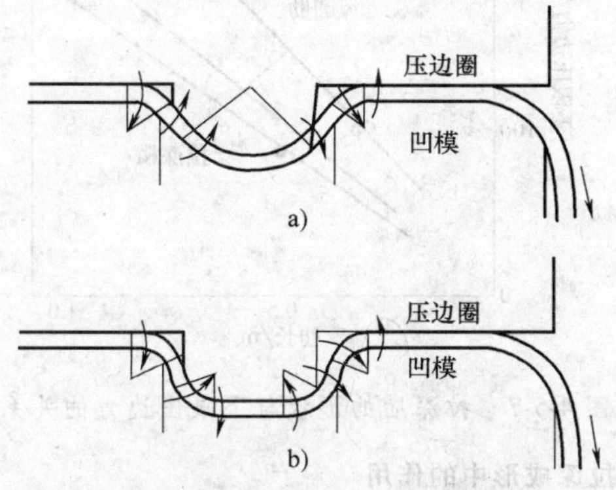

图 4-5-3 毛坯通过拉深肋时的弯曲变形

如前所述，拉深肋的附加拉力 F_f 随着拉深肋高度的增加而增大，随着拉深肋的圆弧半径和拉深肋槽的圆角半径的减小而增大。

拉深肋的附加拉力还与压边间隙有关。在压边方式不变的情况下，压边圈压料面与凹模压料面之间的间隙越小，拉深肋进入拉深肋槽的深度就大，毛坯弯曲程度加大，与拉深肋槽的包角也增大，从而使拉深肋的附加拉力增大。

拉深肋附加拉力的大小与压边力的大小密切相关。若压边力不足，拉深肋的成形不充分，不仅得不到预想的拉深肋附加拉力，而且在凸模成形的同时，凹模压料面与压边圈之间的毛坯会产生起皱。皱纹的反力或皱纹通过拉深肋时，往往使压边圈浮起。另外，在压边阶段即使拉深肋成形充分，如果压边力不够大时，法兰通过拉深肋时的反力也可使压边圈浮起，使拉深肋起不到应有的作用（图 4-5-4）。

法兰通过拉深肋时的反力与拉深肋肋壁的倾斜程度及材料强度有关。肋壁倾斜越厉害，反力越大（图 4-5-5）；肋的反力与材料强度成正比增加（图 4-5-6）。为了克服压边圈上浮所必须施加的最小压边力称为下限压边力。拉深肋的形状不同，下限压边力也不同，二者之间存在线性关系。方形肋与圆形肋、拉深槛相比需要更大的下限压边力（图 4-5-7）。

拉深肋的作用力在压料面作用力中占有较大的比例，且可以通过改变拉深肋的参数很容易地改变这种作用力的大小。拉深肋在汽车覆盖件拉深成形中的作用见表 4-5-1。

拉深肋对成形性的影响见表 4-5-2。

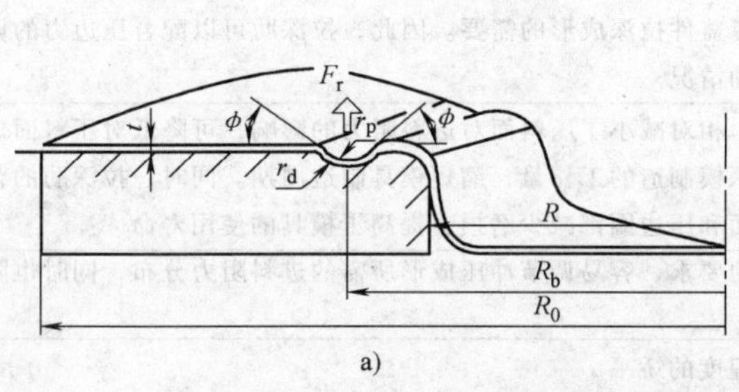

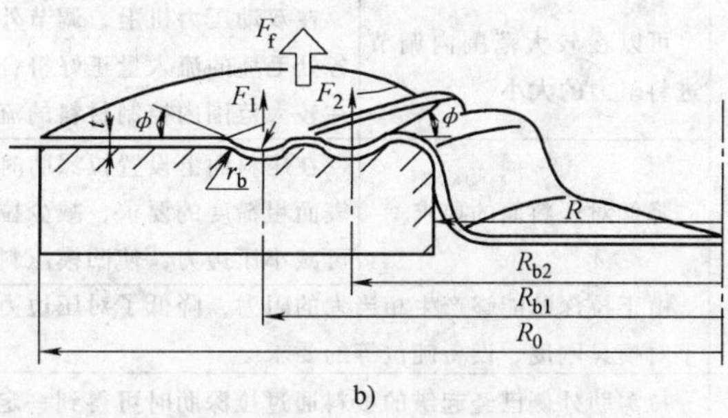

图 4-5-4 拉深肋产生的上浮力

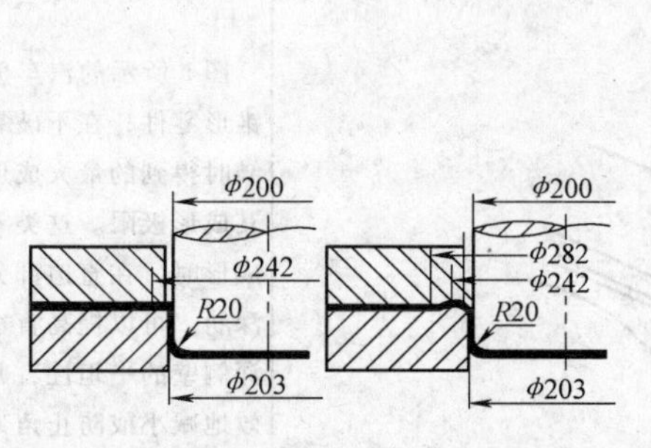

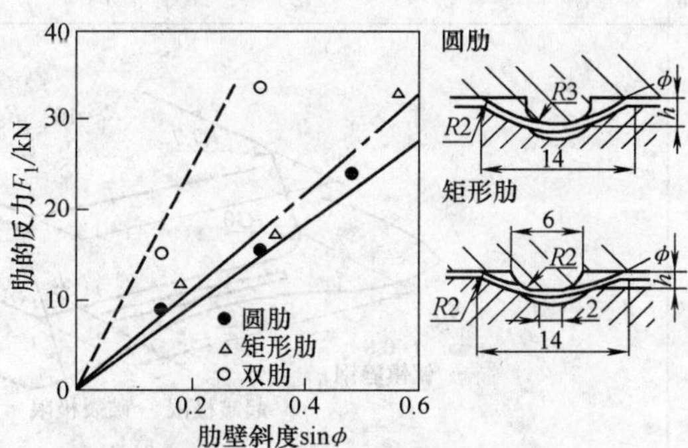

图 4-5-5 肋壁的倾斜程度与反力的关系

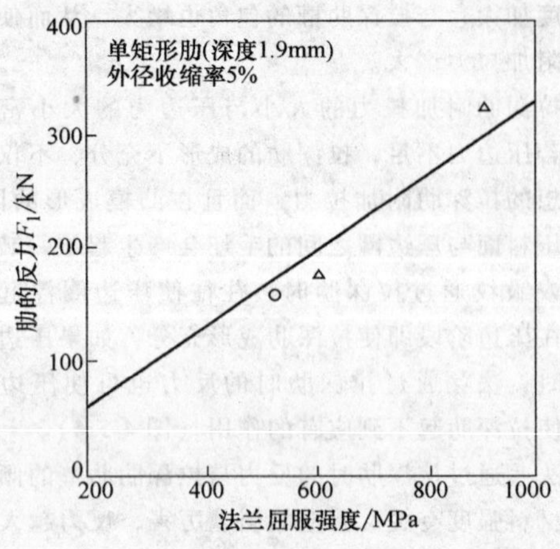

图 4-5-6 拉深肋反力与材料强度的关系

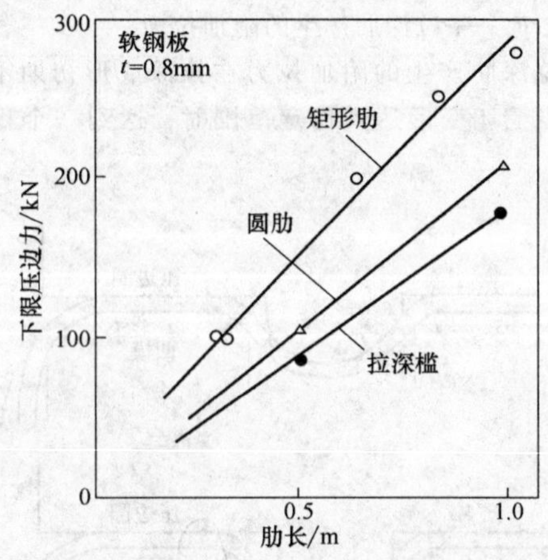

图 4-5-7 拉深肋的形状与下限压边力的关系

表 4-5-1 拉深肋在汽车覆盖件拉深成形中的作用

序号	名 称	内 容
1	增大进料阻力	压料面上的毛坯在通过拉深肋时要经过 4 次弯曲和反弯曲，使毛坯向凹模内流动的阻力大大增加，也使凹模内部的毛坯在较大的拉力作用下产生较大的塑性变形，从而可提高覆盖件的刚度和减少由于变形不足而产生的回弹、松弛、扭曲、波纹及收缩等，防止拉深成形时悬空部位的起皱和畸变
2	调节进料阻力的分布	通过改变压料面上不同部位拉深肋的参数，可以改变不同部位的进料阻力的分布，从而控制压料面上各部位材料向凹模内流动的速度和进料量，调节拉深件各变形区的拉力及其分布，使各变形区按需要的变形方式、变形程度变形
3	可以在较大范围内调节进料阻力的大小	在双动压力机上，调节外滑块 4 个角的高低，只能粗略地调节压边力，并不能完全控制各处毛坯的流入量正好符合覆盖件拉深成形的需要。因此，拉深肋可以配合压边力的调节在较大范围内控制材料的流动情况
4	降低对压料面的要求	在压料面上设置拉深肋时，相对减小了压料面对进料阻力的影响，可降低对压料面加工表面粗糙度的要求，减少拉深模制造的工作量，缩短模具制造周期。同时，拉深肋的存在可减小压边力，使凹模压料面和压边圈都减少磨损，提高了模具的使用寿命
5	由于拉深肋能够产生相当大的阻力，降低了对压边力的要求，容易调节冲压成形所需的进料阻力分布，同时也降低了对模具刚度、设备吨位等的要求	
6	拉深肋外侧已经起皱的板料通过拉深肋时可得到一定程度的矫平	

表 4-5-2 拉深肋对成形性的影响

序号	名称	图 例	分 析
1	对拉深极限的影响	R_p=10 R_d=5 R7.7 R30 h 252.6 t=0.8 铝镇静钢 起皱极限 破裂极限 a)	图 a 所示的汽车覆盖件角锥形零件，在不破裂和不起皱时得到的最大成形深度为其成形极限。这类零件拉深成形时，在直边部分设置拉深肋，可以提高直边部位拉深侧壁的平坦性，并可以有效地减小或防止角部的侧壁起皱

（续）

序号	名称	图　例	分　析
1	对拉深极限的影响	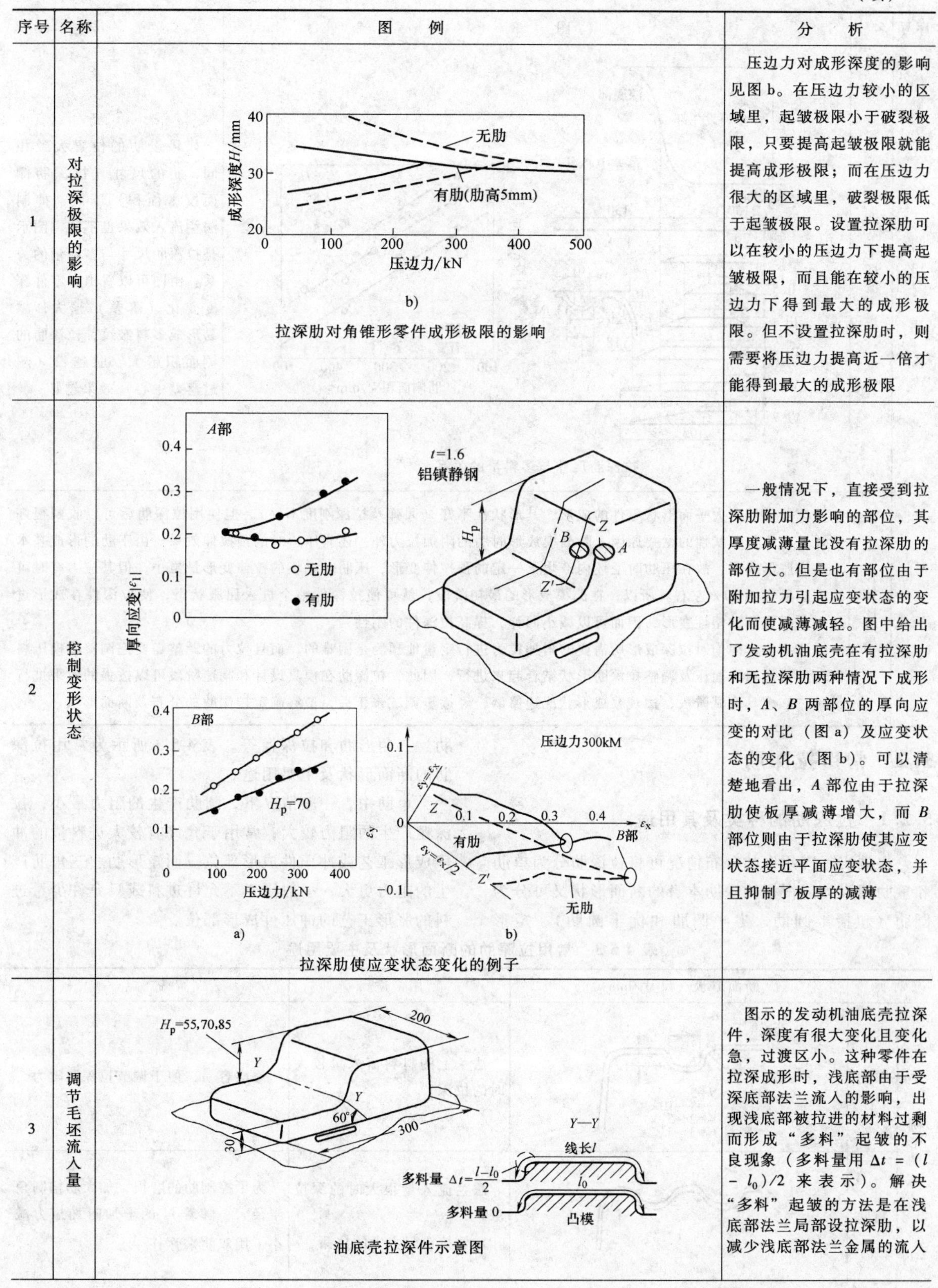 b) 拉深肋对角锥形零件成形极限的影响	压边力对成形深度的影响见图 b。在压边力较小的区域里，起皱极限小于破裂极限，只要提高起皱极限就能提高成形极限；而在压边力很大的区域里，破裂极限低于起皱极限。设置拉深肋可以在较小的压边力下提高起皱极限，而且能在较小的压边力下得到最大的成形极限。但不设置拉深肋时，则需要将压边力提高近一倍才能得到最大的成形极限
2	控制变形状态	a)　b) 拉深肋使应变状态变化的例子	一般情况下，直接受到拉深肋附加力影响的部位，其厚度减薄量比没有拉深肋的部位大。但是也有部位由于附加拉力引起应变状态的变化而使减薄减轻。图中给出了发动机油底壳在有拉深肋和无拉深肋两种情况下成形时，A、B 两部位的厚向应变的对比（图 a）及应变状态的变化（图 b）。可以清楚地看出，A 部位由于拉深肋使板厚减薄增大，而 B 部位则由于拉深肋使其应变状态接近平面应变状态，并且抑制了板厚的减薄
3	调节毛坯流入量	油底壳拉深件示意图	图示的发动机油底壳拉深件，深度有很大变化且变化急，过渡区小。这种零件在拉深成形时，浅底部由于受深底部法兰流入的影响，出现浅底部被拉进的材料过剩而形成“多料”起皱的不良现象（多料量用 $\Delta t=(l-l_0)/2$ 来表示）。解决“多料”起皱的方法是在浅底部法兰局部设拉深肋，以减少浅底部法兰金属的流入

（续）

序号	名称	图　　例	分　　析
3	调节毛坯流入量	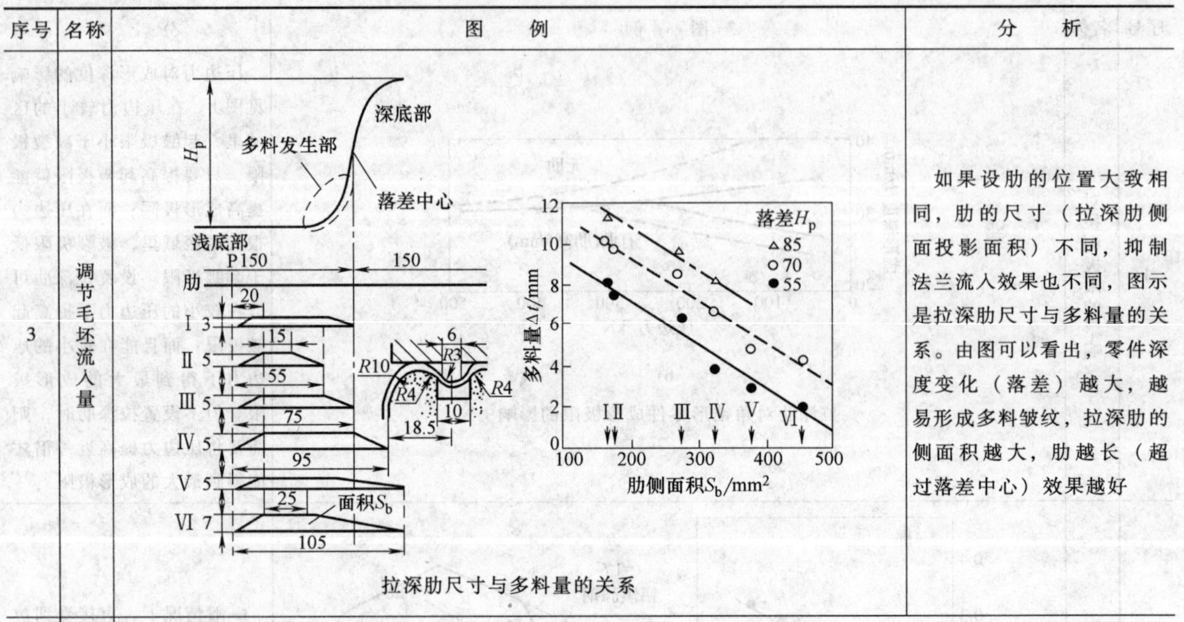 拉深肋尺寸与多料量的关系	如果设肋的位置大致相同，肋的尺寸（拉深肋侧面投影面积）不同，抑制法兰流入效果也不同，图示是拉深肋尺寸与多料量的关系。由图可以看出，零件深度变化（落差）越大，越易形成多料皱纹，拉深肋的侧面积越大，肋越长（超过落差中心）效果越好
4	预拉伸效果	汽车覆盖件中大平面形状零件的成形，其形状性不好（回弹及拉深刚度不好）。但使用拉深肋后可以收到很好的效果。改善形状性的主要原因，除凸模成形时肋的附加拉力外，还有压边时的预拉伸效果。由于肋的形成基本上是靠胀形成形，故在压肋时毛坯内产生了一定的预拉伸变形，压肋时毛坯的拉伸变形量虽小，但其应力有时可达到屈服点的30%左右。所以，在凸模成形的最初阶段，就可使拉深件整个进入屈服状态，使拉深件在成形过程中获得充分的塑性变形，因而可以减小回弹，提高拉深件的刚性 应该指出，因为对拉深成形所需要的附加拉力进行定量地预测是困难的，而且拉力的调整需要把调整凹模压料面与压边圈间的面压及调整拉深肋形状结合起来进行，因此，拉深肋在模具设计和制造阶段可以按强的效果进行设计。在模具调试阶段，边观察成形状况边修磨，经逐步调试修正后，最终确定拉深肋的分布及断面形状	

5.2　常用拉深肋

5.2.1　拉深肋的种类及其用途

根据实际应用中的分布情况可将拉深肋分为单肋和重肋两大类。根据拉深肋本身的断面形状又可分为圆肋（包括半圆肋、劣半圆肋和优半圆肋）、矩形肋、三角形肋和拉深槛等。表 4-5-3 所示为常用拉深肋的断面形状及主要用途。

单肋中，一般情况下，圆肋产生的阻力最小，拉深槛产生的阻力较大，常用于允许有较大进料量的冲压成形工艺或冲压件成形部位。而矩形肋、三角肋产生的阻力更大，一般用于不允许进料或只允许少量进料的胀形工艺的冲压件成形部位。

表 4-5-3　常用拉深肋的断面形状及主要用途

种类		断面形状（尺寸/mm）	用　途	特　点
圆形肋	单肋	r_2　b　r_1　h h=3～5 b=8～10 r_1=2～5 r_2=3～5	法兰上的材料流入量较大时的拉深	修磨容易，便于调节拉深肋阻力
	重肋		法兰流入量很大时的深拉深 需要拉深阻力大的拉深	为了控制肋的磨损，加大肋槽圆角半径 r_1。随着 r_2 的增加附加拉力减小，用双肋来弥补

（续）

种类	断面形状（尺寸/mm）	用　途	特　点
矩形肋	h=4～6 b=8～10 r_1=2 r_2=2	法兰流入量少时的拉深或胀形	与圆肋相比能提供更强的附加拉力
拉深槛（阶梯肋）	h=4～6 r_1=2 r_2=2 h=4～6 r_1=2 r_2=2	法兰流入量少时的拉深或胀形	材料利用率高，在同样的圆角半径 r_2 和高度 h 下，比矩形肋的附加拉力小
三角形肋		胀形	为了抑制肋的磨损，材料完全没有流入

注：表中所列拉深肋各部分尺寸为日本各汽车公司车体零件成形中实际应用的数值。

重肋包括双肋和三重肋，本身形式多为圆肋。在相同几何参数前提下，重肋产生的阻力要大于单肋，三重肋产生的阻力要大于双肋。因此，重肋多用于需要拉深阻力较大的成形工艺或冲压件中不允许进料或少量进料的部位。但很多情况下，虽然冲压件的某些部位允许有较大的进料量，但为了保证毛坯进入凹模时的平整，也可设置高度较小的重肋。

拉深肋比拉深槛在采用的数量、形式及调节阻力等方面都灵活方便，因此应用比较广泛。在拉深成形中使用最多的是圆形肋和方形肋。图 4-5-8 为它们的断面形状及各部分尺寸，选用时参考表 4-5-4。

根据拉深件的大小，考虑使用拉深肋的结构如图 4-5-9 所示，其尺寸参数见表 4-5-5。

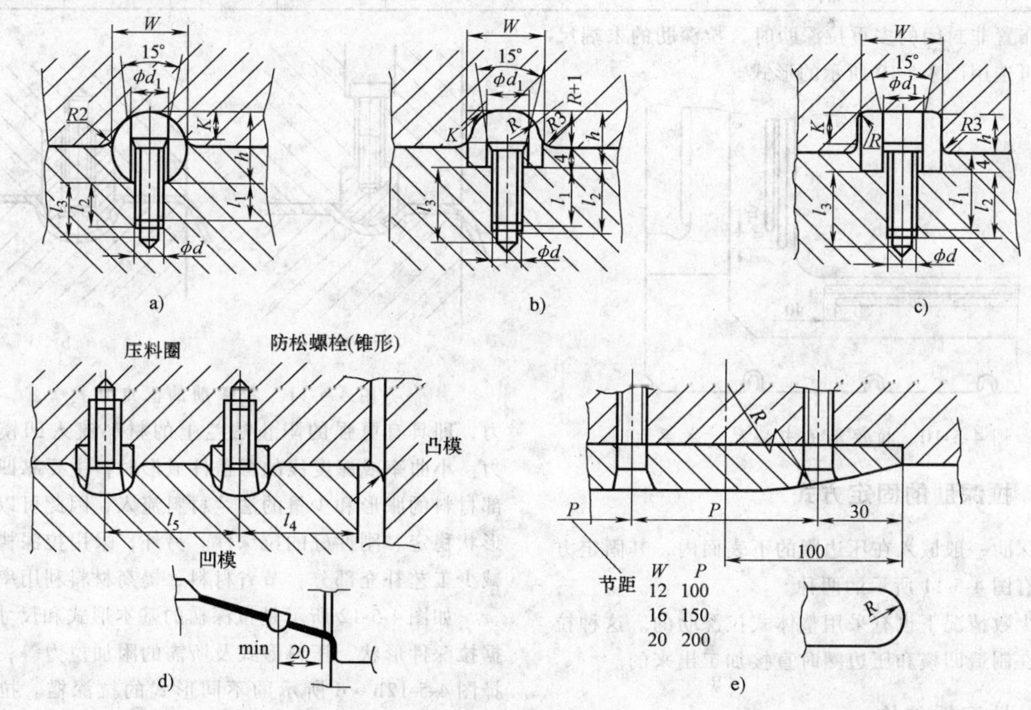

图 4-5-8　拉深肋断面形状及尺寸

a）圆形嵌入肋　b）半圆形嵌入肋　c）方形嵌入肋　d）双肋　e）纵剖面

表 4-5-4 各种形式的拉深肋尺寸 （单位：mm）

名称	肋宽 W	ϕd	ϕd_1	l_1	l_2	l_3	h	K	R	l_4	l_5
圆形嵌入拉深肋	12	M6	6.4	10	15	18	12	6	6	15	25
	16	M8	8.4	12	17	20	16	8	8	17	30
	20	M10	10.4	14	19	22	20	10	10	19	35
半圆形嵌入拉深肋	12	M6	6.4	10	15	18	11	5	6	15	25
	16	M8	8.4	12	17	20	13	6.5	8	17	30
	20	M10	10.4	14	19	22	15	8	10	19	35
方形嵌入拉深肋	12	M6	6.4	10	15	18	11	5	3	15	25
	16	M8	8.4	12	17	20	13	6.5	4	17	30
	20	M10	10.4	14	19	22	15	8	5	19	35

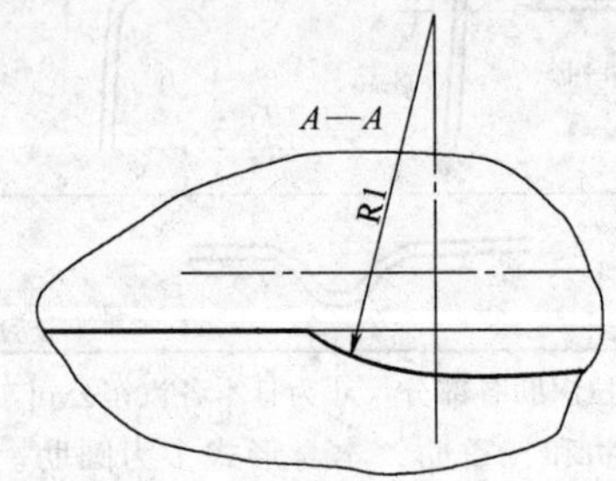

图 4-5-9 拉深肋结构

表 4-5-5 拉深肋的结构尺寸参数 （单位：mm）

序号	应用范围	A	H	B	C	h	R	R_1
1	中小型拉深件	14	6	25～32	25～30	5	7	125
2	大中型拉深件	16	7	28～35	28～32	6	8	150
3	大型拉深件	20	8	32～38	32～38	7	10	150

当布置非封闭的多重拉深肋时，拉深肋的末端尺寸关系可选用图 4-5-10 所示的形式。

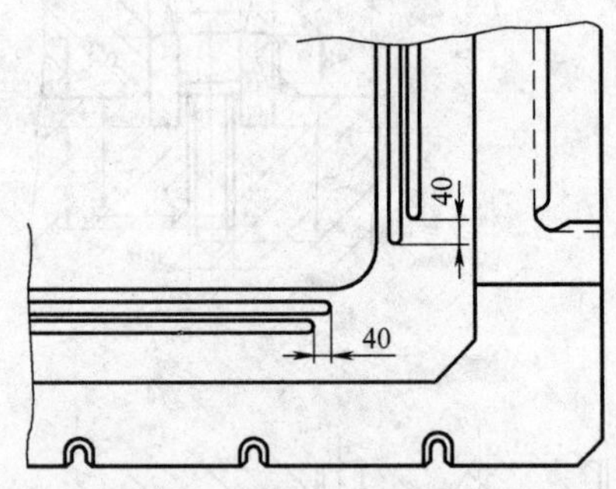

图 4-5-10 拉深肋的末端尺寸关系

5.2.2 拉深肋的固定方式

拉深肋一般嵌入在压边圈的下表面内，其固定方式一般有图 4-5-11 所示的两种。

在少数情况下也有采用整体式拉深肋的。这种拉深肋是在制造凹模和压边圈时直接加工出来的。

5.2.3 拉深槛结构

拉深槛与圆形拉深肋相比，能提供更大的附加拉力，即具有更强的阻止法兰上的材料流入凹模的能力。小曲率或深度浅的覆盖件成形时，主要靠凹模内部材料的胀形和少量的法兰材料流入，因此可以获得形状稳定、刚性好的拉深件。另外，采用拉深槛可以减少工艺补充部分，节省材料，提高材料利用率。

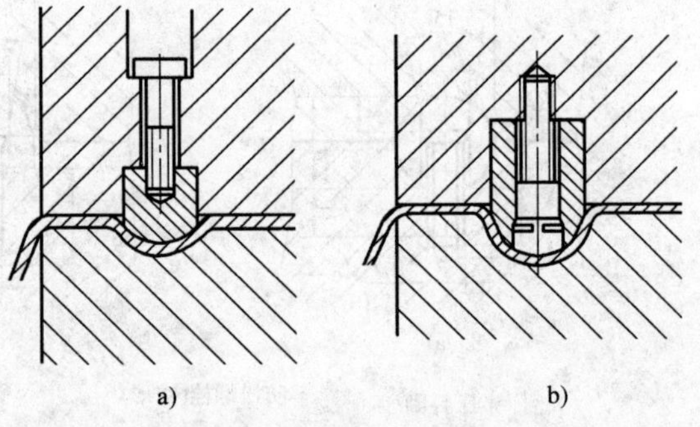

图 4-5-11 拉深肋的固定方式

如图 4-5-12 所示是拉深槛的基本形式和尺寸。根据拉深件形状、压料形式及所需的附加拉力等，可选择图 4-5-12b～d 所示的不同形式的拉深槛。拉深槛可做成图 4-5-12b～d 所示与凹模一体式的，也可以做成图4-5-13a～b所示的嵌入式。图4-5-13a用于拉深深度小于 25mm 的拉深件，图 4-5-13b 用于拉深深度大于 2. 5mm 的拉深件。

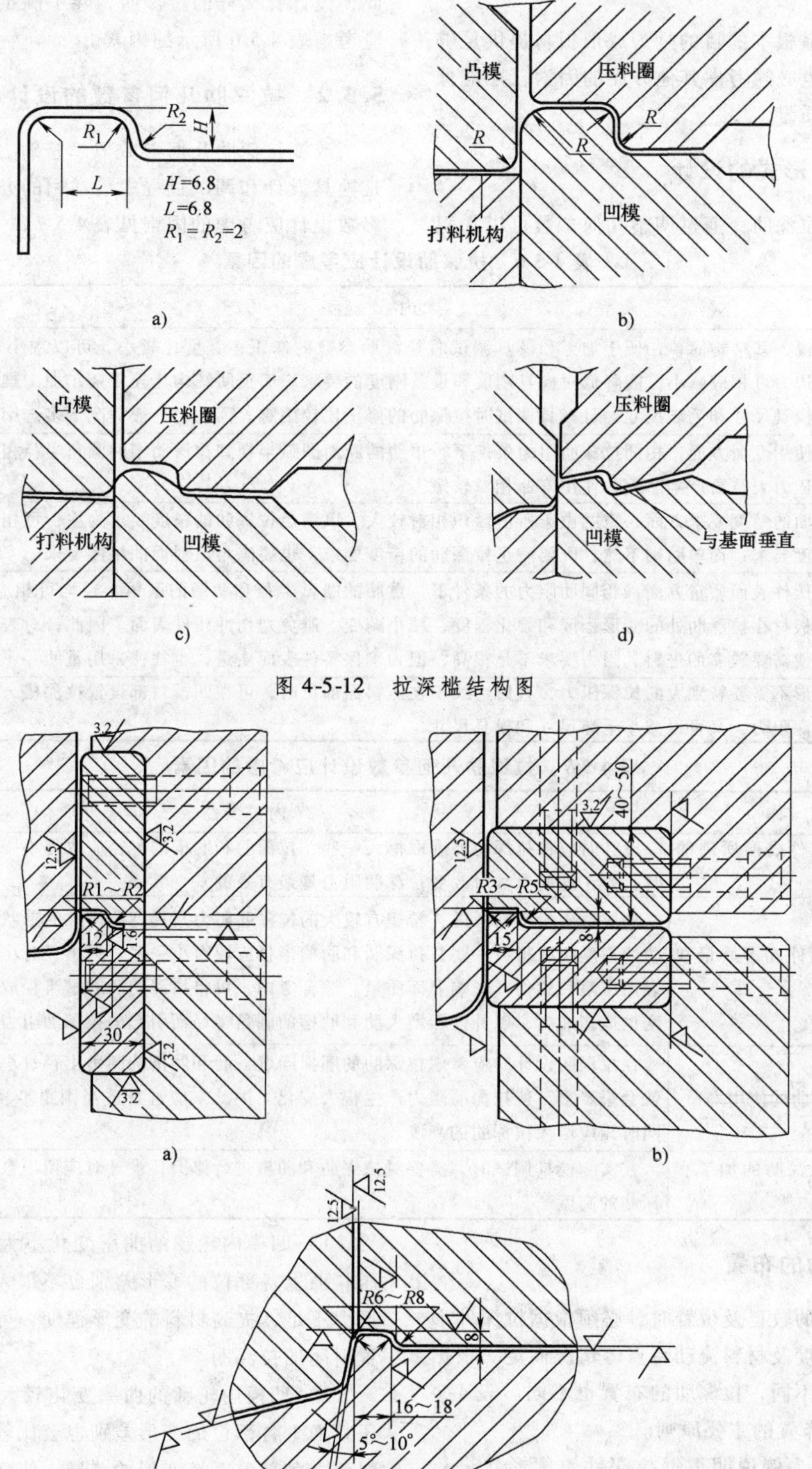

图 4-5-12　拉深槛结构图

图 4-5-13　嵌入式拉深槛

5.3 拉深肋设计

设置拉深肋最根本的目的是为成形板材提供足够的拉力。此外，也必须考虑其他方面的因素，才能保证冲压件的成形质量。

5.3.1 拉深肋形式的设计

不同形式的拉深肋，通过调整几何参数可以在阻力上完全等效，但在其他方面却不一定能够等效。因此，设计什么样的拉深肋，除了满足阻力要求外，还应考虑表4-5-6所示的因素。

5.3.2 拉深肋几何参数的设计

改变拉深肋几何参数以适应冲压件成形的需要，是模具设计和调试过程中最常用的办法。拉深肋几何参数设计应考虑的因素见表4-5-7。

表4-5-6 拉深肋设计应考虑的因素

序号	内容
1	对单肋来说，其结构简单，便于加工和模具调试时拉深肋参数的修正；宽度比较小，可以减小模具尺寸；反力较小，所需压边力可相应减小，能降低对模具刚度和设备刚度的要求。而重肋结构比较复杂，加工难度大，宽度相对较大，会增加模具尺寸和毛坯尺寸，且模具调试时拉深肋的修正比较困难。因此，一般情况下多选用单肋
2	在拉深肋使用寿命方面，相同拉深肋阻力条件下，单肋的断面圆弧半径和拉深肋槽的圆角半径相对较小，板材与其接触的表面压力大，易产生磨损，使用寿命相对较短
3	在对压料面的精度要求方面，重肋由于所占面积相对较大，以满足拉深肋的精度要求为主，可相对降低压料面上其他部位的精度要求；而单肋则不然，既要满足拉深肋的精度要求，也要满足压料面的精度要求
4	在保证冲压件表面质量方面，相同肋阻力的条件下，重肋的圆弧半径和肋槽的圆角半径均可相应增加，高度减小，从而可减小板材在拉深肋处的变形程度和硬化程度，减小畸变，避免划伤冲压件表面。因此，对表面质量要求较高的冲压件，既使需要较多的进料、阻力要求不是很高，但为确保零件表面质量，也往往采用重肋
5	在毛坯变形不需要特别大的拉深阻力，且修边线不在压料面部位时，可在凹模口部设置拉深槛，既能保证拉深成形所必需的拉深阻力，又可以减小毛坯尺寸和模具尺寸

表4-5-7 拉深肋几何参数设计应考虑的因素

序号	名称	内容
1	确保冲压件成形所需的拉深肋阻力	设计时应将拉深肋高度取得大一些，拉深肋和肋槽的半径应取得小一些。实际模具调试时，修正这些参数对改变拉深肋阻力是最有效的
2	保证冲压件成形质量和表面质量	从成形质量方面考虑，希望有较大的拉深肋阻力来提高冲压件的形状精度和刚度，此时肋的高度应取得大一些，拉深肋和肋槽半径应取得小一些。但半径过小时，会产生冲压件表面压痕和划伤，影响表面质量。综合考虑，可将拉深肋和肋槽半径放大。同时，肋的高度也适当加大，以补偿因增大肋和肋槽的圆角半径而引起的拉深肋阻力的损失
3	提高拉深肋的使用寿命	在拉深肋设计时应考虑拉深肋的磨损问题，肋和肋槽的圆角半径过小，成形中肋的磨损就会很严重，使拉深肋阻力产生很大变化。因此，应选择适当圆角半径的拉深肋和肋槽，同时相应增大拉深肋的高度
4	有利于拉深肋的加工和修整	在实际模具调试时，需要对拉深肋和肋槽进行修磨，设计时应留出余量，而且应考虑拉深肋的高度

5.3.3 拉深肋的布置

设计拉深肋的数目及位置时，必须根据拉深件形状特点、拉深深度及材料流动特点等情况而定。根据所要达到的目的不同，拉深肋的布置也不同。表4-5-8列出了拉深肋布置的主要原则。

以图4-5-14为例说明根据拉深件轮廓形状进行拉深肋布置的方法，见表4-5-9。

布置拉深肋时不仅要考虑拉深件的轮廓形状，还必须与压料面、深度等多种因素综合考虑。

1）凹模内轮廓的曲率变化不大时，冲压成形中压料面上各部位的变形差别也不很大，但为了补偿变形力不足，提高材料的变形程度，可沿凹模口周边设置封闭的拉深肋。

2）凹模内轮廓的曲率变化较大时，冲压成形中压料面上各部位的变形差别也会比较大。为了调节压料面上各部位毛坯变形的差异，使之向凹模内流动的速度比较均匀，可沿凹模口周边设置间断式的拉深肋。如图4-5-14所示，拉深肋的布置随凹模轮廓的变化而变化，在较长的直线段部分5，毛坯产生弯曲变形，压料面作用力最小，布置里长外短的三重肋或两重肋，较短的直线段可设置单肋或两重肋；在外凸形轮廓部分 1 和 3，毛坯变形为拉深变形，有切向压应力存在，压料面作用力较大，可沿轮廓形状设置单肋，曲率大的部分不设肋；在内凹轮廓部分 2 和 4，毛坯在切向有拉应力存在，可设单肋或不设拉深肋。

表 4-5-8 拉深肋布置的主要原则

序号	作用和要求	布置原则
1	增加进料阻力，提高材料变形程度	放整圈的或间断的 1 条拉深槛或 1 ~ 3 条拉深肋
2	增加径向拉应力，降低切向压应力，防止毛坯起皱	在容易起皱的部位设置局部的短肋
3	调整进料阻力和进料量	1）拉深深度大的直线部位，放 1 ~ 3 条拉深肋 2）拉深深度大的圆弧部位，不放拉深肋 3）拉深深度相差较大时，在深的部位不设拉深肋，浅的部位设置拉深肋

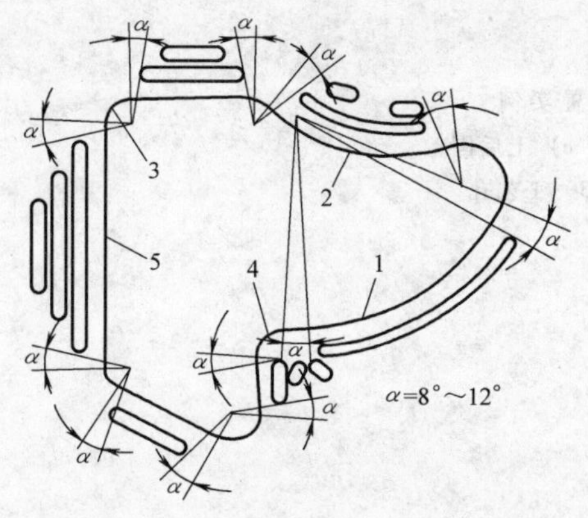

图 4-5-14 拉深件轮廓形状与拉深肋布置

表 4-5-9 根据拉深件轮廓形状进行拉深肋布置的方法

部位	轮廓形状	要　求	布置方法
1	大外凸圆弧	补偿变形阻力不足	设置深长肋
2	大内凹圆弧	1）补偿变形阻力不足 2）控制拉深时相邻的外凸圆弧部分的材料向此部分流动的量，避免起皱	设置 1 条长肋和 2 条短肋
3	小外凸圆弧	塑性流动阻力大，应让材料有可能向直线区进行一定的分流	1）不设拉深肋 2）相邻拉深肋的位置与凸圆弧保持 8° ~12°的夹角关系
4	小内凹圆弧	将两相邻侧面挤过来的多余材料延展开，保证压料面下的毛坯处于良好状态	1）沿凹模口不设拉深肋 2）在离凹模口较远的位置设两段短肋
5	直线	补偿变形阻力不足	根据直线长短设置 1 ~ 3 条拉深肋（长者多设，并呈塔形分布，短者少设）

3）若为了增加径向力，减小切向拉应力，防止毛坯起皱，可只在容易起皱的部位设置局部的短拉深肋。

4）若为了改善压料面上材料塑性流动的不均匀性，可在材料流动速度快的部位设置拉深肋。

5）对于拉深深度相差较大的冲压件，可在深的部位不设拉深肋，浅的部位设拉深肋（图 4-5-15）；并使拉深肋的长度延伸到接近深度大的区域，拉深肋的高度逐渐减小。

6）对于拉深深度大的圆弧部位可以不设拉深肋。

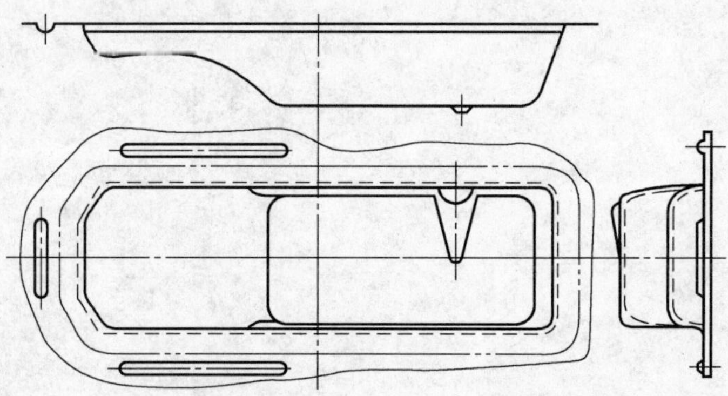

图 4-5-15 油底壳拉深件上的拉深肋布置

5.3.4　拉深肋布置实例

图4-5-15为发动机油底壳拉深件图，该零件拉深深度相差较大。在需要进料少的部位设置拉深肋，以控制该部分向凹模内流入过多的材料，而在拉深深度大的部位不设拉深肋，以便于该部位能有较多的材料流入凹模内，达到成形要求。

图4-5-16为外门板、顶盖和上后围的拉深肋布置。

外门板的拉深深度不大，塑性变形小，设置拉深肋能较大地增加流动阻力，使材料能产生较大的塑性变形，以获得较好的刚度和良好的表面质量。同时，由于底部深度均匀，故采用沿拉深件轮廓外形封闭设置的拉深槛（图4-5-16a）。

顶盖的深度比较均匀，外形又较匀称，要求沿凹模口周围材料的流动阻力一致，故采用两条封闭的拉深肋（除定位孔让开外，图4-5-16b）。

上后围的上、下部位平坦，需要大的流动阻力，故设置拉深槛。而左右是弧形曲面，要求压料面下的材料有一定的牵制力，并有良好的流动条件，故在此处安设了三条拉深肋（图4-5-16c）。

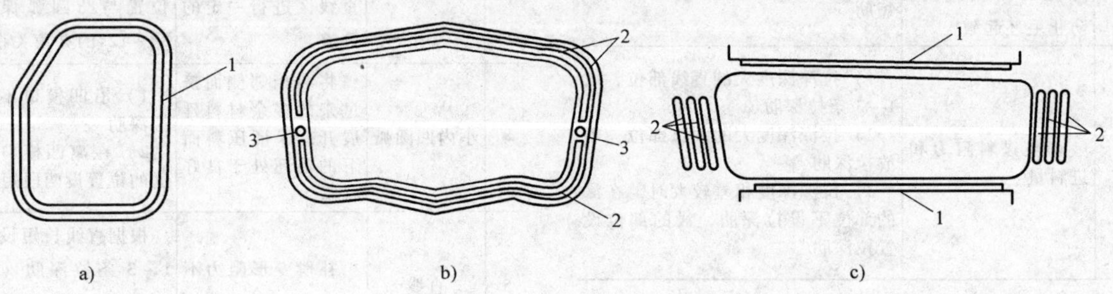

图4-5-16　拉深肋布置实例

a）汽车外门板　b）顶盖　c）上后围

1—拉深槛　2—拉深肋　3—工艺孔

第6章　覆盖件冲压成形工艺

6.1　覆盖件冲压工艺设计

6.1.1　覆盖件冲压成形基本工序

汽车覆盖件的形状复杂、尺寸大，因此一般不可能在一道冲压工序中直接获得，有的需要十几道工序才能完成。覆盖件冲压的基本工序有：落料、拉深、整形（也称校形）、修边、翻边和冲孔等。根据需要和可能性可以将一些工序合并，如落料拉深、修边冲孔、修边翻边、翻边冲孔等，还有的需要分几道工序加工不同的部位。

落料工序主要是为获得拉深工序所需的毛坯形状和尺寸。有的大型覆盖件的下料工序是利用剪板机对板材进行剪角，而减少落料模的费用。

拉深工序是覆盖件冲压的关键工序，覆盖件的形状大部分是在拉深工序形成的。

整形工序的主要内容是将拉深工序中尚未成形出的覆盖件形状成形出来。整形工序的变形性质一般是胀形变形，常复合在修边或翻边工序中。

修边工序的主要内容是切除拉深件上的工艺补充部分。这些工艺补充部分只是拉深工序的需要，拉深完成后要切除掉。

翻边工序位于修边工序之后，其主要任务是进行覆盖件边缘的竖边成形。

冲孔工序是加工覆盖件上的安装孔、连接孔等各种孔洞。冲孔工序一般安排在拉深工序之后，有的要安排在翻边工序之后。若先冲孔，会造成在拉深或翻边时孔位变化和孔的尺寸形状发生变化，使后面的安装和连接错位，甚至不能安装和连接。

6.1.2　工艺设计前的准备工作

1. 需要阅读的资料

在进行工艺设计之前，必须查阅有关资料，以便明确产品的具体要求、现有的条件等，为设计合理而可行的冲压工艺做好必要的准备。这些资料主要有：

1）零件图或实物图，必要时可参考主模型或数字模型。

2）冲压件的公差。

3）类似零件的成形性及作业性的有关资料，曾出现的各种质量问题及解决办法。

4）关于产品所用钢板材料的有关资料，如材料的各项性能参数值、表面质量等。

5）各种模具设计的标准和模具零件的规格。

6）现有压力机的参数和附属装置、生产率等方面的资料。

7）产量和要求的时间。

2. 零件图和拉深件图的分析

通过对零件图和拉深件图的研究，应该了解该零件所应具有的功能，所要求的单个零件的强度、表面质量以及相关零件之间所要求的相关精度，并明确下列事项：

1）零件轮廓、法兰、侧壁及底部是否有形状急剧变化的部分、负角面的部位等，以及其他成形困难的形状。

2）该零件和有关零件的焊接面、装配面、镶嵌面有什么要求。

3）焊接、装配的基准面和孔在何处。

4）孔的精度（直径、位置）、孔和孔的间距要求，这些孔的位置在何处（平面部分、倾斜部分、侧壁部分）。

5）各个凸缘精度允许达到什么程度（包括长度、凸缘面的位置、回弹）。

6）零件冲压成形需要解决的重点问题有哪些。

7）材料的利用率如何。

6.1.3　冲压工艺方案设计

不同的冲压工艺方案，就有不同的产品质量、生产效率和生产成本。因此，根据具体情况正确选择冲压工艺方案是非常重要的。

在选择工艺方案和制订工艺流程时，必须考虑的因素见表4-6-1。

6.1.4　冲压工艺设计的内容和程序

冲压工艺设计的主要程序如下：

1）审查零件结构的工艺性，并根据零件设计出拉深件图。

2）根据零件图和拉深件图，确定最合理的工艺方案，确定总工序数、工序顺序、各工序的加工内容、冲压方向等。

3）根据拉深件的结构、形状尺寸进行毛坯展开，初步确定毛坯的形状和外形尺寸（在多数情况下，外形尺寸要由试验来确定），制定材料消耗定额。

表 4-6-1 选择工艺方案和制订工艺流程时必须考虑的因素

序号	名称	内容
1	生产纲领	生产纲领是设计冲压工艺时采用多大的工装系数、设备安排、原材料和半成品件及成品件等物料工艺、生产操作自动化程度的主要依据
	单件生产 年产量为：<1000 辆份	车身覆盖件的生产以钣金（手工）工艺为主，使用很少量的模具、胎具，以便减少投资，降低生产成本。当然，所生产的覆盖件的质量要比用模具生产的覆盖件的质量差一些
	小批量生产 年产量为：1000～5000 辆份	为降低模具费用，一般拉深成形使用模具，而落料、修边则在一些通用设备上进行，翻边使用胎具，覆盖件上的孔用钻孔的方法加工。拉深模一般采用低熔点合金模、锌基合金模
	中批量生产 年产量为：5000～10000 辆份	在保证覆盖件质量的前提下，对关键性的覆盖件和劳动量较大的覆盖件采用冲压模具，而一般的覆盖件冲压工艺方案则可在主要工序采用部分模具，其他部分工序采用迂回工艺
	大批量生产 年产量为：10000～100000 辆份	覆盖件冲压工艺方案的关键在于生产的流水性，因此每一道工序都需要使用冲模。模具结构相对复杂，一般采用人工送料和取件，少量采用机械手取件
	大量流水生产 年参量为：>100000 辆份	采用冲压自动线进行生产。自动线上的模具结构相对简单些，便于安装各种送料、取件、翻转、排除废料和传送工件等装置
2	零件的形状和尺寸，材料的厚度和性质，以及对零件的质量、精度和使用的要求等	在设计冲压工艺时要考虑到优先保证产品要求的质量，其他要求也尽量保证，在工艺难度与产品要求相矛盾时，要与产品设计共同协商，在不影响产品主要功能的前提下，改变产品结构尺寸，以增加冲压生产的稳定性
3	现有设备条件和生产技术水平	冲压工艺应根据现有的设备条件和生产技术水平来安排，设备水平较低时，应少安排复合工艺，多采用简单模具，单工序生产，以保证产品质量。当通过极端预测，有新增设备效益时，应建议新增设备，提高生产技术水平和产品质量
4	模具设计、制造的技术水平和能力	生产规模较大的汽车生产企业一般都有模具设计和制造部门，进行冲压工艺设计时应加以充分利用，降低模具投入成本。但随着社会化生产的不断发展，模具生产逐渐成为一个行业，所以在设计工艺时，也应考虑当本企业的生产技术水平不足时，充分利用模具行业专业生产模具的优势，多选用模具标准件
5	生产准备周期	生产准备周期的长短是反映企业适应市场能力的重要标志之一，所以在设计冲压工艺时，一定要考虑到工艺所需新增模具对生产准备周期的影响，应力求缩短生产准备周期，增加企业适应市场的能力

4）确定各工序的模具结构形式，选定毛坯和各工序制件的送、卸料方法和方向。

5）计算各工序所需的压力机行程和工作台面尺寸，估测各工序所需的冲压力、压边力、卸料力等，确定各工序所需压力机的型号、数量和生产流程。

6）确定零件及各工序件的检查项目、检查标准和检查方法。

7）确定各工序所需的工位器具、半成品运输方式、废料处理方式等。

8）确定各工序的操作者人数、操作规程、工位布置、工时定额等。

9）编写工艺文件。

进行覆盖件冲压工艺设计时需要重点考虑的问题见表 4-6-2。

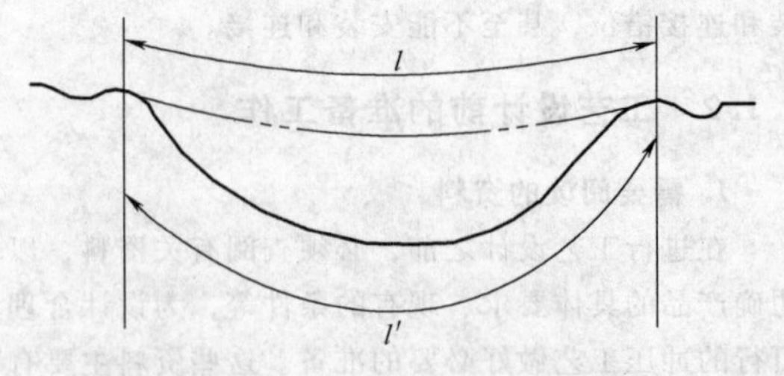

图 4-6-1 成形难度的表示方法

注：$A = (l/l' - l) \times 100\%$

式中：l——变形前的断面线长度；

l'——变形后的断面线长度。

表 4-6-2　覆盖件冲压工艺设计需要重点考虑的问题

序号	名　称	内　　容
1	成形难度分析	根据拉深件图对拉深件的结构特点、形状尺寸进行变形分析，确定该拉深件的成形难点、难度大小、冲压成形可能出现的质量问题及其发生部位，分析成形的稳定性，然后确定某一部分是用拉深成形还是胀形成形，或是两者的复合。由于对汽车覆盖件的定型分析与计算比较难，所以要参考过去类似零件的有关数据，特别是进行过圆形网目试验的零件数据 图 4-6-1 所示为用伸长率 A 值作为判断不规则形状汽车覆盖件成形难度的例子。即在包括最深部分处取间断 50～100mm 的纵向断面，用表 4-6-3 所给出的数据和方法，首先判断是否能用胀形成形，不能用胀形成形时，要允许有拉深变形，并控制一定的胀形和拉深的比例；当 A 的平均值超过 30% 或者 A_{max} 超过 40% 时，还要用成形极限图来判断成形是否有产生破裂的危险性 在判断拉深件产生破裂危险的同时，还要判断产生起皱、面畸变等质量问题的危险性
2	冲压方向	覆盖件各个冲压工序的冲压方向，应能满足该工序冲压成形的需要。必要时，各工序的冲压方向可以不一样；但在满足冲压工艺要求的前提下，应尽可能使各个工序的冲压方向一致或少变化，以减少操作上和生产准备工作的复杂性
3	送料方向	送料方向不仅影响工人操作的安全性和方便性，而且也影响定位的可靠性 确定送料方向时，通常的做法是：工序件有大、小头的，一般是拿住大头往前送；工序件一面是平直、一面带曲线的，一般是拿住平直面往前送：工序件一面浅、一面深的，一般是拿住深的一面往前送
4	工序间的定位	在工艺设计中，应认真考虑工序间的定位问题，以保证加工精度和操作的安全及方便。拉深件在修边时的定位，通常有两种方式：能利用拉深件的侧壁或拉深槛定位的，尽量采用侧壁或覆盖件上本身的孔来定位
5	拉深毛坯	通常，对于形状简单的覆盖件，采用矩形的毛坯拉深；对于形状复杂的覆盖件，则采用封闭落料或局部切角的毛坯拉深 水平压料面或曲率较小的下凹形压料面，一般采用平板毛坯拉深；但下模压料面的下凹曲率较大或呈上凹形时，采用平板毛坯就会容易产生毛坯定位不准、拉深开始阶段就产生毛坯窜动等问题。为避免这种现象发生，通常需要将拉深毛坯预弯成压料面的形状
6	修边废料分块	根据修边废料的形状、尺寸大小和操作的安全、方便，确定废料是否分块以及分块的大小和位置。通常，对于较大的覆盖件，采用人工排除废料时，修边废料不宜超过 4 块；若采用机械排除废料时，需要将修边废料分得尺寸小而块数多些，以便于废料处理系统的运输和打包 修边废料分块的位置，通常选在废料较窄的地方，这样可以减小废料块的尺寸，保证操作的方便性
7	成双冲压	对一些尺寸不大的左右对称零件，或者尺寸不大的非对称零件，为了改善拉深条件和提高生产效率，减少废料消耗，有时采用成双冲压 在成双冲压覆盖件时，截断（或切断）以前是使用一套冲模，以后的工序则采用双槽模（一模两工位）或同一工序的两套冲模安装在同一压力机上，以便流水作业生产
8	复合工序	在大批量生产时，应尽量考虑采用复合工序，以提高生产效率
9	冲模联合安装	为了便于流水作业和充分利用大型压力机，有时采用在一台压力机上安装两套或两套以上冲模，使压力机一次行程完成两个或两个以上的工序 冲模联合安装时，应注意工序件要有足够的流通空间，操作要安全和方便，并符合流水作业的要求 联合安装冲模的闭合高度应相同，各工位分布要使各冲模受力所形成的受力中心与压力机中心接近，使压力机受力均匀 在制订冲压工艺时，还要进行所设计工艺的经济性分析评价，工艺、模具结构及自动化方案都必须适应生产量。即工艺水平、模具水平、物料方式、生产方式和新增设备都要以经济性最佳为最终目标

表 4-6-3 不规则形状覆盖件成形难度的判断值

判断值 A	判断项目
2%	A 的全部平均值不超过该值时，要获得良好的固定形状是很困难的
5%	50~100mm 间距上相邻纵向断面的 A 值之差超过该值时，容易产生皱折
5%	A 的全部平均值超过该值时，只用胀形是困难的，必须有一定的拉深成形
10%	A 的最大值超过该值时，只用胀形是困难的，必须有一定的拉深成形

注：这些判断值数据适用于图 4-6-1 所示的纵断面形状（如汽车挡泥板等），对于汽车顶盖及车门等随着凸模端部变得平而浅的零件，则只取表中所列数据的 1/2~2/3。对凸模底部有局部形状的零件不适用。

工艺卡中应包括的内容有：产品名称、产品编号、零件名称、零件编号、材料名称型号及厚度、生产车间、工序编号、工序名称、工序内容、所用设备、所用模具、毛坯形状和尺寸、工序件简图（注明加工部位、冲压方向等）、各工序的冲压加工形状和加工部位、各工序的加工基准、操作人员数量、操作位置、工时定额、检查项目、检查工具、检查标准、成品运往地等。

6.1.5 典型覆盖件冲压工艺实例

1. 发动机罩外板冲压工艺主要内容（表 4-6-4）

材料：RRST13ZE75/0-0.5，料厚 0.8mm。

2. 顶盖冲压工艺的主要内容（表 4-6-5）

材料：ST1405，料厚 0.9mm。

3. 左/右翼子板冲压工艺主要内容（表 4-6-6）

材料：ST1405，料厚 0.8mm。

4. 左/右侧围外板冲压工艺主要内容（表 4-6-7）

材料：ST1405，料厚 0.9mm。

表 4-6-4 发动机罩外板冲压工艺

工序	工艺说明	设备	简图
1	下料 1320mm×1560mm	开卷线	
2	拉深 镀锌面向上	双动压力机 14000kN	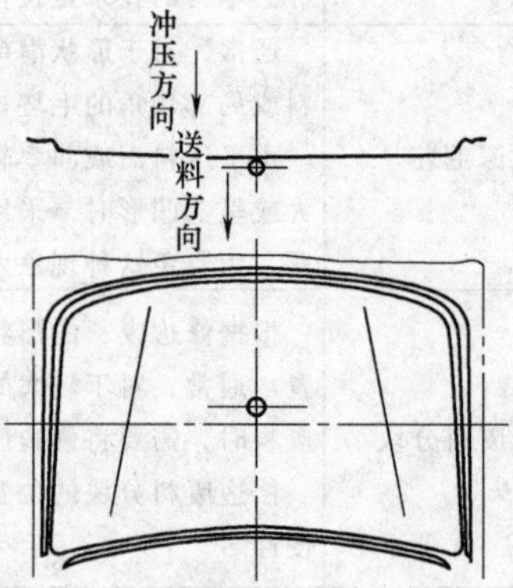 冲压方向 送料方向
3	修边冲孔 周围修边，冲通风孔	单动压力机 6000kN	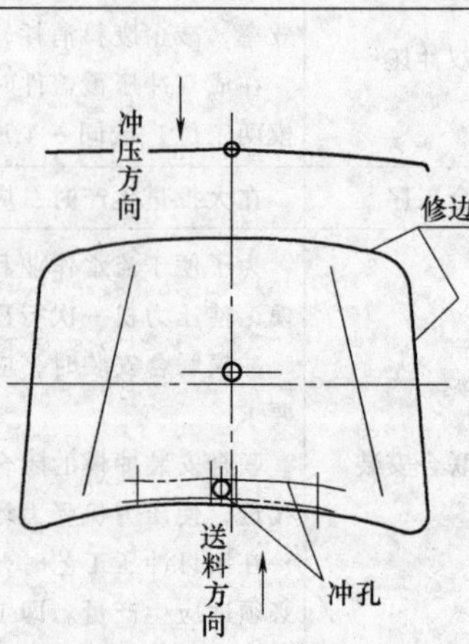 冲压方向 修边 送料方向 冲孔

（续）

工序	工艺说明	设备	简　　图
4	翻边 周围翻边，通风孔翻口	单动压力机 6000kN	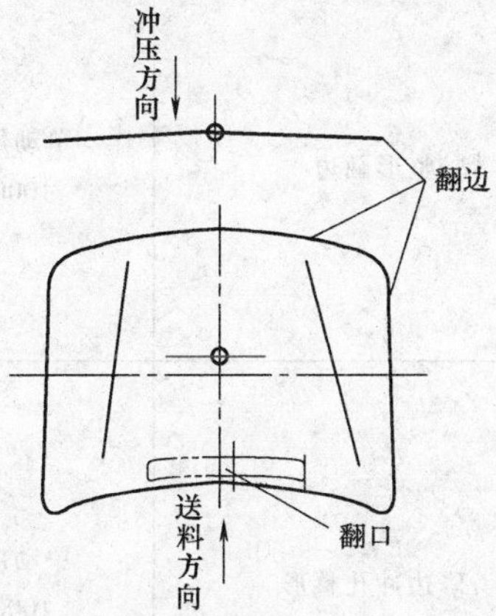
5	翻边 前后翻边	单动压力机 6000kN	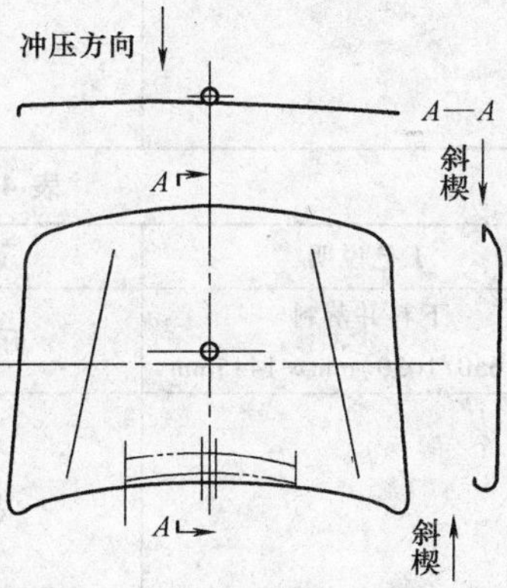

表 4-6-5　顶盖冲压工艺

工序	工艺说明	设备	简　　图
1	下料 1700mm × 2500mm	开卷线	
2	拉深 拉深及两侧切边	双动压力机 20000kN	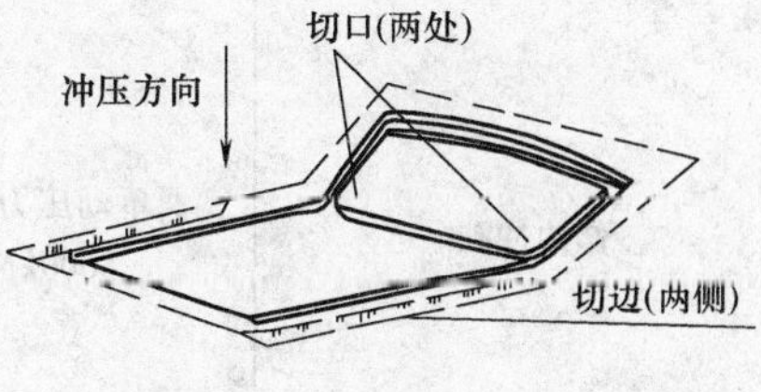
3	修边冲孔	单动压力机 10000kN	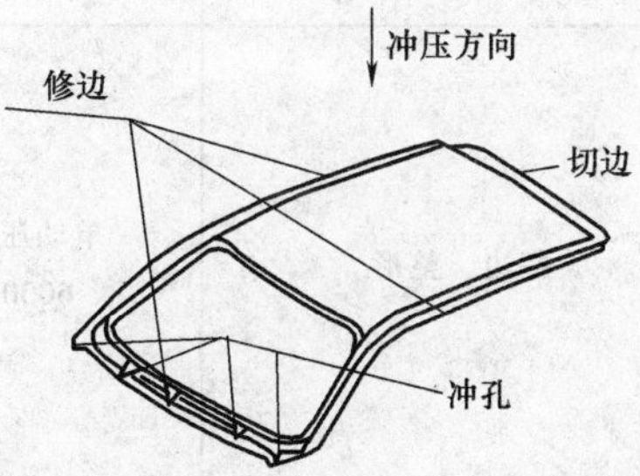

（续）

工序	工艺说明	设备	简图
4	整形翻边	单动压力机 10000kN	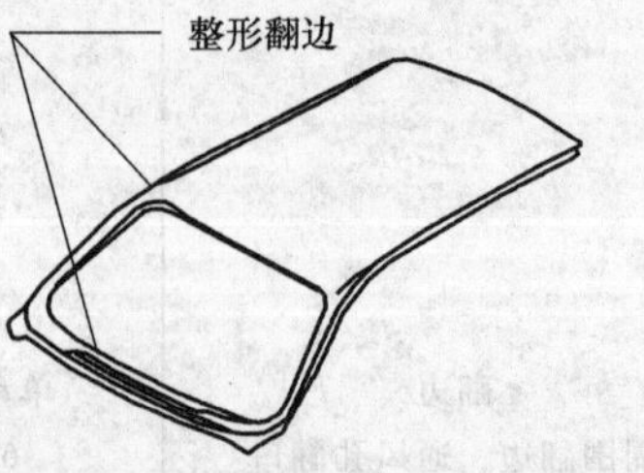
5	修边冲孔整形	单动压力机 10000kN	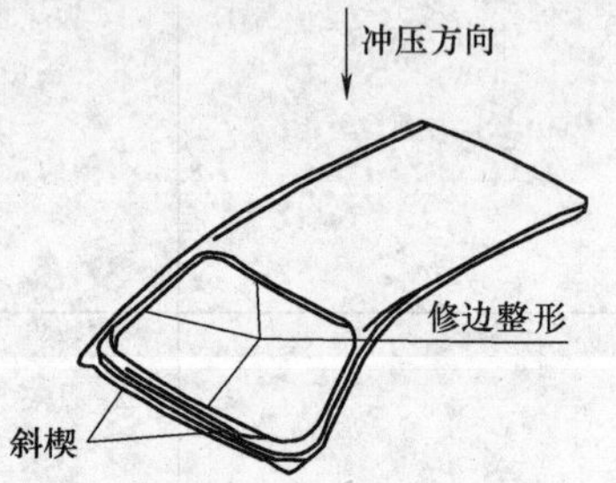

表 4-6-6 左/右翼子板冲压工艺

工序	工艺说明	设备	简图
1	下料并落料 0.8(650/1030)mm×1445mm	开卷线	
2	拉深	双动压力机 14000kN	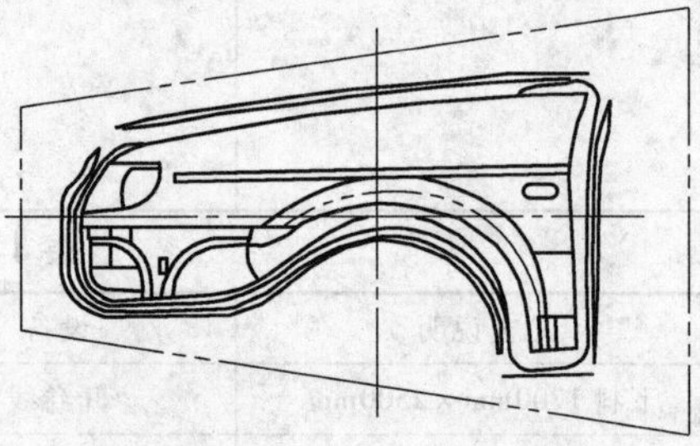
3	修边冲孔	单动压力机 6000kN	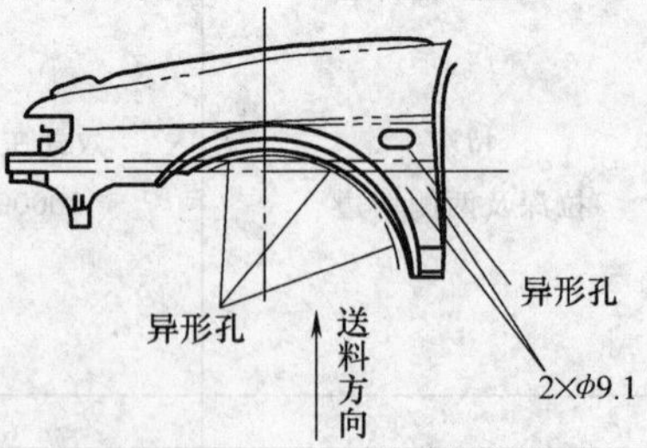
4	翻边 整形	单动压力机 6000kN	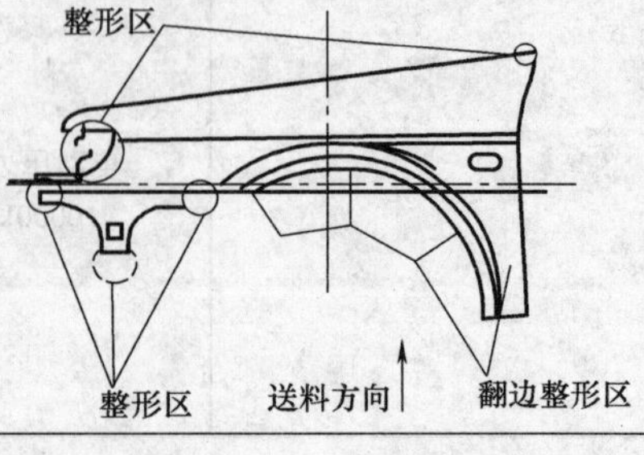

（续）

工序	工艺说明	设备	简　图
5	侧成形	单动压力机 6000kN	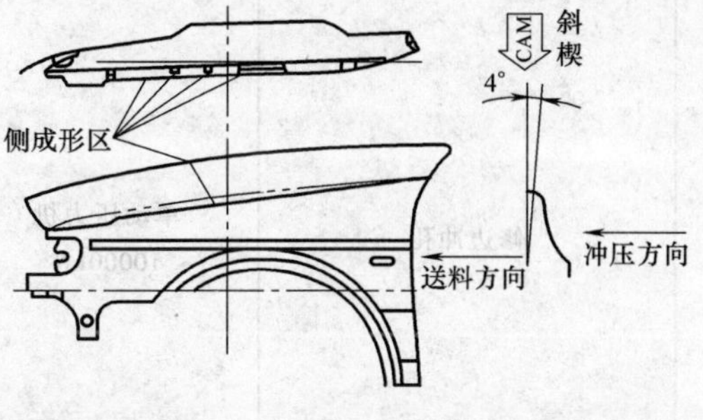 侧成形区；CAM 斜楔；4°；冲压方向；送料方向
6	侧冲孔成形修边	单动压力机 6000kN	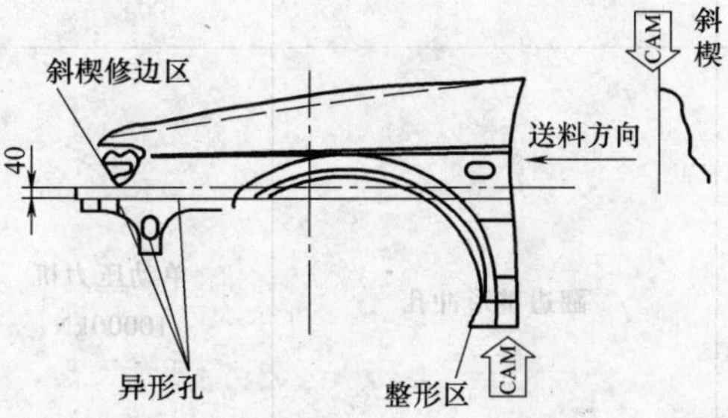 斜楔修边区；40；送料方向；CAM 斜楔；异形孔；整形区；CAM
7	侧翻边冲孔	单动压力机 6000kN	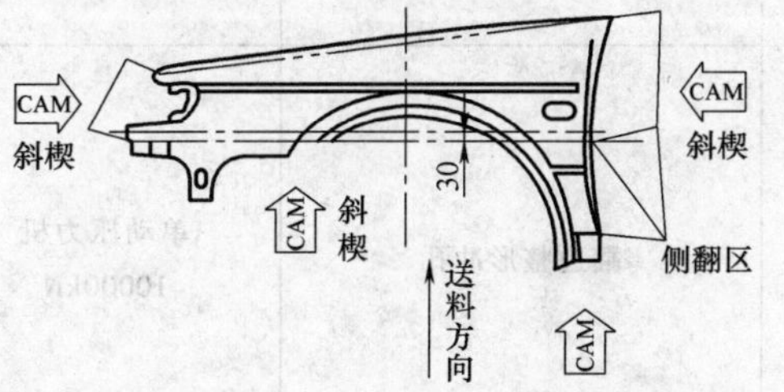 CAM 斜楔；CAM 斜楔；30；CAM 斜楔；送料方向；侧翻区；CAM

表 4-6-7　左/右侧围外板冲压工艺

工序	工艺说明	设备	简　图
1	下料并落料 1340mm × 3175mm	下料：开卷线 落料：单动压力机 6300kN	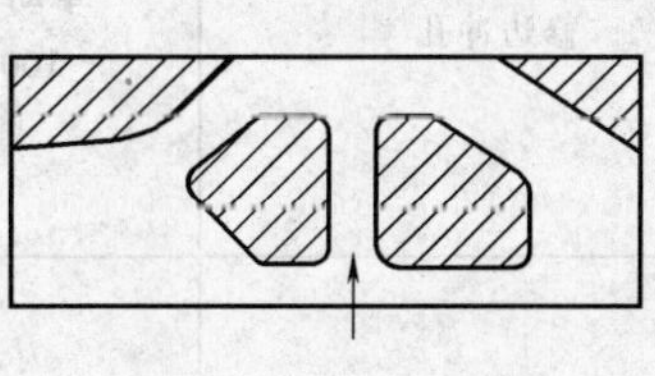
2	拉深	双动压力机 20000kN	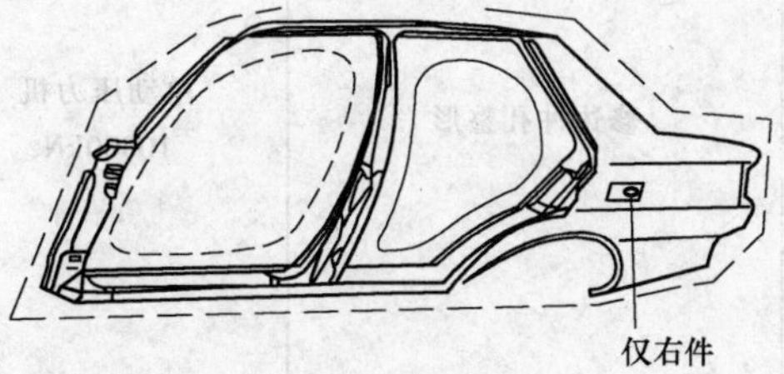 仅右件

（续）

工序	工艺说明	设备	简图
3	修边冲孔	单动压力机 10000kN	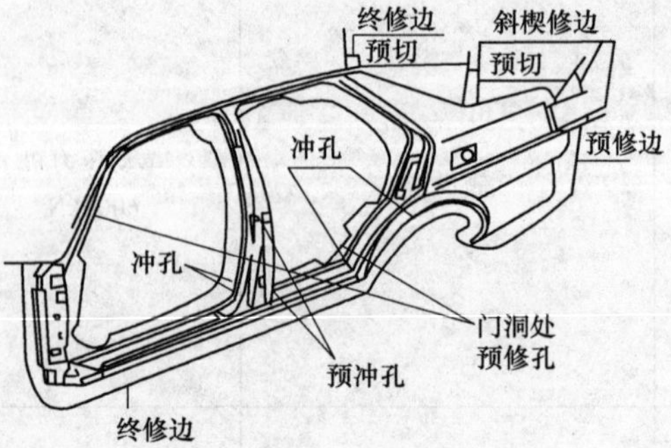 终修边；预切；斜楔修边；预切；冲孔；预修边；冲孔；门洞处预修孔；预冲孔；终修边
4	翻边整形冲孔	单动压力机 10000kN	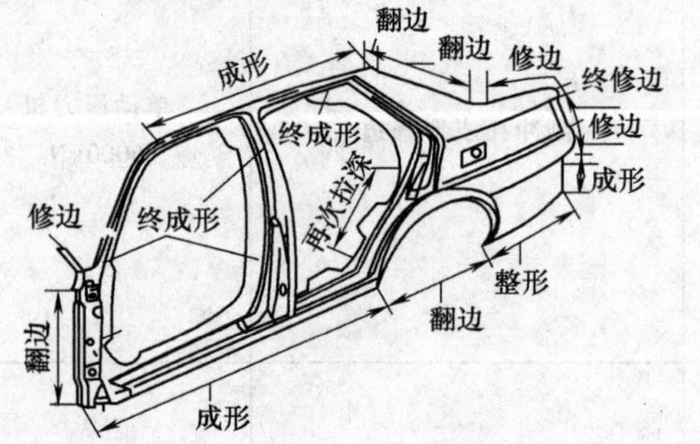 翻边；翻边；修边；终修边；成形；终成形；修边；成形；修边；终成形；再次拉深；整形；翻边；翻边；成形
5	翻边整形冲孔	单动压力机 10000kN	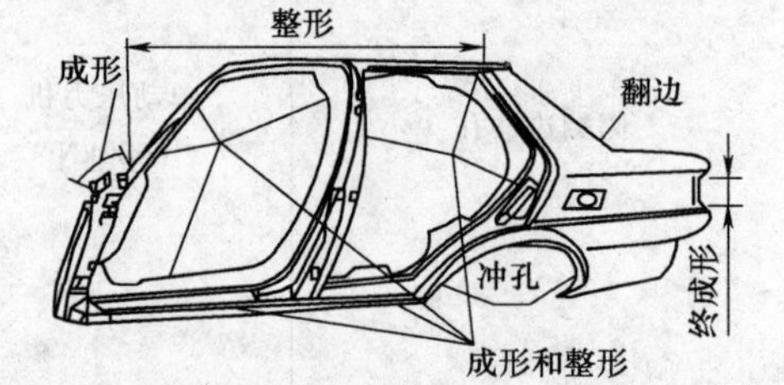 整形；成形；翻边；冲孔；终成形；成形和整形
6	修边冲孔	单动压力机 10000kN	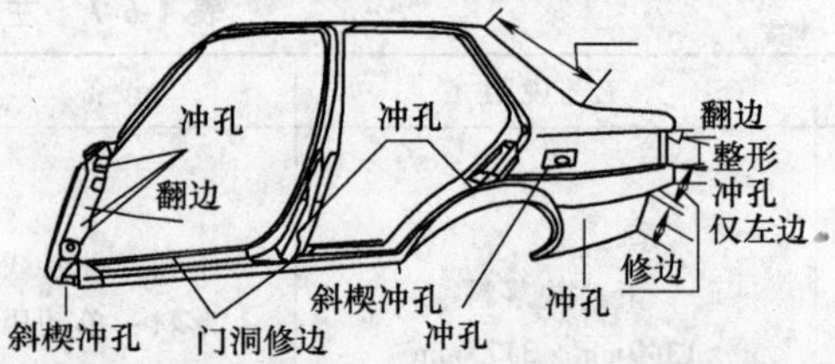 冲孔；冲孔；翻边；整形；冲孔；仅左边；翻边；修边；斜楔冲孔；冲孔；冲孔；斜楔冲孔；门洞修边
7	修边冲孔整形	单动压力机 10000kN	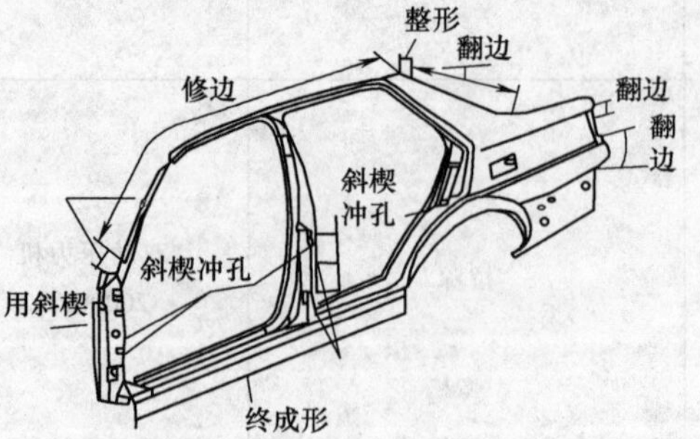 整形；翻边；修边；翻边；翻边；斜楔冲孔；斜楔冲孔；用斜楔；终成形

6.2　冲压毛坯形状和尺寸的确定

6.2.1　毛坯形状和尺寸的确定

确定毛坯形状和尺寸主要有毛坯尺寸展开和试验修正两大步骤。

1. 毛坯尺寸的平面展开

计算简单形状零件的毛坯尺寸时，一般根据面积不变原则，即冲压件的表面面积等于毛坯面积。但对于汽车覆盖件，由于是空间曲面，形状复杂，要准确计算拉深件的表面面积是非常困难的。因此，在进行覆盖件毛坯形状和尺寸展开时可采用“断面线长展开法”，具体步骤见表 4-6-8。

2. 试验修正毛坯形状和尺寸

按上述方法展开的毛坯形状和尺寸不一定是最合理的，其面积也不一定与拉深件的表面面积相等。因此，在利用这种毛坯拉深成形试冲时，还要根据拉深成形试冲的情况进行修正。步骤为：

1）按展开毛坯的形状和尺寸裁剪一块毛坯，进行试冲。

表 4-6-8　断面线长展开法的具体步骤

步骤	名称	简　　图	说　　明
1	在拉深件上取若干断面，计算其长度	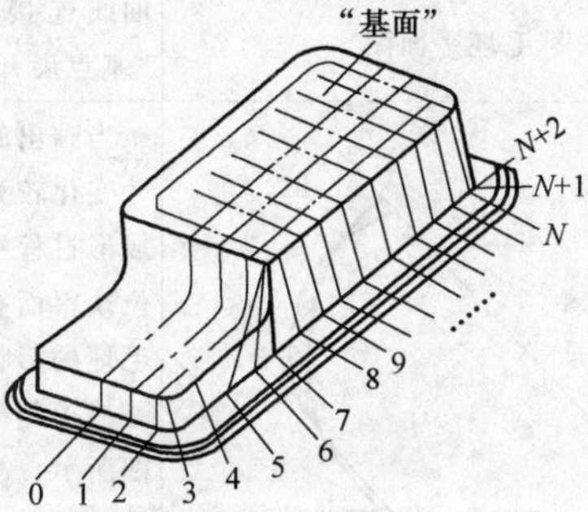 “基面” N+2　N+1　N　0 1 2 3 4 5 6 7 8 9 “基面展开法”原理图 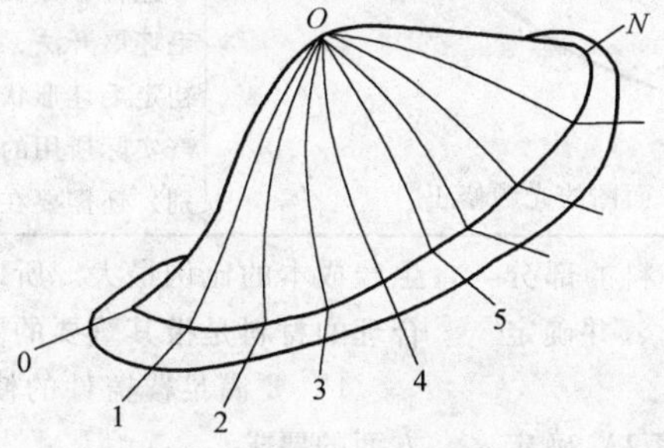 O　N　0 1 2 3 4 5 “基点展开法”原理图	根据具体覆盖件的结构形状，可分为“基面展开法”和“基点展开法”两种 “基面展开法”原理：对具有平面底部或接近于平面底部的拉深件，底部在成形过程中所产生的塑性变形很小甚至不变形。这时，以凸模圆角以内的底部面积作为基准，画出各断面线长，并进行计算 “基点展开法”原理：对具有较大曲率底部的拉深件，底部在成形过程中将会产生塑性变形和流动。这时，以底部的某点 0 为基准点，每间隔一定的角度，向周围各个方向画断面线，并计算各断面的线长
2	按断面线长画平面图	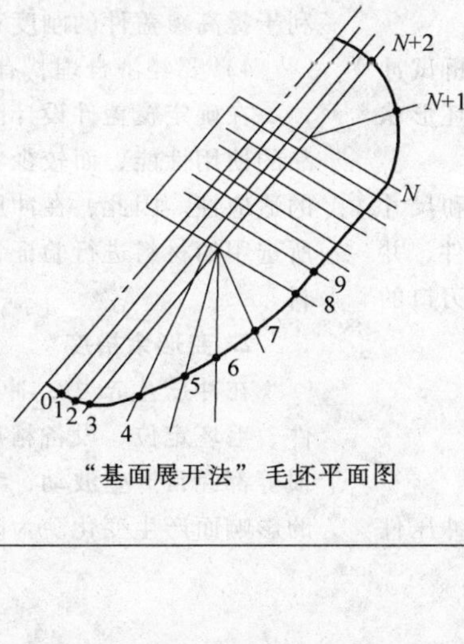 N+2　N+1　N　9 8 7 6 5 4 3 2 1 0 “基面展开法”毛坯平面图	按“基面展开法”原理展开时，先按拉深件底部（凸模圆角以内）的面积画出基准部分的面积，然后，沿“基面展开法原理图”相同的各个方向画出相应的线长，最后将各个断面线长的端点用圆滑曲线连接起来，得到毛坯的平面图，如“基面展开法”毛坯平面图所示 按“基点展开法”原理展开时，先确定一个基准点 0，然后以与“基点展开法”原理图相同的角度间隔向周围各方向画出相应的线长，最后将各个断面线长的端点用圆滑曲线连接起来，得到毛坯的平面图，如“基点展开法”毛坯平面图所示

（续）

步骤	名称	简　图	说　明
2	按断面线长画平面图	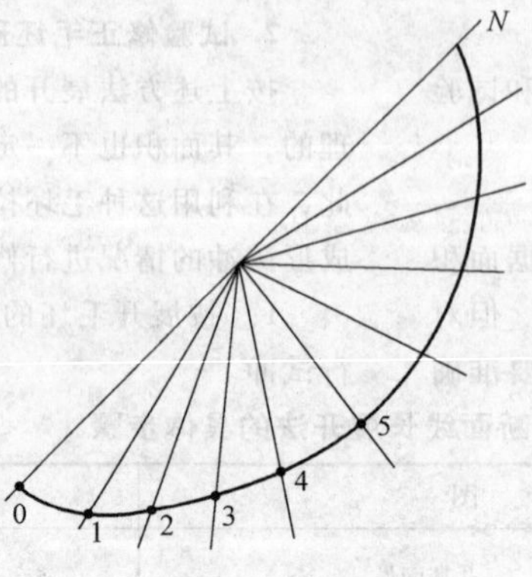 N 0 1 2 3 4 5 “基点展开法”毛坯平面图	按“基面展开法”原理展开时，先按拉深件底部（凸模圆角以内）的面积画出基准部分的面积，然后，沿“基面展开法原理图”相同的各个方向画出相应的线长，最后将各个断面线长的端点用圆滑曲线连接起来，得到毛坯的平面图，如“基面展开法”毛坯平面图所示 按“基点展开法”原理展开时，先确定一个基准点0，然后以与“基点展开法”原理图相同的角度间隔向周围各方向画出相应的线长，最后将各个断面线长的端点用圆滑曲线连接起来，得到毛坯的平面图，如“基点展开法”毛坯平面图所示
3	按面积相等原则进行毛坯轮廓光顺修正	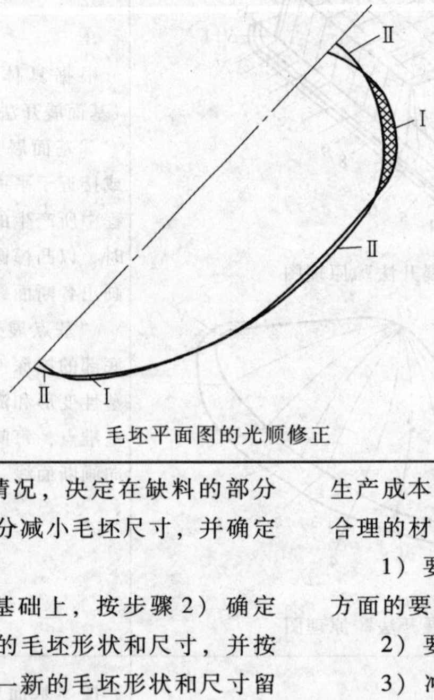 Ⅱ Ⅰ Ⅱ Ⅱ Ⅰ 毛坯平面图的光顺修正	当画出的毛坯平面图上的形状过渡部分尺寸变化较大时，说明这种形状的毛坯在冲压成形过程中会出现变形不协调，产生有的部位缺料而有的部位多料的现象。这时，应对毛坯的形状进行光顺修正。光顺修正的原则是减掉部分的面积等于增加部分的面积。如图所示，减掉的Ⅰ部的面积等于增加的Ⅱ部的面积 这种“断面线长展开法”是一种近似的毛坯展开法，展开结果可用于工艺设计时的初定毛坯形状和尺寸，但这一结果与最终生产实际所用的毛坯形状和尺寸会有一定的差别，还需要在冲模调试时进行修正

2）根据试冲时出现的情况，决定在缺料的部分增加毛坯尺寸，在多料的部分减小毛坯尺寸，并确定增加或减小部分的尺寸。

3）在上次所用毛坯的基础上，按步骤2）确定的增加或减小的尺寸画出新的毛坯形状和尺寸，并按此裁剪一块毛坯。同时将这一新的毛坯形状和尺寸留底。

4）用新裁剪的毛坯进行试冲，并观察分析试冲中出现的新问题，决定是否需要进一步修正毛坯形状和尺寸。

5）重复步骤3）和4），直至毛坯的形状和尺寸完全满足冲压成形的需要，冲制出合格的拉深件，并将最后一次的毛坯形状和尺寸作为设计落料模刃口的形状和尺寸。

6.2.2　合理毛坯材料的选择

1. 选择合理毛坯材料的意义

在汽车覆盖件冲压生产过程中，原材料占冲压件生产成本的比例最大。所以，对汽车覆盖件来说选择合理的材料是极其重要的。所谓合理材料的含义为：

1）要满足覆盖件的使用性能，如强度、刚度等方面的要求。

2）要满足冲压成形时所需要的成形性能。

3）冲压成形中能充分发挥其塑性变形能力，有利于提高覆盖件的刚度和形状冻结性。

4）要经济合理，有利于降低成本。

在确定覆盖件设计阶段所用材料时，主要考虑产品的使用性能，而较少考虑材料对覆盖件冲压工艺性的适应性。因此，在冲压覆盖件时，应对产品设计时所选用的材料进行验证，或选择更合理、更经济的材料。

2. 变形余裕度

在冲压生产中，冲压条件（如压边力、润滑条件、毛坯定位、设备精度等）、材料性能以及模具磨损等都经常产生波动，毛坯的变形也必然会受到它们的影响而产生变化。为防止因上述因素的波动而引起毛坯在冲压过程中的塑性破坏，毛坯上的最大变形必须控制在一定的范围内，留有一定的余地，才能保证冲压生产的稳定性。

变形余裕度就是毛坯的实际变形与其变形极限的差别。即毛坯在目前的变形程度下，沿原变形路径尚具有的继续变形的能力。

如图 4-6-2 所示，若某冲压件毛坯某一测量点的最大主应变 $\varepsilon_1=\varepsilon_s$，在该变形路径下最大主应变的极限应变为 ε_K，则该测量点的变形余裕度用 $\Delta\varepsilon$ 表示为

$$\Delta\varepsilon = \varepsilon_K - \varepsilon_s \tag{4-6-1}$$

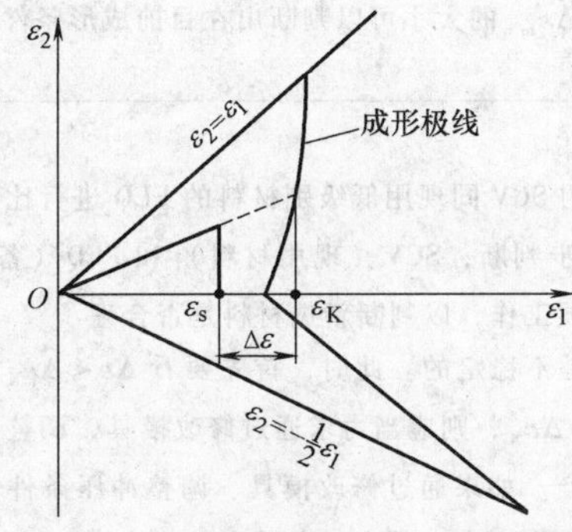

图 4-6-2 变形余裕度的取法

在毛坯的变形区内，不同部位的变形情况是不同的。所以，每一个测量点都有一个 $\Delta\varepsilon$，而全部测量点中必有一个测量点的 $\Delta\varepsilon$ 为最小值，将其记为 $\Delta\varepsilon_{min}$，$\Delta\varepsilon_{min}$ 可视为该冲压件在目前条件下冲压成形时的变形余裕度。

变形余裕度 $\Delta\varepsilon_{min}$ 的大小表示了该冲压件上变形最大处接近变形极限的程度，也表示了冲压生产的稳定程度。$\Delta\varepsilon_{min}$ 越大，冲压生产稳定性越好；反之，$\Delta\varepsilon_{min}$ 越小，冲压生产稳定性越差。

为保证冲压生产的稳定性，一般要求最小变形余裕度不小于 0.08 ~0.10（用伸长率来表示时为 8% ~10%），把这个稳定生产所允许的变形余裕度称为 $\Delta\varepsilon_K$，即

$$\Delta\varepsilon_K \geqslant 0.08 \sim 0.10 \tag{4-6-2}$$

如图 4-6-3，在成形极限图内作一条线，使这一曲线上的每一点（即一个变形状态）的变形余裕度 $\Delta\varepsilon$ 都相等，把这条曲线称为等变形余裕度线。因此，变形余裕度为 $\Delta\varepsilon_K$ 的等变形余裕度线就成为稳定生产的极限线。当冲压毛坯上各处的变形位置都在成形极限线 FLD 的左侧时，可保证稳定生产。

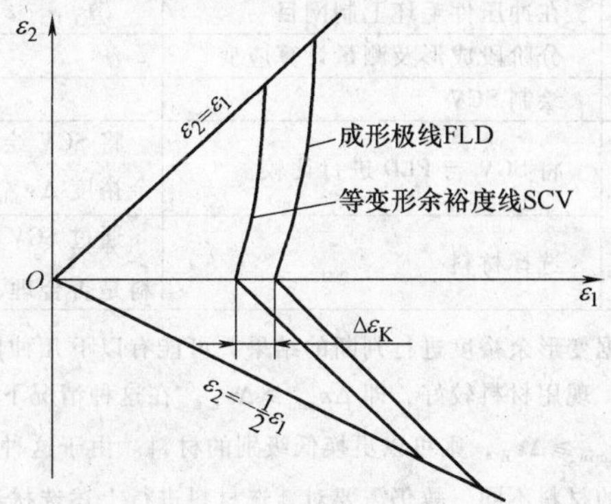

图 4-6-3 等变形余裕度曲线

3. 根据 SCV 和 FLD 选择毛坯材料

利用 SCV 和 FLD 选择冲压材料，就是在充分发挥材料的塑性变形能力，保证零件成形质量的前提下，选择价格较低、性能适当的材料，使产品成本降低。

利用 SCV 和 FLD 选择材料的过程见表 4-6-9。

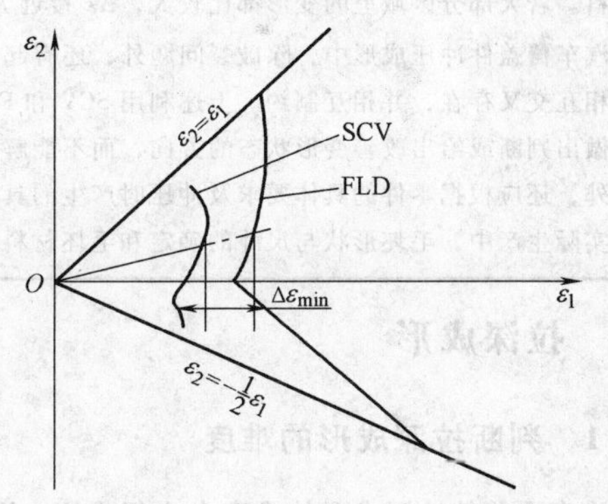

图 4-6-4 SCV 与 FLD 的比较

表 4-6-9 利用 SCV 和 FLD 选择材料的过程

序号	名称	内 容
1	对覆盖件拉深进行细致的变形分析	由于汽车覆盖件在冲压成形中的变形复杂，毛坯上不同部位不仅变形大小不同，变形性质也可能是不同的，有的部位属于一拉一压应力状态下的拉深变形，有的部位属于双向拉应力下的胀形变形。同时，成形过程中的变形路径也会有不同的变化。因此，在进行毛坯材料选择时，必须对毛坯各部位的变形进行详细分析，判断哪变形性质、变形过程和变形程度，判断哪几个部位的变形达到极限变形的可能性较大，从而确定需要进行测量变形的部位，即在毛坯上制网目的部位

（续）

序号	名称	内容
2	绘制 FLD	用产品图样规定的材料进行 FLD 试验，并绘出该材料的 FLD 图。同时，还要绘制出备选材料的 FLD 图。备选材料一般用与产品图样规定材料型号相同、厚度相同、但级别不同的材料。因为，用不同级别的同种材料对产品的使用性能影响不大，但成形性能有较大差别，价格也有不小的差别
3	在冲压件毛坯上制网目	
4	分阶段成形及测量计算应变	
5	绘制 SCV	
6	将 SCV 与 FLD 进行比较	将 SCV 绘入 FLD 内（图 4-6-4），即可得到拉深件毛坯上测量区域内的最小变形余裕度 $\Delta\varepsilon_{min}$
7	选择材料	通过 SCV 与 FLD 的比较，根据 $\Delta\varepsilon_{min}$ 的大小可以判断出在目前成形条件下所用材料是否合理

根据变形余裕度进行判断的结果，可能有以下几种情况：

① 现用材料较好，即 $\Delta\varepsilon_{min} \geqslant \Delta\varepsilon_K$。在这种情况下，可首先将前面得到的 SCV 同现用低级别材料的 FLD 进行比较，若仍有 $\Delta\varepsilon_{min} \geqslant \Delta\varepsilon_K$，则可以更换低级别的材料。由于这种比较只是进行一个初步判断，SCV（现用材料）和 FLD（备选材料）所用的材料不同，故仍需要对新选材料进行上述选材步骤中 3）～6）的各项工作，以判断新选材料是否合理

② 现用材料较差，即 $\Delta\varepsilon_{min} \leqslant \Delta\varepsilon_K$，甚至接近极限变形，说明冲压生产是不稳定的。此时，首先要看 $\Delta\varepsilon < \Delta\varepsilon_K$ 的区域大小，如果仅在某个小区域里 $\Delta\varepsilon$ 很小，而毛坯上其他区域里的变形都为 $\Delta\varepsilon > \Delta\varepsilon_K$，则应当力求通过修改模具、调整冲压条件等来改善该区域的变形，使 $\Delta\varepsilon_{min} > \Delta\varepsilon_K$。那么，使用现有材料即可稳定生产。如果通过修改模具、调整冲压条件等方面的措施仍不能达到增大 $\Delta\varepsilon$，且使 $\Delta\varepsilon_{min} > \Delta\varepsilon_K$ 的目的，那么，就应选用级别高的材料，并进行选材步骤 3）～6）的工作，以保证生产的稳定性

③ 现用材料合理。这种情况下，各区域的变形均有 $\Delta\varepsilon > \Delta\varepsilon_K$，但若只是某个小区域内的 $\Delta\varepsilon$ 近 $\Delta\varepsilon_K$，而其他区域里 $\Delta\varepsilon_{min} >> \Delta\varepsilon_K$，则应通过采取改变模具和工艺等方面的措施，使 $\Delta\varepsilon$ 小的个别区域的变形得到改善，并考虑可否选用低级别的材料。若大部分区域里的变形都比较大，$\Delta\varepsilon$ 接近 $\Delta\varepsilon_K$，则使用现用材料为宜

在汽车覆盖件冲压成形中，除破裂问题外，还有起皱、滑移线、表面粗糙、刚度不足等问题。而且许多情况下，几种问题往往相互交叉存在，并相互制约。上述利用 SCV 和 FLD 只是从避免塑性破裂的角度出发，对毛坯的变形是否接近极限变形状态做出判断或给出改善变形状态的方向，而不能解决其他问题。因此，在选择冲压材料的过程中，除考虑材料的变形余裕度之外，还应根据零件的具体要求及冲压时产生的具体问题，考虑材料性能的影响，选择最合理的材料

在实际生产中，毛坯形状与尺寸的确定和毛坯材料的选择应同时进行

6.3 拉深成形

6.3.1 判断拉深成形的难度

汽车覆盖件拉深成形的难度大小很难用一两个冲压参数来表达，但在进行拉深工艺设计时，要根据拉深件的结构特点和初步确定的模具结构，对其变形特点进行较细致的分析，判断出成形过程中拉深件各部位的变形趋向、成形难度和可能出现的主要问题及其发生部位，以及通过模具调试是否可能解决这些问题。

6.3.2 汽车覆盖件拉深成形工艺的设计原则

在进行覆盖件的拉深工艺设计时，应遵循表 4-6-10 中的设计原则。

表 4-6-10 覆盖件拉深工艺设计时应遵循的原则

序号	名 称	内 容
1	一次拉深成形	对汽车覆盖件成形来说，由于形状复杂，二次拉深的变形几乎是无法控制的，即使能用二次拉深成形，覆盖件表面质量也得不到保证。因此，应尽可能用一道拉深工序成形出覆盖件形状。特别是外覆盖件，对喷涂装饰以后的表面质量有特别要求，同一曲面必须一次拉深成形。如果用两次成形，其交接处会残存不连续的表面，使表面质量恶化
2	布置拉深肋（槛）	对大多数覆盖件的拉深成形都需要设置拉深肋。特别是表面较为平坦的覆盖件拉深成形时，其主要变形方式为胀形变形，必须设置适当的拉深肋、拉深槛，以调整各部位的材料变形流动状况，达到良好的效果。所以，进行拉深工艺设计时就必须考虑到拉深肋或拉深槛的布置

（续）

序号	名　称	内　容
3	拉深件局部形状的修改	在覆盖件的主要结构面上，往往有急剧的凸凹折曲和较深的鼓包等局部形状。为满足合理拉深成形条件的要求，在制定拉深工艺时，可以对拉深件的形状进行局部修改，通过加大过渡区域和过渡圆角，改善材料的流动和补充条件 覆盖件的焊接面不允许存在皱折、回弹等质量问题，对不规则的形状只能考虑在拉深工序就成形出焊接面 对拉深件局部形状的修改，如果是在零件本体上，则要在修边或翻边工序中进行校形，以达到零件要求的尺寸
4	工艺孔与工艺切口的设置	对一些拉深深度较深或胀形变形较大、容易产生破裂的部位，若正好存在内工艺补充部分，则应在拉深工序中考虑增加工艺孔或工艺切口来改变毛坯的变形程度，消除破裂因素
5	拉深工序中的冲孔	定位用凸台　外形修边线 a) 在倾斜表面上冲定位孔 50° 在水平面上冲定位孔 b) a）定位凸台示意图　b）冲制定位孔的方法 覆盖件上的孔一般应在零件拉深成形后冲出，以预防预先冲制的孔在拉深过程中发生变形。但对位于零件上不变形或变形极小部位的孔，也可以在拉深工序冲出 当拉深件的形状是光滑曲面时，轮廓形状在修边工序中不能用于定位。这时要在拉深件的工艺补充部分增设定位凸台（图 a），或在接近拉深成形结束时冲制定位孔（图 b）
6	毛坯状态	当压料面形状起伏很大时，平板毛坯在压料阶段就会发生皱折、翘曲等，而且在以后的成形过程中不能完全消除，因此，要将毛坯进行一定程度的弯曲，以接近压料面形状，使毛坯定位较稳定可靠，保证压料面材料变形流动顺利。拉深工艺设计时应考虑这一问题，并在工艺文件中标示清楚，或作为一个单独的毛坯预弯工序
7	有利于后工序加工	覆盖件在拉深工序后一般为修边、翻边等工序。在进行拉深件形状设计和拉深工艺设计时，预先要很好地考虑到前后各工序间的相互协调，为修边、翻边等工序提供良好的条件，包括变形条件、模具结构、零件定位、送料、取件等，并保证使各工序的成形条件达到良好状态

6.3.3　工艺孔和工艺切口

1. 工艺孔和工艺切口的作用

当进行内工艺补充后，零件的内孔已被封闭，往往形成拉深件内部的反成形形状。这部分形状的成形一般不能靠外部材料进行补充，只能靠该部分毛坯的胀形（即厚度变薄）来实现面积的增大。这样会使这部分材料在冲压成形过程中很容易出现破裂，且裂纹扩展到修边线以外（即冲压件上），甚至整个裂纹都发生在冲压件上。为解决内工艺补充带来的问题，一般采取在拉深毛坯的适当部位预冲工艺孔，或在拉深过程中局部变形区的适当部位冲切工艺切口的方法，使容易破裂区域的变形情况得到改善，并可以从相邻区域得到材料补充，避免破裂的产生。如汽车车门内板、外板、上后围内板、上风窗盖等结构都需要采用工艺孔或工艺切口来避免开裂现象。

2. 工艺孔和工艺切口的条件

必须在容易破裂的区域附近设计工艺孔或工艺切口，同时又必须设置在内工艺补充部分上，从而保证在修边后把这部分全部切掉，不影响覆盖件本体。

3. 工艺孔和工艺切口的制法

1）落料时冲出工艺孔——用于局部成形深度较浅的场合。

2）拉深过程中切出——它充分利用材料的塑性。即在拉深开始阶段，切口周围区域的材料都产生塑性变形，且以径向伸长变形为主，切向伸长变形较小，切工艺孔或切口后切向会成为最大变形方向，从而使材料的塑性变形能力得到较大的发挥，成形深度可以加深。

3）在拉深过程中一般是冲切工艺切口，即不让切口处的材料与本体分离，这样，这部分废料可在后工序中与其他部位的废料一并切除。否则，在拉深模中必须考虑清除废料的问题，这会使拉深模结构复杂，操作困难。

4. 工艺孔或工艺切口的布置原则

工艺孔或工艺切口的大小和形状要视其所处的区域情况和其向外补充材料的要求而定，一般要注意表4-6-11 所示原则。

表 4-6-11　工艺孔或工艺切口的布置原则

序号	内　容	图　例
1	应与局部成形的形状相适应，以使材料能合理流动	
2	在有多个工艺孔或工艺切口时，它们之间应留有足够的搭边，以使凸模能张紧材料，保证成形出清晰的棱边并避免出现波纹等缺陷，而且修边后可获得良好的翻边质量	
3	切口的切断部分（开口）应临近局部成形部分的边缘或容易产生破裂的区域（汽车门外板工艺切口图，工艺切口布置图）	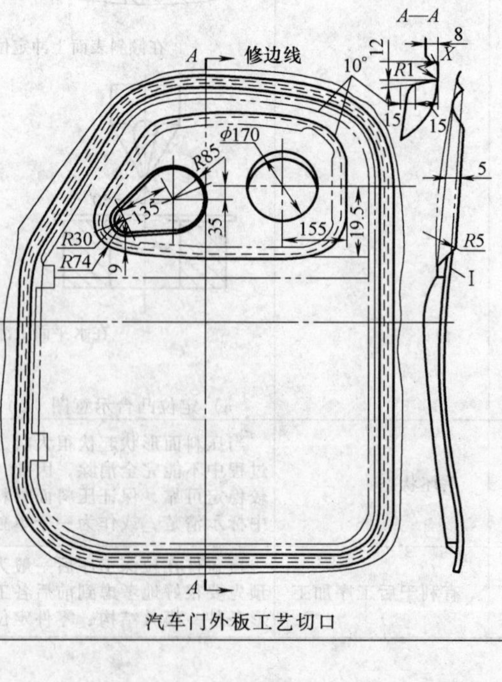 汽车门外板工艺切口

（续）

序号	内　　容	图　　例
4	切口的数量与大小应保证局部成形部分各处材料的变形趋于均匀，否则不一定能防止裂纹的产生。如图 a 所示，在只有左右两个切口时，中间部位仍然开裂，再增加中间切口后，才能完全避免开裂现象	修边线 120 10 ϕ150 ϕ130 ϕ130 530 a) b) 工艺切口布置

6.3.4　落料预成形

有的拉深件会因底部的局部形状而造成拉深成形过程的失败。在可能的情况下，落料工序就使这部分形状预成形，从而大大改善该部位的受力状态，使拉深成形顺利实现。

如图 4-6-5a 所示是某汽车油底壳拉深件简图。该零件的底部有一个放油孔，它的最低点比零件底面还低，即 h 约为 11mm。当用平板毛坯进行拉深试冲时，由于放油孔部分首先进行一定的胀形变形，然后要在拉深过程中承受很大的拉深力，当它所承受的拉深力大于它本身的传力能力时，就在此处产生了破裂，调整其他冲压条件也不能解决。

由于放油孔的高度不是太大，可以胀形成形。所以，采取在落料时就进行放油孔部位的预成形方案，改变了毛坯在拉深成形时的受力状态，从而解决了放油孔处的破裂问题。落料预成形部分的毛坯如图 4-6-5b 所示。

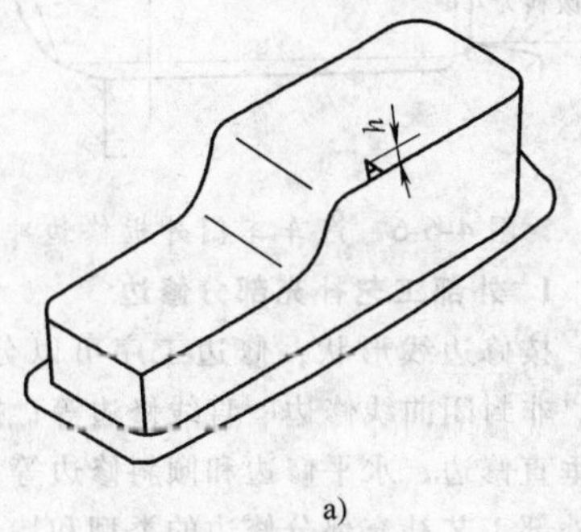

a)

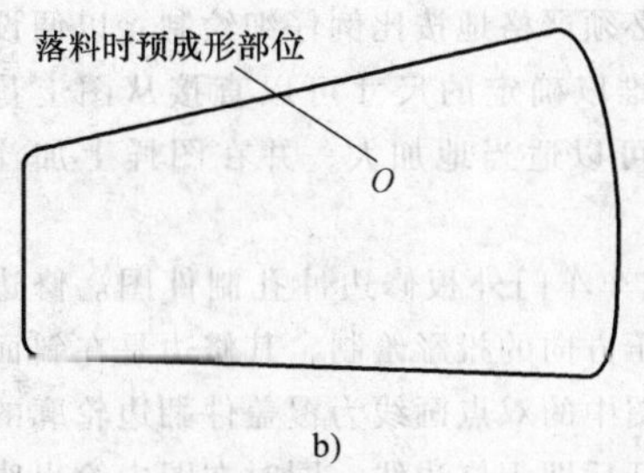

b)

图 4-6-5　油底壳拉深件简图与毛坯简图

在毛坯上冲工艺孔或进行局部形状的预成形，往往是在拉深试冲时才能确定的（或需要修改），这种情况下，需要对冲压工艺进行修正。

6.3.5　拉深方向的标注

在进行拉深件设计时，应确定冲压方向，并标注在拉深件图上，同时在冲压工艺文件上也应清楚地标注冲压方向。

标注冲压方向时应注意以下问题：

1）能使模具设计人员、现场施工员及操作工人等明确辨明冲压方向而不引起异议。

2）能使模具设计人员在进行模具设计时方便地确定拉深件在拉深模中的唯一位置。

3）在拉深冲压方向垂直于拉深件的某一平面时，

应以此平面为基准进行标注。

6.3.6 冲压设备选择

双动压力机具有行程大、压边力稳定且容易调整等特点，故覆盖件的拉深成形一般选用双动压力机。但对相对较小的零件也可选用单动压力机。

在选用双动压力机时，主要应从表4-6-12所示的几个方面考虑。

表4-6-12 选用双动压力机时考虑的因素

序号	名 称	内 容
1	拉深力	对汽车覆盖件的拉深成形来说，很难计算出较准确的拉深力，一般要根据工艺人员的经验估测出所需要的成形力。拉深成形所需的拉深力要小于双动压力机内滑块的公称力
2	压边力	一般也是由工艺人员估测拉深成形所需的压边力。拉深成形所需的压边力要小于外滑块公称力
3	模具外形尺寸	设备工作台面尺寸要大于模具外形尺寸（一般每个方向要大出200mm以上），以方便地安装模具
4	拉深件的深度	设备内滑块的行程要比拉深件深度的两倍大200mm以上，设备外滑块的行程要比拉深件深度大200mm以上
5	闭合高度的确定与一般冲压工艺的设计原则相同	

在选用单动压力机时，主要考虑工作台面尺寸、闭合高度、滑块行程、气垫行程及气垫压力等，其确定方法与一般冲压工艺的设计原则相同

6.4 拉深件修边

6.4.1 修边制件图

修边制件图（又称修边工序图）是将覆盖件的翻边部分沿其型面展开而得到的。

根据修边工艺中确定的原则，绘制修边制件图。修边制件的冲压方向与其装配位置一致时，其修边线直接按覆盖件图绘制，如汽车车门左、右内板，其修边线即是制件本身的凸缘线；修边制件的冲压方向与其装配位置不一致时，其修边线以制件图按冲压方向的投影绘制，投影图的外形即修边线的外形。从几个方向对不同部位进行修边时，要分别画出各部位的修边线。

修边制件图必须严格地按比例仔细绘制，以便设计修边模时有些难以确定的尺寸可以直接从图上量取。量取的尺寸可以适当地加大，并在图样上加注“毛坯”字样。

图4-6-6是汽车车门外板修边冲孔制件图。修边线按覆盖件图冲压方向的投影绘制，其修边是在斜面上作垂直修边。图中的双点画线为覆盖件翻边轮廓的投影，将翻边展开后即为修边线，同时在图中绘出废料刀位置示意图。

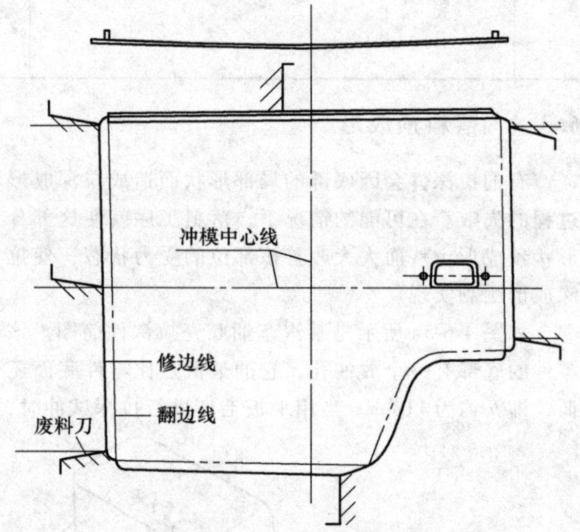

图4-6-6 汽车车门外板修边冲孔制件图

6.4.2 拉深件修边

修边工序是指为保证拉深成形而冲裁掉在冲压零件的周围增加的工艺补充部分和在冲压件内部增加的工艺补充部分的冲压工序。该工序是保证汽车覆盖件零件尺寸的一道重要工序，修边线的确定是该工序的关键。

1. 外部工艺补充部分修边

按修边线形状，修边工序可以分为封闭曲线修边、非封闭曲线修边、直线修边等；按修边方向可分为垂直修边、水平修边和倾斜修边等。表4-6-13给出了外部工艺补充部分修边的类型和特点。

2. 内部工艺补充的修边

内部工艺补充部分的修边线必然是封闭曲线，修边后成为内部的孔洞，大多数的内孔还要进行翻边等加工。

内孔修边一般是与外缘修边在同一工序加工，垂直修边。但对一些型面曲率较大部位的内孔修边要注意修边方向与型面之间的关系，最好不要形成角度很大的倾斜修边，以便保证修边质量。

表 4-6-13　外部工艺补充部分修边的类型和特点

序号	类型	图　　例	特　　点
1	封闭曲面修边	图 4-6-6	主要适用于翻边曲率较大，翻边高度较大的情况。这种修边所用的模具相应较简单
2	非封闭曲线修边	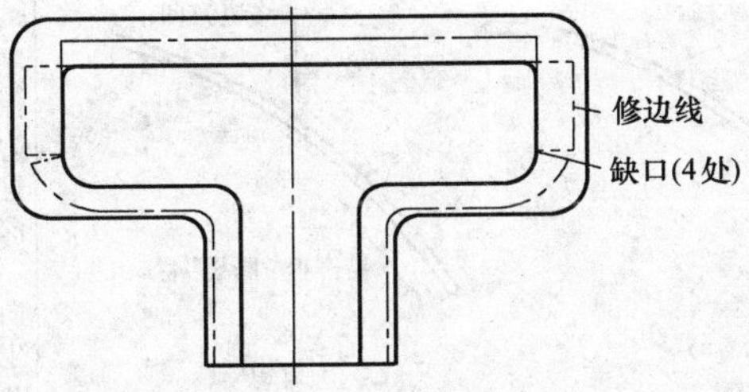 修边线 缺口(4处)	主要适用于翻边曲率较大、翻边高度较大的情况，这种修边件所用模具需要多加横向切刀，有时要切出切口(图示)，其模具结构相对复杂
3	直线修边		是最简单的修边方式，模具结构也简单
4	垂直修边	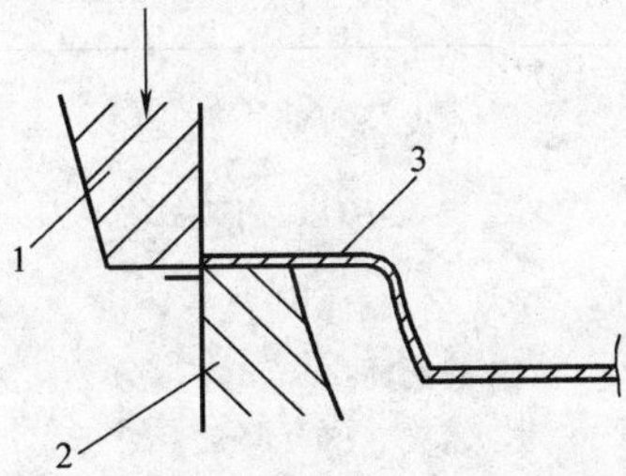 1—修边凹模　2—修边凸模　3—修边件	是指修边凸（凹）模沿垂直方向作上下运动的修边加工。垂直修边所用模具结构简单，废料处理也比较方便
5	水平修边	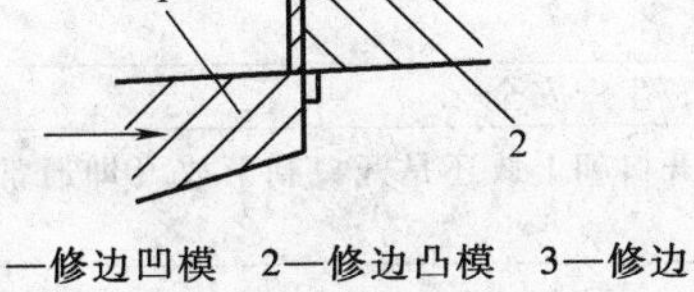 1—修边凹模　2—修边凸模　3—修边件	是指修边凸（凹）模沿水平方向运动的修边加工。凸（凹）模水平方向的运动可以通过斜楔机构或通过在模具上加装水平方向运动的液压缸来实现
6	倾斜修边	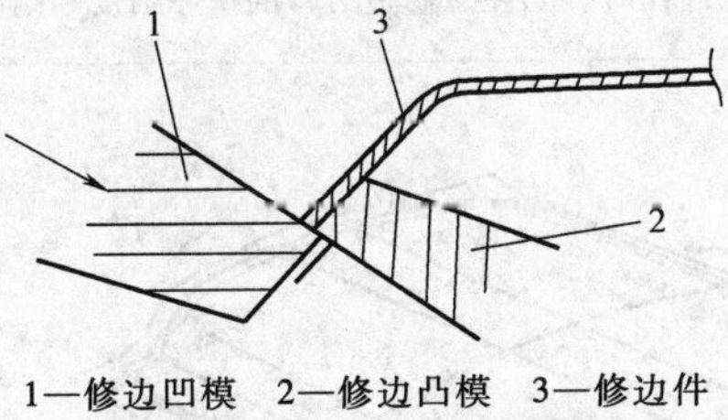 1—修边凹模　2—修边凸模　3—修边件	是指修边凸（凹）模沿与垂直方向成一定角度的方向运动的修边加工。凸（凹）模倾斜方向的运动可以通过斜楔机构或通过在模具上加装倾斜方向运动的液压缸来实现

6.4.3　拉深件的切断

切断工序主要用于在一副拉深模中一次拉深成形出制品后再分离成两件或多件修边件。表 4-6-13 中的倾斜修边所示拉深件为一件，按图中的切断线切断后，分别成为左件和右件。在设计这种拉深件时，要考虑切断部分宽度的大小，宽度太小会造成切断凸模的强度太低，加工时易折断。

6.4.4　修边与切断工序的工艺设计

1. 选择修边方向

所谓修边方向是指修边凸（凹）模的运动方向，它与压力机滑块的运动方向不一定是一致的。选择修边方向时应考虑的因素见表 4-6-14。

表 4-6-14 选择修边方向应考虑的因素

序号	名称	图例	说明
1	保证修边质量	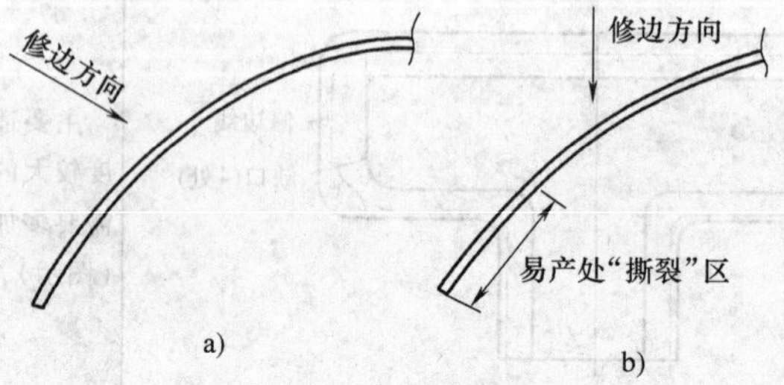 修边方向 修边方向 易产处“撕裂”区 a) b) 修边方向与撕裂现象	修边方向选择得是否合理，直接影响到修边质量。所以，在选择修边方向时首先要考虑如何保证修边质量 受拉深制件结构和修边位置的限制，在许多部位采用垂直修边不能保证修边质量，修边方向需要与压力机滑块的运动方向成某一角度。这时所选择的修边方向应力求与拉深件型面相垂直，如图 a 所示 若修边方向与制件型面的法线方向的夹角过大，会在修边过程中产生撕裂现象（图 b）。同时，由于凸凹模刃口部位呈锐角，模具易损坏，寿命低。因此，一般要求修边方向与制件型面的法线方向之间的夹角在15°以内比较好，最大不超过30°
2	尽量使模具结构简单		合理的修边方向应尽量使模具结构简单，以减少模具费用。垂直修边（修边方向与压力机滑块的运动方向一致）所用模具结构是最简单的，故在选择修边方向时应尽量选择垂直修边 在不能进行垂直修边时，可以通过模具结构的合理改变（如采用斜楔模）或增加该方向的动力装置（如在模具上增加动力缸等）来改变修边方向
3	汽车覆盖件修边时，不同的部位可能需要不同的修边方向		对于这种情况，在修边件图上和工艺卡上要注明修边部位及修边方向
4	拉深件的定位要可靠，操作者操作方便，生产安全		
5	在选择修边方向时，还要确定拉深件是开口朝上放还是开口朝下放（即通常说的“仰”着放和“趴”着放）。这两种放法所要求的模具结构是不同的		
6	充分考虑模具强度	在进行多处修边、冲孔时，要注意修边刃口的壁厚强度和耐疲劳强度	
7	废料处理的好坏对冲压作业的速度有很大影响，因而在工艺设计时要进行妥善处理	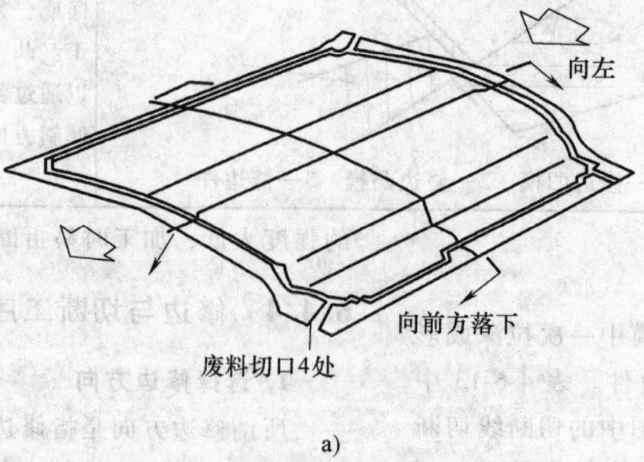 向左 向前方落下 废料切口4处 a) a）外边缘修边废料处理示意图	外边缘修边时：①修边废料的形状不要形成L形或U形；②废料刀不要平行配列，要考虑废料的流动方向应张开一定的角度（一般为5°～15°），如图a所示的废料切口；③手工处理废料时，废料的分割不要太小，形状较大的每一边的长度以400～700mm为宜；④采用废料自动滑落的废料溜槽时，溜槽的安装角度以30°左右为最好；⑤废料的流动方向不能妨碍工人的操作；⑥当废料自动下落有困难时，要考虑安装顶出器或弹性卸料装置

（续）

序号	名称	图　例	说　明
7	废料处理的好坏对冲压作业的速度有很大影响，因而在工艺设计时要进行妥善处理	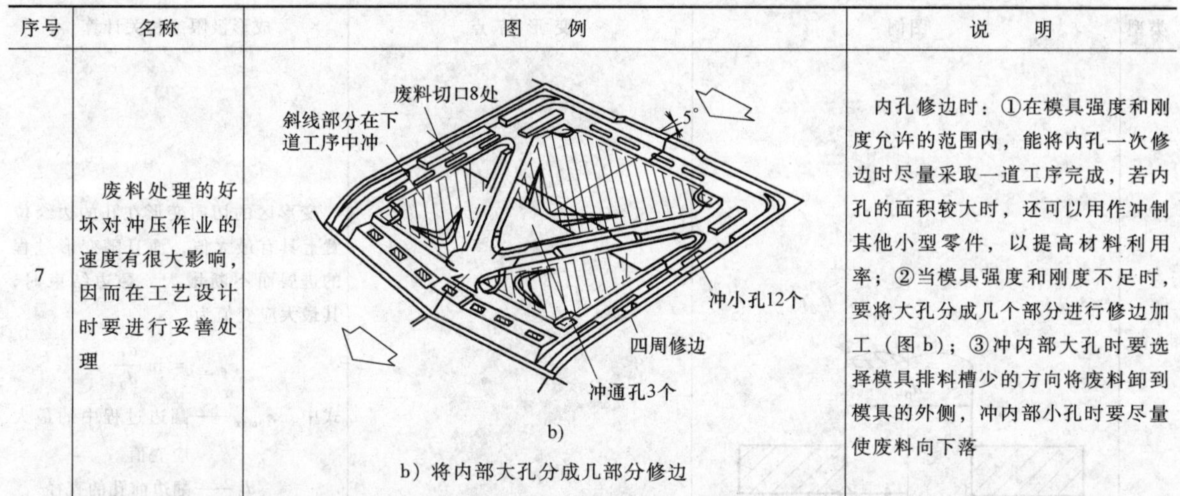 b）将内部大孔分成几部分修边	内孔修边时：①在模具强度和刚度允许的范围内，能将内孔一次修边时尽量采取一道工序完成，若内孔的面积较大时，还可以用作冲制其他小型零件，以提高材料利用率；②当模具强度和刚度不足时，要将大孔分成几个部分进行修边加工（图 b）；③冲内部大孔时要选择模具排料槽少的方向将废料卸到模具的外侧，冲内部小孔时要尽量使废料向下落

2. 修边部位和修边方向的标注

对形状复杂的拉深件进行修边时，为保证修边质量，不同的部位可能需要采用不同的修边方向。这种情况下，要在修边制件图上和工艺卡的工序件简图上将每一个修边方向都标注清楚，使修边模设计时容易确定，不引起异议。

3. 修边模结构的确定

在制定拉深件修边工艺时，要考虑到模具结构实现工艺要求的可行性。特别是在采用多个修边方向的修边工序中，实现工艺要求所需的模具结构比较复杂，要初步确定修边模的主要结构。

4. 修边件的尺寸标注

在进行修边制件尺寸标注时要掌握两点原则：一是关键尺寸和后工序不再进行变形的尺寸一定要按零件要求在工序件图上标注清楚；二是对不能确定的尺寸不要标注具体尺寸。因为曲面翻边工序变形复杂，仅从图样上进行分析不能准确确定所需修边件的具体尺寸，故立体曲面修边时的修边线尺寸此时不能准确确定，这时一般在工艺文件上的工序图中注明“试验确定”字样，通过试验确定准确的修边尺寸。

5. 修边工序中的工序复合

为减少模具数量、提高生产效率，经常在修边工序中进行整形、翻边或冲孔等工序。

在拉深工序中，为保证毛坯拉深变形的需要，有时要将拉深件的某些部位进行局部改变，如增大过渡区域、增大过渡圆角等。这些部位的形状变化通常安排在修边工序中进行整形，以达到覆盖件要求的形状和尺寸。在工序顺序上，一般是先进行整形，然后进行修边。

对一些形状简单、高度不大的翻边也可以安排在修边工序中。在工序顺序上，一般是先进行修边，然后进行翻边。

对一些不在翻边面上和翻边线附近的孔，也可以安排在修边工序中同时进行，这些孔在后面的工序中一般不会再发生变形。

6. 设备选择

修边冲压设备采用单动压力机。选择压力机参数时，首先选择设备的台面尺寸。因为修边时所需的冲裁力相对不大，一般只要设备的台面尺寸能够安装修边模具，设备的冲裁力就能满足修边要求，可以不进行冲裁力的计算。在水平或倾斜修边时，要把修边方向的行程换算成压力机滑块运动方向的行程，作为选择设备行程的依据。同时，设备的最大闭合高度要大于模具高度 10mm。

6.5　修边件翻边成形

翻边是在成形毛坯的平面部分或曲面部分使板料沿一定的曲线（翻边线）翻成竖立边缘的冲压加工方法。用翻边方法可以加工形状较为复杂、具有良好刚度的空间形状。

6.5.1　翻边变形特点

不同类型的翻边成形具有不同的变形特点，见表 4-6-15。

6.5.2　汽车覆盖件翻边件图

一般情况下，翻边件图的轮廓形状尺寸和立体形状与冲压零件的轮廓形状尺寸是不一致的，但有的翻边件还要进行冲孔工序，所以翻边件图一般可以用零件图来代替。

表 4-6-15　不同类型的翻边变形特点

类型	图例	变形特点	成形极限或相关计算
伸长类平面翻边	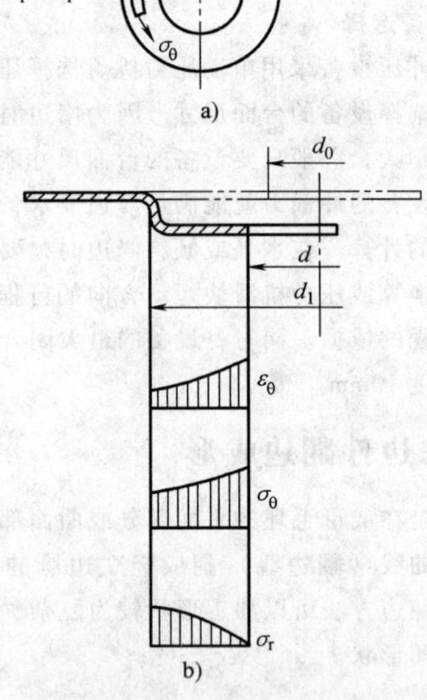 a）圆孔翻边时变形区的应力与应变 b）圆孔翻边时变形区的应力与应变的分布	圆孔翻边 圆孔内孔的翻边是伸长类平面翻边的形式，如图 a 所示。翻边前毛坯孔的直径是 d_0，翻边变形区是内径为 d_0、外径为 d_1 的环形部分。在翻边过程中，变形区在凸模的作用下其内径不断地增大，直到翻边结束时，变形区内径尺寸等于凸模的直径 d_p 在变形区内，毛坯受到两向拉应力——切向拉应力 σ_θ 和径向拉应力 σ_r 的作用，其中切向拉应力是最大主应力，最小主应力为零。径向拉应力 σ_r 是中间主应力，其值远小于切向拉应力 σ_θ。在翻边变形区内边缘的毛坯处于单向受拉的应力状态，只有切向拉应力的作用，而径向拉应力的数值为零，如图 b 所示	变形区的切向变形在孔的边缘位置上具有最大值，而且随变形过程的进展而不断增大，翻边结束时，其最大应变值为 $$\varepsilon_{\theta\max}=\ln\frac{d_1}{d_0}$$ 式中　$\varepsilon_{\theta\max}$——翻边过程中的最大应变值 d_0——翻边前孔的直径 d_1——翻边后竖边的直径 另外，在翻边过程中毛坯变形区的厚度不断变薄。翻边后所得到的竖边在边缘部位上厚度最小，其值约为 $$t=t_0\sqrt{\frac{d_0}{d_1}}$$ 式中　t——翻边后竖边边缘部位上板料的厚度 t_0——板材毛坯的原始厚度 圆孔翻边的极限变形程度用翻边系数计算，其值为 $$K=d_0/d_1$$ 翻边系数值 K 越小，翻边变形程度越大。极限翻边系数的大小主要取决于材料的塑性变形能力。因此，在翻边最大应变值小于材料的均匀应变值时，才能保证翻边成形的顺利实现，即 $$\varepsilon_{\theta\max}=\ln\frac{1}{K}\leqslant\varepsilon_j$$ 或用伸长率表示： $$A_{\theta\max}=\frac{d_1-d_0}{d_0}=\frac{1}{K}-1\leqslant A_\mu$$ 因此，$K\geqslant\frac{1}{e^{\varepsilon_j}}$或$K\geqslant\frac{1}{1+A_\mu}$ 表 4-6-16 列出了低碳钢圆孔翻边时的极限翻边系数

（续）

类型	图例	变形特点	成形极限或相关计算
伸长类平面翻边	a）非圆孔翻边图 b）不封闭的内凹曲线翻边毛坯形状	非圆孔和沿不封闭的内凹曲线翻边 非圆孔翻边（图 a）和沿不封闭的内凹曲线翻边（翻边曲线向毛坯一方凹进，称内凹曲线，图 b）是伸长类平面翻边的一般形式，其应力状态及变形特点都和圆孔翻边相同，而区别仅仅在于变形区内沿翻边线应力与变形的分布是不均匀的，而且随其曲率半径的变化而变化。假如，翻边的高度相同，则曲率半径较小的部位上切向拉应力和切向的伸长变形都大；相反地，在曲率半径大的部位上切向拉应力和切向的伸长变形都小，而直线部分则仅在凹模圆角附近产生弯曲变形。由于曲线部分和直线部分是连接在一起的一个整体，不可避免地会使曲线部分的翻边变形在一定程度上扩展到直边部分，使曲线部分的切向伸长变形得到一定程度的减轻，所以这时可采用较圆孔翻边时更小一点的极限翻边系数。极限翻边系数降低的多少，取决于直线部分和曲线部分的比例	图 a 所示的非圆孔翻边时的翻边系数可近似地按下式计算： $K' = K\dfrac{\alpha}{180°}$ 式中　K'——非圆孔翻边时的极限翻边系数 α——曲线部分的中心角（图 b） 上式适用于 $\alpha \leqslant 180°$ 的情况。当 $\alpha \geqslant 180°$ 时，由于直边部分的影响已很不明显，可按圆孔翻边确定翻边系数。当直边部分很短或者不存在直边部分时，极限翻边系数的数值也应按圆孔翻边计算 图 b 所示的内凹曲线平面翻边的翻边系数 K' 用下式表示： $K' = \dfrac{R-b}{R}$ 式中　R——翻边线的曲率半径 b——毛坯上需要翻边成形部分的宽度
伸长类曲面翻边	a）伸长类曲面翻边示意图 b）伸长类曲面翻边典型零件	图 a 所示是伸长类曲面翻边示意图。在翻边过程中，宽度为 b 的条形部分（图 a 中双点画线所示）产生变形，翻边后成为高度为 H 的竖边。因此，伸长类曲面翻边是指在毛坯或零件的曲面部分，沿其边缘向曲面的曲率中心相反的方向翻起，形成与此曲面垂直竖边的成形方法。图 b 所示的零件即是用伸长类曲面翻边的方法制造的典型零件 图 b 所示零件翻边成形所用的模具简图见图 c。曲面翻边时，毛坯与凸模断面接触的部分，即宽度为 b 的毛坯底面是不变形区。毛坯上宽度为（$B-b$）/2 的两个侧面在成形过程中逐步形成零件竖边，这一部分为变形区。用网目技术对毛坯变形区进行测量分析的结果说明，在毛坯圆弧部分的对称中心线上，圆周方向上的伸长变形最大，该方向上的拉应力为绝对值最大的主应力，因此它属于伸长类曲面翻边	成形极限 伸长类曲面翻边的成形极限主要受到因切向变形过大而引起的圆弧部分开裂的限制。因此，伸长类曲面翻边的成形极限用成形时可能得到的最大（极限）翻边高度 h_{cr}，与圆弧部分的曲率半径 R 的比值 h_{cr}/R 来表示 伸长类曲面翻边的成形极限，取决于影响切向伸长变形的诸因素。其中直边长度是影响最大的因素。表 4-6-17 列出了不同 l/R 时的翻边成形极限值 h_{cr}/R

（续）

类型	图例	变形特点	成形极限或相关计算
伸长类曲面翻边	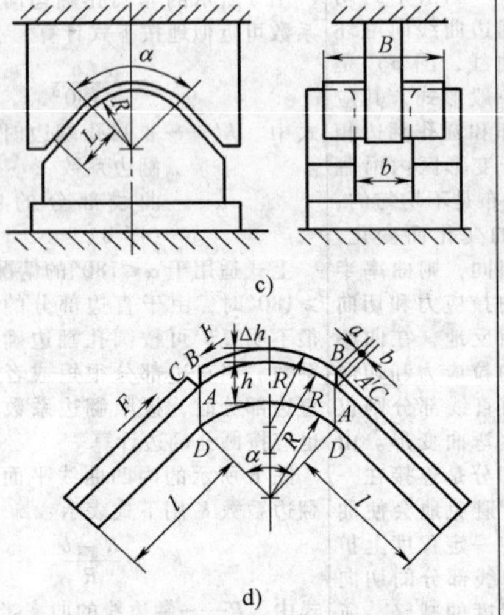 c) d) c）模具简图 d）伸长类曲面翻边变形特点分析图	把毛坯看成是由圆弧部分及直边部分组成，两部分的分界线是 AD，如图d所示。伸长类翻边时，成形毛坯的圆弧部分与直边部分的相互作用，是引起圆弧部分产生切向伸长变形，使直边部分产生剪切变形和使毛坯底面产生失稳起皱的原因 伸长类曲面翻边时圆弧部分的切向伸长变形量很小，受到直边部分长度、竖边高度、圆弧部分的曲率半径及模具的几何形状等各种因素的影响 直边部分长度 l 对圆弧部分的切向伸长变形有显著影响。直边长度 l 值越大，直边部分的剪切变形越小，对直边部分的材料向圆弧部分转移的限制作用越大 竖边部分 h 越大，或 h/R 越大，圆弧部分竖边边缘处的最大伸长变形越大 圆弧部分的曲率半径 R 越大，圆弧部分的切向伸长将越小，且在高度方向上的分布更均匀 模具的几何形状对圆弧部分的切向伸长变形也有很大影响，凸模的曲率半径 R_p 与零件的圆弧半径 R 相等，但凹模的曲率半径 R_d 与翻边成形后的零件形状无关，可以改变毛坯变形条件。当取 $R_d > R_p$ 时，切向变形有所降低；当取 $R_d < R_p$ 时，切向变形有较大增长	成形极限 伸长类曲面翻边的成形极限主要受到因切向变形过大而引起的圆弧部分开裂的限制。因此，伸长类曲面翻边的成形极限用成形时可能得到的最大（极限）翻边高度 h_{cr}，与圆弧部分的曲率半径 R 的比值 h_{cr}/R 来表示 伸长类曲面翻边的成形极限，取决于影响切向伸长变形的诸因素。其中直边长度是影响最大的因素。表4-6-17列出了不同 l/R 时的翻边成形极限值 h_{cr}/R
压缩类平面翻边	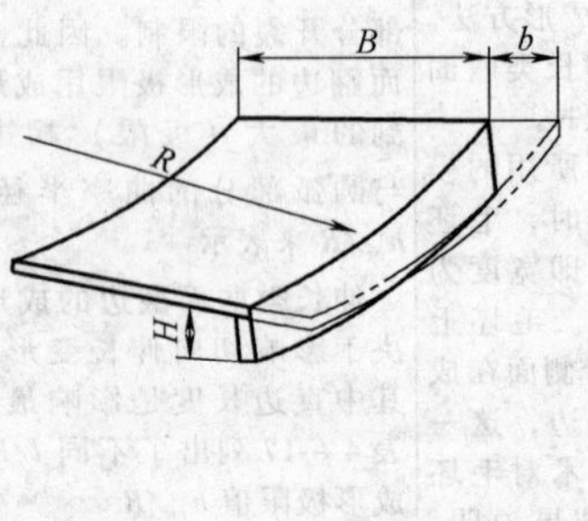	压缩类平面翻边如图所示。翻边过程中，宽度为 b 的条形部分（图中虚线所示）产生变形，在翻边后成为高度为 H 的竖边。因此，压缩类平面翻边是指在毛坯或零件的平面部分，沿外凸曲线翻起，形成与此平面垂直竖边的成形方法。在毛坯变形区内，除靠近竖边根部圆角半径附近的金属产生弯曲变形外，其余主要部分都处于切向压应力和径向拉应力的作用下，产生切向压缩变形和径向伸长变形。其中，切向压应力和切向压缩变形起主要作用。实质上，压缩类平面翻边的应力状态和变形特点与拉深成形是完全相同的，区别仅在于，前者是沿不封闭的曲线边缘进行的局部非轴对称的拉深变形。这时的极限变形程度主要受毛坯变形区失稳起皱的限制。不用压边装置可能达到的翻边高度不大，所以当翻边高度较大时，模具上也要带有防止起皱的压边装置	压缩类平面翻边系数 K 实质上就是拉深系数，可用下式计算： $K=\frac{R}{R+b}$ 式中 R——翻边线的曲率半径 b——翻边变形区的宽度

（续）

类型	图例	变形特点	成形极限或相关计算
压缩类曲面翻边	a) b) a）压缩类曲面翻边 b）压缩类曲面翻边典型零件及有关尺寸	压缩类曲面翻边是指在坯料或零件的曲面部分，沿其边沿向曲面的曲率中心方向翻起形成竖边的冲压成形方法（图 a） 压缩类曲面翻边的典型零件及有关尺寸如图 b 所示。翻边坯料变形区内绝对值最大的主应力是沿切向的压应力，在该方向产生压缩变形，并主要发生在圆弧部分，这里易发生失稳起皱，这是限制压缩类曲面翻边成形极限的主要原因 圆弧部分切向变形主要受到毛坯直边长度 l、零件底部宽度 b、翻边高度 h、曲率半径 R 及凹模曲率半径 R_d 等因素的影响 直边长度 l 对圆弧部分的材料向直边部分转移有限制作用，l 值越大，这种限制作用越大。即 l 值越大，圆弧部分的最大切向压应变 ε_θ 的绝对值越大，但当 l 值大到一定程度时（当翻边高度较小时，一般 $l/R>1.5$），其影响就基本上不变了 零件底部宽度 b 增大，圆弧部分的最大切向应变 ε_θ 的绝对值也增大，这主要是由于 b 的变化改变了其本身切向及宽度方向的应变大小，进而对侧边切向应变产生了影响 曲率半径 R 越大，最大切向应变 ε_θ 的绝对值越小，且沿高度方向的分布也更均匀。当凹模表面曲率半径大于凸模曲率半径时，圆弧部分的最大切向应变得到很大程度的减轻，并使变形沿高度方向的分布更均匀	压缩类曲面翻边的成形极限用极限翻边高度来表示，即侧边不起皱的条件下，可能得到的最大翻边高度 h_{cr} 在汽车覆盖件生产中，有的把在平面上沿直线竖起边缘的加工也称作是"翻边"或"直线翻边"。从变形性质的角度来看，这是一种板材的弯曲变形，属于弯曲加工

表 4-6-16　低碳钢圆孔翻边时极限翻边系数

冲头形式	孔的加工方法	比值 d_0/t										
		100	50	35	20	15	10	8	6.5	5	3	1
球形冲头	钻孔并清理	0.7	0.6	0.52	0.45	0.4	0.36	0.33	0.31	0.3	0.25	0.2
	冲孔	0.75	0.65	0.57	0.52	0.48	0.45	0.44	0.43	0.42	0.42	—
圆柱形冲头	钻孔并清理	0.8	0.7	0.6	0.5	0.45	0.42	0.4	0.37	0.35	0.3	0.25
	冲孔	0.85	0.75	0.65	0.6	0.55	0.52	0.5	0.5	0.48	0.47	—

表 4-6-17　伸长类曲面翻边成形极限值 h_{cr}/R

材料	R/mm	l/R						
		0.6	0.8	1.0	1.2	1.4	1.8	>2
低碳钢板	30	—	—	—	1.33	1.3	1.25	1.25
	45	—	—	—	1.27	1.22	1.22	1.22
黄铜板 H62	30	—	—	—	1.25	1.2	1.16	1.16
	45	—	—	—	1.22	1.16	1.05	1.05
纯铝板	30	—	—	—	0.83	0.8	0.66	0.66
	45	—	1.38	—	0.77	0.77	0.77	0.77
	70	0.86	0.82	0.82	0.82	0.82	0.82	0.82

6.5.3　选择翻边方向

翻边冲压方向（与设备上滑块的运动方向不一定一致）的选择，也就是修边件在翻边模内位置的确定。正确的翻边方向，应对翻边变形提供尽可能的有利条件，使凸（凹）模的运动方向与翻边轮廓表面垂直，以减小侧向压力，使翻边件在翻边模中的位置稳定。所以，覆盖件的翻边轮廓状态已决定了覆盖件的翻边方向。

图 4-6-7 所示为覆盖件的翻边示意图。箭头表示

翻边方向，即凹模的相对运动方向。图 4-6-7a 中，凸模作竖直运动，完成翻边。对于竖直向上的翻边，修边件开口向上放，比较稳定和便于定位。另外，还可以用气垫压料，在条件允许的情况下，应尽量采用。

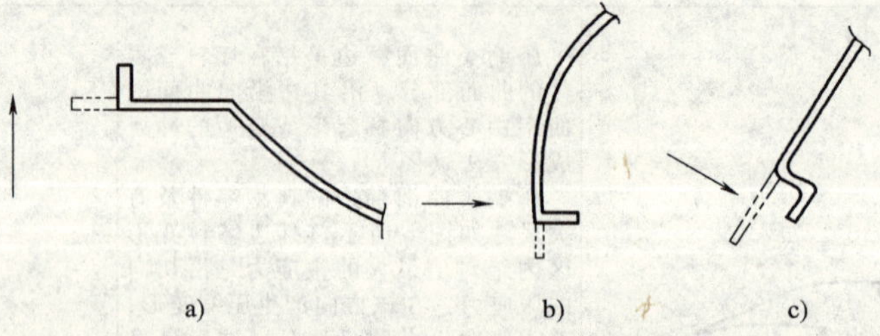

图 4-6-7　覆盖件的翻边示意图

图 4-6-7b 和图 4-6-7c 中，凹模作水平或倾斜运动完成翻边，修边件必须开口向下放在翻边凸模上。

在汽车覆盖件上有很多部位要进行曲面翻边，这时的翻边方向不可能与任何位置的翻边轮廓都垂直，选择合理的翻边方向对曲面翻边区域的质量具有重要的影响。

正确的翻边方向应对翻边变形提供尽可能有利的条件，另外也应保证翻边作用力在与翻边方向垂直的方向上基本能平衡。翻边曲线的法线与翻边方向所构成的角度越大，翻边变形越困难。因此，通常应取翻边方向与毛坯两端切线构成的角度相同（图 4-6-8 中 *N* 方向），而不取毛坯两端点连线 *AB* 的垂直方向（图 4-6-8 中 *M* 方向）。

在翻边工序中，一个覆盖件上可能会有多个位置进行翻边，不同位置的翻边方向会有所不同。因此，在冲压工艺卡上，要明确标注各个翻边位置和翻边方向，或进行说明。

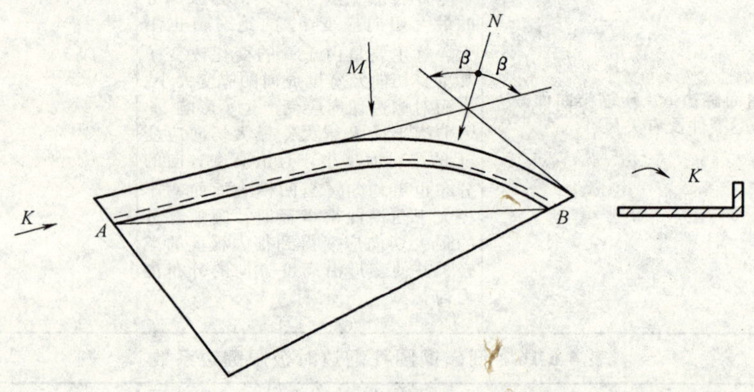

图 4-6-8　曲面翻边时翻边方向的选择

6.5.4　冲压设备的选择

选择翻边冲压设备时，首先选择设备的台面尺寸。因为翻边时所需的翻边力相对不大，一般只要设备的台面尺寸能够安装模具，设备的能力就能满足翻边要求，可以不进行翻边力的计算。但在采用斜楔结构进行水平或倾斜翻边时，要把翻边方向的行程换算成压力机滑块运动方向的行程，作为选择设备行程的依据。同时，设备的最大闭合高度要大于模具高度 10mm。

6.6　内部形状成形

6.6.1　内部形状成形时的变形特点

1. 覆盖件内部凹进的局部形状

（1）成形特点　当这一类的内部形状在覆盖件拉深工序中成形时，其成形过程是：在覆盖件拉深成形的初期，毛坯不与凸模接触，处于悬空状态（图 4-6-9a）；在覆盖件拉深成形的后期，毛坯才与凸模接触开始成形，到覆盖件拉深成形结束时，它的成形过程也随之结束（图 4-6-9b）。所以，这类内部形状的成形一般不能从相邻区域得到材料补充，只能靠该部分材料的变薄使面积增大，形成所要求的形状，即这种情况下向覆盖件内部凹进的形状的成形性质是胀形成形。

当这一类的内部形状在覆盖件修边或翻边等工序中成形时，由于覆盖件的外轮廓已经成形，必须保证外轮廓不产生变化，故不允许从相邻区域得到材料补充，该部分的成形也要靠胀形成形。

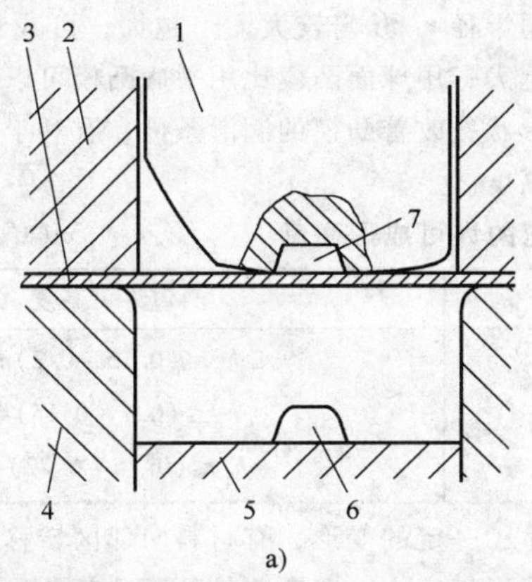

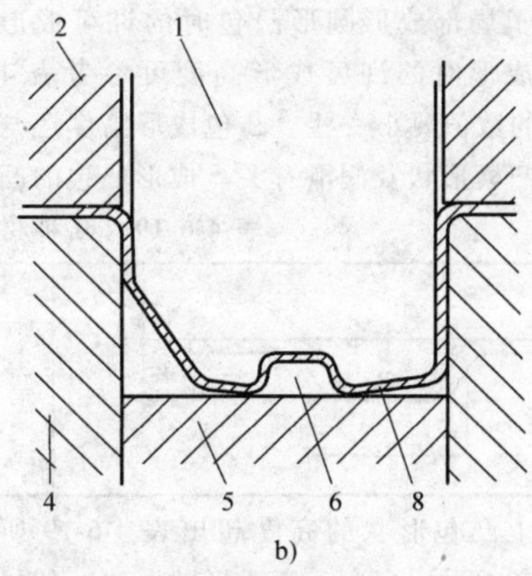

图 4-6-9　覆盖件内凹形状的成形过程

1—凸模　2—压边圈　3—毛坯　4—凹模　5—反压装置　6—局部成形凸模

7—局部成形凹模　8—拉深件

（2）加强肋成形　覆盖件内凹加强肋成形时，由于是胀形成形，故其成形极限主要受到其本身的几何形状、尺寸和材料性质等因素的限制。

由于加强肋是长条形的，它在长度方向的变形远小于宽度方向的变形。因此，以宽度方向的变形计算加强肋能够一次成形的条件为

$$A_p = \frac{L - L_0}{L_0} \times 100\% \leqslant A_\mu \qquad (4\text{-}6\text{-}3)$$

式中　A_p——加强肋断面伸长变形伸长率；

L_0——变形区原始长度，即加强肋宽度（含圆角部分）（mm）；

L——变形区变形后的长度，即加强肋断面线长（含圆角部分）（mm）；

A_μ——材料的均匀伸长率。

常用的加强肋形式和尺寸见表 4-6-18。

表 4-6-18　常用的加强肋形式和尺寸

简　图	R	h	B 或 D	r	α
	$(3\sim4)t_0$	$(2\sim3)t_0$	$(7\sim10)t_0$	$(1\sim2)t_0$	—
	—	$(1.5\sim2)t_0$	$\geqslant 3h$	$(0.5\sim1.5)t_0$	$15°\sim30°$

加强肋与制件边缘的距离应大于（3～5）t，以防止边缘材料收缩影响外形尺寸和美观。否则要加大边缘外形尺寸，压边后再修边。

若加强肋不能一次成形，则应采用多次冲压成形（图 4-6-10）。

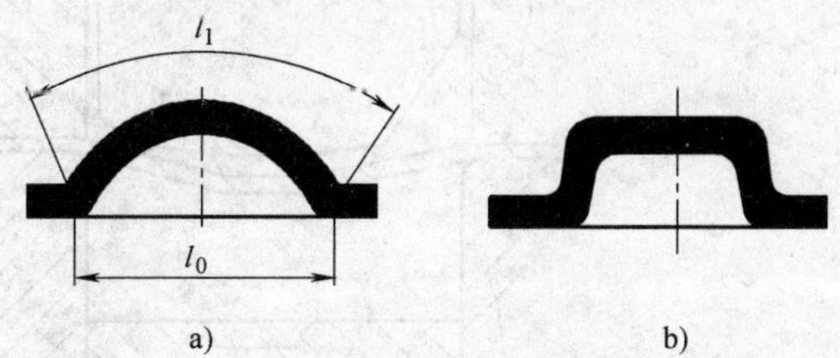

图 4-6-10　两次冲压成形的加强肋

冲加强肋的成形力 F 可按下式计算：

$$F = KLtR_m \qquad (4\text{-}6\text{-}4)$$

式中　F——成形力（N）；

L——加强肋总长度（mm）；

t——板厚（mm）；

R_m——材料强度极限（MPa）；

K——系数，取 $K = 0.7\sim1.0$，加强肋形状窄而深时，取较大值；宽而浅时，取较小值。

（3）局部凸包　覆盖件内凹凸包的成形也是胀形成形，凸包的高度受材料塑性的限制，不能太大。

表 4-6-19 列出了局部成形圆形凸包时的许可成形高度。方形凸包成形时的许可成形高度可参考表 4-6-19，但比表中的数值要小一些。凸包成形高度还与成形凸包所用的凸模形状及润滑有关。成形凸包的凸模圆角半径 r_p 影响较大，r_p 越大，可成形的凸包深度就越大；用球面凸模比用平底凸模可以得到较深的凸包形状；改善凸模的润滑条件，有利于增大凸包的成形高度。

表 4-6-19　几种材料成形凸包的许可成形高度　　（单位：mm）

圆形凸包简图		材料	凸包许可高度
	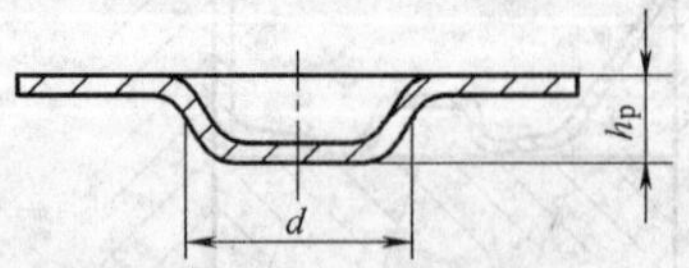	软钢板	$h_p \leqslant (0.15 \sim 0.2)d$
		铝板	$h_p \leqslant (0.1 \sim 0.15)d$
		黄铜板	$h_p \leqslant (0.15 \sim 0.22)d$

当覆盖件上凸包形状的高度超出表 4-6-19 所列的数值时，可考虑采用多道工序成形的办法。如局部成形的变形量较大，单靠凸包部分材料的变薄不能成形时，还需要相邻区域的材料流动来补充，即先成形凸包形状（如在毛坯落料时成形）；若凸包形状上有孔，可采取预冲小孔的办法增加凸包的成形高度。

当覆盖件上有多个凸包形状时，各凸包形状之间要保留一定的距离，凸包形状离制件边缘也要有一定的距离。见表 4-6-20。

2. 向覆盖件外部凸起的局部形状

向覆盖件外部凸起的形状在覆盖件拉深工序中成形时，其成形过程是：在覆盖件拉深成形的初期，该部分的毛坯首先与凸模接触（图 4-6-11a），并产生一定量的变形；然后在覆盖件拉深成形过程中起传力作用，直到覆盖件拉深成形过程将要结束时，设在覆盖件成形凹模内的局部成形凹模才与这部分毛坯接触开始成形，当凸模到达下死点时完成它的成形过程（图 4-6-11b）。所以，这类内部形状的成形一般不但不能从相邻区域得到材料补充，而且还在成形初期就产生了一定的变形，有材料向邻区转移。因此，在拉深成形工序中，向覆盖件外部凸起的局部形状的成形性质是胀形成形，在覆盖件拉深成形过程中往往因传力过大而产生破裂，其成形极限比向覆盖件内部凹进的同种形状的成形极限还要小一些。

表 4-6-20　凸包形状之间和距边缘的极限尺寸

（单位：mm）

简　图	D	L	l
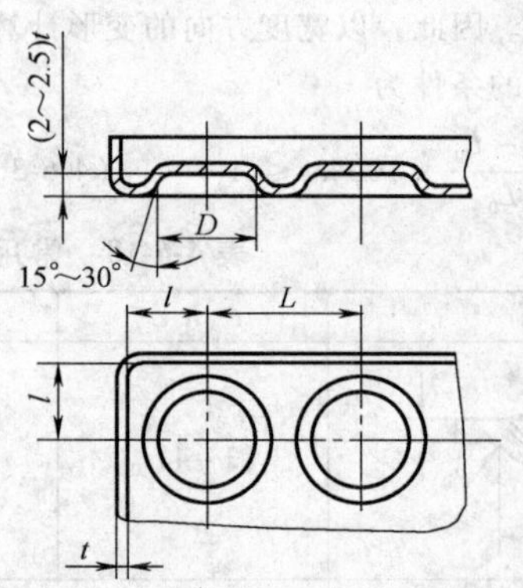	6.5	10	6
	8.5	13	7.5
	10.5	15	9
	13	18	11
	15	22	13
	18	26	16
	24	34	20
	31	44	26
	36	51	30
	43	60	35
	48	68	40
	55	78	45

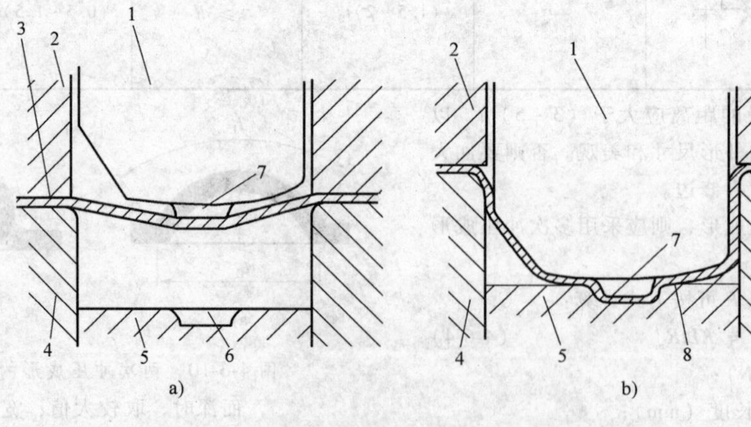

图 4-6-11　覆盖件外部凸起的局部形状的成形过程

1—凸模　2—压边圈　3—毛坯　4—凹模　5—反压装置　6—局部成形凹模　7—局部成形凸模　8—拉深件

若向外凸起的形状具有尖角或面积很小，则在覆盖件拉深成形中需要传递很大的力，很容易使该部位的毛坯产生集中变形，导致破裂。这种情况下应考虑改变凸起的形状和尺寸，或采取预成形的办法进行成形。

若在修边、翻边等工序中，向覆盖件外部凸起的局部形状成形时会使其相邻区域产生塑性变形，但这种变形绝不能引起覆盖件轮廓或其他关键尺寸的变化，因此要以很大的压边力使其产生局部胀形成形。

6.6.2　内部形状成形工序安排

覆盖件内部局部形状的成形一般是安排在整体形状的冲压工序中，而不单独安排工序。其中，大多数情况是安排在拉深工序中，同时将这些内部的局部形状成形出来，但也有少数情况下是安排在修边或翻边工序中。

6.7　冲孔

6.7.1　冲压方向的选择

选择冲孔的冲压方向时，应遵循的原则见表 4-6-21。

表 4-6-21　选择冲孔的冲压方向时应遵循的原则

序号	名　称	图　例	内　容
1	垂直型面冲孔		在压力机滑块的运动方向上进行冲孔（简称垂直冲孔），模具结构最简单，应首先选择 垂直于覆盖件的型面进行冲孔，最容易保证冲孔质量，应优先选择
2	保证覆盖件的整体要求	M　N　A　A　R_y　A M　N　R_x A—A 某汽车覆盖件示意图	覆盖件上的有些孔，是产品设计时要求的某些功能或是外形美观性要求，这就要求冲孔方向必须在某一既定的方向。若改变这一方向，就会影响零件的设计功能或破坏整车的美观 如图所示的零件，在上下左右方向均有一定曲率的弧形，从而可以降低汽车行驶中的风阻，又具有良好的外观美感。在该零件上有两排长孔，这些孔一是可以提高发动机散热的效率，二是使整车的外观具有一种美感。要求这些孔在整车的正前面观看时，应是排列规则的长圆孔。必须保证该零件装配位置时的水平方向为冲孔方向，即图中所示的 *M* 方向。虽然这一冲压方向与覆盖件的型面不垂直，不利于冲孔加工时的质量控制，但为达到零件的整体要求，不能改变冲压方向。图示的 *N* 方向，虽然与零件的型面垂直，以此为冲压方向时能很好地控制冲孔加工质量，但由于在该方向冲孔不能符合产品设计要求，故不能采用
3	斜面上冲孔	α 斜面上冲孔	根据产品要求或模具强度要求不得不采取斜面上冲孔时，一般的要求为：当冲孔直径 $d \leqslant 5$mm 时，冲孔方向与型面法线方向间的夹角 $\alpha < 5°$；当 $5\text{mm} < d \leqslant 15$mm 时，$\alpha < 15°$；当 $15\text{mm} < d \leqslant 20$mm 时，$\alpha < 20°$；当 $d \geqslant 20$mm 时，$\alpha < 25°$；但最大的 α 不大于 30°
4	倾斜冲孔和水平冲孔		当采用垂直冲孔不能保证冲孔质量或根本就不能进行冲孔加工时，应考虑合适的方向安装压力缸进行冲孔加工

6.7.2 冲孔废料的处理

在安排冲孔工序时，要考虑能保证在凹模体上可以方便地开出排除废料的漏料槽，并保证凹模的强度。应考虑的因素主要有：冲孔数量、冲孔部位、冲孔方向等。

当覆盖件上的冲孔数量比较多时，若在一道工序中冲出，就需要在凹模上开出较多的漏料槽，影响凹模的强度。这种情况下，应将冲孔分散在多道工序中分别冲出。

当覆盖件上多个孔的部位相对集中时，在保证凹模强度的前提下，可一次冲出。若不能保证凹模强度，则应分工序冲出。

当不同部位的孔的冲孔方向不同时，应以将同一冲孔方向的冲孔安排在同一道工序中为原则。在凹模结构容易布置时，还可考虑在一道工序中安排不同冲孔方向的冲孔，但这种情况下的冲孔数量一般不宜太多。

6.7.3 冲孔工序的安排

汽车覆盖件上的孔位多是安装其他附件或连接不同零件用的。所以，为保证孔位的位置准确和孔的精度，要在冲压工艺中合理安排冲孔工序，具体安排见表4-6-22。

6.7.4 冲压设备的选择

选择冲孔工序冲压设备时，首先选择设备的台面尺寸。因为冲孔时所需的冲孔力相对不大，一般只要设备的台面尺寸能够安装翻边模具，设备的能力就能满足冲孔要求，可以不进行冲裁力的计算。但在采用斜楔结构进行水平或倾斜冲孔时，要把冲孔方向的行程换算成压力机滑块运动方向的行程，作为选择设备行程的依据。同时，设备的最大闭合高度要大于模具高度10mm。

表4-6-22 冲孔工序的安排

序号	内容
1	大孔和小孔接近时，把小孔安排在冲大孔之后的工序。否则，冲大孔时会使先冲出的小孔产生变形
2	孔和孔、孔和边缘的最小距离受工件翘曲、孔边变形及模具强度等限制，应在工序安排上和模具结构（如加较大的压料力等）等方面采取措施
3	当孔所在的部分型面需要进行弯曲、翻边、整形时，会影响到孔的精度。所以有精度要求的孔要放在最后一道工序加工
4	如果孔的位置离凸缘边缘或者凸缘曲线部分有足够的长度，即使后面有成形工序也不影响其位置精度和孔本身尺寸精度的前提下，也可以安排在靠前的工序中加工，如在修边工序中冲孔、在翻边工序中冲孔等。这样可以减少总工序数，减少模具费用，并能提高生产率
5	在必须采用变薄弯曲或变薄翻边时，即使不要求孔的精度也应在成形工序之后冲出
6	有相互关联尺寸的孔要尽量在一道工序中冲出。当相关联的孔太多，受模具强度及冲压方向等原因而不能一次冲出时，要充分注意制件的加工基准，必须考虑保证孔及孔之间公差的措施
7	在同时冲多孔时要考虑模具的强度和布置。如图a所示的尺寸 l、m 较小时，冲孔就有发生干扰的危险，应加大尺寸 l 或 m，或分两道工序加工。在图b所示的情况下，要保证一定的宽度 W 值才能一次冲左右两个孔，否则要分工序加工 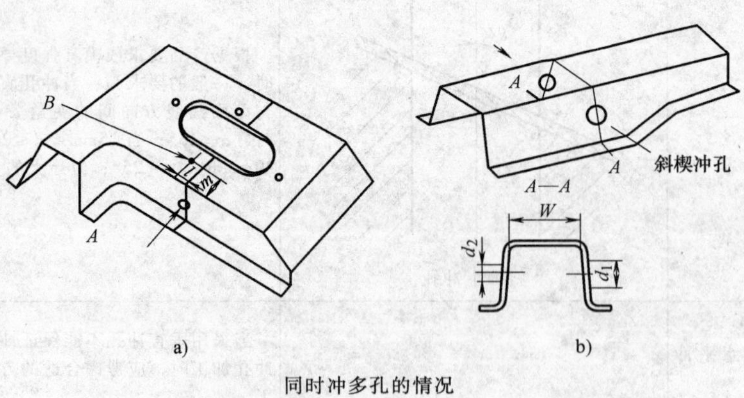 同时冲多孔的情况

第7章　拉深模设计

7.1　拉深模常见典型结构

7.1.1　单动拉深模

一些中小型覆盖件拉深时，所需要的压边力也相对小一些，常采用单动拉深模。

1. 单动拉深模工作原理

汽车覆盖件单动拉深模的工作原理与一般冲压件拉深模的工作原理大体上是相同的。其工作过程为：

1）将毛坯放在模具压料面上，并准确定位。

2）压力机上滑块下行带动上模下行。

3）上模和下模的压边部分首先与毛坯接触，将毛坯压住，使压边部分毛坯受到的变形阻力增大。

4）上模继续下行，开始拉深成形过程。

5）在拉深成形的后期成形内部的局部形状。

6）压力机上滑块到达下死点时，拉深成形过程结束。

7）压力机上滑块回程，带动上模上行。

8）顶出装置将拉深件顶出，取出拉深件。

2. 单动拉深模的典型结构

汽车覆盖件拉深成形所用的单动拉深模与一般冲压件所用的拉深模相比，主要是上、下模的导向方式有较大区别。常见的典型结构见表4-7-1。

表4-7-1　常见单动拉深模的典型结构

名称	图　例	特　点
导板导向模	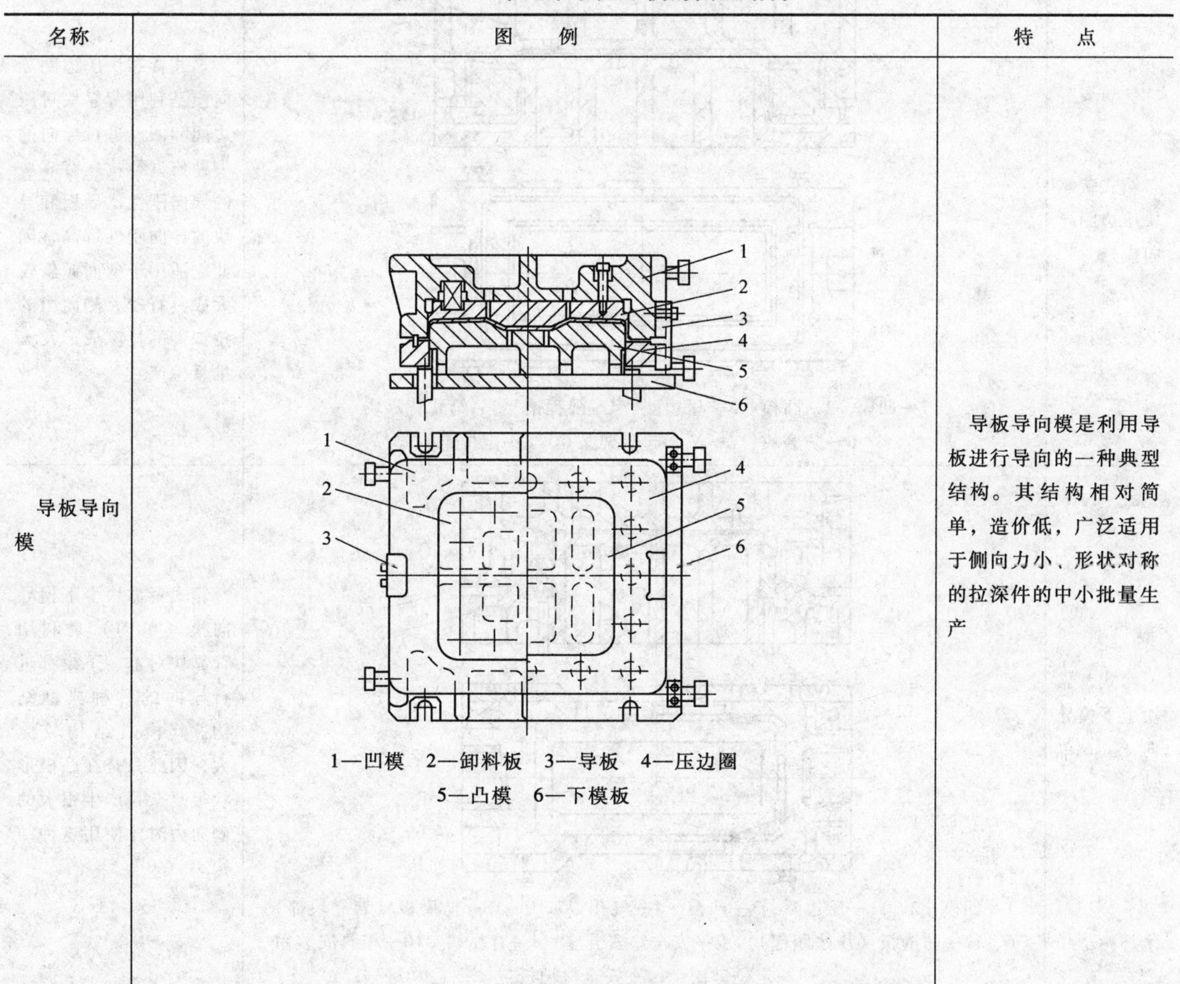 1—凹模　2—卸料板　3—导板　4—压边圈 5—凸模　6—下模板	导板导向模是利用导板进行导向的一种典型结构。其结构相对简单，造价低，广泛适用于侧向力小、形状对称的拉深件的中小批量生产

（续）

名称	图例	特点
导块导向模	 1—凹模 2—卸料板 3—凸模 4—模具存放用管子 5—压边圈 6—下模座 7—导块 8—限位块 9—定位销 10—气孔	导块导向模是利用导块进行导向的一种典型结构。其结构相对简单，比导板导向刚性好，可以承受一定的侧向力，根据侧向力的大小和模具的大小等，可以使用2个或4个导块。导块模适用于平面尺寸大、深度小的拉深件的拉深成形及中大批量生产
箱式背靠块压边圈导向模	 1—凹模 2—凸模 3—压边圈 4—限程销 5—箱式背靠块 6—防磨块 7—叉车起落架叉孔 8—定位销	箱式背靠块压边圈导向模是利用背靠块对压边圈和凹模进行导向的一种典型结构。背靠块的导向刚性比导板和导块的导向刚性都高，因此它适用于型面倾斜较大或具有较大侧向力的拉深件的拉深成形及大批量生产
箱式背靠块上下模导向模（单动）	 1—凹模 2、11—压边圈 3—凸模 4—气孔 5、9、13—防磨板（背靠块部） 6、12—防磨板（压边圈部） 7—安全垫安装座 8—背靠块 10—模具安装用定位键槽 14—安全保护板	箱式背靠块上下模导向模（单动）是利用背靠块对上、下模都进行导向的一种典型结构。其模具结构较庞大，因此只是在凸模形状很复杂且产生很大的侧向力时才使用这种结构

7.1.2　双动拉深模

1. 双动压力机拉深成形的优点

双动压力机拉深成形的优点见表 4-7-2。

因此，在拉深成形形状复杂的大型汽车覆盖件时，一般采用双动压力机。

表 4-7-2　双动压力机拉深成形的优点

序号	名　　称	内　　容
1	压边力大	单动压力机的压边力较小。一般有气垫的单动压力机压边力等于压力机压力的 20% ~25%；而双动压力机外滑块的压边力为内滑块压力的 65% ~70%，这对需要很大压边力的覆盖件拉深成形来说是非常重要的。如：E4F-1000 双动压力机，外滑块压力为 4000kN，行程为 660mm，内滑块压力为 6000kN，行程为 940mm
2	压边力稳定	单动拉深模的压边不是刚性的，对三维曲面的压料面来说，在开始预弯成压料面形状时，由于压料面形状的不对称会导致压边圈偏斜，严重时失掉压边作用。而双动压力机则是由外滑块提供压边力，拉深模的压边圈也是刚性的，可以产生较稳定的压边力，因而可以避免单动拉深模压边不稳定的缺陷
3	压边力的分布可调节	单动压力机的压边力只能整个调节，而双动压力机外滑块的压边力可通过调节螺母（或压边圈上的液压缸压力）来调节外滑块 4 个角的高低，使外滑块稍呈倾斜状态，以达到调节拉深模压料面上各部位压边力的目的，从而控制压料面上材料的流动
4	行程大	双动压力机比单动压力机的行程大，可拉深深度更大的深拉深件

2. 双动拉深模工作原理

图 4-7-1 是用于双动压力机的双动拉深模示意图。双动拉深模由三大件或四大件组成。三大件是凸模 2 和固定座 3 为一体，四大件是两者分开。压边圈 1 安装在外滑块上，凸模 2 和固定座 3 安装在内滑块上，凹模 4 安装在压力机工作台面上。

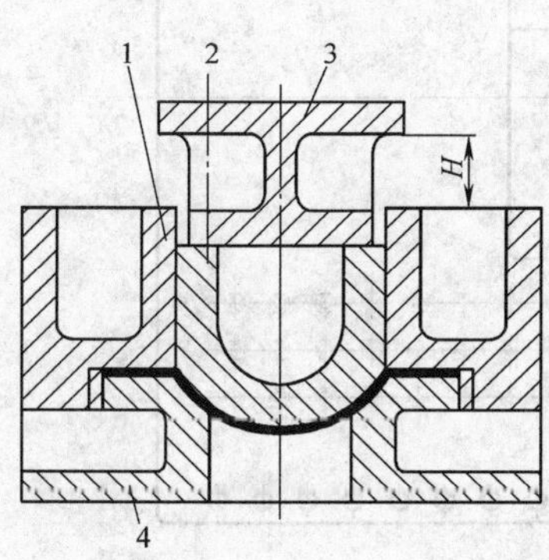

图 4-7-1　双动拉深模示意图

1—压边圈　2—凸模　3—凸模固定座　4—凹模

双动拉深模的工作原理是：

1）将毛坯放在凹模压料面上，并准确定位。

2）压力机外滑块首先向下运动至下死点，使压边圈将毛坯压紧在凹模 4 的压料面上，并在整个拉深成形过程中保持压边。

3）在压力机外滑块压住毛坯的同时，内滑块已带动凸模向下运动。

4）内滑块带动凸模继续向下运动，并在压边圈压住毛坯一个时间间隔后与毛坯接触，开始拉深成形。

5）内滑块达到下死点，将毛坯拉深成凸模 2 的形状，拉深成形过程结束。

6）压力机内滑块先带动凸模上行，而外滑块不动，使压边圈 1 停留一个瞬间，将拉深件由凸模上退下。

7）外滑块开始回程，完成压边作用。

8）由凹模内的下顶出装置将拉深件顶出。在较小生产批量时，凹模内可以不使用顶件装置，而由人工将拉深件从凹模中取出。

3. 拉深模结构和双动压力机的关系

（1）拉深模内、外滑块闭合高度　图 4-7-2 所示为拉深模安装在双动压力机上的示意图。拉深模内、外滑块的闭合高度根据双动压力机的闭合高度确定，但是考虑使用时减少调整内、外滑块的工作量，在一个双动压力机上使用的拉深模的闭合高度应尽量一致。

（2）凸模外轮廓尺寸和外滑块垫板中间方孔的关系　凸模在上、下运动时通过外滑块垫板中间的方孔。为了在一个双动压力机上拉深各种大小不同的拉深件，应使小拉深件的拉深模不致过大。一个双动压力机上一般有大、小方孔外滑块垫板各一块，这样就增加了拆、装外滑块垫板的工作量。图 4-7-3 所示为双动压力机的小方孔外滑块垫板，图 4-7-4 所示为双

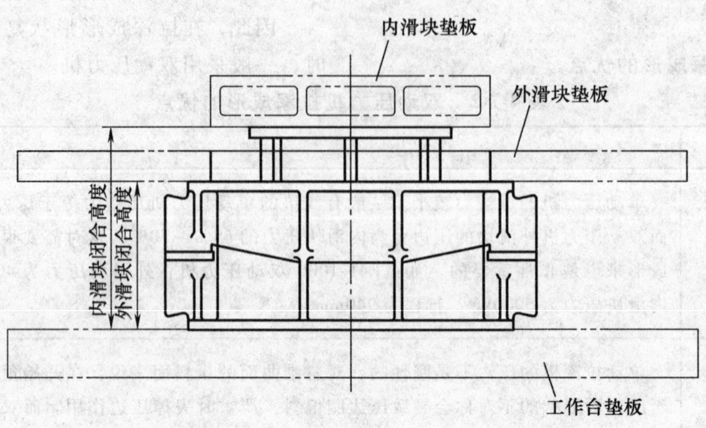

图 4-7-2　拉深模安装在双动压力机上的示意图

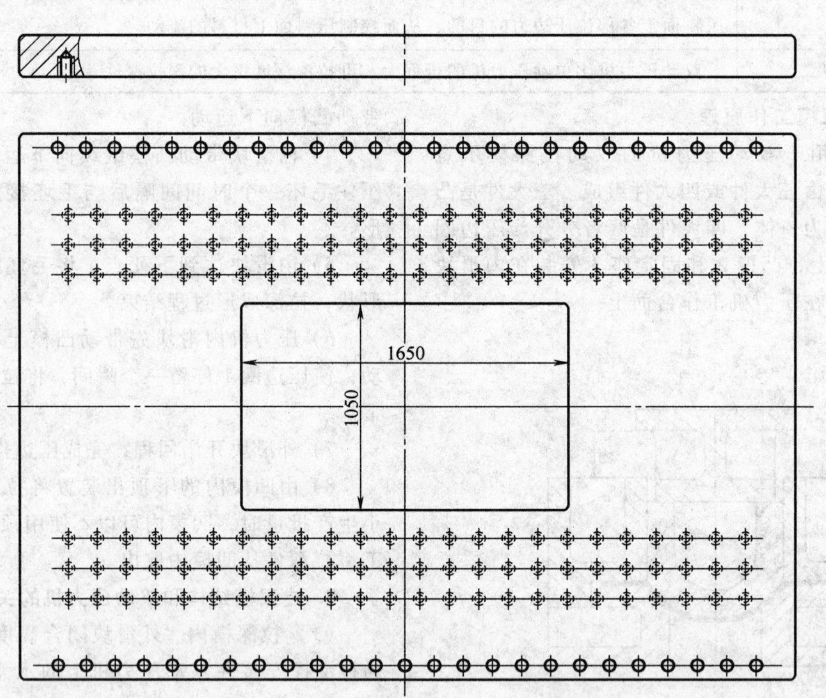

图 4-7-3　双动压力机的小方孔外滑块垫板

动压力机的大方孔外滑块垫板。凸模外轮廓与孔边距离最小不小于 10mm。

（3）压料圈宽度和外滑块垫板中间方孔的关系

压料圈固定在外滑块垫板上，而外滑块垫板中间有方孔，因此，压料圈宽度主要考虑固定，必须大于方孔宽度，而长度则考虑受力状态，最好大于方孔长度。

4. 双动拉深模结构

根据导向方式的不同，双动拉深模主要有凸模与压边圈导向的双动拉深模、凹模与压边圈导向的双动拉深模、凸模与压边圈都导向的拉深模等，具体结构见表 4-7-3。

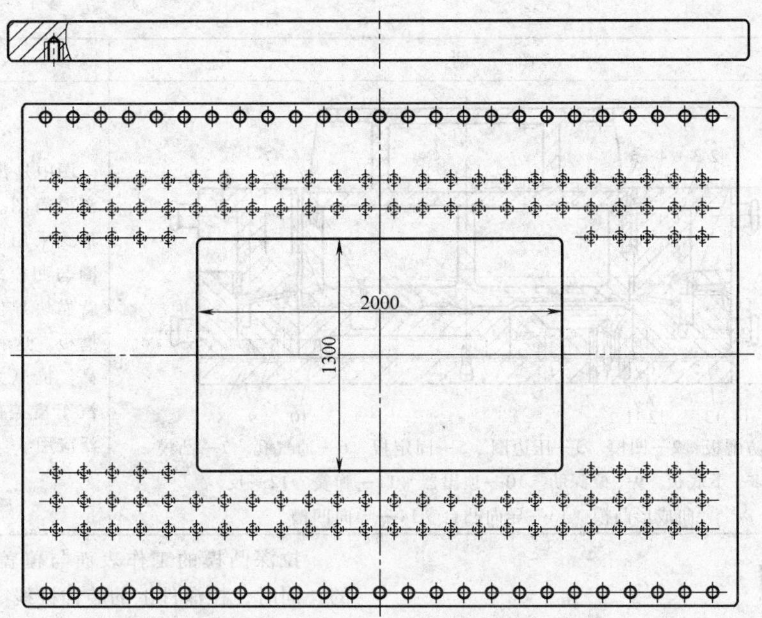

图 4-7-4　双动压力机的大方孔外滑块垫板

表 4-7-3　常见双动拉深模的典型结构

名称	图　例	特　点
凸模与压边圈导向的双动拉深模	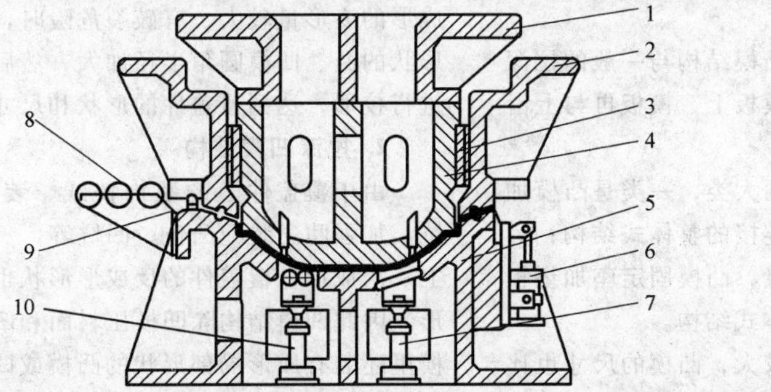 1—凸模固定板　2—压边圈　3—防磨板　4—凸模　5—凹模　6—隐式定位器 7—毛坯导向装置　8—送料用辊式滑槽　9—前定位装置　10—提升器	图中是一种大批量生产时采用的凸模与压边圈导向的双动拉深模。凸模与压边圈的导向面之间设有防磨板（或称导板）以提高导向面的耐磨性和导向精度。防磨板多设在凸模上，也有把防磨板设在压边圈上的，而且还有的在导向部位的凸模和压边圈处都装有防磨板。因为凹模与压边圈之间没有导向，所以这种模具仅适用于断面形状比较平坦的浅拉深件
凹模与压边圈导向的双动拉深模	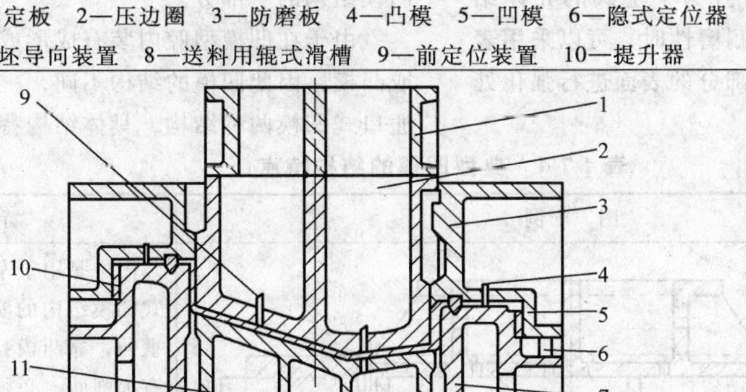 1—凸模固定板　2—凸模　3—压边圈　4—侧定位装置　5—背靠块　6—限程块 7—凹模　8—排油孔　9—气孔　10—防磨板（背靠块部）　11—顶件板	图中是凹模与压边圈由背靠块（凸台与凹槽）进行导向的双动拉深模。凹模与压边圈的导向面之间设有防磨板。防磨板一般装在背靠块的凸台上，也有凸台、凹槽都有防磨板的。但在凹槽上装防磨板工作量大，钻孔困难，故尽量不在凹槽内装防磨板。这种形式的拉深模多用于拉深件断面形状复杂、模具型面倾斜极易产生侧向推力的情况

（续）

名称	图　　例	特　　点
汽车车门左/右内板拉深模简图	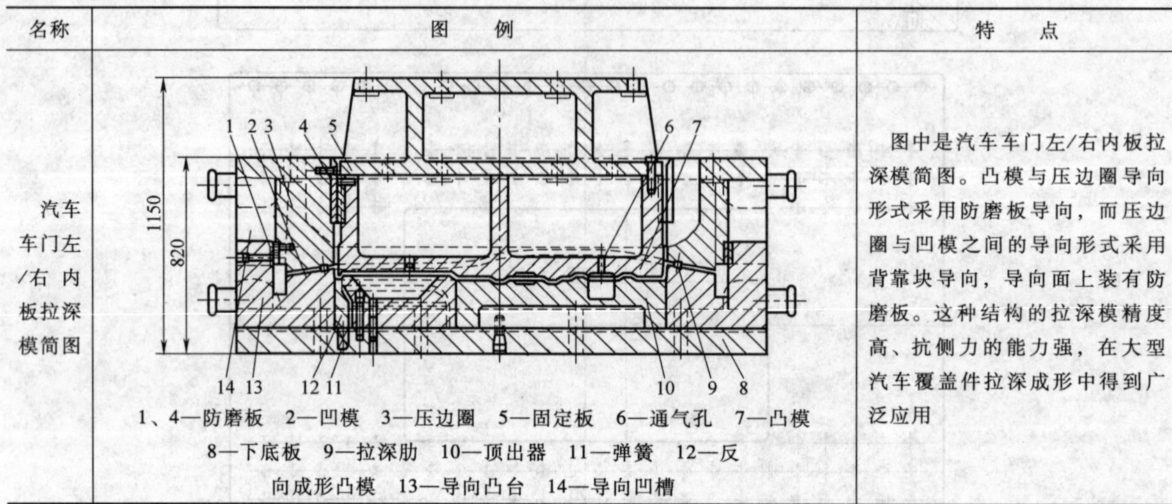 1、4—防磨板　2—凹模　3—压边圈　5—固定板　6—通气孔　7—凸模　8—下底板　9—拉深肋　10—顶出器　11—弹簧　12—反向成形凸模　13—导向凸台　14—导向凹槽	图中是汽车车门左/右内板拉深模简图。凸模与压边圈导向形式采用防磨板导向，而压边圈与凹模之间的导向形式采用背靠块导向，导向面上装有防磨板。这种结构的拉深模精度高、抗侧力的能力强，在大型汽车覆盖件拉深成形中得到广泛应用

7.2　工作零件

汽车覆盖件拉深模的工作零件主要有：凸模、凹模和成形局部形状所用的凸、凹模等。

7.2.1　拉深凸、凹模结构

1. 拉深凸模结构

汽车覆盖件单动拉深模的凸模结构与一般的拉深凸模结构差不多，也是固定在模板上，模板再与上滑块或工作台连接。

双动拉深模的凸模结构有两大类，一类是凸模加垫板直接与压力机的内滑块相连接的整体式结构；另一类是凸模与凸模固定座相连接，凸模固定座加垫板再与压力机内滑块相连接的分体式结构。

由于汽车覆盖件的尺寸比较大，凸模的尺寸也比较大，故一般采用铸造成形，且为中空式的壳体结构。要求凸模有较高的硬度和耐磨性时，可以采用表面火焰淬火等方法对凸模工作部分的表面进行强化处理。

拉深凸模的工作表面与覆盖件的内表面是相同的，同时，拉深件上的装饰棱线、装饰肋条、装饰凹坑、加强肋、装配凸包、凹坑等局部形状，一般都是在拉深模上一次成形，拉深件的反成形形状也是在拉深模上成形。因此，拉深模工作表面上还要有成形这些内部形状用的凸模或凹模的形状。当这些局部形状成形的变形量较大，有破裂危险时，可以将成形局部形状的凸、凹模圆角半径加大，然后在修边等工序中进行校形，达到覆盖件的形状和尺寸要求。

2. 拉深凹模结构

由于覆盖件上的装饰棱线、装饰肋条、装饰凹坑、加强肋、装配凸包、凹坑等，一般都是在拉深模上一次成形，覆盖件的反成形形状也是在拉深模上成形。因此凹模结构除凹模压料面和凹模圆角外，在凹模里还装有成形局部形状的凸模或凹模，它们也属于凹模结构的一部分。

由于在凹模型腔内装有成形或反成形用两种凹模或凸模，因此凹模的结构不同，一般有闭合式凹模和通口式凹模两种结构，具体结构特点见表4-7-4。

表4-7-4　典型凹模的结构特点

名称	图　　例	特　　点
闭合式凹模结构		图中是用于车身顶盖成形的闭合式凹模结构的实例。拉深凹模是直壁的，靠凸模拉深成形。拉深件上有加强肋，必须在凹模里装有成形加强肋用的镶件，镶件是固定的。顶盖拉深件比较浅，又没有直壁，因此不需要顶件装置。覆盖件拉深模中，大多数采用闭合式凹模结构，这种结构加工制造比较容易

（续）

名称	图　例	特　点
通口式凹模结构	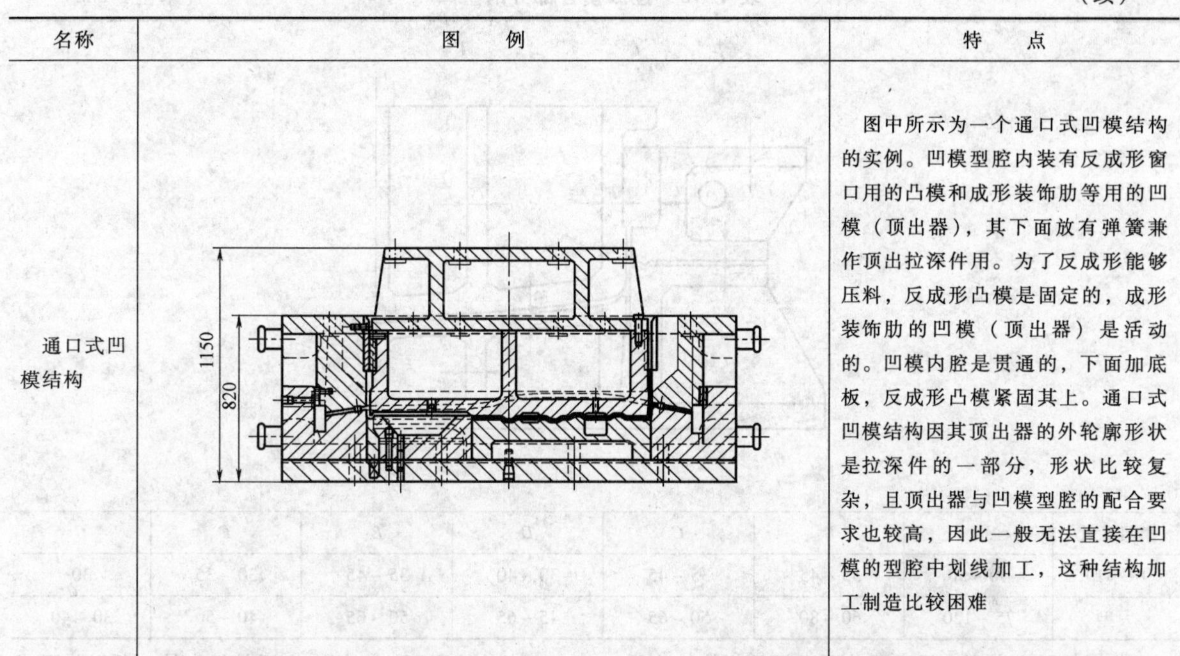 	图中所示为一个通口式凹模结构的实例。凹模型腔内装有反成形窗口用的凸模和成形装饰肋等用的凹模（顶出器），其下面放有弹簧兼作顶出拉深件用。为了反成形能够压料，反成形凸模是固定的，成形装饰肋的凹模（顶出器）是活动的。凹模内腔是贯通的，下面加底板，反成形凸模紧固其上。通口式凹模结构因其顶出器的外轮廓形状是拉深件的一部分，形状比较复杂，且顶出器与凹模型腔的配合要求也较高，因此一般无法直接在凹模的型腔中划线加工，这种结构加工制造比较困难

单动拉深模的凹模一般加垫板安装在上滑块上（上模），拉深过程结束后，拉深件靠自重可以留在下模上，故多为闭合式凹模结构。在拉深件有较大的直壁时，还要在凹模内设置顶件装置。拉深件上有局部形状成形时，凹模上应有成形局部形状的凸模或凹模。

7.2.2　凸、凹模及压边圈结构尺寸

拉深模的凸模、凹模、压边圈和固定座都采用铸件，要求既要减轻重量又要有足够的强度和刚度。因此，铸件上非重要部分应为空心形状，在影响强度和刚度的部位应设加强肋。图 4-7-5 是双动拉深模的结构尺寸图。为减少凸模轮廓面的加工量，轮廓面上部应有 15mm 空档毛坯面。为减少加工量，压边圈内轮廓上部也应留有向外 15mm 的空档毛坯面。凹模和压边圈上的压料面一般应保证 75～100mm。压料面宽度 K 值按拉深前毛坯的宽度再加大 40～80mm 确定，K 值一般在 130～240mm 范围内。

另外，拉深模各部分的壁厚可参照表 4-7-5。

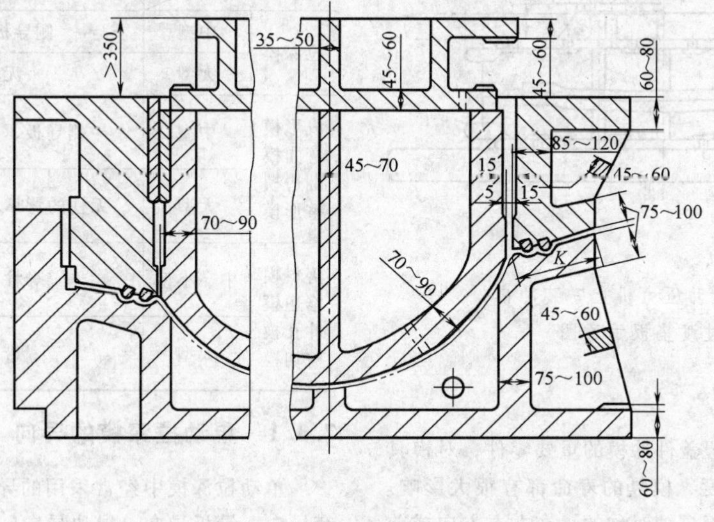

图 4-7-5　双动拉深模的结构尺寸参数

表 4-7-5 拉深模各部分的壁厚 (单位：mm)

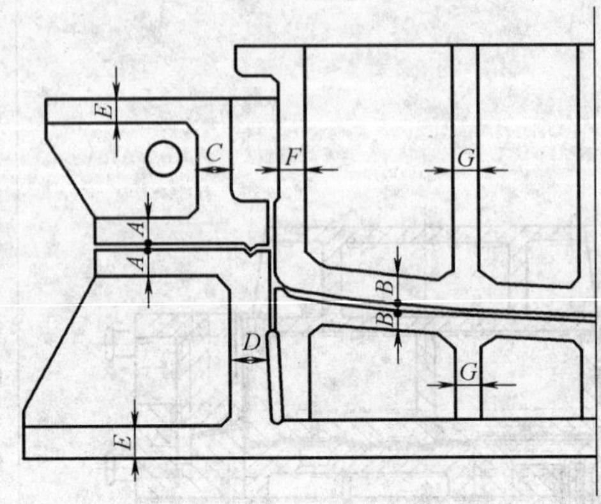

模具大小	A	B	C	D	E	F	G
中小型	40～50	35～45	35～45	30～40	35～45	30～35	30
大型	75～120	60～80	50～65	45～65	50～65	40～50	30～40

冲模的闭合高度应适应双动压力机的规格。内滑块上除装有凸模固定座外还备有垫板，垫板与内滑块紧固，固定座安装在垫板上。在人工安装时要求固定座上平面高于压边圈上平面350mm以上，以便于固定座的安装；外滑块备有外滑块垫板（亦称过渡垫板），该垫板紧固在外滑块上，压边圈安装在过渡垫板上。图4-7-6为在双动压力机上安装冲模时所采用的过渡垫板示意图。

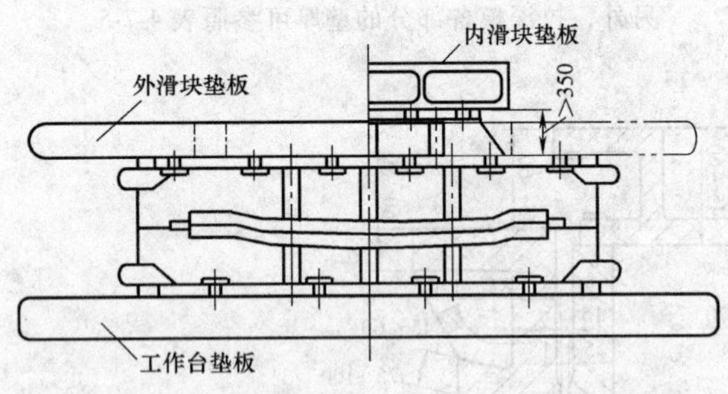

图 4-7-6 双动压力机上安装冲模所用过渡垫板示意图

7.3 导向零件

导向零件是汽车覆盖件冲模的重要零件，对模具的精度、覆盖件的精度、模具的寿命都有很大影响。由于汽车覆盖件一般不是轴对称的，在左右方向或前后方向也不是对称的形状，冲压过程中必然存在侧向力，有的情况下这种侧向力还是很大的。所以，要求冲模的导向必须能承受较大的侧向力。

根据工艺方法的不同，模具对导向精度和导向刚度的要求也不同，模具的导向形式也不同。单动拉深模和双动拉深模的导向方式也不同。在汽车覆盖件冲压模具中，常用的导向方式有导柱导套导向、导板导向、导块导向及背靠块导向四种基本形式。各种导向方式的适用范围见表4-7-6。

表 4-7-6 各种导向方式的适用范围

模具 \ 使用情况		小批量	中、大批量
拉深模	中型	侧导板、导板或导块	
	大型	无柱的背靠块	
成形模 弯曲模 翻边模 整形模	中型	侧导板、导块、导柱、导套	
	大型	无柱的背靠块	带柱的背靠块
落料模 修边模 冲孔模 剪切模	中、小型	导柱、导套、导板	
	大型	带柱的背靠块	

7.3.1 单动拉深模的导向

单动拉深模中经常采用的导向方式主要有导柱导套导向、导板导向、导块导向、背靠块导向四种。具体的导向方式见表4-7-7。

表 4-7-7　单动拉深模的导向方式

名称	图　例	特　点
导柱导套导向		导柱导套导向不能承受较大的侧向力，常用于中小型模具的导向
导板导向	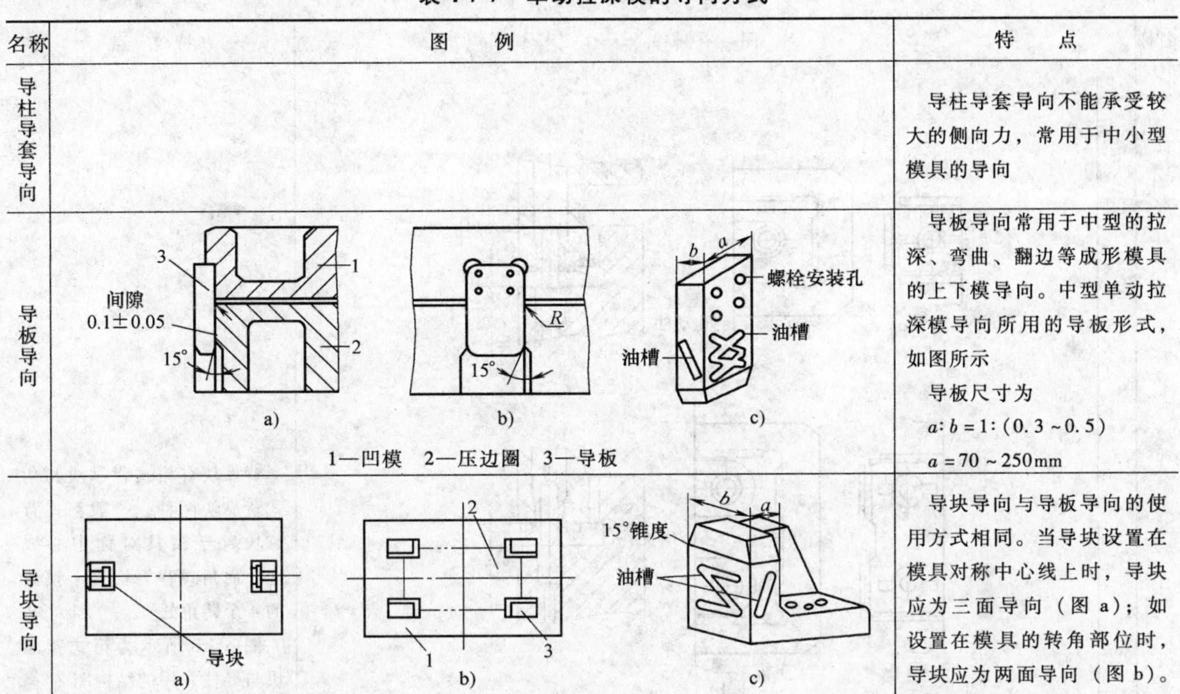 1—凹模　2—压边圈　3—导板	导板导向常用于中型的拉深、弯曲、翻边等成形模具的上下模导向。中型单动拉深模导向所用的导板形式，如图所示 导板尺寸为 $a:b=1:(0.3\sim0.5)$ $a=70\sim250\text{mm}$
导块导向	1—下模座　2—压边圈　3—导块	导块导向与导板导向的使用方式相同。当导块设置在模具对称中心线上时，导块应为三面导向（图 a）；如设置在模具的转角部位时，导块应为两面导向（图 b）。导块结构形式如图 c 所示
背靠块导向	背靠块导向主要用于大型模具的导向。对于大型单动拉深模，凸、凹模的合模精度要求不太高，可只用背靠块进行导向。而对像大型复合模之类的模具，凸、凹模的合模精度要求比较高，模具的导向可采取背靠块与导柱并用的导向形式	
	背靠块的数量与平面布置 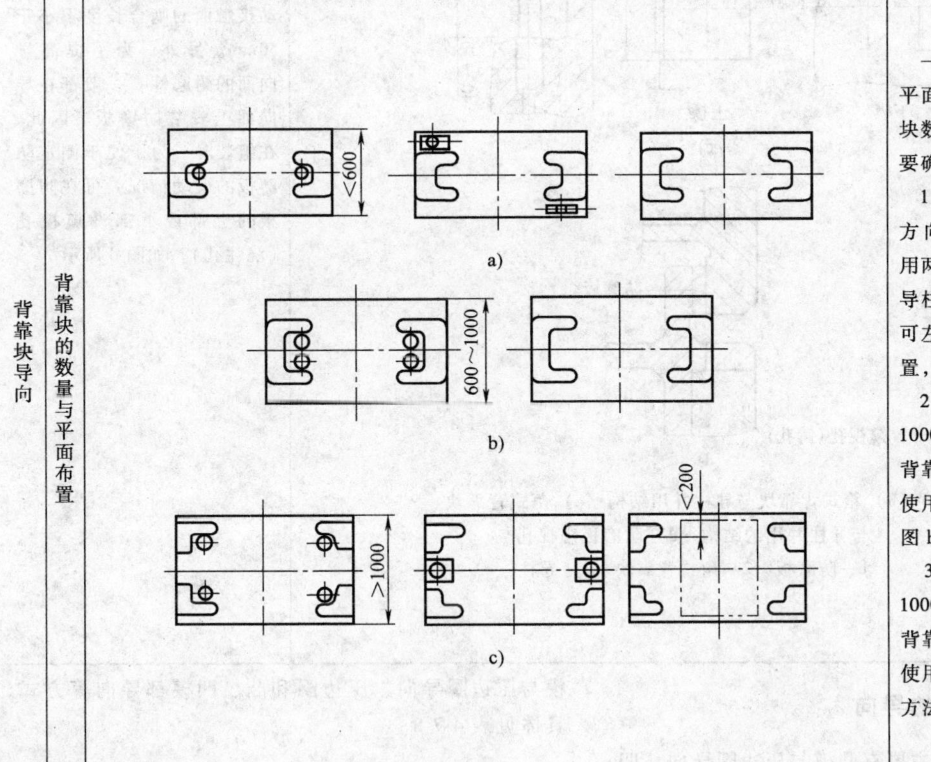	一般情况下，根据模具的平面尺寸决定所采用的背靠块数量，同时采用导柱时还要确定其数量及布置 1）模具宽度尺寸（前后方向）小于 600mm 时，采用两个箱式背靠块。如并用导柱时，则使用两个导柱，可左右对称布置或对角布置，如图 a 所示 2）模具宽度尺寸为 600 ~ 1000mm 时，采用两个箱式背靠块。如并用导柱时，则使用 4 个导柱，布置方法如图 b 所示 3）模具宽度尺寸大于 1000mm 时，采用 4 个箱式背靠块。如并用导柱时，则使用两个或 4 个导柱，布置方法如图 c 所示

（续）

名称		图　例	特　点
背靠块导向	背靠块结构	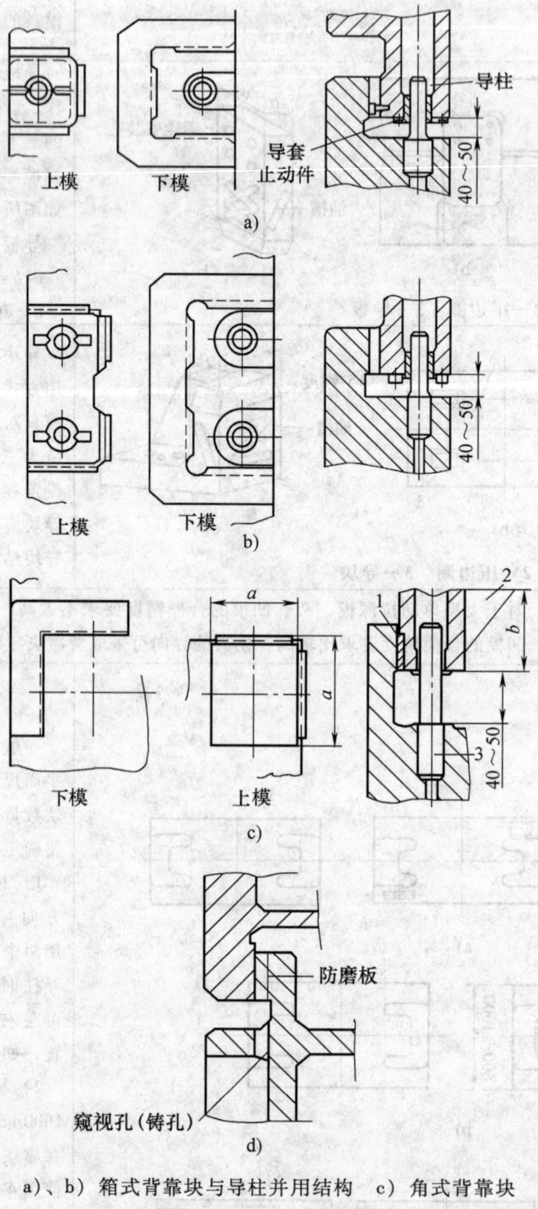 导柱 导套 上动件 40～50 上模　下模 a) 40～50 上模　下模 b) *a*　*a*　*b*　1　2　3　40～50 下模　上模 c) 防磨板 窥视孔（铸孔） d) a）、b）箱式背靠块与导柱并用结构　c）角式背靠块与导柱并用的结构　d）防磨板窥视孔 1—防磨板　2—角式背靠块　3—导柱	背靠块有箱式背靠块和角式背靠块两种，一般箱式背靠块置于模具对称中心线上，而角式背靠块置于模具的4个转角处 图a、b所示为箱式背靠块与导柱并用的结构图 图c所示为角式背靠块与导柱并用的结构图 采用背靠块导向的情况下，在模具保存时，应使滑动接触面的啮合长度不小于50mm。另外，为了提高导向面的耐磨性，一般都在导向面上安装防磨板。因此，在组装时，为了便于测定防磨板的滑动情况，可在防磨板的上部或下部设窥视孔（浇注孔），如图d所示

7.3.2　双动拉深模的导向

双动拉深模的导向主要有凸模与压边圈导向、凹模与压边圈导向、压边圈和凸、凹模都导向等方式，具体见表4-7-8。

表 4-7-8 双动拉深模的导向

<table>
<tr><th>名称</th><th>图例</th><th>特点</th></tr>
<tr><td>凸模与压边圈导向</td><td>30°
a)
b)
c)
a）防磨板形式 b）防磨板装在压边圈上
c）防磨板装在凸模上</td><td>在凸模与压边圈导向的双动拉深模中，凹模与压边圈之间没有导向，所以这种模具仅适用于断面形状比较平坦的浅拉深件
为提高导向面的耐磨性和导向精度，一般要在凸模和压边圈的导向面间设防磨板（亦称导板）。防磨板多设在凸模上，但也可以设在压边圈上，或两面都装防磨板。防磨板的形式及安装方式如图 a、b、c 所示
1. 防磨板宽度
导向面应选在被导向滑动零件轮廓的直线或最平滑的部位，一般取 4～8 处，且前后左右对称分布。防磨板的总宽度应为内侧滑动零件轮廓全长的 25% 以上，防磨板的总宽度决定后，须按比例配置在各导向部位
2. 防磨板长度
防磨板的长度不能长，不能短。大中型拉深模上的防磨板长度，最小不能小于 150mm。因为当上模下降接触毛坯之前要预先有一定的导向长度。开始接触毛坯时最小导向长度与凸模长度的关系，可按表 4-7-9 选择
3. 防磨板材料
防磨板材料一般用优质工具钢如 T8A，其硬度为 52～56HRC</td></tr>
<tr><td>凹模与压边圈导向</td><td colspan="2">凹模与压边圈导向的双动拉深模多用于拉深断面形状复杂、模具型面极易产生侧向力的情况
凹模和压边圈采用背靠块导向，一般采用 2 组或 4 组。背靠块的凸台和凹槽多数是与凹模或压边圈一起铸出，但也有镶件结构。一般情况下，凸台放在下面凹模上，凹槽放在压边圈上，防磨板装在背靠块的凸台上。但为了防止导向面的过快磨损，也有凸台、凹槽都装防磨板的</td></tr>
<tr><td>压边圈与凸模、凹模都导向</td><td colspan="2">凸模与压边圈、压边圈与凹模之间都设有导向的双动拉深模，导向精度高，目前国内普遍采用这种双动拉深模</td></tr>
</table>

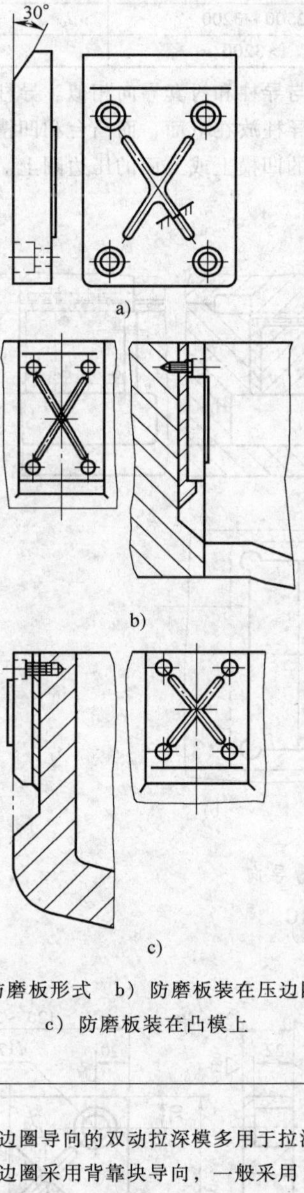

表 4-7-9 最小预先导向量

凸模长度/mm	最小导向量/mm	凸模长度/mm	最小导向量/mm
<200	30	1200～1800	70
200～400	40	1800～2500	80
400～800	50	2500～3200	90
800～1200	60	>3200	100

7.3.3 压边圈和凹模的导向

压边圈和凹模是用图 4-7-7 所示的凸台和凹槽导向，与导柱和衬套导向相似。导柱和衬套导向一般都是将导柱放在下面，而凸台和凹槽导向可将凸台放在下面的凹模上或上面的压边圈上。

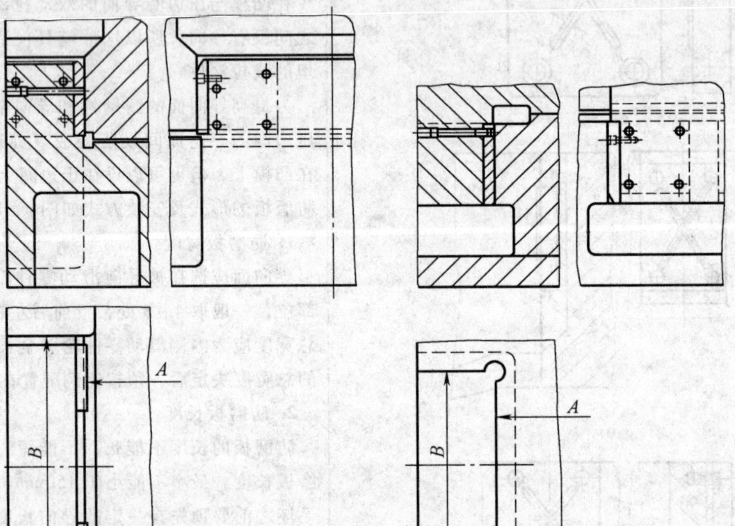

图 4-7-7 凸台和凹槽导向

凸台放在下面（图 4-7-7a）的优点是安全，缺点是妨碍打磨、研修压料面和拉深肋槽，所以多用于压料面立体曲面简单的压边圈和凹模的导向。凸台放在上面（图 4-7-7b）的优点是便于打磨、研修压料面和拉深肋槽，缺点是不安全，所以多用于压料面立体曲面复杂的压边圈和凹模的导向。如果采用机械送料和取件就不存在安全问题，则凸台放在下面或上面仅取决于压料面立体曲面的复杂程度。

凸台和凹槽两面都装导板当然好，但是制造工作量大，特别是钻孔困难，实际上也没有必要。因此一面装导板就可以，磨损以后可以在导板后面加垫。一面导板是装在凸台上还是装在凹槽上和使用无关，主要考虑制造上钻孔的难易程度，最好导板上是沉孔。

为了便于导板进入导向面，又考虑加工方便，将导板进入导向面的一面做成 30°斜面，相应地在不装导板的凹槽上成 $R5$mm 圆弧。图 4-7-8 所示为导板的结构尺寸。导板材料用 T8A，淬火硬度为 52 ～ 56HRC。

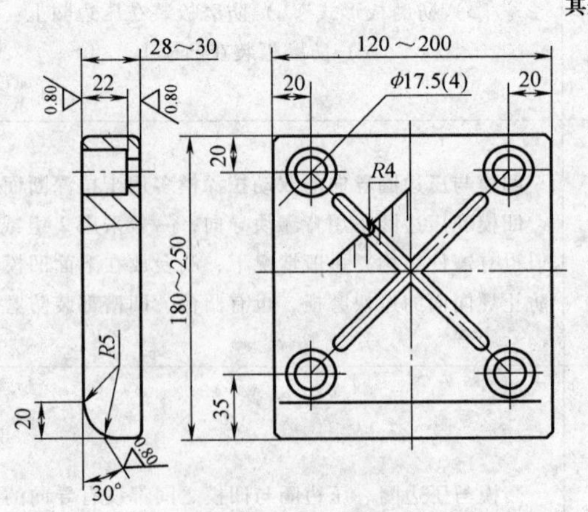

图 4-7-8 导板的结构尺寸

凹槽导向面之间的距离 A（图 4-7-7）一般是对

称的，取决于压料面长度。距离 A 等于压料面长度加上 20 ~ 40mm。距离 B（图 4-7-7）一般也是对称的，取决于压料面宽度，一般取 1/3 ~ 1/2 的压料面宽度。

7.3.4　凸模和压边圈的导向

凸模和压边圈采用对称布置的 4 ~ 8 对导板导向，导板位置放在凸模外轮廓的直线部分或曲线最平滑的部分。图 4-7-9 所示为凸模和压边圈的导向示意图。导向面取在压边圈内轮廓和凸模外轮廓之间空隙的一半处。图 4-7-9a 所示为拉深开始时凸模和压边圈的导向，凸模导板进入压边圈时导板不小于 50mm（包括 30°斜面部分）。图 4-7-9b 所示为拉深结束时凸模和压边圈的导向，凸模导板不脱离压边圈导板。

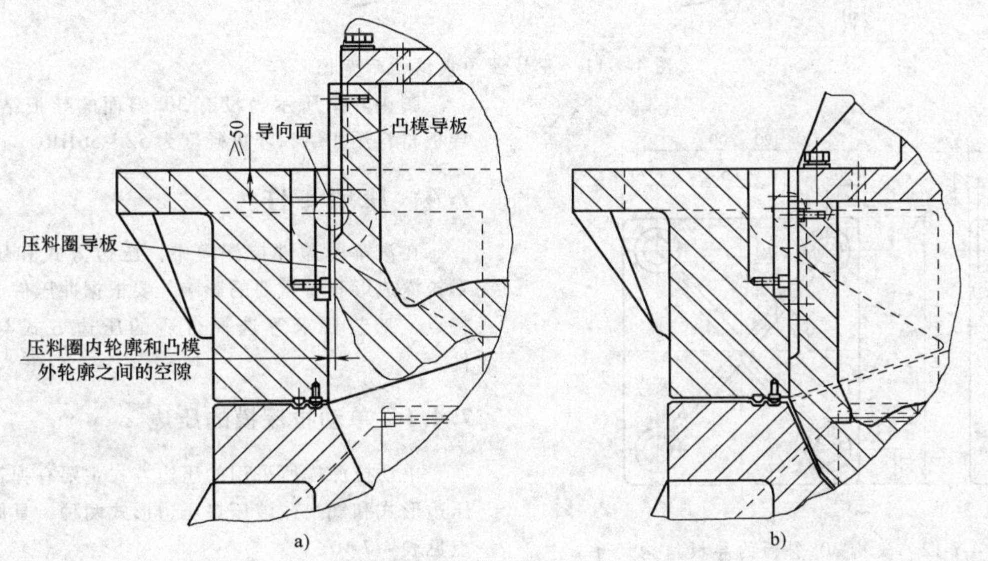

图 4-7-9　凸模和压料圈的导向示意图

图 4-7-10 所示为凸模导板结构示意图。图 4-7-10a 所示的凸模导板结构，其缺点是直壁往上呈 45°斜度，缩小了不加工面的尺寸，铸造不易保证，加工面又多。凸模导板受向上的力，因此，可以将凸模导板台阶放在上面（图 4-7-10b），这样就使直壁往上呈 45°斜度，缩小的不加工面的尺寸加大，加工面减少。综合图 4-7-10a、b 两种凸模导板结构的特点，改进成图 4-7-10c 所示的凸模导板结构，优点是加工面最少。

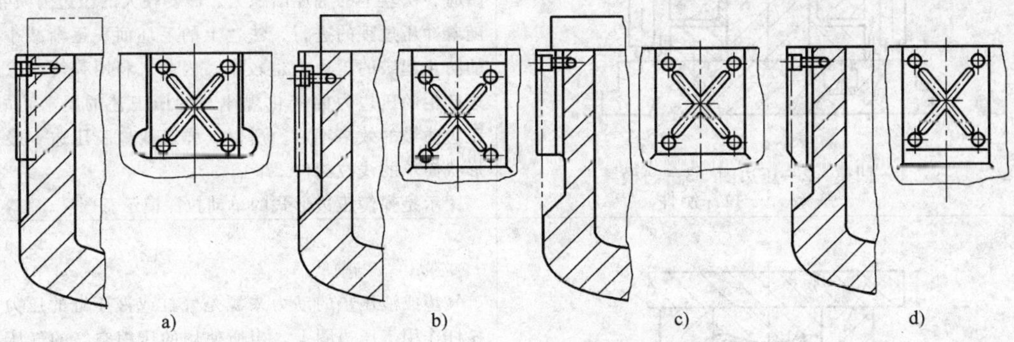

图 4-7-10　凸模导板结构示意图

图 4-7-11 所示为压边圈导板结构示意图。图 4-7-11a 所示的压边圈导板结构，其缺点是加工困难，因而改为图 4-7-11b 所示的压边圈导板结构，优点是加工简单。根据机床的加工条件，压边圈导板的加工面深度不大于 250mm，为降低加工面深度，可以将 30°斜面放在凸模导板上（图 4-7-10d），相应压边圈导板长度可以减短，如图 4-7-11c 所示。

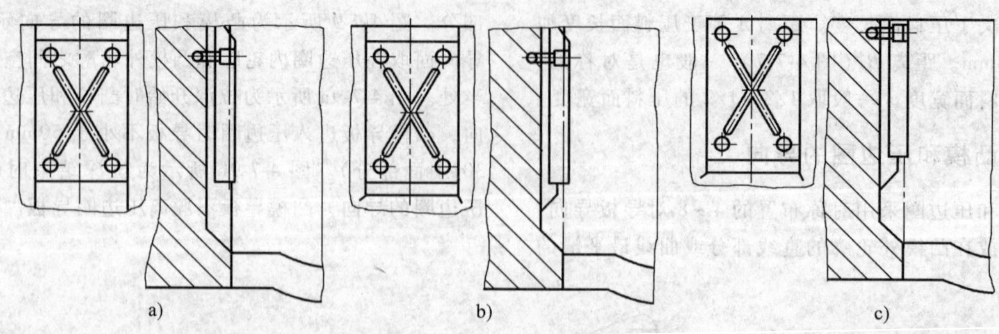

图4-7-11　压边圈导板结构示意图

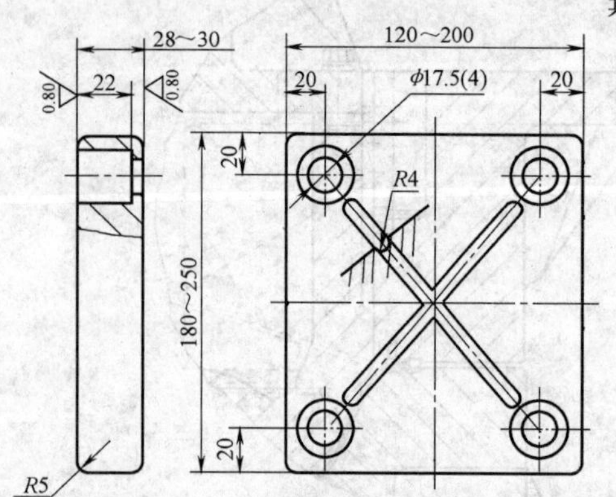

图4-7-12　没有30°斜面的导板结构尺寸

图4-7-12所示为没有30°斜面的导板结构尺寸。导板材料用T8A，淬火硬度为52~56HRC。

7.4　压边零件

在汽车覆盖件拉深模中，压边方式和压边零件对拉深成形有着重要的影响，要根据冲压件成形性的特点、工艺要求等选择合适的压边方式与压边零件。

7.4.1　单动拉深模的压边

单动拉深模所采用的压边方式主要有弹簧或橡胶压边形式和气垫或液压垫压边形式两种，具体结构特点见表4-7-10。

表4-7-10　单动拉深模的压边

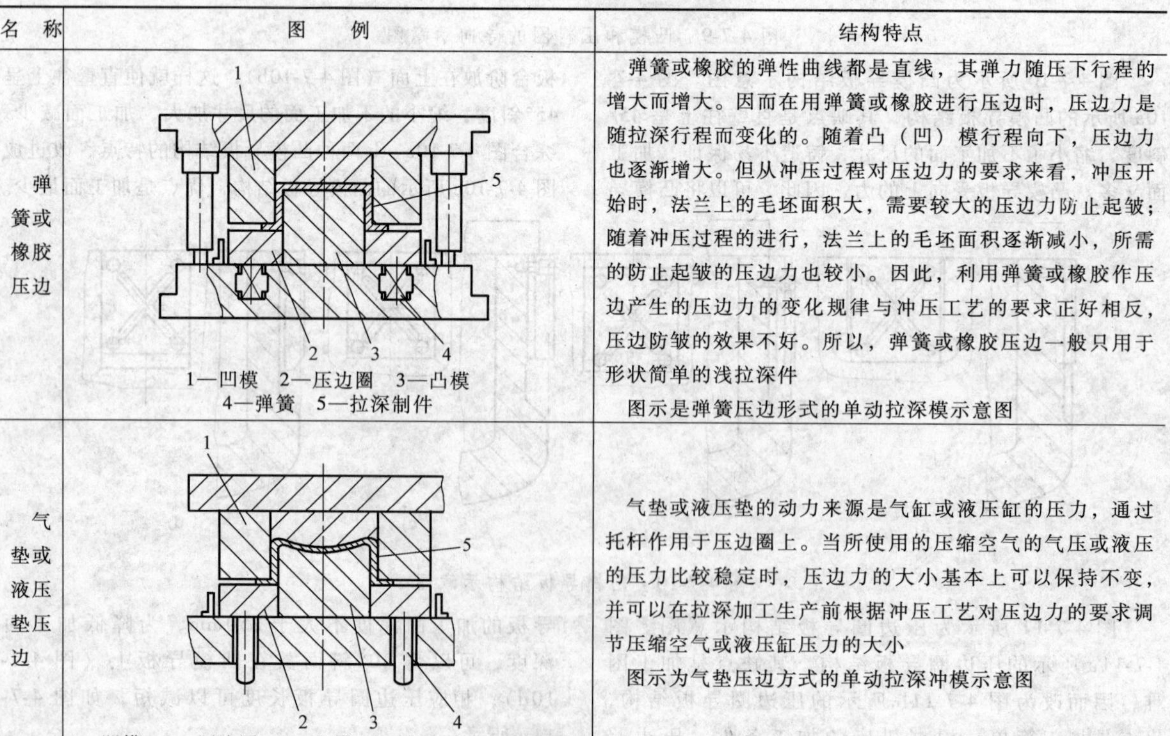

名　称	图　例	结构特点
弹簧或橡胶压边	1—凹模　2—压边圈　3—凸模　4—弹簧　5—拉深制件	弹簧或橡胶的弹性曲线都是直线，其弹力随压下行程的增大而增大。因而在用弹簧或橡胶进行压边时，压边力是随拉深行程而变化的。随着凸（凹）模行程向下，压边力也逐渐增大。但从冲压过程对压边力的要求来看，冲压开始时，法兰上的毛坯面积大，需要较大的压边力防止起皱；随着冲压过程的进行，法兰上的毛坯面积逐渐减小，所需的防止起皱的压边力也较小。因此，利用弹簧或橡胶作压边产生的压边力的变化规律与冲压工艺的要求正好相反，压边防皱的效果不好。所以，弹簧或橡胶压边一般只用于形状简单的浅拉深件 图示是弹簧压边形式的单动拉深模示意图
气垫或液压垫压边	1—凹模　2—压边圈　3—凸模　4—托杆　5—拉深制件	气垫或液压垫的动力来源是气缸或液压缸的压力，通过托杆作用于压边圈上。当所使用的压缩空气的气压或液压的压力比较稳定时，压边力的大小基本上可以保持不变，并可以在拉深加工生产前根据冲压工艺对压边力的要求调节压缩空气或液压缸压力的大小 图示为气垫压边方式的单动拉深冲模示意图

7.4.2　双动拉深模的压边

双动拉深模的压边是刚性的，它的动力来源是压力机外滑块，因而其压边力稳定可靠。在进行形状复杂的汽车覆盖件拉深模调试时，可以针对试冲出现的问题，通过调节外滑块的调节螺母（有的压力机是通过调节外滑块的压力缸压力）方便地调节压料面上不同部位的压边力大小，以适应拉深成形中毛坯变形和流动的需要。

7.4.3　压边圈内轮廓和凸模外轮廓之间的空隙

1. 凸模外轮廓和压边圈内轮廓

凸模外轮廓就是拉深件轮廓。为了保证凸模外轮廓的尺寸，沿压料面有一段 40 ~ 60mm 的直壁必须加工，直壁往上呈 45°斜度，缩小 10 ~ 40mm 为不加工面，如图 4-7-13 所示。压边圈内轮廓是套在凸模外轮廓外面的，同样沿压料面有一段 40 ~ 60mm 的直壁必须加工，直壁往上呈 45°斜度，缩小 40 ~ 100mm 为不加工面，如图 4-7-14 所示。

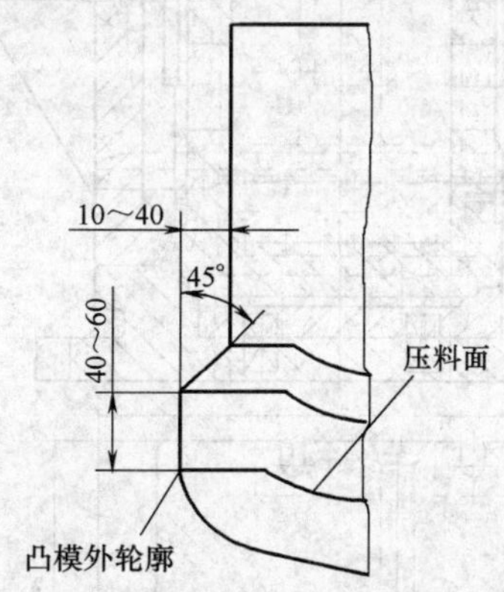

图 4-7-13　凸模外轮廓

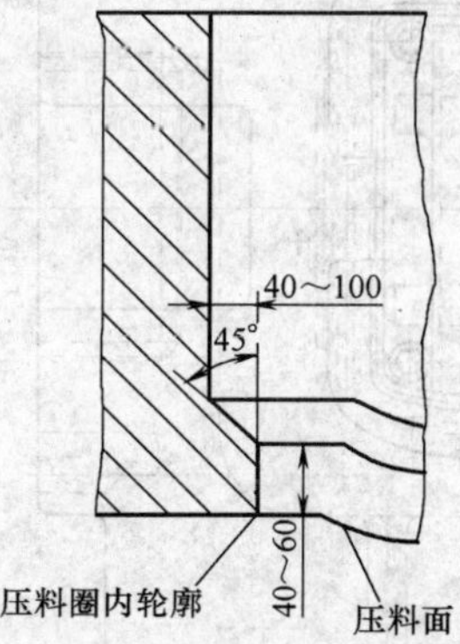

图 4-7-14　压边圈内轮廓

2. 压边圈的压料作用

从图 4-7-15 所示的压边圈的压料作用示意图中可以看出，压边圈 1 首先往下行程到下死点，将拉深毛坯压紧在凹模 2 的压料面上，就停在下死点保持不动，这时运动着的凸模 3 往下行程，开始拉深直到下死点，拉深毛坯通过凹模圆角拉入凹模 2 里，拉深成凸模 3 的形状。拉深毛坯在凹模圆角部分是无法压料的。因此，从压料作用来看，压边圈内轮廓和凸模外轮廓之间的空隙与凹模圆角半径 $R_{凹}$ 的大小有关，空隙小于凹模圆角半径（压边圈内轮廓在位置Ⅰ）则不起压料作用，制造也不易保证；空隙大于凹模圆角半径（压边圈内轮廓在位置Ⅱ）则影响压料效果；压边圈内轮廓最好在凹模圆角半径的切点处，即压边圈内轮廓和凸模外轮廓之间的空隙比凹模圆角半径稍大。

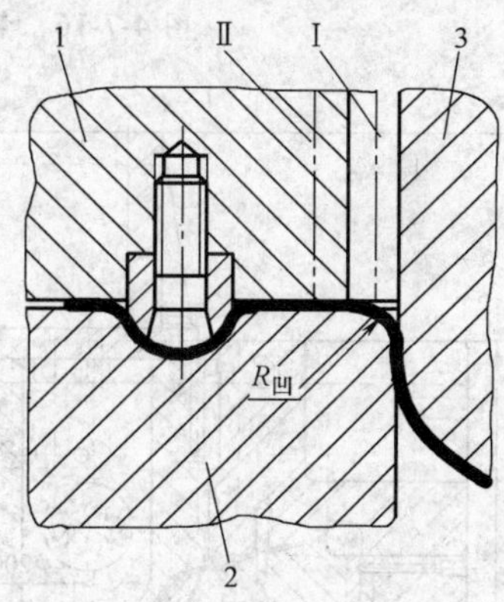

图 4-7-15　压边圈的压料作用示意图

1—压边圈　2—凹模　3—凸模

3. 压边圈内轮廓和凸模外轮廓之间的空隙值

压边圈就是覆盖件本身的凸缘面时，凹模圆角半径需要根据具体情况来确定。当凹模圆角半径取 3 ~ 10mm，压边圈内轮廓和凸模外轮廓之间的空隙取 5 ~ 12mm。图 4-7-16 所示为解放牌汽车左、右里门板工序 1 的拉深模，压边圈内轮廓和凸模外轮廓之间的空隙取 7mm。

当凹模圆角是工艺补充的一部分时，凹模圆角半径取 8 ~ 10mm，因此，压边圈内轮廓和凸模外轮廓之间的空隙取 10 ~ 12mm。图 4-7-17 所示为解放牌汽车散热器罩工序 1 拉深模，压边圈内轮廓和凸模外轮廓之间的空隙取 10mm。

采用拉深槛的拉深模，其压边圈内轮廓和凸模外轮廓之间的空隙取 8 ~ 12mm，上拉深肋内轮廓和凸模外轮廓之间的空隙取 3 ~ 5mm。图 4-7-18 所示为解放牌汽车左、右外门板工序 1 拉深模，压边圈内轮廓和凸模外轮廓之间的空隙取 8mm，上拉深肋内轮廓和凸模外轮廓之间的空隙取 3mm。

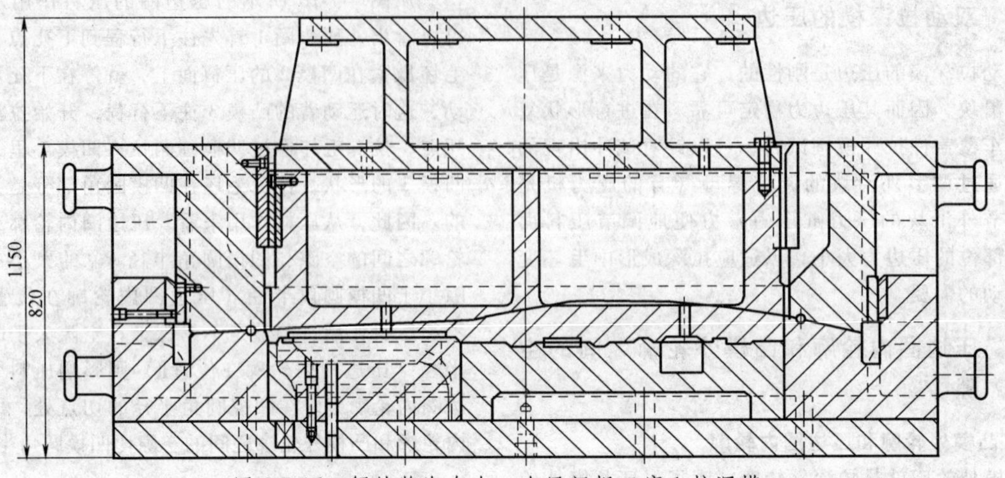

图 4-7-16 解放牌汽车左、右里门板工序 1 拉深模

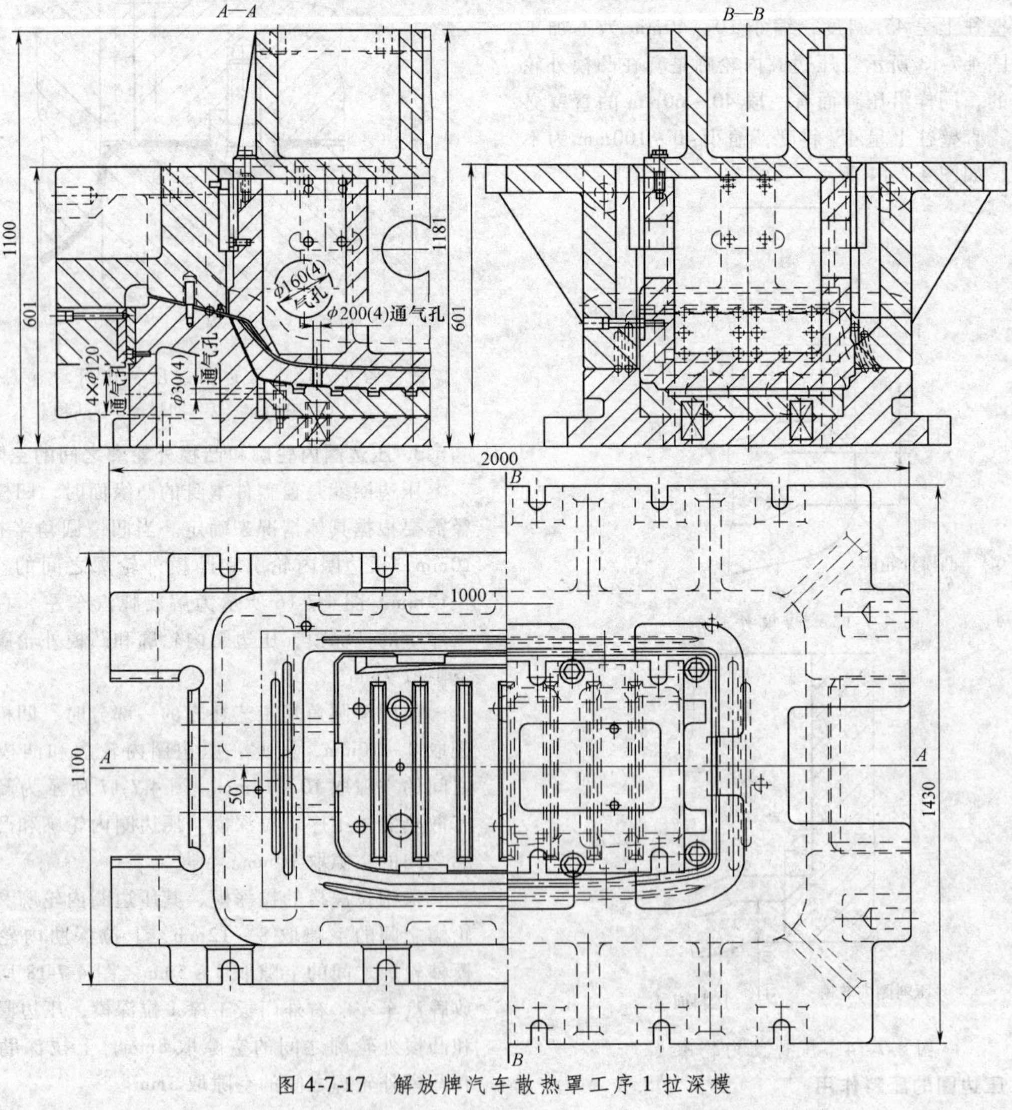

图 4-7-17 解放牌汽车散热罩工序 1 拉深模

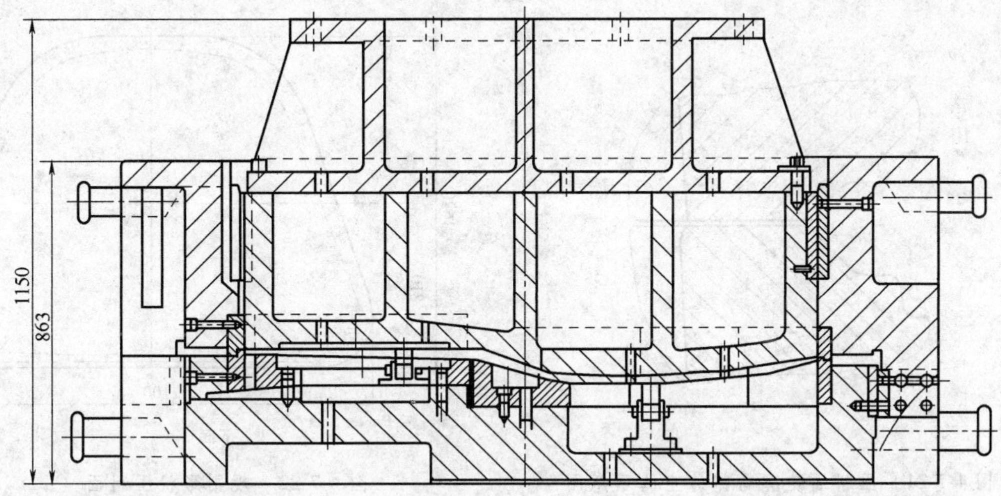

图 4-7-18　解放牌汽车左、右外门板工序 1 拉深模

7.4.4　凹模和压边圈的压料面轮廓

1. 凹模和压料圈压料面轮廓的确定

凹模和压边圈的压料面轮廓是一样的。压料面轮廓是根据拉深毛坯尺寸和外形确定的，而拉深毛坯的尺寸和外形是由拉深件确定的。拉深件形状复杂难以用计算方法求得展开尺寸，只能根据图形拉线量取和估计分别求得大概的拉深毛坯尺寸和外形。这样求得的拉深毛坯尺寸和外形一般是偏大的，在调整拉深模时才能确定拉深毛坯的尺寸和外形。因此，在设计拉深模时压料面轮廓只是根据大概的拉深毛坯尺寸和外形确定，拉深毛坯至压料面轮廓的距离一般取 30～40mm，足够放挡料销即可。如果这个尺寸太大，则要增加仿形铣床、打磨和研修工作量。有些拉深毛坯的外形比较复杂，压料面轮廓不能完全沿着拉深毛坯外形确定，而是尽量做成规则形状，但拉深毛坯至压料面轮廓的距离不要过大。

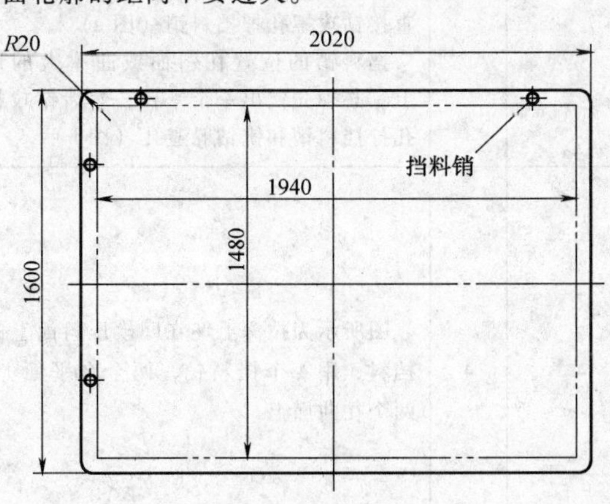

图 4-7-19　矩形压料面

图 4-7-19 所示为矩形压料面，尺寸为 2020mm × 1600mm（长 × 宽），拉深毛坯至压料面轮廓的距离取 40mm。图 4-7-20 所示为规则形状压料面，轮廓尺寸为 1700mm × 1170mm（长 × 宽），这是根据大概的拉深毛坯尺寸 1600mm × 1080mm（长 × 宽）确定的，形状是估计的，拉深毛坯至压料面轮廓的距离取 30～70mm。为了减少打磨和研修工作量，拉深毛坯至压料面轮廓距离局部太大处可以铸空，如图 4-7-21 所示。

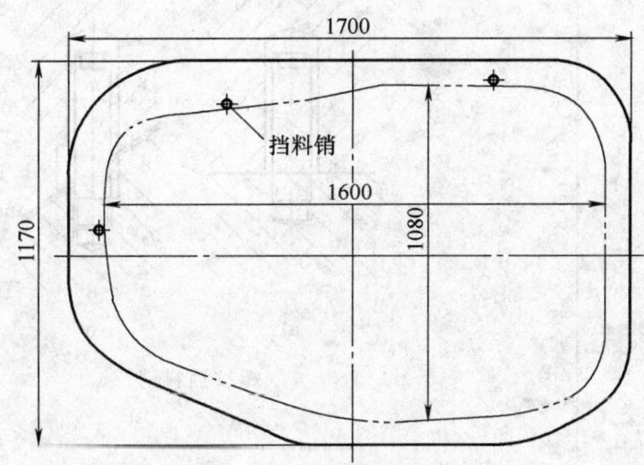

图 4-7-20　规则形状压料面（一）

2. 压料面轮廓尺寸和仿形铣床加工范围的关系

压料面是在仿形铣床上加工的，因此，在确定压料面轮廓尺寸时必须考虑仿形铣床的加工范围。图 4-7-22 所示的规则形状压料面的轮廓尺寸为 2100mm × 1620mm（长 × 宽），使用的仿形铣床加工范围（最大值）：长度 3200mm，宽度 1600mm，高度 1000mm。因此，宽度方向一次铣不出来，只好再上一次龙门铣床铣下面。

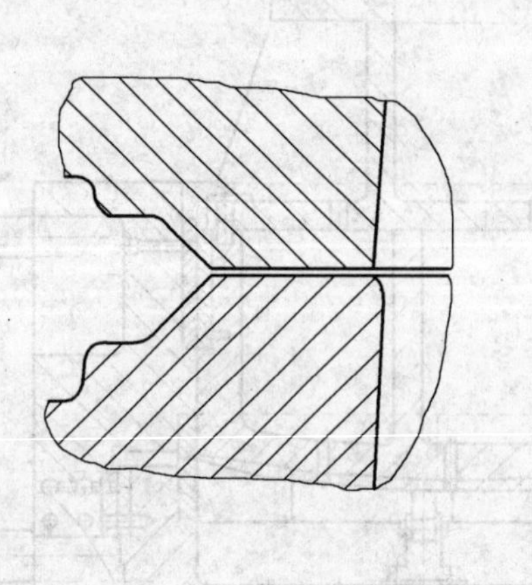

图 4-7-21 压料面轮廓局部铸空的示意图

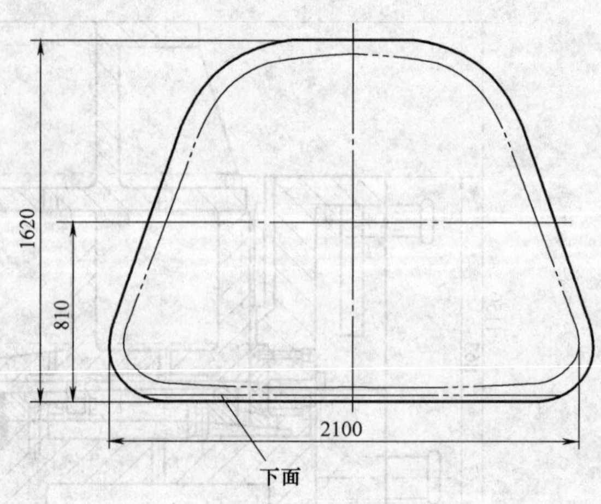

图 4-7-22 规则形状压料面（二）

7.5 挡料

7.5.1 挡料销的结构、位置和数量

挡料销的结构、位置和数量见表 4-7-11。

表 4-7-11 挡料销的结构、位置和数量

序号	图例	数量	位置及说明
1	a) b) 螺纹挡料销	2～6	拉深毛坯放在凹模压料面上的挡料不需要很准确，而压料面多数是曲面的，拉深毛坯是平的或大概预弯成压料面形状的，因此，拉深毛坯放在凹模压料面上的挡料也不可能准确，一般是利用拉深毛坯的外形用图示的螺纹挡料销挡料。挡料销的位置放在送料方向的前面和左、右面拉深毛坯与压料面比较贴服的地方。左面的挡料销为避免拉深毛坯的颤动而松动，最好用反扣 如果压料面是曲面的，挡料销的位置尽可能放在曲率小的曲面上，这样可以直接钻攻螺孔拧挡料销（图 a） 挡料销的位置在斜面或曲率大的面上，必须先铣出一个平台，然后钻攻螺孔拧挡料销和铣钻躲避孔（图 b）
2	挡料销 拉深毛坯在凹模压料面上的挡料	4	图所示为拉深毛坯在凹模压料面上的挡料，用 4 个挡料销，两个在平面上，两个在曲面上

（续）

序号	图　例	数量	位置及说明
3	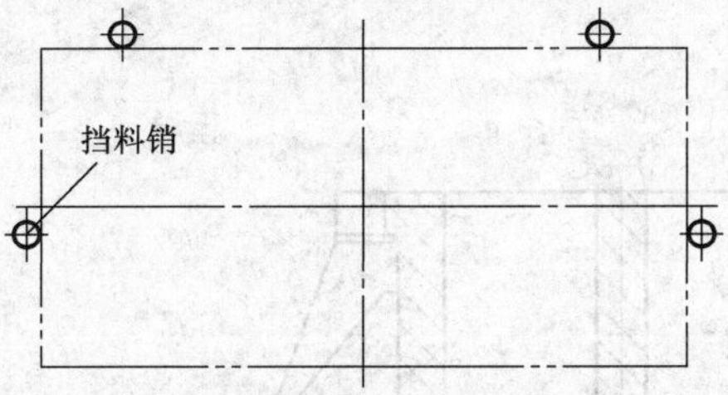 挡料销 拉深毛坯在凹模压料面上的挡销	4	图中所示为拉深毛坯在凹模压料面上的挡料，用 4 个挡料销，两个在斜面上，两个在曲面上
4	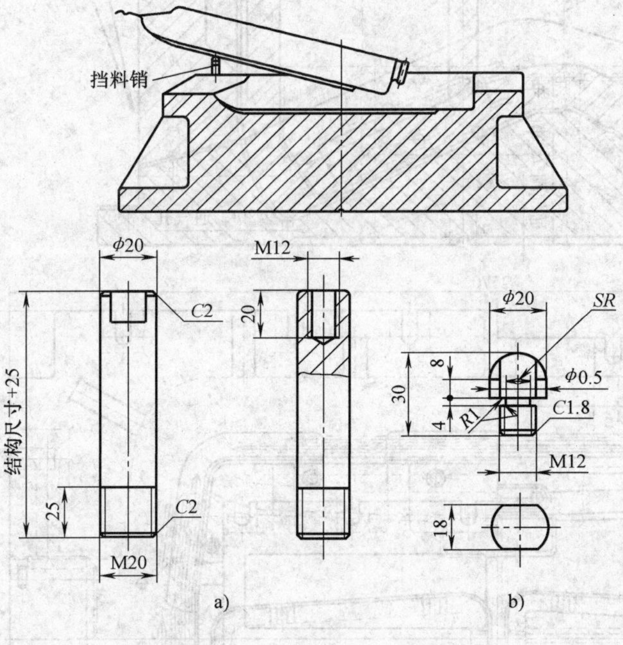 挡料销 ϕ20　C2　结构尺寸+25　25　C2　M20 M12　20 ϕ20　SR　8　ϕ0.5　30　4　R1　C1.8　M12　18 a)　b)		拉深以后拉深件留在凹模里，用人工或机械手顺着送料方向取出。前面的挡料销就成了取出拉深件的障碍，拉深件从挡料销头上托过，如取出拉深件示意图所示。这样在拉深件表面会出现划痕，影响覆盖件表面质量。解决的办法如下： 将挡料销放在拉深毛坯最边上，这样挡料销就减少了妨碍或不妨碍了 在挡料销头上加一个纯铜帽，图 a 为挡料销的结构尺寸，图 b 为纯铜帽的结构尺寸
5	见图 4-7-23	4	图中所示为解放牌汽车前外围盖板工序 1 拉深模，采用 4 个挡料销，两个放在送料方向的后面。这种情况很少，主要考虑压料面后面低而直线部分长，因此，拉深毛坯的重心向后面，挡料销放在前面也无法挡料；同时考虑这个拉深件的特点和要求，如果挡料销放在前面，拉深件从挡料销头上托过时，即使在挡料销头上加了纯铜帽，拉深件的表面还可能会出现坑包。只是两个挡料销放在送料方向的后面，会给送料带来一些不便

7.5.2　拉深毛坯的防反

有些拉深毛坯的外形很难辨别送料方向，往往会由于送料方向弄错，而使拉深件报废。如图4-7-23所示的解放牌汽车前围外盖板拉深毛坯的外形就很难辨别送料方向，所以落料时在拉深毛坯送料方向的前面加两个圆弧缺口作定位用。

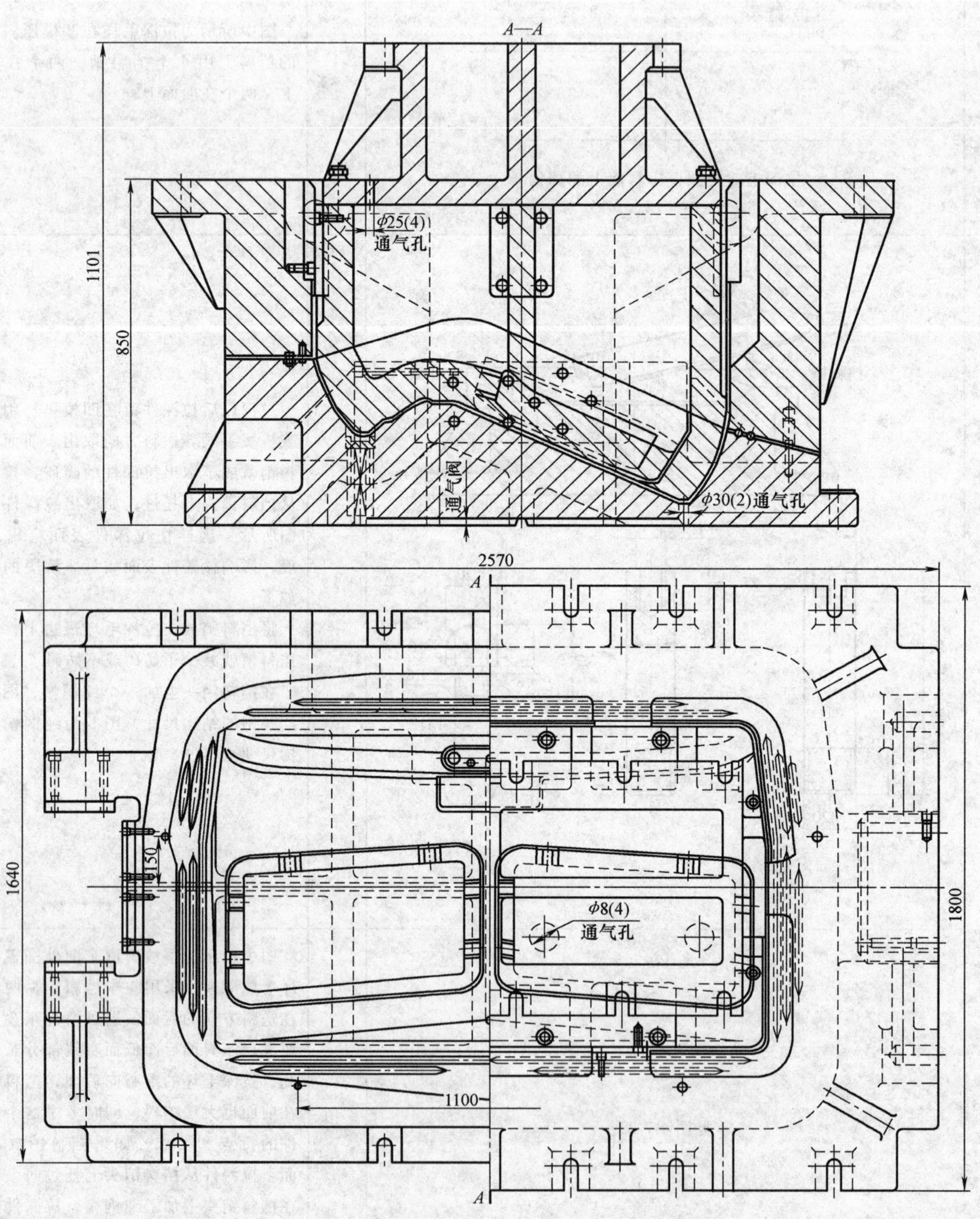

图4-7-23　解放牌汽车前围外盖板工序1拉深模

7.5.3　挡料销的画法和尺寸标注

由于拉深毛坯的尺寸和外形在调整拉深模时才能确定，因此，在设计拉深模时只是根据大概的拉深毛坯尺寸和外形在总图上画出挡料销，给出一个位置尺寸，另一个位置尺寸无法给出，在尺寸线上注“根据拉深毛坯的尺寸和外形确定”。在凹模和压料圈的零件图上不画出挡料销螺孔和躲避孔。

7.6　通气孔

7.6.1　凹模的通气孔

压料圈首先行程往下到下死点，将拉深毛坯压紧在凹模压料面上，就停在下死点保持不动，这时运动着的凸模行程往下，开始拉深直到下死点将拉深毛坯拉深成凸模形状。这样凹模里的空气一定要排出去，否则凹模里的空气被压缩，拉深以后凸模首先行程往上，而在压料圈停留一段时间的时候，凹模里经过压缩的空气就有可能把拉深件顶瘪。因此，必须在凹模非工作表面或以后要修掉的废料部分钻出直径为 $\phi20$ ~ $\phi30$mm 的通气孔 2 ~ 6 个，相应地要在凹模下底面铣通气槽，使空气从左、右面排出去。

图 4-7-24 所示的解放牌汽车顶盖工序 1 拉深模，凹模由于没有钻通气孔，在调整拉深模时凹模里经过压缩的空气就把拉深件顶瘪了。图 4-7-23 所示的解放牌汽车前围外盖板工序 1 拉深模，在凹模上以后要修掉的废料部分钻出直径为 $\phi30$mm 的通气孔两个，相应地在凹模下底面铣通气槽。根据凹模结构也可以在凹模壁上钻出直径为 $\phi20$ ~ $\phi30$mm 的通气孔 2 ~ 4 个，使空气从左、右排出去。

7.6.2　凸模的通气孔

拉深以后，凸模首先行程往上，而压料圈停留一段时间，从凸模上退下拉深件的时候，空气一定要流进拉深件和凸模之间的空间，否则拉深件贴紧凸模，随着凸模行程往上带，而压料圈停留一段时间压住拉深件的压料面，这样拉深件就有可能沿拉深件轮廓向上鼓起。因此，必须在凸模上钻通气孔。为了在拉深件表面不留下显著的通气孔痕迹，尽量在凸模以后要修掉的废料部分钻出直径为 $\phi20$ ~ $\phi30$mm 的通气孔 2 ~ 6 个，或铸出直径为 $\phi60$ ~ $\phi120$mm 的通气孔 2 ~ 4 个。如果在凸模工作表面上钻出通气孔，其直径应不大于 $\phi6$mm，沿圆周直径为 $\phi50$ ~ $\phi60$mm 均布 4 ~ 7 个成一组，根据拉深件的尺寸、形状和深度钻 2 ~ 4 组，相应地在固定座上钻出直径为 $\phi20$ ~ $\phi30$mm 的通气孔，在立肋上铸出直径为 $\phi60$ ~ $\phi120$mm 的通气孔，或在凸模侧壁毛坯面上铸出直径为 $\phi100$ ~ $\phi200$mm 的通气孔 2 ~ 6 个（同时还起减轻凸模重量的作用，并能作起重用），使空气流进。

7.7　拉深时穿或冲工艺孔的结构

一般是在不能用拉深件侧壁和拉深槛定位时，才可用工艺孔定位。

7.7.1　用一般的冲孔模结构冲工艺孔

工艺孔放在压料面以后要修掉的废料上，而压料面上的拉深毛坯一般又是流动的，也有压料面上的拉深毛坯基本上是不流动的，工艺孔放在这样的压料面上用一般的冲孔模结构是可以的。解放牌汽车地板工序 1 拉深件，压料面上两个直径均为 $\phi20$mm 的工艺孔就是用一般的冲孔模结构冲出的，当然这是少数。

7.7.2　穿或冲工艺孔的优缺点

在拉深毛坯流动的压料面上穿或冲工艺孔，必须在拉深以后进行。由于凸模首先行程往上，而压边圈停留一段时间，穿或冲工艺孔就在凸模退下拉深件的这一段时间中进行。工艺孔一般是在第一根拉深肋的中心线上，这里的拉深肋断开。穿或冲工艺孔的缺点是由于压边圈和凹模、凸模和压边圈的导向不准，使穿或冲工艺孔的凸模和凹模不同心而啃刃口。穿工艺孔的优点是无废料开花，缺点是有方向性。冲工艺孔的优点是无方向性，缺点是有废料。一般应首先考虑穿工艺孔，方向一定要符合在修边时的定位需要。穿的工艺孔套在定位销上时工艺孔的开花方向朝上。工序 1（拉深）以后翻转送到工序 2（修边）中定位，工艺孔的开花方向朝上，可以定位。如果工序 1（拉深）以后不翻转到工序 2（修边）中定位，工艺孔的开花方向朝下，无法定位，则只能冲工艺孔。

7.7.3　穿或冲工艺孔的结构

穿或冲工艺孔的结构见表 4-7-12。

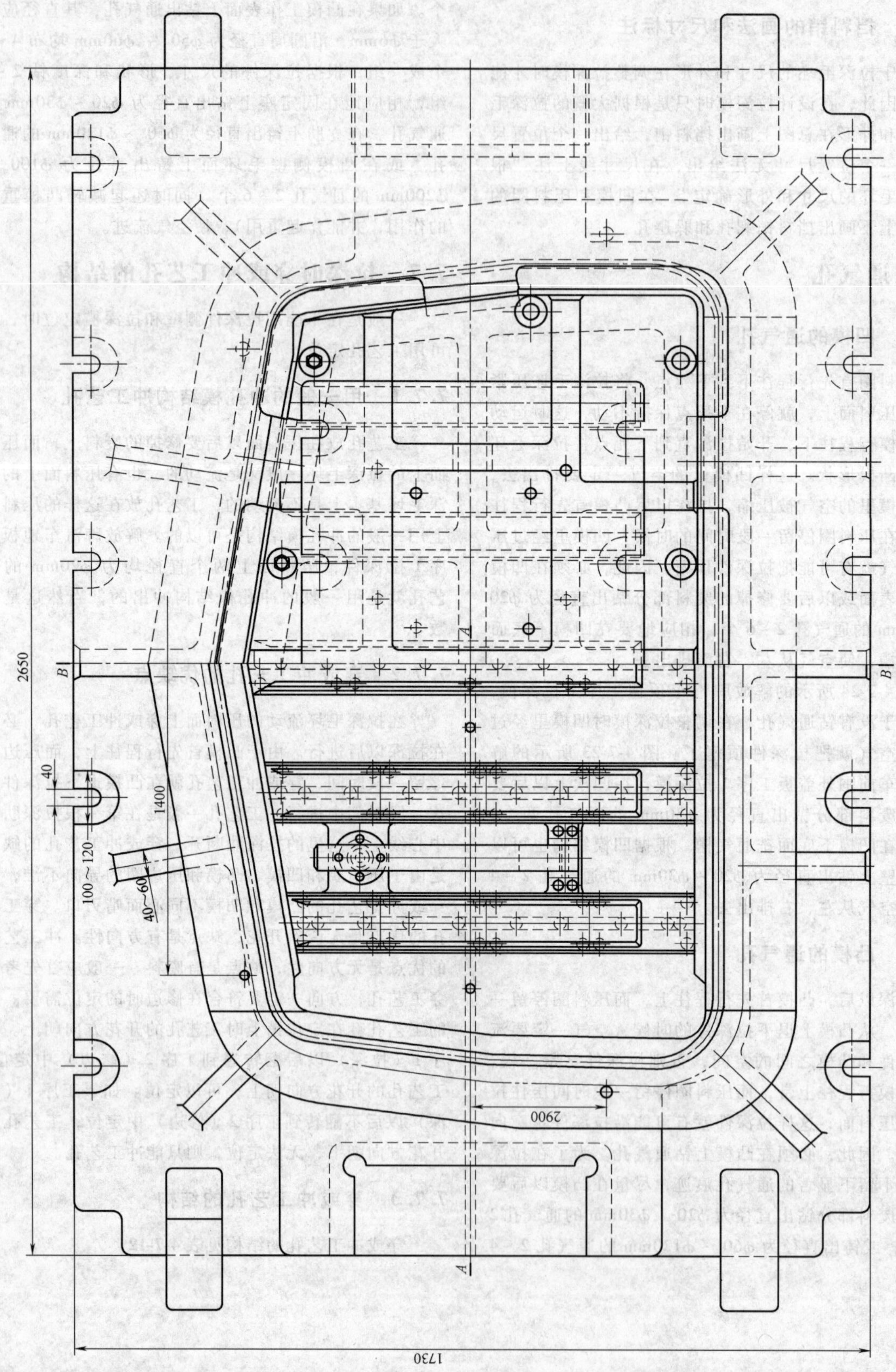
2650
1400
40
100~120
40~60
B
B
A
A
2900
1730

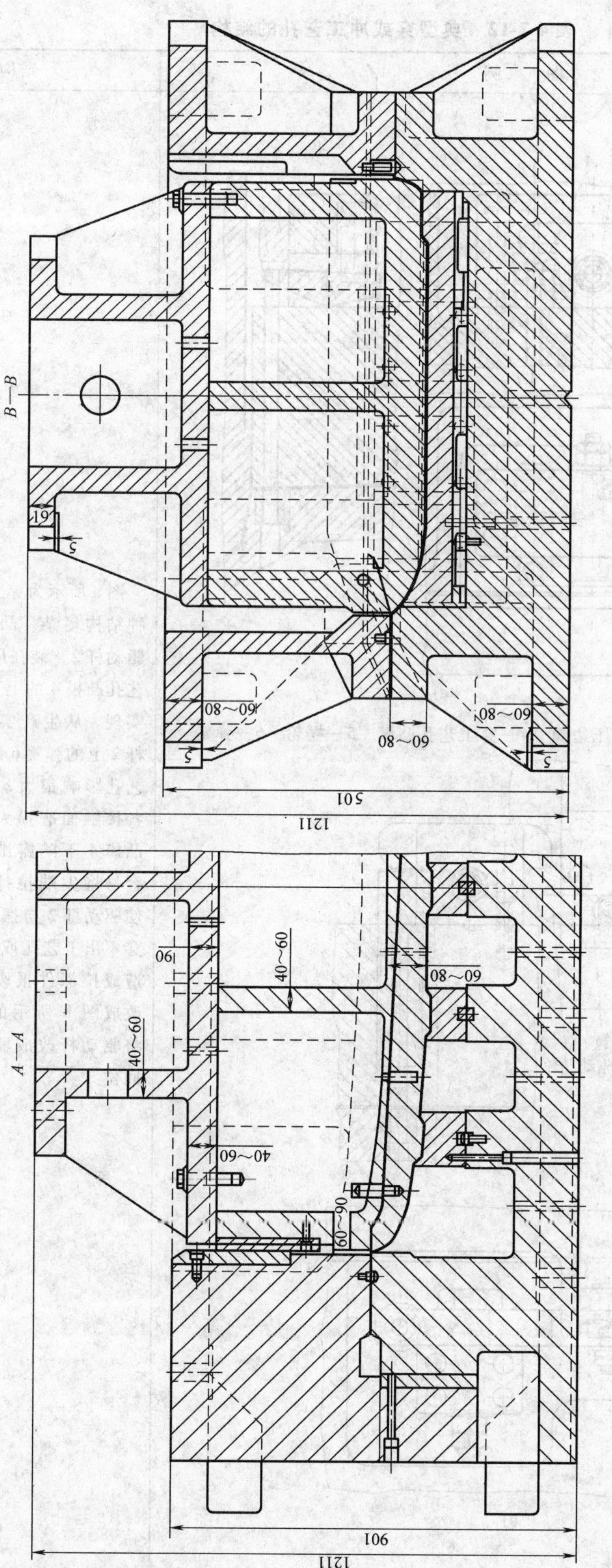

图 4-7-24　解放牌汽车顶盖工序 1 拉深模

表 4-7-12　典型穿或冲工艺孔的结构

名称	图　例	结构特点
穿工艺孔结构	a) 1—凸模　2—驱动杆　3—压边圈　4—穿工艺孔凸模　5—摆轮　6—弹簧 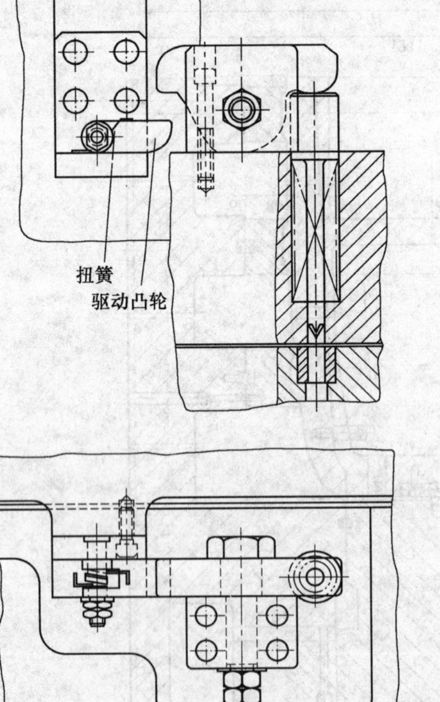 b)	图 a 所示为穿工艺孔的结构。这种结构复杂，凸模 1 的侧壁装有驱动杆 2，装在压边圈 3 里的穿工艺孔凸模 4 的上下运动靠摆轮 5 来实现。从生产实践中发现，驱动杆 2 上的弹簧 6 的力量大小对穿工艺孔影响很大，如果太硬，则使各接触面磨损大，造成穿工艺孔凸模 4 下陷露出压料面，拉深时容易将尖端拉掉；如果太软，则使驱动杆 2 与摆轮 5 接触时缩回，穿不出工艺孔或穿出一半工艺孔，造成拉深件报废。根据以上缺点改成图 b 所示的穿工艺孔结构，将驱动杆改成驱动凸轮，用扭簧回位

（续）

名称	图　例	结构特点
冲工艺孔结构	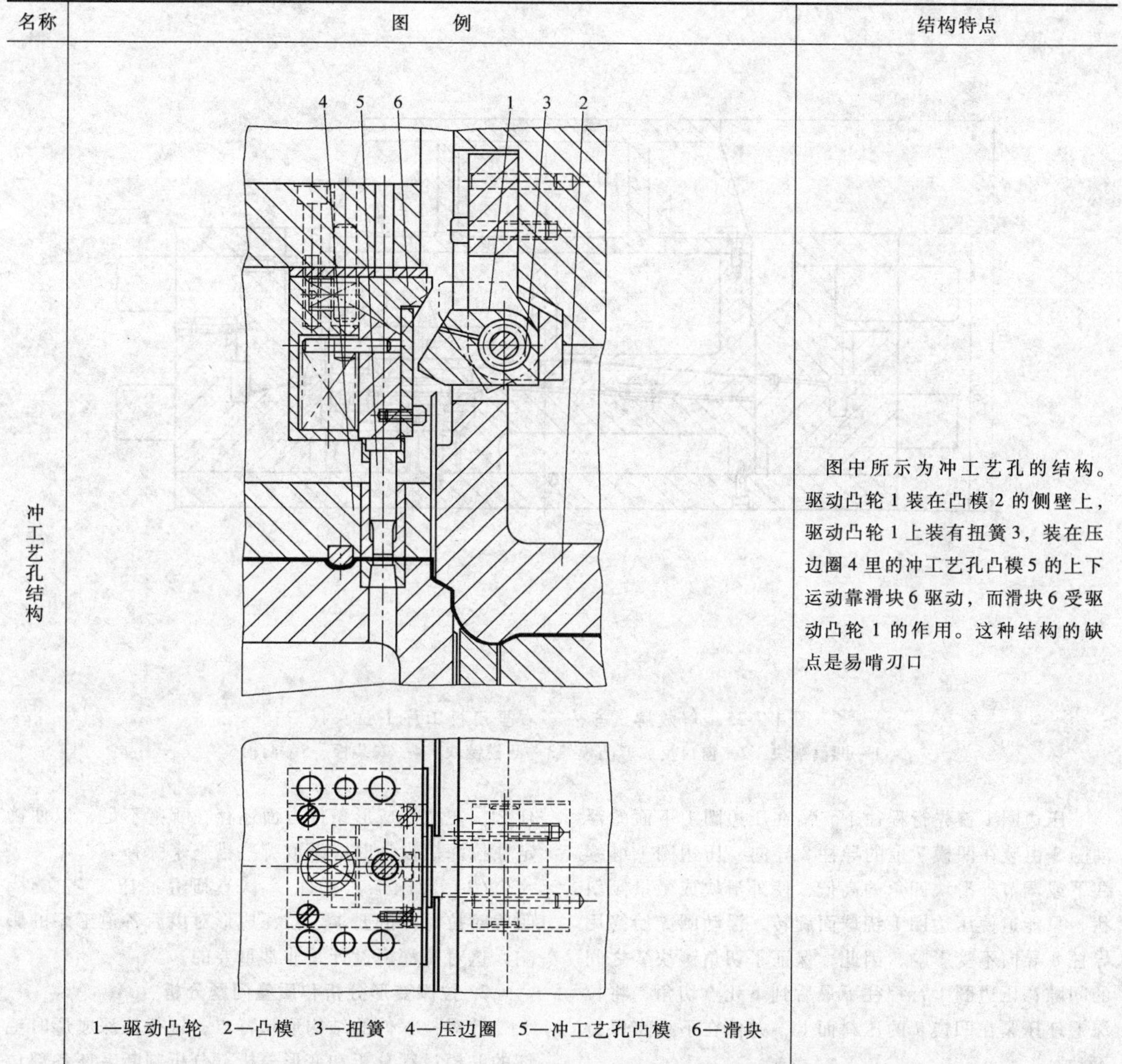 1—驱动凸轮　2—凸模　3—扭簧　4—压边圈　5—冲工艺孔凸模　6—滑块	图中所示为冲工艺孔的结构。驱动凸轮1装在凸模2的侧壁上，驱动凸轮1上装有扭簧3，装在压边圈4里的冲工艺孔凸模5的上下运动靠滑块6驱动，而滑块6受驱动凸轮1的作用。这种结构的缺点是易啃刃口

7.8 有工艺切口的拉深模结构

图4-7-25所示的解放牌汽车左、右里门板工序1拉深模有工艺切口。切工艺切口的凹模镶块1固定在窗口反成形凸模2里，而凸模镶块3固定在安装板4上，安装板4固定在凸模5上的窗口反成形部位里。切工艺切口的时间（即凸模镶块3的高低）、位置、大小、数量和形状都是在调整拉深模时通过试验确定的。

7.9 拉深毛坯有切角的拉深模结构

有形状的拉深毛坯一般是在单动压力机上进行落料或切角，属于毛坯准备的一个工序。有些拉深件的毛坯形状简单，仅是切角，而压料面又是平的，为了节省一道工序，将切角合并在拉深工序中，采用一种新的拉深模结构，如图4-7-26所示。由于调节外滑块四角的高低，压边圈1成微量倾斜状，如果切角镶块2直接装在压边圈1上，则切角镶块2之间的间隙不稳定，而使刃口容易啃坏或切不下料，并有切出的碎渣落到凹模表面上影响表面质量，需要经常清除。切角镶块2装在浮动圈3上，切角镶块2之间的间隙稳定，可保证切角的正常进行；压边圈1和浮动圈3是用6个球面方柱4的大球面接触，浮动圈3用6个螺钉5的球面柔性连接吊在压边圈1的下面，浮动圈3用12个平衡机构6平衡，凹模7和浮动圈3用导柱8导向。

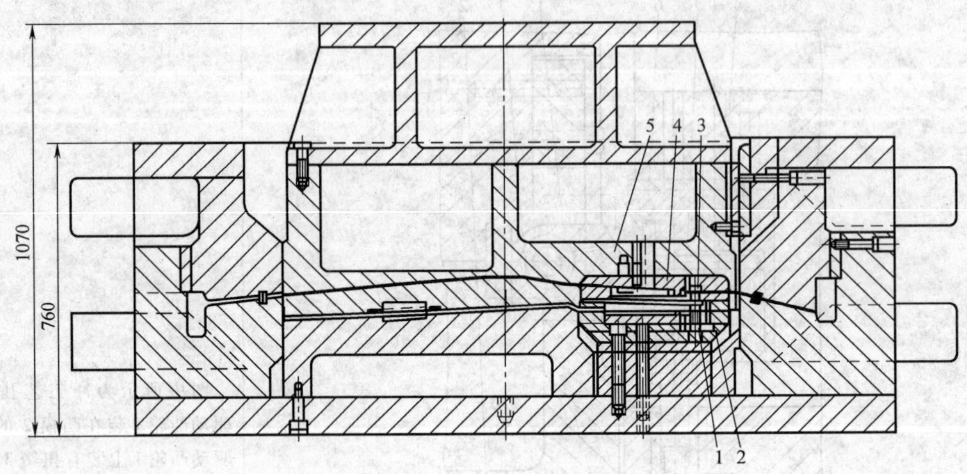

图 4-7-25 解放牌汽车左、右里门板工序 1 拉深模

1—凹模镶块 2—窗口反成形凸模 3—凸模镶块 4—安装板 5—凸模

压边圈 1 首先行程往下，吊在压边圈 1 下面的浮动圈 3 由装在凹模 7 上的导柱 8 导向，压边圈 1 继续往下或调节外滑块四角的高低，使外滑块成微量倾斜状，只能迫使压边圈 1 绕球面旋转，浮动圈 3 始终用导柱 8 导向不受影响，因此，保证了切角镶块 2 之间的间隙；压边圈 1 行程往下最后到下死点切角，将拉深毛坯压紧在凹模 7 的压料面上，并停在下死点保持不动。

7.10 覆盖件拉深模设计

7.10.1 拉深模设计前的准备工作

1. 阅读有关资料

在进行拉深模设计之前，必须阅读以下资料：

(1) 覆盖件零件图和拉深件图 覆盖件零件图是所有工序生产的总纲领。在设计拉深模之前，要认真仔细阅读覆盖件零件图，充分理解产品设计思想、零件的各项功能和技术质量要求，并分析拉深时哪些因素会对零件质量产生不良影响。

认真阅读拉深件图，充分理解拉深件的设计思想，工艺补充、压料面设计的目的和要预防的问题是什么，在拉深成形条件方面还存在哪些不足，以便确定在拉深模设计时应采取哪些措施来弥补。

(2) 冲压工艺文件 认真研究冲压工艺文件，明确对拉深件的要求、拉深成形对以后各道工序的影响，这对拉深模设计是非常重要的。

2. 拉深变形分析和质量问题分析

针对拉深件的结构形状特点，进行拉深成形时毛坯的贴模过程分析和变形分析，分析判断毛坯各部位的变形性质、变形状态、变形分布及变形量大小等，并进一步分析判断毛坯在不同变形状态、变形分布及变形量下可能出现的破裂、起皱、面畸变以及刚度等质量问题，同时还要判断拉深过程中可能出现的划伤、冲击线等问题。然后，依据这些分析和判断在模具设计时采取相应的预防措施。

3. 冲模设计的有关资料

准备好拉深模设计所需要的各种参考资料，如以往类似件的拉深成形模具图样、国家模具标准、行业模具标准以及企业标准等。

7.10.2 拉深模设计的主要内容和设计要点

拉深模设计的主要内容和设计要点见表 4-7-13。

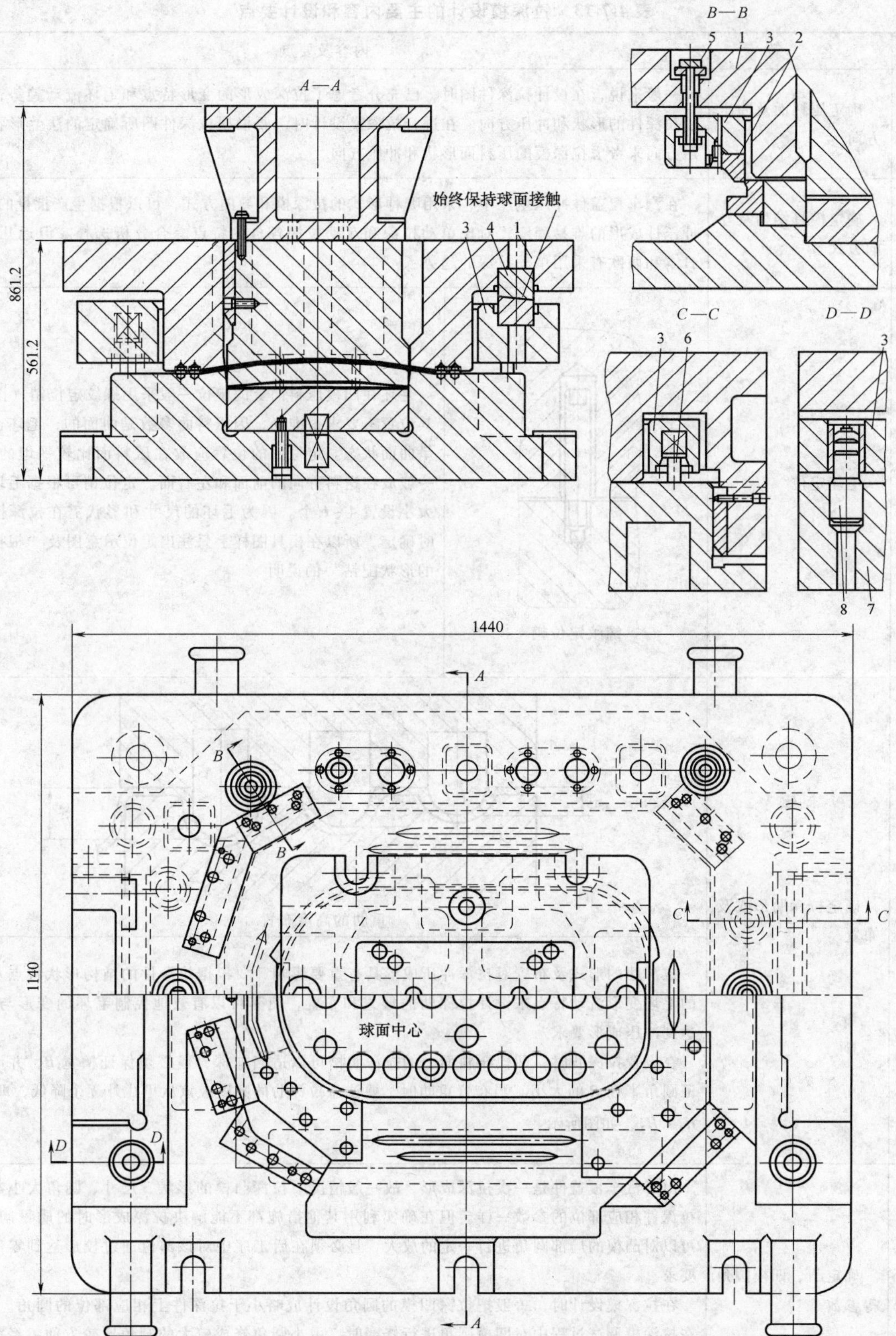

图 4-7-26　拉深毛坯有切角的拉深模

1—压边圈　2—切角镶块　3—浮动圈　4—球面方柱　5—螺钉　6—平衡机构　7—凹模　8—导柱

表 4-7-13 拉深模设计的主要内容和设计要点

序号	名称	内容及要点
1	确定压料面及冲压方向	一般来说，在设计拉深件图时，已充分考虑了拉深成形的变形特点和毛坯流动趋势，确定了拉深件的形状和冲压方向。在进行拉深模设计时，要根据拉深件图所确定的法兰形状和冲压方向来考虑拉深模的压料面形状和冲压方向
2	确定模具结构及导向方式	在汽车覆盖件冲压生产中，采用哪种形式的拉深模和导向方式，可以根据生产批量的大小、冲压件成形的难易程度，对比单动拉深和双动拉深各自的特点综合分析选择。但近几年来，日本和西欧有采用单动拉深的趋势
3	毛坯定位	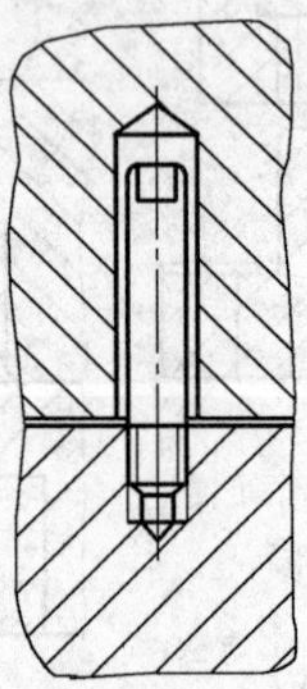 螺纹定位销 毛坯在凹模压料面上的定位一般采用螺纹定位销（图中），其位置不要求很准确，因压料面多数是曲面的，毛坯也随之呈曲面状态。定位销的位置应放在压料面比较平坦的部位，一般放在送料方向的前面和左右面。定位销可根据毛坯尺寸大小设置4～6个。因为毛坯的尺寸和形状需在拉深模调整时确定，所以在模具图样上只注出定位示意图及“根据毛坯的形状配钻”的说明
4	确定拉深肋形式及布置	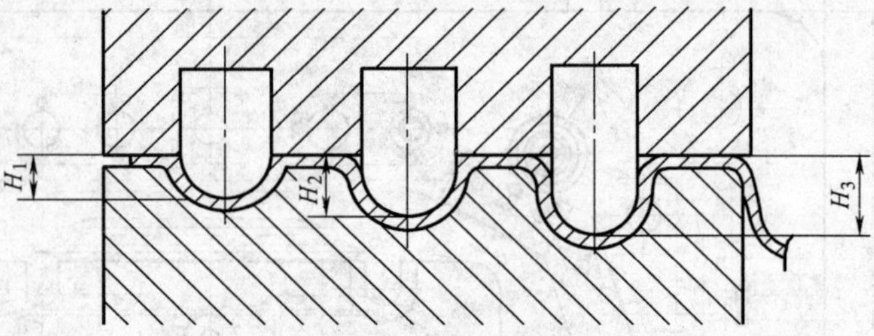 H_1 H_2 H_3 重肋的高度布置 拉深肋的形式及布置对拉深冲压成形具有重要影响，要根据拉深件的结构形状特点及相应的毛坯变形流动特点来设计拉深肋的形式和布置，使其可以有效地控制毛坯的变形与流动，达到冲压成形要求 在设置拉深肋时，凹模压料面上的拉深肋槽可以适当加深，但必须保证槽宽 B，并注意保证圆角半径 R 的大小。当布置重肋时，要注意拉深肋的高度应该从里往外逐个降低，即 $H_1 < H_2 < H_3$，如图所示
5	确定凸、凹模圆角等参数	由于汽车覆盖件是一次拉深成形，故一般情况下拉深凸模的形状、尺寸、圆角大小都要与拉深件相应部位的参数一样。但在确实利用其他措施都不能解决拉深成形时的质量问题时，可以对凸模的局部圆角进行一定的放大，且必须在后工序中对该部位通过校形达到零件尺寸要求 在拉深模设计时，一般把拉深凹模的圆角设计成略小于拉深件上相应部位的圆角。因为，在拉深模调试过程中对凹模圆角进行修磨时，由小圆角修成较大的圆角比较方便、经济；若设计了较大的圆角，在拉深模调试时将凹模圆角由大变小，需要对凹模进行堆焊修补，修模工作量大，也不经济

（续）

序号	名　　称	内容及要点
6	确定局部成形部分的模具参数	拉深件内部有局部成形形状时，要对这些部位的毛坯变形量进行必要的计算。当变形量过大产生破裂时，要适当加大相关的模具圆角，并在以后的工序中进行校正。当这些部位的变形分布不均匀而引起面畸变甚至起皱时，也要通过修正模具参数等措施进行预防
7	通气孔	利用双动拉深模拉深时，压边圈首先行至下死点，通过压边圈压住毛坯后，毛坯有时会向凹模型腔内产生一定程度的凹陷，使凸模下行拉深时在凸模与毛坯之间存在一定的空气。这些空气在拉深成形过程中被压缩，当凸模到下死点而毛坯不能与凸模完全贴模时，拉深件的形状就不能与凸模一致。所以，必须在凸模合适的部位开通气孔，以使这些空气能排到模具外面 拉深行程完成后，凸模首先行程向上，而压边圈停留一段时间，在此时间内，从凸模上退下拉深件。此时空气必须能流进拉深件和凸模之间。否则，在凸模与拉深件之间形成真空，使拉深件紧贴凸模表面，随着凸模向上运动，拉深件可能沿其轮廓向上鼓起。因此，为退件考虑也需要在凸模上开通气孔 通气孔的位置、数量及直径大小可根据拉深件形状设计，以能顺利地排气而又不破坏拉深件表面为宜。一般情况下，孔径为 10～20mm。如果因结构需要在凸模表面上钻出通气孔，其直径应不大于 6mm，并应均匀分布
8	拉深件出模方式	拉深结束后，拉深件被留在凹模里，取出制件的方法应根据拉深件的形状特点和生产批量等来确定。对没有直壁、底部是平缓曲面的浅拉深件，且生产批量不是很大时，可以在凹模内不设专门的顶出装置，拉深成形结束后，由人工将拉深件取出。对带有一定高度直壁的深拉深件及大批量生产时，应在凹模内设置弹簧顶出器等顶出装置，将制件顶起一定高度，以便于操作者取出或机械手取件 在凹模压料面的适当位置，可以设置一组杠杆撬起装置以便于出件。这种装置结构简单，操作方便，不仅在中小批量生产中多被采用，在大批量生产中也常采用 气动出件装置是由设置在凹模内的气缸通过托板将制件从凹模中托出，再由机械手或操作者将拉深件取走。操作方便，安全可靠，可减轻劳动强度。但这种装置复杂，制造费用高，所以只有在大批量流水生产中采用

7.11　拉深模调试

7.11.1　拉深模调试应解决的问题

汽车覆盖件拉深模在制造完成之后，虽然经装配调试后已试冲出基本合格的拉深件，但拉深模的这种状态还不能保证大批量稳定生产的要求。为了使拉深模在投入生产使用时具有稳定生产高质量冲压件的良好性能，还必须进行模具的生产调试。

冲模调试时应主要解决的问题见表 4-7-14。

表 4-7-14　冲模调试时应主要解决的问题

序号	名　　称	内　　容
1	鉴定零件设计和拉深件设计的冲压工艺性	通过模具调试鉴定零件的冲压工艺性。在零件冲压工艺性极差的情况下，要将此情况反馈到产品设计部门，建议在保证零件必要功能的前提下，适当修正零件的形状与尺寸，改善零件的冲压工艺性，以确保零件的质量和冲压生产的稳定性，或减小冲压难度，降低产品的生产成本。同时，要确定拉深件的形状与尺寸是否合理，不合理的部分要重新进行设计，或在冲模调试时加以修改
2	鉴定冲压工艺、冲模结构及模具参数的合理性	冲压工艺设计、冲模设计中给出了冲压工艺参数和冲压加工条件等。这些工艺参数和加工条件是否合理，必须通过模具调试来加以验证，并依据质量管理标准中给定的产品质量标准鉴定冲压件的质量和冲模的各种功能，修正其不合适的地方

（续）

序号	名称	内容
3	确认冲压作业的作业特性和安全特性	在确定冲压作业特性时，要确定模具的安装程序、该作业工序毛坯与冲压件的装卸特性、润滑方式及操作方式、该作业工序中模具与机械化或自动化装置的相关性，以及它们对稳定批量生产的适应性等 在确定冲压作业的安全性时，要确定操作者在冲压作业时的安全性、设备连续运行工作时的安全性以及模具在连续工作中的安全性等
4	确定选材	冲压件的材料一般在产品设计时就进行了选择，这时主要是从零件的使用性能要求等方面来考虑的，但这种选择不可能详细地考虑板材的加工性能。在进行冲压工艺设计和冲模设计时给出了毛坯的形状和尺寸，对汽车覆盖件一般只给出大概的毛坯形状与尺寸。因此，在冲模调试过程中，要根据冲压件的质量要求、板材冲压性能和冲压变形特点确定板材的品种和毛坯的形状与尺寸，使之能够既符合零件的功能和质量要求，又能使冲压生产的稳定性好，成本低
5	确认作业顺序	作业顺序是对操作工人提出冲压作业具体要求的技术文件。其内容有的部分是在工艺设计和模具设计时给出的，还有一部分是在冲模调试时确定的。其主要内容包括：设备、模具、毛坯的准备、冲压条件的确定、加工操作顺序、模具装卸顺序，以及进行各项工作所需要的时间、操作人数、加工节奏、工作场地的布置等。这些都要根据工艺文件的要求及生产现场的实际情况来确定。然后将这些内容汇总成冲压作业顺序表
6	确定生产效率和生产成本	在冲模调试时，还要根据冲压作业的情况（如设备、模具、材料、润滑、操作者等）来确定生产节奏、生产效率、并核算生产成本
7	确定模具维修保养所必需的项目及其准备工作	为保证生产效率、生产高质量的冲压件，必须使模具处于良好的工作状态。所以，在模具调试时，要研究该模具的正常磨损及不生产时的维修方案，模具拆装和更换易损零件的难易程度，制订长期的模具维修计划
8	整理有关资料	模具调试结束后，模具调试人员要将各项工作汇总成技术资料进行存档，为以后该模具维修后进行调试提供参考资料。同时要将这些资料反馈给技术部门，作为以后进行零件、工艺、模具设计和模具制造的参考，反馈给生产部门作为组织生产、成本核算的参考，同时也为今后的技术和生产工作积累经验

7.11.2 调试程序

1. 模具调试前的准备工作

模具调试前的准备工作见表4-7-15。

2. 冲模调试

（1）空行程调试　安装好模具，在进行正式试

表4-7-15　模具调试前的准备工作

序号	名称	内容
1	认真研读技术文件	调试人员在进行模具调试之前要认真研读冲压工艺文件和冲模设计图样，不仅要了解该工序的作业内容，而且要充分理解设计思想，明确该冲压件在该工序中的质量要求、技术要求和技术特点、模具的结构特点、作业顺序和特点以及该工序对后工序的影响等
2	分析冲压件的变形特点	汽车覆盖件拉深成形的变形十分复杂，在拉深模调试之前要对拉深件的变形特点进行尽量详细的分析，找出其变形特点、可能出现的质量问题及部位
3	毛坯准备	根据工艺文件所要求的板材型号、形状、尺寸准备好毛坯，同时准备几种比工艺文件所要求的性能好或差的板材作为选材备用 为分析冲压件可能产生的问题的原因并找出解决办法，必须了解毛坯在冲压成形过程中的变形情况。因此，在调试之前，应在毛坯上对应可能出现问题的部位制出网格（可用划线法、感光复制法、电蚀法等），以便在试压后测量毛坯的变形情况

（续）

序号	名　称	内　容
4	成形极限图的准备	汽车覆盖件拉深成形时，凹模内的毛坯一般产生双向拉应力下的塑性变形，对这种塑性变形不能用单向拉深时的塑性变形指标来衡量，而应用表示板材在双向拉应力下的塑性变形能力的成形极限图来衡量。因此，为解决调试时出现的塑性破坏问题、选择合理材料，应提前准备好相关板材的成形极限图
5	设备的准备	调试前，要按照模具的安装要求调整好压力机的闭合高度、校平压力机滑块、气垫或液压缸压力、顶杆数量和长度等，并进行数次空行程运行，确认设备处于良好的状态

冲之前，要利用压力机的寸动功能使滑块上下运动几次，确认上下模具的工作部分、导向部分的接触情况，调节压边力、顶出缸行程等。

(2) 试压　用工艺文件给出形状和尺寸并已制上网格的毛坯，采用阶段拉深法进行试压。

根据制件结构特点可将其深度分成3段或4段，如图4-7-27所示，$h=h_1+h_2+h_3+h_4$。即把制件总深度分成几次拉深来完成，第一次拉深深度为h_1，将毛坯拿出模具后，对欲知变形部位进行网格测量；然后再将毛坯放入模具进行第二段h_2的拉深，拿出毛坯进行与第一阶段相同部位的网格测量（若发现与预测不同的问题，可及时调整测量部位）……，直至最后成形出制件，进行最后一次网格测量。

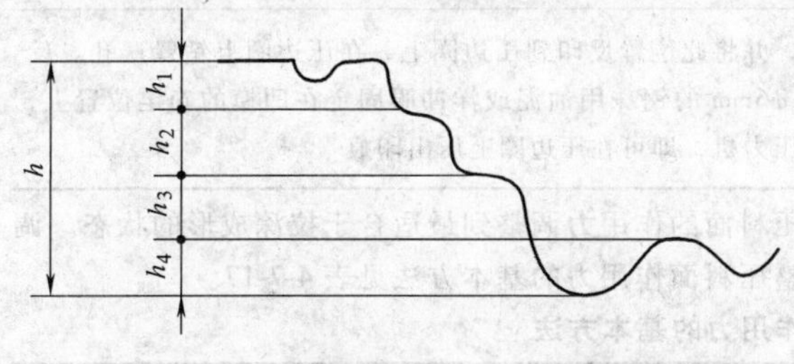

图4-7-27　试冲分段示意图

(3) 绘制变形状态图　用分段试冲后测量得到的数据进行计算，得出两个主应变值：ε_1和ε_2，在应变坐标系中确定一个坐标点。将一个测量点在各阶段的应变坐标点连接，这条折线就是该测量点的变形路径；将同一阶段各测量点的应变坐标相连，就是该变形时刻的应变状态曲线（简称SCV）。图4-7-28所示为某汽车后挡泥板的SCV图（测量区域如图中所示）。

(4) 利用SCV和FLD分析问题　利用SCV和FLD可以对拉深成形过程中产生的双向拉应力下的塑性破裂问题、选择合理冲压材料等进行分析，找出解决问题的措施。

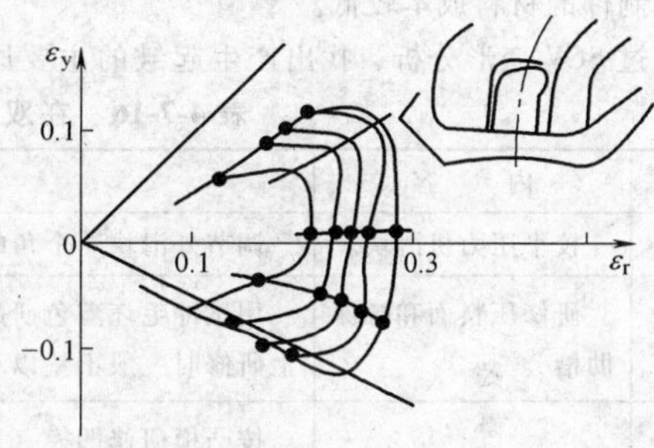

图4-7-28　某汽车后挡泥板的SCV图

如图4-7-29所示，将材料的FLD和SCV曲线画在同一坐标系中进行比较。图中SCV曲线上的A点已与该材料的FLD曲线相重合，该点产生破裂。它处于两向伸长的变形状态，要使A远离破裂边缘，就要减小ε_1值或增大ε_2值；对于B点，它处于平面应变状态，这种状态下的变形极限最小，减小ε_1值、增大或减小ε_2的值都可以解决这一破裂问题；对于C点，它处于一向伸长、一向压缩的变形状态，故只有减小ε_1值或减小ε_2的值才能解决这一破裂问题。

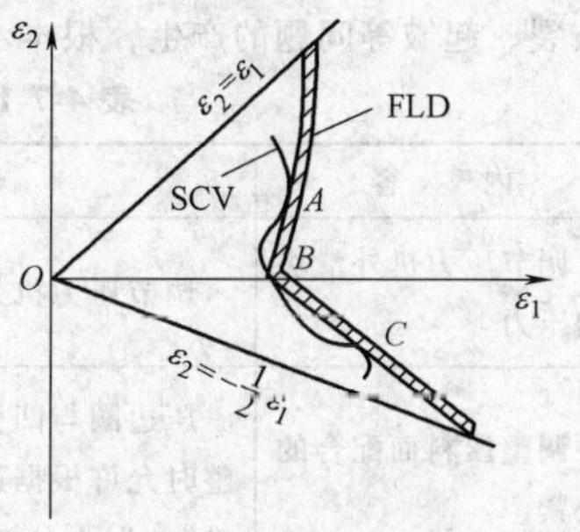

图4-7-29　利用FLD和SCV解决破裂问题

通过利用FLD和SCV进行变形状态分析，可以清楚地知道改善毛坯变形状态的方向，按照这样一个方向制定修正模具参数、改变毛坯形状尺寸、改变冲压条件等具体措施，可以减小或避免盲目性，提高模具调试的效率。

在制定解决冲压质量问题的具体措施时，首先要考虑是否有减小毛坯尺寸的可能，如果有可能，将可以提高材料利用率，降低生产成本；其次要考虑通过改变压边力、润滑部位、润滑方式等冲压条件解决质量问题，这样可以缩短冲模调试周期。在前两类措施都不能奏效的情况下，必须通过调整拉深肋、压料面、凸凹模圆角等模具参数来改善毛坯的流动和塑性变形条件，以达到解决冲压质量问题的目的。

利用FLD和SCV从防止破裂的角度判断材料的合理性，从而选择比较合理的材料，既可以充分满足冲压生产的要求，又能充分发挥材料的塑性变形能力，使制件的材料成本较低。

通过SCV变形分析，找出产生起皱的主要原因，判定起皱是属于哪一类应力引起的，制定相应的措施解决起皱问题。同时，通过SCV图还可以了解材料堆积、松弛、弹性回复等问题产生部位的变形状态，分析其产生原因，制定解决措施。

在解决了所有的冲压质量问题之后，拉深毛坯的形状与尺寸也最后确定下来，这时才能在凹模面上确定挡料销的位置，并钻孔安装挡料销。同时在压边圈相应的部位钻出挡料销的躲避孔。

在双动压力机上调试拉深模的程序，见表4-7-16。

表4-7-16 在双动压力机上调试拉深模的程序

序号	内 容	说 明
1	校平压力机滑块	调节外滑块4个角的调整螺母，使外滑块处于水平位置
2	研修压料面和拉深肋槽	用试冲毛坯着色研配，以保证各处间隙均匀。尤其在斜面和圆角处，由于在研配压力机上研修时一般不垫以坯料，因此工作时会在该处出现间隙小于毛坯厚度的情况
3	研修凹模	按凸模研修凹模（用毛坯着色研配），保证凸、凹模之间的料厚间隙（特别注意斜面和圆角处）
4	抛光	将研修好的压料面、拉深肋槽及凹模圆角等处抛光，并擦拭干净
5	试冲和调整	先用工艺文件规定的毛坯材料（钢号、级别、表面质量和厚度等）进行试冲，并根据试冲过程中出现的拉深件缺陷，分析其产生的原因，设法加以消除，最后冲出合格的拉深件，确定生产用毛坯材料及形状尺寸
6	装挡料销	根据拉深毛坯确定挡料销位置，并将此位置反印到压边圈上，在压边圈上钻躲避孔。反印挡料销位置的方法是：将$\phi4\sim\phi6$mm的钢珠用油泥或洋冲眼固定在凹模的确定位置上，然后把外滑块稍回升一点，开动压力机，即可在压边圈上压出印痕

通过拉深模调试，改变毛坯的受力状态、变形状态，抑制破裂、起皱等问题的产生，根本上就是要将压料面的作用力调整到最适合于拉深成形的状态。调整压料面作用力的基本方法见表4-7-17。

表4-7-17 调整压料面作用力的基本方法

序号	内 容	说 明
1	调节压力机外滑块的压力	调节压力机外滑块4个角上的调整螺母，使之达到所需要的压边力
2	调整压料面配合的松紧	压边圈与凹模的压料面应研至全面接触，以保证其在拉深过程中始终能起压边作用。调整时允许根据进料情况进行研修，让某些部位接触松一些或紧一些。允许稍有“里紧外松”，但不允许有“里松外紧”的现象
3	调整拉深肋配合的松紧	1）调整拉深肋两边的圆角半径R。调整时注意保证槽宽B，槽深可加深，圆角半径应从小逐步调大 2）调整拉深肋的高度H。调整时可根据需要将拉深肋适当磨低一些；多排肋的高度应从里向外逐个降低，使进料阻力从小到大
4	调整凹模圆角半径	根据试冲件的情况，打磨凹模圆角半径（从小逐步磨大，到适当时为止）
5	适当的润滑	采用效果良好的润滑剂配方，润滑剂应涂刷在四周压料部分。涂刷次数和量应适当

模具经过调试冲制出合格冲压件之后，一般要进行至少 30 件的连续冲压，以检查冲压条件、模具参数等是否能稳定地生产出合格零件。

为便于拉深模调试时的修模，拉深凹模一般不进行淬硬处理。当模具调试完毕之后，要对拉深凹模的圆角、棱线、凸包和拉深肋等处进行火焰淬火。

在进行模具调试的同时，还要确认冲压作业特性、安全特性和作业顺序等。

表 4-7-18 是拉深模调试时常见的拉深缺陷和解决方法。

表 4-7-18 拉深模调试时常见的拉深缺陷和解决方法

拉深件缺陷	产生原因	解决方法
破裂	1）压边力太大 2）凹模口或拉深肋槽的圆角半径太小 3）拉深肋布置不当或间隙太小 4）压料面的表面粗糙度值大 5）凹模与凸模间的间隙过小 6）润滑不足 7）毛坯放偏 8）毛坯尺寸太大 9）毛坯质量（厚度公差、表面质量、材料级别等）不符合要求 10）局部形状变形条件恶劣	1）减小外滑块的压力 2）加大有关的圆角半径 3）调整拉深肋的数量、位置和间隙 4）降低表面粗糙度值 5）调整间隙 6）改善润滑条件 7）使毛坯正确定位，必要时加预弯工序 8）减小毛坯尺寸 9）更换材料 10）加工工艺切口或工艺孔，或改变拉深肋的局部形状
皱纹	1）压边力不够 2）压料面“里松外紧” 3）凹模口圆角半径太大 4）拉深肋太少或布置不当 5）润滑油太多或涂刷次数太频，或涂刷位置不当 6）毛坯尺寸太小 7）试冲毛坯过软 8）毛坯定位不稳定 9）压料面形状不当 10）冲压方向不当	1）调节外滑块调整螺母，加大压边力 2）修磨压料面，消除“里松外紧”现象 3）减小圆角半径 4）增加拉深肋，或改变其位置 5）适当减少润滑油，并注意操作 6）加大毛坯尺寸 7）更换试冲材料 8）改善定位，必要时加预弯工序 9）修改压料面形状 10）改变冲压方向，重新设计冲模
修边后形状和尺寸不准确	1）压边力不够 2）拉深肋太少或布置不当 3）材料塑性变形不够 4）材料选择不当 5）产品的工艺性差	1）加大压边力 2）增加拉深肋或改善其分布 3）对于浅拉深件采用拉深槛 4）更换材料 5）产品增加加强肋
有“鼓膜”现象	1）压边力不够 2）拉深肋太少或布置不当 3）毛坯扭曲，拉深时受力不均	1）加大压边力 2）增加拉深肋或改善其分布 3）拉深前将毛坯放在多辊滚压机上进行滚压
装饰棱线不清，压双印	1）凸模向下行程不够 2）凸模与凹模不同心，间隙不均匀 3）毛坯与凸模有相对运动	1）调节凸模深度，或换大吨位压力机 2）保证凸模与凹模之间的间隙均匀 3）调整各个部位的进料阻力。或改变冲压方向

（续）

拉深件缺陷	产生原因	解决方法
表面有痕迹和划痕	1）压料面的表面粗糙度值大 2）凹模圆角的表面粗糙度值大 3）镶块的接缝间隙太大 4）毛坯表面有划伤 5）凸模或凹模没有出气孔 6）凹模内有杂物 7）润滑不足或润滑剂质量差 8）工艺补充部分不足 9）冲压方向选择不当，毛坯与凸模有相对运动	1）降低表面粗糙度值 2）降低表面粗糙度值 3）消除镶块间的缝隙 4）更换材料 5）加出气孔 6）保持模内清洁 7）改善润滑条件 8）增加工艺补充部分 9）改变冲压方向
表面粗糙	钢板表面晶粒度大	1）将板料进行正火处理 2）更换合格材料
表面有滑移线	材料的屈服极限不均匀	1）采用质量好的材料 2）拉深前将材料进行滚压

7.11.3 建立模具调试档案

模具调试完毕后，要对调模记录进行归纳、综合，形成技术文件，并随同模具技术资料一同存档保存。同时要把有关问题及时反馈给生产部门以利于大批量稳定生产；反馈给有关技术部门和模具制造部门，作为以后设计和制造部门进行类似件设计和模具制造的参考资料。

第 8 章　修边模设计

8.1　修边模典型结构

8.1.1　修边线的空间形状

修边线可分为水平面内的直线和曲线、切向倾斜平面（及曲面）内的直线和曲线、径向倾斜平面内的直线和曲线、侧壁上的直线和曲线等几种类型。有的修边线的空间形状是几种线型的组合，见表 4-8-1。

表 4-8-1　修边线的类型

修边线所在面	修边线线型	图　示	修边模与修边方向	凹模刃口镶件
水平面	直线	修边线	垂直修边模，垂直修边	平端面、刃口组成直线修边轮廓
	曲线	修边线	垂直修边模，垂直修边	平端面、刃口为曲线修边轮廓
切向倾斜面	直线	修边线 α	修边线所在面的倾斜角度较小时，用垂直修边模，垂直修边 修边线所在面的倾斜角度较大时，用垂直修边模，进行纵切	斜端面、刃口组成直线修边轮廓，阶梯布置 斜面或曲面端面、刃口组成直线修边轮廓，阶梯布置
	曲线	修边线 α ρ	修边线所在面的倾斜角度较小时，用垂直修边模，垂直修边 修边线所在面的倾斜角度较大时，用垂直修边模，进行纵切	曲面端面、刃口组成曲线修边轮廓，阶梯布置 曲面端面、刃口为曲线修边轮廓，阶梯布置

（续）

修边线所在面	修边线线型	图示	修边模与修边方向	凹模刃口镶件
径向倾斜面	直线	修边线 β 修边线 γ	修边线所在面的倾斜角度较小时，用垂直修边模，垂直修边 修边线所在面的倾斜角度较大时，用斜楔修边模，倾斜修边	平端面、刃口组成直线修边轮廓 平端面、刃口组成直线修边轮廓
径向倾斜面	曲线	修边线 β 修边线 γ	修边线所在面的倾斜角度较小时，用垂直修边模，垂直修边 修边线所在面的倾斜角度较大时，用斜楔修边模，倾斜修边	平端面、刃口组成曲线修边轮廓 平端面、刃口组成曲线修边轮廓
侧壁	直线	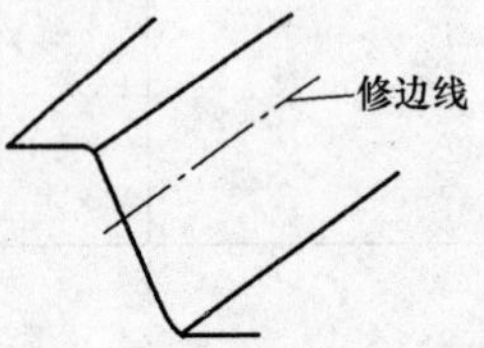 修边线	侧壁与垂直方向的夹角较小时，用斜楔修边模，水平修边 侧壁与垂直方向的夹角较大时，用斜楔修边模，倾斜修边	平端面、刃口组成直线修边轮廓 平端面、刃口组成直线修边轮廓
侧壁	曲线	修边线 修边线	侧壁与垂直方向的夹角较小时，用斜楔修边模，水平修边 侧壁与垂直方向的夹角较大时，用斜楔修边模，倾斜修边	平端面、曲面端面和刃口组成曲线修边轮廓；阶梯布置 平端面、曲面端面和刃口组成曲线修边轮廓；阶梯布置

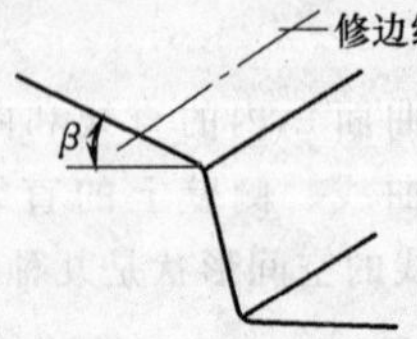

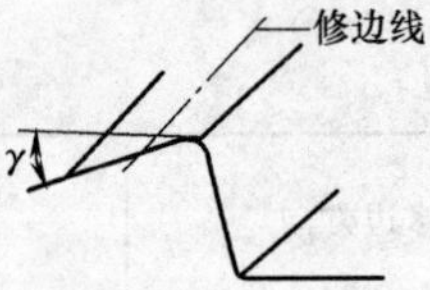

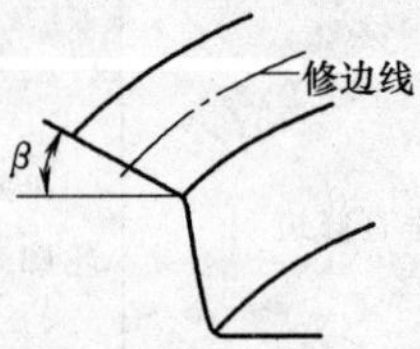

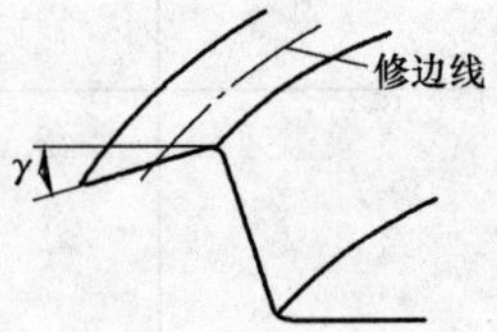

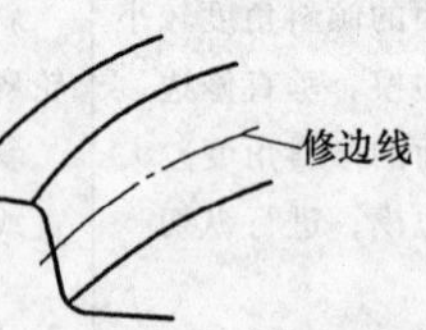

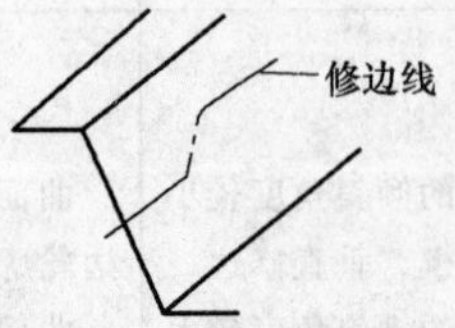

8.1.2 修边方向

覆盖件翻边部分展开后，在增加工艺补充部分时，必须考虑修边方向。修边方向有垂直修边、水平修边和斜楔修边。

1. 基本原则

垂直修边方式所用模具结构简单，应尽可能采用。但当利用垂直修边方式不能满足修边要求时，就要考虑斜楔修边方式。同时，还要考虑在修边的同时进行翻边的可能性。

2. 倾斜面的修边

修边时，合理的冲裁条件应是使修边刃口的运动方向与修边型面垂直，从而形成垂直的断面。但是，这在覆盖件的修边中很难达到。当修边线所在的拉深件型面向内或向外倾斜时，或当修边线所在的拉深件型面在修边线方向不是水平面时，用垂直修边都不能保证修边方向与修边型面垂直。在这种情况下，要通过设计合适的修边刃口来处理。表 4-8-2 给出了倾斜面修边的情况。

表 4-8-2　倾斜面的修边

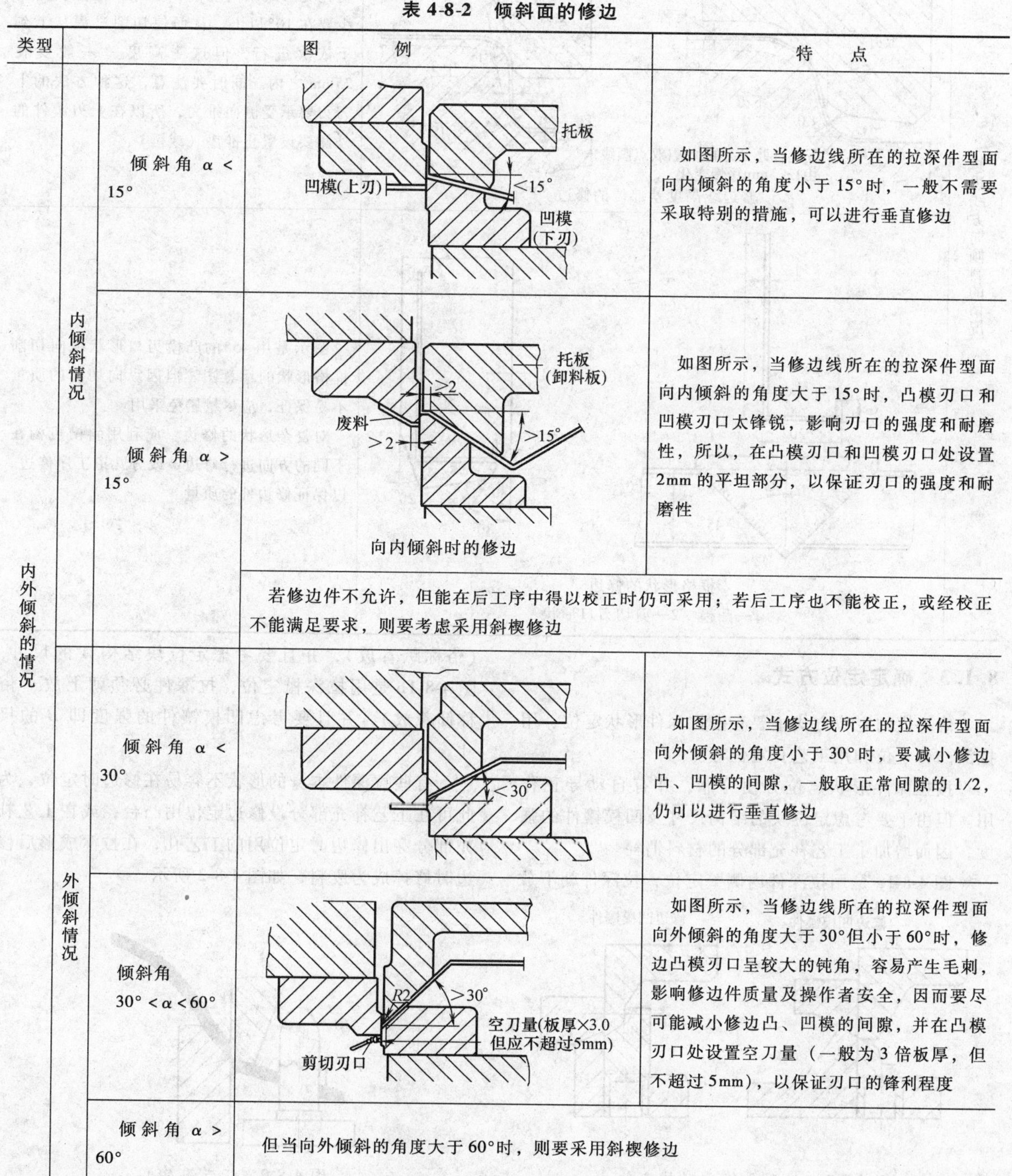

类型			图例	特点
内外倾斜的情况	内倾斜情况	倾斜角 α < 15°		如图所示，当修边线所在的拉深件型面向内倾斜的角度小于 15°时，一般不需要采取特别的措施，可以进行垂直修边
		倾斜角 α > 15°	向内倾斜时的修边	如图所示，当修边线所在的拉深件型面向内倾斜的角度大于 15°时，凸模刃口和凹模刃口太锋锐，影响刃口的强度和耐磨性，所以，在凸模刃口和凹模刃口处设置 2mm 的平坦部分，以保证刃口的强度和耐磨性
			若修边件不允许，但能在后工序中得以校正时仍可采用；若后工序也不能校正，或经校正不能满足要求，则要考虑采用斜楔修边	
	外倾斜情况	倾斜角 α < 30°		如图所示，当修边线所在的拉深件型面向外倾斜的角度小于 30°时，要减小修边凸、凹模的间隙，一般取正常间隙的 1/2，仍可以进行垂直修边
		倾斜角 30° < α < 60°		如图所示，当修边线所在的拉深件型面向外倾斜的角度大于 30°但小于 60°时，修边凸模刃口呈较大的钝角，容易产生毛刺，影响修边件质量及操作者安全，因而要尽可能减小修边凸、凹模的间隙，并在凸模刃口处设置空刀量（一般为 3 倍板厚，但不超过 5mm），以保证刃口的锋利程度
		倾斜角 α > 60°	但当向外倾斜的角度大于 60°时，则要采用斜楔修边	

（续）

类型	图　　例	特　　点
修边线方向倾斜的情况	当修边线所在的拉深件型面在修边线方向不是水平面时，倾斜量越大，修边越困难。特别是修边线的高度位置急剧变化时，修边更困难。这种情况下，在修边线高度位置急剧变化部位的修边形成纵向切削	
	原则上取>10°，制件为线形时取>50°；行程；上刃；下刃；3；1.0；下死点处上刃的位置(双点画线)由1～3mm缓慢变化；8；r_1+3；r_2+3；r_1；r_2 修边线高度差部位的修边	如图所示，在修边线所在高度位置急剧变化处形成纵向切削，上刃口的倾斜角至少要在 10° 以上，从而使切削过程从上到下依次进行，但这个高度差一般要在 25mm 之内。同时要注意，这种方法的上刃刃要承受侧向推力，所以在上刃镶件的外侧要设置止推垫（或键）
	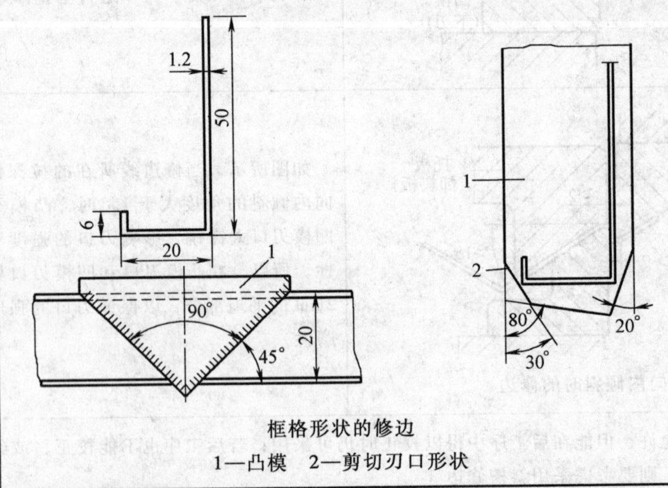 框格形状的修边 1—凸模　2—剪切刃口形状	图示是用 45° 的凸模刃口形状纵向切削框格形状的示意图。但因纵向切削的质量不易保证，应尽量避免采用 对复杂形状的修边，应利用斜楔机构在不同的方向进行修边，或分几道工序修边，以保证修边件的质量

8.1.3　确定定位方式

修边模的定位方式主要有按拉深件形状定位、用拉深凸台定位和用工艺孔定位等。

按拉深件形状定位方便可靠，并有自动导正作用。但由于要考虑定位块的结构尺寸及凹模镶件的强度，因而增加了工艺补充部分的材料消耗。

图 4-8-1a 是用拉深件内侧壁定位，拉深件朝下放（俗称趴着放），并且要考虑定位块结构 A 的尺寸。图 4-8-1b 是用拉深槛定位，拉深件必须朝上放（俗称仰着放），并且要考虑凹模镶件的强度即 B 的尺寸。

有些拉深件本身的形状不容易在修边时定位，为此可在工艺补充部分设修边定位用凸台，或在工艺补充部分穿出修边时定位用的工艺孔，在拉深成形后修边时修掉成为废料，如图 4-8-2 所示。

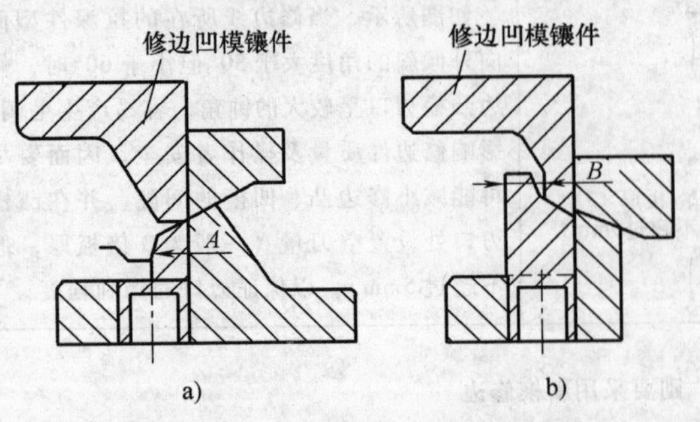

图 4-8-1　拉深件修边时的定位

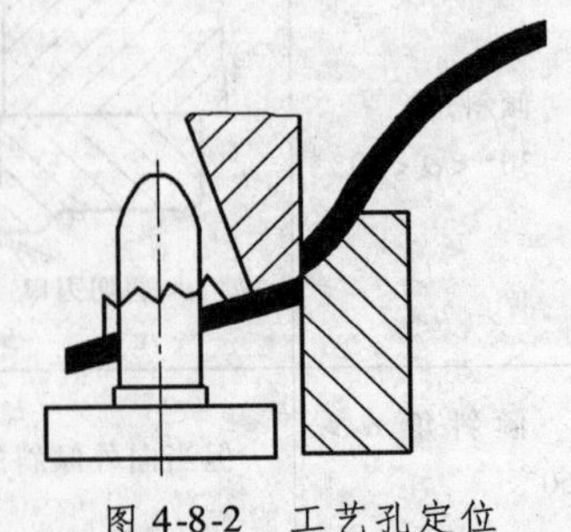

图 4-8-2　工艺孔定位

8.1.4 修边模典型结构

图 4-8-3 是一种垂直修边模结构。图 4-8-4 是一种同时有垂直修边和水平修边的修边模结构。

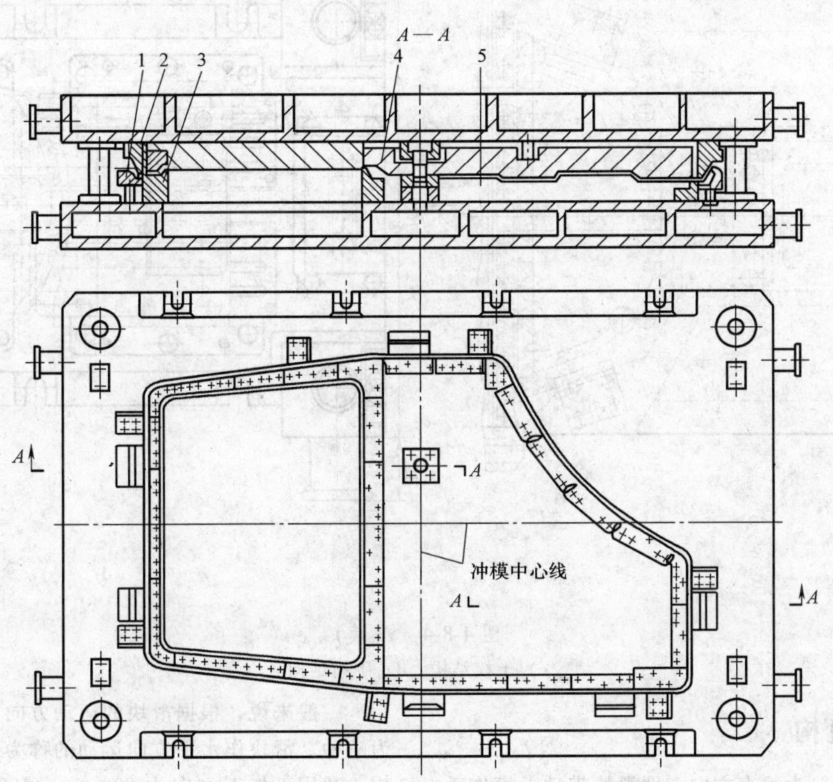

图 4-8-3　汽车车门左、右外板修边冲孔模（垂直修边模）

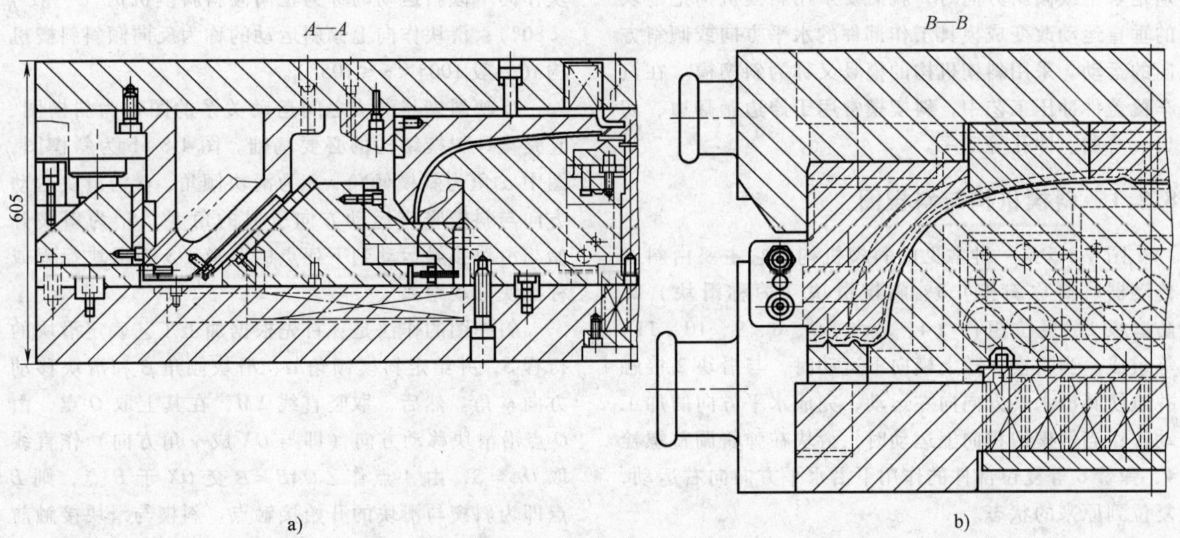

图 4-8-4　垂直水平修边模

a）水平修边部分　b）垂直修边部分

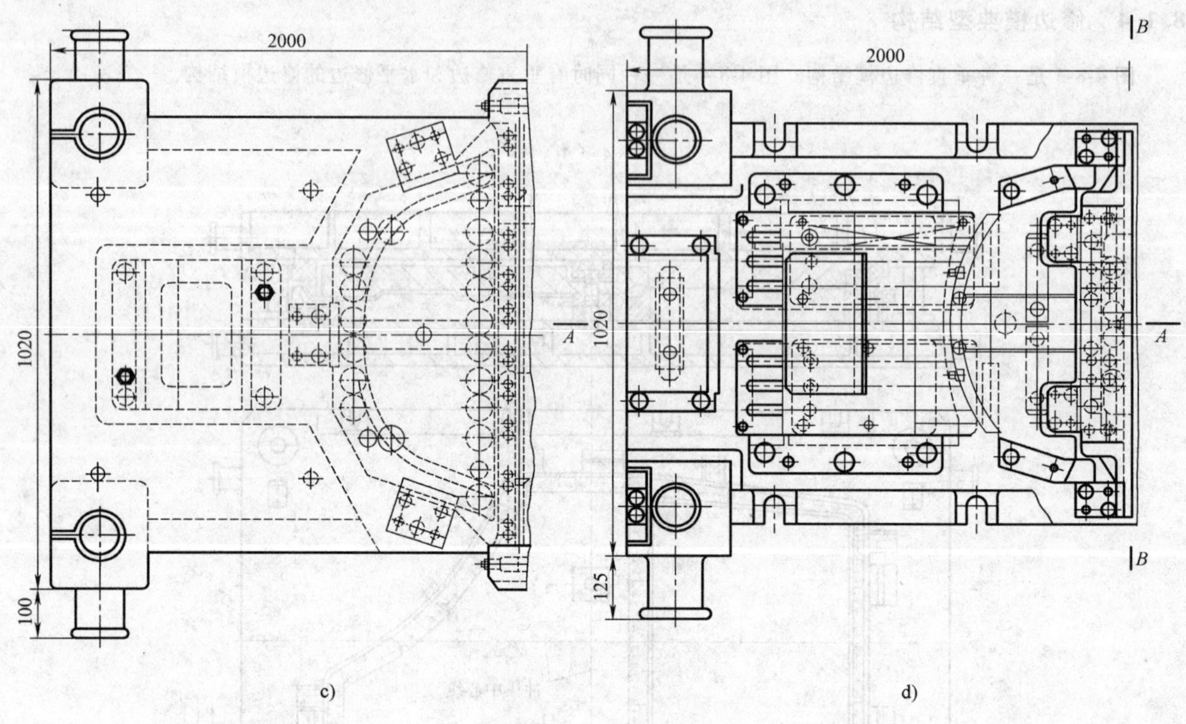

图 4-8-4 （续）

c）上模结构 d）下模结构

8.2 斜楔机构

冲压加工一般为垂直方向，即滑块带动上模作垂直方向的运动，完成加工动作。当制件的加工方向必须是水平或倾斜方向时，就需要采用斜楔机构把滑块的垂直运动改变成模具工作部件的水平方向或倾斜方向的运动。采用斜楔机构的模具又称为斜楔模。在汽车覆盖件冲压工艺中，斜楔模常用于修边、翻边、切口、弯曲、冲孔等工序。

8.2.1 斜楔机构与斜楔图

图 4-8-5 是一种常见的斜楔机构，它主要由斜楔传动器（简称斜楔）3、斜楔滑块（简称滑块）2、防磨板 1、复位组件（4、5、6、7、8、9、10、11）等组成。当斜楔 3 随上模向下运动时，与滑块 2 接触并迫使其沿水平方向向左运动，完成水平方向的加工动作；当斜楔回程向上运动时，滑块在弹簧调整螺栓 4、弹簧 6 等复位部件的作用下沿水平方向向右运动，复位到原来的状态。

图 4-8-6a 为斜楔机构运动示意图。图中所示 α 为斜楔传动器倾角，β 为斜楔滑块倾角，γ 为斜楔滑块运动方向与斜楔传动器竖直运动方向所成的角度。

一般来说，根据滑块的运动方向可将斜楔机构分为三种。滑块作水平方向运动的称为水平运动斜楔机构，适用于加工方向为 $80° \leqslant \gamma \leqslant 100°$，即加工方向为水平方向向上倾斜 10° 和向下倾斜 10° 的范围；滑块作向下倾斜运动的称为正向倾斜斜楔机构（一般 $\gamma < 80°$）；滑块作向上倾斜运动的称为反向倾斜斜楔机构（一般 $100° < \gamma \leqslant 105°$）。

反映斜楔与滑块之间运动关系的图称为斜楔图，它是设计斜楔结构的必要基础。图 4-8-6b 为斜楔图，图中 α 角为斜楔倾角，β 为滑块倾角，γ 为滑块运动方向与斜楔竖直运动方向所成的角度，S_1 为斜楔开始与滑块接触运动到下死点的距离，S 为滑块行程或称滑块移动距离。

斜楔图的作法是：首先根据加工工艺确定滑块的行程 S，并给定斜楔倾角 α、滑块倾角 β 和滑块移动方向 γ 角。然后，取竖直线 XM，在其上取 O 点，由 O 点沿滑块移动方向（即与 OX 成 γ 角方向）作直线取 $OA=S$，由 A 点作 $\angle OAB=\beta$ 交 OX 于 B 点，则 B 点即为斜楔与滑块的开始接触点。斜楔与滑块接触前必须与后挡块预先有不小于 25mm 的导向量，并由此决定后挡块与斜楔开始导向点 C。这样即可作出如图 4-8-6b 所示的斜楔图。

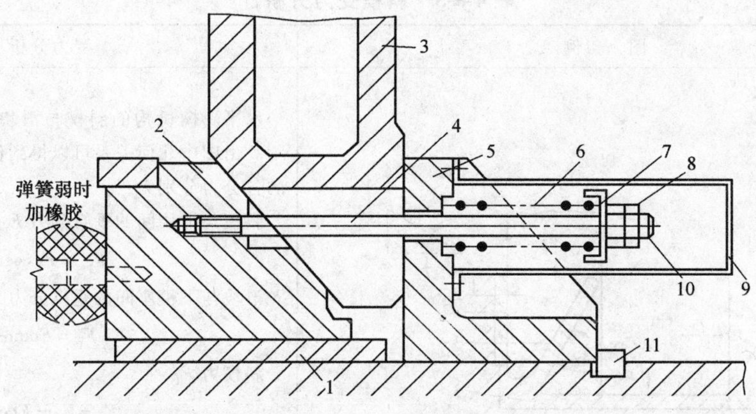

图 4-8-5　斜楔机构

1—防磨板　2—斜楔滑块　3—斜楔传动器　4—弹簧调整螺栓　5—后挡块
6—弹簧　7—弹簧座　8—双螺母　9—外罩　10—开口销　11—键

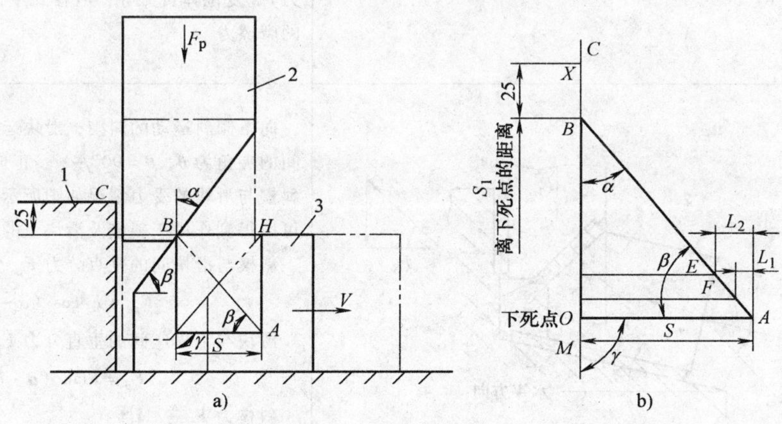

图 4-8-6　斜楔机构运动示意图及斜楔图

1—后挡块　2—斜楔　3—滑块

8.2.2　斜楔受力分析

设计斜楔模时，设备的压力、模具的强度与刚度、斜楔机构复位弹簧力等的确定，都必须以斜楔机构的受力分析为基础。

斜楔机构完成加工工艺所需的加工力，主要包括冲压力、卸料力和复位机构的弹簧力等。

所谓冲压力是指完成冲压加工所需的工艺力，如冲裁力、弯曲力、成形力等。卸料力是指弹性卸料板的卸料力或衬垫的出件力等，而斜楔滑块复位机构的弹簧力是指复位弹簧和辅助复位橡胶等的压缩力。因此，加工力是根据加工工艺的要求及具体结构确定的，是斜楔机构设计及选择设备等的重要依据。

斜楔受力分析见表 4-8-3。

8.2.3　斜楔的设计程序

1. 确定滑块移动距离 S

$$S = L_1 + Z_e$$

式中　L_1——在运动方向上加工所需的行程量；

Z_e——考虑取出和放入制件时操作所必需的最小操作间隙。

2. 确定滑块倾角 β

如果滑块行程一定，随着滑块倾角 β 的增大，斜楔的运动距离随之增大；反之，若 β 变小，斜楔的运动距离减小，但滑块上所承受的垂直载荷变大。因此 β 值不能太小，水平运动斜楔一般 $\beta = 50° \sim 60°$。当冲压加工行程不够时，也可取 $\beta = 45°$；正向倾斜斜楔和反向倾斜斜楔，一般取 $\alpha = \beta = (180° - \gamma)/2$。

表 4-8-3 斜楔受力分析

名称	图例	受力分析
水平斜楔的受力	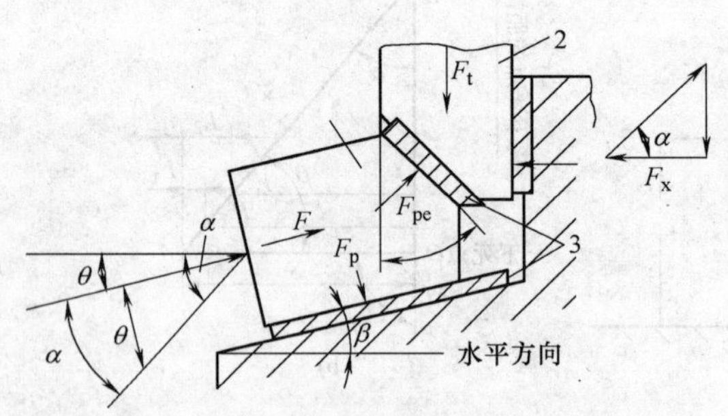 水平斜楔机构的斜楔与滑块的受力情况 1—滑块 2—斜楔 3—防磨板	水平斜楔机构的斜楔与滑块的受力情况如图所示。由图中几何关系可以得到作用于斜楔及滑块上的各分力分别为： 斜楔与滑块间的垂直分力 F_{pe} $F_{pe}=F/\mathrm{coc}\alpha$ 滑块与下模座间的垂直分力 F_p $F_p=F\tan\alpha$ 斜楔力 F_t $F_t=F_p=F\tan\alpha$ 斜楔与后挡块间的正压力 $F_g=F$ 以上各式中，F 包括工艺力（如修边时的冲裁力）、复位弹簧力等，但各式中没有考虑摩擦副中的摩擦力
倾斜斜楔的受力	 正向倾斜斜楔机构的斜楔与滑块的受力情况 1—滑块 2—斜楔 3—防磨板	向下倾斜运动的斜楔，滑块运动方向与水平线之间的夹角为 θ，$\theta=90°-\gamma$。正向倾斜斜楔机构的斜楔与滑块的受力情况如图所示。由图中几何关系可以得到作用于斜楔及滑块上的各分力： 斜楔与滑块间的垂直分力 F_{pe} $F_{pe}=F/\cos(\alpha-\theta)$ 滑块与下模座间的垂直分力 F_p $F_p=F\tan(\alpha-\theta)$ 斜楔力 F_t $F_t=F_{pe}\sin\alpha=F\sin\alpha/\cos(\alpha-\theta)$ 斜楔与后挡块间的正压力 $F_g=F\cos\alpha/\cos(\alpha-\theta)$
	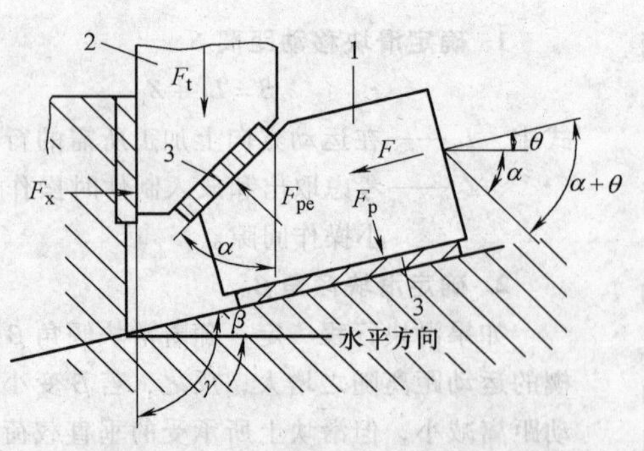 反向倾斜斜楔机构的斜楔与滑块的受力情况 1—滑块 2—斜楔 3—防磨板	向上倾斜运动的斜楔，滑块运动方向与水平线之间的夹角为 θ，$\theta=\gamma-90°$。反向倾斜斜楔机构的斜楔与滑块的受力情况如图所示。由图中几何关系可以得到作用于斜楔及滑块上的各分力： 斜楔与滑块间的垂直分力 F_{pe} $F_{pe}=F/\cos(\alpha+\theta)$ 滑块与下模座间的垂直分力 F_p $F_p=F\tan(\alpha+\theta)$ 斜楔力 F_t $F_t=F_{pe}\sin\alpha=F\sin\alpha/\cos(\alpha+\theta)$ 斜楔与后挡块间的正压力 $F_g=F\cos\alpha/\cos(\alpha+\theta)$

3. 根据滑块行程 S 和滑块倾角 β 作出斜楔图

1）确定斜楔与滑块的开始接触点 B。在与垂线成 γ 角的方向上取 $OA=S$，作 $\angle OAB=\beta$，与竖轴交 B 点，此点即为斜楔与滑块的开始接触点。

2）确定后挡块与斜楔开始导向点 C。根据后挡块与斜楔的预导向量不小于 25mm 决定 C 点。

3）确定卸料板位置 E 点。根据卸料板或压制件的需要决定卸料板压制件的起始点 E。

4）综合分析斜楔模的动作关系，如有问题需对滑块行程 S 及滑块倾角 β 作适当调整。

图 4-8-7、图 4-8-8、图 4-8-9 分别表示了水平运动斜楔、正向倾斜斜楔、反向倾斜斜楔的斜楔结构和斜楔图。

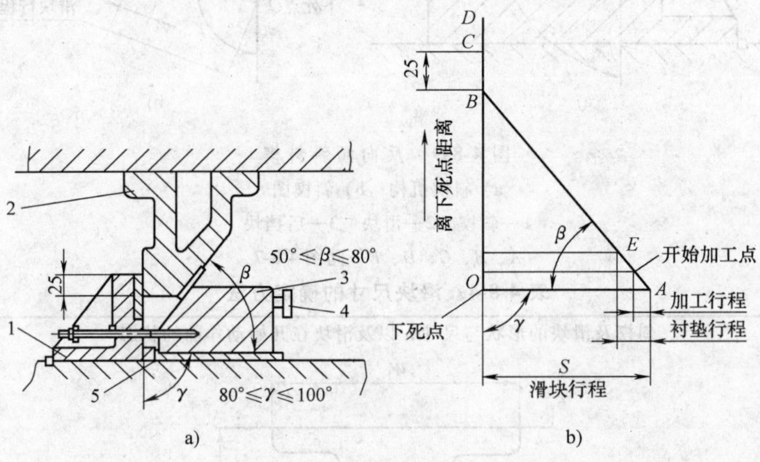

图 4-8-7　水平运动斜楔

a）斜楔机构　b）斜楔图

1—后挡块　2—斜楔　3—滑块　4—衬垫　5—限位器

A—加工完了　B—斜楔在滑块上的接触点　C—斜楔和挡块的接触点

D—上下模导向接触点　E—垫板（卸料板）开始压制件

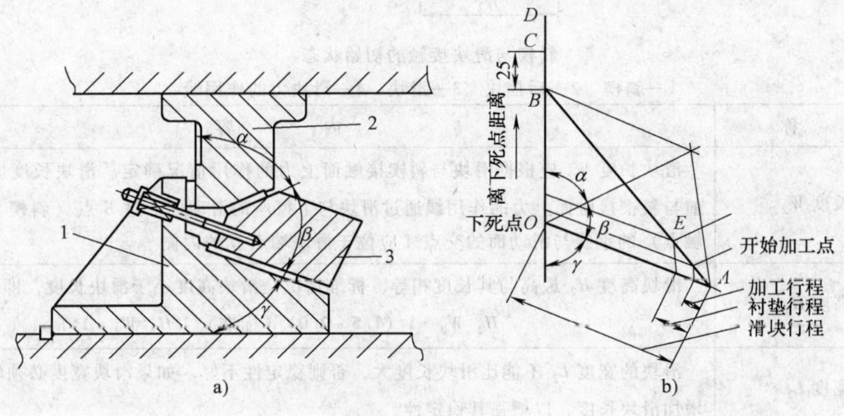

图 4-8-8　正向倾斜斜楔

a）斜楔机构　b）斜楔图

1—后挡块　2—斜楔　3—滑块

A、B、C、D、E—同图 4-8-7

8.2.4　斜楔机构形状设计

1. 滑块尺寸的确定方法（表 4-8-4）

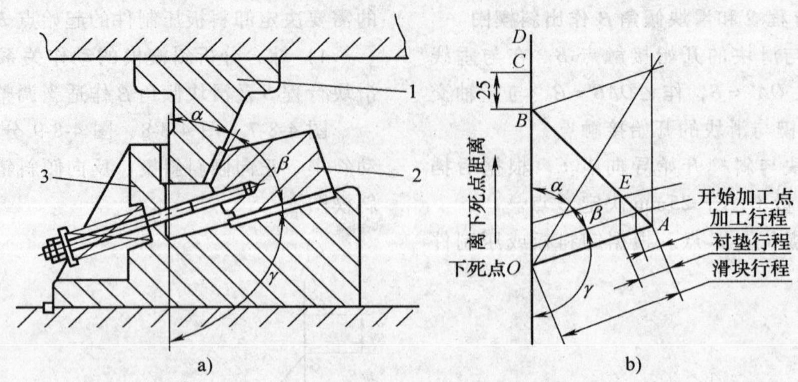

图 4-8-9 反向倾斜斜楔

a）斜楔机构 b）斜楔图

1—斜楔 2—滑块 3—后挡块

A、*B*、*C*、*D*、*E*—同图 4-8-7

表 4-8-4 滑块尺寸的确定方法

斜楔及滑块的形状与尺寸，以及滑块在开始动作前的状态

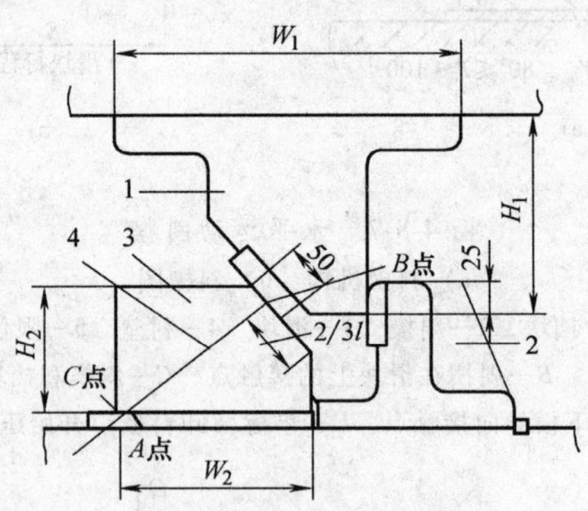

斜楔与滑块接触的初始状态

1—斜楔 2—后挡块 3—滑块 4—滑块力的作用线

顺序	名 称	内 容
1	滑块长度 W_2	滑块长度 W_2 应根据滑块与斜楔接触面上力的作用情况确定。滑块长度应使其开始动作前与斜楔接触面上力的作用线通过滑块与下模座的滑动面。过 *B* 点（斜楔与滑块的初始接触点）的垂线与滑动面的交点 *A* 应位于滑块端点 *C* 的内侧
2	滑块高度 H_2	滑块高度 H_2 最高与其长度相等。标准情况是滑块高度小于滑块长度，即 $H_2:W_2=1:(1.5\sim2.0)$（标准） $H_2:W_2=1:1$
3	滑块宽度 L_2	滑块的宽度 L_2 不能比滑块长度大，否则稳定性不好。如果滑块宽度必须较长时，一定要增加滑块长度，以增强其稳定性
4	滑块的斜面尺寸	斜楔滑块开始动作时，斜楔和滑块接触面长度不小于50mm，而且接触面应在2/3以上

2. 斜楔形状与尺寸

斜楔形状及尺寸如图 4-8-10 所示。一般小件使用的斜楔模及侧向推力较小的斜楔模可不采用后挡块，而大件使用的斜楔模及承受较大侧向推力的斜楔模，则需采用后挡块。

不使用后挡块时，斜楔的长度 W_1 与高度 H_1 的关系为

$$W_1\geqslant1.5H_1$$

使用后挡块时，斜楔的长度可不受上式的限制。

当侧向推力较小或侧向推力虽大但采用了后挡块时可以不用键，否则需要使用键，以部分抵消斜楔所受的侧向力。

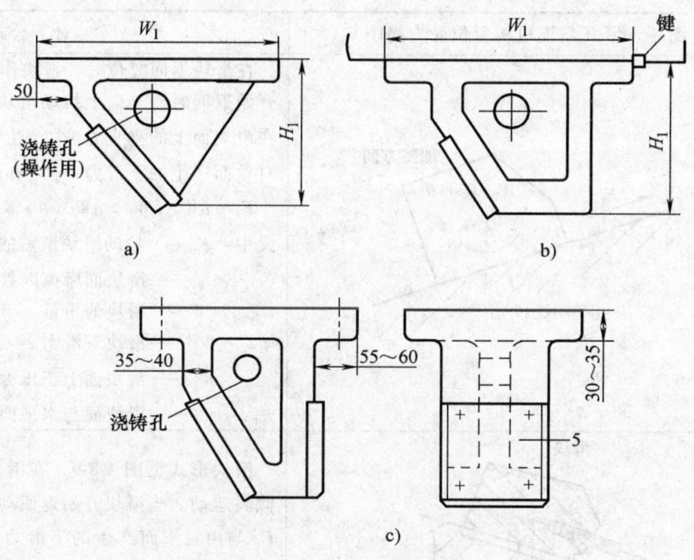

图 4-8-10　斜楔形状与尺寸

a）不用键的斜楔　b）用键的斜楔　c）采用后挡块的斜楔

斜楔的数量与宽度可根据滑块的宽度按表 4-8-5 选取。

表 4-8-5　斜楔的数量与宽度的选取

滑块宽度/mm	斜楔宽度/mm	斜楔数量/个
<300	70～120	1
300～600	70～120	2
>600	100～150	2～3

8.2.5　滑块复位机构

斜楔由上模带动回程时，滑块也要相应地返回到原来位置。使滑块复位的机构有：用弹簧或气缸拉回滑块复位；由斜楔强制带动滑块复位（由斜楔上下运动带动滑块前后或左右运动）。

1. 复位弹簧的负荷计算（表 4-8-6）

表 4-8-6　复位弹簧的负荷计算

<table>
<tr><td>复位弹簧使滑块复位的力</td><td colspan="3">复位弹簧使滑块复位的力可按下式计算：
$$F = KF_1$$
式中　F——弹簧复位力；
K——考虑润滑、滑块部位精度等因素所取的安全系数，一般取 3～5；
F_1——拉动滑块所需的力。
F_1 的大小根据不同的斜楔形式其计算公式也不同</td></tr>
<tr><td>序号</td><td>名　称</td><td>图　形（斜楔机构复位受力简图）</td><td>计算公式</td></tr>
<tr><td>1</td><td>水平斜楔</td><td>斜楔滑块
F_1
加工方向
F_2
W</td><td>在拉动斜楔滑块开始返回动作时，其拉力 F_1 与反向摩擦力 F_2 相平衡，即 $F_1 = F_2$
因为　$F_2 = \mu W$
所以　$F_1 = \mu W$
式中　F_1——拉动滑块所需的力
μ——滑块面上的摩擦因数，取 $\mu = 0.4$
W——滑块重量</td></tr>
</table>

（续）

序号	名 称	图 形（斜楔机构复位受力简图）	计算公式
2	正向倾斜斜楔	加工方向 F_1 $W_1=W\sin\theta$ θ $W_2=W\cos\theta$ W	在滑块返回复位时，滑块作向上倾斜运动。当滑块开始返回时，与向上拉动滑块的力 F_1 相平衡的是压在滑块面上的垂直力 W_2 产生的反向摩擦力及由滑块自重而产生的下滑力 W_1 之和，即 $F_1=\mu W_2+W_1=\mu W\cos\theta+W\sin\theta$ 式中 F_1——拉动滑块所需的力 μ——滑块面摩擦因数，取 =0.4 W——滑块的重量 W_1——滑块下滑力 W_2——滑块面上正压力 θ——滑块面与水平面的倾角
3	反向倾斜斜楔	滑块 F_2 F_1 W	滑块形式见图 4-8-9，在滑块复位时，滑块作向下倾斜运动。当滑块开始返回动作时，向下拉滑块的力 F_1 与由自重而产生的下滑力 W_1 之和与摩擦力（$F_2=\mu W_2$）相平衡 $F_1+W_1=\mu W_2$ $F_1=\mu W\cos\theta-W\sin\theta$

2. 滑块复位机构实例

滑块复位方式有弹簧复位方式、气缸复位方式及强制复位方式等。

图 4-8-11、图 4-8-12、图 4-8-13 是滑块复位的三个实例。

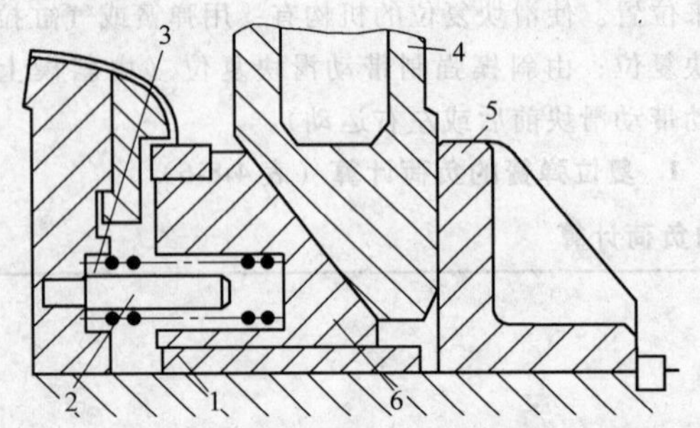

图 4-8-11 弹簧装在凸模和滑块内的复位机构

1—防磨板 2—导正销 3—弹簧 4—斜楔 5—后挡块 6—滑块

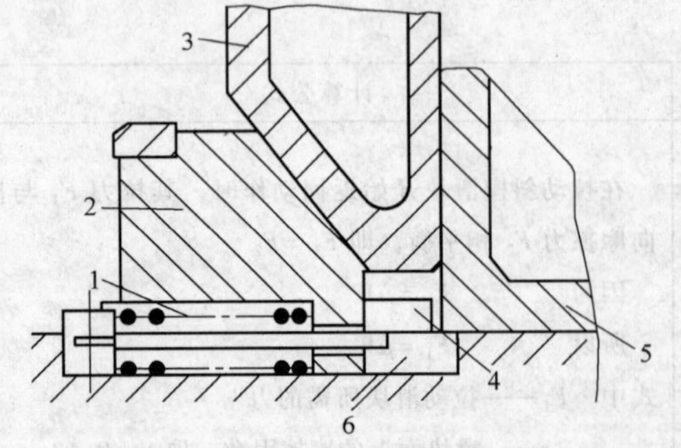

图 4-8-12 弹簧装在下模座中的复位机构

1—弹簧 2—滑块 3—斜楔 4—防磨板 5—下模座 6—槽

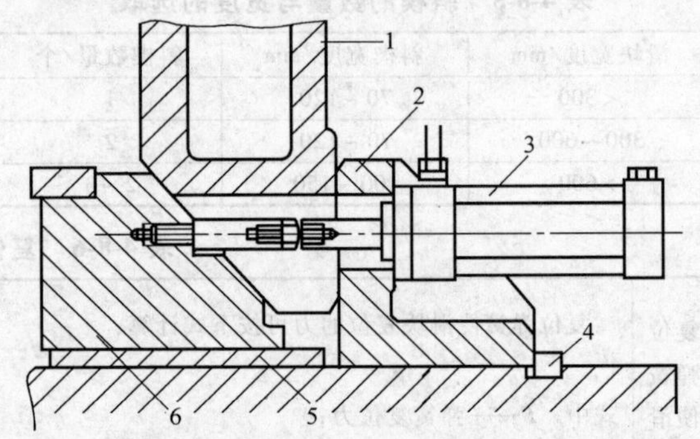

图 4-8-13 气缸复位机构

1—斜楔 2—后挡块座 3—气缸

4—键 5—防磨板 6—滑块

8.2.6 常见斜楔滑块结构举例

在实际生产中根据不同的修边要求，有多种不同的斜楔滑块结构。一般常用的斜楔结构有单向斜楔（包括水平斜楔、正向倾斜斜楔、反向倾斜斜楔、气动单向斜楔等）、双向斜楔（滑块作水平方向运动）、组合式斜楔（单动斜楔和上模滑动斜楔组合、水平倾斜组合）、返楔式及间歇式斜楔等。

表 4-8-7 给出了常见斜楔滑块结构。

表 4-8-7　常见斜楔滑块结构

序号	名　　称	图　　例	结构特征
1	单向斜楔滑块	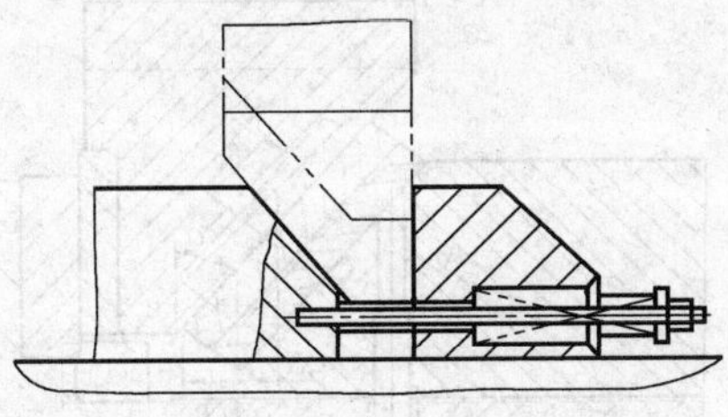 a) 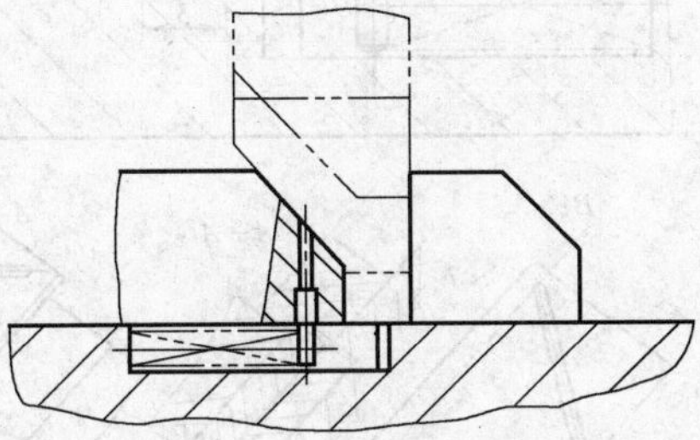 b)	图中所示为单向斜楔滑块示意图 图 a 所示滑块复位弹簧安装在后挡块上 图 b 所示滑块复位弹簧安装在下模座内
2	双向斜楔滑块	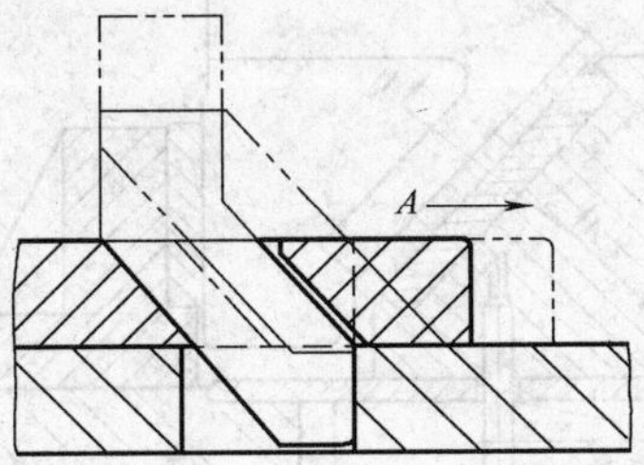 A	图中所示为双向斜楔滑块示意图。斜楔随上模下行时，推动滑块向左滑动；当斜楔随上模回程上行时，拉动滑块向右滑动。由于斜楔上下运动时都要使滑块滑动，所以斜楔的倾斜角为 45°
3	水平和向上倾斜组合的斜楔结构	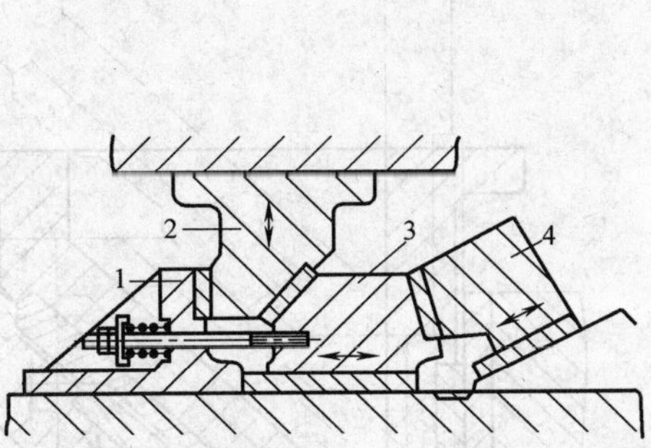 1—后挡块　2—斜楔传动器　3—中间斜楔　4—滑块	图中所示为一种水平和向上倾斜组合的斜楔结构。当上模下行时，斜楔传动器 2 推动中间斜楔 3 向右移动，使滑块 4 向斜上方运动，完成加工过程。这种结构一般用于向上倾斜角度较大的修边加工。当斜楔回程后，中间斜楔 3 在弹簧的作用下复位，滑块 4 也恢复到初始位置

（续）

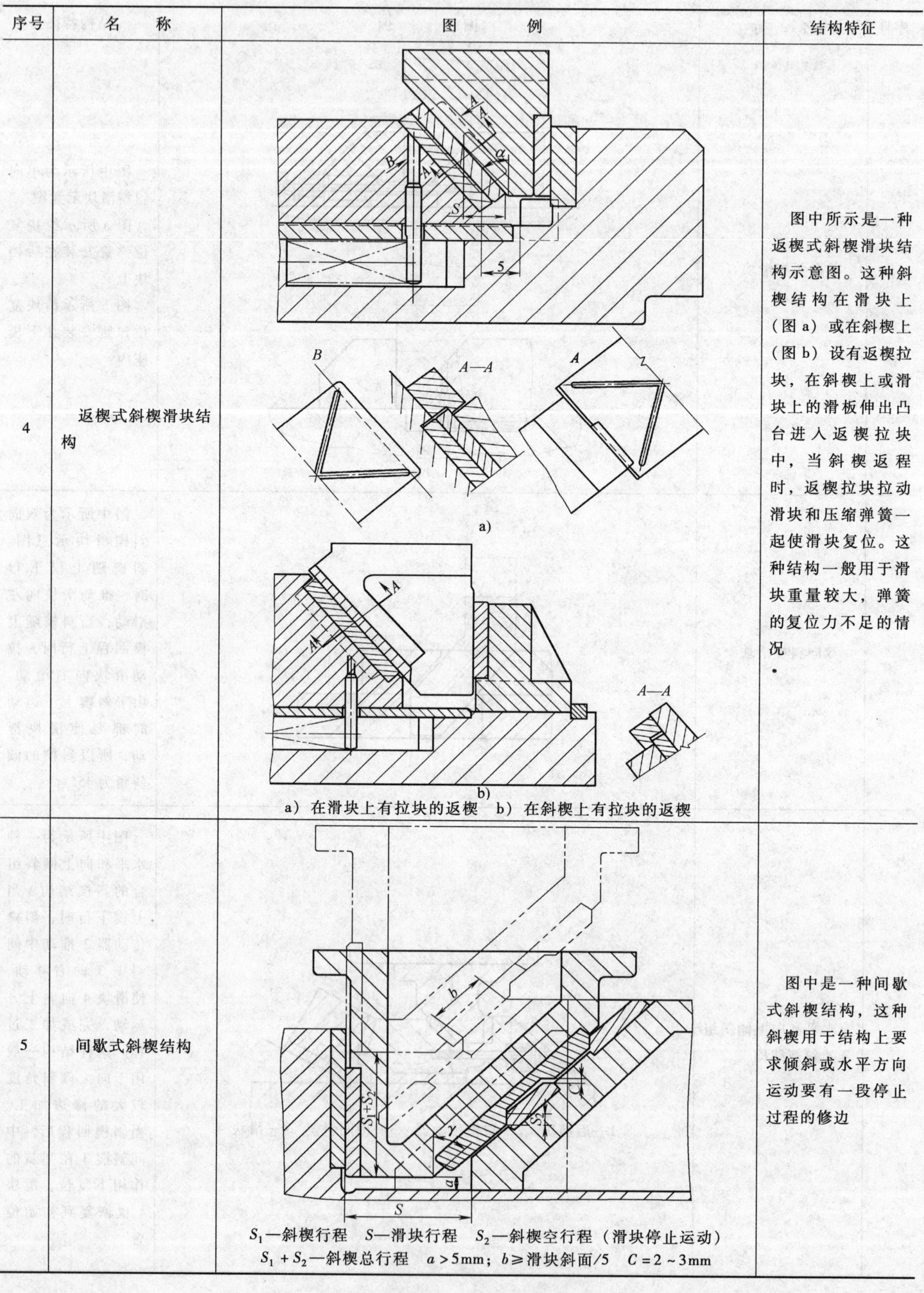

序号	名　称	图　例	结构特征
4	返楔式斜楔滑块结构	a）在滑块上有拉块的返楔　b）在斜楔上有拉块的返楔	图中所示是一种返楔式斜楔滑块结构示意图。这种斜楔结构在滑块上（图 a）或在斜楔上（图 b）设有返楔拉块，在斜楔上或滑块上的滑板伸出凸台进入返楔拉块中，当斜楔返程时，返楔拉块拉动滑块和压缩弹簧一起使滑块复位。这种结构一般用于滑块重量较大，弹簧的复位力不足的情况
5	间歇式斜楔结构	S_1—斜楔行程　S—滑块行程　S_2—斜楔空行程（滑块停止运动） S_1+S_2—斜楔总行程　$a>5$mm；$b\geqslant$滑块斜面/5　$C=2\sim3$mm	图中是一种间歇式斜楔结构，这种斜楔用于结构上要求倾斜或水平方向运动要有一段停止过程的修边

8.3　修边镶件

8.3.1　确定修边模镶件

按修边制件图绘制凸模和凹模镶件图时，一般不标注整体尺寸，而是在凸模镶件图上注明“按修边样板加工”；在凹模镶件图上，则注明“按凸模镶件配制，考虑冲裁间隙”。

1. 镶件分块原则

1）小圆弧部分单独作为一块，接合面距切点 5 ~ 10 mm。大圆弧、长直线可以分成几块，接合面与刃口垂直，并且不宜过长，一般取 12 ~ 15mm。

2）在进行凸、凹模刃口的分块时，要使相邻的凸模刃口镶件之间的接合面与相邻的凹模刃口镶件之间的接合面互相错开 5 ~ 10mm。否则，若凸模镶件的接合面与凹模镶件的接合面在修边时正好相对，在此处容易产生毛刺。

3）修边镶件的长度一般取 150 ~ 300mm，镶件太长则加工和热处理不方便，太短则螺钉和柱销不好布置。刃口形状为直线部分的镶件长度可适当大些，复杂部分或比较薄弱易损部分应单独分块，尺寸尽量小，以便于更换（图 4-8-14）。

4）直角角部的凹模镶件应分块（图 4-8-15）。

2. 镶件结构

覆盖件修边时必须根据修边线的形状，选择最合适的修边刃口形式和固定方式。

（1）常见的修边刃口的结构形式　见表 4-8-8。

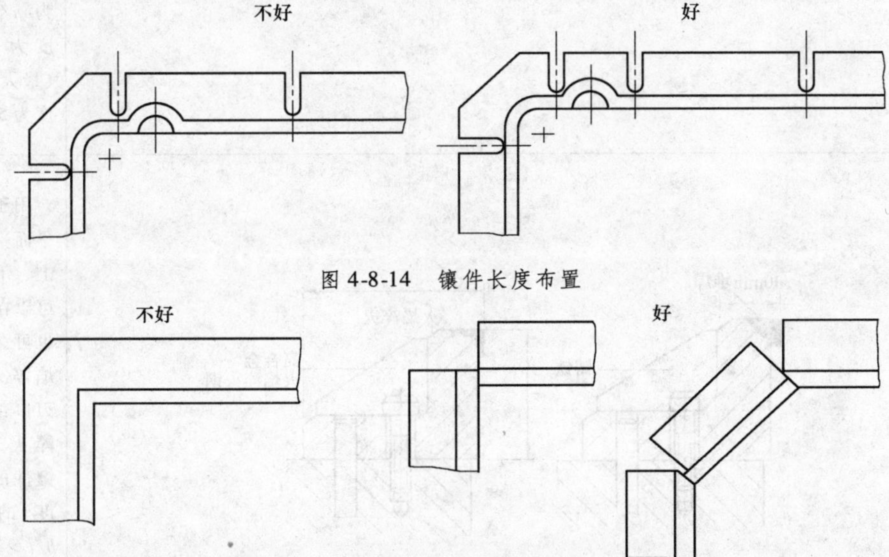

图 4-8-14　镶件长度布置

图 4-8-15　角部的凹模镶件分块

表 4-8-8　常见的修边刃口的结构形式

序号	名称	图　例	结构特征
1	整体式修边刃口	堆焊 10r 凸模	这种形式是指在凸模本体上或与下模座成一体的凸模上采取直接堆焊刃口的方式，如图所示。凸模本体的材料一般是铸铁，硬度为 56 ~ 63HRC

（续）

序号	名称	图　　例	结构特征
2	矩形块式镶件刃口	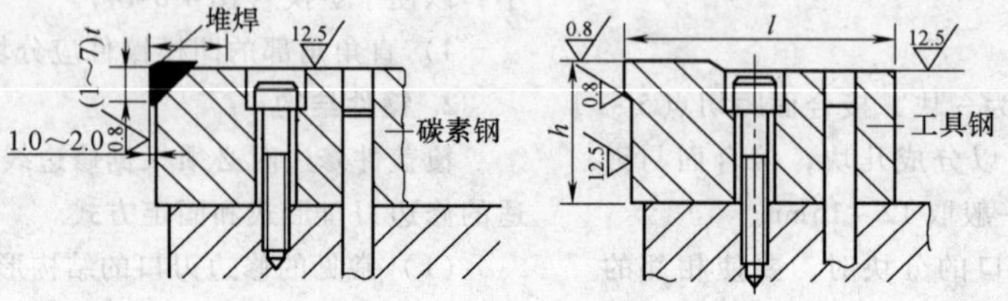 堆焊　12.5　(1～7)t　0.8　1.0～2.0　碳素钢　0.8　*l*　12.5　0.8　*h*　12.5　工具钢	这是一种普通的形式，上、下模均可采用。但不宜用于修边刃口的上下方向急剧变化的修边曲线。可采用软钢堆焊，亦可使用淬火、回火的工具钢，如图所示。为保证镶件的稳定性，镶件的高度 *h* 与宽度 *l* 的比例一般为：$h/l>1:1.5$；长度为 200～250mm（最大300mm）；硬度为 56～63HRC
3	角式（轨条式）镶件刃口	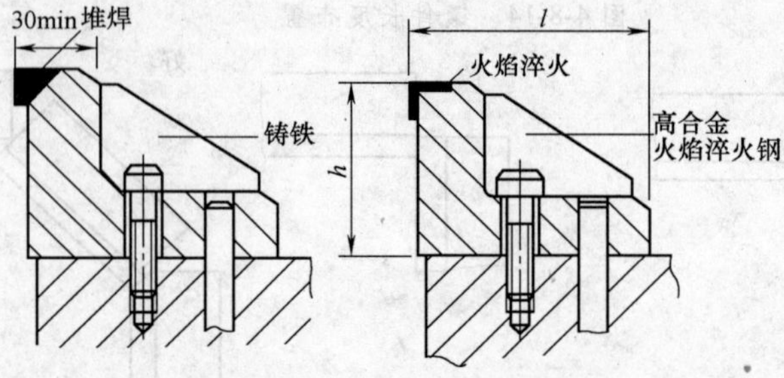 30min　堆焊　铸铁　*l*　火焰淬火　*h*　高合金火焰淬火钢	用于高度变化大、平面平滑的修边线，上、下模均能采用。可以在铸铁上堆焊，也可采用高合金火焰淬火钢，但仅在刃口部分进行火焰淬火，如图所示。镶件的高度 *h* 与宽度 *l* 的比例一般为：$h/l>1:1.5$；长度为 200～250mm，硬度为 56 HRC 以上
4	组合式镶件刃口	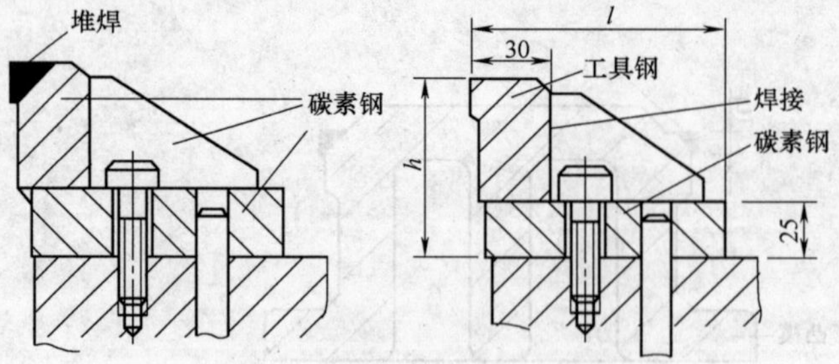 堆焊　碳素钢　*l*　30　工具钢　焊接　碳素钢　*h*　25	用于高度变化大、平面平滑的修边线，上、下模均能采用。修边刃口部分可采用软钢上堆焊的方法，并可使用淬火、回火的工具钢。镶件的高度 *h* 与宽度 *l* 的比例一般为：$h/l>1:1.5$，硬度为 56HRC 以上

（续）

序号	名称	图例	结构特征
5	刀片式镶件刃口	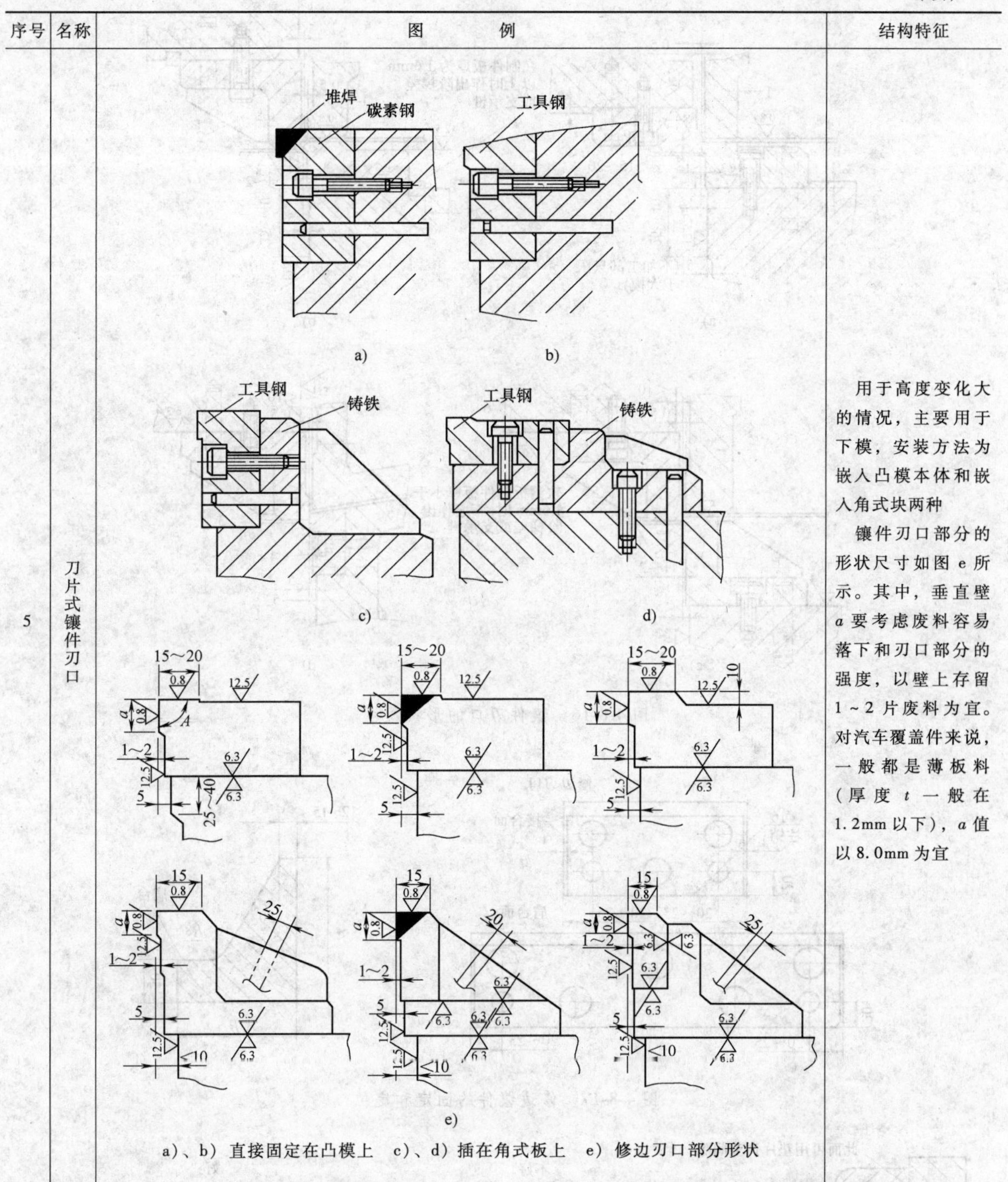a)、b) 直接固定在凸模上 c)、d) 插在角式板上 e) 修边刃口部分形状	用于高度变化大的情况，主要用于下模，安装方法为嵌入凸模本体和嵌入角式块两种 镶件刃口部分的形状尺寸如图 e 所示。其中，垂直壁 a 要考虑废料容易落下和刃口部分的强度，以壁上存留 1～2 片废料为宜。对汽车覆盖件来说，一般都是薄板料（厚度 t 一般在 1.2mm 以下），a 值以 8.0mm 为宜

（2）镶件固定方式 图 4-8-16 表示了修边刃口与镶件刃口的装配关系。图 4-8-17 所示为镶件固定与定位的一般形式。考虑到攻螺纹方便和坚固可靠，一般每块镶件使用 3～5 个 M16 的螺钉固定，位置应接近修边刃口轮廓和结合面，并作参差布置。定位使用两个 ϕ16mm 的柱销，柱销的位置应远离修边刃口轮廓，相对距离尽量大些。

侧向固定的镶件便于调节间隙，在可能的条件下应优先采用（图 4-8-18）。

如图 4-8-19 所示，为了保证装配后相邻镶件结合面的接缝间隙小，结合面一般是 12～15mm，其后部留有 1～2mm 的间隙。

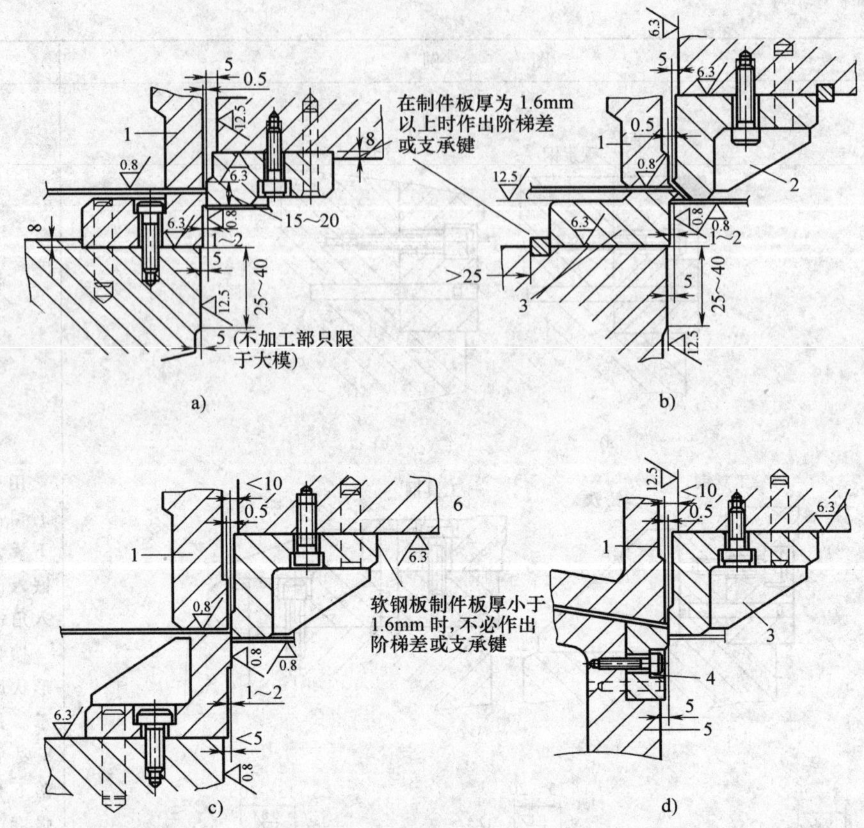

图 4-8-16　镶件刃口的形状尺寸

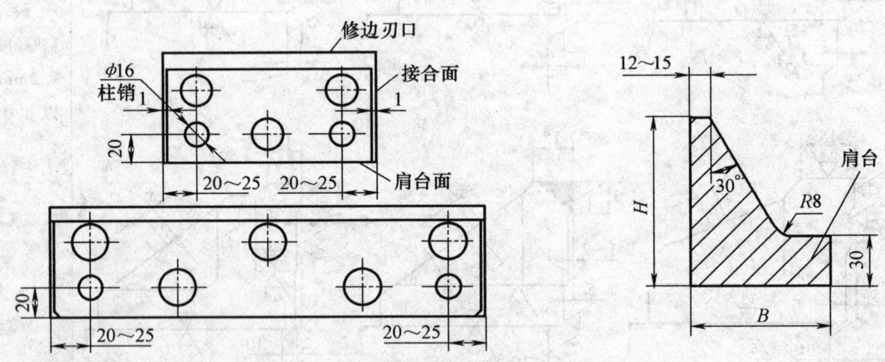

图 4-8-17　修边镶件的固定和定位

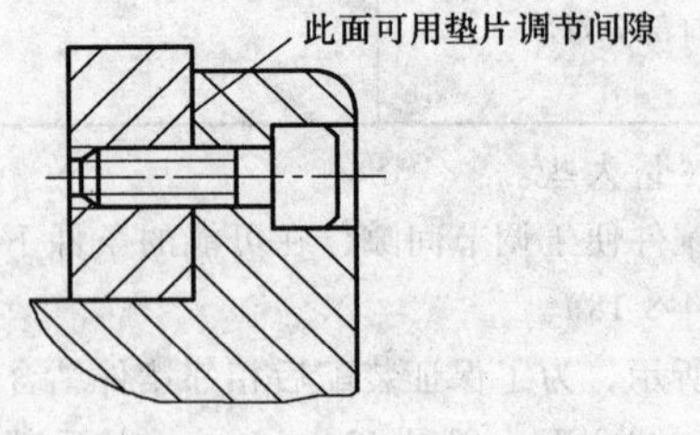

图 4-8-18　侧面固定的镶件

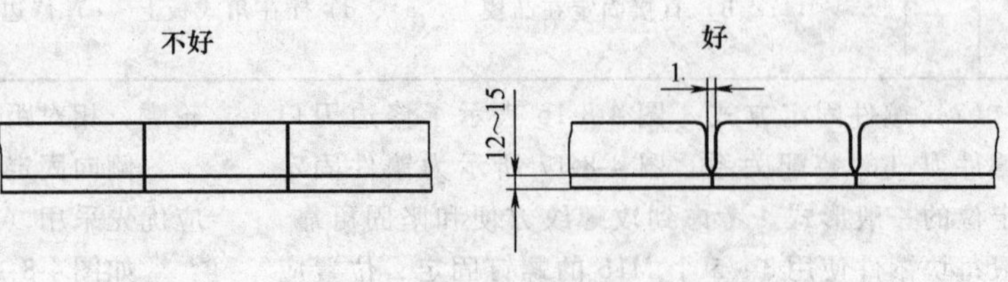

图 4-8-19　镶件结合面

（3）修边冲孔复合刃口镶件　在修边附近有一个或一组小孔时，受镶件强度的限制，修边刃口和冲孔刃口只能做在一块镶件上。这种整体式的镶件工艺性不好，一般不宜选用。

为便于制造和维修，当修边与冲孔的距离较大时，修边凸模镶件和冲孔凹模镶件应做成分离式的，即做成两块镶件。两镶件之间的位置关系见表 4-8-9。

表 4-8-9　两镶件之间的位置关系

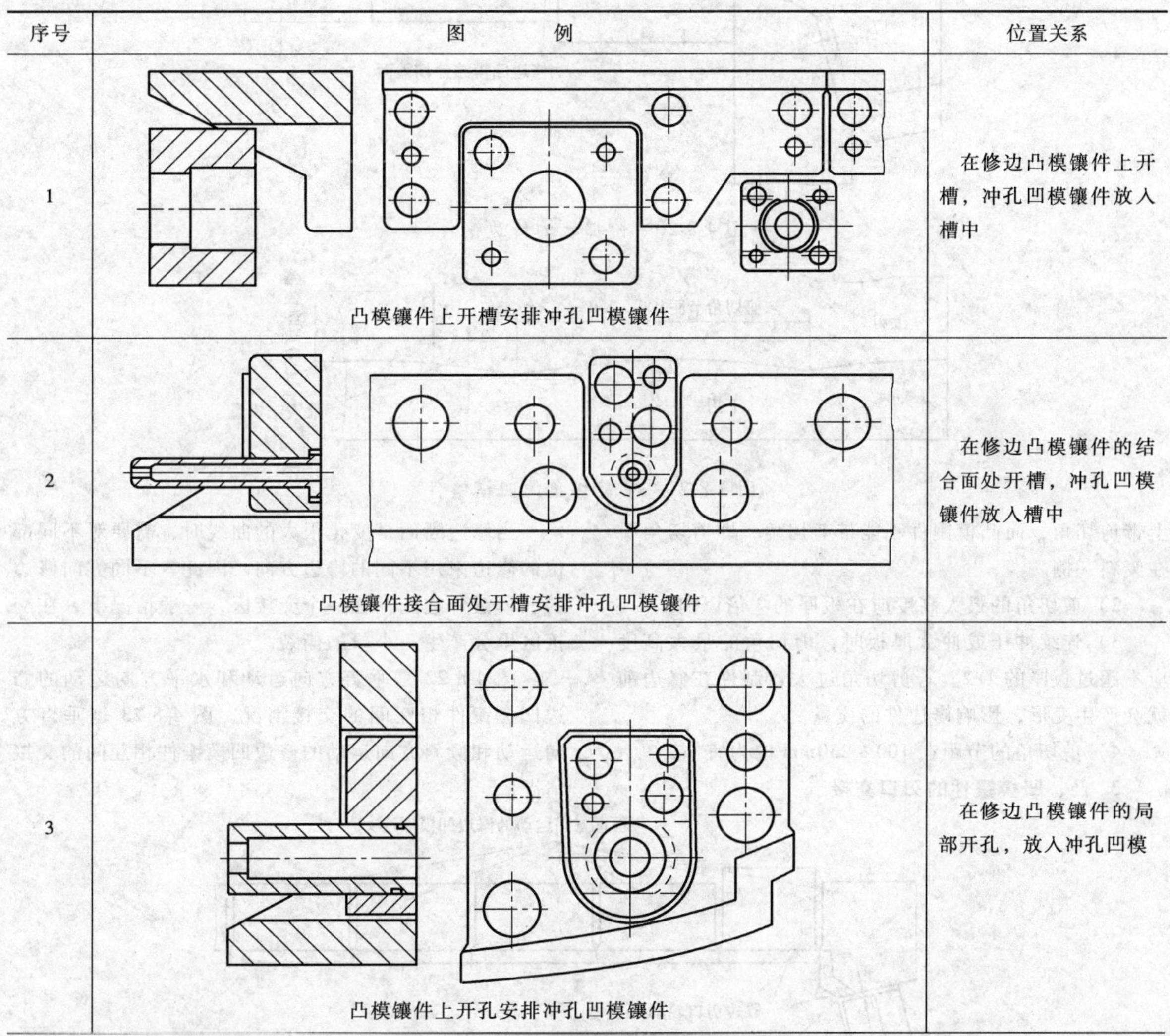

序号	图　　例	位置关系
1	凸模镶件上开槽安排冲孔凹模镶件	在修边凸模镶件上开槽，冲孔凹模镶件放入槽中
2	凸模镶件接合面处开槽安排冲孔凹模镶件	在修边凸模镶件的结合面处开槽，冲孔凹模镶件放入槽中
3	凸模镶件上开孔安排冲孔凹模镶件	在修边凸模镶件的局部开孔，放入冲孔凹模
在凸模镶件上开槽或开孔时，必须考虑是否会影响凸模镶件的强度和热处理变形等，在这种情况下可将该凸模镶件设计得短一些，以便更换		

8.3.2　修边镶件的布置与交接

1. 阶梯状镶件布置

修边刃口是立体曲面时，高度差比较大，为了降低修边镶件高度，保证其稳定性，可以将刃口镶件的底面布置成阶梯状，并在上下底板或固定板的相应位置也做成阶梯形状，如图 4-8-20 所示。这种布置还有利于修边镶件的热处理。

2. 凹模刃口形状

为便于刃口的加工和以后的刃磨，同时也为了减少修边时的振动和噪声，一般将每件凹模刃口镶件的刃口做成直线形状，因而凹模的刃口形状沿修边线是由若干直线段组成的，整个修边刃口成为波浪状（如图 4-8-20 中所示）。

当修边线总长比较长，或板厚较厚时，还可以采用带剪切角的凹模镶件，如图 4-8-21 所示。采用带剪切角的凹模镶件时要注意：

1）为保证修边件的修边质量，只能在凹模镶件

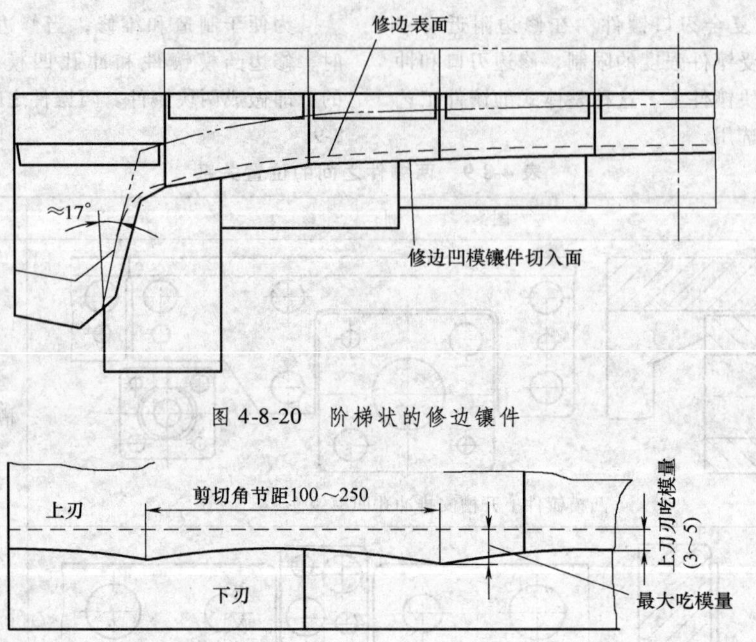

图 4-8-20 阶梯状的修边镶件

图 4-8-21 带剪切角的凹模镶件

上带剪切角，而凸模镶件不能带剪切角，即剪切角要在废料一侧。

2）剪切角的最大高度应在板厚的 2 倍以内。

3）连续冲压或冲裁厚板时，剪切角的最大高度应不超过板厚的 1/2。若剪切角过大，制件在修边前就会产生变形，影响修边件的质量。

4）剪切角的节距在 100～250mm 内为宜。

3. 凸、凹模镶件的刃口交接

当修边断面是变化很大的曲线时，需要对不同部位的修边采用不同的修边方向。因此，不同方向修边的凹模镶件之间存在一个交接区，一般情况下，在交接区里会产生一小段的撕裂。

图 4-8-22 是垂直方向运动和水平方向运动的修边凹模镶件相互间的交接情况。图 4-8-23 是垂直方向运动和倾斜方向运动的修边凹模镶件相互间的交接情况。

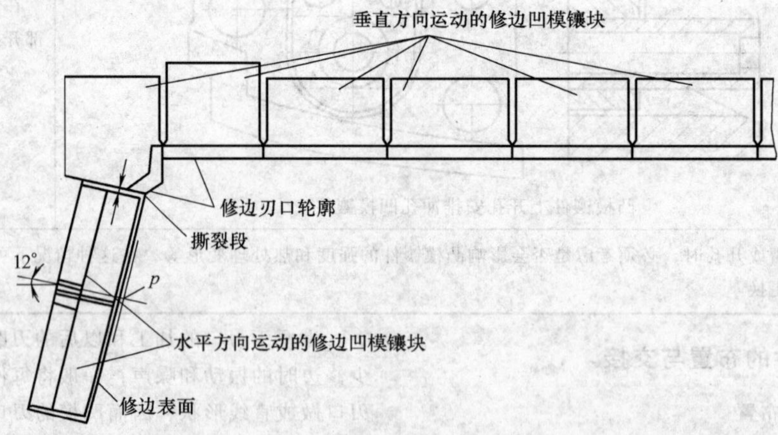

图 4-8-22 垂直方向运动和水平方向运动的修边凹模镶件相互间的交接

8.3.3 修边模镶件材料

经常使用的镶件材料为 T10A 工具钢，热处理硬度为 58～62 HRC。因镶件是整体加热淬火，变形大，因此镶件需留有淬火后的精加工余量。

目前，T10A 工具钢已逐渐被 7CrSiMnMoV 空冷钢所代替，其优点是凸凹模镶件加工好以后只需在刃口部分局部火焰加热空气冷却淬火，硬度为 58～

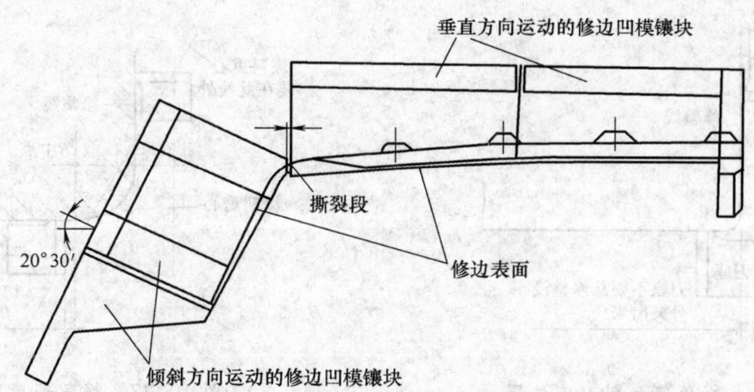

图 4-8-23　垂直方向运动和倾斜方向运动的修边凹模镶件相互间的交接

62HRC。由于淬火变形小，不需再修整刃口间隙。

另外，铸造 7CrSiMnMoV 空冷钢用于形状复杂的覆盖件修边以及冲孔的凸凹模镶件，镶件可以按冲裁要求的形状铸出，仅在安装基准面、接合面和刃口处留出加工余量，其余部位均不需要加工。需要加工的部位，一次加工到要求的尺寸，经钳工精修后，即可进行火焰加热空气冷却淬火，完全可以满足冲裁模的使用要求；并可大大简化制模工艺，缩短制模周期，节省费用，模具镶件的刃口还可以进行堆焊、补焊，便于维修。

8.4　修边废料的处理

在设计覆盖件修边模时，还需要考虑废料刀的安排、废料的分块与排除方式等问题。根据不同的修边件及修边件的不同部位，废料的分块、采用的废料刀等都有所不同。

8.4.1　废料分块与废料刀配置

修边废料的分块应根据废料的排除方式而定。手工排除废料时，修边废料分块不宜太小，以减少操作者的操作次数；机械排除废料时，分块要小一些，一般不大于 700mm，便于废料打包机打包。分块的位置最好在废料较窄的地方。

图 4-8-24 是机械排除修边废料时废料刀的布置情况。在布置废料刀时，为避免废料卡在两废料刀之间不能落下，废料刀本身要有一定的角度（如图 4-8-24 所示，一般为 10°），且两相邻废料刀的斜度应向一个方向。若两相邻废料刀的斜度向两个方向倾斜，则至少有一块废料容易卡在废料刀之间。

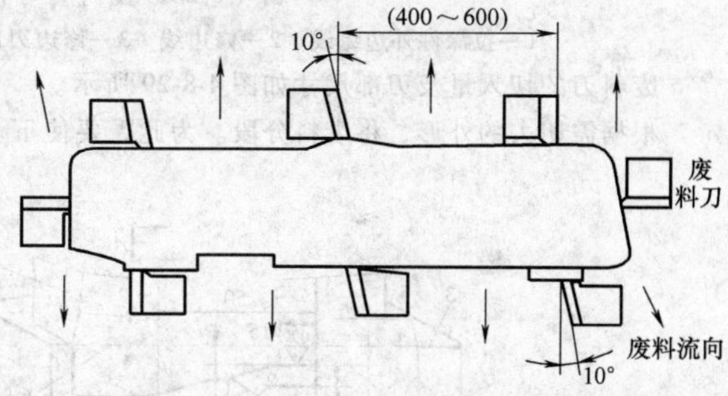

图 4-8-24　废料刀的布置

当受修边线形状等因素而不得不相对配置废料刀时，可改变刃口角度，使废料容易落下，同时使上模的凹模切入切断刀垂直壁下面的后角处（图 4-8-25）。

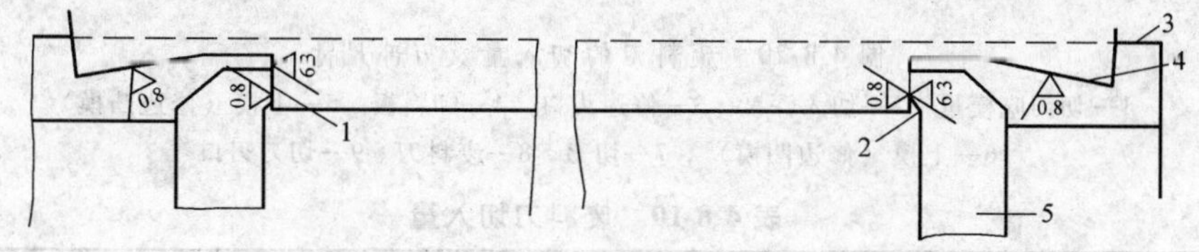

图 4-8-25　废料刀相对配置时的处理方法

1—垂直壁　2—后角（用于让料）　3—下模凸模修边刃口　4—上模凹模修边刃口　5—废料刀

修边线上有凸起部分时，要在凸起部分配置废料刀，使废料分块。

转角部修边时，刀座不要突出修边线以外（图 4-8-26）。

转角部废料靠自重落下时，废料重心必须在图 4-8-27 所示的 *A*—*A* 线之外。

下模用废料切刀的刃口要避开修边刃口的接缝（图 4-8-28）。

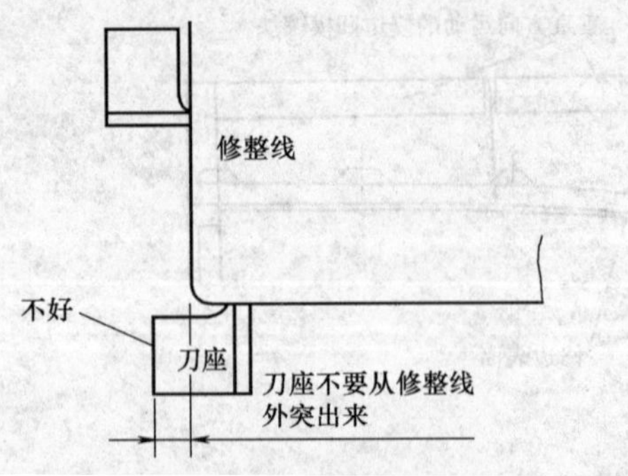

图 4-8-26 拐角部废料刀座位置

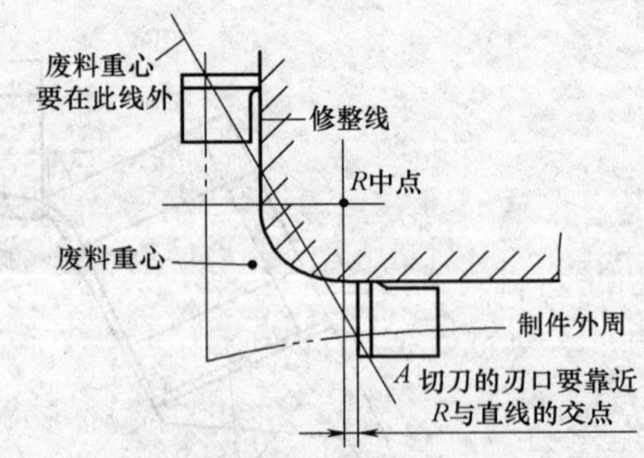

图 4-8-27 拐角部废料重心

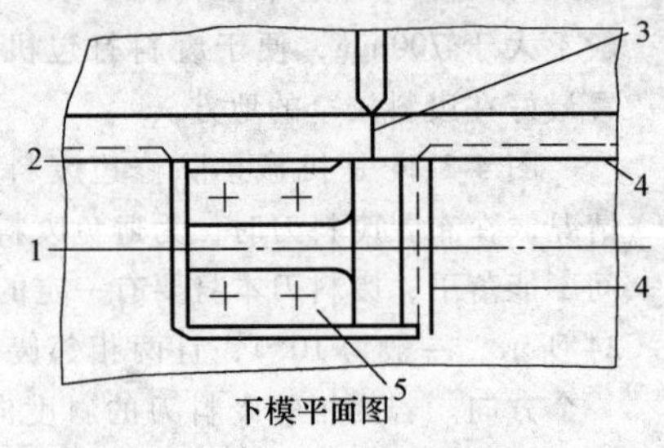

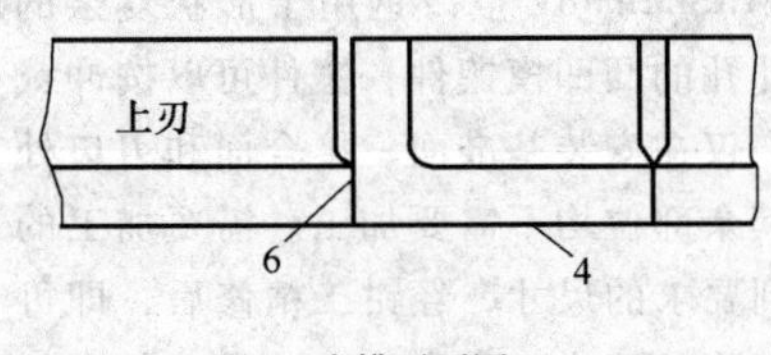

图 4-8-28 废料刀与修边刃口接缝的位置关系

1—拉深件外边缘线 2—修边线 3—修边刃口接缝 4—修边刃口 5—废料刀 6—废料刀刃

废料刀的切入量及刃部尺寸如图 4-8-29 所示。根据需切去的外形，将废料分段。为此，要使下模的切刀与修边刃口之间有一定的高度差（表 4-8-10）。

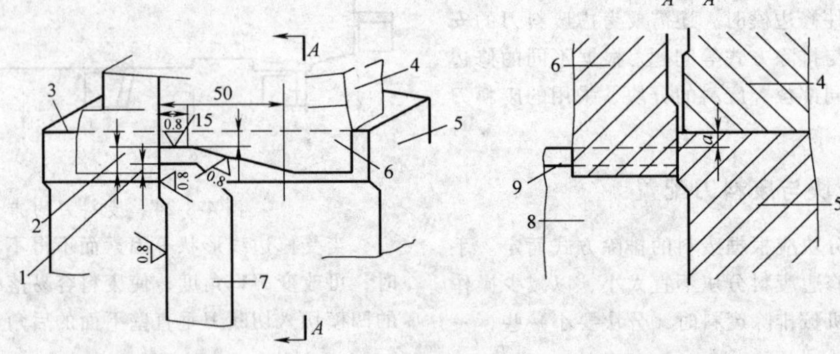

图 4-8-29 废料刀的切入量及刃部尺寸

1—切刀吃模量 2—切入深度 3—修边刃口 4—卸料板 5—下模（修边凸模） 6—上模（修边凹模） 7—切刀 8—废料刀 9—切刀刃口

表 4-8-10 废料刀切入量

项 目	薄板（1.2mm 以内）	厚板（1.6mm 以上）
切刀吃模量	2～3mm	3mm
上模的切入深度	切刀吃模量 + 板厚 + 2mm	切刀吃模量 + 2 × 板厚
最小吃模量	3mm	2 × 板厚

8.4.2 修边废料刀结构

修边废料刀的结构见表 4-8-11。

表 4-8-11　修边废料刀的结构

<table>
<tr><th>序号</th><th>名称</th><th>图　　例</th><th>结构特征</th></tr>
<tr><td rowspan="2">1</td><td>丁字形废料刀</td><td>
0.8
0.8
60°
6.3
6.3
1
2
3
a)
切刀刃口长度要比预计废料长度长出相当的余量
要采取不妨碍制件运出的办法
切刀
凸模
b)
a）丁字形废料刀结构　b）废料刀刃口长度
1—修边刃口　2—修边镶件　3—废料刀</td><td>丁字形废料刀如图 a 所示，这种切刀不需要自动化，常用于小批量生产及较薄的废料（1.6mm 以下）切断
切口刃口长度应比预计的废料宽度长出 5 ~ 10mm 以上（图 b）</td></tr>
<tr><td>镶件式废料刀</td><td>
A
B
b
H
废料刀
接合面
A
D</td><td>图中所示为镶件式废料刀，利用凹模镶件接合面的延长作为上废料刀刃口，在凸模镶件外面相应的位置上安装下废料刀，作为另一个刃口。下废料刀的高度必须低于修边凸模镶件高度（一般低 8 ~ 15mm）。修边凹模镶件上的废料刀高度要和废料的高度相适应，以保证模具处于闭合状态时，上、下废料刀刃口的最小切入量不小于 1 mm</td></tr>
</table>

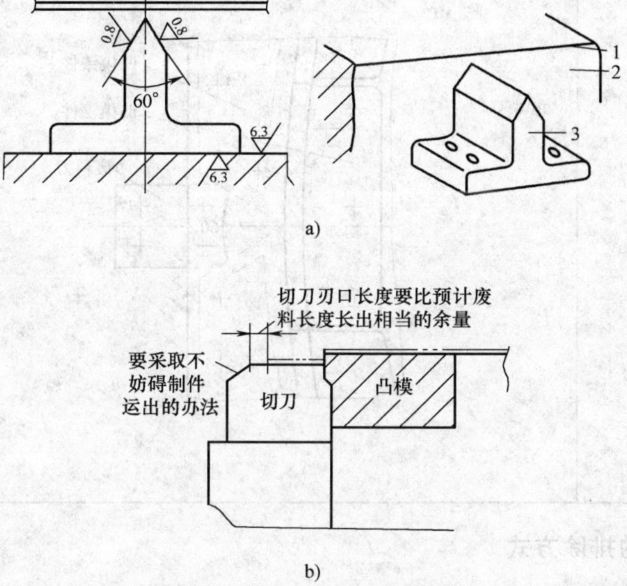

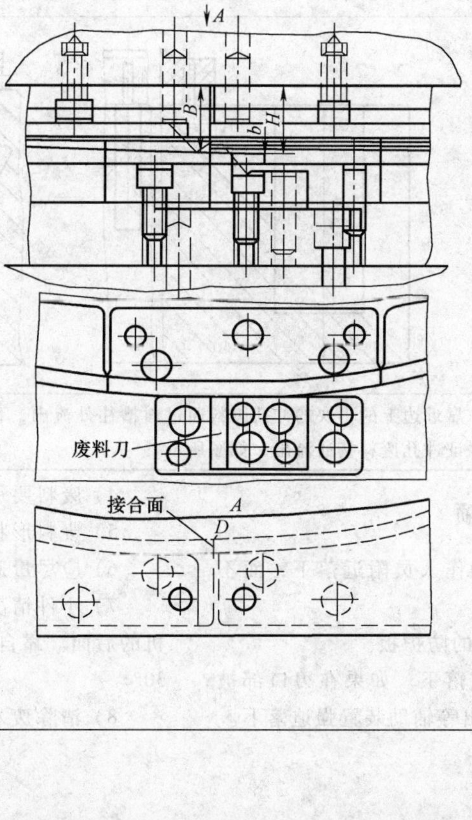

（续）

序号	名称	图　　例	结构特征
2	组合式废料刀	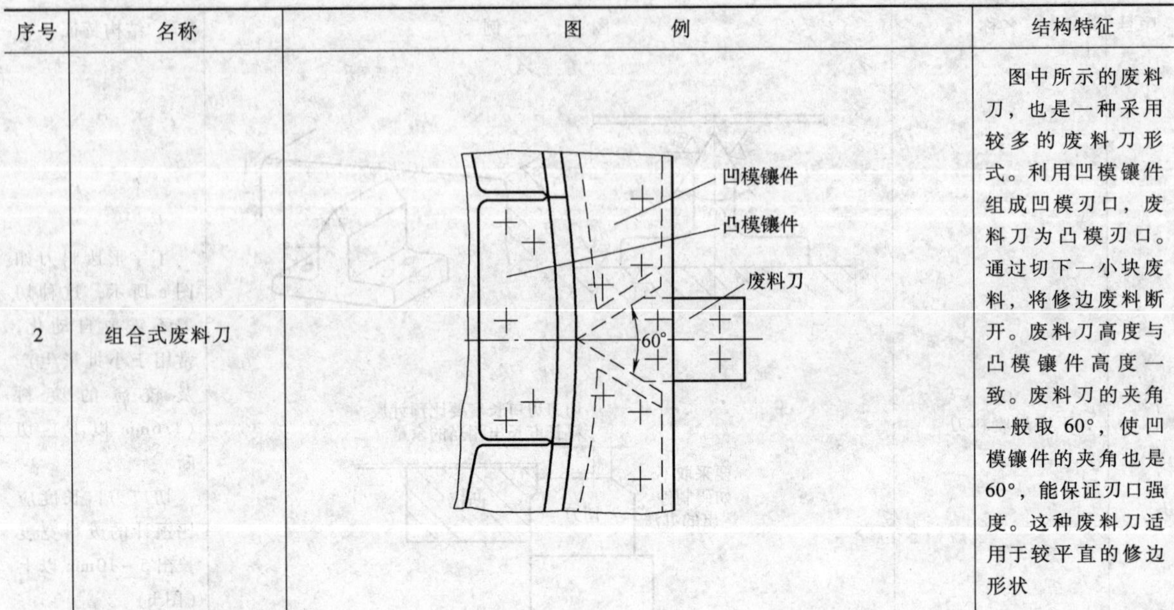	图中所示的废料刀，也是一种采用较多的废料刀形式。利用凹模镶件组成凹模刃口，废料刀为凸模刃口。通过切下一小块废料，将修边废料断开。废料刀高度与凸模镶件高度一致。废料刀的夹角一般取60°，使凹模镶件的夹角也是60°，能保证刃口强度。这种废料刀适用于较平直的修边形状

8.4.3　冲孔废料的排除方式

冲孔废料的排除方式见表4-8-12。

表4-8-12　冲孔废料的排除方式

序号	名称	内　　容
1	下落捅除式	对大块的冲孔废料和中间的冲孔废料，一般是在下底板上开废料槽，再加盖板用手捅除废料，称落下捅除式。为了减少捅除的次数，多储存一些废料，可以适当加大废料槽的高度
2	外流储存式	45°　330　60°　500 靠近边上的小块的冲孔废料通过斜槽往外流出，称外流储存式。斜槽斜度最好是60°，以保证冲孔废料畅通流出，如图所示

8.4.4　废料处理注意事项

1）原则上要使废料在操作人员附近落下，而不能有飞散现象发生。

2）有危险时要装上专用的防护板。

3）原则上废料要靠自重落下。如果在刃口部被挂住，则必须使用弹出、顶出等辅助装置强迫落下。

4）废料要每一次行程落下一次。

5）废料形状不要带锐角或毛刺。

6）应尽量避免在一种通道内通过两种废料。

7）小件情况下，原则上应使废料集中落在压力机的后面。靠自重落下时，废料滑槽的倾斜角至少成30°。

8）清除废料用的滑槽必须延伸到垫板的端部，

并与废料坑口相对应。

8.5 修边模设计

8.5.1 修边模设计前的准备工作

修边模设计的准备工作见表 4-8-13。

表 4-8-13 修边模设计的准备工作

步骤	名称		内容
1	必须阅读的有关资料	覆盖件零件图	覆盖件零件图是所有工序生产的总纲领。在设计修边模之前，要认真仔细阅读覆盖件零件图，充分理解产品设计思想、零件的各项功能和技术质量要求，并分析修边的哪些因素会对零件质量产生不良影响
		冲压工艺文件	认真研究冲压工艺文件，要明确修边工序的修边部位，修边质量要求，该工序中的整形、翻边或冲孔等加工内容及要求，以及修边工序与前、后各道工序之间的关系等；同时，还要研究工艺设计时初步确定的修边方式、修边方向等设计思想，以及在模具中实现的可能性和可行性措施。这对修边模设计是非常重要的
2	修边质量问题分析		在进行修边模设计前，要根据修边线的空间形状特点对修边时可能会产生的质量问题进行分析，并在模具结构、修边方式、修边刃口等方面采取措施
3	冲模设计的有关资料		准备好进行修边模设计所需的各种参考资料，如以往类似件的修边模具图样、国家模具标准、行业模具标准及企业标准等

8.5.2 修边模设计的主要内容与设计要点

修边模设计的主要内容与设计要点见表 4-8-14。

表 4-8-14 修边模设计的主要内容和设计要点

步骤	名称	主要内容及设计要点
1	修边方式与修边方向的确定	在冲压工艺设计时，初步确定了修边方式与修边方向，但对实现这种修边方式和修边方向的具体模具结构没有进行较详细的考虑。因此，在进行修边模设计时，首先要讨论这种修边方式的合理性，是否还存在不合理的情况，修边方向是否能保证修边件的质量要求。进行综合性分析后，最后确定修边方式与修边方向
2	确定修边模结构	根据所确定的修边方式和修边方向，以及生产批量大小，确定所要采用的模具结构形式
3	拉深件在修边模中的定位	选择拉深件在修边模中的定位方式时，要充分考虑拉深件的结构和形状特点、修边线的形状和位置，以及覆盖件冲压加工的基准，选择定位最可靠、不影响模具结构安排、能保证修边质量的定位方式
4	斜楔机构设计	汽车覆盖件修边模中斜楔模占大多数，斜楔的合理结构、灵活动作是保证修边质量的基本要求。在此前提下，所选择的斜楔传动器的斜楔角、滑块尺寸、滑块行程等参数要尽量使斜楔机构紧凑，以缩小整体模具尺寸
5	确定修边刃口轮廓	在确定修边刃口轮廓时，要考虑到后面翻边工序的变形。当曲线或曲面的翻边高度不大可以用翻边成形时，则修边轮廓可以由连续圆滑曲线组成；当翻边高度较大，加工会出现起皱、破裂等质量问题而不能成形时，则需要在修边轮廓合适的部位进行切口
6	确定刃口镶件形状尺寸及布置方式	根据修边线的空间形状，确定凹模刃口镶件的形状尺寸及布置方式
7	确定废料分块及废料刀布置	根据修边废料的形状和尺寸，按废料分块原则进行废料分块，并在相应的位置布置废料刀
8	确定废料处理方式	根据修边废料的具体情况确定废料处理方式

8.6 修边模调试

修边模调试要点见表4-8-15。

表4-8-15 修边模调试要点

步骤	名称	调试要点
1	刃口及其间隙的调整	首先保证基准件（外缘修边以凸模为基准件，内孔修边以凹模为基准件）的刃口形状和尺寸符合覆盖件型面要求，然后根据试冲件的剪切断面质量情况（光亮带、毛刺和塌角的大小）来判断间隙是否适当，刃口是否锋利，采取相应的修正措施
2	定位的调整	定位件的形状和位置不当时，直接影响制件的形状、尺寸及其稳定性。定位件的型面，应以拉深工序的合格件来进行着色研配，使之吻合，才能确保定位稳定
3	卸料系统	检查卸料系统各零件的工作是否正常，确保制件的退出和废料的排除顺利、畅通

第9章　翻边模设计

9.1　翻边模典型结构

9.1.1　翻边模的类型

根据翻边凸模或翻边凹模的运动方向及其特点，翻边模主要有以下几类：

1）垂直翻边模。凸模或凹模作垂直方向运动，其结构简单。

2）凹模单面向内作水平或倾斜方向运动的斜楔翻边模。翻边后制件能够取出，因此凸模是整体的。

3）凹模对称的两面向外作水平或倾斜方向运动的斜楔翻边模。翻边后制件可以取出。

4）凹模对称的两面向内作水平或倾斜方向运动的斜楔模。翻边之后制件包在凸模上，无法取出，必须将凸模作成活动可分的，翻边时将凸模扩张成翻边形状。这类冲模的结构比较复杂。

5）凹模三面或封闭向内作水平或倾斜方向运动的翻边模。翻边之后制件包在凸模上，无法取出，必须将凸模作成活动可分的，翻边时将凸模扩张成翻边形状。这类冲模的结构更复杂。

6）覆盖件窗口封闭向外翻边的斜楔翻边模。翻边后制件包在凸模上，无法取出，必须将凸模做成活动可分的，翻边时缩小成翻边形状，而翻边凹模是扩张向外翻边的。这类翻边模是最复杂的。

9.1.2　翻边凸模的扩张结构

覆盖件向内的翻边一般都是沿着覆盖件轮廓，翻边加工结束后翻边件包在凸模上的，无法取出，必须将翻边凸模做成活动可分的。在压力机滑块行程向下翻边以前，利用斜楔的作用将缩着的翻边凸模扩张成翻边形状后即停止不动，在压力机滑块行程继续向下时翻边凹模进行翻边。翻边以后凹模在弹簧的作用下回程，然后翻边凸模靠弹簧的作用返回原位，取出制件。翻边凸模的扩张行程以能取出翻边制件为准，这种结构称为翻边凸模扩张结构，俗称翻边凸模开花结构。

9.1.3　修边件翻边时的定位

汽车覆盖件翻边成形时，修边件多数是水平放置的。

对于垂直方向的翻边，通常将修边件开口朝上放在翻边模上，向上翻边。这样可以用气垫压料，而且定位较方便。

对于水平或倾斜方向的翻边，修边件通常是开口朝下放在翻边模上，这样可以在翻边模上容易布置斜楔机构。

在垂直翻边模中，通常用修边件的侧壁、外形或本身的孔定位。

在斜楔翻边模中，通常是以修边件的内侧壁初定位，然后靠压料板将修边件压紧在翻边凸模上（终定位），再进行翻边。

如果修边件上本身有孔，则可用孔定位。

如果形状比较平坦的修边件放在翻边凸模上定位不准时，可在修边件的外侧用图4-9-1所示的弹簧挡料销增加辅助定位。

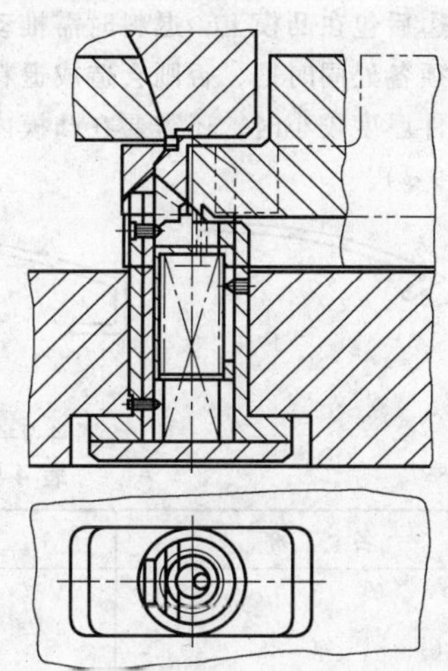

图4-9-1　用弹簧挡料销增加辅助定位

9.1.4　翻边时的压料

拉深工序中的压料主要是为了改善毛坯的变形条件，而翻边工序的压料主要是为了使修边件在翻边过程中不产生位置的移动。拉深时是在毛坯的外部压料，压边圈的下表面型面要和凹模上表面压料面的形状一致；而翻边时是在修边件的内部型面上压料，压料板的型面要和修边件相应部位的型面一致。

考虑压料的稳定性和降低制造成本，压料板的压料部分一般是靠近翻边轮廓部位和中间的几条压料带，而不是在整个修边件上压料（图 4-9-2）。所以压料板的压料部位要按工艺模型研配，而不压料的部位可以不加工，甚至可挖空。

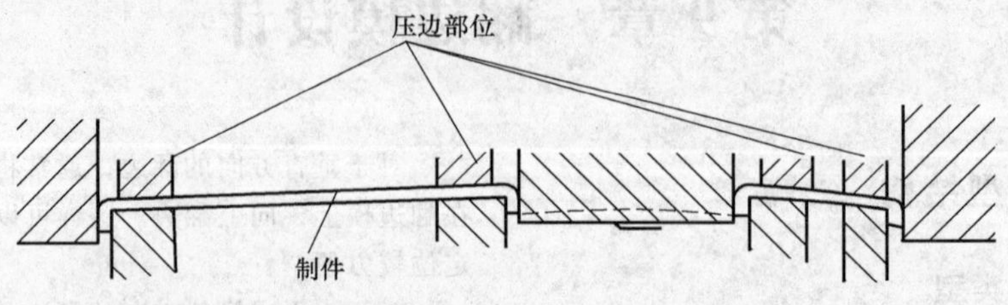

图 4-9-2　翻边时的压料部位

9.1.5　翻边模的导向

根据翻边过程中翻边力的大小和侧向力的大小，翻边模的导向方式可选择导柱导套导向、导板导向、导块导向等多种导向方式。

当修边件不太大，侧向力较小时，可选用 2 个或 4 个导柱导套导向，结构简单，制造方便。

若翻边时的侧向力较大时，可选用导块导向或背靠块导向，还可辅以导柱导向。

9.1.6　翻边模的出件

制件翻边后包在凸模上，退料时需推动翻起的竖边，而且必须各处同时推，否则会造成退料后制件的变形。当制件厚度较小时，还需要在凸模内增加顶出装置（图 4-9-3）。

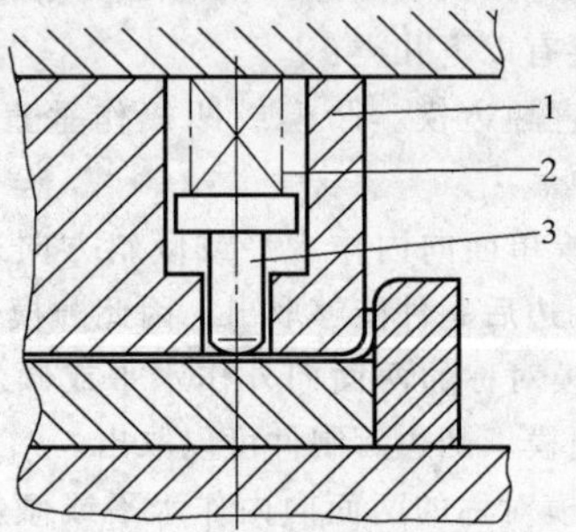

图 4-9-3　装在凸模内的退件装置

1—凸模　2—弹簧　3—打料器

用斜楔模进行翻边时，若翻边件形成向内包容的空间形状（图 4-9-4），必须考虑零件从模具中取出的问题，在模具上要设计出退件机构。

在斜楔模中常用的退件机构见表 4-9-1。

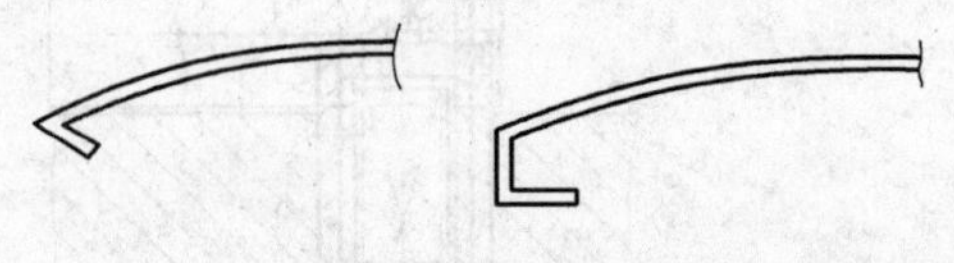
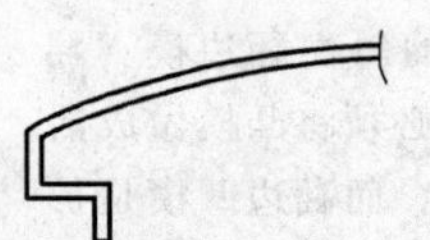
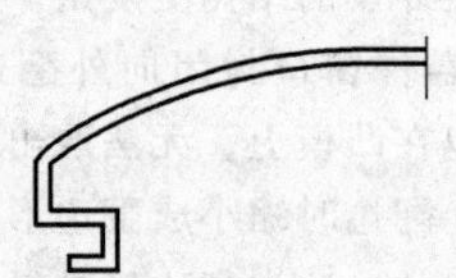

图 4-9-4　斜楔翻边模加工的翻边件举例

表 4-9-1　斜楔模中常用的退件机构

序号	名　称	图　例
1	用气缸直接作退件器	行程　1　2　3 1—退件器　2—制动螺钉　3—气缸
2	退件器与活动定位装置连接在气缸上，顶出制件	3　4　5　1　2　3　6 1—退件器　2—连接器　3—衬垫　4—活动定位装置　5—气缸　6—限位器

（续）

序号	名　　称	图　　例
3	退件器固定在活动定位装置上，退出制件	1—退件器　2—气缸　3—防磨板　4—限位器　5—凹模
4	使用双斜楔进行退件	

9.1.7　翻边模典型结构示例

翻边模典型结构见表 4-9-2。

表 4-9-2　翻边模典型结构

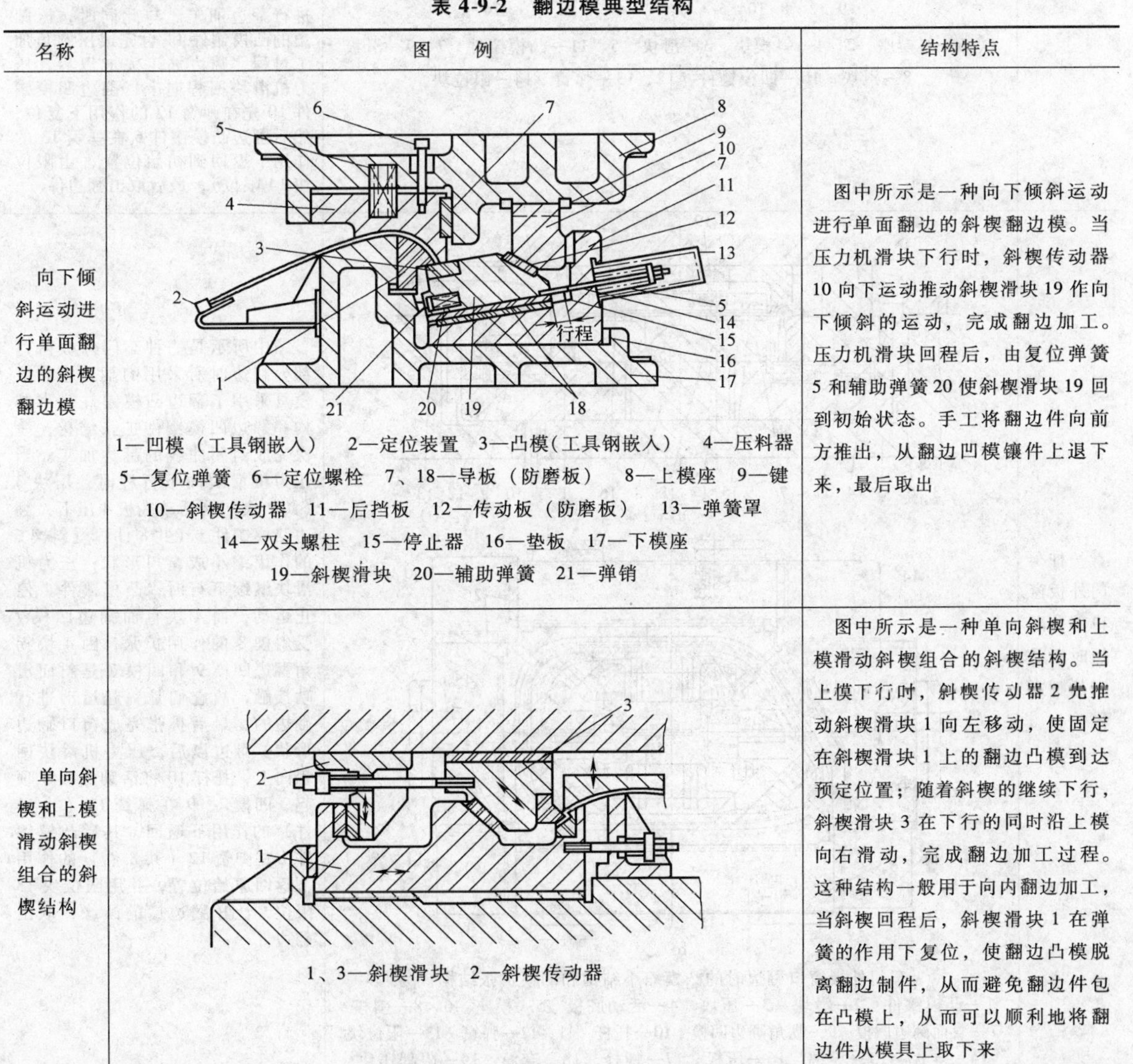

名称	图　　例	结构特点
向下倾斜运动进行单面翻边的斜楔翻边模	1—凹模（工具钢嵌入）　2—定位装置　3—凸模（工具钢嵌入）　4—压料器　5—复位弹簧　6—定位螺栓　7、18—导板（防磨板）　8—上模座　9—键　10—斜楔传动器　11—后挡板　12—传动板（防磨板）　13—弹簧罩　14—双头螺柱　15—停止器　16—垫板　17—下模座　19—斜楔滑块　20—辅助弹簧　21—弹销	图中所示是一种向下倾斜运动进行单面翻边的斜楔翻边模。当压力机滑块下行时，斜楔传动器 10 向下运动推动斜楔滑块 19 作向下倾斜的运动，完成翻边加工。压力机滑块回程后，由复位弹簧 5 和辅助弹簧 20 使斜楔滑块 19 回到初始状态。手工将翻边件向前方推出，从翻边凹模镶件上退下来，最后取出
单向斜楔和上模滑动斜楔组合的斜楔结构	1、3—斜楔滑块　2—斜楔传动器	图中所示是一种单向斜楔和上模滑动斜楔组合的斜楔结构。当上模下行时，斜楔传动器 2 先推动斜楔滑块 1 向左移动，使固定在斜楔滑块 1 上的翻边凸模到达预定位置；随着斜楔的继续下行，斜楔滑块 3 在下行的同时沿上模向右滑动，完成翻边加工过程。这种结构一般用于向内翻边加工，当斜楔回程后，斜楔滑块 1 在弹簧的作用下复位，使翻边凸模脱离翻边制件，从而避免翻边件包在凸模上，从而可以顺利地将翻边件从模具上取下来

（续）

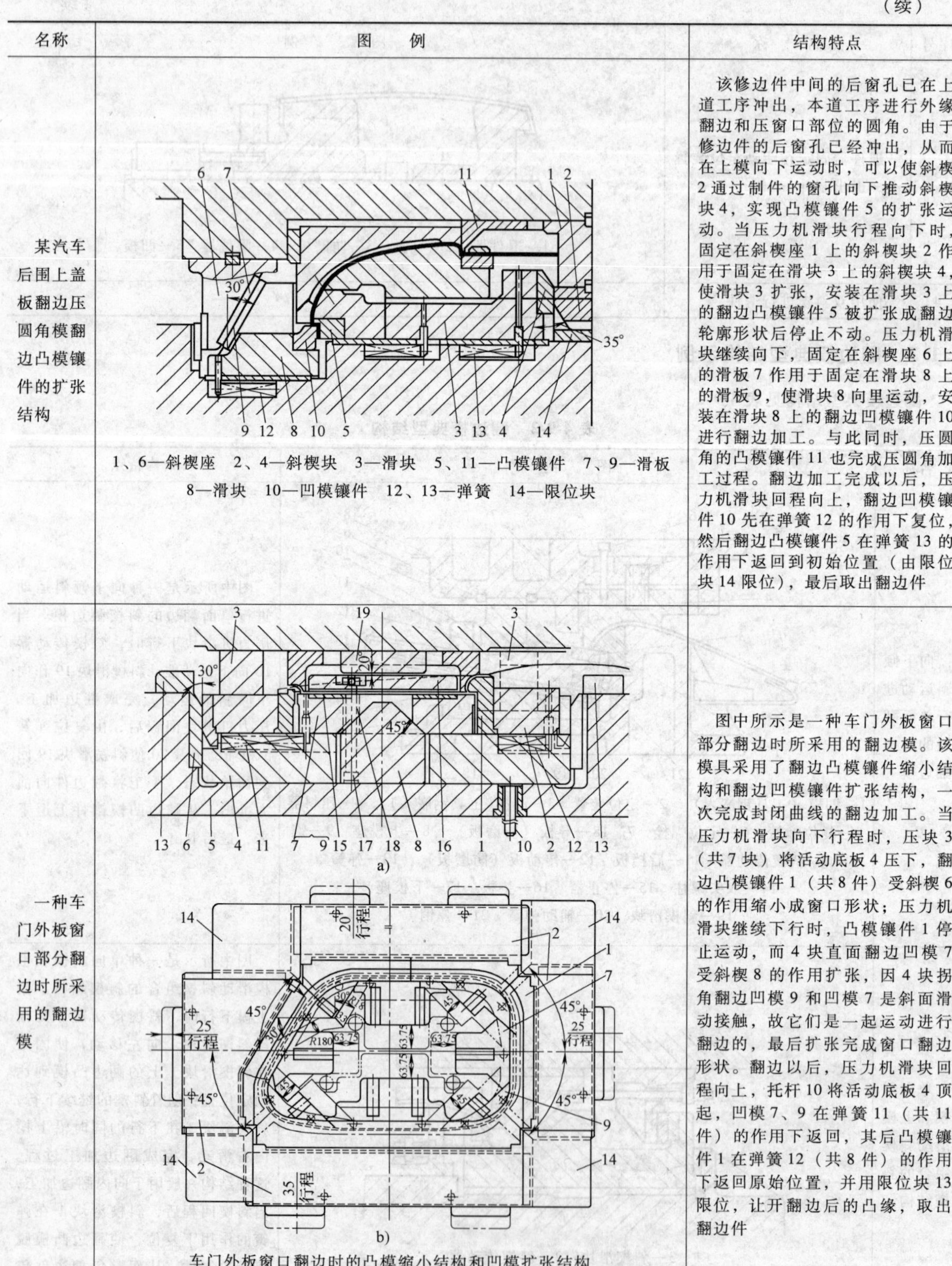

名称	图例	结构特点
某汽车后围上盖板翻边压圆角模翻边凸模镶件的扩张结构	1、6—斜楔座　2、4—斜楔块　3—滑块　5、11—凸模镶件　7、9—滑板　8—滑块　10—凹模镶件　12、13—弹簧　14—限位块	该修边件中间的后窗孔已在上道工序冲出，本道工序进行外缘翻边和压窗口部位的圆角。由于修边件的后窗孔已经冲出，从而在上模向下运动时，可以使斜楔2通过制件的窗孔向下推动斜楔块4，实现凸模镶件5的扩张运动。当压力机滑块行程向下时，固定在斜楔座1上的斜楔块2作用于固定在滑块3上的斜楔块4，使滑块3扩张，安装在滑块3上的翻边凸模镶件5被扩张成翻边轮廓形状后停止不动。压力机滑块继续向下，固定在斜楔座6上的滑板7作用于固定在滑块8上的滑板9，使滑块8向里运动，安装在滑块8上的翻边凹模镶件10进行翻边加工。与此同时，压圆角的凸模镶件11也完成压圆角加工过程。翻边加工完成以后，压力机滑块回程向上，翻边凹模镶件10先在弹簧12的作用下复位，然后翻边凸模镶件5在弹簧13的作用下返回到初始位置（由限位块14限位），最后取出翻边件
一种车门外板窗口部分翻边时所采用的翻边模	车门外板窗口翻边时的凸模缩小结构和凹模扩张结构 1—凸模镶件　2—滑块　3—压块　4—活动底板　5—模座　6、8—斜楔　7—直面翻边凹模　9—拐角翻边凹模　10—托杆　11、12—弹簧　13—限位块　14—导板　15—导键　16—压板　17—螺栓　18—套筒　19—限程压块	图中所示是一种车门外板窗口部分翻边时所采用的翻边模。该模具采用了翻边凸模镶件缩小结构和翻边凹模镶件扩张结构，一次完成封闭曲线的翻边加工。当压力机滑块向下行程时，压块3（共7块）将活动底板4压下，翻边凸模镶件1（共8件）受斜楔6的作用缩小成窗口形状；压力机滑块继续下行时，凸模镶件1停止运动，而4块直面翻边凹模7受斜楔8的作用扩张，因4块拐角翻边凹模9和凹模7是斜面滑动接触，故它们是一起运动进行翻边的，最后扩张完成窗口翻边形状。翻边以后，压力机滑块回程向上，托杆10将活动底板4顶起，凹模7、9在弹簧11（共11件）的作用下返回，其后凸模镶件1在弹簧12（共8件）的作用下返回原始位置，并用限位块13限位，让开翻边后的凸缘，取出翻边件

（续）

名称	图　例	结构特点
修边和翻边在一道工序中完成时所采用的模具结构	4　3　冲压方向　2　1　5　a)　b) 修边翻边模刃口部位结构 a）汽车前罩板断面图　b）前罩板修边翻边模结构 1—内形定位块　2、4—弹簧压件板　3—镶件	图 a 所示是汽车前罩板断面图，该零件沿周边的翻边高度为 5mm。原工艺流程是拉深、修边、翻边、冲多孔 4 道工序。由于修边件的形状不容易定位，靠定位销定位，零件的翻边高度又很小，在翻边时修边件的定位稍有窜动，就影响翻边高度的精度。因此，将原冲压工艺中的修边和翻边两道工序合并成一道工序，改成拉深、修边翻边、冲多孔三道工序的冲压工艺。图 b 所示为第二道工序所用的修边翻边模的刃口部位结构。进行加工时，将拉深件开口朝下放在内形定位块 1（也是修边的凹模镶件）的上面，定位可靠，压力机滑块下行，弹性压件板 2、4 分别压住拉深件的法兰部位和内部型面部分，使拉深件在修边翻边时都不能窜动，然后镶件 3 先进行修边再进行翻边，从而使翻边高度的尺寸精度得到保证。由于复合刃口镶件 3 的厚度只有 5mm，在修边和翻边时都要承受侧向力，所以在使用中修边刃口部位容易被拉毛，甚至在厚度薄的部分被折断，使用寿命比较低，需要经常进行更换。为此，将复合刃口镶件 3 做成刀片式镶块，便于维修和更换

9.2　翻边镶件

9.2.1　翻边轮廓

1. 凸模镶件组成的翻边轮廓

翻边件的翻边轮廓是由覆盖件的形状尺寸决定的。所以，在翻边过程中不产生变化的凸模镶件直接组成覆盖件所要求的形状尺寸；翻边过程中产生变化的凸模镶件在进行翻边工作时所组成的翻边轮廓形状要与覆盖件所要求的形状尺寸一致。

2. 凹模镶件组成的端面轮廓

当制件翻边轮廓的变化较大时，往往需要从几个不同方向进行翻边，即不同的凹模镶件的运动方向将是不同的。根据翻边轮廓变化的大小，可以在修边工序中修出几个缺口或通过不同方向的翻边凹模镶件先后进行翻边等方式来提高翻边质量；也可以通过凹模镶件前沿的轮廓线与翻边轮廓线不重合，使不同部位的翻边顺序进行，改变材料的流动情况，达到提高翻边质量的目的。凹模镶件的端面轮廓与凸模镶件轮廓的关系见表 4-9-3。

表 4-9-3　凹模镶件的端面轮廓与凸模镶块轮廓的关系

分类	名　称	图　样	内　容
平面上进行曲线翻边	平面上的压缩类翻边	翻边方向 凹模前端轮廓 平面上的曲线翻边线	在平面上进行曲线翻边时，外缘的外凸形轮廓翻边为压缩类翻边，翻边部位的材料向邻区流动得越多，翻边质量越好。这种情况下，可使翻边部位的凹模镶件所组成的端面为凸形轮廓（图示）。翻边成形时，凹模镶件端面凸形形状的中间部位先与毛坯接触，使翻边部位从中间向两边顺序翻边，毛坯受到的切向压应力减小，不容易产生波纹、起皱、积瘤等不良现象
	平面上的伸长类曲面翻边	翻边方向 凹模前端轮廓 平面上的曲线翻边线	在平面上进行曲线翻边时，内孔的外凸形轮廓翻边为伸长类翻边，邻区的材料向翻边部位流动得越多，翻边质量越好。这种情况下，可使翻边部位的凹模镶件所组成的端面为凹形轮廓（图示）。翻边成形时，凹模镶件端面的凹形形状两边部位先与毛坯接触，使翻边部位从两边向中间顺序翻边，毛坯受到的切向拉应力减小，减少壁厚变薄、破裂等不良现象
曲面上进行曲线翻边	曲面上的压缩类翻边	翻边方向 凹模前端轮廓 $\rho_{凹}$ 曲面上的翻边线 $\rho_{凸}$ $\rho_{凹}>\rho_{凸}$	在曲面上翻边时，向曲面的曲率中心方向翻边是压缩类翻边，翻边部位的材料向邻区流动得越多，翻边质量越好。翻边成形时，凹模镶件端面凸形形状的中间部位先与毛坯接触，使翻边部位从中间向两边顺序翻边，毛坯受到的切向压应力减小，不容易产生波纹、起皱、积瘤等不良现象；向曲面曲率中心的反方向翻边是伸长类翻边，邻区的材料向翻边部位流动得越多，翻边质量越好。凹模镶件端面的凹形形状两边部位先与毛坯接触，使翻边部位从两边向中间顺序翻边，毛坯受到的切向拉应力减小，不容易产生壁厚变薄、破裂等不良现象。所以，这两种情况下，都要使凹模镶件所组成的刃口端面轮廓的曲率半径大于凸模镶件所组成的翻边轮廓的曲率半径，即 $\rho_{凹}>\rho_{凸}$，如图所示
	曲面上的伸长类翻边	凹模前端轮廓 翻边方向 $\rho_{凹}$ $\rho_{凸}$ 曲面上的翻边线	

9.2.2　镶件的分块

翻边凸、凹模镶件分块时，参考修边模刃口镶件的分块原则。

在布置翻边凹模镶件时，各镶块的接合面不要分在凸形的向内翻边处。这种部位的毛坯属于压缩类翻边，材料在成形过程中厚度增加后会挤入接合面的接缝中，使翻边件表面出现划痕，加快镶件的磨损。应将易于磨损的区域集中在一块镶件上，以便于维修和更换（图 4-9-5）。

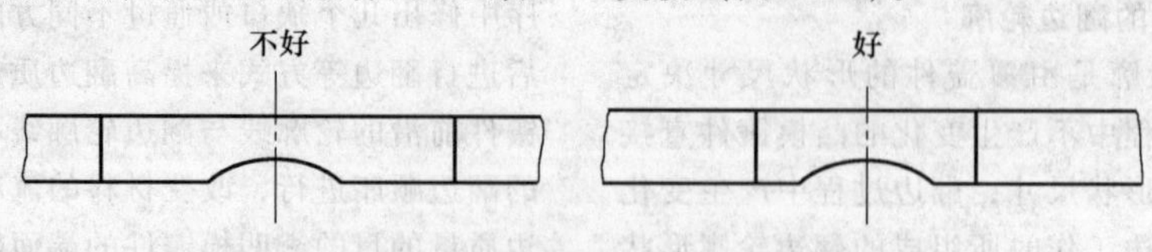

图 4-9-5　避开毛坯变厚部分的接合面

9.2.3　凸、凹模镶件尺寸

翻边凸、凹模镶件的尺寸，参考修边模刃口镶件的结构尺寸比例，同时还要注意：

1）翻边凸模镶件的形状尺寸，在保证镶件的强度和刚度的同时，要保证在凹模镶件离开后，能顺利取出翻边件。

2）翻边凹模镶件的前端形状尺寸要根据翻边部分毛坯的变形特点进行设计。

3）在交接部位的翻边凹模镶件的形状，要使另一翻边方向的凹模镶件有足够的运动空间。

9.2.4　凹模镶件的交接

当翻边轮廓是连续的，如外缘轮廓形状的翻边、窗口封闭内形的翻边等，一般由一个方向的运动来完成翻边是不可能的，而是由两个或两个以上不同的运动方向的翻边凹模镶件进行翻边，因此就需要考虑不同运动方向的凹模镶件的交接问题。

轮廓形状翻边时，拐角处的材料在切向受压，产生压缩变形，一般不在此处设单独的凹模镶件，而在此处设成交接区。

当修边件内部孔进行翻边时，拐角处的材料在切向受拉，产生伸长变形，一般在此处设单独的凹模镶件，而在较平滑、变形较小的面上设交接区。

翻边凹模镶件交接处常采用的方法见表 4-9-4。

表 4-9-4　翻边凹模镶件交接处常采用的方法

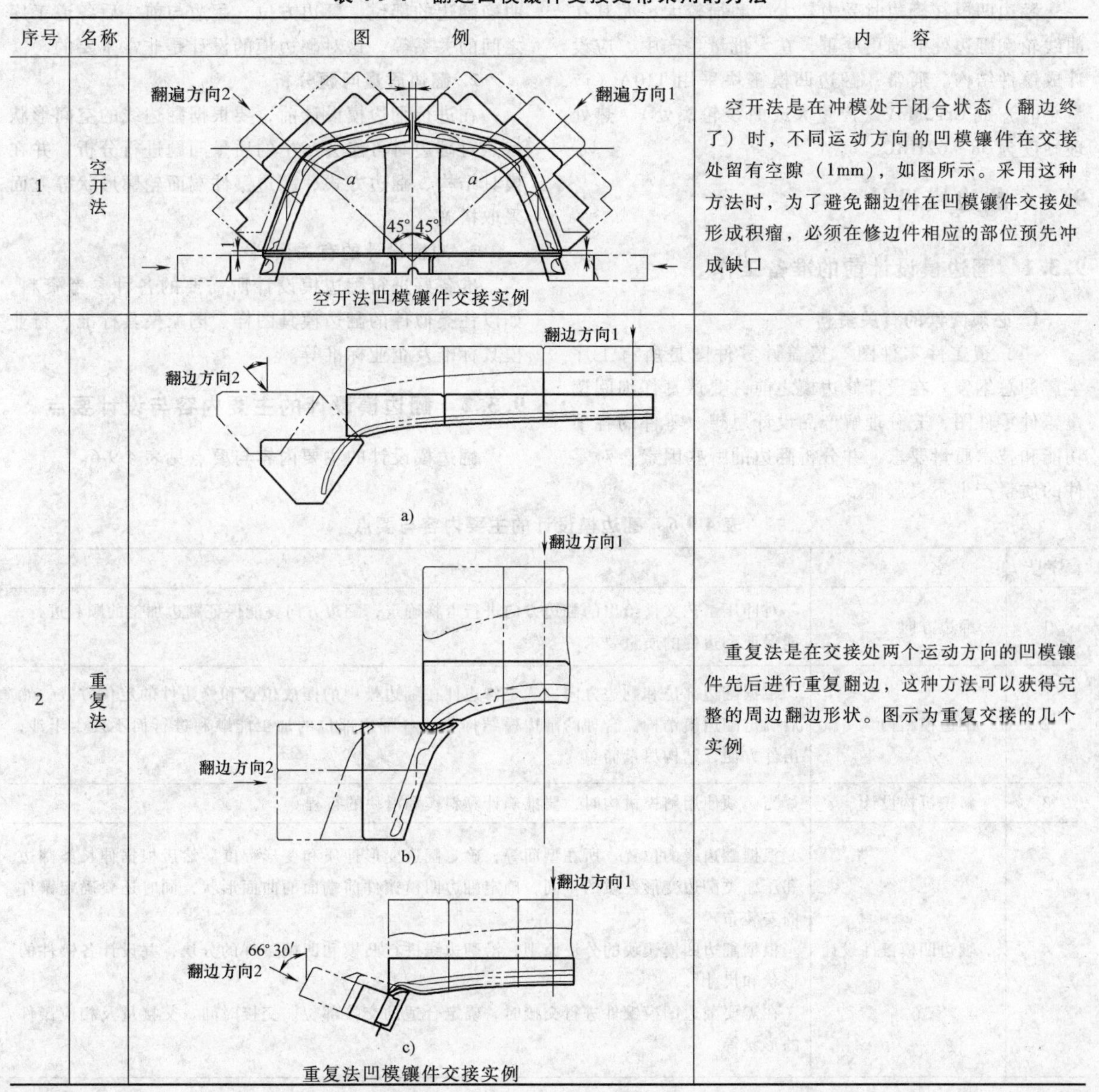

序号	名称	图例	内容
1	空开法	空开法凹模镶件交接实例	空开法是在冲模处于闭合状态（翻边终了）时，不同运动方向的凹模镶件在交接处留有空隙（1mm），如图所示。采用这种方法时，为了避免翻边件在凹模镶件交接处形成积瘤，必须在修边件相应的部位预先冲成缺口
2	重复法	重复法凹模镶件交接实例	重复法是在交接处两个运动方向的凹模镶件先后进行重复翻边，这种方法可以获得完整的周边翻边形状。图示为重复交接的几个实例

9.2.5 凸、凹模镶件材料

1. 翻边凸模的材料

翻边凸模在翻边时受力较小，磨损也较小，可根据具体结构和产量的具体情况，选择适当的材料来制造。

对于整体的翻边凸模，由于尺寸大、形状复杂，为了简化结构和方便制造，多采用铸造结构。材质可根据产量的大小，选用球墨铸铁（QT500—7或QT600—3）、铬钼钒合金铸铁或铜铬铸钢。表4-9-5列出了铜铬铸钢的化学成分。铜铬铸钢可进行局部表面火焰淬火，空冷后硬度可达50～55HRC。

对于镶块结构的翻边凸模，根据产量的大小，材质可选用T10A、5CrNiMo或Cr12MoV，热处理硬度可达54～58HRC或58～62HRC。

表4-9-5 铜铬铸钢的化学成分

材料	化学成分（质量分数,%）							
	铜（Cu）	铬（Cr）	碳（C）	锰（Mn）	硅（Si）	钛（Ti）	硫（S）	磷（P）
铜铬铸钢	0.8～1.1	1.0～1.2	0.55～0.65	1.0～1.2	0.3～0.4	0.08～0.15	≤0.04	≤0.04

2. 翻边凹模的材料

翻边凹模在翻边时受力较大，磨损较大，尤其在曲线轮廓翻边处磨损更严重，在大批量生产中，应设计成镶件结构。通常，翻边凹模镶块采用T10A（产量小时）或Cr12MoV（产量大或曲线轮廓处），热处理硬度为58～62HRC。

9.3 翻边模设计

9.3.1 翻边模设计前的准备工作

1. 必须阅读的有关资料

（1）覆盖件零件图　覆盖件零件图是所有工序生产的总纲领。在设计修边模之前，要认真仔细阅读覆盖件零件图，充分理解产品设计思想、零件的各项功能和技术质量要求，并分析翻边的哪些因素会对零件的质量产生不良影响。

（2）冲压工艺文件　认真研究冲压工艺文件，明确翻边的部位，翻边方位，翻边与前、后各道工序之间的关系等，这对翻边模的设计是非常重要的。

2. 翻边质量问题分析

在进行翻边模设计前，要根据翻边线的空间形状特点对翻边时可能会产生的质量问题进行分析，并在模具结构、翻边方式、翻边镶件端面轮廓形状等方面采取措施。

3. 冲模设计的有关资料

准备好进行翻边模设计所需要的各种参考资料，如以往类似件的翻边模具图样、国家模具标准、行业模具标准及企业标准等。

9.3.2 翻边模设计的主要内容与设计要点

翻边模设计的主要内容与要点见表4-9-6。

表4-9-6 翻边模设计的主要内容与要点

序号	名　称	内　容
1	翻边方向	对冲压工艺文件给出的翻边方向进行审核确定，翻边方向要能保证翻边加工的顺利进行，能保证翻边件的质量要求
2	翻边模结构	根据翻边部位和翻边方向，确定修边件在翻边模中的摆放位置和修边件的定位方式，然后确定翻边模结构。合理的翻边模结构要使各翻边部位的加工能顺利进行而不发生干涉，出件方便，结构尽量简单
3	斜楔机构设计	当必须使用斜楔机构时，要准确计算斜楔和滑块的行程
4	翻边凹模镶件设计	根据翻边线的位置、所在型面等，确定翻边变形性质和变形程度。然后根据伸长类翻边和压缩类翻边变形性质的不同，确定翻边凹模镶件前端面的曲面形状，同时还要确定镶件的安装布置 根据翻边凹模镶块的分块原则，沿翻边线进行凸模和凹模镶件的分块，并设计各镶件的形状和尺寸 在需要翻边凹模镶件进行交接时，确定合适的交接部位、交接时间、交接量及相应镶件的形状等

（续）

序号	名　称	内　容
5	翻边件退件机构设计	对两面和两面以上向内翻边的翻边件，要考虑退件机构。对凸模开花结构，要正确设计凸模的扩张范围、初始和最终位置，保证翻边件能顺利地从翻边凸模上取下来，使工人操作简单、取件方便，并降低劳动强度

9.4　翻边模制造与调试

9.4.1　翻边模制造要点

翻边模的制造工艺与修边模相似，但应特别注意以下两点：

1）凸模镶件和凹模镶件的收缩和扩张动作应正确且灵活。在加工斜楔和滑块时，应注意其接触面及导向面的加工精度。装配时，应保证其适当的配合间隙和高度，重点控制模具处于闭合状态时各镶件最终位置的正确性，以及各镶件收缩、扩张动作的灵活性。

2）凸模型面的精度。翻边凸模工作表面的形状和尺寸应与主模型一致。如果是带扩张结构的，应保证模具在闭合状态时，凸模镶件工作表面的形状和尺寸与主模型一致。为此，凸模（凸模镶件）在精加工时，应按样架（工艺模型）进行研配，并保证其接触面不小于 80 %。

9.4.2　翻边模调试要点

翻边模调试时常见的缺陷和解决措施见表 4-9-7。

表 4-9-7　翻边模调试时常见的缺陷和解决措施

序号	翻边缺陷	产生原因	解决措施
1	孔壁不直 	1）凸模与凹模之间的间隙太大 2）凸模与凹模装偏，间隙不均	1）加大凸模或缩小凹模 2）找正间隙重装
2	孔壁不齐 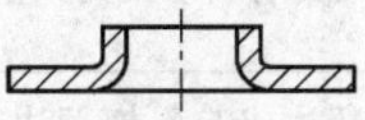	1）凸模与凹模之间的间隙太小 2）凸模与凹模之间的间隙不均 3）凹模圆角半径大小不均	1）加大间隙 2）找正间隙重装 3）修整凹模圆角半径
3	破裂 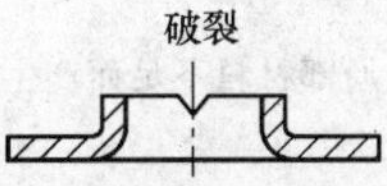	1）凸模与凹模之间的间隙太小 2）毛坯组织性能不好 3）冲孔断面有毛刺 4）翻边高度太高	1）加大间隙 2）更换材料，或将毛坯进行退火处理 3）调整冲孔模的间隙，或改变毛坯方向，使有毛刺的面在翻边内缘 4）降低翻边高度，或预拉深后再翻边
4	边壁不直 	1）凸模与凹模之间的间隙太小 2）毛坯组织性能不好	1）加大间隙 2）更换材料，或将毛坯进行退火处理
5	边缘不齐 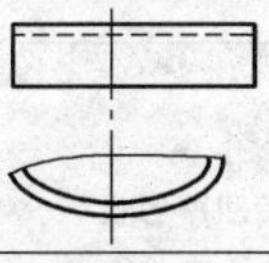	1）凸模与凹模之间的间隙太 2）凸模与凹模之间的间隙不均 3）毛坯放偏 4）凹模圆角半径大小不均	1）加大间隙 2）修正间隙或找正重装 3）修正定位 4）修正凹模圆角半径
6	侧壁有较平坦的大波浪 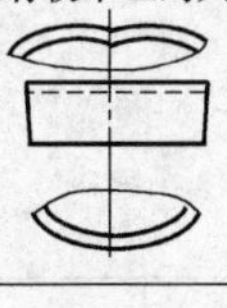	1）凸模与凹模之间的间隙太大或间隙不均 2）凹（凸）模没有调到足够的深度 3）产品的工艺性不良，翻边高度太高	1）修正间隙 2）调节凹（凸）模的深度 3）修改产品

（续）

序号	翻边缺陷	产生原因	解决措施
7	皱纹 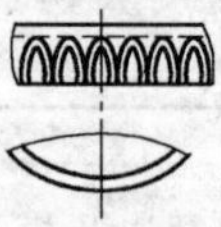	1）凸模与凹模之间的间隙太大 2）毛坯外轮廓有突变的形状 3）产品的工艺性差	1）减小间隙 2）毛坯外轮廓改为均匀过渡 3）改变凹模或凸模的形状，让翻边时多余的材料往两边转移，降低翻边高度
8	破断 	1）凸模与凹模之间的间隙太小 2）凸模或凹模圆角半径太小 3）毛坯组织性能不好 4）产品的工艺性差	1）加大间隙 2）加大圆角半径 3）更换材料，或对毛坯进行退火处理 4）改变凹模口的形状或高度，改善产品的工艺性

解决翻边缺陷，就要从产品、工艺、材料和模具等各方面综合分析缺陷产生的原因，对一些通过翻边模调试不能解决的问题，还要从产品、工艺等方面采取措施。

改善翻边模结构的基本原则是扩大变形区域、均化变形程度。它是通过改变凹模的形状或高度，使翻边过程按一定的顺序进行，从而使局部材料转移（分散或集中）来实现的。其基本方法见表4-9-8。

表4-9-9是汽车覆盖件翻边模调试实例。

表4-9-8 改善翻边模结构的基本方法

方法	原　因	措　施	适用范围
分散法	让材料容易堆积的区域稍先翻边，使该处材料在翻边过程中向两侧扩散	改变凹模（凸模）的形状或高度	由于局部材料多余而产生的缺陷
		增加活动模块	垂直翻边或与斜楔翻边交接（拐角）处
集中法	让材料不足的区域稍后翻边，使周围的材料在翻边过程中向该处集中，以补偿其不足	改变凹模（凸模）的形状或高度	由于局部材料不足而产生的缺陷
		增加预拉深工序	翻边孔

表4-9-9 汽车覆盖件翻边模调试实例

名称	翻边缺陷			解决办法
	皱纹	翻边不齐	翻边开裂	采用分散法改变凹模口的形状，让中间部位稍先翻边，使该处多余的材料向两侧转移
	翻边间隙太大时	翻边间隙稍小时	翻边间隙太小时	
翼子板	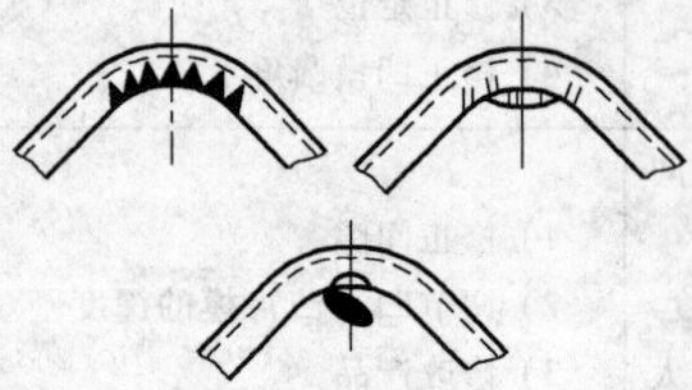			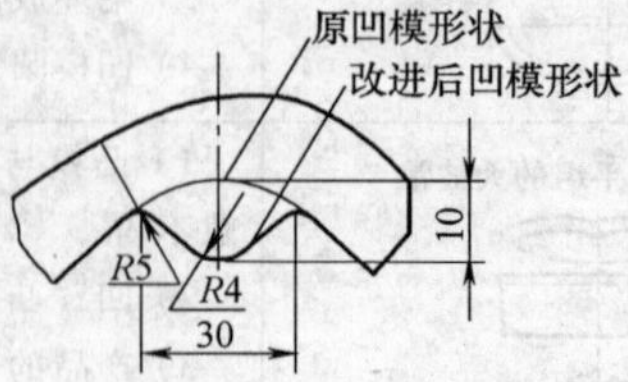 原凹模形状 改进后凹模形状 R5 R4 30 10

（续）

名称	翻边缺陷	解决办法
前围内盖板	在M处发生裂纹	采用集中法将产生裂纹处的凹模口（下图中的区域2）磨低，让该处的翻边稍迟一些，其不足的材料即可从两侧得到补充

第 10 章　冲孔模设计

10.1　冲孔模分类

根据冲孔模的特点和复杂程度，冲孔模可分成以下两类：

（1）一般结构的冲孔模　凸模作垂直方向运动的冲孔模称垂直冲孔模。利用斜楔滑块使凸模作水平或倾斜方向运动的冲孔模称斜楔冲孔模。一些凸模作垂直方向运动，又利用斜楔滑块使另一些凸模作水平或倾斜方向运动的冲孔模称垂直斜楔冲孔模，统称一般结构的冲孔模。

（2）吊楔冲孔模　利用与一般不同的斜楔滑块使凸模作水平或倾斜方向运动的冲孔模称吊楔冲孔模，所谓与一般不同的斜楔滑块是指将滑块吊在下底板或上底板上。

10.2　确定冲压方向

（1）冲孔件位置稳定　冲孔件放在冲孔模中的位置必须稳定，靠一般的定位板、定位销和支架定位即可，最好不需要加任何装置。

（2）凸模运动方向和冲孔表面的关系　当覆盖件上所有的孔要同时冲出时，凸模运动方向和覆盖件表面冲孔方向的夹角，在符合覆盖件要求的条件下取其平均值。

（3）凹模强度　冲孔件是放在凹模上进行冲孔的，对于离翻边和侧臂很近的孔，为了使翻边和侧壁对凹模强度没有影响，冲孔件必须仰着放，凸模从里往外冲孔。

（4）凸模切入面和凹模形状　由于覆盖件表面是立体曲面，如果凸模运动方向和冲孔表面斜度不大，则凸模切入面是平的；如果凸模运动方向和冲孔表面斜度大，则凸模切入面必须成斜度。考虑凹模加工方便，冲孔件最好趴着放，因为冲孔件趴着放，凹模成凸形研修方便。

10.3　一般结构的冲孔模

10.3.1　斜楔冲孔模

图 4-10-1 所示为斜楔冲孔模Ⅰ。这套冲孔模结构新颖，制造简单。冲孔件放在冲孔模中用定位销 1、定位板 2 和 3 定位。 在压力机滑块行程往下时斜

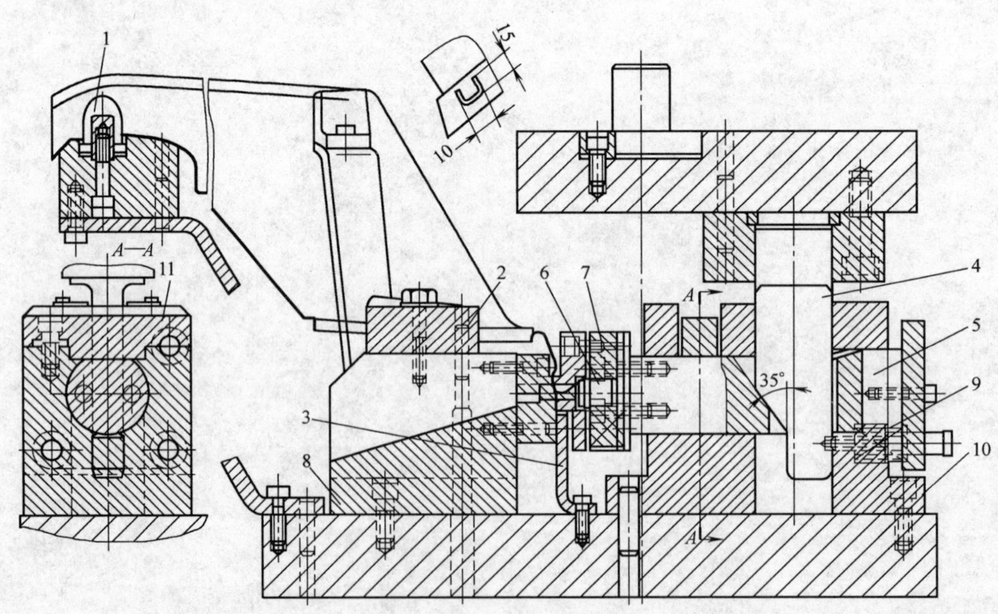

图 4-10-1　斜楔冲孔模Ⅰ

1—定位销　2、3—定位板　4—斜楔　5—滑块　6—凸模　7—固定板　8—固定座　9—弹簧　10—支座　11—盖板

楔 4 作用于滑块 5 中间的斜面使滑块 5 向左运动，而凸模 6 和固定板 7 固定在滑块 5 的左端面，因此，凸模 6 冲孔，冲孔废料从固定座 8 上的斜槽流出。在压力机滑块行程往上时滑块 5 靠弹簧 9 的作用返回原始位置。

滑块 5 是直径为 ϕ75mm、长度为 225mm 的圆件，以支座 10 的孔导向，用盖板 11 防转。由于滑块 5 行程要求小，为了省力和减少摩擦，斜楔滑块角度取 35°。

图 4-10-2 所示为斜楔冲孔模 Ⅱ。由于这个长孔离翻边很近，为了使翻边对凹模强度没有影响，凸模就无法从外往里冲孔，而只能从里往外冲孔，凹模在外面。冲孔件的翻边放在凹模 1 和固定退料板 2 之间，用支架 3 上的定位器 4、5、6 定位。在压力机滑块行程往下时弹簧压料板 7 首先将冲孔件压紧在凸模 8 上。斜楔 9 作用于固定在滑块 10 上的斜楔块 11 使滑块 10 向里运动，而凸模 8 固定在滑块 10 的另一端，因此凸模 8 冲孔时，冲孔废料从凹模 1 落到盖板上，用手捅除废料。在压力机滑块行程往上时滑块 10 靠弹簧 12 的作用退回原始位置，用限位板 13 限位。

凹模 1 固定在架于滑块 10 上的固定板 14 上，滑块 10 用导板 15 导向。

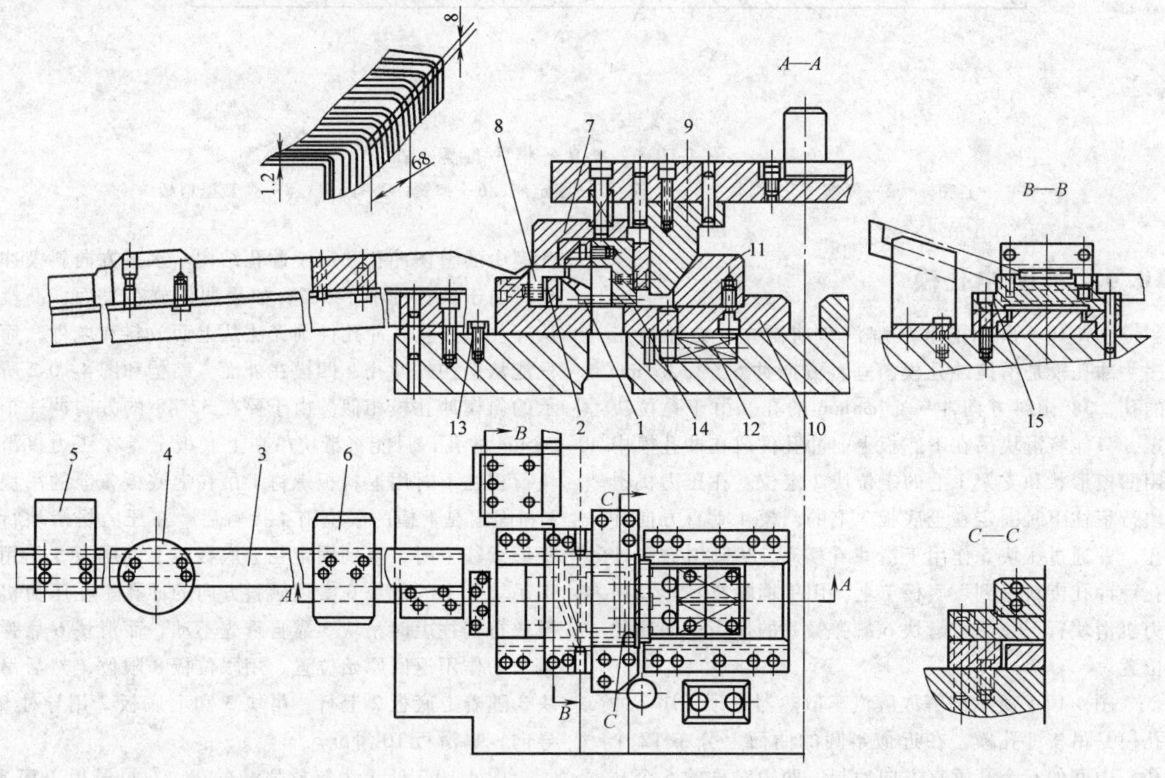

图 4-10-2　斜楔冲孔模 Ⅱ

1—凹模　2—固定退料板　3—支架　4、5、6—定位器　7—弹簧压料板　8—凸模　9—斜楔　10—滑块　11—斜楔块　12—弹簧　13—限位板　14—固定板　15—导板

10.3.2　垂直斜楔冲孔模

图 4-10-3 所示为垂直斜楔冲孔模。冲孔件放在冲孔模中用凹模形状定位。在压力机滑块行程往下时固定在上底板 1 上的凸模垂直方向冲孔，固定在上底板 1 上的斜楔 2 作用于滑块 3 上的滑板 4 使滑块 3 向右运动水平方向冲孔。冲孔废料落到固定座 5 的空槽中，适当时候排除一次。在压力机滑块行程往上时滑块 3 靠弹簧 6 的作用返回原始位置。由于操作和安装的需要冲模要探出压力机，可是在探出部分有一个垂直方向的冲孔，即凸模 7 固定在上底板 1 的局部探出部分。为了不再增加上底板的探出部分，冲孔以后凸模 7 用固定在上底板 1 上的铰链式弹簧退料板 8 退料。

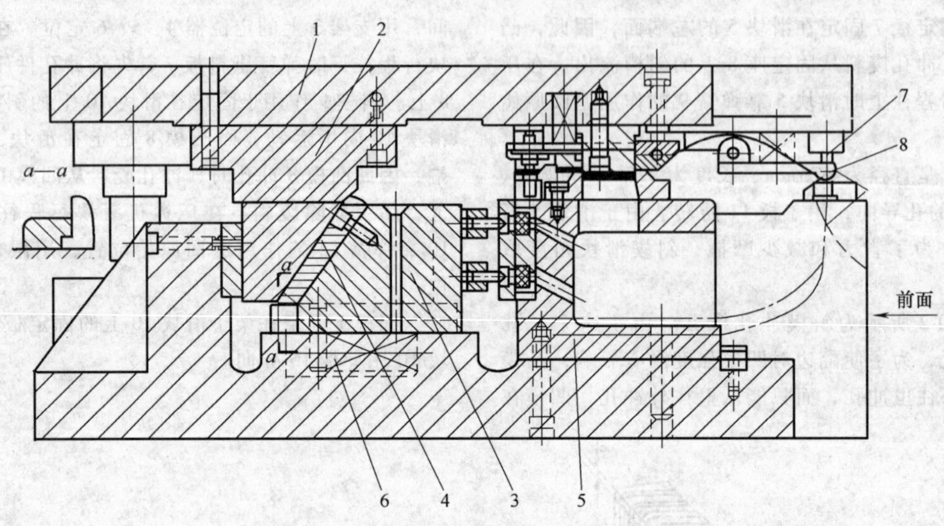

图 4-10-3 垂直斜楔冲孔模

1—上底板 2—斜楔 3—滑块 4—滑板 5—固定座 6—弹簧 7—凸模 8—弹簧退料板

10.4 吊楔冲孔模

图 4-10-4 所示的解放牌汽车前围左、右盖板工序4冲孔模是吊楔冲孔模。垂直方向冲6个 $\phi2.7$mm 的孔，38°倾斜方向冲一个 $\phi8$mm 的孔。由于孔位决定，只能将滑块吊在下底板上。冲孔件放在冲孔模中用凹模形状和支架1上的定位块2定位。在压力机滑块行程往下时固定在上底板3上的凸模4垂直方向冲孔，并通过压块5作用于滑块6实现38°倾斜方向冲孔。冲孔废料落到下底板7上，用手捕除废料。在压力机滑块行程往上时滑块6靠弹簧8的作用返回原始位置。

图 4-10-5 所示的解放牌汽车散热器罩顶工序7冲孔模是吊楔冲孔模。在近似半圆的曲面上分布12个孔，中间的6个孔垂直方向冲制，两边对称的6个孔必须倾斜方向冲制，由于孔位决定，只能将滑块吊在下底板上。为了便于操作，冲孔件探在冲模外面。冲孔件放在冲孔模中用凹模形状和支架1上的定位块2定位，同时用托板3和垫块4支承着冲孔件。在压力机滑块行程往下时固定在上底板5上的6个凸模6垂直方向冲孔，通过4个斜楔7和2个压块8作用于6个滑块9实现倾斜方向冲孔。冲孔废料从固定座10上的斜槽中流出，适当时候排除一次。在压力机滑块行程往上时6个滑块9靠弹簧11的作用返回原始位置。

图 4-10-6 所示为解放牌汽车后围中横梁工序3冲孔模中的斜楔冲孔和吊楔冲孔结构。水平方向斜楔冲孔时由于冲孔件小于90°，如果凹模放在里面，凸模从外往里冲孔，冲孔件则无法从上面放料和取件，而只能从里往外冲孔，凹模在外面，结构和图 4-10-2 所示的斜楔冲孔模相似。由于要在32°48′的方向冲一个 $\phi8$mm 的孔，只能将滑块吊在上底板上。在压力机滑块行程往下时用退料板螺钉1吊在上底板2上的吊块3和固定在下模的限位销4接触后，在压力机滑块行程继续往下时，直到固定在上底板2上的压板5作用于吊块3上的滑块6实现倾斜方向的冲孔。在压力机滑块行程往上时吊块3靠自重先不动，而滑块6靠弹簧7的作用返回原始位置，用限位板8限位，然后吊块3随着上底板2上行。吊块3和上底板2用导柱9导向，靠滑板10滑配。

图 4-10-7 所示为解放牌汽车左、右翼子板工序8冲孔模中的吊楔冲孔结构。由于孔位决定，只能将滑块吊在上底板上。在压力机滑块行程往下时用退料板螺钉1吊在上底板2上的吊块3和固定在下底板4上的垫块5接触后，在压力机滑块行程继续往下时吊块3上的弹簧6受压缩，直到固定在上底板2上的压板7作用于吊块3上的滑块8实现倾斜方向的冲孔。在压力机滑块行程往上时，吊块3靠弹簧6的作用先不动，而滑块8靠弹簧9的作用返回原始位置，用限位板10限位，然后吊块3随着上底板2上行。吊块3和上、下底板2、4用导柱11导向。

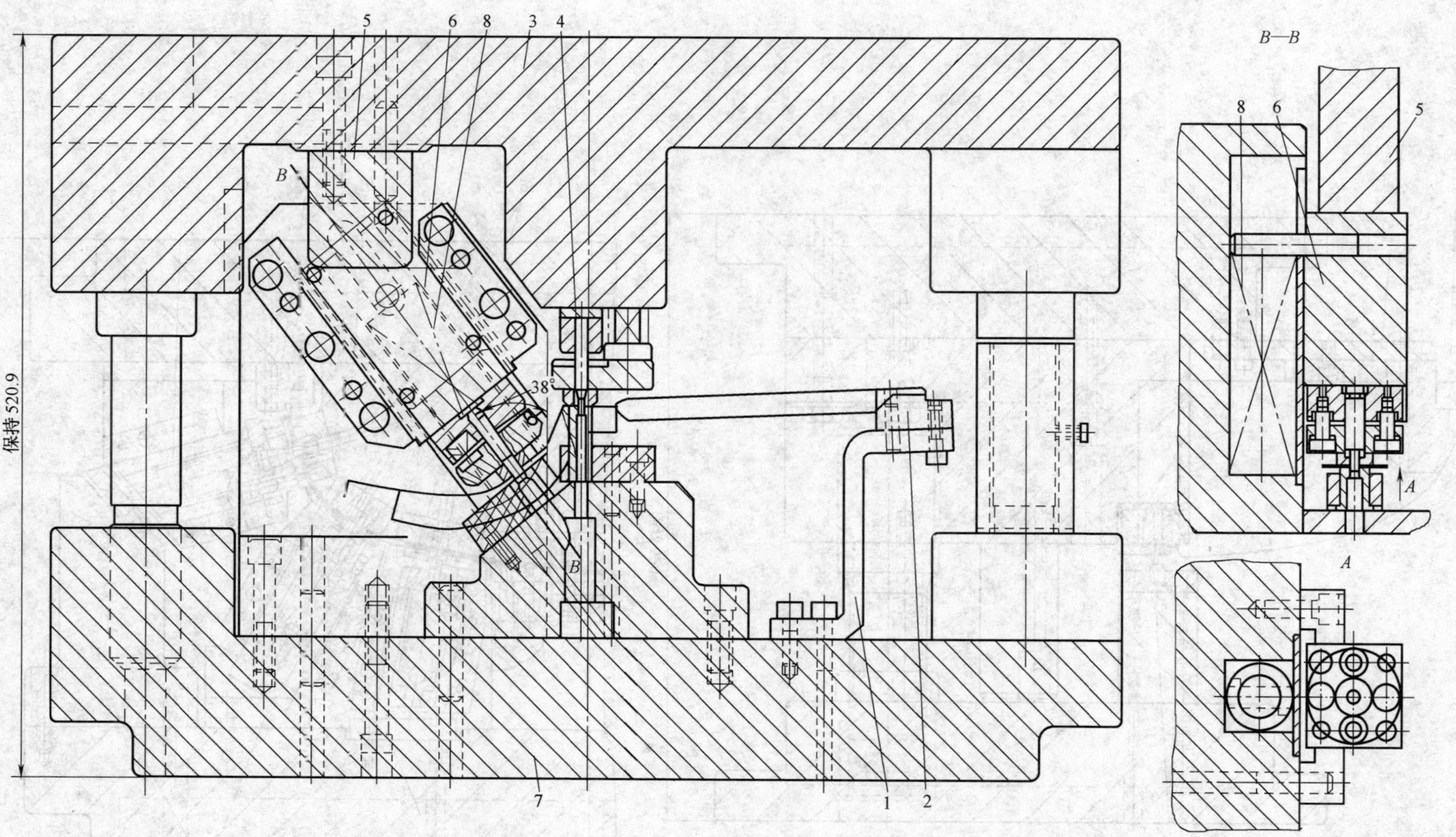

图 4-10-4　解放牌汽车前围左、右盖板工序4冲孔模

1—支架　2—定位块　3—上底板　4—凸模　5—压块　6—滑块　7—下底板　8—弹簧

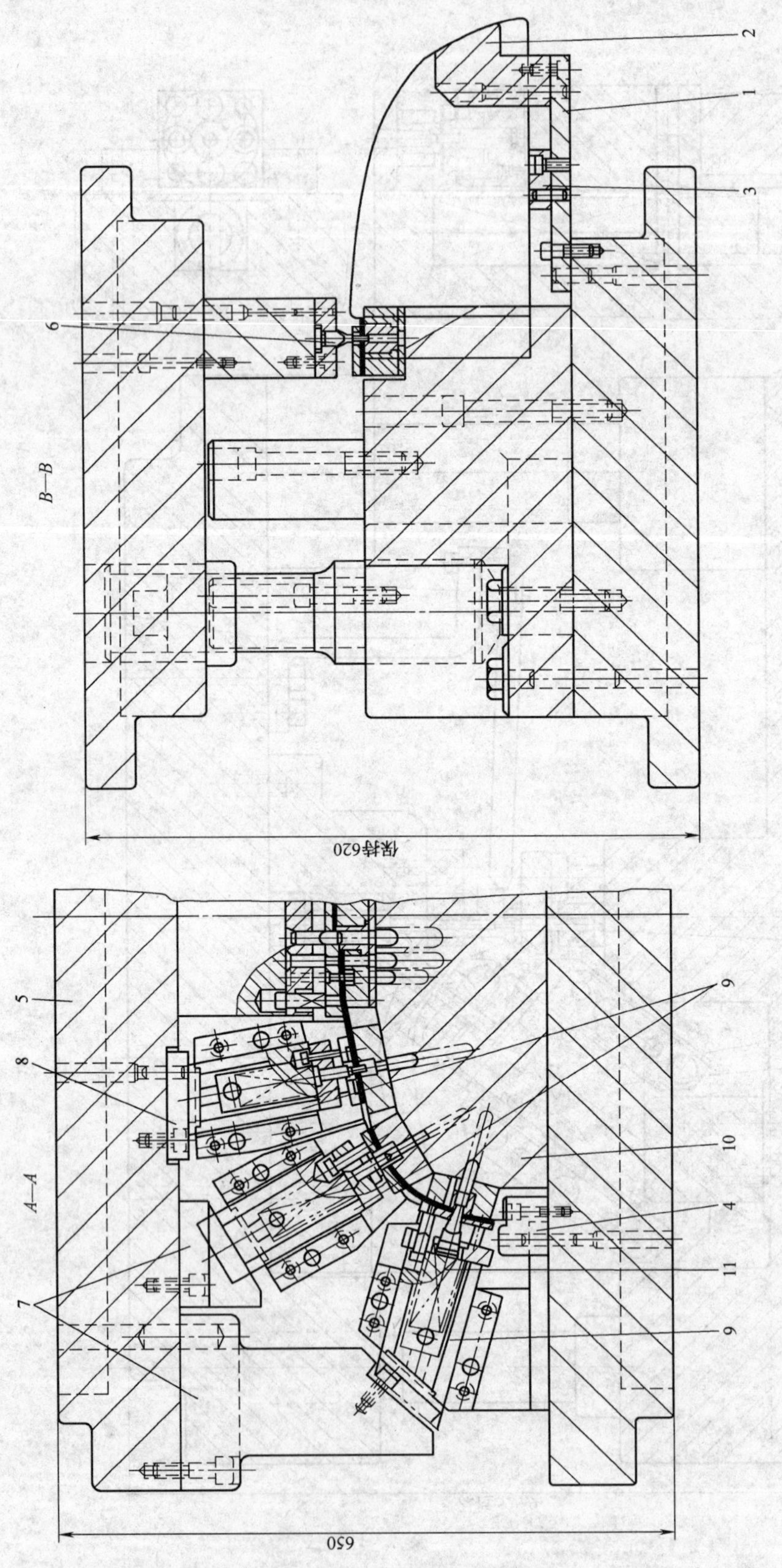
B—B
A—A
保持620
650
1
2
3
4
5
6
7
8
9
10
11

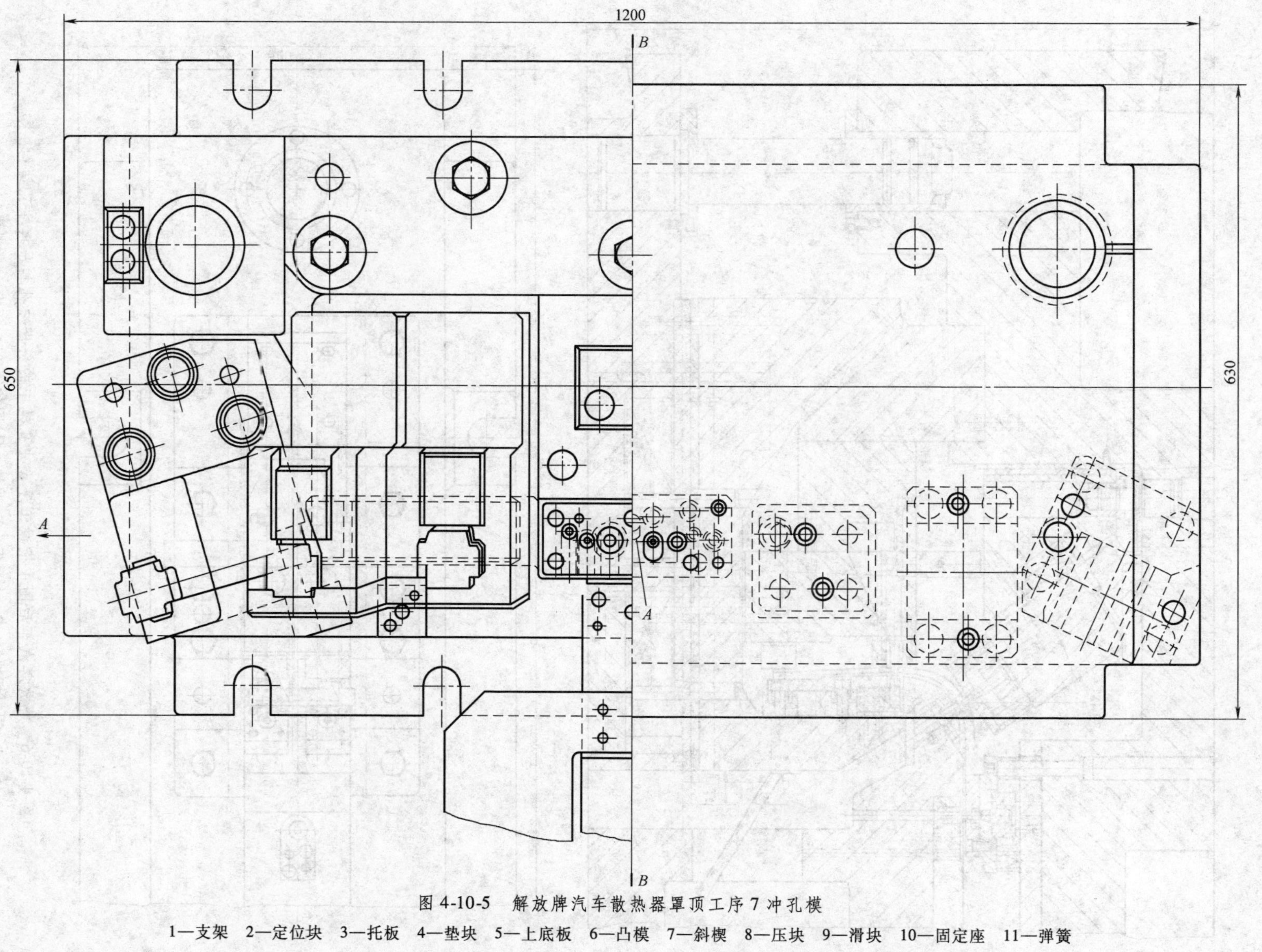

图 4-10-5　解放牌汽车散热器罩顶工序 7 冲孔模

1—支架　2—定位块　3—托板　4—垫块　5—上底板　6—凸模　7—斜楔　8—压块　9—滑块　10—固定座　11—弹簧

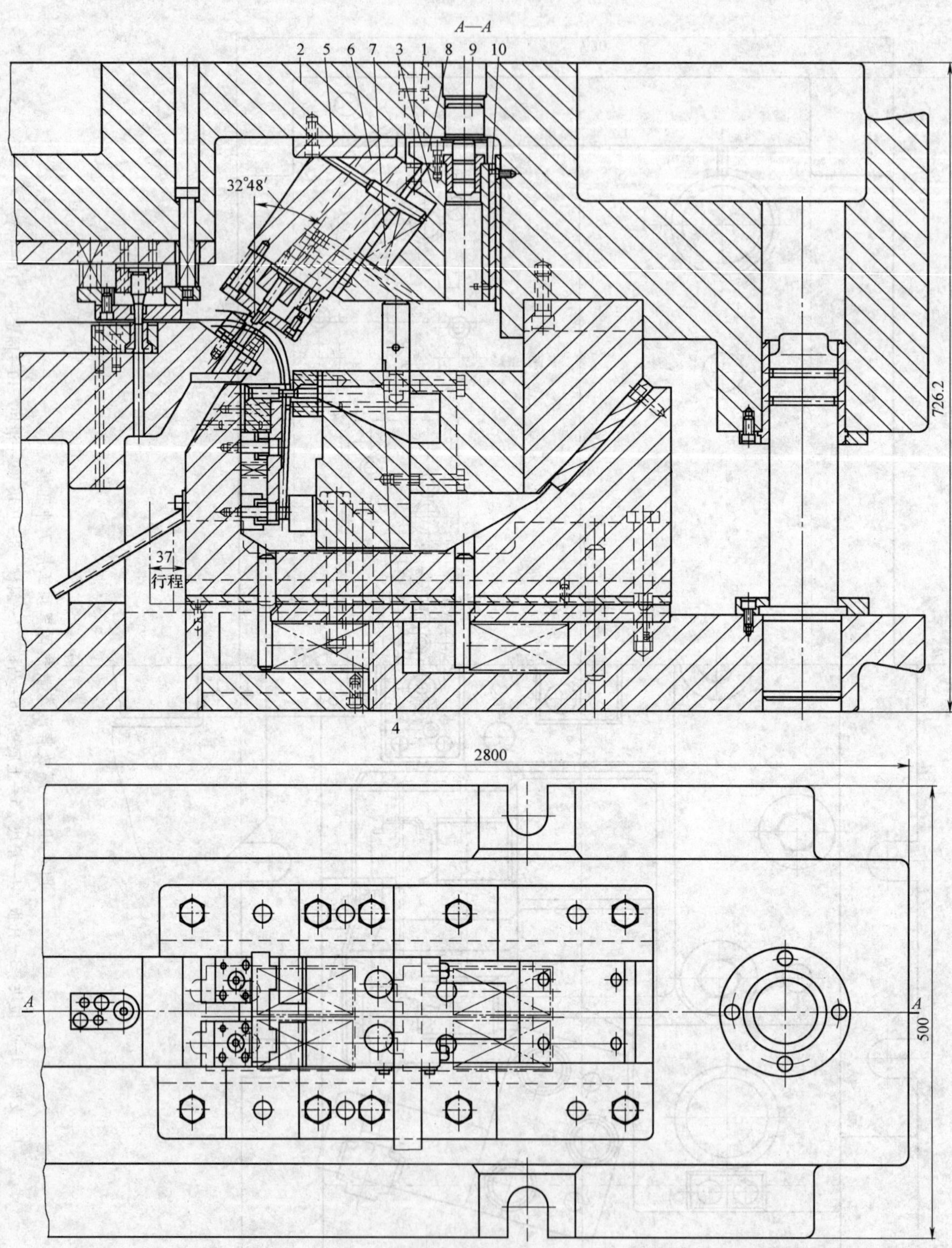

图 4-10-6 解放牌汽车后围中横梁工序 3 冲孔模中的斜楔冲孔和吊楔冲孔结构

1—退料板螺钉 2—上底板 3—吊块 4—限位销 5—压板 6—滑块 7—弹簧 8—限位板 9—导柱 10—滑板

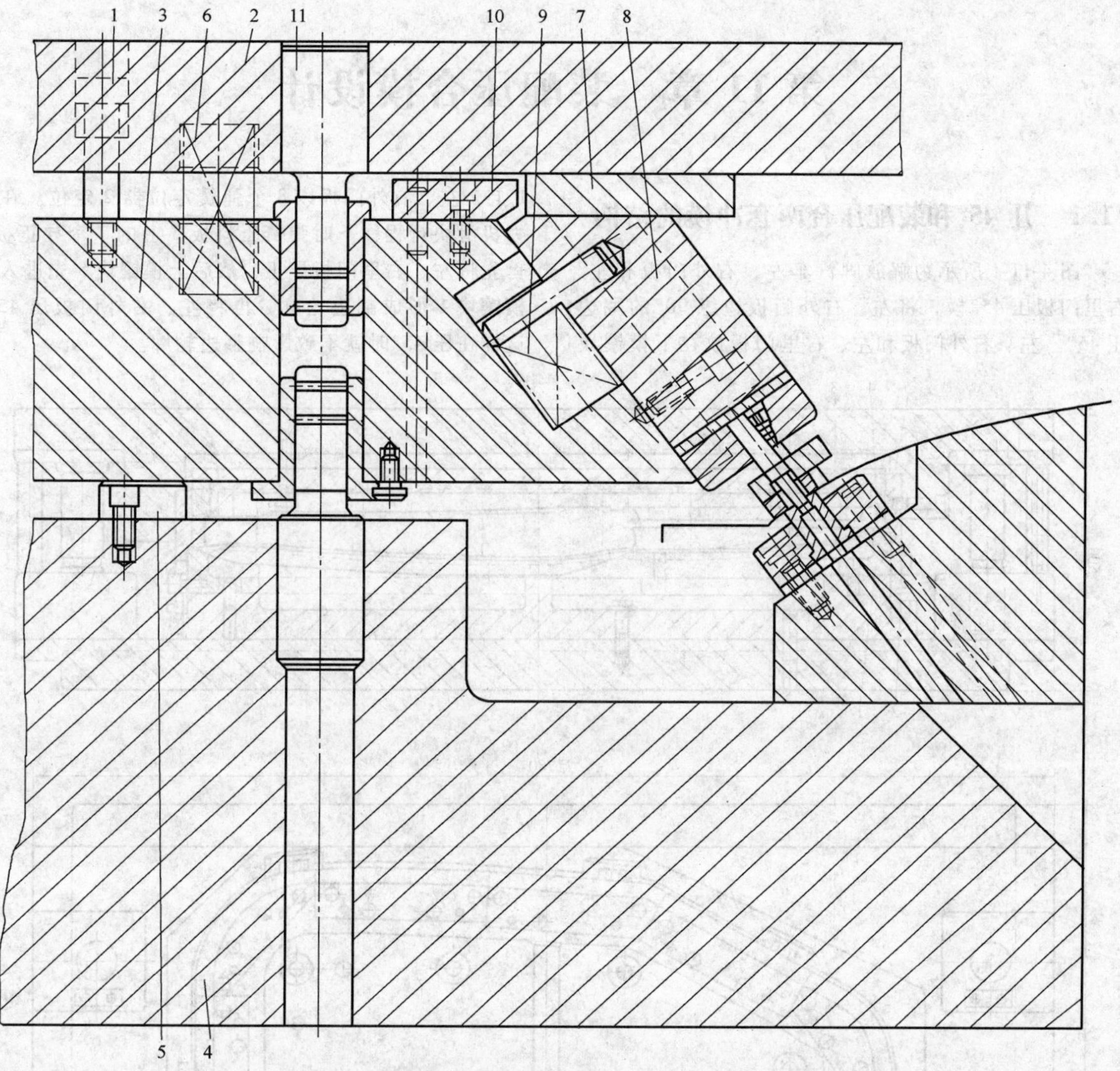

图 4-10-7　解放牌汽车左、右翼子板工序 8 冲孔模中的吊楔冲孔结构
1—退料板螺钉　2—上底板　3—吊块　4—下底板　5—垫块　6、9—弹簧
7—压板　8—滑块　10—限位板　11—导柱

第 11 章　装配压合模设计

11.1　压 45°和装配压合两套冲模的结构

图 4-11-1 所示为解放牌汽车左、右外门板和左、右里门板压 45°模，将左、右外门板边缘 90°的翻边压 45°。左、右外门板和左、右里门板放在下模镶块 1 上，左、右外门板以 8 个弹簧定位器 2 定位。在压力机滑块行程往下时弹簧压料板 3 上的 7 个导正板 4 首先将左、右里门板导正，然后上模镶块 5 先进入下模镶块 1 形成翻边轮廓，再将左、右外门板压 45°，这样在压 45°时就不致影响翻边轮廓。

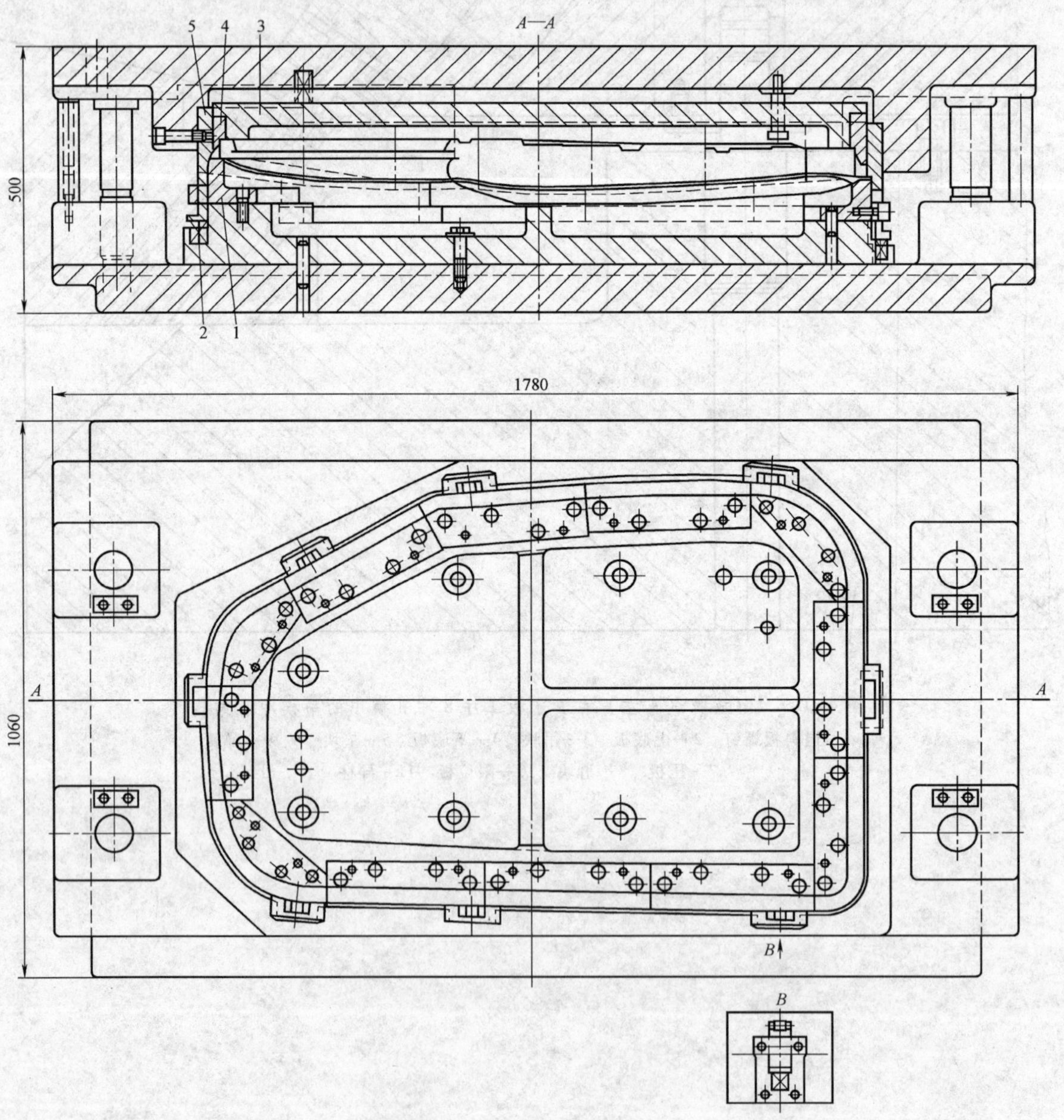

图 4-11-1　解放牌汽车左、右外门板和左、右里门板压 45°模

1—下模镶块　2—弹簧定位器　3—弹簧压料板　4—导正板　5—上模镶块

图 4-11-2 所示为解放牌汽车左、右外门板和左、右里门板装配压合模，将左、右外门板 45°的翻边压扁。左、右外门板和左、右里门板放在下模镶块 2 上，左、右外门板以 8 个弹簧定位器 1 定位，在压力机滑块行程往下时弹簧压料板 3 上的 7 个导正板 4 首先将左、右里门板导正，然后上模镶块 5 将左、右外门板压扁。

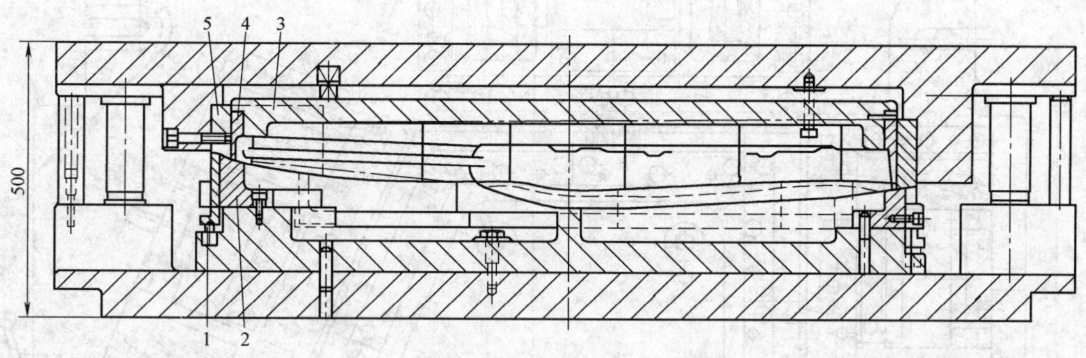

图 4-11-2　解放牌汽车左、右外门板和左、右里门板装配压合模
1—弹簧定位器　2—下模镶块　3—弹簧压料板　4—导正板　5—上模镶块

11.2　压 45°和装配压合一套冲模的结构

图 4-11-3 所示为解放牌汽车左、右外门板和左、右里门板压 45°装配压合模，将左、右外门板边缘 90°的翻边压 45°再压扁。左、右外门板和左、右里门板放在下模镶块 1 上，左、右外门板以 4 个弹簧定位器 2 定位，在压力机滑块行程往下时装在弹簧压料板 3 上的 7 个导正板 4 首先将左、右里门板导正，然后 7 个斜楔 5 作用于固定在滑块 6 上的斜楔块 7 使滑块 6 向里运动，而压 45°的镶块 8 固定在滑块 6 上，因此镶块 8 将左、右外门板压 45°。在压力机滑块行程继续往下时，由于斜楔 5 和斜楔块 7 的反斜面，这样滑块 6 靠弹簧 9 的作用返回原始位置不动。在压力机滑块行程继续往下时，上模镶块 10 将左、右外门板压扁。在压力机滑块行程往上时，上模镶块 10 先往上一段行程，然后由于斜楔 5 和斜楔块 7 的反斜面使滑块 6 再向里运动，这一次是无妨碍的多余运动，靠弹簧 9 的作用返回原始位置。

翻边轮廓的尖角处不能翻边成缺口，对刚性和强度都有所影响。镶块 8 将左、右外门板压 45°时翻边轮廓没有限制，而是以 90°两边形成的翻边轮廓为准，有时不可靠，影响翻边轮廓，使压扁的翻边不均，有宽有窄。图 4-11-1 所示的解放牌汽车左、右外门板和左、右里门板压 45°模的上模镶块 5 不但压 45°，还限制翻边轮廓，这样的结构好。

由于左、右外门板和左、右里门板变形而扭曲，尤其是在尖角处成缺口，扭曲更大，因此放在下模镶块 1 上是不吻合的，所以 4 个弹簧定位器 2 必须保持一定高度才能定位，高度一般取 15 ~ 25mm。压 45°的镶块 8 向里运动压 45°的位置时，镶块 8 之间留 1 ~2mm 的空隙。

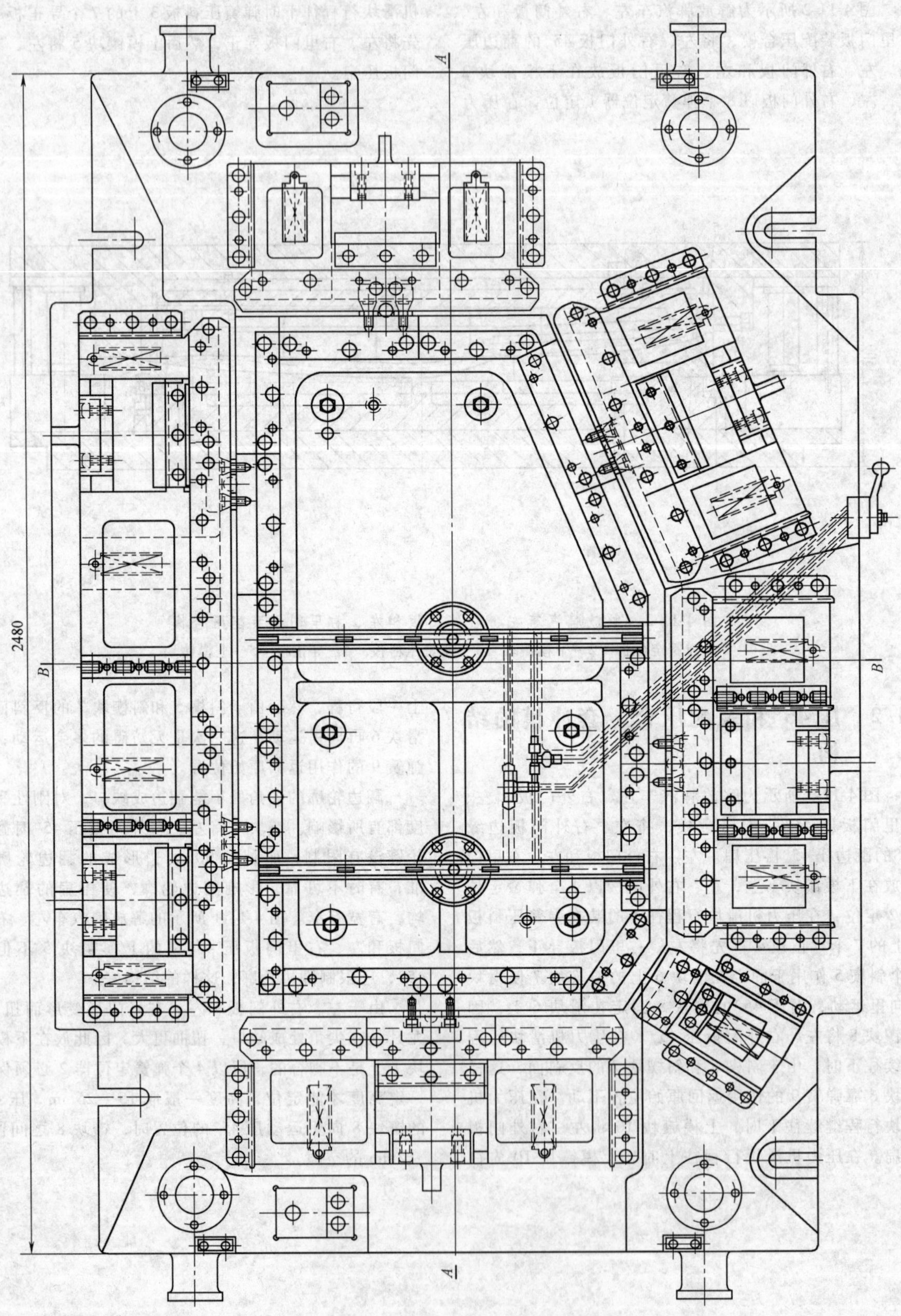
A
2480
B
B
A

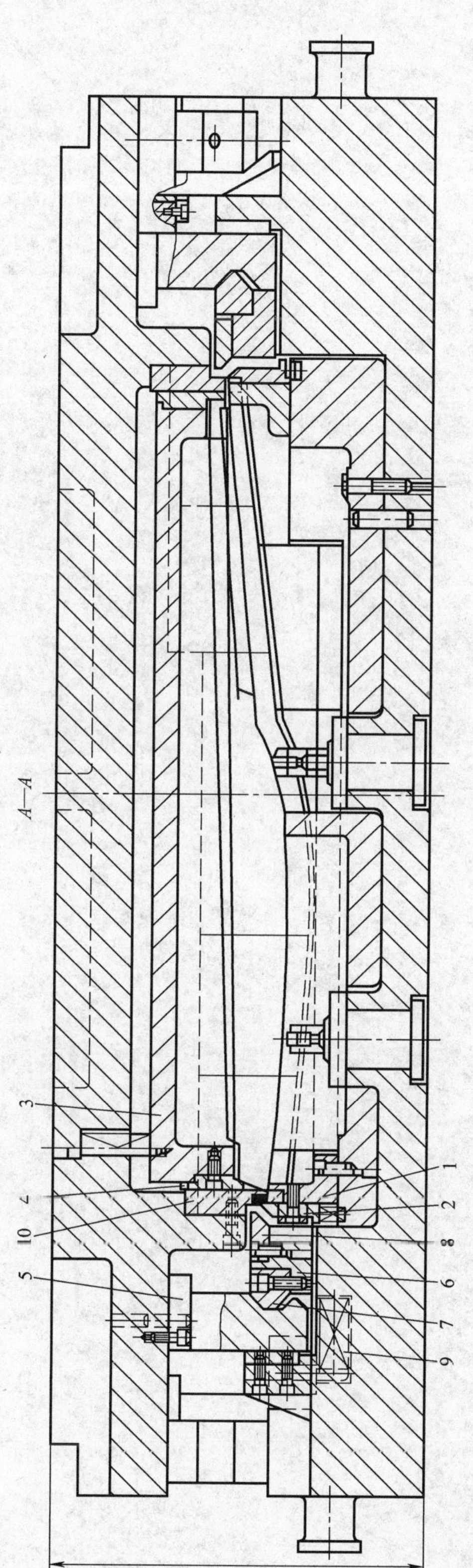

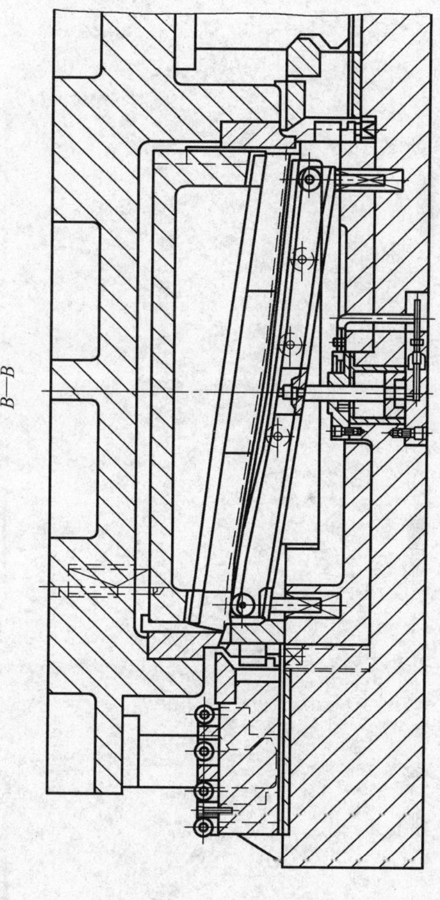

图 4-11-3　解放牌汽车左、右外门板和左、右里门板压 45°装配压合模

1—下模镶块　2—弹簧定位器　3—弹簧压料板　4—导正板　5—斜楔　6—滑块　7—斜楔块　8—镶块　9—弹簧　10—上模镶块

第 5 篇　冲压模具制造与装配工艺

第1章 冲压模制造技术要求

1.1 冲模零件的结构工艺性

结构工艺性是指所设计的零件在能满足使用要求的前提下，加工制造的可行性和经济性。

冲模零件的结构工艺性要求以下几点：

1）设计的冲模零件的结构，应能保证在加工时比较容易，加工工作量应尽量小，使现有加工条件便于达到设计要求。

2）冲模零件设计应便于采用高生产率、可保证加工质量的加工方法。

3）设计零件应尽量采用标准化、规范化设计。

4）设计模具和零件的结构应便于装配、修理和更换。

5）冲模零件尺寸要求和标注方法，应能使加工中方便地达到设计要求。

6）零件尺寸精度、表面质量等技术要求，应尽可能在现有加工条件可能达到的范围加工。

7）零件结构尺寸应便于装夹、加工，并考虑到加工的安全性。

1.2 冲模零件的加工技术要求

1.2.1 冲模零件的技术要求

冲模零件技术要求（GB/T 14662—2006）见表5-1-1。

表5-1-1 线性尺寸的极限偏差数值（GB/T 1804—2006） （单位：mm）

公差等级	尺寸分段						
	0.5~3	>3~6	>6~30	>30~120	>120~400	>400~1000	>1000~2000
f（精密级）	±0.05	±0.05	±0.1	±0.15	±0.2	±0.3	±0.5
m（中等级）	±0.1	±0.1	±0.2	±0.3	±0.5	±0.8	±1.2
c（粗糙级）	±0.2	±0.3	±0.5	±0.8	±1.2	±2	±3
v（最粗级）	—	±0.5	±1	±1.5	±2.5	±4	±6

注：本表适于金属切削加工和一般冲压加工的尺寸。

1.2.2 冲模零件的加工精度

1）零件的加工精度主要包括：尺寸精度、几何形状精度、相互位置精度。

2）零件加工精度要求和标注

① 冲模主要零件（凸模、凹模、凸凹模）工作部分（型腔或形状要求部分）尺寸精度，一般按比冲压件同一尺寸精度高2~3级的精度等级选取，在零件设计图上以尺寸公差的形式表示。

② 冲模主要零件非工作部分尺寸和结构零件非配合尺寸可按未注公差的极限偏差中规定的IT14~IT16级的要求，也可按线性尺寸的极限偏差（GB/T 1804—2006，见表5-1-1）中的m级选用。此类尺寸偏差在设计图中一般不标注。

③ 配合尺寸要求。冲模零件间的配合尺寸要求是根据零件间工作要求确定的，如凸模与凸模固定板孔的配合应有一定过盈，导柱与导套间应有一定间隙等。

冲模生产中，常用的配合种类见表5-1-2。

表5-1-2 冲模零件的配合种类

配合类别名称	适用场合	零件所需配合种类	
		应用实例	配合要求
过盈配合	用于冲模工作时，零件间无相对运动、有一定固紧力、不经常拆装的零件	导柱、导套与模座间配合	$\frac{H7}{r6}$
		镶块与凹模本体配合	$\frac{H6}{r5}$
过渡配合	用于冲模工作时，零件之间无相对运动、需经常拆装的零件	凸模与凸模固定板间配合	$\frac{H7}{m6}$
		圆柱销与模板间的配合	$\frac{H7}{n6}$
间隙配合	用于冲模工作时，零件之间有相对运动的配合	导柱与导套间的配合	$\frac{H6}{h5}$
		活动挡料销与卸料板的配合	$\frac{H9}{h8}$

冲压模具中，多采用IT6、IT7级的配合精度。精密冲模和高精度模架零件的配合可选用IT4、IT5级精度。冲模生产中多采用基孔制，只有在很少情况下采用基轴制，如导柱与导套、下模座孔的两种不同配合方式中，是采用基轴制的。

配合尺寸的允许偏差要求是以尺寸公差的形式表示的。

表5-1-3表示常用冲模零件的配合要求和尺寸关系。

表5-1-3 冲模零件配合尺寸要求

零件名称	配合要求或尺寸要求
导柱与下模座	$\frac{H7}{r6}$
导套与上模座	$\frac{H7}{r6}$
导柱与导套	$\frac{H6}{h5}$或$\frac{H7}{h6}$、$\frac{H7}{f7}$
模柄（带法兰盘）与上模座	$\frac{H9}{h8}$、$\frac{H9}{h9}$
凸模与凸模固定板	$\frac{H7}{m6}$、$\frac{H7}{k6}$
凸模（凹模）与上、下模座（镶入式）	$\frac{H7}{h6}$
固定挡料销与凹模	$\frac{H7}{m6}$或$\frac{H7}{n6}$
活动挡料销与卸料板	$\frac{H9}{h8}$、$\frac{H9}{h9}$
圆柱销与固定板、上下模座等	$\frac{H7}{n6}$
螺钉与螺钉孔	单边间隙0.5~1mm
卸料板与凸模（凸凹模）	单边间隙0.1~0.5mm
顶件器与凹模	单边间隙0.1~0.5mm
推杆（打杆）与模柄	单边间隙0.5~1mm
推杆（顶杆）与凸模固定板	单边间隙0.2~0.5mm

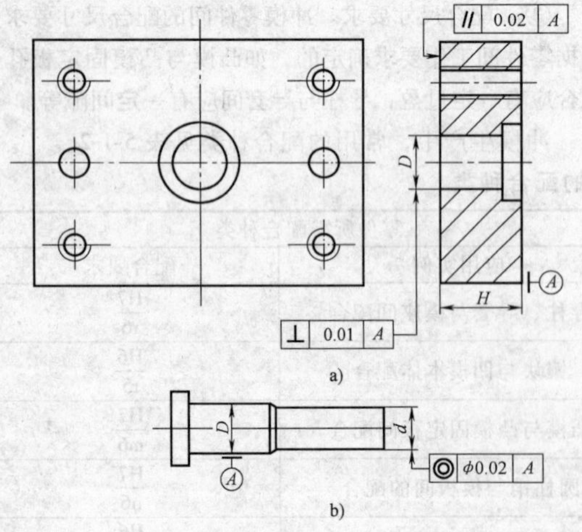

图5-1-1 冲模零件形位公差要求
a）凸模固定板 b）凸模

④ 几何形状精度和相互位置精度。精密模具的零件设计应提出加工表面几何形状和相互位置精度要求，可用框架形式或文字形式表示。

按国家标准中对通用标准件形位公差提出加工要求，以图5-1-1介绍凸模、凸模固定板的形位公差要求。如图5-1-1所示，常用凹模、固定板、卸料板、垫板等板件上、下两平面的平行度要求为0.02mm。

一般精度要求的冲模零件设计图样可不标注具体形位公差要求，多采用执行企业标准或相关国家标准。实际生产中用工艺规程的要求来保证，如图5-1-1a中所示凸模固定板上、下两平面的平行度要求，可选择平面磨床加工。图5-1-1b所示凸模的同轴度要求，工艺规程中应规定选用工具磨床磨削时，一次装夹加工d和D尺寸。

1.2.3 加工表面粗糙度

在冲模零件设计图样优先选用Ra值作为衡定表面质量的参数。常用Ra值范围为0.025~6.3μm。

设计图样上各加工表面必须标注表面粗糙度要求，根据不同加工求按表5-1-4中的规定标注。

冲模零件表面粗糙度的数值大小，直接影响冲模的耐磨性、抗蚀性、强度和使用寿命。加工时，必须按所规定的技术要求，确保零件的表面粗糙度。冲模零件表面质量要求见表5-1-4。

表5-1-4 冲模零件的表面质量要求

表面粗糙度Ra值/μm	适用范围
0.1	精密冲裁凸、凹模刃口表面，或表面质量要求高的拉深、成形、冷挤的凸、凹模表面
0.2~0.4	精度要求高的拉深、弯曲、成形、冷挤的凸、凹模表面
0.4~0.8	1）弯曲、拉深、成形的凸模和凹模工作表面 2）圆柱表面和平面的刃口 3）滑动和精确导向的表面
0.8~1.6	1）成形的凸模和凹模刃口 2）凸模、凹模镶块的接合面 3）过盈配合和过渡配合表面 4）支承定位和紧固表面 5）磨削加工的基准平面 6）要求准确的工艺基准表面
1.6~3.2	内孔表面、底板平面
3.2	1）不需磨削加工的支承，定位和紧固表面 2）底板平面
6.3~12.5	不与冲压材料及其他零件接触的表面
25	粗糙的不重要的表面
非加工面	铸造上、下模座的四周面，要求平的无毛刺表面

1.2.4　加工精度和表面粗糙度的控制

1）确定合理的加工工艺规程。合理的工艺规程应满足下述要求：

①　采用的技术要先进，尽量采用新技术、新工艺和新材料。

②　采用的工艺要合理，使选择的加工方案能保证产品质量和较大的可靠性。

③　采用经济合理的加工方案，充分利用现有加工设备，使加工工序数目少而简单。对加工要求不高的零件，不要使用高精度加工设备。

④　在满足加工要求的前提下，减少不必要的加工工序，尽量采用标准件，以减少工序，缩短制造周期，降低成本。

⑤　创造必要的工作条件，做到安全生产。

2）严格工艺纪律，确保各工序加工达到设计工艺提出的要求。

3）按设计和工艺规程安排、选用能达到相应加工精度的设备加工，并配以恰当的加工刀具、工具等。

不同加工方法能达到的表面粗糙度数值见表 5-1-5。

4）提高模具加工各工序操作人员的技术素质和责任心，并不断搜集、总结经验，为改进工艺规程、提高模具加工水平创造良好的基础。

表 5-1-5　不同加工方法得到的表面粗糙度数值

加工方法		表面粗糙度 *Ra*/μm													
		0.012	0.025	0.05	0.10	0.20	0.40	0.80	1.60	3.2	6.3	12.5	25	50	100
砂模铸造											—	—	—	—	—
热轧											—	—	—	—	—
模锻									—	—	—	—	—	—	—
冷轧						—	—	—	—	—	—	—			
刨削									—	—	—				
插削										—	—	—	—		
钻孔									—	—	—	—	—		
扩孔	粗										—	—	—		
	精								—	—	—				
镗孔	粗										—	—	—	—	
	精						—	—	—						
铰孔	粗								—	—	—	—			
	精				—	—	—	—	—						
滚铣	粗									—	—	—	—		
	精						—	—	—						
端面铣							—	—	—	—	—				
车	粗										—	—	—		
	精					—	—	—	—						
金刚车			—	—	—	—									
车端面	粗										—	—	—		
	精						—	—	—						
磨圆	粗							—	—	—	—				
	精		—	—	—	—	—								
磨平面	粗								—	—					
	精		—	—	—	—	—								
研磨（中）				—	—	—	—								
抛光	一般				—	—	—	—	—						
	精	—	—	—	—										
超精加工		—	—	—	—	—	—								
化学磨								—	—	—	—	—			
电解磨		—	—	—	—	—	—	—	—						
电火花加工								—	—	—	—	—	—		
气割											—	—	—	—	—

第2章 模具制造

2.1 概述

2.1.1 锻件下料尺寸计算

锻件下料尺寸的计算见表5-2-1。

表5-2-1 锻件下料尺寸的计算

计算步骤	计算公式	说明
计算坯料体积 $V_{坯}$	$V_{坯}=KV_{锻}$	$V_{锻}$——锻件体积，根据零件形状和加工余量确定锻件图，即可计算出 $V_{锻}$ K——系数，$K=1.05\sim1.10$，1～2火锻成，基本无余面、鼓形时取1.05；有余面、鼓形时取1.10；火次增加时，K取较大值
计算圆棒料直径 $D_{计}$	$D_{计}=(0.637V_{坯})^{1/3}$	1）因需改锻，材料长径比应不大于2 2）$D_{料}$ 应取现有棒料直径规格中与 $D_{计}$ 最接近的
确定实用圆棒料直径 $D_{料}$	$D_{料}\geqslant D_{计}$	
计算锯料长度 $L_{料}$	$L_{料}=1.273V_{坯}/D_{料}^2$	

2.1.2 锻造工艺要求

1. 锻造温度

锻造温度见表5-2-2。

表5-2-2 锻造温度

钢种	牌号	锻造温度/℃	
		始锻	终锻
碳素工具钢低合金工具钢	T8、T8A	1150	800
	T10、T10A	1100	770
	T12、T12A	1050	750
	9Mn2V、9SiCr、CrWMn	1100	800
	GCr15	1080	800
	5CrMnMo、5CrNiMo	1100	850
	3Cr2W8V	1100	850
	7Cr7Mo3V2Si	1120	850
	80Cr7Mo3V2Si	1120	850
高合金工具钢高速钢	Cr12	1050～1080	850～920
	Cr12MoV	1050～1100	850～900
	W6Mo5Cr4V2	1050～1100	920～950
	W18Cr4V	1100～1150	880～930
	55CrNiMnMoV	1050	850
	20CrNi3AlMnMo	1050	850
	4Cr5MoSiV	1100	850～950

2. 锻造工艺要点

锻造工艺要点见表5-2-3～表5-2-7。

表5-2-3 锻造工艺要点

锻造工艺要点	说明
自由锻锤选择	根据锻件重量、尺寸选择自由锻锤时，通常不必进行变形力和变形功计算
坯料准备	根据模具零件的不同工作要求选用合适的材料牌号和碳化物偏析等级，从而确定锻造方法。锻件坯料按下料尺寸公式计算确定，长径比一般控制在1.25～2.5，并以锯割下料为宜

（续）

锻造工艺要点	说明
坯料加热	坯料加热应缓慢进行，并严格控制加热温度，以免过热甚至过烧。产生过热的钢，在同样的锻造条件下，冷却后晶粒仍然粗大，使钢的强度和冲击韧度降低。过烧是致命的加热缺陷。产生过烧的钢，由于晶间连接遭到破坏，强度大大降低，锻件一击便碎。多件加热时，件与件留有间距，并在加热过程中经常翻动
锻造方法	先预热锤头和锤砧，轻击去掉氧化皮，然后按工艺要求锻造。镦粗时先铆锻和倒角，后镦粗。当出现轴向弯曲时要及时校正，以防折叠造成废品。拔长时每锤进给量以30～40mm为宜，拔长过程中如发现边角产生裂纹，则剔除后再锻。锻件拔长一般小于3倍坯料长度
锻件冷却	锻件的冷却是指锻后从终锻温度冷却到室温。冷却方法选择不当，锻件会产生裂纹或保留较大的残余应力。根据冷却速度快慢，冷却方法可分为空气中冷却、坑（箱）内冷却和炉中冷却。对于碳含量较高的钢（如碳素工具钢、合金工具钢），如锻后缓慢地冷却，会在晶界析出网状碳化物，严重影响锻件性能。因此，这类钢的锻件冷却应先空冷至700℃，然后把锻件置于坑中或炉内缓慢冷却。对于W18Cr4V、W9Cr4V、3Cr2W8、Cr12，因空冷就能发生马氏体的相变，会引起较大的组织应力，容易产生冷却裂纹，所以，这类钢锻后必须缓慢冷却

表 5-2-4　锻造普通钢材锻锤

锻件类型和尺寸/mm		锤头落下部分重量/kg			
		250	500	750	1000
圆饼	直径	<200	<250	<300	≤400
	厚度	<35	<50	<100	<150
圆轴方块	直径	<80	<125	<150	≤175
	厚度	≤80	≤150	≤175	≤200
扁方	宽度	≤100	≤160	<175	≤200
	厚度	≥7	≥15	≥20	≥25

表 5-2-5　锻造高合金工具钢锻锤

锤头落下部分重量/kg	锻造范围	
	拔长时毛坯直径或边宽/mm	反复锻拔毛坯重量/kg
250	≤40	≤1.5
300	20~55	1~3
400	35~70	2~5
500	50~85	3~7
750	70~120	5~13
1000	85~150	10~25

表 5-2-6　高速钢和高铬钢的锻造方法及工艺流程

轴向锻造	坯料 → 一次镦粗 → 一次拔长 → 二次拔长 →
径向十字锻造	坯料 → 一次镦粗 → 一次拔长 → 二次镦粗 → 换90°方向 二次拔长 → 三次镦粗 →
说明	1）若原材料的碳化物不均匀程度较好，与锻件的要求比较接近，采用轴向镦粗，镦粗比不大于3，主要用于锻造扁形零件 2）对于长径比大的工件，当原材料的碳化物不均匀程度较好，与锻件的要求相接近时，采用轴向拔长；一般来说，锻造比越大，碳化物粉碎越细，分布越均匀；但过大的拔长锻造比，容易形成碳化物带状组织，影响横向力学性能；轴向拔长锻造比以2~4为宜 3）采用轴向反复镦拔，坯料中心部分（一般是碳化物的高偏析区）的金属不会流到外层，保证表面金属的碳化物分布较细小均匀，但中心部分的碳化物偏析情况改善不大；拔长时两端面易产生裂纹 4）径向十字锻造是将坯料镦粗后沿横截面中两个互相垂直方向反复镦拔，最后再沿轴向或横向锻成形状 5）综合锻造是在径向十字镦拔后，转45°进行倒角，然后再进行轴向拔长和镦粗；这种锻造方法保留了径向十字镦拔坯料中心不容易开裂和轴向镦拔容易改善碳化物级别等优点；通过综合锻造，可使锻件表面和中心的碳化物级别都比较均匀，但工艺较复杂 6）高速钢和高铬钢锻造时的反复镦拔次数，取决于锻件技术要求和原材料碳化物偏析程度；轴向镦拔能有效地改善碳化物分布状态，一般每镦拔3次可使锻件碳化物分布等级提高1~2级

表 5-2-7　轴向锻造的镦拔次数对碳化物分布等级的关系

原材料碳化物不均匀度等级	对锻件碳化物分布等级的关系			
	3	4	5	6
4	4/3			
5	6/5	4/3		
6		6/5	3/2	
7		7/6	5/4	2/2

注：表中数值适用于$\frac{L}{H}\approx 2$时的情况。$\frac{L}{H}<2$，镦拔次数适当增多；$\frac{L}{H}>2$，镦拔次数适当减少。L为拔长后长度；H为镦粗后高度。

2.2 模具制造工艺过程

2.2.1 模具生产过程与工艺过程

模具的生产过程是指将用户提供的产品信息、制件的技术信息，通过结构分析、工艺性分析、模具设计；并将原材料经过加工、装配，转变为具有使用性能的成型工具的全过程。模具制造的工艺过程是模具生产过程的主要部分，即从生产准备→到验收、试用合格等，共五个阶段，当属于制造工艺过程。其装配、试模阶段之前，则由成型件制造工艺过程和标准、通用件配购两个并行过程所组成，见图5-2-1。

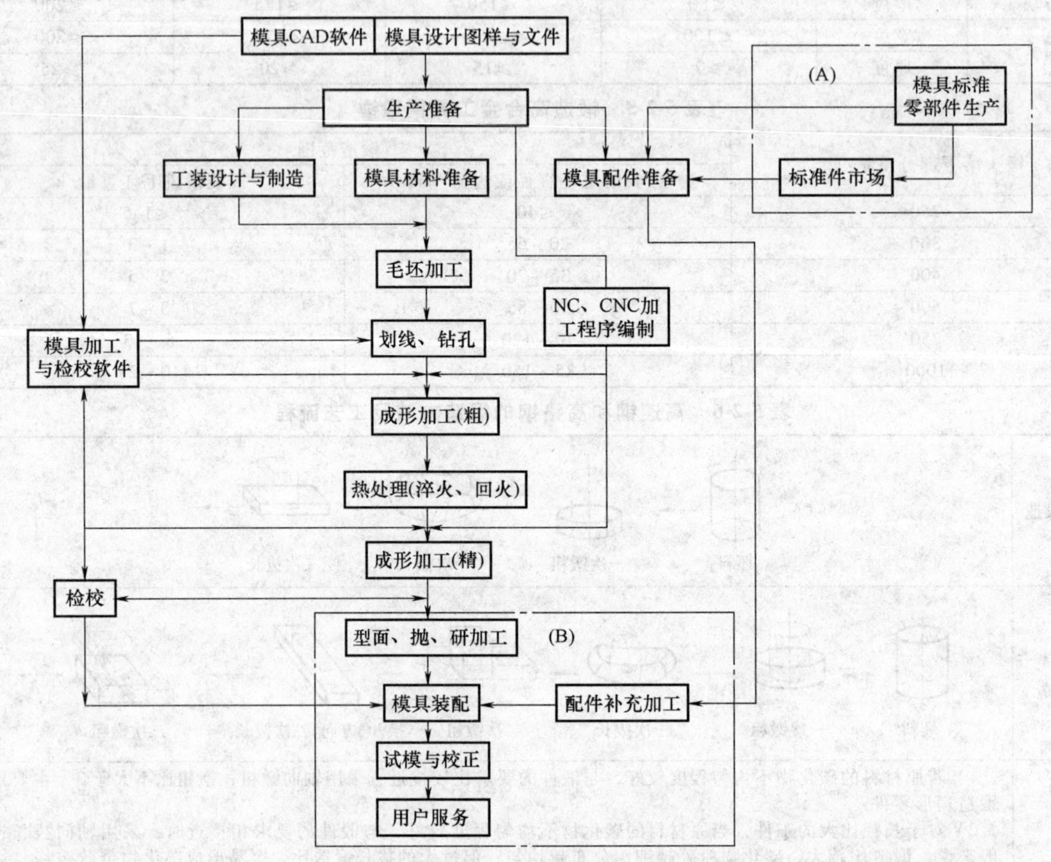

图5-2-1 模具加工与装配工艺过程

2.2.2 模具零件加工工艺过程

1. 模具零件分类

模具零件主要分为标准、通用零件和成型件两大类。其中，标准、通用零件又分成三类，见表5-2-8。

表5-2-8 模具零件分类

分类	名称
标准件与通用件	1）板类零件：包括各种模板，如座板、支撑板、垫板、凸凹模固定板等，其所用材料多为中碳钢、铸铁等 2）圆柱形零件：包括导柱、推杆与复位杆、定位销等，所用材料多为碳钢、合金钢等 3）套形类零件：包括导套、定位圈、凸模保护套等，材料多为碳钢等
成型件	成型件：主要指凸模或型芯、凹模或型腔。模具凹模常呈拼块式结构；这些零件所采用的毛坯件有锻件、铸件或圆钢等。所用材料多为合金模具钢，以及中碳钢、合金铸铁等

可见，上述模具零件基本上都是机械零件，只是模具成型件的型面较为复杂，常具有二维、三维型面，需采用成形加工工艺。但从总体来说，基本上属于机械加工。

2. 通用零件加工工艺过程

以模架为例，其加工工艺过程见图5-2-2。

3. 成型件加工工艺过程

现代模具制造工艺已非常简化。其中，模具标准零、部件不仅精度、质量已能满足装配要求，而且已经可以从市场配购。成型件的坯料，包括锻件、轧制模板，也可以从市场购置。

模具成型件常用加工工艺组合见表 5-2-9。

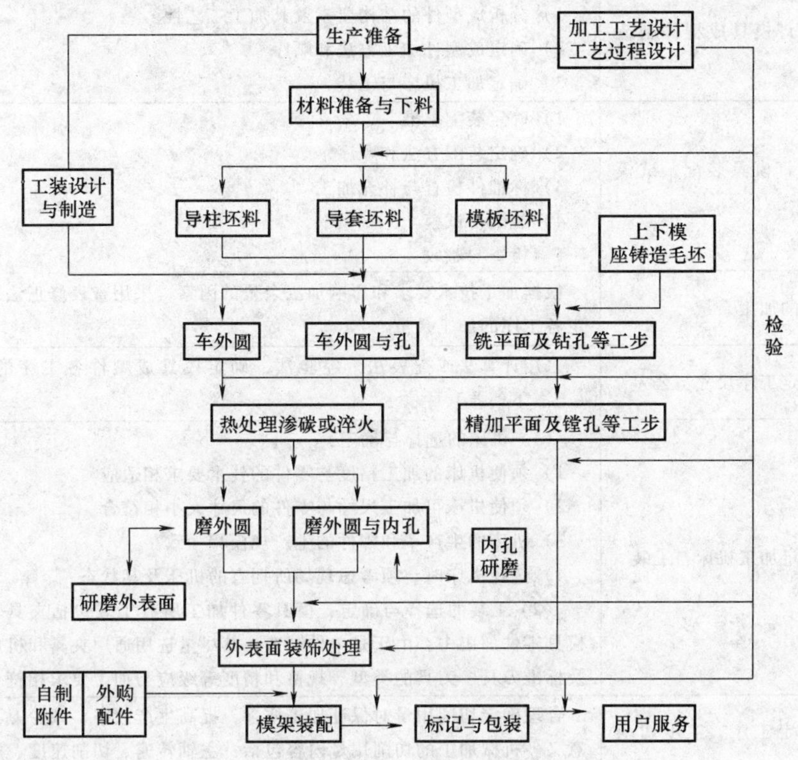

图 5-2-2 模架工艺过程

表 5-2-9 模具成型件常用加工工艺组合

	加工工序	加工工艺配置 1	加工工艺装置 2	加工工艺配置 3	加工工艺配置 4	加工工艺配置 5
成型件凸、凹模加工工艺组合	粗加工	普通立铣、成形铣（配样板）	CNC 加工中心成形加工	CNC 加工中心成形加工	电火花成形加工	成形铣削加工
	精加工			CNC 高速成形铣削	精密电火花成形加工	精密电火花成形加工
	研磨抛光	手工机械研、抛	手工机械研、抛	补充研抛	手工机械研、抛	精密电火花成形光整加工（代研抛）

2.3 模具制造工艺规程

2.3.1 模具制造工艺规程的定义与特点

在制造模具前，根据模具结构设计图样和技术要求，合理确定模具零件的加工工艺与加工机床；合理确定模具制造工艺顺序和流程，并以规定的格式形成工艺文件。其目的为：使之能够指导制造工艺的全过程有序实施；使之能够控制模具制造精度与质量，以及模具制造周期与制造费用。

1. 定义和内容

模具制造工艺规程的定义：将模具制造工艺过程及其中各工序的内容，采用表格或卡片形式规定下来的文件，称为模具制造工艺规程。其内容见表 5-2-10。

表 5-2-10 模具制造工艺规程的内容和说明

序号	项 目	内容、确定原则和说明
1	模具及其零件	模具或零件名称、图样、图号或企业产品号、技术条件和要求等
2	零件毛坯的选择与确定	毛坯种类、材料、供货状态；毛坯尺寸和技术条件等
3	工艺基准及其选择与确定	力求工艺基准与设计基准统一、重合

（续）

序号	项　目	内容、确定原则和说明
4	设计、制订模具成型件制造工艺过程	1）分析成型件的结构要素及其加工工艺性 2）确定成型件加工方法和顺序 3）确定加工机床与工装
5	设计、制订模具装配、试模工艺	1）确定装配基准 2）确定装配方法和顺序 3）标准件检查与补充加工 4）装配与试模 5）检查与验收
6	确定工序的加工余量	根据加工技术要求和影响加工余量的因素，采用查表修正法或经验估计法，确定各工序的加工余量
7	计算、确定工序尺寸与公差	采用计算法或查表法、经验法，确定模具成型件各工序的工序尺寸与公差（上、下偏差）
8	选择、确定加工机床与工装	（1）机床的选择与确定： 1）须使机床的加工精度与零件的技术要求相适应 2）须使机床可加工尺寸与零件的尺寸大小相符合 3）机床的生产率和零件的生产规模相一致 4）选择机床时，须考虑现场所拥有的机床及其状态 （2）工装的选择与确定：模具零件加工所有工装包括夹具、刀具、检具。在模具零件加工中，由于是单件制造，其尽量选用通用夹具和机床附有的夹具；以及标准刀具、刀具的类型、规格和精度等级应与加工要求相符合
9	计算、确定工序、工步切削用量	合理确定切削用量对保证加工质量，提高生产效率，减少刀具的损耗具有重要意义。机械加工的切削用量内容包括：主轴转速、切削速度、进给量、背吃刀量和进给次数；电火花加工，则须合理确定电参数、电脉冲能量与脉冲频率
10	计算、确定工时定额	在一定生产条件下，规定模具制造周期和完成每道工序所消耗的时间，不仅对提高工作人员积极性和生产技术水平有很大作用，对保证按期完成用户合同中规定的交货期，更具有重要的经济、技术意义 工时定额公式为 $T_{定额}=T_{基本}+T_{辅助}+T_{布置}+T_{休息}+(T_{准终}/n)$ 式中　$T_{定额}$——工时定额； $T_{基本}$——机动加工时间； $T_{辅助}$——直接用于机动加工的辅助工作时间； $T_{布置}$——布置工作地，如更换刀具清理切屑、润滑机床等所耗时间； $T_{休息}$——休息与生理需要所耗时间； $T_{准终}/n$——每件所耗的终结时间，$T_{准终}$为进行准备如阅读图样，领工具等和终结时送交成品，归还工装等所耗时间 工时定额常根据工时定额标准确定。工时定额标准则采用试验法、统计法与计算法制订。此为企业管理的基础工作

2. 特点

由于模具是专用精密成型工具，只能进行单件生产，所以，其工艺与工艺规程具有以下特殊性：

1）构成现代模具的零件和部件，多采用互换性的标准件。所以，现代模具制造工艺过程中的突出重点为：模具成型件制造和模具装配。

2）模具成型件制造工艺过程的精饰加工（如抛光与研磨）工序和模具装配工序，主要依赖手工作业。其所占工时比例很大，有时可能与机加工工时相近。因此，制订成型件加工工艺规程时，应合理提高成型件的成形加工精度及其型面表面粗糙度等级，力求减少手工作业工时。

3）根据模具成型件结构复杂，以及其型面制造精度要求高，须进行精密成形加工的特点，采用CNC

机床与计算机技术组成模具 CAD/CAM、FMS 制造技术，使实现设计与制造数字化、一体化生产；使工艺内容实现高度集成化，以减少成形加工误差。这是现代模具制造工艺技术的显著特点。

2.3.2　模具制造工艺规程的文件形式

工艺规程的形式与模具厂的规模、技术传统、管理水平，以及专业化生产水平有关。一般有三种形式：工艺过程卡、工艺卡和工序卡。

1. 工艺过程卡

以工序为单位，简要说明模具、模具零部件的加工、装配过程。从其中可以了解模具制造的工艺流程和工序的内容；包括使用设备与工装，以及工时定额等。所以，过程卡片也是生产准备、编制生产计划和组织生产的依据，是模具制造中的主要工艺文件。工艺过程卡格式见表 5-2-11。

2. 工艺卡

工艺卡是按模具、模具零部件的某一工艺阶段编制的工艺文件。工艺卡也是以工序为单元，详细说明模具、模具零部件在某一工艺阶段的工序号、工序名称、工序内容、工艺参数、设备、工装及操作要求等。热处理工艺卡见表 5-2-12。

3. 工序卡

工序卡是在工艺过程卡片和工艺卡的基础上，按每道工序所编制的工艺文件。其内容包括：工序简图，各工步的加工内容，工艺参数，设备，工艺装备，以及操作要求等，都有详细说明。

工序卡主要在批量、大批量机械制造工艺中使用。在模具制造工艺规程中一般不制订工序卡，但由于模具制造工艺技术的进步，模具凸模和凹模的粗、精加工工序，以及其上的孔加工、槽加工、型面加工工序趋于在一次装夹中完成，从而提高了工艺集成度。这说明，编制凸模和凹模的 NC 加工工艺的工序卡，计算、确定、规定其工艺参数，以保证其加工精度，则显为重要。其文件格式见表 5-2-13。

表 5-2-11　工艺过程卡

工艺过程卡片								
零件名称		模具编号		零件编号				
材料名称		毛坯尺寸		件 数				
工序	机号	工种	施工简要说明	定额工时	实做工时	制造人	检验	等级
工艺员		年月日		零件质量等级				

表 5-2-12　热处理工艺卡

模具序号		工艺序号			工艺简图：
委托单位		技术要求			
工艺名称		材料名称	件数		
要求硬度		实际硬度	工时		
工件简图及尺寸标准：					工艺要求及措施：
		D			
		C			
		B			
		A			
			处理前	处理后	
工艺		检查			

表 5-2-13 工序卡

<table>
<tr><td colspan="2">模具</td><td></td><td>模具编号</td><td></td><td>工序号</td><td></td><td colspan="2" rowspan="4">工序简图</td></tr>
<tr><td colspan="2">零件</td><td colspan="2"></td><td>零件编号</td><td colspan="2"></td></tr>
<tr><td colspan="2">坯料材料</td><td></td><td>坯料尺寸</td><td></td><td>坯料件数</td><td></td></tr>
<tr><td rowspan="3">序号</td><td rowspan="3">机号</td><td rowspan="3">工种</td><td colspan="2" rowspan="3">工序内容和工艺要求说明</td><td>工时</td><td></td></tr>
<tr><td colspan="3">工艺参数
（机加工切削用量、电加工工艺规程）</td><td>工装</td></tr>
<tr><td colspan="3"></td><td></td></tr>
<tr><td colspan="2">工艺员</td><td colspan="3">年月 日</td><td>制造者</td><td colspan="3">年月 日</td></tr>
<tr><td colspan="2">检验员</td><td colspan="3">年月 日</td><td>检验记要</td><td colspan="3"></td></tr>
</table>

2.3.3 模具制造工艺规程制定的技术基础

由图 5-2-1 可知，完成模具结构设计后，需进行三项作业：一为进行成型件（凸、凹模等）的制造；二为配购通用、标准件及进行补充加工；三为进行模具装配与试模。为此，现将制订模具制造工艺规程的技术基础、工艺内容及工序确定等有关资料，介绍如下。

1. 模具成型件结构工艺要素

批量生产的模具标准件，其制造工艺过程中的工序是相对稳定的，而模具成型件则须依据制件（产品零件）的结构要素和技术条件进行设计。

现根据常见模具成型件的结构特点、尺寸精度与质量等技术条件，经分析、归纳成：几何形状要素和精度、质量要素两类，分别列于表 5-2-14 内。

研究、分析模具的结构工艺性，目的是为提高加工的可行性、经济性，以提高加工成型件制造工艺规程的实践性和可靠性。常见的不正确结构及其改进设计和说明列于表 5-2-15 中，供参考。

2. 工艺基准的确定

工艺基准是模具在加工中的定位、测量和装配时采用的基准，通常应使工艺基准与设计基准相重合，以减少基准不重合产生的误差，保证加工精度。

工艺基准（定位基准、工序基准、测量基准和装配基准）与设计基准重合原则的详细说明见表 5-2-16。

表 5-2-14 模具结构工艺要素分类和内容

要素类型	基本要素	结构工艺要素内容	工艺方法及说明
几何形状要素	型面结构	1）二维型面及型面间的过渡连接：夹角为90°拼合结构；过渡圆角（R）连接，一般型腔深度为 10～60mm 2）三维型面，分自由曲面和定型曲面（即以数学公式可以描述的型面）	1）采用通用、标准拼合件及其精密加工 2）采用电加工和电极设计技术 3）采用 NC、CNC 机床进行数字化加工，并配置刀具
	型孔结构	1）ϕ3mm 以下径深比 >1:1.5 的小孔的精密加工 2）带精密孔距的多孔加工 3）异形孔的精密加工，包括方形、矩形、长圆形、楔型孔等 4）深孔与斜孔	1）采用坐标磨削工艺 2）孔的研磨与珩磨工艺 3）特殊孔加工，包括小孔加工
	窄槽（缝）型结构	1）宽为 3mm，宽深比为 1:2 的槽（或缝） 2）异形槽，指槽形方向为圆弧形等，或在深度方向为斜面、圆弧的槽型	1）特种加工工艺技术 2）须设计电极和成形工具
	凸台（缘）结构	1）阶梯型面 2）二维型面构成的凸台 3）三维型面构成的凸起 4）镶拼凸台	1）涉及拼合件加工与配合 2）涉及阶梯面加工与研配
	螺旋槽孔结构	1）螺孔型芯 2）螺旋槽型	特殊电极设计和脱件装置设计与制造

（续）

要素类型	基本要素	结构工艺要素内容	工艺方法及说明
精度与质量要素	基准面	设计基准 工艺基准（定位与工序基准） 测量基准 装配基准	加工时，力求基准重合，或使基准不重合误差和基准移动误差控制在允差范围内
	配合尺寸公差	1）凸、凹配合间隙及偏差 2）导向副配合精度 3）型面尺寸公差	保证互换性
	形状与位置精度	1）平面的平直度，圆柱体的圆柱度允差 2）平行度对基准面的垂直度、同轴度等允差	保证模具精度和工作性能
	型面粗糙度及质量要求	1）型面粗糙度参数值（Ra） 2）型面硬度值（HRC）	执行表面粗糙规范和标准 执行热处理规范
	型面装饰性要求	1）型面皮纹结构 2）型面涂镀要求	采用皮纹加工和表面涂镀技术

表 5-2-15　常见成型件结构工艺要素改进示例

成型件结构要素	改进示例	说明	成型件结构要素	改进示例	说明
退刀槽结构	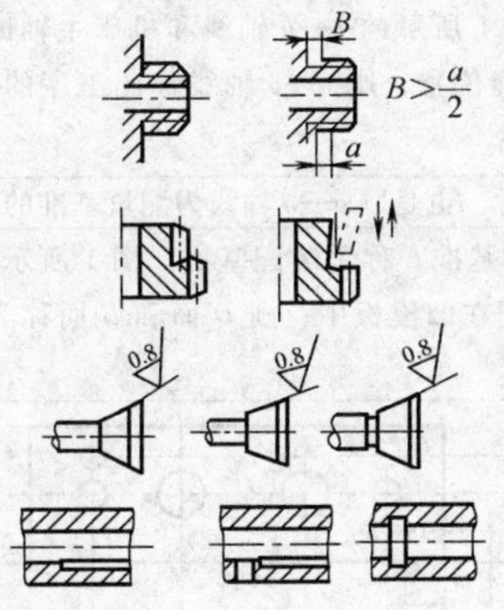 $B>\frac{a}{2}$ a）　b） a）改进前　b）改进后	按退刀槽规范和标准进行设计	加工面结构	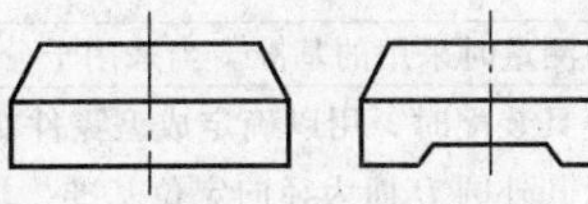 a）　b） a）改进前　b）改进后	减少加工面和加工面积
			模框内四角退刀槽结构	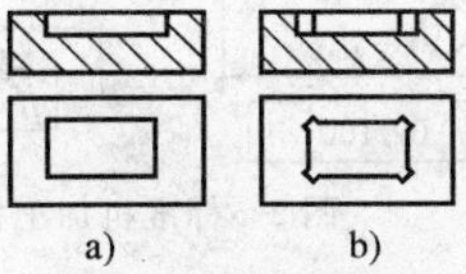 a）　b） a）改进前　b）改进后	便于加工，便于装配镶件
孔位结构	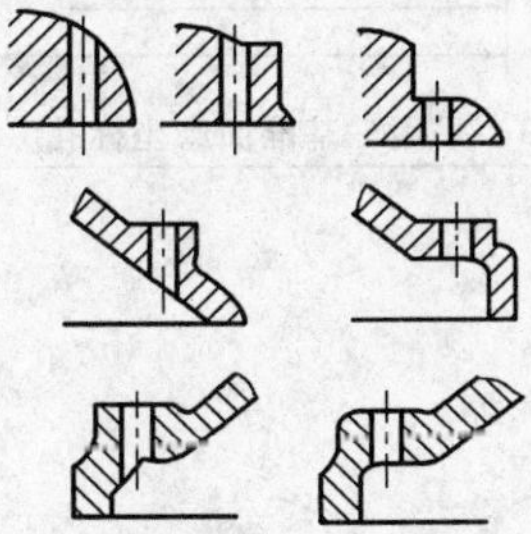 a）　b） a）改进前　b）改进后	正确设计孔的位置，以减少钻孔深度，便于钻孔	细长凸模结构	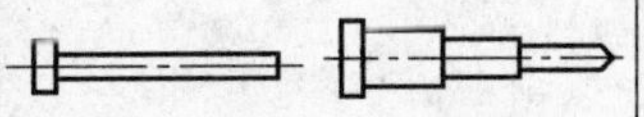 a）　b） a）改进前　b）改进后	提高结构刚度，避免装夹和加工切削力在加工时变形误差
深孔结构	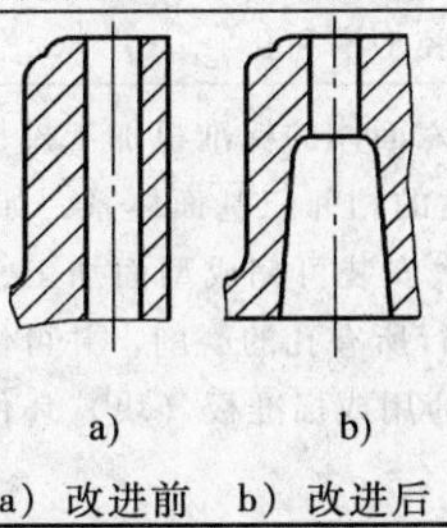 a）　b） a）改进前　b）改进后	减少钻孔深度	冲槽凸模结构	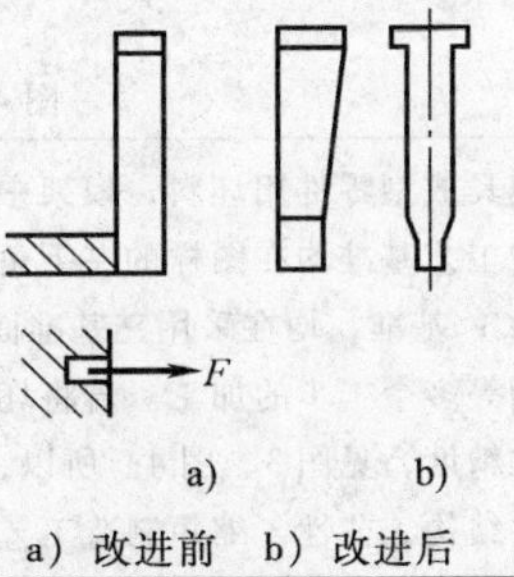 F a）　b） a）改进前　b）改进后	改善槽形凸模刚度，以防凸模受侧向力（F）产生变形

表 5-2-16　模具的工艺基准与坯件的三基面体系

基准名称	示例图和说明
示例图	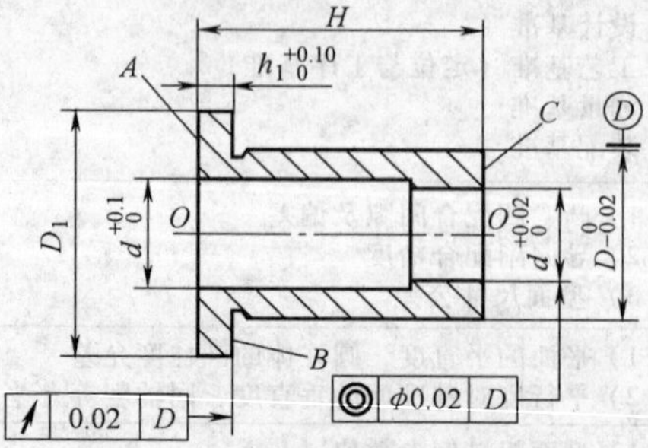 图 1　标准带肩圆凹模结构（JB/T 8057.5—1995）
设计基准	绘制在设计图样上的基准称设计基准。如图 1 中的 *o—o* 轴线是外圆和内孔的设计基准。端面 *A* 是 *B*、*C* 面的设计基准；$D^{0}_{-0.02}$轴线是 $d^{+0.02}_{0}$孔的同轴度和 *B* 面圆跳动的设计基准
工序基准	在工序图上，用以确定本工序被加工表面、加工的尺寸、形状、位置所依据的基准。工序基准亦当力求遵循与设计基准重合的原则。如图 1 中的 *o—o* 轴线亦是加工外圆、孔和 *B*、*C* 面的工序基准
定位基准	在加工中，为保证工件被加工表面相对于机床、刀具的正确位置，即将工件准确定位于机床或夹具上所采用的基准。此基准，亦当力求遵循与设计基准重合的原则。如图 1 所示的 *o—o* 轴线和机床主轴回转中心相重合，使被加工外圆和孔、*B* 和 *C* 端面相对于此中心而获得正确位置，则 *o—o* 轴线称此工序的定位基准，亦和设计基准重合
测量基准	即测量时采用的基准。当采用千分表测量外圆和 *B* 面的跳动量时，也是以 *o—o* 轴线为测量基准的（见图 1）
装配基准	模具装配时，用以确定成型零件在模具中的相对位置所采用的基准，称为装配基准。图 1 所示的圆凹模，将以其外圆 *D* 面为径向定位基准，端面 *B* 为轴向定位基准，装配在凹模板中，则 *D* 面和 *B* 面称为该零件的装配基准
示例图	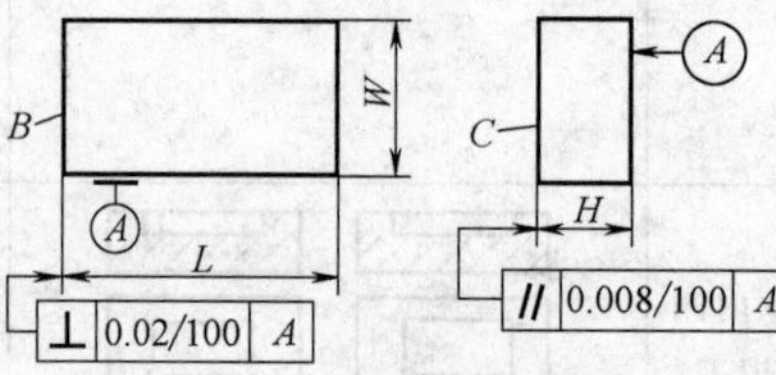 图 2　标准机加工板 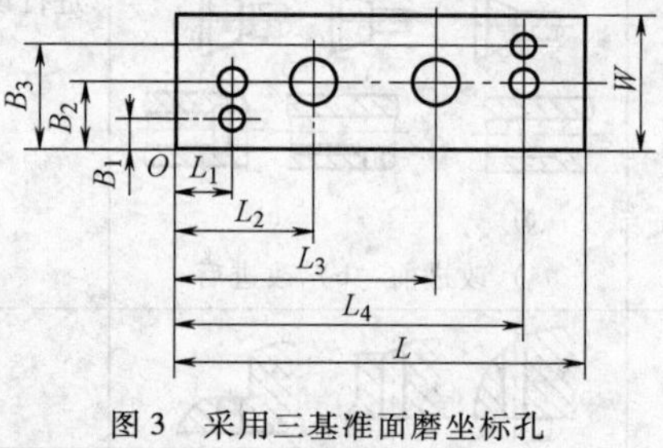 图 3　采用三基准面磨坐标孔
示例图	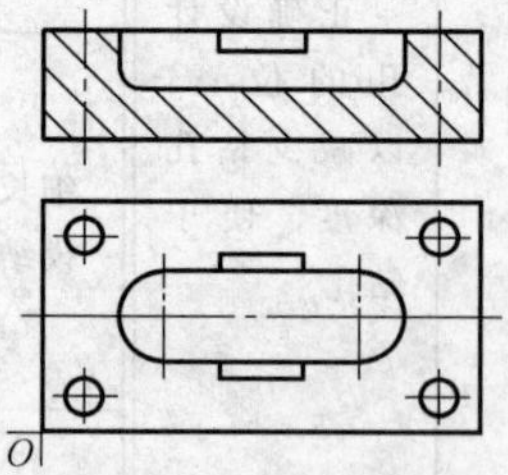 图 4　采用三基面在 NC 镗铣床上加工型腔、槽和孔
六面体坯件的三基面体系	模具成型零件用坯料，模架中的 *A*、*B* 板应当都是经过加工后，呈六面体的标准机加工模板或模块。其设计与工艺基准均在图样的左下角设坐标原点，沿三方向形成互为直角的相邻三基面体系，如图 2 所示的 *A*、*B*、*C*；基准，均在采用三基准面坯件，装于加工中心机床上，经一次安装可完成型面加工、钻孔、镗孔和铣槽等多个工步的加工。若将坯件安装在 NC 坐标磨床上，可顺序进行所有孔的磨削，并可保证孔和孔距的加工精度，见图 3、图 4。所以，采用具有三基面体系、呈六面体的通用或标准板（块）坯件，是改善模具零件结构工艺性，缩短制造工艺过程的一个重要措施

3. 模具零件的加工方法与经济精度

由于在模具零件加工工艺过程中，广泛采用 NC、CNC 高效、精密数字化加工技术和广泛采用具有精密基面的坯件来制造成型件，从而提高了模具零件的加工精度、表面粗糙度和加工效率。现就各种常用的加工方法，及其能达到的经济精度和精度，以及表面粗糙度介绍如下，以便于在制订工艺过程时合理确定加工方法。

（1）加工精度的经济性　根据成型件的精度与表面质量要求，正确、合理地采用加工方法、机床与刀具以及工艺参数（包括切削用量、工时定额等），使之符合加工的经济性要求。也就是说，使之不仅能保证达到加工精度和表面的加工质量，而且不会降低生产效率和加大工时消耗。图 5-2-3 所示为加工成本与加工误差的关系，图 5-2-4 所示为加工精度与加工工时的关系，图 5-2-5 所示为表面粗糙度与加工费用的关系。

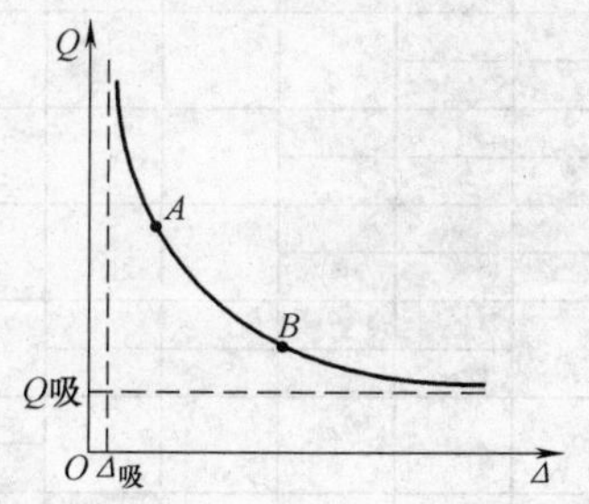

图 5-2-3　加工成本与加工误差的关系图

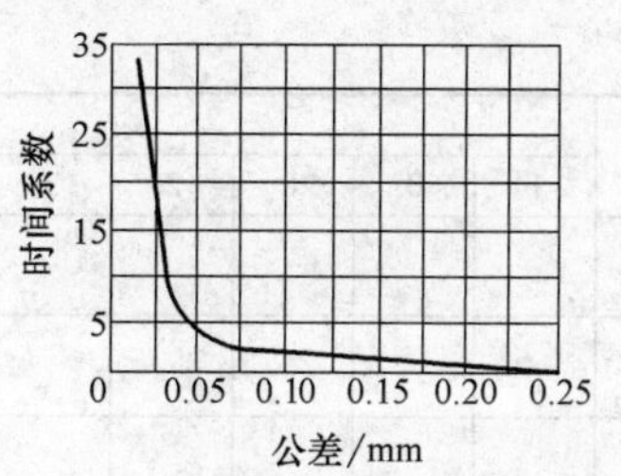

图 5-2-4　加工精度与加工工时的关系图

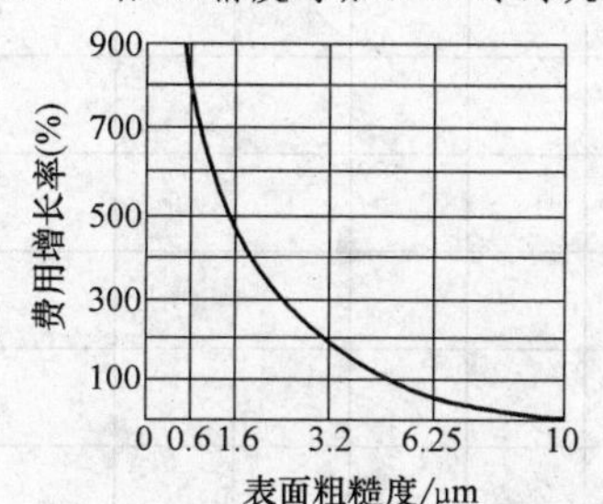

图 5-2-5　表面粗糙度与加工费用的关系

图 5-2-3 表示加工误差（Δ）和加工成本（Q）成反比关系，曲线的 A—B 之间为经济精度区。

（2）加工方法与加工精度　见表 5-2-17、表 5-2-18。

（3）平面加工方法与加工精度　见表 5-2-19、表 5-2-20。

（4）轴与孔的加工方法与经济精度　见表 5-2-21、表 5-2-22。

4. 加工方法及其表面粗糙度

表 5-2-17　模具零件成形加工方法与加工精度　（单位：mm）

加工方法	可能达到的精度	经济加工精度	加工方法	可能达到的精度	经济加工精度
仿形铣削	0.02	0.1	电解成形加工	0.05	0.1 ~ 0.5
数控加工	0.01	0.02 ~ 0.03	电解磨削	0.02	0.03 ~ 0.05
仿形磨削	0.005	0.01	坐标磨削	0.002	0.005 ~ 0.01
电火花加工	0.005	0.02 ~ 0.03	线切割加工	0.005	0.01 ~ 0.02

表 5-2-18　通用加工方法与加工精度等级

加工方法	公差等级 IT															
	1	0	1	2	3	4	5	6	7	8	9	10	11	12	13	14
精研磨																
细研磨																
粗研磨																
终珩磨																
精磨																

（续）

加工方法	公差等级 IT														
	1	0	1	2	3	4	5	6	7	8	9	10	11	12	13	14
细磨																
粗磨																
圆磨																
平磨																
金刚石车削																
金刚石镗孔																
精铰																
细铰																
精铣																
粗铣																
精车、刨、镗																
细车、刨、镗																
插削																
钻削																
锻造																
砂型铸造																

表 5-2-19 平面加工方法与平均经济加工精度（一） （单位：mm）

表面长度	表面宽度											
	用圆柱铣刀粗铣或用切刀粗刨		用面铣刀或铣头粗铣		用圆柱铣刀精铣或用切刀精刨		用面铣刀或铣头精铣		磨削		细磨	
	至100	100~300	至100	100~300	至100	100~300	至100	100~300	至100	100~300	至100	100~300
至100	0.20	—	0.15	—	0.10	—	0.08	—	0.03	—	0.025	
100~300	0.30	0.35	0.20	0.25	0.15	0.18	0.12	0.15	0.05	0.07	0.025	0.035
300~600	0.40	0.45	0.30	0.35	0.18	0.20	0.15	0.18	0.07	0.08	0.035	0.040
600~1200	0.50	0.50	0.40	0.45	0.20	0.25	0.18	0.20	0.08	0.10	0.040	0.050

用成形铣刀铣出的表面平均经济加工精度

表面长度	铣刀宽度			
	粗加工		精加工	
	至120	120~180	至120	120~180
至100	0.25	—	0.10	—
100~300	0.35	0.45	0.15	0.20
300~600	0.15	0.50	0.20	0.25

用圆盘铣刀同时铣削平行平面的平均经济加工精度

键槽宽度	粗切	精切
6~10	0.10	0.03
10~18	0.15	0.04
18~30	0.20	0.05

表 5-2-20 平面加工方法与平均经济加工精度（二）

机床类型	平行度误差	垂直度误差
铣床	300∶0.06（0.04）	300∶0.05（0.03）
平面磨床	1000∶0.02（0.015）	—
高精度平面磨床	500∶0.009（0.005）	100∶0.01（0.005）

注：括号内的数字是新机床的精度。

表 5-2-21 导柱（轴）的加工方法与平均经济加工精度（指轴径） （单位：mm）

直径	粗车				精车				粗磨			
	轴长				轴长				轴长			
	至 100	100～300	300～600	600～1200	至 100	100～300	300～600	600～1200	至 100	100～300	300～600	500～1200
至 6	0.15	—	—	—	0.06	—	—	—	0.04	—	—	—
6～10		0.20	—	—	0.08	0.10	—	—	0.05	0.06	0.08	—
10～18	0.20		0.30	—			0.15	—				—
18～30				0.10	0.10							0.08
30～50	0.30				0.15							0.10
50～80	0.40						0.18		0.08	0.10		
80～120									0.10			
120～180					0.20				0.12			
180～260												
260～300												

直径	精磨				细磨				抛光及研磨			
	轴长				轴长				轴长			
	至 100	100～300	300～600	600～1200	至 100	100～300	300～600	600～1200	至 100	100～300	300～600	500～1200
至 6	0.012	—	—	—	0.008	—	—	—	0.005	—	—	—
6～10	0.015	—	—	—	0.010	—	—	—	0.006	—	—	—
10～18	0.018	0.020	—	—	0.012	0.016	—	—	0.008	0.011	—	—
18～30	0.020	0.025	0.030	0.035	0.015	0.018	0.020	—	0.009	0.012	—	—
30～50	0.025	0.030	0.035	0.040	0.018	0.020	0.022	0.025	0.011	0.014	0.015	—
50～80	0.035	0.040	0.045		0.020	0.022	0.025	0.028	0.013	0.015	0.018	0.020
80～120					0.025		0.028	0.030	0.015	0.018	0.020	
120～180	0.040	0.045			0.030				0.020			
180～200	0.045											
200～300	0.050				0.035				0.025			

注：在普通机床上加工。

表 5-2-22 孔的加工方法与加工精度 （单位：mm）

直径	孔的平均经济加工精度（指孔径）													
	孔长至 300										孔长超过 300			
	用粗切刀或粗扩孔孔钻加工	用精切刀、镗刀块或精扩孔钻加工	不用钻摸时以麻花钻钻孔	用麻花钻按钻模钻孔	用小尺寸钻头钻孔后用大尺寸钻头扩孔	精镗粗铰或粗磨	精铰或精磨	精磨或拉削	手铰	用金刚钻镗孔、研磨	用粗切刀或粗加工铂	甩精切刀、镗刀或精扩孔钻加工	精镗、粗铰或粗磨	精铰或精磨
1～3	—	—	0.15	0.06	—	0.03	0.012		0.010	—	—	—	—	—
3～6	—	—		0.07	—		0.015							
6～10	—	—	0.20	0.10	—	0.05	0.020							
10～18	—	—		0.13	0.10		0.025	0.019		0.010				
18～30	—	—	0.25	0.20	0.15		0.030	0.023	0.015					
30～50	0.30	015	0.35	0.25	0.20		0.035	0.025		0.015	0.35	0.20	0.06	0.04
50～80			0.45	0.30		0.07	0.040	0.030	0.020	0.018	0.40	0.25	0.08	0.05

（续）

孔的平均经济加工精度（指孔径）

直径	孔长至300										孔长超过300			
	用粗切刀或粗扩孔孔钻加工	用精切刀、镗刀块或精扩孔钻加工	不用钻摸时以麻花钻钻孔	用麻花钻按钻模钻孔	用小尺寸钻头钻孔后用大尺寸钻头扩孔	精镗粗铰或粗磨	精铰或精磨	精磨或拉削	手铰	用金刚钻镗孔、研磨	用粗切刀或粗加工铂	甩精切刀、镗刀或精扩孔钻加工	精镗、粗铰或粗磨	精铰或精磨
80～120	0.40	0.20	—	—	—	0.07	0.045	0.035		0.021	0.45	0.25	0.08	0.05
120～180			—	—	—	0.10	0.050	0.040	—	0.024	0.50	0.30	0.12	0.06
180～260	0.50	0.25	—	—	—		0.060	0.045		0.027	0.55			0.07

外圆和内孔的几何形状精度

机床类型			圆度误差	圆柱度误差
卧式车床	最大直径	≤400	0.02(0.01)	100:0.015(0.010)
		≤800	0.03(0.015)	300:0.05(0.03)
外圆磨床	最大直径	≤200	0.006(0.001)	500:0.011(0.007)
		≤400	0.008(0.005)	1000:0.02(0.01)

外圆和内孔的几何形状精度

机床类型			圆度误差	圆柱度误差
无心磨床			0.010(0.005)	100:0.008(0.005)
内圆磨床	最大直径	≤50	0.008(0.005)	200:0.008(0.005)
		≤200	0.015(0.008)	200:0.015(0.008)
珩磨机			0.010(0.005)	300:0.02(0.01)
卧式镗床	镗杆直径	≤100	外圆0.04(0.025) 内孔0.05(0.020)	200:0.04(0.02)
		≤160	外圆0.05(0.030) 内孔0.05(0.025)	300:0.05(0.03)
立式金刚镗			0.008(0.005)	300:0.02(0.01)

孔的相对位置精度

加工方法	两孔轴线间或孔的轴线到平面间距离误差	在100mm长度上孔的轴线对端面的垂直度误差
立钻上钻孔	0.5～2.0	0.5
铣床上镗孔	0.05～0.10	0.02～0.05
坐标镗床上镗孔	0.005～0.015	0.01
坐标磨床上磨孔	0.0008～0.0012	

注：括号内的数字是新机床的精度。

（1）各种加工方法可达到的 *Ra* 值　机械加工、电火花加工是进行模具成型件粗加工、精加工的主要方法。精加工后的研、抛作业，是降低表面粗糙度值的主要工艺方法。表5-2-23所列是常用加工方法可达到的表面粗糙度 *Ra* 值。

（2）表面粗糙度的参数及其数值　见标准 GB/T 1031—2009。

表面粗糙度比较样块：磨、车、镗、铣、插及刨加工表面见标准 GB/T 6060.2—2006；电火花加工表面见标准 GB/T 6060.3—2008；抛光加工表面标准见 GB/T 6060.3—2008；抛（喷）丸、喷砂加工表面见标准 GB/T 6060.3—2008。

产品几何技术规范表面结构：轮廓法评定表面结构的规则和方法见标准 GB/T10610—2009。

表5-2-23　不同加工方法可达到的表面粗糙度（*Ra* 值）

加工方法	表面粗糙度 *Ra*/μm													
	0.012	0.025	0.05	0.10	0.20	0.40	0.80	1.60	3.20	6.30	12.5	25	50	100
锉						●	●	●	●	●	●	●		
刮削						●	●	●	●	●	●			

（续）

加工方法		表面粗糙度 Ra/μm													
		0.012	0.025	0.05	0.10	0.20	0.40	0.80	1.60	3.20	6.30	12.5	25	50	100
刨削	粗										●	●	●		
	半精								●	●	●				
	精						●	●	●						
插削									●	●	●	●	●		
钻孔								●	●	●	●	●	●		
扩孔	粗										●	●	●		
	精								●	●	●				
金刚镗孔				●	●	●	●								
镗孔	粗										●	●	●	●	
	半精							●	●	●	●				
	精				●	●	●	●	●						
铰孔	粗								●	●	●	●			
	半精						●	●	●	●					
	精				●	●	●	●	●						
顺铣	粗									●	●	●	●		
	半精							●	●	●	●				
	精						●	●	●						
端面铣	粗									●	●	●			
	半精						●	●	●	●	●				
	精					●	●	●	●						
车外圆	粗										●	●	●		
	半精								●	●	●	●			
	精					●	●	●	●						
金刚车			●	●	●	●									
车端面	粗										●	●	●		
	半精								●	●	●	●			
	精						●	●	●						
磨外圆	粗							●	●	●	●				
	半精					●	●	●	●						
	精		●	●	●	●	●								
磨平面	粗								●	●					
	半精						●	●	●						
	精		●	●	●	●	●								
珩磨	平面		●	●	●	●	●	●							
	圆柱	●	●	●	●	●	●								
研磨	粗					●	●	●	●						
	半精			●	●	●	●								
	精	●	●	●	●										
电火花加工								●	●	●	●	●	●		
螺纹加工	丝锥板牙							●	●	●	●				
	车							●	●	●	●	●			
	搓丝							●	●	●	●				
	滚压						●	●	●	●					
	磨					●	●	●	●						

2.3.4 模具零件制造工艺规程的基本内容

模具零件制造过程中的工序，包括确定加工顺序和确定工序尺寸与公差，应当视为零件制造工艺规程的基本内容。

1. 模具零件毛坯和加工余量

零件毛坯的制造，是指由原材料经加工转变为合格零件的第一步。因此，零件毛坯的结构要素和材料须与模具零件所要求的材料和结构要素相符合。这样，可使模具厂减少粗加工工作量。供给模具厂的毛坯，则是按技术规范留有少量加工余量的坯件。

(1) 毛坯的种类与特点

1) 锻造毛坯。是制造中、小型模具成型件毛坯的主要方法之一。其目的为改善成型件材料性能等。毛坯常锻造成六面体模块或模板供模具厂选购。

2) 型材毛坯。依据各种零件的结构要素和性能要求，可采用相应牌号材料，由坯件制造厂制造成系列板件、棒件、管件供模具制造厂选购。

(2) 加工方法与毛坯余量 从毛坯表面经多道工序切去的全部金属层的厚度，即毛坯尺寸与零件图样上标注的尺寸的差值，称加工总余量。相邻两道工序尺寸的差值，称为工序余量。工序余量之和，也称加工总余量。

1) 影响余量的因素。铸造毛坯的余量大小与铸件的尺寸关系很大，参见表5-2-24。

表5-2-24 铸件加工余量

(单位：mm)

铸件最大尺寸	单面加工余量	
	铸铁毛坯	铸钢毛坯
≤315	3~5	5~7
>315~500	4~6	6~8
>500~800	6~8	8~10
>800~1250	7~9	9~12

由于在铸造时，铸件顶面易产生铸造缺陷，所以，若加工面为顶面，则其加工余量应大于位置在底面和侧面的加工余量。

2) 锻造毛坯的余量。由于在锻造时易产生夹层、裂纹、氧化皮和脱碳层等因素的影响，其加工余量也较大，参见表5-2-25和表5-2-26。

表5-2-25 圆形锻件加工余量

(单位：mm)

锻件直径	直径上的加工余量
≤50	3~6
>50~80	4~7
>80~125	5~9
>125~200	6~10

表5-2-26 矩形锻件加工余量

(单位：mm)

锻件尺寸	单面加工余量
≤100	2~2.5
>100~250	3~5
>250~630	4~6

(3) 影响工序最小加工余量的因素

1) 工序名义余量，须大于上工序的尺寸公差值 δ_a。

2) 为使加工表面不留下上工序的加工痕迹，则其最小加工余量≥上工序加工后的表面粗糙度 (Ra) 和表面缺陷层厚度 (T_a) 的和，参见表5-2-27。

表5-2-27 各种加工方法所形成的 Ra 和 T_a

(单位：μm)

加工方法	Ra	T_a
粗车内外圆	15~100	40~68
精车内外圆	5~45	30~40
粗车端面	15~225	40~60
精车端面	5~54	30~40
钻孔	45~225	40~60
粗扩孔	25~225	40~60
精扩孔	25~100	30~40
粗铰孔	25~100	25~30
精铰孔	8.5~25	10~20
粗镗孔	25~225	30~50
精镗孔	5~25	25~40
粗刨	15~100	40~50
精刨	5~40	25~40
粗插	25~100	50~60
精插	5~45	35~50
粗铣	15~225	40~60
精铣	5~45	25~40
拉孔	1.7~3.5	10~20
切断	45~225	60
研磨	0~1.6	3~5
超级光磨	0~0.8	0.2~0.3
抛光	0.06~1.6	2~5
磨外圆	1.7~15	15~25
磨内圆	1.7~15	20~30
磨端面	1.7~15	15~35
磨平面	1.7~15	20~30

3) 上工序留下的表面之间的位置误差，如加工轴类零件时的弯曲变形误差 δ，为保证在加工后消除上工序的 δ，则须在加工余量中增加 2δ，参见图5-2-6。

类似弯曲变形误差的还包括偏移、偏斜、平行度和垂直度所形成的误差，都是影响最小工序余量的因素。

4) 本加工工序的安装误差，即定位与夹紧误差，将影响刀具相对加工表面的位置。如机床回转中心与工件中心不重合误差 (e)，将使内孔加工余量须增加

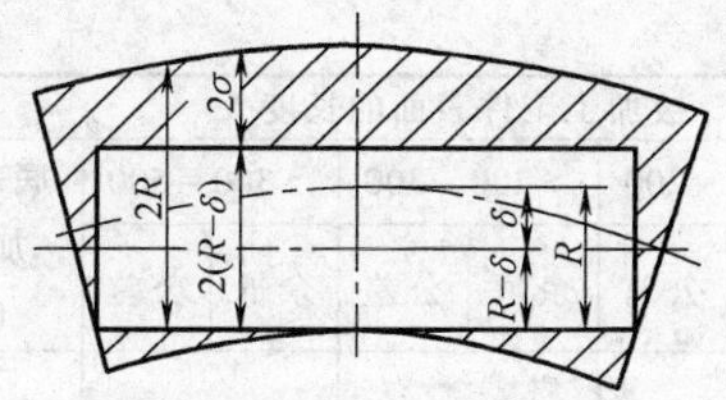

图 5-2-6　轴弯曲变形对加工余量影响

2e，参见图 5-2-7。

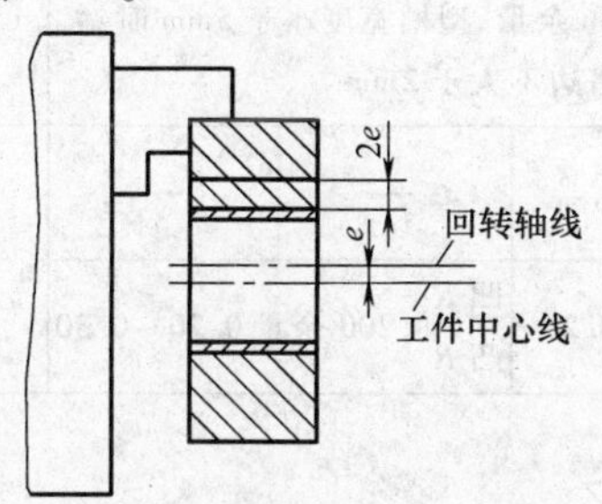

图 5-2-7　三爪自定心卡盘上工件的安装误差

5）余量的对称性。平面上的单边加工余量是非对称性的，参见图 5-2-8。

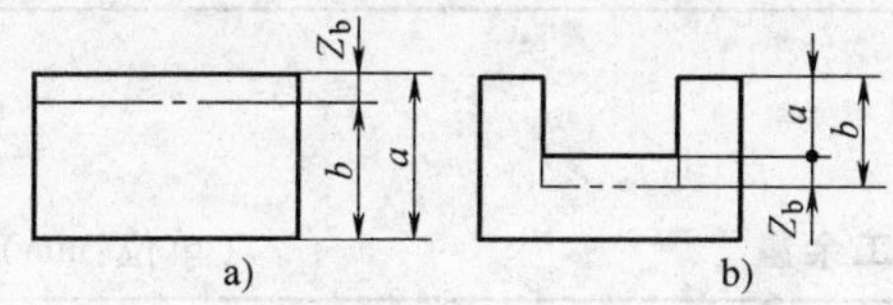

图 5-2-8　单边工序余量示意图
a）外表面余量 b）内表面余量

图 5-2-8 中表示的余量 Z_b：

外表面余量 $Z_b = a - b$

内表面余量 $Z_b = b - a$

旋转表面（外圆、内孔）的加工余量是对称性的，即：

轴的加工余量 $Z_b = d_a - d_b$

孔的加工余量 $Z_b = d_b - d_a$

式中　d_a——加工后须达到的名义尺寸加上加工余量的直径（mm）；

d_b——加工后须达到的工序名义尺寸（mm）。

（4）确定毛坯加工余量的方法

1）分析计算法。即将影响各个加工余量的因素，进行分析、计算确定之。此法主要应用在批量、大批量模具标准毛坯确定加工余量时使用之，以节约原材料加工时，并保证达到各工序的要求。其计算方法如下：

① 对称性加工余量（$2Z_b$）：

$$2Z_b \geqslant \delta_a + 2(H_a + T_a) + 2(\boldsymbol{P}_a + \boldsymbol{\varepsilon}_b)$$

式中　$\boldsymbol{P}_a + \boldsymbol{\varepsilon}_b$——两项误差的矢量和，因为 $\boldsymbol{P}_a$ 和 $\boldsymbol{\varepsilon}_b$ 在空间的方向性，故用矢量表示。

② 非对称性单边加工余量（Z_b）：

$$Z_b \geqslant \delta_a + H_a + T_a + (\boldsymbol{P}_a - \boldsymbol{\varepsilon}_b)$$

③ 刀具以加工表面本身定位的加工余量（Z_b）。由于此条件下 $\boldsymbol{P}_a$ 和 $\boldsymbol{\varepsilon}_b$ 对加工余量不产生影响，如采用浮动镗刀块镗孔、铰刀铰孔和用拉刀拉孔时，刀具均以孔表面定位，不会产生安装误差。故其计算公式可简化为

$$2Z_b \geqslant \delta_a + 2T_a$$

2）经验法。模具零件毛坯加工余量的确定常用此法。即根据现场所用的工艺方法和装备，以及模具的结构工艺要素、材料和技术要求，凭借工艺人员的经验和知识确定。由于模具非标件（含成型件）均为单件加工，故在确定毛坯加工余量时，常取偏大余量。

当采用 NC、CNC 机床加工时，为保证加工精度和表面粗糙度，则需精确安排工艺顺序，合理选定刀具。因此，毛坯加工余量的确定则须精密化，完全采用经验法则不妥。

3）查表修正法。根据模具零件的结构要素和精度与表面质量要求，以及其加工工艺方法和加工机床等，从有关手册推荐的余量表中，查出毛坯余量和各工序余量为基础，再凭借工艺人员的经验进行修正以保证毛坯余量的精确性。

此法，当是模具零件（包括标准和成型件）采用现代加工工艺和机床，确定其毛坯加工余量，最能保证达到加工要求、节材、节工时的科学方法。

毛坯加工余量和工序余量的推荐数值可参见表 5-2-28 ~ 表 5-2-32。

表 5-2-28　铣削加工余量　（单位：mm）

加工性质	被加工工件表面的宽度 B	被加工工件表面的长度 L								底平面 C 的加工余量（单面）
		100 以下		>100 ~ 200		>200 ~ 300		>300 ~ 500		
		余量	公差	余量 a	公差	余量	公差	余量	公差	
一般型腔加工余量（双面）	100 以下	0.10	+0.06	0.10	+0.08	+0.10	+0.10	0.15	+0.10	+0.04
	>100 ~ 200		+0.08							
	>200 ~ 300		+0.10	0.12	+0.10	+0.12	+0.12		+0.12	+0.08

（续）

加工性质	被加工工件表面的宽度 B	被加工工件表面的长度 L								底平面 C 的加工余量（单面）
		100 以下		>100～200		>200～300		>300～500		
		余量	公差	余量 a	公差	余量	公差	余量	公差	
凸模电极成形磨削的加工余量（双面）	5～20 >20～100	0.5～0.6		0.6～0.75		—		—		—
	>100～200	0.6～0.75		0.6～0.8						
电火花穿孔余量（双面）	一般情况	去除内形 1.5～2mm 余量，型槽宽度小于 5mm 时钻冲油密排孔，孔与孔搭边不大于 2mm								—
非对称性斜面及 R 半径的加工余量（单面）	斜面角度余量	$\pm 6'^{+0.15}_{+0.20}$		$\pm 3'^{+0.15}_{+0.20}$		—		—		+0.04 +0.08
	非对称性斜面及 R 半径加工余量	凹 $R>5$ 凸 $R>3$ 余量 0.15～0.25				凹 R 凸 R <200 余量 0.20～0.30				

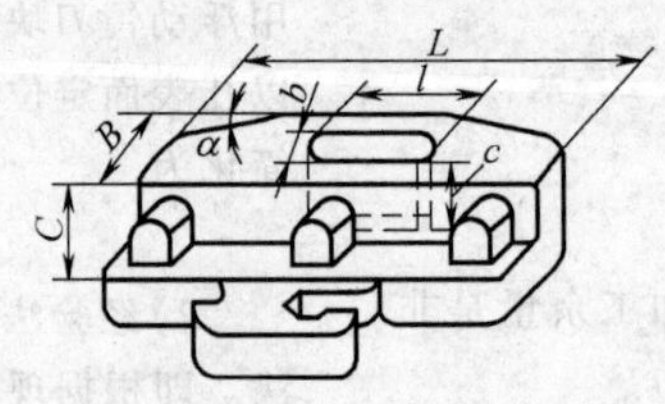

注：1. 以上余量适用于表面粗糙度在 $Ra3.2\mu m$ 以上范围。

2. 工件表面粗糙度在 $Ra3.2$～$1.6\mu m$ 时，一般不放余量。

表 5-2-29 内孔磨削加工余量 （单位：mm）

孔的直径 d	磨孔的长度在直径上的加工余量 a						磨削前余量公差为 IT5 级
	50 以下		>50～100		>100～200		
	淬硬	不淬硬	淬硬	不淬硬	淬硬	不淬硬	
10 以下	0.2	—	—		—	—	
>10～18	0.3	0.2	0.3	0.2	—	—	
>18～30	0.4	0.3	0.5	0.3	0.55	0.3	+0.1
>30～50	0.5			0.4	0.5	0.4	
>50～80		0.4	0.6		0.6	0.5	+0.12
>80～120	0.6		0.7		0.7		+0.14
>120～180	0.7	0.5	0.8	0.5	0.8	0.6	+0.16
>180～260	0.8				0.85		+0.18
>260～360	0.9	0.6	0.9	0.6	0.9	0.7	+0.22
>360～500							+0.25

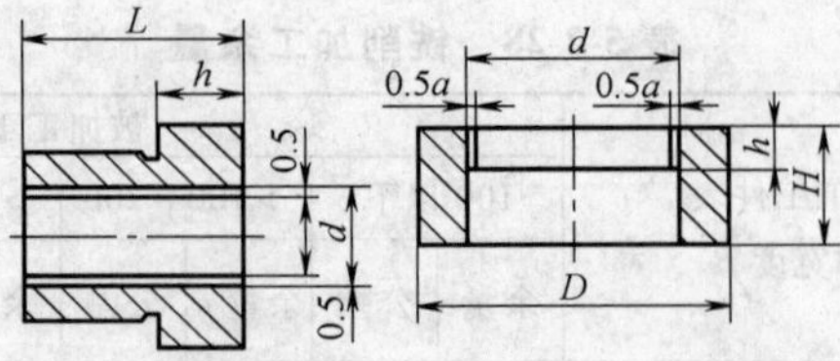

注：1. 当加工在热处理时极易变形的薄壁轴套及其他零件时，应将表中的加工余量乘以 1.3 倍。

2. 留磨余量表面粗糙度 Ra 不低于 $3.2\mu m$。

表 5-2-30 在直径上的加工余量 （单位：mm）

直径	钻孔后的余量 a				锪孔或车孔后的余量 a		粗铰后的余量 a
d	锪孔	车孔	光车	铰孔	铰孔	粗铰	光铰
3～6	<0.6	—	—	—	0.08	0.1	0.04
					0.15	0.15	0.05
>6～10	<0.7	—	0.5	—	0.1	0.1	0.06
					0.18	0.16	0.1
>10～18	<0.8	0.8	0.8	—	0.1	0.1	0.06
					0.2	0.2	0.1
>18～30	<0.2	1.2	1	—	0.15	0.15	0.06
					0.2	0.2	0.1

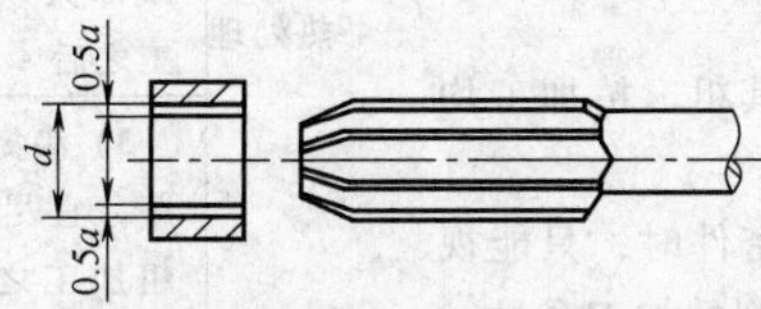

表 5-2-31 内外圆(形)研磨余量 （单位：mm）

工件尺寸	轴	孔	平面(每边)	斜面及不对称 R
50 以下	+0.015	-0.015	+0.015	不放
	+0.025	-0.025	+0.025	
>50～80	+0.02	-0.02	+0.02	不放
	+0.03	-0.03	+0.03	
>80～100	+0.03	-0.03	+0.03	不放
	+0.04	-0.04	+0.04	

注：1. 选用以上研磨余量的工件，被研磨面在研磨前的表面粗糙度 Ra 为 0.8μm。

2. 以上数值是在名义尺寸上另外增加的。

表 5-2-32 外圆磨削加工余量 （单位：mm）

<table>
<tr><th rowspan="3">轴的直径 d</th><th colspan="6">轴的长度在直径上的加工余量 a</th><th rowspan="3">磨削前余量公差为 IT5 级</th></tr>
<tr><th colspan="2">100 以下</th><th colspan="2">>100～250</th><th colspan="2">>250～500</th></tr>
<tr><th>淬硬</th><th>不淬硬</th><th>淬硬</th><th>不淬硬</th><th>淬硬</th><th>不淬硬</th></tr>
<tr><td>10 以下</td><td rowspan="3">0.35</td><td rowspan="2">0.25</td><td rowspan="2">0.35</td><td>0.25</td><td rowspan="2">—</td><td rowspan="2">—</td><td rowspan="4">+0.1</td></tr>
<tr><td>>10～18</td><td rowspan="3">0.35</td></tr>
<tr><td>>18～30</td><td rowspan="3">0.35</td><td>0.45</td><td>0.55</td><td>0.45</td></tr>
<tr><td>>30～50</td><td rowspan="2">0.45</td><td>0.50</td><td rowspan="2">0.6</td><td rowspan="2">0.55</td></tr>
<tr><td>>50～80</td><td rowspan="2">0.60</td><td rowspan="2">0.45</td><td>+0.12</td></tr>
<tr><td>>80～120</td><td rowspan="2">0.6</td><td>0.45</td><td>0.7</td><td>0.5</td><td>+0.14</td></tr>
<tr><td>>120～180</td><td rowspan="2">0.5</td><td>0.70</td><td>0.5</td><td>0.8</td><td rowspan="2">0.55</td><td>+0.16</td></tr>
<tr><td>>180～260</td><td>0.7</td><td rowspan="2">0.8</td><td rowspan="2">0.6</td><td rowspan="3">0.9</td><td>+0.16</td></tr>
<tr><td>>260～360</td><td>0.8</td><td>0.6</td><td>0.6</td><td>+0.22</td></tr>
<tr><td>>360～500</td><td>0.9</td><td>0.7</td><td>0.9</td><td>0.7</td><td>0.7</td><td>+0.25</td></tr>
</table>

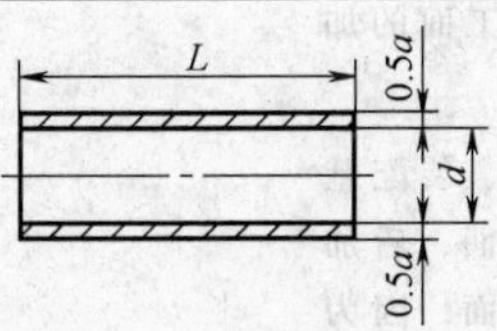

注：1. 10mm 以下 L/d 的长细比最大不超过 20 倍。

2. 磨削前表面粗糙度 Ra 不低于 3.2μm。

2. 模具零件制造工序、工序尺寸与公差

确定模具成型件的制造工艺顺序和划分工艺阶段、工序内容、工序尺寸与公差，是设计模具成型件制造工艺过程和编制其制造工艺规程的另一个基本内容。

（1）划分工艺阶段。模具成型件制造工艺过程中的工艺阶段的划分，和一般机械零件基本上相同，可分为粗加工、半精加工、精加工和精饰加工四个阶段。

由于模具成型件结构工艺要素和材料及其热处理性能等要点，所以在划分其工艺阶段时当注意以下特点：

1）当采用电火花成形加工时，其粗、精加工均须在热处理后进行。

2）当采用电火花线切割加工精密件时，只能视本工序为半精加工，需留精密成形磨削的加工余量。

3）当采用由坯件制造厂提供的标准圆凸模与圆凹模坯件，以及粗加工成形的凹模坯件时，则可省去粗加工，甚至半精加工工序。

（2）确定工序内容与加工顺序的原则　合理确定工序内容与加工顺序，对缩短制造工艺过程，进行高效、精密加工，保证加工精度和表面粗糙度具有重要作用。

1）工序内容当力求集中，即经一次安装能加工多个被加工面，或进行多个工步的加工，使工序内容增多，以提高工艺集成度。

可采用三基面，将经成形粗加工的凹模坯件安装在CNC机床上，按工步顺序和数字化加工程序进行型面、槽和孔的粗、半精和精加工工序，使达到高效、精密加工的要求。

2）确定加工顺序的原则见表5-2-33。

表5-2-33　加工顺序的原则

工序类别	确定加工顺序的原则	作用
机械加工	1）先粗后精加工	粗加工切除大部分余量，以逐步减少余量进行半精加工和精加工，以保证加工精度和表面质量
	2）先加工基准面，后加工其他加工面	用加工好的基准面定位，以便其后的被加工面的加工
	3）先加工主要的被加工面后加工次要的加工面	先加工工作面、装配基准面等主要加工面，后加工槽、孔等加工面，因为这些次要面对主要面有位置精度要求
	4）先加工平面，后加工内孔	因加工好的平面可作为稳定、可靠的加工孔的精基准面
热处理	1）退火、回火和调质与时效处理须在粗加工后进行	去除零件因粗加工产生的内应力
	2）零件淬火或渗碳淬火须在半精加工之后	提高表面硬度和耐磨性的淬火和渗碳淬火引起的变形可在精加工时消除
	3）渗氮处理等工序，宜尽量安排在粗加工之后、精加工前为好	因渗氮处理的温度低，渗氮深度小（为0.8～1.2mm），变形很小，易于精加工消除
检验	1）在粗加工和半精加工以后，须进行检查测量	目的在于保证半精加工、精加工余量，保证工序尺寸和公差
	2）重要工序加工前、后和零件热处理前的测量	目的在于保证半精加工、精加工余量，保证工序尺寸和公差
	3）完成零件所有加工后的检查与测量	目的在于保证加工后的尺寸与尺寸精度、形状位置精度，以及表面质量和技术要求，完全符合零件图样上的要求

（3）工序尺寸与公差的确定　工序尺寸与公差是指在某工序所有加工内容均完成后，工件应达到的尺寸与公差。确定每道工序的尺寸与公差主要取决于：每道工序的加工余量和工艺基准的选择两个因素。

1）确定工序尺寸与公差的顺序如下：

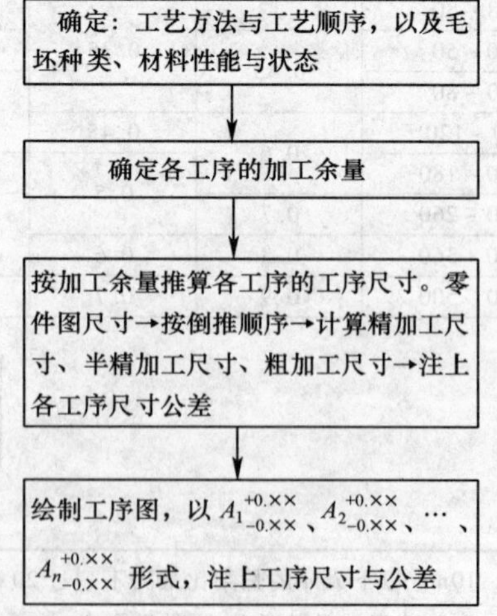

注意：

以批量、大批量生产规模制造模具标准件时，须编制工序卡，并按上述顺序绘制工序图，注明工序尺寸与公差，以保证加工精度和表面粗糙度要求。

以普通机床加工模具成型件时，可凭经验确定加工余量，可不绘制工序图，但须推算各工序尺寸和公差。

当采用CNC机床加工模具成型件时，则须按顺序绘制工序图，注明工序尺寸与公差，并填入工序卡中，以保证高效、精密加工。

2）工艺基准与设计基准不重合时的工序尺寸与公差，可应用工艺尺寸链和采用极值法解工艺尺寸链计算。

3. 加工设备及工艺装备的选择

模具零件加工设备及工艺装备的选择原则见表5-2-34。

表5-2-34 加工设备与工艺装备的选择原则

类型	选择原则	说明
设备选择	机床的加工区域尺寸必须与所加工零件的外形轮廓尺寸相适应	在选择机械加工设备时，必须使选择的机床规格适应零件尺寸的加工，如直径不大的导柱、导套，可选在卧式车床上加工，而外径较大、长度较短的轴套类零件则应选立式车床加工；小零件的孔应选在普通钻床加工，而大的模具零件孔宜在摇臂钻床上加工；对于孔径和孔距要求比较高的孔，可选在坐标镗床上加工，以做到合理地使用设备
	机床的功率和加工量应与零件工序的加工要求相适应	粗加工工序应选用功率较大的机床加工；在利用刀具做精细加工时，应选择转速较高的精密机床加工
	机床的精度应与工序要求的加工精度相适应	在选择机床时，一般加工机床的加工精度，要比所加工零件要求的加工精度高
	机床的选用应与现有设备条件相适应	在选用设备时，应根据现有设备条件选择，既要充分利用现有的设备发挥效益能力，又要充分考虑生产的发展方向以及添置新设备的可能性

（续）

类型		选择原则　说明
工艺装备选择	夹具	1）单件小批量生产时，应尽量选择各机床自备的通用卡具和附件，如卡盘、回转工作台等，必要时可选用组合夹具 2）较大量生产时，应自制适宜零件生产的专用夹具和胎具
	刀具	1）尽量选择标准刀具 2）加工复杂形状零件时，应自制成形刀具
	量具	1）一般零件采用通用量具，如游标卡尺、千分尺、深度尺、量规、量块等，或自制检验样板 2）精密模具零件应采用万能工具显微镜及坐标测量等光学仪器

4. 加工精度的控制

零件的加工精度包括零件的尺寸精度（以尺寸公差表示）、零件的几何形状精度及零件的相互位置精度、零件间配合尺寸精度等。在零件加工时，控制加工精度的方法见表5-2-35。

表5-2-35 控制加工精度的方法

精度类别	控制措施	措施说明
尺寸精度控制	选择合理的加工方法	在模具设备零件图样上，一般都标出了尺寸、公差等级（精度要求）。在生产时，应根据制件图上不同的公差等级精度的零件型面，采取不同的加工方法，以达到精度要求标准
	选用高精度刀具	零件的加工精度在很大程度上由刀具的精度决定。因此，在选用刀具时，一定要选用高精度刀具对零件切削
	采用试切校样方法切削	在切削零件时，先按确定的工艺方法，如机床的转速、进给量，用刀具在工件上试切；然后进行测量，根据测量结果适当调整刀具，直至试样合格后再切削全部表面，即采用边测边切方法
	确定好刀具与工件的相对位置	在切削时，应利用靠模、行程挡块、行程开关及百分表测量方法，确定好刀具与工件的相对位置后进行切削

（续）

精度类别	控制措施	措施说明
尺寸精度控制	采用数控机床加工	数控机床是根据被加工零件图样和工艺要求，编制成以数码表示的程序输入到机床的数控装置或控制计算机中，以控制工件和工具的相对运动，使之加工出合格零件的方法，其加工精度高、质量好
配合尺寸精度控制	采用配件加工方法	先加工好配合中的一件作为基准件，再以此为基准加工另一件，使之保持一定的配合间隙，如凸、凹模，导柱、导套的加工
	采用平均尺寸（公差带的中心）加工	在加工时，对于配合的两个零件，全按平均尺寸（公差带的中心）加工到尺寸，然后相配，主要适用于比较简单的圆形、矩形、较规则形状零件的加工
	采用样板、模型加工	在加工形状较复杂的配合零件时，如对凸、凹模加工，应尽量采用样板加工；对于覆盖件等大型冲模，应采用样板、模型配合加工
配合精度的控制	正确地选择加工基准	在加工时，要正确选择零件加工基面和测量基准，以保证正确的配合精度
	正确进行操作及严格检查	零件的最后配合精度是在很多工序中综合取得的，对每个工序都要正确操作，严格检查，边加工边试，以达到正确配合
	采用标准化设备	在模具设计中，应采用标准化设计，进行批量加工，提高零件的互换性。在众多的零件中，以选配的方式选择配合精度

5. 表面质量的控制

模具零件表面质量，主要体现在表面粗糙度 *Ra* 值的高低、表面层的金相组织状态、力学性能和残余应力的大小。实践证明，表面质量对零件的工作性能及模具的使用寿命影响很大。因此，在零件加工中，必须设法提高零件的表面质量，其具体措施如下：

（1）选择合适的加工方法　在加工模具零件时，首先应根据零件的表面形状和加工质量要求对照各种加工方法所能达到的精度和表面粗糙度等级，找出适宜的加工方法。加工时，可根据表面粗糙度的不同要求，参照表5-2-23来选择。

（2）合理地控制加工方法　根据不同的表面粗糙度要求，按表5-2-27选取加工方法后，在加工时必须对这些加工方法给予正确的使用，以控制表面粗糙度在适用范围内。表面质量（表面粗糙度、冷作硬化层及残余应力）控制方法见表5-2-36。

表5-2-36 零件表面质量控制方法

控制措施	说明
消除机床自身振动使工件表面产生划痕	1）消除外界干扰力对机床本身的振动，如断续的切削力、电动机、带轮主轴及砂轮不平衡产生的惯性力而引起的振动 2）采用隔离基础的方法消除来自机外的空压机、柴油机及其他从地面传来的干扰力 3）提高工件、刀杆刚度 4）修磨刀具及改变刀具装夹方法，改变切削力方向，减小作用于工艺系统的切削力 5）减小刀具后角，使其锋利
消除刀具几何因素影响使表面产生刀痕	1）改变刀具的几何参数，增大刀尖圆弧半径和减小负偏角 2）采用宽刃精铣刀、精车时需减小振动 3）减小加工时的进给量
消除受工艺因素影响使工件表面产生积屑瘤	1）根据具体情况，改用适宜切削速度，减小进给量 2）在中低速切削时，加大刀具前角或适当增大后角 3）改用润滑良好的切削液，如动、植物油 4）必要时，对坯件进行正火调质处理，以提高硬度降低韧性和塑性

（续）

控制措施	说明
消除冷作硬化层	零件在加工过程中，由于产生强烈的塑性变形，其表面的强度、硬度都有所提高，并达到一定的深度，这种现象称为冷作硬化。冷作硬化现象的产生，在一定程度上可提高零件的耐磨性，但过度的硬化会使表面产生细小的裂纹及剥落，加剧磨损。因此，为取得零件的合格表面质量，在加工时，需采用合理的加工方法及适当的余量
消除表面残余应力	零件在磨削时，会使磨削表面温度升高，或产生较大温差，严重时使表面金属的金相组织发生变化，强度和硬度下降，表面产生裂纹，形成表面烧伤，影响模具的使用寿命和性能。因此，在磨削时，要合理地使用磨削液及减小磨削深度，而使其表面质量提高
消除磨削烧伤	利用电火花、线切割加工零件，由于在加工时会在零件表面上产生许多放电痕迹，形成小麻坑及硬化层，使表面质量降低。因此，在加工时，一定要注意选择合适的电规准
减少电加工表面变质层	模具零件加零件加工后，为提高表面质量，可采用一些修整工艺，如研磨，可消除表面切削痕及表面变质层
采用研磨、珩磨加工	采用高频淬火、渗碳、渗氮等热处理方法，以获得表面压应力或采用人工时效处理方法，以消除零件表面残余应力，提高表面质量
选择适当的热处理方法	表面质量较高的模具零件，在生产工艺上可以采用滚压、挤压、喷砂等方法加工，获得较好的表面质量。如型腔冷挤压 Ra 可达 0.20μm
改变生产工艺	

2.4 模具工艺规程的执行

1. 执行工艺规程的基本条件

1）制订并执行《模具设计与制造案例》制度：分类登记每副模具的设计图样和文件；收集登记每副模具的制造工艺文件；详细记录其实用工艺技术参数、实用工时与精度、质量状况等文件，以及管理制度等。如：企业模具通用零、部件标准；制造工时与工时定额标准；零件加工工艺技术参数规范等。

2）申请注册企业第三方认证，建立企业产品质量保证与管理体系。保证模具制造工艺过程中的各个质量环节都处于高水平作业之中，从而保证每副模具的制造工艺规程都能安全、可靠地执行与实施。

3）针对企业产品（模具），明确其制造工艺路线和制造工艺方向；并在此基础上，逐步配套制造设备、加工机床和工装，使之具有前瞻性。这是模具制造工艺规程实施的技术基础。

4）通过培训与教育，提高企业职工技术素质和技艺水平。同时，还必须建立具有鲜明特色的企业文化，形成一支具有高度文明的企业员工队伍，以进一步提高执行模具制造工艺规程的安全性、可靠性。

2. 模具制造过程误差分析与控制

1）模具的制造精度由三部分误差形成，即标准零、部件的制造误差；成型件的制造误差；模具装配误差。前两部分误差产生的原因主要是设计误差和工艺系统误差。其中，设备误差是相对于名义尺寸或理论尺寸确定的允许设计误差。工艺系统误差，则是由机床、刀具和夹具的制造误差；由夹紧力、切削力等力的作用产生的变形误差；以及由于在加工时，机床、刀具、夹具的磨损、受热变形误差等所形成，见表5-2-37～表5-2-39。

2）模具装配误差的形成及其形成过程，与模具装配时相关零件的定位、拼装、连接、固定等装配顺序及工艺有关；与标准件、成型件制造误差有关。其中，凸、凹模之间的间隙值及其允差，是确定零件制

表5-2-37 零件制造误差分析与控制

误差类别	误差产生原因与分析	误差控制
理论误差	由于在加工时，采用近似的加工运动或近似刀具轮廓所产生的误差	采用CAD/CAM技术，以提高运动精度和刀具轮廓精度
安装误差	安装误差为定位误差与夹紧误差的和： 1）定位误差为基准不重合误差与基准位移误差的向量和，即 $\overline{\Delta}_{定位}=\overline{\Delta}_{位移}+\overline{\Delta}_{基}$ 2）夹紧误差是由于夹紧工件的力作于工件，使工件变形而产生的加工误差	1）力求使工序基准与定位基准重合，或使其向量和保证在设计时所要求的精度范围内 2）加强薄壁零件的刚度，精确计算工件所允许的夹紧力

（续）

误差类别	误差产生原因与分析	误差控制
调整误差	机械加工时，为获得尺寸精度，常采用试切法或调整法，均产生调整误差 1）试切法的调整误差：由操作时的测量误差、机床微量进给误差和工艺系统受力变形误差所造成 2）调整方法的调整误差：由微进给量误差及因进给量小而产生“爬行”所引起的误差；调整机构，如行程挡块、靠模、凸轮等的制造误差，或所采用的样件、样板的制造误差，以及对刀误差等所形成的调整误差	1）保证测量器具精度，须按期检修和进行计量 2）保证机床的微进给精度 3）正确选订加工工艺参数 4）提高和控制定程精度和对刀精度
测量误差	由量具本身制造误差和所采用的测量方法、方式所产生的误差	
机床误差	1）导轨误差：导轨是机床加工运动的基准，其直线运动精度直接影响被加工工件的平面度和圆柱度 2）主轴回转误差：磨削时将影响工件的表面粗糙度，产生圆柱度误差、平面度误差 3）传动误差：包括传动元件，如丝杠、齿轮和蜗杆副的制造误差等	1）保证机床导轨直线运动和主轴回转运动的精度 2）提高传动链精制造精度，尽量缩短传动链，并减小其装配间隙
夹具误差	夹具误差的主要因素是夹具各类元件（包括定位元件、对刀元件、刀具引导装置）及其安装表面等的位置误差，以及各类有关元件在使用中磨损所造成的误差	须保证夹具精度，使不失精度。要求： 精加工夹具允差：取工件相应公差的1/2～1/3； 粗加工夹具允差，取工件相应公差的1/5～1/10
刀具误差	由刀具制造误差（含电火花加工用电极）、刀具装夹误差和刀具磨损产生的误差	在加工时，须保证刀具（含电极）制造和使用时的装夹精度
工艺系统变形误差	1）工艺系统受力变形误差包括由于机床零部件刚度不足，受力后的弹性变形引起的误差；由于刀具刚度不足，受力后的弹性（如悬壁）变形引起的误差；以及工件刚度不足，受力后的弹变、塑变引起的误差 2）工艺系统受变形误差是由于加工时，工件、刀具和机床受热后引起的变形所产生的误差	提高和保证机床、刀具的刚度及正确制订加工工艺参数是减小受力变形误差的基本条件；精加工在恒温（20℃）条件下进行，是减少热变形的措施。一般恒温精度为±1℃；精密恒温精度为±0.5℃；超精恒温精度为±0.1℃
工件内应力引起的误差	工件在加工时，由于其存在内应力的平衡条件被破坏，产生的变形误差	须在粗加工和半精加工时消除内应力，即精加工前进行时效处理
操作误差	操作时，由于技术不熟练、质量意识差、操作失误等引起的误差	提高职工素质和质量意识，制订完善的质量保证和管理系统

表5-2-38 工件允许的极限测量误差

工件的精度等级和配合种类		尺寸范围/mm											
		1～3	>3～6	>6～10	>10～18	>18～30	>30～50	>50～80	>80～120	>120～180	>180～260	>260～360	>360～500
孔	轴	允许的极限测量误差/±μm											
—	h5、g5、f6	2	2	2	3	4	4	4.5	6	6.5	—	—	—
H6、G6、F7	h6、g6	3	3	4	4	5	6	6	8	10	12	15	18
H7、G7、G8	h7、f8、s7、u5、u6、f7、e8、c8	5	6	6	8	8	10	11	13	16	17	20	25
H8、E8、E9、D8、D9、H9	h8、h9、d8	6	6	7	9	10	12	13	16	19	20	25	30
f9、d9、d10		7	8	9	11	12	15	16	19	21	25	30	35

（续）

工件的精度等级和配合种类	尺寸范围/mm											
	1~3	>3~6	>6~10	>10~18	>18~30	>30~50	>50~80	>80~120	>120~180	>180~260	>260~360	>360~500
H10、h10	9	10	1t	13	15	18	20	23	25	30	35	40
H11、D11、B11、C11、A11、h11、d11、b11、c10、c11、a11	11	12	13	17	20	24	31	38	45	55	66	75
H12、H13 h12、h13、b12、c12、c13	13	24	30	35	42	50	60	70	80	90	100	110

表 5-2-39 长度测量的极限误差

测量工具名称	比较测量法用的量块		被测尺寸分段/mm		
			>10~50	>50~80	>80~120
	等级		极限误差(±)/μm		
用立式光学计、卧式光学计、测长机等测外尺寸	3	0	0.5	0.6	0.8
	4	1	0.6	0.8	1.0
	5	2	1.0	1.3	1.6
用卧式光学计附有光学计和显微镜的测长机测内尺寸	3	0	0.9	1.1	1.3
	4	1	1.0	1.3	1.6
	5	2	1.4	1.8	2.0
分度值为0.01mm的千分表(指针在一周范围内工作时)：0级精度	6	3	10	10	10
1级精度	6	3	15	15	15

测量工具名称	比较测量法用的量块	被测尺寸分段/mm		
		>10~50	>50~80	>80~120
	等级	极限误差(±)/μm		
千分尺	绝对测量法	8	9	10
内径千分尺	—		18	26
		40	45	45
用读数为0.02mm的游标卡尺：测量外尺寸 测量内尺寸		50	60	60
用刻度值为0.05mm的游标卡尺：测量外尺寸 测量内尺寸		80	90	100
		100	130	130

造和装配允差的依据。模具装配误差的形成和零件之间的尺寸关系与顺序如图5-2-9所示。

图5-2-9说明：

模具装配后，其零件之间的尺寸关系，必须满足装配工艺尺寸链中封闭环的要求。

装配后，各装配单元之间的相对位置必须正确，保证其位置精度。

装配后，装配单元中的运动副或运动机构，必须保证其在工作运动中的精度和可靠性。

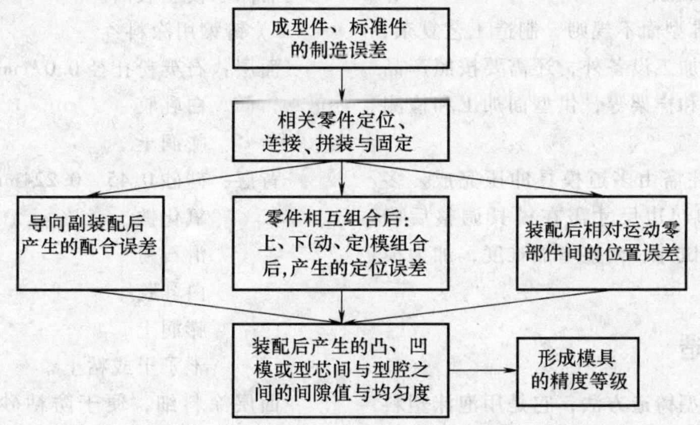

图 5-2-9 模具装配误差形成框图

第3章　覆盖件冲模制造工艺实例

3.1　覆盖件冲模制造要点

3.1.1　覆盖件冲模制造特点

1）模具轮廓尺寸大，需使用大型加工设备。模具重量少则几吨、十几吨，个别的重达30t。常用大型加工设备有龙门刨床、龙门铣床、大型插床、数控铣床、仿形铣床和研配压力机等。

研配压力机是大型模具加大的专用设备，主要用于模具三维型面的研修和装配时合模调整。研配压力机有机械传动和液压传动两种形式。为方便安装模具，研配压力机的工作台可以移动到机外。常用机械传动研配压力机的主要技术参数见表5-3-1。

表5-3-1　机械传动研配压力机的主要技术参数

技术参数	机械传动	
	50t	15t
额定压力/kN	500	150
闭合高度/mm	800～2500	200～1400
滑块尺寸（长×宽）/mm	2500×4500	1260×2900
工作台尺寸（长×宽）/mm	2500×4500	1260×3060

2）大批量生产用的钢制模具，主要零件的主体结构多为铸造结构，并采用实型铸造工艺。覆盖件的切边模凸模和凹模一般都是在铸造基体上选用拼镶块结构和堆焊刃口结构两种形式。拼镶块可以选用工具钢（如T10A）或火焰淬火钢，常用火焰淬火钢7CrSiMnMoV，有锻坯和铸钢坯两种供料方式，火焰淬火硬度可达55 HRC以上。

3）覆盖件冲模三维型面不规则，制造工艺复杂，除需采用上述专用大型加工设备外，还需要按照产品主模型制造的工艺模型和样架等，供型面加工和检测时使用。

4）一个覆盖件往往需由多道模具冲压完成，多数覆盖件的落料尺寸和切边尺寸需在模具调整后确定，因而给冲模制造和试冲、调整增加难度，加大模具制造周期和工艺成本。

3.1.2　模具实型铸造

实型铸造是一种新型铸造方法，它是用泡沫塑料作模型，造型后模型留在砂型内，铁液浇注时泡沫塑料气化，造型空腔中铁液冷凝成所需的零件。由于采用实型铸造造型简便，所以被广泛用于覆盖件模具的铸造结构零件。

（1）实型铸造用模型　目前一般多选用聚苯乙烯泡沫塑料作模型材料，要求密度为0.02～0.025g/cm^3，孔径为1.25～0.9mm（16～20目），发泡均匀，珠粒尺寸接近，质地一致。

模型按设计图样、工艺模型和样件制作，可按1.5%～2%放收缩量。对复杂型面的模型，可采用数控加工方法加工出型面部分，再手工分块，修整成形。模型可用镶拼结构，用白乳胶粘接。模型修整时可用砂纸抛光。

（2）造型材料　造型材料须采用自硬砂，一般使用硅砂即可，孔径为0.355～0.154mm（50～100目），SiO_2含量大于90%。粘结剂采用酚醛树脂，铸钢件用呋喃树脂。固化剂采用甲苯乙醇和水。

（3）模型用涂料

1）铸铁用涂料：

粉状物：固定碳　55%

挥发物　2.2%

灰分　42.8%

灰分中包括ZrO_2（17%）、SiO_2（13.5%）、Al_2O_3（3%）Fe_2O_3和MgO（余量）

溶剂：乙醇　91.5%

无机粘接剂　4.5%

挥发油　4%

粉状物与溶剂重量比按1∶0.7，充分稀释并搅拌均匀后涂于模型表面。

2）铸钢用涂料：

面层：石英粉孔径0.071mm(200目)以上　100

白乳胶　5

膨润土　3

背层：硅砂0.45～0.224mm(40～70目)　100

氧化铁　5

滑石粉　5

白乳胶　6

膨润土　3

干子土或粘土　8

面层涂料细，便于防粘砂，先涂一层，厚度>0.3mm；待干燥后涂背层涂料，厚度>0.8mm。背层涂料粗，透气性好，有利于获得厚的涂层，强度高，干燥快。

涂层以后的模型应烘干。

3.2　拉深模制造工艺

拉深模从结构上来说是比较简单的，因此，拉深模的制造工艺也就比较简单。凸模立体曲面就是拉深件内表面，凸模立体曲面的精度和表面粗糙度对拉深件的质量有很大影响，因此，拉深模的制造工艺关键在于凸模制造。对于一些要求高的覆盖件，在拉深出的拉深件表面上喷上一层硝化漆，然后在阳光下检查拉深件表面光的漫反射，以确定如何修准凸模。

3.2.1　拉深模的结构特点

1）拉深模的凸模、凹模、压边圈、顶件器等一般都用铸铁制成。按不同要求可选用合金铸铁、球墨铸铁或灰铸铁 HT250、HT300。零件采用铸造空心结构，设加强肋板以增加其强度。

2）拉深模的导向装置多采用导板导向。导板除可导向外，还可承受不大的侧向力，导板有平板式、角式等。采用 MoS_2 的自润式导板使用效果较好，或用工具钢（T7、T8）淬硬至 55HRC 作导板，如图 5-3-1 所示。

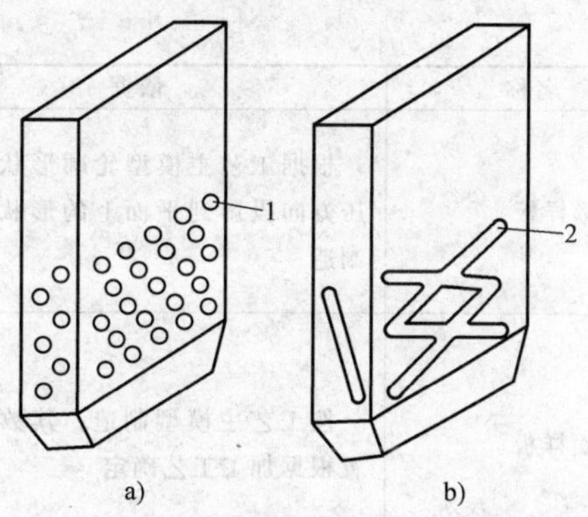

图 5-3-1　导板

a）自润式导板　b）工具钢导板

1—MoS_2 颗粒　2—油槽

3）覆盖件拉深时，在凸缘部位需采用拉深肋，防止材料起皱。拉深肋的凸肋设在上模，而凹槽部分设在下模，可方便坯料安放定位。

4）大型覆盖件平面尺寸大，深度相对较浅，曲面形状过渡圆滑，凹模中一般不设顶出机构。

5）一般采用固定挡料销作坯料定位装置。

6）覆盖件拉深时需较大的压边力。使用双动压力机时，由外滑块提供压边力（机械压边）；使用单动压力机时，由压力机下部的气垫提供压边力。气垫压力一般在 0.5～0.6MPa，可根据需要调整。

3.2.2　拉深模模型和样板的准备

根据模具结构和设备情况，可采取以下不同加工方案：①分别仿形（或数控）加工；②组合后仿形加工；③按断面样板加工。企业无数控、仿形加工机床时，凸模和凹模等零件的型面用一般铣床加工，按投影样板和断面样板制造，钳工锉修的工作量较大。

模型和样板是覆盖件冲模加工的依据，其种类和派生关系如下：

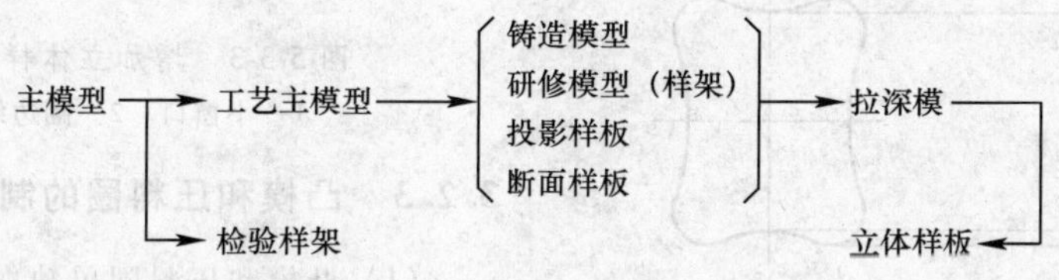

1）各类模型、样板的适用场合见表 5-3-2。

表 5-3-2　各类模型、样板的适用场合

名称	依据	适用场合	加工用材料
主模型	按汽车车身每个覆盖件形状制成，为零件内表面形状和尺寸	各类模型和样板的制造依据	优质木材、塑料（玻璃钢）
工艺主模型	主模型加工工艺补充部分，一般按单个零件制造	供凸模和压边圈仿形加工的靠模。制造所有加工用模型和样板的母模	塑料（玻璃钢）
研修模型（样架）	按工艺主模型（凸型）翻制而成的反型（凹型）	作凹模和顶件器仿形加工的靠模。仿形后凸模精加工研合用	塑料（玻璃钢）、低熔点合金
铸造模型	按工艺主模型和样架翻制	凸模、凹模等零件铸造用	优质木材、发泡塑料

（续）

名称	依据	适用场合	加工用材料
投影样板	根据工艺主模型轮廓形状，按冲压方向投影到平面上的形状、尺寸制造	组装后仿形加工时，用于凸模、凹模等零件轮廓形状划线加工后的检验；切边模刃口镶块粗加工形状、位置的确定	钢板、胶合板（精度较低时）
断面样板	按工艺主模型制造，其数量和位置根据加工工艺确定	在两个覆盖件的衔接处，用同一块断面样板精修两套拉深模的凸模，可保持其一致 无仿形铣床时按断面样板加工三维型面	薄钢板、铝合金板、胶合板（同上）
立体样板	用拉深件作坯料，在拉深件上做出切边轮廓线或翻边轮廓线	为切边模或翻边模作为加工工作部分的依据	拉深工序件
检验样架	按主模型制造	用于检查冲压件三维型面的符合程度，切边轮廓，冲孔位置的准确性	塑料

2）投影样板的加工方法（图5-3-2）。工艺主模型和样板分别直立夹在平板上的方箱上，工艺主模型适用的冲压方向应垂直于方箱上相应平面，用高度尺和角尺将工艺主模型上所需的有关点（曲线平缓的可取稀一些，曲线较陡的取密一些）的 x、y 坐标尺寸直接划在钢板上，得出投影点，然后用曲线板将各投影点圆滑地连接起来，钳工锯、锉修成。

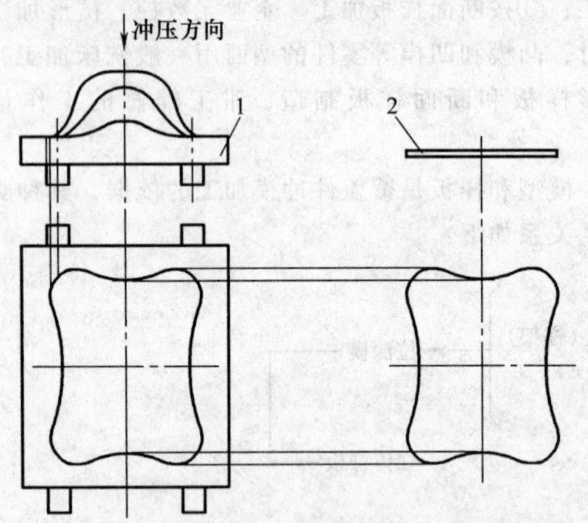

图5-3-2 模型划投影样板线

1—工艺主模型 2—投影样板

3）立体样板的加工。立体样板是用拉深模调整后压出的合格拉深件加工成的。

将工艺主模型和拉深件立在平板上，测量工艺主模型翻边轮廓上有关点的坐标尺寸，将它划到拉深件的相应部位上。用曲线板将各点圆滑连接起来，即为翻边轮廓线。如制作用于切边模的立体样板，可按工艺图要求依此翻边线再划出切边线。

为了增加立体样板的刚性，使拉深件保持其原有的正确形状，立体样板应保留拉深件的工艺补充部分，在拉深件上，按翻边线（或切边线）划出长方形窗口线，由各小窗口中的一边构成断续的翻边线（或切边线）。窗口的长度一般取20～30mm，间隔约10mm。窗口宽度可根据情况取5～10mm。按窗口线钻孔并修锉成形（图5-3-3）。

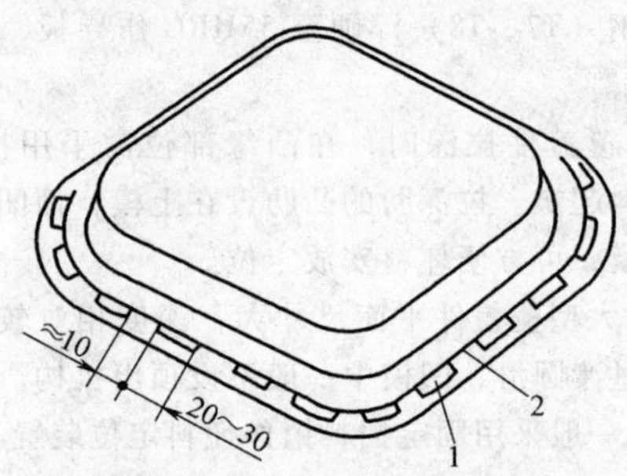

图5-3-3 增加立体样板刚性的图例

1—小窗口 2—翻边线（切边线）

3.2.3 凸模和压料圈的制造工艺方案

（1）凸模和压料圈单独在仿形铣床上加工 凸模和压料圈单独在仿形铣床上加工，用于凸模立体曲面、凸模外轮廓、压料圈压料面和压料圈内轮廓比较复杂的凸模和压料圈。因为凸模外轮廓和压料圈内轮廓是立体曲线，难于用一般的划线方法划线加工，只好单独在仿形铣床上加工，然后按仿形铣刀痕，并参照工艺主模型划凸模外轮廓和压料圈内轮廓线，在插床或龙门铣床上按线加工凸模外轮廓和压料圈内轮廓。优点是划线简单，不需要样板。缺点是划线误差较大，因此，压料圈内轮廓和凸模外轮廓间的间隙不均匀，两次在仿形铣床上加工，制造周期长。

（2）凸模和压料圈组合成一件后同在仿形铣床

上加工　凸模和压料圈组合成一件后同在仿形铣床上加工，用于凸模立体曲面、凸模外轮廓、压料圈压料面和压料圈内轮廓比较简单的凸模和压料圈，凸模外轮廓和压料圈内轮廓用凸模外轮廓投影样板划线（投影画法），在插床或龙门铣床上加工凸模外轮廓和压料圈内轮廓，然后将压料圈套在凸模外轮廓，组合成一件后同在仿形铣床上加工。优点是划线较准，因此，压料圈内轮廓和凸模外轮廓之间的空隙较均匀，一次在仿形铣床上加工，制造周期短。缺点是划线费事，需要样板。在可能的条件下应尽量采用凸模和压料圈组合成一件后同在仿形铣床上加工的方案。

下面以解放牌汽车左、右里门板工序 1 拉深模为例（图 5-3-4），说明拉深模的制造工艺。

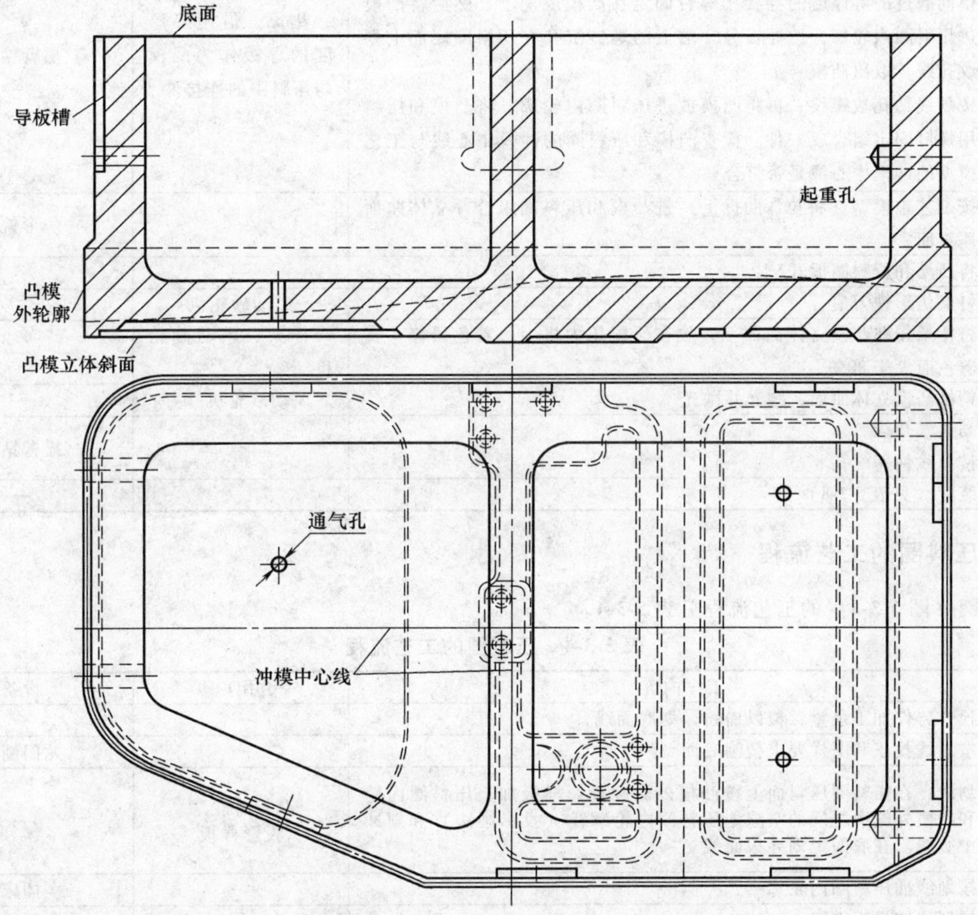

图 5-3-4　解放牌汽车左、右里门板工序 1 拉深模

3.2.4　凸模的工艺流程

凸模的工艺流程见表 5-3-3。

表 5-3-3　工艺流程

工序	工序内容	专用工具	设备
1	检查铸件加工余量，覆以白粉，划底面线和起重孔线，按划线钻起重孔	—	横钻床（卧式镗床）
2	按划线找正和图样要求，精刨底面		龙门刨床
3	划线：在凸模立体曲面上按凸模外轮廓投影样板划凸模外轮廓线（投影画法）和划冲模中心线。在底面上和侧面上划导板槽线	按凸模外轮廓投影样板	—
4	按划线插凸模外轮廓	—	插床
5	按划线铣导板槽	—	龙门铣床

（续）

工序	工序内容	专用工具	设备
6	按固定座上的螺钉通孔在底面上划螺孔线和按导板上的螺钉沉孔在导板槽面上划螺孔线 按划线钻孔攻螺纹。将导板用螺钉固定在凸模上	—	摇臂钻床
7	与压料圈组合成一件：首先按图样要求，凸模底面与压料圈底面低多少准备垫圈，利用凸模底面上的螺孔在上面放垫圈，借用本套冲模同磨过的等厚度的导板用螺钉固定在凸模底面上，然后将凸模放进压料圈内轮廓，按导板另一端上的螺钉沉孔在压料圈底面上划螺纹孔线，取出凸模 按划线钻孔攻螺纹，再将凸模放进压料圈内轮廓，将凸模和压料圈用螺钉固定组合成一件。检查凸模和压料圈的冲模中心线与工艺主模型的冲模中心线是否符合	垫圈、借用等厚度的导板作为凸模与压料圈的连接件	摇臂钻床
8	按工艺主模型（将拉深肋拆下）铣凸模和压料圈组合件立体曲面和压料面	—	仿形铣床
9	将凸模和压料圈拆开	—	—
10	打磨仿形铣刀痕	风动砂轮机	—
11	将样架扣在凸模立体曲面上，放在研配压力机上，着色研修，直至着色面大于80%	样架、风动砂轮机	—
12	精修凸模立体曲面，蹭光并抛光	风动砂轮机	—
13	划通气孔线 按划线钻通气孔	—	摇臂钻床
14	装配（见表5-3-8）	—	—

3.2.5 压料圈的工艺流程

压料圈（图5-3-5）的工艺流程见表5-3-4。

表5-3-4 压料圈的工艺流程

工序	工序内容	专用工具	设备
1	检查铸件加工余量，覆以白粉，划底面线	—	—
2	按划线找正和图样要求精刨底面	—	龙门刨床
3	划线：在压料圈压料面上按凸模外轮廓投影样板加上压料圈内轮廓和凸模外轮廓之间的空隙划压料圈内轮廓线（投影画法）和划冲模中心线。在底面上划导板面线	凸模外轮廓投影样板	—
4	按划线插压料圈内轮廓	—	插床
5	按划线铣导板面	—	龙门铣床
6	将压料圈套在凸模外轮廓，找好间隙，配磨导板，保持导板之间的间隙为0.3 ~ 0.5mm	—	平面磨床
7	按导扳上的螺钉沉孔在导板面上划螺孔线，按划线钻孔攻螺纹，将导板用螺钉固定在压料圈上	—	可移式万能钻床
8	与凸模组合成一件（见表5-3-3工序7）	—	—
9	铣凸模和压料圈组合件立体曲面和压料面（见表5-3-3工序8）	—	—
10	将凸模模和压料圈拆开（见表5-3-3工序9）	—	—
11	打磨仿形铣刀痕（见表5-3-3工序10）	风动砂轮机	—
12	将加工好的凹模扣在压料圈压料面上，放在研配压力机上，着色研修，直至着色面积大于80% 在拉深肋槽上垫料厚0.9mm，同样用着色和压痕研修出料厚间隙，这样研修出的料厚间隙是不准的，有待于调整拉深模时最后研修	凹模、风动砂轮机	研配压力机
13	精修压料圈压料面和拉深肋槽，蹭光并抛光	—	风动砂轮机
14	装配（见表5-3-8）	—	—

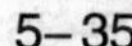

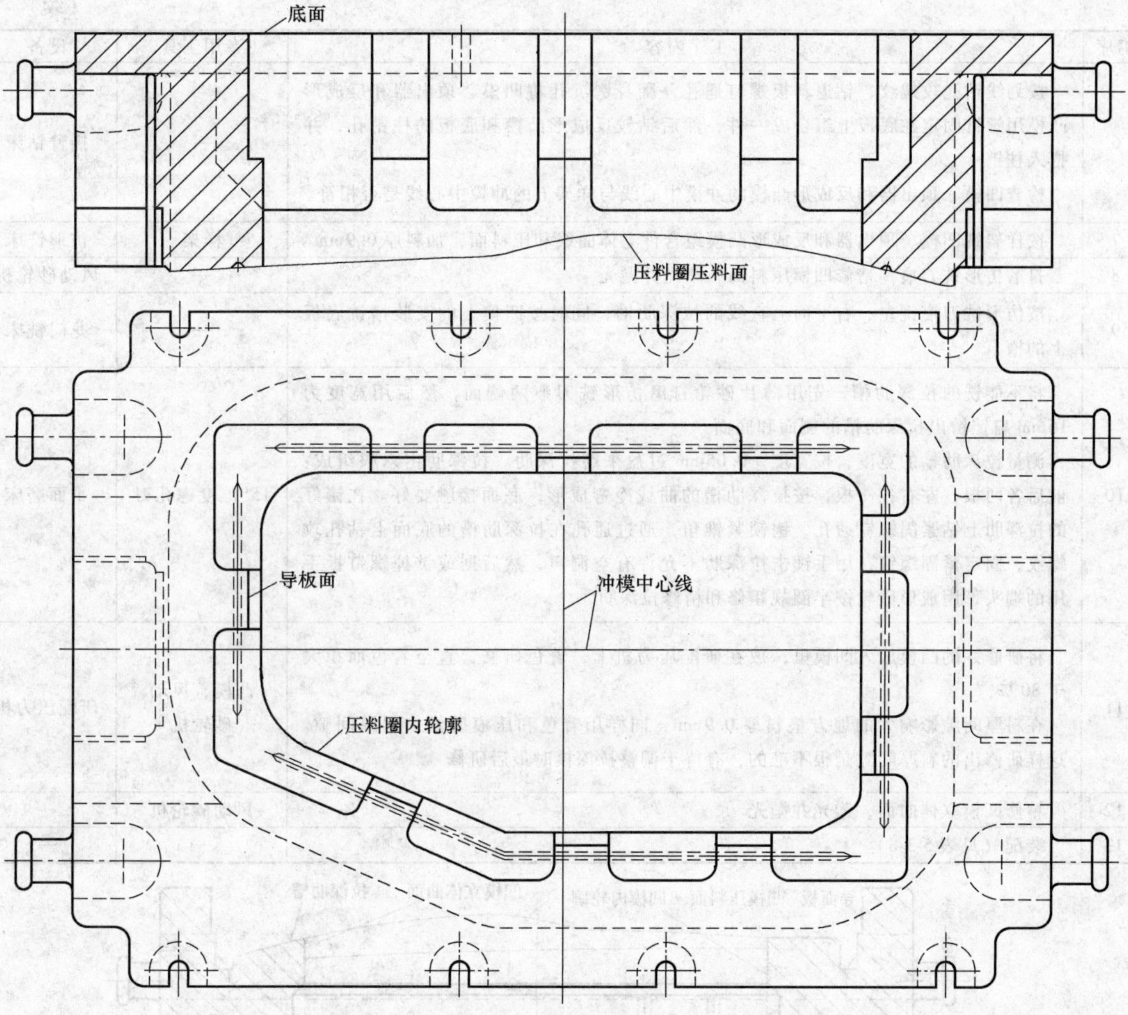

图 5-3-5　压料圈

3.2.6　凹模的工艺流程

凹模（图 5-3-6）的工艺流程见表 5-3-5。

表 5-3-5　凹模的工艺流程

工序	工序内容	专用工具	设备
1	检查铸件加工余量，覆以白粉，划底面线	—	—
2	按划线找正和图样要求精刨底面	—	龙门刨床
3	划线：在底面上划冲模中心线，以凸模顶部轮廓投影样板（有窗口轮廓投影）上的冲模中心线对准凹模的冲模中心线划凹模内轮廓和空档线，然后将冲模中心线引到凹模压料面上。划导板面线、螺钉通孔线和安装槽线，按划线钻孔	凸模顶部轮廓投影样板	摇臂钻床
4	按划线插凹模内轮廓	—	插床
5	按划线铣空档、导板面、螺钉通孔凸台面、安装槽和安装槽凸台面	—	龙门铣床
6	划线：将凹模放在底板上，按凹模上的螺钉通孔在底板上划螺孔线。在顶出器上的退料板螺钉孔内拧入螺钉中心冲，并找平，将顶出器放进凹模里击引出底板上的退料板螺钉沉孔位置。最后将反成形凸模放进顶出器里，按反成形凸模上的螺钉沉孔在底板上划螺孔线	—	摇臂钻床

（续）

工序	工序内容	专用工具	设备
6	按划线钻孔攻螺纹，钻退料板螺钉通孔，翻身锪沉孔将凹模、顶出器和反成形凸模用螺钉固定在底板上组合成一件，然后钻铰反成形凸模和底板的柱销孔，并打入柱销 检查凹模、顶出器和反成形凸模的冲模中心线与样架上的冲模中心线是否相符	—	摇臂钻床
7	按样架铣凹模、顶出器和反成形凸模组合件立体曲线和压料面，加料厚0.9mm	样架	仿形铣床
8	打磨仿形铣刀痕，精修凹模压料面，蹭光并抛光	—	风动砂轮机
9	按仿形铣刀痕铣左、右平面上直线的拉深肋槽，同时按凹模上的安装槽铣底板上的槽	—	龙门铣床
10	将不能铣的拉深肋槽，先用薄片砂轮打磨仿形铣刀痕两侧面，然后用宽度为16mm扁铲铲出拉深肋槽的侧面和底面 测量拉深肋槽的宽度，按宽度+0.05mm过盈来磨拉深肋。拉深肋由六根组成：前后各两根，左右各一根，按拉深肋槽的曲线冷弯成形，底面接触要好。在镶好的拉深肋上钻紧固螺钉通孔，锪锁紧锥角，通过通孔在拉深肋槽的底面上钻孔攻螺纹，固定紧固螺钉，用手锤击拉深肋不允许有空洞声，然后据或铲掉螺钉扳手用的端头，用成形砂轮按半圈规粗修和精修拉深肋	15°锥度锪孔刀	平面磨床
11	将研修好的凸模放入凹模里，放在研配压力机上，着色研修，直至着色面积大于80% 在料厚间隙影响大的地方垫料厚0.9mm，同样用着色和压痕研修出料厚间隙。这样研修出的料厚间隙是很不准的，有待于调整拉深模时最后研修	凸模，风动砂轮机	研配压力机
12	精修凹模立体曲面，蹭光并抛光	风动砂轮机	—
13	装配（见表5-3-8）	—	—

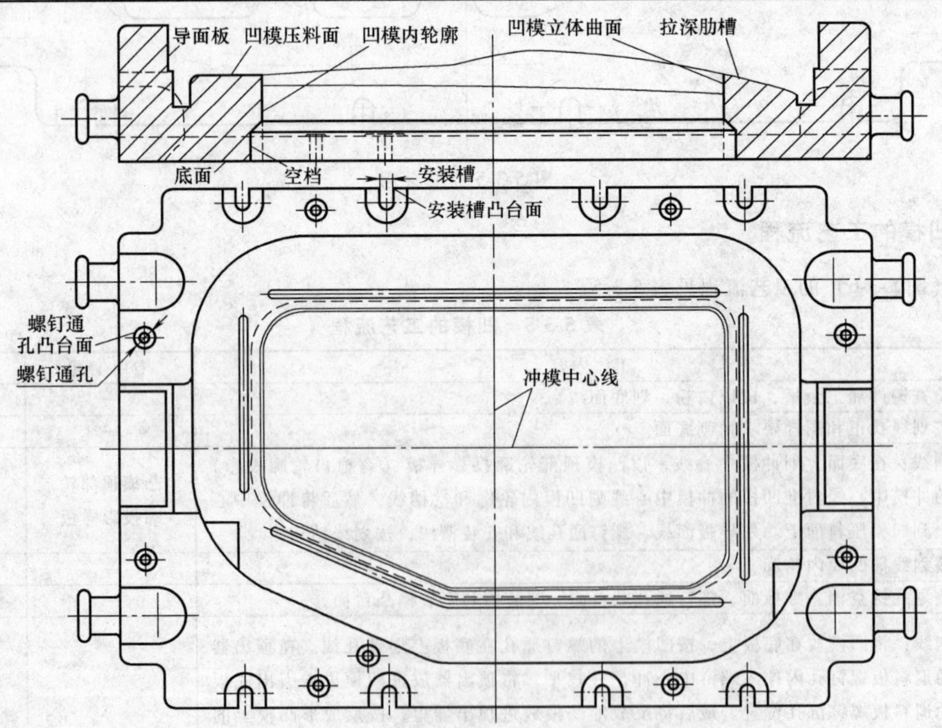

图5-3-6 凹模

如果拉深肋装在上面压料圈压料面上，则压料圈压料面打磨仿形铣刀痕以后，精修、蹭光并抛光，在压料圈压料面上装拉深肋，以凸模和压料圈组合件同时研修凹模立体曲面和压料面。如果由于样架变形而铣出的凹模立体曲面和压料面误差较大时，则应单独以凸模和压料圈分别研修凹模立体曲面和压料面。研修前需要先借研修量，即在凹模的有关部位垫油泥或铅皮，测量各处的间隙，然后在凸模和压料圈底面加垫，研修后按所加垫的厚度重新加工凸模和压料圈底面，这样导板也需要重新磨配。

拉深肋装在上面压料圈压料面上，还是装在下面凹模压料面上，装拉深肋的压料面都是打磨仿形铣刀痕后不研修。

如果压料面就是覆盖件本身的凸缘面时，压料面最好用样架研修。

3.2.7　顶出器的工艺流程

顶出器（图 5-3-7）的工艺流程见表 5-3-6。

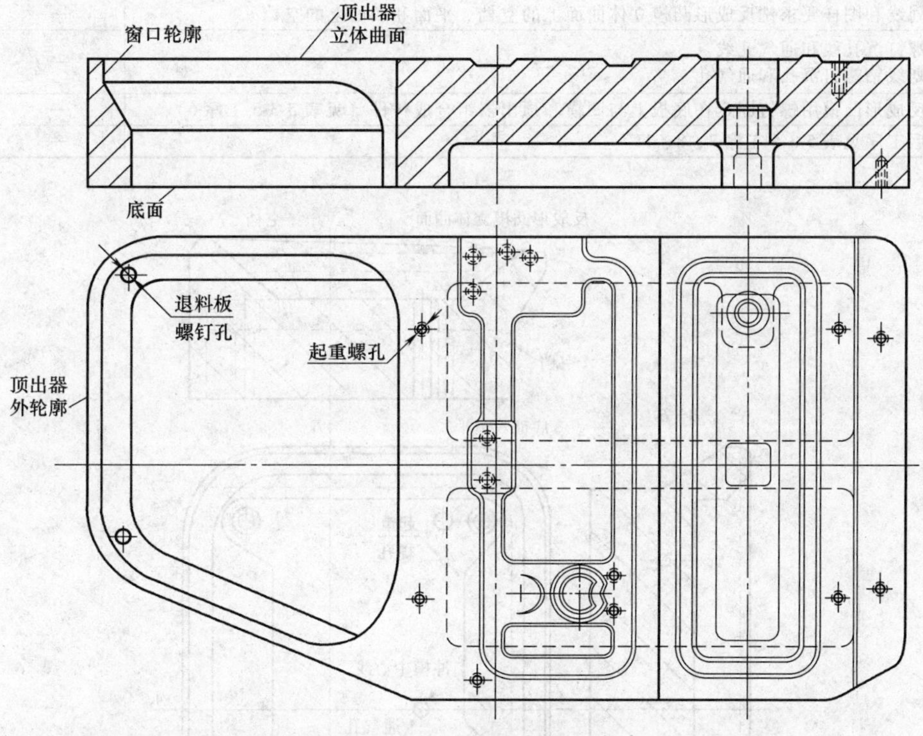

图 5-3-7　顶出器

表 5-3-6　顶出器的工艺流程

工序	工序内容	专用工具	设备
1	检查铸件加工余量，覆以白粉，划底面线 在顶出器立体曲面上划起重螺孔线 按划线钻孔攻螺纹	—	摇臂钻床
2	按划线找正和图样要求精刨底面	—	龙门刨床
3	划线：在顶出器立体曲面上按凸模顶部轮廓投影样板，划顶出器外轮廓线和窗口轮廓线（投影画法），并将样板上的冲模中心线引到顶出器立体曲面和底面上 在底面上划退料板螺钉孔线 按划线钻孔攻螺纹	凸模顶部轮廓投影样板	摇臂钻床
4	按划线插顶出器外轮廓	—	插床
5	按划线铣窗口轮廓	—	龙门铣床
6	将顶出器用螺钉固定在底板上与凹模和反成形凸模组合成一件（见表 5-3-5 工序 6）	—	—
7	以后工序见表 5-3-5 工序 7、8、11	—	—

3.2.8　反成形凸模的工艺流程

反成形凸模（图 5-3-8）的工艺流程见表 5-3-7。

表 5-3-7 反成形凸模的工艺流程

工序	工序内容	专用工具	设备
1	检查铸件加工余量，覆以白粉，划底面线 在反成形凸模立体曲面上划起重螺孔线 按划线钻孔攻螺纹		摇臂钻床
2	按划线找正和图样要求精刨底面	—	牛头刨床
3	在反成形凸模立体曲面上按凸模顶部轮廓投影样板的窗口轮廓划反成形凸模外轮廓线（投影画法）和空档线，并将样板上的冲模中心线引到反成形凸模立体曲面上，在底面上划空档线	凸模顶部轮廓投影样板	—
4	按划线插反成形凸模外轮廓	—	插床
5	按划线和图样要求铣反成形凸模立体曲面上的空档、平面和底面上的空档	—	龙门铣床
6	划螺钉沉孔线和通气孔线 按划线钻螺钉沉孔和通气孔	—	摇臂钻床
7	将反成形凸模用螺钉固定在底板上与凹模和顶出器组合成一件（见表 5-3-5 工序 6）	—	摇臂钻床
8	以后工序见表 5-3-5 工序 7、8、11	—	—

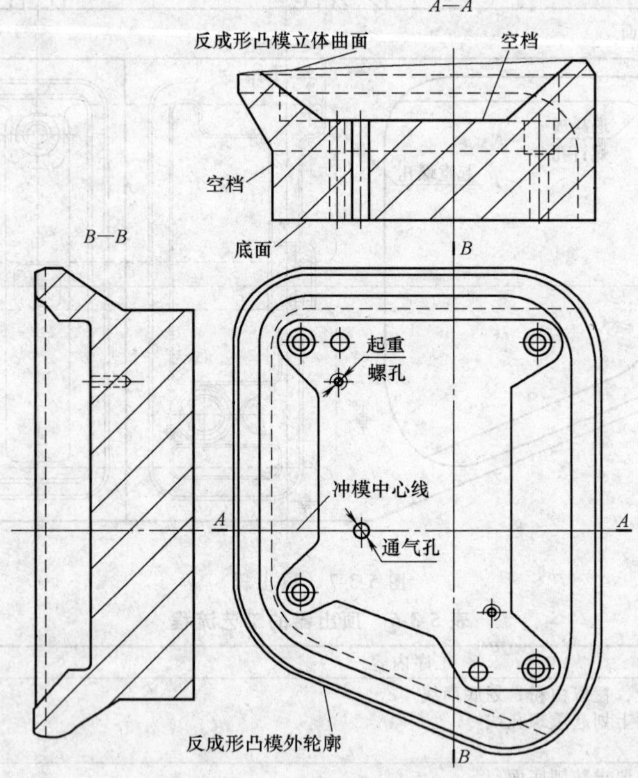

图 5-3-8 反成形凸模

3.2.9 装配的工艺流程（见表 5-3-8）

表 5-3-8 装配的工艺流程

工序	工 序 内 容	设备
1	将固定座用螺钉固定在凸模上。将凹模、顶出器、反成形凸模和底板组合件放在平板上，然后依次放上压料圈和凸模（带固定座），以凹模的安装槽为准，在压料圈底面和固定座底面上划冲模中心线。根据冲模中心线，按图样要求分别在压料圈底面上划安装槽线和在固定座底面上划安装孔线 按划线铣安装槽和钻安装孔	龙门铣床 摇臂钻床

（续）

工序	工序内容	设备
2	将顶件板装在支架上，按支架上的螺钉沉孔在顶出器和反成形凸模上划螺孔线，同时按顶件板划弹簧窝座线。按划线钻孔攻螺纹和钻弹簧窝座，将支架用螺钉拧在顶出器和反成形凸模上，找正位置，固定螺钉；按支架上的柱销孔在顶出器和反成形凸模上钻铰柱销孔，并打入柱销。将凹模、顶出器和反成形凸模从底板上拆下，在底板上的弹簧窝座内放进弹簧以后再装上，在顶出器上装退料板螺钉 在硬件板上的弹簧窝崖内放进弹簧 依次装上压料圈和凸模	摇臂钻床
3	凹模、压料圈和固定座的铸造面涂漆	—

凸模和压料圈单独在仿形铣床上加工时导板是在装配过程中装配的。

3.2.10　在卧式仿形铣床上加工时的装夹和工作情况

先将加工件放置在卧式仿形铣床（图 5-3-9）立式工作台的下半部，下面用千斤顶支撑，同时用压板和压板螺钉将加工件夹住，然后用千斤顶调节使加工件的水平冲模中心线与主轴水平导轨平行，并拧紧压板螺钉。然后将工艺主模型或样架放置在立式工作台的上半部，用压板和压板螺钉夹住。

在主轴上装尖铣刀，在仿形仪上装上专用对线顶尖，开动仿形铣床。以加工件的冲模中心线为准，找正工艺主模型或样架上的冲模中心线，并拧紧压板螺钉，最后将粗铣刀和相应的仿形指分别装在主轴和仿形仪上，调节仿形仪或工作台的上半部使仿形指和铣刀能同时接触工艺主模型或样架和加工件的最高点和最低点。根据加工余量再调节仿形仪的伸出长度进行初铣和精铣。仿形指和铣刀的形状是相同的，根据加工要求可选用不同形状和角度的仿形指和铣刀。仿形铣刀痕一般为 0.4～0.6mm。仿形指和铣刀所走的轨迹是相同的；如果仿形指和铣刀直径相等时，则铣出的立体曲面和轮廓与工艺主模型或样架的立体曲面和轮廓是一样的；如果仿形指直径小于铣刀直径时，铣出的立体曲外轮廓小于工艺主模型的立体曲面和外轮廓，铣出的立体曲面和内轮廓大于样架的立体曲面和内轮廓。因此，在仿形铣床上加工时加料厚（见表 5-3-5 工序 7）就是采用仿形指和铣刀直径之差的方法得到的。如图 5-3-10 所示为仿形指和铣刀直径关系的示意图。

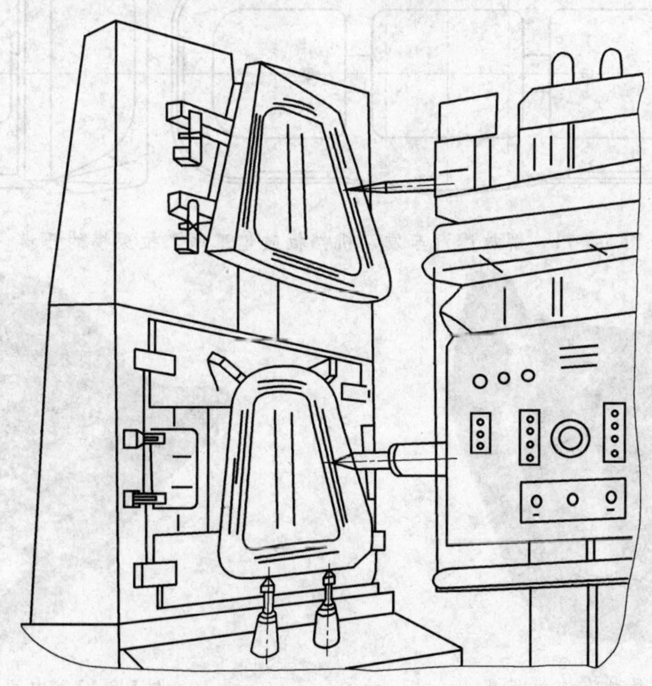

图 5-3-9　在卧式仿形铣床上加工时的示意图

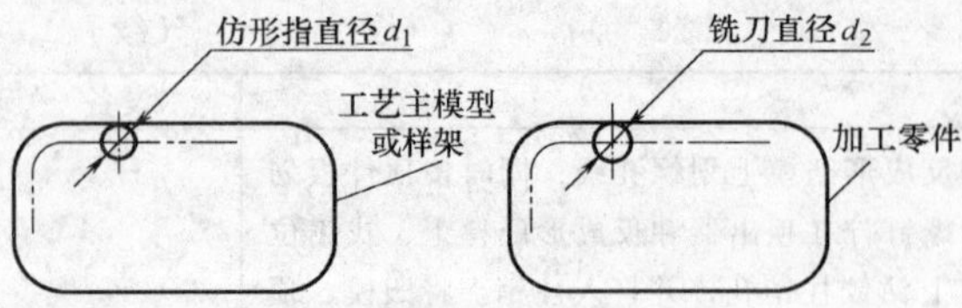

图 5-3-10 仿形指和铣刀直径关系的示意图

3.2.11 双拉深模用的工艺主模型和样架的准备及其制造工艺

尺寸不大的左右对称的覆盖件双拉深模用的工艺主模型和样架的准备和一般拉深模一样，只是将左右对称的两个主模型按拉深件图合并成双拉深模用的工艺主模型，再按工艺主模型翻制样架。

尺寸不大的一半形状的覆盖件双拉深模用的工艺主模型和样架的准备就要复杂得多。工艺主模型和样架的准备有两种方法。

1）做出以冲模中心线为界的一半工艺主模型，然后根据这个一半工艺主模型翻制出一半样架。在仿形铣床上加工时必须仔细对冲模中心线，工艺主模型调头一次，两次铣。在研配压力机上样架调头一次，两次研修，为了保证左右对称还需要一些尺寸控制样板。为了消除制造误差，按加工好的或研修好的凸模或凸模和压料圈组合件浇出铣凹模用的石膏模。

图 5-3-11 所示的解放牌汽车发动机挡板鼓包工序 1 拉深模的凸模是按图 5-3-12 所示的解放牌汽车发动机挡板鼓包的主模型和图 5-3-13 所示的中间工艺补充部分的工艺主模型在仿形铣床上加工的，按冲模中心线找正，主模型和工艺主模型各调头一次，四次铣。发动机挡板鼓包是内覆盖件，因此，对形状的要求不高，所以凸模打磨仿形铣刀痕以后不研修，但要精修、蹭光并抛光。图 5-3-14 所示的解放牌汽车发动机挡板鼓包工序 1 拉深模的凹模是按加工好的凸模和压料圈组合件浇出的石膏模在仿形铣床上加工的。

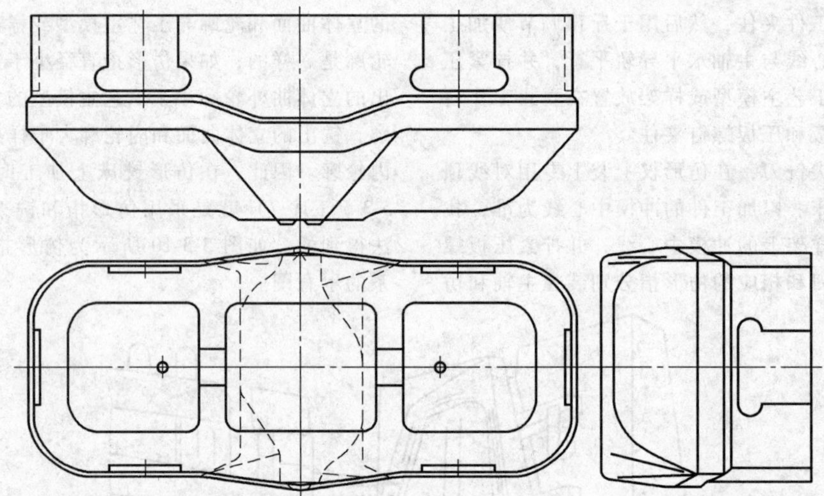

图 5-3-11 解放牌汽车发动机挡板鼓包工序 1 拉深模的凸模

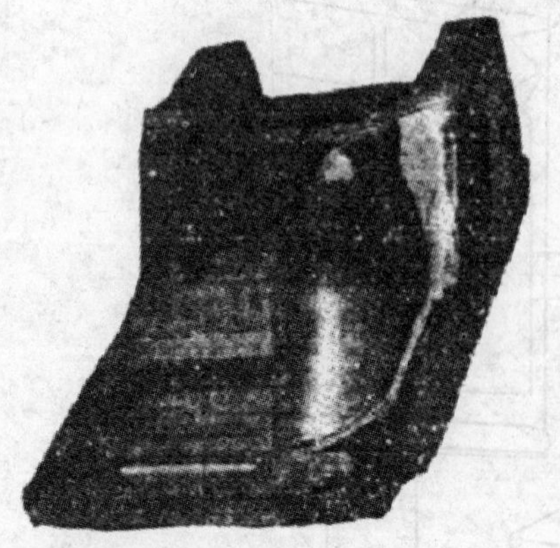

图 5-3-12 解放牌汽车发动机挡板鼓包的主模型

图 5-3-13 中间工艺补充部分的工艺主模型

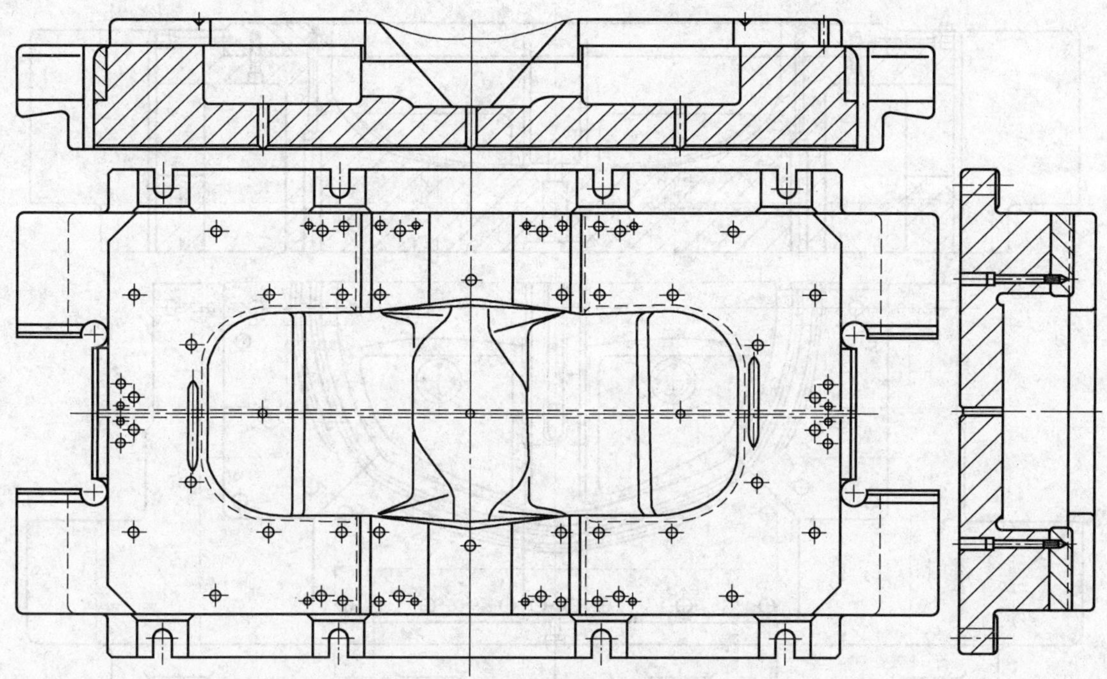

图 5-3-14　解放牌汽车发动机挡板鼓包工序 1 拉深模的凹模

为了减少石膏模变形对加工精度的影响，石膏模浇出以后应尽快在仿形铣床上使用。

图 5-3-15 所示的解放牌汽车散热器罩顶工序 1 拉深模的凸模是按一半工艺主模型在仿形铣床上加工的，按冲模中心线找正，一半工艺主模型调头一次，两次铣，打磨仿形铣刀痕以后，按一半样架在研配压

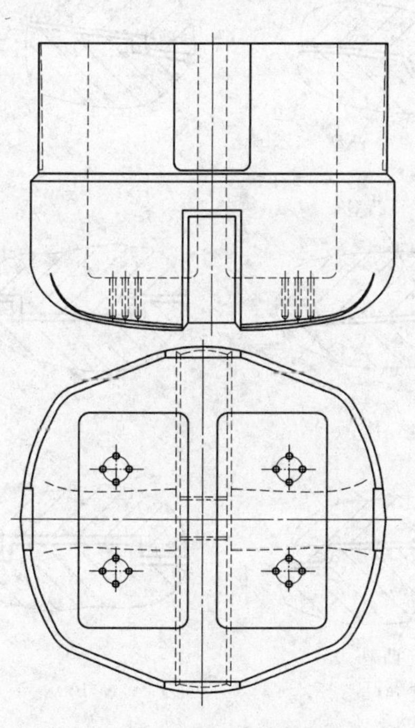

图 5-3-15　解放牌汽车散热器罩顶工序 1 拉深模的凸模

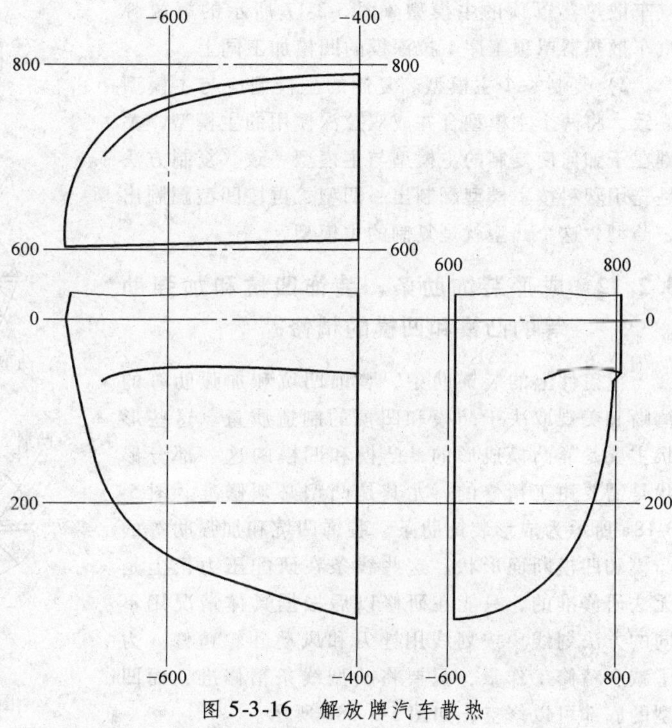

图 5-3-16　解放牌汽车散热器罩顶的主模型

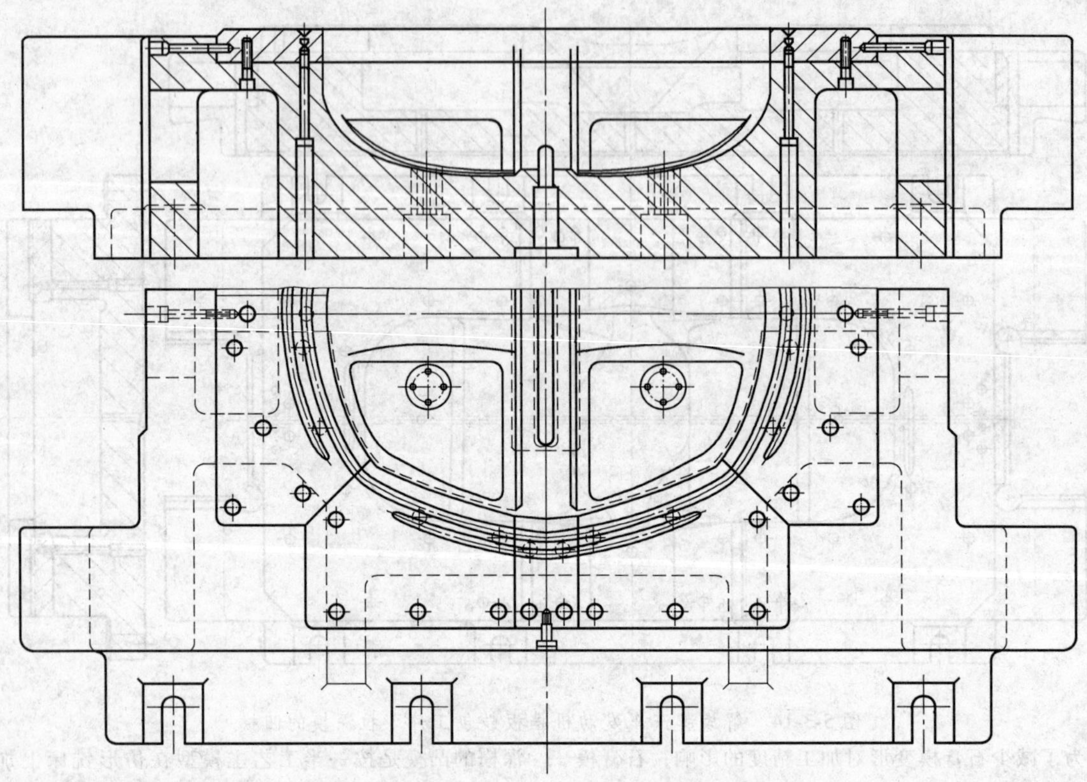

图 5-3-17 解放牌汽车散热器罩顶工序1拉深模的凹模

力机上调头一次，两次研修。图 5-3-16 所示为解放牌汽车散热器罩顶的主模型。图 5-3-17 所示的解放牌汽车散热器罩顶工序1拉深模的凹模加工同上。

2）复制一个主模型。复制的主模型应与主模型一致，将两个主模型合并成双拉深模用的主模型，关键在于如何使复制的主模型与主模型一致。复制方法是先用塑料按主模型翻制出一凹型，再按凹型翻制出一凸型，这个凸型就是复制的主模型。

3.2.12 成形装饰肋条、装饰凹坑和加强肋等的凸模和凹模的精修

覆盖件上的装饰肋条、装饰凹坑和加强肋等的清晰和美观取决于凸模和凹模的制造质量。这些形状主要是靠凸模成形的，凸模和凹模的这一部分形状是需要钳工精修的，尤其是凸型必须修准。图 5-3-18a 所示为成形装饰肋条、装饰凹坑和加强肋等的凸模和凹模断面形状。这些线条在研配压力机上是无法研修准的，只能在研修以后根据具体情况用不同的方法划线，按划线用锉刀和风动砂轮精修。为了减少精修工作量，只要将凸型线条精修准，而凹型的底部可以修空，如图 5-3-18b 所示。

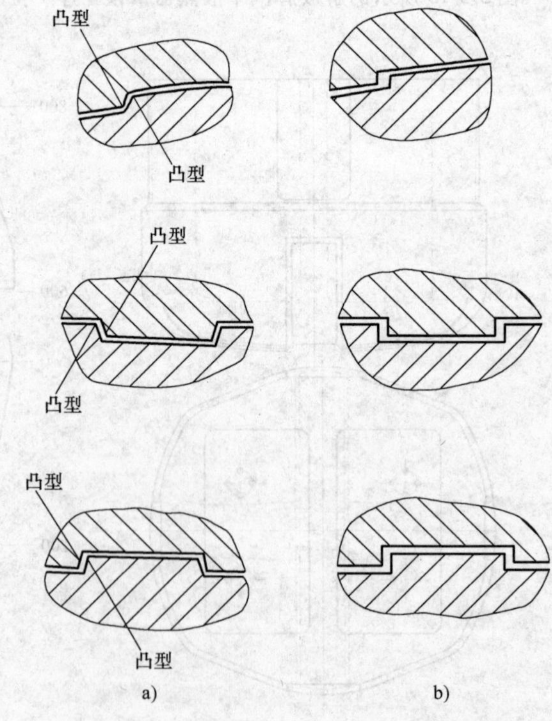

图 5-3-18 成形装饰肋条、装饰凹坑和加强肋等的凸模和凹模断面形状

3.3 修边模制造工艺

3.3.1 修边模的结构特点

1）切边模的凸模、凹模、压板料等都由复杂的三维曲面组成，其形状应与前工序冲件（拉深件）一致，这样可保证中间工序件定位稳定，冲件切边尺寸一致。

2）切边的形状是在三维曲面上的曲线形状，加工和检测都较困难。可用由拉深件制成的立体样板来进行划线和加工后检验。

3）大批量生产用的切边模主要零件，一般都采用铸造结构，刃口部分为镶块结构或堆焊刃口结构。图 5-3-19 为铸件结构的切边模结构形式。上下模导向采用导柱 6 导向，凹模与顶出器 5 之间用导板 4 导向。

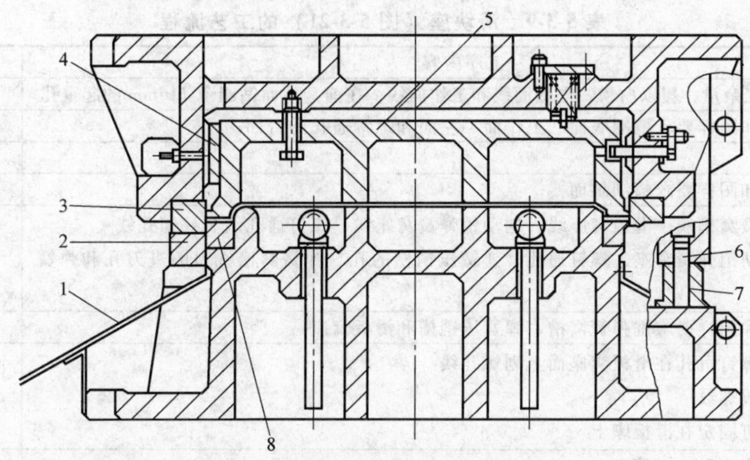

图 5-3-19　覆盖件切边模结构

1—废料滑槽　2—废料切断装置　3—凹模镶块　4—导板　5—顶出器　6—导柱　7—限位器　8—凸模镶块

图 5-3-20 给出了两种刃口结构形式简图。

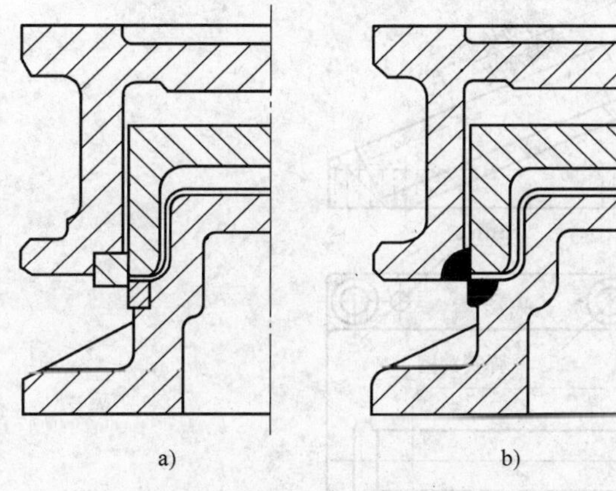

图 5-3-20　切边模刃口结构形式

a）镶拼刃口结构　b）刃口堆焊结构

3.3.2 修边模的简单制造工艺

修边模从结构上来说是比较复杂的，特别是垂直方向运动和水平或倾斜方向运动的修边镶块比相关交接的垂直斜楔修边模更为复杂，因此，修边模的制造工艺比较复杂。凸模镶块立体曲面就是修边件内表面，因此，凸模镶块立体曲面是按修边模用的工艺主模型在仿形铣床上加工的，并用拉深件着色研修。凸模镶块修边刃口轮廓是按工序件样板划线，按划线在立式铣床上加工，淬火以后凸模镶块立体曲面再用拉深件着色研修，凸模镶块修边刃口轮廓再按工序件样板划线，在仿形磨床上或用风动砂轮机按划线磨，直线部分在平面磨床上按划线磨。凹模镶块修边刃口轮廓和切入面是按凸模镶块划线，按划线在立式铣床上加工，淬火以后凹模镶块修边刃口轮廓按凸模镶块修边刃口轮廓着色研修。顶出器是按修边模用的样架在仿形铣床上加工，用拉深件着色研修。

1. 凸模加工要点

1）凸模型面形状按工艺主模型进行仿形加工。

2）凸模轮廓形状可按立体样板或投影样板划线、加工。

3）在凸模型面上按设计要求划线、加工安装镶拼块的槽、台，安装镶拼块后，按拉深件研修凸模型面和切边刃口线，保证凸模型面与拉深件内表面吻合。切边刃口线按立体样板修磨。

各镶拼块之间的间隙应不大于 0.03mm。

4）在加工后的凸模型面上按要求划线、加工堆焊用的凹台，堆焊完成后，由钳工按拉深件修磨型面，按立体样板上的切边线修磨切边刃口。有条件的可选用仿形磨床加工。

2. 凹模加工要点

1）凹模刃口轮廓可按投影样板划线、加工。

2）凹模型面曲线划线：将加工好的凸模的型面曲线投划在凹模镶块上，作为凹模型面的基准线，按图样要求划线，加工出波浪刃口。

3）凹模刃口轮廓与凸模刃口对应部分研合，保证配合间隙均匀。

4）选用拼块结构时，拼块接合面间隙不大于0.03mm。拼块可选用T10A或7CrSiMnMoV钢制造。

下面以解放牌汽车散热器罩工序2修边冲孔模为例，说明修边模的制造工艺。

3.3.3　滑块座的工艺流程（见表5-3-9）

表5-3-9　滑块座（图5-3-21）的工艺流程

工序	工序内容	专用工具	设备
1	检查铸件加工余量，覆以白粉，划底面线和工作面线，在前、后面钻四个ϕ16mm的起重孔	—	摇臂钻床
2	按划线找正和图样要求精刨底面、工作面、左面和螺钉通孔凸台面	—	龙门刨床
3	划斜面线	—	—
4	按划线找正和图样要求精刨斜面	—	龙门刨床
5	划线：划弹簧窝槽线、滑板窝座线、制动销弹簧窝座线、螺钉通孔线和柱销孔线 按划线钻制动销弹簧窝座、螺钉通孔、弹簧压销槽的孔、弹簧窝槽铣刀的进刀孔和弹簧窝槽的空刀孔	—	摇臂钻床
6	按划线找正和图样要求铣弹簧窝槽、弹簧压销槽和滑板窝座	—	龙门铣床
7	按滑板上的螺钉沉孔在滑板窝座面上划螺孔线 按划线钻孔攻螺纹 将滑板用螺钉固定在滑板座上	—	摇臂钻床
8	以后工序见表5-3-11工序7	—	—

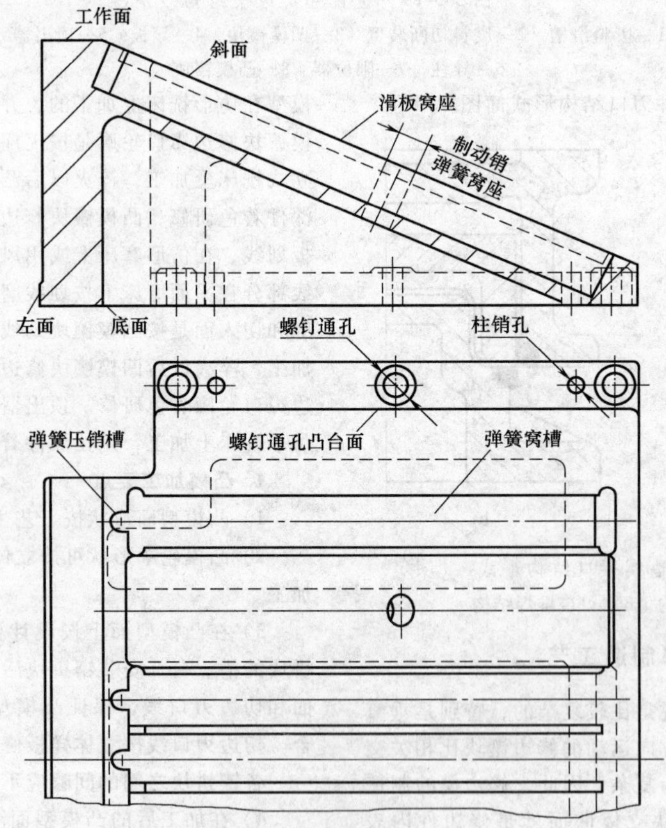

图5-3-21　滑块座

3.3.4 固定座和凸凹模镶块合件的工艺流程（见表 5-3-10）

表 5-3-10　固定座和凸凹模镶块合件（图 5-3-22）的工艺流程

工序	工序内容	专用工具	设备
	固定座		
1	检查铸件加工余量	—	—
2	按图样要求精刨底面	—	龙门刨床
3	按图样要求铣工作面，两侧面和螺钉通孔凸台面	—	龙门铣床
4	划线：在工作面上划冲模中心线、四角的窝座线和窝座后面的两个斜面线，在底面上划螺钉通孔线 按划线钻孔	—	摇臂钻床
5	按划线找正和图样要求铣四角的窝座和窝座后面的两个斜面	—	龙门铣床
	凸凹模镶块		
1	按明细表规格尺寸刨六面，留磨量	—	牛头刨床
2	磨上面和底面见光划线用，磨接合面与底面垂直	—	—
3	划线：划四角的凸凹模镶块接合面线、螺钉沉孔线和柱销孔线 按划线钻螺钉沉孔和钻铰柱销孔	—	摇臂钻床
4	按划线铣四角的凸凹模镶块接合面，留磨量	—	立式铣床
5	按固定座上四角的窝座配磨四角的凸凹模镶块接合面	—	平面磨床
6	将所有的凸凹模镶块按图样要求放在固定座上，按凸凹模镶块上的螺钉沉孔在固定座上划螺孔线 按划线钻孔攻螺纹 将凸凹模镶块用螺钉固定在固定座上，选择前后和两侧各一块（带标记）不装（由于凸凹模镶块淬火后要变形，而接合面淬火后还需磨光，因此，选择凸凹模镶块立体曲面比较平滑的、能够用立式铣床加工的一块凸凹模镶块，不在仿形铣床上加工，以这四块凸凹模镶块弥补其他凸凹模镶块淬火的变形和接合面磨光而减少的尺寸），用塞尺检查接台面，不允许超过 0.02mm，划冲模中心线	—	摇臂钻床
7	按工艺主模型铣凸凹模镶块立体曲面	工艺主模型	仿形铣床
8	打磨仿形铣刀痕，然后用拉深件着色研修，着色面积大于 80 % 将工序件样板扣在凸凹模镶块立体曲面上，按工序件样板在凸凹模镶块立体曲面上划修边刃口轮廓线和冲孔位置，同时在未在仿形铣床上加工的四块凸凹模镶块上也划修边刃口轮廓线 将凸凹模镶块拆下，按修边刃口轮廓线划刃口宽度线、肩台线、空刀线和定位器空档线	风动砂轮机、拉深件、工序件样板	—
9	按划线铣修边刃口轮廓、肩台、空刀和定位器空档	—	立式铣床
10	按划线铣前面角凸凹模镶块上的冲孔凹模到尺寸	—	坐标镗床
11	检查后送热处理淬火	—	—
12	热处理淬火并回火，T10A，58 ~ 62HRC	—	—
13	清理淬火件后送磨	—	—
14	磨底面和接合面见光，放在固定座上	—	平面磨床
15	将凸凹模镶块用螺钉固定在固定座上，凸凹模镶块立体曲面再用拉深件着色研修，凸凹模镶块修边刃口轮廓再按工序件样板划线，然后拆下凸凹模镶块，在仿形磨床上或用风动砂轮机按划线磨，直线部分在平面磨床上按划线磨，最后精修 再将凸凹模镶块用螺钉固定在固定座上，按工序件样板找正，紧固螺钉，按凸凹模镶块上的柱销孔在固定座上钻铰柱销孔，并打入柱销 将固定座和凸凹模镶块合件放在下底板上对准冲模中心线，按固定座上的螺钉通孔在下底板上划螺孔线 按划线钻孔攻螺纹 将固定座和凸凹模镶块合件固定在下底板上，找正位置，紧固螺钉，钻铰柱销孔，并打入柱销	工序件样板、风动砂轮机	平面磨床、仿形磨床、摇臂钻床

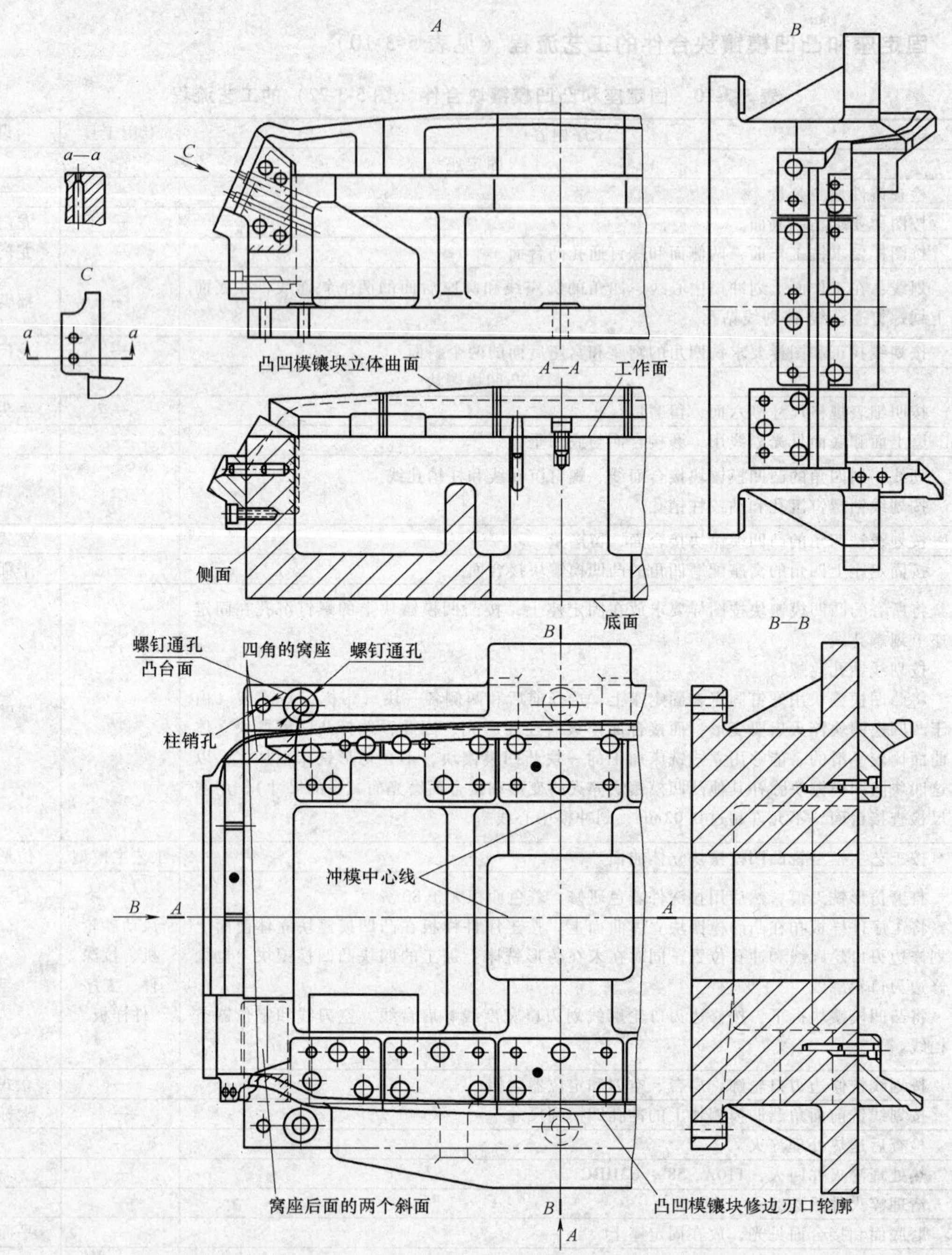

图 5-3-22　固定座和凸凹模镶块合件

3.3.5　滑块和凹模镶块合件的工艺流程（见表 5-3-11）

表 5-3-11　滑块和凹模镶块合件（图 5-3-23）的工艺流程

工序	工序内容	专用工具	设备
	滑块		
1	检查铸件加工余量，覆以白粉，划底面线和工作面线在前、后面钻四个 $\phi16$mm 的起重孔	—	摇臂钻床
2	按划线找正和图样要求精刨底面、工作面、左面和肩台面	—	龙门刨床

（续）

工序	工序内容	专用工具	设备
	滑块		
3	划斜面线	—	—
4	按划线找正和图样要求精刨斜面	—	龙门刨床
5	划线：划冲模中心线、凹模镶块支承面线、斜面上的滑板窝座线、底面上的滑板窝座线和弹簧压销孔线按划线钻滑板窝座铣刀的进刀孔和钻铰弹簧压销孔	—	摇臂钻床
6	按划线找正和图样要求铣凹模镶块支承面、斜面上的滑板窝座和底面上的滑板窝座	—	龙门铣床
7	按滑板上的螺钉沉孔在斜面滑板窝座面上和底面滑板窝座面上划螺纹孔线，按划线钻孔攻螺纹 将滑板用螺钉固定在滑块上 按图样要求将滑板放在滑块座（见图5-3-21）上，并放上导板，按导板上的螺钉沉孔在滑块座上划螺孔线 按划线钻孔攻螺纹 将导板用螺钉固定在滑块座上，摆正位置，保持滑动，紧固螺钉，按导板上的柱销孔在滑块座上钻铰柱销孔，并打入柱销 将滑块和滑块座用螺钉和柱销固定在下底板上	—	摇臂钻床
	凹模镶块		
1	按明细表规格尺寸刨六面，留磨量	—	牛头刨床
2	磨上面和底面见光划线用，磨接合面与底面垂直	—	平面磨床
3	划线：划螺钉沉孔线和柱销孔线 按划线钻螺钉沉孔和钻铰柱销孔	—	摇臂钻床
4	将三块修边刃口轮廓有形状的凹模镶块（带标记）按图样要求放在滑块上。按凹模镶块上的螺钉沉孔在滑块上划螺孔线 按划线钻孔攻螺纹 将三块修边刃口轮廓有形状的凹模镶块用螺钉固定在滑块上，然后将滑块和凹模镶块合件放在固定在下底板上的滑板座上，将导板用螺钉和柱销固定在滑块座上，将滑块和凹模镶块合件推向固定在下底板上的固定座和凸凹模镶块合件上，按凸凹模镶块修边刃口轮廓，用划针在凹横镶块上划修边刃口轮廓线 按图样划其他四块凹模镶块修边刃口轮廓线	—	摇臂钻床
5	按划线铣修边刃口轮廓	—	立式铣床
6	将所有的凹模镶块按图样要求放在凸凹模镶块上，按凸凹模镶块立体曲面用划针在凹模镶块上划线，然后按图样要求修正划凹模镶块切入面线		—
7	按划线铣凹模镶块切入面，钳工配合划刃口宽度线，肩台线和空刀线，并按划线铣肩台和空刀	—	立式铣床
8	检查后进热处理淬火	—	—
9	热处理淬火并回火，T10A，58～62HRC	—	—
10	清理淬火件后送磨	—	—
11	磨三块修边刃口轮廓有形状的凹模镶块底面和接合面见光，磨其他四块凹模镶块底面和修边刃口轮廓	—	平面磨床
12	用凸凹模镶块修边刃口轮廓着色研修三块修边刃口轮廓有形状的凹模镶块。按凸凹模镶块将三块修边刃口轮廓有形状的凹模镶块用螺钉固定在滑块上，找正间隙，紧固螺钉，然后配磨其他四块凹模镶块接合面	—	平面磨床、仿形磨床
13	按凸凹模镶块将其他四块凹模镶块放在滑块上，按凹模镶块上的螺钉沉孔在滑块上划螺孔线 按划线钻孔攻螺纹 按凸凹模镶块将其他四块凹模镶块用螺钉固定在滑块上，找正间隙，紧固螺钉 按所有的凹模镶块上的柱销孔在滑块上钻铰柱销孔，并打入柱销	—	摇臂钻床

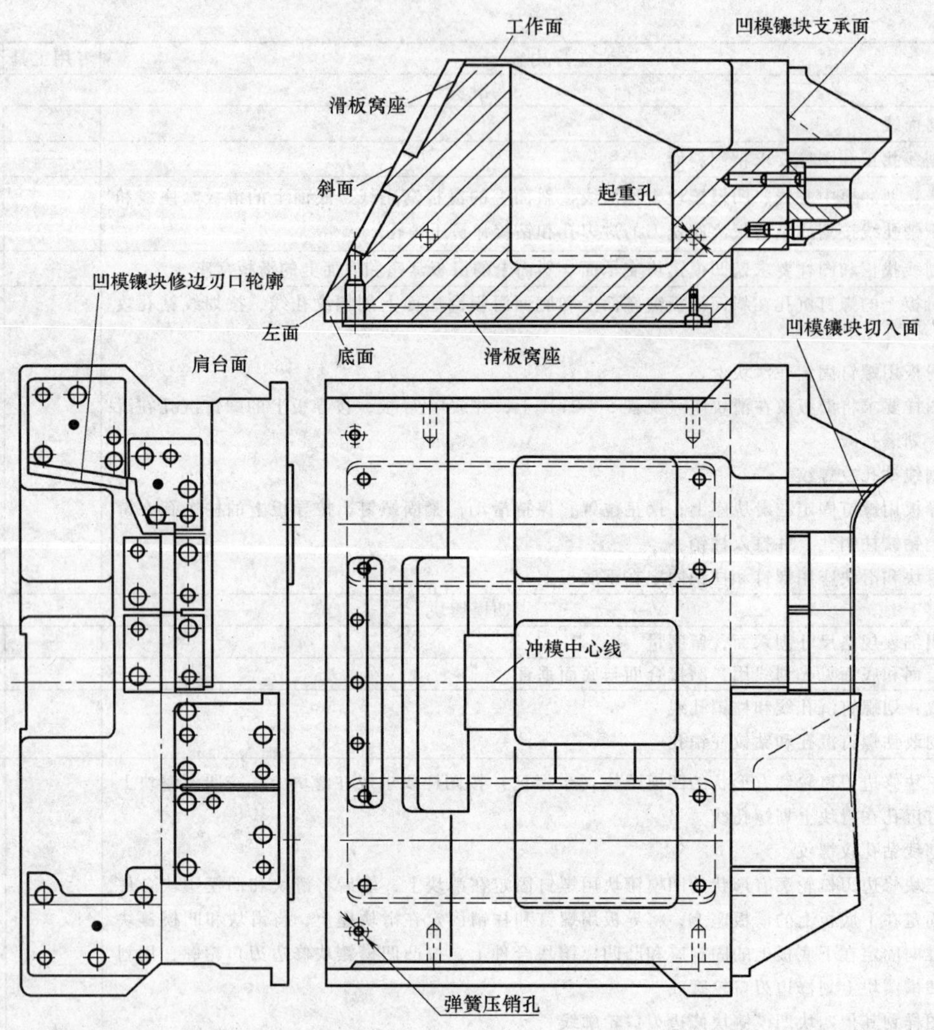

图5-3-23　滑块和凹模镶块合件

3.3.6　凹模镶块的工艺流程（见表5-3-12）

表5-3-12　凹模镶块（图5-3-24）的工艺流程

工序	工序内容	专用工具	设备
1	按明细表规格尺寸刨六面，留磨量	—	龙门刨床
2	磨上面和底面见光划线用，磨接合面与底面垂直	—	平面磨床
3	将凹模镶块按图样要求放在平台上，然后将固定座和凸凹模镶块合件倒置，用千斤顶支撑牢，按凸凹模镶块修边刃口轮廓用划针在凹模镶块上划修边刃口轮廓线 划螺钉沉孔线和柱销孔线 按划线钻螺钉沉孔和钻铰柱销孔	—	摇臂钻床
4	按划线铣修边刃口轮廓	—	立式铣床
5	按图样要求划凹模镶块切入面线	—	—
6	按划线铣凹模镶块切入面，钳工配合划刃口宽度线、肩台线、空刀线和废料刀线，并按划线铣肩台、空刀和废料刀	—	立式铣床
7	检查后送热处理淬火	—	摇臂钻床
8	热处理淬火并回火，T10A，58～62HRC	—	—

（续）

工序	工序内容	专用工具	设备
9	清理淬火件后送磨	—	—
10	磨底面和接合面见光	—	平面磨床
11	用凸凹模镶块修边刃口轮廓着色研修凹模镶块修边刃口轮廓	—	仿形磨床
12	按凸凹模镶块配磨接合面	—	平面磨床

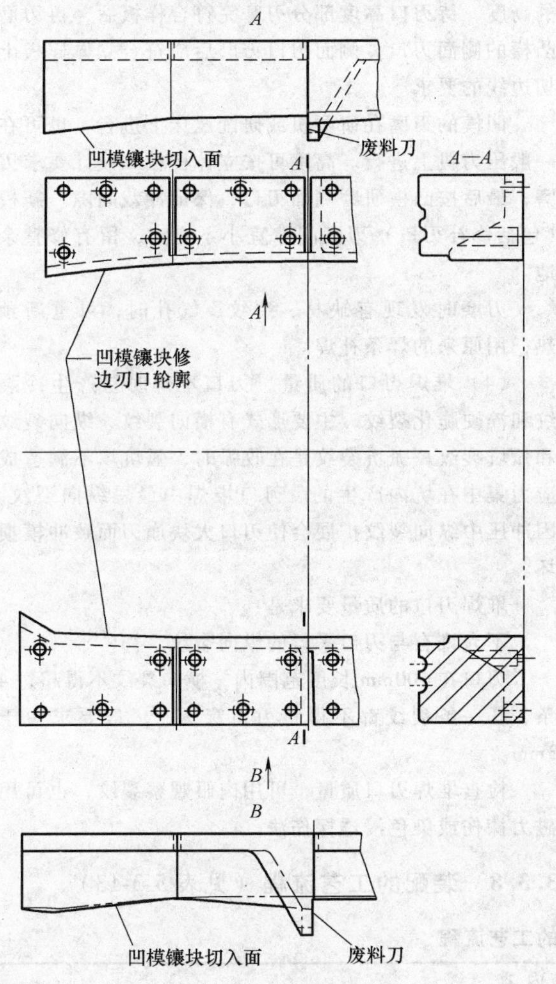

图 5-3-24 凹模镶块

3.3.7 合金堆焊冲模刃口

用堆焊工艺制造冲裁模，可选用低碳钢、中碳钢、铸铁作为主体，在刃口部位堆焊一种耐磨损、耐冲击的材料。使用堆焊工艺的工艺成本可比使用镶块刃口模降低 20%～40%，而且简化了加工工艺，节省机加工时，大大缩短了生产周期。堆焊刃口工艺适用冲裁板厚在 2.5mm 以下的冲模，在汽车覆盖件切边模中得到广泛的应用。

（1）堆焊用焊条　堆焊冲裁模刃口的焊条，应具有良好的焊接性能，并要有足够的硬度、耐磨性和耐冲击性能。因堆焊时，加热温度高，加热速度快，局部加热，自然条件下连续冷却。在这样一个特定的焊接条件下，在堆焊层中加入适量合金元素 Cr、Mo、V、Mn 等，来改变相变温度，使过冷奥氏体稳定性增加，焊后空冷条件下阻止珠光体型相变，促使硬度高的马氏体相产生。

日本铸铁模堆焊采用的工艺方法为：镍基焊条打底，碳钢焊条过渡，最后堆焊硬化层。

根据我国资源状况，可采用下述工艺方法：用碳钢焊条（如 J506）直接在铸铁上堆焊，堆焊硬化层可采用合金焊条。

常用合金焊条有 D322 焊条，主要成分为 5Cr5W9MoV，堆焊后硬度为 53HRC；也可选用焊条 D027、D036、D517、TDC-58 等。

（2）堆焊工艺

1）刃口件堆焊坡口形式关系到堆焊层的结合强度和使用寿命。堆焊坡口形状有 45°坡口和 R 形坡口，R 形坡口（图 5-3-25a）承受的冲裁力约为 45°坡口（图 5-3-25b）的 1.3～1.5 倍，由图 5-3-25 中表可知，H 与 R 的选择一般与被冲件板厚有关。弯曲模的坡口形式也可参考此表进行加工。废旧模具按此表数值的 0.7～0.8 倍选择，并磨去 1mm 左右的疲劳层。

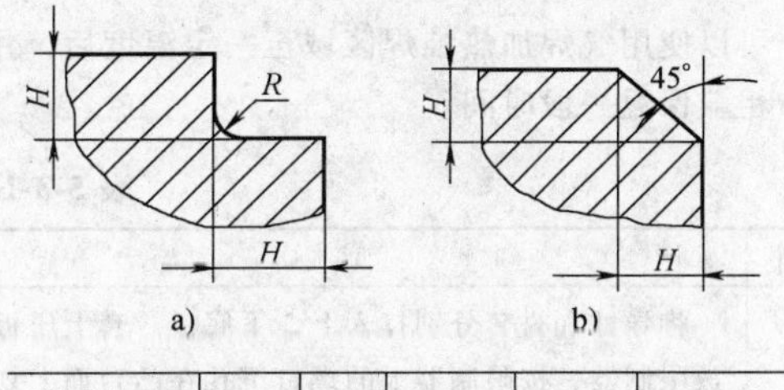

板厚/mm	1～2	3	4～5	6～8	9～10
H/mm	5	6	8	10	12
R/mm	4	5	6	8	10

图 5-3-25 堆焊坡口形状、尺寸

2）焊前准备。首先将模体清洗干净，去除焊面油污、水分、铁锈等杂质。预热模体，预热温度在 250～300℃，预热面积应大于堆焊面积两侧 40～60mm。焊前应烘烤焊条，烘烤温度 150～200℃，时间 1～2h。

3）堆焊操作顺序（图5-3-26）。1～5层为过渡层，可使用J506焊条；6～13层为硬化层，可使用D322焊条。

如基体为低碳钢，可不用铺设底层焊。

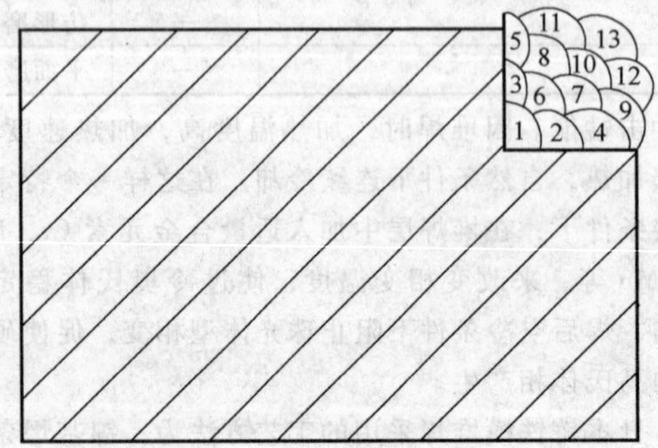

图5-3-26　坡口堆焊顺序

堆焊时应分段，不可连续焊接。从堆焊过渡层开始就须分段焊，每段50～60mm，以分散应力，每层均相同。操作次序为1-2-3-4-5-6（图5-3-27）。

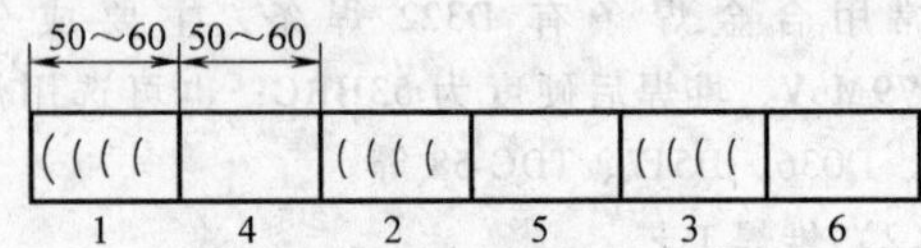

图5-3-27　分段焊顺序

必须在每段焊口焊后立即趁红热状态（850℃左右）用锤子锤击焊缝表面，以消除焊后应力。

4）焊后回火处理。焊后立即回火，回火温度540～560℃，回火时间为：焊层在20mm以下时为2h，大于20mm时应适当延长回火时间，回火后空冷。回火后硬度可达58～62HRC。

可以使用气焊加热堆焊区域至一定温度后，用石棉布粗盖保温一段时间。

（3）刃口堆焊后刃磨　有条件的生产厂家，可用数控铣刀磨堆焊后的刃口，但多数厂家均采用手工刃磨。

手工刃磨时的工具为角向砂轮、硬质合金旋转锉及金刚石锉刀。

应首先按立体样板刃磨凸模。先按样板检查刃口的高度，待刃口高度部分刃磨完符合样板后，再刃磨凸模的侧面刃口，侧面刃口刃磨后应符合立体样板上切边线的要求。

凹模的刃磨在研磨机或研配压床上进行，也可在一般压力机上进行。高度可按立体样板和设计要求刃磨，最后按凸模研磨侧面刃口，保证冲裁间隙。新模（包括修补刃口）刃磨间隙宜小不宜大，留有修整余地。

刃磨时发现有缺材、裂纹、气孔时，可重新预热，用原来的焊条补焊。

（4）堆焊刃口的质量　刃口堆焊时易产生冷裂纹和淬硬脆化裂纹，主要形式有横向裂纹、纵向裂纹和弧坑裂纹。弧坑裂纹是在收弧时，弧坑填不满造成应力集中在坑内产生的。刃口堆焊中最忌纵向裂纹，因冲压中纵向裂纹扩展会使刃口大块崩刃而致冲模损坏。

堆焊刃口的质量要求是：

不允许有与刃口平行的纵向裂纹。

刃口在100mm长度范围内，横向裂纹不得超过4条，任一条裂纹都不得将刃口穿透，一般要求短于3mm。

检查堆焊刃口质量，可用肉眼观察裂纹，也可用磁力探伤或染色浸透探伤法。

3.3.8　装配的工艺流程（见表5-3-13）

表5-3-13　装配的工艺流程

工序	工序内容
1	将导柱和衬套分别打入上、下底板。套上压板，按压板上的螺钉沉孔在上、下底板上划螺孔线。在导柱凸台面上放限制器，按限制器上的螺钉沉孔在凸台面上划螺孔线 按划线钻孔攻螺纹 将压板和限制器用螺钉固定在上、下底板上
2	合模试验
3	测量键槽尺寸，配磨键。按键上的螺钉沉孔在下底板上划螺孔线 按划线钻孔攻螺纹 将键用螺钉固定在下底板上
4	将冲孔凸模和固定板合件插入凸凹模镶块上的冲孔凹模中，然后将滑块推下与固定板底面接触，按固定板上的螺钉沉孔在滑块上划螺孔线 按划线钻孔攻螺纹 将固定板用螺钉固定在滑块上，找正间隙，紧固螺钉，按固定板上的柱销孔在滑块上钻铰柱销孔，并打入柱销

（续）

工序	工序内容
5	合模以后将冲模倒置，用千斤顶支撑牢，按凸凹模镶块在上底板上放好凹模镶块，按凹模镶块上的螺钉沉孔在上底板上划螺孔线 开模以后按划线钻孔攻螺纹 将凹模镶块用螺钉固定在上底板上。合模以后，找正间隙，紧固螺钉，开模以后，按凹模镶块上的柱销孔在上底板上钻铰柱销孔，并打入柱销
6	合模以后按凹模镶块上的废料刀将废料刀放在固定座上，按废料刀上的螺钉沉孔在固定座上划螺孔线 按划线钻孔攻螺纹 将废料刀用螺钉固定在固定座上，合模以后找正间隙，紧固螺钉 将定位块和挡板用螺钉固定在固定座上，找正位置，紧固螺钉 按废料刀、定位块和挡板上的柱销孔在固定座上钻铰柱销孔，并打入柱销
7	合模以后将冲模倒置，用千斤顶支撑牢，将斜楔组合件放在上底板上，调节到闭合高度，按滑块找正斜楔组合件位置，按斜楔上的螺钉通孔在上底板上划螺孔线 开模以后按划线钻孔攻螺纹 将斜楔用螺钉固定在上底板上，合模以后用千斤顶支撑牢，调节到闭合高度，按滑块找正斜楔组合件位置，紧固螺钉，开模以后钻铰柱销孔，并打入柱销
8	按凹模镶块修边刃口轮廓，打磨顶出器外轮廓 在顶出器上的退料板螺钉孔内拧入螺钉中心冲，并找平，再将顶出器放入凹模镶块内，两侧按图样放好导板，击引出上底板上的退料板螺钉沉孔位置，按导板上的螺钉沉孔在上底板上划螺孔线 按划线钻孔攻螺纹，钻退料板螺钉沉孔，翻身锪沉孔 将顶出器用退料板螺钉吊在上底板上，将导板用螺钉固定在上底板上，找正位置，紧固螺钉，按导板上的柱铺孔钻铰柱销孔，并打入柱销 拧下退料板螺钉，将顶出器取出，放进弹簧，再将顶出器放入凹模镶块内，用退料板螺钉吊在上底板上，并检查退料板行程
9	将滑块和凹模镶块合件拆下，在滑块座上的弹簧窝槽内放进弹簧，在制动销孔内放进弹簧和制动销，装上滑块和凹模镶块合件 合模以后按斜楔座合件上的滑板端面投影到滑块面上划线，然后将滑块拆下，按划线将返楔拉块放在滑块上，按返楔拉块上的螺钉沉孔在滑块上划螺孔线 按划线钻孔攻螺纹 按划线将返楔拉块用螺钉固定在滑块上，按返楔拉块上的柱销孔在滑块上钻铰柱销孔，并打入柱销
10	合模以后在研配压力机上试验返楔作用，保证在冲模闭合状态时垂直修边凹模镶块和倾斜修边凹模镶块之间的空隙为 1mm
11	在下底板上装空气管路，并试验气缸动作
12	上、下底板的铸造面涂漆

3.4 翻边模制造工艺

翻边模从结构上来说也是比较复杂的，特别是内外全开花翻边模更为复杂。因此，翻边模的制造工艺也比较复杂，与修边模的制造工艺基本上一样。

以解放牌汽车发动机罩工序 3 翻边模为例，说明翻边模的制造工艺。

3.4.1 顶块、斜楔块和导板合件的工艺流程（见表 5-3-14）

表 5-3-14 顶块、斜楔块和导板合件（图 5-3-28）的工艺流程

工序	工序内容	专用工具	设备
	顶块		
1	检查铸件加工余量	—	—
2	按图样要求精刨上面和底面	—	龙门刨床

（续）

工序	工序内容	专用工具	设备
	顶块		
3	划线：划起重螺孔线、斜楔块窝槽线、导板槽线和退料板螺钉孔线 按划线钻孔攻螺纹	—	摇臂钻床
4	按划线找正和图样要求铣斜楔块窝槽和导板槽	—	龙门铣床
	斜楔块		
1	按明细表规格尺寸刨六面，留磨量	—	牛头刨床
2	磨上面、底面和两侧面见光划线用	—	平面磨床
3	划线：划螺钉沉孔线、斜楔角线和接合面角线 按划线钻螺钉沉孔	—	摇臂钻床
4	按划线铣斜楔角和接合面角	—	立式铣床
5	检查后进热处理淬火	—	—
6	热处理淬火并回火，T10A，50～55HRC	—	—
7	清理淬火件后送磨	—	—
8	按顶块上的窝槽和图样要求配磨上面、底面、斜楔角面和接合面	—	平面磨床
9	将斜楔块和导板按图样要求放在顶块上，按斜楔块和导板上的螺钉沉孔在顶块上划螺孔线 按划线钻孔攻螺纹 将斜楔块和导板用螺钉固定在顶块上	—	摇臂钻床

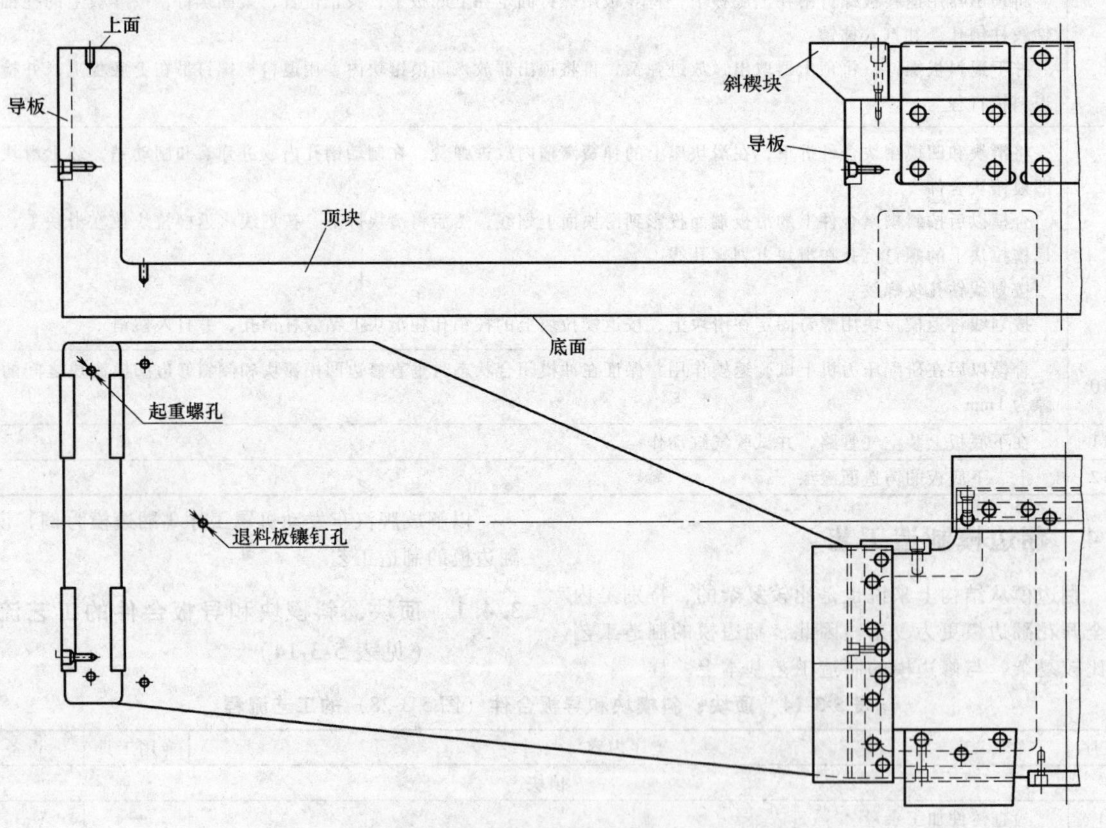

图 5-3-28 顶块、斜楔块和导板合件

3.4.2　压板、前凸模固定座、前压板、凸模和前凸模合件的工艺流程（见表 5-3-15）

表 5-3-15　压板、前凸模固定座、前压板、凸模和前凸模合件（图 5-3-29）的工艺流程

工序	工序内容	专用工具	设备
	压板		
1	检查铸件加工余量，覆以白粉，划底面线和前面线在左、右面钻四个 ϕ31mm 的起重孔	—	摇臂钻床
2	按图样要求精刨前面和底面	—	龙门刨床
3	划线：划冲模中心线、顶块合件通过孔线、螺栓通孔线、螺栓凹台面线和导键滑槽线 按划线钻螺栓通孔	—	摇臂钻床
4	按划线找正和图样要求铣顶块合件通过孔、螺栓凹台面和相互垂直的导键滑槽	—	龙门铣床
5	按相互垂直的导键滑槽找正，在 45°的导键滑槽内镗两个工艺孔	—	龙门坐标镗床
6	按工艺孔找正铣 45°的导键滑槽	—	龙门铣床
	前凸模固定座		
1	检查铸件加工余量，覆以白粉，划底面线、支承面线和与压板接触面线	—	—
2	按图样要求精刨底面、支承面和与压板接触面	—	牛头刨床
3	划线：划冲模中心线、弹簧窝槽线、螺栓通孔窝座线、滑块通过槽线和螺栓通孔线 按划线钻弹簧压销槽孔、弹簧窝槽铣刀的进刀孔、弹簧窝槽的空刀孔和螺栓通孔	—	摇臂钻床
4	按划线找正和图样要求铣弹簧窝槽、弹簧压销槽、滑块通过槽和螺栓通孔窝座	—	龙门铣床
	前压板		
1	按明细表规格尺寸刨六面，厚度留磨量	—	牛头刨床
2	按图样要求磨厚度到尺寸	—	平面磨床
3	划线：划曲面线、滑块通过槽线、导键滑槽线和螺栓通孔线 按划线钻螺栓通孔	—	摇臂钻床
4	按划线找正和图样要求铣曲面、滑块通过槽和相互垂直的导键滑槽	—	龙门铣床
5	按相互垂直的导键滑槽找正，在 45°的导键滑槽内镗两个工艺孔	—	坐标镗床
6	按工艺孔找正铣 45°的导键滑槽	—	龙门铣床
	凸模		
1	按图样要求精刨上面、底面和前面	—	龙门刨床
2	划线：划斜楔角线、扩张角线、导键槽线和弹簧压销孔 按划线钻铰弹簧压销孔	—	摇臂钻床
3	按划线找正和图样要求铣斜楔角、扩张角和导键槽	—	龙门铣床
4	按导键槽配磨导键	—	平面磨床
5	按导键上的螺钉沉孔在凸模上划螺孔线 按划线钻孔攻螺纹 将导键用螺钉固定在凸模上	—	摇臂钻床
	前凸模		
1	按明细表规格尺寸刨六面，厚度留磨量	—	牛头刨床
2	按图样要求磨厚度到尺寸	—	平面磨床
3	划线：划斜楔角线、扩张角线、导键槽线、螺栓通过的长孔线和弹簧压销孔线 按划线钻导键槽铣刀的进刀孔线和螺栓通过的长孔，钻铰弹簧压销孔	—	摇臂钻床
4	按划线找正和图样要求铣斜楔角（留磨量）、扩张角（留磨量）、导键槽和螺栓通过的长孔	—	龙门铣床、立式铣床
5	按图样要求磨斜楔角和扩张角到尺寸，并按导键槽配磨导键	—	平面磨床
6	按导键上的螺钉沉孔在凸模上划螺孔线 按划线钻孔攻螺纹 将导键用螺钉固定在凸模上	—	摇臂钻床
	分装		
1	按图样要求将凸模和压板装在工艺固定板上，预先将前凸模、前压板和滑板装在前凸模固定座上成小合件，然后按图样要求也装在工艺固定板上 划冲模中心线	工艺固定板	摇臂钻床
2	按工艺主模型铣压板等合件立体曲面	工艺主模型	仿形铣床
3	打磨仿形铣刀痕	风动砂轮机	—
4	将样架扣在压板等合件立体曲面上，放在研配压力机上，着色研修，直至着色面积大于 80%	样架、风动砂轮机	研配压力机

（续）

工序	工序内容	专用工具	设备
	分装		
5	将工序件样板扣在压板等合件立体曲面上，按工序件样板在凸模立体曲面上划翻边轮廓线	工序件样板	—
6	按划线铣翻边轮廓	—	龙门铣床、立式铣床
7	修磨翻边轮廓	风动砂轮机	—
8	热处理表面火焰淬火，淬火部位：凸模和前凸模的翻边轮廓、斜楔角表面和扩张角表面	—	—

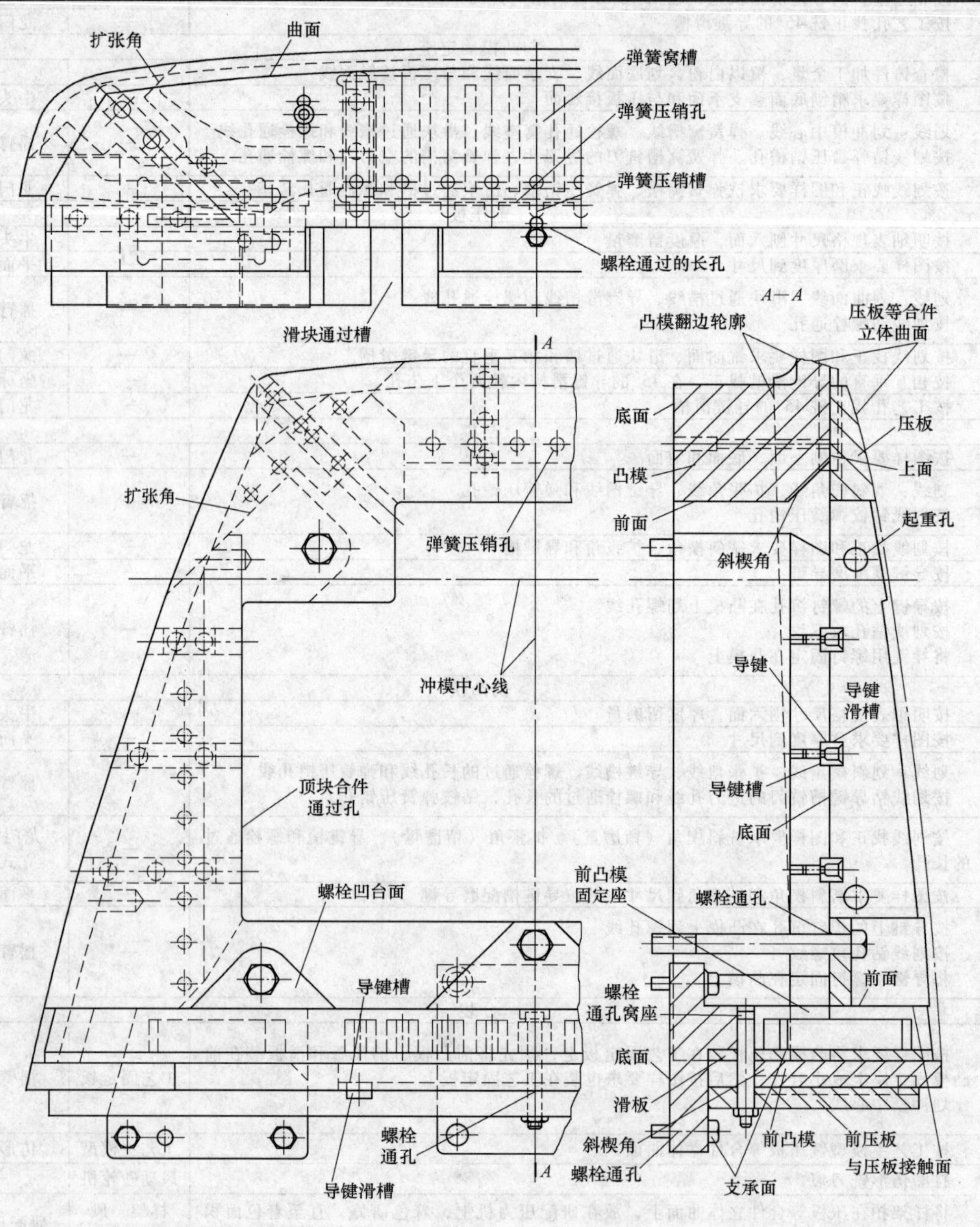

图5-3-29 压板、前凸模固定座、前压板、凸模和前凸模合件

3.4.3　侧滑块和凹模镶块合件的工艺流程（见表 5-3-16）

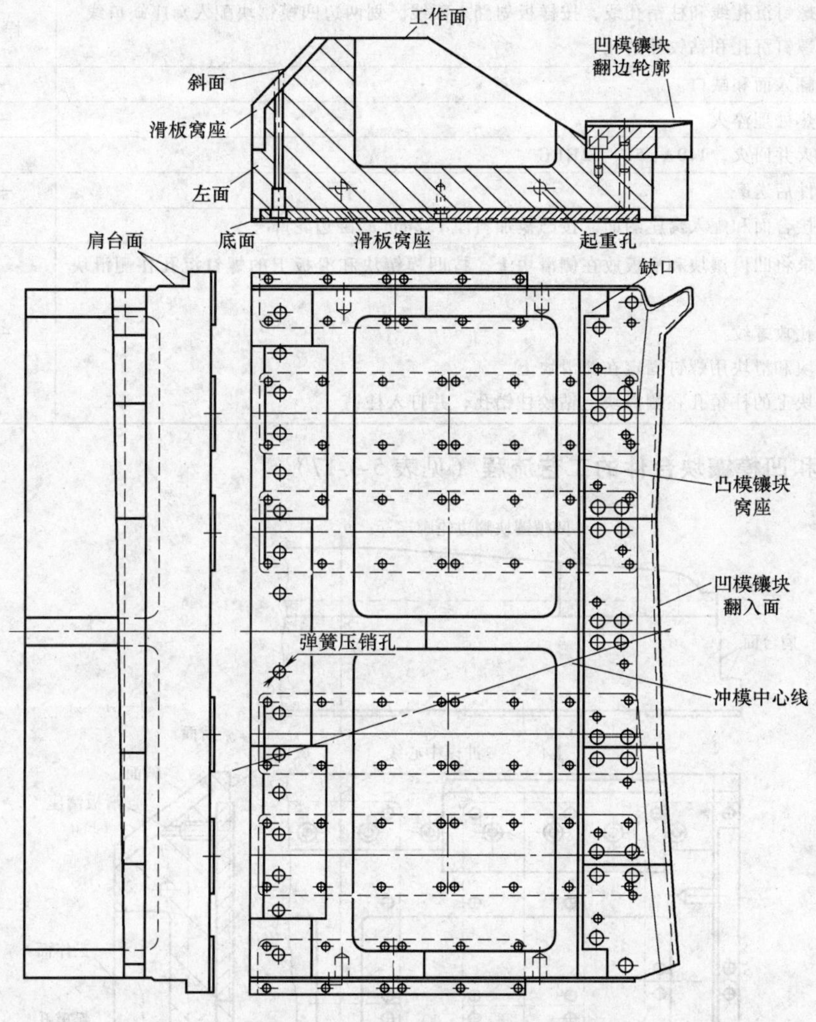

图 5-3-30　侧滑块和凹模镶块合件

表 5-3-16　侧滑块和凹模镶块合件（图 5-3-30）的工艺流程

	侧滑块		
1	检查铸件加工余量，覆以白粉，划底面线和工作面线 在前、后面钻四个 $\phi16$mm 的起重孔	—	摇臂钻床
2	按划线找正和图样要求精刨底面、工作面、左面和肩台面	—	龙门刨床
3	划斜面线	—	—
4	按划线找正和图样要求精刨斜面	—	龙门刨床
5	划线：划中心线、凹模镶块窝座线、斜面、左面滑板窝座线、底面滑板窝座线和弹簧压销孔线 按划线钻滑板窝座铣刀的进刀孔和钻铰弹簧压销孔	—	摇臂钻床
6	按划线找正和图样要求铣凹模镶块窝座、斜面、左面滑扳窝座和底面滑板窝座	—	龙门铣床
	凹模镶块		
1	按明细表规格尺寸刨六面，留磨量	—	牛头刨床
2	磨上面和底面见光划线用	—	平面磨床

（续）

	凹模镶块		
3	划线：划螺钉沉孔线和柱销孔线，按样板划翻入面线，划两边凹模镶块配入窝座缺口线 按划线钻螺钉沉孔和钻铰柱销孔	样板	摇臂钻床
4	按划线铣翻入面和缺口	—	立式铣床
5	检查后送热处理淬火	—	—
6	热处理淬火并回火，T10A，58～62HRC	—	—
7	清理淬火件后送磨	—	—
8	磨底面、接合面和配入窝座的面。按凸模加料厚1.2mm磨翻边轮廓	—	平面磨床
9	按图样要求将凹模镶块和滑板放在侧滑块上，按凹模镶块和滑板上的螺钉沉孔在侧滑块上划螺孔线 按划线钻孔攻螺纹 将凹模镶块和滑块用螺钉固定在侧滑块上 按凹模镶块上的柱销孔在侧滑块上钻铰柱销孔，并打入柱销	—	摇臂钻床

3.4.4　后滑块和凹模镶块合件的工艺流程（见表5-3-17）

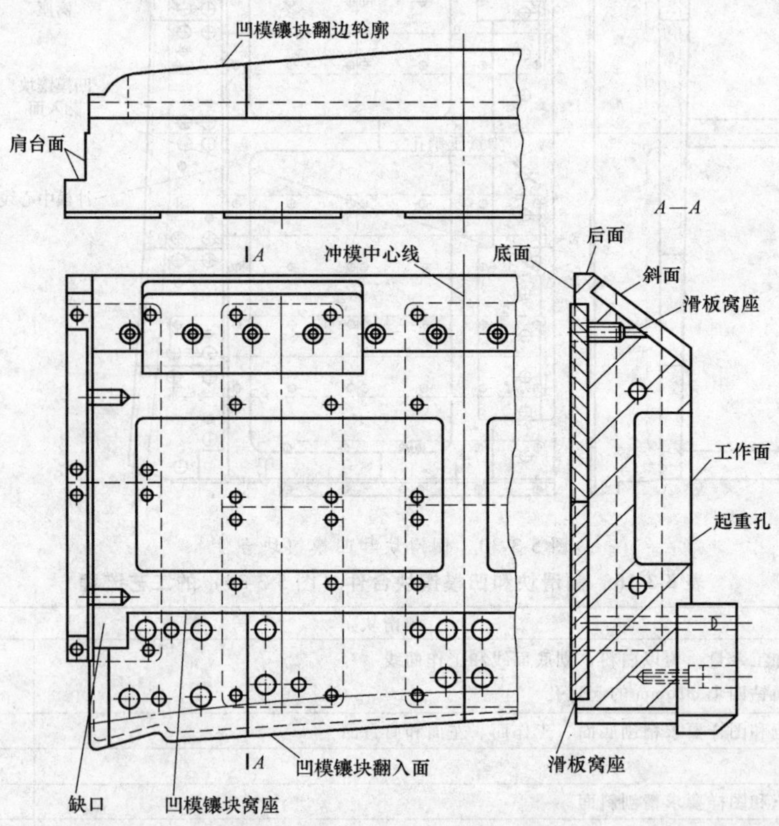

图5-3-31　后滑块和凹模镶块合件

表5-3-17　后滑块和凹模镶块合件（图5-3-31）的工艺流程

	后滑块		
1	检查铸件加工余量，覆以白粉，划底面线和工作面线 在前、后面钻四个 ϕ16mm 的起重孔	—	摇臂钻床
2	按划线找正和图样要求精刨底面、工作面、后面和肩台面	—	龙门刨床

（续）

后滑块			
3	划斜面线	—	—
4	按划线找正和图样要求精刨斜面	—	龙门刨床
5	划线：划冲模中心线、凹模镶块窝座线、斜面滑板窝座线、底面滑板窝座线和弹簧压销孔线 按划线钻滑板窝座铣刀的进刀孔和钻铰弹簧压销孔	—	摇臂钻床
6	按划线找正和图样要求铣凹模镶块窝座、斜面滑板窝座和底面滑板窝座	—	龙门铣床
凹模镶块			
1	按明细表规格尺寸刨六面，留磨量	—	牛头刨床
2	磨上面和底面见光划线用	—	平面磨床
3	划线：划螺钉沉孔线和柱销孔线，按样板划翻边轮廓线，按样板划翻入面线，划两边凹模镶块配入窝座缺口线 按划线钻螺钉沉孔和钻铰柱销孔	样板	摇臂钻床
4	按划线插翻边轮廓	—	插床
5	按划线铣翻入面和缺口	—	立式铣床
6	检查后送热处理淬火	—	—
7	热处理淬火并回火，T10A，58～62HRC	—	—
8	清理淬火件后送磨	—	—
9	磨接合面和配入窝座的面 磨底面考虑加料厚 1.2mm	—	平面磨床
10	修磨翻边轮廓	风动砂轮机	—
11	按图样要求将凹模镶块和滑板放在后滑块上，按凹模镶块和滑板上的螺钉沉孔在后滑块上划螺孔线 按划线钻孔攻螺纹 将凹模镶块和滑板用螺钉固定在后滑块上 按凹模镶块上的柱销孔在后滑块上钻铰柱销孔，并打入柱销	—	摇臂钻床

3.4.5 前固定座和凹模镶块合件的工艺流程（见表 5-3-18）

表 5-3-18 前固定座和凹模镶块合件（图 5-3-32）的工艺流程

前固定座			
1	检查铸件加工余量，覆以白粉，划底面线和工作面线 在前、后面钻四个 $\phi16$mm 的起重孔	—	摇臂钻床
2	按图样要求精刨底面和凹模镶块窝座	—	龙门刨床
凹模镶块			
1	按明细表规格尺寸刨六面，留磨量	—	牛头刨床
2	磨上面和底面见光划线用	—	平面磨床
3	划线：划螺孔线和柱销孔线，按样板划翻入面线 按划线钻孔攻螺纹和钻铰柱销孔	样板	摇臂钻床
4	按划线铣翻入面和缺口	—	立式铣床
5	检查后送热处理淬火	—	—
6	热处理淬火并回火，T10A，58～62HRC	—	—
7	清理淬火件后送磨	—	—
8	磨配接触面、接合面和翻边轮廓	—	平面磨床

（续）

	凹模镶块		
9	在凹模镶块上的螺孔内拧入螺钉中心冲，并找平，按图样要求将凹模镶块放在前固定座上，击引出前固定座上的螺钉沉孔位置 按划线钻螺钉通孔，翻身锪沉孔 将凹模镶块用螺钉固定在前固定座上，按凹模镶块上的柱销孔在前固定座上钻铰柱销孔，并打入柱销凹模镶块	—	摇臂钻床

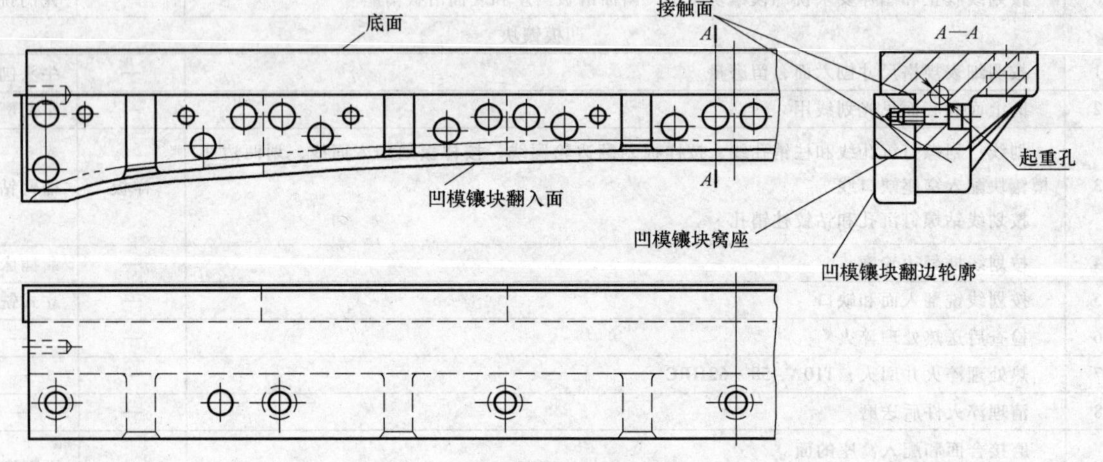

图 5-3-32 前固定座和凹模镶块合件

3.4.6 装配的工艺流程

装配的工艺流程见表 5-3-19。

表 5-3-19 装配的工艺流程

工序	工序内容
1	将顶块等合件装入下底板，对准冲模中心线，配磨下底板上的导柱
2	按导板上的螺钉沉孔在下底板上划螺孔线 按划线钻孔攻螺纹，钻螺钉通孔，翻身锪沉孔 将导板用螺钉固定在下底板上
3	按滑板上的螺钉沉孔在下底板上划螺孔线 按划线钻孔攻螺纹 将滑板用螺钉固定在下底板上，修整滑板平整度
4	按反侧块上的螺钉沉孔在下底板上划螺孔线和按下底板上的螺钉沉孔在反侧块上划螺孔 按划线钻孔攻螺纹 将反侧块用螺钉固定在下底板上
5	将顶块等合件从下面装入下底板，然后将凸模放在下底板上，在顶块上装斜楔块，使凸模扩张，按两侧反侧块找平行，将侧滑块放在下底板上，找正位置放上导板。按反侧块找平行，将后滑块放在下底板上，找正位置放上导板，将前滑块放在下底板上，并放上前凸模使凸模扩张。固定凸模与下底板连接的螺栓 按导板上的螺钉沉孔在下底板上划螺孔线 按划线钻孔攻螺纹 重新装配一次，将导板用螺钉固定，找正位置，按导板上的柱销孔在下底板上钻铰柱销孔，并打入柱销

（续）

工序	工序内容
5	将上底板放在平台上，按图样要求将侧斜楔、后斜楔、前固定座和凹模镶块合件，吊滑块和压料板放在上底板上，合模以后用千斤顶支撑牢，调节到闭合高度，按侧滑块、后滑块和前凸模找正侧斜楔等位置，在吊滑块和压料板上放上导板，按斜楔等上的螺钉通孔在上底板上划螺孔线 开模以后按划线钻孔攻螺纹 将侧斜楔、后斜楔、前固定座合件和导板用螺钉固定在上底板上，合模以后用千斤顶支撑牢，调节到闭合高度，按侧滑块等找正侧斜楔等位置，紧固螺钉，开模以后钻铰柱销孔，按导板上的柱销孔钻铰柱销孔，并打入柱销
6	将下底板放在平台上，合模以后用千斤顶支撑牢，调节到闭合高度，按侧、后斜楔上的滑板端面投影到侧、后滑块面上划线，然后将侧、后滑块拆下，按划线将返楔拉块放在侧、后滑块上，按返楔拉块上的螺钉沉孔在滑块上划螺孔线 按划线钻孔攻螺纹 按划线将返楔拉块用螺钉固定在侧、后滑块上，按返楔拉块上的柱销孔在侧、后滑块上钻铰柱销孔，并打入柱销
7	将吊滑块和压料板拆下，在上底板上的弹簧窝槽和弹簧窝座内放进弹簧，装上吊滑头和压料板；将凸模、侧滑块、后滑块和前滑块拆下，在下底板上的弹簧窝槽内放进弹簧，装凸模
8	上、下底板的铸造面涂漆

第 4 章　模具成型件型面的成形铣削

成形铣削通常分三种类型：立铣、仿形铣和数控铣。

4.1　立铣加工工艺

在各类模具的型腔（凹模）、型芯（凸模）加工中，广泛采用立铣进行粗加工和半精加工，其精度可达到 IT8 ~ IT10 级，表面粗糙度在 $Ra1.6 \sim 9.8\mu m$。因此，型腔立铣加工时，一般只需留 0.05 ~ 0.1mm 的修光余量，然后经钳工修光、研抛，即可得到所需的型腔尺寸精度和表面粗糙度。

（1）圆弧面加工　其工艺要点见表 5-4-1。

（2）不规则平面轮廓加工　一般按极坐标方法设计，所以在加工前可按工件的极坐标半径、夹角和加工用铣刀直径计算出铣刀中心在各点位置的纵、横向坐标尺寸，然后逐点铣削，经钳工修整后获得所需的平面轮廓尺寸，见图 5-4-1。

表 5-4-1　圆弧面加工工艺要点

工件形状特点	简　图	加　工　要　点
圆弧与直线相切	l_1 θ l_2 R O	1）将工件圆弧中心校正到与回转工作台旋转中心相重合 2）铣削直线段至圆弧切点 3）按圆心角铣削圆弧面 4）铣另一直线段
由多个圆弧面组成	1 2 3 41 R1.4 16.2 a)　4 41 16.2 b)	1）将工件 3 上某一圆弧中心线校正至回转台 2 的中心上 2）将两基准块 1 靠紧工件侧基面上并加以固定，进行第一个圆弧面加工（图 a） 3）用块规 4 调整其他圆弧中心，逐一加工各个圆弧面（图 b）

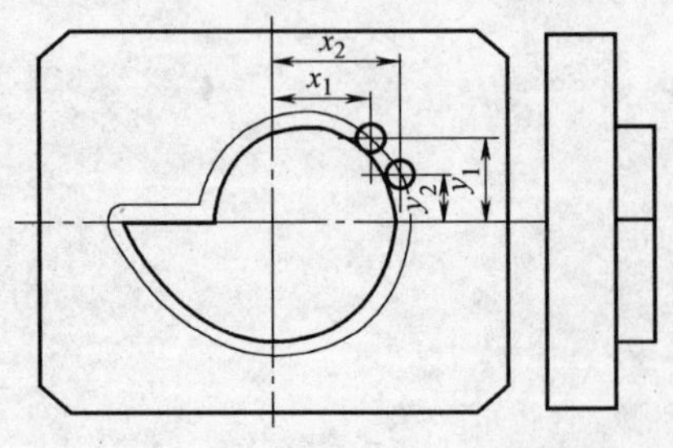

图 5-4-1　不规则平面轮廓铣削

（3）端型面加工　工件装夹在回转工作台上，根据端型面形状调整工件与回转台中心的相对位置。工件每回转一个角度，铣刀移动一个距离，逐点铣削后经钳工修整获得所需的端型面尺寸，见图 5-4-2。

（4）复杂空间曲面加工　将曲面分层后逐点进行平面轮廓的坐标加工，逐层加工完后，再修光即成空间曲面。按曲面的各点坐标逐点加工，经修光后也可获得所需空间曲面，见图 5-4-3。

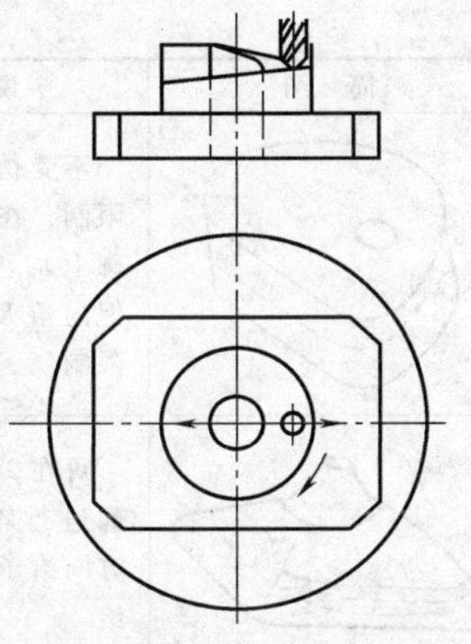

图 5-4-2　端型面铣削

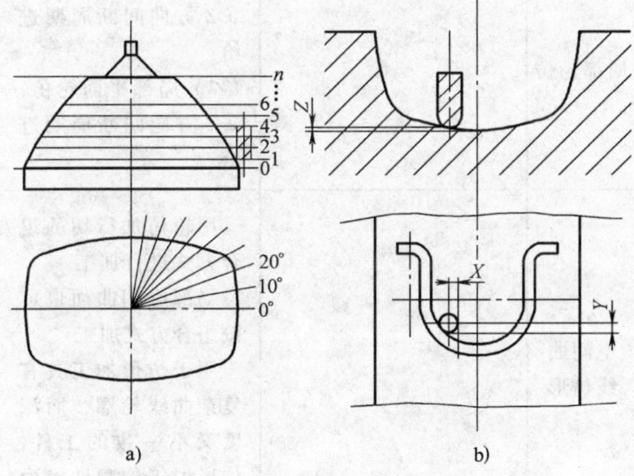

图 5-4-3　复杂空间曲面铣削加工

a) 分层逐点加工法　b) 按坐标逐点加工法

4.2　仿形铣加工工艺

仿形加工是：根据工件图样及其规定的技术要求、加工参数（如加工余量）等制造成精密靠模（或称样模），使之与工件定位、安装于母床工作台的相对位置上，采用机械、液压伺服系统以控制触针在靠模型面上的位置和触头旋行路线，并使与之相联动的主轴及装于主轴上的刀具仿靠模的形状，以完成工件型面的成形加工。

4.2.1　仿形铣削基本原理和加工精度

1. 常用靠模仿形铣削方式

除机械式靠模仿形铣削方式以外，常用的铣削方式有液压式、电控式和电液式仿形铣削几种，如国产 XKFM716 型数控仿形铣床和 ZF-3D55 型自动仿形铣床。此外，还有光电式仿形铣床等。常用仿形铣削机床的加工原理与加工精度见表 5-4-2。

2. 仿形铣削工艺与工艺条件

（1）仿形铣削路线与周进　仿形铣削轨迹的设计，需视工件被加工面的形状与尺寸等工艺要素而定。但必须合理，必须满足加工精度、表面粗糙度和加工效率高的要求。通常，采用的加工路线（铣削时，铣刀轨迹）和方法主要有行切仿形铣和轮切仿形铣两种。

1）行切。即 X 方向或 Y 方向来回往复地进行铣削，见图 5-4-4，如工件被加工面上的凸形与凹形的高、低差小，即浅而扁平类工件的铣削需采取行切

表 5-4-2　常用仿形铣基本原理和精度

仿形铣方式	基本原理与仿形触头	加工精度与说明
液压式仿形铣	其原理为采用油液为介质，以液压的变化量来传递仿形触头位置信息，以使由液压驱动的坐标轴相对刀具作与触头同步仿形铣削。仿形触头压力较大，为 6～10N	仿形加工精度比机械式高，一般为 0.02～0.1mm
电控式仿形铣	在铣床工作台的相应位置上，定位、安装有靠模与工件；工作台则由伺服电动机驱动；靠模通过仿形触头传递给传感器位置信号，传感器则将仿形触头的位置信号转变成电信号，并通过控制系统将电信号放大后控制伺服电动机，以控制铣刀与仿形触头作同步仿形加工。其仿形触头压力仅为 1～6N	电控式仿形铣的成形加工精度可达 0.01～0.03mm，国产机床有：XKFM716 型数控仿形铣
电液式仿形铣	以液压作动力通过液压缸、液压马达驱动工作台作伺服运动。其伺服运动信号，则由仿形触头在靠模上的位置信号，通过液-电传感器传递信息，以控制工作台作与触头同步的仿形铣削加工。仿形触头压力仅为 1～6N	其加工精度与电控式仿形铣相比略低，国产机床型号为 ZF-3D55 自动仿形铣床
光电式仿形铣	其控制原理与光电控制电火花线切割基本相同。不用靠模而用精密图样作光电跟踪，并使光信号转变为电信号，通电伺服电动机驱动工作台作仿形加工运动	使用很少，加工精度与图样线径有关

法；被加工面基本上与铣刀杆轴线垂直的型面，一般也需采用行切仿形铣削，较为合理。

2）轮切。即沿与铣刀轴线相平行的加工面作仿形铣削；或仿形铣削轴线与铣刀轴线相垂直的圆弧面的仿形铣削方法，称轮切仿形铣削法。

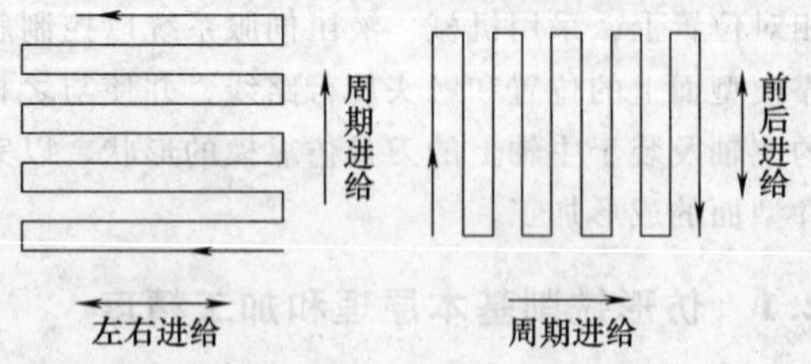

图 5-4-4　行切与周期进给示图

（2）周期进给与周期进给量　行切与轮切均为或均需有序加工、周期性加工。因此，其进给也是周期性的，故称周进。

周期进给是指铣刀往返铣削（行切）路线（轨迹）之间的垂直位移，称行切周期进给；当轮仿铣削一周，进入下一周轮仿铣削路线之间的垂直位移，称轮切周期进给。行切与轮切相邻轨迹之间的位移量，则称周期进给量。周期进给示图见图 5-4-4，仿形铣削轨迹选择与方法见表 5-4-3。

表 5-4-3　ZF-3D55 三坐标自动仿型铣削轨迹选择

方法	简　图	说　明
表面往复仿形	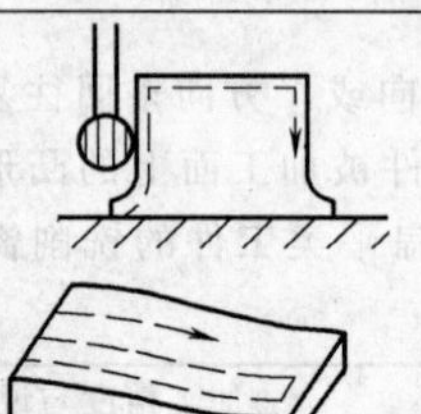	1）X 行切，带 $\pm Y$ 方向周期进给 2）Y 行切，带 $\pm X$ 方向周期进给 3）对垂直面、倒锥面仿形加工
深度分层行切	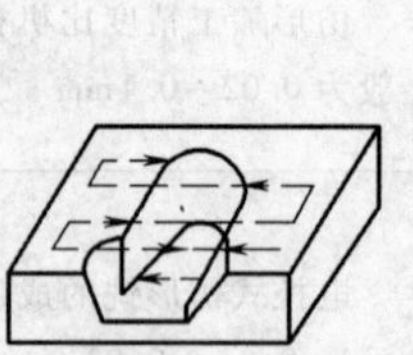	1）X 行切带深度分层加工，$\pm Y$ 周期进给 2）Y 行切带深度分层加工，$\pm X$ 周期进给 主要用于去除毛坯余量的粗仿加工
沿轮廓周期进给行切	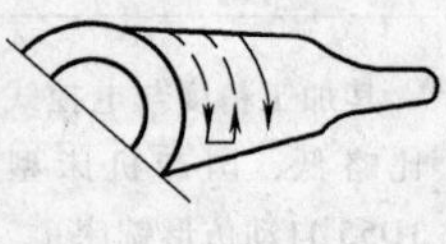	可 X 行切或 Y 行切，均可沿外形轮廓周期进给或沿内轮廓周期进给
带深度分层加工，沿轮廓周期进给行切	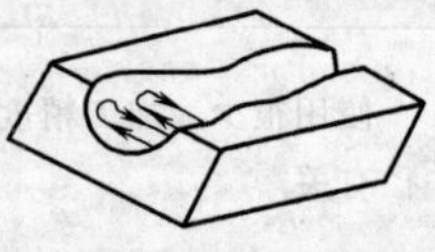	可 X 行切或 Y 行切，但只能沿内轮廓周期进给
平面轮廓仿形（轮仿）	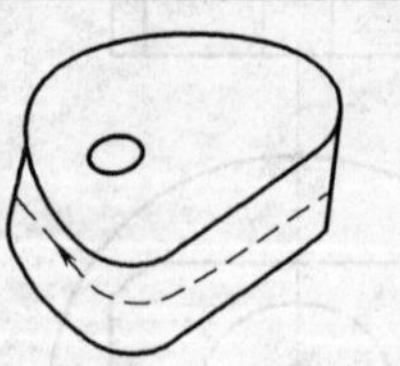	不受仿形加工方向限制，在 360° 内外轮廓上均可进行轮仿，但内角 R 受刀具半径限制
立体轮仿	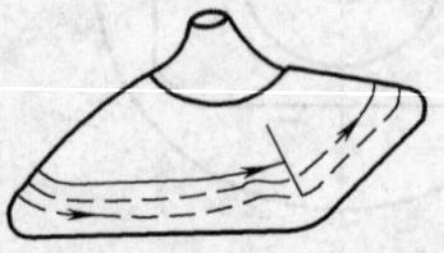	可在 360° 的内外轮廓进行轮仿，在 $\pm Z$ 方向给予连续周期进给
局部轮仿		1）局部立体轮仿，$\pm Z$ 方向间断周期进给 2）局部平面轮仿，$\pm Z$ 方向间断周期进给
空间曲线仿形		用轮仿加行切的组合方式进行加工 局部空间曲面也可按组合方式加工 用于仿形加工具有复杂曲线轮廓，而深度又不一致的工件，仿形加工的爬坡能力为 30°

3. 仿形铣工艺条件

和其他切削工艺一样，仿形铣的工艺参数、切削条件也和工件材料性能如硬度、刀具材料、切削方式有关。

1）铣削速度（v），当采用高速钢铣刀仿形铣时：$v=10\sim35\text{m/min}$；当采用硬质合金铣刀仿形铣时：$v=50\sim120\text{m/min}$；当工件材料硬度 <220HBW 时，粗铣 $v=20\sim25\text{m/min}$，精铣 $v=25\sim28\text{m/min}$。

2）铣刀每分钟进给量（f）的计算公式为

$$f=f_z nZ$$

式中　f_z——铣刀每齿进给量，高速钢铣刀一般取 $f_z=0.05\sim0.15\text{mm}$；

n——铣刀转速（r/min）；

Z——铣刀齿数。

3）周期进给量越大，加工效率越高，但是表面粗糙度 Ra 值越大。如图 5-4-5 所示，若采用球头铣刀进行仿形铣削，则铣刀直径 d、周期进给量 P 与接刀痕高度 a 有关。通常，中小型仿形铣床：粗加工时，取 $P=3\sim10$mm；半精加工时，取 $P=1\sim3$mm；精加工时，取 $P=0.2\sim0.5$mm。

若采用半径小于 2mm 的球头铣刀进行精密仿形铣时，可取 $P=0.05\sim0.2$mm。

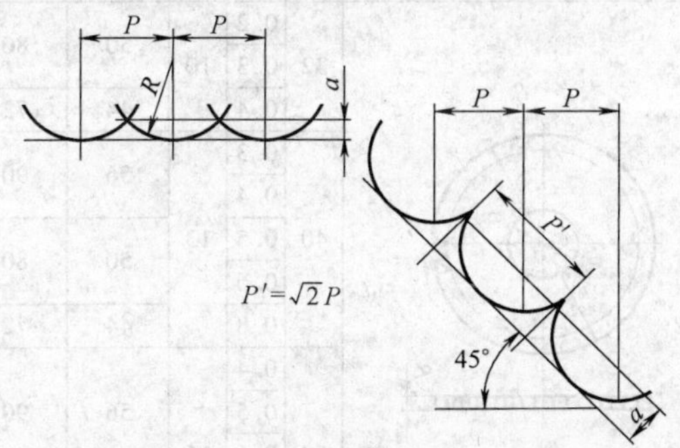

图 5-4-5　平面和斜面上铣削残留高度

4.2.2　仿形靠模、触头与刀具

1. 仿形靠模

仿形靠模是进行仿形铣削的模型，是仿形信息源。因此，为保证仿形铣削精度，靠模需具备以下条件：

1）形状精确，尺寸精度高；表面粗糙度参数 *Ra* 值低，型面光顺、光滑。

2）有较高刚度，不产生变形；表面有一定硬度，耐磨性较好。

3）制造靠模的材料需质轻、耐磨、复制性好，成形加工方便。因此，一般精度工件的仿形铣加工，常采用具有一定硬度的木材、树脂塑料和石膏；当进行精加工时，可采用电铸、金属喷涂等方法来制造靠模。

2. 仿形触头

仿形铣削时，触头经常与模型表面保持运动接触，以感测模型表面的坐标信息，所以仿形触头的头部应与仿形模型表面形状相适应。一般触头顶端的斜度应小于模型工作面上的最小斜度，头部 *R* 应小于模型凹弧的最小 *R*，如图 5-4-6 所示。

仿形触头的直径应略大于铣刀直径，如图 5-4-7 所示。可按下式计算：

$$D_1 = d + 2(s + f) + a$$

$$D_2 = d + a + 2f$$

式中　D_1——粗仿用触头直径（mm）；

D_2——精仿用触头直径（mm）；

d——铣刀直径（mm）；

s——精仿的加工余量（mm）；

f——研抛余量（mm）；

a——触头位移修正值（mm）。

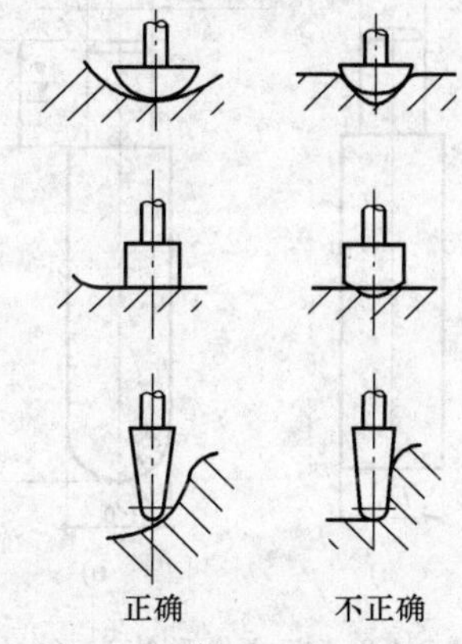

图 5-4-6　仿形触头头部形状

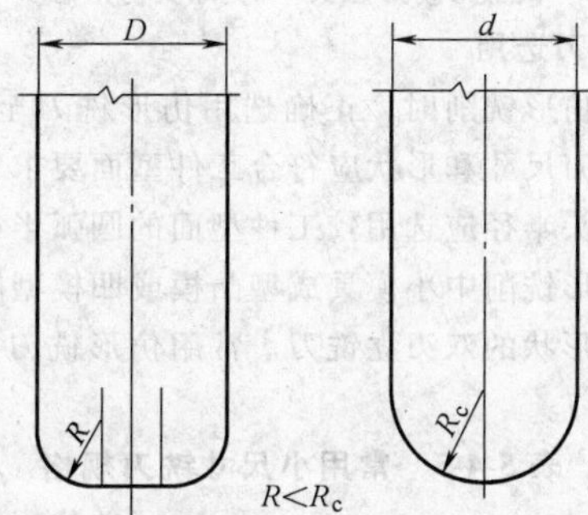

图 5-4-7　触头直径 *D* 的确定

位移修正值取决于机床仿形头的构造、仿形触头长度、仿形速度、模具型腔的形状等，其大小可按表 5-4-4 选择。为了得到更可靠的修正值，必须通过实测加以修正。

表 5-4-4　触头直径修正值 *a*

触头长度/mm	工作台进给速度/（mm/min）			
	20	30	40	50
	a/mm			
60	0.50	0.55	0.60	0.80
70	0.55	0.60	0.65	0.90
85	0.60	0.65	0.75	0.95
100	0.65	0.75	0.80	1.10
115	0.75	0.80	0.90	1.20

标准仿形触头有圆柱形和球形头两种，如图 5-4-8 所示。圆柱形仿形触头是以圆柱面为靠模基准，用于轮仿侧型面或分层仿形铣加工（切除大余量的粗仿加工），它与圆柱立铣配用，球头仿形触头是以球头为靠模基准，用于加工凹凸复杂型面，与圆柱球头铣刀或锥形球头铣刀配用。仿形触头的材料可用钢、硬铝、铜或塑料制成，工作表面应具有一定的硬度并经抛光，表面粗糙度不大于 $Ra0.8\mu m$，触头质量应尽可能轻。

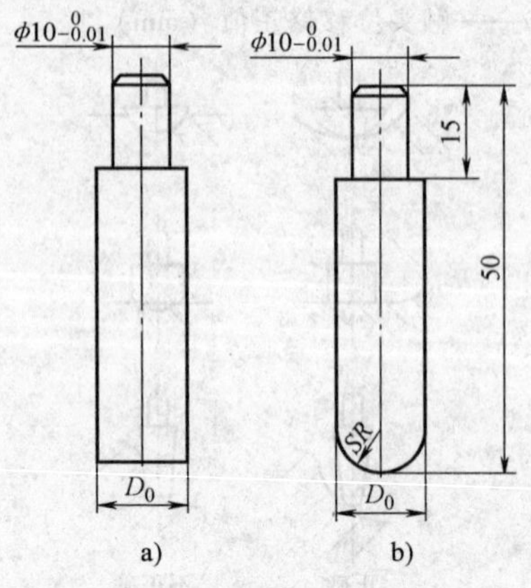

图 5-4-8　标准仿形触头形状

a）圆柱形仿形触头　b）球头仿形触头

3. 铣刀选用

靠模仿形铣削时，正确选用仿形铣刀至关重要。选用的铣刀尺寸和形状应符合工件型面要求，如球头铣刀的球头半径应选用较工件型面的圆弧半径小的铣刀。当仿形铣削中小模具成型凸模或凹模型腔时，常采用各种形状的双刃立铣刀。常用仿形铣刀见表 5-4-5～表 5-4-7。

表 5-4-5　常用小尺寸铣刀规格

（单位：mm）

高速钢直柄立铣刀	基本尺寸 D	L	l	d	粗齿齿数	细齿齿数
	2	32	6		3	4
	2.5					
	3	36	8			
	4	40	10	4		
	5	45	12	5		
	6	50	15	6		
	8	55	18	8		
	10	60	20	10		5
	12	65	25	12		
	14	70	30	14		

直柄键槽铣刀	基本尺寸 D	L	l	d
	2	30	6	3
	3	32	7	
	4	36	8	4
	5	40	10	5
	6	45	12	6
	8	50	14	8
	10	60	18	10

（续）

切口铣刀	基本尺寸 D	B	d	粗齿齿数	细齿齿数
	32	0.2	10	50	80
		0.3			
		0.4		44	72
	40	0.3	13	56	90
		0.4			
		0.5		50	80
		0.6			
		0.8		44	72
	50	0.4	16	56	90
		0.5			
		0.6			
		0.8		50	80
		1.0			

表 5-4-6　常用单刃主铣刀

简图	特点	用途
	A 为主切削刃，后角为 α_o。B 为副切削刃，后角为 α_o' $\alpha=25°$ $\alpha_o'=15°$ $\gamma_o=5°$（前角） 用硬质合金时，前角作成 10°～12°的负前角，直径一般 <12mm 铣削时背吃刀量宜小，可加大纵、横向进给量。铁屑易排出，刃口不易磨损，加工表面粗糙度值低	用于平底、侧面为垂直面的铣削
		用于加工半圆槽
		用于斜侧面、底面有 R 的槽加工
		用于斜侧面、底部有 R 的加工

（续）

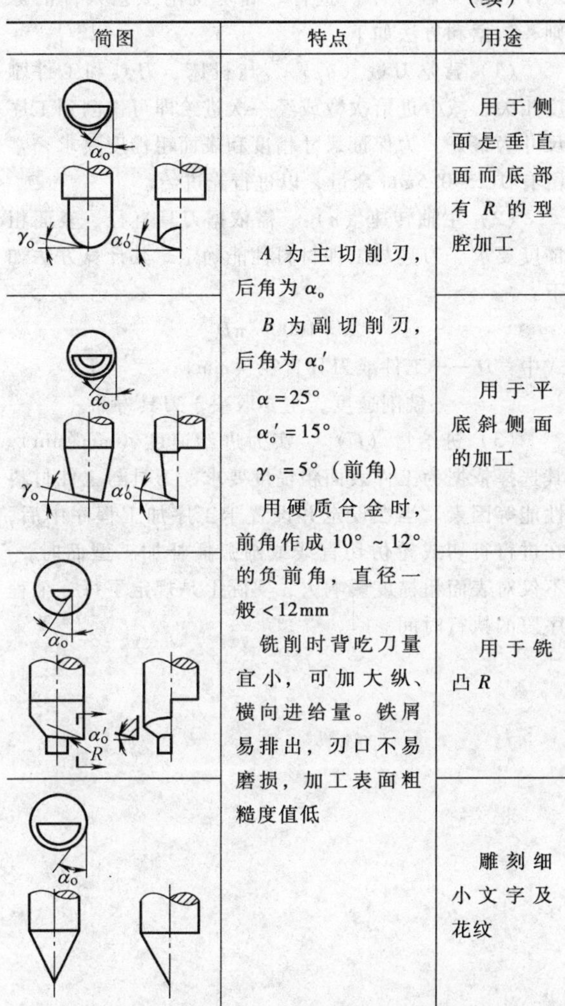

简图	特点	用途
	A 为主切削刃，后角为 α_o。 *B* 为副切削刃，后角为 α_o' $\alpha=25°$ $\alpha_o'=15°$ $\gamma_o=5°$（前角） 用硬质合金时，前角作成 10° ~12°的负前角，直径一般 <12mm 铣削时背吃刀量宜小，可加大纵、横向进给量。铁屑易排出，刃口不易磨损，加工表面粗糙度值低	用于侧面是垂直面而底部有 *R* 的型腔加工
		用于平底斜侧面的加工
		用于铣凸 *R*
		雕刻细小文字及花纹

表 5-4-7　常用仿形铣刀与用途

名称	简图	用途
圆柱立铣刀		主要用于型面粗铣，或型面上需清角的铣削
圆柱球头铣刀		1）各类凹凸型面的半精和精仿加工 2）在型腔底面与侧壁间有圆弧过渡时，进行侧壁仿形加工
锥形球头铣刀		形状复杂的凹凸型面，具有一定深度和较小凹圆弧的工件

（续）

名称	简图	用途
小型锥指铣刀		加工特别细小的花纹
双刃硬质合金铣刀		铸铁工件的粗、精仿加工

4.3　数控铣削工艺

数控加工是：根据工件形状、尺寸要求和加工参数、加工条件，按规定的程序格式、代码和规则，编成工件的成形加工程序。加工时，由机床控制系统根据输入其中的加工程序，发出数字信息指令，使机床按顺序逐段完成工件加工，此即为数控（NC）加工，其机床即为 NC 机床。

1. 数控加工工艺要求

根据 NC 机床和 MC（加工中心）加工工艺特点，为能充分发挥 NC 机床和 MC 高精、高速和高效加工的能力，将提出下列工艺要求：

1）工件材料硬度适宜、材质均匀、切削性能优越，并使材料内应力越小越好；铸锻件必须经高温时效，以使粗加工后，或经多道工序加工后的变形趋于最小。

2）需充分重视 NC 机床和 MC 加工工艺的经济性，即：必须采用经精加工后的坯料，如精加工后的模板、模块等；需与通用机床进行合理配套应用，充分发挥 NC 机床和 MC 与各种普通机床各自具有的特长。

3）由于 NC 机床和 MC 的刚性强、热稳定性好、功率大，故可以尽量选用较大的切削用量，进行高精、高速加工。

4）在进行数控加工时，工件可在一次装夹条件下，进行多工序、多工步加工；且采用较大切削用量，故工件的夹紧力变形较大。这样，工件在连续高速切削加工过程中，必将产生高温热变形应力。因此，在编制加工程序时需设置一定停歇时间代码，以使工件冷却；或于精加工时，适当调节工件夹紧力，以保证工件加工的尺寸精度和位置精度。

2. 合理设置加工顺序

合理安排 NC 机床和 MC 的加工工序、工步顺序，是保证高精、高速加工的工艺设计原则。一般，宜遵守先重、粗、冷、缓，后精加工的顺序，即：

1）先进行重切削、荒、粗加工，以去除工件型面上的大部分金属，留半精和精加工余量，如荒铣、粗铣加工凹模型腔，钻大孔或粗铣沟槽等。

2）冷却粗加工遗热后，加工发热量小、精度要求不高的加工面，如进行半精铣平面、槽或半精镗孔等。

3）进行精密行切，或轮仿切模具成型件型面。

4）加工小孔孔系，如钻孔、铰孔以及机攻螺纹等；此后，则进行精镗大孔，精铣沟、槽等。

以上各加工工序，都需在加工时进行冷却，特别是当进行粗加工和精加工工序时，更需供给充分的循环切削液，以带走因高速铣削产生的热量，并进行润滑。

3. 数控铣削工艺条件

主要指切削用量，包括背吃刀量（a_p，mm）、主轴转速（n，r/min）和进给量（f，mm/min）。对于粗铣、半精铣、精铣、钻孔、镗孔、铰孔和攻螺纹等，都需确定不同的切削参数。参数值可以从机床使用说明书、有关工艺手册中选择、确定，并设置在各工序的加工程序中。选择、确定铣削工艺条件的原则、依据和方法如下：

（1）背吃刀量（a_p） 与机床、刀具和工件刚度相关，减少进给次数或经一次进给即可铣削到工序尺寸为最好。为保证尺寸精度和表面粗糙度要求，常留有0.2～0.5mm余量，以进行光进给。

（2）主轴转速（n） 需依据刀具直径、表面粗糙度要求、刀具与工件材料性能确定。其计算方法如下：

$$n = 1000v/\pi D$$

式中 D——工件或刀具直径（mm）；

v——铣削速度，主要取决于刀具寿命。

（3）进给量（f） 实为进给速度（mm/min）。其选择依据为工件表面粗糙度要求、刀具与工件材料性能等因素。当在设定并设置于工序加工程序中后，在进行行切或轮仿切直线或圆弧插补加工型面时，f 不仅对表面粗糙度影响大，实际上是规定了每一个程序段的执行时间。

第5章　模具凸、凹模成形磨削

5.1　成形磨削原理与方法

5.1.1　成形磨削原理与应用

1. 成形磨削原理

成形磨削工艺多用于模具的凸模、凹模拼块型面的成形加工。图5-5-1所示为模具成型件，其外形轮廓由多集直线与圆弧线所组成。进行磨削时，需将外形轮廓分成若干直线或圆弧段，按一定顺序逐段磨削成形，使达到图样的形状、尺寸及精度要求，即称为成形磨削。

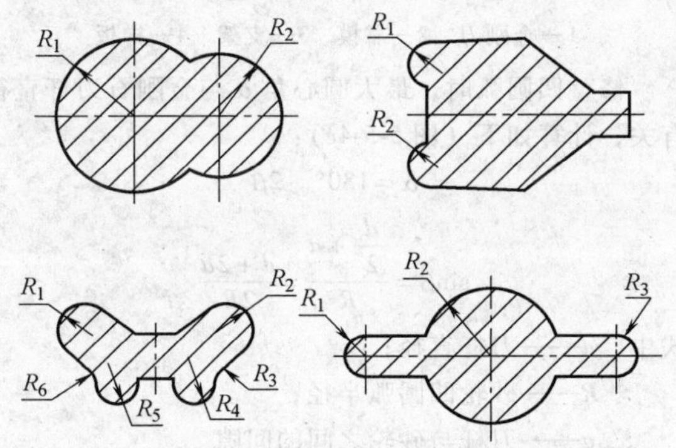

图5-5-1　模具成型件的磨削

为适应成形磨削工艺要求，其磨床需配有相应夹具，以满足装夹工件，作成形磨削所必需的运动，其运动分两部分：成形磨削运动和工件装夹调整运动，见图5-5-2。

(1) 成形磨削运动　砂轮6装于磨头4上，由电动机驱动作高速旋转运动；磨头4在纵向导轨3上作纵向磨削进给运动；垂直导轨2，相对测量平台7作垂直进给运动。

(2) 工件装夹调整运动　图5-5-2中8为万能夹具，其上装有 X、Y 方向的导轨，使工件作 X、Y 方向的位置调整，以找正工件圆弧段的旋转中心，进行圆弧磨削。磨削圆弧的角度范围，由装于夹具8后面的正弦柱垫量块控制。工作台用于测量工件位置，找正圆弧中心，并以此中心定位进行各段圆弧磨削。

(3) 成形磨削工艺　成形磨削在精密模具加工中使用得比较广泛，它具有精度高、表面质量好的优点。常用的成形磨削工艺可分为成形砂轮磨削、展成法成形磨削、仿形磨削和坐标磨削，见表5-5-1。

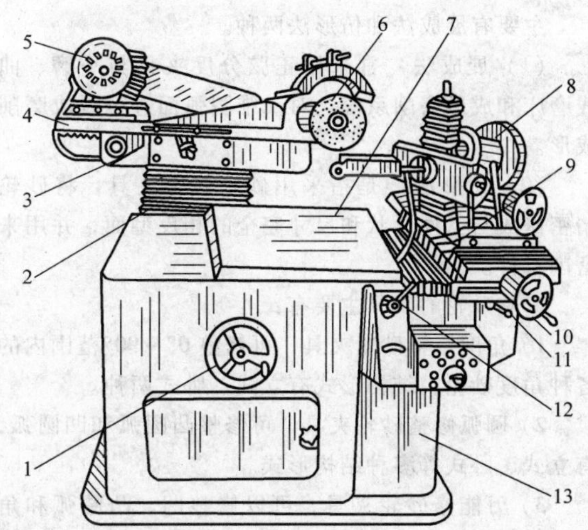

图5-5-2　成形磨床

1、10—手轮　2—垂直导轨　3—纵向导轨　4—磨头　5—电动机　6—砂轮　7—测量平台　8—万能夹具　9—夹具工作台　11、12—手柄　13—床身

表5-5-1　常用成形磨削工艺

磨削方法	简　图	说　明
成形砂轮磨削	砂轮 工件	将砂轮修成与工件型面相配对的形状，然后角切入法磨削 在外圆、内圆、平面、无心、工具等磨床上均可用这种工艺方法进行磨削凸、凹模型面
展成法成形磨削	砂轮 夹具 工件	使用通用或专用夹具，在通用或成形磨床上，对工件型面进行磨削
仿形磨削		在专用磨床上按放大样板（或靠模）或放大图进行磨削
坐标磨削	工件 砂轮 按CNC指令	用坐标磨床上的回转工作台和坐标工作台，将工件按坐标运动和回转，利用磨头的上下、往复和行星机构，磨削工件的成形面

可见，成形磨削主要用于凸模、凹模、拼块的精密加工。其工序常在成形铣、成形刨削加工、或在电火花线切割加工（WEDM）以后进行。其加工形状误差可达0.002~0.05mm。

2. 成形磨削方法

主要有展成法和仿形法两种。

（1）展成法　常采用正弦分度夹具与平磨、曲线磨床和成形磨削系统，对二维圆弧面进行展成磨削成形。

（2）仿形法　是指采用砂轮修整夹具，将砂轮精密修成与工件形状和尺寸完全的相反型面，并用来磨削工件。

修整砂轮的工具主要有：

1）角度修整砂轮夹具，可修整0°~90°范围内的各种角度砂轮，结构形式有立式、卧式两种。

2）圆弧修整砂轮夹具，可修整凸圆弧和凹圆弧，有立式、卧式等多种结构形式。

3）万能修砂轮夹具，可以修整凹、凸圆弧和角度。

若被磨削的工件形状比较复杂或轮廓为非圆弧时，可采用专门的靠模工具来修整砂轮。图5-5-3所示的工具是专门用来修整凸面成形砂轮的靠模工具。

修整砂轮时，可采用夹具用金刚石笔对砂轮进行修整成形。

修整任何形状的砂轮（角度、圆弧或复杂型面），在使用金刚石前，均需用碳化硅砂条或实心碳精棒粗修。

修整圆弧面时，由于机床主轴存在轴向窜动，修整凸圆弧时的砂轮半径应比工件半径小，修整凹圆弧时砂轮半径应比工件半径大。应满足以下关系式：

修整凸圆弧砂轮时（图5-5-4a）：

$$\gamma_{砂} < \gamma_{工} - (0.01 \sim 0.02)\text{mm}$$

修整凹圆弧砂轮时（图5-5-4b）：

$$\gamma_{砂} > \gamma_{工} + (0.01 \sim 0.02)\text{mm}$$

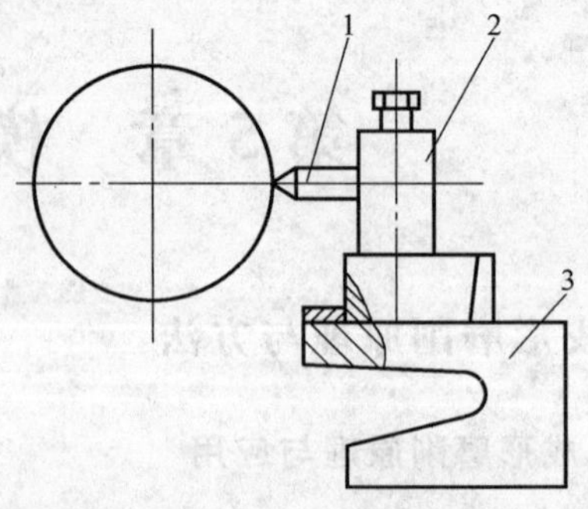

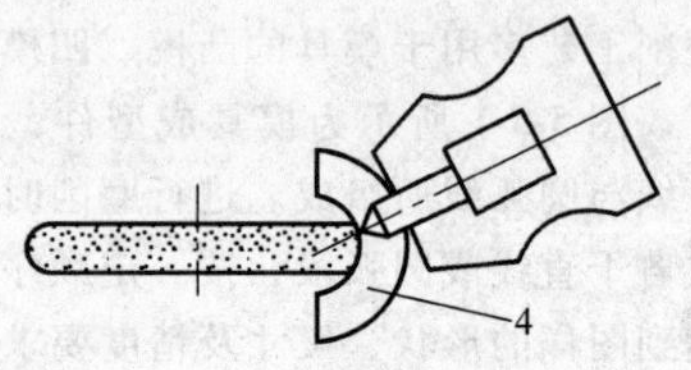

图5-5-3　用靠模修整砂轮

1—金刚刀　2—靠模　3—支架　4—样板

修整凹圆弧时，最大圆心角α与金刚石刀杆直径有关，计算如下（图5-5-4c）：

$$\alpha = 180° - 2\beta$$

$$\sin\beta = \frac{\frac{d}{2} + a}{R} = \frac{d + 2a}{2R}$$

式中　d——刀杆直径；

R——砂轮凹圆弧半径；

a——刀杆与砂轮之间的间隙。

修整砂轮各型面的次序见表5-5-2。

（3）展成法与仿形法的特点　见表5-5-3。

3. 成形磨削顺序

当模具凹、凸模拼块由多圆弧面和多角度平面相互平滑、光顺地连接成封闭的形状时（图5-5-5a），在成形磨削时，应根据工件形状与技术要求分解成简单的几何型线（图5-5-5b），采用分段磨削，并混合运用展成法与仿形法。

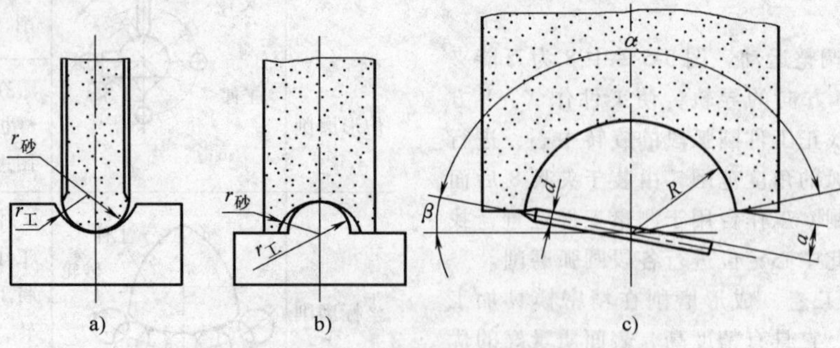

图5-5-4　修整圆弧面砂轮

a）修整凸圆弧　b）修整凹圆弧　c）凹圆弧砂轮的最大圆心角

表 5-5-2　成形砂轮各型面修整次序

型面形状		凸圆弧与凸圆弧相连	凸圆弧与凹圆弧相连	凹圆弧与凹圆弧相连	凸圆弧与平面相连	凹圆弧与平面相连
次序	先修整	大凸圆弧	凹圆弧	小凹圆弧	平面（或斜面）	凹圆弧
	后修整	小凸圆弧	凸圆弧	大凹圆弧	凸圆弧	平面（或斜面）

表 5-5-3　主要成形磨削方法的比较

项目＼方式	用平面磨床或成形磨床		用仿形磨床		用数控磨床
	夹具磨削	成形砂轮磨削	按仿形图磨削	按样板磨削	
附加器具	精密平口台虎钳、正弦磁力台、正弦分度夹具、万能夹具	修整成形砂轮的工具	绘制工件放大图	制作工件样板	需打指令带
加工效率和特性	操作技术熟练，精度也高	效率高	效率较低，不适于加工薄材料工件	样板放大倍数高，精度高	效率高，精度高
加工精度/mm	0.005～0.02	0.02～0.05	0.005～0.03	0.002～0.01	0.005～0.01
适用工件形状	连续曲线形状件	锐角件	带凸缘易挠曲的工形件	细长槽形件	细长槽形件

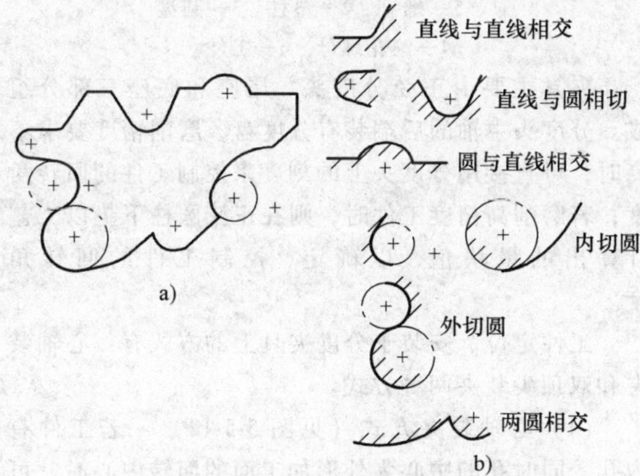

图 5-5-5　复杂几何型线的分解磨削

a）复杂几何型线　b）分解后简单的几何型线

可见，成形磨削时，根据工件形状与技术要求，常采用分段磨削并混合运用展成法与仿形法。同时，在进行凸模与凹模拼块成形磨削时，需遵守下列规则：

1）先确定磨削水平与垂直方向的基准面，再顺次磨削与基准面相平行的加工面。

2）当平面与凹圆弧面相连接时，应先磨削凹圆弧面，再顺次磨削平面；当平面与凸圆弧面相连接时，应先磨削平面，再顺次磨削凸圆弧面。

3）两凸圆弧面相连接时，应先削磨半径较大的凸圆弧面；两凹圆圆弧面相连接时，应先磨削半径较小的凹圆弧面。

4）应先磨削形状简单、操作方便的面。

5.1.2　成形磨削工艺

1. 回转中心定位磨削工艺

1）在万能夹具（见图 5-5-2 中件 8）的 X-Y 导轨滑座上，根据工件形状及其尺寸要求，安装有精密平口台虎钳或正弦磁力夹具。夹具上则定位、安装工件。此后，根据工艺尺寸计算图，采用测量调整器、量块、量规、千分表作比较测量，以调整、找正工件在夹具上的回转中心坐标位置。再根据工艺尺寸图，以回转中心（见图 5-5-6 上的 O 点）转动夹具，当分别转动到 α、β 或 γ 角度时，其相应平面处于水平位置，此时，则可顺次对各加工面进行磨削。此即为回转中心定位磨削方式。

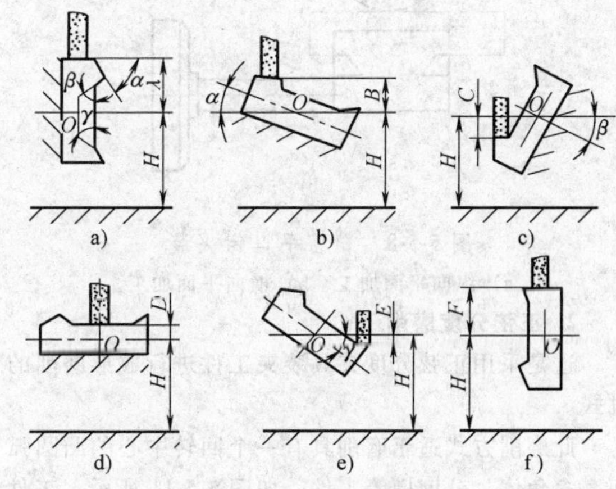

图 5-5-6　一个中心回转磨削

a）外圆面　b）外侧面　c）内侧面
d）内平面　e）内侧刃　f）外侧面

2）图 5-5-7 为具有多回转　中心定位磨削。其特点为需计算各回转中心的坐标位置。磨削时，需根据工艺计算图对夹具（含工件）进行调整，找正各回转中心位置。因此，多回转中心定位磨削将会降低加工精度。

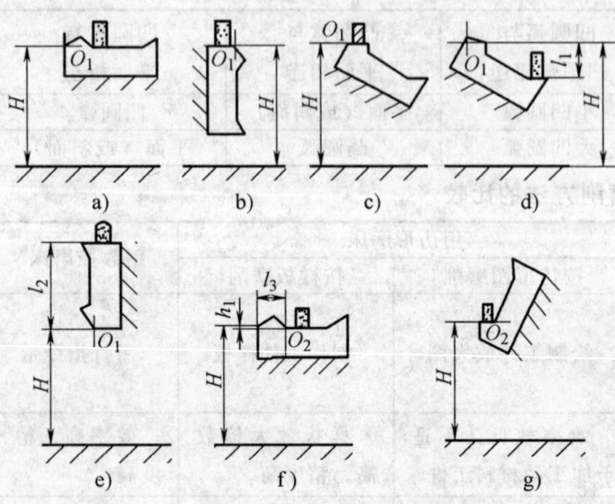

图 5-5-7 多个中心回转磨削

a）内平面 b）外圆面 c）外侧面 d）内侧刃

e）外表面 f）内平面 g）内侧面

3）安装于万能夹具 X-Y 导轨滑座上的平口钳、磁力夹具，以及工件直接装于滑座上的连接方式分别参见图 5-5-8 ~ 图 5-5-10。

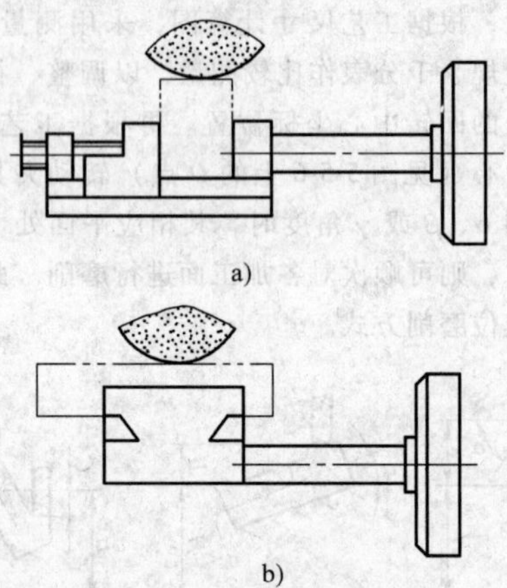

图 5-5-8 精密平口钳夹装

a）纵向平面加工 b）横向平面加工

2. 正弦分度磨削

这是采用正弦分度夹具装夹工件进行成形磨削的方式。

此磨削方式适于磨削具有一个回转中心的凸圆弧面、多角体、分度槽等工件，如图 5-5-11 所示，工件一般不带台肩。

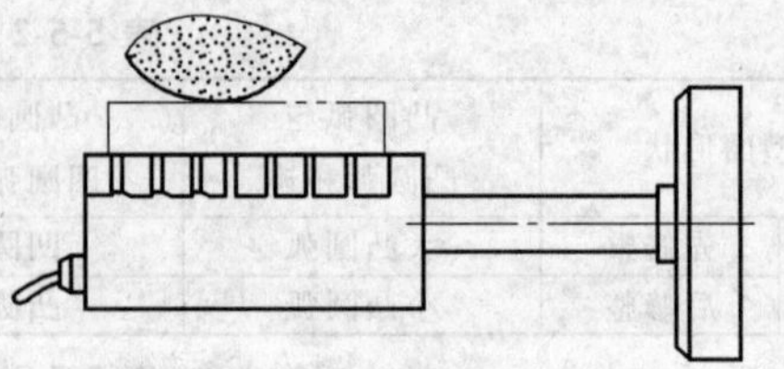

图 5-5-9 电磁吸盘装夹

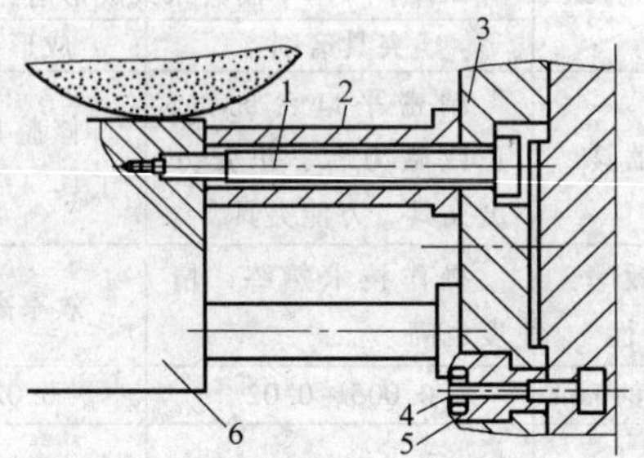

图 5-5-10 直接用螺钉和垫柱装夹

1、5—螺钉 2—垫柱 3—圆盘

4—滚花螺母 6—工件

夹具主要由正弦分度头、尾座和底座三部分组成。分度头主轴的后端装有分度盘，磨削精度要求不高时，可直接用分度头上的刻度来控制工件的回转角度；若磨削高精度工件时，则在正弦圆柱下垫以工艺计算出的量块值，以确定、控制工件的回转角度。

工件定位、安装于分度夹具上的方式有：心轴装夹和双顶尖装夹两种方式。

（1）心轴装夹方式（见图 5-5-12） 若工件有内孔，同时孔的中心为外形加工面的回转中心时，可在孔内装心轴进行定位；若工件没有内孔，则需在工件上加工出工艺孔用以装心轴，利用心轴两端的中心孔，使工件装夹在两顶尖之间，并采用鸡心夹 4 带动工件作回转磨削成形。

（2）双顶尖装夹方式（见图 5-5-13） 若工件上没有内孔，也不允许在其上加工工艺孔时，则常采用双顶尖装夹工件，并拨动工件随主轴转动。

3. 成形磨削工艺计算

成形磨削之前需根据凸模和凹模拼块设计图，进行磨削工艺设计和工艺计算，并作出磨削工艺图。工艺设计与计算的主要内容为：

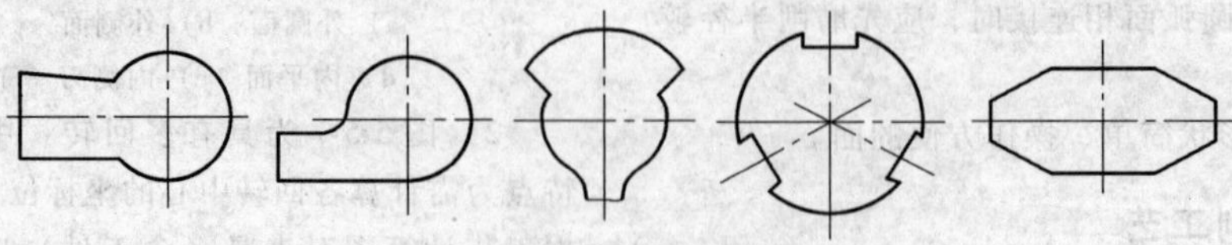

图 5-5-11 工件形状

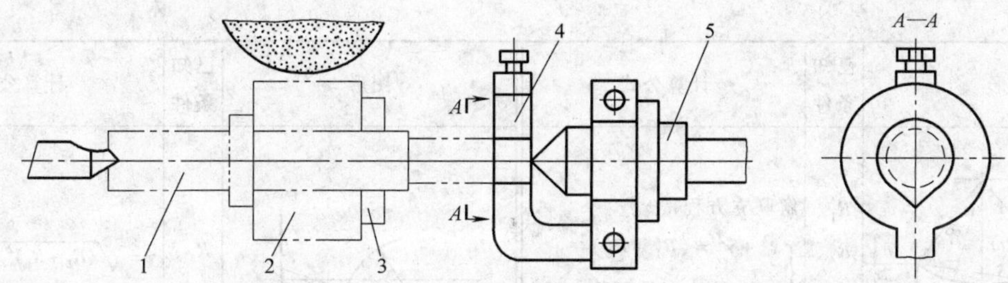

图 5-5-12　心轴装夹法

1—心轴　2—工件　3—螺母　4—鸡心夹头　5—夹具主轴

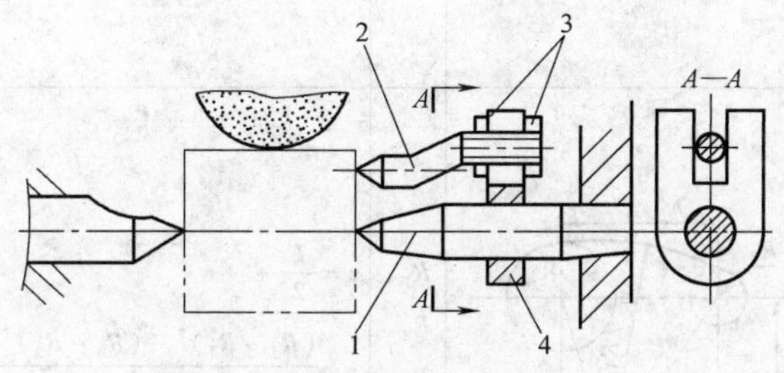

图 5-5-13　双顶尖装夹法

1—加长顶尖　2—副顶尖　3—螺母　4—叉形滑板

1）根据上述磨削规则，分析工件形状与尺寸精度要求进行合理分段，并确定各段的磨削工艺顺序。

2）根据凸模与凹模拼块设计图样上各加工面与加工基准之间及相互之间的尺寸关系，计算各段的加工基准，如圆弧面的回转中心。

3）作成形磨削工艺尺寸图，使之能按工艺尺寸图顺次进行分段磨削成形。

表 5-5-4 中所列即为工艺计算用的公式。

表 5-5-4　成形磨削工艺尺寸计算公式

图形	已知条件	计算公式	图形	已知条件	计算公式
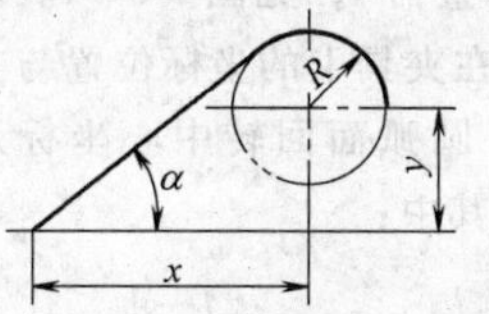	x、y、R	$\alpha=\arctan\frac{y}{x}+\arcsin\frac{R}{\sqrt{x^2+y^2}}$	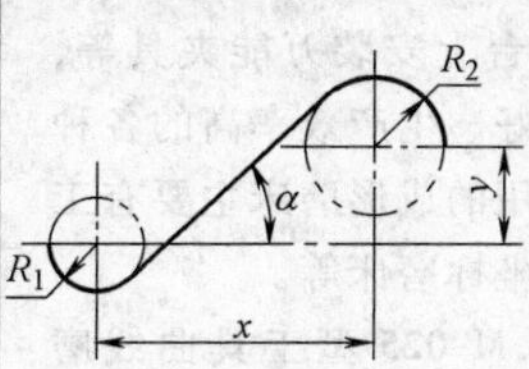	x、y、R_1、R_2	$\alpha=\arctan\frac{y}{x}+\arcsin\frac{R_2+R_1}{\sqrt{x^2+y^2}}$
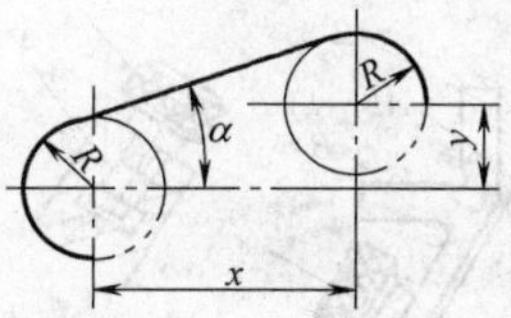	x、y、R	$\alpha=\arctan\frac{y}{x}$	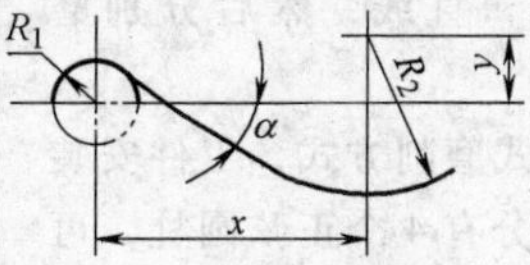	x、y、R_1、R_2	$\alpha=\arcsin\frac{R_2+R_1}{\sqrt{x^2+y^2}}-\arctan\frac{y}{x}$
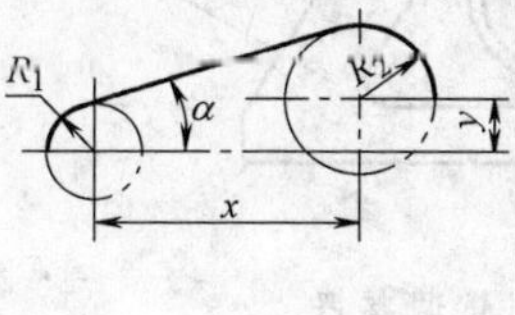	x、y、R_1、R_2	$R_2>R_1$ 时 $\alpha=\arctan\frac{y}{x}+\arcsin\frac{R_2-R_1}{\sqrt{x^2-y^2}}$ $R_2<R_1$ 时 $\alpha=\arctan\frac{y}{x}-\arcsin\frac{R_2-R_1}{\sqrt{x^2+y^2}}$	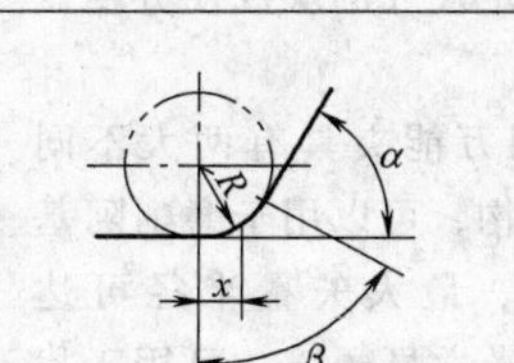	α、R	$x=R\tan\frac{\alpha}{2}$ $\beta=\alpha$
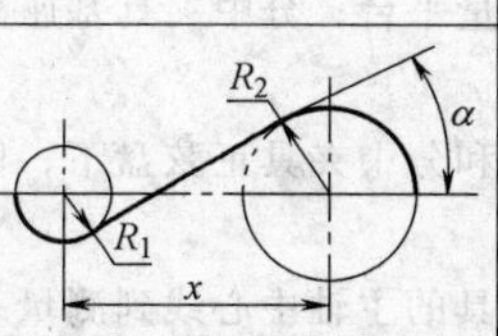	x、R_1、R_2	$\alpha=\arcsin\frac{R_2+R_1}{x}$	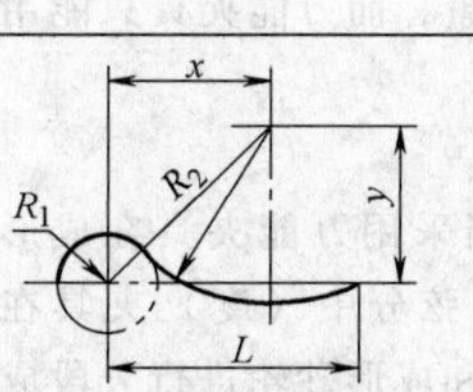	L、R_1、R_2	$x=\frac{L}{2}+\frac{(R_1+R_2)^2-R_2^2}{2L}$ $y=\sqrt{(R_1+R_2)^2-x^2}$

（续）

图形	已知条件	计算公式	图形	已知条件	计算公式
	R_1、R_2、L、M	解联立方程得 x、y $\begin{cases}x^2+y^2=(R_1+R_2)^2\\(L-x)^2+(y-M)^2=R_2^2\end{cases}$		R_1、R_2、L	$y=\sqrt{(R_2+R_1)^2-(L-R_1)^2}$ $\beta=\arcsin\dfrac{L-R_1}{R_1+R_2}$
	R_1、R_2、L	$x=\dfrac{L}{2}+\dfrac{(R_2-R_1)^2-R_2^2}{2L}$ $y=\sqrt{(R_2-R_1)^2-x^2}$		R_1、R_2、R_3、L	$x=\dfrac{L}{2}+\dfrac{(R_3-R_1)^2-(R_3-R_2)^2}{2L}$ $y=\sqrt{(R_3-R_1)^2-x^2}$
	R_1、R_2、L	$x=L+R_1$ $y=\sqrt{(R_2-R_1)^2-(L+R_1)^2}$ $\beta=\arcsin\dfrac{L+R_1}{R_2-R_1}$			

在专业生产模具的企业中，利用专用成形磨床进行加工，即在成形磨床的工作台上安装万能夹具等，可以加工出精度高、表面质量好、生产效率高的各种复杂形状的零件表面。目前常用的成形磨床主要有工具曲线磨床、光学曲线磨床、坐标磨床等。

工具曲线磨床 M9025。用 M9025 型工具曲线磨床磨削的方法与用万能夹具磨削相似，也是将被磨削的工件形状分解成若干圆弧和直线，然后分别磨出。

M9025 工具曲线磨床是立式磨削方式，工件安装稳定性好。磨床的坐标分度部分有 4 个正弦圆柱，可在正弦圆柱与垫板之间垫以一定尺寸的块规使分度盘回转所需的角度。

M9025 工具曲线磨床与用万能夹具有两大不同点：①工具曲线磨床有正切机构，可以用于磨削阿基米德螺旋线和渐开线等曲面，最大矢量半径可达 150mm；②工具曲线磨床配有光学显微镜，可用于找正工件位置和用光学读数头测量，而万能夹具只能用测量调整器等进行比较测量。

4. 成形磨削工艺测量

（1）量具与测量基准　当采用万能夹具在成形磨削机床上，或采用正弦、正弦分中（度）夹具在平面磨床上，并配用平面砂轮和成形砂轮进行分段成形磨削时，均需用“测量调整器”，见图 5-5-14。量块、千分表对工件被加工面在夹具上的坐标位置与方向（平面与水平面的夹角；圆弧面回转中心坐标及其回转角）进行比较测量。其中：

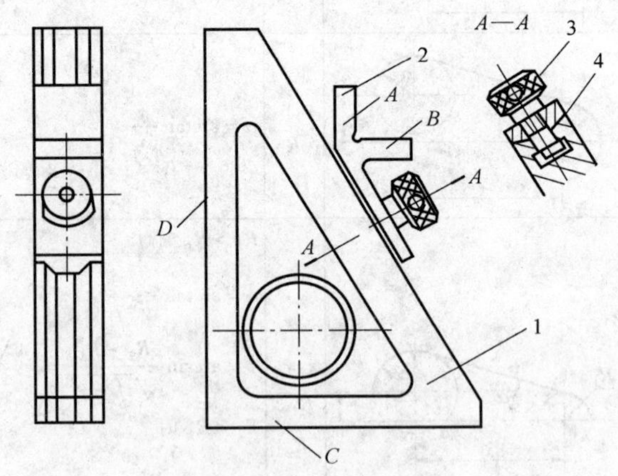

图 5-5-14　测量调整器

1—三角架　2—测量平台　3—滚花螺母　4—螺钉

测量基准：机床上的测量平台；分中夹具基座上平台。

垫量块基准：万能夹具和分中夹具正弦盘下，固定于基座上的精密垫板。

万能夹具和正弦分中夹具的主轴中心线到测量基

准的距离，以及精密垫板与测量基准间的距离，均是固定的，且非常精密，其误差值≤0.005mm。

图 5-5-14 所示测量调整器主要由三角架 1、测量平台 2、滚花螺母 3 与螺钉 4 组成。测量时将规定的量块组放于测量平台 2 上。

测量平台 2 可沿三角架斜面上的 T 形槽移动，移动规定位置后，利用滚花螺母与螺钉紧固。为保证测量精度，其中 *A*、*B* 面须与 *C*、*D* 面平行。

（2）测量方法和顺序　在测量平台 *A* 面上放高为 *P* 的基础量块→调整测量平台，使用千分表测量，使工件基准面与基础量块上平面等高，则：

1）若工件被测面（一般为加工面）高于基准面，再于 *P* 上加垫量块组，使用千分表测量，使量块组上面与被测工件的表面读数相同。则量块组高度 *S*，即为被测工件表面与基准面间的距离。此时量块的总高度 *H* 为

$$H = P + S$$

2）若工件被测面低于基准面，则重新组合量块组，使用千分表测量，使量块组上面与被测面读数相同。则量块组高 *H* 为

$$H = P - S$$

式中 *S* 即为被测面与基准面间的距离。

可见，若工件被测面均高于其基准面，则可不必在测量平台 *A* 面上放基础量块。

5. 成形磨削夹具结构及使用

（1）回转夹具与正弦分度夹具　图 5-5-15、图 5-5-16 和图 5-5-17 分别是立式、卧式回转夹具和正弦分度夹具的结构图，其使用方法分别见表 5-5-6 ~ 表 5-5-10。这些夹具被安装到磨床工作台上时，必须校正夹具中心与磨床纵向导轨的平行度或垂直度。分度时在正弦圆柱与固定在基座上的精密垫板间垫以一定尺寸量块，控制所需回转角度。量块值计算按下式（见图 5-5-18）：

$$H_{1,2} = H_0 \pm L\sin\alpha - \frac{d}{2}$$

式中　$H_{1,2}$——需垫的量块值；

H_0——夹具主轴中心至精密垫板的距离；

L——夹具主轴中心至正弦圆柱中心距离；

α——需回转的角度，当 $\alpha < 45°$ 时，量块垫在 1、3 圆柱；当 $\alpha > 45°$ 时，量块垫在 2、4 圆柱；

d——正弦圆柱直径。

“±”号判定：垫量块的圆柱在第Ⅰ、Ⅱ象限时，符号取“+”；在Ⅲ、Ⅳ象限时，符号取“-”。图 5-5-18 中 H_1 取“+”，H_2 取“-”。

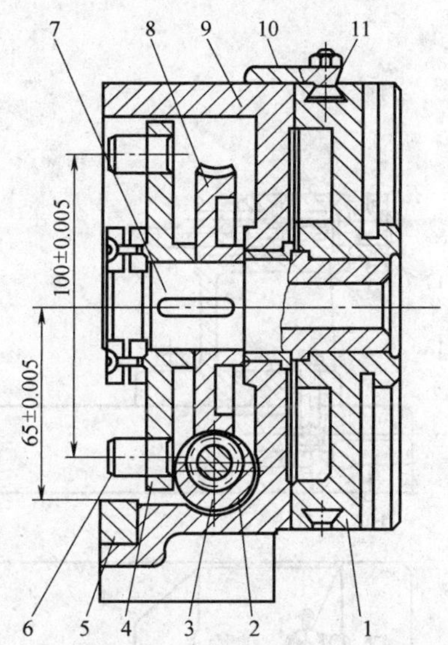

图 5-5-15　立式回转夹具

1—台面　2—偏心套　3—蜗杆　4—正弦分度盘　5—精密垫板　6—正弦圆柱　7—主轴　8—蜗轮　9—主体　10—角度游标　11—撞块

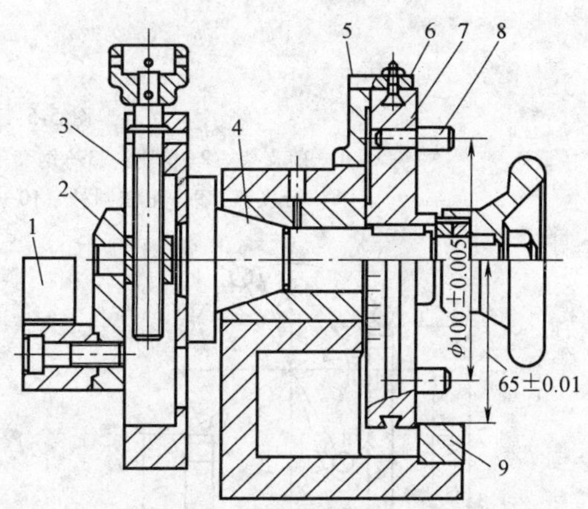

图 5-5-16　卧式回转夹具

1—V 形夹紧块　2—滑座　3—滑块　4—主轴　5—定位块　6　撞块　7—正弦分度盘　8—正弦圆柱　9—精密垫板

（2）万能夹具磨削型面　夹具结构如图 5-5-19 所示，万能夹具成形磨削的工艺要点是：

1）选择适当的直角坐标系，以简化工艺计算。一般取工件的设计坐标系作为工艺坐标系。

2）将复杂的型面分解成若干直线、圆弧段，然后依次进行磨削。

3）根据工件形状，选择回转中心，此回转中心可以是一个或多个。依次调整回转中心与夹具中心重合。

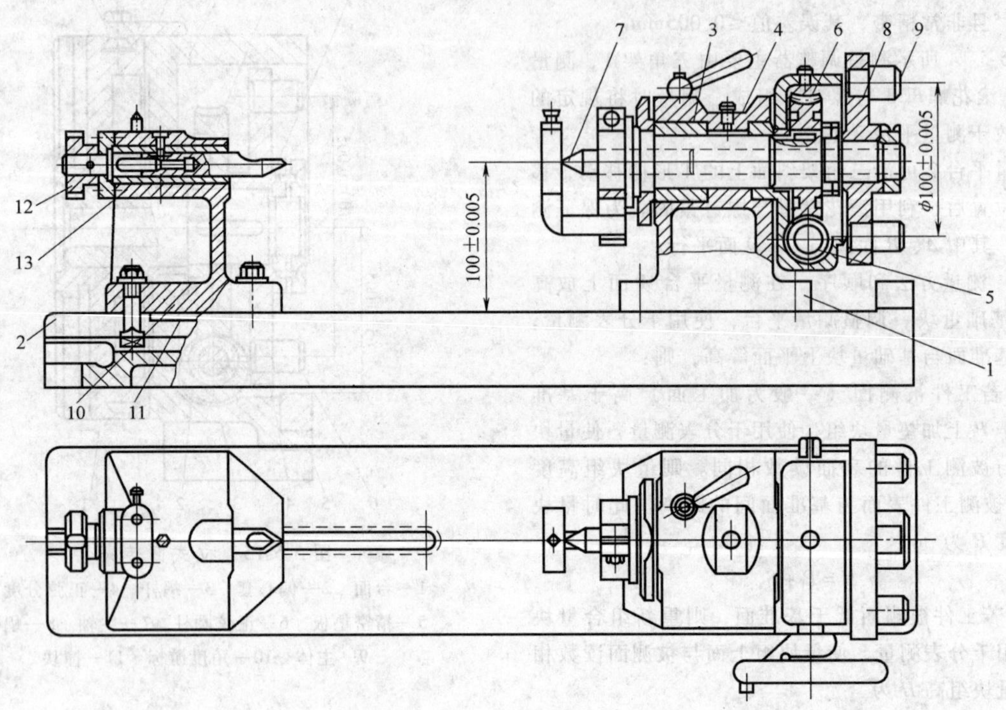

图 5-5-17 正弦分度夹具

1—前支架 2—基座 3—钢套 4—主轴 5—蜗杆 6—蜗轮 7—前顶尖 8—分度盘 9—正弦圆柱 10—尾座 11—滑链 12—螺杆 13—后顶尖

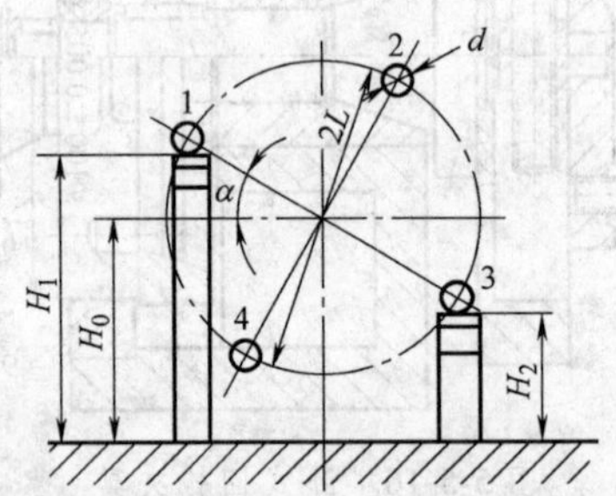

图 5-5-18 分度时量块值计算

4）成形磨削时的工艺基准不尽一致，往往需要进行工艺尺寸计算。常见图形的工艺计算见表 5-5-4。

（3）正弦夹具磨削型面 正弦夹具广泛应用于斜面的磨削。常用的有正弦精密台虎钳、电磁正弦夹具等。

正弦夹具磨削的原理，是在夹具的正弦圆柱下与底座间垫以一定尺寸的块规，使夹具工作面成所需的角度，如图 5-5-20 所示。

夹具工作台角度即磨削斜面角度 α

$$\alpha = \arcsin \frac{H}{L}$$

根据功能划分，正弦夹具又分单向正弦夹具、双向正弦夹具和正负向正弦夹具三种形式。单向正弦夹具可以磨削带有 0°～45°范围内各种不同角度的斜面；双向正弦夹具由两组成正交的正弦尺组成，可磨削空间平面即与三个直角坐标均成斜交的平面；正负向正弦夹具有一个能摆动的正弦尺，能一次装夹磨削正负向带有不同角度的斜面，见图 5-5-21。

用正弦夹具磨削斜面时，需用块规尺寸的计算方法见表 5-5-5。

（4）分度零件磨削用夹具 分度夹具适宜磨削具有一个回转中心的各种等分槽、多角体以及带有台肩的多个回转中心凸圆弧零件，也可以与成形砂轮配合使用，磨削比较复杂的型面。

常用的分度夹具有正弦分度夹具、旋转夹具、卧轴式旋转夹具和短分度夹具等。

图 5-5-17 为正弦分度夹具结构简图。该夹具安装在平面磨床工作台上时，夹具中心应与磨床台面平行，并与磨床导轨纵向平行，可以磨削具有一个回转中心的等分或不等分及具有同心凸圆弧的各种形状的工件。

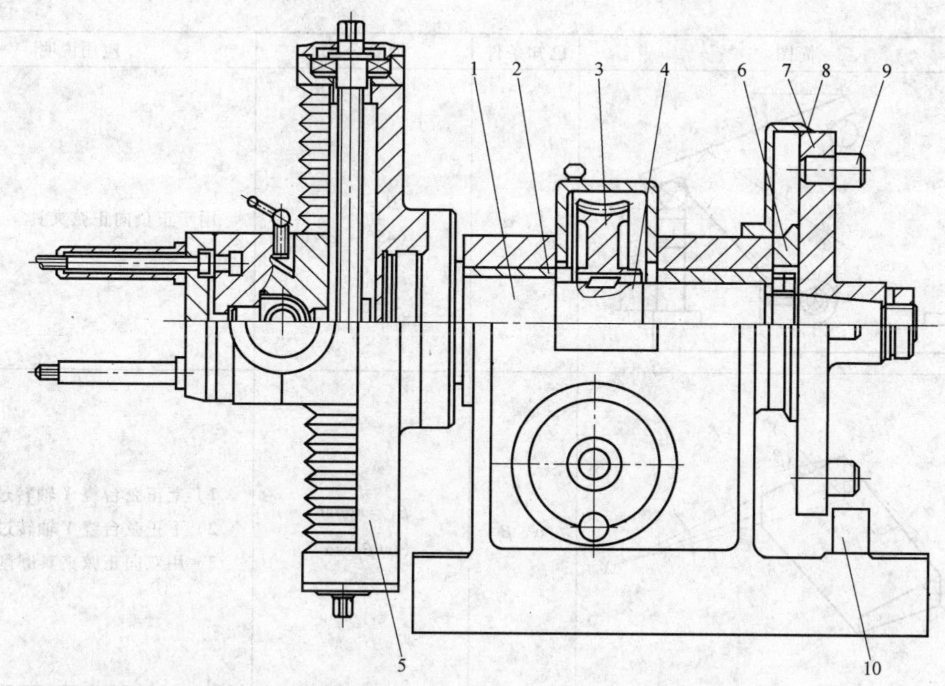

图 5-5-19　万能夹具

1—主轴　2—衬套　3—蜗轮　4—蜗杆　5—纵滑板　6—螺母　7—正弦分度盘　8—角度游标　9—正弦圆柱　10—基准板

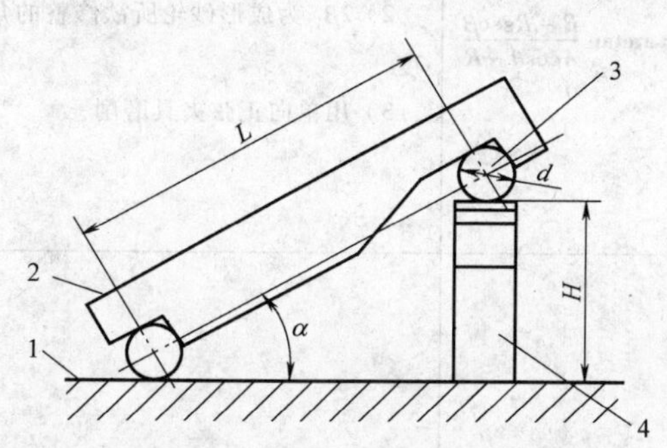

图 5-5-20　正弦夹具工作原理图

1—底座　2—夹具工作面　3—正弦圆柱　4—块规

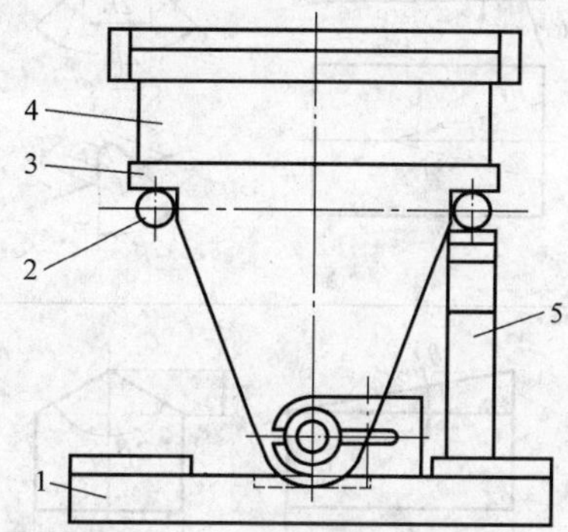

图 5-5-21　正负向永磁正弦夹具

1—底板　2—正弦圆柱　3—支架　4—永磁吸盘　5—块规

表 5-5-5　正弦夹具常用计算公式

项目	简图	已知条件	计算公式	应用说明
块规值计算		L、α	$H=L\sin\alpha$	用于单向或双向正弦夹具

（续）

项目	简图	已知条件	计算公式	应用说明
块规值计算	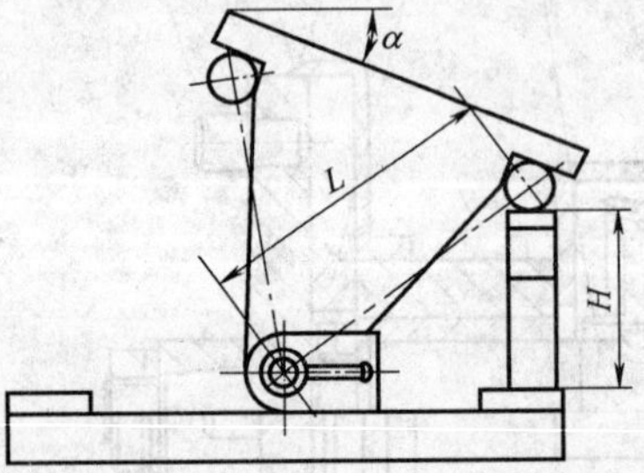 α, L, H	L、α	$H=L\sin(45°-\alpha)$	用于正负向正弦夹具
空间平面两相交成外凸角的计算	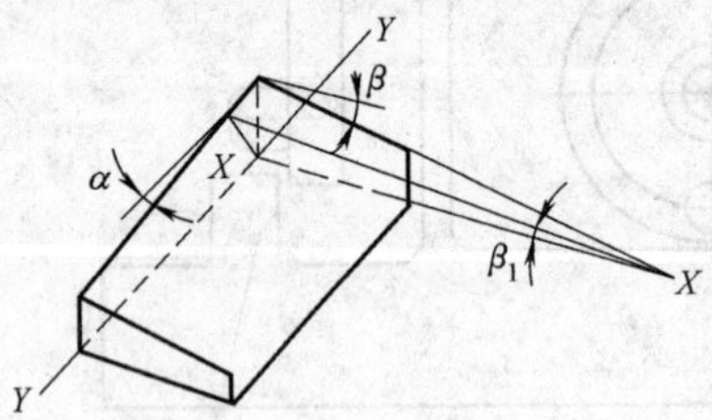 Y, β, X, α, β_1, X, Y	α、β	$\beta_1=\arctan(\tan\beta\cos\alpha)$	1）上正弦台绕 X 轴转过 α 角度 2）下正弦台绕 Y 轴转过 β 角 3）用双向正弦夹具磨削
空间平面两相交成凹角的计算	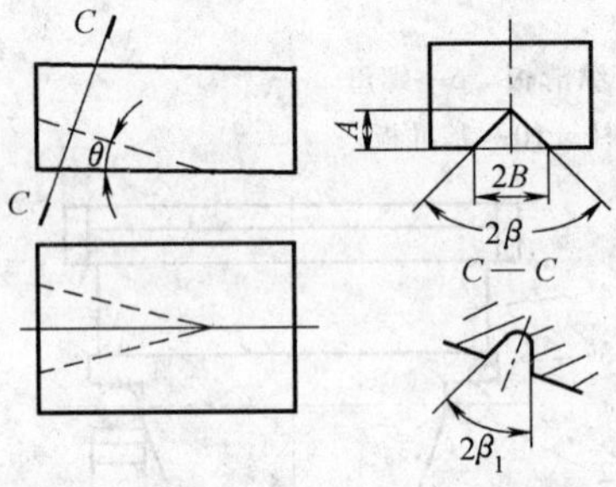 C, θ, C, A, $2B$, 2β, $C-C$, $2\beta_1$	A、$2B$、R、2β、θ	$\beta_1=\arctan\dfrac{B-R\sec\beta}{A\cos\theta-R}$	1）θ 为工件所欲转的角度 2）$2\beta_1$ 为成形砂轮所欲修整的角度 3）用单向正弦夹具磨削
空间平面两相交成外凸角的计算	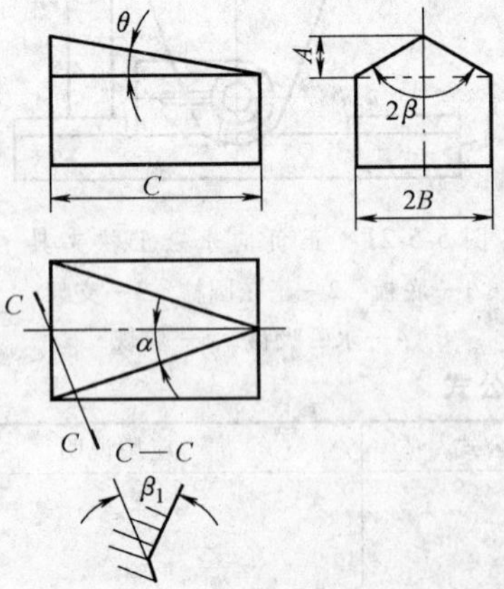 θ, A, 2β, C, $2B$, C, α, C, $C-C$, β_1	A、2β、C、θ、2β	$\alpha=\arctan\dfrac{B}{C}$ $\beta_1=\arctan\dfrac{C\sin\alpha}{A}$	1）θ 为工件所欲转的角度 2）β_1 为成形砂轮所欲修整的角度 3）α 为工件在平面上应旋转的角度

5.1.3 成形磨削实例

根据前面所述原理、规则、工艺设计与计算、测量、调整等，进行典型实例解析。采用成形磨削的磨削顺序：

1）零件的基准面应先磨，然后磨与基面有关的平面。

2）精度要求高的平面先磨，精度要求低的后磨，以减少累积误差。

3）大平面先磨，小平面后磨。

4）平行于直角坐标的平面先磨，斜面后磨。

5）与凸圆弧相接的平面与斜面先磨，圆弧面后磨。

6）两凸圆弧相接时，先磨大圆弧面，后磨小圆弧面。

7）与凹圆弧相接的平面与斜面，应先磨凹圆弧面，后磨斜面与平面。

8）两凹圆弧而相接时，应先磨小凹圆弧面，后磨大凹圆弧面。

9）凸圆弧与凹圆弧相接，应先磨凹圆弧面，后磨凸圆弧面。

10）先磨形状简单、操作方便的型面，然后顺序加工其他型面。

1. 采用正弦分度夹具磨削实例

该磨削实例属于回转中心定位磨削成形方法，其加工工件典型形状见表 5-5-6。夹具使用方法见表 5-5-7，其磨削工艺过程见表 5-5-8。

2. 旋转夹具磨削实例

表 5-5-6　用分度夹具磨削的典型工件形状

类　别	简　图	使用夹具
具有一位回转中心的多边形、分度槽（工件一般无台肩）	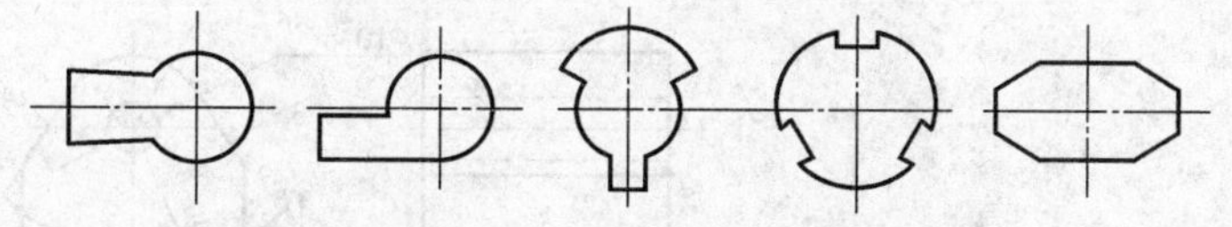	正弦分度夹具
具有一个（或多个）回转中心并带台肩的多边体	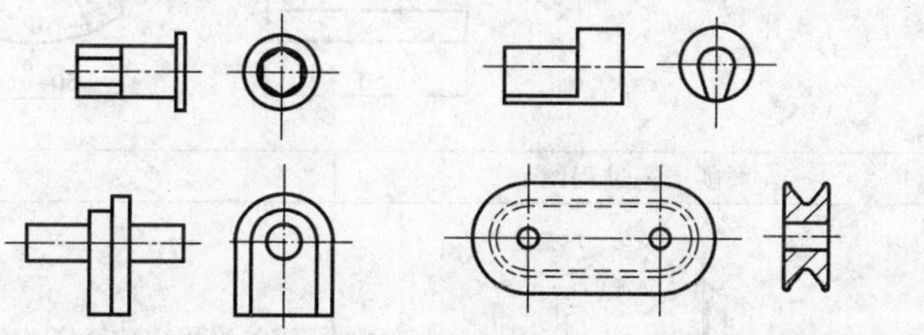	短分度夹具

表 5-5-7　正弦分度夹具使用方法

内容		简　图	说　明
测定夹具中心		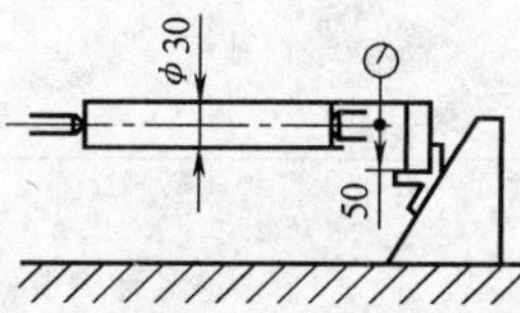 φ30　50	1）在两顶尖间装上 φ30mm 量棒 2）在测量调整器平台上放上 50mm 块规 3）调整块规与量棒成等高，则平台基面至夹具中心相距 35mm
工件装夹	鸡心夹头装夹	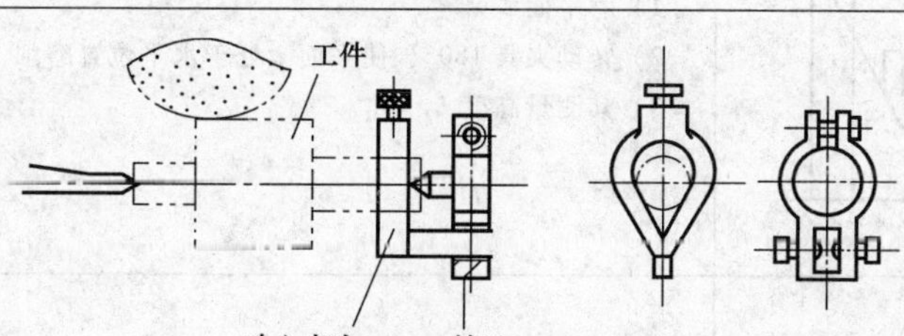 工件　鸡心夹头　拨叉	1）工件用鸡心夹头装夹，有孔的工件可用心轴装夹 2）两端不允许留顶尖孔时，可在两端加工艺头，钻中心孔，磨完后再切去
	双顶尖装夹	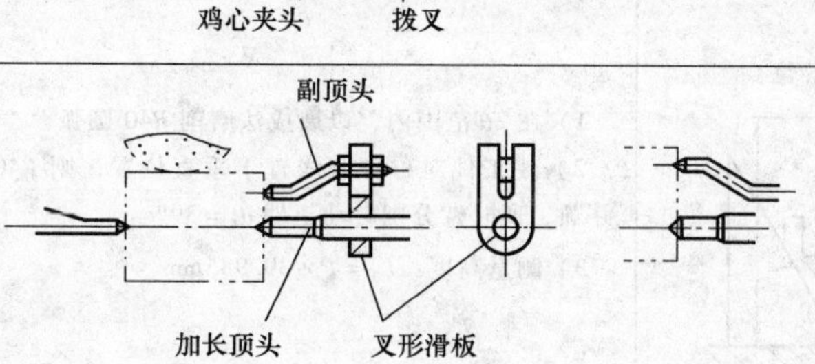 副顶头　加长顶头　叉形滑板 a 型　b 型	1）工件上除一对中心孔外，附加一副中心孔 2）a 型用于孔距较小，b 型用于孔距较大

（续）

内容		简图	说明
工件装夹	螺钉与顶尖装夹	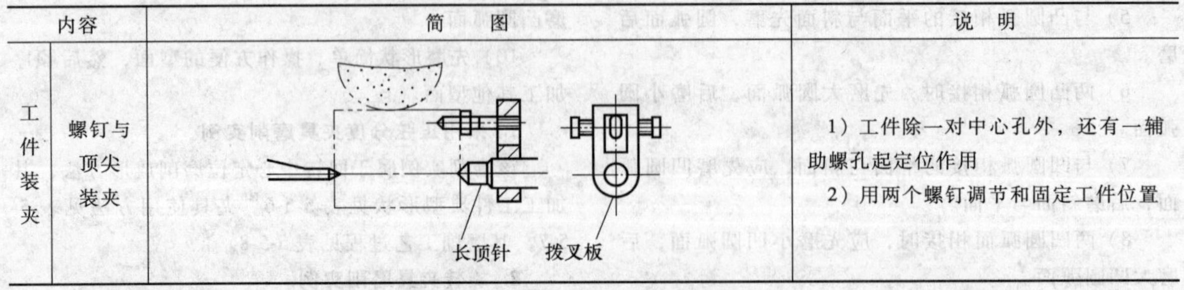	1）工件除一对中心孔外，还有一辅助螺孔起定位作用 2）用两个螺钉调节和固定工件位置

表 5-5-8 正弦分度夹具磨削实例

工件尺寸图	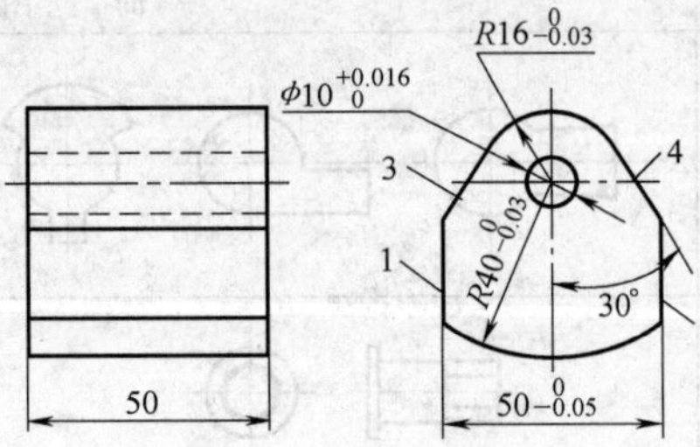	
工件尺寸图	50；$\phi 10^{+0.016}_{0}$；$R16^{\ 0}_{-0.03}$；$R40^{\ 0}_{-0.03}$；30°；$50^{\ 0}_{-0.05}$；1、2、3、4	
工序	磨削工艺过程图	说明
1	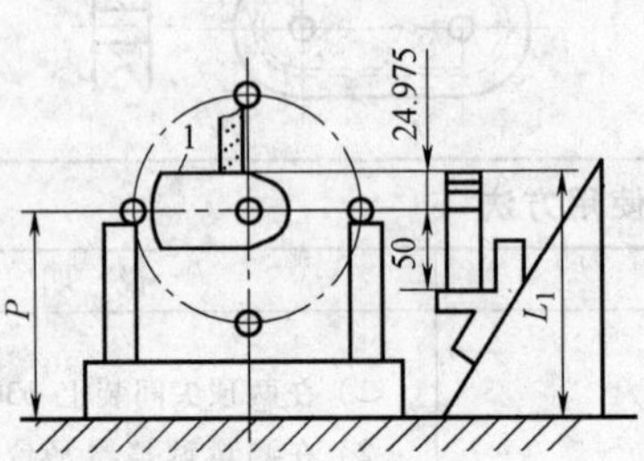 24.975；50；P；L_1；1	1）采用心轴定位、安装工件、磨平面 1 2）转动夹具，使平面 1 处于水平位置，磨削 3）其测量高度：量块组上面距夹具中心 24.975mm，即 $L_1 = P + 24.975\text{mm}$
2	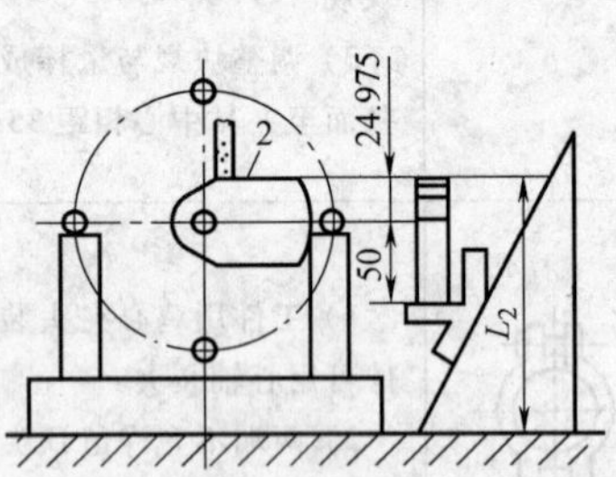 24.975；50；L_2；2	1）磨平面 2 2）转动夹具 180°，使平面 2 处于水平位置磨削 3）其测量高度 $L_2 = L_1$
3	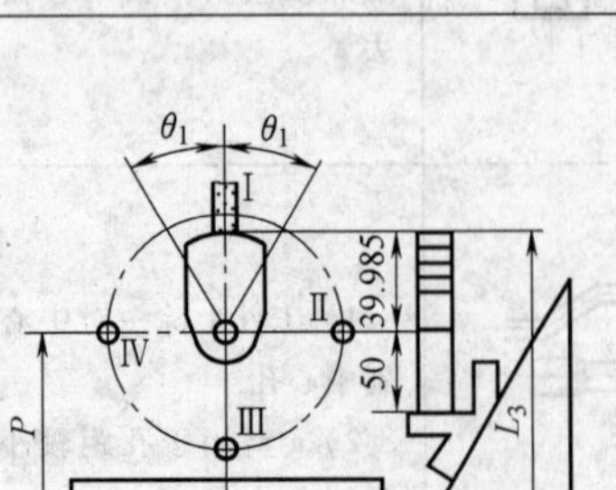 θ_1；θ_1；Ⅰ；Ⅱ；Ⅲ；Ⅳ；39.985；50；P；L_3	1）在 2θ 范围内，以展成法磨削 $R40$ 圆弧 2）使工件对称中心线置于垂直位置，则 $R40$ 圆弧面在上面，并顺、逆时针分别转动工件 $\theta_1 = 39°$ 3）测量高度：$L_3 = P + 39.985\text{mm}$

（续）

工序	磨削工艺过程图	说 明
4	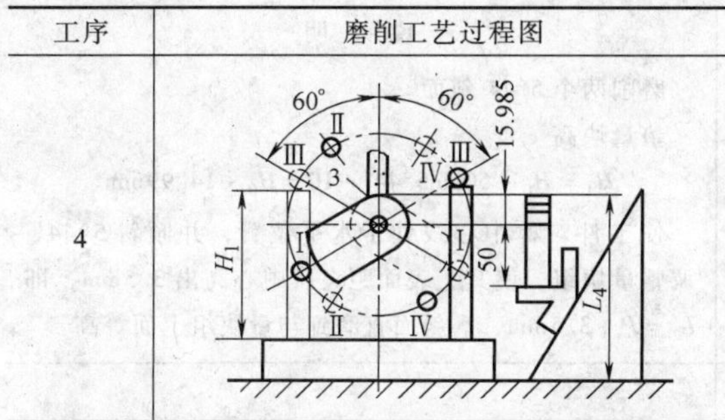	1）将工件转动 180°，展成磨削 $R16$ 凸圆弧和两侧 30°斜面；顺、逆时针转动工件 $\theta=60°$，磨 $R16$ 凸圆弧面，$L_4=P+15.985\text{mm}$ 2）斜面 3、4 与 $R16$ 弧面相切，其切点即斜面 3、4 的水平位置，则可与 $R16$ 一次磨好 3）为保证 60°斜面磨削精度，其量块值 $H_1=H_0+50\sin30°-10=H_0+15\text{mm}$

旋转夹具适用磨削以圆柱面定位、并带有台肩的多角体、等分槽（见图 5-5-22）以及带一个或两个台圆柱的工件。

磨削工件以圆柱定位于安装在夹具滑板上的 V 形夹具上；并按图 5-5-23a、b 使用千分表测量、调整工件定位圆柱中心与夹具主轴中心重合（见图 5-5-23c）。此后，即可旋转主轴使工件按工艺尺寸图进行调整并顺次展成磨削型面。其典型实例见表 5-5-9。

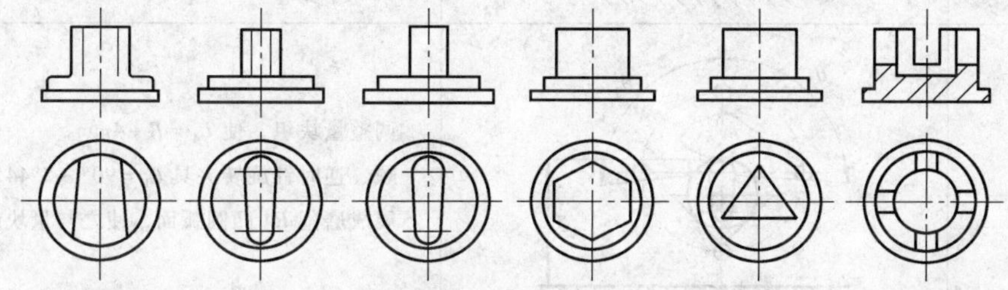

图 5-5-22 工件形状

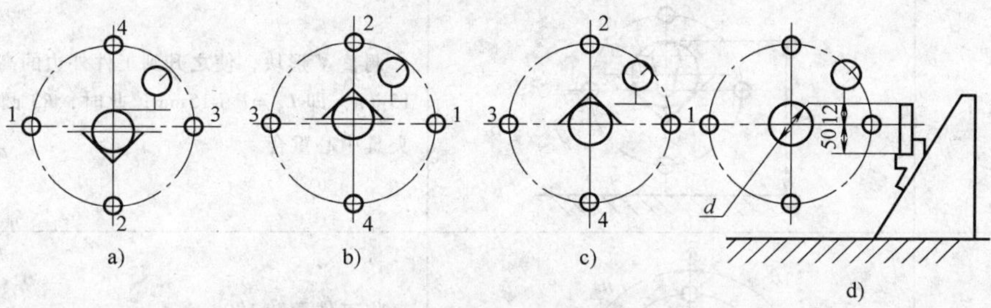

图 5-5-23 工件中心的调整方法

表 5-5-9 旋转夹具磨削凸模工艺过程

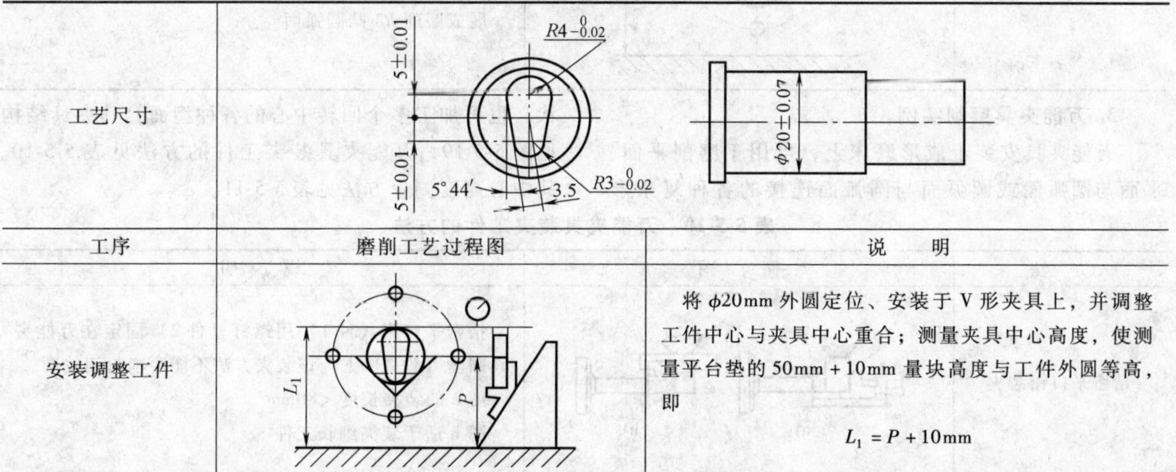

工艺尺寸		
工序	磨削工艺过程图	说 明
安装调整工件		将 $\phi20\text{mm}$ 外圆定位、安装于 V 形夹具上，并调整工件中心与夹具中心重合；测量夹具中心高度，使测量平台垫的 50mm + 10mm 量块高度与工件外圆等高，即 $L_1=P+10\text{mm}$

（续）

工序	磨削工艺过程图	说明
1	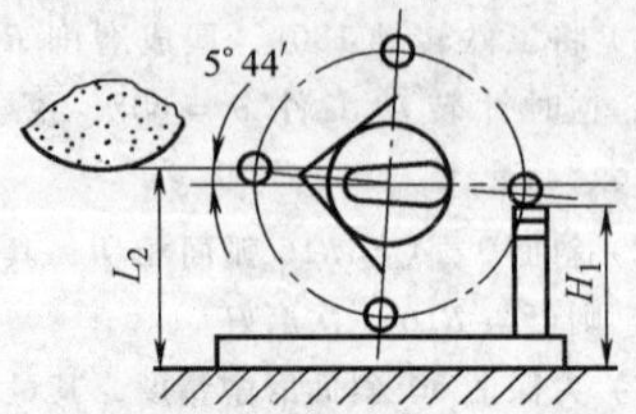 5°44′ L_2 H_1	磨削两个5°44′斜面 垫量块高 $H_1 = H_0 - 50\sin5°44' - 10 = H_0 - 14.99\text{mm}$ 使工件对称中心线处于水平位置，并倾斜5°44′；调整量块组，使其上表面距夹具中心高出3.5mm，即$L_2 = P + 3.5\text{mm}$，磨斜面直磨到与量块组上面等高
调整工件位置	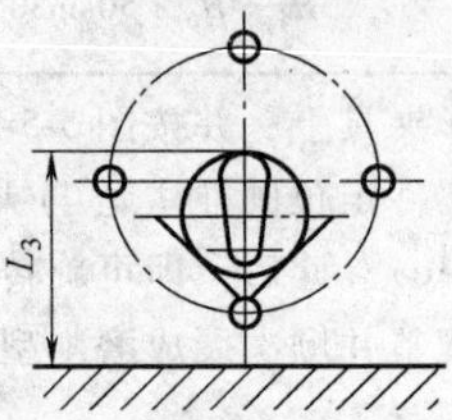 L_3	使工件对称中心线垂直于水平面，降低V形夹具，使凸圆弧面中心与夹具中心重合，即$L_3 = P + 5\text{mm}$
2	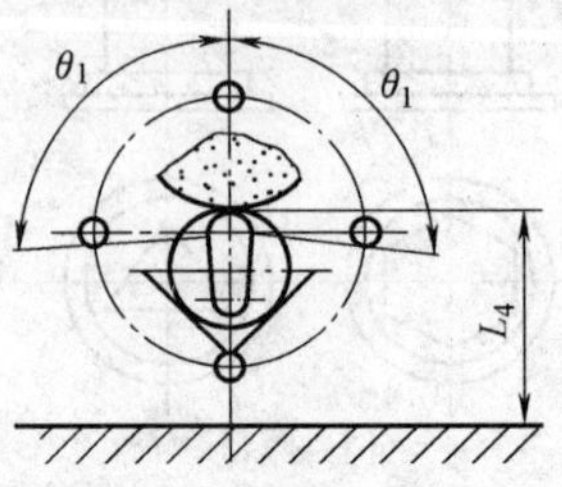 θ_1 θ_1 L_4	调整量块组，使$L_4 = P + 4\text{mm}$ 顺、逆时针旋转夹具$\theta_1 = 90° + 5°44' = 95°44'$ 展成磨削$R4$凸圆弧面，使之与量块组上表面等高
调整工件位置	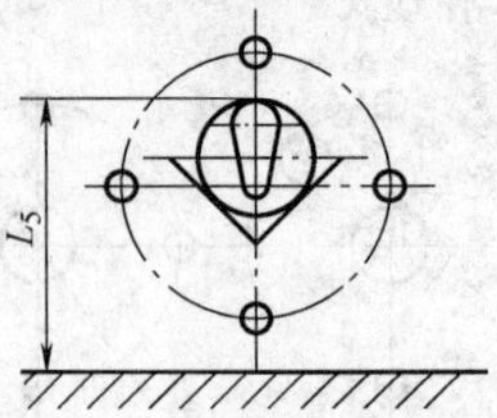 L_5	调整V形块，使之升到工件外边的高度距夹具中心15mm，即$L_5 = P + 15\text{mm}$；此时，$R3$凸圆弧面中心与夹具中心重合
3	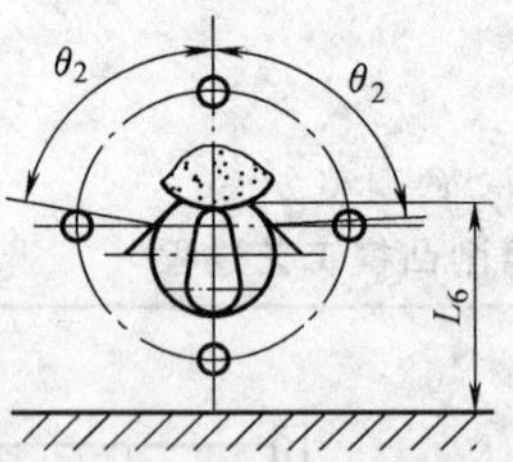 θ_2 θ_2 L_6	将工件翻转180° 调整量块组，使其上表面高$L_3 = P + 3\text{mm}$ 顺、逆时针旋转夹具$\theta_2 = 90° - 5°44' = 84°16'$ 展成磨削$R3$凸圆弧面

3. 万能夹具磨削实例

万能夹具安装于成形磨床上，可用于磨削平面、平面与圆弧面或圆弧面与圆弧面连接的各种复杂形状，也可加工多个回转中心的各种型面，其夹具结构见图5-5-19，万能夹具装夹工件的方法见表5-5-10。其中心高度测量方法见表5-5-11。

表5-5-10 万能夹具装夹工件的方法

方法	简图	说明
精密平口钳装夹	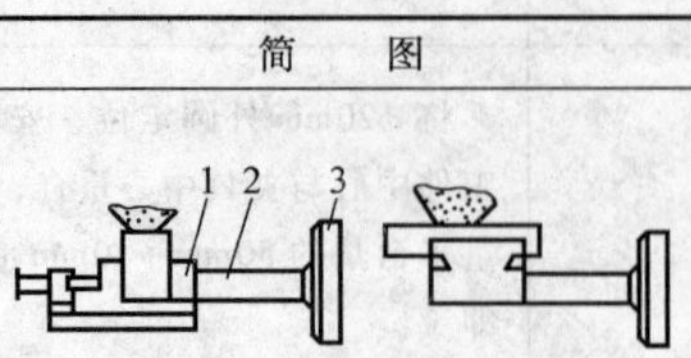 1 2 3 a) b)	精密平口钳（件1）用螺钉（件2）固定在万能夹具圆盘（件3）上。该装夹方法不能磨削封闭轮廓 图a的装夹长度<80mm 图b适于装夹细长工件

（续）

方　法	简　图	说　明
电磁工作台装夹	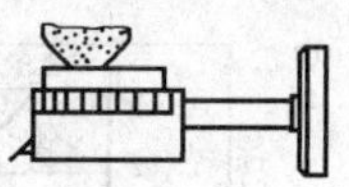	在小型磁力台装夹工件，工件必须以平面定位。适于磨削薄的非封闭形状的工件
螺钉与垫柱装夹	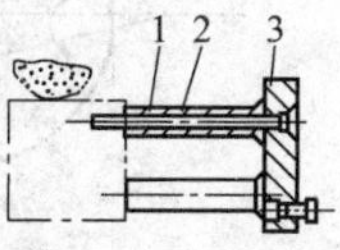 1　2　3	工件上必须预制装夹用螺纹孔。利用螺钉（件 1）、等高垫柱（件 2）固定在圆盘（件 3）上。垫柱一般用 1～4 根，长度可为 70～80mm。可磨削较大的封闭形状工件
球面支架装夹	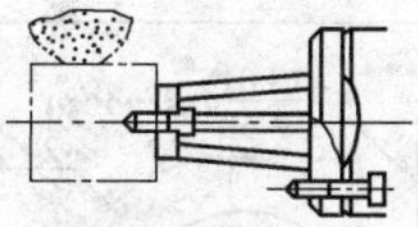	工件用螺钉固定在球面支架上，可调节工件的水平面，支架稳定性好。可磨削较大的封闭形状工件
磨大圆弧附件	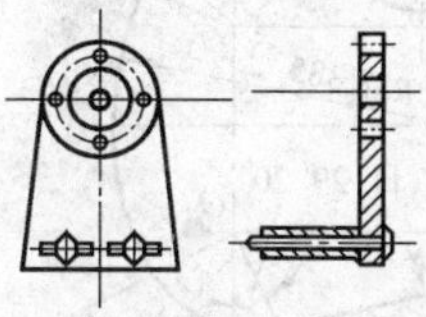	附件一端固定在万能夹具圆盘上，工件用螺钉、垫柱固定在附件的另一端。也可在附件上装上平口钳后装夹较小尺寸的工件。采用附件装夹工件，可扩大磨削圆弧的范围

表 5-5-11　万能夹具中心高度测量方法

工序	1	2	3	4
简图	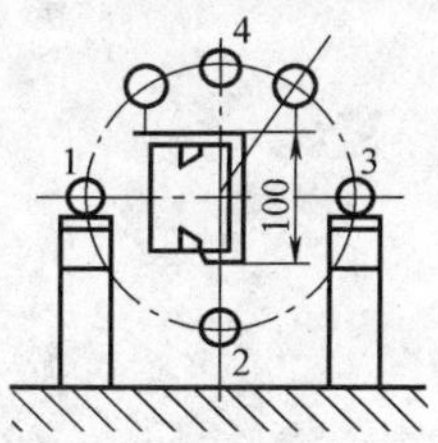 1　2　3　4　100	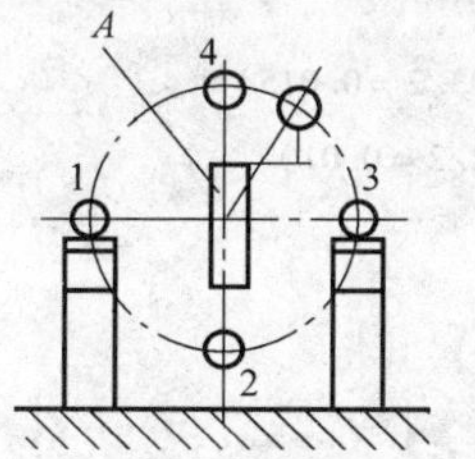 A　1　2　3　4	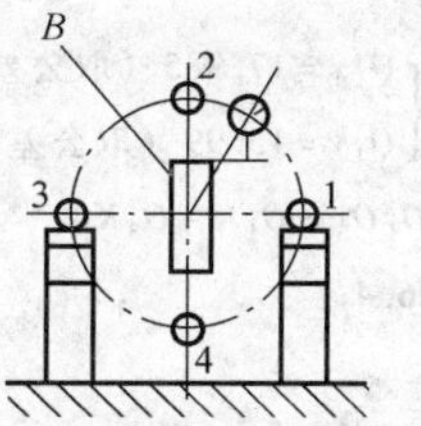 B　1　2　3　4	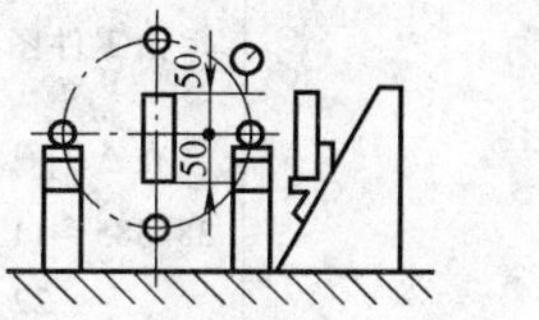 50　50
说明	用精密平口钳夹持 100mm 的块规，并校正到水平位置	用百分表测量块规 A 面，记下读数	将主轴回转 180°，测量块规 B 面，利用万能夹具滑板调整，使 A、B 两面的读数一致	在测量平台上放置 100mm 块规，用百分表比较平台上块规面，调整平台位置到等高，则平台基面至夹具中心的距离为 50mm

（1）万能夹具磨削工艺要点

1）分析工件几何形状，合理进行分段，使能顺次磨削成形。

2）将工件上平面调到水平位置；或将凸凹圆弧面的回转中心顺调到夹具中心进行重合，以便顺次磨削成形。其磨削工艺顺序，可参见表 5-5-12。

表 5-5-12　几种类别型面磨削的次序

类型	直线与凸圆弧相连	直线与凹圆弧	两凸圆弧相连	两凹圆弧相连	凹、凸圆弧相连
先	直线	凹圆弧	大圆弧	小凹圆弧	凹圆弧
后	凸圆弧	直线	小圆弧	大凹圆弧	凸圆弧

3）磨削前需进行工艺设计与工艺尺寸换算。因此，须在工件上建立平面坐标，以计算工件各段的加工定位基准，并设计成成形磨削工艺尺寸图。

（2）典型磨削实例

1）工件 I：为具有三个平面和五个圆弧面组成的封闭凸模。

经分析，选择相互垂直的平面 1、2 作为磨削的工艺基准，并建立 xOy 工艺坐标，依次进行计算，作磨削工艺尺寸图，见表 5-5-13 和表 5-5-14。

将表 5-5-13 中计算出的 O_1、O_2、O_3、O_4 的坐标值，斜面与坐标的夹角，以及与各圆弧面相对应的包角，全部标注在成形磨削工艺尺寸图中，则可对定位、固定在万能夹具中的工件进行测量、调整，顺次磨削成形。

表 5-5-13 成形凸模万能夹具磨削工艺计算

<table>
<tr><td>凸模零件工艺尺寸计算图</td><td>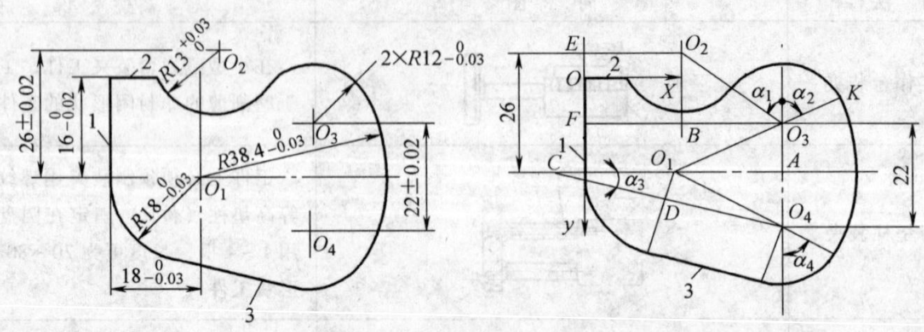
</td></tr>
<tr><td>成形磨削工艺尺寸图</td><td>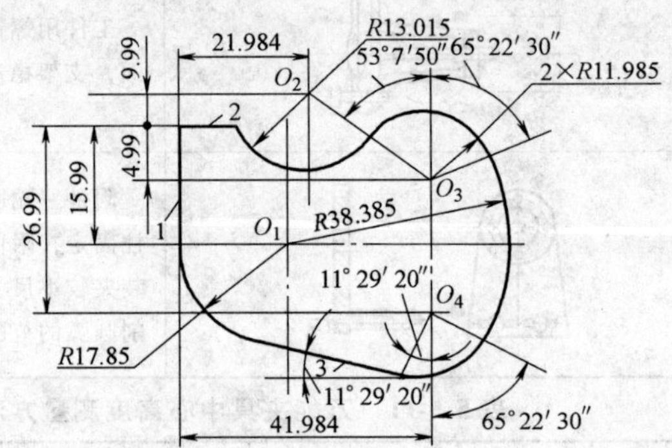
</td></tr>
<tr><td>各圆弧面回转中心坐标计算</td><td>由零件图可知：$\begin{cases} Q_1x = 17.985 \text{（取公差 } 0.03/2 = 0.015\text{）} \\ Q_1y = 15.99 \text{（取公差 } 0.02/2 = 0.01\text{）} \end{cases}$
在$\triangle O_1O_3A$中：$O_1O_3 = O_1K - O_3K$
$38.385 - 11.985 = 26.4$
$O_3A = \frac{22}{2} = 11$
$\begin{cases} O_3x = CO_1 + O_1A = CO_1 + \sqrt{\overline{O_1O_3^2} - \overline{O_3A^2}} = 17.985 + \sqrt{26.4^2 - 11^2} = 41.984 \\ O_3y = 15.99 - O_3A = 4.99 \end{cases}$
$\begin{cases} O_4x = O_3x = 41.984 \\ O_4y = O_3y + 22 = 26.99 \end{cases}$
在$\triangle O_2BO_3$中：$O_2O_3 = 13.015 + 11.985 = 25$
$O_2B = 26 - \frac{22}{2} = 15$
$BO_3 = \sqrt{\overline{O_2O_3^2} - \overline{O_2B^2}} = 20$
所以$\begin{cases} O_2x = O_3x - BO_3 = 41.984 - 20 = 21.984 \\ O_2y = 26 - 15.99 = 10.01 \end{cases}$</td></tr>
<tr><td></td><td>则各回转中心的 $x-y$ 坐标值为
$\begin{cases} O_1x = 17.985 \quad O_2x = 21.984 \quad O_3x = 41.984 \quad O_4x = 41.984 \\ O_1y = 15.99 \quad O_2y = 10.01 \quad O_3y = 4.99 \quad O_4y = 26.99 \end{cases}$</td></tr>
</table>

（续）

计算斜面对坐标轴的夹角	在$\triangle O_1AO_4$中：$\angle AO_1O_4=\arcsin(O_4A/O_1O_4)=\arcsin(11/26.4)=24°37'30''$ 在$\triangle O_1DO_4$中：$\angle O_1O_4D=O_1D/O_1O_4=\arcsin[(17.985-11.985)/26.4]=13°8'10''$ 所以斜面 3 与 x 轴的夹角 α_3 为 $\alpha_3=\angle AO_1O_4-\angle O_1O_4D=24°37'30''-13°8'10''=11°29'20''$
计算各圆弧的包角	以 O_1、O_2 为回转中心的 $R38.4_{-0.03}^{\ 0}$ 凸圆弧面、$R13_{\ 0}^{+0.03}$ 凹圆弧面，在展成磨削中，不干涉其他表面，故可不计其包角 以 O_1 为回转中心的 $R18_{-0.03}^{\ 0}$ 凸圆弧面的包角 α_3 已确定 以 O_3 为回转中心的 $R12_{-0.03}^{\ 0}$ 凸圆弧相切，其包角为 $\alpha_1=\angle BO_2O_3=\arccos(O_2B/O_2O_3)=\arccos(15/25)=53°7'50''$ $\alpha_2=\angle O_1O_3A=\angle O_1O_4A=90°-\angle AO_1O_4=90°-24°37'30''=65°22'30''$ 以 O_4 为回转中心的 $R12_{-0.03}^{\ 0}$ 凸圆弧面和平面 3、$R38.4_{-0.03}^{\ 0}$ 凸圆弧面相切。由于已求出平面 3 与 x 轴线的夹角 α_3，与 $R38.4_{-0.03}^{\ 0}$ 相切的包角 $\alpha_4=\alpha_2=65°22'30''$
	则斜面对坐标轴的角度与各圆弧面的包角为 $\alpha_1=53°7'50''$ $\alpha_2=65°22'30''$ $\alpha_3=11°29'20''$ $\alpha_4=\alpha_2$

其测量、调整和磨削工艺过程见表 5-5-14。

2）工件Ⅱ：该工件具 8 个平面，三个凸、凹圆弧面和两个小圆弧（$R0.5$），其磨削顺序和工艺过程见表 5-5-15。

表 5-5-14 成形凸模万能夹具磨削工艺过程

工 序	磨削工艺过程图	说 明
1 （装夹工件）	1 2	将工件装于滑板的圆盘上，转动圆盘，并用千分表校正基准面 1、2 分别调整在水平位置，并使之分别与夹具纵、横滑板的移动方向一致，最后用销固定圆盘于夹具滑板上
2 （磨平面 1）	1 17.985 L_1 P	将回转中心 O_1 调到与夹具中心重合。其调整方法：将面 1 置于水平位置，移动夹具滑板，测量、调整加工面 1 的高度，使 $L_1=P+17.985$mm，使量块上百分表读数为零。则对加工面 1 上的百分表应等于磨削余量值 以同样过程，测量、调整加工面 2 的磨削余量，使 $L_2=P+15.99$mm 以 O_1 为回转中心，用百分表检查 $R17.985$ 和 $R38.385$ 两个圆弧面的磨削余量 同时，按工艺尺寸图，调整 O_2、O_3、O_4 使之与夹具中心重合，并用百分表检查各加工面的磨削余量 当加工面 1 与 2 调至水平位置时，按 L_1、L_2 高度磨削到尺寸
3 （磨平面 2）	2 15.99 L_2 P	

（续）

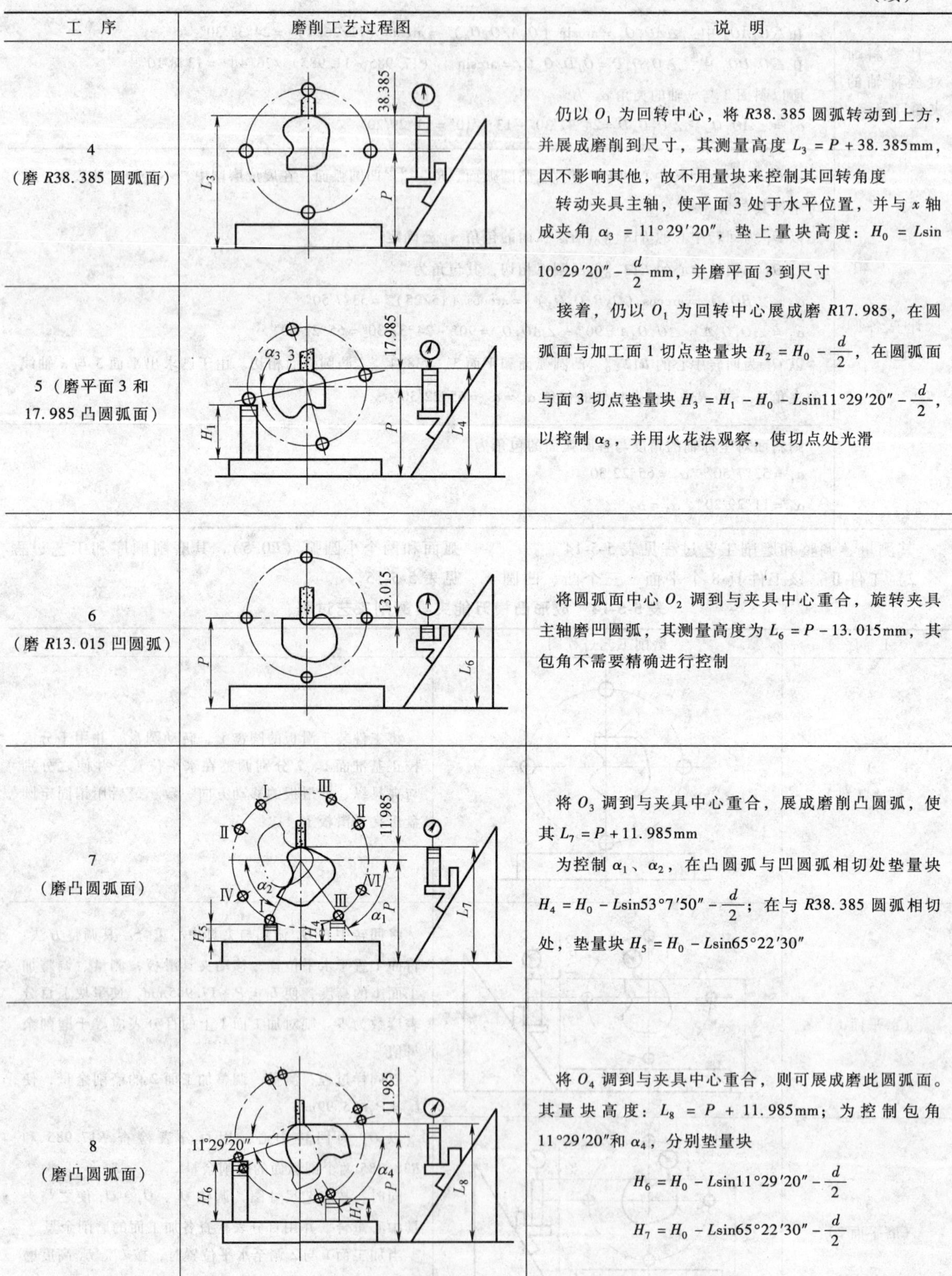

工　序	磨削工艺过程图	说　明
4 （磨 R38.385 圆弧面）		仍以 O_1 为回转中心，将 R38.385 圆弧转动到上方，并展成磨削到尺寸，其测量高度 $L_3 = P + 38.385\text{mm}$，因不影响其他，故不用量块来控制其回转角度
5（磨平面 3 和 17.985 凸圆弧面）		转动夹具主轴，使平面 3 处于水平位置，并与 x 轴成夹角 $\alpha_3 = 11°29'20''$，垫上量块高度：$H_0 = L\sin 10°29'20'' - \frac{d}{2}\text{mm}$，并磨平面 3 到尺寸 接着，仍以 O_1 为回转中心展成磨 R17.985，在圆弧面与加工面 1 切点垫量块 $H_2 = H_0 - \frac{d}{2}$，在圆弧面与面 3 切点垫量块 $H_3 = H_1 - H_0 - L\sin 11°29'20'' - \frac{d}{2}$，以控制 α_3，并用火花法观察，使切点处光滑
6 （磨 R13.015 凹圆弧）		将圆弧面中心 O_2 调到与夹具中心重合，旋转夹具主轴磨凹圆弧，其测量高度为 $L_6 = P - 13.015\text{mm}$，其包角不需要精确进行控制
7 （磨凸圆弧面）		将 O_3 调到与夹具中心重合，展成磨削凸圆弧，使其 $L_7 = P + 11.985\text{mm}$ 为控制 α_1、α_2，在凸圆弧与凹圆弧相切处垫量块 $H_4 = H_0 - L\sin 53°7'50'' - \frac{d}{2}$；在与 R38.385 圆弧相切处，垫量块 $H_5 = H_0 - L\sin 65°22'30''$
8 （磨凸圆弧面）		将 O_4 调到与夹具中心重合，则可展成磨此圆弧面。其量块高度：$L_8 = P + 11.985\text{mm}$；为控制包角 11°29′20″和 α_4，分别垫量块 $$H_6 = H_0 - L\sin 11°29'20'' - \frac{d}{2}$$ $$H_7 = H_0 - L\sin 65°22'30'' - \frac{d}{2}$$

表 5-5-15 凸模成形磨削工艺过程实例

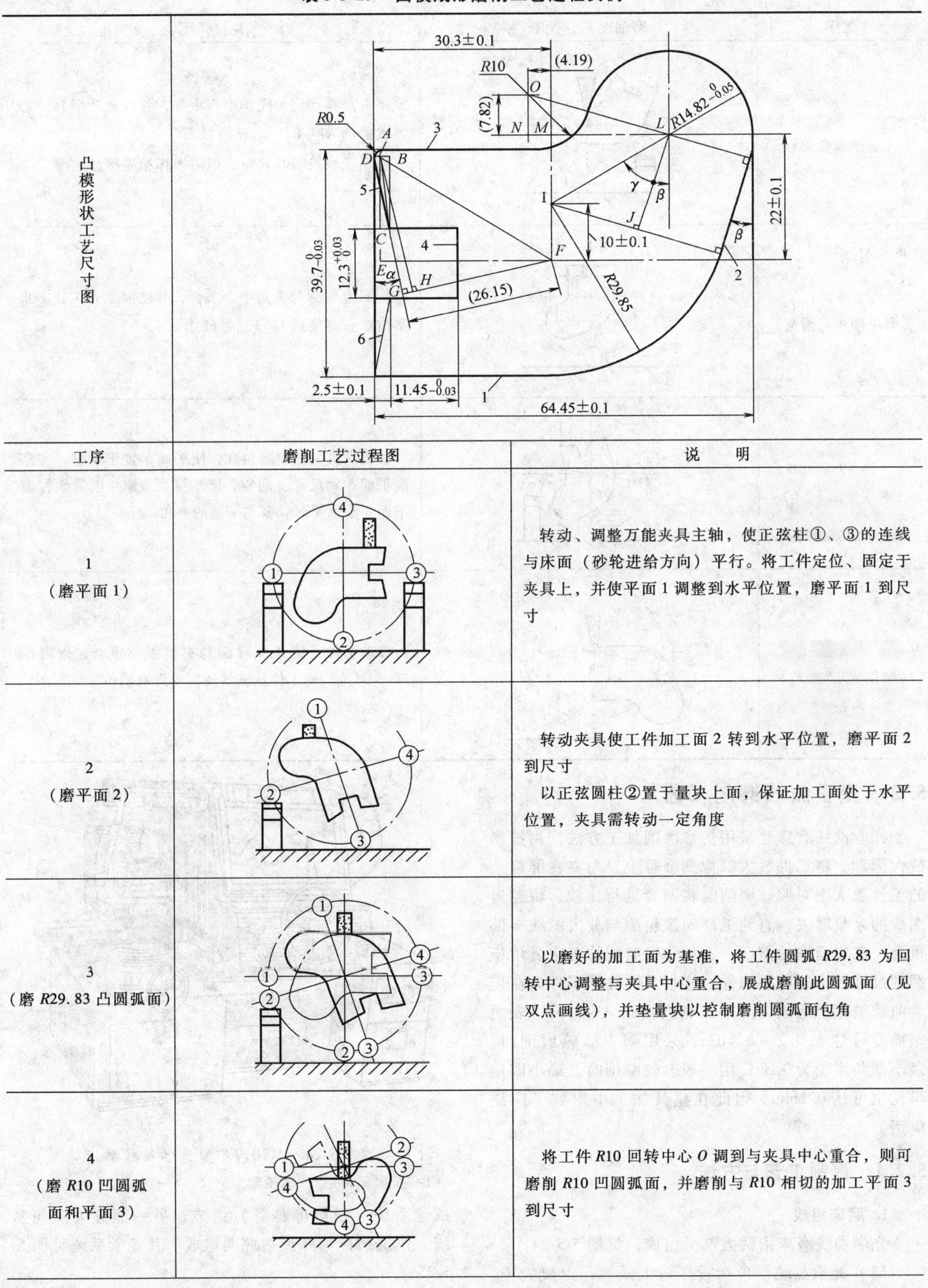

凸模形状工艺尺寸图		
工序	磨削工艺过程图	说明
1 （磨平面 1）		转动、调整万能夹具主轴，使正弦柱①、③的连线与床面（砂轮进给方向）平行。将工件定位、固定于夹具上，并使平面 1 调整到水平位置，磨平面 1 到尺寸
2 （磨平面 2）		转动夹具使工件加工面 2 转到水平位置，磨平面 2 到尺寸 以正弦圆柱②置于量块上面，保证加工面处于水平位置，夹具需转动一定角度
3 （磨 R29.83 凸圆弧面）		以磨好的加工面为基准，将工件圆弧 R29.83 为回转中心调整与夹具中心重合，展成磨削此圆弧面（见双点画线），并垫量块以控制磨削圆弧面包角
4 （磨 R10 凹圆弧面和平面 3）		将工件 R10 回转中心 O 调到与夹具中心重合，则可磨削 R10 凹圆弧面，并磨削与 R10 相切的加工平面 3 到尺寸

（续）

工序	磨削工艺过程图	说　明
5 （磨凸圆弧面）	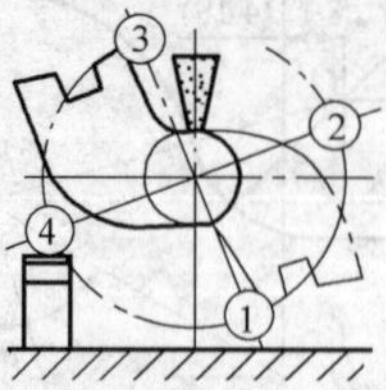	将 L 点移动到与夹具中心重合，并以此为回转中心展成磨削 $R14.82_{-0.05}^{\ \ 0}$ 凸圆弧面 使用量块控制其包角，以防损坏相连接加工面
6 （磨平面 4 与槽宽）	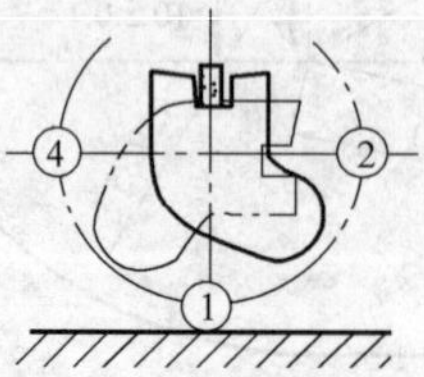	将 F 点移到与夹具中心重合，并使加工面 4 处于水平位置，磨削到 $12.3_{\ 0}^{+0.02}$ 尺寸
7 （磨削平面 5、6）	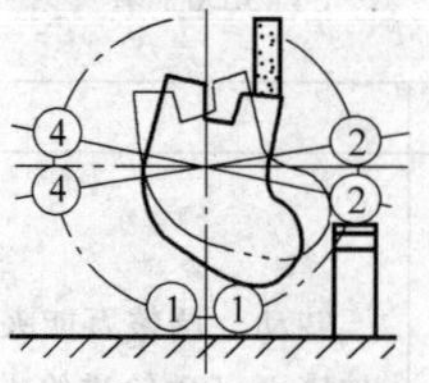	转动夹具主轴规定角度，使平面 5 置于水平，并磨削平面 5 到尺寸。同样，磨削平面 6，并以量块控制平面 5 于水平时，其与 x 轴的夹角
8 （磨削 $R0.5$ 圆角）	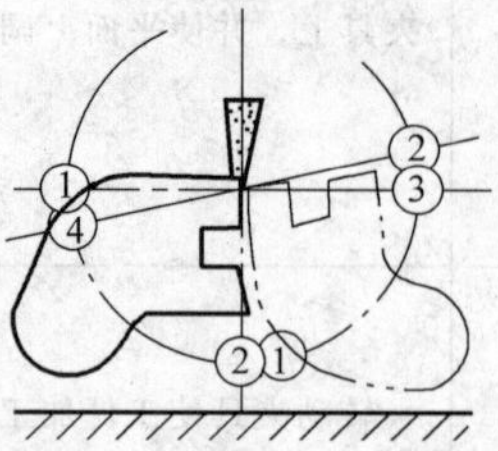	移动工件，使 A 点移到与夹具中心重合，以磨削 $R0.5$ 圆角，使工件从实线转到双点画线位置

5.2　光学曲线磨削工艺

光学曲线磨床是采用仿形磨削加工方法，用投影放大原理，将工件放大映像到屏幕上，与夹在屏幕上的工件放大图对照，磨削时将两者进行比较，将越过图线的余量磨去，直到工件映像轮廓与放大图线全部重合，获得精确的型面。这种仿形磨削加工主要用于磨削尺寸较小的凹模镶件、样板及圆柱形零件。在光学曲线磨床上磨削，其加工精度可达 3～5μm，表面粗糙度可达 $Ra0.2$～0.4μm。采用陶瓷砂轮磨削时，最小圆角半径为 3μm；用一般砂轮磨削时，最小圆角半径也可达 0.1mm。因此在模具加工中得到了广泛应用。

5.2.1　磨削工艺与方法

1. 磨床组成

光学曲线磨床由两大部分组成，见图 5-5-24。

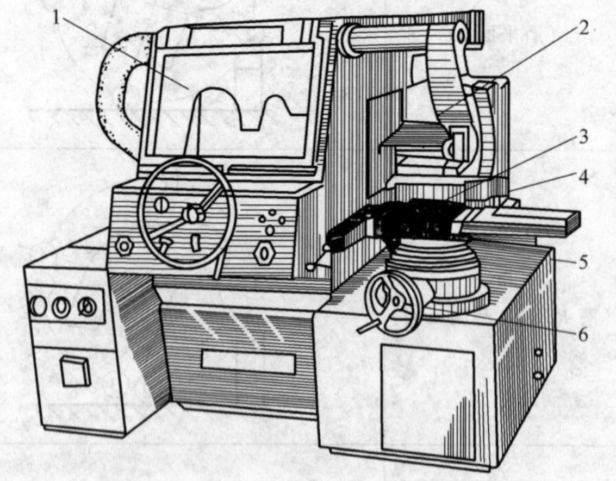

图 5-5-24　M7017A 型光学曲线磨床

1—投影屏幕　2—砂轮架　3、5、6—手柄　4—工作台

（1）光学系统　包括投影放大系统，由放大镜、成像系统（投影屏幕等）组成；另一部分为照明系统，由透射照明和反射照明组成。其光学系统见图 5-5-25。

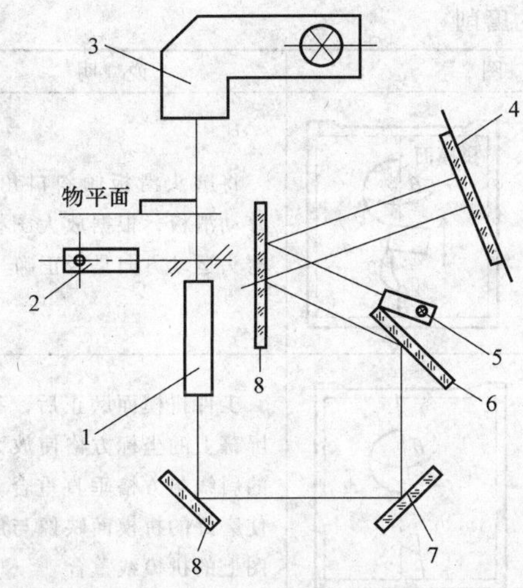

图 5-5-25　M9017A 光学曲线磨床的光学系统
1—50 倍物镜　2—反射照明　3—透射照明　4—投影屏幕　5—光学指标仪　6、7、8—反射镜

（2）工件装夹与磨削装置　包括床身、工作台、砂轮架以及手柄等传动与操作机构，工作台可作纵、横、垂直升降和回转运动，主要用作调整工件加工面的位置。砂轮架也有纵、横滑板，以作磨削进给运动。

2. 磨削方法

（1）轨迹法　光学曲线磨床主要采用砂轮沿工件加工（型）面连续展成磨削成形。其工艺过程为：

1）将工件的型面放大 50 倍，采用精密绘图机绘制在“描图样”上，并夹在屏幕 4 上；M9017A 光学曲线磨床的投影屏幕尺寸为 500mm × 500mm，因此，其上只能看到 < 10mm × 10mm 的工件加工（型）面轮廓。若工件尺寸超过此尺寸范围，则可对型面进行分段，如每段均放大 50 倍，并重叠绘制在同一幅描图上（见图 5-5-26），并夹在屏幕上。

2）工件加工（型）面若在 10mm × 10mm 以内，则可沿投影于屏幕上的工件型面（也放大 50 倍）与放大 50 倍的描图样对照，并移动砂轮架纵、横滑板磨去余量（见图 5-5-26a 虚线处）。

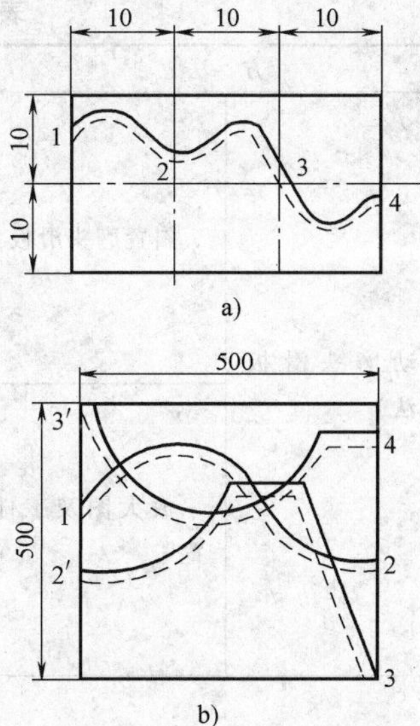

图 5-5-26　分段磨削
a）工件外形　b）放大图

若型面 > 10mm × 10mm，则可逐段磨削成形。如图 5-5-26b 所示：先按图上 1—2 段曲线磨出工件上的 1—2 段型面；调整工作台带动工件向左移动 10mm，并按图上 2—3 段曲线磨出工件上的 2′—3 段曲线，磨出工件上的 2—3 段型面；最后，向左、向上分别使工件移动 10mm，按图上 3′—4 段曲线磨出工件上的 3—4 段型面。

3）为使磨削出的工件型面之间能光顺、平滑、精确地连接，常采用按几何元素来进行分割，合理地进行分段磨削，见表 5-5-16。

（2）切入法　即采用成形砂轮进行切入式磨削，成形砂轮的型面须与工件加工（型）面完全吻合、精确一致。因此在光曲磨床上采用切入法时亦需使用金刚石和相关夹具，见图 5-5-3 及图 5-5-4 精密修整砂轮成形。

应用轨迹法和切入法磨削斜面、内角与圆弧的方法，见表 5-5-17 和表 5-5-18。

表 5-5-16　几种分割面的选取方法

名称	拉　挡	棘　爪	压　簧
简图	Ⅱ Ⅰ Ⅰ Ⅱ a		
说明	第一种分割面在圆弧中心线上（Ⅰ—Ⅰ） 第二种分割面（Ⅱ—Ⅱ）与 a 面平行，以便于操作	分割面取在斜面上	分割面取在圆弧与直线的切点上

表 5-5-17　斜面及内角的磨削

内容	方法		示图	说明
斜面磨削	移动磨头滑板（轨迹法）	斜置磨头滑板	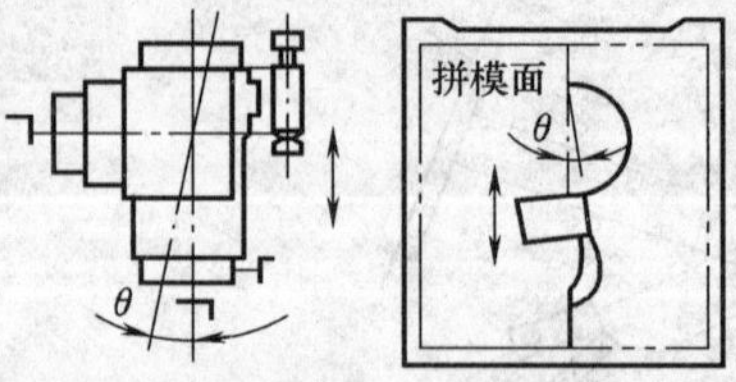	将磨头滑板倾斜口角度，移动滑板，根据放大图校正磨头运动方向是否正确
		放大图及工件斜置	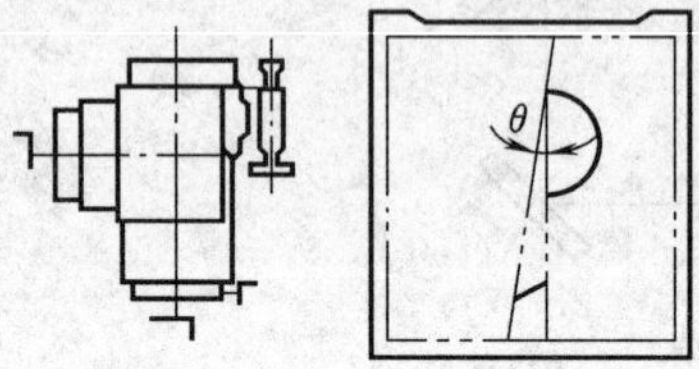	工件拼模面磨正后，利用屏幕上的坐标方格使放大图的斜线与方格垂直重合，再使磨好的拼模面映像与放大图上的拼模线重合
斜面磨削	用成形砂轮（切入法）		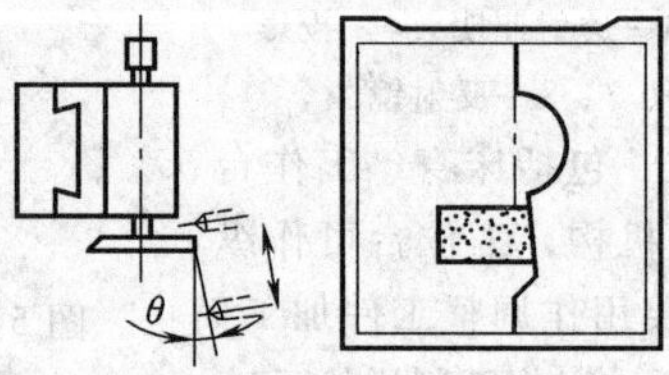	利用砂轮修正器将砂轮修成 θ 角度，并校核映像与放大图，如不符合再调整修正器的角度
内角磨削	磨头滑板移动（轨迹法）	磨削正90°内角	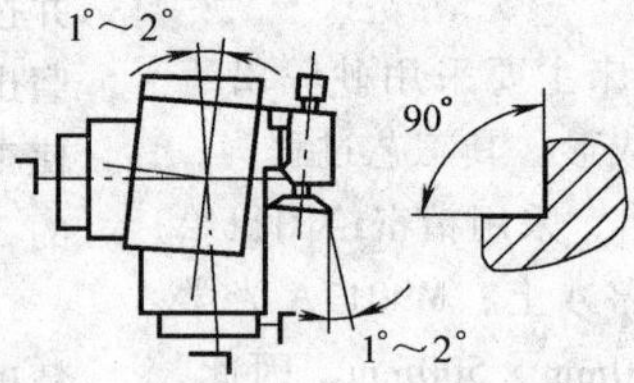	将磨头倾斜1°～2°，并将砂轮修成一定的角度，移动磨头纵、横滑板，磨削正90°内角
		磨削斜90°内角	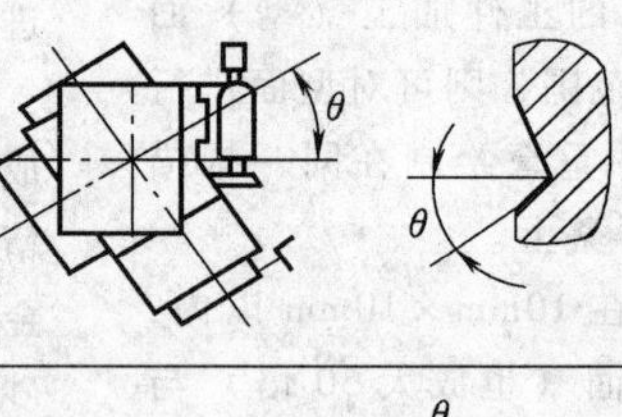	将磨头滑板回转 θ 角度，并将砂轮修成双面斜度。移动纵、横滑板磨削
	工作台或工件回转（轨迹法）		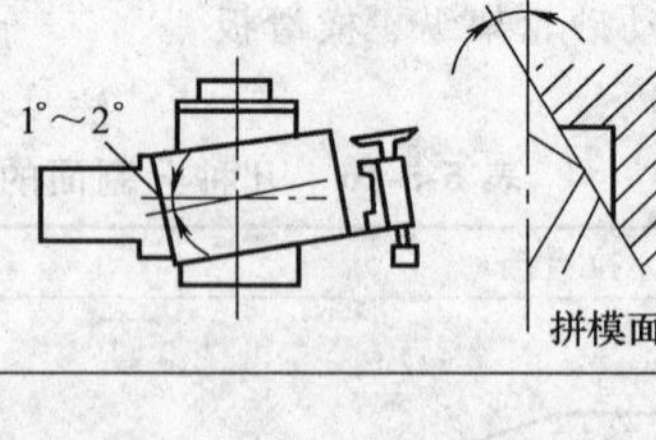	磨削正拼模面，将工件回转 θ 角度，使磨削面与磨头纵、横滑板平行，移动纵、横滑板磨削
	用成形砂轮磨削（切入法）		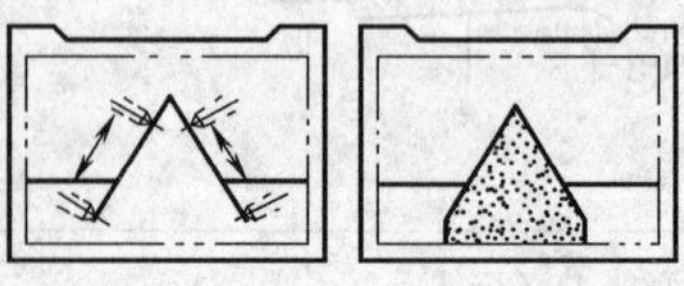	将砂轮修正器置成所需角度，视金刚刀杆运动的轨迹是否与放大图上的型线相符，然后将砂轮修正成形，进行磨削

表 5-5-18　圆弧磨削法

方法	轨迹法			切入法
砂轮形状	单斜边砂轮	双斜边砂轮	平直形、凸弧形砂轮	成形砂轮
磨凸圆弧示意图				
磨凹圆弧示意图				
说明	两转角处（凸圆弧）或两端（凹圆弧）需要正反两块砂轮	两转角处或两端需将磨头倾置	1）平砂轮磨凸圆弧，操作方便，但转角较深 2）砂轮圆弧半径为工件圆弧半径的 2/3 ~ 3/4，磨削精度高	1）修整砂轮成形 2）凹圆弧半径大时，可将砂轮修成一段圆弧，并将磨头倾置

5.2.2　光学曲线磨削工艺条件

1. 光学曲线磨削的应用、加工精度与质量

光学曲线磨削应用于精密、小型模具的凸模与凹模块的精密成形磨削加工；具体说，可用磨削平面、圆弧面或非圆弧面成形磨削加工。

光学曲线磨削的成形磨削尺寸精度≤0.01mm；

光学曲线磨削型面表面粗糙度为 Ra0.8 ~ 1.6μm。

因此，保证、改善光学曲线磨的加工精度和表面质量以适应精密模具的更高要求，甚为必要。其具体工艺措施如下：

1）绘制放大图时，比例和尺寸应尽可能精确；线条宜很细，一般需在精密绘图机上进行，线条细度为 0.05 ~ 0.08mm；手工绘制时，则为 0.1 ~ 0.2mm。同时，绘制放大图的材料要求随空气温度影响小，变形小，图形精度高；牢固，易于保存。常用材料与性能见表 5-5-19。

2）工件装夹、定位可靠、精确。其定位方法和顺序为：

①　将放大图的十字中心线对准机床光屏上的中心标记，即表明十字中心线已与机床工作台的纵、横运动方向平行。

②　将装夹工件的专用夹具的测量棱边，精确对准放大图的十字中心线或分割线。

③　当工件尺寸 < 10mm × 10mm 时，可直接用工件外形精确对准放大图基准线进行定位。

表 5-5-19　几种材质放大图的比较

材质	绘制方法	使用效果
优质描图样	用墨汁或优质铅笔绘制	随空气温度变化有胀缩，尺寸精度不高，适于一次性使用
涤纶薄膜（厚 0.125mm）	采用绘图刀划线后涂色，精度高	受空气温度影响小，薄膜有一定牢度，易于收藏，可多次使用
有机玻璃薄板	材料表面需打毛，可绘制或在样板铣床上刻画	变形小，精度高，但成本也高

当工件尺寸大，需分段磨削时，工件的定位方法与顺序为（见图 5-5-27）：先使工件上的拼合面 b 对准放大图上的拼合线 b'；此后，移动工作台，使工件外形基准面 a 对准放大图上 a' 中心线；再用尺寸为 A 的量块垫入机床纵向滑板，以控制机床纵向的移动距离。

2. 光学曲线磨削的工艺条件

（1）工艺条件　包括正确选择砂轮与砂轮的尺寸以及砂轮的精密修整；磨削用量更是保证磨削精度与表面质量的重要工艺条件。

1）精密修整砂轮形状。粗磨时的修整用量可按砂轮粒度大小确定：100# 砂轮为 0.14mm/r；180# 砂轮为 0.08mm/r。精磨时的修整用量，一般为 0.04mm/r。

2）光学曲线磨削的磨削用量见表 5-5-20。

（2）光学曲线磨床的技术规格　见表 5-5-21。

表 5-5-20　磨削用量

磨削用量	砂轮架滑板往复速度/（次/min）	单斜面滑板纵向进给速度/（mm/s）	滑板纵、横向复合速度/（mm/s）	磨削深度/mm
粗磨	85	0.6	0.03～0.08	0.02
精磨	45	0.03～0.16	0.0016～0.005	0.003～0.005

表 5-5-21　M9017A 型光学曲线磨床主要技术规格　（单位：mm）

加工范围				磨头				工作台			投影系统	
平板形工件		圆柱形工件		磨头滑板移动量		砂轮滑板最大行程	砂轮最大直径	最大移动量			倍数	光屏面积
一次投影磨削最大尺寸	分段磨削最大尺寸	磨削最大直径、长度	磨削最大深度	纵向	横向			纵向	横向	升降		
10×6、25×15	175×8	ϕ100×150	35	80	80	80	150	170	80	100	20、50	550×350

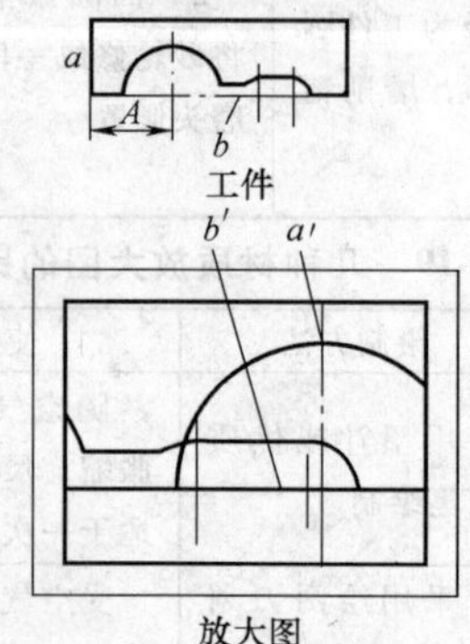

图 5-5-27　分段磨削时工件的定位找正

5.3　数控成形磨与坐标磨削工艺

5.3.1　数控成形磨削工艺

1. 数控成形磨床的组成

数控成形磨床，是以砂轮架（磨头）安装在立柱中间的卧轴矩台平面磨床结构为基础，外观相似的机床，见图 5-5-28。

其组成部分主要有：床身 1、立柱 2、砂轮架（磨头）3、工作台及其上的纵、横滑板 4 和数控系统 5 等。

2. 数控成形磨削原理与工艺

成形磨削运动与磨削工艺原理如下：砂轮架（磨头）装在立柱的导轨上，作垂直（Z 轴）方向进给运动；工作台纵滑板装在床身导轨上，作纵向（X 轴）往复磨削运动；工作台横滑板装在纵滑板上的导轨上，作横向（Y 轴）进给运动。

X、Y、Z 轴运动均采用精密滚珠丝杠副，由伺服电动机传动，并采用数字控制系统，按照磨削程序编码，以控制 Y、Z 轴的进给，对工件型面进行展成磨削；或采用安装于工作台上的金刚石夹具精密修整砂轮成形，进行仿形磨削，见图 5-5-29～图 5-5-31。

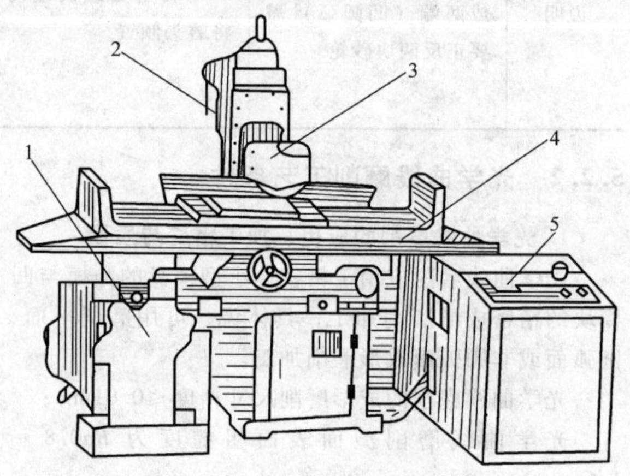

图 5-5-28　数控成形磨床
1—床身　2—立柱　3—砂轮架（磨头）
4—纵、横滑板　5—数控系统

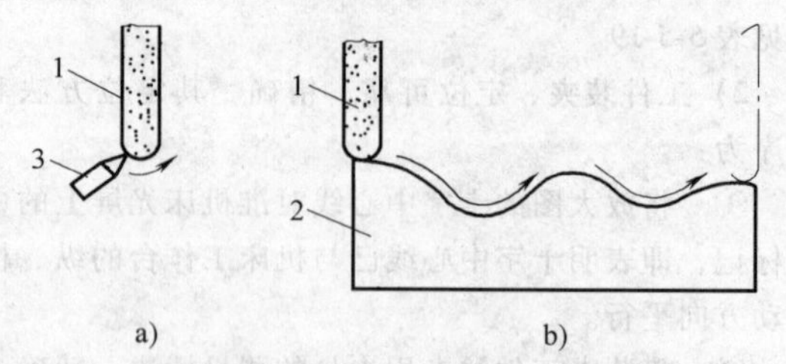

图 5-5-29　数控成形磨削
a）修整成形砂轮　b）磨削工件
1—砂轮　2—工件　3—金刚石刀具

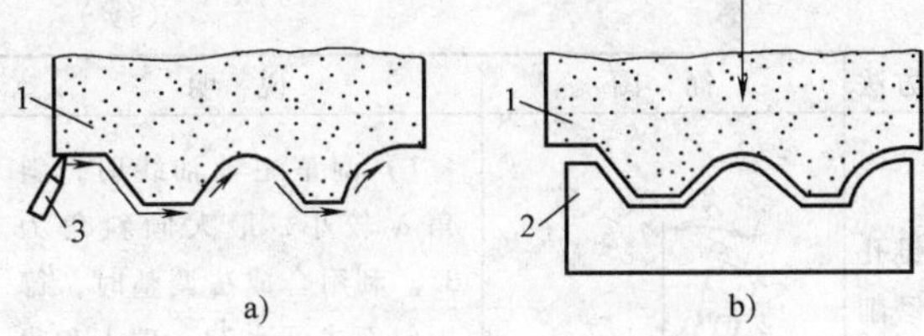

图 5-5-30　成形砂轮磨削

a）修整成形砂轮　b）磨削工件

1—砂轮　2—工件　3—金刚石刀具

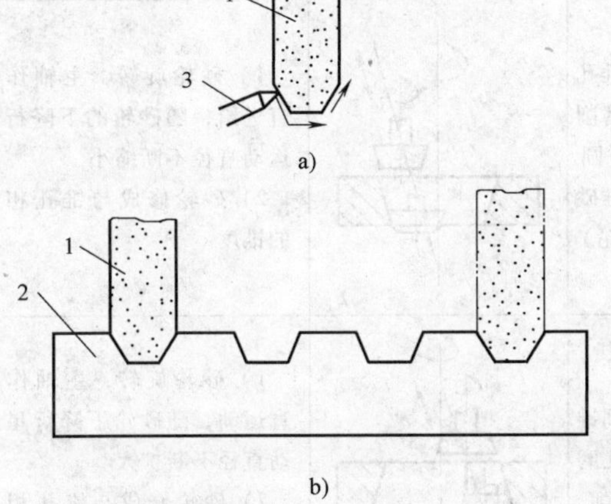

图 5-5-31　复合磨削

a）修整成形砂轮　b）磨削工件

1—砂轮　2—工件　3—金刚石刀具

5.3.2　坐标磨削工艺

1. 坐标磨基本原理与应用

（1）坐标磨削应用　常用坐标磨床为立式、单柱坐标磨床。坐标磨床的进给系统常采用机械传动，由直流电动机或直流伺服系统驱动。因此，可进行连续轨迹磨削；需要时，还可以作 *X*、*Y*、*Z* 坐标点位数控。所以，坐标磨的控制常采用手动和数控（NC）程序控制两种方式。

坐标磨削精度与质量：

1）最大磨削速度：100000r/min。

2）定位精度：在 30mm 长度内为 0.8μm；在全行程内为 2.3μm。

3）NC 连续轨迹磨削的形状精度：在全行内为 7.5μm。

4）表面粗糙度为：一般磨削加工时达 *Ra*0.4 ~ 0.8μm；精细加工时达 *Ra*0.2μm。

所以，坐标磨削主要应用精密冲裁模的凸模、凹模与卸料板型孔，以及模板上孔系的精密加工。

采用 CNC 连续轨迹坐标磨削，可采同一 CNC 磨削程序加工代码，以不同磨削用量顺次磨削凸模、凹模和卸料板型孔，以保证间隙。另外，坐标磨床还可以用来进行精密测量和划线作业。

（2）坐标磨削原理　坐标磨床的磨削运动见图 5-5-32，其中：

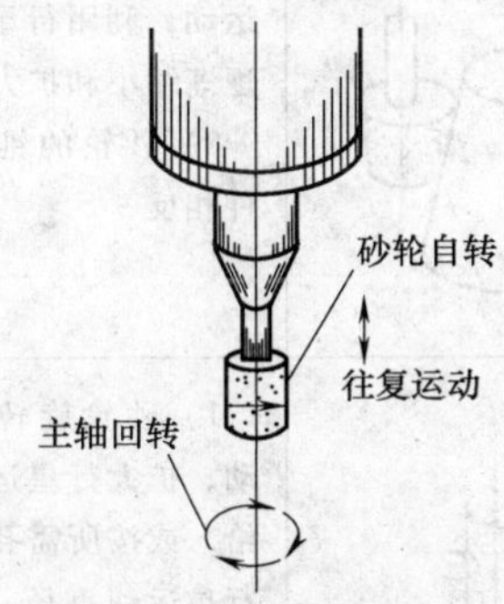

图 5-5-32　坐标磨削运动

1）磨头上的砂轮自转磨削运动，将由高频电动机或压缩空气驱动形成气动磨头。

2）磨头则由电动机通过变速机构直接驱动主轴转动，形成绕主轴转动的公转，与磨头自转合成行星运动，以磨削圆孔。

3）磨头还需具有上、下磨削运动。其由液压或气压-液压驱动主轴套筒，使磨头作上、下往复运动。所以，坐标磨床除可进行内、外型孔、型面磨削以外，还可以磨削孔内的键槽、清角等。

2. 磨削方法

（1）磨削方式　利用相应附件和不同砂轮，以进行精密磨削内、外圆，锥孔、锥面，沉孔与底平面，以及窄槽等，见表 5-5-22。

表 5-5-22　坐标磨床基本磨削方法

方法	简　图	说　明
通孔磨法		1）砂轮高速旋转，并作行星运动。利用行星运动直径的扩大作进给运动 2）磨小孔时，砂轮直径应取磨削孔径的 3/4 大小
外圆磨法		1）砂轮高速旋转，并作行星运动。利用行星运动直径的缩小作进给运动 2）砂轮作上、下进给运动

（续）

方法	简　图	说　明
外锥面磨削	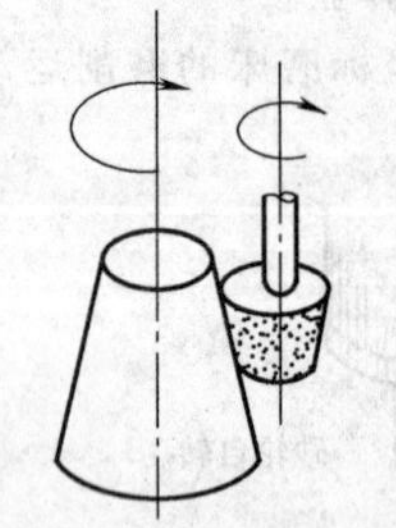	1）砂轮旋转，并作行星运动，利用行星运动直径的逐渐缩小和扩大作进给运动 2）砂轮的锥度方向与工件相反
沉孔磨削	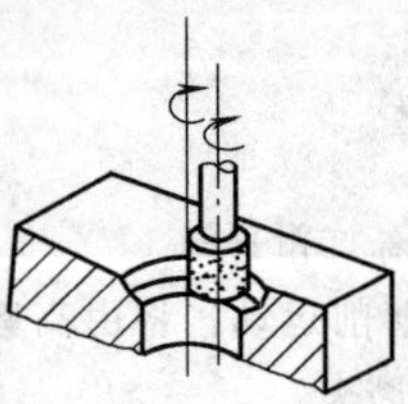	1）砂轮旋转并作行星运动，扩大行星运动直径作进给，或按所需孔径大小固定行星运动直径，然后主轴下降作进给，此时是用砂轮底部棱边进行磨削 2）内孔磨削余量大时，上述第二种方法为宜
沉孔成形磨削	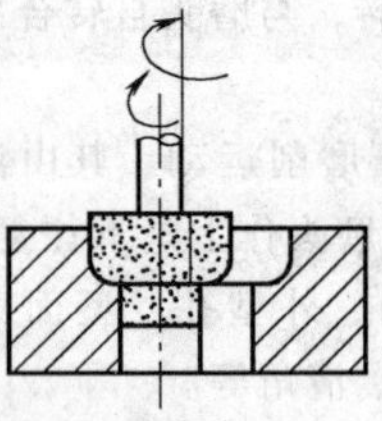	1）成形砂轮旋转并作行星运动，垂直方向无进给 2）磨削余量小时，以此法为宜
底面磨削	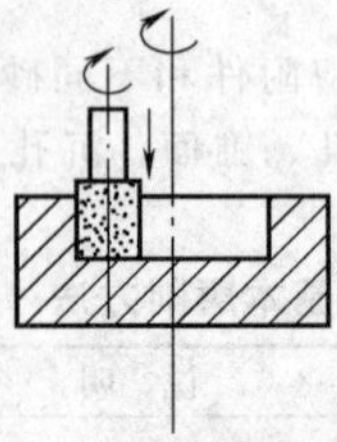	1）以砂轮底面磨削，主轴轴向进给。为便于排屑，砂轮端面修成3°左右凹面。砂轮直径与磨削孔径比不能过大 2）采用小进给量
横向磨削	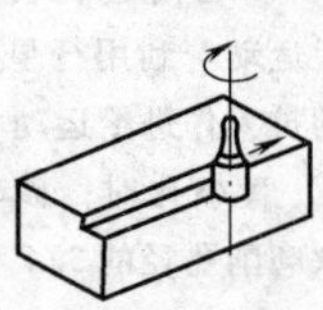	1）主轴不作行星运动，工作台作 X 方向或 Y 方向直线运动 2）此种加工方法适于直线或轮廓的精密加工
垂直磨削	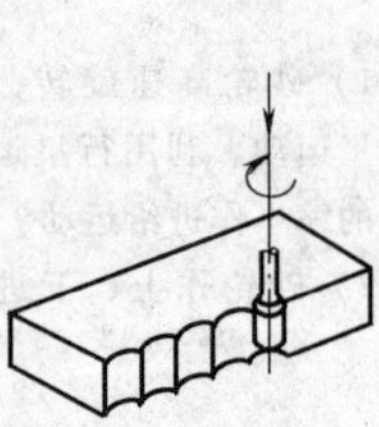	1）砂轮旋转并作垂直运动，主轴不作行星运动 2）适用于轮廓仿形磨削且余量大的情况 3）砂轮底面修凹

（续）

方法	简　图	说　明
锥孔磨削（用圆柱砂轮）	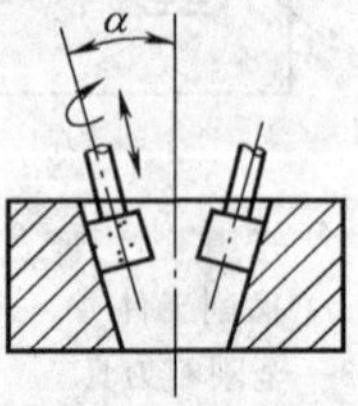 α	1）调整主轴轴线时，斜角 α 较小，最大倾斜角为3°。利用合成法调整时，德国斜面式可达7°，瑞士和我国采用滑块杠杆式，最大磨孔锥度为12°（2α） 2）砂轮旋转并作行星运动，垂直方向作进给运动
锥孔磨削（圆锥砂轮）	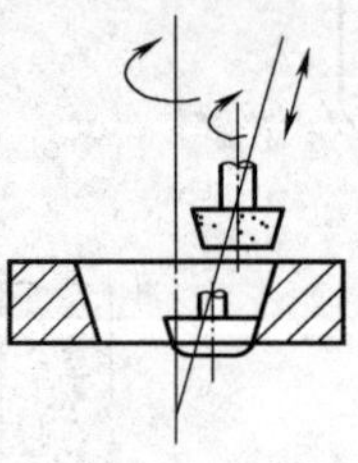	1）砂轮旋转，主轴作垂直进给，随砂轮的下降行星运动直径不断缩小 2）砂轮修成与锥孔相应的锥度
倒锥孔磨削	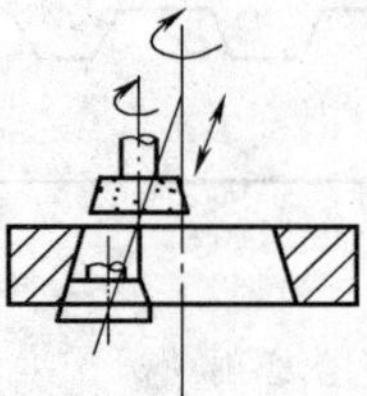	1）砂轮旋转，主轴作垂直运动，随砂轮下降行星运动直径不断扩大 2）砂轮修成与锥孔相应的锥度
槽侧磨削	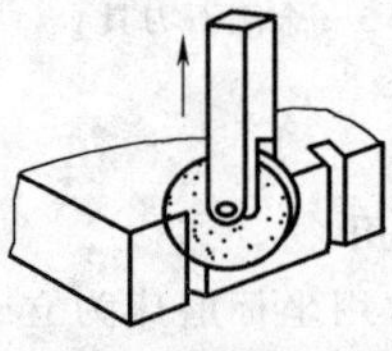	1）砂轮旋转并作垂直进给 2）用插磨机构，砂轮按需要修整成形面
外清角磨削	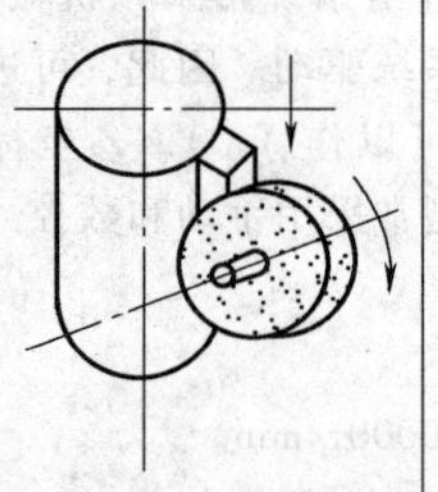	1）用插磨机构，按需修整砂轮 2）砂轮旋转并作垂直进给 3）砂轮上、下运动时，砂轮中心应超出工件上、下端面
内清角磨削	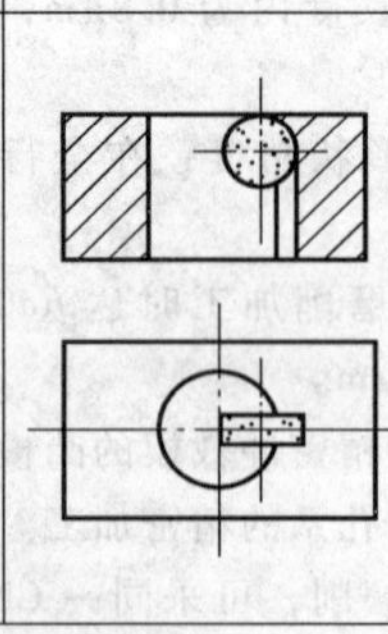	1）用插磨机构，按需要修整砂轮 2）砂轮旋转并作垂直进给 3）砂轮上、下运动时，砂轮中心应超出工件上、下端面 4）砂轮直径应小于被磨削孔径

（续）

方法	简　图	说　明
凹球面磨削	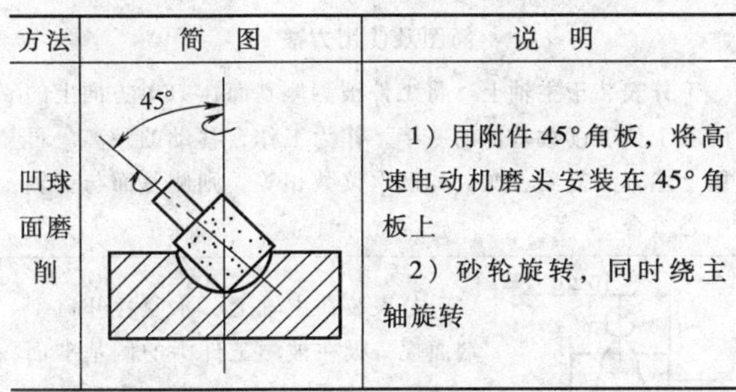	1）用附件 45°角板，将高速电动机磨头安装在 45°角板上 2）砂轮旋转，同时绕主轴旋转

1）采用带锥砂轮，在坐标磨床上则可以磨削凹模孔的倒锥孔，见表 5-5-23。

2）应用表 5-5-22、表 5-5-23 中各种磨削方法与磨床的运动组合，则可以进行型孔成形磨削，见表 5-5-24。

3）利用 MK2932B 坐标磨床进行连续轨迹成形磨削时，需首先根据机床规定的 G 功能代码，编制被加工工件的成形磨削程序，进行加工。

（2）坐标磨床上的工件定位　找正工件定位基准是进行精密坐标磨削的重要作业。其找正方法与坐标镗床类似。其常用找正工具及其使用方法见表 5-5-25。

表 5-5-23　凹模倒锥孔磨削

名称	简图	说　明	备　注
通锥孔		按要求锥度修整砂轮。从底部先与工件接触后，再将砂轮退出 0.05mm，开动磨头进行磨削	磨孔直径小于 ϕ4.5mm 时，因砂轮过于脆弱，宜采用金刚石砂轮，并可采用较低的磨削速度，为一般砂轮磨削速度的 1/3 ~ 1/4 磨孔深度与直径比不超过 6:1
孔下部成锥形（孔大时）		将孔先全部磨成直壁，然后将砂轮按要求修整锥度，再磨斜面部分。在磨锥孔前，孔壁先涂硫酸铜溶液，以便观察刃口直壁高度 t	
孔下部成锥形（孔小时）		若孔过小，先全部磨成锥形，再磨直壁 $A = B - 2t\tan\alpha$	

表 5-5-24　型孔磨削方法示例

方法	简　图	说　明
用行星运动磨削型孔		1）图中序号 1、2、3 表示磨削次序 2）工序 1、2 为内孔磨削。用回转工作台和坐标工作台分别将 O_1、O_2 圆心调整到回转工作台中心，然后进行磨削 3）工序 3 是将 O_3 调整到回转工作台中心后，控制回转工作台进行磨削
用插磨机构磨削型孔		1）图中序号 1、4、6 采用成形砂轮磨削 2）将圆弧中心 O 调到回转工作台中心，然后进行磨削 3）工序 2、5 和型孔的直线部分，均用平直形砂轮进行磨削

表 5-5-25 定位找正工具及其使用方法

名称	特点	简图及使用方法
千分表调零	找正工件侧面基准与主轴中心线重合的位置	千分表装于主轴上，将工件被测侧基面在180°方向上的两次千分表读数差值的一半，作为工作台移动的距离。再用上述方法复测一次，如两次读数相等，则侧基面与主轴中心重合
用开口型端面规调零	找正工件侧面基准与主轴中心线重合的位置	10±0 1 2 千分表装在主轴上，永磁性开口型端面规2吸在被测工件1的侧基准面上，千分表测开口槽面，调整到在180°方向上读数相等，将工件移动10mm，完成调零
用找中心显微镜	找正工件侧基准面或孔的轴线与主轴中心重合的位置	将找中心显微镜装在机床主轴上，保证两者中心重合。显微镜面上刻的十字中心线和同心圆是找正工件用的
用L形端面规找正	找正工件侧基准面与主轴中心线的重合	2 1 当工件侧基面的垂直度低或工件被测棱边较浑时，可用L形规2。将L形规靠在工件1的基面上，移动工件使L形规标线对准找中心显微镜的十字中心线，即表示工件基面已与主轴中心线重合
用心棒、千分表找正	找正小孔位置	用千分表不能直接找正小孔位置时，要配制专用心棒，将心棒插入小孔后，才能找正

3. 坐标磨削工艺条件与要求

（1）磨削工艺条件

1）进给量。砂轮主轴行星运动一圈（公转），砂轮的垂直移动距离（L）即为行星磨削的进给量：

粗磨时： $L<\frac{1}{2}H$

精磨时： $L<\left(\frac{1}{2}\sim\frac{1}{3}\right)H$

式中 H——砂轮宽度（mm）。

2）行星转速选择，见表 5-5-26。

表 5-5-26 砂轮行星转速参考表

加工孔径 /mm	300	150	100	80	50	20	10	8	6	4
行星转速 /（r/min）	5	12	20	40	60	100	190	240	300	300

3）磨削速度 v（m/min）。当工件为碳素工具钢和合金工具钢时，不同材料砂轮的 v 为：

立方氮化硼砂轮：$v=1200\sim1800$m/min

普通砂轮：$v=1500\sim1800$m/min

（2）磨削工艺要求

1）砂轮在弹簧夹头上的夹持长度需≥20mm；夹紧后的径向跳动量当≤0.008mm。砂轮的往、复运动行程须超出孔的上下端面，其超出量需$\geq\frac{1}{2}H$（砂轮宽度）。

2）磨削多孔孔系时，应先磨高精度孔和小孔，然后磨其他孔，最后配磨侧面。

当磨削具有复杂型面的工件时，常以工件的中心为基准，进行坐标换算，并确定磨削过程的合理顺序。此后，则运用回转台、插磨机构及行星换向等副件顺次进行磨削。这样，将可保证各加工面的坐标位置精度和磨削效率。

3）为保证加工精度，应降低工件因磨削多孔孔系或被磨削工件的加工面积大，造成磨削时间过长，使工件储存热量过高，所引起工件变形；或因装夹工件时，夹紧力过大、着力点不当，所引起的工件变形。

这两种变形，都将使工件产生形状误差、孔距误差等加工误差。因此，工件在装夹时，须找正工件基准面和加工面的位置；同时，使安装基准面与夹持面之间的接触面力求增大，以改善工件散热、导热面积和性能。

5.3.3 典型凸、凹模数控磨削实例

图 5-5-33 零件用连续轨迹数控坐标磨床制造其凸、凹模，方法如下：

（1）模具制造工艺过程 见表 5-5-27、表 5-5-28。

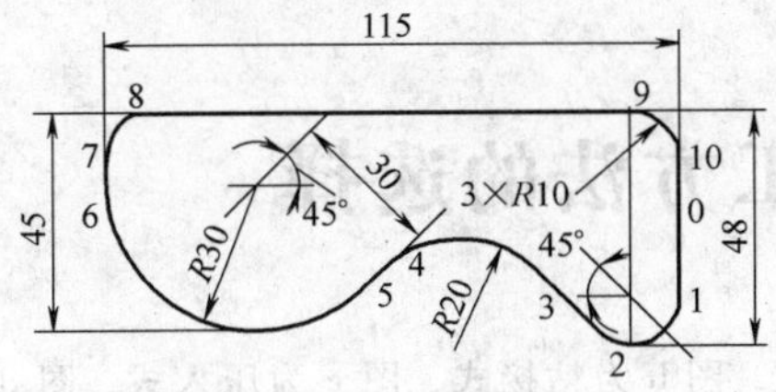

图 5-5-33　零件图

表 5-5-27　凸模工艺过程

序号	工序	工艺内容
1	刨、铣	加工外形六面
2	平磨	外形六面
3	铣	粗铣外形
4	坐标镗	钻螺孔，画凸模形状线，钻定位销孔，留余量 0.3mm
5	铣	凸模外形，单边余量 0.2mm
6	热处理	62～65HRC
7	平磨	外形六面
8	CNC 坐标磨	磨定位销孔，编程磨凸模型面，在机床上检验和记录型面尺寸与定位销孔相对位置

表 5-5-28　凹模工艺过程

序号	工序	工艺内容
1	刨、铣	外形六面，铣内腔粗形
2	平磨	外形六面
3	坐标镗	钻各螺孔，钻镗定位销孔，留余量 0.3mm
4	热处理	62～65HRC
5	平磨	外形六面
6	NC 线切割	以定位销孔为基准，编程切割内腔，单边留余量 0.05～0.1mm
7	CNC 坐标磨	按凸模程序，改变入口圆位置和刀补方向磨内型面，单边间隙 0.003mm，磨好定位销孔

（2）程序编制　编程过程如下：

1）工艺分析：确定加工方式、路线及工艺参数。图 5-5-34 是磨削路线及砂轮中心轨迹。为保证多次循环进给在切入处不留痕迹，一般应编一个砂轮切入的入口圆。磨凸模时，砂轮由 *A* 逆时针运动 270°，在 *B* 点切向切入轮廓表面。编程时，不计算砂轮中心运动轨迹插补参数，只计算工件轮廓轨迹插补参数。

工具参数如下：

T1　K10.13　V0.04　E3%

T2　K10.01　V0.003　E3%

T3　K10.001　V0.001　E1%

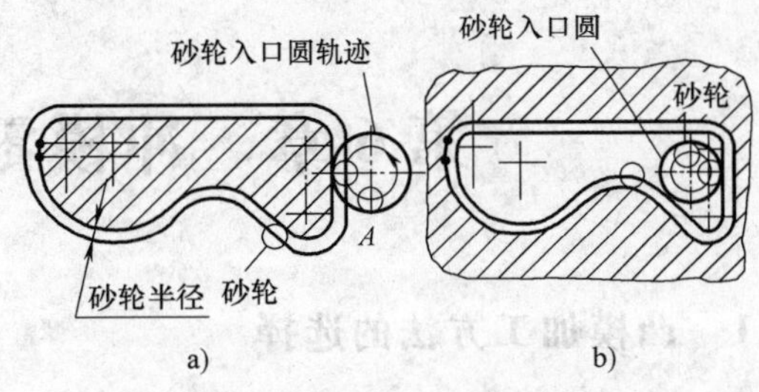

图 5-5-34　凹凸模加工示意图

a）凸模　b）凹模

T4　K10　V0.000　E1%

即砂轮半径 10mm，加工余量单边为 0.013mm，用 T1 砂轮磨 3 次，每次进给 0.04mm；T2 砂轮磨 3 次，每次进给 0.003mm；T3 砂轮磨 1 次，进给 0.001mm；T4 砂轮不进给，磨 1 次。

2）数值计算：目的是向机床输入待加工零件的几何信息，以适应机床插补功能。内容包括：直线和圆弧起始点坐标、圆弧半径及其他有关插补参数。

3）后置处理：任务是将工艺处理信息和数值计算结果的数据编写成程序单，穿成纸带或从键盘输到机床数控装置。

（3）磨削模具的完整加工程序

```
N1   X0   Y0   M00 (MAINPOROGRAM);
N2   T1   G71   J100;
N3   T2   G71   J100;
N4   T3   G71   J100;
N5   T4   G71   J100;
N6   G01   X150   F1500   M02;
N100   X100, Y—15, M00 (SUBROUTINE);
N105   G13   X85, Y0, G41, G78, F500, K15;
N110   G01   Y—18;
N115   G02   X67.929, Y—25.071, K10;
N120   G01   X56.784, Y—13.926;
N125   G03   X28.50, K20;
N130   G01   X21.213, Y—21.213;
N135   G02   X—30, Y0, K30;
N140   G01   Y10;
N145   G02   X—20, Y20, K10;
N150   G01   X75;
N155   G02   X85, Y10, K10;
N160   G01   Y0:
N165   G03   X100, Y—15, G79, K15;
N170   G72;
```

如加工凹模，只需改变入口圆位置和将左刀补改为右刀补即可，其余程序不变。

第 6 章　冲模零件加工方法的选择

6.1　凸模加工方法的选择

6.1.1　常用凸模的结构形式

中小尺寸冲压模的凸模结构形式主要有圆形断面凸模、非圆形断面凸模和复杂形状凸模。

图 5-6-1 所示为圆形断面凸模常用形式，图 a 为铆接式，图 b 为粘接式，图 c 为压入式，图 d、e 为直接用螺钉固定的凸模，一般用于大尺寸断面。图示凸模形式端部形状不同，可以用于冲裁、拉深、翻孔等冲压工序。

非圆形断面凸模常用形式见图 5-6-2。图 5-6-2a 为台阶式，图 5-6-2b 为直通式，可以采用铆接或粘接的固定方式，图5-6-2c为整体式，图5-6-2d为组

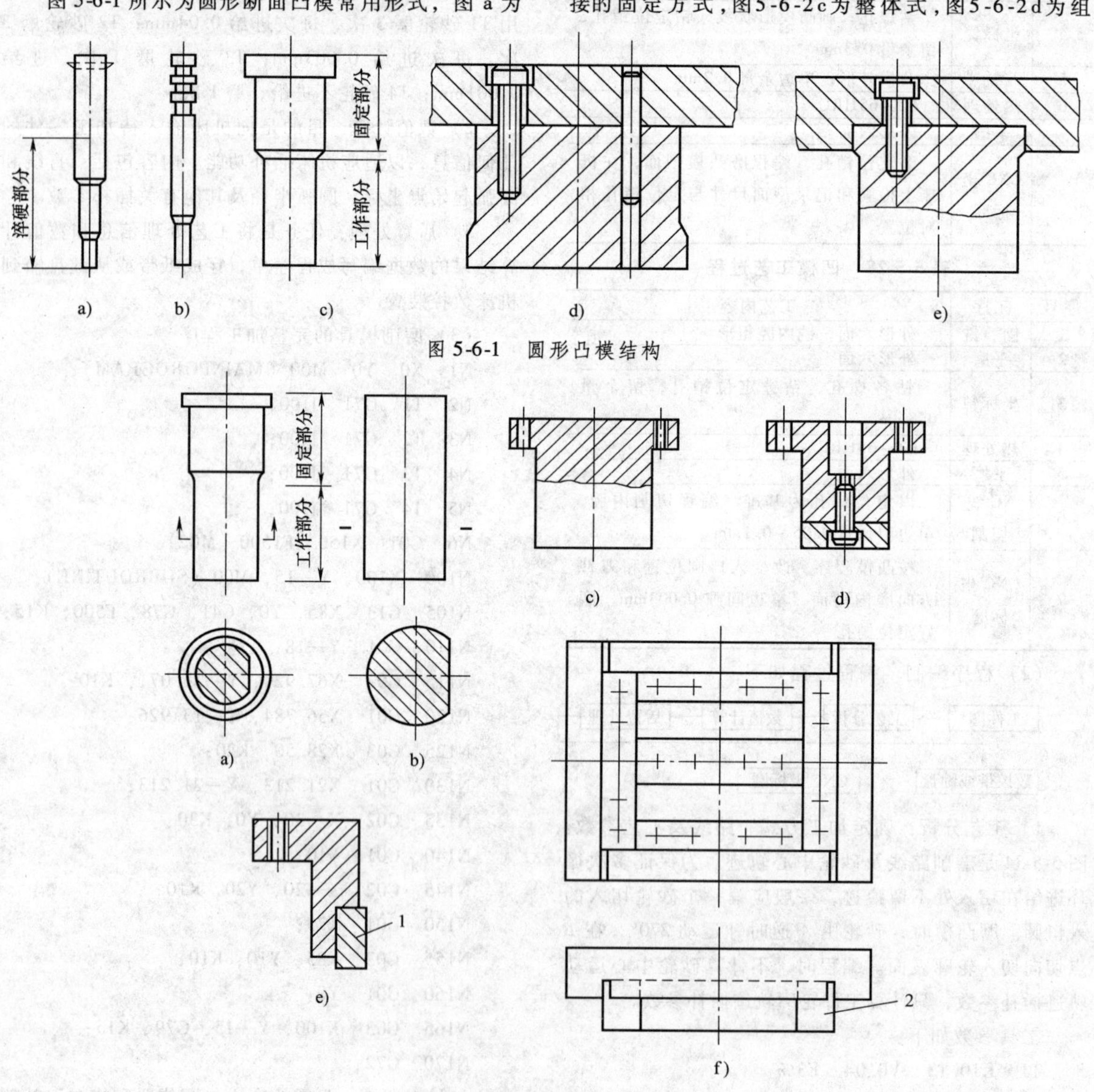

图 5-6-1　圆形凸模结构

图 5-6-2　非圆形断面凸模结构

1—镶块　2—拼块

合式，图 5-6-2e 为镶块式，图 5-6-2f 为嵌入式镶拼结构。

复杂形状凸模形状各异，多见于拉深、成形模具，如图 5-6-3 所示，其横截面为圆形，而母线则由圆弧和曲线组成。

冲压模具凸模工作部分是用来完成冲压工序的，设计图样中提出的技术要求相应较高，应根据零件形状、尺寸和技术要求的不同来选择其加工方法。

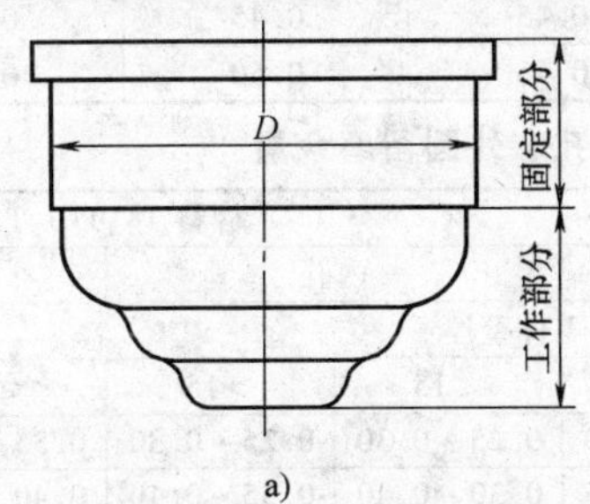

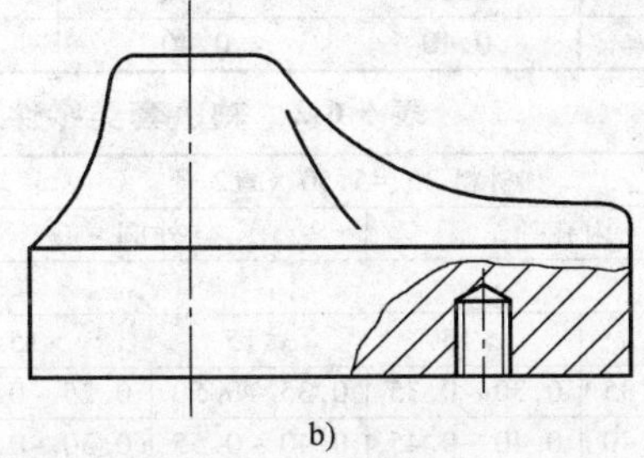

图 5-6-3　复杂形状凸模

6.1.2　圆形断面凸模的加工

圆形断面凸模属轴类零件，加工用的毛坯主要是圆棒料。在下列情况下可以选用锻件毛坯：断面尺寸大的凸模；材料性能有特殊要求的，如要求对 Cr12MoV 进行反复镦锻的；台阶形轴类零件断面尺寸变化大，需采用锻件毛坯。

1. 加工方案

冲压模具的凸模都需进行淬火等热处理工艺，以获得高硬度和高耐磨性，可采取以下加工方案：

1）粗车（留磨削余量）—热处理—磨削。

2）粗车—热处理—精车、抛光。

3）精车成形—热处理—抛光。

方案 1）应用较为广泛。对于难以进行磨削加工的大尺寸凸模，可采用方案 2）热处理后精车成形。图 5-6-3a 所示的圆断面凸模采用方案 3）。

2. 粗车加工

（1）定位基准选择：车削轴类零件时可采用图 5-6-4 所示的三种定位基准。以轴两端中心孔作为定位基准（图 5-6-4a），是在加工外圆前先在轴的两端面钻中心孔，作为后续加工的定位基准。用两端中心孔定位，加工时能达到较高的相互位置精度，且工件装夹方便。

图 5-6-4b 所示为一端中心孔的定位方式，对于模具零件一次装夹，车、磨加工是可行的。图 5-6-4c 所示为反顶尖形式，用于 $d<5\sim6$mm 的小凸模。

（2）磨削余量　冲模零件车削后，需采用磨削加工达到表面粗糙度所要求的等级时，应留有磨削余量。轴类端面留磨余量见表 5-6-1。外圆车削后留磨余量见表 5-6-2。对于非淬硬零件，可比表 5-6-1 和表 5-6-2 的值减少 20% ~40%。

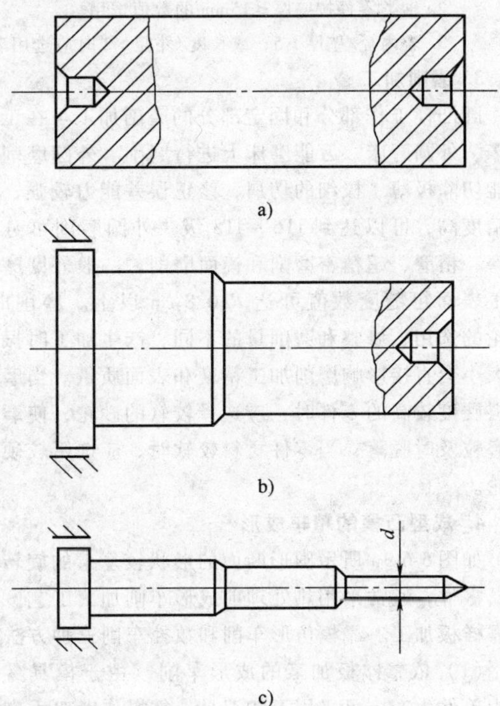

图 5-6-4　定位基准

表 5-6-1　轴类零件两端面留磨余量　（单位：mm）

直径 D	零件长度 L					
	≤18	>18 ~50	>50 ~120	>120 ~260	>260 ~500	>500
≤18	0.20	0.30	0.30	0.35	0.35	0.50
>18 ~50	0.30	0.30	0.35	0.35	0.40	0.50
>50 ~120	0.30	0.35	0.35	0.40	0.40	0.55

（续）

直径 D	零件长度 L					
	≤18	>18～50	>50～120	>120～260	>260～500	>500
>120～260	0.30	0.35	0.40	0.40	0.45	0.55
>260～500	0.35	0.40	0.45	0.45	0.50	0.60
>500	0.40	0.40	0.45	0.50	0.60	0.70

表 5-6-2 轴、套类零件内孔、外圆留磨余量 （单位：mm）

直径 D	材料 35、45、50、Cr12				材料 T8、T10、T10A			
	内孔		外圆		内孔		外圆	
	套类零件壁厚							
	≤15	>15	≤15	>15	≤15	>15	≤15	>15
6～10	0.25～0.35	0.30～0.35	0.35～0.50	0.25～0.50	0.25～0.30	0.25～0.30	0.35～0.50	0.35～0.60
>10～20	0.35～0.40	0.40～0.45	0.40～0.55	0.30～0.55	0.30～0.40	0.35～0.40	0.40～0.55	0.40～0.65
>20～30	0.40～0.50	0.50～0.60	0.40～0.55	0.30～0.55	0.40～0.50	0.35～0.45	0.40～0.55	0.40～0.70
>30～50	0.55～0.70	0.60～0.70	0.40～0.55	0.30～0.55	0.55～0.70	0.40～0.60	0.40～0.55	0.55～0.75
>50～80	0.65～0.80	0.80～0.90	0.45～0.60	0.30～0.60	0.65～0.80	0.50～0.60	0.45～0.60	0.65～0.85
>80～120	0.70～0.90	1.00～1.20	0.60～0.80	0.35～0.70	0.70～0.90	0.55～0.75	0.60～0.80	0.70～0.90
>120～180	0.75～0.95	1.20～1.40	0.70～0.90	0.50～0.90	0.75～0.95	0.60～0.80	0.70～0.90	0.75～0.95
>180～260	0.80～1.00	1.40～1.60	0.80～1.00	0.60～1.00	0.80～1.00	0.65～0.85	0.80～1.00	0.80～1.00

注：1. 本表适用于长度在 200mm 以内的零件。

2. 轴类零件按壁厚≤15mm 的数值选用。

3. 若内径/壁厚 >5，或长度/外径 >2 时应选用表中的上限值。

3. 磨削加工

圆凸模工作部分和固定部分的磨削加工可在工具磨床、外圆磨床、万能磨床上进行磨削。外圆磨削加工能切除极薄、极细的切屑，修正误差能力较强，加工精度高，可以达到 IT6～IT8 级。外圆磨削可分为粗磨、精磨、超精密磨削和镜面磨削。一般外圆磨床加工表面粗糙度数值可达 $Ra0.8\mu m$ 以上。磨削时，砂轮的选用、修整和磨削量的不同，产生加工时振动的大小会直接影响磨削加工精度和表面质量。当磨削材料硬度较高的零件时，应选择较软的砂轮，使磨削的磨粒及时脱落；当零件材料较软时，应选用较硬的砂轮。

4. 成型凸模的精车成形

如图 5-6-3a 所示圆形断面的形状较复杂的旋转体模具零件，通常采用热处理前成形车削加工工艺。有依靠样板加工、靠模仿形车削和数控车削三种方法。

（1）依靠样板加工的成形车削　由于模具零件多为单件生产，可采用万能刀具，靠操作者双手来控制纵、横两个方向的进刀手柄，加工出所需形状，其加工的尺寸精度及形状用样板检查。对尺寸较小且要求高的形状可采用样板刀（成形刀）加工，样板刀是依样板磨制成的。

样板通常加工成一对，如图 5-6-5 所示，其中一件可用作磨制样板刀，另一件用于检查车削的成形面。“对板”可保证样板形状的对称性。

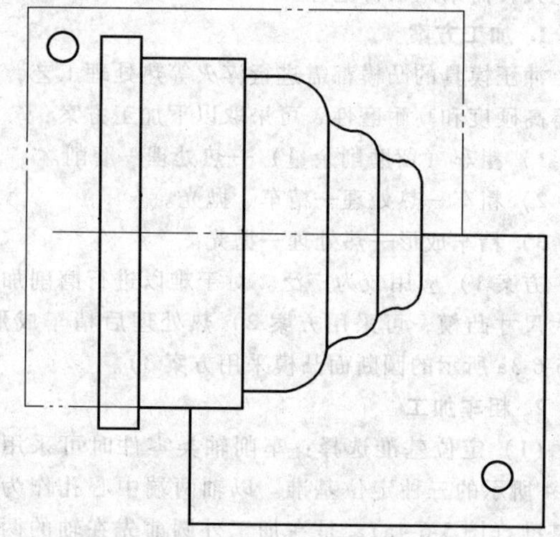

图 5-6-5　成形车削用样板

图 5-6-6　成形样板断面形状

制造成形车削用的样板时，应注意以下几点：

1）样板要有合理的基面。样板的基面数应适当，过少则难以控制形状的位置，过多反会互相矛盾和相互干涉。一般可选择 1～2 个直线或平面作为基面。加工时，应先加工好基面，然后用样板靠基面来检查成形表面。

2）样板应能在加工过程中（即工件尚未达到图样尺寸时）检查并进行修整。

3）对复杂的形状，可以采用分样板和总样板联合检查。但分样板的形状必须和总样板形状相对应。

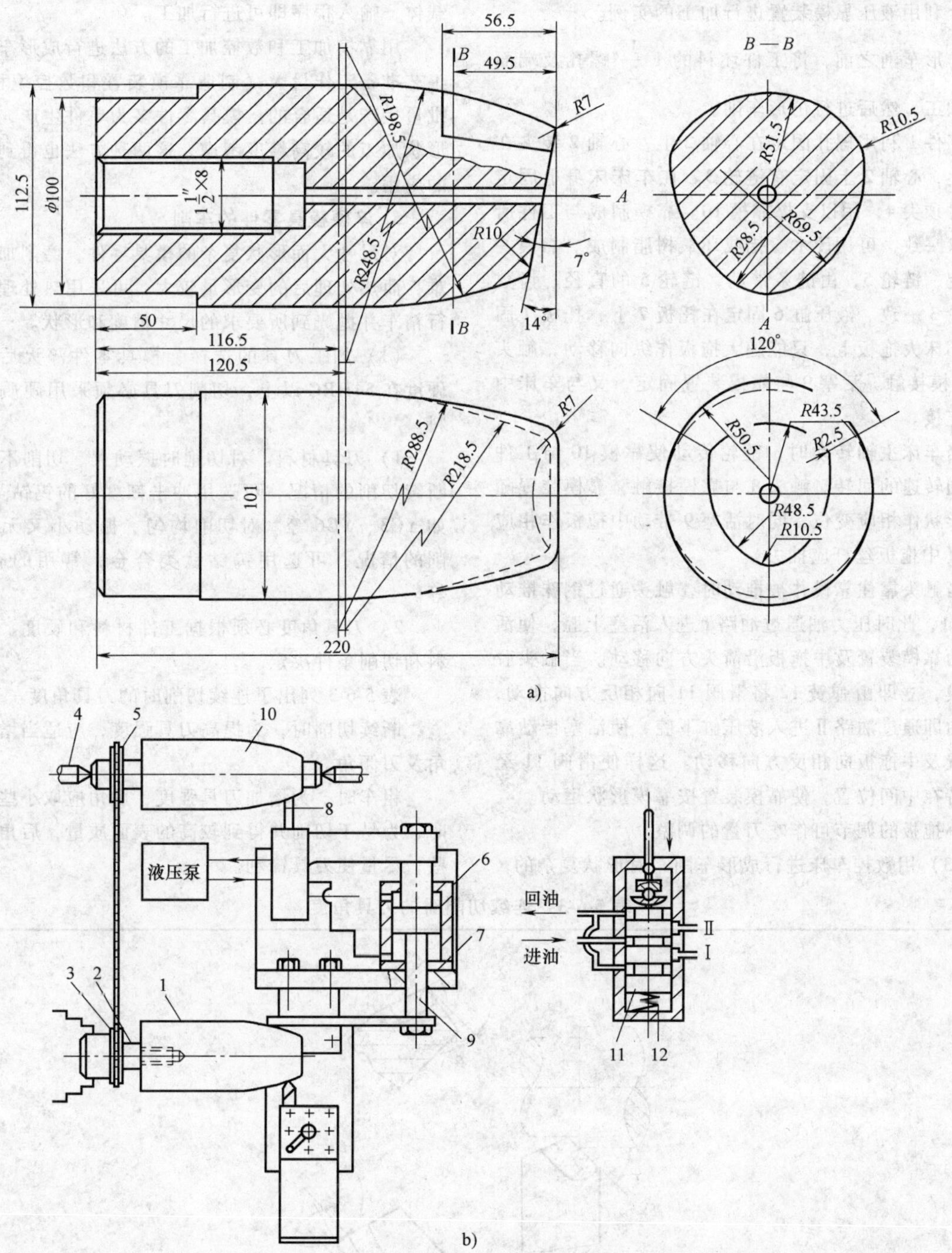

图 5-6-7　用液压靠模装置进行仿形车削示意图

a）加工零件图　b）装置示意图

1—工件　2—心轴　3、5—链轮　4—顶尖　6—液压缸　7—托板　8—触头　9—活塞　10—靠模　11—滑阀　12—弹簧

4）样板的工作面应倒角，留 0.3～0.5mm 的平面，见图 5-6-6。样板一般用 Q235 钢板制成，厚 1～3mm。

（2）利用靠模仿形车削　利用靠模仿形车削可以获得较高的形状准确度。图 5-6-7 为一拉深凸模在车床上利用液压靠模装置进行加工的实例。

仿形车削之前，将工件坯料的 $1\frac{1}{2}''$螺孔及端面先车加工，然后进行仿形车削。

工件 1 利用螺孔固定在心轴 2 上，心轴 2 装夹在卡盘上，心轴 2 上固定有链轮 3。在车床床身上固定有一对顶尖 4，用以支撑靠模 10。靠模制成与工件所需形状一致，可用硬木、铝或环氧树脂制成。靠模一端固定一链轮 5，由链条带动，链轮 5 的直径、齿数与链轮 3 一致。液压缸 6 固定在托板 7 上，托板 7 固定在车床大拖板上，只能随大拖板作纵向移动，触头 8 与靠模接触。活塞 9 与靠模装置固定，又与车床中拖板连接。

当车床主轴转动时，链轮传动使靠模 10 与工件作相同转速的回转。触头 8 与靠模接触，靠模装置随靠模形状作相应变位，同时活塞 9 带动中拖板作相应移动（中拖板丝杆应抽去）。

当触头靠住靠模并被推动时，触头通过钢珠推动滑阀 11，此时压力油通过油路Ⅰ进入活塞上腔，使活塞带动靠模装置及中拖板沿箭头方向移动。当触头脱离靠模，立即由弹簧 12 将滑阀 11 向相反方向推动，压力油即通过油路Ⅱ进入液压缸下腔，使活塞带动靠模装置及中拖板向相反方向移动。这样使滑阀 11 经常保持在中间位置，使靠模装置按靠模形状运动。

小拖板的调节可作吃刀量的调整。

（3）用数控车床进行成形车削　对形状复杂的零件，用样板或靠模仿形车削难以达到设计要求时，选用数控车床进行成形车削可以达到较高的形状精度和表面质量。

可以依零件形状建立的数学模型，或用反拷贝方法，按工艺要求编制加工程序，用纸孔带或磁带作为载体，输入程序即可进行加工。

用靠模加工和数控加工的方法进行成形车削，因工艺准备工作量大（制造靠模装置和数控编程），对批量生产是适合的。模具零件多为单件生产，从获得形状加工的较高精度考虑，这两种方法也得到较广泛的应用。

5. 淬硬模具零件的车削

对尺寸大而形状复杂的模具零件，磨削加工有困难，而热处理后的变形量较大，可采用热处理后再进行精车并抛光到所要求的尺寸精度和形状。

（1）加工刀具的选择　模具零件淬火后，一般硬度在 54HRC 以上，切削刀具必须采用硬质合金材料。

1）刀具材料。对切削时振动大、切削不均匀和断续切削的情况，可选用冲击韧度好的钨钴类合金，如 YG3、YG6 等。对切削均匀、振动小又无断续切削的情况，可选用钨钴钛类合金，常用的有 YT30 等。

2）刀具角度必须根据工件材料和硬度、刀具材料和切削条件决定。

表 5-6-3 列出了连续切削时的刀具角度。

断续切削时，为提高刀具强度，应适当增大负前角及刃倾角。

粗车时，为增加刀具强度，后角应取小些；精车时，为易于切削并得到较高的表面质量，后角应取大些，尽量使刀具锋利。

表 5-6-3　连续切削时的刀具角度

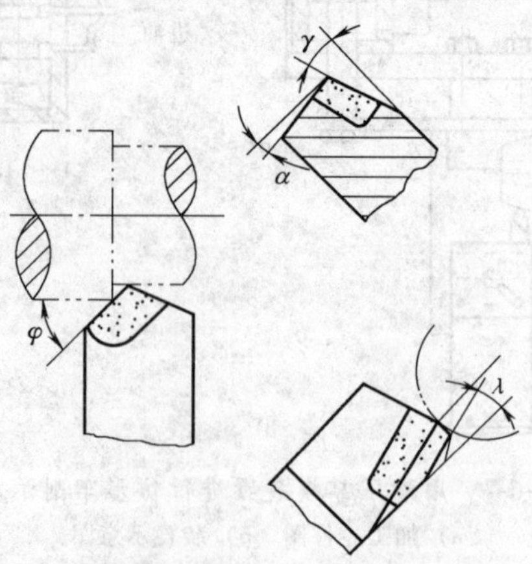

（续）

工件材料	工件硬度 HRC	刀具材料	刀具几何参数				
			前角 γ	后角 α	导角 φ	刃倾角 λ	
						刚性好时	刚性差时
T10A	58 ~62	YT30	-（10° ~15°）	4° ~8°	75° ~45°	20° ~30°	10° ~20°
		YG3		4° ~10°	90° ~45°	10° ~20°	0 ~10°
Cr12MoV	58 ~62	YT30	-（15° ~25°）	4° ~8°	60° ~45°	25° ~35°	5° ~10°
		YG3	-（10° ~20°）	4° ~10°	75° ~40°	10° ~20°	0°

3）刀具的刃磨。硬质合金质脆，刃磨时很容易崩刃。刃磨时应选用颗粒较细的碳化硅砂轮。采用正确的刃磨程序，通常先磨负前角和刃倾角，后磨其他角度，减少崩刃。刃磨时用力不可过大，防止由于局部温升过大使合金产生裂纹。

（2）切削条件

1）背吃刀量以不小于 0.1mm 为宜，背吃刀量过小会加快刀具的磨损。因淬硬工件切削抗力大，背吃刀量受机床等的刚性限制，在不影响加工质量和精度的情况下，最大背吃刀量应小于 3mm。

2）进给量的选择主要是以刀具和机床能承受的切削力为准，一般采用进给量为 0.1 ~0.4mm/r 为宜。精加工时应取小值，以提高加工表面质量。

3）切削速度。加工时切削速度不宜过高，以免影响刀具的寿命。切削速度可参照表 5-6-4 推荐的数值选用。

表 5-6-4　车削淬硬件的切削速度

工件材料	工件硬度 HRC	刀具材料	切削速度 /（m/min）
T8A、T10A	58 ~62	YT30	20 ~35
		YG3、YG6	15 ~30
Cr12MoV	58 ~62	YT30	15 ~30
		YG3、YG6	10 ~20

（3）操作要领

1）刀刃须始终保持锋利，加工时中途尽量不要停车，刀具将要离开加工面时应采取慢走刀，以减少对刀具的冲击。

2）为提高加工表面质量和避免刀尖烧坏，须将刀尖磨出 $R1$ ~ $R3$mm 的圆角。

3）工件加工表面有孔或缺口时会产生断续切削，损坏刀具。应在加工前，用与工件硬度相近的镶块压入孔或缺口中，再进行加工。

4）采用手动进刀加工复杂形状的工件，加工表面不够平整和光洁，最后必须进行抛光。

车削淬硬零件的工艺方法，适用于零件外形和内孔的加工。预留加工余量应考虑热处理淬火变形量。

6.1.3　非圆形断面凸模和复杂形状凸模的加工

冲压模具中，凸模形状各异，圆形断面凸模以小尺寸居多。非圆形断面和复杂形状的凸模在数量上占多数，这类凸模的加工方法根据其形状、尺寸要求和生产加工能力、水平的不同，可以选用仿形刨、成形磨削、仿形和数控铣削、线切割和钳工加工等不同方法。

1. 仿形刨床加工

仿形刨床又称刨模机，属模具加工专用设备，可以用于加工如图 5-6-2a 所示带台肩的凸模，加工尺寸精度可达 ±0.02mm，表面粗糙度数值可达 Ra3.2 ~0.8μm。

仿形刨床加工要点：

1）加工基准。用仿形刨床加工的凸模，其固定部分应采用矩形或圆形结构，并作为加工基准。先加工好固定部分和端面。

2）加工方法

①　在毛坯端面划上被加工成形的断面形状线，按划线加工。

②　在端面划十字线，按工艺计算尺寸加工。

③　用淬硬的凹模对凸模进行压印，直接根据印痕进行加工。

3）仿形加工分粗刨和精刨，粗刨时单面留 0.1 ~0.15mm 的精刨余量，精刨时加工到尺寸。

4）仿形刨后由钳工抛光成形表面再热处理。

5）凸模应选用淬火变形小的材料，防止淬火时的变形和表面氧化、脱碳。生产中常选用 CrWMn。

2. 钳工研修

用钳工研修的方法加工凸模，可用于凸模、凹模之间的间隙在 0.02mm 以下或不宜采用其他机械加工方法时选用。

1）毛坯准备。零件毛坯锻造后应退火处理，消除应力。

2）研修前的粗加工。钳工研修可用于带台肩的凸模，其固定部分作成圆形或矩形，并经磨削到尺寸

（见图5-6-8）。

在毛坯端面上划线，按线精铣留0.2～0.3mm的钳工修整余量。

3）钳工修整成形。热处理淬火后再由钳工修整抛光。钳工修整时可以按样板修整或压印修正。

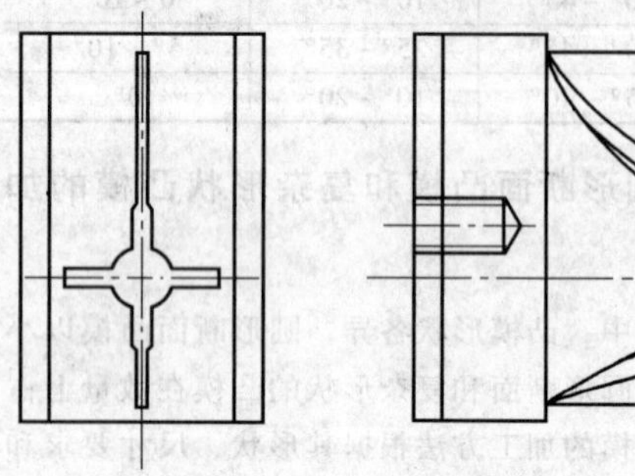

图5-6-8　钳修的凸模

3. 成形磨削

成形磨削可以加工如图5-6-2b所示的直通式凸模，也可以有条件地加工图5-6-2a所示台阶式凸模。根据所采用的机床和工具的不同，磨削加工表面粗糙度可达 *Ra*0.05μm。由于它的加工精度高、质量好、速度快，并可在热处理后进行，减少了热处理变形对模具加工精度的影响。

4. 线切割加工

类似图5-6-2b所示的直通式凸模，采用线切割加工的方法，可以加工各种复杂形状的断面轮廓。

为便于进行线切割加工，并保证一定的加工精度，应选用淬透性能良好的合金工具钢制造模具工作零件，常用的有9Mn2V、CrWMn、Cr12、Cr12MoV、W18Cr4V、GCr15等。线切割加工表面粗糙度可达 *Ra*0.8～1.6μm，加工水平高的机床可使加工表面达 *Ra*0.4μm。

线切割加工的尺寸精度一般可达到0.02mm，高级的可达到0.005～0.01mm。

选用线切割加工方法的凸模和镶拼件必须是直通式的，属热处理淬火后的精加工工序。凸模的长度受线切割机床加工工件最大厚度限制，一般选用凸模长度以50mm为宜。

生产中，用于切割凸模的坯料一般都是事先准备大尺寸的淬硬钢坯，根据需要切割加工一定形状尺寸的凸模。

5. 数控、仿形铣削加工

如图5-6-8所示复杂形状凸模以及大型覆盖件用拉深、切边、整形、翻边等模具的三维型面加工，采用数控、仿型铣削加工，可以获得较高的型面准确度。

（1）仿形铣床加工　仿形铣床加工是根据事先制成的靠模，在仿形铣床上自动地将毛坯加工成与靠模形状相同的型面或型腔。仿形铣床主要用于加工冲模的立体型面，加工形状与靠模形状呈1∶1的比例。加工时根据仿形指（或称靠模销）沿靠模表面有规则的动作，带动铣刀自动加工模具零件的型面、型腔。仿形铣床加工有一向仿形、二向仿形和三向仿形。

（2）数控铣床加工　数控铣床加工是依靠事先编好的数控加工程序控制，对模具零件的三维立体型面进行铣削加工，可以加工模具零件的型面、型腔。

6.2　凹模型腔的加工

6.2.1　凹模型腔形式

1. 凹模型腔的形式

冲压模具凹模型腔形式各异，是由冲压工序方式和冲压零件的形状、尺寸决定的。凹模型孔有圆孔、方（矩）形孔和各类形状孔。冲裁模凹模洞口形式如图5-6-9所示，一般情况其刃口为90°的锋利刃口。

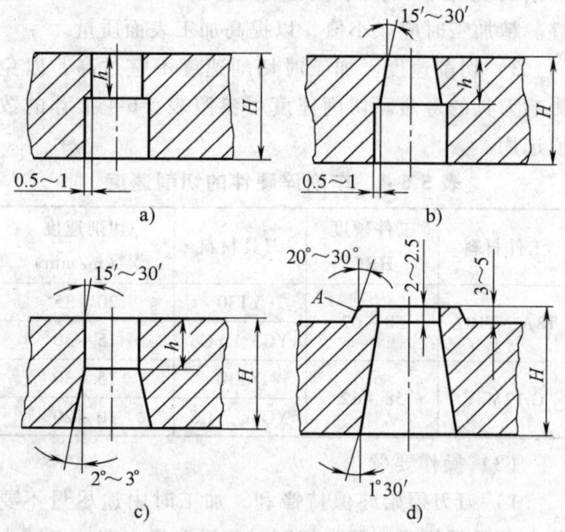

图5-6-9　冲裁凹模洞口形式

图5-6-9a所示直刃口强度高，刃口尺寸不随刃磨而增大，可适用于形状复杂或精度较高的工件和上出料的洞口。

图5-6-9b和c均为锥形刃口，冲裁时不易积存冲件或废料。图5-6-9b适于精度较低的工件和下出料洞口，对小尺寸冲裁尤为适宜，不会因冲件或废料的积存而使刃口胀裂。图5-6-9c适于磨削加工的圆形型孔，或采用钳工研修的洞口。

图5-6-9d为不淬硬凹模的洞口形式，适用于冲裁料厚0.2mm以下的薄料冲裁。

弯曲、拉深、成形模具凹模洞口形式，除直壁洞口外，还有锥形、半球形、阶梯形和用于复杂形状零件的三维型面型腔形式（图5-6-10）。成形工序用凹模刃口均为圆角。

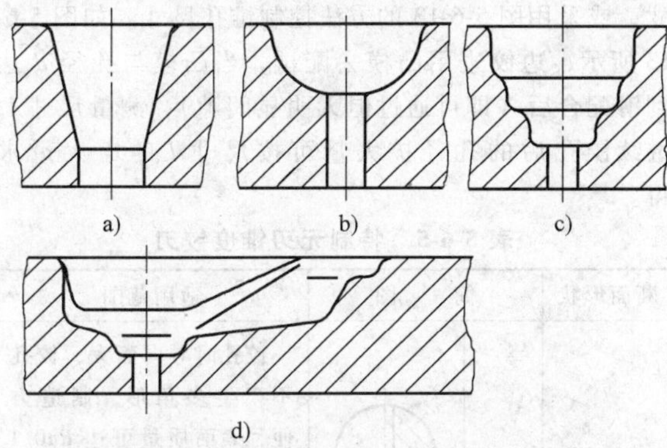

图5-6-10 成形工序用凹模型腔形式
a）锥形 b）半球形 c）阶梯形 d）复杂形

2. 凹模型腔的加工特点

冲压工序是由凸模和凹模间的相互作用来完成的，凸模和凹模型腔的加工都有一定的技术要求，但凹模型腔的加工和凸模的加工又有所区别。凹模型腔的加工有如下特点：

1）孔位精度要求高。对有两个或两个以上型孔的凹模，如多孔冲模、多工位级进模等，孔位精度要达到±0.01～±0.02mm。

2）凹模型孔与固定板、卸料板上的对应孔，要求较高的同心度，以确保模具装配后，凸模和凹模间的间隙均匀。

3）凹模型孔尺寸精度和形状位置精度要求高，加工后的凹模型孔还应与凸模对应形状有一定的间隙，并分布均匀，因此要选择恰当的加工方法。

4）成形零件在热处理时会发生变形，如零件尺寸大，热处理后精加工受设备加工范围所限，常采用镗、车淬硬钢的方法来保证加工精度。

5）内孔加工刀具多为定尺寸刀具，刀具尺寸又受被加工内孔尺寸限制，因此，刀具的加工精度、形状误差和磨损会直接影响加工精度。

6）加工内形时，切削区在零件内部，排屑、散热条件差，因而内形加工精度和表面质量不易控制，一般内形加工要求比凸模低。

对凹模的圆形型孔可采用钻、铰、镗、磨、车、线切割等加工方法。而对非圆形型孔和非直壁洞口的凹模型腔，可采用线切割、电火花、铣削加工后钳工研修和数控、仿形铣加工等方法，并根据型腔形状、尺寸、技术要求和选用材料的不同，选择具体的加工顺序。

6.2.2 凹模圆形型孔的加工

1. 钻、铰加工

（1）冲裁模直孔刃口的钻、铰加工　用钻、铰的方法加工冲裁凹模的圆孔，是在淬火前对孔进行精加工的方法，一般用于孔径较小和孔精度要求不高的情况。钻孔加工时，为提高孔精度和表面质量，可采用二次钻削的方法，先用小钻头钻较小的孔（留0.2～0.5mm的精加工余量），再扩钻到要求的尺寸。

小孔钻削可以在小孔精密钻床上加工，或在坐标镗床上加工，后者可以保证多孔加工时的孔位精度。

钻孔后再铰孔是对未淬火件孔精加工的一种方法，模具加工中一般采用手工铰孔。采用钻孔后铰孔加工受铰刀规格尺寸的限制。常用标准铰刀规格尺寸有ϕ3mm、ϕ4mm、ϕ5mm、ϕ6mm、ϕ8mm、ϕ10mm等，适用孔公差等级为H7、H8。

（2）小孔加工　小孔加工一般指孔径在3～6mm以下的孔。在小孔加工时，钻头直径小，强度低，排屑困难。小钻头刚性差，加工时易发生弯曲、倾斜，特别是当钻头直径小于1.5mm时，加工表面粗糙，钻尖碰到高点或硬的质点时，钻头就会滑离规定的位置，造成孔位不符合要求，并造成钻头的折断。因不及时排屑也易使钻头折断。小孔加工可采取以下工艺措施：

1）钻小孔时，尽量采用高转速，利用甩屑的作用，促使切屑顺利排除。

钻孔直径<1mm时，转速应达到10000～15000r/min，进给量要小而均匀；钻孔直径在1mm以上时，转速应达到1500～3000r/min。

2）在钻削过程中应采用手动进给，进给要均匀。开始钻削时，进给力应尽量小，以防钻头的滑移；钻头定心后仍要控制好进给力，保证钻头始切的正确位置。钻削过程中的进给，要注意手劲和感觉，当钻头弹跳时使它有个缓冲范围，防止钻头折断。

3）钻削时应不时提起钻头进行排屑，可使钻头在空气中能及时冷却。同时及时向孔内注足切削液保证冷却及润滑，以菜籽油润滑为宜。

4）直径小于1mm的钻头应在放大镜下刃磨。

5）为改善钻头的切削性能和排屑条件，应在普通钻头基础上，对切削部分几何角度进行改进。可采用双重锋角（图5-6-11a）或单边磨出第二锋角（图5-6-11b）的形式。磨削时，应适当加大锋角的角度，一般为$2\theta=140°\sim160°$为宜，这样在切削时，可减少刃沟的摩擦阻力，使切屑向上窜出，实现分屑，便于屑渣的排除。

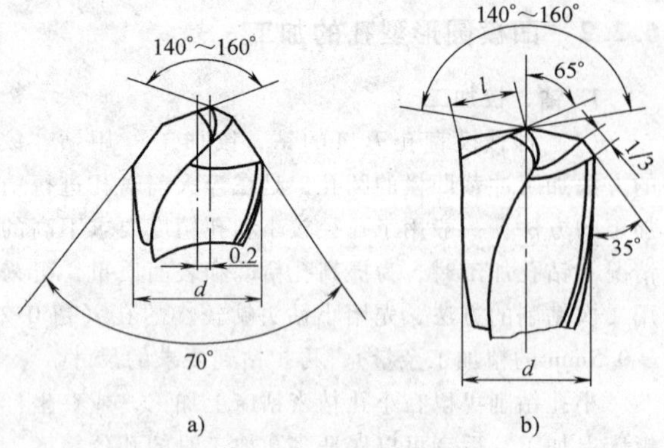

图 5-6-11 小孔用钻头

a) 双重锋角 b) 单边第二锋角

(3) 用精孔钻加工　冲压模中有各种尺寸的小孔，没有适当尺寸的铰刀进行铰孔，又不适宜镗孔时，可以用精孔钻加工。精孔钻用麻花钻修磨而成，其几何形状如图 5-6-12 所示。

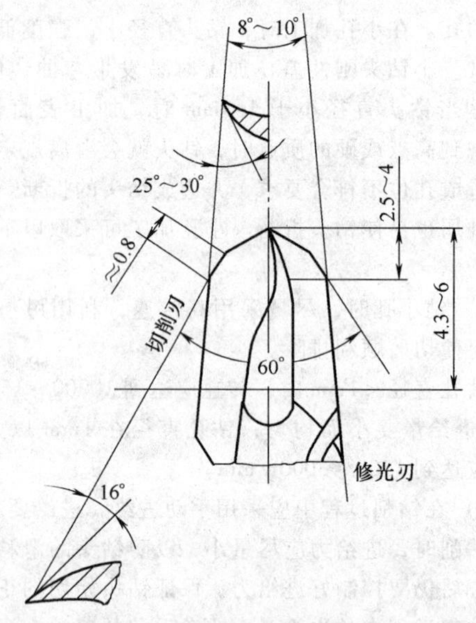

图 5-6-12 精孔钻

精孔钻的特点是切削刃两边磨出顶角 $2\phi = 8° \sim 10°$的修光刃，同时磨出 60°的切削刃。

钻削时，选择低切削速度（2～8m/min）和小走刀量（0.1～0.2mm/r）时进行扩孔。扩孔余量按加工材料、孔径大小选定，一般取 0.1～0.3mm。钻削时应采用菜籽油润滑。

采用精孔钻加工时，精度可达 IT6～IT8 级，表面粗糙度为 Ra0.4～3.2μm。

(4) 冲裁模刃口锥孔的铰孔　冲裁凹模刃口锥孔一般锥度较小（15′～1°），无标准铰刀时可根据不同锥度要求特制专用锥度铰刀。表 5-6-5 为特制无刃锥度铰刀的形式。

刃口锥孔直径的大小直接影响冲裁模配合间隙，因而铰孔时应随时用专用量具或游标卡尺测量孔径尺寸，或采用图 5-6-13 的方法控制锥孔尺寸。如图 5-6-13 所示，边铰边用凸模去配试，当凸模与孔径 d 达到滑配合后（即可通过但无明显间隙），测量尺寸 l，继续铰孔后的孔径扩大量可按尺寸 l 的增大量求得。

表 5-6-5 特制无刃锥度铰刀

断面形状	简 图		适用范围
半圆形			铰孔时导向面大，铰孔不产生多角形，制造方便，表面质量可达 Ra0.1～1.6μm，但强度差，切削量小，适用 ϕ2～ϕ6mm 锥孔
三角形			铰孔时导向不好，易产生多角形，表面质量可达 Ra0.4～1.6μm，切削量大，适用于 ϕ0.5～ϕ3mm 锥孔
四方形			铰孔时导向一致，易产生多角形，表面质量可达 Ra0.4～1.6μm，切削量大，适用于 ϕ2～ϕ10mm 锥孔
五角形			铰孔时导向好，表面质量可达 Ra0.4～1.6μm，应用范围广，适用于 ϕ3～ϕ16mm 锥孔

2. 孔加工法

在模具零件上镗孔，一般都是在热处理淬硬前进行，是一种精加工的方法。镗孔可以在铣床、坐标镗床、车床和数控机床上进行，应用较多的是坐标镗床。镗孔加工的尺寸精度可以达到 IT7～IT10 级，表面粗糙度为 Ra0.03～10μm。

(1) 坐标镗床　坐标镗床的种类和规格较多，有单柱、双柱等结构形式。坐标镗床主要用于模具零件中加工孔距要求精度较高的孔，属模具加工的专用设备。在坐标镗床上使用万能转台，可以绕主分度回转轴作任意角度转动，并能绕辅助回转轴作 0°～90°的倾斜转动，以组成任意空间角度。

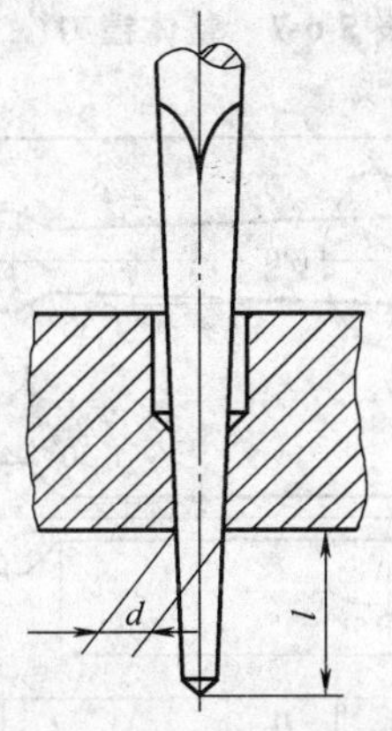

图5-6-13　锥孔尺寸控制

坐标镗床依靠纵向和横向精密刻度尺来控制坐标尺寸，并利用光学系统成像原理，用光屏读数头读取毫米以下的小数。其位置加工精度可达到 0.005 ~ 0.015mm。

坐标镗床除镗孔外，还可做样板划线、微量铣削、中心距测量和其他直线性尺寸的检验等工作。在坐标镗床上也可以进行钻孔加工。

（2）定位基准　在使用坐标镗床镗孔时，应根据零件的形状特征，选用合理的定位基准。基准定位方法主要有：

1）以工件表面的划线作为定位基准（图 5-6-14）。将划线中心与光学显微镜十字中心重合。

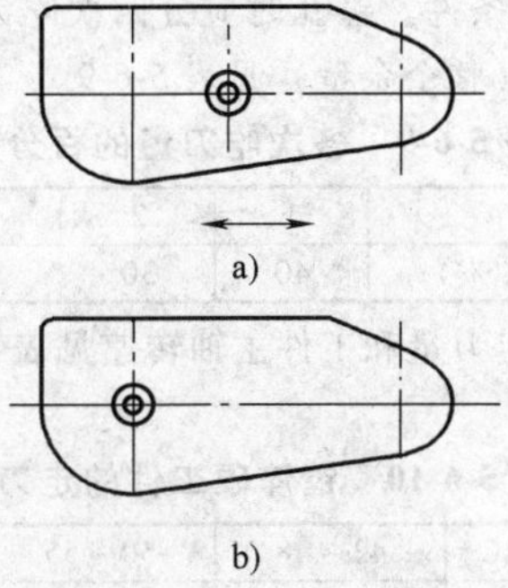

图 5-6-14　以划线为基准用光学显微镜进行定位

2）以圆形件已加工的外圆或孔为定位基准（图 5-6-15），用千分表找正工件外圆或内孔。

3）矩形件或不规则件以已加工的孔（图 5-6-16a）或已加工的互相垂直的平面（图 5-6-16b）为定位基准，用千分表找正基准。

（3）镗刀　镗刀有整体镗刀和活动镗刀两种。整体位刀用于镗直径较小孔时，常用形式见表 5-6-6、表 5-6-7。常用活动镗刀见图 5-6-17。图 5-6-18 为可作微调的刀头，旋动刻度盘 2 可使刀头 1 移动，刀杆 3 内孔的槽与刀头 1 尾部凸肩配合以防止刀头转动，刀头调整完成后用螺钉 4 紧定。

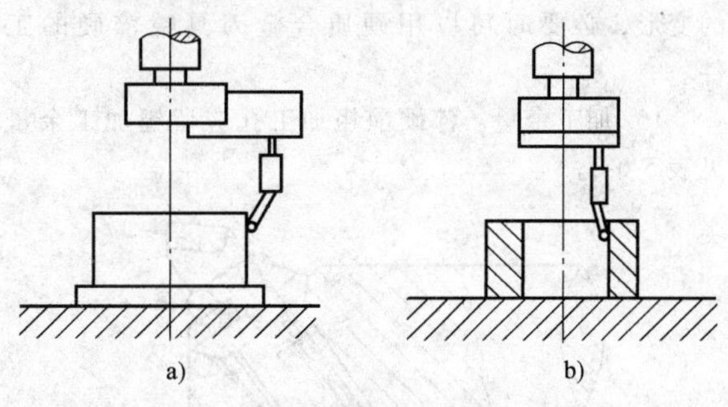

图 5-6-15　以工件外圆或内孔为基准定位

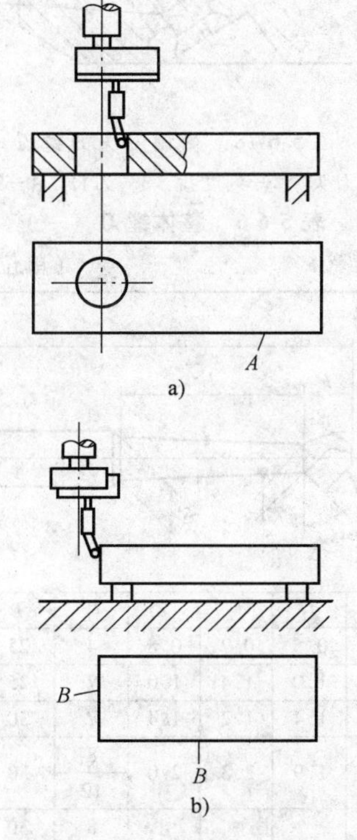

图 5-6-16　以已加工孔或已加工面为基准定位
A—辅助基准面　B—二垂直基准面

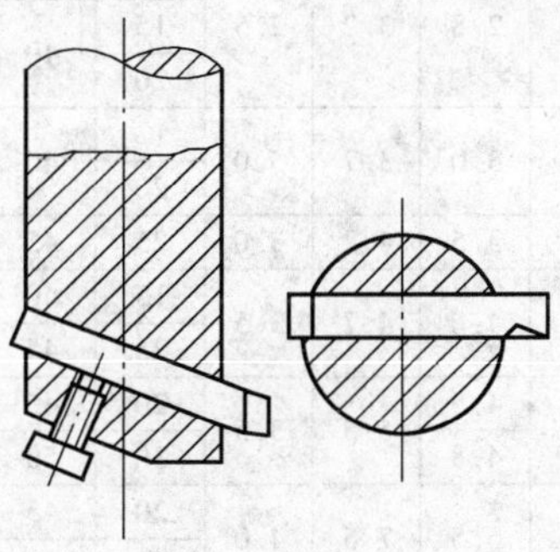

图 5-6-17　活动刀头的镗刀

（4）淬硬工件　对于孔距精度较高的凹模等零件，在没有坐标磨床的加工条件下，为解决热处理后的变形，必要时可以用硬质合金刀具镗淬硬的工件。

1）加工余量。淬硬前粗加工孔应留镗加工余量见表 5-6-8。

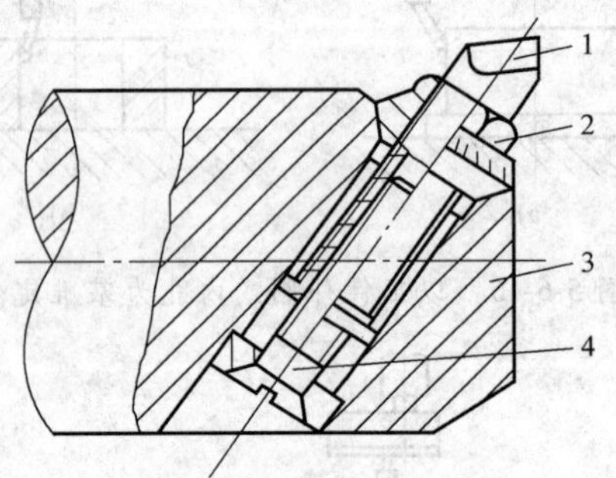

图 5-6-18　微调刀头的镗刀
1—刀头　2—刻度盘　3—刀杆　4—螺钉

表 5-6-6　整体镗刀（一）

（单位：mm）

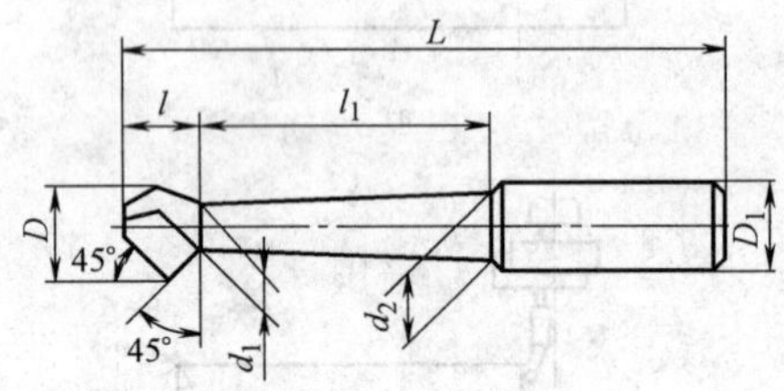

D	D_1	d_1	d_2	l	l_1	L	偏心量
0.8	3	0.5	0.7	0.8	4	25	0.2
1.5	3	1.0	1.4	1.0	7	25	0.3
2.0	3	1.4	1.7	1.4	7	30	0.4
2.5	3	1.9	2.3	2.0	8	30	0.5
					12		
3.0	3	2.4	2.7	2.0	8	30	0.5
					12	30	
					15	35	
3.5	4	2.8	3.2	2.5	10	35	0.5
					15	40	
					20		
4.0	4	3.0	3.7	3.0	13	40	0.7
					20		
4.5	5	3.5	4.2	3.0	25	45	0.7
5.0	5	4.0	4.7	3.5	15	40	0.7
					25	45	
6.0	6	4.5	5.5	3.5	20	45	0.7
		4.8			30	50	0.8
8.0	8	6.5	7.5	4.0	20	45	0.8
					30	55	

表 5-6-7　整体镗刀（二）

（单位：mm）

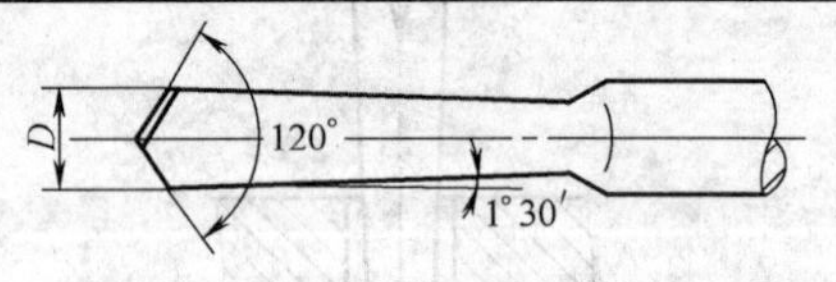

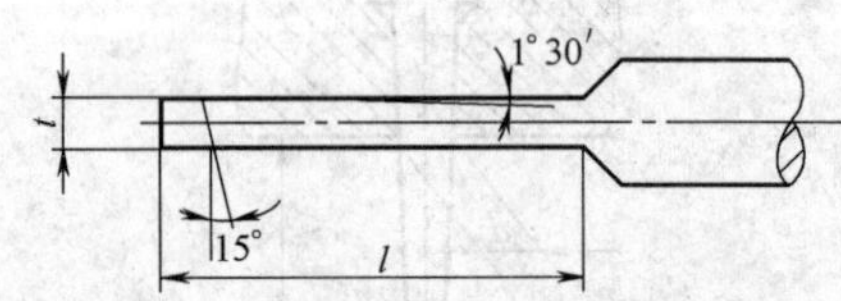

D	t	l	D	t	l	D	t	l
1.0	0.3	6	2.1	0.5	11	3.2	0.8	13
1.1	0.3	6	2.2	0.5	11	3.3	0.8	13
1.2	0.3	6	2.3	0.5	11	3.4	0.8	13
1.3	0.3	6	2.4	0.5	11	3.5	1.0	15
1.4	0.3	6	2.5	0.7	11	3.6	1.0	15
1.5	0.4	8	2.6	0.7	11	3.7	1.0	15
1.6	0.4	8	2.7	0.7	11	3.8	1.0	15
1.7	0.4	8	2.8	0.7	11	3.9	1.0	15
1.8	0.4	8	2.9	0.7	11	4.0	1.0	15
1.9	0.4	8	3.0	0.8	13			
2.0	0.5	11	3.1	0.8	13			

表 5-6-8　镗淬硬工件加工余量

镗孔直径/mm	5.5～8	>8～15	>15～25	>25
直径上留加工余量/mm	0.6	0.8	1.0	1.2

2）切削条件。镗孔时应分四次吃刀，每次吃刀量的百分比（整个余量）见表 5-6-9。

表 5-6-9　各次吃刀量的百分比

吃刀顺序	1	2	3	4
镗去余量（%）	40	30	20	10

镗孔时走刀量和工件主轴转速见表 5-6-10、表 5-6-11。

表 5-6-10　镗淬硬工件的走刀量

工件硬度 HRC	43～48	50～55	58～62
走刀量/（mm/r）	0.06～0.09	0.09～0.11	0.10～0.13

3）刀具。刀杆材料用 40Cr，淬硬到 43～48HRC。刀头材料用 YT30 或 YW2，硬质合金刀刃上磨出宽度约 0.3mm 的负前角（约 -10°），以提高刀刃的强度。刀具几何形状见图 5-6-19。

4）进刀方式选择。加工硬度为 60～62HRC 的 Cr12MoV 材料时，硬度均匀，可采取上下行程都吃刀的方法，以减少镗孔锥度。但由于硬度高，刃头磨损快，最后一刀精镗时要保持刃口锋利。

对加工硬度为 50～55HRC 的 T8A 材料时，因硬度较均匀，也可采用上下行程都吃刀的方法。

表 5-6-11　镗淬硬工件的主轴转速

镗孔直径/mm	5.5 ~ 8	>8 ~ 10	>10 ~ 15	>15 ~ 20	>20 ~ 25	>25 ~ 30	>30 ~ 50	>50 ~ 70
主轴转速/（r/min）	1300	1100	900	700	500	300	200	100

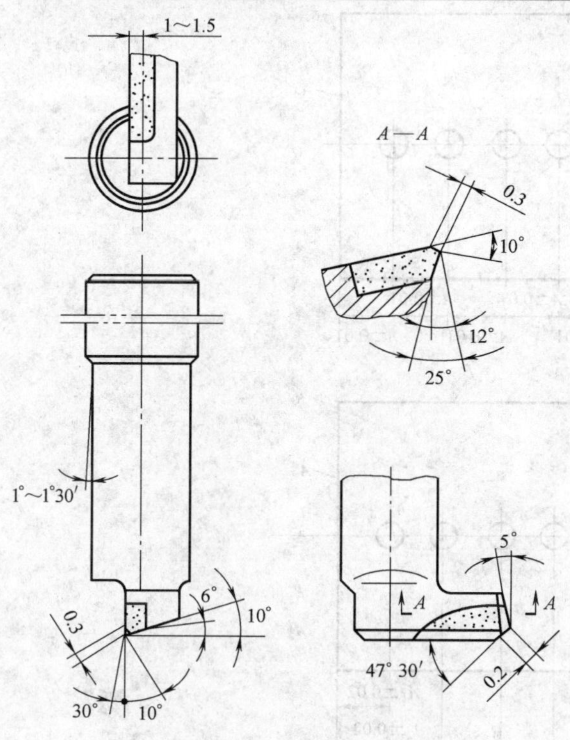

图 5-6-19　镗淬硬工件用镗刀

当加硬度为 58 ~ 62HRC 的 T10A 材料时，通常硬度不均匀，为避免产生锥度，应采用只在向下走刀时吃刀（刃口面朝上），同时要改变吃刀量。加工下面较软部位时，走刀量可取 0.11 ~ 0.13mm/r，而加工上部时，可取 0.07mm/r。

（5）在铣床上镗孔　在立式铣床上采用坐标镗孔方法，来保证孔之间的位置精度。利用铣床工作台的纵向和横向移动，并用块规准确控制纵横向距离。如图 5-6-20 所示，在主轴上安装一个直径为 d 的检验棒，在工作台上安装千分表 2，垫上一设定的块规组，可准确控制纵、横向移动距离，定出各孔的准确位置。镗孔时（图 5-6-20a），先加工孔 1 到尺寸，将工作台横向移动 M 距离，纵向移动 N 距离；加工孔 2 后，再将工作台横向移动 E 距离，纵向移动 H 距离，加工孔 3。

采用上述方法镗孔时，加工位置精度可达 0.02mm。如不使用千分表和块规组，仅凭铣床纵、横向坐标移动时拖板的刻度来控制孔位精度，一般只能达到 0.05 ~ 0.10mm。

3. 钻、镗孔加工的工艺应用

（1）多工位级进模凹模型孔加工　垫圈零件多排冲孔、落料连续冲裁和管帽连续拉深等模具的凹模为典型的多孔圆形孔凹模，可采用在坐标镗床上钻、镗孔的加工方法。该类凹模上孔位尺寸有两种标注方法，即连续标注和基准标注法，见图 5-6-21。

采用连续标注法时，孔位间距累积误差大，如每两相邻孔间距加工的实际尺寸均为 0.01mm，那么，首孔和末位孔的实际尺寸偏差为（$n-1$）×0.01mm（n 为纵向孔数），会大大影响连续冲压时的工件精度。采用基准标注法则不存在上述弊病。

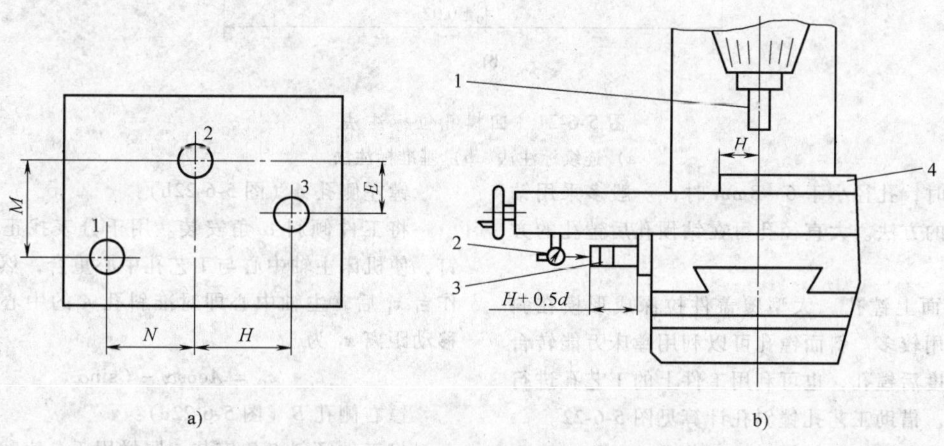

图 5-6-20　在铣床上镗孔
a）加工工件　b）垫块规法
1—检验棒　2—千分表　3—块规　4—工件

实际生产中，镗孔前，先磨两垂直基准面 A、B（如图 5-6-21b 所示），以 A、B 两面为基准，划出凹模孔位和孔型线。将工件放在工作台上按基准面 A、B 找正后（见图 5-6-16b），再加工孔。

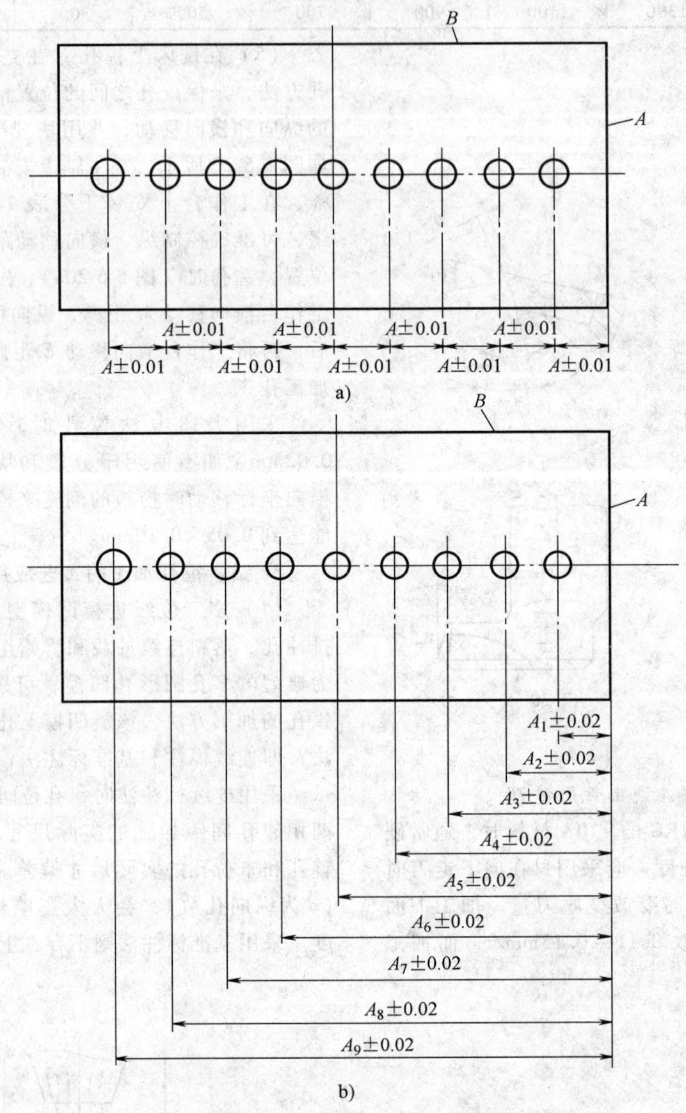

图 5-6-21　凹模孔位标注法

a）连续标注法　b）基准标注法

加工孔时，孔径小于 6 ~ 8mm 时，一般多采用钻预孔、扩孔的方法。大直径孔可在钻预孔后镗孔的方法。

（2）斜面上镗孔　大型覆盖件拉深成形模在斜面上镗孔应用较多。斜面镗孔可以利用镗床万能转台转动一定角度后镗孔，也可利用工件上的工艺孔进行定位镗斜孔。借助工艺孔镗斜孔计算见图 5-6-22。

利用万能转台在工件侧面镗工艺孔 C，孔 C 中心与工件上平面间的距离为 C，在工艺孔内装入找正销（图 5-6-22a）。

镗左侧孔 A（图 5-6-22b）：

将工件倾斜 α 角安装。用千分表找正工艺孔销钉，使机床主轴中心与工艺孔中心重合，然后移动工作台 x_1 后，主轴中心即对准斜孔 A 的中心。工作台移动距离 x_1 为

$$x_1 = A\cos\alpha - C\sin\alpha$$

镗右侧孔 B（图 5-6-22c）：

将工件倾斜 β 角安装，同样用千分表找正使机床主轴中心对准工艺孔中心，工作台移动距离 x_2 后，主轴中心即对准斜孔 B 的中心。移动距离 x_2 为

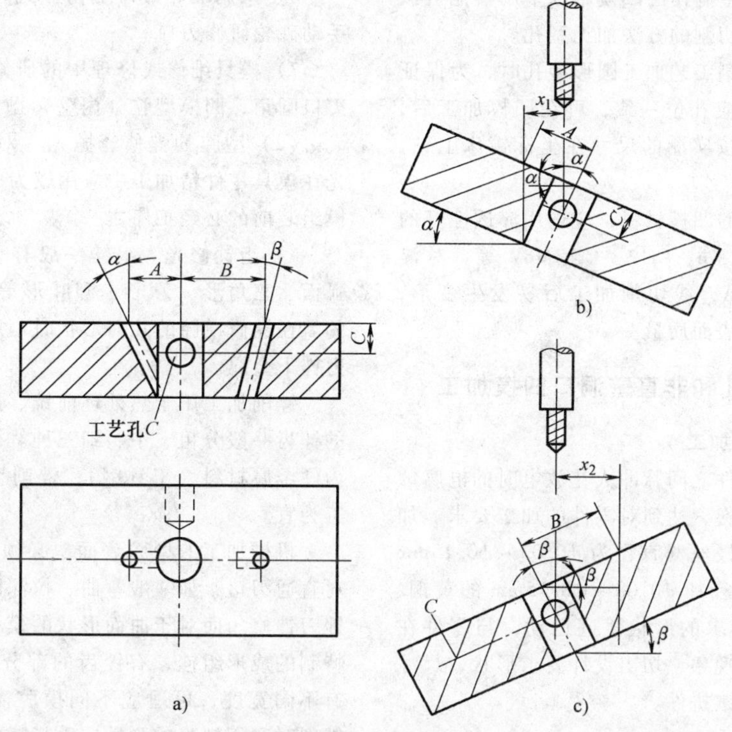

图5-6-22 斜面上镗孔

a）工件 b）镗斜孔 A c）镗斜孔 B

$$x_2 = B\cos\beta - C\sin\beta$$

对于大尺寸模具零件镗斜孔在立式铣床上加工时，可以将工件平放在工作台上，主轴头倾斜 α 角后进行钻、镗加工。

（3）凹模与固定板同镗加工 如图5-6-21所示的多孔凹模的结构形式中，常要求凸模固定板与凹模的对应孔位一致，以保证安装后的凸模与凹模周边间隙均匀。可采用模具零件同镗加工的方法，加工前将凹模、固定板等零件（上、下二平面精磨后）用螺钉、圆销固紧在一起，磨两垂直基准面，并划各型孔线，以两基准面找正后进行钻、镗加工，见图5-6-23。

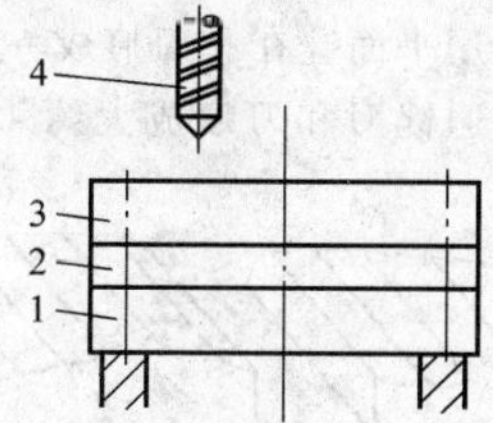

图5-6-23 模具零件同镗加工

1、2、3—零件 4—钻头或镗刀

模具零件同镗加工可以得到孔位一致，保证上下模孔的同心。

4. 精车圆孔凹模

大尺寸的圆落料件凹模，热处理淬硬后，受设备能力限制，无法进行内圆磨削，即使采用拼块结构，也难以对型面磨削，这时可采用热处理淬硬后精车的工艺方法。精车余量应考虑大圆孔的热处理变形量，可增加一次中间调质。

5. 凹模孔磨削

采用内圆磨床磨削凹模孔，一般应用在凹模只有一个圆形孔，孔径大于6～8mm的情况。加工时，工件夹紧在机床上回转，砂轮转动并作纵向往复运动和横向进给运动进行磨削。

在坐标磨床上进行内孔磨削是精加工内孔的方法。磨削时，零件固定在工作台上，砂轮自转并绕被磨削孔的中心线作行星运动和轴向往复运动，横向进给是通过加大砂轮行星运动的回转半径来实现的。

磨削模具零件内孔，加工精度可以达到IT7～IT9级，表面粗糙度为 $Ra0.32 \sim 3.2\mu m$。

6. 线切割加工

线切割加工可用于淬硬的碳素工具钢、合金工具钢和钢结硬质合金等材料，也可以加工硬质合金。

凹模圆形型孔采用线切割加工不会产生因热处理变形对冲件精度的影响。对尺寸较大的圆形型孔或凹模中有多个圆形孔，且孔壁较小的情况采用线切割加工较为有利。硬质合金制作的凹模难以采用其他机械加工手段，只有用线切割的方法加工型孔。

当凹模采用线切割工艺加工圆形型孔时，为保证凸模固定板与凹模对应孔位一致，可在凹模加工后，实测型孔孔位尺寸，按实测的尺寸在坐标镗床上钻、镗相应孔。

选用线切割加工的凹模材料，应选用淬透性好的合金工具钢，如 CrWMn、Cr12、Cr12MoV 等。对淬透性差的材料如 T10A，线切割加工后易发生变形，影响冲裁件的精度和表面质量。

6.2.3　非圆形型孔和非直壁洞口凹模加工

1. 电火花线切割加工

利用电极丝和零件之间脉冲火花放电时的电腐蚀现象来蚀除多余的材料，达到对零件的加工要求。加工时用连续运动的电极丝（直径为 $\phi0.03 \sim \phi0.15$mm 的钨丝、钼丝和以直径如 $\phi0.08 \sim \phi0.15$mm 的黄铜、纯铜丝）按设计所要求的形状轨迹运动，与零件在介质中产生火花放电现象，切出设计要求形状、尺寸的凹模型孔、凸模、镶拼件。

2. 电火花加工

电火花加工是基于电火花腐蚀原理，在工具电极与工件互相靠近时形成火花放电，产生的大量热能使金属局部熔化，达到切割、成形的目的。

3. 钳工研修加工

（1）钳工研修加工的适用场合　钳工研修加工是模具凸模、凹模等工作零件最后精加工不可缺少的工序，无论是机械切削加工（磨削、数控仿形铣削、镗加工等），还是用电火花加工、线切割加工后的零件工作表面，都需采取研修加工工序来提高表面质量，保证零件的使用要求。钳工研修加工主要适用以下场合：

1）压印加工。

2）弯曲、拉深、成形模具凹模的刃口处均需有一定的圆角，采用镗、磨、电火花加工或线切割加工时，均难以加工并达到使用要求。凹模刃口处的圆角要求光洁无棱线，一般可在精加工和热处理淬硬前，采用铣削等方法粗加工，在精加工完成后由钳工钳修抛光。

3）用钻、镗加工的小尺寸圆形孔在热处理淬硬后，由钳工采取研修方法加工出一定锥度。

4）硬质合金凹模型孔采用电火花加工或线切割加后，需对工作表面进行研修加工。

5）数控、仿形铣削加工的三维型面，需用组锉除去铣刀痕，并钳修抛光。

6）采用堆焊刃口结构形式时，刃口堆焊后需用手动砂轮研修刃口。

7）模具维修或修理中的研修加工，如抛光凹模刃口圆角、凹模型腔（内壁）抛光、研配拼镶件等。

（2）型腔的锉修、抛光　对凹模型腔锉修后抛光在模具零件精加工中应用较为广泛，是模具凸、凹模组装前的必经工序之一。

1）组锉修光。组锉一般有平面、圆、半圆、圆弧面、三角形、刀形、柳叶形等多种，但都是直柄的。在锉修模腔的几何形状时可用直柄的，靠手的压力锉下金属。

锉削加工用于热处理前铣、插加工的表面。锉刀的锉齿一般分粗、中、细三种。模具工作零件材料多为硬金属材料（工具钢），锉削型面时以中、细锉加工为宜。

机械加工的型腔表面，必须先用锉刀锉去刀痕。对直通刃口，如一般弯曲、拉深凹模型腔，可用直柄锉刀锉修。而对于曲面形状的模腔表面，所用锉刀为特制的成形组锉，有锉齿的部分做成圆弧或阶梯状，有不同宽度，可适应不同模腔需要（见图 5-6-24），锉削时利用锉身的弹性，手指略加压力即可。可用普通的平直组锉自行改制，改制时用气焊的还原焰加热烧红，弯成所要的形状后，再用盐浴炉加热，在盐浴炉内淬火。

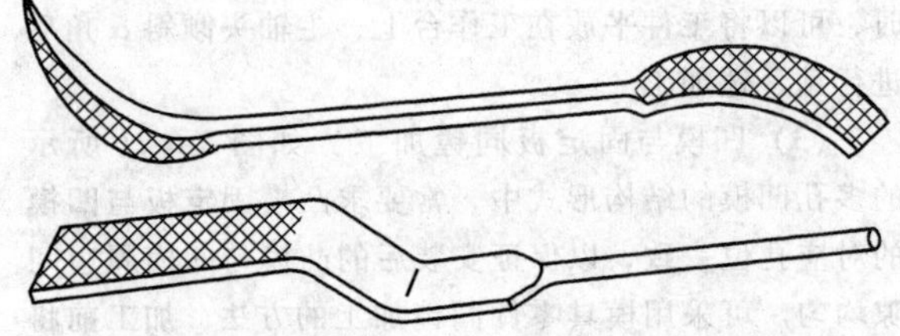

图 5-6-24　成形组锉例

锉光主要是除去铣刀的刀痕。刀痕的形状如图 5-6-25 所示，刀痕有直线的、波状的、圆弧的。直线和圆弧线的刀痕，用平面锉在和刀痕成一定角度的方向上往复锉，第一遍锉刀和刀痕成大约 45°角，然后将

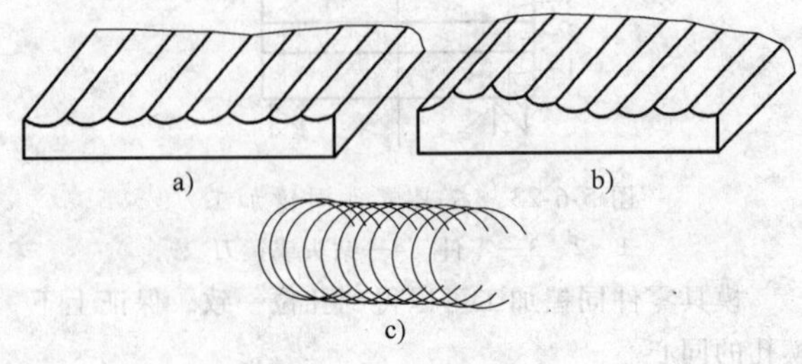

图 5-6-25　切削刀痕

锉刀方向转过90°，每遍要均匀地用力和移动，见图5-6-26。如果在凹模内锉修，先要用凸半圆锉锉修凹角，如图5-6-27所示，然后再锉平面。用圆弧半径稍小于凹角半径的弯组锉，沿着凹角的方向锉修，当凹角部的刀痕基本消除后，再用平锉修平面，这是合理的操作方法。

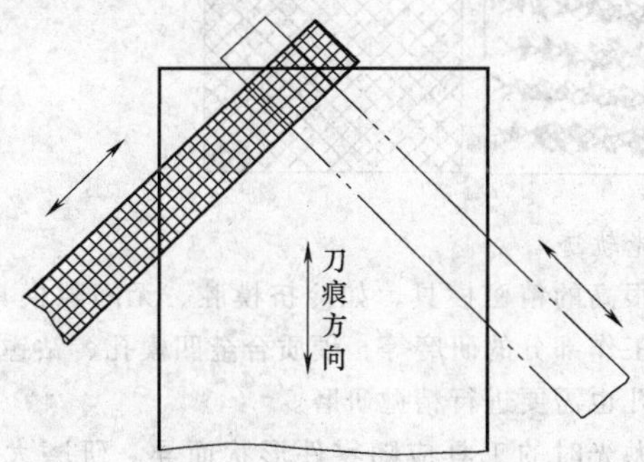

图5-6-26　平锉的锉修法

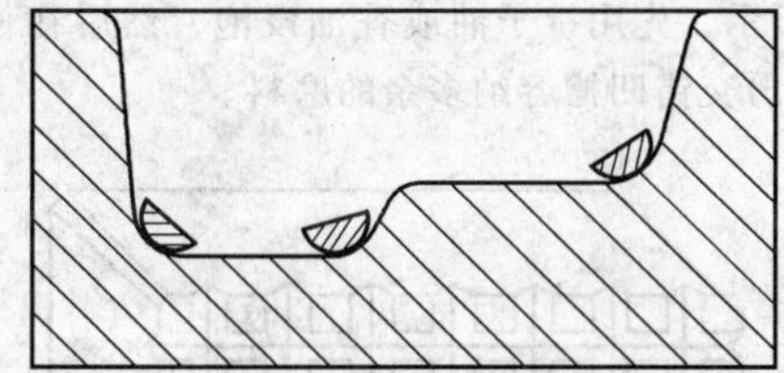

图5-6-27　凹模凹角处的锉修

凹模的三面相交的凹三面角处较难修，如有特制的半球形锉时，可先用锉修，否则可用圆形油石修磨。将圆形油石端部在砂轮机上磨成适当的半球形修凹三面角。手工旋修太慢且费力，可用电动旋转工具或小型手电钻夹住油石，旋转修磨。

锉刀修光后的表面应当是十字交叉或者没有固定方向的麻地，细看还有锉刀痕迹。

用组锉修光以后，就可用油石抛光，或者直接用砂纸抛光。

2）油石和砂纸抛光。锉刀修光的目的在于去掉机加工的切削刀痕，而不是打光。只要刀痕消失，就改用油石研磨，否则锉修量过大，型腔尺寸会超差。机加工时留锉修量和抛光量，一般不超过0.2mm。

油石是抛光的首用磨具，一般用白刚玉（白色氧化铝，含量应在98%以上）或者用金刚砂（有灰色、绿色、朱红色等）和混有磁铁矿石细粉的紫褐色金刚砂等压制而成。形状有截面为圆形、方形、半圆形、三角形的棒状，使用时可在砂轮机上磨成所需要的形状。

油石的粒度粗细用“目”数表示，也就是筛子的孔数表示，目数越多，砂粒越细。一般铣削后的型面，用锉修光后先用150号油石抛光，逐步换用240号、320号、400号、800号油石。油石没有弹性，不能用力按压。

油石抛光后的模腔表面还没有出光泽，再继续用砂纸抛光。有些型面用油石抛光不方便时，也可直接用砂纸抛光。

型面抛光用的砂纸一般从150号开始，在普通砂纸中它是相当细的。这种砂纸在市场上称为金相砂纸，它的背纸较厚，使用时要剪成适当宽度的条，粘在抛光工具上。

抛光工具可以用木制，也可以用竹制，如图5-6-28所示。木制的要用阔叶树的边材，如锻木、桦木等。竹制可以用任何一种竹子，竹青向上，截面可做成任意形状，以适合模腔的凹形为宜，把条状砂纸用胶粘在工作面上，可以用水溶性胶或聚醋酸乙烯胶。当砂纸磨到不能用时，把工具浸在水中，水溶性胶会自然溶化，再粘新砂纸。如用聚醋酸乙烯胶，它不能水溶，只能用刀去除旧砂纸再粘新的。如图5-6-28所示抛光工具柄的弯曲部应薄些，使它用时有弹力。

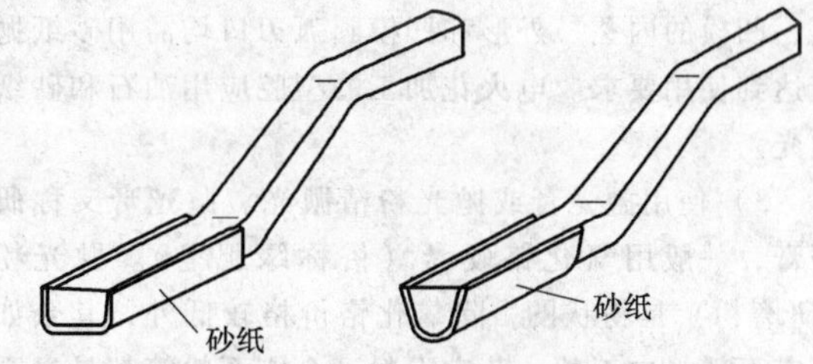

图5-6-28　抛光工具

用砂纸抛光时要注意抛光纹路，一般要求抛光最后的纹路要和材料流动方向一致。

抛光的纹路，也就是砂纸在金属表面移动的痕迹，一般如图5-6-29所示。图5-6-29a为直线形，砂纸在同一方向上往复打擦，一般用于最后的抛光；图5-6-29b为螺纹形，用于第一次抛光，即锉修后开始

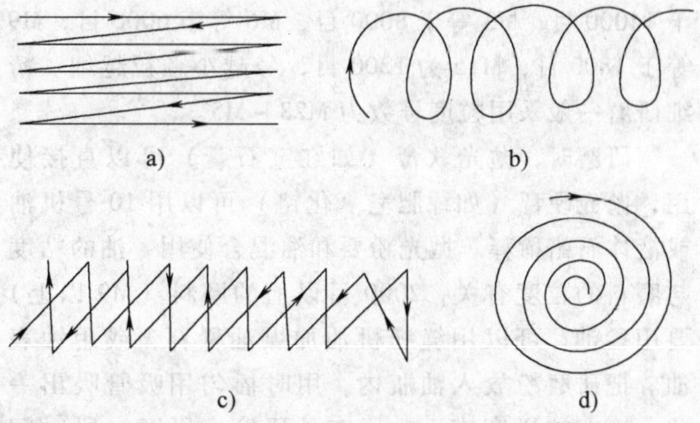

图5-6-29　砂纸抛光的移动方向

a）直线形　b）螺纹形　c）交错形　d）圆环形

用砂纸，在平面、圆弧面上初步抛光；图 5-6-29c 为交错形，砂纸先向一个方向交错运动，到终点后再反过来向另一方向交错运动；图 5-6-29d 为圆环形，以一个点为圆心作圆形移动，用于模具型面为匾形，而且要求纹路呈同心圆时。

抛光运动要有规律，任意无规律的动作，使抛光量不均匀，易破坏表面，使抛光后的表面粗糙度状态不均匀。合理的抛光轨迹如图 5-6-30 所示。

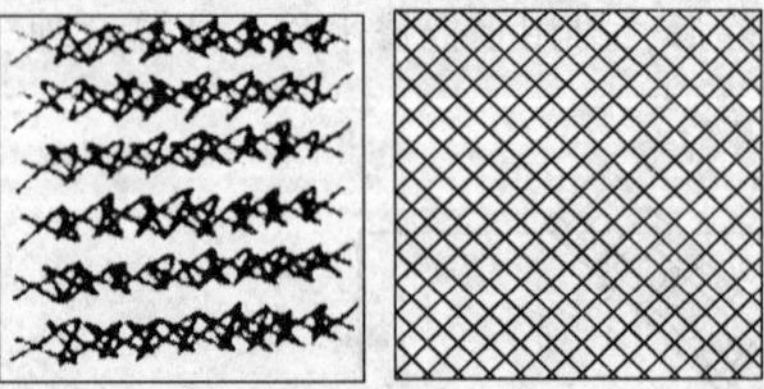

图 5-6-30　合理的抛光轨迹

抛光的顺序和锉修相同，应先从凹槽、凹角开始，后抛平面或大圆弧曲面。因凹槽、凹角处不易打磨，如先打磨平面，再打磨凹槽、凹角时，会二次打磨平面邻近凹角处，使平面的平度被破坏。抛光凸圆弧时也应如此。

用砂纸抛光在冲模凸、凹模精加工后应用较为广泛，除三维型面铣削后经锉修后的抛光，圆孔拉深凹模经精磨后，对口部圆角需用砂纸抛光，精车的凸模、凹模的内孔、外形和凹模圆弧刃口均需用砂纸抛光达到使用要求。电火花加工的型腔应用油石和砂纸抛光。

3）使用抛光膏或抛光粉精抛光。抛光膏又称研磨膏，一般用氧化铬硬膏（俗称绿肥皂）。抛光粉（研磨粉）是粉状的，除氧化铬价格较低外，其余如红宝石粉、白玉粉、蓝宝石粉、金刚石粉等都是贵重的研磨剂。

从硬度上看，金刚石粉最硬，其次是白玉粉、红宝石粉和蓝宝石粉。金刚石粉和白玉粉可用于硬质合金和淬硬（55HRC 以上）的模具零件研磨。不淬火的钢或硬度在 45HRC 左右的模具零件研磨，可用蓝宝石粉、氧化铬等。

抛光粉（研磨粉）的粗细用 M 表示，如 M1 等于 14000 目，M3 等于 8000 目，M6 等于 6000 目，M9 等于 1800 目，M15 为 1200 目，号越小颗粒越细。精细研磨一般采用粒度号数为 M28 ~ M5。

研磨时，抛光软膏（如红宝石膏）可以直接使用，抛光硬膏（如绿肥皂氧化铬）可以用 10 号机油或液体石蜡稀释。抛光粉要和油混合使用，油的粘度与磨料的粒度有关，2000 目以上的磨料（M9 以上）要用稀油，可以用缝纫机油加煤油稀释，或用钟表油。把研磨粉放入油瓶内，用时摇匀用吸管吸出一些，滴在被研磨表面，用工具研磨。研磨一段时间后，用洗油洗净，再重新滴上研磨油。

冲压模具零件研磨抛光，主要用于模腔表面质量要求很高的精密模具，如冷挤模腔、无间隙模具凸、凹模工作部分的研磨等，硬质合金凹模孔、钻镗后的凹模孔也需要进行精抛研磨。

抛光时的工具应随零件形状而异。研磨大平面时，可用锻木等质地细的中硬木材做成磨具，如图 5-6-31a 所示，先用锭子油或香油浸泡，然后在使用的表面刻出交错凹槽容纳多余的磨料。

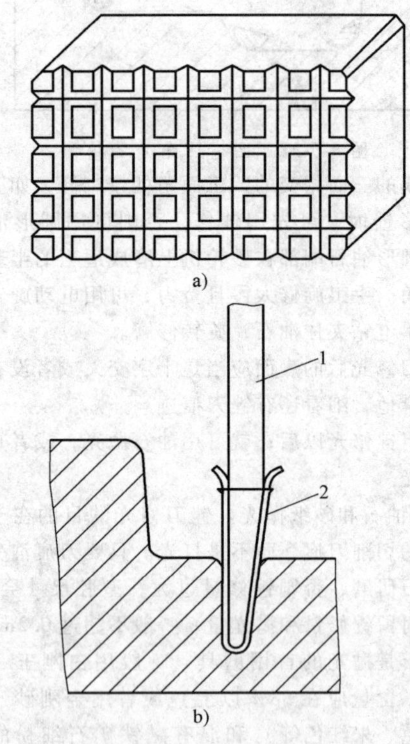

图 5-6-31　抛光工具
a）抛大平面工具　b）抛凹槽用工具
1—竹片　2—鹿皮

研磨小尺寸圆孔时，多采用黄铜制作的研磨棒。窄槽、凹圆槽等的研磨，可用鹿皮、羊皮或法兰绒包在木片或竹片上使用（图 5-6-31b）。

使用细组锉锉光的表面刀痕在 100μm 左右，此时，可先用 180～200 号的油石加油研磨，磨到刀痕为 50μm 左右时，再换用 240～320 号油石。当使用到 800 号油石时，其刀痕为 10μm 左右，可以换用砂纸抛光。当使用到 2000 号砂纸后，抛光表面的粗糙程度可以达到 2μm；再精细的表面（镜面），必须使用抛光剂、粉。

选用铸铁材料制作的大型覆盖件模具型面，一般采用锉修后砂纸或砂布抛光的加工方法。

上述方法也适用于其他模具型面的研修加工。

(3) 凹模圆形孔的研磨　用钻、镗加工的小尺寸凹模圆形孔，为防止冲压时由于工件、废料胀裂孔壁，应在热处理淬硬后研磨孔，使小孔有一定的漏料锥度。

小孔研磨如图 5-6-32 所示，研磨棒用黄铜车成，一般研磨棒直径可比孔径小 0.2～0.4mm，研磨时使用研磨膏。研磨应从凹模背面进行，应注意研磨时的均匀性，防止孔出现椭圆。

上述方法可用于硬质合金凹模型孔的研磨，以及因配合间隙过小，需增大凹模孔尺寸的修磨。

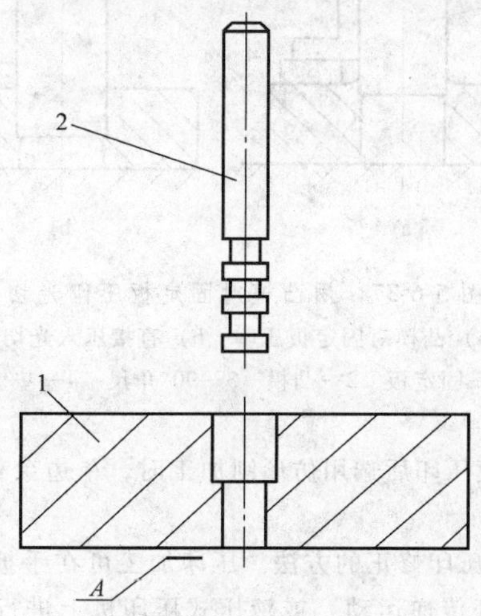

图 5-6-32　小孔研磨
1—凹模　2—研磨棒
A—凹模刃口面

(4) 压印加工

1) 压印加工的适用范围

① 用成形磨削、电火花加工等方法难以达到间隙配合要求的模具，用凸模对凹模进行压印修正，或用凹模对凸模进行压印修正，如图 5-6-9d 所示不淬硬凹模型孔的精修。

② 用凸模或特制压印工艺冲头压印修正凸模固定板、卸料板的型孔等。

③ 加工要求高的精密小孔，直接用凸模或切刀挤压切光型孔。

④ 补偿加工条件不足，作为模具成形加工的方法。

2) 型孔压印加工的方法如下：

① 用凸模对凹模压印（图 5-3-33）。对于有斜度的凹模刃口，压印后凹模内壁有材料被切出，边压边锉，最后成形。压印后的表面凸起，可锉平或磨平。

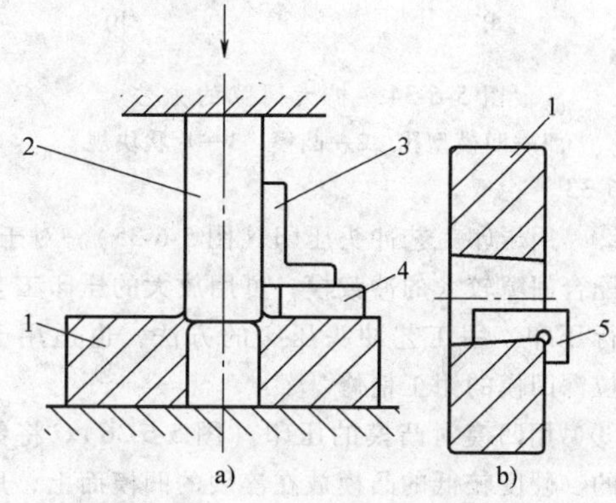

图 5-6-33　用凸模对凹模压印加工
1—凹模　2—凸模　3—90°角尺
4—垫铁　5—特制角尺

压印过程中应用角尺校正压印凸模的垂直度。压印后的型孔可用特制角尺检查内壁斜度。

此法适用于冲裁料厚小于 0.3mm 的薄料冲裁。如图 5-6-9d 所示凹模形式，一般多采用凸模压印方法精修型孔。凹模型孔预加工留压印修正余量后调质处理，调质硬度可取 28～32HRC。用凸模第一次压印后，使型孔单边留 0.1mm 左右的余量，再进行第二次压印。压印修光完成后，磨削刃口上平面出刃口。图 5-6-9d 所示型孔外侧 20°～30°的台阶，用于冲裁间隙因磨损增大或压印误操作时，用锤击向内捻压，此时应将凸模压入凹模刃口中。

当配合间隙较大时，可采用另制工艺冲头进行压印，或按以下方法修正（图 5-6-34）：

用凸模压印修正凹模后，先扩大凹模的一侧，用片状块规或塞尺测量扩大值，测量时将凸模紧靠凹模的另一侧，将片状块规插入测量（图 5-6-34a）。在一侧扩大完成后，再扩大另一侧，此时用增加一倍厚度的片状块规作检查（图 5-6-34b）。形状允许的情况，也可用游标卡尺检查，测量点应多一点，防止局部凸出或凹进。

检查凹模型孔内壁斜度（即凹模后角）的特制角尺，其角度一般在 85°～89°30′之间。使用方法见

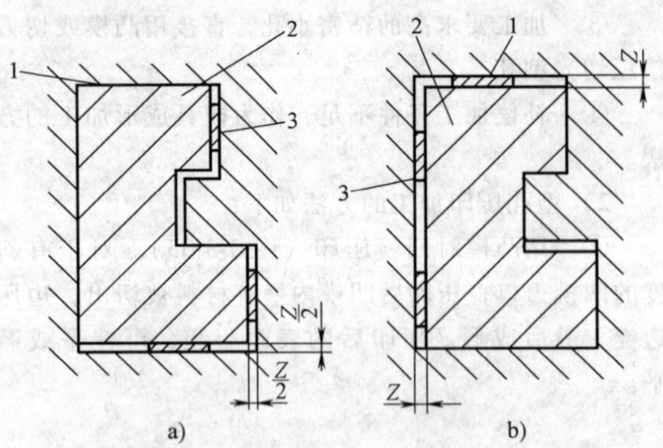

图 5-6-34　扩大间隙的方法

1—凹模型孔　2—凸模　3—片状块规

图 5-6-33。

② 用压印工艺冲头压印（图 5-6-35）。对于凸、凹模配合间隙较大的冲裁模，可用放大的压印工艺冲头进行压印。用工艺冲头压印的方法，也适用于弯曲、拉深凹模的钳工精修。

③ 用凹模对凸模的压印（图 5-6-36）。将留有余量的、硬度较低的凸模放在淬硬的凹模面上，用角尺校正凸模垂直度后压印修正凸模，此时只需一次压印即可。压印后可按印痕用仿形刨或钳工加工。

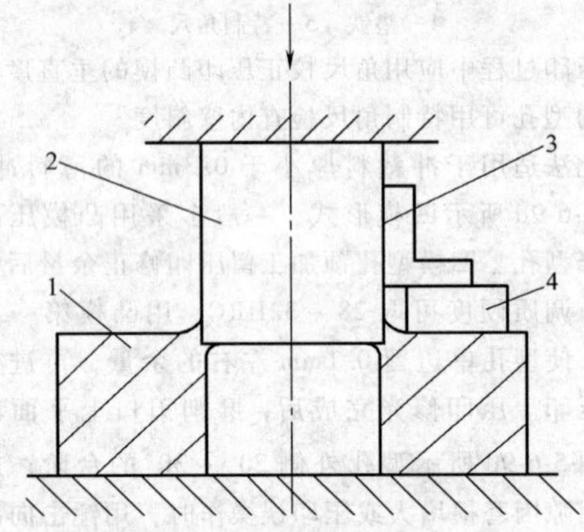

图 5-6-35　用压印工艺冲头压印加工

1—凹模　2—工艺冲头　3—90°角尺　4—垫铁

④ 用凸模对固定板压印光切。凸模与凸模固定板的孔的配合关系属紧配合，因此用凸模压印加工固定板孔时，要防止锉松。在初步压印后锉去余量，在尚留 0.1mm 均匀余量时，可直接将凸模压入并光切内壁，达到紧配合要求，见图 5-6-37。

多型孔压印加工的基本方法与单型孔压印方法相同，但需控制各型孔之间的相对位置。

3）压印加工的修正余量。压印前型孔可采用钻、铣、插的加工方法，留有压印修正的余量，一般取单边 0.5 ~ 1mm，窄槽、尖角部分应减少至 0.2 ~

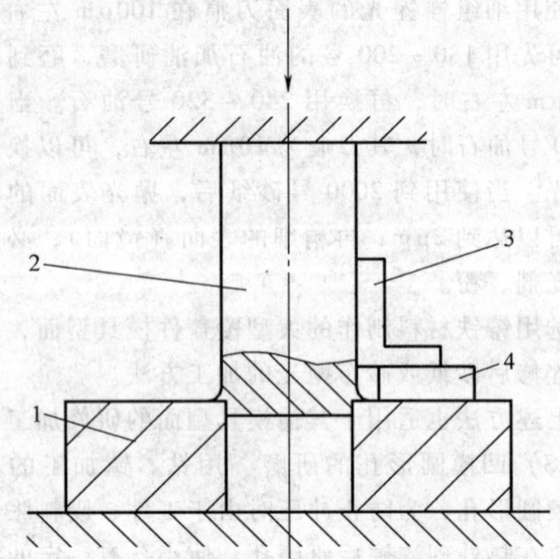

图 5-6-36　用凹模对凸模压印加工

1—凹模　2—凸模　3—90°角尺　4—垫铁

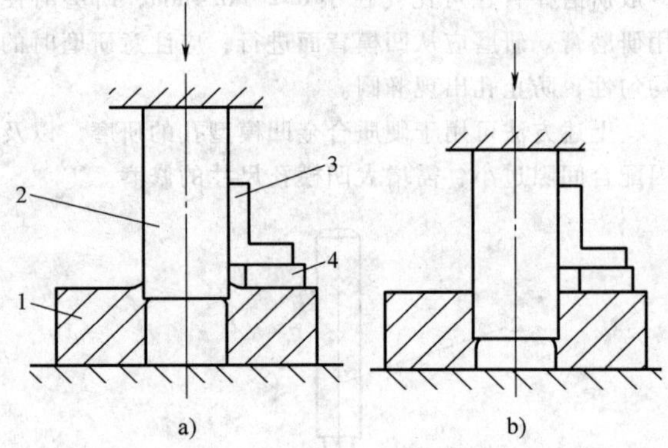

图 5-6-37　用凸模对固定板压印光切

a）凸模对固定板压印　b）直接压入光切

1—固定板　2—凸模　3—90°角尺　4—垫铁

0.4mm。

凸模压印后选用仿形刨加工时，单边余量取 1 ~ 2mm。

4）压印修正的方法。压印加工可在手扳式压印机（螺杆传递运动）或液压式压印机上进行（图 5-6-38、图 5-6-39）。

压印前，压印基准件（如凸模、工艺冲头）应进行退磁处理。在压印基准件上涂抹硫酸铜溶液可提高压印工件的表面光洁程度。

压印中心应通过压印机的中心，防止压印时的压印基准件受力不匀而偏移、倾斜。

压印时应随时用 90°角尺校正压印基准件的垂直度。

第一次试加压压印，压痕深度应在 0.2 ~ 0.5mm；第二次加压时，压痕深度 1 ~ 1.5mm，以后可逐次增加。每次加压前，应校正基准件的垂直度。

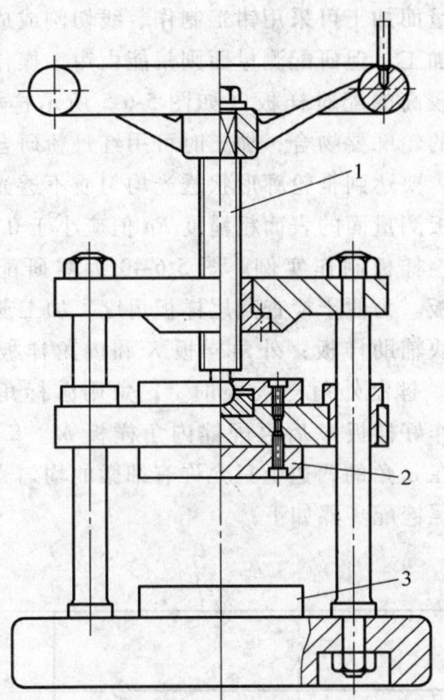

图 5-6-38 手扳式压印机

1—梯形螺杆 2—上垫板 3—下垫板

(5) 研配加工 研配加工是模具零件精加工时钳工手工操作的方法，主要用于两个互相配合的轮廓要求形状和尺寸一致的情况，包括平面图形和三维曲面，如凸模和凹模间的研配、覆盖件拉深模三维曲面的研配和各类加工样板的加工研配。

研配加工的基本过程是：先将一个零件按图样加工好作为基准件，加工另一件时，将基准件的成形表面（或成形轮廓面）涂上红丹粉，并使基准件与加工件的成形表面相接触。根据在加工件成形表面上印出的接触印痕多少，即可知道两个成形表面的吻合程度。在用基准件对加工件研合时，根据接触点位置，作为需要修磨的部位，进行修磨。经修磨后，再进行着色检验和修磨，如此循环进行修磨和检验，直至加工件的形状和尺寸与基准件一致，即着色检验全部接触为止。

研配加工时修磨一般用砂轮机，对未淬硬件如样板可用组锉锉修。研配前的加工件，应按图样要求加工到尺寸。

1）样板的研配加工。对形状复杂、空间曲线和曲面过渡的零件，在其划线、加工和检测过程中都常使用样板。样板作为冲模制造的辅助工具，其加工质量直接关系到模具零件的加工质量。如图 5-6-5 所示，旋转体零件母线为曲线时，车削加工需使用一组经研配合格的样板。

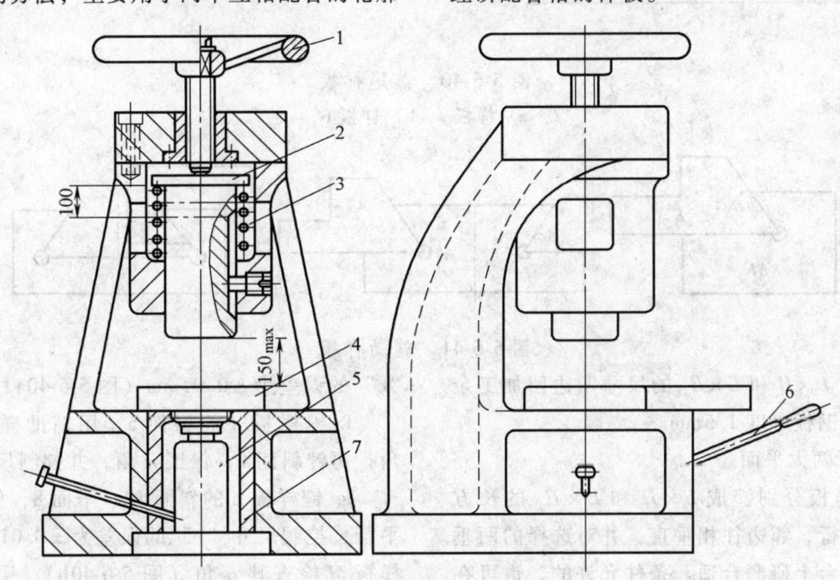

图 5-6-39 液压式压印机

1—手轮 2—上座 3—弹簧 4—下垫板 5—千斤顶 6—手柄 7—柱塞

① 样板在冲模零件加工中的应用。用样板划线：样板划线一般用于零件平面曲线轮廓的划线，对形状复杂的型腔，使用常规划线难以直接划出；一套模具的多个零件，如凹模、卸料板、固定板、顶出器等，分别划线既费工时，也难以达到一致，用样板划线可以达到事半功倍的效果。对三维曲面的型腔，可根据由工艺主模型制作的投影样板来划线。

用样板加工模具：如图 5-6-5 所示，用样板磨成形车刀，车削零件。堆焊刃口的切边模可按样板修磨刃口。

用样板检测零件形状和尺寸：可方便、快速地得到检测结果，并判断出不合格处，以便及时修整或改制。

检查时，将样板的测量工作面与工件的待测量表面相接触，用光隙法（漏光）观察的光缝大小，来确定工件是否合格。

② 样板的制作。样板的材料一般采用 Q235 冷轧钢板，厚度为 1～3mm，表面应平整、光洁。

样板的加工按下述工艺流程进行：

剪切板料→磨平样板两平面→加工样板两垂直基准面→划线（划出样板全部轮廓线及相应零件的测量基准面）→加工测量面→研配测量面→检验合格后作标记。

测量面加工可采用钳工制作、线切割或成形磨削的方法加工，但研配测量面则只能由钳工操作。特别是要求较高的配对样板（如图 5-6-5 所示样板），配对样板的轮廓要吻合，加工时可用红丹粉研合，透光法检查，要达到全轮廓形状透光均匀或不透光。

样板测量面的表面粗糙度 Ra 值应小于 0.8μm。

③ 样板制作实例。图 5-6-40 为需研配的一对燕尾样板。为便于检查燕尾样板角度，加工燕尾前先锉制两块辅助样板：外角样板 K 和内角样板 M（图 5-6-41）。锉制外角样板 K 时，α 角用游标角度尺测量，制作好样板 K 后再配锉内角样板 M。K 和 M 拼合后，在 α 角的两边上只允许有细微的均匀光隙。

燕尾锉配步骤如下：

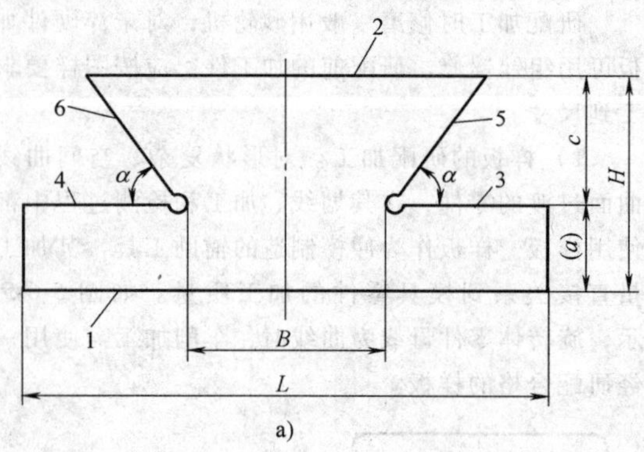

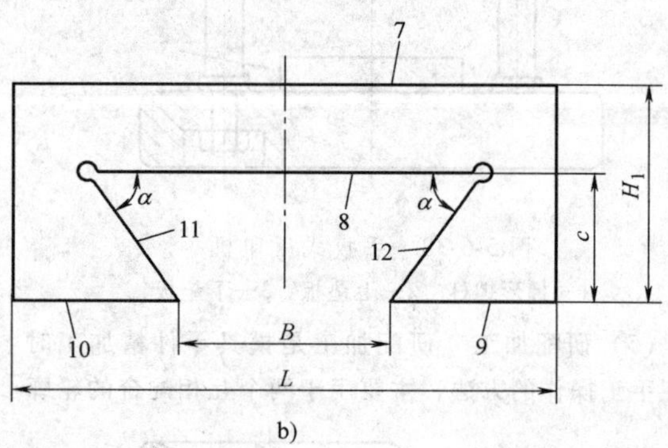

图 5-6-40　燕尾样板
a）样板 a　b）样板 b

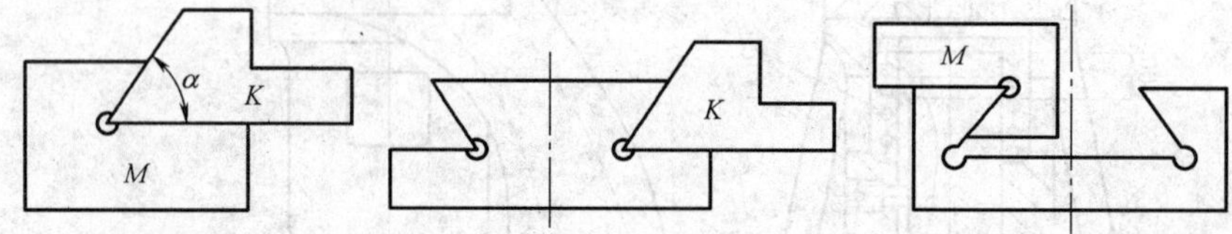

图 5-6-41　辅助样板

a. 下料。按 $L\times H$ 和 $L\times H_1$ 的尺寸四边留加工余量，钢板下料。钢板厚度 1.5mm。

b. 磨上、下两大平面。

c. 将两块样板分别锉成 $L\times H$ 和 $L\times H_1$ 的长方形，对边互相平行，邻边往相垂直，并对选择的两垂直基准在研磨平台上研磨合适。条件允许的，也可在精密平面磨床上磨制 $L\times H$ 和 $L\times H_1$，并达到上述要求。

d. 在样板 a、b 上划线，并在锐角尖端处钻 ϕ2～ϕ3mm 的小孔，锯去样板上的多余部分，单边留 0.4～0.6mm 的加工余量（图 5-6-42）。

e. 锉样板 a 的 3、4 两面，使 3、4 与面 1 平行，两端尺寸“（a）”的误差在 0.02mm，以内，保持“c”的误差为 ±0.01mm（图 5-6-40a）。

f. 锉样板 a 的斜面 5，用辅助样板 K 检查其 α 角，再锉斜面 6，保证 α 角，并控制尺寸“B”。

g. 锉样板 b 的斜面 12、平面 8，使平面 8 与面 7 平行，控制尺寸“c”的误差为 ±0.01mm，并用辅助样板 M 检查其 α 角（图 5-6-40b）。用同样的方法锉斜面 11，保证 α 角，并控制尺寸“B”。

h. 在锉样板 b 接近完成时，用样板 a 试配，用涂色法或透光法来检查修正。研配合格后，去除样板边缘毛刺。

附：划线涂色涂料方法。

金属零件划线前，待划线表面应涂以颜色。涂色涂料的配制见表 5-6-12。

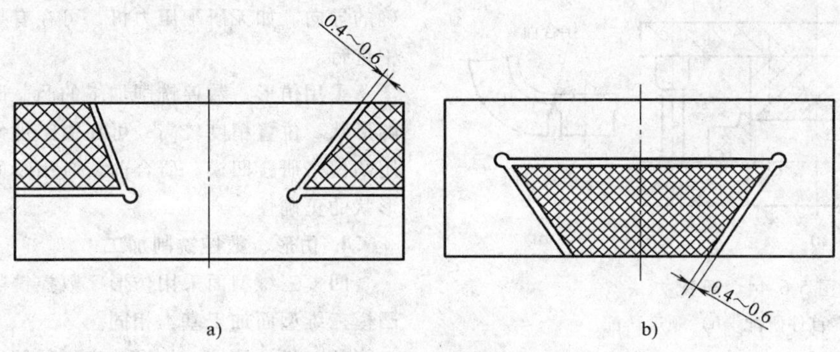

图5-6-42　划线、去除样板上多余部分
a）样板a　b）样板b

表5-6-12　划线涂料的配制及应用范围

涂料名称	配制方法	划线工具	适用范围
白灰水	大白、桃胶或猪皮胶加水熬成	划线盘、划规、划针	铸件、锻件未加工表面划线
紫色涂料（或绿色涂料）	紫色染料（如青莲、普鲁士蓝2%～3%）加漆片3%～5%，酒精3%	划线盘、游标高度尺、划规、划针	经加工表面的划线
硫酸铜	硫酸铜加少量水	游标高度尺、划规、划针	精加工表面划线，如模具零件、样板等

2）冲裁刃口曲线轮廓的研配。冲裁刃口的曲线轮廓，有二维的即在同一平面上的，也有三维的，如大型覆盖件切边模刃口。由于模具结构原因，机械加工（包括线切割）达不到配合要求，需依靠钳工研配来保证。而像堆焊刃口，一般都是由钳工在堆焊后，按凸模修磨研配保证配合间隙的。

如图5-6-43所示的落料模，凸模是整体的，而凹模由八块拼块拼成。凹模拼块采用成形磨床磨削或钳工按样板修磨后，与已加工好的凸模研配。其研配过程简述如下：

① 凹模拼块淬硬后，按设计要求加工，磨平上下两面和各接合面。

② 将凹模拼块1按设计要求用螺钉固定在下模板相应位置上，同时将凸模固紧在上模板上。在凸模刃口侧面涂上红丹粉，与拼块1研合，并根据研合着色情况进行修磨。拼块1研配完成后，将其用螺钉、圆销紧固在下模板（见图5-6-44a）。

③ 研配拼块2按同样顺序进行，在着色研合时，拼块2的接合面必须紧靠拼块1的接合面，保证

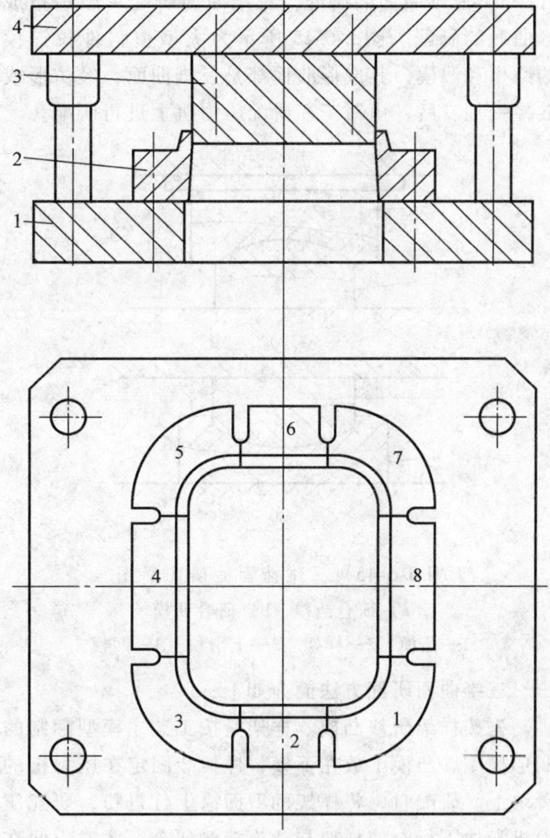

图5-6-43　冲裁刃口的研配
1—下模板　2—凹模拼块　3—凸模　4—上模板

其与凸模相对位置的正确，也可避免研合后接合面有缝隙，影响冲裁质量（图5-6-44b）。拼块2研配完成后，用螺钉、圆销紧固在下模板上。

④ 用同样方法顺序研配各拼块。

若拼块中有直线刃口的，可放在最后研合，可按测量尺寸配磨拼块尺寸。

对三维曲线轮廓的刃口，可用同样方法顺序研配

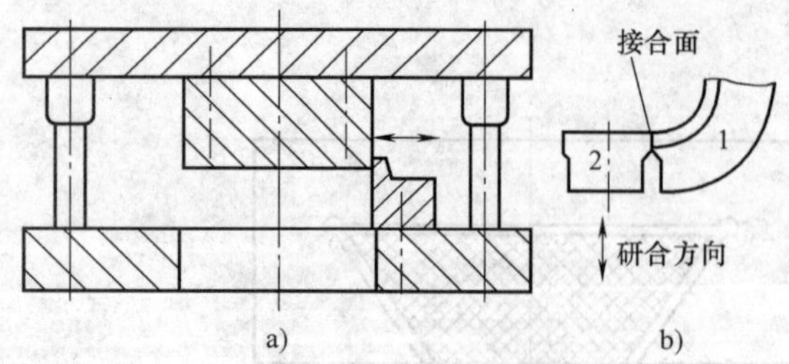

图 5-6-44 研配方法
a）首件研配 b）顺序研配

各拼块。

钳工的研配工作，可用风动砂轮机或在专用的修磨机上修磨。

3）三维曲面的研配。三维曲面研配一般是指成形曲面的研配。图 5-6-45 所示为大型覆盖件拉深模的凸模和凹模，其成形曲面都是三维曲面，经仿形或数控铣加工后，由钳工在研配压力机上进行研配。

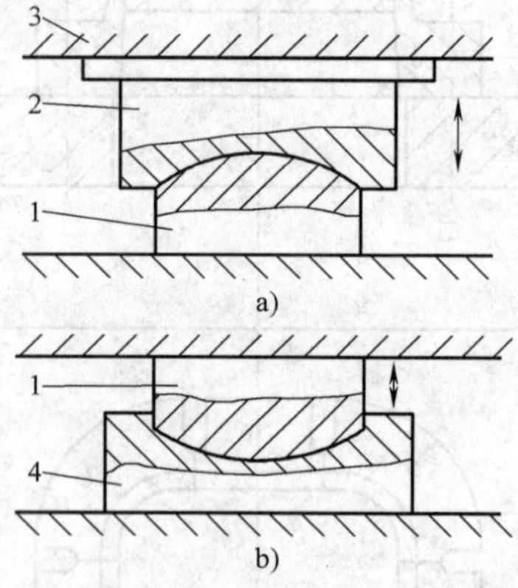

图 5-6-45 三维曲面的研配简图
a）研合凸模 b）研合凹模
1—凸模 2—样架 3—上滑块 4—凹模

三维曲面研配方法简介如下：

先按样架研修凸模。样架是按工艺主模型翻制的凹形模型，凸模1放在下模，样架2固定在压力机的滑块上。研配时，将样架的型面涂上红丹粉，研配压力机滑块下行，使样架与凸模接触研合。此时，便在凸模型面的高点印上色，由钳工用风动砂轮机在凸模着色的地方修磨，经反复几次研合、修磨，直到凸模型面有 80% 以上的面积均匀着色，即可认为凸模的形状和尺寸与样架基本一致（图 5-6-45a）。

凸模研配好后，再以凸模为基准研配凹模。只是将凸模装在上模，而凹模在下模（图 5-6-45b），用同样的方法进行研配。

研配完成后的凸模、凹模型面用砂纸抛光。

研配时，要保证研合的方向和位置不变，并有正确的导向。如无研配压力机，可在有导柱导向的模架中进行。

采用仿形、数控铣削加工的凸、凹模型面，加工的形状、位置精度较高，可在钳工锉修抛光后，直接用凸模来研合凹模。研合前，应用断面样板检查凸模形状的正确性。

4. 仿形、数控铣削加工

凹模三维型面采用仿形、数控铣削加工的方法与凸模三维型面加工基本相同。

新一代的数控、仿形铣床可采用扫描仿形加工技术，可根据模型或实物样件（经工艺处理后）进行扫描，编制加工程序，用于铣削加工；具有凸、凹模转换，比例缩放，平移，旋转等功能；可以对待加工的凸模和凹模型面编制一套加工程序，加工出有一定间隙的凸、凹三维型面。

采用加工中心机床也可以完成三维型面的加工。加工中心机床又称多工序自动换刀数控机床，具有自动换刀及自动改变工件加工位置功能的数控机床，能根据需要进行钻孔、扩孔、镗孔、铰孔、攻螺纹、铣削等作业的工件进行多工序自动加工，可完成模具零件的加工。

6.3 凸、凹模加工方法的选择

6.3.1 加工方法选择的依据

冲压模具凸模和凹模须选用的加工方法一般应按下列不同情况选择：

1）根据凸、凹模工作部分尺寸标注的方法选择加工方法。

2）根据加工企业现有加工设备能力选择。选用本企业现有设备加工凸、凹模，可以有较低的模具生产成本。如本企业现有设备确实难以满足个别模具凸、凹模加工的需要，如缺少精密成形磨床、线切割机床等，可以采用单工序外协加工的方法。如需使本企业的模具生产水平能适应市场的需求，就应根据相应产品零件对模具加工水平和能力的要求，更新或增添专用模具加工设备，如精密成形磨床、精密线切割机床、数控仿形铣床等。

3）根据冲件批量和模具结构来选用加工方法。冲件批量大，对同一种冲压件，在生产现场均有备份模具，加工中应考虑主要零件的更换方便，如镶件的互换等。对级进模，特别是多工位级进模，为使小凸模快换方便，应采用单独的加工方法，不能选用配作工艺。

6.3.2　按凸、凹模工作部分尺寸标注方法选择

1. 冲裁模凸、凹模工作部分尺寸标注方法

(1) 刃口尺寸计算原则

1) 落料件尺寸取决于凹模尺寸。因此，落料模应先决定凹模尺寸，用减小凸模尺寸来保证合理冲裁间隙（图 5-6-46a）。

2) 冲孔件尺一寸取决于凸模尺寸。因此，冲孔模应先决定凸模尺寸，用增大凹模尺寸来保证合理冲裁（图 5-6-46b）。

3) 计算刃口尺寸时，应考虑刃口的磨损。刃口磨损后尺寸增大的，应取冲件尺寸公差范围内较小的数值；刃口磨损后尺寸减小的，应取冲件尺寸公差范围内较大的数值。

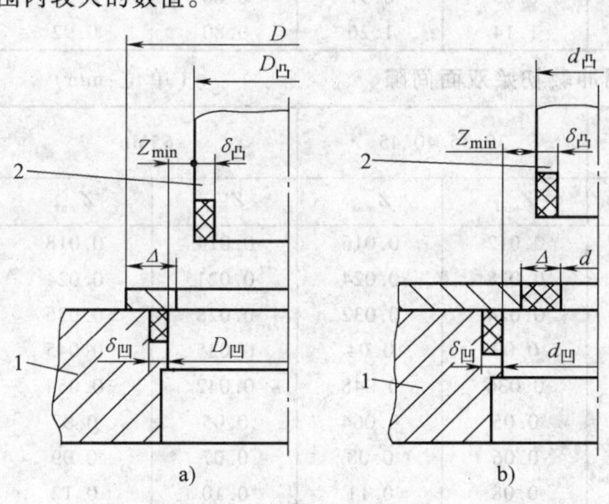

图 5-6-46　冲裁刃口尺寸计算关系图

a) 落料　b) 冲孔

1—凹模　2—凸模

4) 模具刃口制造公差要保证冲件精度要求和合理的间隙数值。一般冲裁模具刃口尺寸制造精度要比冲件尺寸精度高 2~3 级。

根据冲件形状和尺寸精度的要求，刃口尺寸标注有分开加工和配合加工两种方法。

(2) 分开加工时的刃口尺寸标注　选用分开加工的尺寸标注方法，可根据冲件尺寸直接计算刃口尺寸，见表 5-6-13。

表 5-6-13　凸模和凹模刃口尺寸计算公式表

冲裁方式	落料(图 5-6-46a)	冲孔(图 5-6-46b)
凸模尺寸	$D_凸=(D_凹-Z_{min})_{-\delta_凸}^{0}$	$d_凸=(d+x\Delta)_{-\delta_凸}^{0}$
凹模尺寸	$D_凹=(D-x\Delta)_{0}^{+\delta_凹}$	$d_凹=(d_凸+Z_{min})_{0}^{+\delta_凹}$

注：D——落料件尺寸；d——冲孔件尺寸；$D_凹$——落料凹模刃口尺寸；$D_凸$——落料凸模刃口尺寸；$d_凸$——冲孔凸模刃口尺寸；$d_凹$——冲孔凹模刃口尺寸；Δ——冲件公差；x——磨损系数(见表 5-6-14)；Z_{min}——最小间隙；$\delta_凸$、$\delta_凹$——凸模、凹模制造公差(见表 5-6-15)。

表 5-6-14　磨损系数 x

冲件精度(GB/T 1800—1997)	IT10	IT11~IT13	IT14
磨损系数 x	1	0.75	0.5

由于冲裁凸模和凹模在长期冲压后，刃口会逐步磨损，使间隙增大。因此在新模制造时，应采用最小间隙值 δ_{min}。冲裁合理间隙范围($Z_{max}-Z_{min}$)与制造公差应满足下述关系：

$$(\delta_凸+\delta_凹)\leqslant(Z_{max}-Z_{min})$$

因此，按分开加工方法计算方法选用的凸模和凹模刃口尺寸允许偏差一般是较小的。

表 5-6-15　凸模和凹模制造公差表

(单位：mm)

公称尺寸	凸模制造公差 $-\delta_凸$	凹模制造公差 $+\delta_凹$
≤18	-0.02	+0.02
>18~30		+0.025
>30~80		+0.03
>80~120	-0.025	+0.035
>120~180	-0.03	+0.04
>180~260		+0.045
>260~360	-0.035	+0.05
>360~500	-0.04	+0.06
>500	-0.05	+0.07

不同行业产品零件选用的冲裁初始双面间隙值是不同的，表 5-6-16 ~ 表 5-6-20 给出机电、仪表、汽车等行业产品和不同材料推荐使用的间隙值。

按分开加工计算的尺寸直接标注于凸、凹模。

表 5-6-16　机电行业用冲裁模初始双面间隙

(单位：mm)

材料厚度	T8、45		Q235		08F、10、15 H62、T1、T2、T3		1060、1050A、1035、1200	
	Z_{min}	Z_{max}	Z_{min}	Z_{max}	Z_{min}	Z_{max}	Z_{min}	Z_{max}
0.35	0.03	0.05	0.02	0.05	0.01	0.03		
0.50	0.04	0.08	0.03	0.07	0.02	0.04	0.02	0.03
0.80	0.09	0.12	0.06	0.10	0.04	0.07	0.025	0.045
1.0	0.11	0.15	0.08	0.12	0.05	0.08	0.04	0.06

（续）

材料厚度	T8、45		Q235		08F、10、15 H62、T1、T2、T3		1060、1050A、1035、1200	
	Z_{min}	Z_{max}	Z_{min}	Z_{max}	Z_{min}	Z_{max}	Z_{min}	Z_{max}
1.2	0.14	0.18	0.10	0.14	0.07	0.10	0.05	0.07
1.5	0.19	0.23	0.13	0.17	0.08	0.12	0.06	0.10
2.0	0.28	0.32	0.20	0.24	0.13	0.18	0.08	0.12
2.5	0.37	0.43	0.25	0.31	0.16	0.22	0.11	0.17
3.0	0.48	0.54	0.33	0.39	0.21	0.27	0.14	0.20
3.5	0.58	0.65	0.42	0.49	0.25	0.33	0.18	0.26
4.0	0.68	0.76	0.52	0.60	0.32	0.40	0.21	0.29
4.5	0.79	0.88	0.64	0.72	0.38	0.46	0.26	0.34
5.0	0.90	1.0	0.75	0.85	0.45	0.55	0.30	0.40
6.0	1.16	1.26	0.97	1.07	0.60	0.70	0.40	0.50
8.0	1.75	1.87	1.46	1.58	0.85	0.97	0.60	0.72
10.0	2.44	2.56	2.04	2.16	1.14	1.26	0.80	0.92

表 5-6-17 电器仪表行业用冲裁初始双面间隙 （单位：mm）

材料厚度	1060 1050A 1035 1200		H62、T1、T2、 T3、10、15、Q235		30、35、40、45		65Mn	
	Z_{min}	Z_{max}	Z_{min}	Z_{max}	Z_{min}	Z_{max}	Z_{min}	Z_{max}
0.2	0.008	0.012	0.010	0.014	0.012	0.016	0.014	0.018
0.3	0.012	0.018	0.015	0.021	0.018	0.024	0.021	0.024
0.4	0.016	0.024	0.020	0.028	0.024	0.032	0.028	0.036
0.5	0.02	0.03	0.025	0.035	0.03	0.04	0.035	0.045
0.6	0.024	0.036	0.030	0.042	0.036	0.048	0.042	0.054
0.8	0.032	0.048	0.04	0.056	0.05	0.064	0.05	0.07
1.0	0.04	0.06	0.05	0.07	0.06	0.08	0.07	0.09
1.2	0.06	0.08	0.07	0.10	0.08	0.11	0.10	0.12
1.5	0.08	0.11	0.09	0.12	0.11	0.14	0.12	0.15
2.0	0.10	0.14	0.12	0.16	0.14	0.18	0.16	0.20
2.5	0.15	0.20	0.18	0.23	0.20	0.25	0.23	0.28
3.0	0.18	0.24	0.21	0.27	0.24	0.30	0.27	0.33
4.0	0.28	0.36	0.32	0.40	0.36	0.44	0.40	0.48
5.0	0.35	0.45	0.40	0.50	0.45	0.55	0.50	0.60
6.0	0.48	0.60	0.54	0.66	0.60	0.72	0.66	0.78
8.0	0.72	0.88	0.80	0.96	0.88	1.04	0.93	1.12
10.0	0.9	1.1	1.0	1.2	1.1	1.3	1.2	1.4

表 5-6-18 汽车拖拉机行业用冲裁初始双面间隙 （单位：mm）

材料厚度	08、10、15 Q235、09Mn		16Mn		40、50		65Mn	
	Z_{min}	Z_{max}	Z_{min}	Z_{max}	Z_{min}	Z_{max}	Z_{min}	Z_{max}
0.5	0.04	0.06	0.04	0.06	0.04	0.06	0.04	0.06
0.8	0.07	0.10	0.07	0.10	0.07	0.10	0.06	0.09
1.0	0.10	0.14	0.10	0.14	0.10	0.14	0.09	0.13
1.2	0.13	0.18	0.13	0.18	0.13	0.18		
1.5	0.14	0.24	0.17	0.24	0.17	0.23		
2.0	0.25	0.36	0.26	0.38	0.26	0.38		
2.5	0.36	0.50	0.38	0.54	0.38	0.54		

（续）

材料厚度	08、10、15 Q235、09Mn		16Mn		40、50		65Mn	
	$Z_{\min}$	$Z_{\max}$	$Z_{\min}$	$Z_{\max}$	$Z_{\min}$	$Z_{\max}$	$Z_{\min}$	$Z_{\max}$
3.0	0.46	0.64	0.48	0.66	0.48	0.66		
3.5	0.54	0.74	0.58	0.78	0.58	0.78		
4.0	0.64	0.88	0.68	0.92	0.68	0.92		
4.5	0.72	1.00	0.68	0.96	0.78	1.04		
6.0	1.08	1.44	0.84	1.20	1.14	1.50		
8.0			1.20	1.68				

表 5-6-19　耐热不锈钢 1Cr18Ni9Ti 冲裁用间隙值

（单位：mm）

材料厚度	双面间隙区		
	最小的	适宜的	最大的
0.6	0.04	0.055	0.11
0.8	0.05	0.09	0.16
1.0	0.08	0.13	0.22
1.2	0.085	0.15	0.27
1.5	0.09	0.17	0.30
1.8	0.11	0.19	0.36
2.0	0.12	0.20	0.40
2.5	0.15	0.25	0.50
3.0	0.18	0.30	0.60

（3）配合加工时的刃口尺寸标注　按分开加工方法计算的冲裁刃口尺寸（表 5-6-13），是冲裁凸、凹模刃口尺寸基本计算方法，适用于形状简单的零件。实际生产中，冲裁件形状复杂、变化大，如图 5-6-47a 所示落料件，既有外形尺寸，又有凹槽和台阶等。从图 5-6-47b 可以看出，凹模磨损后，A 类尺寸是增大的趋势，冲裁件尺寸也会随之增大，A 类尺寸相当于落料工序。相应凹模尺寸为

$$A_{凹} = (A - x\Delta)^{+\delta_{凹}}_{0}$$

表 5-6-20　非金属材料冲裁间隙值

（单位：mm）

材料厚度	层压纸板、层压布板		凡白纸 红纸板	石棉橡胶	软纸板 皮革
	$Z_{\min}$	$Z_{\max}$			
0.5	0.015	0.025			无间隙
0.8	0.024	0.04			
1.0	0.03	0.05			
1.2	0.05	0.07	材料厚度的 $\frac{1}{20} \sim \frac{1}{25}$	材料厚度的 $\frac{1}{20}$	0.02
1.5	0.06	0.09			
2.0	0.08	0.12			
2.5	0.10	0.15			
3.0	0.12	0.18			

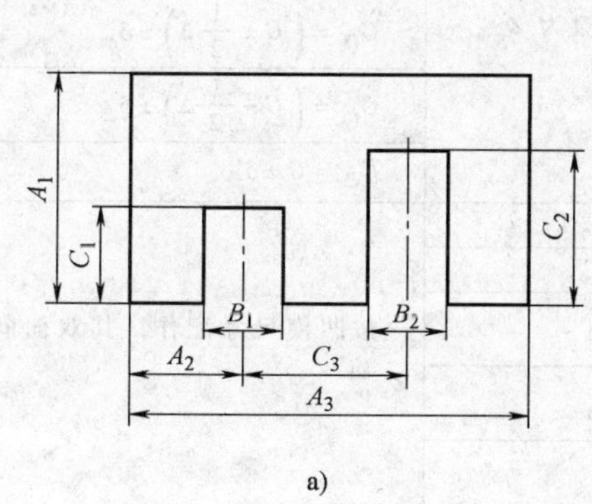

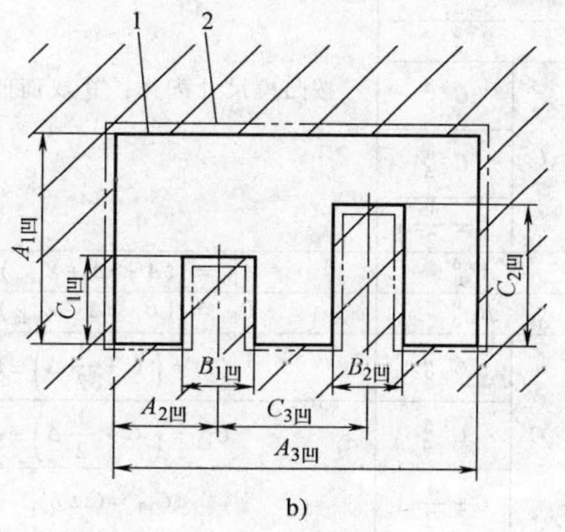

图 5-6-47　落料

a）落料件　b）落料凹模

1—凹模型孔轮廓线　2—凹模磨损后轮廓线

对于凹模磨损后，工件槽宽尺寸有减小的趋势。因此，相应模具尺寸应与工件槽宽最大尺寸接近。此时，相应凹模尺寸应为

$$B_{凹} = (B + x\Delta)^{0}_{-\delta_{凹}}$$

对于 C 类尺寸（图 5-6-47），在凹模磨损后，工件尺寸不会发生变化，制造模具时，应取工件的中间

尺寸作为模具的公称尺寸。当工件尺寸为 $C\pm\frac{1}{2}\Delta$ 时，凹模尺寸应为

$$C_{凹}=C\pm\delta'_{凹}$$

当零件为 $C^{+\Delta}_{\ 0}$ 时，凹模尺寸应为

$$C_{凹}=\left(C+\frac{1}{2}\Delta\right)\pm\delta'_{凹}$$

当零件为 $C^{\ 0}_{-\Delta}$ 时，凹模尺寸应为

$$C_{凹}=\left(C+\frac{1}{2}\Delta\right)\pm\delta'_{凹}$$

式中 A、B、C——相应零件的尺寸；

$A_{凹}$、$B_{凹}$、$C_{凹}$——凹模公称尺寸；

Δ——零件允许偏差值；

x——磨损系数，见表 5-6-14；

$\delta_{凹}$、$\delta'_{凹}$——模制造公差，一般可取

$$\delta_{凹}=\frac{\Delta}{4}、\delta'_{凹}=\frac{1}{8}\Delta$$

从以上可以看出，对于落料件：

A 类尺寸为增大尺寸；

B 类尺寸为减小尺寸；

C 类尺寸为不变尺寸。

对于如图 5-6-48 所示冲孔件：

A 类尺寸为磨损后减小尺寸；

B 类尺寸为磨损后增大尺寸；

C 类尺寸为磨损后不变尺寸。

综合以上情况，配合加工时刃口尺寸计算公式见表 5-6-21。

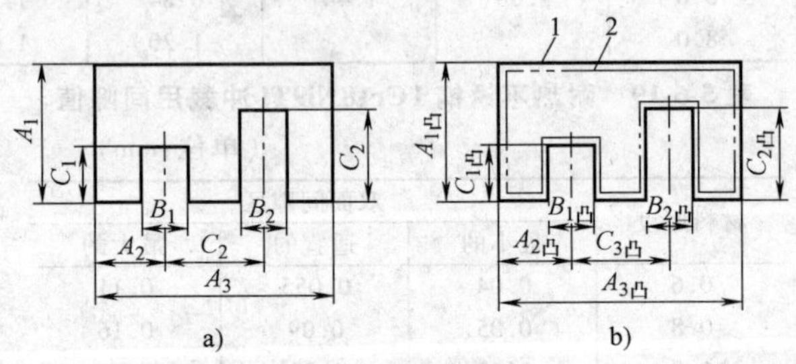

图 5-6-48 冲孔

a）冲孔件 b）冲孔凸模

1—凸模外形轮廓线 2—凸模磨损后轮廓线

表 5-6-21 凹、凸模尺寸计算公式

工序性质	工件尺寸			凹模尺寸	凸模尺寸
落料（图 5-6-47）	以凹模为基准件		$A_{-\Delta}$	$A_{凹}=(A-x\Delta)^{+\delta_{凹}}_{\ 0}$	按凹模尺寸配作，其双面间隙为 $Z_{min}\sim Z_{max}$
			$B^{+\Delta}$	$B_{凹}=(B+x\Delta)^{\ 0}_{-\delta_{凹}}$	
		C	$C^{+\Delta}$	$C_{凹}=\left(C\pm\frac{1}{2}\Delta\right)\pm\delta'_{凹}$	
			$C_{-\Delta}$	$C_{凹}=\left(C-\frac{1}{2}\Delta\right)\pm\delta'_{凹}$	
			$C\pm\frac{1}{2}\Delta$	$C_{凹}=C\pm\delta'_{凹}$	
	以凸模为基准件		$A^{\ 0}_{-\Delta}$	按凸模尺寸配作，其双面间隙为 $Z_{min}\sim Z_{max}$	$A_{凸}=(A-x\Delta-Z_{min})^{\ 0}_{-\delta_{凸}}$
			$B^{+\Delta}_{\ 0}$		$B_{凸}=(B+x\Delta+Z_{min})^{+\delta_{凸}}_{\ 0}$
		C	$C^{+\Delta}_{\ 0}$		$C_{凸}=\left(C\pm\frac{1}{2}\Delta\right)\pm\delta'_{凸}$
			$C^{\ 0}_{-\Delta}$		$C_{凸}=\left(C-\frac{1}{2}\Delta\right)\pm\delta'_{凸}$
			$C\pm\frac{1}{2}\Delta$		$C_{凸}=C\pm\delta'_{凸}$
冲孔（图 5-6-48）	以凹模为基准件		$A^{+\Delta}_{\ 0}$	$A_{凹}=(A+x\Delta+Z_{min})^{+\delta_{凹}}_{\ 0}$	按凹模尺寸配作，其双面间隙为 $Z_{min}\sim Z_{max}$
			$B^{\ 0}_{-\Delta}$	$B_{凹}=(B-x\Delta-Z_{min})^{\ 0}_{-\delta_{凹}}$	
		C	$C^{+\Delta}_{\ 0}$	$C_{凹}=\left(C+\frac{1}{2}\Delta\right)\pm\delta'_{凹}$	
			$C^{\ 0}_{-\Delta}$	$C_{凹}=\left(C-\frac{1}{2}\Delta\right)\pm\delta'_{凹}$	
			$C\pm\frac{1}{2}\Delta$	$C_{凹}=C\pm\delta'_{凹}$	
	以凸模为基准件		$A^{+\Delta}_{\ 0}$	按凸模尺寸配作，其双面间隙为 $Z_{min}\sim Z_{max}$	$A_{凸}=(A+x\Delta)^{\ 0}_{-\delta_{凸}}$
			$B^{\ 0}_{-\Delta}$		$B_{凸}=(B-x\Delta)^{+\delta_{凸}}_{\ 0}$
		C	$C^{+\Delta}_{\ 0}$		$C_{凸}=\left(C+\frac{1}{2}\Delta\right)\pm\delta'_{凸}$
			$C^{\ 0}_{-\Delta}$		$C_{凸}=\left(C-\frac{1}{2}\Delta\right)\pm\delta'_{凸}$
			$C\pm\frac{1}{2}\Delta$		$C_{凸}=C\pm\delta'_{凸}$

注：上列公式中凸、凹模制造公差 $\delta_{凸}$、$\delta_{凹}=\frac{1}{4}\Delta$，$\delta'_{凸}$、$\delta'_{凹}=\frac{1}{8}\Delta$，其余同前。

选用配合加工方法时，可先选取凸模（或凹模）作基准件，基准件按表 5-6-21 中的计算尺寸标注加工公差要求，另一件凹模（或凸模）按基准件实际尺寸配作。

具体标注方法如下：

1）基准件按表 5-6-21 计算尺寸标注。

2）配作件公称尺寸与基准件公称尺寸相同，并标注“按凸模（或凹模）配作双面间隙为（Z_{min} ~ Z_{max}）”，配合间隙数值按表 5-6-16 ~ 表 5-6-20 选取。

2. 冲裁凸、凹模加工方法选择

1）按分开加工方法标注凸、凹模刃口尺寸时，一般适用于冲件形状相对简单的情况，主要采取以下几种加工方法：

① 圆形冲件，可以选用万能磨床、内圆磨床、工具磨床等，直接将凸、凹模圆形孔加工。可适用于加工直径 >6mm 的单孔圆形凹模和凸模。

② 非圆形但形状简单的冲件，凹模采用拼块结构的情况，可采用成形磨削的方法，分别加工凸模和凹模拼块。

③ 形状相对复杂的冲件，可以选用精密数控线切割机床，直接编制加工程序，分别加工凸、凹模，可保证配合间隙要求。

④ 冲件尺寸较小，形状可直接采用坐标磨床磨削的，可选用数控坐标磨床，按计算程序加工凸模和凹模。

2）采用配合加工方法标注凸、凹模刃口尺寸时，基准件的选择可依据下述原则：

① 落料件尺寸决定于凹模尺寸，因此落料模应优先选用凹模作基准件。对于工件尺寸精度要求较高时，应尽量选用凹模作基准件。如选凸模作基准件，凸模的加工偏差和配合间隙的波动，很容易使凹模尺寸变化影响冲件尺寸。

② 冲孔件尺寸决定于凸模尺寸，冲孔模应优先选用凸模作基准件。同样认为，冲孔尺寸精度要求较高时，应尽量选用凸模作基准件。

③ 对于冲裁复合模，以凸凹模作为基准件为好。先精加工好凸凹模，再配作冲孔凸模和落料凹模，这样，有利于生产加工工序的安排。

④ 从选择的加工方法来选择基准件。如凹模圆形孔加工是采用热处理前钻、镗加工方法的，此时，应选择凹模作为基准件，按凹模型孔配作凸模。连续冲裁模可选用凹模作基准件。

3）以凸模作基准件时，加工方法的选择。凸模的精加工可采用的方法有成形磨削、线切割、钳工加工（按样板）、圆磨、精车等，按加工后的凸模配作凹模，保证配合间隙。常用的配作加工凹模的方法见表 5-6-22。

表 5-6-22 常用以凸模为基准配作凹模的方法

基准件（凸模）加工方法	配作凹模的方法
成形磨削	成形磨削（适用于拼镶结构的凹模） 电火花穿孔 压印加工
线切割	电火花穿孔 线切割（凸、凹模均采用数控线切割） 压印加工
钳工加工（按样板加工）	压印加工
圆磨	内圆磨削 精车成形（淬硬后车），适用于冲裁间隙较大时
精车成形（先精车成形，淬硬后抛光）或淬硬后精车	精车成形（淬硬后车），适用于冲裁间隙较大时

4）以凹模为基准件时加工方法的选择。凹模的精加工可采用的方法有钻镗加工、内圆磨削、精车、线切割、电火花穿孔、钳工加工等，按加工后的凹模配作凸模，保证配合间隙。常用配作加工凸模的方法见表 5-6-23。

表 5-6-23 常用以凹模为基准配作凸模的方法

基准件(凹模)加工方法	配作凸模的方法
钻、镗加工(钻铰)	外圆磨削(使用外圆磨床、工具磨床等)
内圆磨削	外圆磨削 精车成形适用于配合间隙较大时
精车成形(淬硬后车)	精车(可选择淬硬前或后精车)，适用于配合间隙较大时
线切割	线切割(凸、凹模加工均采用数控线切割) 仿形刨、压印加工
电火花穿孔	仿形刨、压印加工
钳工精修(按样板或工艺冲头)	压印加工

5）无间隙冲裁模凸凹模加工。无间隙是指冲裁间隙不大于 0.005mm 的情况，无间隙冲裁适用于薄料（料厚 <0.2mm）或部分非金属材料的冲裁，可采用下述方法：

① 选用精密数控线切割机床，按计算程序分别加工凸模和凹模后，由钳工研磨成。切割时按零件间

隙计算程序。

② 设备加工范围允许时，可选用数控坐标磨床，按计算程序加工凸模和凹模后，由钳工磨成。

③ 采用图 5-6-9d 所示的不淬火凹模结构形式，凸模淬硬，凹模调质至 28 ~ 32HRC。凸模可选用成形磨削、线切割等加工方法，凹模用压印加工方法后研磨成。

3. 弯曲、拉深凸、凹模的加工

1）弯曲模凸、凹模工作部分尺寸标注。V 形弯曲的凸、凹模角度直接按角度标注（考虑回弹角）。U 形弯曲的凸、凹模工作部分尺寸计算如下：

① 用外形尺寸标注的弯曲件（图 5-6-49）。工件为双向偏差时（$L\pm\Delta$），凹模尺寸为

$$L_{凹}=\left(L-\frac{\Delta}{2}\right)_{0}^{+\delta_{凹}}$$

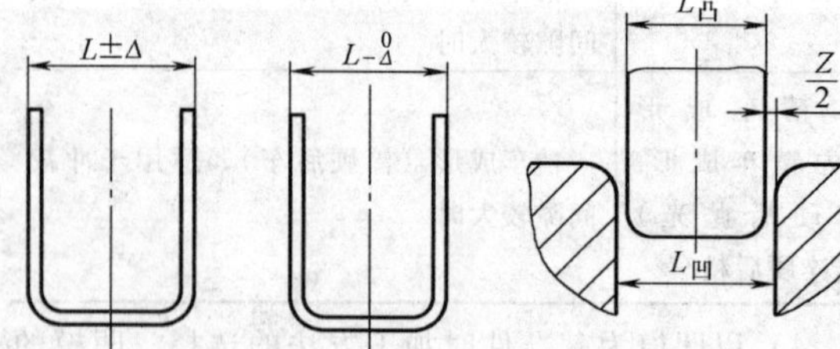

图 5-6-49 工件要求外形尺寸的模具尺寸

工件为单向负偏差时（$L_{-\Delta}^{\ 0}$），凹模尺寸为

$$L_{凹}=\left(L-\frac{3}{4}\Delta\right)_{0}^{+\delta_{凹}}$$

凸模尺寸按凹模尺寸配作，保证间隙为 Z。

② 用内形尺寸标注的弯曲件（图 5-6-50）。工件为双向偏差时（$L\pm\Delta$），凸模尺寸为

$$L_{凸}=\left(L+\frac{1}{2}\Delta\right)_{+\delta_{凹}}^{0}$$

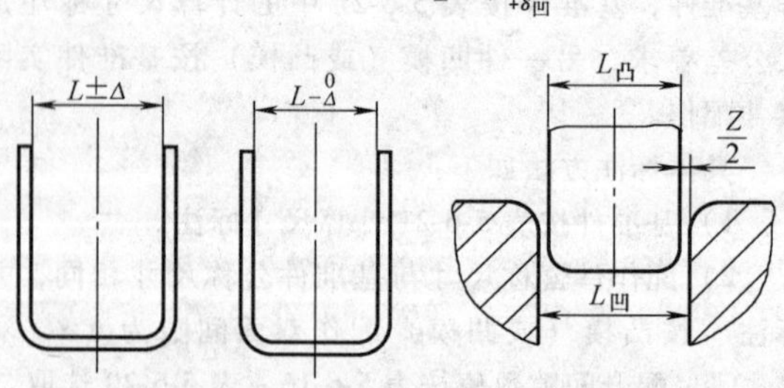

图 5-6-50 工件要求内形尺寸的模具尺寸

工件为单向正偏差时（$L_{0}^{+\Delta}$），凸模尺寸为

$$L_{凸}=\left(L+\frac{1}{4}\Delta\right)_{-\delta_{凹}}^{0}$$

凹模尺寸按凸模尺寸配作，保证间隙为 Z。

式中 $L_{凸}$、$L_{凹}$——凸模、凹模工作部分尺寸；

L——工件公称尺寸；

Δ——工件公差；

$\delta_{凸}$、$\delta_{凹}$——凸、凹模制造公差，采用 I'I' 9 级精度。

③ 凸、凹模间隙 Z

弯曲有色金属时：

$$\frac{Z}{2}=t_{\min}+nt$$

弯曲黑色金属时

$$\frac{Z}{2}=t(1+n)$$

式中 $t_{\min}$——材料最小厚度；

t——材料厚度；

n——系数，见表 5-6-24。

表 5-6-24 系数 n 值

弯曲件高度 H/mm	材料厚度 t/mm								
	≤0.5	>0.5 ~2	>2 ~4	>4 ~5	≤0.5	>0.5 ~2	>2 ~4	>4 ~7.5	>7.5 ~12
	$B\leqslant 2H$				$B>2H$				
10	0.05	0.05	0.04	—	0.10	0.10	0.08	—	—
20	0.05	0.05	0.04	0.03	0.10	0.10	0.08	0.06	0.06
35	0.07	0.05	0.04	0.03	0.15	0.10	0.08	0.06	0.06
50	0.10	0.07	0.05	0.04	0.20	0.15	0.10	0.06	0.06
75	0.10	0.07	0.05	0.05	0.20	0.15	0.10	0.10	0.08
100	—	0.07	0.05	0.05	—	0.15	0.10	0.10	0.08
150	—	0.10	0.07	0.05	—	0.20	0.15	0.10	0.10
200	—	0.10	0.07	0.07	—	0.20	0.15	0.15	0.10

注：B 为弯曲件宽度。

④ U 形弯曲和其他形状的弯曲，凸模和凹模工作部分尺寸可以用上述配作加工的方法标注，即“凸模（或凹模）尺寸按凹模（或凸模）尺寸配作，保证双面间隙为 Z”。对于材料厚度 >1mm 的弯曲，为加工方便，可直接标注凸、凹模尺寸，将间隙 Z 换算到凸模（或凹模）尺寸上。对于弯曲材料较薄，弯曲形状复杂的弯曲凸、凹模尺寸，以配作间隙的方法为宜。

2）弯曲凸、凹模的加工

① 弯曲凸、凹模的加工次序，应按工件尺寸标注情况选择。工件要求外形尺寸的，应先加工凹模，凸模按加工好的凹模配作，保证双面间隙值；工件要求内形尺寸的，应先加工凸模，凹模按加工好的凸模配作，保证双面间隙值。

② 复杂形状弯曲件的弯曲凸、凹模，几何形状和尺寸精度要求较高。小尺寸的可选用成形磨削或线切割加工，较大尺寸的则需借助样板或样件，采用铣削等加工后，由钳工锉修成形。

③ 弯曲件的回弹是弯曲模制造中的难点。除模具设计中采取工艺措施外，往往要在模具调试中修正。由钳工锉修成形的凸、凹模，应在模具调试合格后淬火；而采用成形磨削等方法加工的凸、凹模，可以在淬火后精加工。

3）拉深凸、凹模工作部分尺寸标注

① 末次拉深的凸模和凹模尺寸计算。工件要求外形尺寸时（图 5-6-51）：

$$L_{凹} = (L_{max} - 0.75\Delta)^{+\delta_{凹}}_{0}$$

$$L_{凸} = (L_{max} - 0.75\Delta - Z)^{0}_{-\delta_{凸}}$$

工件要求内形尺寸时（图 5-6-52）：

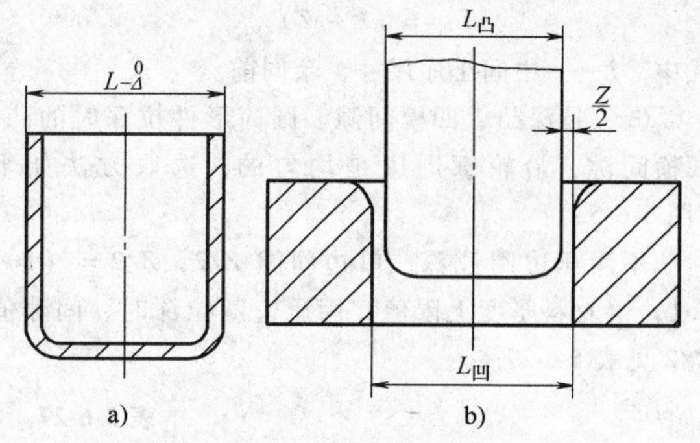

图 5-6-51　要求外形尺寸

a）拉深件　b）拉深凸模和凹模

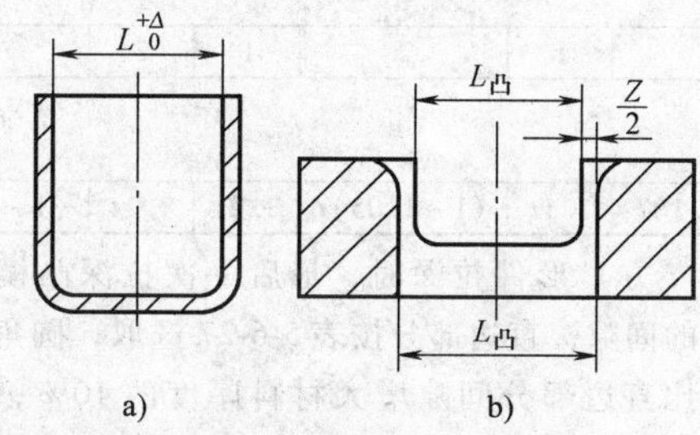

图 5-6-52　要求内形尺寸

a）拉深件　b）拉深凸模和凹模

表 5-6-25　圆筒形件拉深模凸模和凹模制造偏差　（单位：mm）

材料厚度	拉深件公称直径							
	≤10		>10～50		>50～200		>200～500	
	$\delta_{凹}$	$\delta_{凸}$	$\delta_{凹}$	$\delta_{凸}$	$\delta_{凹}$	$\delta_{凸}$	$\delta_{凹}$	$\delta_{凸}$
0.25	0.015	0.01	0.02	0.01	0.03	0.015	0.03	0.015
0.35	0.02	0.01	0.03	0.02	0.04	0.02	0.04	0.025
0.50	0.03	0.015	0.04	0.03	0.05	0.03	0.05	0.035
0.80	0.04	0.025	0.06	0.035	0.06	0.04	0.06	0.04
1.00	0.045	0.03	0.07	0.04	0.08	0.05	0.08	0.06
1.20	0.055	0.04	0.08	0.05	0.09	0.06	0.10	0.07
1.50	0.065	0.05	0.09	0.06	0.10	0.07	0.12	0.08
2.00	0.080	0.055	0.11	0.07	0.12	0.08	0.14	0.09
2.50	0.095	0.06	0.13	0.085	0.15	0.10	0.17	0.12
3.00	—	—	0.15	0.10	0.18	0.12	0.20	0.14

注：1. 表列数值用于未精压的薄钢板。
2. 如用于精压钢板，取表列数值的 25%。
3. 用于有色金属时，取表列数值的 50%。

$$l_{凸} = (l_{min} + 0.4\Delta)^{0}_{-\delta_{凸}}$$

$$L_{凹} = (L_{min} + 0.4\Delta + Z)^{+\delta_{凹}}_{0}$$

式中　$L_{凹}$、$L_{凸}$、$l_{凸}$、$l_{凹}$——凹模和凸模尺寸；

L_{max}、l_{min}——拉深件最大、最小极限尺寸；

Δ——拉深件公差；

$\delta_{凹}$、$\delta_{凸}$——凹、凸模制造公差，见表 5-6-25、表 5-6-26；

Z——凸、凹模间隙。

表 5-6-26　非圆形件拉深凸模和凹模制造偏差

（单位：mm）

拉深件公差等级	IT12、IT13	IT14 以上
拉深凸、凹模公差等级	IT8、IT9	IT9

② 中间工序拉深的凸模和凹模尺寸计算：

$$L_{凹} = L^{+\delta_{凹}}_{0}$$

$$L_{凸} = (L - Z)_{-\delta_{凸}}^{\ 0}$$

式中 L——中间工序尺寸，余同前。

③ 拉深凸、凹模间隙。圆筒形件拉深时的凸、凹模间隙，沿轮廓周边是均匀的，选取方法如下（图5-6-53）：

不用压边圈拉深，单边间隙 $Z/2$，$Z/2$ = （1～1.1）×材料厚度上限值；用压边圈拉深时，间隙值 $Z/2$ 见表5-6-27。

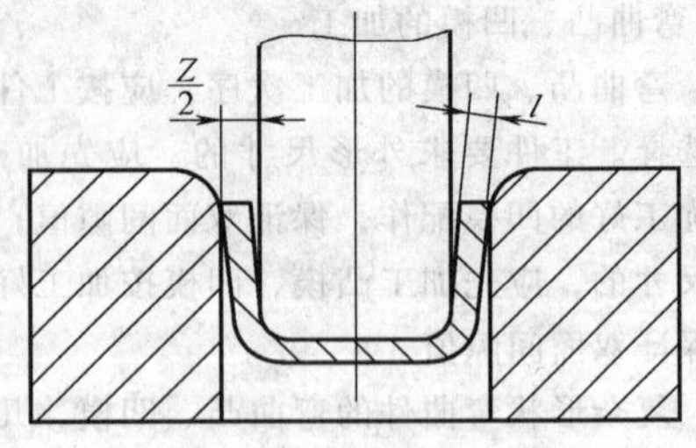

图5-6-53 拉深凸、凹模间隙

表5-6-27 拉深凸、凹模间隙

总拉深次数											
1	2		3			4			5		
拉深次序											
1	1	2	1	2	3	1、2	3	4	1、2、3	4	5
凸模和凹模间隙 $\frac{Z}{2}$											
$(1\sim1.1)t$	$1.1t$	$(1\sim1.05)t$	$1.2t$	$1.1t$	$(1\sim1.05)t$	$1.2t$	$1.1t$	$(1\sim1.05)t$	$1.2t$	$1.1t$	$(1\sim1.05)t$

矩（方）形件拉深时，最后一次拉深凸模和凹模之间的间隙，直边部分按表5-6-27选取，圆角部分的间隙比直边部分间隙增大材料厚度的10%，见图5-6-54，因为材料在角部会大大增厚的缘故。

复杂形状拉深件，直壁部分的凸、凹模间隙按表5-6-27和图5-6-54中规定选取，其余曲面部分的法向间隙按拉深材料厚度选取。

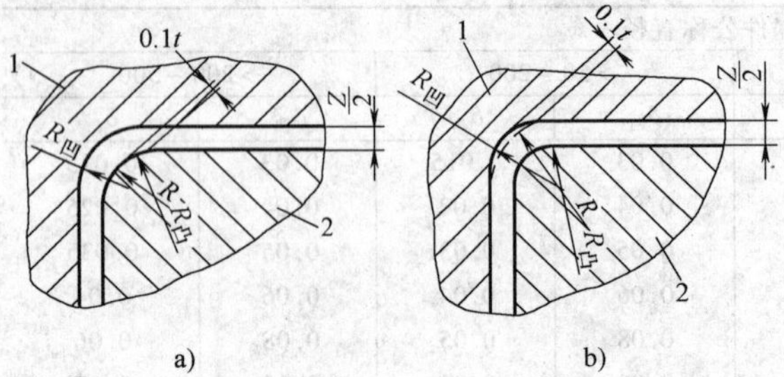

图5-6-54 矩（方）形件圆角部分间隙取法

a）拉深件要求外形尺寸 b）拉深件要求内形尺寸

1—凹模 2—凸模

4）拉深凸、凹模的加工

① 拉深件侧壁为直壁的拉深凸、凹模的加工方法是：断面为圆形的凸模和凹模，可采取淬硬后在内、外圆磨床上加工或精车成形的方法；对断面为非圆形的凹模洞口内轮廓的加工，可采用电火花穿孔、线切割，拼块结构的可采用成形磨削加工，凸模外形轮廓可用磨削加工或铣削后钳工锉修的方法。

② 形状复杂的拉深凸模和凹模，可采用精车成形或铣削后钳工锉修的方法，对曲面形状需依照样板加工和检测。

③ 拉深凹模口部圆角半径是拉深模加工的关键，圆角表面应光洁、无棱线，与平面、曲面过渡应圆滑，无突起。圆角部分粗加工并淬硬后，由钳工研磨、抛光。

④ 拉深凹模的工作部分表面质量要求较高，表面粗糙度达 Ra 值达0.2～0.4μm，在淬火后都应研磨和抛光。

6.3.3 按现有加工设备能力选择加工方法

在冲模生产中，由于受设备条件的限制，不可能完全按尺寸标注要求，而应考虑实际设备情况（包括设备类别、加工范围等）来选择凸模和凹模的精加工方法。有现场实践经验的设计师，会根据现场加工条件选用模具设计结构和相应加工技术要求，工艺人员应在保证设计产品质量的前提下，充分利用现有条件，合理选择加工方法。

1. 无专用设备的加工方法选择

生产现场只有一般的机加工设备，如车床、铣床、刨床等，而没有模具加工专用设备时，凸模与凹模的加工方案介绍如下：

1）钳工加工样板，包括内、外轮廓样板，形面样板。必要时，应加工成对样板，用于刃磨刀具、加工和检测。

2）按样板精加工凹模，热处理淬硬后研磨、抛光，并用样板检验。

3）按凹模配作凸模，保证规定的间隙值。为减小凹模热处理变形，应选用热处理变形小的材料，如CrWMn，或对凹模进行调质处理。具体工艺流程可为：型腔粗加工，调质28～30HRC→型腔加工（留精修余量）→钳工锉修、研磨、热处理淬火→抛光。

钳工锉修时也可采用工艺冲头压印加工的方法。

该方案适用于加工精度不高的模具，对形状复杂、难以控制热处理变形的不宜采用。

没有模具加工的专用设备时，可采取另一加工方案，即采用不淬火凹模。用已加工好的凸模对凹模压印加工。采用的方式是：凸模淬硬至 55HRC 左右，凹模调质 28～32HRC，可用于冲裁料厚 0.2mm 以下的薄料。

2. 有单一模具加工设备的加工方法选择

生产现场只有单一模具加工专用设备的情况，应从模具设计结构和选择工艺流程方面，充分利用专用设备来加工凸模和凹模。

1）只有仿形刨的情况，工艺流程如下：

① 加工凹模用样板。

② 按样板加工凹模，凹模淬火后研磨抛光。

③ 按加工好的凹模对凸模毛坯压印。

④ 按压印痕迹，对凸模仿形刨加工。

⑤ 凸模型部研光成形后热处理，淬硬后型部抛光，保证配合间隙。

上述方案适用于冲裁模。采用仿形刨加工的凸模应选用热处理变形小的材料，对有尖锐角、窄槽等形状复杂的冲件不适用。

2）只有成形磨床的情况，根据凹模结构不同有两种加工工艺方案：

① 整体结构的凹模。用成形磨削机床加工淬硬后的凸模，凹模采用压印加工后钳工锉修、抛光，保证规定的间隙值。对凹模压印加工时，可用加工好的凸模或另磨削一工艺冲头，可视凸、凹模间隙大小决定。

上述方案适用冲件形状不复杂，无尖锐角、窄槽的工件。凹模应选用淬火变形小的材料。

② 凹模采用镶拼结构。凸模和凹模拼镶件在淬硬后，用成形磨床加工到尺寸，然后由钳工研配保证间隙。

用本方案模具加工精度高，避免了淬火变形的影响。

3）只有电火花加工机床时，分为电火花穿孔和成形两种加工方式。

① 使用电火花穿孔加工时的加工顺序：

a. 加工电火花穿孔加工用电极。

b. 在电火花机床上，用电极对已淬硬的凹模加工型孔，钳工研磨型孔。

c. 按加工好的凹模配作凸模，可用压印加工的方法。

② 使用电火花成形加工方式适用于成形模具凸、凹模三维型面的加工。分别加工用于凸模和凹模的电极，电火花成形加工后，由钳工研磨抛光型面。

4）只有线切割机床时，凸、凹模加工工艺可采用如下两种：

① 对淬硬的凹模，用线切割机床加工型孔成形，按加工好的凹模孔用压印法配作凸模，并保证间隙值。

② 将凸模、凹模加工淬硬后，用数控线切割机床分别加工成形。

5）生产现场同时拥有多种模具加工专用设备时，则可兼顾模具设计技术要求和设备能力，选择方便、可靠又能保证加工质量的工艺方案。

第7章 高硬材料成型件的加工

为提高模具使用寿命和性能，常使用硬质合金或刚结硬质合金等具有硬度高、耐磨性能好的高硬材料，来制造模具凹、凸模拼块。由于它们的硬度特高，故其加工方法与一般碳素工具钢、合金钢等有一定的区别。

其加工方法常采用：

1）采用粉末冶金法，使基本成形；然后采用粗、精磨削成形。

2）采用电火花线切割成形，留精密磨削余量，以便采用精密磨削成形。

为此，应研究高硬材料的性能及其成形磨削工艺和电火花及电火花线切割加工技术。

7.1 硬质合金凸、凹模的结构特点

7.1.1 凸、凹模材料选用

冲裁模中，小尺寸的冲孔凸模选用 GCr15，冲孔凹模选用硬质合金。落料和较大尺寸的冲孔，凸模和凹模都选用硬质合金。

不锈钢材料拉深用凹模选用硬质合金时，拉深凸模可选用 W18Cr4V。

7.1.2 硬质合金凹模形式

硬质合金坯料为粉末冶金烧结成形，由供货厂家直接定尺寸供货。硬质合金的硬度在 65HRC 以上，不能进行一般机械加工。常用硬质合金的凹模结构有整体式和拼块式两种方式（图 5-7-1）。

整体式硬质合金结构（图 5-7-1a）适用于小尺寸工件和形状简单的凹模。拼块式硬质合金结构（图 5-7-1b）适用于多孔冲模和级进模的凹模，应用较为广泛。

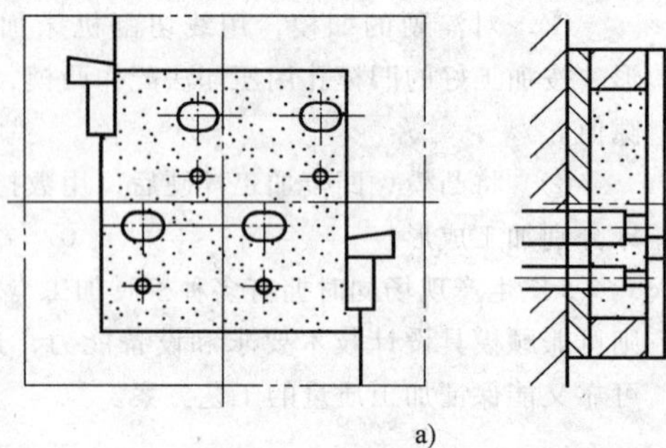

a)

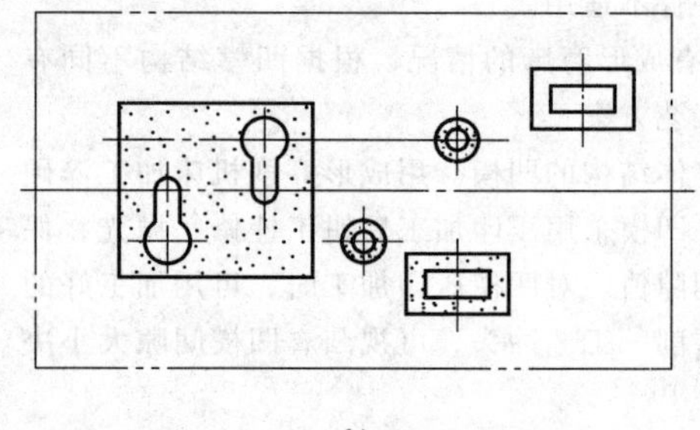

b)

图 5-7-1 硬质合金凹模结构
a）整体式 b）拼块式

7.2 模具常用高硬材料成型件的成形磨削

7.2.1 硬质合金凸、凹模成形磨削

1. 间断磨削

磨削硬质合金用的砂轮磨料应具有很高的强度，以使其不能很快磨钝。但是，一般砂轮用的磨料在磨削硬质合金时，多易很快钝化，且自砺性不好，钝化的砂粒难易自动脱落，则在磨削过程中，在砂轮与加工面之间将产生剧烈摩擦而引发瞬间高温，可达1000°C 以上。从而，使硬质合金表面容易产生裂纹。

因此，常采用绿色碳化硅砂轮，并在圆周上开一定尺寸、角度和数量的槽，进行间断式磨削，则可增高砂轮的自砺性。槽形尺寸和数量见表 5-7-1。

间断磨削的磨削工艺条件，一般为：

磨削速度：外圆磨和平面磨为 32 ~ 36m/s；工具磨时为 20 ~ 30m/s。

进给量：粗磨为 0.03 ~ 0.1mm/行程；精磨为 0.005 ~ 0.03mm/行程。

表面粗糙度 Ra 可达 0.2 ~ 0.1μm。

2. 金刚石砂轮磨削

金刚石砂轮由磨料层、过渡层和基体三部分组成。基体材料随结合剂不同而采用不同材料。如：当采用金属结合剂时，其基体则为钢或铜合金；采用树脂结合剂时，其基体则为铝、铝合金或电木；采用陶

瓷结合剂时，其基体则采用陶瓷。

1）金刚石砂轮的特性，见表 5-7-2。

表 5-7-1　砂轮槽数及尺寸

砂轮形状	简图	说明
平面砂轮	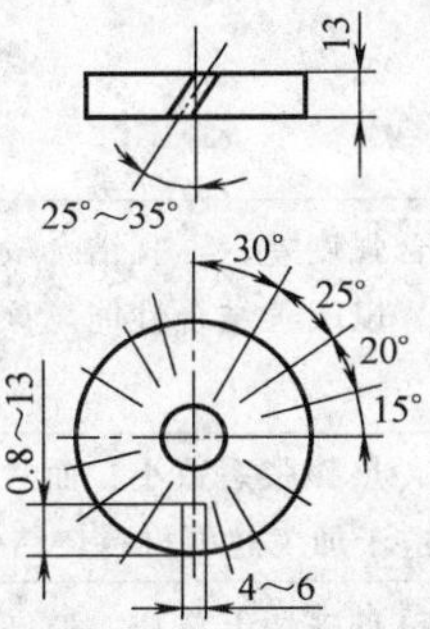 13　25°～35°　30°　25°　20°　15°　0.8～13　4～6	圆周上开 16 ~ 24 条槽，平面磨砂轮开 24 ~ 36 条槽。槽与中心应对称，圆周上不均布，以利于平衡和防止振动。槽的倾斜角为 25° ~ 35°，方向为右旋，使产生的轴向力由主轴承承受
圆柱形砂轮	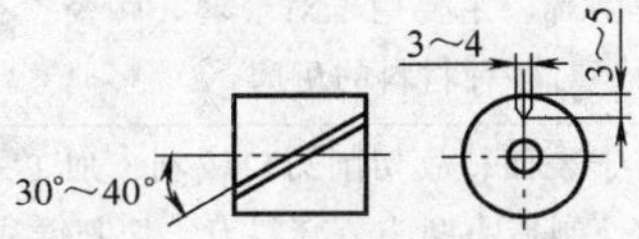 3～4　3～5　30°～40°	外径较小，槽可等分开，槽数 4 ~ 6 条，槽的斜斜角为 30° ~ 40°
杯形砂轮	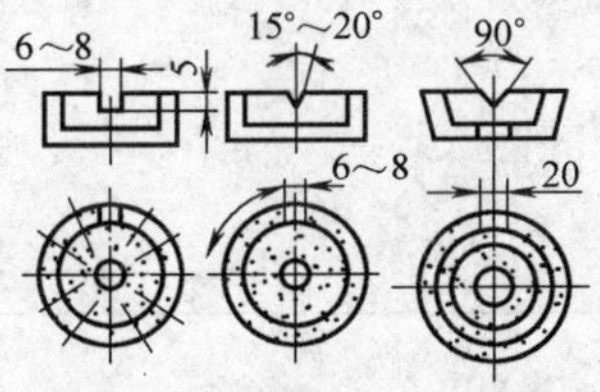 6～8　5　15°～20°　90°　6～8　20	90°V 形槽适用于粗磨，矩形直槽适用于半精磨。V 形槽取 4 ~8 条，矩形槽取 8 ~ 20 条，在圆心上均布。矩形斜槽的倾斜角为 15° ~ 20°，倾斜方向按砂轮旋转方向定，以钝角迎向工件
碟形砂轮	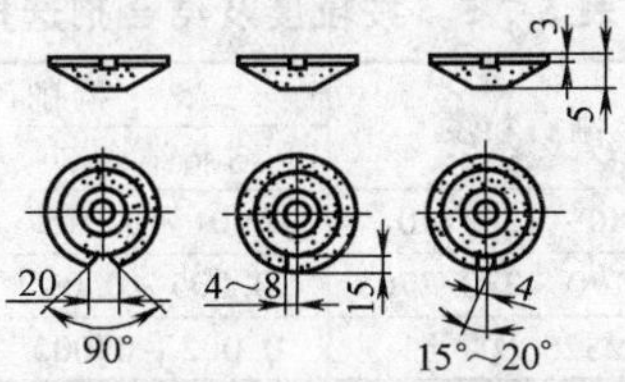 3　5　20　90°　4～8　15　4　15°～20°	开矩形槽 8 ~ 16 条，槽一般宜浅而窄。其他要求同杯形

表 5-7-2　金刚石砂轮的特性

名称	特　性
磨料	RVD 粒度：窄范围　60/70 ~ 325/400 宽范围　60/80 ~ 270/400 用途：用于树脂、陶瓷结合剂磨具或研磨等
	MBD 粒度：窄范围　50/60 ~ 325/400 宽范围　60/80 ~ 270/400 用途：用于金属结合剂磨具、电镀制品、钻探工具或研磨等
	SCD 粒度：窄范围 60/70 ~ 325/400 宽范围 60/80 ~ 325/400 用途：加工钢或钢与硬质合金的组件等
	SMD 粒度：窄范围　16/18 ~ 60/70 宽范围　16/20 ~ 60/80 用途：锯切、钻探及修整工具等
	DMD 粒度：窄范围　16/18 ~ 40/45 宽范围　16/20 ~ 40/50 用途：修整工具及其它单粒工具等

（续）

<table>
<tr><th colspan="3">名称</th><th>特 性</th></tr>
<tr><td colspan="3">磨料</td><td>MP-SD 微粉
粒度：主系列 0/1 ~ 36/54
补充系列 0/0.5 ~ 20/30
用途：硬脆金属和非金属（光学玻璃、陶瓷、宝石）的精磨、研磨</td></tr>
<tr><td rowspan="4">结合剂</td><td colspan="2">树脂结合剂 B</td><td>自锐性好，不易堵塞；有弹性，抛光性能好：但结合强度差，不宜结合较粗磨粒，耐磨、耐热性差，故不适于较重负荷磨削。可采用镀敷金属衣磨料，以改善结合性能。该结合剂磨具，主要用于硬质合金模具、刀具及非金属材料的半精磨和精磨</td></tr>
<tr><td colspan="2">陶瓷结合剂 V</td><td>耐磨性较树脂结合剂高，工作时不易发热和被堵塞，热膨胀系数小，而且磨具易修整。常用于精密螺纹、齿轮的精磨以及接触面较大的成形磨削，并适于加工超硬材料烧结体的工件</td></tr>
<tr><td rowspan="2">金属结合剂 M</td><td>青铜结合剂</td><td>结合强度较高，形状保持性好。使用寿命较长，且可承受较大负荷。但磨具自锐性能差，易被堵塞发热，故不宜结合细粒度磨料，磨具修整也较困难。主要用于对玻璃、陶瓷、石料、半导体等非金属硬脆材料的粗、精磨削以及切割、成形磨削，对各种材料的珩磨</td></tr>
<tr><td>电镀金属结合剂</td><td>结合强度高，表层磨粒密度亦较高，且均裸露于表面，故切削刃口锐利，加工效率高，但由于镀层较薄，因此使用寿命比较短。多用于成形磨削、制造小磨头、套料刀、切割锯片以及修整磨轮等</td></tr>
<tr><td colspan="3">浓度</td><td>树脂结合剂：50% ~75%
陶瓷结合剂：75% ~100%
青铜结合剂：100% ~150%
电镀金属结合剂：150% ~200%</td></tr>
<tr><td colspan="3">硬度</td><td>只有树脂结合剂的磨具才有硬度分级，一般采用 Y 级</td></tr>
</table>

2）金刚石砂轮磨削硬质合金的工艺条件：

① 磨削余量见表 5-7-3。

② 磨削速度见表 5-7-4。

③ 磨削深度见表 5-7-5。

④ 磨削进给速度见表 5-7-6。

⑤ 磨削液：磨削硬质合金时，普遍采用煤油，若磨削时产生烟雾较大，可采用混合水溶液（如硼砂、三乙醇胺、亚硝酸钠、聚乙二醇的混合水溶液），但不宜采用乳化液。树脂结合剂砂轮不宜采用苏打水。

表 5-7-3 磨削硬质合金时的加工余量

工序	加工余量/mm	金刚石砂轮粒度	加工面平面度/mm
粗磨	0.06 ~ 0.08	150	0.03
半精磨	0.03 ~ 0.05	250	0.01
精磨	0.01 ~ 0.02	400 ~ 600	0.005

表 5-7-4 金刚石砂轮磨削速度

砂轮结合剂	冷却状况	砂轮速度/（m/s）
青铜	干磨	12 ~ 18
	湿磨	15 ~ 22
树脂	干磨	15 ~ 20
	湿磨	18 ~ 25

表 5-7-5 按粒度及结合剂选择磨削深度

金刚石粒度	磨削深度/mm	
	树脂结合剂	青铜结合剂
70/80 ~ 120/140	0.01 ~ 0.015	0.01 ~ 0.025
140/170 ~ 230/270	0.005 ~ 0.01	0.01 ~ 0.015
270/325 及更细	0.002 ~ 0.005	0.02 ~ 0.003

表 5-7-6 进给速度选择

磨削方式	进给运动方向	进给速度/（m/min）
平面磨削	纵向	10 ~ 15
	横向	0.5 ~ 1.5（mm/dst）
内、外圆磨削	纵向	0.5 ~ 1

3）采用金刚石砂轮作成形磨削有两种方式：

① 将金刚石砂轮装在成形磨床、光学曲线磨床或工具磨床（与成形夹具）的磨头上，采用展成法、轨迹法进行磨削成形。

② 将金刚石砂轮压制成形，其形状与工件形状相吻合，尺寸一样，装在平面磨床主轴上采用仿形法、切入法磨削成形。

4）表 5-7-7 为采用金刚石砂轮在平面磨床和光学曲线磨床上，进行电机转子硅钢片冲模中的硬质合金（YG20）凹模拼块成形磨削的工艺过程实例。

成形磨削的前工序为电火花线切割加工出来、留有磨削余量的成形凹模拼块精坯。

表 5-7-7　金刚石砂轮磨削实例

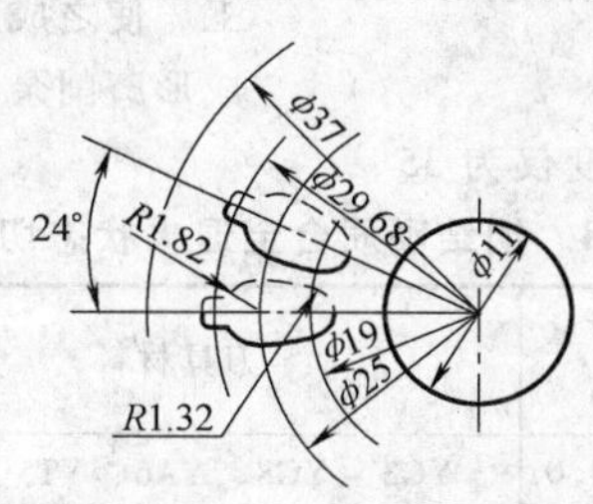

工序	简　图	设备名称	工　具	备　注
1	1 2 3	平面磨床	金刚石砂轮 粒度：180 质量分数：50%	磨削光平面 1 和两端面 2、3 磨削用量： 磨削速度：30m/s 进给速度：2m/min 背吃刀量：0.02mm
2	7.62 1 24° 3	平面磨床	金刚石砂轮 粒度：180 质量分数：50%	磨削平面 1、2，检验尺寸 7.62 和 24° 磨削用量： 磨削速度：30m/s 进给速度：2m/min 背吃刀量：0.02mm
3	24° 7.567 2 1		碳化硼磨料 粒度：180～200	研磨平面 1、2，检验尺寸 7.567 和 24°
4	1 $R18.5^{+0.02}_{0}$	光学曲线磨床放大倍数：50∶1	金刚石砂轮夹具	磨削表面 1，磨削用量： 磨削速度：30m/s 手进给 背吃刀量：0.02mm
5	2 1	光学曲线磨床放大倍数：50∶1	金刚石砂轮 粒度：180 质量分数：50%	磨槽面 1、2

7.2.2　钢结硬质合金凸、凹模成形磨削

1. 钢结硬质合金凸、凹模精坯加工

由于钢结硬质合金在退火状态的硬度仅为35～46HRC，因此，可以采用铣、刨、钻等金属切削加工，使之成形为凹、凸模的精密坯料。其上，当留有成形磨削余量。其退火状态的切削用量，见表5-7-8。

表5-7-8　钢结硬质合金退火状态切削规范

加工方法	切削速度/(m/min)	进给量/(mm/r)	背吃刀量/mm	刀具材料	备　注
粗车	6～18	0.2～0.4	1.0～4.0	YG3～YG8、YA6、YT5、YT15、YW1、YW2	前角为负1°～5°；刀尖$R=0.3$～0.5mm
精车	11～25	0.15～0.22	0.1～0.5		
粗铣（立铣）	7～12	0.15～0.25	1.0～3.0	W18Cr4V、W6Mo5Cr4V2或镶硬质合金刀片的快速螺旋铣刀	尽量采用逆铣
精铣（立铣）	8～15	0.06～0.13	0.4～1.0		
镗孔	6	0.1～0.2	0.1～0.5	W18Cr4V、YG和YT类	
粗刨	5～12	0.2～0.4	1.0～3.0	YG6、YG8、W18Cr4V	前角为负1°～2°，后角为6°～7°，主偏角45°，刀尖$R=2$mm
精刨	7～14	0.2～0.4	0.4～1.0		
插削	8～12	0.15～0.4	0.5～1.0	YG6、YG8、W18Cr4V	
钻孔	3～6	中等或大压力	手进	W18Cr4V硬质合金钻头	注意排屑，一次钻成为好
扩孔	3～6	中等压力	手进	W18Cr4V硬质合金钻头	余量应稍大一些，以免烧焦钻头
攻螺纹	手用丝锥			对普通丝锥，后角倒角0.5～1.0mm	底孔比加工钢件时大0.08～0.1mm

注：由于钢结硬质合金材料中含有硬度很高的微细碳化物颗粒，因此，其切削工艺条件中的切速度和进给量不宜过高、过大，而背吃刀量则不宜过小。否则，将会使刀具刃口磨损加剧。

2. 钢结硬质合金凸、凹模成形磨削

钢结硬质合金经淬火、回火后，其硬度很高，将近于硬质合金。因此，其磨削方式和磨削工艺条件（磨削用量）均和磨削硬质合金模与模拼块相同。但其磨削余量可较大，淬火状态的余量一般为0.06～0.1mm。

1）若凸、凹模精度和使用性能要求较低，则可在退火状态下进行成形磨削。淬火后，进行研磨成形也可。

2）磨削用的砂轮，亦为白刚玉、碳化硅、碳化硼等，在磨削淬火状态的钢结硬质合金时，其砂轮形状与尺寸见表5-7-1。

采用金刚石砂轮时，则与磨削硬质合金磨削工艺同。

7.3　电火花成形加工原理及工艺过程

电火花成形加工是利用成形工具电极对工件进行仿形电加工。它可加工各种小孔、深孔、窄缝、三维曲面、复杂形状的型孔和型腔等，而且不受材料的硬度、强度、脆性等限制，可以加工高硬度材料和非金属难加工材料，如淬火钢、不锈钢、硬质合金、金刚石等，因此被广泛应用于冲模等的加工中。电火花成形加工的英文缩写为EDM。

7.3.1　电火花成形加工的基本原理

1. 脉冲放电与电火花加工

常用电器开关等产品，在开、断时，其触点之间常出现火花放电，并造成触头表面烧损，并产生蚀除现象。应用火花放电可蚀除工件表面金属的原理，以加工高硬度材料、形状复杂的工件（如塑模凹模型腔）的方法，称为电火花加工。其加工原理见图5-7-2。当在两极间加上100～150V直流电压后，则通过电阻R，向电容器C充电，使C两端电压（即工具电极与工件之间的电压U_C）逐渐增高。当U_C增高到足以击穿具有很大电阻、存于极间间隙中的介质（工作液）时，则将形成介质电阻趋于零的火花通道。从而，使储存于C上的电能，瞬间通过通道放出，产生火花放电。此过程，实为将电能转化为热能，以瞬间强热流冲击并熔化工件表面的金属，使在工件表面形成凹陷状的小坑。当过程结束后，介质即恢复近似绝缘状态；使C再次充电，以重复上述火花放电过程。这样，必将在工件表面不断增加小坑数量，若放电频率很高，则可达到工件表面被加工的目的。

以上，即为常用RC弛张式脉冲电源的电火花加工基本原理与过程。

2. 电火花加工工艺过程

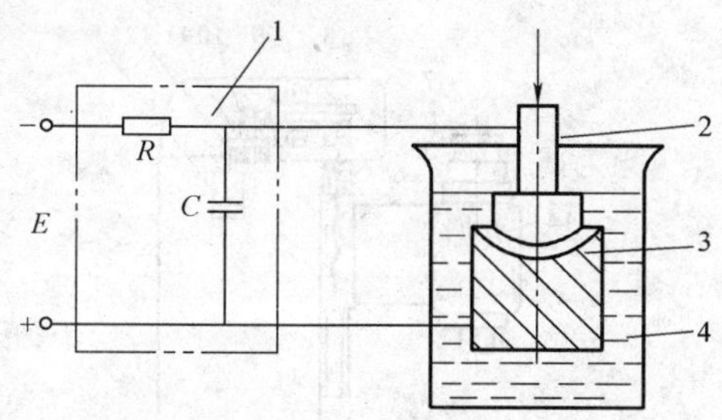

图 5-7-2 电火花加工原理

1—脉冲电源 2—工具电极 3—工件 4—工作液

电火花加工是通过成形工具电极和工具之间脉冲性火花放电时的电腐蚀现象来蚀除多余的金属，从而达到需要的形状和尺寸。其加工过程通常可分为介质击穿、能量转换、电蚀物抛出和间隙介质电离四个阶段。其加工工艺过程见表 5-7-9。

表 5-7-9 电火花成形加工的基本工艺过程

序号	名 称	内 容
1	图样分析	工艺基准、精度和表面粗糙度以及其他技术要求
2	工件准备	工件材料的选用、是否需要加工预孔以及热处理和防锈、退磁等工序
3	电极准备	1）确定电极材料 2）确定电极形状、尺寸及精度 3）电极结构设计 4）电极加工工艺及电极数量的确定 5）确定基准面
4	电火花成形加工	

3. 电火花成形加工工艺

（1）电加工工艺参数调节与选择

1）火花间隙与加工斜度。电加工时工件加工面与工具电极之间需有一定火花间隙（Δ），一般为 0.01～0.5mm。因此，加工后的工件型孔、型腔尺寸（L）表达式如下：

$$L = L_0 + 2\Delta + 2\delta + 2\delta_1$$

式中 L_0——工具电极设计尺寸（mm）；

δ——工件型孔、型腔蚀除层（mm）；

δ_1——工具电极尺寸损耗（mm）。

实际上，由于火花间隙中还存有大量蚀除下来的金属屑粒，并不断随介质液循环过程被排（冲、抽）出放电间隙，致使许多屑粒在排出放电间隙路程中会发生二次放电，使工件加工面与工具电极之间的间隙扩大。此间隙于型孔、型腔的入口处为最大，因入口处屑粒发生二次放电的几率最大。这就使型孔、型腔侧壁形成电加工斜度，见图 5-7-3。

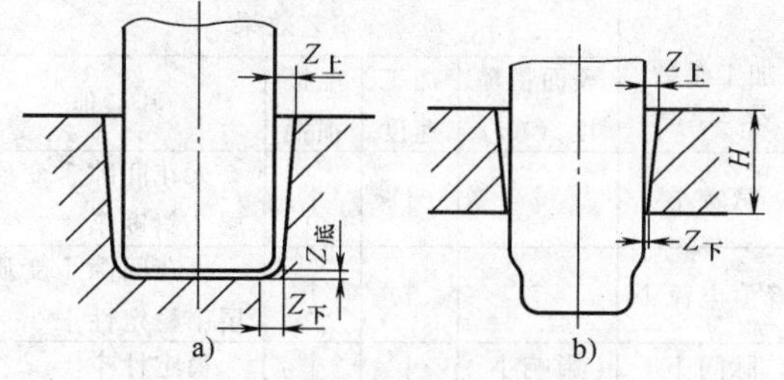

图 5-7-3 间隙与斜度

a）型腔加工 b）穿孔加工

2）精加工时，电加工斜度的斜角可控制在 < 10°。因此，加工冲模型腔时，其电加工斜度正好作为脱模斜度的一部分。

（2）电规准调节与选择 在加工时，常选择一组电参数，以满足工件加工要求。这组电参数称一档规准。

粗加工时，常取 1～2 档规准，加工后，型孔、型腔表面粗糙度可达 Ra10～5μm，生产率高。

半精加工时，档数适当，表面粗糙度达 Ra5～1.25μm。

精加工时，常选数档电规准，加工后其表面粗糙度可达 Ra0.63μm～0.32μm，但生产率低。

因此，在电加工过程中，常需进行规准转换，以达到降低电极损耗，保证加工精度，并使加工速度 v_w（mm^3/min）高，一般：

粗加工时：$v_w = 500mm^3/min$

精加工时：$v_w = 20mm^3/min$

为达到以上加工要求，选择适当电规准是满足电加工要求的技术基础。电规准主要指：脉冲宽度、脉冲间隔、峰值电流和电流密度。

1）进行粗加工时，要求控制电极损耗 < 1%。

2）精加工时，则须根据加工精度和表面粗糙度的要求。

这两项要求主要取决于脉冲宽度和峰值电流。因此，根据规准档数要求，须正确选定这两项参数，以满足加工要求。

3）电流密度根据加工面积选择。小面积加工时，电流密度宜小，一般为 1～3A/cm^2；面积大时，则宜保持在 3～5A/cm^2。

4）脉冲间隔选择的依据主要为不使火花间隙短路，产生电弧，但须尽量小。粗加工、长脉宽时，选定脉宽的 1/5～1/10；精加工、窄脉宽时，选定脉宽的 2～3 倍。

表 5-7-10 所列内容可供选择电规准时参考。

表 5-7-10 加工规准与工艺效果的关系

加工参数	工艺效果			
	表面粗糙度（Ra）	加工速度	电极损耗	其 他
脉宽↑	↑	↑	↓	火花间隙↑变质层↑斜度↑
峰值电流↑	↑	↑	↑	火花间隙↑变质层↑稳定性↑
脉间↑	影响小	↓	↑	稳定性↑
电流密度↑	↑	↑	↑	过火时稳定性↓

7.3.2 电加工工艺系统及应用

1. 电加工工艺系统

电火花加工常采用成形加工和线切割加工两种方式。电加工工艺系统的组成包括以下4部分：

1）脉冲电源及其参数调节与控制装置。

2）电加工过程的数字伺服控制和精密、灵敏的传动机械。

3）电加工介质（工作液）供给、过滤和储存装置。

4）装夹工具电极与工件的夹具。电火花线切割加工工艺系统的工具电极为0.08～0.18mm铜丝和钼丝等金属丝。因此，则具有卷丝、张紧和传丝装置。

电加工工艺系统组成见图5-7-4～图5-7-6。

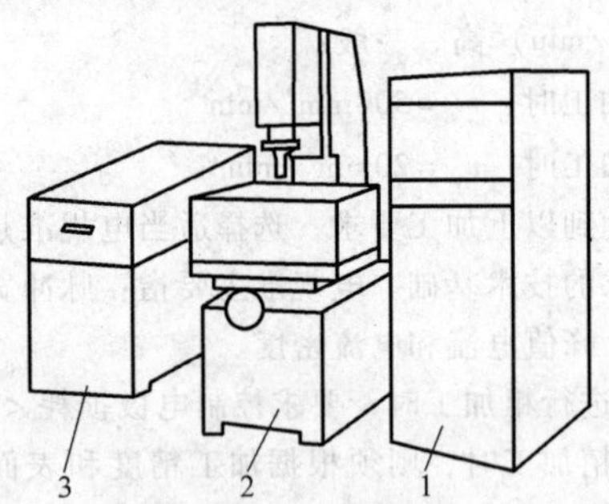

图 5-7-4 电加工系统组成图

1—脉冲电源与控制系统 2—主机

3—工作液系统

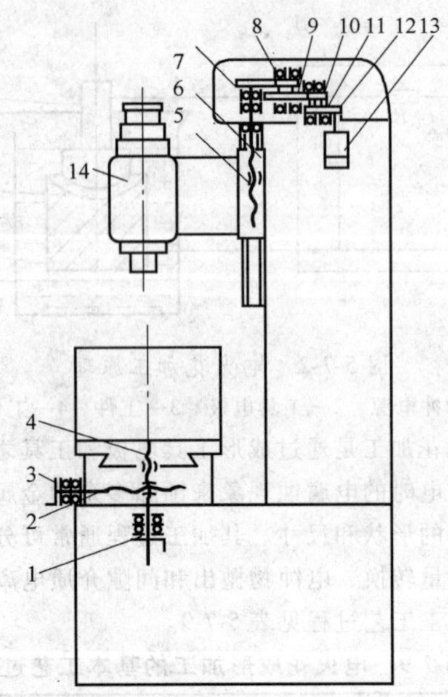

图 5-7-5 电加工机械传动图

1、3—手轮 2、4、6—丝杠 5—螺母

7、8、9 10、11、12—齿轮

13—电动机 14—主轴头

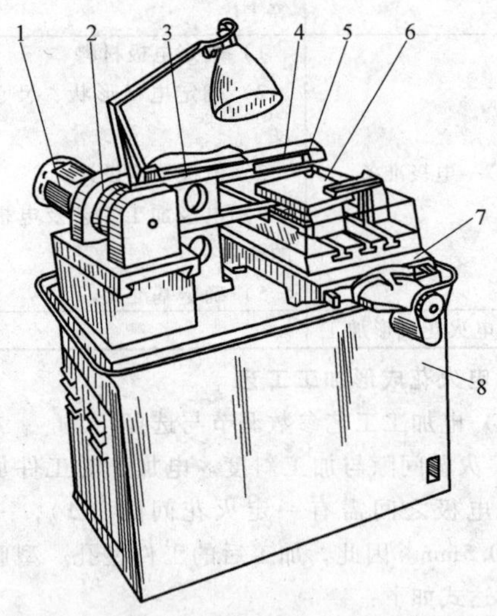

图 5-7-6 电火花线切割机床

1—电动机 2—储丝筒 3—电极丝

4—线架 5—导轮 6—工件

7—坐标工作台 8—床身

2. 电加工工艺特点与应用

1）电火花加工工艺精度较高，当进行精加工时，其形状尺寸精度可达：0.001～0.01mm；其表面粗糙度可达Ra0.32～18μm。因此，电火花成形加工常用来精密加工，以减少手工抛光工作量；也可用来进行冲模凹模型腔表面的精饰加工。电火花线切割加工可用以进行精密磨削前的预加工，也可用来进行最终加工。

2）电火花加工为不接触加工，是依赖脉冲放电的高温热能加工，因此，可用来加工薄型工件，或具有窄槽、窄缝的工件，以及硬度高、脆性高材料，或软性材料的加工。即：凡导电材料的工件、凡其形状符合电加工工艺要求的工件，都可以进行电加工。所以，电火花加工已成为模具成型件，即凸、凹模的常用成形加工方法。

3）工件表面质量主要取决于电加工表面的小坑，而小坑的平均直径和深度的大小，与脉冲能量和脉冲波形有关；小坑的数量，则与脉冲频率、脉冲延续时间有关。所以，粗加工时，力求高效，则宜取较大脉冲能量；精加工时，则宜取较小脉冲能量和较高脉冲频率。因此，针对工件材料、尺寸、表面质量要求，采取数字化自适应控制，是电加工工艺的重要特点和要求。

4）电火花成形加工与机械加工相比，加工效率较低，故常用于精、光加工；还需制造成形电极，而且在加工中电极亦有损耗。所以，电加工的准备时间较长，精度亦受限制。

7.4　电火花成形加工工艺

7.4.1　电火花加工方法

1. 仿形法

按照工件形状、尺寸及其精度要求，设计、制造凸、凹形状相反，尺寸与精度相同，留有加工余量，用来进行成形加工者，称电火花仿形加工。其加工方式有单电极、多电极、单电极平动和分解电极 4 种常用的方式，见表参 5-7-11。

表 5-7-11　电火花成形加工方式

加工方式	成形加工示例图	说　明
单电极成形加工法	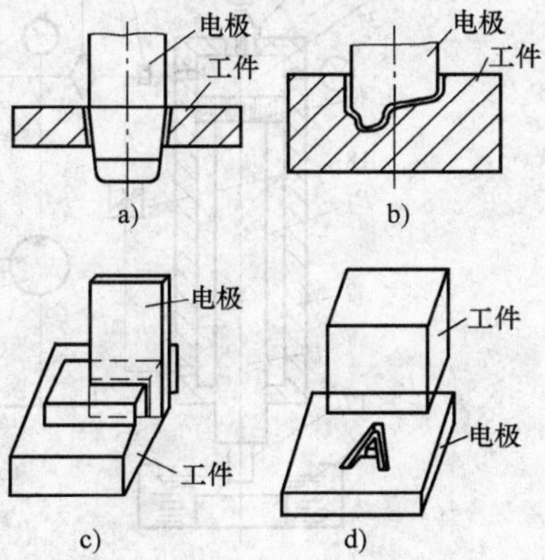 a）加工型孔　b）加工型腔 c）加工槽、缝　d）反拷标志字型加工	单电极除整体式外，为使电极工方便，也可采用拼装式电极（也称组合电极）来进行成形加工
多电极成形加工法	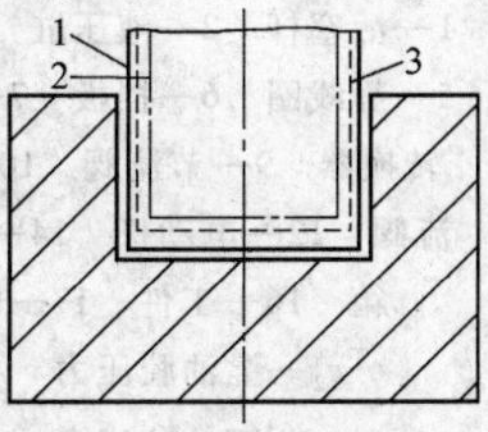 1—精加工电极　2—粗加工电极 3—半精加工电极	因此法加工精度高，每个工序电极均配装在精密夹具上。夹具上有电极加工基准，此基准也是安装定位基准
单电极平动加工法		常用于具有直壁型腔的凹模加工，可用型腔范围大，减少多电极加工费用，只需一个电极即可完成粗精加工
分解电极成形加工法	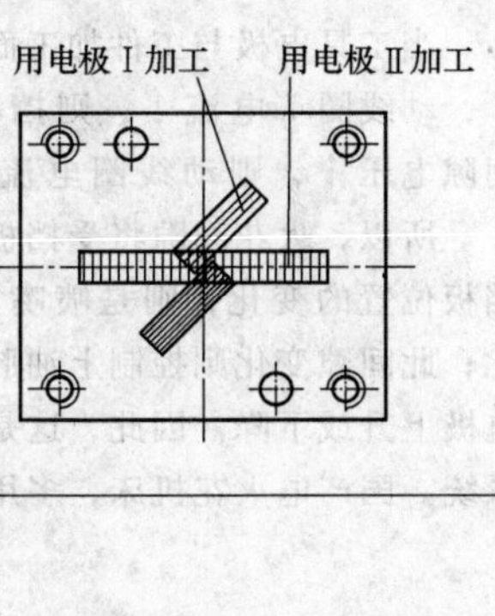	当工件形状复杂时，可将其分成简单的几何形状，分别制造成电极，以相应的加工基准，逐步将工件型腔加工成形。所以，分解电极成形加工可简化电极加工工艺。但是，须统一加工基准，否则将增加加工误差

（续）

加工方式	成形加工示例图	说　明
立体成形加工法		电极下端面呈型面，其侧面和顶面也均呈型面；所以，可成形加工具有内侧型腔的工件。图示加工顺序为：先加工 Z 轴方向型面；将电极固定于 Z 轴加工位置，成形加工侧向型面。此法可获得较高形状精度，但机床需具有多向伺服运动控制

2. 创成法

又称展成法、轨迹法。即按工件加工面形状要求，编制二维数字轨迹加工代码，采用形状简单的圆柱体电极（一般铜电极）作自转，并沿数控轨迹（即使电极外圆沿工件型面）运动，作电火花成形加工。其加工方法见图 5-7-7。

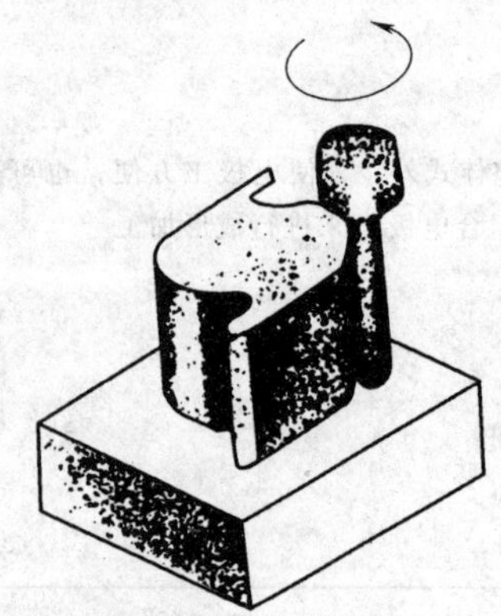

图 5-7-7　用旋转电极的轮廓创成加工

7.4.2　电火花加工工具电极

1. 电火花成形加工机床

电加工机床的组成，见图 5-7-5 和图 5-7-6。其中除脉冲电源、传动机械与伺服控制、介质循环系统外，其喷嘴挡板电液转换自动伺服进给主轴头，也是主要部件。其工作原理见图 5-7-8。

为保证工具电极在加工过程中进行适时进给，或排除火花间中因排屑不畅产生短路等，主轴头则需带动工具电极进行伺服运动，使电极与工件加工面之间始终保持火花放电加工状态所需的最佳放电间隙（Δ）。由图 5-7-8 可知，当挡板 6 处于位置Ⅱ时，则

$$p_1A_1 = p_2A_2$$

当挡板 6 处于位置Ⅰ时，则

$$p_2 < p_1 \quad \text{电极} \uparrow$$

当挡板 6 处于位置Ⅲ时，则

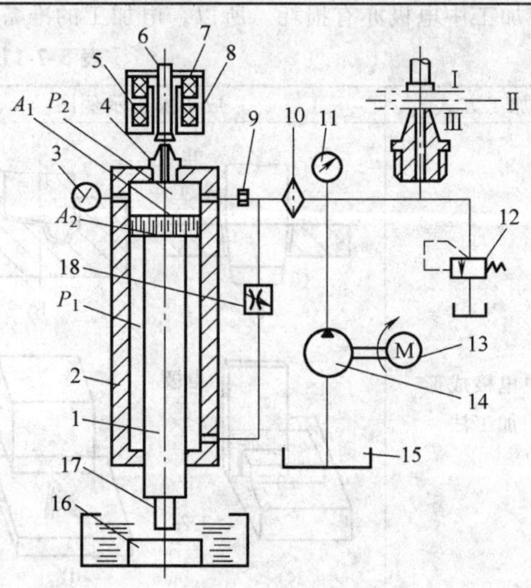

图 5-7-8　喷嘴挡板电液压伺服系统工作原理图

1—活塞杆　2—液压缸　3—压力表　4—喷嘴　5—静线圈　6—挡板　7—动线圈　8—电液压转换器　9—节流阀　10—精滤油器　11—溢流阀　12—电动机　14—叶片液压泵　15—油箱　16—工件　17—电极　18—止回阀

p_2—上油腔压力　A_2—上活塞面积

p_1—下油腔压力　A_1—下活塞面积

$$p_1 < p_2 \quad \text{电极} \downarrow$$

挡板 6 与动线圈 7 连成一体。线圈未通电时，在弹簧弹力作用下挡板处于位置Ⅰ；通电于动线圈 7 和静线圈 5 时，则由于磁力作用使挡板 6 处于位置Ⅱ。

当工具电极与工件加工面短路时，放电间隙电压↓，动线圈 7 电流↓，则挡板 6↑，电极↑；反之，间隙电压↑，则动线圈电流↑，则挡板 6↓，电极↓。所以，火花间隙将受挡板 6 所处位置的控制。而挡板位置的变化，则是喷嘴 4 与挡板之间的间隙变化；此间隙变化则控制上油腔压力 p_2，从而控制工具电极上升或下降。因此，这是一个电液转换伺服控制系统。国产电火花机床，多用此系统以控制主轴头的

伺服运动。国外则多采用伺服电动机进给控制系统，此系统负载能力大、调速宽、进给速度高，且反应灵敏。另外，小型电火花机床则常采用步进电动机进给控制系统。这两种进给控制系统易于实现数字化控制。

2. 常用机床技术规格与性能

见表 5-7-12 ~ 表 5-7-14。

表 5-7-12　普通电火花加工机床主要技术规格

型　　号	D6125F	D6140A	D6132	D6185（D61130）
工作台尺寸 A/mm × B/mm	250 × 450	400 × 600	320 × 500	850 × 1400 （1300 × 1300）
工作台行程横向/mm × 纵向/mm	100 × 200	100 × 200	120 × 200	滑枕向前 150（100） 向后 300 主轴头座左右 550
夹具端面至工作台面最大距离/mm	360		520	1050
工件最大尺寸 A/mm × B/mm × C/mm	250 × 350 × 150	350 × 400 × 200		850 × 1400 × 450 （1300 × 1300 × 450）
主轴行程/mm	105	120	150	250
主轴座移动距离/mm	200	250	200	250
电极最大质量/kg	20 用平动头 5	10	50	200
电源类型	40A 晶闸管复合电源	50A 晶闸管高频电源	100A 晶闸管多回路复合电源	粗加工，300A 晶闸管电源 精加工，20A 晶闸管电源
最大加工生产率/（mm^3/min）	250	350	石墨-钢 900	晶闸管电源 3000
最高加工表面粗糙度 Ra/μm	2.5 ~ 1.25	2.5	2.5 ~ 1.25	2.5
最小单边电蚀间隙/mm	0.03 ~ 0.05	0.03	0.03	晶闸管电源 0.15 ~ 0.46

表 5-7-13　精密坐标电火花加工机床主要技术规格

型　　号	JCS-016	DM7140	DM5540
加工孔径/mm	0.1 ~ 1		
坐标工作台定位精度/mm	± 0.006	0.02	光学读数分度值 0.01 0.015
工作台尺寸 A/mm × B/mm	160 × 250	400 × 630	400 × 630
工作台行程横向/mm × 纵向/mm	50 × 100	200 × 300	200 × 300
工作台最大承重/kg		600	570
主轴伺服行程/mm	100		160
主轴转速/（r/min）	无级 200 ~ 1000		10 ~ 80
主轴伺服进给速度/（mm/min）	18		
最大电极质量/kg			100　回转电极 5
电源类型	晶体开关管控制的精微 RC 回路，0.5A	100A 晶闸管电源	80A 晶闸管复合电源 有脉冲间隔适应控制和适应抬刀
最大生产率/（mm^3/min）		850	
最高加工表面粗糙度 Ra/μm	0.32		0.63

表 5-7-14　高性能电火花加工机床主要技术规格

型　　号	DM7132	D7125
坐标工作台数字显示分辨值	0.002mm	
工作台尺寸 A/mm × B/mm	320 × 500	250 × 400
工作台行程横向/mm × 纵向/mm	150 × 250	
主轴伺服行程/mm	250	
夹具端面至工作台面最大距离/mm	500	

型　　号		DM7132	D7125
电极最大质量/kg		50	
电源类型		50A 高效低损耗晶闸管电源，多参数适应控制	50A 高性能晶闸管电源，自适应控制
最高生产率/（mm^3/min）	石墨-钢	> 400	
	铜-钢	> 380	> 400

3. 工具电极设计

(1) 常用电极材料　工具电极材料须是导电材料，要求这些材料具备：电加工工艺特性好，如电极损耗低、加工过程稳定、加工效率高等；机械加工性能好，选择的电材料能进行精密磨削加工，使工具电极形状尺寸精度达到设计要求；同时，还要求价格低，能适时购买到性能优越的材料等。所以，选择性能优越的工具电极材料，以满足模具成型件的电加工要求，是进行电火花成形加工的重要条件。

表5-7-15所列为常用工具电极材料的电加工工艺性能、机械加工工艺性等，以供选择使用。

表5-7-15　电火花成形加工常用电极及其性能

常用材料	电加工工艺性能		机械加工性能	价格 材料来源	应用说明
	稳定性	电极损耗			
铸铁	较差	适中	好	低 （常用材料）	主要用于型孔加工。制造精度高
钢	较差	适中	好	低 （常用材料）	常采用加长凸模，加长部分为型孔加工电极；将降制造费用
纯铜	好	较大	较差 （磨削困难）	较高 （小型电极常用材料）	主要用于加工较小型腔，精密型腔，表面加工粗糙度可很低
黄铜	好	大	较好 （可磨削）	较高 （小型电极常用材料）	
铜钨合金	好	小 （为纯铜电极损耗的15%～25%）	较好 （可磨削）	高 （高于铜价40倍以上）	主要用于加工精密深孔、直壁孔和硬质合金型孔与型腔
银钨合金	好	很小	较好 （可磨削）	高 （比铜钨合金高）	
石墨	较好	较小 （取决于石墨性能）	好 （有粉尘，易崩角、掉渣）	较低 （常用材料）	适用于加工大、中型的型孔与型腔

(2) 工具电极损耗与极性效应　这是电加工中影响加工精度、说明电加工工艺水平的重要指标，即：同一时间内工具电极损耗量与工件加工面蚀除量的比值。其计量方法有体积（mm^3）、重量计量（g）和长度计量。常用方法为长度计量法。即，长度损耗 C_L 为（见图5-7-9）

$$C_L = \frac{h_2}{h_1} = (H - h_1)/h_1$$

式中　H——工件厚度；

h_1——工件上已加工好的高度尺寸；

h_2——工具电极长度方向上已损耗尺寸。

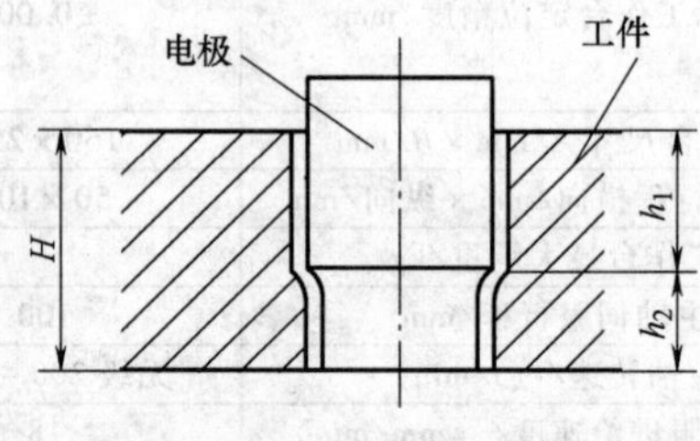

图5-7-9　长度损耗

减少电极损耗的补救方法有：

1) 更换电极，或使用电极未损耗部分加工。

2) 采用平动仿形加工，以减少电极损耗不均匀的程度。

3) 采用极性效应，以减少电极损耗。

电火花加工时，即是同一材料，其中总有一种的蚀除量较大，此现象即为极性效应。为使电极损耗低，并提高加工效率，则要求电极效应越显著越好。

(3) 工具电极结构形式　根据型孔、型腔结构和电极制造工艺水平，常用电极结构有以下几种，见表5-7-16。

(4) 工具电极尺寸设计　工具电极尺寸是指其垂直于主轴进给方向截面上的内、外轮廓尺寸。这些尺寸的设计和确定，与火花间隙、电极损耗、模具材料、电加工规准、机床精度、以及介质液等工艺因素都有关系。

若型孔、型腔粗加工后，其精加工采用平动方式精修，电极尺寸可按下式进行计算：

$$a = A \pm kg$$

式中　a——电极尺寸；

A——型孔、型腔尺寸；

k——与型腔、型孔尺寸标注方法有关的系数；

g——电极尺寸的修整量。

表 5-7-16　常用工具电极结构形式

电极	工具电极结构示例图	说　明
整体结构电极	冲油 2 1 a)　冲油 3 2 b)	此为加工型孔、型腔常用结构形式。图中 1 为冲油孔，2 为石墨电极，3 为电极固定板。当面积大时，可在不影响加工处开孔或挖空以减轻其重量
阶梯式整体结构电极	加工前　粗加工结束 精加工开始 L_1 f L_2	为提高加工效率和精度，降低 Ra 值，常采用阶梯式整体结构。图中：L_1 为精加工电极长度；L_2 为加长度，常为型孔深的 1.2 ~ 2.4 倍；其径向尺寸比精加工段小 0.1 ~ 0.3mm，作粗加工电极。此类电极适于加工小斜度型孔，以保证加工精度，减少电参数转换次数
组合结构电极	电极 工件	当工件上具有多个型孔时，可按各型孔尺寸及其间相互位置精度，定位、安装于通用或专用夹具，加工工件上的多个型孔和圆孔孔系
镶拼结构电极		将复杂型孔分成几块几何形状简单的电极，加工后拼合起来电加工型孔。这样，可使制造简化，减少电极加工费用。图为加 E 形凹模用三块电极

式中正、负号的确定原则为：

“+”——当加工型腔凸形时，电极当为凹形，其尺寸上应加 kg，用“+”号；

“-”——当加工型腔凹形时，电极当为凸形，其尺寸上应减 kg，用“-”号。

其中　$k=0$、1、2，视电极截面上尺寸的对称性和是否为加工面而定，即：

1）当为中心线间的尺寸时其 $k=0$。

2）当电极在加工凸、凹圆弧或平面，只有单边火花间隙，即标注的尺寸只有一端需加上或减去 kg 时，其 $k=1$。

3）同理，当截面上标注的尺寸为对称性时，即尺寸两端均需加上或减去 kg 时，其 $k=2$。

图 5-7-10 为电极尺寸计算示例。

示例的尺寸设计为；

$$a_1 = A_1 - 2g; a_3 = A_3 - 2g;$$

$$a_2 = A_2 + 2g; a_4 = A_4 - g;$$

$$a_5 = A_5; r_1 - R_1 - g;$$

$$r_2 = R_2 + g; \alpha = \beta。$$

根据电火花成形加工机床规定的工艺参数，加工中、小型腔所用电极的单面精修量，见表 5-7-17。

表 5-7-17　工具电极单面精修量

电极截面积 /cm^2	单面电极精修量/（g/mm） 粗加工	精加工
4.5 ~ 6	0.4 ~ 0.50	0.15
3 ~ 4	0.3 ~ 0.35	0.10
0.5 ~ 1.5	0.2 ~ 0.30	0.10
<0.5	0.15	0.07

工具电极长度常根据经验确定，即：

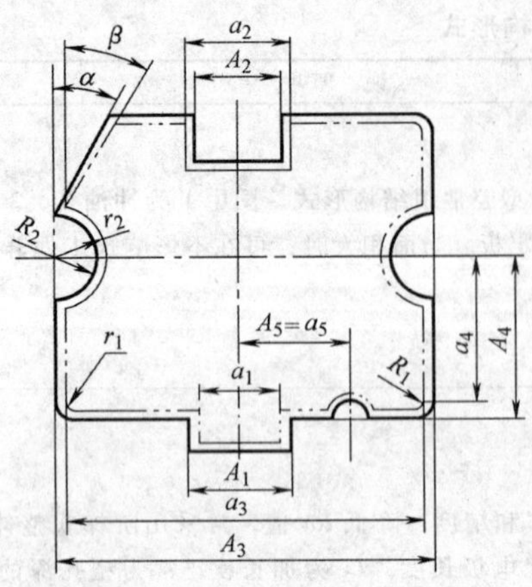

图 5-7-10 电极尺寸计算示例

1）加工型腔时，其有效长度应大于型腔的深度。电极总长（高）度减去不加工长度，称为有效长度。

2）加工型孔时，其有效长度一般取型孔深度的2.5～3.5倍。

（5）工具电极制造 工具电极具有两个特点：其一为工具电极常用材料中有纯铜、铜、银钨合金等软质材料，难以进行精密成形磨削加工；其中石墨电极材料加工时，易产生粉尘，造成污染。其二，采用工具成形电极进行仿形加工时，其形状与工件上的型孔、型腔中的凸、凹形状相反；因此，需进行电极结构、尺寸设计与精密加工。所以，工具电极的制造与模具凸、凹模制造具有同样工艺性质、同样难度。由此，则增加了模具制造费用和工艺准备时间。

针对以上两方面的特点，应简化电极制造工艺，降低制造费用，现有以下措施和方法：

1）采用多种工具电极结构形式。为简化电极制造工艺过程，减少加工工量，降低加工难度和生产费用，创造与设计了多种工具电极结构形式：组合电极、分解式电极、镶拼式电极等。另外，还有加工型孔用的加长凸模，其中有两种形式，见图5-7-11：其一按电极长度要求，将凸模加长共同进行成形加工，当型孔电加工完成以后，切去电极部分；当电极材料为铸铁或铜等，则可与合金钢凸模精坯，采用粘接、铜焊等连接在一起共同进行精密成形磨削成形；当型孔电加工完成后，则使其与凸模分开。

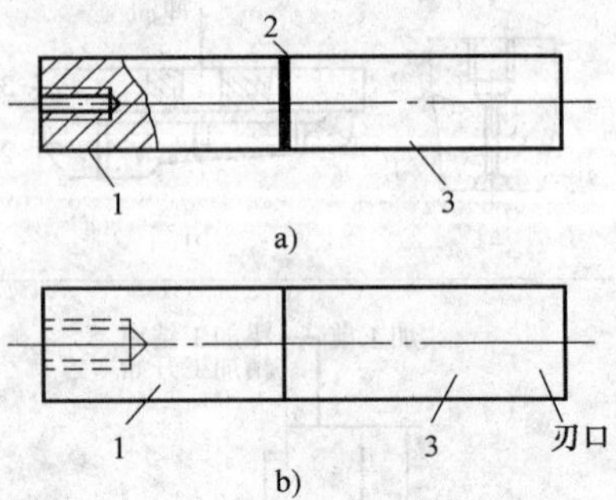

图 5-7-11 电极与凸模粘接

1—电极 2—粘接面 3—凸模

加长工具电极与阶梯电极一样，其电极部分有效长度当为型孔深度的1.2～2.4倍。电极的截面尺寸与凸模截面尺寸，因电加工工艺与火花间隙的要求，将有三种情况：

其一，当凸、凹模间隙（Δ）与火花间隙（δ）相等时，则磨削后的电极截面与凸模截面尺寸相同。

其二，当$\Delta<\delta$时，则电极截面尺寸<凸模截面尺寸，可采用化学腐蚀法将电极轮廓尺寸缩小到设计尺寸。

其三，当$\Delta>\delta$时，则电极轮廓尺寸>凸模轮廓尺寸，常用电镀法增加其轮廓尺寸：当单边增加的尺寸<0.05mm时，可以镀铜；当单边增加的尺寸>0.05mm时，可以镀锌，以到设计要求。

注：电极与凸模共同进行成形磨削加工时，其截面公称尺寸为凸模公称尺寸。其精度要求取凸模公差的1/2～1/3。

2）阶梯电极制造方法。阶梯电极的结构、尺寸和加工方法与凸模一样，见表5-7-16，其阶梯部分应小于上段精加工电极长度L_1，其减小尺寸的方法常采用化学腐蚀法，各种腐蚀剂配方及适用范围见表5-7-18。

表 5-7-18 各种腐蚀剂配方及适用范围

腐蚀剂成分（质量分数）及使用情况	配方种类						
	1	2	3	4	5	6	7
草酸	—	—	—	—	40g	—	18%
硫酸	—	—	50%	18%	—	—	2%
硝酸	100%	14%	50%	10%	—	60mL	—
盐酸	—	—	—	10%	—	30mL	—
磷酸	—	—	—	5%	—	30mL	—
氢氟酸	—	6%	—	2%	—	—	25%
双氧水	—	—	—	—	—	—	55%
蒸馏水	—	—	—	—	100mL	—	—

（续）

腐蚀剂成分（质量分数）及使用情况	配方种类 1	2	3	4	5	6	7
自来水	—	80%	—	55%	—	—	—
腐蚀速度/（mm/min）	0.06	0.01	0.007～0.01	0.007～0.01	0.04～0.07	0.02～0.03	0.08～0.12
腐蚀后的表面粗糙度 Ra/μm	1.25～2.5	1.25～2.5	0.63～1.25	0.63～1.25	接近原来表面粗糙度	0.63～1.2	0.63～1.25
适用对象	纯铜 黄铜	T8A Cr12	纯铜 黄铜	钢（铜和铸铁也适用）	钢、铸铁、铜	工具钢 合金钢	适用于工具钢

3）电铸成型法。采用纯铜电极时，由于其为软质材料，难进行成形磨削，电铸成形法是较好的方法。其电解沉积金属原理见图 5-7-12。

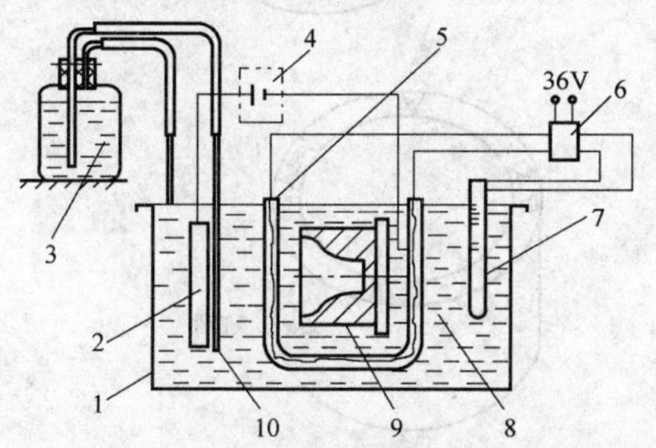

图 5-7-12　电铸法制造电极

1—镀槽　2—阳极　3—蒸馏水瓶　4—直流电源　5—加热管　6—恒温控制器　7—水银导电温度计　8—电铸溶液　9—母模　10—玻璃管

采用样件（金属）为母模，固定于电铸溶液中（酸性硫酸铜或其他金属盐溶液），为阴极；以铜为阳极。在 25～50℃条件下，采用 1～10A/dm^2 电流密度的直流电源，使铜电解并沉积于母模，达 2～3mm 沉积厚度即形成较高精度的成形电极，用以进行电加工型腔。

图 5-7-13 所示为增强其刚性的措施，此法常用于制造电加工中、小型凹模型腔电极。

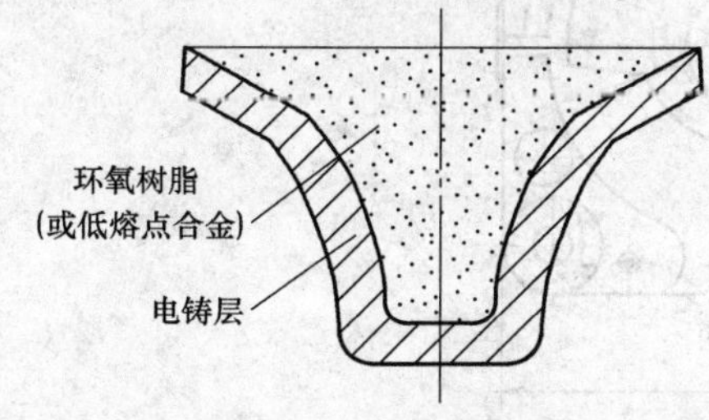

图 5-7-13　电铸电极的加固

4）石墨电极振动成形法。石墨电极是常用的工具电极，一般采用机械加工成形。为提高电极精度和加工效率，市场已有专用防石墨粉尘污染的 CNC 成形加工机床。若相同石墨电极有一定数量要求，可采用压力振动成形法。其原理见图 5-7-14。

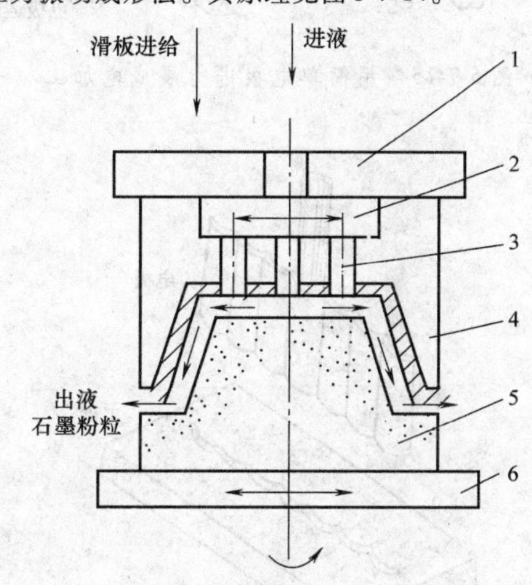

图 5-7-14　压力振动加工原理

1—滑板　2—汇液槽　3—出液孔　4—母模　5—工件（石墨）6—工作台

母模为钢质材料，型面经淬火处理，并采用电加工成毛面，装于机床滑板上，作进给运动。

工件（石墨）坯件固装于工作台上。工作台以一定频率作平面圆偏心运动。

其工作过程为：母模压向工件→工件作圆偏心运动→母模型面则“磨削”工件面→逐步进给使“磨削”成形为石墨成形电极。

石墨粉粒由压力水经汇液槽冲向出液孔带出成形电极和母模之间的工作区。

7.4.3　电火花典型加工实例

例 1　在数控电火花成形机床上，利用电极旋转和进给结合的方法，可以加工螺纹、螺旋内齿轮等复杂形状。图 5-7-15 是用形状简单的电极加工复杂型腔的例子。

例 2　图 5-7-16 是波纹槽加工，电极为纯铜皮，厚 0.4mm，型孔深 6mm。加工这类型腔要控制电极端部的损耗，采用的规准不宜太粗，因此必须限定放电加工电流，降低加工速度以满足电极低损耗的

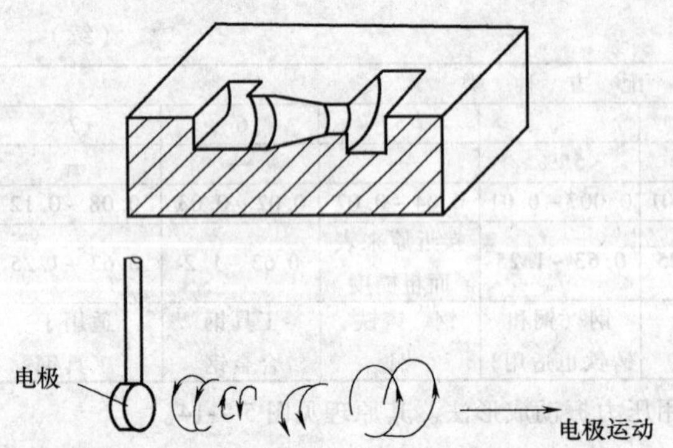

图 5-7-15　用简单电极进行展成电加工

要求。

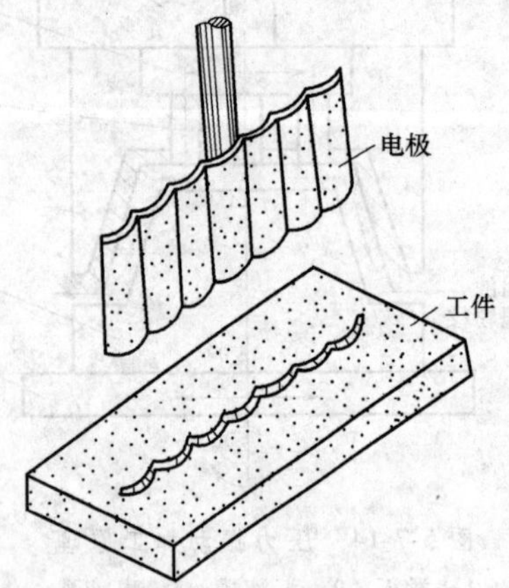

图 5-7-16　波纹槽加工

例 3　图 5-7-17 是加工字型，字母是凸起，高 0.5 ~ 0.7mm，要求字迹清晰，表面粗糙度为 $Ra1.6\mu m$。加工时应注意严格掌握加工规准的选择和转换，一般是用低损耗规准一次加工到基本成形，留适当余量进行中、精加工。

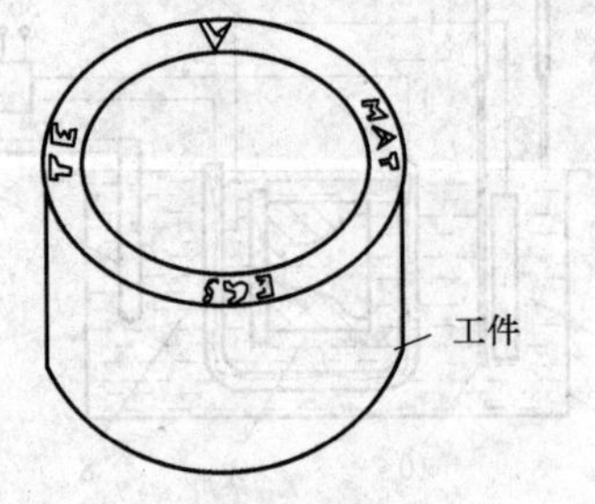

图 5-7-17　电火花加工凸字

例 4

1）图 5-7-18 是工件型腔图，在数控电火花成形机床上采用分解式电极加工。图 5-7-19、图 5-7-20 是电极图。由于利用机床的定位、测量功能，所以只需 4 个电极就能加工成形。

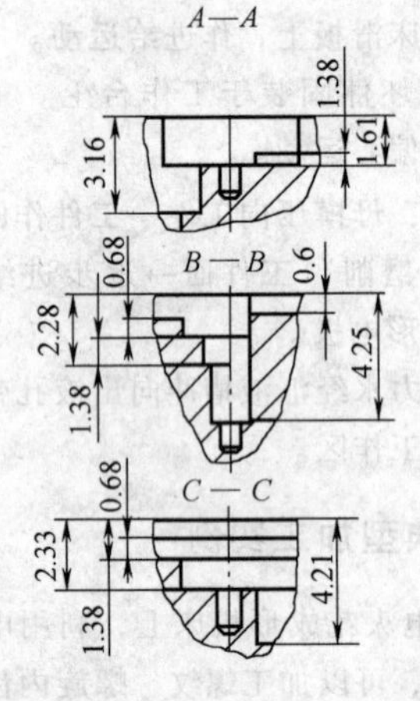

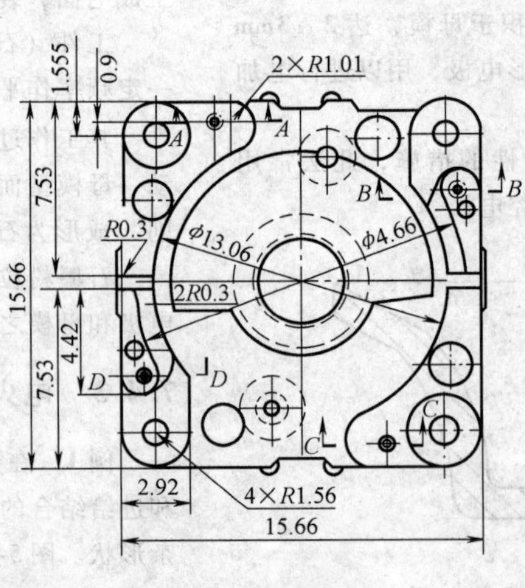

图 5-7-18　工件型腔图

2）图 5-7-21 所示的型腔内螺纹虽可采用机床 C 轴旋转功能电加工，但由于电极损耗大，而更换电极又不可能，此时采用机床的平动加工为好。由于 AGIETRON 机床具有电极点回退功能，用平动方法加工螺纹更为有利。图 5-7-22 是型腔螺纹。图 5-7-23 是电极螺纹。加工后的型腔表面粗糙度为 $Ra0.8\mu m$。

加工程序（AGIETRON 机床）如下：

N1　POSITION　VECTOR　X = 0.000　Y = 0.000

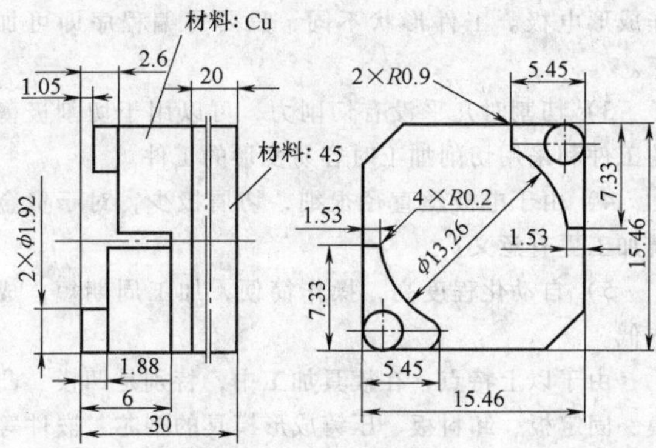

图 5-7-19　电极（一）

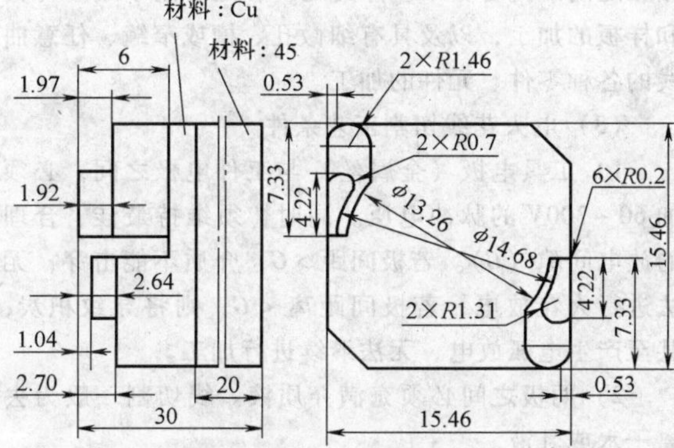

图 5-7-20　电极（二）

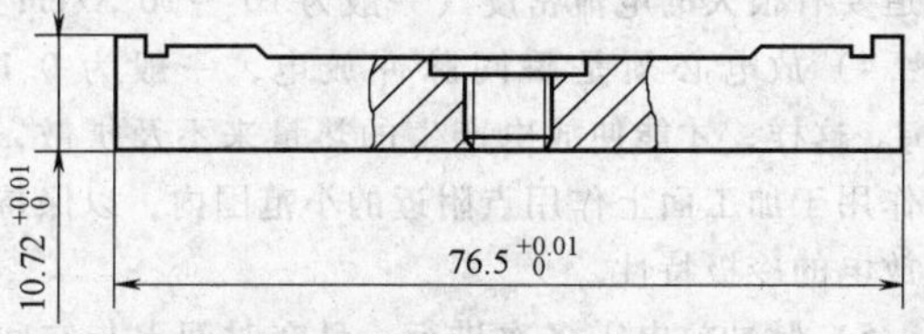

图 5-7-21　型腔

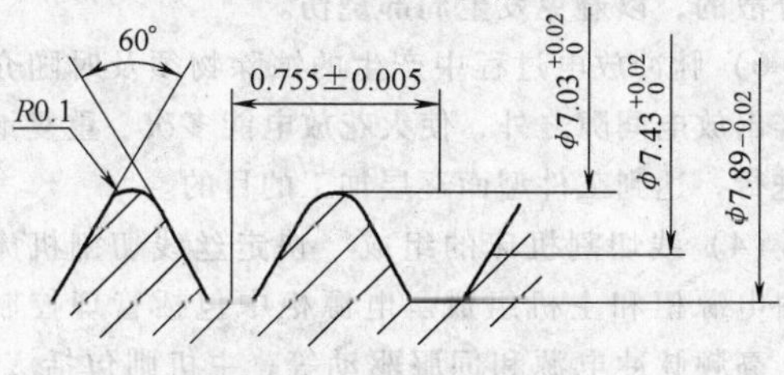

图 5-7-22　型腔螺纹截面

Z = 2.000　COLL　PREVENTON

N2　POSITION　SINGLE　AXIS:　C = 0

INPOS　DIRECTION　RADIOS = 7.000

COLL　PREVENTON

N3　TECHNOLOGY　PROCESSCONTROL = 1

N4　TECHNOLOGY　ESCAPE = 1

N5　MODAL　GEOMETRY　M/2　GCOMPENS　OFF

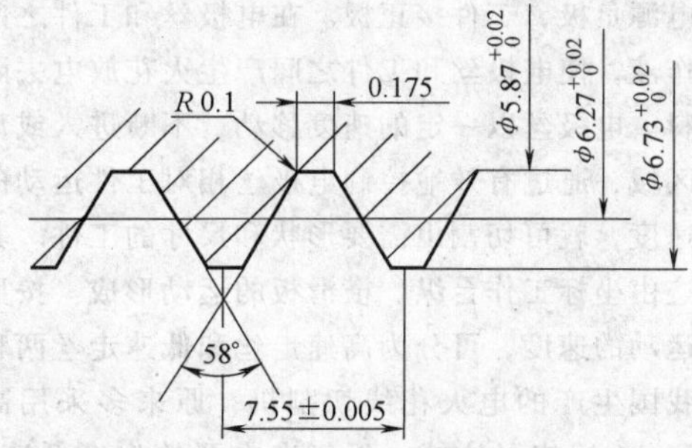

图 5-7-23　电极螺纹截面

N6　TECHNLOGY　IMPVLSE = 1201（自编号，无损耗加工）

N7　EROSION　CVLINDER　AXIS　Z = -8.22　R = 0.48

SLIOED　SPIRAL　BETA = 0.000　DEL - R = 0.1

N8　TECHNOLOGY　PROCESS　CONTROL = 2

N9　TECHNOLOGY　INPVLSE = 1020

N10　EROSION　CVLINDER　AXIS　Z = -8.22　R = 0.52

SLIOED　SPIRAL　BETA = 0.000　DEL - R0.52

N11　TECHNOLOGY　INPVLSE = 1010

N12　EROSION　CNLINOER　AXIS　Z = -8.22　R = 0.56

SLIOED　SPIRAL　BETA = 0　DEL - R = 0.56

N13　TECHNOLOGY　INPVLSE = 1004

N14　EROSION　CNLINOER　AXIS　Z = 8.22　R = 0.58

SLIOED　SPIRAL　BETA = 0　DEL - R = 0.58

N15　POSITION　VECTOR　X = 0　Y = 0　Z = -8.22

COLLPREVENT　OFF

N16　POSITION　VECTOR　SINGLE　AXIS: C = 0　Z = 30.000

COLLPREVENT　OFF

N17　NON　MODAL　WORK　TANK　DOWN

N18　COURSE　END　PROGRAM

7.5　电火花线切割加工工艺与机床

7.5.1　电火花线切割加工原理与加工特点

1. 电火花线切割加工原理和特点

电火花线切割加工是以电极丝作为工具电极，接脉冲电源负极，工件接正极。在电极丝和工件之间注入工作液，使电极丝和工件之间产生火花放电去除工件材料。电极丝以一定的速度移动，不断进入或离开放电区域，通过有效地控制电极丝相对工件运动的轨迹和速度，就可切割出需要形状和尺寸的工件。其运动轨迹由坐标工作台纵、横滑板的运动形成。按照电极丝运动的速度，可分为高速走丝和低速走丝两种方式。我国生产的电火花线切割机，原来多采用高速（6~11m/s）走丝方式，近年来也开始生产低速（1~15m/min）走丝方式。

（1）线切割物理过程　当工件加工面与电极（金属丝）同处于介质液中，并在两电极上加无负荷直流电压 V，则在两极的间隙（G）中建立起电场。设其场强为 F，则 F 与 V、G 之间的关系，当遵循下式：即

$$F = V/G$$

根据试验、研究：当放电间隙 G 粗加工为数十微米、精加工为数微米时，在场强 F 的作用下，阴极逸出的电子将高速向阳极运动，并在运动过程中撞击介质液中的中性分子和原子，使之产生电离，从而形成带负电的粒子（主要为电子）和带正电的粒子（主要为正离子）。其过程见图5-7-24。

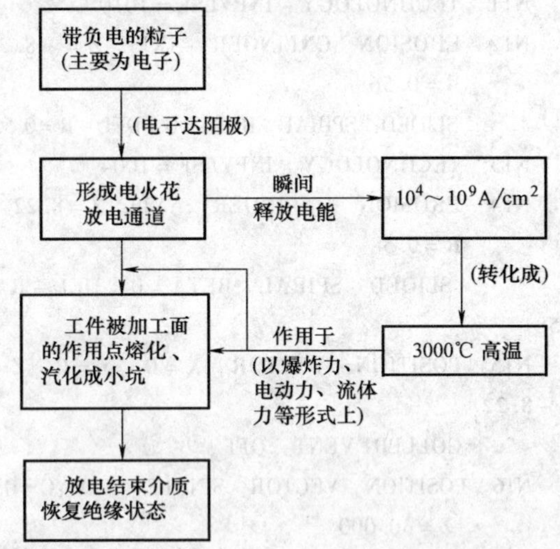

图5-7-24　电火花加工的物理过程

（2）线切割加工特点　线切割加工的出现，是模具制造技术的一大进步，很快得到广泛应用。这是由于它独具的特点所致，其主要特点是：

1）可以切割高硬度的导电材料，如各种淬火钢、硬质合金、磁钢等。

2）由于切割的轨迹采用数控，所以可切割出具有极其复杂形状的模具或直接切出工件，而不需要制作成形电极。工件形状不同，只要另编程序即可加工。

3）切割时几乎没有切削力，可以用于切割极薄的工件和采用切削加工时容易变形的工件。

4）由于电极丝直径很细，切屑极少，对于贵金属加工更有意义。

5）自动化程度高，操作简便，加工周期短，成本低。

由于以上特点，在模具加工中，特别是凹模、凸模、固定板、卸料板、压铸成形模具的型芯、嵌件等广泛采用电火花线切割加工，而且可很好地保证它们相互之间的配合要求。除此之外，还可用于成形刀具和样板的加工，以及具有细微孔、槽或窄缝、任意曲线的各种零件、元件的加工。

（3）电火花线切割工艺条件

1）工具电极（金属丝）与工件电极之间，必须加60~300V的脉冲电压。同时，须维持最佳、合理的放电间隙（G）。若极间距 $>G$，介质不能击穿，无法进行火花放电；若极间距离 $<G$，则将导致积炭，甚至产生电弧放电，无法继续进行加工。

2）两极之间必须充满介质液。线切割一般为去离子水或乳液。

3）输送到两极间的脉冲能量应足够大，即放电通道要有很大的电流密度（一般为 10^4~10^9A/cm^2）。

4）放电必须是瞬间脉冲放电，一般为0.1~1ms。这样，才能使放电产生的热量来不及扩散，而是作用于加工面上作用点附近的小范围内，以保持火花放电的冷极特性。

5）脉冲放电需多次进行，且在时间上与空间上是分散的，以避免发生局部烧伤。

6）脉冲放电过程中产生的蚀除物须及时随介质液排出放电间隙之外，使火花放电能多次、重复地顺利进行，达到工件型面逐层加工的目的。

（4）线切割机床的组成　快走丝线切割机床主要由电源柜和主机组成。电源柜中包括管理控制系统、高频脉冲电源和伺服驱动等；主机则包括 X、Y 轴（有的机床为 U、V 轴）、工作台、丝筒、立柱（或丝架）、工作液箱及其过滤系统等，见图5-7-25。

（5）线切割成形加工　线切割加工是采用金属丝为工具电极。电极丝由直流电动机驱动丝筒、经导轮与张力系统传动与保持恒定张紧力，使电极丝相对工件加工面作平行运动；工件定位、安装于工作台夹具上，按规定的数控程序随工作台相对电极丝作 X、Y 轴合成运动，以成形加工工件。

1）若电极丝相对于工件加工面，按一定规律进

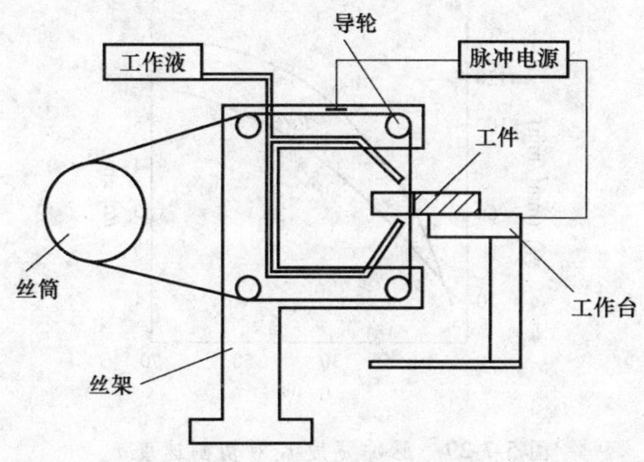

图 5-7-25　线切割机床组成

行偏摆，形成一定倾斜角的运动，则可以切割出带锥度的加工面，或切割出上、下形状不同的异形件，此即为四轴联动锥度加工。当加工方向确定时，电极丝的倾斜方向则不同，切割出的工件加工面的锥度方向也就不同。反映在工件上则为上大或下大；锥度则有左锥或者右锥之分。按电极丝的前进方向，向左边倾斜则为左锥（图 5-7-26a），向右边倾斜为右锥（图 5-7-26b）。

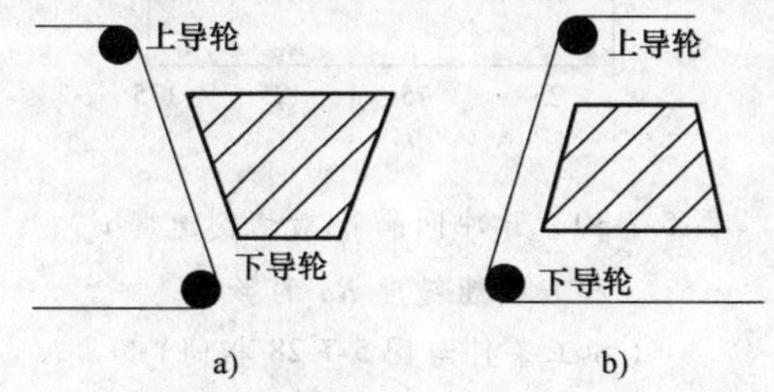

图 5-7-26　锥度加工

采用导轮移动切割加工面锥度的方式有两种，即上、下导轮同时绕同一个圆心平移或者摆动，见表 5-7-19。

2）在线切割成形加工运动中，电极丝中相当于理论轨迹的偏移及其偏移量，是编制线切割程序的重要工艺参数。

电火花线切割加工过程中，电极丝中心的运动轨迹与工件加工面轮廓有一定的平行位移量（见图 5-7-27），称偏移量。为保证线切割的轨迹与理论轨迹相同，其偏移量（Δ）见下式：

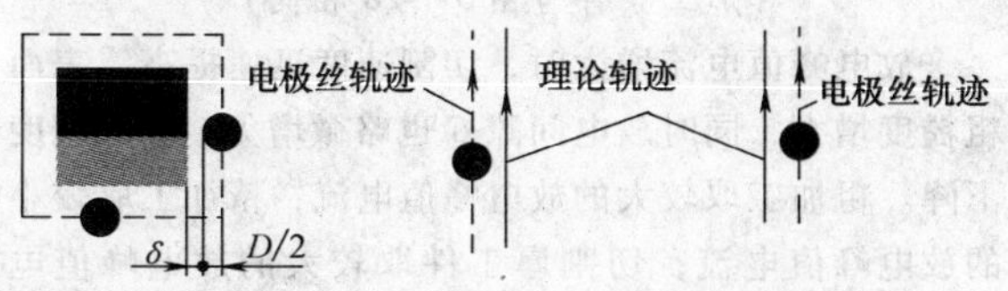

图 5-7-27　电极丝偏移量

$$\Delta = \frac{D}{2} + \delta$$

式中　D——电极丝直径（mm）；

δ——放电间隙（mm），快走丝的放电间隙，切割钢时≤0.01mm；切割硬质合金时≤0.005mm；切割纯铜工件时≤0.02mm。

表 5-7-19　用导轮移动切割斜度的方式

方　式	示意图	说明
单导轮平移	X　Y	上（或者下）导轮沿 X、Y 向平移，此切割的斜度不宜太大，否则导轮容易磨损（图中为下导轮平移）
上、下导轮同时绕同一个圆心平移或摆动	X　Y　O　O　X　Y	上下导轮在 X 向同时以一圆心 O 平移，同时通过拨杆使两导轮中心线通过圆心 O
	X　Y　O　O　X　Y	上下导轮在 X 向同时绕圆心 O 平动，Y 向绕圆心 O 摆动

7.5.2　线切割成形加工条件及工艺参数的控制

1. 成形加工条件

1）工艺参数：脉宽、脉间、管数、伺服电压和波形；

2）工作液：乳化油、浓度和供给量；

3）电极丝：品种、丝径和张力。

2. 电源波形和电参数对工艺指标的影响（见表 5-7-20）

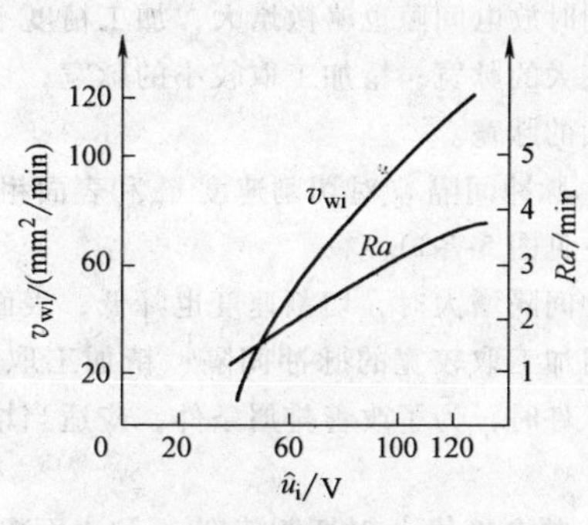

图 5-7-28　开路电压 $\hat{u}_i$ 对 v_{wi} 和 Ra 的影响

加工条件：工件为淬硬钢，电极丝为钼丝，走丝速度为10m/s，工作液是质量分数为10%的乳化液。

(1) 矩形波电源影响 开路电压 u_i 对切割速度 v_{wi} 和表面粗糙度 Ra 的影响见图5-7-28。开路电压增高时，放电间隙 G 也略微增大，切割速度也随之增加，而加工精度略有下降。精加工时，应取比粗加工时低的开路电压，而切割厚的工件时则取较高的开路电压。

表5-7-20 常用电火花线切割电源的波形、电参数及性能

波形	简图	电参数	性能
矩形波		脉冲宽度 $t_i=2\sim50\mu s$ 脉冲间隔 $t_0=10\sim20\mu s$ 放电峰值电流 $\hat{i}_e=4\sim10A$ 加工电流 $I=0.2\sim7A$ 开路电压 $\hat{u}_i=80\sim100V$	切割速度：$v_{wi}=20\sim150mm^2/min$ 表面粗糙度：$Ra=3.2\sim1.6\mu m$ 切割厚度通常为：50～100mm
分组波		小脉冲宽度 $t_i=0.5\sim10\mu s$ 小脉冲间隔 $t_0=1\sim20\mu s$ 大脉冲宽度 $T_i=20\sim300\mu s$ 放电峰值电流 $\hat{i}=4\sim32A$ 加工电流 $I=0.2\sim7A$	切割速度：$v_{wi}=6\sim100mm^2/min$ 表面粗糙度：$Ra=1.6\sim0.4\mu m$ 切割厚度通常为：50～100mm

(2) 脉冲宽度 t_i 对切割速度 v_{wi} 和表面粗糙度 Ra 的影响 见图5-7-29。

脉冲宽度增大时，切割速度也提高，表面粗糙度增大，同时放电间隙也略微增大，加工精度下降。粗加工取较大的脉宽；精加工取较小的脉宽；切割厚工件取较大的脉宽。

(3) 脉冲间隔 t_0 对切割速度 v_{wi} 和表面粗糙度 Ra 的影响 见图5-7-30。

脉冲间隔增大时，切割速度也降低，表面粗糙度增大。粗加工取较宽的脉冲间隔；精加工取较窄的；切割厚工件时，为了改善排屑条件，应适当增大脉冲间隔。

(4) 放电峰值 $\hat{i}_e$ 对切割速度 v_{wi} 和表面粗糙度 Ra 的影响 见图5-7-31。

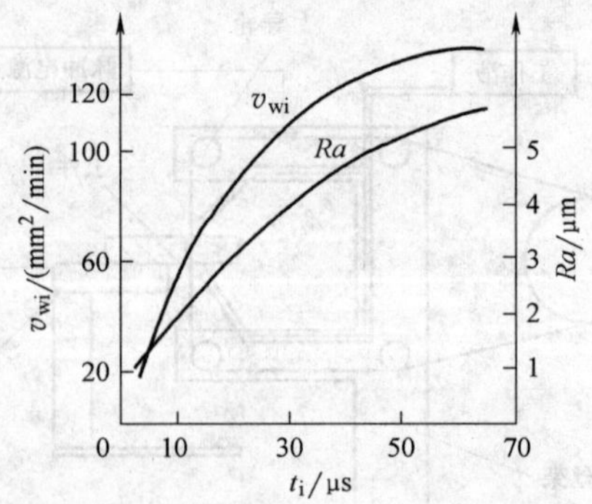

图5-7-29 脉冲宽度 t_i 对切割速度 v_{wi} 和表面粗糙度 Ra 的影响
(加工条件与图5-7-28相同)

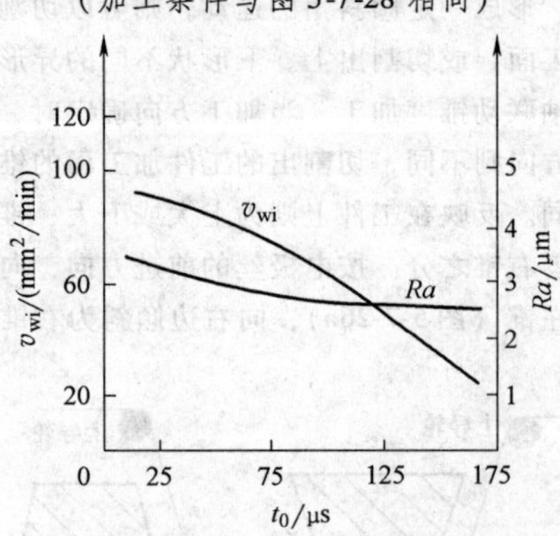

图5-7-30 脉冲间隔 t_0 对切割速度 v_{wi} 和表面粗糙度 Ra 的影响
(加工条件与图5-7-28相同)

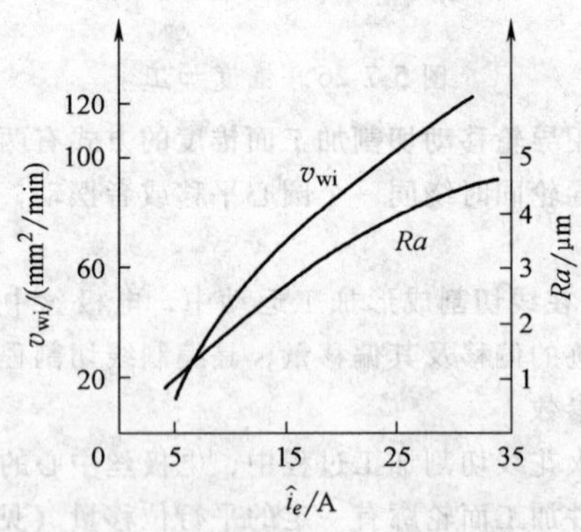

图5-7-31 放电峰值 $\hat{i}_e$ 对切割速度 v_{wi} 和表面粗糙度 Ra 的影响
(加工条件与图5-7-28相同)

放电峰值电流增大时，切割速度迅速提高，表面粗糙度增大，同时放电间隙 G 也略微增大，加工精度下降。粗加工取较大的放电峰值电流；精加工取较小的放电峰值电流；切割厚工件取较大的放电峰值电流。

(5) 分组波电源的影响　分组波电源是为了提高切削速度、降低表面粗糙度而发展起来的，为了减少单个脉冲放电能量，分组波的小脉冲宽度和小脉冲间隔均比较小，主要电参数对工艺指标的影响，与矩形波电源类似。

3. 不同电参数对线切割表面熔化层的影响

线切割表面上遗留有火花放电时被熔化然后又凝固的金属层，称之为熔化层。它与基体金属相比，金相组织和力学性能都产生了变化，有的表面上还有微裂纹，对疲劳强度、耐磨性都有不利的影响。不同电参数对熔化层厚度、表面粗糙度及切割速度的影响见表 5-7-21。由表 5-7-21 中可见，脉冲宽度增加时，熔化层深度会略有增加。

表 5-7-21　不同电参数对熔化层深度的影响

材料	脉冲宽度 t_i /μs	脉冲间隔 t_0 /μs	加工电流 I /A	熔化层				切割速度 v_{wi}/ (mm²/min)
				切割一侧		切割另一侧		
				深度/μm	表面粗糙度 Ra/μm	深度/μm	表面粗糙度 Ra/μm	
Cr12MoV	8	85	0.2	16.807	2.85	15.455	2.8	13
	13	40	1.3	18.793	3	19.846	3.4	35
	16	55	1	21.217	3.95	18.393	3.55	36
	40	85	1.7	35	4.5			45
CrWMn	8	85	0.2	20.72	2.75	17.5	3.15	12.6
	13	40	1.3	15.07	4.4	27.75	3.75	31.7
	16	55	1.5	16.105	3.95	17.559	3.25	33
	40	85	1.7	21.935	4.5			44
T10A	8	85	0.2	20.678	2.25	20.313	2.96	13
	13	40	1.3	27.575	2.85	25.6	3.95	31
	16	55	1.4	27.85	2.15	28.42	4.35	35
	40	85	1.7	30.157	4.7			39.7
Cr12	8	85	0.2	14.651	1.9	18.392	2.9	14
	13	40	1.3	15.72	3.55	18.893	3.91	32
	16	55	1.5	25.64	4.1	17.60	2.2	40
	40	85	1.7	26.18	4.55			43

(1) 高速走丝速度 v_s 对切割速度 v_{wi} 的影响　高速走丝有利于当脉冲结束时，使放电通道迅速消除电离，高速运动的电极丝能把工作液带进较厚工件的放电间隙中，有利于使放电稳定进行和排除放电产物，但不能无限制地提高走丝速度。与最大切割速度相对应的走丝速度即最佳走丝速度，它与一些条件有关，其中与工件厚度关系最大。

因此，当工件厚度增大时，与最大切割速度相对应的走丝速度应高一些。

(2) 电极丝往复运动引起的黑白条纹和斜度　高速走丝方式切割钢件时，在切割出表面的进出口附

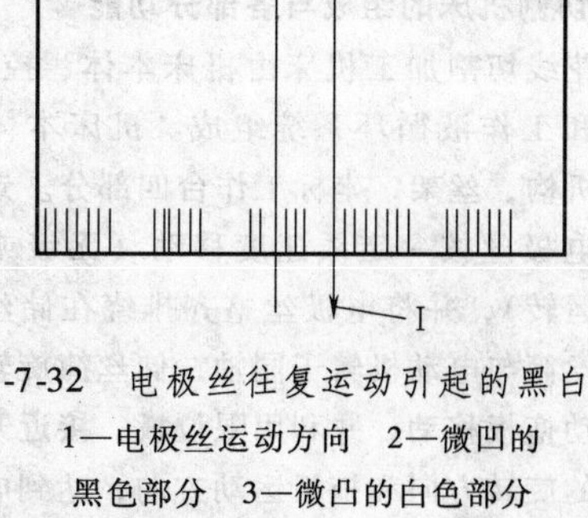

图 5-7-32　电极丝往复运动引起的黑白条纹
1—电极丝运动方向　2—微凹的黑色部分　3—微凸的白色部分

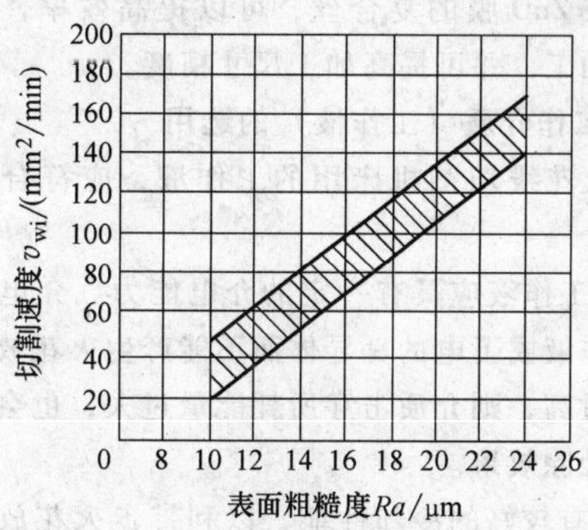

图 5-7-33　表面粗糙度 Ra 与切割速度 v_{wi} 的关系

近往往有黑白交错的条纹，仔细观察可看出黑的微凹，白的微凸，见图5-7-32。

（3）低走丝线切割常用工艺参数与指标　表面粗糙度 Ra 是WEDM应用的重要工艺指标。国产WEDM机床分快走丝（走丝速度为6～11m/s）和低走丝（走丝速度为1～15m/min）。图5-7-33为低走丝线切割 Ra 与 v_{wi} 的关系。

表5-7-22为低走丝线切割不同材料常用的丝径、切割范围与 v_{wi} 及其可达到的 Ra 值。

表5-7-22　低走丝线切割加工工艺参数

工件材料	电极丝直径 d/mm	切割厚度 H/mm	切缝宽度 s/mm	表面粗糙度 Ra/μm	切割速度 v_{wi}/（mm^2/min）	电极丝材料
碳钢铬钢	0.1	2～20	0.13	0.2～0.3	7	黄铜丝
	0.15	2～50	0.198	0.35～0.5	12	
	0.2	2～75	0.259	0.35～0.71	25	
	0.25	10～125	0.34	0.35～0.71	25	
	0.3	75～150	0.378	0.35～0.5	25	
铜	0.25	2～40	0.32	0.35～0.7	19.4	
硬质合金（钴质量分数15%）	0.1	2～20	0.19	0.15～0.24	3.5	
	0.15	2～30	0.229	0.24～0.25	7.1	
	0.25	2～50	0.361	0.2～0.5	12.2	
石墨	0.25	2～40	0.351	0.35～0.6	12	
铝	0.25	2～40	0.34	0.5～0.83	60	
碳钢	0.08	2～10	0.105	0.35～0.55	5	钼丝
铬钢	0.1	2～10	0.125	0.47～0.59	7	
硬质合金（钴质量分数15%）	0.08	2～12.7	0.105	0.078～0.23	4	
	0.1	2～12.7	0.135	0.118～0.23	6	

4. 电极丝

作为电火花线切割工艺系统中的工具电极，在线切割中，电极丝是循环使用的，因此，它要求韧性好、抗拉强度和耐蚀性能好。常用的电极丝有钨（W）丝、钼（Mo）丝、钨钼丝和铜丝等。常用的电极丝性能见表5-7-23。

表5-7-23　常用电极丝性能

材料	适用温度/℃		伸长率（%）	抗张力/MPa	熔点 T/℃	电阻率/Ω·m	备注
	长期	短期					
钨（W）	2000	2500	0	1200～1400	3400	0.0612	较脆
钼（Mo）	2000	2300	30	700	2600	0.0472	较韧
钨钼 W50Mo	2000	2400	15	1000～1100	3000	0.0532	韧性适中

常用的电极丝的直径（mm）为 ϕ0.12、ϕ0.14、ϕ0.18、ϕ0.2。低速走丝线切割机床，常采用 ϕ0.2mm的黄铜丝。在铜芯线表面扩散一定厚度的锌，形成ZnO膜的复合丝，可以提高效率，进行高速切割加工，并可提高加工尺寸精度。

5. 工作介质（工作液）的选用

电火花线切割机床用的工作液，应符合以下要求：

1）工作液应具有一定的介电能力。介电能力过低，工作液成了电的良导体而不能产生火花放电。介电能力过高，则介质击穿所耗能量过大，也会降低工件工作蚀除效果。

2）有较好的冷却性能，以利带走火花放电时产生的大量热量。

3）有较好的洗涤性能，有利于排屑。

4）有较好的去游离能力和灭弧能力，以便在脉冲完了时，尽快恢复介电状态以及易于消除电弧。

5）有好的防锈性能，以利于机床维护和工件防锈。

6）工作液对人体无害，使用时不放出有害气体。

7.5.3　电火花线切割机床与性能

1. 线切割机床的组成与各部分功能

电火花线切割加工机床由机床本体、控制系统、脉冲电源和工作液循环系统组成。机床本体包括床身、走丝机构、丝架、坐标工作台四部分。走丝机构用于带动电极丝按一定线速度移动（无级或有级可调或恒速运转），并将电极丝整齐排绕在储丝筒或线盘上。储丝筒与电动机转子同轴，储丝筒旋转时，通过齿轮带动拖板移动，并利用限位板、接近开关以改变电动机的旋转方向和拖板运动方向，达到电极丝来回自动排丝。丝架是用于使电极丝通过两导轮始终保持与坐标工作台面垂直（切割直壁时），或按需要在加工过程中倾斜成一定角度（切割斜度时），并装有导电装置，供给切割电源。因此，走丝机构和丝架组成了电极丝的运动系统。控制系统，目前广泛采用的是数字程序控制和计算机控制。数字程序控制是根据工件的图形按一定格式编排程序，通过穿孔纸带，由输入机构转变为专用计算机能够识别的电信号，并进行运算发出进给脉冲，以控制机床纵、横拖板的运动，完成对切割轨迹的控制。图 5-7-34 是数字程序控制系统，一般是连续补插的开环系统，能够控制加工同一平面上由直线、圆弧组成的任何图形的工件。

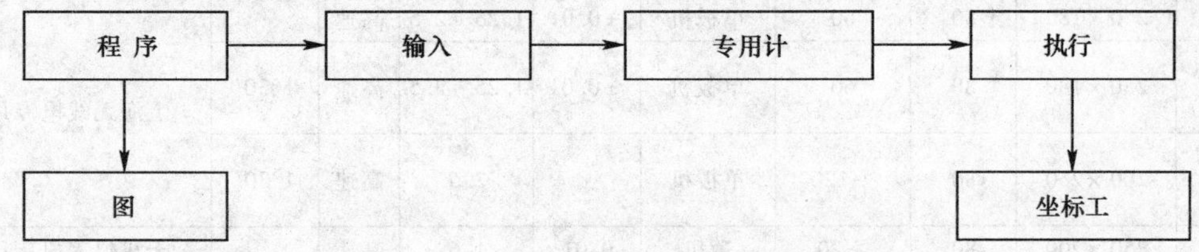

图 5-7-34　多数字程序控制系统方框图

脉冲电源是保证在电极和工件之间稳定可靠地产生火花放电而不转变为电弧放电。其性能将一直接影响加工零件的精度、表面粗糙度和生产效率。

2. 电火花线切割机床分类、规格与性能

（1）线切割机床的分类与型号　机床分类，主要按其切割轨迹的控制方式进行，见表 5-7-24。也有按精度等级或大小、功能来进行分类的方法，如分为普通型、精密型、大型，以及带切割锥度或大厚度型等。

表 5-7-24　电火花线切割机床类型

控制方式	使用性能说明
数控线切割机床	其控制方式有数字程序控制、单板机控制和计算机数控几种。这类机床能精确地控制电火花线切割工艺过程
靠模仿形控制线切割机床	要求样板（即靠模）制作精度高，样板与工件之间的绝缘性能好，且厚度越薄越好。机床能控制较高的仿形精度
光电跟踪控制线切割机床	须绘制按一定放大比例的工件加工路线的线图。其跟踪精度与线圈中线的宽度有关。故切割工件的尺寸精度较低；但与上两种控制方式相比，不须编程序和制作精密靠模仿形样板
直线进给控制线切割机床	主要用于精密下料、切断。控制较简单，切断速度高，电极丝要求强度、韧性也较高，丝径较粗

国产电火花线切割机床的型号，则是根据 JB/T7445.2—1998《特种加工机床型号编制方法》标准编制的。如 DK7720，其每个字母与数字标示：

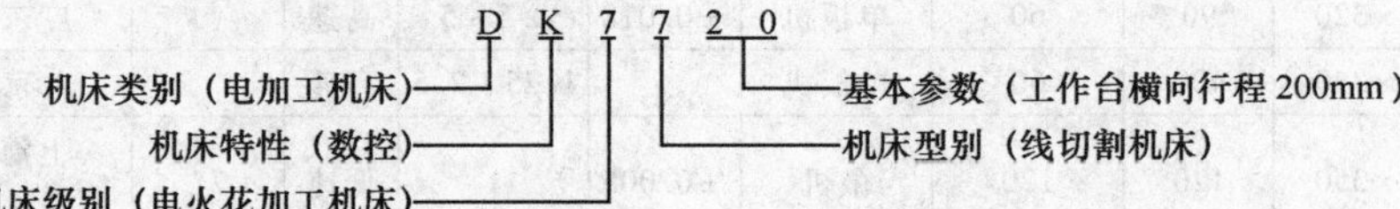

（2）线切割机床的规格与性能　国产电火花线切割机床见表 5-7-25；国外产电火花线切割机床见表 5-7-26。

表 5-7-25　国产电火花线切割机床的型号及主要技术参数

机床型号	工作台行程 /mm × mm	最大切割厚度 /mm	最大切割速度/(mm^2/min)	控制器	加工精度 /mm	表面粗糙度 $Ra/\mu m$	走丝速度	切割锥度（斜度）	生产厂家
SCX-2	150 × 150	75	60	TRS-80			高速		杭州无线电专用设备一厂
JO780-1	160 × 200	80	60	单板机	± 0. 01	≤2. 5	高速		
CKX-2A	120 × 150	60	> 50	单板机	0. 015	≤2. 5	高速		苏州长风机械总厂
DK7716M	160 × 200	80		微机	0. 01	1. 25	低速	±5°	上海第八机床厂
DK7716A	200 × 160	50	> 30	单板机		1. 25 ~ 2. 5	高速		

（续）

机床型号	工作台行程 /mm×mm	最大切割厚度 /mm	最大切割速度/(mm^2/min)	控制器	加工精度 /mm	表面粗糙度 Ra/μm	走丝速度	切割锥度（斜度）	生产厂家
DK7716	200×160	120	>50	单板机	0.015	≤2.5	高速		苏州长风机械总厂
DKT7716	160×240	40~200	80	单板机	0.015	2.5	高速		北京电加工机床厂
JO175-CNC	250×180	80	60	单板机	±0.01	1.25~2.5	高速		上海无线电专用机械厂
JO175B-CNC1（CNC2）	250×180	80	60	单板机	±0.01	1.25~2.5	高速	1°30′	
J0775C-CNC4	200×250	80	≥120	单板机		2.5	高速	1°30′	
DK7720	250×200	80	≥20	微机	0.01	1.6	高速		天津仪表机床厂
DF-250	200×300	140		微机五轴			低速	±6°	汉川机床厂与日本 Sodick 合作
DK7720	320×200	90	>50	单板机	0.018	<2.5	高速	1°30′	苏州长风机械总厂
HC-6	350×200	100	50	微机			低速	5°	南京机床厂引进日本 FANUC
DK7725D	250×350	100	100	单板机		<2.5	高速		苏州第三光学仪器厂
DK7725e	250×350	150	100	单板机		<2.5	高速	1.5°	
DK7725d-C4	250×350	100	100	单板机 微机编程		<2.5	高速		
DMK7625	320×250	120	100	微机	±0.005	<1.6	低速	1.5°	北京机床研究所
DK6732	320×250	90	60	单板机 或双板机	±0.01	≤2.5	高速		广州无线电专用设备厂
DK7725A	320×400	200	>20	TRS801 微机		1.25~2.5	高速		福建三明机床厂
DK7725-MC2A	320×250	100	60	单板机		1.6~3.2	高速		泰州仪表机床厂
DK7725-MC3	250×320	100	>60	单板机		2.5	高速	±5°	
DK2-6732	250×320	90	60	单板机	±0.018	2.5~5	高速		广东东昌机床厂
DK7725A	250×350	400	60	单板机		1.25~2.5	高速		北京电加工机床厂
LS350X	250×350	120	120	微机	±0.005	1	低速	7°	上海无线电专用机械厂引进日本 JAPAX
DK7730B	500×300	100	50	单板机	0.02	1.25~2.5	高速	±1°	上海第八机床厂
DK7732	320×500	100	100	单板机		1.25	高速		北京第四机床厂
DK7732B	320×500	150	100	单板机		1.25	高速		
DK7732	500×320	100	≥40	单板机		1.25	高速	±1.5°	营口电火花机床厂
DK7740	400×500	100	≥40	单板机		1.25	高速	±1°	
WBKX-40A	400×500	150		微机			高速		内蒙第二机械制造厂
MODEH	350×200	100		HC-6 或 HC-7			低速	5°	苏州电加工机床研究所引进日本 FANUC
DK7740	450×500	200	100	单板机	0.01	1.25~2.5	高速		遵义群建机械厂
DK7725G	400×250	200	120	STD 总线		≤1.6	高速	±1.5°	苏州第三光学仪器厂

表 5-7-26 国外电火花线切割机床型号与主要技术参数

型号	工件最大尺寸/mm×mm	最大切割厚度/mm	工作台行程/mm×mm	工作台进给速度/(mm/min)	丝速/(mm/min)	丝张力/N	丝径/mm	切割速度/(mm^2/min)	表面粗糙度 Ra/μm	切割锥度	生产厂家
DWC90H	350×400	160	250×300	1300	15	2~25	0.05~0.33		2~3		日本三菱
DWC110H	550×600	260	300×450	1300	15	2~25	0.05~0.33		2		
DWC200H	650×750	260	400×750	1300	15	2~25	0.05~0.33	250			
DWC300H	750×1000	260	500×1000	1300	15	2~25	0.1~0.33				
DWC400H	1000×1200	350	800×1000	1300	15	2~25	0.1~0.33				
H-CUT203M	450×350	170	320×250	360	5.4	1.3~17	<0.3	150	3	±12°	日本精工
H-CUT304P	450×600	170	300×400	900	12	1.3~21	<0.35	230	2	±12°	
H-CUT304S	450×600	170	300×400	900	12	1.3~21	<0.35	300	2	±12°	
H-CUT406P	500×800	200	400×600	900	12	1.3~21	<0.35	230	2	±12°	
H-CUT406S	500×800	200	400×600	900	12	1.3~21	<0.35	300	2	±12°	
BF275	300×400	140	200×300		15	2~18	0.1~0.3			±7°	Sodick（日本）
A350	550×400	210	350×250		15	2~18	0.1~0.3	170		±15°	
A500	700×500	260	500×350		15	2~18	0.1~0.3			±15°	
EPOC800	1000×600	300	500×800		18	2~18	0.1~0.3			±14°	
AP150	300×270	80	220×150		10.8	2~14	0.03~0.2			±6°	
EC304025	420×420	120	300×250	1000	15	2~14	0.05~0.3	240	1	±10°	牧野（日本）
EC3040	420×570	120	300×400	1000	15	2~14	0.05~0.3	240	1	±10°	
EC7050	600×900	300	500×700	1000	15	2~14	0.05~0.3	240	1	±10°	
EC3141	680×605	120	400×300	1200	15.5	2~14	0.05~0.3		1		
EW-300K1	450×400	250	300×250	600	16.8	2~18	0.2			±10°	西部电机（日本）
EW-450K1	450×600	250	300×450	600	16.8	2~18	0.2			±10°	
EW-600K1	650×900	250	450×600	600	16.8	2~18	0.2			±10°	
EW-700K1	650×900	250	450×700	600	16.8	2~18	0.2			±10°	
EW-1000K1	650×1300	250	450×1000	600	16.8	2~18	0.2			±10°	
EWP-300B	400×300	120	300×200	600	9	2~18	0.05~0.3			±10°	
W0	320×450	150	200×350	900	10	0.8~25	0.05~0.3	160		±10°	FANUC（日本）
W1	350×450	250	250×350	900	100	0.8~25	0.05~0.33	270		±10°	
W2	450×650	300	350×500	900	100	0.8~25	0.05~0.33	270		±10°	
W3	700×950	300	450×750	900	100	0.8~25	0.05~0.33	250		±15°	
W4	800×1200	300	600×1000	900	100	0.8~25	0.05~0.33	250			
AGIE CUT100	810×580	250	300×200							+30°	AGIE（瑞士）
AGIE CUT200	860×580	250	400×250							+30°	
AGIE CUT300	1500×1200	250	700×400							+30°	
Robofil100	700×350	100	220×160	900						30°	CHARMiLLES（瑞士）
Robofil200	900×520	150	320×220	900						30°	
Robofil400	1100×760	200	450×300	900						30°	
Robofil600	1200×710	200	630×400	900						30°	

7.5.4 电火花线切割的应用

线切割常加工材料与工艺性，见表 5-7-27。

1. 常见线切割工件的基本条件

模具成型件，主要指凸模、凹模拼块或整体凹模。电火花线切割可以加工的工件一般需满足两个基本条件，即：

1）材料具有良好的导电性能，见表 5-7-27。非导电性能的材料不能采用电火花线切割加工。

表 5-7-27 线切割常加工材料与工艺性

材料种类	常加工材料及其热处理性能	线切割工艺性
碳素工具钢	常用牌号有 T7、T8、T10A、T12A、淬火硬度高，可达 62HRC；淬透性差，淬火变形大；切割时须经热处理回火，以消除内应力 现常采用 T10A，用于尺寸不大的冲模成型件	由于含碳量高，淬火易变形，故切割速度慢、表面偏黑、易出现短路条纹。若回火去应力不充分，切割时会出现开裂
低合金工具钢	常用材料有 9Mn2V、MnCrWV、CrWMn、9CrWMn 和 GCr15。淬透性、耐磨性比碳素工具钢好。常用于变形要求小的中、小型冲模、成形模的成型件	线切割性能良好，其切割速度 v_{wi} 高，切割后表面粗糙度与其他质量指标都较好
高合金工具钢	常用材料有 Cr12、Cr12MoV、Cr4W2MoV、W18Cr4V 等，具有高淬透性、耐磨性、热处理变形小，可承受较大冲击负荷。Cr12、Cr12MoV 常用于高寿命冲模成型件；后两种可用于冲模与冷挤模成型件	线切割性能良好，切割速度高，切割后的表面光亮、均匀，表面粗糙度 *Ra* 值低
优质碳素结构钢	常用材料有 20 钢、45 钢、20 钢，表面淬火硬度与心部韧性高，可采用冷挤法加工型腔；45 钢强度较高，调质处理后综合力学性好，表面或整体淬火硬度高，常用于塑料注射模和成形冲模成型件	线切割性能一般，淬火件比未淬火件切割性能好；切割速度 v_{wi} 较慢，表面粗糙度 *Ra* 较高
硬质合金	分 YG、YT 两类，常用于精密高寿命冲模成型件的有 YG20、YG15。硬度高、结构稳定、变形小	线切割速度较低，表面粗糙度 *Ra* 值低；切割时常采用水质介质液，表面会产生裂纹的变质层
纯铜	纯铜的导电性、导热性、耐蚀性和塑性良好。常用作电火花电极	切割速度低，为切割合金工具钢的 50% ~60%，切割稳定性较好。但 *Ra* 较高，放电间隙较大
石墨	石墨由碳元素构成，有电导性和耐蚀性；常用作电火花成形加工电极	切割性能，切割速度低，是切割合金工具钢的 20% ~30%；放电间隙小，排屑难，切割时易短路，为不易加工材料
铝	铝质轻，具有金属的强度，可用于塑料模	切割性能好，切割速度是切割合金工具钢的 2 ~3 倍。切割后表面光亮，但 *Ra* 值一般。铝在高温下，表面易生成不导电的氧化膜。所以，切割时脉冲停歇时间宜选择小些，以保证高速切割

2）工件加工面须是与电极丝平行的二维型面，即由二维型面包围成的柱体工件（如模具中凸模），或由二维型面构成的型孔，且须是通孔（如模具中的凹模）。

锥度（斜面）加工或需加工出工件波纹状，可采用预先设置电极丝锥（斜）角（α），并控制其连续运动角度轨迹，以完成锥（斜面）度切割，但其仍需遵循上述两个基本条件。

2. 线切割工件的装夹

（1）常用工件装夹方法 见表 5-7-28。

表 5-7-28 线切割的工件定位、夹紧方法

工件装夹方式	工件定位、夹紧示例图	说明
悬臂式装夹法	刃口	通用性强，装夹方便；但容易倾斜，用于精度要求不高的工件装夹 工件也可装于桥式夹具的一个刃口上，形成悬臂式装夹
垂直双刃口装夹法	刃口	工件装夹在两个相互垂直的刃口上。装夹精度与稳定性较悬臂式好，也便于找正

（续）

工件装夹方式	工件定位、夹紧示例图	说　明
桥式装夹法	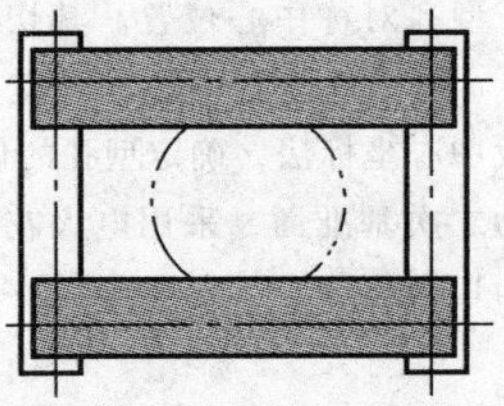	是快走丝切割最常用的装夹方式，适于装夹各种工件，尤适于装夹方形工件。桥的侧面可作定位面，也可用表找正，使与工作台 X 方向平行
V 形夹具装夹法	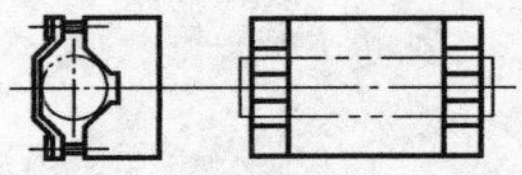	适于装夹圆形工件、轴类工件
板式装夹法	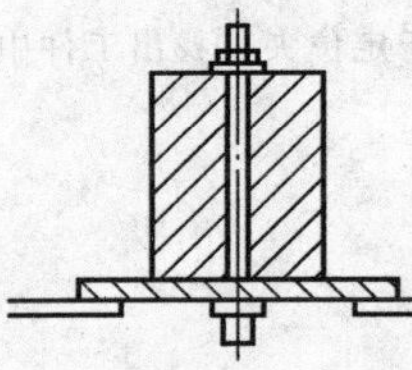	适用于装夹中间有孔、定位面小的工件，可在底面加精密托板进行定位、支撑，切割时可连托板一起进行切割
分度装夹法	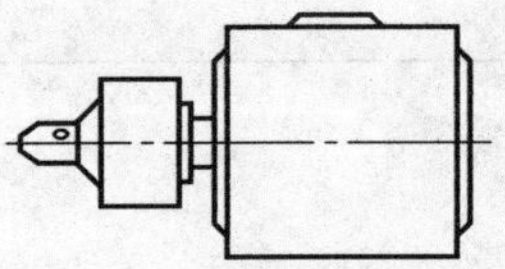	轴向分度切割夹具，如切割在小孔机上的弹簧夹头，要求沿轴向切割两个相互垂直的窄槽，夹头三爪上装检棒，用表校正与 X 方向或 Y 方向平行，再将工件装于三爪上，找正外圆与端面，先切割第一槽，完后转 90° 切割第二槽
	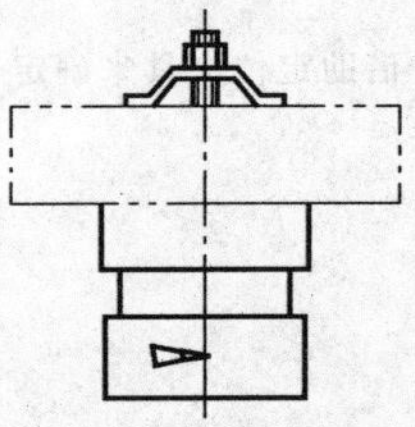	垂直分度切割夹具，如切割链轮边上的齿形，由于其外圆尺寸已超过工作台，所以，就需进行分度切割

（2）工件切割找正　找正的目的，是为确定切割起点。此点是在切割工件型孔或型面之前，电极丝中心相对于工件基准面的确切坐标位置（点）。依此点开始切割出的型孔或型面，则与工件基准面的相对位置关系正确。其找正方法见表 5-7-29。

表 5-7-29　线切割找正方法

找正方法	简　图	说　明
找边法	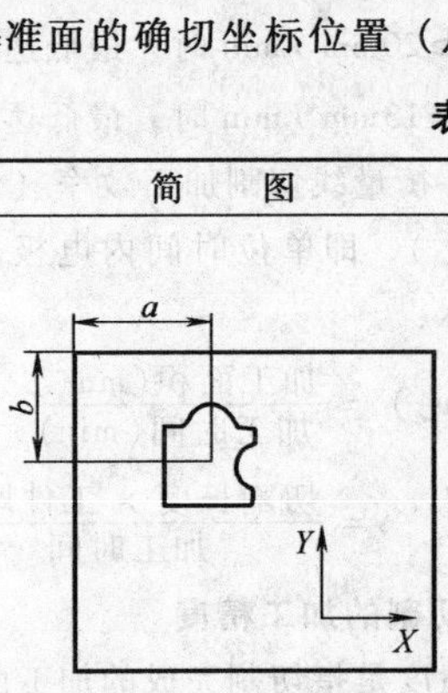 a　b　Y　X	需切割为图示型孔，设其切割始点的坐标位置 $X=a$、$Y=b$。其找正方法与顺序为：首先采用接触感知法，感知左边，并将 X 坐标“清零”，当进行移位时，需加电极丝中心与边之间的距离，即电极丝的半径 r；采用同样的接触感知法，并使 Y 坐标“清零”，然后进行定位移动 G00X（$a+r$）、Y（$a+r$）。由此，可确定定型孔的位置

（续）

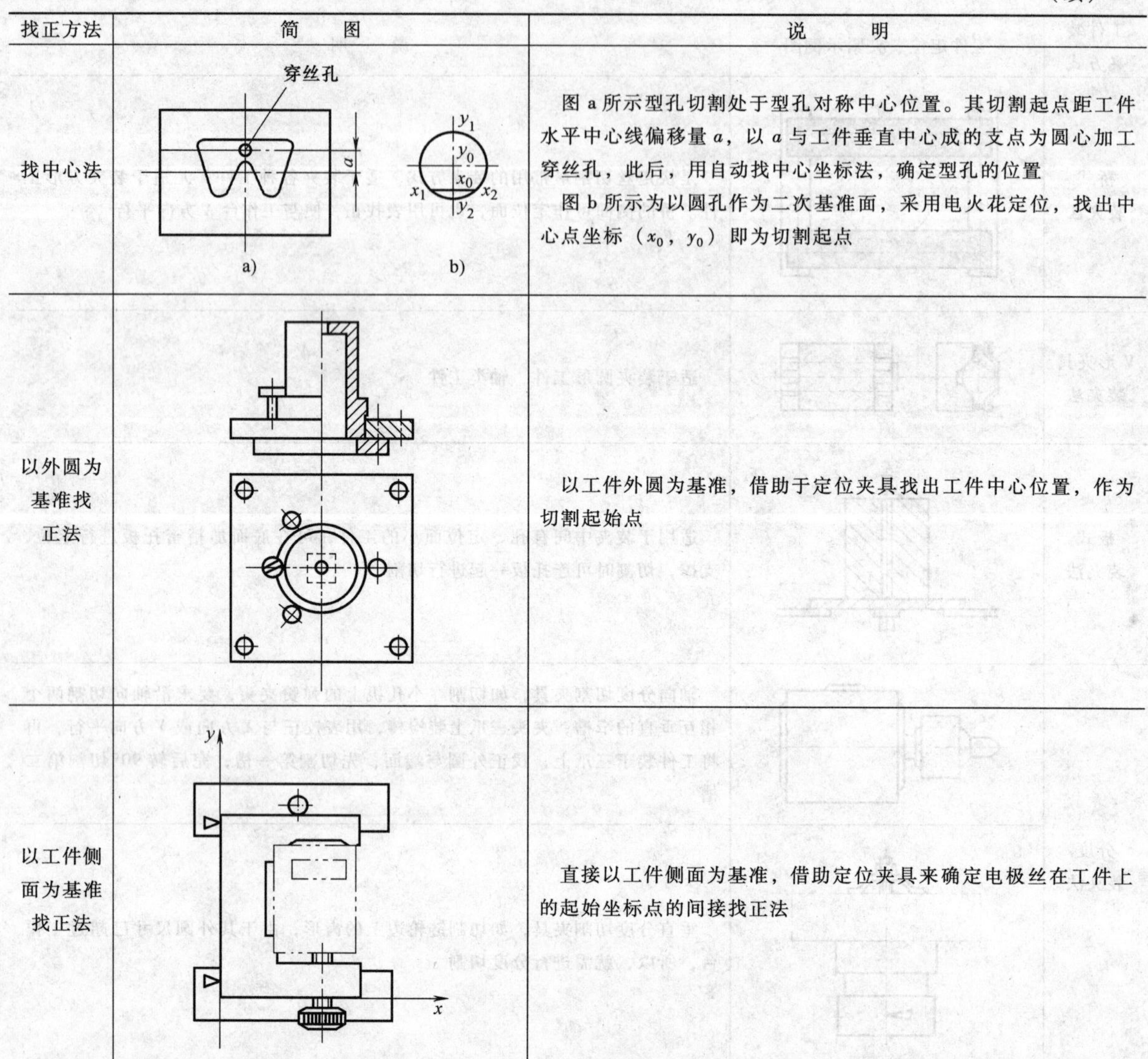

找正方法	简　图	说　明
找中心法	a)　b)	图 a 所示型孔切割处于型孔对称中心位置。其切割起点距工件水平中心线偏移量 a，以 a 与工件垂直中心成的支点为圆心加工穿丝孔，此后，用自动找中心坐标法，确定型孔的位置 图 b 所示为以圆孔作为二次基准面，采用电火花定位，找出中心点坐标（x_0，y_0）即为切割起点
以外圆为基准找正法		以工件外圆为基准，借助于定位夹具找出工件中心位置，作为切割起始点
以工件侧面为基准找正法		直接以工件侧面为基准，借助定位夹具来确定电极丝在工件上的起始坐标点的间接找正法

7.5.5 线切割加工质量、精度及影响因素

1. 线切割表面粗糙度与切割速度

快走丝线切割后加工面的表面粗糙度参数（Ra），一般在 $Ra3.2\sim1.6\mu m$ 范围内。影响 Ra 的因素颇多，主要有以下几方面：

1）导丝轮、轴承因长期运动产生磨损；电极丝在加工中损耗过大；或因电极丝在切割过程中运动不平稳，或张力不足等原因，致使电极丝在导轮中进行窜动，在运动中振动、跳动等，造成切割后的工件加工面上出现条纹。

2）电火花线切割时，工艺参数选择不当，短路拉弧现象严重；或因进给速度不当、引入切缝间的介质液不充分，致使排屑困难，从而造成加工不稳定，致使加工面 Ra 值高。一般，国产线切割机床，Ra 值与切割速度（v_{wi}）有很大关系，即：

当 $v_{wi}\geqslant20mm^2/min$ 时，最低达 $Ra0.8\mu m$；

当 $v_{wi}\geqslant13mm^2/min$ 时，最低达 $Ra0.4\mu m$。

其中，衡量线切割加工效率（η）的参数常称切割速度（v_{wi}），即单位时间内电极丝加工过的面积，以下式表示：

$$\eta(v_{wi})=\frac{加工面积(mm^2)}{加工时间(min)}=\frac{切割长度\times工件厚度}{加工时间}(mm^2/min)$$

2. 线切割的加工精度

加工精度是指切割完成的加工面的成形尺寸的公差等级。电火花线切割，一般可达到 IT6 级。即其切割出的成型件的成形尺寸公差可达 ± 0.01 ~ ± 0.005mm。

当线切割高精度模具成型件时，须采用精密线切割机床，采用二次或多次切割法，即在第一次切割成形后，留一段足以支撑工件，留 0.05 ~ 0.1mm 作为第二次、第三次精密回切的余量。此法，成形切割精度可达 0.002mm。据此，可以明确：

1）电火花线切割可以作为模具成型件的最终加工工艺。即，切割出的成型件，可直接作为凸模或凹模使用；若精确进行分析、计算凸、凹模冲裁间隙、卸料板型孔与凸模之间的导向间隙，与电极丝直径、火花间隙之间的尺寸关系，则可以同一切割程序，一并成形切割出凸模、凹模和卸料型孔。

2）由于电火花线切割后，表面常留有薄薄的变质层。其厚度与脉冲能量有关。因此，在模具成形加工工艺过程中，常作为成形磨削工序的预加工工序。

3. 影响线切割精度的因素

（1）工件材料内应力引起的变形误差 工件材料的内应力，一般包括热应力、组织应力和体积效应等。其中以热应力影响线切割变形为主，其对工件形状的影响见表 5-7-30。

表 5-7-30 热应力对切割工件后工件变形的影响

零件类别	轴类	扁平类	正方形	套类	薄壁型孔	复杂型腔
理论形状					A B	A B
热应力变形					A + B +	A – B +

针对热应力引起的变形，当设法改善：一是采用热处理回火工艺进行消除内应力；二是改善线切割工艺，即在成形切割之前，采用在工件非切割区钻孔、切槽等预加工方法，以使工件释放部分内应力；在切割凸模时穿丝孔尽量钻在余料上，不直接从坯料外边切入，以避免在切缝产生应力变形，见图 5-7-35a；合理选择线切割路径，以限制其应力释放，见图 5-7-35b。

（2）找正、定位基准误差的影响 主要有以下几个因素：

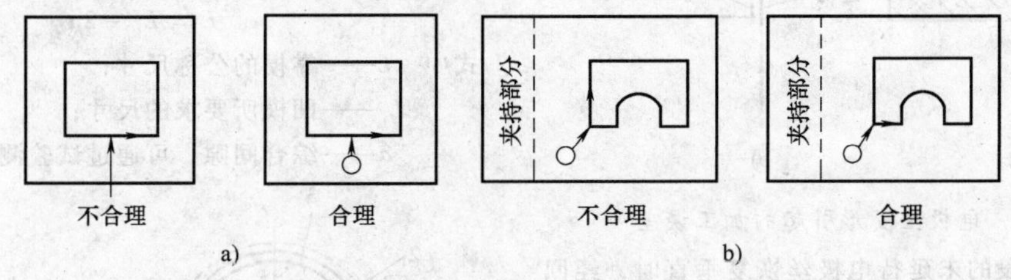

图 5-7-35 消除内应力的线切割工艺措施

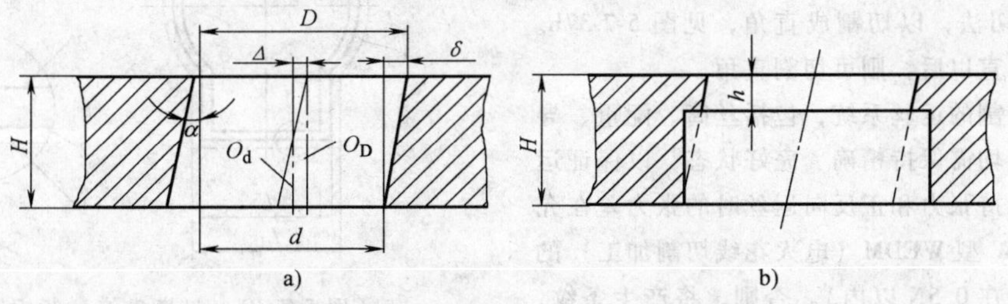

图 5-7-36 找正定位孔误差分析

1）定位孔的误差，采用工艺一定位孔或以穿丝孔为定位孔，都需对定位孔进行精密加工，以保证找正精度，减小找正误差，见图 5-7-36。

如图 5-7-36a 所示，若定位孔的倾斜角为 α、工

件厚度为H，则找出的中心点O_d与理论中心点O_D的误差（Δ）为

$$\Delta = H\tan\alpha$$

由公式可见，找出的中心点O_d与O_D之间的误差Δ与H、$\tan\alpha$成正比。若需减小定位孔的误差对找正的影响，则需减小H和α，见图5-7-36b；同时，定位孔壁需与端面垂直。孔壁的表面粗糙度Ra值需要求低，孔口需倒角，并防产生毛刺。

2）由于电极丝在找正前不在定位孔的中心点上，误差大。所以，须进行多次找正，须找正3～4次，以减小找正误差。同时，接触感知表面须干净，电极丝上不可沾有工作液，以提高感知精度。

3）精细找正电极丝的垂直度，以保证加工表面与端面的垂直度误差在所要求的范围内；为保证电极丝不抖动，须保证导轮槽清洁、导电块无磨出的槽并与电极丝接触良好；导轮轴承运转灵活，无轴向窜动等。

（3）电极丝变形与运丝系统精度所引起的加工误差（见图5-7-37） 在电火花线切割过程中，由于电磁力的作用，电极丝将产生挠曲变形，引起如图5-7-37a所示变形；在进行拐角切割时，将会切成塌角如图5-7-37b所示。消除、减小此误差的方法为：

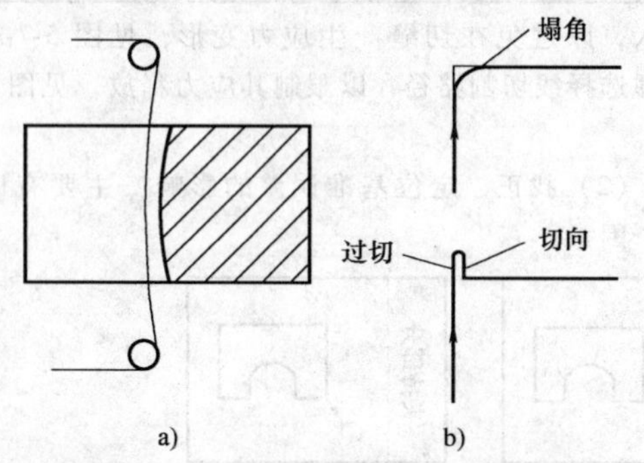

图5-7-37 电极丝变形引起的加工误差

1）在程序段的末延待电极丝恢复垂直时，经回切以切去变形误差。

2）采用过切法，以切割成直角，见图5-7-37b。即，待电极丝回直以后，则可切割直角。

快走丝线切割的运丝系统，包括丝筒、配重、导轮、导电块等，均需保持精确、完好状态，以保证运丝平稳；并能保持张力和正反向运丝时的张力差在允许的范围内（FW型WEDM（电火花线切割加工）的张力差，可保持在0.5N以内）。否则，将产生条纹，影响表面粗糙度和尺寸精度。

（4）电火花线切割的脉冲参数 若不正确也是影响切割误差的因素。

进行锥度切割时，导轮与电极丝相切的切点变化也将引起加工尺寸误差。

7.5.6 靠模仿形线切割机加工

靠模仿形线切割机由脉冲电源、电极丝传动系统、靠模系统和电控系统组成。加工时，电极丝沿着事先加工并与零件形状和精度相同的靠模边缘轨迹行走，切割出与靠模相同的零件。仿形加工原理简图见图5-7-38。

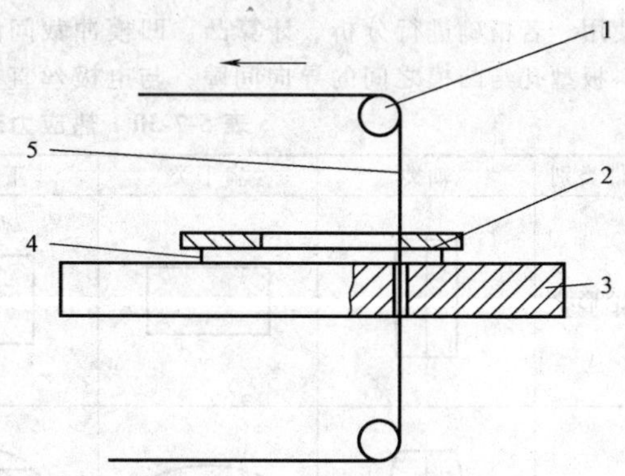

图5-7-38 线电极仿形加工原理

1—导轮 2—靠模 3—工件 4—绝缘垫 5—电极丝

使用靠模仿形线切割机加工时，需预先制造靠模。靠模是线电极电火花仿形加工的样板，加工模具的表面质量和尺寸精度在一定程度上取决于靠模工作面的表面质量和尺寸精度。

加工凹模用靠模样板尺寸L（见图5-7-39）：

$$L = L_1 - 2a$$

式中 L——靠模的公称尺寸；

L_1——凹模所要求的尺寸；

a——综合间隙，可通过试验测出。

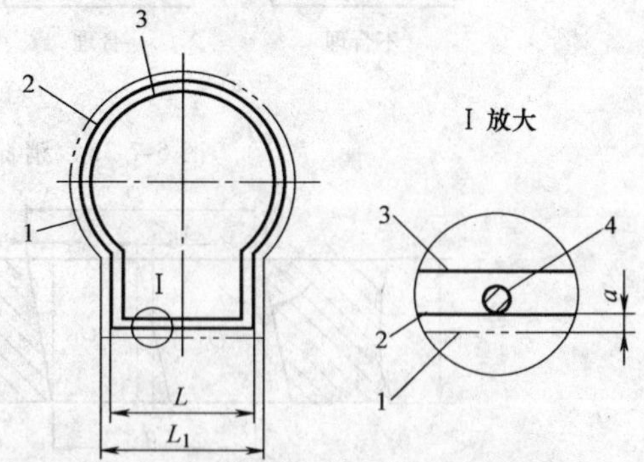

图5-7-39 凹模靠模样板尺寸计算

1—凹模 2—靠模 3—废料 4—电极丝

靠模尺寸L的公差可取被加工零件公差数值的1/3～1/4。

靠模工作面与其定位面垂直度误差不应大于0.005mm。靠模工作面表面粗糙度不应大于Ra1.6μm。

靠模材料可选择厚度在0.5～1.5mm的45钢、黄铜、纯铜等板料。

靠模可采用机械加工后钳工修配或压印法加工的方法。

7.5.7　光电跟踪线切割机加工

光电跟踪线切割加工和靠模仿形线切割加工的工作原理是相同的，所不同的是光电跟踪线切割机借助于放大了的图样，通过光电作用产生脉冲信号，对零件进行电蚀加工。它以图样代替了靠模仿形线切割的靠模，减少了制造靠模的繁琐加工，通过放大比例图样可以加工形状复杂、要求精密的小尺寸模具零件。

光电跟踪线切割机一般由跟踪图样台、切割台两部分组成，加工零件的放大图样置于跟踪台上。加工时，光电头始终追随跟踪图形墨线的轨迹运动，借助电气、机械部分的联动，使工件电蚀，切割出与图样形状相同的图形。

光电跟踪线切割加工的精度首先决定于放大图样的精度。放大图样可绘制在透光性好，变形小的涤纶薄膜或厚度小于2mm的有机玻璃板上，也可用描图样绘制。墨线宽度宜在0.25～0.40mm，墨线要粗细均匀，浓度一致，连接连续、圆滑，尖角处应以小圆弧连接，以利光环转弯，使跟踪稳定。

图样放大倍数应根据工件尺寸和线切割机有关参数确定。放大倍数越大，加大精度越高。

GDX-1型光电跟踪线切割机的参数见表5-7-31。

表5-7-31　GDX-1型机床加工范围及精度

加工比例	工件最大尺寸（长×宽）/mm	加工精度/mm	复制精度/mm
10:1	100×75	0.05～0.02	0.01～0.005
20:1	50×37.5		
30:1	33×25		
50:1	20×15		

跟踪图尺寸计算公式：

对于冲孔模

$$d_{凸} = [B + (d + 2\Delta)]K$$

$$d_{凹} = [B - (d + 2\Delta) - Z]K$$

对于落料模

$$D_{凸} = [B + (d + 2\Delta) - Z]K$$

$$D_{凹} = [B - (d + 2\Delta)]K$$

式中　$d_{凸}$——冲孔凸模的跟踪图尺寸；

$d_{凹}$——冲孔凹模的跟踪图尺寸；

$D_{凸}$——落料凸模的跟踪图尺寸；

$D_{凹}$——落料凹模的跟踪图尺寸；

B——加工零件公称尺寸的中间值；

Z——凸、凹模双面配合间隙；

d——钼丝直径；

Δ——火花放电间隙；

K——跟踪图放大倍数。

有间隙补偿装置的光电跟踪线切割机床，跟踪图可简化，可按零件尺寸的中间值绘制一条图形墨线即可。

7.5.8　斜度和三维曲面的线切割加工方法

1. 用普通电火花线切割机床加工带斜度凹模的方法

（1）简易方法切割　如图5-7-40a所示，在工件上面放一块绝缘板和金属板，绝缘板的内腔尺寸应比加工形状的尺寸大一些。金属板1和工件3均接线切割电源正极，先用比工件形状缩小一定尺寸的程序把金属板和工件切出直壁内腔。图5-7-40b为切割带斜度的凹模，此时，把金属板上的电源线取下，用比工件形状尺寸放大一些的程序加工，金属板不加工，只对工件切割，电极丝被金属板折弯，使工件切出斜度，工件下口尺寸大于工件形状尺寸。图5-7-40c为最后切割出直壁刃口。此时，金属板和工件又均接电源正极，用工件形状尺寸程序加工，直壁高度为3～4mm。此法加工时，电极丝磨损大。

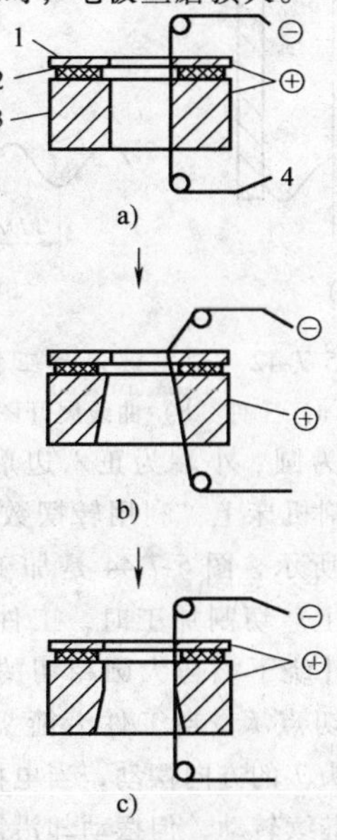

图5-7-40　带斜度凹模的简易切割法

a）预加工直壁　b）切割斜度　c）直壁刃口

1—金属板　2—绝缘板　3—工件　4—电极丝

（2）用导轮移动切割斜度　运动方式见表5-7-19。

2. 用两轴控制加工三维曲面

（1）回转端面曲线型面加工　利用回转工作台，并对线切割机床的丝架进行适当改装即可加工。如在端面上加工按正弦曲线变化的曲面，可将回转工作台绕水平轴旋转，原机床工作台 X 方向拖板作移动，两种运动相互配合即可加工出正弦曲线型面，切割情况如图5-7-41所示。图中，原丝架上附加了一个小丝架，以便小丝架的下导轮能伸进工件孔中切割工件端面的正弦曲面。加工时，原线切割机控制台的 Y 步进电动机的四根控制线改接到回转工作台的步进电动机上，将编制的程序输入控制器即可进行加工。图5-7-42是被加工的模具零件。

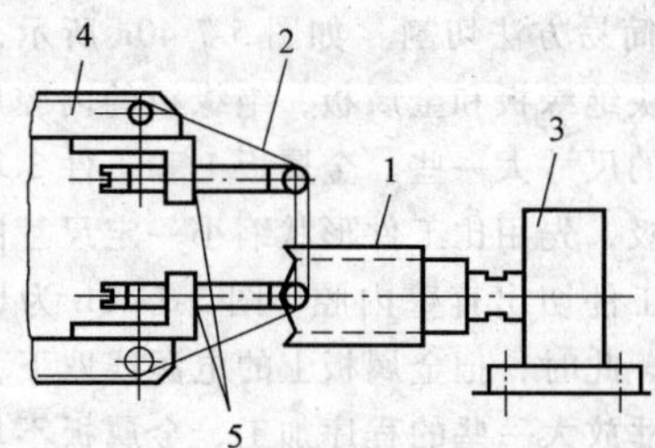

图5-7-41　加工回转端面曲面简图
1—工件　2—电极丝　3—回转工作台
4—原机床丝架　5—附加小丝架

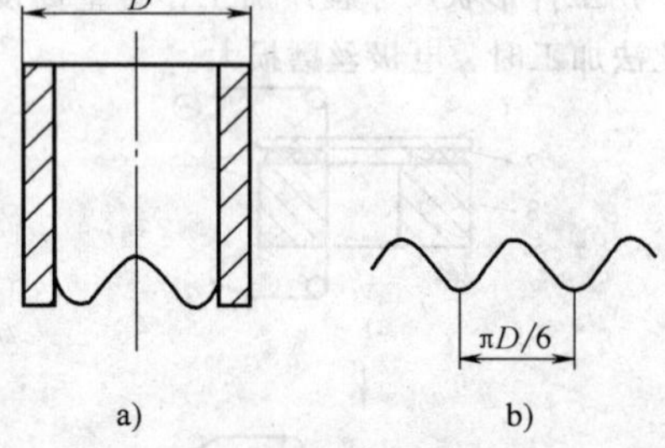

图5-7-42　切割波浪形工件图
a）工件　b）曲线展开图

（2）大端为圆、小端为正六边形的加工　在两轴控制的线切割机床上，利用转摆数控台即可加工。工件如5-7-43所示，图5-7-44是加工原理图。穿丝孔就钻在废料上。切割加工时，工件绕 OO_1 轴心线转动，同时工件绕下端与大圆相切的轴线 NN 摆动，电极丝1通过切点 K，当工件沿箭头6的方向转动时，同时沿箭头7的方向摆动，当电极丝走到直边中点4时，工件继续转动，但摆动却沿箭头7相反方向进行，至点5时就切出一条边。其他各段也按此规律进行。由于工件的转动和摆动相配合，故上端切出六边形，下端切出圆形。

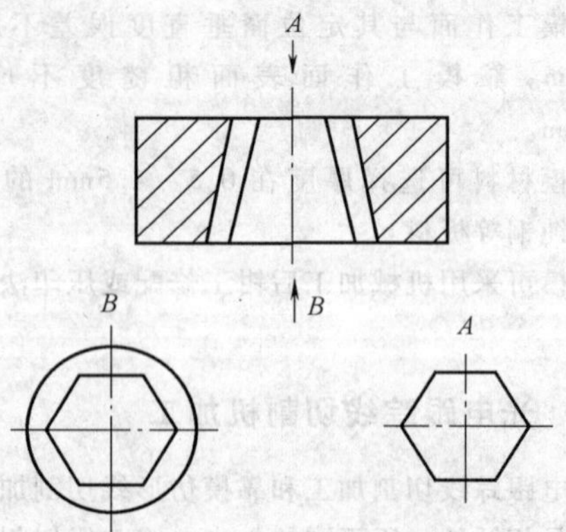

图5-7-43　三维斜度切割的工件

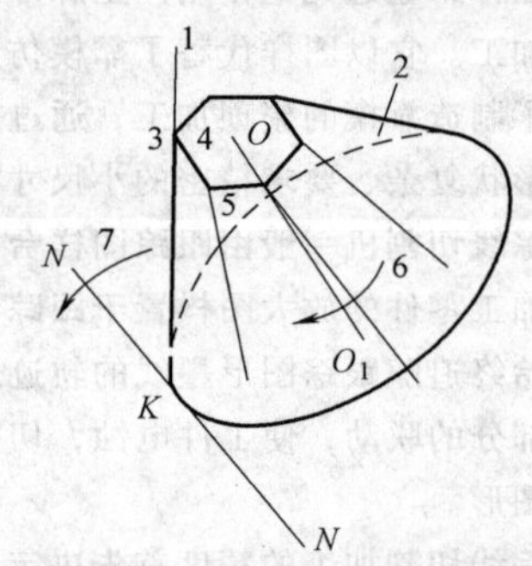

图5-7-44　正圆平滑过渡到正六边形切割原理
1—电极丝　2—切出的凸件
3—六边形棱角　4—边的中点
5—相邻棱角　6—旋转方向
7—摆动方向（工件）

当切割大小端均为六边形时也是用转摆数控台的旋转运动和线切割机床的 X 轴坐标移动相结合加工的，其原理见图5-7-45。

表5-7-32是切割由圆平滑过渡到六边形凹模的调整加工过程。

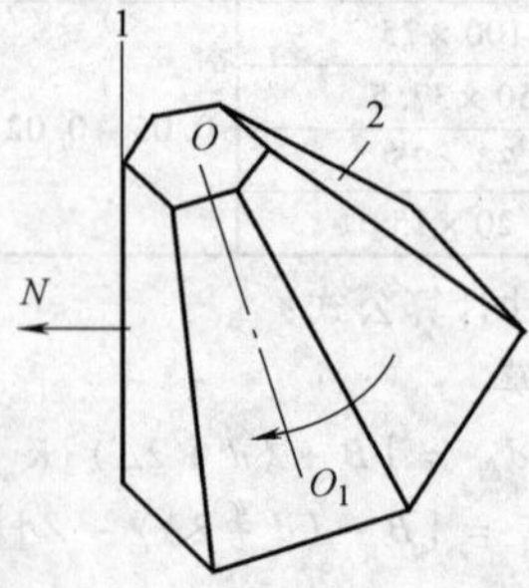

图5-7-45　切割大小端均为六边形的原理
1—电极丝　2—工件

（3）单叶双曲面加工　先用转摆数控台的摆动

轴将工件由水平位置倾斜 θ 角，见图 5-7-46。用原工作台的 Y 坐标使电极丝切入工件，至所要求的位置后，再控制转动轴，使工件绕其轴心线旋转一周，即可把单叶双曲面切割出来。

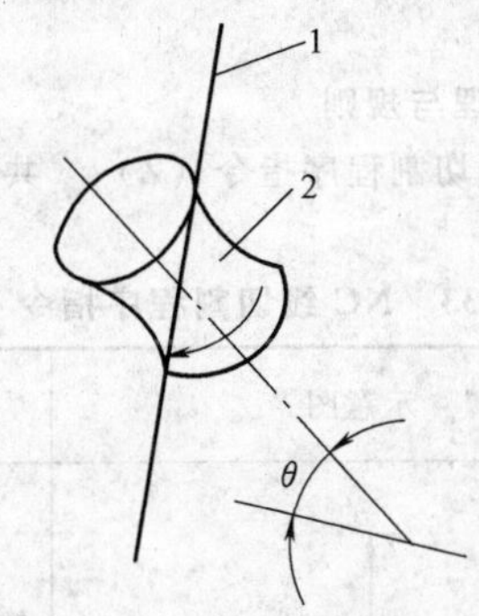

图 5-7-46　切割单叶双曲面原理

1—电极丝　2—工件

表 5-7-32　圆过渡到六边形孔的调整过程

工步	示意图	说　明
1	O	把钼丝穿入工件，找正后夹紧，以 O 为摆动轴心
2	β O	将原线切割机床上的 X 轴信号接在转摆数控台控制摆动轴摆动的步进电动机上，然后将工件摆动一初始角 β
3	R_f O	把 Y 轴向负方向移动 R_f，间隙补偿后的底圆半径为 $R_f/\cos\beta$
4	O	将原线切割机床上的 Y 轴信号接在转摆数控台控制转台转动的步进电动机上，然后加工由圆形过渡到六边形的曲面
5		恢复 Y 轴信号，同时将工件沿 Y 轴正方向移动 R_f，并摆至水平位置，使钼丝处于工件中心
6		恢复 X 轴信号，按直角坐标切割六边形

(4) **螺旋面加工**　先用转摆数控台的摆动轴将工件由水平位置倾斜 θ 角，见图 5-7-47。然后用原工作台的 X 坐标轴使工件沿 X 负向移动，同时转摆数控台的转动轴使工件旋转。按工件螺旋角进行编程，使工件切割时旋转运动和移动按规定螺旋角运动。切入深度等于工件螺旋槽深度。

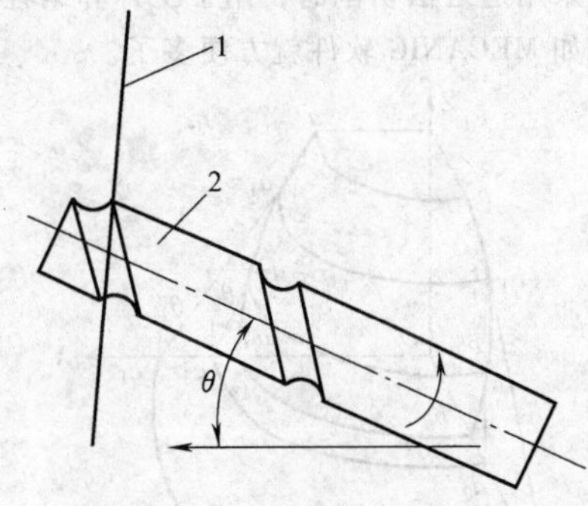

图 5-7-47　切割螺旋面原理

1—电极丝　2—工件

3. 弧线曲面线切割加工

图 5-7-48 为工件截面，$\overset{\frown}{aa_n}$ 为弧线，假如切线 CD 为电极丝，当直线 CD 由 a 向 a_n 滚动并与弧线 $\overset{\frown}{aa_n}$ 相切，则切点的运动轨迹就形成弧线 $\overset{\frown}{aa_n}$，即电极丝 CD 切出的是弧线 $\overset{\frown}{aa_n}$。图 5-7-49 为柱形工件，沿 Z 轴方向等分成 n 段，切出的是 abb_1a_1、$a_1b_1b_2a_2$、…、$a_{n-1}b_{n-1}b_na_n$ 各小平面，它们与 Z 轴的夹角分别为 θ_1、θ_2、…、θ_n，各小平面延长后与 XOY 平面的交线依次为 c_1d_1、c_2d_2、…、a_nb_n，如果 n 取得相当大时，切出的各小平面就逼近弧面。

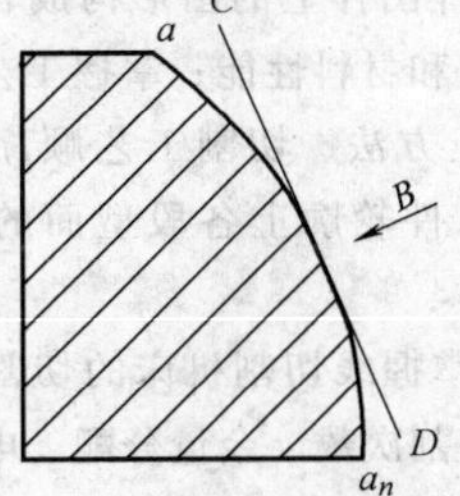

图 5-7-48　工件截面

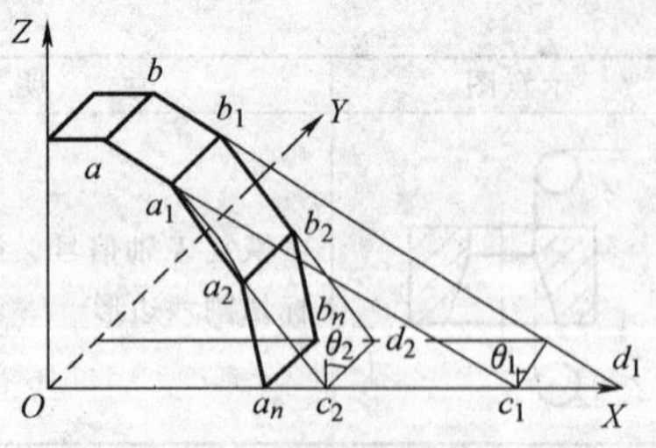

图 5-7-49 柱形工件

图 5-7-50 所示的球形弧面，编程时，在 XOY 平面上依次沿 $\overset{\frown}{c_1d_1}$、$\overset{\frown}{c_2d_2}$、…、$\overset{\frown}{a_nb_n}$ 与 Z 轴成 θ_1、θ_2、…、θ_n 锥角，就可切出 abb_1a_1、$a_1b_1b_2a_2$、…、$a_{n-1}b_{n-1}b_na_n$ 各小阶面而逼近弧面。

上述采用逼近法切割时，用手工计算编程是困难的，利用如 MECANIC 软件就方便多了。

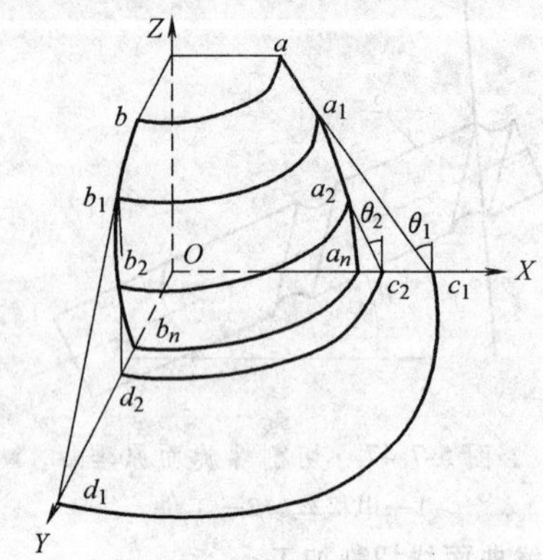

图 5-7-50 弧球面工件

7.5.9 电火花线切割数控程序编制

1. 编程序的基本要求

编制线切割 NC 程序的基本要求：精确的线切割程序，是线切割工艺系统构成的核心部分，是进行精密成形线切割工艺的关键技术。因此，精确编制线切割程序，是掌握线切割工艺的基本功。即必须掌握线切割机床控制系统的指令，掌握其指令系统中各种指令的编程方法和技巧及线切割工艺的基本要求，如：

1）熟悉工件图样上的图形构成、尺寸、尺寸公差、表面粗糙度和材料性能；掌握工艺过程的工件定位与安装、找正方法、切割工艺顺序、切割运动轨迹，以及确定工件轮廓上各段型面的起点与终点坐标。

2）熟悉、掌握线切割机床的切割工艺条件，如电脉冲参数、切割次数、余量分配、电极丝材料与规格等。

3）熟悉、掌握线切割机床的程序格式：ISO 规定的指令代码，313、413 中的指令代码、程序清单，并懂得制作穿孔纸带、磁带与磁盘等。

4）熟悉、掌握线切割机床的控制机、电源的起动，运丝系统和 x、y、u、v 轴运动系统的调整、检查。

2. 基本原理与规则

（1）NC 线切割程序指令（Z） 共有 12 个，见表 5-7-33。

表 5-7-33 NC 线切割程序指令（Z）

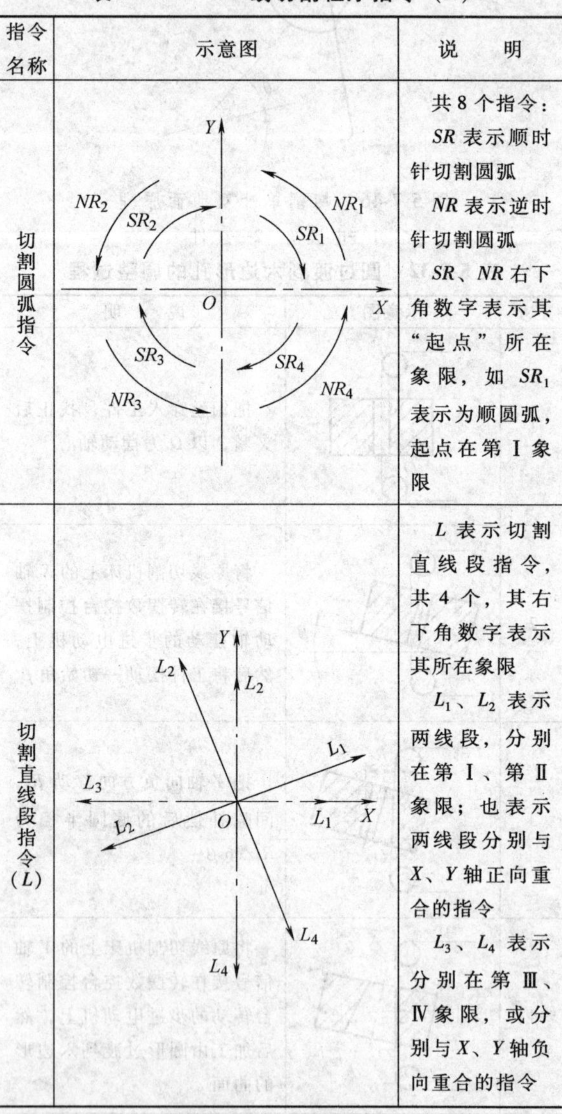

指令名称	示意图	说明
切割圆弧指令		共 8 个指令：SR 表示顺时针切割圆弧 NR 表示逆时针切割圆弧 SR、NR 右下角数字表示其“起点”所在象限，如 SR_1 表示为顺圆弧，起点在第Ⅰ象限
切割直线段指令（L）		L 表示切割直线段指令，共 4 个，其右下角数字表示其所在象限 L_1、L_2 表示两线段，分别在第Ⅰ、第Ⅱ象限；也表示两线段分别与 X、Y 轴正向重合的指令 L_3、L_4 表示分别在第Ⅲ、Ⅳ象限，或分别与 X、Y 轴负向重合的指令

（2）切割长度计数方向指令（G） 为按顺序分别切割完成工件轮廓上的各圆弧、直线段，则需分别控制相应方向滑板，从起点到终点长度，以达到各线段尺寸和尺寸精度。

为此，在机床控制机中，设一个计数器，以对相应滑板进给进行计数。即，将需切割的圆弧或直线长度预先设置于计算器中，当相应滑板以进给当量（μm）作切割进给时，计数器中的长度数据则以相等进给当量减少，直减至零，以达需切割线段的终点。

切割线段长度计数方向指令（G）的选择，即是选择 X 轴滑板还是 Y 轴滑板作为切割进给计数方向的方法和规则，见表 5-7-34。

表 5-7-34　计数方向指令（G）选择方法和规则

指令名称	示意图	说　明
切割斜线G的选择	Y、GY、45°、GX、GX、X、45°、GY	选择切割长度较大的方向，作为计数方向。其选择规则为：若线段终点为 A（x_e，y_e） 1）当 $\|x_e\| > \|y_e\|$ 时，计数方向选 GX 2）当 $\|x_e\| < \|y_e\|$ 时，计数方向选 GY 3）当斜线在阴影区时，取 GY，反之取 GX 4）当斜线正在 45°线上时，第Ⅰ、Ⅲ象限应取 GY，第Ⅱ、Ⅳ象限应取 GX
切割圆弧G的选择	Y、GX、45°、GY、GY、X、45°、GX	以切割起点及其需达到的圆弧终点所在象限的位置，来决定计数方向 G。也可以 45°线为界，若圆弧终点坐标为 B（x_e，y_e），则 1）当 $\|x_e\| < \|y_e\|$ 时，即圆弧终点在阴影区，取 GX 2）当 $\|x_e\| > \|y_e\|$ 时，则取 GY 3）当圆弧终点在 45°线上时，可按习惯任取

（3）确定计数长度　计数长度（J）是指：切割线段的始点到终点在计数长度坐标轴上投影长度的总和。确定计数长度（J）的方法与规则，见表 5-7-35。

（4）间隙补偿值（f）　即需进行 f 的取向和取值。取向，指正确取正向或取负向，即：

1）间隙补偿值（f）为

$$f = r_1 + \delta_1 + \delta_2$$

式中　r_1——电极丝半径（mm）；

δ_1——火花放电间隙（mm）；

δ_2——冲模凸、凹模冲裁间隙（mm）。

表 5-7-35　确定计数长度（J）的方法与规则

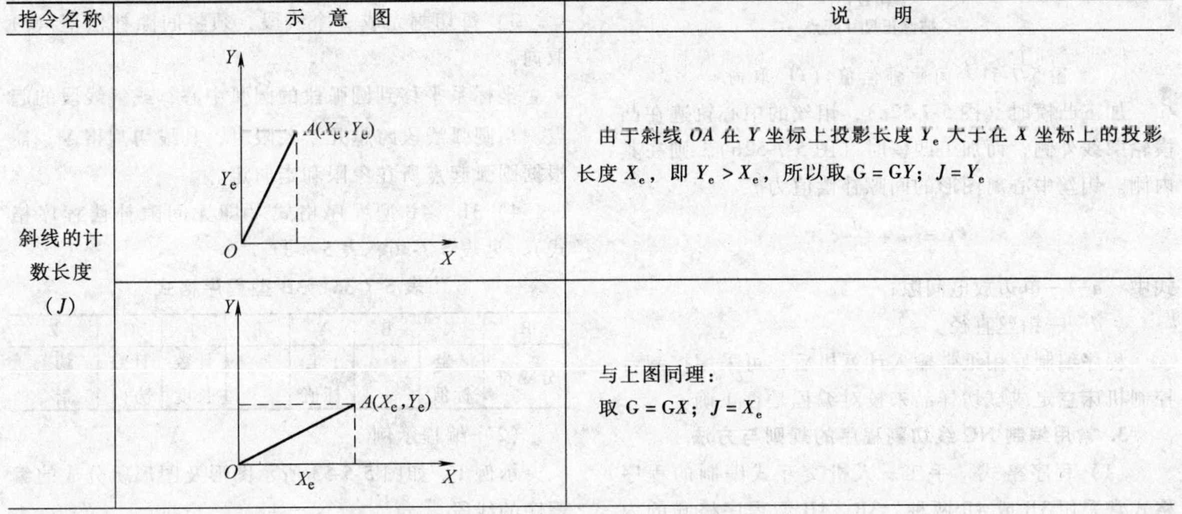

指令名称	示　意　图	说　明
斜线的计数长度（J）	Y、$A(X_e,Y_e)$、Y_e、O、X	由于斜线 OA 在 Y 坐标上投影长度 Y_e 大于在 X 坐标上的投影长度 X_e，即 $Y_e > X_e$，所以取 $G = GY$；$J = Y_e$
	Y、$A(X_e,Y_e)$、O、X_e、X	与上图同理： 取 $G = GX$；$J = X_e$

（续）

指令名称	示 意 图	说 明
圆弧的计数长度（J）	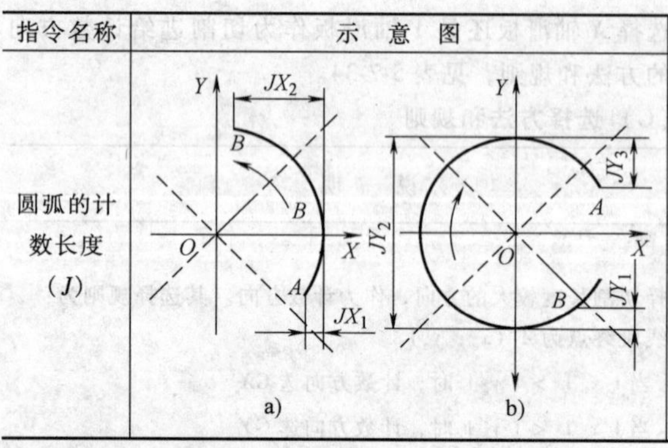	1）图 a 所示：由于终点坐标为 B（X_e，Y_e），而且 $\|x_e\|>\|y_e\|$，则 G = GX；A 点坐标为（X_e，Y_e），且 $\|x_e\|>\|y_e\|$，则取 G = GX；所以 $J=JX_1+JX_2$ 2）图 b 所示：终点坐标为 B（X_e，Y_e），则取 G = GY；所以 $J=JY_1+JY_2+JY_3$

2）f 的取向，即判断 f 的正（+）、负（-）号。其取向方法与规则如下：

切割圆弧线时：

当 $r_0>r$ 时，取 $+f_0$，如切割外凸圆弧面；

当 $r_0<r$ 时，取 $-f_0$，如切割内凹圆弧面。

式中 r_0——电极丝中心运动轨迹半径；

r——被切割圆弧面的半径。

切割斜线时（图 5-7-51）：

当 $P_0>P$ 时，取 $+f$；

当 $P_0<P$ 时，取 $-f$。

式中 P_0——电极丝中心轨迹法向长度；

P——被切割斜面法向长度。

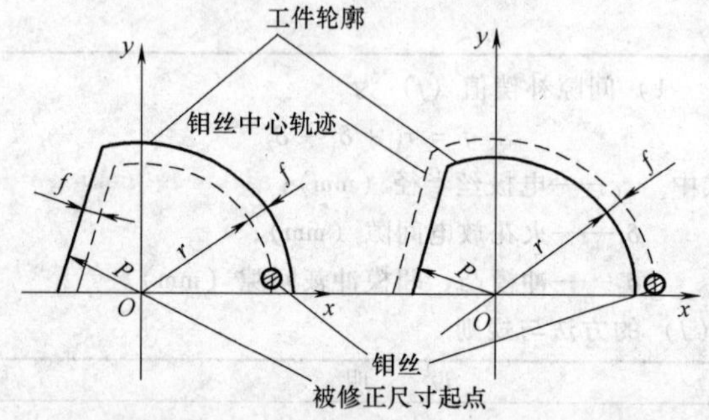

图 5-7-51 间隙补偿值（f）取向

加工凸模时（图 5-7-52a），钼丝的中心轨迹在凸模轮廓线外侧；而加工凹模时（图 5-7-52b），则在其内侧。钼丝中心离图形的间隙补偿值为 f：

$$f=a+\frac{d}{2}$$

式中 a——单边放电间隙；

d——钼丝直径。

程序编制好用纸带输入计算机后，可采用控制台控制机床空走或试切样品来校对编程是否正确。

3. 常用编制 NC 线切割程序的规则与方法

（1）程序格式 手工、人机交互式编制的程序格式常采用 3B 或 4B 两种。3B、4B 型程序格式的内容和规则为：

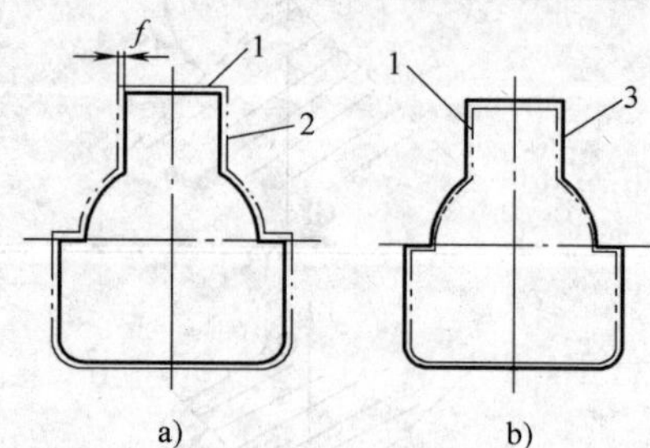

图 5-7-52 加工图形关系

a）加工凸模时 b）加工凹模时

1—钼丝中心轨迹 2—凸模轮廓线

3—凹模轮廓线

1）其中 x、y、J 均是以“μm”为当量的数码。当 $x=0$，$y=0$ 时可以不写入程序单。计数长度 J 应当写成 6 位数，如 $J=1900\mu m$ 时，则应当写成 001900。

2）切割圆弧时，坐标原点当在圆心，其 x、y 为圆弧起点坐标；切割斜线时，坐标原点当取在斜线的起点，其 x、y 则为斜线终点坐标值。

3）每切割完成一个线段，须将间隙补偿值（f）取向。

坐标系平移到圆弧段的圆弧中心，或斜线段的起点。当圆弧线段跨越几个象限时，其线切割指令，需根据圆弧起点所在象限和走向定。

4）3B、4B 型程序格式（即无间隙补偿程序格式），见表 5-7-36、表 5-7-37。

表 5-7-36 3B 型程序格式

B	X	B	Y	B	J	G	Z
分隔符	x 坐标值		y 坐标值		计数长度	计数方向	切割指令

（2）编程示例

示例 1 如图 5-5-53 所示图形及图形所分成的编程序的线段。

表 5-7-37　4B 型程序格式

B	X	B	Y	B	J	B	R	G	D 或 DD	Z
分隔符	x 坐标值		y 坐标值		计数长度		圆弧半径	计数方向	圆弧形式	切割指令

说明：1. 表 5-7-37 中的 D 表示凸圆弧；DD 表示凹圆弧。

2. 常用 3B 型程序格式表 5-7-36 中，加上顺序号，即成为线切割程序单。

3. 将程序内容，通过穿孔机，以穿孔形式记录在纸带上，再通过光电输入机，以控制线切割过程。

1）编制 *AB* 段程序：

设，坐标原点为 *A* 点；*AB* 线段与 *x* 坐标重合。

则，G 取 *GX*；终点坐标为 *B*（0，40）；*J* = 040000；*AB* 线段切割指令为 L_1。

所以 *AB* 线段程序为：BBB040000GXL$_1$

2）编制 *BC* 段程序：

设，坐标原点为 *B* 点；相对 *B* 点的切割 *BC* 线段的终点坐标为 *C*（10，90）。

则，因 | *y* | ＞ | *x* | ，G 取 GY；

因 *BC* 在第Ⅰ象限，故 *L* 为 L_1；*J* = 090000。

所以 *BC* 线段程序为：B1B9B090000GYL$_1$

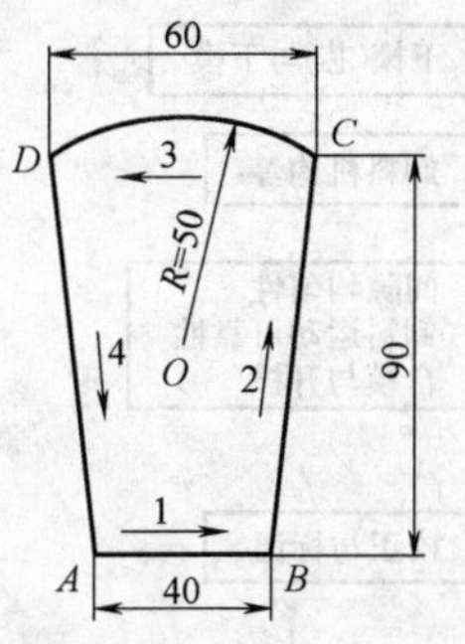

图 5-7-53　工件图（一）

3）编制 *CD* 圆弧段程序：

设，坐标原点在 *CD* 圆弧的中心点 *O*。即，将原坐标系平移到以圆弧中心点 *O* 为原点的坐标系。

则，相对于 *O* 点，切割 *CD* 圆弧段的起始点坐标为 *C*（30，40），终点坐标为 *D*（-30，40）。

因为 *D*（-30，40）在第Ⅱ象限；

| *x* | = | -30 | ＜ | *y* | = | 40 |

所以 G 取 *GX*；*J* = 060000。

因为 *C*（30，40）在第Ⅰ象限，且为逆时针切割 *CD* 圆弧，所以其切割指令为 NR_1。

因此，*CD* 圆弧段的程序为：B30000B40000B060000GXNR$_1$

4）编制 *DA* 斜线段程序：

设，以 *D* 点为坐标原点；

则，相对于 *D* 点、切割 *DA* 斜线段的终点坐标为 *A*（10，-90），并在第Ⅳ象限；同时，| *y* | = | -90 | ＞ | *x* | = | 10 |

所以 G，取 *GX*；*J* = 090000；*L* 取 L_4。

因此，*DA* 斜线段的程序为：B1B9B090000GY，L_4

将以上各线段切割程序填入程序单，见表 5-7-38。

表 5-7-38　程序单

序号	B	X	B	Y	B	J	G	Z
1	B		B		B	040000	GX	L_1
2	B	1	B	9	B	090000	GX	L_1
3	B	30000	B	40000	B	060000	GX	NR_1
4	B	1	B	9	B	090000	GX	L_4
								D

注：1. 表中 D 为切割完成最后一条程序之后的停机代码。

2. *X*、*Y* 坐标值，可同时以相同倍数缩小或放大填入表内；但须保证 *X*、*Y* 间的比值不变。

7.6　电解磨削加工

电解磨削加工是加工硬质合金的有效手段。电解磨削是以金属阳极溶解作用为主的一种磨削工艺，加工中不会产生机械磨削中常发生的裂纹、烧伤、崩刃和变形等疵病。工件能获得高的表面质量，最高可呈镜面。一般表面粗糙度可达 *Ra*0.08～0.16μm，比采用金刚石砂轮磨削加工的加工成本低。

电解磨削是在专用电解磨削机床上进行，使用的磨轮有金刚石电解磨轮、树脂结合剂电解磨轮、石墨磨轮等。电解磨削是以电化学溶解为基础的，磨削用的电解液对磨削生产率、表面质量有很大影响。硬质合金模具制造中，由于硬质合金和钢件相拼或焊接在一起加工，因此，选择的电解液应与硬质合金和钢溶解速度相近似的配方，具体配方如下：

$NaNO_2$　5%

Na_2HPO_4　1.5%

KNO_3　0.3%

$Na_2B_4O_7$　0.3%

其余为 H_2O（水）。pH 值为 8～90。

对形状复杂、有尖锐角的工件，电解磨削时，工件尖端的电流比末端大几倍，尖端加工后易变钝，达不到要求。可在尖端部位涂以清漆保护或在工件一侧用卡板卡上一块 0.5～0.8mm 的铁板，电解时，尖端放电只能放在铁板上，从而保护了工件的尖端，提高了加工质量。

第8章 冲压模具的装配与检测

8.1 冲压模具的装配与装配方法

8.1.1 冲压模具的装配

1. 模具装配及其工艺过程

模具是专用成形工具，是专用技术产品，所以必须进行专门设计与制造。模具装配是模具制造工艺全过程的最后工艺阶段，包括装配、调整、检验和试模等工艺内容。

按照模具合同规定的技术要求，将加工完成、符合设计要求的零件和购配的标准件，按设计的工艺进行相互配合、定位与安装、连接与固定成为模具的过程，称为模具装配。模具装配按其工艺顺序进行初装、检验、初试模、调整、总装与试模成功的全过程，称为模具装配工艺过程。

模具装配工艺过程，如图 5-8-1 所示。

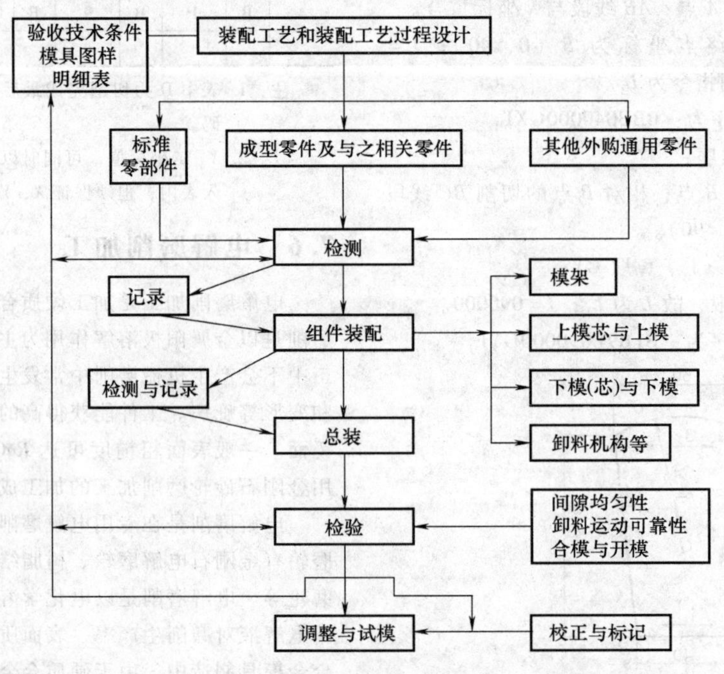

图 5-8-1 模具装配工艺过程

2. 冲压模具装配技术要求

设计与制造模具的目的是要生产合格的制品零件。因此模具装配不是简单的零件组合，而是将加工合格的零件通过修正、配合后再进行总装形成模具产品，并满足所规定的技术要求。冲压模具装配的技术要求见表 6-1-3（GB/T 14662—2006）。

8.1.2 冲压模具的装配工艺

1. 冲压模具装配的工艺过程

冲压模具的装配就是按着冲压模具设计的总装配图，把所有的冲压模具零件连接起来，使之成为一体，并能达到冲压模具所规定的技术要求的一种加工工艺。装配质量的好坏，将直接影响到冲件的质量和冲压模具的寿命。因此，在装配时，一定要按着装配工艺规程进行，见表 5-8-1。

2. 模具装配方法

模具是由零、部件构成的成形工具，而这些零、部件的加工，由于受工艺条件与水平的限制，都存在加工误差，将会影响装配精度。因此，研究模具装配工艺、提高装配工艺技术水平，是确保模具装配精度与质量的关键工艺措施。

冲压模具的装配方法主要有配作装配法和直接装配法两种。

冲压模具装配方法见表 5-8-2。

表 5-8-1　冲压模具装配工艺过程

工艺过程		工艺过程说明
装配前的准备阶段	熟悉和研究装配图	装配图是进行冲压模具装配的主要技术依据。通过对装配图的分析与研究，应了解所要装配冲压模具的主要特点和技术要求，各零件的安装部位及其作用，零件与零件间的相互位置、配合关系以及连接方式。从而确定合理的装配基准、装配方法和装配顺序
	清理检查零件	根据装配图的零件明细表，清点和清洗零件，并检查主要零件的尺寸和形位精度，查明各部分配合面的间隙、加工余量以及有无变形和裂纹等缺陷
	布置工作场地	准备好装配时所需的工具、夹具、量具、材料和辅助设备，清理好工作台
	准备标准件及材料	按图样要求备好标准螺钉、销钉、弹簧、橡胶及装配时所需的辅助材料，如低熔点合金、环氧树脂、无机粘结剂等
组件装配阶段		组件装配是指冲压模具在总装配之前，将两个或两个以上的零件按照规定的技术要求连接成一个组件的局部装配工作。如模架的组装、凸模或凹模与其固定板的组装、卸料零件的组装等。这类组件的组装，要按着技术要求进行，这对整副模具的装配精度将起到一定的保证作用
总装配阶段		应选择好装配的基准件并安排好上、下模的安装顺序，然后进行装配，并保证装配精度，满足规定的各项技术要求
试模调整阶段		1）按照模具验收技术条件，检验模具各部分功能 2）在实际生产条件下，进行试模，按试模状况调整、修整模具，直到合格，则装配完成

表 5-8-2　冲压模具装配方法

类　型	说　明
配作装配法	配作的装配方法是在零件加工时，只需对与装配有关的必要部位进行高精度加工，而孔位精度由钳工进行配作，使各零件装配后的相对位置保持正确关系。这种方法，即使没有坐标镗床等高精度设备，也能装配出高质量的模具。但耗费的工时较多，并且需要钳工要有很高的实践经验和技术水平
直接装配法	直接装配法是将所有零件的型孔、型面及安装孔，全按图样加工完毕，装配时只要把零件连接在一起即可。当装配后的位置精度较差时，应通过修正零件来进行调整。这种装配方法简便迅速，且便于零件的互换，但模具的装配精度取决于零件的加工精度。为此，要有先进的、高精度的加工设备及测量装置才能保证模具的质量

8.1.3　冲压模零件的固定装配

凸模在固定板上的安装，是在冲模装配中比较关键的工序之一。凸模在固定板上的安装质量，直接影响到冲模的使用寿命和冲模精度的高低。

1. 凸、凹模安装固定要求

在装配冲模时，要根据设计图样来决定凸（凹）模在固定板上安装与固定的方法。即凸、凹模的固定主要有机械（压入式或紧固式）固定、用粘结剂粘接、低熔点合金浇注等多种方法。但无论采用何种方式，都应达到如下要求：

1）凸、凹模安装后与安装孔应满足下述尺寸配合关系：

① 采用紧固法（螺钉与销钉，见图 5-8-2）和压入法（图 5-8-3）时，其凸模与安装孔应按 H7/m6 配合形式。

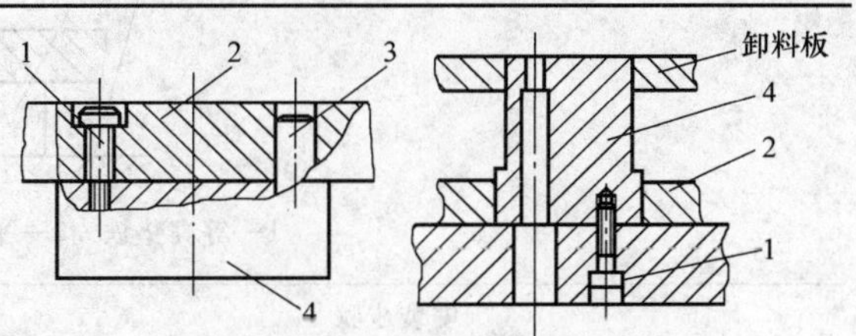

图 5-8-2　螺钉紧固安装法
1—螺钉　2—凸（凹）模固定板
3—销钉　4—凸模（凸凹模）

② 采用低熔点合金、环氧树脂及无机粘结剂粘接时（图 5-8-4），凸模与凸模固定板安装孔间应有一定间隙，其间隙值大小应根据选用的填充、粘结介质不同而不同。

③ 采用红热法（将凹模镶块压入预先加热至 400～500℃的凹模套内，再冷却），其过盈量应选用配合尺寸的 0.1%～0.2%。

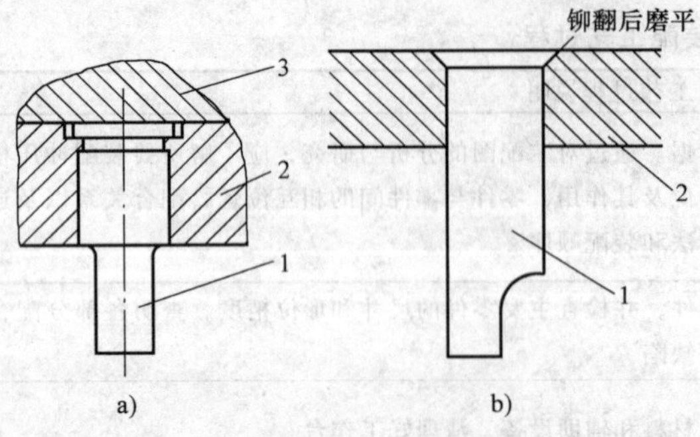

图 5-8-3　压入式紧固安装法

1—凸模　2—凸模固定板　3—垫板

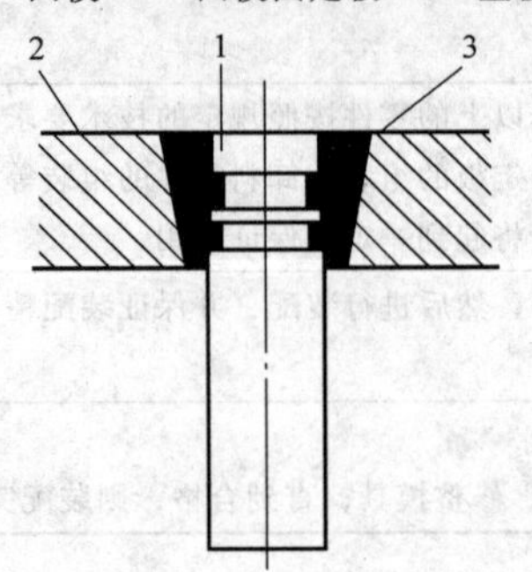

图 5-8-4　浇注、粘接式固定法

1—凸模　2—固定板　3—介质

2）凸模（凹模）在固定板上固定后，其凸模（凹模）的中心轴线与固定板安装基面必须相互垂直。安装检验后，垂直度公差不应大于 0.02mm，薄料冲裁不应大于 0.01mm。

3）凸模安装后，其与卸料板卸料孔间的配合应为 H7/h6 间隙配合，如图 5-8-5 所示。

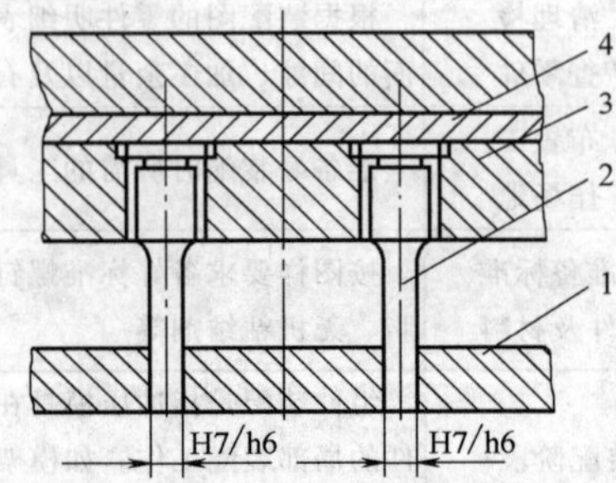

图 5-8-5　凸模的安装

1—卸料板　2—凸模　3—凸模固定板　4—垫板

4）凸模（凹模）的安装端应与固定板的支承面安装后在同一平面上，即安装后应用平面磨床磨平，并与垫板或模柄底面接触紧密，无缝隙存在。

2. 凸、凹模安装固定方法

（1）压入固定法　压入固定法见表 5-8-3。

（2）铆翻固定法　铆翻固定凸模的方法见表 5-8-4。

表 5-8-3　压入固定法

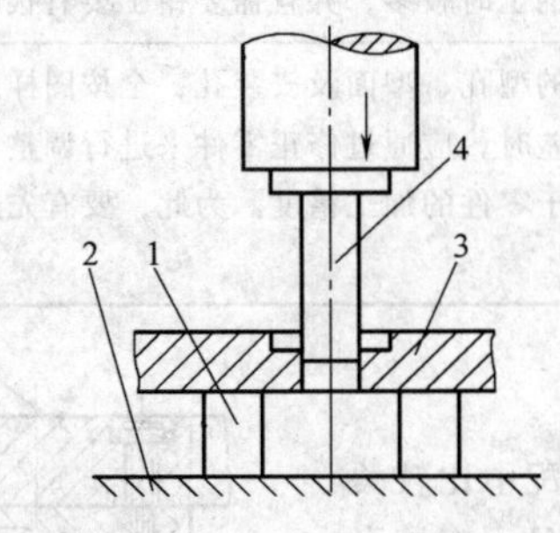

1—等高垫铁　2—平台　3—固定板　4—凸模

安装步骤	说　明
1）将等高垫铁 1 放在平台 2 上摆正	常用于冲压材料厚度为 6mm 以下的冲压件冲模。凸模与固定板的配合采用 H7/n6 或 H7/m6，配合面表面粗糙度应符合图样要求。固定板型孔应与端面垂直，不允许有锥度或成鞍形，以保证组装后凸模与端面垂直 凸模的压入端应设引导部分，对有台肩的圆凸模，其凸模固定部分压入端应采用小圆角、小锥度或在 3mm 长度范围内将直径磨小 0.03 ~ 0.05mm 作为引导。无台肩的导形凸模的压入端（非刃口端）四周应修磨出斜度或小圆角；当凸模不允许设引导部分时，应在固定板型孔的压入处，修出斜度小于 10′、高度小于 5mm 的引导部分或倒成圆角以便于凸模的压入
2）把凸模固定板 3 放在等高垫铁 1 上，使台阶安装孔朝上	
3）把凸模 4 放在孔内，使刃口工作部分朝下，并用压力机将其压入固定板孔内	
4）当凸模与固定板型孔装合部分压入 1/3 时，利用角尺进行垂直度检查，校正垂直后，将凸模全部压入	
5）再用直角尺进行检查凸模与固定板型孔的垂直度误差	
6）检查合格后，把凸模固定板的支承面与凸模压入端面用平面磨床磨平，使其与固定板的支承面在同一个平面上	

表 5-8-4　铆翻固定凸模的方法

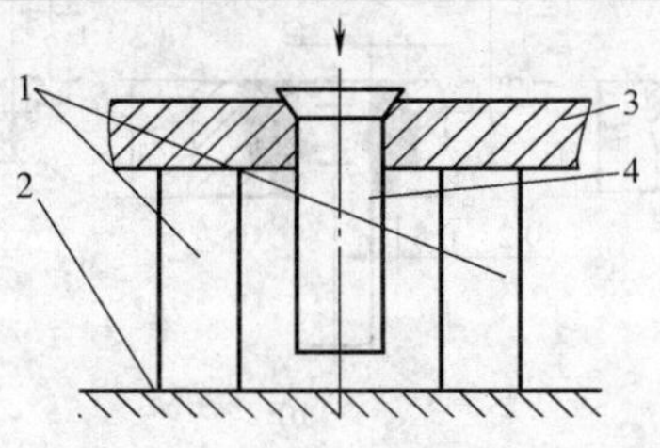

1—等高垫铁　2—平台　3—固定板　4—凸模

安装步骤	说　明
1）将加工好的凸模固定板放在装配平台上，并用等高垫铁将其垫起，一定要使之平行于工作台面	用于冲制工件厚度为 2mm 以下的非圆形凸模固定。铆翻的凸模一端（凸模非工作部分）可不经淬硬或虽经淬硬但硬度不要超过 24～26HRC，工作部分应淬硬，淬硬的凸模长度应是整个凸模长度的 1/2～2/3
2）把凸模装入固定板的孔中，并用压力机或锤子将其压入固定板中	体积比较大的凸模，可以用螺钉将其固紧，如图所示。防止凸模工作时由于受力过大而引起扭动现象
3）用锤子和錾子将凸模的尾端铆翻，使其紧固在固定板中	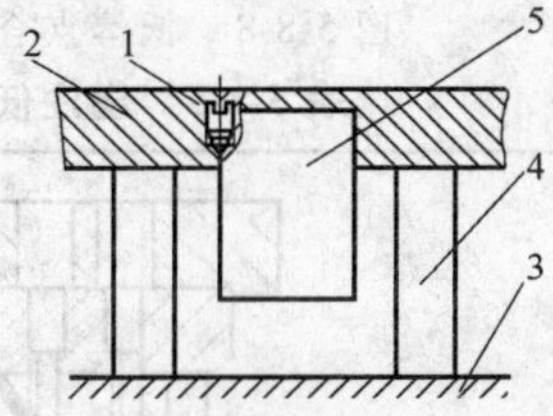
4）检查凸模的中心轴线与其固定板的支持面是否垂直。检查方法可仍用直角尺量取	
5）将铆翻的支承面用平面磨床进行磨平，其表面粗糙度 *Ra* 小于 1.60μm	大型凸模铆翻后用螺钉紧固 1—螺钉　2—固定板　3—平台　4—等高垫铁　5—凸模

(3) 螺钉紧固法　如图 5-8-6 所示为用螺钉紧固凸模的方法。这种方法常用于大中型凸模紧固。在紧固时，首先把凸模压入固定板型孔中。调好位置后，使其与固定板支承面垂直，然后拧紧螺钉，固紧不许松动。

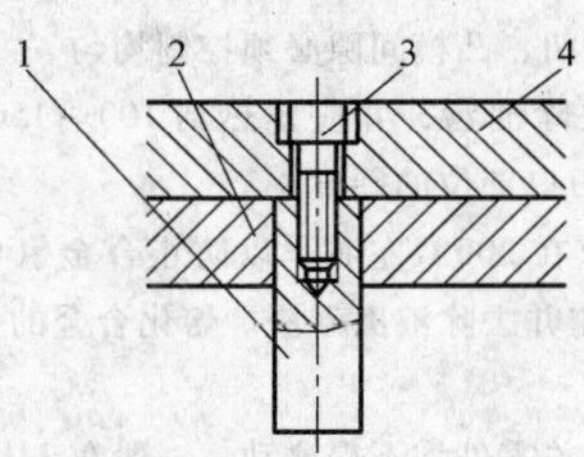

图 5-8-6　螺钉紧固凸模法

1—凸模　2—固定板　3—螺钉　4—垫板

图 5-8-7 所示为利用斜压块及螺钉紧固凸模的方法，常用于复合模的凸凹模紧固。在固定时，首先将凸凹模压入固定板型孔中，调好位置，再压入斜压块 3 后用螺钉 2 固紧。

(4) 低熔点合金浇注法　采用低熔点合金浇注固定凸模的方法，是目前使用比较常见的一种工艺方法，是利用低熔点合金（俗称冷胀合金）冷却时膨胀的原理，使凸模与固定板紧紧地连接在一起。如图

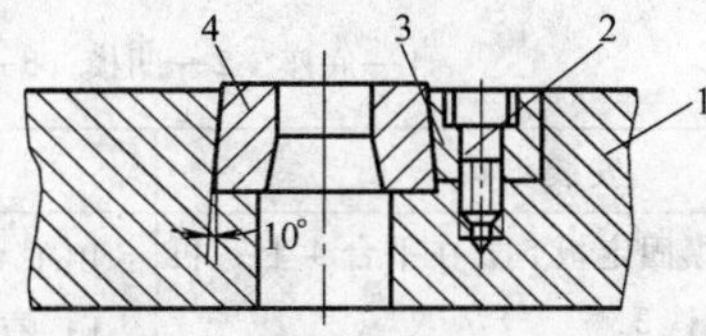

图 5-8-7　斜压块紧固法

1—模座　2—螺钉　3—斜压块　4—凸凹模

5-8-8 所示为利用低熔点合金浇注凸模的几种结构形式。

浇注低熔点合金固定凸模的方法见表 5-8-5。

用低熔点合金法浇注固定凸模，可解决多孔冲模调整凸、凹模间隙的困难，从而缩短了冲模的生产周期，提高了冲模的装配质量，尤其是对多凸模或形状比较复杂的凸模安装与固定，其优越性更加显著。

(5) 粘接固定方法　对于冲裁力较小的薄板料冲模，为减小凸模固定的麻烦，可采用无机粘结剂或环氧树脂等粘结剂粘接的方法固定。其工艺简单，粘接强度高，不变形，耐高温。

1）无机粘结剂固定。无机粘结剂的配方见表 5-8-6。

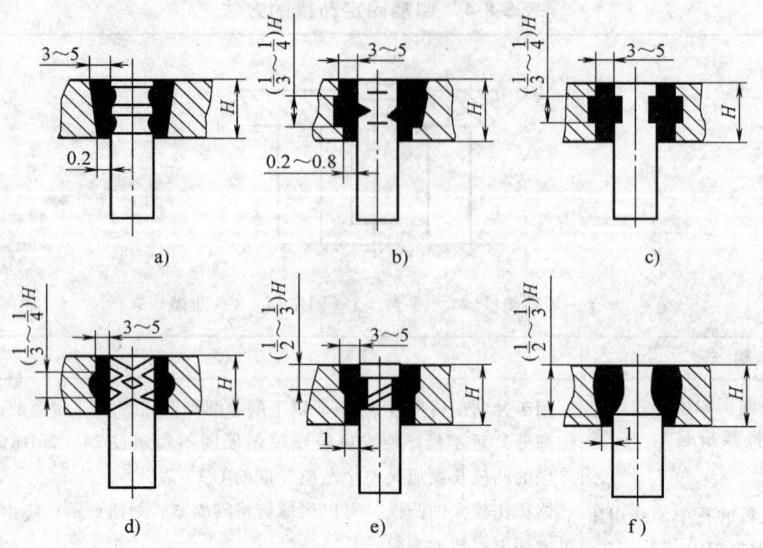

图5-8-8 低熔点合金浇注固定凸模的结构形式

表5-8-5 浇注低熔点合金固定凸模的方法

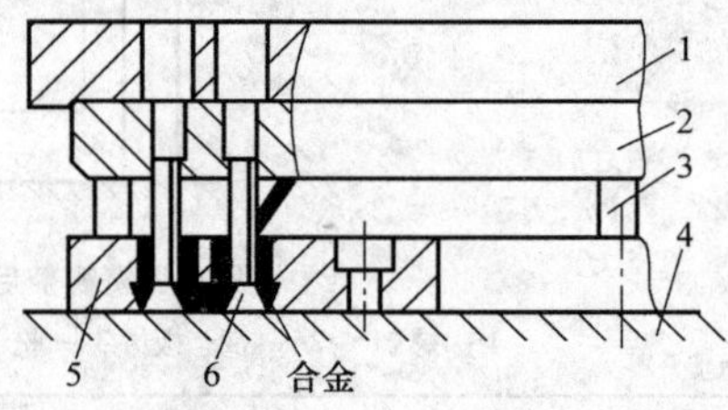

1—底座 2—凹模 3—等高垫铁 4—平台 5—凸模固定板 6—凸模

安装步骤	说明
1）将凸模固定板5放在平台4上，再置入等高垫铁3 2）在等高垫铁3上面放置已组装好的凹模组合2、1 3）将凸模6安放在凸模固定板5相应的孔内，使工作部分插入相应凹模2孔内，以使凹模2定位并调好间隙 4）将事先配制好的合金熔化，并用料勺浇入凸模安装部位与凸模固定板调好的缝隙内 5）固化24h后即可使用	用于冲裁力及冲击力不大的小型冲模的凸模固定。浇注应满足下述要求： 1）有关零件必须具有能保证合金浇注后牢固可靠的结构形式 2）有关零件先要准确定位，例如对凹、凸模间隙必须控制均匀 3）在浇注合金的部位要先清洗，去除油污，并应预热到100~150℃，对于凸、凹模的预热温度不要太高，以免影响刃口部位的硬度 4）合金熔化温度不要过高，一般应在200℃左右，以防止合金氧化、变质及晶粒粗大而影响质量。熔化时要搅拌均匀并去除液面浮渣。熔化合金的用具，必须事先严格烘干 5）在合金浇注过程中及浇注后，有关零件均不得碰动，一般在24h后方可使用 6）浇注时流露在外面的合金，不要用錾子凿，应使用锉及锯去除 7）磨上、下刃口面时，为防止合金破坏或凸模由于受力松动，每次进入磨削量不要超过0.02mm

表5-8-6 无机粘结剂的配方

原料名称	配比	技术要求
氧化铜	4~5g	黑色粉末状，粒度0.045mm（320目），二、三级试剂含量不少于98%
磷酸	1mL	密度1.7~1.9g/cm³，二、三级试剂含量不少于85%
氢氧化铝	0.04~0.08g	白色粉末状，二、三级试剂

其配制方法是：

① 将 100mL 磷酸所需加入的全量氢氧化铝先与 10mL 磷酸置于烧杯中，并搅拌均匀呈白乳状态。

② 倒入 90mL 磷酸，加热后不断搅拌，待加热至 220～240℃，使之呈淡茶色，冷却后即可使用。

③ 将氧化铜放在干净的铜板上，中间留有一个坑，倒入上述调制好的溶液，并用竹签搅拌均匀，调成糊状，一般能拉出 20mm 长丝为合适。

用无机粘结剂粘接固定凸模的方法见表 5-8-7。

表 5-8-7　无机粘结剂固定凸模

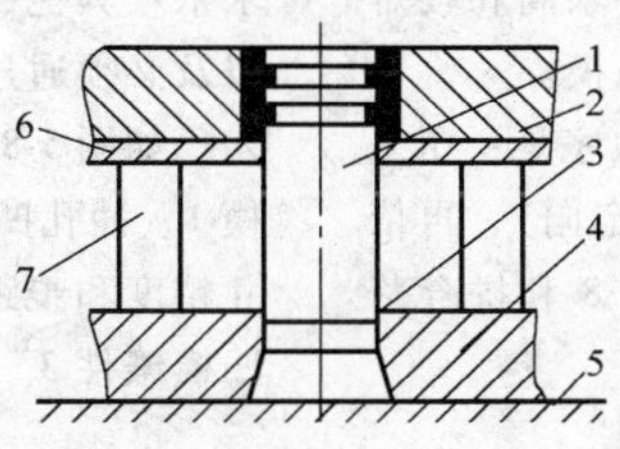

1—凸模　2—固定板　3—垫板　4—间隙垫片　5—平台　6—凹模　7—等高垫铁

粘接步骤	说　明
1）用丙酮或甲苯等化学试剂清洗被粘接表面，去除油污和锈斑	粘接应注意以下几点： 1）为防止粘结剂受潮，在使用前应将氧化铜在 200℃ 恒温箱内烘 30min 以上 2）粘结剂易于干燥，故每次配制时不要太多 3）固化时，可以先在室内固化 2h 左右，再使其加热到 60～80℃，然后在此温度下保温 2～3h 后即可使用
2）将冲模各有关零件，按装配要求进行安装定位、摆放好	
3）将调好的粘结剂均匀涂于各粘接表面。粘接时，将凸模上、下移动以排除气隙，最后确定固定位置进行粘接	
4）粘接固化后，经钳工修整，清除多余的溢料，即可使用	

2）环氧树脂粘接固定。用环氧树脂作为粘结剂固定凸模的方法，基本上与无机粘结剂固定相同。在粘接时，凸模与固定板型孔间的间隙要大一些，单面间隙可采用 1.5～2.5mm 为宜。

粘结剂在调制时，可先将配方中各种成分按计算数量用天平称好，然后加热环氧树脂到 70～80℃。与此同时，将铁粉烘干（200℃左右），再加入加热的环氧树脂内调匀。调匀后，再加入二丁酯并继续调匀，当温度降到 40℃左右时，加入乙二胺并搅拌无气泡后即可使用。

在粘接时，应先把凸模和凸模固定板粘接部位表面清洗干净，把凸模插入凹模中，并垫好垫片找正间隙再插入凸模固定板相应的型孔中，如图 5-8-9a 所示。这时，可把调配好的环氧树脂倒入固定板与凸模间隙槽内，并使其均匀分布。此时，可将上模合上并将凸模敲击到底，如图 5-8-9b 所示。浇注后，一般在 24h 后即可使用。

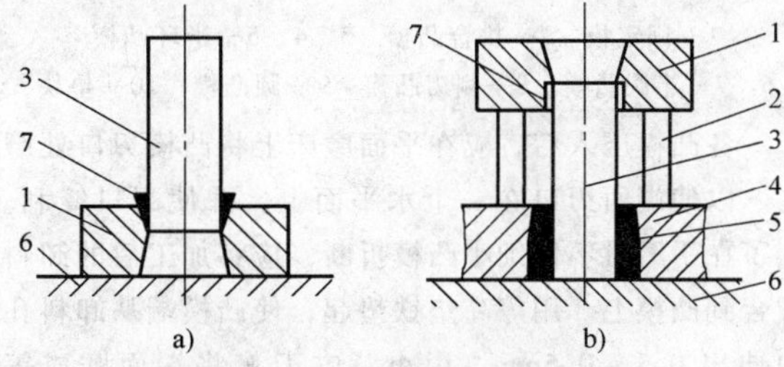

图 5-8-9　用环氧树脂浇固凸模

1—凹模　2—等高垫铁　3—凸模
4—固定板　5—环氧树脂　6—平台　7—垫片

用环氧树脂粘接凸模时，应注意以下几点：

① 粘接时，有关零件必须保持正确位置，在粘结剂未固化前不得移动。

② 粘接面必须清洗干净、无杂物。

③ 粘接表面要求粗糙，一般在 $Ra50\sim12.5\mu m$ 即可。

④ 填充剂在使用前要干燥，一般可用电炉加热到 200℃，烘干 0.5～1h。

⑤ 环氧树脂与固化剂存放时间不能太久，在使用后应把盛器盖紧。

⑥ 要严格控制固化剂加入时的温度，如采用乙二胺固化剂时，温度应控制在 30℃左右；用间苯二胺固化剂温度要控制在 65～70℃。

⑦ 要在通风良好的环境下进行操作。对于胺类固化剂由于毒性较大，在操作时一定要防止毒气损害健康，必要时要戴乳胶手套进行操作，以防止皮肤受树脂或固化剂的腐蚀。

(6) 多凸模固定法　当在同一固定板上要压入多个凸模时（连续模），各凸模的压入先后顺序在工艺上应有所选择。其选择的原则是：凡是装入时容易定位，而且能够作为其他凸模安装基准的凸模应先压入；凡是较难定位或要求依据其他零件通过一定的工艺方法才能定位的凸模要后压入。或者对各凸模精度有不同要求时，凸模的装配应先装精度要求高和较难控制精度的凸模，再装容易保证精度的凸模。

如图 5-8-10 所示的多凸模，其装配顺序是：压入半圆凸模 6、7（连同垫块 10，容易定位定向），再依次压入半环凸模 3、4、5，两个侧刃凸模 8 和拼合落料凸模 2，最后压入圆孔圆凸模 9。

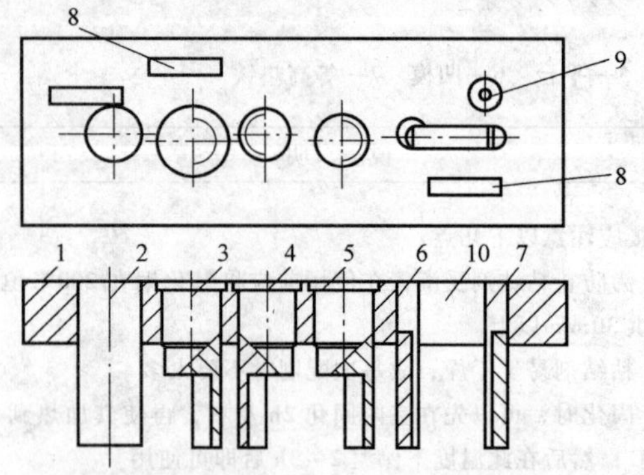

图 5-8-10　多凸模的固定方法

1—固定板　2—拼合凸模　3、4、5—半环凸模　6、7—半圆凸模　8—侧刃凸模　9—圆凸模　10—垫块

各凸模压入后，应在平面磨床上将凸模刃口处磨平，以使端面刃口在一个水平面上，并使刃口锋利。为了在平磨时不使细小凸模折断，应将加工后的卸料板合到凸模上。用等高垫铁垫起，使凸模端从卸料孔中伸出 0.3 ~ 0.5mm，用小背吃刀量将端面磨成等高。

(7) 镶拼式凹模的镶拼固定方法　在冲压比较复杂的零件时，其模具的凹模结构是由几个拼块组成的。尽管各镶拼块在精加工时保证了尺寸要求和位置精度，但拼合后因误差的积累，有时会影响整体凹模的精度。在装配时，必须由钳工进行研磨修正。其方法是：

1）装配前应检查并修正凹模拼块宽度和型孔中心距，使各相邻拼块配合符合图样要求。

2）按图示预拼合拼块，按基准面排剂、磨平。将凸模逐个插入相应的拼合后凹模型孔中，检查拼合后的凹模与凸模配合情况并且测凹模与凸模的间隙，若有不妥之处应给以修正。

3）修正合适后，将凹模拼块压入凹模固定板中。压入后最好用坐标测量机对位置精度作最终检查，并用凸模引入复查，修正其间隙。无误后，用平面磨床将上、下平面磨平。

若凹模镶拼块数较多，如图 5-8-11 所示的凹模结构，在压入凹模时，其先后次序应有选择。选择的原则是：凡装配容易定位的应先压入，较难定位的或要求依赖其他镶拼件才能保证型孔或步距精度的镶块，以及必须通过一定工艺方法加工后定位的镶块应后压入。如图 5-8-11 所示的各镶块，应先压入冲导正孔凹模 1、冲孔凹模 2，因为它们已在精加工时保证了尺寸精度和步距精度，然后再以其为定位基准分别压入凹模镶件 3、4、5、6。

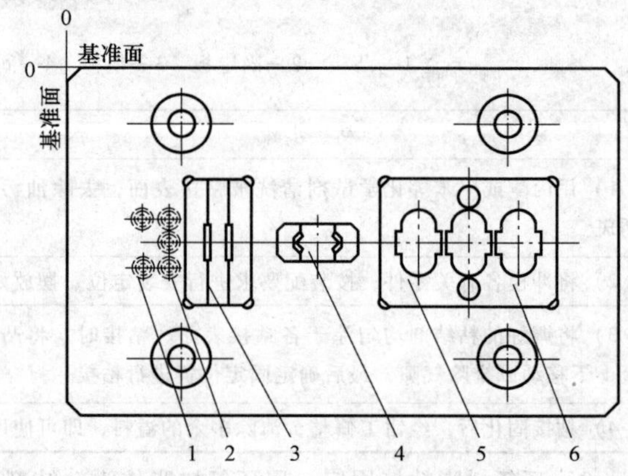

图 5-8-11　镶拼凹模

1—冲导正孔凹模　2—冲孔凹模　3、4、5、6—凹模镶件

当各凹模镶块对精度有不同要求时，应先压入精度要求高的镶拼块，再压入容易保证精度的镶拼块。例如在冲孔、切槽、弯曲、切断的级进模中，应先压入冲孔、切槽、切断的镶拼块，最后压入弯曲凹模。这是因为前者型孔与定位面有尺寸精度和位置精度要求，而后者只要求位置尺寸精度。

8.1.4　模架的装配过程

模架装配主要指导柱、导套的安装。目前，大部分采用过盈配合，但也有的采用粘接工艺。装配成的模架，导柱和导套孔的轴线必须与模座基准平面垂直，而且导柱、导套的中心距离要一致，上模座沿导柱上下运动应平稳，无时紧时松等现象。

压入式冷冲模模架装配工艺见表 5-8-8 ~ 表 5-8-10。这种模架的导柱、导套与上、下模座的固定，采用过盈配合。应注意的是，在固定导柱、导套前，必须将上、下模座上的孔口进行倒角加工，并擦干净。

表 5-8-8　压入式模架装配工艺（先压导柱、后压导套之一）

序号	工序名称	操作说明	简　图
1	选配导柱、导套（成对）	将导柱、导套按实际尺寸进行选择配套	
2	压入导柱	1）将下模座底平面向上，放在专用支承圈上 2）导柱与导套的配合部分先插入下模座孔内 3）在压力机上进行预压配合，检查导柱与下模座平面的垂直度后，继续往下压，直至导柱压入部分的端面压进模座约 5mm 为止，压完一个后再压另一个	
3	压入导套	1）将已压好导柱的下模座放在压力机的工作台上，并垫上专用支承圈 2）将上模座反置套进导柱内 3）将导套套入导柱内 4）在压力机的作用下将导套预压入上模座内，检查导套与上模座是否垂直。导套在导柱内配合是否良好，最后将导套压入且端面低于上模座 1～3mm	
4	检验	将压完导柱、导套的上、下模座之间垫上球面支持杆，放在平板上，测量模架的平行度	

表 5-8-9　压入式模架装配工艺（先压导柱、后压导套之二）

序号	工序名称	操作说明	简　图
1	压入导柱	用压力机将导柱压入下模座。压时将压块放在导柱的中心位置，在压入过程中，需测量并校正导柱的垂直度。将两个导柱全部压入，但不到底，需留 1～3mm	
2	装导套	将上模座反置套在导柱上，然后套上导套，用千分表检查导套压配部分内外圆的同轴度，并将其最大偏差 Δ_{max} 放在两导柱中心线的垂直位置，这样可以减少由于不同轴而引起的中心距变化	

（续）

序号	工序名称	操作说明	简　图
3	压入导套	把球面形压块放在导套上，将导套压入上模座一部分，取走带有导柱的下模座，仍用球面形压块将导套继续压入上模座，端面低于上模座 1 ~3mm	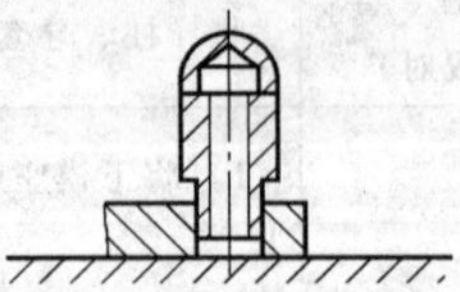
4	检验	将上、下模座对合，中间垫上球面支持杆，放在平板上，测量模架的平行度	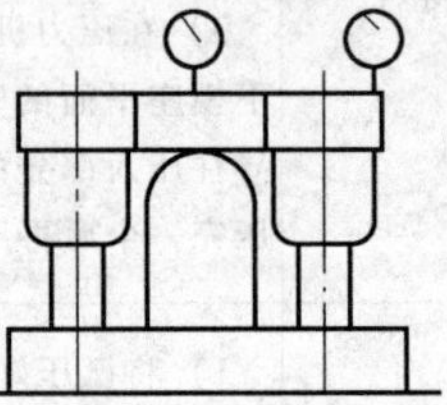

表 5-8-10　压入式模架装配工艺（先压导套后压导柱）

序号	工序名称	操作说明	简　图
1	选配导柱、导套	将导柱、导套进行选择配套	
2	压入导套	将上模座放在专用工具上（此工具上的两个圆柱与底板垂直，圆柱直径与导柱直径相同），将两阶导套分别套在圆柱上，用两个等高垫圈垫在导套上，在压力机的作用下将导套压入上模座	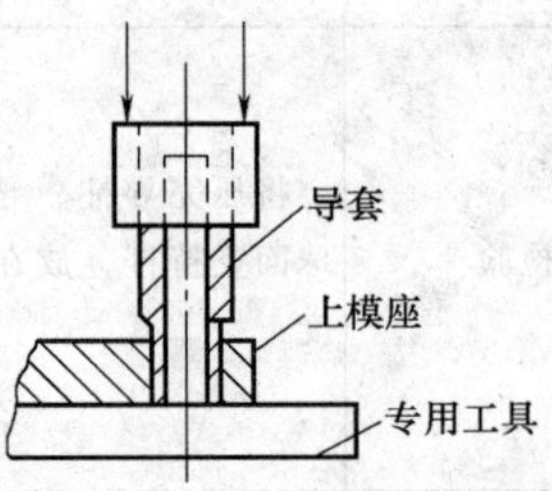 导套 上模座 专用工具
3	压入导柱	1）在上、下模座间垫入等高垫块 2）将导柱插入导套 3）在压力机上将导柱压入下模座 5 ~6mm 4）将上模座用手提升至不脱离导柱的最高位置，然后再放下，如果上模座与两垫块接触松紧不一，则应调整导柱至接触松紧均匀为止 5）将导柱压入下模座	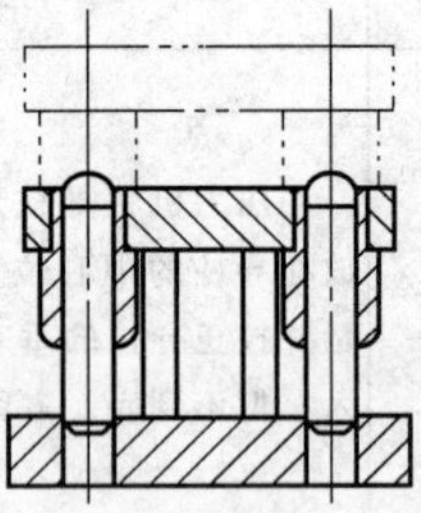
4	检验	将上、下模座对合，中间垫上球面支持杆，放在平板上。测量模架的平行度	

粘接式冷冲模模架具有操作简单、质量可靠的优点，它对上、下模座孔的加工要求也不高，不需专用设备。粘接式模架的形式如图 5-8-12 所示。其中图 5-8-12a 是可卸导柱，要求导柱的圆柱部分必须与圆锥部分同轴，导套的外圆要求不高，其装配工艺见表 5-8-11。图 5-8-12b 是不可卸导柱，只要求导柱和导套配合部分的尺寸精度和表面粗糙度，其他部分要求不高，甚至表面粗糙些反而可以增高粘接强度。导柱不可卸粘接式模架的装配工艺见表 5-8-12。表 5-8-13 为各种类型模架粘接导柱时用的专用

夹具。

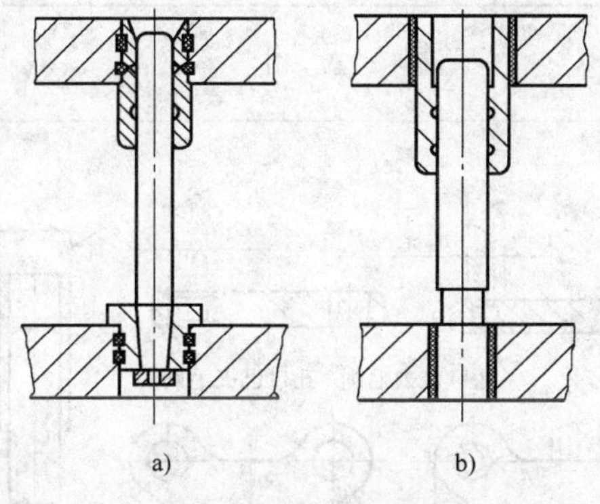

图 5-8-12　粘接式模架

滚动导向模架由上下模座、导柱、导套以及钢球和保持圈组成，其精度较一般模架高，装配工艺过程可参考滑动导向模架。它和滑动导向模架所不同的是，导柱、导套间设有钢球滚动导向，钢球和导柱、导套间无间隙，而是有一定过盈量的配合。当模座有效面积 < 300mm × 200mm，用于冲制薄料时，常取过盈量为 0.005 ~ 0.02mm；当模座有效面积 > 300mm × 200mm，冲制较厚料时，取过盈量为 0.02 ~ 0.03mm。为了增加钢球与导柱、导套的接触线，使钢球运动的轨迹互不重合，以减少磨损，钢球需按一定倾斜方向间距均等平行排列，其倾斜度一般取 $\beta = 5° \sim 10°$，钢球直径一般取 3 ~ 5 mm。钢球的直径一般要经过挑选，其误差应在规定范围内。为限制钢球保持圈在工作时下沉与导套脱开，以及在上模座上升时把保持圈一起带走，最好采用带限位装置的滚动导向机构。

表 5-8-11　导柱可卸式粘接模架的装配工艺

序号	工序名称	操作说明	简　图
1	衬套和导柱安装	1）将导柱与衬套装配（两者的锥度均已磨配好） 2）以导柱两端中心孔为基准，磨衬套 *A* 面，保证 *A* 面与锥孔中心垂直	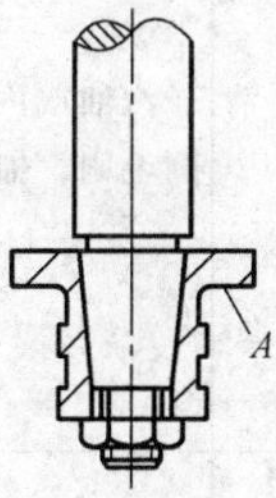
2	粘接衬套	1）将衬套装入下模座内，调整好衬套和模板孔间的间隙，使之大致均匀，然后用螺钉固定 2）垫好等高垫块 3）浇注粘结剂	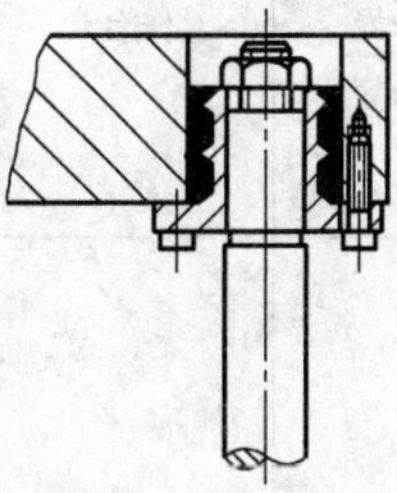
3	粘接导套	1）将已粘好的下模座平放 2）将导套套入导柱上，再套上上模座，上、下模座间用等高垫块隔开 3）调整好上模座孔与导套之间间隙，大致均匀，然后用支承螺钉支撑住 4）浇注粘结剂	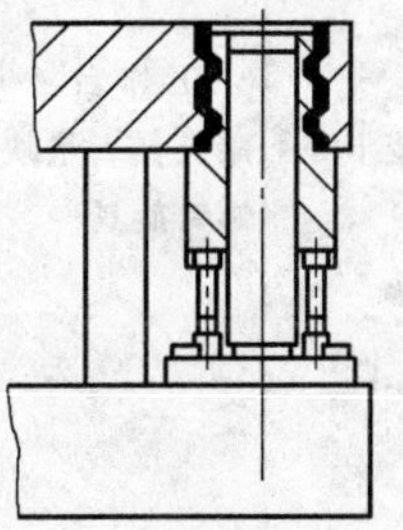
4	检验	测量模架的平行度	

表 5-8-12　导柱不可卸粘接模架的装配工艺

序号	工序名称	所需设备、工具、材料	操作方法	技术要求	示意图
1	去毛刺	台虎钳、扁锉（300mm）、刮刀、锤子（0.45kg）、凿子	将下模、上模座分别夹在台虎钳上修正外形，锉去毛刺，孔口倒角，如导柱、导套被粘接表面有氧化层，需在砂轮机上磨去	不碰伤平面，孔口无毛刺，外形符合图样要求	孔口未去毛刺　孔口已去毛刺 $d_1-d=0.4\sim0.6$　$D_1-D=0.4\sim0.6$
2	去油清洗	汽油或丙酮，圆毛刷，棉纱	先用棉纱擦一遍把油污去掉，后用沾有汽油的刷子清洗孔和导柱导套被粘接部分	除去油污，无脏物存在	
3	干燥	工作台	将清洗好的零件在温室内进行自然干燥 5～10min	表面无液体	
4	装卡	工作台、专用夹具、垫块、螺钉旋具	1）把两个导柱的非粘接部分放在同一个夹具里夹紧 2）在夹具上放上两块相等高度的垫块	夹具的导柱中心距和模架要求的应一致，导柱应垂直，垫块的高度选取应使下模座套上后导柱不露出下模座的底平面	导柱 下模座

（续）

序号	工序名称	所需设备、工具、材料	操作方法	技术要求	示意图
5	调粘结剂	150mm × 200mm × 4 mm 铜板一块，铜板条或竹片一根，长度不小150mm，滴管、氧化铜粉、磷酸	1）将铜板和铜条擦干净 2）先将氧化铜粉倒在铜板上铺开，在中间扒出凹坑，再倒入适量磷酸 3）缓慢均匀地由内往外来回调和均匀，1 ~ 2min 后即可使用	1）铜板条手握住的地方做得厚一些，调和部分做得薄些，要富有弹性 2）一次调和量不宜过多，最好不超过 20g 氧化铜粉 3）调成浓胶状，能拉出丝来即可使用 4）调和时的温度为 25℃以下	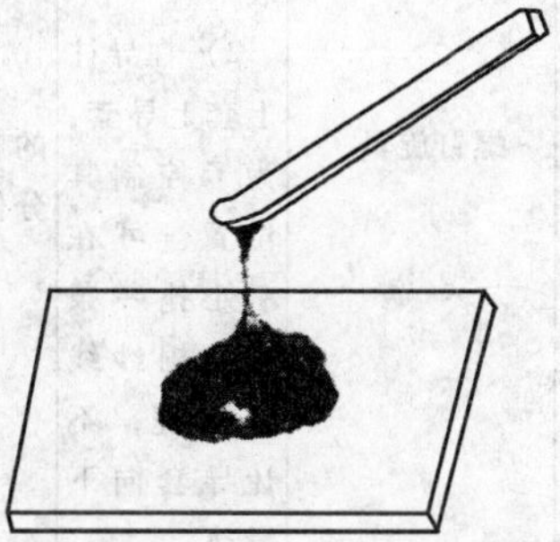
6	导柱与下模座粘接	压块，螺钉旋具	1）将配制好的粘结剂均匀地分别涂到两导柱孔壁部和导柱的被粘接部分周围 2）对准导柱套进下模座，松开夹具螺钉，旋转导柱使粘结剂涂覆均匀 3）将压块压到下模座上	1）注意间隙均匀 2）跑到外边的多余料在粘接后半小时以内用锯片刮去，千万勿在硬化后去除	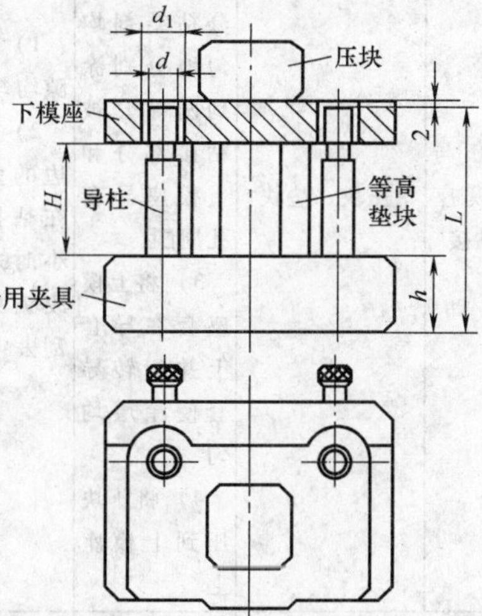 d_1 d 压块 下模座 2 导柱 等高垫块 H L 专用夹具 h h—专用夹具厚度　L—导柱长度 d—导柱直径　H—等高垫块高度　d_1—下模座的导柱孔径 $d_1-d=0.4-0.6\text{mm}$
7	干燥	工作台	在温室中自然干燥硬化，一般 24h 就可以了	干燥过程中不允许碰动，使粘结剂彻底干燥为止	

（续）

序号	工序名称	所需设备、工具、材料	操作方法	技术要求	示意图
8	取出已粘好导柱的模架	螺钉旋具	1）松开夹紧螺钉，取出已粘好导柱的模架并放平 2）在导柱上套上导套，为了控制其位置，可在A处扎一条多股棉纱线或细绳，不让导套向下滑动	注意导套的被粘接部分位于上部	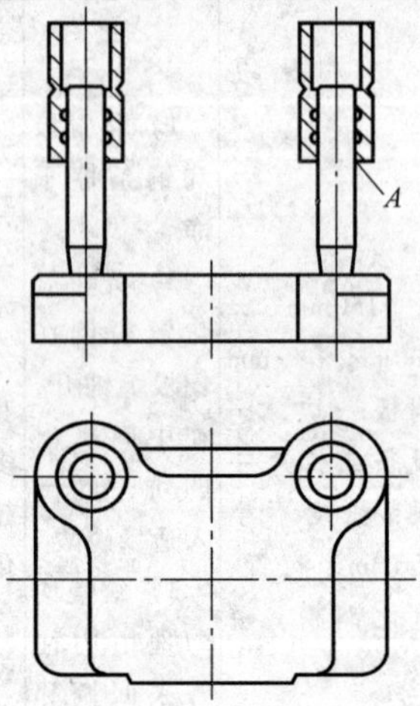 A处扎有多股线绳
9	导套与上模座的粘接	压块、垫块	1）粘接前清洁处理见2、3，调粘结剂见5 2）刮一部分粘结剂均匀地分别涂到两导套被粘接部分和上模座导套孔周围 3）将上模座套在导套上并旋转导套使涂层均匀 4）将压块压到上模座上	1）注意间隙均匀 2）跑到外边的多余料在粘接后半小时之内用废锯条刀片刮去	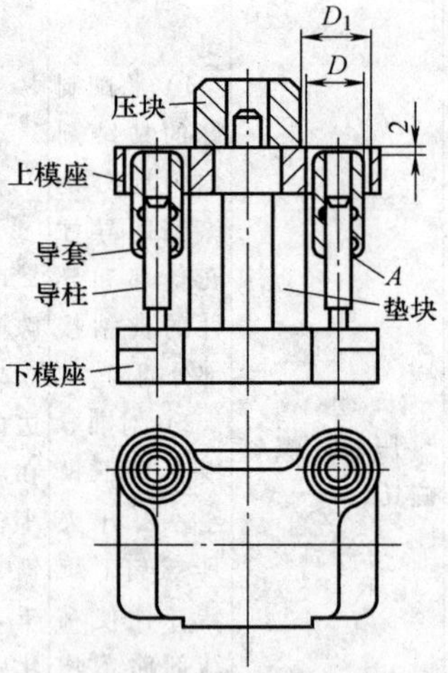 A处扎有多股线绳 D_1—上模座导套孔径 D—导套外径
10	干燥	工作台	在室温中自然干燥24h	干燥过程中不允许碰动，使粘结剂彻底干燥凝固为止	
11	取出模架		拿去压块和垫块。导柱导套全部固定后，模架即可使用		

表 5-8-13 各种类型模架粘接导柱用的专用夹具

序号	模架类型	专用夹具	说明
1	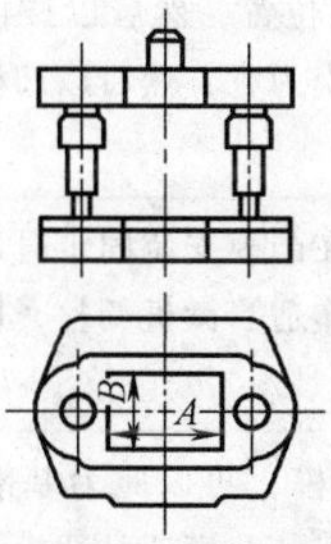 B A	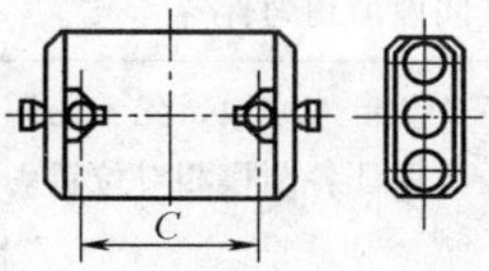 C	导柱分布在模架中心
2	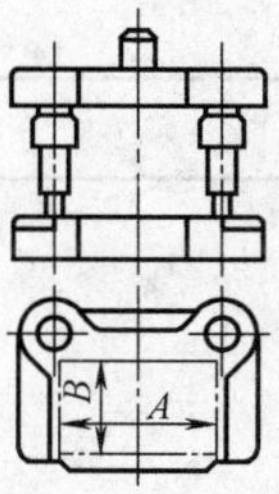 B A	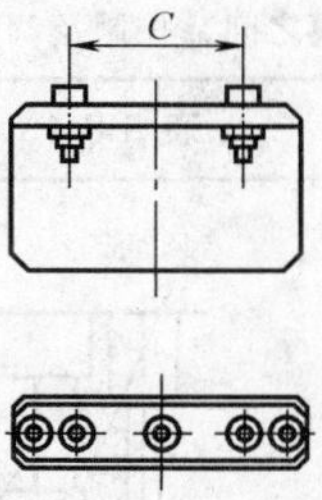 C	导柱分布在模架后侧
3	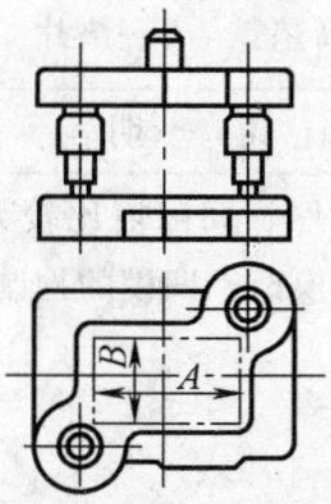 B A	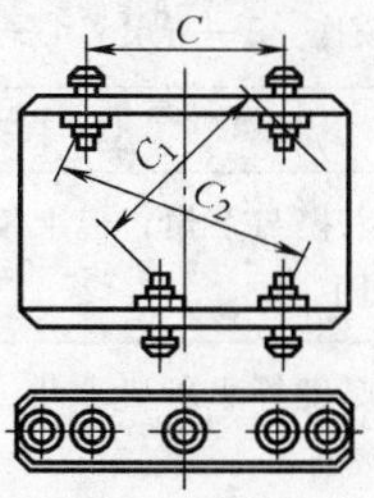 C C_1 C_2	导柱分布在模架对角

注：A、B 为模架平面的有效尺寸；C、C_1、C_2 为两导柱中心距离。

8.1.5 冲压模间隙的控制

冷冲模凸、凹模之间的间隙大小及均匀性，是直接影响冲制件质量和冲模使用寿命的重要因素。间隙过大或过小以及分布不均匀，都会使冲裁后的冲压件产生毛刺，弯曲、拉深件难以成形及起皱。因此，在制造冲模时，必须要严格进行控制，尽量使其间隙大小适中，四周均匀一致。实际上，冲模装配的主要工作，也就是要确定凸、凹模的正确位置，以确保它们之间的间隙均匀。

1. 间隙控制工艺顺序选择

为了保证凸模和凹模的正确位置，确保间隙均匀，在装配过程中，一般都是依据图样要求先确定其中一件（凸模或凹模）的位置，然后以该件为基准，用找正间隙的方法，确定另一件的准确位置。在实际生产中，控制凸模与凹模间隙的方法很多，这需根据冲模的结构特点、间隙值的大小及装配条件，来选择间隙控制的工艺顺序及控制方法，见表 5-8-14。

2. 凸、凹模间隙控制方法

凸模与凹模间隙的控制，应根据冲模结构、间隙大小和实际装配条件来选定。常用的控制方法有垫片法、透光法、涂层法等。也可以采用标准样件、工艺定位器或直接测量等方法进行控制。但无论采用什么方法，最后都应采用试切样法，来检验其间隙装配的正确性。

（1）用垫片调整间隙 见表 5-8-15。

（2）用透光法调整间隙 透光法也称光隙法，其调整程序见表 5-8-16。

表 5-8-14 冷冲模间隙的控制方法

间隙的控制方法	说明
单工序冲模间隙控制	单工序冲模，根据模具结构先确定其中一件（凸模或凹模）的位置，然后以该件作为控制基准，用找正间隙的方法，确定另一件的位置。实际装配时，以先安装凹模为宜，然后以凹模为基准，配合安装凸模，并保证其间隙的均匀性
级进模间隙控制	级进模属于多个凸模的冲模，先安装凹模，各凸模的相对位置在凸模安装固定时以各凹模孔为准，按多凸模安装方法，保证各凸模相对位置。在上、下模装配时，可作适当微量调整，以保证其间隙的均匀一致性
复合模间隙控制	装配复合模时，无论是倒装式还是顺装式，应先安装固定凸凹模，再以此为基准，用找正间隙的方法，确定凸模或凹模位置，并按模具的结构及复杂程度来确定先安装凸模还是凹模
弯曲、拉深、成形模间隙控制	弯曲、拉深、成形模的凸、凹模间隙控制，装配时根据零件产品图事先做一个标准样件，装配过程中将样件放在凸、凹模之间，控制及调节间隙大小及均匀程度

表 5-8-15 垫片法控制间隙

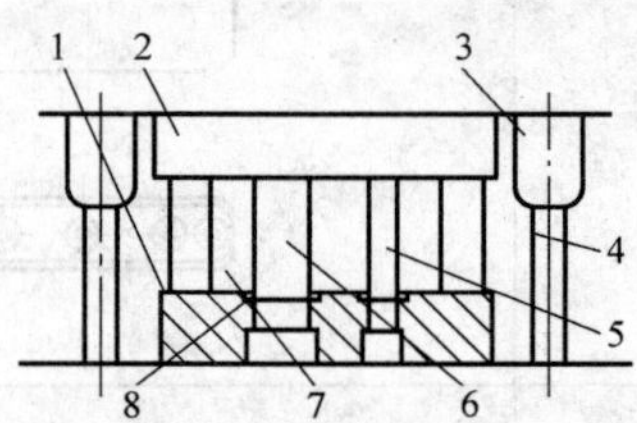

1—凹模 2—上模座 3—导套 4—导柱 5、6—凸模 7—等高垫铁 8—垫片

步骤	说明
1）在装配时，分别按图样要求组装上模与下模，但上模的螺钉不要固紧，下模可用螺钉、销钉紧固	适用于冲裁材料比较厚、间隙值比较大的冲裁模，也适于弯曲模及拉深模、成形模凸、凹模的控制
2）在凹模刃口四周垫入厚薄均匀、厚度等于所要求凸、凹模单面间隙的金属片或纸做的垫片8	
3）将上模与下模合模，使凸模进入相应的凹模孔内，并用等高垫铁7垫起	
4）观察各凸模是否能顺利进入凹模，并与垫片8能有良好的接触。若在某方向上与垫片松紧程度相差较大，表明间隙不均匀。这时，可用锤子轻轻敲打固定板使之调整到各方面凸模在凹模孔内与垫片松紧程度一致为止	
5）调整合适后，再将上模螺钉紧固，并穿入销钉	

表 5-8-16 透光法调整间隙

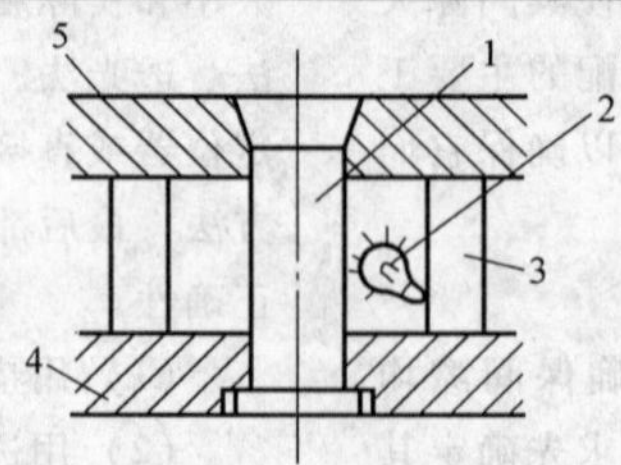

1—凸模 2—光源 3—等高垫铁 4—固定板 5—凹模

（续）

步　骤	说　明
1）装配冲模时，分别装配上模与下模，其上模的螺钉不要固紧，下模可以紧固	根据透光情况来确定间隙大小和均匀程度的调整方法，适用于冲裁间隙较小的薄板料冲裁模
2）将等高垫铁放在固定板 4 与凹模 5 之间，并垫起后用夹钳夹紧	
3）翻转合模后的上、下模，并将模柄夹紧在平口钳上	
4）用手灯或手电筒照射，并在下模漏孔中观察。根据透光情况来确定间隙大小和均匀性。当发现凸模与凹模在某一方向上偏大时，可用锤子敲击固定板 4 的侧面，使其上模向偏大方向移动。再反复透光观察，敲击相应的侧面，使其凸模反复调整，直到合适为止	
5）调整合适后，将上模螺钉紧固，并穿入圆柱销	

(3) 用工艺定位器调整间隙　用工艺定位器来调整间隙，如图 5-8-13 所示。工艺定位器的结构如图 5-8-14 所示。

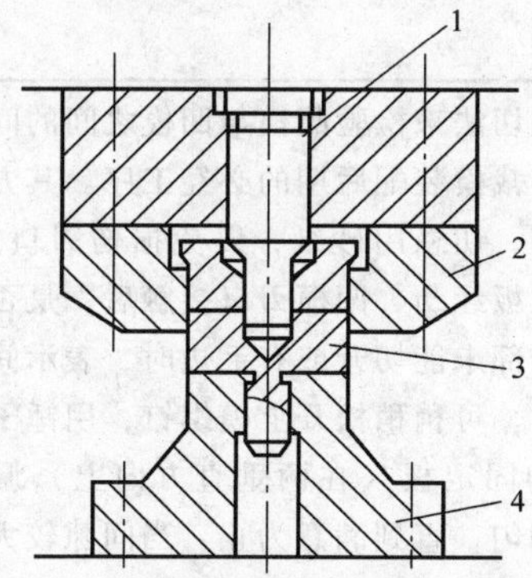

图 5-8-13　用工艺定位器调整凸、凹模间隙
1—凸模　2—凹模　3—工艺定位器　4—凸凹模

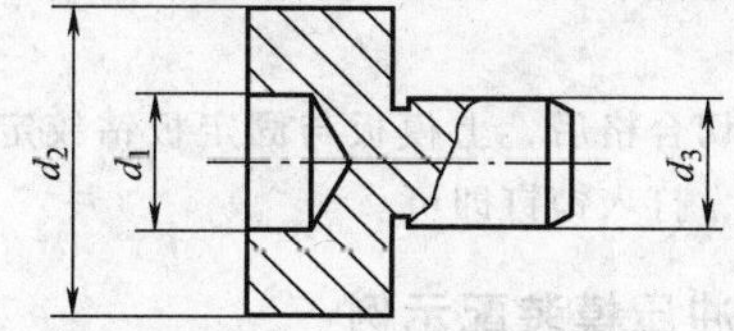

图 5-8-14　工艺定位器

在图 5-8-13 中，工艺定位器 3 在装配时，使其 d_1 与凸模 1、d_2 与凹模 2、d_3 与凸凹模孔 4 都处于滑动配合形式，并且工艺定位器的 d_1、d_2、d_3 都是在车床上一次装夹车成的，所以同轴度精度较高。在装配时，采用这种工艺定位器装配复合模，对保证上、下模的同轴度及凸模与凹模及凸凹模间隙均匀起到了保证作用。

(4) 用工艺余量法调整间隙　采用工艺余量法是将冲裁模装配间隙值以工艺余量留在凸模或凹模上，通过工艺余量来保证间隙均匀的一种方法。具体做法是在装配前先不将凸模（或凹模）刃口尺寸做到所需尺寸，而留出工艺余量，使凸模与凹模成 H7/h6 配合。待装配后取下凸模（或凹模），去除工艺余量，以得到应有的间隙。去除工艺余量的方法，可采用机械加工或腐蚀法。

腐蚀法去除工艺余量的腐蚀剂配方见表 5-8-17。

表 5-8-17　腐蚀剂配方

材料配方		体积比
配方 1	硝酸	20%
	醋酸	30%
	水	50%
配方 2	蒸馏水	55%
	双氧水	25%
	草酸	20%
	硫酸	1% ~2%

(5) 用测量法调整间隙　其方法见表 5-8-18。

(6) 用涂层法调整间隙　涂层法是指在装配时，在凸模上涂镀一层与模具间隙（单面）相同厚度的涂料，然后与凹模配合装配，待装配调整合适后，再将涂层去掉。常用的有镀铜法、涂淡金水及涂漆法等方法。

1）镀铜法。用镀铜法控制调整凸、凹模间隙，即用电镀的方法按图样要求将凸模镀一层与间隙一样厚度的铜层后，再放入凹模孔内进行装配的一种方法。装配后，镀层可在冲压时自然脱落。用这种方法得到的间隙是比较均匀的，但工艺上却增加了电镀工序。

2）涂淡金水法。涂淡金水法控制凸、凹模间隙，即在装配时将凸模表面涂上一层淡金水，待淡金水干燥后，再将机油与研磨砂调合成很薄的涂料，均匀地涂在凸模表面上（厚度等于间隙值），然后将其垂直插入凹模相应孔内即可装配。

表 5-8-18　测量法调整间隙

步　骤	说　明
1）先安装凹模。将凹模固紧在下模板上，上模安装后先不固紧 2）使上、下模合模，并使凸模进入凹模相应孔内	测量法控制凸、凹模间隙，即在装配时，依靠操作者的操作技能，边装配边测量，以达到控制间隙的方法 用塞尺测量控制间隙，对于冲裁材料较厚的大间隙冲裁模及弯曲、拉深、成形模间隙控制是比较适合的
3）用塞尺测量凸、凹模间隙，根据测量结果确定间隙的均匀程度，并调整未固紧的上模。即根据凸、凹模间隙大小和塞尺不同规格，选出 1 ~ 3 片塞尺，重叠在一起塞入凸、凹模间隙中，以塞尺钢片在间隙内既能活动又使钢片两面有轻微的摩擦为宜	
4）间隙调整后，将上模螺钉紧固，并用手扳上模，使上、下模作相对运动。若无滞涩并通畅，经试切后认为间隙均匀，即可销入销钉紧固定位	

3）涂漆法。涂漆法控制凸、凹模间隙与上述的涂淡金水法基本相同。只是所涂的漆主要是磁漆或氨基醇酸绝缘漆。凸模上的漆层厚度应等于单面间隙值。不同的间隙值，可用不同粘度的漆或涂不同的次数来达到。其涂漆的方法为：将凸模浸入盛漆的容器内约 15mm 的深度，使刃口朝下，如图 5-8-15 所示。

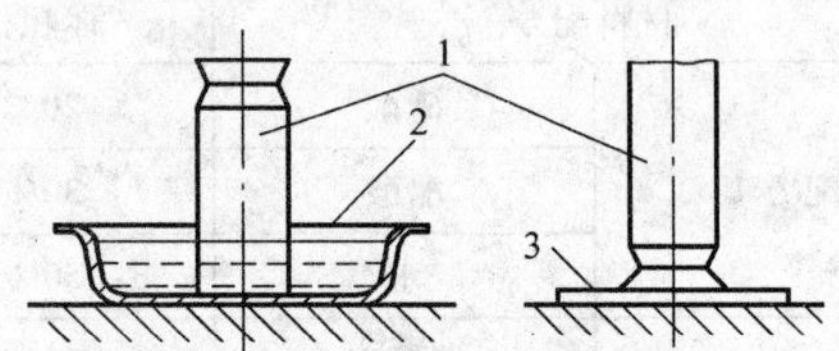

图 5-8-15　涂漆法调整间隙
1—凸模　2—漆容器　3—垫板

取出凸模，端面用吸水纸擦一下，然后使刃口朝上，让漆慢慢向下流，自动形成一定的锥度以便于装配。随之放在恒温箱内，使之在 100 ~ 120℃ 温度内保温 0.5 ~ 1h，冷却后即可进行装配。

凸模装配后的漆层可不用去除，在冲压使用时会自然脱落，并不影响冲模的使用。

（7）用标准样件法控制间隙　对于弯曲、拉深及成形模等的凸、凹模间隙，在调整及安装时，根据零件产品图可预先制作一个标准样件，在调整时可将其样件放在凸、凹模之间即可进行装配。

（8）用试切法验证间隙　在装配过程中，无论采用哪种方法来控制凸、凹模间隙，其装配后操作者都应采用试切法来检验凸模与凹模之间的间隙均匀程度，这是冲裁模装配后期的必经工序。其方法是，采用纸板试切，切忌用砂纸，以免损伤刃口。试切时，检查一下纸板经凸、凹模刃口接触后，是否能全部切断，如有局部未能切开或有毛边时，表示间隙偏、不均匀。这时，可稍稍松开上模螺钉，用锤子轻轻敲打固定凸模的固定板（在两垂直方向上）调整，使其间隙趋向均匀，直到满意为止。当间隙较大时，应以切纸周边是否有均匀的毛边判定。

试切纸片的厚度，应根据冲裁模所要求的间隙确定。间隙越小，则纸板厚度也应采用薄的纸片试切。

待试切合格后，上模板与固定板钻铰定位销孔，拧紧螺钉，打入销钉即可。

8.1.6　冲压模装配示例

1. 落料模

落料模的装配实例见表 5-8-19。

2. 级进模

级进模的装配实例见表 5-8-20。

3. 复合模

复合模的装配实例见表 5-8-21。

4. 拉深模

表 5-8-22 是一套典型的倒装式带凸缘浅拉深模装配实例。

表 5-8-19 落料模的装配

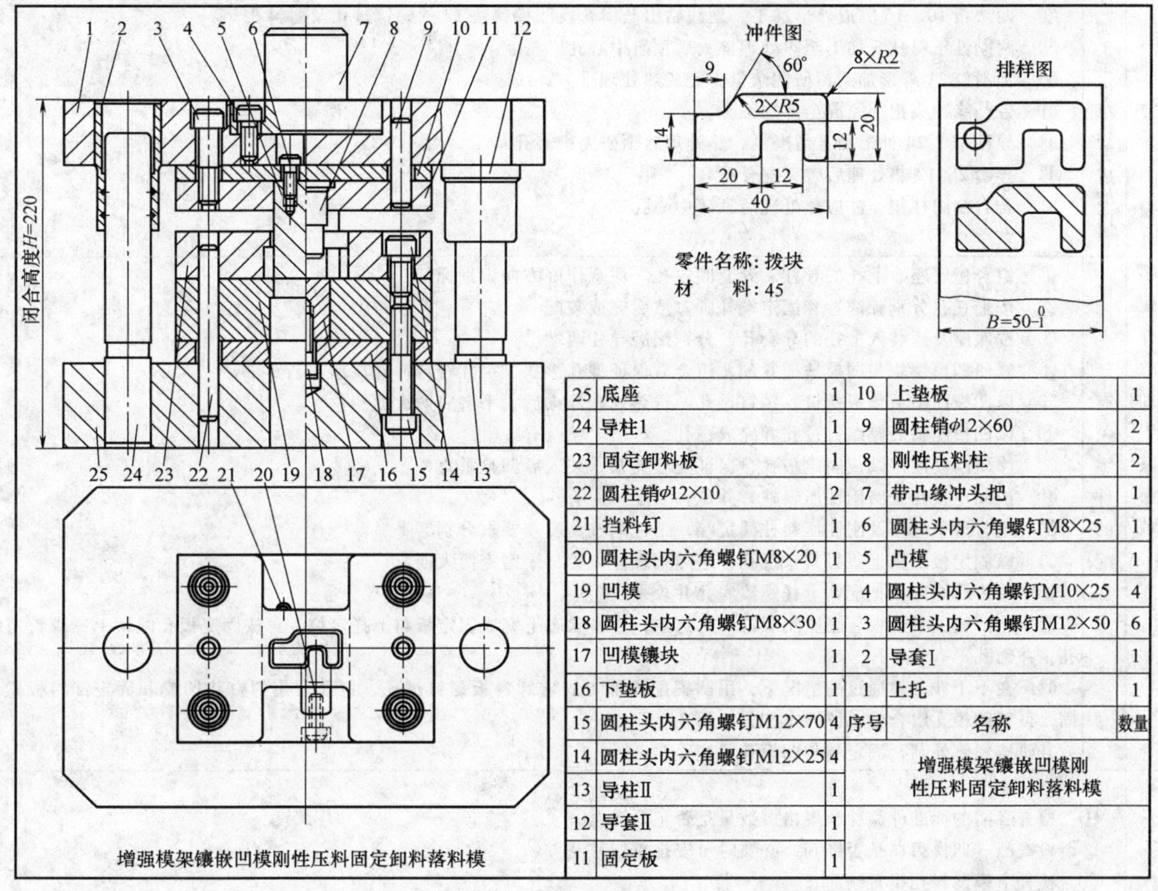

序号	名称	数量	序号	名称	数量
25	底座	1	10	上垫板	1
24	导柱Ⅰ	1	9	圆柱销φ12×60	2
23	固定卸料板	1	8	刚性压料柱	2
22	圆柱销φ12×10	2	7	带凸缘冲头把	1
21	挡料钉	1	6	圆柱头内六角螺钉M8×25	1
20	圆柱头内六角螺钉M8×20	1	5	凸模	1
19	凹模	1	4	圆柱头内六角螺钉M10×25	4
18	圆柱头内六角螺钉M8×30	1	3	圆柱头内六角螺钉M12×50	6
17	凹模镶块	1	2	导套Ⅰ	1
16	下垫板	1	1	上托	1
15	圆柱头内六角螺钉M12×70	4	序号	名称	数量
14	圆柱头内六角螺钉M12×25	4	增强模架镶嵌凹模刚性压料固定卸料落料模		
13	导柱Ⅱ	1			
12	导套Ⅱ	1			
11	固定板	1			

落料模

读模具总装配图		① 冲件形状简单，但尺寸小、厚度大。材料45钢偏硬，凹进的12×12的槽对冲裁不利，凹模采用镶嵌组合形式，有利于防止应力开裂、延长凹模使用寿命 ② 采用非标准自制钢质增强模架，凹模19下垫加厚的垫板16，有利于增加凹模镶块17的强度。模具体积小且紧凑。带导向装置，有利于保证冲裁时的稳定性 ③ 采用回拉挡料方式，可以有效避免冲切时废料的扩张而将挡料钉折断 ④ 固定卸料，卸料力大且稳定可靠，固定卸料板23带导料槽简化了结构。设刚性压料柱8，可以限制条料的翘曲变形程度，防止对送料操作的干涉。前后两端开缺便于送料操作 ⑤ 直通式凸模用螺钉拉紧，有利于采用线切割加工成形。加工、装配、拆卸方便，也有利于选用合金材料 ⑥ 选用带凸缘冲头把，加工、装配、拆卸方便，尤其有利于不拆卸整体刃磨凸模刃口
模具零配件的加工及组装	零件加工可以单独完成的内容	① 底座25：完成外形加工后，按划线加工导柱13、24固定孔的底孔、中间漏料孔，凹模镶块17的紧固螺钉18的头部让位孔 ② 上托1：完成外形加工后，按划线加工导套2、12固定孔的底孔——与底座导柱固定孔底孔大小一致；安装冲头把的不通圆孔（也可按冲头把配作） ③ 凹模19可按图样完成全部加工 ④ 凹模镶块17按图制作留修配量 ⑤ 固定卸料板23除螺钉过孔、销孔外，其余全部加工到位 ⑥ 固定板11除销孔仅钻一个底孔、凸模固定孔留修配量（线切割留修配量、压印修配留压修量）外，其余全部完成加工 ⑦ 凸模5按计算的工艺尺寸加工，热处理后主要研光工作端表面

（续）

<table>
<tr><td rowspan="2">模具零配件的加工及组装</td><td>零件加工可以单独完成的内容</td><td>⑧　两垫板10、16完成外形加工，划线钻出凸模5及凹模镶块17的螺钉过孔及漏料孔
⑨　两刚性压料柱8加工至热处理淬火后顶研中心孔
⑩　挡料钉21外形加工留研配余量，完成热处理
⑪　带凸缘冲头把7完成全部加工
⑫　导柱13、24外形加工留磨量，热处理后顶研完中心孔
⑬　导套2、12热处理后磨完配合孔
⑭　若自制圆柱销，亦应热处理后顶研中心孔</td></tr>
<tr><td>有关零件的配加工</td><td>①　组合镗底座、上托的导柱、导套固定孔。注意作好方向识别标记
②　按上托孔分别配磨导套固定端外圆，然后完成装配
③　按底座及压装入上托的导套孔，分别配磨导柱两端
④　修研凹模镶块与凹模缺槽紧配，组合后保证型孔形状、尺寸符合冲件成形工艺要求
⑤　以凹模配钻下垫板螺钉、销钉过孔，送热处理淬火后，平磨完两大面
⑥　以凹模配钻底座螺钉过孔并完成锪孔
⑦　修研凸模固定端或固定板孔，保证配合关系，装入后调整垂直
⑧　按固定板孔配磨刚性压料柱，并压入装配
⑨　组合磨平凸模及刚性压料柱固定端，工件端按高度差要求分别磨平
⑩　以固定板配钻上垫板其余过孔，送热处理淬火后，平磨完两大面
⑪　用带凸缘冲头把配钻上托螺纹底孔并攻螺纹
⑫　将凹模、下垫板、底座用螺钉固定连接，合模状态下完成固定板与上托定位，再按固定板孔配钻上托螺钉过孔，并锪孔
⑬　在不干涉凸模通过的情况下，用凹模配作加工固定卸料板螺钉过孔，锪孔后用螺钉将凹模和固定卸料板紧固，再以凹模孔组合钻、铰固定卸料板销孔
⑭研挡料钉外圆，固定端与凹模孔紧配</td></tr>
<tr><td>模具总装配前的清理检查</td><td colspan="2">①　检查必需的标准件品种、规格、数量是否正确齐全
②　检查凸、凹模刃口是否锋利，必要时可安排重新修磨
③　检查下模漏料孔是否畅通
④　试装挡料钉能否到位及松紧程度
⑤　检查固定卸料板的导料槽宽度是否合适
⑥　将进入装配的零件擦干净，尤其是各贴合面及导柱、导套配合表面</td></tr>
<tr><td>模具总装配工件顺序</td><td colspan="2">①　将凹模19和下垫板16对正叠合在一起，再用螺钉18、20拉紧凹模镶块17
②　将凹模19和下垫板16组合和下模底座25对正叠合，用螺钉15带紧
③　将固定好凸模5和刚性压料柱8的固定板11和上垫板10对正叠合，再用螺钉6拉紧凸模5
④　将凸模5插入凹模19的型孔中，四周用等于单面间隙厚度的薄铜带插入，保证凸、凹模之间间隙均匀而实现定位
⑤　在导柱、导套配合面上涂抹润滑油，然后合模，用螺钉3将上托1、上垫板10和固定板11连接在一起
⑥　在上、下模两部自由无干涉的情况下，合模状态分别拧紧紧固螺钉（若有干涉应予以排除）
⑦　在确认凸凹模之间间隙均匀、螺钉紧固有效的情况下，上、下模分开，以凹模已加工定型的销孔配作加工底座销孔，完成组合铰孔后，清理孔内切屑，涂抹润滑油。再配磨圆柱销22，装入销孔，上端高出约10mm
⑧　再次合模检查凸、凹模之间的间隙是否均匀，发生变动可调整固定板来解决，确认后再次紧固螺钉，分模
⑨　组合加工上模部分销孔，钻铰后应清除孔内切屑、涂抹润滑油，配磨圆柱销9，装入孔内后应保证固定板有一定配合长度，两端均不得高出大面
⑩　再次检查凸、凹模之间的间隙，确认无明显变动，分模
⑪　将挡料钉21装入凹模19
⑫　将固定卸料板23对正方向，套在圆柱销22上（固定卸料板销孔可适当铰大，便于装卸，不影响使用效果）与凹模19贴合，用螺钉14紧固后，调整圆柱销22到适当位置
⑬　合模（也可不合模）将带凸缘冲头把7装入上托1，并用螺钉4紧固（凸缘面不能高出上托大面）
⑭　全面检查螺钉的紧固程度，将模具擦拭干净，适当涂油保护和润滑，等待安排试模（也可完成模具标识的刻制）</td></tr>
</table>

表 5-8-20　级进模的装配

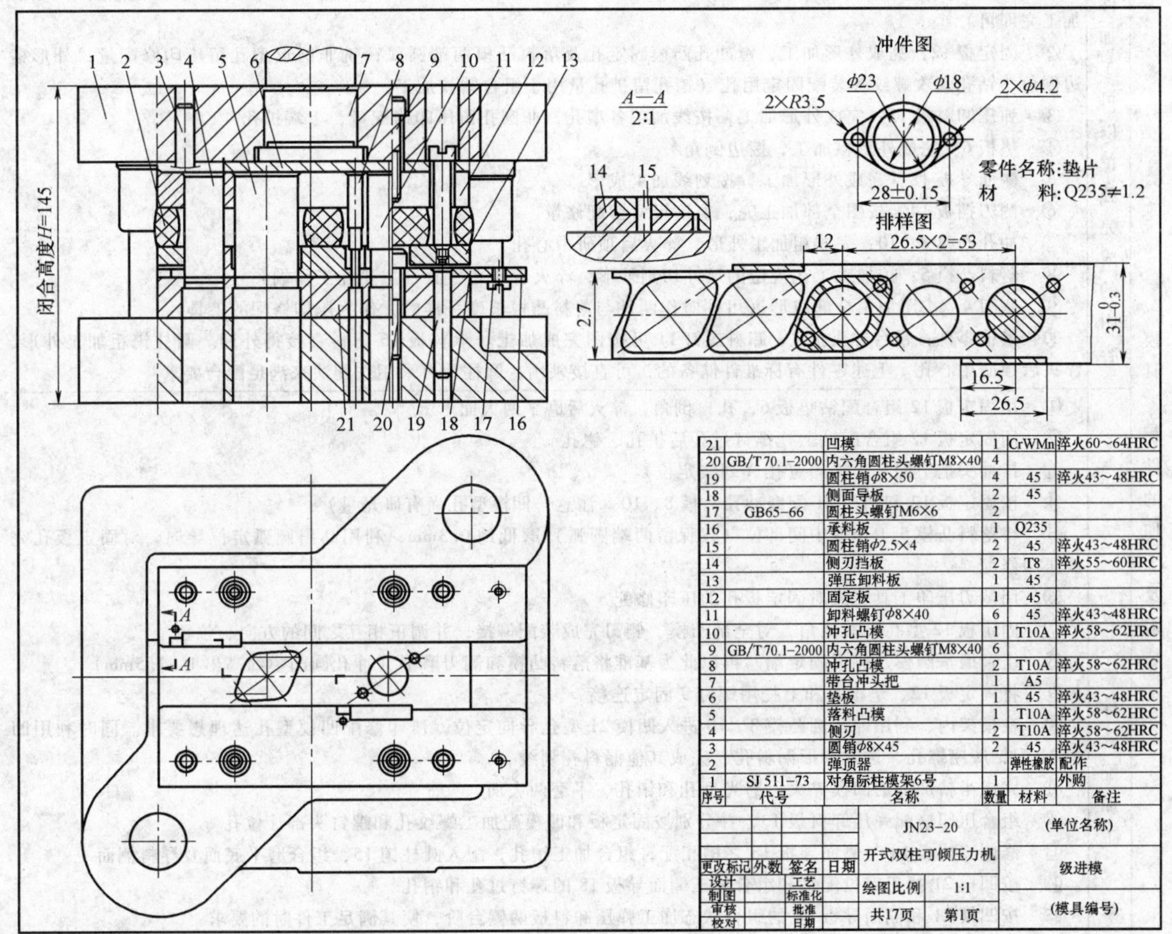

序号	代号	名称	数量	材料	备注
21		凹模	1	CrWMn	淬火60～64HRC
20	GB/T 70.1-2000	内六角圆柱头螺钉M8×40	4		
19		圆柱销φ8×50	4	45	淬火43～48HRC
18		侧面导板	2	45	
17	GB65-66	圆柱头螺钉M6×6	2		
16		承料板	1	Q235	
15		圆柱销φ2.5×4	2	45	淬火43～48HRC
14		侧刃挡板	2	T8	淬火55～60HRC
13		弹压卸料板	1	45	
12		固定板	1	45	
11		卸料螺钉φ8×40	6	45	淬火43～48HRC
10		冲孔凸模	1	T10A	淬火58～62HRC
9	GB/T 70.1-2000	内六角圆柱头螺钉M8×40	6		
8		冲孔凸模	2	T10A	淬火58～62HRC
7		带台冲头把	1	A5	
6		垫板	1	45	淬火43～48HRC
5		落料凸模	1	T10A	淬火58～62HRC
4		侧刃	2	T10A	淬火58～62HRC
3		圆销φ8×45	2	45	淬火43～48HRC
2		弹顶器		弹性橡胶	配作
1	SJ 511-73	对角际柱模架6号	1		外购

· 级进模装配图

读模具总装配图

① 冲件呈菱形，四直边均由圆弧过渡连接，长轴线上分布有一大两小三个圆孔，两小孔中心距 28mm，有 ±0.15mm 的公差要求。冲件名称：垫片，材料为 1.2mm 厚的 Q235 钢，适宜于冲裁成形

② 采用斜向排样，有利于提高材料利用率，相关零件的加工和检测稍有不便

③ 从排样图看，冲孔到落料中间空一步，可能增大模具体积，但有利于提高凹模强度，延长使用寿命。也利于固定板型孔的安排和凸模的固定和调整

④ 双侧刃 4 定距，定位精度高，操作方便效率高，材料全长度都能得到充分利用，材料利用率高。但要多费侧刃冲切的工艺用料。侧刃带台阶导向保护，可以防止单面冲切时的侧向力不均产生偏斜，保证冲切效果稳定。加上侧刃挡板 14，可以保证定位精度稳定耐久

⑤ 落料凸模 5 为直通式，便于线切割加工成形。圆凸模固定部分加粗有利提高强度。小凸模 8 增设过渡段，还能减少变形的可能。凸模、侧刃均用铆接方式固定，选用 T10A 优质碳素工具钢，有利于进行局部淬火

⑥ 选用弹性橡胶弹压卸料，压力均匀，制造方便。使用时也方便，但应注意安全

⑦ 带承料板 16 利于送料操作，安全性好

⑧ 对角导柱模架是横向送料的正规选择，标准模架完全可以满足使用要求。带台冲头把 7 亦是小型冲模的经常选择

（续）

<table>
<tr><td rowspan="2">模具零配件的加工及组装</td><td>零件加工可以单独完成的内容</td><td>① 凹模21：完成外形加工；按划线及工艺规定的尺寸要求镗圆形型孔留研量，落料型孔两端圆弧留修光量；铣非圆成型孔留压印修配量；型孔反面扩孔；钻、铰螺钉过孔及销孔；外形棱边倒角（后两项内容只要在淬火之前加工完即可）
② 固定板12：完成外形加工；镗冲孔凸模固定孔及落料凸模两端圆弧；铣非圆形型孔留压印修配量；外形棱边倒角；钻孔、攻螺纹各装配固定用孔（销孔留扩孔量用于组合钻铰加工）
③ 弹压卸料板13：完成外形加工，按线加工各型孔，非圆孔留压印修配量，上端扩孔
④ 垫板6：完成外形粗加工，棱边倒角
⑤ 侧面导板18：完成外形加工，按划线加工成形
⑥ 侧刃挡板14：按图全部加工完，宽度尺寸留配修量
⑦ 冲孔凸模8、10：完成粗加工外形，淬火后顶研中心孔
⑧ 落料凸模5：按加工工艺规定的尺寸切割外形，淬火后研光型面（主要在工作端）
⑨ 侧刃4：按图加工全部成形（可同时作两件与落料凸模长度一样的，作为压印修配的工具）
⑩ 其他零件：带台冲头把7、卸料螺钉11可按图完成加工。承料板16下料直接得外形。圆柱销粗加工外形，淬火后顶研中心孔。上述零件有标准件储备的，可直接领用，圆柱销可采用选配法来满足配合要求</td></tr>
<tr><td>有关零件的配加工</td><td>① 用固定板12组合配钻垫板6，孔口倒角，淬火后磨平两大面
② 用固定板12组合配钻上托螺钉过孔后扩孔、锪孔
③ 按冲头把7配车上托固定孔（划线定位）
④ 按固定板12和凹模21配磨冲孔凸模8、10（注意：凹模型孔尚有研光量）
⑤ 将落料凸模5工作端中间部位（仅保留两端圆弧）磨低约0.3mm，利用高出圆弧定位导向，对固定板孔完成压印修配
⑥ 用侧刃压印工具完成对固定板孔的压印修配
⑦ 固定板12型孔上端倒角，对全部凸模、侧刃完成装配铆接，并调正相互之间的方向、位置
⑧ 组合磨平凸模及侧刃固定端，再以此为基准将落料凸模和侧刃磨平（冲孔圆凸模约高出1～1.5mm）
⑨ 将固定板12、垫板6和上托用螺钉9固定连接
⑩ 在模架内，利用冲孔圆凸模8、10进入凹模21型孔导向定位，压印修配凹模型孔达理想要求。同时利用凹模21配钻底座螺孔，透钻圆形漏料孔，完成其他漏料孔划线
⑪ 完成半精加工的凹模淬火，磨光型孔和销孔，平磨两大面
⑫ 组合压印修配弹压卸料板13，并分别按固定板和凹模配加工螺纹孔和螺钉头部让位孔
⑬ 修侧刃挡板14与侧面导板18之槽相配，组合加工销孔，配入圆柱销15，组合磨平底面及导料侧面
⑭ 按凹模21找正定位配钻和组合加工侧面导板18的螺钉过孔和销孔
⑮ 按凹模21和侧面导板18的组合状态加工弹压卸料板两侧台阶，使其满足工件时的要求
⑯ 按线完成底座漏料孔的加工
⑰ 用侧刃4更换侧刃压印工具，并调整到正确位置，再组合磨平固定端及刃口
⑱ 按弹压卸料板及凸模长度，配作弹顶器
⑲ 组合配钻承料板16过孔，再用螺钉与侧面导板18连接在一起（装配时较为方便）</td></tr>
<tr><td>模具最终装配的顺序</td><td colspan="2">① 将带台冲头把7压装入上托
② 将固定板12、垫板6和上托用螺钉9带紧（此时要保证卸料螺钉11通过无干涉）
③ 将凹模21和底座用螺钉20不压紧定位，合模凸模进入凹模型孔（注意用合适垫块控制高度，以防凸模加粗的部分与凹模刃口发生碰撞而受损）定位
④ 调整凸模、侧刃与凹模型孔的配合间隙，并同时将上、下模用螺钉分别固定牢固
⑤ 组合钻、铰下模销孔，并配装入合适的销钉。上端高出凹模大面约一个侧面导板厚度
⑥ 合模检查凸模、侧刃与凹模型孔的间隙是否仍保持均匀，检查底座漏料孔是否能保证畅通。必要时可重新调整间隙，修正底座漏料孔
⑦ 组合钻、铰上模销孔，并配装入合适的销钉，调整好位置
⑧ 装上侧面导板组合，压紧，调整好销钉位置，压紧承料板
⑨ 检查弹压卸料板13与组合好的下模部分是否会发生干涉，必要时应予以修正
⑩ 不装弹顶器，仅用卸料螺钉11拉紧弹压卸料板，检查是否存在干涉，凸模的伸出长度是否足够。发现的问题应予以适当处理，才能进入下面环节
⑪ 装入弹顶器2，并用卸料螺钉拉紧并调平弹压卸料板
⑫ 擦拭干净，打标记，涂油保护润滑，等待试模</td></tr>
</table>

表 5-8-21　复合模的装配

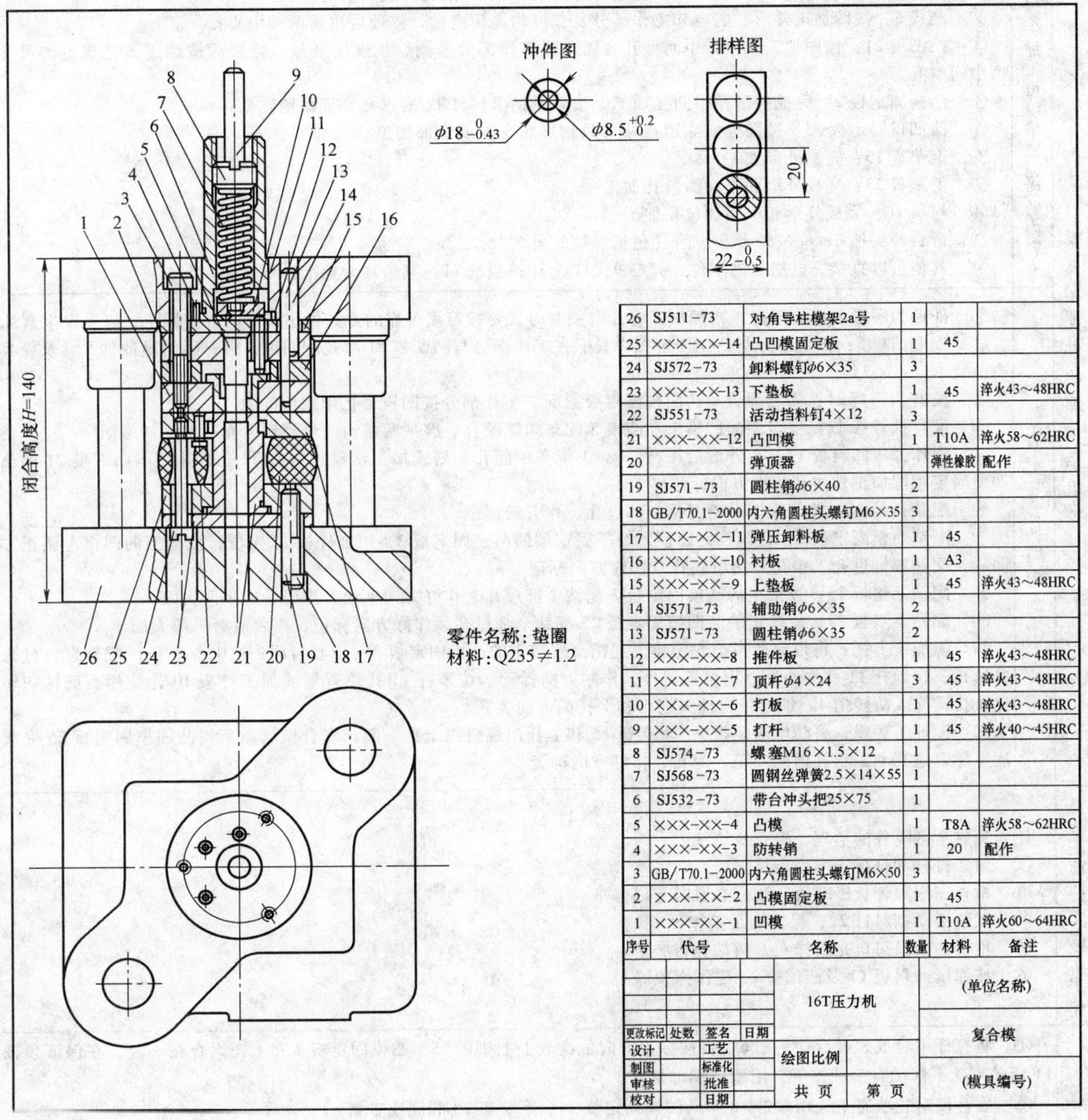

序号	代号	名称	数量	材料	备注
26	SJ511-73	对角导柱模架2a号	1		
25	×××-××-14	凸凹模固定板	1	45	
24	SJ572-73	卸料螺钉$\phi6\times35$	3		
23	×××-××-13	下垫板	1	45	淬火43～48HRC
22	SJ551-73	活动挡料钉4×12	3		
21	×××-××-12	凸凹模	1	T10A	淬火58～62HRC
20		弹顶器		弹性橡胶	配作
19	SJ571-73	圆柱销$\phi6\times40$	2		
18	GB/T70.1-2000	内六角圆柱头螺钉M6×35	3		
17	×××-××-11	弹压卸料板	1	45	
16	×××-××-10	衬板	1	A3	
15	×××-××-9	上垫板	1	45	淬火43～48HRC
14	SJ571-73	辅助销$\phi6\times35$	2		
13	SJ571-73	圆柱销$\phi6\times35$	2		
12	×××-××-8	推件板	1	45	淬火43～48HRC
11	×××-××-7	顶杆$\phi4\times24$	3	45	淬火43～48HRC
10	×××-××-6	打板	1	45	淬火43～48HRC
9	×××-××-5	打杆	1	45	淬火40～45HRC
8	SJ574-73	螺塞M16×1.5×12	1		
7	SJ568-73	圆钢丝弹簧2.5×14×55	1		
6	SJ532-73	带台冲头把25×75	1		
5	×××-××-4	凸模	1	T8A	淬火58～62HRC
4	×××-××-3	防转销	1	20	配作
3	GB/T70.1-2000	内六角圆柱头螺钉M6×50	3		
2	×××-××-2	凸模固定板	1	45	
1	×××-××-1	凹模	1	T10A	淬火60～64HRC

复合模装配图

读模具总装配图	① 冲件为圆形垫圈，材料为 1.2mm 厚 Q235 钢，适合冲裁成形，用复合冲裁，冲件同轴度和平整度好，不受条料定位干扰 ② 活动挡料钉能使条料始终保持定位状态。条料宽度不受限制 ③ 弹压卸料能使条料在受压状态进行冲切，冲切效果好，尤其用于薄、软材料时，更是优先选择的方式 ④ 刚性打料附加弹压装置，打料平稳，冲件平整度好，尤其对于薄、软材料效果更加明显。用于面积较大的冲件可均匀分布几处弹簧辅助推压，打料过程不易发生干涉 ⑤ 上模已直接安排了辅助销 14，事先已为装配过程的临时需要做好了准备，不会因为初学者缺乏经验而多走弯路 ⑥ 凸模及凸凹模固定部分加粗有利于提高强度及方便装配 ⑦ 成型零件集中，模具体积小，结构紧凑

（续）

模具零配件的加工及组装	零件加工可以单独完成的内容	① 凹模1：可以按图全部完成加工，但应在热处理淬火前做出方向标记 ② 凸模5：按图加工外形，固定和工作部分及长度均需留磨量，淬硬后顶研两端中心孔 ③ 凸凹模21：按图加工成形，中间型孔、固定及工作部分外圆、长度留磨量。淬硬后按加工工艺规定的尺寸磨中间型孔 ④ 凸模固定板2：完成外形及中间孔加工，按划线钻出顶杆11通过孔和辅助销底孔 ⑤ 凸凹模固定板25：按图完成除销孔外（只钻出底孔）的全部加工 ⑥ 上垫板15：完成外形加工 ⑦ 下垫板23：完成外形和中间漏料孔加工 ⑧ 衬板16：完成外形和中间让位孔加工 ⑨ 带台冲头把6：完成外形和中间（包括螺纹）孔的加工 ⑩ 其他可以直接完成加工的零件：打杆9；打板10；顶杆11。其余均为标准件可领用
	有关零件的配加工	① 外形为圆形的模具零件，在配加工有方向关系时，要按习惯可靠的方式做出清晰的方向标记，以免发生紊乱 ② 配磨凸模5：固定部分与凸模固定板2紧配，工作部分与凸凹模21型孔配间隙，但必须满足冲件尺寸及模具寿命要求 ③ 配磨凸凹模21：固定部分与凸凹模固定板紧配，工作部分按凹模型孔配双面间隙 ④ 配作推件板12：按定型的凹模1和凸模5配车间隙配合、磨平两端面。淬硬后砂光、磨平两端面 ⑤ 配作弹压卸料板17：车外形后按凸凹模21配车中间孔，划线加工活动挡料钉22孔。按装入凸凹模21的凸凹模固定板配加工螺纹孔，作方向标记 ⑥ 配钻衬板16：按凹模1对正配钻全部过孔，作方向标记 ⑦ 配钻凸模固定板2：将铆装完凸模、磨平固定端的凸模固定板2，用推件板12定位，按套上的凹模1调正方向后，配钻螺钉过孔，销孔只钻出底孔，作好方向标记 ⑧ 配钻上垫板15：按摆正的凸模固定板2配钻全部过孔，作好方向标记，淬硬后磨平两大面 ⑨ 配钻下垫板23：按摆正的凸凹模固定板25配钻全部过孔，作好方向标记，淬硬后磨平两大面 ⑩ 配加工上托：将带台冲头把6压装入上托，按摆正的凸模固定板2（中心与冲头把中心重合）配钻螺钉过孔并锪孔。在顶杆11孔中心处点出位置记号，作好方向标记。按顶杆11孔位置划线加工打板10让位槽。配钻防转销4孔，配入防转销4，锁定带台冲头把6和上托的方向关系 ⑪ 配加工底座：将凸模固定板2、上垫板15和上托用螺钉固定在一起，在合模状态下用凸凹模固定板25完成底座螺钉过孔和漏料孔的配加工，锪孔，作好方向标记
总装配前的其它准备工作		① 完成全部零件的清理、检查及清洗 ② 组装打杆和打板，牢固连接 ③ 检查三根顶杆长度是否一致，必要时予以修正 ④ 试装活动挡料钉22，保证满足工作要求 ⑤ 检查凸凹模刃口是否锋利，两端是否磨平 ⑥ 按弹压卸料板17及凸凹模21配作弹顶器
模具最终装配的顺序		① 将打杆组合放入带台冲头把6，再按标记方向依次放上上垫板15、凸模固定板2和上托组合在一起，在保证顶杆11活动不受干涉的自由状态下，用螺钉螺母带紧 ② 在合模对正状态下，用螺钉18将凸凹模固定板25、下垫板23和底座带紧 ③ 调整凸模5和凸凹模21的间隙均匀，并紧固上、下两部分连接。分模组合配钻、铰辅助销孔（注意不要与凹模1圆柱销孔弄错），选配装入辅助销14 ④ 合模复查凸模5和凸凹模21配合间隙，确认后分模组合加工下模销孔，并选配装入圆柱销19 ⑤ 去掉上模螺母，装入顶杆11、衬板16，套上推件板12和凹模1，合模基本对正后，用螺钉3固定上模部分，试推推件板12正常，压紧后组合磨平凸模5和凹模1的刃口 ⑥ 合模调整均匀凸模5和凸凹模21的配合间隙，并紧固上模螺钉3。分模组合配钻、铰上模圆柱销孔，选配装入圆柱销13，锁定凹模1和凸模固定板2及上托的位置。然后再次合模复查上、下模两部分成型工作零件的配合间隙是否均匀 ⑦ 上模先装入圆钢丝弹簧7，再装入螺塞8并调整合适的预压力 ⑧ 下模先放入已配作好的一组弹顶器20，再套入已装好活动挡料钉22的弹压卸料板17，并用卸料螺钉24拧紧到位 ⑨ 擦拭模具，涂油保护润滑导向部分，等待安排试模

表 5-8-22　拉深模装配实例

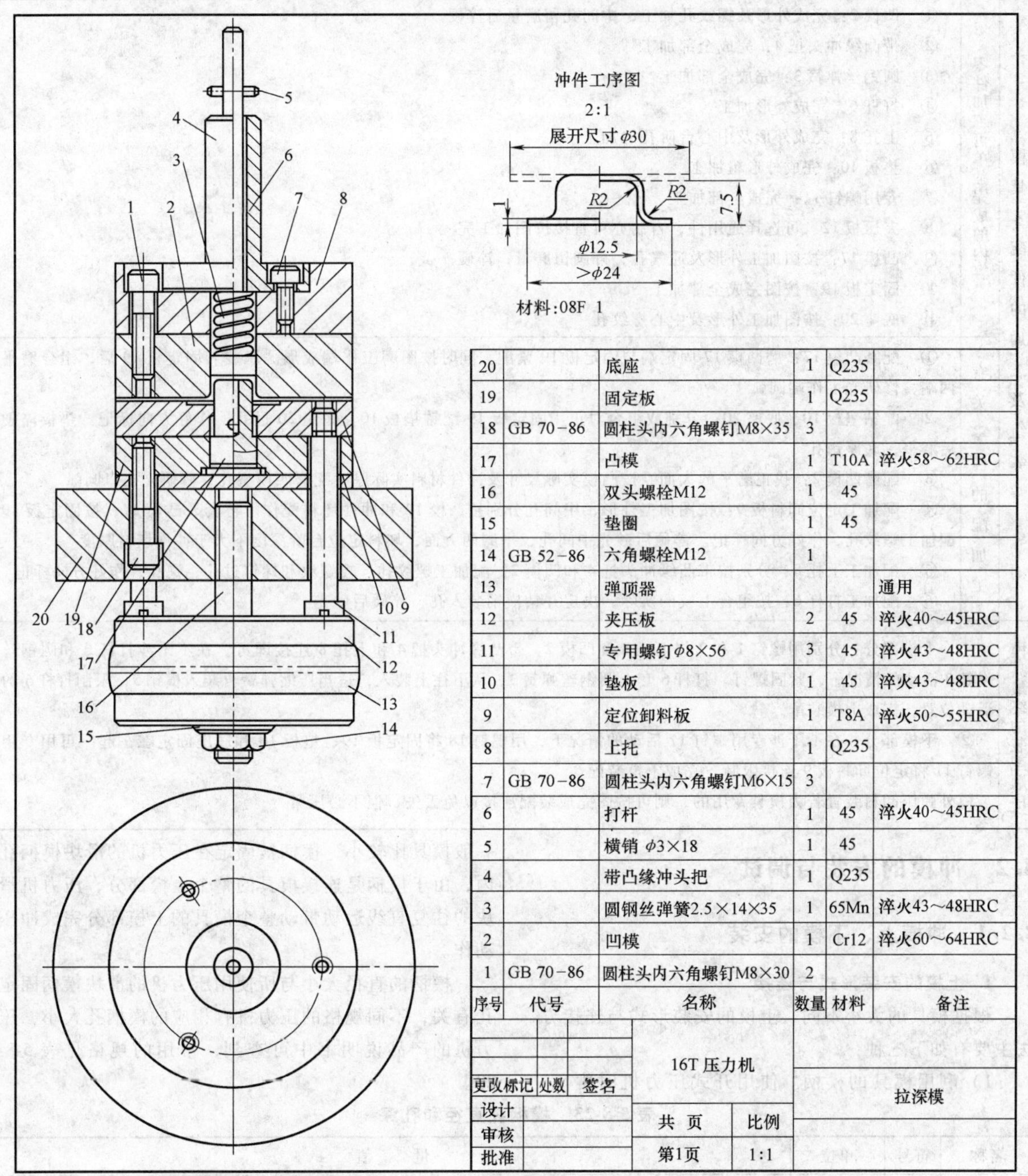

20		底座	1	Q235	
19		固定板	1	Q235	
18	GB 70-86	圆柱头内六角螺钉M8×35	3		
17		凸模	1	T10A	淬火58～62HRC
16		双头螺栓M12	1	45	
15		垫圈	1	45	
14	GB 52-86	六角螺栓M12	1		
13		弹顶器			通用
12		夹压板	2	45	淬火40～45HRC
11		专用螺钉 ϕ8×56	3	45	淬火43～48HRC
10		垫板	1	45	淬火43～48HRC
9		定位卸料板	1	T8A	淬火50～55HRC
8		上托	1	Q235	
7	GB 70-86	圆柱头内六角螺钉M6×15	3		
6		打杆	1	45	淬火40～45HRC
5		横销 ϕ3×18	1	45	
4		带凸缘冲头把	1	Q235	
3		圆钢丝弹簧2.5×14×35	1	65Mn	淬火43～48HRC
2		凹模	1	Cr12	淬火60～64HRC
1	GB 70-86	圆柱头内六角螺钉M8×30	2		
序号	代号	名称	数量	材料	备注

更改标记	处数	签名	16T 压力机		拉深模
设计			共 页	比例	
审核					
批准			第1页	1:1	

拉深模

读模具总装配图	① 冲件尺寸较小，拉深高度不大，材料为1mm厚的08F钢板，塑性较好，圆弧半径 $R2$，容易拉深成形。冲件尺寸标注在孔内，加工制作时以控制凸模尺寸为主 ② 采用模外弹压卸料的方式压料和卸件，压力可以根据需要进行调节，可以有效保证压料效果，防止起皱和掉底 ③ 上模采用附加弹压的刚性打料装置，不易引起高度方向的干涉，打料稳定可靠 ④ 模具未采用有导向模架，结构简单、紧凑，上机安装时可用坯料自动找正，所以上、下模均未安排圆柱销来锁定位置 ⑤ 凸模上安排了通气孔，出口位置合适，进气畅通，有利于卸料 ⑥ 卸料板上凹台用于坯料定位，深度应略小于冲件料厚

（续）

模具零配件的加工及组装	零件加工可单独完成的内容	① 凹模2：完成外形及螺纹孔加工，中间孔留磨量后淬硬 ② 带凸缘冲头把4：完成全部加工 ③ 圆钢丝弹簧3：完成全部加工 ④ 打杆6：完成外形加工 ⑤ 上托8：完成外形及中心台阶孔的加工 ⑥ 垫板10：完成外形粗加工 ⑦ 专用螺钉11：完成全部加工 ⑧ 夹压板12：可选择通用件，自制亦可直接按图加工完 ⑨ 凸模17：按图加工外形及通气孔，外圆留磨量，淬硬 ⑩ 固定板19：按图完成全部加工 ⑪ 底座20：按图加工外形及中心螺纹孔
	有关零件的配加工	① 配磨凸模17：磨凸模17固定端与固定板19紧配。同时按图磨工作端成形。压装入固定板19后，组合磨平两端，修研光工作端圆弧 ② 配钻垫板10、底座20：分别或组合对正用固定板19配钻垫板10、底座20过孔，作好方向标记。垫板淬硬后磨平，底座锪孔 ③ 配磨凹模2：找正磨平的大面，按凸模实际尺寸及冲件材料实际厚度配磨凹模型孔，修研光孔口圆弧 ④ 配加工定位卸料板9：按图加工外形，中间孔分别按凸模17和冲件坯料配作。再套入凸模17，按固定板19配加工螺纹孔，作好方向标记。淬硬后砂光中间孔，平磨两大面，坯料定位台阶深度不大于冲件坯料厚度 ⑤ 配加工上托8：分别按带凸缘冲头把4和凹模2，配加工螺纹孔、攻螺纹和螺钉过孔、锪孔，作好方向标记 ⑥ 配加工打杆6：按组合上模的实际，决定并钻横销装入孔，淬硬后砂光
模具最终的装配顺序	① 上模部分：分别用螺钉1和7将上托8和凹模2，带凸缘冲头把4和上托8连接即可。在不干涉打杆6和圆钢丝弹簧3活动的情况下，紧固螺钉。打杆6套上圆钢丝弹簧3，从下往上装入，适当压缩弹簧再装入横销5，限制打杆6的活动位置，完成上模装配 ② 下模部分：在不干涉专用螺钉11活动的情况下，用螺钉18将固定板19、垫板10和底座固定在一起。再用专用螺钉11将定位卸料板9连接限制，完成下模装配 模外弹压卸料装置若为模具专用的，则可按图完成装配连接以免丢失，但不必压紧	

8.2 冲模的安装与调试

8.2.1 冲模上、下模的安装

1. 上模的安装形式与连接

根据模具的大小不同，上模的安装形式与连接方法主要有如下三种：

1）利用模具的模柄。使用开式压力机时常用，一般模具比较小，模柄被固定在压力机的滑块模柄孔内，由于模柄是连接模具的整个上模部分，压力机滑块的往复直线运动带动整个模具的上模部分完成冲压动作。

模柄的直径大小与所使用压力机的滑块模柄固定孔有关，不同规格的压力机有相应的模柄孔大小，压力机的产品说明书中可查到，常用的规格见表5-8-23。

表5-8-23 模柄孔直径和孔深

名称	符号	单位	量值										
公称压力	P	kN	31.5	40	63	100	160	250	400	630	800	1000	1250
模柄孔直径×深度	$D\times l$	mm×mm	$\phi25\times45$	$\phi30\times50$				$\phi50\times70$			$\phi60\times75$		
模柄直径×固定长度	$d\times l$	mm×mm	$\phi25_{-0.195}^{-0.065}\times45$	$\phi30_{-0.195}^{-0.065}$				$\phi50_{-0.24}^{-0.08}\times60$			$\phi60_{-0.29}^{-0.1}\times70$		

注：由于各单位使用的压力机具体情况不同，此表仅供参考。

2）利用模具的上模座。当使用闭式压力机和大的开式压力机时常用。一般模具比较大。通过压板、垫块和螺钉等，利用压力机滑块底平面上的 T 形槽将上模座紧紧地固定在压力机的滑块上，这样模具的上模部分与压力机的滑块成为一体，压力机滑块的往复运动带动整个模具的上模部分完成冲压动作。

3）既利用模柄又利用上模座。现在有些压力机的滑块上既有用来固定上模的模柄孔，又有 T 形槽，安装的模具也比较大时，为了可靠和方便对中，就要同时使用模柄又利用上模座与滑块固定在一起。

2. 下模的安装形式与连接

下模一般是直接固定在压力机的工作台垫板平面上，工作台垫板平面上有 T 形槽，见表 5-8-24。

利用垫块、压板和螺钉压紧在工作台上。下模的安装常在上模安装后进行。

用压板固定下模时，垫块的高度应等于下模座被压处高度，压板和冲模接触点距固定螺钉中心应小于压板和压力机台面接触点距固定螺钉中心，表 5-8-25 为采用压板固定的正误情况。

表 5-8-24　JH21-45-110 开式固定台压力机 T 形槽尺寸

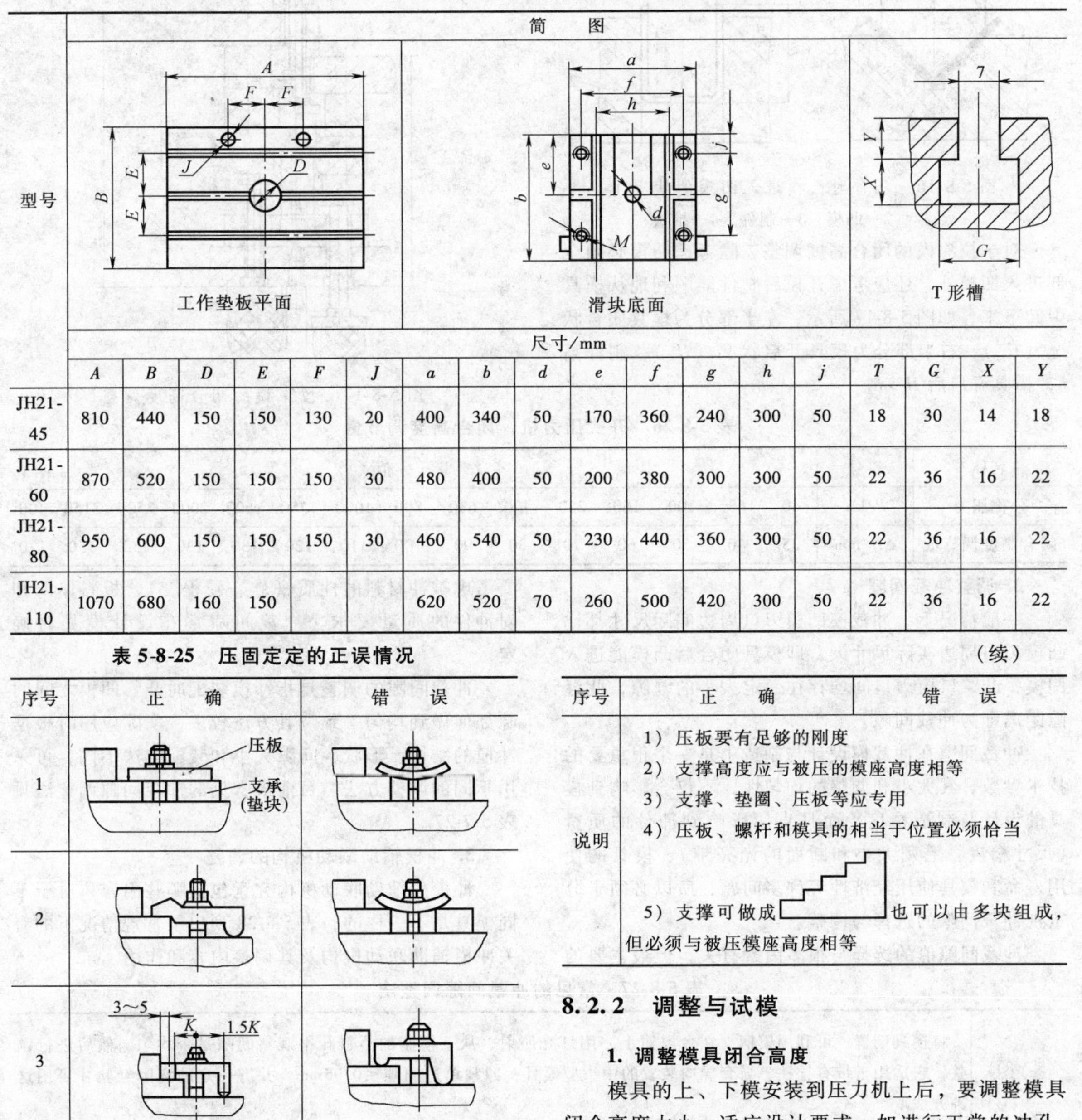

型号	尺寸/mm																	
	A	B	D	E	F	J	a	b	d	e	f	g	h	j	T	G	X	Y
JH21-45	810	440	150	150	130	20	400	340	50	170	360	240	300	50	18	30	14	18
JH21-60	870	520	150	150	150	30	480	400	50	200	380	300	300	50	22	36	16	22
JH21-80	950	600	150	150	150	30	460	540	50	230	440	360	300	50	22	36	16	22
JH21-110	1070	680	160	150			620	520	70	260	500	420	300	50	22	36	16	22

表 5-8-25　压固定定的正误情况

序号	正　确	错　误
1	压板 支承 (垫块)	
2		
3	3～5 K 1.5K	

（续）

序号	正　确	错　误
说明	1）压板要有足够的刚度 2）支撑高度应与被压的模座高度相等 3）支撑、垫圈、压板等应专用 4）压板、螺杆和模具的相当于位置必须恰当 5）支撑可做成（阶梯形）也可以由多块组成，但必须与被压模座高度相等	

8.2.2　调整与试模

1. 调整模具闭合高度

模具的上、下模安装到压力机上后，要调整模具闭合高度大小，适应设计要求，如进行正常的冲孔、落料、压弯、拉深等工作。不同冲压性质的模具，闭合高度的调整值是不完全相同的，冲孔、落料等冲裁模具，将凸模调整进入凹模刃口的深度为其被冲料厚的 2/3 或略深一些就可以，而压弯模凸模进入凹模的深度与弯曲件形状有关，一般凸模要全部进入凹模或进入凹模一定深度，将弯曲件压成形为止，如图 5-8-16 所示为压弯 V 形件和 U 形件时凸模进入凹模的状况，图中 L 为弯曲件边长，L_0 为保证弯曲件成形的凹模最小直壁长度。

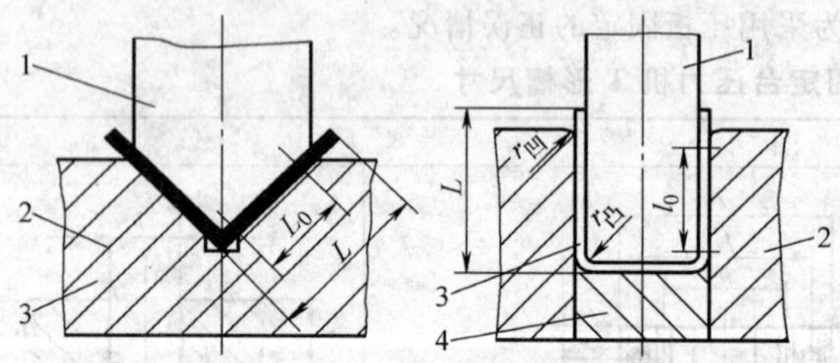

图 5-8-16　压弯时凸模进入凹模的状况
1—凸模　2—凹模　3—制件　4—推板

对于拉深模的闭合高度调整，除考虑凸模必须全部进入凹模外，还应考虑开模后制件能顺利地从模具中卸下来，如图 5-8-17 所示，左半部分为模具闭合状况（H_M），右半部分为模具开启状况（H_K），制件高 h，模具开启后 $H>h$。

各种不同的压力机，都有一个闭合高度的可调范围，其值 ΔH 等于压力机最大闭合高度 H_{max} 与压力机最小闭合高度 H_{min} 之差，即 $\Delta H=H_{max}-H_{min}$。对于应用最为广泛的开式压力机，闭合高度调节量见表 5-8-26，调整通过旋转螺杆实现，右旋时，压力机的闭合高度变大；左旋时，压力机的闭合高度变小。需要提醒的是每当旋转螺杆前，应将锁紧螺杆的机构松开，待闭合高度调整好后，再将锁紧机构锁住。

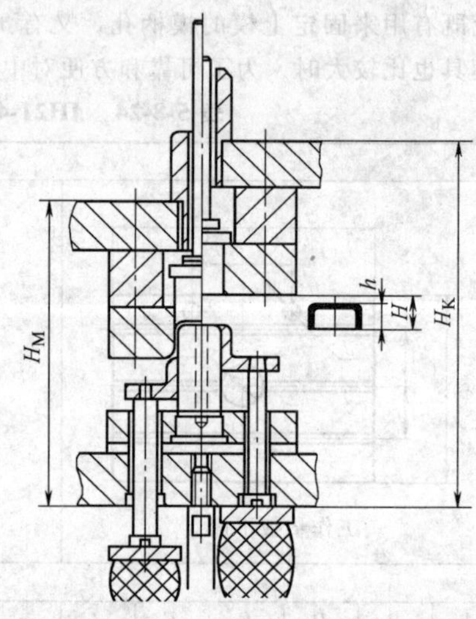

图 5-8-17　拉深模的闭合高度调整

表 5-8-26　开式压力机，闭合高度调节量

名称	符号	量值														
公称压力	P/kN	40	63	100	160	250	400	630	800	1000	1250	1600	2000	2500	3150	400
闭合高度调节量	ΔH/mm	35	40	50	60	70	80	90	100	110	120	130	130	150	150	170

2. 调整冲裁间隙

一般情况下，冲裁模凹模刃口周边实际尺寸都比凸模刃口周边实际尺寸大，即模具闭合后凸模能进入凹模，凸、口模刃口间均存在一定大小的缝隙，此缝隙距离即为冲裁间隙。

冲裁间隙在冲裁模设计与制造中是一个很重要的技术参数，其大小和调整的均匀性，不仅会影响到模具的设计与制造精度，而且直接影响到冲件的质量(尺寸精度，毛刺大小和断面的光亮带)、模具的使用寿命和模具使用经济性等许多问题，所以必须十分重视冲裁间隙的选择与调整。

冲裁间隙值的选择与很多因素有关，但最主要的要考虑被冲材料的性质（软、硬程度）、板料厚薄和对冲件的质量要求。冲裁间隙常在设计模具时确定。

冲裁间隙的调整是指冲模装配时凸、凹模之间间隙如何做到均匀一致。其方法较多，实际应用时根据冲模的结构、形状、间隙大小和装配方法不同，可采用不同的调整方法。目前最常见的冲裁间隙调整法见表 5-7-27。

3. 冲模辅助联动机构的调整

冲模的辅助联动机构究竟包括哪些内容，对于不同模具是不一样的，表 5-8-28 列出了常规情况下的有关冲模辅助联动机构及其调整内容和作用。

表 5-8-27　常见的冲裁间隙调整法

透光法	将模具倒置，可利用模柄夹在台虎钳上，用灯光照射，从下模座的落料孔中观察间隙是否均匀，然后进行调整，它适用于带有导柱、导套导向装置的中小型模具，冲裁单边间隙≤0.05mm，并有一定的实际经验才可用这种方法

（续）

切纸法	凸、凹模之间放一张厚薄均匀的纸作为板料，用铜棒敲击模柄端面，使模具闭合，根据纸四周是否切下或毛边大小以及均匀程度可判断间隙大小及是否合适，再作调整。它多用于有导柱、导套导向装置的中小型模具，单边间隙≤0.1mm。一般在透光法应用后再使用此法，作为进一步验证间隙调整情况，纸片的厚度原则上根据间隙的大小而定，间隙越小纸片越薄，但常用 0.05mm 厚的纸片进行试切
垫片法	在凹模刃口周边适当地安放铜或铝质垫片，垫片的厚度等于凸、凹模之间的单边间隙。通过观察凸模能否顺利进入凹模并与四周垫片是否接触良好，如果间隙局部不均匀，可敲打凸模固定板进行调整。此法适用于凸、凹模单边间隙≥0.1mm 的冲模
镀铜法	在凸模刃口部分 8～10mm 长度上镀铜，镀层厚度为冲模的单边间隙，调整的方法与垫片法相同，凸模装配后其工作表面所镀的铜层不必去除，它将在冲压过程中自动脱落。此法适用于形状复杂而数量又多的凸、凹模
涂漆法	在凸模刃口部分涂一层漆并使其在烘箱中烘干，涂层厚度即为冲模的单边间隙。根据需要，不同的间隙值可通过不同粘度的漆或涂不同次数来达到要求，当凸模形状复杂且遇有转角地方会聚集很厚的漆时，可在烘干后用小刀刮去，为便于装配，调整的方法与垫片法相同，间隙调整后涂漆也不必去除。此法适用于不便采用镀铜法的情况
测量法	当凸、凹模闭合后通过塞尺测量周边间隙大小，然后调整其相对位置，直至间隙均匀合理为止。此法用于凸、凹模刃口部分有较长的直面部分且模具相对比较大，足以可使用测量法的情况

表 5-8-28　冲模辅助联动机构调整内容和作用

模具类别	有关的辅助联动机构	调整内容及作用
普通落料模 拉深模 弯曲模	1）自动送料器 2）吹件装置 3）机械取件装置 4）弹顶器	1）调节送料距离和送料夹紧力 2）调整吹件和出件必须同步，做到件下落时吹气必须跟上 3）做到压力机滑块上升时，接件托正好位于落件的位置上，将落下的件接住，当压力机滑块下滑时，将接住的件送走 4）对于拉深模通过调整弹压力大小控制其压边力，保证拉深过程中边缘不起皱或不拉破制件 5）对于弯曲模调整弹压力大小可控制其压料力和顶件力
倒装式复合模 （包括落料拉深模）	1）压力机滑块打杆横梁机构 2）送料器	1）打杆横梁的活动量根据模具内推板的活动量需要，调节打杆横梁的活动距离 2）根据制件板料厚度调整辊轴之间距离，保证送料正常 3）根据送料距离调节辊轴旋转角
级进模	1）开卷机 2）矫平机 3）材料弛张控制器 4）送料装置（气动或机械送料器） 5）废料切断装置 6）安全检测装置 7）分件器	1）卷（带）料存放在开卷机上，保证放料自如 2）调节辊轮之间的摩擦力使料得以矫正，更趋平直 3）调节上、下接触棒之间的距离，控制带料松紧程度 4）调节送料距离与级进模步距相匹配 5）根据需要调整 6）遇到叠片等非正常故障时，能使压力机自动停止工作 7）调整废料与制件分别进入各自的容器内

4. 试模

模具装配完后，要按正常生产条件下进行试模，即试模用设备和试模用材料等技术条件均要符合生产要求，这样才能证实模具的实际使用性能是否满足生产需要。具体地说，试模可以了解如下问题：

1）验证所用的设备是否正确，它包括冲压力是否足够和模具是否不用任何修改就能顺利地装到设备上使用。

2）验证该模具所生产的冲件在形状、尺寸精度、毛刺等质量方面是否符合设计要求。

3）验证该模具在卸料、定位、顶出件、排废料、进出料和安全生产方面是否正常可靠，能否进行生产性使用。

4）验证冲压工艺流程是否合理。

5）为模具设计反馈信息，了解模具结构设计等不合理需要改进的地方。

6）为冲模投入正常生产作准备。因为试冲中暴露的各种问题解决后，使模具更趋完善、合理，这样才能正式用于生产。

在正式试冲前，为了稳妥可靠，操作者将模具安装固定好后，通常由人工扳动飞轮或采用点动式开关控制，使模具在闭合状态下凸模先不进入凹模刃口，然后进行空运载循环试验，检查冲模的上模部分相对于下模部分的运动是否灵活正常，弹压等零件有无卡涩等现象，如果无异常，可以先用纸片试冲一下（当然要将上模往下调一点，使凸模刃口进入凹模），观察其是否冲下和被冲周边情况，从而可以了解对刀深度和凸、凹模之间的间隙均匀程度，直到调整、再试满意了，就可以用正式料试。根据被冲料厚，重新调整凸模相对于凹模刃口之间的对刀深度，原则上是先浅后深进行试冲，待冲件能顺利冲下为止。试模的次数不宜太多，最好是一次成功没有发现什么问题，但往往做不到，一般试冲一次后把发现的问题充分解决后再试1~2次就应该满意了；试冲的时间也不宜太长，对于新装的模具初次试冲时间以达到把所存在的问题暴露出来为前提。对于已经试模合格的模具，为了取样和验证模具的可靠性可以长一些，但不同要求的模具试模时间仍不同，一般要求的冲模连续试冲20~1000件，精密多工位级进模必须连续冲1000件以上，对于大型覆盖件要求连续冲5~10件，贵重金属材料试冲数量各厂自定。

所有冲件均应符合产品质量要求，最后由制造方开具检验合格证并附有合格样件入库或交用户。试冲成形件的表面不允许有伤痕、裂纹和皱折等缺陷。试冲件尺寸不得达到冲件的极限尺寸，须保留一定的磨损量，一般情况下保留的磨损量至少为冲件公差的1/3。试模件的毛刺不得超过允许值，见表5-8-29。试模时最好通知用户在场，有利于用户对模具使用的全面了解和对模具验收的认可。

5. 各种冲模试模过程中出现的问题及调整方法

1）冲裁模的调整见表5-8-30。

2）弯曲模的调整见表5-8-31。

3）拉深模的调整见表5-8-32。大型覆盖件冲模的调整见表5-8-33。

4）翻边模的调整见表5-8-34、表5-8-35。

表5-8-29 试模时冲裁件毛刺允许值 （单位：mm）

材料抗拉强度 R_m/MPa	等级	材料厚度 δ					
		≤0.4	>0.4~0.63	>0.63~1.00	>1.00~1.60	>1.60~2.50	>2.50
≤250	1	0.03	0.04	0.04	0.05	0.07	0.10
	2	0.04	0.05	0.06	0.07	0.10	0.14
>250~400	1	0.02	0.03	0.04	0.04	0.07	0.09
	2	0.03	0.04	0.05	0.06	0.09	0.12
>400~630	1	0.02	0.03	0.04	0.04	0.06	0.07
	2	0.03	0.04	0.05	0.06	0.08	0.10
>630	1	0.01	0.02	0.03	0.04	0.05	0.07
	2	0.02	0.03	0.04	0.05	0.07	0.09

注：1. 表中1级用于较高要求；2级用于一般要求。

2. 对于冲裁硅钢片，用表中 R_m 为400~630MPa的2级数值。

表5-8-30 冲裁模试模过程中出现的问题及调整方法

问题	产生原因	调整方法
送料不畅通或卡死	两导料板之间的尺寸过小或有斜度 板料裁得不规矩，宽窄不均匀 导料板的工作面与侧刃不平行，条料冲后形成锯齿形易使条料卡住 侧刃与导料板挡块之间有缝隙，配合不严形成较大毛刺	重新安装导料板或修大两导料板之间尺寸，做到两导料板之间导向相互平行，送料通畅 控制裁板宽度 重新调整导料板的安装位置 修整侧刃及挡块之间的间隙，使之密合
卸不下料来	卸料装置该动作没动作，卸料螺钉与螺钉过孔配合太紧，或卸料螺钉有卡死现象 卸料弹力不够 卸料孔不通畅，废料卡住在排料孔内 顶出器过短 凹模有倒锥角	重新装配和修整，扩大螺钉过孔，做到没有卡死现象 更换弹性元件，保证弹力充足 加大排料孔，并检查凹模的排料孔与下模座上相应的排料孔位置是否对正 将顶出器的顶出部分加长 修整凹模

（续）

问　题	产生原因	调整方法
制件有毛刺	刃口不锋利或刃口硬度不够高 凸、凹模配合间隙过大或过小，间隙不均匀	刃口硬度不够应重新更换淬火硬度够的凸模或凹模 合理地调整凸、凹模间隙及刃磨工作部分的刃口，保持刃口锋利，间隙均匀
制件的形状和尺寸不正确	凸模与凹模的形状尺寸不正确	修整凸模或凹模形状和尺寸不正确的部分，并调整冲模的合理间隙
凸模折断	1）冲裁时产生的侧向力未抵消 2）卸料板倾斜 3）凸、凹模位置变化	1）采用反侧压块来抵消侧向力 2）修整卸料板或使凸模加导向装置 3）调整凸、凹模相对位置
啃口	1）导柱与导套间隙过大 2）推件块上的孔不垂直迫使小凸模偏位 3）凸模或导柱安装不垂直 4）平行度误差的积累	1）修整或更换导柱、导套 2）修整或更换推件块 3）重新装配，保证垂直度要求 4）重新修磨、装配
制件不平	1）凹模有倒锥现象 2）顶件杆与制件接触面积过小	1）修整凹模后角 2）加大顶件杆的接触面积
外形与内孔偏移	1）在级进模中孔与外形偏心，并且所偏的方向一致，表明侧刃的长度与步距不等，有误差 2）级进模多件冲压时，其他孔形正确，只有一件孔偏心，表明该孔的凸、凹模位置不正确 3）对复合冲裁主要是凸、凹模孔形不正确	1）加大（减小）侧刃长度或磨小（加大）挡块尺寸 2）重新调整其位置，使凸、凹模位置符合要求 3）更换孔与外形正确的凸、凹模
冲裁件的剪切断面光亮带太宽，甚至出现毛刺	冲裁间隙太小	适当放大冲裁间隙，对于冲孔模，间隙加大在凹模方向上；对于落料模，间隙加大由减小凸模尺寸得到
冲裁剪切断面光亮带宽窄不均，局部发生毛刺	冲裁间隙不均匀	修磨或重装凸模及凹模，调整间隙使之均匀

表 5-8-31　弯曲模试模过程中出现的问题及调整方法

问　题	产生的原因	调整方法
制件产生回弹，尺寸和形状不合格	弹性变形的存在	1）改变凸模的角度和形状 2）减小凸、凹模之间的间隙 3）增加凹模型槽深度 4）弯曲前将坯件退火处理一下 5）增加矫正力或使矫正力集中在变形部分
弯曲位置偏移	1）弯曲力不平衡 2）定位不稳定或位置不准 3）无压料装置或压料不牢 4）凸、凹模相对位置不准	1）分析产生弯曲力不平衡的原因，加以克服和减少 2）增加定位销、定位板或导正销，并使其定位正确 3）增加压料装置或加大压料力 4）调整凸、凹模位置
弯曲角部分产生裂纹	1）弯曲内半径太小 2）材料纹向与弯曲线平行 3）毛坯的毛刺一面向外 4）金属的塑性较差	1）加大凸模的圆角半径 2）改变落料的排样，使弯曲线与板料纤维方向互成一定角度 3）使毛刺的一面在弯曲的内侧，光亮带在弯曲的外侧 4）改用塑性好的材料

（续）

问　题	产生的原因	调整方法
制件表面擦伤	1）凸、凹模之间间隙太小，板料受挤薄 2）凹模圆角半径过小，表面太粗糙 3）板料粘附在凹模上	1）加大间隙值 2）修光表面，尤其是凹模的圆角半径处应越光越好 3）提高凹模表面硬度，如采用镀铬或化学处理
制件尺寸过长或不足	1）凸、凹模间隙过小，将材料挤长 2）压料装置的压力过大，将料挤长 3）设计展开料错误	1）加大间隙 2）减小压料力 3）落料尺寸应在弯曲模试模后确定
弯曲件底部不平	1）压（卸）料杆着力点分布不均匀，卸料时将件顶弯 2）压料力不足	1）增加压料杆件数，并分布均匀 2）增大压料力

表5-8-32　拉深模试模时常见的问题及调整方法

问　题	图　示	产生原因	调整方法
凸缘起皱且零件壁部被拉裂		压边力太小，凸缘部分起皱，无法进入凹模而被拉裂	加大压边力
壁部被拉裂		1）材料承受的径向拉应力太大 2）凹模圆角半径太小 3）润滑不良 4）材料塑性差	1）减小压边力 2）增大凹模圆角半径 3）加用润滑剂 4）使用塑性好的材料，采用中间退火
凸缘起皱		1）凸缘部分压边力太小，无法抵制过大的切向压边力引起的切向变形，因而失去稳定形成皱纹 2）材料较薄	1）增加压边力 2）适当加大厚度
边缘呈锯齿状		毛坯边缘有毛刺	修整前道工序落料凹模刃口，使之间隙均匀，毛刺减少
制品边缘高低不一致	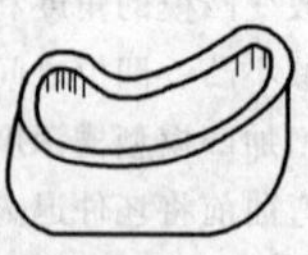	1）坯件与凸、凹模中心线不重合 2）材料厚度不均匀 3）凸、凹模圆角不等 4）凸、凹模间隙不均匀	1）重心调整定位，使坯件中心与凸、凹模中心线重合 2）更换材料 3）修整凸、凹模圆角半径 4）校匀间隙
断面变薄	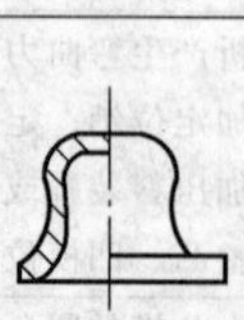	1）凹模圆角半径太小 2）间隙太小 3）压边力太大 4）润滑不合适	1）增大凹模圆角半径 2）加大凸、凹模间隙值 3）减少压边力 4）毛坯件涂上合适的润滑剂后冲压
制品底部被拉脱	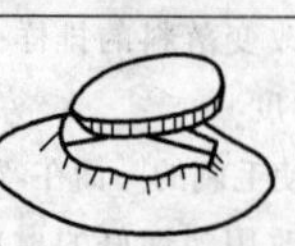	凹模圆角半径太小，使材料被处于切割状态	加大凹模圆角半径

（续）

问 题	图 示	产生原因	调整方法
制品口缘折皱		1）凹模圆角半径太大 2）压边圈不起压边作用	1）减少凹模圆角半径 2）调整压边圈结构，加大压边力
锥形件斜面或半球形件的腰部起皱		1）压边力太小 2）凹模圆角半径太大 3）润滑油过多	1）增大压边力或采用拉深肋 2）减小凹模圆角半径 3）减少润滑油或加厚材料，几片坯件叠在一起拉深
盒形件角部破裂		1）模具圆角半径太小 2）间隙太小 3）变形程度太大	1）加大凹模圆角半径 2）加大凸、凹模间隙 3）增加拉深次数
制品底部不平		1）坯件不平 2）顶料杆与坯件接触面太小 3）缓冲器弹顶力不足	1）平整毛坯 2）改善顶料装置结构 3）更换弹簧或橡胶
盒形件直壁部分不挺直		角部间隙太小	放大凸、凹模角部间隙，减小直壁间隙值
制品壁部拉毛		1）模具工作部分或圆角半径上有毛刺 2）毛坯表面及润滑剂有杂质	1）研磨修光模具的工作平面和圆角 2）清洁毛坯及使用干净的润滑油
盒形件角部向内折拢局部起皱		1）材料角部压边力太小 2）角部毛坯面积偏小	1）加大压边力 2）增加毛坯角部面积
阶梯形制品局部破裂		凹模及凸模圆角太小，加大了拉深力	加大凸模与凹模的圆角半径
制品完整但呈歪状		1）排气不畅 2）顶料杆顶力不均	1）加大排气孔 2）重心布置顶料杆位置
拉深高度不够		1）毛坯尺寸太小 2）拉深间隙太大 3）凸模圆角半径太小	1）放大毛坯尺寸 2）调整间隙 3）加大凸模圆角半径
拉深高度太大		1）毛坯尺寸太大 2）拉深间隙太小 3）凸模圆角半径太大	1）减少毛坯尺寸 2）加大拉深间隙 3）减小凸模圆角半径
零件拉深层壁厚与高度不均		1）凸模与凹模不同心，向一面偏斜 2）定位不正确 3）凸模不垂直 4）压边力不均 5）凹模形状不对	1）调整凸、凹模位置，使之间隙均匀 2）调整定位零件 3）重新装配凸模 4）调整压边力 5）更换凹模

表 5-8-33　大型覆盖件冲模调整方法

问　题	产生原因	调整方法
制品破裂或产生局部裂纹	1）压边力太大或不均匀 2）凸、凹模间隙太小 3）拉肋布置不当 4）凹模口或拉深肋槽圆角太小 5）压边面表面不光洁 6）润滑不足及不当 7）原材料表面粗糙，有裂口或呈锯齿状 8）材料局部拉深太大 9）毛坯尺寸太大或形状不准确	1）调外滑块螺栓，减少压边力 2）调整模具间隙，使之加大间隙值 3）改善拉深肋的布置及数量 4）加大凹模口或拉深肋圆角半径 5）进行抛光 6）改善润滑条件 7）更换冲压用原材料 8）加大工艺切口或工艺孔 9）修正毛坯尺寸或形状
制件刚性差或产生弹性畸变	1）压边力不够 2）毛坯尺寸过于小 3）拉深肋少或布置不当 4）材料塑性变形不足	1）加大压边力 2）增加毛坯尺寸 3）增加拉深肋数量，重新布置位置 4）在制品上增加拉深肋或采用拉深槛
制件产生皱纹或折皱	1）压边力太小或不均匀 2）拉深肋太少或布置不当 3）凹模口圆角半径太大 4）压边面不平，里松外紧 5）润滑油太多，涂抹位置不当 6）毛坯尺寸太小 7）材料过软 8）压边面形状不合理	1）调节外滑块螺栓，加大压边力 2）加多拉深肋数量或改变位置 3）减小凹模口圆角半径 4）修磨压边面，使里紧外松 5）改善润滑条件 6）加大毛坯尺寸 7）更换材料 8）修改压边面形状
制件表面有划痕、滑带或产生桔皮纹	1）压边面或凹模圆角不光洁 2）镶块的接缝太大 3）板料本身表面有划痕 4）板料材质晶粒太大 5）板料屈服极限不均匀 6）毛坯表面，模具工作面有杂物或润滑油有杂质 7）模具表面硬度低，拉深时有金属粘附 8）凸、凹模间隙过小或不均 9）拉深方向选择不当，板料在凸模上有相对移动现象	1）进行抛光、修磨 2）减少接缝，加大密合 3）更换材料 4）将材料进行热处理 5）拉深前进行辊压处理 6）清洁毛坯及模具表面，清除润滑油杂质 7）提高模具硬度，更换模具材料 8）重新调整间隙 9）改变拉深方向

表 5-8-34　内孔翻边模的调整

问　题	产生原因	调整方法
翻孔后制件孔壁不直	凸模与凹模之间间隙太大或不均匀	修整或更换凸、凹模，使间隙合理并均匀
翻孔后孔口边缘不齐	1）凸、凹模间隙太小 2）凸、凹模间隙不均匀 3）凹模圆角半径大小不均匀	1）修整到间隙合理 2）重新调整模具 3）修整凹模圆角半径，使之合适
翻孔破裂	1）凸、凹模间隙太小 2）坯料太硬 3）冲孔断面毛刺太大 4）翻边高度太大	1）修整到合理间隙 2）更换材料或将坯料中间退火处理 3）调整冲孔模间隙或去掉毛刺后再翻边 4）降低翻边高度或采取预拉深后再翻边

表 5-8-35　外缘翻边模的调整

问　　题	产生原因	调整方法
边缘不直	1）凸、凹模间隙太大 2）凸、凹模间隙不均匀 3）坯料太硬，回弹大	1）减小间隙 2）调整模具，使之间隙均匀 3）坯料中间退火或改变材料
边缘翻后不齐	1）凸、凹模间隙太小 2）凸、凹模间隙不均匀 3）定位不准，坯料放偏 4）凹模圆角大小不均匀	1）放大间隙，使之合理 2）重新调整模具 3）调整定位 4）修整凹模圆角
边缘产生裂纹	1）凸、凹模间隙太大 2）坯料外轮廓有突变形状或坯料的工艺性差	1）更换凸、凹模，改小间隙值 2）坯料外轮廓改为圆滑过渡的形状或降低翻边高度
外缘破裂	1）凸、凹模间隙太小 2）凸、凹模圆角半径太小 3）坯料太硬	1）调整间隙使之合理 2）放大圆角半径 3）更换材料或增加退火处理

8.2.3　压力机上安装模具部位的结构与尺寸范围

1. 安装固定上模座的结构尺寸与规格

固定上模座的结构形式主要有：单独利用滑块上的圆形模柄孔和滑块底平面的 T 形槽，也有两者均兼用。利用模柄固定孔的主要尺寸是模柄孔直径和孔深，见表 5-8-23。T 形槽尺寸见表 5-8-24，表中没有的查压力机说明书或直接测量实物。

2. 安装固定下模座的结构尺寸与规格

下模座一般放在压力机的工作台垫板平面上，通过该平面上的 T 形槽用压板、垫块和螺钉将下模座固定牢。压力机的工作台垫板平面多为长方形，中间有个大圆孔或长圆孔，主要是供漏件或漏废料用，上平面上还有数条 T 形槽，用于穿入螺钉。T 形槽的排列大多数为平行，也有对角交叉加中间一条，目的是便于不同大小模具的固定，表 5-7-24 中只是几种规格的 T 形槽尺寸，供参考。当利用 T 形槽时，无论是工作台垫板上平面或滑块底平面尺寸的每边均应大于模座贴合面尺寸 50 ~ 70mm，才可有足够的余地将模具固定。

3. 压力机装模高度尺寸系列

1）压力机装模高度与模具闭合高度。压力机装模高度是指滑块在下死点时，滑块底平面至工作台垫板上平面之间的距离。装模高度通过滑块螺杆在一定范围内可调，当滑块在下死点时，将滑块调到最上位置，此时的装模高度为最大装模高度；将滑块调到最下位置，此时的装模高度为最小装模高度。最大装模高度与最小装模高度之差值即为调节量。

模具闭合高度是指冲模开始冲压时，上模座上平面与下模座下平面之间的垂直距离。

2）模具闭合高度应在压力机允许的装模高度之内，如图 5-8-18 所示。

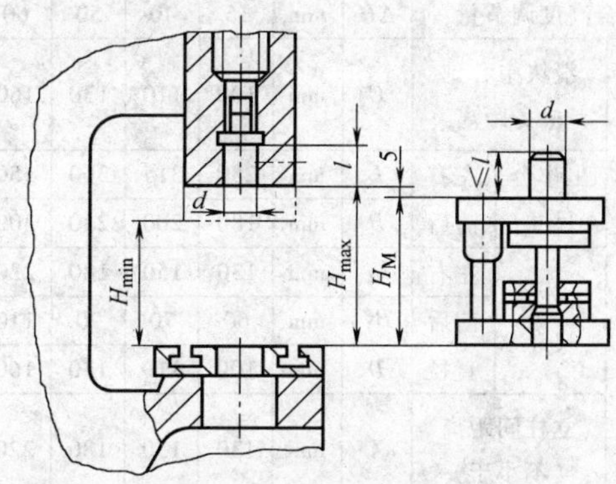

图 5-8-18　模具闭合高度与压力机允许装模高度之间的关系

当选用压力机或冲模往压力机上安装时，模具的闭合高度必须在压力机的最大装模高度（H_{max}）与最小装模高度（H_{min}）之内，正常情况下应按下式核对：

$$H_{max} - 5 \geqslant H_M \geqslant H_{min} + 10$$

若模具的闭合高度小于所选用压力机的最小装模高度，为了保证使用，可以采用下模座底平面垫上一定厚度的垫板。当垫板是由两块组成时，须注意两块垫板齐平一致且垫板与垫板之间的开档距离应尽量地小。

当多副模具联合安装在同一台压力机上工作时，各副模具的闭合高度应完全相同。

3）压力机装模高度尺寸系列见表 5-8-36、表 5-8-37。

表 5-8-36 开式压力机技术参数

名称			符号	单位	量值														
公称压力			P	kN	40	63	100	160	250	400	630	800	1000	1250	1600	2000	2500	3150	4000
发生公称压力时滑块离下死点距离			S	mm	3	3.5	4	5	6	7	8	9	10	10	12	12	13	13	15
滑块行程	固定行程		S	mm	40	50	60	70	80	100	120	130	140	140	160	160	200	200	250
	调节行程		S_1	mm	40	50	60	70	80	100	120	130	140	140	160	—	—	—	—
			S_2	mm	6	6	8	8	10	10	12	12	16	16	20	—	—	—	—
标准行程次数(不小于)			n	min^{-1}	200	160	135	115	100	80	70	60	60	50	40	40	30	30	25
快速型	发生公称压力时滑块离下死点距离		S'	mm	1	1	1.5	1.5	2	2	2.5	2.5	3	—	—	—	—	—	—
	滑块行程		S'	mm	20	20	30	30	40	40	50	50	60	—	—	—	—	—	—
	行程次数(不小于)		n'	min^{-1}	400	350	300	250	200	200	150	150	120	—	—	—	—	—	—
最大闭合高度	固定台和可倾		H	mm	160	170	180	220	250	300	360	380	400	430	450	450	500	500	550
	活动台位置	最低	H_2	mm	—	—	—	300	360	400	460	480	500	—	—	—	—	—	—
		最高	H_1	mm	—	—	—	160	180	200	220	240	260	—	—	—	—	—	—
闭合高度调节量			ΔH	mm	35	40	50	60	70	80	90	100	110	120	130	130	150	150	170
标准型	滑块中心到机身距离		C	mm	100	110	130	160	190	220	260	290	320	350	380	380	425	425	480
	工作台尺寸	左右	L	mm	280	315	360	450	560	630	710	800	900	970	1120	1120	1250	1250	1400
		前后	B	mm	180	200	240	300	360	420	480	540	600	650	710	710	800	800	900
	工作台孔尺寸	左右	L_1	mm	130	150	180	220	260	300	340	380	420	460	530	530	650	650	700
		前后	B_1	mm	60	70	90	110	130	150	180	210	230	250	300	300	350	350	400
		直径	D	mm	100	110	130	160	180	200	230	260	300	340	400	400	460	460	530
	立柱间距离(不小于)		A	mm	130	150	180	220	260	300	340	380	420	460	530	530	650	650	700
加大型	滑块中心到机身距离(喉深)		C	mm	—	—	—	—	290	—	350	—	425	—	480	—	—	—	—
	工作台尺寸	左右	L	mm	—	—	—	—	800	—	970	—	1250	—	1400	—	—	—	—
		前后	B	mm	—	—	—	—	540	—	650	—	800	—	900	—	—	—	—
	工作台孔尺寸	左右	L_1	mm	—	—	—	—	380	—	460	—	650	—	700	—	—	—	—
		前后	B_1	mm	—	—	—	—	210	—	250	—	350	—	400	—	—	—	—
		直径	C	mm	—	—	—	—	260	—	340	—	460	—	530	—	—	—	—
	立柱间距离(不小于)		A	mm	—	—	—	—	380	—	460	—	650	—	700	—	—	—	—
模柄孔尺寸(直径×深度)			$d \times l$	mm×mm	$\phi30 \times 50$				$\phi50 \times 70$			$\phi60 \times 75$			$\phi70 \times 80$		T形槽		
工作台垫板厚度			t	mm	35	40	50	60	70	80	90	100	110	120	130	130	150	150	170

表 5-8-37 双动压力机技术参数

技术参数名称 \ 压力机型号			JB 46-315	JA 45-200	JA 45-375	J 45-315	E2F 600×400（日）	DBS 2-1000-3.1-0.85（德国）	D 系列（美）
总公称压力（外滑块+内滑块）		kN	6300	3250	6300	6300	10000	1000	13000
内滑块公称压力		kN	3150	2000	3750	3150	6000	6000	8000
内滑块公称压力行程		mm	40	25	41	30			
外滑块公称压力		kN	3150	1250	2550	3150	4000	4000	5000
内滑块行程		mm	850	670	850	850	940	850	
外滑块行程		mm	530	425	530	530	690	700	
行程次数		min^{-1}	10	8	5.5	5.5～9	10～16	10～20	11～16
内滑块最大装模高度		mm	1300	770	1240	1120	2030		
外滑块最大装模高度		mm	1000	665	1160	1070	1930		
内滑块装模高度调节量		mm	500	165	300	300	500		
外滑块装模高度调节量		mm	500	165		300	500		
最大拉深深度		mm	390	350	400	400		250	305，457
立柱间距		mm	3150	1620	1840	1930			
内滑块尺寸	左右	mm	2500	960	1000	1000	2900	2500	
	前后	mm	1300	900	1000	1000	1600	1050	
外滑块尺寸	左右	mm	3150	1420	1780	1550	3400		
	前后	mm	1900	1350	1800	1600	2000		
垫板尺寸	左右	mm	3150	1540	1820	1800	3400	3100	
	前后	mm	1900	1400	1600	1600	2000	1500	
	厚	mm	250	160	220	220			
气垫压力（压紧力/顶出力）		kN		500/80	100/160	1000/120			
气垫行程		mm	440	315		440			
气垫行程调节量		mm	300						
主电动机功率		kW	100	40		75	95		

8.3 冲压模具的检测

8.3.1 模具检测的作用及内容

1. 模具检测的作用

在冲模制造过程中，冲模零件加工质量的检测是冲模制造中的重要环节。这是因为，冲模零件加工质量的好坏，对于冲模的装配，冲模装配后的质量、成本及使用寿命和经济效益有着较大影响。因此，冲模生产制造企业在冲模制造过程中，一定要建立健全模具零件的检测制度，编制合理的零件加工检测规程与标准，实行以检验人员专职检验与生产操作人员自检与互检相结合的检测制度，逐工序、逐件严格按图样和工艺规准进行检测，以确保零件的质量和精度。

冷冲模是由工作零件、辅助零件及标准件等若干个零件经组装以后构成的。因此，对于组成模具的各零件，在经热处理硬化以后，必须要对其进行认真检测，确保符合图样上所规定的各项加工精度及表面质量要求，以使装配工作能顺利进行。

2. 零件的检测内容

冲模零件加工质量的检测，主要包括零件的外观质量检测、零件的尺寸精度检测、表面粗糙度检测、热处理后硬度检测以及其他特殊性能要求检测等内容。

（1）零件外观质量检测　零件的外观质量检测以目测检查零件加工后的外观形状是否符合图样要求，外表面有无明显的表面划痕、裂纹和损伤，在精加工后的表面有无铸、锻坯件的黑皮和热处理后的氧化皮、斑点等影响使用的缺陷。

(2) 零件尺寸精度检测 零件加工尺寸精度、形状位置精度是保证冲模装配质量及装配精度的关键。为保证检测质量，零件加工精度检测应使用与图样标注尺寸公差相应精度级别的检具、量具及量仪。复杂型腔的自由曲面、过渡面等位置的测量应采用三坐标测量机检测或用专用样板、样架检测。冲模所用的标准件应按标准进行验收后使用。

(3) 零件的表面质量检测 零件的表面质量检测，主要是用检验样板比较测量或用光学显微镜、干涉显微镜、表面粗糙度仪等测量或用标准样板比较。

(4) 零件硬化处理质量检测 冲模零件硬化处理后的质量，特别是工作零件、导向零件的硬度，直接影响到模具质量和寿命。因此，经处理后的零件，必须对其硬度、变形量、金相组织用硬度计、无损检测等仪器进行检测。

冲模零件在加工后，应按下述要求进行检测：

(1) 材料的备选要求 冲模零件的材料，应按零件设计图样所规定的材料加工。在特殊情况下允许以其他材料代用，但代用材料的力学性能不得低于所规定的材料，必要时必须要经用户和设计部门同意和批准方可代用。各类零件所使用材料见表5-8-38、表5-8-39。

(2) 零件的尺寸精度要求 零件的形状、尺寸精度在加工后，一定要符合图样上所规定的要求。

1) 冲模工作零件凸模、凹模和凸凹模工作部分(形状或型腔要求部位)的尺寸精度，一般要按比冲压件同一尺寸的精度高2~3级的精度加工。

2) 冲模工作零件非工作部位及其他辅助工艺零件图上未注公差尺寸，可按未注公差的极限偏差中规定的IT14~IT16级要求制造加工。即孔的尺寸为H14~H16，轴的尺寸为h14~h16，长度尺寸按GB/T1804—2000《一般公差 未注公差的线性和角度尺寸的公差》。

3) 冲模中的上、下模板，凹模板，凸、凹模固定板，卸料板，垫板等在加工后，其上、下两平面的平行度公差应符合表5-8-40的规定。

表5-8-38 冲模通用辅助零件所需材料

零件类别、名称		材料	零件类别、名称	材料
上模板及下模板(座)		HT200 HT250	垫板	45、T8、T8A
		ZG230—450	推杆、顶杆、顶板	45
		ZG310—570、Q235	普通拉深模压边圈	T8A、T10A
导向零件	滑动导柱、导套	20	双动拉深模压边圈	HT250、HT300
	滚动导柱、导套	GCr15	侧刃及废料切刀	T10A、Cr12
	钢球保持架	2A11、H62	侧刃挡块定位板	T8A、45、T8
凸、凹模固定板、卸料板、凹模框、承料板、导料板		Q235、Q275	斜楔滑块	T8A、T10A
		45	螺钉	45
挡料销		45、T8	圆柱销	45、T7
导正销		T7、T8	螺母、垫圈	Q235
定位销			弹簧	65Mn、60Si2MnA

表5-8-39 各类冲模工作零件所需材料

冲模类别		零件名称	材料
冲裁模	Ⅰ	形状简单的凸模、凹模及其镶块	T8A、T10A
	Ⅱ	带台肩的快换式凸模及其镶块	
	Ⅲ	形状复杂的凸模、凹模及镶块	9SiCr、Cr12、CrWMn、Cr12MoV
	Ⅳ	要求耐磨的凸、凹模	Cr12MoV、GCr15、YG15
	Ⅴ	冲薄材的凹模	T8
拉深模	Ⅰ	一般拉深凸、凹模	T8A、T10A
	Ⅱ	连续拉深凸、凹模	T10A、CrWMn
	Ⅲ	变薄拉深凹模	Cr12、Cr12MoV、YG15、YG8
	Ⅳ	拉深不锈钢凸模、拉深不锈钢凹模	W18Cr4V、YG15、YG8
		大型覆盖件拉深模 小批生产拉深模	HT250、HT300 低熔点及锌基合金

（续）

冲模类别		零件名称	材 料
弯曲模	Ⅰ	一般弯曲的凸模与凹模	T8A、T10A
	Ⅱ	形状复杂及要求耐磨的凸、凹模	CrWMn、Cr12、Cr12MoV
	Ⅲ	用于非铁金属型材或管子弯曲凸、凹模	45
	Ⅳ	用于钢铁材料型材管子弯曲凸、凹模	T8A、T10A
成形模	Ⅰ	一般成形凸、凹模	T8A、T10A
	Ⅱ	要求耐磨的凸、凹模	Cr12、Cr12MoV
冷挤压模	Ⅰ	铝件挤压凸、凹模	9CrSi、Cr12MoV、GCr15
	Ⅱ	铜件挤压凸、凹模	Cr12MoV、GCr15、W18Cr4V
	Ⅲ	钢铁材料零件挤压凸、凹模	Cr12MoV、GCr15、W18Cr4V

表 5-8-40 各模板上、下平面平行度公差 （单位：mm）

基本尺寸			40～63	63～100	100～160	160～250	250～400	400～630	630～1000	1000～1600
公差等级	IT9	公差值	0.008	0.010	0.012	0.015	0.020	0.025	0.030	0.040
	IT10		0.010	0.015	0.020	0.025	0.030	0.040	0.050	0.060

注：1. 基本尺寸尺寸是指被测表面的最大长度尺寸和最大宽度尺寸。

2. 滚动导向横架的上、下模座平面平行度公差采用 IT9，滑动导向模架采用 IT10。

3. 矩形（圆形）凹模板、固定板、卸料板、上模板、下模板的直角面垂直度公差，加工后应符合表 5-8-41 的规定。

表 5-8-41 模板直角面垂直度公差

（单位：mm）

基本尺寸	公差等级（IT10）	基本尺寸	公差等级（IT10）
40～63	0.012	100～160	0.020
63～100	0.015	160～250	0.025

注：基本尺寸是零件短边尺寸。

4）冲模中的各类模柄（包括带柄上模座）加工后，其圆跳动公差应不超过表 5-7-42 的数值。

表 5-8-42 模柄圆跳动公差值

（单位：mm）

基本尺寸	18～30	30～50	50～120	120～250
公差值	0.025	0.030	0.040	0.050

5）上、下模座的导柱、导套孔的轴线在加工后应与基准面相垂直，其垂直度公差应按下述规定检测：

① 滑动导向模座为（100±0.01）mm。

② 滚动导向模座为（100±0.005）mm。

6）导套的导入端孔允许有扩大锥孔，孔的最小直径小于或等于 55mm 时，在 3mm 长度内为 0.02mm；孔径大于 55mm 时，在 5mm 长度内不大于 0.04mm。

7）导柱与导套的压入端圆角与圆柱面交接处的 R 应小于或等于 0.2mm，一般应在加工后用磨石修磨出。

8）滑动和滚动的可卸导柱和导套的锥度配合面在检测时，其吻合长度和吻合面积应在 80% 以上。

9）在检测时，模具各零件间的配合加工精度要求应按图样规定。各类零件配合关系见表 5-8-43。

（3）零件的表面质量要求

1）零件在加工后，必须达到零件设计图样所标注的表面粗糙度级别的规定。零件在加工时，所应达到的表面粗糙度等级见表 5-8-44。

2）冲模采用的铸件如上、下模座，其四周非工作表面应进行清砂处理，表面应光滑平整，无明显的凸凹缺陷。

3）零件加工后的表面，不应有影响使用的裂纹、缩孔、砂眼和机械损伤等缺陷。

4）钢制零件的非工作表面及非配合表面应进行发蓝处理；铸件模座的非工作表面最好应涂漆保护。

5）在保证上、下模座满足表 5-8-40 所规定的上、下平面平行度，各类模板（如凹模板、卸料板及凸模固定板等）满足相邻各面垂直度（表 5-8-41）的前提下，其表面粗糙度可允许降为 $Ra3.2\mu m$。

（4）零件的硬化处理要求

1）冲模零件在加工后，要符合设计图上所规定的硬化处理（热处理）硬度指标及要求。各类冲模零件在检测时的热处理硬度要求可参见表 5-8-45、表 5-8-46 所规定的要求。

表 5-8-43 冲模零件常用配合尺寸要求

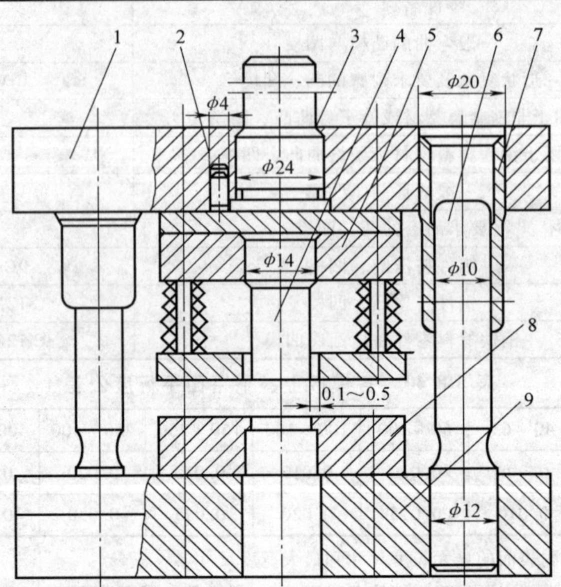

1—上模板 2—圆柱销 3—模柄 4—凸模 5—凸模固定板 6—导柱 7—导套 8—凹模 9—下模板

零件名称	配合类型与尺寸要求	零件名称	配合类型与尺寸要求
导柱与下模座	H7/r6	活动挡料销与卸料板	H9/h8 或 H9/h9
导套与上模座	H7/r6	圆柱销与固定板及模座	H7/n6
导柱与导套	H6/h5 或 H7/h6	螺钉与螺钉孔	单边间隙：0.5～1mm
模柄与上模座	H7/n6 或 H9/n8	卸料板与凸模（凸凹模）	单边间隙：0.1～0.5mm
凸模与凸模固定板	H7/m6 或 H7/k6	顶件器与凹模	单边间隙：0.1～0.5mm
凹模与下模座	H7/n6	打料杆与模柄	单边间隙：0.5～1mm
固定挡料销与凹模	H7/m6 或 H7/n6	顶杆（推杆）与凸模固定板	单边间隙：0.2～0.5mm

表 5-8-44 冲模零件加工应达到的表面粗糙度 （单位：μm）

冲模零件部位	表面粗糙度 *Ra*
上、下模座（模板）四周面	20～80
凸模铆接及圆柱销端面	12.5
螺钉头部，弹簧支承面，按自由尺寸制作的圆孔表面	12.5～6.3
固定板、卸料板、垫板套板及凸、凹模非工作面（四周）	6.3～3.2
打料板上、下面，口模与型腔的周边面	3.2～1.6
凸模周边、固定卸料凹模及垫板上、下面	1.6～0.8
压弯凸、凹模成形面，导柱、导套配合面	0.8～0.4
拉深、冷挤压凸、凹模表面，冲裁模刃口面	0.4～0.2
精冲模凸、凹模刃口面	0.2～0.1

注：表内数值仅供检验时参考，实际检验时按图样规定进行。

表 5-8-45 冲模工作零件硬度要求

模具类型	模具使用条件	凸凹模材料	热处理硬度要求 HRC
冲裁模	冲件厚度 $\delta<3$mm，形状简单，批量中等	T8A T10A	凸模：58～60 凹模：60～62
	冲件厚度 $\delta\leq3$mm，形状复杂或冲件厚度 $\delta>3$mm。一般中、小批量	CrWMn Cr12、Cr12MoV、 Cr12Mo1V1	凸模：58～60 凹模：60～62

（续）

模具类型	模具使用条件	凸凹模材料	热处理硬度要求 HRC
冲裁模	要求大批量生产，寿命较长	W18Cr4V W6Mo5Cr4V2	凸模：60～62 凹模：61～63
		GCr15 TLMW50 YG15、YG20	66～68
弯曲模	一般弯曲	T8A、T10A	56～60
	形状复杂弯曲，要求高耐磨性	CrWn、Cr12、Cr12MoV Cr12Mo1V1	58～62
	批量较大、要求寿命较长	GCr15、TLMW50、YG10X、YG15	64～66
拉深模	一般拉深	T10A	56～60
	批量较大一般拉深	YG10、YG15	—
	形状复杂，高耐磨性，批量中等	Cr12 Cr12MoV	58～62
	变薄拉深凸模	Cr12MoV GCr15、TLMW50	58～62 64～66
	变薄拉深凹模	Cr12MoV GCr15、TLMW50、YG10、YG19	60～62 66～68 —
大型曲面拉深模	中小批量生产	QT600—3 （HT200、HT300）	197～269HBW
	大批量生产	镍铬铸铁 钼铬铸铁 钼钒铸铁	40～45 55～60 50～55

表 5-8-46　冲模辅助零件硬度要求

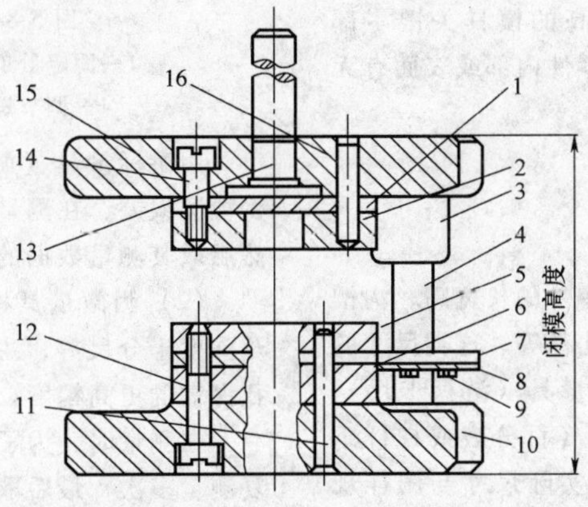

图中序号	零件名称	零件使用状况	材　料	热处理硬度要求 HRC
15	上模座	一般负荷	HT200、HT250	—
10	下模座	负荷较大	HT250、Q235A	—
		负荷特大，受高速冲击	45	调质 28～32
		用于滚动导柱模架	QT500—7、ZG310—570	—
		用于大型冲模	HT250、ZG310—750	—

（续）

图中序号	零件名称	零件使用状况	材　　料	热处理硬度要求HRC
13	模柄	压入式、旋入式模柄	Q235A、Q275	—
		通用互换式模柄	45、T8A	43~46
		带球面活动式模柄	45	43~48
4 3	导柱 导套	大批量生产	20	56~60（渗碳）
		单件生产	T10A	56~60
		用于滚动配合	Cr12、GCr15	62~64
2	固定板	—	—	—
5	卸料板			
1	垫板	一般负荷	45	43~48
		单位压力特大	T8A	52~55
7	导料板	—	45、Q235	—
11、16	圆柱销	—	（45）T7A	（42~48）50~55
12、14	内六角螺钉	—	45	头部淬硬43~48
	各种弹簧	—	65Mn	43~48
	定位块、定位板	—	45	43~48
8	承料板	—	45	—
9	六角螺栓	—	45	—
6	凹模	—	—	—

2）热处理后的零件，不允许有影响使用的裂纹、软点和脱碳区以及氧化皮、污物、油污。

3）表面渗碳淬火零件如导柱、导套，其渗碳层厚度应符合图样规定的要求。

4）铸造类零件如模座，在加工前应经时效处理。在检测后，其铸件不应有过热、过烧的内部组织和机械加工不能去除的裂纹、夹层和凹坑等。

5）对于精度及寿命要求较高的模具关键零部件，应进行无损检测。以检测其零件内部或表面有无明显的缺陷。

8.3.2　模具零件的检测

1. 零件的线性尺寸检测

冲模零件的线性尺寸包括：零件的长宽高、沟槽长宽深、圆弧半径、圆柱直径、孔径等。这类尺寸的检测，一般是在平台上利用游标量具（游标卡尺）、测微量具（千分尺）或指示量具（百分表或杠杆千分尺）进行测量，然后将测量的实际尺寸与图样规定的尺寸公差相比较，若没有超出图样所规定的尺寸公差范围即为合格，否则为不合格产品。

（1）游标量具检测　游标量具主要包括游标卡尺、游标深度尺及游标高度尺等。它主要用来测量零件的长、宽、高及圆柱直径、孔径、孔深等。其检测方法如图5-8-19所示。

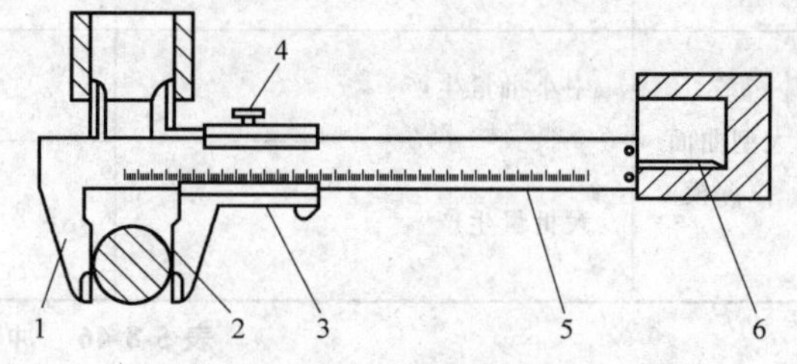

图5-8-19　游标卡尺检测

1—固定量爪　2—活动量爪　3—游标
4—调节螺钉　5—尺身　6—深度

用游标量具（游标卡尺）测量零件时，为了减少检测误差，在测量时最好在同一位置测量3~5次，然后取其测量数据的平均值。

（2）测微量具检测　常用测微量具有内、外径及深度千分尺等，主要用来测量零件的直径、孔径、孔深等的更高精度。其检测方式如图5-8-20所示。

在测量时，为了得到准确数值，要在同一位置反复测量多次，最后取其平均值。

（3）指示式量具检测　常用的指示式量具主要有杠杆百分表、杠杆千分表、内径百分表等，主要可检测零件的长度尺寸，有直接测量和比较测量。其测量的方法是通过百分表或千分表量取被测量零件对于标准量具（量块）的偏差。图5-8-21所示即为用百分表与量具（量块）在平台上测量零件厚度的检测

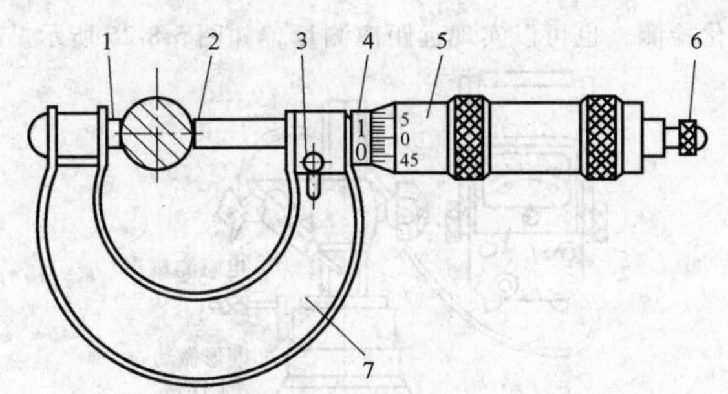

图 5-8-20　用千分尺测量直径

1—固定测砧　2—活动测砧　3—止动销
4—固定套筒　5—活动套筒　6—棘轮　7—弓架

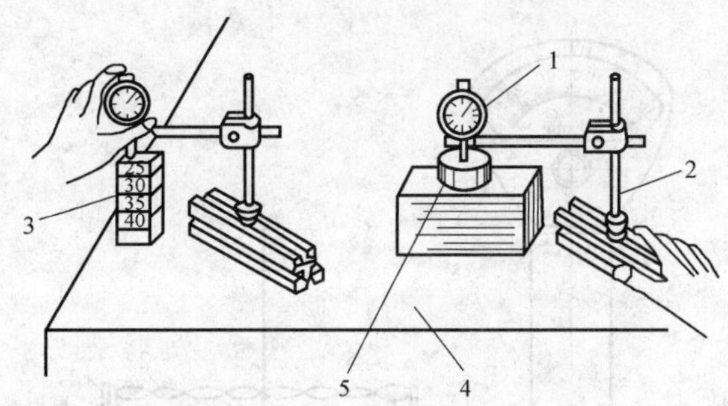

图 5-8-21　用百分表测量

1—百分表　2—百分表架　3—标准量块
4—平台　5—被测零件

方法。

在检测中，应根据零件的结构特点、形状、尺寸大小和精度要求来选择。表 5-8-47 列出了几种常用量具所能测量零件的公差等级，供检测时选用参考。

表 5-8-47　常用量具所能测量零件的公差等级

量具名称		被测零件公差等级	量具名称		被测零件公差等级
游标卡尺	0.02mm	11 ~ 16	百分表	0 级	6 ~ 8
	0.05mm	12 ~ 16		1 级	8 ~ 10
	0.10mm	16	千分表	0.002mm	5 ~ 8
千分尺	0 级	6 ~ 8		0.001mm	5 ~ 7
	1 级	8 ~ 9	0.002 杠杆千分表		5
	2 级	9 ~ 11	0.002 杠杆卡规		5

（4）测量仪器检测　在模具零件制造与检测中，有的零件要求公差等级较高，在检测与验收时，如用前述一般普通量具难以达到检测精度要求，则必须采用精密的测量仪器进行检测。

常用的测量仪器主要有以下几种：

1）杠杆齿轮式比较仪。图 5-8-22 所示为一杠杆齿轮式比较仪外形图。它主要用于外形尺寸的相对测量。测微表头装在底座上，如果安装附件可作内孔尺寸的相对测量。仪器分度值为 $i=0.001$mm，示值范围为 ±0.1mm。测量范围视所配比较仪立柱的长度而定，一般为 0 ~ 120mm、0 ~ 180mm。

2）扭簧式比较仪。图 5-8-23 所示为一扭簧式测量比较仪。它利用杠杆、扭簧传动放大机构，测杆 6 在受微小位移量时，通过扭簧 2 作用在表盘上显示读数。其灵敏度较高，放大比大，与量块配合使用可作高精度尺寸测量。

分度值分 0.001mm、0.0005mm、0.0002mm、0.0001mm 几种类型，分度值 $i=0.001$mm 时，示值范围为 ±0.030mm；$i=0.0005$mm 时，示值范围为 ±0 015mm。

3）光学比较仪。光学比较仪又称光学计，它有立式及卧式两种。立式光学比较仪主要用于高精度圆柱形、球形等零件的测量。卧式光学比较仪，可用于

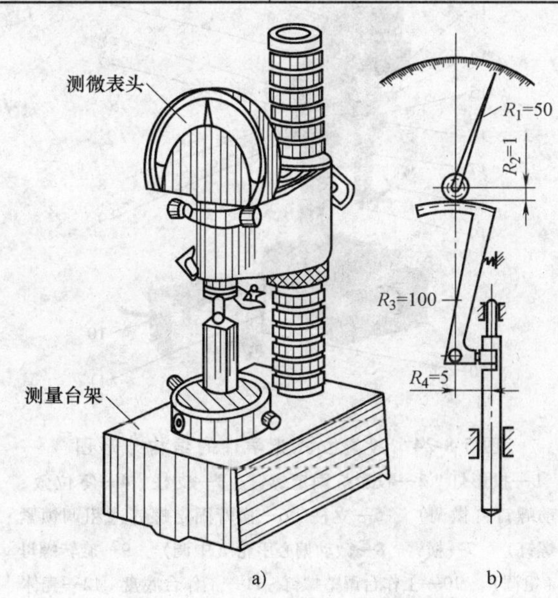

图 5-8-22　杠杆齿轮式比较仪

a）外形图　b）传动图

测量外形尺寸和内形尺寸。其分度值为 0.001mm，示值范围为 ±0.1mm；测量范围，立式为 0 ~ 180mm，卧式为测量外尺寸 0 ~ 500mm，测量内尺寸 13.5 ~ 200mm。图 5-8-24 为立式光学比较仪外形图。

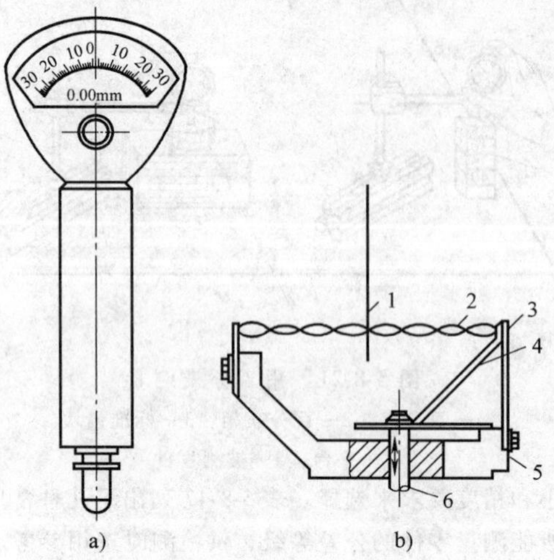

图 5-8-23 扭簧式比较仪

a）外形图 b）传动图

1—指针 2—扭簧 3—接点 4—角架 5—支点 6—测杆

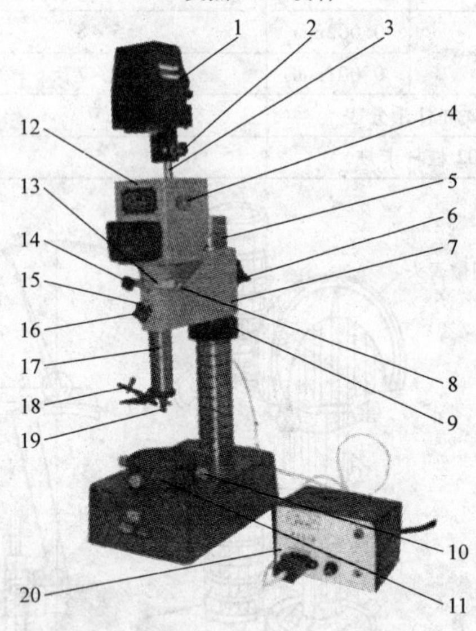

图 5-8-24 投影立式光学计的结构外形图

1—投影灯 2—投影灯固定螺钉 3—支柱 4—零位微动螺钉（微调） 5—立柱 6—横臂固定螺钉（粗调锁紧螺钉） 7—横臂 8—微动偏心手轮（中调） 9—旋转螺母（粗调） 10—工作台调整螺钉 11—工作台底盘 12—壳体 13—微动托圈 14—微动托圈固定钉 15—光管定位螺钉 16—测量管固定螺钉（中调锁紧螺钉） 17—测量管 18—测帽提升器 19—测帽 20—6V/15W 变压器

4）电感测微仪。电感测微仪是一种精密量仪。由于其测量精度高，结构简单，使用方便，目前已经在模具生产中得到了广泛的应用。同时，由于可以直接读数，并且可以记录测量曲线，所以可以实现自动化检测，也可以实现远距离测量，如图 5-8-25 所示。

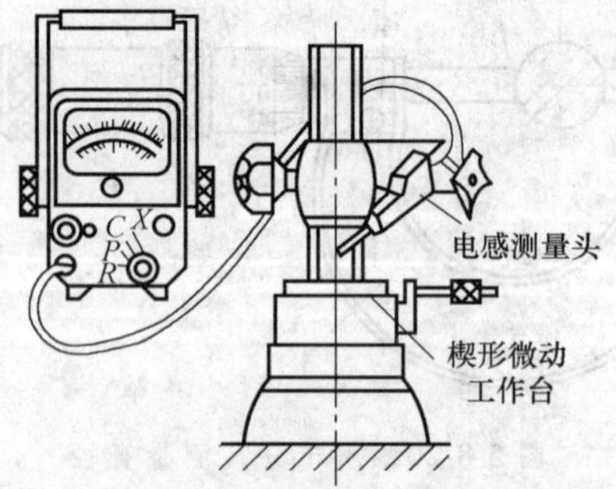

图 5-8-25 电感测微仪

5）万能测长仪。图 5-8-26 所示为万能测长仪结构示意图。可进行外尺寸测量，若采用附件也可作内尺寸测量。仪器分度值 $i=0.001$mm。

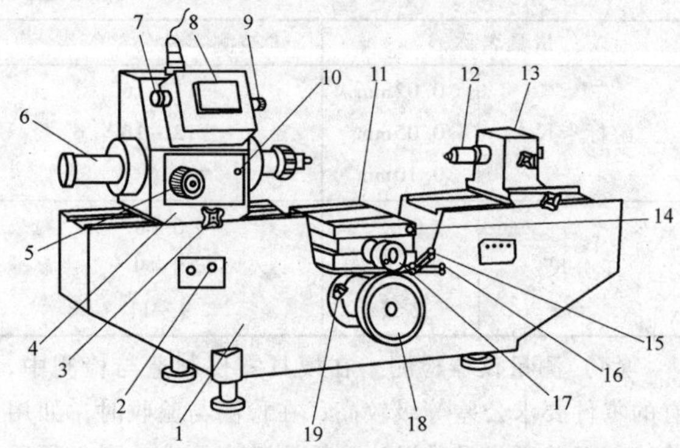

图 5-8-26 JD18 万能测长仪结构图

1—底座 2—电源开关 3—测座锁紧螺钉 4—测座 5—主轴微动手轮 6—测量主轴 7—微米分划板调节旋钮 8—读数投影屏 9—测微旋钮 10—测量主轴的固定螺钉 11—工作台 12—尾管 13—尾座 14—工作台水平回转手柄 15—固定手柄 16—工作台垂直摆动手柄 17—工作台横向移动测微手轮 18—工作台升降手轮 19—固定螺钉尾座

此外，气动测量仪也在线性尺寸检测中得到了应用，其检测精度高，使用操作简便。

2. 零件角度与锥度检测

零件（如可卸式导柱的头部、冷挤压冲模组合凹模外形）角度及锥度的检测，可采用如下几种方法：

（1）采用游标万能角度尺直接测量　可直接读出被测零件的角度绝对数值，如图 5-8-27 所示。

（2）利用量具、量规比较测量　即将具有一定角度或锥度的量具如标准量块、角尺、圆锥量块等和被测量的角度或锥度相比较，并用光隙法或涂色法估测被测角度或锥度。图 5-8-28 所示为用标准圆锥量块检测零件圆锥度的方法。其中图 5-8-28a 所示为圆锥塞规，主要检查内锥孔；图 5-8-28b 所示为圆锥环规，

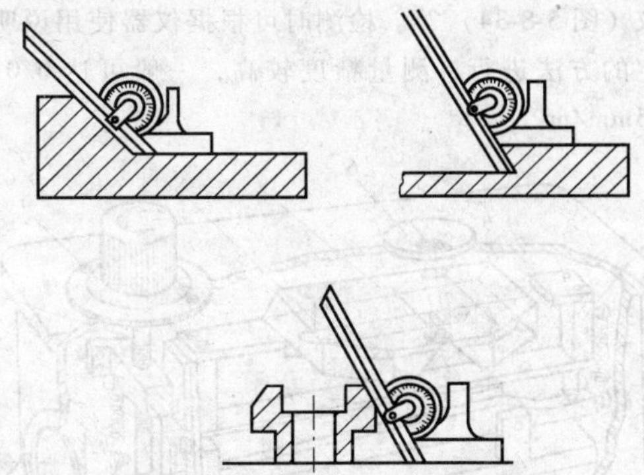

图 5-8-27　游标万能角度尺测量零件角度

主要检查锥柱，如可卸式锥形导柱的检测。

利用圆锥量规主要来检验被测圆锥的基面误差。在量规的基端面（大端或小端）处，有相距为 m 的两条刻线或小台阶（图 5-8-28），相当于圆锥的基面公差。在检测时，若被测圆锥的基面端位于两条刻线之间，则表示零件合格。

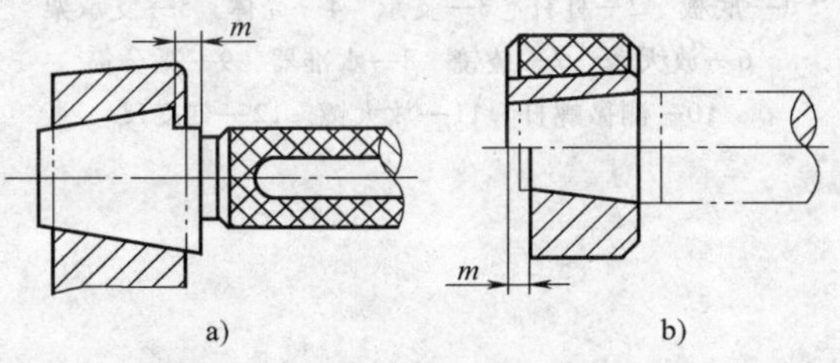

图 5-8-28　用圆锥量规检查锥度

a）圆锥塞规　b）圆锥环规

用涂色法检测时，应先在量规圆锥面上涂 3 ~ 4 条极薄的显示剂，然后将量规与被测零件套合并轻微旋转一定角度（≤120°）后取出，观察锥面着色均匀状况。根据接触斑点即可判断锥角合格与否。如在冲模制造中，可卸式锥度导柱与模板的配合孔，一般是由此方法进行检测的。

（3）采用测量仪器检测　在大批量生产或零件的锥度、角度精度要求较高的情况下，可以采用工具显微镜（图 5-8-29）或光学分度头（图 5-8-30）等测量仪器进行检测。其检测方法可参照使用说明书进行。用仪器进行检测，其检测精度高，速度快。

3. 零件形状误差检测

零件的形状误差包括零件的直线度、平面度、圆度及圆柱度等。这些误差对冲模质量、精度影响很大。因此，在零件加工中，必须加以严格控制和检测，以保证模具的装配质量和精度。

（1）直线度误差的检测　零件的直线度是用来控制零件上被测直线度的程度。它包括在给定平面内、给定方向上和任意方向上的公差。直线度误差的检测，可按下述方法进行：

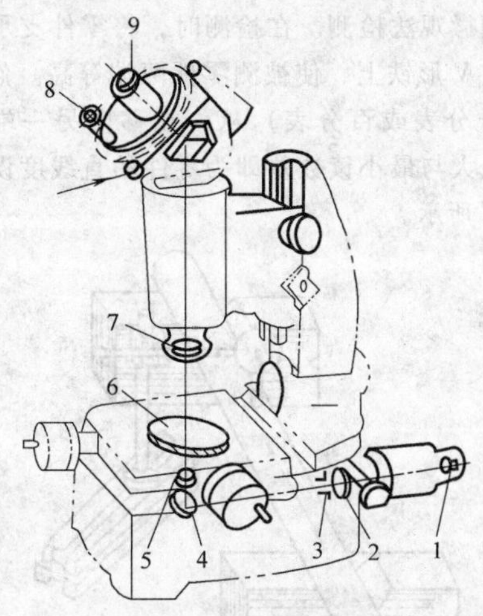

图 5-8-29　工具显微镜

1—光源　2—滤色片　3—可变光栏　4—反射镜　5—聚光镜　6—工作台　7—物镜　8—角度读数目镜　9—目镜

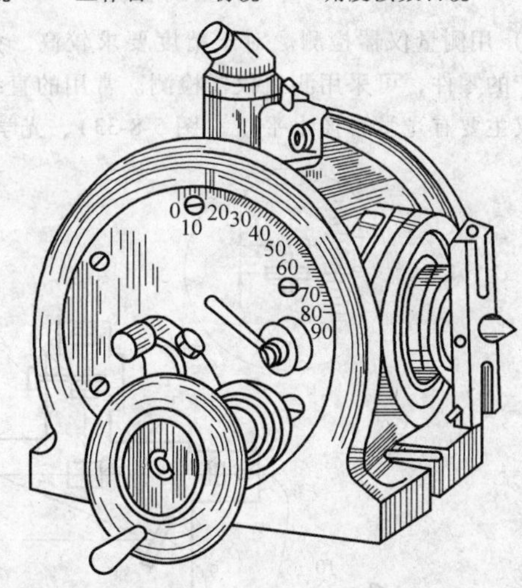

图 5-8-30　光学分度头外形图

1）用间接法检测。间接法测量是用平尺（或刀口尺）与被测零件进行比较，使平尺和被测零件被测面接触，观察零件与平尺之间的间隙，其最大间隙即为误差值。其间隙值（误差值）可用光隙法估读，也可用塞尺来测量，或者用平晶（或平板）配合量块来确定，可以保证较高的精度，如图 5-8-31 所示。

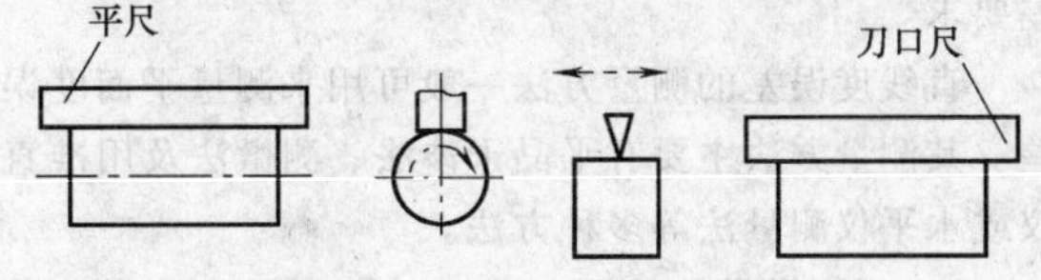

图 5-8-31　用刀口尺检测直线度误差

2）用微观法检测。圆柱体直线度（图 5-8-32）

一般可用微观法检测。在检测时，将零件支承在可调V形架或V形铁上，使被测零件两端等高。然后将指示器（千分表或百分表）从一端移向另一端。指示表上的最大与最小读数差即为零件的直线度误差，如图5-8-32所示。

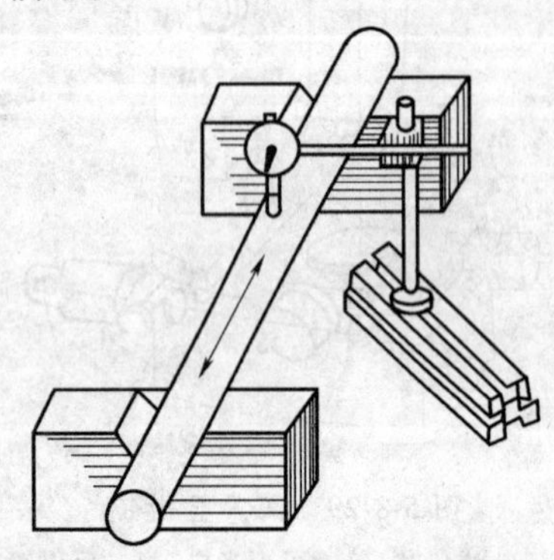

图5-8-32 轴类零件直线度误差

3）用测量仪器检测。对于精度要求较高、大批量生产的零件，可采用测量仪器检测。常用的直线度检测仪主要有光学合像水平仪（图5-8-33）、光学准直仪（图5-8-34）等。检测时可根据仪器使用说明书规定的方法进行，测量精度较高，一般可达0.01～0.05mm/m。

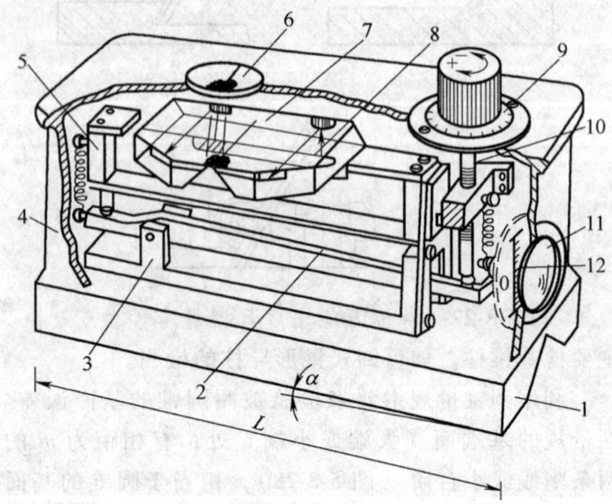

图5-8-33 光学合像水平仪结构图

1—底板 2—杠杆 3—支承 4—壳体 5—支承架 6—放大镜 7—棱镜 8—水准器 9—微分筒 10—测微螺杆 11—放大镜 12—刻度尺

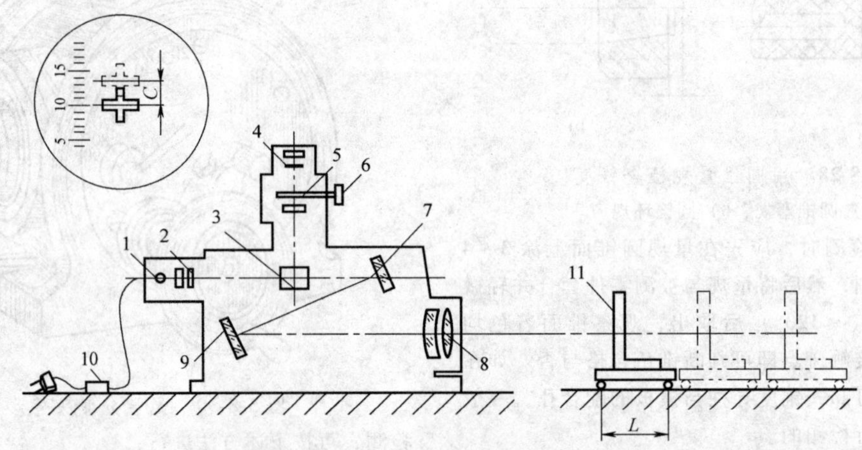

图5-8-34 HYQ-03型光学准直仪

1—光源 2—十字分划板 3—棱镜 4—目镜 5—读数分划板 6—测微读数鼓轮 7、9—反射镜 8—物镜 10—变压器 11—平面反射镜

（2）平面度误差的检测 零件的平面度公差用以限制平面的表面平整程度的形状误差。冲模的上、下模板，凸、凹模固定板等板类零件，都有平面度误差要求。

直线度误差的测量方法一般可用来测量平面度误差。其测量方法主要有平晶干涉法、测微法及用准直仪或水平仪测量法等多种方法。

1）用测微量法检测。图5-8-35所示为测微法检测零件平面度误差的方法。将被测零件放在检验平台上，移动百分表或千分表并以平台为测量基准，按一定的分布点测量被测表面，指示器上的最大和最小读数差即为平面度的误差值。

2）采用平晶干涉法检测。在检测时，将平晶贴在零件的被测表面上，如图5-8-36所示。因为被测表面有平面度误差，所以在两者之间就存在一定的空隙，而会产生光波干涉条纹。在检测时，观察干涉条纹的排列形状与弯曲角度，即能计算出零件表面的平面度误差值。

3）采用测量仪器检测。在精度要求较高或批量生产的条件下，可采用图5-8-34所示的准直仪检测。

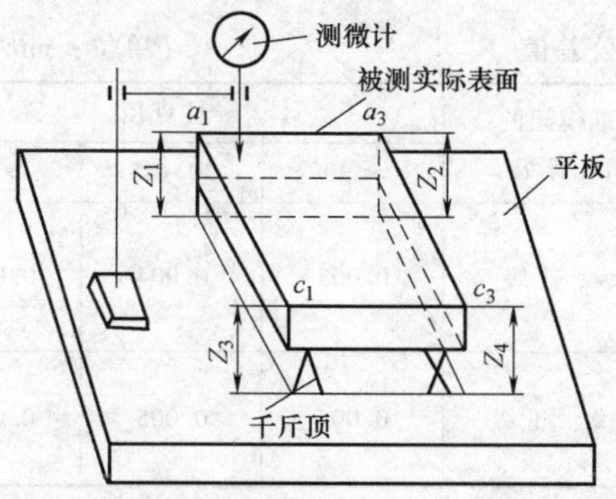

图 5-8-35　零件表面平面度误差的检测

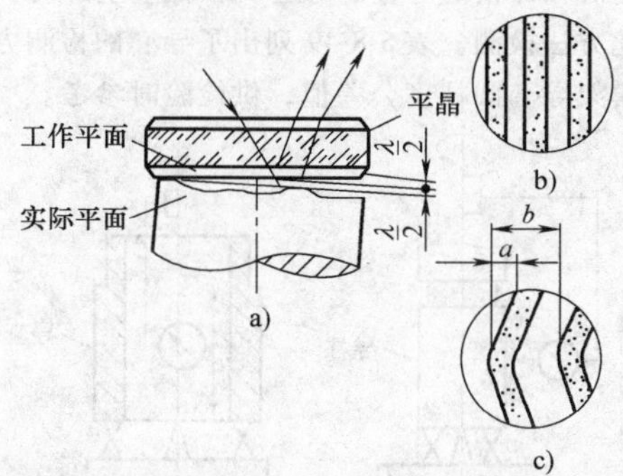

图 5-8-36　平晶干涉法检测平面度误差

（3）圆度误差的检测　圆度公差用以限制回转体径向截面的形状误差。零件圆度误差的检查，可用下述方法进行：

1）通用量具检测。用通用检测量具如千分尺、千分表、百分表检测。

用千分尺检测偶数棱圆时，在直径方向上测出圆截面的最大与最小直径的差，取其一半作为圆度的误差值。测量时，可以对多个截面进行测量，取其中的最大值作为该零件的圆度误差值。奇数棱圆时，该测量方法不准确。可继续采用三点法测量，将零件放在 V 形架上。测量时，先固定工件或专用表架的轴线位置，然后转动一周，获得指示计（千分表或百分表）最大与最小读数差值，用 GB/T 4380—2004《圆度误差的评定—两点、三点法》的规定，测得圆度误差值。

2）采用圆度测量仪检测。圆度测量仪是检测零件圆度误差的专用仪器。图 5-8-37 所示为 HYQ-014A 圆度仪外形图，仪器分度值可达 0.2μm。

（4）圆柱度误差的检测　零件的圆柱度公差用以限制整个圆柱表面的形状误差。在模具零件中，圆柱度公差项目的使用很多，如导柱、导套、模柄等零件，在生产中都要求控制圆柱度。测量方法主要有以下几种：

图 5-8-37　圆度仪外形图

1）采用通用量具进行检测。检测零件的圆柱度和检测零件的圆度一样，采用百分表或千分表进行测量。其方法是将零件放在平板上的 V 形块内（V 形块的长度应大于零件的长度），并且固定住其轴向位置，如图 5-8-38 所示。在检测时，将被测零件回转，在回转一周的过程中，用千分表或百分表测量某一个横截面上的最大与最小读数差值的一半，并连续检测多个横截面，其中差值一半的最大值即为此零件圆柱度误差值。

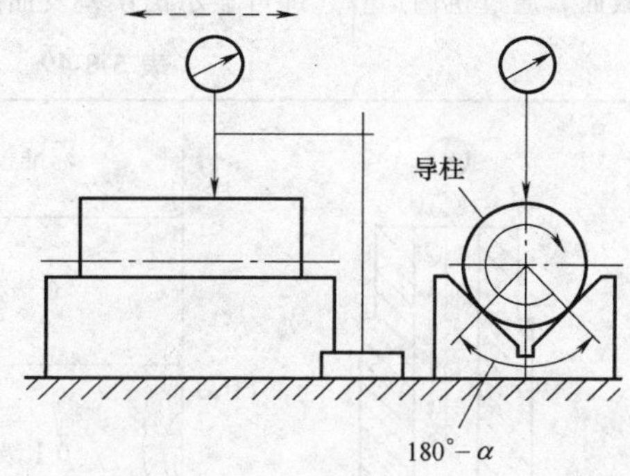

图 5-8-38　零件圆柱度误差的检测（一）

为测量准确，通常采用 90°、120°两种 V 形块分别测量，取二者之间的最大值作为零件圆柱度误差。如在检测导柱导向部位圆柱度时，即可采用这种方法，见表 5-8-48，表中列出了标准模架各级别的导柱圆柱度公差标准，供检验时参考。

在检测时，也可以采用图 5-8-39 所示的方法，即将零件放在平板上，并与直角座贴紧，用上述同样方法旋转零件，在被测零件旋转一周的过程中，测量同一截面最大、最小读数，并在轴向上测量多个截面，最后取每个最大、最小读数一半中的最大者作为此零件的圆柱度误差。

表 5-8-48　导柱圆柱度公差值　　（单位：mm）

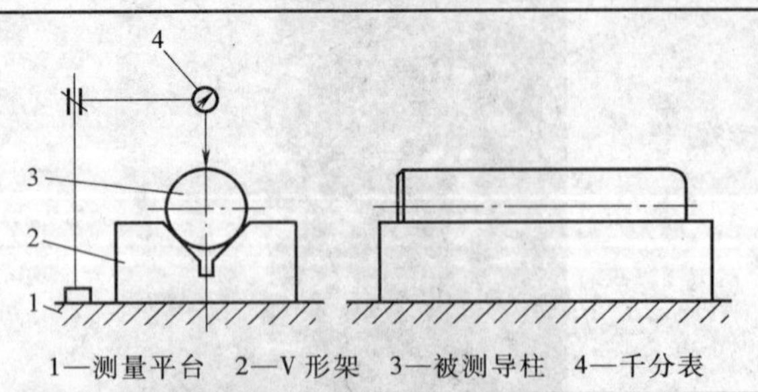

1—测量平台　2—V形架　3—被测导柱　4—千分表

标准模架的精度等级	导柱直径		
	≤30	30～45	>45
0级、Ⅰ级	0.003	0.004	0.005
0Ⅰ级、Ⅱ级	0.004	0.005	0.006

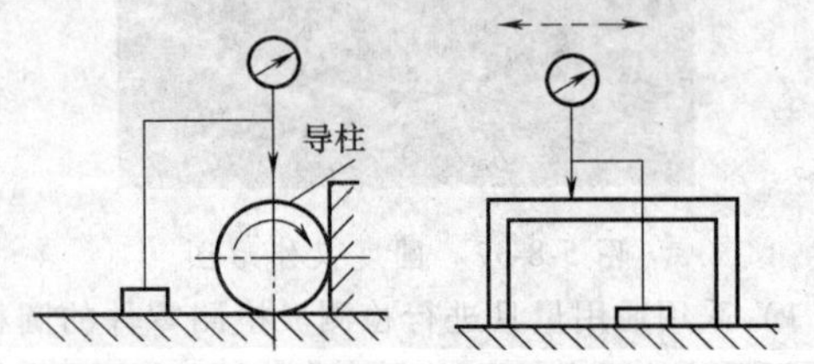

图 5-8-39　零件圆柱度误差的检测（二）

2）采用圆度仪检测零件的圆柱度误差。基本上与用圆度仪检测圆度的方法相似，如图 5-8-40 所示。在检测时，将柱类（图 5-8-40a）或套类零件（图 5-8-40b）分别放在圆度仪工作台上，并将轴线调整到与圆度仪回转轴线同轴，并记录零件转一周过程中测量出的横截面误差。用同样的方法测量各不同轴向位置的截面，通过机内运算，即可显示出误差及曲线。其测量非常方便、快捷、准确，适于大批量零件的逐个检测。如冲模的导柱、导套，在批量生产时，均可采用此方法检测。表 5-8-49 列出了导套的检测方法和标准模架导套圆柱度公差值，供检验时参考。

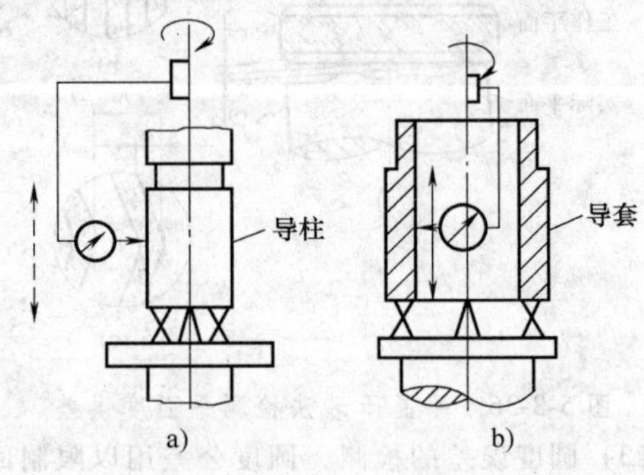

图5-8-40　用圆度仪检测圆柱度误差的方法

表 5-8-49　导套滑动部分圆柱度公差　　（单位：mm）

标准模架等级	导套内径		
	≤30	30～45	>45
0级、Ⅰ级	0.004	0.005	0.006
0Ⅰ级、Ⅱ级	0.006	0.007	0.008

注：0、0Ⅰ级指滚动导向模架，Ⅰ级、Ⅱ级指滑动模架。

另外，套类零件（如导套）内孔圆柱度误差的检测，除了采用圆度仪外，也可以采用气动量仪或内径千分表检测，其检测方法是在被测零件某一截面上回转一周的过程中，测量一个截面最大与最小数值。按同样的方法，可测多个截面，然后取各截面所测得所有读数中的最大与最小值，它们之差的一半的最大值即可作为内径圆柱度误差值。

4. 零件的位置误差检测

零件的位置误差主要包括平行度、垂直度、同轴度及径向圆跳动、端面圆跳动等方面。

（1）平行度误差的检测　平行度是指被测零件（平面或直线）对于基准零件（平面或直线）的平行程度。

平行度公差主要有四种情况，即面对面、线对面、面对线和线对线。因此，应根据具体情况选择不同的测量方法。在模具生产中，面对面公差应用比较多，如模具装配后，模具下模座上平面对下平面的平行度以及上模座下平面对上平面的平行度公差要求很严。现以面对面误差的测量为例，进一步说明平行度误差的测量方法。

图 5-8-41 所示为模具下模座上平面对下平面的平行度误差测量方法示意图。在测量时，将下模座放在平板上，利用平板作测量基准，使千分表的触头沿模座上表面的两对角线方向移动。读取千分表的最大值与最小值，它们的差即为平行度误差。

在检测时，其零件底面必须与检测平台平板表面接触稳定可靠。若基准面不能与平板直接接触，可采用可调支承（如千斤顶）支持，并使零件基准面与平板平行调整后方能进行测量。表 5-8-50 列出了标准模架平行度公差值，供检验时参考。

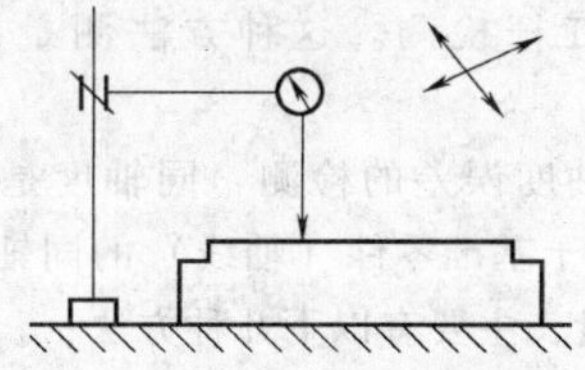

图 5-8-41　平行度误差的检测

表 5-8-50　冲模上、下模座平行度公差值　（单位：mm）

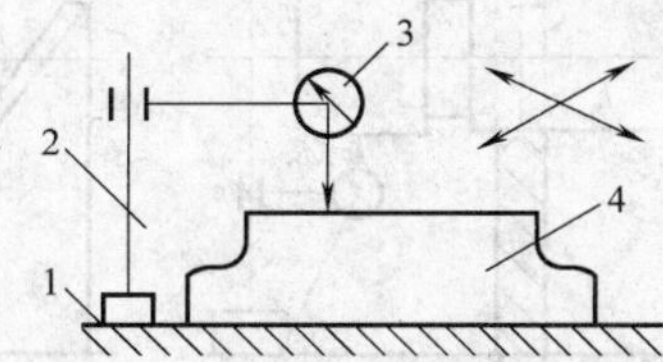

1—检验平台　2—支架　3—千分表　4—被测模板

标准模架精度等级	凹模周界							
	40 ~ 63	63 ~ 100	100 ~ 160	160 ~ 250	250 ~ 400	400 ~ 630	630 ~ 1000	1000 ~ 1600
0 级、Ⅰ级	0.008	0.010	0.012	0.015	0.020	0.025	0.030	0.040
0Ⅰ级、Ⅱ级	0.012	0.015	0.020	0.025	0.030	0.040	0.050	0.060

注：0、0Ⅰ级指滚动导向模架，Ⅰ级、Ⅱ级指滑动模架。

（2）垂直度误差的检测　垂直度误差是指被测零件（平面或直线）相对于基准零件（平面或直线）的垂直程度。在模具制造中，垂直度误差的应用范围很广，如凸模安装于固定板上，导柱、导套安装于模板上，都要求垂直度。其检测方法如下：

1）利用直角尺检测。直角尺（图 5-8-42a）是检验零件垂直度的一种工具。检验时，将直角尺贴紧零件，分辨光线从直角尺与零件间的缝隙透入（俗称漏光）情况，或用薄纸、塞尺检查缝隙大小，确定、验证零件的垂直度误差，如图 5-8-42b、c 所示。

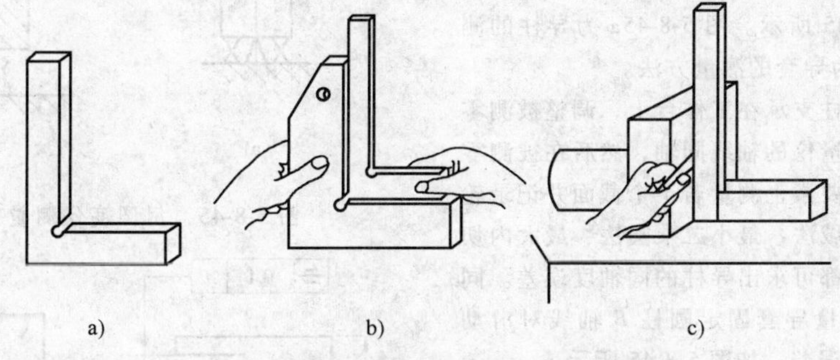

图 5-8-42　直角尺检测零件垂直度的方法

2）利用指示计检测。如图 5-8-43 所示为检测导柱轴线对于模座下平面的垂直度误差示意图。在检测时，将装有导柱的下模座放在平台上，调整安装在支架上的百分表或千分表置于零位，再将支架放置于待测导柱的旁边，使触头与导柱面接触并固定支架。然后，将指示计沿支架移动，测量出指示计在导柱 H 段的读数差，用此方法分别测出 Δx、Δy（相差 90° 方向指示计读数差），$\sqrt{\Delta x^2+\Delta y^2}$ 即为此方向的垂直度误差值。

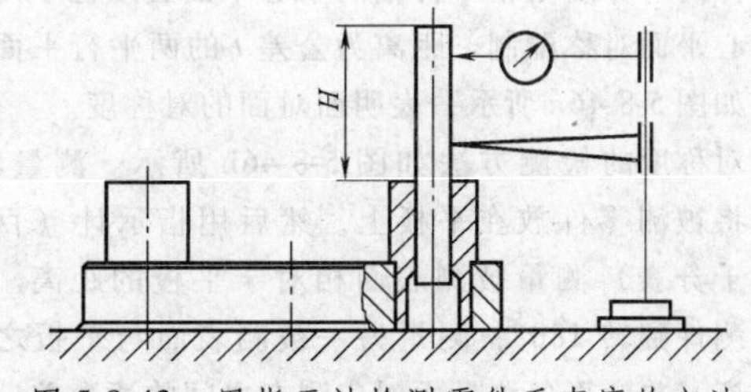

图 5-8-43　用指示计检测零件垂直度的方法

3）利用工具显微镜检测。在检测零件的垂直度时，也可以采用图 5-8-29 所示的工具显微镜通过光学灵敏杠杆检测。这种方法测量准确，读数方便。

（3）同轴度误差的检测　同轴度是指被测零件（轴线）相对于基准零件（轴线）的同轴程度。同轴度误差的测量，主要有以下几种方法：

1）利用通用量具检测。图 5-8-44 所示为导柱滑动圆柱 A 轴线与固定圆柱 B 轴线同轴度的测量方法。主要使用的通用量具为平板、V 形块、百分表等。测量时，可按下述步骤进行：

① 将被测零件（导柱）的基准轮廓放置在两个等高的刃口状 V 形块 2 上。

② 将两个指示计（百分表）分别安装在支架上，一个在圆柱上方，一个在圆柱下方，如图 5-8-44 所示。

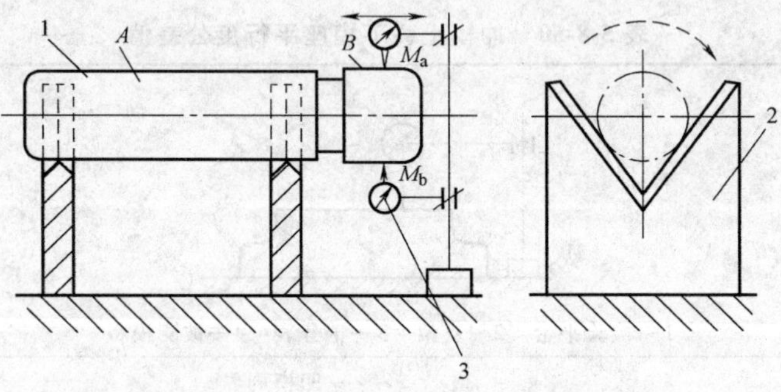

图 5-8-44　用通用量具检测零件同轴度

1—被测导柱零件　2—V 形块　3—百分表或千分表

③ 将指示计即百分表调整至零位。

④ 沿轴向移动两指示计进行测量。

⑤ 取指示计在垂直于基准轴线的正截面上测得各对应点的差值，作为该截面的同轴度误差。在测量时，需转动被测零件。

⑥ 按上述方法测量若干个截面，取各截面读数差最大值（绝对值）即可作同轴度误差值。

2）采用圆度仪进行检测。采用圆度仪测量零件的同轴度，如图 5-8-45 所示。图 5-8-45a 为导柱的测量方法，图 5-8-45b 为导套的测量方法。

在测量时，将导柱支承在工作台上，调整被测零件，使其基准轴线与量仪的轴线同轴，然后在被测零件的基准要素和被测要素上测量若干个截面并记录轮廓图形。根据最小区域法、最小二乘圆法、最大内切圆法和最小外接圆法都可求出导柱的同轴度误差。同样，可按上述方法测量导套固定圆柱 B 轴线对滑动圆柱 A 轴线的同轴度误差，如图 5-8-45 所示。

（4）对称度误差的检测　如图 5-8-46 所示，所谓零件的对称度是指零件槽的中心平面必须位于与基准中心平面对称配制、距离为公差 t 的两平行平面之间。如图 5-8-46a 所示，表明面对面的对称度。

对称度的检测方法如图 5-8-46b 所示。测量时，首先将被测零件放在平板上，然后用指示计（百分表或千分表）测量被测表面相对于平板的距离。再将被测件翻转 180°，测量另一被测表面与平板之间的距离，并计算各测量面对应测点之间的读数差，取其中最大差距即为零件的对称度误差值。

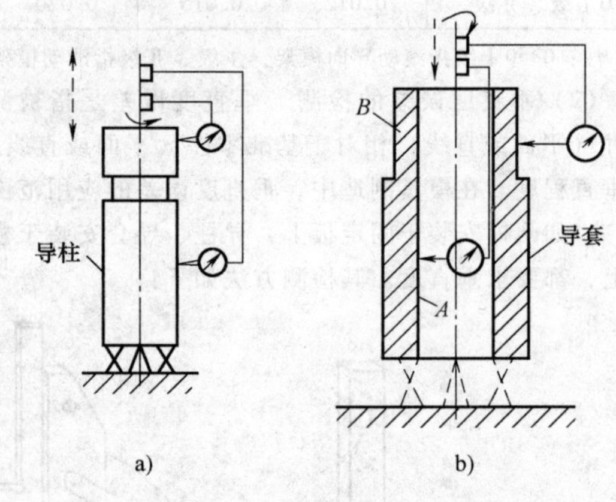

图 5-8-45　用圆度仪测量同轴度误差

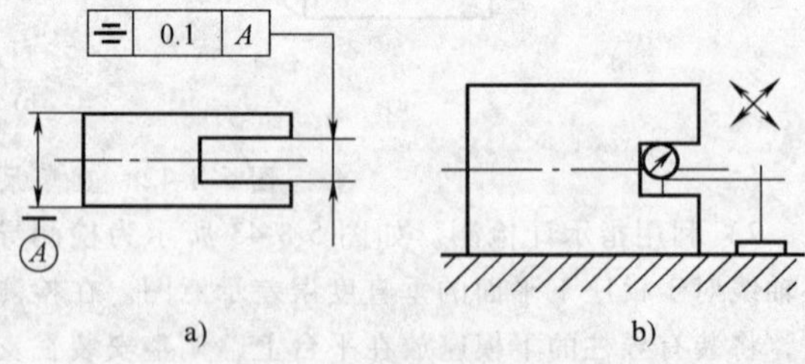

图 5-8-46　对称度误差的检测

（5）径向圆跳动及端面圆跳动的检测

1）径向圆跳动检测。图 5-8-47 所示为用百分表或千分表检测零件径向圆跳动的示意图。在检测时，用 V 形块支承被测零件基准轴外侧，并用顶尖顶住后端，以免在测量时轴向窜动。使零件绕基准轴回转一周，其指示计最大、最小读数之差即为该被测面上径向圆跳动误差。为了测量准确，可按上述同样方法测若干个截面，取其最大差值作为零件径向圆跳动误差。

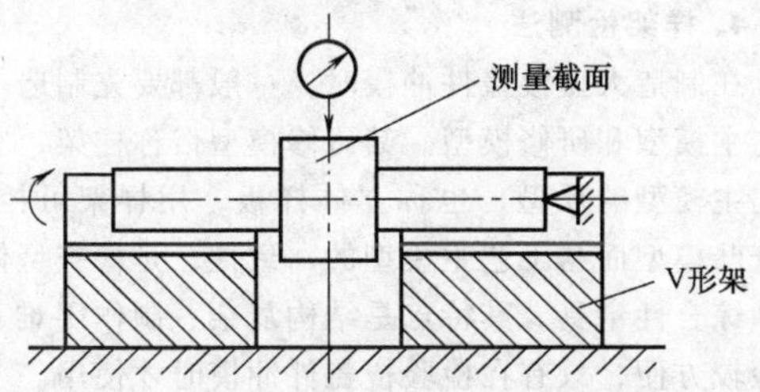

图 5-8-47　径向圆跳动误差检测

2）端面圆跳动检测。图 5-8-48 所示为检测导套端面圆跳动误差的示意图。在检测时，将被测零件（导套）固定在心轴 2 上，并用双顶尖将其固定。然后将其回转一周，并使指示计（百分表或千分表）触头始终与端面接触，其最大最小读数差，即为该端面圆跳动误差。若使其测量准确，可在垂直方向上移动指示计，检测若干个圆柱面直径上的圆跳动误差值，最后取其最大值作为零件端面圆跳动误差值。

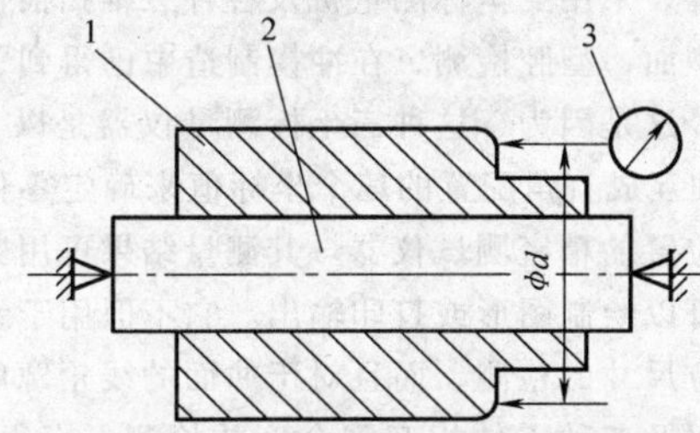

图5-8-48　导套端圆跳动误差值的检测
1—被测导套　2—心轴　3—百分表

8.3.3　模具型面、型腔的检测

冲模成型零件如凸模、凹模、凸凹模以及弯曲、拉深、成形模的型腔、型芯和镶块等，一般都具有复杂及特殊的型面或型腔。这些型面和型腔的检验，主要采用如下方法：

1. 样板检测法

检验样板是确定模具型面或型腔的截面尺寸、形状和位置的一种量具，一般为板状。利用检验样板与模具型腔或型面相应的截面比较即可来分析、判断被检测模具是否合格。其特点是操作简便，检验时不需要专用设备，检验效率高，速度快。但样板制作困难，通用性较低，适用于生产批量较大模具的检测。

（1）检验样板的类型　检验样板一般分标准样板和专用样板两大类：

1）标准样板。标准样板是已列入标准化分类的样板，市场上有售。它适用于检测模具零件上与标准规格相同的形状，如圆弧（半径）、螺纹等。如图 5-8-49a 所示为标准半径（圆弧）样板，图 5-8-49b 所示为标准螺纹样板。这类样板在使用时，可直接将被检验部位与样板相应部位接触、比较，以确定零件加工的合格与否。

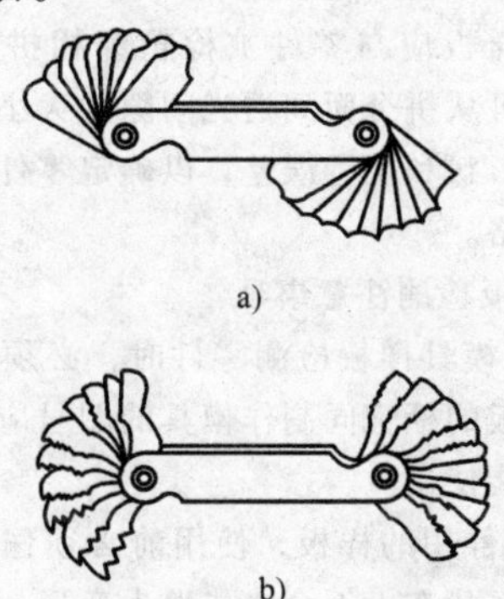

图 5-8-49　标准样板
a）圆弧检测样板　b）螺纹检测样板

2）专用样板。专用样板是根据不同模具零件型面或型腔的形状要求而设计制造的专项使用样板。每块样板只能检测和加工特定零件截面和部位，一般不能通用。如图 5-8-50 所示为一检测型腔截面形状的专用样板。

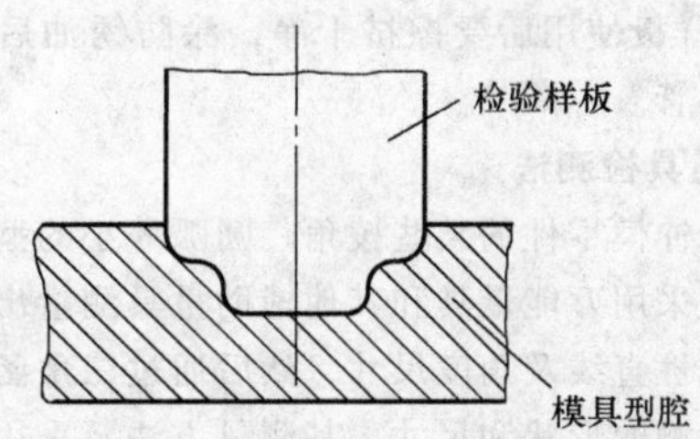

图 5-8-50　专用样板

（2）检验样板制造原则　检测样板一般由钳工手工制作，通常在大型模具制造厂的工具车间设有专门的样板制作班组，负责样板的加工和调校。在设计和制作时，应本着下述原则：

1）用截面样板检验时，应根据模具零件型面或型腔的尺寸大小、形状复杂程度，合理布置检验样板的截面坐标位置。对于形状复杂的型面与型腔，要适当确定需用样板的数量，并使模具的型面或型腔的形状能圆滑过渡，满足制造工艺要求。

2）用截面样板检查时，必须注意各个截面样板应检测的坐标位置。在同一零件多个样板检验时，应打刻编号，以防检验时弄错，造成废品。

3）在使用多组样板检验模具零件时，要统一测量基准，即在模具制造过程中，要使工艺基准和测量基准统一起来；而在成品的最终检验时，应使测量基准与装配基准重合，以保证上模体和下模体的装配质量要求。

（3）样板检测方法 利用样板主要是检测冲模零件的型面和型腔特定部位截面的形状和尺寸。这是因为样板的形状恰恰与被检测零件的轮廓形状相反。在检测时，样板应与零件被检轮廓相拼合并接触严密，检测者可从拼合面间透光间隙的大小和部位，来观察轮廓的形状和位置误差，以确定零件型面和型腔是否加工合格。

（4）样板检测注意事项

1）借用模具样板检测零件时，必须查明样板标记，所用样板的标记同制作模具的图号应相符。标记不清绝对不能使用。

2）长期停用的样板，使用前必须仔细检查其型面形状及表面状态，不合格或发生变形、腐蚀、磨损的样板坚决不能使用。

3）在使用前要把样板的工作表面及被测零件的待测部位擦拭干净。

4）使用时要轻拿轻放，防止样板破损变形，失去原有精度。

5）测量时，样板的温度应与模具零件温度基本一致，以免产生误差。

6）样板使用后要擦拭干净，涂防锈油后应妥善存放与保管。

2. 量具检测法

对于冲模零件的某些棱角、圆弧等小的型面和型腔，可以采用万能量具和其他辅助量具测量出与型面有关的线性直线及角度尺寸，然后通过三角函数计算得到要检测的形状和尺寸。其测量方法及采用的量具主要有：

1）用正弦规间接检测型面角度和锥度。

2）用精密钢球和圆柱量规间接检测型面的圆锥孔和圆锥体的圆锥半径。

3）用精密圆柱量规和游标高度尺测量型面V形槽角度，或用精密圆柱量规与游标万能角度尺测量V形槽槽口宽度。

4）用两个等直径的精密圆柱量规和游标万能角度尺测量燕尾槽底面宽度。

5）用游标卡尺间接测量外圆弧半径。

6）用三个等直径精密圆柱量规和一个游标深度尺间接测量内圆弧面半径。

7）用两个等直径的精密圆柱量规和一个游标万能角度尺间接测量对称形状圆锥体大端的直径。

3. 检验夹具检测法

在检验大型型腔模的型面与型腔时，可采用检验夹具配合指示器进行检验。其检测精度和测量效率都比较高，而且结构简单，使用方便。

4. 样架检测法

在制造大型覆盖件冲模时，一般都要先制造一个工艺主模型和研修模型。其研修模型俗称样架，它是工艺主模型的反型，也称立体样板，用样架可控制、检查凸模型面与工艺主模型的一致性，是检查型体的一种综合性量具。其特点是结构复杂，制作困难，但检验较方便，只有在检验覆盖件冲模时才使用。

5. 精密测量仪器检测法

常用的量仪主要是光学投影仪。这种仪器是利用光学系统将被测零件轮廓外形或型孔放大后，投影到仪器影屏上进行测量的方法，经常用于凸模、凹模等工作零件的检测。在投影仪上，可以用直角坐标或极坐标进行绝对测量，也可将被测零件放大影像与预先画好的放大图相比较以判断零件是否合格。其特点是检测精度高，测试比较直观，是对中小模具零件检测比较理想的工具。

另外，采用三坐标测量机及各种三维扫描仪都可以进行型面、型腔检测，在冲模制造中已得到了广泛的运用。这是因为，这种三坐标测量仪器是以 X、Y、Z 三个轴互成直角配置的三个坐标值来确定零件被测点空间位置的精密测试仪器。其测量结果可用数字显示，也可以绘制图形或打印输出。它不但用于线性尺寸、形位尺寸的检测，而且对于曲面的线轮廓度、面轮廓度以及各种零件相互配合度的检测，都很方便、快捷，并能实现自动检测。

8.3.4 模具研配压力机

研配压力机是大型覆盖件冲模的常用工艺和检验设备。研配压力机的外观示意图如图5-8-51所示。

研配压力机的工作原理如下：压力机滑块2沿导轨可上下运动，以保证进行分模或作研修运动时导向准确。工作时，工件放在工作台3的台面上，标准型面如样架或凸模装在滑块上。工作台可以沿地面导轨4移动至机架1外，便于安装大型模具。压力机的压力是固定的或可调的，当滑块下行受到一定压力后，即使继续开动压力机，滑块亦不再向下运动。

研配压力机的类型分机械传动和液压传动两种，机械传动研配压力机结构简单、维修方便，但其压力固定。液压传动研配压力机的压力可调，适用范围大。

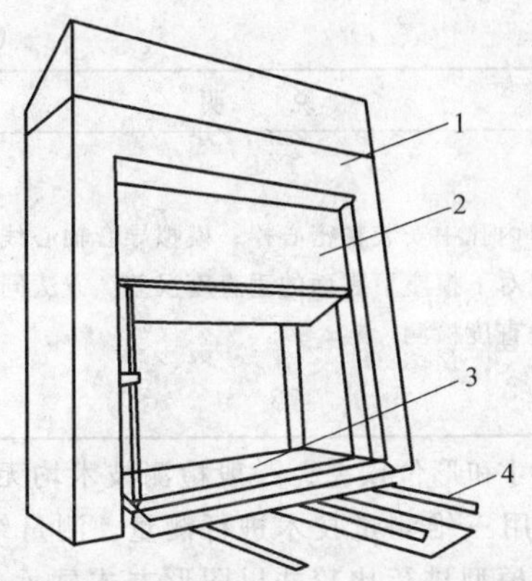

图 5-8-51　研配压力机外观示意图

1—机架　2—滑块　3—工作台　4—导轨

研配压力机在模具测量方面的主要用途包括：

1）检验大型覆盖件冲模型面精度。例如在大型覆盖件冲模的凸模表面涂红丹，然后在研配压力机上与样架研合，观察凸模型面与样架吻合程度、凸模型面与样架的接触是否良好，其接触面积应不小于 80%。

2）检验凸、凹模间隙。在研配压力机上，将装配好的模具合上，在模口周边或斜度较大部位垫软金属条，在研配压机上试压，根据软金属条上的压痕，检验凹模间隙。也可在凹模刃口外放两个等高垫铁，使落下的上模板坐在垫铁上，垫铁高度以凸模刃口进入凹模刃口内 3～5mm 为宜。根据设计要求的间隙值选择塞尺，检查凸、凹模之间的间隙是否均匀。

3）试模。零件检测合格后装配的冷冲模具，还必须在研配压力机上试模。因为模具在冲压时所受的力是复杂的，冲裁模受力后，本来均匀的间隙可能一边大于另一边，造成冲裁件出毛边；打弯模由于回弹力计算不准，冲出零件角度不够。因此，在研配压力机上进行试模是冷冲模具制造中的最后检测手段之一。

8.3.5　型腔模模架装配过程中的检测

模架是模具的一个组成部分，其功能是使模具有导向性。模架由上、下模座及导柱、导套组成。对模架的检测主要有上、下模座的平行度误差和导柱、导套对下模座的垂直度误差检测（见表 5-8-51）。

表 5-8-51　模架的检测

检测项目	图　示	说　明
上、下模座的平行度误差检测		将模板与检测量仪放在同一平台上，将百分表触头接触上模座的上表面，移动百分表架，百分表接触在模座整个表面移动，从百分表上读取最大值与最小值，二值之差即为上模座上表面对下模座下表面的平行度误差值
导柱对下模座的垂直度误差检测		将装有导柱或导套的下模座与检测量仪放在同一平台上。将百分表触头触及导柱或导套。上下移动百分表，记下该截面的最大值 L_1 与最小值 L_2。下模座不动，以被测导柱为轴线，将检测量仪水平转动 180°，重新接触百分表触头。上下移动百分表，记下最大值 L_3 与最小值 L_4。模板不动，量仪以被测导柱为轴线，水平转 90°，重复上述步骤，记下 L_5、L_6。模板不动，量仪以被测导柱为轴线，水平转 180°，重复上述步骤，记下 L_7、L_8。在采集到以上 8 个数据后，可进行数据处理，公式如下： $\Delta_{a1}=\dfrac{(L_1-L_2)+(L_3-L_4)}{2}$ $\Delta_{a2}=\dfrac{(L_5-L_6)+(L_7-L_8)}{2}$ $\Delta_a=\sqrt{\Delta_{a1}^2+\Delta_{a2}^2}$ Δ_a 便是被测导柱对下模座下表面的垂直度误差值

（续）

检测项目	图　示	说　明
导套对上模座的垂直度误差检测	H	在导套内孔中安装精密心棒，模拟导套轴心线，测量心棒轴心线对下模座下表面的垂直度误差。方法同导柱对下模座的垂直度检测

8.4　模具型面型腔的三维数字化测量技术

8.4.1　三维数字化测量技术概述

在模具制造中，大多数模具型腔都是按照三维CAD数学模型在数控机床上完成的，它与原CAD数学模型相比仍有差别，若要确定其在数控加工制造中产生的尺寸和形位误差，一般检测技术均无法完成，此时就需用三维测量技术进行测量。测量结果与原CAD数学模型进行比较并以图形方式显示，生成检测报告。整个测量过程直观、快捷，用传统的检测方法是无法完成的。三维测量技术对模具制造业的技术进步有很大的促进作用。

数字化的三维测量方法的分类如图5-8-52所示。

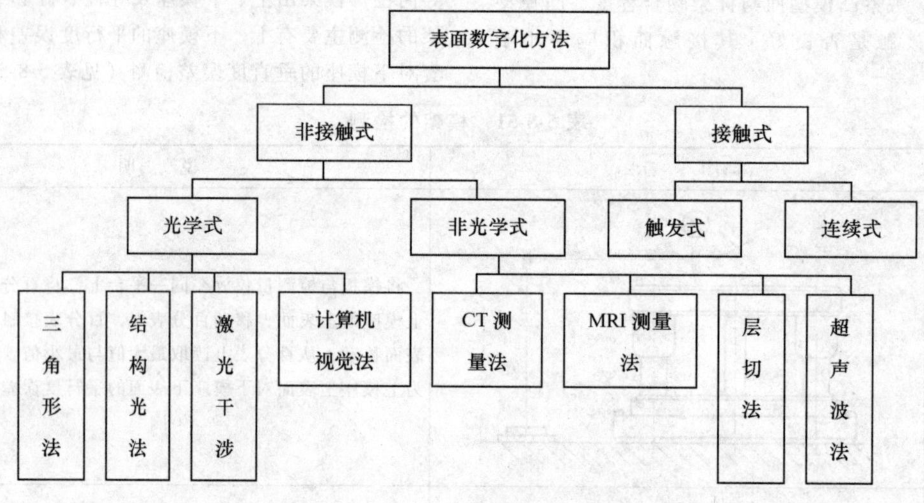

图5-8-52　数字化三维测量方法的分类

在接触式测量方法中，三坐标测量机是应用最成熟、最广泛的一种测量设备；而在非接触式测量方法中，基于三角形法的激光扫描和基于相位光栅投影的结构光法是被认为是目前最成熟的三维形状测量方法。

8.4.2　三坐标测量技术

1. 三坐标测量技术概述

三坐标测量技术是将被测零件或部件置于三坐标测量空间，通过测量并获得被测工件上各测点的坐标位置，并根据这些点的空间坐标值，经计算机处理后求出被测工件的几何尺寸、形状和位置误差等。三坐标测量机是一种集光、机、电、算为一体的精密光学测量仪器，可用于各种几何元素——点、线、面、圆、圆锥、圆柱、阶梯轴和球，形位公差——直线度、平面度、平行度、垂直度、位置度、倾斜度、跳动度、配合公差等方面的三维测量，也可以进行计算机数控（CNC）测量，所以在国外称为测量中心。可以配置多种测头、测座，提高了检测效率、测量精度，增加了操作的可靠性，降低了维修保养费用。三坐标测量机除了具备常规的几何尺寸和形位公差检测功能外，在逆向工程和曲面坐标检测等方面具有巨大的优势，可用于形状检验，即基于CAD的检测零件误差，还可以通过测量实物或模型，将测量数据变为形状信息，利用这些信息进行绘图或数控加工，是当今模具制造不可缺少的重要工具。三坐标测量机可广泛用于工业中的首件检测、最终检验、过程和夹具检验、过程控制。

2. 三坐标测量技术分类

三坐标测量技术在模具制造中应用非常广泛，它可以说是一种集设计开发、检测、统计分析为一体的现代化的智能工具，更是模具产品质量技术保障的有效工具。当今使用的三坐标测量机主要有悬臂式测量机桥式测量机、龙门式测量机、水平臂式测量机和便携式测量机等。悬臂式测量机有利于装卸工件，操作方便；桥式测量机结构刚性好，适用于大型测量机；龙门式测量机当龙门移动或工作台移动时，装卸工件非常方便，操作性能好，适宜于小型测量机，精度较高。三坐标测量机综合应用了电子技术、计算机技术和激光干涉等先进技术。它包括测量系统、控制系统、坐标值指示系统和打印绘图系统。

三坐标测量机按测量方式可大致分为接触式与非接触式两种。

3. 接触式测量方法的优缺点

接触式测量技术是利用计算机控制测头，测头由零件法线方向点触各预设测点，通过传感器将信息传递给计算机并记录下被测点的三维坐标信息。

由图 5-8-53 可以看出，接触式测量是靠一个球形探头点触零件后并将其位置信息传递给计算机的。因此接触式测量得到的数据实际上是探头的球心位置，而要获得物体外形的真实尺寸，则需要对探头球半径进行补偿，即三维接触式测量存在一个误差修正的问题。接触式测量的补偿原理为：当测量某一曲面时，探头球体将沿被测工件法线方向点触零件，如图 5-8-54 所示。探头球心位于被测点的法线方向上，探头球体边沿与被测工件边沿间的接触点为 *A*，*A* 点至球心 *C* 点有一半径偏差量，实际要求测量的位置是接触点 *A*，所以必须沿法线负方向补正一个球头半径的值，整个物体曲面的补偿需要冗长的计算，这也是产生测量误差的因素之一。

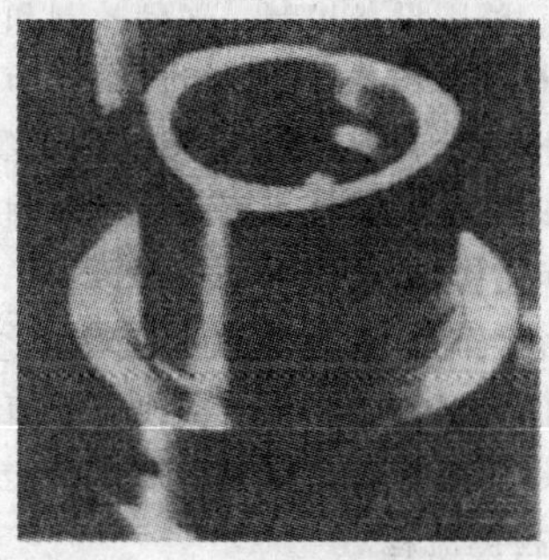

图 5-8-53 接触式测量原理

接触式测量是测头直接接触工件进行的测量，其优点如下：

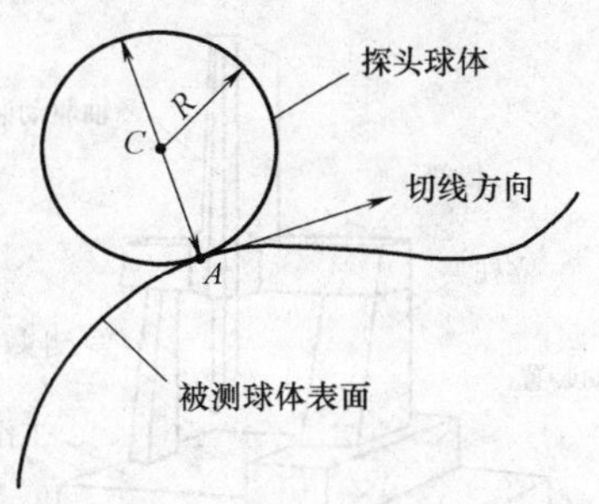

图 5-8-54 接触式测量补偿原理

1）接触式测量机的探头、机械结构及电子系统等技术成熟，准确性、可靠性高。

2）接触式测量可快速准确地测量出面、圆、圆柱、圆锥和圆球等物体表面的基本几何形状。

3）接触式测量是直接接触物体表面进行测量，因而不受物体表面的颜色、反射特性和曲率影响。

当然它也存在如下缺点：

1）由于接触式测量机的探头频繁接触被测工件会导致球形探头容易磨损，为保持一定的精度，需要经常校正球头的直径。

2）接触式测量是逐点测量，测量速度慢。

3）接触式测量机如果操作失误，容易损坏探头和降低零件某些重要部位的表面精度。

4）接触式测量无法测量零件上小于探头直径的小孔。

5）接触式测量会因探头触发机构的延迟导致动态误差。

6）如果探头的压力过大会使被测工件表面发生变形，导致测量球头局部压入被测工件表面，从而影响测量精度。

4. 三坐标测量机的组成

三坐标测量机的规格品种很多，但基本组成主要为测量机主体、测量系统、控制系统和数据处理系统，分述如下：

（1）测量机主体　如图 5-8-55 所示，测量机的主体运动部件包括沿 *X* 轴移动的主滑架、沿 *Y* 轴移动的副滑架、沿 *Z* 向移动的 *Z* 轴驱动装置以及底座、测量工作台等。

驱动装置由伺服电动机、滚珠丝杠系统、钢带驱动系统、无振动驱动系统等组成；实现二维运动时采用滑动、滚动轴承和气浮导轨；标尺系统包括线纹机、气动平衡装置、感应同步器、光栅尺及数显电气装置等。

测量机工作台的制造材料多为花岗岩，它具有稳定、抗弯曲、抗振动和不易变形等优点。

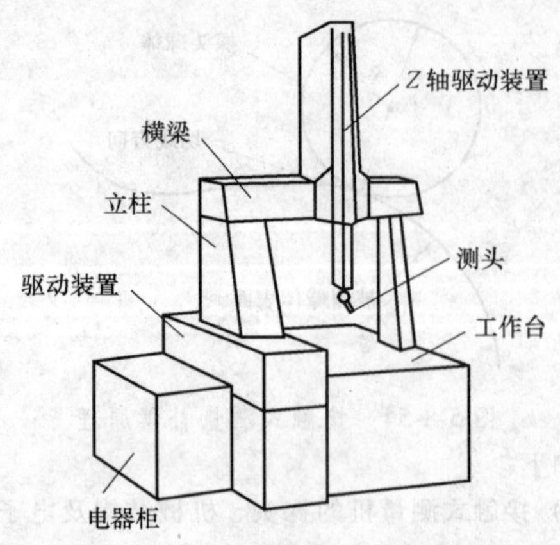

图 5-8-55　三坐标测量机的组成

（2）测量系统　三坐标测量机的测量系统包括三维测头和标准器。三坐标测量机的测头用来实现对工件的测量，是直接影响测量机测量精度、操作的自动化程度和检测效率的重要部件。以金属光栅或增量光栅为标准器的光栅尺，其可靠性及热稳定性高，光学读数头用于各坐标轴实现数据测量。

三维测头又称为三维测量传感器，它是测量机接触和测量被测零件的发信开关，如图 5-8-56 所示。三坐标测量机可以配置不同类型的测头，包括机械式、光学式和电气式。其中，机械式主要用于手动测量，光学式多用于非接触测量，电气式多用于接触式的自动测量。

图 5-8-56　三维测头

1）接触式测头。接触式测头可分为开关式与扫描式两大类。

开关式测头的实质是零位发信开关，以 TP6（RENISHAW，如图 5-8-57 所示）为例，它相当于三对触点串联在电路中，当测头产生任一方向的位移时，均使任一触点离开，电路断开即可发信计数。开关式测头结构简单，寿命长（$10^6 \sim 10^7$ 万次），具有较好的测量重复性（0.28 ~ 0.35μm），而且成本低廉，测量迅速，因而得到较为广泛的应用。

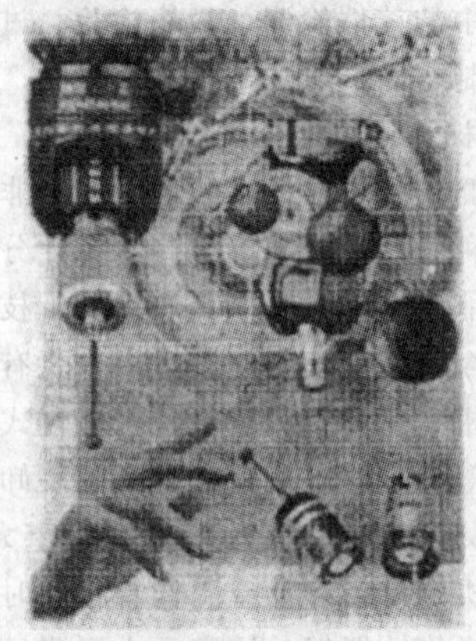

图 5-8-57　TP6 测头

扫描式测头实质上相当于 X、Y、Z 三个方向皆为差动电感测微仪，X、Y、Z 三个方向的运动是靠三个方向的平行片簧支撑作无间隙转动的，测头的偏移量由线性电感器测出。扫描式测头主要用来对复杂的曲线、曲面进行测量。

2）非接触式测头。非接触测头为光学式测头，主要分为激光扫描测头和视频测头两种。

激光扫描测头主要用于对较软材料或一些特征表面进行非接触测量的三坐标测量机。测头在距离检测工件一定距离时，在其聚焦点 5mm 范围内进行测量，采点速率在 200 点/s 以上，另外，为获得较高的精度需要对大量的采集数据进行平均处理。

采用视频测头进行测量时，操作者可将检测工件表面放大 50 倍以上，再利用标准的或可变换的视频测头实现对细小工件的测量。一些诸如印制电路板、触发器、垫片或直径小于 0.1mm 的孔均可采用视频测头进行测量。视频测头使得过去许多无法完成的测量任务得以完成，进一步扩大了测量机的应用范围。

（3）控制系统和数据处理系统（测量软件）　控制系统主要由电气控制系统、计算机硬件、测量软件和数据输出设备组成。电气控制系统包括单轴与多轴联动控制、外围设备控制、通信控制和保护与逻辑控制等。计算机是三坐标测量机的控制中心，用于控制全部测量操作、数据处理和输入/输出等。

数据处理系统即测量软件，包括控制软件、数据处理软件。可进行坐标变换与测头校正，生成控测模式与测量路径，用于基本几何元素及相互关系的测量、形状与位置误差的测量、曲线与曲面的测量，还有统计分析、误差补偿和网络通信等功能。

5. 工件检测流程

三坐标测量工件检测流程图如图 5-8-58 所示。

6. 常用三坐标测量机参数（见表 5-8-52 ~ 表 5-8-54）

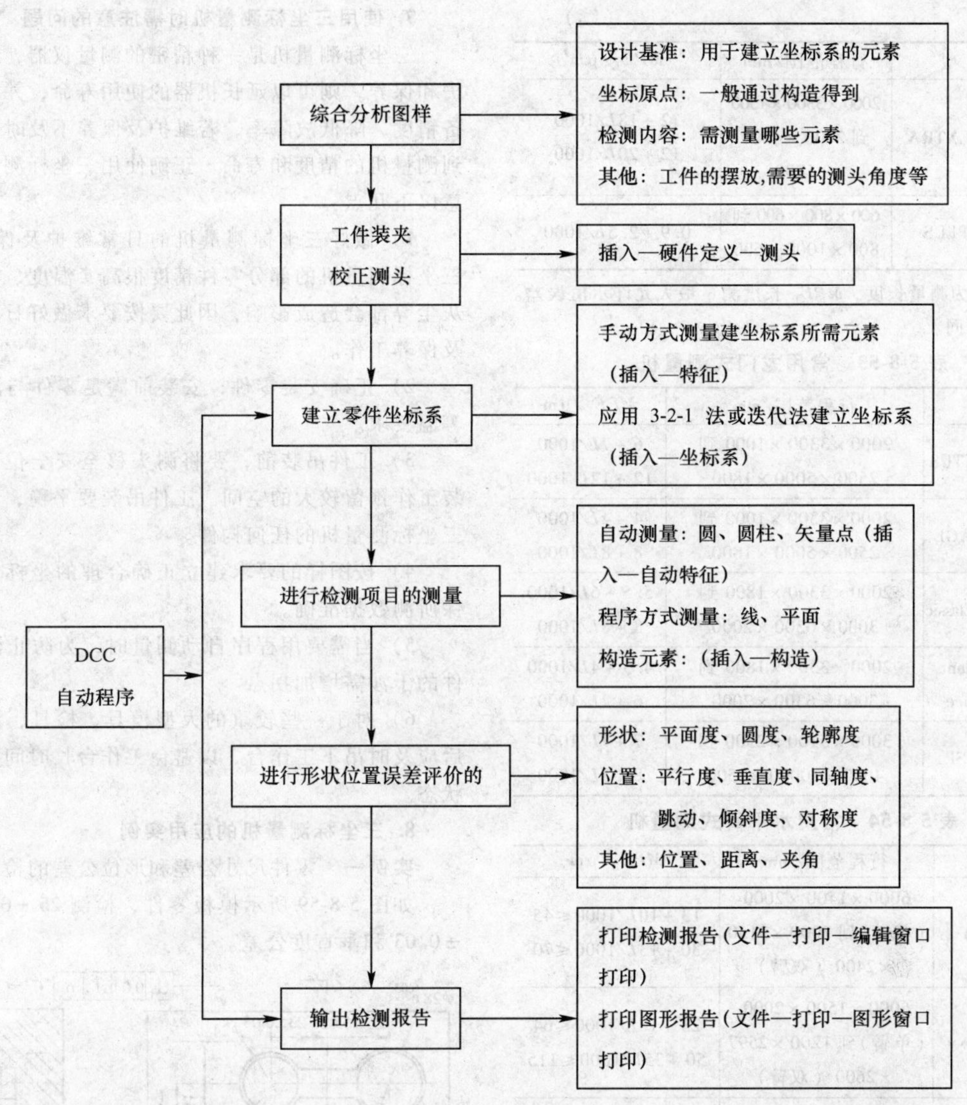

图 5-8-58　工件检测流程图

表 5-8-52　常用桥式测量机参数

机　型	行程范围/mm	MPE_E/μm
MICRO-HITE 3D	460×510×420	3.0+4L/1000
MICRO-HITE DCC	440×490×390	3.0+4L/1000
ONE	700×700×500 700×1000×650	3.9+4L/1000
EXPLORER	500×700×500	2 7+3.5L/1000
	700×1000×500	3.0+3.5L/1000
	700×1000× 680	3.0+3.5L/1000
GLOBAL CLASSIC	500×700×500	from 2.3+3.5L/1000
	700×1000×660	from 2.3+3.3L/1000
	900×800	from 2.7+3.3L/1000

（续）

机　型	行程范围/mm	MPE_E/μm
GLOBAL PERFORMANCE	500×700×500	from 2.0+3.3L/1000
	700×1000×660	from 1.5+3L/1000
	900×800	from 1.9+3L/1000
	1200×1000	from 2.5+3L/1000
GLOBAL ADvANTAGE	500×700×500	from 1.5+3L/1000
	700×1000×660	from 1.5+3L/1000
	900×800	from 1.5+3L/1000
	1200×1000	from 2.2+3L/1000
	1500×1000	from 2.7+3.5L/1000
	1500×1400	from 3.5+4L/1000
	2000×1500	from 4.5+5L/1000

（续）

机　型	行程范围/mm	$MPE_E/\mu m$
GLOBAL EXTRA	2000×3300×1500 到 2000×4000 ×1800	12+18L/1000 12+20L/1000
MICRO PLUS	600×800×600 到 800×1000×600	0.9+2.5L/1000

注：L 为测量长度，MPE_E 长度测量最大允许示值误差。下同。

表 5-8-53　常用龙门式测量机

机型	行程范围/mm	$MPE_E/\mu m$
ALPHASTATUS	2000×3300×1000 到 2500×5000×1800	6+7L/1000 12+12L/1000
ALPHAIMAGE	2000×3300×1000 到 2500×5000×1800	4+4L/1000 8+8L/1000
DELTASlantClassic	2000×3300×1800 到 3000×6300×2000	5.5+6L/1000 8+8L/1000
DELTA Slant Performance	2000×3300×1800 到 3000×6300×2000	4.5+4L/1000 6+7L/1000
LAMBDASP	3000×5100×2500 到 4000×10000×2500	7+7L/1000 8+8L/1000

表 5-8-54　常用水平臂式测量机

机型	行程范围/mm	$MPE_E/\mu m$
BRAVO HA	6000×1400×2000（单臂）到 7000×3150 ×2400（双臂）	13+10L/1000≤45 30+13L/1000≤70
MAESTRO **	6000×1500×2000（单臂）到 1200×2597 ×2600（双臂）	23+18L/1000≤64 50+35L/1000≤115
PRIMA C1	2000×1200×1600（单臂）到 4000×1200 ×2100（双臂）	18+15L/1000≤50 25+20L/1000≤65
PRIMA R1	3600×1600×2100（单臂）到 12375×3005 ×3000（双臂）	23+20L/1000≤65 65+40L/1000≤160
PRIMA RXT	4000×1600×2100（单臂）到 12000×3381 × 3000（双臂）	23+20L/1000≤65 90+50L/1000≤215
PRIMA RXT-SF	4000×1500×2100（单臂）到 12000×3081 ×2800（双臂）	23+20L/1000≤80 90+55L/1000≤244
TORO	4000×1600×2100（单臂）到 7000×3190 ×2500（双臂）	30+25L/1000≤85 56+35L/1000≤124

7. 使用三坐标测量机时需注意的问题

三坐标测量机是一种精密的测量仪器，若注意维护和保养，则可以延长机器的使用寿命，并能保证设备精度，降低故障率，若维护及保养不及时则会影响到测量机的精度和寿命。正确使用三坐标测量机应注意以下几点：

1）做好三坐标测量机的日常维护及保养工作。三坐标测量机的部分零件精度很高，温度、湿度以及灰尘等都会造成影响，因此要按要求做好日常的维护及保养工作。

2）正确安装零件，安装前满足零件与测量机的等温要求。

3）工件吊装前，要将测头移至安全位置，为吊装工作预留较大的空间。工件吊装要平稳，不可撞击三坐标测量机的任何构件。

4）按图样的要求建立正确合理的坐标系，以确保所测数据准确。

5）当需要用程序自动测量时，为防止测头与工件的干涉需增加拐点。

6）对于一些较重的大型模具、检具，测量结束后应及时吊下工作台，以避免工作台长时间处于承载状态。

8. 三坐标测量机的应用实例

实例一　零件尺寸公差和形位公差的检测

如图 5-8-59 所示模板零件，检测 25±0.026、23±0.03 和垂直度公差。

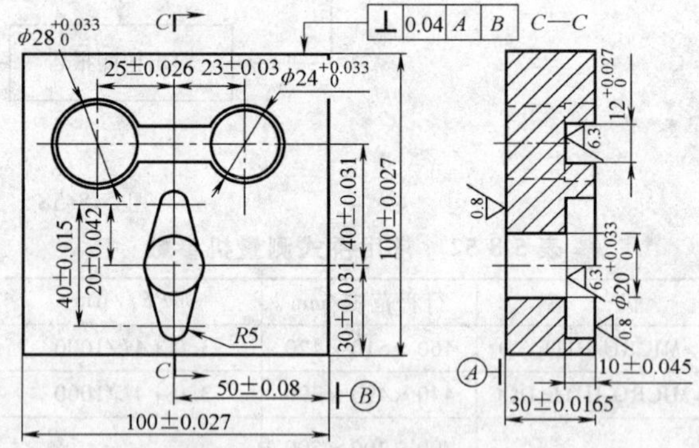

图 5-8-59　被测量零件

1）测量设备。海克斯康测量机有限公司 global 777 型三坐标测量机。测量软件采用 PCDMIS cad++。

2）测量方法简介

① 将工件安放在测量机工作台上（基准 A 面放于工作台，对称平面与 x 轴平行）。

② 选择测头和测座及其附件，校验测头。

③ 测量基本元素：在零件上表面 PL01，测量

ϕ20mm、ϕ24mm 和 ϕ28mm 的圆孔 C101、C102、C103。

④ 构造直线：将 C101、C102、C103 分别投影在平面 PL01 上得投影点 P001、P002、P003，并将投影点 P002、P003 拟合成直线 L101。

⑤ 建立零件坐标系 PC01：以 P001 为零件坐标原点，以直线 L101 方向作 x 轴，以零件上表面的法向方向作 z 轴正方向。

⑥ 测量零件上表面 PL02，测量 ϕ20mm、ϕ24mm 和 ϕ28mm 的圆柱 CY01、CY02、CY03。

⑦ 测量零件右表面（基准 B 面）和后表面（有垂直度要求的被测面）。

⑧ 进行公差评价。

⑨ 输出测量结果。

实例二 三坐标测量在模具修复中的应用

如图 5-8-60 所示为某通信公司信号采集器的外形图，由于在注塑生产过程中上盖时型腔被破坏，需要重新加工上盖，同时要将上盖的外形设计成流线型曲面。在实际操作中，发现此模具为曲线分模，需要过采集下盖的分模线来确定上盖的分模线形状。

a) b)

图 5-8-60 采集器产品示意图

a）现有产品 b）新产品

1）建立坐标确定扫描的矢量方向后，对采集器现有产品模具的下盖要进行扫描（上盖在下盖的基础上进行设计制图），扫描间距为 0.5mm，在扫描的过程中应注意锁定控制曲线方向的坐标轴，避免曲线不在同一方向上而失真，获得点阵数据。

2）为了便于将数据点阵导入 CAD/CAM 软件，应将测得的数据另存为“*.igs”格式的文件。

3）在 UG 中，新建一个后缀名为“.prt”的文件，然后将数据文件导入“.prt”文件。

4）根据点阵数据，在 UG 中将点阵数据拟合成曲线，再通过 UG 的曲线生成曲面功能对拟合的曲线生成曲面，再构建一个 block 实体，通过曲面裁剪实体功能生成型腔。

5）有了三维实体的造型就可以通过 CAD/CAM 软件作计算机辅助制造，在数控加工设备上完成该实体加工。

8.4.3 非接触式测量技术

1. 非接触式测量概述

非接触式测量技术是利用声、光、电磁等与物体表面发生相互作用的物理现象来获取物体的三维坐标信息。非接触式测量方式主要有激光三角法、结构光法、工业 CT 法、超声波法、核磁共振法（MRI）和层析法（CGI）。其中以应用光学原理发展起来的激光三角法、结构光法应用最为广泛。由于其测量速度快、精度较高，且不与被测工件接触，因而能够测量柔软质地的物体，故越来越受到重视。

与接触式测量相比，由于不与被测工件接触，测量物体的范围增大，具有测量速度快等优点；同时也正由于非接触，对测量精度等带来一定的影响。

优点如下：

1）非接触式测量激光束直接投射到物体表面，因而没有半径补偿的问题。

2）由于测量过程不接触物体，可以直接测量软性物体、薄壁物体和高精密零件等。

3）非接触式测量可以用快速扫描，不用逐点测量，因此测量速度快。

缺点如下：

1）非接触测量需要应用光敏位置探测技术，测量精度有限，因此非接触测量机的测量精度受限。

2）非接触测量原理要求探头接收照射在物体表面的激光光斑的反射光或散射光，因此，物体表面的颜色、斜率等反射特性会影响测量精度。

3）非接触测量方法需要对物体表面轮廓坐标点进行大量采样，物体表面上的边线、凹孔和不连续形状的处理较困难，会影响到测量精度。

4）被测工件的表面粗糙度也会影响测量精度。

5）被测量物体形状尺寸变化较大时，使 CCD 成像模糊而影响测量精度。

2. 激光三角法的测量

激光三角法是根据光学三角形测量原理，以激光作为光源，将激光束投射到被测物体的表面，并用光电敏感元件在另一位置接收激光的反射能量，利用激光束和光敏元件间的位置和角度关系来计算被测工件表面点的坐标数据的一种测量方法。根据其结构模式可分为点光源测量法和线光源测量法。

（1）点光源测量法 点光源测头一次只能测量一个点，计算机控制测头在指定区域内进行点扫描运动，对于较大的物体可以分区扫描。其测量原理如图 5-8-61 所示，它通过被测点相对于参考平面的高度和两者在光敏元件上成像的位移等，计算出零件表面点的坐标值。

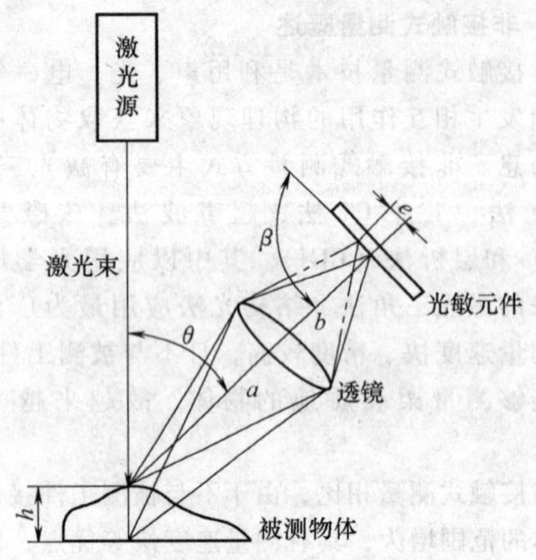

图 5-8-61　点光源测量法原理

（2）线光源测量法　线光源测头一次可以测量一条线，计算机控制测头在指定的区域内进行线扫描运动，对于较大的物体可以采用分区扫描，但各区域间衔接处要有一定的重叠量以免遗漏边缘的数据。如图 5-8-62 所示，其工作原理是由激光器和光学镜头产生线激光束并垂直投射到被测物体的表面，然后由左右两个 CCD 摄取激光线在物体表面形成的反射光线，由于两个 CCD 摄像头与垂直线形成一定的角度，拍摄到的激光线是随物体表面变化的空间曲线。激光线将物体全部扫描一遍即可获得描述物体表面形状的一组空间曲线，再通过标定便得到准确的三维空间坐标数据。

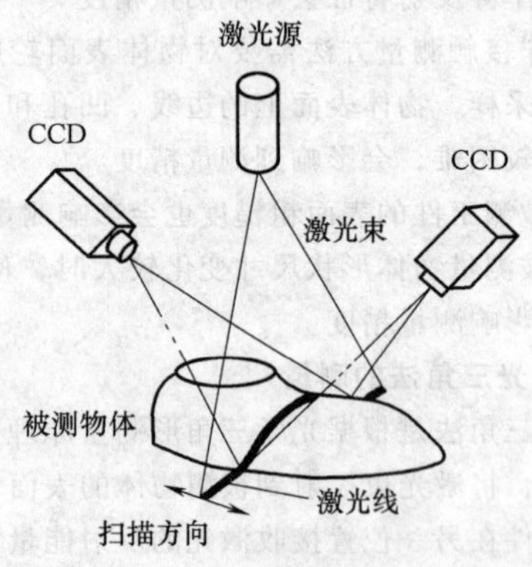

图 5-8-62　线光源测量法原理

激光三角法主要应用于便携式三坐标测量机。便携式三坐标测量机主要由接触式测头、激光扫描头、测量臂、关节以及机座组成，如图 5-8-63 所示，体积小，重量轻，结构简单，移动灵活，一般采用 6 轴或 7 轴结构，实现测头无限旋转，测量基本无死角，并采用高分辨率的编码器来实现测头定位，可用接触和非接触测头测量。主要应用于车间现场和计量实验室的检测、测量和逆向工程任务。

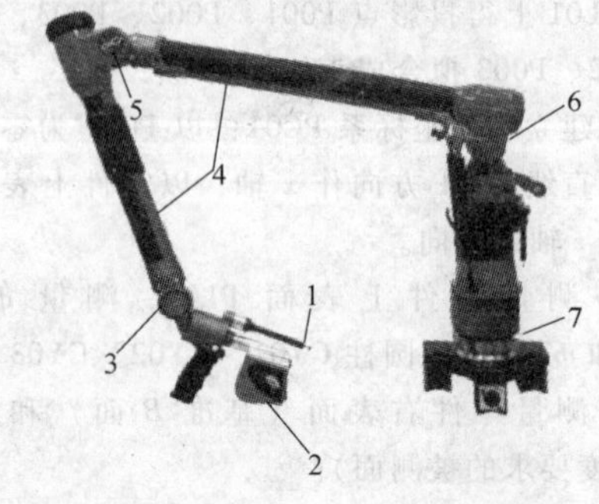

图 5-8-63　便携式三坐标测量机结构
1—接触式测头　2—激光扫描头　3、5、6—关节
4—测量臂　7—机座

利用其测量模具型腔的方法简单，直接用激光扫描头获取型腔表面的点云数据，同时可以利用接触式测头测量各安装孔的位置（定位精度高），如图 5-8-64 所示，然后在测量软件中利用点云数据与模具型腔 CAD 数学模型对比即可得到误差值。

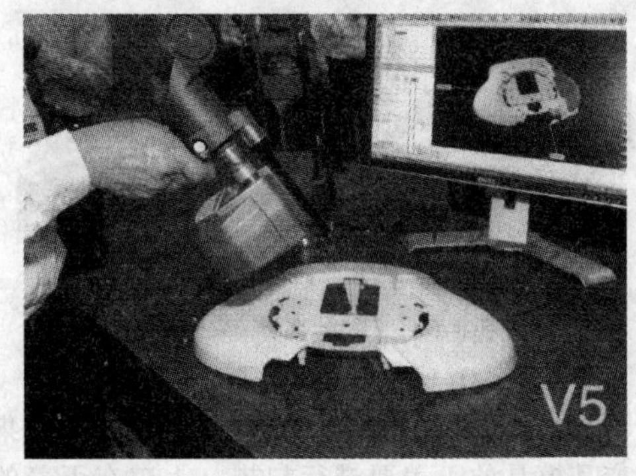

图 5-8-64　便携式三坐标测量应用

接触测量的测量原理及测量软件和台式三坐标机基本相同，有的可以通用。

非接触式测量主要是扫描物体表面大量的点，形成物体外表面点云数据。可以通过测量点云，得到物体表面的尺寸，也可以利用点云和原来设计的 CAD 模型进行比对，直接得出被测量物体的偏差（在结构光法测量中给出这种方法，三维数字化测量软件中基本都能实现）。还可以利用点云来进行逆向工程。

3. 结构光法测量

结构光三维视觉在对景物或物体三维信息提取中占有重要地位，在航空摄影中有广泛的用途，在工业界也被广泛应用，ATOS 测量系统是这种方法的典型代表。

德国 GOM 公司的 ATOS Ⅱ 400 型三维光学扫描仪：扫描精度为 5 ~ 50μm；仪器的测量范围为 175mm × 140mm ~ 1700mm × 1360mm；点云密度为 0.035 ~ 1mm（在 1.2m × 0.96m 测量面积）；该测量系统可以在 1min 内完成一幅包括 430000 个像素点的图像的测量，精度达 0.03mm。

仪器由一个光栅投射器、两台 1300000 像素的数码摄像机和一台工作站计算机组成。该方法以非接触式几何光学法测量微型元件的形貌轮廓，运用条纹结构光经由投射器将条纹光栅投射至待测物表面，再以 CCD 摄影机作取像动作，最后合并格雷氏编码与相位移法计算得到其绝对相位，配合三角量测原理便可得到待测物三维形貌轮廓。

这种方法采用光学投射器将光栅投影于物体表面，在表面上形成由被测物体表面形状所调制的光栅条纹三维图像（如图 5-8-65 所示），该三维条纹图像由处于另一位置的摄像机拍摄，从而获得光栅条纹的二维变形条纹图像。条纹的变形程度取决于光学投射器与摄像机之间的相对位置和物体表面形廓（高度）。直观上，条纹在法线方向的位移（或偏移）与物体表面深度成比例，扭结表示了平面的变化，不连续显示了表面的物理突变或间隙。当光学投射器与摄像机之间的相对位置一定时，由变形的条纹图像便可以重现物体表面形廓，即可以进行三维表面形貌测量。

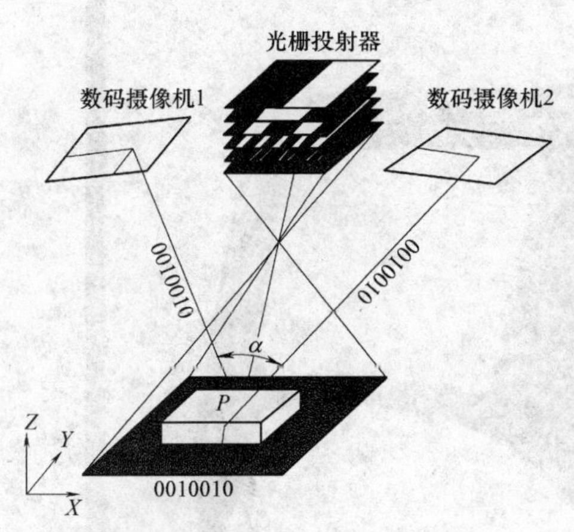

图 5-8-65　条纹结构光测量法

零件为一个喷丸机的喷丸叶片，如图 5-8-66 所示。

扫描前先处理零件表面，如果表面过于吸收光或过于反光，必须用显像剂处理（本例由于工件表面过于暗淡，表面喷显像剂）。然后在工件的表面贴上参考标记点（图 5-8-66），以便于计算机对多幅照片点云的精确拼合。为了完整地扫描一个三维物体，通常需要从不同的角度多次扫描。为获得完整的工件的点云数据，单幅扫描的点云必须合并到统一的坐标系统。扫描时要求每一幅照片都至少要看到不在同一直线上的三点，且后一幅照片必须要看到前一幅照片的至少三个参考点。

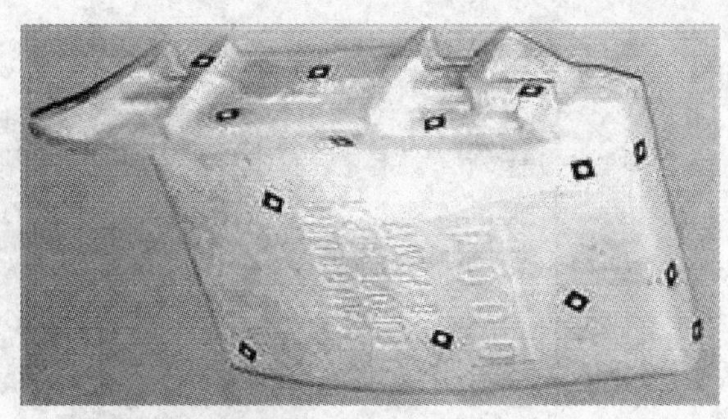

图 5-8-66　喷丸叶片

扫描完毕后形成的点云数据可以利用仪器自带的 ATOS V5.3.0 系统处理，提取工件表面的特征，包括：圆孔、槽孔、矩形孔、槽、边界线，进行拼合、对齐、三角网格化、错误消除、消除碎片、光顺、过滤等的计算，也可以结合利用该软件的 Primitive 和 Dimension 功能，直接拟合、测量零件上的各种特征元素的尺寸及位置等信息（如图 5-8-67 是扫描得到的零件数学模型在 ATOS5.3.0 系统中的测量，图中主要测量两导轨面的夹角及圆弧半径）。测量得到零件上各特征元素的信息也可由该系统直接输出报表。

4. 与 CAD 数学模型对比测量

如图 5-8-68 所示的薄壁曲面零件，要测量其与设计的 CAD 数学模型的误差。

首先扫描物体表面的点云数据，然后，将设计的零件 CAD 数学模型（设计的三维图）导入到 ATOS 软件系统中（图 5-8-68），利用该软件的 Primitive 和 Dimension 功能，对扫描得到的零件数学模型和零件设计的 CAD 数学模型进行比较，软件对扫描得到的零件数学模型与零件设计的 CAD 模型各点的坐标逐一对比，找出两者的差值，最后以图像颜色变化的形式显示，利用图像颜色与右侧标准标尺的颜色比较，即可得出被测量零件表面的误差信息。也可以将测量得到的点云数据导入其他三维软件测量，如图 5-8-69 所示，将测量得到的点云导入 Geomagic 软件测量，和设计数模比较。根据颜色变化，得到不同部位的误差。

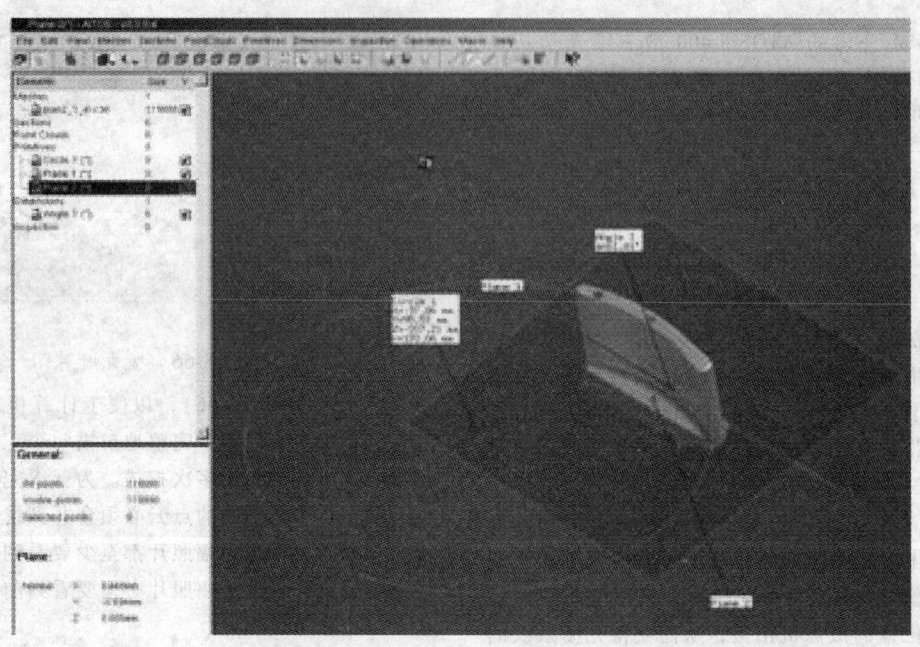

图 5-8-67　在扫描得到的零件数学模型中测量

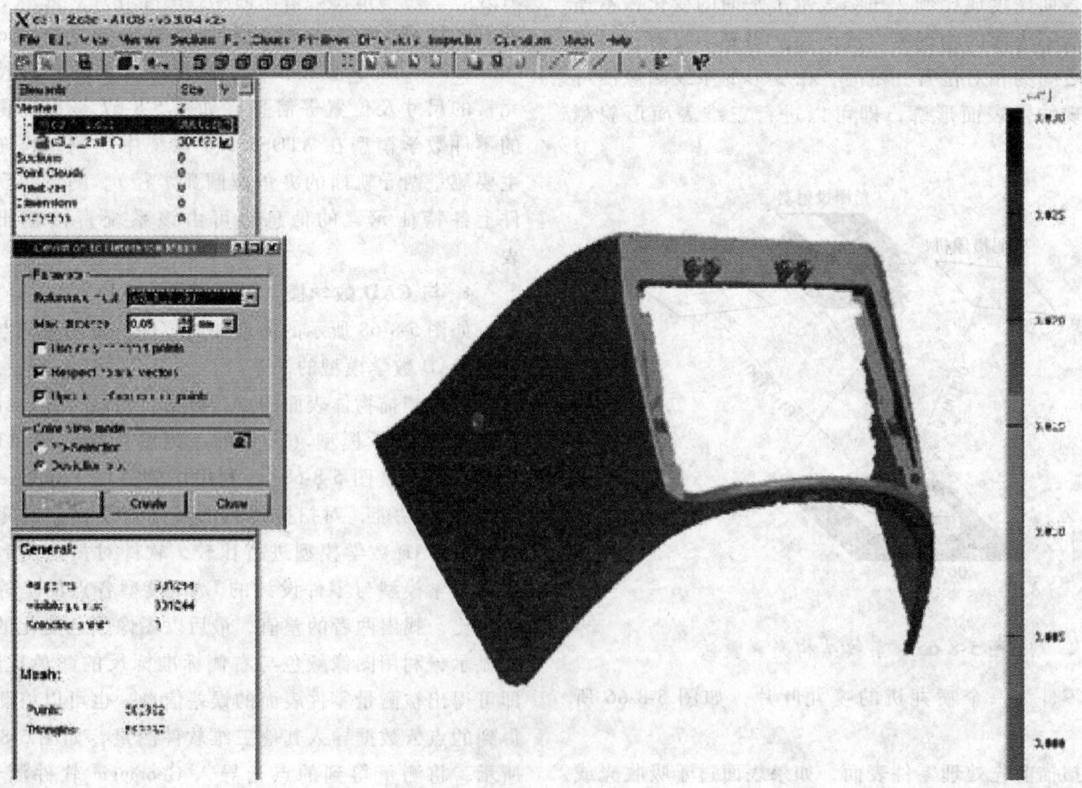

图 5-8-68　测量结果

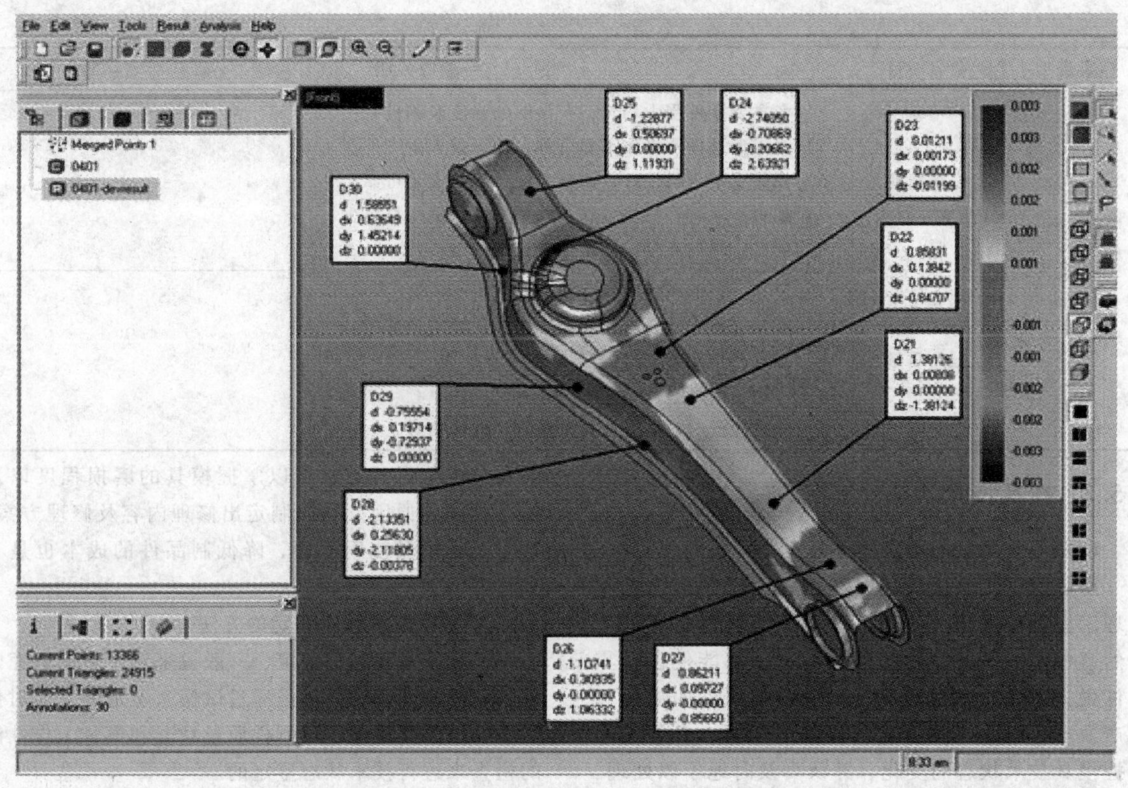

图 5-8-69　Geomagic 软件的三维测量应用

8.5　模具的验收与使用

8.5.1　试模后的模具验收项目

模具在试模后，应按模具的技术条件、合同内容进行验收。其验收范围包括：

1）模具的外观检查。

2）尺寸检查。

3）试模和制件检查。

4）质量稳定性的检查。

5）模具材质及热处理要求检查。

检查部门应按模具图样和技术条件进行全面检查验收，并将检查部位、检查项目、检查方法等内容诸项填入模具验收卡，以便交付用户使用。

试模后模具的验收项目见表 5-8-55。

表 5-8-55　试模后模具验收项目

模具类型	验收项目	验收说明
冷冲模具	模具性能	1）模具各系统紧固可靠，活动部分灵活、平稳、动作互相协调，定位准确。能保证稳定正常工作，能满足正常批量生产的需要 2）卸件正常，容易退出废料，条料送进方便 3）成型零件刃口锋利，表面粗糙度等级高 4）导向系统良好 5）各主要受力零件有足够的强度及刚性 6）模具安装平稳性好，调整方便，操作安全 7）消耗材料少 8）配件齐全，性能良好
型腔模具	模具性能	1）各工作系统坚固可靠，活动部分灵活平稳、动作协调，定位起止正确，保证能稳定正常工作，满足成形要求及生产效率 2）脱模良好 3）嵌件安装方便、可靠

（续）

模具类型	验收项目	验收说明
型腔模具	模具性能	4）各主要零件受力均匀，有足够的强度及刚性 5）对成形条件及操作不要苛刻，便于投入生产 6）模具安装平稳性好，调整方便，工作安全可靠 7）加料、取料、浇注金属及取件方便，消耗材料少 8）配件、附件齐全，使用性能良好齐备
	制品质量	1）尺寸、表面粗糙度符合图样要求 2）形状完整无缺，表面光洁平滑，无缺陷及弊病 3）顶杆残留凹痕不得太深 4）飞边不得超过规定要求 5）成批生产时，能保证质量稳定，性能良好

8.5.2　模具技术状态的鉴定

1. 模具技术状态鉴定的必要性

在制造或使用模具的过程中，由于制造工艺不合理、模具在机床上安装或使用不当、模具零件的自然磨损以及设备发生故障等原因，都能使模具零部件失去原有的使用精度，致使影响制件的质量和生产效率。因此，在模具制成或使用时，必须主动掌握模具技术状态的变化，并认真及时地予以处理，使其经常在良好状态下工作。同时，通过对模具及时的技术状态鉴定，可以掌握模具的磨损程度以及模具损坏的原因，从而制定出修理内容及修理方案，这对延长模具使用寿命、降低制品件的成本也是十分重要的。

2. 模具技术状态鉴定的方法

模具技术状态的鉴定，一般说来对于新制造完的模具和经修理后的模具是通过试模来鉴定的。而对使用中的模具则是通过对制件质量状况和模具工作性能的检查来进行技术状态鉴定的。

模具技术鉴定的方法见表5-8-56。

表5-8-56　模具技术鉴定的方法

鉴定内容		检查方法
制件质量检查	检查内容	1）制件尺寸精度是否符合图样要求 2）制件开头及表面质量有无各种成形缺陷 3）毛刺是否超过规定要求
	首件检查	1）在完成模具安装调整，开始作业时，首先应检查几个制件，看是否符合图样各项要求 2）将检查结果与模具前一次或试模时检查的测定值作比较，看是否发生变化，以确定模具是否安装正确
	模具在使用中的检查	1）进行制件尺寸和毛刺测量 2）将检查结果与首件检查相比，根据尺寸变化状况鉴定模具的磨损状况和使用性能
	末件检查	1）模具在使用后，检查最后几个零件的质量状况 2）根据末件的质量和生产数量来判断模具的磨损状况及有无修复的必要
模具工作性能检查	检查工作零件	1）结合制件质量情况，检查模具工作零件是否有裂纹、损坏和严重磨损 2）凸、凹模间隙大小是否合适，是否均匀 3）冲裁模刃口是否锋利，型腔模表面是否有划痕
	检查各工作系统	检查各工作系统动作是否协调，能否正常工作
	检查导向系统	导向装置是否有严重磨损，导柱、导套间隙配合是否正常，固定部位有无松动现象
	检查推件及卸料装置	各推件及卸料装置动作是否灵活，是否有磨损和严重变形状态
	检查定位装置	定位装置是否可靠，有无松动及严重磨损
	检查安全防护装置	安全、防护装置状态是否完好

对制件、模具性能状态的检查，主要目的是保证模具精度，使模具永远保持在良好技术状态下工作，最大限度地延长模具寿命和防止制件出现缺陷。即使发现问题，也能对模具提出修存的处理意见，以便更

好地指导生产使其安全可靠进行。

8.5.3　冲压模的使用

正确合理地使用也是保证和延长模具使用不可忽视的方面。为此，必须抓好下述工作。

1. 熟悉模具

要用好模具，必须要熟悉模具。使用者应通过查看实物、阅读资料、技术咨询，知道模具的工作内容、结构特点，结合长期工作的经验，制定一套合理的使用方法，才能正确用好模具，不但能保证生产过程正常，模具也能得到有效的保护，使用寿命才会得到可靠的保证。

2. 冲压设备的选择

不同的模具需要不同的冲压设备来工作，效果才会更好，所以在条件许可的情况下，必须对冲压设备加以恰当的选择。选择的内容包括：冲压力大小、冲压速度、行程、闭合高度、滑块的导向精度、模具的安装固定方式等。一般情况，设备的冲压力应略大于模具需要的冲压力，小了肯定不行，太大也未必就好。冲裁类模具宜选择冲压速度较快的，非冲裁成形类模具可稍慢一些。弯曲、拉深高度较大的冲件，设备的工作行程要大，否则无法成形或取出冲件，但用于全导向结构的模具，行程大了会脱离导向，必须选择行程稍小的冲压设备。设备的最大闭合高度应大于模具的实际闭合高度，否则连模具的正常安装都无法进行。滑块的导向精度对于无导向冲裁模非常重要，只有滑块导向精度高且稳定的冲压设备才适用于无导向冲裁类模具，模具也才会比较安全。其他如模具的安装固定方式是否适合，有无位置大小合适的漏料孔，打料装置，以及是否会影响送料或坯件摆放等都必须弄清。

3. 模具的安装和使用

实际工作中亦应高度重视，任何一个环节的疏漏都可能酿成严重后果。尤其在使用过程中，通过声响的异常、冲件质量的变化等判断模具可能存在问题时，应立即停止工作，以便检查、排除问题，从而保证模具的安全。不正常的损坏不但严重缩短模具的使用寿命，还会打乱企业正常的生产秩序，造成更为严重的后果。

8.5.4　模具的维护保养与保管

1. 模具的维护与保养

模具的维护与保养工作，应贯穿在模具的使用、修理、保管各个环节之中，其方法见表 5-8-57。

表 5-8-57　模具的维护、保养方法

序号	维护保养项目	内　　容
1	模具使用前的准备工作	1）对照工艺文件检查所使用的模具是否正确，规格、型号是否与工艺文件统一 2）操作者应使自己首先了解所用模具的使用性能、方法及结构特点、动作原理 3）检查所使用的设备是否合理，如压力机的行程等是否与所使用的模具配套 4）检查所用的模具是否完好，使用的材料是否合适 5）检查模具的安装是否正确，各紧固部位是否有松动现象 6）开机前的工作台上、模具上的杂物是否清除干净，以防开机后，损坏模具或出现安全隐患
2	模具使用过程中的维护	1）开机后，首件必须认真检查，合格后开始生产，不合格停机检查原因 2）遵守操作规程，防止乱放、乱碰，违规操作 3）模具运转时，随时检查，发现异常立刻停机修整 4）要定时对模具各滑动部位进行润滑，防止野蛮操作
3	模具的拆卸	1）模具使用后，要按正常操作程序将模具从机床卸下，绝对不能乱拆乱卸 2）拆卸后的模具要擦拭干净，并涂油防锈 3）模具吊运要稳妥，慢起、轻放 4）选取模具工作后的最后几个件检查，确定检修与否 5）确定模具技术状态，使其完整及时送入指定地点保管
4	模具的检修养护	1）根据技术鉴定状态，定期进行检修，以保证良好的技术状态 2）检修要按检修工艺进行 3）检修后要进行试模、重新鉴定技术状态
5	模具的存放	保管存放的地点一定要通风良好、干燥

2. 模具的保管

（1）成立模具库，设专人保管模具　制品厂的模具规格数量繁多。模具投入生产后，经常处于间断性地工作。各模具使用次数和使用时间的长短差异很大。

有的模具较长时间连续使用；有的模具却不经常使用；有的模具有较长一段时间需要存放一个固定的地方加以保存。为了使模具在下机台之后能得到妥善保存和管理，全厂应建立一个统一的模具存放库，存放全厂的所有模具。该模具库可以直接由生产科管辖，或由模具车间管辖。如果各制品车间有自己的模具维修人员，则各车间的模具由自己车间负责管理更好。

模具存放区间的位置要有规划。大模具存放处要保证留有叉车进出的通道，也可放在大车间桥式起重机行程区间内圈一安全角落存放。小模具都应该安放在铁架子上，各铁架之间应留有小推车的通道。

模具存放的区间划分有两种形式：一种是按照模具体积大小划分。这样大小排列，显得堆放整齐。另一种是按产品型号归类划分区间。如属于盆类产品，则把大小不同规格的盆类模具集中存放在某个区间。又如属于某种音响类制品模具，则把此类型号音响模具集中存放音响类区间内。这样按制品归类存放，便于模具寻找。

总之，不论采用何种方法存放，在模具上都必须用白漆较明显地写上模具编号、模具名称及座号。模具存放处或模架上均有顺序座号的挂牌，各类模具均应按自己的座号，对号入座地存放。这样寻找模具会很方便。做好安放工作非常重要。对于模具较多、管理较差的单位，有时急需一副不经常使用的模具，找模具就要花费很长时间。尤其是大型模具，打开、合拢、查看、寻找非常麻烦。

（2）建立模具档案　模具是制品厂的重要生产工具，模具的质量和现有模具的完好率，是确保制品厂的制品质量和制品高产、稳产不可缺少的硬件。作为生产指挥部门的有关领导，必须随时掌握现存模具的各方面状况，便于组织、安排制品的月生产计划，在厂级生产调度会上，模具问题往往是议事的重点。因此，有必要建立模具档案。对每副模具的基本情况有详细原始记录，可以定期向决策者提供模具需要增添、大修、改造的建议和易损件的预制、购置等事宜。档案中记录每副模具每次修改内容、生产数量，为技术部门提供各类有据可查的原始资料。

模具档案的具体内容如下：

1）记录模具概况。即模具名称、编号、座号，入库年、月、日。若模具是本厂自制，记上模具设计、制作人的名字。若模具是外厂定做，则记上制造厂名称、地址、电话、联系人。

2）档案内存入模具试模合格证、模具结构总图和模具易损件、备用件的零件图等技术资料。在总图上要明显标注模具整体尺寸：长×宽×高。

3）随模入库附件要有记录。内容有：①制品上金属或非金属嵌件图样；②成型预埋件图样；③装卸预埋件的辅助工具及其他定型胎具资料；④加工该模具的型腔、型芯的成形电极，压型冲头等专用工装与工卡具等，均与模具存放在一起，便于修模复制时使用。

4）领用记录。模具领出要填写使用登记卡。使用完毕入库时要记录制品生产数量，使用情况、模具是否要调整维修、提出修理意见，并随模具附上最后一个不修饰飞边的原始制品，供修模工修模时作为参考依据。模具使用人签字。

5）修模记录。存放在库内的模具，应该是完全合格的好模具。凡要维修、中修、大修以及需要完善改造的模具，均由模具库管理人员报生产管理部门，由生产管理部门下达修模任务单，送模具车间修理。不论小修、中修或大修，均要详细记录修改内容，修模人签字。修模后凭试模合格单入库，并附上修后试模合格样品作为依据。

6）模具库内模具每年清点一次，库内存放的模具不仅是合格的模具，并且是有用的模具。对于报废的模具，或因产品下马失去使用价值变相报废的模具，以及长期不生产，产权属于外单位的模具等，这些都应报请生产管理部门及时处理，把它们清出库外，另找别处安置。总之，不让那些不用的模具与经常使用的合格模具长期混在一起，以免随着时间的推移，使模具库演变成废品库。这些被处理的模具档案资料，留给技术部门存档研究。

8.6 冲压模的修理

8.6.1 维修用的设备与工具

维修模具常用的设备与工具见表5-8-58。

8.6.2 修配工艺过程

模具修配工艺过程见表5-8-59。

表5-8-58 维修模具常用的设备与工具

序号	项目	名　称	用　途
1	使用设备	压力机： 手动压力机	能供一般小型冲模冲裁、压弯及拉深用，如J21-63型压力机。对于大型冲模、塑料模、锻模、压铸模，可在生产车间内设备上进行。供小型制件模具调整，导柱、导套的压入、压出

（续）

序号	项目	名　　称	用　　途
1	使用设备	0.5kN 齿条式手动压力机 锉床 手推起重小车	供小型零件的压入或压出以及制备件时的压印锉修 供锉修零件用 供模具运输及搬运用
2	工具	撬杠	主要用于开启模具
		卡钳	卡零件用
		样板夹 砂轮磨头	夹样板、配作模具用
		退销棒与拔销器	用于取、装圆柱销
		螺钉定位器 抛光轮	安装螺钉定位用
3	切削工具	细纹什锦锉	五支至十二支组锉，用于锉修成形
		油石	各种规格型号的油石，粒度在 100～200 之间，用于修磨零件
		砂轮磨头	粒度为 40、60、80，用于修磨零件
		抛光轮	布、皮革及毛毡三种，用于抛光零件用
		砂布	粒度：46、80、120、180。用于零件抛光

（续）

序号	项目	名称	用途
4	量具	游标卡尺 高度游标卡尺 角度尺 0.02mm厚塞尺 半径1mm以上半圆规	划线、测量及检验用

表5-8-59 模具修配工艺过程

序号	修配工艺	简要说明
1	分析修理原因	1）熟悉模具图样，掌握其结构特点及动作原理 2）根据制件情况，分析造成模具需修配的原因 3）确定模具需修理部位，观察其损坏情况及部位损坏情况
2	制定修理方案	1）制定修理方案和修理方法，即确定出模具大修或小修方案 2）制定修理工艺 3）根据修理工艺，准备必要的修理专用工具及备件
3	修配	1）对模具进行检查，拆卸损坏部位 2）清洗零件，并核查修理原因及方案的修订 3）配备及修整损坏零件，使其达到原设计要求 4）更换修配后的零件，重新装配模具
4	试模与验证	1）将修配后的模具，用相应的设备进行试模与调整 2）根据试件进行检查，确定修配后的模具质量状况 3）根据试冲制品情况，检查修配后是否将原弊病消除 4）确定修配合格的模具，打刻、入库、存放

8.6.3 模具修复方法

模具修复在模具使用过程中占有十分重要的地位。模具作为成形制品的工具，在使用中必然存在正常磨损而降低精度，也存在偶发事故而造成损坏。与一般设备不同的是，模具对精度状态十分敏感，一旦精度超差，就不能提供合格的制品。因此，在生产中必须仔细监督和检查模具的使用精度及寿命。制品生产企业应配备专职的模具维修工，负责模具的修复和管理工作，这是由模具的特点所决定的。

模具在使用时，出现故障的情况和原因是多种多样的，应根据不同的情况，采取不同的修复手段。常用的模具修复手段有堆焊、电阻焊、电刷镀、镶拼、挤胀、扩孔和更换新件等。

1. 堆焊与电阻焊

（1）堆焊 堆焊是焊接的一个分支，是金属晶内结合的一种熔化焊接方法。但它与一般焊接不同，不是为了连接零件，而是用焊接的方法，在零件的表面堆敷一层或数层具有一定性能材料的工艺过程。其目的在于修复零件或增加其耐磨、耐热、耐蚀等方面的性能。堆焊通常用来修补模具内诸如局部缺陷、开裂或裂纹等修正量不大的损伤。目前用得较为广泛的是氩气保护焊接，即氩弧焊。

氩弧焊具有氩气保护性良好，堆焊层质量高，热量集中，热影响区小，堆焊层表面洁净，成形良好和适应性强等优点。但需要操作者具有丰富的经验，熟知模具材料及热处理性能，这样才能保证模具在焊接过程中不开裂、无气孔。为此，氩弧焊在使用中必须遵循以下基本原则：

1）焊丝材料必须与所焊的模具材料相同或至少与材料相近，硬度值相同或相近，以使模具的硬度和结构均匀一致。

2）电流应控制得很小，这样可防止模具局部硬化以及产生粗糙结构。

3）所焊零件一般需要预热，特别是对较大型零件，以减少局部过热造成的应力集中。预热温度必须达到马氏体形成温度之上，具体数值可从有关金属的相态图中获取。但加热温度不能太高（一般在500℃以下），否则将增大熔焊深度。模具在整个焊接过程中，必须保持预热温度。

4）焊后的零件根据具体情况，需要进行退火、回火或正火等热处理，以改善应力状态和增强焊接的结合力。

（2）电阻焊　目前应用较普遍的便携式工模具修补机，其原理可归于电阻焊之列。其可输出一种高能电脉冲，这种电脉冲以单次或序列方式输出，将经过清洁的待修复的零件表面覆以片状、丝状或粉状修补材料，在高能电脉冲作用下，修补材料与零件结合部的细微局部产生高温，并通过电极的碾压，使金属熔接在一起。具有熔接强度高，修补精度高，适用范围大，零件不发热，零件损伤小和修复层硬度可选等优点。主要用于尺寸超差、棱角损伤、氩弧焊不足、局部磨损、锈蚀斑和龟裂纹等的修补，但不适于滑动部位的修补。图 5-8-70 和图 5-8-71 所示分别是应用片材和粉末材料修补零件的示意图。

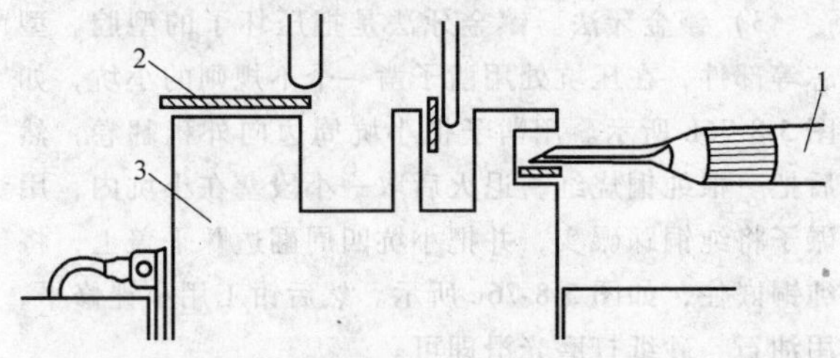

图 5-8-70　片材的应用

1—电极　2—片材　3—工件

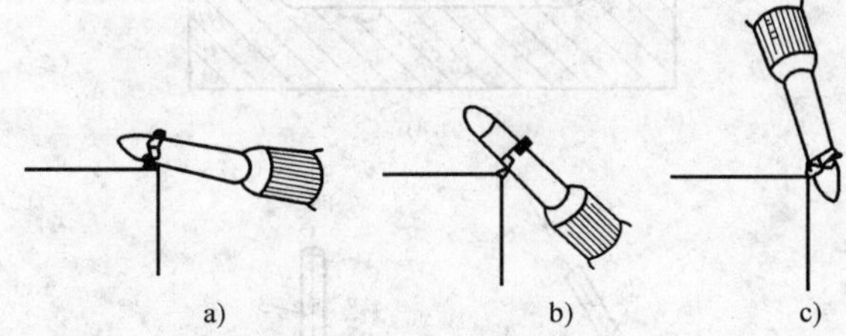

图 5-8-71　粉末的应用

a）分型面修补　b）角部修补　c）立面修补

2. 电刷镀

电刷镀是电镀的一种特殊方式，即不用镀槽，只需要在不断供给电解液的条件下，用一支镀笔在工件表面上进行擦拭，从而获得电镀层。所以，电刷镀有时又称做无槽电镀或涂镀。

电刷镀技术可用于模具的表面强化处理及修复工作，如模具型腔表面的局部划伤、拉毛、蚀斑、磨损等缺陷。修复后，模具表面的耐磨性、硬度、表面粗糙度等都能达到原来的性能指标。电刷镀主要用以电刷镀回转体工件表面，可达到自 0.01mm 直至 0.5mm 以上的厚度。

电刷镀技术有如下特点：

1）不需要镀槽，可以对局部表面刷镀。设备、操作简单，机动灵活性强，可在现场就地施工，不受工件大小、形状的限制，甚至不必拆下零件即可对其进行局部刷镀。

2）可刷镀的金属比槽镀多，选用更换方便，易于实现复合镀层，一套设备可镀金、银、铜、铁、锡、镍、钨、铟等多种金属。

3）镀层与基体金属的结合力比槽镀牢固，电刷镀速度比槽镀快 10～15 倍（镀液中离子浓度高），镀层厚薄可控性强，电刷镀耗电量是槽镀的几十分之一。

4）因工件与镀笔之间有相对运动，故一般都需要人工操作，很难实现高效率的大批量、自动化生产。

3. 电刷镀技术的工艺过程

电刷镀的整个工艺过程包括镀前表面预加工、脱脂除锈、电净处理、活化处理、镀底层、镀工作层和镀后检查修整等。

（1）表面预加工　去除表面上的毛刺、不平度、锥度及疲劳层，保证光洁平整，表面粗糙度 Ra 小于 2.5μm。对较深的划伤、腐蚀斑坑及沟槽表面，要用锉刀、磨条、砂轮、油石等修形，露出基体金属，并使镀笔阳极可以接触凹部的每一个位置，如图 5-8-72 所示。

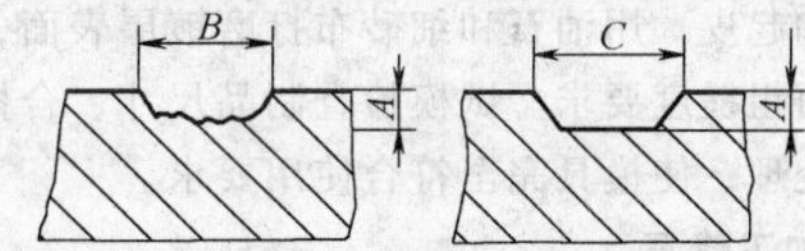

图 5-8-72　被修复的模具

（2）脱脂、除锈　工件表面上的锈蚀，严重的可用喷砂、砂布打磨；油污可用汽油、丙酮或水基清洗剂来清洗。用测量工具测量出要求修复的金属层厚度，用胶带将待修复部位邻近的表面贴覆起来，如图 5-8-73 所示。

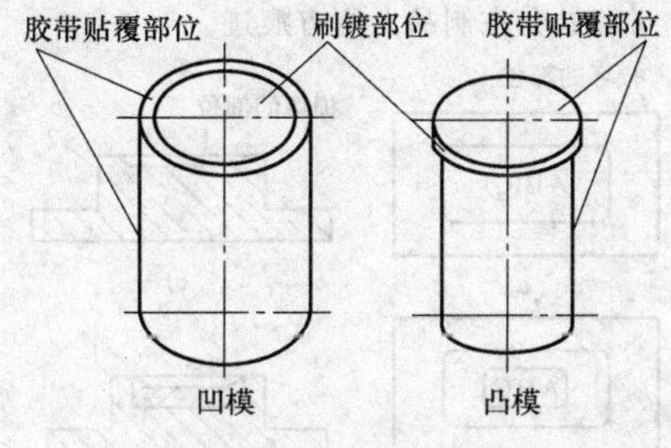

图 5-8-73　胶带贴覆部位

（3）电净处理　首先需用电净液对工件表面进行电净处理，以进一步除去微观上的油污。对于模具修复，一般电源正接（即工件接电源负极，镀笔接电源正极），电净时阴极上产生氢气泡使表面的油污去除脱落。电压为 10～20V，阴、阳极相对运动速度为 6～8m/min，时间为 10～30s。然后用清水冲洗掉电净表面的残留镀液。

（4）活化处理　活化处理用以除去工件表面的

氧化膜、钝化膜或析出的碳元素微粒黑膜。活化液按作用强弱，有1号、2号、3号之分。1号液工件可接电源正极或负极，电压10～12V；2号、3号液工件接电源正极，电压分别为6～12V及15～20V。阴、阳极相对运动速度为6～8m/min，时间为5～30s。活化以后工件表面呈银灰色，用清水冲洗干净。

（5）镀底层　为使获得的镀层与基体有良好的结合强度，一般采用特殊镍打底层。工件接电源负极，镀笔接电源正极。先在不通电的情况下在待镀部位擦拭3～5s，然后通电，在8～15V下进行刷镀。阴、阳极相对运动速度为10～15m/min，过渡层厚1～3μm。

（6）镀工作层　用快速镍或镍-钨合金刷镀工作层直到恢复尺寸。工件接电源负极，镀笔接电源正极。工艺过程同上，首先无电擦拭3～5s，然后通电，电压8～15V，相对运动速度10～15m/min，时间为镀至所需厚度为止。

（7）镀后检查修整　用清水冲净镀覆表面的残留镀液，擦净水渍。用吹风机吹干镀层表面，观察有无裂纹和起皮。用油石和细砂布打磨镀层表面，使其达到表面粗糙度要求。试模检查制品尺寸，合格后进行抛光处理，使模具完全符合使用要求。

4. 加工修复

（1）镶拼　用镶拼法修复模具有以下几种情况。

1）镶件法。镶件法是利用铣床或线切割等加工方法，将需修理的部位加工成凹坑或通孔，然后制造新的镶件，嵌入凹坑或通孔里，达到修复的目的。尽量做到该镶件正好在型腔、型芯的造型区间分界线上，如图5-8-74所示，这样可以遮盖修补的痕迹，否则镶件拼缝处会在制品上留有痕迹。

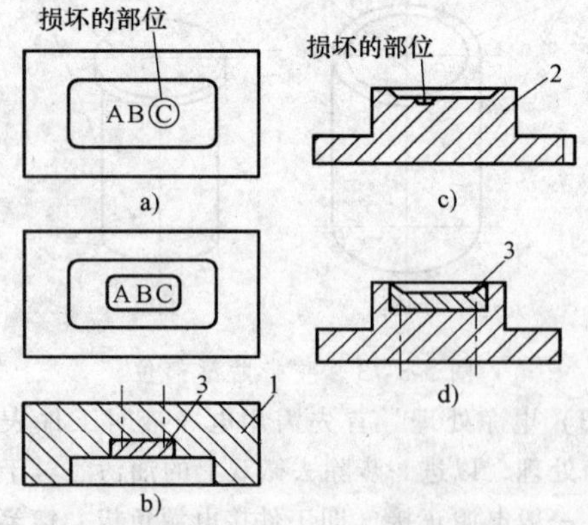

图5-8-74　镶件法修补模具

a）商标压坏　b）商标镶嵌并加框格

c）型芯低台压坏　d）型芯低台镶嵌组合

1—型腔　2—型芯　3—修补用镶嵌件

2）加垫法。加垫法是将大面积平面严重磨损的零件，加垫一定高度后，再加工至原来尺寸，如图5-8-75所示。A面发生磨损，可将A面磨去δ厚，在B面加垫δ厚以补偿，相应的型芯止口处也要磨去δ厚。该法简便，适用性强，在模具的修复工作中经常会用到。

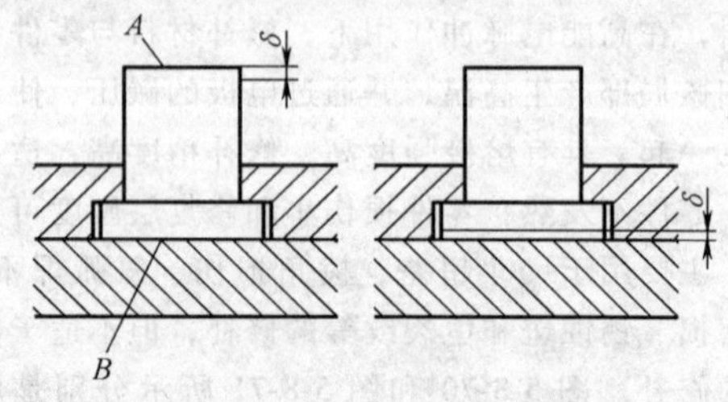

图5-8-75　加垫法修复模具

3）镶金牙法。镶金牙法是把压坏了的型腔、型芯等部件，在压坑处用凿子凿一个不规则的小坑，如图5-8-76b所示。用凿子把小坑周边向外稍翻卷，然后把一根纯铜烧红，退火后取一小段塞在小坑内，用碾子将纯铜踩碾实，并把小坑四周翻边踩平盖上，将纯铜嵌住，如图5-8-76c所示。然后钳工用小锉修平，用油石、砂纸打磨光滑即可。

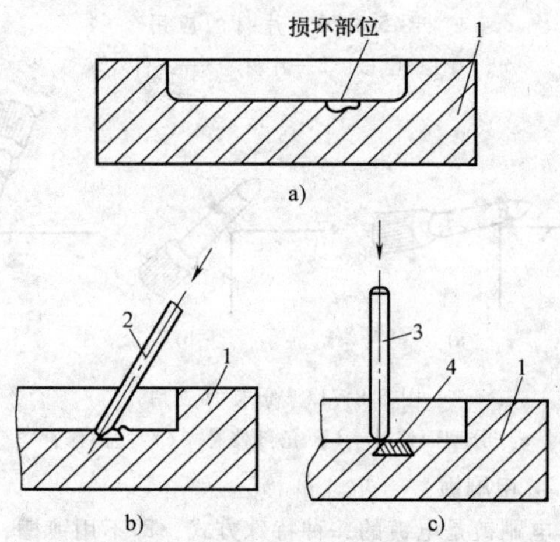

图5-8-76　镶金牙法修复模具

a）型腔受损　b）用凿子凿坑　c）镶补纯铜

1—型腔　2—凿子　3—碾子　4—纯铜块

4）镶外框法。当成型零部件在长期的交变热及应力作用下出现裂缝时，可先制成一个钢带夹套，其内尺寸比零件外尺寸稍小，成过盈配合形式，然后将夹套加热烧红后，再把被修的零件放在夹套内，冷却后零件即被夹紧，这样就可以使裂纹不再扩大。

（2）挤胀　利用金属的延展性，对模具局部小而浅的伤痕，用小锤或小碾子敲打四周或背面来弥补伤痕的修理方法。在图5-8-77a中，分型面沿口处出现一个小缺口，此时可在缺口处附近（2～3mm）钻一个10mm的ϕ18mm小孔，用小碾子从小口向缺口处冲击碾挤，当被碰撞的缺口经碾挤后，向型腔内侧凸起时，如图 5-8-77b 所示，观察其凸起的量够修复的量时，就停止碾挤，把小孔用钻头扩大成正圆，并把孔底扩平，然后用圆销将孔堵平填好，再把被碾凸的型腔侧壁修复好即可，如图 5-8-77c 所示。

若损坏的部位在型腔底部，可用同样方法进行修复。图 5-8-78a 为被压坏的型腔，可在其背面钻一个大于压坏部位一倍的深孔，距离型腔部分 h 为孔径的 1/2～2/3。然后用碾子冲击深孔底部，使型腔表面隆起，如图 5-8-78b 所示。接着用圆销堵好焊死，最后把型腔底部隆起部分修平修光，恢复原状即可，如图 5-8-78c 所示。

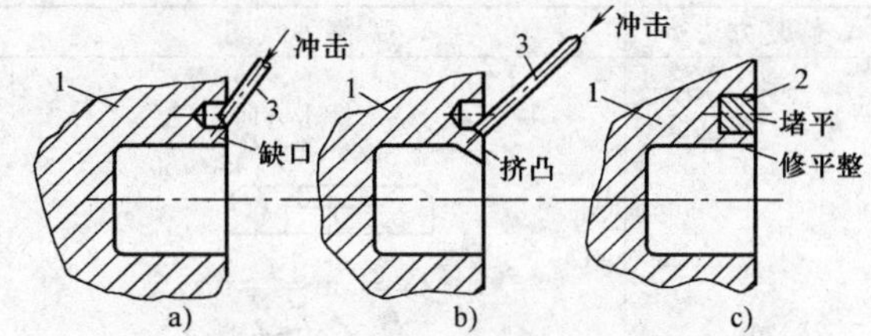

图 5-8-77　用挤胀法修复局部碰伤
a）碰伤缺口附近钻孔　b）用碾子冲击侧壁并将侧壁挤凸　c）扩孔、堵平、修复
1—型腔　2—圆销　3—碾子

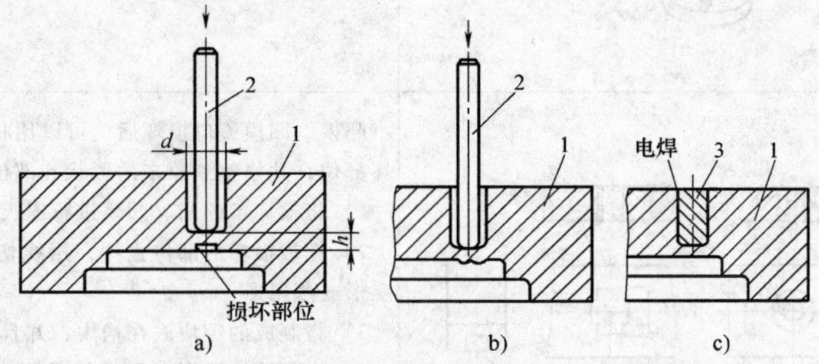

图 5-8-78　用挤胀法修补型腔
a）受损部背面钻孔　b）用碾子冲击变形　c）堵孔、修形复原
1—型腔　2—碾子　3—圆销

（3）扩孔　当各种杆的配合孔因滑动磨损而变形时，采用扩大孔径，将配用杆的直径也相应加大的方法来修复，称扩孔法。当模具上的螺纹孔或销钉孔由于磨损或振动而损坏时，一般也采用此法进行修理，方法简单，可靠性很强。

（4）更换新件　这种方法主要应用于杆、套类活动件折断或严重磨损情况下的修复。对于其他部件，当采用现有的修复手段均不可行时，也需要更换新件来使模具能够正常使用。

前面介绍了几种不同的模具修复手段。当模具出现问题后，采取何种方法进行修复，主要取决于损坏的类型及模具结构，模具维修人员应根据具体情况，制定出具体可行的修复方法并实施，以保证模具的正常运行。

8.6.4　冲模凸、凹模的修理

凸、凹模的修理主要有以下几类：

1）冲裁凸、凹模的修复。冲裁凸、凹模的修复方法见表 5-8-60。

表 5-8-60　冲裁凸、凹模的修复

修复方法	简　图	修复工艺说明
挤捻法修复刃口	锤击方向 45°～60° a) b)	刃口长期使用及刃磨，间隙变大，可用锤击的方法从刃口附近的金属向刃口的边缘挤捻移动，从而减少凹模孔的尺寸（或加大凸模的尺寸）达到减小间隙的目的。其方法是，先将硬度降至 38～42HRC，即局部加热，用锤敲击，并沿着刃口边缘均匀而细心地依次进行，最后修磨刃口，合适后再淬硬

（续）

修复方法	简　图	修复工艺说明
修磨法修整刃口	锤击方向 45°～60° a) b)	用几种粗细不同的油石，加些煤油在刃口面上来回研磨，使刃口变得锋利。研磨时可不必拆卸冲模
嵌镶块法修整	a)　b)　c)	凸模、凹模刃口损坏后，可以用相同材料的镶块来镶补损坏部位，并修整到原来的形状和部位： 1）将损坏了的凸、凹模进行退火处理 2）把被损坏的部位去掉，用线切割或锉修的方法修成工字形或燕尾形 3）将制成的镶块嵌在槽中，并且要密合，不允许有裂纹 4）大型镶块用螺钉及销钉紧固，嵌小孔凹模时，也可以用螺纹塞柱塞紧后再重新钻孔成形 5）将镶配后的凸、凹模加工成形，并研配间隙后淬硬
锻打法修复刃口	—	对于间隙变大的凸、凹模，可以采用局部锻打的方法来使间隙变小：先利用氧乙炔气焊嘴，沿着刃口边缘慢慢移动，将其加热，等到发红后即用手锤敲击刃口，以改变刃口尺寸（缩小凹模孔径尺寸或增大凸模断面尺寸）。待刃口各部位的延展尺寸敲击均匀后（一般0.1～0.2mm），停止敲击，继续加热，保持几分钟后冷却，采用压印法将刃口修复合适。刃口修复后再用火焰淬火的方法，提高其硬度
镦压法修复刃口	加热部分 锻压后的形状	1）将要报废的零件刃口部分加热到适于锻打的红热状态 2）放在压力机施加压力，使其受力变粗 3）冷却后修配刃口成形
电焊堆焊法	4～6 30°～45° a) 90°～120° 5～8 黄铜棒 b)　c)	将啃刃部位的凹（凸模）用砂轮磨成与刃口平面成30°～45°斜面，宽度视损坏程度而定，一般为4～6mm（图a）；假如是裂纹，可用砂轮磨出坡口（图b）；如果是内孔崩刃，应按内孔直径大小装配一根黄铜棒于凹模孔内（图c） 预热：在炉内加热，按回火温度 焊补：用直流电焊机将预热的工件用电焊条来焊补镶块 将焊后的工件保温一段时间 冷却后：磨床加工到尺寸

（续）

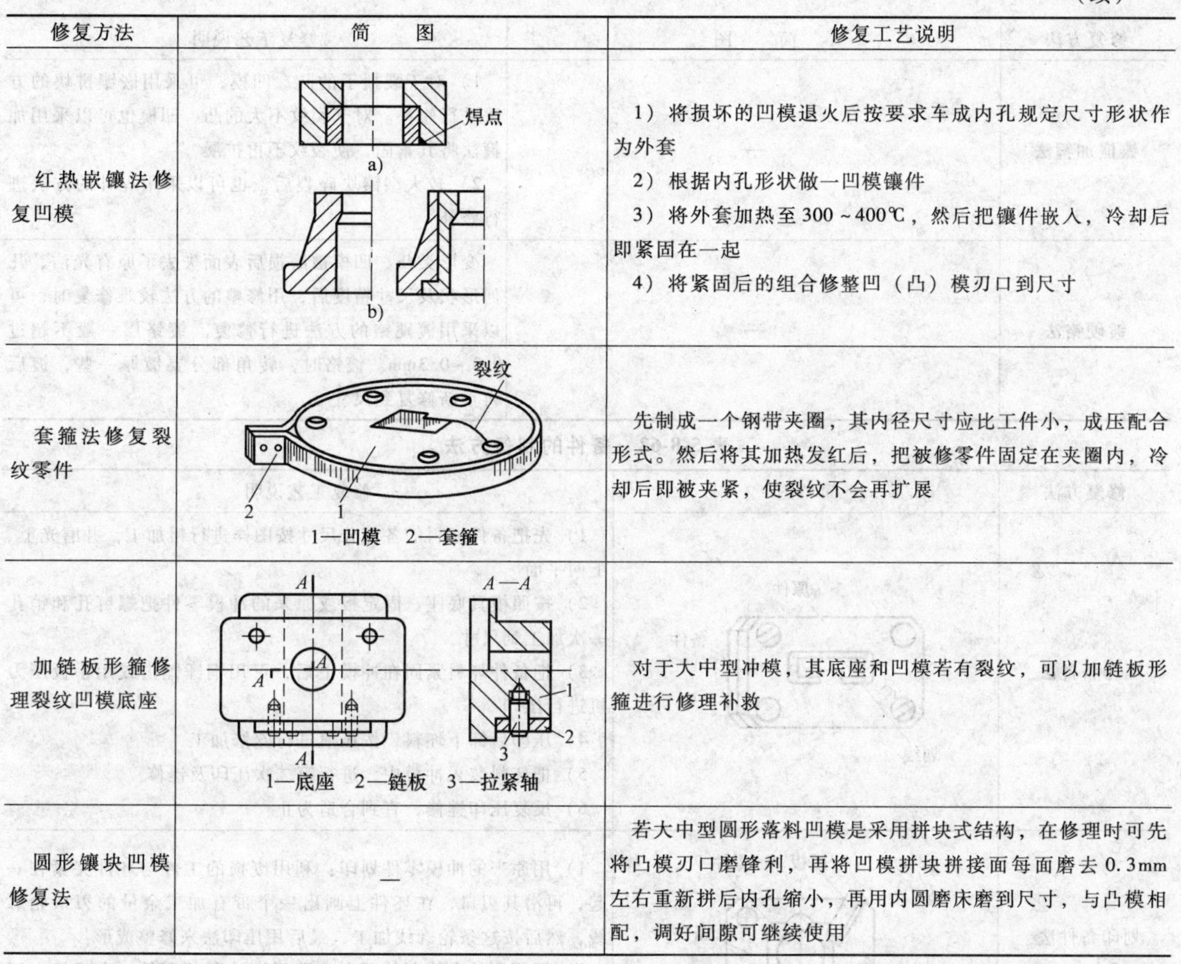

修复方法	简　　图	修复工艺说明
红热嵌镶法修复凹模	焊点 a) b)	1）将损坏的凹模退火后按要求车成内孔规定尺寸形状作为外套 2）根据内孔形状做一凹模镶件 3）将外套加热至 300～400℃，然后把镶件嵌入，冷却后即紧固在一起 4）将紧固后的组合修整凹（凸）模刃口到尺寸
套箍法修复裂纹零件	裂纹 1—凹模　2—套箍	先制成一个钢带夹圈，其内径尺寸应比工件小，成压配合形式。然后将其加热发红后，把被修零件固定在夹圈内，冷却后即被夹紧，使裂纹不会再扩展
加链板形箍修理裂纹凹模底座	A—A 1—底座　2—链板　3—拉紧轴	对于大中型冲模，其底座和凹模若有裂纹，可以加链板形箍进行修理补救
圆形镶块凹模修复法		若大中型圆形落料凹模是采用拼块式结构，在修理时可先将凸模刃口磨锋利，再将凹模拼块拼接面每面磨去 0.3mm 左右重新拼后内孔缩小，再用内圆磨床磨到尺寸，与凸模相配，调好间隙可继续使用

2）变形类工作零件的修复。变形类冲模如压弯模、翻边模及拉深模的凸、凹模经长期使用后除了因裂纹而需要修补外，常见的损坏主要是因磨损而引起的质量下降。例如压弯模凸模圆角磨损后会引起制品侧面孔位上移；翻边模的凹模磨损引起制件翻边不直或外径超差；拉深模的凹模磨损后造成拉毛、起皱等。其修复方法见表 5-8-61。

3）备件的制备。对于批量较大的生产用模，以及易损、易坏的模具零件，应备有备件。一旦出了毛病，马上更换修理，以不影响生产。备件的制备方法见表 5-8-62。

表 5-8-61　变形类冲模工作零件修复方法

修复方法	简　　图	修复工艺说明
修磨修复法	磨去量＞Δ 加垫=磨去量 新的圆角 磨去量 磨去量＞Δ 磨损量Δ 新的圆角	1）压弯模凸模圆角磨损后，可在平面磨床上将底面磨去，其修磨量应大于圆角磨损量，随后再用砂轮打修成所需的圆角 2）对于凹模，除了将刃口部位磨去外，同样也应将侧面磨去。但侧面磨量不要太大，只要将拉毛的沟槽磨平即可。侧面磨去后，其尺寸会变小，为不影响使用，可以采取背面加垫的办法，以其补偿

（续）

修复方法	简　图	修复工艺说明
镶嵌加箍法	—	1）对于裂损了的凸、凹模，可采用嵌镶拼块的方法进行修补。对于裂纹不大的凸、凹模也可以采用加箍法将其紧固，使裂纹不再扩展 2）较大型镶块碎裂后，也可以采用焊补的方法进行修补
镀硬铬法	—	变形类凸、凹模被磨损后表面失去了原有光洁、几何形状及尺寸精度后，用修整的方法较难修复时，可以采用镀硬铬的方法进行修复。镀铬层一般不超过 0.2～0.3mm。镀铬时，转角部分要镀厚一些，镀后再重新修复到尺寸

表 5-8-62　备件的制备方法

修复方法	简　图	修复工艺说明
压印备件法	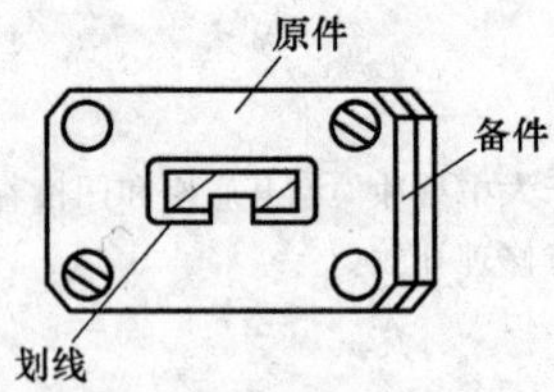	1）先把备件坯料的各部分尺寸按图样进行粗加工，并磨光上、下两平面 2）按照模具底座、固定板或原来的冲模零件把螺钉孔和销孔一次加工到尺寸 3）把备件坯料紧固在冲模上后，可用铜锤锤击或用手扳压力机进行压印 4）压印后卸下坯料，按压痕进行锉修加工 5）把坯料装入冲模中，进行第二次压印及锉修 6）反复压印锉修，直到合适为止
划印备件法	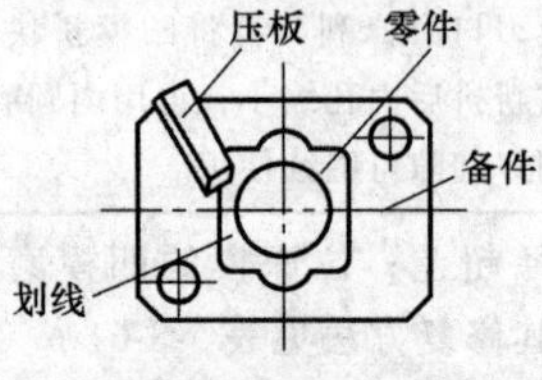	1）用原来的冲模零件划印：利用废损的工件与坯件夹紧在一起，再沿其刃口，在坯件上画出一个带有加工余量的刃口轮廓线，然后按这条轮廓线加工，最后用压印法来修整成形 2）用压制的合格制件画印：即用原冲制的零件，在毛坯上画印，然后锉修、压印成形
心棒棒定位法	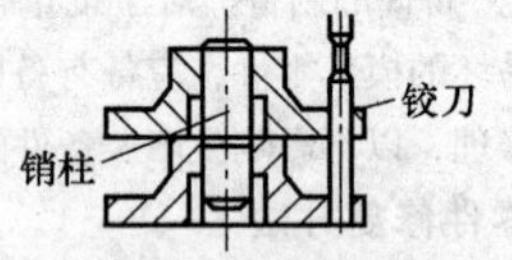	加工带有圆孔的冲模备件，可以用心棒来加工定位，使其与原模保持同心再加工其他部位
定位销定位法	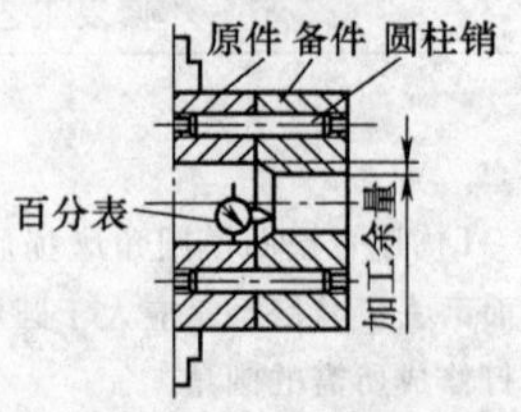	在加工非圆孔时，可以用定位销定位后按原模配作加工
直接接触定位法	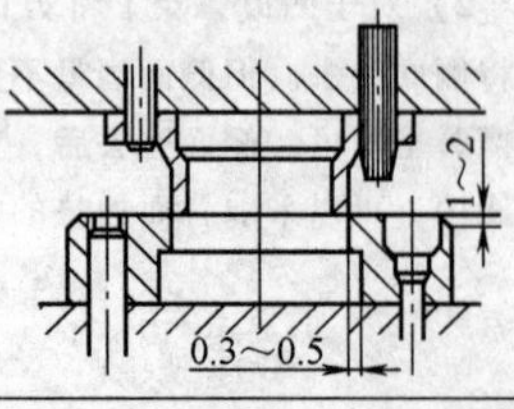	在配制凸凹模备件时，用原凹模定位，首先把备件坯料外圆的上端精车到能同凹模作轻松压配合的尺寸（长度 2～3mm），然后将坯料压入凹模后，即可按冲模底板上的已有定位销孔配钻备件的销孔

（续）

修复方法	简　图	修复工艺说明
利用制品配制变形备件	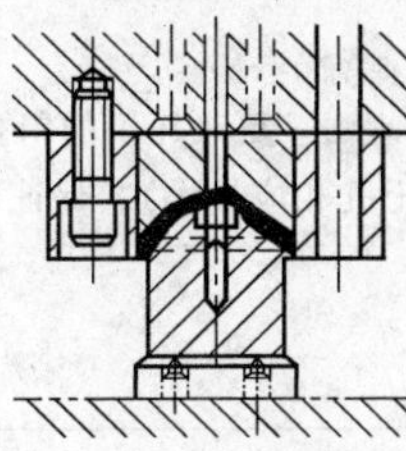	1）按图样检验备好的坯件 2）将坯件装入冲模中，并用工艺螺钉紧固 3）在上、下模的工作部分放入一个已压制好的合格零件，并使其与凸、凹模贴紧摆正 4）按下模板上的销孔钻铰坯件的销孔及螺孔 5）钻孔后进行热处理、抛光、研磨后即可使用 6）坯件必须采用配制的方法进行修理。首先按图样加工模坯，并留有一定加工余量。然后，在原来的冲模上配制定位销孔及螺孔，以保证一定的间隙及准确位置
细小备件凸模的更换	—	1）将凸模固定板卸下，清洗干净 2）把固定板放在平台上，并用等高垫铁垫起，使凸模朝上 3）将铜锤对准损坏了的凸模，砸凸模 4）将固定板翻转过来，再用等高垫铁垫起 5）将新凸模工作部分朝下，并引进固定板对应的型孔中，再用手锤轻轻地敲固定板 6）新更换的凸模与凹模配准，调好间隙，再用冲子将其固紧 7）将换好的凸模固定板组合，在平面磨床上磨平。磨平平面后，再翻转过来，平磨刃口面，使其与其他平面磨平 8）进一步调整间隙，以便修整后可继续使用 9）细小凸模更换也可以用低熔点合金及环氧树脂浇注紧固
凸、凹模刃口平面磨削法	—	凸、凹模刃口使用一段时间后，应在平面磨床上磨刃口，使其变锋利 1）每次刃磨量不要太大，一般为 0.10～0.15mm 2）刃磨时，每次进刀量要适中，不要过深 3）拆卸零件时，应避免碰伤刃口及模具其他零件

8.6.5　模具其他方面的修理

1. 螺纹孔和销孔的修理

螺纹孔和销孔坏了或位置不合适，修理方法见表 5-8-63。

2. 定位零件的修理

定位零件如定位销、定位钉、定位板和级进模中的导料板、侧刃挡块和导钉等，修理方法见表 5-8-64。

3. 导向零件的修配

导向零件的修配方法见表 5-8-65。

表 5-8-63　螺纹孔和销孔的修理

修理项目	简　图	修理方法及特点
螺孔坏了	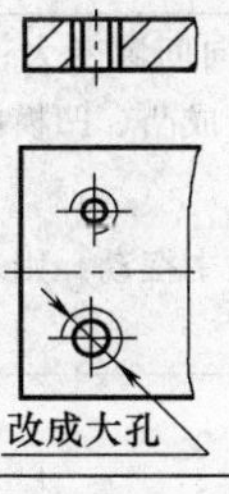 改成大孔	第一种方法：扩孔修理法。将坏了的螺孔扩大改成直径较大的螺孔后重新选用相应的螺钉 优点：修理方便，牢固可靠 缺点：所有螺钉过孔包括沉头孔等要重新加工，比较麻烦
	 镶柱塞 孔口铆平	第二种方法：镶嵌柱塞法。将坏了的螺孔扩大成圆柱孔，镶嵌入柱塞，然后再重新按原位置原大小加工螺孔。要求镶嵌的柱塞与孔不但成压配，当螺钉旋入螺孔时，柱塞不能跟着转 优点：不需更换新螺钉，其他件也不需扩或锪孔 缺点：比较费时

（续）

修理项目	简图	修理方法及特点
销孔坏了	$d_{改前}$ $d_{改后}$	第一种方法：扩大直径修理法。更改坏了的销孔，将直径扩大到一定大小（包括销钉穿过的其他板件上孔相应扩大），保证新销钉与孔成合理配合 优点：精度较高
	镶螺纹柱塞	第二种方法：加柱塞法。即将原销孔扩大后通过压入柱塞再两端铆接，或是旋入螺柱塞后再加工成原先孔径大小的销孔，保证销钉与孔配合合理 此法只改动销孔坏了的那块板，其他板件上的销孔不用变动
		第三种方法：更换销钉法，对于有些销钉孔稍偏大的情况，可以选用直径合适的销钉直接用上 适用于销孔磨损变大的情况

表 5-8-64 定位零件的修理方法

修理项目	损坏原因	修理方法
定位销定位钉定位板导正销	长期使用后磨损或定位板紧固螺钉、销钉松动使定位不准	1）更换新的定位钉、定位销或导正销，重新调整后使用 2）重新调整紧固螺钉及销钉，使其定位准确 3）若定位销孔已磨损变了形，可在原孔位置用直径大一点的钻头扩孔，然后压入柱塞再进行重新调整加工销孔，保证定位准确
级进模中的导料板、侧刃挡块	长期使用与条料摩擦、磨损，使尺寸精度降低，影响导向和冲件质量	修理时，可以用卡尺、量块先检查一下导料板间的尺寸和磨损情况，再检查侧刃挡块的磨损和松动情况。属于一般松动的，只需重新调整位置；属于比较严重磨损的，如挡块可以换新的，导料板则要重新磨平后再调整，继续使用。导料板的进料口磨损严重的地方，可以镶上淬硬块解决

表 5-8-65 导向零件的修配方法

序号	项目	修配说明
1	导向零件磨损后对模具的影响	导向零件（导柱、导套）经长期使用后，被磨损而使导向间隙变大；受到冲击振动后会发生晃动，丧失了导向能力，致使上、下模相碰，损坏冲模或造成凸、凹模间隙的不均匀，制品出现毛刺影响了产品质量
2	检查方法	用撬杠将上模撬起，双手撑住左右晃动，若上模板在导柱中摆动，则表明导柱、导套间间隙过大，应进行修配（可以用量具检查）
3	检修方法	1）把导柱、导套磨光 2）对导柱进行镀硬铬 3）镀铬的导柱与研磨后的导套配合研磨导柱，使其间隙恢复到原来的精度 4）将经研磨后的导柱、导套抹一层薄机油，使导柱插入导套孔中。这时，用手转动或上下移动而不觉得过紧、过松即为合适 5）将导柱压入下模板。压入时需将上、下模板合在一起，使导柱通过上模板孔再压下去，并用角尺测量，以保证垂直度 6）用角尺检查后，将上、下模板合起来，用手检查其配合程度和修理质量 7）检查时，若发现导柱有倾斜或手感有摇晃现象，应重新修配

8.6.6　各类冲模常见故障及修理方法

1. 冲裁模

冲裁模常见故障及修理方法见表 5-8-66。

2. 弯曲模

弯曲模常见故障及修理方法见表 5-8-67。

3. 拉深模

拉深模常见故障及修理方法见表 5-8-68。

表 5-8-66　冲裁模常见故障及修理方法

故障现象	产生原因	修理方法
制品的外形及尺寸发生变化	1）凸模与凹模尺寸发生变化或凹模刃口被啃坏，凸、凹模损坏了某部位 2）定位销、定位板被磨损，不起定位作用 3）在剪切模或冲孔模中，压料板不起作用，而使制品受力引起弹性跳起 4）条料没有送到规定位置，或条料太窄在导板内发生移动	1）制品外形尺寸变大，可卸下凹模，将其更换或采用挤捻、嵌镶、堆焊等方法修配；制品内孔变小，可以用同样的方法修配 2）检查原因，重新更换新的定位零件，或仔细调整位置继续使用 3）修理承压板或压料橡胶，使其压紧坯料后进行冲裁 4）改善工艺条件，按规定的工艺制度严格执行
制品内孔与外形尺寸相对位置发生变化	1）凸模与凹模由于长期使用，紧固零件或固紧方式变化发生位置移动 2）在级进模中，侧刃长期被磨损而尺寸变小 3）导钉位置发生变化或两个导钉定位时，导钉由于受力后发生扭转，使定位、导向不准 4）定位零件失灵	1）固紧凸、凹模或重新安装，保证原来精度及间隙值 2）侧刃长度应与步距尺寸相等，当变小时，应更新新的侧刃凸模 3）更换导钉，调好位置 4）修复或更换定位零件
制品产生了毛刺，而且越来越大	1）凸、凹模刃口变钝、局部磨损及破裂 2）凸、凹模硬度太低，长期磨损刃口变钝 3）凸、凹模间隙不均匀 4）凸、凹模相互位置变化，造成单边间隙增大 5）凹模刃口做成倒锥形 6）拼块凹模拼合不紧密，配合面有缝隙存在 7）凸、凹模局部刃口被啃坏或产生凹坑及印痕 8）搭边值小，模具设计不合理	1）刃磨刃口，使其变锋利 2）更换新的凸、凹模零件 3）调整导柱、导套配合间隙，把凸、凹模间隙调匀 4）调整间隙及凸、凹模相对位置，并紧固螺钉 5）修磨刃口或更换新的凸、凹模 6）检查拼块拼合状况，若发现松动产生缝隙应重新镶拼 7）更换凸、凹模，或在平面磨床上刃磨刃口平面 8）加大搭边值
制品表面越来越不平	1）压料板失灵，制品冲压时翘起 2）卸料板磨损后与凸模间隙变大，在卸料时易使制品单面及四角带入卸料孔内，使制品发生弯曲变形 3）凹模呈倒锥 4）条料本身不平	1）调整及更换压料板，使压力均匀（0.5mm 板料可以用橡胶压料） 2）重新浇注（低熔点合金）卸料孔，始终与凸模保持适当间隙值 3）更换凹模或进行修整 4）更换条料
工件制品与废料卸料困难	1）复合模中顶杆、打料杆弯曲变形 2）卸料弹簧及橡胶弹力失效 3）卸料板孔与凸模磨损后间隙变大，凸模易于把制品带入卸料孔中，卡住条料及制品不易卸出 4）复合模中卸料顶出杆长短不一致或歪斜 5）工作时润滑油太多，将制品粘住 6）漏料孔太小或被制品废料堵塞	1）更换修整打料杆、顶杆 2）更换新的弹簧及橡胶 3）重新修整及浇注卸料孔 4）修整卸料器顶杆 5）适当加润滑油 6）加大漏料孔

（续）

故障现象	产生原因	修理方法
制品只有压印而剪切不下来	1）凸、凹模刃口变钝 2）凸模进入凹模深度太浅 3）凸模长期使用，与固定板配合发生松动，受力后凸模被拔出	1）修磨刃口，使其变锋利 2）调整压力机闭合高度，使凸模进入凹模深度适中 3）重新装配凸模
凸模弯曲或断裂	1）凸模硬度太低，受力后弯曲；硬度高则易折断碎裂 2）在卸料装置中，顶杆弯曲，致使活动卸料器在冲压过程中将凸模折断或弯曲 3）上、下模板表面与压力机台面不平行，致使凸模与凹模配合间隙不均，使凸模折断或弯曲 4）长期使用的螺钉及销钉松动，使凹模孔与卸料板不同轴，致使凸模折断 5）导柱、导套、凸模由于长期受冲击振动而与支持面不垂直 6）凹模孔被堵，凸模被折断，凹模被挤裂	1）正确控制热处理硬度 2）检查卸料器受力状况，若发现顶杆长短不一或弯曲，应及时更换 3）重新安装模具于压力机上 4）经常检查模具，预防螺钉及销钉松动 5）重新调整、安装模具 6）经常检查漏料孔状况，发生堵塞及时疏通
凹模碎裂或刃口被啃坏	1）凹模淬火硬度过高 2）凸模松动与凹模不垂直 3）紧固件松动，致使各零件发生位移 4）导柱、导套间隙发生变化 5）凸模进入凹模太深或凹模有倒锥 6）凹模与压力机工作台面不平行	1）更换凹模 2）重新装配 3）紧固各紧固件，重新调整模具 4）修理导向系统 5）调整压力机闭合高度，或更换凸、凹模 6）重新安装冲模于压力机台面上
送料不通畅或被卡死	1）导料板之间位置发生变化 2）有侧刃的级进模，导料板工作面和侧刃不平行使条料卡死 3）侧刃与侧刃挡块松动 4）凸模与卸料孔间隙太大	1）调整导料板位置 2）重新放置导料板 3）修整侧刃挡块，消除之间间隙 4）重新浇注或修整卸料孔

表 5-8-67　弯曲模常见故障及修理方法

故障现象	产生原因	修理方法
弯曲制品零件形状和尺寸超差	1）定位板或定位销位置变化，或被磨损后定位不准确 2）模具内部零件由于长期使用后松动或凸凹模被磨损	1）更换新的定位板及定位销，或重新调整使定位准确 2）固紧零件，修整或更换凸、凹模
弯曲件弯曲后产生裂纹或开裂	1）凸模与凹模位置发生偏移 2）凸、凹模长期使用后表面粗糙 3）凸、凹模表面本身有裂纹或破损	1）重新调整凸、凹模位置 2）抛光 3）更新凸、凹模
弯曲件表面不平或出现凹坑	1）凸、凹模表面粗糙 2）在冲压时，有杂物混入凹模中，碰坏凹模或使制品每次冲压时有凹坑 3）凸、凹模本身有裂纹	1）抛光、修磨 2）每次冲压后，要消除表面杂物 3）更换凸、凹模

表 5-8-68 拉深模常见故障及修理方法

故障现象	产生原因	修理方法
拉深制品的形状及尺寸发生变化	1）冲模上的定位装置磨损后变形或偏移 2）凸、凹模间隙变大 3）冲模中心线与压力机中心线以及与压力机台面垂直度发生变化	1）更换新的定位装置或调整 2）修整凸、凹模或更换 3）重新安装模具于压力机上
拉深件出现皱纹及裂纹现象	1）凸、凹模表面有明显的裂纹及破损 2）压边圈压力过大或过小 3）凹模圆角半径破坏产生锋刃 4）间隙变化，间隙小被拉裂，间隙大易起皱	1）更换凸、凹模 2）调整压边力大小 3）修整凹模圆角半径 4）重新调整间隙，使之均匀合适
制品表面出现擦伤及划痕	1）凸、凹模部分损坏，有裂纹或表面碰伤 2）冲模内部不清洁，有杂物混入 3）润滑油质量差 4）凹模圆角被破坏或表面粗糙	1）更换凸、凹模 2）清除表面杂物 3）更换润滑油 4）修整凹模并抛光表面

8.6.7 模具修复实例

冷冲压模具用途很多，模具的结构形式受成形方式和冲件不同形状特点的影响，加上不同的制作单位，从设计思路、模具选材、加工设备构成、制作习惯以及使用等的不同，出现故障的形式及修复方法也会有所不同。

1. 改进模具结构，解决模具使用过程中的故障

表 5-8-19 所示图的落料模，冲件形状虽不复杂、尺寸也不大，但材料确是厚度为 8mm 的 45 钢，有一个凹进很深的缺口，这些对冲裁都不利。现在看到的结构是经反复改进后的。

（1）模具使用现场发生过的故障

1）凹模断裂。在形成冲件的缺口处，凹模型孔内凸出的部分，很少的使用次数就从根部发生断裂。

2）挡料钉折断。挡料钉一经使用便折断。

3）送料不便。一经冲切，条料便无法或不便继续正常送进。

4）凸模被拔出。凸模固定端常被拉紧螺钉拉掉一块，失去拉紧后，凸模被强大的脱模力拉出。

5）凹模型孔内凸出部位顶部圆角容易拉伤。

（2）故障原因分析

1）凹模型孔内凸出部位根部断裂。经过对冲件和凹模结构的综合分析，发现引起凹模断裂的原因可能有以下几个方面：

① 冲件材料厚度大且材质较硬，而且又有一个较深的凹槽，很容易引起凹模型孔内局部的断裂。

② 从凹模的结构设计看，图 5-8-79 就是改进设计前的凹模。凹模相对于冲切 8mm 厚的 45 钢显得单薄。

③ 型孔内凸出部位的根部虽然有圆弧过渡，同样会引起应力集中，容易开裂。

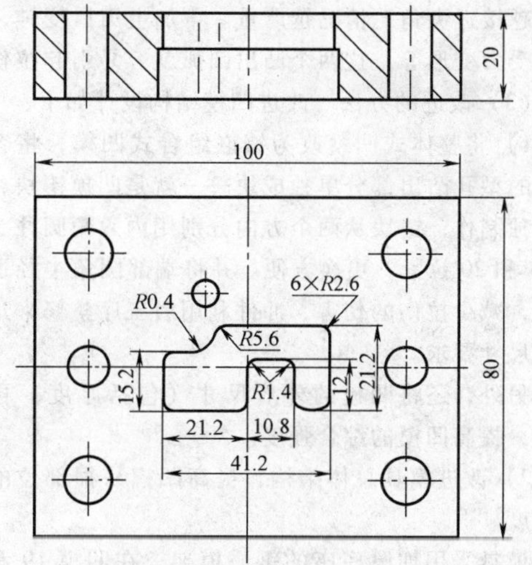

图 5-8-79 改进设计前的凹模

2）挡料钉头部断裂。原因在于材料冲切的强大扩张力。材料厚，扩张的距离和力量大，固定部分小，中间还有退刀槽，又经热处理淬硬，脆性大。在冲切时条料强大的扩张冲击力作用下易折断。

3）送料操作不便。冲切时，条料向周围扩张，冲断挡料钉两侧使条料变宽，与导料槽相挤，引起送料困难。另一方面条料冲切时都会发生翘曲变形，当采用弹压卸料方式时，冲裁过程条料处于受压状态，变形受到限制。这套模具材料厚，需要卸料力大，采用固定卸料方式，为方便送料，凹模与固定卸料板在垂直方向预留了一定高度的空间，冲切后条料发生翘曲，两端被卡住，影响正常操作。

4）凸模被拔出。看实物，固定端用作拉紧凸模的两颗螺钉的螺纹部分都连有从凸模分裂出来的材料。看断裂面，未发现锈迹，说明断口是被强力拉裂的新口。还发现，凸模和固定板孔是间隙配合，而且固定端面并未和固定板一起磨平，凸模端面还与直通式型面不垂直。问题比较明显了：凸模安装固定后实际上是斜的，与固定板配合有间隙，在强力冲压的作用下，出现摆动，螺钉是拉紧的，凸模是全部淬火硬度高，固定端螺孔到边缘的壁厚不大，强度差，无法承受强力的冲击扭摆，发生开裂断开，凸模已失去紧固力，就被拔出。

5）凹模型孔内凸出部位顶部圆角容易拉伤。从图5-8-80所标注基本尺寸看，似乎不能满足冲件要求。其实这个零件还安排了两次外形整修，每个面上都预留了至少0.6mm的整修余量，圆弧部分也如此。对于冲件开槽的部分，整修后尺寸是往大的方向变化，所以粗冲落料时圆弧半径要比成形之后小。一般冲裁时，急剧转角处冲切条件都比较恶劣，材料越厚，越接近尖角，情况越严重。再加上刃口变钝，冲切时受力变形等，这两个凸出圆弧就容易引起拉伤。

（3）改进的办法　改进凹模结构设计如下：

1）将整体式凹模改为镶嵌组合式凹模，将容易断裂的型孔凸出部分单独成块——就是凹模镶块，镶块单独制作，镶块从两个方向分别用内六角圆柱头螺钉18和20拉紧，更换方便。并将端部圆角半径适当加大，减少拉伤的伤害，冲件利用后工序整修来达到最终尺寸要求。

另外，还将凹模的外形尺寸（包括厚度）再次加大，提高凹模的综合强度。

2）改进模具总体结构，提高凹模易损部位的抗压强度。

模具采用加厚底座的钢质模架，在凹模19和底座25之间增设加厚的下垫板16，保留漏料孔中的凸出部位来增强凹模镶块的抗压性能。

3）改进挡料方式。改挡料为回拉式挡料，可避免落料冲切时材料扩张对挡料钉的强力冲击，防止挡料钉被冲击折断。

4）增设刚性压料装置，控制条料翘曲变形。增设两根刚性压料柱8，固定在固定板11之上，利用合模压力限制条料的翘曲变形，使之不影响正常送料。但要注意的是：压料柱的长度既要控制好条件的翘曲变形，又不能干涉模具冲裁时的深度调节。同时，为保证条料宽度上变形不会干涉送料，可将固定卸料板的导料槽宽度直接加工到略大于变形后的条件宽度，这样可保证送料不受干涉，也不会影响本来要求不高的导料精度。

5）保证模具制作质量。容易引起断裂、松动的有关方面如下：

① 凸模与固定板孔必须是有适当过盈的紧配合。

② 装入固定板的凸模应尽可能与大面垂直。

③ 凸模固定端应在装好后和固定板一起磨平。

④ 凸模固定端的硬度可适当降低，以提高韧性。

⑤ 凸模拉紧固定用螺纹孔应与大面垂直、牙型完整，装配时用螺钉拉紧。

⑥ 保持刃口锋利。定期刃磨刃口可有效防止模具非正常损坏。

2. 改进冲件工艺尺寸，解决凸模故障

图5-8-80的落料模是又一个厚材料冲件落料，冲件上有一个缺槽，宽度略大于深度。模架采用了加厚底座的钢质模架，并在底座12和凹模16之间增设了加厚的下垫板20，解决了凹模16孔内凸出部位的抗冲压强度及断裂问题。采用了回拉式挡料，解决了挡料钉17被冲切时扩张的条料冲断的问题；将固定卸料板18的导料槽前端加宽，避免冲切后变宽的条件干涉送料的问题。而且还注意保证模具的制作质量，尤其是凸模与固定板的配合和垂直、组合磨平固定端、刃口的锋利等问题。但在使用时仍出现了故障。

（1）故障的现象　在模具仅冲零件不到50件时，凸模从槽形的根部开裂。

（2）故障原因分析　在模具设计时对凹模已采取了措施。凸模经过试验，说明原因不是凸模的制作质量问题。

经过对冲件结构的分析，发现有槽部位两侧的宽度小于材料厚度，凸模在这个部位显得单薄。根部因按整修预留余量，圆角半径太小产生应力。分模后，废料包裹在凸模上，槽内的张力施加给凸模槽壁。在这些因素的作用下，使用次数增多，凸模就出现了开裂。这些影响因素中，材料、厚度、冲件尺寸的宽度是不能改变的。

（3）改进的办法　将冲件槽内根部的圆角半径从$R1.5$改为$R3$，所留余量由整修成形时解决。冲件圆弧半径的增大，凸模槽内根部的圆角半径也增大，加上冲裁的间隙，凸模槽内根部的圆角半径接近$R3.5$，根部的结构变得理想。使用时注意刃磨刃口，保持刃口比较锋利。

3. 改进冲件工艺尺寸，解决凸凹模工作故障

图5-8-81是一套改进后的倒装式复合模，冲件呈

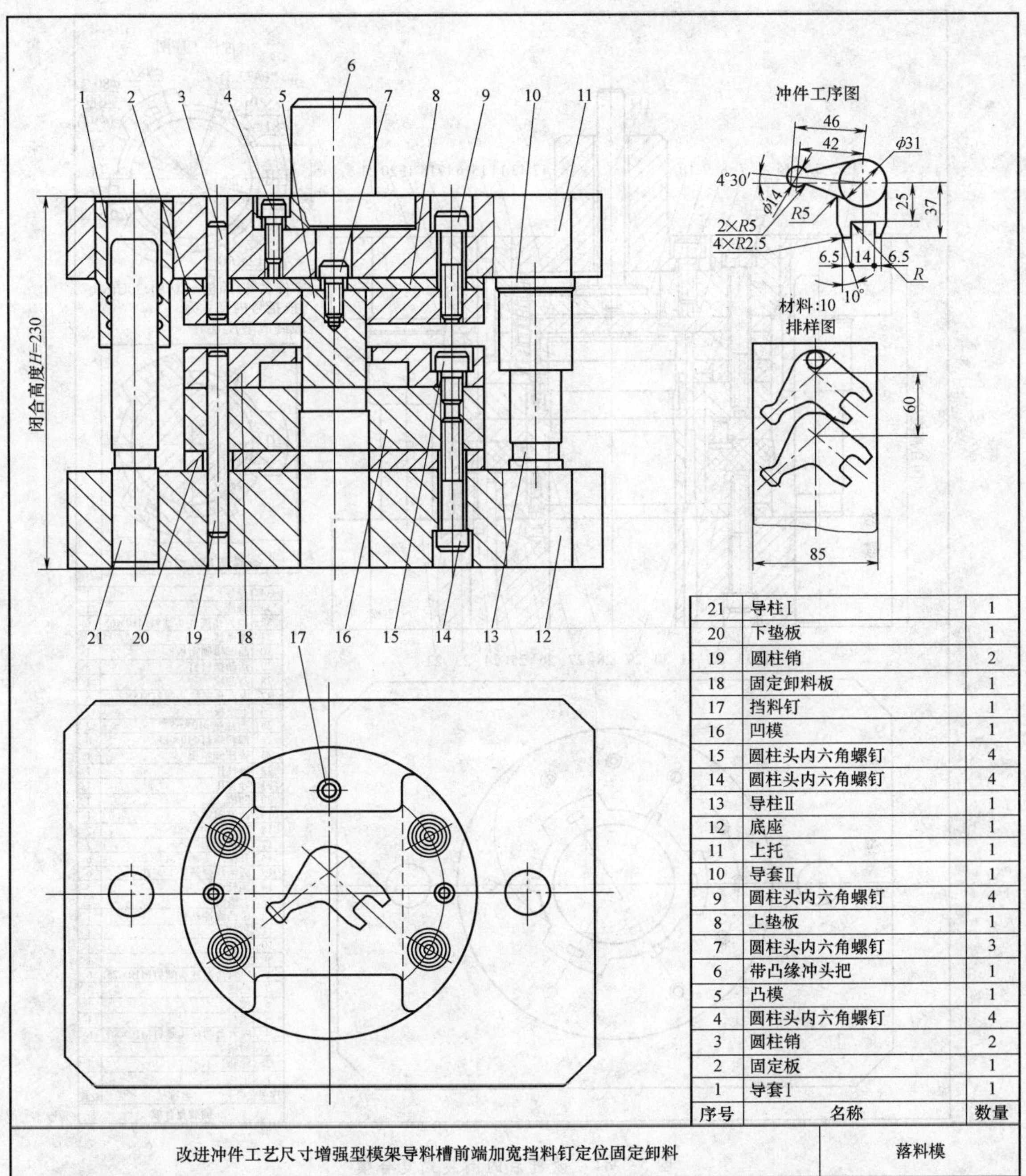

序号	名称	数量
21	导柱Ⅰ	1
20	下垫板	1
19	圆柱销	2
18	固定卸料板	1
17	挡料钉	1
16	凹模	1
15	圆柱头内六角螺钉	4
14	圆柱头内六角螺钉	4
13	导柱Ⅱ	1
12	底座	1
11	上托	1
10	导套Ⅱ	1
9	圆柱头内六角螺钉	4
8	上垫板	1
7	圆柱头内六角螺钉	3
6	带凸缘冲头把	1
5	凸模	1
4	圆柱头内六角螺钉	4
3	圆柱销	2
2	固定板	1
1	导套Ⅰ	1

图 5-8-80　带固定卸料装置的落料模

环状，其中三处宽度较大的部分中间有矩形孔，中间圆孔较大，造成三处矩形孔与两侧的径向宽度较小。冲件外形尺寸较大。一般情况下冲件有孔时可分别采用复合或级进冲裁的方式。本例采取复合冲切的成形方式。

(1) 改进前模具使用时发生的故障

1) 凸凹模开裂。模具使用时，冲切 30 件左右，凸凹模在三矩形孔四角处发生开裂。

2) 冲件脱模困难。完成冲切后的冲件留在凹模型孔内，套在凸模之上，用安排在上模的刚性打料装置，经常无法将冲件推出。

3) 底座变形。模架底座中部向下凸起变形。

(2) 故障原因分析

1) 凸凹模开裂的原因。凸凹模是复合模才有的特殊零件，对于落料成形它是凸模，与凹模型孔配好

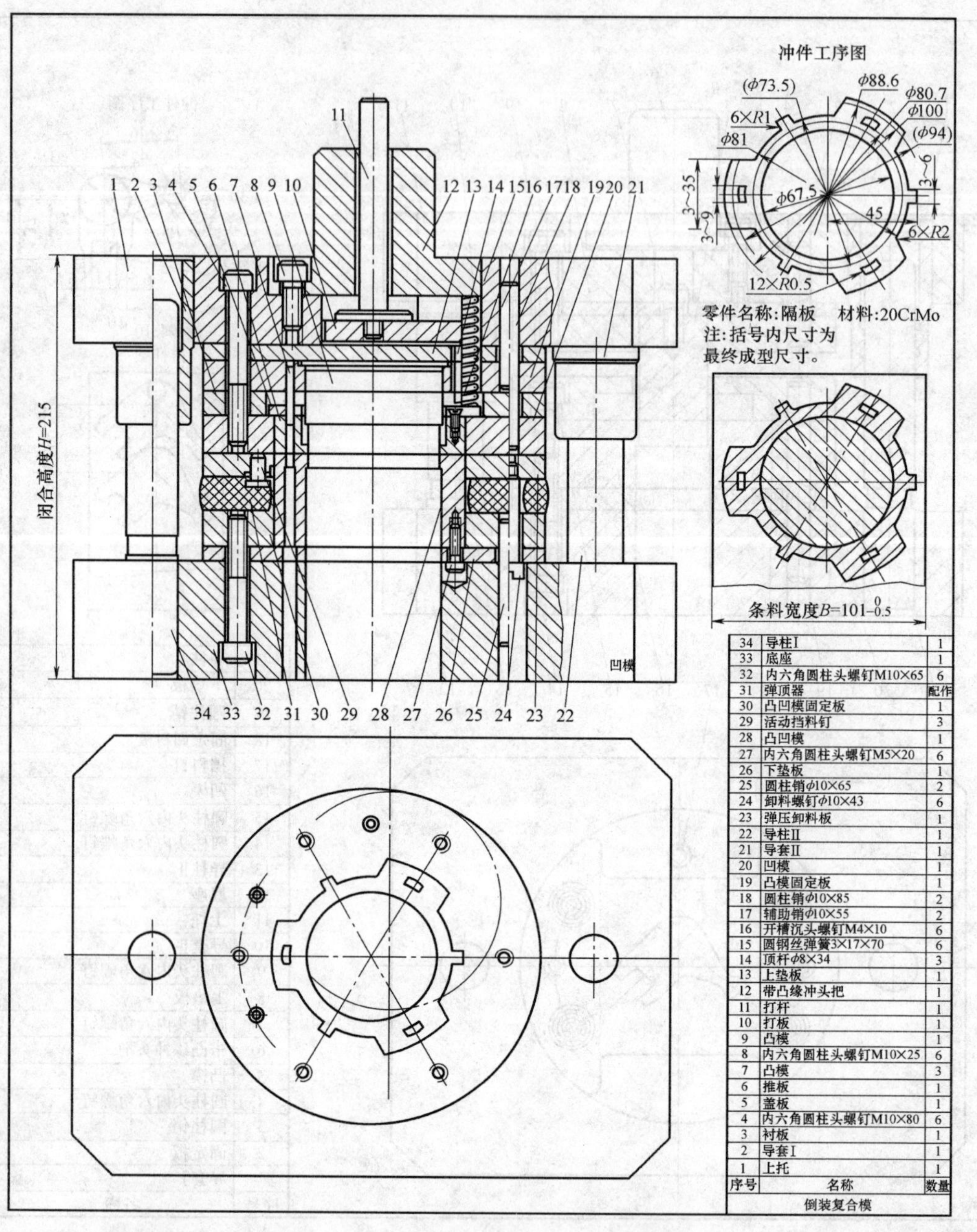

序号	名称	数量
34	导柱I	1
33	底座	1
32	内六角圆柱头螺钉M10×65	6
31	弹顶器	配作
30	凸凹模固定板	1
29	活动挡料钉	3
28	凸凹模	1
27	内六角圆柱头螺钉M5×20	6
26	下垫板	1
25	圆柱销ϕ10×65	2
24	卸料螺钉ϕ10×43	6
23	弹压卸料板	1
22	导柱II	1
21	导套II	1
20	凹模	1
19	凸模固定板	1
18	圆柱销ϕ10×85	2
17	辅助销ϕ10×55	2
16	开槽沉头螺钉M4×10	6
15	圆钢丝弹簧3×17×70	6
14	顶杆ϕ8×34	3
13	上垫板	1
12	带凸缘冲头把	1
11	打杆	1
10	打板	1
9	凸模	1
8	内六角圆柱头螺钉M10×25	6
7	凸模	3
6	推板	1
5	盖板	1
4	内六角圆柱头螺钉M10×80	6
3	衬板	1
2	导套I	1
1	上托	1
倒装复合模		

图 5-8-81　改进后的倒装式复合模

间隙后，实体尺寸变小。对于冲孔成形，它又成了凹模，按凸模配好间隙后，孔会变大，其实体同样是向小的方向变化。这就给凸凹模三个矩形孔的部位（与中间圆孔和外圆之间本来厚度就小的部分）更加变小，强度也就差。冲裁用的凹模型孔，一般都要将刀口成形部分保留一定长度，以保持其基本强度，为修磨刀口预留余量，但同时又可能在孔内存留废料，从而对孔壁形成挤压的张力。冲件材料较厚，又是合金类材料，冲裁力大。三个矩形孔四角仅有 $R0.5$ 的圆角，易产生应力。上述综合因素的作用，就发生了矩形孔角部开裂。

2）冲件脱模困难。上模推件打料困难，原因是：用三根顶杆来传递打料力，不可能准确达到均匀分布的要求，顶杆的长度不可能完全一致，又是大间隙的配合关系，冲件材料厚，需要的打料推件力大，一旦受力不均，推板会因发生歪斜而被卡住，造成无法正常推件出模了。若打板强度较差，受力引起变形，会加剧推件困难。

3）底座中部凸起变形的原因。模架选用的是铸铁标准模架。复合模成型工作零件集中，都在中心区域冲压成形。加上冲件材料厚且硬，冲裁力大，模具中心区域又悬空，反复承受强大的冲击压力，次数较多后便发生了向外凸起变形。

（3）改进的办法

1）改进冲件的成形工艺。将中间圆孔的冲切尺寸由原来的 ϕ73.5mm 改为 ϕ67.5mm，使矩形孔到中间圆孔的搭边宽度由原来的 3.6mm 增加到 6.6mm。将外圆冲切尺寸从原来的 ϕ94mm 改为 ϕ100mm，使矩形孔到外圆的搭边从原来的 2.7mm 增加到 5.7mm。使宽度尺寸有 3 倍左右的材料厚度，增加了凸凹模工作时的抗开裂强度。增加的这部分余量再安排一套比较简单的复合模一次冲切完成。图 5-8-82 就是冲切余量的复合模。

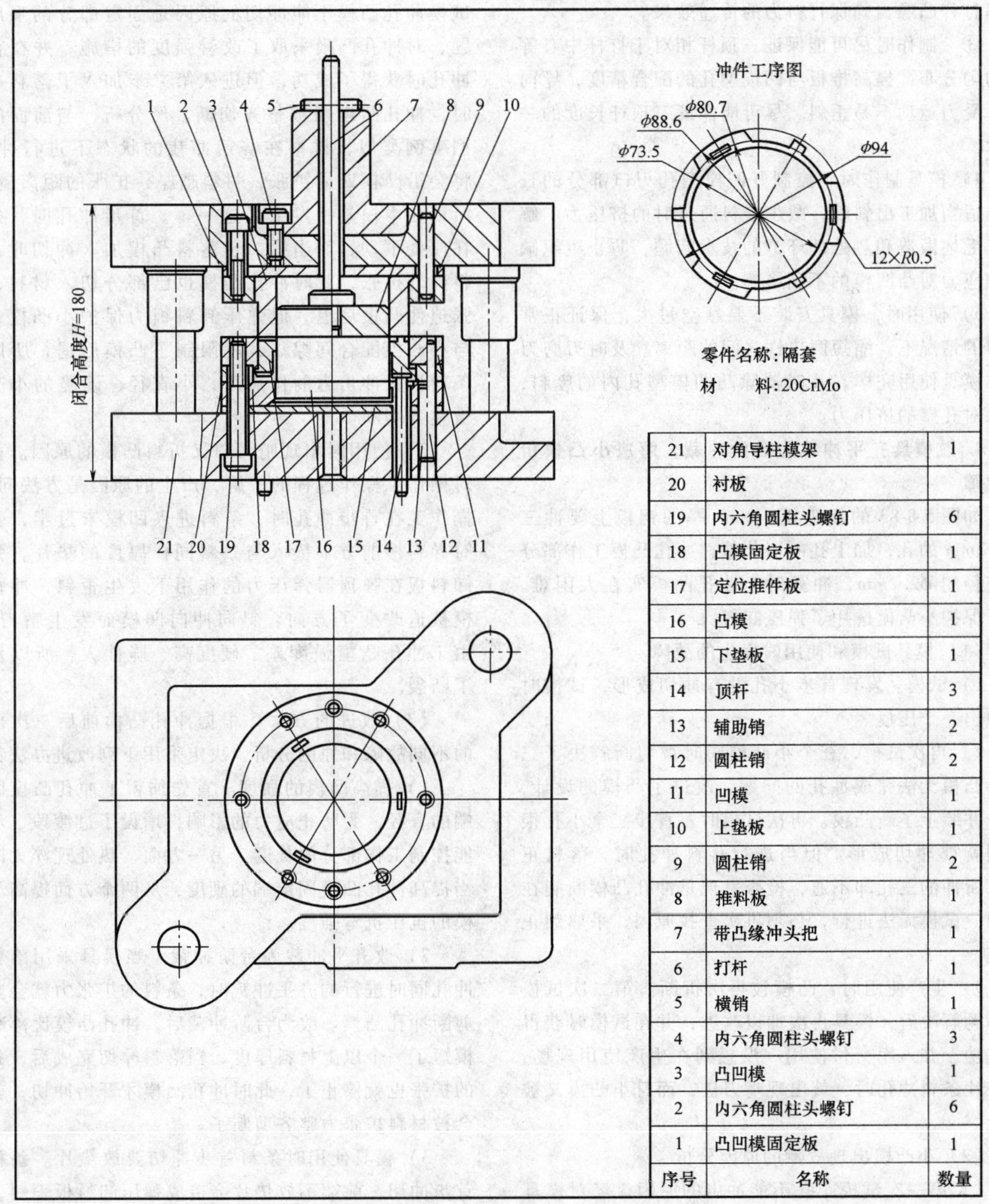

序号	名称	数量
21	对角导柱模架	1
20	衬板	1
19	内六角圆柱头螺钉	6
18	凸模固定板	1
17	定位推件板	1
16	凸模	1
15	下垫板	1
14	顶杆	3
13	辅助销	2
12	圆柱销	2
11	凹模	1
10	上垫板	1
9	圆柱销	2
8	推料板	1
7	带凸缘冲头把	1
6	打杆	1
5	横销	1
4	内六角圆柱头螺钉	3
3	凸凹模	1
2	内六角圆柱头螺钉	6
1	凸凹模固定板	1

图 5-8-82　复合切边模

2）改进模架设计。专门设计加厚底座的钢质模架，下模垫板也选用厚型的。

3）为解决推件脱模故障，采用了下列措施来解决：

① 增设6根弹性较大的圆钢丝弹簧，均匀分布在脱模力较大的矩形孔两侧，既可增大推件力，又可防止推板歪斜干涉。

② 适当加厚打板，提高抗弯强度。适当加大、加厚打杆凸缘，确保打料力的传递效果。

③ 制作时尽可能保证三顶杆相对于打杆中心等距均匀分布，提高推板与凹模型孔的配合精度，导向好，受力运动不易歪斜。尽可能保证三顶杆长度的一致性。

4）模具制作时，控制好凹模型孔刃口部分的长度，适当加工出斜度，减少废料通过时的挤压力。解决好毛坯锻造和热处理环节的技术问题，防止组织缺陷和应力对凸凹模的不利影响。

5）使用时，模具安装不要悬空过大，保证正常漏料的情况下，缩短两垫铁之间的距离。及时刃磨刀口。模具使用完毕，及时清除凸凹模型孔内的废料，消除对孔壁的挤压力。

4. 改模具齐平冲裁为台阶冲裁，解决小凸模折断故障

如图5-8-83的级进模，2mm厚的钢板上要冲三个ϕ2mm的孔，加上孔的正公差，冲孔凸模工作部分的直径约ϕ2.2mm，冲裁对于冲孔凸模实在太困难。为了保护小凸模选用了弹压卸料。

（1）模具试模和使用时发生的故障

1）试模。发现首步小孔没有冲切成形，试模时只冲出一个压痕。

2）再次试模，三个小凸模同时被切断解决了三个小凸模无法完成冲孔的问题，改进了凸模的设计，制作并装上了新凸模。再次试模时，首步三个小孔很顺利就被冲切成形。但当进行落料冲孔时，落料正常，所冲的三孔却不通，检查发现是冲孔凸模断裂在孔内。试模无法进行，必须再次查找原因，采取纠正措施。

3）生产使用时，凸模被再次折断。第二次试模的问题解决后，模具再次加以改进，并在试模时获得了成功，并入库交付使用。没想到在生产使用现场，第一片条料冲孔时，就出现啃刀口，而且小凸模又被折断。

（2）小凸模出现故障的原因分析

1）第一次试模小孔不能冲出的原因。经对模具实物的检查，发现小孔不能正常完成冲切成形的原因全在凸模本身。首先是冲孔凸模固定部分直径较小，抗压强度较差，加上冲孔凸模用铆接方式固定，需用局部淬火来方便固定端铆接作业。结果固定端硬度较低，加上直径小，无法承受冲切时的反作用力，产生弯曲，因此无法完成冲切。无论将冲切深度如何调整，只是弯曲程度的变化，冲切是不能完成的。

2）三个小凸模同时被折断的原因。发现了首次试模冲孔凸模不能冲切的原因是固定部分的强度问题，对冲孔凸模采取了改善强度的措施，并在首步冲孔时获得了成功，但进入第二步加入了落料冲切时，冲孔凸模则被整齐切断。经分析，与前面的典型事例类似，材料在普通冲裁的状态下进行冲切，将会沿凸模四周扩张，材料越厚，扩张的距离越大。所以在本模具中发生了这一幕。首步冲孔时，条件在原处不动，而当第二步落料凸模加入冲切时，材料向外扩张，此时冲孔凸模也已部分切入材料，扩张迫使凸模后退，但弹压卸料板为保护小凸模，孔与小凸模配合间隙小，就限制了凸模后退，所以在条料扩张冲击力的作用下，小直径、硬脆的小凸模被整齐切断。

3）使用时出现啃刀口又折料凸模的原因。根据对操作工操作过程的了解，产生的原因是方法问题：操作工在首步冲孔时，条料进入凹模未过半，合模时导料槽前方未垫入与条料同样厚度的垫片，弹压卸料板在弹顶器弹压力的作用下发生歪斜，冲孔凸模被迫改变了方向。斜向冲向凹模而发生啃刀口，由于冲孔凸模强度差、硬度高、脆性大，所以发生了断裂。

（3）改进的方法　根据冲孔凸模前后三次出现的不同故障和原因分析，决定采用下列改进办法：

1）提高凸模的强度。首先加粗了冲孔凸模固定端的直径，为防止应力的影响，增设了过渡段，尽可能控制工作部分的长度。另一方面，热处理淬火时适当提高冲孔凸模固定端的硬度，从两个方面提高了凸模的抗压抗弯强度。

2）改齐平冲裁为台阶冲裁。当模具采用落料和冲孔同时进行的齐平冲裁时，条料的扩张力就会整齐剪断冲孔凸模。改为台阶冲裁后，冲孔凸模比落料凸模短了一个以上材料厚度，当落料冲切完成后，条料的扩张也就停止了，此时冲孔凸模才开始冲切，就不会被材料扩张力整齐剪断了。

3）模具使用时条料首步冲切要放垫片。条料的首步冲切，前端不放垫片会造成弹压卸料板歪斜，引发啃刀口和折断凸模。所以，使用模具的操作工定要牢记这个问题，包括类似模具。但是，频繁地摆放又

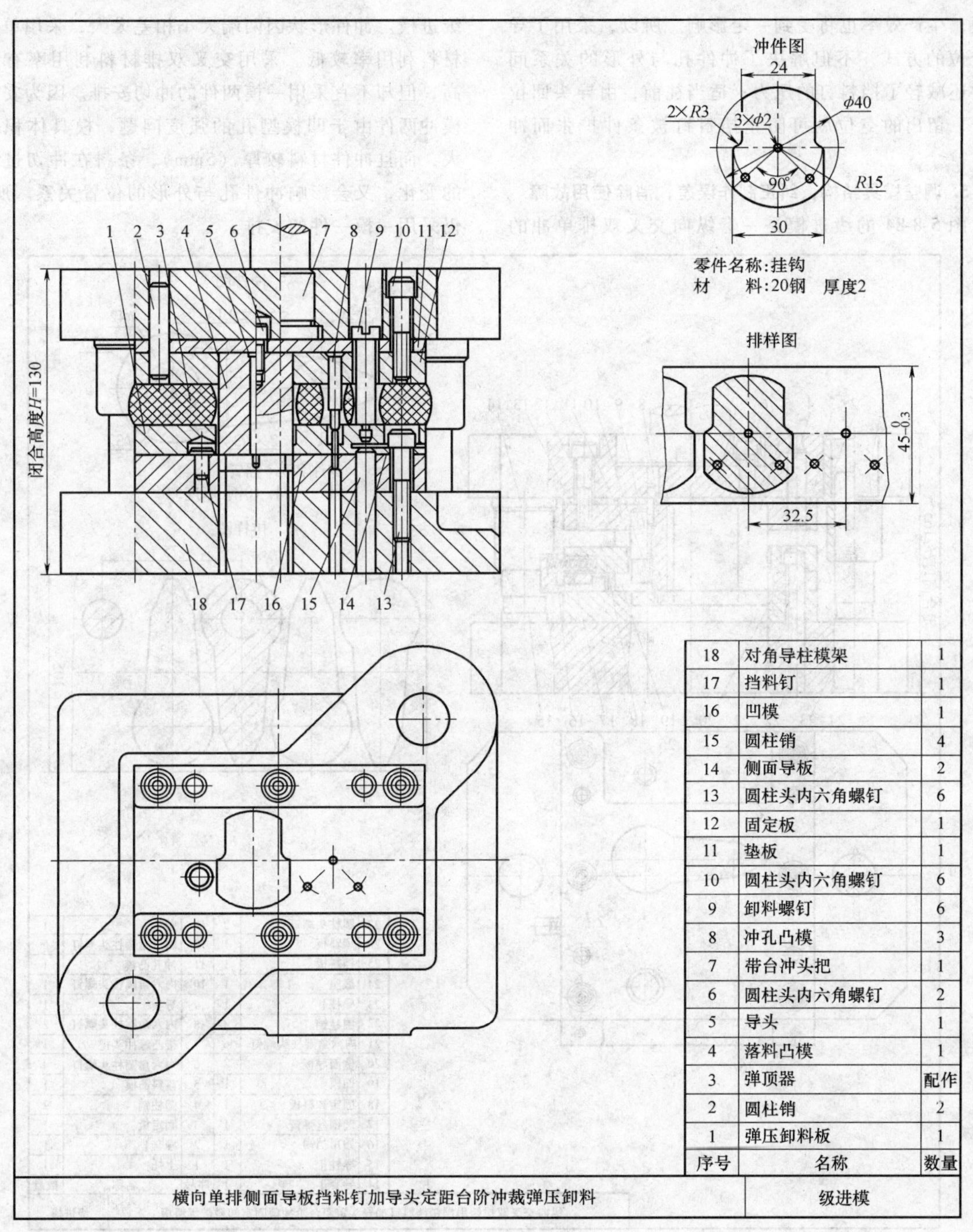

序号	名称	数量
18	对角导柱模架	1
17	挡料钉	1
16	凹模	1
15	圆柱销	4
14	侧面导板	2
13	圆柱头内六角螺钉	6
12	固定板	1
11	垫板	1
10	圆柱头内六角螺钉	6
9	卸料螺钉	6
8	冲孔凸模	3
7	带台冲头把	1
6	圆柱头内六角螺钉	2
5	导头	1
4	落料凸模	1
3	弹顶器	配作
2	圆柱销	2
1	弹压卸料板	1

图 5-8-83　级进模

不方便，一旦忘记取下造成前端重叠，又会引起弹压卸料板反方向的歪斜，同样对冲孔凸模产生威胁。为此建议：一次摆放垫片，可连续将多片条料的头两步冲完，取下垫片后再继续后端的冲压作业。待这批条料冲完后，再放垫片冲一批，就可减少摆放和取下垫片的次数，操作也会更加安全。

4）保证模具制作质量。模具的制作质量也会对冲孔凸模的使用寿命产生影响。如保证固定端有足够合适的硬度。冲孔凸模装配后的垂直度，刃口的锋利程度等都不容忽视。

另外，挡料钉距落料型孔很近，同样可能受条料扩张而被冲击折断。采用回拉挡料的方式，操作稍有不便，生产效率也将受到一定影响。所以，采用了导头定位的方式，不但解决了冲件孔与外形的关系问题，还减轻了挡料钉的压力；适当往前，由导头回拉定位，留出的空位就可防止挡料钉被条件扩张而冲断。

5. 调整模具结构，纠正制作误差，消除使用故障

图 5-8-84 的级进模是一套纵向交叉双排单冲的级进模。冲件形状因两端大小相差太大，采用单排时材料利用率较低。采用交叉双排材料利用率有所提高，但却不宜采用一模两件的冲切安排。因为安排一模冲两件由于凹模型孔的强度问题，模具体积会很大，而且冲件材料较厚（5mm），条料在冲切过程中的变化，又会影响冲件孔与外形的位置关系。所以，仍采用一模一件的安排。

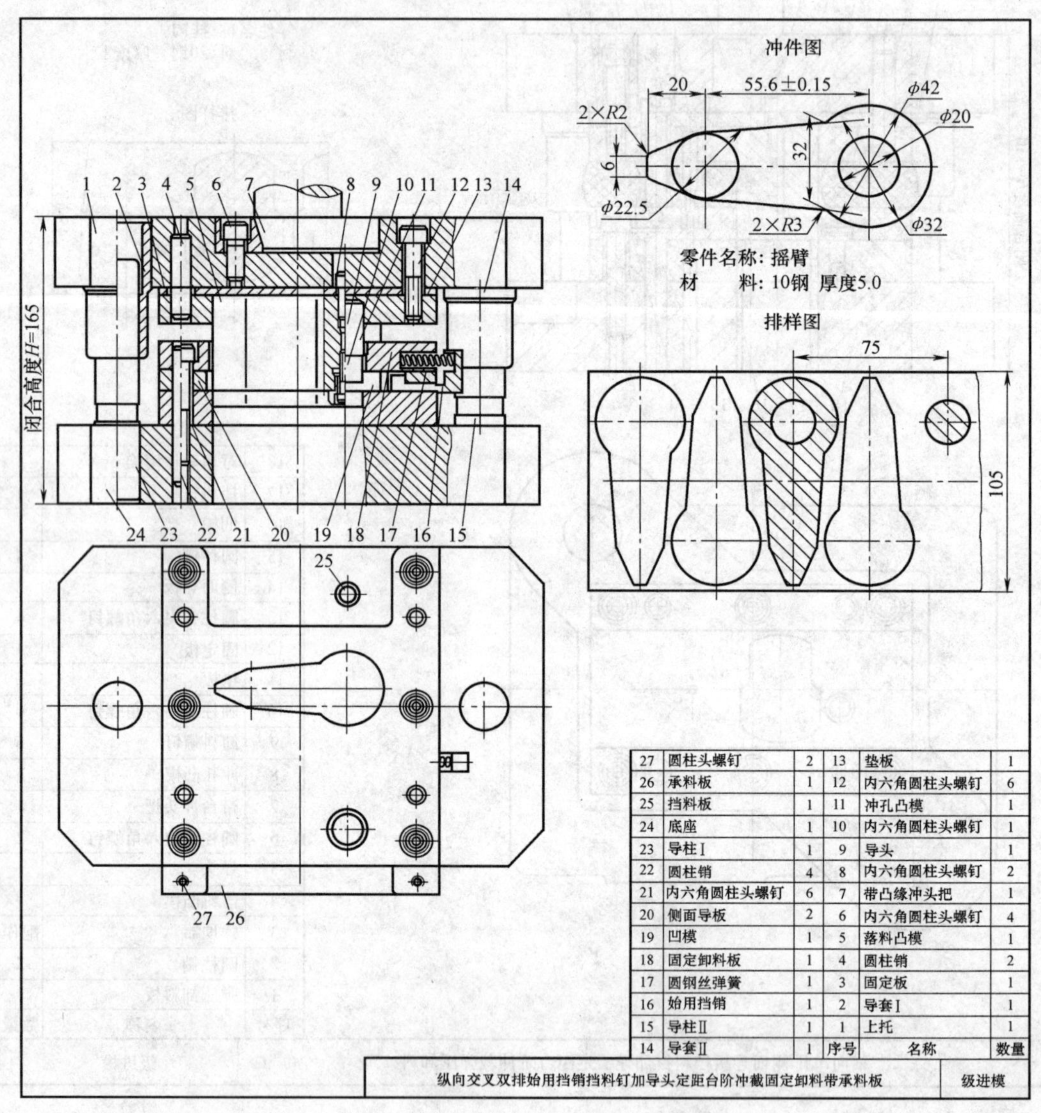

图 5-8-84　级进模

图 5-8-85 是最终定型的模具设计图，原设计也与此大体相似，但由于设计的一些细节存在不足，制作质量控制不够理想，在使用时仍然出现了一些故障，需要加以解决。

（1）模具使用时发生的故障

1）冲孔后侧局部啃刀口。在模具使用过程中，发现冲孔凸模总是容易发生啃刀口的现象，这从冲孔后条料上出现的特殊毛刺就可以判断，而且总是发生在送料方向的后侧。

2）导头折断。导头在使用过程中常从导向和固定两部连接的根部折断。

3）冲件孔局部边缘压塌。冲件孔在同一位置出

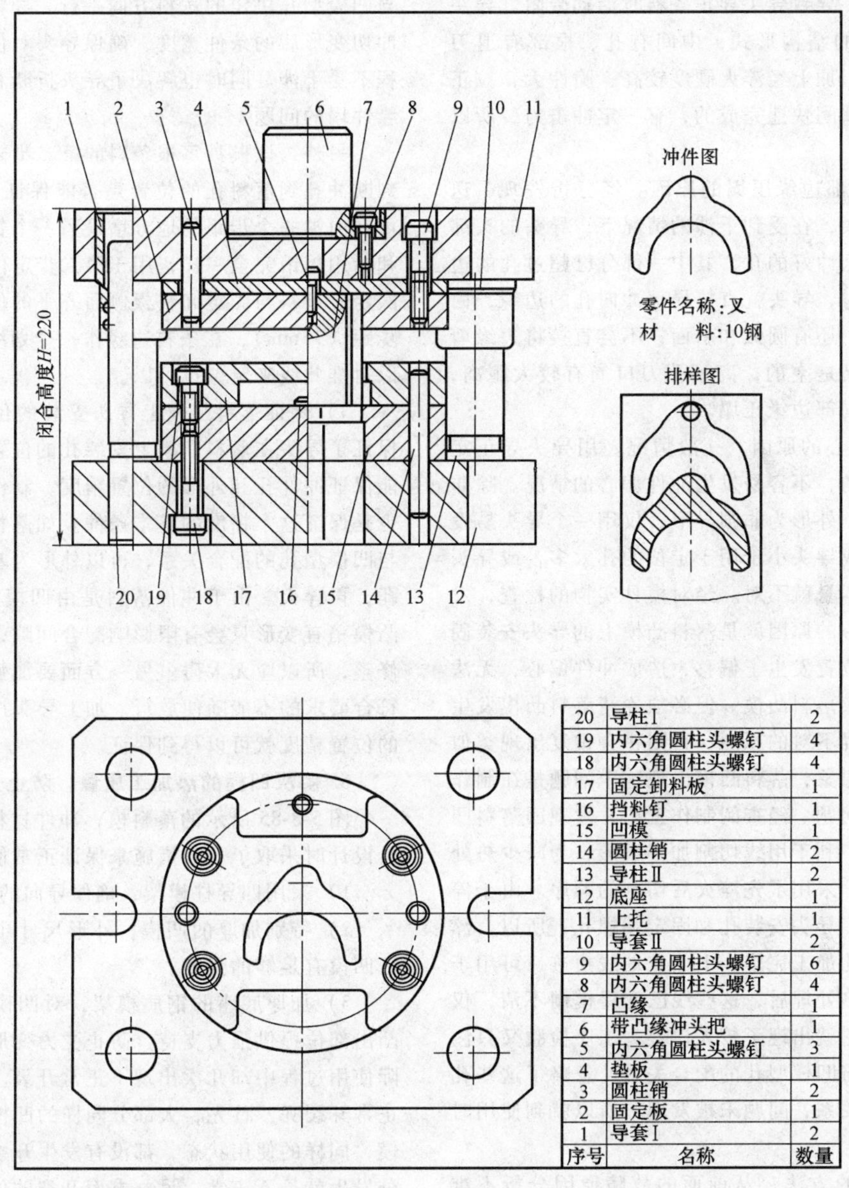

序号	名称	数量
20	导柱Ⅰ	2
19	内六角圆柱头螺钉	4
18	内六角圆柱头螺钉	4
17	固定卸料板	1
16	挡料钉	1
15	凹模	1
14	圆柱销	2
13	导柱Ⅱ	2
12	底座	1
11	上托	1
10	导套Ⅱ	2
9	内六角圆柱头螺钉	6
8	内六角圆柱头螺钉	4
7	凸缘	1
6	带凸缘冲头把	1
5	内六角圆柱头螺钉	3
4	垫板	1
3	圆柱销	2
2	固定板	1
1	导套Ⅰ	2

图 5-8-85　四导柱落料模

现局部边缘压塌的现象，无法消除。

4）冲件偏心。冲件孔和外形的位置精度偏心超差，达不到规定要求，而且均为同一方向，偏差大小也基本一致。

（2）故障原因分析

1）冲孔部位啃刀口的原因。将模具打开发现，冲孔部位局部啃刀口位置在送料方向的后侧，与冲件上表现的异常毛刺相吻合。经分析，原因应是冲件材料有 5mm 厚度，冲切时材料向凸模四周的扩张范围较大，由于落料的凸模远大于冲孔凸模，所以无法与之抗衡，冲孔凸模在条料强大扩张力的作用下发生偏斜。由于模具是固定卸料，固定卸料板孔与凸模只让位不配合，所以有一定活动空间。加之冲孔凸模的直径较大，不易被折断。但引起的偏斜却改变了冲孔凸模与凹模型孔的正常配合关系，后侧间隙逐步变小，最后就发生了啃刀口。

2）导头折断的原因。采用导头定位时，条料最终位置的确定，是利用导头头部的斜面进入已冲好的孔后，继续合模时将条料拉到理想位置，条料被拉动的过程不能受到干涉。但模具由于导料槽与正确的送料方向不平行，导致导头导正条料时活动受阻。导头采用螺钉固定的结构形式，中间有孔、根部有退刀槽，比较单薄，加上经淬火硬度较高、脆性大，拉正条料又是在一瞬间快速完成的，有一定冲击力，所以导头就被折断。

3）冲孔局部边缘压塌的原因。经分析发现，送料方向偏斜较大，在受到干涉的情况下，导头的头部完全无法进入已冲好的孔，其中一部分已超过孔的边缘，合模冲下时，导头就直接局部冲向孔的边缘，由于导头无刀口，还有圆弧和斜面，不会直接将边缘剪掉一块，下面又是空的，离型孔刀口尚有较大距离，因此就将孔口局部边缘压塌。

4）冲件偏心的原因。一般情况，用导头导正定位是比较可靠的，不容易发生冲件偏心的情况。除非冲件上孔很多，外形为非圆异形，仅用一个导头易发生方向偏差，或导头小于用于定位的孔太多，或导头固定孔的位置本身就不对。经对模具实物的检查，发现引起冲件偏心的原因就是落料凸模上的导头安装固定孔与外形的位置发生了偏移，造成冲件偏心，无法纠正，只有更换落料凸模。但必须弄清落料凸模发生导头安装孔位置不对的原因，否则将会重复出现类似的错误。不难想象，落料凸模出现这个问题是在制作加工环节出了问题。经查阅制作工艺，发现因落料凸模为直通异形，利于用线切割加工成形，为减少热处理变形的影响，采用了先淬火后切割的顺序。由于淬硬后不便再加工导头安装孔和固定端螺孔，所以，淬火前已将这些孔加工完毕，上面有划线痕迹，可用于定位找正。但热处理后，这些线已变得模糊不清，仅凭眼睛观察对正就出现了较大误差，工序检验又只注重切割的外形与凹模型孔的配合关系，忽略了这些孔与外形的位置关系，问题未被发现，所以就到使用时暴露出来。

（3）纠正的方法　从前面的故障原因分析不难看出，除啃刀口是一个独立问题外，后面三个问题都跟导头有关，但纠正的方法却有区别。

1）用台阶冲裁解决啃刀口的问题。该模具冲件材料厚，冲切时扩张力大，改为台阶冲裁，冲孔凸模比落料凸模短一个材料厚度以上，待落料冲切完毕，条料扩张停止后再冲孔，冲孔凸模就不会受扩张力的影响而啃刀口了。

2）为导头导正留有足够的活动空间。不论模具是采用固定卸料板开导料槽，或是用侧面导板来完成条料导向，在发生导料干涉或方向不对时，都必须采用返修导料槽来消除故障。通过检查测量，可以确定返修的位置和返修量。最终达到尽可能保证导料方向与凹模型孔决定的送料方向平行，导料宽度要略大于冲切变形后的条件宽度，确保导头对位正确，导正过程不受干涉。同时也解决了导头折断和冲件孔局部边缘冲塌的问题。

另外，该模具每根条料的第二步未安排定位，若判断冲孔到落料孔的位置是否能保证导头顺利套入，可在前端一个步距的地方增设另一个暂用挡销，结构和始用挡销完全一样，用于第二步定位，或者根据首次定位条料与固定卸料板侧面齐平的位置，退后一个步距（75mm），在条料边缘作一个划线记号，第二步以对准此线来定位也可以。

3）保证落料凸模上导头安装的位置精度。只有保证了导头在落料凸模上安装孔的位置精度，才有可能保证冲件孔和外形的位置精度。制作时，加工方法也是保证这个精度的基本条件。如落料凸模外形达到与凹模型孔的配合关系，再以外形为基准加工两端的孔，再淬火。由于冲件落料是由凹模型孔来保证的，凸模稍有变形只会有限影响配合间隙，而且还可适当修整，所以应无大碍。另一方面要加强工序检验，不符合要求的不能随便放行。加上导头按孔配作，冲件的位置精度就可以得到保证。

6. 解决凹模的热加工质量，防止开裂故障

图5-8-85所示的落料模，冲件材料厚度较大，模具设计时采取了下列措施来保证正常使用和寿命：

1）采用四导柱模架，确保导向的稳定性。

2）特别加厚的凹模，外形尺寸也特别加大，保证凹模有足够的强度。

3）加厚底座的钢质模架，对凹模型孔内大面积凸出部位提供强力支持，防止受力变形开裂。但在实际使用过程中却几次出现不正常开裂。为什么说是不正常开裂呢？首先，大部分同样的凹模——一样的凹模，同样的使用状态，都没有发生开裂，而只有少部分发生就是不正常。另一方面开裂的位置不在于就近的孔连成一片的单薄位置，而是从中间型孔通过没有孔的实心部位裂开。就如图5-8-86所反映的一样。根据情况判断，开裂应与模具零件结构设计和使用无直接关系，主要的原因在于材料的组织状态，尤其是可能与毛坯的锻造和热处理工序有直接关系。所以，对于成型受力零件，尤其是要承受大冲裁力的凹模，一定不能忽视毛坯锻造、热处理这些与成形加工无关的工序，以免造成大的麻烦。

7. 调整条料首步定位，避免小凸模不完全冲切

小凸模经常性的不完全单边冲裁，会使小凸模受侧向力发生偏斜，引起与凹模型孔的间隙不均、啃刀

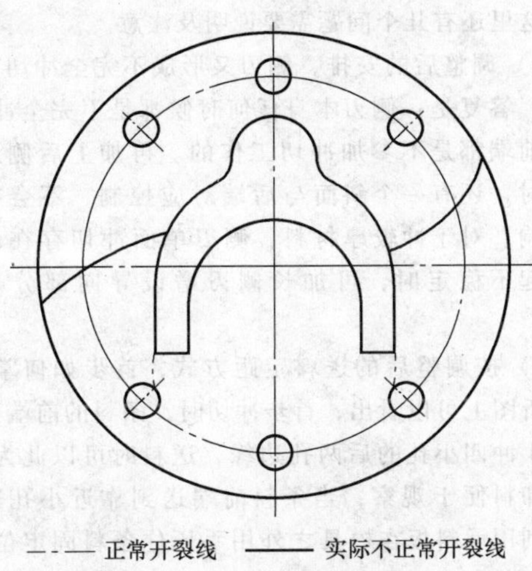

图 5-8-86　不正常的凹模开裂

口，甚至造成小凸模折断等。图 5-8-87 所示的级进模，是用于三种零件混合、套排冲切成形的模具。这种排样方式材料得到了最大限度的利用，生产效率高，正常状态下每冲压一次，可获五件三种不同的零件。

（1）模具使用时的故障　模具使用过程中发现冲件Ⅲ的圆垫圈常出现不均匀的毛刺，也对模具进行过重新调整间隙、修磨刃口的返修，解决似乎应是因配合间隙不均匀引发的毛刺。但经一定数量的冲切，毛刺又开始出现，若再坚持使用，还出现了轻微啃刀口的现象，若不停止冲切，还可能造成小凸模断裂。重复出现相同的问题，返修后又无法根治，必须对产生的原因进行认真分析，以便制定有效措施来彻底解决。

（2）故障原因分析　通常小凸模由于强度不够，可能长期受力引起变形，改变凸模与凹模型孔的配合

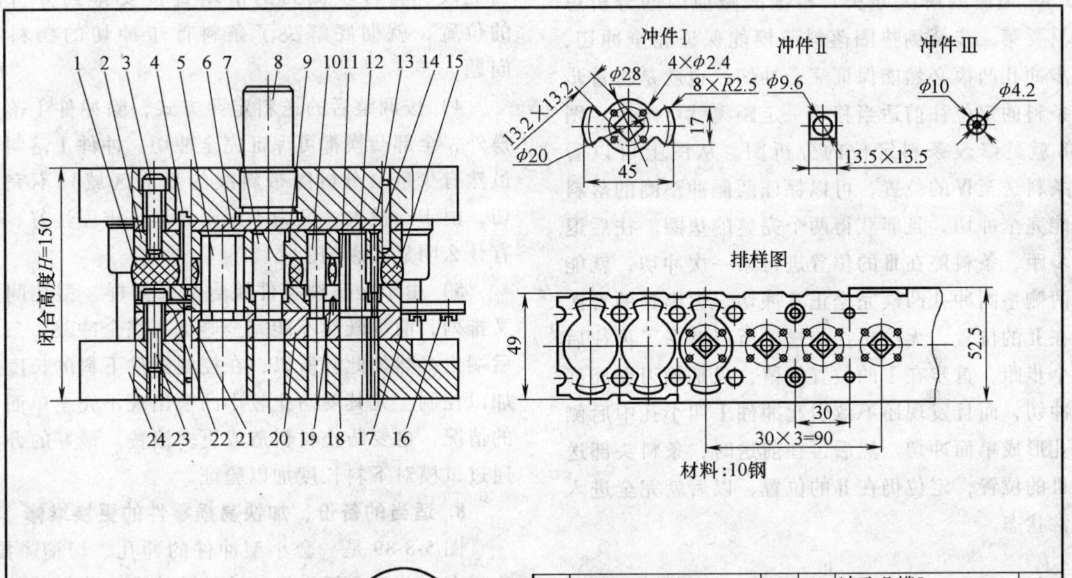

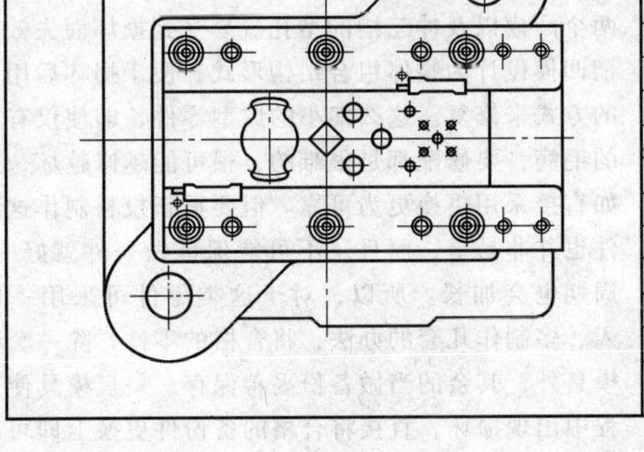

序号	名称	数量	序号	名称	数量
24	对角导柱模架	1	12	冲孔凸模Ⅰ	3
23	圆柱头内六角螺钉	6	11	侧刃	2
22	侧面导板	2	10	落料－冲孔凸模Ⅱ	3
21	圆柱销	4	9	防转销	1
20	凹模	1	8	带台冲头把	1
19	圆柱销	2	7	落料－冲孔凸模Ⅰ	1
18	侧刃挡板	2	6	垫板	1
17	承料板	1	5	落料凸模	1
16	圆柱头螺钉	4	4	卸料螺钉	6
15	弹压卸料板	1	3	圆柱头内六角螺钉	6
14	圆柱销	2	2	固定板	1
13	冲孔凸模Ⅱ	4	1	弹顶器	配作
横向三件混合套裁双侧刃加挡板定距弹压卸料					跳步模

图 5-8-87　级进模

关系。但此模具最小的凸模不是为冲件Ⅲ冲孔的凸模，而是为冲件Ⅰ冲4×ϕ2.4孔的凸模，它们为什么没有这种现象呢？而且冲件Ⅲ垫圈的外圆也常发生局部不均匀毛刺，这个凸模的强度应更好。所以，凸模的强度问题基本被排除。另一方面，从排样图上发现，条料首步冲切时，正好在两侧垫圈冲孔的中心附近，两冲孔凸模形成了不完全冲切。容易因单边冲切的侧向力改变凸模与凹模型孔的配合关系引发问题。解决这种问题，有时可采用将这部分不可能获得完整冲件的材料切掉，避开单边冲切。但发现再往前送一步，两侧垫圈落料凸模也是单边冲切，要想避开还得切大一些。可是，由于这两个垫圈是利用冲件Ⅰ前后两件两端间隔的余料来成形的，从形状上看，简单地切掉一块还不便进行，条料头部两侧都去掉一块，首次定位又会发生问题。

（3）最终的解决办法　根据故障原因的分析思路，只要第二步两侧垫圈落料凸模能保证完全冲切，第一步冲孔凸模必然能保证完全冲切。也就是将首步冲切条料的定位往前适当移动一定距离就可解决。图5-8-88就是修改条料定位的分析图。从图上可以看出，条料送至Ⅳ的位置，可以保证两侧冲垫圈的落料凸模能完全冲切，且能获得两个完整的垫圈。往后退一个步距，条料停在Ⅲ的位置进行第一次冲切，就能保证两侧垫圈冲孔凸模完全正常冲切。但模具的首次挡料在Ⅱ的位置，无法再往前送。所以考虑了再往后退一个步距，首步在Ⅰ的位置停留，只是侧刃会局部参与冲切，而且发现还不致引起冲件Ⅰ四小孔中后侧的两孔形成单面冲切。然后再往前送时，条料头部送到了Ⅲ的位置，定位仍在Ⅱ的位置，以后就完全进入了正常状态。

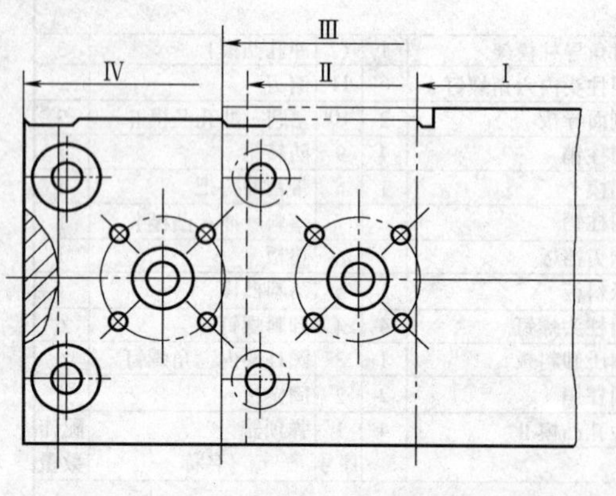

图5-8-88　条料定位调整分析
Ⅰ—首次送料控制位置　Ⅱ—挡料位置
Ⅲ—第二步条料实到位置　Ⅳ—第三步条料实到位置

这里还有几个问题需要说明及注意。

1）调整后的安排，侧刃又形成不完全冲切有影响吗？答复是：侧刃本身任何时候都是不完全冲裁，因为前端都是不参加冲切工作的。再加上后侧局部冲切时，还有一个斜面与后端对应控制，不会有任何影响。对于冲较厚材料，侧刃单面冲切存在侧向力引起不稳定时，可加长侧刃增设导向部分来解决。

2）按调整后的送料定距方式，首步如何掌握。从分析图上可以看出，首步冲切时，条料的前端接近冲件Ⅰ冲四小孔的后两孔边缘，送料时可以此为准。弹压卸料便于观察，当条料前端送到靠近小孔边缘时，利用承料板在模具之外用手压住条料固定位置，合模冲裁也比较安全。

3）若模具失效，制作新模时排样方式可以适当更改，将首步侧刃的前端直接安排到分析图Ⅲ的位置，就彻底解决了条料首步冲切的挡料定位问题。

4）按调整后的送料定距方式，除冲件Ⅰ落料凸模外，全部凸模都可保证完全冲切。冲件Ⅰ落料凸模虽然有少量（分析图带斜线的弧形区域）不完全冲切，由于凸模大，又为不规则异形，牢固性好，不会有什么明显的影响。

5）由于是三种零件混合交叉排样，型孔间呈交叉排列，前端既然不能完全避免不完全冲裁，条料的后端也必然如此。所以，在控制条件下料的长度上要加以控制。尤其要防止较小凸模出现不完全单面冲裁的情况，也要防止材料造成更多浪费。最好的办法是通过试模对下料长度加以验证。

8. 适当的备份，加快易损零件的更换维修

图5-8-89是一套小型冲件的冲孔、切槽、拉深、落料多工艺组合级进模，冲件除拉深、落料外，还要冲一个仅0.8mm的孔和三条宽度仅0.6mm的槽。这两个凸模以及冲三槽的型孔极易受到损坏而失效，冲槽凹模设计为整体组合结构形式，便于损坏后用更换的方式来修复。这么细小的成型零件，即使仅有很小的毛病，要修配都是很难的，很可能越修越坏，还不如直接采用更换更为可靠。但要重新投料制作这些零件也并非易事，而且还不可能保证做一件就好一件，周期也会加长。所以，对于这类零件可采用一次投入、多制作几套的办法，将合格的零件，除一套装入模具外，其余的当做备份妥善保存。一旦模具使用过程中出现损坏，直接将合格的备份件更换上即可。模具的修复时间可大幅度缩短，成批制作备份件占用的时间也会小些，也更保险。

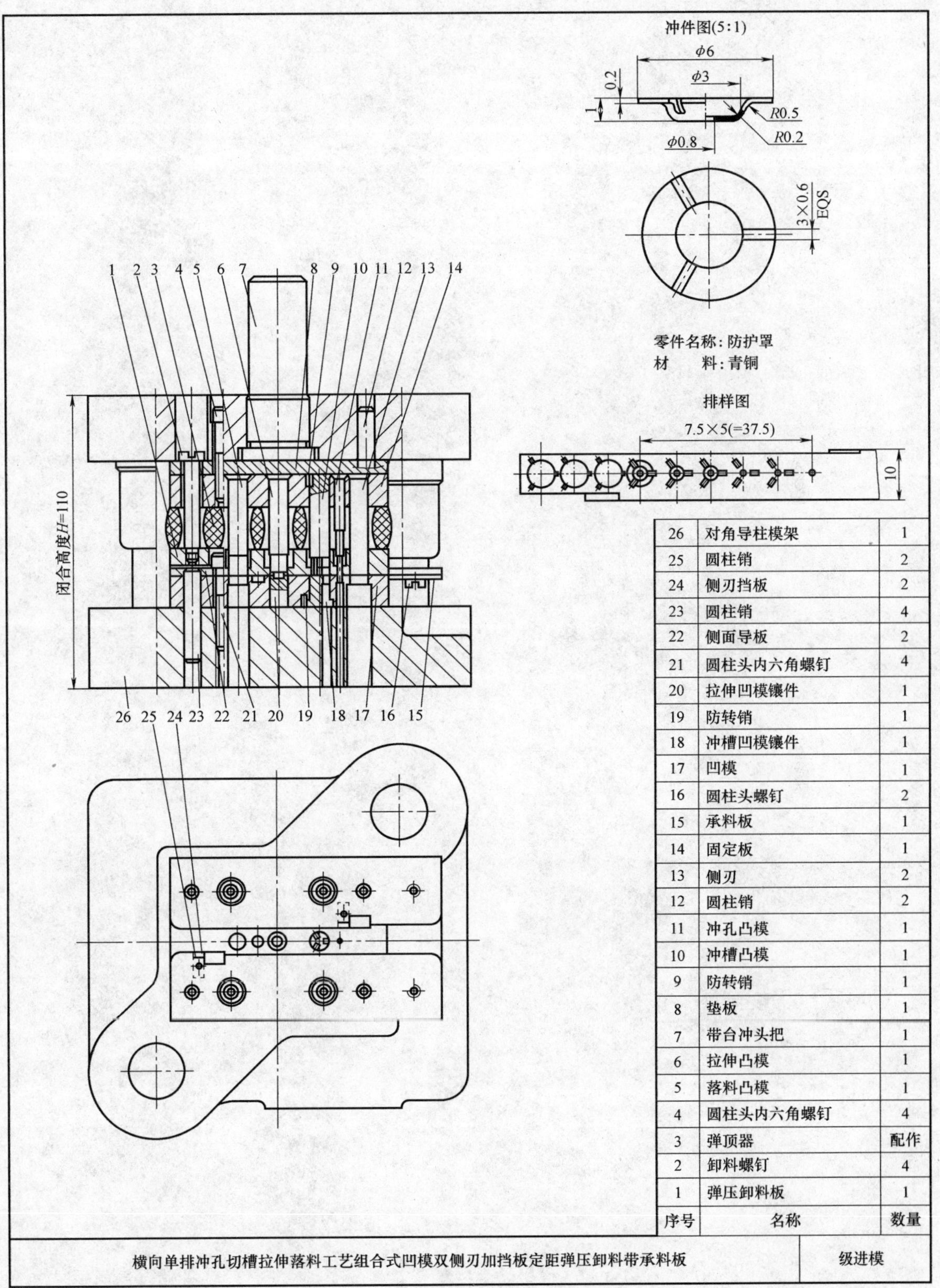

序号	名称	数量
26	对角导柱模架	1
25	圆柱销	2
24	侧刃挡板	2
23	圆柱销	4
22	侧面导板	2
21	圆柱头内六角螺钉	4
20	拉伸凹模镶件	1
19	防转销	1
18	冲槽凹模镶件	1
17	凹模	1
16	圆柱头螺钉	2
15	承料板	1
14	固定板	1
13	侧刃	2
12	圆柱销	2
11	冲孔凸模	1
10	冲槽凸模	1
9	防转销	1
8	垫板	1
7	带台冲头把	1
6	拉伸凸模	1
5	落料凸模	1
4	圆柱头内六角螺钉	4
3	弹顶器	配作
2	卸料螺钉	4
1	弹压卸料板	1

横向单排冲孔切槽拉伸落料工艺组合式凹模双侧刃加挡板定距弹压卸料带承料板	级进模

图 5-8-89　级进模

第 6 篇　冲压模具标准件

第1章　冲模技术条件

标准 GB/T 14662—2006 中规定了冲模的要求、验收、标志、包装、运输和储存。本标准用于冲模的设计、制造和验收。

1.1　冲模零件的要求

冲模零件的要求见表 6-1-1。

表 6-1-1　冲模零件的要求（摘自 GB/T 14662—2006）

标准条目编号	条目内容
3.1	设计冲模宜选用 GB/T 2581～2582、JB/T 8049、JB/T 7181～7182 和 GB/T 2855～2856、GB/T 2861、JB/T 5825～5830、JB/T 7184～7187、JB/T 7642～7652、JB/T 8054、JB/T 8057 规定的标准模架和零件
3.2	模具工作零件和模具一般零件所选用的材料应符合相应牌号的技术标准
3.3	模具零件推荐材料和硬度见表 6-1-2 和表 6-1-3
3.4	模具零件不允许有裂纹，工作表面不允许有划痕、机械损伤、锈蚀等缺陷
3.5	模具零件中螺纹的基本尺寸应符合 GB/T 196—2003 的规定，选用的公差与配合应符合 GB/T 197—2003 中 6 级的规定
3.6	零件除刃口外所有棱边均应倒角或倒圆
3.7	经磁性吸力磨削后的模具零件应退磁
3.8	零件上销钉与孔的配合长度应大于等于销钉直径的 1.5 倍；螺纹孔的深度应大于等于螺纹直径的 1.5 倍
3.9	零件图中未注公差尺寸的极限偏差应符合 GB/T 1804—2000 中 m 级的规定
3.10	零件图中未注的形状和位置公差应符合 GB/T 1184—1996 中 K 级的规定

表 6-1-2　模具工作零件常用材料及硬度（摘自 GB/T 14662—2006）

模具类型	冲件与冲压工艺情况		材料	硬度	
				凸模	凹模
冲裁模	Ⅰ	形状简单，精度较低，材料厚度小于或等于 3mm，中小批量	T10A、9Mn2V	56～60HRC	58～62HRC
	Ⅱ	材料厚度小于或等于 3mm，形状复杂；材料厚度大于 3mm	9CrSi、CrWMn Cr12、Cr12MoV W6Mo5Cr4V2	58～62HRC	60～64HRC
	Ⅲ	大批量	Cr12MoV、Cr4W2MoV	58～62HRC	60～64HRC
			YG15、YG20	≥86HRA	≥84HRA
			超细硬质合金	—	
弯曲模	Ⅰ	形状简单、中小批量	T10A	56～62HRC	
	Ⅱ	形状复杂	CrWMn、Cr12、Cr12MoV	60～64HRC	
	Ⅲ	大批量	YG15、YG20	≥86HRA	≥84HRA
	Ⅳ	加热弯曲	5CrNiMo、5CrNiTi、5CrMnMo	52～56HRC	
			4Cr5MoSiV1	40～45HRC，表面渗氮≥900HV	
拉深模	Ⅰ	一般拉深	T10A	56～60HRC	58～62HRC
	Ⅱ	形状复杂	Cr12、Cr12MoV	58～62HRC	60～64HRC
	Ⅲ	大批量	Cr12MoV、Cr4W2MoV	58～62HRC	60～64HRC
			YG10、YG15	≥86HRA	≥84HRA
			超细硬质合金		
	Ⅳ	变薄拉深	Cr12MoV	58～62HRC	
			W18Cr4V、W6Mo5Cr4V2、Cr12MoV	—	60～64HRC
			YG10、YG15	≥86HRA	≥84HRA

（续）

模具类型		冲件与冲压工艺情况	材 料	硬度 凸模	硬度 凹模
拉深模	V	加热拉深	5CrNiTi、5CrNiMo	52～56HRC	
			4Cr5MoSiV1	40～45HRC，表面渗氮≥900HV	
大型拉深模	Ⅰ	中小批量	HT250、HT300	170～260HBW	
			QT600—20	197～269HBW	
	Ⅱ	大批量	镍铬铸铁	火焰淬硬 40～45HRC	
			钼铬铸铁、钼钒铸铁	火焰淬硬 50～55HRC	

表 6-1-3 模具一般零件的材料及硬度

（摘自 GB/T14662—2006）

零件名称	材料	硬 度
上、下模座	HT200	170～220HBW
	45	24～28HRC
导柱	20Cr	60～64HRC（渗碳）
	GCr15	60～64HRC
导套	20Cr	58～62HRC（渗碳）
	GCr15	58～62HRC
凸模固定板、凹模固定板、螺母、垫圈、螺塞	45	28～32HRC
模柄、承料板	Q235A	—
卸料板、导料板	45	28～32HRC
	Q235A	
导正销	T10A	50～54HRC
	9Mn2V	56～60HRC
垫板	45	43～48HRC
	T10A	50～54HRC
螺钉	45	头部 43～48HRC
销钉	T10A、GCr15	56～60HRC
挡料销、抬料销、推杆、顶杆	65Mn、GCr15	52～56HRC
推板	45	43～48HRC
压边圈	T10A	54～58HRC
	45	43～48HRC
定距侧刃、废料切断刀	T10A	58～62HRC
侧刃挡块	T10A	56～60HRC
斜楔与滑块	T10A	54～58HRC
弹簧	50CrVA、55CrSi、65Mn	44～48HRC

1.2 冲模的装配要求

冲模的装配要求见表 6-1-4。

表 6-1-4 冲模的装配要求（摘自 GB/T14662—2006）

标准条目编号	条 目 内 容
4.1	装配时应保证凸、凹模之间的间隙均匀一致
4.2	推料、卸料机构必须灵活，卸料板或推件器在冲模开启状态时，一般应突出凸、凹模表面 0.5～1.0mm
4.3	冲模所有活动部分的移动应平稳灵活，无滞止现象，滑块、楔块在固定滑动面上移动时，其最小接触面积不小于其面积的 75%
4.4	紧固用的螺钉、销钉装配后不得松动，并保证螺钉和销钉的端面不突出上下模座的安装平面
4.5	凸模装配后的垂直度应符合表 6-1-5 的规定
4.6	凸模、凸凹模等与固定板的配合一般按 GB/T 1800.4—1999 中的 H7/n6 或 H7/m6 选取
4.7	质量超过 20kg 的模具应设吊环螺钉或起吊孔，确保安全吊装。起吊时模具应平稳，便于装模。吊环螺钉应符合 GB/T 825—1988 的规定

表 6-1-5 凸模装配后的垂直度要求

间隙值/mm	垂直度公差等级（GB/T 1184—1996） 单凸模	多凸模
≤0.02	5	6
>0.02～0.06	6	7
>0.06	7	8

在《冲模技术条件》（GB/T 14662—2006）中还验收、标志包装、运输及储存等项内容。

第 2 章　冲模典型组合

2.1　典型组合

冲模典型组合包括 14 种组合，每种组合中既规定了典型的结构形式，也规定了组合中各种零件的系列尺寸，如凹模周界尺寸（$L \times B$）、凸模长度、模具闭合高度、各种板件尺寸（长 × 宽 × 高），以及螺钉、销钉、卸料螺钉的位置及尺寸规格（直径 × 长度）。因此，冲模组合非常有利于冲模 CAD 系统的建立。只要将结构形式与相应尺寸系列分别存入图形库与数据库，然后应用参数化技术就可以很方便地设计模具。本书只介绍其中部分内容。

冲模典型组合见表 6-2-1。

表 6-2-1　冲模典型组合一览表

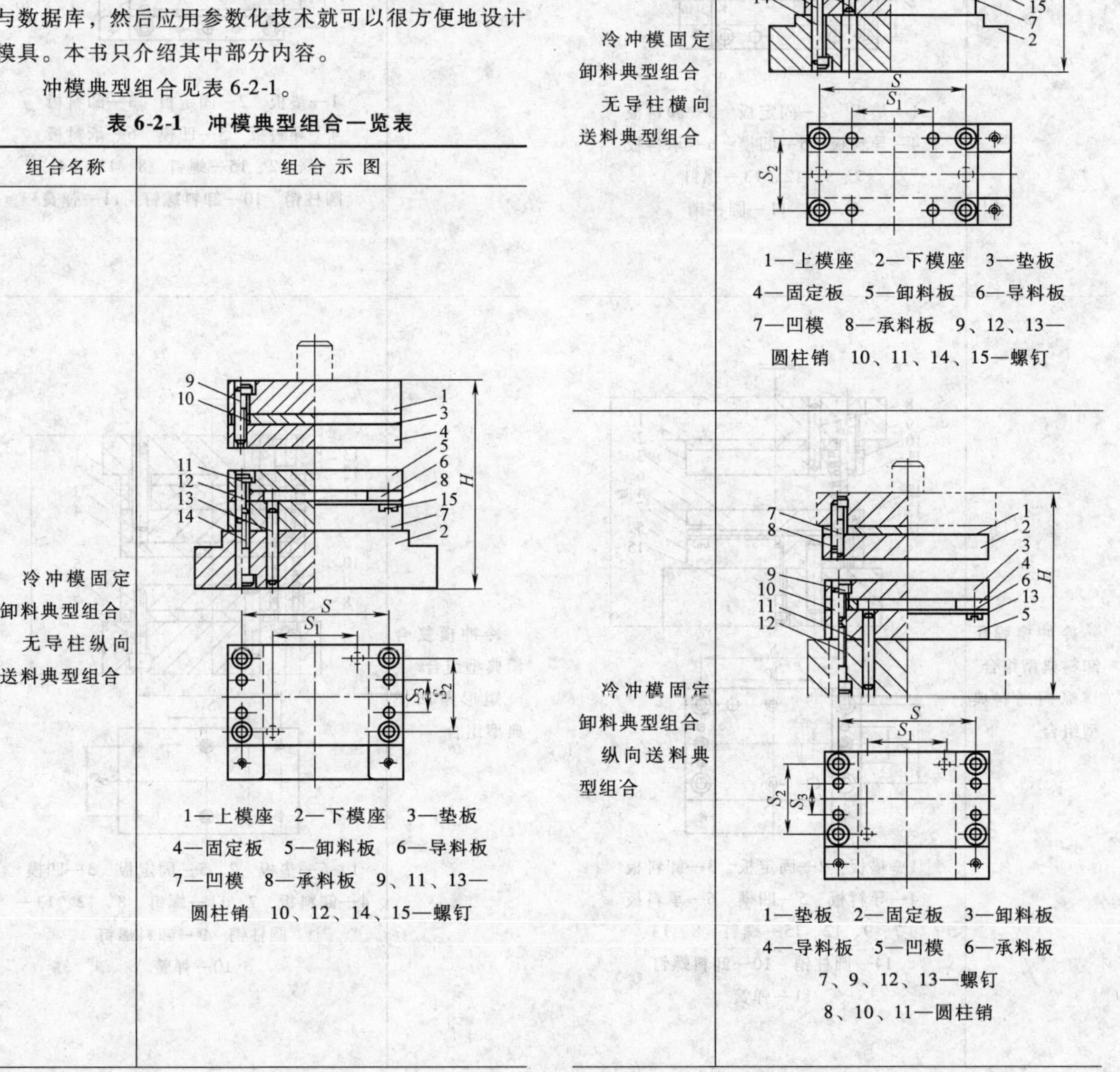

组合名称	组合示图
冷冲模固定卸料典型组合 无导柱纵向送料典型组合	1—上模座　2—下模座　3—垫板 4—固定板　5—卸料板　6—导料板 7—凹模　8—承料板　9、11、13—圆柱销　10、12、14、15—螺钉

（续）

组合名称	组合示图
冷冲模固定卸料典型组合 无导柱横向送料典型组合	1—上模座　2—下模座　3—垫板 4—固定板　5—卸料板　6—导料板 7—凹模　8—承料板　9、12、13—圆柱销　10、11、14、15—螺钉
冷冲模固定卸料典型组合 纵向送料典型组合	1—垫板　2—固定板　3—卸料板 4—导料板　5—凹模　6—承料板 7、9、12、13—螺钉 8、10、11—圆柱销

（续）

组合名称	组合示图
冷冲模固定卸料典型组合　横向送料典型组合	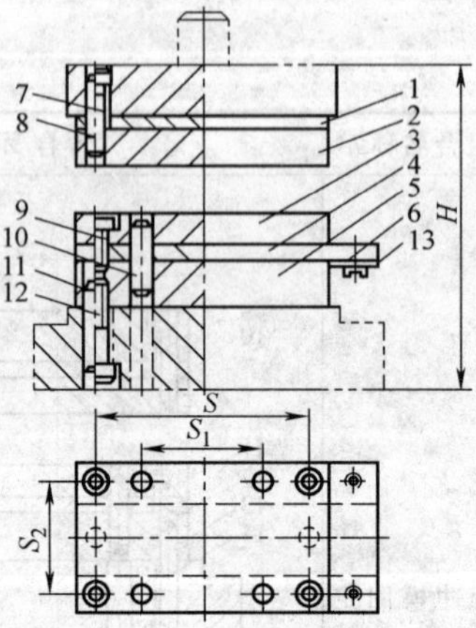 1—垫板　2—固定板　3—卸料板　4—导料板　5—凹模　6—承料板　7、9、12、13—螺钉　8、10、11—圆柱销
冷冲模弹压卸料典型组合　纵向送料典型组合	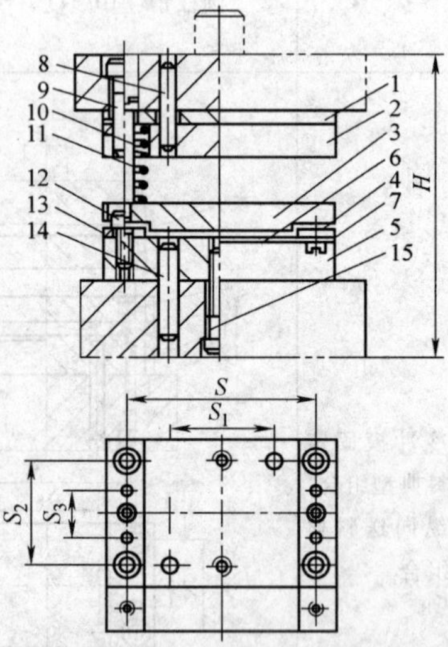 1—垫板　2—固定板　3—卸料板　4—导料板　5—凹模　6—承料板　7、9、12、15—螺钉　8、13、14—圆柱销　10—卸料螺钉　11—弹簧

（续）

组合名称	组合示图
冷冲模弹压卸料典型组合　横向送料典型组合	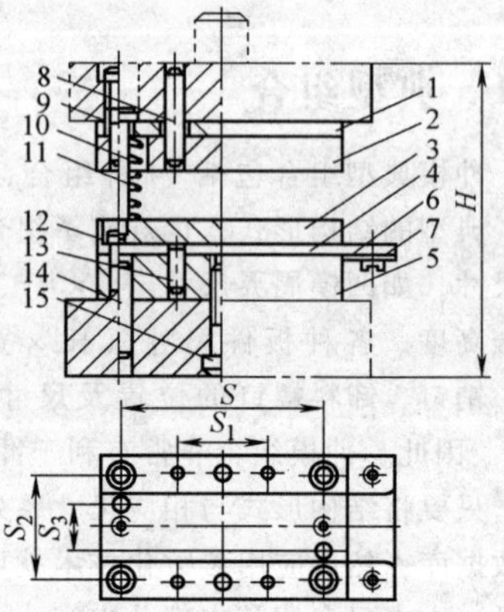 1—垫板　2—固定板　3—卸料板　4—导料板　5—凹模　6—承料板　7、9、12、15—螺钉　8、13、14—圆柱销　10—卸料螺钉　11—弹簧
冷冲模复合模典型组合　矩形厚凹模典型组合	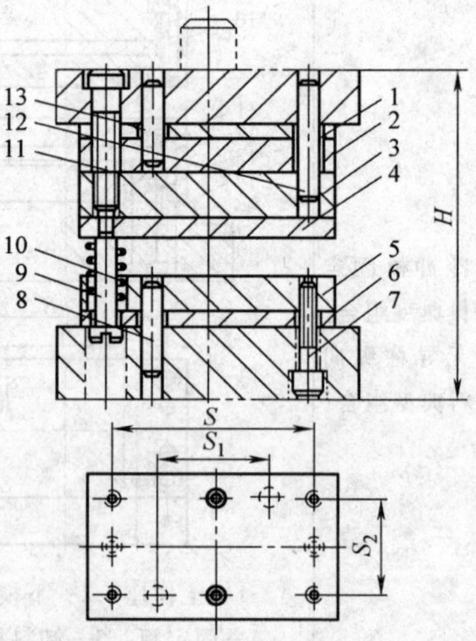 1、6—垫板　2、5—固定板　3—凹模　4—卸料板　7、11—螺钉　8、12、13—圆柱销　9—卸料螺钉　10—弹簧

（续）

组合名称	组合示图
冷冲模复合模典型组合 矩形薄凹模典型组合	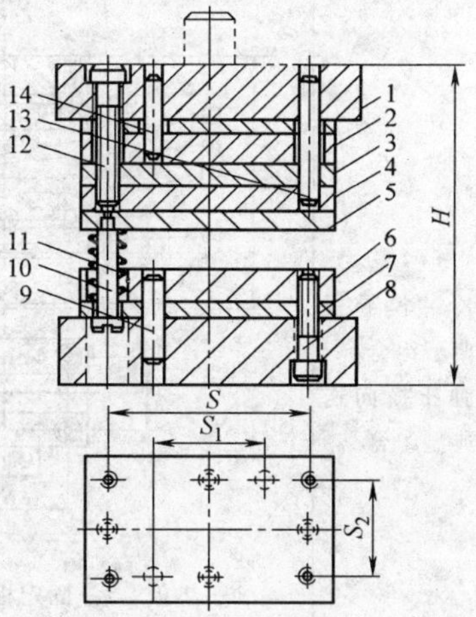 1、7—垫板　2、6—固定板　3—空心垫板　4—凹模　5—卸料板　8、12—螺钉　9、13、14—圆柱销　10—卸料螺钉　11—弹簧
冷冲模复合模典型组合 圆形厚凹模典型组合	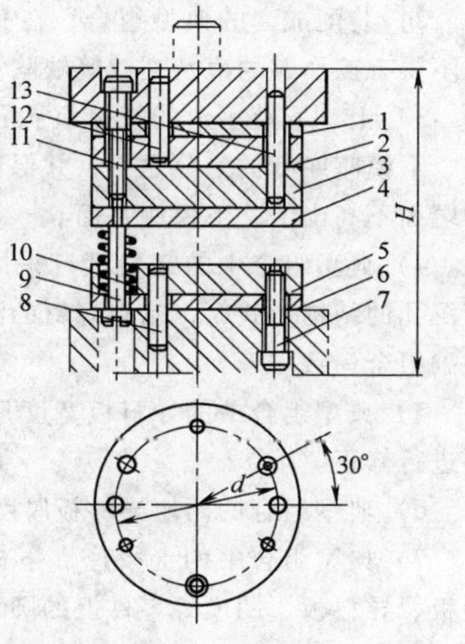 1、6—垫板　2、5—固定板　3—凹模　4—卸料板　7、11—螺钉　8、12、13—圆柱销　9—卸料螺钉　10—弹簧

（续）

组合名称	组合示图
冷冲模复合模典型组合 圆形薄凹模典型组合	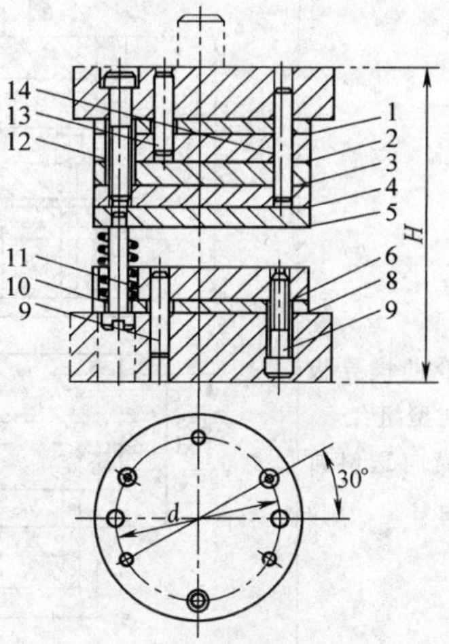 1、7—垫板　2、6—固定板　3—空心垫板　4—凹模　5—卸料板　8、12—螺钉　9、13、14—圆柱销　10—卸料螺钉　11—弹簧
冷冲模导板模典型组合 纵向送料典型组合	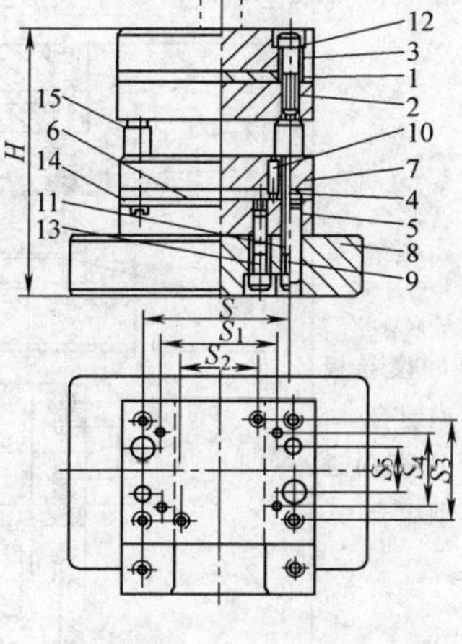 1—垫板　2—固定板　3—上模座　4—导料板　5—凹模　6—承料板　7—导板　8—下模座　9、10—圆柱销　11、12、13、14—螺钉　15—限位柱

（续）

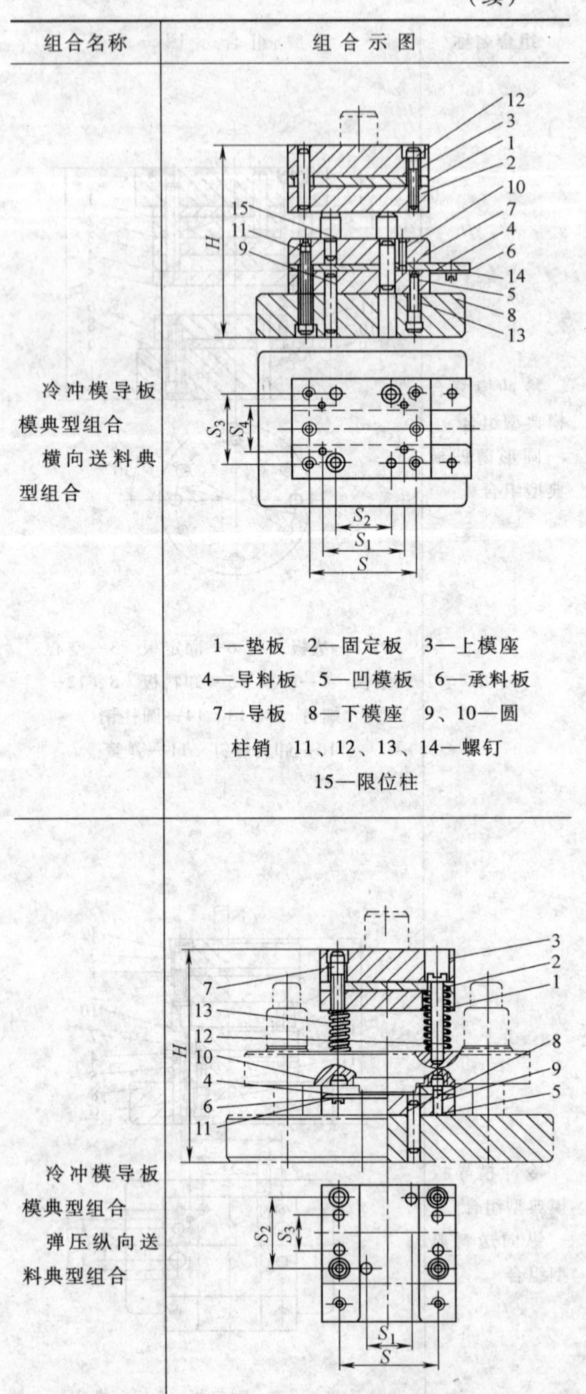

组合名称	组合示图
冷冲模导板模典型组合横向送料典型组合	1—垫板 2—固定板 3—上模座 4—导料板 5—凹模板 6—承料板 7—导板 8—下模座 9、10—圆柱销 11、12、13、14—螺钉 15—限位柱
冷冲模导板模典型组合弹压纵向送料典型组合	1—固定板 2—垫板 3—上模座 4—导料板 5—凹模 6—承料板 7、10、11—螺钉 8、9—圆柱销 12—卸料螺钉 13—弹簧

（续）

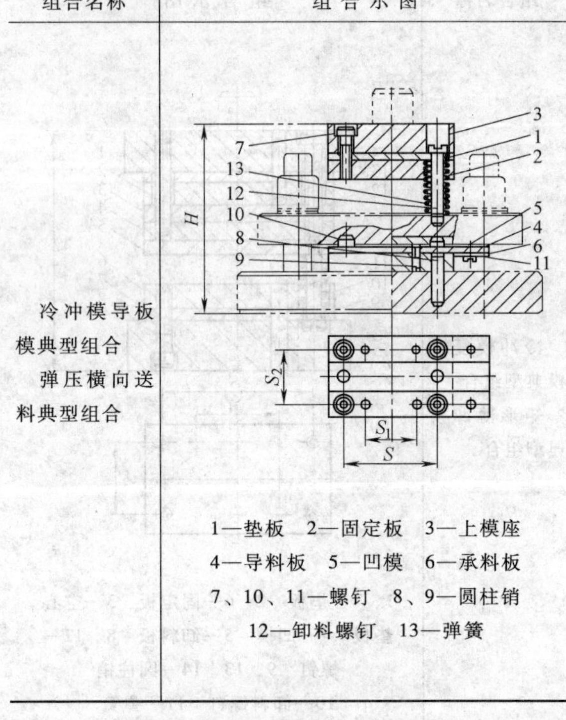

组合名称	组合示图
冷冲模导板模典型组合弹压横向送料典型组合	1—垫板 2—固定板 3—上模座 4—导料板 5—凹模 6—承料板 7、10、11—螺钉 8、9—圆柱销 12—卸料螺钉 13—弹簧

2.2 冲模典型组合技术条件

1）冲模典型组合的零件，均须符合有关的标准和技术条件的规定。

2）装配成套的典型组合，在其零件的加工表面上不得有擦伤、划痕及裂纹等缺陷。

3）上、下模座上的螺钉沉孔，其深度不应超过上、下模座厚度的二分之一，并保证螺钉、圆柱销头的端面不高出上、下模座基面。

4）典型组合中的卸料螺钉采用在上、下模座上打沉孔的结构形式时，卸料螺钉的沉孔深度应保证同一副组合一致。

5）典型组合中的导料板宽度尺寸 B 值按实际需要进行修正。

6）典型组合的两块导料板厚度需修磨一致。

7）典型组合中的上模座、下模座、固定板、卸料板、导料板、凹模等零件上的圆柱孔，组合时不加工，装配时钻和铰。

8）典型组合中的通孔、沉孔的表面粗糙度为 $Ra12.5\mu m$。

9）典型组合中螺纹的基本尺寸按 GB/T196—2003 的规定，螺纹公差按 GB/T197—2003 规定的6级，螺纹的表面粗糙度为 $Ra6.3\mu m$。

10）弹压卸料结构的卸料螺钉的长度，若不满足用户要求时，可用 JB/T 7650.6—2008 规定的 6 级精度，螺纹的表面粗糙度为 $Ra6.3\mu m$。

11）若用户有特殊要求，经与制造厂协商，可按下述规定供应：

① 可不制出螺孔。

② 可以改变相应的典型组合标准中所规定的螺孔、销孔位置。

③ 导料板可不接长于凹模外。

第3章　冲模标准模架及标准零件

3.1　冲模模架形式

冲模模架由上、下模座及导向装置（导柱与导套）组成。根据上、下模座的材料性质分为铸铁模架与钢板模架两种；根据导向装置中导柱与导套间的摩擦性质，模架又可分为滑动导向与滚动导向模架两大类。每类模架中又可由导柱的安装位置及导柱数分为多种，其具体形式与用途见表6-3-1。

3.2　冲模标准模架

1. 滑动导向模架

（1）对角导柱模架　对角导柱模架见表6-3-2。

表6-3-1　模架的具体形式及用途

<table>
<tr><th colspan="2">模架类别</th><th>模架形式</th><th colspan="2">功能及用途</th></tr>
<tr><td rowspan="10">铸铁模架</td><td rowspan="6">滑动导向</td><td>对角导柱模架</td><td colspan="2">在凹模面积的对角中心线上装有前、后导柱，其有效区在毛坯进给方向的导套间。受力平衡，上模座在导柱上运动平稳。适用于纵向或横向送料，使用面宽，常用于级进模或复合模。其凹模周界范围为63mm×50mm～500mm×500mm</td></tr>
<tr><td>后侧导柱模架</td><td colspan="2">两导柱、导套分别装在上、下模座后侧，凹模面积是导套前的有效区域。可用于冲压较宽条料，且可用边角料。送料及操作方便，可纵向、横向送料。主要适用于一般精度要求的冲模，不宜用于大型模具，因有弯曲力矩，上模座在导柱上运动不平稳。其凹模周界范围为63mm×50mm～400mm×250mm</td></tr>
<tr><td>后侧导柱窄形模架</td><td colspan="2">主要用于窄长零件和特殊冲压工艺的冲模。其凹模周界范围为250mm×80mm～800mm×200mm</td></tr>
<tr><td>中间导柱模架</td><td colspan="2">其凹模面积是导套间的有效区域，仅适用于横向送料，常用于弯曲模或复合模。具有导向精度高，上模座在导柱上运动平稳的特点。其凹模周界范围为63mm×50mm～500mm×500mm</td></tr>
<tr><td>中间导柱圆形模架</td><td colspan="2">常用于电机行业冲模，或用于冲压圆形制件的冲模。其凹模周界范围为63mm×100mm～630mm×380mm</td></tr>
<tr><td>四导柱模架</td><td colspan="2">模架受力平衡，导向精度高。适用于大型制件、精度很高的冲模以及大批量生产的自动冲压生产线上的冲模。其凹模周界范围为160mm×250mm～630mm×400mm</td></tr>
<tr><td rowspan="4">滚动导向</td><td>对角导柱模架</td><td>凹模周界范围为80mm×63mm～250mm×200mm</td><td rowspan="4">滚动导向模架是在导柱与导套间装有预先过盈压配的钢球，进行相对滚动的模架。其特点是导向精度高，运动刚性好，使用寿命长。主要用于高精度、高寿命的硬质合金冲模、高速精密级进冲模等</td></tr>
<tr><td>中间导柱模架</td><td>凹模周界范围为80mm×63mm～250mm×200mm</td></tr>
<tr><td>四导柱模架</td><td>凹模周界范围为160mm×125mm～400mm×250mm</td></tr>
<tr><td>后侧导柱模架</td><td>凹模周界范围为80mm×63mm～200mm×16mm</td></tr>
<tr><td rowspan="8">钢板模架</td><td rowspan="4">滑动导向</td><td>后导柱模架</td><td colspan="2">钢板模架具有强度高、加工工艺性较好等特点，但比铸铁模架稍贵。目前在精密模具中使用较多。凹模周界范围：100mm×80mm～500mm×250mm</td></tr>
<tr><td>对角导柱模架</td><td colspan="2">凹模周界范围：100mm×80mm～800mm×400mm</td></tr>
<tr><td>中间导柱模架</td><td colspan="2">凹模周界范围：100mm×100mm～630mm×400mm</td></tr>
<tr><td>四导柱模架</td><td colspan="2">凹模周界范围：160mm×100mm～1000mm×630mm</td></tr>
<tr><td rowspan="4">滚动导向</td><td>后导柱模架</td><td colspan="2">凹模周界范围：100mm×80mm～500mm×250mm</td></tr>
<tr><td>对角导柱模架</td><td colspan="2">凹模周界范围：100mm×80mm～800mm×400mm</td></tr>
<tr><td>中间导柱模架</td><td colspan="2">凹模周界范围：100mm×100mm～630mm×400mm</td></tr>
<tr><td>四导柱模架</td><td colspan="2">凹模周界范围：160mm×100mm～1000mm×630mm</td></tr>
</table>

表 6-3-2　对角导柱模架（摘自 GB/T 2851—2008）　（单位：mm）

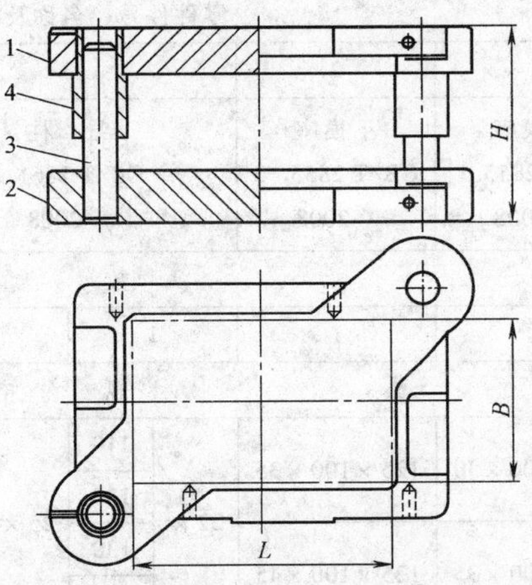

凹模周界		闭合高度（参考）H		零件件号、名称及标准编号									
				1	2	3				4			
				上模座 GB/T 2855.1—2008	下模座 GB/T 2855.2—2008	导柱 GB/T 2861.1—2008				导套 GB/T 2861.3—2008			
				数量									
L	B	最小	最大	1	1	1		1		1		1	
				规格									
63	50	100	115	63×50×20	63×50×25	16×	90	18×	90	16×	60×18	18×	60×18
		110	125				100		100				
		110	130	63×50×25	63×50×30		100		100		65×23		65×23
		120	140				110		110				
63	63	100	115	63×63×20	63×63×25		90		90		60×18		60×18
		110	125				100		100				
		110	130	63×63×25	63×63×30		100		100		65×23		65×23
		120	140				110		110				
80		110	130	80×63×25	80×63×30	18×	100	20×	100	18×	65×23	20×	65×23
		130	150				120		120				
		120	145	80×63×30	80×63×40		110		110		70×28		70×28
		140	165				130		130				
100	63	110	130	100×63×25	100×63×30		100		100		65×23		65×23
		130	150				120		120				
		120	145	100×63×30	100×63×40		110		110		70×28		70×28
		140	165				130		130				
80	80	110	130	80×80×25	80×80×30	20×	100	22×	100	20×	65×23	22×	65×23
		130	150				120		120				
		120	145	80×80×30	80×80×40		110		110		70×28		70×28
		140	165				130		130				
100		110	130	100×80×25	100×80×30		100		100		65×23		65×23
		130	150				120		120				
		120	145	100×80×30	100×80×40		110		110		70×28		70×28
		140	165				130		130				
125		110	130	125×80×25	125×80×30		100		100		65×23		65×23
		130	150				120		120				
		120	145	125×80×30	125×80×40		110		110		70×28		70×28
		140	165				130		130				
100	100	110	130	100×100×25	100×100×30		100		100		65×23		65×23
		130	150				120		120				
		120	145	100×100×30	100×100×40		110		110		70×28		70×28
		140	165				130		130				

（续）

凹模周界		闭合高度（参考）*H*		零件件号、名称及标准编号									
				1	2	3				4			
				上模座 GB/T 2855.1—2008	下模座 GB/T 2855.2—2008	导柱 GB/T 2861.1—2008				导套 GB/T 2861.3—2008			
				数量									
L	*B*	最小	最大	1	1	1		1		1		1	
				规格									
125	100	120	150	125×100×30	125×100×35	22×	110	25×	110	22×	80×28	25×	80×28
		140	165				130		130				
		140	170	125×100×35	125×100×45		130		130		80×33		80×33
		160	190				150		150				
160		140	170	160×100×35	160×100×40	25×	130	28×	130	25×	85×33	28×	85×33
		160	190				150		150				
		160	195	160×100×40	160×100×50		150		150		90×38		90×38
		190	225				180		180				
200		140	170	200×100×35	200×100×40		130		130		85×38		85×33
		160	190				150		150				
		160	195	200×100×40	200×100×50		150		150		90×38		90×38
		190	225				180		180				
125	125	120	150	125×125×30	125×125×35	22×	110	25×	110	22×	80×28	25×	80×28
		140	165				130		130				
		140	170	125×125×35	125×125×45		130		130		85×33		85×33
		160	190				150		150				
160		140	170	160×125×35	160×125×40	25×	130	28×	130	25×	85×33	28×	85×33
		160	190				150		150				
		170	205	160×125×40	160×125×50		160		160		95×38		95×38
		190	225				180		180				
200		140	170	200×125×35	200×125×40		130		130		85×33		85×33
		160	190				150		150				
		170	205	200×125×40	200×125×50		160		160		95×38		95×38
		190	225				180		180				
250		160	200	250×125×40	250×125×45	28×	150	32×	150	28×	100×38	32×	100×38
		180	220				170		170				
		190	235	250×125×45	250×125×55		180		180		110×43		110×43
		210	255				200		200				
160	160	160	200	160×160×40	160×160×45		150		150		100×38		100×38
		180	220				170		170				
		190	235	160×160×45	160×160×55		180		180		110×43		110×43
		210	255				200		200				

（续）

凹模周界		闭合高度（参考）*H*		零件件号、名称及标准编号							
				1	2	3				4			
				上模座 GB/T 2855.1—2008	下模座 GB/T 2855.2—2008	导柱 GB/T 2861.1—2008				导套 GB/T 2861.3—2008			
				数量									
L	*B*	最小	最大	1	1	1		1		1		1	
				规格									
200	160	160	200	200×160×40	200×160×45	28×	150	32×	150	28×	100×38	32×	100×38
		180	220				170		170				
		190	235	200×160×45	200×160×55		180		180		110×43		110×43
		210	255				200		200				
250		170	210	250×160×45	250×160×50	32×	160	35×	160	32×	105×43	35×	105×43
		200	240				190		190				
		200	245	250×160×50	250×160×60		190		190		115×48		115×48
		220	265				210		210				
200	200	170	210	200×200×45	200×200×50		160		160	30×	105×43		105×43
		200	240				190		190				
		200	245	200×200×50	200×200×60		190		190		115×48		115×48
		220	265				210		210				
250		170	210	250×200×45	250×200×50		160		160		105×43		105×43
		200	240				190		190				
		200	245	250×200×50	250×200×60		190		190		115×48		115×48
		220	265				210		210				
315		190	230	315×200×45	315×200×55	35×	180	40×	180	35×	115×43	40×	115×43
		220	260				210		210				
		210	255	315×200×50	315×200×65		200		200		125×48		125×48
		240	285				230		230				
250	250	190	230	250×250×45	250×250×55		180		180		115×43		115×43
		220	260				210		210				
		270	255	250×250×50	250×250×65		200		200		125×48		125×48
		240	285				230		230				
315		215	250	315×250×50	315×250×60	40×	200	45×	200	40×	125×48	45×	125×48
		245	280				230		230				
		245	290	315×250×55	315×250×70		230		230		140×53		140×53
		275	320				260		260				
400		215	250	400×250×50	400×250×60		200		200		125×48		125×48
		245	280				230		230				
		245	290	400×250×55	400×250×70		230		230		140×53		140×53
		275	320				260		260				

（续）

凹模周界		闭合高度（参考）H		零件件号、名称及标准编号									
				1	2	3				4			
				上模座 GB/T 2855.1—2008	下模座 GB/T 2855.2—2008	导　柱 GB/T 2861.1—2008				导　套 GB/T 2861.3—2008			
				数　量									
L	B	最小	最大	1	1	1		1		1		1	
				规　格									
315	315	215	250	315×315×50	315×315×60	45×	200	50×	200	45×	125×48	50×	125×48
		245	280				230		230				
		245	290	315×315×55	315×315×70		230		230		140×53		140×53
		275	320				260		260				
400		245	290	400×315×55	400×315×65		230		230		140×58		140×53
		275	315				260		260				
		275	320	400×315×60	400×315×75		260		260		150×58		150×58
		305	350				290		290				
500		245	290	500×315×55	500×315×65		230		230		140×53		140×53
		275	315				260		260				
		275	320	500×315×60	500×315×75		260		260		150×58		150×58
		305	350				290		290				
400	400	245	290	400×400×55	400×400×65	45×	230	50×	230	45×	140×53	50×	140×53
		275	315				260		260				
		275	320	400×400×60	400×400×75		260		260		150×58		150×58
		305	350				290		290				
630		240	280	630×400×55	630×400×65	50×	220	55×	220	50×	150×53	55×	150×53
		270	305				250		250				
		270	310	630×400×65	630×400×80		250		250		160×63		160×63
		300	340				280		280				
500	500	260	300	500×500×55	500×500×65		240		240		150×53		150×53
		290	325				270		270				
		290	330	500×500×65	500×500×80		270		270		160×63		160×63
		320	360				300		300				

（2）后侧导柱模架　后侧导柱模架见表 6-3-3。

（3）中间导柱模架　中间导柱模架见表 6-3-4。

表 6-3-3　后侧导柱模架（摘自 GB/T 2851—2008）　（单位：mm）

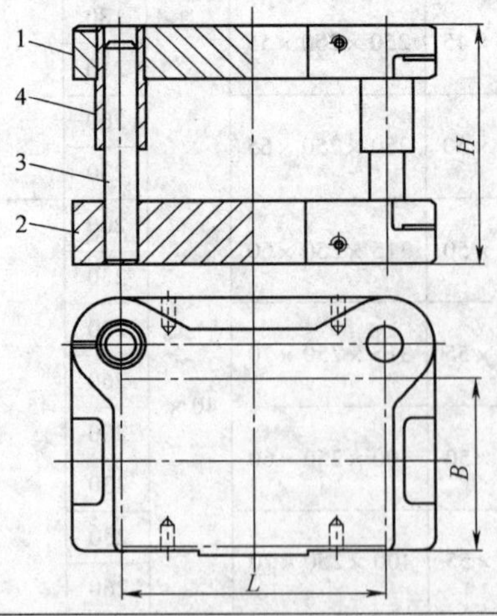

（续）

<table>
<tr><th colspan="2" rowspan="4">凹模周界</th><th colspan="2" rowspan="4">闭合高度
（参考）
H</th><th colspan="6">零件件号、名称及标准编号</th></tr>
<tr><th>1</th><th>2</th><th colspan="2">3</th><th colspan="2">4</th></tr>
<tr><th>上模座
GB/T 2855.1
—2008</th><th>下模座
GB/T 2855.2
—2008</th><th colspan="2">导　柱
GB/T 2861.1
—2008</th><th colspan="2">导　套
GB/T 2861.3
—2008</th></tr>
<tr><th colspan="6">数　　量</th></tr>
<tr><th rowspan="2">L</th><th rowspan="2">B</th><th rowspan="2">最小</th><th rowspan="2">最大</th><th>1</th><th>1</th><th colspan="2">2</th><th colspan="2">2</th></tr>
<tr><th colspan="6">规　　格</th></tr>
<tr><td rowspan="4">63</td><td rowspan="4">50</td><td>100</td><td>115</td><td rowspan="2">63×50×20</td><td rowspan="2">63×50×25</td><td rowspan="8">16×</td><td>90</td><td rowspan="8">16×</td><td rowspan="2">60×18</td></tr>
<tr><td>110</td><td>125</td><td>100</td></tr>
<tr><td>110</td><td>130</td><td rowspan="2">63×50×25</td><td rowspan="2">63×50×30</td><td>100</td><td rowspan="2">65×23</td></tr>
<tr><td>120</td><td>140</td><td>110</td></tr>
<tr><td rowspan="4">63</td><td rowspan="12">63</td><td>100</td><td>115</td><td rowspan="2">63×63×20</td><td rowspan="2">63×63×25</td><td>90</td><td rowspan="2">60×18</td></tr>
<tr><td>110</td><td>125</td><td>100</td></tr>
<tr><td>110</td><td>130</td><td rowspan="2">63×63×25</td><td rowspan="2">63×63×30</td><td>100</td><td rowspan="2">65×23</td></tr>
<tr><td>120</td><td>140</td><td>110</td></tr>
<tr><td rowspan="4">80</td><td>110</td><td>130</td><td rowspan="2">80×63×25</td><td rowspan="2">80×63×30</td><td rowspan="8">18×</td><td>100</td><td rowspan="8">18×</td><td rowspan="2">65×23</td></tr>
<tr><td>130</td><td>150</td><td>120</td></tr>
<tr><td>120</td><td>145</td><td rowspan="2">80×63×30</td><td rowspan="2">80×63×40</td><td>110</td><td rowspan="2">70×28</td></tr>
<tr><td>140</td><td>165</td><td>130</td></tr>
<tr><td rowspan="4">100</td><td>110</td><td>130</td><td rowspan="2">100×63×25</td><td rowspan="2">100×63×30</td><td>100</td><td rowspan="2">65×23</td></tr>
<tr><td>130</td><td>150</td><td>120</td></tr>
<tr><td>120</td><td>145</td><td rowspan="2">100×63×30</td><td rowspan="2">100×63×40</td><td>110</td><td rowspan="2">70×28</td></tr>
<tr><td>140</td><td>165</td><td>130</td></tr>
<tr><td rowspan="4">80</td><td rowspan="12">80</td><td>110</td><td>130</td><td rowspan="2">80×80×25</td><td rowspan="2">80×80×30</td><td rowspan="16">20×</td><td>100</td><td rowspan="16">20×</td><td rowspan="2">65×23</td></tr>
<tr><td>130</td><td>150</td><td>120</td></tr>
<tr><td>120</td><td>145</td><td rowspan="2">80×80×30</td><td rowspan="2">80×80×40</td><td>110</td><td rowspan="2">70×28</td></tr>
<tr><td>140</td><td>165</td><td>130</td></tr>
<tr><td rowspan="4">100</td><td>110</td><td>130</td><td rowspan="2">100×80×25</td><td rowspan="2">100×80×30</td><td>100</td><td rowspan="2">65×23</td></tr>
<tr><td>130</td><td>150</td><td>120</td></tr>
<tr><td>120</td><td>145</td><td rowspan="2">100×80×30</td><td rowspan="2">100×80×40</td><td>110</td><td rowspan="2">70×28</td></tr>
<tr><td>140</td><td>165</td><td>130</td></tr>
<tr><td rowspan="4">125</td><td>110</td><td>130</td><td rowspan="2">125×80×25</td><td rowspan="2">125×80×30</td><td>100</td><td rowspan="2">65×23</td></tr>
<tr><td>130</td><td>150</td><td>120</td></tr>
<tr><td>120</td><td>145</td><td rowspan="2">125×80×30</td><td rowspan="2">125×80×40</td><td>110</td><td rowspan="2">70×28</td></tr>
<tr><td>140</td><td>165</td><td>130</td></tr>
<tr><td rowspan="4">100</td><td rowspan="4">100</td><td>110</td><td>130</td><td rowspan="2">100×100×25</td><td rowspan="2">100×100×30</td><td>100</td><td rowspan="2">65×23</td></tr>
<tr><td>130</td><td>150</td><td>120</td></tr>
<tr><td>120</td><td>145</td><td rowspan="2">100×100×30</td><td rowspan="2">100×100×40</td><td>110</td><td rowspan="2">70×28</td></tr>
<tr><td>140</td><td>165</td><td>130</td></tr>
</table>

（续）

凹模周界		闭合高度（参考）H		零件件号、名称及标准编号					
				1	2	3		4	
				上模座 GB/T 2855.1—2008	下模座 GB/T 2855.2—2008	导 柱 GB/T 2861.1—2008		导 套 GB/T 2861.3—2008	
				数 量					
L	B	最小	最大	1	1	2		2	
				规 格					
125	100	120	150	125 × 100 × 30	125 × 100 × 35	22 ×	110	22 ×	80 × 28
		140	165				130		
		140	170	125 × 100 × 35	125 × 100 × 45		130		80 × 33
		160	190				150		
160		140	170	160 × 100 × 35	160 × 100 × 40	25 ×	130	25 ×	85 × 33
		160	190				150		
		160	195	160 × 100 × 40	160 × 100 × 50		150		90 × 38
		190	225				180		
200		140	170	200 × 100 × 35	200 × 100 × 40		130		85 × 33
		160	190				150		
		160	195	200 × 100 × 40	200 × 100 × 50		150		90 × 38
		190	225				180		
125	125	120	150	125 × 125 × 30	125 × 125 × 35	22 ×	110	22 ×	80 × 28
		140	165				130		
		140	170	125 × 125 × 35	125 × 125 × 45		130		85 × 33
		160	190				150		
160		140	170	160 × 125 × 35	160 × 125 × 40	25 ×	130	25 ×	85 × 33
		160	190				150		
		170	205	160 × 125 × 40	160 × 125 × 50		160		95 × 38
		190	225				180		
200		140	170	200 × 125 × 35	200 × 125 × 40		130		85 × 33
		160	190				150		
		170	205	200 × 125 × 40	200 × 125 × 50		160		95 × 38
		190	225				180		
250		160	200	250 × 125 × 40	250 × 125 × 45	28 ×	150	28 ×	100 × 38
		180	220				170		
		190	235	250 × 125 × 45	250 × 125 × 55		180		110 × 43
		210	255				200		
160	160	160	200	160 × 160 × 40	160 × 160 × 45		150		100 × 38
		180	220				170		
		190	235	160 × 160 × 45	160 × 160 × 55		180		110 × 43
		210	255				200		

（续）

凹模周界		闭合高度（参考）H		零件件号、名称及标准编号					
				1	2	3		4	
				上模座 GB/T 2855.1—2008	下模座 GB/T 2855.2—2008	导柱 GB/T 2861.1—2008		导套 GB/T 2861.3—2008	
				数量					
L	B	最小	最大	1	1	2		2	
				规格					
200	160	160	200	200×160×40	200×160×45	28×	150	28×	100×38
		180	220				170		
		190	235	200×160×45	200×160×55		180		110×43
		210	255				200		
250		170	210	250×160×45	250×160×50	32×	160	32×	105×43
		200	240				190		
		200	245	250×160×50	250×160×60		190		115×48
		220	265				210		
200	200	170	210	200×200×45	200×200×50		160		105×43
		200	240				190		
		200	245	200×200×50	200×200×60		190		115×48
		220	265				210		
250		170	210	250×200×45	250×200×50		160		105×43
		200	240				190		
		200	245	250×200×50	250×200×60		190		115×48
		220	265				210		
315		190	230	315×200×45	315×200×55	35×	180	35×	115×43
		220	260				210		
		210	255	315×200×50	315×200×65		200		125×48
		240	285				230		
250	250	190	230	250×250×45	250×250×55		180		115×43
		220	260				210		
		210	255	250×250×50	250×250×65		200		125×48
		240	285				230		
315		215	250	315×250×50	315×250×60	40×	200	40×	125×48
		245	280				230		
		245	290	315×250×55	315×250×70		230		140×53
		275	320				260		
400		215	250	400×250×50	400×250×60		200		125×48
		245	280				230		
		245	290	400×250×55	400×250×70		230		140×53
		275	320				260		

表 6-3-4　中间导柱模架（摘自 GB/T 2851—2008）　　（单位：mm）

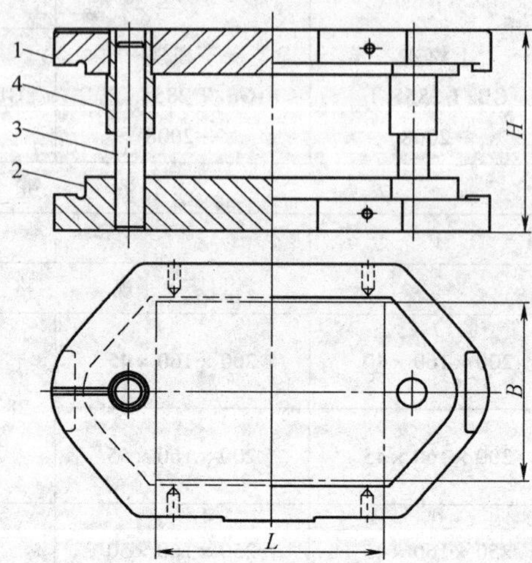

凹模周界		闭合高度（参考）H		零件件号、名称及标准编号									
				1 上模座 GB/T 2855.1—2008	2 下模座 GB/T 2855.2—2008	3 导柱 GB/T 2861.1—2008				4 导套 GB/T 2861.3—2008			
				数量									
L	B	最小	最大	1	1	1		1		1		1	
				规格									
63	50	100	115	63×50×20	63×50×25	16×	90	18×	90	16×	60×18	18×	60×18
		110	125				100		100				
		110	130	63×50×25	63×50×30		100		100		65×23		65×23
		120	140				110		110				
63	63	100	115	63×63×20	63×63×25		90		90		60×18		60×18
		110	125				100		100				
		110	130	63×63×25	63×63×30		100		100		65×23		65×23
		120	140				110		110				
80		110	130	80×63×25	80×63×30	18×	100	20×	100	18×	65×23	20×	65×23
		130	150				120		120				
		120	145	80×63×30	80×63×40		110		110		70×28		70×28
		140	165				130		130				
100		110	130	100×63×25	100×63×30		100		100		65×23		65×23
		130	150				120		120				
		120	145	100×63×30	100×63×40		110		110		70×28		70×28
		140	165				130		130				
80	80	110	130	80×80×25	80×80×30	20×	100	22×	100	20×	65×23	22×	65×23
		130	150				120		120				
		120	145	80×80×30	80×80×40		110		110		70×28		70×28
		140	165				130		130				
100		110	130	100×80×25	100×80×30		100		100		65×23		65×23
		130	150				120		120				
		120	145	100×80×30	100×80×40		110		110		70×28		70×28
		140	165				130		130				

（续）

凹模周界		闭合高度（参考）*H*		零件件号、名称及标准编号							
				1	2	3				4	
				上模座 GB/T 2855.1—2008	下模座 GB/T 2855.2—2008	导柱 GB/T 2861.1—2008				导套 GB/T 2861.3—2008	
				数量							
L	*B*	最小	最大	1	1	1		1		1		1	
				规格									
125	80	110	130	125×80×25	125×80×30	20×	100	22×	100	20×	65×23	22×	65×23
		130	150				120		120				
		120	145	125×80×30	125×80×40		110		110		70×28		70×28
		140	165				130		130				
100	100	110	130	100×100×25	100×100×30		100		100		65×23		65×23
		130	150				120		120				
		120	145	100×100×30	100×100×40		110		110		70×28		70×28
		140	165				130		130				
125		120	150	125×100×30	125×100×35	22×	110	25×	110	22×	80×28	25×	80×28
		140	165				130		130				
		140	170	125×100×35	125×100×45		130		130		80×33		80×33
		160	190				150		150				
160		140	170	160×100×35	160×100×40	25×	130	28×	130	25×	85×33	28×	85×33
		160	190				150		150				
		160	195	160×100×40	160×100×50		150		150		90×38		90×38
		190	225				180		180				
200		140	170	200×100×35	200×100×40		130		130		85×33		85×33
		160	190				150		150				
		160	195	200×100×40	200×100×50		150		150		90×38		90×38
		190	225				180		180				
125	125	120	150	125×125×30	125×125×35	22×	110	25×	110	22×	80×28	25×	80×28
		140	165				130		130				
		140	170	125×125×35	125×125×45		130		130		85×33		85×33
		160	190				150		150				
160		140	170	160×125×35	160×125×40	25×	130	28×	130	25×	85×33	28×	85×33
		160	190				150		150				
		170	205	160×125×40	160×125×50		160		160		95×38		95×38
		190	225				180		180				
200		140	170	200×125×35	200×125×40		130		130		85×33		85×33
		160	190				150		150				
		170	205	200×125×40	200×125×50		160		160		95×38		95×38
		190	225				180		180				
250		160	200	250×125×40	250×125×45	28×	150	32×	150	28×	100×38	32×	100×38
		180	220				170		170				
		190	235	250×125×45	250×125×55		180		180		110×43		110×43
		210	255				200		200				
160	160	160	200	160×160×40	160×160×45		150		150		100×38		100×38
		180	220				170		170				
		190	235	160×160×45	160×160×55		180		180		110×43		110×43
		210	255				200		200				
200		160	200	200×160×40	200×160×45		150		150		100×38		100×38
		180	220				170		170				
		190	235	200×160×45	200×160×55		180		180		110×43		110×43
		210	255				200		200				
250		170	210	250×160×45	250×160×50	32×	160	35×	160	32×	105×43	35×	105×43
		200	240				190		190				
		200	245	250×160×50	250×160×60		190		190		115×48		115×48
		220	265				210		210				

（续）

凹模周界		闭合高度（参考）H		零件件号、名称及标准编号									
				1	2	3				4			
				上模座 GB/T 2855.1—2008	下模座 GB/T 2855.2—2008	导 柱 GB/T 2861.1—2008				导 套 GB/T 2861.3—2008			
				数 量									
L	B	最小	最大	1	1	1		1		1		1	
				规 格									
200	200	170	210	200×200×45	200×200×50	32×	160	35×	160	32×	105×43	35×	105×43
		200	240				190		190				
		200	245	200×200×50	200×200×60		190		190		115×48		115×48
		220	265				210		210				
250		170	210	250×200×45	250×200×50		160		160		105×43		105×43
		200	240				190		190				
		200	245	250×200×50	250×200×60		190		190		115×48		115×48
		220	256				210		210				
315		190	230	315×200×45	315×200×50	35×	180	40×	180	35×	115×43	40×	115×43
		220	260				210		210				
		210	255	315×200×50	315×200×65		200		200		125×48		125×48
		240	285				230		230				
250	250	190	230	250×250×45	250×250×55		180		180		115×43		115×43
		220	260				210		210				
		210	265	250×250×50	250×250×65		200		200		125×48		125×48
		240	285				230		230				
315		215	250	315×250×50	315×250×60	40×	200	45×	200	40×	125×48	45×	125×48
		245	280				230		230				
		245	290	315×250×55	315×250×70		230		230		140×53		140×53
		275	320				260		260				

（4）中间导柱圆形模架　中间导柱圆形模架见表 6-3-5。

（5）四导柱模架　四导柱模架见表 6-3-6。

2. 滚动导向模架

（1）对角导柱模架　对角导柱模架见表 6-3-7。

（2）中间导柱模架　中间导柱模架见表 6-3-8。

（3）四导柱模架　四导柱模架见表 6-3-9。

（4）后侧导柱模架　后侧导柱模架见表 6-3-10。

表 6-3-5　中间导柱圆形模架（摘自 GB/T 2851—2008）　（单位：mm）

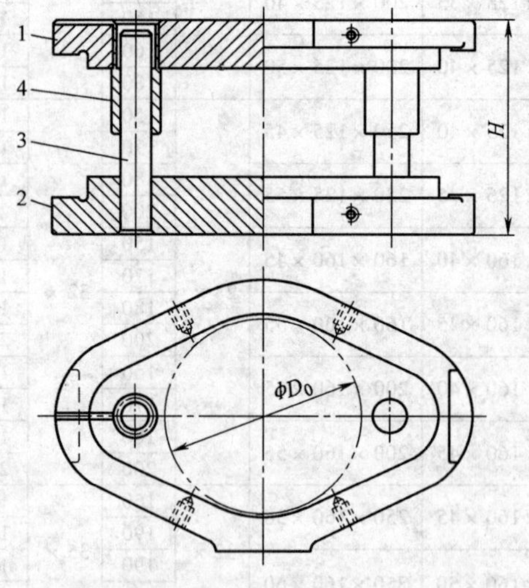

（续）

凹模周界	闭合高度（参考）H		零件件号、名称及标准编号									
			1	2	3				4			
			上模座 GB/T 2855.1—2008	下模座 GB/T 2855.2—2008	导　柱 GB/T 2861.1—2008				导　套 GB/T 2861.3—2008			
			数　　量									
D_0	最小	最大	1	1	1		1		1		1	
			规　　格									
63	100	115	63×20	63×25	16×	90	18×	90	16×	60×18	18×	60×18
	110	125				100		100				
	110	130	63×25	63×30		100		100		65×23		65×23
	120	140				110		110				
80	110	130	80×25	80×30	20×	100	22×	100	20×	65×23	22×	65×23
	130	150				120		120				
	120	145	80×30	80×40		110		110		70×28		70×28
	140	165				130		130				
100	110	130	100×25	100×30		100		100		65×23		65×23
	130	150				120		120				
	120	145	100×30	100×40		110		110		70×28		70×28
	140	165				130		130				
125	120	150	125×30	125×35	22×	110	25×	110	22×	80×28	25×	80×28
	140	165				130		130				
	140	170	125×35	125×45		130		130		85×33		85×33
	160	190				150		150				
160	160	200	160×40	160×45	28×	150	32×	150	28×	100×38	32×	100×38
	180	220				170		170				
	190	235	160×45	160×55		180		180		110×43		110×43
	210	255				200		200				
200	170	210	200×45	200×50	32×	160	35×	160	32×	105×43	35×	105×43
	200	240				190		190				
	200	245	200×50	200×60		190		190		115×48		115×48
	220	265				210		210				
250	190	230	250×45	250×55	35×	180	40×	180	35×	115×43	40×	115×43
	220	260				210		210				
	210	255	250×50	250×65		200		200		125×48		125×48
	240	280				230		230				
315	215	250	315×50	315×60	45×	200	50×	200	45×	125×48	50×	125×48
	245	280				230		230				
	245	290	315×55	315×70		230		230		140×53		140×53
	275	320				260		260				
400	245	290	400×55	400×65		230		230		140×53		140×53
	275	315				260		260				
	275	320	400×60	400×75		260		260		150×58		150×58
	305	350				290		290				
500	260	300	500×55	500×65	50×	240	55×	240	50×	150×53	55×	150×53
	290	325				270		270				
	290	330	500×65	500×80		270		270		160×63		160×63
	320	360				300		300				
630	270	310	630×60	630×70	55×	250	60×	250	55×	160×58	60×	160×58
	300	340				280		280				
	310	350	630×75	630×90		290		290		170×73		170×73
	340	380				320		320				

表 6-3-6 四导柱模架（摘自 GB/T 2851—2008） （单位：mm）

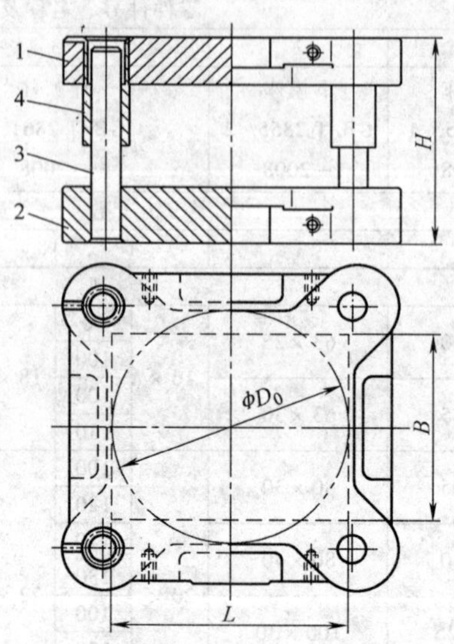

凹模周界			闭合高度（参考）H		零件件号、名称及标准编号					
					1	2	3		4	
					上模座 GB/T 2855.1—2008	下模座 GB/T 2855.2—2008	导柱 GB/T 2861.1—2008		导套 GB/T 2861.3—2008	
					数量					
L	B	D_0	最小	最大	1	1	4		4	
					规格					
160	125	160	140	170	160×125×35	160×125×40	25×	130	25×	85×33
			160	190				150		
			170	205	160×125×40	160×125×50		160		95×38
			190	225				180		
200	160	200	160	200	200×160×40	200×160×45	28×	150	28×	100×38
			180	220				170		
			190	235	200×160×45	200×160×55		180		110×43
			210	255				200		
250		250	170	210	250×160×45	250×160×50	32×	160	32×	105×43
			200	240				190		
			200	245	250×160×50	250×160×60		190		115×48
			220	265				210		
250	200		170	210	250×200×45	250×200×50		160		105×43
			200	240				190		
			200	245	250×200×50	250×200×60		190		115×48
			220	265				210		
315			190	230	315×200×45	315×200×55	35×	180	35×	115×43
			220	260				210		
			210	255	315×200×50	315×200×65		200		125×48
			240	285				230		
	250		215	250	315×250×50	315×250×60	40×	200	40×	125×48
			245	280				230		
			245	290	315×250×55	315×250×70		230		140×53
			275	320				260		
400			215	250	400×250×50	400×250×60		200		125×48
			245	280				230		
			245	290	400×250×55	400×250×70		230		140×53
			275	320				260		

（续）

凹模周界			闭合高度（参考）H		零件件号、名称及标准编号					
					1	2	3		4	
					上模座 GB/T 2855.1—2008	下模座 GB/T 2855.2—2008	导柱 GB/T 2861.1—2008		导套 GB/T 2861.3—2008	
					数量					
L	B	D_0	最小	最大	1	1	4		4	
					规格					
400	315	250	245	290	400×315×55	400×315×65	45×	230	45×	140×53
			275	315				260		
			275	320	400×315×60	400×315×75		260		150×58
			305	350				290		
500			245	290	500×315×55	500×315×65		230		140×53
			275	315				260		
			275	320	500×315×60	500×315×75		260		150×58
			305	350				290		
630			260	300	630×315×55	630×315×65		240		150×53
			290	325				270		
			290	330	630×315×65	630×315×80		270		160×63
			320	360				300		
500	400		260	300	500×400×55	500×400×65	50×	240	50×	150×53
			290	325				270		
			290	330	500×400×65	500×400×80		270		160×63
			320	360				300		
630			260	300	630×400×55	630×400×65		240		150×53
			290	325				270		
			290	330	630×400×65	630×400×80		270		160×63
			320	360				300		

表 6-3-7　对角导柱模架（摘自 GB/T 2852—2008）　（单位：mm）

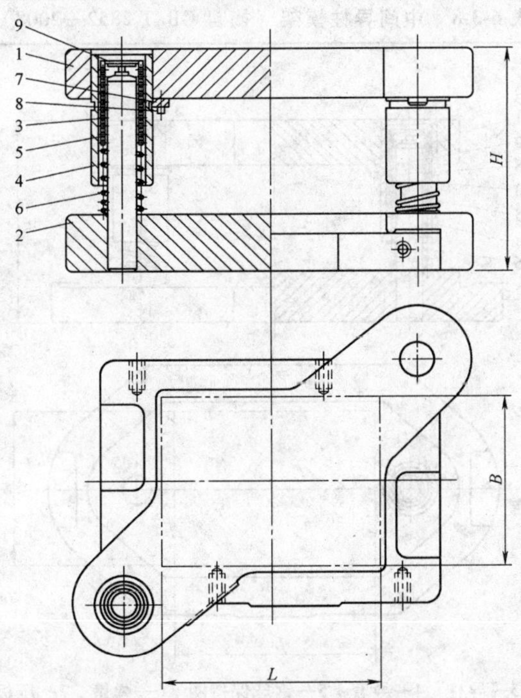

1—上模座　2—下模座　3—导柱　4—导套　5—钢球保持圈　6—弹簧　7—压板　8—螺钉　9—限程器

注：限程器结构和尺寸由制造者确定。

（续）

凹模周界		最大行程	设计最小闭合高度	零件件号、名称及标准编号					
				1	2	3		4	
				上模座 GB/T 2856.1—2008	下模座 GB/T 2856.2—2008	导柱 GB/T 2861.2—2008		导套 GB/T 2861.4—2008	
				数量					
L	*B*	*S*	*H*	1	1	1	1	1	1
				规格					
80	63	80	165	80×63×35	80×63×40	18×160	20×160	18×100×33	20×100×33
100	80			100×80×35	100×80×40	20×160	22×160	20×100×33	22×100×33
125	100			125×100×35	125×100×45	22×160	25×160	22×100×33	25×100×33
160	125	100	200	160×125×40	160×125×45	25×195	28×195	25×120×38	28×120×38
200	160			200×160×45	200×160×55	28×195	32×195	28×125×43	32×125×43
		120	220			28×215	32×215	28×145×43	32×145×43
250	200	100	200	250×200×50	250×200×60	32×195	35×195	32×120×48	35×120×48
		120	230			32×215	35×215	32×150×48	35×150×48
80	63	80	165	18×23.5×64	20×25.5×64	1.6×22×72	1.6×24×72	14×15	M5×14
100	80			20×25.5×64	22×27.5×64	1.6×24×72	1.6×26×72		
125	100			22×27.5×64	25×30.5×64	1.6×26×62	1.6×30×65		
160	125	100	200	25×32.5×76	28×35.5×76	1.6×30×87	1.6×32×86		
200	160			28×35.5×76	32×39.5×76	1.6×32×77	2×37×79	16×20	M6×16
		120	220	28×35.5×84	32×39.5×84				
250	200	100	200	32×39.5×76	35×42.5×76	2×37×79	2×40×78		
		120	230	32×39.5×84	35×42.5×84	2×37×87	2×40×88		

注：1. 最大行程系指该模架许可的最大冲压行程。

2. 件号7、件号8的数量：$L \leqslant 160$mm时为4件，$L > 160$mm时为6件。

表6-3-8 中间导柱模架（摘自GB/T 2852—2008） （单位：mm）

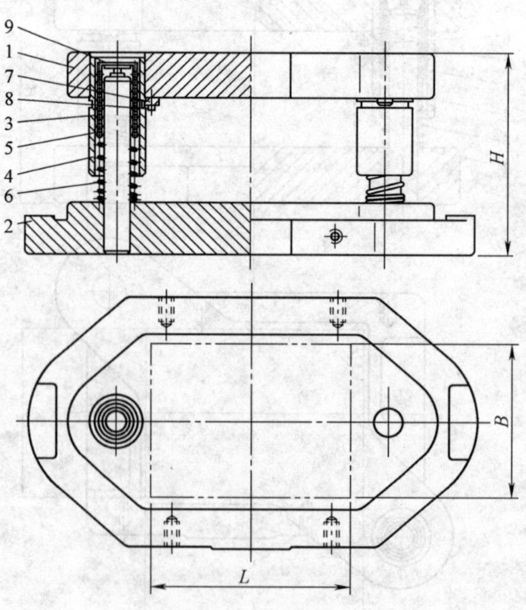

1—上模座 2—下模座 3—导柱 4—导套 5—钢球保持圈 6—弹簧 7—压板 8—螺钉 9—限程器

注：限程器结构和尺寸由制造者确定。

（续）

凹模周界 L	凹模周界 B	最大行程 S	设计最小闭合高度 H	1 上模座 GB/T 2856.1—2008	2 下模座 GB/T 2856.2—2008	3 导柱 GB/T 2861.2—2008	3 导柱 GB/T 2861.2—2008	4 导套 GB/T 2861.4—2008	4 导套 GB/T 2861.4—2008
数量				1	1	1	1	1	1
规格									
80	63	80	165	80×63×35	80×63×40	18×160	20×160	18×100×33	20×100×33
100	80			100×80×35	100×80×40	20×160	22×160	20×100×33	22×100×33
125	100			125×100×35	125×100×45	22×160	25×160	22×100×33	25×100×33
160	125	100	200	160×125×40	160×125×45	25×195	28×195	25×120×38	28×120×38
200	160	100	200	200×160×45	200×160×55	28×195	32×195	28×125×43	32×125×43
		120	220			28×215	32×215	28×145×43	32×145×43
250	200	100	200	250×200×50	250×200×60	32×195	35×195	32×120×48	35×120×48
		120	230			32×215	35×215	32×150×48	35×150×48

凹模周界 L	凹模周界 B	最大行程 S	设计最小闭合高度 H	5 保持圈 GB/T 2861.5—2008	5 保持圈 GB/T 2861.5—2008	6 弹簧 GB/T 2861.6—2008	6 弹簧 GB/T 2861.6—2008	7 压板 GB/T 2861.11—2008	8 螺钉 GB/T 70.1—2000
数量				1	1	1	1	4 或 6	4 或 6
规格									
80	63	80	165	18×23.5×64	20×25.5×64	1.6×22×72	1.6×24×72	14×15	M5×14
100	80			20×25.5×64	22×27.5×64	1.6×24×72	1.6×26×72		
125	100			22×27.5×64	25×30.5×64	1.6×26×62	1.6×30×65		
160	125	100	200	25×32.5×76	28×35.5×76	1.6×30×87	1.6×32×86		
200	160	100	200	28×35.5×76	32×39.5×76	1.6×32×77	2×37×79	16×20	M6×16
		120	220	28×35.5×84	32×39.5×84				
250	200	100	200	32×39.5×76	35×42.5×76	2×37×79	2×40×78		
		120	230	32×39.5×84	35×42.5×84	2×37×87	2×40×88		

注：1. 最大行程系指该模架许可的最大冲压行程。

2. 件号 7、件号 8 的数量：$L \leqslant 160$mm 时为 4 件，$L > 160$mm 时为 6 件。

表 6-3-9　四导柱模架（摘自 GB/T 2852—2008）　（单位：mm）

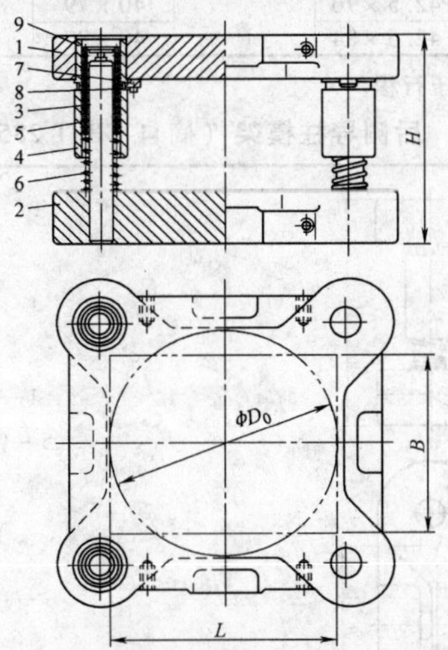

1—上模座　2—下模座　3—导柱　4—导套　5—钢球保持圈　6—弹簧　7—压板　8—螺钉　9—限程器

注：限程器结构和尺寸由制造者确定。

（续）

凹模周界			最大行程	设计最小闭合高度	零件件号、名称及标准编号					
					1	2	3		4	
					上模座 GB/T 2856.1—2008	下模座 GB/T 2856.2—2008	导柱 GB/T 2861.2—2008		导套 GB/T 2861.4—2008	
					数量					
					1	1	4		4	
L	B	D_0	S	H	规格					
160	125	160	80	165	160×125×40	160×125×45	25×	160	25×	100×38
			100	200		160×125×50		190		125×38
200	160	200	100	200	200×160×45	200×160×55	28×	195	28×	100×38
			120	220				215		125×33
250		—	100	200	250×160×50	250×160×60	32×	195	32×	120×48
			120	230				215		150×48
250	200	250	100	200	250×200×50	250×200×60		195		120×48
			120	230				215		150×48
315		—	100	200	315×200×50	315×200×65		195		120×48
			120	230				215		150×48
400	250	—	100	220	400×250×60	400×250×70	35×	215	35×	120×58
			120	240				225		150×58

凹模周界			最大行程	设计最小闭合高度	零件件号、名称及标准编号					
					5		6		7	8
					保持圈 GB/T 2861.5—2008		弹簧 GB/T 2861.6—2008		压板 GB/T 2861.11—2008	螺钉 GB/T 70.1—2000
					数量					
					4		4		12	12
L	B	D_0	S	H	规格					
160	125	160	80	165	25×	32.5×64	1.6×	30×65	16×20	M6×16
			100	200		32.5×76		30×79		
200	160	200	100	200	28×	32.5×64		30×65		
			120	220		32.5×76		30×79		
250		—	100	200	32×	39.5×76	2×	37×79		
			120	230		39.5×84		37×87		
250	200	250	100	200		39.5×76		37×79		
			120	230		39.5×84		37×87		
315		—	100	200		39.5×76		37×79		
			120	230		39.5×84		37×87		
400	250	—	100	220	35×	42.5×76		40×79	20×20	M8×20
			120	240		42.5×84		40×87		

注：最大行程系指该模架许可的最大冲压行程。

表 6-3-10　后侧导柱模架（摘自 GB/T 2852—2008）　（单位：mm）

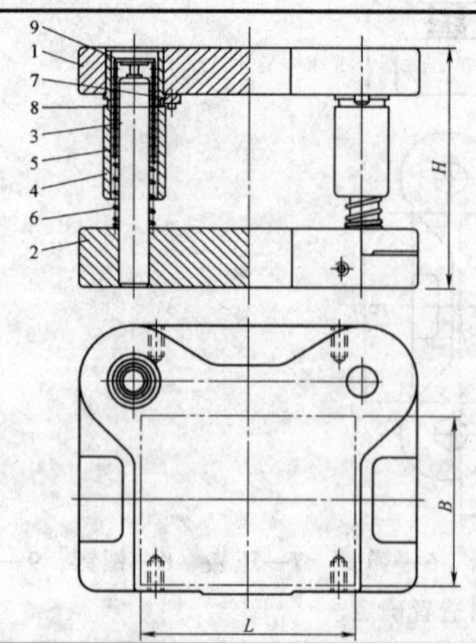

1—上模座　2—下模座　3—导柱　4—导套　5—钢球保持圈　6—弹簧　7—压板　8—螺钉　9—限程器

注：限程器结构和尺寸由制造者确定。

（续）

凹模周界		最大行程	设计最小闭合高度	零件件号、名称及标准编号			
				1	2	3	4
				上模座 GB/T 2856.1—2008	下模座 GB/T 2856.2—2008	导　柱 GB/T 2861.2—2008	导　套 GB/T 2861.4—2008
				数　　量			
L	B	S	H	1	1	2	2
				规　　格			
80	63			80 × 63 × 35	80 × 63 × 40	18 × 160	18 × 100 × 33
100	80	80	165	100 × 80 × 35	100 × 80 × 40	20 × 160	20 × 100 × 33
125	100			125 × 100 × 35	125 × 100 × 45	22 × 160	22 × 100 × 33
160	125	100	200	160 × 125 × 40	160 × 125 × 40	25 × 195	25 × 120 × 38
200	160	120	220	200 × 160 × 45	200 × 160 × 55	28 × 215	28 × 145 × 43

凹模周界		最大行程	设计最小闭合高度	零件件号、名称及标准编号				
				5	6		7	8
				保持圈 GB/T 2861.5—2008	弹簧 GB/T 2861.6—2008		压　板 GB/T 2861.11—2008	螺钉 GB/T 70.1—2000
				数　　量				
L	B	S	H	2	2		4 或 6	4 或 6
				规　　格				
80	63			18 × 23.5 × 64		22 × 27		
100	80	80	165	20 × 25.5 × 64		24 × 72	14 × 15	M5 × 14
125	100			22 × 27.5 × 64	1.6 ×	26 × 62		
160	125	100	200	25 × 32.5 × 76		30 × 87	16 × 20	M6 × 16
200	160	120	220	28 × 35.5 × 84		32 × 77		

注：1. 最大行程系指该模架许可的最大冲压行程。

2. 件号 7、件号 8 的数量：$L \leqslant 160$mm 时为 4 件，$L > 160$mm 时为 6 件。

3.3　冲模模架标准零件

1. 滑动导向模座

（1）对角导柱上模座　对角导柱上模座见表 6-3-11。

（2）对角导柱下模座　对角导柱下模座见表 6-3-12。

表 6-3-11　对角导柱上模座（摘自 GB/T 2855.1—2008）　（单位：mm）

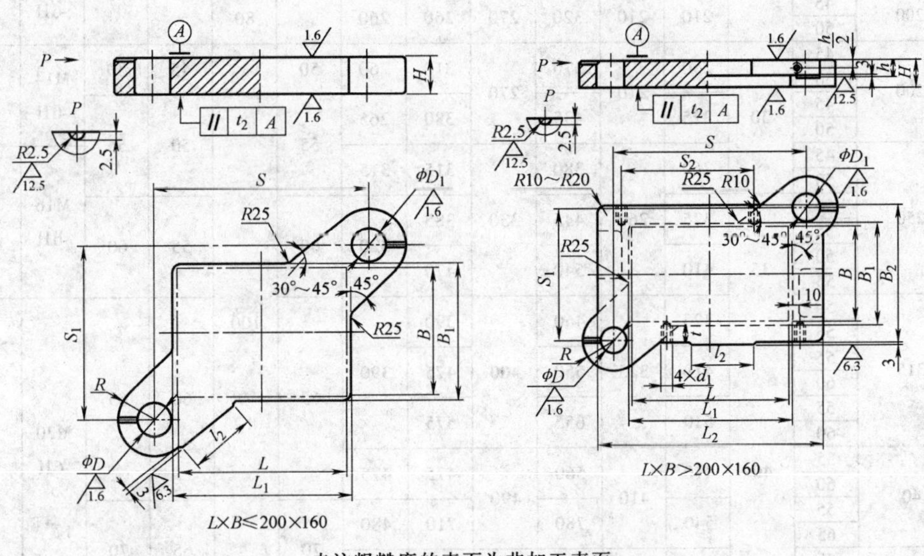

未注粗糙度的表面为非加工表面。

（续）

凹模周界		H	h	L_1	B_1	L_2	B_2	S	S_1	R	l_2	D H7	D_1 H7	d_1	t	S_2
L	B															
63	50	20 25		70	60				85							
63		20 25		70				100	95	28	40	25	28			
80	63	25 30		90	70			120								
100		25 30		110				140	105	32		28	32			
80		25 30		90				125								
100	80	25 30		110	90			145	125		60					
125		25 30		130				170		35		32	35			
100		25 30		110				145	145							
125		30 35	—	130		—	—	170		38		35	38	—	—	—
160	100	35 40		170	110			210								
200		35 40		210				250	150	42	80	38	42			
125		30 35		130				170		38	60	35	38			
160	125	35 40		170				210	175							
200		35 40		210	130			250		42	80	38	42			
250		40 45		260				305	180	45	100		45			
160		40 45		170				215	215		80	42				
200	160	40 45		210	170			255	215	45	80		45			
250		45 50	30	260		360	230	310	220	50	10	45	50	M14-6H	28	210
200	200	45 50		210	210	320	270	260	260		80					180
250	200	45 50		250	210	370	270	310	260	50		45	50	M14-6H	28	220
315		45 50	30	325		435		380	265	55		50	55			280
250		45 50		260		380		315	315							210
315	250	50 55		325	260	445	330	385	320	60		55	60	M16-6H	32	290
400		50 55	35	410		540		470								350
315		50 55		325		460		390			100					280
400	315	55 60		410	325	550	400	475	390							340
500		55 60		510		655		575		65		60	65			460
400	40	55 60	40	410		560		475	475					M20-6H	40	370
630		55 65		540	410	780	490	710	480							580
500	500	55 65		510	510	650	590	580	580	70		65	70			460

注：压板台的形状、位置尺寸和标记面的位置尺寸由制造者确定。

表 6-3-12　对角导柱下模座（摘自 GB/T 2855.2—2008）　　（单位：mm）

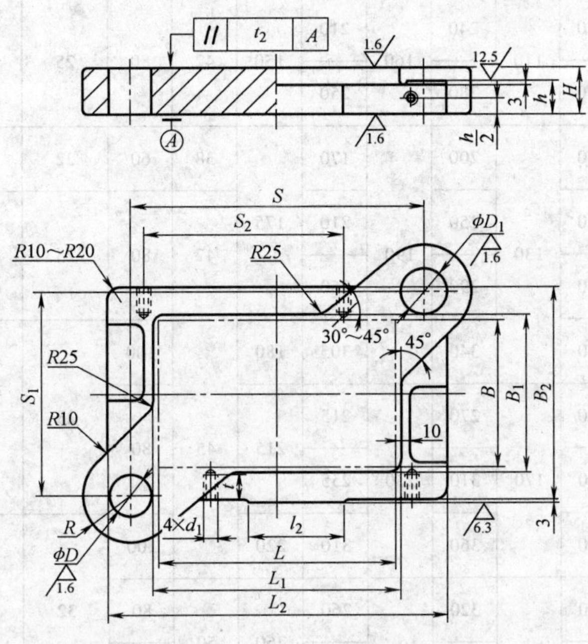

未注粗糙度的表面为非加工表面。

凹模周界 L	凹模周界 B	H	h	L_1	B_1	L_2	B_2	S	S_1	R	l_2	D（R7）	D_1（R7）	d_1	t	S_2
63	50	25	20	70	60	125	100	100	85	28	40	16	18	—	—	—
		30														
63	63	25		70	70	130	110		95							
		30														
80		30		90		150	120	120	105	32		18	20			
		40														
100		30		110		170		140								
		40														
80	80	30		90	90	150	140	125	125	35	60	20	22			
		40														
100		30		110		170		145								
		40														
125		30	25	130		200		170								
		40														
100	100	30		110	110	180	160	145	145							
		40														
125		35		130		200		170		38		22	25			
		45														

（续）

凹模周界		H	h	L_1	B_1	L_2	B_2	S	S_1	R	l_2	D（R7）	D_1（R7）	d_1	t	S_2
L	B															
160		40		170		240		210								
	100	50	30		110		160		150	42	80	25	28			
200		45		210		280		250								
		50														
125		35	25	130		200		170		38	60	22	25			
		45														
160		40		170		250		210	175							
	125	50	30		130		190			42	80	25	28	—	—	—
200		40		210		290		250								
		50														
250		45		260		340		305	180		100					
		55														
160		45	35	170		270		215				28	32			
		55							215	45	80					
200	160	45		210	170	310	230	255								
		50														
250		50		260		360		310	220		100					210
		60														
200		50		210		320		260			80	32	35			180
		60							260	50				M14-6H	28	
250	200	50	40	260	210	370	270	310								220
		60														
315		55		325		435		380	265							280
		65								55		35	40			
250		55		260		380		315	315							210
		65														
315	250	60		325	260	445	330	385						M16-6H	32	290
		70							320	60		40	45			
400		60		410		540		470								350
		70														
315		60		325		460		390			100					280
		70														
400	315	65		410	325	550	400	475	390							340
		75														
500		65	45	510		655		575		65		45	50			460
		75												M20-6H	40	
400		55		410		560		475	475							370
	400	75			410		490									
630		65		640		780		710	480							580
		80								70		50	55			
500	500	65		510	510	650	590	580	580							460
		80														

注：1. 压板台的形状、位置尺寸和标记面的位置尺寸由制造者确定。

2. 安装 B 型导柱时，DR7、D_1R7 改为 DH7、D_1H7。

（3）后侧导柱上模座　后侧导柱上模座见表 6-3-13。

表 6-3-13　后侧导柱上模座（摘自 GB/T 2855.1—2008）　　（单位：mm）

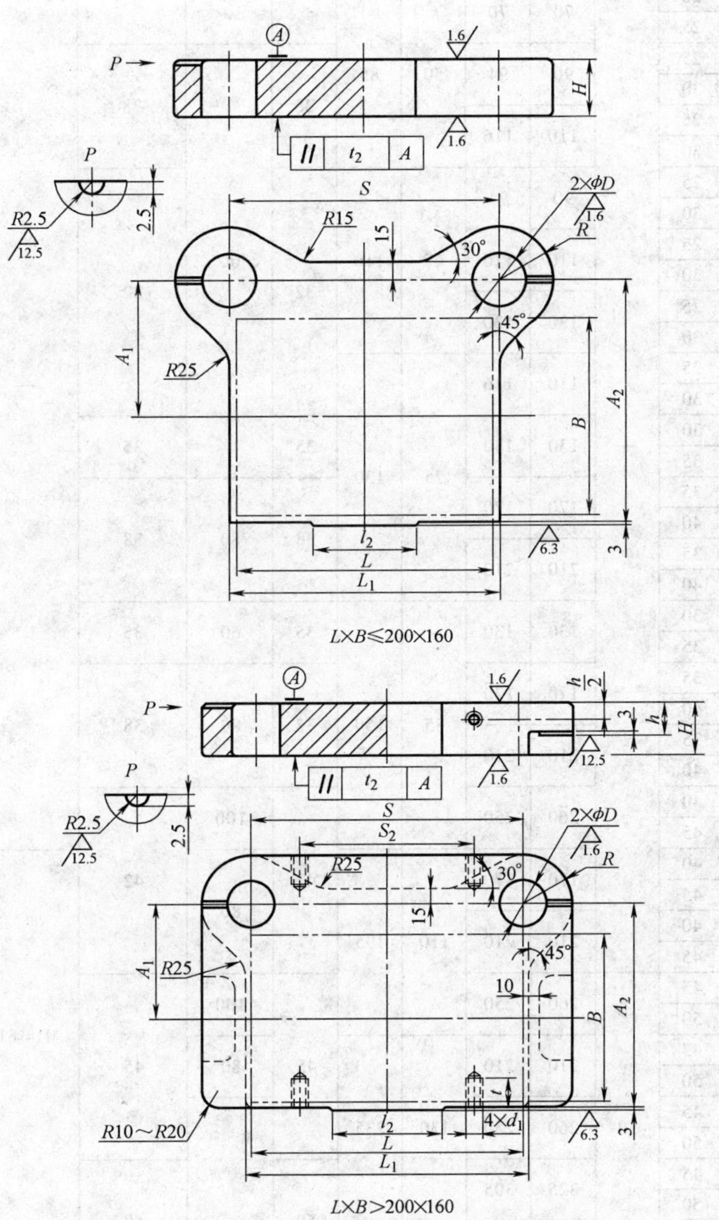

未注粗糙度的表面为非加工表面。

（续）

凹模周界		H	h	L_1	S	A_1	A_2	R	l_2	D H7	d_1	t	S_2
L	B												
63	50	20 25		70	70	45	75	25	40	25			
63	63	20 25		70	70	50	85						
80		25 30		90	94			28		28			
100		25 30		110	116								
80	80	25 30		90	94	65	110	32	60	32			
100		25 30		110	116								
125		25 30		130	130								
100	100	25 30		110	116	75	130				—	—	
125		30 35	—	130	130			35		35			—
160		35 40		170	170			38	80	38			
200		35 40		210	210								
125	125	30 35		130	130	85	150	35	60	35			
160		35 40		170	170			38	80	38			
200		35 40		210	210								
250		40 45		260	250				100				
160	160	40 45		170	170	110	195	42	80	42	M14-6H	28	
200		40 45		210	210								
250		45 50		260	250			45	100	45			150
200	200	45 50		210	210	130	235		80				120
250		45 50	30	260	250								150
315		45 50		325	305			50	100	50			200
250	250	45 50		260	250	160	290				M16-6H	32	140
315		50 55	35	325	305			55		55			200
400		50 55		410	390								280

注：压板台的形状尺寸由制造者确定。

（4）后侧导柱下模座　后侧导柱下模座见表 6-3-14。

表 6-3-14　后侧导柱下模座（摘自 GB/T 2855.2—2008）　（单位：mm）

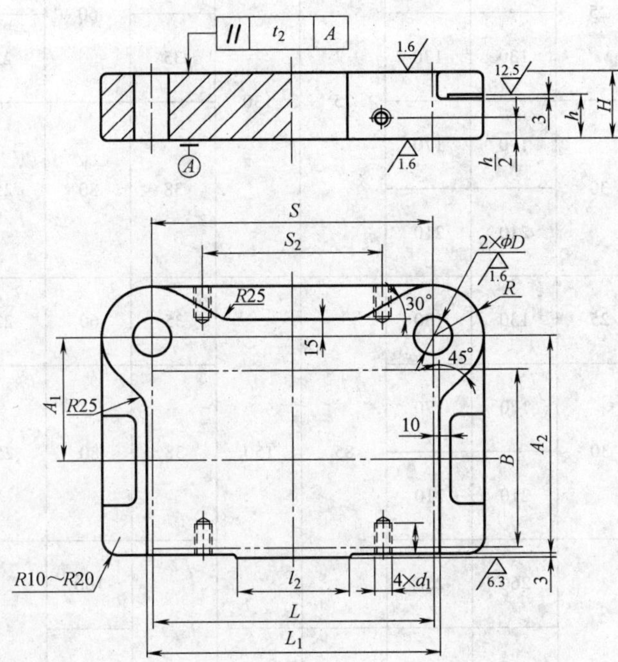

未注粗糙度的表面为非加工表面。

凹模周界		H	h	L_1	S	A_1	A_2	R	l_2	DR7	d_1	t	S_2
L	B												
63	50	25	20	70	70	45	75	25	40	16	—	—	—
		30											
63	63	25		70	70	50	85						
		30											
80		30		90	94			28	60	18			
		40											
100		30		110	116								
		40											
80	80	30		90	94	65	110	32		20			
		40											
100		30		110	116								
		40											
125		30	25	130	130								
		40											

（续）

凹模周界		H	h	L_1	S	A_1	A_2	R	l_2	DR7	d_1	t	S_2
L	B												
100	100	30	25	110	116	75	130	32	60	20	—	—	—
		40											
125		35		130	130			35		22			
		40											
160		40	30	170	170			38	80	25			
		50											
200		40		210	210								
		50											
125	125	35	25	130	130	85	150	35	60	22			
		45											
160		40	30	170	170			38	80	25			
		50											
200		40		210	210								
		50											
250		45	35	260	250			42	100	28			
		55											
160	160	45		170	170	110	195		80				
		55											
200		45		210	210								
		55											
250		50	40	260	250			45	100	32	M14-6H	28	150
		60											
200	200	50		210	210	130	235		80				120
		60											
250	200	50	40	260	250				100				150
		60											
315		55		325	305			50		35			200
		65											
250	250	55		260	250	160	290				M16-6H	32	140
		65											
315		60	45	325	305			55		40			200
		70											
400		60		410	390								280
		70											

注：1. 压板台的形状尺寸由制造者确定。
　　2. 安装 B 型导柱时，DR7 改为 DH7。

（5）中间导柱上模座　中间导柱上模座见表 6-3-15

表 6-3-15　中间导柱上模架（摘自 GB/T 2855.1—2008）　（单位：mm）

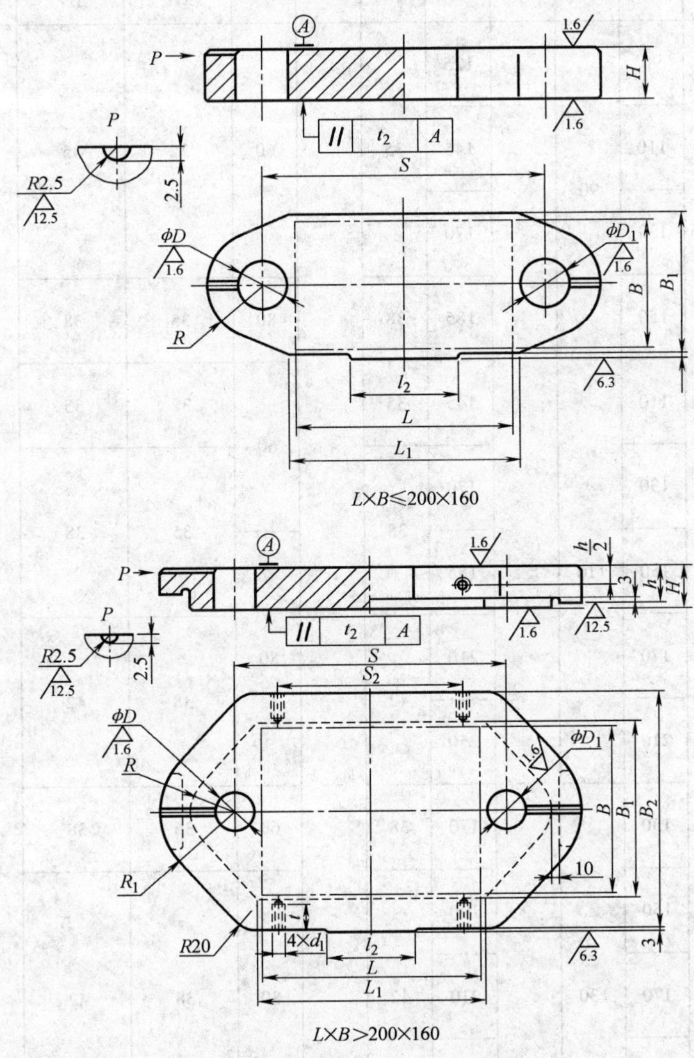

L×B≤200×160

L×B>200×160

未注粗糙度的表面为非加工表面。

凹模周界 L	凹模周界 B	H	h	L_1	D_1	D_2	S	R	R_1	l_2	D H7	D_1 H7	d_1	t	S_2
63	50	20	—	70	60	—	100	28	—	40	25	28	—	—	—
		25													
63	63	20		70	70										
		25													
80		25		90			120	32		60	28	32			
		30													
100		25		110			140								
		30													

（续）

凹模周界		H	h	L_1	B_1	B_2	S	R	R_1	L_2	D	D_1	d_1	t	S_2
L	B										H7	H7			
80	80	25	—	90	90	—	125	35	—	60	32	35	—	—	—
		30													
100		25		110			145								
		30													
125		25		130			170								
		30													
140		30		150			185	38		80	35	38			
		35													
100	100	25		110	110		145	35		60	32	35			
		30													
125		30		130			170	38			35	38			
		35													
140		30		150			185			80					
		35													
160		35		170			210	42			38	42			
		40													
200		35		210			250								
		40													
125	125	30		130	130		170	38		60	35	38			
		35													
140		35		150			190	42		80	38	42			
		40													
160		35		170			210								
		40													
200		40		210			250								
		45													
250		40		260			305	45		100	42	45			
		45													
140	140	35		150	150		190	42		80	38	42			
		40													
160		35		170			210								
		40													
200		40		210			255	45			42	45			
		45													
250		40		260			305			100					
		45													

（续）

凹模周界 L	凹模周界 B	H	h	L_1	B_1	B_2	S	R	R_1	l_2	D H7	D_1 H7	d_1	t	S_2
160	160	40 45	—	170	170	—	215	45	—	80	42	45	—	—	—
200	160	40 45	—	210	170	—	255	45	—	80	42	45	—	—	—
250	160	45 50	—	260	170	240	310	50	85	100	45	50	M14-6H	28	210
280	160	45 50	—	290	170	240	340	50	85	100	45	50	M14-6H	28	250
200	200	45 50	40	210	210	280	260	50	85	80	45	50	M14-6H	28	170
250	200	45 50	40	260	210	280	310	50	85	80	45	50	M14-6H	28	210
280	200	45 50	40	290	210	290	345	55	95	100	50	55	M14-6H	28	250
315	200	45 50	40	325	210	290	380	55	95	100	50	55	M14-6H	28	290
250	250	45 50	40	260	260	340	315	55	95	100	50	55	M16-6H	32	210
280	250	45 50	40	290	260	340	345	55	95	100	50	55	M16-6H	32	250
315	250	50 55	40	325	260	350	385	60	105	100	55	60	M16-6H	32	260
400	250	50 55	40	410	260	350	470	60	105	120	55	60	M16-6H	32	340
280	280	50 55	40	290	290	380	350	60	105	100	55	60	M16-6H	32	250
315	280	50 55	40	325	290	380	385	60	105	100	55	60	M20-6H	40	260
400	280	50 55	40	410	290	380	470	60	105	120	55	60	M20-6H	40	340
315	315	50 55	45	325	325	425	390	65	115	100	60	65	M20-6H	40	260
400	315	55 60	45	410	325	425	475	65	115	120	60	65	M20-6H	40	340
500	315	55 60	45	510	325	425	575	65	115	140	60	65	M20-6H	40	440
400	400	55 60	45	410	410	510	475	65	115	120	60	65	M20-6H	40	360
630	400	55 65	45	540	410	520	710	70	125	160	55	70	M20-6H	40	570
500	500	55 65	45	510	510	6200	580	70	125	140	55	70	M20-6H	40	440

注：压板台的形状尺寸由制造者确定。

（6）中间导柱下模座　中间导柱下模座见表 6-3-16。

表 6-3-16 中间导柱下模座（摘自 GB/T 2855. 2—2008） （单位：mm）

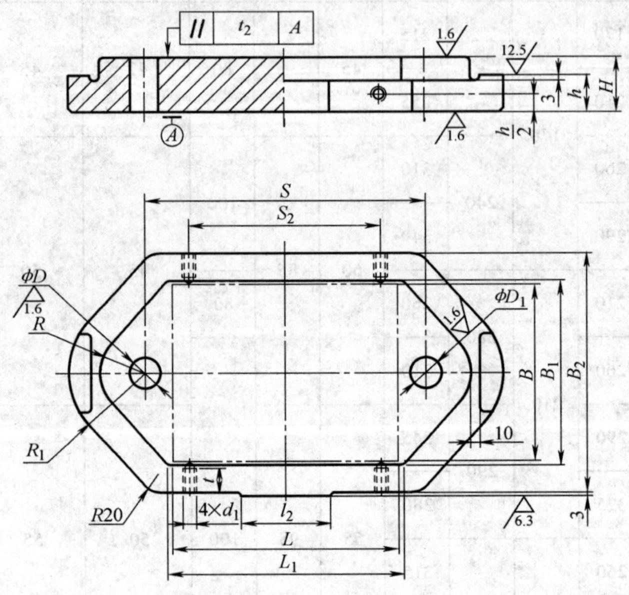

未注粗糙度的表面为非加工表面。

<table>
<tr><th colspan="2">凹模周界</th><th rowspan="2">H</th><th rowspan="2">h</th><th rowspan="2">L_1</th><th rowspan="2">B_1</th><th rowspan="2">B_2</th><th rowspan="2">S</th><th rowspan="2">R</th><th rowspan="2">R_1</th><th rowspan="2">l_2</th><th rowspan="2">DH7</th><th rowspan="2">D_1 H7</th><th rowspan="2">d_1</th><th rowspan="2">t</th><th rowspan="2">S_2</th></tr>
<tr><th>L</th><th>B</th></tr>
<tr><td rowspan="2">63</td><td rowspan="2">50</td><td>25</td><td rowspan="6">20</td><td rowspan="4">70</td><td rowspan="2">60</td><td rowspan="2">92</td><td rowspan="4">100</td><td rowspan="4">28</td><td rowspan="4">44</td><td rowspan="4">40</td><td rowspan="4">16</td><td rowspan="4">18</td><td rowspan="16">—</td><td rowspan="16">—</td><td rowspan="16">—</td></tr>
<tr><td>30</td></tr>
<tr><td rowspan="2">63</td><td rowspan="6">63</td><td>25</td><td rowspan="6">70</td><td rowspan="2">102</td></tr>
<tr><td>30</td></tr>
<tr><td rowspan="2">80</td><td>30</td><td rowspan="2">90</td><td rowspan="4">116</td><td rowspan="2">120</td><td rowspan="4">32</td><td rowspan="4">55</td><td rowspan="10">60</td><td rowspan="4">18</td><td rowspan="4">20</td></tr>
<tr><td>40</td></tr>
<tr><td rowspan="2">100</td><td>30</td><td rowspan="8">25</td><td rowspan="2">110</td><td rowspan="2">140</td></tr>
<tr><td>40</td></tr>
<tr><td rowspan="2">80</td><td rowspan="8">80</td><td>30</td><td rowspan="2">90</td><td rowspan="8">90</td><td rowspan="6">140</td><td rowspan="2">125</td><td rowspan="6">35</td><td rowspan="6">60</td><td rowspan="6">20</td><td rowspan="6">22</td></tr>
<tr><td>40</td></tr>
<tr><td rowspan="2">100</td><td>30</td><td rowspan="2">110</td><td rowspan="2">145</td></tr>
<tr><td>40</td></tr>
<tr><td rowspan="2">120</td><td>30</td><td rowspan="2">130</td><td rowspan="2">170</td></tr>
<tr><td>40</td></tr>
<tr><td rowspan="2">140</td><td>35</td><td rowspan="2">30</td><td rowspan="2">150</td><td rowspan="2">150</td><td rowspan="2">185</td><td rowspan="2">38</td><td rowspan="2">68</td><td rowspan="2">80</td><td rowspan="2">22</td><td rowspan="2">25</td></tr>
<tr><td>45</td></tr>
</table>

（续）

凹模周界 L	凹模周界 B	H	h	L_1	B_1	B_2	S	R	R_1	l_2	DH7	D_1H7	d_1	t	S_2
100		30	25	110		160	145	35	60		20	22			
		40													
120		35		130			170			60					
		45	30			170		38	68		22	25			
140	100	35		150	110		185								
		45													
160		40		170			210			80					
		50	35			175		42	75		25	28			
200		40		210			250								
		50													
120		35	30	130		190	170	38	68	60	22	25			
		45													
140		40		150			190								
		50													
160	125	40		170	130	196	210	42	75	80	35	28	—	—	—
		50													
200		40		210			250								
		50													
250		45		260		200	305	45	80	100	28	32			
		55													
140		40		150			190								
		50				216		42	75		25	28			
160		40		170			210			80					
		50													
200	140	45	35	210	150		255								
		55				220									
250		45		260			305			100					
		55						45	80		28	32			
160		45		170			215								
		55								80					
200		45		210			255								
	160	55			170	240									
250		50		260			310								210
		60						50	85	100	32	35	M14-6H	28	
280		50		290			340								250
		60													

（续）

凹模周界		H	h	L_1	B_1	B_2	S	R	R_1	l_2	DH7	D_1H7	d_1	t	S_2
L	B														
200	200	50 60	40	210	210	280	260	50	85	80	32	35	M14-6H	28	170
250		50 60		260			310			100					210
280		55 65		290		290	345	55	95		35	40			250
310		55 65		325			380								290
250	250	55 65		260	260	340	315						M16-6H	32	210
280		55 65		290			345								250
315		60 70	45	325		350	385	60	105		40	45			290
400		60 70		410			470			120					340
280	280	60 70		290	290	380	350			100			M20-6H	40	250
315		60 70		325			385								260
400		60 70		410			470			120					340
315	315	60 70		325	325	425	390	65	115	100	45	50			260
400		65 75		410			475			120					340
500		65 75		510			575			140					440
400	400	65 75		410	410	510	475			120					360
630		65 80		640		520	710	70	125	160	50	55			570
500	500	65 80		510	510	620	580			140					440

注：1. 压板台的形状尺寸由制造者确定。

2. 安装B型导柱时，DR7、D_1R7改为DH7、D_1H7。

（7）中间导柱圆形上模座　中间导柱圆形上模座见表 6-3-17。

表 6-3-17　中间导柱圆形上模座（摘自 GB/T 2855.1—2008）　　（单位：mm）

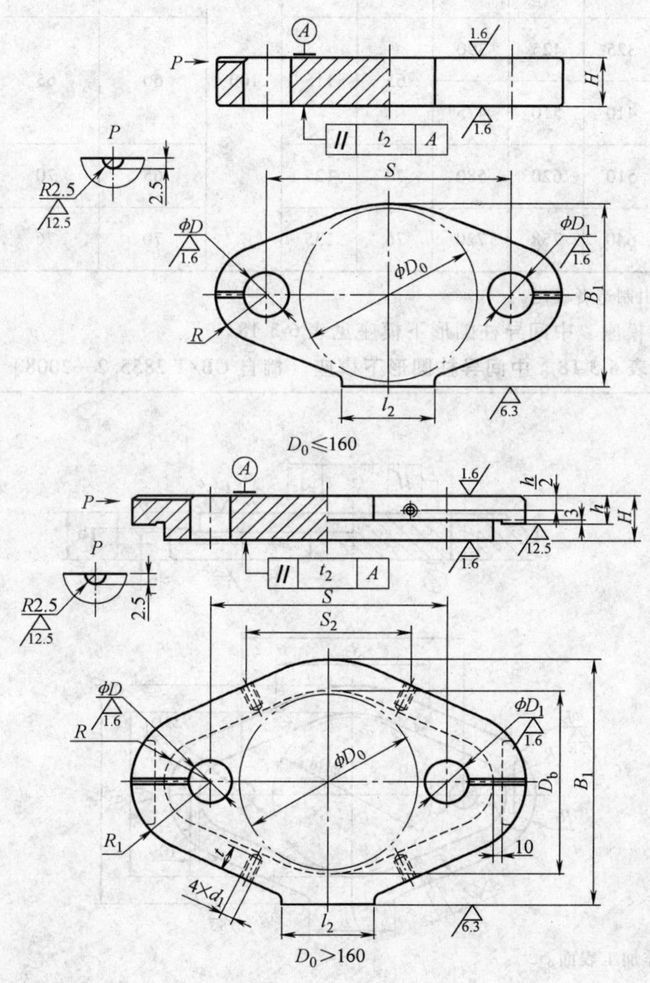

未注表面粗糙度为不加工表面。

凹模周界 D_0	H	h	D_b	B_1	S	R	R_1	l_2	D H7	D_1 H7	d_1	t	S_2
63	20	—	—	70	100	28	—	50	25	28	—	—	—
	25												
80	25			90	125	35		60	32	35			
	30												
100	25			110	145								
	30												
125	30			130	170	38		80	35	38			
	35												
160	40			170	215	45			42	45			
	45												

（续）

凹模周界 D_0	H	h	D_b	B_1	S	R	R_1	l_2	D H7	D_1 H7	d_1	t	S_2
200	45	30	210	280	260	50	85	100	45	50	M14-6H	28	180
	50												
250	45		260	340	315	55	95		50	55	M16-6H	32	220
	50												
315	50	35	325	425	390	65	115		60	65	M20-6H	40	280
	55												
400	55		410	510	475								380
	60												
500	55	40	510	620	580	70	125		65	70			480
	65												
630	60		640	758	720	76	135		70	76			600
	75												

注：压板台的形状尺寸由制造者确定。

（8）中间导柱圆形下模座　中间导柱圆形下模座见表 6-3-18。

表 6-3-18　中间导柱圆形下模座（摘自 GB/T 2855.2—2008）　（单位：mm）

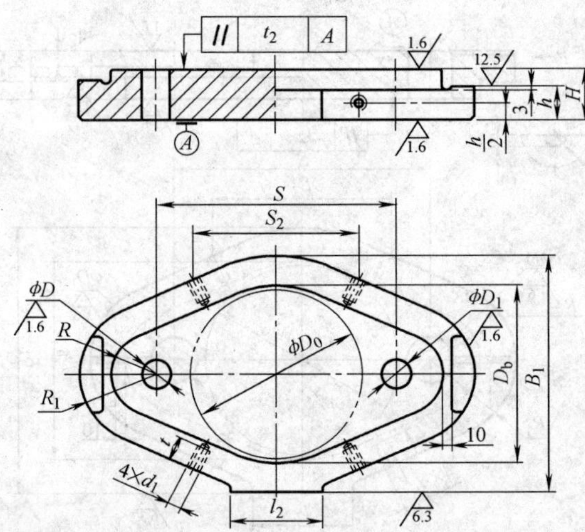

未注粗糙度的表面为非加工表面。

凹模周界 D_0	H	h	D_b	B_1	S	R	R_1	l_2	DR7	D_1R7	d_1	t	S_2
63	25	20	70	102	100	28	44	50	16	18	—	—	—
	30												
80	30		90	136	125	35	58	60	20	22			
	40												
100	30		110	160	145		60						
	40												
125	35	25	130	190	170	38	68	80	22	25			
	45												
160	45	35	170	240	215	45	80		28	32			
	55												

（续）

凹模周界 D_0	H	h	D_b	B_1	S	R	R_1	l_2	DR7	D_1R7	d_1	t	S_2
200	50	40	210	280	260	50	85	100	32	35	M14-6H	28	180
	60												
250	55		260	340	315	55	95		35	40	M16-6H	32	220
	65												
315	60	45	325	425	390	65	115		45	50	M20-6H	40	280
	70												
400	65		410	510	475								380
	75												
500	65		510	620	580	70	125		50	55			480
	80												
630	70		640	758	720	76	135		55	76			600
	90												

注：1. 压板台的形状尺寸由制造者确定。

2. 安装 B 型导柱时，DR7、D_1R7 改为 DH7、D_1H7。

（9）四导柱上模座　四导柱上模座见表 6-3-19。

表 6-3-19　四导柱上模座（摘自 GB/T 2855.1—2008）　（单位：mm）

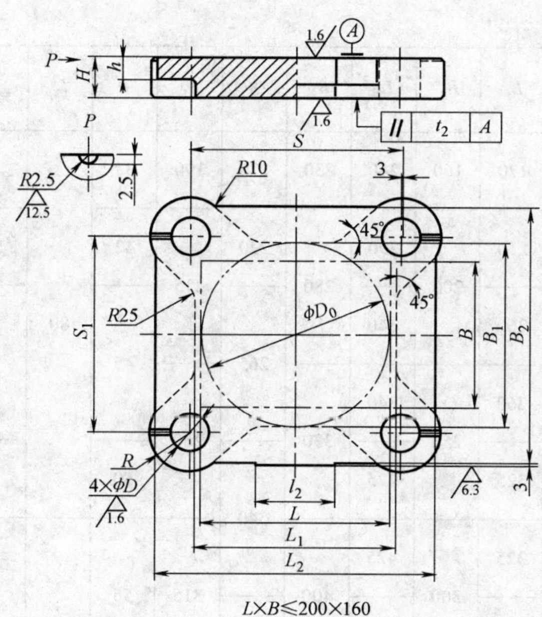

L×B≤200×160

（续）

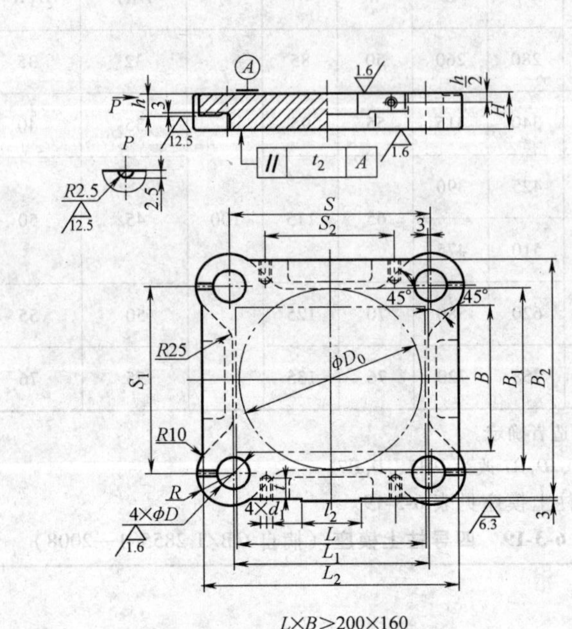

L×B>200×160

未注粗糙度的表面为非加工表面。

凹模周界			H	h	L_1	B_1	L_2	B_2	S	S_1	R	l_2	D H7	d_1	t	S_2
L	B	D_0														
160		160	35	20	170	160	240	230	175	190	38		38			
	125		40											—	—	—
200		200	40	25	210		290		220		42		42			
			45			200		280		215						
250		—	45		260		340					80				
	160		50						265		45		45	M14-6H	28	170
250		250	45	30	260		340									
			50			250		330		260						
315		—	45		325		425				50		50			200
	200		50						340							
315			50		325		425							M16-6H	32	230
		—	55	35		300		400		315	55		55			
400			50		410		500									290
	250		55						410			100				
400			55		410		510									300
		—	60	40		375		495		390	60		60	M20-6H	40	
500	315		55		510		610		510							380
			60													

（续）

凹模周界			H	h	L_1	B_1	L_2	B_2	S	S_1	R	l_2	D H7	d_1	t	S_2
L	B	D_0														
630	315		55		640	375	750	495	640	390						500
			65													
500			55	40	510		620		510		65		65	M20-6H	40	380
			65													
630	400		55		640	460	750	590	640	480						500
			65													
800			60		810		930		810		70		70			650
			75													
630		—	60		640		760		640			100				500
			75													
800	500		70	45	810	580	940	710	810	590				M24-6H	46	650
			85													
1000			70		1010		1140		1010							800
			85													
800	630		70		810		940		810		76		76			650
			85													
1000			70		1010	700	1140	840	1010	720						800
			85													

注：压板台的形状尺寸由制造者确定。

（10）四导柱下模座　四导柱下模座见表 6-3-20。

表 6-3-20　四导柱下模座（摘自 GB/T 2855.2—2008）　（单位：mm）

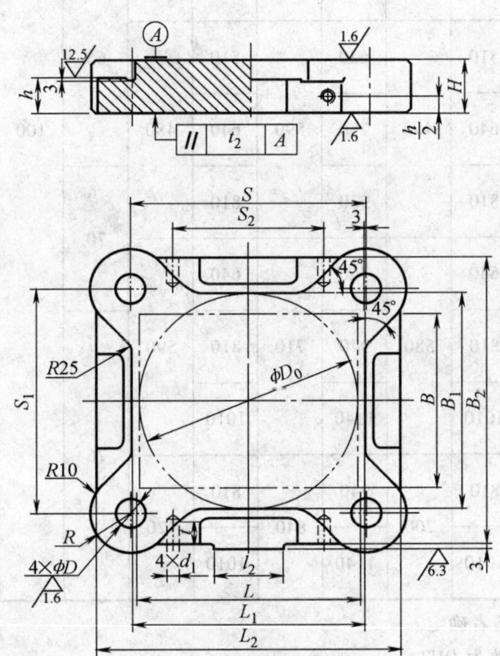

未注粗糙度的表面为非加工表面。

（续）

凹模周界			H	h	L_1	B_1	L_2	B_2	S	S_1	R	l_2	DH7	d_1	t	S_2
L	B	D_0														
160	125	160	40 50	30	170	160	240	230	175	190	38		25	—	—	—
200	160	200	45 55	35	210	200	290	280	220	215	42		28			
250		—	55 60		260		340		265		45	80	32	M14-6H	28	170
250	200	250	50 60	40	260	250	340	330	265	260						
315		—	55 65		325		425		340		50		35			200
315	250		60 70	35	325	300	425	400	340	315	55		40	M16-6H	32	230
400			60 70		410		500		410							290
400			65 75		410		510		410		60		45			300
500	315		65 75		510	375	610	495	510	390						380
630			65 80	45	640		750		640					M20-6H	40	500
500			65 80		510		620		510		65		50			380
630	400	—	65 80		640	460	750	590	640	480		100				500
800			70 90		810		930		810		70		55			650
630			70 90		640		760		640							500
800	500		80 100	50	810	580	940	710	810	590				M24-6H	46	650
1000			80 100		1010		1140		1010		76		60			800
800	630		80 100		810	700	940	840	810	720						650
1000			80 100		1010		1140		1010							800

注：1. 压板台的形状尺寸由制造者确定。

2. 安装B型导柱时，DR7改为DH7。

2. 滚动导向模座

（1）对角导柱上模座　对角导柱上模座见表6-3-21。

表 6-3-21　对角导柱上模座（摘自 GB/T 2856.1—2008）　　（单位：mm）

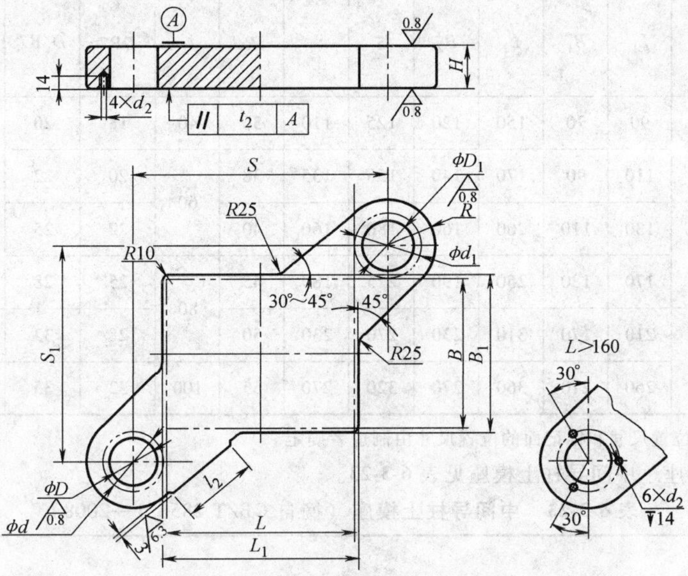

未注粗糙度的表面为非加工表面。

凹模周界		H	L_1	B_1	S	S_1	R	l_2	DH6	D_1 H6	d	d_1	d_2
L	B												
80	63	35	90	70	125	110	36	40	38	40	51	53	M5-6H
100	80		110	90	155	135	38	60	40	42	53	55	
125	100		130	110	180	160	40		42	45	55	59	M6-6H
160	125	40	170	130	225	180	45	80	48	50	62	64	
200	180	45	210	170	270	230	50		50	55	64	69	
250	200	50	260	210	320	270	55	100	55	58	69	72	

（2）对角导柱下模座　对角导柱下模座见表 6-3-22。

表 6-3-22　对角导柱下模座（摘自 GB/T 2856.2—2008）　　（单位：mm）

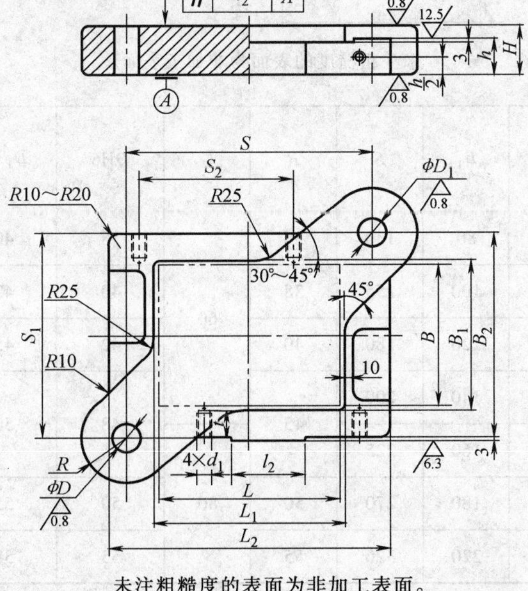

未注粗糙度的表面为非加工表面。

（续）

凹模周界 L	凹模周界 B	H	h	L_1	B_1	L_2	B_2	S	S_1	R	l_2	DR7	D_1R7	d_1	t	S_2
80	63	40	30	90	70	150	120	125	110	36	40	18	20	—	—	—
100	80			110	90	170	140	155	135	38	60	20	22			
125	100	45	55	130	110	200	160	180	160	40		22	25			
160	125			170	130	250	190	225	180	45	80	25	28			
200	160	55	40	210	170	310	230	270	230	50		28	32	M14-6H	28	170
250	200	60		260	210	360	270	320	270	55	100	32	35	M16-6H	32	190

注：压板台的形状、位置尺寸和标记面的位置尺寸由制造者确定。

（3）中间导柱上模座　中间导柱上模座见表 6-3-23。

表 6-3-23　中间导柱上模座（摘自 GB/T 2856.1—2008）　（单位：mm）

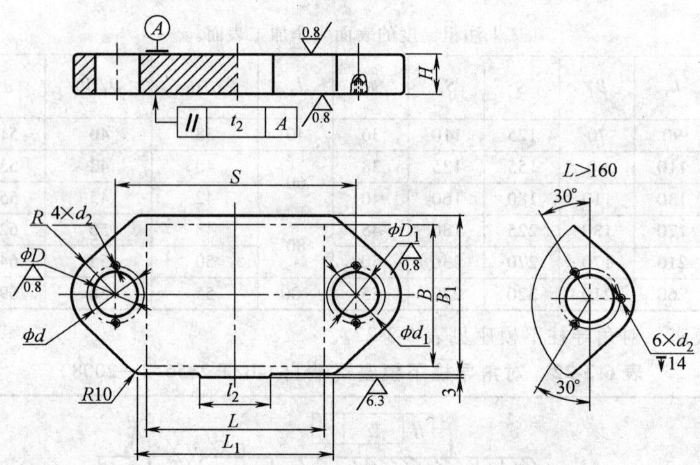

未注粗糙度的表面为非加工表面。

凹模周界 L	凹模周界 B	H	L_1	B_1	S	R	l_2	DH6	D_1H6	d	d_1	d_2
80	63	35	100	80	130	36	60	38	40	51	53	M5-6H
100	80		120	100	155	38		40	42	53	55	
125	100		140	120	180	40		42	45	55	59	M6-6H
140	125	40	160	140	200	45		48	50	62	64	
160	140		180	160	225		80					
200	160	45	220	180	270	50		50	55	64	69	
250	200	50	270	220	320	55		55	58	69	72	

（4）中间导柱下模座　中间导柱下模座见表 6-3-24。

表 6-3-24　中间导柱下模座（摘自 GB/T 2856.2—2008）　（单位：mm）

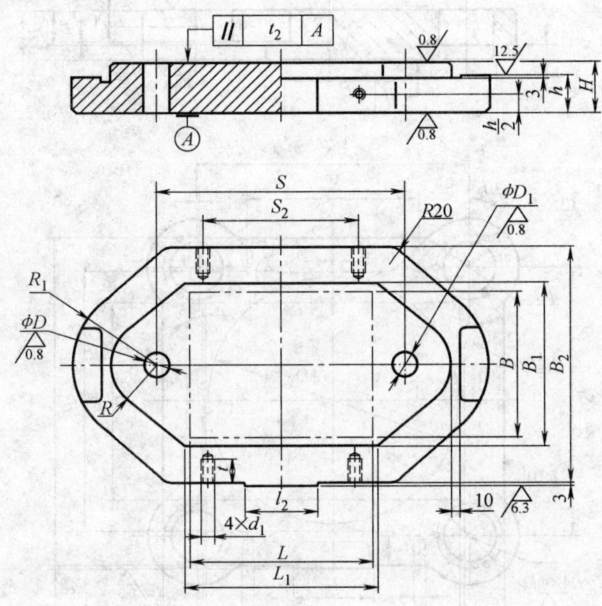

未注粗糙度的表面为非加工表面。

凹模周界		H	h	L_1	B_1	B_2	S	R	R_1	l_2	DR7	D_1R7	d_1	t	S_2
L	B														
80	63	40	30	100	80	130	130	36	61	60	18	20	—	—	—
100	80			120	100	160	155	38	68		20	22			
125	100	45	35	140	120	190	180	40	75		22	25			
140	125			160	140	220	200	45	85		25	28			
160	140	40		180	160	240	225			80					
		50													
200	160	55	40	210	180	260	270	50	90		28	32	M14-6H	28	170
250	200	60		260	220	300	320	55	95		32	35	M16-6H	32	210

注：压板台的形状尺寸由制造者确定。

（5）四导柱上模座　四导柱上模座见表 6-3-25。

表 6-3-25　四导柱上模座（摘自 GB/T 2856.1—2008）　　（单位：mm）

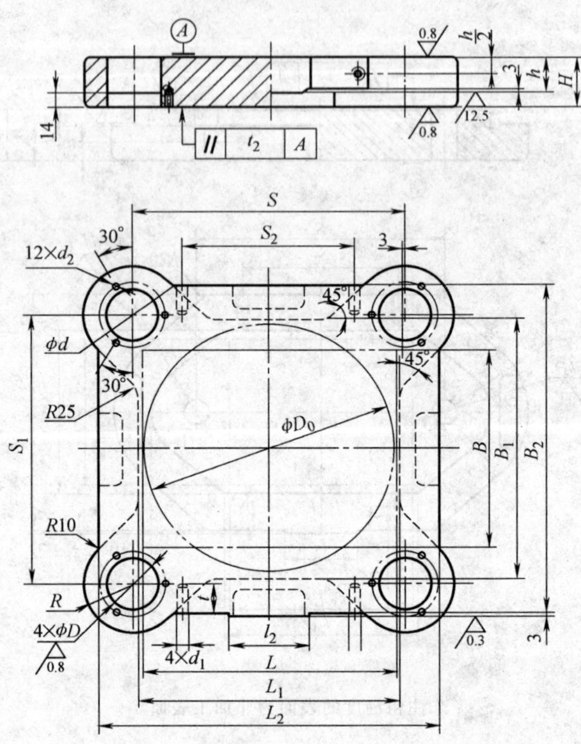

未注粗糙度的表面为非加工表面。

<table>
<tr><th colspan="3">凹模周界</th><th rowspan="2">H</th><th rowspan="2">h</th><th rowspan="2">L_1</th><th rowspan="2">B_1</th><th rowspan="2">L_2</th><th rowspan="2">B_2</th><th rowspan="2">S</th><th rowspan="2">S_1</th><th rowspan="2">R</th><th rowspan="2">l_2</th><th rowspan="2">DH6</th><th rowspan="2">d_1</th><th rowspan="2">t</th><th rowspan="2">S_2</th><th rowspan="2">d</th><th rowspan="2">d_2</th></tr>
<tr><th>L</th><th>B</th><th>D_0</th></tr>
<tr><td>160</td><td>125</td><td>160</td><td>40</td><td>30</td><td>170</td><td>170</td><td>240</td><td>230</td><td>180</td><td>175</td><td>40</td><td rowspan="4">80</td><td>48</td><td>—</td><td>—</td><td>—</td><td>62</td><td rowspan="5">M6-6H</td></tr>
<tr><td>200</td><td rowspan="2">160</td><td>200</td><td>45</td><td rowspan="5">35</td><td>210</td><td rowspan="2">210</td><td>290</td><td rowspan="2">280</td><td>220</td><td rowspan="2">220</td><td>45</td><td>50</td><td rowspan="4">M14-6H</td><td rowspan="4">28</td><td>130</td><td>64</td></tr>
<tr><td>250</td><td>—</td><td rowspan="3">50</td><td rowspan="2">260</td><td rowspan="2">340</td><td rowspan="2">270</td><td rowspan="3">50</td><td rowspan="3">55</td><td rowspan="3">170</td><td rowspan="3">69</td></tr>
<tr><td>250</td><td rowspan="2">200</td><td>250</td><td rowspan="2">250</td><td rowspan="2">330</td><td rowspan="2">270</td></tr>
<tr><td>315</td><td>—</td><td>325</td><td>425</td><td>330</td><td rowspan="2">100</td></tr>
<tr><td>400</td><td>250</td><td>—</td><td>60</td><td>410</td><td>320</td><td>515</td><td>390</td><td>425</td><td>320</td><td>60</td><td>58</td><td>M16-6H</td><td>32</td><td>300</td><td>82</td><td>M8-6H</td></tr>
</table>

注：压板台的形状尺寸由制造者确定。

（6）四导柱下模座　四导柱下模座见表 6-3-26。

（7）后侧导柱上模座　后侧导柱上模座见表 6-3-27。

表 6-3-26　四导柱下模座（摘自 GB/T 2856.2—2008）　（单位：mm）

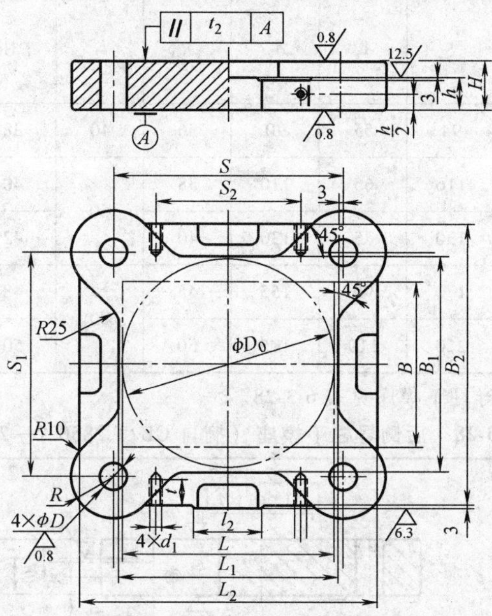

未注粗糙度的表面为非加工表面。

凹模周界			H	h	L_1	B_1	L_2	B_2	S	S_1	R	l_2	DR7	d_1	t	S_2
L	B	D_0														
160	125	160	40 50	35	170	170	250	240	180	175	40		25	—	—	—
200	160	200	55	40	210	210	300	290	220	220	45	80	28	M14-6H	28	130
250		—	60		260		350		270				32			170
250	200	250	60		260	260	350	340	270	270	50		32	M16-6H	32	170
315		—	65		325		435		330			100	32			250
400	250	—	70	45	410	320	515	390	425	320	60		35			300

注：压板台的形状尺寸由制造者确定。

表 6-3-27　后侧导柱上模座（摘自 GB/T 2856.1—2008）　（单位：mm）

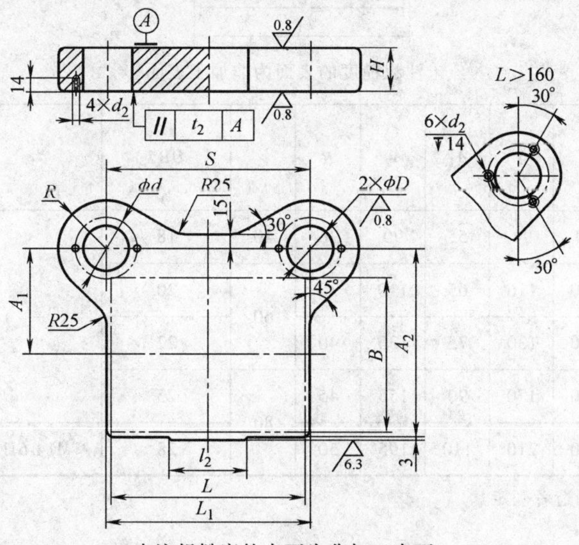

未注粗糙度的表面为非加工表面。

（续）

凹模周界		H	L_1	S	A_1	A_2	R	l_2	DH6	d	d_2
L	B										
80	63	35	90	94	55	90	36	40	38	51	M5-6H
100	80		110	116	65	110	38	60	40	53	
125	100		130	130	75	130	40		42	55	M6-6H
160	125	40	170	170	90	155	45	80	48	62	
200	160	45	210	210	110	195	50		50	64	

（8）后侧导柱下模座　后侧导柱下模座见表 6-3-28。

表 6-3-28　后侧导柱下模座（摘自 GB/T 2856.2—2008）　（单位：mm）

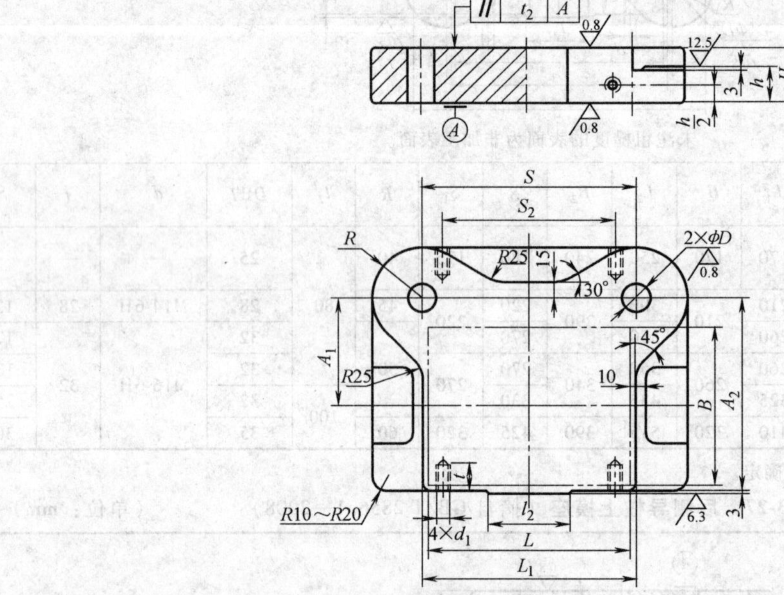

未注粗糙度的表面为非加工表面。

凹模周界		H	h	L_1	S	A_1	A_2	R	l_2	DR7	d_1	t	S_2
L	B												
80	63	40	20	90	94	55	90	36	40	18	—	—	—
100	80			110	116	65	110	38	60	20			
125	100	45	25	130	130	75	130	40		22			
160	125			170	170	90	155	45	80	25			
200	160	55	35	210	210	110	195	50		28	M14-6H	28	170

注：压板台的形状尺寸由制造者确定。

3．导向装置

（1）A 型导柱　A 型导柱见表 6-3-29。该导柱适用于冲模。

表 6-3-29　A 型导柱（摘自 GB/T 2861.1—2008）　（单位：mm）

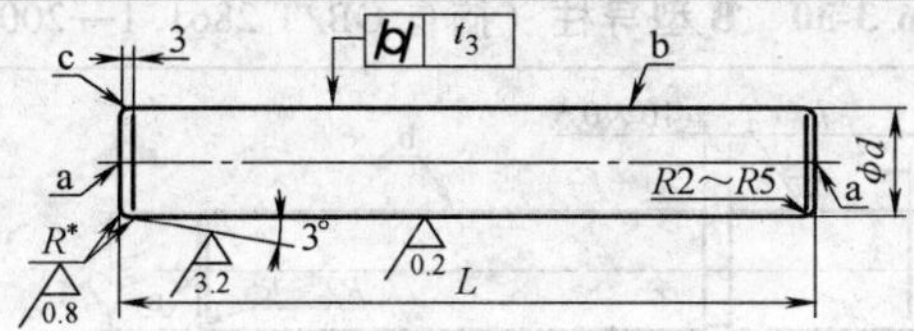

未注表面粗糙度 $Ra6.3\mu m$。

a 允许保留中心孔。

b 允许开油槽。

c 压入端允许采用台阶式导入结构。

注：R^* 由制造者确定。

dh5 或 dh6	L	dh5 或 dh6	L	dh5 或 dh6	L
16	90	25	180	45	200
	100	28	130		230
	110		150		260
18	90		160		290
	100		170	50	200
	110		180		220
	120		190		230
	130		200		240
	150	32	150		250
	160		160		260
20	100		170		270
	110		180		280
	120		190		290
	130		200		300
	150		210	55	220
	160	35	160		240
22	100		180		250
	110		190		270
	120		200		280
	130		210		290
	150		230		300
	160	40	180		320
	180		190	60	250
25	110		200		270
	130		210		280
	150		230		290
	160		260		300
	170	45	190		320

注：Ⅰ级精度模架导柱采用 dh5，Ⅱ级精度模架导柱采用 dh6。

（2）B 型导柱　B 型导柱见表 6-3-30。该导柱适用于滑动导向模架。

表 6-3-30　B 型导柱（摘自 GB/T 2861.1—2008）　　（单位：mm）

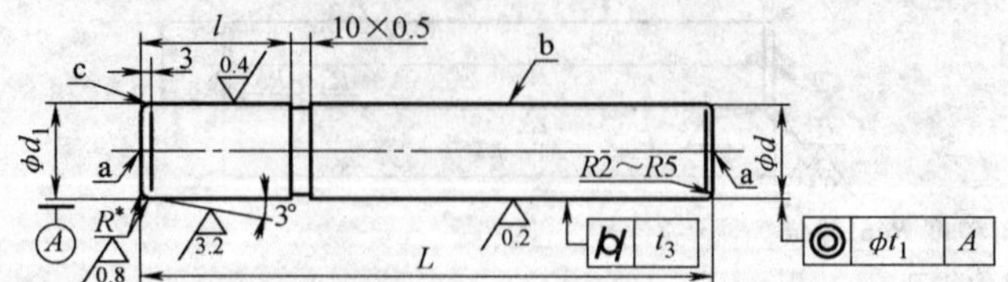

未注表面粗糙度 $Ra6.3\mu m$。

a 允许保留中心孔。

b 允许开油槽。

c 压入端允许采用台阶式导入结构。

注：R^* 由制造者确定。

d 基本尺寸	d 极限偏差（h5）	d 极限偏差（h6）	d_1（r6）基本尺寸	d_1（r6）极限偏差	L	l
16	0 -0.008	0 -0.011	16	+0.034 +0.023	90	25
					100	
					100	30
					110	
18			18		90	25
					100	
					100	30
					110	
					120	
					110	40
					130	
20	0 -0.009	0 -0.013	20	+0.041 +0.028	100	30
					120	
					120	35
					110	40
					130	
22			22		100	30
					120	
					110	35
					120	
					130	
					110	40
					130	
					130	45
					150	
25			25		110	35
					130	
					130	40
					150	
					130	45
					150	
					150	50
					160	
					180	

（续）

d			d_1（r6）		L	l
基本尺寸	极限偏差（h5）	极限偏差（h6）	基本尺寸	极限偏差		
28	0 -0.009	0 -0.013	28	+0.041 +0.028	130	40
					150	
					150	45
					170	
					150	50
					160	
					180	
					180	55
					200	
32	0 +0.011	0 -0.016	32	+0.050 +0.034	150	45
					170	
					160	50
					190	
					180	55
					210	
					190	60
					210	
35			35		160	50
					190	
					180	55
					190	
					210	
					190	60
					210	60
					200	65
					230	
40			40		180	55
					210	
					190	60
					200	
					210	
					230	
					200	65
					230	
					230	70
					260	
45	0 -0.011		45		200	60
					230	
					200	65
					230	
					260	
					230	70
					260	
					260	75
					290	
50			50		200	60
					230	
					220	65

（续）

d			d_1（r6）		*L*	*l*
基本尺寸	极限偏差（h5）	极限偏差（h6）	基本尺寸	极限偏差		
50	0 -0.011	0 -0.016	50	+0.050 +0.034	230	65
					240	
					250	
					260	
					270	
					230	70
					260	
					260	75
					290	
					250	80
					270	
					280	
					300	
55	0 -0.013	0 -0.019	55	+0.060 +0.041	220	65
					240	
					250	
					270	
					250	70
					280	
					250	75
					280	
					250	80
					270	
					280	
					300	
					290	90
					320	
60			60		250	70
					280	
					290	90
					320	

注：使用这种形式的导柱时，下模座的安装孔公差带为 H7。

（3）滚动导向导柱 滚动导向导柱见表 6-3-31。

表 6-3-31 滚动导向导柱（摘自 GB/T 2861.2—2008） （单位：mm）

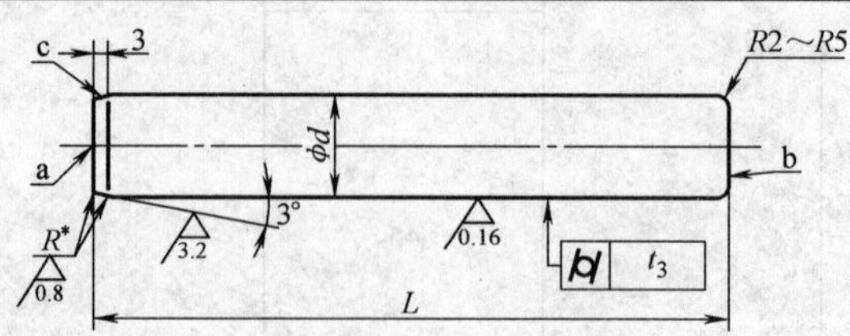

未注表面粗糙度 *Ra*6.3μm。

a 允许保留中心孔。

b 允许保留中心孔，与限程器相关的结构和尺寸由制造者确定。

c 压入端允许采用台阶式导入结构。

注：R^* 由制造者确定。

（续）

dh5	L	dh5	L
18	130	35	190
	140		210
	155		215
20	130		225
	140		230
	145	40	225
	155		230
22	145		260
	155		290
	160		320
25	155	45	230
	160		260
	170		290
	190		320
28	155	50	230
	160		260
	170		290
	190		320
	210	55	260
32	170		290
	190		320
	210	60	260
	215		290
	225		320

（4）A 型导套　A 型导套见表 6-3-32。该导套适用于滑动导向模架。

表 6-3-32　A 型导套（摘自 GB/T 2861.3—2008）　　（单位：mm）

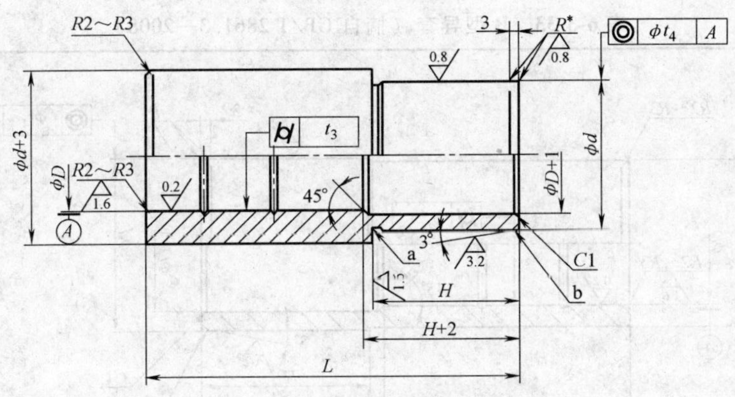

未注表面粗糙度 $Ra6.3\mu m$。

a 砂轮越程槽由制造者确定。

b 压入端允许采用台阶式导入结构。

注：1. 油槽数量及尺寸由制造者确定。

2. R^* 由制造者确定。

（续）

DH6 或 DH7	dr6 或 dd3	L	H
16	25	60	18
		65	23
18	28	60	18
		65	23
		70	28
20	32	65	23
		70	28
22	35	65	23
		70	28
		80	
		80	33
		85	
25	38	80	28
		80	33
		85	
		90	38
		95	
28	42	85	33
		90	38
		95	
		100	
		110	43
32	45	100	38
		105	43

DH6 或 DH7	dr6 或 dd3	L	H
32	45	110	43
		115	48
35	50	105	43
		115	
		115	48
		125	
40	55	115	43
		125	48
		140	53
45	60	125	48
		140	53
		150	58
50	65	125	48
		140	53
		150	53
		150	58
		160	63
55	70	150	53
		160	58
		160	63
		170	73
60	76	160	58
		170	73

注：1. Ⅰ级精度模架导柱采用 DH6，Ⅱ级精度模架导柱采用 DH7。

2. 导套压入式采用 dr6，粘接式采用 dd3。

（5）B 型导套　B 型导套见表 6-3-33。该导套适用于滑动导向模架。

表 6-3-33　B 型导套（摘自 GB/T 2861.3—2008）　（单位：mm）

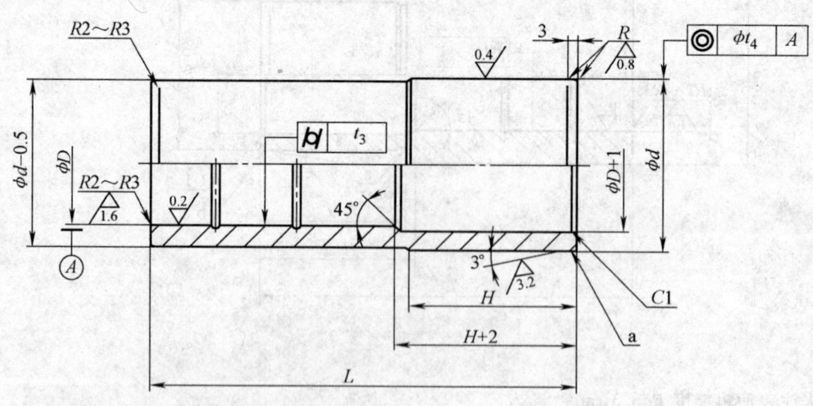

未注表面粗糙度 Ra6.8μm。

a 压入端允许采用台阶式导入结构。

注：1. 油槽数量及尺寸由制造者确定。

2. R* 由制造者确定。

（续）

*D*H6 或 *D*H7	*d*r6	*L*	*H*
16	25	40	18
		60	18
		65	23
18	28	40	18
		45	23
		60	18
		65	23
		70	28
20	32	45	23
		50	25
		65	23
		70	28
22	35	50	25
		55	27
		65	23
		70	28
		80	33
		85	38
25	38	55	27
		60	30
		80	33
		85	
		90	38
		95	
28	42	60	30
		65	
		85	33
		90	38
		95	38
		100	
		110	43
32	45	65	30
		70	33
		100	38
		105	43
		110	
		115	48
35	50	70	33
		105	43
		115	48
		125	
40	55	115	43
		125	48
		140	53
45	60	125	48
		140	53
		150	58
50	65	125	48
		140	53
		150	58
		160	63
55	70	150	53
		160	63
		170	73
60	76	160	58
		170	73

注：0Ⅰ级精度模架导柱采用 *D*H6，0Ⅱ级精度模架导柱采用 *D*H7。

（6）滚动导向导套 滚动导向导套见表 6-3-34。

表 6-3-34 滚动导向导套（摘自 GB/T 2861.4—2008） （单位：mm）

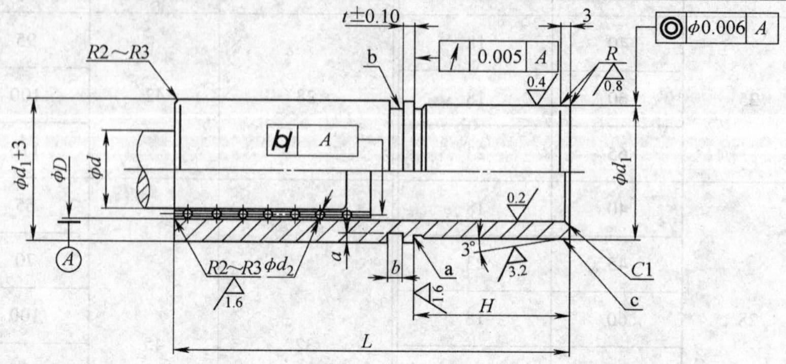

未注表面粗糙度 $Ra6.3\mu m$。

a 砂轮越程槽由制造者确定。

b 采用粘接工艺压板槽可取消，相应上模座中螺纹孔不加工。

c 压入端允许采用台阶式导入结构。

注：R^* 由制造者确定。

<table>
<tr><th colspan="2">基本尺寸</th><th rowspan="2">H</th><th rowspan="2">钢球 d_2</th><th colspan="2">D</th><th rowspan="2">d_1m5</th><th rowspan="2">t</th><th rowspan="2">b</th><th rowspan="2">a</th></tr>
<tr><th>d</th><th>L</th><th>基本尺寸</th><th>配合要求</th></tr>
<tr><td rowspan="3">18</td><td>80</td><td>23</td><td rowspan="8">3</td><td rowspan="3">24</td><td rowspan="29">与滚动导向导柱配合的径向过盈量为 0.01～0.02</td><td rowspan="3">38</td><td rowspan="8">3</td><td rowspan="8">5</td><td rowspan="8">3</td></tr>
<tr><td>100</td><td>30</td></tr>
<tr><td>100</td><td>33</td></tr>
<tr><td rowspan="3">20</td><td>80</td><td>23</td><td rowspan="3">26</td><td rowspan="3">40</td></tr>
<tr><td>100</td><td>30</td></tr>
<tr><td>100</td><td>33</td></tr>
<tr><td rowspan="2">22</td><td>100</td><td>30</td><td rowspan="2">28</td><td rowspan="2">42</td></tr>
<tr><td>100</td><td>33</td></tr>
<tr><td rowspan="6">25</td><td>100</td><td>30</td><td rowspan="21">4</td><td rowspan="3">31</td><td rowspan="3">45</td><td rowspan="21">4</td><td rowspan="21">6</td><td rowspan="21">3.5</td></tr>
<tr><td>100</td><td>33</td></tr>
<tr><td>120</td><td>38</td></tr>
<tr><td>100</td><td>38</td><td rowspan="3">33</td><td rowspan="3">48</td></tr>
<tr><td>105</td><td>38</td></tr>
<tr><td>125</td><td>38</td></tr>
<tr><td rowspan="6">28</td><td>100</td><td>38</td><td rowspan="6">36</td><td rowspan="6">50</td></tr>
<tr><td>105</td><td>38</td></tr>
<tr><td>120</td><td>38</td></tr>
<tr><td>125</td><td>38</td></tr>
<tr><td>125</td><td>43</td></tr>
<tr><td>145</td><td>43</td></tr>
<tr><td rowspan="5">32</td><td>120</td><td>38</td><td rowspan="5">40</td><td rowspan="5">55</td></tr>
<tr><td>120</td><td>48</td></tr>
<tr><td>125</td><td rowspan="2">43</td></tr>
<tr><td>145</td></tr>
<tr><td>150</td><td rowspan="3">48</td></tr>
<tr><td rowspan="4">35</td><td>120</td><td rowspan="4">45</td><td rowspan="4">60</td></tr>
<tr><td>150</td></tr>
<tr><td>120</td><td rowspan="2">58</td></tr>
<tr><td>150</td></tr>
</table>

（续）

基本尺寸		H	钢球 d_2	D		d_1（m5）	t	b	a
d	L			基本尺寸	配合要求				
40	120	48	5	50	与滚动导向导柱配合的径向过盈量为0.01~0.02	65	4	6	3.5
	150								
	120	58							
	150								
45	120	58		55		70	5	7	4
	150								
	120	63							
	150								
50	120	58		60		76			
	150								
	120	63							
	150								
60	180	78		70		88			

注：导套压入式采用 dr6，粘接式采用 dd3。

（7）钢球保持圈　钢球保持圈见表 6-3-35。其中保持圈见表 6-3-36。该保持圈适用于滚动导向模架。

表 6-3-35　钢球保持圈（摘自 GB/T 2861.5—2008）　　（单位：mm）

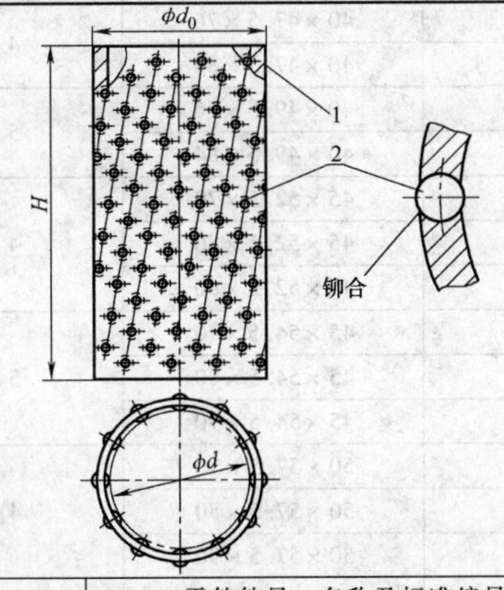

基本尺寸			零件件号、名称及标准编号		钢球数	
			1	2		
导柱直径 d	钢球保持圈直径 d_0	钢球保持圈长度 H	保持圈	钢球 GB/T 308（G10 级）		
			数量			
			1	—	普通型	加密型
			规格			
18	23.5	64	18×23.5×64	3	124	146
20	25.5		20×25.5×64		146	170
22	27.5		22×27.5×64		146	170
25	30.5		25×30.5×64		170	190
	32.5		25×32.5×64	4	114	132
		76	25×32.5×76		140	162
28	35.5	64	28×33.5×64	3	100	114
		76	28×33.5×76		232	260
		84	28×33.5×84		260	290

(续)

基本尺寸			零件件号、名称及标准编号		钢球数	
			1	2		
导柱直径 d	钢球保持圈直径 d_0	钢球保持圈长度 H	保持圈	钢球 GB/T 308 (G10级)		
			数量		普通型	加密型
			1	—		
			规格			
28	35.5	64	28×35.5×64	4	132	150
		76	28×35.5×76		162	184
		84	28×35.5×84		182	206
32	39.5	76	32×39.5×76		184	206
		84	32×39.5×84		206	230
35	42.5	76	35×42.5×76		206	228
		84	35×42.5×84		230	256
38	45.5	76	38×45.5×76		206	228
		84	38×45.5×84		230	256
	47.5	76	38×47.5×76	5	134	170
		84	38×47.5×84		152	192
40	47.5	76	40×47.5×76	4	206	228
		84	40×47.5×84		230	256
	49.5	76	40×49.5×76	5	134	170
		84	40×49.5×84		152	192
45	52.5	70	45×52.5×70	4	206	226
		80	45×52.5×80		240	264
		90	45×52.5×90		276	302
	54.5	70	45×54.5×70	5	134	170
		80	45×54.5×80		162	200
		90	45×54.5×90		186	230
50	57.5	70	50×57.5×70	4	226	246
		80	50×57.5×80		264	288
		90	50×57.5×90		302	330
	59.5	70	50×59.5×70	5	154	186
		80	50×59.5×80		180	220
		90	50×59.5×90		208	252
55	64.5	80	55×64.5×80		200	238
		90	55×64.5×90		230	274
		100	55×64.5×100		260	310
	66.5	80	55×66.5×80	6	146	180
		90	55×66.5×90		168	208
		100	55×66.5×100		190	234
60	69.5	90	60×69.5×90	5	252	296
		100	60×69.5×100		284	334
		110	60×69.5×110		318	372
	71.5	90	60×71.5×90	6	188	226
		100	60×71.5×100		212	256
		110	60×71.5×110		236	284

表 6-3-36　保持圈（摘自 GB/T 2861.5—2008）　　（单位：mm）

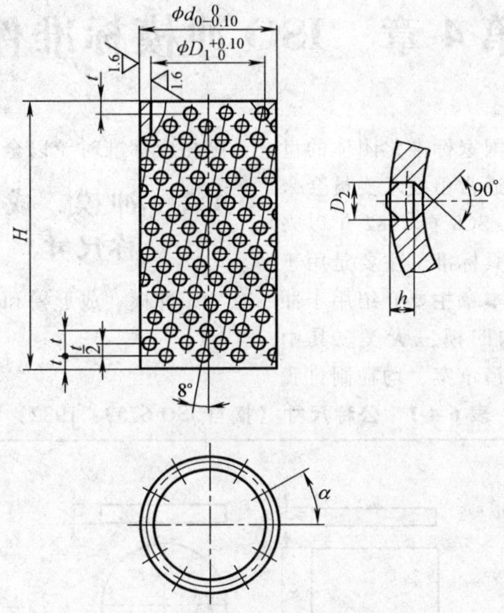

未注表面粗糙度 $Ra6.3\mu m$

导柱直径 d	d_0	D_1	H	α 普通型	α 加密型	l	t	h	D_2
18	23.5	18.5	64	33°	28°	3	5	1.8	3.1
20	25.5	20.5	64	28°	24.2°	3	5	1.8	3.1
22	27.5	22.5	64	28°	24.2°	3	5	1.8	3.1
25	30.5	25.5	64	24.2°	21°	3	5	1.8	3.1
25	32.5	25.5	64, 76	28°	24.2°	4	6	2.5	4.1
28	33.5	28.5	64, 76, 84	21.4°	19°	3	5	1.8	3.1
28	35.5	28.5	64, 76, 84	28°	21.4°	4	6	2.5	4.1
32	39.5	32.5	64, 76, 84	21.4°	19°	4	6	2.5	4.1
35	42.5	35.5	76, 84	19°	17°	4	6	2.5	4.1
38	45.5	38.5	76, 84	19°	17°	4	6	2.5	4.1
38	47.5	38.5	76, 84	24.2°	19°	5	7	3.2	5.1
40	47.5	40.5	70, 80, 90	19°	17°	4	6	2.5	4.1
40	49.5	40.5	70, 80, 90	24.2°	19°	5	7	3.2	5.1
45	52.5	45.5	70, 80, 90	17°	15.8°	4	6	2.5	4.1
45	54.5	45.5	70, 80, 90	21.4°	17°	5	7	3.2	5.1
50	57.5	50.5	70, 80, 90	15.8°	14.5°	4	6	2.5	4.1
50	59.5	50.5	70, 80, 90	19°	15.8°	5	7	3.2	5.1
55	64.5	55.5	80, 90, 100	17°	14.5°	5	7	3.2	5.1
55	66.5	55.5	80, 90, 100	21.4°	17°	6	8	3.9	6.1
60	69.5	60.5	90, 100, 110	15.8°	13.4°	5	7	3.2	5.1
60	71.5	60.5	90, 100, 110	21.4°	17°	6	8	3.9	6.1

第4章　ISO冲模标准件

国际标准化组织ISO是各个国家标准化团体的世界性联盟。制定国际标准的工作通常由技术委员会来进行。ISO国际标准是由ISO/TC/SC8自1982年以来组织制订和审查通过并公布的模具标准，主要是用于冲模、塑料注射模的零件标准，本章主要介绍用于冲模的模板、导柱（套）、凸模和凹模三大类。其中ISO 6753模板和圆凸模以及圆凹模草案，均在制订我国相应标准时予以全面采纳。

4.1　冲模、成形模与钻夹具加工板公称尺寸

冲模、成形模和钻夹具的加工板公称尺寸见表6-4-1。

表6-4-1　公称尺寸（摘自ISO 6753：1982）　　（单位：mm）

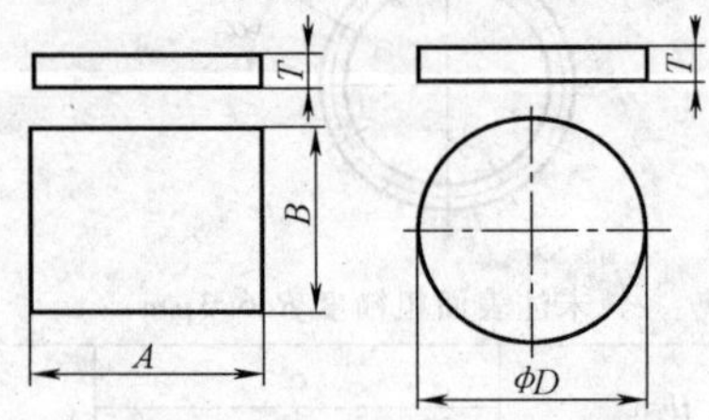

长度 A 宽度 B 直径 D	25	32	40	50	63	80	100	125	160	200	250	315	355	400	450	500	560	630	710	800	900	1000
厚度 T			4	6	8	10	12.5	16	20	25	32	40	50	63	80	100	125	160	200	250		

注：可以从上表两个横行内自由选择组合数值，但这些数值应与专用的使用相结合。

4.2　凸模

4.2.1　圆柱头直杆圆凸模

圆柱头直杆圆凸模见表6-4-2。

表6-4-2　圆柱头直杆圆凸模（ISO 8021：1986）　　（单位：mm）

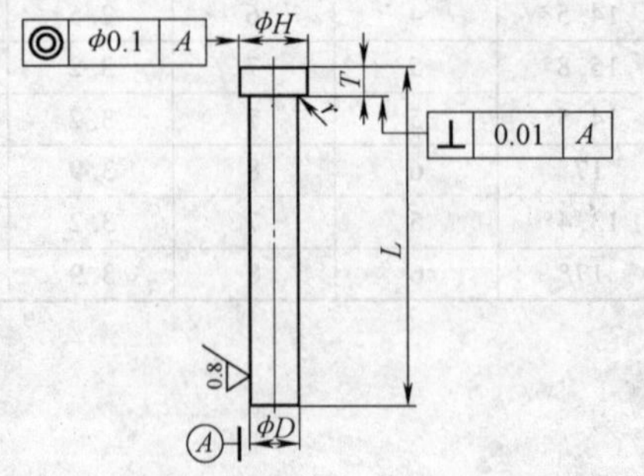

标记示例：

凸模刃口直径 $D=6.3$mm、凸模长度 $L=80$mm 的凸模

凸模　ISO 8021　6.3×80

（续）

D (n5)	T ($^{+0.25}_{0}$)	H ($^{0}_{-0.25}$)	L ($^{+1.0}_{0}$)	r (±0.1)
1.0			63, 71, 80, 100	0.25
1.05				
1.1				
1.2				
1.25	3.0	3.0		
1.3				
1.4				
1.5				
1.6				
1.7				
1.8	3.0	4.0		
1.9				
2.0				
2.1				
2.2				
2.4				
2.5	3.0	5.0		
2.6				
2.8				
3.0				
3.2				
3.4				
3.6	3.0	6.0		
3.8				
5.0				
4.2	3.0	7.0		
4.5				

D (n5)	T ($^{+0.25}_{0}$)	H ($^{0}_{-0.25}$)	L ($^{+1.0}_{0}$)	r (±0.1)
4.8	3.0	7.0	63, 71, 80, 100	0.25
5.0	5.0	8.0		
5.3				
5.6	5.0	9.0		
6.0				
6.3				
6.7				
7.1	5.0	11.0		
7.5				
8.0				
8.5				
9.0	5.0	13.0		
9.5				
10.0				
10.5				0.4
11.0				
12.0	5.0	16.0		
12.5				
13.0				
14.0				
15.0	5.0	19.0		
16.0				
20.0	5.0	24.0		
25.0	5.0	29.0		
32.0	5.0	36.0		

注：可以自由选择长度值和直径值相组合，但应适用于特定用途。

4.2.2　60°锥头直杆圆凸模

60°锥头直杆圆凸模见表 6-4-3。

表 6-4-3　60°锥头直杆圆凸模（摘自 ISO 6752：1984）　（单位：mm）

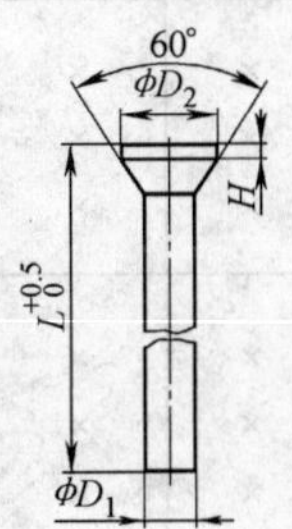

标记示例：

凸模刃口直径 D_1 = 6.3mm、凸模长度 L = 80mm 的凸模：

凸模　ISO 6752　6.3 × 80

（续）

D_1 (h6)	D_2	H ($^{+0.2}_{0}$)	D_1 (h6)	D_2	H ($^{+0.2}_{0}$)	D_1 (h6)	D_2	H ($^{+0.2}_{0}$)
0.5	0.9	0.2	1.9	2.8	0.5	6.3	8	0.5
0.55	1	0.2	2	3	0.5	6.7	9	1
0.6	1.1	0.2	2.1	3.2	0.5	7.1	9	1
0.65	1.2	0.2	2.2	3.2	0.5	7.5	10	1
0.7	1.3	0.2	2.4	3.5	0.5	8	10	1
0.75	1.3	0.2	2.5	3.5	0.5	8.5	11	1
0.8	1.4	0.4	2.6	4	0.5	9	11	1
0.85	1.4	0.4	2.8	4	0.5	9.5	12	1
0.9	1.6	0.4	3	4.5	0.5	10	12	1
0.95	1.6	0.4	3.2	4.5	0.5	10.5	13	1
1	1.8	0.5	3.4	4.5	0.5	11	13	1
1.05	1.8	0.5	3.6	5	0.5	12	14	1
1.1	1.8	0.5	3.8	5	0.5			
1.2	2	0.5	4	5.5	0.5	12.5	15	1
1.25	2	0.5	4.2	5.5	0.5	13	15	1
1.3	2	0.5	4.5	6	0.5	14	16	1.5
1.4	2.2	0.5	4.8	6	0.5	15	17	1.5
1.5	2.2	0.5	5	6.5	0.5			
1.6	2.5	0.5	5.3	6.5	0.5	L=71、80、100		
1.7	2.5	0.5	5.6	7	0.5			
1.8	2.8	0.5	6	8	0.5			

4.2.3 圆柱头缩杆凸模

圆柱头缩杆凸模见表6-4-4～表6-4-10。

表6-4-4 A型—模坯（摘自ISO 8020：1992）（单位：mm）

杆径 D_1 (m5)	头径 D_2 ($^{0}_{-0.25}$)	r (±0.1)	总长 l ($^{+1}_{0}$) 56	63	71	80	90	100
5	8		×	×	×	×	×	
6	9			×	×	×	×	×
8	11	0.25		×	×	×	×	×
10	13		×	×	×	×	×	×
13	16		×	×	×	×	×	×
16	19		×	×	×	×	×	×
20	24	0.4	×	×	×	×	×	×
25	29		×	×	×	×	×	×
32	36		×	×	×	×	×	×

注：表中×为选用值（以后各表同）。

表 6-4-5　B 型—圆形冲孔凸模（摘自 ISO 8020：1992）　（单位：mm）

杆径 D_1	刃口直径范围 D_3 (j6)	总长 l					
		56	63	71	80	90	100
5	$1 \leqslant D_3 \leqslant 4.9$	×	×	×	×	×	
6	$1.6 \leqslant D_3 \leqslant 5.9$	×	×	×	×	×	×
8	$2.5 \leqslant D_3 \leqslant 7.9$	×	×	×	×	×	×
10	$4 \leqslant D_3 \leqslant 9.9$	×	×	×	×	×	×
13	$5 \leqslant D_3 \leqslant 12.9$	×	×	×	×	×	×
16	$8 \leqslant D_3 \leqslant 15.9$	×	×	×	×	×	×
20	$12 \leqslant D_3 \leqslant 19.9$	×	×	×	×	×	×
25	$16.5 \leqslant D_3 \leqslant 24.9$	×	×	×	×	×	×
32	$20 \leqslant D_3 \leqslant 31.9$	×	×	×	×	×	×

注：刃口长度 l_1、直径 D_4 和长度 l_2 由制造者自行决定。头部的尺寸和公差及 D_1 和 l 的公差见表 6-4-4。

表 6-4-6　C 型—正方形（S）、长方形（R）和长圆形（O）冲孔凸模

（摘自 ISO 8020：1992）　（单位：mm）

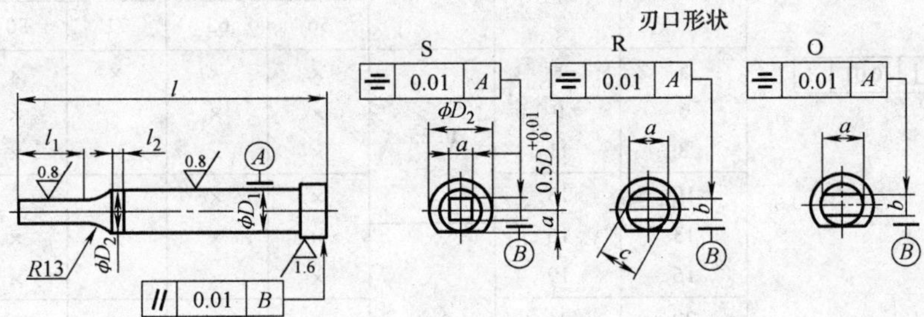

杆径 D_1	刃口的尺寸范围		总长 l					
	正方形（S）	长方形（R）或长圆形（O）						
	a (j6)	b、a、c (j6)	56	63	71	80	90	100
5	$1 \leqslant a \leqslant 3.5$	$1 \leqslant b、a、c \leqslant 4.9$	×	×	×	×	×	
6	$1.6 \leqslant a \leqslant 4.2$	$1.6 \leqslant b、a、c \leqslant 5.9$	×	×	×	×	×	×
8	$2 \leqslant a \leqslant 5.6$	$2 \leqslant b、a、c \leqslant 7.9$	×	×	×	×	×	×
10	$3.5 \leqslant a \leqslant 7$	$3.5 \leqslant b、a、c \leqslant 9.9$	×	×	×	×	×	×
13	$4.5 \leqslant a \leqslant 9.1$	$4.5 \leqslant b、a、c \leqslant 12.9$	×	×	×	×	×	×
16	$6 \leqslant a \leqslant 11.3$	$6 \leqslant b、a、c \leqslant 15.9$	×	×	×	×	×	×
20	$8 \leqslant a \leqslant 14.1$	$8 \leqslant b、a、c \leqslant 19.9$	×	×	×	×	×	×
25	$10 \leqslant a \leqslant 17.6$	$10 \leqslant b、a、c \leqslant 24.9$	×	×	×	×	×	×
32	$10 \leqslant a \leqslant 22.6$	$10 \leqslant b、a、c \leqslant 31.9$	×	×	×	×	×	×

注：刃口长度 l_1、直径 D_2 和长度 l_2 由制造者自行决定。头部的尺寸和公差及 D_1 和 l 的公差见表 6-4-4。

表 6-4-7 D 型—导正凸模（摘自 ISO 8020：1992） （单位：mm）

杆径 D_1	刃口直径范围 D_3 (j6)	总长 l					
		56	63	71	80	90	100
5	$0.99 \leqslant D_3 \leqslant 4.9$	×	×	×	×	×	
6	$1.9 \leqslant D_3 \leqslant 5.9$	×	×	×	×	×	×
8	$2.4 \leqslant D_3 \leqslant 7.9$	×	×	×	×	×	×
10	$3.9 \leqslant D_3 \leqslant 9.9$	×	×	×	×	×	×
13	$4.9 \leqslant D_3 \leqslant 12.9$	×	×	×	×	×	×
16	$7.9 \leqslant D_3 \leqslant 15.9$	×	×	×	×	×	×
20	$11.9 \leqslant D_3 \leqslant 19.9$	×	×	×	×	×	×
25	$15 \leqslant D_3 \leqslant 24.9$	×	×	×	×	×	×
32	$19.9 \leqslant D_3 \leqslant 31.9$	×	×	×	×	×	×

注：刃口长度 l_1 和 l_3，刃口形状、直径 D_4 和长度 l_2 由制造者自行决定。头部的尺寸和公差及 D_1 和 l 的公差见表 6-4-4。

表 6-4-8 E 型—模坯（摘自 ISO 8020：1992） （单位：mm）

杆径 D_1 (m5)	头径 D_2 ($^{0}_{-0.25}$)	r (±0.1)	总长 l ($^{+1}_{0}$)					
			56	63	71	80	90	100
5	8	0.25	×	×	×	×	×	
6	9		×	×	×	×	×	×
8	11		×	×	×	×	×	×
10	13		×	×	×	×	×	×
13	16	0.4	×	×	×	×	×	×
16	19		×	×	×	×	×	×
20	24		×	×	×	×	×	×
25	29		×	×	×	×	×	×
32	36		×	×	×	×	×	×

注：长度 l_2 和推件器由制造厂自行决定。

表 6-4-9 F 型—带推件器孔的圆形冲孔凸模（摘自 ISO 8020：1992） （单位：mm）

杆径 D_1	刃口直径范围 D_3 (j6)	总长 l					
		56	63	71	80	90	100
5	$1.6 \leqslant D_3 \leqslant 4.9$	×	×	×	×	×	
6	$2.5 \leqslant D_3 \leqslant 5.9$	×	×	×	×	×	×
8	$3 \leqslant D_3 \leqslant 7.9$	×	×	×	×	×	×
10	$4 \leqslant D_3 \leqslant 9.9$	×	×	×	×	×	×
13	$5 \leqslant D_3 \leqslant 12.9$	×	×	×	×	×	×
16	$8 \leqslant D_3 \leqslant 15.9$	×	×	×	×	×	×
20	$12 \leqslant D_3 \leqslant 19.9$	×	×	×	×	×	×
25	$16.5 \leqslant D_3 \leqslant 24.9$	×	×	×	×	×	×
32	$20 \leqslant D_3 \leqslant 31.9$	×	×	×	×	×	×

注：刃口长度 l_1、直径 D_4、长度 l_2 和推件器由制造者自行决定。头部的尺寸和公差及 D_1 和 l 的公差见表 6-4-8。

表 6-4-10 G 型—带板推件器孔的正方形（S）、长方形（R）和长圆形（O）冲孔凸模

（摘自 ISO 8020：1992） （单位：mm）

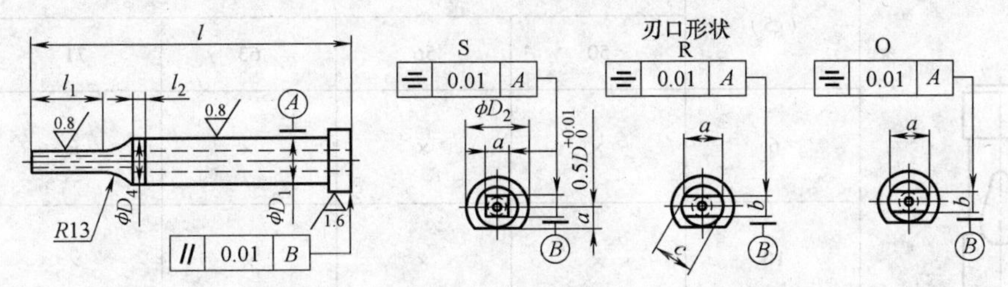

杆径 D_1	刃口的尺寸范围		总长 l					
	S	R 或 O						
	a (j6)	b、a、c (j6)	56	63	71	80	90	100
5	$1 \leqslant a \leqslant 3.5$	$1 \leqslant b$、a、$c \leqslant 4.9$	×	×	×	×	×	
6	$1.6 \leqslant a \leqslant 4.2$	$1.6 \leqslant b$、a、$c \leqslant 5.9$	×	×	×	×	×	×
8	$2 \leqslant a \leqslant 5.6$	$2 \leqslant b$、a、$c \leqslant 7.9$	×	×	×	×	×	×
10	$3.5 \leqslant a \leqslant 7$	$3.5 \leqslant b$、a、$c \leqslant 9.9$	×	×	×	×	×	×
13	$4.5 \leqslant a \leqslant 9.1$	$4.5 \leqslant b$、a、$c \leqslant 12.9$	×	×	×	×	×	×
16	$6 \leqslant a \leqslant 11.3$	$6 \leqslant b$、a、$c \leqslant 15.9$	×	×	×	×	×	×
20	$8 \leqslant a \leqslant 14.1$	$8 \leqslant b$、a、$c \leqslant 19.9$	×	×	×	×	×	×
25	$10 \leqslant a \leqslant 17.6$	$10 \leqslant b$、a、$c \leqslant 24.9$	×	×	×	×	×	×
32	$10 \leqslant a \leqslant 22.6$	$10 \leqslant b$、a、$c \leqslant 31.9$	×	×	×	×	×	×

注：刃口长度 l_1、直径 D_4、长度 l_2 和推件器由制造者自行决定。头部的尺寸和公差及 D_1 和 l 的公差见表 6-4-8。

4.2.4 球锁紧凸模

球锁紧凸模见表 6-4-11 ~ 表 6-4-18。

表 6-4-11 球在工作位置的基本尺寸（摘自 ISO 10071：1991） （单位：mm）

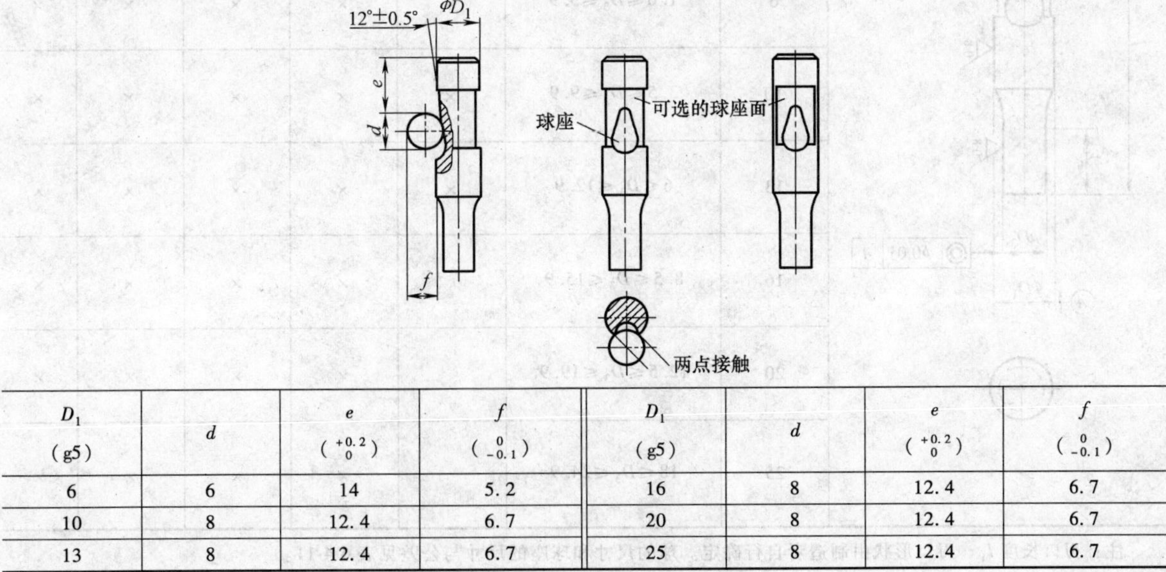

D_1 (g5)	d	e ($^{+0.2}_{0}$)	f ($^{0}_{-0.1}$)	D_1 (g5)	d	e ($^{+0.2}_{0}$)	f ($^{0}_{-0.1}$)
6	6	14	5.2	16	8	12.4	6.7
10	8	12.4	6.7	20	8	12.4	6.7
13	8	12.4	6.7	25	8	12.4	6.7

表 6-4-12 A型—凸模坯（摘自 ISO10071：1991） （单位：mm）

D_1 (g5)	l $\left(^{+0.5}_{0}\right)$				
	50	56	63	71	80
6	×	×	×	×	×
10	×	×	×	×	×
13	×	×	×	×	×
16		×	×	×	×
20		×	×		×
25		×	×	×	×

注：球的尺寸和球座的尺寸与公差见表 6-4-11。

表 6-4-13 B型—圆凸模（摘自 ISO10071：1991） （单位：mm）

D_1 (g5)	刃口直径范围 D_3 (j6)	l $\left(^{+0.5}_{0}\right)$				
		50	56	63	71	80
6	$1.6 \leqslant D_3 \leqslant 5.9$	×	×	×	×	×
10	$3.5 \leqslant D_3 \leqslant 9.9$	×	×	×	×	×
13	$6 \leqslant D_3 \leqslant 12.9$	×	×	×	×	×
16	$8.5 \leqslant D_3 \leqslant 15.9$		×	×	×	×
20	$12.5 \leqslant D_3 \leqslant 19.9$		×	×	×	×
25	$18 \leqslant D_3 \leqslant 24.9$		×	×	×	×

注：刃口长度 l_1、刃口形状由制造者自行确定。球的尺寸和球座的尺寸与公差见表 6-4-11。

表 6-4-14　C 型—正方形（S）、长方形（R）和长圆形（O）
（摘自 ISO10071：1991）　　　　（单位：mm）

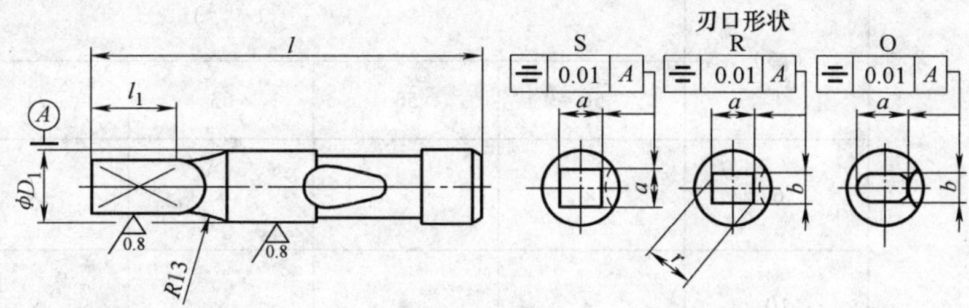

D_1 (g5)	刃口尺寸范围 S a (j6)	刃口尺寸范围 R 或 O b、a、c (j6)	l ($^{+0.5}_{0}$) 50	56	63	71	80
6	$1.6\leqslant a\leqslant 4.2$	$1.6\leqslant b$、a、$c\leqslant 5.9$	×	×	×	×	×
10	$3.2\leqslant a\leqslant 7$	$3.2\leqslant b$、a、$c\leqslant 9.9$	×	×	×	×	×
13	$5\leqslant a\leqslant 9.1$	$5\leqslant b$、a、$c\leqslant 12.9$	×	×	×	×	×
16	$6.5\leqslant a\leqslant 11.2$	$6.3\leqslant b$、a、$c\leqslant 15.9$		×	×	×	×
20	$8.5\leqslant a\leqslant 14.1$	$8\leqslant b$、a、$c\leqslant 19.9$		×	×	×	×
25	$11\leqslant a\leqslant 17.6$	$10\leqslant b$、a、$c\leqslant 24.9$		×	×	×	×

表 6-4-15　D 型—导正凸模（摘自 ISO10071：1991）　　　　（单位：mm）

D_1 (g5)	刃口直径范围 D_3 (j6)	l ($^{+0.5}_{0}$) 50	56	63	71	80
6	$1.59\leqslant D_3\leqslant 5.9$	×	×	×	×	×
10	$3.49\leqslant D_3\leqslant 9.9$	×	×	×	×	×
13	$5.99\leqslant D_3\leqslant 12.9$	×	×	×	×	×
16	$8.49\leqslant D_3\leqslant 15.9$		×	×	×	×
20	$12.49\leqslant D_3\leqslant 19.9$		×	×	×	×
25	$17.99\leqslant D_3\leqslant 24.9$		×	×	×	×

注：1. 刃口长度 l_1 和 l_3、刃口形状由制造者自行确定。球的尺寸和球座的尺寸与公差见表 6-4-11。

2. 导正凸模的直径 D_3 应小于相当的凸模直径。

表 6-4-16　E 型—带推件器孔的凸模坯（摘自 ISO10071：1991）　　（单位：mm）

D_1 (g5)	l $\binom{+0.5}{0}$				
	50	56	63	71	80
6	×	×	×	×	×
10	×	×	×	×	×
13	×	×	×	×	×
16		×	×	×	×
20		×	×	×	×
25		×	×	×	×

注：球的尺寸和球座尺寸及公差见表 6-4-11。

表 6-4-17　F 型—带推件器孔的圆凸模（摘自 ISO10071：1991）　　（单位：mm）

D_1 (g5)	刃口直径范围 D_3 (j6)	l $\binom{+0.5}{0}$				
		50	56	63	71	80
6	$1.6 \leqslant D_3 \leqslant 5.9$	×	×	×	×	×
10	$3.5 \leqslant D_3 \leqslant 9.9$	×	×	×	×	×
13	$6 \leqslant D_3 \leqslant 12.9$	×	×	×	×	×
16	$8.5 \leqslant D_3 \leqslant 15.9$		×	×	×	×
20	$12.5 \leqslant D_3 \leqslant 19.9$		×	×	×	×
25	$18 \leqslant D_3 \leqslant 24.9$		×	×	×	×

注：刃口长度 l_1 和推件器由制造者自行确定。球的尺寸和球座的尺寸与公差见表 6-4-11。

表 6-4-18　G 型—带推件器孔的正方形（S）、长方形（R）、长圆形（O）凸模

（摘自 ISO 10071：1991）　　　　（单位：mm）

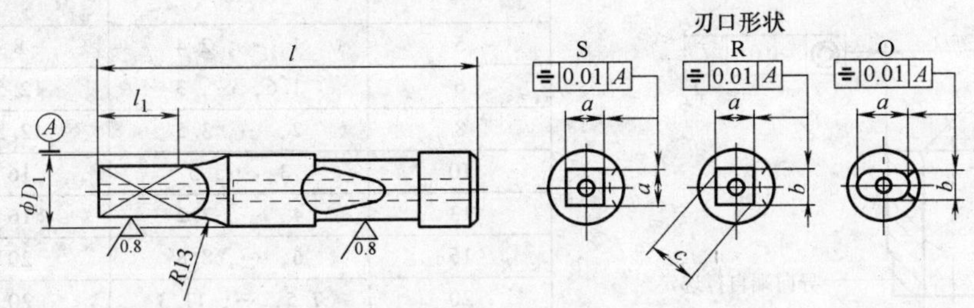

D_1 (g5)	刃口尺寸范围 S a (j6)	刃口尺寸范围 R 或 O b、a、c (j6)	l ($^{+0.5}_{0}$) 50	56	63	71	80
6	$1.6 \leqslant a \leqslant 4.2$	$1.6 \leqslant b、a、c \leqslant 5.9$	×	×	×	×	×
10	$3.2 \leqslant a \leqslant 7$	$3.2 \leqslant b、a、c \leqslant 9.9$	×	×	×	×	×
13	$5 \leqslant a \leqslant 9.1$	$5 \leqslant b、a、c \leqslant 12.9$	×	×	×	×	×
16	$6.5 \leqslant a \leqslant 11.2$	$6.3 \leqslant b、a、c \leqslant 15.9$		×	×	×	×
20	$8.5 \leqslant a \leqslant 14.1$	$8 \leqslant b、a、c \leqslant 19.9$		×	×	×	×
25	$11 \leqslant a \leqslant 17.6$	$10 \leqslant b、a、c \leqslant 24.9$		×	×	×	×

注：刃口长度 l_1 和推件器由制造者自行确定。球的尺寸和球座的尺寸与公差见表 6-4-11。

4.2.5　60°锥头缩杆圆凸模

60°锥头缩杆圆凸模见表 6-4-19。

表 6-4-19　60°锥头缩杆圆凸模（摘自 ISO 9181：1990）　　　　（单位：mm）

D_1 (h6)	D_3 (j6)	D_2	l ($^{+0.5}_{0}$) 71	80
2	$0.5 \leqslant D_3 \leqslant 1.6$	3	×	×
3	$1.4 \leqslant D_3 \leqslant 2.9$	4.5	×	×

4.2.6　圆凸模导向件

圆凸模导向件见表 6-4-20。

表 6-4-20　圆凸模导向件（摘自 ISO 8978：1987）　　（单位：mm）

D (n6)	d[①] (H6)	L	r
5	1，…，2.4	8	1
6	1.6，…，3	12.5	1
8	2，…，3.5	12.5	1.5
10	3，…，5	16	2
13	4，…，7.2	16	2
16	6，…，8.8	20	2
20	7.5，…，11.3	20	2.5
25	11，…，16.6	25	2.5
32	15，…，20	25	4
40	18，…，27	32	4
50	26，…，36	40	4

① d 的增量为 0.1mm。

4.3　圆凹模

圆凹模见表 6-4-21。

表 6-4-21　圆凹模（摘自 ISO 8977：1987）　　（单位：mm）

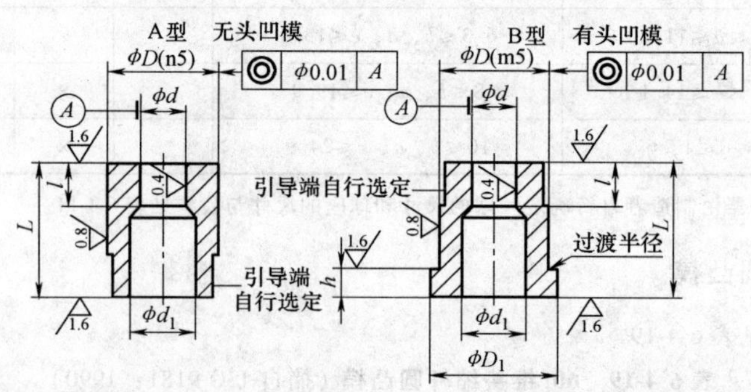

D	d[①] (H8)	L $\left(^{+0.5}_{0}\right)$ 16	20	25	32	D_1 $\left(^{0}_{-0.25}\right)$	h $\left(^{+0.25}_{0}\right)$	l 选择其中一种 最小值	标准值	最大值	d_1 最大值
5	1，…，2.4	×	×	×		8	5		2	4	2.8
6	1.6，…，3	×	×	×		9	5		3	4	3.5
8	2，…，3.5	×	×	×	×	11	5		4	5	4
10	3，…，5	×	×	×	×	13	5		4	8	5.8
13	4，…，7.2		×	×	×	16	5		5	8	8
16	6，…，8.8		×	×	×	19	5		5	8	9.5
20	7.5，…，11.3		×	×	×	24	5	5	8	12	12
25	11，…，16.6		×	×	×	29	5	5	8	12	17.3
32	15，…，20		×	×	×	36	5	5	8	12	20.7
40	18，…，27		×	×	×	44	5	5	8	12	27.7
50	26，…，36		×	×	×	54	5	5	8	12	37

① d 的增量为 0.1mm。

4.4　导柱

A 型一直导柱见表 6-4-22。

表 6-4-22　A 型一直导柱（摘自 ISO 9182-2：1992）　　（单位：mm）

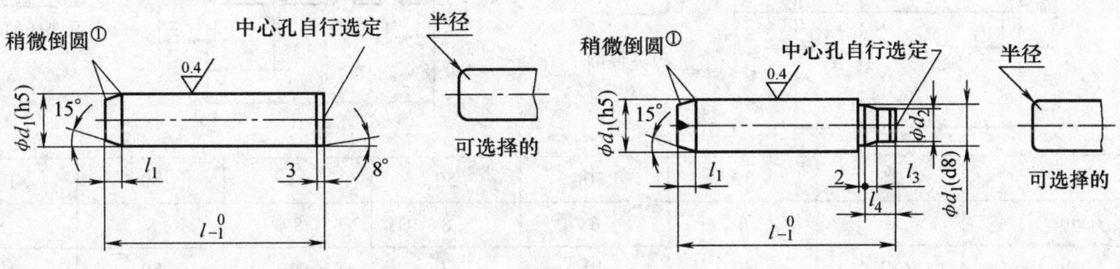

	d_1	12	16	20	25	32	40	50	63	80	100
	d_2	10.3	14.3	17.3	22.3	27.8	35.8	45.8	56.8	73.8	93.8
	l_1 min	4	4	4	6	6	6	8	8	8	8
	l_3	1.7	1.7	2.7	2.7	4.2	4.2	4.2	6.2	6.2	6.2
	l_4	4	4	6	8	10	10	10	16	16	16
l_{-1}^{0}	80	×									
	90	×	×								
	100	×	×	×	×						
	112	×	×	×	×						
	125	×	×	×	×	×					
	140	×	×	×	×	×					
	160		×	×	×	×	×				
	180		×	×	×	×	×	×			
	200		×	×	×	×	×	×			
	224			×	×	×	×	×			
	250				×	×	×	×	×		
	280				×	×	×	×	×		
	315					×	×	×	×	×	
	355						×	×	×	×	×
	400						×	×	×	×	×
	450							×	×	×	×
	500							×	×	×	×

注：1. ×为标准尺寸。

2. 为了防止模架的上、下模座相互装错，建议（其中一根导柱的）直径 d_1（mm）用下列值：11、15、19、24、30、38、48、60。

① 倒圆的半径值由制造者自行确定。

B 型—端锁紧导柱见表 6-4-23。

表 6-4-23　B 型—端锁紧导柱（摘自 ISO 9182-3：1992）　（单位：mm）

	d_1	25	32	40	50	63	80	100
	l_1 min	6	6	6	8	8	8	8
	l_2 min	32	40	40	50	63	80	100
$l_{-1}^{\ 0}$	125	×	×					
	140	×	×	×				
	160	×	×	×	×			
	180	×	×	×	×	×		
	200	×	×	×	×	×	×	
	224	×	×	×	×	×	×	×
	250	×	×	×	×	×	×	×
	280	×	×	×	×	×	×	×
	315		×	×	×	×	×	×
	355			×	×	×	×	×
	400			×	×	×	×	×
	450				×	×	×	×
	500				×	×	×	×

注：1. ×为标准尺寸。

2. l_2 的较大值应根据其他的尺寸，如根据 ISO 6753 的板厚来选择。

3. 为了防止模架彼此相关的上、下模座装错，建议（其中一根导柱的）直径 d_1（mm）用下列值：24、30、38、48、60。

① 半径值由制造者自行决定。

② 如果某种应用需要，可以采用 g6 公差，倘若如此，也只有在与符合 ISO 944g—10 的导套配合时才用。

C 型—带套的锥头导柱见表 6-4-24。

表 6-4-24　C 型—带套的锥头导柱（摘自 ISO 9182-4：1992）　（单位：mm）

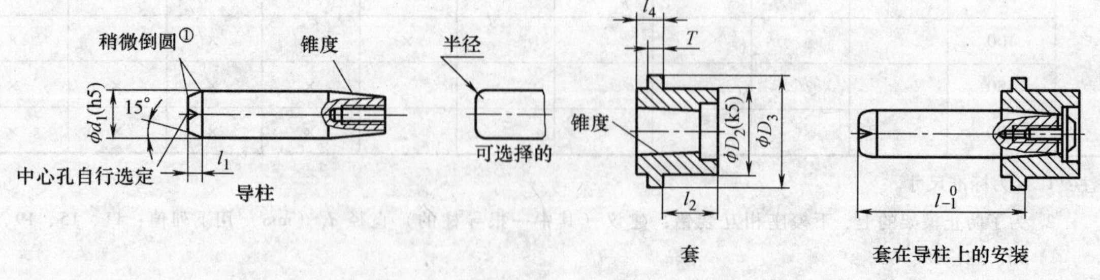

（续）

d_1		12	16	20	25	32	40	50	63	80	100
D_2		22	28	32	40	48	58	70	85	105	125
D_3		30	36	40	48	56	66	80	95	117	137
l_2 min		20	25	32	32	40	40	50	63	80	100
l_4		10	10	12	12	15	15	18	18	22	22
l_1 min		4	4	4	6	6	6	8	8	8	8
$T\pm0.1$		6.3	6.3	6.3	6.3	6.3	6.3	6.3	6.3	6.3	6.3
$l_{-1}^{\ 0}$	80	×									
	90	×	×								
	100	×		×							
	112	×	×	×	×						
	125	×	×	×	×	×					
	140		×	×	×	×	×				
	160		×	×	×	×	×	×			
	180		×	×	×	×	×	×			
	200			×	×	×	×	×	×		
	224				×	×	×	×	×		
	250				×	×	×	×	×	×	
	280					×	×	×	×	×	
	315						×	×	×	×	×
	355						×	×	×	×	×
	400							×	×	×	×
	450							×	×	×	×

注：1. ×为标准尺寸。

2. l_2 的较大值应根据其他的尺寸，如根据 ISO 6753 的板厚来选择。

3. 为了防止模架彼此相关的上、下模座装错，建议（其中一根导柱的）直径 d_1（mm）用下列值：11、15、19、24、30、38、48、60。

① 倒圆半径值由制造者确定。

D 型—带法兰的端锁紧导柱见表 6-4-25。

表 6-4-25　D 型—带法兰的端锁紧导柱（摘自 ISO 9182-5：1992）　（单位：mm）

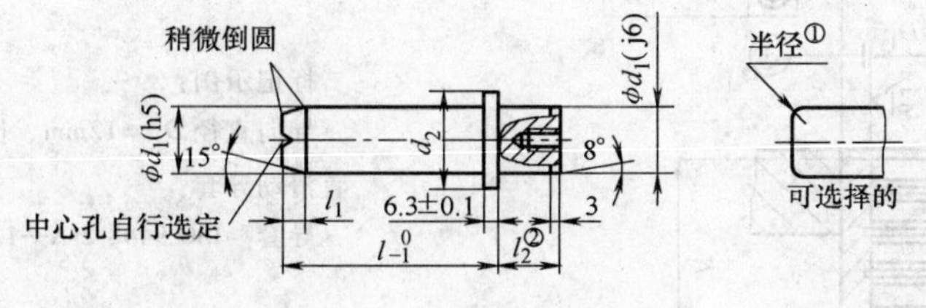

（续）

d_1		12	16	20	25	32	40	50	63	80	100
d_2		16	20	25	32	40	50	63	80	100	125
l_1 min		4	4	4	6	6	6	8	8	8	8
l_2 min		12	16	20	25	32	40	50	50	63	63
$l_{-1}^{\ 0}$	63	×									
	80	×	×	×	×						
	90	×	×	×	×	×					
	100	×	×	×	×	×					
	112	×	×	×	×	×					
	125	×	×	×	×	×	×	×			
	140		×	×	×	×	×	×			
	160		×	×	×	×	×	×	×		
	180		×	×	×	×	×	×	×		
	200			×	×	×	×	×	×		
	224				×	×	×	×	×		
	250				×	×	×	×	×	×	
	280					×	×	×	×	×	
	315						×	×	×	×	×
	355						×	×	×	×	×
	400							×	×	×	×
	450							×	×	×	×
	500								×	×	×

注：1. ×为标准尺寸。

2. l_2 的较大值应根据其他的尺寸，如根据 ISO 6753 的板厚来选择。

3. 为了防止模架彼此相关的上、下模座装错，建议（其中一根导柱的）直径 d_1（mm）用下列值：11、15、19、24、30、38、48、60。

① 半径的值由制造者自行决定。

② 用作安装前导的 l_2 的某一部分，其公差 js 可以减小。

4.5 导套

4.5.1 1 型 A 形直滑动导套

1 型 A 形直滑动导套见表 6-4-26。

表 6-4-26　1 型 A 形直滑动导套（摘自 ISO 9448-2：1991）　　（单位：mm）

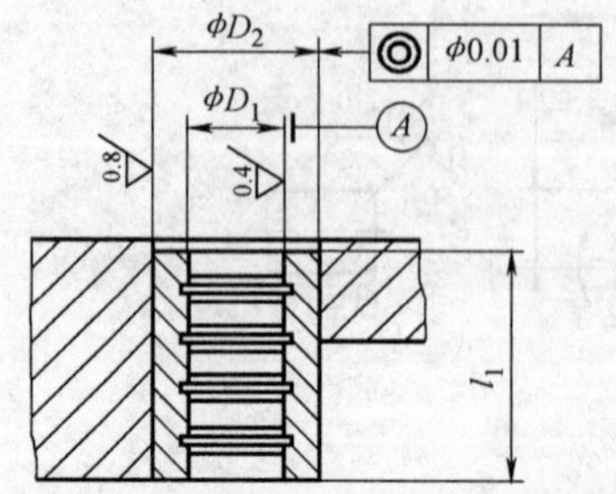

标记示例：

导向直径 D_1 = 12mm、长度 l_1 = 25mm 的 1 型 A 形直滑动导套：

导套　ISO 9448-2 A—12 × 25

（续）

l_1		D_1						
		(G6)				(G5)		
		12	16	20	25	32	40	50
基本尺寸	极限偏差	D_2 (n6)						
		22	28	32	40	46	58	70
25	−2.0	×	×					
32	−2.5	×	×	×				
40		×	×	×	×			
50	−3	×	×	×	×	×		
63	−4		×	×	×	×	×	
80				×	×	×	×	×
100						×	×	×
125	−4 −5						×	×
160								×

注：1. ×为标准尺寸。

2. 为了防止模架的上、下模座相互装错，建议（其中一个导套的）导向直径 D_1（mm）用下列值：11、15、19、24、30、38、48。

4.5.2　1 型 B 形直滚珠导套

1 型 B 形直滚珠导套见表 6-4-27。

表 6-4-27　1 型 B 形直滚珠导套（摘自 ISO 9448-3：1991）　　（单位：mm）

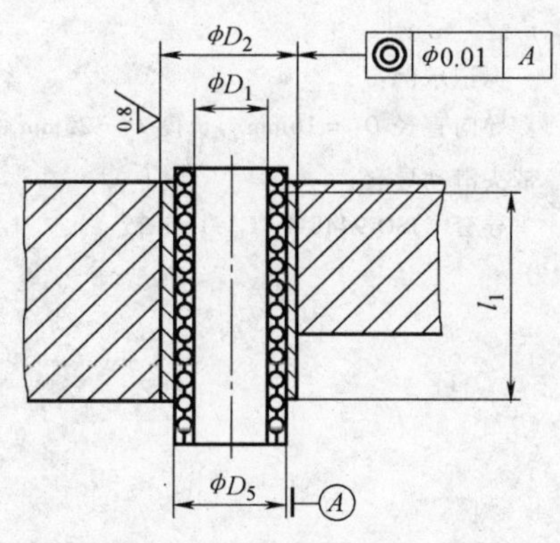

标记示例：

导向直径 D_1 = 12mm、长度 l_1 = 25mm 的 1 型 B 形直滚珠导套：

导套　ISO 9448-3 B—12 × 25

l_1		D_1						
		12	16	20	25	32	40	50
基本尺寸	极限偏差	D_2 (n6)						
		22	28	32	40	46	58	70
25	−2.0	×	×					
32	−2.5	×	×	×				

（续）

l_1		D_1						
		12	16	20	25	32	40	50
基本尺寸	极限偏差	D_2 (n6)						
		22	28	32	40	46	58	70
40	$^{-3}_{-4}$	×	×	×	×			
50		×	×	×	×	×		
63			×	×	×	×	×	
80				×	×	×	×	×
100	$^{-3}_{-5}$					×	×	×
125							×	×
160								×

注：1. ×为标准尺寸。

2. 为了防止模架的上、下模座相互装错，建议（其中一个导套的）导向直径 D_2（mm）的值用 11、15、19、24、30、38、48。

4.5.3 1 型 C 形带头滑动导套

1 型 C 形带头滑动导套见表 6-4-28。

表 6-4-28 1 型 C 形带头滑动导套（摘自 ISO 9448-4：1991） （单位：mm）

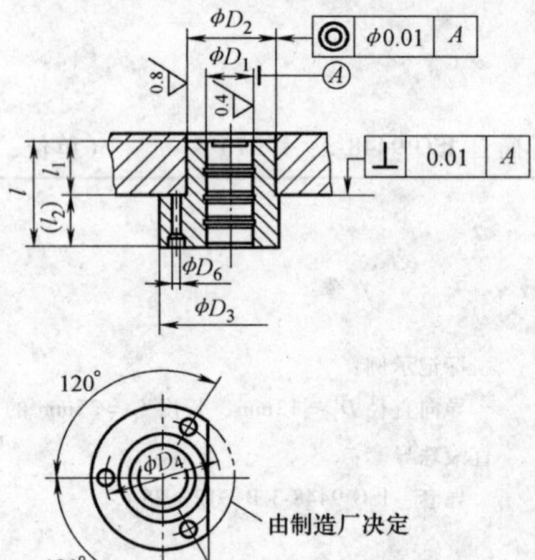

标记示例：

导向直径 D_1 = 16mm、长度 l_1 = 25mm 的 1 型 C 形带头滑动导套：

导套 ISO 9448-4：C—16 × 25

D_1	基本尺寸	16	20	25	32	40	50
	公差带	G6			G5		
D_2（k5）		28	32	40	48	58	70
D_3		45	50	63	72	85	104
D_4		35	40	50	58	70	86
螺孔 D_6		4.5	4.5	5.5	5.5	6.6	9
螺钉		M4	M4	M5	M5	M6	M8
K		15	18	23	28	33	38

（续）

l_1													
基本尺寸	极限偏差	l	(l_2)	l	(l_2)	l	(l_2)	l	(l_2)	l	(l_2)	l	(l_2)
25	−2.0	31	6	40	15								
32	−2.5	38	6	47	15	57	25						
40				55	15	65	25	65	25	70	30		
50	−3							75	25	80	30	92	42
63	−4											105	42

注：为了防止模架的上、下模座相互装错，建议（其中一个导套的）导向直径 D_1（mm）用下列值：15、19、24、30、38、48。

4.5.4　1 型 D 形带头滚珠导套

1 型 D 形带头滚珠导套见表 6-4-29。

表 6-4-29　1 型 D 形带头滚珠导套（摘自 ISO 9448-5：1991）　　（单位：mm）

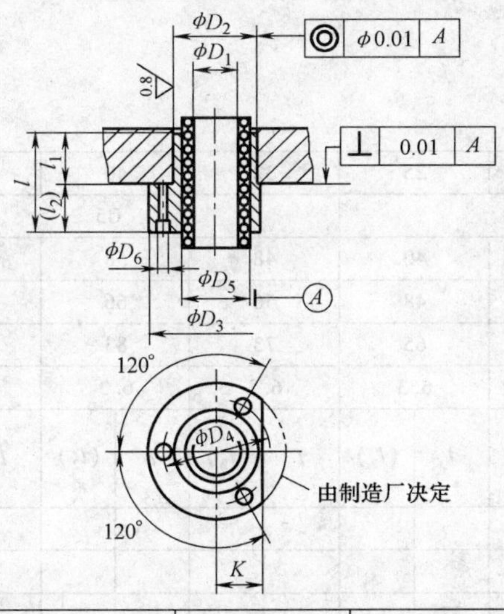

标记示例：

导向直径 D_1 = 16mm、长度 l_1 = 25mm 的 1 型 D 形带头滚珠导套：

导套　ISO 9448-5 D—16×25

D_1		16		20		25		32		40		50	
D_2（k5）		28		32		40		48		58		70	
D_3		45		50		63		72		85		104	
D_4		35		40		50		58		70		86	
螺孔 D_6		4.5		4.5		5.5		5.5		6.6		9	
螺钉		M4		M4		M5		M5		M6		M8	
K		15		18		23		28		33		38	
l_1													
基本尺寸	极限偏差	l	(l_2)	l	(l_2)	l	(l_2)	l	(l_2)	l	(l_2)	l	(l_2)
25	2.0	31	6	40	15								
32	−2.5	38	6	47	15	57	25						
40				55	15	65	25	65	25	70	30		
50	−3							75	25	80	30	92	42
63	−4											105	42

注：为了防止模架的上、下模座相互装错，建议（其中一个导套的）导向直径 D_2（mm）用下列的值：15、19、24、30、38、48。

4.5.5 1 型 E 形带法兰滑动导套

1 型 E 形带法兰滑动导套见表 6-4-30。

表 6-4-30 1 型 E 形带法兰滑动导套（摘自 ISO 9448-6：1991） （单位：mm）

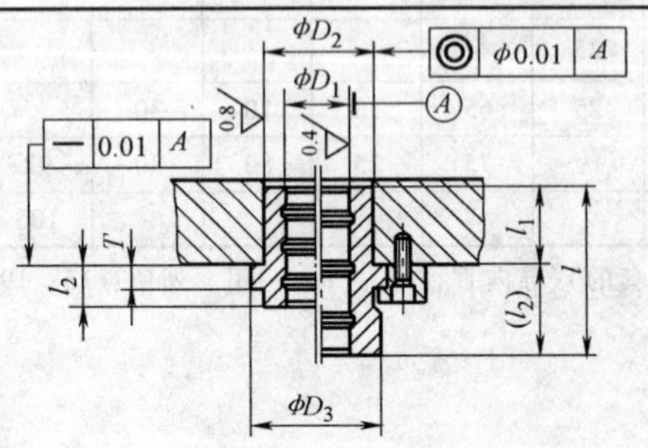

导套的压板数量由制造者决定

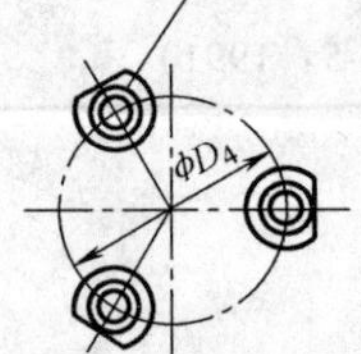

标记示例：

导向直径 D_1 = 12mm、长度 l_1 = 20mm、l = 30mm 的 1 型 E 形带法兰滑动导套：

导套 ISO 9448-6 E—12×20×30

D_1 基本尺寸		12		16		20		25		32		40		50	
D_1 公差带		G6								G5					
D_2（k5）		22		28		32		40		48		58		70	
D_3		30		36		40		48		56		66		80	
D_4		47		53		57		65		73		83		97	
T±0.1		6.3		6.3		6.3		6.3		6.3		6.3		6.3	
l_1 基本尺寸	极限偏差	l	(l_2)	l	(l_2)	l	(l_2)	l	(l_2)	l	(l_2)	l	(l_2)	l	(l_2)
20		30	10												
		45	25												
25		35	10	35	10	37	12	37	12						
	−2.0	50	25	57	32	45	20	61	36						
	−2.5					61	36	81	56						
32		42	10	42	10	44	12	57	25	44	12				
				64	32	68	36	82	50	77	45				
										95	63				
40				50	10	52	12	52	12	72	32	55	15		
						76	36	80	40	96	56	85	45		
												111	71		
50						62	12	62	12	65	15	82	32	68	18
	−3							90	40	95	45	113	63	100	50
	−4													130	80
63								75	12	78	15	78	15	99	36
										108	45	113	50	134	71
80												95	15	98	18
												130	50	143	63

（续）

l_1															
基本尺寸	极限偏差	l	(l_2)	l	(l_2)	l	(l_2)	l	(l_2)	l	(l_2)	l	(l_2)	l	(l_2)
100	−3													118	18
	−5													163	63

注：为了防止模架的上、下模座相互装错，建议（其中一个导套的）导向直径 D_1（mm）用下列值：11、15、19、24、30、38、48。

4.5.6　1 型 F 形带法兰滚珠导套

1 型 F 形带法兰滚珠导套见表 6-4-31。

表 6-4-31　1 型 F 形带法兰滚珠导套（摘自 ISO 9448-7：1991）　（单位：mm）

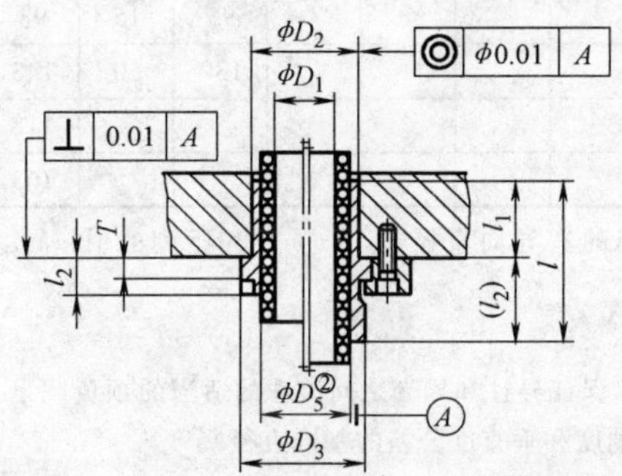

导套的压板数量由制造厂决定

φD4

标记示例：

导向直径 D_1 = 12mm、长度 l_1 = 20mm、长度 l = 30mm 的 1 型 F 形带法兰滚珠导套：

导套　ISO 9448-7 F—12×20×30

D_1		12		16		20		25		32		40		50	
D_2（k5）①		22		28		32		40		48		58		70	
D_3		30		36		40		48		56		66		80	
D_4		47		53		57		65		73		83		97	
T±0.1		6.3		6.3		6.3		6.3		6.3		6.3		6.3	
l_1															
基本尺寸	极限偏差	l	(l_2)	l	(l_2)	l	(l_2)	l	(l_2)	l	(l_2)	l	(l_2)	l	(l_2)
20	−2.0 −2.5	30	10												
		45	25												
25		35	10	35	10	37	12	37	12						
		50	25	57	32	45	20	61	36						
						61	36	81	56						
32		42	10	42	10	44	12	57	25	44	12				
				64	32	68	36	82	50	77	45				
										95	63				

（续）

l_1 基本尺寸	l_1 极限偏差	l	(l_2)	l	(l_2)	l	(l_2)	l	(l_2)	l	(l_2)	l	(l_2)	l	(l_2)
40				50	10	52	12	52	12	72	32	55	15		
						76	36	80	40	96	56	85	45		
												111	71		
50						62	12	62	12	65	15	82	32	68	18
	−3							90	40	95	45	113	63	100	50
	−4													130	80
63								75	12	78	15	78	15	99	36
										108	45	113	50	134	71
80												95	15	98	18
												130	50	143	63
100	−3													118	18
	−5													163	63

注：为了防止模架的上、下模座相互装错，建议（其中一个导套的）导向直径 D_1（mm）用下列的值：11、15、19、24、30、38、48。

① 配公差带为 H7 的孔。

② 制造者应以 M5 公差带确定此套的内径 D_5。要对其进行研磨以保证导柱和导套之间滚珠的适当的预负载量（由制造厂决定的），研磨表面粗糙度为 $Ra0.05\mu m$，该直径应作为同轴度和垂直度公差的基准直径。

4.5.7 1 型 G 形带台滑动导套

1 型 G 形带台滑动导套见表 6-4-32。

表 6-4-32 1 型 G 形带台滑动导套（摘自 ISO 9448-8：1991） （单位：mm）

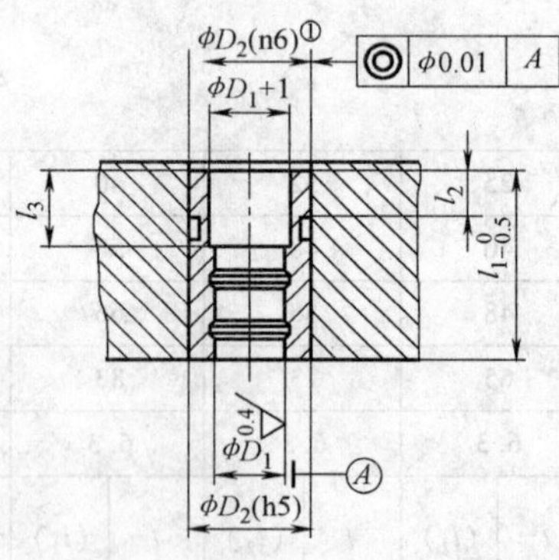

标记示例：

导向直径 D_1 = 12mm、长度 l_1 = 20mm 的 1 型 G 形带台滑动导套：

导套 ISO 9448-8 G—12×20

D_1 基本尺寸	12		16		20		25		32		40		50		63		80		100	
D_1 公差带	G6										G5									
D_2	22		28		32		40		48		58		70		85		105		125	
$l_{1\ -0.5}^{\ 0}$	l_2	l_3	l_2	l_3	l_2	l_3	l_2	l_3	l_2	l_3	l_2	l_3	l_2	l_3	l_2	l_3	l_2	l_3	l_2	l_3
20	6	8																		
25	6	8																		
32	6	8																		
36			9	13																
45					10	16														

（续）

D_1 基本尺寸	12		16		20		25		32		40		50		63		80		100	
公差带			G6										G5							
50			9	13			13	20												
56									13	20										
63					10	16					14	21	14	21						
71							13	20							16	24				
80									13	20							18	26		
100											14	21	14	21					20	28
110															16	24				
125																	18	26		
140																			20	28

注：为防止模架的上、下模座相互装错，建议（其中一个导套的）导向直径 D_1（mm）用下列值：11、15、19、24、30、38、48、60、76、95。

① 配公差带为 H7 的孔。如果导套是粘结固定的，那么允许用 j6 公差带。

4.5.8　2 型 B 形直滚珠导套

2 型 B 形直滚珠导套见表 6-4-33。

表 6-4-33　2 型 B 形直滚珠导套（摘自 ISO 9448-9：1992）　　（单位：mm）

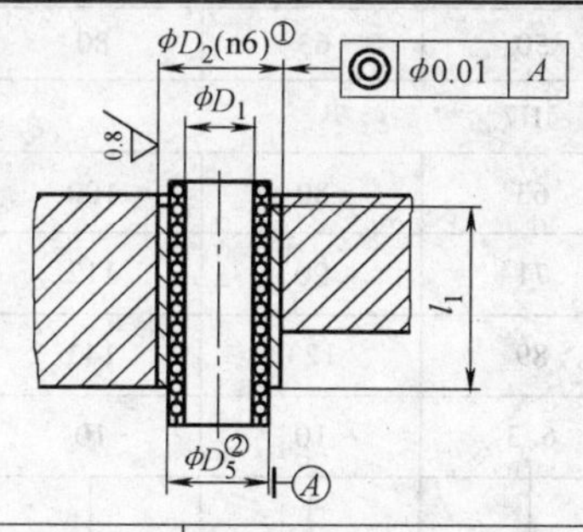

标记示例：

导向直径 D_1 = 25mm、长度 l_1 = 50mm 的 2 型 B 形直滚珠导套：

导套　ISO 9448-9 B—25×50

l_1 基本尺寸	l_1 极限偏差	D_1 25 / D_2 (n6) 40	D_1 32 / D_2 (n6) 50	D_1 40 / D_2 (n6) 63	D_1 50 / D_2 (n6) 80	D_1 63 / D_2 (n6) 90	D_1 80 / D_2 (n6) 112	D_1 100 / D_2 (n6) 140
50	−3 −4	×	×					
63		×		×				
80		×	×	×	×			
100	−3 −5		×	×	×	×		
125				×	×	×	×	
160					×	×	×	×
200						×	×	×
250							×	×

注：×为标准尺寸。

① 配公差带为 H7 的孔。

② 制造者应以 M5 的公差确定此套的内径 D_5。要对其进行研磨以保证导柱和导套之间滚珠的适当的预负载量（由制造厂决定的），研磨表面粗糙度为 $Ra0.05\mu m$，该直径应作为同轴度和垂直度公差的基准直径。

4.5.9　2 型 E 形带法兰滑动导套

2 型 E 形带法兰滑动导套见表 6-4-34。

表 6-4-34　2 型 E 形带法兰滑动导套（摘自 ISO 9448-10：1992）　　（单位：mm）

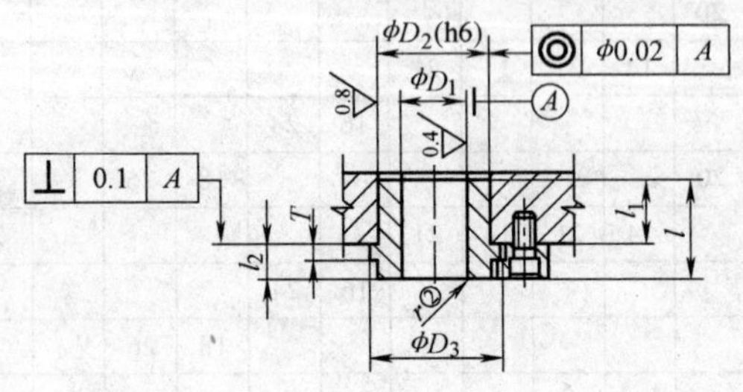

导套的压板数量由制造者决定

φD4

标记示例：

导向直径 D_1 = 25mm 的 2 型 E 形带法兰滑动导套：

导套　ISO 9448-10 E—25

D_1	基本尺寸	25		32		40		50		63		80		100	
	公差带	H7													
D_2（h6）①		32		40		50		63		80		100		125	
D_3		40		50		63		71		90		112		140	
D_4 ±0.3		58		66		79		89		123		143		168	
T ±0.1		6.3		6.3		6.3		6.3		10		10		10	
l_1		l	l_2	l	l_2	l	l_2	l	l_2	l	l_2	l	l_2	l	l_2
基本尺寸	极限偏差														
32	−2.0 −2.5	40	8												
40	−3 −4			50	12										
50						63	13								
56								71	15						
63										80	17				
80												100	20		
100	3 −5													125	25

①　配公差带为 H7 的孔。如果导套是粘结固定，允许公差带为 j6。

②　半径 r 的值由制造者确定。

4.5.10　2 型 F 形带法兰滚珠导套

2 型 F 形带法兰滚珠导套见表 6-4-35。

表 6-4-35 2 型 F 形带法兰滚珠导套（摘自 ISO 9448-11：1992） （单位：mm）

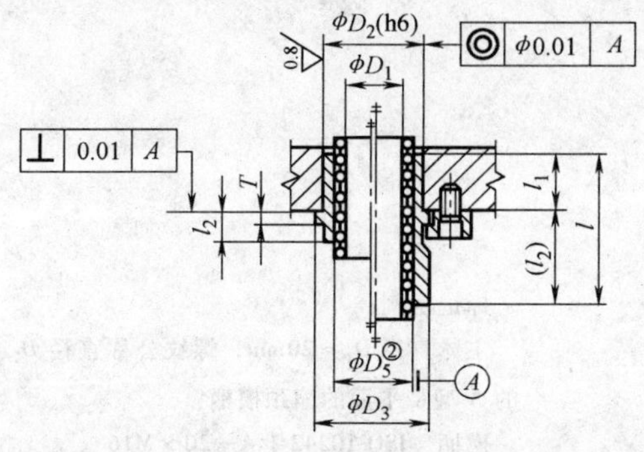

导套的压板数量由制造厂决定

ϕD_4

标记示例：

导向直径 D_1 = 25mm、长度 l_1 = 25mm 的 2 型 F 形带法兰滚珠导套：

导套 ISO 9448-11 F—25×25

D_1		25		32		40		50		63		80		100	
D_2 (h6)①		40		50		63		80		90		112		140	
D_3		56		63		71		90		112		125		160	
D_4 ±0.3		72		79		89		106		135		153		183	
T ±0.1		6.3		6.3		6.3		6.3		10		10		10	
l_1		l	l_2	l	l_2	l	l_2	l	l_2	l	l_2	l	l_2	l	l_2
基本尺寸	极限偏差														
25	−2.0	35	10												
32	−2.5	42	10	42	10										
40		52	12	52	12	52	12								
50	−3	90	40	65	15	65	15	65	15						
63	−4			108	45	78	15	78	15	81	18				
80						130	50	98	18	98	18	100	20		
100								163	63	120	20	120	20	120	20
125	−3									188	63	145	20	145	20
160	−5											231	71	180	20
200														280	80

① 配公差带为 H7 的孔。

② 制造者应以 M5 的公差确定此套的内径 D_5。要对其进行研磨以保证导柱和导套之间滚珠的适当的预负载量（由制造厂决定的），研磨表面粗糙度为 $Ra0.05\mu m$，该直径应作为同轴度和垂直度公差的基准。

4.6 模柄

4.6.1 A 型和 B 型模柄

A 型和 B 型模柄见表 6-4-36。

表 6-4-36 模柄（摘自 ISO 10242-1：1991） （单位：mm）

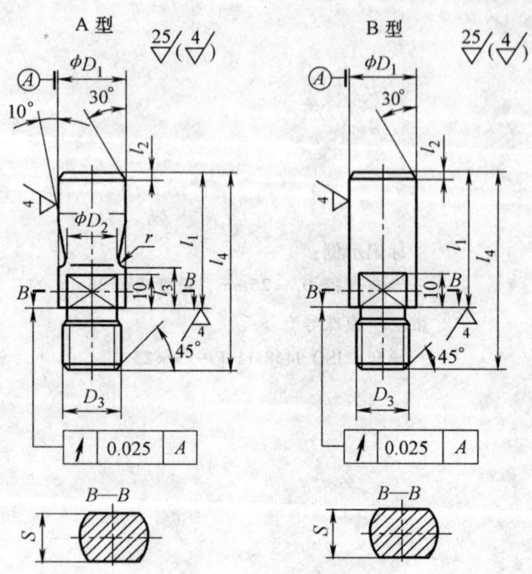

标记示例：

主体直径 D_1 = 20mm，螺纹公称直径 D_2 = M16 的 A 型带平面的缩颈模柄：

模柄 ISO 10242-1 A—20 × M16

D_1 (f9)	D_2	$D_3 \times P$ (6g)	l_1	l_2	l_3	l_4	r	S
20	15	M16 × 1.5	40	2	12	58	2.5	17
25	20	M16 × 1.5	45	2.5	16	68	2.5	21
		M20 × 1.5						
32	25	M20 × 1.5	56	3	16	79	2.5	27
		M24 × 1.5						
40	32	M24 × 1.5	70	4	26	93	4	36
		M27 × 2						
		M30 × 2						
50	42	M30 × 2	80	5	26	108	4	41

4.6.2 C 型模柄

C 型模柄见表 6-4-37。

表 6-4-37 C 型模柄（摘自 ISO 10242-2：1991） （单位：mm）

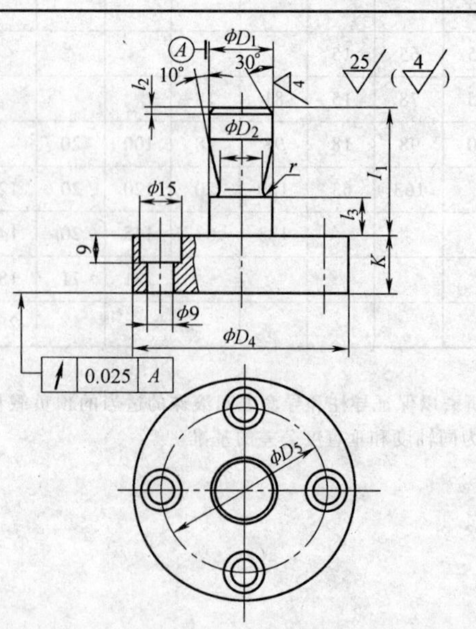

标记示例：

主体直径 D_1 = 20mm 的 C 型模柄：

模柄 ISO 10242-2 C—20

（续）

D_1 (f9)	D_2	D_4	D_5	K	l_1	l_2	l_3	r
20	15	67	50	18	40	2	12	2.5
25	20	82	65	18	45	2.5	16	2.5
32	25	97	80	23	56	3	16	2.5
40	32	122	105	23	70	4	26	4

4.6.3　D 型模柄

D 型模柄见表 6-4-38。

表 6-4-38　D 型模柄（摘自 ISO 10242-3：1991）　（单位：mm）

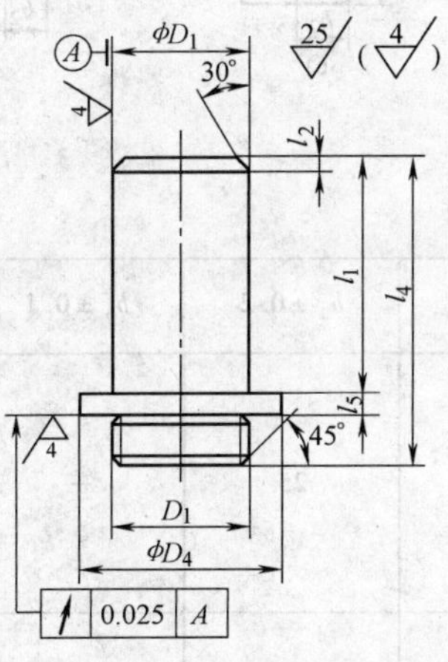

标记示例：

主体直径 D_1 = 32mm 和螺纹公称直径 D_2 = M32 的 D 型模柄：

模柄　ISO 10242-3 D—32 × M32

D_1 (d10)	$D_3 \times P$ (6g)	D_4 (h12)	l_1	l_2	l_4	l_5 (h12)
32	M32 × 1.5	48	56	4	73	5
40	M32 × 1.5	48	71	5	88	5
	M40 × 3	58			93	6
50	M40 × 3	58	80	6	102	6
	M50 × 3				108	8

4.7　耐磨板

4.7.1　A 型耐磨板

A 型耐磨板的基本尺寸和公差、其过孔的大小和公差及位置见表 6-4-39。

表 6-4-39 A 型耐磨板（摘自 ISO 9183-1：1990） （单位：mm）

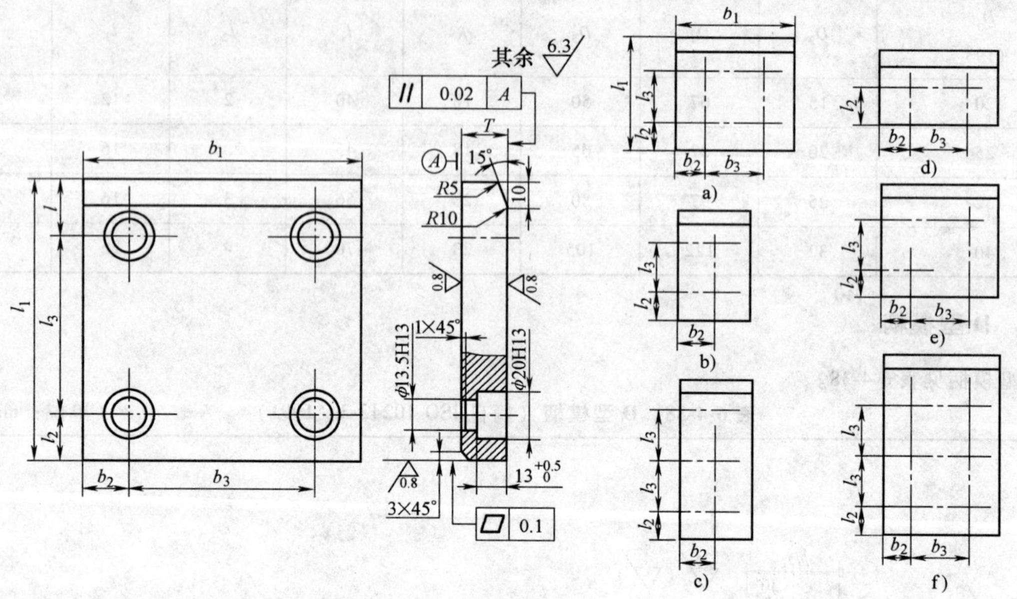

标记示例：

宽度 $b_1=80$mm、长度 $l_1=100$mm 的 A 型冲模耐磨板：

耐磨板 ISO 9183-1 A—80×100

b_1 ±1	l_1 ±1	l ±0.025	l_2 ±0.2	l_3 ±0.1	b_2 ±0.2	b_3 ±0.1	对应的孔分布图
50	80	20（A1 型） 25（A2 型）	20	35	25	—	b）
50	100	20（A1 型） 25（A2 型）	20	55	25	—	b）
50	125	20（A1 型） 25（A2 型）	20	80	25	—	b）
50	160	20（A1 型） 25（A2 型）	20	115	25	—	b）
50	200	20（A1 型） 25（A2 型）	20	155	25	—	b）
50	250	20（A1 型） 25（A2 型）	20	100	25	—	c）
80	50	20（A1 型） 25（A2 型）	25	—	20	40	d）
80	80	20（A1 型） 25（A2 型）	20	35	20	40	e）
80	100	20（A1 型） 25（A2 型）	20	55	20	40	e）
80	125	20（A1 型） 25（A2 型）	20	80	20	40	e）
80	160	20（A1 型） 25（A2 型）	20	115	20	40	a）
80	200	20（A1 型） 25（A2 型）	20	155	20	40	a）
80	250	20（A1 型） 25（A2 型）	20	100	20	40	f）
80	315	20（A1 型） 25（A2 型）	20	132	20	40	f）
100	50	20（A1 型） 25（A2 型）	25	—	20	60	d）
100	80	20（A1 型） 25（A2 型）	20	35	20	60	c）
100	100	20（A1 型） 25（A2 型）	20	55	20	60	c）
100	125	20（A1 型） 25（A2 型）	20	80	20	60	a）
100	160	20（A1 型） 25（A2 型）	20	115	20	60	a）
100	200	20（A1 型） 25（A2 型）	20	155	20	60	a）
100	250	20（A1 型） 25（A2 型）	20	100	20	60	f）
100	315	20（A1 型） 25（A2 型）	20	132	20	60	f）
125	50	20（A1 型） 25（A2 型）	25	—	20	85	d）
125	80	20（A1 型） 25（A2 型）	20	35	20	85	e）
125	100	20（A1 型） 25（A2 型）	20	55	20	85	e）
125	125	20（A1 型） 25（A2 型）	20	80	20	85	a）
125	160	20（A1 型） 25（A2 型）	20	115	20	85	a）
125	200	20（A1 型） 25（A2 型）	20	155	20	85	a）
125	250	20（A1 型） 25（A2 型）	20	100	20	85	f）
125	315	20（A1 型） 25（A2 型）	20	132	20	85	f）

（续）

b_1 ±1	l_1 ±1	l ±0.025	l_2 ±0.2	l_3 ±0.1	b_2 ±0.2	b_3 ±0.1	对应的孔分布图
160	50	20（A1 型） 25（A2 型）	25	—	20	120	d）
	80		20	35			a）
	100			55			
	125			80			
	160			115			
	200			155			
	250			100			f）
	315			132			

4.7.2　B 型耐磨板

B 型耐磨板的基本尺寸和公差及其用于固定的螺钉过孔的大小和位置见表 6-4-40。

表 6-4-40　B 型耐磨板（摘自 ISO 183-2：1993）　　（单位：mm）

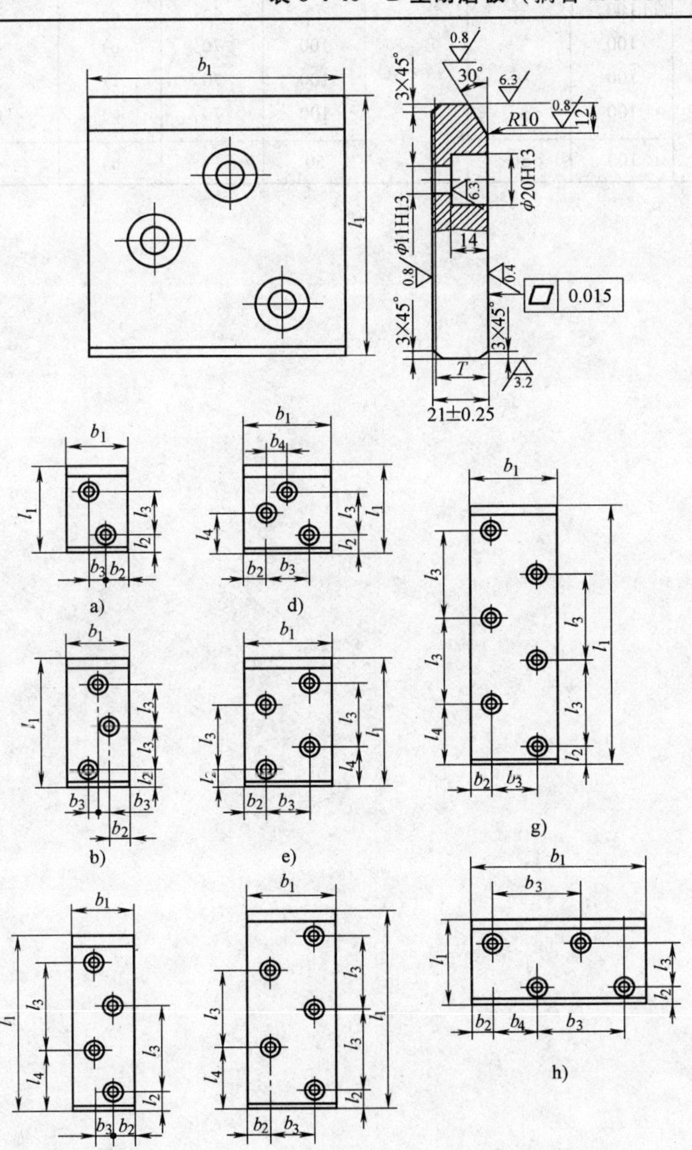

标记示例：

宽度 b_1 = 70mm、长度 l_1 = 100mm 的 B 型冲模耐磨板：

耐磨板　ISO 9183-2 B—70 × 100

（续）

$b_{1\ -2}^{\ \ 0}$	$l_1 \pm 0.1$	t 公称尺寸	$b_2 \pm 0.25$	$b_3 \pm 0.1$	$b_4 \pm 0.1$	$l_2 \pm 0.1$	$l_3 \pm 0.1$	$l_4 \pm 0.1$	对应的孔分布图	用于固定的螺孔数
70	100	20	25	20	—	20	50	—	a)	2
	150			10	—		50	—	b)	3
	200			20	—		100	70	c)	4
100	100			50	30		50	45	d)	3
	150			50	—		75	45	e)	4
	200			50	—		100	70	c)	4
	250			50	—		100	70	f)	5
	300			50	—		100	70	g)	6
150	100			75	25		50	—	h)	4
	150			100	—		75	45	e)	4
	200			100	—		100	70	c)	4
	250			100	—		100	70	f)	5
	300			100	—		100	70	g)	6
200	100			100	50		50	—	h)	4

第 7 篇　冲压质量检测与控制

第 1 章　板料冲压性能与试验方法

1.1　冲压应力图和变形图

冲压成形的变形情况比较复杂，在同一变形区域内往往存在有多种性质的变形。根据应变状态的不同，可以归纳为六种具有单一性质的基本变形形式。各种冲压工艺的应力与变形区域如图 7-1-1、图 7-1-2 和表 7-1-1 所示。图 7-1-3 是冲压成形区域划分图。

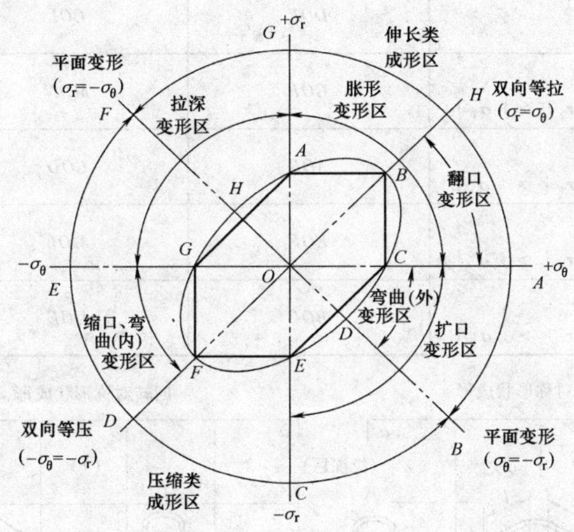

图 7-1-1　冲压应力图

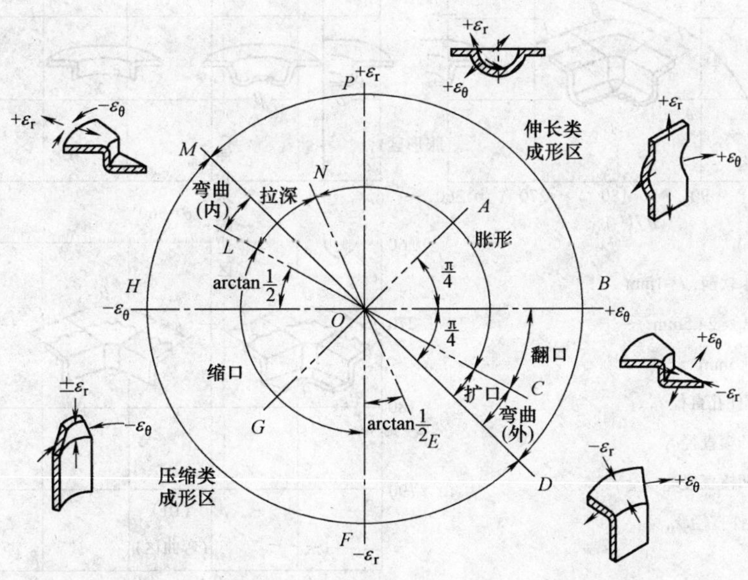

图 7-1-2　冲压变形图

表 7-1-1　各种冲压工艺的应力状态和变形状态区域

变形区受力情况	应力状态	冲压应力图（图 7-1-1）所在区域	冲压变形图（图 7-1-2）所在区域	相应的冲压工序
两向拉应力	$\sigma_r > \sigma_\theta > 0$ $\sigma_t = 0$	*AOH*	*AOC*	翻口
	$\sigma_\theta > \sigma_r > 0$ $\sigma_t = 0$	*GOH*	*AON*	胀形
两向压应力	$\sigma_r < \sigma_\theta < 0$ $\sigma_t = 0$	*COD*	*GOE*	缩口
	$\sigma_\theta < \sigma_r < 0$ $\sigma_t = 0$	*DOE*	*GOL*	缩口
异号应力	$\sigma_r > 0 > \sigma_\theta$ $\sigma_t = 0$，$\lvert\sigma_r\rvert > \lvert\sigma_\theta\rvert$	*GOF*	*MON*	拉深（凸缘以外的其他部分）
	$\sigma_\theta > 0 > \sigma_r$ $\sigma_t = 0$，$\lvert\sigma_\theta\rvert > \lvert\sigma_r\rvert$	*AOB*	*COD*	扩口、弯曲（外）
异号应力	$\sigma_r > 0 > \sigma_\theta$ $\sigma_t = 0$，$\lvert\sigma_\theta\rvert > \lvert\sigma_r\rvert$	*EOF*	*MOL*	拉深（凸缘部分）弯曲（内）
	$\sigma_\theta > 0 > \sigma_r$ $\sigma_t = 0$，$\lvert\sigma_r\rvert > \lvert\sigma_\theta\rvert$	*BOC*	*DOE*	扩口

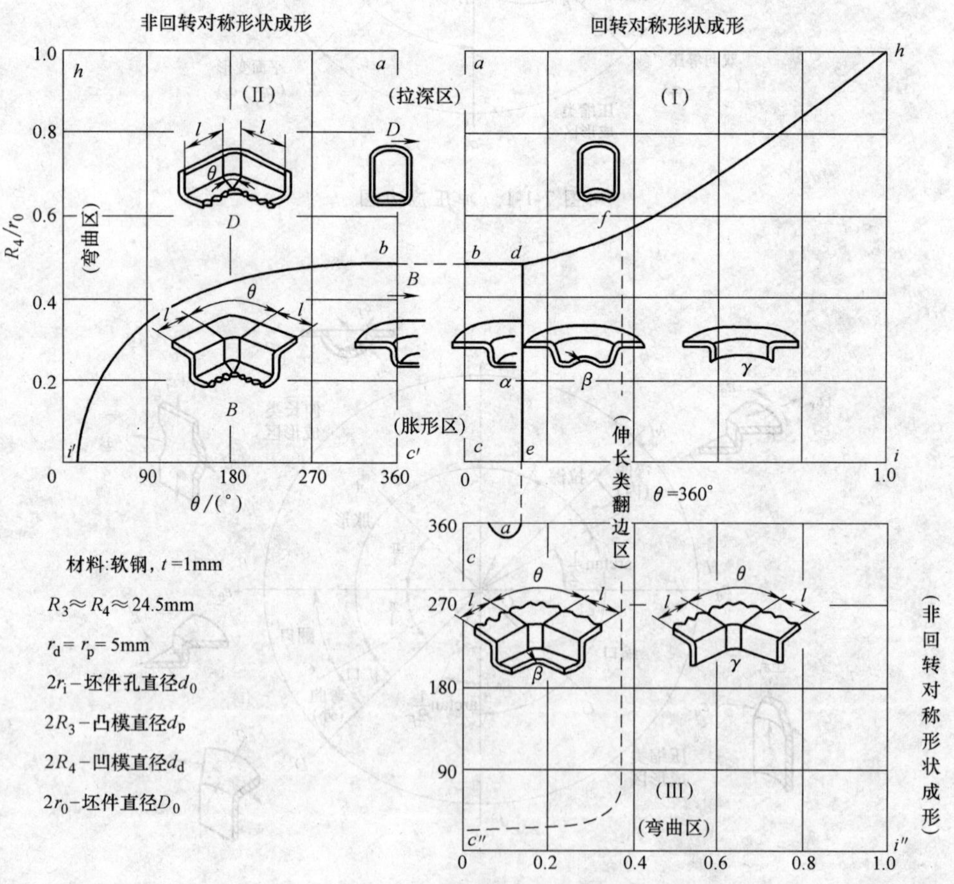

图 7-1-3　冲压成形区域划分图

1.2　金属板料的冲压性能

金属板料的冲压性能是指板料经受各种冲压力加工方法的适应能力。对于各种成形工序来说，用于冲压的板料必须具有足够的塑性和韧性、良好的弯曲性能和拉深性能等。

对金属板料冲压性能及试验方法的研究，其目的在于：

1）用简便的方法，迅速而又准确地确定板料对某种工艺的冲压性能，以此来确定板料的生产部门（冶金工业）和使用部门（冲压工作）之间的付货与验收标准，以利于生产的正常进行。

2）分析和判断冲压生产中出现的与板料性能有关的质量问题，并找出原因和解决的办法。

3）根据冲压件的形状特点及其成形工艺对板材冲压性能的要求，进行对原材料种类与牌号的选取。

4）为研究与生产具有较高冲压性能的新材料提供方向和鉴定方法。

最常用的板料性能试验方法有直接试验和间接试验两大类。

1. 直接试验

试样所处的应力状态和变形特点基本上与真实的冲压过程相同，所得的试验结果也比较准确。根据不同的工艺过程，采用类似于各工艺过程的模拟试验。直接试验的方法有很多种，最常用的有：杯突试验（胀形性能试验——Erichsen 试验）、拉深性能试验、拉深力对比试验（TZP 法）、锥形件拉深试验、弯曲试验、楔形拉深试验和扩孔试验等。

2. 间接试验

材料的性能试验，它在相当大的程度上反映了板料的冲压性能。其试验值的物理意义比较明确，能反映出与成形性能有密切关系的基本性质。主要的方法有：拉伸试验、剪切试验和硬度试验等的力学性能试验及金相微观检查等。

各种冲压成形性能的主要试验内容列于表 7-1-2。

表 7-1-2　冲压成形性能的主要试验内容

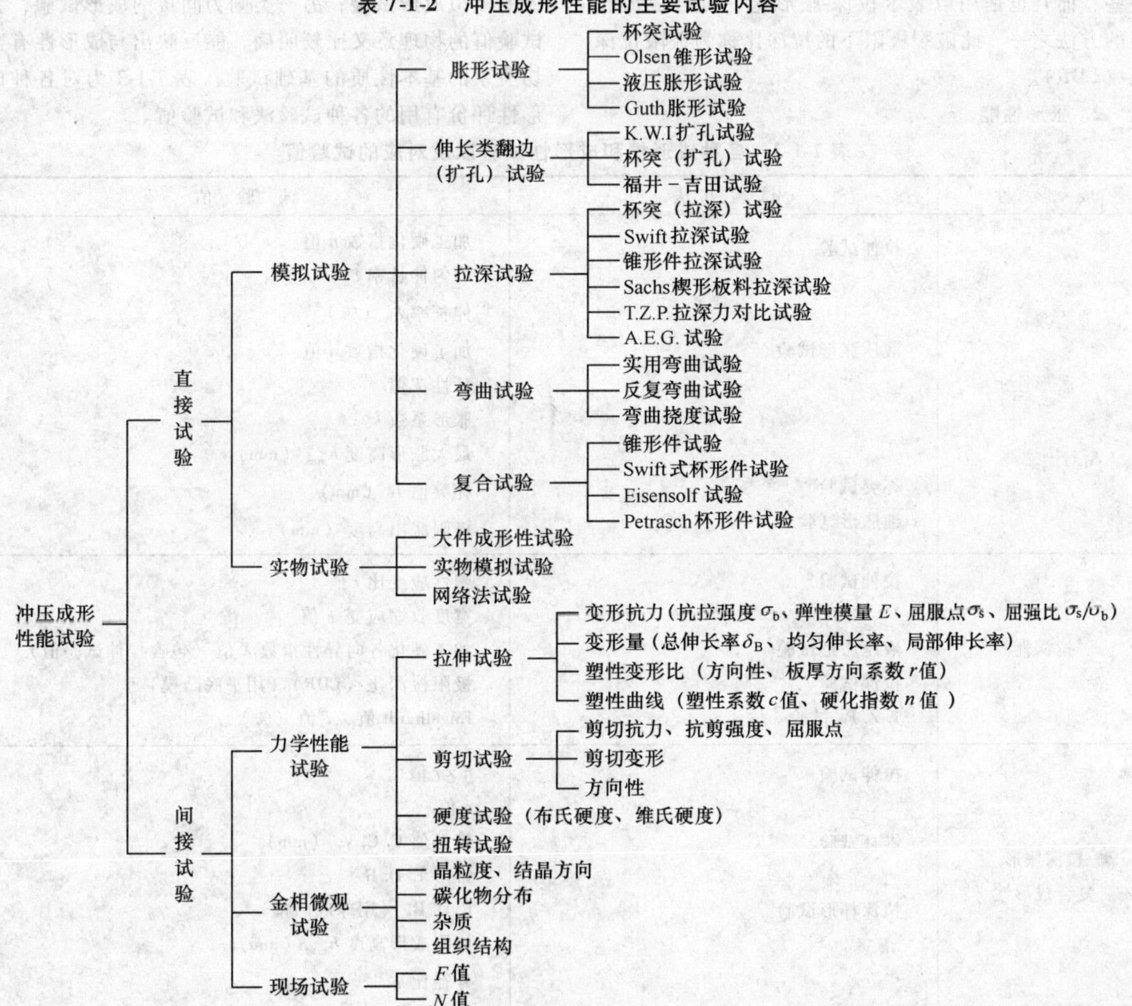

1.3 冲压成形性与材料特性

1.3.1 材料的冲压成形性

所谓材料的冲压成形性是指材料在冲压时的可成形能力。即为在拉深、胀形、翻边、弯曲或在各种复合成形方法情况下的有关破裂极限。此外，也有把有关形状固定极限的材料性能称为“形状固定性”，把发生和消除起皱的难易程度而得的性能称为“抗起皱性”作为冲压成形性来考虑。这些性能一般都通过模拟试件的成形性试验来作出判断。

1. 拉深性能

通过典型的圆筒形件拉深，按其在哪种拉深系数（或拉深比）下发生破裂或者可以把拉深一直进行到底的情况去作出比较。

其凸模的形状通常是采用平底凸模。在使用球底凸模的情况时，可以认为较之平底凸模胀形更为有利一些，而且也是用以表示拉深-胀形这一复合成形性能的方法之一。此破裂极限下的拉深比称为极限拉深比（LDR）。

2. 胀形性能

在进行典型的胀形试验时，比较出现破裂以前所具有的可成形深度。

3. 翻边性能

通过对回转对称形状的翻孔试验，比较孔缘或孔附近出现破裂时所具有的翻孔系数。此值称为极限翻孔系数。

4. 弯曲性能

通过弯曲试验求出最小弯曲半径，并加以比较。但这时必须注意不能加在冲压成形中所包含的弯曲拉力。

上述各种成形性能试验的复合成形，从定性上看，是将上述基本成形复合起来作出判断，可是在希望提高判断精度时，要作模拟成形予以判断。

关于形状固定性（形状性）和抗起皱性，也要在实际中作一系列的成形，有时还要根据对成形件的形状尺寸所作的实测比较去作出判断。

成形性试验可分为两类：一类为直接成形试验，即通过单纯而又典型的冲压成形，以其结果作为试验值的模拟成形试验；另一类则为间接的成形试验，其试验值的物理意义比较明确，能反映出与成形性有密切关系的基本性质的基础试验。表7-1-3为对各种成形性评价有用的各种试验法和试验值。

表7-1-3 各种成形性和成形性试验以及对应的试验值

成形性	试验方法	试验值
胀形性	拉伸试验	加工硬化指数 n 值 均匀伸长率 δ_u（%） 伸长率 δ_B（%）
	液压胀形试验	加工硬化指数 n 值 延性 T 值 胀形系数 k 最大胀形高度 h_{max}（mm）
	杯突试验	杯突值 I_E（mm）
	纯胀形试验	极限胀出高度（mm）
拉深性	拉伸试验	塑性应变比 r 值 宽度收缩应变 ϕ 值
	液压胀形试验	加工硬化各向异性指数 X 值（包含拉伸试验值）
	拉深试验	极限拉深比（LDR）（用平底凸模）
	T. Z. P. 试验	Engelhardt 值、T 值（%）
拉深胀形复合成形性	拉伸试验	$n\times r$ 值 n 值
	锥杯试验	锥杯值 C. C. V.（mm） 锥形 L. D. R.
	拉深杯形试验	L. D. R.（用球底凸模） 极限成形高度 h_{max}（mm） 外径比 η

（续）

成形性	试验方法	试验值
翻边性	拉伸试验	极限变形能$\bar{\varepsilon}_f$ 加工硬化指数 n 值 均匀伸长率 δ_u（%） 伸长率 δ_B（%）
	液压胀形试验	加工硬化指数 n 值 延性 T 值
	扩孔试验	扩孔系数 λ（%）
弯曲性能	弯曲试验	最小弯曲半径
板面内各向异性	拉伸试验	Δr 值
	拉深杯形试验	突耳率 h_e（%）
	锥杯试验	外径比的比较
表面恶化性	拉伸试验	屈服现象、拉伸滑移、表面粗糙
	液压胀形试验	表面粗糙、起脊等
	杯突试验	表面粗糙
	（用切槽的正方形板坯）	拉伸滑移
	折曲试验	残余曲率 R 值
形状性	拉伸试验	弹性模量 E（MPa） 屈强比 σ_s/σ_b，r 值
	折曲试验	所需力 F 值
	实物试验	成形件尺寸差等
抗起皱性	拉伸试验	r 值，n 值
二次成形性	二次拉深试验等	极限二次拉深比等

1.3.2　材料特性值和成形性的关系

有关成形材料的基本特性，根据拉伸试验、硬度试验和液压胀形试验等即可得知，以此求出的几个试验值即可认为与材料的成形性有关。

通过拉伸试验求得的固有试验值（见图 7-1-4），

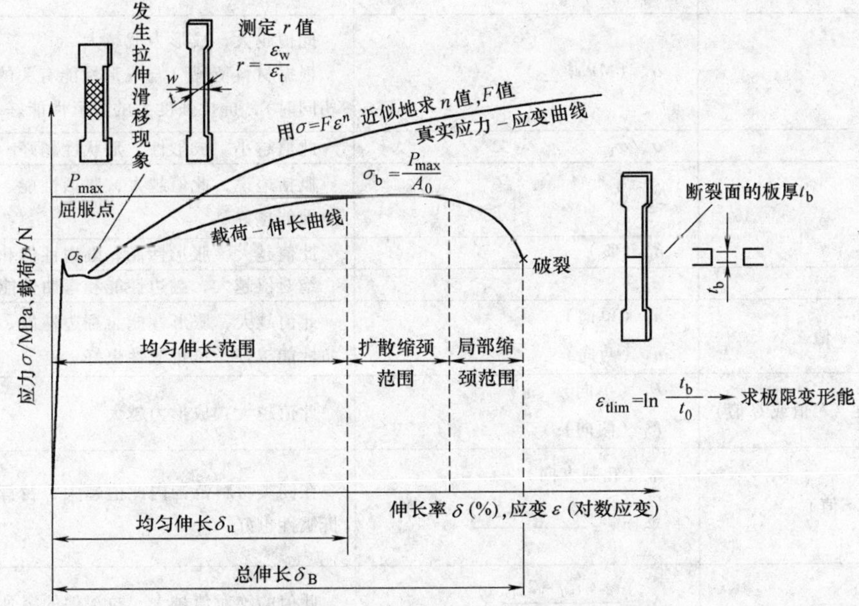

图 7-1-4　由拉伸试验求得的几个材料特性值

有屈服点 σ_s，或屈服强度 $\sigma_{0.2}$，抗拉强度 σ_b，伸长率 δ（%），弹性模量 E，加工硬化指数 n，强度系数 B，均匀伸长率 δ_u（%），极限变形能（破裂断面板厚变形），垂直各向异性系数或塑性应变比（r，$\bar{r}$ 值），以及这些试验值在板面内各向异性值（Δr 值）。

由液压胀形试验求得的试验值有胀形系数 k。在该试验所得到的等双向拉伸状态下，以真实应力-应变关系就可以求出加工硬化指数（n 值）和强度系数 B。

用拉伸试验中拉伸方向的应变（相对应变）和液压胀形试验中的板厚应变（相对应变）相等点（延性大时相对应变 20%）的各自的平面应力 σ_1 和 σ_2 就可以求出加工硬化各向异性指数 X 值（$X=\sigma_2/\sigma_1$）（见图 7-1-5）。

作为金属组织的再结晶粒度、织构组织的主方位及其聚积度等均被认为是与成形特性相关的因素。表 7-1-4 列出了材料的不同试验值或特性值与成形性的一般关系。

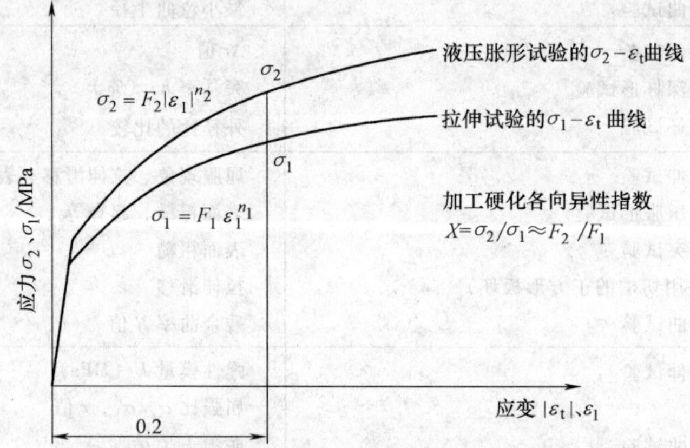

图 7-1-5 在液压胀形试验和拉伸试验中塑性曲线的比较和加工硬化各向异性指数（X 值）

表 7-1-4 材料特性值和成形性的关系

材料特性	符号	与成形性的关系
弹性模量	E（MPa）	此值越大，形状性就越好
屈服点现象	上屈服强度和下屈服强度的差，屈服伸长率	发生拉伸滑移
抗拉强度	σ_b（MPa）	此值越大，成形力就越大 根据材料情况（与成形性能有关的其他性能大致相同时），抗拉强度大的成形性能好
屈强比	σ_s/σ_b	此值越小，成形性、形状性越好
总伸长率	δ_B（%）	概括地说，此值越大，胀形性能、翻边性能和弯曲性能越好
均匀伸长率	δ_u（%）	此值越大，胀形性能、翻边性能和弯曲性能越好
极限变形能	ε_{tlim}	绝对值越大，翻边性能和弯曲性能越好
加工硬化指数 n 值	n_1（单向） n_2（两向）	此值越大，胀形性能、翻边性能、拉深性能和弯曲性能越好，抗折皱性也好
强度系数 F 值（F 值或 C 值）	F_1（单向） F_2（两向）	此值越大，成形力越大
塑性应变比（r 值）	r_0（轧制方向） 平均 $r=\dfrac{r_0+r_{90}+2r_{45}}{4}$	在同类材料范围内此值越大、拉深性能越好，抗折皱性也好
Δr 值	$\Delta r=\dfrac{r_0+r_{90}-2r_{45}}{4}$	此值的绝对值越大，拉深件的突耳越大

（续）

材料特性	符　　号	与成形性的关系
加工硬化各向异性指数 X 值	$X=\sigma_2/\sigma_1\approx F_2/F_1$	对于许多材料，此值越大，拉深性能越好，胀形性能也好
胀形系数	$k=\left(\dfrac{\text{最大胀形高度}}{\text{凹模半径}}\right)^2$	概括地说，此值越大，胀形性能越好
晶粒度	A. S. T. M. No 等	晶粒度大，则表皮粗糙
再结晶织构组织	主方向和其聚集度	与拉深性能有关

1.4　板料的拉伸试验

1.4.1　拉伸试验方法

拉伸试验是最普通的一种试验方法，它所测定的一系列强度、塑性和变形抗力方面的性能在很大程度上反映了材料在冲压过程中的性质。

试样的标准形状及具体尺寸根据板料的厚度而异，可按 GB/T5027—2007 来确定。其具体的尺寸见表 7-1-5 和表 7-1-6。

表 7-1-5　带头的板状拉伸试样尺寸　（单位：mm）

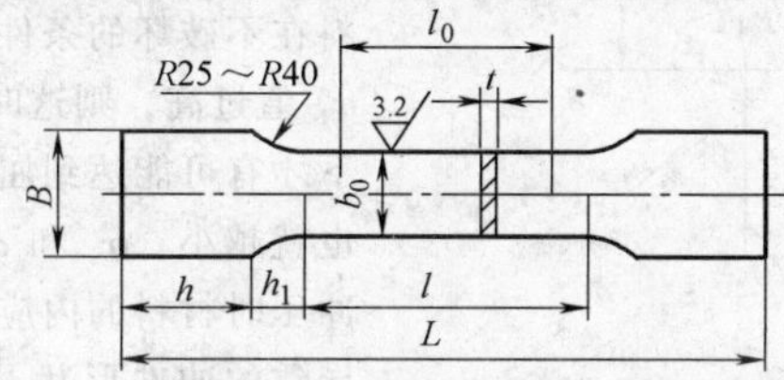

t	b_0	B	h	长试样 $l_0=11.3\sqrt{A_0}$ l_0	l	h_1	L	短试样 $l_0=5.65\sqrt{A_0}$ l_0	l	h_1	L
0.5	20	30	40	40	50	20～25	170～180	20	30	20～25	150～160
1	20	30	40	50	60		180～190	25	35		155～165
2	20	30	40	70	80		200～210	35	45		165～175
3	20	30	40	90	100		220～230	45	55		175～185
4	30	40	50	120	135		275～285	60	75		215～225
5	30	40	50	140	155		295～305	70	85		225～235
6	30	40	50	150	165		305～315	75	90		230～235
7	30	40	50	160	175		315～325	80	95		235～245
8	30	40	50	170	185		325～335	85	100		245～255

表 7-1-6　不带头的板状拉伸试样尺寸　（单位：mm）

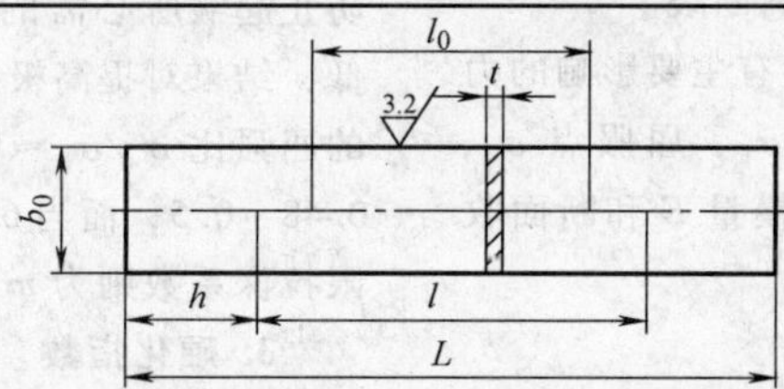

t	b_0	h	长试样 $l_0=11.3\sqrt{A_0}$ l_0	l	L	短试样 $l_0=5.65\sqrt{A_0}$ l_0	l	L
0.5	20	40	40	50	130	20	30	110
1	20	40	50	60	140	25	35	115
2	20	40	70	80	160	35	45	125
3	20	40	90	100	180	45	55	135
4	30	50	120	135	215	60	75	155
5	30	50	140	155	255	70	85	185
6	30	50	150	165	265	75	90	190
7	30	50	160	175	275	80	95	195
8	30	50	170	185	285	85	100	200

1.4.2 拉伸试验性能指标

分析金属材料塑性变形过程最简单、最基本的方法是拉伸试验。采用标准试样在材料试验机上即可测得如图7-1-6所示的应力与伸长率之间的关系曲线。该曲线包含三个特征点，并将整个拉伸变形过程分为三个阶段：

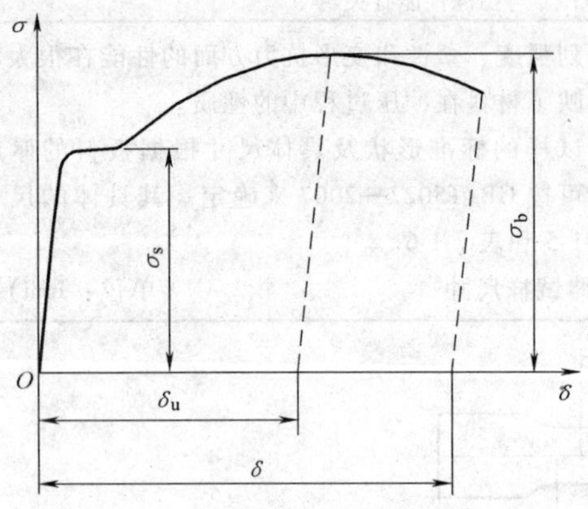

图7-1-6 拉伸曲线

1）屈服点 σ_s。弹性变形和均匀塑性变形的分界点。对于如铝合金、不锈钢等没有屈服平台现象的拉伸曲线，则常用产生永久变形0.2%的应力来作为材料的屈服强度，并用 $\sigma_{0.2}$ 来表示。

2）抗拉强度 σ_b。均匀塑性变形和集中塑性变形的分界点。此时，拉力达到最大值，即

$$\sigma_b = P_{max}/A_0 \tag{7-1-1}$$

至此，试样已无法继续维持稳定的均匀变形，进而导致出现缩颈，出现了三向拉应力状态，这种现象也可看做是一种失稳的现象（拉伸失稳）。

3）破坏点。塑性变形终止，材料断裂。

拉伸试验时对材料的冲压工艺性有主要影响的力学性能指标有伸长率 δ、抗拉强度 σ_b、屈服点 σ_s、硬化指数 n、板厚方向系数 r、弹性模量 E 和断面收缩率 ψ 等。

1. 伸长率

伸长率 $\delta=\dfrac{L-L_0}{L_0}\times100\%$。它可分为总伸长率 δ、均匀伸长率 δ_u 和局部伸长率 δ_l 等几种。它们之间的关系为

$$\delta = \delta_u + \delta_l \tag{7-1-2}$$

当拉伸至开始产生局部集中变形（缩颈）时的伸长率 δ_u，称为均匀伸长率。它表示板料产生均匀的或稳定的塑性变形的能力。它能直接决定板料在伸长类变形中的冲压性能，也可用以间接地表示伸长类变形的极限变形程度，如翻边系数、扩口系数、胀形系数、最小弯曲半径等。对于具有很大胀形成分的复杂曲面拉深件用的钢板，就要求具有较高的 δ_u 值。

出现缩颈以后的变形只是集中发生在局部的范围内，这时的变形并不是均匀的。当开始产生局部集中变形至材料断裂时的伸长率 δ_l，称为局部伸长率。

拉伸试验中试样破坏时的伸长率 δ 称为总伸长率。它与试样的相对长度有关。所以，在进行拉伸试验时，要对所用试样的尺寸有明确的规定。在一般情况下，冲压成形都是在板料的均匀变形范围内进行，因而，均匀伸长率 δ_u 对冲压性能更有较为直接的意义。

2. 屈强比

材料的屈服强度与抗拉强度之比值 σ_s/σ_b 称为屈强比。它决定了材料变形抗力的基本特性，即决定材料在不破坏的条件下允许变形程度的范围。如果 σ_s/σ_b 值过高，则这时仅在接近抗拉强度 σ_b 的应力情况下才有可能达到屈服。因而，其允许变化程度的范围也就越小。σ_s 和 σ_b 值越高，其变形抗力也就越大。冲压时材料的内应力就越大，在冲压后因弹性变形所导致的冲件形状及尺寸回跳也就越大。对弯曲件来说，当 σ_s 低时，卸载时的回弹变形就小，这也就有利于提高弯曲件的精度。

在伸长类的成形工艺中，如胀形、拉形、拉弯、曲面形状的成形等，当 σ_s 低时，为消除零件的松弛等弊病和使零件的形状和尺寸得到固定（指卸载过程中尺寸的变化小）所必需的抗力也小。这时由于成形所必需的拉力与毛坯破坏时的拉断力之差较大，所以成形工艺的稳定性高，不容易出废品。

在拉深时，如果板料的屈服强度 σ_s 值低，则变形区的切向压应力较小，材料起皱的趋势也小。所以防止起皱所必需的压边力和摩擦损失都要相应地降低，结果对提高极限变形程度有利。例如：当低碳钢的屈强比 $\sigma_s/\sigma_b\approx0.57$ 时，其极限拉深系数为 $m=0.48\sim0.5$；而当65Mn材料的 $\sigma_s/\sigma_b\approx0.63$ 时，其极限拉深系数则为 $m=0.68\sim0.7$。

3. 硬化指数

金属经过塑性变形后，强度指标增加，而塑性指标则降低，此种现象称为加工硬化。从金属的真实应力曲线（见图7-1-7）可以看出，应力值（真实应力 $\overline{\sigma}$）始终随着变形量的增加而增加。

为了运算方便，可以将真实应力曲线的试验曲线近似表达成数学函数的形式

$$\overline{\sigma} = C\varepsilon^n \tag{7-1-3}$$

式中 C——塑性系数（或称强度系数，当 $n=0$ 时，$\overline{\sigma}=C$）；

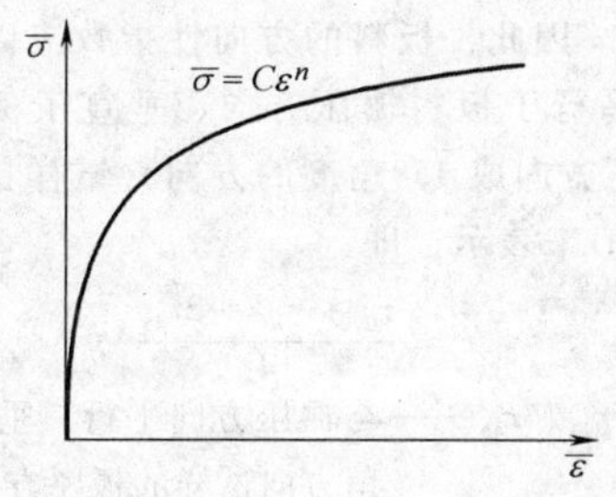

图 7-1-7　真实应力与对数应变的关系

n——硬化指数。

所谓硬化指数，也就是在塑性变形过程中材料硬化的强度。它是板料在塑性变形过程中变形强化能力的一种量度。在双对数坐标平面上，硬化指数 n 即为材料应力-应变关系曲线的斜率（见图 7-1-8）。n 值越大，表示材料硬化强度越高，在同样的变形程度下真实应力增加越多，冲压时硬化就越显著，这对以后的变形也就越不利。但是在伸长类变形过程中，n 大则说明了该材料的拉伸失稳点到来得较晚，这对于胀形、扩孔、翻边和拉深件的底部变形区等的成形来说，在同样的应力状态下，可获得较大的极限变形程度。从而可以减少冲压工序的道数，也即可以推迟破裂点的到来。同时，可以使变形均匀性好，变形后零件的壁厚均匀，材料不易产生裂纹，刚性大，精度高，零件的表面质量也较好，所能给出的极限变形程度也越高；而 n 值小的材料则易于产生裂纹，零件的厚度分布不均匀、表面粗糙。因而，硬化指数 n 值越大的板料的冲压成形性能就越好。

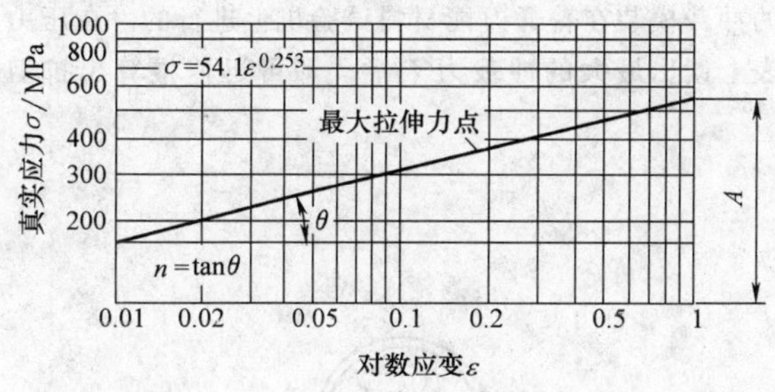

图 7-1-8　真实应力曲线

常用材料的塑性系数 C 和硬化指数 n 值列于表 7-1-7。

表 7-1-7　材料的塑性系数 C 和硬化指数 n

材　料	n	C/MPa
低碳钢	0.19～0.22	710～750
60/40 黄铜	0.46	990
65/35 黄铜	0.39～0.44	760～820
磷青铜	0.22	1100
磷青铜（低温退火）	0.52	890
银	0.31	470
紫铜	0.27～0.34	420～460
硬铝	0.12～0.13	320～380
铝	0.25～0.27	160～210
不锈钢	0.5	

注：本表适用于室温、低速塑性加工，材料为退火状态。

4. 板厚方向性系数

板料试样拉伸试验时，宽度应变 ε_b 与厚度应变 ε_t 之比值

$$r=\varepsilon_b/\varepsilon_t=\ln\frac{B}{B_0}\Big/\ln\frac{t}{t_0} \tag{7-1-4}$$

称为板厚方向性系数。它可以反映材料的压缩类成形性能，表明在相同的受力条件下，板料厚度方向上的变形性能和板料平面方向上变形性能的差别，反映了材料在板平面内承受拉力或压力时抵抗变薄或变厚的能力，也即板料在平面方向和厚度方向上变形的难易程度。

当 $r>1$ 时，板料在厚度方向上的变形比宽度方向上的变形要来得困难。对于复杂形状的曲面零件来说，当 r 值越大时，板料越不易在厚度方向产生变形，也即在厚度方向上不易变薄或增厚；而在板平面内与拉应力相垂直的方向上的压缩变形则比较容易，结果使毛坯中间部分起皱的趋向性降低，有利于冲压加工的进行和产品质量的提高。

同样，对于筒形零件的拉深来说，当 r 值越大时，其极限变形程度也就越大。表 7-1-8 所列的为软钢、不锈钢、铝、铜、黄铜等材料试验所得的 r 值与极限拉深程度 K 之间的关系。

表 7-1-8　r 值与极限变形程度 K 之间的关系

r 值	0.5	1	1.5	2
极限拉深程度 K	2.12	2.18	2.25	2.5
相应的拉深系数 m	0.47	0.46	0.44	0.4

5. 板料的方向性

由于板料在轧制过程中形成纤维组织，它在各个方向的力学性能及物理性能并不均匀一致（亦即所谓的各向异性），反映到拉伸试验中，当板料所取的方位不同，试验所得的结果也并不一致（图 7-1-9）。对于圆筒形的拉深来说，板料的方向性明显地表现在冲件口部形成的突耳上（图 7-1-10）。材料的方向性越明显，则突耳的高度也就越大。这不仅加大修边余量，增加材料的消耗，同时也使得零件的局部变形程度加大，引起壁厚不均匀，降低了冲压件的质量，还会使总的极限变形程度减小。

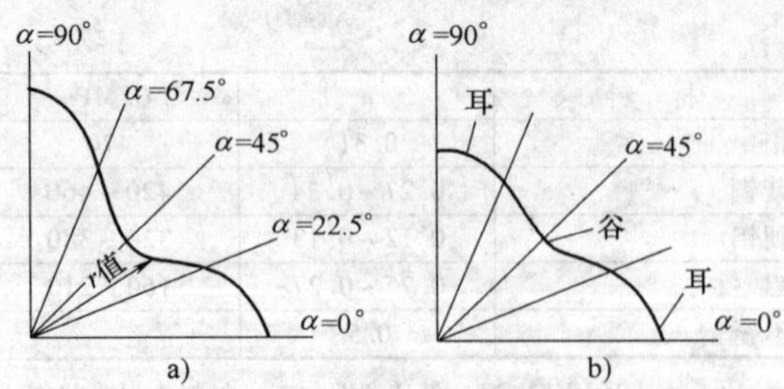

图 7-1-9　板平面内各向异性与拉深件外缘谷与耳的关系
a) r 值的变化　b) 外缘的谷与耳

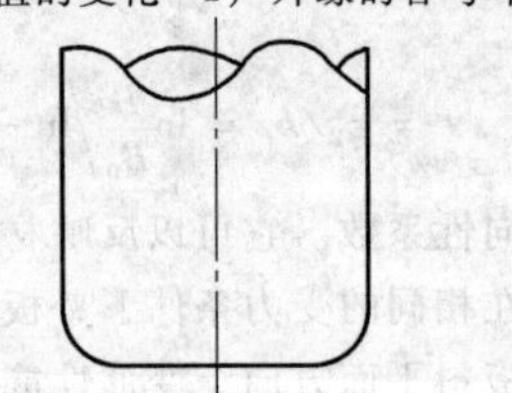

图 7-1-10　拉深件的突耳

板料的方向性主要表现为在不同方向上力学性能的差异，它们对冲压性能的影响尤以板厚方向性系数 r 最为明显。因此，板料的方向性指数应以取三个不同方向（平行于板料辗压方向、垂直于板料辗压方向及与辗压方向成45°角度的方向）试样拉伸所得结果的平均值$\bar{r}$来表示，即

$$\bar{r}=\frac{r_0+r_{90}+2r_{45}}{4} \quad (7\text{-}1\text{-}5)$$

式中　r_0、r_{90}、r_{45}——与辗压方向平行、垂直及成45°角方向试样的板厚方向性系数。

$\bar{r}$值越大，板料越不易在厚度方向发展变形。图7-1-11为$\bar{r}$对于板料极限拉深程度 K 的影响曲线。从图中可知，当$\bar{r}$值越大时，板料的拉深性能就越好。

此外，由于板料在不同方向的板厚方向系数不同，在板料平面内形成各向异性。板料平面内各向异性指数可以用 Δr 来表示：

$$\Delta r=\frac{r_0+r_{90}-2r_{45}}{2} \quad (7\text{-}1\text{-}6)$$

如果 Δr 的数值越大，板料的各向异性就越为严重。结果使拉深件的边沿不齐，形成突耳，零件的壁厚也变得不均匀，因而影响零件的成形质量。

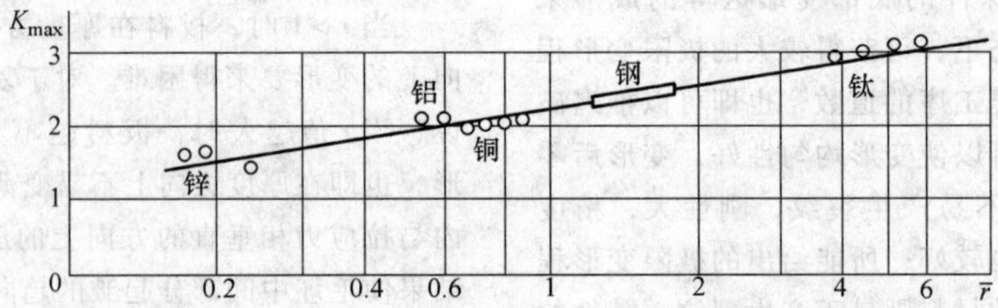

图 7-1-11　板厚方向系数对极限拉深程度的影响

1.5　板料的剪切试验

剪切试验是为了更准确地确定材料的抗剪强度。通常都采用凸模直径为31.8mm（即周长为100mm）的冲裁模装在普通万能材料试验机上进行的。在压力表上读出最大的冲裁力 P 后，即可迅速推算出抗剪

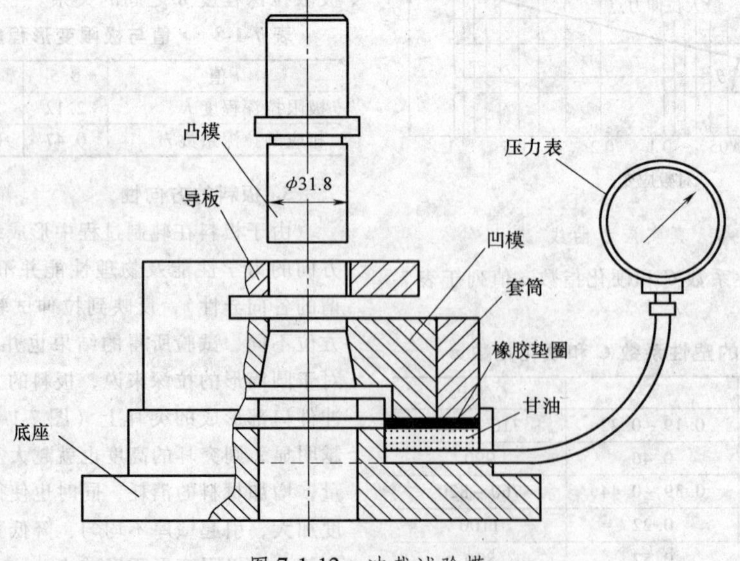

图 7-1-12　冲裁试验模

强度 τ 的大小，即

$$\tau = P/100t \quad (7\text{-}1\text{-}7)$$

式中　τ——抗剪强度（MPa）；

P——最大冲裁力（N）；

t——板料厚度（mm）。

此外，也有在冲裁模上安上压力表可以直接读出冲裁力的。其模具结构如图 7-1-12 所示。当冲裁时，凸模将压力传给可以沿着套筒上下移动的凹模，凹模向下移动时，迫使橡胶垫圈向下凸出。此时，在垫圈与底座之间的甘油受到压力后，传给压力表。这样，在压力表上就可以读出冲裁力 P 的大小数值。

1.6　板料的杯突试验

杯突试验亦称爱立克森（Erichsen）试验。它主要用于厚度为 2mm 以下的金属板料胀形类成形和复杂曲面拉深工艺的冲压性能指标的衡量。该方法在试验时，材料向胀形孔口中有一定的流入，略带一点拉深工艺的特征，因此不属于纯胀形试验，如图 7-1-13 所示。

杯突试验用的凸模、凹模及试样的尺寸见表 7-1-9。由于试样的外径（或宽度）具有比凹模孔大得多的尺寸，所以试验时可以近似地认为其试样的外径不收缩，而仅使板料的中间部分受到两向拉应力的作用而胀形。其试样的应力状态和变形特点与局部胀形相同。因而，这时所测得的杯突深度就能反映出胀形类成形的冲压性能。在复杂的曲面零件拉深时，毛坯中间部分的应力状态也属于这种情况，而且中间部分成形的好坏又是这类零件的关键，因此，在生产中常用杯突深度来表示拉深材料的冲压性能。

表 7-1-9　杯突试验用的凸模、凹模及试样的尺寸

（单位：mm）

材　　料	试样尺寸	凸模直径	凹模直径
宽度超过 70mm 的板料及卷料	宽 70mm 的条料或 70mm × 70mm 的坯料	20	27
宽度为 30 ~ 70mm 的卷料	宽 30mm 的条料或 30mm × 30mm 的坯料	14	17

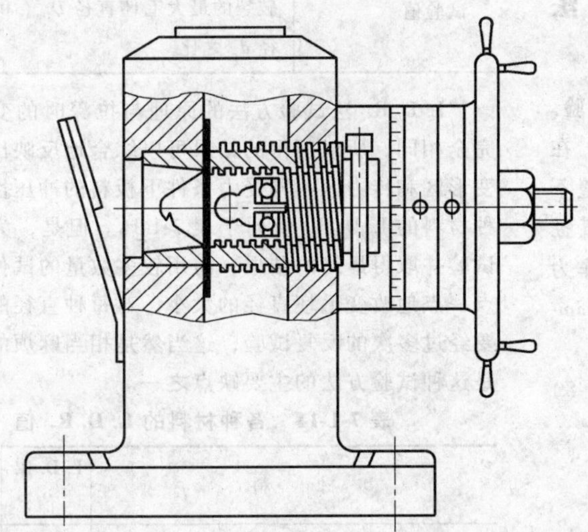

φ33　φ20　φ27　φ55

图 7-1-13　杯突试验

我国金属杯突试验方法的国家标准为 GB/T4156—2007。在进行杯突试验时，用一规定的钢球或球状凸模向由外环夹紧在规定的凹模内的试件施加压力，直到试件开始产生裂纹时为止。这时，压入的深度值 h 就是被测定材料的杯突深度值。试件上产生裂纹的时刻可以从仪器后面的反光镜上看出。此时的杯突深度值则可由仪器操作盘上的刻度盘读出。

在进行杯突试验时，有规定以固定间隙压料，即压边圈与凹模面之间在压料后，留 0.05mm 的间隙。此时所测得的杯突深度值为 I_E（A）值；也有规定压边圈以 10kN 常值压料，这时所测得的杯突深度值为 I_E（B）值。GB/T4156—2007 规定，用 I_E（B）值来表示。图 7-1-14 为几种材料的金属杯突试验值，以此数据可以作为主要反映拉胀性能的依据。国家标准还对多种材料的标准杯突值作出了详细的规定（如 GB/T2059—2008、GB/T2518—2008 等）。

杯突试验的结果受试样表面润滑的影响较大，且 I_E 值受板厚的影响也较大。因此，板料的厚度公差、试验的润滑条件以及用目测确定板料的裂纹等均会对测试结果值带来一定的偏差。

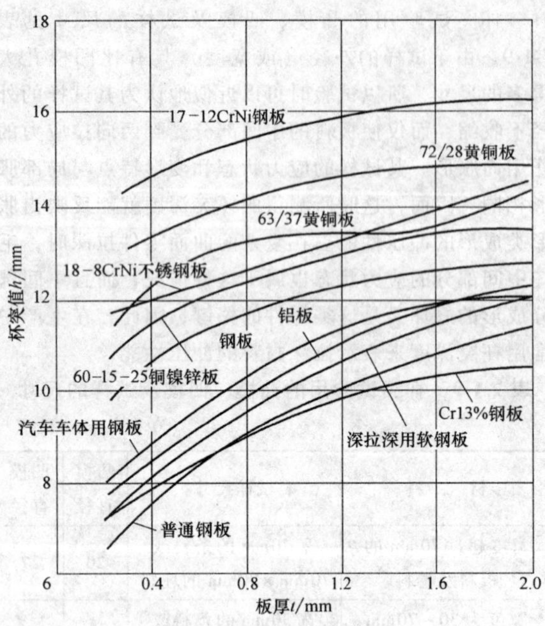

图 7-1-14　杯突试验值

1.7　板料的最大拉深变形程度法（L. D. R 法）

最大拉深变形程度法也称 Swift 圆筒拉深试验。它是采用不同直径的圆形坯料（直径相差 1mm）在图 7-1-15 所示的模具中进行拉深试验。取在侧壁不致被破坏的条件下可能拉深成功的最大毛坯直径 D_{0max} 与拉深直径 d_p 之比值（即极限变形程度）作为评定拉深性能的最基本的手段，并用 L. D. R.（Limiting Drawing Ratio）来表示。

$$L.D.R = D_{0max}/d_p \tag{7-1-8}$$

该值系拉深系数 $m = d_p/D_{0max}$ 的倒数。

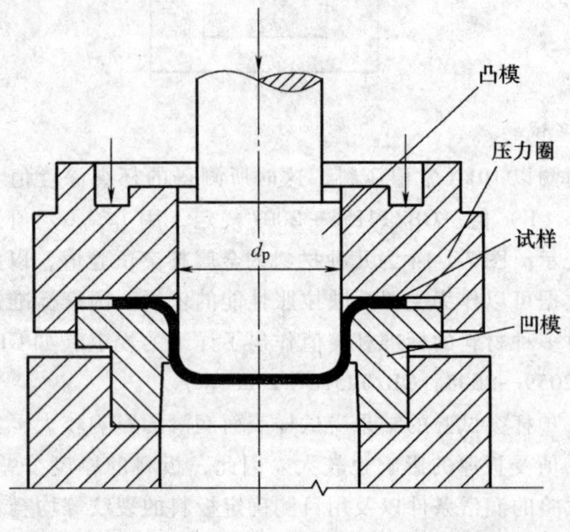

图 7-1-15　求 L. D. R. 的试验方法模具示意图

圆筒拉深试验推荐采用的试验条件列于表 7-1-10。如果实际的拉深件与表 7-1-10 所列的条件相差太悬殊，则也可以按所求的最大拉深变形程度（L. D. R.）的具体拉深件本身的尺寸条件来进行。

表 7-1-10　L. D. R. 法试验条件

项　目	推　荐	选　择
凹模形式	平面型	平面型
凸模形式	平底	平底
适用板厚	0.3～1.2mm	0.54～1.9mm
凸模直径 d_p	$32^{\ 0}_{-0.05}$	$50^{\ 0}_{-0.05}$
凸模圆角半径 r_p	6t 标准 45±0.1	6t 标准 45±0.1
凹模圆角半径 r_d	10t	10t
模具材料及表面粗糙度	工具钢 60HRC 以上 Ra0.2μm	
间隙 C	(0.7～1.0) t	
压边力	最小的压边力值 Q×（1.5～1.75）	
拉深速度	35mm/s 以下	
润滑	90%矿物油+10%石蜡	
试验值	毛坯直径间隔 1mm，求出不产生破裂的最大毛坯直径 D_{0max} 和凸模直径 d_p 之比	

L. D. R. 法试验方法的原理与拉深时的变形条件完全相同，所以所得的结果可以综合地反映出在拉深变形区和传力区不同受力条件下板料的冲压性能。各种材料的 L. D. R. 值列于表 7-1-11。但是，为了进行试验并取得最终的结果，需用较多数量的试件，并一点一点地改变毛坯直径的大小，对每种直径的毛坯都要经过多次的反复试验，这当然是相当麻烦的。这也是这种试验方法的主要缺点之一。

表 7-1-11　各种材料的 L. D. R. 值

材　料		L. D. R. 值	相应的拉深系数
软钢板	(SPC-C)	2.18	0.46
	(SPC-E)	2.21	0.45
不锈钢	(SUS 304)	2.33	0.43
	(SUS 430)	2.10	0.48
铝	(A1100 软材)	2.10	0.48
	(1/2 硬材)	2.03	0.49
纯铜	(冷轧)	1.88～2.04	0.53～0.49
	(退火 250℃，1h)	2.00～2.06	0.5～0.485
钛	(软)	2.45	0.41
	(硬)	1.91	0.52
锌(150℃15min,冷轧－100℃1h,退火)		1.43～1.82	0.7～0.55

此外，采用此种方法所得试验的结果，也因为受到操作上的各种因素的影响而波动。例如：对于压边力的确定，即使是模具尺寸和润滑剂都已确定，如果原来的压边力不根据材料的屈服强度和抗拉强度作相应的改变，那么，仍不能对拉深性能进行正确的评定。但如事先知道材料的力学性能并根据它们来改变原来设定的压边力，是非常复杂的，实际上也是行不通的。为此，这种试验结果的可靠性也不十分高。

1.8　板料的锥形件拉深试验法

锥形件拉深试验法也称福井锥形件试验或 CCV 试验。它采用如图 7-1-16 所示的球形凸模和 60°圆锥形凹模，把定直径的试验毛坯拉深成形，直至底部发生破坏。试验时测量锥形件于底部发生破坏时上口部的外径，称为 CCV 值（Conical Cup Value），有时也称为福井位（Fukui Value）。它可用来作为评定板料拉深性能的依据。

锥形件拉深试验法模具结构尺寸列于表 7-1-12。

表 7-1-12　锥形件拉深试验模具结构尺寸

（单位：mm）

型　别	13 型	17 型	21 型	27 型
板料厚度	0.5～0.8	0.8～1.0	1.0～1.3	1.3～1.6
凹模开口角	60°	60°	60°	60°
凹模孔直径 d_d	14.60	19.95	24.40	32.00
凹模圆角半径 r_d	3.0	4.0	6.0	8.0
凸模直径 d_p	12.70	17.46	20.64	26.99
钢球半径 r_p	6.35	8.73	10.32	13.50
试件坯料直径 D_0	36	50	60	78

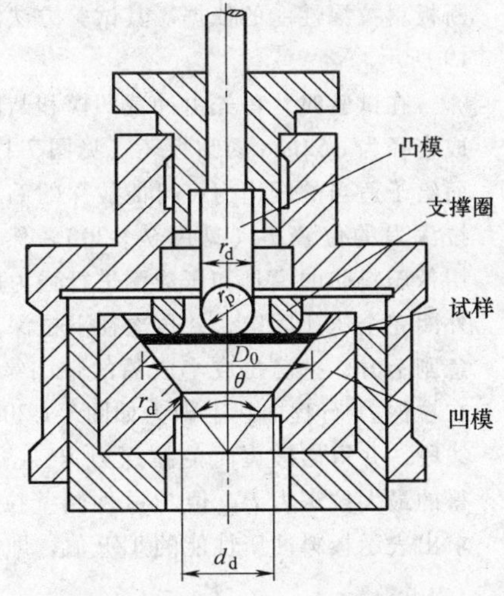

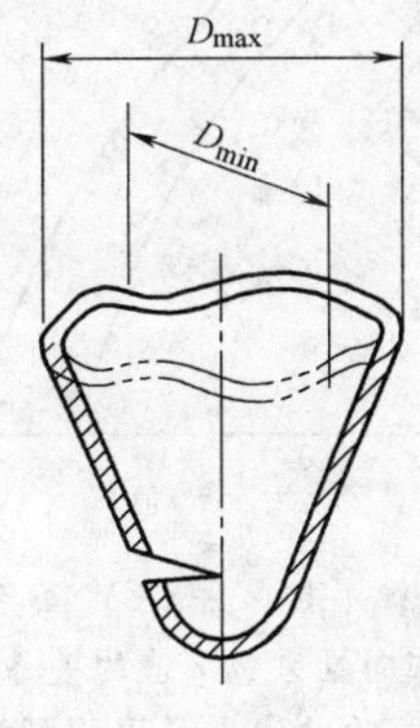

图 7-1-16　锥形件拉深试验法

由于材料方向性的影响，锥形件上口的直径在不同的方向也是有差别的。通常采取其平均值来表示，即取 CCV 值为

$$D = \frac{D_{max} + D_{min}}{2}$$

或

$$D = \frac{D_0 + D_{90} + 2D_{45}}{4} \qquad (7\text{-}1\text{-}9)$$

式中　D_{max}、D_{min}——锥形拉深件在破坏时上口外部的最大直径和最小直径；

D_0、D_{90}、D_{45}——板料顺轧制方向、垂直轧制方向及 45°方向上锥形件上口外部的直径。

当锥形拉深件底部发生破坏时的上口直径 D 值越小，也就是 CCV 值越小时，说明用锥形拉深件试验方法可能产生的变形越大，也就是板料的冲压性能越好。这也可以在锥形件拉深试验的拉深力-行程曲线中看出（图 7-1-17）。

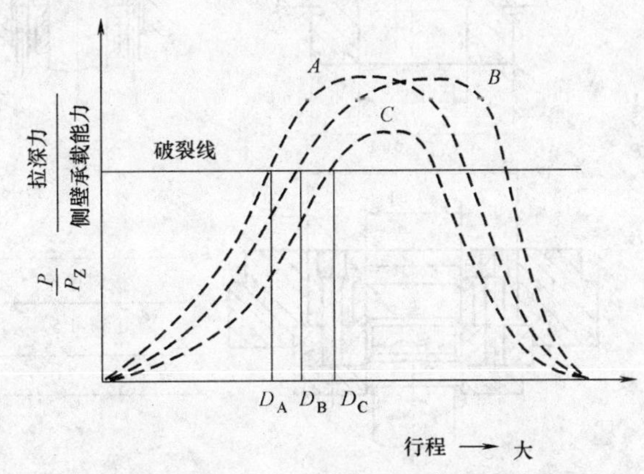

图 7-1-17　CCV 拉深力-行程曲线

在锥形件拉深试验中确定的毛坯尺寸，对一般材料来说是不可能全部拉过凹模的。通常在达到拉深力-行程曲线峰值之前就会破裂。

如图7-1-17所示的拉深力-行程曲线中，拉深力 P 和侧壁承载能力 P_Z 之比也正说明相对拉深力较小的那种材料 C 在破裂时的试件外径也比较小；又如材料 B，其最高拉深力点比材料 A 向行程大的方向移动，其破裂时的试件外径比 A 要小，因而它比材料 A 有较小的CCV值。

锥形件拉深试验时，CCV值和材料的硬化指数 n 值及板厚方向性系数 r 值都有很密切的关系。定量地说，CCV值受 r 值的影响比 n 值更要来得大。图7-1-18所示为CCV值与 r 值之间的关系。

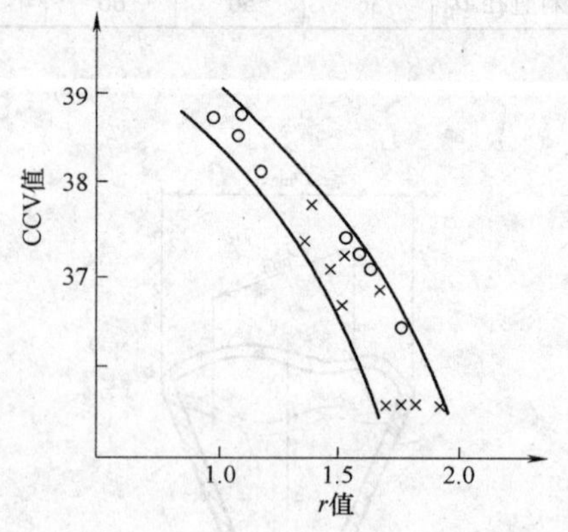

图7-1-18 锥形拉深件CCV值与材料板厚方向性系数 r 值的关系

锥形件拉深试验的优点是采用圆锥形凹模后可以不用压边圈，因而可以排除压边力因素的影响。同时采用一个试件即可求得一个试验值，而不像最大拉深变形程度法（L. D. R. 法）那样需要多组试样。但是，由于没有压边力的作用，对于容易起皱的材料，则很难求得其试验结果。

1.9 板料的拉深力对比试验法（TZP法）

拉深力对比试验法也称TZP法（Tief Ziehen Prufung），又称为Engelhardt试验。该方法是由W. Engelhart和H. Gross提出的，因此，有时也称为Schmidt-Engelhardt试验方法。其原理是用可拉深的一定直径的毛坯进行拉深（通常取拉深试验件毛坯直径 D_0 与凸模直径 d_p 之比值为 $D_0/d_p=52/30$），由最大拉深力 P_{max} 和拉深中途对凸缘施加强制的压力，使试件侧壁被拉断时的拉断力 P_{ab} 之间的关系来作为判断板料拉深性能的依据。其试验方法的原理如图7-1-19所示。

在试验时，首先由冲裁凹模和凸凹模将坯料冲裁成直径为 ϕ52mm的圆板坯（见图7-1-19过程a），继而给予适当的压边力将可能拉深的毛坯拉至超过最大拉深力的位置 B（见图7-1-20），然后加大压边力，用带压料肋的模具和压边圈进行强力压边，使试件的外圈完全压死固定，并再次往下拉深。这时，拉深力急剧上升，把已拉成半成品的带凸缘的杯形件拉破。在拉深力-行程曲线上即为如图7-1-20所示 BC 区域的线段，并得出破裂时的拉深力 P_{ab}。这时，根据所测得的最大拉深力 P_{max} 值与试件侧壁拉断力 P_{ab} 值即可求出表示板料冲压性能的TZP值，即

$$T=\frac{P_{ab}-P_{max}}{P_{ab}}\times 100\% \tag{7-1-10}$$

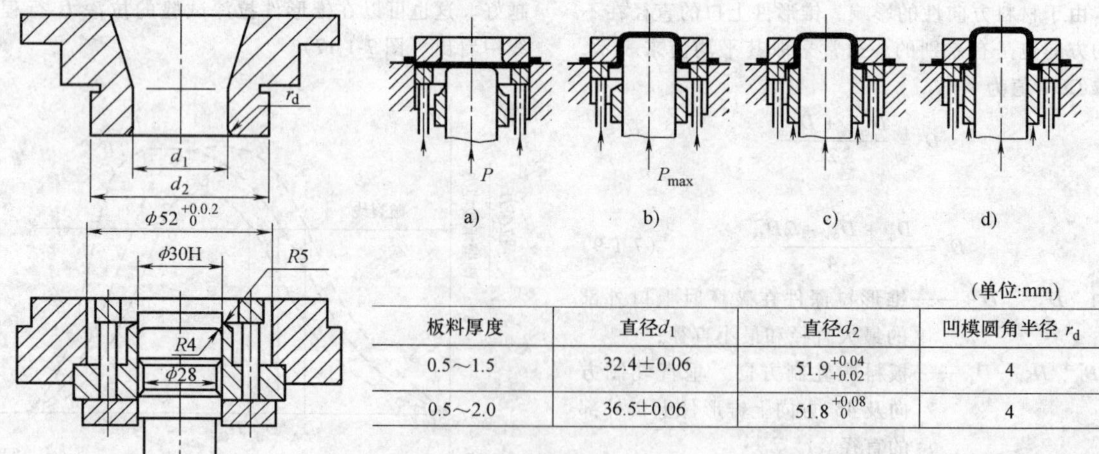

（单位:mm）

板料厚度	直径 d_1	直径 d_2	凹模圆角半径 r_d
0.5～1.5	32.4±0.06	$51.9^{+0.04}_{+0.02}$	4
0.5～2.0	36.5±0.06	$51.8^{+0.08}_{0}$	4

图7-1-19 拉深力对比试验法示意图

a）冲裁 b）拉深 c）压紧（A点） d）破裂（B点）

从上式可以看出：T 值为负荷到达极限（破裂）时的富裕量，当 P_{ab} 和 P_{max} 的差值越大，则板料的拉深性能就越好。采用 TZP 法的缺点是需要有专用的模具。

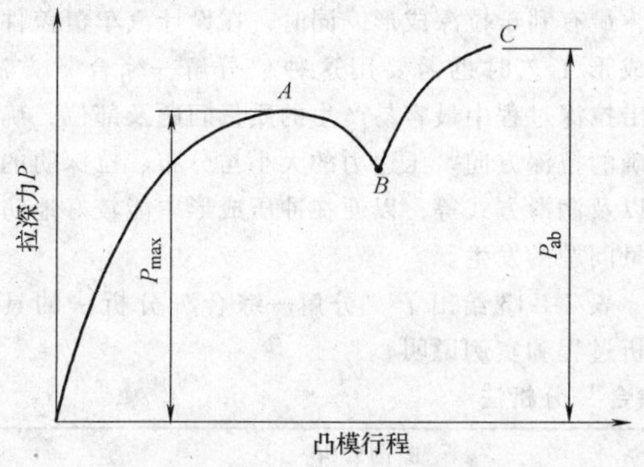

图 7-1-20　TZP 法试验时拉深力-行程的关系

1.10　板料的弯曲试验

1.10.1　反复弯曲试验

反复弯曲试验用来测定厚度在 5mm 以下的金属板料对弯曲工序的适应性。根据 GB/T232—1999 的规定，弯曲试验是将试件垂直地夹在仪器的夹口中，在与仪器夹口相互接触成垂直的平面中，沿左、右方向作 90°的反复弯曲。弯曲的速度规定为每分钟不得超过 60 次，直到规定的弯曲次数为止。弯曲 90°后，再弯回 90°作为一次反复弯曲，如图 7-1-21 所示。

试验时，在达到规定的次数后，检查试件弯曲部分有无裂纹、裂断、起层或起皮等缺陷。如在试件弯曲部分无上述缺陷时，即认为材料符合弯曲性能的要求。

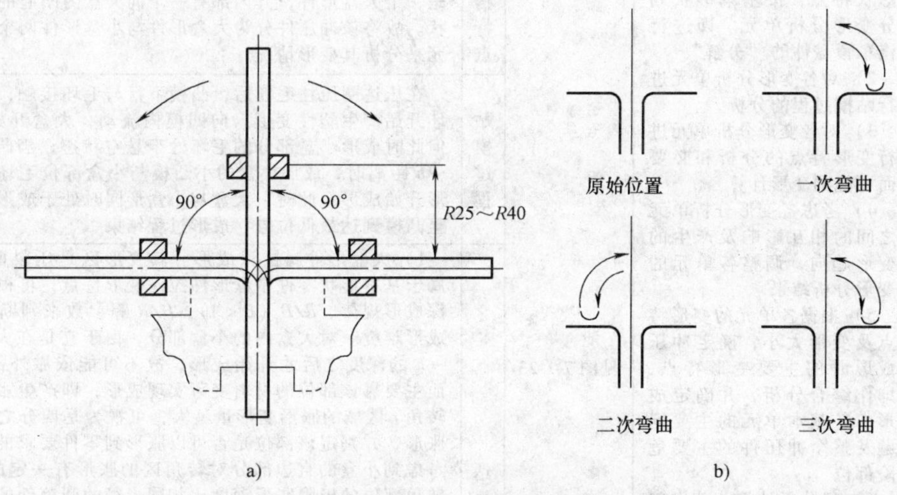

图 7-1-21　反复弯曲试验

a）试验情形　b）连续往复弯曲情形

1.10.2　弯曲挠度试验

弯曲挠度试验为现场测定软钢板为主的屈服点附近性质的试验，是一种用于现场试验的简便方法。试验时，将试验板材的一端夹于图 7-1-22 所示的试验机中，并将板料沿试验机底板的弯头约弯曲到弯曲角为 60°，由千分表读取板材的弹性弯曲挠度。所需的弯曲力可由指示器读出，此值采用板厚修正而定义为 F 值。它反映弯曲阻力的大小，和屈服点有密切的关系，其值为

$$F = (\text{千分表读数}) \times \left(\frac{t_s}{t_0}\right)^2 \qquad (7\text{-}1\text{-}11)$$

式中　t_s——基准板厚（0.035in）；

t_0——被测试板材的厚度。

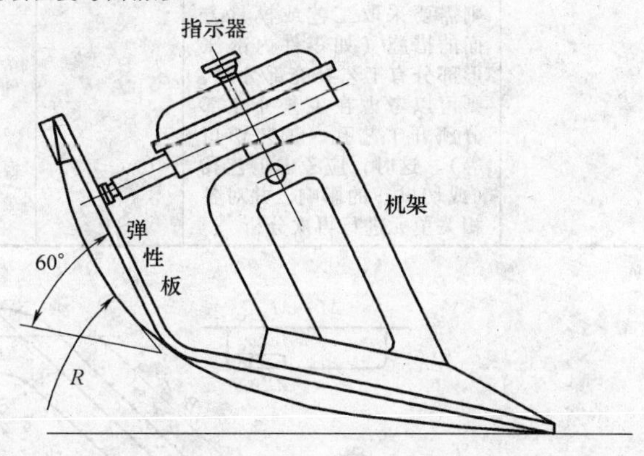

图 7-1-22　弯曲挠度试验

当拆除试验装置（卸去负荷）后，可以采用球面测量计测得残余曲率 R 值。R 值和屈服点的升高有

密切的关系。R 值小的材料不易发生拉伸应变。

1.11 变形分析方法

在进行冲压工艺设计和冲模设计时都要对毛坯的变形进行分析，以便于确定合适的工艺参数和模具参数。常见的分析方法有“分解—综合”分析法和坐标网分析法。

“分解—综合”分析法的基本原理是：把一个冲压件“分解”成若干个基本形状，先分别分析这些基本形状的变形特点，然后把这些基本形状综合起来，并考虑各基本形状之间的相互影响，总结出该冲压件的冲压变形特点及各种因素对成形的影响。

在设计拉深件时可以应用这种“分解—综合”方法，根据冲压件的结构形状特点，分析其成形特点，以确定如何增加工艺补充部分、设计成什么样的压料面形状可以较好地改善各部位的变形大小和分布，最有利于拉深成形。同时，在设计汽车覆盖件冲压成形工艺时也需要用这种“分解—综合”方法，找出拉深过程中最容易产生的质量问题及部位，确定正确的拉深方向、压边力的大小与分布、拉深肋的设置以及润滑方式等，以便在冲压成形中能较好地防止质量问题的发生。

表 7-1-13 给出了“分解—综合”分析法的具体分析过程和实例说明。

表 7-1-13 “分解—综合”分析法

名称	主要步骤	图例	图例分析	
“分解—综合”分析法	1）根据冲压件的结构、形状特点，按基本形状划分变形分析单元。即进行汽车覆盖件的“分解” 2）对各变形分析单元进行贴模过程的分析 3）对各变形分析单元进行变形特点的分析和必要而可能的变形计算 4）考虑各变形分析单元之间的相互影响及产生的变形趋向，调整各单元的变形分析结果 5）根据各单元的变形特点及变形大小，确定冲压成形时的主要变形特点，即作综合分析，并确定成形中各基本单元的主要问题及整个冲压件的主要危险部位 6）经分析计算，若内部胀形成形部分变形过大，超过材料塑性变形极限，则需要采取工艺或模具方面的措施（如零件内部胀形部分有工艺补充部分时，则可以考虑在工艺补充部分预开工艺孔、工艺切口等）。这时，应考虑工艺孔（或切口）的影响，并对各相关单元进行再次分析	见图 7-1-23	结构特点	平面法兰、直壁、矩形轮廓、底部有局部形状。即外轮廓是一个大盒形件，其内部有一个向大盒内凸起的小盒形件形状。故将该冲压件分为大盒形件与小盒形件两个变形分析单元来分析其变形情况
			贴模过程	在压边圈压住毛坯后，凸模下行与毛坯接触，法兰上的毛坯开始产生塑性变形，向凹模内流动，大盒开始拉深成形，但此时成形小盒部分的毛坯处于悬空状态；当凸模下行到 $H-h$ 距离时，成形小盒的小凸模与小盒部位毛坯接触，小盒形开始成形。此时，大盒与小盒形同时处于成形过程中，直至凸模到达最低位置，成形过程结束
			结果分析	1）大盒形件属拉深成形。其变形区是压料面上的毛坯，属于基本形状零件中盒形件拉深变形特点，可根据盒形件拉深成形规律、R/B（$B<A$）、H/R 等参数来判断变形分布和成形难度。对大盒内的小盒部分，由于它是在大盒成形到 $H-h$ 的深度之后才开始成形，故不可能依靠外部流入材料，而主要靠该部位的材料变薄实现成形，即产生胀形变形。而转角 r 区域的胀形变形量最大，可视为是四分之一圆筒件的胀形，并判定该部位是否可以胀形到零件要求的深度。同时考虑到小盒的直边部分对转角区的胀形有一定的减轻作用，转角部位的极限胀形深度比相同半径的圆筒件的极限胀形深度有一定的提高 2）由于小盒是在大盒基本成形后才成形的，小盒对大盒的成形基本上没有影响。小盒成形属于胀形变形，大盒成形对它的影响也很小。但在小盒的外边缘与大盒的内边缘的距离 l 较小，r_d、R_p 较大，且 h 较大的情况下，小盒成形时会有一定量的材料从小盒外部流入，其极限胀形深度会更大些 综合分析，该冲压件可能出现的问题有：①在法兰转角部位产生起皱；②在 R_p 处产生 α 破裂；③小盒胀形时在小盒底部产生 β 破裂（即小盒底部因塑性变形能力不够而产生的塑性破裂）等

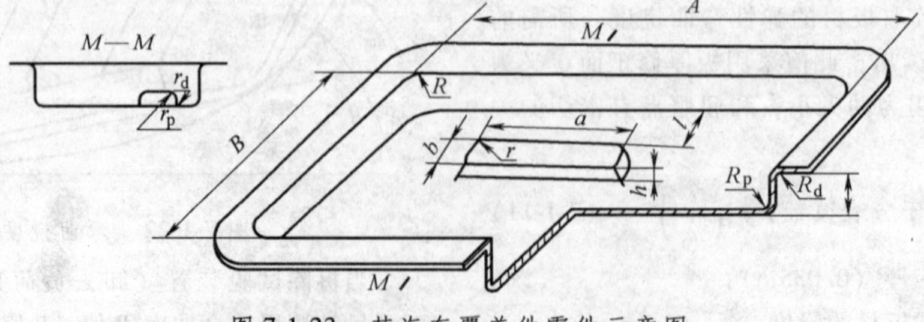

图 7-1-23 某汽车覆盖件零件示意图

坐标网格分析方法见表 7-1-14，印相法制作网目的过程见表 7-1-15，几种常用的材料表面脱脂、浸洗条件见表 7-1-16，几种常用感光胶的配方及配制方法见表 7-1-17，坐标网格分析法实例见表 7-1-18。

表 7-1-14　坐标网格分析法

<table>
<tr><th rowspan="2">名称</th><th colspan="2">坐标网形式</th><th colspan="2">网页制作的方法</th><th>原理</th></tr>
<tr><th>图例</th><th>说明</th><th>1）机械刻线法</th><th>2）化学腐蚀和电腐蚀法</th><td rowspan="7">网目变形见图 7-1-24，两主应变的方向就是椭圆的长轴方向和短轴向，主应变的数值为：
$\delta_x=\frac{R_x-R_0}{R_0}\times100\%$
$\delta_y=\frac{R_y-R_0}{R_0}\times100\%$
式中　R_0—圆形网目变形前的原始半径
R_x、R_y—圆形网目变形后椭圆的长、短轴半径
$\varepsilon_x=\ln\frac{R_x}{R_0}$
$\varepsilon_y=\ln\frac{R_y}{R_0}$
连续测量变形区内某方向或某区域的若干个网目，即可得到在相应方向或区域内的变形分布情况。并可根据所计算出的两个主应变计算出测量点的综合应变 ε_i
$\varepsilon_i=\frac{2}{\sqrt{3}}\sqrt{\varepsilon_1^2+\varepsilon_2^2+\varepsilon_1\varepsilon_2}$
用下式计算出相应点的板平面内两个主应力大小
$\sigma_1=\frac{2}{3}\frac{\sigma_i}{\varepsilon_i}(2\varepsilon_1+\varepsilon_2)$
$\sigma_2=\frac{2}{3}\frac{\sigma_i}{\varepsilon_i}(2\varepsilon_2+\varepsilon_1)$
式中　σ_1、σ_2—主应变方向上的主应力
σ_i—综合应力
设材料的应力-应变关系为幂指数硬化模型，即 $\sigma_i=K\varepsilon_i^n$，上式可表达为
$\sigma_1=\frac{2}{3}K\varepsilon_i^{n-1}(2\varepsilon_1+\varepsilon_2)$
$\sigma_2=\frac{2}{3}K\varepsilon_i^{n-1}(2\varepsilon_2+\varepsilon_1)$
式中　K—材料常数
n—硬化指数</td></tr>
<tr><td rowspan="6">坐标网格分析法</td><td rowspan="2">正方形网目</td><td rowspan="2">正方形网目主要适应于分析毛坯在变形过程中剪切应变情况，通过测量网目的相邻边在变形后的角度，可以计算出剪切变形量。同时，利用正方形网目还可以较直观地了解毛坯在变形过程中的流动方向和趋势</td><td>用机床直接刻线或手工用划规在板材上直接刻线，刻线深 0.05~0.15mm</td><td>化学腐蚀和电腐蚀法的腐蚀深度一般为 0.005~0.03mm</td></tr>
<tr><td colspan="2">这两种制网方法都在板材表面上形成了刻痕，板厚产生了差别，从而使板材的抗拉伸失稳能力降低，极限变形程度减小。尤其是对薄板来说，这种影响更为显著</td></tr>
<tr><td>圆形网目</td><td>圆形网目在任何应力状态作用下变形后都形成椭圆形式，其长轴方向就是板面内最大主应变方向，短轴方向就是板面内另一主应变方向。一般情况下，在测量毛坯的变形之前不能准确知道主应变方向，特别是在大塑性变形情况下，利用圆形网目可以比较准确地确定毛坯变形后的主应变方向、板平面内两主应变的大小及其比值，由此可计算出相应的两主应力的大小、方向和它们的比值，确定毛坯的变形状态。所以，圆形网目得到最普遍的使用</td><td colspan="2">3）印相法
印相法是在经过表面处理的钢板表面涂一层感光胶，以网目底板为膜板，进行曝光、显影后，未感光的部分被清洗掉露出钢板表面，已感光的部分粘牢在钢板表面，并随钢板产生塑性变形
印相法制作网目的过程见表 7-1-15</td></tr>
<tr><td>组合网目</td><td>组合网目具有正方形网目和圆形网目的优点</td><td colspan="2" rowspan="3">4）印刷法</td></tr>
<tr><td>交错网目</td><td>交错网目的优点是可以得到毛坯在某区域里较密的测量点。如果采用圆形网目，则需要使用直径较小的网目，但较小的网目的测量时的相对误差会增大</td></tr>
<tr><td colspan="2">网目的大小可以根据冲压件的具体情况来选定。一般地，冲压件曲率较小的部位应变梯度较小，可选用较大的网目，这样可以减小测量误差，又可以提高测量速度。在冲压件曲率较大的部位应变梯度大，应选用较小的网目，以利于提高测量精度，得到较准确的应变梯度。在实验室，一般选用小尺寸的圆形网目，直径一般小于 3mm，如 ϕ2mm、ϕ2.5mm 的圆形网目。在生产实际中，由于汽车覆盖件的尺寸很大，一般选用较大尺寸的网目，如 ϕ10mm、ϕ20mm 的圆形网目，在曲率较小的部位甚至可以采用 ϕ50mm 至 ϕ100mm 的圆形网目</td></tr>
</table>

表 7-1-15 印相法制作网目的过程

名称	步骤	有关说明
印相法制作网目的过程	1）钢板的表面处理	由于钢板表面上带有一层防锈油，这层防锈油使感光胶不能与钢板粘合，所以必须对钢板进行表面脱脂、浸洗的处理。表 7-1-16 列出了几种常用的材料表面脱脂、浸洗条件 经过脱脂、浸洗的钢板，用清水洗净其表面，如果水能迅速将清洗过的钢板整个表面浸润，则说明表面处理效果好；如果有部分表面不能被水浸润，说明钢板的该部分表面仍有油渍，需再次进行清洗
	2）感光胶的配制	感光胶是一种对光敏感的高分子化合物，在光照条件下会发生交联聚合或分解等光化学反应，使涂在试件表面的胶膜改变性质。一类感光胶是负性感光胶，它在感光前是水、酸、碱溶液的溶解体，感光后胶的分子结构由线状交联成网状而硬化，形成对水、酸、碱溶液的非溶解体。这种胶膜在曝光拷贝后，曝光部分留在试件上，未曝光部分在显影时被清洗掉。另一类是正性感光胶，它在光照前是不可溶的，感光后分子结构由网状转变成线状，变成可溶物质。表 7-1-17 列出了几种常用的感光胶的配方及配制方法 为了保证制网的质量，必须配制好感光胶。如 Z2、Z3 胶都需要聚乙烯醇溶液，由于聚乙烯醇不能较快地溶于水，所以在配制聚乙烯醇溶液时，必须耐心进行搅拌，还可以加热到 50～60℃，以提高其溶解速度，但温度不可过高。配制好的溶液不应存有小硬块等溶质 将配制好的溶液在清洗干净的板材表面印制网目，程序为： 钢板表面处理──→涂感光胶──→烘干──→曝光──→显影──→着色──→竖模 配制感光胶──┘

表 7-1-16 几种常用的材料表面脱脂、浸洗条件

材料	脱脂液	浸洗处理
铝及铝合金	丙酮	3%～6% NaOH 水溶液浸 3min，取出后在 30% 硝酸溶液中 25℃浸 3min
钢板	丙酮	85% H_3PO_4 与水 1:3 配制，77℃浸 5min
不锈钢板	丙酮	浓 HNO_3 与水 1:3 配制，66～71℃浸 15～30min

表 7-1-17 几种常用感光胶的配方及配制方法

胶号	感光胶配方	烘 干	曝 光	显 影	坚 膜	备 注
Z1	聚乙烯醇 100g 2-羟甲基安息香甲醚 2g 羟甲基丙烯酰胺 50g 顺丁烯二酸酐 3.8g 对苯二酚 0.1g 乙醇 80g 磺化蓖麻油 2g 水 250g	60℃热风吹干	10 支 40W 黑光灯，距离板面 60mm 照射 3～5min	水中，25℃	120～130℃烘干 10min	配好的感光胶应存储于深色密闭容器中，二周内有效
Z2	7% 聚乙烯醇 100mL 12.5% 醋酸溶液 1.2mL 20% 重铬酸铵溶液 50mL 无水乙醇 5mL	40～60℃热风吹干	汞灯 100W，距离板面 100mm 照射 3min	水中 40～50℃	坚膜液中浸泡 2min	可以承受 60% 的应变，耐温 450℃，存放同 Z1
Z3	10% 聚乙烯醇 100mL 10% 重铬酸铵水溶液 10mL	50～60℃热风吹干	汞灯 100W，距离板面 500mm 照射 2min	水中 30～40℃	5% Cr_2O_3 水溶液内浸泡 1min	耐温 350℃，不宜保存
M1	8% 明胶水溶液 100mL 重铬酸铵 1.4g 无水乙醇 2mL 25% 氨水 4mL	60℃热风吹干	同 Z3	水中 40～50℃	同 Z2	同 Z1
M2	8% 明胶水溶液 100mL 重铬酸钾 0.8～2g					

在实验室和生产实际中应用最广的是圆形网目，当制上网目的毛坯变形时，网目随之产生相同的变形，圆形网目由原来的圆或变为椭圆（板面内两应力不相等，a 不等 1 时），或变为直径更大的圆（双向等拉，$a=1$ 时），或变成更小的圆（双向等压，$a=-1$ 时）。测量网目变形后的长轴尺寸 R_x 和短轴尺寸 R_y（图 7-1-24），可计算出板平面内两主应变的大小。用这两个主应变代表该网目中心点的应变状态。

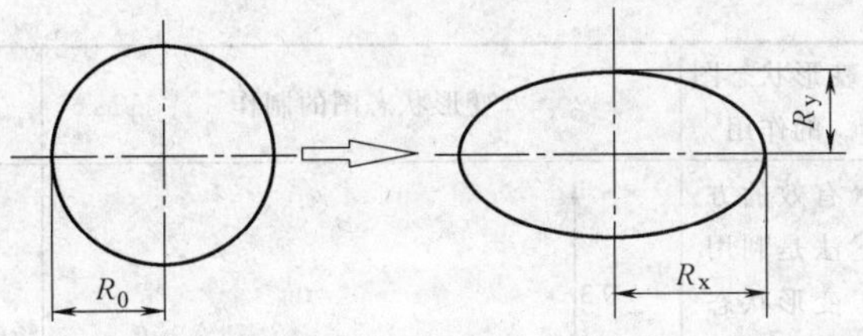

图 7-1-24 图形网目的变形

表 7-1-18 坐标网格分析法实例

变形状态图的作用	变形状态图的制作	变形状态图的类型
由于汽车覆盖件冲压成形时毛坯的变形极为复杂，要准确掌握毛坯的变形规律并解决某一具体问题，仅靠简单的变形分析往往是不够的。通常必须通过对毛坯进行实际测量，将毛坯在成形过程中各有关部位的变形性质、变形分布、变形路径及变形大小等弄清楚，才能比较准确地掌握毛坯的变形规律。对此，在生产中比较	变形状态图（SCV）是通过利用坐标网格技术对冲压件毛坯的变形进行实际测量得到的，它是在 ε_1-ε_2 坐标系内，表示毛坯上某个区域在成形过程中的变形情况（包括变形性质、变形分布、变形路径及变形大小等）的一组曲线图。其中，ε_1 和 ε_2 分别为毛坯在板平面内的最大主应变和最小主应变 制作 SCV 图的方法如下： 1. 选择制网部位并制网目 根据具体覆盖件的结构、形状和尺寸，利用变形分析方法初步分析判断覆盖件上哪些部位的变形比较复杂，需要进行变形测量，或根据测量变形的目的和要求确定在毛坯上的制网目部位 在毛坯上制网目，一般选用圆形网目。因为圆形网目在任何状态下都将变为椭圆（只有在双向等拉和双向等压时才仍为圆形），测量时可以很方便地得到板平面内最大主应变 ε_1 的方向（椭圆长轴方向）和最小主应变 ε_2 的方向（椭圆短轴方向）及其变形量 2. 分阶段冲压和测量变形 覆盖件分为多次成形，第一次成形一个深度 h_1，第二次在第一次基础上成形下一个深度 h_2，最后一次成形深度 h_n 之后达到覆盖件要求的总深度 H，即 $H=h_1+h_2+\cdots+h_n$ 每成形一个深度，都要取出毛坯测量变形，并做好记录。绘制出在每一个阶段毛坯测量区域的主应变 ε_1 和 ε_2 的分布图如下：	双向拉应力作用下毛坯变形区的 SCV 图的几种类型如下图所示： 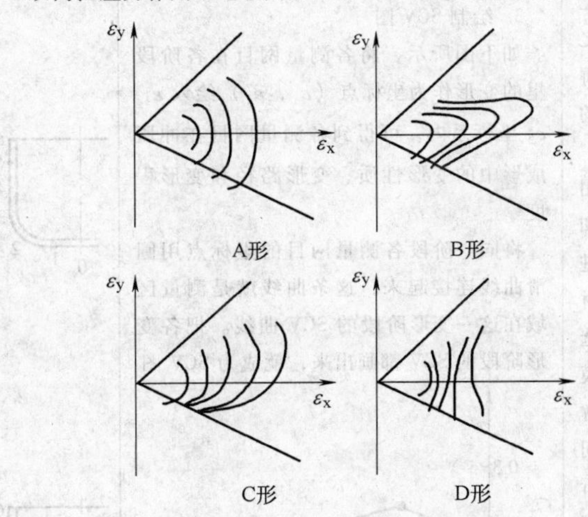 双向拉应力作用下的 SCV 图类型 包括一向拉应力和一向压应力状态作用的毛坯变形区域的 SCV 图的几种类型如下图所示：

（续）

变形状态图的作用	变形状态图的制作	变形状态图的类型
有效的方法是利用变形状态图（简称 SCV 图）配合 FLD 等进行质量问题分析，并在此基础上找出行之有效的解决问题的措施 利用 SCV 和 FLD 可进行毛坯材料的选择、冲模调整、解决破裂问题、分析起皱问题、冲压生产监控等	变形分布图 3. 绘制 SCV 图 如下图所示，将各测量网目在各阶段里的变形作为坐标点（ε_1，ε_2）绘入 ε_1-ε_2 坐标系内，可得到各测量网目在冲压成形中的变形性质、变形路径和变形程度 将同一阶段各测量网目的坐标点用圆滑曲线连接起来，这条曲线就是测量区域在这一变形阶段的 SCV 曲线。把各变形阶段的 SCV 都画出来，就成为 SCV 图 变形状态图	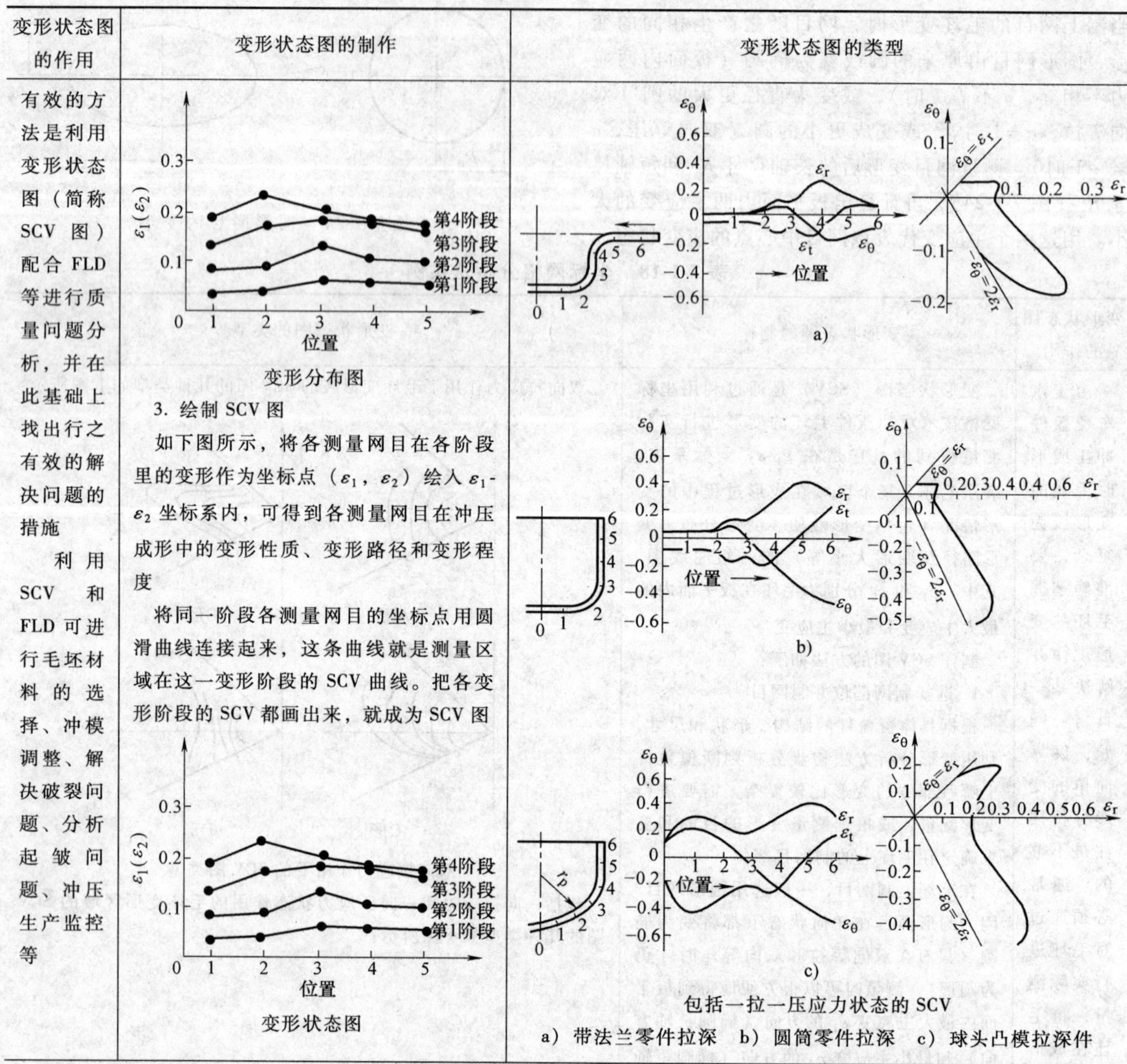 包括一拉一压应力状态的 SCV a）带法兰零件拉深　b）圆筒零件拉深　c）球头凸模拉深件
利用坐标网技术可以通过测量毛坯的变形量、变形分布及材料塑性流动等情况来判断冲压过程中出现的破裂、起皱、材料堆积、尺寸精度不良等各种质量问题，制定有针对性的措施		

第 2 章　冲裁件的质量与控制

2.1　冲裁件的尺寸精度

2.1.1　冲裁件尺寸变化的因素

所谓冲裁件的尺寸精度，是指在冲裁时所得到的制件实际尺寸与理想的正确尺寸相接近的程度。

冲裁时应力及应变状态是相当复杂的。当冲裁件在与板料毛坯分离后，除了产生材料塑性变形和造成工件的分离以外，同时还伴随有因消除材料的弹性变形所引起的所谓“弹性回跳”现象，致使所得到的制件尺寸并不等于凹模工作部分的实际尺寸（图 7-2-1）。

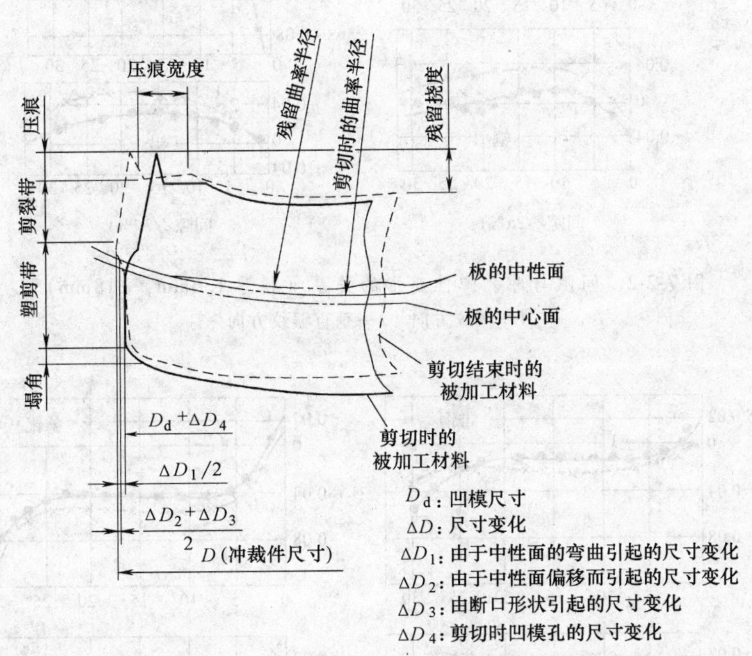

图 7-2-1　冲裁件尺寸变化的因素

2.1.2　模具间隙对冲裁件尺寸精度的影响

模具间隙对冲裁件尺寸精度影响主要是：当间隙较大时，材料所受拉伸作用增大，冲裁结束后，因材料的弹性恢复，使冲孔件的尺寸增大，落料件的尺寸变小；当间隙较小时，材料受凸、凹模挤压力大，压缩变形大，冲裁完毕后，材料的弹性恢复使落料件尺寸增大，而冲孔件的孔径则变小（图 7-2-2、图 7-2-3）。

图 7-2-4 所示为生产中 10 种常用材料落料件与冲孔件尺寸精度-相对间隙的关系曲线。图中实线为落料件的尺寸精度，虚线为冲孔件的尺寸精度。

从图 7-2-4 中可见：当相对间隙较小时，冲裁件的尺寸变化较大，当相对间隙增大到某一合理值时，落料件尺寸小于凹模尺寸，冲孔件尺寸大于凸模尺寸，冲裁件与凸、凹模之间的摩擦可以显著减小，可显著提高模具寿命。

建议合理的间隙值应该根据冲裁件的具体材料性能选取，对于落料件必须保证落料件的尺寸稍小于凹模型腔尺寸即可；而对于冲孔件，冲裁间隙还可以放大，因为使冲孔件尺寸大于凸模尺寸的冲裁间隙大于使落料件尺寸小于凹模型腔尺寸的冲裁间隙。

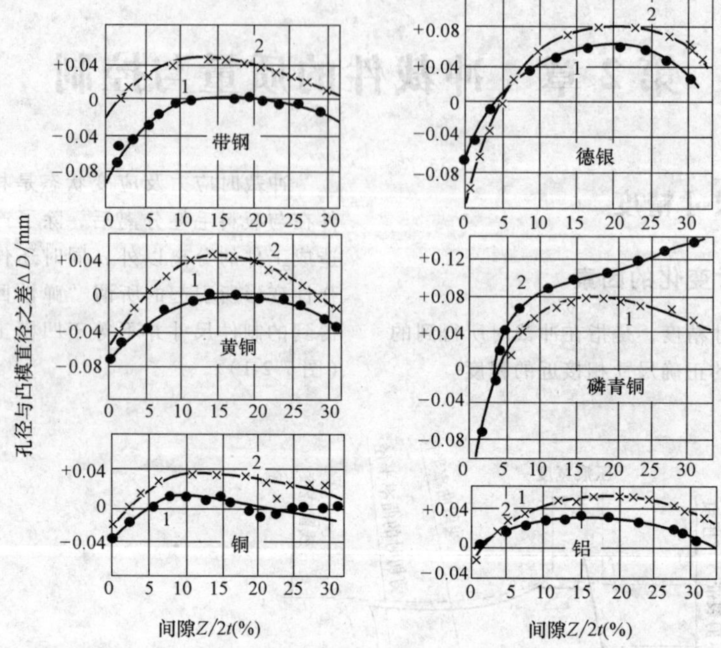

图 7-2-2 间隙与冲孔弹性变形的关系（料厚 1.6mm，ϕ18mm）

1—辗纹方向 2—垂直辗纹方向

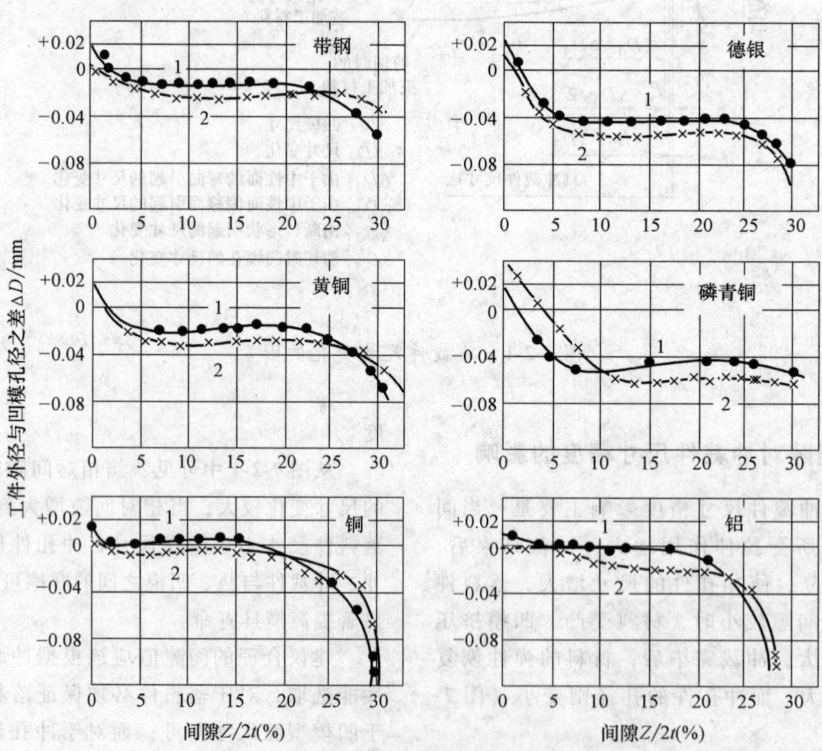

图 7-2-3 间隙与落料弹性变形的关系（料厚 1.6mm，ϕ18mm）

1—辗纹方向 2—垂直辗纹方向

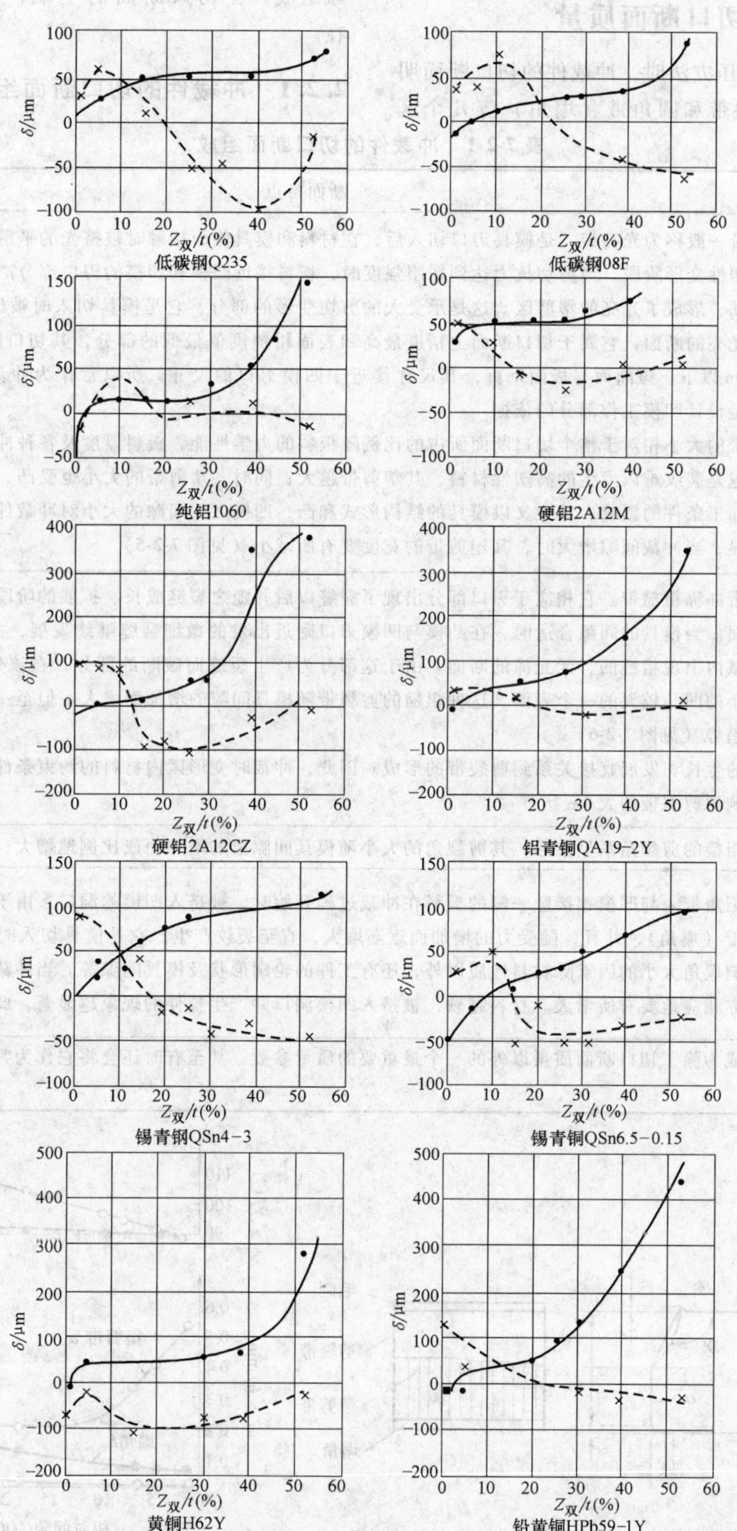

图 7-2-4 10 种常用材料落料件与冲孔件尺寸精度与相对间隙的关系曲线

（实线为落料件的尺寸精度，虚线为冲孔件的尺寸精度）

2.2 冲裁件的切口断面质量

当采用一般的冲压方法时，冲裁件的切口断面明显地由塑剪带、剪裂带和圆角带（塌角）等几个区域组成。在切口断面的上端，还有一定的毛刺存在。

2.2.1 冲裁件的切口断面组成（见表7-2-1）

表7-2-1 冲裁件的切口断面组成

断面	断面特点
塑剪带	塑剪带一般称为光亮带，是模具刃口切入后，在材料和模具侧面接触时被挤光的平滑面，它相应于冲裁过程中的塑性变形阶段。当剪切抗力达到屈服强度时，板料接近凸模和凹模的刃口部分产生应力集中，引起材料的流动，形成了光亮的塑剪区。这是承受大的剪切变形的部分，它是模具切入时被压下的自由表面部分。该处有光亮的断面，它属于切口断面上精度最高和表面粗糙度值最低的部分，其切口断面的表面粗糙度 Ra 为1.6μm以下。该断面与板面垂直，其尺寸接近于凹模刃口的尺寸，所以常作为冲裁件尺寸的检测基准，同时也是设计凹模工作部分的依据 塑剪带的大小相对于整个切口断面所占的比例随板料的力学性能、板料厚度及各种冲裁条件的不同而有所变化。越是裂纹难以发生的高塑性材料，其塑剪带越大；同时，塑剪带的大小也受凸、凹模间隙和模具刃口磨钝等加工条件的影响。其中又以模具的结构形式和凸、凹模之间间隙的大小对冲裁件切口断面质量的影响最为明显，当冲裁间隙增大时，其塑剪带的宽度要有所减小（见图7-2-5）
剪裂带	剪裂带亦称粗糙带。它相应于刃口部分出现了裂缝以后并随之裂缝成长、扩展的阶段（剪裂阶段）所形成的粗糙面。当模具的间隙合适时，在凸模与凹模刃口附近出发的微细裂缝继续发展，并最后相互交会重合，在该区域内出现粗糙的、无光泽的断面。由于这部分为产生裂缝而破断的部分，在该处出现晶粒状的表面，是呈微小的凹凸较大的一个表面。这种粗糙的剪裂带随模具间隙的增加而增大。但至一定值后，继而又稍有减小的趋势（见图7-2-6） 裂纹的生长和发展直接关系到剪裂带的形成。因此，冲裁时变形区内材料的约束条件和模具间隙值的选取都会影响到剪裂带的大小
剪裂角	对于粗糙的剪裂角系呈锥形，其剪裂角的大小随模具间隙值的增加而成比例地增大（见图7-2-7）
塌角	亦即圆角带。与凹模相接触一侧的板料在冲裁过程开始时，被挤入凹模的洞口，由于受拉伸的作用，形成了圆角带（塌角），并且，随受力的增加而逐渐增大，直至裂纹产生。它是模具切入时被压下的自由表面部分。影响塌角大小的因素除材料性质以外，还有工件的轮廓形状及模具间隙等。当冲裁间隙增大时，冲裁件的塌角亦相应地要有所增大。材料越软，被挤入凹模洞口并产生拉伸的现象越显著，此时的塌角就越大
毛刺	它已成为除了切口断面质量以外的一个最重要的质量参数。甚至有时还会将它作为判别模具寿命的主要因素

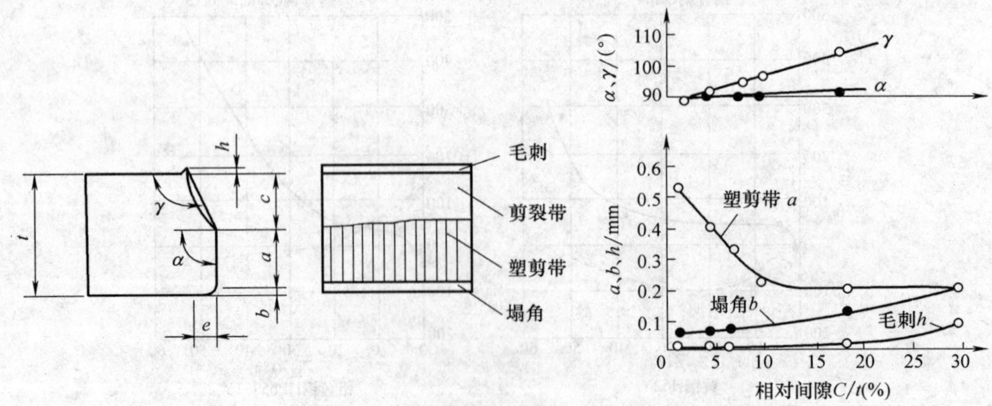

图7-2-5 冲裁件切口断面形状与间隙值的关系

（t=0.615mm，马口铁，方形冲件）

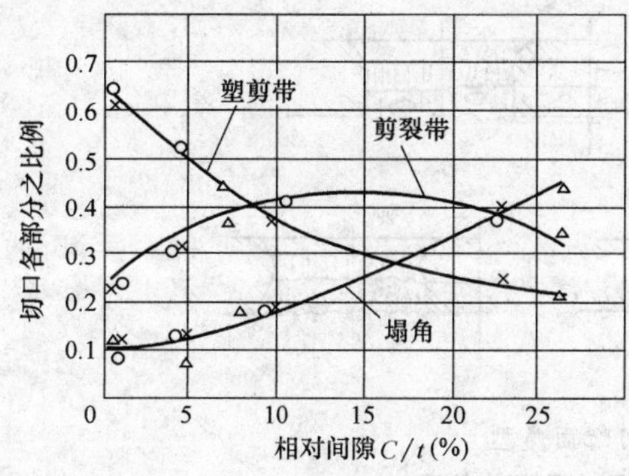

图 7-2-6 冲裁件切口断面各区域与冲裁间隙的关系
（材料：铜，○—$t=1\text{mm}$；×—$t=2\text{mm}$；△—$t=3\text{mm}$）

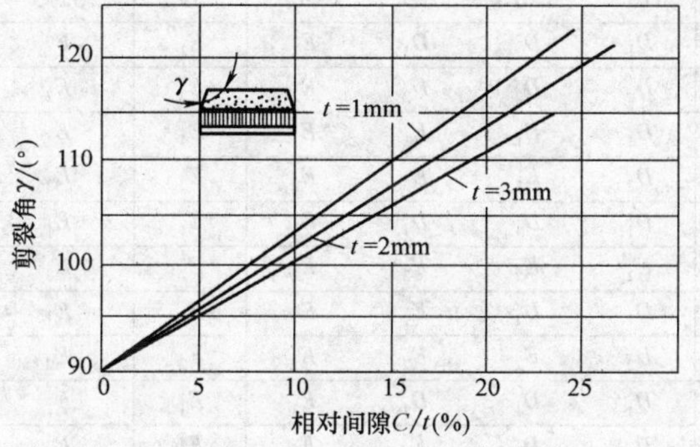

图 7-2-7 冲裁件的剪裂角与模具间隙的关系

2.2.2 模具间隙对冲裁件断面质量的影响

冲裁件的断面质量是冲裁件质量的主要指标之一，而断面质量中的许多指标（包括冲裁件的断面形式、毛刺高度、相对光厚比（工件剪切面光亮带宽度与工件材料厚度之比）、垂直度、平面度、圆角、撕裂带等）与相对间隙有密切的关系。

当间隙过小时，裂纹成长受到抑制而成为滞留裂纹，在上下裂纹中间将产生二次剪切。这样，在光亮带中部夹有残留的断裂带（图 7-2-8a），当间隙过大时，材料的弯曲和拉伸增大，接近于胀形破裂状态，容易产生裂纹，且材料在凸、凹模刃口处产生的裂纹会错开一段距离而产生二次拉裂，毛刺大而厚，使冲裁件的断面质量下降（图 7-2-8c）。间隙过小，部分材料被挤出材料表面形成高而薄的毛刺；间隙过大，材料易被拉入间隙中，形成拉长的毛刺。

有人对 10 种常用材料各进行 9 种间隙的冲裁试验，将落料件与冲孔件的断面形式进行归纳，如图 7-2-9 与图 7-2-10 所示。

试验表明，冲裁件的断面形式决定于相对间隙与材料的力学性能。在一般情况下，A 与 B 型的断面发生于微间隙（$Z/t\leqslant5\%$），C 型断面发生于小间隙（$5\%\leqslant Z/t\leqslant10\%$），而 D 型多发生在中等的间隙范

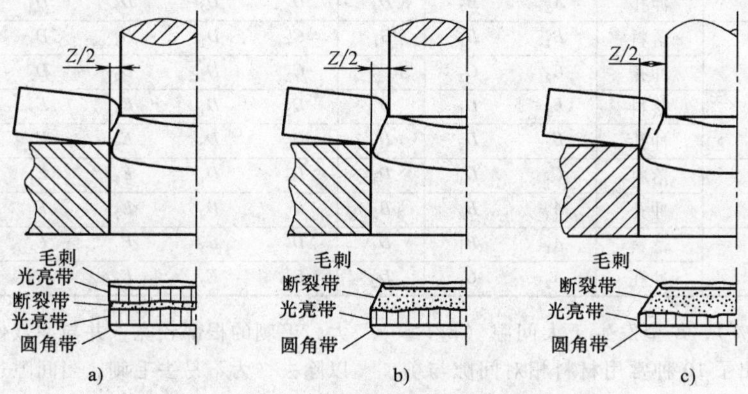

图 7-2-8 间隙大小对制件断面质量的影响
a）间隙过小 b）间隙合适 c）间隙过大

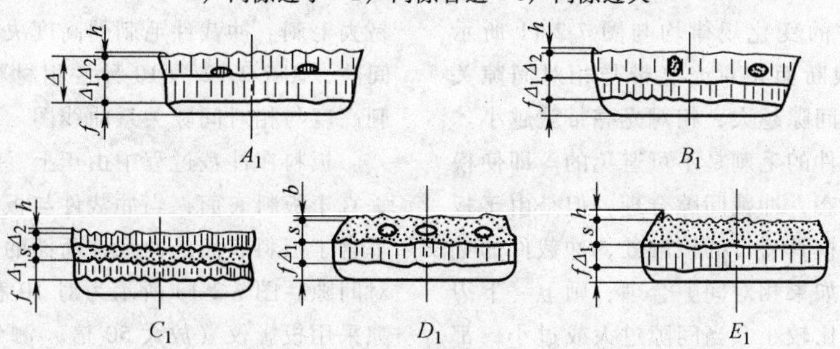

图 7-2-9 落料件的剪切断面类型

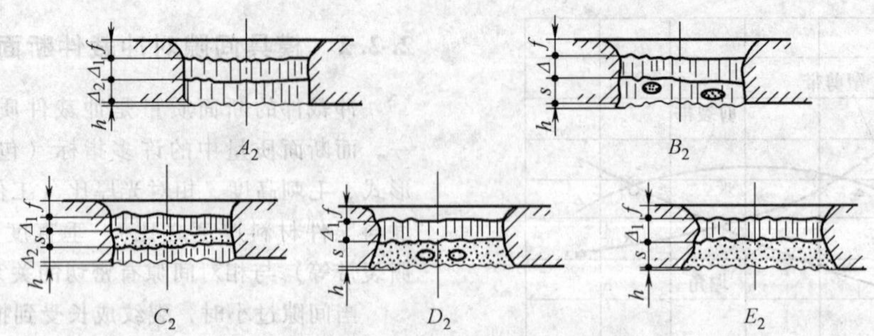

图 7-2-10 冲孔件的剪切断面类型

表 7-2-2 冲裁件断面类型与相对间隙的关系

材料名称	工序名称	相对间隙（Z/t）（%）								
		1	5.5	10	15	20	25	30	39	52.5
铝青铜 QAl9-2Y	落料	A_1	C_1	D_1	D_1	D_1	D_1	E_1	E_1	E_1
	冲孔	C_2	D_2	D_2	D_2	D_2	D_2	E_2	E_2	E_2
锡青铜 QSn4-3	落料	A_1	D_1	D_1	D_1	E_1	E_1	E_1	E_1	E_1
	冲孔	B_2	D_2	D_2	D_2	E_2	E_2	E_2	E_2	E_2
锡青铜 QSn6.5-0.15	落料	A_1	D_1	D_1	D_1	D_1	D_1	E_1	E_1	E_1
	冲孔	B_2	D_2	D_2	E_2	E_2	E_2	E_2	E_2	E_2
黄铜 H62Y	落料	D_1	D_1	D_1	D_1	D_1	E_1	E_1	E_1	E_1
	冲孔	D_2	D_2	D_2	D_2	E_2	E_2	E_2	E_2	E_2
铅黄铜 HPb59-1Y	落料	A_1	B_1	D_1	D_1	D_1	D_1	E_1	E_1	E_1
	冲孔	B_2	C_2	D_2	D_2	D_2	E_2	E_2	E_2	E_2
低碳钢 Q235	落料	A_1	B_1	D_1	D_1	D_1	D_1	E_1	E_1	E_1
	冲孔	A_2	B_2	D_2	D_2	D_2	D_2	D_2	D_2	E_2
硬铝 2A12CZ	落料	B_1	B_1	B_1	C_1	D_1	D_1	D_1	D_1	E_1
	冲孔	C_2	C_2	C_2	C_2	D_2	D_2	D_2	D_2	E_2
低碳钢 08F	落料	B_1	D_1	D_1	D_1	D_1	E_1	E_1	E_1	E_1
	冲孔	B_2	D_2	D_2	D_2	D_2	E_2	E_2	E_2	E_2
硬铝 2A12M	落料	C_1	D_1	D_1	D_1	D_1	E_1	E_1	E_1	E_1
	冲孔	A_2	B_2	B_2	D_2	D_2	E_2	E_2	E_2	E_2
纯铝 1060	落料	A_1	B_1	D_1	D_1	E_1	E_1	E_1	E_1	E_1
	冲孔	A_2	C_2	D_2	D_2	E_2	E_2	E_2	E_2	E_2

围（$10\% \leqslant Z/t \leqslant 20\%$），$E$ 型发生于大间隙（$Z/t \geqslant 20\%$）。表 7-2-2 列出了 10 种常用材料相对间隙与剪切断面形式的关系。

光亮带的大小主要决定于相对间隙。对于任何材料，落料件与冲孔件的变化规律均与图 7-2-11 所示 10 种常用材料的冲裁断面相对光亮带与相对间隙关系曲线图类似，相对间隙越大，相对光亮带就越小。

普通冲裁加工工件的毛刺是不可避免的。即使模具的刃口处于锋利状态，冲裁间隙合理，但是由于板料的裂纹起点不在与模具刃口的接触处，冲裁件的毛刺也是不可避免的。如果相对间隙合理，则上、下刃口的裂纹重合，毛刺比较小。当间隙过大或过小，都会使毛刺高度增加。间隙过大时，冲裁件的毛刺高度大，毛刺的根部较宽，并与冲裁件紧密结合，一般难以除去，为不易去毛刺；当间隙过小时，毛刺高度也很大，但根部较窄，这种毛刺由于为多余材料附着于冲裁件的边缘，冲裁件的结合力较差，容易除去，为易去毛刺。冲裁件毛刺的高度决定于材料种类与相对间隙，图 7-2-12 为 10 种常用材料落料件与冲孔件毛刺高度与相对间隙关系曲线图。

板料在冲裁过程中由于上、下刃口产生的裂纹不垂直于板料表面，当冲裁件与板料分离后其断面并不垂直于板料表面。冲裁件断面的垂直度主要取决于相对间隙。图 7-2-13 所示为对 10 种常用材料各 9 种间隙采用投影仪（放大 50 倍）测量所获得的垂直度与相对间隙试验曲线。

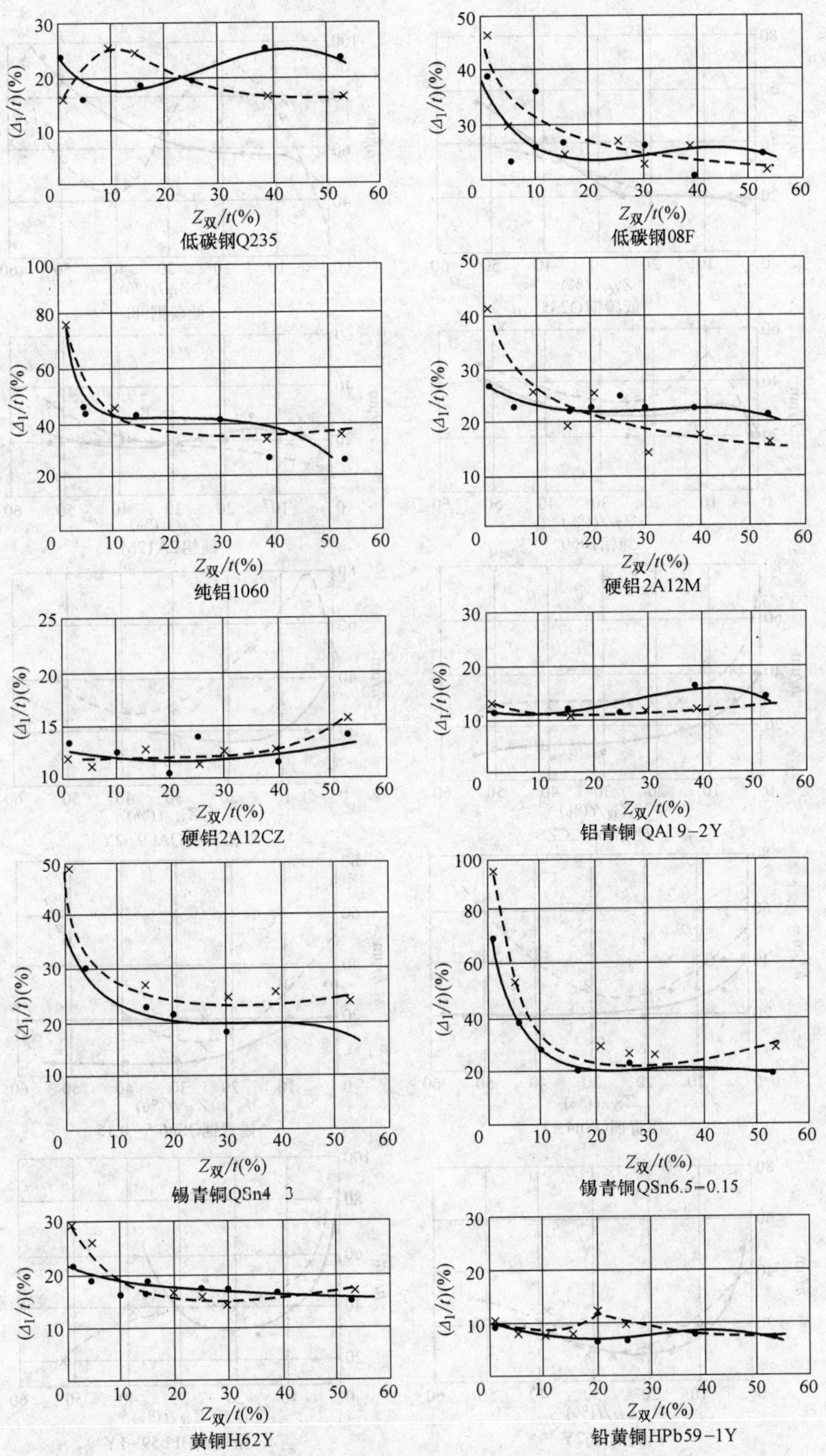

图 7-2-11　10 种常用材料落料件、冲孔件相对光亮带与相对间隙关系曲线图
（实线表示落料件，虚线表示冲孔件）

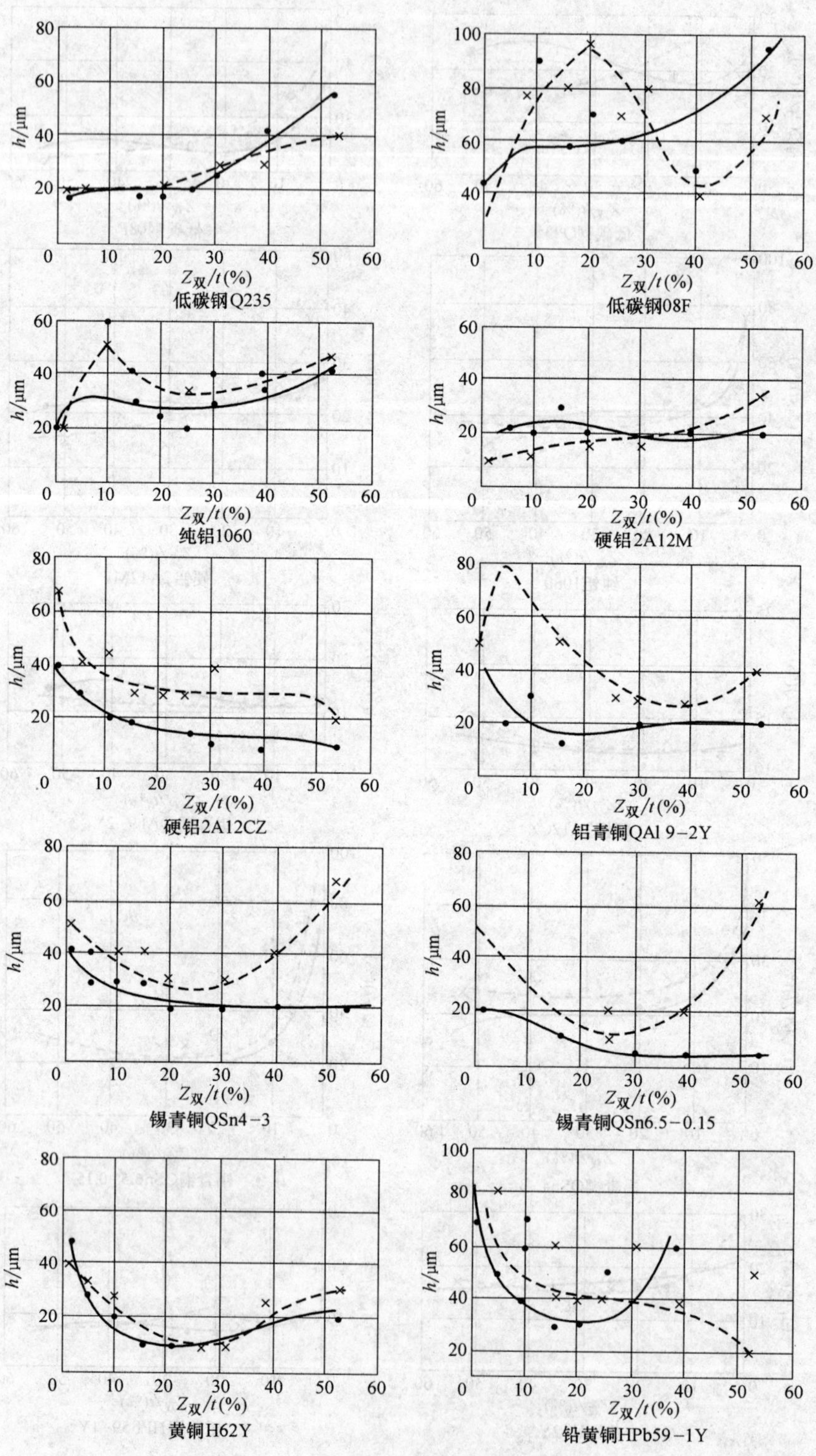

图 7-2-12 10 种常用材料落料件、冲孔件毛刺高度与相对间隙关系曲线图

（实线表示落料件，虚线表示冲孔件）

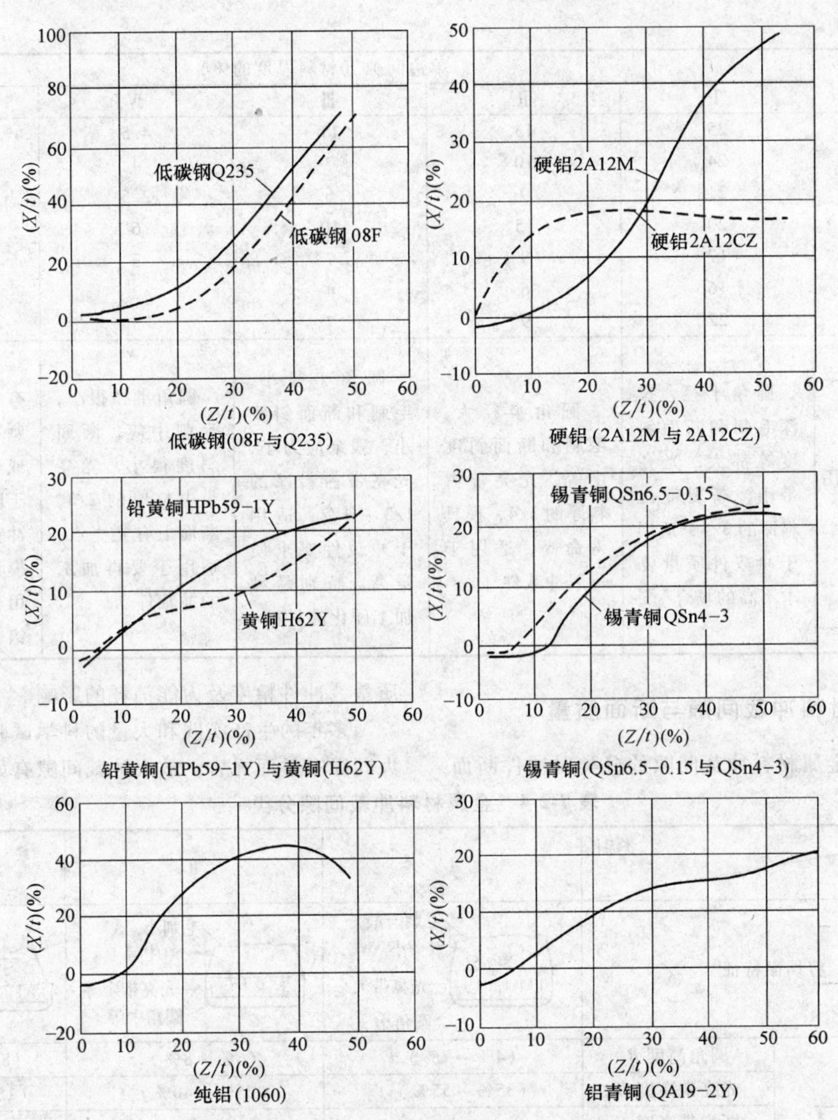

图 7-2-13　10 种常用材料落料件垂直度与相对间隙关系曲线图
（实线表示落料件，虚线表示冲孔件）

2.2.3　各种材料不同的切断面类型的间隙值（见表 7-2-3）

表 7-2-3　各种材料不同的切断面类型的间隙值

冲裁材料	单边间隙（材料厚度的%）				
	Ⅰ	Ⅱ	Ⅲ	Ⅳ	Ⅴ
高碳钢和合金钢	26	18	15	12	
低碳钢	21	12	9	6.5	2
不锈钢	23	13	10	4	1.5
硬铜	25	11	8	3.5	1.25
软铜	26	8	6	3	0.75

（续）

冲裁材料	单边间隙（材料厚度的%）				
	Ⅰ	Ⅱ	Ⅲ	Ⅳ	Ⅴ
磷青铜	25	13	11	4.5	2.5
硬黄铜	24	10	7	4	0.8
软黄铜	21	9	6	2.5	1.0
硬铝	20	15	10	6	1.0
软铝	17	9	7	3	1.0
镁	16	6	4	2	0.75
铅	22	9	7	5	2.5
断面状态及适用场合	圆角半径、拉深毛刺和断面斜度等都大，光亮带小，撕裂带占料厚的3/4，适用于冲裁件质量要求不高的场合	圆角半径大，毛刺和断面斜度中等，光亮带占料厚的3/4，模具寿命高，适用于一般冲裁件	圆角半径小，毛刺和断面斜度小，残余应力小，光亮带占料厚的1/3～1/2，适用于冲裁件要求质量高，特别是易加工硬化的材料	圆角半径很小，毛刺中等，断面斜度很小，光亮带占料厚的2/3，断面上有光亮点，适用于要再加工的冲裁件	圆角半径极小，有较大的挤压毛刺，有二次光亮带或全光亮带，适用于断面要求垂直的冲裁件。冲硬料时模具寿命很短，可用于冲黄铜、铅、铝、软钢等材料

2.2.4　金属材料冲裁间隙与断面质量

表 7-2-4 为金属材料冲裁间隙的分类对冲件断面质量、冲件精度及力能消耗的影响。

多年的生产实践和大量的科学试验证实，适当放大间隙有益而无害。放大冲裁间隙有如下好处：

表 7-2-4　金属材料冲裁间隙分类

分类依据		类别	Ⅰ	Ⅱ	Ⅲ
冲件断面质量	剪切面特征		毛刺一般、α小、光亮带大、圆角小	毛刺小、α中等、光亮带中等、圆角中等	毛刺一般、α大、光亮带小、圆角大
		圆角高度 R	(4%～7%) t	(6%～8%) t	(8%～10%) t
		光亮带高度 B	(35%～55%) t	(25%～40%) t	(15%～25%) t
		断裂带高度 F	小	中	大
		毛刺高度 h	一般	小	一般
		断裂角 α	4°～7°	>7°～8°	>8°～11°
冲件精度	平面度		稍小	小	较大
	尺寸精度	落料件	接近凹模尺寸	稍小于凹模尺寸	小于凹模尺寸
		冲孔件	接近凸模尺寸	稍大于凸模尺寸	大于凸模尺寸
模具寿命			较低	较长	最长
力能消耗	冲裁力		较大	小	最小
	卸、推料力		较大	最小	小
	冲裁功		较大	小	稍小
适用场合			冲件断面质量、尺寸精度要求高时，采用小间隙。冲模寿命较短	冲件断面质量、尺寸精度一般要求时，采用中等间隙。因残余应力小，能减少破裂现象，适用于继续塑性变形的工件	冲件断面质量、尺寸精度要求不高时，应优先采用大间隙，以利于提高冲模寿命

1）适当放大冲裁间隙能使冲件断面质量提高，同时也是提高冲模寿命的一项重要的工艺性措施。

2）由于目前大多数工厂线切割凹模的形孔多为直刃口，在设计间隙较小或生产中碰到疵件时，易引起凹模的胀裂。间隙的适当放大，可成功地解决这个问题，并可为数控线切割机床在冲模加工中的应用打下良好的基础。

3）适当放大间隙，可使凸凹模一次切割成形，缩短冲模的制造周期，保证凸、凹模间隙的均匀性，提高冲模的制造精度。

4）适当放大间隙，可把凹模做成直刃口，从而可提高刃口的实际运用率，并保证凸、凹模始终可在较合理的间隙中工作。

5）适当放大间隙，可加宽最大、最小间隙的允许值范围，从而可降低凸、凹模的精度要求，便于生产。

6）为今后线切割切斜口凹模，保证凸、凹模刃口始终在合理的间隙下工作打下角度计算的数据基础。

但不同厚度的相同材质，或相同厚度的不同材质，在不同的间隙时，其各质量因素也各有不同。因此说，一个间隙值不可能同时满足几个质量因素的要求。

表 7-2-5 为金属板料采用合理大间隙情况下的尺寸精度。

表 7-2-5　金属板料采用合理大间隙情况下的尺寸精度　（单位：mm）

序号	材料牌号	厚度 t	凹模尺寸 D_a	合理大间隙 (Z/t) (%)	冲裁件实测偏差 δ_{a-j}	冲裁件实际尺寸 $D_j = D_a - \delta_{a-j}$	系数 X	公差 h14	冲裁件极限尺寸 $D_{amax} = D_a + X\Delta$ $D_{amax} = D_a - \Delta$	公差 h15	冲裁件极限尺寸 $D_{amax} = D_a + X\Delta$ $D_{amax} = D_{amin} - h$
1	优质碳素结构钢 08F	0.6	19.935	21 ~ 19	0.01 ~ 0.008	19.925 ~ 19.927	0.5	0.52	20.195 ~ 19.675	0.84	20.353 ~ 19.512
2	08F	0.8	19.935	23 ~ 21	0.025 ~ 0.022	19.910 ~ 19.913	0.5	0.52	20.195 ~ 19.675	0.84	20.353 ~ 19.513
3	08F		19.935	27 ~ 25	0.044 ~ 0.042	19.891 ~ 19.893	0.5	0.52	20.195 ~ 19.675	0.84	20.353 ~ 19.513
4	10	20	19.935	27 ~ 25	0.013 ~ 0.012	19.922 ~ 19.923	0.5	0.52	20.195 ~ 19.675	0.84	20.353 ~ 19.513
5	不锈钢 1Cr18Ni9	0.8	19.935	23 ~ 22	0.023 ~ 0.021	19.912 ~ 19.914	0.5	0.52	20.195 ~ 19.675	0.84	20.353 ~ 19.513
6	1Cr18Ni9	1.0	19.935	22 ~ 21	0.01 ~ 0.01	19.934 ~ 19.934	0.5	0.52	20.195 ~ 19.675	0.84	20.353 ~ 19.513
7	1Cr18Ni9	1.2	19.935	21 ~ 19	0.008 ~ 0.006	19.927 ~ 19.929	0.5	0.52	20.195 ~ 19.675	0.84	20.353 ~ 19.513
8	优质碳素钢 20	0.6	19.935	20 ~ 18	0.007 ~ 0.005	19.928 ~ 19.930	0.5	0.52	20.195 ~ 19.675	0.84	20.353 ~ 19.513
9	20	2.0	19.935	25 ~ 23	0.009 ~ 0.008	19.926 ~ 19.927	0.5	0.52	20.195 ~ 19.675	0.84	20.353 ~ 19.513
10	20	2.5	19.935	28 ~ 26	0.009 ~ 0.008	19.926 ~ 19.927	0.5	0.52	20.195 ~ 19.675	0.84	20.353 ~ 19.513
11	合金结构钢 25Cr2MoVA	6.0	50.02	21 ~ 19	0.008 ~ 0.008	50.012 ~ 50.012	0.5	0.52	50.33 ~ 49.71	1.0	50.52 ~ 49.542
12	25Cr2MoVA	6.0	50.02	22 ~ 20	0.13 ~ 0.12	48.89 ~ 49.90	0.5	0.62	50.33 ~ 49.7	1.0	50.52 ~ 49.52
13	25Cr2MoVA	11.0	50.02	24 ~ 22	0.31 ~ 0.29	49.71 ~ 49.73	0.50	0.62	50.33 ~ 49.71	1.0	50.52 ~ 49.52

（续）

序号	材料牌号	厚度 t	凹模尺寸 D_a	合理大间隙 (Z/t) (%)	冲裁件实测偏差 δ_{a-j}	冲裁件实际尺寸 $D_j = D_a - \delta_{a-j}$	系数 X	公差 h14	冲裁件极限尺寸 $D_{amax} = D_a + X\Delta$ $D_{amax} = D_a - \Delta$	公差 h15	冲裁件极限尺寸 $D_{amax} = D_a + X\Delta$ $D_{amax} = D_{amin} - h$
14	合金结构钢 30CrMnSiA	0.6	19.935	25 ~ 23	0.016 ~ 0.014	19.919 ~ 19.921	0.5	0.52	20.195 ~ 19.675	0.84	20.353 ~ 19.513
15	30CrMnSiA	1.0	19.935	25 ~ 23	0.015 ~ 0.015	19.920 ~ 19.920	0.5	0.52	20.195 ~ 19.675	0.84	20.353 ~ 19.513
16	30CrMnSiA	1.2	19.935	25 ~ 23	0.012 ~ 0.011	19.923 ~ 19.924	0.5	0.52	20.195 ~ 19.675	0.84	20.353 ~ 19.513
17	30CrMnSiA	1.5	19.935	25 ~ 23	0.010 ~ 0.009	19.925 ~ 19.926	0.5	0.52	20.195 ~ 19.675	0.84	20.353 ~ 19.513
18	30CrMnSiA	2.0	19.935	25 ~ 23	0.024 ~ 0.023	19.911 ~ 19.912	0.5	0.52	20.195 ~ 19.675	0.84	20.353 ~ 19.513
19	30CrMnSiA	2.5	19.935	24 ~ 22	0.03 ~ 0.03	19.905 ~ 19.905	0.5	0.52	20.195 ~ 19.675	0.84	20.353 ~ 19.513
20	30CrMnSiA	4.0	50.02	23 ~ 21	0.09 ~ 0.09	49.93 ~ 49.93	0.5	0.62	50.33 ~ 49.71	1.0	50.52 ~ 49.52
21	30CrMnSiA	4.5	50.02	23 ~ 21	0.08 ~ 0.08	49.94 ~ 49.94	0.5	0.62	50.33 ~ 49.71	1.0	50.52 ~ 49.52
22	30CrMnSiA	5.0	50.02	22 ~ 20	0.08 ~ 0.08	49.94 ~ 49.94	0.5	0.62	50.33 ~ 49.71	1.0	50.52 ~ 49.52
23	30CrMnSiA	6.0	50.02	20 ~ 20	0.11 ~ 0.11	49.91 ~ 49.91	0.5	0.62	50.33 ~ 49.71	1.0	50.52 ~ 49.52
24	30CrMnSiA	9.0	50.02	20 ~ 18	0.18 ~ 0.17	49.84 ~ 49.85	0.5	0.62	50.33 ~ 49.71	1.0	50.52 ~ 49.52
25	30CrMnSiA	12.0	50.02	19 ~ 17	0.23 ~ 0.22	49.79 ~ 49.80	0.5	0.62	50.33 ~ 49.71	1.0	50.52 ~ 49.52
26	优质碳素结构钢 45	1.0	19.935	21 ~ 19	0.01 ~ 0.01	19.934 ~ 19.934	0.5	0.52	20.195 ~ 19.675	0.84	20.353 ~ 19.513
27	45	2.0	19.935	27 ~ 25	0.013 ~ 0.012	19.922 ~ 19.923	0.5	0.52	20.195 ~ 19.675	0.84	20.353 ~ 19.513
28	45	2.5	19.935	31 ~ 29	0.022 ~ 0.022	19.913 ~ 19.913	0.5	0.52	20.195 ~ 19.675	0.84	20.353 ~ 19.513
29	热双金属 SJ14	0.75	19.935	24 ~ 22	0.022 ~ 0.021	19.913 ~ 19.913	0.5	0.52	20.195 ~ 19.675	0.84	20.353 ~ 19.513
30	SJ14	1.2	19.935	14 ~ 12	0.01 ~ 0.01	19.925 ~ 19.925	0.5	0.52	20.195 ~ 19.675	0.84	20.353 ~ 19.513
31	SJ17	1.0	19.935	25 ~ 23	0.02 ~ 0.02	19.915 ~ 19.915	0.5	0.52	20.195 ~ 19.675	0.84	20.353 ~ 19.513
32	SJ17	1.2	19.935	27 ~ 25	0.025 ~ 0.025	19.91 ~ 19.915	0.5	0.52	20.195 ~ 19.675	0.84	20.353 ~ 19.513

（续）

序号	材料牌号	厚度 t	凹模尺寸 D_a	合理大间隙 (Z/t) (%)	冲裁件实测偏差 δ_{a-j}	冲裁件实际尺寸 $D_j = D_a - \delta_{a-j}$	系数 X	公差 h14	冲裁件极限尺寸 $D_{amax} = D_a + X\Delta$ $D_{amax} = D_a - \Delta$	公差 h15	冲裁件极限尺寸 $D_{amax} = D_a + X\Delta$ $D_{amax} = D_{amin} - h$
33	SJ18	1.0	19.935	18 ~ 16	0.03 ~ 0.021	19.905 ~ 19.915	0.5	0.52	20.195 ~ 19.675	0.84	20.353 ~ 19.513
34	SJ23	1.3	19.935	26 ~ 24	0.016 ~ 0.016	19.919 ~ 19.919	0.5	0.52	20.195 ~ 19.675	0.84	20.353 ~ 19.513
35	SJ26	0.6	19.935	25 ~ 23	0.03 ~ 0.03	19.905 ~ 19.905	0.5	0.52	20.195 ~ 19.675	0.84	20.353 ~ 19.513
36	65Mn	0.6	19.935	20 ~ 18	0.02 ~ 0.02	19.915 ~ 19.915	0.5	0.52	20.195 ~ 19.675	0.84	20.353 ~ 19.513
37	65Mn	0.75	19.935	21 ~ 19	0.029 ~ 0.028	19.906 ~ 19.907	0.50	0.52	20.195 ~ 19.675	0.84	20.353 ~ 19.513
38	纯 A00	0.75	19.953	21 ~ 19	0.029 ~ 0.028	19.906 ~ 19.907	0.50	0.52	20.195 ~ 19.675	0.84	20.353 ~ 19.513
39	A00	0.8	19.935	16 ~ 14	0.056 ~ 0.056	19.879 ~ 19.879	0.5	0.52	20.195 ~ 19.675	0.84	20.353 ~ 19.513
40	A00	1.0	19.935	17 ~ 15	0.020 ~ 0.020	19.915 ~ 19.915	0.5	0.52	20.195 ~ 19.675	0.84	20.353 ~ 19.513
41	A00	1.1	19.935	19 ~ 17	0.020 ~ 0.020	19.915 ~ 19.915	0.5	0.52	20.195 ~ 19.675	0.84	20.353 ~ 19.513
42	A00	1.4	19.935	22 ~ 20	0.06 ~ 0.06	19.929 ~ 19.929	0.5	0.52	20.195 ~ 19.675	0.84	20.353 ~ 19.513
43	A00	1.6	19.935	23 ~ 21	0.06 ~ 0.06	19.929 ~ 19.929	0.5	0.52	20.195 ~ 19.675	0.84	20.353 ~ 19.513
44	A00	1.7	19.935	24 ~ 22	0.052 ~ 0.052	19.883 ~ 19.883	0.5	0.52	20.195 ~ 19.675	0.84	20.353 ~ 19.513
45	A00	2.3	19.935	28 ~ 26	0.063 ~ 0.062	19.872 ~ 19.873	0.5	0.52	20.195 ~ 19.675	0.84	20.353 ~ 19.513
46	普通碳素钢 Q235	2.0	50.25	18 ~ 16	0.03 ~ 0.02	49.99 ~ 50	0.5	0.52	50.195 ~ 49.675	0.84	50.353 ~ 49.513
47	Q235	3.0	50.25	27 ~ 25	0.088 ~ 0.087	49.982 ~ 49.983	0.5	0.52	50.195 ~ 49.675	0.84	50.353 ~ 49.513
48	B2F	0.8	50.02	20 ~ 18	0.002 ~ 0.002	50 ~ 50	0.5	0.62	50.33 ~ 49.71	1.0	50.52 ~ 49.52
49	B2F	1.2	50.02	28 ~ 16	0.002 ~ 0.002	50 ~ 50	0.5	0.62	50.33 ~ 49.71	1.0	50.52 ~ 49.52
50	B2F	1.7	50.02	27 ~ 25	0.002 ~ 0.002	50 ~ 50	0.5	0.62	50.33 ~ 49.71	1.0	50.52 ~ 49.52
51	B2F	2.0	50.02	26 ~ 24	0.02 ~ 0.02	50 ~ 50	0.5	0.62	50.33 ~ 49.71	1.0	50.52 ~ 49.52

（续）

序号	材料牌号	厚度 t	凹模尺寸 D_a	合理大间隙 (Z/t) (%)	冲裁件实测偏差 δ_{a-j}	冲裁件实际尺寸 $D_j=D_a-\delta_{a-j}$	系数 X	公差 h14	冲裁件极限尺寸 $D_{amax}=D_a+X\Delta$ $D_{amax}=D_a-\Delta$	公差 h15	冲裁件极限尺寸 $D_{amax}=D_a+X\Delta$ $D_{amax}=D_{amin}-h$
52	B2F	2.5	50.02	25 ~ 23	0.025 ~ 0.024	49.995 ~ 49.996	0.5	0.62	50.33 ~ 49.71	1.0	50.52 ~ 49.52
53	B2F	3.0	50.02	24 ~ 22	0.03 ~ 0.029	49.99 ~ 49.991	0.5	0.62	50.33 ~ 49.71	1.0	50.52 ~ 49.52
54	B2F	4.0	50.02	22 ~ 20	0.041 ~ 0.039	49.979 ~ 49.981	0.5	0.62	50.33 ~ 49.71	1.0	50.52 ~ 49.52
55	B2F	4.3	50.02	21 ~ 19	0.040 ~ 0.038	49.980 ~ 49.982	0.5	0.62	50.33 ~ 49.71	1.0	50.52 ~ 49.52
56	不锈钢 Cr16Ni14	0.7	19.935	24 ~ 22	0.003 ~ 0.001	19.932 ~ 19.934	0.5	0.52	20.195 ~ 19.675	0.84	20.363 ~ 19.513
57	Cr16Ni14	0.8	19.935	24 ~ 22	0.018 ~ 0.012	19.917 ~ 19.923	0.5	0.52	20.195 ~ 19.675	0.84	20.363 ~ 19.513
58	Cr20Ni80	0.8	19.935	21 ~ 19	0.03 ~ 0.03	19.905 ~ 19.905	0.5	0.52	20.195 ~ 19.675	0.84	20.363 ~ 19.513
59	电工用钢 D21	0.5	19.935	23 ~ 21	0.024 ~ 0.02	19.911 ~ 19.915	0.5	0.52	20.195 ~ 19.675	0.84	20.363 ~ 19.513
60	D31	0.35	19.935	22 ~ 20	0 ~ 0	19.935 ~ 19.935	0.5	0.52	20.195 ~ 19.675	0.84	20.363 ~ 19.513
61	D31（比利时）	0.5	19.935	30 ~ 28	0.014 ~ 0.01	19.921 ~ 19.925	0.5	0.52	20.195 ~ 19.675	0.84	20.363 ~ 19.513
62	D41	0.35	19.935	17 ~ 15	-0.001 ~ -0.002	19.936 ~ 19.937	0.5	0.52	20.195 ~ 19.675	0.84	20.363 ~ 19.513
63	H10(D41)	0.5	19.935	21 ~ 19	0.017 ~ 0.016	19.918 ~ 19.919	0.5	0.52	20.195 ~ 19.675	0.84	20.363 ~ 19.513
64	H12(D31)	0.5	19.935	21 ~ 19	0.026 ~ 0.024	19.909 ~ 19.911	0.5	0.52	20.195 ~ 19.675	0.84	20.363 ~ 19.513
65	黄铜 H62M	0.8	19.935	24 ~ 22	0 ~ 0	19.935 ~ 19.935	0.5	0.52	20.195 ~ 19.675	0.84	20.363 ~ 19.513
66	H62M	2.5	19.935	24 ~ 22	0 ~ 0	19.935 ~ 19.935	0.5	0.52	20.195 ~ 19.675	0.84	20.363 ~ 19.513
67	黄铜 H62Y	0.6	19.935	21 ~ 19	0 ~ 0	19.935 ~ 19.935	0.5	0.52	20.195 ~ 19.675	0.84	20.353 ~ 19.513
68	H62Y	0.7	19.935	21 ~ 19	0 ~ 0	19.935 ~ 19.935	0.5	0.52	20.195 ~ 19.675	0.84	20.353 ~ 19.513
69	H62Y	0.8	19.935	21 ~ 19	0.01 ~ 0.01	19.925 ~ 19.925	0.5	0.52	20.195 ~ 19.675	0.84	20.353 ~ 19.513
70	H62Y	1.0	19.935	22 ~ 20	0.02 ~ 0.02	19.915 ~ 19.915	0.5	0.52	20.195 ~ 19.675	0.84	20.353 ~ 19.513

（续）

序号	材料牌号	厚度 t	凹模尺寸 D_a	合理大间隙 (Z/t) (%)	冲裁件实测偏差 δ_{a-j}	冲裁件实际尺寸 $D_j = D_a - \delta_{a-j}$	系数 X	公差 h14	冲裁件极限尺寸 $D_{amax} = D_a + X\Delta$ $D_{amax} = D_a - \Delta$	公差 h15	冲裁件极限尺寸 $D_{amax} = D_a + X\Delta$ $D_{amax} = D_{amin} - h$
71	H62Y	0.5	50.02	23 ~ 21	0.01 ~ 0	50.01 ~ 50.02	0.5	0.52	50.195 ~ 49.675	0.84	50.02 ~ 49.52
72	H62Y	2.0	50.02	25 ~ 23	0.01 ~ 0	50.01 ~ 50.02	0.5	0.52	50.195 ~ 49.675	0.84	50.02 ~ 49.52
73	铅黄铜 HPb59 - 1Y	0.8	19.935	26 ~ 24	0.062 ~ 0.058	19.873 ~ 19.877	0.5	0.52	20.195 ~ 19.675	0.84	20.353 ~ 19.513
74	HPb59 - 1Y	1.0	19.935	26 ~ 24	0.002 ~ 0	19.933 ~ 19.935	0.5	0.52	20.195 ~ 19.675	0.84	20.353 ~ 19.513
75	工业纯铝 1035	1.0	19.935	15 ~ 13	0 ~ 0	19.935 ~ 19.935	0.5	0.52	20.195 ~ 19.675	0.84	20.353 ~ 19.513
76	铝镁合金 3A21M	0.8	19.935	15 ~ 13	0.05 ~ 0.05	19.885 ~ 19.885	0.5	0.52	20.195 ~ 19.675	0.84	20.353 ~ 19.513
77	3A21M	1.0	19.935	15 ~ 13	0.01 ~ 0	19.925 ~ 19.935	0.5	0.52	20.195 ~ 19.675	0.84	20.353 ~ 19.513
78	3A21M	1.2	19.935	18 ~ 16	0.002 ~ 0	19.933 ~ 19.935	0.5	0.52	20.195 ~ 19.675	0.84	20.353 ~ 19.513
79	3A21M	1.5	19.935	18 ~ 16	0 ~ 0	19.935 ~ 19.935	0.5	0.52	20.195 ~ 19.675	0.84	20.353 ~ 19.513
80	3A21M	1.8	19.935	22 ~ 20	0.002 ~ 0.002	19.933 ~ 19.933	0.5	0.52	20.195 ~ 19.675	0.84	20.353 ~ 19.513
81	硬铝 2A12M	2.0	19.935	24 ~ 22	0.005 ~ 0.002	19.930 ~ 19.933	0.5	0.52	20.195 ~ 19.675	0.84	20.353 ~ 19.513
82	2A12M	0.6	19.935	19 ~ 17	-0.003 ~ -0.003	19.938 ~ 19.938	0.5	0.52	20.195 ~ 19.675	0.84	20.353 ~ 19.513
83	2A12M	0.8	19.935	20 ~ 18	0.001 ~ 0.001	19.934 ~ 19.934	0.5	0.52	20.195 ~ 19.675	0.84	20.353 ~ 19.513
84	2A12M	1.5	19.935	24 ~ 22	0.001 ~ 0.001	19.934 ~ 19.934	0.5	0.52	20.195 ~ 19.675	0.84	20.353 ~ 19.513
85	2A12M	1.8	19.935	25 ~ 23	0.0025 ~ 0.0025	19.933 ~ 19.933	0.5	0.52	20.195 ~ 19.675	0.84	20.353 ~ 19.513
86	2A12M	2.0	19.935	25 ~ 25	0.012 ~ 0.012	19.923 ~ 19.925	0.5	0.52	20.195 ~ 19.675	0.84	20.353 ~ 19.513
87	2A12M	2.5	19.935	27 ~ 25	0.01 ~ 0.009	19.925 ~ 19.925	0.5	0.52	20.195 ~ 19.675	0.84	20.353 ~ 19.513
88	2A12M	3.0	50.02	27 ~ 25	0.06 ~ 0.05	49.96 ~ 49.97	0.5	0.82	50.33 ~ 49.71	1.0	50.62 ~ 49.52
89	2A12M	4.0	50.02	28 ~ 26	0.08 ~ 0.06	49.94 ~ 49.94	0.5	0.82	50.33 ~ 49.71	1.0	50.62 ~ 49.52

（续）

序号	材料牌号	厚度 t	凹模尺寸 D_a	合理大间隙 (Z/t) (%)	冲裁件实测偏差 δ_{a-j}	冲裁件实际尺寸 $D_j=D_a-\delta_{a-j}$	系数 X	公差 h14	冲裁件极限尺寸 $D_{amax}=D_a+X\Delta$ $D_{amax}=D_a-\Delta$	公差 h15	冲裁件极限尺寸 $D_{amax}=D_a+X\Delta$ $D_{amax}=D_{amin}-h$
90	2A12M	0.6	19.935	14 ~ 12	0.002 ~ 0.006	19.937 ~ 19.941	0.5	0.52	20.195 ~ 19.675	0.84	20.353 ~ 19.513
91	2A12M	0.8	19.935	22 ~ 20	0.001 ~ 0.001	19.934 ~ 19.937	0.5	0.52	20.195 ~ 19.675	0.84	20.353 ~ 19.513
92	2A12M	1.0	19.935	23 ~ 21	0.002 ~ 0.002	19.933 ~ 19.933	0.5	0.52	20.195 ~ 19.675	0.84	20.353 ~ 19.513
93	2A12M	1.2	19.935	25 ~ 23	0 ~ 0	19.935 ~ 19.935	0.5	0.52	20.195 ~ 19.675	0.84	20.353 ~ 19.513
94	2A12M	1.5	19.935	26 ~ 24	0 ~ 0	19.935 ~ 19.935	0.5	0.52	20.195 ~ 19.675	0.84	20.353 ~ 19.513
95	2A12M	1.8	19.935	26 ~ 24	0.03 ~ 0.03	19.005 ~ 19.005	0.5	0.52	20.195 ~ 19.675	0.84	20.353 ~ 19.513
96	2A12M	2.0	19.935	27 ~ 25	0.01 ~ 0.01	19.925 ~ 19.925	0.5	0.52	20.195 ~ 19.675	0.84	20.353 ~ 19.513
97	2A12M	2.5	19.935	27 ~ 25	0.01 ~ 0.01	19.925 ~ 19.925	0.5	0.52	20.195 ~ 19.675	0.84	20.353 ~ 19.513
98	2A12M	1.0	19.935	20 ~ 28	0.01 ~ 0.01	19.925 ~ 19.925	0.5	0.52	20.195 ~ 19.675	0.84	20.353 ~ 19.513
99	2A12M	1.2	19.935	25 ~ 23	0 ~ 0	19.935 ~ 19.935	0.5	0.52	20.195 ~ 19.675	0.84	20.353 ~ 19.513
100	MD0(D41)	0.5	19.935	22 ~ 20	0.028 ~ 0.027	19.907 ~ 19.908	0.5	0.52	20.195 ~ 19.675	0.84	20.353 ~ 19.513
101	QSn4-3	2.0	19.935	30 ~ 28	0.08 ~ 0.07	19.855 ~ 19.856	0.5	0.52	20.195 ~ 19.675	0.84	20.353 ~ 19.513
102	锡磷青铜 QSn6.5-0.15	2.0	19.935	27 ~ 25	0.041 ~ 0.058	19.894 ~ 19.897	0.5	0.52	20.195 ~ 19.675	0.84	20.353 ~ 19.513
103	SPCSD（日本）	1.0	19.935	18 ~ 16	0 ~ 0	19.935 ~ 19.935	0.5	0.52	20.195 ~ 19.675	0.84	20.353 ~ 19.513
104	SPCD - SDSD(日本)	1.5	19.935	22 ~ 20	-0.003 ~ 0.005	19.938 ~ 19.940	0.5	0.52	20.195 ~ 19.675	0.84	20.353 ~ 19.513
105	SPU-SD(日本)	1.55	50.02	24 ~ 22	0.001 ~ 0	50.019 ~ 50.02	0.5	0.62	50.33 ~ 49.71	1.0	50.62 ~ 49.52
106	纯铜 T2Y	1.0	19.935	18 ~ 16	-0.001 ~ 0.003	19.936 ~ 19.928	0.5	0.52	20.195 ~ 19.675	0.84	20.353 ~ 19.513
107	碳素工具钢 T9A	1.0	19.935	20 ~ 18	0.001 ~ 0.001	19.934 ~ 19.934	0.5	0.52	20.195 ~ 19.675	0.84	20.353 ~ 19.513
108	钛合金 TA1	1.0	19.935	22 ~ 20	0.045 ~ 0.043	19.890 ~ 19.892	0.5	0.52	20.195 ~ 19.675	0.84	20.353 ~ 19.513

（续）

序号	材料牌号	厚度 t	凹模尺寸 D_a	合理大间隙 (Z/t) (%)	冲裁件实测偏差 δ_{a-j}	冲裁件实际尺寸 $D_j = D_a - \delta_{a-j}$	系数 X	公差 h14	冲裁件极限尺寸 $D_{amax} = D_a + X\Delta$ $D_{amax} = D_a - \Delta$	公差 h15	冲裁件极限尺寸 $D_{amax} = D_a + X\Delta$ $D_{amax} = D_{amin} - h$
109	电工硅钢 1500 ~50A(D31)	0.5	19.935	22 ~ 20	0.05 ~ 0.02	19.885 ~ 19.915	0.5	0.52	20.195 ~ 19.675	0.84	20.353 ~ 19.513
110	WSPA	2.3	50.02	17 ~ 15	0.080 ~ 0.075	49.940 ~ 49.945	0.5	0.52	50.33 ~ 49.71	1.0	50.52 ~ 49.52
111	WSPA	3.0	50.02	17 ~ 15	0.072 ~ 0.067	49.948 ~ 49.953	0.5	0.52	50.33 ~ 49.71	1.0	50.52 ~ 49.52
112	WSPA	4.0	50.02	17 ~ 15	0.080 ~ 0.065	49.95 ~ 49.955	0.5	0.52	50.33 ~ 49.71	1.0	50.52 ~ 49.52
113	WSPA	6.0	50.02	18 ~ 16	0.01 ~ 0	50.01 ~ 50.02	0.5	0.52	50.33 ~ 49.71	1.0	50.52 ~ 49.52
114	WSPA	8.0	50.02	18 ~ 16	0 ~ 0	50.02 ~ 50.02	0.5	0.52	50.33 ~ 49.71	1.0	50.52 ~ 49.52
115	WSPA	10	50.02	18 ~ 16	0 ~ 0	50.02 ~ 50.02	0.5	0.52	50.33 ~ 49.71	1.0	50.52 ~ 49.52
116	WSPA	12	50.02	18 ~ 16	0 ~ 0	50.02 ~ 50.02	0.5	0.52	50.33 ~ 49.71	1.0	50.52 ~ 49.52
117	ZD（D41）（日本）	0.35	50.02	20 ~ 18	0.046 ~ 0.046	49.974 ~ 49.974	0.5	0.52	50.33 ~ 49.71	1.0	50.52 ~ 49.52

2.2.5　异形零件在不同尖角处的毛刺高度

零件冲裁时，冲裁件的尖角处会形成较大的毛刺和较大的圆角带。

对圆形、方形和三角形等规则形状进行冲裁时发现这样的现象：即在尖角处附近的毛刺和圆角带都比较大。当尖角的角度越小时，其毛刺和圆角带就越大。不同形状的冲裁件在不同间隙情况下冲裁时冲裁件的毛刺高度和塌角大小值列于图 7-2-14 和图 7-2-

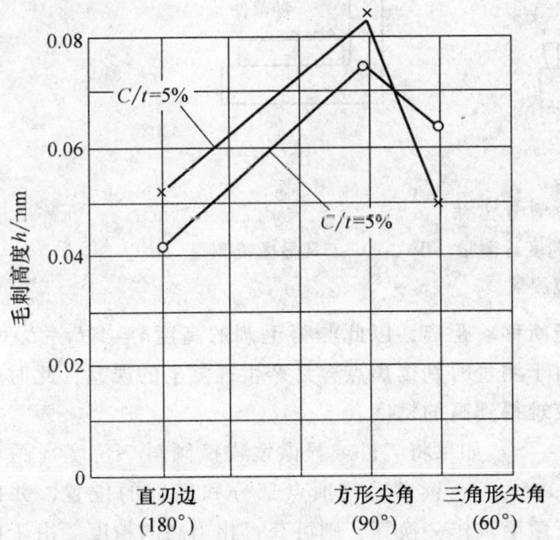

图 7-2-14　异形零件在不同尖角处的毛刺高度（材料：$t = 2$mm，低碳钢）

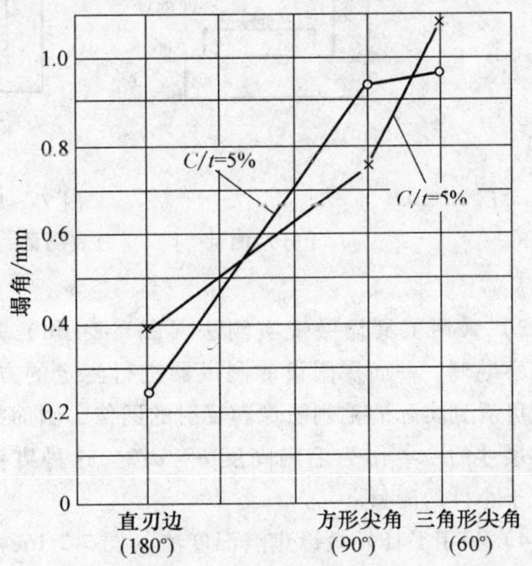

图 7-2-15　异形零件在不同尖角处圆角带的大小（材料：$t = 2$mm，低碳钢）

15。从这里也可以看出：三角形冲裁件尖角处的毛刺和圆角带都要比其他两种形状的大。

2.2.6　毛刺高度的测量方法

毛刺高度的测量方法见图7-2-16。

1）用千分尺或千分表来测量毛刺高度（图7-2-16a和b）时，先测得含有毛刺的冲裁件厚度 t_0 然后去除毛刺，测出其冲裁件厚度 t_1。将此二者的厚度相减，即可得出毛刺的高度 $h = t_1 - t_0$。此时，由于毛刺本身极为脆弱，稍加受力就会被碰破，使之难以得到精确的测量结果。但此法比较简便，对精度不高、要求不严的冲裁件仍经常采用。

2）用表面粗糙度计的方法来测得局部毛刺的高度（图7-2-16c）。此法需对多点进行测量，其测量值比较精确，但测量方法复杂、麻烦，一般很少采用。

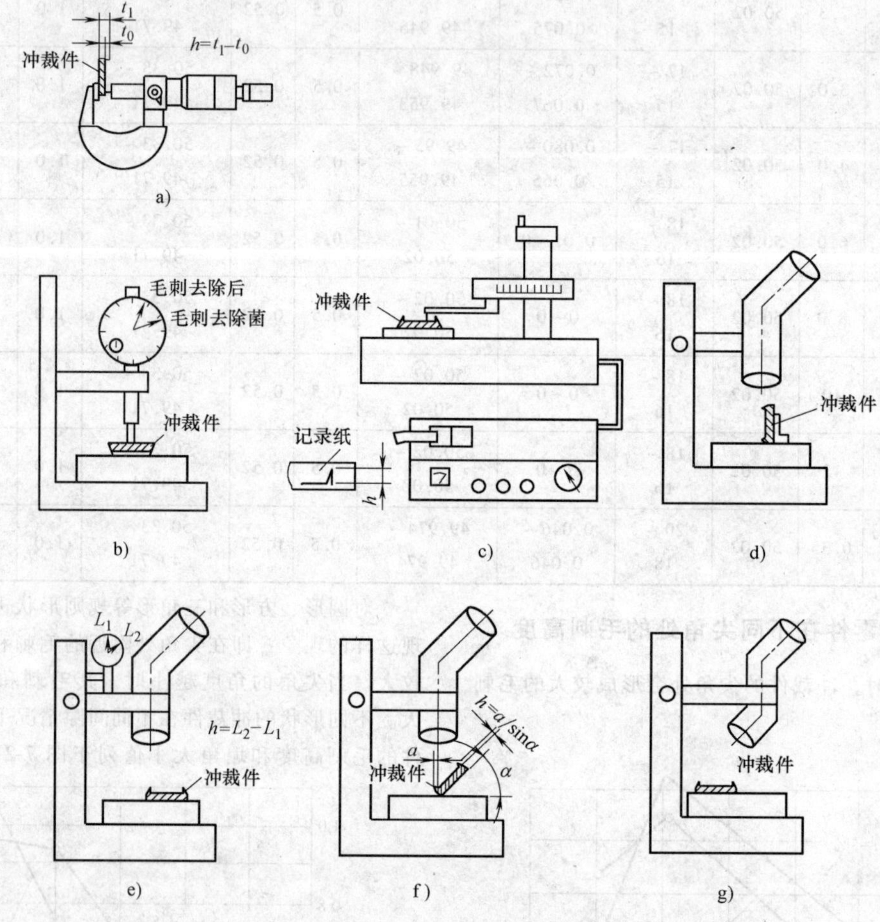

图7-2-16　毛刺的测量方法

a）千分尺测量　b）千分表测量　c）表面粗糙度计测量　d）、e）工具显微镜测量　f）、g）显微镜测量

3）采用工具显微镜实测法（图7-2-16d）是一面观察毛刺、一面用附设的测微器进行测定的方法。这时可看到实际的毛刺图像和反射的图像，因而把所测得尺寸的一半作为毛刺高度 $h = a/2$。这种方法仅能用于小件的测量。

4）采用工具显微镜焦点深度法（图7-2-16e）就是先将显微镜的焦点重合在原始板面 L_1 上，然后使焦点与毛刺顶点部分 L_2 重合。用千分表测定 L_1 到 L_2 的镜筒移动距离，以此测得毛刺的高度 $h = |L_2 - L_1|$。由于测量时判读焦点容易产生视觉上的误差，此时也较难得到高的精度。

5）如果将工件或显微镜物镜倾斜一角度（图7-2-16f、g），读出毛刺顶点部分和底部的位置，并以三角函数作一换算，则可获得相当高的精度。由于此时的显微镜制有多种形式支承的方法，适宜于大小不同的冲裁件，因而测量相当方便。

2.2.7　穹弯与模具间隙

从冲裁作用过程中材料的受力状态可以看出，凸模与凹模施加给材料的垂直力分别为 P_p 和 P_d；施加给材料的侧压力（水平方向）则分别为 F_p 和 F_d。它们的作用点离开刃口均有一段距离。由垂直作用力 P 和水平侧向力 F 所引起的摩擦力则分别为 $\mu_1 P_p$、$\mu_3 P_d$、$\mu_2 F_p$、$\mu_4 F_d$。这时，总的垂直力为

$$P = P_p \pm \mu_2 F_p = P_d \pm \mu_4 F_d$$

而总的水平侧压力为

$$F = F_p \pm \mu_1 P_p = F_d \pm \mu_3 P_d$$

由于垂直冲裁力的作用，在冲裁过程中要产生弯矩 M，并使板料产生穹弯。当模具间隙 C 增大时，弯矩 M 值也要随之增大，相应地也会使冲裁件的穹弯程度有所增大。冲裁间隙与冲裁件穹弯程度之间的关系如图 7-2-17 所示。

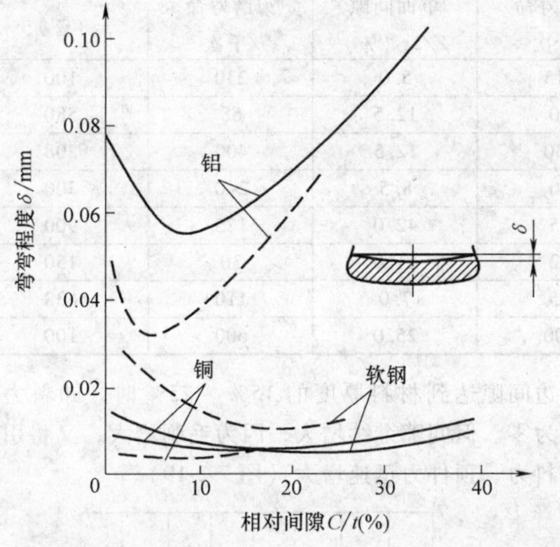

图 7-2-17　冲裁件穹弯度与冲裁间隙的关系

2.3　模具制造精度对冲裁的影响

若模具刃口制造精度低，则冲裁出的工件精度也就无法保证。所以凸、凹模刃口的制造公差要按工件的尺寸要求来决定，此外，模具的结构形式及定位方式对孔的定位尺寸精度也有较大的影响，这将在模具结构中阐述。冲模制造精度与冲裁件精度之间的关系见表 7-2-6。

冲裁件的形状精度是指其实际几何形状与理想几何形状相符合的程度，其形状误差是指是指翘曲、扭曲、变形等缺陷，其影响因素很复杂。由于冲裁过程中的复杂变形关系和各种冲裁工艺条件的影响，工件的形状误差是难以避免的。

翘曲是由于间隙过大、弯矩增大、变形区拉伸和弯曲成分增多造成的，另外材料的各向异性和卷料未校正也会产生翘曲。扭曲是由于材料不平、间隙不均匀、凹模后角对材料摩擦不均匀等造成的。变形是由于冲裁件上孔间距或孔到边缘的距离太小等原因造成的。

圆形轮廓是最简单的冲裁形状，但即使如此也不能获得完全正圆的冲裁件，产生圆度误差的原因是多方面的。如凸模和凹模的安装偏心造成间隙不均匀，在不同间隙处工件的尺寸误差不同，造成了工件的圆度误差，偏心量越大引起的间隙不均匀程度也越大，产生的圆度误差也越大；轧制板料的各向异性使其在不同方向具有不同塑性，而材料塑性不同其残留变形是不相同的（塑性高残留变形小）。所以，即使没有其他因素的影响，仅使用轧制板料冲裁就能使冲裁件产生圆度误差；此外，压力机的变形及松动，对冲裁边料及冲裁搭边料的约束不同等，也会产生圆度误差。

表 7-2-6　冲模制造精度与冲裁件精度的关系

模具刃口制造精度	板料厚度 t											
	0.5	0.8	1.0	1.5	2	3	4	5	6	8	10	12
IT6 ~ IT7	IT8	IT8	IT9	IT10	IT10	—	—	—	—	—	—	—
IT7 ~ IT8	—	IT9	IT10	IT10	IT12	IT12	IT12	—	—	—	—	—
IT9	—	—	—	IT12	IT12	IT12	IT12	IT12	IT14	IT14	IT14	IT14

冲裁件的平面度误差系由冲裁过程中的弯曲变形造成的，多用来考查落料件的形状精度。相当多的冲裁件对平面度有较高的要求，因此对这一问题应引起重视。由冲裁机理分析可知，由于在冲裁过程中产生的力矩作用，引起板料弯曲。板料是在产生弯曲变形的同时被剪断分离的。当弯曲变形达到塑性变形的范围，冲裁结束后即使有弹性恢复，工件上也会残余一些弯曲变形，使工件产生平面度误差。

冲裁件的平面度也受冲裁间隙较大的影响。冲裁间隙过大时，对冲裁时板料的弯曲变形是由弯矩引起的，冲裁间隙越大，弯矩越大，冲裁件就越不平。通常落料件的不平整问题比冲孔件严重，因为采用压料

冲裁可有效地防止冲孔件不平，而对落料件却作用不大。目前还没有对冲裁件的平面度制定出统一的评定标准，从便于测量考虑，可把截面上弯曲弧的弦高，即弯曲的最大深度 h 定为冲裁件的平面度。关于如何防止冲裁件的不平整问题，属于冲裁模结构设计问题，以后再作详细讨论。

影响残余弯曲变形的因素主要是材料性质和模具刃口间隙。材料的屈服点小和硬化指数 n 大，都会增大残余弯曲变形量。可以概略认为，对多种金属材料，冲裁弯曲变形量随硬化指数 n 增大而增加。凸、凹模间隙大，会使弯曲变形显著地增大，残余弯曲变形亦随之增大。但是，有时在间隙值极小的情况下，也会使弯曲变形增大。在凸模下方用压板向上加压，可以有效消除弯曲的影响。

2.4　模具间隙对模具寿命和冲裁力的影响

1. 模具间隙对模具寿命的影响

模具间隙是影响模具寿命中最主要的因素之一，冲裁过程中，凸模与被冲的孔之间、凹模与落料件之间均有摩擦，而且间隙越小，模具作用的压应力越大，磨损也越严重。所以，过小的间隙对模具寿命极为不利。而较大的间隙可使凸模侧面与材料间的摩擦减小，从而提高模具寿命（表 7-2-7）。但合理间隙值也不易过大，因为间隙过大，冲裁件的剪切断面光厚比小、断裂面积大，从而使冲裁力变大，反而会减少模具的使用寿命。

2. 模具间隙对冲裁力的影响

表 7-2-7　扩大间隙对冲裁模寿命的影响

材料	厚度 t/mm	洛氏硬度	小间隙		大间隙		寿命提高倍数（%）
			单面间隙 $Z/2t$（%）	刃磨寿命/千次	单面间隙 $Z/2t$（%）	刃磨寿命/千次	
低碳钢	0.5	22HRC	2.5	115	5.0	230	100
低碳钢	1.2	—	5.0	10	12.5	68	580
低碳钢	1.5	77HRB	4.5	130	12.5	400	208
高碳钢	3.2	9HRC	2.5	30	8.5	240	700
不锈钢	0.12	45HRC	20.0	15	42.0	125	900
不锈钢	1.2	16HRC	6.5	12	11.0	30	150
黄铜	1.2	—	3.5	15	7.0	110	633
铍青铜	0.08	95HRB	8.5	300	25.0	600	100

随着间隙的增大，材料所受的拉应力增大，材料容易断裂分离，因此冲裁力减小。通常冲裁力的降低并不显著，当单边间隙在材料厚度的 5% ~20% 时，冲裁力的降低不超过 5% ~10%（图 7-2-18）。

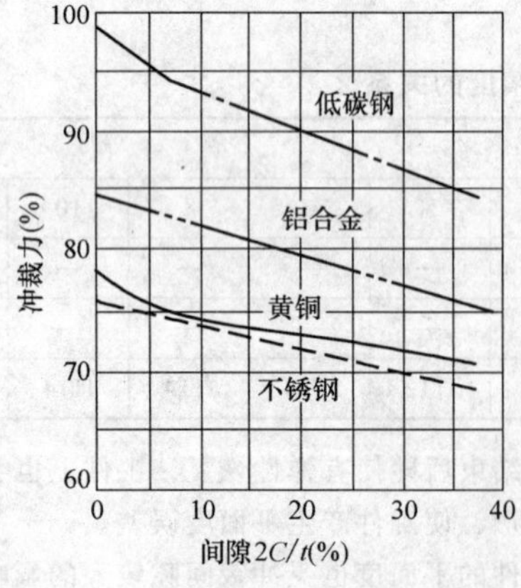

图 7-2-18　间隙与冲裁力的关系

间隙对卸料力、推件力的影响比较显著。间隙增大后，从凸模上卸料和从凹模里推出零件都省力。当单边间隙达到材料厚度的 15% ~25% 时，卸料力几乎为零。但间隙继续增大，因为毛刺增大，又将引起卸料力、顶件力迅速增大（图 7-2-19）。

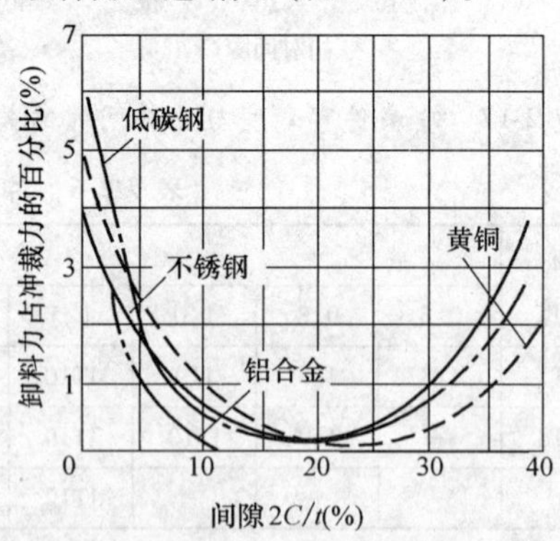

图 7-2-19　间隙与卸料力的关系

合理间隙值的选取主要与冲压零件的材料力学性能、材料厚度、制件使用要求等因素有关，不同行业的冲裁间隙值也有所不同。一般说来，对于断面质量与冲件精度均要求高的制件，应选用较小的间隙值，但模具寿命较低。对于断面质量、冲件精度均要求不高的制件，在满足冲裁件要求的前提下，应以提高模具寿命、降低冲裁力为主，采用较大的合理间隙。但间隙过大会使冲裁件产生弯曲变形，此时要采用弹性卸料装置。考虑到模具制造中的偏差及使用中的磨损，生产中通常是选择一个适当的范围作为合理间隙，这个范围的最小值称为最小合理间隙 Z_{min}，最大值称为最大合理间隙 Z_{max}，设计与制造新模具时应采用最小合理间隙值。确定凸、凹模合理间隙有理论确定法和查表确定法。间隙对冲裁的综合影响见表 7-2-8。

表 7-2-8　间隙对冲裁的综合影响

卸料方式	因素	间隙		
		小	适中	大
固定	提高模具寿命	差	中	差
	保持工件平直	差	中	差
	减小工件毛刺	中	中	差
	防止废料上升	好	中	差
弹压	提高模具寿命	差	很好	差
	保持工件平直	好	很好	中
	减小工件毛刺	中	好	差
	防止废料上升	好	中	差

第 3 章　弯曲件的质量与控制

3.1　弯曲件的质量

弯曲时的主要质量问题有：弯裂、截面畸变、材料偏移、翘曲和弯曲回弹等几种。

3.1.1　弯裂

弯曲时，弯曲件在变形区内中性层的曲率半径为 ρ，弯曲带中心角为 ϕ（图 7-3-1）。此时，最外层金属的伸长率 δ 为

$$\delta = \frac{\widehat{aa} - \widehat{oo}}{\widehat{oo}} \tag{7-3-1}$$

当弯曲中性层在材料中心，且弯曲后料厚保持不变时，

$$\delta = \frac{(r+t) - \left(r + \dfrac{t}{2}\right)}{r + \dfrac{t}{2}} = \frac{\dfrac{t}{2}}{r + \dfrac{t}{2}} = \frac{1}{2\dfrac{r}{t} + 1} \tag{7-3-2}$$

当伸长率 δ 达到断裂极限值时，可求得最小弯曲半径 r_{min} 值。

$$\frac{r_{min}}{t} = \frac{1 - \delta}{2\delta} \tag{7-3-3}$$

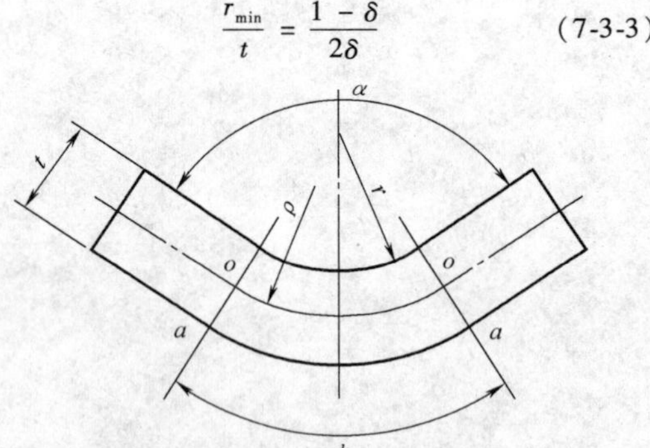

图 7-3-1　弯曲时的变形情况

由此可以看出：在弯曲时，板料外层的纵向金属纤维受到拉伸而伸长，当外层材料的伸长率达到并超过材料所允许的伸长率后，就会导致零件在变形区域内出现弯裂。这种情况多发生在弯曲半径和弯曲角度要求过于严格的状态。板料越厚及弯曲半径越小就越易导致弯裂现象的发生（见图 7-3-2）。

如果板料较厚，此时抑制裂纹产生和发展的能力就比较小。解决弯裂的措施可以是：

1）如果零件结构许可，可以适当增加零件的圆角半径——增大弯曲凸模的圆角半径，或者采用经退火和塑性较好的材料。

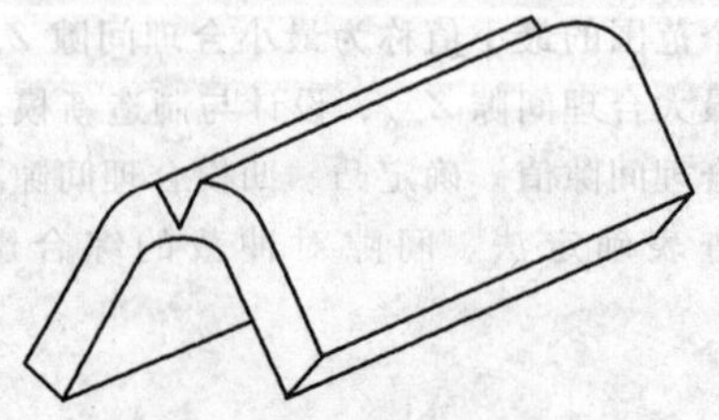

图 7-3-2　弯裂

2）尽量使弯曲线与板料纤维方向保持垂直或成一定角度。

3）将坯料有毛刺的一侧朝向内侧（弯曲凸模一侧）。

4）采用附加反压的弯曲方法。

3.1.2　截面畸变

弯曲时金属的纵向纤维受到伸长和压缩的同时，材料的宽度和厚度方向也发生变化。外层材料的宽度和厚度收缩；而内层的宽度和厚度增加。至此，弯曲变形的结果使力-形的截面成了扇形，特别是对于窄板（$B \leqslant 3t$）的情况，其畸变的现象更为明显（见图 7-3-3 ）。为消除此种缺陷，可以在弯曲线的两端预先做出如图 7-3-4 所示的工艺切口。

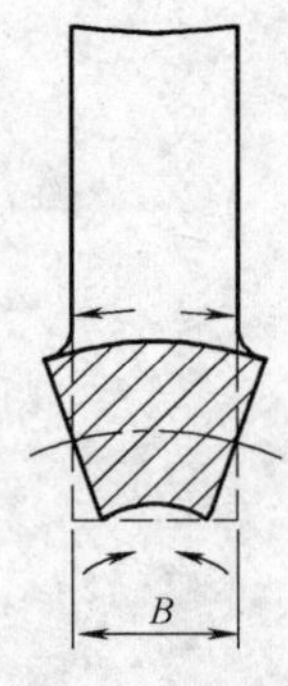

图 7-3-3　弯曲件截面畸变

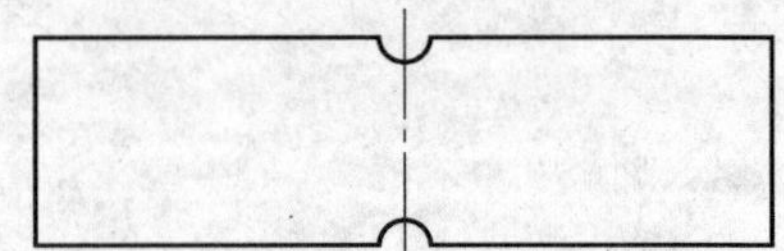

图 7-3-4　弯曲毛坯的工艺切口

3.1.3 偏移

板料在弯曲的过程中，由于左右两侧的凹模圆角不对称，或左右两侧的间隙不等（图 7-3-5a），使其毛坯在弯曲过程中沿长度方向产生移动，或因弯曲时两组弯曲线长度不等（图 7-3-5b），致使板料各边所受的摩擦阻力不等，也会引起材料在长度方向造成移动。此外，由于外力在作用时，水平侧向分力和偏心力的影响（图 7-3-5c）也会使工件在弯曲的同时，引起偏移。最后，使工件两边的尺寸偏差有误，达不到设计要求。

克服偏移的措施主要有：

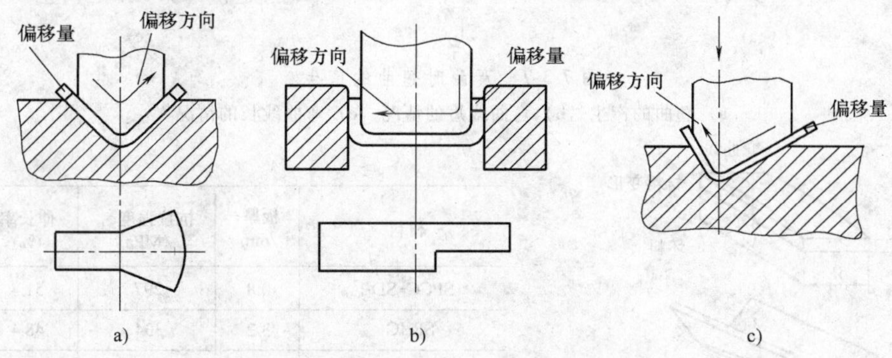

图 7-3-5　弯曲时的偏移现象

1）采用压料装置，使毛坯在压紧的状态下逐渐成形，从而防止毛坯的滑动，同时还能得到较平整的工件，如图 7-3-6a、b 所示。

2）利用毛坯上的孔或设计工艺孔，用定位销插入孔内再弯曲，使毛坯在弯曲时无法移动，如图 7-3-6c 所示。

3）将不对称形状的弯曲件组合成对称弯曲件弯曲，然后再切开，使板料弯曲时受力均匀，不易产生偏移。

4）充分重视水平侧向分力和偏心力的作用，在设计和制造模具时，同样需要考虑压力中心的效果。

5）准确制造模具，严格控制凹模圆角半径的尺寸，精确调整模具间隙，保证均匀对称。

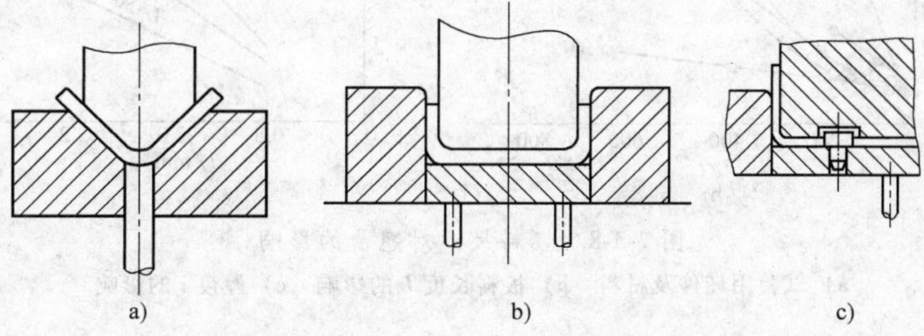

图 7-3-6　克服偏移的措施

3.1.4 翘曲

弯曲过程中在板厚变化的同时，其宽度方向在弯曲的外侧表面，由于纵向纤维方向受拉，宽度方向就要缩短，而内侧表面在宽度方向则变宽。为保持在弯曲过程中弯曲线的平直和连贯，在其所受不同的应力之间要产生平衡力矩，而当卸去负荷、取出工件时，其工件在与力矩相反的宽度方向产生的变弯现象称为翘曲（见图 7-3-7）。

在弯曲部分，如果让宽度方向各处的材料均作自由变形，则在宽度方向会表现出具有均匀曲率的翘曲。在对窄板进行弯曲时，几乎在整个宽度都产生翘曲；而当宽板弯曲时，则接近宽度中部的自由变形将受到阻碍，并且，因被压在凸模和凹模的中间，所以仅在接近板宽的边缘部分才能看出有翘曲。

翘曲的大小与材料性能、弯曲变形程度、板料的宽度、厚度等因素都有关（图 7-3-8 ~ 图 7-3-12 ）。为防止翘曲的产生，可以采取增加压力，在下模反向加压或改进模具结构等措施。如采用带侧板的弯曲模，以阻止材料沿弯曲线侧向流动而减小翘曲；还可以在弯曲模上将翘曲量设计在与翘曲方向相反的方向上。

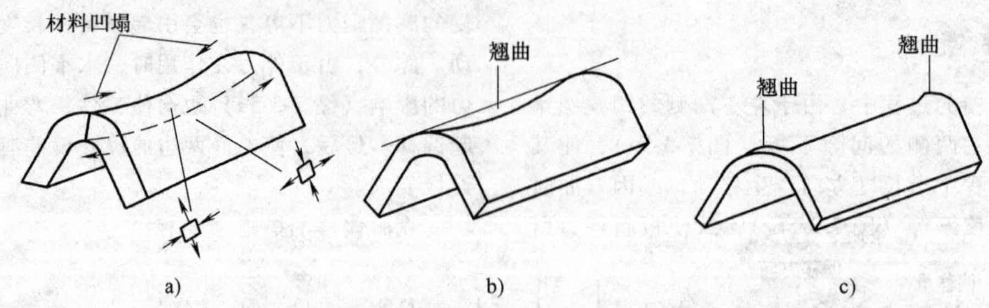

图 7-3-7 弯曲时翘曲的产生

a) 翘曲的产生 b) 弯曲线短的情况 c) 弯曲线长的情况

材料	板厚t /mm	抗拉强度σ_b /MPa	伸长率 (%)
SPCC-SD	0.8	297	51.4
SPHC	3.2	334	48.4
冷轧钢板(未退火)	2.0	654	3.9

a)

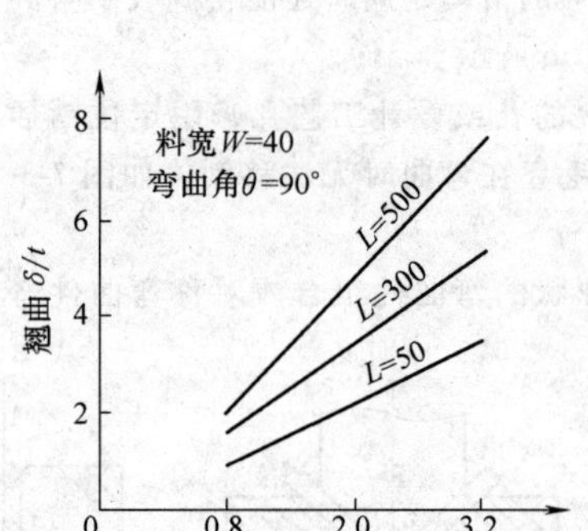

图 7-3-8 坯料尺寸对翘曲的影响

a) 试验用坯件及材料 b) 板料长度L的影响 c) 厚度t的影响

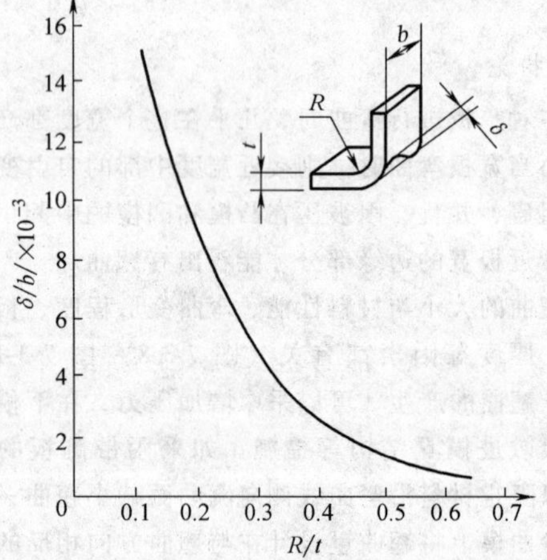

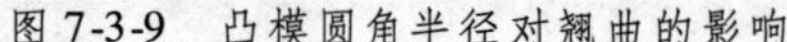

图 7-3-9 凸模圆角半径对翘曲的影响

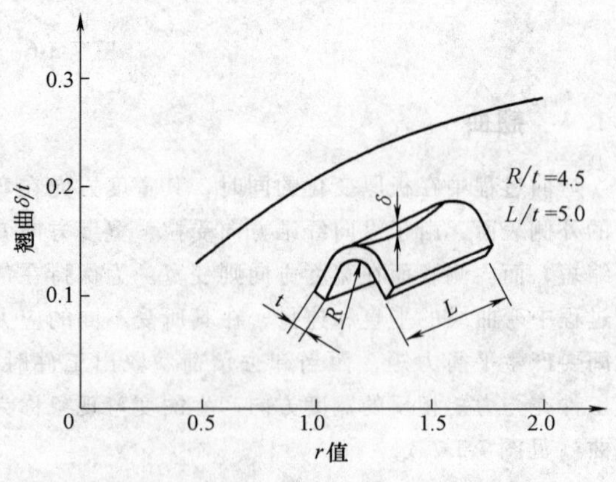

图 7-3-10 r值对翘曲的影响

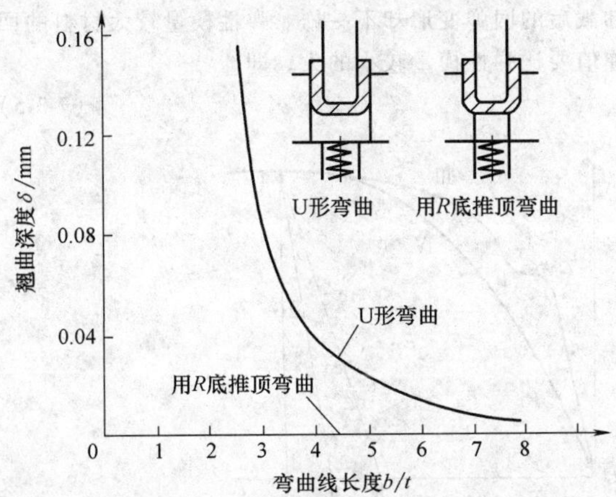

图 7-3-11　用 R 底推顶弯曲和 U 形弯曲时翘曲的比较

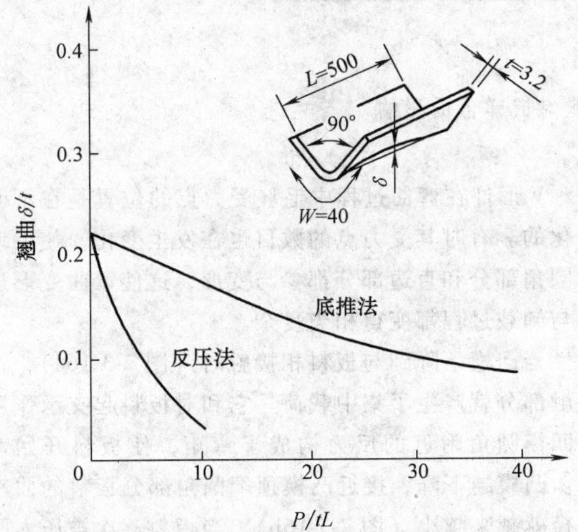

图 7-3-12　用附加反压方法翘曲得到抑制的效果

3.2　弯曲回弹

弯曲的过程实质上就是金属板料的弹塑性变形过程。因此，在弯曲时，除了要考虑到有改变金属形状的塑性变形以外，同时还必须注意伴随有弹性变形的存在。当外加弯矩卸去以后，弹性变形立即消失，它要消除一部分弯曲的效果而使变形物体的形状和体积有所改变，其弯曲件的形状和尺寸都发生与加载时的变形方向相反的变化（图 7-3-13）。这样，弯曲后所得到的零件的角度和圆角半径并不与模具的几何形状完全一致，使弯曲件的几何精度受到一定的损害，这种现象称为回弹现象。

弯曲回弹的表现形式有（图 7-3-14）：

1）曲率减小。弯曲时，内层材料的弯曲半径即为模具的圆角半径 R_1，而卸载后零件的弯曲半径则增至 R（曲率则由卸载前的 $1/R_1$ 减小至 $1/R$）。

2）弯角减小。卸载前板料变形区的张角为 β_1，而卸载后则减小至 β。

弯曲板料的回弹值一般都以曲率的减小量 $\Delta k=\frac{1}{R_1}-\frac{1}{R}$（或曲率半径的变化 $\Delta R=R-R_1$）或弯角的减小量 $\Delta\beta=\beta_1-\beta$ 来表示。

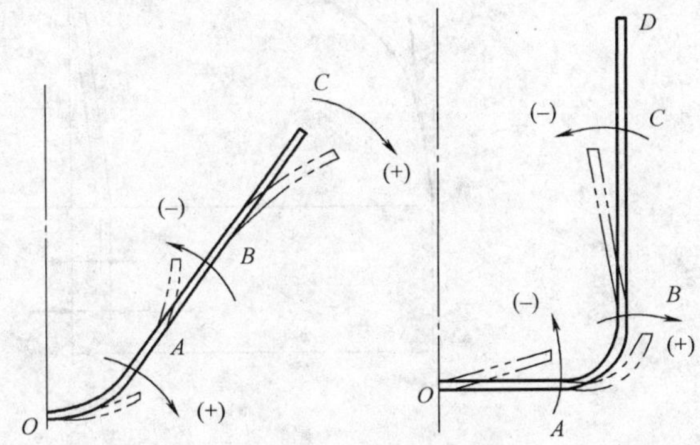

图 7-3-13　由于回弹现象而引起弯曲件角度和圆角半径的变化

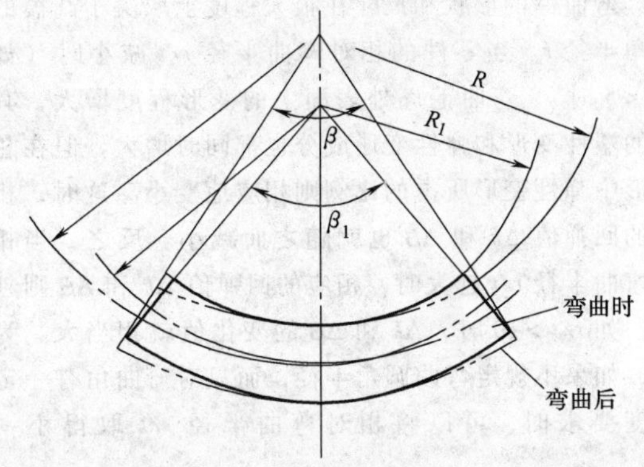

图 7-3-14　弯曲回弹表现形式

3.2.1　影响板料回弹的因素

弯曲板料回弹值的大小主要与材料的力学性能、弯曲方式、板料厚度、工件形状、弯曲角的圆角半径及弯曲力的大小等因素有关系。

1. 材料的力学性能

材料的屈服点、抗拉强度越大，在一定变形程度下所需的加载弯矩越大，因此，卸载后的回弹值 Δk 及 $\Delta\beta$ 也就越大。如图 7-3-15a 所示，在相同的弯曲变形程度情况下，即使是材料的弹性模量相同，屈服点较高的材料的回弹值也要比屈服点较低材料的回弹值 ε_1' 大，即

$$\varepsilon_2' > \varepsilon_1' \tag{7-3-4}$$

弹性模量越大，板料抵抗弹性弯曲的能力就越

大。这时，卸载后的回弹值就越小。从图 7-3-15b 可以明显地看出，两种屈服点基本相同的材料，当弹性模量不同时（$E_3>E_4$），即使变形量相同，但二者在卸载后的回弹变形却不一样。弹性模量较大材料的回弹值要比弹性模量较小的大，即

$$\varepsilon_4' > \varepsilon_3' \tag{7-3-5}$$

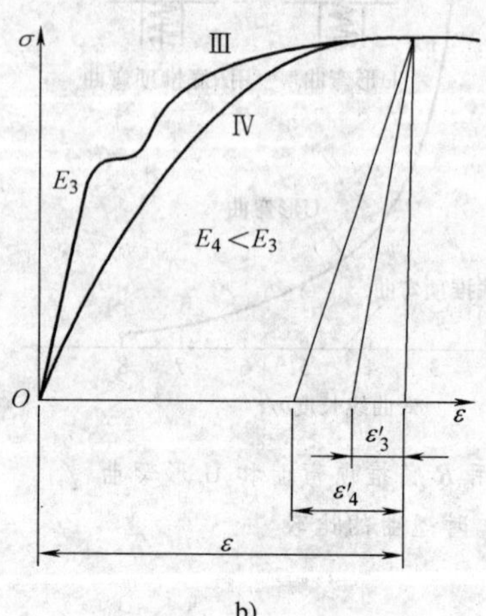

图 7-3-15　材料的力学性能对回弹值的影响

2. 相对弯曲半径

弯曲件的形状和尺寸在很大程度上取决于凸模的圆角半径 r。当零件的相对弯曲半径 r/t 减小时（如 $r/t<5$ 时），弯曲毛坯外表面上的变形程度增大，其中的塑性变形和弹性变形成分也都同时增大。但在总变形中弹性变形所占的比例则相应地变小。这时，相应的回弹值 Δk 和 $\Delta\beta$ 也就随之而减小。反之，当相对弯曲半径 r/t 越大时，相应的回弹值 Δk 和 $\Delta\beta$ 则越大；如 $r/t>10$ 时，Δk 和 $\Delta\beta$ 的变化值就相当大。为此，如果不规定弯曲圆角半径，而只对弯曲角有一定精度要求时，可以将相对弯曲半径 r/t 取得小一些。

3. 弯曲角度

弯曲角度 β 越大，则变形区的长度就越大，回弹角也就越大，但对曲率半径的回弹值却没有影响。

4. 弯曲方式

弯曲方式的不同，会造成不同的变形效果。如 V 形零件和 U 形零件在弯曲后就会产生不同的回弹情况。

V 形件在弯曲过程中毛坯受力点的位置是在不断变化的。有时其受力点的数目也在发生变化，使毛坯的圆角部分和直边部分都参与变形，这使弯曲变形过程与卸载过程都变得相当复杂。

当凸模下降到与板料相接触时（图 7-3-16a），在接触部分就产生了集中载荷。它和对板料起支承作用的凹模圆角附近的反力构成了弯矩，使板料开始弯曲。凸模越下降，接近凸模顶端圆角部分板料的曲率半径就越来越小（图 7-3-16b），当板料逐次被压入凹模中，支点也就由凹模圆角附近逐渐向里移到两个斜面上。进一步弯曲时，板料的两端接触到凸模斜面并开始向回弯曲（图 7-3-16c）。此后，凸模与凹模之间的距离越来越小，碰上凸模斜面的板端又回向弯曲，并再次与凹模斜面相接触（图 7-3-16d），使板料在凸、凹模之间被压平伸直。当变形过程结束，并将工件从模具中取出（使之卸载）时，工件的各部分分别产生与加载变形方向相反的回弹变形，从而使制件

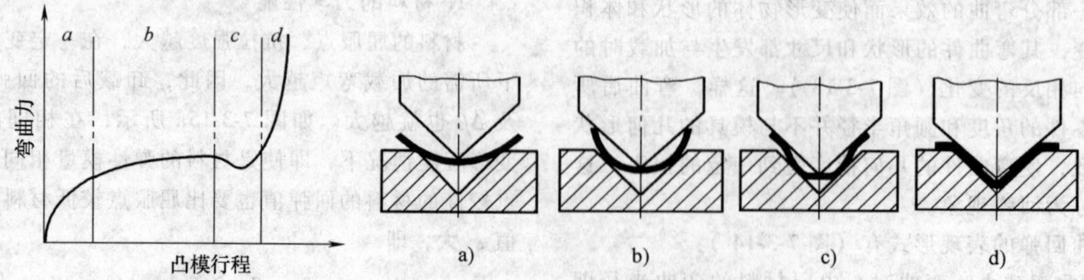

图 7-3-16　普通材料的 V 形弯曲过程

有时向外侧回弹（正回弹），有时向内侧回弹（负回弹）。

U 形件在没有反向压力情况下弯曲的初始阶段，毛坯在凸模及凹模圆角半径 r_p 及 r_d 之间首先发生弯曲变形，使毛坯两端翘起，它大致受均匀的弯矩作用，并以凸模圆角为中心向中间翻转。这时的弯曲力随凸模行程的增加而急剧增加（图 7-3-17）。

当行程超过 r_p+r_d 时，板料就在凹模的圆角半径上滑动。这时，材料很容易被压入凹模中，负荷则随着凸模行程的增加而急剧下降。而当毛坯的两端进入凹模时，端点与凸模的侧面相接触，并被反向弯曲。当凸模底面接近凹模时，凸模底部材料在弯曲初始所产生的鼓起部分开始被压平，亦即底部又被反向弯曲，这时的弯曲力再次增加。此时的弯曲力越大，侧壁角度的回弹值越小。

U 形件弯曲时的变形区主要是在毛坯上受凸模圆角直接作用的两个圆角区。但在实际的弯曲过程中，非变形区部分也都不同程度地产生弯曲变形。因而，当卸载时，弯曲件各部分又都产生了与加载时变形方向相反的回弹。对于回弹的效果来说，根据载荷的大小情况，同样也可能使弯曲件产生正回弹或负回弹。弯曲力与凸模行程之间的关系如图 7-3-18 所示。

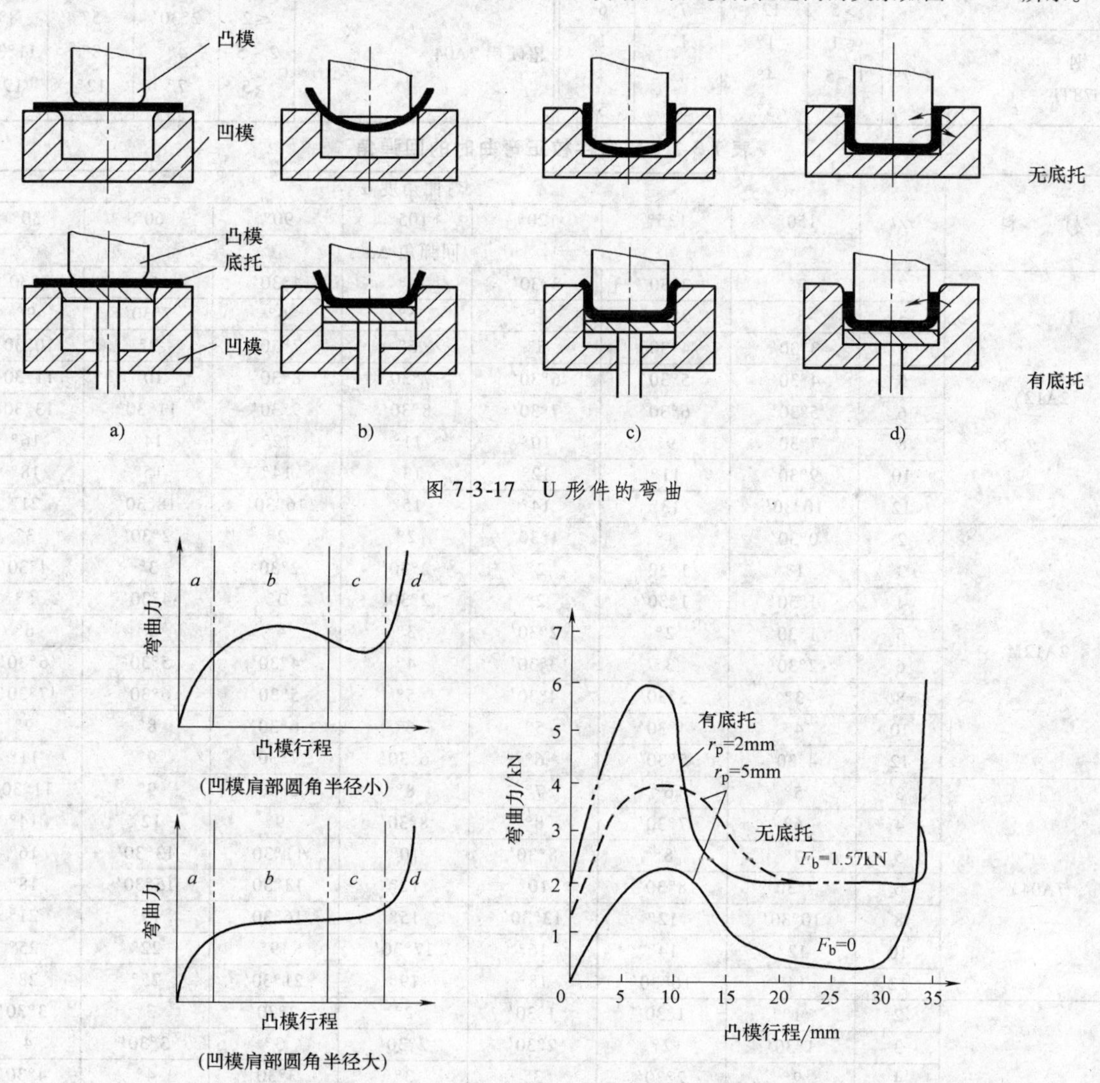

图 7-3-17　U 形件的弯曲

图 7-3-18　U 形件弯曲力-凸模行程曲线

3.2.2　弯曲件的回弹值

不同材料的 V 形和 U 形弯曲件的回弹值列于表 7-3-1 ~ 表 7-3-3。

表 7-3-1 V形件90°单角自由弯曲时的回弹角

材料	r/t	板料厚度 t/mm		
		≤0.8	0.8~2	>2
软钢板 $\sigma_b=350$MPa 黄铜 铝、锌	≤1	4°	2°	0°
	1~5	5°	3°	1°
	>5	6°	4°	2°
中硬钢 $\sigma_b=400\sim500$MPa 硬黄铜 硬青铜	≤1	5°	2°	0°
	1~5	6°	3°	1°
	>5	8°	5°	3°
硬钢 $\sigma_b>550$MPa	≤1	7°	4°	2°
	1~5	9°	5°	3°
	>5	12°	7°	6°
电工钢 CrNi78Ti	≤1	1°	1°	1°
	1~5	4°	4°	4°
	>5	5°	5°	5°

材料	r/t	板料厚度 t/mm		
		≤0.8	0.8~2	>2
30CrMnSiA	≤2	2°	2°	2°
	2~5	4°30′	4°30′	4°30′
	>5	8°	8°	8°
硬铝 2A12	≤2	2°	3°	4°30′
	2~5	4°	6°	8°30′
	>5	6°30′	10°	14°
超硬铝 7A04	≤2	2°30′	5°	8°
	2~5	4°	8°	11°30′
	>5	7°	12°	19°

表 7-3-2 V形件校正弯曲时的回弹角

材料	r/t	弯曲角度 α						
		150°	135°	120°	105°	90°	60°	30°
		回弹角 $\Delta\alpha$						
2A12Y	2	2°	2°30′	3°30′	4°	4°30′	6°	7°30′
	3	3°	3°30′	4°	5°	6°	7°30′	9°
	4	3°30′	4°30′	5°	6°	7°30′	9°	10°30′
	5	4°30′	5°30′	6°30′	7°30′	8°30′	10°	11°30′
	6	5°30′	6°30′	7°30′	8°30′	9°30′	11°30′	13°30′
	8	7°30′	9°	10°	11°	12°	14°	16°
	10	9°30′	11°	12°	13°	14°	15°	18°
	12	10°30′	13°	14°	15°	16°30′	18°30′	21°
2A12M	2	0°30′	1°	1°30′	2°	2°	2°30′	3°
	3	1°	1°30′	2°	2°30′	2°30′	3°	4°30′
	4	1°30′	1°30′	2°	2°30′	3°	4°30′	5°
	5	1°30′	2°	2°30′	3°	4°	5°	6°
	6	2°30′	3°	3°30′	4°	4°30′	5°30′	6°30′
	8	3°	3°30′	4°30′	5°	5°30′	6°30′	7°30′
	10	4°	4°30′	5°	6°	6°30′	8°	9°
	12	4°30′	5°30′	6°	6°30′	7°30′	9°	11°
7A04Y	3	5°	6°	7°	8°	8°30′	9°	11°30′
	4	6°	7°30′	8°	8°30′	9°	12°	14°
	5	7°	8°	8°30′	10°	11°30′	13°30′	16°
	6	7°30′	8°30′	10°	12°	13°30′	15°30′	18°
	8	10°30′	12°	13°30′	15°	16°30′	19°	21°
	10	12°	14°	16°	17°30′	19°	22°	25°
	12	14°	16°30′	18°	19°	21°30′	25°	28°
7A04M	2	1°	1°30′	1°30′	2°	2°30′	3°	3°30′
	3	1°30′	2°	2°30′	2°30′	3°	3°30′	4°
	4	2°	2°30′	3°	3°	3°30′	4°	4°30′
	5	2°30′	3°	3°30′	3°30′	4°	5°	6°
	6	3°	3°30′	4°	4°30′	5°	6°	7°
	8	3°30′	4°	5°	5°30′	6°	7°	8°
	10	4°	5°	5°30′	6°	7°	8°	9°
	12	5°	6°	6°30′	7°	8°	9°	11°

（续）

材　料	r/t	弯曲角度 α						
		150°	135°	120°	105°	90°	60°	30°
		回弹角 Δα						
30CrMnSiA（退火）	1	0°30′	1°	1°	1°30′	2°	2°30′	3°
	2	0°30′	1°30′	1°30′	2°	2°30′	3°30′	4°30′
	3	1°	1°30′	2°	2°30′	3°	4°	5°30′
	4	1°30′	2°	3°30′	4°	4°	5°	6°30′
	5	2°	3°30′	3°	4°	4°30′	5°30′	7°
	6	2°30′	3°	4°	4°30′	5°30′	6°30′	8°
	8	3°30′	4°30′	5°	6°	6°30′	8°	9°30′
	10	4°	5°	6°	7°	8°	9°30′	11°30′
	12	5°30′	6°30′	7°30′	8°30′	9°30′	11°	13°30′
20（退火）	1	0°30′	1°	1°	1°30′	1°30′	2°	2°30′
	2	0°30′	1°	1°30′	2°	2°	3°	3°30′
	3	1°	1°30′	2°	2°	2°30′	2°30′	4°
	4	1°	1°30′	2°	2°30′	3°	4°	5°
	5	1°30′	2°	2°30′	3°	3°30′	4°30′	5°30′
	6	1°30′	2°	2°30′	3°	4°	5°	6°
	8	2°	3°	3°30′	4°30′	5°	6°	7°
	10	3°	3°30′	4°30′	5°	5°30′	7°	8°
	12	3°30′	4°30′	5°	6°	7°	8°	9°
1Cr18Ni9Ti	0.5	0°	0°	0°30′	0°30′	1°	1°30′	2°
	1	0°30′	0°30′	1°	1°	1°30′	2°	2°30′
	2	0°30′	1°	1°30′	1°30′	2°	2°30′	3°
	3	1°	1°	2°	2°	2°30′	3°30′	4°
	4	1°	1°30′	2°30′	3°	3°30′	4°	4°30′
	5	1°30′	2°	3°	3°30′	4°	4°30′	5°30′
	6	2°	3°	3°30′	4°	4°30′	5°30′	6°30′

表 7-3-3　U 形件弯曲时的回弹角

材　料	r/t	凸模和凹模的间隙 C						
		0.8t	0.9t	1t	1.1t	1.2t	1.3t	1.4t
		回弹角 Δα						
2A12Y	2	-2°	0°	2°30′	5°	7°30′	10°	12°
	3	-1°	1°30′	4°	6°30′	9°30′	12°	14°
	4	0°	3°	5°30′	8°30′	11°30′	14°	16°30′
	5	1°	4°	7°	10°	12°30′	15°	18°
	6	2°	5°	8°	11°	13°30′	16°30′	19°30′
2A12M	2	-1°30′	0°	1°30′	3°	5°	7°	8°30′
	3	-1°30′	0°30′	2°30′	4°	6°	8°	9°30′
	4	-1°	1°	3°	4°30′	6°30′	9°	10°30′
	5	-1°	1°	3°	5°	7°	9°30′	11°
	6	-0°30′	1°30′	3°30′	6°	8°	10°	12°
7A04Y	2	3°	7°	10°	12°30′	14°	16°	17°
	3	4°	8°	11°	13°30′	15°	17°	18°
	4	5°	9°	12°	14°	16°	18°	20°
	5	6°	10°	13°	15°	17°	20°	23°
	6	8°	13°30′	16°	19°	21°	23°	26°
7A04M	2	-3°	-2°	0°	3°	5°	6°30′	8°
	3	-2°	-1°30′	2°	3°30′	6°30′	8°	9°
	4	-1°30′	-1°	2°30′	4°30′	7°	8°30′	10°

（续）

材料	r/t	凸模和凹模的间隙 C						
		0.8t	0.9t	1t	1.1t	1.2t	1.3t	1.4t
		回弹角 Δα						
7A04M	5	-1°	-1°	3°	5°30′	8°	9°	11°
	6	0°	-0°30′	3°30′	6°30′	8°30′	10°	12°
20（退火）	1	-2°30′	-1°	0°30′	1°30′	3°	4°	5°
	2	-2°	-0°30′	1°	2°	3°30′	5°	6°
	3	-1°30′	0°	2°30′	3°	4°30′	6°	7°30′
	4	-1°	0°30′	2°30′	4°	5°30′	7°	9°
	5	-0°30′	1°30′	3°	5°	6°30′	8°	10°
	6	-0°30′	2°	4°	6°	7°30′	9°	11°
30CrMnSiA	1	-2°	-0°30′	0°	1°	2°	4°	5°
	2	-1°30′	-1°	1°	2°	4°	5°30′	7°
	3	-1°	0°	2°	3°30′	5°	6°30′	8°30′
	4	-0°30′	1°	3°	5°	6°30′	8°30′	10°
	5	0°	1°30′	4°	6°	8°	10°	11°
	6	0°30′	2°	5°	7°	9°	11°	13°
1Cr18Ni9Ti	1	-2°	-1°	-0°30′	0°	0°30′	1°30′	2°
	2	-1°	-0°30′	0°	1°	1°30′	2°	3°
	3	-0°30′	0°	1°	2°	2°30′	3°	4°
	4	0°	1°	2°	2°30′	3°	4°	5°
	5	0°30′	1°30′	2°30′	3°	4°	5°	6°
	6	1°30′	2°	3°	4°	5°	6°	7°

3.2.3 减小弯曲回弹的措施

根据毛坯变形区在卸载过程中的回弹规律及不同弯曲方式中毛坯各部分所产生的变形和回弹值的关系，减小弯曲回弹、提高弯曲件精度的措施如下：

1. 利用回弹规律

1）在接近纯弯曲（只受弯矩的作用）的条件下，可以根据回弹值计算公式的计算结果对弯曲模工作部分的形状作必要的修正。

2）根据弯曲件回弹趋势与回弹量的大小，控制模具工作部分的几何形状及尺寸，使弯曲以后工件的回弹量恰好得到补偿。如图7-3-19a所示，凸模两侧做出角度，恰好用于补偿角度的回弹；图7-3-19b则利用底部向下的回弹作用补偿了圆角部分的回弹变形。

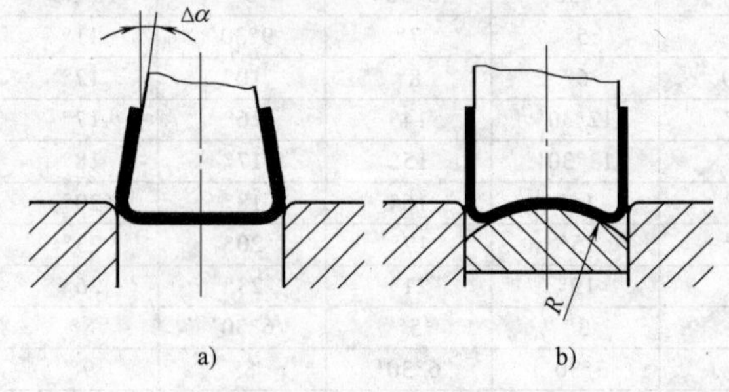

图7-3-19 回弹的补偿

3）采用橡皮或聚氨酯橡胶作为凹模，使之消除在弯曲过程中毛坯在不变形区的变形回弹，并用调节凸模压入软凹模深度的方法控制弯曲角度，使卸载并经回弹后所得的零件角度符合冲裁件的精度要求。

2. 改变应力状态

通常，都把弯曲凸模结构做成如图7-3-20所示的形式，为了补偿回弹，也可从改变应力状态着手。

1）把弯曲凸模做成局部突起形状，将凸模力集中地作用在引起回弹的弯曲变形区，以改变弯曲变形区外侧受拉和内侧受压的应力状态，使之变为三向应力状态，从而从根本上改变回弹变形的性质，提高弯

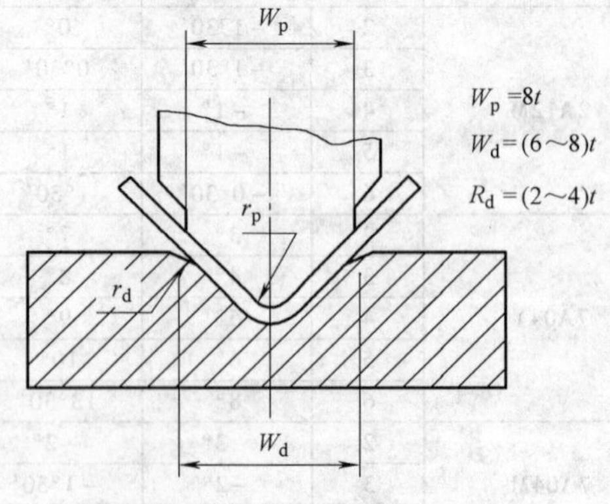

图7-3-20 标准V形弯曲模尺寸

曲件的精度。其凸模的形式可以做成如图 7-3-21 所示的用前端压住和图 7-3-22 所示的肩部压住的方式，后者多用于采用弯曲压力机，在 V 形弯曲时，对防止长尺寸弯曲的挠度更有效。至于 U 形件的弯曲，可以做成如图 7-3-23 的形式。

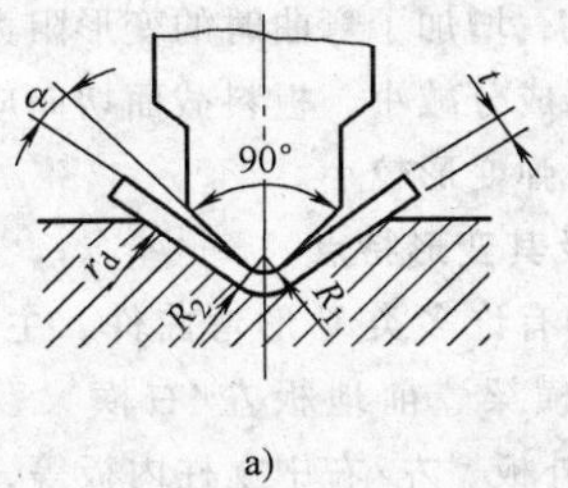

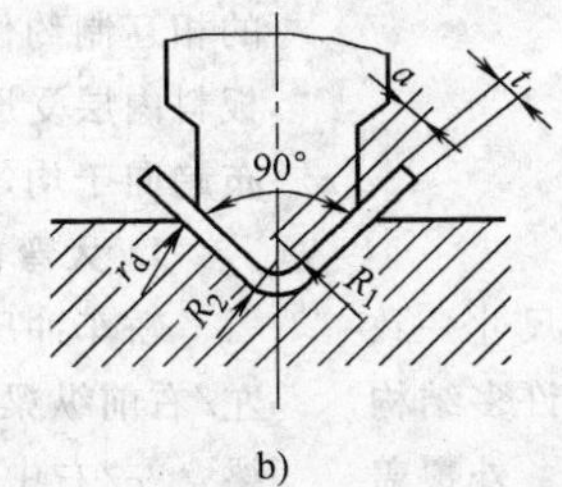

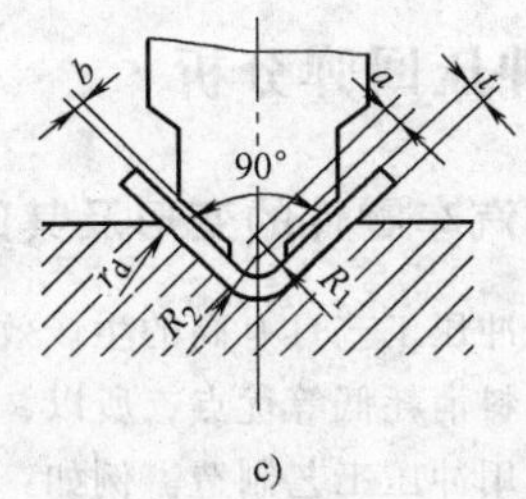

图 7-3-21　改变应力状态的弯曲方法（前端压住）

a）凸模角减小，$\alpha=2°\sim5°$，$R_2=R_1+t$，$r_d=(2\sim4)\ t$

b）带圆角的凹模，$R_2=R_1+t+a$，$a=(2\%\sim5\%)\ t$，$r_d=(2\sim4)\ 4t$

c）带突起的凸模，$R_2=R_1+t+a$，$a=(5\%\sim10\%)\ t$，$b=(5\%\sim8\%)\ t$，$r_d=(2\sim4)\ t$

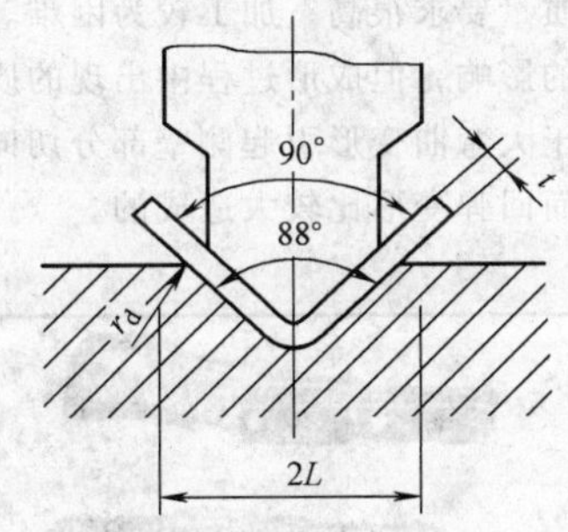

图 7-3-22　改变应力状态的弯曲方法（肩部压住）

$r_d=t/2$ 时，$2L=5t$；$r_d>t$ 时，$2L=8t$

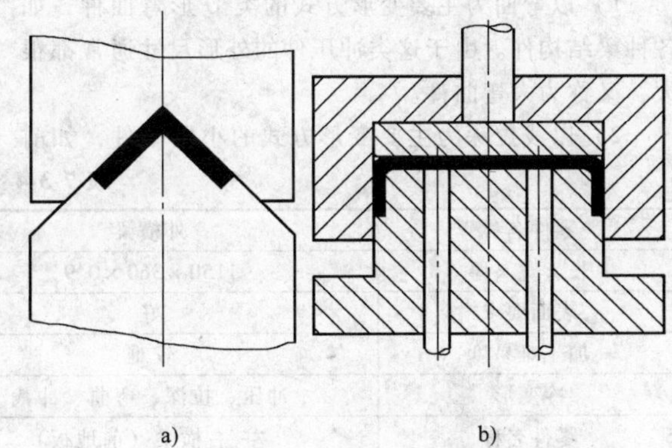

图 7-3-24　纵向加压的弯曲方法

a）V 形弯曲　b）U 形弯曲

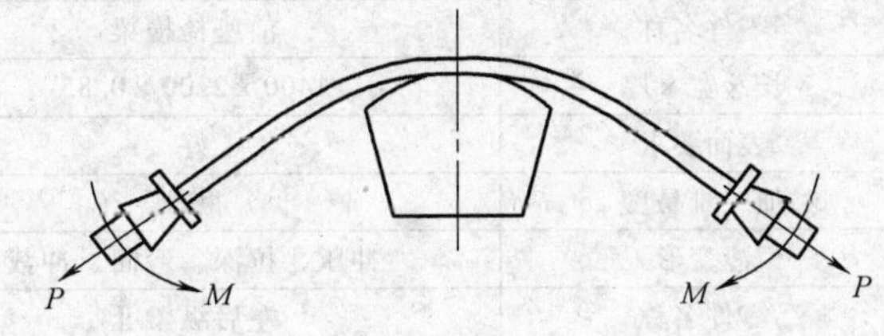

图 7-3-23　改变应力状态的弯曲方法（U 形弯曲）

此外，用模具的突肩在弯曲毛坯纵向加压后，使弯曲变形区内毛坯断面上的应力都成为压应力（图 7-3-24）。在卸载时，回弹的性质也发生了变化，毛坯的内层与外层都产生伸长变形，因而可以使回弹大为减小。

3）采用拉形工艺。在板料弯曲过程的同时施加拉力，可以使剖面上的压区转变为拉区（图 7-3-25），

2）在有底凹模中进行弯曲时，当板料与模具贴合后，以附加压力校正弯曲变形区，使压区沿着切向产生拉伸应变。卸载后，拉压两区纤维的回弹趋势互相抵消，因而可以得到减小回弹值及提高冲裁件精度的效果。

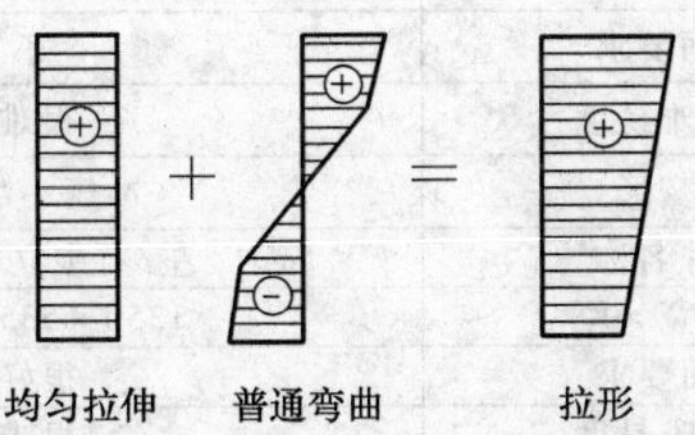

图 7-3-25　拉形及其断面内切向应力的分布

这实际上是属于胀形的工艺过程。它可使毛坯的内表面到外表面都处于拉应力的状态。因而在卸载时所得到的回弹变形方向一致，其结果使零件的形状只发生很小的变化，从而显著地减小回弹量，提高了弯曲件的精度。

3.3 冲压回弹分析

3.3.1 汽车零件的变形及其回弹

由于冲压工艺具有高的生产效率、好的尺寸一致性、原材料消耗低等优点，所以，轿车上的许多结构件广泛采用冲压工艺制造。例如：车身的内、外覆盖件和骨架件；车架的纵梁、横梁和保险杠等；车轮的轮辐、轮辋和挡圈等；发动机的气缸垫、油底壳等。在这些轿车冲压件中，回弹变形较大、回弹问题相对突出的主要是以下两类：

1）以弯曲为主要变形方式的类U形弯曲件，如各种梁结构件。由于这类冲压件的外形尺寸通常都很大，又称为大弯曲件。

2）以浅拉深为主要变形方式的小曲率件，如前后翼子板、前后门外板、发动机罩外板、行李箱盖外板、顶盖等，以及与之相应的内覆盖件。

还有一些空间形状复杂的零件，如各种骨架件包括各种加强板、固定座和支架等，以及车轮的轮辐、轮辋、挡圈和油底壳等，由于冲压成形时各部分变形的相互制约作用大，增加了弯曲时的变形阻力，使得板料内层受压变形成分减小，板料截面切向应力的分布趋向于均匀，回弹变形较小。

1. 大弯曲件及其变形特点

轿车冲压件中有许多类U形弯曲件，主要包括：左/右前纵梁、外横梁、前地板左/右横梁、左后纵梁、左/右中立柱外板、左/右中立柱内板等，见表7-3-4。由于这类冲压件的主要变形方式是弯曲变形，并且形状尺寸很大，通常又将它们称为大弯曲件。这一类零件具有如下共同特征：材料比较薄，厚度一般小于1.2mm；成形后的长宽比较大；长度方向为开口件；表面质量要求很高；加工较为困难。虽然受其他变形方式的影响，但成形过程中出现的质量问题主要原因是由于大弯曲变形引起侧壁部分切向应力分布不均匀，因而回弹变形比较大造成的。

表7-3-4 大弯曲件

零件名称	外横梁 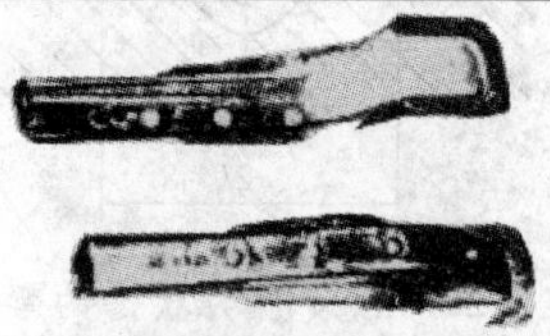
长×宽×厚	1150×360×0.9
表面要求	好
加工难易度	较难
冷变形	冲压、拉深、弯曲、冲裁
零件名称	左/右横梁（前地板） 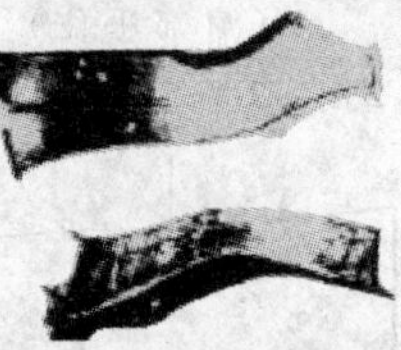
长×宽×厚	1000×250×1.2
表面要求	好
加工难易度	很难
冷变形	冲压、拉深、冲裁
零件名称	前座椅横梁 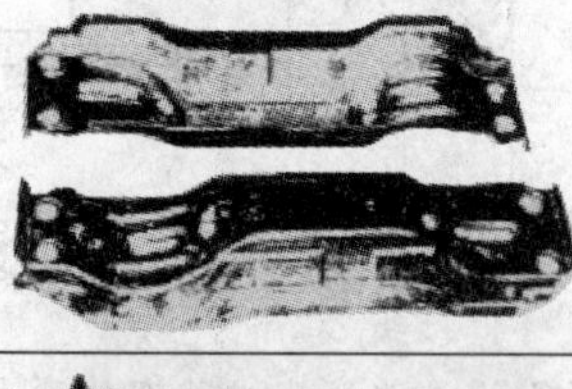
长×宽×厚	1400×2200×0.85
表面要求	好
加工难易度	很难
冷变形	冲压、拉深、弯曲、冲裁
零件名称	左后纵梁Ⅱ 
长×宽×厚	635×320×1.0
表面要求	好
加工难易度	很难
冷变形	冲压、冲裁
零件名称	左/右中立柱外板
长×宽×厚	1350×535×1.2
表面要求	很好
加工难易度	很难
冷变形	冲压、拉深、弯曲、冲裁

2. 小曲率件及其变形特点

小曲率轿车冲压件主要指轮廓尺寸大、拉深深度相对较浅、成形后零件空间曲面的曲率半径较大的一类零件。就轿车而言，包括发动机罩外板、顶盖、行李箱盖外板、左/右前车门外板、左/右后车门外板、左/右前翼子板和左/右后翼子板等外覆盖件。与上述外覆盖件对应的内覆盖件相比，由于外形平坦，板材较薄（通常只有 0.7mm 左右），也存在回弹问题。图 7-3-26 给出了桑塔纳轿车部分车身的外覆盖件。

该类零件的共同特点可以归纳为：

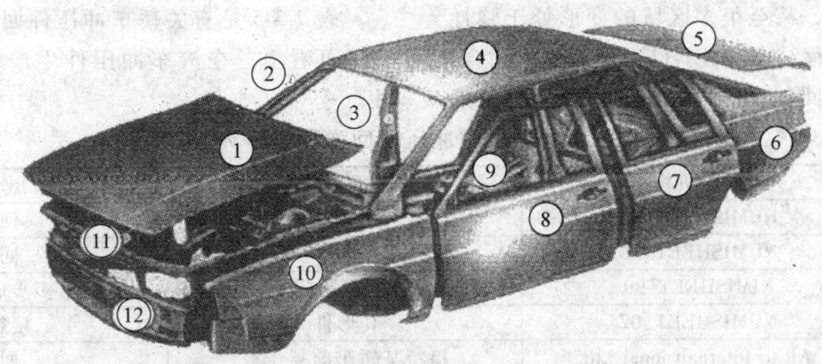

图 7-3-26　桑塔纳轿车部分车身外覆盖件

1—发动机罩　2—前柱　3—中柱　4—顶盖　5—行李箱盖板　6—后翼子板　7—后车门　8—前车门　9—地板　10—前翼子板　11—挡泥板　12—前围和前纵梁

(1) 表面质量要求高　作为汽车的“脸面”，外覆盖件的表面要求等级是所有汽车冲压件当中最高的，其可见表面不允许有波纹、皱纹、凹痕、边缘拉痕、擦伤以及其他可能破坏表面完美的缺陷。表面质量对轿车尤为重要，表面上即使有微小缺陷都会在涂装后引起光线的不均匀折射，从而影响整体外观。覆盖件上的装饰性（或工艺性）棱线、肋条要求清晰、平滑、左右对称及过渡均匀。位于相邻覆盖件上的棱线的衔接必须吻合，不允许参差不齐。

(2) 外形尺寸大　一般外覆盖件的投影面积都在 $1m^2$ 以上，某些载货汽车的大型覆盖件和轿车的顶盖可达 $2\sim3m^2$ 时。这是由于组成车身的流线型曲面在分块时须保证其表面的连续性和完整性，对连续曲面的分割不仅在组装上十分困难，而且往往会破坏车身的整体造型效果。

(3) 有足够的刚度　覆盖件是空心结构的薄壁零件，当其组装成车身后，若刚度不足，在汽车行驶过程中就会引起共振现象，产生很大的噪声和剧烈的振动，造成部件疲劳损坏，并使驾驶员的工作环境恶化，从而可能引发事故。因此，必须注意提高汽车外覆盖件的刚度，保证其形状的稳定性。

(4) 厚度小　坯料厚度通常小于 0.9mm。在相同成形条件下，坯料厚度越小回弹量越大。

(5) 多为浅拉深件　拉深深度小，曲率小甚至近乎于平面。零件的大部分区域在冲压成形过程中发生的塑性变形很小，成形后回弹量较大。后续修边、冲孔时容易造成零件与模具不服贴、定位不准、压边不稳、冲压过程中零件窜动等问题，并影响最后的整车装配。

为了研究这类零件的回弹问题，先来分析一下浅拉深小曲率覆盖件的变形特点。图 7-3-27 所示为顶盖的拉深件示意图，其变形存在三大特点：①小塑性变形区。*A* 区是拉深成形中的小塑性变形区，由于整个拉深件的深度较浅，这一部分板料在拉深过程中受到双向拉应力的作用发生双向伸长变形，但由于受到的拉力较小，而其本身发生塑性变形所需的拉力又很大，因此难以发生较大的塑性变形。这一区域板料最大变形方向的变形量一般在 1% ~3%，最大也很难超过 5%，*A* 区大部分变形在 1% 左右，甚至有时仅发生弹性变形而达不到材料的屈服点。脱模时很容易因回弹而产生较大的形状变化。②大塑性变形区。*B* 区（转角区）是拉深成形中的大塑性变形区，该区域的变形属于一向拉伸、一向压缩的拉伸变形，即径向发生伸长变形、切向发生压缩变形，转角半径越小塑性变形区域就越小，形成集中塑性变形区，发生的

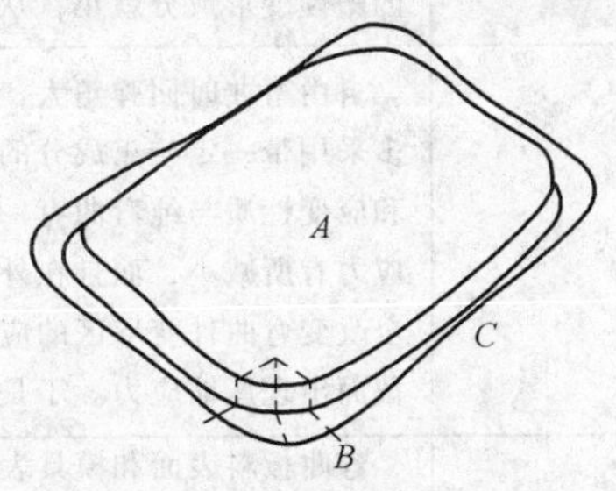

图 7-3-27　顶盖拉深件简图

塑性变形也越大。③直边区。C区板料的塑性变形与盒形件直边部分的变形相似，即以径向伸长变形为主，切向的变形很小。

对于冲压件来说，其形状尺寸精度一般是靠模具来保证的。形状尺寸精度不良有两种表现：一是由于板料的塑性变形太小，甚至很多区域的变形处于弹性状态，虽然在成形过程结束时板料已完全与模具贴合，但脱模后会产生弹性回复变形，从而导致冲压件的形状尺寸精度因弹复达不到设计要求，影响后续工序的加工和装配。另一种是，虽然拉深件的回弹不大，但由于拉深成形时变形不均匀分布很严重，成形后有较大的残余应力存在，拉深件修边后残余应力得到释放，会使零件形状改变，形状尺寸精度出现误差。

表7-3-5是有关轿车冲压件回弹的相关研究。从这里可看出，在汽车冲压件生产中回弹问题的重要性。

表7-3-5 轿车冲压件回弹相关研究

时间	所属机构	研究对象	考察内容
1993	NUMISHEET'93	U形件	回弹预测
1996	NUMISHEET'96	S形梁	回弹预测
1999	NIMISHEET'99	AUDI轿车前门外板	多步成形与回弹
2002	NUMISHEET'02	U形件	接触与回弹
1995	Alean Internalt ional Ltd	福特某轿车前翼子板	回弹预测
1999	Fiat Research Center	前门板	多步成形与回弹
1999	Press Kogyo Co. Ltd	纵梁	减小回弹变形
1999	郑州日产	纵梁	回弹成因及解决对策

上述两种情况都与拉深件的塑性变形不足有关，传统方法是采用合适的成形工艺，增加拉深件的塑性变形并使变形均匀化，如使用屈服点较小的材料；增加板料与凸模的接触面积，应力分布更均匀，设计合适的工艺补充面；设置矩形拉深肋以增加进料阻力。

3.3.2 回弹的影响因素（见表7-3-6）

表7-3-6 回弹的影响因素

材料的力学性能	材料的弹性模量E越小，屈服极限越高，加工硬化现象就越严重（n值大），弯曲变形的回弹也越大
相对弯曲半径	当相对弯曲半径（R/t）减小时，弯曲板料外表面上的总切向变形程度增大，其中塑性变形和弹性变形成分也都同时增大，但在总变形中弹性变形所占比例却减小，因此回弹也小。与此相反，当相对弯曲半径较大时，由于弹性变形在总变形中所占比例的增大，回弹就大
弯角	弯角α越大则变形区域越大，回弹积累值越大，回弹角也越大。但对弯曲半径的回弹没有影响
工件形状	一般来说，弯曲零件的形状越复杂，弯曲变形时各部分变形的相互制约作用就越大，增加了弯曲时的变形阻力，使薄板内层受压变形成分减小，薄板截面上切向应力的分布趋于均匀，因而降低了一次弯曲成形的回弹量。例如，U形件的回弹由于两边互受牵制而小于V形件。形状复杂的弯曲件，若一次弯曲成形，由于各部分间的相互牵制以及弯曲件表面与模具表面之间的摩擦影响，可能会改变弯曲工件各部分的应力状态，使回弹困难
模具间隙	U形弯曲模的凹、凸模间隙C越大，卸载后零件的回弹也越大。因为过大的间隙使材料的贴模程度降低，即减小了对弯曲件直边的径向约束作用，这样在其他条件不变的情况下，间隙大，弯曲件的塑性变形成分就小，从而卸载后零件的回弹量就大。当C<t时，则会发生负回弹现象
弯曲方式	自由弯曲时回弹角大，采用校正弯曲时回弹角减小。校正力越大，回弹值越小。在实际生产中，多采用带一定校正成分的弯曲方法。校正力大于弯曲变形所需要的力。这时弯曲变形区的应力状态和应变性质与纯弯曲有一定的差别。由于板料受凸模和凹模压缩的作用，不仅使弯曲变形外区的拉应力有所减小，而且在外区中性层附近还出现和内区同号的压缩应力。当校正力很大时，可能会完全改变弯曲件变形区的应力状态，即压应力区向板料的外表面逐步扩展，致使板料的全部或大部分截面出现压缩应力。于是，内、外区回弹的方向取得了一致，其回弹可比自由弯曲时减小
摩擦	弯曲板料表面和模具表面之间的摩擦可以改变弯曲板料各部分的应力状态。一般认为摩擦可以增大变形区的拉应力，可以使零件形状接近于模具形状

1. U 形件标准考题回弹算例

为了研究数值参数对回弹预测精度的影响，作者选取了 NUMISHEET'93 的 U 形件标准考题，模具几何尺寸如图 7-3-28 所示。之所以选取该算例，是因为 U 形件是一种典型的冲压件（轿车中有许多冲压件为类 U 形件，如各种梁），其回弹问题在冲压件回弹中也具有很强的代表性，并且当采用高强度薄钢板或铝合金薄板成形时，回弹变形相对较大。选取它的另一个原因是可以从 NUMISHEET'93 的会议文集中得到多个研究小组的试验数据作为参考。

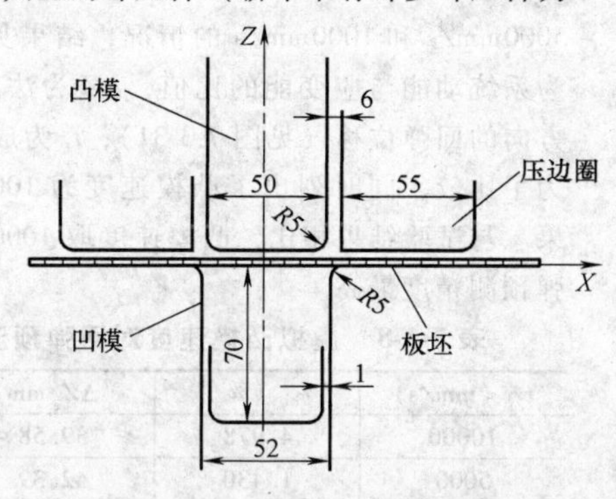

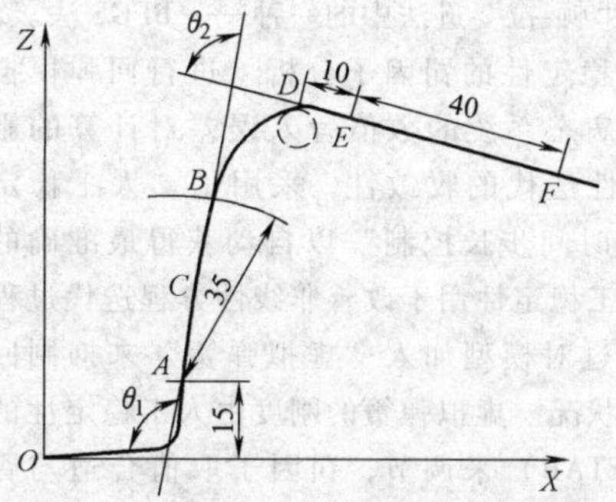

图 7-3-28　模具几何示意及回弹测量方法

a）模具　b）回弹测量方法

板坯采用了成形后回弹变形很大的铝合金薄板，其长度 350mm、宽度 35mm、厚度 0.81mm。其材料参数为弹性模量 71GPa、泊松比 0.33、密度 2700kg/m^3、应力应变关系 $\sigma = 579.79\ (0.01658 + \varepsilon^p)^{0.3593}$ MPa，摩擦因数 0.162，压边力 2.45kN、拉深深度 70mm。表 7-3-7 是 NUMISHEET'93 提供的试验结果，表中 $\Delta\theta = \theta_1 - \theta_2$。图 7-3-29 是 U 形件回弹后的侧面轮廓（试验结果）。根据对称性建立了四分之一有限元模型以提高模拟计算的效率，见图 7-3-30，板料使用 BT 壳单元，尺寸 2mm × 2mm，应用 Barlat 屈服准则；对凹、凸模圆角处划分 5 个单元。

表 7-3-7　NUMISHEET'93 试验结果

项目	θ_1/(°)	θ_2/(°)	$\Delta\theta$(°)	ρ/mm
最小值	101.5	68.0	24.0	81.0
最大值	116.0	77.5	47.7	217.0
平均	112.4	72.8	39	106.0

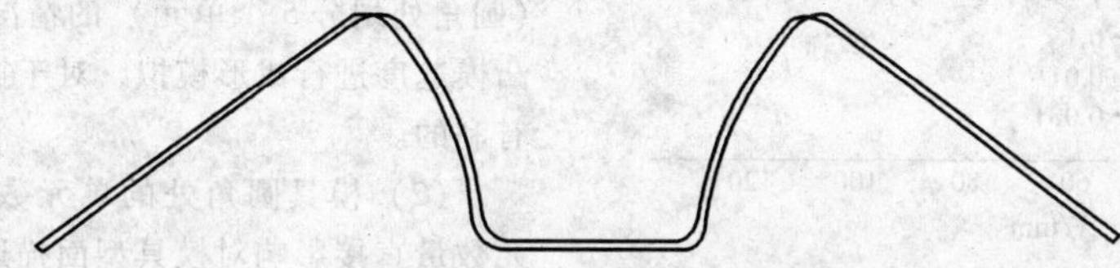

图 7-3-29　试验结果（取自 NUMISHEET'93）

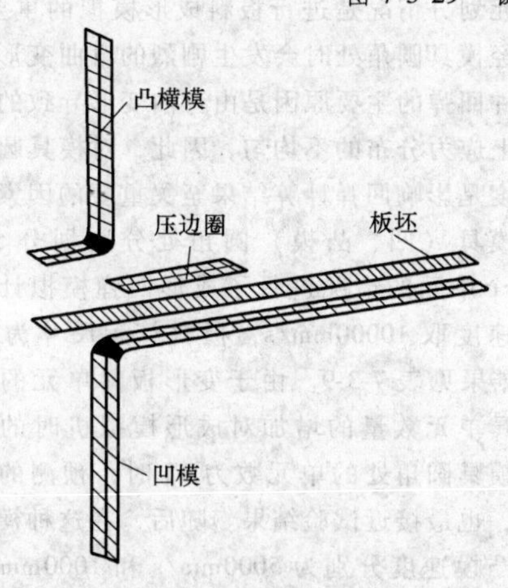

图 7-3-30　有限元模型

2. 回弹过程的数值算法分析

（1）非线性迭代算法的选取　采用静力隐式算法模拟回弹过程时，静力平衡方程的求解形式分为以下两类：

1）线性回弹分析。适用于回弹变形比较小的情况，计算速度很快。

2）非线性回弹分析。对于回弹变形较大、非线性不可忽略的问题，为了能够获得较为准确的计算结果，应该采用非线性的增量迭代法。目前使用最多的非线性迭代法，主要有全牛顿-拉斐逊法、修正的牛顿-拉斐逊法与准牛顿-拉斐逊法。这三种迭代方法在求解精度与计算的收敛性方面都有一定的差异。从计算效率的角度来看，修正的牛顿-拉斐逊法最高，其次为准牛顿-拉斐逊法，再次为全牛顿-拉斐逊法；从计算的收敛性角度来看，全牛顿-拉斐逊法最好，准牛顿-拉斐逊法次之，再次为修正的牛顿-拉斐逊法。在工程应用中，采用修正的牛顿-拉斐逊法求解非线性程度不高的问题非常简便；当问题的非线性程度较高时，最好采用准牛顿-拉斐逊法或全牛顿-拉斐逊法。综合考虑计算的收敛性和计算效率，在对回弹过程进行模拟时采用了准牛顿-拉斐逊法中的一种——BFGS 法。

（2）人工稳定性的罚因子分析　进行回弹模拟时，为了消除病态系统的数值舍入误差对计算的影响，改善非线性迭代的收敛性，采用了“人工稳定性”和“自动时间步长控制”以自动获得最准确的求解结果。人工稳定性用于改善非线性方程迭代过程的收敛性，通过对模型加入“虚拟弹簧”来抑制回弹和改善数值状况。虚拟弹簧的刚度由人工稳定性的罚因子（PENSTAB）来调节，罚因子取值合适与否直接影响回弹的计算。因此，首先对人工稳定性的罚因子的取值进行分析。

利用图 7-3-30 中的模型，分别对罚因子取 1、0.1、0.01、0.001 和 0.0001 的情况进行了回弹计算（成形模拟中虚拟凸模速度取 10000mm/s），结果如图 7-3-31 所示。

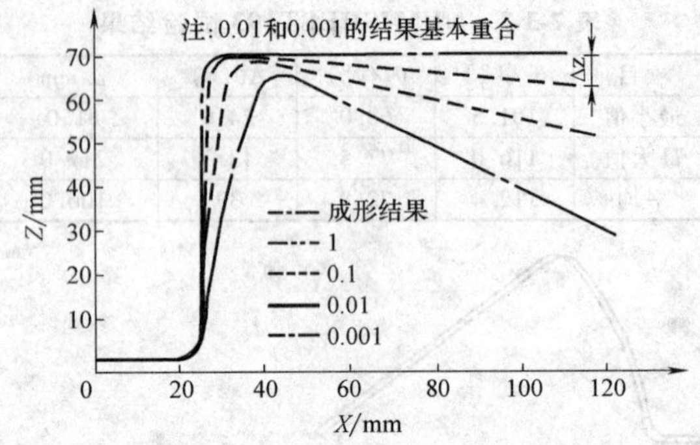

图 7-3-31　人工稳定性的罚因子分析

罚因子取 1 时，预测的回弹变形最小。随着罚因子的减小，回弹变形也逐渐增加。当罚因子取 0.01 和 0.001 时，预测的回弹变形基本相同；当罚因子取 0.0001 时，回弹计算出现错误。由此可见，人工稳定性的罚因子的取值对回弹预测的影响很大，与试验结果相比，当其取 1 时，会严重低估回弹变形。根据模拟计算的结果，认为罚因子取 0.01 是可行的。在以下的分析中，人工稳定性的罚因子均取 0.01。

3. 成形过程的数值参数分析

（1）成形模拟的动力效应　对于一个动力学过程而言，外力所做的功等于系统的内能、动能、弹性能与阻尼能以及摩擦能之和。然而，薄板成形过程实际上是一个准静态的过程，所以在成形模拟中必须注意减小由动力显式算法所带来的动力效应。动力效应主要包括两个方面：一是由“虚拟凸模速度”引起的系统动能的增加；二是由压边圈动量引起的作用于板料上实际压边力的变化。

为了分析虚拟凸模速度对回弹预测的影响，对图 7-3-30 中的模型模拟了凸模速度分别 10000mm/s、5000mm/s 和 1000mm/s 的情况，结果见表 7-3-8，r_{ki} 为系统动能与应变能的比值，ΔZ 为法兰外缘处沿 Z 方向的回弹位移（见图 7-3-31），t_f 为成形计算时间。为了比较，同时列出了凸模速度为 10000mm/s 的结果。与试验结果相比，凸模速度取 1000mm/s 时的回弹预测精度最高。

表 7-3-8　虚拟凸模速度对回弹预测的影响

v/（mm/s）	r_{ki}（%）	ΔZ/mm	t_f/s
10000	4.978	39.58	4503
5000	1.430	42.39	9022
1000	0.07875	46.96	41452

U 形件成形过程中，侧壁部分是主要的变形区域，经历了复杂的弯曲和拉深变形，因此，侧壁处的成形应力场就决定了卸载回弹变形的大小。凸模速度取 10000mm/s、5000mm/s、1000mm/s 时，侧壁处中面的最大切向应力分别为 91.35MPa、122.45MPa 和 160.68MPa。可以看出，由凸模速度引起的动力效应比较明显，与此相应，法兰外缘处的回弹位移也有较大差别。但是，随着凸模速度的下降，成形模拟所耗费的机时也大量增加。在模具有限元模型比较粗略（圆角处划分 5 个单元）的情况下，采用较小的虚拟凸模速度进行成形模拟，对于提高回弹预测精度还是有利的。

（2）模具圆角处的单元数量　模具圆角处的单元数量直接影响对模具型面描述的准确性，而良好的模具单元划分情况是进行板料成形模拟的重要之一。板料流经模具圆角处时会发生剧烈的弯曲变形，由于造成零件回弹的主要原因是由弯曲变形导致的板料厚度方向上应力分布的不均匀，因此，对模具圆角处的模拟精度是影响回弹计算结果至关重要的因素。

对模具（凹、凸模）圆角处分别划分 5 个、7 个、15 个单元的情况进行了成形回弹模拟计算，虚拟凸模速度取 10000mm/s，板料单元尺寸为 2mm × 2mm，结果见表 7-3-9。由于变形板料单元的数量不变，模具单元数量的增加对成形模拟机时的影响很小。当模具圆角处的单元数为 15 时，预测的回弹变形最大，也最接近试验结果。随后，在这种模具模型下，对凸模速度分别为 5000mm/s 和 1000mm/s 的情况也进行了成形模拟计算和回弹预测，发现结果非常相近。通过与表 7-3-7 结果的比较，发现采用细致的模具模型（圆角处单元数15个）和大的凸模速度（10000mm/s）所得到的回弹计算结果的精度，比采用粗略的模具模型（圆角处单元数5个）和小的凸模速度的精度要高，成形模拟的计算效率也高得多。

表7-3-9　模具圆角处的单元数量对回弹预测的影响

单元数量	5	7	15
成形模拟机时/s	4335	4406	4503
ΔZ/mm	39.58	48.09	51.44

由此，综合考虑回弹预测精度和成形模拟的计算效率，对模具几何形状变化剧烈的地方应划分细致的单元；虚拟凸模速度的选取可以参考系统动能与应变能的比值r_{ki}，以5%为r_{ki}的上限，尽量取较大的速度。

（3）板料单元尺寸　一般来说，较小的板料单元能够给出准确的几何描述，使薄板完全成形以后对模具有理想的贴模性。然而，这样做会增加板料单元的数量，并且使时间步长减小，从而大大增加成形模拟计算的时间。根据上面的结果，采用了模具圆角处单元数为15的模具有限元模型，对板料单元尺寸为1.5mm×1.5mm的情况进行了模拟计算，结果见图7-3-32和表7-3-10。采用较小尺寸（1.5mm×1.5mm）的板料单元能够得到较高的回弹模拟精度，并且此时的模拟结果与试验的平均值已非常接近。

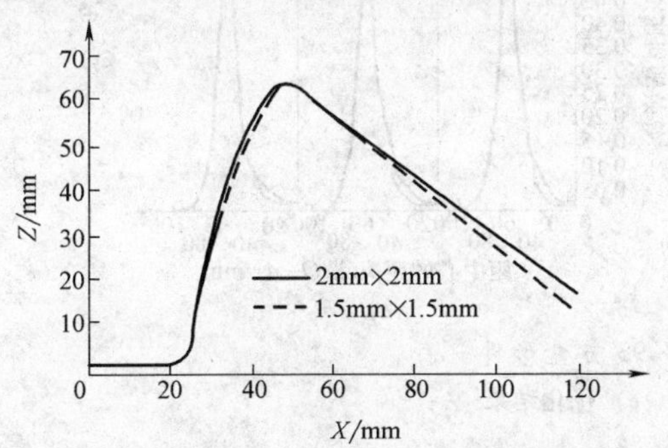

图7-3-32　不同板料单元尺寸的回弹预测结果

表7-3-10　模拟结果与NUMISHEET'93试验结果的比较

项目	θ_1/(°)	θ_2/(°)	$\Delta\theta$/(°)	ρ/mm
试验平均值	112.4	72.8	39	106.0
2mm×2mm	107.2	75.0	32.2	131.4
1.5mm×1.5mm	108.6	71.8	36.8	124.1

综上所述，利用有限元程序模拟板料成形回弹时，回弹预测精度既受到成形过程模拟精度的制约，也与回弹过程的模拟方法有着重要关系。

4. 基于一步模拟的回弹预测方法

在产品开发阶段进行覆盖件的可制造性评价是车身工艺设计的关键技术。目前，国际上在板料成形中广泛应用了计算机仿真技术，尤其是在修模、试冲阶段。计算机仿真技术在汽车开发中的应用，使汽车开发周期由36个月降低到12个月。

在目前的汽车设计周期中，产品可制造性评价周期是缩短汽车设计的瓶颈，计算机仿真技术在该阶段还没发挥其优势。在产品设计阶段开展冲压成形仿真研究，可以预测在冲压成形中可能出现的质量缺陷，如起皱、开裂等，并将在此阶段发现的产品设计问题立即反馈到设计部门进行修改，而不用等到开模试冲后才发现问题，可以大大降低开发和设计周期。同时，可以减少零件废品率，提高材料利用率。可制造性评价技术是国际汽车工业研究的热点，而在国内汽车工业的应用刚刚起步。为了提高车身开发质量，缩短设计周期，项目组针对可制造性评价技术的关键要素进行了理论和试验研究。在如何提高可制造性评价的精度和效率方面，提出了基于塑性形变理论的毛坯设计方法，并开发了一步隐式法有限元程序。

在回弹评价上，以一步模拟方法与隐式算法相结合的回弹快速预测方法取代了传统的动态增量-隐式方法，大大提高了回弹评估效率。并将这些技术应用于车身开发工作，解决了可制造性评价技术中的难题。

（1）反向模拟有限元程序的实现

1）程序开发。在塑性形变理论的基础上，采用能考虑弯曲效应的DKT6薄壳单元，开发了一步隐式法有限元程序，其流程如图7-3-33所示。该程序在计

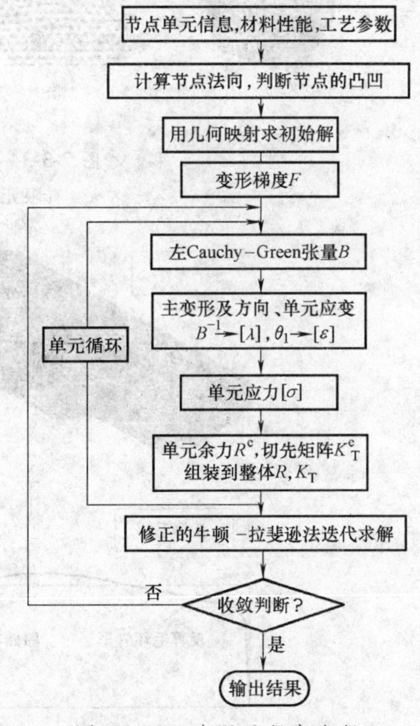

图7-3-33　有限元程序流程

算塑性变形能时，首次考虑单元的弯曲效应。

$$W_p^e = \int_{\Omega'} \{\varepsilon\}^T \{\sigma\} d\nu \qquad (7\text{-}3\text{-}6)$$

式中，$\{\varepsilon\}$ 包含膜应变 $\{\varepsilon_m\}$ 和弯曲应变 $\{\varepsilon_b\}$。该技术提高了复杂形状汽车覆盖件的有限元仿真精度。

该程序在处理非线性方程组求解问题上，采用修正的牛顿-拉斐逊方法求解有限元方程。

$$\begin{aligned} \{R(U^i)\} &= \{F_{ext}(U^i)\} - \{F_{int}(U^i)\} \neq \{0\} \\ [K_T^i]\{\Delta U\} &= \{R(U^i)\} \qquad (7\text{-}3\text{-}7) \\ \{U^{i+1}\} &= \{U^i\} + \alpha\{\Delta U\} \end{aligned}$$

该技术克服了有限元隐式解法中收敛性不高的缺点，提高了模拟效率。

2）程序验证。反算毛坯外形与成形零件时所用原始毛坯的外形非常接近，且等效塑性应变与增量法LS-Dyna的模拟结果相一致。

图7-3-34是NUMISHEET'93标准考题——方盒形件的程序应用，图7-3-35也给出了利用该程序对油底壳件毛坯外形的优化。

反算模拟的厚度值与反算毛坯的试验结果相吻合，且最大平均误差只有3.8%，且都较原始毛坯的试验值大。所开发的程序在处理复杂的三维问题上具有高的精度。

（2）快速回弹预测方法　回弹是车身覆盖件生产中的主要问题之一，会影响其表面质量和尺寸精度，使模具设计和工装夹具设计变得更加复杂。为了在修模中正确地补偿回弹，就必须精确地预测回弹的大小和方向。

在产品设计阶段预测工件在成形后的回弹，有助于设计者了解曲面的回弹翘曲情况，评价多种设计方案，保证冲压件尺寸精度和避免曲面翘曲的发生，减少后续模具设计阶段的修模次数。

目前，传统的显式-隐式法计算回弹时无法同时兼顾计算效率与精度。快速回弹预测方法将反向法与隐式法有限元程序结合起来，快速地预测产品设计阶段工件在冲压成形后发生的回弹，对车身工艺设计的可制造性做出精确的快速评估，缩短设计周期。图7-3-35给出了回弹预测评价的结果。

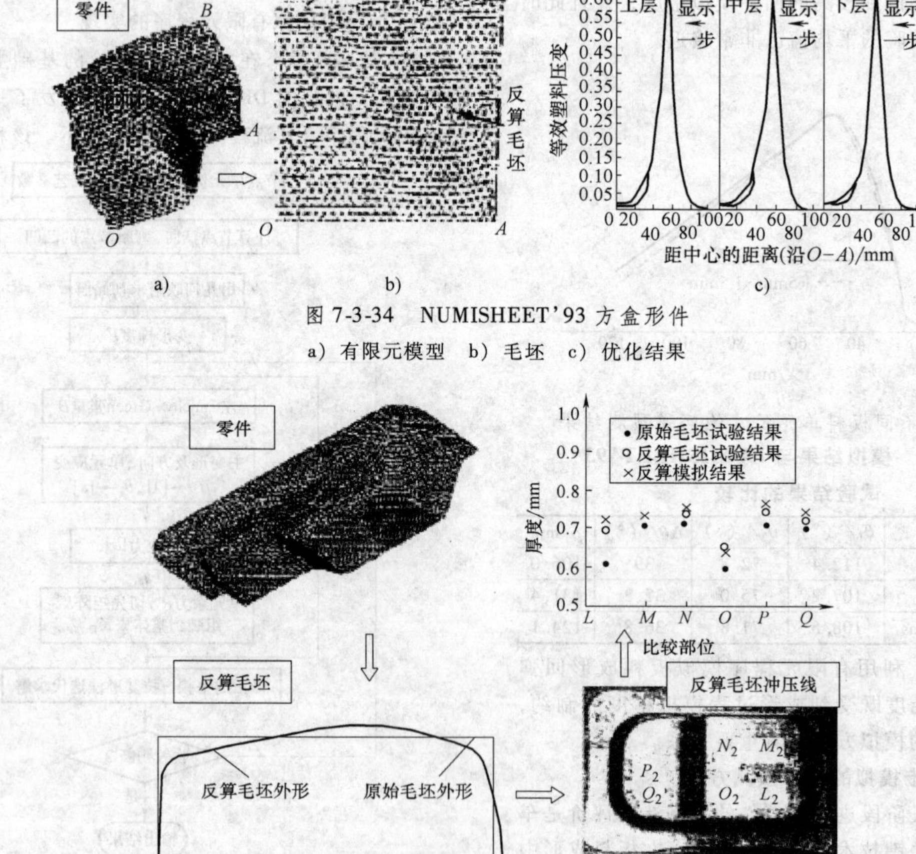

图7-3-34　NUMISHEET'93 方盒形件

a）有限元模型　b）毛坯　c）优化结果

图7-3-35　油底壳件的毛坯外形优化

3.4　回弹控制与补偿方法研究

3.4.1　回弹控制与补偿方法概述

薄板冲压成形过程中回弹缺陷的控制方法主要可以分为两类：

1）制订合理的成形工艺，改变板料成形时的应力状态，或使板料发生充分塑性变形，来抑制回弹变形的发生。如变压边力优化设计，对冲压工艺条件之一的压边力进行设计以减小冲压件成形后的回弹变形。

2）模具型面设计。以初始模具为输入信息，对冲压件成形过程进行有限元数值模拟，根据回弹预测结果，得到冲压件实际形状与期望形状之间的偏差，并以之为反馈信息对初始模具进行修改，得到新的模具用于冲压件成形。如此循环往复，最终得到满足预先设定形状容差的轿车冲压件。

在以上的基础上，建立了冲压件成形精度的闭环控制系统，如图 7-3-36 所示。

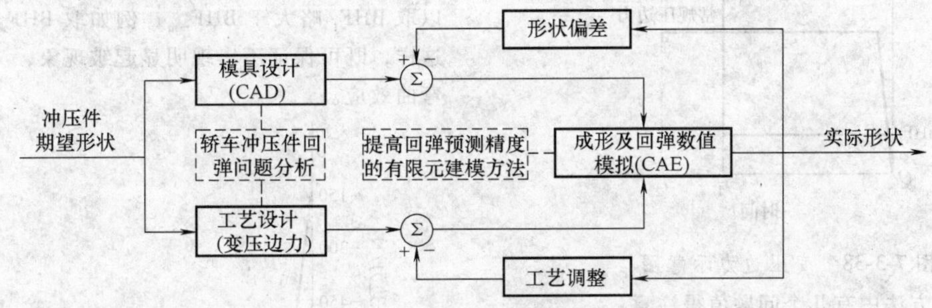

图 7-3-36　冲压件成形精度控制

3.4.2　基于变压边力的大弯曲件回弹控制方法

回弹是 U 形件冲压成形的主要制造缺陷，严重影响零件的形状精度。U 形件是一类很有代表性的冲压加工零件，轿车冲压件中有很多类 U 形件，如各种纵梁、横梁等，这就使得它们冲压后的成形精度难于保证，从而影响后续装配。

U 形件成形过程中，侧壁部分经历复杂的弯曲和拉深变形，在小压边力作用下，截面的切向应力分布如图 7-3-37a 所示，靠近凹模一侧为拉应力，靠近凸模一侧为压应力，这将导致残余弯矩，引起侧壁的回弹变形。增大成形过程中的压边力可以在一定程度上抑制 U 形件成形后的回弹。当增大压边力，即增大材料的流动阻力时，侧壁部分板料截面内外层残余应力的分布情况，可能转变为沿整个截面均为拉应力，使得回弹过程中内外层变形的方向一致，从而回弹大为减小，如图 7-3-37b 所示。但是，随着压边力的增大，侧壁部分拉裂的可能性也增大了。我们以 NUMISHEET’93 的 U 形件为例，采用增大压边力的方法可以在一定范围内有效地减小 U 形件成形后的回弹变形，但是在恒定压边力情况下，尽管压边力取到接近安全极限，法兰外缘处的回弹量 ΔZ 仍较大。

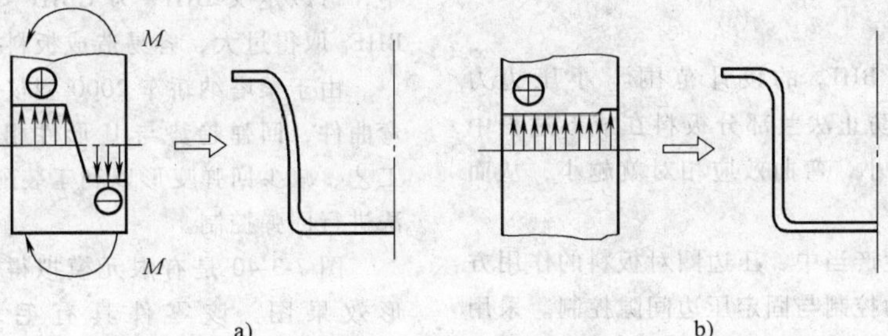

图 7-3-37　U 形件侧壁曲率变化的产生

a）小压边力　b）大压边力

为了克服增大恒定压边力的局限性，Y. C. Liu 提出了“中间约束法”的概念，将变压边力引入到 U 形件的成形过程中，如图 7-3-38 所示，并给出了压边力变化时刻的估算方法：如果材料的均匀伸长率为 16%，侧壁部安全应变为 14%，凸模总行程为 50mm，当凸模压入深度为 44mm 时，暂停凸模运动，增大约束力，然后继续成形。其原理是：成形初期的压边力 BHF_1 很小，只要保证板料不起皱即可，板料仅发生轻微的塑性变形；成形后期的压边力 BHF_h 很大，法兰部分材料基本上不向凹模型腔补充，侧壁部分在很大的拉应力作用下伸长变形，拉深塑性变形达到材料所能承受的极限，从而减小回弹。从变压边力的作用原理可知，U形件最终的成形质量取决于小压边力 BHF_l、大压边力 BHF_h，以及压边力变化时刻 t_1。

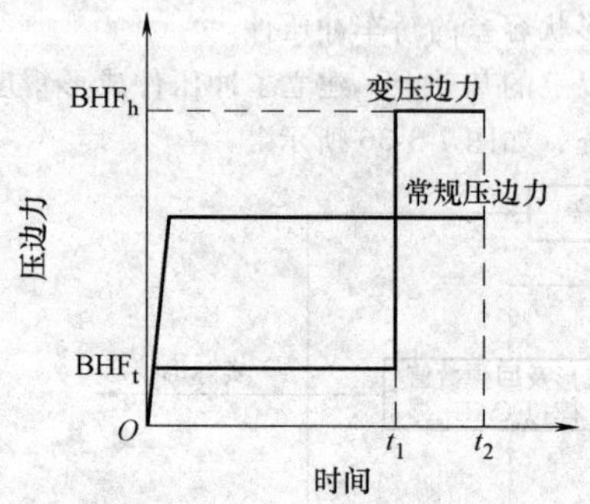

图 7-3-38　变压边力示意图

Y. C. Liu 方法中有几个问题值得注意：

1）BHF_l 是由防止起皱来确定的，但其具体数值仍难以估计。

2）t_1 的估算方法是基于U形件侧壁部分均匀塑性变形前提的，然而，在实际冲压过程中，侧壁部分的塑性变形是不均匀的。

3）没有给出大压边力 BHF_h 的确定方法。因此，在实际应用过程中，BHF_l 和 BHF_h 不合适的取值可能导致侧壁部分出现拉裂现象，或达不到提高成形质量的要求。

优化过程中，设计变量的取值范围十分重要，因为这不仅关系到所选范围是否包含最优解或次优解，也影响到优化过程的搜索效率。总结以往模拟计算的经验，并参考他人的研究结果，得出了以下的设计原则：

（1）小压边力 BHF_l 的设计范围　小压边力 BHF_l 的作用是为了防止法兰部分板料在成形过程中起皱，并且 BHF_l 越小，弯曲效应相对就越小，从而回弹变形也越小。

在冲压件实际生产当中，压边圈对板料的作用方式有两种，即压边力控制与固定压边间隙控制。采用固定压边间隙的压边圈作用方式时，能够很好地控制板料法兰部分在成形过程中的最大起皱量。因此，我们对薄板在固定压边间隙作用方式下的成形过程进行模拟，并参考实际作用在板料上的压边力，就可以比较容易地得到给定最大起皱量所需的最小压边力。

以U形件的成形过程为例，由于法兰部分宽度方向的切向应力很小，不存在起皱问题，因此，取压边间隙为板料厚度的1.1倍进行成形模拟时，足以保证板料的顺畅流动。此时，实际作用在板料上的压边力曲线如图7-3-39所示。凸模接触板料后，实际压边力由零开始增大，在1.5ms时达到稳定，最大值约为650N（图中负号表示压边力方向沿 Z 轴负向），并将其命名为 BHF_{min}。反过来，如果对板料施 BHF_{min} 的恒定压边力，即可保证成形过程中板料的法兰部分不出现明显的起皱现象（或压边间隙小于1.1倍板厚）。于是，在优化类U形件成形的变压边力时，可以取 BHF_l 略大于 BHF_{min}，例如取 $BHF_{min} \sim 2BHF_{min}$，这样，既可保证不出现明显起皱现象，又可尽量减小弯曲效应。

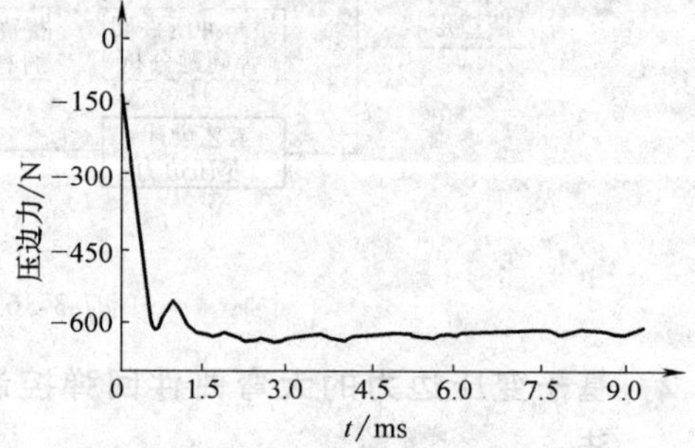

图 7-3-39　固定压边间隙时实际压边力

（2）压边力变化时刻 t_1 的设计范围　压边力变化时刻与成形总时间的比例 t_1/t_t 取0.6～0.9。如果 t_1/t_t 取得过小，容易造成板料拉裂；如果 t_1/t_t 取1就是恒定压边力了。

（3）大压边力 BHF_h 的设计范围　在设计 BHF_h 的取值范围时，以满足成形极限的最大恒定压边力 $CBHF_{max}$ 为参照。当 BHF_h 略大于 $CBHF_{max}$ 时，采用变压边力可以得到很好的回弹抑制效果。在实际优化中，可以定义 BHF_h 为 $CBHF_{max} \sim 1.5CBHF_{max}$。如果 BHF_h 取得过大，容易造成板料拉裂。

由于桑塔纳轿车2000型仪表板支架为类U形大弯曲件，回弹趋势与U形件相似，为了优化其成形工艺、减少回弹变形以利于装配，可采用变压边力方法进行回弹控制。

图7-3-40是有限元模拟得到的仪表板支架的成形效果图。该零件具有毛坯尺寸大、材料薄（1400mm×600mm×0.8mm）、长宽比大、拉深深度相对较浅的特点，其 XZ 平面截面类似U形件。从其主要的变形方式来看，还是以弯曲变形为主。该零件在 Y 方向为开口件，零件各部分间的相互约束作用较闭口件为小，成形过程中的主要质量问题是由回弹变形导致的零件形状误差。

采用增大压边力的方法来抑制回弹变形，当恒定

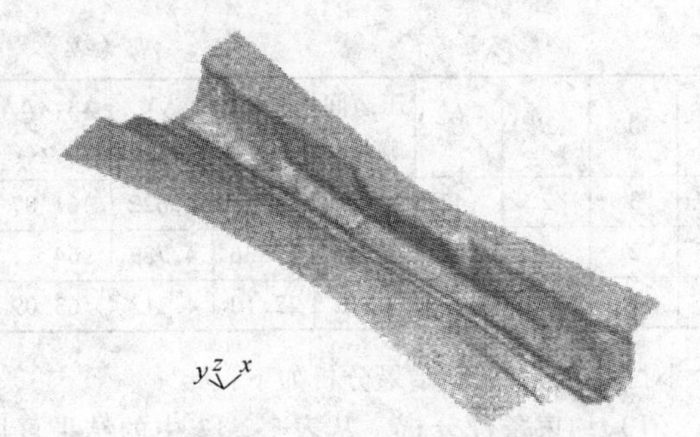

图 7-3-40　模拟获得的变形件

压边力取 $CBHF_{max}\approx400$kN 时，成形裕度为 10.01%，见图 7-3-41，接近安全极限。此时的回弹变形预测如图 7-3-42 所示。由于该支架为类 U 形件，回弹变形主要以 X 方向的变形为主，因此，我们在评价其成形精度时，也以 X 方向为准。

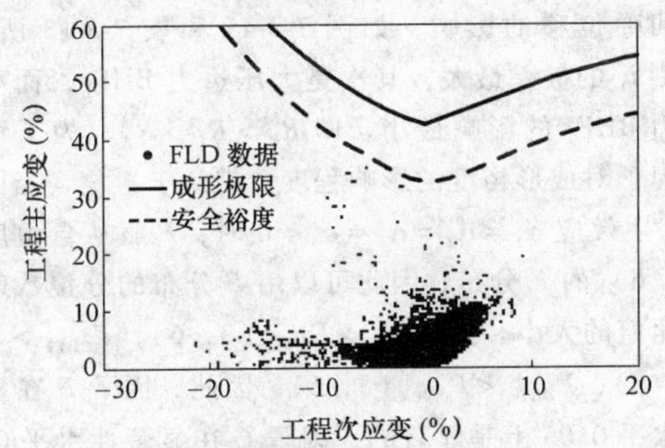

图 7-3-41　400kN 恒定压边力成形极限图

从图 7-3-42 中可以看出，支架负 X 方向最大回弹变形为 4.653mm，正 X 方向最大回弹变形为 2.817mm，则最大回弹相对变形为 7.47mm。由于仪表板支架的外形尺寸比较大，同时，冲压过程中压边圈闭合的行程也比较长，因此，在对其压边圈闭合过程进行模拟时采用了压边圈闭合过程快速模拟方法，如图 7-3-43 所示。

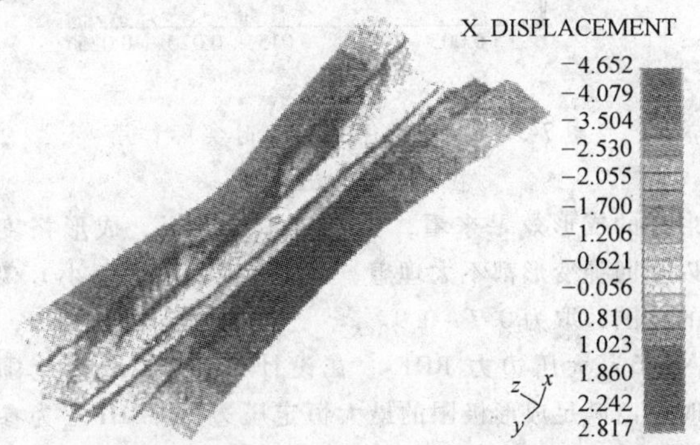

图 7-3-42　400kN 恒定压边力的回弹变形结果

仪表板支架成形的变压边力优化设计模型为：

(1) 设计变量　根据类 U 形大弯曲件的成形特点和回弹规律，我们取小压边力 BHF_l、大压边力 BHF_h 和压边力变化的时刻 t_1 为设计变量。

(2) 试验指标　仪表板支架成形结束后变形方向最大回弹相对位移：

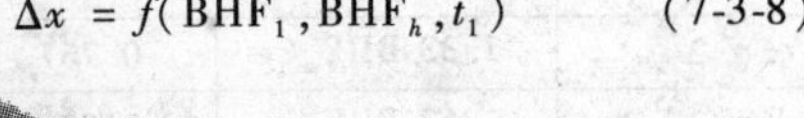

$$\Delta x = f(BHF_l, BHF_h, t_1) \qquad (7\text{-}3\text{-}8)$$

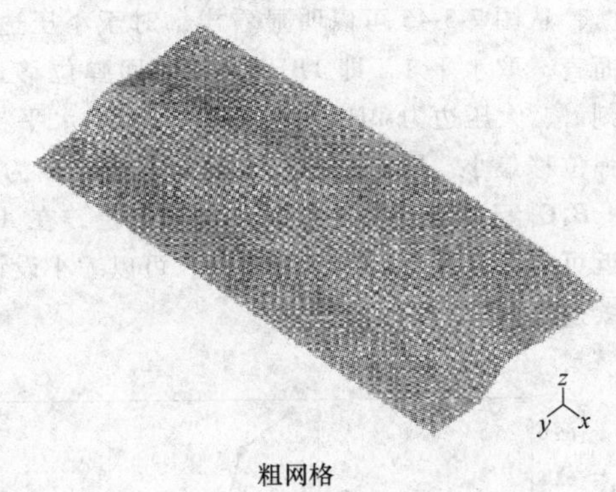

粗网格

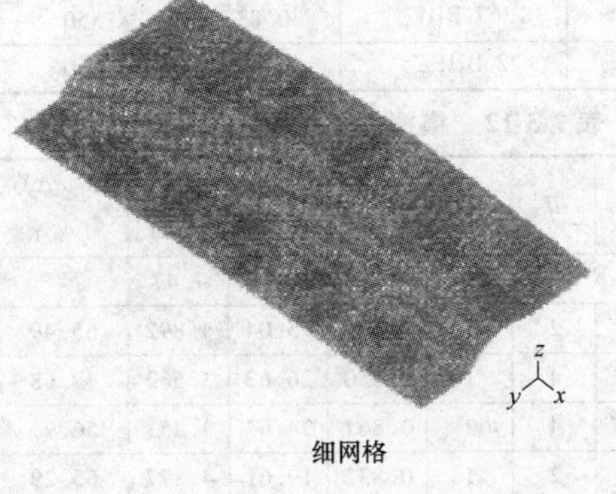

细网格

图 7-3-43　网格剖分

(3) 约束条件　成形裕度 $\Delta\varepsilon_{min}\geqslant8\%$，压边间隙 ≤1.1 倍板料厚度。

(4) 设计变量的取值范围

1) 小压边力 BHF_l。利用前面的固定压边间隙冲压件成形方法，设定压边间隙为板料厚度的 1.1 倍对仪表板支架进行成形模拟，实际作用在板料上的压边力曲线如图 7-3-44 中的实线所示。由于实际压边力曲线有很大的波动，设置如此复杂的压边力对于实际应用而言相当麻烦，故将其简化为如图 7-3-44 所示的虚线。应用该压边力时，成形过程中板料压边部分的最大增厚量将不会超过板料厚度的 0.1 倍，既可以保证板料的顺畅流动，又可以防止出现比较明显的起皱现象。于是，将图 7-3-44 中虚线所示的压边力定义为 BHF_{min}，并取小压边力 BHF_l 为 $BHF_{min}\sim2BHF_{min}$。

2) 压边力变化时刻 t_1。在前面，提出压边力变化时刻与成形总时间的比例 t_1/t_t 取 0.6～0.9。从 U

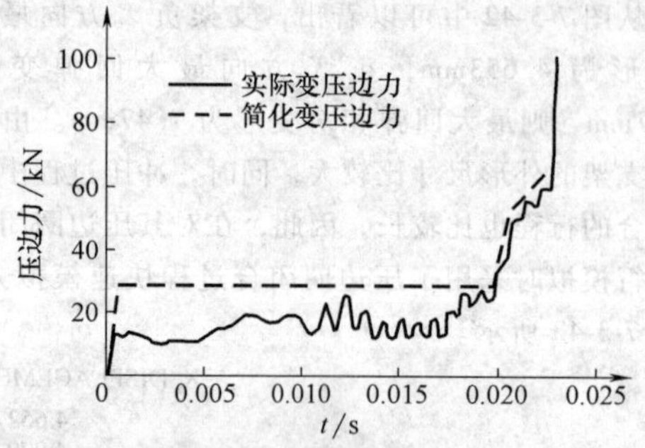

图 7-3-44　固定压边间隙时实际作用在板料上的压边力

形件的成形效果来看，当 t_1/t_t 取 0.6 时，成形裕度以及回弹变形都不太理想，因此，我们稍微缩小 t_1/t_t 的范围，取为 0.7～0.9。

3）大压边力 BHF_h。在设计 BHF_h 的取值范围时，以满足成形极限的最大恒定压边力 $CBHF_{max}$ 为参照，定义的 BHF_h 为 $CBHF_{max}$～$1.5CBHF_{max}$，即 400～600kN。如果 BHF_h 取得过大，容易造成板料拉裂。

得到正交试验中各因子及其水平见表 7-3-11，并安排表 7-3-12 所示的有限元模拟试验。

表 7-3-11　因子及其水平

因子 / 水平	A（BHF_1）	B（t_1/t_t）	C（BHF_h/kN）
水平 1	1 BHF_{min}	0.7	450
水平 2	1.33 BHF_{min}	0.767	500
水平 3	1.67 BHF_{min}	0.833	550
水平 4	2 BHF_{min}	0.9	600

表 7-3-12　模拟试验的方案及结果

序号	A	B	C	压边间隙/mm	$\Delta\varepsilon_{min}$（%）	ΔX /mm	$\Delta X_1/\Delta X_0$（%）
0	400kN 恒定压边力				10.02	7.47	
1	1	2	3	0.876	15.04	4.892	65.49
2	3	4	1	0.850	26.62	3.562	47.68
3	2	4	3	0.864	24.67	4.251	56.91
4	4	2	1	0.832	19.61	4.877	65.29
5	1	3	1	0.876	23.07	3.046	40.78
6	3	1	3	0.850	13.05	5.273	70.59
7	2	1	1	0.864	15.65	4.762	63.75
8	4	3	3	0.832	22.42	4.229	56.61
9	1	1	4	0.876	12.38	5.150	68.94
10	3	3	2	0.850	23.34	3.975	53.21
11	2	3	4	0.864	18.01	4.507	60.33
12	4	1	2	0.832	14.24	4.625	61.91
13	1	4	2	0.876	25.84	3.923	52.52
14	3	2	4	0.850	13.13	4.622	61.87
15	2	2	2	0.864	19.36	4.789	64.11
16	4	4	4	0.832	22.10	4.713	63.09

对上述正交试验结果分析如下：

（1）约束条件分析　从表 7-3-12 中的结果可以看出，所有 16 种组合下支架成形过程中的最大压边间隙均小于板料厚度的 1.1 倍，即 0.88mm；同时，成形裕度也均满足约束条件，即 $\Delta\varepsilon_{min}>8\%$，因此，这里我们将不对约束条件作深入分析。

（2）回弹位移分析　首先，用各因子不同水平对回弹位移的影响图和极差来评价 BHF_1、t_1、BHF_h 对回弹位移的影响，如图 7-3-45 和表 7-3-13 所示。时刻 t_1 的极差最大，其次是大压边力 BHF_h，而小压边力 BHF_1 的影响最小，即 $R_B>R_C>R_A$。为了评价各因子对成形裕度的影响程度，借助于 F 比。当因子 A 的主效应 $\alpha_1=\alpha_2=\alpha_3=\alpha_4=0$ 时，F 服从自由度是（3，6）的 F 分布，因此可以用 F 分布的分位数来划分比值的大小。由于 $F_{t1}>F_{0.95}$（3，6），$F_{BHF_h}>F_{0.90}$（3，6），$F_{BHF_h}<F_{0.90}$（3，6），因此，因子 B 在显著性水平 0.05 上是显著的，因子 C 在显著性水平 0.10 上是显著的，而因子 A 不显著。

从图 7-3-45 可以明显看出，对于小压边力 BHF_1 而言，取水平 1，即 $1BHF_{min}$ 时的回弹位移最小；时刻 t_1、大压边力 BHF_h 分别取水平 3、水平 1 时的回弹位移最小。因此，我们得到初选优化点为 $A_1B_3C_1$。$A_1B_3C_1$ 已存在于表 7-3-12 中。理论上，在 $A_1B_3C_1$ 附近可能存在着更好的工艺条件，可以缩小设计空间继续搜索。

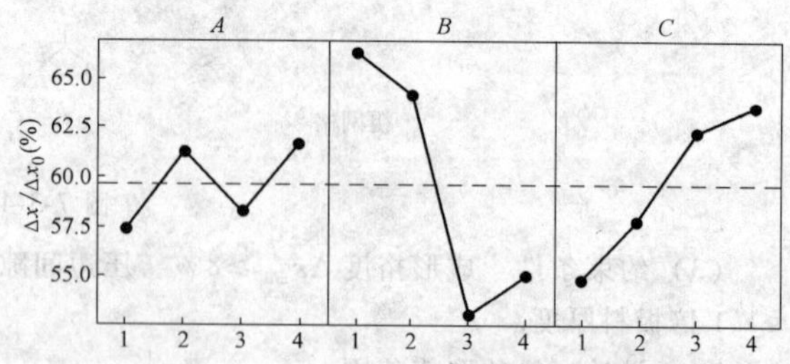

图 7-3-45　因子各水平对成形裕度的影响

如图 7-3-46 所示，优化的变压边力的回弹变形结果与采用变压边力优化 U 形件成形工艺相比较，对仪表板支架施加变压边力以抑制回弹的效果不如对 U 形件的效果那么明显，究其原因，主要在于该支架的空间形状较 U 形件复杂得多，各部分间的相互牵制以及变形的不均匀性影响了变压边力的作用效果。为了进一步减小该支架的回弹变形，可以在采用变压边力的基础上，增加其他措施。

表 7-3-13　回弹位移分析

来源	自由度 f	$T_1(\%)$	$T_2(\%)$	$T_3(\%)$	$T_4(\%)$	$R(\%)$	平方和 S	均方和 V	F 比
A	3	57.43	61.28	58.34	61.73	4.30	54.41	18.14	0.98
B	3	66.30	64.18	53.23	55.05	13.07	508.81	169.60	9.18
C	3	54.87	57.94	62.40	63.56	8.69	194.42	64.81	3.51
误差	6						110.88	18.48	$F_{0.95}(3,6)=4.76$
总计	15						868.52		$F_{0.90}(3,6)=3.29$

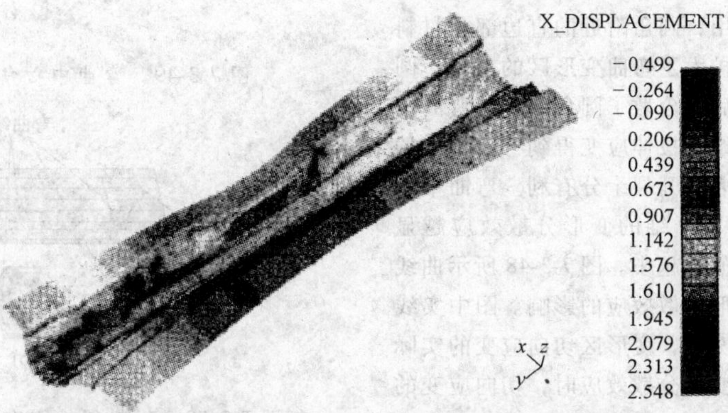

图 7-3-46　优化的变压边力的回弹变形结果

3.4.3　基于回弹预测的小曲率件模具型面设计

本节将论述基于回弹预测的模具型面设计方法，即对期望的冲压件形状，利用有限元软件对其成形及回弹过程进行数值模拟，根据回弹变形后的形状与期望形状的偏差对初始模具型面进行修正，利用回弹规律补偿由回弹变形造成的形状误差。图 7-3-47 是模具型面设计流程。这种模具型面设计方法，能够实现从模具 CAD 到冲压过程 CAE 再返回到模具 CAD 的闭环控制，从而减小冲压件成形后的形状误差，提高冲压件的成形精度。

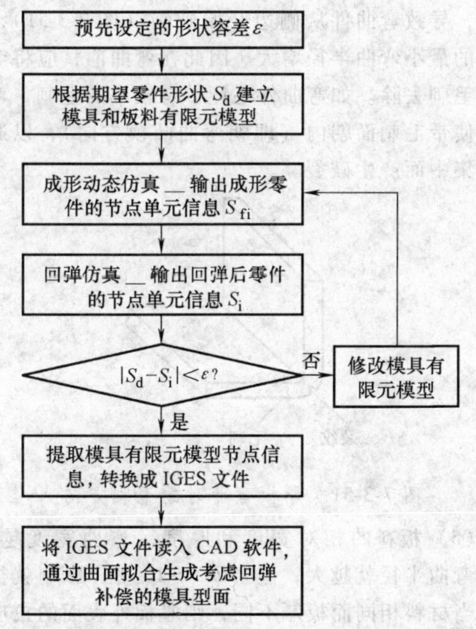

图 7-3-47　基于回弹预测的模具型面设计流程

3.5　弯曲件的质量分析（缺陷与防止）

弯曲过程中容易出现的质量问题为弯裂、回弹、偏移和翘曲等。

3.5.1　弯裂

弯曲时板料变形区外表面的金属在切向拉伸应力的作用下，产生切向的拉伸变形并随弯曲变形程度 r/t 的减少而增加。当这一拉伸变形超过材料的极限变形程度时，材料就要破裂，即弯裂。

1. 最小弯曲半径

由弯曲变形区的应力应变分析可知，相对弯曲半径 r/t 越小，弯曲的变形程度越大，外表面材料所受的拉应力和拉伸应变越大。当相对弯曲半径减小到某一数值时，弯曲件外表面纤维的拉伸应变超过材料塑性变形的极限时就会产生裂纹或折断。在保证弯曲件毛坯外表面纤维不发生破坏的条件下，工件所能弯成的内表面最小圆角半径，称为最小弯曲半径 r_{min}。生产中用它来表示材料弯曲时的成形极限。

2. 影响最小弯曲半径的因素

（1）材料的力学性能　影响材料最小弯曲半径的力学性能主要是塑性，材料塑性指标（δ、ψ）越高，其弯曲时塑性变形的稳定性越好，可以采用的最小弯曲半径越小。

（2）零件弯曲中心角的大小　理论上弯曲变形区仅局限于圆角部分，直边部分不参与变形，因而与弯曲中心角无关。但是在实际弯曲过程中，由于板料纤维之间的相互牵制作用，圆角附近的直边部分材料也参与了弯曲变形，即扩大了弯曲变形区的范围。圆角附近材料参与变形以后，分散了圆角部分的弯曲应变，圆角部分外表面纤维的拉伸应变得到一定程度的下降，这对防止材料外表面开裂十分有利。弯曲中心角越小，圆角部分外表面纤维的变形分散效应越显著，最小弯曲半径的数值也越小。图7-3-48所示曲线表示弯曲中心角对于变形分散效应的影响。图中实线表示不同弯曲中心角情况下，变形区切向应变的实际分布；虚线表示不考虑变形分散效应时，切向应变的理论分布。当弯曲中心角大于60°以后，变形分散效应仅限于直边附近的局部区域，而在圆角中段又逐渐失去直边参与变形以后的有利影响。所以当弯曲中心角 α 大于60°～90°以后，最小弯曲半径的数值与弯曲中心角的大小无关（图7-3-49）。

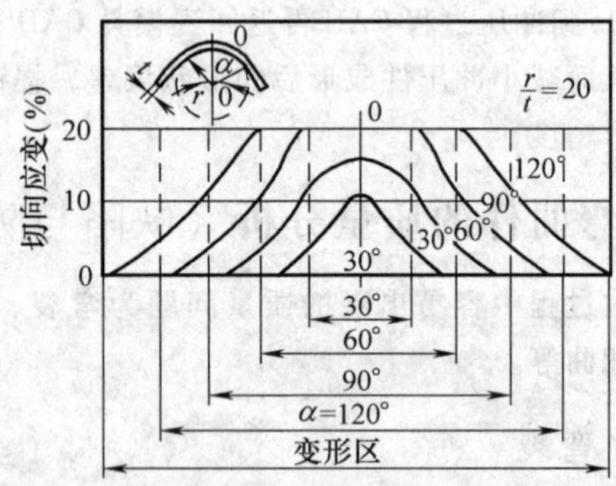

图7-3-48　弯曲中心角对于变形分散效应的影响

（3）板料的轧制方向与弯曲线夹角的关系　板料经过多次轧制，其力学性能具有方向性，材料沿轧制方向的塑性较好，因此弯曲件的弯曲线与板料轧制方向垂直时，最小弯曲半径数值最小；弯曲件的弯曲线与板料轧制方向平行时，则最小弯曲半径最大。所以对于 r/t 较小的弯曲件，应尽可能使弯曲线垂直于轧制方向。如果零件有两个以上弯曲线相互垂直，可安排弯曲线与轧制方向成45°夹角，就能有效防止产生裂纹（图7-3-50）。

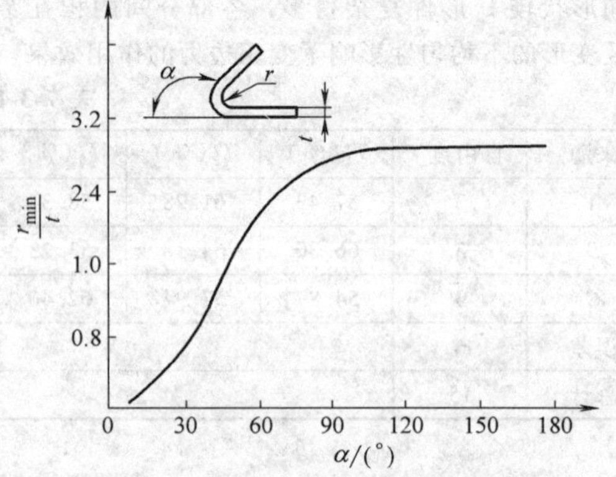

图7-3-49　弯曲中心角对 r_{min}/t 的影响

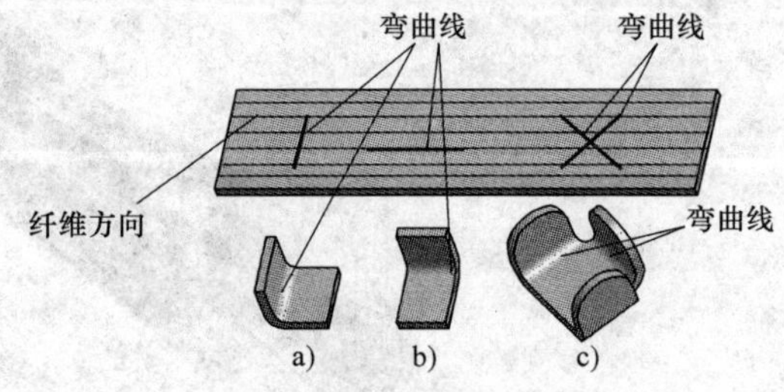

图7-3-50　板料纤维方向对弯曲半径的影响

a）好（r_{min}/t 小）　b）不好（r_{min}/t 大）

c）双弯曲线夹角45°

（4）板料表面及冲裁断面的质量　弯曲件毛坯一般由冲裁获得，其断面存在冷作硬化层，硬化降低了材料的塑性。弯曲时，当板料表面有微裂纹、冲裁件断面上的断裂带及毛刺在拉应力作用下会产生应力集中，导致弯曲件从侧边开始破裂（图7-3-51），使许可的最小弯曲半径增大。因此在弯曲前，应将毛坯上的毛刺去除。如弯曲件毛坯带有较小的毛刺，弯曲时应使带毛刺面朝内（即朝弯曲凸模方向），以避免应力集中而产生破裂。

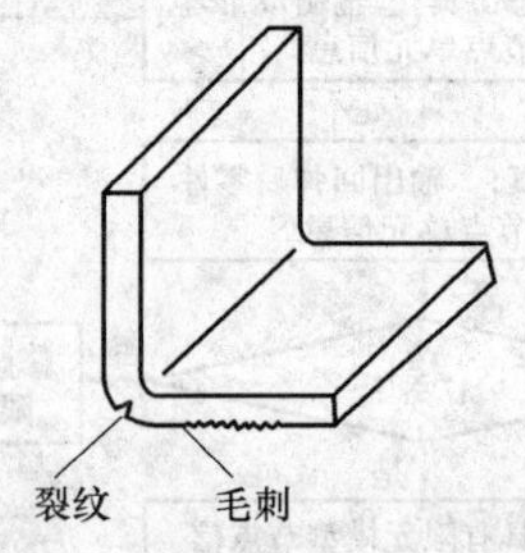

图7-3-51　厚板弯曲时的毛刺方向

（5）板料的相对宽度和厚度　弯曲宽度越宽，最小弯曲半径就越大，但当 $b/t>10$ 时，影响就很微小。当材料相同而板厚不同，则厚板外表面的拉应力大，易出现裂纹（图7-3-52）。

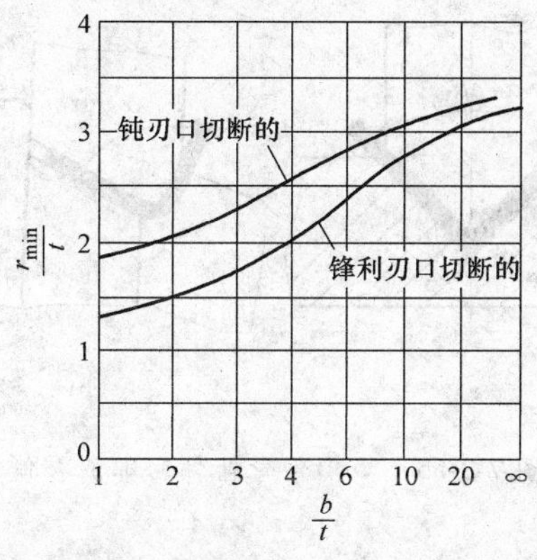

图 7-3-52　坯料断面质量和相对宽度对最小弯曲半径的影响

弯曲变形区内切向应变在厚度方向上按线性规律变化，在外表面最大，在应变中性层为零。当板料的厚度较小时，切向应变变化的梯度大，很快地由最大值衰减为零。这时与切向变形最大外表面相邻的金属，可以起到阻止外表面金属产生局部不均匀延伸的作用。所以，这种情况下可能得到较大的变形程度和较小的最小相对弯曲半径。板料厚度对最小相对弯曲半径的影响见图 7-3-53。

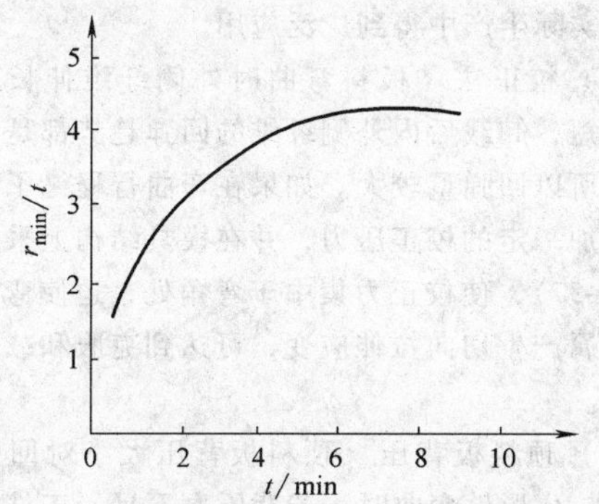

图 7-3-53　最小弯曲半径与板料厚度的关系

(6) 材料供应状态　同样牌号的材料，由于供应状态不同，其力学性能存在差异，如特硬的（T）、硬的（Y）、半硬的（Y2）、软的（M）材料相比较，其塑性逐渐提高，因此，许可的最小弯曲半径便可相应减小。

由于冲裁后的毛坯有加工硬化现象，若未经退火就进行弯曲，则最小弯曲半径就应大些；若经过退火软化处理，则最小弯曲半径可小些。

3.5.2　防止弯裂的措施

为防止弯裂，应选用塑性好的材料。如需要时，可对材料进行退火或正火处理消除毛坯的硬化层。条件允许时，可采用局部加热弯曲的方法来提高材料的弯曲加工极限。板料表面不得有划伤、裂纹，侧面不得有大的毛刺、裂口等缺陷，应预先去掉毛刺。在一般情况下，如果毛刺较小，可把有毛刺的一边置于弯曲凸模面（即处于受压区），以防止产生裂纹。从模具角度考虑，可以采用附加反压弯曲，或适当增大凸模圆角半径以改善弯裂现象。

弯曲件回弹的影响因素：

(1) 材料的力学性能　回弹的大小与材料的屈服点 σ_s 成正比，与弹性模量 E 成反比，即 σ_s/E 越大，则回弹越大。在材料性能不稳定时，回弹值也不稳定。

(2) 相对弯曲半径 r/t　当其他条件相同时，回弹随 r/t 值的增大而增大。这是因为，当 r/t 增大时，弯曲变形程度减小，其中塑性变形和弹性变形成分均减小，但总变形中弹性变形所占比例在增加。这也是大曲率半径的制件难以弯曲成形的原因。因此，可按 r/t 值来确定回弹角的大小。

(3) 弯曲中心角　α 越大，$\Delta\alpha$ 亦越大。这是因为，随着 α 增大，则变形区段越大，回弹积累值越大，则变形回弹角 $\Delta\alpha$ 就越大。

(4) 弯曲方式　自由弯曲时回弹角大，采用校正性弯曲时，回弹角减小。校正力越大，回弹角越小。V 形件自由弯曲时多为正回弹；校正性弯曲时，随着 r/t 大小的不同，回弹角可能出现正、零和负三种情况。

(5) 弯曲工件的形状　一般 U 形工件由于各边互相牵制而比 V 形工件回弹要小。复杂形状弯曲件若一次弯成，由于各部相互牵制，回弹困难，故回弹角减小。同样道理，⊔形件回弹小于 U 形工件。

(6) 模具间隙　U 形弯曲模的凸、凹模单边间隙 C 越大，则回弹越大；$C < t$ 时，板料处于挤压状态，可能产生负回弹。

(7) 弯曲力　生产中多采用加大弯曲力的校正弯曲。弯曲力的增加可扩大弯曲件内部的塑性变形区，从而减小回弹。

(8) 摩擦　弯曲毛坯表面和模具表面之间的摩擦，也影响弯曲件的回弹及精度。摩擦可以改变弯曲毛坯各部分的应力状态，在大多数情况下可以增大弯曲变形区的拉应力，可使零件形状接近于模具的形状。但是，在拉弯时摩擦的影响常是不利的。

(9) 材料厚度偏差　材料厚度偏差对弯曲回弹值及弯曲件精度有一定影响，且这种影响是波动的，无规律的。所以为保证弯曲件的精度，应对材料厚度提出严格的公差要求。

3.5.3 减少回弹的措施

要完全消除弯曲件的回弹是不可能的，生产中常采用一些措施来减少或补偿由于回弹所产生的误差，以提高弯曲件的精度。

（1）改进弯曲件的结构　如在弯曲区压制加强肋用以增加弯曲区材料的刚度和塑性变形程度而减少回弹（图7-3-54a、b），或利用成形边翼（见图7-3-54c）增加弯曲区的塑性变形程度，同时也增加了工件的刚度，牵制住材料，从而减小回弹。

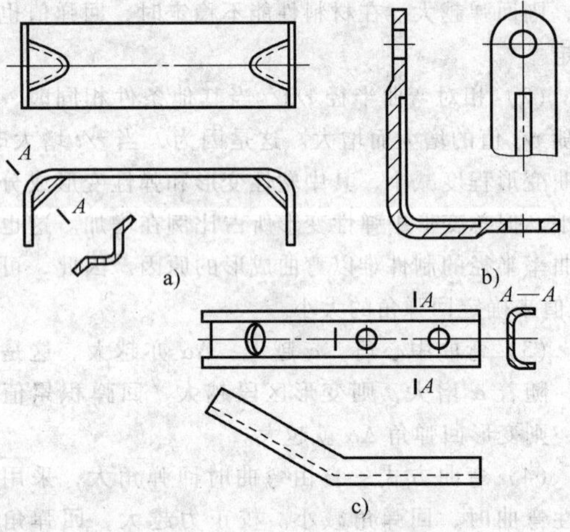

图7-3-54　改进工件设计以增加刚度

（2）选用合适的材料，提高材料塑性　在许可的条件下选择 σ_s/E 的比值偏小、力学性能稳定的材料进行弯曲。硬材料或经冷作硬化的材料，在弯曲前进行退火软化处理。有时可采用加热弯曲。

（3）补偿法　根据弯曲件的回弹趋势和回弹量的大小，在模具工作部分相应的形状和尺寸中进行修正，给工件的回弹量予以补偿（图7-3-55）。如在单角弯曲时，根据工件可能产生的回弹量，将凸模圆角半径和角度做小些；对于双角弯曲，可将凸模两侧分别作出等于回弹角的补偿角，或将模具底部做成圆弧形（图7-3-56），利用底部向下的回弹作用补偿弯曲件两边的回弹。

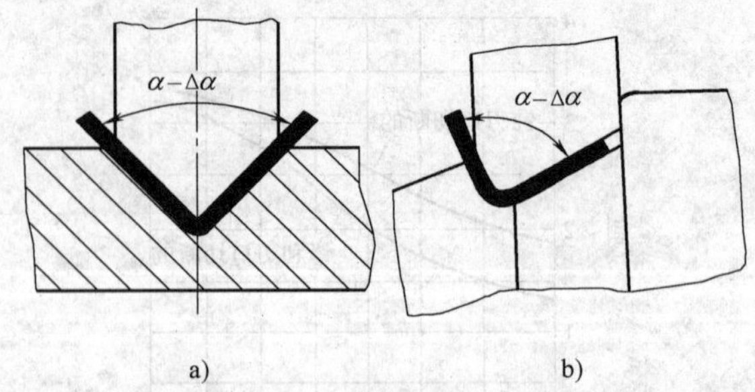

图7-3-55　V形件弯曲件回弹的补偿

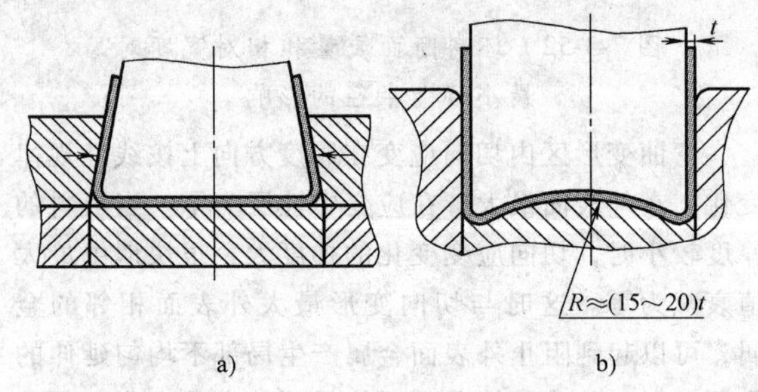

图7-3-56　U形件弯曲回弹的补偿

一般说来，补偿法是消除弯曲件回弹最简单的方法，在实际生产中得到广泛应用。

（4）校正法　板料弯曲时外侧纤维伸长，内侧纤维缩短，卸载后内外侧纤维的回弹趋势都是使板料复直，所以回弹量较大。如果在弯曲行程终了时，对板料施加一定的校正压力，并在模具结构上采取措施（图7-3-57），使校正力集中于弯角处，迫使弯曲处内层的金属产生切向拉伸应变，可达到克服和减少回弹的目的。

（5）顶料板背压　顶料板背压大小对回弹有较大影响。U形件弯曲时，若背压力不足，工件底部会产生反向鼓起（见图7-3-58a），变形结束后，反向鼓起部分的回弹使工件侧壁向内合拢，便产生负回弹。背压过大，则产生正回弹。在不同的凸模圆角半径情况下，存在一个最佳背压值，可使回弹角 Δα 等于零（见图7-3-58b）。

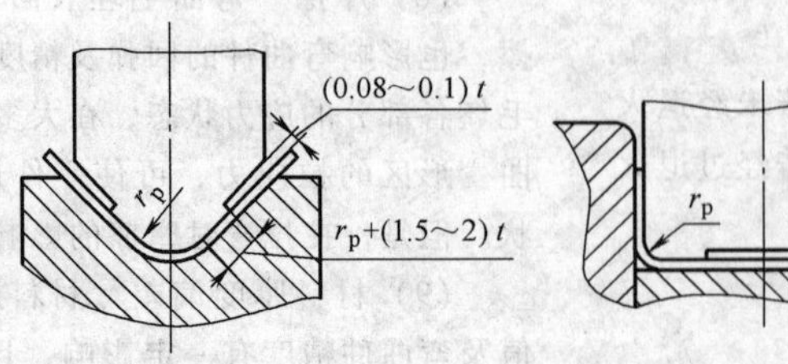

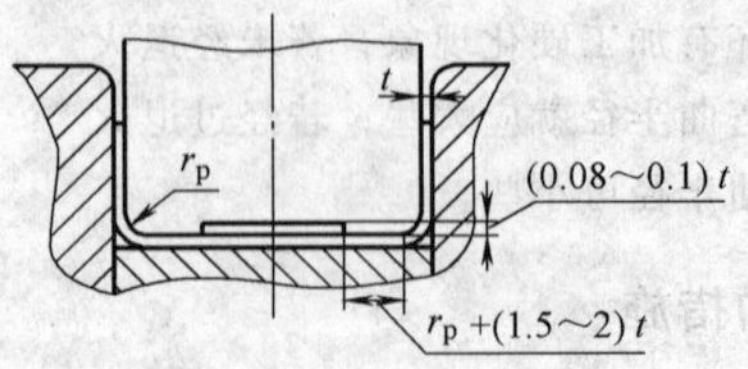

图7-3-57　利用局部精压来减小回弹

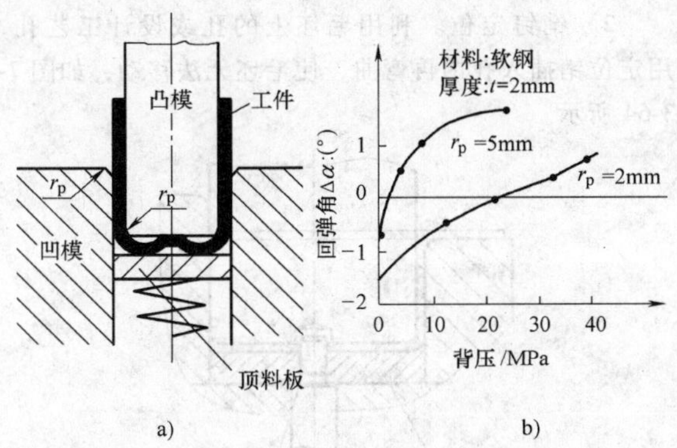

图 7-3-58　顶料板背压对回弹角的影响

（6）采用聚氨酯软凹模　用聚氨酯制作软凹模（见图 7-3-59）时，由于它在容框中有如流体的传压作用，能将压力均匀地传递到材料上，使弯曲工件与金属凸模完全贴合，这样可排除材料在非变形区的变形和回弹，并调节凸模压入软凹模的深度以控制回弹值，其回弹量比金属凹模小得多，而且不受材料厚度偏差的影响。即使材料厚度偏差较大，工件回弹角仍然很小，且很稳定。但金属凹模弯曲时回弹角却波动很大。

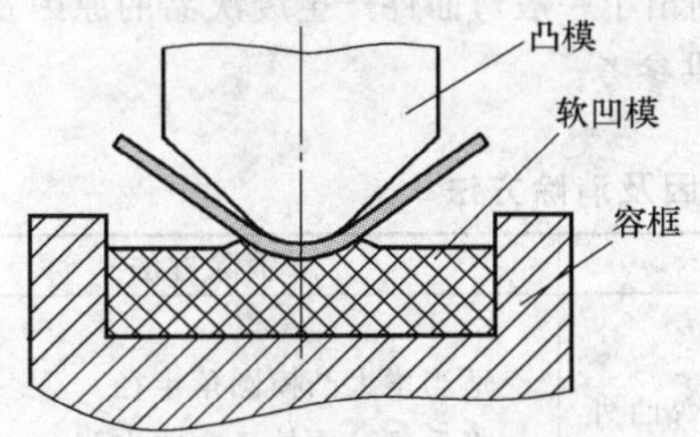

图 7-3-59　聚氨酯软凹模弯曲

（7）改变变形区应力状态

1）端部加压法。在弯曲变形终了贴模时，利用模具的凸肩，从弯曲件直边端部施加对变形区的切向推力，使变形区外层的切向拉应力数值减小或抵消，甚至变为压应力状态。从而可以减小弯曲回弹，并获得精确的弯边高度，如图 7-3-60 所示。

2）拉弯法。当弯曲件的相对弯曲半径很大时，变形区大部分处于弹性变形阶段，产生的回弹最大，工件难以成形。这时可采用拉弯工艺，其特点是将板料先拉伸再弯曲或先弯曲再拉伸，所加拉伸力大小应使弯曲件内表面的合成力大于材料屈服点。此时工件整个横断面上都处于拉应力作用下，卸载后内外层纤维的回弹趋势互相抵消，因此可以减少回弹。

拉弯工艺可以在专用拉弯机上进行（见图 7-3-61），也可以用拉弯模在普通压力机上进行。拉弯模的结构如图 7-3-62 所示。工作时，上模下行，模具两

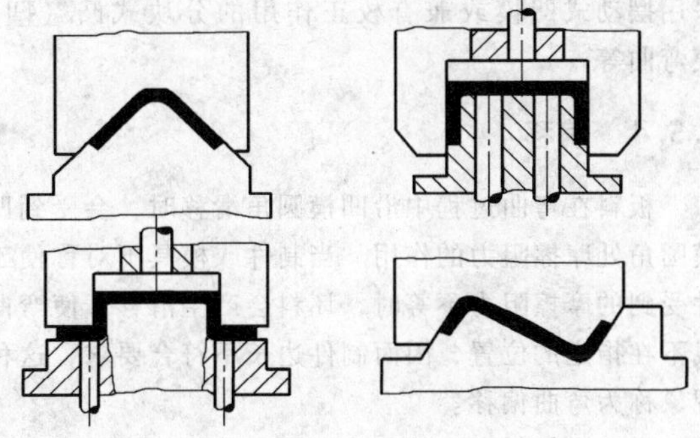

图 7-3-60　端部加压法

侧夹子 2 首先把板料夹住，同时使弹簧 3 压缩，并沿斜面滑行，把材料拉伸，最后上模（凹模）1 和下模（凸模）4 把板料弯曲成形。

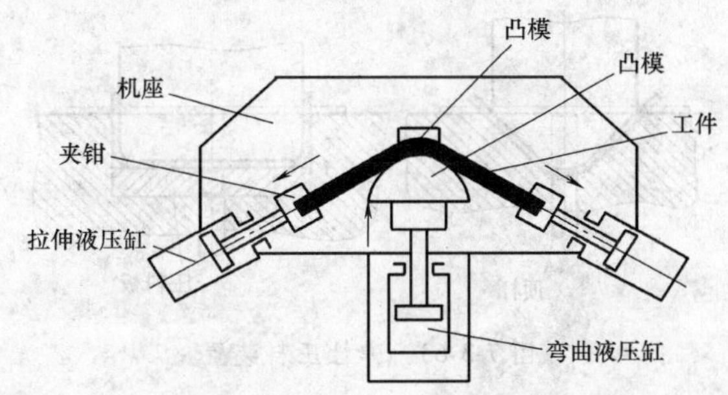

图 7-3-61　专用拉弯机原理图

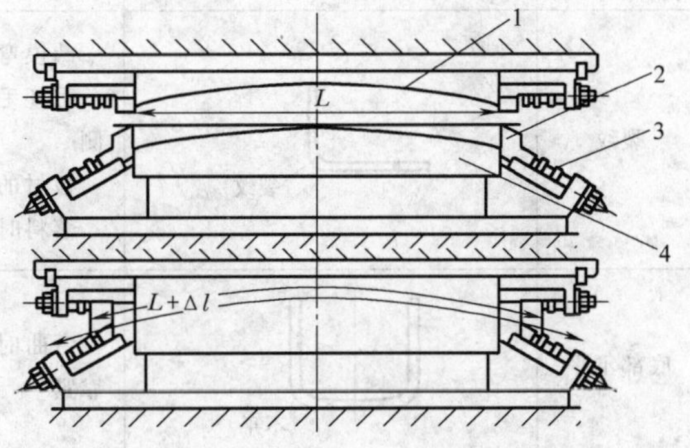

图 7-3-62　拉弯模

1—上模　2—夹子　3—弹簧　4—下模

3）叠弯法。叠弯法是将弯曲毛坯与另一厚度适当的专用梁连接在一起同时弯曲。此时，由于相对弯曲半径 r/t 的显著变小，可使横断面上的弹性变形区移至弯曲件以外的专用梁上，而整个弯曲件的横断面却处于塑性拉伸区，这样可取得与拉弯相同的效果，从而大大减小回弹值。

4）其他方法。在允许的情况下，可采用加热弯曲；对 U 形件可采用较小的间隙甚至负间隙弯曲；

采用摆动式凹模或兼有校正作用的分块式凸（凹）模弯曲等。

3.5.4 偏移

板料在弯曲过程中沿凹模圆角滑移时，会受到凹模圆角处摩擦阻力的作用。当制件或模具不对称使工件受到的摩擦阻力不等时，坯料会产生滑移，使弯曲线不在指定的位置，因而制件边长不符合要求，这种现象称为弯曲偏移。

为防止材料发生偏移，减少弯曲偏移常采用的方法如下：

1）采用弹性压料装置，保证毛坯在弯曲过程中一直处在压紧状态，达到防止坯料滑移的目的，如图7-3-63所示。

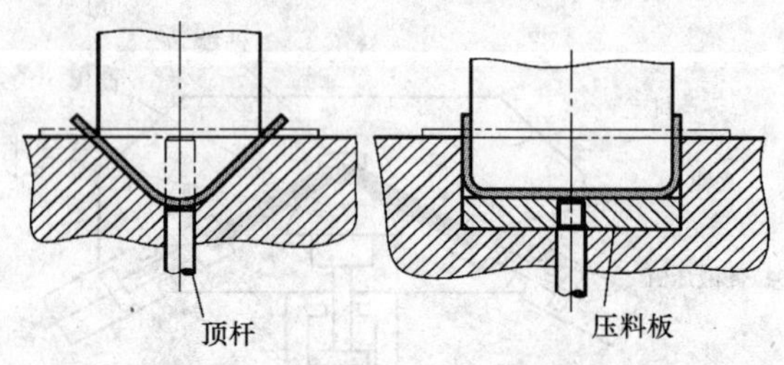

图7-3-63 弹性压料装置

2）销钉定位。利用毛坯上的孔或设计工艺孔，用定位销插入孔内再弯曲，使毛坯无法移动，如图7-3-64所示。

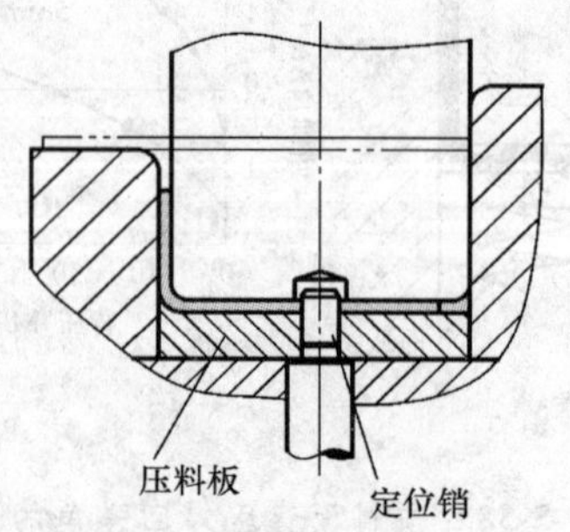

图7-3-64 销钉定位

3）将不对称形状弯曲件组合成对称弯曲件弯曲，然后再切开，使板料弯曲时受力均匀，不容易产生偏移，如图7-3-65所示。

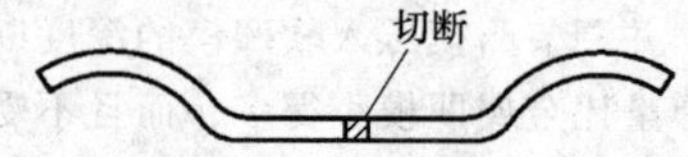

图7-3-65 成对弯曲

以上对弯曲件中最常见的质量缺陷作了介绍，表7-3-14列出了一般弯曲件产生废次品的原因及解决方法，可供参考。

表7-3-14 弯曲件废次品的产生原因及消除方法

废次品类型	简　图	产生原因	消除方法
裂纹	裂纹	凸模弯曲半径过小 毛坯毛刺的一面处于弯曲外侧 板材的塑性较低 落料时毛坯硬化层过大	适当增大凸模圆角半径 将毛刺一面处于弯曲内侧 用经退火或塑性较好的材料 弯曲线与纤维方向垂直或成45°方向
底部不平	不平	弯曲时板料与凸模底部没有靠紧	采用带有弹性压料顶板的模具，在弯曲开始时顶板便对毛坯施加足够的压力，最后对弯曲件进行校正
翘曲		由于变形区应变状态引起，横向应变（沿弯曲线方向）在中性层外侧是压应变，中性层内侧是拉应变，故横向便形成翘曲	采用校正性弯曲，增加单位面积压力 根据翘曲量修正凸模与凹模
孔不同心	轴心线错移 轴心线倾斜	弯曲时毛坯产生了偏移，故引起孔中心线错移 弯曲后的回弹使孔中心线倾斜	毛坯要准确定位，保证左右弯曲高度一致 设置防止毛坯窜动的定位销或压料顶板 减小工件回弹

（续）

废次品类型	简　图	产生原因	消除方法
直臂高度不稳定	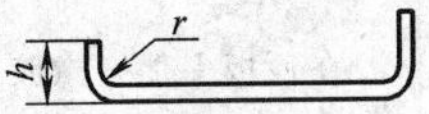 r h	高度 h 尺寸太小 凹模圆角不对称 弯曲过程中毛坯偏移	高度 h 尺寸不能小于最小弯曲高度 修正凹模圆角 采用弹性压料装置或工艺孔定位
表面擦伤	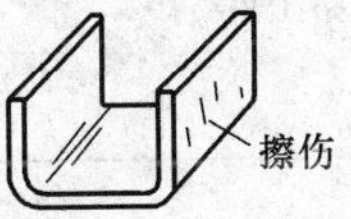 擦伤	金属的微粒附在模具工作部分的表面上 凹模的圆角半径过小 凸、凹模的间隙过小	清除模具工作部分表面脏物，降低凸、凹模表面粗糙度值 适当增大凹模圆角半径 采用合理的凸、凹模间隙
弯曲线与两孔中心线不平行	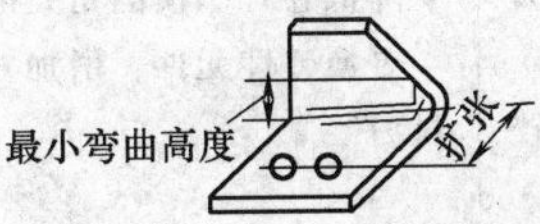 最小弯曲高度　扩张	弯曲高度小于最小弯曲高度，在最小弯曲高度以下的部分出现张口	在设计工件时应保证大于或等于最小弯曲高度 当工件出现小于最小弯曲高度时，可将小于最小弯曲高度的部分去掉后再弯曲
偏移	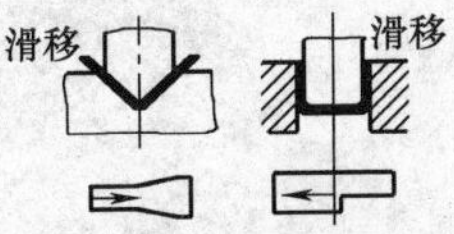 滑移　滑移	当弯曲不对称形状工件时，毛坯在向凹模内滑动时，两边受到的摩擦阻力不相等，故发生尺寸偏移	采用弹性压料顶板的模具 毛坯在模具中定位要准确 在可能情况下，采用成双弯曲后，再切开
孔变形	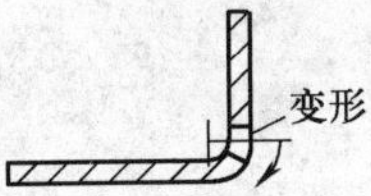 变形	孔边离弯曲线太近，在中性层内侧为压缩变形，而外侧为拉伸变形，故孔发生了变形	保证从孔边到弯曲半径 r 中心的距离大于一定值 在弯曲部位设置工艺孔，以减轻弯曲变形的影响
弯曲角度变化	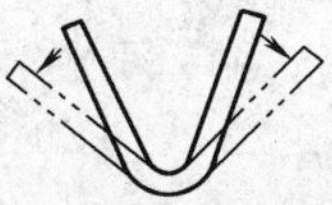	塑性弯曲时伴随着弹性变形，当弯曲工件从模具中取出后，便产生弹性恢复，从而使弯曲角度发生了变化	以预定的回弹角来修正凸、凹模的角度，达到补偿目的 采用校正性弯曲代替自由弯曲
弯曲端部鼓起	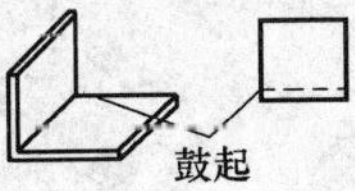 鼓起	弯曲时中性层内侧的金属层纵向被压缩而缩短，宽度方向则伸长，故宽度方向边缘出现突起，以厚板小角度弯曲为明显	在弯曲部位两端预先做成圆弧切口，将毛坯有毛刺一边放在弯曲内侧
扭曲	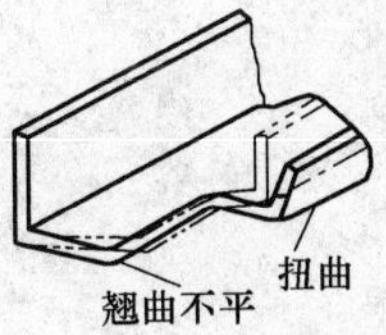 翘曲不平　扭曲	由于毛坯两侧宽度、弯边高度相差悬殊，弯曲变形阻力不等。弯曲时，宽度窄、弯边高度低的一侧易产生扭曲 又因两端缺口较大，顶出器压不住料，使带缺口的底面翘曲不平，加剧了弯边的扭曲	两侧增加工艺余料，弯曲后切除工艺余料。在产生扭曲的一侧和缺口处安装导板，可减轻扭曲程度

（续）

废次品类型	简　图	产生原因	消除方法
断面形状不良棱角不清晰	棱角不清晰 断面形状不良	因弯曲凸模底部呈锥形，使它与凹模及顶板之间存在自由空间，毛坯与凸模锥面无法保证贴合。因此得不到理想的断面形状，工件底部与壁部的转折处为大圆弧过渡	在顶板上加一橡胶垫，使毛坯在弯曲过程中，逐步包紧在凸模上，工件形状完全由凸模形状确定，能保证生产出合格工件
侧壁失稳	侧壁失稳	第一道弯曲，半成品只弯出1/4圆弧，由于卷耳时金属流动不畅，压力较大，导致侧壁失稳 卷耳凹模 R 处表面粗糙度较大，增加了卷耳时的摩擦阻力	将半成品弯成1/2圆弧 降低卷耳凹模圆角处的表面粗糙度值 更换弹性元件，增加对工件底部的压料力

第 4 章　面畸变问题及其控制

面形状精度不良是汽车覆盖件冲压成形中的主要质量问题之一。所谓面形状精度不良（简称为面形状不良）是指毛坯在冲压成形过程中受到不均匀变形而使制件局部与标准型面不能吻合的现象，以及由冲压工艺、模具和钢板本身的原因引起的制件表面缺陷，如起皱、面畸变、线位移、收缩、面回弹、冲击线、滑移线、真空变形、粘接、划伤等（图 7-4-1）。其中最主要的质量问题是起皱和面畸变。

起皱与面畸变都是汽车覆盖件冲压成形中出现的重要面形状精度不良的问题。一般认为，在冲压零件上形状急剧变化部位的周围，由于毛坯的变形分布极不均匀，容易在零件表面上产生局部起伏（或凸凹），这种起伏的高度在 0.2mm 的范围内时，称为“面畸变”，当起伏高度在 0.2mm 以上时则称为“起皱”。

面畸变问题是面形状精度的一个重要方面，是汽

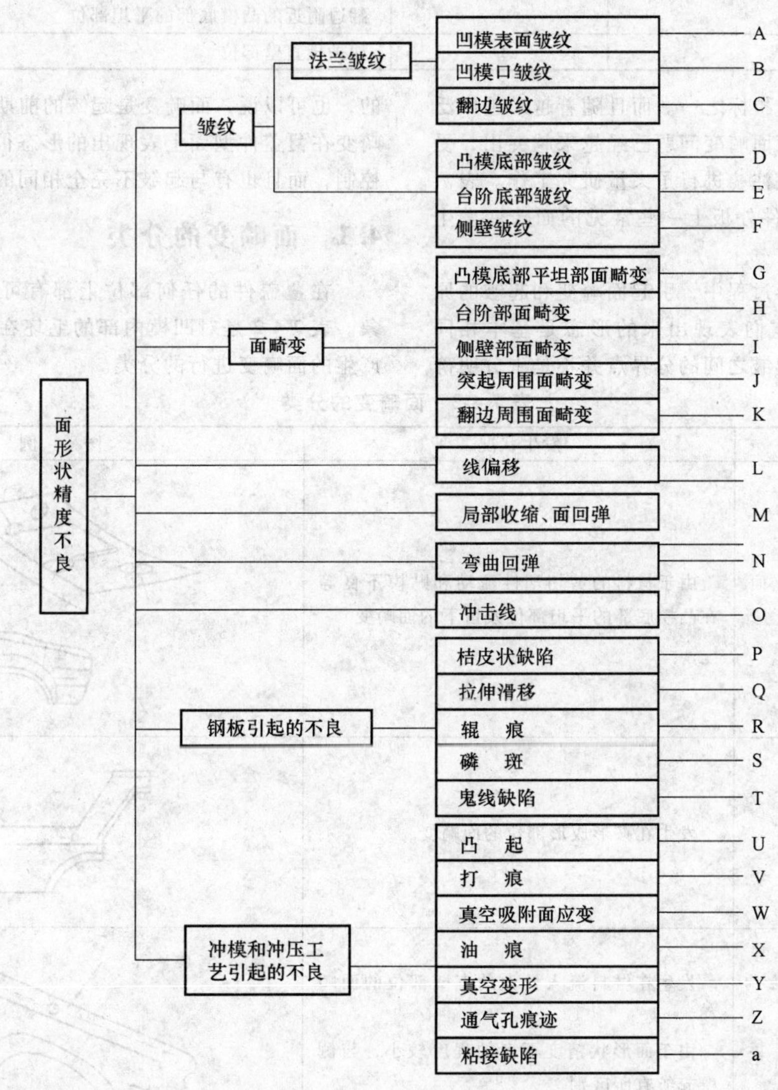

图 7-4-1　面形状精度不良的分类

表 7-4-1 常见的面畸变发生部位

类　别	记号	发生部位示例
凸模底部平坦面畸变	G_1	车轮拱形边周围
	G_2	行李箱盖转角部
	G_3	行李箱、发动机罩装饰特征线消失部位
鞍型成形部位面畸变	H_1	与后支柱连接的根部
	H_2	与后护板前侧支柱相连的部位
立壁部位面畸变	I	护板立壁部，高顶的侧壁
局部凸凹周围面畸变	J_1	门把手周围
	J_2	组合灯孔座周围
	J_3	窗口拐角处
曲面翻边周围面畸变	K	加油盖孔周围
线位移	L	车身外板装饰线
面外弯曲、收缩	M	门、发动机罩、行李箱盖的平坦部
回弹	N	翻边附近的凸模底部的平坦部位
冲击线	O	如护板直壁部位

车覆盖件的重要质量指标之一。而且随着越来越广泛地使用高强度钢板，面畸变问题已经越来越突出，受到人们越来越多的关注，进行了大量研究工作。表7-4-1列举了汽车覆盖件外板上一些常见的面畸变发生部位。

在板材冲压成形过程中，引起面畸变和起皱的原因、发生部位以及它们表现出来的形态是基本相同的。所以面畸变和起皱之间的分界点并不是十分明确的，也可以说，面畸变是起皱的前期形态。但由于面畸变在覆盖件型面上表现出的形态很小，所以不容易控制，而且也有与起皱不完全相同的一些特点。

4.1 面畸变的分类

在覆盖件的任何部位上都有可能发生面畸变现象。表7-4-2是对凹模内部的毛坯在冲压成形过程中产生的面畸变进行的分类。

表 7-4-2 面畸变的分类

分　类	发生状况	图　例
凸模底部平坦部位面畸变	由于材料的剪切塑性流动和贴模不良等在凸模底部的平坦部位残留下的面畸变	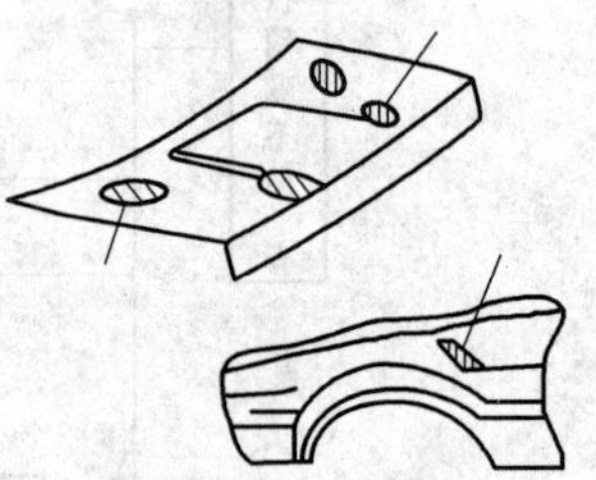
鞍形部位面畸变	发生在鞍形成形部位的面畸变	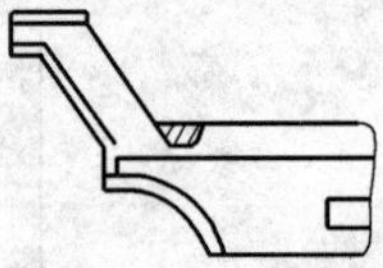
侧壁部位面畸变	发生在材料流入量大的直壁部位的面畸变 由于面形状精度不良的程度较小，与侧壁起皱有所区别	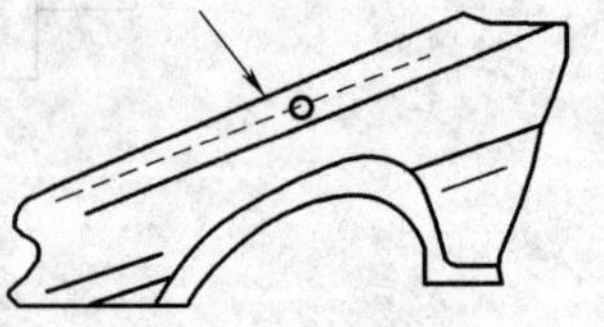

（续）

分　类	发生状况	图　例
突起周围的面畸变	由于突起成形（在凹模一侧成形）产生的不均匀拉应力而引起的面畸变，一般发生在外板面上	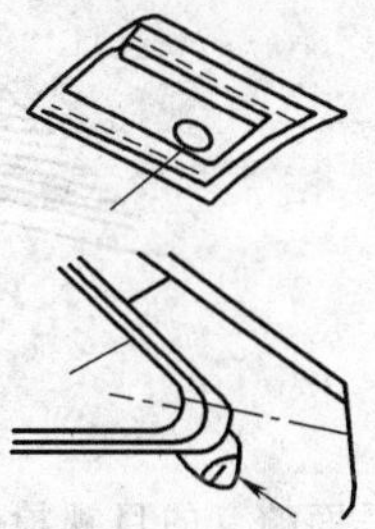
翻边周围的面畸变	在翻边成形的角部发生的面畸变	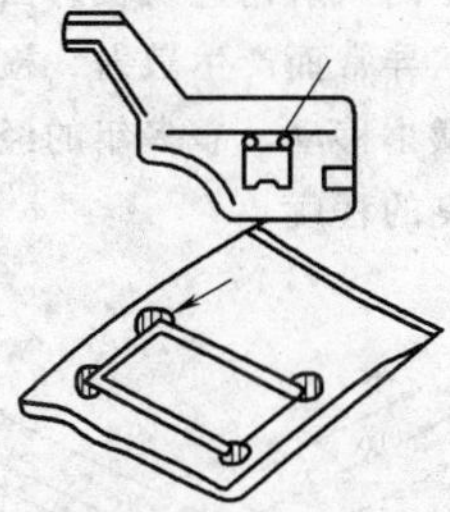

4.2　面畸变的测定法和评价法

对汽车覆盖件上发生面畸变这样微小的面形状精度不良，定量地测量它的形态、大小以及如何评价它是非常重要的。

4.2.1　面形状精度不良的测量与检查方法

皱纹的面形状精度不良程度较大（起伏高度大于 0.2mm），从零件表面来判断发生状况是比较容易的。而面畸变的面形状精度不良程度非常小（起伏高度只有 20～200μm），所以，在冲压现场依靠检查员的官能检查时，发现这种不良现象是比较困难的。面形状精度不良的主要检查方法见表 7-4-3。

对于皱纹的检查，由观察制件表面能够容易地判断发生的部位及程度。线偏移、局部收缩、回弹、冲击线等在多数情况下也可以比较容易地由目视把握发生状况，能够用尺子或塞尺等定量地测量。

对于面畸变的检查方法是以检查员的目视和触感为主，并辅以油砂轮研磨校验，然后以标准样本作为检查的基准。就是说，在生产现场，首先要靠检查员对零件表面形状微小凸凹的直观感觉，然后对在外观上感到有问题的部位上所发生的现象作严格的判定。

表 7-4-3　面形状精度不良的主要检查方法

方法	特　点
油砂轮研磨法	用油砂轮研磨面畸变部位，根据研磨过的部分与砂轮摩擦程度的强弱，可以从零件表面上直接了解到面畸变的形态及其大概的程度
摩尔云纹图法	面畸变的形态还可以用摩尔云纹图来表示。根据表现出等高线的云纹可以看到面畸变的模样。通过对云纹进行几何解析，可以定量地确定面畸变的高低，但由于处理方面的困难及实验技术的制约，作为定量测定法目前还不能实用化
断面形状测量法	面畸变是由于材料从光滑的基准面向面外变位并具有某种程度的扩展而形成的。作为这种面形状不良现象实用而可行的定量测定方法是选择能最好地表示面畸变特征的代表性断面，测定其断面形状，由此得到定量值
表面形状测量法	通过测定外板的表面形状，利用计算机处理和自动制图机或图形显示仪可以得到发生面畸变部位的立体扩展情况，如图 7-4-2 所示。但是，这种方法在设备、工时等方面还不具有现场简单使用的性能
面形状精度不良的现场检查法	在汽车车身冲压生产现场，最终检查还是要靠检查员的官能检查。这种官能检查主要是检查员用目视、触感或油砂轮研磨等方法来进行的

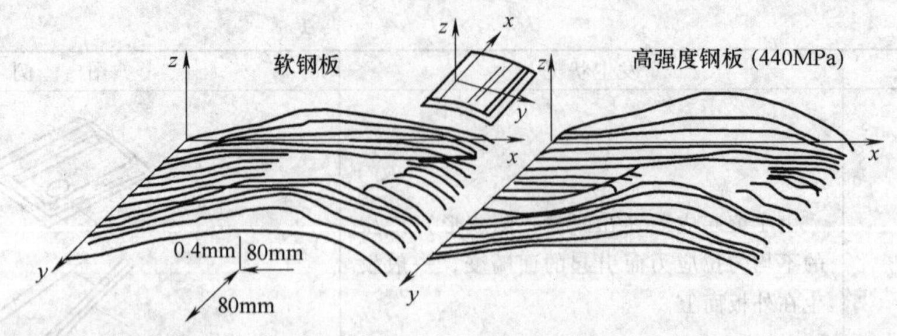

图 7-4-2　面畸变部位的立体扩展情况

图 7-4-3 是面畸变的目视检查示意图。这种检查方法是：以小的入射角进入板外面的光束由于面畸变部的微小形状异常而产生散射，检查员的目光和板面位置相对地微小移动，靠多年的经验就能够判定所产生的形状不良的程度。

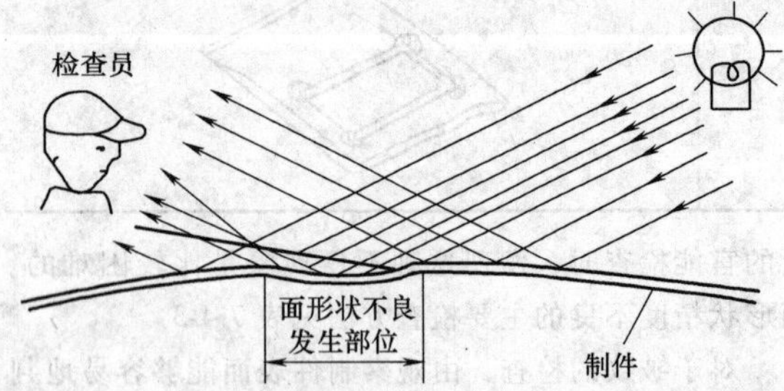

图 7-4-3　面畸变的目视检查示意图

所谓触感检查是像摸字那样用手指触摸零件表面的检查方法。通过触摸要感知一般人完全不能感知的那样微小的凸凹形状。这对检查员来说，积累丰富的经验和熟练的技术是非常重要的。

在生产现场，检查面畸变是由目视和触感的方法来进行的，但可以说最终还是靠目视来判定。

4.2.2　面畸变的评价法和最佳评价值

在评价汽车覆盖件面形状精度不良现象的程度方面已有了很多的探索。评价皱纹时，主要是用 R 尺或玻璃纸带来测量皱纹顶部的曲率半径和剩余线长作为评价值。而在评价面畸变时，则从测量皱纹的几厘米程度的材料余量变为测量几百微米以至更小阶程度，其精确测量变得更加困难。作为已经实用的一般评价方法是测定面畸变发生部位的代表性断面形状，用断面形状的特征值或用断面形状线的变化量作为评价值。

表 7-4-4 列出了各种皱纹和面畸变的评价法和评价值。材料余量（Δl）、过剩线长 L_d、最大高度（H_{max}）等是表示皱纹及面畸变程度的代表性评价值。

表 7-4-4　皱纹和面畸变的评价值及其定义

评价值	图　示	评价值的定义	特　征
材料余量 Δl	$\Delta l=l_1-l_0$；l_1；l_n	用玻璃纸带测量曲线长 l_1，用 l_1 和 l_0 的差表示	1）在现场能够很容易地求出 2）由于测量误差较大，适用于皱纹高、余量大的情况 3）用于冲压件内部皱纹
过剩线长 l_d	l_0；l_1；$l_d=l_1-l_0$	将断面轮廓长度 l_1 输入计算机，求出光顺曲线长度 l_0，算出线长差 l_d	1）在皱纹数量多、状态不一时，能够以较高的精度来表示 2）需要利用计算机，用时多 3）用于冲压件内部皱纹
最大高度 H_{max}	R15；R25；85；40；R40；R15	用固定宽度 L 间的最大高度表示	1）这是最简单的评价法，对面畸变大的情况很有效 2）适用于任何部位

（续）

评价值	图示	评价值的定义	特征
H_{max}/L	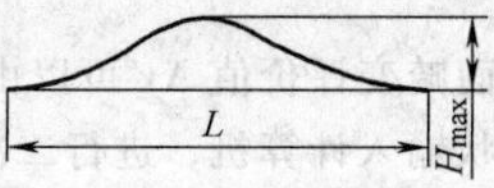 L　H_{max}	用面畸变的发生范围宽度 L 去除其间的最大高度，用它们的比值表示	1）距离 L 的取值比较难 2）考虑到了面畸变的宽度，从这一点来说，优于 H_{max}
反曲率处的最大深度 Δh	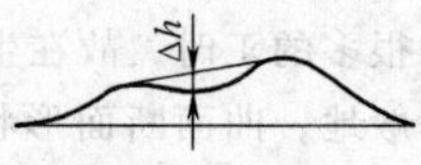 Δh	用反曲率处的最大深度表示	只能用于面畸变像左图中那种形态的情况
高度总和 Σh	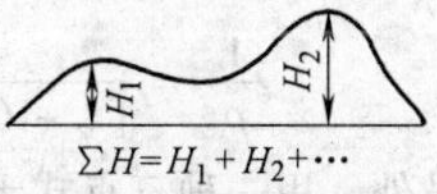 H_1　H_2 $\Sigma H=H_1+H_2+\cdots$	在峰顶不只一个时，用它们的总和表示	当峰顶数不同时不宜比较
最大倾斜角 θ_{max}（γ'_{max}）	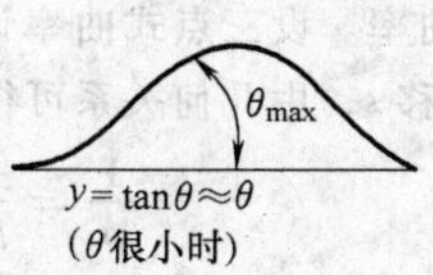 θ_{max} $y=\tan\theta\approx\theta$ （θ很小时）	θ_{max} 由断面轮廓通过作图求得 γ'_{max} 用由计算机求得的一次微分系数的最大值表示	1）倾斜角会因冲压件的放置状态而变化，须注意 2）θ_{max} 比 γ'_{max} 精度高 3）适用于任何部位
倾斜角变化量 $\Delta\theta$	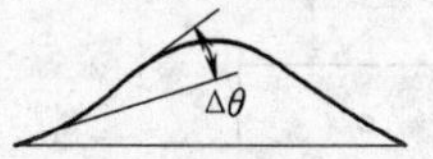 $\Delta\theta$	用倾斜角的变化量的最大值表示	1）不受冲压件放置状态的影响 2）与官能评价有较好的对应性
最小曲率半径 ρ_{min}	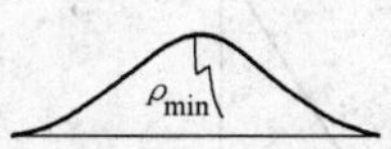 ρ_{min}	用顶部的最小曲率半径表示	1）可以由冲压件直接测定 2）适用于任何部位
Δs	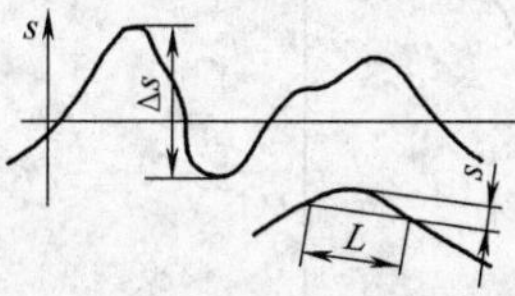 s　Δs　s　L	由三点式曲率测定仪（固定宽度）测得各高度，用最大最小差值表示	1）与官能评价的对应性非常好 2）适用于测量微小的面畸变
最大曲率与最小曲率的差值 $\Delta\frac{1}{\rho}$	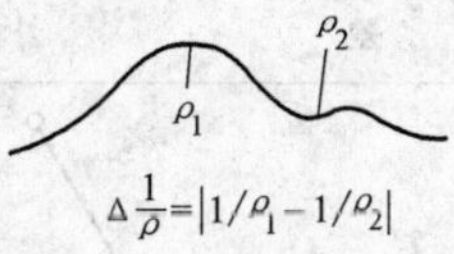 ρ_1　ρ_2 $\Delta\frac{1}{\rho}=\lvert 1/\rho_1-1/\rho_2\rvert$	由三点式曲率测定仪（固定宽度）测得各高度，用曲率的最大与最小值的差值表示，与 $\Delta y''$ 的意义相同	1）能简单而精确地表示微小的面畸变形态 2）与官能评价的对应性非常好
$\Delta y''$	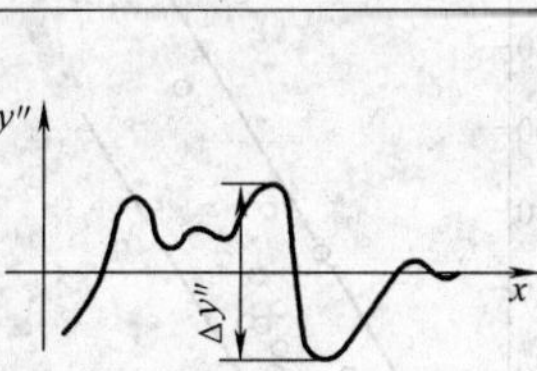 y''　$\Delta y''$　x	用计算机求出断面轮廓线的二次微分系数，用该系数的最大值与最小值之差表示	1）能够较精确地表示微小的面畸变形态 2）与官能评价的对应性非常好 3）需要利用计算机，用时多

轿车车门外板冲压成形中，把手部位产生面畸变是一个典型例子，其面畸变的量是极小的。对这一面畸变的断面形态分别用最大高度（H_{max}）、最大倾斜角（θ_{max}）、二次微分系数的最大值与最小值之差（$\Delta y''$）来表示，如图 7-4-4 所示。它们与官能评价的对应结果如图 7-4-5 所示。由图 7-4-6 可见，面畸变的官能评价值与 $\Delta y''$ 的相关性最好。因而，可以认为面畸变的目视检查主要是感知面畸变部位轮廓形状

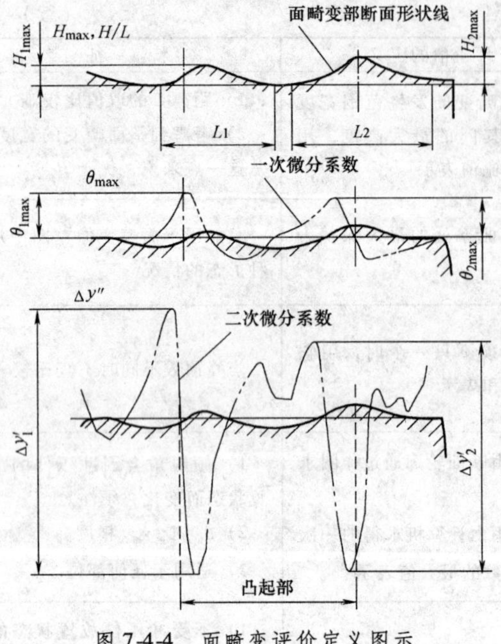

图 7-4-4　面畸变评价定义图示

角度的变化程度（曲率）。

4.2.3　面畸变的简易评价法

面畸变评价值 $\Delta y''$可以由将面畸变发生部位的断面形状输入计算机，进行二次微分求得二次微分系数曲线的最大最小值的差而得到。但由于需要高精度的设备和很多的工时，故在生产现场应用还有困难。

一般地，曲面断面形状用 $y=f(x)$ 表示时，可有

$$\frac{1}{\rho}=\frac{-f''(x)}{[1+(f'(x))^2]^{3/2}} \tag{7-4-1}$$

另外，用一种三点式千分表曲率计可以得到面畸变的曲率。设三点式曲率计的测量范围 l，曲率半径 ρ，位移 s，由几何关系可得：

$$\frac{1}{\rho}=\frac{8s}{l^2+4s^2} \tag{7-4-2}$$

由于面畸变发生部位的断面几乎是平面形状，ρ 很大，故：

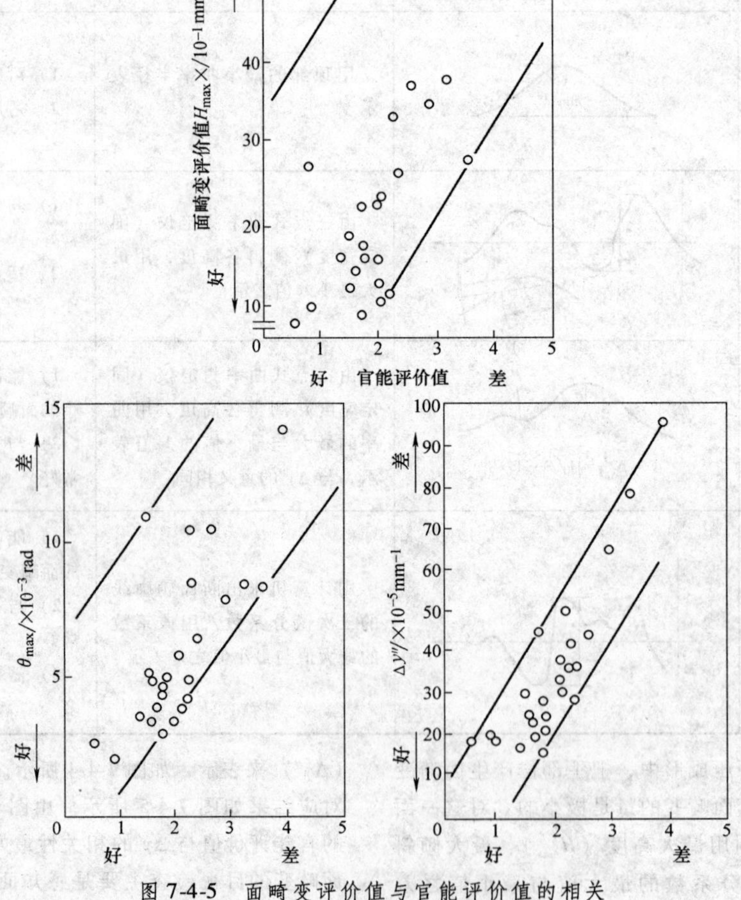

图 7-4-5　面畸变评价值与官能评价值的相关

$$f'(x) \ll 1 \qquad s \ll 1$$

所以有：

$$\frac{1}{\rho} = -f''(x) = \frac{8}{l^2}s \tag{7-4-3}$$

因此，与官能评价值相关性最好的为

$$\Delta y'' = \Delta\frac{1}{\rho} = \frac{8}{l^2}\Delta s \tag{7-4-4}$$

等于曲率的最大值、最小值之差，它与千分表指针的振幅 Δs 成正比。

所以，使三点式千分表曲率计沿面畸变部位进行移动，跟踪读取千分表指针的振幅 Δs，可以容易地求出面畸变评价值 $\Delta y''$。

这种三点式千分表曲率计携带、操作、测量都很方便，在生产中的实用性好。当测量范围 l 与面畸变的宽度相近时具有较高的测量精度。但若测量范围 l 比面畸变的宽度大很多或小很多时，都会降低测量精度。

图 7-4-6 是车门外板把手部位面畸变的宽度（凸凹的距离）的频度分布统计情况。由此可认为车门外板把手部位的面畸变的测量范围在 1 ~ 50mm 为宜。

图 7-4-7 是在实物上测量断面形状求得的 $\Delta y''$和用三点式千分表曲率计求得的 $\Delta 1/\rho$ 的统计情况，得到的结果基本上 1 对 1 对应的。

图 7-4-8 是测量汽车侧板的车窗部位和车轮圆弧部位所产生的面畸变所得到的连续的曲率分布情况。图 7-4-9 是对同一汽车侧板的车轮圆弧部位就凸模形状和成形件形状的曲率分布进行测量的结果。由该二图可以明确地看出汽车侧板上发生的面畸变情况，同时可以看出侧板产生面畸变部位与凸模轮廓形状之间所产生的不能吻合的状态。

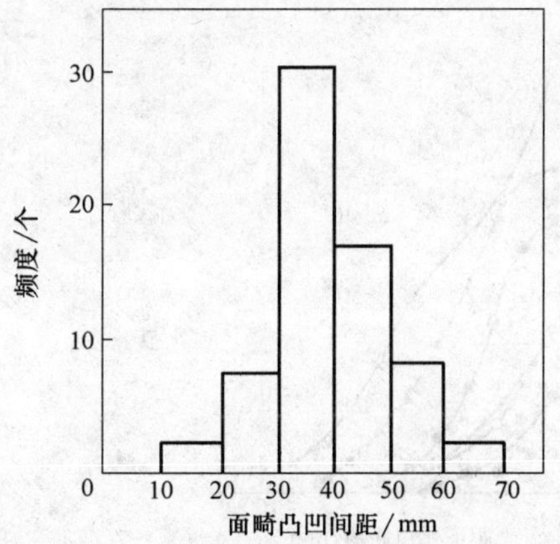

图 7-4-6　车门外板把手部位面畸变测量的间距式频度图

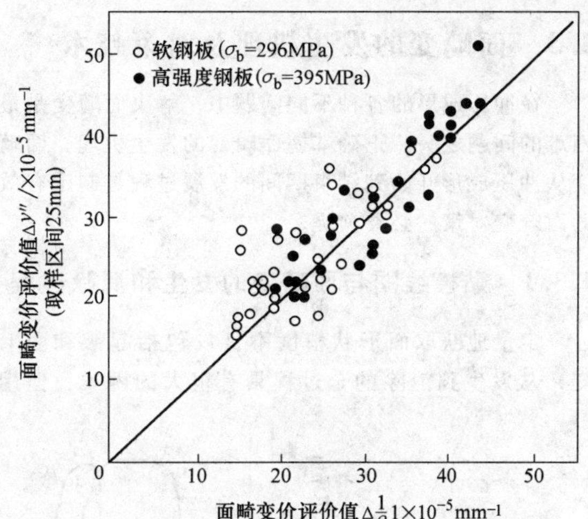

图 7-4-7　面畸变评价值 $\Delta y''$和 $\Delta 1/\rho$ 的关系

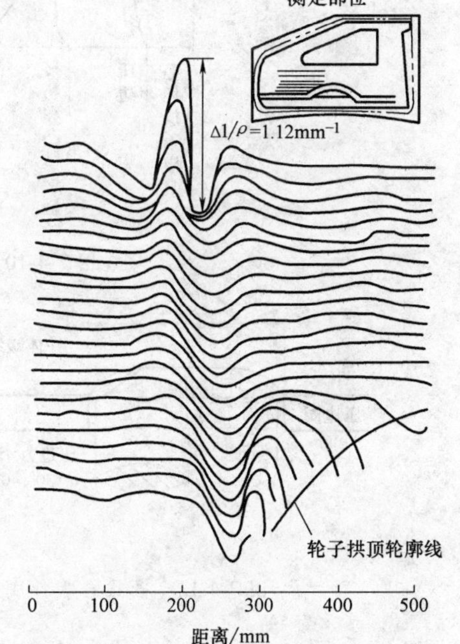

图 7-4-8　汽车侧板面畸变部位的曲率分布图

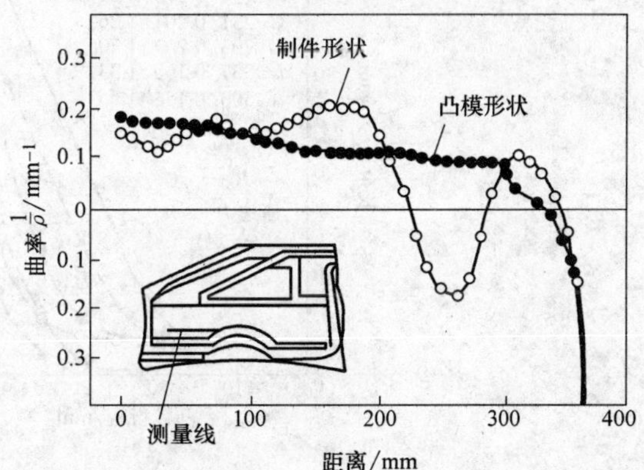

图 7-4-9　汽车侧板成形件和凸模形状的曲率分布比较

4.3　面畸变的发生机理及对策技术

在冲压成形的各种不同问题中，解决面畸变是最困难的问题之一。正确掌握面畸变的发生机理、面畸变从冲压成形开始到结束期间的发展过程是制定有效的面畸变对策的必要前提。

4.3.1　贴模线图与面畸变的发生和消除过程

定量地获取面形状精度不良（包括起皱和面畸变）从发生到消除的全过程具有很大的困难，但用贴模线图可以较容易地理解这一过程。

贴模线图是以成形距离为横轴，以面形状精度不良的某个评价值为纵轴来描绘的。由此可以表现出面形状精度不良在成形过程中所产生的变化。

面形状精度不良的贴模线图的基本模型如图 7-4-10 中的 $A \sim E$ 所示，但实际上多数情况是复合形态。图 7-4-11 是圆锥台零件成形时面形状精度不良的产生和消除过程。图 7-4-12 是与其相对应的贴模线图。图 7-4-13 是某汽车行李箱盖的零件示意图及贴模线图。由图 7-4-10 ~ 图 7-4-13 可以看出：在冲压件成形

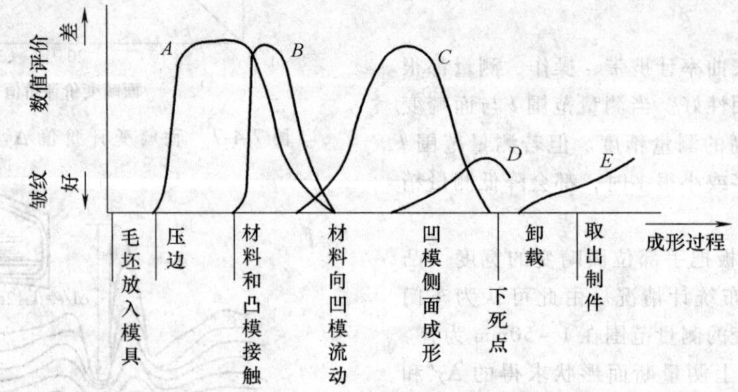

图 7-4-10　贴模线图的基本模型

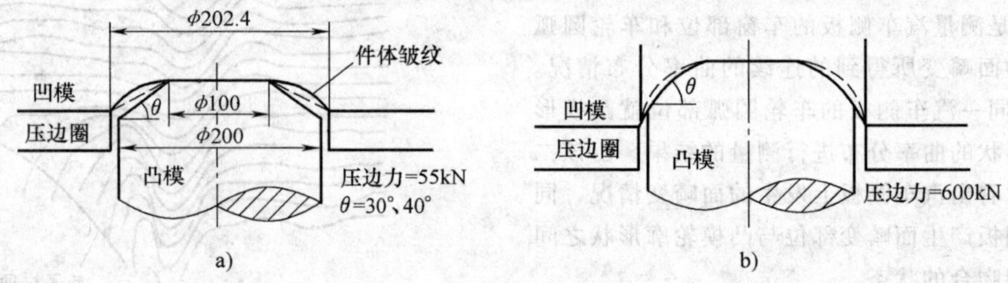

图 7-4-11　圆锥台零件成形时面形状精度不良的产生和消除过程

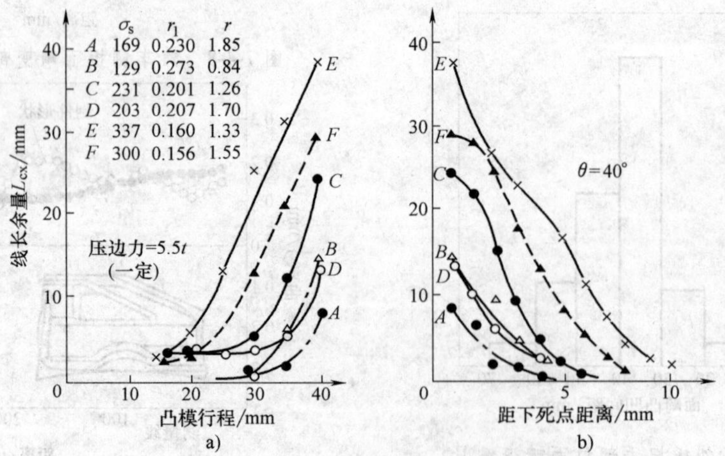

图 7-4-12　圆锥台零件成形时的贴模线图

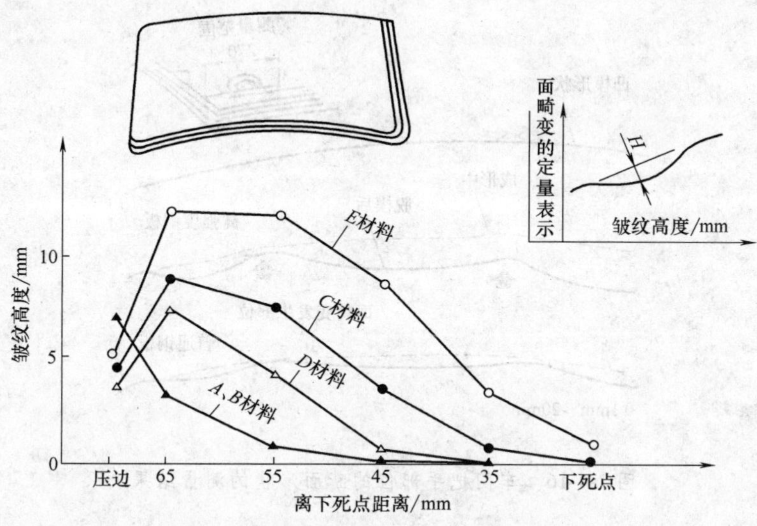

图 7-4-13　汽车行李箱盖及贴模线图

的前期，面形状精度不良开始发生并迅速增长；到成形的后半期，面形状精度不良逐步消除；到成形的终点（即下死点）时，毛坯与模具完全贴模，形成冲压件形状，面形状精度不良也随之消失（此时未卸载）。当然，也有的情况下，由于成形过程中产生的起皱程度太严重，即使到成形结束时也不能消失，而残留在制件表面上，甚至形成材料堆聚、压折等。

通过贴模线图，可以容易地理解面形状精度不良的量的变化。若将冲压成形过程中面形状精度不良部位在不同时刻的实际状态拍照下来，将照片和贴模线图进行对应整理，则可以更容易地从整体上理解面形状精度不良的发生、发展和消除过程。从力学原因的角度来探讨面畸变的发生机理与起皱的发生机理是基本相同的。即压应力、不均匀拉应力、剪应力都会引起面畸变。不均匀变形造成的残余应力也会引起面畸变。

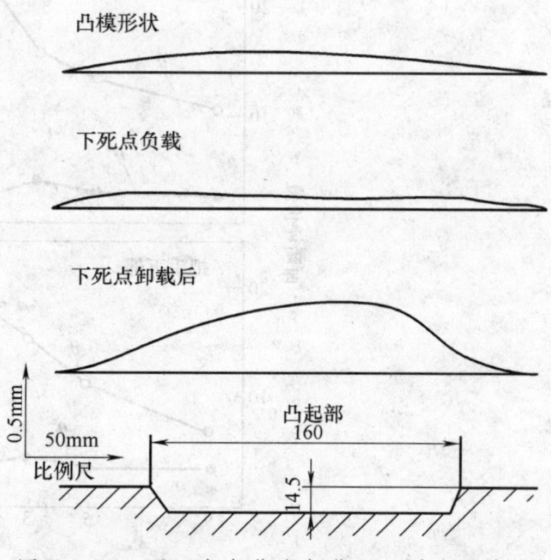

图 7-4-14　下死点负载和卸载后面畸变的变化

4.3.2　回弹对面畸变的影响

考察面畸变的发生机理时，回弹是非常重要的。所谓回弹引起的面畸变，有的情况是回弹直接引起的，有的情况下回弹虽不是面畸变产生的直接原因，但却促使面畸变增大。也就是说，在很多情况下，虽然毛坯在成形结束时能与凸模完全贴合，形成零件的标准形状，但模具回程卸载后，由于回弹的影响，使冲压件的形状或局部形状产生变化，与凸模形状不一致，形成面畸变。

图 7-4-14 是汽车车门把手部位面畸变的比较。在下死点负载时，板面形状与凸模形状相当一致。而当卸载后面畸变有较大的成长，形状也变化很大，由此可见回弹的重要影响。

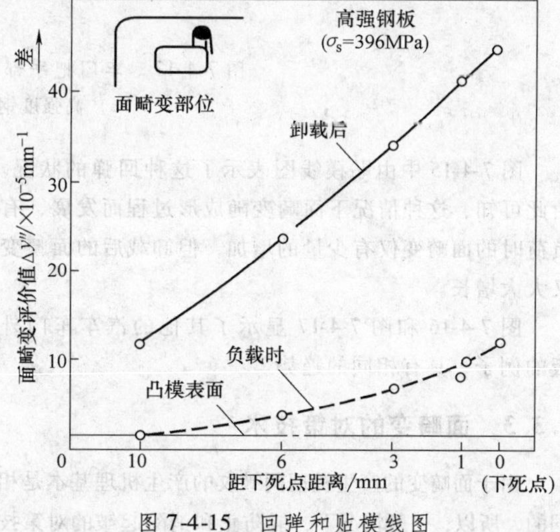

图 7-4-15　回弹和贴模线图

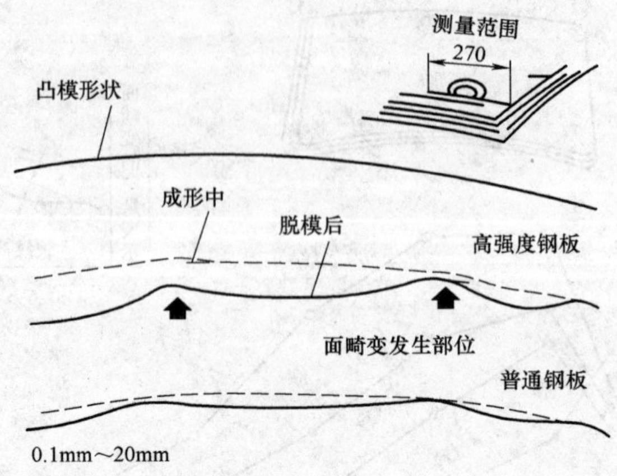

图 7-4-16　车门把手部位的断面形状的测量结果

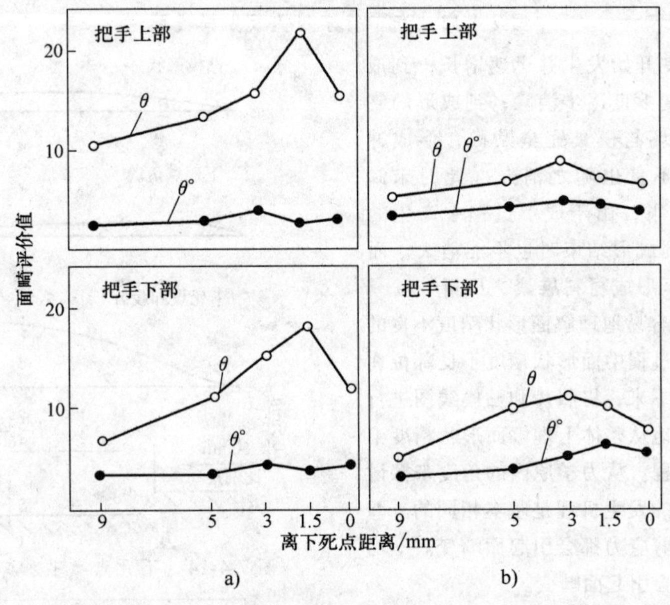

图 7-4-17　车门把手部位上下侧的面畸变贴模线图
a）高强度钢板　b）普通钢板

图 7-4-15 中由贴模线图表示了这种回弹的状况。由此可知，这种情况下面畸变随成形过程而发展，有负荷时的面畸变仅有少量的增加，但卸载后的面畸变又大大增长。

图 7-4-16 和图 7-4-17 显示了其他的汽车车门外板的例子，具有相同的趋势。

4.3.3　面畸变的对策技术

由于面畸变的产生机理同皱纹的产生机理基本是相同的，所以，一般情况下，能防止和消除起皱的对策技术都可以防止和消除面畸变。总的来说，使毛坯产生足够的塑性变形，尽量减小不均匀拉应力和切应力数值，减小塑性变形的不均分布，均有利于抑制面畸变的产生和发展。在实际操作中，首先要正确地分析和判断产生面畸变的具体原因，针对具体情况，对症下药，在冲压工艺和模具结构及模具调试等环节采取相应的措施。当然，在实际工作中不断积累经验和数据资料并科学提炼总结，对解决面畸变问题仍然是十分重要的。

表 7-4-5 列出了汽车覆盖件冲压生产中几种常见的面畸变形式、产生机理及解决措施。

表 7-4-5　汽车覆盖件常见的面畸变形式、产生机理及解决措施举例

序号	零件简图 与面畸变部位	产生机理	解决措施
1	凸模底面平坦部位的面畸变 	1）由于材料移动受到约束引起多料 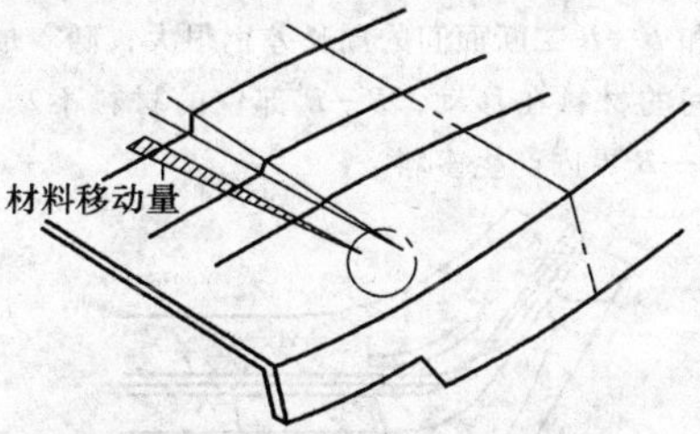 2）在材料最后贴模的部分，残留着消除不尽的微小皱纹，而形成面畸变	1）增加压边力 2）使用低屈服极限的材料
2	凸模底面平坦部位的面畸变 	1）残留的弯曲缺陷（在成形初期，材料弯至凸模时，由于在轮的拱顶悬空而产生反向曲率半径并一直残留至最后） 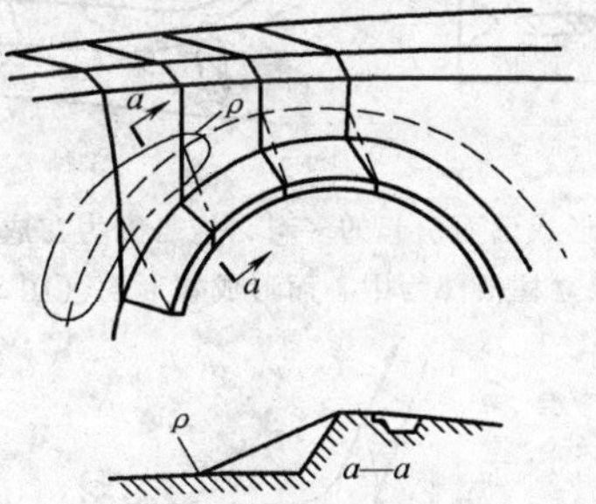 2）车轮拱顶周围多料而形成面畸变 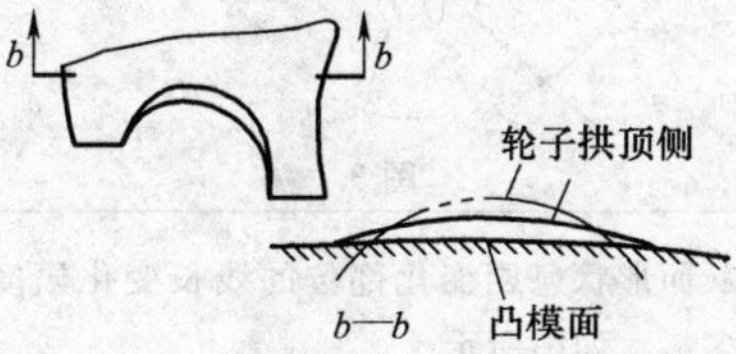 	1）调整轮子半圆形周围的余料高度 2）利用凸模分开动作的方式控制弯曲缺陷的产生 3）使用低屈服极限的材料 4）减小凹模圆角半径（a—a 断面处）
3	凸模底面平坦部位的面畸变 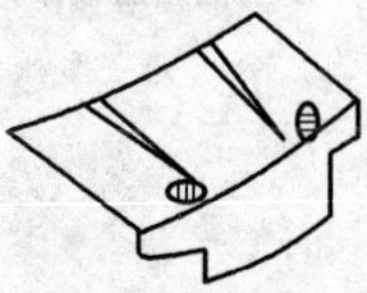	1）材料与凸模初期接触时，产生不均匀拉伸 2）材料在成形过程中，产生剪切流动 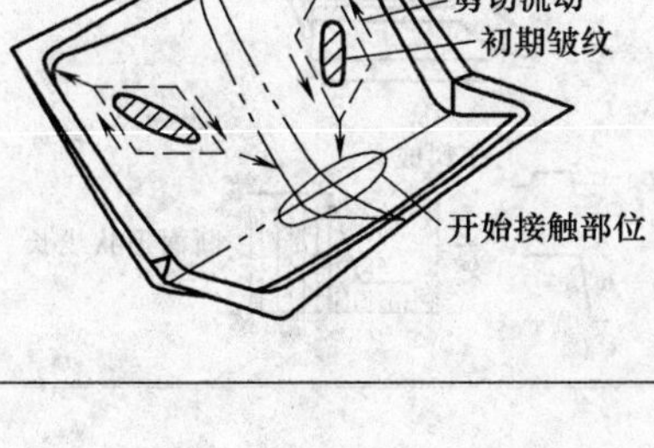 	1）采用预弯曲成形 2）使用低屈服极限的材料 3）设置的压料面形状使其初期接触部位增大

（续）

序号	零件简图 与面畸变部位	产生机理	解决措施
4	鞍形部位的面畸变 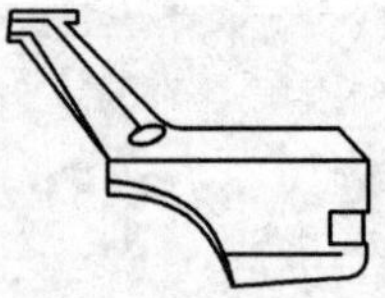	1）断面形状变化部位由于周长变化剧烈，是凸模表面处材料发生不均匀移动的原因。如图1所示，*A—A*和*B—B*二断面间的周长差别很大，随着成形，*A—A*间的材料在移动，*B—B*部位的材料不动，因而在*A—B*界内产生多料 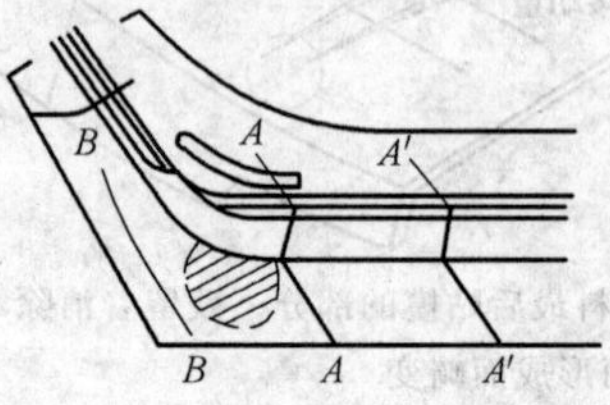 图1 2）在成形初期由不均匀拉力形成的皱纹残留下来（图2） 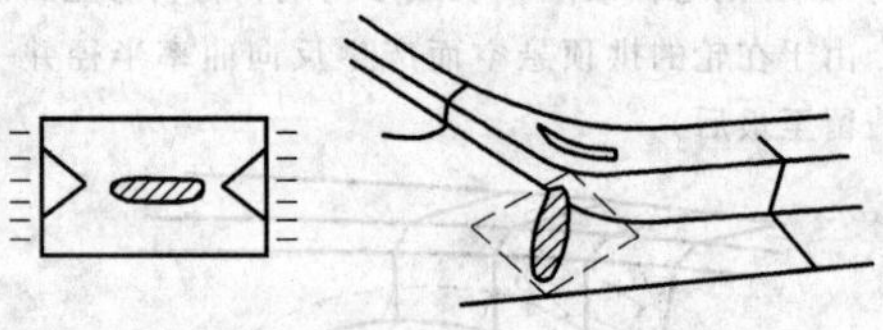 图2 3）鞍形成形而引起的多料，这是因为在成形过程中，是以立柱根部为中心而形成鞍形的（图3） 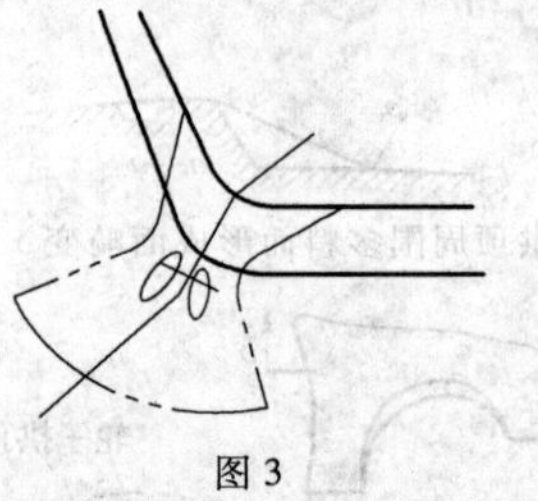 图3	1）调整余料 2）调整拉深肋 3）使用低屈服极限的材料
5	鞍形部位的面畸变 	由于断面形状急剧变化部位的线长变化幅度大而引起的多料，如图所示 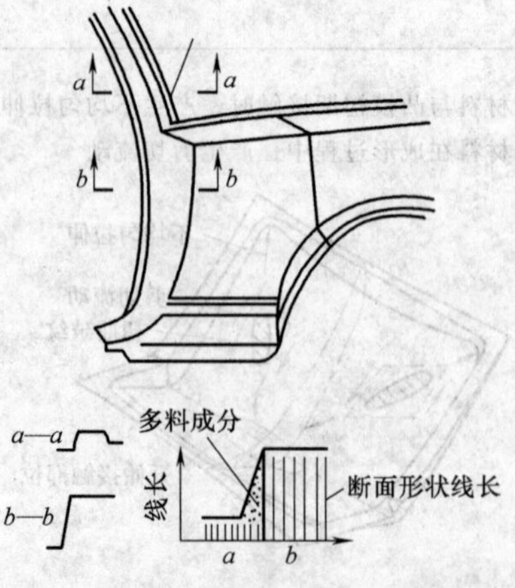 多料成分 线长 断面形状线长 *a—a* *b—b*	1）设置余料 2）使用低屈服极限的材料

（续）

序号	零件简图 与面畸变部位	产生机理	解决措施
6	立壁部位的面畸变 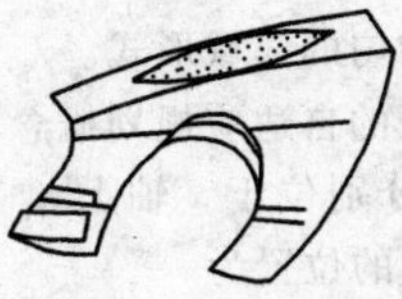	1）悬空部位切向压应力引起失稳 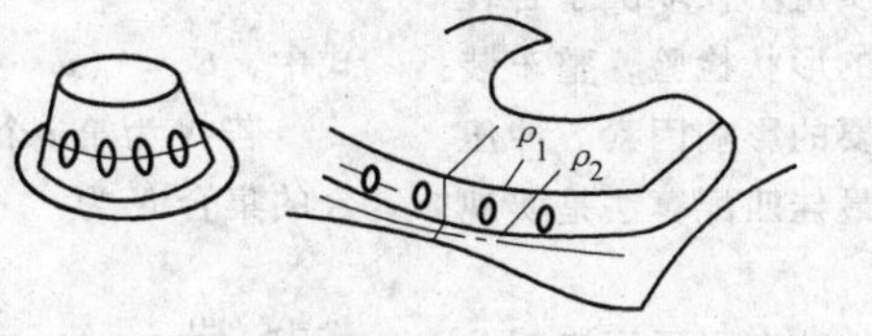 ρ_1 ρ_2 2）材料流入差引起剪切流动  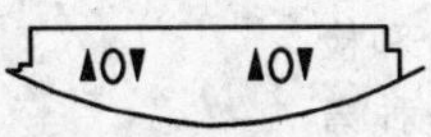 3）拉深状况的微小差异引起的（如拉深肋或凹模圆角半径 R 精加工不充分，引起不均匀拉应力的产生）	1）设置阶梯拉深以缩短壁的宽度，进行消皱 2）进行浅拉深化，减少材料流入（增大胀形变形成分） 3）使用屈服极限低的材料
7	压印部位的面畸变	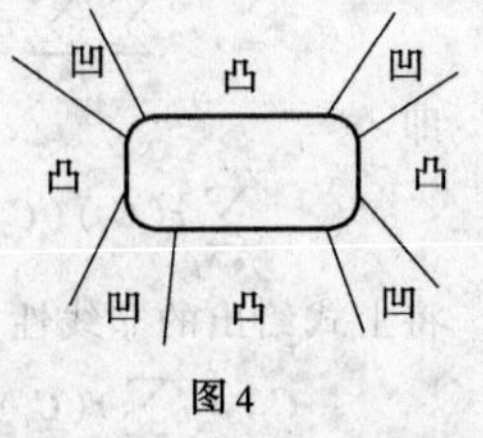 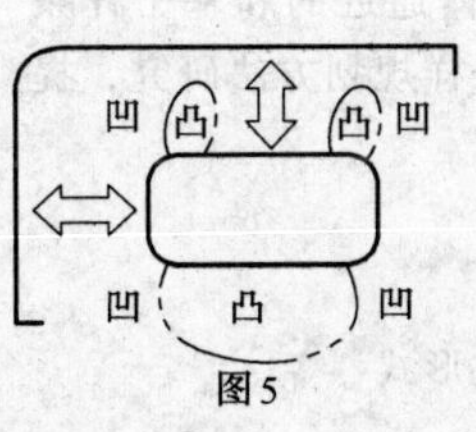 1）材料不均匀移动引起材料的聚集（图 1），随着转角处材料的微小流入而产生的切向压应力引起该处的失稳（图 2） 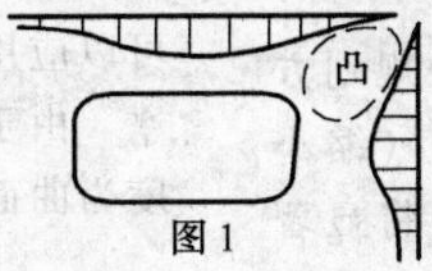 凸 图 1 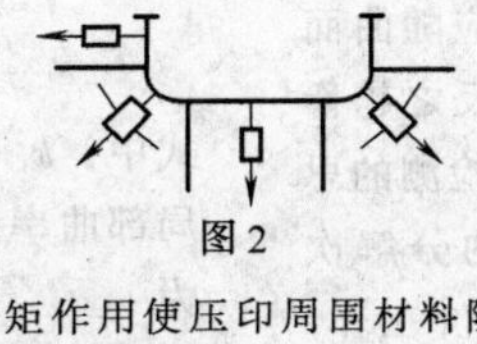 图 2 2）由于弯矩作用使压印周围材料隆起（图 3），弯矩引起的材料隆起不均匀（图 4），外周的拉力只将部分的隆起消除（图 5） 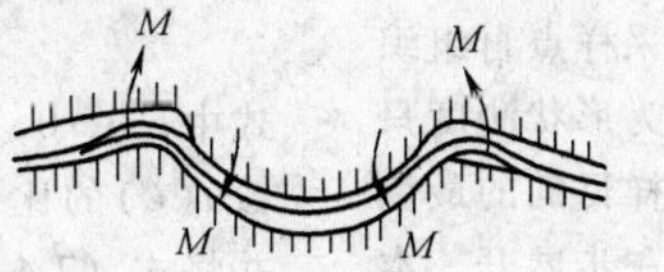 M M M M 图 3 凹 凸 凹 凸 凸 凹 凸 凹 图 4 凹 凹 凹 凸 凹 图 5 3）由于回弹使面畸变增大	1）使用屈服极限低的材料 2）将压印位置设在靠近外周 3）局部加热方法 4）表面敲打修整

4.4 基于曲率特征的覆盖件检测规划

轿车车身设计与制造中，大量冲压件及冲压模具都包含复杂自由曲面，它们的设计制造质量显著影响到整车的质量。良好的车身制造质量不仅取决于合理的冲压工艺设计，而且依赖可靠的形状检验，整车装配过程中冲压件曲面匹配也是重要的影响因素。冲压过程仿真、检具设计以及曲面的最佳匹配算法是实现车身制造质量控制的重要手段。

在冲压过程仿真中，薄板零件的有限元网格剖分是仿真分析的基础，单元剖分的合理性直接影响到分析过程的效率、精度和结果的可靠性。在曲面形状的检验和曲面匹配过程中，检测点（匹配点）的数量和位置对检测结果的真实性及曲面匹配结果的合理性具有重要影响。从本质上讲，有限元网格的剖分和检测点（匹配点）的选择都是对原连续曲面的一种离散采样。

对曲面的离散采样本质上是一个近似过程，用有限的采样样本代替原曲面必然产生误差，只有采样样本数目无限大时，与原始形状的误差才趋于零。因此，研究在一定的采样点数目下如何最大限度地反映原曲面形状，或在一定的采样精度下如何选取最少的采样点，对提高评定效率具有重要意义。

等间距扫描采样是简单易行的采样路径规划方法，根据采样定理，可以通过提高采样频率（缩小采样间距）改善采样精度，但缩小采样间距将显著地降低数字化效率。直观上，采样点的疏密应随曲面曲率变化而变化，曲率越大采样点应越密，反之越稀疏。Kam 提出了几何分解方法完成曲面形状检测的思想，采用“曲面—曲线—点集—测点集”的分解次序，实现从曲面到测点集的分解和曲面评价工作。Pakky 采用均布和随曲率变化的布点方法实现了模具形面的采样布点。Li 提出以曲率测度为形状函数的采样网络产生方法，该方法可以从随机采样点自组织地形成拓扑矩形网格，但将曲率测度作为形状测度只是直观的认识，而对诸如针对不同的采样目的的最优形状函数的取法等深层次的研究有待进一步展开。本节在 Li 的基础上开展基于多面体逼近的和基于样条曲面片逼近的采样网格的最佳采样规划方法研究，提出了新型的采样方法。

4.4.1 采样规划原理

自由曲面可表示为如下参数形式

$$P(u,\nu) = (x(u,\nu) \quad y(u,\nu) \quad z(u,\nu)) \tag{7-4-5}$$

式中，u、ν 为曲面的参数。若曲面用 M 个采样点离散，则在物理域上采样点的集合 D 为

$$D = \{1,2,\cdots,M\}$$

参数域上采样点集合 C 为

$$C = \{C_i \mid i \in D\} \tag{7-4-6}$$

式中，$C_i = (u_i \quad \nu_i)^{\mathrm{T}}$。

若 N 为第 i 个采样点的邻域集合，则所有邻域集合的集合 N 为

$$N = \{N_i \mid i \in D\} \tag{7-4-7}$$

式中，若 $i \in N_j$，$j \in N_i$，可以定义为网格的四邻域或八邻域，也允许采用非均匀的邻域形式。

为描述基于形状特征的自适应规划概念，引入质点系。若质点 m_1 和 m_3 分别位于 x 轴上 x_1 和 x_3 处，则质点系的质心在 x 轴上的位置为

$$x_2 = \frac{m_1 x_1 + m_3 x_3}{m_1 + m_3} \tag{7-4-8}$$

o　m_1　m_3　x_1　x_2　x_3

式（7-4-8）可进一步写成

$$m_1(x_2 - x_1) + m_3(x_2 - x_3) = 0 \tag{7-4-9}$$

或

$$\sum_{i=2,j=1,3} m_i(x_i - x_j) = 0$$

显然，当 $m_1 > m_3$ 时，x_2 应接近于质点 m_1。该原理可以应用于自由曲面数字化网格的自适应产生。

由于主曲率 k_1、k_2 具有几何不变性，若曲率测度为曲面在该点的平均曲率，即

$$k(u,\nu) = \sqrt{\frac{k_1^2 + k_2^2}{2}} \tag{7-4-10}$$

式中，k_1 和 k_2 为该点的主曲率。令 $r(C)$ 为反映曲面局部曲率的形状函数（$r(C) > 0$），形状函数 $r(C)$ 取为

$$r(C) = r(u,\nu) = q + \frac{k(u,\nu) - \min\limits_{u,\nu} k(u,\nu)}{\max\limits_{u,\nu} k(u,\nu) - \min\limits_{u,\nu} k(u,\nu)} \tag{7-4-11}$$

式中，$q > 0$，q 的大小影响到曲面上离散点间形状函数 $r(C)$ 的比值。将形状函数 $r(C)$ 看成质点的质量，并将式（7-4-6）推广为

$$\sum_i \sum_{j \in N_i} r(C_i)(C_i - C_j) = 0$$

即

$$\sum_{j \in N_i} r(C_i)(C_i - C_j) = 0 \qquad \forall i \in D$$

将上式给出的非线性方程写成如下形式：

$$C_i = \sum_{j \in N_i} r(C_i) C_j \Big/ \sum_{j \in N_i} r(C_j) \qquad \forall i \in D \tag{7-4-12}$$

上式确定了与形状函数相适应的采样集合 C，显然，在形状函数 $r(C)$ 较大的地方，曲面弯曲程度越大，所需采样点也就越多，直观上，与采样规则相适应。式（7-4-12）表明任一采样点可以写成其邻域上采样点位置和形状特征的函数，即

$$C_i = f(C_i, r(C_j)) \qquad j \in N_i \qquad (7\text{-}4\text{-}13)$$

本书将该函数称为采样点的进化函数，它既可为显函数，也可以为隐函数。

4.4.2　算法实现

由于形状函数 $r(C)$ 一般是非线性的，故式（7-4-12）为非线性方程组。它可以通过如下迭代算法求解：

$$C_i^{i+1} = \sum_{j \in N_i} r(C_j^i) C_j^i / \sum_{j \in N_i} r(C_j^i) \qquad \forall i \in D$$

上式进一步写成

$$C_i^{i+1} = \sum_{j \in N_i} \omega_j^i C_j^i \qquad (7\text{-}4\text{-}14)$$

式中　$\omega_j^i = r(C_j^i) / \sum_{j \in N_i} r(C_j^i)$。

可见，C_i 等于它的邻域值加权和。为充分反映迭代过程中网格的实时变化影响，在迭代循环过程中，C_i 要实时更新网点矢量，故式（7-4-14）改写成

$$C_i^{i+1} = \sum_{j \in N} \omega_j^i C_j^i \qquad (7\text{-}4\text{-}15)$$

式中，$\omega_j^i = r(C_j^i) / \sum_{j \in N_i} r(C_j^{u,i})$，$C_j^{u,i}$ 是更新的网点矢量。

迭代求解过程中，收敛准则取为

$$\| C^{i+1} - C^i \| < \varepsilon \qquad (7\text{-}4\text{-}16)$$

式中　$\| \cdot \|$——平方范数；

ε——给定的精度。

求解前可加上某些边界条件。例如，参数域的四个角点固定不变，边界上的点只能沿一个参数方向变化等。参数域内部特征点（如不连续点、零点、最大点等）也可以作为内部固定边界。

实际应用表明：

该算法具有自组织特征，经过迭代由随机网格收敛为矩形拓扑网格。

采样的疏密依赖于曲面曲率。

网格间距对比度可由形状参数控制。

迭代过程不需调整任何参数。

第5章 尺寸精度控制

5.1 尺寸精度不良的分类

冲压成形中的尺寸精度不良主要有以下几种类型：

1）角度变化。包含弯曲线在内的两个面之间的角度与模具角度不一致的现象。

2）壁部翘曲。侧壁部的平面变成带有曲率的曲面的现象。

3）扭曲。在长度方向上成直角的两个断面发生回转的现象。

4）棱线翘曲。制件的弯曲棱线与模具的棱线之间曲率不同的现象。

5）凸模底部的形状冻结不良。在凸模底部已成形的形状脱模后发生变化（形状不能冻结）的现象。

表7-5-1是汽车覆盖件及汽车纵梁成形过程中常见的不同类型尺寸精度不良的现象。

表7-5-1 不同类型的尺寸精度不良现象

序号	不良类型	梁类的尺寸精度不良	覆盖件的尺寸精度不良
1	角度变化	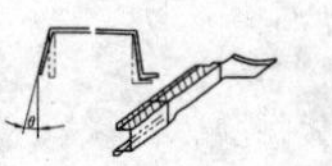	
2	翘曲	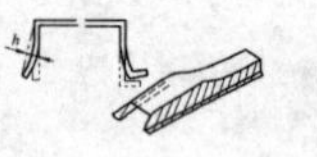	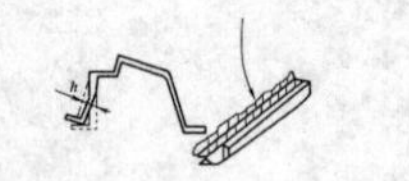
3	扭曲	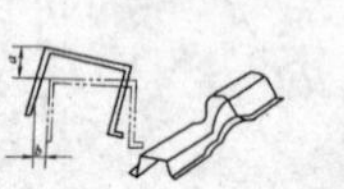	
4	棱线翘曲	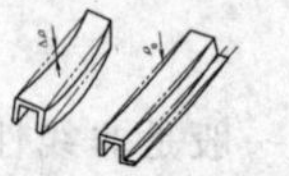	
5	形状冻结不良		

5.2 尺寸精度不良的影响因素

5.2.1 产生尺寸精度不良的原因

冲压件的尺寸精度一般是靠模具来保证的。出现尺寸精度不良主要有以下几种情况：

（1）板厚方向应力差　由于毛坯在成形中经弯曲后，板厚方向有应力差，带来弹复、侧壁翘曲、扭曲等形状尺寸精度不良。

（2）塑性变形太小　当毛坯在冲压成形过程中的塑性变形太小，甚至很多区域的变形处于弹性变形状态时，虽然在成形过程结束时，毛坯已完全与模具形状贴合，但脱模后就会产生弹性回复变形。即拉深件的形状冻结性差，从而导致冲压件的尺寸精度因弹复达不到设计要求。

（3）纵断面的剪切应力和残余应力　若拉深成形时毛坯产生了严重不均匀分布的变形，成形后会有残余应力存在，冲压件脱模后受残余应力的作用或修边后残余应力得到释放，也会使冲压件形状变形，尺寸精度出现误差。

5.2.2 影响尺寸精度不良的主要因素（见表7-5-2）

表7-5-2 影响尺寸精度不良的主要因素

因素	影响
变形性质和变形量	毛坯在冲压过程中的塑性变形量越大，弹性回复越小，尺寸精度越高。特别是在平坦部位，塑性变形量比较小时，因弹复会使冲压件的尺寸精度得不到保证。毛坯的变形性质对尺寸精度有很大影响。当毛坯受到的拉力较大时，冲压件的弹复量减小（图7-5-1）。毛坯经平面应变状态变形后的弹复量比等双拉状态变形后的弹复量要小（图7-5-2）

（续）

因　　素	影　　响
弯曲半径	在以弯曲变形为主要变形方式的棱线、圆角等部位，弯曲半径越小，塑性变形量越大，弹复越小，容易提高尺寸精度
变形分布	在形状复杂的部位，变形分布也不均匀，特别是在冲压件形状变化较大的部位，毛坯的流动速度会有较大的差别，在毛坯内诱发产生切应力，当冲压成形结束卸载后，在毛坯内有残余内应力存在。这种残余内应力会使成形件产生偏离原来表面的翘曲变形和扭曲变形，并使成形件的尺寸发生变化
毛坯及其性能	毛坯的厚度越大，弹复越小（图 7-5-3）。影响覆盖件尺寸精度的主要材料性能参数有屈服极限 σ_s、弹性模量 E 和塑性模量 E'、硬化指数 n、厚向异性系数 r 等。材料的屈服极限 σ_s 越高，弹性回复变形就越大；弹性模量 E 和塑性模量 E' 越大，弹性回复越小；n 值大的材料的弹复较小（图 7-5-4 ~图 7-5-7）。r 值对弹复的影响不是太规律，如图 7-5-8 所示，但在双向等拉且 r 值大于 1 的情况下，r 值大的材料，其弹复量较小
模具状态	模具的间隙、圆角半径、凹模内的反压装置、拉深肋、模具表面精度等都影响到覆盖件的尺寸精度。凸、凹模间隙 C 小，模具圆角半径 r_d 和 r_p 小，都可以使毛坯产生较大的塑性变形，减小弹性回复，提高尺寸精度。凹模内的反压装置，可以使凸模底部的毛坯受到较大的压力，使凸模圆角处的毛坯产生更大的塑性变形，这对底部较平坦的覆盖件来说更重要。拉深肋所产生的附加拉力越大，弹复量就越小（图 7-5-9）
覆盖件结构	覆盖件的轮廓形状、法兰形状、侧壁形状及底部形状都对其尺寸精度有较大影响。总的来说，凡是能有利于毛坯产生较大的塑性变形、有利于变形均匀分布的形状，对较容易保证尺寸精度有利（图 7-5-10）
冲压条件	压边力的大小对尺寸精度也有很大影响，特别是在法兰面较小的拉深、矮法兰边的翻边时，较大的压边力有利于提高冲压件的尺寸精度（图 7-5-11）

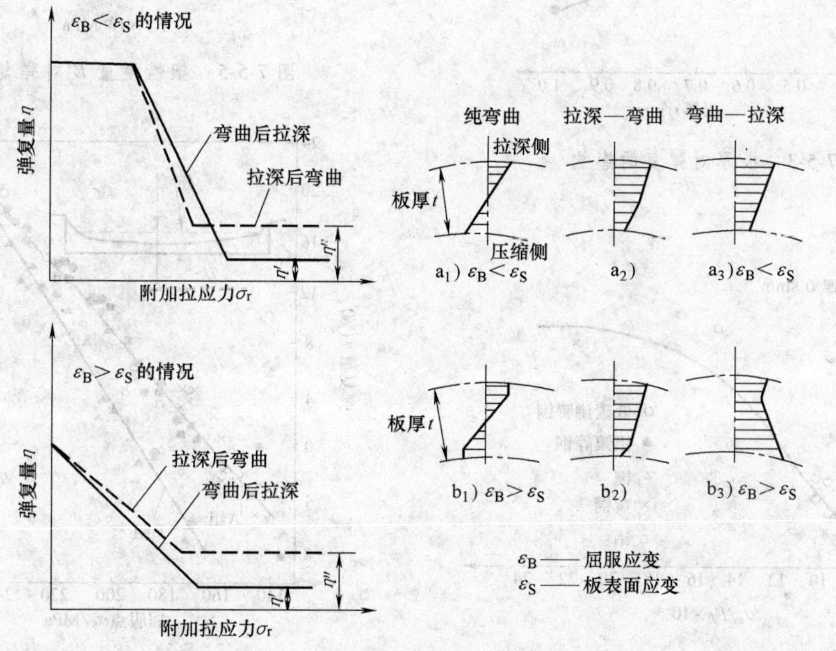

图 7-5-1　附加拉应力对弹复的影响

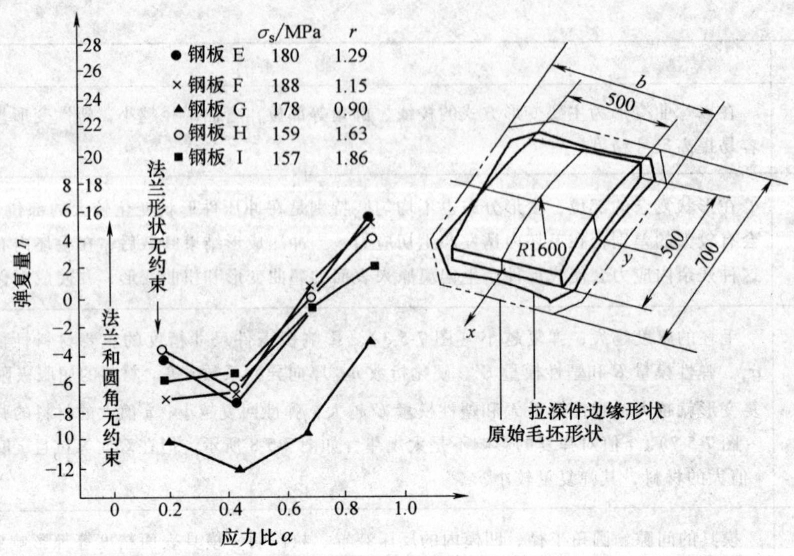

图 7-5-2 应力比与弹复量的关系

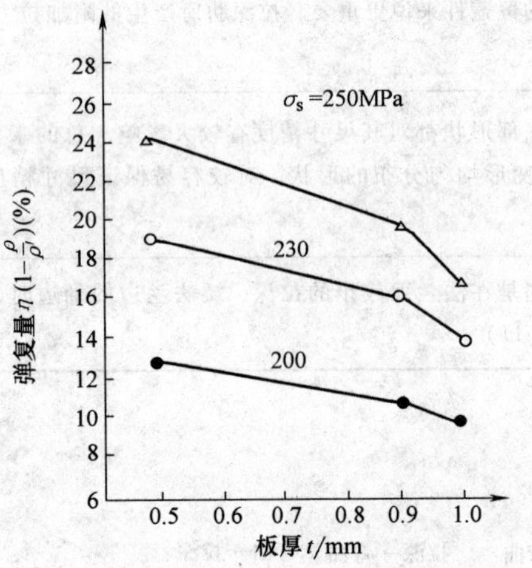

图 7-5-3 板厚对弹复的影响

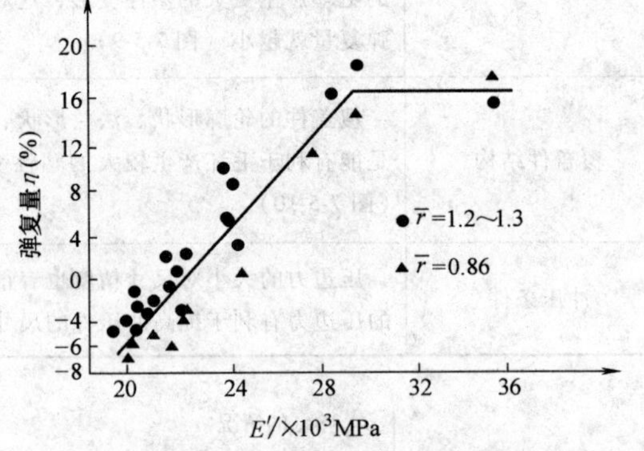

图 7-5-5 塑性模量 E' 对弹复的影响

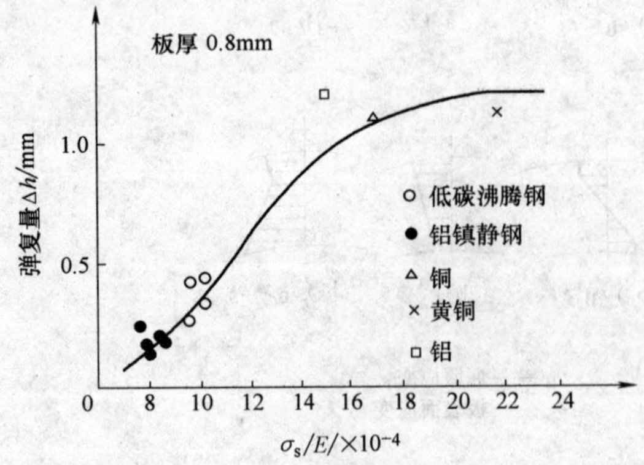

图 7-5-4 σ_s/E 对弹复的影响

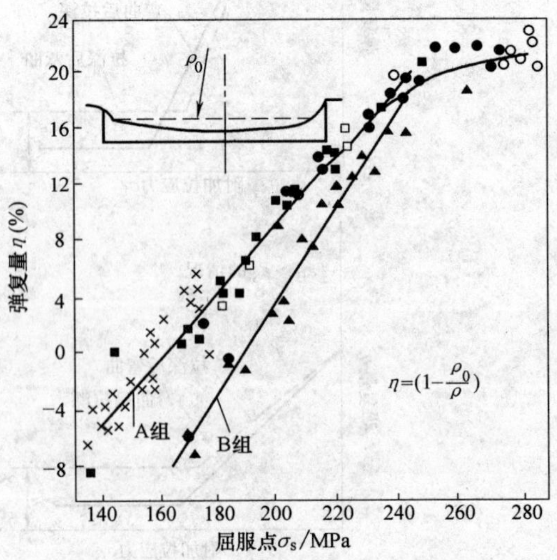

图 7-5-6 浅拉深时屈服点和弹复的关系

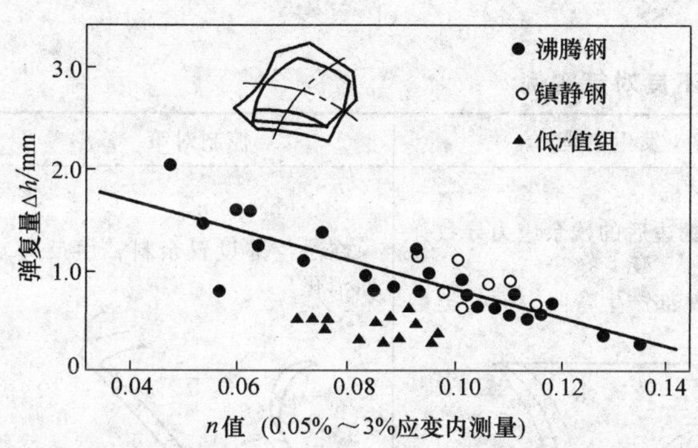

图 7-5-7　硬化指数 n 值和弹复的关系

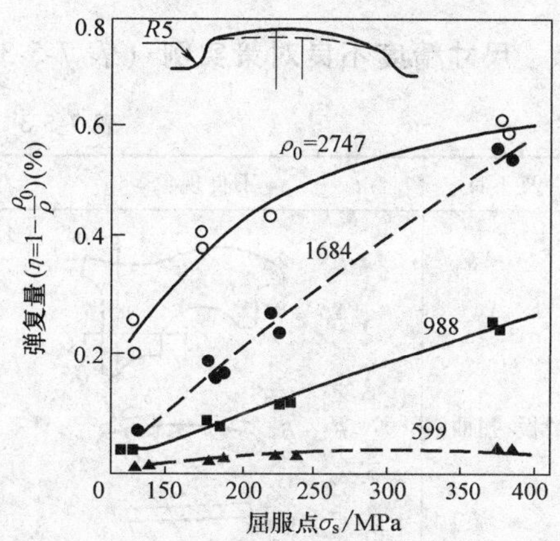

图 7-5-10　冲压件曲率半径对弹复的影响

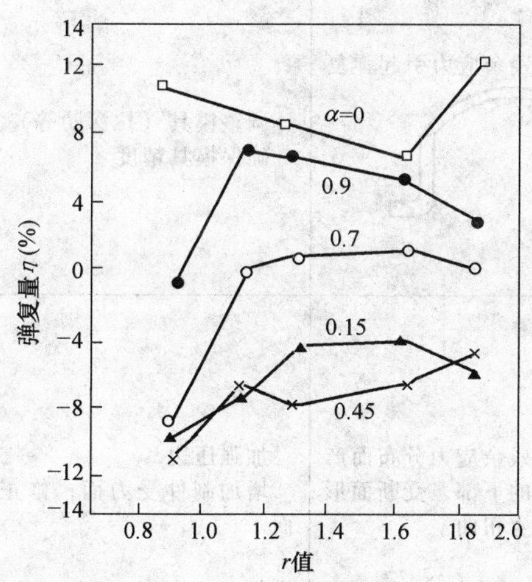

图 7-5-8　不同应力比（α）下 r 值和弹复的关系

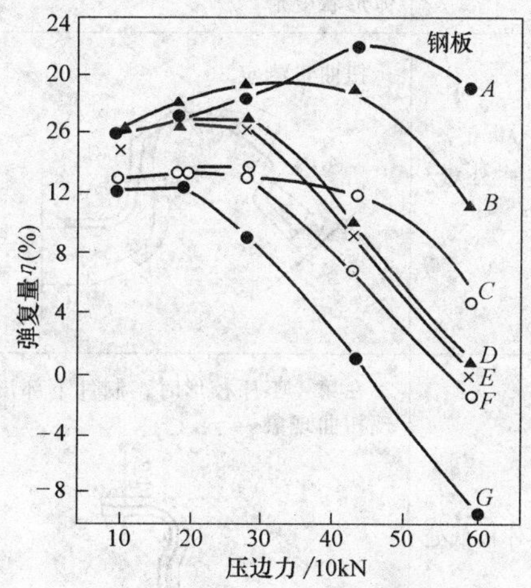

图 7-5-11　压边力对弹复的影响

注：A、B、C、D、E、F 表示不同的钢板。

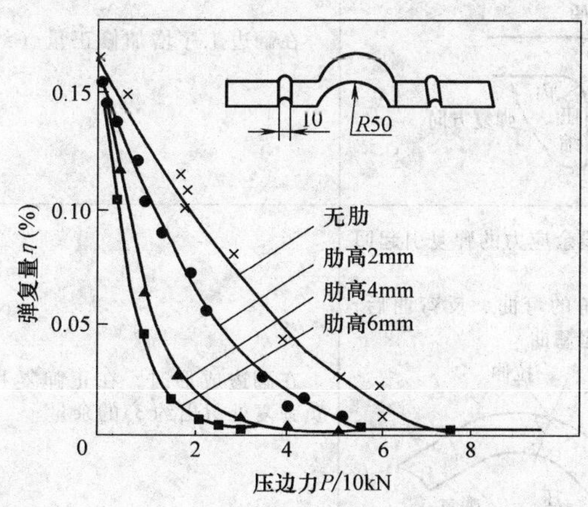

图 7-5-9　拉深肋对弹复的影响

5.3　尺寸精度不良的对策技术

在很多情况下，汽车覆盖件的尺寸精度不良和形状精度不良是相互依存的，形状精度不良会导致尺寸精度不良。因此，在解决尺寸精度不良问题时，要考虑到形状精度不良的影响，采取各方面的措施统筹解决。

5.3.1　解决尺寸精度不良问题的技术对策

1）采用屈服极限 σ_s 低、弹性模量 E 和塑性模量 E' 值大、硬化指数 n 值大的材料。

2）通过修正拉深肋、凹模圆角等措施增加压料面作用力，使凹模内部的毛坯受到较大的附加拉力，产生较大的塑性变形，改善变形不均匀分布情况。

3）通过加大压边力、减轻润滑效果等增加对凹模内毛坯的附加拉力。

4）采用厚度较大的毛坯。

5.3.2　尺寸精度不良对策实例（表 7-5-3）

表 7-5-3　尺寸精度不良对策实例

零件及不良	不良现象	发生机理	控制对策
前护板/扭曲	B—B C—C 由于翻边、再翻边、而产生的整体形状变形	伸长类翻边后的残余应力导致弹性回复 A 部和 B 部产生弯曲、伸长类翻边	在法兰部设置余料，由反弯曲消化
前支柱外板/扭曲	扭曲量测定	在法兰面上的残余应力引起弹复	调整模具（拉深肋等）确保模具精度
支柱外板低处/扭曲	在第 4 工序校形时，制件下部出现扭曲现象 1.2 2.5	因翻边部位的残余应力分布而产生回弹，在制件的下部，受断面形状的影响，而产生扭曲	加强压边 增加制件受力面；修正法兰面
前护板/弹复	翻边加工时的弹性回复	因翻边部位（转角处）的残余应力产生的弹性回复 拉伸 外 内 压缩 弹复方向	在翻边工序增加修正量（约 3°）
侧板/弹复，翘曲	翻边加工时，正弹复（β_1、β_2、β_3）和反弹复（α_1、α_2）引起弯曲处的翘曲 翘曲 β_1 β_2 β_1 α_1 α_2 正确形状	转角部的残余应力的弹复引起回弹 翻边处圆角的弯曲、反弯曲后，残余应力引起翘曲 拉伸 压缩 弹复	在翻边成形时，在正弹复和负弹复处留出约 3°的余量

（续）

零件及不良	不良现象	发生机理	控制对策
顶盖/弹复	B B 规定形状 实际形状 B — B 断面	随压缩类翻边成形而产生的形状变化 残余应力	1）使拉深成形的形状接近零件形状 30°　30° 2）通过增加翻边侧壁的伸长缓和压缩变形 拉深侧壁
前护板/翘曲	弯曲带来的形状变化弹复 弹复	因法兰压缩成形引起形状变化 因法兰压缩引起的残余应力 残余应力	留余量：为吸收压缩变形，增设余料肋
前护板/棱线翘曲	翻边加工后整体形状变形中央部位 1 ~ 1.5mm	因材料流入量有差别，翻边后的弹复造成中央部位翘曲	1）改变形状，通过加大 R 缓和流入量 2）增大压边力，并使其相对均匀 R
发动机罩外板/棱线翘曲	弯曲加工时，棱线及型面的变形	因弯曲部的拉伸变形产生残余应力，造成弹性回复 压缩 R_1 弹复方向 R_2 拉伸	在拉深工序中将法兰压成波浪形状，并使其与折边时的周长相吻合

5.4 拉深件的形状和尺寸精度

5.4.1 拉深件的形状和尺寸误差

拉深件的形状和尺寸从理论上来说为："上口外形尺寸接近于凹模工作部分的尺寸，下底部内径尺寸接近于凸模工作部分的尺寸"，且厚度均匀，并呈圆锥形的"理论"轮廓尺寸（见图 7-5-12），即

$$d_{口} \approx d_{d}$$
$$d_{底} \approx d_{p} \qquad (7\text{-}5\text{-}1)$$

然而，在实际的拉深变形中，由于材料各部分受

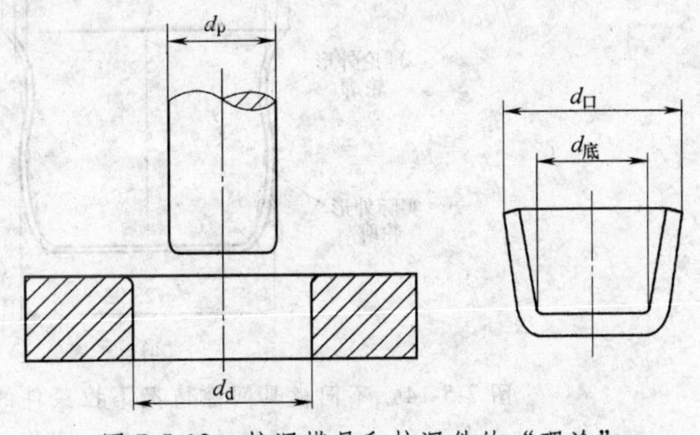

图 7-5-12 拉深模具和拉深件的"理论"轮廓形状与尺寸

到不同应力状态的作用，引起了各个部分不同的变形效果，使得筒形零件的口部变厚、筒壁变薄，而高度也有不同的变化。更由于回弹作用，致使拉深件各部分的形状和尺寸造成畸变：回弹的结果使拉深件口部的直径要比相应的凹模工作部分直径略有增大，并在口部呈类似凸缘状的圆角。也正是由于此处材料残余应力的作用，使拉深件上口部分的侧壁要有所缩小，形成了突然向内凹的“凹坑”（见图 7-5-13）。

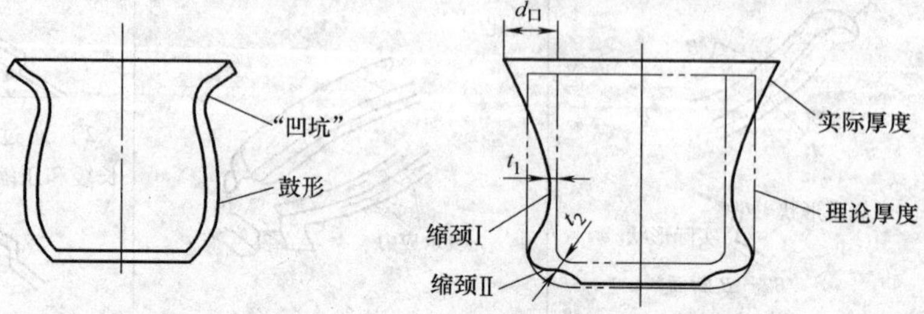

图 7-5-13　拉深件的实际形状与尺寸变化（已夸大）

5.4.2　拉深模具间隙对拉深件形状及尺寸的影响

拉深过程中，模具间隙对由凹模圆角区出来的毛坯具有校直的作用，为此，它对工件的质量会有较大的影响。在此区域，其应力及变形状态可以认为与一般的简单拉伸相同：是受到单向拉应力的作用，使材料纵向伸长，而厚度减小。

在实际的拉深变形过程中，毛坯凸缘的外缘有变厚的趋势，其边缘的厚度增加值近似为

$$t_口 = \sqrt{\frac{D}{d_d}} t_0 \tag{7-5-2}$$

式中　$t_口$——拉深后拉深件口部的厚度；

t_0——板料的原始厚度（mm）；

D——毛坯料的直径（mm）；

d_d——凹模工作部分的直径（mm）。

模具的间隙对拉深件形状及尺寸精度的影响甚大：如果模具的间隙过小，拉深时虽然可能得到平直而又光滑的零件，但毛坯在通过间隙时产生的校直与变薄变形均会引起较大的拉深力，以致零件的侧壁变薄现象严重，甚至会使零件破损。此外，毛坯与模具表面之间的接触压力加大，也会增加模具的磨损。若间隙过大，则对毛坯的校直作用就比较小，冲成的零件由于回弹的作用将会产生较大的畸变（见图 7-5-14）。图 7-5-15 和图 7-5-16 为不同模具间隙情况下拉深件各部分尺寸变化的情况。

由于拉深时拉深件各部分的应力和变形状态不一，使拉深件在不同部位的厚度各有所异。由于切向压应力的作用，拉深件口部的厚度要比坯料的原始厚度大，有时其相对厚度可以增加 30%。对于拉深件的侧壁部分，其厚度则有所变薄，至一定的侧壁高度位置以下时，侧壁部分的厚度要小于板料的原始厚度。在底部圆角的两侧还出现了两个明显的缩颈区，至于在拉深件的底部，其厚度则比板料的原始厚度略

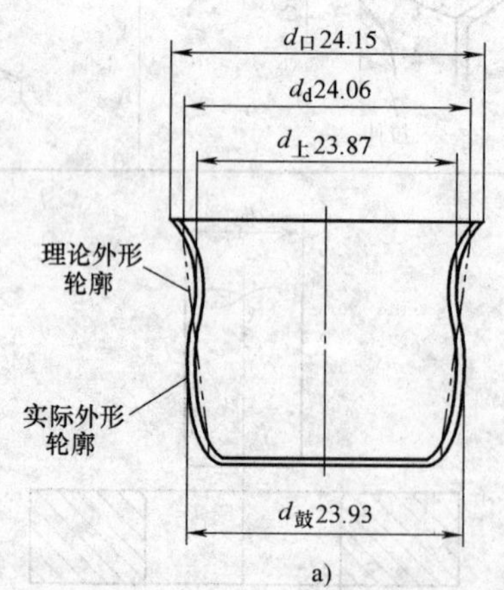

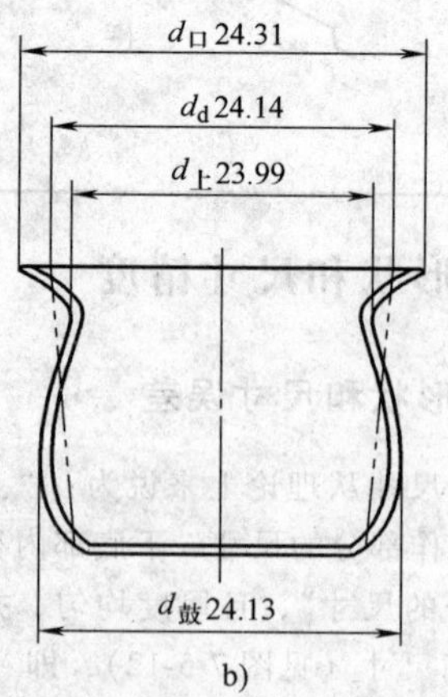

图 7-5-14　不同模具间隙情况下拉深件的理论外形轮廓与实际外形轮廓［郑家贤］

（材料：t = 0.5mm 黄铜，D = 40mm，d = 22.89mm）

a）C = 0.625mm　b）C = 0.665mm

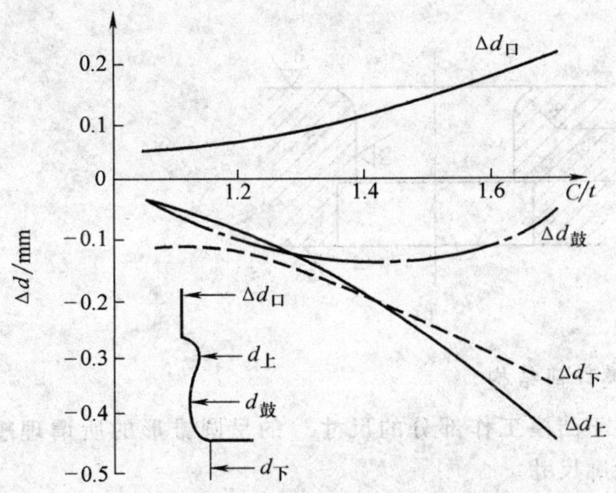

图 7-5-15　拉深件各部分直径变化与模具间隙值的关系［郑家贤］

（材料：$t=0.5\mathrm{mm}$ 黄铜，$d_{\mathrm{d}}=24\mathrm{mm}$，$D=40\mathrm{mm}$）

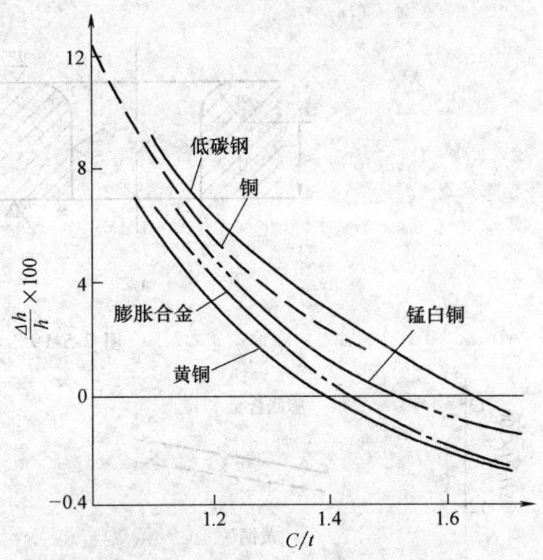

图 7-5-16　模具间隙值与拉深件高度的关系［郑家贤］

（$d_{\mathrm{d}}=24\mathrm{mm}$，$D=40\mathrm{mm}$）

有减薄，一般仅为 3% 左右。不同模具间隙情况下拉深件厚度的变化见图 7-5-17 和图 7-5-18。

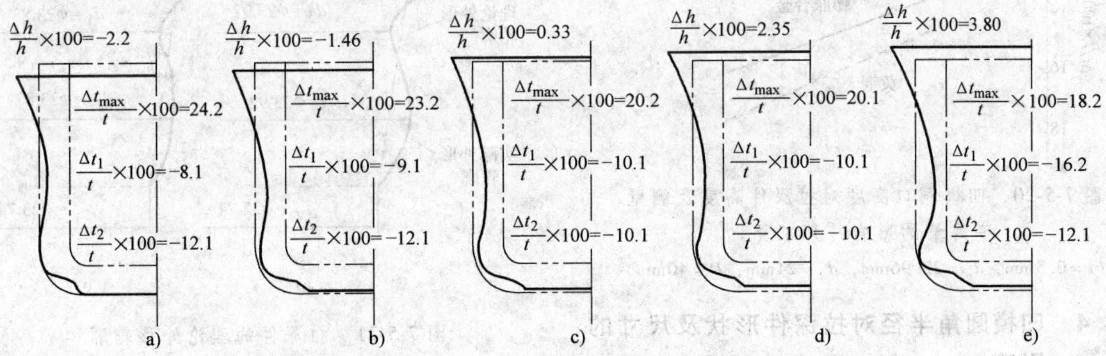

图 7-5-17　不同模具间隙情况时拉深件高度及壁厚变化［郑家贤］

a）$C/t=1.45$　b）$C/t=1.35$　c）$C/t=1.25$　d）$C/t=1.15$　e）$C/t=1.05$

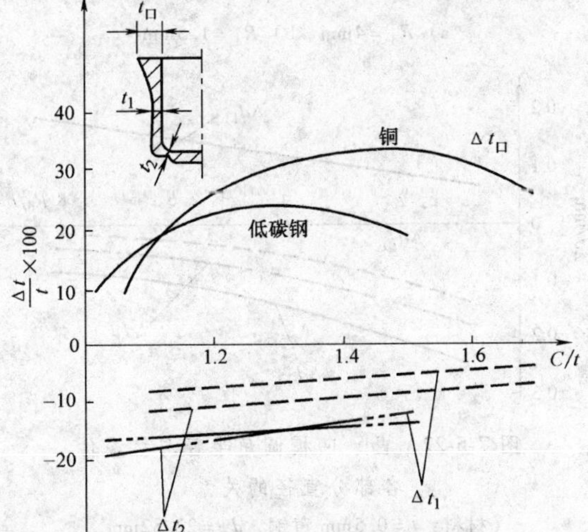

图 7-5-18　模具间隙值与拉深件侧壁厚度的关系［郑家贤］

5.4.3　凹模洞口高度对拉深件形状及尺寸的影响

位于凸模和凹模间隙处的筒形侧壁部分是已完成变形的传力区。但此时在图 7-5-19a 所示凹模洞口圆角以下的垂直直壁部分 h 处的金属板料仍受有摩擦力，而使材料产生滑动，致使筒壁的材料变薄、伸长。为避免材料过于变薄，此时的筒壁高度 h 值应尽量取得小些（见图 7-5-19b）。但是，若 h 过小，则在拉深过程结束后伴随有较大的回弹，因此使拉深件在整个高度上各部分的尺寸不能保持一致；而当 h 过大时，则又容易使拉深件侧壁在与凹模洞口垂直直壁部分滑动时摩擦增大而造成过分的变薄。洞口高度 h 对拉深件高度及侧壁变薄量的影响如图 7-5-20 所示。

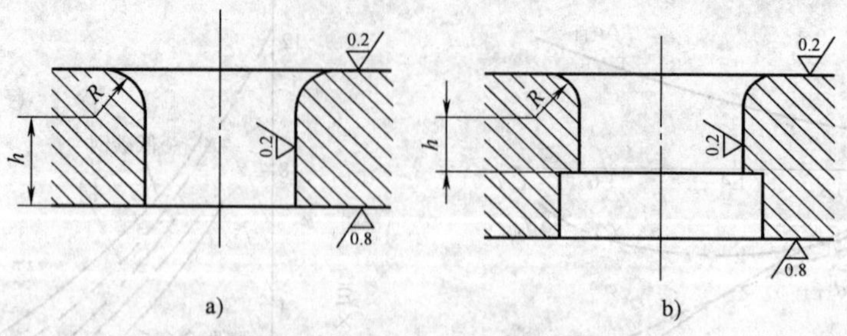

图 7-5-19 拉深凹模口部结构

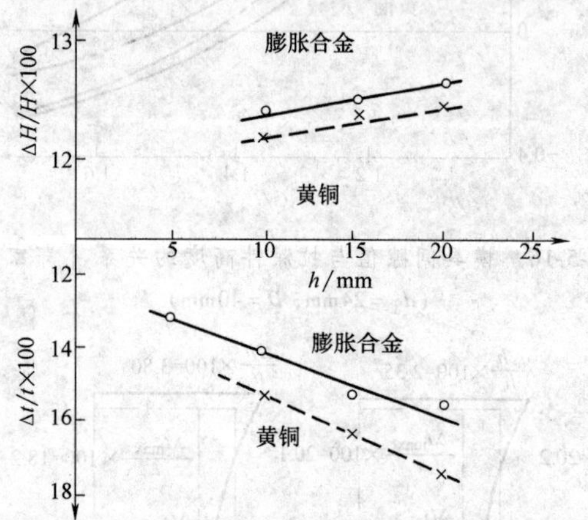

图 7-5-20 凹模洞口高度对拉深件高度及侧壁变薄量的影响［郑家贤］

（$t=0.5$mm，$d_p=22.96$mm，$d_d=24$mm，$D=40$mm）

5.4.4 凹模圆角半径对拉深件形状及尺寸的影响

拉深凹模圆角半径大小同样能直接影响拉深件的精度及质量。如果所取的圆角半径过大，则会使毛坯过早脱离压边圈的作用，在板料还未全部被拉入凹模以前，由于切向压应力的作用，材料失去塑性稳定，使拉深件的口部出现起皱。拉深凹模圆角半径越大，起皱现象就越加严重。如果圆角半径较小，板料在通过凹模的边缘并沿着圆角部分作滑动时，弯曲变形增大，从而使变形抗力有所提高，使板料的加工硬化程度加大，甚至造成拉深件脱底。

在不同的拉深凹模圆角半径情况下进行拉深时，其圆角部分应力-变形状态的各应力分量和应变分量各有所异。由于残余应力所引起的回弹作用，致使拉深件各部分尺寸畸变也是各有所异：拉深件口部的直径 $d_口$ 要比凹模工作部分的直径 d_d 有所增大。随着拉深凹模圆角半径 R_d 值的增加，回弹现象也就更为明显。整个拉深件的形状尺寸也并不符合“上口外形尺寸接近于凹模工作部分的尺寸，下底部内径尺寸接近于凸模工作部分的尺寸”的呈圆锥形的所谓理想轮廓尺寸。

不同拉深凹模圆角半径情况下的轮廓外形各部分直径之间的关系如图 7-5-21 和图 7-5-22 所示。

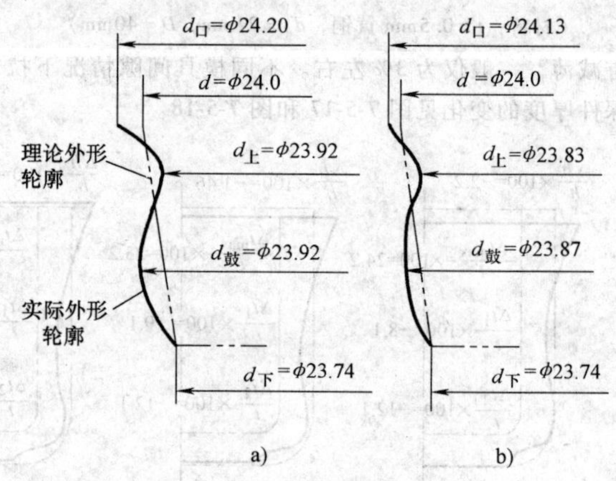

图 7-5-21 拉深件的理论外形轮廓和实际外形轮廓［郑家贤］

（材料：$t=0.5$mm 黄铜，$d_p=22.82$mm，$d_d=24$mm，$D=40$mm）

a）$R_d=4$mm b）$R_d=1.5$mm

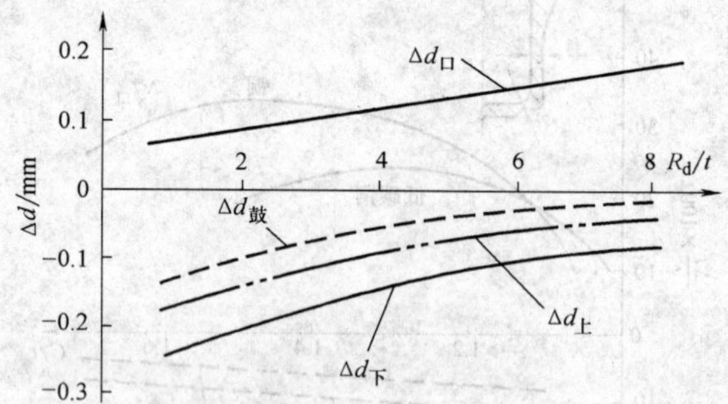

图 7-5-22 凸、凹模圆角半径与拉深件各部分直径的关系

（材料：$t=0.5$mm 黄铜，$d_p=22.82$mm，$d_d=24$mm，$D=40$mm）

当凹模圆角半径值较大时，拉深过程中切向压应

力使拉深件侧壁部分变厚的因素超过了径向拉应力使侧壁变薄的作用。这时拉深件的高度甚至会小于按表面积不变所计算的理论高度 h 值；而凹模圆角半径较小时，拉深件的侧壁出现变薄。

拉深件的底部和侧壁部分的厚度变化是不均匀的（见图 7-5-23）。

拉深凹模圆角半径与拉深件相对高度及与拉深件相对厚度之间的关系列于图 7-5-24 ~ 图 7-5-26。

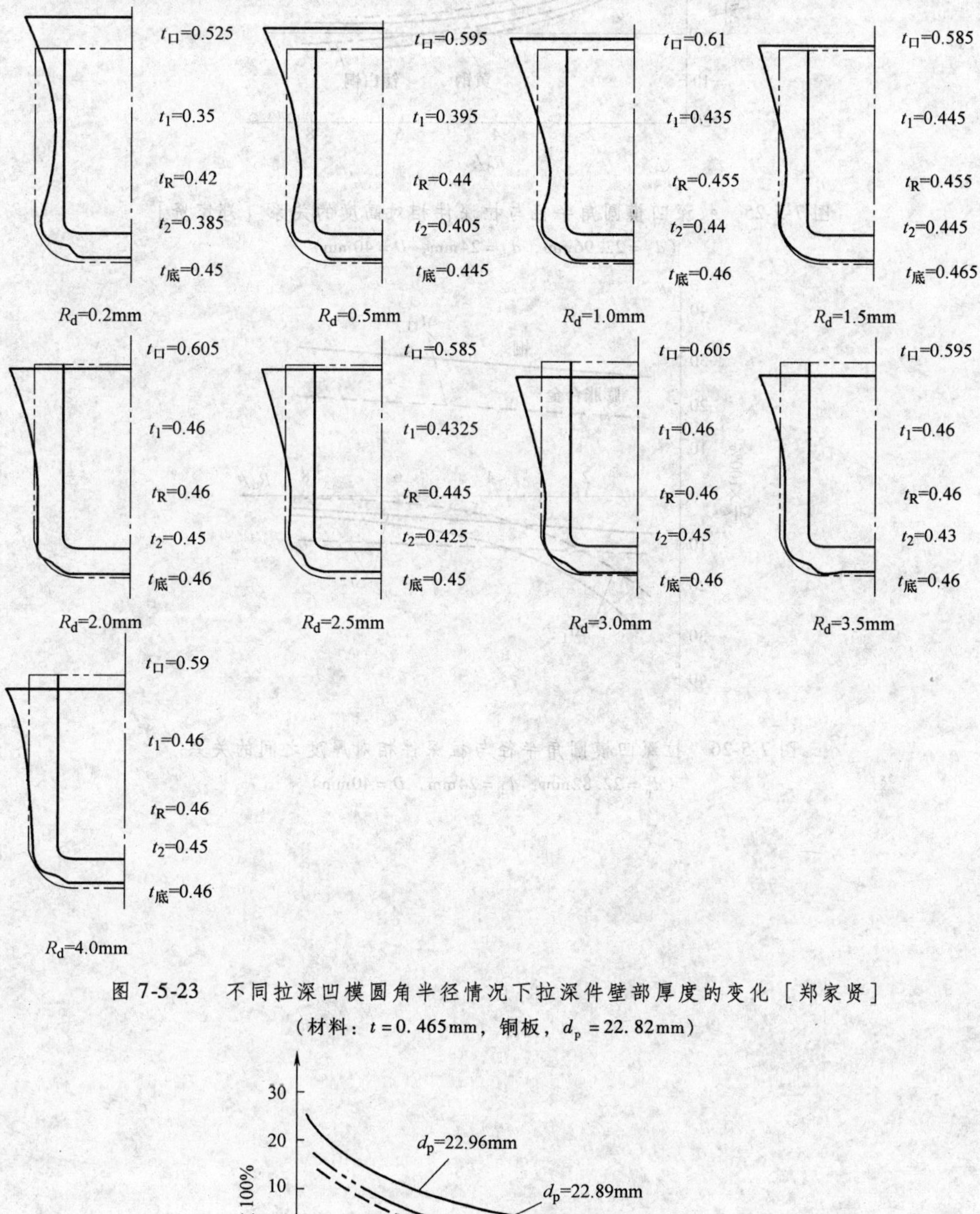

t口=0.525
t1=0.35
tR=0.42
t2=0.385
t底=0.45
Rd=0.2mm
t口=0.595
t1=0.395
tR=0.44
t2=0.405
t底=0.445
Rd=0.5mm
t口=0.61
t1=0.435
tR=0.455
t2=0.44
t底=0.46
Rd=1.0mm
t口=0.585
t1=0.445
tR=0.455
t2=0.445
t底=0.465
Rd=1.5mm
t口=0.605
t1=0.46
tR=0.46
t2=0.45
t底=0.46
Rd=2.0mm
t口=0.585
t1=0.4325
tR=0.445
t2=0.425
t底=0.45
Rd=2.5mm
t口=0.605
t1=0.46
tR=0.46
t2=0.45
t底=0.46
Rd=3.0mm
t口=0.595
t1=0.46
tR=0.46
t2=0.43
t底=0.46
Rd=3.5mm
t口=0.59
t1=0.46
tR=0.46
t2=0.45
t底=0.46
Rd=4.0mm

图 7-5-23　不同拉深凹模圆角半径情况下拉深件壁部厚度的变化［郑家贤］

（材料：$t=0.465\text{mm}$，铜板，$d_p=22.82\text{mm}$）

30
20
10
0
−10
−20
Δh/h×100%
dp=22.96mm
dp=22.89mm
dp=22.82mm
2
4
6
8
Rd/t

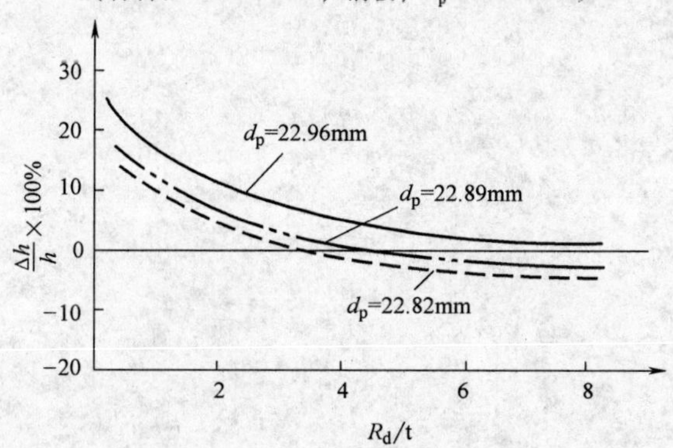

图 7-5-24　拉深凹模圆角半径与拉深件相对高度的关系［郑家贤］

（材料：$t=0.5\text{mm}$ 铜，$d_d=24\text{mm}$，$D=40\text{mm}$）

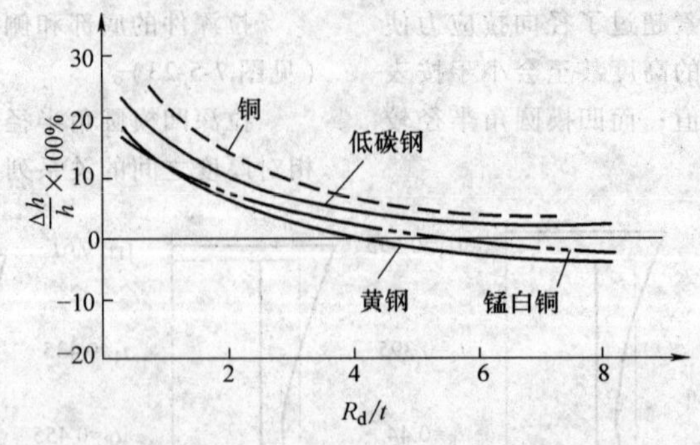

图 7-5-25 拉深凹模圆角半径与拉深件相对高度的关系［郑家贤］

（$d_p=22.96\text{mm}$，$d_d=24\text{mm}$，$D=40\text{mm}$）

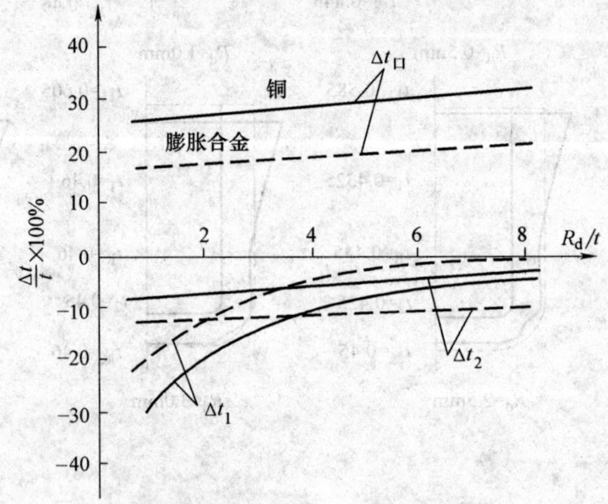

图 7-5-26 拉深凹模圆角半径与拉深件相对厚度之间的关系

（$d_p=22.82\text{mm}$，$d_d=24\text{mm}$，$D=40\text{mm}$）

第 6 章　起皱现象与控制

一般认为，在冲压零件上形状急剧变化部位的周围，由于毛坯的变形分布极不均匀，容易在零件表面上产生局部起伏（或凸凹），当起伏高度在 0.2mm 以上时则称为“起皱”。

6.1　起皱的分类

虽然对任何一个起皱现象都必然存在与皱纹长度方向垂直的压应力，但直接作用在毛坯上的力却不一定是压力。这个压应力有可能是直接作用在毛坯上的压力引起的，也有可能是因为毛坯受到不均匀的拉力而诱发产生的。实际上，汽车覆盖件成形中引起压应力的应力状态有无数种，所出现的起皱问题也有多种类型，不同类型起皱的特点、产生原因、各种因素对起皱产生和发展的影响规律以及消除皱纹的措施都不尽相同。

6.1.1　按引起起皱的外力分类

从直接引起起皱的外力原因来分，可以将起皱分为压应力起皱、不均匀拉应力起皱、剪应力起皱、板内弯曲应力起皱四种类型（图 7-6-1）。

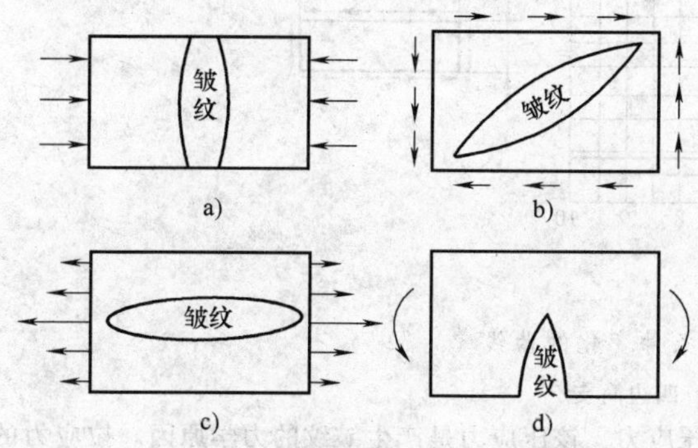

图 7-6-1　平板起皱分类图

a）压应力　b）剪应力　c）不均匀拉应力　d）板内弯曲力

1. 压应力引起的失稳起皱

圆筒形零件拉深时法兰变形区的起皱，曲面零件成形时悬空部分的起皱，都属于这种类型。成形过程中变形区毛坯在径向拉应力 $\sigma_r = \sigma_1 > 0$、切向压应力 $\sigma_\theta = \sigma_3 < 0$ 的平面应力状态下变形，当切向压应力达到压缩失稳临界值时，毛坯将产生失稳起皱。塑性压缩失稳的临界应力可以用力平衡法和能量法求得。为了简化计算，多用能量法。

不用压边圈的拉深，如图 7-6-2 所示，拉深过程中法兰变形区失稳起皱时能量的变化主要有三部分：

1）皱纹形成时，假定皱纹形状为正弦曲线，半波（一个皱纹）弯曲所需的弯曲功为

$$u_w = \frac{\pi E_0 I \delta^2 N^3}{4R^3} \tag{7-6-1}$$

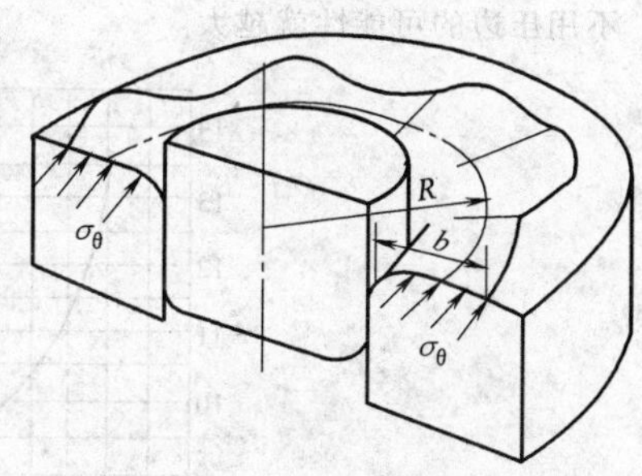

图 7-6-2　法兰变形区失稳起皱

2）法兰内边缘在凸模和凹模圆角夹持得很紧，相当于内周边固持的环形板，起着阻止失稳起皱的作用，与有压边力的作用相似，可称为虚拟压边力。失稳时形成一个皱纹，虚拟压边力所消耗的功为

$$u_x = \frac{\pi R b K \delta^2}{4N} \tag{7-6-2}$$

3）变形区失稳起皱后，周长缩短，切向压应力 σ_3 由于周长缩短而放出能量，形成一个皱纹。切向压应力放出的能量为

$$u_f = \frac{\pi \delta^2 N}{4R} \sigma_3 bt \tag{7-6-3}$$

上三式中　N——皱纹数；

R——法兰变形区半径；

b——法兰变形区宽度；

δ——起皱后的皱纹高度；

K——常数。

法兰变形区失稳起皱的临界状态应该是切向压应力所释放的能量等于起皱所需的能量，即

$$u_f = u_w + u_x \tag{7-6-4}$$

将式(7-6-1)～式(7-6-3)代入式(7-6-4)整理后得：

$$\sigma_3 bt = \frac{E_0 I N^2}{R^2} + bK\frac{R^2}{N^2} \tag{7-6-5}$$

对皱纹数 N 进行微分，并令 $\frac{\partial \sigma_3}{\partial N} = 0$，便得到临界状态下的皱纹数：

$$N=1.65\frac{R}{b}\sqrt{\frac{E}{E_0}} \tag{7-6-6}$$

将 N 值代入式（7-6-5）得起皱时临界切向压应力 σ_{3K}

$$\sigma_{3K}=0.46E_0\left(\frac{t}{b}\right)^2 \tag{7-6-7}$$

因此可得到不需压边的极限条件：

$$\sigma_3\leqslant 0.46E_0\left(\frac{t}{b}\right)^2 \tag{7-6-8}$$

由式（7-6-8）可以看出，压应力临界值与材料的折减弹性模量、相对厚度有关。材料的弹性模量 E、硬化模量 F 越大，相对厚度 t/b 越大，切向压应力越小，不用压边的可能性就越大。

2. 剪应力引起的失稳起皱

剪应力引起失稳起皱，其实质仍然是压应力的作用。例如板材在纯剪状态下在与剪应力成45°的两个剖面上分别作用着与剪应力等值的拉应力和压应力。只要有压应力存在，就有导致失稳的可能。失稳时剪应力的临界值可写成如下形式：

$$\tau_K=K_sE\left(\frac{t}{b}\right)^2 \tag{7-6-9}$$

对于不同边界条件的矩形板，四边约束不同时，K_s 值也不同（图7-6-3）。由式（7-6-9）可以看出，板材在纯剪状态下失稳时剪应力的临界值与厚度的平方成正比，与其特征尺寸（宽度 b）的平方成反比。

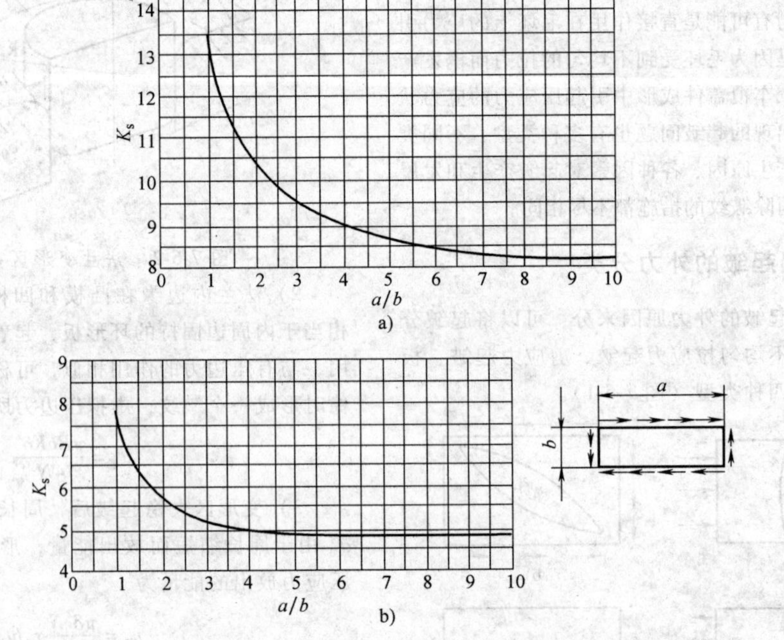

图7-6-3 K_s 值随边界条件变化的曲线

a）四边固持 b）四边简支

在压缩类翻边和伸长类翻边过程中，材料向凹模口流入时，由于侧壁的干涉受到很强的剪切力作用，因而容易产生失稳起皱。图7-6-4a是伸长类曲面翻边件侧壁在剪应力作用下形成的皱纹；图7-6-4b是汽车车体中立柱在剪应力作用下产生的皱纹。

图7-6-5是平板在压应力和剪应力作用下失稳时极限应力值的比较。由图7-6-5可见，剪切时的失稳极限应力 τ_K 比压缩失稳时极限应力 σ_K 高。所以受压缩情况比受剪切的情况更容易失稳。

3. 不均匀拉应力引起失稳起皱

当平板受不均匀拉应力作用时，在板坯内产生不均匀变形，并可能在与拉应力垂直的方向上产生附加压应力，该压应力是产生皱纹的力学原因。拉应力的不均匀程度越大，越易产生失稳起皱。皱纹产生在拉应力最大的部位，皱纹长度向与拉伸方向相同。平板沿宽度方向上的不均匀拉应力 σ_1 的分布如图7-6-6a所示。由此引起的应力 σ_x 和 σ_y 在平面内的分布，分别如图7-6-6b、c所示。由图7-6-6c可知，在平板中间部位 σ_y 为压应力，由它引起平板的失稳起皱。

在冲压成形时，凸模纵断面或横断面的形状比较复杂时，毛坯的局部会承受不均匀拉应力的作用。如图7-6-7a所示的棱锥台拐角处的侧壁，由于材料流入的同时产生收缩，再加上由不均匀拉应力引起的压应力作用，就更加容易产生失稳起皱。图7-6-7b所示的鞍形拉深件，底部产生的皱纹也是由于不均匀拉应力引起的。

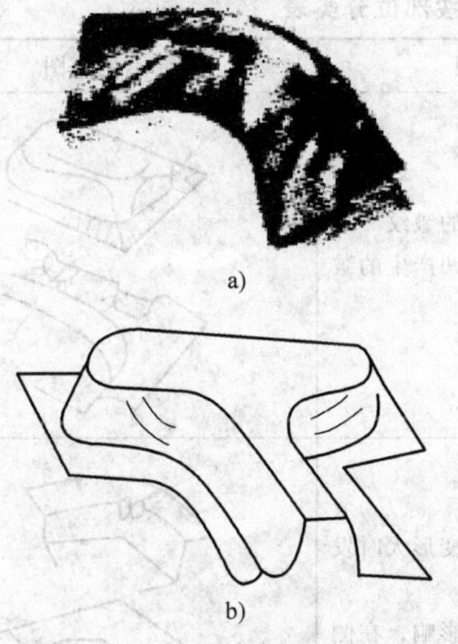

图 7-6-4　剪应力引起的起皱

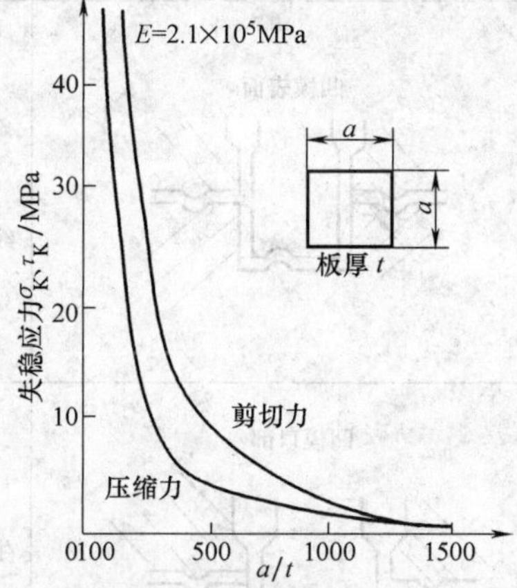

图 7-6-5　压应力和剪应力引起失稳时临界力的比较

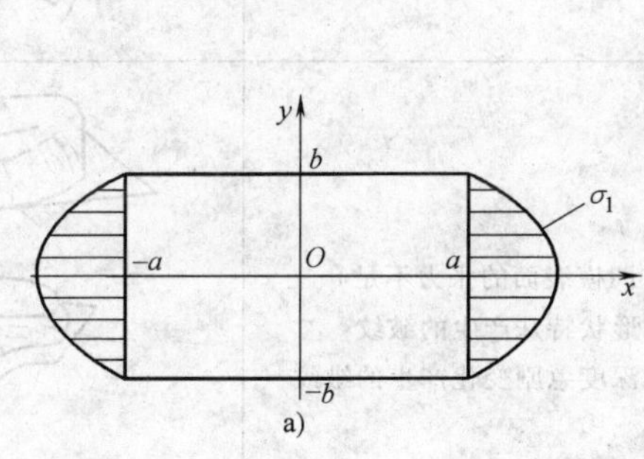

图 7-6-6　平板受不均匀拉应力作用时的应力分布

a）σ_1 的分布　b）σ_x/σ_1 的分布　c）σ_y/σ_1 的分布

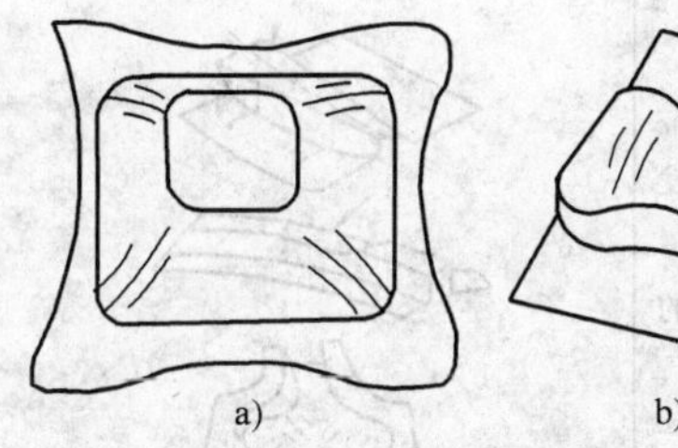

图 7-6-7　拉力不均匀形成的起皱

a）棱柱台　b）鞍形件

4. 板平面内弯曲应力引起的失稳起皱

利用不带拉深肋的模具进行盒形件拉深成形时，由于材料流动速度在法兰变形区的直边区与圆角区是不同的，由位移速度差诱发产生的剪应力，形成了直边对圆角区的板平面内弯矩和圆角区对直边的弯矩。此弯矩使法兰变形区产生板平面内的弯曲，从而引起法兰圆角区内侧凹模口附近及直边区外侧中间附近的起皱，如图 7-6-8 所示。这种起皱形式还不太被人们所注意，故一直被认为在冲压成形中比较少见，所以研究也较少。

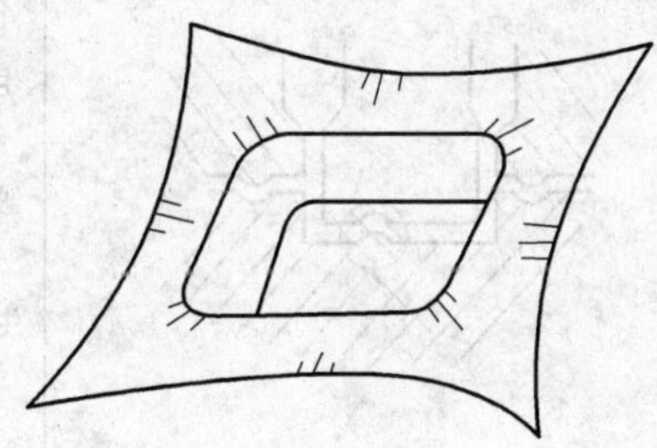

图 7-6-8　板平面内弯曲引起的起皱

6.1.2　按起皱发生部位分类

日本薄钢板成形技术研究会根据皱纹发生部位的不同，汽车覆盖件冲压成形中出现的起皱可分为法兰（指压料面上的毛坯）起皱、凹模口圆角处起皱、侧壁起皱和凸模底部起皱四种类型（表 7-6-1）。

表 7-6-1 汽车覆盖件成形中的起皱按部位分类表

序号	发生部位	发生状况及说明	示例简图
1	凹模表面 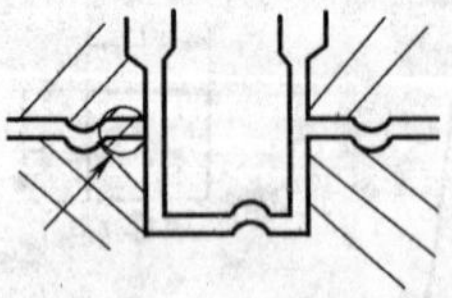	在光滑的凹模表面产生的皱纹 由于凹模表面的局部凸凹产生的皱纹	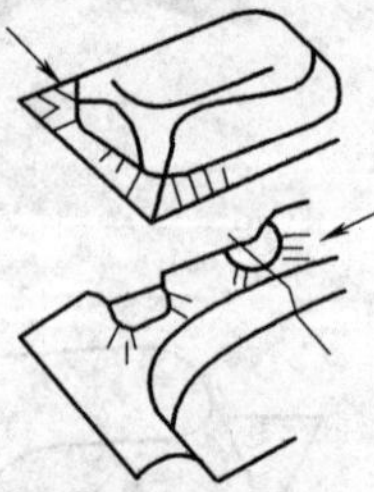
2	凹模口部 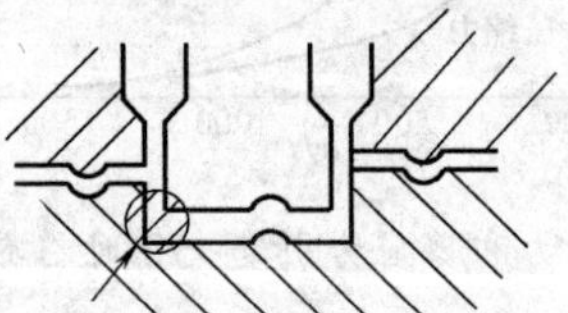	凹模边缘圆角大，拉深变形大时发生的皱纹 受凹模的弯曲面棱边的影响，在侧壁发生线状皱纹	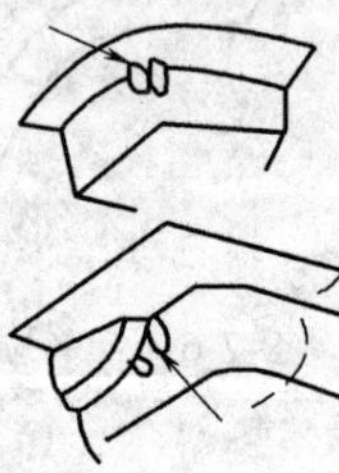
3	侧壁 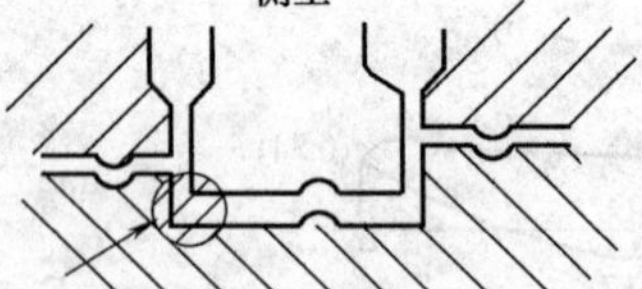	壁皱（凹模表面的张力不足） 因拉深形状特殊产生的皱纹 因拉深深度急剧变化产生的皱纹	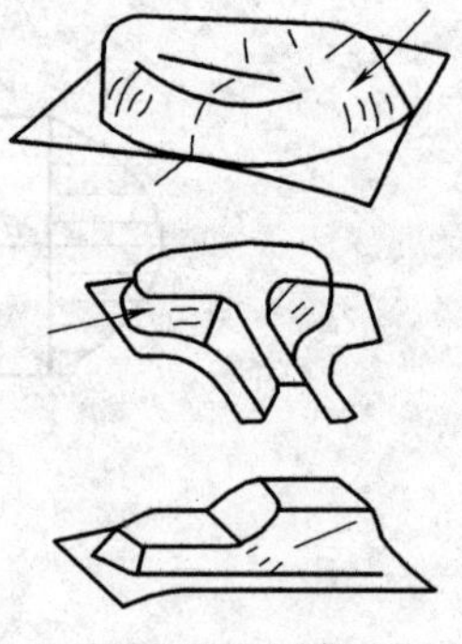
4	凸模底部 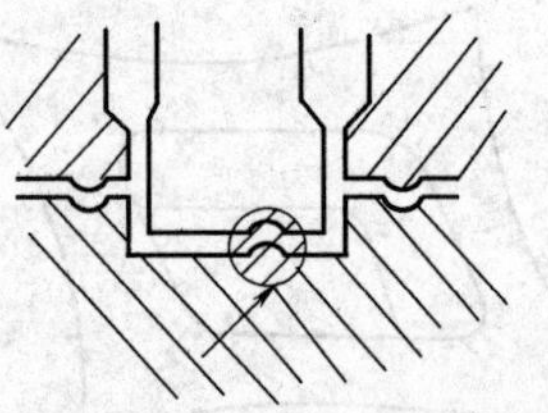	在凸模中央部的拉深断面变小处发生的皱纹 在拉深深度急剧变化的部位产生的皱纹 在侧壁变化剧烈的凹曲线的部位产生的皱纹（T形、L形）	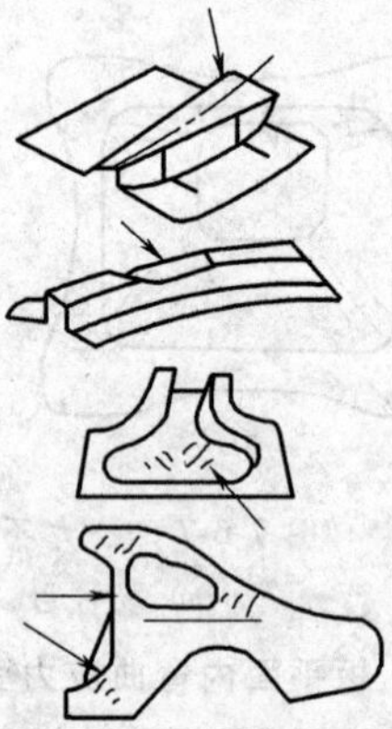

6.1.3 按部位及外力相结合的分类

按外力分类和按部位进行分类的方法各有其优缺点。按起皱部位分类，可以根据皱纹所在的部位一目了然地判断出是属于哪一类，但由于这种分类不与引起起皱的原因直接联系，故在解决问题时就不易找出其产生的原因，不能明确应从哪些方向采取措施。按引起起皱的外力进行分类，有利于进行研究，但由于它不与实际冲压件直接联系，在解决实际问题时就不易判断其类别。

把引起起皱的外力（受力状态）与起皱部位联系起来，对汽车覆盖件冲压成形中的起皱进行分类的结果如图 7-6-9 所示。

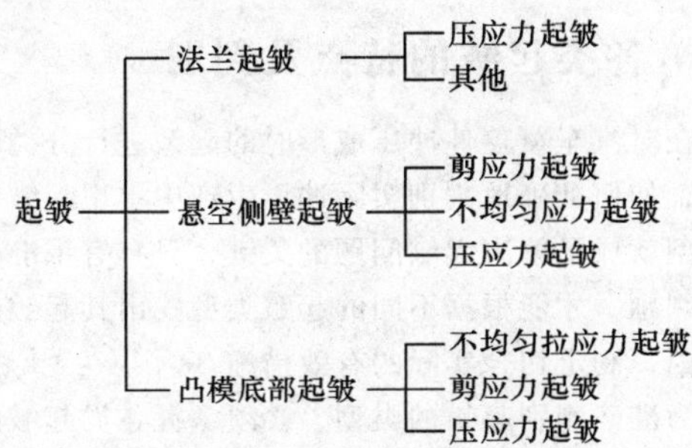

图 7-6-9　起皱分类图

1）在汽车覆盖件冲压成形工序中，法兰变形区的起皱，一般主要是由压应力引起的。因为毛坯在压料面上的切向线长在向凹模内流动时大多是减小的，在切向受压应力作用。当然，在压料面是由几个平面或曲面组成时，法兰的起皱会受到其他应力成分的影响。但多数情况下，法兰起皱的主要原因是压应力。另外，法兰起皱还与覆盖件的轮廓形状有关，有时会产生诱发弯曲应力引起的起皱等。

2）相对于法兰起皱来说，凹模内部的毛坯起皱要复杂得多。这部分毛坯的受力与变形都很复杂，毛坯起皱的原因也复杂多变。因而，这部分毛坯的起皱是人们目前最关注的。生产中对它的了解还不够深入，解决措施不明确，也是人们感到最难解决的起皱问题。

在凹模内部的毛坯可以分为侧壁部分和凸模底部部分。当冲压件的侧壁是直壁，且在变形一开始毛坯就是在凸模与凹模间隙里流动时，这部分毛坯由于受到很大的面外压力的作用而很难起皱。所以，侧壁的起皱绝大多数情况下是悬空侧壁的起皱。

悬空侧壁的起皱，有的是压应力引起的（如图 7-6-10 所示的球面零件拉深成形时的内部起皱），但更多的情况是由于零件的深度或断面的急剧变化等原因而引起的剪应力起皱（图 7-6-11 和图 7-6-12），以及不均匀拉应力引起的起皱（如图 7-6-13 所示的四棱锥零件拉深成形时棱线附近的起皱）。

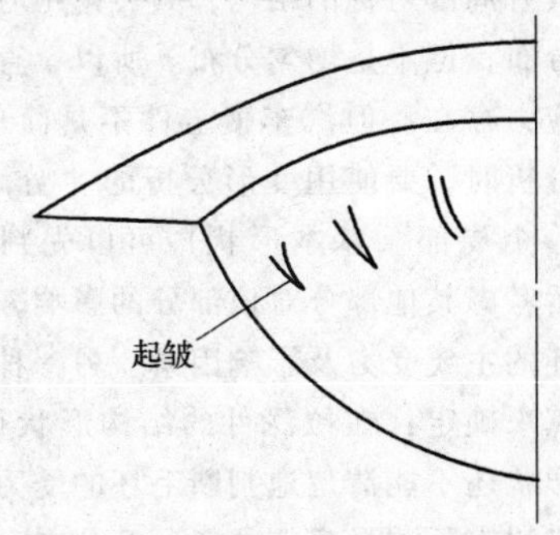

图 7-6-10　球面零件拉深成形时的内部起皱

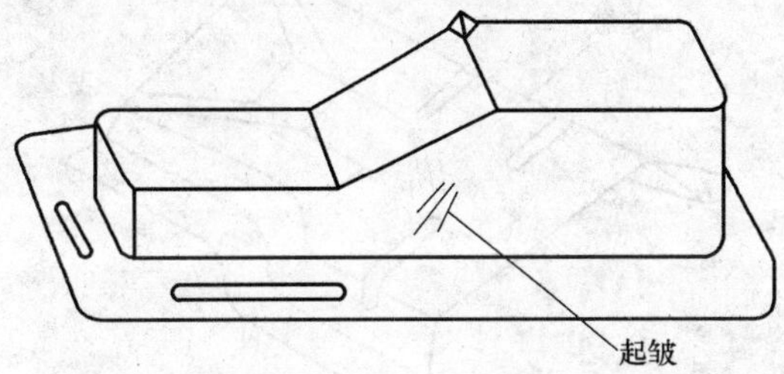

图 7-6-11　发动机油底壳拉深成形时侧壁的起皱

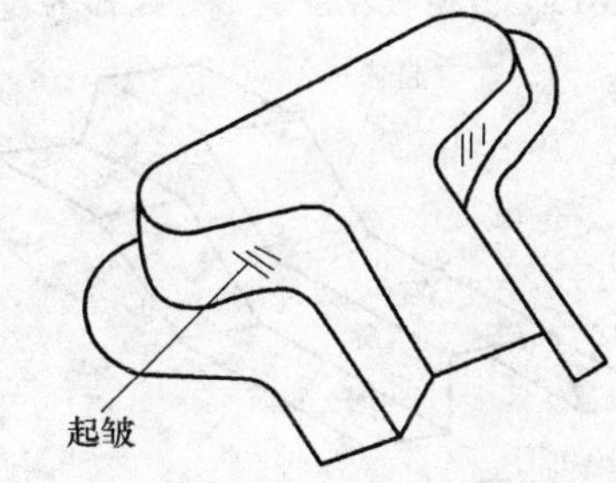

图 7-6-12　T 形零件拉深成形时侧壁的起皱

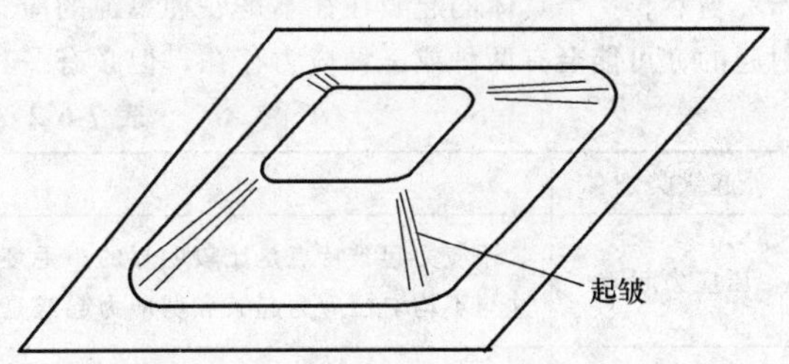

图 7-6-13　四棱锥零件拉深时侧壁的起皱

3）凸模底部产生的起皱，许多是不均匀拉应力引起的（如图 7-6-14 所示汽车前围侧盖板冲压成形时底部的起皱）和剪应力引起的（如图 7-6-15 所示的挡泥板冲压成形时底部的起皱），也有在压应力作用下起皱的现象（如图 7-6-16 所示的加强梁冲压成形时底部的起皱）。

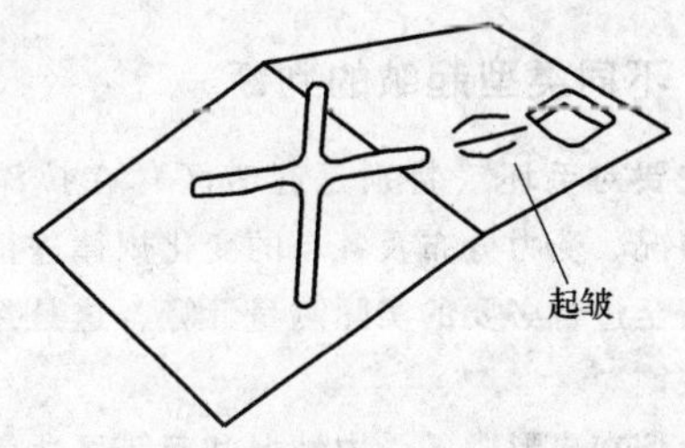

图 7-6-14　汽车前围侧盖板成形时底部的起皱

所以，汽车覆盖件冲压成形时侧壁或底部产生起皱的原因是多种多样的。根据零件的具体结构形状和尺寸的不同，即使在同一部位（指侧壁或凸模底部），起皱的原因也会不相同。

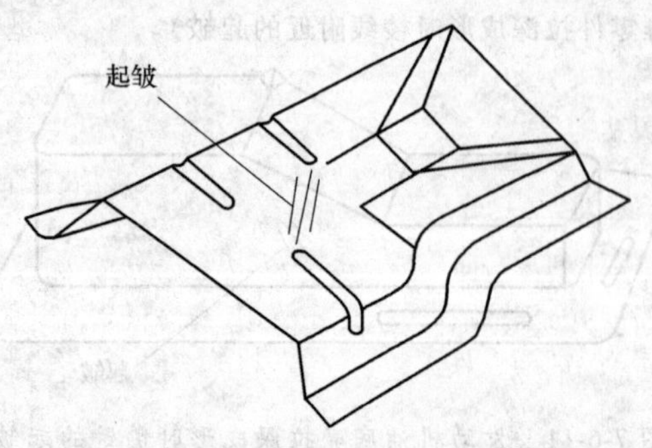

图 7-6-15　挡泥板冲压成形时底部的起皱

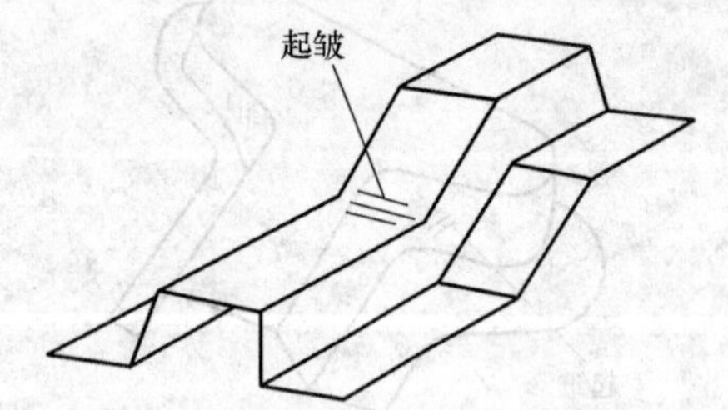

图 7-6-16　加强梁成形时底部的起皱

当然，一个具体的起皱往往不是一种单纯的应力引起的，可能会有两种或三种应力存在，但必有一种应力是起主要作用的，而其他应力只是起次要作用。

6.2　各类起皱的特点及判别

在对汽车覆盖件冲压成形时的起皱进行分类的基础上，如何准确地判别实际冲压生产中出现起皱的所属类型就成了解决起皱问题的关键，只有有了准确的分析判别，才能根据不同的起皱类型找出其起皱的主要原因，制定切合实际的有效措施。

为准确判别起皱的类型，必须掌握各类起皱的主要特点，并根据冲压件的形状、结构、尺寸特点和变形特点、起皱区所受的外力条件以及皱纹的方向等方面来判断引起起皱的主要原因和起皱类型。

6.2.1　各类起皱的特点

在实际生产中，可按表 7-6-2 中的分类法，首先根据起皱的部位确定起皱所在的类别（大类别），然后判断起皱的应力原因（小类别），从而确定消除起皱的措施。由于起皱部位可以直观看到，而起皱区的受力却不是直观的，因此，判断起皱区的受力特点是非常重要的。

表 7-6-2　各类起皱的特点

起皱类别	特　点
压应力起皱	压应力起皱特点是比较明显的。毛坯在压应力作用下失稳时，皱纹的长度方向同压应力的方向垂直。这与不均匀拉应力起皱和剪应力起皱是明显不同的
不均匀拉应力起皱	不均匀拉力起皱的主要特点可从 YBT 试验中得到很好的体现。即：①毛坯起皱区所受的外力是拉力。这种拉力是不均匀分布的，但可以同轴平衡，它在起皱区里引起不均匀变形，诱发产生与外力方向垂直的压应力 σ_2。当其值达到一定程度时，毛坯失稳起皱。②皱纹长度方向同外力的方向是一致的
剪应力起皱	剪应力起皱与不均匀拉应力起皱的特点是明显不同的。由剪应力起皱试验可以看到剪应力起皱的特点主要有以下两点：①毛坯所受的外力是拉力。这种拉力不是同轴平衡力，而是非同轴的平行力，在其作用下，起皱区受到力偶产生的剪应力作用而产生起皱。②起皱的方向同外力的方向约成 45°角，也与剪应力方向约成 45°角

6.2.2　不同类型起皱的判断

首先要对毛坯（特别是起皱区）在拉深过程中的变形情况、受力分布及各自的变化规律进行详细的分析，甚至进行必要的实际测量计算，这是判断起皱类型的关键。

对毛坯在成形中的受力情况和起皱区所受外力情况的确定，有两种方法。一种方法是根据拉深件的结构形状特点及毛坯贴模过程来分析确定毛坯的应力、应变分布和起皱区所受的外力。如圆筒零件、球面零件、锥形零件等，它们的结构形状是轴对称的，所以，毛坯内的应力、应变是在圆周上均匀分布的，即在同一个圆周上，径向的拉应力 σ_r 是同一个值。又如盒形件具有局部对称的结构，其转角中心线两侧的应力对称分布，但不是均匀分布。所以，直边到转角部位有剪应力存在。但汽车覆盖件不是简单的形状，进行受力分析时，要使用变形分析的“分解—综合”方法，对一个局部（基本形状）可以先判断其受力情况，然后考虑其他部分对该部分的影响，从而得知该部分毛坯的主要受力及影响因素。另一种方法是通过测量计算来确定：在拉深件的结构形状很复杂时，只从结构形状还不能清楚地判断毛坯的受力情况，可以采用网目法实际测量毛坯的变形及分布、变形路径等，计算出应力及其分布。

有了对毛坯（特别是起皱区）在拉深成形过程中的变形分析和应力分析，就可以明确起皱区所受的外力情况。

在起皱区受力分析的基础上，可以根据各类起皱的特点，判断拉深件上起皱的类型。判断起皱类型的原则见表 7-6-3。

表 7-6-3　判断起皱类型的原则

判断根据	判断原则
根据冲压件的结构形状特点判断	轴对称零件（如直壁轴对称零件、曲面轴对称零件、锥形零件等）拉深成形时，法兰面上或凹模口内的毛坯起皱一般属压应力起皱（图 7-6-10）。因为，在起皱区里，毛坯受到径向拉应力和切向压应力的作用，且应力在同一圆周上是均匀分布的，所以均匀分布的拉应力不会引起起皱，只能是由切向压应力引起起皱 非轴对称零件拉深成形时，凹模内部的毛坯受到拉力的作用，产生的起皱一般有两种情况，要根据起皱区的局部结构来判断。以皱纹的长度线为对称线，若起皱区的局部结构对称，则起皱主要是不均匀拉应力起皱（图 7-6-13）；若起皱区的局部结构不对称，则起皱主要是剪应力起皱（图 7-6-11、图 7-6-12）
根据起皱区所受的外力判断	若起皱区所受的外力主要是压力，则起皱是压应力起皱 若起皱区所受的外力主要是拉力，拉应力分布是不均匀的，但拉应力可以简化成同轴平衡力，则起皱是不均匀拉应力起皱 若起皱区所受的外力主要是拉力，拉应力分布是不均匀的，但不能简化成同轴平衡力，只能简化成不同轴平衡力，必有力偶作用在起皱区上并诱发剪应力，则起皱是剪应力起皱
根据皱纹长度方向与外力方向间的关系判断	若起皱区所受的外力主要是压力，且皱纹长度方向与外力方向垂直，则起皱是压应力起皱 若起皱区所受的外力主要是拉力，且皱纹的长度方向与外力方向相同，则起皱是不均匀拉应力起皱 若起皱区所受的外力主要是拉力，且皱纹的长度方向与外力的方向既不垂直，也不相同，而是成约 45°角，则起皱是剪应力起皱 在毛坯受拉力起皱时，若皱纹的长度方向与外力方向不完全相同，但夹角比较小时，则起皱主要是不均匀拉应力引起的；当接近 45°时，则起皱主要是剪应力引起的

冲压件冲压成形中毛坯的受力是复杂的，起皱区不是受到一种力的作用，此时首先要找出引起起皱的主要应力，同时要找出哪种应力对起皱起促进作用，哪种应力不会引起起皱或起抑制起皱的作用。只要找到对起皱起主要作用应力，就容易找到解决问题的办法。因此，在判断起皱的类型时，应将上述三个判断原则同时使用，加以分析比较，得出正确的结论。不能只从一个方面就匆忙下结论，以免出现判断失误。

6.2.3　起皱判断实例

1. 油底壳侧壁起皱

如图 7-6-17 所示的油底壳零件，该零件的结构特点是深度变化较大。在通常的设计中，为了适应不同部位对材料的需要量，一般在与零件深度大的部位相对应的凹模压料面上不设拉深肋，使该部位压料面作用力小，产生的流动阻力较小，可以向凹模内流入较多的材料。而在与零件深度小的部位相对应的凹模压料面上设置拉深肋，使该部位压料面作用力大，产生的流动阻力较大，流入凹模的材料较少。

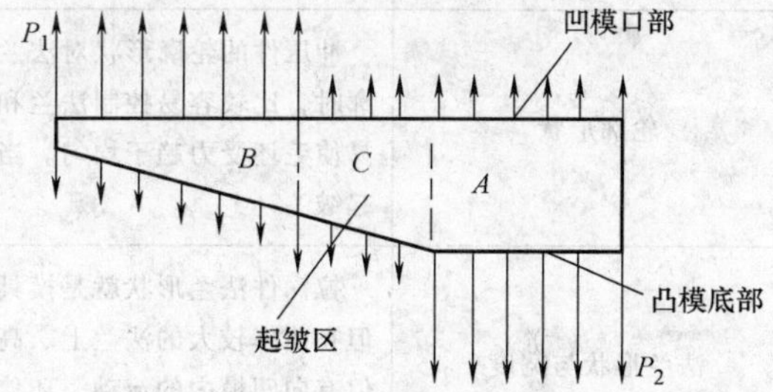

图 7-6-17　油底壳拉深时侧壁受力简图

在拉深成形时，深度深的 A 部的毛坯首先与凸模接触受力，较浅的 B、C 部的毛坯在较长时间里处于悬空，所以这一部分不受凸模的直接作用，只在 A 部受到凸模的作用力 P_2（图 7-6-17）。在凹模面上，只在 B 部有拉深肋，A、C 部没有拉深肋。因此，在压料面上 B 部产生的进料阻力比 A、C 部大得多。显然，作用在侧壁上的外力 P_1 和 P_2 不能简化成同轴平衡力，而是由外力组成的力偶矩作用在毛坯上，因而，必然在 C 部毛坯内产生剪应力（图 7-6-17 中虚线所示）。当这一剪应力达到一定程度时，C 部毛坯便产生了起皱。起皱的方向与 P_1 和 P_2 的方向约成 45°角。因此，这一起皱是发生在内侧壁上的剪应力起皱。

2. 挡泥板底部起皱

图 7-6-18 所示是某汽车挡泥板的拉深件简图。由于拉深件的底部有加强肋 A、B，并在一条直线上，在拉深成形过程中，当模具上的肋部接触毛坯时，两

肋端头之间的毛坯内产生了不均匀分布的拉应力（最大拉应力方向与加强肋的长度方向一致），导致起皱。皱纹的长度方向与加强肋 A、B 的长度方向一致（特别是中心的皱 1）。所以，这一起皱属于不均匀拉应力起皱。

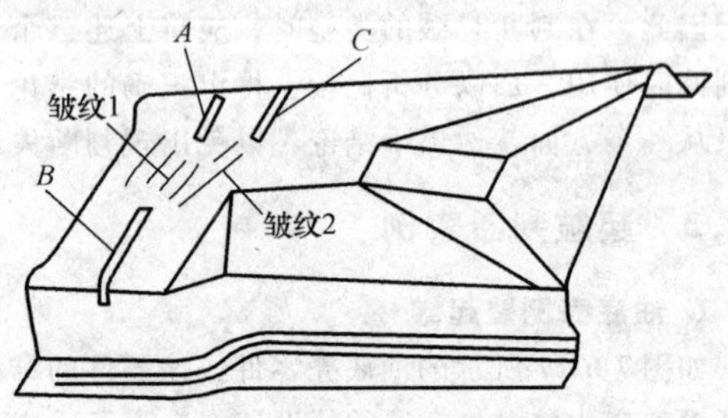

图 7-6-18 某汽车挡泥板拉深件简图

在加强肋 C 的长度方向上，没有相对应的拉深肋，与拉深肋 B 不是处于一条直线上。在拉深成形中，模具上的肋接触毛坯后，在毛坯内产生的最大拉应力方向是沿着肋的长度方向的，B、C 两肋之间的毛坯产生的拉力不能同轴平衡，而是形成力偶作用在这一部分毛坯上并诱发剪应力，产生起皱。皱纹 2 的长度方向与加强肋 B、C 的长度方向有较大的夹角。所以，皱纹 2 主要是由剪应力引起的。

在皱纹 2 形成的过程中，加强肋 A 也会起一定的作用，但加强肋 A 所产生的拉应力有抑制皱纹 2 发展的作用。

6.3 影响起皱的因素

起皱是由于毛坯在冲压成形过程中受到过大的压应力或不均匀的拉力的作用而产生的。而在汽车覆盖件冲压成形过程中，影响毛坯的受力状态的因素有很多，这些因素也必然影响毛坯的失稳起皱。

6.3.1 冲压件结构、形状尺寸的影响（表 7-6-4）

表 7-6-4 冲压件结构、形状尺寸的影响

冲压件结构、形状尺寸	影 响
轮廓形状	冲压件的轮廓形状对法兰部位的起皱和侧壁部位的起皱都有很大影响。一般来说，圆形轮廓时，比较容易控制法兰和侧壁受力分布的均匀性；轮廓各部位的曲率半径差别越小，越容易使毛坯受力趋于均匀。当轮廓各部位的曲率变化急剧时，使毛坯受力很不均匀，容易产生起皱
法兰形状与宽度	拉深件法兰形状就是模具压料面的形状。在平面法兰上，毛坯的受力分布比较容易控制。但在曲率较大的法兰上、高度变化较大的法兰上，毛坯的受力不太容易控制，毛坯变形时不但有向凹模内的流动，还伴有切向的流动，在较低的部位容易形成起皱和材料堆积等现象 拉深成形部分的法兰越宽，法兰外边缘的压应力越大，越容易起皱
侧壁形状与深度	具有直壁的冲压件因受到凸、凹模间隙的限制而有较好的抗起皱性能，悬空侧壁抗起皱能力差，受到不均匀分布的拉力时容易起皱。冲压件的深度越深，所需要的毛坯尺寸越大，法兰容易起皱；同时，悬空侧壁越容易受到较大的不均匀拉力而起皱。冲压件的深度变化越大，侧壁受到的不均匀拉力也相应增大，容易产生剪应力起皱
底部形状	冲压件底部的局部形状成形容易引起底部毛坯受不均匀拉力的作用，产生不均匀拉应力下的起皱或剪应力起皱。局部形状的变形越大、越集中，越容易引起相邻区域的毛坯起皱

6.3.2 材料性能对起皱的影响

材料性能中，以屈服极限、硬化指数、厚向异性系数对压缩失稳起皱的影响最大。屈服极限低的板材在成形过程中易产生塑性变形，使毛坯在同样条件下塑性变形的趋势比压缩失稳起皱的趋势更强，不易起皱；硬化指数大的板材在成形时的变形均匀性好，毛坯受拉应力作用时，厚度变薄小，使毛坯的抗起皱能力强；厚向异性系数大的板材在厚度方向变形小，拉应力作用下厚度不易变薄，毛坯的抗起皱能力强。

由图 7-6-19、图 7-6-20 和图 7-6-21 可知，n 值增大和 r 值增大，都会使对不均匀拉应力起皱和剪应力起皱时的起皱高度降低，说明 n 值和 r 值大的材料的抗起皱能力强。

图 7-6-22 和图 7-6-23 给出了材料性能对皱纹发生时的极限成形深度的影响曲线。可见，屈服极限增大时，极限成形深度降低，即皱纹容易发生；硬化指数 n 值越大，极限成形深度增加；厚向异性系数 r 值越大，极限成形深度增加。

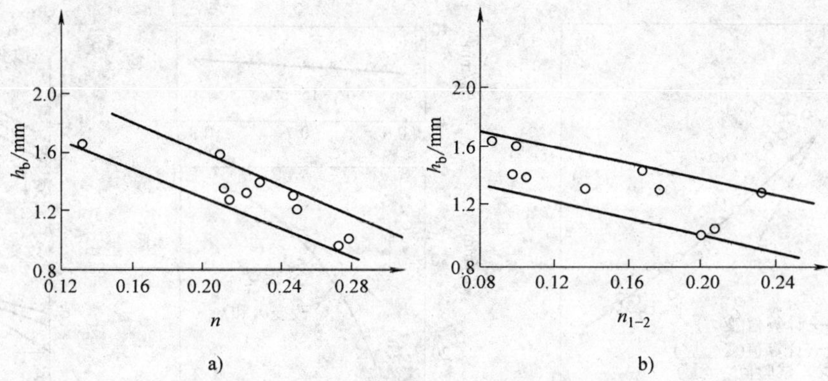

图 7-6-19　*n* 值对不均匀拉应力起皱的影响

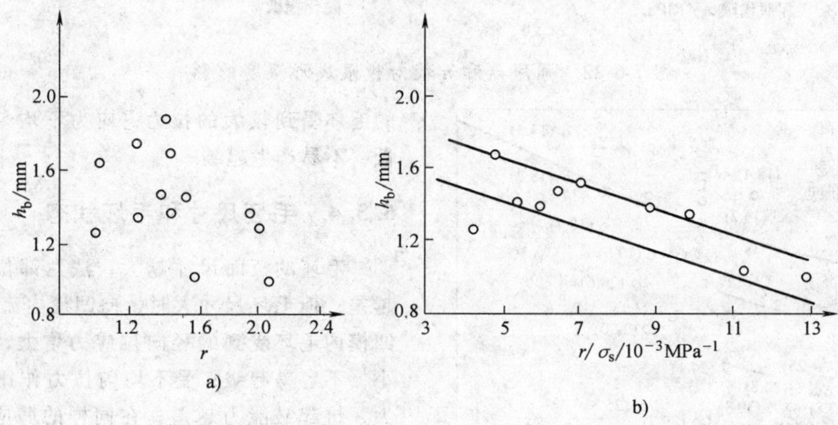

图 7-6-20　*r* 值对不均匀拉应力起皱的影响

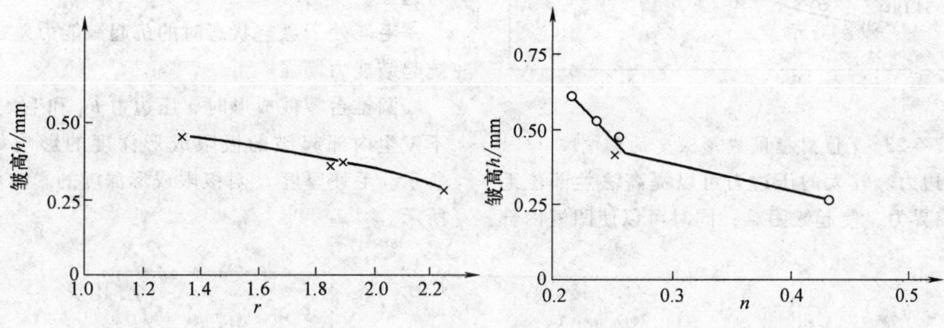

图 7-6-21　*n* 值、*r* 值对剪应力起皱的影响

6.3.3　模具参数对起皱的影响

（1）模具结构　模具结构对毛坯冲压过程中的贴模有较大影响。毛坯贴模早，抗起皱的能力增强。

（2）拉深肋　拉深肋有调整毛坯受力状态的重要作用，设置合理的拉深肋分布和拉深肋参数可以减小毛坯受力的不均匀程度，还可以减小受不均匀拉力的区域，增加局部区域抗起皱能力。

（3）模具圆角半径　凸模、凹模圆角半径的大小对毛坯的受力状态有较大影响，针对不同部位的受力情况，采用合理的模具圆角分布，可以降低起皱的可能性。

（4）冲压条件对起皱的影响

1）冲压方向。合理的冲压方向可以降低毛坯各部位的受力不均匀程度，减小不均匀流动的变化梯度，避免冲压件的某些断面上或局部区域塑性变形太小甚至有“余料”，降低起皱的可能性。

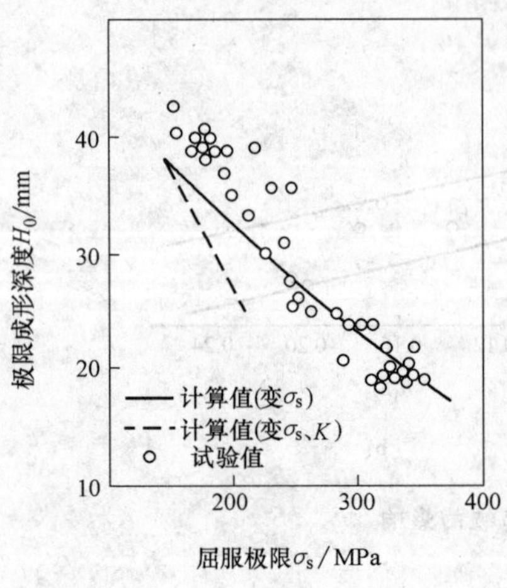

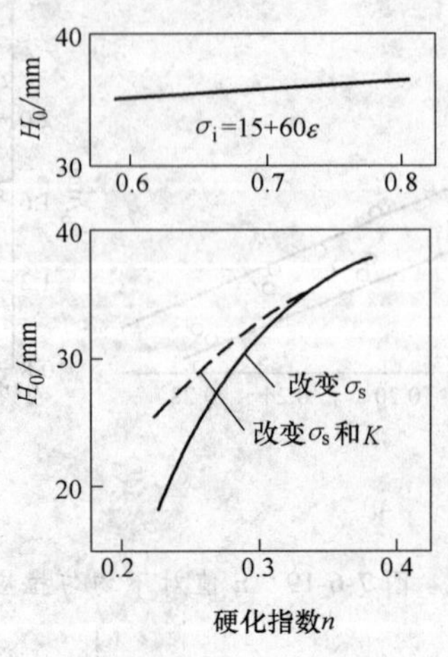

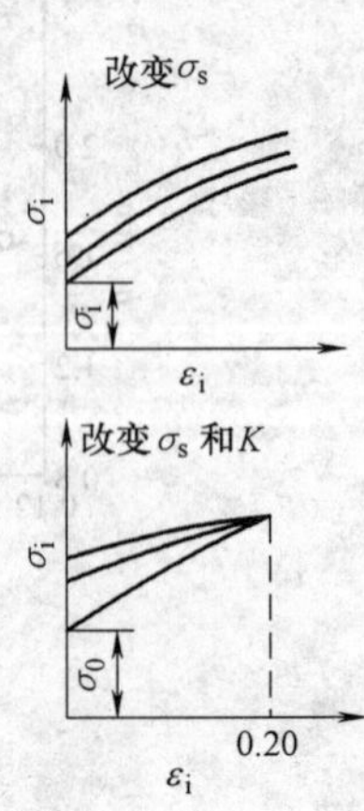

图 7-6-22 屈服点和 n 值对极限成形深度的影响

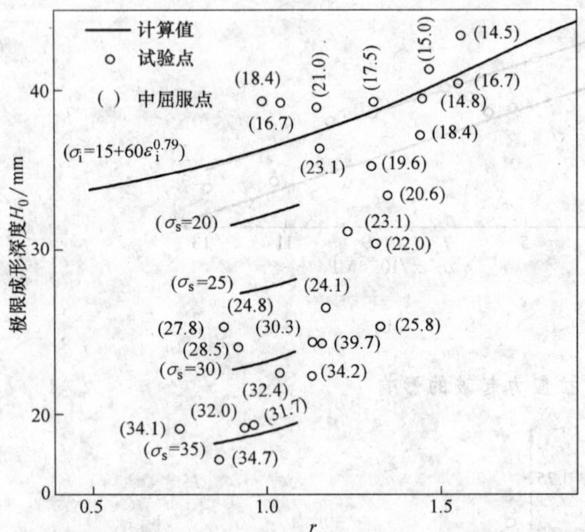

图 7-6-23 r 值对极限成形深度的影响

2）压边力。较大的压边力可以提高法兰部位毛坯起皱的临界力，使起皱困难；同时可以使凹模内部的毛坯受到较大的拉力，应力不均匀分布的比例降低，不易产生起皱。

6.3.4 毛坯尺寸和毛坯状态

毛坯的板面尺寸越大，法兰部位的抗起皱能力越差；但毛坯尺寸大时，向凹模内流动的阻力增大，凹模内毛坯受到的径向拉应力增大，切向压应力减小，不容易起皱；受不均匀拉力作用的区域尺寸越大，抗起皱能力越差；在同样的剪应力作用下，较宽的区域容易起皱；毛坯厚度越厚的毛坯抗起皱能力越强。

毛坯处于悬空状态时的抗起皱能力差，贴模后的抗起皱能力增强。

圆锥台零件成形时，压边力 F_B 和毛坯直径 D_0 对不发生内部起皱的极限成形深度的影响如图 7-6-24 所示。毛坯厚度 t_0 对极限成形深度的影响如图 7-6-25 所示。

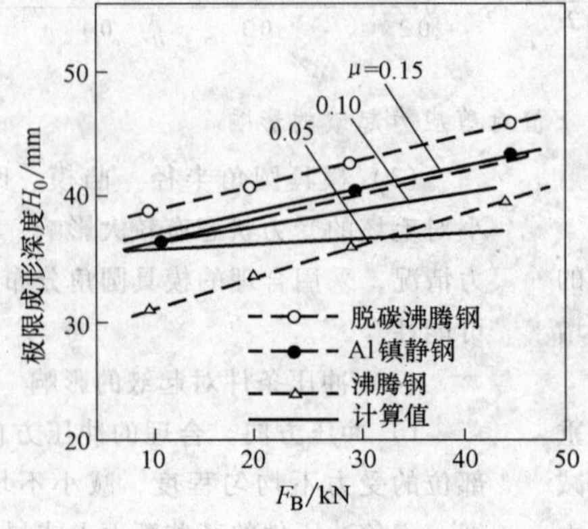

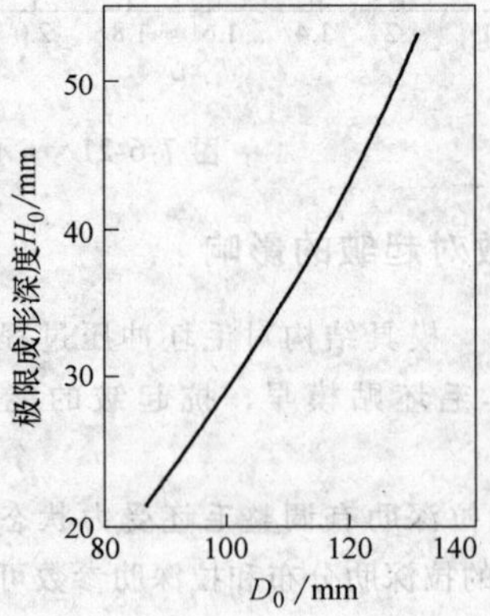

图 7-6-24 压边力 F_B 和毛坯直径 D_0 对极限成形深度的影响

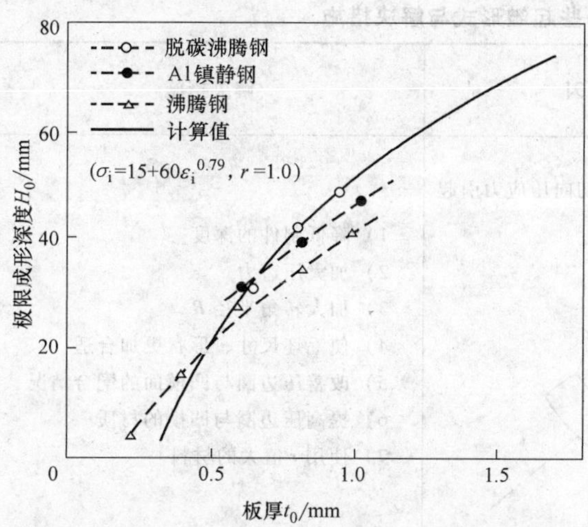

图 7-6-25　毛坯厚度 t_0 对极限成形深度的影响

6.4　消除起皱的措施

复杂零件的起皱一般都是几种应力综合作用的结果。但其中必有一种是起主要作用的，只要抓住这一起主要作用的力，就可以比较容易地通过改变冲压工艺参数、模具参数、冲压条件等找到解决起皱问题的办法。

对以压应力为主要原因而引起的起皱，应采取减小压应力、施加面外压力等措施防止压应力起皱。

对以不均匀拉应力为主要原因而引起的起皱，则应采取能改变拉应力分布使拉应力分布比较均匀、减小最大拉应力、增加面外压力等措施，防止不均匀拉应力起皱。

对以剪应力为主要原因而引起的起皱，则应采取减小剪应力、减小受剪应力作用区、减小拉应力变化梯度、增加面外压应力等措施防止剪应力起皱。

为使毛坯内的应力得到合理分布，防止起皱的发生，要预先弄清楚皱纹发生的部位、成长过程以及在成形过程中的消皱过程等，如果没有充足的资料积累，需要利用模拟试验进行分析。在此基础上，从零件形状、工艺设计、模具设计、模具制造、改善冲压条件及选择材料等方面采取措施。

表 7-6-5 列出了一些消除起皱的措施。

汽车覆盖件冲压成形中的失稳起皱是多种多样的。在解决具体失稳起皱问题时，要针对具体问题进行具体分析，判别其起皱的原因、影响因素，并制定切合实际的措施。在可采取的措施中，要按实施的难度进行排队分析，从易到难。如：先改变压边力和润滑，不能奏效时，对拉深肋、压料面、模具圆角进行修正。在采取这些措施后还不能解决起皱问题时，再考虑更换性能更好的材料，甚至改变模具结构、调整冲压工艺等措施。尽量避免模具的报废或工艺的调整，以减少浪费。

表 7-6-5　消除起皱的措施

措施类别	具体措施
设计合理的拉深件形状	对一些工艺性不好、容易起皱的覆盖件，在设计拉深件时，应通过工艺补充改善其工艺性。如： 1）适当减小拉深件的拉深深度 2）避免制件形状的急剧变化 3）使制件轮廓转角半径 R、纵断面圆角半径 r、局部的转角半径 R 合理化 4）减少平坦的部位 5）增设吸收皱纹的形状 6）台阶部分的变化要缓慢过渡等
工艺设计及模具设计与制造方面的措施	1）在工艺设计时，要增加合适的工艺余料；确定合理的压料面形状和拉深方向；选定最佳的毛坯形状与尺寸；合理安排工序；必要时增加毛坯预弯工序；适当增加工序数目；有效地利用阶梯拉深成形 2）在进行模具设计时，要使凹模横断面形状、凹模圆角半径、凸模纵断面形状合理化；对起皱部位进行预压；增强顶板背压；在行程终点充分加压；减小压边圈与凹模的间隙；合理地选取拉深肋位置与分布 3）在模具制造时，要提高模具的刚性及耐磨性；对模具进行研配精加工；模具调试时要注意研磨压料面时的研磨方向等
冲压条件方面的措施	1）适当加大压边力 2）控制压边力的合理分布，不均匀程度尽量小 3）控制润滑及润滑部位 4）提高压力机滑块与模具的平行度精度 5）选择合适的冲压速度
冲压材料方面的措施	板材的性能对失稳起皱有很大的影响，但对不同起皱的影响规律还要进行更深入的研究。一般情况下，选用屈服极限 σ_s 小、伸长率 δ 大、硬化指数 n 和厚向异性系数 r 值大的冲压材料有利于提高毛坯的抗失稳起皱能力

表 7-6-6 列举出了汽车覆盖件常见的一些起皱形式与解决措施。

表 7-6-6 汽车覆盖件常见的一些起皱形式与解决措施

序号	起皱形式	零件简图	起皱原因	解决措施
1	压料面皱纹		由法兰变形区内切向压应力引起失稳起皱	1）降低制件的深度 2）加大压边力 3）加大转角半径 R 4）使毛坯尺寸、形状更加合适 5）改善压边圈与凹模面的配合情况 6）提高压边圈与凹模的材质 7）使用 r 值大的材料
2	压料面皱纹	a) b)	压边时产生的失稳起皱	1）避免起皱部位形状的急剧变化（可利用校形获得要求的形状） 2）减缓肋的形状 3）使用低屈服点、高 r 值的材料
3	凹模口部皱纹		法兰切向压应力引起失稳起皱；法兰部位的材料向凹模内流入不均匀	1）降低制品深度 2）减小制品深度的差别 3）加大转角半径 4）增加压边力 5）使用 r 值大的材料
4	凹模口部皱纹		由于材料的移动引起的多料皱纹	1）避免形状的急剧变化 2）增大起皱部位断面上的平面上的圆角半径；加强拉深肋的阻力 3）改变余料形状 4）有效地利用阶梯拉深

（续）

序号	起皱形式	零件简图	起皱原因	解决措施
5	翻边皱纹	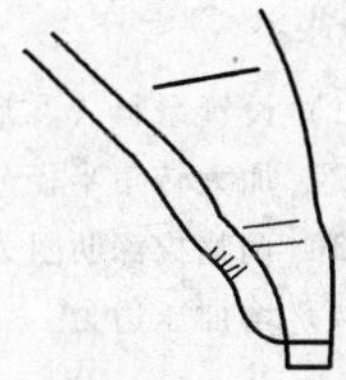	压缩类翻边时产生的失稳起皱 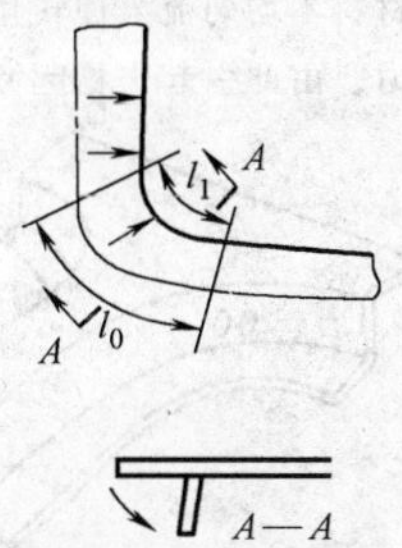 A l_1 A l_0 A—A	1）在翻边工序尽量减小翻边高度 2）减小法兰的长度 3）采用不同步翻边，压应力大的部位先翻边
6	凸模底部皱纹	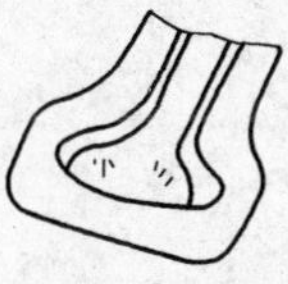	不均匀拉深引起的皱纹 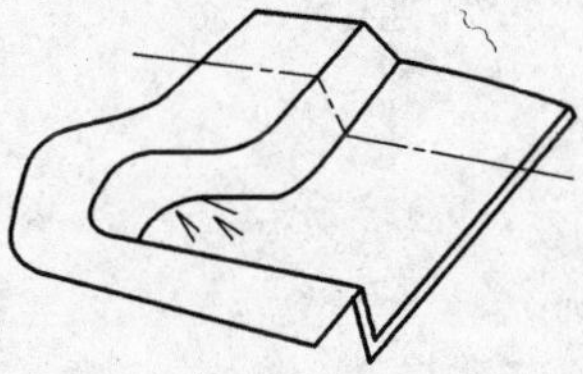	1）避免形状的急剧变化 2）调整凹模圆角半径 3）增加吸收余料的形状 4）调整拉深肋
7	鞍形部位皱纹	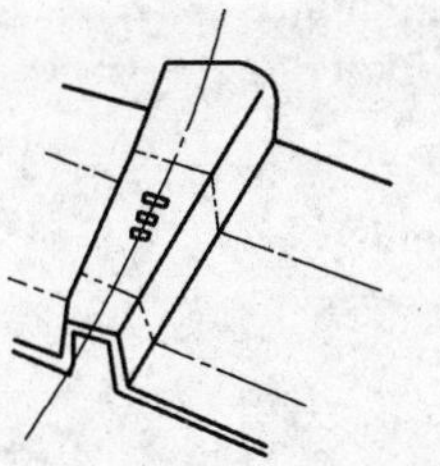	成形深度急剧变化引起多料而形成的皱纹 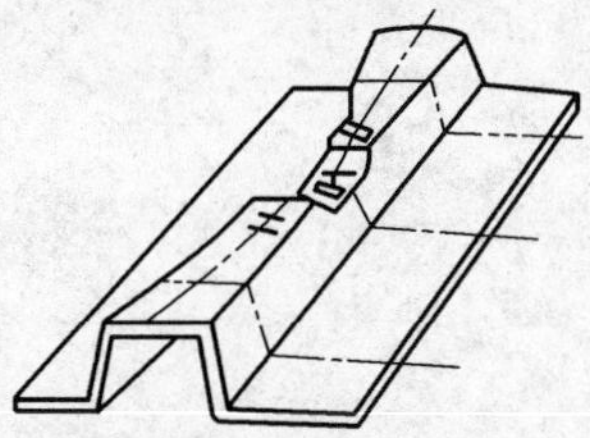	1）避免形状急剧变化 2）在制件上增加吸收皱纹的形状或增设拉深肋 3）改变压料面，增设拉深肋 4）使用伸长率大、r 值大的材料
8	侧壁部位皱纹	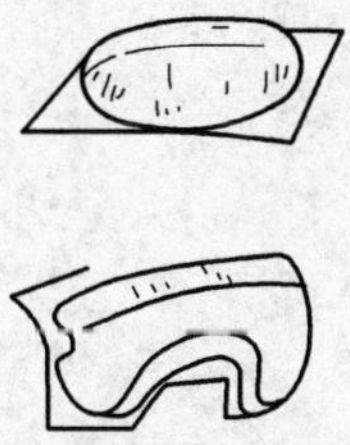	悬空部位切向压缩引起失稳起皱，材料不均匀流动引起失稳起皱 	1）采取阶梯拉深（使侧壁拉深深度的均匀） 2）调整拉深肋阻力 3）拉深方向合理化 4）避免形状急剧变化 5）设置吸收起皱的肋 6）使用 r 值大、屈服点低的材料
9	侧壁部位皱纹	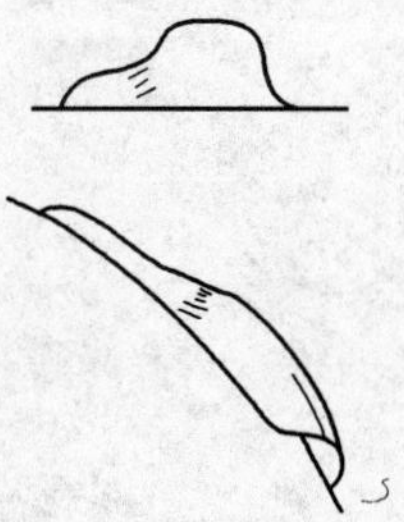	材料不均匀流入引起多料而形成的皱纹 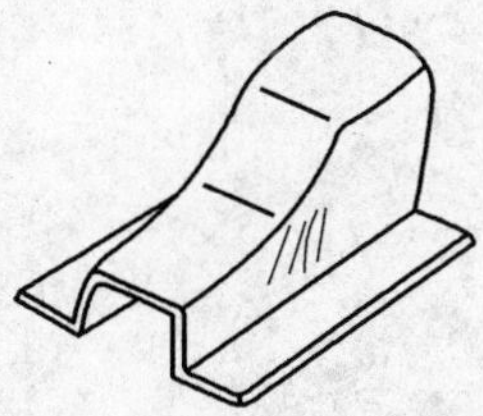	1）避免形状急剧变化 2）改变压料面 3）增加吸收皱用的形状 4）增强起皱部位拉深肋的阻力 5）使用屈服点低、r 值大的材料

（续）

序号	起皱形式	零件简图	起皱原因	解决措施
10	侧壁部位皱纹		材料不均匀流入使转角处产生剪应力，由此引起失稳起皱	1）设置余料（在后道工序再加工） 2）加大转角半径 3）调整拉深肋阻力 4）增加压边力

第7章　破裂及其控制

冲压成形中，在不同的部位、不同的应力状态下所产生的破裂其性质不同，解决破裂的措施也不同。因此，必须根据某一破裂问题产生的原因，采取相应的措施，才能很好地控制破裂的发生。

7.1　冲压件破裂分类

7.1.1　按破裂性质的分类

冲压中产生破裂的性质可分为强度破裂和塑性破裂两大类。

强度破裂又称为α破裂，是指冲压成形过程中，毛坯传力区的强度不能满足变形区所需要的变形力要求时在传力区产生的破裂。如圆筒零件拉深成形时在凸模圆角处产生的破裂就属于强度破裂。

塑性破裂又称为β破裂，是指冲压成形过程中，毛坯变形区的变形能力小于成形所需要的变形程度时变形区所产生的破裂。如轴对称曲面零件胀形成形时在零件底部产生的破裂就属于塑性破裂。

对于α破裂，主要与材料的强度极限有关。因此，一般采用单向拉伸时的强度极限 σ_b 来作为α破裂的极限参数。当毛坯冲压成形时传力区所承受的最大应力 σ 超出材料的强度极限 σ_b 时，便会产生α破裂，如图7-7-1所示。

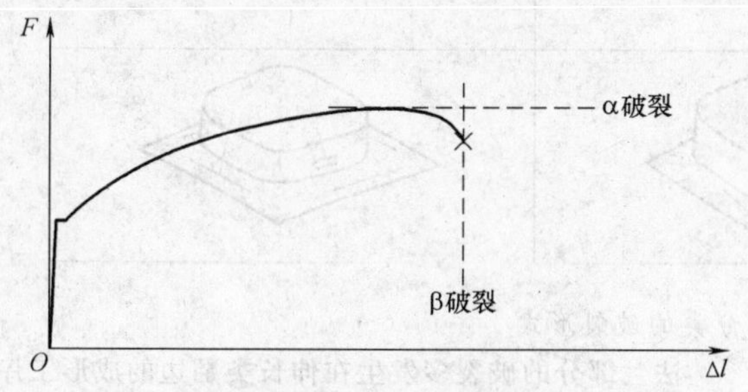

图7-7-1　α、β破裂的定义

对于β破裂，单向拉伸时的极限变形如图7-7-1所示。板材冲压成形时，最大应变方向上的极限变形量 ε_{1k} 与应变状态密切相关，即

$$\varepsilon_{1k}=f(\beta) \tag{7-7-1}$$

式中，β 为板平面内两个主应变的比值 $\varepsilon_2/\varepsilon_1$。

板材的极限变形程度随变形状态（或应力状态）的变化而变化。因此，不能直接把单向拉伸时的极限应变值 ε_j 用来衡量任意变形状态下的变形是否属于稳定的塑性变形，而应根据变形状态利用成形极限图来衡量。

7.1.2　按破裂部位的分类

图7-7-2是按破裂发生的部位进行分类，共分为五类。

1. 凸模端部的破裂

此类破裂常出现在胀形成形、拉深-胀形复合成形和拉深成形等过程中。

如图7-7-2A所示，胀形成形时凸模底部的毛坯属于变形区，受双向拉应力的作用，当材料的变形能力不够、变形过度集中时产生破裂。其破裂性质属塑性破裂。

如图7-7-2B所示，凸模端部的毛坯产生拉深-胀形复合成形，由于冲压件的形状比较复杂，压料面作用力的控制非常关键。当成形过程中材料流入量不足、胀形变形比例大时，该部位的伸长变形量太大，产生塑性破裂。同时，该部位又是法兰毛坯成形的传力区，当该部位能流入适量的材料，但法兰上毛坯变形流动阻力很大时，将会产生强度破裂。

图7-7-2C所示的拉深成形时凸模端部破裂的原因，是毛坯法兰变形区材料的流动阻力超出了凸模端部毛坯的承载能力而导致破裂。这种破裂多发生在凸模圆角与直壁相接处。该处材料在成形过程中经历了弯曲和反弯曲变形，材料的局部变薄很严重，使该处毛坯的承载能力大大下降，产生强度破裂。

2. 侧壁破裂

侧壁破裂包括壁裂、伸长类翻边的侧壁破裂和双向拉应力下的侧壁破裂等情况。

（1）壁裂　如图7-7-2D所示，盒形件成形中多发生于 $\frac{r_d}{t}<3$ 时靠近凹模圆角的直壁转角处。该处材料通过凹模圆角（r_d）时，经历了径向和切向两个方向的弯曲、反弯曲变形，使板厚严重变薄，承载能力下降；同时法兰毛坯因切向压缩变形和面内弯曲而变厚，甚至起皱，使材料流动阻力增大。这两种因素都会导致壁裂，它属于强度破裂。

（2）伸长类翻边时的侧壁破裂　如图7-7-2E所示，伸长类翻边时，毛坯变形区受双向拉应力作用，材料经过凸模圆角时要发生弯曲、反弯曲变形，都会使侧壁传力区的拉应力增大，在侧壁产生强度破裂。

(3) 双向拉应力作用下的侧壁破裂 图 7-7-2F 中，压料面上的流动阻力过大或者不均匀，会使侧壁所受拉力增大或不均匀，超过其承载能力时产生强度破裂。

3. 凹模圆角部位的破裂

(1) 弯曲破裂 图 7-7-2G 中，若 r_d 很小，材料通过 r_d 时产生很大的弯曲变形，厚度变薄，超出弯曲变形能力而破裂。同时，r_d 很小，材料通过的流动阻力也很大，使该部在变薄之后不能承受变形力而破裂。

(2) 拉弯破裂 图 7-7-2H 中，在很大的弯曲变形之后又受到很大的拉应力而破裂。

4. 法兰部分破裂

图 7-7-2I 中，伸长类翻边时，外缘材料在单向拉应力作用下，塑性变形能力不足，应变集中而破裂。

图 7-7-2J 中，法兰内缘受双向拉应力作用，塑性变形能力不足时产生集中性失稳，直至破裂。

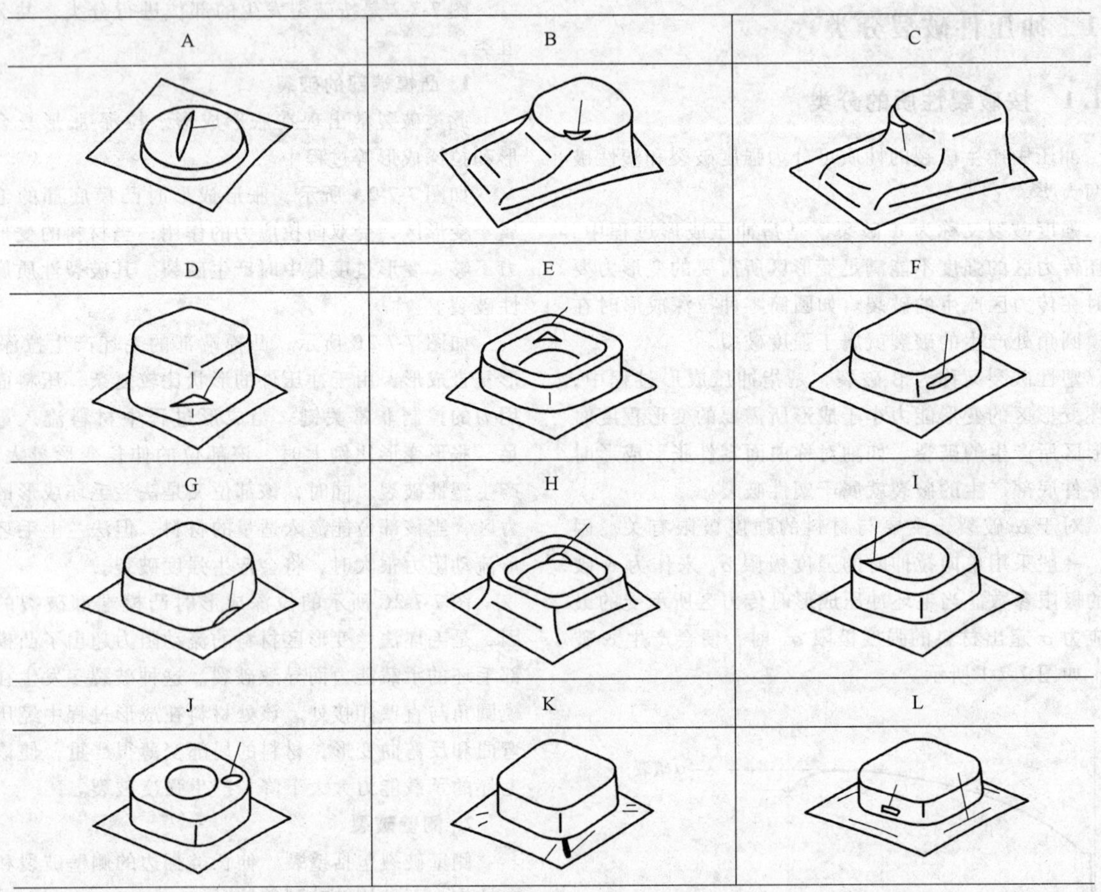

图 7-7-2 按发生部位分类的破裂形式

法兰部分的破裂多发生在伸长类翻边的成形工序中，包括外缘破裂和内缘破裂，都属于塑性破裂。

5. 其他

其他破裂主要有因起皱引起的破裂（图 7-7-2K）和因拉深肋作用引起的破裂（图 7-7-2L）等。

起皱引起的破裂常发生在法兰变形区。塑性较差的材料起皱后在变形的最后阶段容易出现此种破裂。

拉深肋作用引起的破裂可能发生在直壁传力区，也可能发生在法兰变形区，主要原因是材料通过拉深肋后产生了剧烈的弯曲、反弯曲变形，材料变薄严重，降低了变形能力和承载能力。

7.2 针对破裂成形难度的评价

7.2.1 成形难度评价的概念

板材冲压成形难度评价是合理确定冲压生产中材料选择、模具设计以及工程管理的各种基准，是对冲压件成形的难度进行量化的过程。这一过程是由评价系统完成的。该系统不仅是对冲压件进行试模后的评价，更重要的是在工艺和模具设计阶段以及模具加工的准备阶段所进行的预先评价。因此，能够对冲压件的成形难度给以科学、准确的评价，对提高冲压成形技术，特别是汽车覆盖件冲压成形技术，提高工艺设计和模具设计水平都起着重要作用。

成形难度评价系统包括针对冲压件的破裂、形状精度、尺寸精度及冲压件的性能等各方面的单项评价和各方面的综合评价。由于破裂是板材冲压成形的主要质量问题之一，评价一个冲压零件的成形难度，首先是对破裂问题的评价。因此，成形难度评价是从以破裂为对象开始的。

7.2.2 成形度与成形难度

在以破裂为对象进行评价时，为使成形难度的量化指标既方便、又实用，常使用成形度这一指标。具体到各种典型冲压基本工序中为以下一些参数：

弯曲成形—最小弯曲半径；

伸长类翻边成形—翻边系数、扩孔率等；

拉深成形—拉深系数或拉深比；

胀形成形—胀形深度。

但对汽车覆盖件等大型冲压件，由于形状和结构复杂，在冲压成形时，其变形方式并不是单一的，因而也不能用简单的典型工序去完成，而往往是拉深变形和胀形变形的复合。在这种复杂的变形中，上述各种简单的成形度量化指标已不能使用。为解决这类冲压件成形难度评价指标问题，引出了以下几个基本概念：

1. 由整体平均变形量确定的成形度和成形难度

如图 7-7-3 所示的拉深-胀形复合成形，其冲压件的整体成形度 P_d 用下式表示：

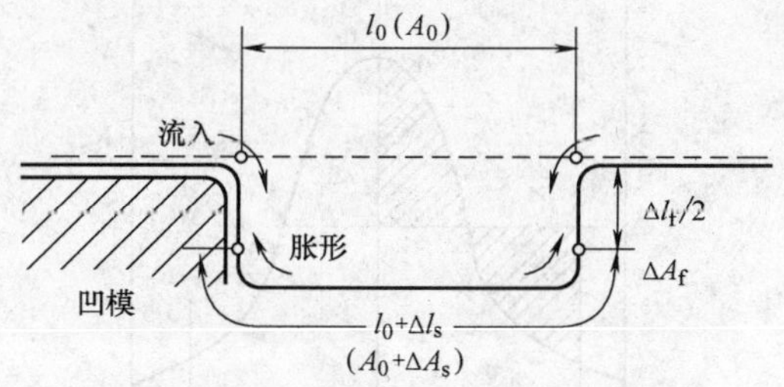

图 7-7-3 冲压成形件表面积及截面线段长度的增量

$$P_d = \Delta A/A_0 \tag{7-7-2}$$

式中 A_0——成形前凹模轮廓内毛坯的面积；

ΔA——成形后冲压件在凹模轮廓内部分的表面积增量。

凹模轮廓内部分的毛坯表面积增加量，一部分是由位于凹模轮廓内的毛坯胀形引起的，另一部分则是由压料面上的材料流入引起的。

若分别用以 ΔA_s 表示胀形引起的毛坯表面积增量，ΔA_f 表示由压料面上材料流入引起的表面积增量，则成形度为

$$P_d = \frac{\Delta A_s}{A_0} + \frac{\Delta A_f}{A_0} \tag{7-7-3}$$

实际上，汽车覆盖件的表面积是很难测定的。因此，考虑到实用性和可行性，可选择能够代表冲压件形状并能反映其变形特征的截面，取其截面线段长度的变化程度来表示成形度，即

$$P_d = \frac{\Delta l}{l_0} = \frac{\Delta l_s}{l_0} + \frac{\Delta l_f}{l_0} \tag{7-7-4}$$

式中 l_0——成形前凹模轮廓内毛坯的长度；

Δl——成形件在凹模轮廓内剖面线段长度的增量；

Δl_s——胀形引起的凹模轮廓内剖面线段长度的增量；

Δl_f——压料面上材料流入引起的凹模轮廓内剖面线段长度的增量。

表面积增量和线段长度增量之间存在着由成形件的横截面及纵截面形状确定的某种关系，而不存在对任意截面都成立的固定关系。但从实用的角度出发，可以采用在某一允许范围内变动的比例关系。

将式（7-7-3）中的 $\Delta A_s/A_0$ 项或式（7-7-4）中的 $\Delta l_s/l_0$ 项定义为胀形度，而 $\Delta A_f/A_0$ 项或 $\Delta l_f/l_0$ 项定义为拉深度，则成形度是由胀形度和拉深度组成的。两者之间的关系如图 7-7-4 所示。

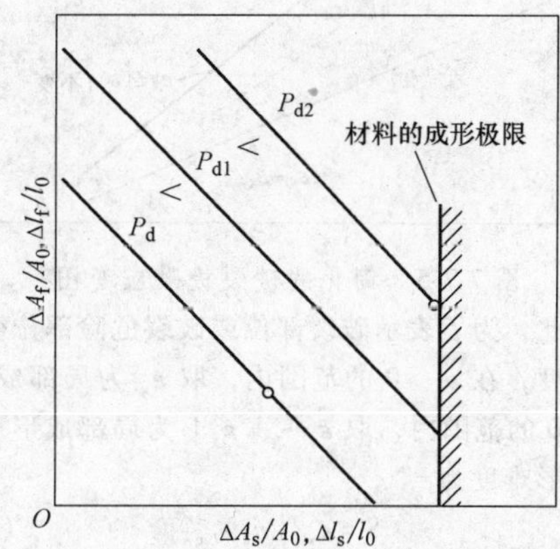

图 7-7-4 拉深度与胀形度的关系

如果冲压件的成形度已经确定，则当胀形度增加时，拉深度就减小；拉深度增大时，胀形度就减小。若拉深度为零，则成形度等于其胀形度，为纯胀形成形；若胀形度为零，则成形度等于拉深度，为纯拉深

成形。

此外，成形条件、材料特性等因素都会影响胀形度和拉深度在成形度中的比例。

若取材料的成形极限为

$$F=(\Delta A/A_0)_{\lim} \quad (7\text{-}7\text{-}5)$$

或

$$f=(\Delta l/l_0)_{\lim}$$

并定义：成形难度 S 为成形度与所用材料的成形极限之比，则

$$S=P_d/F \quad (7\text{-}7\text{-}6)$$

或

$$S=P_d/f$$

对于成形极限与 $\Delta A/A_0$ 或 $\Delta l/l_0$ 无关的情况有：

$$S=(\Delta A/A_0)/F \quad (7\text{-}7\text{-}7)$$

$$S=(\Delta l/l_0)/f$$

2. 局部变形量与成形难度

用整体平均变形量表示的成形度，不能明确反映成形件变形最剧烈部位的变形量和变形状态。为此，可采用网目法单独测出破裂部位的局部变形量和变形状态。

破裂部位的应变可近似简化为图7-7-5所示的情况，则破裂极限应变可表述为：

当 $\varepsilon_y>0$ 时，$(\varepsilon_x)_{\lim}$ 不变；

当 $\varepsilon_y<0$ 时，$(\varepsilon_x-|\varepsilon_y|)_{\lim}$ 不变。

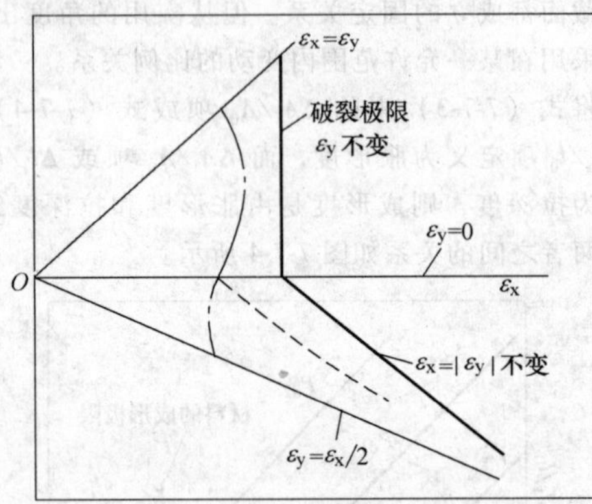

图7-7-5 简化的破裂极限应变图

因此，为了表示破裂部位或破裂危险部位变形的剧烈程度，在 $\varepsilon_y>0$ 的范围内，取 ε_x 为局部成形度；在 $\varepsilon_y<0$ 的范围内，取 $\varepsilon_x-|\varepsilon_y|$ 为局部成形度，此时的成形难度为

$$S=\varepsilon_x/(\varepsilon_x)_{\lim} \quad (7\text{-}7\text{-}8)$$

或

$$S=(\varepsilon_x-|\varepsilon_y|)/(\varepsilon_x-|\varepsilon_y|)_{\lim}$$

7.2.3 针对破裂成形难度的评价方法

1. 网目法（即Scribed Circle法，简称SC法）

在成形毛坯上预先印制圆形网目，冲压成形后，通过测量网目的变化情况即可得到毛坯的变形状态。这种方法通常用于破裂危险部位的局部测量，并由此局部变形量来确定冲压件的成形难度。

2. 变形能力（塑性）评价法

板材冲压件的变形及其应力是针对破裂问题进行成形难度评价的基本参数，而采用什么样的方法去确定冲压件的变形和应力，以及如何判别它们与破裂极限的关系是进行这一评价的关键。因此，确定破裂极限是破裂伸长应变还是破裂力、破裂伸长应变与破裂力的评价方法以及材料因素对它们的影响等是评价的重要内容。

变形能力（塑性）评价法就是基于这一思想而提出的一种评价方法。

（1）变形能力评价法的基本观点　变形能力评价法的基本观点是：

1）所有的破裂现象都是不均匀变形。

2）破裂局部的应变大小并不重要，重要的是破裂局部是如何伸长变形的。

3）材料的变形能力表达式为

$$\Phi=\alpha(L_0)^{\beta} \quad (7\text{-}7\text{-}9)$$

式中　α、β——材料常数；

L_0——测试标距。

如图7-7-6所示，如果破裂点（$x=0$）近旁的应变分布用 $\varepsilon(x)=\varepsilon_{f0}I(x)$ 来表示，则在以破裂点为中心的区域 L_0 内的平均应变 ε_f 为

$$\varepsilon_f=\frac{1}{L_0}\int_{-\frac{L_0}{2}}^{\frac{L_0}{2}}\varepsilon(x)\,dx=\frac{\varepsilon_{f0}}{L_0}\int_{-\frac{L_0}{2}}^{\frac{L_0}{2}}I(x)\,dx$$

$$=\varepsilon_{f0}F(L) \quad (7\text{-}7\text{-}10)$$

式中　ε_{f0}——破裂局部应变。

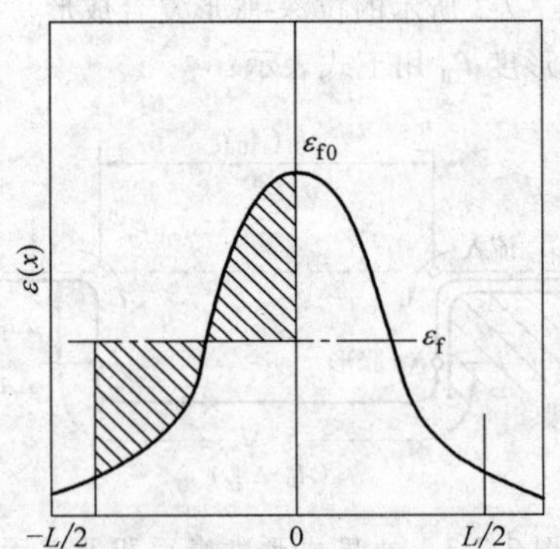

图7-7-6 破裂点附近的应变分布

如果

$$\varepsilon_f=\Phi \quad \varepsilon_{f0}=\alpha \quad F(L)=(L_0)^{\beta}$$

则式（7-7-9）和式（7-7-10）是一致的。因此，式（7-7-9）中的 α 表示破裂局部的应变，而 β 表示应变的分布。

（2）α、β与变形方式及材料特性的关系　如图 7-7-7 所示，在平面应变下拉伸与等双拉之间的差别比较小，而在平面应变下拉伸与单向拉伸之间差别较大。在胀形区，与变形方式的影响相比，材料性能差别的影响要大些，但与 n 值、r 值、δ 并无明确的对应关系。这一事实表明：在以破裂为极限的胀形成形中，α 和 β 将可能成为一种新的塑性指标。

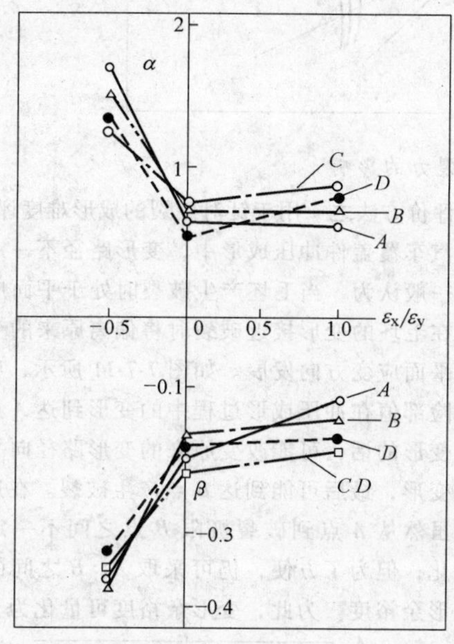

图 7-7-7　破裂时 α、β 与应变比的关系

A—Ti 镇静钢　B—Al 镇静钢　C—Cp 钢　D—加磷钢

（3）破裂伸长应变 Φ 的实用价值　Φ 作为一个实用的评价参数，在各种条件下都很容易被纳入评价系统，并且测试也非常方便。

（4）极限破裂力的解析

1）双向拉伸应力-应变曲线。用试验的方法得到任意变形方式的应力-应变曲线是非常困难的，因此，一般先用试验方法求得单向拉伸时的应力-应变曲线，再与理论解析方法结合，求得其他变形方式的应力-应变关系。

考虑材料的各向异性（$\bar{r}$ 值），则等效应力 $\bar{\sigma}$、等效应变 $\bar{\varepsilon}$ 可表示如下：

$$\left.\begin{aligned}\bar{\sigma} &= CE(x)\sigma_1 \\ \bar{\varepsilon} &= CE(\beta)\sigma_1\end{aligned}\right\} \tag{7-7-11}$$

而

$$E^2(x) = R_1 - x + R_2x^2$$

$$F_2(\beta) = R_2 - \beta + R_1\beta^2$$

$$C^2 = \frac{3}{2R_1 + 2R_2 - 1}$$

$$D^2 = \frac{4}{3}(2R_1 + 2R_2 - 1)(4R_1R_2 - 1)$$

式中　$x = \dfrac{\sigma_y}{\sigma_x}$，$\beta = \dfrac{\varepsilon_y}{\varepsilon_x}$，$2R_1 = 1 + \dfrac{1}{r_1}$　$2R_2 = 1 + \dfrac{1}{r_2}$

r_1、r_2 为主应变方向的 r 值。

设 $\bar{\sigma}$、$\bar{\varepsilon}$ 之间满足 n 次硬化关系，则在应变比为 β 的变形方式下，应力-应变曲线可由下式算出：

$$\sigma_1 = K(\beta)\varepsilon_1^n \frac{K(\beta)}{\sigma_b}$$

$$= \left[\sqrt{\frac{4R}{4R^2-1}}\right]^{1+n} \frac{R + \dfrac{\beta}{2}}{F^{1-n}(\beta)}\left(\frac{e}{n}\right)^n \tag{7-7-12}$$

$$R = R_1 = R_2$$

式中　σ_b——抗拉强度。

应用上式，根据单向拉伸试验得到的 σ_b、n 值、r 值可求出任意变形方式的应力-应变曲线。

$K(\beta)/\sigma_b$ 与 r 值、β 值的关系见图 7-7-8，r 值大时，胀形成形的应力比较高，而拉深区的应力比较低。

2）双向拉伸时极限破裂力的理论值。把塑性失稳理论中发生分散性失稳时的应力 σ_{cr} 作为极限破裂应力，则单位板宽所受的力 F_{cr} 为极限破裂力。极限破裂力也可用 F_{acr}（$F_{acr} = F_{cr}/t_0 = \sigma_{cr}t/t_0$）表示。

根据塑性失稳理论，此时的应变 ε_{cr} 为

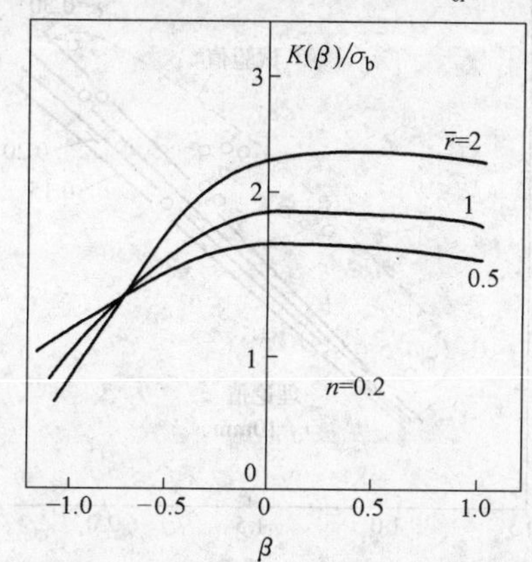

图 7-7-8　K（β）与应变比的关系

$$(\varepsilon_x)_{cr} = \left[1 - \frac{F(\beta_1)}{F(\beta_2)}\right]\Delta\varepsilon_{1x} + n\left[1 + \frac{x_2\beta_2(1-\beta_2)}{1 + x_2\beta_2^2}\right] \tag{7-7-13}$$

式中　n—硬化指数。

$$F(\beta) = \sqrt{R_y + \beta + R_x\beta^2}$$

$$2R_x = 1 + \frac{1}{r_x},\ 2R_y = 1 + \frac{1}{r_y}$$

式中　r_x、r_y——x、y 方向的 r 值。

单一变形路径时，$\Delta\varepsilon_{1x} = 0$。代入式（7-7-13）求出 ε_{cr}，再代入式（7-7-12）即可求得 σ_{cr}。

这样求得的极限破裂力的理论值如图 7-7-9 所示。可知 n 值对 F_{acr} 的影响较小；相反，r 值影响却

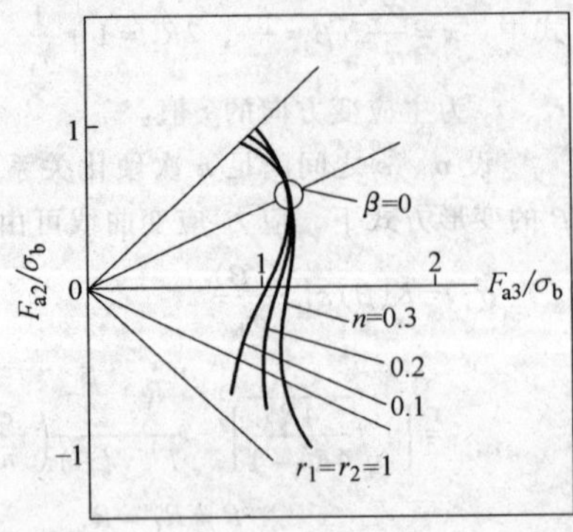

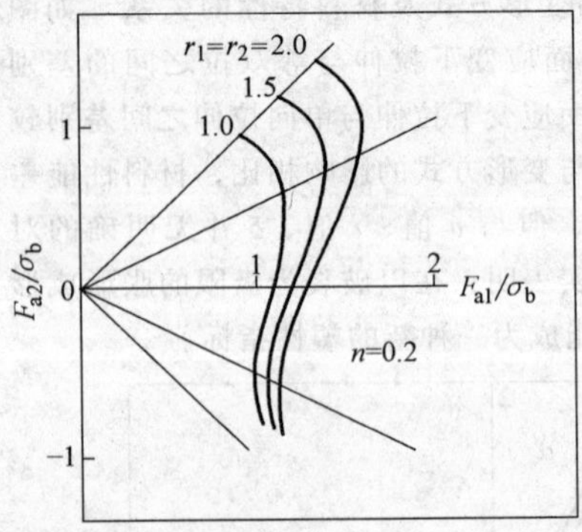

图 7-7-9　n 值、r 值对极限破裂力的影响

比较大。

3）平面应变极限破裂力。平面应变条件下的极限破裂力由下式求得：

$$F_{\text{acr}}=\left(\frac{1+\bar{r}}{\sqrt{1+2\bar{r}}}\right)^{1+n}\sigma_b \tag{7-7-14}$$

破裂力的试验值与理论值的比较如图 7-7-10 所示。

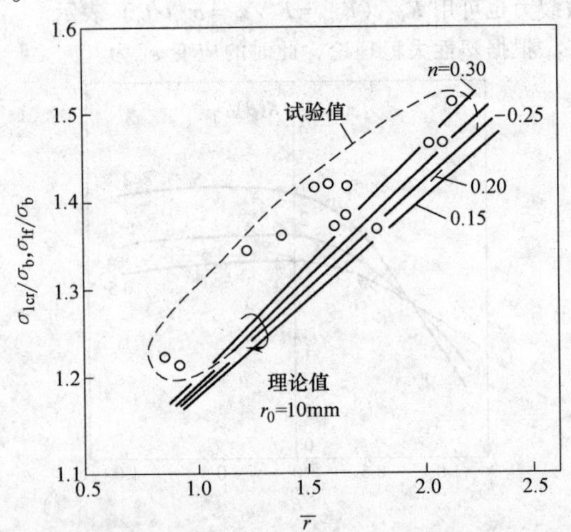

图 7-7-10　破裂力的试验值与理论值的比较

3. 变形余裕度评价法

变形余裕度评价法就是根据冲压件破裂危险部位的变形余裕度来评价成形的难易程度。一般情况下，破裂危险部位的变形余裕度越大，其冲压件成形越容易，反之越困难。

变形余裕度就是毛坯的实际变形与其变形极限的差别，即毛坯在目前的变形程度下，沿原变形路径尚具有的继续变形的能力。

按这种定义，在成形极限图上，可以将目前的最大主应变值 ε_S 与沿原路径变形到破裂时的极限应变 ε_K 的差值 $\Delta\varepsilon=\varepsilon_K-\varepsilon_s$ 计算出来，这个 $\Delta\varepsilon$ 就是应变余裕度。这种方法比较简单、实用方便。可以作为变形余裕度评价方法之一用于针对破裂的成形难度评价。

在汽车覆盖件冲压成形中，变形路径不一定都是直线。一般认为，当毛坯产生破裂时处于平面应变状态，即在毛坯的变形接近破裂时将偏离原来的变形路径，向平面应变方向发展。如图 7-7-11 所示，毛坯上破裂危险部值在冲压成形过程中的变形到达 A 点，假若继续变形的话，可能改变原来的变形路径向平面应变方向变形，最后可能到达 B 点产生破裂。在这种情况下，虽然从 A 点到破裂极限 B 点之间不一定是沿直线变化，但为了方便，仍可采取 A、B 之间的距离作为变形余裕度。为此，变形余裕度可量化为

$$\Delta\varepsilon=\sqrt{(\varepsilon_{xB}-\varepsilon_{xA})^2+(\varepsilon_{yB}-\varepsilon_{yA})^2} \tag{7-7-15}$$

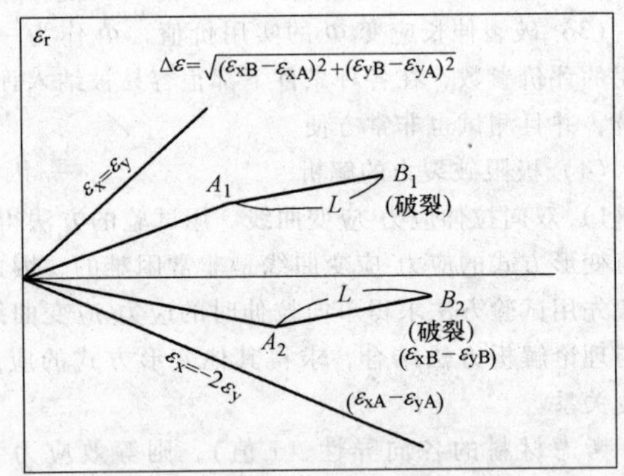

图 7-7-11　变形余裕度的定义及量化

这种变形余裕度计算的关键是如何确定 B 点。一般采用试验法，通过加大压边力，使毛坯在该部位达到破裂，测量破裂时的应变来确定 B 点。若不进行试验，则不能利用成形极限图将 B 点唯一确定。

7.2.4　成形难度评价实例

1）平面应变破裂预测模型见图 7-7-12，预测结果如图 7-7-13 所示。

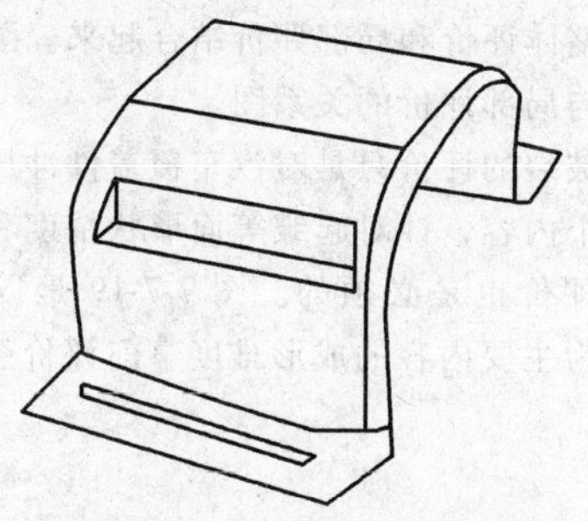

图 7-7-12　平面应变实验模型

在使用拉深肋的情况下，材料通过拉深肋流入直壁部分时产生了很大的变形，因此，在有拉深肋的状态下，靠近凹模口的侧壁部位将是破裂的危险部位。

2）如图 7-7-14 为汽车后轮罩拉深件简图。对其长边直壁部分进行平面应变破裂评价，评价部位见图 7-7-15。直壁部分的伸长变形分布如图 7-7-16a 所示，试验结果与计算结果比较一致。

图 7-7-16b 为应力分布图。极限应力可 $(\sigma_b)p$ 和各部分的弯曲半径来确定。本例中 ab、bd 处超过

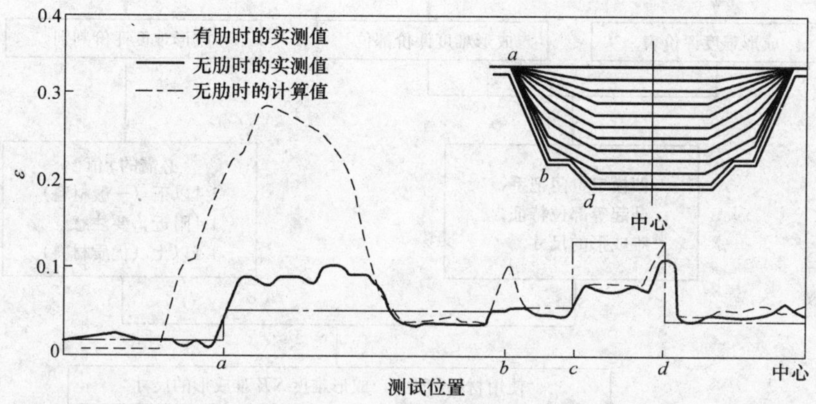

图 7-7-13　平面应变破裂预测结果

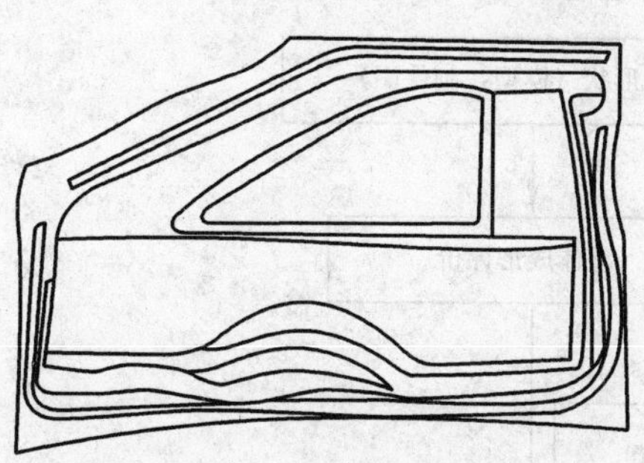

图 7-7-14　汽车后轮罩拉深件简图

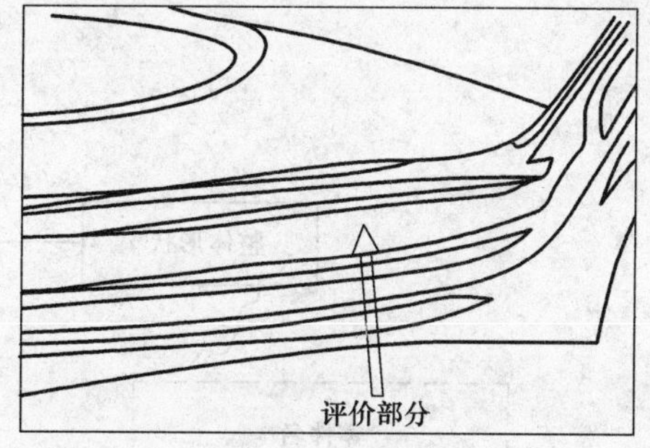

图 7-7-15　汽车后轮罩拉深件评价部位

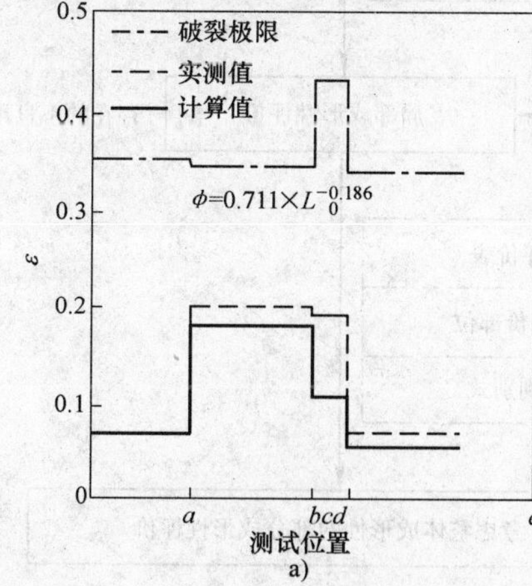

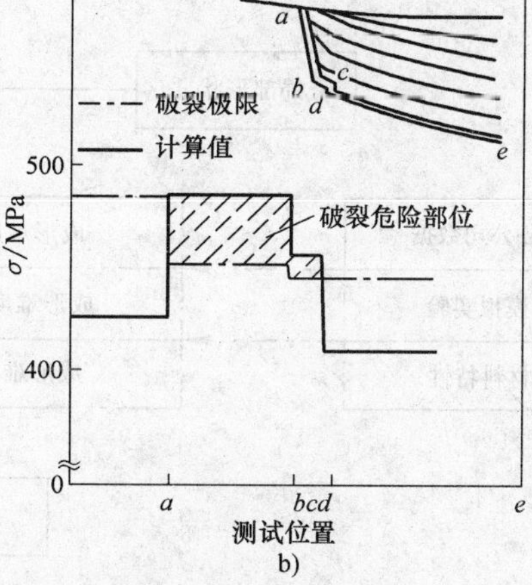

图 7-7-16　汽车后轮罩拉深件试验结果

了极限应力，而且 ab 处超出量最多。实际的破裂部位，也正是在 ab 之间 b 的附近，这与计算结果是一致的。

图 7-7-17 是以汽车内门板成形为例的成形难度评价流程图。

在对汽车覆盖件冲压成形破裂的成形难度评价时，要把整体评价和局部评价结合起来。图 7-7-18 是整体评价与局部评价的关系图。

针对破裂的评价只是对汽车覆盖件冲压成形难度评价的一个内容，针对起皱等面形状精度和尺寸精度等问题的评价也是必须的。图 7-7-19 是以破裂和面形状精度为主要内容的成形难度事前评价系统图。

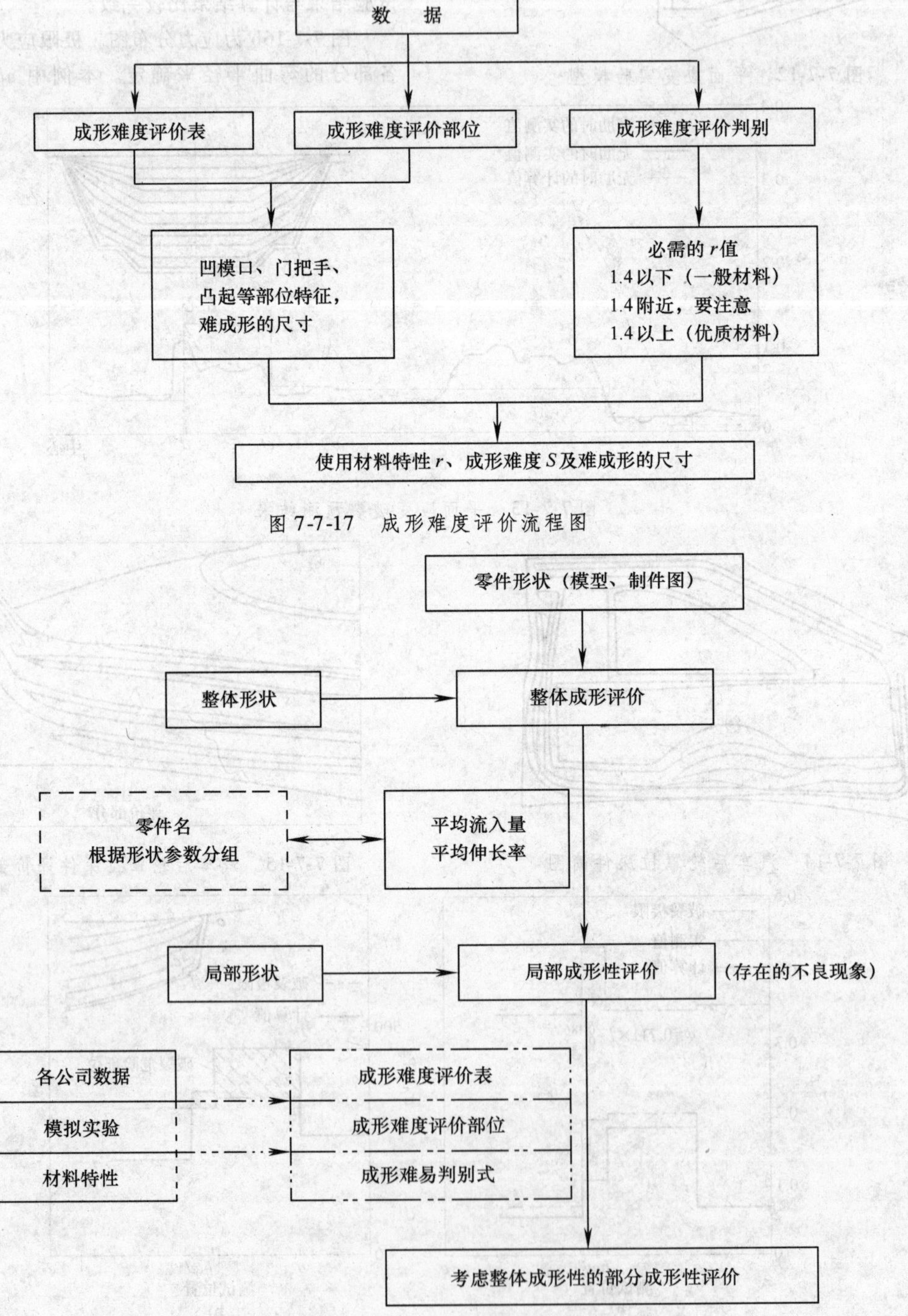

图 7-7-17 成形难度评价流程图

图 7-7-18 整体评价与局部评价的关系图

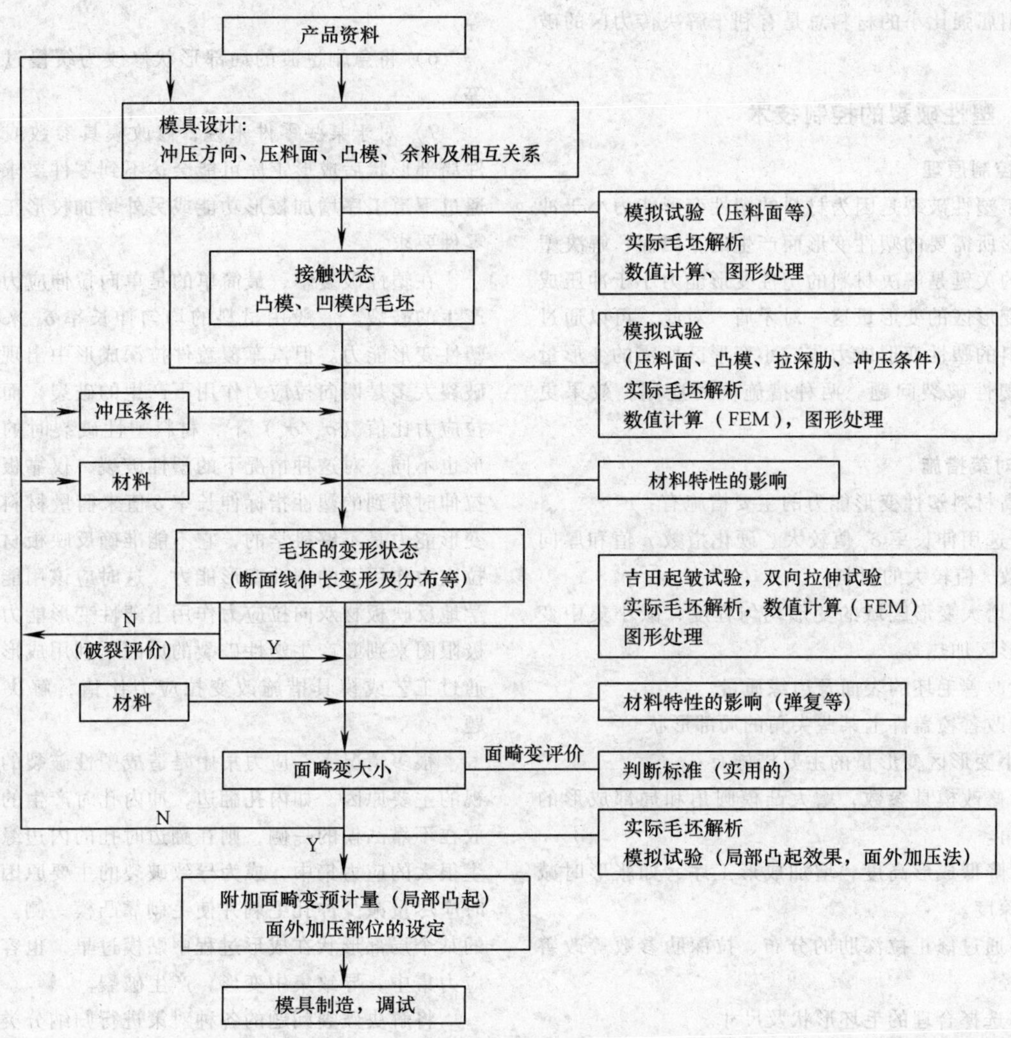

图 7-7-19　对破裂和面形状精度的成形难度事前评价系统图

7.3　破裂问题的控制技术

解决破裂问题，要根据板材冲压变形的基本理论对冲压件的形状尺寸特点进行详细的变形分析，判断破裂的性质和产生原因，采取针对性措施。

7.3.1　强度破裂的控制技术

1. 控制原理

由于强度破裂是因为传力区的传力能力小于变形区毛坯产生塑性变形和流动所需要的力而产生的，因而，解决强度破裂的关键是解决传力区的承载能力和变形区的变形力这一对矛盾。其根本原则就是要使传力区成为强区，变形区成为弱区。传力区和变形区的强弱是相对而言的，是可以互相转化的。因此，可以通过提高传力区的强度或降低变形区的变形力的措施来解决强度破裂问题。两种措施同时使用，效果更佳。

2. 对策措施

提高传力区强度的措施主要有：

1）采用强度极限高的材料。

2）加大传力区凸模圆角半径。

3）凸模侧壁留有一定的粗糙度并不加润滑。

降低变形区变形力的措施主要有：

1）拉深时减小压边力，增加润滑。

2）选择合理的毛坯形状，尽量减小毛坯尺寸。

3）选择厚向异性系数 r 较大的材料。

4）拉深肋合理分布，降低拉深肋高度；研平压料面；增加凹模圆角等。

如内孔翻边时增大凸模圆角和润滑；胀形时增大凸模圆角、降低凸模表面粗糙度和增加润滑等。

采用屈强比小的材料总是有利于解决传力区的破裂问题。

7.3.2 塑性破裂的控制技术

1. 控制原理

由于塑性破裂是因为材料的塑性变形能力小于冲压件成形所需要的塑性变形而产生的，因而，解决塑性破裂的关键是解决材料的塑性变形能力小于冲压成形所需变形区的变形量这一对矛盾。对此，可以通过提高材料的塑性变形能力或减小变形区所需的变形量来解决塑性破裂问题。两种措施同时应用，效果更佳。

2. 对策措施

提高材料塑性变形能力的主要措施有：

1）选用伸长率 δ_u 值较大、硬化指数 n 值和厚向异性系数 r 值较大的材料。

2）增大变形区域的变形均匀程度，减小集中变形；变形区加热等。

3）改善毛坯的表面及边缘质量。

4）改善覆盖件上某些尖角的局部形状。

减小变形区变形量的主要措施有：

1）修改模具参数，增大凸模圆角和局部成形的凹模圆角。

2）降低成形高度，增加成形工序，如胀形时减小胀形深度。

3）通过修正拉深肋的分布、拉深肋参数等改善变形路径。

4）选择合理的毛坯形状及尺寸。

5）增加辅助工艺措施（如工艺余料、工艺孔等）。

6）将急剧过渡的局部形状修改为缓慢过渡形状等。

7）对于某些零件来说，修改模具参数或改变零件局部形状后成形工序可能会达不到零件要求，需要通过下道工序增加校形功能或另外增加校形工序达到零件要求。

在塑性破裂中，最简单的是单向拉伸应力作用下产生的破裂。一般用材料的均匀伸长率 δ_u 来衡量其塑性变形能力。但汽车覆盖件拉深成形中出现的塑性破裂大多是两向拉应力作用下产生的破裂，而不同的拉应力比值（σ_x/σ_y）下，材料塑性破裂时的极限变形也不同。对这种情况下的塑性破裂，仅靠板材单向拉伸时得到的塑性指标伸长率 δ 值来衡量材料的塑性变形能力是不够科学的，它不能准确反映板材在双向拉应力作用下的塑性变形能力。这时应该用能比较科学地反映板材双向拉应力作用下塑性变形能力的成形极限图来判断产生塑性破裂的原因，利用成形极限图通过工艺或模具措施改变拉应力比值，解决破裂问题。

很多情况下，应力集中是造成塑性破裂的不可忽视的主要原因。如内孔翻边，冲内孔时产生的毛刺若放在不靠凸模的一侧，则在翻边时孔的内边缘就会产生很大的应力集中，成为导致破裂的主要原因。故此时应尽量减少冲孔毛刺并使毛刺靠凸模一侧。覆盖件的某个局部形状在成形过程中贴模过早，也容易造成应力集中，导致集中变形，产生破裂。

将解决破裂问题的各种对策进行归纳分类列于表7-7-1。

表 7-7-1 破裂对策分类

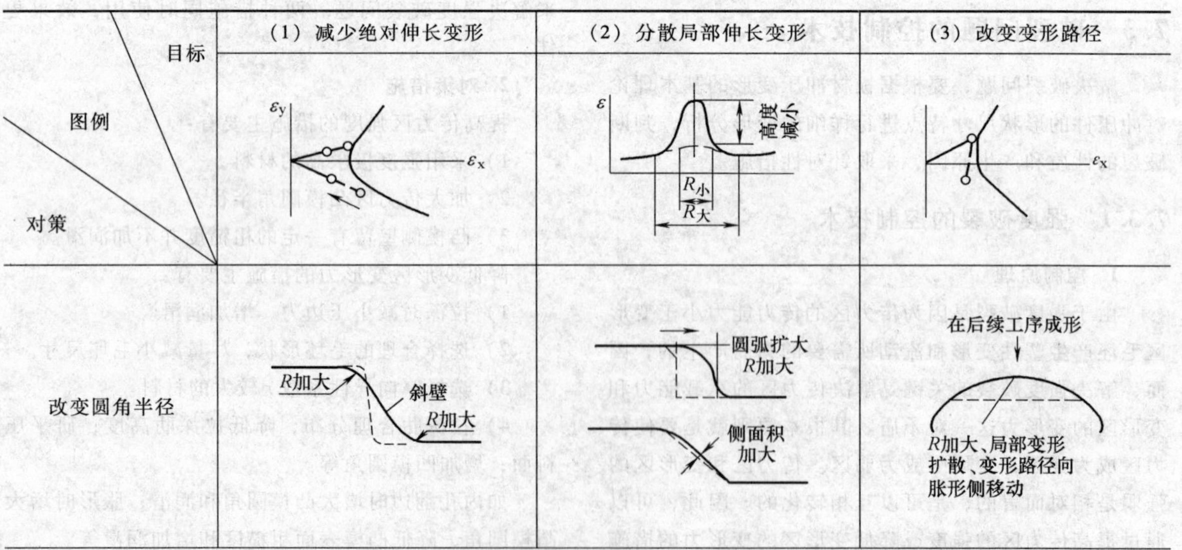

目标 / 图例 / 对策	（1）减少绝对伸长变形	（2）分散局部伸长变形	（3）改变变形路径
图例	ε_y、ε_x	ε、高度减小、$R_小$、$R_大$	ε_x
改变圆角半径	R加大、斜壁、R加大	圆弧扩大 R加大、侧面积加大	在后续工序成形；R加大、局部变形扩散、变形路径向胀形侧移动

（续）

目标 / 图例 / 对策	（1）减少绝对伸长变形	（2）分散局部伸长变形	（3）改变变形路径
图例	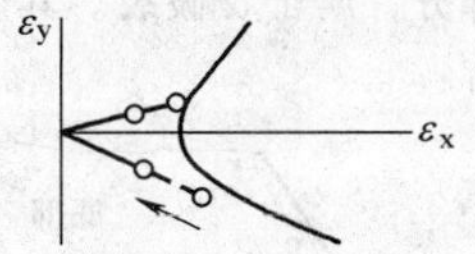 ε_y　ε_x	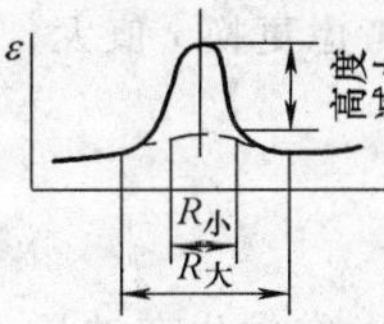 ε　高度减小　$R_{小}$　$R_{大}$	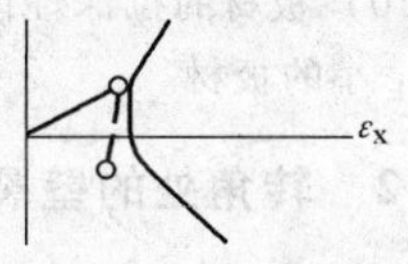 ε_x
控制毛坯流入量	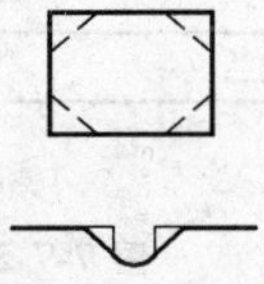	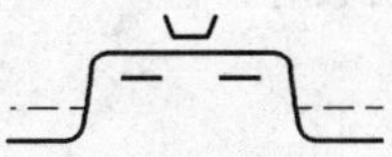	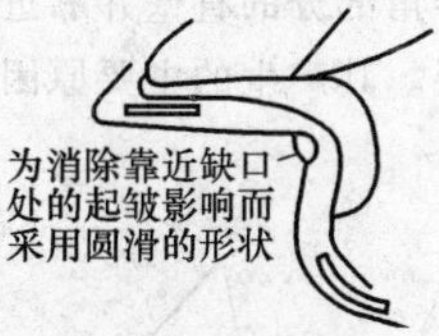 为消除靠近缺口处的起皱影响而采用圆滑的形状
改变拉深深度	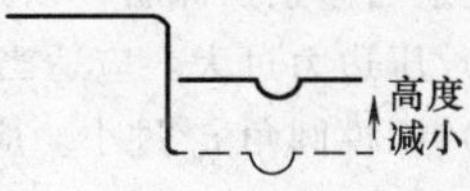 高度减小	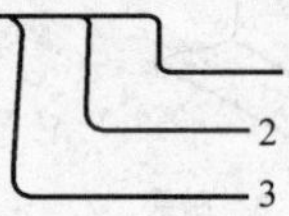 1　2　3	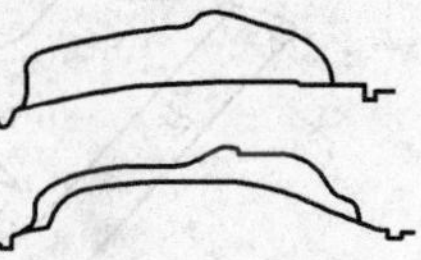
预变形	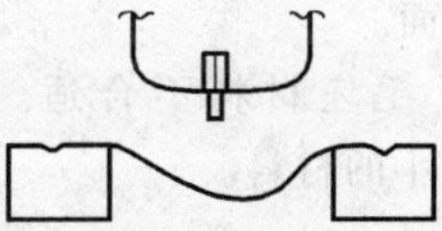 用先行销使毛坯预变形		 第一道工序预变形 第二道工序成形
改换材料	n 值大；r 值大 伸长变形能力大； 变形极限高	n 值大 厚度大	n 值大 变形极限高

7.4　破裂控制对策实例

7.4.1　底部破裂

如图 7-7-20 所示，破裂发生在凸模圆角处。该部位属于拉深成形传力区，此处的破裂为 α 破裂。主要是此处的拉力超出了材料的强度极限所致。

产生这种现象可能的直接原因及相应的对策有以下几个方面：

1）拉深系数过小。这种情况下应增加拉深工序。

2）凸模圆角 r_p 过小，导致该部位的变形剧烈、减薄严重，使承载能力下降。此时应增大 r_p。

3）转角半径 R 过小，转角区材料流动阻力过大，增加了传力区转角部分的拉力。此时在不影响产品使用性能的前提下可适当增大转角半径 R。

4）压边力过大，使拉深力加大，导致传力区的承载能力不足。此时可在保证压料面下坯料不起皱的前提下适当减小压边力。

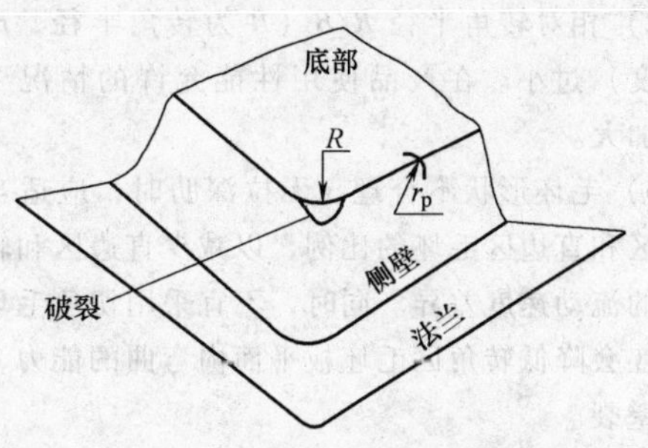

图 7-7-20　凸模圆角处的破裂

5）润滑不好，使材料流动阻力增大。此时应改善润滑条件，选择润滑性能较好的润滑剂。

6）毛坯的形状尺寸不合理或尺寸过大。应选择合理的毛坯形状或在保证法兰边尺寸的前提下适当减小毛坯尺寸。

7）毛坯或模具定位不准，应检查毛坯及模具的定位装置。

8）模具间隙过小，应修正模具间隙。

9）拉深肋的形状、尺寸及布置不合理。此时应重新考虑拉深肋的布置并修正拉深肋的形状及尺寸。

10）板材的拉深性能不好。应考虑更换 r 值大、σ_s/σ_b 小的板材。

7.4.2　转角处的壁裂

转角处的壁裂如图 7-7-21 所示，常发生在冲压件转角部分的直壁并靠近凹模圆角处的部位。属于α破裂。其产生的主要原因及相应的对策有：

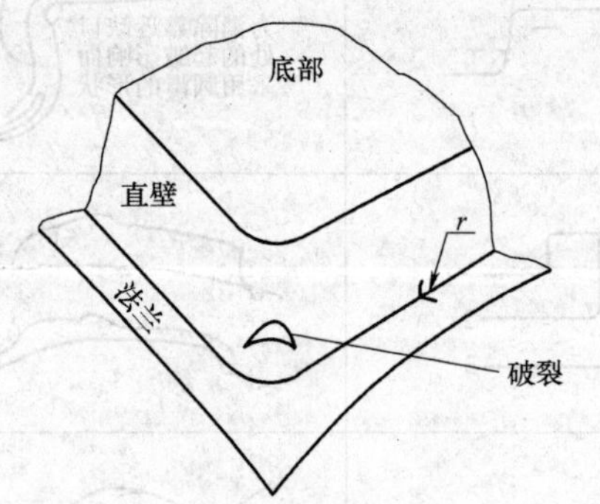

图 7-7-21　转角处的壁裂

1）凹模圆角半径 r_d 过小（$r_d/t<3$），毛坯滑过 r_d 后产生了剧烈的弯曲、反弯曲变形，材料变薄严重，导致该部分的承载能力下降。此时应采用较大的凹模圆角半径（$r_d/t>3$）。如果零件要求法兰根部的圆角半径 r 较小，可先采用较大的 r_d 进行拉深，后续工序中，再校正至 r。

2）相对转角半径 R/B（R 为转角半径，B 为直边长度）过小。在产品使用性能允许的情况下，可适当加大。

3）毛坯形状不合理。无拉深肋时，应适当安排转角区和直边区毛坯的比例，以减少直边区和转角区毛坯的流动速度差异。同时，不宜采用切角毛坯，切角毛坯会降低转角区毛坯板平面内弯曲的能力，更易产生壁裂。

4）毛坯转角区的润滑不好。此时应加强转角区毛坯的润滑，使该区域的润滑条件好于直边区。

5）毛坯转角区的压边力过大。在保证毛坯不起皱的前提下，应适当减小转角区压边力，相应增大直边区的压边力。

6）毛坯材料选择不合适。应尽量选择 σ_b、r 值及 δ_u 较大的材料。

7）在法兰直边区采用拉深肋，以增加直边材料的流动阻力，减小板平面内的弯曲变形。

7.4.3　横向壁裂

如图 7-7-22 所示，这种壁裂常发生于复杂零件的直边部分，属于α破裂。其产生的主要原因及相应的对策有：

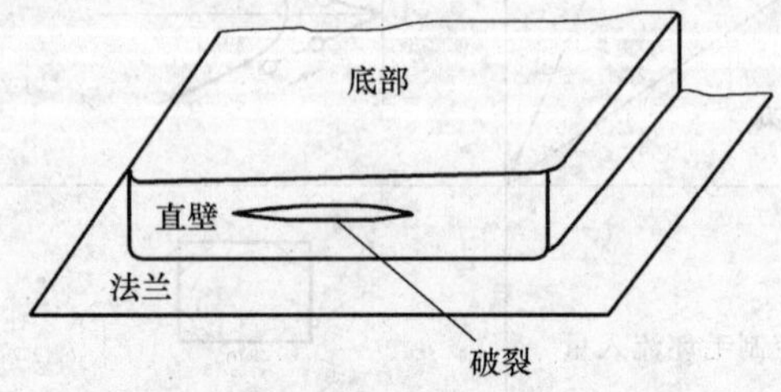

图 7-7-22　横向壁裂

1）直边部分的拉深肋设置不当，进料阻力过大，此时应适当修正拉深肋，以减小其阻力。

2）压边力过大。应适当减小压边力。

3）凹模圆角 r_d 过小。应适当增大凹模圆角半径 r_d。

4）直边部分的模具压料面粗糙。应研磨或精加工压料面。

5）毛坯材料不合适。应选择 r 值大、σ_b 高、CCV 值小的材料。

7.4.4　L 形零件法兰处的破裂

如图 7-7-23 所示，此类零件的破裂多发生在内凹的法兰变形区内，而且是从边缘开始产生裂纹。该处为单向拉伸应力状态，切向伸长变形为最大主应变，属于β破裂，即塑性破裂。其产生的主要原因及相应的对策有如下几方面：

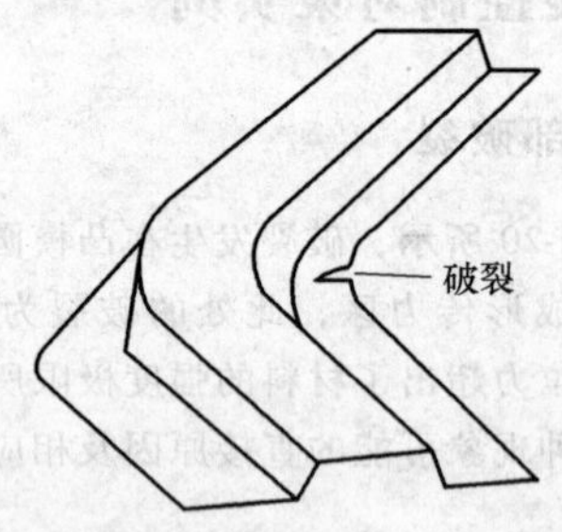

图 7-7-23　L 形零件的法兰处破裂

1）毛坯形状不合适。应在此部位适当增加法兰宽度，以弥补该部位材料的不足。

2）零件的深度大，使法兰变形区的变形过大而产生破裂。此时应在允许的范围内适当减小零件的深度。

3）毛坯边缘质量不好、毛刺较大，变形时因应力集中而被拉裂。应进行落料模刃口研磨或人工打毛刺。

4）材料的塑性指标不够。应选择 δ_u 和 n 值大的材料。

7.4.5　汽车灯座的纵向破裂

图 7-7-24 是汽车灯座冲压成形时出现的破裂。该零件的冲压工序为：拉深、冲孔、翻边，拉深的同时冲工艺减轻孔或拉深之前冲工艺减轻孔。破裂是在翻边过程中产生的，并出现在变形区内，故为 β 破裂。其产生的主要原因及相应的对策有：

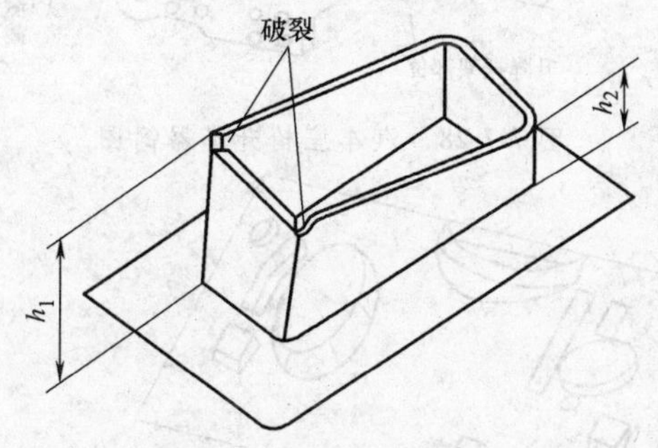

图 7-7-24　汽车灯座的破裂

1）翻边高度 h_1 太大，致使边缘的变形程度过大导致破裂。此时应增加拉深深度，加大中间的工艺减轻孔，以减小翻边时边缘的变形程度。

2）零件的转角半径 R 过小。在允许的前提下，适当加大零件的转角半径。

3）工艺减轻孔边缘质量差，毛刺过大。此时应修整冲孔模具刃口或打磨工艺减轻孔边缘毛刺。

4）毛坯材料性能不合适。此时应选择 δ_u 值大、n 值大的材料。

5）将翻边凸模做成锥形，有利于提高翻边极限，避免破裂。

7.4.6　汽车车门外板扣手部位的破裂对策

汽车车门外板扣手部分局部成形时，会发生如图 7-7-25 所示部位的破裂。原设计的变形状态图用虚线表示，在测点 9′、10′处的实际变形超出了变形极限而产生破裂。为了避免破裂，采用加大凸模圆角半径 r_p，并增加胀形部分，从而分散了该部位的集中性变形。改变凸模圆角半径后的变形状态图用实线表示。各测点的变形均向双等拉变形方向移动，使其成形极限得以提高，达到避免破裂的目的。

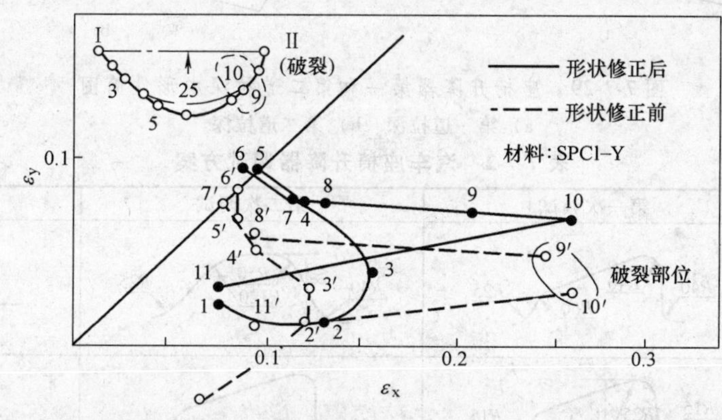

图 7-7-25　汽车门外板扣手部位变形状态的变化

7.4.7　汽车发动机油底壳的破裂对策

汽车发动机油底壳原设计成形时各测点的变形状态如图 7-7-26 中的虚线所示。在测点 6 部位的变形量最大，超出了成形极限线，该处产生破裂。为了减少该处 X 方向上的变形量，应对模具参数进行修正。变化的情况及各参数的意义如图 7-7-27 所示。

模具参数修正后得到的变形状态图，远离了成形极限，具有较大的变形余裕度，因此完全可以避免破裂的发生。

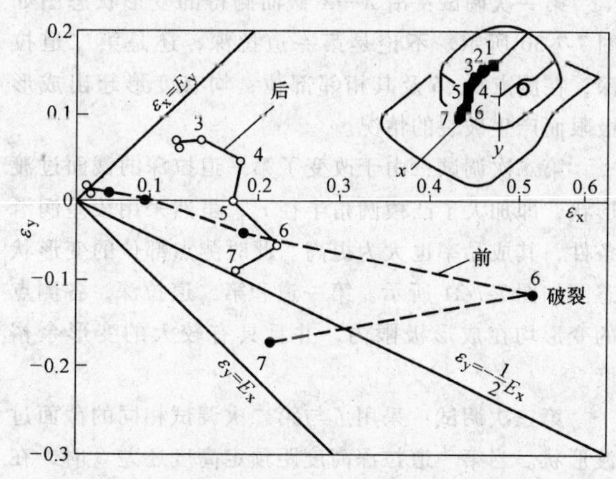

图 7-7-26　油底壳成形时的变形状态图

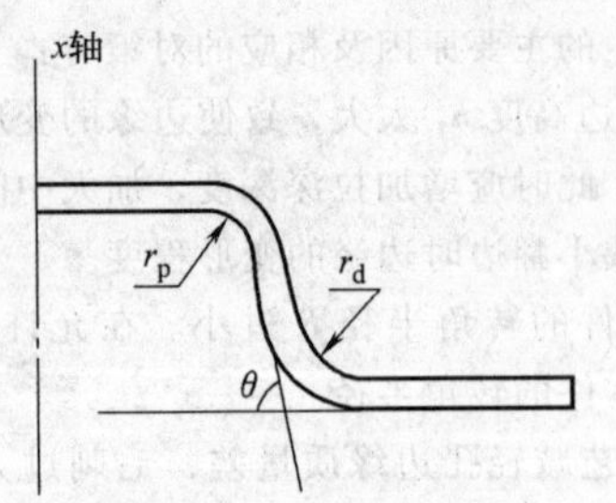

图 7-7-27　各参数的意义及其变化

7.4.8　座椅升降器的破裂对策

汽车座椅升降器简图如图 7-7-28 所示。该件分两道拉深工序成形（图 7-7-29），对成形中出现的破裂问题进行了三次调试，三次方案的变化见表 7-7-2。

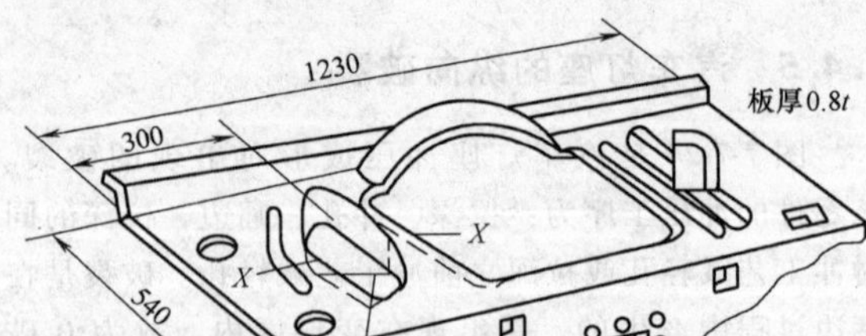

图 7-7-28　汽车座椅升降器简图

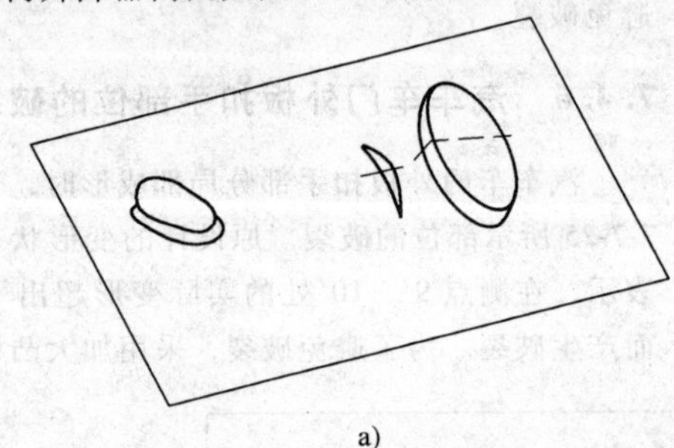
a)

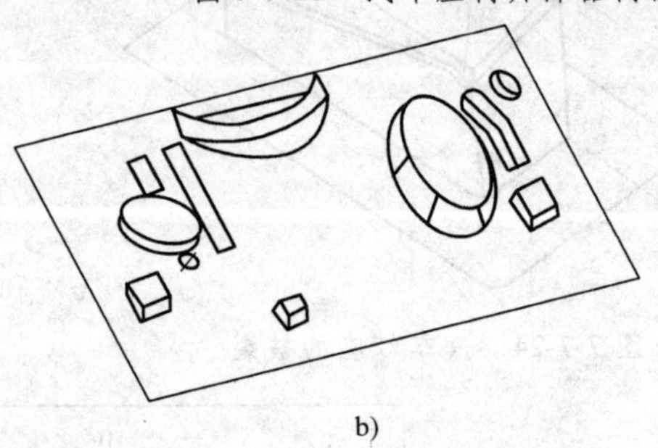
b)

图 7-7-29　座椅升降器第一和第二道拉深成形件简图

a）第一道拉深　b）第二道拉深

表 7-7-2　汽车座椅升降器调试方案

项　目	第一次调试	第二次调试	第三次调试
第一道拉深成形	R40　R40　R60　R25	80　R40　R50　R120　R25	拉深至 h_{1-5} 时切口
第二道拉深成形	R15　R25　85　40　R40　R15		

第一次调试：沿 X—X 截面测得的变形状态图如图 7-7-30 所示。不论是第一道拉深，还是第二道拉深，在测点 5、6 及其相邻部位，均有变形超出成形极限而产生破裂的情况。

第二次调试：由于改变了第一道拉深的截面过渡形状，即加大了凸模圆角半径 r_p，虽然采用较差润滑条件，其成品率也大为提高。此时测点部位的变形状态图如图 7-7-31 所示。第一道和第二道拉深，各测点的变形均在成形极限内，并且具有较大的变形余裕度。

第三次调试：采用了与第二次调试相同的截面过渡形状。当第一道拉深高度距预定高度还差 S 时，在法兰变形区的左侧切口。切口减少了法兰变形区的阻力，使得测试部位的变形更小，其变形余裕度相应

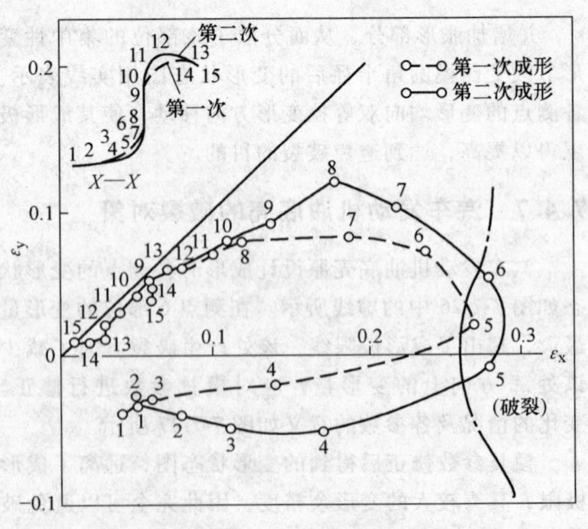

图 7-7-30　第一次调试时变形状态图

增大（图 7-7-32）。此时，即使不使用润滑剂，其成品率也远远高于第一和第二次调试。

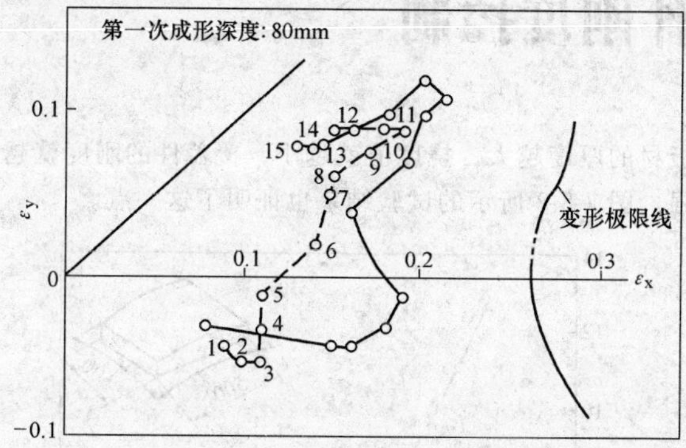

图 7-7-31　第二次调试时变形状态图

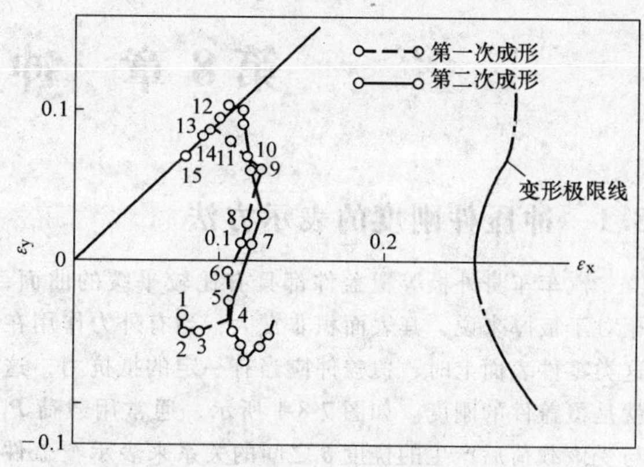

图 7-7-32　第三次调试时变形状态图

第8章　冲压件刚度控制

8.1　冲压件刚度的表示方法

汽车车身外板等覆盖件都具有比较平缓的曲面，相对于板厚来说，其表面积非常大，当有外力作用在这类零件表面上时，覆盖件应当有一定的抵抗力，这就是覆盖件的刚度。如图 7-8-1 所示，通常用载荷 P_i 与受该载荷后产生的挠度 δ 之间的关系来表示覆盖件的刚度。P-δ 的关系，因覆盖件的曲率和板厚及形状不同而不同。如图 7-8-1 中曲线 A 的上升斜率大，说明载荷加在覆盖件上后产生的挠度小，覆盖件的刚度高；曲线 B，在某一载荷下，挠度急剧增加，产生失稳现象，这时就相当于覆盖件受载后产生“忽嗒忽嗒”响声的现象；曲线 C，斜率较小，当同样受载时会产生较大的挠度，即覆盖件的刚性差。这也就是说，产生塌陷小或失稳需要较大载荷的覆盖件的刚度好。

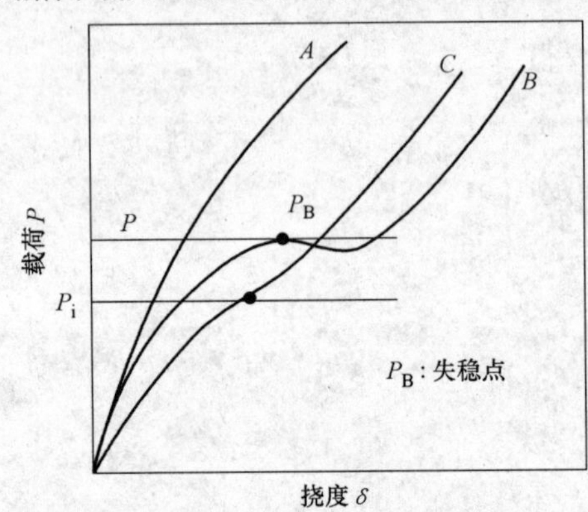

图 7-8-1　载荷与挠度的关系

在覆盖件的中央加以载荷时，覆盖件的刚度用所产生的挠度来表示：

$$\delta = KP/t^3 \qquad (7\text{-}8\text{-}1)$$

式中　δ——挠度（mm）；

K——系数；

P——施加的载荷（kN）；

t——冲压件厚度（mm）。

8.2　影响刚度的主要因素

8.2.1　板厚和冲压件曲率对刚度的影响

由式（7-8-1）可见，挠度与板材厚度的三次方成反比，可见板材厚度对覆盖件的刚度有重要影响。板材的厚度越大，挠度值就越小，覆盖件的刚度就越强。图 7-8-2 所示的试验结果也证明了这一点。

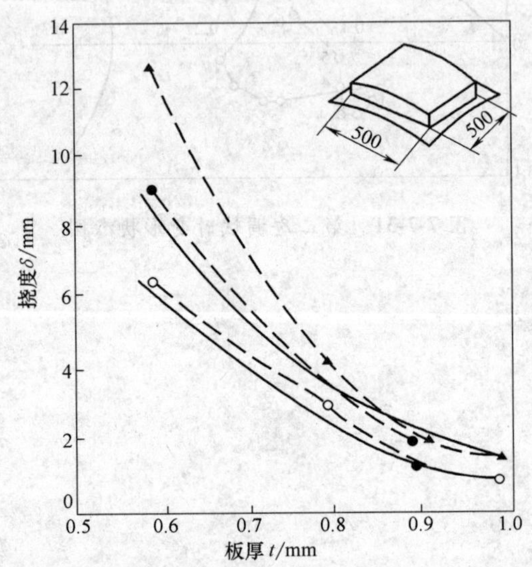

图 7-8-2　刚度与板厚的关系

覆盖件的曲率半径对其刚度也有较大影响。如图 7-8-3 所示，覆盖件的曲率半径越大，其挠度越大，刚度越差。但对平底凸模来说，虽然其曲率无限大，但受压后产生挠度，毛坯板面内产生的是拉应力，所以，也没有“失稳”现象。

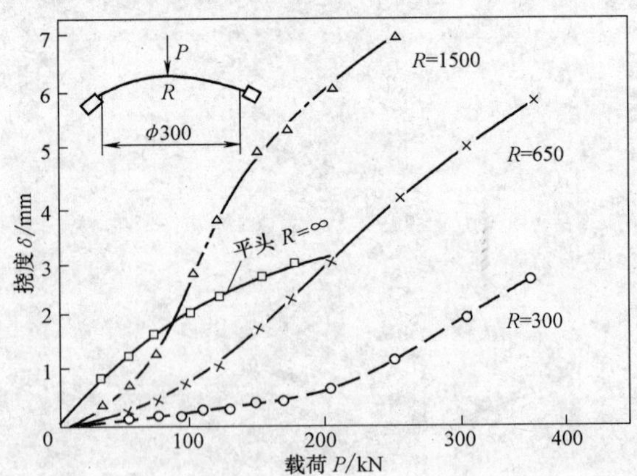

图 7-8-3　载荷-挠度曲线与覆盖件曲率半径的关系

8.2.2　材料性能对刚度的影响

刚度问题基本上是弹性变形范围内的现象，与材料的屈服强度和抗拉强度没有直接的关系。但实际上，由于屈服强度低的材料能使大曲面覆盖件的形状冻结性提高，得到曲率半径更小的覆盖件（图 7-8-4）。因此，材料的屈服强度越低，弹复量越小，产生相同的挠度所需的力就越大（图 7-8-5），说明覆盖件的刚度越强。

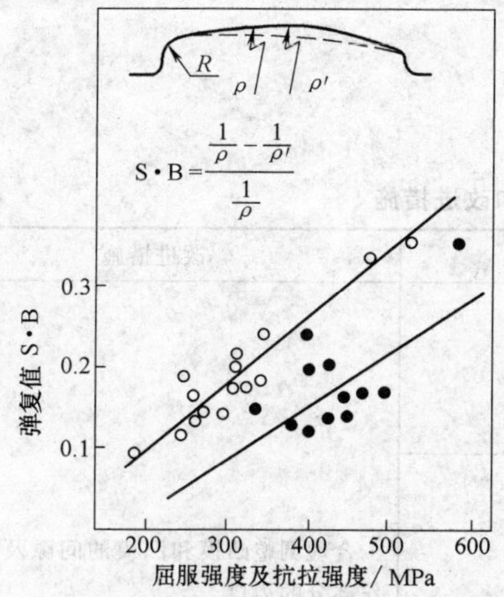

图 7-8-4　材料强度对弹复的影响

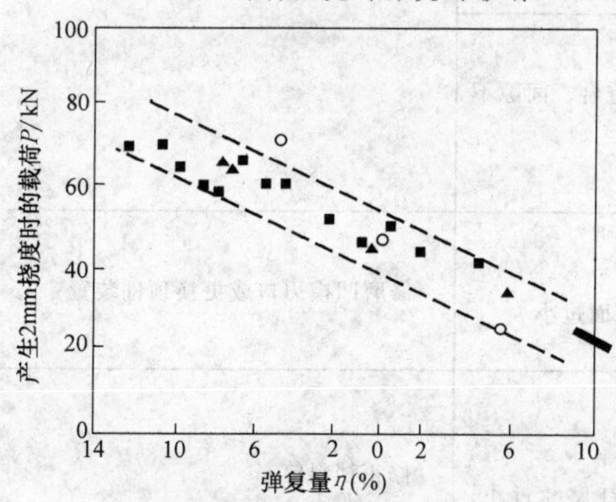

图 7-8-5　弹复量与刚度的关系

与弹性模量 E 和泊松比 ν 有关的刚性系数为 $K=E/(1-\nu^2)$。由图 7-8-6 可见，材料的刚性系数 K 值越大，冲压件的刚度也随之提高。

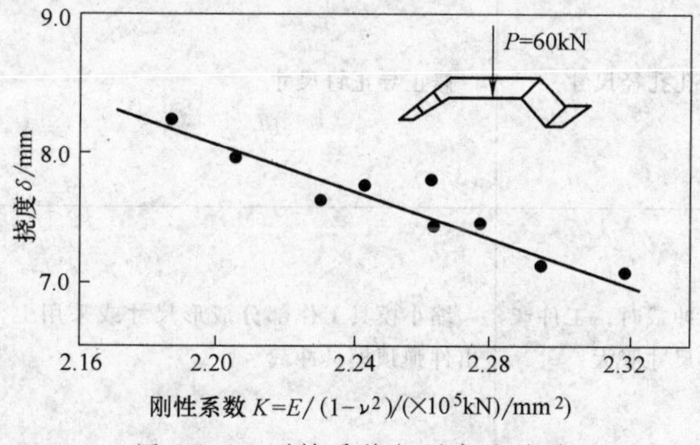

图 7-8-6　刚性系数与刚度的关系

8.2.3　其他影响因素

汽车覆盖件的刚度也是一个受到多方面因素影响的问题，除板厚、覆盖件的曲率、材料性能的影响外，还有其他很多因素。如：覆盖件的结构形状、毛坯在冲压过程中产生的塑性变形程度等。

8.3　提高覆盖件刚度的措施

汽车覆盖件属大型薄板冲压件，保证其具有一定的刚度是必要的。若汽车车身覆盖件的刚度不足，当汽车行驶过程中就会产生共振现象，产生很大的噪声，使驾驶员的工作环境恶化，容易引起疲劳。提高覆盖件刚度的主要对策有：

1）增加毛坯在冲压过程中产生的塑性变形程度。在形状、结构、尺寸都不变的情况下，大型汽车覆盖件的刚度与其整体的塑性变形大小有关，塑性变性越大，其刚性越好。一般认为，毛坯的塑性变形伸长率 $\delta>3\%$ 时，才有较好的刚度。

2）在进行覆盖件设计时，要考虑到覆盖件的刚度问题。表面上有肋条、凸起等形状的覆盖件，其断面形状惯性矩增加，受外力时的抗弯能力增强，覆盖件的刚度大。如带条形肋的汽车驾驶室顶盖（图 7-8-7）比没有条形肋的顶盖的刚度要大得多。对外覆盖件，要在不影响车身整体设计风格、风阻要求及外形美观的前提下，在冲压件型面上设计有可以增强美感、流线感的肋条等。

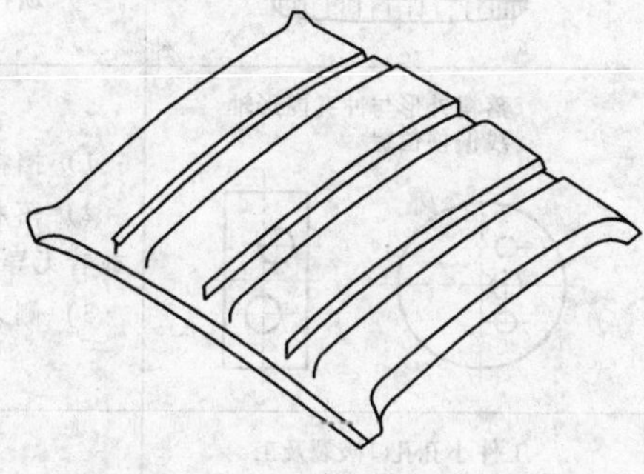

图 7-8-7　带条形肋的汽车驾驶室顶盖简图

3）在进行拉深件设计时，适当增加一些浅拉深件的深度，使浅拉深件变为较深的拉深件。

4）在冲模设计时，设计拉深肋、拉深槛等；冲压加工时增加压边力等。这些措施都有利于增加毛坯的塑性变形，增大胀形成分的比例，提高冲压件的刚性。

5）采用刚性系数 K 值大的材料，即弹性模量 E 值大的材料。

6）增加毛坯厚度。

第 9 章　各工序制件的质量分析综合

9.1　各工序制件的质量分析

9.1.1　冲裁件的质量分析和改进措施（见表 7-9-1）

表 7-9-1　冲裁件的质量分析和改进措施

序号	质量情况	原因分析	改进措施
1	工件上部形成齿状毛刺 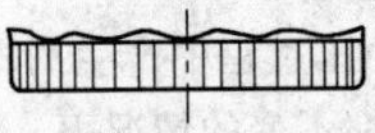	凸凹模间隙过小	合理调整凸模和凹模的间隙及修磨工作部分的刃口
2	工件有较厚的拉断毛刺，断面有显著斜角、粗糙、裂纹和凹坑 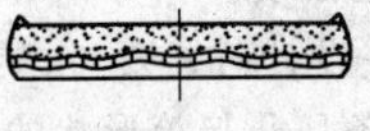	凸凹模间隙过大	
3	工件一边有显著带斜度的毛刺 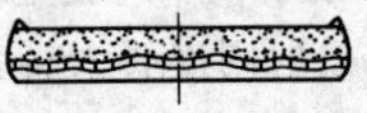	凸模和凹模中心线不重合，间隙不均匀	
4	工件有凹形圆弧面 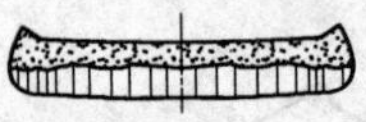	1）凹模口部有反锥度 2）顶杆件和工件接触面过小	修磨凹模刃口或更换顶件装置
5	落料外形与冲孔内形轴线偏移位置 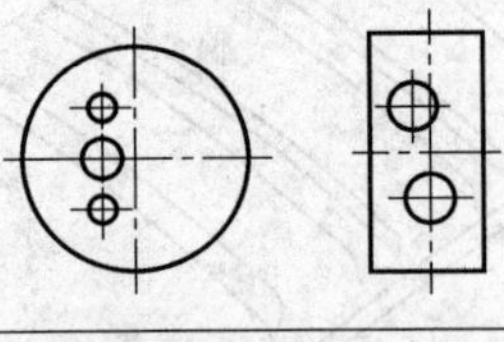	1）挡料钉位置不正 2）落料凸模上导正钉尺寸过小，或者无导正钉 3）侧刃定距不正	修正挡料钉 更换导正钉和侧刃 对于多孔冲裁件应采用两个导正钉
6	工件小孔孔口破裂及工件有严重变形 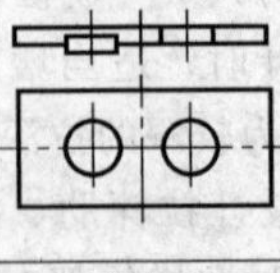	导正钉尺寸大于冲孔孔径尺寸	修正导正钉尺寸
7	工件校正后超差 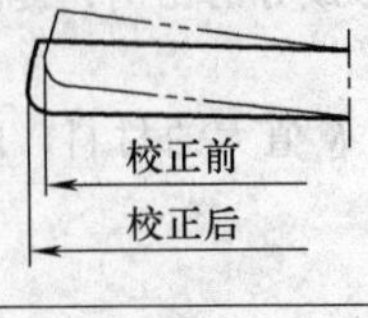 校正前 校正后	采用下出件漏孔模冲裁时，工件产生不平，校正后工件尺寸胀大	缩小模具工作部分成形尺寸或采用上出件弹顶模具冲裁

（续）

序号	质量情况	原因分析	改进措施
8	采用条料或连续模冲裁时条料产生扭歪 	模具压力中心选取不正	应考虑水平侧向分力压力中心的作用

9.1.2　精冲件的质量分析和改进措施（见表 7-9-2）

表 7-9-2　精冲件的质量分析和改进措施

序号	质量情况	原因分析	改进措施
1	工件断面质量不好 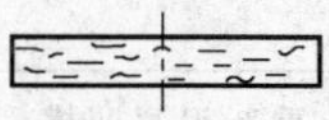	1）材料不合适 2）凹模孔表面粗糙，冲切时润滑油太少 3）润滑油不合适 4）凹模圆角半径太小	1）退火或更换材料 2）当凸、凹模间隙和公差允许时，对凹模孔表面重新加工 3）换润滑油 4）修正凹模圆角半径
2	工件断面撕裂 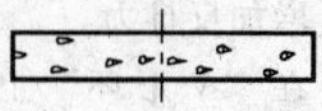	1）“V 形环”压边力偏小 2）凹模圆角半径不均匀或太小 3）材料不合适 4）两个工件之间的距离或者工件到材料边缘的距离太小 5）“V 形环”太小 6）转角半径太小	1）增加“V 形环”的压力 2）增大凹模圆角半径 3）退火或更换材料 4）增加材料进给量或增加搭边尺寸 5）增加“V 形环”高度或在凹模面上采用第二个“V 形环”（$t>4$mm 时） 6）在凹模的这些区域加大圆角半径（仅对较厚件的应急办法），在凹模的薄弱区采用第二个“V 形环”
3	工件断面断裂或破裂 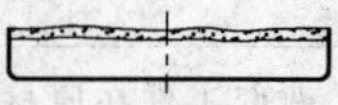	凸模与凹模的间隙太大	另加工一个新凸模
4	工件剪切面呈现不正常的锥形 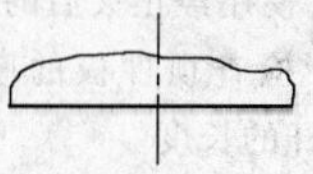	1）凹模圆角半径太大 2）凹模产生弹性变形现象	1）重磨凹模并采用较小的圆角半径 2）凹模是磨削加工的，可以磨凹模的底部，以增加预紧套的顶压力；若凹模是电腐蚀加工的，可采用预紧套
5	工件靠凸模一侧有毛刺 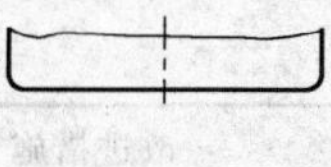	凸模与凹模的间隙太小	增加凸模和凹模之间的间隙（在加工一些特殊性质的材料时，即使使用尺寸合适的凸凹模间隙也可能会出现一定程度的毛刺）
6	工件剪切面呈“波纹”状和圆锥形，在凸模侧的剪切周边上有毛刺 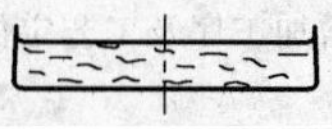	1）凹模圆角半径太大 2）凸模与凹模间隙太小	1）重磨凹模，使圆角半径小一些 2）重新加工凸模，以增加凸模和凹模的间隙

（续）

序号	质量情况	原因分析	改进措施
7	剪切面带有“波纹”状并有断裂 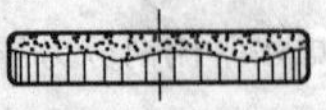	凹模圆角半径和凸、凹模间隙太大	重磨凹模，采用小一些的圆角半径，制造一个新的凸模
8	工件毛刺过多 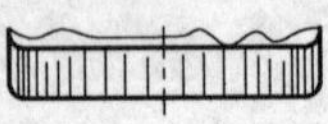	1）凸、凹模间隙偏小，凸模的刃口钝了 2）凸、凹模间隙正确，但凸模钝了 3）凸模进入凹模太深 4）一般磨损	1）增大模具间隙 2）修磨凸模 3）调整模具闭合高度 4）重磨和研磨凸模
9	工件剪切面一侧破裂，在另一侧沿剪切周边有呈“波纹”状毛边 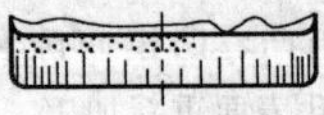	1）凸、凹模间隙不均匀 2）凸模与压边圈之间有缝隙	1）重磨压边圈偏心的半径，并重新校正凸模中心 2）修正压边圈的缝隙
10	工件塌角过大 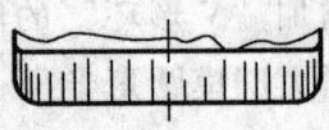	1）凹模圆角半径太大 2）反力太小，由于工件的轮廓造成的结果（尖角、尖转角和小圆角半径等）	1）重新刃磨凹模，并采用较小的圆角半径（可能在凹模上需要一个“V形环” 2）增加反力
11	工件弯曲 	1）反力太小 2）条料上的油太多	1）增加反推力 2）在“V形环”上应当多开两道或更多的油槽，使油可以流走
12	工件沿最长的方向弯曲 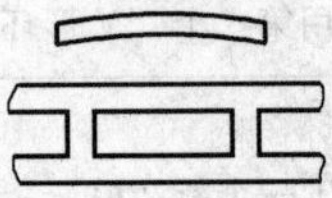	材料本身的应力作用	在原材料上加一个校直装置，或使用经过正火的材料
13	工件扭曲 	1）材料内部应力的作用 2）材料的晶粒方向不合适 3）顶件板顶出工件时作用不一致	1）改变工件在原材料（条料）上的排样 2）使用经正火后的材料 3）检查顶件板的厚度和平行度以及顶杆的长度

9.1.3 弯曲件的质量分析和改进措施（见表7-9-3）

表7-9-3 弯曲件的质量分析和改进措施

序号	质量情况	原因分析	改进措施
1	弯曲件高度 H 尺寸不稳定 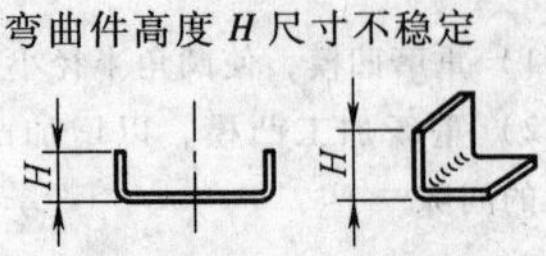	1）高度 H 尺寸太小 2）凹模圆角不对称 3）材料厚度、硬度使高度尺寸不稳定	1）高度 H 尺寸不能小于最小极限尺寸 2）修正凹模圆角 3）增加工序及工艺定位

（续）

序号	质量情况	原因分析	改进措施
2	弯曲角有裂缝	1）弯曲内半径太小 2）材料纹向与弯曲线平行 3）毛坯的毛刺一面向外 4）金属的可塑性差	1）加大凸模弯曲半径 2）改变落料排样及方向 3）毛刺改在弯件的内圆角 4）退火或采用软性材料
3	弯曲件外表面有压痕 压痕	1）凹模圆角半径太小 2）凹模表面粗糙，间隙小	1）加大凹模圆角半径 2）调整凸、凹模间隙
4	弯曲件表面挤压，料变薄 挤光	1）凹模圆角半径太小 2）凸、凹模间隙小	1）加大凹模圆角半径 2）修整凸、凹模间隙
5	U形弯曲件底部产生曲度	凹模内无顶料装置	增加顶料装置或增加校形工序
6	弯曲角不均匀 θ_2 θ_1 $\theta_2>\theta_1$	压力机或模具的刚度不够	1）选用吨位较大的压力机 2）改开式曲轴压力机为闭式压力机 3）加大模座厚度，提高模具刚度
7	回弹，弯曲角度不稳定	卸载后金属弹性回复过大	1）利用材料回弹规律，控制弹性回复 2）改变加载过程的应力状态 3）采用校正弯曲
8	弯曲件端面鼓起或不平	弯曲时，材料外表面的部位在圆周方向受拉，产生收缩变形；靠近内表面的部位在圆周方向受压，外侧产生伸长变形并变厚。因而，沿弯曲线方向出现翘曲和端面鼓起现象	1）弯曲件在冲压最后阶段，凸、凹模应有足够的压力 2）做出与弯曲件外圆角相应的凹模圆角半径 3）增加工序完善
9	弯曲引起孔变形 大 小 l	孔边距弯曲线太近，被冲的孔的位置在弯曲变形区内，内侧产生压缩变形；外侧产生伸长变形	1）保证从孔边到弯曲半径中心的距离大于一定值 2）弯曲后再行冲孔

（续）

序号	质量情况	原因分析	改进措施
10	弯曲件在弯曲后不能保证孔位 l 的尺寸精度 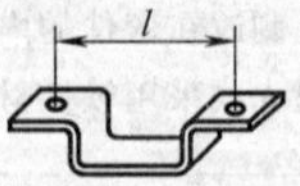	1）弯曲件展开尺寸不对 2）材料回跳引起 3）定位不稳定	1）准确计算毛坯尺寸 2）增加校正工序或改进弯曲模成形结构 3）改变工艺加工方法或增加工艺定位
11	弯曲后两孔轴心错移轴心错移 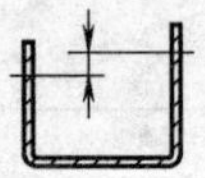	1）弯曲时毛坯产生滑动，致使中心线错移 2）弯曲的弯曲回弹，致使中心线倾斜	1）毛坯要准确定位，以确保左右弯曲高度一致 2）设置防止毛坯窜动的定位销或压料顶板 3）减小工件回弹
12	弯曲线与两孔中心连线不平行 	1）弯曲高度 h 小于最小弯曲极限高度 2）弯曲部位在最小弯曲高度以下处出现外胀的现象	1）增加高度 h 的尺寸 2）改进弯件工艺方法
13	带切口的弯件沿图示箭头方向产生挠曲 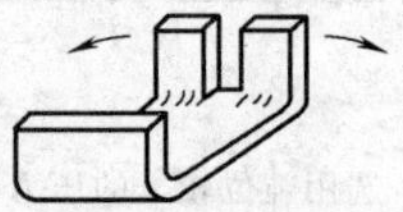	由于切口使两边向左右张开，弯件底部出现挠曲	1）改进弯件结构 2）切口处增加工艺留量，使切口连续起来，弯曲后，再将工艺切口留量切去
14	弯曲后宽度方向产生变形，被弯曲部位在宽度方向上出现弓形挠度 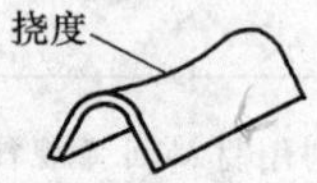	由于弯件宽度方向的拉伸和收缩量不一致时就产生扭转和挠度	1）增加弯曲压力 2）增加校正工序 3）保证材料纹向与弯曲方向有一个角度

9.1.4　拉深件的质量分析和改进措施（见表7-9-4）

表7-9-4　拉深件的质量分析和改进措施

序号	质量情况	原因分析	改进措施
1	凸缘起皱 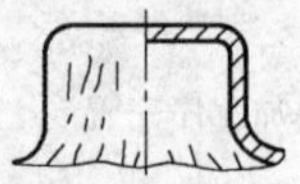	凸缘部分的压边力太小，无法抵制过大的切向压应力所引起的切向变形，从而失去塑性稳定性而引起起皱	增加压边力或适当地增加材料厚度
2	锥形件的斜面或半球形件的腰部起皱 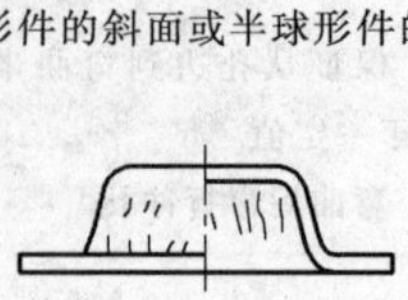	拉深开始时，大部分材料处于悬空状态（实际上这种情况是属于胀形的情况），加之压边力太小，凹模圆角半径太大或润滑油过多，使径向拉应力减小，材料在切向压应力的作用下，失去塑性稳定而造成起皱	增加压边力或采用压料肋，减小凹模圆角半径；加厚材料

（续）

序号	质量情况	原因分析	改进措施
3	破裂或裂纹 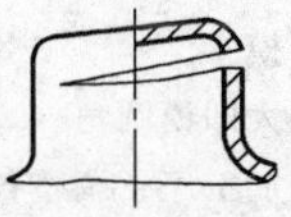	1）被冲材料质量低劣 2）压边力太大或不均匀 3）凹模洞口不光 4）毛坯尺寸太大 5）凹模圆角太小 6）凸、凹模之间的间隙太小 7）未按工艺规程操作或工艺规程不合理（如润滑、退火等） 8）上一道工序拉深的高度小 9）变形程度太大（即拉深系数太小） 10）压边圈表面不光，有损坏压痕 11）凸模的圆角半径太小 12）上下模不同心	1）更换材料 2）调整压边力 3）修模 4）修改毛坯尺寸 5）加大凹模圆角 6）调整间隙 7）严格按工艺规程操作或制订合理的工艺规程 8）调整上一道工序拉深的高度 9）增加工序，调整各工序的变形 10）磨光压边圈的表面 11）适当增加凸模的圆角半径 12）调整模具
4	工件口部边缘高低不一致 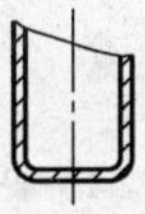	1）毛坯与凸、凹模中心不合 2）材料厚度不均匀或模具间隙不均匀 3）凹模圆角不均匀	1）调整定位 2）更换材料或调整模具间隙 3）重新修整模具圆角
5	矩形盒状零件角部破裂 	1）模具圆角半径太小 2）模具间隙太小 3）角部变形程度太大	1）加大模具角部的圆角半径 2）加大模具间隙 3）增加拉深次数（包括中间退火工序）
6	工件外形不平整 	1）凸模上无出气孔或气孔偏小 2）材料的弹性回跳 3）间隙太大 4）矩形工件由于变形程度太大	1）增加出气孔或增大出气孔的尺寸 2）增加整形工序 3）调整模具间隙 4）调整各道工序的变形程度或增加拉深次数
7	矩形件直壁部分不挺直 	1）角部间隙太小 2）多余材料向侧壁挤压，失去稳定，产生皱曲	1）放大角部间隙 2）减小直壁部分间隙
8	零件壁部拉毛 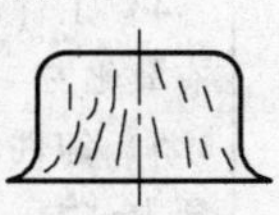	1）模具工作平面或圆角半径上有毛刺 2）毛坯表面或润滑油中有杂质，拉伤零件表面 3）凹模硬度偏低 4）毛坯尺寸太大	1）研磨抛光模具的工作平面和圆角 2）清洁毛坯，使用干净的润滑剂 3）提高凹模硬度或更换模具材料 4）修改毛坯尺寸

（续）

序号	质量情况	原因分析	改进措施
9	盒形件角部向内折拢，局部起皱 	材料角部压力太小，起皱后拉入凹模型腔	加大压边力或增大角部毛坯面积
10	工件底部转角处材料变薄 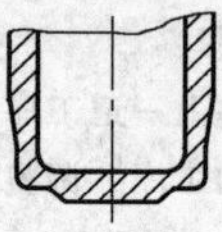	1）材料表面粗糙 2）材料厚度太薄 3）凸模圆角半径与直壁衔接不好 4）凹模圆角半径太小 5）拉深系数太小 6）间隙太小 7）润滑不好	1）更换材料 2）更换材料 3）修模 4）增大凹模圆角 5）增加工序，调整各工序的变形量 6）调整间隙 7）采用适合于拉深工艺的润滑剂

9.1.5 变薄拉深件废品产生的原因（见表7-9-5）

表7-9-5 变薄拉深件废品产生的原因

序号	质量情况	原因分析	序号	质量情况	原因分析
1	口部边缘出现皱纹 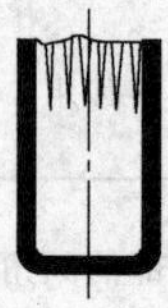	压边力偏小或压边圈磨损不平	5	侧壁有鳞纹	1）凸、凹模不垂直 2）凹模表面粗糙度太大 3）材料选择不当 4）润滑不良
2	底部破裂，中间断裂 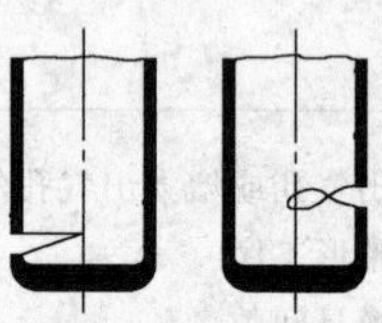	1）模具圆角过小，坯料角部材料疲劳 2）变薄系数过小 3）凸、凹模间隙不均匀，局部磨损 4）润滑不良	6	卸不下工件	1）凸模表面粗糙度太大或有碰伤 2）凸模存在反锥度 3）气孔被堵塞 4）卸料板刃口磨损
3	边缘局部凸起	1）凹模模口局部磨损，工件受力不均 2）凹模圆角不均匀 3）凸模径向跳动过大，工件底部受力不均匀 4）坯料定位倾斜 5）凸、凹模间隙不均匀	7	表面划伤	1）凹模磨损 2）凹模硬度偏低 3）润滑剂有杂质 4）工件表面不洁，沾附有氧化皮 5）卸件块有尖角或弹簧压力过大
4	壁厚不均匀	1）凸模或凹模存在椭圆度 2）凹模下端面与轴线垂直度偏差过大 3）凸、凹模间隙不均匀			

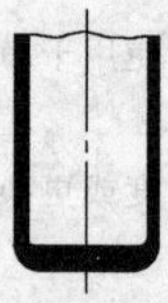

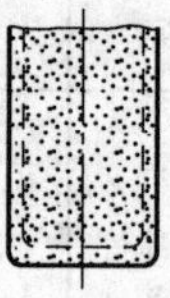

9.1.6　复杂曲面零件拉深时的质量分析和改进措施（见表 7-9-6）

表 7-9-6　复杂曲面零件拉深时的质量分析和改进措施

质量情况	原因分析	改进措施
破裂或裂纹	1）压边力太大或不均匀 2）凸模与凹模之间的间隙过小 3）压料肋布置不当 4）凹模口或压料肋槽的圆角半径太小 5）压边面表面粗糙度大 6）润滑不足或不当 7）原材料质量不符要求（如表面粗糙、晶粒过大、过细或晶粒度不均匀、游离碳化铁和非金属夹杂物分布不好），裂口呈锯齿状或很不规则 8）材料局部拉伸太大 9）毛坯尺寸太大或不准确	1）调节外滑块螺栓，减小压边力 2）调整模具间隙 3）改变压料肋的数量和位置 4）加大凹模或压料肋槽的圆角半径 5）降低压边面的表面粗糙度 6）改善润滑条件 7）更换原材料 8）加工艺切口或工艺孔 9）修正毛坯尺寸或形状
起皱或皱折	1）压边力太小或不均匀 2）压料肋太少或布置不当 3）凹模口圆角半径太大 4）压边面不平，里松外紧 5）润滑油太多，涂抹位置不当 6）毛坯尺寸太小 7）材料过软 8）压边面形状不当	1）调节外滑块螺栓，加大压边力 2）改变压料肋数量，位置和松紧 3）减小凹模口圆角半径 4）修磨压边面，使之里紧外松 5）润滑适当 6）加大毛坯尺寸 7）更换材料 8）修改压边面形状
零件表面有划痕、“橘皮纹”或滑带等	1）压边面或凹模圆角表面粗糙度大 2）镶块的接缝太大 3）板料表面有划痕 4）板料晶粒过大 5）板料屈服极限不均匀，润滑不好 6）毛坯表面、模具工作部分有杂物，或润滑油中有杂质 7）模具硬度差，有金属粘附现象 8）模具间隙过小和不均匀 9）拉深力的方向选择不当，板料在凸模上有相对移动	1）降低压边面或凹模圆角表面粗糙度值 2）消除镶块接合面过大的缝隙 3）更换材料 4）更换材料或进行正火处理 5）拉深前进行辊压处理 6）将模具工作部分和毛坯表面拭擦干净，清理润滑油 7）提高模具硬度或更换模具材料 8）加大或调匀模具间隙 9）改变拉深方向
零件刚性差，弹性畸变	1）压边力太小 2）毛坯尺寸过小 3）压料肋少或布置不当 4）材料塑性变形和加工硬化不足	1）加大压边力 2）增加毛坯尺寸 3）增加压料肋的数量或改善其分布位置 4）增加压料肋的数量或改进压料肋的结构形式

9.1.7　内孔翻边的质量分析和改进措施（见表 7-9-7）

表 7-9-7　内孔翻边的质量分析和改进措施

序号	质量情况	原因分析	改进措施
1	孔壁不直	1）凸模与凹模之间的间隙太大 2）凸模或凹模装偏，间隙不均匀	1）加大凸模或缩小凹模（以减小间隙） 2）找正间隙，重新调整模具

（续）

序号	质量情况	原因分析	改进措施
2	孔壁不齐 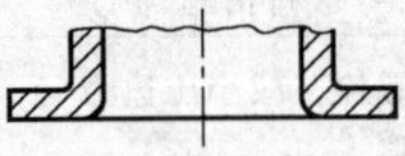	1）凸模与凹模之间的间隙太小 2）凸模与凹模之间的间隙不均匀 3）凹模圆角半径大小不均匀	1）放大间隙 2）找正间隙，重新调整模具 3）修正凹模圆角半径
3	端口破裂 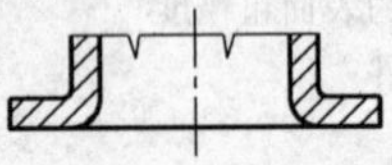	1）凸模与凹模之间的间隙太小 2）坯料太硬 3）冲孔断面有毛刺 4）翻边高度太高	1）放大间隙 2）更换材料，或将坯料进行退火处理 3）调整冲孔模的间隙，或改变坯料方向，使有毛刺的一侧面在翻边内缘 4）降低翻边高度，或预拉深后再翻边

9.1.8　外缘翻边的质量分析和改进措施（见表7-9-8）

表7-9-8　外缘翻边的质量分析和改进措施

序号	质量情况	原因分析	改进措施
1	边壁不直 	1）凸模与凹模之间的间隙太大 2）坯料太硬	1）减小间隙 2）更换材料，或将坯料进行退火处理
2	边缘不齐 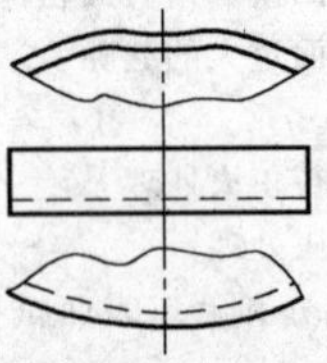	1）凸模与凹模之间的间隙太小 2）凸模与凹模之间的间隙不均匀 3）坯料放偏 4）凹模圆角半径大小不均匀	1）放大间隙 2）找正间隙，重新调整模具 3）修正定位 4）修正凹模圆角半径
3	侧壁有较平坦的大波浪 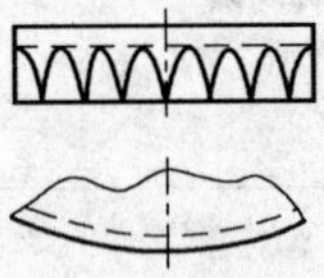	1）凸模与凹模之间的间隙太大或间隙不均匀 2）凸（凹）模没有调到足够的深度 3）产品的工艺性不良，翻边高度太高	1）修正间隙 2）调整凸（凹）模的深度 3）修改产品
4	皱纹 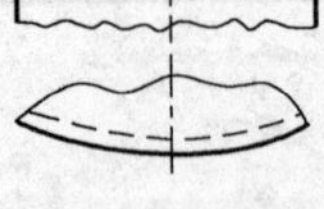	1）凸模与凹模之间的间隙太大 2）坯料外形轮廓有突变的形状 3）产品的工艺性差	1）减小间隙 2）坯料外轮廓改为均匀过渡 3）改变凹模或凸模的形状，让翻边时多余的材料往两边散开 4）降低翻边高度
5	破裂 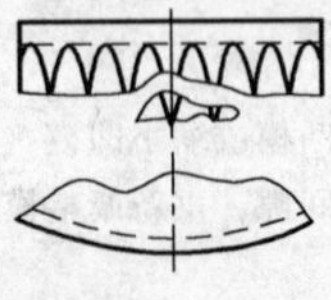	1）凸模与凹模之间的间隙太小 2）凸模与凹模圆角半径太小 3）坯料太硬 4）产品的工艺性差	1）放大间隙 2）加大圆角半径 3）更换材料，或对材料进行退火处理 4）改变凹模口的形状或高度 5）改善产品的工艺性

9.2　薄板冲压成形仿真系统

9.2.1　冲压成形三维仿真分析系统的总体结构

随着理论和技术上的日臻完善，冲压成形有限元仿真分析在汽车工业中的应用日益受到重视。覆盖件冲压成形仿真分析在多方面对企业的冲压生产提供有力的支持：在设计工作的早期阶段评价覆盖件及其模具设计、工艺设计的可行性；在试模阶段进行故障分析，解决问题；在批量生产阶段用于缺陷分析，改善覆盖件生产质量，同时可用来调整材料等级，降低成本。目前，国际上众多的汽车制造企业都建有覆盖件冲压成形仿真分析系统，其核心是专业化的有限元分析软件。

图 7-9-1 为车身覆盖件冲压成形三维仿真分析系统的总体结构。就技术集成而言，该系统把 FEA、CAD/CAM 技术，试验与测试技术和数据库技术等有效地集成在一起。就功能集成而言，通过数据流、信息流，把车身设计、制造过程中的相关功能性活动都连接在一起。

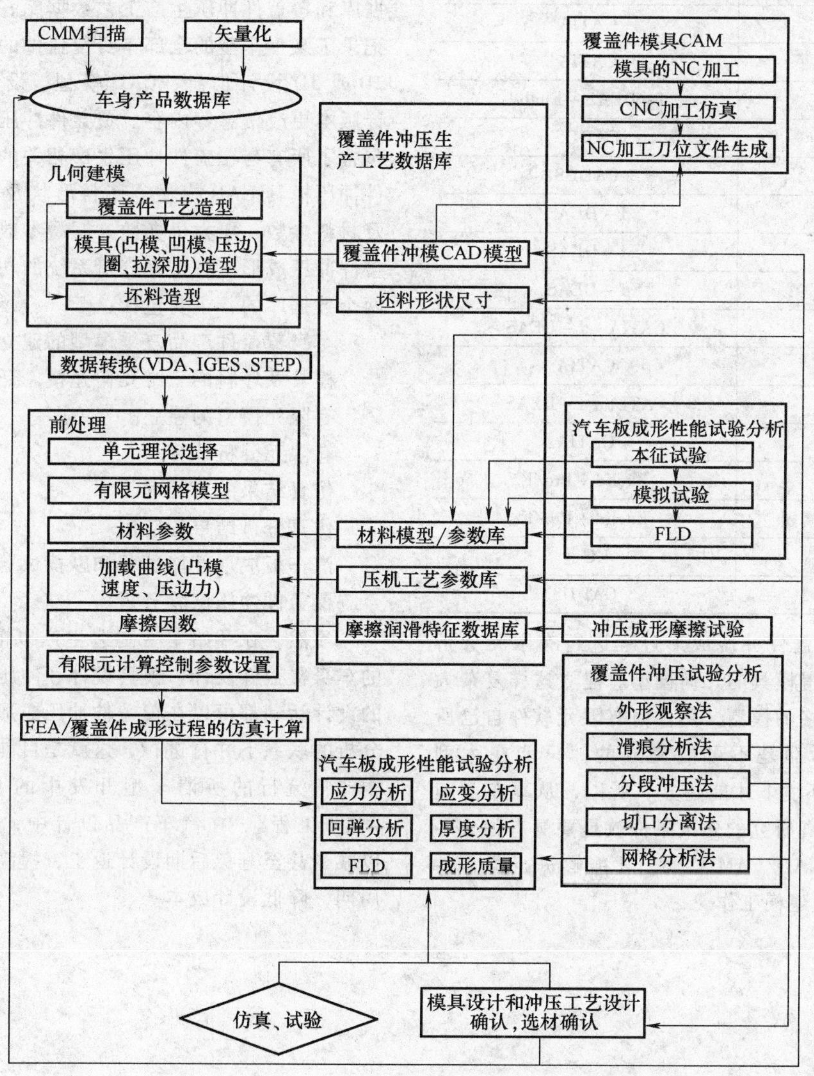

图 7-9-1　车身覆盖件冲压成形三维仿真与试验分析系统的体系结构

9.2.2　计算机软件平台

计算机辅助技术在汽车工业的应用集中体现在车身上。从车身设计到覆盖件分块、覆盖件可制造性分析、覆盖件模具设计、制造等环节，在设计—评价—再设计的过程中，计算机辅助设计技术起着主导作用。世界各国的汽车企业都采用适合自己的计算机辅助系统进行车身设计和覆盖件及其模具的设计制造，

表7-9-9中列出了国内外一些汽车企业选用CAD/CAM软件作为其车身核心CAD/CAM系统的情况。

表7-9-9 CAD/CAM软件在汽车企业中的应用概况

汽车企业	车身核心CAD/CAM系统
GM	UG Ⅱ
Ford	I - DEAS
Chrvsler	CATIA
Volkswagen	CATIA
Audi	CADDS
M - Benz	CATIA
Fiat	CATIA
Renault	I - DEAS + Euclid
Citron	CADDS
Volvo	CADDS
Toyota	I - DEAS
Nissan	I - DEAS
Mazda	I - DEAS
Honda	CATIA + I - DEAS
Daewoo	CATIA
Hyundai	CATIA + I - DEAS
上海大众	CATIA
中国一汽	Euclid + Pro/E
中国东风汽车集团	Euclid + Pro/E
天汽	UG Ⅱ
北汽	CADDS

在对车身覆盖件冲压成形过程进行有限元分析时，首先必须获得模具的几何模型。建立这样复杂大型、精度要求严格的模型，用任何有限元软件自己所带的前处理工具都是不可能完成的，只能在大型CAD/CAM系统环境下才能建立。所以，从事车身覆盖件冲压成形仿真研究的先决条件就是要具有如表7-9-9所列的大型CAD/CAM软件，才能够进行覆盖件及其模具的CAD建模工作。

有限元分析软件是冲压成形仿真分析的关键环节。目前，国际上用于冲压成形分析的有限元软件不下100个。以上海交通大学车身制造技术中心为例，图7-9-1中系统的软件平台包括：有限元分析软件Dynaforlm、Oasys/LS-DYNA、MSC/mare、STAMPACK和AutoForm；CAD/CAM软件UG、CATIA、CADDS、Pro/Engineer等；矢量化软件I/RASB、I/RASE；数控加工软件Tebis；用于开发的高级计算机语言C和FORTRAN等。

图7-9-1中包含两个重要的数据库：车身产品数据库和覆盖件冲压生产工艺数据库。车身产品数据库记录了某一车型的全部车身覆盖件的产品信息，包括2D或3D设计信息、CAD模型、设计签审信息、设计版本更改信息等内容。覆盖件冲压生产工艺数据库包含了所有与覆盖件冲压生产相关的信息，包括覆盖件冲压模具CAD模型、坯料形状及尺寸、材料级别及材料参数、压力机参数、润滑参数等信息。车身覆盖件冲压成形三维仿真分析系统的功能流程是基于这两个数据库的，主要包括：

车身覆盖件产品三维模型的建立。

模具及坯料的三维几何建模。

有限元模型的建立。

有限元分析计算。

仿真结果的后处理。

仿真分析结果的应用。

汽车板成形性能试验和摩擦试验。

覆盖件冲压试验分析。

显然，在开始车型制造生产以前，图7-9-1所示的车身覆盖件设计、模具设计、冲压工艺设计等所有的设计活动都可以在覆盖件冲压成形三维有限元仿真分析的联系下并行进行，这就是目前在发达汽车企业中非常流行的所谓车型开发中的“并行工程”和“同步工程”。在汽车产品设计中，实施并行工程可以减少甚至避免后期设计返工，提高效率，缩短开发周期，降低设计成本。

附　　录

附录 A 国内外常用金属材料牌号对照

表 A-1 国内外碳素结构钢牌号对照表

中国 GB	美国 ASTM	日本 JIS	德国 DIN	英国 BS	法国 NF	俄罗斯 ГОСТ
Q195	A285MGrB	—	S185	S185	S185	Cr. 1кп
Q215—A Q215—B	A283MGr. C A573MGr. 58	SS330	USt34-2 RSt34-2	040A12	A34 A34-2NE	Cr. 2кп-2，-3 Cr. 2пс-2，-3 Cr. 2сп-2，-3
Q235—A Q235—B Q235—C Q235—D	A570Gr. A A570Gr. D A238Gr. D	SS400	S235JR S235JRG1 S235JRG2	S235JR S235JRG1 S235JRG2	S235JR S235JRG1 S235JRG2	Cr. 3кп-2 Cr. 3кп-3 Cr. 3кп-4 БCr. 3кп-2
Q255—A Q255—B	A709MGr. 36	SM400A SM400B	St44-2	43B	E28-2	Cr. 4кп-2 Cr. 4кп-3 БCr. 4кп-2
Q275	K02901 （UNS 牌号）	SS490	S275J2G3 S275J2G4	S275J2G3 S275J2G4	S275J2G3 S275J2G4	Cr. 5кп-2 Cr. 5кс БCr. 5кс-2

表 A-2 国内外优质碳素结构钢牌号对照表

中国 GB/T699	国际标准 ISO	俄罗斯 ГОСТР	美国		日本 JIS	德国 DIN	英国 BS	法国 NF
			ASTM	UNS				
08F		08КП	1008	G10080	S09CK SHPD SHPE S9CK	St22 C10（1.0301） CK10（1.1121）	040A10	—
10F	—	10КП	1010	G10100	SPHD SPHE	USt13	040A12	FM10 XC10
15F	—	15КП	1015	G10150	S15CK	Fe360B	Fe360B	Fe360B FM15
08	—	08	1008	G10080	S10C S09CK SPHE	CK10	040A10 2S511	FM8
10	—	10	1010	G10100	S10C S12C S09CK	CK10 C10	040A12 040A10 045A10 060A10	XC10 CC10
15	—	15	1015	G10150	S15C S17C S15CK	Fe360B CK15 C15 Cm15	Fe360B 090M15 040A15 050A15 060A15	Fe360B XC12 XC15

（续）

中国 GB/T699	国际标准 ISO	俄罗斯 ГОСТР	美 国		日本 JIS	德国 DIN	英国 BS	法国 NF
			ASTM	UNS				
20	—	20	1020	G10200	S20C S22C S20CK	1C22 CK22 Cm22	1C22 050A20 040A20 060A20	1C22 XC18 CC20
25	C25E4	25	1025	G10250	S25C S28C	1C25 CK25 Cm25	1C25 060A25 070M26	1C25 XC25
30	C30E4	30	1030	G10300	S30C S33C	1C30 CK30	1C30 060A30	1C30 XC32 CC30
35	C35E4	35	1035	G10350	S35C S38C	1C35 CK35 Cf35 Cm35	1C35 060A35	1C35 XC38TS XC35 CC35
40	C40E4	40	1040	G10400	S40C S43C	1C40 CK40	1C40 060A40 080A40 2S93 2S113	1C40 XC38 XC42 XC38H1
45	C45E4	45	1045	G10450	S45C S48C	1C45 CK45 CC45 XF45 CM45	1C45 060A42 060A47 080M46	1C45 XC42 XC45 CC45 XC42TS
50	G50E4	50	1050 1049	G10500 G10490	S50C S53C	1C50 CK53 CK50 CM50	1C50 060A52	1C50 XC48TS CC50 XC50
55	C55E4 Type SC Type DC	55	1055	G10550	S55C S58C	1C55 CK55 CM55	1C55 070M55 070M57	1C55 XC55 XC48TS CC55
60	C60E4 Type SC Type DC	60	1060	G10600	S58C	1C60 CK60 CM60	1C60 060A62 080A62	1C60 XC60 XC68 CC55
65	SL SM Type SC Type DC	65	1065 1064	G10650 G10640	SWRH67A SWRH67B	A C67 CK65 CK67	080A67 060A67	FM66 C65 XC65

（续）

中国 GB/T699	国际标准 ISO	俄罗斯 ГОСТР	美国 ASTM	美国 UNS	日本 JIS	德国 DIN	英国 BS	法国 NF
70	SL SM Type SC Type	70	1070 1069	G10700 G10690	SWRH72A SWRH72B	A Cf70	070A72 060A72	FM70 C70 XC70
75	SL SM	75	1075 1074	G10750 G10740	SWRH77A SWRH77B	C C75 CK75	070A78 060A78	FM76 XC75
80	SL SM Type SC Type DC	80	1080	G10800	SWRH82A SWRH82B	D CK80	060A83 080A83	FM80 XC80
85	DM DH	85	1085 1084	G10850 G10840	SWRH82A SWRH82B SUP3	C D CK85	060A86 080A86 050A86	FM86 XC85
15Mn	—	15Г	1016	G10160	SB46	14Mn4 15Mn3	080A15 080A17 4S14 220M07	XC12 12M5
20Mn	—	20Г	1019 1022	G10190 G10220	—	19Mn5 20Mn5 21Mn4	070M20 080A20 080A22 080M20	XC18 20M5
25Mn	—	25Г	1026 1525	G10260 G15250	S28C	—	080A25 080A27 070M26	—
30Mn	—	30Г	1033	G10330	S30C	30Mn4 30Mn5 31Mn4	080A30 080A32 080M30	XC32 32M5
35Mn	—	35Г	1037	G10370	S35C	35Mn4 36Mn4 36Mn5	080A35 080M36	35M5
40Mn	SL SM	40Г	1039	G10390 G15410	SWRH42B S540C	2C40 40Mn4	2C40 080A40 080M40	2C40 40M5
45Mn	SL SM	45Г	1043 1046	G10430 G10460	SWRH47B S45C	2C45 46Mn5	2C45 080A47 080M46	2C45 45M5
50Mn	SL SM Type SC Type DC	50Г	1053 1551	G10530 G15510	SWRH52B S53C	2C50	2C50 080A52 080M50	2C50 XC48

（续）

中国 GB/T699	国际标准 ISO	俄罗斯 ГОСТР	美国 ASTM	美国 UNS	日本 JIS	德国 DIN	英国 BS	法国 NF
60Mn	—	60Г	1561	G15610	SWRH62B S58C	2C60 CK60	2C60 080A57 080A62	2C60 XC60
65Mn	—	65ГА	1566	G15660	S58C	65M4	080A67	—
70Mn	DH	70Г	1572	G15720	—	B	080A72	—

表 A-3 国内外碳素工具钢牌号对照表

中国 GB/T1298	国际标准 ISO	俄罗斯 ГОСТР	美国 ASTM	美国 UNS	日本 JIS	德国 DIN	英国 BS	法国 NF
T7	TC70	Y7	W1—7	T72301	SK6 SK7	C70W1 C70W2	060A67 060A72	C70E2U $Y_1 70$
T8	TC80	Y8	W1A—8	T72301	SK5 SK6	C80W1 C80W2 C85W2	060A78 060A81	C80E2U $Y_1 80$
T8Mn	—	Y8Г	W1—8	T72301	SK5	C85W 080W2 C75W3	060A81	Y75
T9	TC90	Y9	W1A—8.5 W1—0.9C W2—8.5	T72301	SK4 SK5	C85W2 C90W3	BW1A	C90E2U $Y_1 90$
T10	TC105	Y10	W1A—9.5 W1—9 W2—9.5 W1—1.0C	T72301	SK3 SK4	C100W2 C105W1 C105W2	BW1B D1 1407	C105E2U $Y_1 105$
T11	TC105	Y11	W1A—10.5 1A（ASM）	T72301	SK3	C105W1	1407	C105E2U XC110
T12	TC120	Y12	W1A—11.5 W1—12 W1—1.2C	T72301	SK2	C125W	1407 D1	C120E3U $Y_2 120$
T13	TC140	Y13	—	T72301	SK1	C135W	—	C140E3U $Y_2 140$

表 A-4 国内外低合金高强度结构钢牌号对照表

序号	中国 GB	国际标准 ISO	德国 DIN	美国 ASTM	日本 JIS	英国 BS	法国 NF	俄罗斯 ГОСТР
1	Q295A		15Mo3，PH295	Gr. 42	SPFC490		A50	295
2	Q295B		15Mo3，PH295	Gr. 42	SPFC490		A50	295
3	Q345A		Fe510C	Gr. 50	SPFC590	Fe510C	Fe510C	345
4	Q345B	E355CC		Gr. 50	SPFC590			345

（续）

序号	中国 GB	国际标准 ISO	德国 DIN	美国 ASTM	日本 JIS	英国 BS	法国 NF	俄罗斯 ГОСТР
5	Q345C	E355DD			SPFC590			345
6	Q345D	E355E						345
7	Q390A				STKT540			390
8	Q390B	E390CC			STKT540			390
9	Q390C	E390DD			STKT540		A550-I	390
10	Q390D	E390E						
11	Q420B	E420CC					E420-I	
12	Q460C	E460DD			SMA570		E460T-Ⅱ	

表 A-5　国内外合金结构钢牌号对照表

中国 GB	德国 DIN	美国 UNS	美国 AISI	日本 JIS	英国 BS	法国 NF	俄罗斯 ГОСТР
20Mn2	20Mn5	G13200	1320	SMn420	150M19	20M5	20Г2
30Mn2	28Mn6	G13300	1330	SMn433	150M28	22M5	30Г2
35Mn2	36Mn6	G13350	1335	SMn433	150M36	35M5	35Г2
40Mn2		G13400	1340	SMn438		40M5	40Г2
45Mn2	46Mn7	G13450	1345	SMn443		45M5	45Г2
50Mn2	50Mn7					55M5	50Г2
20MnV	17MnV6						
27SiMn	27MnSi5						27СГ
35SiMn	37MnSi5					38Ms5	35СГ
42SiMn	46MnSi4					41x7	42СГ
40B	35B2	G50401	50B40				
45B	45B2	G50461	50B46				
50B		G50501	50B50				
40MnB	40MnB4					38MB5	
20Mn2B						20MB5	
15Cr	15Cr3	G51150	5115	SCr415	527A17	12C3	15X
15CrA							15XA
20Cr	20Cr4	G51200	5120	SCr420	527A19	18C3	20X
30Cr	28Cr4	G51300	5130	SCr430	530A30	28C4	30X
35Cr	34Cr4	G51350	5135	SCr435	530A36	38C4	35X
40Cr	41Cr4	G51400	5140	SCr440	530A40	42C4	40X
45Cr		G51450	5145	SCr445		45C4	45X
50Cr		G51500	5150			50C4	50X
38CrSi							38XC
12CrMo	13CrMo44					12CD4	12XM
15CrMo	15CrMo5			SCM415	CDS12	15CD4.05	15XM
20CrMo	20CrMo4	G41190	4119	SCM420	CDS13	18CD4	20XM
30CrMo		G41300	4130	SCM430	708A37	30CD4	30XM
35CrMo	34CrMo4	G41350	4135	SCM435	708A40	34CD4	35XM
42CrMo	42CrMo4	G41400	4140	SCM440		42CD4	38XM
35CrMoV	35CrMoV5						35XMФ

（续）

中国 GB	德国 DIN	美国 UNS	 AISI	日本 JIS	英国 BS	法国 NF	俄罗斯 ГОСТР
12Cr1MoV	13CrMoV4.2				905M35		12Х1МФ
38CrMoAl	41CrAlMo7		6470E	SACM645		40CAD6.12	38ХМЮА
20CrV	21CrV4	G61200	6120				20ХФ
40CrV	42CrV6		6140		735A50		40ХФА
50CrVA	50CrV4	G61500	6150	SUP10		50CV4	50ХФА
15CrMn	16MnCr5					16MC5	15ХГ
20CrMn	20MnCr5	G51200	5120	SMnC420		20MC5	20ХГ
40CrMn			5140	SMnC443			40ХГ
20CrMnMo	20CrMo5		4119	SCM421	708M40		25ХГМ
40CrMnMo				SCM440		42CD4	38ХГМ
30CrMnTi	30MnCrTi4						30ХГТ
20CrNi	20NiCr6		3120		637M17	20NC6	20ХН
40CrNi	40NiCr6	G31400	3140	SNC236	640M40	35NC6	40ХН
45CrNi	45NiCr6	G31450	3145				45ХН
50CrNi			3150				50ХН
12CrNi2	14NrCr10		3215	SNC415		14NC11	12ХН2
12CrNi3	14NiCr14		3415	SNC815	655M13	14NC12	12ХН3А
20CrNi3	22NiCr14					20NC11	20ХН3А
30CrNi3	31NiCr14		3435	SNC631	653M31	30NC12	30ХН3А
37CrNi3	35NiCr18		3335	SNC836		35NC15	37ХН3
12Cr2Ni4	14NiCr18	G33106	3310		659M15	12NC15	12Х2Н4А
20Cr2Ni4			3320			20NC14	20Х2Н4А
20CrNiMo	21NiCrMo2	G86200	8620	SNCM220	805M20	20NCD2	20ХНМ
40CrNiMoA	36NiCrMo4	G43400	4340	SNCM439	817M40	40NCD3	40ХНМ

表 A-6 国内外合金工具钢牌号对照表

中国 GB/T1299	国际标准 ISO	俄罗斯 ГОСТР	美国 ASTM	 UNS	日本 JIS	德国 DIN	英国 BS	法国 NF
9SiCr	—	9ХС	—	—	—	90SiCr5	BH21	—
Cr06	—	13Х	W5	—	SKS8	140Cr3	—	130Cr3
Cr2	100Cr2 (16)	Х	L1	—	—	100Cr6	BL1	100Cr6 100C6
9Cr2	—	9Х1 9Х	L7	—	—	100Cr6	—	100C6
W	—	В1	F1	T60601	SKS21	120W4	BF1	—
4CrW2Si	—	4ХВ2С	—	—	—	35WCrV7	—	40WCDS35-12
5CrW2Si	—	5ХВ2С	S1	—	—	45WCrV7	BSi	—
6CrW2Si	—	6ХВ2С	—	—	—	55WCrV7 60WCrV7	—	—
Cr12	210Cr12	Х12	D3	T30403	SKD1	X210Cr12	BD3	Z200C12
Cr12Mo1V1	160CrMoV12	—	D2	T30402	SKD11	X155CrVMo121	BD2	—

（续）

中国 GB/T1299	国际标准 ISO	俄罗斯 ГОСТР	美国		日本 JIS	德国 DIN	英国 BS	法国 NF
			ASTM	UNS				
Cr12MoV	—	X12M	D2	—	SKD11	165CrMoV46	BD2	Z200C12
Cr5Mo1V	100CrMoV5	—	A2	T30102	SKD12	—	BA2	X100CrMoV5
9Mn2V	90MnV2	9Г2Ф	02	T31502	—	90MnV8	B02	90MnV8 80M80
CrWMn	105WCr1	ХВГ	07	—	SKS31 SKS2 SKS3	105WCr6	—	105WCr5 105WCr13
9CrWMn	—	9ХВГ	—	T31501	SKS3	—	B01	80M8
5CrMnMo	—	5ХГМ	—	—	SKT5	40CrMnMo7	—	—
5CrNiMo	—	5ХНМ	L6	T61206 T61203	SKT4	55NiCrMoV6	BH224/5	55NCDV7
3Cr2W8V	30WCrV9	3Х2В8Ф 3Х3М3Ф	H21 H10	T20821	SKD5	X30WCrV93 X32CrMnV33	BH21 BH19	X30WCrV9 Z30WCV9 32DCV28
4Cr5MoSiV	—	4Х5МФС	H11 H12	T20811	SKD6 SKD62	X38CrMoV51 X37CrMoW51	BH11 BH12	X38CrMoV5 Z38CDV5 Z35CWDV5
4Cr5MoSiV1	40CrMoV5 （H6）	4Х5МФ1С （ЭТТ572）	H H13	T20813	SKD61	X40CrMoV51	BH13	X40CrMoV5 Z40CDV5
3Cr2Mo	35CrMo2	—	—	—	—	—	—	35CrMo8

表 A-7 国内外高速工具钢牌号对照表

中国 GB/T9943	国际标准 ISO	俄罗斯 ГОСТР	美国		日本 JIS	德国 DIN	英国 BS	法国 NF
			ASTM	UNS				
W18Cr4V	HS18-0-1 （S1）	P18 P9	T1	T12001	SKH2	S18-0-1 B18	BT1	HS18-0-1 Z80WCV18-04-01 Z80WCN18-04-01
W18Cr4VCo5	HS18-1-1-5 （S7）	P18K5Ф2	T4 T5 T6	T12004 T12005 T12006	SKH3 SKH4A SKH4B	S18-1-2-5 S18-1-2-10 S18-1-2-15	BT4 BT5 BT6	HS18-1-1-5 Z80WKCV18-05-04-01 Z85WK18-10
W18Cr4V2Co8	HS18-0-1-10	—	T5	T12005	SKH40	S18-1-2-10	BT5	HS18-0-2-9 Z80WKCV18-05-04-02
W12Cr4V5Co5	HS12-1-5-5 （S9）	P10K5Ф5	T15	T12015	SKH10	S12-1-4-5 S12-1-5-5	BT15	Z160WK12-05-05-04 HS12-1-5-5
W6Mo5Cr4V2	HS6-5-2 S4	P6M5	M2 （Regularc）	T11302 T11313	SKH51 SKH9	S6-5-2 SC6-5-2	BM2	HS6-5-2 Z85WDCV06-05-04-02 Z90WDCV06-05-04-02

（续）

中国 GB/T9943	国际标准 ISO	俄罗斯 ГОСТР	美国 ASTM	 UNS	日本 JIS	德国 DIN	英国 BS	法国 NF
CW6Mo5Cr4V2	—	—	M2 (high C)	T11302	—	SC6-5-2	—	—
W6Mo5Cr4V3	HS6-5-3	—	M3 (class a)	T11313	SKH52	S6-5-3	—	Z120WDCV06- 05-04-03
CW6Mo5Cr4V3	HS6-5-3 (S5)	—	M3 (ckass b)	T11323	SKH53	S6-5-3	—	HS6-5-3
W2Mo9Cr4V2	HS2-9-2 (S2)	—	M7	T11307	SKH58	S2-9-2	—	HS2-9-2 Z100DCWV09- 04-02-02
W6Mo5Cr4V2Co5	HS6-5-2-5 (S8)	P6M5K5	M35	—	SKH55	S6-5-2-5	—	HS6-5-2-5 Z85WDKCV06- 05-05-04-02
W7Mo4Cr4V2Co5	HS7-4-2-5 (12)	P6M5K5	M41	T11341	—	S7-4-2-5	—	HS7-4-2-5 Z110WKCDV07- 05-04-04-02
W2Mo9Cr4VCo8	HS2-9-1-8 (S11)	—	M42	T11342	SKH59	S2-10-1-8	BM42	HS2-9-1-8 Z110WKCDV09- 08-04-02-01

表 A-8　国内外不锈钢和耐热钢牌号对照表

中国 GB	前苏联 ГОСТ	美国 ASTM	英国 BS	日本 JIS	法国 NF	德国 DIN
12Cr18Ni9	12X18H9	302 S30200	302S25	SUS302	Z10CN18. 09	X12CrNi188
Y12Cr18Ni9		303 S30300	303S2	SUS303	Z10CNF18. 09	X12CrNiS188
06Cr19Ni0	08X18H10	304 S30400	304S15	SUS304	Z6CN18. 09	X5CrNi189
022Cr19Ni10	03X18H11	304L S30403	304S12	SUS304L	Z2CN18. 09	X2CrNi189
06Cr18Ni11Ti	08X18H10T	321 S32100	321S12 321S20	SUS321	Z6CNT18. 10	X10CrNiTi189
06Cr13Al		405 S40500	405S17	SUS405	Z6CA13	X7CrAl13
10Cr17	12X17	430 S43000	430S15	SUS430	Z8C17	X8Cr17
10Cr13	12X13	410 S41000	410S21	SUS410	Z12C13	X10Cr13
20Cr13	20X13	420 S42000	420S37	SUS420J1	Z20C13	X20Cr13

（续）

中国	前苏联	美国	英国	日本	法国	德国
30Cr13	30X13		420S45	SUS420J2		
68Cr17		440A S44002		SUS440A		
07Cr17Ni7Al	09X17H7Ю	631 S17700		SUS631	Z8CNA17. 7	X7CrNiAl177
16Cr23Ni13	20X23H12	309 S30900	309S24	SUH309	Z15CN24. 13	
20Cr25Ni20	20X25H20C2	310 S31000	310S24	SUH310	Z12CN25. 20	CrNi2520
06Cr25Ni20		310S S31008		SUS310S		
06Cr17Ni12Mo2	08X17H13M2T	316 S31600	316S16	SUS316	Z6CND17. 12	X5CrNiMo1810
06Cr18Ni11Nb	08X18H12E	347 S34700	347S17	SUS347	Z6CNNb18. 10	X10CrNiNb189
13Cr13Mo				SUS410J1		
14Cr17Ni2	14X17H2	431 S43100	431S29	SUS431	Z15CN16-02	X22CrNi17
07Cr17Ni7Al	09X17H7Ю	631 S17700		SUS631	Z8CNA17. 7	X7CrNiAl177

附录B 冲模术语

标准（GB/T 8845—2006）规定了基本类型的冲模、冲模通用零部件、圆凸模、圆凹模的结构要素以及冲模设计中用到的一些主要术语和定义，见表B-1。

表 B-1 冲模术语（GB/T 8845—2006）(部分)

标准条目编号	术语（英文）	定义	标准条目编号	术语（英文）	定义
2.1	冲模 stamping die	通过加压将金属、非金属板料或型材分离、成形或接合而获得制件的工艺装备	2.3.3	扭曲模 twisting die	将制件扭转成一定角度和形状的冲模
2.2	冲裁模 blanking die	分离出所需形状与尺寸制件的冲模	2.4	拉深模 drawing die	把制件拉压成空心体，或进一步改变空心体形状和尺寸的冲模
2.2.1	落料模 blanking die	分离出带封闭轮廓制件的冲裁模	2.4.1	反拉深模 reverse redrawing die	把空心体制件内壁外翻的拉深模
2.2.2	冲孔模 piercing die	沿封闭轮廓分离废料而形成带孔制件的冲裁模	2.4.2	正拉深模 obverse redrawing die	完成与前次拉深相同方向的再拉深工序的拉深模
2.2.3	修边模 trimming die	切去制件边缘多余材料的冲裁模	2.4.3	变薄拉深模 ironing die	把空心制件拉压成侧壁厚度更小的薄壁制件的拉深模
2.2.4	切口模 notching die	沿不封闭轮廓冲切出制件边缘切口的冲裁模	2.5	成形模 forming die	使板料产生局部塑性变形，按凸、凹模形状直接复制成形的冲模
2.2.5	切舌模 lancing die	沿不封闭轮廓将部分板料切开并使其折弯的冲裁模	2.5.1	胀形模 bulging die	使空心制件内部在双向拉应力作用下产生塑性变形，以获得凸肚形制件的成形模
2.2.6	剖切模 parting die	沿不封闭轮廓冲切分离出两个或多个制件的冲裁模	2.5.2	压肋模 stretching die	在制件上压出凸包或肋的成形模
2.2.7	整修模 shaving die	沿制件被冲裁外缘或内孔修切掉少量材料，以提高制件尺寸精度和降低冲裁截面表面粗糙度值的冲裁模	2.5.3	翻边模 flanging die	使制件的边缘翻起呈竖立或一定角度直边的成形模
2.2.8	精冲模 fineblanking die	使板料处于三向受压状态下冲裁，可冲制出冲裁截面光洁、尺寸精度高的制件的冲裁模	2.5.4	翻孔模 burring die	使制件的孔边缘翻起呈竖立或一定角度直边的成形模
2.2.9	切断模 cut-off die	将板料沿不封闭轮廓分离的冲裁模	2.5.5	缩口模 necking die	使空心或管状制件端部的径向尺寸缩小的成形模
2.3	弯曲模 bending die	将制件弯曲成一定角度和形状的冲模	2.5.6	扩口模 flaring die	使空心或管状制件端部的径向尺寸扩大的成形模
2.3.1	预弯模 pre-bending die	预先将坯料弯曲成一定形状的弯曲模	2.5.7	整形模 restriking die	校正制件呈准确形状与尺寸的成形模
2.3.2	卷边模 curling die	将制件边缘卷曲成接近封闭圆筒的冲模	2.5.8	压印模 printing die	在制件上压出各种花纹、文字和商标等印记的成形模

（续）

标准条目编号	术语（英文）	定义
2.6	复合模 compound die	压力机的一次行程中，同时完成两道或两道以上冲压工序的单工位冲模
2.6.1	正装复合模 obverse compound die	凹模和凸模装在下模，凸凹模装在上模的复合模
2.6.2	倒装复合模 inverse compound die	凹模和凸模装在上模，凸凹模装在下模的复合模
2.7	级进模 progressive die	压力机的一次行程中，在送料方向连续排列的多个工位上同时完成多道冲压工序的冲模
2.8	单工序模 single-operation die	压力机的一次行程中，只完成一道冲压工序的冲模
2.9	无导向模 open die	上、下模之间不设导向装置的冲模
2.10	导板模 guide plate die	上、下模之间由导板导向的冲模
2.11	导柱模 guide pillar die	上、下模之间由导柱、导套导向的冲模
2.12	通用模 universal die	通过调整，在一定范围内可完成不同制件的同类冲压工序的冲模
2.13	自动模 automatic die	送料、取出制件及排除废料完全自动化的冲模
2.14	组合冲模 combined die	通过模具零件的拆装组合，以完成不同冲压工序或冲制不同制件的冲模
2.15	传递模 transfer die	多工序冲压中，借助机械手实现制件传递，以完成多工序冲压的成套冲模
2.16	镶块模 insert die	工作主体或刃口由多个零件拼合而成的冲模
2.17	柔性模 flexible die	通过对各工位状态的控制，以生产多种规格制件的冲模
2.18	多功能模 multifunction die	具有自动冲切、叠压、铆合、计数、分组、扭斜和安全保护等多种功能的冲模
2.19	简易模 low-cost die	结构简单、制造周期短、成本低，适于小批量生产或试制生产的冲模
2.19.1	橡胶冲模 rubber die	工作零件采用橡胶制成的简易模
2.19.2	钢带模 steel strip die	采用淬硬的钢带制成刃口，嵌入用层压板、低熔点合金或塑料等制成的模体中的简易模
2.19.3	低熔点合金模 low-melting-point alloy die	工作零件采用低熔点合金制成的简易模
2.19.4	锌基合金模 zinc-alloy based die	工作零件采用锌基合金制成的简易模
2.19.5	薄板模 laminate die	凹模、固定板和卸料板均采用薄钢板制成的简易模
2.19.6	夹板模 template die	由一端连接的两块钢板制成的简易模
2.20	校平模 planishing die	用于完成平面校正或校平的冲模
2.21	齿形校平模 roughened planishing die	上模、下模为带齿平面的校平模
2.22	硬质合金模 carbide die	工作零件采用硬质合金制成的冲模
3.1	上模 upper die	安装在压力机滑块上的模具部分
3.2	下模 lower die	安装在压力机工作台面上的模具部分
3.3	模架 die set	上、下模座与导向件的组合体
3.3.1	通用模架 universal die set	通常指应用量大面广，已形成标准化的模架
3.3.2	快换模架 quick change die set	通过快速更换凸、凹模和定位零件，以完成不同冲压工序和冲制多种制件，并对需求作出快速响应的模架
3.3.3	后侧导柱模架 back-pillar die set	导向件安装于上、下模座后侧的模架

（续）

标准条目编号	术语（英文）	定 义	标准条目编号	术语（英文）	定 义
3.3.4	对角导柱模架 diagonal-pillar die set	导向件安装于上、下模座对角点上的模架	3.5.2	定位板 locating plate	确定板料或制件正确位置的板状零件
3.3.5	中间导柱模架 center-pillar die set	导向件安装于上、下模座左右对称点上的模架	3.5.3	挡料销 stop pin	确定板料送进距离的圆柱形零件
3.3.6	精冲模架 fine blanking die set	刚性好、导向精度高的模架，适用于精冲	3.5.4	始用挡料销 finger stop pin	确定板料进给起始位置的圆柱形零件
3.3.7	滑动导向模架 sliding guide die set	上、下模采用滑动导向件导向的模架	3.5.5	导正销 pilot pin	与导正孔配合，确定制件正确位置和消除送料误差的圆柱形零件
3.3.8	滚动导向模架 ball-bearing die set	上、下模采用滚动导向件导向的模架	3.5.6	抬料销 lifter pin	具有抬料作用，有时兼具板料送进导向作用的圆柱形零件
3.3.9	弹压导板模架 die set with spring guide plate	上、下模采用带有弹压装置导板导向的模架	3.5.7	导料板 stock guide rail	确定板料送进方向的板状零件
3.4	工作零件 working component	直接对板料进行冲压加工的零件	3.5.8	侧刃挡块 stop block for ptch punch	承受板料对定距侧刃的侧压力，并起挡料作用的板块状零件
3.4.1	凸模 punch	一般冲压加工制件内孔或内表面的工作零件	3.5.9	止退键 stop key	支撑受侧向力的凸、凹模的块状零件
3.4.2	定距侧刃 pitch punch	级进模中，为确定板料的送进步距，在其侧边冲切出一定形状缺口的工作零件	3.5.10	侧压板 side-push plate	消除板料与导料板侧面间隙的板状零件
3.4.3	凹模 die	一般冲压加工制件外形或外表面的工作零件	3.5.11	限位块 limit block	限制冲压行程的块状零件
3.4.4	凸凹模 main punch	同时具有凸模和凹模作用的工作零件	3.5.12	限位柱 limit post	限制冲压行程的柱状零件
3.4.5	镶件 insert	分离制造并镶嵌在主体上的局部工作零件	3.6	压料、卸料、送料零件 components for clamping, stripping and feeding	压住板料和卸下或推出制件与废料的零件
3.4.6	拼块 section	分离制造并镶拼成凹模或凸模的工作零件	3.6.1	卸料板 stripper plate	从凸模或凸凹模上卸下制件与废料的板状零件
3.4.7	软模 soft die	由液体、气体、橡胶等柔性物质构成的凸模或凹模	3.6.1.1	固定卸料板 fixed stripper plate	固定在冲模上位置不动，有时兼具凸模导向作用的卸料板
3.5	定位零件 locating component	确定板料、制件或模具零件在冲模中正确位置的零件	3.6.1.2	弹性卸料板 spring stripper plate	借助弹性零件起卸料、压料作用，有时兼具保护凸模并对凸模起导向作用的卸料板
3.5.1	定位销 locating pin	确定板料或制件正确位置的圆柱形零件	3.6.2	推件块 ejector block	从上凹模中推出制件或废料的块状零件
			3.6.3	顶件块 kicker block	从下凹模中顶出制件或废料的块状零件

（续）

标准条目编号	术语（英文）	定义	标准条目编号	术语（英文）	定义
3.6.4	顶杆 kicker pin	直接或间接向上顶出制件或废料的杆状零件	3.6.20	自动送料装置 automatic feeder	将板料连续定距送进的装置
3.6.5	推板 ejector plate	在打杆与连接推杆间传递推力的板状零件	3.7	导向零件 guide component	保证运动导向和确定上、下模相对位置的零件
3.6.6	推杆 ejector pin	向下推出制件或废料的杆状零件	3.7.1	导柱 guide pillar	与导套配合，保证运动导向和确定上、下模相对位置的圆柱形零件
3.6.7	连接推杆 ejector tie rod	连接推板与推件块并传递推力的杆状零件	3.7.2	导套 guide bush	与导柱配合，保证运动导向和确定上、下模相对位置的圆套形零件
3.6.8	打杆 knock-out pin	穿过模柄孔，把压力机滑块上打杆横梁的力传给推板的杆状零件	3.7.3	滚珠导柱 ball-bearing guide pillar	通过钢球保持圈与滚珠导套配合，保证运动导向和确定上、下模相对位置的圆柱形零件
3.6.9	卸料螺钉 stripper bolt	连接卸料板并调节卸料板卸料行程的杆状零件	3.7.4	滚珠导套 ball-bearing guide bush	与滚珠导柱配合，保证运动导向和确定上、下模相对位置的圆套形零件
3.6.10	拉杆 tie rod	固定于上模座并向托板传递卸料力的杆状零件	3.7.5	钢球保持圈 cage	保持钢球均匀排列，实现滚珠导柱与导套滚动配合的圆套形组件口
3.6.11	托杆 cushion pin	连接托板并向压料板、压边圈或卸料板传递力的杆状零件	3.7.6	止动件 retainer	将钢球保持圈限制在导柱上或导套内的限位零件
3.6.12	托板 support plate	装于下模座并将弹顶器或拉杆的力传递给顶杆和托杆的板状零件	3.7.7	导板 guide plate	为导正上、下模各零部件间相对位置而采用的淬硬或嵌有润滑材料的板状零件
3.6.13	废料切断刀 scrap cutter	冲压过程中切断废料的零件	3.7.8	滑块 slide block	在斜楔的作用下沿变换后的运动方向作往复滑动的零件
3.6.14	弹顶器 cushion	向压边圈或顶件块传递顶出力的装置	3.7.9	耐磨板 wear plate	镶嵌在某些运动零件导滑面上的淬硬或嵌有润滑材料的板状零件
3.6.15	承料板 stock-supporting plate	对进入模具之前的板料起支承作用的板状零件	3.7.10	凸模保护套 punch-protecting bushing	小孔冲裁时，用于保护细长凸模的衬套零件
3.6.16	压料板 pressure plate	把板料压贴在凸模或凹模上的板状零件	3.8	固定零件 retaining component	将凸模、凹模固定于上、下模，以及将上、下模固定在压力机上的零件
3.6.17	压边圈 blank holder	拉深模或成形模中，为调节材料流动阻力，防止起皱而压紧板料边缘的零件	3.8.1	上模座 punch holder	用于装配与支承上模所有零部件的模架零件
3.6.18	齿圈压板 vee-ring plate	精冲模中，为形成很强的三向压应力状态，防止板料自冲切层滑动和冲裁表面出现撕裂现象而采用的齿形强力压圈零件	3.8.2	下模座 die holder	用于装配与支承下模所有零部件的模架零件
3.6.19	推件板 slide feed plate	将制件推入下一工位的板状零件			

（续）

标准条目编号	术语（英文）	定 义	标准条目编号	术语（英文）	定 义
3.8.3	凸模固定板 punch plate	用于安装和固定凸模的板状零件	4.10	排样 blank layout	制件或毛坯在板料上的排列与设置
3.8.4	凹模固定板 die plate	用于安装和固定凹模的板状零件	4.11	搭边 web	排样时，制件与制件之间或制件与板料边缘之间的工艺余料
3.8.5	预应力圈 shrinking ring	为提高凹模强度，在其外部与之过盈配合的圆套形零件	4.12	步距 feed pitch	级进模中，被加工的板料或制件每道工序在送料方向移动的距离
3.8.6	垫板 bolster plate	设在凸、凹模与模座间，承受和分散冲压负荷的板状零件	4.13	切边余量 trimming allowance	拉深或成形后制件边缘需切除的多余材料的宽度
3.8.7	模柄 die shank	使模具与压力机的中心线重合，并把上模固定在压力机滑块上的连接零件	4.14	毛刺 burr	在制件冲裁截面边缘产生的竖立尖状凸起物
3.8.8	浮动模柄 self-centering shank	可自动定心的模柄	4.15	塌角 die roll	在制件冲裁截面边缘产生的微圆角
3.8.9	斜楔 cam driver	通过斜面变换运动方向的零件	4.16	光亮带 smooth cut zone	制件冲裁截面的光亮部分
4.1	模具间隙 clearance	凸模与凹模之间缝隙的间距	4.17	冲裁力 blanking force	冲裁时所需的压力
4.2	模具闭合高度 die shut height	模具在工作位置下极点时，下模座下平面与上模座上平面之间的距离	4.18	弯曲力 bending force	弯曲时所需的压力
4.3	压力机最大闭合高度 press maximum shut height	压力机闭合高度调节机构处于上极限位置和滑块处于下极点时，滑块下表面至工作台上表面之间的距离	4.19	拉深力 drawing force	拉深时所需的压力
			4.20	卸料力 stripping force	从凸模或凸凹模上将制件或废料卸下来所需的力
4.4	压力机闭合高度调节量 adjustable distance of press shut height	压力机闭合高度调节机构允许的调节距离	4.21	推件力 ejecting force	从凹模内顺冲裁方向将制件或废料推出所需的力
			4.22	顶件力 kicking force	从凹模内逆冲裁方向将制件顶出所需的力
4.5	冲模寿命 die life	冲模从开始使用到报废所能加工的制件总数	4.23	压料力 pressure plate force	压料板作用于板料的力
4.6	压力中心 load center	冲压合力的作用点	4.24	压边力 blank holder force	压边圈作用于板料边缘的力
4.7	冲模中心 die center	冲模的几何中心	4.25	毛坯 blank	前道工序完成需后续工序进一步加工的制件
4.8	冲压方向 direction	冲压力作用的方向	4.26	中性层 neutral line	弯曲变形区内切向应力为零或切向应变为零的金属层
4.9	送料方向 feed direction	板料送进模具的方向	4.27	弯曲角 bending angle	制件被弯曲加工的角度，即弯曲后制件直边夹角的补角

（续）

标准条目编号	术语（英文）	定　义
4.28	弯曲线 bending line	板料产生弯曲变形时相应的直线或曲线
4.29	回弹 spring back	弯曲和成形加工中，制件在去除载荷并离开模具后产生的弹性回复现象
4.30	弯曲半径 bending radius	弯曲制件内侧的曲率半径
4.31	相对弯曲半径 relative bending radius	弯曲制件的曲率半径与板料厚度的比值
4.32	最小弯曲半径 minimum bending radius	弯曲时板料最外层纤维濒于拉裂时的曲率半径
4.33	展开长度 blank length of a bend	弯曲制件直线部分与弯曲部分中性层长度之和
4.34	拉深系数 drawing coefficient	拉深制件的直径与其毛坯直径之比值
4.35	拉深比 drawing ratio	拉深系数的倒数
4.36	拉深次数 drawing number	受极限拉深系数的限制，制件拉深成形所需的次数
4.37	缩口系数 necking coefficient	缩口制件的管口缩径后与缩径前直径之比值
4.38	扩口系数 flaring coefficient	扩口制件管口扩径后的最大直径与扩口前直径之比值
4.39	胀形系数 bulging coefficien	筒形制件胀形后的最大直径与胀形前直径之比值
4.40	胀形深度 stretching height	板料局部胀形的深度
4.41	翻孔系数 burring coefficient	翻孔制件翻孔前、后孔径之比值
4.42	扩孔率 expanding ratio	扩孔前、后孔径之差与扩孔前孔径之比值
4.43	最小冲孔直径 minimum diameter for piercing	一定厚度的某种板料所能冲压加工的最小孔直径
4.44	转角半径 radius	盒形制件横截面上的圆角半径

标准条目编号	术语（英文）	定　义
4.45	相对转角半径 relative radius	盒形制件转角半径与其宽度之比值
4.46	相对高度 relative height	盒形制件高度与宽度之比值
4.47	相对厚度 relative thickness	毛坯厚度与其直径之比值
4.48	成形极限图 forming limit diagram	板料在外力作用下发生塑性变形，其极限应变值所构成的曲线图
5.1	圆凸模 round punch	圆柱形的凸模

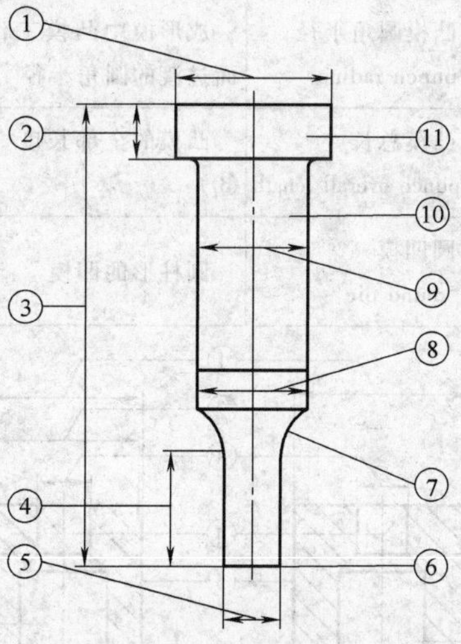

图1　圆凸模

标准条目编号	术语（英文）	定　义
5.1.1	头部 punch head	凸模上比杆直径大的圆柱体部分（见图1中⑪）
5.1.2	头部直径 punch head diameter	凸模圆柱头或圆锥头的最大直径（见图1中①）
5.1.3	头厚 punch head thickness	凸模头部的厚度（见图1中②）
5.1.4	刃口 point	直接对板料进行冲切加工，使其达到所需形状和尺寸的凸模工作段（见图1中⑥）
5.1.5	刃口直径 point diameter	凸模的刃口端直径（见图1中⑤）

（续）

标准条目编号	术语（英文）	定 义
5.1.6	刃口长度 point length	凸模工作段长度（见图1中④）
5.1.7	杆 shank	凸模与固定板相应孔配合的圆柱体部分（见图1中⑩）
5.1.8	杆直径 shank diameter	与凸模固定板相应孔配合的杆部直径（见图1中⑨）
5.1.9	引导直径 leading diameter	为便于凸模正确压入固定板而在杆压入端设计的一段圆柱直径（见图1中⑧）
5.1.10	过渡半径 radius blend	连接刃口直径和杆直径的圆弧半径（见图1中⑦）
5.1.11	凸模圆角半径 punch radius	成形模中凸模工作端面向侧面过渡的圆角半径
5.1.12	凸模总长 punch overall length	凸模的全部长度（见图1中③）
5.2	圆凹模 round die	圆柱形的凹模

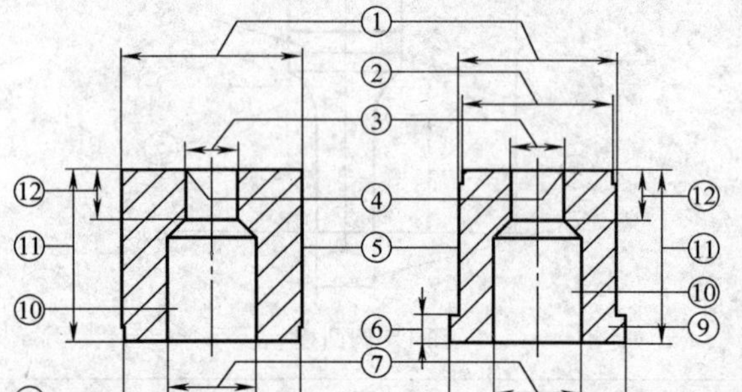

图2 圆凹模

标准条目编号	术语（英文）	定 义
5.2.1	头部 die head	凹模上比模体直径大的圆柱体部分（见图2中⑨）
5.2.2	头部直径 die head diameter	凹模的头部直径（见图2中⑧）
5.2.3	头厚 die head thickness	凹模的头部厚度（见图2中⑥）
5.2.4	刃口 die point	与凸模工作段配合对板料进行冲切加工，使其达到所需形状和尺寸的工作段（见图2中④）
5.2.5	刃口直径 hole diameter	凹模的工作孔直径（见图2中③）
5.2.6	刃口长度 land length	凹模工作段长度（见图2中⑫）
5.2.7	刃口斜度 cutting edge angle	锥形凹模的刃口斜角值
5.2.8	模体 die body	凹模与固定板相应孔配合的圆柱体部分（见图2中⑤）
5.2.9	凹模外径 die body diameter	凹模的模体直径（见图2中①）
5.2.10	引导直径 leading diameter	为便于凹模正确压入固定板，在模体压入端设计的一段圆柱直径（见图2中②）
5.2.11	凹模圆角半径 die radius	成形模中凹模工作端面向内侧面过渡的圆角半径
5.2.12	凹模总长 die overall length	凹模的全部长度（见图2中⑪）
5.2.13	排料孔 relief hole	凹模及相接的模具零件上使废料排出的孔（见图2中⑩）
5.2.14	排料孔直径 relief hole diameter	直排料孔的直径与斜排料孔的最大直径（见图2中⑦）

附录C　金属材料力学性能符号对照表

新标准		旧标准	
性能名称	符号	性能名称	符号
断面收缩率	Z	断面收缩率	ψ
断后伸长率	A $A_{11.3}$ A_{xmm}	断后伸长率	δ_5 δ_{10} δ_{xmm}
断裂总伸长率	A_t		—
最大力总伸长率	A_{gt}	最大力下的总伸长率	δ_{gt}
最大力非比例伸长率	A_g	最大力下的非比例伸长率	δ_g
屈服点延伸率	A_e	屈服点伸长率	δ_s
屈服强度	—	屈服点	σ_s
上屈服强度	R_{eH}	上屈服点	σ_{sU}
下屈服强度	R_{eL}	下屈服点	σ_{sL}
规定非比例延伸强度	R_p 例如 $R_{p0.2}$	规定非比例伸长应力	σ_p 例如 $\sigma_{p0.2}$
规定总延伸强度	R_t 例如 $R_{t0.2}$	规定总伸长应力	σ_t 例如 $\sigma_{t0.2}$
规定残余延伸强度	R_r 例如 $R_{r0.2}$	规定总残余应力	σ_r 例如 $\sigma_{r0.2}$
抗拉强度	R_m	抗拉强度	σ_b

注：新标准为 GB/T228—2002，旧标准为 GB/T228—1987。

参考文献

[1] 胡正寰，夏巨谌．中国材料工程大典 20 卷 材料塑性成形工程：上册［M］．北京：化学工业出版社，2006.

[2] 《热处理手册》编委会．热处理手册［M］．3 版．北京：机械工业出版社，2002.

[3] 李春胜，黄德彬．金属材料手册［M］．北京：化学工业出版社，2005.

[4] 黄德彬．有色金属材料手册［M］．北京：化学工业出版社，2005.

[5] 机械工程师手册编委员会．机械工程师手册［M］．2 版，北京：机械工业出版社，2000.

[6] 徐进，陈再枝，等．模具材料应用手册［M］．北京：机械工业出版社，2001.

[7] 沈宁福．新金属材料手册［M］．北京：科学出版社，2002.

[8] 静安，谢水生．铝合金材料的应用与技术开发［M］．北京：冶金工业出版社，2004.

[9] 田荣璋，王祝堂．铜合金及其加工手册［M］．长沙：中南大学出版社，2002.

[10] 徐滨士，刘世参，等．表面工程［M］．北京：机械工业出版社，2000.

[11] 张康大，等．防锈材料应用手册［M］．北京：化学工业出版社，2004.

[12] 谢志雄，董仕节．TD 处理技术及其应用［J］．新技术新工艺，2004（12）：58-59.

[13] 樊东黎，徐跃明，佟晓辉．热处理工程师手册［M］．2 版．北京：机械工业出版社，2004.

[14] 陈锡栋，周小玉．实用模具技术手册［M］．北京：机械工业出版社，2001.

[15] 王德文，朱雅年．模具实用技术 200 例［M］．北京：冶金工业出版社，1990.

[16] 模具实用技术丛书编委会．模具材料与使用寿命［M］．北京：机械工业出版社，2000.

[17] 林慧国，火树鹏，马绍弥．模具材料应用手册［M］．北京：机械工业出版社，2004.

[18] 王德文．提高模具寿命应用技术实例［M］．北京：机械工业出版社，2004.

[19] 模具设计与制造技术教育丛书编委会．模具制造工艺与装备［M］．北京：机械工业出版社，2003.

[20] 王敏杰，宋满仓．模具制造技术［M］．北京：电子工业出版社，2004.

[21] 张能武．模具钳工技能实训教程［M］．北京：国防工业出版社，2006.

[22] 徐长寿．现代模具制造［M］．北京：化学工业出版社，2007.

[23] 模具实用技术丛书编委会．模具制造工艺装备及应用［M］．北京：机械工业出版社，1999.

[24] 周晔，王晓澜，王江涛．模具工实用手册［M］．南昌：江西科学技术出版社，2004.

[25] 甄瑞麟，蔡业．模具制造工艺入门［M］．北京：化学工业出版社，2008.

[26] 陈立亮．材料加工 CAD/CAM 基础［M］．北京：机械工业出版社，2001.

[27] 李志刚．模具 CAD/CAM［M］．北京：机械工业出版社，1999.

[28] 刘洁．现代模具设计［M］．北京：化学工业出版社，2005.

[29] 模具制造手册编写组．模具制造手册［M］．北京：机械工业出版社，1997.

[30] 许鹤峰，闫光荣．数字化模具制造技术［M］．北京：化学工业出版社，2001.

[31] 胡建新．模具数控加工［M］．西安：电子科技大学出版社，2008.

[32] 李发致．模具先进制造技术［M］．北京：机械工业出版社，2003.

[33] 范钦武．模具数控加工技术及应用［M］．北京：化学工业出版社，2004.

[34] 陈孝康，陈炎嗣，周兴隆．实用模具技术手册［M］．北京：中国轻工业出版社，2001.

[35] 李兆飞．模具技术经济分析［M］．北京：高等教育出版社，2002.

[36] 邓明．现代模具制造技术［M］．北京：化学工业出版社，2005.

[37] 王军莉．模具计价手册［M］．北京：机械工业出版社，2006.

[38] 杨玉英，等．最新汽车覆盖件冲压成形模具设计制造与组合装配工艺技术手册［M］．北京：中国科技文化出版社，2007.

[39] 编委会．现代化汽车覆盖件模型成型新工艺

技术与质量技术控制检验考核标准实务全书［M］．北京：中国科技文化出版社，2009.

［40］ 中国机械工程学会，中国模具设计大典编委会．中国模具设计大典 3 卷 冲压模具设计［M］．南昌：江西科技出版社，2005.

［41］ 许发樾．冲模设计应用实例［M］．北京：机械工业出版社，2000.

［42］ 许发樾．实用模具设计与制造手册［M］．北京：机械工业出版社，2005.

［43］ 罗益旋．最新冲压新工艺新技术及模具设计实用手册［M］．长春：银声音像出版社，2004.

［44］ 陈炎嗣．冲压模具技术手册［M］．北京：机械工业出版社，1996.

［45］ 王孝培．实用冲压技术手册［M］．北京：机械工业出版社，2004.

［46］ 《冲模设计手册》编写组．冲模设计手册［M］．北京：机械工业出版社，1998.

［47］ 邱永成．多工位级进模设计［M］．北京：国防工业出版社，1987.

［48］ 王俊彪．多工位级进模设计［M］．西安：西北工业大学出版社，1999.

［49］ 郑大中，房金妹，谭平宇，等．模具结构图册［M］．北京：机械工业出版社，1992.

［50］ 严寿康．冲压工艺及冲模设计［M］．北京：国防工业出版社，1993.

［51］ 马维铁，等．8 工位冲裁弯曲级进模设计［J］．模具工业，2009，35（2）：13-16.

［52］ 许发樾．模具标准应用手册［M］．北京：机械工业出版杜，1994.

［53］ 郭春生，汤宝骏，孙继明，等．汽车大型覆盖件模具［M］．北京：国防工业出版杜，1993.

［54］ 梁炳文，陈孝戴，王志恒．板金成形性能［M］．北京：机械工业出版杜，1999.

［55］ 周大隽．冲模结构设计要领与范例［M］．北京：机械工业出版杜，2006.

［56］ 郑家贤．冲压工艺及冲模设计实用技术［M］．北京：机械工业出版社，2003.

［57］ 崔令江．汽车覆盖件冲压成形技术［M］．北京：机械工业出版社，2003.

［58］ 邓陟，王先进，陈鹤峥．金属薄板成形技术［M］．北京：兵器工业出版社，1993.

［59］ 郭春生，汤宝骏，孙继明，等．汽车大型覆盖件模具［M］．北京：国防工业出版社，1993.

［60］ 中国机械工程学会塑性工程学会．锻压手册：2 卷冲压［M］．3 版．北京：机械工业出版社，2008.

［61］ 陈靖芯．汽车覆盖件冲压成形中的回弹问题研究［D］．镇江：江苏大学，2006.

［62］ 魏伟．知识驱动的汽车覆盖件智能模具系统研究［D］．镇江：江苏大学，2006.

［63］ 萧天．汽车覆盖件拉深件 CAD/CAE 的应用研究［D］．镇江：江苏大学，2007.

［64］ 杜为民．汽车覆盖件拉延模型面设计技术研究［D］．镇江：江苏大学，2005.

［65］ 衡猛．汽车覆盖件模具 CAD/CAE/CAM 集成技术［D］．镇江：江苏大学，2004.

［66］ 李路娜．拼焊板扁壳覆盖件拉延切边回弹特性研究［D］．镇江：江苏大学，2008.

［67］ 欧阳波仪．现代冷冲模设计基础实例［M］．北京：化学工业出版社，2006.

［68］ 邓明，吕琳．冲压成形工艺及模具［M］．北京：化学工业出版社，2007.

［69］ 杨霆．多步冲压中汽车覆盖件曲面翻边工艺研究［D］．镇江：江苏大学，2006.

［70］ 安晓超．汽车覆盖件逆向重构及拉延成形数值模拟［D］．镇江：江苏大学，2008.

［71］ 孙开胜．汽车行李箱盖拉延毛坯设计及工艺优化［D］．镇江：江苏大学，2008.

［72］ 张永建．汽车覆盖件冲压成形及回弹控制仿真研究［D］．镇江：江苏大学，2008.

［73］ 彭华．基于成形极限图的板料多步冲压工艺优化［D］．镇江：江苏大学，2005.

［74］ 吴毅明．激光拼焊板的焊接及其基本成形性能试验研究［D］．镇江：江苏大学，2006.

［75］ 邓明．冲压工艺及模具设计［M］．北京：化学工业出版社，2009.

［76］ 宋什娟．曲面翻边成形性及工艺参数优化研究［D］．镇江：江苏大学，2006.

［77］ 赵力平．面向装配的覆盖件模具结构设计研究［D］．镇江：江苏大学，2006.

［78］ 余雷．基于数值模拟的车身覆盖件多步冲压工艺研究［D］．镇江：江苏大学，2002.

［79］ 周天瑞．汽车覆盖件冲压成形技术［M］．北京：机械工业出版社，2000.

［80］ 《现代模具技术》编委会．汽车覆盖件模具设计与制造［M］．北京：国防工业出版社，1998.

[81] 雷正保．汽车覆盖件冲压成形 CAE 技术［M］．北京：机械工业出版社，2003.
[82] 周本凯．冲压模具使用技巧与修复实例［M］．北京：化学工业出版社，2009.
[83] 杨占尧．冲压模具典型结构图例［M］．北京：化学工业出版社，2008.
[84] 李名望．冲压模具设计与制造技术指南［M］．北京：化学工业出版社，2008.
[85] 薛啟翔．冲压模具制造技术问答［M］．北京：化学工业出版社，2008.
[86] 郝滨海．冲压模具简明设计手册［M］．北京：化学工业出版社，2009.
[87] 周本凯．冷冲压模具入门［M］．北京：化学工业出版社，2009.
[88] 薛啟翔．冲压模具设计结构图册［M］．北京：化学工业出版社，2005.
[89] 曹立文，王冬，丁海娟，等．新编实用冲压模具设计手册［M］．北京：人民邮电出版社，2007.
[90] 王立人，张辉．冲压模设计指导［M］．北京：北京理工大学出版社，2009.
[91] 周本凯．冲压模具设计实践 100 例［M］．北京：化学工业出版业，2008.
[92] 李文超，马利杰，袁进，等．UG 冲压模具设计与制造［M］．北京：化学工业出版社，2008.
[93] 王秀凤，张永春．冷冲压模具设计与制造［M］．北京：北京航空航天大学出版社，2008.
[94] 杨占尧，杨安民．冲压模典型结构 100 例［M］．上海：上海科学技术出版社，2008.
[95] 宋满仓．冲压模具设计［M］．北京：电子工业出版社，2010.
[96] 郑家贤．冲压模具设计入门［M］．北京：机械工业出版社，2009.
[97] 康俊远．冲压成型技术［M］．北京：北京理工大学出版社，2008.
[98] 罗百辉．冲压模具技术问答［M］．北京：化学工业出版社，2008.
[99] 孙京杰．冲压模具设计与制造实训教程［M］．北京：化学工业出版社，2009.
[100] 周本凯．冷冲压模具设计精要［M］．北京：化学工业出版社，2009.
[101] 高军，李熹平，修大鹏，等．冲压模具标准件选用与设计指南［M］．北京：化学工业出版社，2007.
[102] 薛啟翔．冲压模具设计和加工计算速查手册［M］．北京：化学工业出版社，2008.
[103] 马朝兴．冲压模具设计手册［M］．北京：化学工业出版社，2009.
[104] 成虹．冲压工艺与冲模设计［M］．北京：机械工业出版社，2010.
[105] 二代龙震工作室．冲压模具设计基础［M］．北京：电子工业出版社，2005.
[106] 胡石玉．模具工实用技术手册［M］．镇江：江苏科学技术出版社，2008.
[107] 高军，郝滨海，李辉平，等．模具设计及 CAD. 北京：化学工业出版社，2006.
[108] 肖祥芷，王孝培．中国模具工程大典 4 卷 冲压模具设计［M］．北京：电子工业出版社，2007.
[109] 刘华刚．汽车零件实用模具结构图册［M］．北京：机械工业出版社，2008.
[110] 韩永杰．冲压模具设计［M］．哈尔滨：哈尔滨工业大学出版社，2008.
[111] 关明．冲压模具工程师专业技能入门与精通［M］．北京：机械工业出版社，2008.
[112] 宛强．冲压模具设计及实例精解［M］．北京：化学工业出版社，2008.
[113] 秦松祥．冲压件生产指南［M］．北京：化学工业出版社，2009.
[114] 赵平，陈小刚．冲压工艺入门［M］．北京：化学工业出版社，2009.
[115] 刘华刚．汽车模具的装配、调试与维修［M］．北京：机械工业出版社，2009.
[116] 陈炎嗣．冲压模具实用结构图册［M］．北京：机械工业出版社，2009.
[117] 李名望．冲压模具结构设计 100 例［M］．北京：化学工业出版社，2010.
[118] 周斌兴．冲压模具设计与制造实训教程［M］．北京：国防工业出版社，2006.
[119] 夏巨谌．中国模具工程大典 1 卷 现代模具设计方法［M］．北京：电子工业出版社，2007.
[120] 夏巨谌．中国模具工程大典 8 卷 铸造工艺装备设计［M］．北京：电子工业出版社，2007.
[121] 北京意达利技术开发有限责任公司．冲压模具设计与制造过程仿真［M］．北京：化学工业出版社，2007.

[122] 张能武．简明冲压工计算手册［M］．镇江：江苏科学技术出版社，2008.
[123] 薛啟翔．冲压模具与制造［M］．北京：化学工业出版社，2004.
[124] 付宏生．冷冲压成形工艺与模具设计制造［M］．北京：化学工业出版社，2005.
[125] 张继东，崔保卫，何智慧．CAXA制造工程师2004模具设计［M］．北京：机械工业出版社，2005.
[126] 许树勤，王文平．模具设计与制造［M］．北京：北京大学出版社，2005.
[127] 中国模具工业协会．模具计价手册［M］．北京：机械工业出版社，2006.
[128] 王秀凤．SolidWorks冷冲压模具设计教程［M］．北京：北京航空航天大学出版社，2007.
[129] 刘华刚．冲压工艺及模具［M］．北京：化学工业出版社，2007.
[130] 韩凤麟．中国模具工程大典6卷粉末冶金零件模具设计［M］．北京：电子工业出版社，2007.
[131] 郑家贤．冲压模具设计实用手册［M］．北京：机械工业出版社，2007.
[132] 欧阳波仪．现代冷冲模设计应用实例［M］．北京：化学工业出版社，2008．
[133] 邵守立．模具制造技术［M］．北京：高等教育出版社，2008.
[134] 牟林，胡建华．冲压工艺与模具设计［M］．北京：中国林业出版社，2006.
[135] 王东胜，范春华．模具设计与制造基础［M］．北京：电子工业出版社，2009.
[136] 陈永．冲压工艺与模具设计［M］．北京：机械工业出版社，2009.
[137] 朱江峰，童林军，张勇明．冲压模具设计与制造［M］．北京：北京理工大学出版社，2009.
[138] 王敏杰，宋满仓．模具制造技术［M］．北京：电子工业出版社，2004.
[139] 马朝兴．冲压模具设计手册［M］．北京：化学工业出版社，2009.
[140] 曹立文，王冬，丁海娟，等．新实用冲压模具设计手册［M］．北京：人民邮电出版社，2007.
[141] 王鹏驹，成虹．冲压模具设计师手册［M］．北京：机械工业出版社，2010.
[142] 洪慎章．冲压工艺及模具设计［M］．北京：机械工业出版社，2010.
[143] 韩英淳．简明冲压工艺与模具设计手册［M］．上海：上海科学技术出版社，2006.
[144] 康俊远．冷冲压工艺与模具设计［M］．北京：北京理工大学出版社，2007.
[145] 原红玲．冲压工艺与模具设计［M］．北京：机械工业出版社，2008.
[146] 薛啟翔．冲压工艺与模具设计实例分析［M］．北京：机械工业出版社，2010.
[147] 王敏杰．中国模具工程大典［M］．北京：电子工业出版社，2007.
[148] 编委会．冲压模具设计与制造技术指南［M］．北京：化学工业出版社，2008.
[149] 佘银柱．冲压工艺与模具设计［M］．北京：北京大学出版社，2008.
[150] 郭成．现代冲压技术手册［M］．北京：中国标准出版社，2007.
[151] 马正元，韩啓．冲压工艺与模具设计［M］．北京：机械工业出版社，2004.
[152] 林忠钦．车身覆盖件冲压成形仿真［M］．北京：机械工业出版社，2006.
[153] 顾迎新．冲压工实际操作手册［M］．沈阳：辽宁科学技术出版社，2005.